BOSCH

Manual de Tecnologia Automotiva

Blucher

BOSCH

Manual de Tecnologia Automotiva

Tradutores:
    Euryale de Jesus Zerbini
    Gunter W. Prokesch
    Helga Madjderey
    Suely Pfeferman

título original
Kraftfahrtechnisches Taschenbuch

A edição em língua alemã foi publicada por Robert Bosch GmbH

Copyright © **2004**, Robert Bosch GmbH

Direitos reservados para a língua portuguesa pela Editora Edgard Blücher Ltda.

2005

3ª reimpressão – 2018

É proibida a reprodução total ou parcial por quaisquer meios sem autorização escrita da editora

EDITORA EDGARD BLÜCHER LTDA.
Rua Pedroso Alvarenga, 1245, 4º andar
04531-934 – São Paulo – SP – Brasil
Tel 55 11 3078-5366
contato@blucher.com.br
www.blucher.com.br
ISBN 978-85-212-0378-0

A reprodução, duplicação ou tradução, mesmo que parciais, só serão permitidas mediante nosso consentimento prévio por escrito e com a indicação da fonte. Ilustrações, descrições, diagramas esquemáticos e outros dados servem apenas para explanação e apresentação do texto e não devem ser usados como base para projeto, instalação ou material fornecido. Não assumimos nenhuma responsabilidade sobre a conformidade do conteúdo com a legislação nacional ou local.

Reservamo-nos o direito de alterações.

As marcas citadas no conteúdo servem apenas de exemplo e não representam nenhuma avaliação ou preferência por um determinado fabricante. As marcas registradas não foram identificadas como tais.

Material ilustrativo e informativo foi cedido gentilmente pelas empresas:

AUDI AG, Neckarsulm; Automotive Lighting Reutlingen GmbH; BASF Coatings AG, Münster; Behr GmbH & Co. KG. Stuttgart; BorgWarner Turbo Systems, Kirchheimbolanden; Brose Fahrzeugteile GmbH & Co. KG, Coburg; Continental AG, Hannover; DaimlerChrysler AG, Stuttgart; DaimlerChrysler AG, Sindelfingen; Dräxlmaier Systemtechnik GmbH, Vilsbiburg; J. Eberspächer GmbH & Co. KG, Esslingen; ETAS GmbH, Stuttgart; Filterwerk Mann + Hummel, Ludwigsburg; FHT Esslingen; Freudenberg Vliesstoffe KG, Weinheim; Institut für Betriebstechnik und Bauforschung der FAL, Braunschweig; Knorr-Bremse SfN GmbH, Schwieberdingen; MAN Nutzfahr-zeuge AG, München; Mannesmann Kienzle GmbH, Villingen-Schwenningen; NBT GmbH, Hannover; Pierburg GmbH, Neuss; Eng. Dr. h.c F. Porsche AG. Weissach; RWTH Aachen; SAINTGOBAIN SEKURIT, Aachen; Siemens VDO Automotive AG, Villingen-Schwenningen; TNO Road-Vehicles Research Institute, Delft, Netherlands; VB Auto-batterie GmbH, Hannover; Volkswagen AG, Wolfsburg; Zahnradfabrik Friedrichshafen AG, Friedrichshafen.

FICHA CATALOGRÁFICA

Bosch, Robert
 Manual de tecnologia automotiva/Robert Bosch; tradução Helga Madjderey, Gunter W. Prokesch, Euryale de Jesus Zerbini, Suely Pfeferman – São Paulo: Blucher, 2005.

Título original: Kraftfahrtechnisches Taschenbuch
"Tradução da 25.ª edição alemã"

ISBN 978-85-212-0378-0

1. Automóveis – Projetos e construção – Manuais, guias, etc.
2. Engenharia automotiva I. Título.

05-7205 CDD-629.2

Índices para catálogo sistemático:
1. Engenharia automotiva   629.2

Prefácio da 25.ª edição

A história do desenvolvimento do automóvel também é um documentário impressionante sobre as inovações tecnológicas. Novos sistemas e o aperfeiçoamento dos detalhes fizeram com que o ato de dirigir se tornasse mais seguro e confortável e que a poluição ambiental, causada pelos gases de escape e pelos processos de fabricação, fosse substancialmente reduzida. A 25.ª edição do "Manual de Tecnologia Automotiva" leva em consideração estas circunstâncias com inúmeros novos temas e artigos fundamentais revisados. Em comparação com a edição precedente, o volume cresceu em aproximadamente 200 páginas.

Com seus artigos atuais, compilados de forma concisa, o "Manual de Tecnologia Automotiva" é uma importante obra de consulta, com circulação mundial. Ele deve oferecer aos técnicos e engenheiros que atuam na área automobilística, como também a todos os demais interessados em tecnologia, uma idéia da situação em que se encontra a tecnologia automotiva.

Os autores da 25.ª edição são especialistas da firma Bosch, das universidades e da indústria automobilística. Eles revisaram a fundo o conteúdo deste manual, elevaram-no ao nível atual e o ampliaram com novos temas. Aproveitamos esta oportunidade para agradecer a todos os envolvidos pela sua colaboração.

Em mais de sete décadas, o "Manual de Tecnologia Automotivo" evoluiu de um apêndice de calendário, com 96 páginas, para uma obra abrangente, agora com mais de 1.200 páginas. Neste meio tempo sua tiragem total em vários idiomas atingiu mais de um milhão de exemplares.

A nova edição com uma paginação alterada facilita a orientação do leitor. O cabeçalho esquerdo indica agora a área temática à qual os capítulos estão subordinados, o cabeçalho direito leva o título do capítulo. No sumário, reformulado e ampliado, são discriminados todos os capítulos com as subseções, o que facilita a busca objetiva do leitor por temas.

Robert Bosch GmbH

Para orientação

Em relação à 24.ª edição foram incluídos os seguintes:
Hidrostática ● Mecânica dos fluidos ● Mecatrônica ● Sistemas estratificados ● Juntas de atrito ● Juntas positivas ● Lubrificação do motor ● Sistemas de redução de emissões ● Diagnóstico ● Gerenciamento de freios de utilitários com plataforma para sistema de auxílio ao motorista ● Transmissão analógica e digital ● Serviço de informações via celular ● Gerenciamento de frota ● Sistemas multimídia ● Métodos de desenvolvimento e ferramentas aplicativas para sistemas eletrônicos ● Projeto sonoro ● Túnel de vento automobilístico ● Gestão ambiental ● Tecnologia de oficina.

Temas revisados substancialmente e reestruturados:
Equações básicas da mecânica ● Uniões parafusadas ● Molas ● Filtragem de ar ● Tecnologia de medição de gases de escape ● Comando do motor Otto (p.ex. gerenciamento do motor Motronic) ● Comando do motor Diesel ● Auto-rádio com equipamentos suplementares ● Antenas automotivas ● Telefone celular e dados ● Sistemas de assistência ao motorista de automóvel.

Temas atualizados ou ampliados e parcialmente reestruturados:
Acústica ● Calor ● Eletrônica ● Materiais ● Matéria-prima ● Corrosão ● Tribologia ● Lubrificantes ● Combustíveis ● Substâncias químicas ● Tratamento térmico ● Dinâmica veicular ● Requisitos do veículo ● Motores de combustão ● Resfriamento do motor ● Sobrealimentadores ● Equipamento de escapamento ● Combustíveis alternativos para motores Otto ● Propulsão híbrida ● Transmissão ● Mola e amortecedor ● Rodas ● Pneus ● Sistemas de freio ● Equipamentos de freio para automóveis e utilitários ● Sistemas de estabilização para automóveis e utilitários ● Carroceria do veículo ● Iluminação (com farol de curva) ● Instrumentação ● Sistema de informações ao motorista ● Tacógrafo ● Sistema de estacionamento ● Sistemas de navegação ● Telemática de tráfego ● Compatibilidade eletromagnética ● Sistemas de proteção dos ocupantes ● Sistemas de conveniência ● Bateria de partida ● Alternador ● Equipamento de partida.

Sumário

Fundamentos de Física

Grandezas e unidades	22
Unidades do SI	22
Sistema técnico de unidades	23
Sistemas de unidades que não devem ser utilizados	23
Grandezas e unidades	24
Conversão de unidades	29
Equações básicas da mecânica	39
Simbologia e unidades	39
Movimento retilíneo e movimento de rotação	39
Movimento de projéteis	40
Queda livre	40
Momentos de inércia	41
Transmissão de forças	42
Atrito	42
Oscilações	44
Simbologia e unidades	44
Terminologia	44
Redução de vibração	46
Análise modal	48
Tecnologia óptica	49
Grandezas fotométricas e unidades	49
Radiação eletromagnética	49
Componentes	50
Fontes de luz	51
Luz e fisiologia da visão	52
Tecnologia laser	53
Fibras ópticas	53
Holografia	54
Elementos de mostradores	55
Acústica	56
Grandezas e unidades	56
Terminologia geral	56
Grandezas utilizadas na medição da emissão de ruídos	57
Medição de ruídos em veículos automotores e limites	58
Grandezas utilizadas na medição de ruídos	59
Níveis sonoros percebidos	60
Engenharia acústica	61
Hidrostática	62
Simbologia e unidades	62
Massa específica e pressão	62
Empuxo	62
Mecânica dos fluidos	63
Símbolos e unidades	63
Princípios básicos	63
Equação da continuidade	64
Equação de Bernoulli	64
Descarga de um vaso de pressão	64
Arrasto em corpos imersos em escoamentos	65
Calor	66
Símbolos e unidades	66
Entalpia	66
Transferência de calor	66
Técnicas para medição de temperaturas	68
Termodinâmica	69
Variação de estado nos gases	69
Engenharia elétrica	70
Grandezas e unidades	70
Campos eletromagnéticos	70
Campo elétrico	71
Corrente contínua	72
Circuitos com corrente contínua	73
Corrente alternada	75
Circuitos com corrente alternada	75
Corrente trifásica	77
Campo magnético	77
Materiais ferromagnéticos	79
O circuito magnético	80
Campo magnético e corrente elétrica	81
Condutores	83
Descarga em gases e plasma	85
Eletrônica	86
Fundamentos da tecnologia de semicondutores	86
Dispositivos semicondutores discretos	88
Circuitos integrados monolíticos	92
Circuitos estratificados e híbridos MCM	97
Tecnologia de placas de circuito, SMT	99
Micromecânica	100
Conversão analógica/digital	102
Mecatrônica	105
Sistemas e componentes mecatrônicos	105
Metodologia de desenvolvimento	106
Perspectiva	108
Sensores	110
Fundamentos	110
Tipos de sensores	112
Atuadores	140
Grandezas e unidades	140
Atuadores eletromecânicos	140
Atuadores fluido-mecânicos	145
Dados característicos de atuadores	146
Máquinas elétricas	149
Funcionamento	149

Máquinas de corrente contínua	149
Máquinas de corrente trifásica	150
Máquinas de corrente alternada monofásica	152
Classificação de tipos de ciclos de funcionamento das máquinas elétricas	152
Graus de proteção das máquinas elétricas	153

Matemática e métodos

Matemática	154
Símbolos matemáticos	154
Números muito usados	154
Sistemas numéricos	154
Números preferidos	155
Funções trigonométricas	156
Equações para os triângulos planos e esféricos	157
Equações freqüentemente utilizadas	157
Áreas de superfícies planas	158
Volume e área superficial de sólidos	159
Resistência dos materiais	160
Símbolos e unidades	160
Princípios básicos da resistência dos materiais	161
Tenções de componentes	163
Determinação do fator de segurança estático de componentes	175
Avaliação da segurança de componentes submetidos a vibrações	178
Introdução à avaliação da Integridade operacional	186
Método dos elementos finitos (FEM)	190
O que é FEM?	190
Campo de aplicação do FEM	191
Elementos do FEM	194
Modelação e avaliação dos resultados	196
Exemplos de aplicação do FEM	196
Qualidade	206
Gestão da qualidade (QM)	206
Meios de teste	210
Confiabilidade	212
Análise e previsão da confiabilidade	212
Elevação da confiabilidade	213
Estatística técnica	214
Função da estatística	214
Apresentação de valores medidos	214
Avaliação de séries de medições	216
A distribuição da vida útil de Weibull	219
Avaliação estatística dos resultados de testes	220
Terminologia básica da metrologia	222
Engenharia de controle	223
Termos e definições	223
Processos de controle	225

Ciência dos materiais

Elementos químicos	228
Denominações	228
Sistema periódico dos elementos	231
Substâncias	232
Conceitos de substância	232
Grandezas características	232
Propriedades dos sólidos	234
Propriedades dos líquidos	238
Propriedades do vapor d'água	239
Propriedades dos gases	240
Materiais	241
Grupos de materiais	241
Normas EN da metalurgia	245
Propriedades dos materiais metálicos	250
Materiais de fundição e aço	250
Chapas de carroceria	254
Metais não-ferrosos, metais pesados	255
Metais não-ferrosos, metais leves	256
Metais sinterizados	257
Materiais magnéticos	260
Soldas	269
Materiais eletrotécnicos	272
Materiais isolantes	273
Propriedades dos materiais não-metálicos	274
Materiais cerâmicos	274
Laminados	276
Massas plásticas para modelagem	277
Símbolos de plásticos	284
Tintas automobilísticas	286
Corrosão e proteção contra corrosão	288
Processos de corrosão	288
Tipos de corrosão	290
Testes de corrosão	291
Proteção contra corrosão	294
Sistemas de acabamento	297
Revestimentos	297
Camadas de difusão	301
Camadas de conversão	301
Tribologia	303
Função e objetivo	303

Definições	303	Forças dos parafusos e torque dos parafusos	351
Sistema tribológico	304	Design das juntas parafusadas	353
Tipos de desgaste	304		
Forma de manifestação do desgaste	305	Segurança dos elementos de fixação	355
Mecanismos do desgaste	305	Seleção de roscas	356
Grandezas de avaliação do desgaste	305	Molas	358
		Símbolos e unidades	358
Análise de danos tribológicos	305	Função	358
Métodos de teste tribológicos	306	Curvas características, trabalho e amortecimento	358
Redução do desgaste	306		
Lubrificantes	308	Combinação de molas	359
Terminologia e definições	308	Molas metálicas	360
Óleos para motor	312	Mancal deslizante	364
Óleos para transmissão	314	Características	364
Óleos lubrificantes	315	Mancal hidrodinâmico	364
Graxas lubrificantes	316	Mancal de metal sinterizado	368
Combustíveis	318	Mancal seco	368
Grandezas características	318	Mancal de rolamento	371
Combustíveis Otto (ignição por centelha)	318	Características	371
		Grandezas características	371
Combustíveis Diesel	321	Engrenagens e dentes	372
Propriedades dos combustíveis líquidos e hidrocarbonetos	324	Grandezas e unidades	372
		Definições	373
Propriedades dos combustíveis gasosos e hidrocarbonetos	325	Qualidade de engrenagens DIN	375
		Coeficiente de deslocamento do perfil	376
Combustíveis alternativos	329		
Fluido anticongelamento e de freio	329	Engrenagem do motor de partida	376
Fluidos de freio	329	Engrenagem americana	377
Aditivos para radiador	331	Cálculo da capacidade de carga	378
Nomes de produtos químicos	332	Cálculo dos dentes quanto à curvatura ou quebra de dente	380
Peças de máquinas		Parâmetros de material	381
Juntas de atrito	338	Transmissão por correia	382
Fundamentos	338	Transmissão por atrito	382
Encaixe prensado (união cilíndrica prensada)	338	Transmissão positiva	385
Junta cônica (união cônica prensada)	341	**Processos de fabricação**	
		Tratamento térmico de materiais metálicos	386
Junta com bloqueio de conicidade	341		
		Endurecimento	386
Abraçadeiras	343	Austêmpera	388
Junta chaveada	343	Revenimento	388
Juntas positivas	344	Cementação e revenimento	389
Fundamentos	344	Tratamento termoquímico	389
Juntas com chaveta paralela e chaveta meia lua	344	Normalização	391
		Dureza	392
Conexão com eixo perfilado	346	Medição da dureza	392
Conexão com contrapino	346	Processos de teste	392
Juntas roscadas	348	Tolerâncias	397
Símbolos e unidades	348	Correlações	397
Fundamentos	349	Sistema ISO para ajustes e tolerâncias	397
Roscas	349		
Classes de propriedade	349		
Fixação para juntas roscadas	350	Tolerâncias de forma e posição	397

Desvios de formato	398
Parâmetros de superfícies	398
Processamento de chapas	400
Técnica de repuxo	400
Técnica de laser	402
Técnicas de junção e união	403
Técnica de solda por resistência	403
Técnica de solda	405
Técnica de ligação	406
Técnica de rebite	407
Rebite por punção	407
Rebitamento pressurizado	409
Conexões em peças de plástico	410

Influências em veículos automotores

Exigências para veículos viários	414
Consumo de combustível	416
Determinação do consumo de combustível	416
Efeito do design do veículo sobre o consumo de combustível	417
Dinâmica do veículo automotor	418
Dinâmica longitudinal do veículo	418
Adesão ao solo	423
Aceleração e frenagem	424
Ações: reação, frenagem e paralisação	426
Ultrapassagem	428
Dinâmica do movimento lateral	430
Comportamento em curvas	435
Análise do comportamento dinâmico do veículo conforme ISO	436
Dinâmica especial para utilitários	441
Requisitos para tratores	444
Solicitações climáticas sobre o equipamento do veículo	446
Influências ambientais e climáticas	446

Motores de combustão interna

Motores de combustão	448
Funcionamento e classificação	448
Processos cíclicos	449
Motor de combustão interna com pistão alternativo	451
Funcionamento	451
Tipos de motor	454
Definições	455
Operação do conjunto de árvore de manivelas	456
Balanceamento das massas no motor de pistão alternativo	459
Componentes principais do motor de pistão alternativo	464
Troca de gases	470
Comando de válvulas variável	474
Processos de sobrealimentação	476
Avaliação dos elementos de troca de gás	480
Arrefecimento	481
Lubrificação	481
Motor Otto	482
Formação da mistura	483
Ignição	483
Regulagem da carga	486
Potência produzida e rentabilidade	486
Motor Diesel	487
Formação da mistura	487
Processo de combustão Diesel	488
Processo de combustão	491
Motores híbridos	493
Alimentação estratificada	493
Motores multicombustíveis	493
Valores empíricos e bases para cálculo	494
Comparação	494
Potência do motor, condições do ar	496
Definição de potência	497
Cálculo	498
Motor de pistão alternativo com combustão externa (motor Stirling)	506
Processo de trabalho e eficiência	506
Design e comportamento em operação	507
Motor de pistão rotativo Wankel	508
Turbina a gás	510
Processo de trabalho, processo comparativo e eficiência	510

Sistemas auxiliares do motor

Arrefecimento do motor	512
Arrefecimento a ar	512
Arrefecimento à água	512
Arrefecimento do ar de injeção	516
Arrefecimento do óleo e combustível	517
Técnica de arrefecimento modular	518
Técnica de sistemas de arrefecimento	519
Termogestão inteligente do motor	519
Arrefecimento dos gases de escape	521
Lubrificação do motor	522
Circuito de lubrificação sob

pressão	522
Componentes	522
Filtragem de ar	525
Poluição do ar	525
Filtro de ar	525
Turboalimentadores e sobrealimentadores para motores de combustão	528
Sobrealimentador mecânico	528
Sobrealimentador por ondas de pressão	530
Turboalimentador	532
Sobrealimentação em múltiplos estágios	537
Auxiliares para aceleração	538
Sistemas de redução de emissões	540
Sistema de recirculação de gases de escape	540
Insuflação secundária de ar	540
Sistema de retenção de combustível evaporado	541
Exaustão do cárter	542
Sistema de escapamento	544
Estrutura e funções	544
Coletor	545
Catalisador	545
Filtro de partículas	546
Silencioso	547
Elementos de ligação	548
Elementos de harmonização acústica	549

Legislação de controle de emissões e de diagnóstico

Emissão de poluentes	550
Produtos da combustão	550
Propriedades dos componentes dos gases de escape	550
Legislação de controle de emissões	552
Visão geral	552
Legislação CARB (automóveis/LDT)	554
Legislação APA (automóveis/LDT)	557
Legislação UE (automóveis/LDT)	559
Legislação Japão (automóveis/LDT)	562
Legislação EUA (utilitários)	563
Legislação UE (utilitários)	564
Legislação Japão (utilitários)	565
Ciclos de teste dos EUA para automóveis e LDT	566
Ciclo europeu para automóveis e LDT	568
Ciclo japonês para automóveis e LDT	569
Ciclos de teste para utilitários	570
Tecnologia de medição de emissões	572
Teste de emissões em dinamômetro de rolos	572
Aparelhos de medição de emissões	575
Controle de fumaça do Diesel (medição de opacidade)	579
Teste de evaporação	580
Diagnóstico	582
Introdução	582
Autodiagnóstico	582
Diagnóstico a bordo (OBD)	584

Gerenciamento do motor Otto

Função do gerenciamento de motor	592
Enchimento dos cilindros	593
Componentes	593
Comando do enchimento de ar	594
Componentes do sistema de ar	595
Alimentação de combustível	596
Alimentação de combustível com injeção no coletor de admissão	596
Alimentação de combustível com injeção direta de gasolina	597
Componentes da alimentação de combustível	599
Formação da mistura	605
Princípios básicos	605
Sistemas de formação de mistura	606
Carburadores	607
Injeção no coletor de admissão (formação externa de mistura)	610
Injeção direta de gasolina (formação interna de mistura)	612
Componentes da formação da mistura	614
Ignição	618
Princípios básicos	618
Ponto de ignição	619
Sistemas de ignição	623
Componentes da ignição	625
Gerenciamento de motor Motronic	634
Função	634
Resumo do sistema	634
Versões da Motronic	635
Sistemas de injeção históricos	642
Resumo	642
Mono-Jetronic	642
K-Jetronic	644
KE-Jetronic	646
L-Jetronic	648
LH-Jetronic	650

Sistemas históricos de ignição
por bobina 652
   Ignição convencional por
   bobina (SZ) 652
   Ignição transistorizada (TZ) 654
   Ignição eletrônica (EZ, VZ) 656
   Ignição por descarga
   capacitiva (HKZ) 657
Minimização de poluentes no
motor Otto 658
   Medidas na concepção do motor
   Redução de interferências
   externas ao motor 661
   Tratamento posterior catalítico
   do gás de escape 662

Combustíveis alternativos
para motores Otto
Motores alimentados por GLP 668
   Aplicação 668
   Sistemas GLP 669
Motores alimentados por gás natural 671
   Aplicação 671
   Sistema de gás natural 671
Motores alimentados por álcool 673
   Aplicação 673
   Sistema 673
Motores alimentados por hidrogênio 674
   Aplicação 674
   Sistema de hidrogênio 675

Gerenciamento de motores Diesel
Alimentação de combustível
(estágio de baixa pressão) 676
   Sistema de injeção Diesel 676
   Componentes da alimentação
   de combustível Diesel 678
Sistemas de injeção Diesel 682
   Visão geral 682
   Bomba injetora em linha 685
   Bomba injetora em linha com
   bucha deslizante 693
   Bomba distribuidora 694
   Sistemas de bombas individuais
   controladas por tempo 700
   Sistema Common Rail 704
   Componentes do sistema de
   injeção 707
   Sistemas auxiliares de partida 713
Minimização de poluentes
no motor Diesel 716
   Medidas no projeto do motor 716
   Pós-tratamento do gás de
   escape 716

Propulsões alternativas
Propulsão elétrica 722
   Abastecimento de energia 722
   Baterias 723
   Propulsão 725
Propulsão híbrida 728
   Configurações de propulsões 728
   Conceitos de propulsões
   híbridas 729
Células de combustível 732
   Variações conceituais 732
   Acondicionamento do
   combustível 732
   Termodinâmica e cinemática 733
   Células de combustível
   em automóveis 735

Transmissão
Transmissão 736
   Grandezas e unidades 736
   Função 736
   Concepção 736
   Concepções de transmissões 737
   Elementos da transmissão 737
   Elementos de arranque 738
   Caixa de mudanças com múltiplas
   velocidades 740
   Transmissões com mudança
   manual 741
   Transmissão automática 743
   Controle eletrônico da
   transmissão 747
   Transmissão continuamente
   variável CVT 749
   Acionamento do eixo 750
   Diferencial 752
   Tração total e diferencial central 753

Sistemas do chassi
Molas e amortecedores 754
   Tipos de oscilações 754
   Elementos elásticos 756/762
   Sistema de molas reguláveis 756
   Controle ativo da mola 758
   Amortecedores 760
   Assimilador de oscilações 761
Suspensão 764
   Cinemática 764
   Tipos básicos 765/766
   Elasto-cinemática 765
Rodas 768
   Visão geral 768
   Rodas para automóveis
   de passageiros 768
   Rodas para utilitários 770

Conteúdo

Pneus	772
Categorias de pneus	772
Tipos de pneus	772
Identificação dos pneus	774
Uso dos pneus	777
Característica de tração do pneu	778
Direção	786
Requisitos do sistema de direção	786
Comportamento direcional	786
Tipos de caixas de direção	787
Cinemática da direção	787
Classificação dos sistemas de direção	788
Servodireção hidráulica	788
Servodireção elétrica	789
Servodireção para utilitários	790

Sistemas de segurança do veículo

Sistemas de freios	792
Termos, fundamentos	792
Regulamentações legais	797
Estrutura e distribuição de um equipamento de freios	800
Concepção do sistema de freios	803
Configurações de equipamentos de freios	804
Equipamentos de freios para automóveis e utilitários leves	805
Componentes	805
Sistema de estabilização para veículos de passeio	809
Sistema antibloqueio (ABS)	809
Controle de tração (ASR)	817
Programa eletrônico de estabilidade (ESP) para veículos de passeio	820
Funções adicionais (funções automáticas de frenagem)	830
Freio eletro-hidráulico SBC	834
Finalidade e função	834
Concepção	836
Princípio de funcionamento	836
Sistemas de freios para veículos utilitários com peso total > 7,5 t	838
Sistemática e configuração	838
Distribuição de força de frenagem dependente da carga	839
Freios de rodas	842
Sistema de freio de estacionamento	846
Sistema de freio Retarder	846
Componentes para freios a ar comprimido	852
Sistemas de estabilização para veículos comerciais	858
Sistema antibloqueio (ABS)	858
Controle de tração (ASR)	862
Programa eletrônico de estabilidade (ESP) para veículos utilitários	864
Sistema de frenagem controlado eletronicamente (EBS) para utilitários	869
Função	869
Concepção do sistema	869
Componentes EBS	870
Frenagem eletropneumática (princípio operacional)	872
Funções de regulação e gerenciamento	873
Funções de monitoramento e diagnóstico	874
Gerenciamento eletrônico de freios para utilitários como plataforma para sistemas de assistência ao motorista	876
Sistema eletrônico de freios básico	876
Subsistemas	877

Carroceria

Sistemática dos veículos rodoviários	884
Classificação	885
Carroceria do veículo (automóveis)	886
Dimensões principais	886
Concepção da forma	888
Aerodinâmica	888
Acústica aerodinâmica	890
Estrutura da carroceria	891
Material da carroceria	893
Superfície da carroceria	894
Acabamentos da carroceria	894
Segurança	896
Cálculo	901
Carroceria (utilitários)	904
Veículos utilitários	904
Utilitários leves	904
Caminhões e carretas	905
Ônibus	907
Segurança passiva em utilitários	909
Iluminação	910
Funções	910
Regulamentações e equipamento	910
Terminologia	912
Farol principal, sistema europeu	913
Farol principal, regulamentação na Europa	924
Farol principal, EUA	926
Farol principal, regulamentação nos EUA	927
Regulagem do alcance do feixe de luz do farol, Europa	928
Limpadores de farol	929

Faróis de neblina	930	Diagramas de circuito	995
Faróis auxiliares de luz alta	931	Esquemas elétricos	995
Lanternas	931	Designação das seções e	
Indicadores de direção	934	identificação dos equipamentos	1005
Luzes intermitentes	935	Esquema elétrico em	
Lanternas para delimitação		representação separada	1007
do veículo	936	Designação dos bornes	1008
Lanterna de estacionamento	937	Esquema de circuitos efetivo	1010
Iluminação da placa de licença	937	Dimensionamento de	
Luz de freio	937	cabos elétricos	1014
Lanterna de neblina traseira	937	Conectores	1018
Lanterna de marcha-à-ré	938	Funções e exigências	1018
Farol diurno	938	Concepção e tipos	1018
Outros equipamentos de		Compatibilidade eletromagnética	1020
iluminação	839	Exigências	1020
Lâmpadas automotivas	939	Fontes de interferência	1020
Janelas e pára-brisas	942	Dispositivos susceptíveis a	
O material vidro	942	interferências	1023
Vidraçaria automotiva	943	Acoplamento de interferências	1024
Função do envidraçamento	944	Descargas eletrostáticas	1026
Sistemas para limpeza dos vidros	946	Técnicas de medição	1026
Sistemas para limpeza do		Prescrições e normas	1027
pára-brisa	946		
Sistema de limpadores traseiros	949	**Sistemas de travas do veículo**	
Sistemas de limpeza dos faróis	950	Sistema de travas	1028
Motores de acionamento	950	Função, estrutura e	
Sistemas de lavagem	951	funcionamento	1028
Calefação e climatização	952	Sistema de trava mecânico	1029
Função	952	Open-by-wire (abertura	
Sistemas dependentes do calor		automática)	1030
dissipado pelo motor	952	Sistema de trava elétrico	1031
Calefação	952	Sistema de trava central	1032
Ar condicionado	953	Dispositivos de sinalização acústica	1033
Calefação independente do		Aplicação	1033
motor	956	Buzina de impacto	1033
Filtro para cabine de automóveis	959	Buzina eletro-pneumática	1033
Auto-elétrica		**Segurança e conforto**	
Redes de bordo	960	Sistemas de proteção dos ocu-	
Alimentação de energia na rede de		pantes	1034
bordo convencional do veículo	960	Segurança ativa e passiva nos	
Redes de bordo futuras	963	veículos automotivos	1034
Influência sobre o consumo de		Cintos de segurança e	
combustível	966	pré-tensores	1034
Baterias de partida	967	Airbag frontal	1036
Alternador	974	Airbag lateral	1039
Sistemas de partida	984	Componentes	1039
Exigências	984	Sistema de proteção contra	
Grandezas influentes	984	capotagem	1043
Estrutura e funcionamento do		Panorama	1044
motor de partida	984	Servocomando dos vidros	1046
Controle do motor de partida	988	Motores do servocomando	1046
Símbolos usados em sistemas		Controle do servocomando	1046
elétricos de veículos	990	Servocomando do teto solar	1047
Símbolos gerais	990	Regulagem do banco e da direção	1048

Sistemas biométricos	1050
Sistemas de auxílio ao motorista	1052
Piloto automático adaptável (ACC) para automóveis de passageiros	1058
Piloto automático adaptável (ACC) para veículos utilitários	1060
Estrutura e função	1060
Aplicações	1060
Algoritmos de controle	1062
Panorama	1062

Informação e comunicação

Processamento de dados e redes de comunicação em veículos automotivos	1064
Requisitos	1064
Unidade de controle eletrônico ECU	1065
Arquitetura	1065
CARTRONIC	1066
Rede de comunicações	1070
Controller Area Network (CAN)	1072
Instrumentação	1076
Áreas de informação e comunicação	1076
Sistemas de informações ao motorista	1076
Painel de instrumentos	1078
Tipos de display	1080
Sistema automotivo de informações	1082
Tacógrafos	1083
Aplicação	1083
Funcionamento	1083
Sistemas de estacionamento	1086
Auxiliar de estacionamento com sensores ultra-sônicos	1086
Futuros desenvolvimentos	1089
Transmissão analógica de sinal	1090
Transmissão de sinais sem fio, radiodifusão	1090
Transmissão de notícias com ondas de alta freqüência	1091
Propagação das ondas de alta freqüência	1091
Interferências de rádio	1093
Relação sinal-ruído	1094
Transmissão digital de sinal	1094
Aplicações	1094
Sistema de radiodifusão digital DAB	1094
Medidas para transmissão segura em canais móveis	1095
O sistema digital de radiodifusão (DRM) para ondas longas, médias e curtas	1095
Auto-rádio	1096
Receptor de rádio	1096
Receptores convencionais	1096
Receptores digitais	1097
Qualidade de recepção	1098
Melhorias na recepção	1098
Equipamentos suplementares	1100
Antenas automotivas	1101
Telefone celular e dados	1102
Redes de telecomunicações	1102
Componentes e estrutura	1102
Redes de telefonia celular	1103
Rede de dados via rádio	1105
Serviços de informações via celular	1106
Sistemas de transmissão para serviços de telefonia celular	1106
Componentes	1107
Desafios	1108
Classes de serviço	1109
Serviços alternativos de informações via celular	1110
Sistemas de navegação	1112
Posicionamento	1112
Seleção do destino	1112
Cálculo da rota	1113
Supervisão da rota	1113
Apresentação de mapas	1113
Armazenamento de mapas viários	1113
Telemática de tráfego	1114
Meios de transmissão	1114
Padronização	1114
Referências	1114
Seleção	1114
Decodificação de mensagens de tráfego	1114
Serviços de telemática	1114
Supervisão dinâmica da rota	1115
Navegação externa	1115
Captação das informações	1115
Gerenciamento de frota	1116
Definição	1116
Serviços	1116
Vias de transmissão	1117
Padronização	1117
Sistemas multimídia	1118
Radiodifusão de multimídia	1118
Internet móvel	1118

Métodos de desenvolvimento e processos

Métodos e ferramentas	1120
Função e requisitos	1120
Desenvolvimento das funções do veículo baseado em modelo	1120

Arquitetura de software e componentes padronizados de software	1122
Modelagem e simulação das funções de software	1122
Criação rápida de protótipo de funções de software	1123
Design e implementação de funções de software	1126
Integração e teste de software e ECUs	1126
Calibração das funções de software	1128
Projeto sonoro	1130
Definição	1130
Implementação	1130
Túnel de vento automobilístico	1134
Aplicação	1134
Parâmetros aerodinâmicos	1134
Modelos de túneis de vento	1135

Gestão ambiental

Gestão ambiental	1140
Visão geral	1140
Política ambiental	1141
Princípios legais	1141
Funções organizacionais e gerenciais	1141
Fornecedores e prestadores de serviço	1141
Desenvolvimento técnico	1141
Aquisição de materiais amigáveis ao meio ambiente	1142
Produção	1142
Monitoramento do sistema	1143
Medidas corretivas	1143
Auditoria do sistema de gerenciamento ambiental	1145
Educação e treinamento	1145

Tecnologia de oficina

Teste dos sistemas do veículo	1146
Equipamento para oficina	1146
Teste de sistemas com KTS	1147
Tecnologia de teste do motor	1149
Testes elétricos	1150
Teste e carga de baterias de partida	1150
Tecnologia de teste para alternadores	1152
Tecnologia de teste para motores de partida	1153
Regulagem de faróis, Europa	1154
Regulagem de faróis, EUA	1157
Teste de bombas injetoras	1158
Teste na bancada	1158
Teste no veículo	1161
Teste de freios	1162
Frenômetro	1162
Inspeção de emissões	1164
Regulamentações	1164
Procedimento de teste	1164
Aparelhos de teste	1165

Motoesportes

Motronic em corridas	1166
Super Trucks	1169

Hidráulica e pneumática veicular

Hidráulica	1170
Grandezas e unidades	1170
Termos e fórmulas	1170
Bombas de engrenagens	1171
Motores de engrenagens	1172
Bombas e motores de pistões	1172
Bombas eletro-hidráulicas e pequenas unidades	1173
Válvulas	1174
Cilindro	1176
Hidráulica no trator	1177
Acumuladores hidráulicos	1180
Acionamentos auxiliares	1181
Ventoinha hidráulica	1181
Propulsão hidrostática	1184
Pneumática veicular	1186
Acionamento de portas em ônibus	1186

Anexo

Siglas de nacionalidades	1188
Alfabetos e algarismos	1190
Índice remissivo	1192
Abreviações	1222

Autores da 25.ª edição

Não havendo outra indicação, os autores são funcionários da Robert Bosch GmbH

Fundamentos de Física
Símbolos, unidades
Eng. Grad. G. Brüggen

Equações básicas da mecânica
Prof. Eng. Dr. H. Haberhauer;
FHT Esslingen

Vibrações e oscilações
Eng. Grad. J. Bohrer

Tecnologia óptica
Eng. Dr. F. Prinzhausen;
Dr. rer. nat. H. Sautter

Acústica
Eng. Grad. H. M. Gerhard;
Eng. Dr. h.c. F. Porsche AG, Weissach

Hidrostática, mecânica dos fluidos
Prof. Eng. Dr. H. Haberhauer;
FHT Esslingen

Calor
Eng. Grad. W. Volz

Engenharia elétrica
Dr. rer. nat. W. Draxler;
Eng. Grad. B. Worner

Eletrônica
Dr. rer. nat. U. Schaefer;
Dr. rer. nat. P. Egelhaaf;
Dr. rer. nat. U. Goebel;
Dr. rer. nat. M. Illing;
Dr. rer. nat. A. Zeppenfeld;
Eng. Grad. F. Raiche

Mecatrônica
Eng. Dr. K. G. Bürger

Sensores
Eng. Dr. E. Zabler

Atuadores
Eng. Dr. R. Heinz

Máquinas elétricas
Eng. Grad. R. Schenk

Matemática e métodos
Matemática
Eng. Grad. G. Brüggen

Resistência dos materiais
Prof. Eng. Dr. L. Issler, FHT Esslingen

Método dos elementos finitos (FEM)
Prof. Eng. Grad. P. Groth, FHT Esslingen

Qualidade
Eng. Grad. M. Graf;
Dr. rer. nat. H. Kuhn

Confiabilidade
Dr. rer. nat. E. Dilger;
Dr. rer. nat. H. Weiler

Estatística técnica, metrologia
Dipl.-Math. H.-P. Bartenschlager

Engenharia de controles
Dr. Técn. R. Karrelmeyer

Ciência dos materiais
Elementos químicos, substâncias, materiais
Dr. rer. nat. J. Ullmann;
Dr. rer. nat. W. Draxler;
Diretor de estudos. K.-M. Erhardt;
Robert Bosch-Schule, Stuttgart,
Eng. Dr. D. Wicke;
Eng. Grad. F. Mühleder;
Eng. Grad. D. Scheunert;
DaimlerChrysler AG, Sindelfingen;
Dr. rer. nat. I. Brauer; F. Wetzl;
Dr. rer. nat. H.-J. Spranger;
Dr. rer. nat. H. P. Koch;
Eng. Grad. R. Mayer;
Eng. Grad. G. Lindermann;
Eng. Grad. (FH) W. Hasert; R. Schäftlmeier;
Eng. Grad. H. Schneider;
Dr. rer. pol. T. Lueb,
BASF Coatings AG, Münster

Corrosão e proteção anticorrosão
Quím. Grad. B. Moro

Sistemas de revestimentos
Dr. rer. nat. U. Kraatz;
Dr. rer. nat. M. Rössler;
Dr. rer. nat. C. Treutler

Tribologia, desgaste
Eng. Grad. H. Schorr

Lubrificantes
Dr. rer. nat. G. Dornhöfer

Combustíveis
Dr. rer. nat. J. Ullmann

Materiais de consumo
Dr. rer. nat. D. Welting

Elementos de máquinas
Conexões parafusadas, positivas e por fricção, roscas
Prof. Eng. Dr. H. Haberhauer,
FHT Esslingen; Eng. Grad. M. Nöcker

Cálculo de molas
Prof. Eng. Dr. H. Haberhauer,
FHT Esslingen

Mancais e rolamentos
Eng. Dr. R. Heinz

Engrenagens e sistemas de dentes
Eng. Grad. U. v. Ehrenwall

Transmissões por correias
C. Hansen

Processos de fabricação
Tratamento térmico, têmpera
Eng. Dr. N. Lippmann

Tolerâncias
Ing. (grad.) J. Pfänder

Processamento de chapas de metal
U. Schröder, Volkswagen AG, Wolfsburg;
Eng. Grad. M. Witt, Volkswagen AG, Wolfsburg

Técnicas de união e ligação
Eng. Dr. M. Witt, Volkswagen AG, Wolfsburg; Eng°. Grad. R. Bald

Influências em veículos automotores
Exigências para veículos na estrada
Prof. Eng. Dr. K. Binder;
DaimlerChrysler AG, Stuttgart

Dinâmica de veículos automotores
Eng. Grad. G. Moresche,
DaimlerChrysler AG, Stuttgart;
Dr. rer. nat. L. Dragon,
DaimlerChrysler AG, Stuttgart;
Prof. Eng. Dr. habil. E.-C. v. Glasner,
DaimlerChrysler AG, Stuttgart;
Dipl.-Math. J. Pressel,
DaimlerChrysler AG, Stuttgart;
Eng. Dr. J. Brunotte, Institut für Betriebstechnik und Bauforschung der FAL, Braunschweig

Solicitações ambientais
Eng. Grad. W. Golderer

Motores de combustão interna
Prof. Eng. Grad. K. Binder,
DaimlerChrysler AG, Stuttgart;
Prof. Eng. Grad. H. Hiereth,
DaimlerChrysler AG, Stuttgart

Sistemas auxiliares do motor
Arrefecimento do motor
Eng. Grad. S. Rogg,
Behr GmbH & Co, KG, Stuttgart

Lubrificação do motor, filtragem de óleo
Eng. Grad. M. Kolczyk, Filterwerk
Mann + Hummel, Ludwigsburg

Filtragem de ar
Eng. Dr. M. Durst, Filterwerk
Mann + Hummel, Ludwigsburg

Sobrealimentadores
Eng. Grad. A. Förster, BorgWarner
Turbo Systems, Kirchheimbolanden

Sistemas para redução de emissões
Eng. Grad. C. Köhler; Dr. rer. nat. M. Streib

Ventilação do cárter
Eng. Dr. P. Trautmann,
Filterwerk Mann + Hummel, Ludwigsburg

Sistemas de gás de escapamento
Dr. rer. nat. R. Jebasinski,
J. Eberspächer GmbH & Co. KG, Esslingen

Autores

Legislação de controle de emissões e de diagnóstico
Emissões de escapamento
Eng. Dr. W. Polach

Legislação de controle de emissões e técnicas de medição
Eng. Dr. M. Eggers; Eng. Grad. S.Becher;
Eng. Dr. T. Eggert;
Fís. Grad. A. Kreh;
Eng. Grad. (FH) H.-G. Weißhaar

Diagnóstico
Eng. Dr. M. Knirsch; Eng. Grad. G. Driedger;
Eng. Grad. W. Schauer

Gerenciamento do motor Otto
Função de gerenciamento de motor, enchimento dos cilindros, formação da mistura, carburador, injeção no coletor de admissão, injeção direta de gasolina

Eng. Grad. A. Binder;
Eng. Dr. T. Landenfeld;
Dr. rer. nat. A. Schenck zu Schweinsberg;
Eng. Dr. J. Thurso;
Eng. Grad. (FH) T. Allgeier;
Eng. Dr. D. Großmann, Neuss

Alimentação de combustível
Eng. Dr. T. Frenz;
Eng. Grad. S. Fischbach;
Eng. Grad. H. Rembold;
Eng. Dr. G.-M. Klein, Filterwerk
Mann + Hummel, Ludwigsburg

Ignição
Eng. Grad. W. Gollin;
Eng. Grad. W. Häming;
Eng. Grad. (FH) U. Bentel;
Eng. Grad. (FH) M. Weimert;
Eng. Grad. E. Breuser

Gerenciamento de motor Motronic
Eng. Grad. B. Mencher

Desenvolvimento de sistemas de injeção históricos
Eng. Grad. G. Felger; Eng. Grad. M. Lembke;
Eng. (grad.) L. Seebald

Sistemas históricos de ignição por bobina
Eng. Grad. W. Gollin

Minimização de poluentes no motor Otto
Dr. rer. nat. M. Streib;
Eng. Grad. E. Schnaibel

Combustíveis alternativos para motores Otto
Motores alimentados por GLP
J. A. N. van Ling,
TNO Road-Vehicles Research Institute,
Delft, Niederlande

Motores alimentados com gás natural, álcool e hidrogênio
Eng. Grad. (FH) T. Allgeier;
Eng. Dr. T. Landenfeld

Gerenciamento de motores Diesel
Alimentação de combustível, Sistemas de injeção Diesel, filtros de combustível
Eng. Grad. K. Krieger;
Eng. Dr. W. Polach;
Eng. Dr. G.-M. Klein, Filterwerk
Mann + Hummel, Ludwigsburg;
Dr. rer. nat. W. Dreßler

Minimização de poluentes no motor Diesel
Priv.-Doz. Eng. Dr. J. K. Schaller

Propulsões alternativas
Propulsão elétrica
Eng. Dr. R. Schenk;
Eng. Grad. D. Übermeier, VB Autobatterie
GmbH, Hannover; Dr. rer. nat. U. Köhler,
NBT GmbH, Hannover

Propulsão híbrida
Prof. Eng. Dr. C. Bader,
DaimlerChrysler AG, Stuttgart

Células de combustível
Dr. rer. nat. U. Alkemade;
Dr. rer. nat. A. Häbich

Transmissão
Eng. Grad. P. Köpf,
Zahnradfabrik Friedrichshafen AG;
Dr. rer. nat. M. Schwab,
Zahnradfabrik Friedrichshafen AG

Sistemas do chassi
Molas e amortecedores, suspensão
Prof. Eng. Dr. H. Wallentowitz,
RWTH Aachen
Institut für Kraftfahrzeugwesen

Rodas
Eng. (grad.) D. Renz,
DaimlerChrysler AG, Sindelfingen;
Prof. Eng. Dr. habil. E.-C. v. Glasner,
DaimlerChrysler AG, Stuttgart

Pneus
Eng. Grad. B. Meiß,
Continental AG, Hannover;
Prof. Eng. Dr. habil. E.-C. v. Glasner,
DaimlerChrysler AG, Stuttgart

Direção
Eng. (grad.) D. Elser, Zahnradfabrik Friedrichshafen AG; Schwäbisch Gmünd

Sistemas de segurança veicular
Sistemas de freios
Dr. rer. nat. J. Bräuninger;
Prof. Eng. Dr. habil. E.-C. v. Glasner,
DaimlerChrysler AG, Stuttgart

*Equipamentos de freios para automóveis e utilitários leves
SBC, EBS*
Eng. Grad. (FH) K.-H. Röß,
DaimlerChrysler AG, Stuttgart
Prof. Eng. Dr. habil. E.-C. v. Glasner,
DaimlerChrysler AG, Stuttgart
Eng. Grad. B. Kant;
Eng. Grad. G.Klein, Knorr-Bremse SfN,
Schwiberdingen
Eng. Grad. (FH) R. Klement, Knorr-Bremse SfN, Schwiberdingen

Sistemas de estabilização veicular
Eng. Grad. (FH) H.-P. Stumpp;
Eng. Dr. A. van Zanten; Eng. Grad. G. Pfaff;
Eng. Dr. R. Erhardt;
Eng. Grad. F. Schwab, Knorr-Bremse SfN,
Schwiberdingen
Eng. Dr. F. Hecker, Knorr-Bremse SfN,
Schwiberdingen

Gerenciamento eletrônico de freios para utilitários como plataforma para sistemas de assistência ao motorista
Prof. Eng. Dr. habil. E.-C. v. Glasner,
DaimlerChrysler AG, Stuttgart

Carroceria do veículo
Sistemática dos veículos rodoviários
Eng. Grad. D. Scheunert,
DaimlerChrysler AG, Sindelfingen

Carroceria do veículo, automóveis e utilitários leves
Eng. Grad. D. Scheunert,
DaimlerChrysler AG, Sindelfingen
Eng. Grad. H. Winter,
DaimlerChrysler AG, Stuttgart

Iluminação
Eng. Dr. M. Hamm, Automotive Lighting
Reutlingen GmbH; Eng. Grad. D. Boebel,
Automotive Lighting Reutlingen GmbH;
Eng. Grad. T. Spingler, Automotive
Lighting
Reutlingen GmbH

Janelas e pára-brisas automotivos
Dr. rer. nat. D. Linnhöfer,
SAINT-GOBAIN SEKURIT, Aachen

Sistemas para limpeza dos vidros
Eng. Grad. (FH) A. Geis

Calefação e climatização
Eng. Grad. G. Schweizer,

Behr GmbH & Co, Stuttgart;
J. Fath, Freudenberg Vliesstoffe KG,
Weinheim;
Eng. Grad. P. Reiser, J. Eberspächer
GmbH & Co. KG, Esslingen

Auto-elétrica
Redes de bordo, motores de partida, alternadores
Eng. (grad.) R. Leunig;
Eng. Dr. G. Richter, VB Autobatterie
GmbH, Hannover; Eng. Grad. R. Meyer

Sistemas de partida
Eng. Grad. C. Krondorfer; Eng. Dr. I.
Richter

Símbolos e diagramas de circuitos
Equipe editorial

Dimensões de condutores
Eng. Grad. A. Kerber, DST Dräxlmaier
Systemtechnik GmbH, Vilsbiburg;
Eng. Grad. M. Gentzsch, DST Dräxlmaier
Systemtechnik GmbH, Vilsbiburg

Conectores
Eng. Grad. W. Gansert

Compatibilidade eletromagnética (EMC)
Eng. Dr. W. Pfaff

Sistemas de travas do veículo
Dispositivos de sinalização acústica
Eng. Grad. (FH) MBA J. Bowe

Sistema de trava central
A. Walther

Sistema de travas
Eng. Grad. B. Kordowski

Segurança e conforto
Sistemas de proteção dos ocupantes
Eng. Grad. B. Mattes

Servocomando dos vidros e teto solar
Eng. Grad. R. Kurzmann

Regulagem do banco e da direção
Eng. Dr. G. Hartz

Sistemas biométricos
Eng. Dr. J. Lichtermann

Sistemas de auxílio ao motorista
Prof. Eng. Dr. P. Knoll

Piloto automático adaptável (ACC)
Dr. rer. nat. H. Winner;
Dr. rer. nat. H. Olbrich;
Eng. Dr. H. Schramm, Knorr-Bremse SfN, Schwiberdingen

Informação e comunicação
Processamento de dados e redes de comunicação em veículos automotivos
DN V. Denner;
DN J. Maier;
Dr. phil. nat. D. Kraft
Eng. Grad. G. Spreitz

Instrumentação
Prof. Eng. Dr. P. Knoll;
Eng. Dr. B. Herzog

Sistema automotivo de informações
Eng. Grad. H. Kauff

Tacógrafos
Dipl.-Wirtschaftsingenieur T. Förster,
Siemens VDO Automotive AG,
Villingen-Schwenningen

Sistemas de estacionamento
Prof. Eng. Dr. P. Knoll

Transmissão analógica de sinal
Eng. Dr. J. Passoke

Transmissão digital de sinal
Eng. Grad. G. Spreitz

Auto-rádio com equipamentos suplementares, antenas veiculares
Eng. Dr. J. Passoke; B. Knerr;
E. Neumann

Telefone celular e dados
Eng. Dr. J. Wazeck

Serviços de informações via celular
Eng. Grad. (FH) M. Heßling

Sistemas de navegação, telemática de tráfego
Eng. Grad. E. P. Neukirchner

Gerenciamento de frota
R. Hoechter

Sistemas multimídia
Eng. Grad. G. Spreitz

Métodos de desenvolvimento e processos
Métodos de desenvolvimento e ferramentas aplicativas para sistemas eletrônicos

Eng. Grad. J. Schäuffele, ETAS

Projeto sonoro
Eng. Grad. R. von Sivers,
Eng. Dr. h.c. F. Porsche AG, Weissach

Túnel de vento automobilístico
Eng. Grad. M. Preiß,
Eng. Dr. h.c. F. Porsche AG, Weissach

Gestão ambiental
Eng. Grad. B. Martin, AUDI AG
Neckarsulm

Tecnologia de oficina
R. Henzmann;
Eng. Grad. (FH) F. Zauner;
Dipl.-Wirtsch.-Ing. S. Sohnle;
Eng. Grad., MBE, R. Nossek;
H. Weinmann;
Eng. Grad. T. Spingler,
Automotive Lighting Reutlingen GmbH;
Dipl.-Betriebsw. (BA) U. Peckolt, Automotive Testing Tecnologies GmbH, Kehl;
G. Mauderer;
G. Lemke
Eng. Grad. C. Probst;
Eng. Grad. (FH) H.-G. Weißhaar

Esportes a motor
Dipl.-Red. U. Michelt;
Eng. Grad. T. Nickels,
MAN Nutzfahrzeuge AG, München

Hidráulica e pneumática veicular
Hidráulica veicular
Eng. Grad. H. Lödige; Eng. Grad. K. Griese;
Eng. (grad.) D. Bertsch; Eng. Grad. W. Kötter;
Eng. Grad. M. Bing;
Eng. Grad. (FH) W. Steudel;
Eng. Grad. G. Bredenfeld

Pneumática veicular
Eng. (grad.) P. Berg, Knorr-Bremse SfN, Schwiberdingen

Anexos
Siglas de nacionalidades
Equipe editorial

Alfabetos e algarismos
Equipe editorial

Grandezas e unidades

Unidades do SI

SI é o acrônimo de "Système International d'Unités" (Sistema Internacional de Unidades). Este sistema de unidades foi estabelecido pelas normas internacionais ISO 31 e ISO 1000 (ISO: Organização Internacional para a Normalização) e, na Alemanha, está descrito na norma DIN 1301 (DIN: Deutsches Institut für Normung – Instituto Alemão para Normalização).

O SI é baseado em sete unidades primárias e todas as unidades secundárias são obtidas a partir das primárias. O fator numérico utilizado no estabelecimento das unidades secundárias é sempre igual a 1.

Unidades básicas do SI

Quantidade básica e símbolo	Nome da Unidade	Símbolo
Comprimento l	metro	m
Massa m	quilograma	kg
Tempo t	segundo	s
Corrente elétrica I	ampère	A
Temperatura termodinâmica T	kelvin	K
Quantidade de substância n	mol	mol
Intensidade luminosa I	candela	cd

Todas as outras quantidades e unidades são derivadas das quantidades e unidades básicas. A unidade de força no SI é obtida a partir da segunda lei de Newton:

força = massa × aceleração
$F = m \cdot a$

onde m = 1 kg e a = 1 m/s². Assim, F = 1 kg · 1 m/s² = 1 kg · m/s² = 1 N (newton).

Definições das unidades básicas do SI

O metro é definido como a distância que a luz percorre no vácuo em 1/299.792.458 segundos (17ª CGPM, 1983)[1]. O metro é então definido em função da velocidade da luz no vácuo, c = 299.792.458 m/s, e não é mais definido a partir do comprimento de onda da radiação emitida pelo isótopo ^{86}Kr do criptônio. O metro foi originalmente definido como sendo igual a 1/14.000.000 do meridiano terrestre (metro padrão, Paris, 1875).

O quilograma é a massa do protótipo do quilograma internacional (1ª CGPM, 1889, e 3ª CGPM, 1901)[1].

O segundo é definido como a duração de 9.192.631.770 períodos da radiação correspondente à transição entre dois níveis hiperfinos do estado não excitado dos átomos do isótopo ^{123}Cs do césio (13ª CGPM, 1967)[1].

O ampère é definido como a corrente elétrica constante que mantida em dois condutores paralelos, que apresentam comprimentos infinitos e seções transversais circulares com áreas desprezíveis, situados no vácuo e afastados 1 metro um do outro, produzirá uma força entre os condutores igual a 2×10^{-7} N por unidade de comprimento de condutor (9ª CGPM, 1948)[1].

O kelvin é definido como 1/273,16 da temperatura termodinâmica do ponto triplo da água[2] (13ª CGPM, 1967)[1].

O mol é definido como a quantidade de substância que contém um número de entidades elementares igual àquele de átomos que existem em 0,012 quilograma do isótopo ^{12}C do carbono (14ª CGPM, 1971)[1]. Quando o mol é utilizado, as entidades elementares devem ser especificadas (podem ser átomos, moléculas, íons, elétrons, outras partículas ou grupos específicos de tais partículas).

A candela é a intensidade luminosa, numa dada direção, de uma fonte que emite radiação monocromática, com freqüência de 540×10^{-12} Hz, e com intensidade de 1/683 watt por esferorradiano na direção considerada (16ª CGPM, 1979)[1].

---

[1] CGPM: Conférence Générale des Poids et Mesures (Conferência Geral de Pesos e Medidas).

[2] Ponto fixo na escala de temperatura internacional. O ponto triplo é o único estado termodinâmico onde as três fases de uma substância (sólido, líquido e vapor) estão em equilíbrio. A pressão e a temperatura do ponto triplo da água são iguais a 0,6113 kPa e 273,16 K. Observe que a temperatura do ponto triplo da água é 0,01 K superior à temperatura de solidificação da água quando a pressão absoluta é igual a $1,01325 \times 10^5$ Pa.

Múltiplos e submúltiplos decimais das unidades do SI

Os múltiplos e submultiplos decimais das unidades do SI são indicados por prefixos adicionados ao nome da unidade ou ao símbolo da unidade. Os prefixos são colocados na frente do símbolo da unidade para formar uma unidade coerente, tal como a miligrama (mg). Os prefixos múltiplos, tal como microquilograma (μkg), não devem ser utilizados. Os prefixos não devem ser utilizados antes das unidades de ângulos (grau, minuto e segundo), de tempo (minuto, hora, dia e ano) e da temperatura (grau Celsius).

Prefixo	Símbolo	Potência	Nome
atto	a	10^{-18}	trilionésimo
femto	f	10^{-15}	milésimo bilionésimo
pico	p	10^{-12}	bilionésimo
nano	n	10^{-9}	milésimo milionésimo
micro	μ	10^{-6}	milionésimo
mili	m	10^{-3}	milésimo
centi	c	10^{-2}	centésimo
deci	d	10^{-1}	décimo
deca	da	10^{1}	dezena
hecto	h	10^{2}	centena
quilo	k	10^{3}	milhar
mega	M	10^{6}	milhão
giga	G	10^{9}	bilhão[1]
tera	T	10^{12}	trilhão[1]
peta	P	10^{15}	quatrilhão
exa	E	10^{18}	quintilhão

Unidades Legais

A lei sobre Metrologia e Unidades aprovada em 2 de julho de 1969 e a implementação legal realizada em 26 de junho de 1970 especificam as "unidades legais". Este conjunto de unidades deve ser utilizado em todas as transações comerciais realizadas na Alemanha[2]. As unidades legais são:
– As unidades do SI
– Múltiplos e submúltiplos decimais das unidades do SI
– Outras unidades permitidas; veja as tabelas das próximas páginas

As unidades utilizadas neste Manual são as legais. Entretanto, em muitas seções, as unidades do sistema técnico também são utilizadas (entre parênteses) para facilitar a apresentação do material exposto.

Sistemas de unidades que não devem ser utilizados

O sistema físico de unidades
O sistema físico de unidades é baseado nas mesmas quantidades utilizadas na formulação do SI, ou seja, comprimento, massa e tempo. Entretanto, as unidades utilizadas para estas quantidades são o centímetro (cm), a grama (g) e o segundo (Sistema CGS).

Sistema técnico de unidades
O sistema técnico de unidades utiliza as seguintes quantidades e unidades básicas na sua formulação:

Quantidade básica	Unidade básica	Símbolo
Comprimento	metro	m
Força	quilograma-força	kgf
Tempo	segundo	s

A segunda lei de Newton

$$F = m \cdot a$$

estabelece a relação entre o sistema internacional e o sistema técnico de unidades. Observe que a força que representa o peso G pode substituir F e a aceleração do campo gravitacional g pode substituir a.

Em contraste à massa, a aceleração do campo gravitacional varia com a posição e, assim, o peso depende da posição no campo gravitacional. O valor padrão da aceleração da gravidade é $g_n = 9,80665$ m/s² (DIN 1305). O valor aproximado

$$g = 9,81 \text{ m/s}^2$$

é normalmente aceito nas avaliações técnicas.

O kgf (quilograma-força) é o peso associado à massa de um quilograma posicionado num local onde a aceleração da gravidade é a padrão. Assim,

$G = m \cdot g$
1 kgf = 1 kg · 9,81 m/s² = 9,81 N

---

[1] Nos EUA, 1 billion = 10^9 e 1 trillion = 10^{12}

[2] Também são válidos os documentos: "Gesetz zur Änderung des Gesetzes über Einheiten in Meßwesen" de 6 de julho de 1973; "Verordnung zur Änderung der Ausführungsverordnung" de 27 de novembro de 1973 e "Zweite Verordnung zur Änderung der Ausführungsverordnung" de 12 de dezembro de 1977.

Grandezas e unidades
Material extraído da norma DIN 1301

A próxima tabela apresenta um conjunto das quantidades físicas mais importantes, seus símbolos padrão e também as unidades legais destas quantidades. As unidades legais adicionais podem ser formadas com a adição de prefixos (p. 23). A coluna "Outros" apenas indica os múltiplos e submúltiplos decimais das unidades do SI que tem nome próprio. As unidades que não devem ser utilizadas, e suas fórmulas de conversão, estão indicadas na última coluna da tabela. Os números de página apresentados na tabela indicam os locais onde as tabelas de conversão adequadas podem ser encontradas.

Grandeza e símbolo	Unidades legais SI	Outros	Nome	Relação	Comentários, unidades que não devem ser utilizadas e equações de conversão
1. Comprimento, área e volume (p. 29 a 31)					
Comprimento l	m		metro		1μ (mícron) = $1\,\mu m$ 1 Å (Ångström) = 10^{-10} m 1 X.U. (unidade X) ≈ 10^{-13} m 1 p (ponto tipográfico) = 0,376 mm
		nm	milha náutica internacional	1 nm = 1.852 m	
Área A	m^2		metro quadrado		
		a	Ar	1 a = 100 m^2	
		ha	hectare	1 ha = 10^4 m^2	
Volume V	m^3		metro cúbico		
		l, L	litro	1 l = 1 L = 1 dm^3	
2. Ângulo (p. 31)					
Ângulo plano α, β etc.	rad[1]		radiano	$1\,rad = \frac{arco\,c/1m\,de\,compr.}{raio\,de\,1\,m}$	
		°	gau	1 rad = $180°/\pi$ = $57,296°$ ≈ $57,3°$	1 L (ângulo reto) = 90° = $(\pi/2)$ rad = 100 gon
		'	minuto	1° = 0,017453 rad	1g (centésimo de grau) = 1 gon
		"	segundo	1° = 60' = 3600" 1 gon = $(\pi/200)$ rad	1c (centésimo de minuto) = 1 cgon
		gon	gon		1cc (centésimo de segundo) = 0.1 mgon
Ângulo sólido Ω	sr		esferorradiano	$1\,sr = \frac{superfície\,esférica\,c/\,1m^2\,de\,área}{raio\,da\,esfera\,c/\,1m^2\,de\,área}$	
3. Massa (p. 32 a 33)					
Massa m (Peso)[2]	kg		quilograma		1 γ (gama) = 1 μg 1 quintal = 100 kg 1 quilate = 0,2 g
		g	grama		
		t	tonelada	1 t = 1 Mg = 10^3 kg	

---
[1] A unidade rad (p. 31) pode ser substituída pelo numeral 1 nos cálculos.
[2] O termo "weight" é ambíguo em qualquer caso; ele é usado para denotar tanto massa como peso (DIN 1305)

Grandezas e unidades

Grandeza e símbolo	Unidades legais SI	Outros	Nome	Relação	Comentários, unidades que não devem ser utilizadas e equações de conversão
Massa específica ϱ	kg/m³			1 kg/dm³ = 1 kg/l = 1 g/cm³ = 1000 kg/m³	Peso específico ou peso por unidade de volume γ (kgf/dm³). Conversão: O valor numérico do peso específico em kgf/dm³ é aproximadamente igual ao valor numérico da massa específica em kg/dm³.
		kg/dm³			
		kg/l			
		kg/cm³			
Momento de Inércia (momento de massa de segunda ordem) J	kg · m²			$J = m \cdot i^2$ i = raio de giração	Efeito de rotor $G \cdot D^2$. Conversão: o valor numérico de $G \cdot D^2$ em kgf · m² = 4 × valor numérico de J em kg · m²

4. Grandezas temporais (p.38)

Tempo, duração, intervalo t	s		segundo[1]		O ano utilizado em algumas indústrias do ramo energético é considerado igual a 8.760 horas
		min	minuto[1]	1 min = 60 s	
		h	hora[1]	1 h = 60 min	
		d	dia	1 d = 24 h	
		a	ano		
Freqüência f	Hz		hertz	1 Hz = 1/s	
Freqüência de rotação n	s⁻¹			1 s⁻¹ = 1/s	Ainda é permitida a utilização de r/min (revoluções por minuto), mas é aconselhável o emprego de rpm (1 r/min = 1 rpm)
		rpm 1/min		1 rpm= 1/min = (1/60) s⁻¹	
Freqüência angular $\omega = 1\pi f$	s⁻¹				
Velocidade v	m/s	km/h		1 km/h = (1/3,6) m/s	
		kn	nó	1 nó = 1 nm/h = 1,852 km/h	
Aceleração a	m/s²			aceleração da gravidade, g (p. 23)	
Velocidade angular ω	rad/s [2])				
Aceleração angular α	rad/s [2])				

5. Força, energia e potência (p.34 a 35)

Força F Peso (força peso) G	N N		newton	1 N = 1 kg · m/s²	1 kgf = 9,80665 N 1 dina = 10⁻⁶ N

---

[1])O horário indicado pelos relógios deve ser expresso com sobrescritos. Exemplo: 3ʰ 25ᵐ 6ˢ
[2])A unidade rad pode ser substituído pelo numeral 1 nos cálculos

Princípios básicos de física

Grandeza e símbolo	Unidades legais SI	Outros	Nome	Relação	Comentários, unidades que não devem ser utilizadas e equações de conversão
Pressão p	Pa		pascal	$1\ Pa = 1\ N/m^2$	1 at (atmosfera técnica) $= 1\ kgf/cm^2$ $= 0,980665\ bar \approx 1\ bar$ 1 atm (atmosfera física) $= 1,01325\ bar$ [1]) 1 mm H_2O (coluna d'água) $= 1\ kgf/m^2 = 0,0980665\ hPa$ $\approx 0,1\ hPa$ 1 torr = 1 mm Hg (coluna de mercúrio) $= 1,33322\ hPa$ $dina/cm^2 = 1\ \mu bar$
Pressão absoluta p_{abs}		bar	bar	$1\ bar = 10^5\ Pa$ $= 10\ N/cm^2$ $1\ \mu bar = 0,1\ Pa$ $1\ mbar = 1\ hPa$	
Pressão atmosférica p_{atm} Pressão Relativa p_e $p_e = p_{abs} - p_{atm}$	As pressões relativas não são mais indicadas com uma unidade. O vácuo é indicado como uma pressão relativa negativa Exemplos: antes agora 3 atg $p_e = 2,94\ bar \approx 3\ bar$ 10 ata $p_{abs} = 9,81\ bar \approx 10\ bar$ 0,4 atu $p_e = -0,39\ bar \approx -0,4\ bar$				
Tensão mecânica σ, τ	N/mm^2	N/mm^2		$1\ N/m^2 = 1\ Pa$ $1\ N/mm^2 = 1\ MPa$	$1\ kgf/mm^2 = 9,81\ N/mm^2$ $\approx 10\ N/mm^2$ $1\ kgf/cm^2 = 0,1\ N/mm^2$
Dureza (p. 310)	As durezas Brinell e Vickers não são mais indicadas em kgf/mm^2. Agora, uma abreviação da escala de dureza relevante é escrita como uma unidade após o valor numérico utilizado anteriormente (incluindo a indicação da força utilizada no teste, etc. quando aplicável)				Exemplos: antes HB = 350 kgf/mm^2 agora 350 HB antes HV30 = 720 kgf/mm^2 agora 720 HV30 antes HRC = 60 agora 60 HRC
Energia trabalho E, W Calor, quantidade de calor Q (p. 27)	J		joule	$1\ J = 1\ N \cdot m = 1\ W \cdot s =$ $1\ kg \cdot m^2/s^2$	1 kg · m (kilopondmeter) = $9,81\ J \approx 10\ J$ 1 HP · h (HP hora) = $0,7355\ kW \cdot h$ $\approx 0,74\ kW \cdot h$ 1 erg (erg) = $10^{-7}\ J$ 1 kcal (quilocaloria) = $4,1868\ kJ \approx 4.2\ kJ$ 1 cal (caloria) = $4,1868\ J \approx 4.2\ J$
		W · s	wall-segundo		
		kW · h	kilowatt-segundo	$1\ kW \cdot h = 3,6\ MJ$	
		eV	kilowatt-hora	$1\ eV = 1,60219 \cdot 10^{-19}\ J$	
Torque M	N · m		newton-metro		1 kg · m (kilopondmeter) = $9,81\ N \cdot m \approx 10\ N \cdot m$
Potência, taxa de transferência de calor (p. 27) P, Q, Φ	W		watt	$1\ W = 1\ J/s = 1\ N \cdot m/s$	$1\ kgf \cdot m/s = 9,81\ W \approx 10\ W$ 1 HP (horsepower) = $0,7355\ kW \approx 0,74\ kW$ $1\ kcal/s = 4,1868\ kW$ $\approx 4,2\ kW$ $1\ kcal/h = 1,163\ W$

6. Viscosidades (p. 37)

Grandeza e símbolo	SI	Outros	Nome	Relação	Comentários
Viscosidade dinâmica η	Pa · s		Pascal-segundo	$1\ Pa \cdot s = 1\ N \cdot s/m^2$ $= 1\ kg/(s \cdot m)$	1 P (poise) = $0,1\ Pa \cdot s$ 1 cP (centipoise) = $1\ mPa \cdot s$
Viscosidade cinemática ν	m^2/s			$1\ m^2/s = 1\ Pa \cdot s/(kg/m^3)$	1 St (stoke) = $10^{-4}\ m^2/s =$ $1\ cm^2/s$ 1 cSt (centistoke) = $1\ mm^2/s$

---

[1]) 1,01325 bar = 1013,25 hPa = 760 mm de coluna de mercúrio é o valor da pressão atmosférica padrão.

Grandezas e unidades

Grandeza e símbolo	Unidades legais SI	Outros	Nome	Relação	Comentários, unidades que não devem ser utilizadas e equações de conversão
7. Temperatura e calor (p. 36)					
Temperatura T, t	K		Kelvin	$t = (T - 273,15\,\text{K})\frac{°C}{K}$	
		°C	graus Celsius		
Diferença de temperatura ΔT, Δt	K		Kelvin	$1\,\text{K} = 1°C$	
		°C	graus Celsius		
		Expresse as diferenças de temperatura em K nas unidades secundárias, por exemplo kJ/(m · h · K). As notações indicadas para as incertezas associadas às temperaturas são: $t = (40 \pm 2)°C$, $t = 40°C \pm 2°C$ e $t = 40°C \pm 2\,\text{K}$.
	O item 5 apresenta as quantidades calor e taxa de transferência de calor.
Calor específico c	$\frac{\text{J}}{\text{kg}\cdot\text{K}}$				1 kcal/(kg · °C) = 4,187 kJ/(kg · K) ≈ 4.2 kJ/(kg · K)
Condutibilidade térmica λ	$\frac{\text{W}}{\text{m}\cdot\text{K}}$				1 kcal/(m · h · °C) = 1,163 W/(m · K) ≈ 1.2 W/(m·K) 1 cal/(cm · s · °C) = 4,187 W/(cm · K) 1 W/(m · K) = 3,6 kJ/(m · h · K)
8. Grandezas elétricas (p. 70)					
Corrente elétrica I	A		Ampère		
Potencial elétrico U	V		Volt	$1\,\text{V} = 1\,\text{W/A}$	
Condutância elétrica G	S		Siemens	$1\,\text{S} = 1\,\text{A/V} = 1/\Omega$	
Resistência elétrica R	Ω		Ohm	$1\,\Omega = 1/\text{S} = 1\,\text{V/A}$	
Carga elétrica Q	C		Coulomb	$1\,\text{C} = 1\,\text{A}\cdot\text{s}$	
		A · h	Ampère-hora	$1\,\text{A}\cdot\text{h} = 3.600\,\text{C}$	
Capacitância elétrica C	F		Farad	$1\,\text{F} = 1\,\text{C/V}$	
Densidade do fluxo elétrico, deslocamento elétrico D	C/m²				
Intensidade do campo elétrico E	V/m				

Princípios básicos de física

Grandeza e símbolo	Unidades legais SI	Outros	Nome	Relação	Comentários, unidades que não devem ser utilizadas e equações de conversão
9. Grandezas magnéticas (p. 70)					
Fluxo magnético Φ	Wb		Weber	1 Wb = 1 V · s	1 M (Maxwell) = 10^{-8} Wb
Densidade do fluxo magnético, indução B	T		Tesla	1 T = 1 Wb/m^2	1 G (Gauss) = 10^{-4} T
Indutância L	H		Henry	1 H = 1 Wb/A	
Intensidade do campo magnético H	A/m			1 A/m = 1 N/Wb	1 Oe (Oersted) = $10^3/(4\pi)$ A/m = 79,58 A/m
10. Grandezas fotométricas (p. 49)					
Intensidade luminosa I	cd		candela		
Luminância L	cd/m^2				1 sb (Stilb) = 10^4 cd/m^2 1 asb (apostilb) = $1/\pi$ cd/m^2
Fluxo luminoso Φ	lm		lúmen	1 lm = 1 cd · sr (sr = esferorradiano)	
Iluminamento E	lx		lux	1 lx = 1 lm/m^2	
11. Grandezas utilizadas na física moderna e em outros campos					
Energia W		eV	elétron volt	1 eV = 1,60219 · 10^{-19} J 1 MeV = 10^6 eV	
Atividade de substância radioativa A	Bq		Bequeret	1 Bq = 1 s^{-1}	1 Ci (Curie) = $3,7 \times 10^{10}$ Bq
Dose absorvida (radiação) D	Gy		Gray	1 Gy = 1 J/kg	1 rd (rad) = 10^{-2} Gy
Dose equivalente (radiação) Dq	Sv		Sievert	1 Sv = 1 J/kg	1 rem (rem) = 10^{-2} Sv
Taxa de absorção (radiação) $\dot{D}$				1 Gy/s = 1 W/kg	
Dose de íons (radiação) J	C/kg				1 R (Röntgen) = 258 · 10^{-6} C/kg
Taxa de absorção de íons (radiação) j	A/kg				
Quantidade de substância n	mol		mol		

Grandezas e unidades

Conversão de Unidades

Unidades de comprimento

Unidade	X.U.	pm	Å	nm	µm	mm	cm	dm	m	km
1 X.U. ≈	1	10^{-1}	10^{-3}	10^{-4}	10^{-7}	10^{-10}	10^{-11}	10^{-12}	10^{-13}	—
1 pm =	10	1	10^{-2}	10^{-3}	10^{-6}	10^{-9}	10^{-10}	10^{-11}	10^{-12}	—
1 Å =	10^3	10^2	1	10^{-1}	10^{-4}	10^{-7}	10^{-8}	10^{-9}	10^{-10}	—
1 nm =	10^4	10^3	10	1	10^{-3}	10^{-6}	10^{-7}	10^{-8}	10^{-9}	10^{-12}
1 µm =	10^7	10^6	10^4	10^3	1	10^{-3}	10^{-4}	10^{-5}	10^{-6}	10^{-9}
1 mm =	10^{10}	10^9	10^7	10^6	10^3	1	10^{-1}	10^{-2}	10^{-3}	10^{-6}
1 cm =	10^{11}	10^{10}	10^8	10^7	10^4	10	1	10^{-1}	10^{-2}	10^{-5}
1 dm =	10^{12}	10^{11}	19^9	10^8	10^5	10^2	10	1	10^{-1}	10^{-4}
1 m =	—	10^{12}	10^{10}	10^9	10^6	10^3	10^2	10	1	10^{-3}
1 km =	—	—	—	10^{12}	10^9	10^6	10^5	10^4	10^3	1

Não utilizar X.U. (unidade X) e Å (Ångström) como unidades de comprimento.

Unidade	pol. (")	pé (')	jarda	milha	milha n	mm	m	km
1 pol. (") =	1	0,08333	0,02778	—	—	25,4	0,0254	—
1 pé (') =	12	1	0,33333	—	—	304,8	0,3048	—
1 jarda =	36	3	1	—	—	914,4	0,9144	—
1 milha =	63.360	5.280	1.760	1	0,86898	—	1.609,34	1,609
1 milha n[1] =	72.913	6.076,1	2.025,4	1,1508	1	—	1.852	1,852
1 mm =	0,03937	$3,281 \cdot 10^{-3}$	$1,094 \cdot 10^{-3}$	—	—	1	0,001	10^{-6}
1 m =	39,3701	3,2808	1,0936	—	—	1.000	1	0,001
1 km =	39.370	3.280,8	1.093,6	0,62137	0,53996	10^6	1.000	1

pol. = polegada = in = inch; pé = foot = ft; jarda = yard; milha = milha legal; milha n = milha náutica

Outras unidades de comprimento utilizadas na Inglaterra e Estados Unidos

1 µin (micropolegada) = 0,0254 µm
1 mil (milipolegada) = 0,0254 mm
1 link = 201,17 mm
1 rod = 1 pole = 1 perch = 5,5 jardas
   = 5,0292 m
1 chain = 22 jardas = 20,1168 m
1 furlong = 220 jardas = 210,168 m
1 fathom = 2 jardas = 1,8288 m

Unidades astronômicas
1 ano-luz = $9,46053 \times 10^{15}$ m (distância percorrida por uma onda eletromagnética, no vácuo, durante um ano)
1 UA (unidade astronômica) = $1,496 \cdot 10^{11}$ m
   (distância média do Sol à Terra)

1 pc (parsec) = 206,265 UA = $3,0857 \cdot 10^{16}$ m
   (equivale a uma paralaxe anual estelar de um segundo)

Não utilizar
1 linha (fabricação de relógios) = 2,256 mm
1 p (ponto tipográfico) = 0,376 mm
1 milha alemã = 7.500 m
1 milha geográfica = 7.420,4 m
   (≈ comprimento do arco de 4 minutos no equador terrestre)

---

[1] 1 milha náutica = 1 milha n = 1 mn = 1 milha náutica internacional = 1.852 m = 1 milha náutica /h = 1 mn/h = 1,852 km/h

Unidades de área

Unidade	pol.^{2}	pé^2	jarda^2	acre	milha^2	cm^2	m^2	are	ha	km^2
pol.^{2} = 1	—	—	—	—	6,4516	—	—	—	—	
pé^2 = 144	1	0,1111	—	—	929	0,0929	—	—	—	
jarda^2 = 1.296	9	1	—	—	8.361	0,8361	—	—	—	
acre = —	—	4.840	1	0,16	—	4.047	40,47	0,40	—	
milha^2 = —	—	—	6,40	1	—	—	—	259	2,59	
cm^2 = 0,155	—	—	—	—	1	0,01	—	—	—	
m^2 = 1.550	10,76	1,196	—	—	10.000	1	0,01	—	—	
are = —	1.076	119,6	—	—	—	100	1	0,01	—	
ha = —	—	—	2,47	—	—	10.000	100	1	0,01	
km^2 = —	—	—	247	0,3861	—	—	10.000	100	1	

pol^2 = in^2 = square inch (sq. in)
pé^2 = ft^2 = square foot (sq ft)
jarda^2 = square yard (sq yd)
milha^2 = square mile (sq mile)

Dimensões das folhas de papel padronizadas (DIN 476)

Dimensões em mm

A 0 841 × 1189   **A 6** 105 × 148
A 1 594 × 841   **A 7** 74 × 105
A 2 420 × 594   **A 8** 52 × 74
A 3 297 × 420   **A 9** 37 × 52
A 4 210 × 297 [1])   **A 10** 26 × 37
A 5 148 × 210

Unidades de volume

Unidade	pol^3	pé^3	jarda^3	galão (UK)	galão (EUA)	cm^3	dm^3 (l)	m^3
pol^3 = 1	—	—	—	—	16,3871	0,01639	—	
pé^3 = 1.728	1	0,03704	6,229	7,481	—	28,3168	0,02832	
jarda^3 = 46.656	27	1	168,18	201,97	—	764,555	0,76456	
galão (UK) = 277,42	0,16054	—	1	1,20095	4.546,09	4,54609	—	
galão (EUA) = 231	0,13368	—	0,83267	1	3.785,41	3,78541	—	
cm^3 = 0,06102	—	—	—	—	1	0,001	—	
dm^3 (l) = 61,0236	0,03531	0,00131	0,21997	0,26417	1.000	1	0,001	
m^3 = 61.023,6	35,315	1,30795	219,969	264,172	10^6	1.000	1	

pol^3 = in^3 = cubic inch (cu in)
pé^3 = ft^3 = cubic foot (cu ft)
jarda^3 = cubic yard (cu yd)
galão = gallon = gal

Outras unidades de volume

Inglaterra (UK)
1 fl oz (onça de fluido) = 0,028413 *l*
1 pt (pint) = 0,56826 *l*
1 qt (quart) = 2 pt = 1,13652 *l*
1 gal (galão) = 4 qt = 4,5461 *l*
1 barril (barrel, bbl) = 36 gal = 163,6 *l*
1 bu (bushel) = 8 gal = 36,369 *l*
(utilizado para quantificar o volume de produtos secos)

---

[1]) O formato usual nos EUA é 216 mm × 279 mm

Estados Unidos da América (EUA)
1 fl oz (onça de fluido) = 0,029574 l
1 liq pt (liquid pint) = 0,47318 l
1 liq quart = 2 liq pt = 0,94635 l
1 gal (galão) = 4 liq qt = 231 pol^3 = 3,7854 l
1 liq bbl (liquid barrel, barril) = 119,24 l
1 barril de petróleo[1] ((barrel petroleum) = 42 gal = 158,99 l
1 bu (bushel) = 35,239 l
(utilizado para quantificar o volume de produtos secos)

Volume de navios
1 RT (tonelada registrada) = 100 ft^3 = 2,832 m^3; GRT (RT bruto)= volume total do navio; tonelada registrada líquida = volume de carga do navio
GTI (índice de tonelagem bruta) = volume total do casco em m^3
1 ton oceânica = 40 ft^3 = 1,1327 m^3

Unidades de ângulo

Unidade[2] °	°	′	″	rad	gon	cgon	mgon
1°	= 1	60	3.600	0,017453	1.1111	111,11	1111,11
1 ′	= 0,016667	1	60	—	0,018518	1,85185	18,5185
1 ″	= 0,0002778	0,016667	1	—	0,0003064	0,030864	0,30864
1 rad	= 57,2958	3.437,75	206.265	1	63,662	6.366,3	63.662
1 gon	= 0,9	54	3.240	0,015708	1	100	1.000
1 cgon	= 0,009	0,54	32,4	—	0,01	1	10
1 mgon	= 0,0009	0,054	3,24	—	0,001	0,1	1

Velocidades
1 km/h = 0,27778 m/s
1 milha/h = 1,60934 km/h
1 nó (knot) = 1,852 km/h
1 pé/min = 1 ft/min = 0,3048 m/min

1 m/s = 3,6 km/h
1 km/h = 0,62137 milhas/h
1 km/h = 0,53996 nó
1 m/min = 3,28084 pé/min

$$x\,\text{km/h} \triangleq \frac{60}{x}\,\text{min/km} \triangleq \frac{3.600}{x}\,\text{s/km}, \quad x\,\text{milha/h} \triangleq \frac{37,2824}{x}\,\text{min/km} \triangleq \frac{2.236,9}{x}\,\text{s/km}$$

$$x\,\text{s/km} \triangleq \frac{3.600}{x}\,\text{km/h}$$

O número de Mach, Ma, indica a razão entre uma velocidade e a velocidade do som no meio (a velocidade do som no ar a 25°C e 760 mm Hg é aproximadamente igual a 346 m/s). $Ma = 1,3$ indica que a velocidade considerada é igual a 1,3 vez a velocidade local do som.

Consumo de Combustível
1 g/PS · h = 1,3596 g/kW · h
1 lb/hp · h = 608,277 g/kW · h
1 liq pt/hp · h = 634,545 cm^3/kW · h
1 pt (UK)/hp · h = 762,049 cm^3/kW · h

1 g/kW · h = 0,7355 g/PS · h
1 g/kW · h = 0,001644 lb/hp · h
1 cm^3/kW · h = 0,001576 liq pt/hp · h
1 cm^3/kW · h = 0,001312 pt (UK)/hp · h

$$x\,\text{milha/gal(U.S.)} \triangleq \frac{235,21}{x}\,l/100\,\text{km}, \quad x\,l/100\,\text{km} \triangleq \frac{235,21}{x}\,\text{milha/gal(U.S.)}$$

$$x\,\text{milha/gal(U.K.)} \triangleq \frac{282,48}{x}\,l/100\,\text{km}, \quad x\,l/100\,\text{km} \triangleq \frac{282,48}{x}\,\text{milha/gal(U.K.)}$$

---
[1] Para óleo cru.
[2] É recomendável indicar os ângulos com apenas um tipo de unidade. Por exemplo, é melhor escrever $\alpha = 33,291°$ ou $\alpha = 1.997,46'$ do que $\alpha = 33° 17'27,6''$.

Unidades de massa

Sistema Avoirdupois (unidades utilizadas nos EUA e Reino Unido – UK)

Unidade		gr	dram	oz	lb	cwt (UK)	cwt (EUA)	ton (UK)	ton (EUA)	g	kg	t
1 gr	=	1	0,03657	0,00229	1/7.000	–	–	–	–	0,064799	–	–
1 dram	=	27,344	1	0,0625	0,00391	–	–	–	–	1,77184	–	–
1 oz	=	437,5	16	1	0,0625	–	–	–	–	28,3495	–	–
1 lb	=	7.000	256	16	1	0,00893	0,01	–	–	453,592	0,45359	–
1 cwt (UK)[1]	=	–	–	–	112	1	1,12	0,05	–	–	–	–
1 cwt (EUA)[2]	=	–	–	–	100	0,8929	1	0,04464	0,05	–	–	–
1 ton (UK)[3]	=	–	–	–	2.240	20	22,4	1	1,12	–	–	1,01605
1 ton (EUA)[4]	=	–	–	–	2.000	17,857	20	0,8929	1	–	–	0,90718
1 g	=	15,432	0,5644	0,03527	–	–	–	–	–	1	0,001	–
1 kg	=	–	–	35,274	2,2046	0,01968	0,02205	–	–	1.000	1	0,001
1 t	=	–	–	–	2.204,6	19,684	22,046	0,9842	1,1023	10⁶	1.000	1

Sistema Troy (utilizado nos EUA e Reino Unido – UK para indicar a massa de pedras preciosas e metais raros) e Sistema farmacêutico (utilizado nos EUA e Reino Unido – UK para indicar a massa de produtos farmacêuticos)

Unidade		gr	s ap	dwt	dr ap	oz t = oz ap	lb t = lb ap	Kt	g
1 gr	=	1	0,05	0,04167	0,01667	–	–	0,324	0,064799
1 s ap	=	20	1	0,8333	0,3333	–	–	–	1,296
1 dwt	=	24	1,2	1	0,4	0,05	–	–	1,5552
1 dr ap	=	60	3	2,5	1	0,125	–	–	3,8879
1 oz t = 1 oz ap	=	480	24	20	8	1	0,08333	–	31,1035
1 lb t = 1 lb ap	=	5.760	288	240	96	12	1	–	373,24
1 Kt	=	3,086	–	–	–	–	–	1	0,2000
1 g	=	15,432	0,7716	0,643	0,2572	0,03215	0,002679	5	1

Grandezas e unidades

UK = Reino Unido, EUA = Estados Unidos da América
gr = grão, oz = onça, lb = libra, cwt = hundredweight
1 slug = 14,5939 kg = massa que é acelerada a 1 ft/s² por uma força de 1 lbf
1 st (stone) = 14 lb = 6,35 kg (UK)
1 qr (quarter) = 28 lb = 12,7006 kg (utilização rara no Reino Unido)
1 quintal = 100 lb = 1 cwt (EUA) = 45,3592 kg
1 tdw (ton dead weight) = 1 ton (UK) = 1,016 t
A massa dos navios comerciais (carga, lastro, combustível e suprimentos) é indicada em tdw.
s ap = scruple farmacêutico
dwt = pennyweight
dr ap = dracma farmacêutico (dram farmacêutico nos EUA)
oz t (oz tr no UK) = onça troy
oz ap (oz apoth no UK) = onça farmacêutica
lb t = libra troy
lb ap = libra farmacêutica
Kt = quilate métrico, utilizado apenas para pedras preciosas[5]

Massa por unidade de comprimento
A unidade do SI é kg/m
1 lb/ft = 1,48816 kg/m, 1 lb/yd = 0,49605 kg/m
Unidades utilizadas na indústria têxtil (DIN 60905 e 60910):
1 tex = 1 g/km, 1 mtex = 1 mg/km
1 dtex = 1 dg/km, 1 ktex = 1 kg/km
Unidade anterior que não deve ser utilizada
1 den (denier) = 1 g/ 9 km = 0,1111 tex, 1 tex = 9 den

Massa específica
A unidade do SI é kg/m³
1 kg/dm³ = 1 kg/l = 1 g/cm³ = 1000 kg/m³
1 lb/ft³ = 16,018 kg/m³ = 0,016018 kg/l
1 lb/gal (UK) = 0,099776 kg/l,
1 lb/gal (EUA) = 0,11983 kg/l

°Bé (grau Baumé) é uma medida da densidade de líquidos utilizando como referencial a massa específica da água líquida a 15°C. Se °Bé é positivo, a massa específica do líquido é maior do que aquela da água líquida 15°C. Quando a massa específica do líquido for menor do que aquela da água líquida a 15°C, o °Bé é negativo. Não utilizar a unidade °Bé.

$\varrho = 144,3/(144,3 + n)$

ϱ massa específica em kg/l e n graus Baumé medidos num densímetro.

O °API (American Petroleum Institute) é utilizado nos EUA para indicar a densidade de combustíveis e óleos.

$\varrho = 141,5/(131,5 + n)$

ϱ massa específica em kg/l e n graus API medidos num densímetro.

Exemplos
−12 °Bé = 144,3/(144,3 + 12) kg/l = 0,923 kg/l
+34 °Bé = 144,3/(144,3 − 34) kg/l = 1,308 kg/l
28 °API = 141,5/(131,5 +28) kg/l = 0,887 kg/l

---

[1] Também conhecida como cwt longa (cwt *l*).
[2] Também conhecida como cwt curta (cwt sh).
[3] Também conhecida como ton longa (tn *l*).
[4] Também conhecida como ton curta (tn sh).
[5] O termo quilate já foi utilizado para indicar o teor de ouro nas suas ligas. Por exemplo, o ouro puro apresenta 24 quilates. Já a liga com 14 quilates apresenta 14/24 = 585/1.000 partes (em massa) de ouro puro na liga (a fração em massa de ouro na liga é 0,585).

Unidades de força

Unidade	N	kgf	lbf	
1 N =	1	0,101972	0,224809	1 pdl (poundal) = 0,138255 N = módulo da força que aplicada a uma massa de 1 lb impõe uma aceleração igual a 1 ft/s².
Não utilizar				
1 kgf =	9,80665	1	2,204616	1 sn (sthène)* = 10³ N
1 lbf =	4,44822	0,453594	1	

Unidades de pressão e tensão

Unidade	Pa	µbar	hPa	bar	N/mm²	kgf/mm²	at	kgf/m²	torr	atm	lbf/in²	lbf/ft²	tonf/in²
1 Pa = 1 N/m² =	1	10	0,01	10⁻⁵	10⁻⁶	–	–	0,10197	0,0075	–	–	–	–
1 µbar =	0,1	1	0,001	10⁻⁶	10⁻⁷	–	–	0,0102	–	–	–	–	–
1 hPa = 1 mbar =	100	1.000	1	0,001	0,00001	–	–	10,197	0,7501	–	0,0145	2,0886	–
1 bar =	10⁵	10⁶	1.000	1	0,1	0,0102	1,01979	10,197	750,06	0,9869	14,5037	2.088,6	–
1 N/mm² =	10⁶	10⁷	10.000	10	1	0,10197	10,197	101,972	7.501	9,8692	145,037	20.886	0,06475
Não utilizar													
1 kgf/mm² =	–	–	98.066,5	98,0665	9,80665	1	100	10⁶	73,556	96,784	1.422,33	–	0,63497
1 at = 1 kgf/cm² =	98.066,5	–	980,665	0,98066	0,0981	0,01	1	10.000	735,56	0,96784	14,2233	2.048,16	–
1 kgf/m² = 1 mm H₂O =	9,80665	98,0665	0,0981	–	–	10⁻⁶	10⁻⁴	1	–	–	–	0,2048	–
1 torr = 1 mm Hg =	133,322	1.333,22	1,33322	–	–	–	0,00136	13,5951	1	0,00132	0,01934	2,7845	–
1 atm =	101.325	–	1.013,25	1,01325	–	–	1,03323	10.332,3	760	1	14,695	2.116,1	–
Unidades Inglesas e Americanas													
1 lbf/in² =	6.894,76	68.948	68,948	0,0689	0,00689	–	0,07031	703,07	51,715	0,06805	1	144	–
1 lbf/ft² =	47,8803	478,8	0,4788	–	–	–	–	4,8824	0,35913	–	–	1	–
1 tonf/in² =	–	–	–	154,443	15,4443	1,57488	157,488	–	–	152,42	2.240	–	1

lbf/in² (psi) = libra força por polegada quadrada, lbf/ft² (psf) = libra força por pé quadrado, tonf/in² = tonelada força (UK) por polegada quadrada
1 pdl/ft² (poundal por pé quadrado) = 1,48816 Pa
1 baryeº = 1 µbar; 1 pz (pièze)* = 1 sn/m² (sthène/m²)* = 10³ Pa
Normas: DIN 66034 (conversões entre kgf e newton), DIN 66037 (conversões entre kgf/cm² e bar) e DIN 66038 (conversões entre torr e milibar)

¹ Veja os nomes das unidades nas p. 25 e 26.   * Unidades francesas.

Grandezas e unidades 35

Unidades de Energia
(unidades de trabalho)

Unidade [1]	J	kW · h	kgf · m	PS · h	kcal	lbf · ft	Btu
1 J =	1	$277,8 \cdot 10^{-9}$	0,10197	$377,67 \cdot 10^{-9}$	$238,85 \cdot 10^{-6}$	0,73756	$947,8 \cdot 10^{-6}$
1 kW · h =	$3,6 \cdot 10^{6}$	1	367.098	1,35962	859,85	$1,6552 \cdot 10^{6}$	3.412,13
Não utilizar							
1 kgf · m =	9,80665	$2,7243 \cdot 10^{-6}$	1	$3,704 \cdot 10^{-6}$	$2,342 \cdot 10^{-3}$	7,2330	$9,295 \cdot 10^{-3}$
1 PS · h =	$2,6478 \cdot 10^{6}$	0,735499	270.000	1	632,369	$1,9529 \cdot 10^{6}$	2.509,6
1 kcal[2] =	4.186,8	$1,163 \cdot 10^{-3}$	426.935	$1,581 \cdot 10^{-3}$	1	3.088	3,9683
Unidades inglesas e americanas							
1 lbf · ft =	1,35582	$376,6 \cdot 10^{-9}$	0,13826	$512,1 \cdot 10^{-9}$	$323,8 \cdot 10^{-6}$	1	$1,285 \cdot 10^{-3}$
1 Btu[3] =	1.055,06	$293,1 \cdot 10^{-6}$	107,59	$398,5 \cdot 10^{-6}$	0,2520	778,17	1

lbf · ft = libra força – pé , Btu (British thermal unit) = unidade térmica britânica
1 in ozf (inch ounce-force) = 0,007062 J; 1 in lbf (inch pound-force) = 0,112985 J
1 ft pdl (foot poundal) = 0,04214 J
1 hph (horsepower-hour) = 1 cavalo-hora = 2,685 $\times 10^{6}$ J = 0,7457 kW · h
1 thermie (França) = 1.000 frigories (França) = 1.000 kcal = 4,1868 MJ
1 kg C.E. (quilograma de carvão equivalente)[4] = 29,3076 MJ = 8,141 kW · h
1 t C.E. (tonelada de carvão equivalente)[4] = 1000 kg C.E. = 29,3076 GJ = 8,141 MW · h

Unidades de potência

Unidade[1]	W	kW	kgf · m/s	PS	kcal/s	hp	Btu/s
W =	1	0,001	0,10197	$1,3596 \cdot 10^{-3}$	$238,8 \cdot 10^{-6}$	$1,341 \cdot 10^{-3}$	$947,8 \cdot 10^{-6}$
kW =	1.000	1	101,97	1,35962	$238,8 \cdot 10^{-3}$	1,34102	$947,8 \cdot 10^{-3}$
Não utilizar							
1 kgf · m/s =	9,80665	$9,807 \cdot 10^{-3}$	1	$13,33 \cdot 10^{-3}$	$2,343 \cdot 10^{-3}$	$13,15 \cdot 10^{-3}$	$9,295 \cdot 10^{-3}$
1 PS =	735,499	0,735499	75	1	0,17567	0,98632	0,69712
1 kcal/s =	4.1868,8	4,1868	426,935	5,6925	1	5,6146	3,9683
Unidades inglesas e americanas							
1 hp =	745,70	0,74570	76,0402	1,0139	0,17811	1	0,70678
1 Btu/s =	1.055,06	1,05506	107,586	1,4345	0,2520	1,4149	1

hp = horsepower = cavalo
1 lbf · ft/s = 1,35582 W
1 ch (cheval vapeur – cavalo vapor) (França) = 1 PS = 0,7355 kW
1 poncelet (França) = 100 kgf · m/s = 0,981 kW
Geração contínua de potência humana ≈ 0,1 kW

Normas: DIN 66035 (Conversões entre joule e caloria)
DIN 66036 (Conversões entre hp métrico e kilowatt)
DIN 66039 (Conversões entre watt-hora e quilocaloria)

---

[1]) Os nomes das unidades podem ser encontrados na p. 26.
[2]) 1 kcal = quantidade de calor necessária para aumentar em 1 °C a temperatura de 1 kg de água líquida a 15 °C.
[3]) 1 Btu = quantidade de calor necessária para aumentar em 1 °F a temperatura de 1 lb de água líquida. 1 therm = 10^{5} Btu.
[4]) As unidades quilograma e tonelada de carvão equivalente são baseadas num carvão que apresenta poder calorífico, H_u, igual a 7.000 kcal/kg.

Unidades de temperatura

°C = grau Celsius, K = Kelvin
°F = grau Fahrenheit
°R = grau Rankine

Conversões de temperaturas

$$T_K = (273{,}15°C + t_C)\frac{K}{°C} = \frac{5}{9}T_R$$

$$T_R = (459{,}67°C + t_F)\frac{°R}{°F} = 1{,}8 T_K$$

$$t_C = \frac{5}{9}(t_F - 32°F)\frac{°C}{°F} = (T_K - 273{,}15\,K)\frac{°C}{K}$$

$$t_F = (1{,}8\,t_C + 32°C)\frac{°F}{°C} = (T_R - 459{,}67°C)\frac{°F}{°R}$$

onde t_C, t_F, T_K e T_R indicam as temperaturas em °C, °F, K e °R.

Diferença de temperaturas
1 K = 1°C = 1,8°F = 1,8°R

Zeros das escalas
0°C = 32°F; 0°F = −17,78°C
Zero absoluto:
0 K = −273,15°C = 0°R = −459,67°F

Referências da Escala Prática Internacional de Temperatura: Ponto de ebulição do oxigênio à pressão de 1,01325 bar (−182,97°C), ponto triplo[1]) da água (0,01°C[1]), ponto de ebulição da água à pressão de 1,01325 bar (100,0°C), ponto de ebulição do enxofre à pressão de 1,01325 bar (444,6°C), ponto de fusão da prata à pressão de 1,01325 bar (960,8°C) e ponto de fusão do ouro à pressão de 1,01325 bar (1063°C).

[1]) Este é o único estado termodinâmico onde as três fases da substância (sólido, líquido e vapor) coexistem em equilíbrio. Veja a nota de rodapé da p. 22.

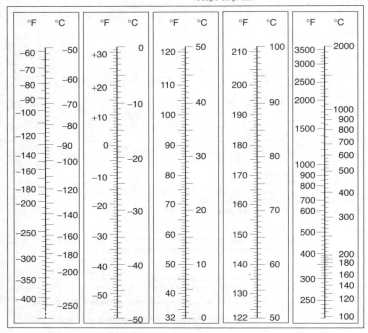

Unidades de viscosidade

Unidade legal de viscosidade cinemática ν
$1\ m^2/s = 1\ Pa \cdot s/(kg/m^3) = 10^4\ cm^2/s = 10^6\ mm^2/s$

Unidades Inglesas e Americanas
$1\ ft^2/s = 0,092903\ m^2/s$
Segundos RI = tempo necessário para que uma certa quantidade de fluido escoe do copo de um viscosímetro do tipo Redwood-I (UK)
segundos SU = tempo necessário para que uma certa quantidade de fluido escoe do copo de um viscosímetro do tipo Saybolt Universal (EUA)

Não utilizar
St (stokes) = cm^2/s, cSt = mm^2/s

Unidades convencionais
E (grau Engler) = tempo relativo de escoamento num viscosímetro do tipo Engler (DIN 51560).
Para $\nu > 60\ mm^2/s$, $1\ mm^2/s = 0,132\ E$

Quando o grau Engler é menor do que 3, a diminuição do grau não fornece uma indicação verdadeira da variação de viscosidade. Por exemplo, a viscosidade de um fluido que apresenta 2 E não é o dobro daquela de um fluido que apresenta 1 E (a viscosidade do primeiro fluido é cerca de 12 vezes maior do que aquela do segundo fluido).

Segundos A = tempo necessário para que uma certa quantidade de fluido escoe do copo do viscosímetro descrito na norma DIN 53211.

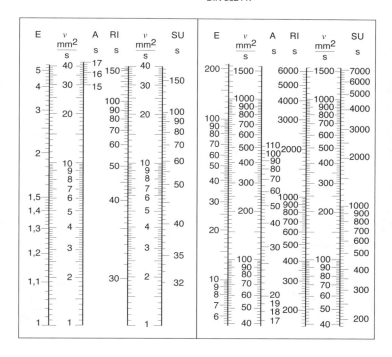

38 Princípios básicos de física

Unidades de tempo

Unidade[1]	s	min	h	d
1 s (segundo)[2] = 1	0,01667	$0,2778 \cdot 10^{-3}$	$11,574 \cdot 10^{-6}$
1 min (minuto) = 60	1	0,01667	$0,6944 \cdot 10^{-3}$
1 h (hora) = 3.600	60	1	0,041667
1 d (dia) = 86.400	1.440	24	1

1 ano civil = 365 (ou 366) dias = 8760 (8784) horas (1 ano = 360 dias na avaliação de investimentos em bancos)
1 ano solar[3] = 365,2422 dias solares médios = 365 d 5 h 48 min 46 s
1 ano sideral[4] = 365,2564 dias solares médios

Fusos horários

O referencial para os fusos apresentados nas tabelas é 12.00 CET (Tempo da Europa Central)[5]

Horário	Meridiano de referência	Países (exemplos)
	Longitude Oeste	
1.00	150°	Alasca
3.00	120°	Costa oeste dos EUA e do Canadá.
4.00	105	Centro-oeste dos EUA e do Canadá.
5.00	90°	Zonas centrais dos EUA e do Canadá, México e América Central.
6.00	75°	Canadá (entre 68° e 90°), Este dos EUA, Equador, Colômbia, Panamá e Peru.
7.00	60°	Canadá (Este do meridiano 68°), Bolívia, Chile e Venezuela.
8.00	45°	Argentina, Brasil, Paraguai e Uruguai.
11.00	0°	Tempo médio de Greenwich (GMT)[6]: Ilhas Canárias, Reino Unido, Irlanda, Portugal e África Ocidental.

Horário	Meridiano de referência	Países (exemplos)
	Longitude Leste	
12.00	15°	Tempo da Europa Central (CET): Alemanha, Áustria, Bélgica, Dinamarca, Espanha, França, Holanda, Hungria, Itália, Luxemburgo, Noruega, Polônia, Suécia, Suíça, Argélia, Israel, Líbia, Nigéria, Tunísia e Zaire;
13.00	30°	Tempo da Europa do Leste (EET): Bulgária, Finlândia, Grécia, Romênia, Egito, Líbano, Jordânia, África do Sul, Sudão e Síria.
14.00	45°	Leste da África, Iraque, Arábia Saudita, Turquia e Oeste da Rússia
14.30	52,5°	
16.30	82,5°	Irã.
18.00	105°	Índia e Sri Lanka. Camboja, Indonésia, Laos, Tailândia e Vietnã.
19.00	120°	China, Filipinas e Oeste da Austrália.
20.00	135°	Japão e Coréia.
20.30	142,5°	Norte e Sul da Austrália.
21.00	150°	Leste da Austrália.

---

[1] Veja também a p. 25.
[2] Unidade básica do SI, veja a definição na p. 22.
[3] Tempo decorrido entre duas passagens consecutivas pelo equinócio da primavera.
[4] Período do movimento da Terra em torno do Sol.
[5] Os relógios são adiantados em 1 hora durante os meses de verão (entre abril e outubro ao norte do Equador e entre outubro e março ao sul do Equador) nos países onde é possível obter alguma economia de energia com a adoção do Horário de Verão.

[6] = UT (Tempo Universal), tempo médio solar no meridiano 0° (Greenwich), ou UTC (Tempo Coordenado Universal), definido pelo segundo invariante do SI (veja a p. 22). Como o período de rotação da Terra em torno do Sol está aumentando gradualmente, o UTC é ajustado, de tempos em tempos, pela adição de uma fração de segundo para que esta medida se torne igual ao UT.

Equações básicas utilizadas na mecânica
Símbologia e unidades

Grandeza		Unidade
A	Área	m²
E_k	Energia cinética	J = N · m
E_p	Energia potencial	J = N · m
E_{rot}	Energia de rotação	J = N · m
F	Força	N
F_G	Peso	N
F_m	Força média durante o período de impulso	N
F_z	Força centrífuga	N
H	Impulso rotacional	N·m·s = kg·m²/s
I	Impulso	N · s = kg · m/s
J	Momento de inércia	kg · m²
L	Momento angular	N · m · s
M_t	Torque	N · m
$M_{t,m}$	Torque médio durante o período de impulso	N · m
P	Potência	W = N · m/s
V	Volume	m³
W	Trabalho, energia	J = N · m
a	Aceleração	m/s²
a_z	Aceleração centrífuga	m/s²

Grandeza		Unidade
d	Diâmetro	m
e	Base dos logaritmos naturais (e ≈ 2,781)	–
g	Aceleração da gravidade (g = 9,81)	m/s²
h	Altura	m
i	Raio de giração	m
l	Comprimento	m
m	Massa	kg
n	Freqüência de rotação	1/s
p	Quantidade de movimento linear	N · s
r	Raio	m
s	Comprimento da trajetória	m
t	Tempo	s
v	Velocidade	m/s
α	Aceleração angular	rad/s²
β	Ângulo	rad
μ	Coeficiente de atrito	–
ϱ	Massa específica	kg/m³
φ	Ângulo de rotação	rad
ω	Velocidade angular	1/s

Movimento retilíneo e de rotação

O movimento é uniforme quando a velocidade v ou a frequência de rotação n é constante. Neste caso, a aceleração (a ou α) é nula. Se a aceleração é constante, o movimento é dito uniformemente acelerado. No caso em que a aceleração é negativa, o movimento é dito desacelerado ou freado.

Movimento retilíneo (translação)	Movimento de rotação
Massa $m = V \cdot \varrho$	**Momento de inércia** (p. 41) $J = m \cdot i^2$
Trajetória $s = \int \omega(t) \cdot dt$ $s = v \cdot t$ [v = const.] $s = \frac{1}{2} \cdot a \cdot t^2$ [a = const.]	**Ângulo** $\varphi = \int \omega(t) \cdot dt$ $\varphi = \int \omega \cdot t = 2\pi \cdot n$ [n = const.] $\varphi = \frac{1}{2} \cdot \alpha \cdot t^2$ [α = const.]
Velocidade $v = ds(t)/dt$ $v = a/t$ [v = const.] $v = a \cdot t = \sqrt{2 \cdot a \cdot s}$ [a = const.]	**Velocidade angular** $\omega = d\varphi(t)/dt$ $\omega = \varphi/t = 2\pi \cdot n$ [n = const.] $\omega = \alpha \cdot t = \sqrt{2 \cdot a \cdot \varphi}$ [α = const.] **Velocidade periférica** $v = r \cdot \omega$
Aceleração $a = dv(t)/dt$ $a = (v_2 - v_1)/t$ [a = const.]	**Aceleração angular** $\alpha = d\omega(t)/dt$ $\alpha = (\omega_2 - \omega_1)/t$ [α = const.] **Aceleração centrífuga** $a_z = r \cdot \omega^2$

Princípios básicos de física

Movimento retilíneo (translação)	Movimento de rotação
Força $F = m \cdot a$	**Torque** $M_t = F \cdot r = J \cdot \alpha$ **Força centrífuga** $F_z = m \cdot r \cdot \omega^2$
Trabalho $W = F \cdot s$	**Trabalho de rotação** $W = M_t \cdot \varphi$
Energia cinética $E_k = \tfrac{1}{2} m \cdot v^2$ **Energia potencial** $E_p = F_G \cdot h$	**Energia de rotação** $E_{rot} = \tfrac{1}{2} \cdot J \cdot \omega^2$
Potência $P = F \cdot v$	**Potência** $P = M_t \cdot \omega = M_t \cdot 2\pi \cdot n$
Impulso $I = F_m \cdot (t_2 - t_1)$	**Impulso rotacional** $H = M_{t,m} \cdot (t_2 - t_1)$
Quantidade de movimento linear $p = m \cdot v$	**Momento angular** $L = J \cdot \omega = J \cdot 2\pi \cdot n$

Movimentos de projéteis

Se os efeitos do arrasto aerodinâmico forem desprezados, um corpo lançado na direção vertical e para cima com uma velocidade v_0 positiva apresentará um movimento uniformemente desacelerado. A velocidade do corpo será nula no ponto de reversão do movimento.

Quando o corpo é lançado para cima, com um ângulo de lançamento α e com velocidade inicial positiva v_0, o movimento pode ser descrito como a superposição dos movimentos retilíneo e livre.

	Lançamento na vertical e para cima	Lançamento oblíquo
Velocidade (para cima)	$v = v_0 - g \cdot t = v_0 - \sqrt{2 \cdot g \cdot h}$	$v = \sqrt{(v_0 \cdot \cos\alpha)^2 + (v_0 \cdot \mathrm{sen}\,\alpha - g \cdot t)^2}$
Altura máxima atingida	$h = v_0 \cdot t - \dfrac{1}{2} \cdot g \cdot t^2 = \dfrac{v_0^2}{2 \cdot g}$	$h = \dfrac{v_0^2 \cdot \mathrm{sen}^2\alpha}{2 \cdot g}$
Alcance do lançamento	$s = 0$	$s = \dfrac{v_0^2 \cdot \mathrm{sen}\,2\alpha}{g}$
Duração do movimento	$t = \sqrt{\dfrac{8 \cdot h}{g}} = \dfrac{2 \cdot v_0}{g}$	$t = \dfrac{s}{v_0 \cdot \cos\alpha} = \dfrac{2 \cdot v_0 \cdot \mathrm{sen}\,\alpha}{g}$

Queda livre

A queda livre é um movimento uniformemente acelerado, se os efeitos aerodinâmicos são desprezíveis. Se os efeitos aerodinâmicos são significativos no movimento, a queda será acelerada não uniformemente. A velocidade-limite de queda (velocidade terminal), v_g será atingida quando a força de arrasto aerodinâmico, $F_L = \tfrac{1}{2} \cdot \varrho \cdot c_d \cdot A \cdot v_g^2$, se torna igual ao peso do corpo que cai, $F_G = m \cdot g$. A velocidade terminal é dada por

$$v_g = \left(\frac{2 \cdot m \cdot g}{\rho \cdot c_d \cdot A} \right)^{1/2}$$

onde é a massa específica do fluido que envolve o corpo e c_d é o coeficiente de arrasto.

Tempo e velocidade no movimento de queda livre no ar
Exemplo: $m = 100$ kg, $A = 1$ m^2, $c_d = 0{,}9$
$\varrho = const. = 1{,}293$ kg/m^3
$v_g = 130$ m/s

Equações básicas utilizadas na mecânica

	Queda livre sem resistência aerodinâmica	Queda livre com resistência aerodinâmica
Velocidade da queda	$v = g \cdot t = \sqrt{2 \cdot g \cdot h}$	$v = v_g \sqrt{1 - 1/x^2}$ onde $x = e^{g \cdot h / v_g^2}$
Altura da queda	$h = \dfrac{1}{2} \cdot g \cdot t^2 = \dfrac{1}{2} \cdot v \cdot t = \dfrac{1}{2} \dfrac{v^2}{g}$	$h = \dfrac{v_g^2}{2 \cdot g} \cdot \ln \dfrac{v_g^2}{v_g^2 - v^2}$
Tempo de queda	$t = \dfrac{2 \cdot h}{v} = \dfrac{v}{g} = \sqrt{\dfrac{2 \cdot h}{g}}$	$t = \dfrac{v_g}{g} \cdot \ln\left(x + \sqrt{x^2 - 1}\right)$

Momentos de inércia

Formato do corpo	Momento de inércia J_x em torno do eixo x[1], J_y em torno do eixo y[1]
Paralelepípedo retangular	$J_x = m \dfrac{b^2 + c^2}{12}$ Cubo (compr. do lado = a) $J_y = m \dfrac{a^2 + c^2}{12}$ $J_x = J_y = m \dfrac{a^2}{6}$
Cilindro circular	$J_x = m \dfrac{r^2}{2}$ $J_y = m \dfrac{3r^2 + l^2}{12}$
Cilindro regular oco	$J_x = m \dfrac{r_a^2 + r_i^2}{2}$ $J_y = m \dfrac{r_a^2 + r_i^2 + l^2/3}{4}$
Cone circular	$J_x = m \dfrac{3r^2}{10}$ Envelope do cone (excluindo a base) $J_x = m \dfrac{r^2}{2}$
Tronco de cone circular	$J_x = m \dfrac{3(R^5 - r^5)}{10(R^3 - r^3)}$ Envelope do cone (só considerando a superfície lateral) $J_x = m \dfrac{R^2 + r^2}{2}$
Pirâmide	$J_x = m \dfrac{a^2 + b^2}{20}$
Esfera e hemisfério	$J_x = m \dfrac{2 r^2}{5}$ Casca esférica com espessura desprezível $J_x = m \dfrac{2 r^2}{3}$
Esfera oca	r_a Raio da esfera externa r_i Raio da esfera interna $J_x = m \dfrac{2 (r_a^5 - r_i^5)}{5(r_a^3 - r_i^3)}$
Toróide	$J_x = m \left(R^2 + \dfrac{3}{4} r^2 \right)$

---

[1] O momento de inércia para um eixo paralelo ao eixo x, ou paralelo ao eixo y, que dista a em relação ao eixo original é $J_A = J_x + m \cdot a^2$ ou $J_A = J_y + m \cdot a^2$.

Transmissão de forças

Os elementos de máquinas que transmitem forças podem ser analisados com os princípios associados à operação das alavancas e das cunhas.

Lei das alavancas

Um sistema está em equilíbrio quando a soma dos momentos em relação a um pólo é nula. Desprezando-se os efeitos do atrito, as seguintes relações são válidas:

$$M_{f1} = M_{f2} \qquad F_1 \cdot r_1 = F_2 \cdot r_2$$

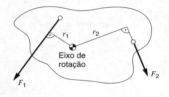

Forças numa cunha

Forças que apresentam módulo pequeno (como a força de inserção F) podem ser transformadas em forças normais, F_N, que apresentam módulos significativos se o angulo da cunha, α, for pequeno. Desprezando-se os efeitos do atrito, a seguinte relação é válida:

$$F_N = \frac{F}{2 \cdot \operatorname{sen} \frac{\alpha}{2}}$$

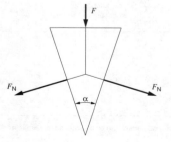

Atrito

Quando corpos em contato apresentam movimento relativo um com o outro, o atrito atua como uma resistência mecânica e atua na direção oposta àquela ao movimento. A força de resistência ao movimento, conhecida como força de atrito F_R, apresenta módulo que é proporcional ao módulo da força normal, F_N. O atrito estático existe enquanto o módulo da força externa é menor do que o módulo da força de atrito e o corpo permanece em repouso. Quando o módulo da força externa se torna maior do que aquele da força de atrito, o corpo entra em movimento. O módulo da força de atrito durante o escorregamento pode ser avaliado com a lei de Coulomb:

$$F_R = \mu \cdot F_N$$

Atrito na cunha

As forças normais na cunha, levando em consideração o efeito do atrito, apresentam módulos iguais a

$$F_N = \frac{F}{2 \cdot \operatorname{sen} \frac{\alpha}{2} + \mu \cdot \cos \frac{\alpha}{2}}$$

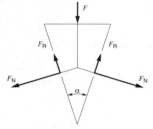

Atrito em cabos e correias

O atrito de escorregamento ocorre quando existe movimento relativo entre a polia e o cabo ou correia (freio de cinta — freio de Prony — e amarração com cabo móvel). O atrito estático é detectado quando não existe movimento do cabo ou correia em relação à polia (transmissão por correia operando convenientemente) e numa amarração fixa com o cabo imóvel. O coeficiente de atrito de escorregamento μ e o coeficiente de atrito estático μ_H normalmente são diferentes. Assim, é necessário utilizá-los corretamente.

Equações básicas utilizadas na mecânica

A equação de Euler para o atrito em cabos é

$$F_2 = F_1 \cdot e^{\mu \cdot \beta}$$

O módulo da força de atrito é

$$F_R = F_2 - F_1$$

e o torque aplicado pelo atrito é

$$M_R = F_R \cdot r$$

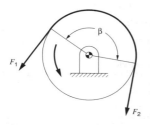

Coeficiente de atrito

O coeficiente de atrito é sempre uma característica do sistema e não é uma propriedade do material. O valor do coeficiente de atrito depende do par de materiais que estão em contato, da temperatura, das características superficiais, da velocidade relativa das superfícies, do meio externo que envolve as superfícies (por exemplo, as superfícies podem absorver água ou CO_2 presentes no meio) e do material que pode estar presente entre os materiais em contato (por exemplo, lubrificantes). Assim, os valores dos coeficientes de atrito flutuam entre valores-limites e precisam ser avaliados experimentalmente. Normal-mente, o coeficiente de atrito estático é maior do que aquele de escorregamento. Em casos especiais, o coeficiente de atrito pode ser maior do que 1 (por exemplo, nas superfícies muito lisas onde as forças de coesão são predominantes, nos pneus de competição que apresentam efeitos de adesão ou sucção).

Valores de referência para os coeficientes de atrito estático e de escorregamento

Par de materiais	Coeficiente de atrito estático μ_H		Coeficiente de atrito de escorregamento μ	
	Seco	Lubrificado	Seco	Lubrificado
Ferro – ferro Cobre – cobre Aço – aço Cromo – cromo Níquel – níquel Liga de Al – liga de Al Aço – cobre Aço – metal branco de mancal Aço – ferro cinzento fundido	0,45...0,80 0,18...0,24	0,10 0,10	1,0 0,60...1,0 0,40...0,70 0,41 0,39...0,70 0,15...0,60 0,23...0,29 0,21 0,17...0,24	0,10 0,02...0,21
Revestimento de freio – aço Couro – metal Poliamida – metal PTFE – aço Gelo – aço	0,60 0,027	0,20	0,50...0,60 0,20...0,25 0,32...0,45 0,04...0,22 0,014	0,20...0,50 0,12 0,10

Vibrações e oscilações

Simbologia e Unidades

Grandeza	Unidade
a Coeficiente de armazenamento	
b Coeficiente de amortecimento	
c Coeficiente de armazenamento	
c Constante de mola	N/m
c_α Rigidez relativa à torção	N · m/rad
C Capacidade	F
f Freqüência	Hz
f_g Freqüência de ressonância	Hz
Δf Banda de freqüência para abatimento	Hz
F Força	N
F_Q Função excitação	
I Corrente	A
J Momento de inércia	kg · m^2
L Auto-indução	H
m Massa	kg
M Torque	N · m
n Rotação	1/min
Q Carga	C
Q Intensidade da ressonância	
r Fator de amortecimento	N · s/m
r_α Fator de amortecimento rotacional	N · s · m
R Resistência elétrica	Ω
t Tempo	s
T Período	s
U Tensão elétrica	V
v Velocidade da partícula	m/s
x Trajetória / deslocamento	
y Valor instantâneo	
$\hat{y}$ Amplitude	
$\dot{y}$ ($\ddot{y}$) Primeira (segunda) derivada em relação ao tempo	
y_{rec} Valor retificado	
y_{eff} Valor efetivo	
α Ângulo	rad
δ Coeficiente de decaimento	1/s
Λ Decremento logarítmico	
ω Velocidade angular	rad/s
ω Freqüência angular	1/s
Ω Freqüência de excitação	1/s
ϑ Razão de amortecimento	
ϑ_{opt} Razão de amortecimento ótima	

Subscritos

0	Não amortecido
d	Amortecido
T	Absorvedor
U	Suporte
G	Máquina

Terminologia
(veja também a Norma DIN 1311)

Vibrações e oscilações
Vibrações e oscilações são os nomes dados para os fenômenos que apresentam alterações regulares, ou aproximadamente regulares, de uma quantidade física. O sentido da variação também é alterado com uma regularidade similar àquela da quantidade analisada.

Período
O período é o tempo necessário para que ocorra um ciclo completo de uma oscilação.

Amplitude
A amplitude é o máximo valor instantâneo (valor de pico) de uma quantidade física que oscila.

Freqüência
A freqüência é o número de oscilações que ocorrem num segundo (é igual ao recíproco do valor do período de oscilação, T).

Freqüência angular
A freqüência angular é igual ao produto da freqüência por 2π.

Velocidade da partícula
A velocidade da partícula é o valor instantâneo da velocidade, na direção do movimento, de uma partícula que vibra. Não confundir esta velocidade com aquela de propagação de uma onda (por exemplo, a velocidade do som).

Série de Fourier
Qualquer função periódica, que é monotônica por partes e lisa, pode ser expressa como uma somatória dos componentes harmônicos.

Batimento
O batimento ocorre quando duas oscilações com freqüências pouco distintas são superpostas. O batimento é periódico e a freqüência de base é igual à diferença entre as freqüências das oscilações superpostas.

Oscilações naturais
A freqüência das oscilações naturais (freqüência natural) depende apenas das características do sistema oscilatório.

Amortecimento
O amortecimento é uma medida da dissipação de energia mecânica nos sistemas oscilatórios.

Vibrações e oscilações

Decremento logarítmico
É o logaritmo natural da razão entre dois valores extremos de uma oscilação natural que estão separados por um período.

Razão de amortecimento
É uma medida do grau de amortecimento.

Oscilação forçada
As oscilações forçadas surgem quando uma força externa atua no oscilador. A força externa (excitação) não altera as propriedades do oscilador. A freqüência das oscilações forçadas é determinada pela freqüência da excitação.

Função de transferência
A função de transferência é a descrição do quociente da amplitude da variável observada pela amplitude da excitação em função da freqüência da excitação.

Ressonância
A ressonância ocorre quando a função de transferência produz grandes valores quando a freqüência de excitação se aproxima da freqüência natural.

Freqüência de ressonância
Freqüência de ressonância é a freqüência de excitação, na qual a variável do oscilador apresenta valor máximo.

Banda de freqüência para abatimento
A banda de freqüência para abatimento é definida como a diferença entre as freqüências necessárias para que o nível da variável de interesse caia a $1/\sqrt{2} \approx 0{,}707$ do valor máximo.

Intensidade da ressonância
A intensidade de ressonância, ou fator de qualidade (fator Q) é o máximo valor da função de transferência.

Acoplamento
Dois sistemas oscilatórios estão acoplados – mecânica ou eletricamente – se existe uma troca periódica de energia entre os sistemas.

Onda
Variação espacial e temporal do estado de um meio contínuo que pode ser expressa como uma transferência unidimensional da posição de um certo estado num período de tempo. Existem ondas transversais (por exemplo, ondas numa corda e na superfície livre da água) e ondas longitudinais (por exemplo, ondas sonoras no ar).

Interferência
O princípio da superposição não perturbada das ondas pode ser expresso por: em cada ponto do espaço, o valor instantâneo da onda resultante é igual à soma dos valores instantâneos das ondas individuais.

Ondas estacionárias
As ondas estacionárias são produzidas por interferência e são produzidas quando duas ondas de mesma freqüência, comprimento de onda e amplitude se propagam em sentidos opostos. De modo diferente de uma onda que se propaga, a amplitude da onda estacionária em qualquer ponto é constante. Os nós (amplitude zero) e antinós (amplitude máxima) sempre estão presentes nas ondas estacionárias. As ondas estacionárias ocorrem pela reflexão de uma onda sobre si mesma quando as impedâncias específicas do meio e do refletor são muito diferentes.

Valor retificado
É o valor aritmético médio, linear no tempo, do módulo do valor de um sinal periódico.

$$y_{rec} = (1/T) \int_0^T |y| dt$$

Para a curva do seno

$$y_{rec} = 2\hat{y}/\pi \approx 0{,}637\,\hat{y}.$$

Valor efetivo
Também conhecido como valor RMS (root – mean – square). O valor efetivo é definido por

$$y_{eff} = \sqrt{(1/T) \int_0^T y^2 dt}$$

Para a curva do seno

$$y_{eff} = \hat{y}/\sqrt{2} \approx 0{,}707\,\hat{y}.$$

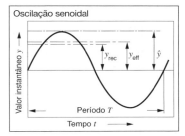

Fator de forma = y_{eff}/y_{rec}
Para a curva senoidal
$y_{eff}/y_{rec} \approx 1{,}111$

Fator de pico = $\hat{y}/y_{eff}$
Para a curva senoidal
$\hat{y}/y_{eff} = \sqrt{2} \approx 1{,}414$.

Equações
As equações apresentadas são aplicáveis aos osciladores simples indicados se as variáveis gerais das equações forem substituídas pelas quantidades físicas relevantes.

Sistemas oscilatórios simples

	Mecânico		Elétrico
	Translação	Rotação	
Designação geral	Quantidade física		
y	x	α	Q
$\dot{y}$	$\dot{x} = v$	$\dot{\alpha} = \omega$	$\dot{Q} = I$
$\ddot{y}$	$\ddot{x} = \dot{v}$	$\ddot{\alpha} = \dot{\omega}$	$\ddot{Q} = \dot{I}$
F_Q	F	M	U
a	m	J	L
b	r	r_α	R
c	c	c_α	$1/C$

Equações diferenciais
$a\ddot{y} + b\dot{y} + cy = F_Q(t) = \hat{F}_Q \sen \Omega t$

Período $T = 1/f$
Freqüência angular $\omega = 2\pi f$
Oscilação senoidal (por exemplo, deslocamento da vibração) $y = \hat{y} \sen \omega t$

Oscilações livres ($F_Q = 0$)
Decremento logarítmico
$\Lambda = \ln(y_n/y_{n+1}) = \pi b/\sqrt{ca - b^2/4}$
Coeficiente de decaimento $\delta = b/(2a)$
Razão de amortecimento
$\vartheta = \delta/\omega_0 = b/(\sqrt{2ca})$
$\vartheta = \Lambda/\sqrt{\Lambda^2 + 4\pi^2} \approx \Lambda/(2\pi)$
(baixo nível de amortecimento)
Freqüência angular de oscilação não amortecida ($\vartheta = 0$) $\omega_0 = \sqrt{c/a}$
Freqüência angular de oscilação amortecida ($0 < \vartheta < 1$) $\omega_d = \omega_0 \sqrt{1 - \vartheta_2}$
Se $\vartheta \geq 1$ o movimento não apresenta oscilações e é severamente amortecido.

Oscilações forçadas
Funções de transferência
$$\hat{y}/\hat{F}_Q = 1/\sqrt{(c - a\Omega^2)^2 + (b\Omega)^2}$$
$$= (1/c)/\sqrt{(1 - (\Omega/\omega_0)^2)^2 + (2\vartheta\Omega/\omega_0)^2}$$

Freqüência de ressonância
$f_g = f_0 \sqrt{1 - 2\vartheta^2} < f_0$
Intensidade de ressonância
$Q = 1/(2\vartheta\sqrt{1 - \vartheta^2})$

Oscilador com baixo nível de amortecimento ($\vartheta \leq 0{,}1$):
Freqüência de ressonância $f_g \approx f_0$
Intensidade de ressonância $Q \approx 1/(2\vartheta)$
Banda de freqüência para abatimento
$\Delta f = 2\vartheta f_0 = f_0/Q$

Redução de vibração

Amortecimento da vibração
O amortecimento precisa ser de alto nível quando o sistema amortecedor só puder ser instalado entre a máquina e um local rígido (veja a figura "Função de transferência padrão").

Isolamento da vibração
<u>Isolamento de vibração ativo</u>
As máquinas devem ser instaladas de modo que as forças transmitidas à sua base (suporte) sejam pequenas.

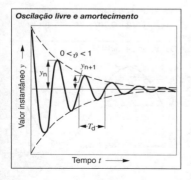
Oscilação livre e amortecimento

Vibrações e oscilações

Função de transferência padrão

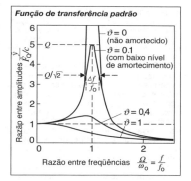

Observe que o ponto de operação deve estar posicionado abaixo da ressonância, para que a freqüência natural se encontre abaixo da freqüência de excitação mais baixa. O amortecimento impede o isolamento. Quando o amortecimento é baixo, a intensidade das vibrações pode ser excessiva no "start-up" quando a faixa de ressonância é atravessada.

Isolamento de vibração passivo

As máquinas precisam ser montadas de modo que as vibrações e choques que alcançam a base da máquina sejam transferidas à máquina em pequena proporção. As medidas a serem tomadas são as mesmas indicadas para o caso do isolamento ativo.

A suspensão flexível e o amortecimento extremo não são aplicáveis em muitas situações. Para prevenir a ocorrência de ressonância, os elementos de fixação da máquina devem proporcionar uma rigidez tal que a freqüência natural do conjunto será muito maior do que a mais alta freqüência de excitação que pode ocorrer.

Absorção de vibração

Absorvedor de vibração com freqüência natural de vibração fixa

A vibração que atua numa máquina pode ser completamente absorvida com a adição de um sistema composto por uma massa e um acoplamento que operam sem perdas. Para que isto ocorra, é necessário que a freqüência natural do sistema, ω_T, seja ajustada à freqüência de excitação. Quando o ajuste é adequado,

Isolamernto de vibração
a Função transferência da máquina
b Estruturas

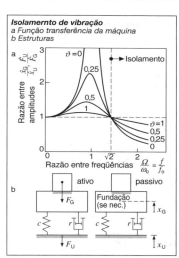

a excitação apenas induz o movimento da massa absorvedora. A eficiência da absorção diminui, alterando-se a freqüência de excitação. O amortecimento no sistema inibe que a absorção seja completa. Entretanto, o ajuste apropriado da freqüência do absorvedor e uma razão ótima de amortecimento produzem uma redução de vibração de banda larga que permanece efetiva quando a freqüência da excitação é alterada.

Absorvedores de vibração com freqüência natural variável

As oscilações rotacionais com freqüência de excitação proporcional à velocidade angular (por exemplo, a ordem de balanceamento nos motores de combustão interna, ver o material apresentado no trecho que inicia na p. 455) podem ser absorvidas com absorvedores que apresentam freqüências naturais proporcionais à rotação (pêndulo num campo de força centrífugo). Neste caso, a absorção da vibração é efetiva em todas as rotações.

A absorção da vibração também é possível nos osciladores que apresentam vários graus de liberdade e inter-relações com a utilização de várias massas absorvedoras.

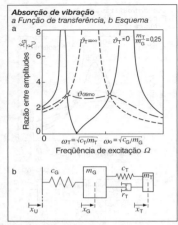

Absorção de vibração
a Função de transferência, b Esquema

Análise modal

O comportamento dinâmico (características oscilatórias) de uma estrutura mecânica pode ser previsto com a utilização de um modelo matemático. Os parâmetros do modelo modal são determinados utilizando-se a análise modal. A condição necessária para que os resultados da análise sejam adequados é que a estrutura apresente comportamento elástico e linear e, também, invariante em relação ao tempo. As oscilações são previstas apenas para um número limitado de pontos nas possíveis direções das oscilações (graus de liberdade) e em determinados intervalos de freqüência. A estrutura contínua é substituída, de uma forma claramente definida, por um conjunto finito de elementos com massa conhecida e que se comportam como osciladores simples. Cada oscilador simples é claramente definido através de um vetor característico e um valor característico. O vetor característico (forma nodal, forma natural de oscilação) descreve as amplitudes relativas e fases de todos os graus de liberdade e o valor característico descreve o comportamento em função do tempo (oscilador harmônico amortecido). Cada oscilação da estrutura pode ser artificialmente recriada a partir dos vetores e valores caraterísticos.

O modelo modal não apenas descreve o estado real da estrutura, mas também fornece meios para a simulação do comportamento da estrutura. A avaliação da resposta de uma estrutura a uma excitação bem definida é o objeto do estudo denominado Avaliação de Resposta. Observe que os resultados levantados num teste de laboratório podem ser utilizados para avaliar se um dado modelo é adequado. O comportamento vibracional da estrutura pode ser otimizado até que satisfaça os requisitos operacionais através de modificações estruturais (alterações da massa, amortecimento ou rigidez). O comportamento global do modelo também pode ser analisado a partir do acoplamento das subestruturas que compõem a estrutura que está sendo analisada. Este modelo modal também pode ser formulado analiticamente. Normalmente, os resultados gerados por modelo modal obtido por via analítica aderem melhor aos dados experimentais do que aqueles produzidos por um modelo modal gerado a partir da análise modal experimental. Isto ocorre porque o número de graus de liberdade utilizado no modelo analítico é maior do que aquele utilizado no modelo criado a partir da análise modal experimental.

Análise modal analítica
A geometria, as propriedades do material e as condições de contorno precisam ser conhecidas neste tipo de análise. Os modelos construídos com elementos finitos ou com multicorpos discretos podem fornecer os valores e os vetores característicos. A análise modal analítica não requer um modelo físico e, assim, pode ser utilizada no estágio inicial de desenvolvimento do projeto. Entretanto, nesta fase do projeto, é comum não conhecermos precisamente as propriedades fundamentais da estrutura (amortecimento, condições de contorno) e os resultados da análise modal realizada com valores adotados no projeto preliminar podem ser imprecisos. Muitas vezes, o erro produzido não é identificável. Uma solução para este problema é ajustar o modelo aos resultados obtidos com o modelo físico utilizado na análise modal experimental.

Análise modal experimental
A existência de um modelo físico da estrutura que vai ser estudada é indispensável neste tipo de análise. O método utilizado neste caso é baseado nas medições das funções de transferência, na faixa de freqüência em questão, em vários pontos da estrutura para uma excitação realizada num ponto e vice-versa. O modelo modal é obtido a partir da matriz de funções de transferência (que define a resposta do modelo).

Tecnologia óptica

Grandezas fotométricas e unidades

(os nomes das unidades estão na p. 28)

Grandeza		Unidade
A	Área	m²
	A_1 Área radiante (superfície)	
	A_2 Área irradiada (superfície)	
E	Iluminância (iluminamento)	lx = lm/m²
I	Intensidade luminosa	cd
L	Luminância	cd/m²
M	Excitância (emissão) luminosa	lm/m²
P	Potência	W
Q	Energia luminosa	lm · s

Grandeza		Unidade
r	Distância	m
t	Tempo	s
ε_1	Ângulo da radiação incidente (em relação à normal da superfície)	°
ε_2	Ângulo de refração	°
ε_3	Ângulo de reflexão	°
η	Eficiência de iluminação	lm/W
Φ	Fluxo luminoso	lm
Ω	Ângulo sólido	sr
λ	Comprimento de onda	nm

Radiação eletromagnética

A radiação se comporta como uma onda com velocidade igual à da luz. A radiação não é afetada por campos elétricos ou magnéticos. O comprimento de onda, λ, é igual a c/f, onde c é a velocidade da luz ($\approx 3 \times 10^8$ m/s = 300.000 km/s) e f é a freqüência em Hz.

Designação	Faixa de comprimento de onda	Origem e/ou criação	Exemplo de aplicação
Radiação cósmica	< 0,1 pm	Bombardeamento da atmosfera terrestre por partículas elementares presentes no espaço.	Experimentos em física nuclear.
Radiação gama (raio γ)	0,1 ... 10 pm	Decaimento radioativo.	Física nuclear, tecnologia de isótopos.
Radiação X (raio X)	10 pm ... 10 nm	Tubos de raio X (bombardeamento do anticatodo com elétrons que apresentam alta energia).	Testes de materiais, diagnósticos médicos.
Radiação ultravioleta	10 nm ... 380 nm	Lâmpadas baseadas na descarga em gases.	Terapia dermatológica, fotolitografia de circuitos.
Radiação visível	380 nm ... 780 nm	Lâmpadas baseadas na descarga em gases, lâmpadas incandescentes, lasers.	Tecnologia óptica, fotografia, iluminação automotiva.
Radiação infravermelho	780 nm ... 1 mm	Equipamentos térmicos, diodos infravermelhos, lasers.	Terapias médicas, medição de distâncias.
Ondas EHF	1 ... 10 nm		
Ondas SHF	10 ... 100 nm		
Ondas UHF	100 nm ... 1 m	Circuitos ressonantes, osciladores de quartzo.	Comunicação via satélite, aquecimento por microonda, radar de tráfego, televisão e serviços de rádio.
Ondas VHF	1 ... 10 m		
Ondas HF	10 ... 100 m		
Ondas MF	100 m ... 1 km		
Ondas LF	1 ... 10 km		
Ondas VLF	10 ... 100 km		

Óptica geométrica

Em muitos casos, as dimensões geométricas do meio onde a radiação se propaga são grandes em comparação com o comprimento de onda da radiação. Em tais situações, a propagação da radiação pode ser explicada em função dos raios de luz e pode ser descrita a partir de leis simples e baseadas na geometria.

Um raio de luz que incide na fronteira entre dois meios é dividido num raio refratado e num refletido.

A lei da refração é aplicável ao raio refratado:

$$n_1 \cdot \text{sen } \varepsilon_1 = n_2 \cdot \text{sen } \varepsilon_2$$

O índice de refração, n_1 ou n_2, do vácuo e de meios dielétricos (por exemplo, ar, vidro e plásticos) são números reais. Para os outros meios, o índice é um número complexo. O índice de refração do meio é função do comprimento de onda (dispersão). Na maioria dos casos, o índice diminui com o aumento do valor do comprimento de onda.

O raio refletido se comporta de acordo com a seguinte equação:

$$\varepsilon_3 = \varepsilon_1$$

A razão entre a intensidade do raio refletido e a intensidade do raio incidente (refletividade) é função do ângulo de incidência e dos índices de refração dos meios adjacentes. No caso de um raio de luz que se propaga no ar ($n_1 = 1,00$) e incide normalmente num vidro ($n_2 = 1,52$) a um raio de 90° ($\varepsilon_1 = 0$), 4,3% da energia do raio é refletida.

Se o raio é proveniente de um meio que é opticamente mais denso ($n_1 > n_2$), a reflexão total pode ocorrer se o ângulo de incidência, ε_1, é igual ou maior do que o ângulo para reflexão total, ε_{max}. De acordo com a lei de refração:

$$\text{sen } \varepsilon_{1\text{ max}} = n_2/n_1$$

Refração e reflexão
a. Meio 1, índice de refração n_1, b Meio 2, índice de refração n_2. 1 Raio incidente, 2. Raio refratado, 3 Raio refletido

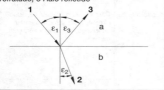

Índices de refração n_D (para luz amarela de sódio, $\lambda = 589,3$ nm).

Meio	n_D
Vácuo, ar	1,00
Gelo (0°C)	1,31
Água (+20°C)	1,33
Vidro de sílica	1,46
Vidro padrão óptico (BK 7)	1,51673
Vidro de janela, vidro utilizado em lentes de faróis	1,52
Metacrilato de polimetila	1,49
Cloreto polivinílico	1,54
Policarbonato	1,58
Poliestireno	1,59
Resina epoxi	1,60
Arsenieto de Gálio (depende do nível de teor)	3,5 aprox.

Componentes

Lentes cilíndricas
As lentes cilíndricas são utilizadas para a convergência dos raios paralelos incidentes numa linha focal.

Prismas
Os elementos prismáticos são utilizados para defletir um raio de luz num certo ângulo. Os raios paralelos permanecem paralelos após a deflexão num prisma.

As lentes cilíndricas e os elementos prismáticos são utilizados nos faróis (conjuntos ópticos) para direcionar corretamente a luz que é refletida pelo refletor do conjunto óptico.

Refletores
A função dos refletores utilizados nos conjuntos ópticos dos veículos automotores é refletir o máximo da luz gerada na lâmpada, para que o alcance seja maximizado, e controlar a distribuição da luz emitida pelo conjunto para que os requisitos legais de iluminação sejam satisfeitos. A forma e o local de instalação do conjunto óptico podem impor restrições adicionais (por exemplo, quando o conjunto é montado num pára-lama).

Os refletores mais utilizados no passado apresentavam forma parabolóide. Entretanto, os requisitos mencionados anteriormente, que em alguns casos são mutuamente contraditórios, só podem ser atualmente satisfeitos com a utilização de refletores particionados, refletores com forma de superfície livre ou com os novos conjuntos ópticos (PES = sistema polielipsoidal, veja a p. 705).

Normalmente, quanto maior a área de abertura da lente, maior é o alcance da iluminação produzida pelo conjunto óptico. De outro lado, quanto maior o ângulo sólido produzido pelo refletor, maior é a eficiência de iluminação.

Filtros de cor

As sinalizações luminosas utilizadas nos veículos automotores devem satisfazer especificações precisas. As coordenadas cromáticas da luz emitida pela sinalização são especificadas e dependem de sua função (lanterna de indicação de mudança de direção, lanterna de freio). Estas especificações podem ser satisfeitas através da utilização de filtros de cor que enfraquecem a luz emitida em certas partes do espectro visível.

Fontes de Luz

Os elétrons das camadas exteriores dos átomos de certos materiais podem ser excitados (alimentação de energia). A transição de um nível mais alto para um mais baixo de energia pode produzir a emissão de radiação eletromagnética.

Os vários tipos de fontes de luz podem ser classificados de acordo com a forma utilizada para excitar os elétrons (alimentação de energia).

Lente cilíndrica num conjunto óptico

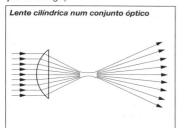

Radiadores térmicos

Neste tipo de fonte de luz, o nível de energia é aumentado através de uma transferência de calor. A emissão de luz é contínua numa faixa larga de comprimento de onda. A potência da luz emitida é proporcional à temperatura absoluta da superfície elevada à quarta potência (lei de Stephan - Boltzmann) e o máximo da curva de distribuição de energia é deslocado para os comprimentos de ondas mais curtos quando a temperatura da fonte emissora aumenta (lei dos deslocamentos de Wien).

<u>Lâmpada incandescente</u>
As lâmpadas incandescentes, com filamento de tungstênio (temperatura de fusão igual a 3.660 K) são radiadores térmicos. A evaporação do tungstênio, que provoca o enegrecimento do bulbo da lâmpada, limita a vida útil deste tipo de lâmpada.

<u>Lâmpada halógena</u>
O filamento de uma lâmpada halógena opera com uma temperatura próxima daquela de fusão do tungstênio. O bulbo da lâmpada é preenchido com um gás halógeno (iodo ou bromo). Na região próxima à parede do bulbo, o tungstênio evaporado combina com o gás de enchimento para formar um composto de tungstênio. Este composto não interfere na transmissão da luz e é estável na faixa limitada por 500 e 1700 K. O composto alcança o filamento, por convecção, e decompõe, devido à alta temperatura, e forma um depósito de tungstênio no filamento. Para que o ciclo seja mantido, a temperatura da superfície externa do bulbo deve ser aproximadamente igual a 300ºC. Para alcançar esta temperatura superficial, o bulbo é fabricado com sílica fundida (quartzo) e a distância máxima entre o filamento e o bulbo é pequena. Uma outra vantagem da última medida é que a pressão do gás no bulbo pode ser aumentada e isto dificulta a evaporação do tungstênio. Uma das desvantagens deste tipo de lâmpada é sua baixa eficiência de iluminação.

Lâmpadas com descarga em gases

As eficiências de iluminação das lâmpadas com descarga em gases são maiores do que aquelas das lâmpadas com filamento. Uma descarga no gás é mantida num bulbo, preenchido com o gás, a partir da aplicação de uma diferença de potencial elétrico entre os eletrodos da lâmpada. Os átomos do gás emissor são excitados pela colisão entre elétrons e os átomos do gás.

Os átomos excitados no processo liberam energia na forma luminosa.

As lâmpadas de sódio (iluminação de vias públicas), as lâmpadas fluorescentes (iluminação de interiores) e as lâmpadas automotivas "Litronic" (ver o material apresentado na p. 917) são exemplos de lâmpadas do tipo analisado neste item.

Luz e a fisiologia da visão

A faixa de sensibilidade à radiação visível varia de pessoa para pessoa. Assim, foi definida uma função de resposta espectral geral do olho e esta função é utilizada nas avaliações e medições fotométricas. A Parte 3 da Norma DIN 5031 apresenta a função de resposta, $V(\lambda)$, na forma de uma tabela. Os valores contidos na tabela foram determinados a partir de testes com pessoas expostas à luz do dia (olhos adaptados à luz solar) e podem ser utilizados nas avaliações fotométricas.

As definições das quantidades fotométricas e suas unidades são:

Fluxo luminoso Φ
O fluxo luminoso é potência radiante emitida por uma fonte de luz corrigida com a inserção da função de resposta espectral do olho humano, ou seja,
$$\Phi = K_m \cdot \int P_\lambda \cdot V(\lambda) d\lambda$$
onde K_m é o máximo valor do fator de luminosidade para visão colorida, $K_m = 683$ lm/W, $V(\lambda)$ é a função de resposta espectral do olho para um campo visual de 2° de acordo com a Parte 3 da Norma DIN 5031 e P_λ é a potência radiante espectral.

Resposta espectral relativa do olho para visão adaptada à luz solar, $V(\lambda)$

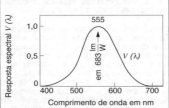

Energia luminosa Q
É a energia radiante espectral calculada a partir de V(λ). A equação
$$Q = \Phi \cdot t$$
é aplicável se o fluxo luminoso é constante.

Intensidade luminosa I
É definido como o fluxo luminoso por unidade de angulo sólido.
$$I = \Phi/\Omega$$

Iluminância E
É a razão entre o fluxo luminoso incidente e área da superfície iluminada.
$$E = \Phi/A_2$$

Luminância L
É a razão entre a intensidade luminosa e a área projetada da superfície iluminada na direção normal àquela da luz emitida.
$$L = I/(A_1 \cdot \cos \alpha)$$
onde α é o ângulo entre a normal da superfície e a direção da luz emitida.

Excitância luminosa M
É a razão entre o fluxo luminoso emitido por uma superfície e a área desta superfície.
$$M = \Phi/A_1$$

Eficiência luminosa η
É a razão entre o fluxo luminoso emitido e a potência absorvida,
$$\eta = \Phi/P$$
A eficiência luminosa não pode ser maior do que o fator de luminosidade máximo, $K_m = 683$ lm/W no comprimento de onda $\lambda = 555$ nm.

Ângulo sólido Ω
É a razão entre a área da porção iluminada da superfície de uma esfera concêntrica com a fonte de radiação e o quadrado do raio desta esfera. O ângulo sólido total é, em esferorradianos,
$$\Omega = 4\pi \cdot \text{sr} \approx 12{,}56 \cdot \text{sr}$$

Contraste
É a razão entre os valores das luminâncias de duas superfícies adjacentes.

Tecnologia Laser

O laser, quando comparado com as outras fontes de luz, apresenta as seguintes características:
- Alta luminância, concentração de radiação num feixe com diâmetro que apresenta poucos comprimentos de onda
- Baixa expansão do feixe de luz
- Radiação monocromática
- Pode ser utilizado na tecnologia de medição coerente (comprimento medido com radiação coerente)
- Alta potência (nas máquinas de usinagem)

A luz é gerada no laser pela emissão induzida num material específico, que é levado a um estado excitado através de uma adição de energia (a luz é muito utilizada para este fim). Se necessário, um ressoador é utilizado para interferir na geometria do feixe. A radiação laser emerge no fim do ressoador através de um espelho parcialmente transparente.

Exemplos de laser usualmente utilizados:

Tipo de laser	Comprimento de onda	Exemplos de aplicação
Hélio – neônio	633 nm	Tecnologia de medições
CO_2	10,6 µm	Processamento de materiais
YAG	1.064 nm	Processamento de materiais
Semicondutor	670 nm 1.300 nm	Tecnologia de medições Telecomunicações

Princípio de operação do laser
1 Fonte de luz, 2 Espelho ressoador, 3 Material ativo (que produz o laser), 4 Espelho parcialmente transparente, 5 Feixe de laser

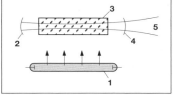

A tecnologia de medição com laser permite a medição sem contato e não participativa das tolerâncias de produção de superfícies superacabadas (por exemplo, injetores de combustível). A resolução na faixa dos nm pode ser alcançada utilizando os métodos interferométricos. Outras aplicações do laser são: a holografia (informação obtida a partir de imagens tridimensionais), reconhecimento automático de caracteres (leitor de código de barras), gravação de informações (utilizada nos CDs), processamento e usinagem de materiais, microcirurgias e transmissão de informações em fibras ópticas.

A operação de equipamentos que operam com raios laser é regulamentada e os produtos são classificados de acordo com os possíveis acidentes que podem acontecer. Mais detalhes podem ser encontrados na Norma DIN 0837, "Segurança dos equipamentos que utilizam dispositivos Laser".

Fibras ópticas

Projeto

As fibras ópticas transmitem ondas eletromagnéticas nas faixas ultravioleta (UV), visível e infravermelho (IV) do espectro. As fibras ópticas são construídas com quartzo, vidro ou polímeros e, normalmente, são compostas por filamentos ou por canais criados num material transparente. Neste último caso, o núcleo é construído com um material cujo índice de refração é maior do que aquele do revestimento. Assim, a luz lançada no núcleo é retida nesta região por refração ou reflexão total. As fibras podem ser classificadas em três tipos em função do perfil do índice de refração (veja a figura):
- Fibra óptica com variação bruta do índice de refração (step – index), onde a fronteira do núcleo e o revestimento é claramente definida
- Fibra óptica com variação gradual do índice de refração (graded – index), onde o perfil do índice de refração no núcleo é parabólico
- Fibra óptica única (monomode), onde o núcleo apresenta diâmetro muito pequeno

As fibras "step – index" e "graded – index" são do tipo multimodo, ou seja, as ondas de luz são propagadas ao longo de trajetórias que variam (geralmente num ângulo oblíquo ao eixo da fibra). Na fibra "monomode", a propagação é possível apenas no modo principal. As fibras construídas com polímeros são sempre do tipo "step – index".

54 Princípios básicos de física

*Propagação da luz em fibras ópticas
a Esquema da fibra, b Perfil do índice de refração. 1 Fibra "step – index", 2 Fibra "graded – index", 3 Fibra " monomode".*

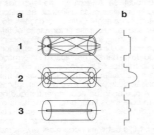

Propriedades
As fibras ópticas de vidro apresentam um alto grau de transparência na região que varia do UV ao IV. A atenuação é particularmente baixa nos comprimentos de onda iguais a 850, 1.300 e 1550 nm. As fibras sintéticas absorvem radiação que apresenta comprimento de onda acima de 850 nm e abaixo de 450 nm.

As fibras apenas usuais podem absorver luz numa faixa angular restrita Θ. A abertura numérica, NA = sen (Θ/2), serve para avaliar esta faixa (veja a tabela).

As diferenças na dispersão e tempo de propagação dos vários modos provocam um aumento dos pulsos de luz quando o comprimento da fibra é longo e isto restringe a largura de banda.

As fibras ópticas usuais podem ser utilizadas na faixa de temperatura limitada por –40°C e 135 °C e as versões especiais podem operar até 800°C.

Área de aplicação
A transmissão de dados é principal área de aplicação das fibras ópticas. As fibras sintéticas são as preferidas na construção das LAN's (redes locais). As fibras do tipo "graded – index" são mais indicadas quando as distâncias de transmissão são médias. Apenas as fibras do tipo "monomode" são utilizadas na transmissão de dados a grandes distâncias. As fibras dotadas com érbio servem como amplificadores ópticos nas redes de fibra óptica. A utilização de fibras ópticas na iluminação dos veículos automotores (p. 933) e sensores tem aumentado. Os sensores com fibra óptica não provocam tensões mecânicas ou faíscas e eles também são insensíveis a estes tipos de perturbação. Atualmente, estes sensores têm sido utilizados em ambientes potencialmente explosivos, na medicina e nos trens de alta velocidade (ICE).

Atualmente, o transporte de energia por fibras, o processamento de materiais, os equipamentos dedicados à microcirurgia e a iluminação com feixes laser têm sido muito estudados.

Holografia
A imagem tridimensional é reduzida a uma representação bidimensional nas gravações convencionais de imagem (fotografia, câmaras de vídeo). A informação espacial contida na imagem é perdida no armazenamento da imagem. As impressões espaciais observadas na figura são baseadas em ilusões sensoriais.

Com a holografia, a informação tridimensional pode ser armazenada e reproduzida. Um trem de luz coerente é necessário para a gravação da imagem. Na criação da imagem holográfica, um separador divide o feixe de laser em um feixe do objeto e um feixe de referência. As ondas que representam o objeto e as de referência formam uma interferência no meio de gravação (placa do holograma) onde a imagem original é armazenada na forma de uma grade de difração.

Características das fibras ópticas

Tipo de fibra	Diâmetro do núcleo μm	Diâmetro do revestimento μm	Comprimento de onda nm	Abertura numérica NA	Atenuação dB/km	Largura da banda MHz · km
Step-index Quartzo/vidro	50...1.000	70...1.000	250...1.550	0,2...0,87	5...10	10
Polímero	200...>1.000	250...2.000	450...850	0,2...0,6	100...500	<10
Graded-index I	50...150	100...500	450...1.550	0,2...0,3	3...5	200...1.000
Monomode	3...10	100...500	850...1.550	0,12...0,21	0,3...1	2.500...15.000

Tecnologia óptica

Reprodução do holograma
1 Onda de reconstrução, 2 Holograma
3 Onda deformada, 4 Observador, 5 Imagem virtual

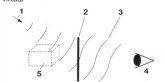

Um feixe expandido de um laser ilumina a placa do holograma e reconstrói o holograma. A grade de difração no holograma deforma a onda do laser de tal modo que o observador tem a impressão de que o objeto capturado holograficamente está presente atrás da placa holográfica.

As aplicações típicas são:
- Registro de minúsculos desvios de trajetória
- Medições de deformações e amplitudes de vibração bem abaixo do comprimento de onda da luz por meio da interferometria por holografia
- Medição holográfica e testes em procedimentos de manufatura de precisão (por exemplo, componentes de sistemas de injeção de combustível)
- Produção de documentos à prova de fraude
- Utilização de elementos holográficos para efeitos ilustrativos

Elementos de mostradores (display)

Os mostradores ópticos mais importantes são os de cristal líquido e os diodos emissores de luz.

Mostrador de cristal líquido

O mostrador de cristal líquido (LCD – Liquid Crystal Display) é um elemento passivo. As diferenças de contraste criadas são tornadas visíveis através de uma iluminação adicional. O tipo mais utilizado de LCD é a célula torcida ou célula TN.

O cristal líquido é mantido entre duas placas de vidro. Na área dos segmentos do mostrador, as placas são cobertas com uma camada transparente e condutora de eletricidade. Assim, um campo elétrico pode ser criado entre as camadas. Uma camada adicional de orientação é instalada no visor e pode provocar a rotação do plano de polarização da luz que atravessa a célula. Quando os polarizadores atuam nas duas superfícies, com uma diferença de ângulos adequada, a célula fica transparente. Na área dos dois eletrodos opostos, as moléculas do cristal líquido ficam alinhadas com as linhas do campo elétrico. Assim, a rotação do plano de polarização é suprimida nestas regiões e a área do mostrador se torna opaca.

Os números, letras e símbolos são indicados em segmentos ativados separadamente. As figuras no LCD são montadas por elementos de uma matriz que são ativados individualmente por transistores de filme fino (TFT). Estes dois componentes são fundamentais na operação dos mostradores (e monitores) de tela plana.

Princípio de operação de um mostrador de cristal líquido
1 Polarizador, 2 Vidro, 3 Camadas de isolamento e orientação, 4 Eletrodo, 5 Polarizador (e refletor), a região de um segmento

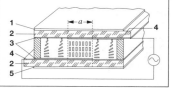

Diodos emissores de luz (LEDs)

O mostrador que utiliza diodo emissor de luz (LED) é do tipo ativo (produz a própria luz). O LED é um dispositivo semicondutor com junção PN. Os transportadores de carga (elétrons livres e vacâncias) se recombinam durante a operação num movimento para a frente. Em certos materiais semicondutores, a energia que é disponibilizada neste processo é convertida numa energia eletromagnética de radiação.

Os materiais semicondutores mais utilizados são o arsenieto de gálio (infravermelho), arsenieto de gálio fosforoso (vermelho e amarelo) e fosfito de gálio (verde).

Acústica

Grandezas e unidades
(veja também a Norma DIN 1332)

Grandeza		Unid. SI
c	Velocidade do som	m/s
f	Freqüência	Hz
I	Intensidade sonora	W/m²
L_1	Nível de intensidade sonora	dB
L_{Aeq}	Nível sonoro contínuo equivalente, média ponderada do tipo A	dB (A)
L_{pA}	Nível de pressão sonora, média ponderada do tipo A	dB (A)
L_r	Nível sonoro nominal, média ponderada do tipo A	dB (A)
L_{WA}	Nível de potência sonora, média ponderada do tipo A	dB (A)
P	Potência sonora	W
p	Pressão sonora	Pa
S	Área da superfície	m²
T	Tempo de reverberação	s
v	Velocidade da partícula	m/s
Z	Impedância acústica específica	Pa · s/m
α	Coeficiente de absorção sonoro	1
λ	Comprimento de onda	m
ϱ	Massa específica	kg/m³
ω	Freqüência angular (= $2\pi f$)	1/s

Terminologia geral
(veja também a Norma DIN 1320)

Som
Vibrações mecânicas e ondas num meio elástico com freqüências na faixa audível (16 a 20.000 Hz).

Ultra-som
Vibrações mecânicas com freqüências acima da faixa de audição humana.

Propagação do som
Geralmente, o som se propaga esfericamente a partir da fonte. Num campo sem obstáculos, a pressão sonora diminui 6 dB cada vez que a distância entre o ponto considerado e a fonte de som é dobrada. A presença de objetos no campo (refletores) influencia a propagação do som e a taxa com que o nível de som é reduzido em função da distância do ponto considerado à fonte de som é menor.

Velocidade do som c
A velocidade do som é a velocidade de propagação de uma onda sonora.

Velocidades do som e comprimentos de onda em vários materiais

Material/meio	Velocidade do som c m/s	Comprimento de onda λ a 1.000 Hz
Ar a 20°C e 1,014 bar	343	0,343
Água líquida a 10°C	1.440	1,44
Borracha (varia de acordo com a dureza)	60...1.500	0,06...1,5
Alumínio (cilindro)	5.100	5,1
Aço (cilindro)	5.000	5,0

Comprimento de onda $\lambda = c/f = 2\pi c/\omega$

Velocidade da partícula v
A velocidade da partícula é a velocidade instantânea de uma partícula que vibra. Num campo de som sem obstáculos, $v = p/Z$. Se a freqüência é baixa, a vibração detectada é aproximadamente proporcional à velocidade acústica.

Pressão do som p
A pressão do som é a pressão gerada num meio pela vibração do som. Num campo de som sem obstáculos, $p = v \cdot Z$. Normalmente, o valor da pressão do som medida é o efetivo.

Impedância acústica específica Z
A impedância acústica específica é uma medida da habilidade do meio em transmitir as ondas sonoras. $Z = p/v = \varrho \cdot c$. Para o ar a 20°C e 1,013 bar (760 torr) $Z = 415$ Ns/m³, para água líquida a 10°C $Z = 1,44 \times 10^6$ Ns/m³ $= 1,44 \cdot 10^6$ Pa · s/m.

Potência sonora P
A potência sonora é aquela emitida por uma fonte sonora. A potência de algumas fontes sonoras é:
Conversa normal (valor médio) 7×10^{-6} W
Violino (fortíssimo) 1×10^{-3} W
Pico de potência da voz humana 2×10^{-3} W
Piano, trompete   0,2...0,3 W
Órgão   1...10 W
Tímpano sinfônico   10 W
Orquestra (75 músicos)   até 65 W

Intensidade do som I
É a potência sonora que atua numa superfície que apresenta área unitária e é perpendicular à direção da propagação do som, $I = P/S$. Num campo sonoro:
$I = p^2/\varrho \cdot c = v^2 \cdot \varrho \cdot c$.

Efeito Doppler
Para fontes móveis de som: se a distância entre a fonte de som e o observador diminui, o tom percebido freqüência (f') é maior do que o tom real (f); se a distância aumenta, o tom percebido cai. As próximas relações são verdadeiras se o observador e a fonte sonora estão se deslocando ao longo da mesma linha: $f'/f = (c - u')/(c - u)$, onde c é a velocidade do som, u' é a velocidade do observador e u é a velocidade da fonte sonora.

Intervalo
O intervalo é a razão entre as freqüências de dois tons. Na "escala igualmente temperada" dos instrumentos musicais (introduzida por J. S. Bach), a oitava (intervalo 2:1) é dividida em 12 semitons com razão $\sqrt[12]{2} = 1,0595$, i.é, uma série de quaisquer números de intervalos temperados sempre leva de volta a um intervalo temperado. No caso dos "tons puros", por outro lado, uma seqüência de intervalos puros normalmente não leva a um intervalo puro. (Os tons puros apresentam os intervalos 1, 16/15, 9/8, 6/5, 5/4, 4/3, 7/5, 3/2, 8/5, 5/3, 9/5, 15/8, 2).

Espectro do som
O espectro do som, gerado pela análise de freqüências, é utilizado para mostrar a relação entre o nível de pressão sonoro (transportado pelo ar ou por estruturas) e a freqüência.

Espectro em oitavas
Os níveis sonoros são determinados e representados em função das oitavas. Uma oitava é definida como a faixa (banda) de freqüências com extremos que apresentam razão igual a 1:2. A freqüência média de uma oitava é $f_m = \sqrt{(f_1 \cdot f_2)}$.

As freqüências médias recomendadas são: 31,5; 63; 125; 250; 500; 1000; 4000 e 8000 Hz.

Espectro em três oitavas
Os níveis sonoros são determinados e representados em função de três oitavas. A largura desta faixa (banda), referida à freqüência de centro, é relativamente constante (como no caso do espectro em oitavas).

Isolamento sonoro
O objetivo do isolamento sonoro é a redução dos efeitos provocados por uma fonte sonora através da interposição de uma parede refletora (isolamento) entre a fonte e o local onde se deseja isolar.

Absorção do som
Perda de energia do som quando a onda é refletida por obstáculos e também na propagação da onda num meio.

Coeficiente de absorção sonoro α
O coeficiente de absorção sonoro é a razão entre a energia sonora da onda que não foi refletida e a energia sonora da onda incidente. Se a reflexão é total, $\alpha = 0$, se a absorção é total, $\alpha = 1$.

Redução de ruído
Atenuação de emissões acústicas: redução na geração primária dos ruídos criados mecânica ou eletromagneticamente e transmitidos por estruturas e daqueles criados em escoamentos; amortecimento e modificações nos sistemas que podem oscilar para atuar na ressonância; redução das superfícies efetivas de radiação e encapsulamento.

Projeto de baixo ruído
Aplicação de técnicas de simulação (análise modal, variação modal, análise com elementos finitos, análise do acoplamento sonoro de ruídos transmitidos pelo ar) na avaliação das propriedades acústicas de novos projetos e sua otimização.

Grandezas utilizadas na medição da emissão de ruídos
A instrumentação utilizada na medição das grandezas do campo sonoro normalmente opera com valores RMS e apresenta o resultado como um valor médio que é calculado com um procedimento que leva em consideração o espectro do ruído (média ponderada do tipo A). Isto é indicado pela letra A adicionada ao símbolo correspondente.

Nível de potência sonora L_W
A potência sonora de uma fonte é definida pelo nível de potência sonora L_W. O nível de potência sonora é igual a dez vezes o logaritmo na base 10 da razão entre a potência sonora calculada da fonte e o valor de referência $P_0 = 10^{-12}$ W. A potência sonora não pode ser medida diretamente e é calculada a partir de grandezas do campo sonoro que envolve a fonte.

Normalmente, o nível de pressão sonora, L_p, também é medido em pontos específicos localizados em torno da fonte (veja a Norma DIN 45635). O nível de potência sonoro, L_W, também pode ser calculado a partir dos níveis de intensidade sonora, L_I, medidos em vários pontos localizados numa superfície imaginária que envolve totalmente a fonte sonora. Se o ruído é emitido uniformemente através de uma superfície $S_0 = 1\ m^2$, o nível de pressão sonora L_p, o nível de intensidade do som nesta superfície e o nível de potência sonora L_w apresentam o mesmo valor.

Nível de pressão sonora L_p
O nível de pressão sonora é igual a dez vezes o logaritmo na base 10 da razão entre o valor médio RMS da pressão sonora elevado ao quadrado e o quadrado do valor de referência:
$p_0 = 20\ \mu Pa$. $L_p = 10 \log p^2/p_0^2$
ou $L_p = 20 \log p/p_0$.
O nível de pressão sonora normalmente é indicado em decibel (dB).

O valor médio do nível de pressão sonora, calculado com a média ponderada do tipo A, L_{pA}, medido a 1 m de distância $d = 1\ m$ da fonte sonora é freqüentemente utilizado para caracterizar as fontes sonoras.

Nível de intensidade sonora L_I
O nível de intensidade sonora é igual a 10 vezes o logaritmo na base 10 da razão entre a intensidade sonora e a intensidade sonora de referência:
$I_0 = 10^{-12}\ W/m^2$ $L_I = 10 \log I/I_0$

Interação entre duas ou mais fontes sonoras
A intensidade sonora do campo resultante é igual a soma das intensidades dos campos superpostos e o quadrado da pressão do campo resultante é igual à soma dos quadrados das pressões dos campos superpostos. O nível sonoro total é determinado a partir dos níveis sonoros individuais de acordo com a tabela:

Diferença entre os dois níveis sonoros individuais	Nível sonoro total = nível sonoro mais alto + acréscimo de
0 dB	3 dB
1 dB	2,4 dB
2 dB	2,1 dB
3 dB	1,8 dB
4 dB	1,5 dB
6 dB	1 dB
8 dB	0,6 dB
10 dB	0,4 dB

Medição de ruídos em veículos automotores e limites

Os procedimentos de medição utilizados para verificar se os limites legais de emissão de ruído estão satisfeitos são aplicáveis exclusivamente aos níveis de ruído externo. O documento emitido pela Comunidade Européia em 1970, 70/157/EEC, com a revisão realizada em 1999, 99/101/EEC, define os procedimentos de medição e os valores máximos de emissão de ruídos para veículos imóveis e em movimento. Os procedimentos indicados nestes documentos não representam adequadamente as situações reais encontradas no trânsito atual. Por este motivo, os legisladores da UE estão trabalhando na revisão dos procedimentos de medição para que eles reproduzam melhor as situações encontradas no tráfego urbano no procedimento de teste. O documento 01/43/EEC, emitido em 2001, estabelece que o ruído gerado pelos pneus, na condição em que a velocidade é constante e em torno de 80 km/h, deve ser considerado no procedimento de avaliação da emissão de ruídos dos veículos.

Medição da emissão de ruído de automóveis de passageiros e caminhões com peso total permissível menor do que 3,5 t
O veículo se aproxima da linha AA, que está localizada até a 10 m do plano do microfone, com uma velocidade constante de 50 km/h. Após o veículo passar pela linha AA, ele continua em total aceleração até cruzar a linha BB que está posicionada a 10 m do plano do microfone. A linha BB serve para definir o final da seção de teste. Os carros de passageiro com transmissão manual com, no máximo, com 4 marchas são testados com o câmbio na segunda marcha. De acordo com o documentação, medições adicionais devem ser efetuadas nos automóveis com mais de 4 marchas (na 2ª e na 3ª marcha). Os veículos com transmissão automática são testados com o câmbio na posição D. O nível de emissão de ruído é definido como o máximo nível encontrado no lado esquerdo ou direito do automóvel numa distância de 7,5 m da linha central da seção de teste. Nos testes com duas marchas, o nível de emissão de ruído é adotado como a média aritmética dos resultados obtidos nas medições.

Medição da emissão do ruído gerado por caminhões com peso total permissível maior do que 3,5 t.
O veículo se aproxima da linha AA, que

Acústica

Arranjo para a medição de ruído veicular
1 Piso especificado pela Norma ISO 10884,
2 Microfone esquerdo, 3 Microfone direito

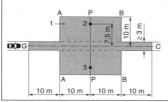

está localizada a 10 m do plano do microfone, à velocidade constante. Após o caminhão alcançar a linha AA, é imposta aceleração contínua e máxima ao veículo até que este atinja a linha BB (que dista 10 m da linha AA e serve para indicar o final da seção de teste). A velocidade do caminhão adotada no teste é função da marcha que está sendo utilizada e da rotação do motor. A escolha da marcha é baseada no fato de que o caminhão deve atingir a velocidade de teste na seção de teste. Entretanto, o veículo pode passar pelo final da seção de teste sem que a rotação máxima seja atingida. O nível de ruído emitido é definido como o máximo nível sonoro emitido em qualquer um dos testes.

Emissão de ruído em veículos imóveis

As medições são realizadas na vizinhança da seção de descarga do escapamento para facilitar o teste de medição de ruído do motor. As medições são realizadas com o motor operando a ¾ da rotação que o motor desenvolve à potência nominal. Após esta condição, a válvula de alimentação é rapidamente posicionada na condição neutra. Durante este procedimento, o nível de pressão sonora, em dB(A), é medido a uma distância de 0,5 m da seção de descarga de gases e num ângulo horizontal de (45 ± 10°) em relação à direção do escoamento de gases de exaustão. O valor máximo medido no procedimento é inserido na documentação em dB(A) e com o sufixo "P" (tornando possível distinguir este resultado daqueles levantados nos testes anteriores). Não existe um valor-limite especificado para o nível máximo de pressão sonora encontrado na operação de veículos imóveis.

Nível de ruído interno

Não existe uma legislação que estabeleça um limite para o nível de ruído interno. O ru-

Limites e tolerâncias em dB(A) para a emissão de ruídos em veículos

Categoria do veículo válido desde out. 1995 (92/97/CEE)	dB(A)
Automóveis de passeio	
Com ignição por centelha ou motor Diesel	74 + 1
- motor Diesel com injeção direta	75 + 1
Caminhões e ônibus	
Peso total permissível menor que 2 t	76 + 1
- motor Diesel com injeção direta	77 + 1
Ônibus	
Peso total permissível entre 2 e 3,5 t	76 + 1
- motor Diesel com injeção direta	77 + 1
Peso total permissível maior que 3,5 t	78 + 1
- motor Diesel com injeção direta	80 + 1
Caminhões	
Peso total permissível entre 2 e 3,5 t	76 + 1
- motor Diesel com injeção direta	77 + 1
Peso total permissível maior que 3,5 t (Regulamento alemão de tráfego: acima de 2,8 t)	
- potência útil do motor até 75 kW	77 + 1
- potência útil do motor até 150 kW	78 + 1
- potência útil do motor maior que 150 kW	80 + 1

Os limites para os veículos "fora da estrada" e AWD são superiores para levar em consideração a presença de freio motor e de equipamentos pneumáticos.

ído interno é medido, por exemplo, com o veículo se movimentando com velocidade constante ou gradualmente acelerado na faixa de 60 km/h ou a 40% da velocidade máxima do veículo. O valor da pressão sonora, em dB(A) é apresentado, num gráfico, em função da velocidade do veículo. Uma série de medições é sempre realizada com o sensor instalado no banco do motorista e os outros pontos de medição são escolhidos de acordo com o arranjo dos bancos do veículo. Não existem planos para introduzir um valor-limite único para o nível interno de ruído máximo admissível.

Grandezas utilizadas na medição de ruídos

O nível sonoro nominal L_r é utilizado para avaliar o efeito do ruído nos seres humanos (veja a Norma DIN 45645). Esta medida reflete o ruído médio num período de tempo (por exemplo, 8 horas de trabalho) e com ruídos que flutuam. O valor pode ser obtido diretamente com a utilização de instrumentos que integram o sinal ou calculados individualmente a partir dos níveis de pressão sonora medidos e dos períodos de tempo associados aos efeitos sonoros individuais (veja também a Norma DIN 45641). As características do ruído analisado, tais como as pulsações e a qualidade tonal, podem ser consideradas através de atribuições de níveis arbitrados (veja a tabela abaixo que apresenta alguns valores de referência).

Os valores de referência para o nível sonoro nominal da tabela (Instruções técnicas sobre o abatimento de ruído, Alemanha, 16 de julho de 1968) são aplicáveis a medidas ao ar livre e na construção residencial mais próxima (num ponto localizado na frente de uma janela aberta e que dista 0,5 m da janela):

	Dia	Noite
Área totalmente industrial	70 dB(A)	70 dB(A)
Área predominantemente industrial	65 dB(A)	50 dB(A)
Área mista	60 dB(A)	45 dB(A)
Área predominantemente residencial	55 dB(A)	40 dB(A)
Área totalmente residencial	50 dB(A)	35 dB(A)
Clínicas de saúde, hospitais, etc	45 dB(A)	35 dB(A)

Nível sonoro contínuo equivalente L_{Aeq}

Nos casos onde os ruídos variam ao longo do tempo, o nível médio da pressão sonora (média ponderada do tipo A) provocado pelos níveis de pressão sonora individuais e nos tempos de exposição individuais é igual ao nível sonoro contínuo equivalente se este descreve a energia sonora média avaliada no período de tempo considerado (veja a Norma DIN 45641). O nível sonoro contínuo equivalente definido pela "Lei de redução de ruído aeronáutico da Alemanha" é obtido de um modo diferente (veja a Norma DIN 45 643).

Níveis sonoros percebidos

O ouvido humano pode distinguir cerca de 300 níveis de intensidade acústica e de 3.000 a 4.000 freqüências diferentes (tons). Além disso, o processo utilizado na identificação do som é rápido e adequado para tratar seqüências complexas. Assim, é difícil, e desnecessário, estabelecer uma correspondência direta e muito precisa entre os níveis sonoros percebidos e os definidos tecnicamente. Uma aproximação grosseira do nível sonoro percebido pode ser formulada em função do nível sonoro avaliado com a média ponderada do tipo A (que leva em consideração o espectro do ruído), e de características subjetivas da intensidade sonora (nível de audibilidade, em fon, e audibilidade, em sone). As medições dos níveis sonoros não são suficientes para definir todas as características de um ruído gerado numa máquina ou equipamento e caracterizar se o ruído tem potencial para criar incômodos. Um ruído repetitivo e difícil de ser notado pode incomodar muito, mesmo que o ruído de fundo do ambiente seja alto.

Nível de audibilidade L_s

O nível de audibilidade é uma medida comparativa da intensidade sonora percebida e sua unidade é o fon. O nível de audibilidade de um som (tom puro ou ruído) é o nível de pressão sonora de um tom puro padrão que, sob condições de referência, é julgado, por um observador, como igual àquele do som em que estamos interessados. O nível de som padrão é uma onda sonora plana com freqüência igual a 1000 Hz que bate de frente na cabeça do observador. Este é conhecido internacionalmente como o padrão do nível de audibilidade. Um observador sente que a pressão sonora dobra (ou cai pela metade) quando o nível de audibilidade é aumentado (ou diminuído) entre 8 e 10 fons.

Fon

A onda do tom puro padrão que o observador julga ser tão audível quanto o som que está sendo avaliado apresenta uma pressão sonora específica em dB (A). Este valor é reconhecido como o nível de audibilidade do som avaliado e tem a unidade fon. A percepção humana dos sons varia com a freqüência. Por exemplo, os valores em dB dos sons das notas musicais não concordam com os valores de dB do tom padrão puro (exceto na freqüência de referência, 1.000 Hz). Entretanto, é possível construir e utilizar as curvas de nível de audibilidade constante como aquelas mostradas no gráfico (Fletcher – Munson).

Audibilidade S

O sone é uma unidade subjetiva de medida da intensidade sonora. O ponto de partida para a definição do sone é: qual é a relação (mais alta ou mais baixa) entre o nível sonoro percebido de um som particular e aquele referente a um som padrão específico.

Definição: o nível sonoro $L_s = 40$ fon corresponde a um nível de audibilidade $S = 1$ sone. Duplicar, ou dividir por dois, a audibilidade equivale a uma variação do nível de audibilidade de aproximadamente 10 fons.

Acústica

Existe um padrão ISO para calcular a audibilidade dos sons estacionários usando níveis terciários (método de Zwicker). Este procedimento leva em consideração tanto a distribuição de freqüências e a filtragem que ocorre nos processos de audição.

Tom, nitidez
O espectro do som perceptível pode ser dividido em 24 grupos de freqüências (bancos) e os níveis dos tons percebidos são definidos para estes grupos. A distribuição da audibilidade em função do tom (análoga ao espectro terciário) pode ser utilizada para quantificar outras impressões auditivas subjetivas, tal como a nitidez de um ruído.

Engenharia acústica

Equipamentos de medição utilizados na acústica
- Microfones capacitivos, gravador ou equipamento de registro com escala de nível sonoro em dB(A).
- Gravador do tipo cabeça artificial (com os microfones posicionados nos ouvidos) para que seja possível realizar uma reprodução fiel com o uso de fone de ouvido.
- Sala para realizar os procedimentos padrão. Normalmente, as paredes destas salas absorvem muito bem o som.
- Vibrações, ruído estrutural: acelerômetros com massa abaixo de 1 g (por exemplo: o piezométrico), sistema laser com Doppler para a análise não intrusiva de vibrações que apresentam variações rápidas.

Métodos de cálculo em acústica
Vibração/ Oscilação: Modelagem por elementos finitos, cálculo da vibração natural e ajuste aos dados experimentais obtidos com a análise modal. A modelagem das forças que atuam durante a operação permite calcular as formas de vibração operacionais. Assim, é possível otimizar o projeto considerando-se o comportamento oscilatório do equipamento.

Ruído ambiental e gerado em escoamentos: cálculo do campo sonoro utilizando o método dos elementos finitos (FEM) ou dos elementos de fronteira (BEM).

Controle de qualidade acústico
É a avaliação pessoal dos níveis de ruído e da interferência encontrados na operação de equipamentos e a classificação dos defeitos operacionais a partir dos ruídos audível e estrutural. Este procedimento faz parte do processo de produção (por exemplo, no teste de um motor elétrico). Os testes automáticos têm sido utilizados em algumas aplicações específicas, mas eles não são tão flexíveis e seletivos quanto os testes realizados por pessoas. Muitos avanços têm sido realizados na área de testes automáticos com a utilização de redes neurais e da avaliação combinada das propriedades sonoras.

Projeto sonoro (veja o material apresentado a partir da p. 1130).

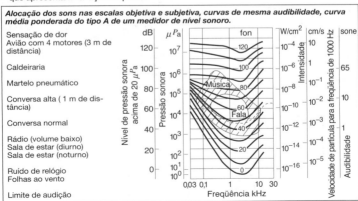

Alocação dos sons nas escalas objetiva e subjetiva, curvas de mesma audibilidade, curva média ponderada do tipo A de um medidor de nível sonoro.

Hidrostática

Símbolos e unidades

Grandeza	Unidade
A Área da seção transversal	m²
A_B Área da base	m²
A_S Área lateral	m²
F Força	N
F_A Força de empuxo	N
F_B Força que atua no fundo	N
F_G Peso	N
F_S Força que atua nas laterais	N

Grandeza	Unidade
V_F Volume de fluido deslocado	m³
g Aceleração da gravidade ($g = 9,8$ m/s²)	m/s²
h Profundidade	m
m_F Massa de fluido deslocado	kg
p Pressão	Pa = N/m²
ϱ Massa específica	kg/m³

Massa específica e pressão

Os fluidos são compressíveis, mas os líquidos se comportam como incompressíveis na maioria dos problemas. Além disso, o efeito da variação de temperatura sobre a massa específica dos líquidos é pequeno e, assim, a massa específica dos líquidos pode ser considerada constante em muitas aplicações.

A pressão num ponto, $p = dF/dA$, não varia com a direção, se o fluido estiver em repouso. A pressão será uniforme no fluido, se a variação de pressão provocada pela aceleração da gravidade for desprezível (por exemplo, numa prensa hidráulica).

Fluido em repouso num vaso aberto

Pressão $\quad p_{(h)} = \varrho \cdot g \cdot h$

Força que atua no fundo
$$F_B = A_B \cdot \varrho \cdot g \cdot h$$

Força que atua nas superfícies laterais
$$F_S = 0,5 \cdot A_S \cdot \varrho \cdot g \cdot h$$

Fluido em repouso

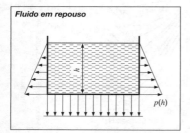

Prensa hidráulica

Pressão $\quad p = \dfrac{F_1}{A_1} = \dfrac{F_2}{A_2}$

Forças nos pistões $\quad F_1 = p \cdot A_1 = F_2 \cdot \dfrac{A_1}{A_2}$

$$F_2 = p \cdot A_2 = F_1 \cdot \dfrac{A_2}{A_1}$$

Prensa hidráulica

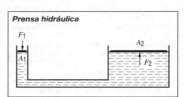

Empuxo

O sentido da força de empuxo é inverso daquele da força de gravidade e o empuxo atua no centro de gravidade do volume de fluido deslocado. O módulo da força de empuxo é igual ao peso de fluido deslocado pelo corpo submerso:

$$F_A = m_F \cdot g = A_S \cdot \varrho \cdot g$$

Um corpo flutuará, se $F_A = F_G$

Empuxo

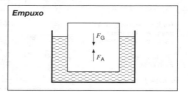

Mecânica dos fluidos
Símbolos e unidades

Grandeza		Unidade
A	Área da seção transversal	m^2
F	Força	N
F_A	Força de empuxo	N
F_W	Força resistente	N
L	Comprimento na direção do escoamento	m
Q	Vazão em volume	m^3/s
Re	Número de Reynolds	—
c_d	Coeficiente de arrasto	—
d	Diâmetro	m
g	Aceleração da gravidade (g = 9,8 m/s²)	m/s^2

Grandeza		Unidade
h	Altura	m
m	Massa	kg
$\dot{m}$	Vazão em massa	kg/s
p	Pressão	$Pa = N/m^2$
t	Espessura	m
v	Velocidade do escoamento	m/s
α	Coeficiente de contração	—
η	Viscosidade dinâmica	$Pa \cdot s = N \cdot s/m^2$
μ	Coeficiente de descarga	—
ν	Viscosidade cinemática	m^2/s
ϱ	Massa específica	kg/m^3
φ	Coeficiente de velocidade	—

Princípios básicos

Os escoamentos de gases podem ser considerados incompressíveis, desde que a velocidade máxima do escoamento seja baixa (menor do que 0,3 vez a velocidade do som).

Um fluido é ideal se ele for incompressível e sua viscosidade for nula. As tensões de cisalhamento serão nulas e a pressão que atua nos elementos de fluido será uniforme nos escoamentos de fluidos ideais. Entretanto, as tensões de cisalhamento e as deformações dos elementos fluidos não são nulas nos escoamentos de fluidos reais. Um dos resultados das forças de cisalhamento é a resistência observada nos escoamentos. A tensão de cisalhamento num fluido pode ser avaliada com a lei de Newton:

$$\tau = \frac{F}{A} = \eta \cdot \frac{v}{h}$$

Tensões de cisalhamento

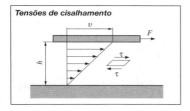

O fator de proporcionalidade η é denominado <u>viscosidade dinâmica</u>. Esta propriedade varia muito com a temperatura. A viscosidade cinemática é definida a partir da viscosidade dinâmica:

$$v = \frac{\eta}{\rho}$$

Um escoamento é laminar quando as camadas de fluido escoam separada e paralelamente. A viscosidade dinâmica é muito importante nestes escoamentos. Se a velocidade do escoamento excede um certo valor-limite, os movimentos secundários do escoamento rompem as camadas de fluido e o escoamento se torna turbulento. A localização do ponto de transição entre escoamento laminar e turbulento depende da velocidade do escoamento e do número de Reynolds

$$Re = \frac{Q \cdot L \cdot v}{\eta} = \frac{L \cdot v}{v}$$

Nos escoamentos em tubos, a dimensão característica presente no número de Reynolds, L, é o diâmetro do tubo e o escoamento se torna turbulento, quando Re se torna maior do que 2.300.

Equação da continuidade

Considere um escoamento que ocorre em regime permanente e num volume de controle que apresenta uma seção de alimentação e uma de descarga. Se o perfil de velocidade nas seções de alimentação e descarga são uniformes, a equação da continuidade (conservação da massa) estabelece que:

$\dot{m} = \varrho \cdot A_1 \cdot v_1 = \varrho \cdot v_2 \cdot A_2 = \text{const.}$

Se o escoamento for de um fluido incompressível (ϱ = constante), a vazão em volume também é conservada:

$Q = A_1 \cdot v_1 = A_2 \cdot v_2 = \text{const.}$

Equação de Bernoulli

A equação da continuidade mostra que existe uma aceleração no escoamento dentro do volume de controle, se A_1 for diferente de A_2. Se a velocidade na seção de descarga é maior do que aquela na seção de alimentação, nós detectamos um aumento de energia cinética do escoamento e uma queda de pressão ($p_1 > p_2$). De acordo com a lei de conservação da energia, a soma da pressão estática com a pressão hidrostática e a energia cinética do escoamento é constante num escoamento. Se as perdas provocadas pelo atrito forem desprezadas, a equação

$$p_1 + \frac{1}{2} \cdot \rho \cdot v_1^2 + \rho \cdot g \cdot h_1 = p_2 + \frac{1}{2} \cdot \rho \cdot v_2^2 + \rho \cdot g \cdot h_2$$

é válida para escoamentos em tubos não horizontais.

Descarga de um vaso de pressão

Admita que a área da seção transversal da descarga de um tanque é muito menor do que aquela do próprio tanque (veja a figura que está na parte inferior da próxima página). De acordo com a equação da continuidade, a velocidade da superfície livre no tanque, v_1, é muito pequena (desprezível). A velocidade na seção de descarga no tanque pode ser calculada com a equação de Bernoulli

$$v_2 = \varphi \cdot \sqrt{\frac{2}{\rho}(p_1 - p_2) + 2 \cdot g \cdot h}$$

O coeficiente de velocidade φ foi introduzido na equação para que as perdas no escoamento sejam levadas em consideração. A restrição do jato descarregado também precisa ser considerada na avaliação da vazão em volume descarregada do tanque. Combinando-se a equação anterior com a definição de vazão em volume e o coeficiente de contração,

$$Q = \alpha \cdot \varphi \cdot A_2 \cdot \sqrt{\frac{2}{\rho}(p_1 - p_2) + 2 \cdot g \cdot h}$$

O coeficiente de descarga é definido como o produto do coeficiente de velocidade pelo coeficiente de contração, $\mu = \alpha \cdot \varphi$.

Tabela 1

Forma do orifício	Coeficiente de velocidade φ	Coeficiente de contração α	Coeficiente de descarga μ
	0,97	0,61...0,64	0,59...0,62
	0,97...0,99	1,0	0,97...0,99
	0,95...0,97	$(d_2/d_1)^2$: 0,4 → 0,87; 0,6 → 0,90; 0,8 → 0,94; 1,0 → 1,0	0,82...0,97

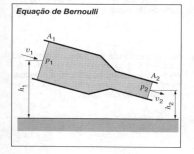

Equação de Bernoulli

Arrasto em corpos imersos em escoamentos

Uma força resistente, produzida por efeitos viscosos e de pressão, atua nos corpos quando estes são imersos em escoamentos. A força de arrasto exercida num corpo que está imerso num escoamento é dada por

$$F_w = \frac{1}{2} \cdot c_d \cdot A \cdot \rho \cdot v^2$$

onde A é a área da seção transversal do corpo, cuja normal está alinhada com o vetor velocidade ao longo do corpo e c_d é o coeficiente de arrasto. Este coeficiente depende da forma do corpo imerso e do número de Reynolds do escoamento.

É muito difícil calcular com precisão a força de arrasto, mesmo que a forma do corpo e o escoamento sejam simples. Assim, a força de arrasto é usualmente determinada experimentalmente. Se as dimensões do corpo são grandes, a força de arrasto normalmente é determinada em modelos construídos com escala reduzida. Além da semelhança geométrica, é também necessário operar o modelo numa condição operacional semelhante àquela encontrada na situação original (por exemplo, a energia cinética do escoamento e a distribuição da tensão de cisalhamento na superfície do modelo devem ser proporcionais àquelas encontradas na situação original). O número de Reynolds indica se o escoamento no corpo original é proporcional àquele no modelo (semelhança dinâmica).

Regra básica: dois escoamentos são dinamicamente similares, se seus números de Reynolds são iguais.

Descarga de um vaso de pressão

Coeficiente de atrito c_d

Forma do corpo	c_d
Placa circular	1,11
Disco aberto	1,33
Esfera $\quad Re < -200.000$	0,47
$\qquad\qquad Re > -250.000$	0,20
Corpo de revolução fino $L/t = 6$	0,05
Cilindro longo $\quad Re < 200.000$	1,0
$\qquad\qquad Re > 450.000$	0,35
Placa longa $\quad Re \approx 500.000$	0,78
$L/t = 30 \quad Re \approx 200.000$	0,66
Perfil de asa longo	
$L/t = 18$	0,2
$L/t = 8 \;\}\; Re \approx 10^6$	0,1
$L/t = 5$	0,08
$L/t = 2 \quad Re \approx 2 \cdot 10^5$	0,2

Calor

Símbolos e unidades

Os nomes das unidades podem ser encontrados nas p. 22 a 28, os fatores de conversão de unidades na p. 36 e as propriedades físicas dos materiais (coeficiente de expansão térmico, entalpia de fusão e de vaporização) no texto apresentado a partir da p. 232.

Grandeza	Unid. SI
A Área da seção transversal	m^2
c Calor específico	$J/(kg \cdot K)$
$\quad c_p$ Calor específico à pressão constante	
$\quad c_v$ Calor específico a volume constante	
k Coeficiente de transferência de calor	$W/(m^2 \cdot K)$
m Massa	kg
p Pressão	$Pa = N/m^2$
Q Calor	J
Q_i Entalpia	J
$\dot{Q}$ Fluxo de calor $= Q/z$	W
R_m Constante universal dos gases $= 8,3145$ J/(mol $\cdot$ K)	$J/(mol \cdot K)$
R_i Constante do gás $R_i = R_m/M$ (M = peso molecular)	$J/(kg \cdot K)$
S Entropia	J/K
s Distância	m
T Temperatura termodinâmica $T = t + 273,15$	K
ΔT Diferença de temperatura $= T_1 - T_2 = t_1 - t_2$ T_1, t_1 temperatura maior T_2, t_2 temperatura menor	K
t Temperatura na escala Celsius	°C
V Volume	m^3
v Volume específico	m^3/kg
W Trabalho	J
z Tempo	s
α Coeficiente de transferência de calor, α_e externo, α_i interno	$W/(m^2 \cdot K)$
ε Emissividade	
λ Condutibilidade térmica	$W/(m \cdot K)$
ϱ Massa específica	kg/m^3

Conversão de unidades
(veja as p. 18 e 19)

$$1 \text{ kcal (quilocaloria)} = 4.186,8 \text{ J}$$
$$\approx 4.200 \text{ J} \approx 4.2 \text{ kJ}$$
$$1 \text{ kcal/(m} \cdot \text{h} \cdot \text{°C)} = 1,163 \text{ W/(m} \cdot \text{K)}$$

Entalpia

A entalpia é uma propriedade termodinâmica que indica a quantidade de energia presente num corpo. Por exemplo, considere um corpo com massa m e construído com um material que apresenta calor específico à pressão constante c_p. O acréscimo da quantidade de energia presente no corpo num processo isobárico, que parte do estado termodinâmico onde a temperatura é igual a 0°C, é

$$Q_i = c_p \cdot m \cdot t = c_p \cdot V \cdot \rho \cdot t$$

Esta equação é válida para os processos onde não se detecta mudança de fase.

Transferência de calor

Os três modos de transferência de calor são:
<u>Condução</u>: O calor é transferido no interior do material (sólido, líquido ou gasoso) através das interações das partículas que compõem o material.
<u>Convecção</u>: O calor é transferido para as partículas de um fluido que escoa sobre uma superfície. Na convecção natural (ou livre), o escoamento de fluido é induzido pela diferença de temperatura existente no fluido. De outro lado, na convecção forçada, o escoamento de fluido é promovido por mecanismos externos à transferência de calor.

Condução térmica
Considere um corpo que apresenta seção transversal constante. A taxa de transferência de calor entre duas seções transversais paralelas, separadas por uma distância s e que apresentam uma diferença de temperatura $\Delta T = T_1 - T_2$ é

$$\dot{Q} = \frac{\lambda}{s} A \cdot \Delta T$$

Radiação térmica
O vácuo e o ar atmosférico são transparentes à radiação térmica. Os corpos sólidos e grande parte dos líquidos não transferem calor por radiação porque se comportam como corpos opacos. Alguns gases são opacos para radiação em certos intervalos de comprimento de onda.

O fluxo radiação térmica emitido por uma superfície A que apresenta temperatura absoluta T é

$$\dot{Q} = \varepsilon \cdot \sigma \cdot A \cdot T^4$$

onde $\sigma = 5,67 \cdot 10^{-8}$ W/(m² $\cdot$ K⁴) é a constante de radiação de corpo negro[1] e ε é a emissividade da superfície.

Emissividade ε
até 300°C (573 K)

Corpo negro[1]	1,00
Alumínio, bruto	0,07
Alumínio, polido	0,04
Gelo	0,90
Tinta esmaltada, branca	0,91
Vidro	0,93
Ferro fundido, bruto e oxidado	0,94
Ferro fundido, usinado	0,44
Madeira, alisada	0,90
Cimento, acabamento bruto e branco	0,93
Cobre, oxidado	0,64
Cobre, polido	0,05
Latão	0,22
Latão, polido	0,05
Níquel, polido	0,07
Óleo	0,82
Papel	0,80
Porcelana, vitrificada	0,92
Fuligem	0,93
Prata, polida	0,02
Aço, oxidado	0,96
Aço, polido e livre de óleo	0,06
Aço, polido e recoberto com óleo	0,40
Água	0,92
Tijolo	0,93
Zinco	0,23
Zinco, polido	0,05
Estanho	0,06

Transferência de calor numa parede
A taxa de transferência de calor numa parede plana que apresenta área da seção transversal A, espessura s e submetida a uma diferença de temperaturas ΔT é

$\dot{Q} = k \cdot A \cdot \Delta T$

O coeficiente global de transferência de calor k é calculado do seguinte modo:

$1/k = 1/\alpha_i + s/\lambda + 1/\alpha_a$

Resistência térmica
A resistência térmica de uma parede composta por várias camadas pode ser calculada a partir dos valores das resistências das camadas, ou seja,

$s/\lambda = s_1/\lambda_1 + s_2/\lambda_2 + \cdots$

Os valores das condutibilidades térmicas dos materiais podem ser encontrados na p. 234.

Coeficiente de transferência de calor α

Tipo de material, superfície, etc.	α_i ou α_e W/(m² · K)
Circulação natural de ar num ambiente fechado:	
Paredes,	
janelas interiores	8
janelas exteriores	11
Piso e teto	
do piso para cima	8
do teto para baixo	6
Convecção forçada de ar numa placa plana	
Velocidade média do ar	
w = 2 m/s	15
w > 5 m/s	$6{,}4 \cdot w^{0{,}75}$
Água numa placa plana	
Escoamento estagnado (velocidade nula)	500...2.000
Escoamento	2.000...4.000
Ebulição	2.000...6.000

Resistência térmica de camadas de ar s/λ
(condução + convecção + radiação)

Posição da camada de ar	Espessura da camada de ar mm	Resistência térmica s/λ m² · K/W
Camada vertical	10	0,14
	20	0,16
	50	0,18
	100	0,17
	150	0,16
Camada horizontal transferência de calor de baixo para cima	10	0,14
	20	0,15
	50	0,16
Camada horizontal transferência de calor de cima para baixo	10	0,15
	20	0,18
	50	0,21

---

[1] Um corpo negro absorve totalmente a radiação incidente e, para que a condição de equilíbrio seja satisfeita, também é o melhor emissor de radiação. Uma configuração que apresenta comportamento próximo daquele de um corpo negro é um orifício de pequeno diâmetro usinado num tubo fechado de aço enegrecido.

Técnicas para a medição de temperaturas

(segundo o documento 3511 da VDE/VDI)

Sistema de medida	Faixa operacional	Método de funcionamento	Exemplo de aplicação
Termômetro com coluna de líquido	−200... 1.000°C	Expansão térmica do líquido num capilar construído com vidro. líquido: Pentano (−200...30°C), Álcool (−100...210°C), Tolueno (−90...100°C), Mercúrio (−38...600°C), Gálio (...1 000°C).	Medição de temperatura em líquidos e gases; monitoração da temperatura em sistemas de geração de vapor, aquecimento, secagem e refrigeração e monitoração da temperatura de fluidos escoando em tubulações.
Termômetro com atuador pressurizado	−50... 500°C	A variação da pressão do fluido (mercúrio, tolueno, éter), contido num certo volume, com a alteração da temperatura provoca uma deformação do volume (tubo de Bourdon). A deformação pode ser registrada ou indicada num mostrador.	Monitoração e registro da temperatura (incluindo aplicações remotas com distância até 35 m) em centrais de potência, fábricas, sistemas de aquecimento e salas refrigeradas.
Termômetros com expansão diferencial	0... 1.000°C	Expansões térmicas diferentes de dois metais (eixo num tubo).	Reguladores de temperatura
Termômetros bimetálicos	−50... 400°C	Curvatura de uma lâmina construída com dois materiais diferentes.	Reguladores de temperatura
Termômetros de resistência	−220... 850°C	Alteração da resistência elétrica provocada pela mudança de temperatura Fio de platina −220...850°C, Fio de níquel −60...250°C, Fio de cobre −50...150°C, Semicondutores −40...180°C.	Medição de temperaturas em máquinas, enrolamentos, equipamentos de refrigeração. A operação remota pode ser realizada.
Termistores	0...500°C (2.200°C)	Queda brusca da resistência elétrica com o aumento da temperatura.	Medição de pequenas variações de temperatura devido à alta sensibilidade.
Termopares	−200... 1.800°C	Força termoeletromotriz de dois metais cujas junções estão a temperaturas diferentes.	Medição de temperaturas em máquinas, motores etc. A operação remota pode ser realizada.
Termômetros de radiação (pirômetros, câmaras infravermelho, pirômetros de alta velocidade)	−100... 3.500°C	A radiação emitida por um corpo é um indicador de sua temperatura superficial. A radiação que incide no medidor é comparada com uma luminância conhecida e é convertida num sinal elétrico através de termopares ou fotocélulas. A emissividade do corpo deve ser considerada.	Câmaras de combustão de fornos de fusão e tratamento térmico. Temperaturas de objetos móveis, termografia, tempo de resposta muito rápido nas medidas de temperaturas superficiais.
Tintas termossensíveis, lápis de cera termossensível	40... 1.350°C	Alterações de cor quando uma temperatura específica é ultrapassada. As tintas e os lápis podem apresentar até 4 alterações de cor (quatro níveis de temperatura). A cor alterada permanece após o resfriamento do objeto.	Medição da temperatura em partes móveis (rotação), em locais não acessíveis, nos processos de usinagem, como sinal de aviso para superaquecimento de peças e no teste de materiais (trincas térmicas).
Pirômetros com sucção	1.800... 2.800°C	O gás é extraído da chama.	Medida da temperatura de chamas.

Outros métodos utilizados na medição de temperaturas: espectroscopia, interferometria, termometria a quartzo, termometria a ruído, termômetros magnéticos e acústicos.

Calor

Termodinâmica

Primeira lei da Termodinâmica
Energia não pode ser criada ou destruída. Somente é possível alterar a forma da energia existente. Por exemplo, calor pode ser transformado em energia mecânica e vice-versa.

Segunda lei da Termodinâmica
Calor não pode ser completamente transformado em outra forma de energia (por exemplo, em trabalho mecânico). Todos os processos naturais e artificiais que apresentam transformação em energia são irreversíveis e ocorrem numa direção preferencial (em direção ao estado mais provável). O processo espontâneo de transferência de calor é: calor é transferido de um corpo com temperatura mais alta para outro corpo que apresenta temperatura mais baixa. O inverso só ocorrerá se a energia for fornecida ao processo de transferência de calor.

A entropia S é um indicativo da quantidade de energia de um sistema que não é capaz de realizar trabalho. A parte da energia que é disponível para a realização de trabalho é denominada exergia.

A variação total da entropia é nula nos processos reversíveis.

A maior eficiência na conversão de calor em trabalho mecânico é alcançada nos processos reversíveis. A eficiência de um ciclo reversível que opera entre dois reservatórios térmicos é dada por:

$$\eta_{th} = (Q_1 - Q_2)/Q_1 = (T_1 - T_2)/T_1$$

(ciclo de Carnot)

O máximo trabalho que pode ser realizado neste ciclo é:

$$W = Q_1(T_1 - T_2)/T_1$$

Variação de estado para gases perfeitos
(equação de estado, $p \cdot v = R_i \cdot T$)

Mudança de estado	Características	Calor específico[1]	Equações (k, K são ctes.)[1]	Exemplos
Isobárico	Pressão constante	c_p	$p = k$ $v = K \cdot T$	Combustão à pressão constante nos motores Diesel, aquecimento ou resfriamento de gases perfeitos em circuitos, onde a queda de pressão é desprezível.
Isocórico	Volume constante	c_v	$v = k$ $p = K \cdot T$	Combustão a volume constante nos motores com ignição por faísca, aquecimento ou resfriamento de gases perfeitos em vasos fechados.
Isotérmico	Temperatura constante	–	$T = k$ $p \cdot v = K$	Processos muito lerdos (interação com a vizinhança).
Adiabático	Transferência de calor nula	–	$p \cdot v^x = k$ $T \cdot v^{x-1} = k$	Compressão ou expansão num conjunto cilindro-pistão sem transferência de calor (condição ideal que é praticamente encontrada nos motores de alta rotação).
Isoentrópico	Adiabático e sem atrito (reversível)	–	$T^x \cdot p^{1-x} = k$	Processo ideal e utilizado como referencial para os outros processos.
Politrópico	Mudança geral de estado	$c = \dfrac{c_v(n-x)}{n-1}$	$p \cdot v^n = K$ $T \cdot v^{n-1} = K$ $T^n \cdot p^{1-n} = K$	Processos de compressão e expansão em motores de combustão interna e nas máquinas a vapor ($n = 1{,}2 \ldots 1{,}4$).

[1] c_p, c_v and $x = c_p/c_v$, ver pg. 240, $n = \dfrac{\lg p_2 - \lg p_1}{\lg v_1 - \lg v_2}$

Engenharia elétrica
Grandezas e unidades

Grandezas	Unidades do SI
A Área	m^2
a Distância	m
B Densidade do fluxo magnético, indução	$T = Wb/m^2 = V \cdot s/m^2$
C Capacitância	$F = C/V$
D Densidade do fluxo elétrico, deslocamento elétrico	C/m^2
E Intensidade do campo elétrico	V/m
F Força	N
f Freqüência	Hz
G Condutância	$S = 1/\Omega$
H Intensidade do campo magnético	A/m
I Intensidade da corrente	A
J Polarização magnética	T
k Equivalente eletroquímico[1]	kg/C
L Indutância	$H = Wb/A = V \cdot s/A$
l Comprimento	m
M Polarização elétrica	C/m^2
P Potência	$W = V \cdot A$
P_s Potência aparente[2]	$V \cdot A$
P_q Potência reativa[3]	var
Q Carga elétrica	$C = A \cdot s$
q Área da seção transversal	m^2
R Resistência elétrica	$\Omega = V/A$
t Tempo	s
r Raio	m
U Tensão elétrica	V
V Força magnetomotriz	A
W Trabalho, energia	$J = W \cdot s$
w Número de voltas no enrolamento	
X Reatância	—
Z Impedância	Ω
ε Constante dielétrica	Ω
ε_0 Permissividade do vácuo $= 8{,}854 \times 10^{-12}$ F/m	$F/m = C/(V \cdot m)$
ε_r Permissividade relativa	
Θ Corrente de acoplamento	—
μ Permeabilidade	A
μ_0 Permeabilidade do vácuo $= 1{,}257 \times 10^{-6}$ H/m	$H/m = V \cdot s/(A \cdot m)$
μ_r Permeabilidade relativa	
ϱ Resistividade[4]	—
σ Condutibilidade elétrica ($= 1/\varrho$)	Ωm
Φ Fluxo magnético	$1/(\Omega m)$
φ Ângulo de diferença de fase	$Wb = V \cdot s$
$\varphi(P)$ Potencial no ponto P	° (graus)
ω Freqüência angular ($= 2 \cdot \pi \cdot f$)	V
	Hz

Os símbolos e unidades adicionais estão indicados no texto.

Conversão de unidades obsoletas (ver p. 19):
– Intensidade do campo magnético H:
  1 Oe (Oersted) = 79,577 A/m
– Densidade do fluxo magnético B:
  1 G (Gauss) = 10^{-4} T
– Fluxo magnético Φ:
  1 M (Maxwell) = 10^{-8} Wb

Campos eletromagnéticos

Um dos objetivos da engenharia elétrica é a análise dos campos eletromagnéticos e de seus efeitos. Estes campos são produzidos por cargas elétricas que apresentam valores múltiplos inteiros da carga elétrica elementar. As cargas estáticas produzem campos elétricos e as cargas móveis, além de gerar campos elétricos, também geram campos magnéticos. A relação entre estes dois campos é descrita pelas equações de Maxwell. A presença dos campos elétrico e magnético pode ser identificada analisando-se as forças que atuam em cargas elétricas presentes no campo. A força entre duas cargas elétricas pontuais Q_1 e Q_2 pode ser calculada com a lei de Coulomb:

$$F = Q_1 \cdot Q_2 / (4\pi \cdot \varepsilon_0 \cdot a^2)$$

A força que atua numa carga móvel presente num campo magnético (força de Lorentz) pode ser calculada com a lei de Lorentz

$$F = Q \cdot v \cdot B \cdot \text{sen}\alpha$$

onde ε_0 = permissividade do campo, Q_1 e Q_2 = cargas elétricas, a = distância entre as cargas, v = velocidade da carga elétrica, Q, B = densidade do fluxo magnético e α = ângulo entre a direção do movimento e a do campo magnético.

---

[1] A unidade mais utilizada é g/C
[2] A potência aparente é usualmente indicada em V·A.
[3] A potência reativa é usualmente indicada em var (volt – ampere reativo).
[4] A unidade mais utilizada é o Ω mm^2/m. A conversão de unidades é 1 Ω mm^2/m = 10^{-6} Ω m = 1 $\mu\Omega$ m.

Engenharia elétrica

Campo elétrico

Um campo elétrico pode ser definido a partir das seguintes quantidades:

Potencial elétrico $\varphi(P)$ e tensão U
O potencial elétrico $\varphi(P)$ num ponto P é uma medida do trabalho necessário, por unidade de carga, para mover uma carga elétrica Q de um ponto referencial até o ponto P:
$$\varphi(P) = W(P)/Q$$
A tensão U é a diferença entre os potenciais elétricos de dois pontos P_1 e P_2 (baseados no mesmo ponto de referência):
$$U = \varphi(P_2) - \varphi(P_1)$$

Intensidade do campo elétrico E
A intensidade do campo elétrico num ponto P é função da localização do ponto e das cargas que formam o campo. A intensidade define a máxima inclinação do gradiente do potencial no ponto P. A intensidade do campo gerado por uma carga pontual Q em função da distância a é:
$$E = Q/(4\pi \cdot \varepsilon_0 \cdot a^2)$$
A força que atua numa carga Q posicionada no ponto P é
$$F = Q \cdot E$$

Campo elétrico e a matéria

Polarização elétrica M e corrente de deslocamento elétrico D
Um campo elétrico gera dipolos elétricos nos materiais que podem ser polarizados (dielétricos). Um dipolo é formado por duas cargas elétricas Q (uma positiva e outra negativa) distanciadas de a. O momento do dipolo é definido por $Q \cdot a$. A polarização M é definida como o momento de dipolo elétrico por unidade de volume.

A corrente de deslocamento elétrico D é definida do seguinte modo:
$$D = \varepsilon \cdot E = \varepsilon_r \cdot \varepsilon_0 \cdot E = \varepsilon_0 \cdot E + M$$
onde ε é a constante dielétrica do material ($\varepsilon = \varepsilon_r \cdot \varepsilon_0$); ε_0 é a permissividade do vácuo e ε_r é a permissividade relativa do material ($\varepsilon_r = 1$ para o ar e o valor desta propriedade para outros materiais pode ser encontrado nas p. 273 a 275).

Capacitor

Dois eletrodos separados por um material dielétrico formam um capacitor. Quando uma diferença de potencial é aplicada no capacitor, os dois eletrodos recebem uma carga igual, mas com sinais opostos. A carga recebida pode ser avaliada com a equação:
$$Q = C \cdot U$$
onde C é a <u>capacitância</u> do componente. A capacitância depende da geometria dos eletrodos, da distância entre os eletrodos e da constante dielétrica do material posicionado entre os eletrodos.

A energia contida num capacitor carregado é:
$$W = Q \cdot U/2 = Q^2/(2\,C) = C \cdot U^2/2$$
A força de atração entre duas placas paralelas (com área superficial A) e separadas por uma distância a é
$$F = E \cdot D \cdot A/2 = \varepsilon_r \cdot \varepsilon_0 \cdot U^2 \cdot A/(2\,a^2)$$

Capacitância C de alguns arranjos em F

Capacitor de placas com n placas paralelas	$C = (n-1)\dfrac{\varepsilon_r \cdot \varepsilon_0 \cdot A}{a}$	$\varepsilon_r, \varepsilon_0$ n A a	Veja acima Número de placas Área de uma placa em m² Distância entre placas em m
Condutores paralelos (condutores gêmeos)	$C = \dfrac{\pi \cdot \varepsilon_r \cdot \varepsilon_0 \cdot l}{\ln\left(\dfrac{a-r}{r}\right)}$	l a r	Comprimento dos condutores em m Distância entre condutores em m Raio do condutor em m
Condutores concêntricos (capacitor cilíndrico)	$C = \dfrac{2\pi \cdot \varepsilon_r \cdot \varepsilon_0 \cdot l}{\ln(r_2/r_1)}$	l r_2, r_1	Comprimento dos condutores em m Raios dos condutores em m ($r_2 > r_1$)
Condutor e plano aterrado	$C = \dfrac{2\pi \cdot \varepsilon_r \cdot \varepsilon_0 \cdot l}{\ln(2a/r)}$	l a r	Comprimento do condutor em m Distância entre o condutor e o terra em m Raio do condutor em m
Esfera em relação a um plano distante	$C = 4\pi \cdot \varepsilon_r \cdot \varepsilon_0 \cdot r$	r	Raio do esfera em m

Corrente contínua

A corrente elétrica, provocada pelo movimento das cargas elétricas, é caracterizada por sua intensidade. A unidade padrão utilizada para a intensidade da corrente elétrica é o Ampère.

Direção da corrente e medições

A corrente elétrica no circuito (fora da fonte de corrente) que corre do pólo positivo para o negativo é considerada positiva (na verdade, os elétrons se deslocam do pólo negativo para o positivo).

A intensidade da corrente elétrica é medida com amperímetros instalados em linha e a tensão é medida com voltímetros instalados em paralelo.

Lei de Ohm

A lei de Ohm descreve a relação entre a tensão aplicada e a corrente que percorre condutores sólidos e líquidos.

$U = R \cdot I$

A constante de proporcionalidade R é a <u>resistência ôhmica</u> e é medida em ohms (Ω). O recíproco da resistência é denominado <u>condutância</u> G.

$G = 1/R$

Resistência ôhmica[1]

A resistência ôhmica é função das dimensões e do material utilizado na construção do resistor.

Fio $R = \varrho \cdot l/q = l/(q \cdot \sigma)$
Condutor oco $R = \ln(r_2/r_1)/(2\pi \cdot l\, \sigma)$
ϱ resistividade elétrica em $\Omega\, mm^2/m$
$\sigma = 1/\varrho$ condutibilidade elétrica
l comprimento do condutor em m
q área da seção transversal do condutor em mm^2
r_2 e r_1 raios do condutor ($r_2 > r_1$)

A resistência elétrica dos metais cresce com o aumento da temperatura:
$R_\vartheta = R_{20}\,[1 + \alpha\,(\vartheta - 20°C)]$
R_ϑ resistência a $\vartheta°C$
R_{20} resistência a 20°C
α coeficiente térmico[2] em 1/K (= 1/°C)
ϑ temperatura em °C

A resistência elétrica de muitos metais se torna muito pequena quando a temperatura é próxima do zero absoluto (–273°C). Este fenômeno é conhecido como supercondutividade.

Trabalho e potência

O <u>trabalho realizado sobre</u> uma resistência elétrica submetida a uma corrente elétrica com intensidade I é
$W = U \cdot I \cdot t = R \cdot I^2 \cdot t$
Neste caso, o calor dissipado da resistência é igual a trabalho realizado sobre a resistência.
A <u>potência dissipada</u> na resistência é:
$P = U \cdot I = R \cdot I^2$

Leis de Kirchhoff

Primeira lei
A soma algébrica de todas as correntes que fluem para um nó, ou junção, de um circuito é nula.

Segunda lei
A soma algébrica das quedas de tensão em torno de qualquer malha fechada deve ser igual à soma algébrica das forças eletromotrizes presentes neste circuito.

Medição da corrente e da tensão
R carga, A amperímetro em linha, V voltímetro em paralelo com a carga.

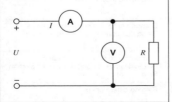

---

[1] O valor de ϱ para alguns materiais pode ser encontrado na p. 272.
[2] O valor de α para alguns materiais pode ser encontrado na p. 272.

Circuitos com corrente contínua

Circuito com carga
$U = (R_a + R_l) \cdot I$
R_a = carga
R_l = resistência da linha

Circuito para carga de bateria
$U - U_0 = (R_v + R_i) \cdot I$
U tensão no circuito, U_0 tensão da bateria com circuito aberto[1], R_v resistência em série, R_i resistência interna da bateria.
Condição para carga: tensão aplicada no circuito > tensão da bateria com circuito aberto.

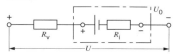

Carga de descarga de capacitores
A constante de tempo $\tau = R \cdot C$ é muito importante nos processos de carga e descarga dos capacitores.

Carga
$I = U/R \cdot \exp(-t/\tau)$
$U_C = U [1 - \exp(-t/\tau)]$

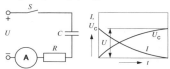

Diagrama do circuito, curvas de tensão e corrente

Descarga
$I = I_0 \cdot \exp(-t/\tau)$
$U_C = U_0 \cdot \exp(-t/\tau)]$
U tensão de carga, I corrente de carga, U_C tensão no capacitor, i_0 corrente inicial e U_0 tensão no início do processo de descarga.

---
[1] O termo força eletromotriz (FEM) é equivalente e está sendo menos utilizado.

Resistências em série
$R_{total} = R_1 + R_2 + \ldots$
$U = U_1 + U_2 + \ldots$
A corrente é a mesma em todas as resistências.

Resistências em paralelo
$1/R_{total} = 1/R_1 + 1/R_2$ ou
$G = G_1 + G_2$
$I = I_1 + I_2;\ I_1/I_2 = R_2/R_1$
A queda de tensão é a mesma em todas as resistências (segunda lei de Kirchhoff).

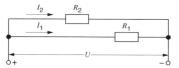

Medição da resistência elétrica
A resistência elétrica pode ser determinada, a partir das medidas de tensão e corrente, com os ohmímetros que apresentam leitura direta ou com circuitos do tipo ponte (por exemplo, a ponte de Wheatstone). Neste caso, contato deslizante D é ajustado para que o galvanômetro A da ponte indique tensão nula. As próximas equações são aplicáveis:
$I_1 \cdot R_x = I_2 \cdot \varrho \cdot a/q$
$I_1 \cdot R = I_2 \cdot \varrho \cdot b/q$
Assim, $R_x = R \cdot a/b$

Circuito da ponte de Wheatstone
R_x Resistência desconhecida, R Resistência conhecida, AB Fio homogêneo com seção transversal constante q e construído com um material que apresenta resistividade ϱ uniforme, A Galvanômetro, D Contato deslizante.

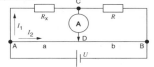

Condução em eletrólitos

As soluções e substâncias puras fundidas (sais, ácidos e bases) que conduzem eletricidade são denominadas eletrólitos. Ao contrário da condução em metais, a condução eletrolítica apresenta decomposição química nos eletrodos. Esta decomposição é denominada eletrólise e os eletrodos são conhecidos como anodo (pólo positivo) e catodo (pólo negativo).

O eletrólito, quando dissolvido, dissocia-se em vários íons que podem se deslocar livremente. Quando uma tensão é aplicada, os íons positivos (cátions) migram para o catodo e os íons negativos (ânions) migram para o anodo. Todos os íons metálicos, os de amônia (NH_4^+) e os átomos de hifdrogênio (H^+) são cátions. Os íons dos materiais não metálicos, os de oxigênio, de halogênios, os íons com radical ácido e o íon OH são ânions (veja o material sobre baterias apresentado a partir da p. 968).

Os íons são neutralizados nos eletrodos e precipitam. As leis de Faraday descrevem a relação entre a quantidade de material precipitado e a carga elétrica envolvida no processo:

1. A quantidade de precipitado é proporcional à corrente elétrica e o tempo

$$m = k \cdot I \cdot t$$

onde m é a massa em g, I é a intensidade de corrente em A, t é o tempo em s e k é o equivalente eletroquímico em g/C. O equivalente eletroquímico k indica quantas g de íons são precipitados por 1 C:

$$k = A/(F \cdot w) = 1{,}036 \cdot 10^{-5} A/w$$

onde A é o peso atômico (veja a p. 212), w é a valência (veja a tabela), F é a constante de Faraday (F = 96.485 C/g equivalente). A massa equivalente em g é igual a A/w expresso em gramas.

2. Quando a mesma quantidade de eletricidade é aplicada a eletrólitos diferentes, as massas dos precipitados são proporcionais às massas equivalentes.

Polarização dos eletrólitos

A lei de Ohm também é aplicável à eletrólise. Entretanto, o material precipitado fora dos eletrodos (no interior do eletrólito) cria uma tensão U_z com polaridade oposta à tensão aplicada. A próxima equação é válida para determinar a corrente elétrica numa célula que apresenta resistência R:

$$I = (U - U_z)/R$$

Equivalente eletroquímico k

Substância	Valência w	Equivalente eletroquímico k 10^{-3} g/C
Cátions		
Alumínio Al	3	0,0932
Chumbo Pb	2	1,0735
Cromo Cr	3	0,1796
Cádmio Cd	2	0,5824
Cobre Cu	1	0,6588
	2	0,3294
Sódio Na	1	0,2394
Níquel Ni	2	0,3041
	3	0,2027
Prata Ag	1	1,1180
Hidrogênio H	1	0,01044
Zinco Zn	2	0,3387
Ânions		
Cloro Cl	1	0,3675
Oxigênio O	2	0,0829
Hidroxila OH	1	0,1763
Clorato ClO_3	1	0,8649
Cromato CrO_4	2	0,6011
Carbonato CO_3	2	0,3109
Manganato MnO_4	2	0,6163
Permanganato MnO_4	1	1,2325
Nitrato NO_3	1	0,6426
Fosfato PO_4	3	0,3280
Sulfato SO_4	2	0,4978

A alteração detectada nos eletrodos é denominada polarização eletrolítica ou galvânica. Este processo pode ser evitado com a utilização de oxidantes químicos denominados despolarizadores (por exemplo, o dióxido de manganês evita a formação de H_2).

Célula galvânica

As células galvânicas convertem energia química em elétrica. As células são compostas por dois materiais diferentes envoltos em uma ou duas soluções eletrolíticas. A tensão de circuito aberto da célula depende dos materiais dos eletrodos e da substância utilizada como eletrólito.

Exemplos:

Célula normal de Weston
Eletrodos: Cd + Hg(−) e Hg_2SO_4 + Hg(+)
Eletrólito: $CdSO_4$
Tensão: 1,0187 V a 20°C

Célula Leclanché (célula seca)
Eletrodos: Zn (−) e C (+)
Despolarizador: MnO_2
Eletrólito: NH_4Cl
Tensão: 1,5 V

Bateria ou bateria de acumulação (veja a p. 971).

Corrente alternada

A corrente alternada é aquela onde o valor da intensidade e a direção da corrente variam periodicamente (quase sempre de forma senoidal). A utilização da corrente alternada é interessante porque é mais econômico transportar energia elétrica em níveis altos de tensão e é relativamente fácil atingir estas tensões com a utilização de transformadores.
As freqüências padrão das linhas de transmissão são:
África:50 Hz; a maior parte da Ásia: 50 Hz; Austrália: 50 Hz; Europa: 50 Hz; América do Norte: 60 Hz; América do Sul: 50/60 Hz.
Linhas de potência de ferrovias: Áustria, Alemanha, Noruega, Suécia, Suíça: 162/3 Hz ; Estados Unidos da América: 20 Hz.

Média eletrolítica (galvânica) de uma corrente alternada senoidal.
Os valores são obtidos a partir de médias aritméticas, ou seja,
$I_{galv} = 2\,\hat{\imath}/\pi = 0{,}64\,\hat{\imath}$
$U_{galv} = 2\,\hat{u}/\pi = 0{,}64\,\hat{u}$
Os efeitos de uma corrente contínua com estes valores apresentam o mesmo efeito eletrolítico de uma corrente alternada com valores de pico iguais.

Valores médios RMS de uma corrente alternada senoidal:
$I\,(=I_{rms}) = \hat{\imath}/\sqrt{2} = 0{,}71\,\hat{\imath}$
$U\,(=U_{rms}) = \hat{u}/\sqrt{2} = 0{,}71\,\hat{u}$

Diagrama da corrente alternada
T Duração de uma oscilação completa (período) em s, f Freqüência em Hz ($f = 1/T$),
$\hat{\imath}$ Valor de pico (amplitude) da corrente,
$\hat{u}$ Valor de pico (amplitude) da tensão, ω Freqüência angular em 1/s ($\omega = 2\,\pi\cdot f$), φ ângulo de diferença de fase – entre a corrente e a tensão. (O significado da diferença de fase é: a corrente e a tensão alcançam seus valores máximos ou cruzam o eixo do tempo em instantes diferentes).

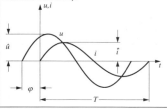

Estas equações indicam que os valores de uma corrente contínua que gera a mesma quantidade de calor.
Existem três tipos de potência num circuito com corrente alternada:
Potência ativa $P = U \cdot I \cdot \cos\varphi$
Potência reativa $P_q = U \cdot I \cdot \text{sen}\varphi$
Potência aparente $P_s = U \cdot I$

O <u>fator de potência</u>, $\cos\varphi$, indica a percentagem da potência aparente que é disponível como potência real. A parte restante, denominada potência reativa, não é útil e oscila entre a fonte e a carga (mas carrega as linhas de transmissão).

Para reduzir o porte das linhas de transmissão, o ângulo de diferença de fase deve ser minimizado. Usualmente, isto é realizado com a instalação de controladores do fator de potência (por exemplo, capacitores).

Circuitos com corrente alternada

Circuitos com indutores

Um indutor com indutância L (veja a p. 83) atua como uma resistência com $R_L = \omega \cdot L$ (resistência indutiva). Como o componente dissipa energia elétrica, esta resistência também é conhecida como reatância. A contratensão induzida U_L (veja a lei de indução na p. 82) atrasa a corrente em 90° que por sua vez atrasa a tensão aplicada em 90°.

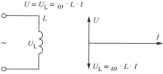

Indutância de indutores conectados em série e em paralelo:

Indutores conectados em série	Indutores conectados em paralelo
$L_{total} = L_1 + L_2$	$\dfrac{1}{L_{total}} = \dfrac{1}{L_1} + \dfrac{1}{L_2} + \ldots$

Circuitos com corrente alternada e capacitores

Um capacitor com capacitância C também atua como uma resistência com valor $R_C = 1/(\omega \cdot C)$ (resistência capacitiva). A contratensão U_C no capacitor provoca um avanço na corrente de 90° que, por sua vez, adianta a tensão U em 90°.

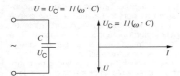

$$U = U_C = I/(\omega \cdot C)$$

Capacitância de capacitores conectados em série e em paralelo:

Capacitores conectados em série	Capacitores conectados em paralelo
$1/C_{total} = 1/C_1 + 1/C_2$	$C_{total} = C_1 + C_2 = \ldots$

Lei de Ohm para circuitos com corrente alternada

As leis aplicáveis aos circuitos que operam com corrente contínua também são adequadas para descrever os comportamentos da resistência, tensão e corrente num circuito de corrente alternada com resistência ôhmica (R), indutor (indutância L) e capacitor (capacitância C).

Entretanto, nos casos onde a corrente é alternada, é necessário levar em consideração o ângulo de fase na avaliação da resistência total. Deste modo, o valor de interesse deve ser calculado através de uma soma vetorial. Os diagramas vetoriais são muito utilizados nestes casos.

Conexão em série

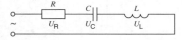

Diagramas vetoriais para a determinação de U, Z e φ

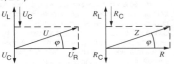

A lei de Ohm estabelece que $U = Z \cdot I$ onde Z é a impedância e é igual à soma vetorial das resistências individuais,

$$R = \sqrt{R^2 + X^2}$$

R é a resistência ôhmica e X é a reatância definida por

$$X = \omega \cdot L - 1/(\omega \cdot C)$$

onde $\omega \cdot L$ e $1/(\omega \cdot C)$ são os componentes indutivo e capacitivo da reatância.

A próxima equação define o ângulo de diferença de fase φ entre a corrente e a tensão

$$\tan\varphi = [\omega \cdot L - 1/(\omega \cdot C)]/R$$

A corrente máxima ($I = U/R$) ocorre quando o circuito opera em ressonância. O circuito opera deste modo se

$$\omega^2 \cdot L \cdot C = 1 \text{ (i.é, } X = 0\text{)}$$

Conexão em paralelo

Diagramas vetoriais para determinar I, Y e φ

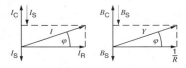

A intensidade da corrente elétrica é determinada com a equação (Lei de Ohm):
$I = U \cdot Y$
onde Y é a admitância complexa definida através da relação
$Y = \sqrt{B^2 + B^2}$
com
$G (= 1/R)$ é a condutância
$B [= \omega \cdot C - 1/(\omega \cdot L)]$ é a susceptância

A próxima equação define o ângulo de diferença de fase φ entre a corrente e a tensão
$\tan\varphi = R \cdot [\omega \cdot C - 1/(\omega \cdot L)]$
Como no caso do circuito em série, o circuito em paralelo também pode operar em ressonância (corrente mínima no condutor principal) se
$\omega^2 \cdot L \cdot C = 1$ (i.é, $B = 0$)

Corrente trifásica

A corrente alternada trifásica é aquela em que as fases diferem em 120°. A corrente trifásica é gerada nos alternadores trifásicos. Os três enrolamentos deste equipamento são independentes e são montados a 120° um do outro (passo de pólo igual a dois terços).
O número de condutores energizados é reduzido de seis para três ou quatro conectando-se convenientemente os condutores. As configurações de conexão mais utilizadas são a estrela (Y) e a triângulo.

Conexão Estrela (Y)
$I = I_p$
$U = \sqrt{3} \cdot U_p$

Conexão Triângulo
$I = \sqrt{3} \cdot I_p$
$U = U_p$

I corrente da linha, I_p corrente da fase, U tensão da linha, U_p tensão da fase.

A potência transmitida é independente do tipo de conexão e é determinada pelas equações:

Potência aparente:
$P_s = \sqrt{3} \cdot U \cdot I = 3U_p \cdot I_p$

Potência ativa:
$P = P_s \cdot \cos\varphi = \sqrt{3} \cdot U \cdot I \cdot \cos\varphi$

Conexão estrela (Y)

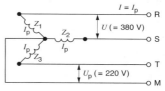

Conexão triângulo

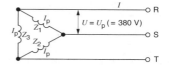

Campo magnético

Os campos magnéticos são produzidos por cargas elétricas móveis, condutores que transportam energia elétrica, corpos magnetizados ou por campos elétricos com intensidade variável.
Os campos podem ser detectados através de seu efeito em cargas elétricas móveis (força de Lorentz) ou em dipolos magnéticos (os pólos semelhantes se repelem e os diferentes se atraem).
O vetor densidade de fluxo magnético B (indução) caracteriza o campo magnético. Este vetor pode ser determinado medindo-se a força que atua numa carga ou a tensão induzida numa espira imersa no campo magnético variável (veja a lei de indução na p. 82):
$U = \Delta(B \cdot q)/t$

onde t é o tempo (em s) e $\Delta(B \cdot q)$ é a variação do produto da indução magnética (em T) pela área da espira q (em m^2). As próximas equações mostram as relações entre a indução B e os outros parâmetros do campo magnético:

Fluxo magnético Φ
$\Phi = B \cdot q$
q = área da seção transversal em m^2

Intensidade do campo magnético H
No vácuo:
$B = \mu_0 \cdot H$
$\mu_0 = 1{,}257 \cdot 10^{-6}$ H/m, permeabilidade do vácuo

O campo magnético e a matéria
A teoria indica que a indução B num material é composta por dois componentes. Um deles é o criado pelo campo aplicado ($\mu_0 \cdot H$) e o outro é produzido pela própria matéria (J) (veja também a relação que existe entre a corrente de deslocamento elétrico e a intensidade do campo elétrico).
$B = \mu_0 \cdot H + J$
J é a polarização magnética e descreve a contribuição da matéria para a densidade de fluxo magnético. Em termos físicos, J é momento de dipolo magnético por unidade de volume. Em muitos materiais J é função da intensidade do campo $H \cdot J \ll \mu_0 \cdot H$ e é proporcional a H. Deste modo
$B = \mu_r \cdot \mu_0 \cdot H$
onde μ_r é a permeabilidade relativa. No vácuo a permeabilidade relativa é igual a 1.

Os materiais são divididos em 3 grupos de acordo com seus valores de permeabilidade relativa:

Materiais diamagnéticos ($\mu_r < 1$)
(exemplos: Ag, Au, Cd, Cu, Hg, Pb, Zn, água, materiais orgânicos e gases)
μ_r é independente da intensidade do campo magnético e menor do que 1. Os valores típicos ficam na faixa
$(1 - 10^{-11}) > \mu_r > (1 - 10^{-5})$

Materiais paramagnéticos ($\mu_r > 1$)
(exemplos: O$_2$, Al, Pt e Ti)
μ_r é independente da intensidade do campo magnético e maior do que 1. Os valores típicos ficam na faixa
$(1 + 4 \cdot 10^{-4}) > \mu_r > (1 + 10^{-8})$

Curva de histerese (por exemplo, ferrita dura)

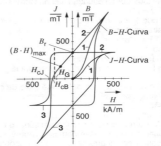

Os parâmetros mais importantes da curva de histerese são:
- Polarização de saturação J_s
- Remanescência B_r (indução residual para $H = 0$)
- Intensidade de campo coerciva H_{cB} (intensidade do campo para que B se torne nulo), ou
- Intensidade de campo coerciva H_{cJ} (intensidade do campo para que J se torne nulo – o conceito é aplicável apenas aos magnetos permanentes)
- Intensidade de campo limite H_G (um magneto permanente permanece estável até esta intensidade de campo)
- μ_{max} (máxima inclinação da trajetória de subida, é importante apenas para os materiais magnéticos moles)
- Perda de histerese (perda de energia no material durante um ciclo de remagnetização, corresponde à área da figura limitada pela curva de histerese no plano B-H. Só é importante na análise dos materiais magnéticos moles)

Materiais ferromagnéticos ($\mu_r \gg 1$)
(exemplos: Fe, Co, Ni, ferritas)
A polarização magnética destes materiais é muito alta e varia de modo não linear com a intensidade do campo H. Além disso, o material apresenta histerese. Entretanto, é usual, na engenharia elétrica, utilizar a relação $B = \mu_r \cdot \mu_0 \cdot H$ com μ_r variável (uma função de H e exibindo histerese). A faixa dos valores típicos de μ_r é $5 \cdot 10^5 > \mu_r > 10^2$.

A curva de histerese, que ilustra a relação entre B e H, e entre J e H, pode ser analisada do seguinte modo:

Se o material está no estado não magnetizado ($B = J = H = 0$) quando um campo magnético H é aplicado, a magnetização do material segue a curva de subida (1). Numa certa intensidade de campo, cujo valor depende do material, todos os dipolos ficam alinhados e J atinge o valor da polarização de saturação (que depende do material). Observe que este valor é o máximo atingível. Se o H é então reduzido, J percorre o caminho (2) da curva e em $H = 0$ intercepta o eixo B, ou o J, no ponto de remanescência B_r ou J_r (onde $B_r = J_r$). A densidade do fluxo e a polarização caem a zero apenas sob a aplicação de um campo oposto com intensidades H_{cB} ou H_{cJ} (esta intensidade de campo é denominada intensidade coerciva). Se a intensidade do campo aumentar ainda mais, a polarização de saturação é alcançada na direção oposta. Se o campo for reduzido novamente, a curva (3), que é simétrica à curva (2), é percorrida.

Materiais ferromagnéticos

Os materiais ferromagnéticos podem ser classificados como moles ou como magnéticos permanentes (duros). O gráfico mostrado na p. 268 mostra valores característicos de algumas propriedades magnéticas de materiais cristalinos e de alguns materiais utilizados na construção de equipamentos. É importante observar que a faixa de variação da intensidade de campo coercivo dos materiais é imensa. Por exemplo, o intervalo de variação indicada para os materiais do gráfico mencionado acima inicia em 10^{-1} e termina em 10^6 A/m.

Materiais magnéticos permanentes

Estes materiais apresentam intensidade de campo coercivo alta. Os valores ficam na faixa definida por

$$H_{cJ} > 1 \frac{kA}{m}$$

Estes materiais podem manter sua polarização magnética mesmo que expostos a campos de desmagnetização altos. O estado magnético e a faixam operacional de um magneto permanente ficam no segundo quadrante da curva de histerese (conhecida como curva de desmagnetização). Na prática, o ponto de operação de uma magneto permanente nunca coincide com o ponto de remanescência porque um campo de desmagnetização está sempre presente (devido à autodesmagnetização intrínseca do magneto que empurra o ponto de operação para a esquerda).

O ponto na curva de desmagnetização em que o produto $B \cdot H$ alcança o valor máximo $(B \cdot H)_{max}$ é um indicativo da energia máxima no entreferro. Esta característica, junto com a remanescência e a intensidade do campo coercivo, são importantes para caracterizar os materiais magnéticos permanentes.

Atualmente, as ligas AlNiCo, FeNdB (REFe), SeCo e as ferritas são os materiais magnéticos permanentes mais utilizados nas aplicações industriais. As curvas de desmagnetização destes materiais exibem as características típicas semelhantes àquelas mostradas na p. 266.

Materiais magnéticos moles

A intensidade do campo coercivo dos materiais magnéticos moles é baixa ($H_C <$ 1.000 A/m), ou seja, a curva de histerese é estreita. A densidade do fluxo alcança valores altos (os valores de μ_r são altos), mesmo que o campo apresente baixa intensidade. Nas aplicações usuais, $J \gg \mu_0 \cdot H$ e não é feita nenhuma distinção entre as curvas $B(H)$ e $J(H)$ (veja as propriedades magnéticas dos materiais moles na p. 260).

Devido à sua alta indução em campos com intensidade baixa, os materiais moles são utilizados como condutores de fluxo magnético. Estes materiais também apresentam perdas de remagnetização (perda de histerese) baixas e por isso são utilizados nas aplicações, onde o campo magnético é alternado.

As características dos materiais moles dependem muito do seu pré-tratamento. A usinagem aumenta a intensidade do campo coercivo, i.é, a curva de histerese fica mais larga. A intensidade do campo coercivo pode ser subseqüentemente reduzida ao valor inicial através de tratamentos térmicos realizados em temperatura alta (recozimento magnético final). O gráfico da próxima página mostra o comportamento da curva $B - H$ para alguns materiais moles utilizados na engenharia.

Perdas de remagnetização

Os termos P1 e P1.5 da tabela apresentada abaixo representam, respectivamente, a perda de remagnetização para induções de 1 e 1,5 tesla. Estes valores são válidos quando a freqüência do campo e a temperatura são iguais a 50 Hz e 20°C. Estas perdas são compostas pelas perdas de histerese e de corrente parasita. As perdas provocadas pelas correntes parasitas são devidas às diferenças de tensão induzidas (lei da indução) nos componentes do circuito construídos com material magnético mole (um resultado das alterações no fluxo que ocorrem durante a magnetização com o campo alternado). O valor das perdas devidas às correntes parasitas pode ser mantido baixo aplicando-se as seguintes medidas que reduzem a condutibilidade elétrica do material:
- laminação do núcleo
- utilização de ligas (por exemplo, adição de silício ao ferro)
- Utilização de pó com partículas encapsuladas (núcleo composto por pó) quando a freqüência é alta
- utilização de materiais cerâmicos (ferritas)

O circuito magnético

Adicionalmente às equações que descrevem o comportamento dos materiais, as próximas equações também são utilizadas para determinar os circuitos magnéticos:
1. Lei de Ampère (equação da tensão magnética)
Se o circuito magnético é fechado,
$$\sum_i H_i \cdot l_i = V_1 + V_2 + \ldots + V_i = I \cdot w \text{ ou } 0,$$

Observe que o lado direito da equação não é nulo se existe uma fonte de corrente no circuito.
$I \cdot w = \Theta$ ampere-volta
$H_i \cdot l_i = V_i$ diferença de potencial magnético
($H_i \cdot l_i$ deve ser calculado nos componentes do circuito, onde H_i é constante).

Tipo de chapa de aço	Espessura nominal mm	Perda total específica W/kg P1	P1.5	B (para $H = 10$ kA/m) T
M270 – 35 A	0,35	1,1	2,7	1,70
M330 – 35 A	0,35	1,3	3,3	1,70
M400 – 50 A	0,5	1,7	4,0	1,71
M530 – 50 A	0,5	2,3	5,3	1,74
M800 – 50 A	0,5	3,6	8,1	1,77

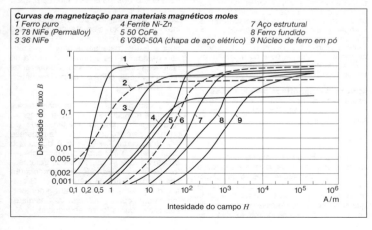

Curvas de magnetização para materiais magnéticos moles
1 Ferro puro
2 78 NiFe (Permalloy)
3 36 NiFe
4 Ferrite Ni-Zn
5 50 CoFe
6 V360-50A (chapa de aço elétrico)
7 Aço estrutural
8 Ferro fundido
9 Núcleo de ferro em pó

Curvas de desmagnetização para vários materiais magnéticos permanentes

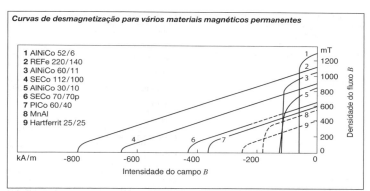

1 AlNiCo 52/6
2 REFe 220/140
3 AlNiCo 60/11
4 SECo 112/100
5 AlNiCo 30/10
6 SECo 70/70p
7 PlCo 60/40
8 MnAl
9 Hartferrit 25/25

2. <u>Lei da continuidade</u> (equação do fluxo magnético)
O mesmo fluxo magnético flui nos componentes individuais do circuito:

$\Phi \, (= B \cdot A)$;
Φ = constante ou $\Phi_1 = \Phi_2 = \ldots = \Phi$

A qualidade de um circuito é determinada pela quantidade de fluxo disponível em entreferro. Este fluxo é denominado útil; a razão entre o fluxo útil e o total (fluxo do ímã permanente ou eletromagneto) é denominado coeficiente de vazamento σ (os valores típicos de σ se encontram na faixa limitada por 0,2 e 0,9). O fluxo de vazamento – a diferença entre o fluxo total e o fluxo útil – não passa através da camada de ar e não adiciona potência ao circuito magnético.

Campo magnético e corrente elétrica

Cargas móveis geram um campo magnético, i. é, os condutores onde flui uma corrente estão envoltos por um campo magnético. A direção e o sentido da corrente (⊗ corrente flui para a página, ⊙ corrente flui para fora da página) e a direção e o sentido do campo intensidade magnética formam a regra da mão direita. O campo magnético H gerado em várias configurações de condutores elétricos pode ser encontrado na tabela da p. 82.

Dois condutores paralelos que apresentam correntes no mesmo sentido se atraem. Se as correntes são opostas, eles se repelem. A força que atua entre os dois condutores de comprimento l, separados por uma distância a e que transportam correntes I_1 e I_2, pode ser calculada com a equação[1]:

$$F = \frac{\mu_0 \cdot \mu_r \cdot I_1 \cdot I_2 \cdot l}{2\pi \cdot a} \,^1)$$

No ar, a força é aproximadamente igual a:

$$F \approx 0.2 \cdot 10^{-6} \cdot I_1 \cdot I_2 \cdot l/a^1)$$

Considere um condutor com comprimento l, que transporta uma corrente com intensidade I e que está submetido a um campo magnético B. Neste caso, detecta-se uma força no condutor, se o ângulo formado entre o condutor e o campo α não for nulo. Essa força pode ser calculada com
$F = B \cdot I \cdot l \cdot \text{sen}\alpha \,^1)$

---

[1] F é a força em N, I_1 e I_2 são as intensidades das correntes elétricas, l e a são comprimentos em m e B é a indução em T.

O sentido e a direção desta força podem ser determinados com a regra da mão direita (quando o polegar está apontado no sentido da corrente e o dedo indicador no sentido do campo magnético, o dedo médio indica o sentido da força).

Regra da mão direita

Condutores transportam corrente e linhas de força associadas (H)
a) condutor solitário transportando corrente com o campo magnético. b) Dois condutores paralelos se atraem se as correntes apresentam mesmo sentido. c) Condutores paralelos se repelem se as correntes são opostas. d) Um campo magnético (B) exerce uma força num condutor que transporta uma corrente. A direção e o sentido desta força são determinados com a regra da mão direita.

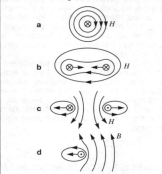

Indução: B campo magnético, C direção e sentido do movimento do condutor, U tensão induzida.

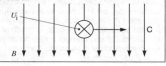

Lei da indução
Considere um circuito elétrico fechado envolto por um campo magnético. Qualquer variação no fluxo magnético Φ provocada, por exemplo, pelo movimento do circuito fechado ou pela variação da intensidade do campo induz uma tensão U_i no circuito fechado.

Uma tensão U_i, entrando no campo magnético, é induzida no condutor que se move na configuração mostrada na Figura.
$U_i = B \cdot l \cdot v$
onde U_i está em V, B em T, l é o comprimento do condutor em m e v é a velocidade do condutor em m/s.

Numa <u>máquina que opera com corrente contínua</u>
$U_i = p \cdot n \cdot z \cdot \Phi/(60a)$
U_i em V, Φ é o fluxo magnético gerado pelo enrolamento de excitação (campo) em Wb, p é o número de pares de pólos, n é a rotação em rpm, z é o número de fios na superfície da armadura e a é a metade do número de circuitos paralelos dos enrolamentos da armadura.

Nas <u>máquinas que operam com corrente alternada</u>
$U_i = 2,22 f \cdot z \cdot \Phi$
U_i em V, Φ é o fluxo magnético gerado pelo enrolamento de excitação (campo) em Wb, f é a freqüência da corrente alternada em Hz = $p \cdot n/60$, p é o número de pares de pólos, n é a rotação em rpm, z é o número de fios na superfície da armadura.

Num <u>transformador</u>:
$U_i = 4,44 f \cdot w \cdot \Phi$
U_i em V, Φ é o fluxo magnético em Wb, f é a freqüência em Hz e w é o número de espiras do enrolamento que envolve o fluxo Φ.

A tensão no terminal U é menor (alternador) ou maior (motor) que U_i, devido à queda ôhmica no enrolamento (cerca de 5%). No caso de corrente alternada, U_i é o valor efetivo (rms).

Auto-indução
O campo magnético gerado por um condutor ou um enrolamento que transporta uma corrente varia com a corrente transportada. Uma tensão proporcional à variação da corrente é induzida no próprio condutor e age contra (contratensão) a corrente que o produz:

$$U_s = -L \frac{dI}{dt}$$

Intensidade de campo H para várias configurações de condutores

Condutor circular	$H = I/(2a)$ no centro do círculo	H I a	Intensidade do campo em A/m Intensidade da corrente em A Raio do círculo em m
Condutor reto e longo	$H = I/(2\pi a)$ fora do condutor $H = I \cdot a/(2\pi r^2)$ dentro do condutor	a r	Distância em relação ao eixo do condutor em m Raio do condutor em m
Enrolamento cilíndrico (solenóide)	$H = I \cdot w/l$	w l	Número de voltas do enrolamento Comprimento do enrolamento em m

Indutância L para várias configurações de condutores

Enrolamento cilíndrico	$L = \dfrac{1{,}257\,\mu_r}{10^6} \cdot \dfrac{w^2 \cdot q}{l}$	L μ_r w q l	Indutância em H Permeabilidade relativa Número de voltas Área da seção transversal do enrolamento em m^2 Comprimento do enrolamento em m
Par de condutores iguais (em ar, $\mu_r = 1$)	$L = \dfrac{4\,l}{10^6} \cdot \ln(a/r)$	l a r	Comprimento do condutor em m Distância entre condutores em m Raio do condutor em m
Condutor para o terra (em ar, $\mu_r = 1$)	$L = \dfrac{2\,l}{10^7} \cdot \ln(2a/r)$	l a r	Comprimento do condutor em m Distância do condutor à terra em m Raio do condutor em m

A indutância L depende da permeabilidade relativa μ_r do material. Esta propriedade é praticamente constante e igual a 1 para a maioria dos materiais (os materiais ferromagnéticos são uma exceção a esta regra, veja a p. 79). No caso de bobinas com núcleo de ferro, L depende muito das condições operacionais.

Energia do campo magnético
$W = L \cdot I^2/2$

Efeitos elétricos nos condutores metálicos

Potencial de contato entre condutores

O potencial de contato ocorre em condutores e o fenômeno é análogo à triboeletricidade ou tensões (FEM) em isolantes (por exemplo, vidro, borracha rígida). Se dois materiais diferentes (na mesma temperatura) são ligados para fazer um contato metalmetal e então são separados, um potencial de contato é desenvolvido entre eles. Isso é provocado pelas diferentes funções de trabalho dos elétrons. O valor do potencial de contato depende da posição do elemento na série de potencial eletrolítico. Se mais de dois condutores são ligados, o potencial do contato resultante é a soma dos valores dos potenciais de contato individuais.

Valores dos potenciais de contato

Par de materiais	Potencial de contato
Zn/Pb	0,39 V
Pb/Sn	0,06 V
Sn/Fe	0,30 V
Fe/Cu	0,14 V
Cu/Ag	0,08 V
Ag/Pt	0,12 V
Pt/C	0,13 V
Zn/Pb/Sn/Fe	0,75 V
Zn/Fe	0,75 V
Zn/Pb/Sn/Fe/Cu/Ag	0,97 V
Zn/Ag	0,97 V
Sn/Cu	0,44 V
Fe/Ag	0,30 V
Ag/Au	− 0,07 V
Au/Cu	− 0,09 V

Termoeletricidade

Uma diferença de potencial, a tensão galvânica, se forma na junção entre dois condutores, devido a suas funções de trabalho diferentes. A soma de todas as tensões galvânicas é nula num circuito fechado, onde a temperatura é uniforme. A determinação destes potenciais, em função da temperatura, somente é possível através de meios indiretos (efeito termoelétrico, efeito Seebeck). As valores dos potenciais termoelétricos são dependentes das impurezas presentes no material e do pré-tratamento. A próxima equação fornece o valor aproximado do potencial termoelétrico nos casos onde a diferença de temperatura é pequena

$$U_{th} = \Delta T \cdot a + \Delta T^2 \cdot b/2 + \Delta T^3 \cdot c/3$$

onde U_{th} é a tensão termoelétrica.

$\Delta T = T_1 - T_2$ Diferença de temperatura
a, b, c Constantes do material

A série termoelétrica especifica as diferenças entre as forças eletromotrizes dos materiais e aquela do material de referência (normalmente a platina, o cobre ou o chumbo são utilizados como material de referência). Na junção quente, a corrente flui do condutor com o potencial termoeletromotriz mais baixo para aquele que apresenta potencial mais alto. A força termoeletromotriz η de qualquer par (termopar) é igual à diferença entre as forças termoeletromotrizes diferenciais dos materiais que formam o par.

O recíproco do efeito Seebeck é o efeito Peltier onde uma diferença de temperatura é criada a partir de energia elétrica (bomba de calor).

Série termoelétrica
(material de referência: platina)

Material	Tensão termoelétrica 10^{-6} V/°C
Selênio	1.003
Telúrio	500
Silício	448
Germânio	303
Antimônio	47...48,6
Níquel cromo	22
Ferro	18,7...18,9
Molibdênio	11,6...13,1
Cério	10,3
Cádmio	8,5...9,2
Aço (V2A)	7,7
Cobre	7,2...7,7
Prata	6,7...7,9
Tungstênio	6,5...9,0
Irídio	6,5...6,8
Ródio	6,5
Zinco	6,0...7,9
Manganês	5,7...8,2
Ouro	5,6...8,0
Estanho	4,1...4,6
Chumbo	4,9...4,4
Magnésio	4,0...4,3
Alumínio	3,7...4,1
Platina	±0
Mercúrio	−0,1
Sódio	−2,1
Potássio	−9,4
Níquel	−19,4...−12,0
Cobalto	−19,9...−15,2
Constantan	−34,7...−30,4
Bismuto (eixo ⊥)	−52
Bismuto (eixo ∥)	−77

Termopares mais utilizados[1])

Par de materiais	Temperatura
Cobre/constantan	até 600°C
Ferro/constantan	até 900°C
Níquel-cromo/constantan	até 900°C
Níquel-cromo/níquel	até 1.200°C
Platina-ródio/platina	até 1.600°C
Platina-ródio/platina-ródio	até 1.800°C
Irídio/irídio-ródio	até 2.300°C
Tungstênio/tungstênio – molibdênio[2]	até 2.600°C
Tungstênio/tântalo[2]	até 3.000°C

[1] Os termopares, além de serem usados na medição de temperatura, também são utilizados na geração de eletricidade. As eficiências alcançadas são aproximadamente iguais a 10% (em satélites).
[2] Em atmosferas redutoras.

Efeito Hall
B Campo magnético, I_H Corrente Hall, I_V Corrente fornecida, U_H Tensão Hall e d Espessura do condutor.

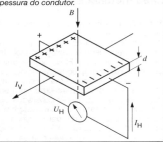

Se uma corrente flui através de um conjunto de condutores em série A-B-A, uma termojunção absorve calor enquanto as outras transferem mais calor do que pode ser produzido por efeito Joule. A quantidade de calor produzida é descrita pela equação:
$\Delta Q = \pi \cdot I \cdot \Delta t$
π coeficiente de Peltier
I corrente, Δt intervalo de tempo
A relação entre o coeficiente de Peltier e a força termoeletromotriz η é dada por
$\pi = \eta \cdot T$
onde T é a temperatura.

Uma parcela da corrente que flui num condutor homogêneo também será transformada em calor, se o gradiente de temperatura $\Delta T/l$ for mantido no condutor (efeito Thomson). Enquanto a potência desenvolvida pelo efeito Joule é proporcional a I^2, a potência desenvolvida pelo efeito Thomson é dada por
$P = -\sigma \cdot I \cdot \Delta T$
onde σ é o coeficiente de Thomson, I é a intensidade da corrente elétrica e ΔT é a diferença de temperatura

O recíproco do efeito Thomson é o efeito Benedicks onde um potencial elétrico é produzido a partir de uma distribuição assimétrica de temperatura (particularmente em pontos onde existe uma alteração significativa da área da seção transversal do material).

Efeitos galvanomagnéticos e termomagnéticos

Tais efeitos são provocados pelos campos magnéticos no transporte de corrente ou na transferência de calor nos condutores. Existem 12 tipos diferentes destes efeitos e os mais bem conhecidos são os efeitos Hall, Ettinghausen, Righi-Leduc e Nernst.

O efeito Hall é particularmente importante nas aplicações industriais (veja o material apresentado na p. 114 sobre o sensor Hall). Se uma tensão é aplicada num condutor localizado num campo magnético perpendicular à direção do campo elétrico aplicado, um campo elétrico, perpendicular tanto à direção da corrente quanto à do campo magnético, é produzido. Esta tensão é denominada tensão Hall U_H:
$U_H = R \cdot I_V \cdot B/d$
onde R é a constante de Hall, I_V é a intensidade de corrente fornecida, B é o campo magnético e d é a espessura do condutor.

A constante de Hall pode ser utilizada para determinar a densidade de partículas e movimentos de elétrons e buracos. Nos materiais ferromagnéticos, a tensão de Hall é função da magnetização (histerese).

Descarga em gases e plasmas

A descarga em gases descreve o processo que ocorre quando uma corrente elétrica percorre um espaço que contém gás ou vapor.

Os portadores de carga livre presentes no meio são acelerados pelo campo gerado pelos dois eletrodos carregados e produzem uma cascata de portadores de carga e um arco devido à ionização por impacto. Este processo, por sua vez, gera uma corrente de descarga real. A ignição ocorre com tensões de até 100 milhões de volts (iluminação atmosférica) e este valor depende do tipo de gás utilizado, da pressão e da distância entre os eletrodos. A autodescarga ocorre quando a energia de excitação dos elétrons livres está disponível no catodo. Nesta condição, a corrente é mantida no gás com uma diferença de potencial elétrico reduzida. Normalmente, a descarga contínua e brilhante ocorre quando a pressão no gás é baixa.

Quando a densidade de corrente é baixa, as características da luz emitida são determinadas pelo modo de transporte dos íons, das formas das zonas de reação produzidas pelas forças de campo e da difusão iônica. Em correntes mais altas, a ionização térmica no plasma concentra o transporte de corrente, i.é, a descarga contrai.

A emissão térmica de elétrons do catodo provoca uma transição para a descarga em arco e a corrente aumenta (limitada pelo circuito externo). Nesta condição, a temperaturas atinge até 10^4 K, uma luz intensa é emitida em torno dos eletrodos e da coluna de plasma localizada entre os eletrodos e a tensão do arco cai a apenas alguns volts. A descarga é finalizada quando a tensão cai abaixo do potencial de extinção, que é função da condição operacional específica do momento.

As aplicações industriais destes fenômenos são: elemento de chaveamento (disjuntor), solda a arco, ignição de combustíveis gasosos através de faísca, lâmpadas de descarga, lâmpadas de arco à alta pressão.

Eletrônica

Princípios básicos da tecnologia de semicondutores

Condutividade elétrica em corpos sólidos

A capacidade de um determinado material de conduzir eletricidade é determinada pelo número e mobilidade dos portadores de carga livres que o material contém. As disparidades nas condutividades elétricas entre vários corpos sólidos em temperatura ambiente estendem-se por uma margem definida entre a 10^a e a 24ª potência. Desta forma, os materiais estão divididos em três grupos elétricos (exemplos):

Condutores, metais	Semicondutores	Não-Condutores, Isolantes
Prata Cobre Alumínio	Germânio Silício Arsenieto de gálio	Teflon Vidro de quartzo Óxido de alumínio

Metais, isolantes e semicondutores

Todos os corpos sólidos contêm, aproximadamente, 10^{22} átomos por cm^3; forças elétricas mantêm os átomos juntos.

Nos <u>metais</u>, o número de portadores de carga livres é extremamente alto (um a dois elétrons livres por átomo). Os portadores livres são caracterizados por mobilidade moderada e por alta condutividade. Condutividade de bons condutores: 10^6 Siemens/cm.

Nos <u>isolantes</u>, o número de portadores de carga livres é praticamente nulo, resultando em condutividade elétrica desprezível. Condutividade de bons isolantes: 10^{-18} Siemens/cm.

A condutividade elétrica dos <u>semicondutores</u> fica entre a dos metais e a dos isolantes. A condutividade dos semicondutores varia entre a dos metais e dos isolantes por serem extremamente sensíveis a fatores, tais como variações de pressão (que afetam a mobilidade dos portadores de carga), flutuações na temperatura (número e mobilidade dos portadores de carga), variações na intensidade de iluminação (número de portadores de carga), e a presença de aditivos (número e tipo de portadores de carga). Conforme reagem às mudanças em pressão, temperatura e intensidade de luz, os semicondutores são adequados para aplicações em sensores.

A dopagem (adição controlada de substâncias ativas estranhas ao material-base) viabiliza a definição e a localização da condutividade elétrica de um semicondutor. Este procedimento forma a base dos componentes atuais de um semicondutor. A dopagem pode ser usada para a produção tecnicamente garantida de semicondutores à base de silício, com capacidades de condução variando de 10^4 a 10^{-2} Siemens/cm.

Condutividade elétrica de semicondutores

A discussão a seguir concentra-se em Semicondutores à base de silício. Em seu estado sólido, o silício assume a forma de uma configuração de cristal com quatro átomos contíguos eqüidistantes. Cada átomo de silício possui 4 elétrons periféricos, com 2 elétrons compartilhados formando a união de átomos contíguos. Neste estado ideal, o silício não terá portadores de carga livres; assim, não é condutor. A situação muda desmedidamente com o acréscimo de aditivos adequados e de aplicação de energia.

<u>Dopagem-N</u>

Como apenas elétrons são exigidos para a amarração em configuração de cristal de silício, a introdução de átomos estranhos com 5 elétrons periféricos (p.ex., fósforo) resulta na presença de elétrons livres. Assim, cada átomo de fósforo extra providenciará um elétron livre, carregado negativamente. O silício é transformado num condutor N: silício tipo N.

<u>Dopagem-P</u>

A introdução de átomos estranhos com 3 elétrons externos (p.ex., boro) produz vazios em elétrons, resultantes do fato de o átomo de boro ter um elétron a menos para a ligação completa na configuração de cristal de silício. Este intervalo no padrão de ligação é também chamado de lacuna.

Como indica a última designação, estas lacunas permanecem em movimento dentro do silício; num campo elétrico, migram em direção oposta à dos elétrons. As lacunas exibem as propriedades de um portador de carga positiva livre. Portanto, cada átomo adicional de boro provê uma lacuna de elétron livre, carregada positivamente. O silício é transformado num condutor-P: silício tipo-P.

Condução intrínseca

Calor e luz também geram portadores de carga móveis em silício sem dopagem; os pares de elétrons-lacunas resultantes produzem condutividade intrínseca no material semicondutor. Em comparação à condutividade atingida por dopagem, esta é geralmente modesta. Aumentos de temperatura estimulam um aumento exponencial no número dos pares de elétrons-lacunas, finalmente prevenindo as diferenças elétricas entre as regiões P e N, produzidas pela dopagem. Este fenômeno define as temperaturas máximas de operação, às quais os componentes do semicondutor podem estar sujeitos:

Germânio	90...100°C
Silício	150...200°C
Arsenieto de gálio	300...350°C

Um pequeno número de portadores de carga de polaridade oposta está sempre presente tanto nos semicondutores do tipo N quanto nos do tipo P. Estas cargas minoritárias influenciam consideravelmente as características operacionais de, praticamente, todos os dispositivos semicondutores.

A junção PN no semicondutor

Dentro de um mesmo cristal semicondutor, a área de transição entre a zona tipo P e a tipo N é conhecida por **junção PN**. As propriedades desta área exercem considerável influência nas propriedades operacionais da maioria dos componentes semicondutores.

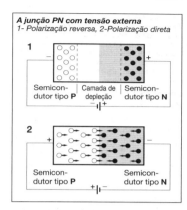

A junção PN com tensão externa
1- Polarização reversa, 2-Polarização direta

Semicondutor tipo **P** | Camada de depleção | Semicondutor tipo **N**

Semicondutor tipo **P** | Semicondutor tipo **N**

Junção PN sem tensão externa

A zona tipo P apresenta inúmeras lacunas (○), ao passo que a zona tipo N apresenta apenas algumas. Por outro lado, há apenas um número extremamente limitado de elétrons na zona tipo P, enquanto na zona tipo N, há um número extremamente alto (●). Cada tipo de portador de carga móvel tende a mover-se pelo gradiente de concentração, difundindo-se na outra zona (correntes de difusão).

A perda de lacunas na zona tipo P resulta numa carga negativa nesta área, ao passo que o esvaziamento de elétrons na zona tipo N produz uma carga positiva nesta região. O resultado é um potencial elétrico (potencial de difusão) entre as zonas P e N. Tal potencial se contrapõe às correspondentes tendências de migração dos portadores de carga, finalmente detendo a troca entre lacunas e elétrons.

Resultado: a área deficiente em portadores de carga móveis é produzida na junção PN. Conhecida como região de carga espacial ou camada de depleção, esta área é caracterizada tanto pela condutividade elétrica rigorosamente atenuada, quanto pela presença de um forte campo elétrico.

Junção PN com tensão externa

Estado reverso: O pólo negativo na zona tipo P e o pólo positivo na zona tipo N ampliam a região de carga espacial. Conseqüentemente, o fluxo da corrente é bloqueado, à exceção de uma corrente residual mínima (corrente reversa), que se origina a partir dos portadores de carga minoritários.

Estado direto: Com o pólo positivo na zona tipo P e o pólo negativo na zona tipo N, a camada de depleção se reduz e os portadores de carga permeiam a junção PN, resultando em considerável fluxo de corrente, na direção direta.

Tensão de ruptura: É este o nível da tensão de direção reversa, além da qual, um aumento mínimo na tensão bastará para produzir um súbito aumento na corrente reversa.

Causa: Separação dos elétrons ligados na configuração do cristal na região de carga espacial, ou pela alta força de campo (Ruptura Zener) ou pelos elétrons acelerados colidindo com elétrons ligados e os separando de suas bandas de valência, devido ao impacto. Isto finalmente produzirá um aumento descomunal no número de portadores de carga (ruptura em cascata).

Dispositivos semicondutores discretos

As propriedades da junção PN e a combinação de diversas junções PN num único *chip* de cristal semicondutor provêem a base para um conjunto permanentemente crescente de dispositivos semicondutores econômicos, confiáveis, resistentes e compactos.

Uma única junção PN forma um diodo; duas junções PN são usadas para transistores; três ou mais junções PN compõem um tiristor. A técnica planar viabiliza a combinação de vários elementos operacionais num único *chip* para formar um grupo de componentes extremamente importantes, conhecidos como circuitos semicondutores integrados. Estes combinam o dispositivo e os circuitos numa só unidade. *Chips* semicondutores medem não mais do que alguns milímetros quadrados e são geralmente instalados em estruturas padronizadas (metal, cerâmica, plástico).

Diodos
O diodo é um dispositivo semicondutor que incorpora uma junção PN apenas. Suas propriedades específicas são determinadas pelo padrão de distribuição do dopante no cristal. Diodos que conduzem correntes superiores a 1A na direção direta são denominados diodos de potência.

Diodo retificador
O diodo retificador age como uma válvula de corrente. Portanto, é idealmente apropriado para retificar corrente alternada. A corrente na direção reversa (corrente reversa) pode ser aproximadamente 10^7 vezes mais baixa do que a corrente direta. Ela aumenta rapidamente, em resposta aos aumentos em temperatura.

Retificadores para altas tensões reversas
Ao menos uma zona com baixa condutividade é exigida para altas tensões reversas (alta resistência em direção direta resulta em produção de calor excessivo). A inserção de uma zona levemente dopada (I) entre as as zonas tipo P e N altamente dopadas produz um retificador PIN. Este tipo de dispositivo é caracterizado pela combinação de alta tensão reversa com baixa resistência de fluxo direto (modulação de condutividade).

Diodo comutador
Estes dispositivos são geralmente empregados para uma rápida comutação entre impedâncias altas e baixas. Uma resposta de comutação ainda mais rápida pode ser atingida, difundindo ouro no material (promove a recombinação de elétrons e lacunas).

Diodo Zener
Uma vez que um nível inicial específico de tensão reversa é alcançado, este é um diodo semicondutor, que responde a aumentos posteriores de tensão reversa com um aumento súbito no fluxo de corrente. Este fenômeno é um resultado de uma ruptura em cascata e/ou Zener. Os diodos Zener são projetados para operação contínua nesta faixa de atuação.

Diodo de capacitância variável (varactor)
A região de carga espacial, na junção PN, funciona como um capacitor. O elemento dielétrico é representado pelo material semicondutor, no qual nenhum portador de carga está presente. O aumento da tensão aplicada estende a camada de depleção e reduz a capacitância, ao passo que a redução da tensão aumenta a capacitância.

Diodo barreira Schottky (diodo Schottky)
É um diodo semicondutor que se caracteriza pela junção do semicondutor ao metal. Conforme os elétrons se movem mais livremente do silício tipo N para a camada de metal do que na direção oposta, uma camada esvaziada de elétrons é criada no material do semicondutor – esta é a camada de barreira Schottky. As cargas são portadas exclusivamente pelos elétrons, fator este que resulta em comutações extremamente rápidas, já que os portadores minoritários não desempenham nenhuma função de armazenamento de carga.

Fotodiodo
Este é um diodo de semicondutor projetado para explorar o efeito fotovoltaico. A tensão reversa está presente na junção PN. Uma luz incidente libera os elétrons de suas ligações à configuração do cristal para produzir lacunas e elétrons livres

adicionais. Estes aumentam a corrente reversa (corrente fotovoltaica) na proporção direta à intensidade da luz.

Célula fotovoltaica
(vide célula solar, na p.91)

LED (Diodo Emissor de Luz)
Vide "Tecnologia óptica", na p. 49.

Transistores
Duas junções PN contíguas produzem o efeito transistor, uma característica aplicada ao projeto de componentes usados para ampliar sinais elétricos e para assumir tarefas de comutação.

Transistores bipolares
Os transistores bipolares consistem de três zonas de condutividade variável, sendo a configuração PNP ou NPN. As zonas (e seus terminais) são chamados emissor E, base B e coletor C.

Há diversas classificações de transistores, dependendo dos campos de aplicação: transistores de sinais baixos (potência dissipada de até 1 Watt), transistores de potência, transistores de comutação, transistores de audiofreqüência, transistores de alta freqüência, transistores de microondas, fototransistores, entre outros. São chamados de bipolares porque portadores de carga de ambas polaridades (lacunas e elétrons) são ativos. No transistor NPN, os portadores de carga positivos (lacunas) de corrente de base controlam o fluxo de 100 vezes seu número em portadores de carga negativos (elétrons), do emissor ao coletor.

Operação de um transistor bipolar
(explicação baseada no transistor NPN)
A junção emissor-base (EB) apresenta polarização direta. Isto faz com que os elétrons sejam injetados na região da base.
A junção coletor-base (CB) apresenta polarização reversa.

Isto induz à formação de uma região de carga espacial com forte campo elétrico. Um acoplamento significativo (efeito transistor) ocorre se as duas junções PN estiverem próximas uma da outra (em silício ~ 10μm). Os elétrons injetados na EB difundem-se, então, pela base ao coletor. Ao penetrarem o campo elétrico da CB, são acelerados à zona coletora, onde continuam a fluir na

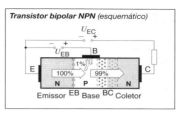

Transistor bipolar NPN (esquemático)

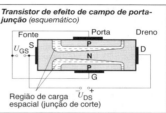

Transistor de efeito de campo de porta-junção (esquemático)

forma de corrente coletora. Desta forma, o gradiente de concentração na base é retido, e elétrons adicionais continuam a migrar do emissor ao coletor. Em transistores padronizados, 99% ou mais de todos os elétrons emanando do emissor atingem a região de carga espacial e transformam-se em corrente coletora. Os poucos elétrons restantes são tomados pelas lacunas, ao cruzarem a base dopada-P. Sem seus próprios mecanismos, os elétrons produziriam uma carga negativa na base; quase que imediatamente (50 ns), forças de repulsão interromperiam o fluxo de outros elétrons. Uma baixa corrente de base formada por portadores de carga incluindo portadores de carga positivos (lacunas) prové compensação completa ou parcial para esta carga negativa no transistor. Pequenas variações na corrente de base produzem mudanças substanciais na corrente emissor-coletor. O transistor NPN é um amplificador semicondutor bipolar de corrente controlada.

Transistor de efeito de campo (FET)
Nestes dispositivos, o controle do fluxo de corrente numa determinada trajetória é essencialmente exercido pelo campo elétrico. Por sua vez, o campo é gerado pela tensão aplicada ao eletrodo de controle ou porta. Os transistores de efeito de campo

diferem dos bipolares, por utilizarem um tipo apenas de portador de carga (elétrons ou lacunas), viabilizando a denominação alternativa de transistor unipolar. Subdividem-se nas seguintes classificações:
- transistor de efeito de campo de porta-junção (junção FET, JFET)
- transistor de efeito de campo de porta isolada, em especial transistor de efeito de campo MOS (MOSFET); em suma, transistores MOS (Semicondutor de Óxido Metálico).

Transistores MOS são bem ajustados à aplicação em circuitos de alta integração. Os FETs de potência representam uma alternativa legítima aos transistores de potência bipolar, em muitas aplicações. Terminais: porta (P), fonte (F), dreno (D).

Operação de uma junção FET
(aplica-se ao FET de canal N)
A tensão CC encontra-se nos terminais de um cristal tipo N. Os elétrons fluem da fonte ao dreno. A largura do canal é definida pelas duas zonas tipo P difusas lateralmente e pela tensão negativa existente entre estas zonas. A elevação da tensão negativa da porta provoca a extensão das regiões de carga espacial pelo canal, estreitando, assim, a trajetória da corrente. Por conseguinte, a corrente entre a fonte F e o dreno D é governada pela tensão no eletrodo de controle G. Apenas exigem-se portadores de carga de uma polaridade para a operação do FET. A potência necessária para monitorar a corrente é nula. Desta forma, a junção FET é um componente unipolar, controlado por tensão.

Operação de um transistor MOS
(aplica-se ao dispositivo de intensificação de canal P)
MOS representa a configuração de camada padrão: Semicondutor de Óxido Metálico. Caso nenhuma tensão seja aplicada ao eletrodo de porta, nenhuma corrente fluirá entre a fonte e o dreno: as junções PN permanecem no modo de bloqueio. A aplicação de tensão negativa à porta desloca os elétrons na região adjacente tipo-N, em direção ao interior do cristal, ao passo que as lacunas – que sempre se encontram no silício tipo N, como portadores de carga minoritários – são atraídas à superfície. Uma estreita camada tipo P forma-se sob a superfície. A isto chamamos canal P. A corrente pode, então, fluir entre as duas

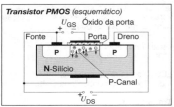

Transistor PMOS (esquemático)

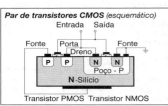

Par de transistores CMOS (esquemático)

zonas tipo P (fonte e dreno). Esta corrente consiste, exclusivamente, de lacunas. Enquanto a tensão de porta age pela camada de óxido isolado, nenhuma corrente flui no circuito de controle: nenhuma potência é demandada para a função de controle. Resumindo, o transistor MOS é um componente unipolar, controlado por tensão.

Transistores PMOS, NMOS, CMOS
Caso um transistor MOS de canal P (transistor PMOS) seja dopado com uma impureza doadora, ao invés da impureza de um aceitador, torna-se um transistor NMOS. Já que os elétrons no transistor NMOS são mais móveis, ele funciona mais rapidamente do que o dispositivo PMOS, embora este último tenha sido o primeiro a estar disponível, por ser, fisicamente, mais fácil fabricá-lo.

Ainda, é possível aplicar tecnologia MOS suplementar para emparelhar transistores PMOS e NMOS num único chip de silício; os dispositivos resultantes são denominados MOS Complementares ou transistores CMOS. Seguem as vantagens específicas de um transistor CMOS: dissipação de potência extremamente baixa, alto grau de imunidade à interferência, relativa insensibilidade a tensões variáveis de alimentação, adequação para processamento de sinal analógico e aplicações de alta integração.

Tecnologia híbrida BCD

Estruturas integradas de potência vêm tornando-se cada vez mais importantes. Tais estruturas se constituem ao combinarmos componentes MOS e bipolares num único chip de silício, usufruindo, assim, das vantagens de ambas tecnologias. A tecnologia híbrida BCD (Bipolar/CMOS/DMOS) constitui-se num expressivo processo de manufatura em Eletrônica Automotiva, além de facilitar a fabricação de componentes de potência MOS (DMOS).

Tiristores

Três junções PN consecutivas provocam o efeito-tiristor, aplicado a componentes que agem como multivibradores, ao serem acionados por um sinal elétrico. "Tiristor" é o termo geral para todos os dispositivos que podem ser comutados do estado direto (condutor) para o estado reverso (bloqueador), ou vice-versa. Suas aplicações em Eletrônica de Potência são: Controle da freqüência e da velocidade de rotação, retificação e conversão de freqüência, comutação. Em uso especializado, "tiristor" é entendido como um tiristor de triodo de bloqueio reverso.

Diodo de quatro camadas

Definição DIN: É um tiristor de diodo de bloqueio reverso. Ou um dispositivo semicondutor com dois terminais (anodo A, catodo K) e características de chave. Possui quatro camadas de dopagem alternada. A resposta elétrica deste dispositivo é melhor entendida pela visualização da estrutura de quatro camadas, representando duas configurações de transistor T_1 e T_2. Um aumento da tensão entre A e K induz ao aumento das correntes reversas de ambos transistores. Num valor específico de tensão U_{AK} (tensão chaveada), a corrente reversa de um transistor aumenta a tal grau, que começa a exercer um leve efeito de polarização no outro transistor, resultando em condução. Enquanto isso, o segundo transistor funciona do mesmo modo. O efeito mútuo de polarização exercido pelos dois transistores alcança tal intensidade, que o diodo de quatro camadas começa a agir como condutor: é este o efeito tiristor.

Tiristor com controle terminal

Definição DIN: É um tiristor de triodo (também SCR, Retificador de Silício Controlado), um dispositivo controlável, com características de chaveamento. Consiste de quatro zonas do tipo de condutividade alternada. Assim como o diodo de quatro camadas, apresenta dois estados estáveis (alta resistência e baixa resistência). As operações de chaveamento entre os respectivos estados são administradas pelo terminal de controle (porta) G.

Tiristor GTO

Definição DIN: Chave de desligamento de porta (acróstico do inglês, GTO) ativada por pulso de disparo positivo, com desativação pelo pulso de disparo negativo, na mesma porta.

Triac

Definição DIN: Tiristor de triodo bidirecional (acrossemia do inglês, TRIAC – chave de corrente alternada de triodo) – um tiristor controlável, com três terminais. Essencialmente, mantém propriedades de controle idênticas em ambas direções de chaveamento.

Pilhas solares fotovoltaicas

O efeito fotovoltaico é aplicado para converter diretamente energia da luz em energia elétrica.

Diodo de quatro camadas e efeito tiristor
1. Estrutura de quatro camadas; 2. Separadas em duas configurações de transistor

---

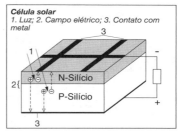

Célula solar
1. Luz; 2. Campo elétrico; 3. Contato com metal

Consistindo-se, amplamente, de materiais semicondutores, as células solares são elementos básicos da tecnologia fotovoltaica. A exposição à luz resulta na criação de portadores de carga livres (pares elétrons-lacunas) no material semicondutor, devido ao "efeito fotoelétrico interno". Caso o semicondutor incorpore uma junção PN, os portadores de carga separar-se-ão em seu campo elétrico, antes mesmo de proceder com os contatos com metais na superfície do semicondutor. Dependendo do material semicondutor usado, uma tensão CC (fototensão) variando de 0,5 a 1,2V é gerada entre os contatos. Quando um resistor de carga é ligado, a corrente começa a fluir (corrente fotovoltaica); p. ex., 2,8A a 0,58V para uma célula solar Si, com uma área de superfície de 100 cm^2.

O nível de eficiência com que a energia da luz irradiada se converte em energia elétrica (indicado em porcentagem) depende tanto de quão bem o material semicondutor está adequado à distribuição espectral da luz, como da eficiência com que os portadores de carga livres gerados podem ser isolados e conduzidos aos contatos de superfície apropriados.

As trajetórias dentro do semicondutor deveriam ser curtas (finas camadas de vários μm a 300 μm) a fim de evitar que os portadores de carga livres se recombinem. A estrutura das configurações do cristal no material deve ser tão perfeita quanto possível, enquanto o material deve estar livre de impurezas. Os processos de fabricação incluem procedimentos do tipo empregado para os componentes da Microeletrônica. O silício é o material mais comumente usado para células solares. São usados cristais do tipo monocristalino, policristalino e amorfo. Os níveis de eficiência típicos alcançados, em condições laboratoriais, incluem:

Silício	- monocristalino	24,7%
	- policristalino	19,8%
	- amorfo	14,6%
CdTe		16,5%
CuInGaSe$_2$		18,4%
GaAs[1])		27,6%
GaInP/GaAs/Ge-Tandem[1])		34,0%

[1]) Luz do Sol concentrada

Os níveis médios de eficiência obtidos a partir das células solares produzidas em série são, aproximadamente, um terço mais baixos. As "células tandem" atingem sua alta eficiência, incorporando duas células solares – feitas de materiais diferentes – em camadas consecutivas. Assim, a unidade é capaz de converter luz de várias faixas espectrais em portadores de carga. As células solares individuais estão interligadas dentro de um circuito, para formar módulos solares. A saída é sempre uma tensão CC: um inversor pode ser usado para conversão à CA (p. ex., para conexão à rede de suprimento de energia). Os dados característicos de um módulo são sua tensão de saída e potência de saída em W$_P$ referidos à exposição solar total (≈1.000 W/m^2).

O objetivo final é desenvolver processos econômicos, que viabilizem a fabricação de células solares para grandes áreas. Procedimentos consolidados incluem extrair cristais da massa fundida ou cortar cristais moldados em blocos e lâminas individuais. A pesquisa se estende, agora, para novas áreas, tais como puxamento de tiras, molde em membranas finas e depósito de finas camadas semicondutoras. Embora a energia gerada por processos fotovoltaicos ainda seja mais cara do que a fornecida por subestações de potência convencionais, melhorias nas técnicas de fabricação de células, aumento de eficiência e produção em larga escala combinar-se-ão para viabilizar futuras reduções de custo. Para as aplicações que envolvem sistemas isolados (consumidores sem conexões externas de potência) e exigências mínimas de potência (relógios, calculadoras de bolso), as fotovoltaicas já representam a melhor solução. Com uma potência de saída de 1.400 MW$_P$ instalada no mundo em 2002, cerca de 60% são conectadas à rede de suprimento de energia. O mercado fotovoltaico é crescente, a uma taxa anual de 300 a 400 MW$_P$ de potência adicional instalada.

Circuitos integrados monolíticos

Integração monolítica

A tecnologia planar baseia-se na oxidação das pastilhas de silício, processo este relativamente simples, e na velocidade em que os dopantes penetram no silício, que é exponencialmente maior do que a velocidade na qual penetram no óxido. A dopagem ocorre apenas em locais onde há aberturas na camada de óxido. As exigências específicas do projeto de um circuito integrado determinam a precisa configuração geométrica, que é aplicada à pastilha num processo fotolitográfico. Todos os passos do procedimento (oxidação, ataque químico, dopagem e depósito) progridem, consecutivamente, a partir do plano da superfície (planar).

A tecnologia planar viabiliza a fabricação de todos os componentes do circuito (resistores, capacitores, diodos, transistores, tiristores) e as tiras condutoras associadas em apenas um *chip* de silício, num processo de fabricação unificado. Os dispositivos semicondutores combinam-se para produzir circuitos integrados monolíticos CI: Circuito Integrado.

Tal integração geralmente abrange um subsistema dentro do circuito eletrônico e abrange, gradualmente, o sistema todo: sistema-num-*chip*.

Nível de integração
É o número de elementos funcionais, de transistores ou de portas num só *chip*. As classificações seguintes relacionam o nível de integração (e a superfície do *chip*):
- SSI (Integração em Baixa Escala)
  Até aproximadamente 100 elementos funcionais por *chip*, a área média da superfície do *chip* é de 3 mm^2; pode, porém, ser muito maior em circuitos com saídas de alta potência (p. ex., transistores inteligentes de potência);
- MSI (Integração em Alta Escala)
  Aproximadamente de 100 a 1.000 elementos funcionais por *chip*, a área média da superfície do *chip* é de 8 mm^2;
- LSI (Integração em Larga Escala)
  Até 100.000 elementos funcionais por *chip*, a área média da superfície do *chip* é de 20 mm^2;
- VLSI (Integração em Escala Muito Alta)
  Até 1 milhão de elementos funcionais por *chip*, a área média da superfície do *chip* é de 30 mm^2;
- ULSI (Integração em Escala Ultra Alta)
  Mais do que 1 milhão de elementos funcionais por *chip* (DRAM: mais do que 600 milhões de transistores por *chip*), a área da superfície é até 300 mm^2; tamanho muito pequeno da estrutura de 80 nm.

Simulação e métodos de projeto assistidos por computador (CAE/CAD) são elementos essenciais na fabricação de circuitos integrados. Módulos funcionais inteiros são usados em VLSI e ULSI; do contrário, o tempo despendido e o risco de falha tornariam o desenvolvimento impossível. Além disso, programas de simulação são usados para detectar quaisquer defeitos ocorridos.

Classificações de circuitos integrados
- De acordo com a engenharia de transistores: bipolares, MOS, mistos (bipolares/MOS, BiCMOS, BCD);
- De acordo com a engenharia de circuitos: analógicos, digitais, mistos (sinal misto);
- De acordo com famílias de componentes: analógicos, microcomponentes (CI com microcomputador), memórias, circuitos lógicos;
- De acordo com a aplicação: CI padrão, CI específico para aplicação (ASIC, ASSP).

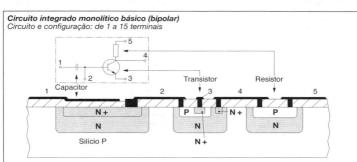

Circuito integrado monolítico básico (bipolar)
Circuito e configuração: de 1 a 15 terminais

Circuitos analógicos integrados
- Estruturas básicas: suprimento com estabilização de tensão, suprimento com estabilização de corrente, componentes de amplificadores diferenciais, elementos de comutação, deslocamento de potencial, estágios de saída;
- Classes orientadas à aplicação: amplificadores operacionais (AO), reguladores de tensão, comparadores, *timers*, conversores, circuitos de interface;
- CIs analógicos especiais: referências de tensão, amplificadores de banda larga, multiplicadores analógicos, geradores de funções, circuitos travade-fase (*phase-lock*), filtros analógicos, chaves analógicas.

Circuitos digitais integrados
As faixas de espectro dos LSI (*chips* de lógica simples) até os de ULSI (memória, microcomponentes).

Várias condições devem ser satisfeitas antes que os *chips* de lógica possam ser combinados num único sistema: suprimento de potência, nível lógico, velocidade do circuito e tempo de trânsito do sinal devem ser todos idênticos. Este requisito é satisfeito nas respectivas famílias de circuitos. Os mais importantes são:
- Vários tipos de bipolares (p. ex., TTL: Lógica-Transistor-Transistor);
- Lógica MOS, em particular a Lógica CMOS.

Chips MOS e CMOS são responsáveis por mais de 99% da produção de circuitos digitais integrados. Circuitos Lógicos Bipolares são usados apenas em casos excepcionais. Aqui, também, dispositivos CMOS vêm ocupando seu lugar cada vez mais.

Memórias semicondutoras
O armazenamento de dados engloba as seguintes operações: gravação (escrita, entrada), armazenamento (armazenamento de dados, no sentido estrito), busca e leitura. A memória opera, explorando propriedades físicas, que facilitam a produção inequívoca e reconhecimento de dois estados opostos (informação binária). Em memórias semicondutoras, os estados produzidos são "condutor/não condutor" ou "carregado/descarregado"; o último estado fia-se em propriedades especiais no silício/óxido de silício ou nitreto de silício/junção do metal. No futuro, *chips* de memórias magnéticas (FDRAM) também serão usados. Elas possuem pequenas áreas ferro-magnéticas integradas no *chip*. A direção do campo magnético é usada para armazenar informação. Memórias semicondutoras são dicididas nas duas categorias principais de voláteis e não-voláteis. Efetivamente, todas são fabricadas de acordo com a tecnologia CMOS:
- <u>Memórias voláteis</u> (memórias de curto prazo) podem ser lidas e sobrescritas por qualquer número de vezes, e são, portanto, referidas como RAMs (Memórias de Acesso Aleatório); o conteúdo da informação é perdido, quando o suprimento de energia é desligado.
- <u>*Chips* de memórias não-voláteis</u> (memórias de longo prazo) guardam seus dados, mesmo quando o suprimento de energia é desligado; são também referidas como ROMs (Memória de Apenas Leitura).

O diagrama a seguir mostra as relações de classificação dos tipos mais comuns de *chip* de memória.

Microprocessadores e microcomputadores
O <u>microprocessador</u> representa a integração de uma unidade de processamento central do computador num único *chip*. O projeto de microprocessador procura evitar individualização diante da integração de alta escala e as unidades podem ser programadas para satisfazer vários requisitos, sob condições de operação específicas. Existem dois distintos grupos principais de processadores. Um PC (computador pessoal) utiliza processadores CISC (Programação por Conjunto Completo de Instruções). Estes processadores são muito versáteis e programáveis pelo usuário. Uma WS (Estação de Trabalho), normalmente, utiliza processadores RISC (Programação por Conjunto Reduzido de Instruções). Estes processadores são bem mais rápidos para tarefas específicas, freqüentemente associadas com o uso de Estações de Trabalho, mas são significativamente mais lentos para demais tarefas. O microprocessador não pode operar sozinho: sempre atua como parte de um microcomputador.

Um <u>microcomputador</u> consiste de:
- microprocessador como CPU (Unidade de Processamento Central). O microprocessador contém o controlador e a unidade lógica aritmética. A unidade lógica e aritmética desempenha as operações indicadas por seu nome, enquanto o controlador assegura a implementação dos comandos armazenados na memória do programa;
- unidades de entrada e saída (E/S), que controlam a comunicação de dados com os periféricos;

Eletrônica **95**

Esquema de chips de memórias semicondutoras

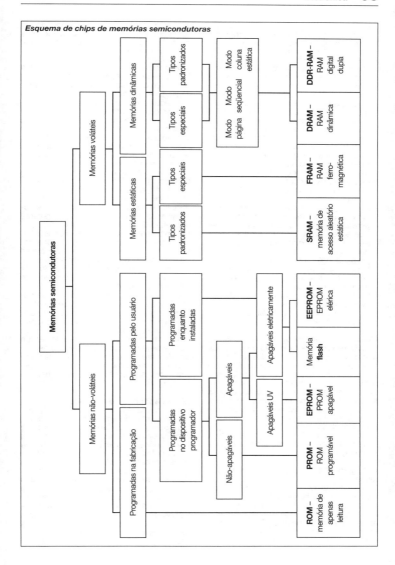

- memória do programa, que fornece armazenamento permanente ao programa de operação (programa do usuário), sendo ROM, PROM ou EPROM;
- memória de dados para dados sendo executados num instante qualquer. Tais dados mudam continuamente; assim, a mídia de armazenamento para esta aplicação é a RAM. Parte da RAM (cache) é integrada no microcomputador, pois, de outra forma, a velocidade da CPU seria drasticamente reduzida, devido às altas taxas de dados. Não haveria sentido em utilizar um processador de alta velocidade, caso os dados requeridos fossem sempre enviados para as barras externas. SRAMs são sempre utilizadas nestes casos, devido aos baixos tempos de acesso requeridos;
- gerador do relógio (clock) e sistema do fornecimento de energia;
- sistema de barra conecta os elementos individuais num microcomputador;
- gerador do relógio garante que todas as operações no microcomputador sejam realizadas num dado intervalo de tempo;
- circuitos lógicos são chips que realizam tarefas especiais, como interrupções de programas, inserção de programas intermediários, entre outros;
- periféricos incluem dispositivos de entrada/saída e memórias externas, p. ex. a memória principal (DRAM) ou o disco rígido (hard disk).

Geralmente, os principais componentes de um microcomputador são combinados como componentes separados em placas de circuitos impressos. Computadores de um único chip estão tornando-se mais e mais usados para tarefas mais simples, p. ex. acesso à internet em comunicações sem fio, que é uma tendência crescente, ou funções integradas num único chip de silício (SoC: Sistema num Chip). O desempenho destes sistemas de alta integração é limitado pela relativa baixa quantidade de RAM que pode ser acomodada no chip a custo razoável.

Um microcontrolador inclui, pelo menos, a função de CPU, Memória de Apenas Leitura (ROM, EPROM ou EEPROM), capacidade de entrada/saída (E/S) e memória de acesso aleatório (RAM) num único chip. Em alguns casos, funções analógicas são apenas integradas no chip. Em contraste a um microcomputador, o controlador reage com um programa específico, que fornece valores de saída particulares, dependendo da informação de entrada. É usado para controlar sistemas autogovernáveis, p. ex. gerenciamento de máquina.

Um transputer é um tipo especial de microprocessador, especialmente útil para formar redes de computadores em paralelo. Além dos componentes de microprocessadores padronizados, o chip é também equipado com hardware de comunicações e processamento.

Tem, ao menos, quatro canais seriais de transmissão bidirecional (links), permitindo velocidade extremamente alta (> 1Gbit/s por link) de comunicação com diversos outros transputers. Como a comunicação é completamente assíncrona, redes distribuídas não requerem um circuito comum de clock. Cada link tem seu próprio controle DMA; uma vez inicializado pela CPU, ele próprio pode realizar transmissão de dados. Desta forma, processamento e comunicação são operações basicamente paralelas. De interesse singular, são tempos extremamente baixos de resposta (<< 1μs) para início e interrupção de processamento. O transputer não necessita para tal de um sistema operacional em tempo real; ao invés disso, apresenta comandos de processamento necessários diretamente em seu conjunto de comandos.

O transputer opera como um nó de comunicação dentro de uma rede paralela, o que significa que serve como interface de comunicação e computador. Portanto, o transputer pode ser empregado para evitar um dos mais graves problemas de muitos sistemas paralelos, que é a necessidade inerente de compartilhar uma barra comum. Computadores de máximo desempenho são, então, construídos usando transputers.

CIs de aplicação específica

CIs de aplicação específica (ASIC: Circuitos Integrados de Aplicação Específica ou, tb., ASSP: Produto Padronizado de Aplicação Específica) são projetados para uma única aplicação apenas, ao contrário de CIs padronizados. ASICs são produzidos e vendidos para um cliente apenas. ASSPs são CIs de aplicação específica, que podem ser vendidos para diversos clientes para uma mesma aplicação. Ambos são resultado de colaboração de sucesso entre usuários que compartilham experiência de sistemas especiais e produtores que possuem tecnologias adequadas. As vantagens essenciais dos ASICs são: menos componentes, custos mais baixos do sistema, confiabilidade aumentada, maior dificuldade para cópia.

A família ASIC é geralmente classificada, seguindo o método de desenvolvimento selecionado: circuito montado em *chips*, construído por elementos funcionais individuais (CIs totalmente personalizados), oferece os melhores resultados, em relação à densidade de empacotamento e funcionamento. Logo, é mais adequada para aplicações de alto volume (tempo e custo).

Funções básicas padronizadas de circuito (pré-desenvolvidas e testadas) representam um passo em direção à racionalização do processo de desenvolvimento. Os circuitos são incorporados em células de diversos tamanhos (ROM, RAM, núcleo do computador, ou grupos individualizados de circuitos de aplicação específica). Dependendo do número de células de aplicação específica disponíveis, este método pode ser empregado para reduzir os tempos de desenvolvimento, sem sacrificar a exploração eficiente da superfície do *chip*.

O próximo estágio é o uso de funções básicas relativamente complexas, padronizadas, que são pré-desenvolvidas em células padronizadas de mesma altura e largura variável. Elas são disponíveis na forma de bibliotecas de células. Estas células-padrão são automaticamente dispostas em série e, então, automaticamente conectadas com condutores de polissilício e lâmina. Uma cobertura metálica de dupla ou tripla camada pode ser aplicada para alcançar até mesmo melhor utilização da área da superfície.

Gate arrays são pré-desenvolvidos até a conexão porta/transistor e são pré-fabricados, deixando apenas as operações de mascaramento final para posterior conclusão. A conexão com o circuito de aplicação específica é, então, automática. A racionalização é alcançada, fornecendo circuitos-padrão para freqüentes funções básicas de computador (similar a uma biblioteca de células). *Gate arrays* especiais, projetados para aplicações específicas, têm vantagens particulares (p. ex., circuitos digitais puros, orientados por computador, sob condições usuais gerais para computadores).

Dispositivos lógicos programáveis (PLD) - arranjos de transistor completamente pré-montados – são programados, pelo usuário, da mesma forma que uma PROM de aplicação especial. Assim, PLDs oferecem, aos desenvolvedores de sistemas, a opção de produzirem circuitos de silício em tabuleiro, em curto espaço de tempo. A produção de sistemas complexos em silício está tornando-se cada vez mais importante, proporcionando a produção de práticos modelos operantes na fase de desenvolvimento.

CIs de potência inteligente
Sistemas automotivos industriais apóiam-se em Eletrônica para governar vários elementos de controle final e outras cargas. Disjuntores devem ser capazes de assumir funções auxiliares, que se estendem para além do controle de potência do circuito: circuitos de acionamento para ativar transistores de chaveamento, circuitos de proteção de sobrecorrente, sobretensão, sobretemperatura e reconhecimento de faltas, no caso de funcionamento incorreto. Tais CIs de potência, bipolares ou de tecnologia MOS, são genericamente denominados CIs de potência inteligente.

MCM – circuitos híbridos e de filme

Circuitos de filme
O circuito integrado de filme exibe elementos de circuito passivos, que incluem capacitores e indutores, assim como caminho de condutores, isoladores e resistores. O circuito de filme integrado é produzido pela aplicação de camadas que contêm estes elementos para portadores de substrato. Os termos circuito de "filme fino" ou de "filme espesso" devem-se ao fato de a espessura do filme ser um fator originalmente determinante para a adaptação de características de desempenho específicas. A tecnologia atual emprega uma variedade de técnicas de fabricação para atingir o mesmo propósito.

Circuitos de filme fino
São circuitos integrados de filme, nos quais camadas individuais são aplicadas a substratos de vidro ou cerâmica, geralmente num processo de cobertura a vácuo. Vantagens: estruturas finas (de aprox. 10 μm) fornecem alta densidade de elementos de circuito, características HF muito boas e elementos resistores de ruído baixo. Os custos relativamente altos de fabricação estão entre as desvantagens.

Tecnologia de placa de circuito, opções de projeto
a) Montagem por inserção (convencional), b) Montagem SMD em substrato cerâmico (tecnologia híbrida), c) Montagem mista
1. Componentes conectados, 2. Placa de circuito impresso, 3. Chips, 4. Substrato cerâmico, 5. Material de ligação

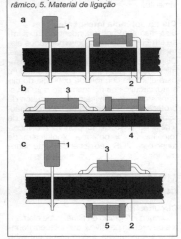

Circuitos de filme espesso
São circuitos integrados de filme, nos quais as camadas são geralmente aplicadas a portadores cerâmicos, num processo de *screen printing*, antes de serem fundidas. Vantagens: a construção em camadas proporciona alta densidade de elementos de circuito e boas características HF. Um alto grau de automação de fabricação é possível para a produção em larga escala.

Substrato cerâmico em multicamadas
O material básico para o substrato cerâmico multicamadas é a lâmina cerâmica não-inflamável, à qual são aplicados caminhos de condutor, num processo de *silk screening*. No próximo passo, algumas destas camadas são laminadas juntas, para formar um substrato multicamadas. Então, este dispositivo é precipitado sob alta temperatura (850 – 1.600°C) para compor um dispositivo de cerâmica rígida, com caminhos condutores integrados. Uma pasta metálica é aplicada nos buracos entre as lâminas, para formar conexões elétricas entre camadas. Materiais especiais são empregados para integrar resistores e capacitores no dispositivo. Este processo viabiliza níveis substancialmente mais altos de densidade de circuito do que dispositivos de filme espesso.

Circuitos híbridos
São circuitos integrados de filmes, com componentes discretos adicionais, tais como capacitores e circuitos semicondutores integrados (CIs), aplicados por solda ou ligação adesiva. Uma alta densidade de componentes é alcançada pelo uso de *chips* semicondutores desempacotados, que são conectados por "ligação" ou componentes SMD (Dispositivo Montado na Superfície). Um substrato cerâmico multicamadas pode ser usado para atingir dispositivos extremamente pequenos de controle híbrido (micro-híbridos). Vantagens: uma boa dissipação térmica viabiliza altas temperaturas de instalação, ao passo que a construção compacta provê boas características de resistência de vibração e de respostas HF. Circuitos híbridos são especialmente adequados para aplicações automotivas e telecomunicações.

MCM
O MCM (Módulo Multi-*Chip*) é usado para identificar um componente eletrônico, consistindo em numerosos semicondutores integrados "desempacotados" (CIs). O elemento básico é o substrato portador com seus circuitos internos. Os CIs são desempacotados e conectados por ligação, TAB ou solda *flip-chip*. Um MCM pode, também, conter resistores e capacitores, conforme exigido.

A classificação segue o material selecionado do substrato:
- MCM-C: substrato cerâmico multicamadas.
- MCM-D: projeto em filme fino, geralmente em silício.
- MCM-L: laminado orgânico multicamadas.

O MCM é geralmente selecionado para respeitar exigências específicas de funcionamento. Combina a rápida resposta de comutação nos núcleos do processador com características EMC favoráveis e pacotes extremamente compactos. O MCM é freqüentemente empregado para obter características de desempenho elétrico, que seriam proibitivamente caros ou totalmente impossíveis de se obter a partir da atual tecnologia de CI.

SMT – Tecnologia de Placa de Circuitos

Os circuitos num sistema eletrônico podem, basicamente, ser implementados de acordo com tecnologias híbridas de semicondutores e placas de circuitos. A seleção depende de fatores como economia (custo, volumes de produção), tempo (de desenvolvimento, vida útil do serviço) e condições ambientais (elétricas, térmicas, físicas).

A Tecnologia de Placa de Circuitos representa o clássico processo de produção de um circuito elétrico. No tipo mais básico de placa de circuitos, os componentes eletrônicos são montados num painel de fibras ou num portador de resina sintética reforçada por fibra-de-vidro. Um processo de impressão é empregado para aplicar os caminhos de condutor (lâmina de cobre) à placa (daí, o termo "circuito impresso"). Uma alternativa é gravar o circuito de uma placa chapeada a cobre. Os pinos de contato dos componentes são inseridos em buracos na placa e soldados em direção nos caminhos do condutor. Enquanto isso, a montagem na superfície torna-se o processo-padrão na moderna produção em massa.

O rápido aumento no número de terminais (pinos) foi acionado pelo crescente nível de integração de CI. Isto iniciou a transição à parte da tecnologia convencional da montagem por inserção, em direção à Tecnologia de Montagem em Superfície (SMT). Entrementes, há uma vasta quantidade de Dispositivos Montados em Superfície (SMD), soldados uniformemente na placa de circuitos impressos. Estes SMDs e suas configurações (SOT, PQFP, PLCC, *Flat Pack*, CSP, entre outros) são altamente adequados para processamento em máquinas de inserção automática. Muitos dispositivos podem ser sujeitos a um processo automático apenas. A geometria de pinos tornou-se tão minúscula que a montagem manual é praticamente impossível.

Inserir componentes semicondutores desempacotados tornou-se norma em tecnologia de montagem em superfície. Há duas opções aqui, isto é, COB (*Chip Sobre Placa*) ou *Flip Chip*. Na montagem COB, o IC é colocado com seu lado processado para cima no substrato e é conectado a ele por finos fios de ouro ou alumínio (ligação por fios). Em montagem *Flip Chip*, pequenas quantidades de solda são aplicadas às superfícies de contato do IC. O IC é, então, disposto com seu lado processado voltado para baixo sobre uma grade de solda e soldado. A vantagem deste método de montagem é minimizar as exigências de espaço para o IC e não exigir empacotamento.

As vantagens mais importantes de aplicação oferecidas pela SMT incluem:
- Produção racionalizada de montagem (alta velocidade de montagem e confiabilidade);
- Exigências baixas de espaço com mesma função, também atingidas por montagens em ambos os lados;
- Uso de placas de circuitos impressos-padrão (p. ex., FR4, superfície de fibra-de-vidro com resina epóxi);
- Nenhum ou menos buracos em cada placa de circuitos;
- SMT combinável com componentes condutores;
- Confiabilidade aumentada, devido à redução de pontos de conexão;
- Projeto, acoplamento e reprodutibilidade de circuitos aprimorados;
- Características HF melhoradas.

SMT é muito mais sensível à combinação de técnicas de processamento do que a montagem convencional por inserção. As vantagens de SMT são diretamente proporcionais ao cuidado com o qual os componentes, disposição na placa de circuitos, montagem automática, técnicas de junção, testes, consertos, entre outros, são todos mutuamente adaptados para um desempenho ótimo.

Micromecânica

O termo "micromecânica" é empregado para denotar a produção de componentes mecânicos, usando semicondutores (geralmente silício) e tecnologia semicondutora. Este tipo de aplicação explora tanto as propriedades mecânicas quanto as semicondutoras do silício. Os primeiros sensores micromecânicos de pressão de silício foram instalados em veículos motorizados no começo dos anos 80. Dimensões mecânicas típicas podem estender-se ao alcance micrométrico.

As características mecânicas do silício (p. ex. resistência, dureza, módulo de elasticidade; vide Tabela) podem ser comparadas àquelas do aço. Entretanto, o silício é mais leve e apresenta maior condutividade térmica. Pastilhas de silício monocristal são usadas com características de resposta física quase perfeitas. Histerese e perdas dielétricas são insignificantes. Devido à fragilidade do material monocristal, a curva de tensão de resistência não se encontra na faixa plástica; o material se rompe, quando a faixa elástica é excedida.

Dois métodos de fabricação de estruturas micromecânicas em silício estabelecem-se, a saber micromecânica de corpo e micromecânica de superfície.

Ambos os métodos valem-se de procedimentos-padrão de microeletrônica (p. ex. crescimento epitaxial, oxidação, difusão e fotolitografia), aliados a alguns procedimentos especiais. Para remover material, a micromecânica de corpo exige *etching* anisotrópico com ou sem parada *etch* eletroquímica, ao passo que a micromecânica de superfície exige *etching* de fase-vapor e fosso profundo. As ligações anódica e de vidro-solda são usadas para juntar duas pastilhas hermeticamente (remate, inclusão de vácuo de referência).

Micromecânica de Corpo (BMM)

Este método envolve o etching de uma pastilha inteira, a partir do lado inverso, a fim de produzir a estrutura desejada. O processo de etching se dá em meio alcalino (solução de potassa cáustica), no qual o comportamento do etching de silício demonstra anisotropia pronunciada, isto é, a taxa de etching é altamente dependente da direção do cristal. É, portanto, possível representar a estrutura bem precisamente em termos de profundidade. Quando as pastilhas de silício com orientação (100) são usadas, as superfícies (111), p. ex., permanecem praticamente não afetadas. No caso do etching anisotrópico, as superfícies (111) desenvolvem e formam um ângulo característico de 54,74° com a superfície (100).

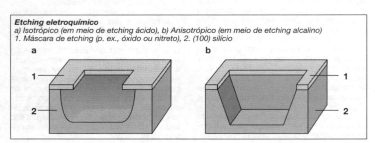

Etching eletroquímico
a) Isotrópico (em meio de etching ácido), b) Anisotrópico (em meio de etching alcalino)
1. Máscara de etching (p. ex., óxido ou nitreto), 2. (100) silício

Parâmetro	Unidade	Silício	Aço (máx.)	Aço inoxidável
Carga tênsil	10^5 N/cm^2	7,0	4,2	2,1
Dureza Knoop	kg/mm^2	850	1.500	660
Módulo de elasticidade	10^7 N/cm^2	1,9	2,1	2,0
Densidade	g/cm^3	2,3	7,9	7,9
Condutividade térmica	W/cm · K	1,57	0,97	0,33
Expansão térmica	10^{-6}/K	2,3	12,0	17,3

Eletrônica

Estruturas produzidas com Micromecânica de Corpo (BMM)
1. Diafragmas, 2. Aberturas, 3. Raio, webs

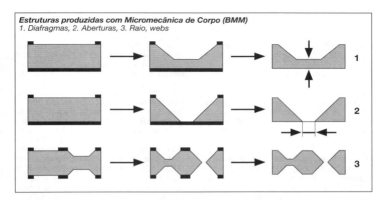

No caso mais simples, o processo de etching é interrompido após certo período de tempo, enquanto a espessura da pastilha e a taxa de *etching* são levadas em consideração (*etching* de tempo). Na maior parte do tempo, todavia, uma parada de etching eletroquímica é usada, na qual o etching é interrompido no limite de uma junção PN. BMM pode ser usado para produzir diafragmas com a espessura típica de 5 a 50 μm, para aplicações tais como sensores de pressão e medidores de massa de ar.

Micromecânica de Superfície (SMM)

Em contraste à Micromecânica de Corpo, SMM utiliza simplesmente uma pastilha de silício como substrato. Estruturas móveis formam-se a partir de camadas de silício policristalino, as quais, semelhantemente ao processo de fabricação para circuitos integrados, são depositados sobre a superfície de silício, pelo crescimento epitaxial.

Quando um componente SMM é feito, uma "camada sacrificial" de óxido de silício é aplicada e, então, estruturada por processos padronizados de semicondutores. Uma camada de silício de aproximadamente 10 μm de espessura (camada Epipoly) é, depois, aplicada em altas temperaturas num reator epitaxial. A Epipoly obtém a estrutura desejada com a ajuda de uma máscara laqueada e anisotrópica, isto é, *etching* vertical (fosso profundo). As paredes laterais verticais são obtidas pela alternância de ciclos de *etching* e passividade. Seguindo um ciclo de *etching*, a seção lateral de *etching* é fornecida com polímero durante a passividade enquanto proteção, de forma que não seja atacada durante o *etching* subseqüente. Com alta exatidão de representação, paredes verticais laterais são assim criadas. No último estágio do processo, a camada de óxido sacrificial sob a camada de polissilício é removida com fluoreto de hidrogênio gasoso, a fim de expor as estruturas.

Estágios do processo em micromecânica de superfície
1. Depositar e estruturar a camada sacrificial;, 2. Depositar polissilício, 3. Estruturar o polissilício, 4. Remover a camada sacrificial, produzindo, assim, estruturas móveis livres sobre a superfície

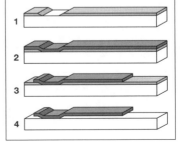

Entre outros fins, SMM é usado na fabricação de sensores de aceleração capacitiva, com eletrodos, móveis e fixos, para avaliação capacitiva e sensores para velocidade de guinada, com osciladores quase rotativos.

Ligação de pastilhas
Além de estruturar o silício, juntar duas pastilhas representa outra tarefa essencial para a engenharia de produção micromecânica. A tecnologia de junção é exigida para selar cavidades hermeticamente (p. ex. inclusão de vácuo de referência em sensores de pressão), a fim de proteger estruturas sensíveis pela aplicação de tampas (p. ex. para aceleração e sensores de velocidade de guinada), ou para juntar a pastilha de silício com camadas intermediárias, que minimizam as tensões mecânicas e térmicas (p. ex. base vítrea sobre sensores de pressão).

Com ligação anódica, a pastilha vítrea-*Pyrex* é amarrada à pastilha de silício, sob tensão de cerca de 100V e temperatura de aproximadamente 400°C. Sob tais temperaturas, os íons alcalinos movem-se no *pyrex*. Isto cria uma camada-barreira na fronteira com o silício, por meio da qual a tensão aplicada cai. Uma forte atração eletrostática e uma reação eletroquímica (oxidação anódica) resultam numa ligação hermética permanente entre o vidro e o silício.

Com a ligação em vidro, duas pastilhas de silício são conectadas por meio de uma camada de solda de vidro, aplicada no processo de *screen-printing*, sob aproximadamente 400°C e sob aplicação de pressão. A solda vítrea derrete sob tal temperatura e produz uma ligação selada hermeticamente com silício.

Conversão analógica/digital

Tecnologia analógica
Sinais analógicos são quantidades elétricas, cuja amplitude, freqüência e fase transmitem informação sobre variáveis físicas ou processos técnicos. Tal informação pode assumir qualquer valor intermediário (valor contínuo), dentro de limites específicos, num dado espaço de tempo (tempo contínuo). A tecnologia analógica fornece meios para processar estes sinais. Consistindo em filtração e amplificação, o processamento inicial pode ser complementado por operações matemáticas, como adição, multiplicação e integração no tempo, entre outras. O amplificaddor operacional (OP) é um circuito integrado extremamente importante na tecnologia analógica. Sob condições ideais, um circuito externo relativamente simples é suficiente para determinar suas características de funcionamento (amplificação infinita, nenhuma corrente de entrada).

Unidades analógicas apresentam, também, várias desvantagens: as curvas características de resposta dos diversos componentes mudam com a idade; as flutuações de temperatura influenciam a precisão, e o processo de fabricação deve, geralmente, ser complementado por calibração subseqüente.

Tecnologia digital
A conversão analógico-digital acarreta uma transição a monitoramento discreto tanto de tempo quanto de intensidade, isto é, o sinal analógico é amostrado em periodicidade específica (instantes de amostragem). Designa-se um valor numérico aos valores amostrados, no qual o número de valores possíveis e a resolução, por conseguinte, são limitadas (quantização).

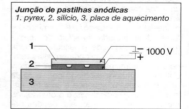

Junção de pastilhas anódicas
1. pyrex, 2. silício, 3. placa de aquecimento

Eletrônica **103**

Amplificador operacional (OP)
a) amplificador inversor
b) amplificador diferencial

Conversão digital de um sinal análogo
F filtro, S/H circuito amostrador-retentor,
A/D conversor analógico/digital

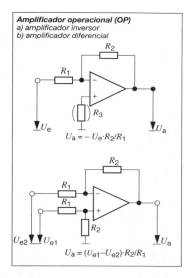

Ao invés de usar o sistema decimal, a tecnologia digital usa o sistema binário, o que facilita ao computador. Exemplo:
101 (binário) =
$1 \cdot 2^2 + 0 \cdot 2^1 + 1 \cdot 2^0 = 5$ (decimal)
O *bit* (posição) com o maior valor é denominado MSB (*Bit* Mais Significante), e o com o menor, LSB (*Bit* Menos Significante). Quando representado como um complemento de dois, o MSB fornece o prefixo para o número decimal (1 ≙ negativo, 0 ≙ positivo). Valores que variam entre –4 e +3 podem ser representados por uma palavra de 3 *bits*. Exemplo: 101 =
$-1 \cdot 2^2 + 0 \cdot 2^1 + 1 \cdot 2^0 = -3$.

Uma palavra de n-*bits* em tamanho pode representar 2^n valores diferentes. Isto significa 256 valores por 8 *bits*, e 65.536 valores para 16 *bits*. Uma tensão analógica de entrada de ± 5 V (FSR – Alcance de Escala Cheia) apresenta, então, uma resolução (Valor LSB) de 39 mV a 8 *bits* e 0,15 mV a 16 *bits*.
A largura de faixa do sinal de tempo amostrado deve ser limitada (filtro anti-*aliasing*). A mais alta freqüência de sinal f_g deve ser mais baixa do que metade da freqüência de varredura. $(f_A > 2 \cdot f_g)$. Se um circuito amostrador-retentor não for empregado, a variação máxima admissível na tensão de entrada, durante o período de conversão (tempo de abertura) do conversor A/D, será um LSB.

A função de transferência ilustra como um único valor digital é atribuído a várias tensões de entrada. A amplitude máxima do erro de quantização é $Q/2$ (erro de arredondamento) a $Q = FSR/(2^n) ≙$ LSB.

Quantização resulta em sobreposição de ruído de quantização, que contamina o sinal real desejado. Se um sinal de onda senoidal for empregado para modulação completa no conversor A/D, o resultado será uma relação sinal-ruído, que aumenta em 6 dB para cada *bit* adicional de resolução. Conversores reais A/D apresentam desvios da característica de transferência ideal. Estes são causados por erros de offset, amplificação e linearidade (erros estáticos), bem como por inconsistência de abertura e tempos finitos de ajuste (erros dinâmicos).

Função de conversão de um conversor A/D ideal de 3 bits

Princípios básicos de conversores

A arquitetura de conversores é determinada basicamente por características disponíveis de desempenho, tais como "resolução", "taxa máxima de amostragem" e "capacidade multiplex".

Um <u>conversor flash</u> indica a rota do sinal analógico de entrada para uma cadeia de comparadores e o compara a todas as tensões de referência em um ciclo. Um conversor de 10 *bits* exige 1.023 comparadores com um número idêntico de tensões de referência concatenadas (divisores de tensão).

Diversos conversores *flash* (m-*bits*), cada qual complementado por um circuito amostrador-retentor e chaveado em série com um conversor digital/analógico m-*bit*, são referidos como <u>conversores *flash* de</u> <u>*pipeline*</u>. Esta arquitetura alcança resoluções mais altas com um número menor de comparadores. O processamento paralelo em estágios únicos não causa perdas em intercâmbio de dados, mas exige um intervalo constante de tempo. Como resultado, será apenas apropriado para taxa variável de amostragem, em menor medida (amostragem síncrona do ângulo de *crank*).

Os conversores baseados no <u>princípio da aproximação sucessiva</u> apresentam um conversor apenas e exigem 10 ciclos para tamanho de palavra de 10 *bits*, até que o evento seja definido. Um sinal analógico é comparado com os pesos binários ½ FSR por meio de $(½)^n$ FSR, de forma semelhante ao processo de um equilíbrio de feixe.

A estrutura básica de um <u>comparador sigma-delta</u> consiste num integrador, num comparador e num conversor digital/analógico de 1 *bit*. Ele fornece uma alta taxa de amostragem com um fluxo de dados de 1 *bit* (*oversampling*). O ruído da quantização é deslocado em faixas de freqüência, fora da faixa desejada, devido à estrutura de realimentação do conversor (formatação de ruído). Um sinal digital com grande tamanho de palavra é, então, obtenível, após a filtragem digital final e uma redução na taxa de amostragem. Um conversor sigma-delta não exige filtro analógico anti-aliasing extra, devido à forte *oversampling*. Há desvantagens no longo tempo de propagação do filtro e nas restritas capacidades multiplex.

Conversor sigma-delta
1. Sinal analógico, 2. Integrador,
3. Comparador, 4. Filtro digital, 5. Sinal digital, 6. Conversor digital/analógico

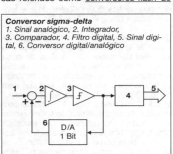

Formatação de ruído
1. Faixa desejada, 2. Ruído de quantização

Mecatrônica

Sistemas e componentes da Mecatrônica

Definição
O termo "mecatrônica" é um composto derivado da palavra <u>meca</u>nismo e <u>eletrô</u><u>nica</u>, onde eletrônica significa *"hardware"* e *"software"*, e mecanismo é o termo genérico para as disciplinas de "engenharia mecânica" e "hidráulica". Não é questão de trocar engenharia mecânica por "eletronificação", mas de desenvolver uma abordagem sinergística e metodologia de projeto. O objetivo é atingir uma otimização sinergística da engenharia mecânica, *hardware* e *software* eletrônicos, a fim de projetar mais funções a baixo custo, menos peso, espaço de instalação e melhor qualidade.
Um fator crucial regendo o sucesso de uma abordagem mecatrônica para resolver problemas é considerar as duas disciplinas previamente separadas como entidade única.

Aplicações
Os sistemas e componentes da mecatrônica são hoje usados em, praticamente, todos os aspectos do automóvel, começando com o gerenciamento do motor e injeção de combustível em motores a gasolina e a Diesel, controle de transmissão e gerenciamento de energia térmica e elétrica, até uma ampla variedade de sistemas dinâmicos de veículos e de freio. Inclui, até mesmo, sistemas de comunicação e informação, com diferentes exigências no que concerne à operacionalidade. Além de sistemas e componentes, a mecatrônica tem um papel crescentemente vital no campo da micromecânica.

Exemplos no nível de sistemas
Uma tendência geral surge no desenvolvimento avançado de sistemas para direção e manipulação de veículos totalmente automatizados: no futuro, sistemas mecânicos serão substituídos, em crescente medida, por sistemas eletrônicos *x-by-wire*.

Um sistema existente há muito tempo é o *drive-by-wire*, isto é, controle eletrônico de acelerador.

O *brake-by-wire*, freio de acionamento eletrônico, substitui a ligação hidráulica e mecânica entre o pedal do freio e o freio da roda. Sensores detectam o comando de freio do motorista e transmitem esta informação a uma unidade eletrônica de controle. A unidade gera, então, o efeito exigido de freagem nas rodas, por meio dos atuadores.

Uma possível opção para implementar o *brake-by-wire* é o <u>sistema de freagem</u> <u>eletro-hidráulico</u>, SBC (<u>C</u>ontrole de <u>F</u>reio <u>S</u>ensotrônico). Quando o pedal do freio é acionado, ou quando o <u>P</u>rograma de <u>E</u>stabilidade <u>E</u>letrônica (ESP) intervém no sistema do freio para estabilizar o veículo, a unidade de controle SBC calcula as pressões de freagem exigidas para cada roda. Já que a unidade calcula as pressões de freagem exigidas para cada roda separadamente e detecta os valores reais separadamente, pode, também, regular a pressão de freagem para cada roda, pelos moduladores de pressão de rodas. Cada um dos quatro moduladores de pressão consiste de válvulas de tomadas de entrada e saída, controladas por estágios de saída eletrônicos, que, juntos, viabilizam uma regulação de pressão com ajuste fino de medição.

No <u>sistema *common-rail*</u>, geração de pressão e injeção de combustível separam-se uma da outra. Um acumulador de alta pressão, isto é, constantemente, o sistema *common-rail* armazena a pressão exigida de combustível para todos os estados de operação do motor. Um injetor controlado por válvula solenóide com bico integrado assume a função de injetar combustível diretamente na câmera de combustão de cada cilindro. A eletrônica do motor solicita constantemente dados sobre posição do pedal-acelerador, velocidade rotativa, temperatura de funcionamento, fluxo da admissão de ar fresco e pressão do trilho, a fim de otimizar o controle da medição de combustível como função das condições operativas.

Exemplos no nível de componentes
Os injetores de combustível são componentes cruciais para determinar o potencial futuro da Tecnologia de motor a Diesel. <u>Injetores *common-rail*</u> são um exemplo excelente do fato de um grau extremamente alto de funcionalidade e, finalmente, a utilidade de um cliente poderem ser atingidos

apenas pelo controle de todos os domínios físicos (eletrodinâmica, engenharia mecânica, dinâmica dos fluidos), aos quais estes componentes estão sujeitos.

Num veículo, os *drives* de CD ficam especialmente expostos a duras condições. Além de altas faixas de temperatura, devem suportar vibrações extremas que têm um impacto crítico em tais sistemas planejados para a precisão.

Geralmente, os *drives* são equipados com um sistema amortecedor de molas, para isolar a unidade de repetição de disco (*playback*) das vibrações que ocorrem, quando o veículo está em movimento. Quaisquer considerações que reduzam peso e espaço de instalação de *drives* de CD imediatamente levantam questões, que dizem respeito a estes sistemas amortecedores de molas. Se o sistema de amortecimento for eliminado do *drive* de CD, o foco principal será no projeto de um sistema mecânico com nenhum vão e na produção de reforço extra para os controladores de foco e trilhamento, em altas freqüências.
Apenas considerando ambas as medidas do ponto de vista mecatrônico, será possível alcançar uma solução otimizada à prova de vibração, para um ambiente automotivo. Além da economia de cerca de 15% do peso, a altura de instalação também foi reduzida em cerca de 20%.

A nova abordagem mecatrônica para motores de refrigeração acionados eletricamente é baseada em motores CC sem-escovas, comutados eletronicamente (BLDC). A princípio, motores envolvendo eletrônica são mais caros do que motores CC anteriores equipados com escovas. Entretanto, a abordagem de otimização global apresenta um compromisso positivo: motores BLDC podem ser usados como "rotores úmidos" com projeto bem mais simples. Isto reduz o número de partes em, aproximadamente, 60%. Tomando a visão de conjunto, o projeto mais robusto dobrou a vida útil, diminuiu o peso pela metade e a extensão total em 40%, mantendo os custos a nível compatível.

Exemplos no campo da micromecânica

Outra área para aplicações da mecatrônica é o campo dos sensores micromecânicos, com exemplos dignos de nota, tais como medidores de massa de ar de filme quente e sensores de taxa de desvio.

O projeto de microssistemas também exige uma abordagem multidisciplinar, devido à próxima interação entre os subsistemas, envolvendo disciplinas como engenharia mecânica, eletrostática, dinâmica dos fluidos (quando necessário) e eletrônica.

Metodologia de desenvolvimento

Simulação

Os desafios especiais que os projetistas encaram, ao desenvolver sistemas mecatrônicos, são os tempos de desenvolvimento cada vez mais curtos e a crescente complexidade dos sistemas. Ao mesmo tempo, é vital garantir que os desenvolvimentos resultem em produtos úteis.

Os complexos sistemas mecatrônicos consistem em alto número de componentes, de um vasto âmbito de domínios físicos: hidráulica, engenharia mecânica e eletrônica. A interação entre estes domínios é um fator decisivo que rege a função e o desempenho do sistema global. Modelos de simulação são exigidos para rever decisões-chave de projetos, principalmente nos primeiros estágios de desenvolvimento, quando não há nenhum protótipo disponível.

Questões básicas podem ser esclarecidas pela produção de modelos de componentes relativamente simples. Caso mais detalhes sejam exigidos, modelos de componentes mais refinados são necessários. Modelos detalhados concentram-se, principalmente, num domínio físico específico:
- Como resultado, há modelos hidráulicos detalhados de injetores de sistemas *common-rail*. São simulados, usando programas especiais, cujos algoritmos são precisamente comparados aos sistemas hidráulicos. Por exemplo, aqui, as exigências seriam levar em consideração fenômenos de cavitação.
- Modelos detalhados também são necessários para projetar a eletrônica de potência para ativar os injetores. Isto novamente envolve uso de ferramentas de simulação, que devem ser especificamente desenvolvidas para projetar circuitos eletrônicos.

- Ferramentas especialmente projetadas para uma parte específica do sistema global são, também, exigidas para desenvolver e simular o *software* de unidade de controle, que controla a bomba de alta pressão e a eletrônica de potência, usando sinais dos sensores.

Conforme os componentes do sistema global interagem entre si, não basta considerar modelos detalhados específicos de componentes isolados. A solução ótima é também levar em consideração os modelos de componentes de outros sistemas. Na maior parte dos casos, estes componentes podem ser retratados por modelos bem mais simples. Por exemplo, uma simulação de sistema concentrada em hidráulica apenas exige um modelo simples de eletrônica de potência.

A aplicação de várias ferramentas de simulação em domínios específicos, durante o projeto dos sistemas mecatrônicos, será apenas eficiente se houver algum tipo de apoio para intercambiar modelos e parâmetros entre as ferramentas de simulação. O intercâmbio direto de modelos é altamente problemático, devido às linguagens específicas usadas para descrever os modelos de cada uma das ferramentas.

Todavia, uma análise dos componentes típicos em sistemas mecatrônicos revela que podem ser compostos de uns poucos elementos simples, específicos dos domínios.

Estes elementos-padrão incluem, por exemplo:
- em hidráulica: restritor, válvula ou tubo;
- em eletrônica: resistor, capacitador ou transistor;
- em engenharia mecânica: massa em atrito, transmissão ou embreagem (para micromecânica).

A solução preferível seria estes elementos serem armazenados numa biblioteca central de modelos-padrão, descentralizada e acessível ao desenvolvimento do produto. A essência da biblioteca de modelos-padrão é uma documentação de todos os elementos-padrão. Para cada elemento, isto inclui:
- Uma descrição textual do comportamento físico;
- Equações físicas e parâmetros (p. ex., condutividade ou permeabilidade) e variáveis de estado (p. ex., corrente, tensão, fluxo magnético, pressão);
- Uma descrição das interfaces associadas.

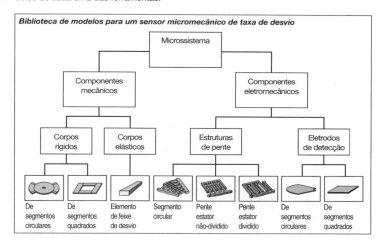

Além disso, uma parte principal do ambiente é um modelo de referência, escrito em linguagem de modelagem, independentemente da ferramenta. Finalmente, a biblioteca contém modelos de referência dos domínios da engenharia mecânica, hidráulica, eletrônica, eletrodinâmica e de *software*.

Modelo V

O "modelo V" mantém relações entre os vários estágios de desenvolvimento de produto, desde a definição e desenvolvimento das exigências, implementação e teste, até o uso do sistema. Um projeto passa por três níveis "top-down", durante o estágio de desenvolvimento:
- funções específicas para clientes;
- sistema;
- componentes.

Primeiramente, uma especificação de exigências (o quê) deve ser produzida para cada nível, na forma de especificações. Esta é, então, usada para prover as especificações de projeto, baseadas nas decisões de projeto (o resultado real de engenharia criativa). As especificações de desempenho descrevem como uma exigência pode ser cumprida. As especificações de desempenho formam a base para uma descrição de modelo que permite a revisão (isto é, validação) da precisão de cada estágio do projeto, junto a casos-teste predefinidos. Tal procedimento passa pelos três estágios e, dependendo das tecnologias aplicadas, por todos os domínios associados (engenharia mecânica, hidráulica, dinâmica dos fluidos, elétrica, eletrônica e *software*).

Recursividade em cada nível do projeto abrevia significativamente os estágios do desenvolvimento. Simulações, um rápido protótipo e engenharia simultânea são ferramentas que viabilizam verificação expedita e criam as condições para abreviar ciclos de produtos.

Perspectiva

A força motriz por trás da mecatrônica é o contínuo progresso em microeletrônica. A mecatrônica se beneficia com a tecnologia da informática, na forma de computadores integrados cada vez mais poderosos em aplicações-padrão. Da mesma forma, há um enorme potencial para mais

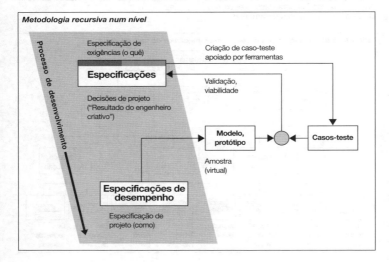

aumentos em segurança e conforto em veículos motorizados, acompanhados de mais reduções em emissões de poluentes e consumo de combustível. De outro lado, engenheiros enfrentam novos desafios no domínio das novas tecnologias para estes sistemas.

Mesmo no caso de uma falha, os futuros sistemas eletrônicos "X-by-wire" devem continuar a ser capazes de preencher uma funcionalidade recomendada, sem recuar ao nível hidráulico ou mecânico. A condição para sua implementação é uma arquitetura mecatrônica de alta confiabilidade e alta disponibilidade, que exige uma "simples" prova de segurança. Isto afeta tanto os componentes individuais, quanto transmissões de sinais e energia.

Além dos sistemas "X-by-wire", sistemas de apoio ao motorista e suas interfaces homem-máquina associadas são um outro campo, no qual um progresso significativo pode ser alcançado, para usuários e fabricantes automotivos, pela implementação sistemática de sistemas mecatrônicos.

As abordagens de projetos de sistemas mecatrônicos deveriam empenhar-se pela continuidade em diversos aspectos:

- Vertical: Projeto *"top-down"* a partir da simulação de sistemas, com o objetivo de otimização global, até simulação de elementos finitos, para atingir uma compreensão pormenorizada, e engenharia de projeto *"bottom-up"* a partir do teste de componentes até o teste de sistemas;

- Horizontal: Perpassando diversas disciplinas, "engenharia simultânea", a fim de lidar com todos os aspectos relacionados ao produto, a um só tempo;

- Compreendendo limites corporativos: O conceito de uma "amostra virtual" será abordado gradualmente, passo-a-passo.

Outro desafio é treinar, para aprofundar uma perspectiva interdisciplinar e desenvolver processos DE adaptados e formas de organização e comunicação.

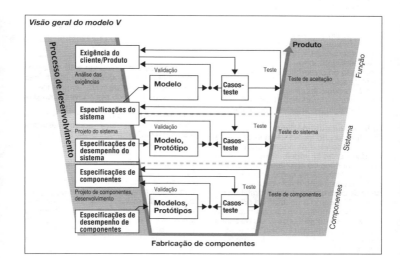

Visão geral do modelo V

Sensores

Princípios básicos

Função
Os sensores convertem uma quantidade física ou química (geralmente, não-elétrica) em uma quantidade elétrica (estágios intermediários não-elétricos podem ser empregados).

Classificações
1. Função e aplicações
- Operação (circuitos de controle em malha aberta e fechada);
- Segurança e *backup*;
- Monitoramento e informação.

2. Tipos de curva característica
- Linear-contínua: aplicações de controle ao longo de um alto alcance de medição;
- Não-linear-contínua: controle em malha fechada de uma variável medida, num restrito alcance de medição;
- Descontínua por multiestágio: monitoração em aplicações, onde um sinal será exigido urgentemente, quando um valor-limite for alcançado;
- Descontínua por estágio duplo (com histerese, em alguns casos): monitoramento de limites de correção para ajustes imediatos ou subseqüentes.

3. Tipo de sinal de saída
Sinal de saída proporcional a:
- corrente/tensão, amplitude
- freqüência/período
- duração do pulso/fator de taxa de pulso
Sinal de saída discreto:
- estágio duplo (binário)
- multiestágio (graduação irregular)
- multiestágio (eqüidistante) ou digital

Aplicações automotivas
Em sua função como elementos periféricos, sensores e atuadores compõem a interface entre o veículo com suas complexas funções de acionamento, freagem, chassi, suspensão e corpo (incluindo funções de orientação e navegação), e a unidade de controle geralmente digital-eletrônica (ECU), como a unidade de processamento. Geralmente, um circuito-adaptador é usado para converter os sinais do sensor na forma padronizada (cadeia de medição, sistemas de registro de dados medidos) exigidos pela ECU.

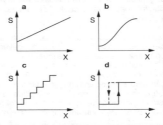

Tipos de curva característica
S – Sinal de saída, X – Variável Medida
a) Linear-contínua, b) Não-linear-contínua, c) Descontínua po multiestágio, d) Descontínua por estágio duplo

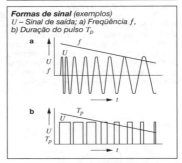

Formas de sinal (exemplos)
U – Sinal de saída; a) Freqüência f, b) Duração do pulso T_p

Além disso, o funcionamento do sistema pode ser influenciado pela informação do sensor, a partir de outros elementos de processamento e/ou por chaves operadas por *driver*.

Os elementos do painel indicador fornecem ao *driver* informação sobre os estados estático e dinâmico da operação do veículo como um processo sinergístico único.

Principais exigências e tendências técnicas
O grau de constrição, ao qual o sensor é submetido, é determinado pelas condições de operação (mecânica, climática, química, influências eletromagnéticas) presentes no local da instalação (para graus-padrão de proteção, veja DIN 40050, página 9).

Respeitando as exigências técnicas e de aplicação, sensores automotivos são

atribuídos a uma das três classes de confiabilidade:
Classe 1: direção, freios, proteção de passageiro
Classe 2: Motor, *drivetrain*, suspensão, pneus
Classe 3: Conforto e conveniência, informação/diagnóstico, proteção anti-roubo

Conceitos de miniaturização são empregados para alcançar dimensões de unidade compactas, com tecnologia:
- substrata e híbrida (sensores de pressão e temperatura)
- semicondutora (monitoramento de velocidade rotacional; p. ex. com sensores de efeito Hall)
- micromecânica (sensores de pressão e aceleração)
- de microssistemas (combinação de micromecânica, microeletrônica e, possivelmente, microótica).

Sensores "inteligentes" integrados
Os sistemas variam de sensores integrados híbridos e monolíticos e circuitos de processamento de sinal eletrônicos no ponto de medição, a circuitos digitais complexos, tais como conversores A/D e microcomputadores (mecatrônica), para utilização completa da precisão inerente ao sensor. Esses sistemas oferecem os seguintes benefícios e opções:
- Redução da carga no ECU;
- Interface uniforme, flexível e compatível com a barra;
- Aplicação múltipla dos sensores;
- Projetos de multissensores;
- Pequenas quantidades e sinais HF po-

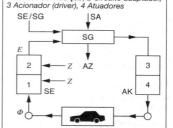

Sensores automotivos
Φ *Quantidade física, E Quantidade elétrica, Z Quantidades influentes, AK Atuador, AZ Painel indicador, SA Chave, SE Sensor(es), SG Unidade de controle (ECU) 1 Sensor de medição, 2 Circuito adaptador, 3 Acionador (driver), 4 Atuadores*

dem ser processados, por meio de desmodulação e amplificação local;
- Correção de desvios de sensores no ponto de medição e calibragem comum e compensação de sensor e circuito são simplificadas e melhoradas pela armazenagem da informação da correção individual no PROM.

Sensores de fibra óptica
Vários fatores físicos podem ser empregados para modificar intensidade, fase (luz a laser coerente) e polarização da luz conduzida em fibras ópticas. Sensores de fibras ópticas são imunes à interferência eletromagnética. São, entretanto, sensíveis à pressão física (sensores de modulação de

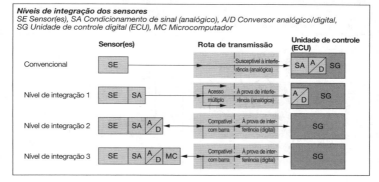

Níveis de integração dos sensores
SE Sensor(es), SA Condicionamento de sinal (analógico), A/D Conversor analógico/digital, SG Unidade de controle digital (ECU), MC Microcomputador

intensidade) e, até certo ponto, à contaminação e envelhecimento. Fibras plásticas baratas estão agora disponíveis para aplicação, em algumas faixas de temperatura associadas a aplicações automotivas. Estes sensores exigem acopladores e conexões de tomadas especiais.

Sensores extrínsecos: Geralmente, o guia de onda óptico conduz luz a um terminal, que deve emergir a partir do condutor, para exercer um efeito.
Sensores intrínsecos: O efeito de medição ocorre internamente nas fibras.

Tipos de sensores

Sensores de posição (deslocamento/ângulo)

Sensores de posição empregam tanto projetos de contato (tipo limpador) quanto os sem contato (proximidade), a fim de detectar deslocamento e ângulo.

Quantidades variáveis diretamente monitoradas:
- Posição de válvula de afogador
- Posição do pedal do acelerador
- Posição de espelho e assento
- Posição e deslocamento do *rack* de controle
- Nível de combustível
- Deslocamento da unidade de embreagem
- Distância: veículo – veículo ou veículo – obstáculo
- Ângulo do volante
- Ângulo de inclinação
- Ângulo do curso do veículo
- Posição do pedal de freio

Quantidades variáveis indiretamente monitoradas:
- Ângulo de deflexão da placa do sensor (taxa de fluxo/FLR)
- Deflexão de sistema massa-mola (aceleração)
- Ângulo de deflexão do diafragma (pressão)
- Deslocamento de compressão da suspensão (ajuste do alcance da luz de teto)
- Ângulo de torção (torque)

Potenciômetros de filme ou tipo limpador
O potenciômetro tipo limpador mede deslocamento pela exploração da relação proporcional entre o comprimento de um resistor em fio ou filme (trajeto do condutor) e sua resistência elétrica. Atualmente, o projeto fornece os sensores de posição de deslocamento/angulares mais econômicos.

Normalmente, a tensão no trajeto de medição é direcionada por resistores R_V menores, em série, para proteção contra sobrecarga, bem como para ajustes de zero e taxa de progressão. O formato do contorno ao redor da largura do trajeto de medição (incluindo as de seções individuais) influencia o formato da curva característica.

A conexão com o potenciômetro tipo limpador-padrão é fornecida por um segundo trajeto de contato, que consiste do mesmo material montado em substrato de baixa resistência. Distorções de medição e desgaste podem ser evitadas pela minimi-

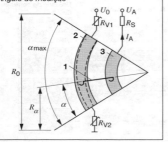

Potenciômetro tipo limpador
1 Limpador, 2 Trajeto do potenciômetro, 3 Trajeto do contato. U_0 Tensão de suprimento, U_A Tensão de medição, R Resistor, α Ângulo de medição

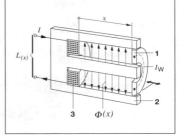

Sensor de anel de curto circuito
1 Anel de curto circuito (móvel), 2 Núcleo ferromagnético, 3 Bobina
I Corrente, I_W Corrente parasita, $L_{(x)}$ Indutância e $\phi_{(x)}$ Fluxo magnético no deslocamento x

zação da corrente na derivação ($I_A < 1$ mA) e pelo selamento da unidade, evitando poeira.

Sensores de anel de curto-circuito
Sensores de anel de curto-circuito consistem de núcleo ferromagnético laminado (formato E ou U reto/curvo), bobina e anel de curto-circuito, móvel e altamente condutor, feito de cobre ou alumínio.

Quando uma tensão CA for aplicada à bobina, uma corrente I, dependente da indutância da bobina, será gerada. As correntes parasitas produzidas no anel de curto-circuito limitam a expansão do fluxo magnético para a área entre a bobina e o próprio anel. A posição do anel de curto-circuito influencia a indutância e, logo, a corrente da bobina. A corrente I é, portanto, uma medida da posição do anel de curto-circuito. Praticamente, toda a extensão pode ser utilizada para fins de medição. A massa a ser movida é muito baixa. O contorno da distância entre os lados influencia a forma da curva característica. Reduzir a distância entre os lados, em direção ao terminal da faixa de medição, acentua ainda mais a boa linearidade natural. Geralmente, a operação se dá na faixa 5-50 kHz, dependendo da forma e material.

Sensores meio diferenciais empregam um anel de medida móvel e um anel de curto-circuito estacionário de referência, a fim de respeitar as exigências de precisão (em bombas de injeção a Diesel do tipo distribuidor, sensor de deslocamento do *rack* para unidades em linha e sensores de posição angular no atuador de quantidade de combustível injetada das bombas de injeção do tipo distribuidor). São medidos por sua atuação como:
- divisores de tensão indutiva (avaliação L_1/L_2 ou $(L_1 - L_2)/(L_1 + L_2)$) ou como
- elementos de definição de freqüência num circuito oscilante, produzindo um sinal proporcional à freqüência (fortemente imune à interferência, fácil de digitalizar)

O efeito de medição é bastante substancial, tipicamente $L_{max}/L_{min} = 4$.

Outros tipos de sensores
Os sensores solenóide mergulhador, afogador diferencial e transformador diferencial funcionam baseados na variação na indutância de uma bobina e na relação proporcional de divisores de tensão (supridas diretamente ou via acoplamento indutor) com núcleos móveis. A extensão geral é freqüente e consideravelmente maior do que o deslocamento de medição. A desvantagem é evitada pelo uso de enrolamento multiestágio em câmeras de diferentes dimensões. Com este sensor, para a medição angular, o ângulo de rotação deve ser convertido mecanicamente para um movimento linear.

Sensores de corrente parasita HF (eletrônica no ponto de medição) são adequados p. ex., para medição sem contato do ângulo da válvula do afogador e da posição

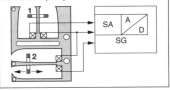

Sensor meio diferencial
1 Referência (fixa), 2 Anel de curto circuito (móvel), A/D Conversor analógico/digital, SA Condicionamento de sinal, SG Unidade de controle (ECU)

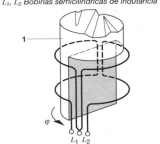

Sensor de movimento de pedal de corrente parasita
1 Spoiler, φ Ângulo de rotação
L_1, L_2 Bobinas semicilíndricas de indutância

do pedal do acelerador. Aqui, a indutância das bobinas não ferrosas em sua maioria é modificada por partes condutoras (*spoilers*) ou por sobreposição variável com elas. Devido à comumente alta freqüência de funcionamento (faixa de MHz), os circuitos de processamento de sinais são habitualmente acomodados diretamente no sensor. Esse é, p. ex., o caso quando duas bobinas são enroladas em torno de um cilindro comum (sensor diferencial), a fim de medir o ângulo da válvula do afogador. O mesmo princípio vale para sensores que incorporam bobinas laterais que medem posições de embreagem (70 mm de alcance de medição), em freqüências substancialmente mais baixas (7,5 kHz, aproximadamente). O primeiro dos tipos de sensores acima apresenta um *spoiler* cilíndrico de alumínio com reentrâncias especiais e é projetado para girar em torno do enrolamento da bobina. O segundo conceito monitora a profundidade de penetração do tubo de alumínio de curto-circuito dentro da bobina do sensor.

ICs Hall integrados
O efeito Hall é galvano-magnético e basicamente avaliado por meio de finos *chips* semicondutores. Quando tal *chip* portador de corrente é verticalmente permeado por uma indução magnética B, a tensão U_H, proporcional ao campo, pode ser derivada transversalmente em direção à corrente (efeito Hall), ao passo que a resistência do *chip* aumenta simultaneamente, de acordo com uma característica aproximadamente parabólica (efeito gaussiano, magneto-resistor). Quando o silício é usado como o material-base, o circuito condicionador de sinais pode, ao mesmo tempo, ser integrado ao *chip*. Isso torna tais sensores muito econômicos.

Uma desvantagem no passado provou ser inevitável sua sensibilidade ao esforço mecânico, devido ao acondicionamento, e isso resultou num coeficiente de desvio de temperatura desfavorável. Essa desvantagem foi superada pela aplicação do princípio "corrente *spin*". Isso tornou os ICs Hall bem adequados para aplicações em sensores analógicos. A interferência mecânica (efeitos piezo-resistivos) é suprimida pela rápida rotação de eletrodos controlada eletronicamente, ou pelo chaveamento cíclico dos eletrodos, procedendo à média do sinal de saída.

Efeitos galvano-magnéticos
a) Circuito, b) Característica da tensão Hall U_H, c) Aumento na resistência R (efeito gaussiano), B Indutância, U_A Tensão longitudinal

Sensor Hall de acordo com o princípio de corrente spin
a) Fase de rotação φ_1, b) Fase de rotação $\varphi_2 = \varphi_1 + 45°$, 1 Chip semicondutor, 2 Eletrodo ativo, 3 Eletrodo passivo, I Corrente de alimentação, U_H Tensão Hall

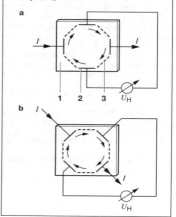

Sensores **115**

Tais ICs Hall integrados são principalmente adequados para medir faixas de deslocamento limitadas, uma vez que detectam as forças flutuantes do campo de um ímã permanente, como função da distância do ímã ao IC. Ângulos maiores de até 360°C (que, p. ex., detectam a posição de eixo de cames) podem ser medidos, p. ex. com a configuração demonstrada na figura. Os dois sensores de efeito Hall, dispostos em ângulos retos, suprem sinais senoidais/cosenoidais, que podem ser convertidos no ângulo de rotação φ, por meio da função arco-tangente. A configuração pode também, a princípio, ser integrada a VHDs (Dispositivo Hall Vertical), de forma planar.

Com um anel-ímã rotativo e alguns condutores ferromagnéticos fixos, é ainda, possível obter um sinal de saída linear diretamente, para faixas de ângulos maiores, sem conversão. Neste caso, o campo bipolar do anel-ímã passa por um sensor de efeito Hall, disposto entre partes semicirculares que concentram fluxo. O fluxo magnético efetivo, pelo sensor de efeito Hall, depende do ângulo de rotação φ.

A desvantagem, aqui, é a dependência persistente nas tolerâncias geométricas do circuito magnético e flutuações de intensidade do ímã permanente.

Sensor Hall analógico para 360°C
a) Construído a partir de ICs Hall discretos,
b) Construído a partir de ICs Hall integrados-planos. 1) Circuitos de processamento de sinais, 2) Eixo de cames, 3) Ímã de controle
B Indutância, I Corrente, U Tensão, U_A Tensão de medição

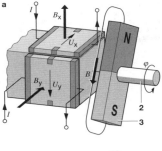

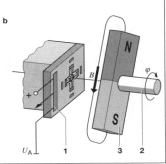

Sensor de posição angular Hall analógico, com característica linear para ângulos de até 180°C aproximadamente
a) Posição a, b) Posição b, c) Sinal de saída
1) Cabeçote magnético, 2) Estator (1, 2 Ferromagnético), 3) Rotor (ímã permanente), 4) Entreferro, 5) Sensor de efeito Hall, φ Ângulo de rotação

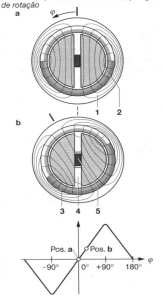

Os mais simples ICs Hall ("Chaves de efeito Hall") também viabilizam, em conjunção com um pequeno ímã de ponto de trabalho, a construção de sensores digitais de posição angular de até 360ºC. Para este propósito, para uma resolução *n-bit*, *n* chaves de efeito Hall são eqüidistantemente dispostas em um círculo. Um disco de código ferromagnético inibe o campo dos ímãs permanentes em sobreposição, ou o habilita de forma a que, quando o disco for girado, as chaves de efeito Hall em sucessão geram *n* palavras diferentes de código. O código Gray é usado para evitar grandes erros de indicação em estados intermediários. Para implementar o sensor de ângulo do volante, p. ex. o disco de código é conectado ao eixo do volante, ao passo que o resto do sensor é conectado ao chassi. Rotações múltiplas podem ser gravadas com uma configuração extra, simples, de 3 *bits*, cujo disco de código é movido por meio de engrenagem de redução. Em geral, a resolução de tais configurações não é melhor do que 2,5°.

Sensores do futuro
Sensores de filme fino magneto-resistivos NiFe (AMR – filme fino NiFe magneto-resistivo anisotrópico, de liga permanente) oferecem projetos extremamente compactos para sensores sem contato de posição angular, baseados em proximidade.

O substrato consiste de tabletes de silício oxidado, nos quais os circuitos eletrônicos de processamento de sinal podem ser incorporados, conforme desejado. Geralmente, o campo magnético de controle *B* é gerado por um ímã giratório, localizado acima do sensor.

Sensores de posição angular magneto-resistivos em configuração *barber's pole* apresentam sérias limitações tanto nas faixas de precisão quanto de medição (máx. ±15°). O funcionamento baseia-se na dessintonização de um divisor de tensão magneto-resistivo, consistindo de resistores de liga permanente longitudinal com tiras laterais de alta condutância em ouro.

Sensor digital de posição angular Hall de 360°C, com disposição circular, eqüidistante, de chaves Hall simples
1) Cobertura de alojamento com ímãs permanentes
2) Disco de código (material ferro-magnético)
3) PCB com chaves Hall

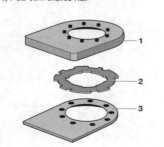

Sensor de posição angular magneto-resistivo (configuração barber's pole)
1) AMR– Elemento magneto-resistivo anisotrópico (barber's pole), 2) Ímã permanente rotativo com indutância B de controle, 3) Curvas de resposta para temperatura de operação baixa, e 4, para alta.
a) Linear, b) Faixa efetiva de medição, α Ângulo de medição, U_A Medição, U_O Tensões de suprimento

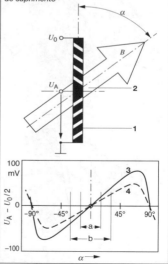

Sensores de posição angular magneto-resistivos em versão pseudo-Hall utilizam a precisão inerente no padrão senoidal de sinais monitorados nos terminais de saída de uma estrutura quadripolar planar de sensores. Um segundo elemento instalado a 45° gera um sinal co-senoidal complementar. A partir da relação mútua das tensões de dois sinais, é possível (p. ex., usando a função arco-tangente) determinar o ângulo α (p. ex. com um microcontrolador ou ASIC) com grande precisão sobre uma faixa de 180°, independendo amplamente de flutuações em temperatura e intensidade de campo magnético (distância, envelhecimento).

A tarefa de medir as várias rotações de uma parte rotativa (p. ex. eixo de volante) é resolvida com uma configuração dual de "sensores de ângulo de rotação pseudo-Hall". Aqui, os dois ímãs permanentes associados são movidos pela parte giratória via encadeamento de engrenagem de avanço. Todavia, como as duas engrenagens menores de acionamento se diferem da sintonia de um dente, seu ângulo de fase mútuo é uma clara medida da posição angular absoluta. Cada sensor também oferece uma resolução fina indeterminada do ângulo de rotação. Essa configuração fornece uma resolução mais precisa do que 1° para, p. ex., toda a faixa de ângulos do volante de quatro rotações completas.

Sistemas para monitorar a distância veículo-a-veículo pode utilizar processos ultra-sônicos de tempo-em-trânsito (de muito perto - 0,5 a 5 m), bem como processos baseados em tempo-em-trânsito e princípios de triangulação utilizando luz infravermelho de curto alcance (medições de médio alcance estendendo-se até 50 m). Outra opção seria o radar eletromagnético (operação de largo alcance, até 150 m).

Sistemas ACC (Controle Adaptativo de Navegação), justamente com tal sensor de radar de largo alcance, são controladores de velocidade de veículos com detecção automática de veículos dirigindo em frente numa pista, onde a freagem possa ser exigida. Uma freqüência de trabalho de 76-77 GHz (comprimento de onda de, aprox., 3,8 mm) viabiliza o projeto compacto exigido para aplicações automotivas. Um oscilador Gunn (diodo Gunn no ressonador de

---

Sensor de posição angular magneto-resistivo (versão *pseudo-Hall*)
a) Conceito de medição, b) Estrutura de sensores
1. Camada fina NiFe (sensor AMR), 2. Ímã permanente rotatório com controle B indutor, 3. Híbrido, 4. ASIC, 5. Conexão elétrica
I_V Corrente de suprimento
U_{H1}; U_{H2} Tensões de medição, α Ângulo de medição

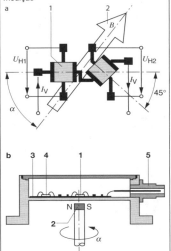

Sensor de ângulo de volante AMR
1 Eixo de volante, 2 Engrenagem com $n > m$ dentes, 3 Engrenagem com m dentes, 4 Engrenagem com m+1 dentes, 5 Ímãs
φ, Ψ, θ Ângulos de rotação

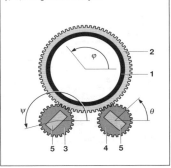

cavidade) alimenta, em paralelo, três antenas dispostas adjacentemente em trecho, as quais também servem para receber sinais refletidos.

Um conjunto de lentes plásticas (Fresnel) à frente focaliza o raio transmitido, referindo-se ao eixo do veículo, num ângulo horizontal de ±5° e vertical de ±1,5°. Devido ao desvio lateral de antenas, seus pontos característicos de recepção (6 dB largura 4°), em diferentes direções. Assim como a distância dos veículos circulando à frente e sua velocidade relativa, é possível também determinar a direção na qual são detectados. Acopladores direcionais separam sinais de reflexão transmitidos e recebidos. Três misturadores a jusante abaixam a freqüência recebida a praticamente zero, pela mistura adicional da freqüência de transmissão (0-300 kHz). Os sinais de baixa freqüência são digitalizados para avaliação posterior e sujeitos a uma análise Fourier de alta velocidade, para determinar a freqüência.

A freqüência do oscilador Gunn é continuamente comparada com a do oscilador estável de referência DRO (Oscilador Dielétrico de Ressonância) e regulada para um valor predeterminado de referência. Aqui, a tensão fornecida ao diodo Gunn é modulada até que novamente corresponda ao valor de referência. Esta malha de controle é usada para fins de medição, para aumentar e reduzir a freqüência do oscilador Gunn a cada 100 ms na forma de onda dente-de-serra em 300 MHz (FMCW – Onda Contínua de Freqüência Modulada). O sinal refletido do veículo circulando à frente é atrasado, de acordo com o tempo de propagação (isto é, numa rampa ascendente pela freqüência mais baixa e numa rampa descendente pela freqüência mais alta, na mesma proporção). A diferença na freqüência Δf é uma medida direta da distância (p. ex. 2 kHz/m). Entretanto, caso haja ainda uma velocidade relativa específica entre os dois veículos, a freqüência recebida f_e é aumentada, por conta do efeito Doppler, tanto na rampa ascendente quanto na descendente, por valor proporcional e específico Δf_d (p. ex. 512 Hz por m/s), isto é, há duas freqüências de diferença Δf_1 e Δf_2. Sua soma produz a distância entre os veículos e sua diferença, a velocidade relativa dos veí-

---

Medição de velocidade e distância com radar FMCW

f_s, Freqüência de transmissão, f_e/f_e', Freqüência de recebimento sem/com velocidade relativa, Δf_d Aumento de freqüência devido ao efeito Doppler (velocidade relativa), $\Delta f_s/\Delta f_{1,2}$, Freqüência diferencial sem/com velocidade relativa.

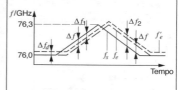

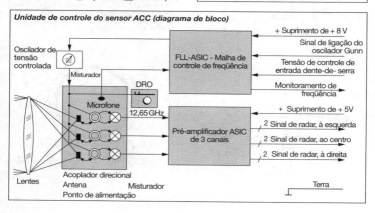

Unidade de controle do sensor ACC (diagrama de bloco)

culos. Este método pode ser utilizado para detectar e rastrear até 32 veículos.

Sensores de campo magnético (dispositivo de saturação de núcleo) podem monitorar a direção de movimento do veículo para orientação geral e aplicação em sistemas de navegação.

Sensores de velocidade e RPM

Faz-se uma distinção entre velocidade rotativa absoluta no espaço e velocidade rotativa relativa entre duas partes.

Um exemplo de velocidade rotativa é a taxa de guinada do veículo em torno de seu eixo vertical ("velocidade de guinada"); exigida para o programa de estabilidade eletrônica. Exemplos de velocidade rotativa relativa são as velocidades de eixo de manivela, de eixo de cames, de roda (para ABS/TCS) e de bomba de injeção de Diesel. Medições são basicamente tomadas com a ajuda de um sistema incrementado de sensor, e consistem de engrenagem e sensor de velocidade rotativa.

Aplicações recentes
- Sensores de velocidade de volante com mancais integrados (mancais de volante, módulo de selo de eixo Simmer no eixo de manivela)
- Velocidade linear
- Taxa de guinada do veículo sobre o eixo longitudinal ("velocidade de giro" para proteção contra capotagem).

Sensores indutivos
O sensor indutivo consiste em um ímã de barra, com um pino ferromagnético, sustentando uma bobina de indução com dois terminais. Quando uma engrenagem de anel ferromagnético (ou um rotor de projeto semelhante) passa por este sensor, gera uma tensão na bobina, tensão esta diretamente proporcional à variação periódica no fluxo magnético. Um padrão uniforme de dentes gera uma curva de tensão quase senoidal. A velocidade rotativa reflete-se no intervalo periódico entre os pontos de transição por zero da tensão, ao passo que a amplitude também é proporcional à velocidade rotativa.

As dimensões do entreferro e dos dentes são fatores vitais para a definição da amplitude (exponencial) do sinal. Os dentes podem, ainda, ser detectados sem qualquer dificuldade, até a largura de entreferro de meio ou um terço de intervalo de dentes. Engrenagens-padrão para sensores de eixo de manivela e de velocidade de roda ABS cobrem entreferros variando de 0,8 a 1,5 mm. O ponto de referência para o tempo de ignição é obtido pela omissão de um dente ou pelo fechamento do intervalo entre os dentes. O aumento resultante na distância entre os pontos de transição por zero é identificado como o ponto de referência e é acompanhado pelo aumento substancial na tensão de sinal (o sistema o detecta como um dente aparentemente maior).

Chaves de hélice e sensores de efeito Hall
Sensores semicondutores utilizam o efeito Hall (p. 85), na forma de chaves de hélice Hall, p. ex. como sensores disparadores de ignição em distribuidores de ignição (p. 654). O sensor e circuitos eletrônicos para suprimento e avaliação de sinal são integrados no *chip* do sensor.

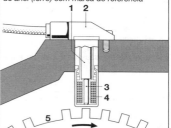

Sensor indutivo de velocidade rotativa
1. Ímã permanente, 2. Alojamento, 3. Núcleo ferromagnético, 4. Bobina, 5. Engrenagem de anel (ferro) com marca de referência

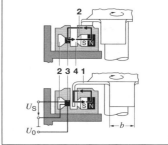

Chave de hélice Hall
1. Hélice com largura b, 2. Condutores ferromagnéticos, 3. IC Hall, 4. Entreferro
U_O Tensão de suprimento, U_S Tensão do sensor

O CI Hall (com tecnologia bipolar para temperturas sustentadas de até 150°C e conexão direta com o sistema elétrico do veículo) fica dentro de um circuito magnético quase completamente isolado, consistindo em elementos polares e magnéticos permanentes. Um volante de disparador ferromagnético (p. ex. acionado pelo eixo de cames) se desloca pelo entreferro. A vela do volante disparador interrompe o fluxo magnético (ou seja, move-o para além do sensor), enquanto o espaço no volante disparador permite-lhe deslocar pelo sensor desimpedido.

O sensor de efeito Hall diferencial de um sistema com distribuição de ignição eletrônica atarraxa a posição do eixo de cames num disco especial de segmento ferromagnético.

Sensores recentes

Os sensores do futuro deveriam satisfazer os seguintes critérios:
- monitoramento estático (p. ex. velocidade rotacional zero)
- entreferros maiores
- independência das flutuações do entreferro (resistente à temperatura de 200°C).

Sensor magneto-resistivo diferencial (radial)
1. Magneto-resistor R_1, R_2, 2. Substrato ferromagnético, 3. Ímã permanente, 4. Engrenagem
U_0 Tensão de suprimento, $U_A(\varphi)$ Tensão de medição em ângulo de rotação φ

Sensores de gradiente

Os sensores de gradiente (sensores diferenciais baseados, p. ex., em Hall, ou magneto-resistivos diferenciais) incorporam um ímã permanente, no qual a superfície polar revestindo a engrenagem é homogeneizada com uma fina pastilha ferromagnética. Dois elementos galvanomagnéticos (termo genérico para sensores de efeito Hall e magneto-resistores) ficam na ponta do sensor de cada elemento, numa distância de intervalo de cerca de meio dente. Assim, um dos elementos está sempre oposto ao espaço entre os dentes, quando o outro está oposto a um dente. O sensor mede a diferença na intensidade do campo em dois locais adjacentes na circunferência. O sinal de saída é aproximadamente proporcional ao desvio da força do campo, como função do ângulo na circunferência; a polaridade é, portanto, independente do entreferro.

Magneto-resistores de efeito Gauss são resistores de semicondutores bipolares (antimoniato de índio) controlados magneticamente, com projeto semelhante àquele do sensor de efeito Hall. Em aplicações padrão, sua resistência é aproximadamente proporcional ao quadrado da força do campo. Os dois resistores de um sensor diferencial assumem a função de divisores de tensão no circuito elétrico. Na maioria das vezes, também compensam a sensibilidade à temperatura. O efeito substancial da medição permite dispensar amplificadores eletrônicos locais (sinal de saída 0,1 – 1 V). Magneto-resistores para aplicações automotivas suportam temperaturas de 170°C (picos breves de 200°C).

Sensores tangenciais

Sensores tangenciais diferem dos sensores de gradiente por sua reação a variações na polaridade e intensidade dos componentes de um campo magnético, localizado tangencialmente à periferia do rotor. Opções de projeto incluem tecnologia de filme fino AMR (*barber's pole*) ou resistores de liga permanente, em circuitos em ponte ou em meia ponte. Diferentemente do sensor de gradiente, a unidade tangencial não necessita adaptar-se a variações em padrões de distribuição de dentes, permitindo, assim, configuração semipuntiforme. Embora o efeito intrínseco de medição exceda o do sensor de efeito Hall baseado em silício, por um fator de aproximadamente 1 a 2, amplificação local é ainda exigida.

No caso do sensor de velocidade do eixo de manivela integrado ao mancal (módulo Simmer de selo de eixo), o sensor AMR de filme fino é montado junto com IC de avaliação em estrutura de avanço. Para fins de proteção de temperatura e economia de espaço, o IC de avaliação é dobrado num ângulo de 90° e colocado distante da ponta do sensor.

Girômetros de oscilação

Girômetros de oscilação medem a taxa absoluta de guinada Ω, com relação ao eixo vertical do veículo (eixo de guinada) em, p. ex., sistemas para controlar a estabilidade dinâmica do veículo (ESP – Programa de Estabilidade Eletrônica) e para navegação. Em princípio, são semelhantes aos giroscópios mecânicos e, para fins de medição, utilizam a aceleração de Coriolis que ocorre durante o movimento de rotação, junto com o movimento de oscilação.

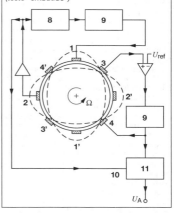

Sensor de taxa de guinada piezoelétrico
Conceito de funcionamento
1-4. Elementos piezoelétricos, 8. Circuito de controle (fase fixa), 9. Filtro passa-banda, 10. Referência de fase, 11. Retificador (fase seletiva), U_A Tensão de medição, Ω Taxa de guinada, $U_{ref} = 0$ (funcionamento normal), U_{ref} (teste "embutido")

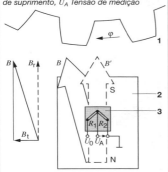

Sensor AMR (tangencial)
1. Engrenagem (Fe), 2. Ímã permanente, 3. Sensor, B Força de campo de controle com componente tangencial B_t e componente radial B_r (posição inicial B', $B_t = 0$), R_1, R_2 Resistores de filme fino de liga permanente (AMR), φ ângulo de rotação, U_0 Tensão de suprimento, U_A Tensão de medição

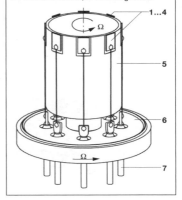

Sensor de taxa de guinada piezoelétrico
Estrutura
1-4. Pares de elementos piezoelétricos, 5. Cilindro de oscilação, 6. Placa de base, 7. Pinos de conexão, Ω Taxa de guinada

Sensores piezoelétricos de taxa de guinada

Dois elementos piezocerâmicos diametralmente opostos (1-1') induzem oscilação radial ressonante num cilindro oco metálico oscilante. Um segundo par piezoelétrico (2-2') controla o cilindro numa amplitude de oscilação constante, com quatro nós axiais (45° de desvio à direção de excitação).

Os nós reagem à rotação numa taxa Ω em torno do eixo do cilindro com um leve deslocamento periférico, induzindo forças proporcionais à velocidade de rotação nos nós que, de outro modo, seriam livres de forças. Tal estado é detectado por um terceiro par de elementos piezoelétricos (3-3'). Essas forças são controladas em um valor-referência $U_{ref} = 0$, por um quarto par excitador (4-4') num funcionamento em malha fechada. Após filtragem cuidadosa usando retificação de fase fixa, o valor de controle exigido fornece um sinal de saída extremamente preciso. Uma mudança controlada e temporária no valor do ponto de ajuste, em $U_{ref} \neq 0$, oferece uma forma simples de testar todo o sistema do sensor (teste "embutido").

Um complexo circuito de compensação é exigido para lidar com a sensibilidade desse sensor à temperatura. Uma vez que as características de resposta dos elementos piezocerâmicos também se alteram com a idade, um cuidadoso pré-tratamento (envelhecimento artificial) é também exigido.

Sensores de taxa-de-guinada de silício micromecânico

fornecem uma alternativa compacta e de baixo custo para sensores atuais projetados para precisão. Uma tecnologia combinada é usada para atingir a alta precisão necessária em sistemas dinâmicos de veículos: duas placas de massa densa, trabalhadas a partir da pastilha, por meio de micromecânica em substrato (p. 100), oscilam em modo *push-pull* em sua freqüência ressonante, determinada por sua massa e rigidez da mola de acoplamento (>2 kHz). Cada uma delas vem com um sensor extremamente pequeno de aceleração capacitiva e superfície micromecânica, que mede a aceleração de Coriolis no plano da pastilha, perpendicular à direção da oscilação, quando o *chip* do sensor gira ao redor de seu eixo vertical à taxa de guinada Ω. São proporcionais ao produto da taxa de guinada e velocidade de oscilação, que é eletronicamente regulada num valor constante. Para fins de acionamento, há um condutor simples estampado na correspondente placa de oscilação, submetido a uma força Lorentz num campo magnético

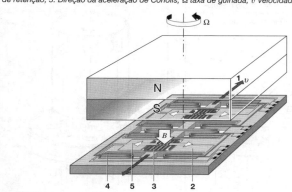

Sensor micromecânico de taxa-de-guinada, com acionamento eletrodinâmico, na forma de tecnologia combinada (micromecânica SMM e de substrato)
1. Direção da oscilação, 2. Corpo da oscilação, 3. Sensor de aceleração de Coriolis, 4. Mola guia/de retenção, 5. Direção da aceleração de Coriolis, Ω taxa de guinada, v Velocidade de oscilação

permanente, perpendicular à superfície do *chip*. Um condutor similarmente simples, protegendo a superfície do *chip*, é usado para medir, direta e indutivamente, a velocidade de oscilação, com o mesmo campo magnético. As diferentes naturezas físicas dos sistemas de acionamento e de sensor evitam interferências indesejadas entre as duas partes. A fim de suprimir a aceleração externa (sinal de modo comum), os dois sinais opostos do sensor são subtraídos um do outro (a soma, no entanto, também pode ser usada para medir a aceleração externa). A estrutura micromecânica de precisão ajuda a suprimir a influência da alta aceleração de oscilação, referente à aceleração de Coriolis, que é mais baixa por várias potências de dez (sensibilidade cruzada bem abaixo de 40dB). Os sistemas de acionamento e medição são aqui isolados, mecânica e eletricamente, em termos rigorosos.

Se o sensor de taxa-de-guinada de silício for completamente fabricado de acordo com a micromecânica de superfície (SMM) (p. 101), e, ao mesmo tempo, o sistema magnético de controle e acionamento for substituído por um sistema eletrostático, o isolamento poderá ser realizado menos consistentemente: Usando estruturas "de pente", um oscilador rotativo montado ao centro é eletrostaticamente acionado para oscilar numa amplitude, constantemente regulada por meio de uma derivação capacitiva semelhante. Forças de Coriolis impelem ao movimento simultâneo de inclinação "fora-do-plano", cuja amplitude é proporcional à taxa-de-guinada Ω, que é capacitivamente detectada por eletrodos localizados abaixo do oscilador. Para evitar que este movimento seja excessivamente amortecido, é essencial operar o sensor num vácuo. O menor tamanho de *chip* e o processo mais simples de fabricação, de fato, reduzem o custo de tal sensor, embora a redução no tamanho também diminua o já leve efeito de medição e, portanto, a precisão alcançável. Aplica exigências mais altas na eletrônica. A influência das acelerações externas aqui já é mecanicamente suprimida.

Sensores-radar
A pesquisa se concentra em sistemas simples (de baixo custo) de radar Doppler para medição da velocidade linear do veículo.

Sensores de vibração e aceleração
Esses sensores são adequados para disparar sistemas de proteção ao passageiro (*air-bags*, cintos de segurança, barras *rollover*), para controle de batida em motores de combustão interna, e para detectar taxas de aceleração lateral e mudanças de velocidade em veículos 4X4 equipados com ABS.

Sensor de aceleração Hall
Em veículos 4X4 equipados com ABS e em carros modernos com programa de estabilidade eletrônica, os sensores de velocidade de roda são complementados por um sensor de aceleração Hall, a fim de

Taxas típicas de aceleração em aplicações automotivas:

Aplicação	Faixa
Controle de batida	$1…10\,g$
Proteção do passageiro	
Air-bag, cinto de segurança	$50\,g$
Barra rollover	$4\,g$
Carretel de inércia do cinto de segurança	$0,4\,g$
ABS, ESP	$0,8…1,2\,g$
Chassi e controle de suspensão	
Projeto	$1\,g$
Eixo	$10\,g$

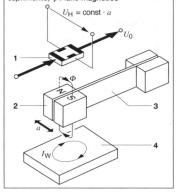

Sensor de aceleração Hall
1. Sensor de efeito Hall, 2. Ímã permanente (massa sísmica), 3. Mola, 4. Placa de amortecimento (Cu), a Tensão Hall, U_0 Tensão de suprimento, ϕ Fluxo magnético

monitorar taxas de aceleração laterais e longitudinais. Níveis de desvio no sistema de mola/massa usados nesta aplicação são gravados usando-se um ímã e um sensor de efeito Hall (faixa de medição: $1g$). O sensor é projetado para funcionamento de faixa estreita (vários Hz) e apresenta amortecimento eletrodinâmico.

Sensores piezoelétricos

Elementos piezoelétricos de mola bimorfa/ piezocerâmica de duas camadas são usados por sensores de sistema de restrição para acionar cintos de segurança, *airbags* e barras *rollover*. Sua massa intrínseca provoca-lhes um desvio sob aceleração, para fornecer um sinal dinâmico (não um padrão de resposta CC), com excelentes características de processamento (freqüência de corte típica: 10 Hz).

O elemento sensor fica num alojamento selado, compartilhado com o estágio inicial de amplificação de sinal. Às vezes, é envolto em gel para proteção física.

O princípio de atuação do sensor também pode ser invertido. Um eletrodo atuador extra facilita a verificação do sensor (diagnóstico a bordo).

Sensores longitudinais (sensores de batida)
Elementos longitudinais são empregados como sensores de batida (sensores de aceleração), para sistemas de ignição que apresentam controle de batida (da p. 621 em diante). Eles medem (com baixa seletividade direcional) a estrutura de ruído inato no bloco do motor (faixa de medição de, aproximadamente, 10 g, numa freqüência de vibração típica de 5-20 kHz). Um elemento de anel piezocerâmico anular não-encapsulado mede as forças inertes exercidas numa massa sísmica do mesmo formato.

Conceitos recentes de sensor

Sensores de silício capacitivos de aceleração
A primeira geração de sensores micromecânicos contava com técnicas de gravação seletivas e anisotrópicas, para fabricar o sistema exigido de mola/massa, a partir da pastilha completa (micromecânica de silício de substrato) e produzir o perfil de mola.

Derivações capacitivas provaram ser especialmente efetivas para a medição de alta precisão deste desvio de massa sísmica. Este projeto leva ao uso de pastilhas de silício ou vidro complementares com contra-eletrodos acima e abaixo da massa sísmica sustentada por molas. Isto conduz a uma estrutura de 3 camadas, pelas quais pastilhas e seus contra-eletrodos também oferecem proteção contra sobrecarga.

Uma almofada de ar acuradamente medida no sistema oscilatório hermeticamente selado fornece uma unidade de amortecimento extremamente compacta, e ainda eficiente e de baixo custo, com boas características de respostas à temperatura. Projetos atuais quase sempre empregam um processo de fusão para unir as três pastilhas de silício diretamente.

Devido a variações nas taxas de expansão térmica dos diferentes componentes, é necessário montá-los na placa de base do alojamento. Isso tem um efeito decisivo na precisão de medição desejada. Usa-se, praticamente, montagem em linha reta, com apoio livre na faixa sensível.

Esse tipo de sensor é, geralmente, empregado em acelerações de baixo nível (≤ 2 g), apoiando-se no conceito de três *chips*: (*chip* sensor + *chip* de processamento CMOS + IC de proteção bipolar). A conversão para avaliação de sinal estendido dispara um <u>reset</u> automático, devolvendo a massa sísmica à sua posição básica e fornecendo o sinal de posicionamento como valor inicial.

Sensor piezoelétrico
a) Em descanso, b) Durante aceleração a, 1. Elemento piezocerâmico de mola bimorfa, U_A Tensão de medição

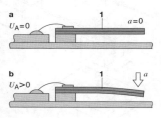

Para taxas de aceleração mais altas (sistemas de proteção ao passageiro), <u>sensores micromecânicos de superfície</u> com dimensões substancialmente mais compactas (comprimentos de extremos típicos de, aprox., 100 μm) já estão em uso. Um processo aditivo é empregado para construir o sistema mola/massa na superfície da pastilha de silício.

Em contraste com os sensores de substrato de silício com níveis de capacitância de 10-20 pF, estes sensores apresentam uma típica capacitância de 1 pF apenas. Portanto, a eletrônica de avaliação é instalada em um só *chip* ao longo do sensor (geralmente, sistemas de posição controlada).

Sensores de pressão

A medição de pressão é direta por meio do desvio do diafragma ou do sensor de força. Aplicações típicas:
- pressão na admissão do cano de distribuição (1-5 bar)
- pressão de frenagem (10 bar); freios eletropneumáticos
- pressão de mola de ar (16 bar), para veículos com suspensão a ar
- pressão nos pneus (5 bar, absoluta), para monitoramento e/ou ajuste da pressão dos pneus
- pressão do reservatório hidráulico (aprox. 200 bar), ABS, força na direção
- pressão de absorção de choque (+200 bar), sistemas de controle de suspensão e chassi
- pressão de refrigeramento (35 bar), sistemas de ar condicionado
- pressão de modulação (35 bar), transmissões automáticas
- pressão de frenagem em cilindros de trava master e de volante (200 bar), compensação de momento de guinada automática, freio controlado eletronicamente
- pressão positiva/de vácuo no tanque de combustível (0,5 bar), para diagnóstico a bordo (OBD)

Sensor de aceleração micromecânica de superfície
1. Célula elementar, 2. 3. Pastilhas fixas, 4. Pastilhas móveis, 5. Massa sísmica, 6. Sustentação de molas, 7. Âncora, *a* Aceleração, *C* Capacitores de medição

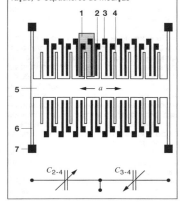

Sensor de aceleração de substrato de silício
1. Pastilha superior de Si, 2. Pastilha central de Si (massa sísmica), 3. Óxido de Si, 4. Pastilha inferior de Si, 5. Substrato de vidro, *a* Aceleração, *C* Capacitores de medição

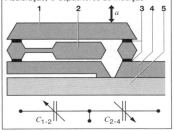

Medição de pressão
a) Resistor sensível à pressão, direto (3), b) com sensor de força (1), c) via medidor de deformação/deformação de diafragma (2), *p* Pressão

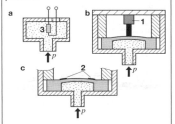

- pressão na câmera de combustão (100 bar, dinâmica), para detecção de falha ou batida
- pressão da bomba da injeção de Diesel (1.000 bar, dinâmica), injeção eletrônica de Diesel
- pressão *common-rail* (1.500-1.800 bar, dinâmico), motores a Diesel
- pressão *common-rail* (100 bar), para motores de ignição elétrica (gasolina).

Sensores de pressão de filme denso
O diafragma de medição e seus resistores sensíveis à deformação (strain-*gage*) usam a tecnologia de filme denso para medir pressões absolutas de até aprox. 20 bar, com um fator K (variação relativa da resistência/expansão) de 12 a 15.

Quando os respectivos coeficientes de expansão para o substrato cerâmico e o filme de cobertura cerâmica estão corretos, o diafragma formará uma bolha em forma de domo no resfriamento pós-junção, durante a fabricação. O resultado é uma câmera oca ("bolha") de aprox. 100 µm de altura e diâmetro de 3-5 mm. Após a aplicação de novos resistores sensíveis à deformação em filme denso, a unidade é hermeticamente selada com nova camada vítreo-cerâmica. A gasolina restante na "bolha" oferece compensação parcial para alterações de temperatura no sensor.

Os componentes de correção e amplificação do sinal são separados do meio de medição, mas são diretamente localizados adjacentes ao sensor sobre o mesmo substrato.

O princípio do "sensor-bolha" não é adequado para pressões extremamente altas ou baixas. Geralmente, as versões para estas aplicações incorporam diafragmas cerâmicos planos.

Sensores semicondutores de pressão
A pressão é exercida contra o diafragma de silício, incorporando-se resistores sensíveis à pressão, que são fabricados usando-se tecnologia micromecânica. O fator K dos resistores, difuso no silício monocristalino, é especialmente alto, geralmente K = 100. Até o momento, o sensor e o circuito híbrido para condicionamento de sinal encontram-se juntos num só alojamento. A compensação e a calibragem dos sensores podem ser contínuas ou em estágios, e são desempenhadas num *chip* híbrido ancilar (um segundo *chip* de silício, fornecendo amplificação e correção de sinal) ou no mesmo *chip* sensor. Desenvolvimentos recentes mostraram valores para, p. ex. zero e correção de direção, armazenados na forma digital num PROM.

Sensores integrados num só *chip*, com calibragem totalmente eletrônica, são adequados ao uso como sensores de carga para sistemas de injeção de combustível e ignição eletrônica. Devido às suas dimensões extremamente compactas, são adequados à instalação mais favorável de funcionamento, direto no tubo de admissão (projetos mais antigos eram montados no relevante ECU ou num local conveniente do compartimento do motor). Técnicas de montagem reversa, nas quais a pressão medida é conduzida a uma cavidade eletronicamente passiva introduzida no lado do *chip* sensor, são freqüentemente aplicadas. Para proteção máxima, o lado – bem mais sensível – do *chip*, com contatos e circuitos impressos, é incluso numa câmera a vácuo de referência, localizada entre a base do cárter e a tampa metálica soldada.

Sensor de pressão de filme denso
1. Ponte de medição piezo-resistiva,
2. Diafragma de filme denso, 3. Câmera de pressão-de-referência ("bolha"), 4. Substrato cerâmico, p Pressão

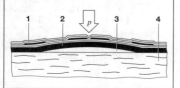

Sensor semicondutor de pressão
1. Silício, 2. Vácuo, 3. Vidro (pyrex), p Pressão, U_A Tensão de medição. Resistores para medidor de deformação R_1 (expandidos) e R_2 (dobrados) no circuito em ponte.

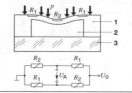

Sensores

Sensor de pressão de tubo de admissão de silício integrado
1. Conexões ligadas, 2. Vácuo de referência,
3. Via de conexão elétrica inclusa em vidro,
4. Chip sensor, 5. Pedestal vítreo, 6. Tampa,
7. Conexão de pressão, p Pressão

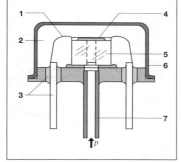

Sensor de combustão-pressão de silício integrado
1. Bastão de transferência de força, 2. Pedestal em Si (aplicação de força), 3. Sensor de pressão de Si integrado, 4. Pyrex, 5. Subplaca auxiliar cerâmica, 6. Placa de base de aço, 7. Pinos de conexão, F Força de pressão da câmera de combustão

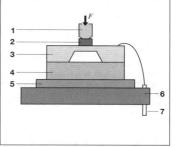

Estes sensores também estarão disponíveis para aplicação em sistemas de monitoramento de pressão pneumática. A medição será contínua e de não-contato (conceito de transformador). Um *chip* sensor praticamente idêntico também pode ser usado como sensor de pressão de câmera de combustão, contanto que o *chip* de silício não seja diretamente exposto a altas temperaturas (máx. 600°C). Um diafragma metálico de isolação e um bastão soldado de transferência, de comprimento adequado (alguns mm), oferecem a proteção necessária. Técnicas micromecânicas são empregadas para aplicar um minipedestal no centro do diafragma, convertendo a unidade em, efetivamente, um sensor de força. O bastão transmite as forças compressíveis detectadas no diafragma dianteiro, por meio do pedestal e para dentro do *chip* sensor, com mínima distorção. Essa remota posição de instalação demonstra que o *chip* submete-se apenas a temperaturas de funcionamento abaixo de 150°C.

Conceitos recentes sobre sensores
Sensores piezoelétricos
Sensores piezoelétricos fornecem uma medição dinâmica de pressão. Para determinar abertura e fechamento do escapamento (respectivamente, princípio e fim da distribuição), em bombas de injeção de Diesel controladas eletronicamente, apenas alterações na pressão da bomba são detectadas pelo sensor. Um diafragma delgado intermediário é empregado para transmissão de pressão, direta ou indireta, a um tablete piezo-cerâmico cilíndrico ou retangular. Já que alta precisão não é exigida nesta aplicação, os desvios resultantes de histerese, temperatura ou envelhecimento não merecem maior consideração. Um amplificador contendo um circuito de entrada de alta resistência é freqüentemente instalado no invólucro selado. Essa unidade desacopla o sinal localmente, para evitar derivações que produzam erros de medição.

Sensor piezoelétrico de pressão
1. Camada metálica, 2. Disco piezoelétrico,
3. Isolação, 4. Alojamento, p Pressão,
U_A Tensão de medição

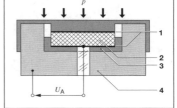

Sensores de alta pressão com diafragma metálico

Sensores são também exigidos para monitorar pressões extremamente altas, p. ex., em sistemas *common-rail* de injeção a Diesel, para suprir dados ao controle em malha fechada. Aqui, diafragmas, feitos de molas de aço de alta qualidade e apresentando derivação para medidor de deformação, oferecem desempenho muito melhor do que sistemas projetados para monitorar pressão em tubos. Essas unidades:
- usam projetos simples e de baixo custo, para isolar o meio medido;
- diferem do silício, já que retêm uma faixa de rendimento para resistência à ruptura acentuada;
- são fáceis de instalar em alojamentos metálicos.

Unidades de medidor de deformação metálico de filme fino salpicado e borrifado (com depósito de vapor) e de medidor de deformação de polissilício (K = 40) oferecem precisão de sensor permanentemente alta. Elementos de amplificação, calibragem e compensação podem ser combinados num único ASIC, que é, então, integrado junto com a proteção EMC exigida num pequeno portador no alojamento do sensor.

Sensores de força/torque

Aplicações: Sensores de pino de mancal em tratores agrícolas em sistemas de controle de força de cultivo.

Sensores magneto-elásticos de pino de mancal

Os sensores de pino de mancal são baseados no princípio magneto-elástico. O pino oco de acoplamento contém uma bobina de campo magnético. A 90° de ângulo deste, há uma bobina de sensor, à qual nenhum fluxo magnético é aplicado quando nenhuma força está presente. Entretanto, quando o material ferromagnético no pino torna-se anisotrópico sob força, um fluxo proporcional a essa força permeia a bobina do sensor, onde induz uma tensão elétrica. As eletrônicas de amplificação e suprimento, integradas num *chip*, localizam-se igualmente no interior do pino.

Conceitos recentes sobre sensores
- Princípio da corrente parasita: Sensor de força torcional da corrente parasita, mola de medição de torção axial e radial, disco axial e radial com fendas e configuração de bobina;
- Medição com resistores sensíveis à deformação (princípio de sensor de deformação): sensores prensados e soldados, elementos prensados;
- Sensor de força magneto-elástica;
- Anel de medição de força usando tecnologia de filme denso: medição de força com resistores sensíveis à pressão, carregados ortogonalmente.

Sensor de alta pressão com diafragma metálico (elemento de medição, n°s 1-4, dimensões exageradas)
1. Passivação SiNx, 2. Contato de ouro,
3. Medidor de deformação de polissilício,
4. Isolação de SiO_2, 5. Diafragma de aço,
p Pressão

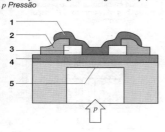

Sensores magneto-elásticos de pino de mancal
1. Enrolamento primário (alimentação),
2. Enrolamento secundário (sinal de medição), 3. Superfície do polo primário,
4. Superfície do polo secundário

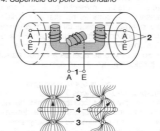

Sensores **129**

- Medição de pressão hidrostática em cilindros hidrostáticos carregados de êmbolo, geralmente carregados com borracha ou goma elástica (sem risco de vazamento);
- Efeito microcurvatura: Sensor de fibra óptica por compressão.

Aplicações recentes
- Medição de forças de acoplamento em veículos comerciais, desde tratores até trailers/semi-trailers, para frenagem controlada, livre de força;
- Medição de forças de amortecimento para sistemas de controle de suspensão e de chassi eletrônico;
- Medição de carga de eixo, para distribuição de força de frenagem eletronicamente controlada em veículos comerciais pesados;
- Medição de força de pedal em sistemas de frenagem eletronicamente controlados;
- Medição de força de frenagem em sistemas de frenagem eletricamente acionados ou eletronicamente controlados;
- Medição de não-contato de torque de frenagem e acionamento;
- Medição de não-contato de torque de volante/força de volante;
- Proteção de dedo para unidade de vidro elétrico e de teto solar de correr.

No caso do princípio de duto cruzado usado em tensão magneto-elástica/sensores de força compressiva, nenhuma tensão é induzida na bobina secundária do transformador, por conta do desvio de ângulo reto do estado de repouso ($F = 0$). A tensão só é estabelecida na bobina, quando, sob a aplicação da força, a permeabilidade material de sensor eletromagneto-elástico (aço especial) usado torna-se anisotrópica. Este princípio do sensor também pode ser aplicado para temperaturas mais altas de funcionamento (até 300°C) (p. ex., para instalação próxima aos freios).

Medição de torque
Há, basicamente, duas formas de medição de torque: métodos de medição de ângulo e de esforço. Em contraste aos métodos de medição de esforço (sensor de deformação magneto-elástico), os métodos de medição de ângulo (p. ex., corrente parasita) exigem um comprimento especial de eixo de torção, sobre o qual o ângulo de torção (0,4-4°) pode ser derivado. O esforço mecânico proporcional ao torque σ é dirigido a um ângulo de 45° em relação ao eixo.

Sensor magneto-elástico de tensão/força compressiva, de acordo com o princípio de duto cruzado
1. Bobina de suprimento, 2. Bobina de sensor, 3. Cabeçote magnético, 4. Elemento magneto-elástico sensível à força, 5. Retificador de fase seletivo, F Força

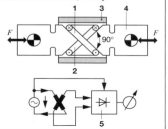

Princípios básicos da medição de torque
1. Barra de torção, ϕ Ângulo de torção, σ Esforço torcional, M Torque, r Raio, l Comprimento do bastão

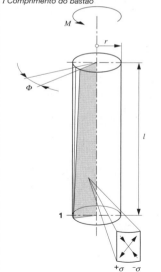

Sensor de torque de medição de esforço
O esforço mecânico é medido com uma ponte de resistores sensíveis à deformação. A ponte é alimentada por um transformador e o suprimento é independente do entreferro, devido ao retificador e eletrônica de controle, adaptados ao eixo. Outros componentes eletrônicos no eixo viabilizam a amplificação e conversão do sinal de medição em forma de onda de corrente alternada (p. ex., análoga à freqüência) em entreferro invariável, que é igualmente desacoplada por um transformador. Para maiores quantidades, a eletrônica exigida pode ser integrada ao eixo num só *chip*. Os resistores sensíveis à deformação podem ser adaptados a baixo custo numa placa de aço redonda pré-fabricada (p. ex., com tecnologia de filme fino, p. 97) e, então, soldados com a placa redonda ao eixo. Níveis de alta precisão podem ser atingidos com tal configuração, apesar dos custos consideráveis de fabricação.

Sensor de torque de medição de ângulo
Mangas com fendas concentricamente engrenadas (encaixadas) são colocadas em cada flange num comprimento suficiente do eixo de medição. As mangas apresentam duas fileiras de fendas, dispostas de tal forma que, ao ser submetido à torção, uma visão do eixo é cada vez mais exposta em uma fileira e oculta em outra. Desta forma, duas bobinas fixas de alta freqüência (aprox. 1 MHz) dispostas em cada fileira são cada vez mais ou menos amortecidas ou variadas em termos do valor de indutância. Para alcançar precisão suficiente, é fundamental que as mangas com fendas sejam fabricadas e montadas em padrões exatos. A eletrônica associada é devidamente disposta próxima às bobinas.

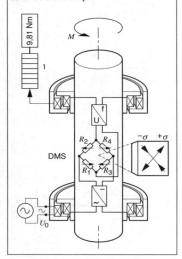

Sensor de torque de medidor de deformação com derivação de transformador de não-contato
1. Indicador de torque, σ Esforço torcional, U_0 Tensão de suprimento, R_1-R_4 Resistores sensíveis à deformação

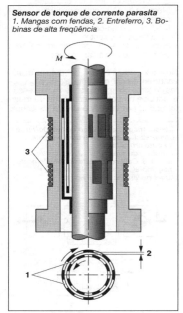

Sensor de torque de corrente parasita
1. Mangas com fendas, 2. Entreferro, 3. Bobinas de alta freqüência

Medidores de fluxo

Quantidades de fluxo em aplicações automotivas

A taxa de fluxo de combustível, isto é, a quantidade de combustível de fato consumida pelo motor, é baseada na diferença entre as taxas de fluxo de suprimento e de retorno. Nos motores de ignição elétrica contendo sistemas de medição de combustível eletronicamente controlados, que usam admissão de ar como parâmetro primário de controle, essa característica já está disponível na forma de valor calculado de medição. Assim, a medição para o controle do processo de combustão é redundante. Entretanto, a medição da taxa de fluxo de combustível é exigida para determinar e apresentar o consumo de combustível em motores não equipados com sistemas de controle eletrônico.

Fluxo de ar no tubo de admissão do motor: as razões de massa são os fatores principais no processo químico de combustão. Dessa forma, o objetivo real é medir o fluxo de massa da admissão ou de carga de ar, embora procedimentos envolvendo volume e pressão dinâmicos sejam também aplicados. O fluxo máximo de massa de ar a ser monitorado fica na faixa de 400-1.000 kg/h, dependendo da potência do motor. Como resultado das modestas exigências dos motores modernos, a razão entre o fluxo de ar mínimo e máximo é 1:90-1:100.

Medição de fluxo

Um meio de densidade uniforme ϱ em todos os pontos flui por um tubo com uma seção transversal constante A, numa velocidade praticamente uniforme na seção transversal do tubo (fluxo "turbulento"):
- Taxa de fluxo de volume $Q_V = v \cdot A$
- Taxa de fluxo de massa $Q_M = \varrho \cdot v \cdot A$

Caso uma placa com orifícios seja instalada no duto, formando uma restrição, isso resultará num diferencial Δp de pressão, de acordo com a Lei de Bernoulli. Esse diferencial é a quantidade intermediária entre as taxas de fluxo de volume e massa:

$\Delta p = const. \; \varrho \cdot v^2 = const. \; Q_V \cdot Q_M$

Placas com orifícios de posição fixa apenas podem cobrir variações de medição numa faixa de 1:10. Abas variáveis podem monitorar variações em uma faixa de razão substancialmente maior.

Sensores de fluxo de volume

De acordo com o princípio de vórtice de Karmann, turbilhões e redemoinhos divergem da corrente de ar, numa distância constante, por detrás de uma obstrução. Conforme medida (p. ex., monitoramento de pressão ou ondas acústicas) em sua periferia (parede do duto), sua periodicidade fornece a freqüência de turbulência, na forma de uma razão de sinal:

$f = 1/T = const. \; Q_V.$

Desvantagem: A pulsação no fluxo pode resultar em erros de medição.

O processo de medição de taxa de fluxo por ultra-som pode ser empregado para monitorar o tempo t de propagação de um pulso acústico, conforme se desloca num meio medido (p. ex., ar), num ângulo α (vide figura). Uma medição é tomada a montante e uma, a jusante, usando a mesma rota de medição l. O diferencial de tempo de trânsito resultante é proporcional à taxa de fluxo volumétrico.

Medição do fluxo ultra-sônico
1-2. Transmissor/receptor 1 e 2, l Rota de medição, S Comando de transmissão, t Período de trânsito, Q_V Fluxo do volume, α Ângulo

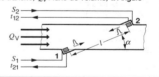

Sensores de fluxo de ar no tubo-piloto

Placas de sensor pivotantes, de posição variável, deixam uma seção variável da seção transversal de fluxo desobstruída, com o tamanho do diâmetro livre dependente da taxa de fluxo. O potenciômetro monitora as características posições de abas, para as respectivas taxas de fluxo. O projeto elétrico e físico do sensor de fluxo de ar, p. ex. para o L-Jetronic (p. 648), garante a relação logarítmica entre a taxa de fluxo e o sinal de saída (sob taxas de fluxo bem baixas, as variações de tensão incrementais, referentes à variação de taxa de fluxo, são substancialmente maiores do que sob taxas de fluxo altas). Outros tipos de sensores automotivos de fluxo de ar são projetados para uma característica linear (KE-Jetronic, p. 646). Erros de medição podem ocorrer em casos em que a inércia mecânica da placa do sensor evita que mantenha um ritmo com uma corrente de ar rapidamente pulsante (condição de carga total a altas velocidades do motor).

Medidores de massa de ar
Medidores de massa de ar funcionam de acordo com o princípio de filme ou fio aquecidos; a unidade não contém partes mecânicas móveis. O circuito de controle em malha fechada no alojamento do medidor mantém um diferencial constante de temperatura entre um fino fio de platina ou resistor de filme fino e a corrente de ar que passa. A corrente exigida para o aquecimento fornece um índice extremamente preciso, embora não linear, de taxa de fluxo de massa de ar. Geralmente, o sistema ECU converte os sinais na forma linear e assume outras tarefas de avaliação de sinal. Devido ao seu projeto em malha fechada, esse tipo de medidor de massa de ar pode monitorar variações de taxa de fluxo na faixa de milissegundos. Contudo, a incapacidade de o sensor reconhecer a direção do fluxo pode acarretar erros substanciais de medição, quando uma forte pulsação ocorrer no tubo.

O fio de platina no medidor de fio aquecido de fluxo de massa de ar funciona tanto como elemento aquecedor como sensor de temperatura de elemento aquecedor. Para garantir desempenho estável e confiável durante vida útil prolongada, o sistema deve queimar todos os depósitos acumulados da superfície dos fios aquecidos (a, aprox., 1.000°C), após cada fase de funcionamento ativo (quando a ignição é desligada).

O medidor de fluxo de massa de ar de filme aquecido combina todos os elementos de medição e a eletrônica de controle num só substrato. Nas versões atuais, o resistor de aquecimento fica na traseira da pastilha-base, com o correspondente sensor de temperatura na frente. Isso resulta num atraso de resposta algo maior do que aquele associado ao medidor de fio aquecido. O sensor de compensação de temperatura (R_K) e o elemento aquecedor são termicamente desacoplados por meio de um corte a *laser* no substrato cerâmico. Características de fluxo de ar mais favoráveis viabilizam prescindir do processo de descontaminação por queima do medidor de fio aquecido.

Medidores micromecânicos de fluxo de massa de ar de filme aquecido extremamente compactos também funcionam de acordo com princípios térmicos. Aqui, resistores de medição e aquecimento figuram na forma de finas camadas de platina borrifadas (com depósito de vapor) sobre o *chip* de silício, atuando como substrato. O desacoplamento térmico da montagem é obtido pela instalação do *chip* de silício na área do resistor de aquecimento H, na seção do substrato micromecanicamente afinada (semelhante ao diafragma do sensor de pressão). O sensor adjacente S_H de temperatura de aquecedor e o sensor S_L de temperatura do ar (no extremo denso do *chip* de silício) mantém o resistor de aquecimento H a uma sobretemperatura constante. Esse método difere de técnicas anteriores na prescindibilidade da corrente

Sensor de fluxo de ar em tubo-piloto
1. Placa de sensor, 2. Aba de compensação, 3. Volume de compressão, Q Fluxo

Medidor de fluxo de massa de ar no fio aquecido
Q_M Fluxo de massa, U_m Tensão de medição, R_H Resistor de fio aquecido, R_K Resistor de compensação, R_M Resistor de medição, R_1, R_2 Resistores de ajuste

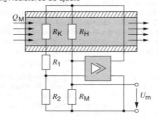

Sensores

> **Medidor micromecânico de fluxo de massa de ar de filme aquecido**
> 1. Diafragma dielétrico, H Resistor de aquecimento, S_H Sensor de temperatura de aquecedor, S_L Sensor de temperatura do ar, S_1, S_2 Sensores de temperatura (a montante, a jusante), Q_{LM} Fluxo de massa de ar, s Ponto de medição, t Temperatura

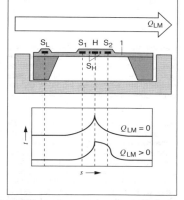

de aquecimento como sinal de saída. Ao contrário, o sinal deriva da diferença de temperatura no meio (ar) detectado pelos dois sensores de temperatura S_1 e S_2. Os sensores de temperatura ficam na rota do fluxo a montante e a jusante do resistor de aquecimento H. Embora (assim como no processo anterior) o padrão de resposta permaneça não-linear, o fato de o valor inicial também indicar a direção do fluxo representa uma melhora em comparação ao método anterior que usa a corrente de aquecimento.

Sensores de concentração

Praticamente todos os sensores de concentração química correm o risco de envenenar-se durante o contato direto necessário com o meio medido, isto é, irreversivelmente danificado por substâncias estranhas e prejudiciais. Sensores eletrolíticos de concentração de oxigênio (sensores lambda de oxigênio), por exemplo, podem tornar-se inúteis, devido ao chumbo que pode estar presente no combustível ou no escapamento de gás.

> **Curva de resposta do sensor lambda de oxigênio**
> λ. Fator de ar em excesso, U_S Tensão do sensor

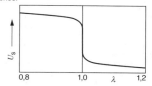

Sensor de concentração de oxigênio (sensor lambda de oxigênio)

O sistema medidor de combustível emprega o conteúdo residual de oxigênio no escapamento, conforme medido pelo sensor lambda de oxigênio para regular bem precisamente a mistura ar/combustível para combustão, ao valor λ (lambda) = 1 (combustão estequiométrica, p. 605).

O sensor é um eletrólito em estado sólido, feito de material cerâmico ZrO. Sob altas temperaturas, esse eletrólito torna-se condutor e gera uma carga galvânica característica nas conexões do sensor. Essa tensão é um índice do conteúdo de oxigênio no gás. A variação máxima ocorre em $\lambda = 1$.

Sensores eletricamente aquecidos são especialmente adequados para medições em faixa pobre, e já começam a funcionar na fase de aquecimento.

> **Sensor lambda de oxigênio no cano de escapamento**
> 1. Sensor cerâmico, 2. Eletrodos, 3. Contato, 4. Contatos de alojamento, 5. Cano de escapamento, 6. Camada cerâmica protetora (porosa)

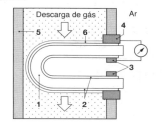

Para a larga faixa pobre, "sensores de pastilha" planos e menores de projeto cerâmico multicamadas (sensores lambda de oxigênio de banda larga) são usados. Esses sensores também podem ser usados em motores a Diesel. Um sensor desse gênero é basicamente a combinação de um sensor convencional de concentração, que atua como uma célula galvânica (sensor Nemst) e célula "bomba" ou de corrente-limite. Uma tensão é aplicada a partir de uma fonte externa na célula-bomba, a qual compartilha o projeto com o da célula convencional de concentração. Se a tensão for suficientemente alta, uma "corrente-limite" se estabelece, sendo proporcional à diferença na concentração de oxigênio em ambos extremos do sensor. Os átomos de oxigênio são transportados com a corrente, dependendo da polaridade. Uma malha de controle eletrônica faz com que a célula-bomba supra permanentemente o sensor de concentração, por meio de um estreito vão de difusão, precisamente com o oxigênio suficiente do escapamento de gás, para manter o valor de $\lambda = 1$ no sensor. Em outras palavras, o oxigênio é bombeado para fora, no caso de ar excessivo no escapamento de gás (faixa pobre). No caso de um conteúdo residual baixo de oxigênio no escapamento de gasolina (faixa rica), o oxigênio é bombeado para dentro, revertendo a tensão da bomba. A corrente relevante da bomba forma o sinal de saída.

Sensores de umidade
Áreas de aplicação:
- Monitoramento de secadora de ar para freios de ar comprimido;
- Monitoramento de umidade externa do ar para avisos de gelo escorregadio;
- Cálculo do ponto de orvalho no interior do veículo (percepção da qualidade do ar, ar condicionado, nebulização sobre janelas do veículo).

Geralmente, os sensores capacitivos são utilizados para determinar a umidade relativa. Um sensor desse tipo é composto de polímero de filme fino, com uma camada metálica em ambos os lados. A capacitância desse capacitor é consideravelmente, ainda que reversivelmente, modificada pela absorção de água. A constante de tempo é tipicamente de aprox. 30 s. O ponto de orvalho também pode ser determinado por adicional medição da temperatura do ar (NTC).

Ao ser instalado na ECU de qualidade do ar, um diafragma de Teflon protege o sensor contra substâncias prejudiciais. Comumente falando, a ECU de qualidade de ar, contém, acima de tudo, <u>sensores de CO e No_x</u>, em sua maior parte na forma de resistores de filme denso (Sno_x), que modificam sua resistência elétrica numa faixa ampla (p. ex., 1-100 kΩ), pela adsorção dos meios medidos.

Sensor lambda de oxigênio de banda larga (projeto)
1. Célula de concentração Nemst, 2. Célula-bomba de oxigênio, 3. Vão de difusão, 4. Canal de ar de referência, 5. Aquecedor, 6. Malha de controle, I_P Corrente da bomba, U_H Tensão de aquecimento, U_{ref} Tensão de referência

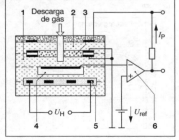

Sinal de sensor de sensor lambda de oxigênio de banda larga (corrente medida)

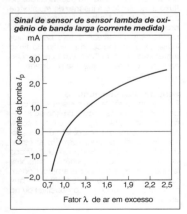

Sensores de temperatura

Medições de temperatura em veículos a motor são realizadas pela exploração da sensibilidade à variação de temperatura, encontrada na resistência elétrica dos materiais com coeficiente de temperatura positivo (PTC) ou negativo (NTC), como termômetros de contato. A conversão da variação de resistência em tensão analógica é predominantemente desempenhada com a ajuda de resistores neutros de temperatura complementares ou inversamente sensíveis como divisores de tensão (também fornecendo linearidade aumentada). Recentemente, sensoreamento de temperatura de não-contato (pirométrica) foi levada em conta para a segurança do passageiro (observação do passageiro para a ativação do *airbag*) e para o conforto do passageiro (ar-condicionado, prevenção de nebulização de janela). Isso tornou-se economicamente viável pela introdução da tecnologia de microssistemas. As temperaturas a seguir ocorrem em veículos a motor:

Local	Faixa	°C
Admissão/Carga de ar	–40...	170
Atmosfera externa	–40...	60
Cabine do passageiro	–20...	80
Ventilação & ar aquecido	–20...	60
Evaporador (AC)	–10...	50
Resfriador de motor	–40...	130
Óleo do motor	–40...	170
Bateria	–40...	100
Combustível	–40...	120
Ar no pneu	–40...	120
Escapamento de gás	100...	1.000
Calibradores do freio a disco	–40...	2.000

Em muitos locais, a temperatura também é medida para ser compensada nos casos em que as variações de temperatura disparam falhas ou agem como uma variável influente indesejável.

Resistores cerâmicos sinterizados (NTC)

Feitos a partir de óxidos de metal pesado e cristais oxidados misturados (sinterizados em pérola ou placa), os resistores cerâmicos sinterizados (resistores NTC, termistores) incluem-se naqueles materiais semicondutores, que apresentam uma curva de temperatura exponencial inversa. A alta sensibilidade térmica significa que as aplicações restringem-se a uma "janela" de, aprox., 200 K. Todavia, essa faixa pode ser definida numa latitude de –40 a aprox. 850°C.

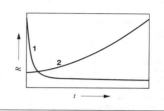

Sensores de temperatura (exemplo)
1. Termistor NTC, 2. Termistor PTC, *t* Temperatura, *R* Resistência

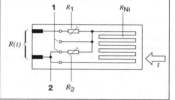

Termistor de filme metálico
1. Contatos auxiliares, 2. Ponte, R_{Ni} Resistor revestido de níquel, $R_{(t)}$ Resistência relativa à temperatura *t*, R_1, R_2 Resistores de ajuste independentes de temperatura

Resistores metálicos de filme fino (PTC)

Integrados juntos numa única pastilha de substrato com dois resistores complementares de ajuste neutros à temperatura, resistores metálicos de filme fino são caracterizados por precisão extrema, já que podem ser fabricados e, depois, ajustados a laser, para manter tolerâncias de curva de resposta, por longos períodos de tempo. O uso da tecnologia por camadas viabiliza a adaptação do substrato (lâmina cerâmica, vítrea ou plástica) e as camadas superiores (revestimentos vítreos ou cerâmicos, lâmina selada, pintura ou molde plástico) à aplicação correspondente, oferecendo, assim, proteção contra o meio monitorado. Embora camadas metálicas sejam menos sensíveis a variações térmicas do que sensores semicondutores de óxido cerâmico, tanto a linearidade quando a reprodutibilidade são melhores.

Material sensor	Coeficiente de temperatura	Faixa de medição
Ni	$5{,}1 \cdot 10^{-3}$/K	–60...320 °C
Cu	$4{,}1 \cdot 10^{-3}$/K	–50...200 °C
Pt	$3{,}5 \cdot 10^{-3}$/K	–220...850°C

Onde:
TK = [R(100 °C) – R(0 °C)]/[R(0 °C) · 100 K]

Resistores de filme denso (PTC/NTC)
Massas de filme denso, com alta resistividade (baixa exigência de área superficial) e coeficientes positivos e negativos de temperatura, são geralmente empregadas como sensores de temperatura para fins de compensação. Apresentam características de resposta não-linear (sem, no entanto, as extremas variações do sólido resistor NTC) e podem ser ajustadas a *laser*. O efeito de medição pode ser aumentado pelo uso de materiais NTC e PTC, para formar circuitos divisores de tensão.

Resistores de semicondutor de silício monocristalino (PTC)
Quando materiais semicondutores monocristalinos, tais como o silício, são usados para a fabricação do sensor de temperatura, é possível integrar um circuito extra ativo e passivo ao *chip* do sensor (permitindo o condicionamento de um sinal inicial diretamente no ponto de medição).

Em razão de maior possibilidade de alcance de tolerâncias, são fabricados de acordo com o princípio de resistência espalhada.

A corrente flui pelo resistor de medição e pelo contato de ponto de superfície, antes de chegar ao material do substrato de silício. Largamente distribuída, procede, então, a um contra-eletrodo que cobre a base do *chip* do sensor. Assim como as constantes do material altamente reproduzíveis, a alta densidade da corrente após o ponto de contato (alta precisão alcançada pela fabricação fotolitográfica) determina, quase que exclusivamente, o valor de resistência do sensor.

A sensibilidade de medição é praticamente o dobro daquela do resistor Pt (TC = $7{,}73 \cdot 10^{-3}$/K. No entanto, a curva de resposta de temperatura é menos linear do que aquela do sensor metálico.

Sensores termopilhas
Para medição de não-contato da temperatura de um corpo, a radiação emitida por esse corpo é medida: essa radiação fica, preferivelmente, na faixa infravermelho (IR) (comprimento de onda: 5-20 μm). Rigorosamente falando, o produto da potência radiada e o coeficiente de emissão do corpo são medidos. Esse último é dependente do material, mas geralmente próximo a 1, para materiais de interesse técnico (também para vidro). Contudo, para materiais refletores ou permeáveis a IR (p. ex., ar, silício), é << 1. O ponto de medição é reproduzido num elemento sensível à radiação, que aquece levemente em relação ao seu ambiente (tipicamente 0,01-0,001° C). Essa pequena diferença na temperatura

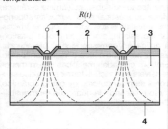

Resistor semicondutor Si (princípio da resistência espalhada)
1. Contatos, 2. Passivação (nitrato, óxido), 3. Substrato Si, 4. Contra-eletrodo desconectado, $R_{(t)}$ Resistor dependente de temperatura

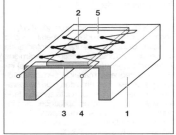

Sensor infravermelho micromecânico de termopilha
1. Chip Si, 2. Termopares conectados em série, 3. Diafragma SiN, 4. Conexões das termopilhas, 5. Camada absorvedora

pode ser medida efetivamente com termopares, muitos dos quais são conectados sucessivamente, para aumentar o efeito de medição (termopilha).

É possível fabricar um sensor de termopilha, a baixo custo, usando processos micromecânicos. Todos os pontos "quentes" ficam num diafragma fino, termicamente bem isolado, ao passo que todos os pontos "frios" ficam no extremo denso do *chip* (dreno de temperatura). O tempo de acomodação do sensor é tipicamente, cerca de 20 ms. Um "sensor de um só *pixel*" desse tipo é ideal, p. ex., para determinar a temperatura de superfície do pára-brisa, de forma a evitar a nebulização, no caso de queda de temperatura, abaixo do ponto de orvalho.

Se vários *pixels* forem dispostos num *chip* de maneira a formar uma <u>matriz</u> (p. ex., 4 x 4), uma imagem grosseira já se torna possível. Entretanto, não deve haver muita área de superfície insensível entre os *pixels*, que devem ser termicamente bem isolados um do outro. Já que todos os *pixels* podem opcionalmente responder eletricamente, o *chip* apresenta uma alta quantidade de terminais. Para um alojamento TO5, o ASIC, p. ex., deve ser localizado próximo ao sensor, para pré-amplificar e serializar o sinal. Para determinar a temperatura absoluta dos *pixels*, na maior parte dos casos, esse ASIC também contém um sensor de temperatura de referência, com o qual temperaturas do objeto podem ser determinadas a uma precisão de aprox. ± 0,5 K.

A fim de reproduzir a cena termicamente na matriz de sensores, o sensor exige uma unidade de imagem óptica IR. Basicamente, o espelho arqueado de baixíssimo custo deve ser excluído, por conta do espaço disponível. Lentes de vidro são impenetráveis à luz IR e lentes plásticas são apenas adequadas para temperaturas de funcionamento de até, aprox., 85° C. Contudo, lentes de silício são muito bem adequadas à radiação de calor e podem ser fabricadas micromecanicamente, a baixo custo, como lentes de defração (Fresnel) ou refração, com diâmetros de até, aprox., 4 mm. Ao serem inseridas na cobertura do alojamento TO5, servem, ao mesmo tempo, para proteger o sensor contra danos diretos. Embora o preenchimento do alojamento com blindagem a gás aumente, de alguma forma, a interferência entre os *pixels,* por outro, também reduz seu tempo de resposta.

Sensores para outras aplicações
Sensores de sujeira
O sensor mede o nível de contaminação nas lentes do farol frontal para fornecer os dados exigidos para os sistemas de limpeza automática das lentes.

A barreira de reflexão de luz fotoelétrica do sensor consiste em uma fonte de luz (LED) e um receptor de luz (fototransistor). A fonte localiza-se no interior da lente, na área limpa, mas não diretamente no caminho do raio de luz do farol frontal.

Matriz termopilha micromecânica
1. Chip Si, 2. Pixel, 3. Conexões de pixels

Sensor de imagem IR
1. Lentes IR de Si, 2. Alojamento TO5,
3. Pinos de conexão, 4. Avaliação ASIC,
α Ângulo de visão

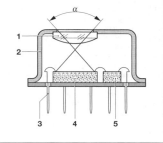

Quando a lente está limpa ou coberta por gotas de chuva, o raio infravermelho de medição emitido pela unidade passa pela lente, sem ser obstruído. Apenas uma parte minúscula é refletida no receptor de luz. Todavia, caso encontre partículas de sujeira na superfície externa da lente, reflete-se no receptor, numa intensidade proporcional ao grau de contaminação, e ativa a unidade lavadora da lanterna automaticamente, uma vez que o nível definido seja atingido.

Sensores de chuva
O sensor de chuva reconhece gotas de chuva no pára-brisa, de maneira que os limpadores possam ser disparados automaticamente. Assim, a unidade libera o motorista para que se concentre em outras tarefas, já que torna redundantes as várias operações de controle usadas para ativar sistemas convencionais de limpeza. Por enquanto, o motorista ainda pode usar os controles manuais: se assim o desejar, deverá acionar o sistema automático manualmente, ao dar partida no veículo.

O sensor consiste numa via de transmissão e recepção ópticas (semelhantes à do sensor de sujeira). Nessa aplicação, a luz se dirige em direção ao pára-brisa num ângulo. Uma superfície externa seca reflete-a (reflexão total) de volta ao receptor, também montado num ângulo. Quando gotas d'água aparecem na superfície externa, uma quantidade substancial de luz refrata-se para fora, enfraquecendo, assim, o sinal de retorno. O limpador de pára-brisa também responde à poeira, desde que o limite de ativação seja excedido.

Sensores de imagem
Tentativas vêm sendo feitas com sensores de imagem, a fim de reproduzir a capacidade superior do olho humano e associadas faculdades de reconhecimento mental (se bem que, no momento, apenas até de forma bem modesta). É certo que, num futuro previsível, o custo dos sensores de imagem e os processadores potentes, necessários à interpretação de uma cena, baixará a níveis viáveis a aplicações automotivas. Em contraste ao olho humano, sensores de imagem comercialmente disponíveis também são sensíveis na faixa próxima ao infra-vermelho – IR (comprimento de onda de aprox. 1 μm). Isso sig-

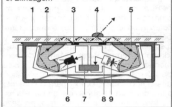

Sensor de chuva
1. Pára-brisa, 2. Acoplamento ótico, 3. Aquecedor, 4. Gotas de chuva, 5. Guia de onda óptico, 6. LED, 7. Eletrônica, 8. Fotodiodo, 9. Blindagem

nifica que, para todas as aplicações concebíveis num automóvel, o funcionamento noturno torna-se possível, com o uso de iluminação invisível IR. Futuramente, sensores de imagem poderão encontrar uma variedade de usos em veículos a motor, para monitorar o compartimento de passageiro (posição de assento, deslocamento dianteiro no caso de acidente, entre outros) e o ambiente do veículo (guia lateral, prevenção contra colisão, assistência em estacionamento e em ré, reconhecimento de sinalização de estrada, entre outros exemplos).

Sensores de imagem são um exemplo especial de "estruturas multisensoras", compostas por elementos sensíveis à luz (pixels), dispostos em forma de linha ou matriz, e recebem sua luz de uma unidade convencional de imagem óptica. Com os sensores de imagem de silício hoje disponíveis (CCD - Dispositivo de Carga Acoplada), a luz incidente que atravessa um eletrodo transparente gera portadores de carga, em proporção à intensidade e tempo de exposição. Essas são, então, coletadas num "pote potencial" (camada-de-fronteira Si-SiO$_2$). Usando-se mais eletrodos, essas cargas são transferidas a uma zona opaca e, depois, transportadas em registradores de deslocamento "analógicos" (princípio de bucket-brigade) em linhas para um registrador de saída, lidas em série, numa faixa de pulsação de relógio mais alta.

Enquanto sensores CCD são apenas de uso restrito em veículos a motor, por conta de sua resposta dinâmica claro/escuro limitada (50 dB), seu tempo de leitura e sua faixa de temperatura (<50° C), aparecem sensores ("inteligentes") de imagem mais recentes, baseados em tecnologia CMOS, que são totalmente adequados a aplicações automotivas. A curva característica logarítmica de brilho/ sinal aqui possível corresponde ao olho humano e apresenta uma resposta dinâmica de 120 dB. Isso prescinde da necessidade, p. ex., do controle de luz ofuscante, e oferece resolução de contraste constante, ao longo de toda a faixa de brilho. Simultaneamente, esses sensores viabilizam o acesso aleatório a *pixels* individuais, simultaneamente com sensibilidade intensificada (faixa de leitura mais alta). Mesmo os primeiros pré-processadores de sinais já são possíveis no *chip* de sensor de imagens.

Futuras aplicações de medição
- Sensoriamento de torque de volante (direção de força eletromotiva, sistema "*steer-by-wire*");
- Sensoriamento de torque de transmissão (detecção de falha na ignição, sinal de carga);
- Segurança do passageiro: AOS (Sensor da Ocupação Automotiva; sensor de fora-de-posição);
- Forças de roda de medição e potencial de coeficiente de fricção;
- Sensores de fluido;
- Sensores para monitorar o ambiente do veículo (sensores de imagem, entre outros) para pilotagem autônoma e detecção de um impacto iminente.

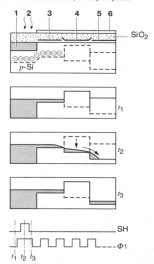

Princípio CCD (Dispositivo de Carga Acoplada)
1. Fotodiodo, 2. Luz, 3. Eletrodo de armazenagem, 4. Porta de deslocamento, 5. Eletrodo de transferência, 6. Capa óptica

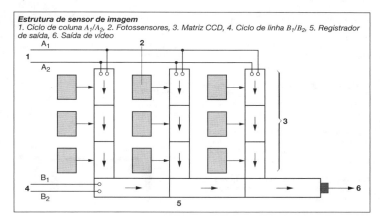

Estrutura de sensor de imagem
1. Ciclo de coluna A_1/A_2, 2. Fotossensores, 3. Matriz CCD, 4. Ciclo de linha B_1/B_2, 5. Registrador de saída, 6. Saída de vídeo

Atuadores

Grandezas e unidades

Grandeza		Unid.
A	Face do pólo; área de superfície do pistão	mm^2
B	Indução magnética ou densidade de fluxo magnético	T
F	Força	N
I	Intensidade de corrente elétrica	A
l	Comprimento do condutor no campo	mm
M	Torque	N·m
p	Pressão	Pa
Q	Taxa de fluxo volumétrico	l/min
Q_{calor}	Fluxo de calor	W
s	Distância, curso do pistão	mm
V	Volume	mm^3
V_{th}	Volume deslocado por rotação	mm^3
α	Ângulo entre a direção do fluxo de corrente e linhas magnéticas de força	°
δ	Comprimento do entreferro	mm
μ_0	Constante de permeabilidade	
φ	Ângulo de rotação	°

Atuadores (elementos finais de controle) formam uma interface entre o processador de sinal eletrônico (processamento de dados) e o processo real (movimento mecânico). Convertem sinais de baixa potência que transmitem informação sobre posicionamento em sinais operacionais de um nível de energia adequado ao controle do processo. Os conversores de sinais são combinados com elementos amplificadores para explorar os princípios de transformação física que regulam as inter-relações entre as várias formas de energia (elétrica-mecânica – fluida – térmica).

Atuador transistor: Elemento com circuito eletrônico para processar sinais de controle. Inclui entrada de energia auxiliar e estágios de saída de energia.

Servocomponente: Como acima, mas com a habilidade de processar sinais não-elétricos de controle. Atuador transistor + servocomponente = elemento final de controle.

Conversor: Componente de controle sem processamento de sinal de controle; recebe e transfere energia.

Atuador: Cadeia de controle abrange conversor e servocomponente. O termo "atuador" também é empregado com uma designação de uso geral para servocomponentes, sem conversores próprios.

Atuadores eletromecânicos

Esse tipo de conversão de energia representa uma opção para classificar atuadores eletromecânicos. A energia que emana da fonte transforma-se em energia de campo elétrico ou magnético ou, ainda, converte-se em energia térmica. O princípio de geração de força é determinado por essas formas de energia e baseia-se em forças do campo ou em certas características de materiais específicos. Materiais magnetostritivos possibilitam projetar atuadores para aplicações na faixa do microposicionamento. Essa categoria também inclui atuadores piezoelétricos, que são construídos de acordo com um projeto de multicamadas, semelhante a capacitores cerâmicos, e são atuadores para injetores de combustível de alta velocidade. Atuadores térmicos dependem, exclusivamente, da exploração de características de materiais específicos.

Atuadores num veículo a motor são basicamente conversores eletro-magneto-mecânicos e, por conseqüência, servomotores elétricos (p. 149), atuadores solenóides translacionais e rotativos. O sistema pirotécnico de *airbag* seria uma exceção (p. 1034). Os atuadores solenóides podem ser o servo-elemento ou podem assumir uma função de controle, regulando um dispositivo de amplificação de força a jusante (p. ex., mecânico-hidráulico).

Cadeia de atuador
1. Informação, 2. Atuador, 3. Conversor, 4. Elemento de controle, 5. Perdas, 6. Energia elétrica externa, 7. Energia hidráulica externa

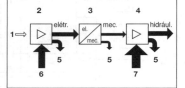

Atuadores **141**

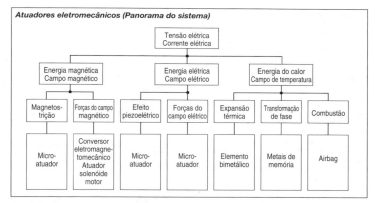

Atuadores eletromecânicos (Panorama do sistema)

Geração de força no campo magnético

A distinção entre os princípios do atuador eletromagnético e eletrodinâmico deriva da maneira na qual as forças são geradas no campo magnético. O circuito magnético com material ferromagnético e a bobina para excitação do campo magnético são comuns a ambos os princípios. A grande diferença apóia-se na força que pode ser extraída da unidade sob condições tecnicamente viáveis. Sob condições idênticas, a força produzida por aplicação do princípio eletromagnético é maior num fator de 40. A constante de tempo elétrica para este tipo de atuador é comparável às constantes de tempo mecânicas. Ambos os princípios de geração de força são aplicados em mecanismos de acionamento lineares e rotativos.

Princípio eletrodinâmico

Projetos eletrodinâmicos são baseados na força exercida nas cargas móveis ou condutores carregados num campo magnético (força de Lorentz). Uma bobina de campo ou um ímã permanente geram um campo magnético constante. A energia elétrica destinada à conversão é aplicada ao enrolamento móvel da armadura (bobina de êmbolo ou de imersão). Um alto grau de precisão de atuador é atingido pelo projeto da bobina da armadura com baixa massa e baixa indutância. As duas unidades de armazenamento de energia (uma no componente fixo e outra no móvel) produzem duas direções de força ativas via inversão da direção da corrente nas bobinas da armadura e de campo.

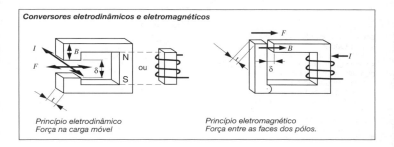

Conversores eletrodinâmicos e eletromagnéticos

Princípio eletrodinâmico
Força na carga móvel

Princípio eletromagnético
Força entre as faces dos pólos.

O campo secundário produzido pela corrente da armadura flui num circuito magnético aberto, diminuindo, assim, os efeitos de saturação. A força (torque) exercida por um atuador eletrodinâmico sobre sua faixa de ajuste é, aproximadamente, proporcional à corrente, independentemente do deslocamento.

Princípio eletromagnético
O princípio eletromagnético explora a atração mútua apresentada por materiais ferrosos macios num campo magnético. O atuador eletromagnético é equipado com uma bobina apenas, que gera tanto a energia de campo, quanto a energia a ser transformada. De acordo com os princípios de funcionamento, a bobina de campo é equipada com um núcleo de ferro, para oferecer indutância mais alta. No entanto, já que a força é proporcional ao quadrado da densidade do fluxo magnético, a unidade será operativa apenas numa só direção de transferência de força. O atuador eletromagnético exige, então, um elemento de resposta (tal como uma mola mecânica ou um mecanismo de resposta magnético).

Resposta dinâmica

A resposta mecânica de um atuador eletromecânico, isto é, operações de ativação e desativação, é definida pela equação de movimento mecânico, a equação diferencial de circuitos elétricos e equações de Maxwell de dinâmica. A força de corrente e dependente da posição segue as equações de Maxwell.

O circuito elétrico mais básico consiste de uma indutância com um resistor ôhmico. Um meio de ressaltar a resposta dinâmica é por meio da sobreexcitação no instante da ativação, ao passo que a desativação pode ser acelerada por um diodo Zener. Em cada caso, aumentar a resposta dinâmica do circuito elétrico envolve gastos extras e perdas aumentadas na eletrônica de disparo do atuador.

A difusão do campo é um efeito de atraso, que dificilmente influencia os atuadores com alta resposta dinâmica. Operações de rápida comutação são acompanhadas por flutuações de campo de alta freqüência no material ferromagnético do circuito magnético do atuador. Por sua vez, essas flutuações induzem correntes parasitas, que neutralizam sua causa (formação e deterioração do campo magnético). O atraso resul-

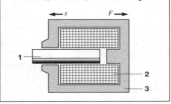

Solenóide de comutação
1. Armadura, 2. Bobina, 3. Culatra magnética

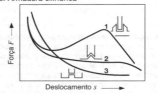

Solenóide de comutação (curvas características)
1. Êmbolo solenóide, 2. Armadura cônica
3. Armadura cilíndrica

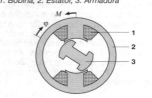

Atuador rotativo de um só enrolamento eletromagnético
1. Bobina, 2. Estator, 3. Armadura

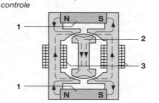

Motor de torque
1. Ímãs, 2. Armadura, 3. Enrolamentos de controle

tante na formação ou redução de forças só pode ser reduzido pela seleção de materiais apropriados com permeabilidade e condutividade baixas.

Projeto
A seleção de projeto é basicamente determinada pelas condições de operação (p. ex., espaço de instalação, curva de força/deslocamento exigida e resposta dinâmica).

Atuadores eletromagnéticos
Uma forma típica para atuadores eletromagnéticos translacionais é o solenóide de comutação com curva de força/deslocamento, que cai como uma função do quadrado do curso de posicionamento. A forma exata da curva é determinada pelo tipo de entreferro empregado (p. ex. cônico ou êmbolo solenóide).

Os atuadores eletromagnéticos rotativos são caracterizados por uma disposição definida dos pólos no estator e no rotor. Quando a corrente é aplicada a uma das bobinas, os pólos do rotor e do estator respondem com atração mútua e, assim fazendo, geram um torque.

O atuador rotativo de um só enrolamento incorpora um par de pólos em cada uma das seções principais, bem como uma bobina no estator. Sua faixa máxima de ajuste é de, aproximadamente, 45°.

O motor de torque é um atuador rotativo eletromagnético bidirecional, que apresenta um ponto de operação estável sem forças opostas. O rotor é mantido numa posição estável pelo campo de excitação do ímã permanente no estator. O campo magnético gerado por um ou dois enrolamentos de estator produz torque e fornece compensação unilateral para o campo de excitação. Esse tipo de arranjo é adequado a aplicações, nas quais forças substanciais são exigidas para pequenos ângulos de controle. A relação entre a corrente aplicada e a força do motor de torque é aproximadamente linear. O princípio do motor de torque também é empregado em atuadores translacionais.

Atuadores eletrodinâmicos
Num ímã pot (atuador de bobina de imersão), uma bobina de imersão cilíndrica (enrolamento da armadura) é colocada em movimento num entreferro operante.

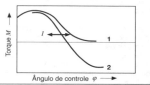

Atuador rotativo eletromagnético (curvas características)
1. Atuador rotativo de um só enrolamento
2. Motor de torque

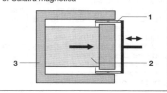

Atuador eletrodinâmico de bobina de imersão
1. Bobina de imersão, 2. Ímã permanente
3. Culatra magnética

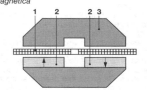

Motor linear eletrodinâmico de percurso curto
1. Bobina, 2. Ímã permanente, 3. Culatra magnética

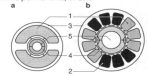

Atuador rotativo eletrodinâmico
a) Atuador rotativo de um só enrolamento
b) Atuador rotativo de dois enrolamentos
1. Bobina 1, 2. Bobina 2, 3. Estator
4. Ímã permanente, 5. Eixo

A faixa de ajuste é limitada pelo comprimento axial do enrolamento da armadura ou pelo entreferro.

O motor linear de percurso curto é um atuador com uma bobina de disco praticamente redonda.

Uma distinção é feita entre os atuadores rotativos de um só e de dois enrolamentos.

Ambos os tipos incluem um ímã permanente dentro do rotor e um ou dois enrolamentos de estator. O ímã de rotor é magnetizado em ambos os extremos, a fim de produzir um fluxo magnético no entreferro operante do ímã rotativo, que se combina com a corrente de armadura para produzir um torque. Partindo da posição ilustrada, a faixa de ajuste é menor do que ± 45°. A faixa de posicionamento do <u>atuador rotativo de um só enrolamento</u> também varia de acordo com a exigência de torque e a faixa de ângulo, na qual a densidade necessária do fluxo pode ser fornecida.

O <u>atuador rotativo de dois enrolamentos</u> pode ser descrito como a combinação de dois atuadores rotativos de um só enrolamento com um desvio periférico de 90° e projetado para produzir fluxos opostos de torque. Um ponto de funcionamento estável é atingido no ponto de transição por zero, na curva de torque resultante, sem forças opostas suplementares.

Aplicações

Atuadores eletromecânicos são elementos de controle de ação direta. Sem um mecanismo de conversão de razão intermediário, eles convertem a energia do sinal de controle elétrico num trabalho/fator de posicionamento mecânico. Aplicações típicas incluem posicionamento de flaps, buchas e válvulas. Os atuadores descritos são elementos de controle final, sem mecanismos de retorno interno, isto é, sem um ponto de operação estável. Serão apenas capazes de realizar operações de posicionamento a partir de uma posição inicial estável (ponto de operação), quando uma força oposta for aplicada (p. ex. mola de resposta e controle elétrico).

Um êmbolo solenóide fornecerá um ponto de operação estático inicial, quando sua curva de força/deslocamento se sobrepuser à resposta característica de uma mola de resposta. Uma variação da corrente da bobina no solenóide desloca o ponto de operação. O posicionamento simples é atingido pelo controle da corren-

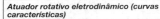

Atuador rotativo eletrodinâmico (curvas características)
a) Atuador rotativo de um só enrolamento
b) Atuador rotativo de dois enrolamentos
1. Bobina 1, 2. Bobina 2, 3. Bobinas 1 e 2

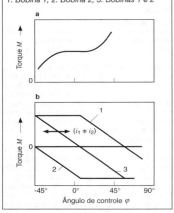

Pontos de operação (A) de um solenóide linear
1, 2, 3. Curvas para correntes diferentes
4. Curva para mola de resposta

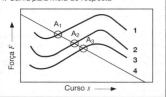

te. Entretanto, devemos oferecer especial atenção aqui à não-linearidade da característica força-corrente e à sensibilidade do sistema de posicionamento a fatores de interferência (p. ex. atrito mecânico, forças pneumáticas e hidráulicas). A sensibilidade da temperatura da resistência da bobina resulta em erros de posicionamento, tornando necessário o controle corretivo de corrente. Um sistema de posicionamento de alta precisão com boa resposta dinâmica deve incorporar um sensor de posição e um controlador.

	Atuadores hidráulicos	Atuadores pneumáticos
Meio	- Fluido, principalmente óleo - Suprimento de tanque, reservatório de óleo - Praticamente incompressível - Autolubrificante - Viscosidade altamente dependente de temperatura	- Gás, principalmente ar - Suprimento de ar circundante - Compressível - Lubrificação independente exigida - Flutuações de viscosidade praticamente irrelevantes
Faixa de pressão	- Até, aprox., 30 MPa (200 MPa para injetores de Diesel)	- Até, aprox., 1 MPa ou maior (aprox. 0,05 MPa para atuadores a vácuo)
Conexões de linha	- Conexão de suprimento e retorno (possível conexão de vazamento)	- Conexão de pressão apenas; resposta direta ao ambiente
Aplicações	- Aplicações de posicionamento com alta rigidez de carga, exigindo sincronização e precisão de posicionamento em sistema de controle em malha fechada	- Atuadores com baixa exigência de potência; posicionamento por paradas mecânicas, em controle em malha aberta

Atuadores fluido-mecânicos

Atuadores pneumáticos e hidráulicos utilizam princípios semelhantes para a conversão e regulação de energia (vide "Hidráulica automotiva", p. 1170 e "Pneumática automotiva", p. 1186): A tabela mostra as diferenças nas características e aplicações.

Na maioria das aplicações, os acionamentos do atuador fluido-mecânico vêm na forma de conversores de energia hidrostática. Esses funcionam de acordo com o princípio de deslocamento, convertendo a energia de pressão do meio fluido em trabalho mecânico e vice-versa.

Em contraste, transformadores hidrodinâmicos funcionam pela conversão de energia de fluxo (energia cinética do fluido móvel) em trabalho mecânico (p. ex., embreagem hidrodinâmica, p. 739).

Durante a conversão de energia, as perdas originam-se de vazamento e atrito. Perdas fluido-térmicas são causadas pela resistência ao fluxo, em que a ação do afogador transforma a energia hidráulica em calor. Uma porção desse calor dissipa-se no ambiente, e outra parte é absorvida e levada pelo meio fluido.

$Q_{calor} = Q_1 \cdot p_1 - Q_2 \cdot p_2$

Com fluidos incompressíveis:

$Q_{calor} = Q_1 (p_1 - p_2)$

O fluxo se desenvolve em turbulência com restrições. Então, a taxa de fluxo do fluido é amplamente independente de viscosidade. Por outro lado, a viscosidade tem, de fato, um papel no caso do fluxo laminar em canos estreitos e orifícios (vide "Hidráulica automotiva").

Amplificadores fluido-mecânicos controlam a conversão de energia do estado fluido ao mecânico. O mecanismo regulador deve ser projetado para controlar, com apenas uma muito pequena proporção de energia, exigida para operação final de posicionamento.

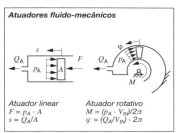

Atuadores fluido-mecânicos

Atuador linear
$F = p_A \cdot A$
$s = Q_A / A$

Atuador rotativo
$M = (p_A \cdot V_{th}) / 2\pi$
$\varphi = (Q_A / V_{th}) \cdot 2\pi$

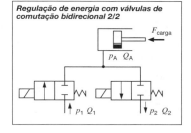

Regulação de energia com válvulas de comutação bidirecional 2/2

Válvulas de comutação abrem e fecham o orifício que regula o fluxo para e a partir do conversor de energia fluido-mecânica. Caso o elemento de controle abra o bastante, as perdas no afogador permanecem insignificantes. Abertura e fechamento modulados por largura de pulso podem ser aplicados para atingir controle quase-contínuo do processo de conversão de energia elétrica/mecânica, quase sem perdas. Entretanto, na prática, flutuações na pressão e contato mecânico entre os elementos da válvula resultam em vibração e ruído indesejáveis.

Dados de desempenho do atuador

A tabela abaixo compara dados de desempenho para nove tipos diferentes de atuadores.

Esta contém dados baseados em componentes de 50 a 100 mm de comprimento e de diâmetros variando de 20 a 50 mm.

As comparações entre motores rotativos e atuadores lineares são baseadas em um mecanismo de conversão, que consiste numa haste mecânica com porca (passo de 1 mm). Os comprimentos da haste e do motor são idênticos.

Expansão
Expansão é o percurso relativo ao comprimento do atuador interno, onde a energia é gerada; p. ex., comprimento da pilha piezoelétrica, comprimento da bobina, comprimento interno do cilindro hidráulico. O percurso efetivo (70% do comprimento da haste especificada) é visto como a expansão dos motores de rotação.

Esforço mecânico
O esforço mecânico é a força de suspensão relativa à área de geração de força, p. ex. área de corte transversal de dispositivos piezoelétricos, superfície de entreferro de bobina (superfície lateral ou de face terminal), superfície interna de cilindro hidráulico. A força periférica no rotor e a superfície lateral do rotor são usadas para calcular o esforço de cisalhamento em motores elétricos.

Velocidade
A velocidade é definida como o deslocamento no percurso de controle dividido pelo tempo de controle. Em motores rotativos, é a velocidade periférica do rotor.

Densidade média de força de controle
A densidade média de força de controle é a força de controle termicamente permissível relativa ao volume da unidade.

Dados de desempenho

N.º	Tipo de atuador	Expansão	Esforço mecânico N/mm^2	Velocidade m/s	Densidade de força de controle por percurso mW/cm^3	Densidade média de força de controle mW/cm^3	Eficiência %
1	Cilindro hidráulico	30	21	0,25	9	3.020	92
2	Cilindro pneumático	76	1	1	3,5	1.180	88
3	Motor CC	70	0,007 [2]	6 [3]	0,8	791	50
4	Motor ultra-sônico	70	0,06 [3]	0,35 [3]	0,13	133	16
5	Atuador de piezo-efeito	0,09 [5]	30	2 [4]	15,6	61	7
6	Fio de memória	4	50	0,002	0,32	53	0,3
7	Solenóide de válvula linear [1]	0,8	2,2	0,5	8	44	5
8	Atuador magnetostritivo	0,09	22	1,5	1,6	5,4	5
9	Solenóide linear 5% ON	21	0,1	0,16	0,12	4,1	5

[1] Combustível resfriado, [2] Esforço de cisalhamento no entreferro de atrito do rotor, [3] Velocidade periférica do rotor, [4] Limite teórico, [5] Ceramitas novos de até 0,18%.

Atuadores **147**

Densidade de força de controle por percurso
A densidade de força de controle por percurso é a força máxima de controle de transição por percurso, relativa ao volume da unidade. Uma haste (1 mm de passo) de comprimento igual ao comprimento do motor é especificada para motores.

Eficiência
A eficiência é a energia suprida dividida pela energia transmitida ao atuador, sem incluir as perdas associadas às montagens eletrônica ou de outro controle. Opções para reciclagem de energia (isto é, com atuadores piezoelétricos) não são consideradas.

Características
Níveis de desempenho extremamente altos nas áreas de expansão, esforço mecânico e velocidade fazem dos atuadores hidráulicos o projeto preferido em aplicações para prolongados serviços pesados.

Em motores elétricos, altas velocidades periféricas compensam baixas forças do campo magnético, permitindo que esses motores forneçam altos níveis de densidade de força em funcionamento contínuo.

Apesar de sua limitada expansão, os atuadores piezoelétricos são capazes de gerar altos níveis de força, sendo, assim, adequados ao fornecimento de breves "explosões" de alta energia.

Solenóides lineares sofrem com perdas térmicas substanciais na bobina. Com resfriamento adequado, alcançam valores moderados de densidade de força de controle, comparáveis àquelas dos atuadores em estado sólido.

Densidade média de força de controle de atuadores selecionados
1. Cilindro hidráulico 2. Cilindro pneumático, 3. Motor CC, 4. Motor ultra-sônico, 5. Atuador de piezoefeito, 6. Fio de memória, 7. Atuador solenóide de válvula, 8. Atuador magnetostritivo, 9. Solenóide linear 5% a tempo

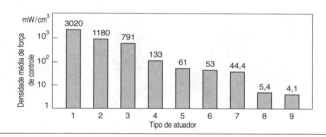

Densidade de força de controle por percurso de atuadores selecionados
1. Cilindro hidráulico, 2. Cilindro pneumático, 3. Motor CC, 4. Motor ultra-sônico, 5. Atuador de piezoefeito, 6. Fio de memória, 7. Solenóide linear de válvula, 8. Atuador magnetostritivo, 9. Solenóide linear 5% a tempo

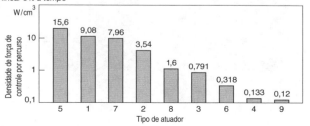

Miniaturas

A micromecânica viabiliza a execução de funções do sensor no menor dos espaços. Dimensões mecânicas típicas podem estender-se numa faixa micrométrica. Mesmo o silício, com suas propriedades únicas, provou ser um material adequado para produzir estruturas mecânicas bem pequenas, frequentemente filigranadas. Sua elasticidade, combinada com suas propriedades elétricas, é praticamente ideal para fabricar sensores. É possível valer-se de processos modificados de tecnologia de semicondutores, para integrar funções mecânicas e eletrônicas do sensor num único chip de forma diferente.

Em 1994, um sensor de pressão de entrada, para leitura de carga em veículos a motor, foi o primeiro produto com célula micromecânica de medição da Bosch a entrar em produção em massa. Aceleração micromecânica e sensores de taxa de guinada são exemplos mais recentes de miniaturização em sistemas de segurança de veículos para proteção do passageiro e controle eletrônico de programa de estabilidade. As fotos abaixo ilustram claramente o tamanho minúsculo.

Sensor micromecânico de aceleração

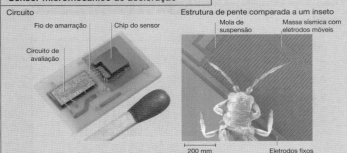

Sensor micromecânico de taxa de guinada

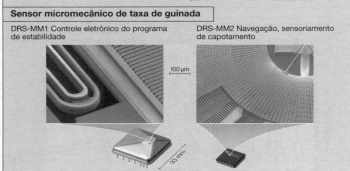

Máquinas elétricas

Conceito de funcionamento

Máquinas elétricas são usadas para converter energia elétrica e mecânica. Um motor elétrico converte energia elétrica em mecânica, e um alternador converte energia na direção oposta. Máquinas elétricas consistem de um componente estacionário (estator) e um rotativo (rotor). Há projetos especiais que partem dessa configuração, tais como máquinas lineares que produzem movimento linear. Ímãs permanentes ou várias bobinas (enrolamentos) são usados para produzir campos magnéticos no estator e no rotor. Isso causa torque a se desenvolver entre os dois componentes da máquina. Máquinas elétricas apresentam estatores e rotores de ferro, a fim de controlar os campos magnéticos. Devido à variação dos fluxos magnéticos ao longo do tempo, estatores e rotores devem consistir-se em pilhas de laminações individuais, isoladas umas das outras. A disposição espacial das bobinas e o tipo de corrente usada (corrente contínua, corrente alternada ou correntes trifásicas) viabilizam alguns projetos diversos de máquinas elétricas. Distinguem-se um do outro em seu funcionamento e favorecem, portanto, aplicações diferentes.

Máquinas de corrente contínua

O estator de uma máquina de corrente contínua contém pólos salientes, magnetizados por enrolamentos de excitação de corrente contínua. No rotor (aqui, também chamado de armadura), as bobinas se distribuem entre as ranhuras no material laminado e são conectadas ao comutador. As escovas de carvão na carcaça do estator esfregam-se contra o comutador conforme esse gira, transferindo, assim, corrente contínua às bobinas da armadura. A rotação do comutador causa uma inversão na direção do fluxo de corrente nas bobinas. As diferentes características de velocidade de rotação versus torque resultam do método selecionado para conectar o enrolamento de excitação e a armadura:

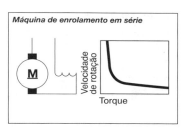

Máquina de enrolamento em série

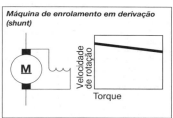

Máquina de enrolamento em derivação (shunt)

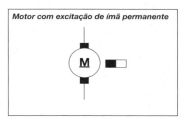

Motor com excitação de ímã permanente

Conexão em série (característica série)
- Velocidade de rotação altamente dependente da carga;
- Alto torque de partida;
- "Disparo" da máquina, caso a carga seja repentinamente removida, exigindo, portanto, que a carga seja rigidamente acoplada;
- Direção de rotação alterada pela inversão da direção de corrente na armadura ou no enrolamento de excitação;
- Entre outras aplicações, usada como motor de acionamento de veículos e motores de partida para máquinas de combustão interna.

Conexão paralela (característica em derivação)

- A velocidade de rotação permanece praticamente constante, independentemente da carga;
- A direção da rotação é alterada, invertendo a direção da corrente na armadura ou no enrolamento de excitação;
- Usada, por exemplo, como motor de acionamento para ferramentas de máquinas e como gerador de corrente contínua.

A característica em derivação pode, também, ser obtida pelo uso de um suprimento de energia, separado do enrolamento de excitação (excitação externa) ou pelo uso de uma excitação de ímã permanente no estator. Aplicações de motores de campo permanente e em veículos: partida, limpador de pára-brisa e motores de baixa potência para vários acionamentos.

Se o motor incorporar ambos os enrolamentos de excitação em série e em derivação (motor de enrolamento compound (no port., composto), níveis intermediários de característica "velocidade de rotação/torque" podem ser obtidos. Aplicação: grandes motores de partida.

Todas as máquinas de corrente contínua são facilmente capazes de controle de velocidade numa faixa ampla. Caso a máquina incorpore um conversor estático, que permita ajuste da tensão de armadura, o torque e, portanto, a velocidade de rotação serão infinitamente variáveis. A velocidade de rotação pode, ainda, ser aumentada pela redução da corrente de excitação (enfraquecimento de campo), quando a tensão nominal de armadura for alcançada. A desvantagem de máquinas de corrente contínua é o desgaste da escova de carvão e do comutador, o que torna necessária uma manutenção regular.

Máquinas trifásicas

Um enrolamento trifásico é distribuído entre as ranhuras do estator numa máquina trifásica. As três correntes de fase produzem um campo magnético girante. A velocidade n_0 (em rpm) desse campo girante é calculada como segue:

$$n_0 = 60 \cdot f/p$$

f = freqüência (em Hz), p = número de pares de pólos. Máquinas trifásicas são síncronas ou assíncronas, dependendo do projeto do rotor.

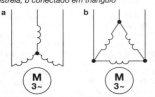

Motor assíncrono trifásico, com rotor de gaiola de esquilo
Enrolamento do estator, a conectado em estrela, b conectado em triângulo

Máquinas assíncronas

O rotor laminado contém um enrolamento trifásico, como no estator, ou um enrolamento em barras. O enrolamento trifásico é conectado a anéis deslizantes, que são curto-circuitados diretamente ou via resistores-série. No caso do enrolamento em barras, as barras são conectadas umas às outras, por dois enrolamentos curto-circuitados (rotor de gaiola de esquilo). Desde que a velocidade do rotor difira de n_0, o campo girante do estator induz corrente nos enrolamentos do rotor, portanto, gerando torque. A diferença entre a velocidade de rotação do rotor n de n_0 é denominada escorregamento s.

$$s = (n_0 - n)/n_0$$

A operação contínua é apenas econômica na vizinhança de n_0, porque as perdas aumentam com o aumento do escorregamento (escorregamento nominal ≤ 5%). Nesta faixa, a máquina assíncrona apresenta uma característica em derivação. A máquina funciona como um motor, quando $n < n_0$, e como um gerador, quando $n > n_0$. A direção de rotação é alterada invertendo duas das fases.

Exemplos de velocidades do campo girante

Número de pólos (2 p)	Freqüência		
	50 Hz	150 Hz	200 Hz
	Velocidade do campo girante em rpm		
2	3.000	9.000	12.000
4	1.500	4.500	6.000
6	1.000	3.000	4.000
8	750	2.250	3.000
10	600	1.800	2.400
12	500	1.500	2.000

A máquina assíncrona é o motor elétrico mais frequentemente usado, na área de engenharia de acionamento. Com o rotor de gaiola de esquilo, é fácil operar e exige pouca manutenção.

Máquinas síncronas

No rotor (aqui, tb. chamado de roda polar), os pólos são magnetizados por bobinas de corrente contínua. A corrente magnetizante é geralmente transferida, por meio de dois anéis deslizantes, para o rotor. A roda polar pode ser feita de aço sólido, porque o fluxo magnético permanece constante ao longo do tempo. Um torque constante é gerado, desde que o rotor gire numa velocidade n_0. Em outras velocidades, o torque flutua, periodicamente, entre um valor máximo positivo e um negativo, e uma corrente excessivamente alta é produzida.

Por esta razão, a máquina síncrona não apresenta partida automática. A máquina síncrona também difere da assíncrona, pelo fato de a absorção e geração de potência reativa serem controláveis. A máquina síncrona é mais freqüentemente usada como um gerador em usinas de energia elétrica. Motores síncronos são usados em casos, em que se deseja velocidade do motor constante, baseada na frequência da linha constante, ou em que exista uma demanda de potência reativa. O alternador trifásico automotivo é um tipo especial de máquina síncrona.

A velocidade de rotação de todas as máquinas trifásicas é determinada pela freqüência do estator. Tais máquinas podem funcionar numa ampla faixa de velocidades, se utilizadas com conversores estáticos que variam a freqüência.

Motores EC

O motor "de corrente contínua comutado eletronicamente" ou "EC" está cada vez mais popular. É essencialmente uma máquina síncrona de ímã permanente sem escovas. O motor EC é equipado com sensor de posição do rotor, e é conectado a uma fonte de energia CC, por meio de seu controle e eletrônica de potência. O circuito eletrônico de transferência chaveia a corrente no enrolamento do estator, de acordo com a posição do rotor – os ímãs que induzem uma corrente de excitação são ligados a um rotor – para prover a interdependência entre a velocidade de rotação e o torque, normalmente associado com uma máquina CC

Gerador síncrono trifásico, ligado em estrela
Rotor de anel deslizante, com enrolamento de excitação

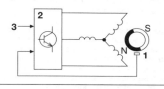

Motor EC
1. Máquina elétrica, com sensor de posição do rotor; 2. Controle e eletrônica de potência; 3. Entrada.

excitada separadamente. As respectivas funções magnéticas do estator e do rotor são o oposto do que seriam numa máquina de corrente contínua clássica.

As aplicações potenciais do motor EC são um resultado das vantagens que este princípio de acionamento fornece: comutador e escovas de carvão são substituídos por eletrônica, dispensando ambos o ruído e o desgaste das escovas. Motores EC são livres de manutenção (alta vida útil) e são construídos para atender altos graus de proteção (vide abaixo). A característica de controle eletrônico facilita às unidades de acionamento com motores EC incorporarem funções auxiliares, como regulação de velocidade infinitamente variável, inversão de direção, partidas soft e proteção anti-bloqueio.

As principais áreas de aplicações automotivas são nos setores de HVAC (ar condicionado/aquecimento/ventilação) e para bombas e servomecanismos. Motores EC são principalmente empregados como unidades de acionamento, para controle de alimentação em ferramentas de máquinas. Aqui, as vantagens decisivas são desobrigação de manutenção, propriedades dinâmicas favoráveis e saída de torque consistente com flutuação mínima.

Máquinas de corrente alternada monofásicas

Motores universais
O motor de corrente contínua de enrolamento em série pode ser operado em corrente alternada, caso seja utilizado um estator de ferro laminado, ao invés de sólido. É, então, denominado motor universal.

Quando operado em corrente alternada, uma componente de torque, no dobro da freqüência da corrente, é superposta à componente de torque constante.

Motores assíncronos monofásicos, com rotor de gaiola de esquilo
O projeto mais simples de um motor assíncrono monofásico é uma máquina assíncrona trifásica, na qual uma corrente alternada é aplicada a apenas duas fases do estator. Apesar de seu funcionamento manter-se praticamente o mesmo, a potência e o torque máximo são reduzidos. Além disso, as máquinas assíncronas monofásicas não apresentam partida automática.

Máquinas projetadas para operação monofásica apenas apresentam um único enrolamento monofásico principal no estator, bem como circuitos auxiliares de partida. O estator também contém um enrolamento auxiliar, conectado em paralelo com o enrolamento principal, para este propósito. O deslocamento de fase, necessário na corrente do enrolamento auxiliar, pode ser alcançado por meio de uma resistência de enrolamento aumentada (baixo torque de partida) ou por meio de um capacitor conectado em série com o enrolamento auxiliar (torque de partida algo maior).

O enrolamento auxiliar é desconectado depois que o motor parte. A direção de rotação do motor é alterada, pela inversão das duas conexões de enrolamento auxiliar ou principal. O motor que apresenta um capacitor em série, com enrolamento auxiliar, é chamado de motor capacitor. Motores capacitores, com capacitor de partida e em operação, também funcionam continuamente com enrolamento auxiliar e capacitor. Operação ótima, para um ponto de funcionamento específico, pode ser alcançada pela seleção correta do capacitor. Um capacitor adicional é freqüentemente usado, para aumentar o torque de partida. Esse capacitor é, então, desconectado, depois que o motor parte.

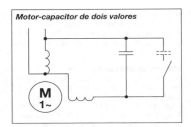

Motor-capacitor de dois valores

Classificações de tipos de ciclos de funcionamento para máquinas elétricas
(VDE 0530)

S1 – Ciclo de funcionamento contínuo
Operação sob carga constante (saída nominal) de duração suficiente para alcançar a temperatura de funcionamento de regime.

S2 – Ciclo de curta-duração
Operação sob carga constante é tão breve que a temperatura de funcionamento de regime não é alcançada. O período restante é tão longo que a máquina pode esfriar para a temperatura do refrigerante.

Períodos de serviços de curta duração recomendados: 10, 30, 60 e 90 minutos.

S3–S5 – Ciclo intermitente
Seqüência alternada-contínua de períodos de funcionamento em carga e em vazio. A temperatura de funcionamento de regime não é atingida durante o período de carga ou durante o período de resfriamento de um ciclo de serviço.
S3 – Ciclo intermitente sem influência da partida na temperatura
S4 – Ciclo intermitente com influência da partida na temperatura
S5 – Ciclo intermitente com influência da partida e da freagem na temperatura

S6 – Operação contínua com carregamento intermitente
Operação com carregamento intermitente. Seqüência alternada-contínua de períodos de funcionamento em carga e sem carga; do contrário, como em S3.

S7 – Operação ininterrupta
Operação com partida e freagem.

S8 – Operação ininterrupta
Operação com mudança de pólo.
Para S3 e S6, o tempo de ciclo de serviço é de 10 min, a menos que seja acordado de outra forma. Valores recomendados para fatores de duração cíclica são 15, 25, 40 e 60%. Para S2, S3 e S6, o tempo de operação ou o tempo de ciclo de serviço e o fator de duração cíclica devem ser especificados após a classificação. O tempo de ciclo de serviço deve ser especificado, se diferir de 10 min. Exemplo: S2 – 60 min; S3 – 25%.

Fator de duração cíclica
O fator de duração cíclica é a relação entre o período de carregamento, incluindo partida e freagem, e o tempo do ciclo.

Temperatura de enrolamento
A temperatura média t_2 dos enrolamentos de uma máquina elétrica pode ser determinada pela medição da resistência (R_2), referindo-a a uma resistência inicial R_1, numa temperatura t_1:

$$t_2 = \frac{R_2 - R_1}{R_1} = (\tau + t_1) + t_1$$

com

$$\tau = \frac{1}{\alpha} - 20\,\mathrm{K}$$

α = coeficiente de temperatura

Graus de proteção para máquinas elétricas
(DIN 40 050)

Exemplos:

Grau de proteção IP 00
Nenhuma proteção contra contato acidental, nenhuma proteção contra corpos sólidos, nenhuma proteção contra água.

Grau de proteção IP 11
Proteção contra contato manual em áreas amplas, proteção contra grandes corpos sólidos, proteção contra gotejamento d'água.

Grau de proteção IP 23
Proteção contra contato pelos dedos, proteção contra corpos sólidos de tamanho médio, proteção contra água borrifada vertical ou obliquamente, num ângulo de até 60° com a vertical.

Grau de proteção IP 44
Proteção contra contato por ferramentas ou similares, proteção contra pequenos corpos sólidos, proteção contra jatos d'água de todas as direções.

Grau de proteção IP 67
Proteção total contra contato, à prova de poeira, proteção contra invasão de perigosas quantidades d'água, quando imersas sob condições de pressão definida e por um período de tempo definido.

Proteção contra explosão Ex
(VDE 0170/0171)
Símbolo d: Carcaça de contenção de explosão
Símbolo f: Ventilação auxiliar
Símbolo e: Segurança aumentada
Símbolo s: Proteção especial; p. ex. para máquinas operando em líquidos inflamáveis.

Matemática

Símbolos e sinais matemáticos

≈	Aproximadamente igual a
≪	Muito menor do que
≫	Muito maior do que
≙	Corresponde a
...	E assim em diante
=	Igual a
≠	Diferente de
<	Menor do que
≤	Menor ou igual a
>	Maior do que
≥	Maior ou igual a
+	Mais
−	Menos
· ou ★ ou ×	Multiplicado por
− ou /	Dividido por

Números muito utilizados

$e = 2{,}718282$[1]	$\sqrt{\pi} = 1{,}77245$
$e^2 = 7{,}389056$	$1/\pi = 0{,}31831$
$1/e = 0{,}367879$	$\pi^2 = 9{,}86960$
$\lg e = 0{,}434294$	$180/\pi = 57{,}29578$
$\sqrt{e} = 1{,}648721$	$\pi/180 = 0{,}017453$
$1/\lg e = 2{,}302585$	$\sqrt{2} = 1{,}41421$
$\ln 10 = 2{,}302585$	$1/\sqrt{2} = 0{,}70711$
$1/\ln 10 = 0{,}434294$	$\sqrt{3} = 1{,}73205$
$\pi = 3{,}14159$	

Sistemas numéricos

Os sistemas numéricos são utilizados para formar numerais nos casos onde o número de dígitos é menor do que a quantidade de unidades individuais que estão sendo descritas. A representação coletiva de mais de um elemento requer apenas um único símbolo neste tipo de notação.

Os sistemas numéricos utilizados atualmente diferem dos sistemas mais antigos (aditivos) pela utilização de grupos que crescem uniformemente. A posição do dígito no numeral corresponde ao tamanho da unidade (valor do lugar). O número onde a primeira nova unidade é formada é igual ao número da base do número que denomina o sistema e também é igual ao número de dígitos individuais disponível para

---

[1] $e = 1 + 1/1! + 1/2! + 1/3! + ...$
(base dos logaritmos naturais)

ou:

Σ	Somatória
Π	Produto
~	Proporcional a
$\sqrt{}$	Raiz quadrada de ($\sqrt[n]{}$ raiz enésima de)
n!	n fatorial (exemplo: $3! = 1 \cdot 2 \cdot 3 = 6$)
$\|x\|$	Valor absoluto de x
→	Aproxima-se de
∞	Infinito
i ou j	Unidade imaginária, $i^2 = -1$
⊥	Perpendicular a
||	Paralelo a
∢	Ângulo
△	Triângulo
lim	Valor-limite
Δ	Delta (diferença entre dois valores)
d	Diferencial total
δ	Diferencial parcial
∫	Integral
ln	Logaritmo na base e[1]
lg	Logaritmo na base 10

descrever os numerais. O sistema mais utilizado é o decimal (base 10). O sistema binário (base 2), que utiliza os dígitos 0 e 1, e o sistema hexadecimal (base 16), que utiliza os dígitos 0 a 9 e as letras A a F, são muito utilizados na informática e na ciência da computação. Um número real a é representado no sistema de números denominacional por:

$$a = \pm \sum_{i=-\infty}^{\infty} Z_i \cdot B^i$$

i Posição, B base, Z_i número natural ($0 \leq Z_i \leq B$) na posição i. Uma vírgula é inserida entre as posições i < 0 e i = 0.

Sistema Numérico Romano (sistema baseado na adição)	Sistema Decimal (base 10)	Sistema Binário (base 2)
I	1	1
X	10	1010
C	100	1100100
M	1000	1111100110
II	2	10
V	5	101
L	50	110010
D	500	111110000
MIM ou MDCCCCLXXXXIX	1999	11111001111

(No sistema Romano, um numeral menor posicionado na frente de um numeral maior indica que é necessário subtrair o numeral menor do maior subsequente).

Números preferidos

Os números preferidos são aproximações dos termos das séries geométricas construídas com as seguintes razões (quociente entre um termo e seu predecessor na série):

Séries   R 5   R 10   R 20   R 40

Incremento $\sqrt[5]{10}$ $\sqrt[10]{10}$ $\sqrt[20]{10}$ $\sqrt[40]{10}$

Os números preferidos são utilizados para indicar os tamanhos prediletos e os incrementos dimensionais.

A norma DIN 323, além de reportar as séries principais, também apresenta a série adicional R 80 e os valores aproximados dos elementos da série.

Os componentes elétricos, tais como resistências e capacitores, são classificados de acordo com as séries E:

Séries   E 6   E 12   E 24

Incremento $\sqrt[6]{10}$ $\sqrt[12]{10}$ $\sqrt[24]{10}$

Números preferidos (DIN-323)

_	Séries principais	_	_	Valor exato	lg
R-5	R-10	R-20	R-40		
1,00	1,00	1,00	1,00	1,0000	0,0
			1,06	1,0593	0,025
		1,12	1,12	1,1220	0,05
			1,18	1,1885	0,075
	1,25	1,25	1,25	1,2589	0,1
			1,32	1,3335	0,125
		1,40	1,40	1,4125	0,15
			1,50	1,4962	0,175
1,60	1,60	1,60	1,60	1,5849	0,2
			1,70	1,6788	0,225
		1,80	1,80	1,7783	0,25
			1,90	1,8836	0,275
	2,00	2,00	2,00	1,9953	0,3
			2,12	2,1135	0,325
		2,24	2,24	2,2387	0,35
			2,36	2,3714	0,375
2,50	2,50	2,50	2,50	2,5119	0,4
			2,65	2,6607	0,425
		2,80	2,80	2,8184	0,45
			3,00	2,9854	0,475
	3,15	3,15	3,15	3,1623	0,5
			3,35	3,3497	0,525
		3,55	3,55	3,5481	0,55
			3,75	3,7584	0,575
4,00	4,00	4,00	4,00	3,9811	0,6
			4,25	4,2170	0,625
		4,50	4,50	4,4668	0,65
			4,75	4,7315	0,675
	5,00	5,00	5,00	5,0119	0,7
			5,30	5,3088	0,725
		5,60	5,60	5,6234	0,75
			6,00	5,9566	0,775
6,30	6,30	6,30	6,30	6,3096	0,8
			6,70	6,6834	0,825
		7,10	7,10	7,0795	0,85
			7,50	7,4989	0,875
	8,00	8,00	8,00	7,9433	0,9
			8,50	8,4140	0,925
		9,00	9,00	8,9125	0,95
			9,50	9,4409	0,975
10,0	10,0	10,0	10,0	10,0000	1,0

Séries E (DIN-41-426)

E-6	E-12	E-24
1,0	1,0	1,0
		1,1
	1,2	1,2
		1,3
1,5	1,5	1,5
		1,6
	1,8	1,8
		2,0
2,2	2,2	2,2
		2,4
	2,7	2,7
		3,0
3,3	3,3	3,3
		3,6
	3,9	3,9
		4,3
4,7	4,7	4,7
		5,1
	5,6	5,6
		6,2
6,8	6,8	6,8
		7,5
	8,2	8,2
		9,1
10,0	10,0	10,0

Funções trigonométricas

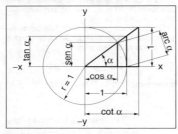

$\varphi =$	$\pm \alpha$	$90 \pm \alpha$	$180 \pm \alpha$	$270 \pm \alpha$
sen $\varphi =$	$\pm$ sen α	cos α	$\mp$ sen α	$-$ cos α
cos $\varphi =$	$\pm$ cos α	$\pm$ sen α	$-$ cos α	$\pm$ sen α
tan $\varphi =$	$\pm$ tan α	$\mp$ cot α	$\pm$ tan α	$\mp$ cot α
cot $\varphi =$	$\pm$ cot α	$\mp$ tan α	$\pm$ cot α	$\mp$ tan α

Seno α lado oposto/hipotenusa
Co-seno α lado adjacente/hipotenusa
Tangente α lado oposto/lado adjacente
Co-tangente α lado adjacente/lado oposto
Arco $\alpha = \widehat{\alpha}$ medida de α, em radianos, numa circunferência com raio unitário
inv α função evolvente

sen 0° = cos 90° = 0
cos 0° = sen 90° = 1
tan 0° = cot 90° = 0
cot 0° = tan 90° = ∞
sen 30° = cos 60° = 0,5
cos 30° = sen 60° = $0,5\sqrt{3}$
tan 30° = cot 60° = $\sqrt{3}/3$
cot 30° = tan 60° = $\sqrt{3}$

sen $2\alpha = 2$ sen $\alpha \cdot$ cos α
cos $2\alpha = $ cos$^2 \alpha - $ sen$^2 \alpha$
tan $2\alpha = 2/($cot $\alpha -$ tan $\alpha)/2$
cot $2\alpha = ($cot $\alpha -$ tan $\alpha)/2$
sen $3\alpha = 3$ sen $\alpha - 4$ sen$^3 \alpha$
cos $3\alpha = 4$ cos$^3 \alpha - 3$ cos α

$\widehat{\alpha} = $ arc $\alpha = \dfrac{\pi \cdot \alpha}{180°}$ rad $= \dfrac{\alpha}{57,3°}$

$\widehat{1°} = $ arc 1° $= \dfrac{\pi}{180} = 0,017453$

arc $57,3° = 1$
inv $\alpha = $ tan $\alpha - $ arc α

$\cos^2 \alpha + \sen^2 \alpha = 1$
$\tan \alpha = \dfrac{\sen \alpha}{\cos \alpha} = \dfrac{1}{\cot \alpha}$
$1 + \tan^2 \alpha = \dfrac{1}{\cos^2 \alpha}$
$1 + \cot^2 \alpha = \dfrac{1}{\sen^2 \alpha}$

sen $(\alpha \pm \beta) = $ sen $\alpha \cdot$ cos $\beta \pm$ cos $\alpha \cdot$ sen β
cos $(\alpha \pm \beta) = $ cos $\alpha \cdot$ cos $\beta \mp$ sen $\alpha \cdot$ sen β
tan $(\alpha \pm \beta) = \dfrac{\tan \alpha \pm \tan \beta}{1 \mp \tan \alpha \, \tan \beta}$
cot $(\alpha \pm \beta) = \dfrac{\cot \alpha \cdot \cot \beta \mp 1}{\cot \beta \pm \cot \alpha}$

sen $\alpha \approx \widehat{\alpha} - \dfrac{\widehat{\alpha}^3}{6}$
Erro < 1% para $\alpha < 58°$

sen $\alpha \approx \widehat{\alpha}$
Erro < 1% para $\alpha < 14°$

$\cos \alpha \approx 1 - \dfrac{\widehat{\alpha}^2}{2}$
Erro < 1% para $\alpha < 37°$

$\cos \alpha \approx 1$
Erro < 1% para $\alpha < 8°$

sen $\alpha \pm $ sen $\beta = 2$ sen $\dfrac{\alpha \pm \beta}{2} \cdot$ cos $\dfrac{\alpha \mp \beta}{2}$

cos $\alpha + $ cos $\beta = 2$ cos $\dfrac{\alpha + \beta}{2} \cdot$ cos $\dfrac{\alpha - \beta}{2}$

cos $\alpha - $ cos $\beta = 2$ sen $\dfrac{\alpha + \beta}{2} \cdot$ sen $\dfrac{\alpha - \beta}{2}$

tan $\alpha \pm $ tan $\beta = \dfrac{\sen (\alpha \pm \beta)}{\cos \alpha \cdot \cos \beta}$

cot $\alpha \pm $ cot $\beta = \dfrac{\sen (\beta \pm \alpha)}{\sen \alpha \cdot \sen \beta}$

Fórmula de Euler
(essencial nos cálculos simbólicos)

$e^{\pm ix} = \cos x \pm i \sen x$
$\sen x = \dfrac{e^{ix} - e^{-ix}}{2i}$; $\cos x = \dfrac{e^{ix} + e^{-ix}}{2}$
onde $i = \sqrt{-1}$

Equações para os triângulos planos e esféricos

Triângulo plano

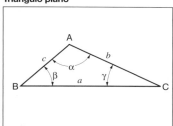

Triângulo esférico

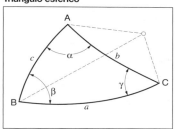

$\alpha + \beta + \gamma = 180°$

Lei dos senos
$a : b : c = \operatorname{sen} \alpha : \operatorname{sen} \beta : \operatorname{sen} \gamma$

Teorema de Pitágoras (lei dos co-senos)
$a^2 = b^2 + c^2 - 2bc \cos \alpha$
Se o triângulo for retangular,
$a^2 = b^2 + c^2$

Lei dos senos
$\operatorname{sen} a : \operatorname{sen} b : \operatorname{sen} c = \operatorname{sen}\alpha : \operatorname{sen}\beta : \operatorname{sen}\gamma$

Lei dos co-senos para os lados
$\cos a = \cos b \cos c + \operatorname{sen} b \operatorname{sen} c \cos \alpha$

Lei dos co-senos para os ângulos
$\cos \alpha = -\cos\beta \cos\gamma + \operatorname{sen}\beta \operatorname{sen}\gamma \cos a$

Equações bastante utilizadas

Solução da equação do segundo grau
$ax^2 + bx + c = 0$
$$x = \frac{-b \pm \sqrt{b^2 - 4ac}}{2a}$$

Regra dourada da divisão (divisão contínua)
$1 : x = x : (1 - x)$, observe que $x = 0{,}618$

|—————1—————|
|——x——|——$1-x$——|

Conversão de logaritmos

$\lg N = 0{,}434294 \cdot \ln N$
$\ln N = 2{,}302585 \cdot \lg N$

Séries geométricas
$a + aq + aq^2 + aq^3 + \ldots$

enésimo termo $= aq^{n-1}$

para $q > 1: \sum_n = a(q^n - 1)/(q - 1)$

para $q < 1: \sum_n = a(1 - q^n)/(1 - q)$

para $n \to \infty$ e $q^n = 0$
$\sum_{n \to \infty} = a/(1 - q)$

Séries aritméticas

$a + (a + d) + (a + 2d) + (a + 3d) = \ldots$
enésimo termo $= a + (n - 1)d$

$$\sum_n = \frac{n}{2}[2a = (n - 1)d]$$

Áreas de superfícies planas

Tipo de superfície	Área A $\qquad \pi = 3,1416$
Triângulo	$A = \dfrac{a \cdot h}{2}$
Trapézio	$A = \dfrac{a+h}{2} h$
Paralelogramo	$A = a \cdot h = a \cdot b \cdot \operatorname{sen} \gamma$
Círculo	$A = \dfrac{\pi \cdot d^2}{4} = 0,785 \, d^2$ Perímetro $U = \pi \cdot d$
Anel (forma anular)	$A = \dfrac{\pi}{4}(D^2 - d^2) = \dfrac{\pi}{2}(D+d)\, b$
Setor φ em graus	$A = \dfrac{\pi \cdot r^2 \cdot \varphi}{360°} = 8,73 \cdot 10^{-3} \cdot r^2 \cdot \varphi$ Comprimento do arco $l = \dfrac{\pi \cdot r \cdot \varphi}{180°} = 1,75 \cdot 10^{-2} \cdot r \cdot \varphi$
Segmento φ em graus	$A = \dfrac{r^2}{2}\left(\dfrac{\pi \cdot \varphi}{180°} - \operatorname{sen} \varphi\right) \approx h \cdot s \left[0,667 + 0,5\left(\dfrac{h}{s}\right)^2\right]$ Comprimento da corda $s = 2\, r \cdot \operatorname{sen} \dfrac{\varphi}{2}$ Altura do arco $h = r\left(1 - \cos \dfrac{\varphi}{2}\right) = \dfrac{s}{2} \tan \dfrac{\varphi}{4} = 2\, r \cdot \operatorname{sen}^2 \dfrac{\varphi}{4}$
Hexágono	$A = \dfrac{\sqrt{3}}{2} s^2 = 0,866 \, s^2$ Distância entre cantos $e = \dfrac{2s}{\sqrt{3}} = 1,155 \, s$
Elipse	$A = \pi \cdot D \cdot d / 4 = 0,785 \, D \cdot d$ Perímetro $d \approx 0,75 \, \pi \, (D+d) - 0,5 \, \pi \, \sqrt{D \cdot d}$
Teorema de Pappus para superfícies de revolução	A área da superfície de revolução é igual ao comprimento l da linha geratriz multiplicada pela distância percorrida pelo centróide $A = 2\pi \cdot r \cdot l$

Volume e área superficial de sólidos

Tipo de sólido	Volume V, área superficial total S, Área lateral M $\quad \pi \approx 3{,}1416$
Cilindro regular	$V = \dfrac{\pi \cdot d^2}{4} h = 0{,}785\, d^2 \cdot h$ $M = \pi \cdot d \cdot h, \quad S = \pi \cdot d(d/2 + h)$
Pirâmide da base A área h altura	$V = \dfrac{1}{3} A \cdot h$
Cone circular	$V = \dfrac{\pi \cdot d^2 \cdot h}{12} = 0{,}262\, d^2 \cdot h$ $M = \dfrac{\pi \cdot d \cdot s}{2} = \dfrac{\pi \cdot d}{4}\sqrt{d^2 + 4h^2} = 0{,}785\, d \cdot \sqrt{d^2 + 4h^2}$
Tronco de cone	$V = \dfrac{\pi \cdot h}{12}(D^2 + D \cdot d + d^2) = 0{,}262\, h\,(D^2 + D \cdot d + d^2)$ $M = \dfrac{\pi(D+d)s}{2} \quad s = \sqrt{\dfrac{(D-d)^2}{4} + h^2}$
Esfera	$V = \dfrac{\pi \cdot d^3}{6} = 0{,}524\, d^3$ $S = \pi \cdot d^2$
Segmento esférico (tampa esférica)	$V = \dfrac{\pi \cdot h}{6}(3a^2 + h^2) = \dfrac{\pi \cdot h^2}{3}(3r - h)$ $M = 2\pi \cdot r \cdot h = \pi\,(a^2 + h^2)$
Setor esférico	$V = \dfrac{2\pi \cdot r^2 \cdot h}{3} = 2{,}094\, r^2 \cdot h$ $S = \pi \cdot r(2h + a)$
Segmento esférico com duas bases r Raio da esfera	$V = \dfrac{\pi \cdot h}{6}(3a^2 + 3b^2 + h^2)$ $M = 2\pi \cdot r \cdot h$
Anel toroidal	$V = \dfrac{\pi^2}{4} D \cdot d^2 = 2{,}467\, D \cdot d^2$ $S = \pi^2 \cdot D \cdot d = 9{,}870\, D \cdot d$
Elipsóide d_1, d_2, d_3 Comprimento dos eixos	$V = \dfrac{\pi}{6} d_1 \cdot d_2 \cdot d_3 = 0{,}524\, d_1 \cdot d_2 \cdot d_3$
Barril circular D Diâmetro máximo d Diâmetro mínimo h Distância entre as tampas	$V = \dfrac{\pi \cdot h}{12}(2D^2 + d^2) \approx 0{,}26\, h(2D^2 + d^2)$
Teorema de Pappus para volumes dos corpos de revolução	O volume de um corpo de revolução é igual à área da superfície geratriz multiplicada pela distância percorrida pelo centróide $V = 2\pi \cdot r \cdot A$.

Resistência dos materiais
Símbolos e unidades

Grandeza		Unid.
A	Área da seção transversal	mm²
B	Tensão (geral)	N, N · mm, MPa
C_G	Fator de tamanho	—
C_L	Fator de carregamento	—
C_{Lb}	Fator de carregamento de flexão	—
C_{Lt}	Fator de carregamento de torção	—
C_M	Fator de tensão média	—
C_O	Fator de superfície	—
C_R	Fator de superfície	—
C_T	Fator de temperatura	—
C_U	Fator de ambiente	—
C_W	Fator de material	—
D	Fator de dano	—
D_c	Fator de dano crítico	—
d	Diâmetro	mm
d_{eff}	Diâmetro efetivo	mm
E	Módulo de elasticidade	MPa
F	Força	N
F_K	Carga crítica de flambagem	N
F_G	Força transversal	N
G	Módulo de cisalhamento ou de elasticidade	MPa
H	Momento de inércia da área (estático – 1.ª ordem)	mm³
la	Momento de inércia da área (axial – 2.ª ordem)	mm⁴
I_{min}	Momento de inércia da área mínimo	mm⁴
I_p	Momento de inércia polar da área	mm⁴
I_t	Momento de inércia da área relativo à torção	mm⁴
K_f	Fator de redução da resistência à fadiga	—
K_t	Fator de concentração de tensão	—
$K_{t\sigma}$	Fator de concentração de tensão, tensão normal	—
$K_{t\tau}$	Fator de concentração de tensão, tensão de cisalhamento	—
K_σ	Valor que reflete a história dos esforços normais	MPa
K_τ	Valor que reflete a história dos esforços tangenciais	MPa
K	Inclinação das curvas de resistência à fadiga para vida finita	—
k_s	Fator de concentração de tensão para tensão de cisalhamento	—
k_R	Fator para componentes com trincas	—
l	Comprimento do componente	mm
l_k	Comprimento de flambagem (Euler)	mm
M_b	Momento de flexão (fletor)	N · m
Mt	Momento de torção	N m
M_σ	Suscetibilidade à tensão média (tensão normal)	
M_τ	Suscetibilidade à tensão média (tensão de cisalhamento)	

Grandeza		Unid.
N	Número de ciclos (vibração)	—
N_D	Número de ciclos limite (vibração)	—
N_R	Número de ciclos de referência	—
N_{90}	Número de ciclos para que a probabilidade de falha atinja 90%	—
n	Número de ciclos (vibração)	—
n_χ	Fator dinâmico de suporte	—
n_{pl}	Fator estático de suporte	—
q	Parâmetro de ductilidade para materiais semidúcteis	—
P_A	Probabilidade de falha	%
$P_Ü$	Probabilidade de sobrevivência	%
p	Pressão interna	bar
R	Resistência (geral)	N, N·m MPa
R	Razão entre tensões	
Re	Limite (ponto) de escoamento	MPa
R_m	Resistência à tração	MPa
R_{mk}	Resistência à tração (com entalhe)	MPa
$R_{p0,01}$	Limite de elasticidade (técnico)	MPa
$R_{p0,02}$	Tensão de escoamento com 0,2% de deformação residual	MPa
R_z	Rugosidade da superfície	µm
r	Razão entre tensões (tração, compressão e devidas à torção)	
S	Fator de segurança	—
S_N	Fator de segurança na vida útil	—
T	Temperatura	°C
T_N	Espalhamento (ciclos)	
T_S	Espalhamento (tensões)	
W_b	Módulo da seção (flexão)	mm³
W_t	Módulo da seção (torção)	mm³
w	Deflexão	mm
x,y,z	Coordenadas	mm
χ^*	Gradiente específico de deformação	rpm
γ	Deformação por cisalhamento	
ε	Elongação	
ε_{max}	Elongação máxima (raiz do entalhe)	
φ	Ângulo de rotação	rad
λ	Razão de aspecto	
λ_G	Razão de aspecto limite	
μ	Razão de Poisson	—
ϱ	Raio do entalhe	mm
σ	Tensão normal	MPa
σ_a	Amplitude da tensão normal	MPa
σ_A	Amplitude da tensão normal (fadiga)	MPa
σ_{AD}	Tensão normal admissível fadiga)	MPa
σ_{AR}	Amplitude de referência	MPa
σ_{Astat}	Limitação estática na curva de Wöhler	MPa
σ_b	Tensão na flexão	MPa
σ_{bw}	Limite de fadiga sob tensões de flexão alternadas	MPa
σ_{dP}	Tensão limite de proporcionalidade na compressão	MPa
σ_{max}	Tensão máxima (raiz do entalhe)	MPa
σ_m	Tensão média	MPa
σ_n	Tensão nominal	MPa
σ_{nB}	Tensão nominal na ruptura (ensaio de tração com entalhe)	MPa
σ_{nk}	Tensão nominal na seção transversal com entalhe	MPa
σ_{npl}	Tensão nominal além do limite elástico	MPa

Resistência dos materiais

Grandeza	Unid.
σ_o Tensão máxima	MPa
σ_{Sch} Resistência à fadiga sob tensões cíclicas (tração/compressão)	MPa
σ_u Tensão mínima	MPa
σ_v Tensão efetiva	MPa
σ_{zdW} Resistência à fadiga sob tensões alternadas e repetitivas (tração/compressão)	MPa
$\sigma_{I,II,III}$ Tensões principais (não ordenadas)	MPa
$\sigma_{1,2,3}$ Tensões principais (ordenadas algebricamente)	MPa
σ_{10} Amplitude da tensão para que a probabilidade de falha seja 10%	MPa
σ_{90} Amplitude da tensão para que a probabilidade de falha seja 90%	MPa
τ Tensão de cisalhamento	MPa
τ_a Amplitude da tensão de cisalhamento	MPa
τ_m Tensão de cisalhamento média	MPa
τ_n Tensão de cisalhamento nominal	MPa
τ_t Tensão devida à torção	MPa
τ_{tB} Resistência ao cisalhamento (torção)	MPa
τ_{tW} Limite de fadiga sob tensões cíclicas e devidas à torção	MPa

Referências

Assmann, B.: Technische Mechanik (Mecânica técnica), Band 2: Festigkeitslehre (Vol.2: Resistência mecânica) 14, München: Oldenbourg-Verlag, 1999.
FKM-Richtlinie: Rechnerischer Sicherheitsnachweis für Maschinenbauteile (Orientações FKM: Avaliação da segurança dos componentes utilizados na Engenharia) 3, Frankfurt, VDMA-Verlag, 1998.
Holzmann, G., Meyer, H e Schumpich, G.: Technische Mechanik (Mecânica técnica) Teil 3: Festigkeitslehre. (Parte3: Resistência mecânica) 7, Stuttgart: Teubner-Verlag, 1990.
Issler, L., Ruoβ. H. e Häfele, P: Festigkeitslehre – Grundlagen. (Resistência mecânica – Princípios) 2. Auflage, Berlin, Heidelberg, New York: Springer-Verlag, 1997
Leitfaden für eine Betriebsfestigkeitsrechnung, Empfehlung zur Lebensdauerabschätzung von Maschinenbauteilen. (Guia para o cálculo da integridade operacional e da avaliação da vida útil dos componentes utilizados na Engenharia), Verein Deutscher Eisenhüttenleute (VDEh) 4. Auflage, Düsseldorf, Verlag Stahleisen, 2000.
Radaj, D.: Ermüdungsfestigkeit (Resistência à Fadiga), Berlin, Springer-Verlag, 1995.
Young, W. C. (ed.): Roark's Formulas for Stress and Strain (Equações para tensões e deformações apresentadas por Roark), Sexta Ed., New York, McGraw-Hill, 1989.
Wittenburg, J. e Pestel, E: Festigkeitslehre. Ein Lehr- und Arbeitsbuch (Resistência mecânica. Livro de Estudo e Trabalho) 3. Auflage, Springer-Verlag, Berlin – Heidelberg, 2001.

Princípios básicos da resistência dos materiais

Função e princípios básicos da resistência dos materiais

A resistência dos materiais é o campo da ciência e da técnica onde se estuda o dimensionamento e a otimização da forma dos componentes e das estruturas que compõem os sistemas da engenharia. A resistência dos materiais fornece meios para quantificar e garantir a operação segura dos componentes. Assim, ela pode ser utilizada para garantir a integridade e disponibilidade operacional dos sistemas da engenharia mecânica ao longo de suas vidas úteis.

A resistência dos materiais também é fundamental na escolha dos materiais e dos processos de fabricação dos componentes. Além disso, ela nos fornece informações para a elaboração dos procedimentos utilizados para garantir a qualidade dos sistemas e de seus componentes.

O princípio básico que orienta estas tarefas consiste em limitar o valor das tensões que atuam em certas regiões do componente naquele valor que resulta na falha operacional do componente. Também é necessário limitar as deformações integral e local para garantir o bom funcionamento do componente.

Tipos de falha

O projeto adequado deve prevenir que o componente não falhe com uma margem de segurança apropriada. O significado da falha é a perda, ou perda iminente, da funcionalidade do componente. Os tipos principais de falha são:
- Deformação elástica ou plástica (escoamento) inaceitável
- Instabilidade (por exemplo, flambagem)
- Formação de trincas incipientes e fratura (por exemplo, fratura por fadiga)

Os efeitos da história das tensões aplicadas no componente (cargas estáticas, cíclicas e choques) e das condições ambientais – como a temperatura (por exemplo: fluência), corrosão (por exemplo: trincas formadas por tensões induzidas pela corrosão) e radiação (fragilização provocada por neutrons) – são muito importantes nos processos que os levam à falha.

A importância da dureza do material nos processos de falha não pode ser superestimada. Normalmente, os valores que indicam a dureza não são utilizados nas análises de resistência dos materiais. As características mais importantes para a determinação da condição operacional segura de um componente são a insensibilidade do material ao entalhe (que está associada com a dureza e provoca as falhas com cargas altas), a capacidade de deformação sem ocorrência de fratura (elongação forçada), a resiliência (nos casos onde as tensões são dinâmicas) e a capacidade de interromper a propagação de trincas.

Definição de segurança

A segurança operacional de um componente é verificada comparando-se as tensões B, que ocorrem nas condições de serviço normal, de teste ou de falha, com a resistência R do material ou do componente. A utilização de uma margem de segurança é necessária porque sempre existem variações em torno do valor médio (por exemplo, as flutuações das tensões), os métodos usualmente utilizados para avaliar as tensões são aproximados e também para levar em consideração os erros humanos. Normalmente, tanto R quanto B envolvem parâmetros que variam consideravelmente e torna-se necessária uma abordagem estatística da resistência (veja a figura).

Os códigos de projeto recentes fornecem valores específicos para os fatores de segurança para as tensões e resistência (por exemplo, a norma DIN 18800 e o Eurocode 3 são aplicáveis ao projeto de estruturas de aço). O documento FKM (veja a bibliografia) apresenta os fatores de segurança necessários, as regras para avaliação de cargas de projeto e os fatores de segurança para que a probabilidade de sobrevivência do componente atinja 97,5%. Este documento ainda indica que o valor do fator de segurança depende do tipo de material, de sua dureza, das medidas utilizadas para garantir a qualidade do componente, dos procedimentos de inspeção utilizados ao longo da vida do componente e das possíveis consequências de uma falha (veja a tabela indicada na pág. 186).

Conceitos de projeto

Os próximos conceitos, que são derivados dos tipos de falha e de sua progressão na seção transversal, estão disponíveis para o projeto dos componentes:
- Conceito da tensão nominal
- Conceito da tensão estrutural
- Conceito da elongação local
- Conceito da fragmentação mecânica

No conceito da tensão nominal usualmente utilizado, a tensão nominal máxima que atua numa seção transversal do componente é comparada com a tensão nominal que o leva à falha. A tensão para a falha, que é obtida através de avaliações teóricas, precisa levar em consideração todos os parâmetros que determinam a falha.

O conceito de tensão estrutural é muito utilizado na avaliação das construções soldadas. Este conceito inclui as tensões secundárias devidas à flexão (esforços estruturais). Neste caso, os aspectos geométricos da construção são muito importantes.

Tratamento estatístico da segurança de um componente

$$S_{50} = \frac{R_{50}}{B_{50}}$$

$$S_1 = \frac{R_1}{B_{99}}$$

O <u>conceito de elongação local</u> está baseado na comparação do comportamento elastoplástico do material presente na região submetida as tensões mais altas do componente com aquele descrito na curva de fadiga baixo ciclo (curva LCF). Esta curva é determinada em experimentos onde a elongação é monitorada em testes cíclicos realizados com corpos-de-prova planos (sem entalhe).

A base do <u>conceito de fragmentação mecânica</u> é a hipótese da existência de defeitos (trincas) reais ou fictícios no componente sendo incorporados na análise de resistência mecânica do componente. A análise linear elástica da mecânica da fratura é adequada nos casos, onde a falha ocorre com deformação baixa (material frágil). A mecânica da fratura com escoamento (conceito COD, conceito da integral J) precisa ser aplicada nos casos, onde a fratura ocorre com deformações plásticas maiores (fratura dúctil). É importante lembrar que a análise da mecânica da fratura utiliza a hipótese de que a falha ocorre pelo desenvolvimento das trincas. A ameaça de outros tipos de falha (como o colapso) também precisa ser verificada (método dos dois critérios).

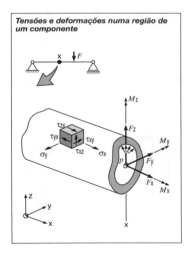

Tensões e deformações numa região de um componente

Tensões

Carregamentos básicos
As tensões numa seção do componente podem ser calculadas a partir das deformações e do carregamento externo. As figuras das págs. 164 e 165 apresentam várias características de eixos submetidos a alguns tipos importantes de carregamentos estáticos.

As tensões num componente com a forma de uma barra podem ser compostas por três componentes retilíneos e três de rotação (veja o diagrama esquerdo da figura desta página). Assim, a tensão geral é composta por forças longitudinais e transversais, por momentos de torção e fletor (os casos básicos de "tração/compressão", cisalhamento, torção e flexão). A figura também mostra uma tensão adicional que atua na direção y e que é criada pela pressão interna. Tensões laterais desta natureza também podem ser provocadas através de imposição de restrições às deformações transversais.

Tensões nominais
É necessário conhecer as propriedades da seção transversal para que seja possível calcular as tensões nominais provocadas pelo carregamento na seção. As propriedades importantes da seção são o momento de inércia da área com ordem zero A (área), o momento de inércia da área H (estático e de 1ª ordem) e os momentos de inércia axial e polar de área (2ª ordem – torque inercial). As equações adequadas para calcular estas propriedades das seções podem ser encontradas na seção dedicada à Matemática (pág. 158).

Os momentos de inércia axial da área I_y e I_z são necessários para o cálculo das tensões nominais de flexão em qualquer ponto da seção transversal e das deformações. A tabela da pág. 166 apresenta os valores de I para algumas seções transversais utilizadas na engenharia.

A deformação máxima, localizada no ponto mais afastado da linha neutra, pode ser determinada com o módulo da seção W_{by}, ou W_{bz}, que são definidos por:

$$W_{by} = \frac{I_y}{z_{max}}, \quad W_{bz} = \frac{I_z}{y_{max}}$$

Matemática e métodos

Carregamentos básicos e curvas do momento	Reações nos apoios F_A	F_B	Momento máximo M_{bmax}	Linha elástica ($\alpha = x/l$)	Deflexão	Inclinação
A (viga engastada com carga F na extremidade)	—	F	$F \cdot l$	$\dfrac{F \cdot l^3}{6 \cdot E \cdot I}(2 - 3 \cdot \alpha + \alpha^3)$	$w_A = \dfrac{F \cdot l^3}{3 \cdot E \cdot I}$	$\varphi_A = \dfrac{F \cdot l^2}{2 \cdot E \cdot I}$
B (viga engastada com momento M_0)	—	O	M_0	$\dfrac{M_0 \cdot l^2}{2 \cdot E \cdot I}(\alpha - 1)^2$	$w_A = \dfrac{M_0 \cdot l^2}{2 \cdot E \cdot I}$	$\varphi_A = \dfrac{M_0 \cdot l}{E \cdot I}$
C (viga engastada com carga distribuída q_0)	—	$q_0 \cdot l$	$\dfrac{q_0 \cdot l^2}{2}$	$\dfrac{q_0 \cdot l^4}{24 \cdot E \cdot I}(3 - 4 \cdot \alpha + \alpha^4)$	$w_A = \dfrac{q_0 \cdot l^4}{8 \cdot E \cdot I}$	$\varphi_A = \dfrac{q_0 \cdot l^3}{6 \cdot E \cdot I}$
D (viga bi-apoiada com carga F, $a > b$)	$F \cdot \dfrac{b}{l}$	$F \cdot \dfrac{a}{l}$	$F \cdot \dfrac{a \cdot b}{l}$	$0 \le x_1 \le a$: $\dfrac{F \cdot l^3}{6 \cdot E \cdot I} \cdot \dfrac{b}{l} \cdot \dfrac{x_1}{l}\left[1 - \left(\dfrac{b}{l}\right)^2 - \left(\dfrac{x_1}{l}\right)^2\right]$ $0 \le x_2 \le b$: $\dfrac{F \cdot l^3}{6 \cdot E \cdot I} \cdot \dfrac{a}{l} \cdot \dfrac{x_2}{l}\left[1 - \left(\dfrac{a}{l}\right)^2 - \left(\dfrac{x_2}{l}\right)^2\right]$	$w_C = \dfrac{F \cdot a^2 \cdot b^2}{3 \cdot E \cdot I \cdot l}$ $w_m = \dfrac{F \cdot b \sqrt{(l^2 - b^2)^3}}{9\sqrt{3} \cdot E \cdot I \cdot l}$ com $x_m = \sqrt{\dfrac{1}{3}(l^2 - b^2)}$	$\varphi_A = \dfrac{F \cdot a \cdot b}{6 \cdot E \cdot I \cdot l}(l + b)$ $\varphi_B = \dfrac{F \cdot a \cdot b}{6 \cdot E \cdot I \cdot l}(l + a)$ $\varphi_C = \dfrac{F \cdot a \cdot b}{3 \cdot E \cdot I \cdot l}(a - b)$

Resistência dos materiais

E ![beam E with moment M_0 at C, supports A and B, a>b]	$\dfrac{M_0}{l}$	$-\dfrac{M_0}{l}$	$a>b$: $\dfrac{M_0 \cdot a}{l}$ $a<b$: $\dfrac{M_0 \cdot b}{l}$	$0 \le x \le a$: $\dfrac{M_0 \cdot l^2}{6 \cdot E \cdot I}\alpha\left(1-3\left(\dfrac{b}{l}\right)^2-\alpha^2\right)$ $0 \le x \le l$: $\dfrac{M_0 \cdot l^2}{6 \cdot E \cdot I}(1-\alpha)\left(3\cdot(\alpha)^2-2\cdot\alpha+\alpha^2\right)$	$w_C = \dfrac{M_0 \cdot a \cdot b}{3 \cdot E \cdot I \cdot l}(a-b)$ $w_m = \dfrac{M_0 \cdot z_m^3}{3 \cdot E \cdot I \cdot l}$ com $z_m = l\sqrt{\dfrac{1}{3}-\left(\dfrac{b}{l}\right)^2}$	$\varphi_A = -\dfrac{M_0}{6 \cdot E \cdot I \cdot l}(l^2-3\cdot b^2)$ $\varphi_C = +\dfrac{M_0}{3 \cdot E \cdot I \cdot l}(l^2-3\cdot a\cdot b)$ $\varphi_C = -\dfrac{M_0}{6 \cdot E \cdot I \cdot l}(l^2-3\cdot a^2)$
F ![beam F with distributed load q_0]	$\dfrac{q_0 \cdot l}{2}$	$\dfrac{q_0 \cdot l}{2}$	$\dfrac{q_0 \cdot l^2}{8}$	$\dfrac{q_0 \cdot l^4}{24 \cdot E \cdot I}\alpha\left(1-2\alpha^2+\alpha^3\right)$	$w_m = \dfrac{5}{384}\dfrac{q_0 \cdot l^4}{E \cdot I}$	$\varphi_A = -\varphi_B = \dfrac{q_0 \cdot l^3}{24 \cdot E \cdot I}$
G ![beam G cantilever-prop with distributed load]	$\dfrac{3}{8} \cdot q_0 \cdot l$	$\dfrac{5}{8} \cdot q_0 \cdot l$	$M_b = -\dfrac{1}{8} q_0 \cdot l^2$ $M_M = \dfrac{9}{128} q_0 \cdot l^2$ com $x_m = \dfrac{3}{8}\cdot l$	$\dfrac{q_0 \cdot l^4}{48 \cdot E \cdot I}\alpha\left(1-3\alpha^2+2\alpha^3\right)$	$w_m = \dfrac{q_0 \cdot l^4}{185 \cdot E \cdot I}$ com $x_m = 0{,}422 \cdot l$	—
H ![beam H fixed-fixed with distributed load]	$\dfrac{q_0 \cdot l}{2}$	$\dfrac{q_0 \cdot l}{2}$	$M_A = M_B$ $= -\dfrac{1}{12} q_0 \cdot l^2$ $M_M = \dfrac{1}{24} q_0 \cdot l^2$	$\dfrac{q_0 \cdot l^4}{24 \cdot E \cdot I}\alpha^2(1-\alpha)^2$	$w_m = \dfrac{q_0 \cdot l^4}{384 \cdot E \cdot I}$	—

Módulo da seção e momento de inércia da área de segunda ordem
NA = eixo neutro (linha onde a tensão é nula)

Seção transversal	Módulo da seção W_b sob flexão W_t sob torção	Momento de inércia da área de segunda ordem I_a axial, referido ao eixo neutro I_p polar, referido ao centróide
Círculo de diâmetro d	$W_b = 0{,}098\, d^3$ $W_t = 0{,}196\, d^3$	$I_a = 0{,}049\, d^4$ $I_p = 0{,}098\, d^4$
Coroa circular d, d_0	$W_b = 0{,}098\, (d^4 - d_0^4)/d$ $W_t = 0{,}196\, (d^4 - d_0^4)/d$	$I_a = 0{,}049\, (d^4 - d_0^4)$ $I_p = 0{,}098\, (d^4 - d_0^4)$
Elipse a, b NL	$W_b = 0{,}098\, a^2 \cdot b$ $W_t = 0{,}196\, a \cdot b^2$	$I_a = 0{,}049\, a^3 \cdot b$ $I_p = 0{,}196\, \dfrac{a^3 \cdot b^3}{a^2 + b^2}$
Coroa elíptica a, b, a_0, b_0 NL	$W_b = 0{,}098\, (a^3 \cdot b - a_0^3 \cdot b_0)/a$ $W_t = 0{,}196\, (a \cdot b^3 - a_0 \cdot b_0^3)/b$	$I_a = 0{,}049\, (a^3 \cdot b - a_0^3 \cdot b_0)$ $I_p = 0{,}196\, \dfrac{a^3(b^3 - b_0^4)}{n^2 + 1}$ para $\dfrac{a_0}{b_0} = \dfrac{a}{b} = n \geq 1$
Quadrado (diagonal) a NL	$W_b = 0{,}118\, a^3$ $W_t = 0{,}208\, a^3$	$I_a = 0{,}083\, a^4$ $I_p = 0{,}141\, a^4$
Retângulo $b \times h$ NL $h:b$ — x — η 1 — 0,208 — 0,140 1,5 — 0,231 — 0,196 2 — 0,246 — 0,229 3 — 0,267 — 0,263 4 — 0,282 — 0,281 10 — 0,312 — 0,312 ∞ — 0,333 — 0,333	$W_b = 0{,}167 \cdot b \cdot h^2$ $W_t = x \cdot b^2 \cdot h$ (As seções da barra com seção transversal quadrada não permanecem planas durante a torção.)	$I_a = 0{,}083 \cdot b \cdot h^3$ $I_p = \eta \cdot b^3 \cdot h$
Hexágono (vértice) d NL	$W_b = 0{,}104\, d^3$ $W_t = 0{,}188\, d^3$	$I_a = 0{,}060\, d^4$ $I_p = 0{,}115\, d^4$
Hexágono (face) d NL	$W_b = 0{,}120\, d^3$ $W_t = 0{,}188\, d^3$	$I_a = 0{,}060\, d^4$ $I_p = 0{,}115\, d^4$
Trapézio a, b, h NL	$W_b\; \dfrac{h^2(a^2 + 4a \cdot b + b^2)}{12(2a+b)}$	$I_a\; \dfrac{h^3(a^2 + 4a \cdot b + b^2)}{36(a+b)}$
Seção composta (rebaixos) NL	$W_b\; \dfrac{b \cdot h^3 - b_0 + h_0^3}{6\, h}$	$I_a\; \dfrac{b \cdot h^3 - b_0 + h_0^3}{12}$
Seção composta (saliências) NL	$W_b\; \dfrac{b \cdot h^3 + b_0 \cdot h_0^3}{6\, h}$	$I_a\; \dfrac{b \cdot h^3 + b_0 \cdot h_0^3}{12}$

Os momentos de inércia de uma área composta por áreas contíguas podem ser avaliados com a transformação paralela (princípio de Steiner) e com a rotação do sistema de coordenadas (veja a figura).

As tensões nominais nas seções transversais dos componentes resultam dos componentes do carregamento e das propriedades da seção transversal (veja as relações indicadas na figura da próxima página). É importante notar que os eixos de referência y e z são eixos principais da seção transversal (onde o momento de área misto I_{yz} é nulo). A seção transversal fechada deve ser distinta da aberta nos cálculos das tensões devidas à torção em componentes com parede fina. A utilização de componentes com seção transversal aberta e compostos por paredes finas deve ser evitada nos casos onde existem esforços de torção.

A tensão normal total num elemento de área que dista y e z do centróide é determinada pela adição algébrica da tensão de membrana com as tensões de flexão em torno dos eixos y e z:

$$\sigma_{x,\,tot} = \sigma_m + \sigma_{by}(z) + \sigma_{bz}(y)$$

A tensão de cisalhamento total num elemento de área é igual à soma vetorial do componente de cisalhamento imposto pelo carregamento externo com aquela imposta pela torção. Por exemplo, a tensão de cisalhamento total pode ser calculada do seguinte modo:

$$\tau_{x,\,tot} = \sqrt{\tau_{xy^2} + \tau_{xz^2}}$$

Operações com os momentos de inércia da área

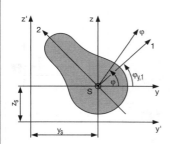

- Transformação paralela do sistema de coordenadas (Princípio de Steiner)

$$I'_y = I_y + z_S^2 \cdot A$$
$$I'_z = I_z + y_S^2 \cdot A$$
$$I'_{yz} = I_{yz} + y_S \cdot z_S \cdot A$$

- Rotação do sistema de coordenadas

$$I_\varphi = \frac{I_y + I_z}{2} + \frac{I_y - I_z}{2} \cdot \cos 2\varphi - I_{yz} \cdot \text{sen}\, 2\varphi$$

$$I_{\varphi,\varphi+90} = \frac{I_y - I_z}{2} \cdot \text{sen}\, 2\varphi - I_{yz} \cdot \cos 2\varphi$$

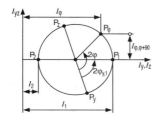

- Momentos de inércia principais da área

$$I_{1,2} = \frac{I_y + I_z}{2} \pm \sqrt{\left(\frac{I_y - I_z}{2}\right)^2 + I_{yz^2}}$$

$$\varphi_{y,1} = \frac{1}{2} \arctan\left(\frac{-2I_{yz}}{I_y - I_z}\right),$$

para
$I_y \geq I_z$ (de outro modo $\varphi_{z,1}$)

Determinação das tensões nominais

	Tensão nominal		Distribuição da tensão
	Geral	Valor máximo	
F_x Tração/compressão	$\sigma_{xx} = \dfrac{F_x}{A}$	$\sigma_{xx} = \dfrac{F_x}{A}$	
F_y Cisalhamento, direção y F_z Cisalhamento, direção z (F_Q)	$\tau_{xy} = \dfrac{F_y}{I_z} \cdot \dfrac{H_z(y)}{b(y)}$ $\tau_{xz} = \dfrac{F_z}{I_z} \cdot \dfrac{H_y(z)}{b(z)}$	Eixo do centróide $\tau_{xy}(O) = \dfrac{F_y}{I_z} \cdot \dfrac{H_z(O)}{b(O)}$ $\tau_{xz}(O) = \dfrac{F_z}{I_z} \cdot \dfrac{H_y(O)}{b(O)}$	
M_x Torção	Circular: $\tau_t(r) = \dfrac{M_x}{I_p} \cdot r$	Superfície externa: $\tau_t(R) = \dfrac{Mt}{I_t}$	
	Parede fina - aberto $\tau_t(s) = \dfrac{M_x}{I_t} \cdot b$ $I_t = \dfrac{\eta}{3} \cdot \Sigma\left(l_i \cdot s_i^3\right)$	Meio do lado mais extenso (P_{max}): $\tau_t(s_{max}) = \dfrac{Mt}{W_t}$ $W_t = \dfrac{I_t}{s_{max}} = \dfrac{\eta}{3 \cdot s_{max}} \Sigma\left(l_i \cdot s_i^3\right)$ $\eta = 1$	
	Parede fina - fechado $\tau_t(s) = \dfrac{M_x}{2 \cdot A_{on} \cdot s}$	Parede mais fina (P_{min}) $\tau_t(s_{min}) = \dfrac{M_x}{2 \cdot A_{on} \cdot s_{min}}$	
M_y Flexão, eixo y	$\sigma_{by}(z) = \dfrac{M_y}{I_y} \cdot z$	Máxima distância do eixo y $\sigma_{by}(z_{max}) = \dfrac{M_y}{I_y} \cdot z_{max}$	
M_z Flexão, eixo z	$\sigma_{bz}(y) = \dfrac{M_z}{I_z} \cdot y$	Máxima distância do eixo z $\sigma_{bz}(y_{max}) = \dfrac{M_z}{I_z} \cdot y_{max}$	

Deformações

Um componente submetido a tensões apresenta deformação elástica ou plástica. A força axial provoca uma deformação Δl e as forças transversais e os momentos fletores provocam deflexões w_s e w_b em relação à configuração original. A torção provoca uma rotação relativa das seções transversais (ângulo de rotação φ). As equações fundamentais que determinam estas deformações no regime linear-elástico estão apresentadas na tabela mostrada nesta página.

A deformação por cisalhamento deve ser levada em consideração nos casos, onde as tensões transversais são elevadas e podem ser calculadas integrando-se as características da força transversal e com a inserção do fator de concentração de tensões k_S. A deformação por flexão é determinada utilizando as equações diferenciais que descrevem o comportamento dos eixos estáticos (que requer uma integração dupla da curva do momento fletor). As constantes de integração são sempre determinadas a partir das condições de contorno adequadas ao caso que está sendo analisado.

Deformação plana geral

O estado de deformação mais importante nas aplicações usuais da engenharia é o biaxial (ou de deformação plana). Este estado ocorre em todas superfícies livres de tensão. Como as tensões normal e de cisalhamento são nulas na superfície (a coordenada z é normal à superfície), apenas as tensões normais, σ_x e σ_y, e as tensões de cisalhamento, $\tau_{xy} = -\tau_{yx}$ não são nulas (veja a figura da pág. 163).

As relações indicadas na pág. 170 fornecem as tensões normal $\sigma(\varphi)$ e de cisalhamento $\sigma(\varphi)$ em qualquer direção φ em relação ao eixo x. A relação entre $\sigma(\varphi)$ e $\tau(\varphi)$ pode ser representada graficamente na forma de um círculo ("Círculo de Mohr").

Cálculo da deformação elástica

Componente do carregamento	Tipo de carga	Relação de deformação	Configuração
F_x	Tração/compressão	$\Delta l = \dfrac{F_x}{A \cdot E} \cdot l$	
F_y F_z (F_Q)	Cisalhamento	$\dfrac{dw_s(x)}{dx} = k_s \cdot \dfrac{F_Q(x)}{G \cdot A}$ $w_s(x) = \dfrac{k_s}{G \cdot A} \int F_Q(x) \cdot dx$ $= \dfrac{k_s}{G \cdot A} M_b(x) + w_0$ k_s: ● 1,1 ■ 1,2	
M_x (M_t)	Torção	$\varphi(x) = \dfrac{M_t \cdot x}{G \cdot I_t}$	
M_y M_z (M_b)	Flexão	$w_b''(x) = \dfrac{-M_b(x)}{E \cdot I_a}$	

Círculo de Mohr *(estado biaxial de tensões ou plano de deformações)*

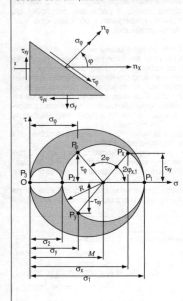

- Tensões na seção – direção φ:

$$\sigma_\varphi = \frac{\sigma_x + \sigma_y}{2} + \frac{\sigma_x - \sigma_y}{2} \cdot \cos 2\varphi - \tau_{xy} \cdot \operatorname{sen} 2\varphi$$

$$\tau_\varphi = \frac{\sigma_x - \sigma_y}{2} \cdot \operatorname{sen} 2\varphi - \tau_{xy} \cdot \cos 2\varphi$$

- Centro do círculo de Mohr:

$$M = \frac{\sigma_x + \sigma_y}{2}$$

- Raio do círculo de Mohr:

$$R = \sqrt{\left(\frac{\sigma_x - \sigma_y}{2}\right)^2 + \tau_{xy}^2}$$

- Tensões principais:

$$\sigma_1 = \frac{\sigma_x + \sigma_y}{2} + \sqrt{\left(\frac{\sigma_x - \sigma_y}{2}\right)^2 + \tau_{xy}^2} = M + R$$

$$\sigma_2 = \frac{\sigma_x + \sigma_y}{2} + \sqrt{\left(\frac{\sigma_x - \sigma_y}{2}\right)^2 + \tau_{xy}^2} = M - R$$

$$\sigma_3 = 0$$

- Direção 1 para x:

$$\varphi_{x,1} = \frac{1}{2} \arctan\left(\frac{-2\tau_{xy}}{\sigma_x - \sigma_y}\right),$$

quando
$\sigma_x > \sigma_y$ (de outro modo $\varphi_{x,1}$)

Tensões principais

Qualquer componente submetido a tensões apresenta planos onde as tensões de cisalhamento são nulas e as tensões normais apresentam valores máximos (veja os pontos P_1, P_2 e P_3 da figura acima). Estas tensões normais máximas são conhecidas como tensões principais e as direções destas tensões são denominadas principais.

No caso mais geral, três tensões principais, σ_{H1}, σ_{H2} e σ_{H3}, atuam num plano de um dado componente. O número de tensões principais não nulo determina o estado de tensões. O estado pode ser uniaxial (duas tensões principais iguais a zero), biaxial (uma tensão principal é nula) ou triaxial (nenhuma tensão principal é nula).

O caso biaxial, ou estado plano de deformações, é o mais encontrado nas aplicações usuais. Neste caso, a superfície livre de tensões e o plano das tensões principais não apresentam tensões σ_z, τ_{zx}, e τ_{zy}. Os princípios utilizados na determinação das tensões principais para o caso de deformação plana estão mostrados na figura.

É importante colocar as tensões principais em ordem crescente na formulação das hipóteses de resistência (veja a próxima seção). O resultado desta ordenação pode ser descrito do seguinte modo:

$\sigma_1 = \max \{\sigma_{H1}, \sigma_{H2}, \sigma\}$
$\sigma_3 = \min \{\sigma_{H1}, \sigma_{H2}, \sigma_{H3}\}$

Resistência dos materiais

Tensão efetiva

A resistência de um componente é avaliada comparando-se as tensões que atuam no componente (um estado de tensão multiaxial) com o valor característico do material que é determinado, na maioria das vezes, sob um estado uniaxial de tensão. As hipóteses de resistência foram desenvolvidas para que esta comparação faça sentido. O objetivo destas hipóteses é a determinação de um estado uniaxial de tensões equivalente àquele multiaxial encontrado no componente. Assim, o estado de tensões real passa a ser representado por uma tensão efetiva σ_V.

A tensão efetiva é um escalar e isto é uma deficiência do modelo. Observe que um parâmetro não direcional e sem sinal é formado a partir de tensões individuais que apresentam sinais. A formulação da tensão efetiva envolve uma perda inaceitável de informações que tem um impacto particular nas tensões multiaxiais que aparecem nas vibrações. A razão para isto é a ocorrência de uma rotação dos eixos das tensões principais nos componentes ao longo do tempo (veja a direção e o sentido das tensões principais mostradas na figura da pág. 170). Nestas condições, as hipóteses clássicas de resistência não podem ser aplicadas na sua forma pura.

A escolha da hipótese de resistência depende primariamente do comportamento do componente e é importante distinguir o comportamento dúctil do frágil.

A hipótese da tensão normal (HTN) é normalmente utilizada nos casos onde o componente é construído com um material frágil. A falha devida à ruptura forçada frágil ocorre quando o valor da maior tensão principal σ_1 alcança aquele da tensão de ruptura do material R_m.

Existem duas hipóteses importantes para descrever a fratura dúctil do componente (escoamento):
- Teoria da tensão de cisalhamento (TTC)
- Teoria da energia de deformação de von Mises (TED)

A experiência mostra que a TTC é adequada para descrever a fratura dúctil, enquanto a de von Mises (TED) é mais adequada para as fraturas com deformação plástica e por fadiga. A TTC sempre produz uma tensão efetiva maior do que aquela calculada pela TED (máx. 15%). Assim, a TTC sempre fornece um valor conservativo. A tensão efetiva calculada com a TTC corresponde ao diâmetro do maior círculo que pode ser encontrado no círculo de Mohr.

Tensão efetiva

Comportamento do componente	Frágil	Dúctil	
Hipótese de resistência	Hipótese da tensão normal (HTN)	Teoria da tensão de cisalhamento (TTC)	Teoria da energia de deformação de von Mises (TED)
Estado triaxial de tensões $\sigma_1, \sigma_2, \sigma_3$ [1]	σ_1 [2]	$\sigma_1 - \sigma_3$ [1]	$\frac{1}{\sqrt{2}}\sqrt{(\sigma_1-\sigma_2)^2 + (\sigma_2-\sigma_3)^2 + (\sigma_3-\sigma_1)^2}$
Estado biaxial de tensões (estado plano de deformações) $\sigma_x, \sigma_y, \tau_{xy}$	$\dfrac{\sigma_x+\sigma_y}{2} + \sqrt{\left(\dfrac{\sigma_x-\sigma_y}{2}\right)^2 + \tau_{xy}^2}$	$\sqrt{(\sigma_x-\sigma_y)^2 + 4\cdot\tau_{xy}^2}$ quando R [3] $\geq M$ [4] $\dfrac{\sigma_x+\sigma_y}{2} + \sqrt{\left(\dfrac{\sigma_x-\sigma_y}{2}\right)^2 + \tau_{xy}^2}$ quando R [3] $< M$ [4]	$\sqrt{\sigma_x^2 - \sigma_x\cdot\sigma_y + \sigma_y^2 + 3\cdot\tau_{xy}^2}$
σ_x, τ_{xy}	$\dfrac{\sigma_x}{2} + \sqrt{\dfrac{\sigma_x^2}{4} + \tau_{xy}^2}$	$\sqrt{\sigma_x^2 + 4\cdot\tau_{xy}^2}$	$\sqrt{\sigma_x^2 + 3\cdot\tau_{xy}^2}$

[1]) $\sigma_1 \geq \sigma_2 \geq \sigma_3$, [2]) $\sigma_1 > 0$ (de outro modo, verificar com a teoria do cisalhamento),
[3]) $R = \sqrt{\left(\dfrac{\sigma_x-\sigma_y}{2}\right)^2 + \tau_{xy}^2}$, [4]) $M = \dfrac{\sigma_x+\sigma_y}{2}$

A tabela mostrada na pág. 171 apresenta um resumo das tensões efetivas relativas a alguns carregamentos importantes.

A descrição do comportamento dos materiais semidúcteis requer uma transição contínua da teoria do cisalhamento (TTC) com a de energia de deformação de von Mises (TED). Isto é realizado utilizando a razão r entre os fatores de tensão de cisalhamento K_τ e de tensão normal K_σ. O guia da FKM (veja a bibliografia) sugere um procedimento para o cálculo da tensão efetiva que utiliza as relações mostradas no gráfico mostrado a seguir. Para o material dúctil ideal, $r = 1/\sqrt{3}$ ($q = 0$) – reproduz a teoria de energia de deformação – e $r = 1$ ($q = 1$) para o material frágil – reproduz a hipótese da tensão normal.

Relação entre tensão e deformação válida para comportamento elástico e linear

Existe uma proporcionalidade entre a tensão e a deformação na faixa elástica e linear. De acordo com a lei de Hooke, para o estado de tensão uniaxial, a relação entre a expansão linear ε_x e a tensão σ_x é descrita pela relação:

$$\varepsilon_x = E \cdot \varepsilon_x$$

A deformação transversal pode ser avaliada com a equação:

$$\varepsilon_x = -\mu \cdot \varepsilon_x$$

Estas relações contêm o módulo de elasticidade E e a razão de Poisson μ que são propriedades adequadas para descrever o comportamento do material na faixa elástica. O valor do módulo de elasticidade de vários materiais pode ser encontrado no capítulo "Materiais" (pág. 250).

O estado plano de deformações (estado biaxial de tensões) ($\sigma_z = 0$) é descrito pelas relações apresentadas na tabela da pág. 173.

Tensão efetiva para materiais semidúcteis

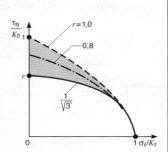

Tensão efetiva:
$\sigma_V = q \cdot \sigma_{V,HTN} + (1-q) \cdot \sigma_{V,TED}$

Parâmetro de ductilidade:
$$q = \frac{\sqrt{3} - \frac{1}{r}}{\sqrt{3} - 1}$$

Material	Aço GS	NCI	CP	CGI	Liga de Al. Forjado	Fundido
$r = \frac{K_\tau}{K_\sigma}$	0,58	0,65	0,75	0,85	0,58	0,75

Avaliação com "strain gage" do tipo roseta a 0°, 45° e 90° (estado biaxial de tensão/estado plano de deformação)

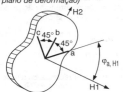

- Deformações nas direções do "strain gage"
$$\sigma_a = \frac{E}{1-\mu^2}(\varepsilon_a + \mu \cdot \varepsilon_c), \quad \sigma_c = \frac{E}{1-\mu^2}(\varepsilon_c + \mu \cdot \varepsilon_a)$$
$$\tau_{ac} = \frac{E}{2(1+\mu)}(\varepsilon_a + \varepsilon_c - 2 \cdot \varepsilon_b)$$

- Tensões principais
$$\sigma_{H1,H2} = \frac{\sigma_a + \sigma_c}{2} \pm \sqrt{\left(\frac{\sigma_a - \sigma_c}{2}\right)^2 + \tau_{ac}^2}$$
$$\sigma_{H3} = 0$$

- Direção de σ_{H1} em relação à direção a
$$\varphi_{a,H1} = \frac{1}{2} \arctan\left(\frac{-2\,\tau_{ac}}{\sigma_a - \sigma_c}\right),$$

quando $\sigma_a \geq \sigma_C$ (de outro modo, $\varphi_{c,H1}$)

Lei de Hooke para estado biaxial de tensões (estado plano de deformação)

Deformações	Tensões
$\varepsilon_x = \dfrac{1}{E}(\sigma_x - \mu \cdot \sigma_y)$	$\sigma_x = \dfrac{E}{1-\mu^2}(\varepsilon_x + \mu \cdot \varepsilon_y)$
$\varepsilon_y = \dfrac{1}{E}(\sigma_y - \mu \cdot \sigma_x)$	$\sigma_y = \dfrac{E}{1-\mu^2}(\varepsilon_y + \mu \cdot \varepsilon_x)$
$\varepsilon_z = \dfrac{1}{E}(\sigma_x + \sigma_y)$	$\sigma_z = 0$
$\gamma_{xy} = -\gamma_{yx} = \dfrac{\tau_{xy}}{G}$	$\tau_{xy-} = \tau_{yx} = G \cdot \gamma_{xy}$
onde	
$G = \dfrac{E}{2(1+\mu)}$	

Considere um "strain gage", que fornece informações nas direções 0°, 45° e 90° (a, b e c – rotacionadas positivamente), aplicado a um componente submetido a uma carregamento qualquer. O diagrama direito da pág. 172 apresenta as relações que devem ser utilizadas para calcular as tensões a partir das deformações e as tensões principais. Observe que os resultados são aplicáveis ao biaxial de tensões.

Efeito de entalhe

A distribuição das tensões nas várias seções de um componente podem apresentar várias peculiaridades. Uma delas é a concentração local de tensão (e local de deformação). Esta característica é tratada, na resistência dos materiais, como o efeito de entalhe. A concentração de tensões pode ser provocada por efeitos geométricos (rebaixos, canais, roscas etc.) pela existência de junções (cordões de solda, rebites, colas) e pelos pontos de fixação. É importante ressaltar que a rugosidade da superfície e suas imperfeições (poros, trincas) também se comportam como (micro) entalhes.

As regiões onde se originam as falhas, onde as tensões são mais significativas (pontos quentes), quase sempre estão associadas aos entalhes. Observe que é usual a ocorrência de pontos de trincas e de fratura (frágil, por fadiga) na raiz do entalhe.

O aumento das tensões provocado por um entalhe é quantificado através de um fator de concentração de tensões K_t. O fator de concentração de tensões é definido pela razão entre a tensão máxima na raiz do entalhe σ_{max}, ou τ_{max}, e a tensão nominal na seção transversal do entalhe σ_{nk}, ou τ_{nk} (veja a figura).

Definição do fator de concentração de tensões

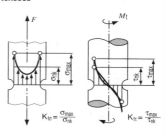

O fator de concentração de tensões depende da geometria do entalhe (raio do entalhe, dimensões do fundo do entalhe) e do tipo de tensão (tração z, flexão b, torção t), onde:

$$K_{tt} < K_{tb} < K_{tz}$$

Os diagramas mostrados na pág. 174 mostram os comportamentos do fator de concentração de tensões em vários tipos de componentes.

Em alguns casos simples, é possível determinar analiticamente o valor do fator de concentração de tensões. Entretanto, é necessário recorrer a uma análise com elementos finitos nos casos mais complexos (ver o material apresentado a partir da pág. 190). A tensão local também pode ser determinada experimentalmente com a utilização de pequenos "strain gages" instalados na raiz do entalhe.

A presença do entalhe restringe as deformações laterais do material presente na seção transversal do entalhe e isto provoca o aparecimento de estados de tensão triaxiais. O estado fica mais pronunciado quanto mais agudo for o entalhe e quanto mais grossa for a parede do componente. A tensão de ruptura, avaliada na seção transversal do entalhe e com o estado triaxial de tensões, dos componentes fabricados com materiais muitos duros é maior do que aquelas avaliadas com os estados uniaxial e biaxial de tensões. Entretanto, este fato não altera a estabilidade do componente carregado. De outro lado, a diminuição da capacidade de deformar associada com o efeito de restrição aumenta o risco de ocorrência de fratura frágil.

Diagramas dos fatores de concentração de tensão (barras planas, tubo com furo transversal e barras redondas)

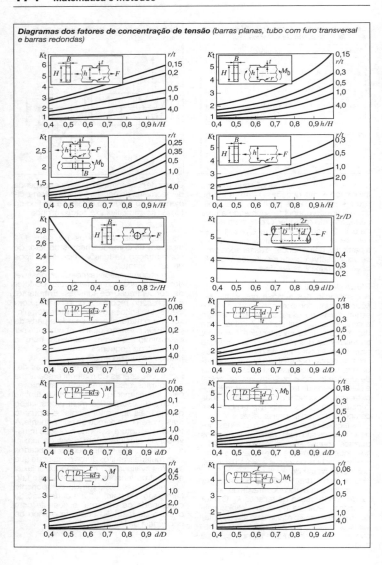

Determinação do fator de segurança estático de componentes

Fratura frágil
A fratura de um material frágil perfeito, de acordo com a hipótese da tensão normal (HTN), ocorre quando a tensão efetiva máxima encontrada no componente $\sigma_{x,max,DSH}$ se torna igual à tensão de ruptura do material R_m. Nestas condições, o fator de segurança para a fratura frágil é:

$$S_B = \frac{R_m}{\sigma_{x,max,DSH}}$$

A tensão nominal de ruptura para uma barra com entalhe e submetida à tração σ_{nB} ("resistência da barra com entalhe" R_{mk}) é obtida com o fator de concentração de tensão K_t:

$$R_{mk} = \sigma_{nB} = \frac{R_m}{K_t}$$

Observe que, no caso de material frágil, a tensão efetiva utilizada para a avaliação do coeficiente de segurança deve ser avaliada com todas as tensões presentes no componente (tensões secundárias devidas à flexão, tensões adicionais induzidas pelos entalhes, tensões internas). Isto também significa que, sob condições não favoráveis, a tensão nominal que leva à falha σ_{nB} é sempre menor do que a tensão de ruptura determinada no teste de tração. Este é um dos motivos para a ocorrência da "fratura sob tensão nominal baixa".

O fator de segurança para a fratura frágil precisa ser relativamente alto porque as incertezas na avaliação da tensão efetiva são grandes. Os coeficientes de segurança típicos para este tipo de material se encontram entre 3 e 5 (em alguns casos, o coeficiente pode ser igual a 10).

Falha de componentes dúcteis
A falha operacional de componentes construídos com materiais dúcteis são devidas à deformação excessiva ou ao colapso (ruptura). O diagrama mostrado a seguir mostra o comportamento típico de um material dúctil.

Início do escoamento
O início do escoamento num componente construído com um material dúctil ocorre quando a tensão efetiva máxima $\sigma_{v,max}$ atinge o ponto de escoamento (R_e, $R_{p0,01}$). A tensão efetiva $\sigma_{v,max}$ pode ser calculada com a teoria da tensão de cisalhamento (TTC), ou com a teoria da energia de deformação (TED). Os resultados obtidos com a TED são mais precisos do que aqueles calculados com a TTC.

O fator de segurança para o escoamento é definido por:

$$S_F = \frac{R_e}{\sigma_{x,max}}$$

Para uma barra com entalhe, a tensão nominal para que ocorra o escoamento é dada por:

$$\sigma_{nF} = \frac{R_e}{K_t}$$

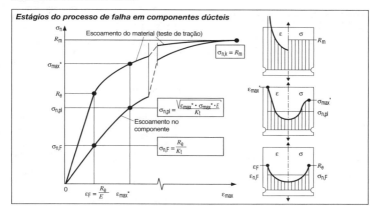

Estágios do processo de falha em componentes dúcteis

O início da deformação plástica não apresenta qualquer conseqüência séria e a deformação plástica é limitada, na maioria dos casos, as regiões próximas as seções que apresentam tensões efetivas altas. Assim, normalmente é suficiente fixar os fatores de segurança contra escoamento entre 1,0 e 1,5 (veja a tabela) ou mesmo permitir a ocorrência de uma deformação plástica limitada. Observe que, neste último caso, existe uma utilização da reserva dúctil do material.

Deformação plástica limitada
Considere um componente construído com um material dúctil e submetido a cargas estáticas. Em muitos casos é possível operar o componente com uma deformação plástica limitada concentrada na região próxima ao entalhe. A relação entre tensão nominal na raiz do entalhe $\sigma_{n,pl}$, a elongação máxima na raiz do entalhe ε_{max}^* e a tensão máxima σ_{max}^* pode ser obtida com a relação de Neuber:

$$\sigma_{n,pl} = \frac{\sqrt{\sigma_{max}^* \cdot \varepsilon_{max}^* \cdot E}}{K_t}$$

A correlação entre a tensão e a deformação na raiz do entalhe pode ser encontrada num diagrama tensão – deformação levantado no ensaio de tração (veja a figura da pág. 175).

É usual, no projeto básico dos componentes, admitir que a elongação total na raiz do entalhe ε_{max} é igual a 0,5% (se o material for bastante dúctil – como os aços austeníticos – este valor chega a 1%).

Fatores de segurança contra escoamento e fratura para materiais ferrosos dúcteis (valores indicados pelo FKM – veja a bibliografia)

Material	Teste destrutivo	Probabilidade de ocorrência de tensões	Conseqüências de falha	Fator Escoamento de segurança	Fratura dúctil
Aço	–	Alta	Alta	1,5	2,0
			Baixa	1,3	1,75
		Baixa	Alta	1,35	1,8
			Baixa	1,2	1,6
Ferro fundido dúctil CS, NCI (elongação na fratura $A_5 \geq$ 12,5%)	Não	Alta	Alta	2,1	2,8
			Baixa	1,8	2,45
		Baixa	Alta	1,9	2,55
			Baixa	1,65	2,2
	Sim	Alta	Alta	1,9	2,5
			Baixa	1,65	2,2
		Baixa	Alta	1,7	2,25
			Baixa	1,5	2,0

A razão $\sigma_{n,pl}/\sigma_{nF}$ é conhecida como fator de suporte à fadiga (estático) n_{pl}.

Colapso (fratura dúctil)
Quando os componentes fabricados com materiais dúcteis são submetidos a sobrecargas significativas, a falha ocorre por colapso e posteriormente por fratura dúctil. Observe que, nestas condições, o material não pode mais manter o equilíbrio interno na seção transversal de falha (a que está sujeita à máxima tensão efetiva) quer por redistribuição de qualquer tensão adicional ou pelo endurecimento do material que ocorre durante o aumento de deformação. O colapso é expresso pela tangente horizontal no ponto de carga máxima no diagrama tensão – deformação.

A carga de colapso pode ser calculada admitindo-se que os estados de tensão são planos (deformações transversais não restringidas) ou que as deformações transversais são inexistentes.

No caso mais simples, aquele que não leva em consideração qualquer restrição à deformação transversal, a tensão nominal que leva ao colapso de um componente com entalhe submetido à tensão de tração é dada pela relação:

$\sigma_{nk} = R_m$

Observe que o aumento das tensões efetivas induzidas pelo entalhe não atua sobre a redução da carga suportável. Ainda mais, as tensões de flexão induzidas e as tensões internas secundárias provocadas pelo escoamento do material são reduzidas de modo progressivo e isto evidencia a relevância do fator de segurança baseado na ductilidade.

Os fatores de segurança adequados para a fratura dúctil apontados no documento FKM estão indicados na tabela desta página.

Flambagem de barras

Um critério de falha adicional, que também precisa ser observado, é a falha provocada por instabilidade (flambagem de barras esbeltas, formação de ondulações em painéis construídos com chapas finas).

Uma barra esbelta submetida à compressão apresentará uma deformação lateral súbita quando a carga atingir um valor crítico. Este fenômeno ocorrerá ao longo do eixo que apresenta o menor momento axial de inércia de segunda ordem, $I_{min} = I_2$, se a barra não for guiada.

Resistência dos materiais

A figura abaixo mostra um diagrama de flambagem onde a tensão de compressão para a ocorrência da flambagem é relacionada com a razão de esbeltez da barra. A tensão de flambagem é calculada nas zonas elástica e plástica de modo diferente. O limite entre a flambagem na região elástica e na plástica é definido pela razão de esbeltez. A razão de esbeltez λ é calculada com o comprimento de flambagem l_K, o momento axial de inércia de segunda ordem I_{min} e a área da seção transversal da barra A:

$$\lambda = \frac{l_K}{\sqrt{\frac{I_{min}}{A}}}$$

O limite entre a flambagem elástica e a plástica é descrito pelo limite da razão de esbeltez λ_G que é função dos parâmetros do material E e σ_{dP} (limite de proporcionalidade na compressão). O aço estrutural S235 (St 37), por exemplo, apresenta razão de esbeltez próxima de 100. A flambagem elástica prevalece se a razão de esbeltez é superior à razão de esbeltez-limite. De outro modo, a flambagem plástica prevalece.

A condição para a flambagem depende muito do modo de fixação da barra. A influência do modo de fixação é levada em consideração no modelo através do comprimento de flambagem l_K. Os comprimentos de flambagem que devem ser utilizados nas montagens fixas e articuladas estão indicados no diagrama mostrado a seguir (casos de flambagem de Euler).

Observe que os apoios fixos ideais não existem e, assim, o método de cálculo de Euler pode ser não conservativo. O mesmo argumento se aplica à hipótese de que as cargas são aplicadas no eixo da barra.

Na zona elástica, a carga-limite F_K que provoca a flambagem pode ser calculada com as equações de Euler. A próxima equação é adequada para determinar as tensões de flambagem de Euler:

$$F_K = \frac{\pi^2 \cdot E \cdot I_{min}}{l_K^2}$$

O comprimento de flambagem pode ser encontrado no diagrama mostrado a seguir.

Em muitos casos, a condição de contorno decisiva para a avaliação da falha por flambagem não pode ser claramente definida. Usualmente, este tipo de falha ocorre subitamente e sem aviso e suas conseqüências podem ser desastrosas. Por estes motivos, é normal admitir fatores de segurança altos para este tipo de falha (os valores usuais se encontram na faixa limitada por 3 e 6).

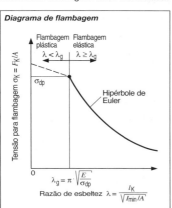

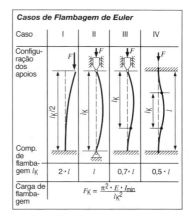

Avaliação da segurança de componentes submetidos a vibrações

A grande maioria dos componentes presentes nos sistemas mecânicos estão submetidos a tensões transitórias (vibrações) quando estão em serviço. Normalmente, as variações da tensão ao longo do tempo são irregulares. No caso mais geral, é necessário utilizar os métodos de integridade operacional (veja a próxima seção) no projeto destes componentes.

Os esforços transitórios podem causar, nos pontos onde as tensões são mais altas, a formação de trincas, a propagação cíclica das trincas e, finalmente, a ruptura do componente.

Descrição da carga de vibração
Um ciclo de carga de vibração (veja a figura) é definido pelos parâmetros usuais da física das vibrações. A tensão média σ_m e a amplitude da tensão σ_a são obtidas a partir dos valores-limites das tensões (tensões máxima σ_o e mínima σ_u).

A razão entre as tensões mínima e máxima R é um parâmetro que indica a intensidade da vibração. Os valores de R para alguns tipos importantes de vibração são:
- $R = -1$: tensão alternativa pura
- $R = 0$: tração pulsante pura
- $R = -\infty$: compressão pulsante pura
- $R = +1$ tensão estática pura

A relação entre os parâmetros mais importantes da vibração pode ser obtida por transformação:

$$\sigma_m = \frac{1+R}{1-R} \cdot \sigma_a$$

A forma da vibração e a freqüência de uma vibração não são significativas em metais metálicos submetidos a tensões quando a temperatura de operação é menor do que a de recristalização e o meio não interage com o metal (corrosão).

Curva de Wöhler
A curva de Wöhler, ou de vida, é muito importante no projeto dos componentes submetidos a cargas que variam ao longo do tempo. Esta curva pode ser construída matematicamente (a partir de um modelo físico) ou a partir de resultados experimentais obtidos em testes de resistência à fadiga sob tensões que variam ao longo do tempo. Os testes podem ser realizados com corpos-de-prova ou com componentes.

A curva de Wöhler apresenta a relação entre a amplitude da tensão (veja a definição na figura do lado esquerdo da página) e o número de ciclos necessário para a ocorrência de fratura N. A próxima figura mostra um esquema da curva de Wöhler. Observe que a curva pode ser dividida em três zonas denominadas "resistência à fadiga estática" ou "resistência à fadiga de baixo ciclo", "resistência à fadiga para vida finita" e "limite de fadiga".

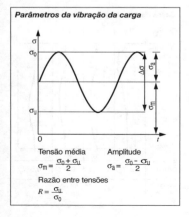

Parâmetros da vibração da carga

Tensão média
$\sigma_m = \dfrac{\sigma_0 + \sigma_u}{2}$

Amplitude
$\sigma_a = \dfrac{\sigma_0 - \sigma_u}{2}$

Razão entre tensões
$R = \dfrac{\sigma_u}{\sigma_0}$

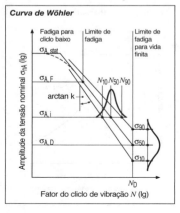

Curva de Wöhler

Fator do ciclo de vibração N (lg)

A amplitude da tensão estática $\sigma_{A,stat}$ é definida pela relação:
tensão máxima = resistência máxima (no entalhe)

$$\sigma_{A,stat} = \frac{1-R}{2} \cdot R_{mk}$$

A transição entre a resistência à fadiga de baixo ciclo e a resistência à fadiga para vida finita é difusa. Entretanto, para componentes sujeitos a tensões cíclicas puras, a transição ocorre na faixa limitada por 10^2 e 10^4 ciclos. A fadiga de baixo ciclo (LCF) provoca deformações plásticas cíclicas. Este assunto é discutido na teoria do equilíbrio local e não será apresentado neste texto.

O número de ciclos de vibração limite N_D, que indica a transição entre resistência à fadiga para vida finita e o limite de fadiga não pode ser definido claramente porque N_D é função de vários fatores, como o material, os efeitos dos entalhes e da razão R. Por exemplo, o valor de N_D cai bastante se o entalhe é agudo e aumenta se o entalhe for pouco profundo. Usualmente, o número de ciclos de vibração-limite adotado no projeto de componentes, que serão fabricados com materiais ferrosos, se encontra na faixa $5 \cdot 10^5 \ldots 5 \cdot 10^6$. Nos componentes, que serão fabricados com materiais não ferrosos, este número se encontra na faixa $10^7 \ldots 10^8$. Também é usual, no projeto de componentes que serão fabricados com metais não ferrosos, aproximar o limite de fadiga por uma resistência à fadiga para vida finita obtida numa curva que apresenta gradiente reduzido.

A vida útil dos componentes que estão sujeitos a tensões cíclicas e que operam em ambientes corrosivos (fadiga sob corrosão) é menor do que a prevista no projeto baseado numa vida útil finita. Observa-se também uma queda contínua da resistência do componente ao decorrer do tempo em serviço. Assim, não é possível definir um limite de fadiga específico para estes casos, mas apenas apresentar um valor aproximado para a resistência à fadiga para vida finita. Um comportamento similar é encontrado no caso de tensões geradas por vibrações em componentes que operam à alta temperatura (fadiga com fluência).

Normalmente, a curva que relaciona a resistência à fadiga e o número de ciclos num gráfico lg-lg é uma reta. Assim, esta relação pode ser escrita do seguinte modo:

$$\sigma_A = \sigma_{A,R} \cdot \left(\frac{N}{N_R}\right)^{-\frac{1}{k}}$$

e

$$N = N_R \cdot \left(\frac{\sigma_A}{\sigma_{A,R}}\right)^{-k}$$

onde N_R e $\sigma_{A,R}$ são referentes a qualquer ponto de referência P_R nas linhas de resistência à fadiga para vida finita e k representa a inclinação da curva de resistência à fadiga para vida finita. Observe que k pode ser avaliado com a relação:

$$k = -\frac{lg \dfrac{N_1}{N_2}}{lg \dfrac{\sigma_{A1}}{\sigma_{A2}}}$$

O valor de k pode ser utilizado como um indicativo da qualidade de um componente sujeito a tensões cíclicas. Para componentes de aço submetidos a tensões cíclicas puras:

$$k = -\frac{lg \dfrac{10^6}{10^2}}{lg \dfrac{\sigma_{AD}}{R_m}} = -\frac{4}{lg \dfrac{\sigma_{AD}}{R_m}}$$

Um componente projetado de forma ótima e com razão $\sigma_{AD}/R_m = 0{,}5$ apresenta $k = 13$, enquanto que um componente projetado de forma não otimizada e com razão $\sigma_{AD}/R_m = 0{,}05$ apresenta $k = 3$.

Determinação experimental da curva de Wöhler

As curvas de Wöhler experimentais são levantadas a partir dos resultados obtidos em testes com corpos-de-prova ou componentes onde a carga e a vibração são monitoradas (teste de Wöhler). Normalmente, o teste termina quando ocorre a fratura do corpo-de-prova ou do componente. As tensões cíclicas utilizadas nos testes onde a vibração é senoidal podem apresentar razão R constante ou (mais raramente) valor médio constante.

As vidas úteis dos corpos-de-prova levantadas no teste de Wöhler variam bastante e torna-se necessário realizar um tratamento estatístico dos resultados para garantir a confiabilidade do experimento (veja a figura mostrada no lado direito da pág. 178 e também o capítulo "Estatística" que inicia na pág. 214). As distribuições normal, logarítmica, arcsen $\sqrt{p}$ e Weibull podem ser utilizadas para a análise dos resultados. Entretanto, elas produzem resultados bastante distintos na região onde a probabilidade de falha é baixa. Os resultados experimentais tratados podem ser utilizados para construir as curvas de probabilidade de falha constante P_A e de probabilidade de sobrevivência $P_ü$. O procedimento padrão consiste em apresentar as curvas com probabilidade de falha iguais a 10, 50 e 90%. Estas curvas podem ser utilizadas para determinar o espalhamento do número de ciclos:

$$T_N = \frac{N_{90}}{N_{10}}$$

e o espalhamento das tensões:

$$T_S = \frac{\sigma_{90}}{\sigma_{10}}$$

Os valores típicos de T_N variam de 2 (componentes fabricados com cuidado e com processos de usinagem) a 10 (componentes soldados). O valor de T_N usualmente adotado nos projetos básicos é próximo de 5. Em casos excepcionais (materiais não homogêneos e componentes com defeitos), o espalhamento pode atingir valores superiores a 10^2.

Cálculo do limite de fadiga
É essencial incluir todos os fenômenos que são importantes no comportamento do componente na análise não experimental do processo que o leva à fadiga. Os métodos clássicos de análise da fadiga correlacionam o limite de fadiga com a amplitude da tensão nominal σ_{nA} e a tensão de ruptura obtida no teste de tração (em alguns casos esta tensão é substituída pela tensão de escoamento). As variáveis associadas aos processos mais importantes que levam à ruptura do componente por fadiga são:
- material (resistência, ductilidade) C_W
- tipo de tensão (tensão/compressão, flexão, torção) C_L
- efeito de entalhe K_f
- superfície (altura das rugosidades) C_O
- superfície (tratamento superficial) C_R
- tamanho do componente C_G
- ambiente (temperatura, corrosão) C_U
- tensão média C_M

A próxima equação, que combina as variáveis descritas, é utilizada para avaliar a amplitude da tensão nominal associada ao limite de fadiga:

$$\sigma_{nA} = C_W \cdot C_L \cdot C_O \cdot C_R \cdot C_G \cdot C_U \cdot C_M \cdot \frac{1}{K_f} \cdot R_m$$

Esta relação mostra porque a resistência de um componente projetado e construído de forma não otimizada, e submetido a vibrações, pode apresentar resistência próxima a 10% daquela calculada com a tensão de ruptura na tração e que o limite de fadiga de um componente ótimo pode atingir até 50% da tensão de ruptura na tração. Esta equação também indica quais os procedimentos que podem ser utilizados para aumentar a resistência à fadiga dos componentes (polimento, endurecimento superficial, otimização da geometria dos entalhes e proteção contra a corrosão).

É importante lembrar que um aumento na resistência do material R_M não aumenta necessariamente a resistência à vibração porque existe um efeito cruzado entre as variáveis C e a resistência a tração R_m (veja o exemplo mostrado na figura da pág. 182).

Influência do material
A composição química do material, o processo de fabricação e os tratamentos térmicos são importantes na resistência à fadiga. O comportamento do material é modelado através da resistência à tração R_m e da variável C_W, que é função do material analisado. A próxima tabela mostra os valores usuais de C_W para alguns materiais.

Fatores para o material e carga (documento FKM, veja a bibliografia)

Variável	Aço	Aço cementado	Aço fundido	Ferro com grafite nodular	Ferro fundido	Ferro fundido cinzento	Ligas de Al Trabalhado	Ligas de Al Fundido
C_W	0,45	0,40	0,34	0,34	0,28	0,30	0,30	0,30
C_{Lb}	1,10	1,10	1,15	1,30	1,40	1,50	≈1,1	≈1,5
C_{Lt}	0,58	0,58	0,58	0,65	0,75	0,85	0,58	0,75

Tipo de tensão

A diferença entre a resistência à vibração para tensões de tração/compressão e para tensões de flexão é devida ao efeito de suporte do gradiente de deformação associado à flexão e também ao efeito favorável provocado pela tensão de compressão gerada no processo de flexão (este efeito se torna mais importante nos materiais menos dúcteis). O aumento na resistência à fadiga sob tensões de flexão reversas σ_{bW} em relação à resistência à fadiga sob tensões de tração/compressão reversas σ_{zdw} é expresso pelo fator C_{Lb} (veja os valores desta variável na tabela da pág. 180).

É sempre possível converter o limite de fadiga sob tensões de torção cíclicas τ_{tW} a partir do limite de fadiga sob tensões tração/compressão cíclicas σ_{zdW} utilizando as hipóteses de resistência. A teoria da tensão normal indica que $C_{Lt} = \tau_W/\sigma_{zdW} = 1,0$ para os materiais frágeis ideais e a teoria da energia de deformação indica que $\tau_W/\sigma_{zdW} = 1/\sqrt{3} = 0,58$ para os materiais dúcteis ideais. Os fatores dos materiais semidúcteis se encontram entre os dois valores apresentados (ver também figura no lado esquerdo da pág. 56). Os valores utilizados para C_{Lt} podem ser encontrados na tabela mostrada na pág. 180.

Consideração do efeito do entalhe

Os efeitos dos entalhes no processo de fadiga são levados em consideração através do fator redutor da resistência à fadiga K_f,(formalmente β_k). Este fator é definido como o quociente do limite de fadiga para um componente plano (sem entalhes) $\sigma_{AD,flat}$ pelo limite de fadiga do componente com entalhe $\sigma_{AD,notched}$

$$K_f = \frac{\sigma_{AD,flat}}{\sigma_{notched}}$$

O formato do entalhe influi muito sobre o valor de K_f (fator de concentração de tensões K_t). Entretanto, as propriedades do material (a ductilidade é muito importante) e o gradiente de deformação da raiz do entalhe também influem no valor de K_f. Os valores-limites para o fator de redução de resistência à fadiga são:
- $K_f = K_t$: efeito total do entalhe
- $K_f = 1$: sem efeito de entalhe

A diferença entre K_t e K_f pode ser explicada pelo efeito do suporte dinâmico (Siebel e Neuber). A ductilidade do material, o tamanho da zona perturbada pela presença do entalhe e o gradiente de deformação são importantes para descrever este efeito.

O fator de redução de resistência à fadiga, de acordo com Siebel e Stiehler, pode ser calculado com o fator dinâmico de suporte n_χ definido pela relação:

$$K_f = \frac{K_t}{n_\chi}$$

O fator dinâmico de suporte é determinado a partir de um gradiente de deformações específico χ^*. Este gradiente pode ser avaliado com o raio do entalhe ρ do seguinte modo:

$$\chi^* = \frac{2}{\rho} \quad \text{para tração/compressão e flexão}$$

$$\chi^* = \frac{1}{\rho} \quad \text{para torção}$$

Os diagramas mostrados na figura mostram como determinar o fator dinâmico de suporte n_χ em função do gradiente de deformação específico χ^* e do material.

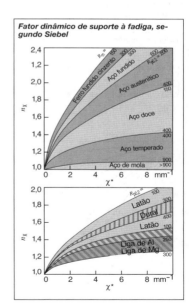

Fator dinâmico de suporte à fadiga, segundo Siebel

A experiência mostra que os digramas empíricos de Siebel, baseados em resultados de testes realizados há 50 anos, subestimam a capacidade de suporte dinâmico dos materiais modernos (por exemplo, os aços com alta tensão de ruptura e as ligas de alumínio).

Superfície

A superfície rugosa de um componente (criada na manufatura ou na operação do componente) se comporta como uma superfície repleta de microentalhes. A experiência mostra que a resistência à fadiga diminui com o aumento da rugosidade superficial. Este efeito é mais pronunciado nos materiais com alta tensão de ruptura do que naqueles onde a tensão de ruptura é baixa.

A rugosidade da superfície R_z é uma medida utilizada para identificar a altura das protuberâncias da superfície (distância média entre os picos e os fundos dos vales). O fator de superfície C_O é igual a 1 nas superfícies polidas. Os valores usuais de C_O estão apresentados a seguir em função da tensão de ruptura no ensaio de tração e da rugosidade da superfície.

Superfície

O início da fratura por fadiga ocorre na superfície ou numa região próxima à superfície. Assim, a resistência à fadiga pode ser influenciada negativa ou positivamente alterando-se a superfície. A descarbonização da superfície é um exemplo de influência negativa e os processos que endurecem a superfície, e ao mesmo tempo introduzem tensões internas de compressão perto da superfície (laminação, nitretação), são exemplos de influência positiva. Os valores usuais dos fatores de superfície C_R estão apresentados na próxima tabela.

Tamanho do componente

Os testes mostram que a resistência à vibração, expressa em tensões nominais, dos componentes grandes são menores do que as das peças pequenas. A influência do tamanho do componente sobre a fadiga pode ser dividida em componentes estáticos, de deformação mecânica e tecnológicos. O motivo principal para que a resistência à fadiga de uma peça grande ser menor do que aquela de uma peça pequena é que a probabilidade de disparo de defeitos é maior numa área grande e

Fator de superfície C_O (Documento FKM, veja a bibliografia)

$C_O = 1 - a_0 \cdot \lg R_z \cdot \lg\left(\dfrac{R_m}{b_0}\right)$, onde R_z em μm

Grupo do material	Aço	CS	NCI	CT	GCI	AL trabalhado	AL fundido
a_0	0,22	0,20	0,16	0,12	0,06	0,22	0,20
b_0 (MPa)	200	200	200	175	50	67	67

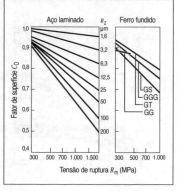

Fator de superfície C_R (Documento FKM, ver a bibliografia)

	Componente sem entalhe		Componente com entalhe	
	Ø 8...15 mm	Ø 30...40 mm	Ø 8...15 mm	Ø 30...40 mm
Aço Nitretado (700...1000 HV, 0,1...0,4 mm)	1,15...1,25	1,10...1,15	1,90...3,00	1,30...2,00
Cementado (670...750 HV, 0,2...0,9 mm)	1,20...2,00	1,10...1,50	1,50...2,50	1,20...2,00
Carbonitretado (min 670 HV, 0,2...0,4 mm)	–	1,8	–	–
Laminado Jateado	1,20...1,40	1,10...1,25	1,50...2,20	1,30...1,80
Endurecimento por indução Endurecimento por chama (51...64 HRC, 0,9...1,5 mm)	1,30...1,60	1,20...1,50	1,60...2,80	1,50...2,50
Ferros fundidos	1,15	1,10	1,9	1,3
Cementado	1,2	1,1	1,5	1,2
Calandrado	1,2	1,1	1,5	1,1
Jateado	1,1	1,1	1,4	1,1
Endurecimento por indução Endurecimento por chama	1,3	1,2	1,6	1,5

submetida a tensões altas do que num pequeno volume. Observe que o comportamento das peças grandes é diferente daquele das pequenas quando existem zonas onde o gradiente de deformação é alto. Adicionalmente, a experiência mostra que as características mecânicas e tecnológicas dos materiais presentes nos componentes grandes são piores do que aquelas encontradas nos materiais dos componentes pequenos (taxa de solidificação, segregação, deformações verdadeiras).

Os primeiros dois efeitos representados pelos fatores de carga para flexão CLb e de redução de resistência a fadiga Kf (que é influenciado pelo fator Kt). O restante da influência do tamanho é levado em consideração pelo fator de tamanho CG. A próxima figura mostra alguns valores deste fator.

Influência do ambiente

O efeito térmico e a corrosividade do meio influem muito na resistência à fadiga.

A queda da resistência à fadiga com o aumento de temperatura pode ser explicada pela queda da tensão de ruptura sob tração e do ponto de escoamento. A queda depende do material e não pode ser formulada em termos gerais. O documento FKM (veja a bibliografia), por exemplo, apresenta a seguinte relação para o fator de correção da resistência à fadiga de aços em função da temperatura:

$$C_T = 1 - 0{,}0014\,(T\,[°C] - 100)$$

Esta relação é válida para temperaturas que variam do ambiente R_T até 500°C.

É importante notar que a importância da fluência aumenta quando a temperatura se torna superior àquela de regeneração dos cristais. A fluência combinada com tensões cíclicas resulta num complexo mecanismo de dano denominado "fadiga com fluência".

A combinação do ataque corrosivo com tensões cíclicas também resulta num mecanismo de dano complexo que é normalmente denominado "fadiga com corrosão". O ataque corrosivo provoca uma diminuição da vida útil dos componentes na faixa de resistência à fadiga para vida finita. Observe que, nestas condições, os trechos horizontais das curvas de Wöhler (referentes à zona de limite de fadiga para vidas finitas) devem ser omitidos.

Tanto o número de ciclos quanto a duração dos testes são importantes na determinação da vida útil de componentes sujeitos à fadiga com fluência ou corrosão. Nestes casos, a probabilidade de falha precisa ser determinada em testes específicos (observe que estes não podem ser conduzidos de modo acelerado).

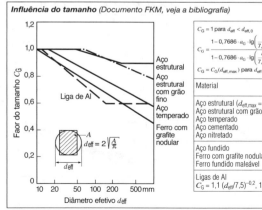

Influência do tamanho (Documento FKM, veja a bibliografia)

Tensão média
A influência da tensão média nos processos que levam à fadiga dos componentes pode ser interpretada do seguinte modo: a tensão média de tração no plano de falha reduz a amplitude do limite de fadiga enquanto a tensão média de compressão aumenta a amplitude do limite de fadiga.

A relação entre a amplitude do limite de fadiga σ_A e a tensão média σ_m normalmente é indicada no diagrama de limite de fadiga. É normal, e recomendável, adotar a abordagem de Haigh na construção do diagrama (apresentar a amplitude do limite de fadiga σ_A em função da tensão média).

A curva-limite para as tensões de tração, compressão e flexão é usualmente representada por uma linha reta (veja a figura). Observe que o limite de fadiga sob tensão torcional cíclica σ_W é representado pelo ponto de interseção da reta com o eixo das ordenadas (o gradiente é igual a M_σ). Quando o valor de R é mais alto, a curva-limite se torna menos inclinada (o valor de M_σ diminui). M_σ é conhecido como a susceptibilidade à tensão média. A experiência mostra que a susceptibilidade à tensão média dos metais aumenta com a dureza (veja a figura mostrada no lado direito da página). O fator de tensão média é calculado a partir da limitação retilínea encontrada no diagrama do limite de fadiga:

$$C_M = \frac{\sigma_A}{\sigma_W} = 1 - M\sigma \cdot \frac{\sigma_m}{\sigma_W}$$

Considere as tensões de cisalhamento e as devidas à torção. As curvas de limite de fadiga para estas tensões precisam ser simétricas em relação ao eixo das ordenadas (devido às características das tensões de cisalhamento médias). Lembrando que as tensões médias induzidas pela torção (pelo menos na zona elástica) não influem muito na resistência à fadiga, torna-se razoável admitir que a curva no diagrama de limite de fadiga é uma elipse.

Tensões multiaxiais na vibração
O conhecimento das tensões multiaxiais associadas aos movimentos cíclicos é importante e as tensões podem ser calculadas admitindo que o estado de tensões é biaxial e composto por tensões normal σ_x e de cisalhamento τ_{xy} (por exemplo, superposição de flexão e torção – veja a figura mostrada na pág. 186).

O procedimento da razão entre deformações proposto por Bach pode ser utilizado para descrever as tensões encontradas em componentes sujeitos a tensões síncronas e com valor médio e em componentes, onde ocorre a superposição de tensões estáticas e oscilatórias.

Diagrama do limite de fadiga
(Documento FKM, veja a bibliografia)

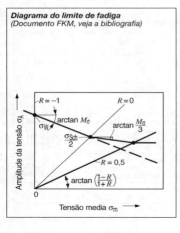

Susceptibilidade à tensão média M_σ
(documento FKM, veja a bibliografia)

$M_\sigma = a_M \cdot 10^{-3} \cdot R_m$ [MPa] + b_M							
Grupo do material	Aço	CS	NCI	CT	GCI	Al trabalhado	Al fundido
a_M	0,35	0,35	0,35	0,35	0	1,0	1,0
b_M	–0,1	0,05	0,08	0,13	0,5	–0,04	0,2

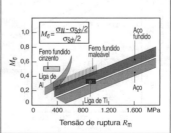

Este procedimento está baseado no seguinte fato: a falha pode ser descrita pelas curvas-limites que progridem num gráfico σ - τ do valor característico K_σ de acordo com a história de σ até o valor característico $K\tau$ de acordo com a história de τ. Deste modo, a curva-limite dos materiais frágeis é parabólica (de acordo com a teoria da tensão normal) e a curva-limite dos materiais dúcteis é elíptica (de acordo com as teorias da tensão de cisalhamento e da energia de deformação) (veja a figura).

A equação da elipse-limite é:

$$\tau = K_\tau \sqrt{1 - \left(\frac{\sigma}{K_\sigma}\right)^2}$$

Para o ponto B, que apresenta coordenadas σ e τ, o fator de segurança para a falha é:

$$S_D = \frac{1}{\sqrt{\left(\frac{\sigma}{K_\sigma}\right)^2 + \left(\frac{\tau}{K_\tau}\right)^2}}$$

As variáveis desta equação, relativas a várias combinações de carregamento, podem ser encontradas na tabela apresentada na próxima página.

A solução gráfica para a segurança pode ser determinada (veja o diagrama na parte direita da página) comparando-se o ponto de trabalho B com a curva-limite G:

$$S_D = \frac{\overline{OG}}{\overline{OB}}$$

Segurança necessária para a fratura por fadiga

A tabela mostrada na parte inferior da pág. 186 apresenta os fatores de segurança mínimos sugeridos pelo Documento FKM (veja a bibliografia) para a falha por fadiga. Estes fatores de segurança são aplicáveis desde que as cargas de projeto sejam bem conhecidas e que a probabilidade de sobrevivência seja igual a 97,5%.

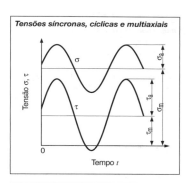

Tensões síncronas, cíclicas e multiaxiais

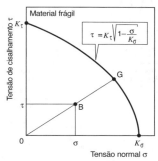

Curvas-limites para falha sob tensões multiaxiais

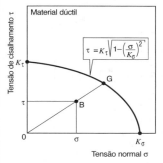

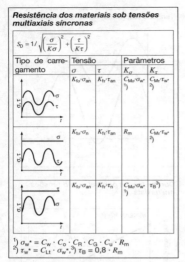

Introdução à avaliação da integridade operacional

O objetivo da avaliação da integridade operacional é a determinação da vida útil de componentes sob os carregamentos encontrados nas condições reais de serviço. A vida útil da maioria dos componentes utilizados na engenharia varia estocasticamente ao longo do tempo. A prova de segurança pode ser realizada experimental ou teoricamente (por exemplo, com a utilização de modelos matemáticos baseados na hipótese de dano acumulado).

A avaliação da integridade operacional permite que a tensão na seção mais crítica do componente se aproxime do limite de fadiga para a região de vida finita. Um resultado deste procedimento é a obtenção de um projeto ótimo onde o consumo de material é mínimo.

Procedimentos para a avaliação da integridade operacional

A figura mostrada na parte final da pág. 187 ilustra um procedimento para a determinação (prova) de integridade operacional baseado no conceito da tensão nominal. A curva de tensão ao longo do tempo é reduzida com um método de amostragem adequado que caracteriza e classifica as amplitudes e o modo de oscilação do carregamento. A distribuição da tensão nominal obtida com este procedimento é comparada com a curva de Wöhler baseada na função da tensão nominal (experimental ou aproximada e obtida por via analítica).

Com as informações disponíveis é possível calcular um fator de dano com a teoria linear da acumulação de dano e comparar este valor com o de dano crítico (que resulta na falha). Note que, deste modo, é possível formular uma proposta para a vida útil dos componentes.

Métodos de amostragem

Existem vários procedimentos de amostragem. Entre os mais utilizados estão o de parâmetro único (que envolve apenas um parâmetro) e o de dois parâmetros (veja a norma DIN 45667). Um critério de contagem muito utilizado na amostragem com um único parâmetro é ultrapassagem de um nível escolhido. O resultado da aplicação deste critério é o número de vezes que a carga ultrapassa o valor definido durante o movimento oscilatório (veja o exemplo no diagrama). Observe que os valores máximo e mínimo podem ser levados em consideração se for realizada uma contagem com dois limites.

O processo de contagem em pares fornece a freqüência de ultrapassagem de nível (pico a pico). Um par é definido pelo conjunto de dois picos de mesma altura. Observe que eles precisam apresentar o mesmo valor médio, mas podem estar intercalados por ciclos de vibração e também ser compostos por seções.

Os resultados da amostragem com um único parâmetro podem ser expressos como uma distribuição de carga (variações da carga em função da freqüência – veja a figura mostrada no lado direito da página).

A amostragem com dois parâmetros tem sido mais aceita porque apresenta características próximas daquelas utilizadas na mecânica dos materiais e também porque trata dos valores médios e das amplitudes das grandezas. Este tipo de amostragem pode gerar as curvas fechadas dos diagramas tensão – deformação (histerese) e corresponde a uma contagem em pares acrescida do armazenamento dos valores médios.

Os gráficos esquerdo e central da figura mostrada na pág. 188 ilustram, respectivamente, o funcionamento do método de amostragem com dois parâmetros e o procedimento utilizado na construção da curva da tensão em função da elongação.

O resultado da amostragem está indicado na figura da direita na forma de uma matriz composta por elementos definidos através de seu valor inicial e do intervalo de variação. Deste modo, é possível descrever as curvas de histerese.

As curvas não fechadas encontradas no fim do processo de amostragem são denominadas resíduos e podem ser incluídas, por exemplo, com o número $n = 0,5$, na avaliação do dano.

Procedimento de contagem através da ultrapassagem do valor de referência

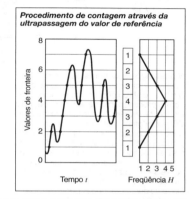

Procedimento para a análise da integridade operacional baseado no conceito de tensão nominal

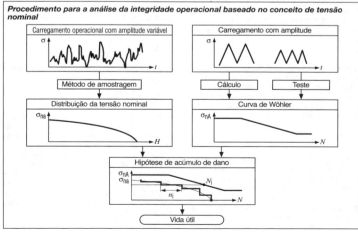

Amostragem com dois parâmetros ("Cascata ou Rainflow")

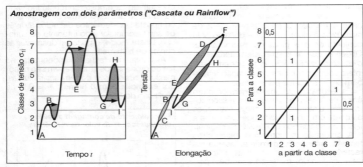

Modificações da curva de Wöhler

Para determinar o dano é necessário comparar a distribuição da carga levantada com o procedimento de amostragem com a curva de Wöhler. A utilização da curva de Wöhler original, que reflete o acúmulo de danos em processos que apresentam amplitude constante até que o limite de fadiga seja alcançado (procedimento original de Miner – MO), não fornece resultados razoáveis nos casos onde as amplitudes e as freqüências variam ao longo do tempo. Observe que as variações podem provocar o aumento dos danos (i.é, diminuição do limite de fadiga).

Esta discrepância estimulou o aparecimento de várias curvas modificadas de Wöhler (veja a figura mostrada na pág. 189).

Miner elementar (ME) (Corten-Dolan):
A resistência à fadiga para linha de vida finita da curva de Wöhler é estendida à tensão nula. Deste modo, todo o intervalo da amostragem é descrito pela inclinação k e a seguinte relação é válida:

$$N = N_D \cdot \left(\frac{\sigma_a}{\sigma_{AD}}\right)^{-k}$$

Miner Modificada (MM) (Miner Haibach):
A resistência à fadiga para vida finita permanece inalterada. A faixa de limite de fadiga é descrita pela média entre a curva horizontal do limite de fadiga e a linha de limite de fadiga estendida para vida finita. Neste caso, a equação anterior pode ser utilizada, desde que k seja substituído por k_{MM}. Esta nova inclinação é definida por:
$$k_{MM} = 2 \cdot k - 1$$

Miner Liu/Zenner ML:
Uma nova curva de Wöhler é introduzida. O ponto inicial da curva é o de resistência à fadiga original relativo à tensão máxima da amostragem $\sigma_{a,max}$ e a inclinação da reta passa a ser igual a k_{ML}. A equação para esta linha reta é dada por:

$$N = N^* \cdot \left(\frac{\sigma_a}{\sigma_{a,max}}\right)^{-k_{ML}}$$

O valor de N^* é derivado da relação original para a resistência à fadiga na linha para a vida finita:

$$N^* = N_D \cdot \left(\frac{\sigma_{a,max}}{\sigma_{AD}}\right)^{-k}$$

O expoente k_{ML} deve ser avaliado com a relação:

$$k_{ML} = \frac{k + k_R}{2}$$

O expoente da curva de Wöhler que leva em consideração a propagação de trincas apresenta valor próximo de 3 e, para os aços, k_R pode ser admitido igual a 3,6.

De acordo com a modelo de Miner Liu/Zenner, a resistência à fadiga para a linha de vida finita termina onde a tensão é igual à metade daquela do limite de fadiga $\sigma_{AD}/2$. É importante lembrar que os ciclos de vibração que apresentam tensões abaixo deste limite não contribuem, ou contribuem muito pouco, para o dano.

Resistência dos materiais

Hipótese de acumulação de dano
De acordo com a hipótese de acumulação de dano proposta por Palmgren e Miner, todas as oscilações de carga contribuem para o dano. O compartilhamento de danos D_1 de uma vibração com amplitude σ_{ai} é calculada com o fator do ciclo de vibração N_i da curva de Wöhler que provoca a fratura:

$$D_1 = \frac{1}{Ni}$$

Considere n_i ciclos de vibração com intensidade de carregamento i. Nestas condições (veja a figura abaixo):

$$D_i = \frac{n_i}{Ni}$$

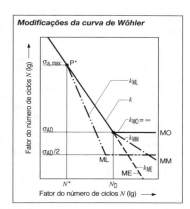

Modificações da curva de Wöhler

O dano total para o período amostrado é igual a somatória dos fatores de dano D_1 em todas as intensidades de carga m:

$$D_{tot} = \sum_{i=1}^{m} D_i = \sum_{i=1}^{m} \frac{n_i}{N_i}$$

Uma hipótese da formulação original de Palmgren e Miner é que o início das trincas ocorre quando o fator de dano D_{tot} se torna igual a 1.

Entretanto, vários experimentos mostram que o fator de dano crítico pode ser bem menor do que 1 (em alguns casos também pode ser igual a aproximadamente 10 no momento da falha). Testes mais recentes mostram que, pelo menos, a limitação a $D_c \leq 0{,}5$ é necessária.

A regra relativa de Miner é baseada na utilização de fatores de danos críticos adaptados ou daqueles encontrados na literatura.

Fator de segurança da vida útil
O fator de segurança da vida útil SN de um componente é definida do seguinte modo:

$$S_N = \frac{n_{test}}{n_{EOL}} \cdot \frac{D_C}{D_{test}}$$

onde D_{test} é o fator de dano relativo ao período de amostragem, n_{test} é o número de ciclos no período da amostragem, n_{EOL} é o número de ciclos previsto no projeto e D_c é o fator de dano crítico.

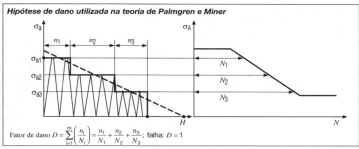

Hipótese de dano utilizada na teoria de Palmgren e Miner

Fator de dano $D = \sum_{i=1}^{m}\left(\frac{n_i}{N_i}\right) = \frac{n_1}{N_1} + \frac{n_2}{N_2} + \frac{n_3}{N_3}$; falha: $D = 1$

Método dos elementos finitos (FEM)

O que é FEM?

O termo método dos elementos finitos (FEM) foi introduzido em 1960 por R. W. Clough e tem permanecido em uso desde 1970. Virtualmente, todos os procedimentos técnicos podem ser simulados num computador com o FEM. No entanto, isso envolve a divisão de qualquer corpo (gasoso, líquido ou sólido) em elementos que sejam simples na forma (reta, triângulo, quadrado, tetraedro, pentaedro ou hexaedro), tão pequenos quanto possível e que estejam permanentemente ligados entre si pelos seus vértices (nós). Pequenos elementos são importantes por causa do comportamento formulado por aproximação utilizando equações lineares aplicáveis somente a elementos infinitesimais. No entanto, o tempo de cálculo requer elementos finitos. A aproximação à realidade é melhor quanto menores os elementos.

Aplicação do FEM

Na prática, a aplicação do FEM começou nos anos 60, nas indústrias aeronáuticas e aeroespaciais e logo foi seguida pela manufatura automotiva. O método é baseado num trabalho feito na Daimler-Chrysler AG, em Stuttgart, Alemanha. Ela usou um programa de FEM próprio chamado ESEM, bem antes do desenho assistido por computador (CAD) entrar em cena no início dos anos 80. Desde então, o método tem sido utilizado em todos os campos da tecnologia, incluindo previsão do tempo, medicina, e por muitos setores da produção automotiva, desde motores e componentes de chassis até cálculo de carroceria e comportamento em colisão (para Carrocerias de veículos, carros de passageiros, veja pág 901; para Dinâmica de operação para veículos comerciais, veja pág. 441).

Problemas na aplicação

O FEM é um processo por aproximação. As causas dos problemas que os usuários encontram são discutidos neste artigo.

Os corpos movem-se por trajetórias que são, normalmente, curvas de ordens superiores. O princípio básico do FEM reside na linearização de todos os processos (i.é, o comportamento da estrutura real é descrito por equações lineares) e esse movimento está limitado a trajetórias retas. No entanto, como as equações lineares descrevem o comportamento dos elementos dos cantos (nós), eles também se deslocam segundo retas. Daí porque os nós são capazes de executar corretamente apenas deslocamentos muito curtos (os nós torcem < 3,5°). Todos os processos não-lineares, como o movimento ao longo de uma trajetória qualquer ou o comportamento não-linear de um material deverão ser resolvidos linearmente, passo a passo.

Um elemento descreve apenas aproximadamente o comportamento de um componente real equivalente. Só um elemento infinitesimal fornece resultados corretos. Elementos finitos, como utilizados na prática, fornecem resultados bons ou maus, dependendo da qualidade de sua fórmula e do tamanho da malha.

O sistema de equação linear é formulado e resolvido com a precisão limitada pelo computador. Normalmente, 8 bytes (=64 bits) são utilizados com uma precisão de 13 dígitos significativos para o número armazenado. O 14° dígito e qualquer outro além dele são números aleatórios. Como resultado, isso exclui a possibilidade de quaisquer diferenças num modelo. Num corpo, portanto, as molas devem ser substituídas por apoios rígidos.

O grande perigo reside no fato que um modelo computacional formal formulado corretamente por um iniciante fornecerá imagens coloridas impressionantes mas os resultados estarão centrados em torno de fatores próximos à realidade e estarão completamente errados. Se os problemas resultantes das limitações citadas forem identificados pelo programa, o usuário menos experiente também será capaz de obter resultados corretos facilmente.

Garantia da qualidade, erro do modelo
As variedades de modelos com malha excessivamente grosseira podem ser identificadas e mostradas por um avaliador de erros contido no programa – por análise de tensão no caso de problemas estáticos, e por análise de fluxo no caso de problemas potenciais. Isso cria o problema de que um usuário experiente modelará, propositalmente, áreas sujeitas à baixa tensão com aproximação grosseira para ganhar tempo de cálculo. O avaliador de erro deve qualificar o erro por meio de máxima tensão ou máximo fluxo. Deve-se ter em mente que o erro é função do tipo de carregamento.

Esse erro de modelo é dado como porcentagem, onde há diferentes modos de definir a quantidade de referência. O erro relativo, i.é, ponderado, do modelo é escrito numa tabela contendo detalhes dos números do nó ou do elemento e, em muitos casos, como uma opção ao arquivo de resultados para representação gráfica. Se existirem erros em demasia, a malha nas áreas modeladas com aproximação excessiva deverá ser refinada no processador e a análise repetida (em alguns programas isso é feito automaticamente)

Sistema de programa FEM
A criação da rede é feita, sobretudo, automaticamente no processador, em sua maioria baseada numa geometria CAD. O Programa FEM calcula o modelo formulado de computação dessa maneira e mostra o resultado obtido numa forma gráfica a partir de um pós-processador. Logo, um programa FEM consiste de processador, um pós-processador e o programa FEM propriamente dito.

Áreas de aplicação do FEM
Em termos tecnológicos, a física é geralmente dividida em cinco áreas: mecânica, vibração e oscilação, termodinâmica, elétrica e óptica. Devido às funções do programa no FEM, é sempre feita uma distinção entre problemas de estática e de dinâmica linear e não-linear, e entre problemas potencialmente estáticos (independentes do tempo) e não-estáticos (dependentes do tempo (também com material não-linear) que são resolvidos como problemas não-lineares. Uma função importante de um programa FEM é ligar essas áreas diferentes, p.ex. calcular o campo de temperatura como um problema potencial, e as deformações resultantes, tensões e forças na estática linear.

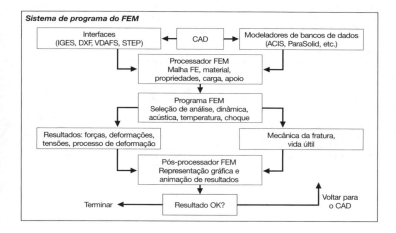

Estática linear e não-linear

A mecânica, sendo a ciência de forças e movimentos em gases, líquidos e sólidos se reflete em estática linear e não linear. A Estática linear é a área dos problemas nos quais as tensões nos componentes calculados ocorrem no campo elástico, i.é, no campo linear da lei dos materiais e onde alterações são relativamente pequenas, associadas com mínimas torções dos nós.

A segunda limitação está baseada no fato de que deslocamentos nos pontos de aplicação de carga no elemento são ignorados quando da formulação das condições de equilíbrio dos nós. Se essas pré-condições não forem satisfeitas porque os elementos são muito grandes ou as deformações são excessivas em arranjos de apoios elásticos nos movimentos dos corpos rígidos em questão, os resultados serão somente utilizáveis parcialmente.

O princípio básico da estática não-linear envolve resolução em estágios lineares pela solução do sistema linear de equações. Esse sistema consiste numa matriz $\underline{K}_K$ de rigidez elástica linear da estrutura, que descreve o comportamento elástico do componente, complementado pela matriz geométrica $\underline{K}_L$ de rigidez. Isso leva em conta o estado de tensão nos passos anteriores, em cada caso. Isso é seguido pela adição de deformações após cada passo e (se desejado) mudando o material de acordo com a curva do material especificado. Isso significa a solução passo a passo:

$$\underline{f}_i = [\underline{K}_K + \underline{K}_L]^* \underline{v}_i$$

para $i = 1...n$, onde
$\underline{f}_i$ vetor das forças do nó (máx. três forças F_x, F_y, F_z e três momentos M_x, M_y, M_z) e $\underline{v}_i$ vetor de deformações do nó (máx três direções $\underline{v}_x$, $\underline{v}_y$, $\underline{v}_z$ e três torções d_x, d_y, d_z) no passo i m referido em cada caso para o sistema global de coordenadas x, y, z.

O primeiro passo onde $\underline{K}_L = 0$ corresponde à estática linear; para cada passo seguinte, as condições predefinidas na estática linear são aplicáveis.

Tanto os materiais não lineares como as não-linearidades geométricas podem ser levados em consideração na estática não-linear. A tensão total expressa como força, momento, deformação ou temperatura é aplicada por etapas, por incrementos de carga. A soma de todos os incrementos de carga é igual à tensão total. Os incrementos não precisam ser de mesma magnitude. Na maioria dos programas, existe uma quebra nos incrementos de carga juntamente com uma adaptação de incremento. Programas especiais são utilizados para cálculo de choques.

Dinâmica linear e não-linear

Vibração e oscilação, sendo uma ciência dependente do tempo, movimento em forma de onda de corpos gasosos, líquidos e sólidos como massas inertes, e o caso especial do som, são refletidos em dinâmica linear e não-linear e acústica. Problemas de dinâmica não-linear, como amortecimento dependente do tempo, material não-linear ou problemas de choque (batida), geralmente necessitam de um programa especial.

Para problemas lineares, as freqüências naturais e as formas de oscilação naturais da estrutura, em conjunto com uma matriz de massa feita de pesos e possíveis massas adicionais para um sistema elástico não amortecido são determinadas utilizando-se a seguinte equação:

$$\underline{M} \cdot \underline{b} + [\underline{K}_K + \underline{K}_L] \cdot \underline{v} = 0$$

onde
$\underline{M}$ matriz de massa de toda a estrutura
$\underline{b}$ vetor de aceleração em todos os nós
$\underline{K}_K$ matriz de rigidez elástica linear da estrutura
$\underline{K}_L$ matriz de rigidez geométrica ou de pré-tensão da estrutura (apenas com pré-tensão)
$\underline{v}$ vetor dos movimentos de todos os nós

A porção da matriz de rigidez geométrica contém o estado inicial de tensão da estrutura e é somente levada em conta no caso de pré-tensão.

Ao se solucionar a equação geral de movimento, é possível representar casos especiais diferentes da equação de movimento, baseados em análise modal executada, levando em conta o amortecimento. Esses casos incluem força harmônica, excitação do ponto básico e análise do espectro de respostas para testes sísmicos.

$$\underline{M} \cdot \underline{b} + [\underline{K}_K + \underline{K}_L] \cdot \underline{v} + \underline{C} \cdot \underline{w} = \underline{f}_t$$

onde
$\underline{C}$ = matriz de amortecimento de toda a estrutura na forma diagonal
$\underline{w}$ = vetor velocidade em todos os nós
$\underline{f}_t$ = vetor de excitação (vetor força)

Problemas estáticos e não-estáticos potenciais

Com respeito a problemas potenciais, é feita uma diferença entre problemas estáticos e não-estáticos. No caso de problemas estáticos, tudo está em equilíbrio, e o tempo não importa (p.ex. fluxo de calor constante). No caso de problemas não-estáticos, tudo é dependente do tempo (p. ex. aquecimento de um corpo).

Analogia de problemas potenciais

Os problemas potenciais mais comuns são (veja tabela):
(a) distribuição da temperatura T do fluxo de calor
(b) fluxo s estável de líquido ou gás
(c) distribuição de pressão p (p.ex. pressão sonora em acústica)
(d) campo magnético Φ
(e) campo elétrico U

Quando se calculam problemas de potencial não-estático, é necessário resolver a seguinte equação dependente do tempo:

$$\underline{P} \cdot \underline{T} + \underline{C} \cdot \delta \underline{T}/\delta t + \underline{F} = 0$$

onde, em relação ao problema de condução de calor:
$\underline{P}$ matriz do potencial
$\underline{T}$ vetor dos potenciais dos nós (p.ex. temperaturas)
$\underline{C}$ matriz de capacidade
$\delta \underline{T}/\delta t$ vetor de mudanças potenciais por unidade de tempo
$\underline{F}$ vetor fluxo (p.ex. fluxo de calor, fontes de calor, dissipadores)

Um procedimento totalmente implícito de acréscimo de tempo serve para resolver a equação.

Se a matriz $\underline{C}$ de capacidade e o vetor de mudanças de potencial por unidade de tempo $\delta \underline{T}/\delta t$ forem omitidos, o problema será estático. A equação pode ser comparada à estática linear. Nesse caso, a matriz $\underline{P}$ de potencial corresponde à matriz $\underline{K}$ de rigidez, o vetor $\underline{T}$ de potenciais, à deformação v do nó, e o vetor $\underline{F}$ de quantidades de fluxo, às forças no nó.

Uma das aplicações de mais alta prioridade dessa parte do programa reside em resolver problemas de fluxo de calor. Quando o problema for reconhecido, será possível resolver todos os problemas potenciais comuns na base da analogia acima mencionada.

Analogia de problemas potenciais

	(a)	(b)	(c)	(d)	(e)	
	$\underline{T}$	$\underline{s}$	$\underline{p}$	$\underline{\Phi}$	$\underline{U}$	Potencial
	grad $\underline{T}$	grad $\underline{s}$	–	$\underline{H}$	$\underline{E}$	Gradiente
	$\underline{\lambda}$	$\underline{\lambda} = \underline{I}$	$\underline{\lambda} = \underline{I}$	$\underline{\mu}$	$\underline{\varepsilon}$	Material
	$\underline{a}$	$\underline{a}$	$\underline{a}$	$\underline{B}$	$\underline{D}$	Quantidade de fluxo
	$\underline{Q}$	$\underline{Q}$	$\underline{Q} = 0$	div $\underline{B} = 0$	$\underline{Q}$	Nível da fonte

Elementos do FEM

As propriedades dos elementos disponíveis definem os dados de desempenho mais importantes de um programa FEM. A qualidade do elemento define a fórmula. Aqui, a distinção é feita entre elementos com uma fórmula linear ou quadrática ao longo da aresta do elemento. O último pode ser identificado nos nós intermediários. A qualidade de um modelo de computação é dependente não apenas do tamanho da malha utilizada, mas da fórmula. Os elementos existentes podem ser divididos em unidades com projeção bidimensional, elementos com projeção tridimensional, e barras com projeção linear (veja exemplos de aplicações).

Elementos unitários

Os elementos unitários podem ser triangulares ou retangulares – idealmente um triângulo eqüilátero ou um quadrado. Se os elementos sem nós intermediários (fórmula de deslocamento linear) possuírem relações desfavoráveis entre altura e largura, tem sido possível prevenir extensivamente (por um máx. de 30%) o efeito enrijecedor causado pelo cisalhamento (travamento de cisalhamento) de tal forma que bons resultados podem ser obtidos mesmo com elementos retangulares (veja exemplos de aplicações). Elementos retangulares em casca podem freqüentemente estar levemente torcidos (máx. 10° muito rígido). Para elementos triangulares, o ângulo incluso não deverá ser menor que 12° ou maior que 156°; para elementos retangulares, não deverá ser menor que 24°

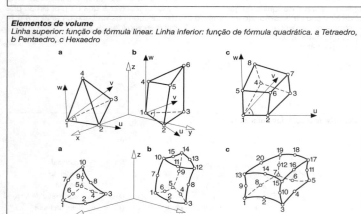

Elementos unitários
a, b Elementos triangulares. c, d Elementos retangulares

Elementos de volume
Linha superior: função de fórmula linear. Linha inferior: função de fórmula quadrática. a Tetraedro, b Pentaedro, c Hexaedro

ou maior que 156°. No entanto, esses limites estabelecidos em testes dependem do programa de FEM utilizado.

No caso de elementos unitários, é feita uma distinção entre as seguintes tensões, independentemente da forma geométrica ou fórmula:
- Só forças seccionais no plano do elemento (disco ou membrana), estado plano de tensões, ou deformação plana.
- Rotacionalmente simétrico, tensão tridimensional, e deformação como um problema bidimensional (carga rotacionalmente simétrica) com caso especial de força geral (elemento de Fourier).
- Só momentos seccionais no plano do elemento (chapa) com ou sem deformação por cisalhamento originado de uma força transversal perpendicularmente.
- Forças e momentos seccionais tridimensionais (casca) com ou sem deformação por cisalhamento.

Elementos de volume
Elementos de volume aparecem, na maioria das vezes, na forma de tetraedros, pentaedros ou hexaedros. Alguns programas também apresentam pirâmides com bases retangulares. Se os elementos sem nós intermediários (fórmula de deslocamento linear) possuírem razões desfavoráveis entre altura e largura, será possível prever extensivamente (máx. 30%) o efeito de enrijecimento causado pelo cisalhamento (travamento por cisalhamento) de tal forma que bons resultados sejam alcançados, particularmente com elementos hexaédricos. No entanto, se uma maior precisão for desejada, elementos com uma fórmula de deslocamento quadrática deverão ser utilizados. Isso é aplicável principalmente a elementos tetraédricos, que são criados durante uma malha tridimensional automática (veja exemplos de aplicações).

Elementos de barra
Assim como elementos unitários e de volume, a maioria dos programas FEM oferece dois tipos de elementos: um elemento retilíneo (barra) com fórmula linear e um elemento curvo (barra) com fórmula quadrática. O comprimento do elemento barra é determinado por seus dois nós de conexão. As seções transversais são descritas especificando-se valores numéricos para:
- área da seção transversal (A)
- as seções transversais de cisalhamento A_{red} (área de cisalhamento)
- os momentos principais de inércia (I_x, I_y)
- o momento de inércia torsional (I_t) com o módulo torcional da seção (W_t)
- o momento de inércia do setor para força de torção
- a posição dos eixos principais de inércia (α)
- e os quatro pontos de tensão máxima (S_x, S_y) para cálculo de tensão

Esses valores são carregados no pré-processador sob a definição das propriedades, ou calculadas automaticamente pelas formas delineadas (exemplo 3 de aplicações). Quando o pré-processador também mostrar a forma delineada na forma gráfica, essa forma de entrada deverá ser preferida.

Para se definir uma função particular, é possível formular uma barra geral como uma barra de tração-compressão, como uma barra fletida em torno do 1° ou 2° eixo principal de inércia, ou como uma barra de torção.

Essas opções podem ser combinadas conforme desejado. As condições-limites de um elemento especial para uma barra são fornecidas para definir ligações e junções, por exemplo. As barras podem ser combinadas com todos os tipos de elementos restantes da mesma fórmula.

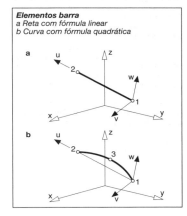

Elementos barra
a Reta com fórmula linear
b Curva com fórmula quadrática

Modelamento e avaliação dos resultados

A função mais importante em utilizar o programa FEM é criar os dados de entrada com o pré-processador. O usuário normalmente tomando a geometria CAD como base (a unidade de comprimento já está definida aqui), transfere o componente real para um modelo de computação independente da área de aplicação, de modo que se atinja a correspondência necessária com a realidade e com a exatidão dos resultados (veja exemplos de aplicações).

O usuário tentará alcançar esse objetivo com o menor número de elementos e nós possível (uma carroceria de um veículo possui de 300.000 a 400.000 nós) e leva em conta que um método de aproximação está sendo utilizado. Para isso, o usuário necessita de um certo nível de experiência e deve ter um exato conhecimento da qualidade dos elementos utilizados (veja exemplos 1 e 2 de aplicações). Isso é diferente em cada programa FEM.

O primeiro passo no modelamento envolve a escolha do tipo de elemento, determinando o tamanho da malha, p.ex. por meio do comprimento do elemento de borda especificado e considerando cuidadosamente qual parte da estrutura total examinar. Se existir simetria, só a peça necessária precisará ser quebrada em elementos para economizar tempo e custos. No entanto, é hábito criar um modelo completo se existir simetria no modelo, desde que considerações falhas sejam um fator maior no aumento de custos.

O próximo passo envolve a determinação de condições de apoio e tensões (a unidade de força e energia é definida nos dados do material). O fator crucial são os pontos onde o modelo é fixado, e está sujeito a tensões. Em relação à tensão, também é útil conduzir uma quebra nos carregamentos. Isso é devido ao fato de o programa FEM não ter dificuldade em calcular um grande número de carregamentos simultaneamente e, então, superpô-los.

Todos os resultados do FEM estão disponíveis num formulário e/ou num formato do pós-processador e podem ser mostrados numa forma gráfica (como as figuras que acompanham os exemplos de aplicações). Para essa finalidade o pós-processador oferece todos os formulários de apresentação concebidos, p.ex.:
- Estrutura deformada e não-deformada com efeitos de sombra e isocores ou isolinhas, também em forma de animação ou vídeo clip (p.ex. característica de deformação total para cálculo não-linear)
- Apresentação de tensões, forças e fluxos com flechas coloridas.
- Diagramas XY.

As imagens podem ser exportadas em todos os formatos padrões para preparar um relatório de análise ou uma apresentação.

Exemplos de aplicações do FEM

Para todos os exemplos, o modelamento é feito baseado na geometria CAD que utiliza o programa WTP2000, disponível num CD-ROM com um texto do FEM (para informação e as entradas do modelo real com resultados em cores, conecte-se a: www.IGFgrothTP2000.de).

Na realidade, todos os corpos são tridimensionais. No entanto, o objetivo da simulação é alcançar um máximo em termos de qualidade de resultados com um mínimo de esforços e gastos. Uma solução simples é geralmente escolhida para economizar tempo e dinheiro.

É muito mais fácil fazer automaticamente a rede de uma superfície plana com elementos unitários do que um corpo com seus elementos de volume. A rede de tetraedros freqüentemente utilizada, que quase todos os pré-processadores agora criam para qualquer geometria volumétrica, nem sempre atingem as expectativas. O primeiro exemplo, portanto, mostra um modelo de membrana plana, seguido pelo modelo de elemento volumétrico, e o modelo em casca mais utilizado no segundo exemplo. Isso também inclui a barra comumente utilizada na manufatura de automóveis no terceiro exemplo.

Método dos elementos finitos 197

Exemplo 1: Disco perfurado com membranas

O objetivo é utilizar membrana para problemas planos ou bidimensionais (também se aplica a problemas rotacionais simétricos) e para comparar qualidades diferentes de modelos para quatro diferentes modelos de FEM (A....D). Isso faz uso de áreas de aplicação de estática linear, dinâmica linear e campo de temperatura com uma ligação à estática linear.

A geometria CAD é um disco perfurado com dimensões de 200 x 200 mm e um furo central de 100 mm. Para reduzir custos e tempo, é utilizado somente um quarto da simetria existente. O modelo de computação, portanto, é somente o quarto superior esquerdo da figura. As propriedades do material são as seguintes:

Módulo de elasticidade = 210.000 N/mm^2
Coeficiente de Poisson = 0,3
Densidade = 0,00000785 kg/mm^2
Condutividade térmica = 167 J/mm·s · °C
Coeficiente de expansão térmica linear = 0,00001 mm/°C

As propriedades do elemento são definidas em propriedades com o tipo de elemento "Membrana" e com:
- dois graus de liberdade v_x, v_y, (d_z omitido no caso do programa FEM utilizado aqui) nos nós
- espessura constante $d = 5$ mm
- fórmula de deslocamento linear (sem nós intermediários)

A rede mostra os dois métodos mais importantes – "freemesh" (mais utilizado) e (se possível) "mapmesh" (preferido)

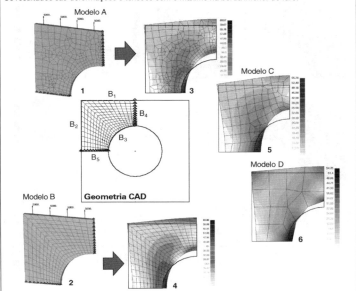

Disco perfurado com membrana
1 Freemesh fino (modelo A), 2 mapmesh fino (modelo B), 3 Resultado para 1, 4 Resultado para 2, 5 Resultado, freemesh grosseiro (modelo C), 6 Resultado, freemesh muito grosseiro (modelo D). Os resultados são deformações e tensões com o máximo na borda inferior do furo.

198 Matemática e métodos

Modelo A: Freemesh com número especificado de elementos nas bordas B3, B4, B5 (especificação de apenas uma metade do comprimento também é possível), 20 elementos no quarto de círculo (90°).

Modelo B: Como as bordas opostas são divididas da mesma maneira ($B_1 + B_2 = B_3$; $B_4 = B_5$), é utilizado o mapmesh, que possui a melhor qualidade procurada de elemento na borda do furo (elementos qua-

dráticos iguais, se possível). A divisão das bordas é idêntica ao A.

Modelo C: Igual ao A, porém com 5 elementos em vez de 20 na borda do furo para 4 elementos em B_4 e B_5.

Modelo D: Igual ao C, com 3 elementos na borda do furo e só 2 elementos em B_4 e B_5.

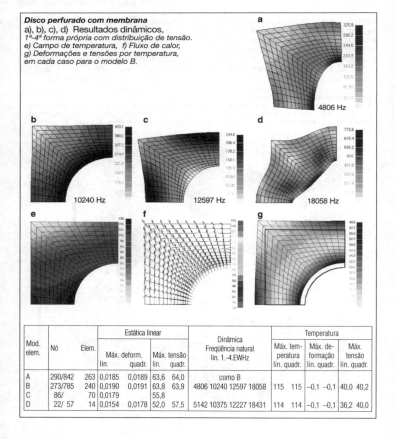

Disco perfurado com membrana
a), b), c), d) Resultados dinâmicos,
1^a-4ª forma própria com distribuição de tensão.
e) Campo de temperatura, f) Fluxo de calor,
g) Deformações e tensões por temperatura,
em cada caso para o modelo B.

a) 4806 Hz
b) 10240 Hz
c) 12597 Hz
d) 18058 Hz

Mod. elem.	Nó	Elem.	Estática linear				Dinâmica Freqüência natural lin. 1.-4.EWHz	Temperatura					
			Máx. deform.		Máx. tensão			Máx. temperatura		Máx. deformação		Máx. tensão	
			lin.	quadr.	lin.	quadr.		lin.	quadr.	lin.	quadr.	lin.	quadr.
A	290/842	263	0,0185	0,0189	63,6	64,0	como B						
B	273/785	240	0,0190	0,0191	63,8	63,9	4806 10240 12597 18058	115	115	−0,1	−0,1	40,0	40,2
C	86/	70	0,0179		55,8								
D	22/ 57	14	0,0154	0,0178	52,0	57,5	5142 10375 12227 18431	114	114	−0,1	−0,1	36,2	40,0

Todos os modelos são calculados na estática linear com e sem nós intermediários. Isso é feito pelo programa simplesmente por meio de configurações opcionais.

Condições de apoio:
Somente condições de simetria:
no plano xz $v_y = 0$
no plano yz $v_x = 0$

Tensões:
Estática linear sob força de tração constante como carga linear, onde F = 5.000 N, distribuída nos nós 11/9/5. Aos dois nós do canto chega apenas um elemento, recebendo, cada nó, metade da carga.
Dinâmica: Apenas massas do peso intrínseco (0,315 kg).
Campo de temperatura da transferência de calor (convecção) na borda do furo B_3 ($T = 250°C$, convecção constante $= 0,8$ J/mm² · sec · °C), na borda esquerda B_2 (embaixo $T = 150°C$, em cima $T = 20°C$. Convecção constante $= 2,0$ J/mm² · sec · °C) e na borda superior B_1 ($T = 20°C$, convecção constante $= 4,0$ J/mm² 9 · sec · °C). O fluxo de calor é zero em ambos os planos de simetria (nenhuma entrada adicional é requerida em todos os programas).

Conclusão:
Se o erro máximo do modelo estiver abaixo de 15%, a rede está boa. O tipo de rede (mapmesh ou freemesh) não tem mais significado nessa situação. Nada mais pode ser alcançado com nós intermediários além de tempos maiores de cálculo (veja tabela, modelos A e B com fórmulas lineares e quadráticas).

Diferentemente para uma rede muito grosseira (D). Existe aqui uma clara melhoria nos resultados. Uma rede relativamente grosseira (C) com apenas 6 elementos a 90°, a borda do furo fornece, sem nós intermediários:
- a máxima tensão com um erro de aproximadamente 13%
- as primeiras 4 freqüências naturais com erro de 7/1/-3/2%
- campo de temperatura e as deformações resultantes com apenas 1% de erro
- as tensões associadas com erros menores que 10%

Com nós intermediários, os resultados são semelhantes aos do modelo B.

Exemplo 2: Suporte em aço fundido como casca e modelo com elementos volumétricos (estática linear)
O objetivo é comparar elementos em casca e volumétricos na estática linear num suporte em aço fundido com paredes relativamente espessas. Nos elementos volumétricos, quatro modelos A, B, C e C' são comparados com qualidade de resultados bastante diferentes (C' corresponde a C, mas com nós intermediários). A geometria sólida do CAD é adotada diretamente pelo pré-processador, além disso, o modelo superficial resultante é gerado automaticamente (essa é uma função rara).

As propriedades do material são:
Módulo de elasticidade = 210.000 N/mm²
Coeficiente de Poisson = 0,3
Densidade = 0,00000785 kg/mm³

As propriedades são definidas em propriedades com o tipo de elemento "Sólido", cada um com uma fórmula de deslocamento linear (sem nós intermediários). Com três graus de liberdade nos nós v_x, v_y e v_z, para modelos A–C' e Plano (como o elemento em casca é chamado no pré-processador), com 6 graus de liberdade nos nós v_x, v_y, v_z, e d_x, d_y, d_z, e espessura constante de 3,75 mm. No modelo A, a rede sólida mostra a divisão preferida em hexaedros (não totalmente possível automaticamente para todas as geometrias), e, nos modelos B e C, a rede automática de tetraedros. O número de elementos em relação à espessura está especificado.

Condições de apoio:
No plano cartesiano xy, $v_y = 0$ se aplica para todos os nós. Todos os nós da borda à direita, as arestas longas são comandadas por $v_x = 0$, e as curtas por $v_z = 0$.

Tensões
$\Sigma F_x = 1.285$ N
$\Sigma F_y = 2.006$ N
$\Sigma F_z = -550$ N

Todas as cargas são definidas como cargas de superfície (pressão) no furo menor com $F_y = 2.006$ N, e no furo maior com $F_x = 985$ N, ou como carga distribuída manualmente nos nós com abertura $F_x = 300$ N,

Suporte em aço fundido em casca e elemento de volume conforme modelo A *(rede hexaédrica)*
1. Geometria sólida em CAD. 2. Com rede hexaédrica fina com condições de apoio. 3. Resultado: deformações e tensões, $\sigma_{máx} = 175$ N/mm² na borda do furo menor.

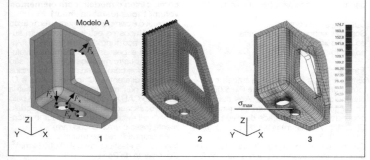

Suporte em aço fundido em casca e elemento de volume conforme modelo B *(rede tetraédrica fina)*
1. Rede tetraédrica fina com três elementos na espessura. 2. Deformações e tensões para 1, $\sigma_{máx} = 119$ N/mm² na borda do furo pequeno.

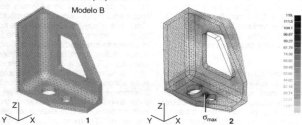

Suporte em aço fundido em casca e elemento de volume conforme modelo C *(rede tetraédrica grosseira)*
1. Rede tetraédrica grosseira com somente dois elementos na espessura. 2. Deformações e tensões para 1, $\sigma_{máx} = 110$ N/mm² na borda do furo pequeno.

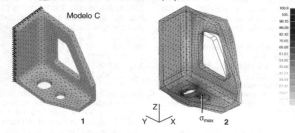

Nota: cargas individuais isoladas são permitidas apenas para barras

Os resultados são apresentados na tabela e nas figuras nos estados deformado e não deformado com tensões representadas por cores iguais (no original) ou tons de cinza.

Conclusão:
Os elementos de volume são muito sensíveis às distribuições de carga com aproximações incorretas (veja modelo C', nós intermediários introduzidos via opção). As cargas distribuídas manualmente aos nós F_x e F_z agora estão incorretas, enquanto os nós intermediários importantes permanecem descarregados. Isso resulta em deformações corretas, porém com concentrações de tensão sem significado algum. Portanto, elementos de volume deveriam ser sempre correspondentes a cargas de superfície.

A diferença entre tensões nodais média e máxima deveria ser pequena. O Modelo A fornece bons resultados, com diferença de 14%. No entanto, cinco elementos na espessura é um exagero. Um resultado ainda melhor pode ser obtido com apenas 2 ou 3, desde que a relação entre as dimensões seja próxima de um elemento ideal (um cubo). Todos os erros de modelagem estão na área inicial de carregamento. O Modelo B, com três tetraedros na espessura, é 34% mais rígido e as tensões são 30% menores. O Modelo C é 58% mais rígido e possui tensões 37% menores. Isso dificilmente pode ser totalmente utilizado. O Modelo C se apresenta com um grande número de nós e longos tempos de cálculo, deformações idênticas, mas com concentrações de tensão sem significado (veja acima). É necessário cautela com redes tetraédricas.

O Modelo D, sendo um modelo em casca, é muito mais maleável (45%, com uma deformação ao cisalhamento de 58%). Os elementos em casca (em sua maioria definidos como elementos de paredes finas) com espessuras relativamente grandes fornecem resultados que só podem ser utilizados parcialmente, porque mesmo as tensões são 33% menores, particularmente no caso de corpos muito compactos, como aqui.

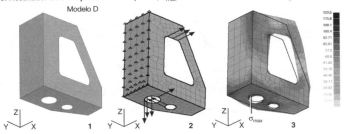

Suporte em aço fundido em casca e elemento de volume conforme modelo D
1. Modelo com superfície gerada automaticamente a partir de sólido (planos CAD).
2. Modelo em casca com condições de apoio e tensões.
3. Resultado: deformações e tensões para 2, $\sigma_{máx}$ =123 N/mm² na borda do furo grande.

Mod.	Tipo	Resultados estáticos lineares							
		Nó	Elementos	Equil.	Peso	Deformação máx.	Tensão máx. média/máx.	dif.	Erro do modelo	Tempo de cálculo
A	Hexaedro	6.228	4.735	18.000	0,119	0,029	173/203	30	34%	140 s
B	Tetraedro	5.407	18.385	15.500	0,119	0,019–34%	119/195	76	24%	110 s
C	Tetraedro	2.178	6.735	6.256	0,119	0,012	110/124	14	19%	20 s
C'	como C int.n.	12.500	6.735	37.767	0,119	0,029	674/795	121	–	500 s
D	Quadrado	279	240	1.350	0,119	0,0421	116/123	7	21%	4 s

Exemplo 3: Estrutura tubular

O objetivo é realizar uma análise FEM num corpo na forma de uma estrutura tubular (estrutura espacial) sem painéis, incluindo peso e rigidez otimizados no exemplo de uma mini-pickup (não real). As propriedades dos materiais são:
Módulo de elasticidade = 200.000 N/mm^2
Coeficiente de Poisson = 0,3
Densidade = 0,00000785 kg/mm^3

Dois formatos são utilizados como de seção. Um perfil retangular com 90x120x1,5 mm e um perfil tubular com 70x2 mm que são definidos nas propriedades, no pré-processador, com seus formatos diretamente com o tipo de elemento "barra" (seção transversal constante com formulação linear; com formatos de extremidades diferentes seria "viga"). Isso resulta em valores necessários de seção transversal como segue (em mm^2 ou mm^4 e mm^3).

Seções dos perfis da estrutura tubular
a) Seção do tipo caixa, b) seção do tubo

Caixa:
Área da seção transversal $A = 621$
Seções transversais ao cisalhamento reduzidas
A_{redI} = área de cisalhamento = 325
$A_{redII} = 219$
Momentos principais de inércia:
$I_I = 1.384.306$
$I_{II} = 869.596$
Momento de inércia torcional
$I_t = 1.606.083$
Módulo da seção torcional $W_t = 7.334$
Posição do eixo principal de inércia $\alpha = 0°$
Quatro maiores pontos de tensão:
$S_x = -45/45/45/-45$ $S_y = -60/-60/60/60$

Tubo:
Área da seção transversal $A = 427$
Seções transversais ao cisalhamento reduzidas
A_{redI} = área de cisalhamento = $A_{redII} = 227$
Momentos principais de inércia:
$I_I = I_{II} = 247.168$
Momento de inércia torcional $I_t = 494.261$
Módulo da seção torcional $W_t = 2.177$
Posição do eixo principal de inércia $\alpha = 0°$
Quatro maiores pontos de tensão:
$S_x = 0/35/0/-35$ $S_y = -35/0/35/0$

As principais dimensões, de acordo com as vistas lateral e de topo, são:
$L_1 = 4.114$ mm (máx.)
$L_2 = 2.650$ mm
$W_1 = 1.517$ mm (máx.)
$W_2 = 1.147$ mm (dianteira)
$W_3 = 1.374$ mm (traseira)
$H_1 = 1.402$ mm (máx.)
$H_2 = 1.315$ mm
$H_3 = 469$ (caixa)

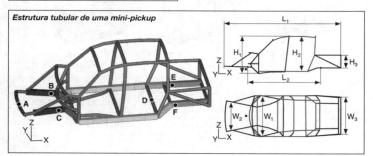

Estrutura tubular de uma mini-pickup

Método dos elementos finitos

Condições de apoio:
Estática linear, carregamento – flexão:
A $v_y = 0$; (A...F veja figura),
B, C, E, F $v_z = 0$; D $v_x = 0$, $v_y = 0$.
Estática linear, carregamento – torção:
A, B, C = livres;
E, F $v_z = 0$; D $v_x = 0$, $d_y = 0$, $d_z = 0$.
Dinâmica com extremidades livres:
Nenhuma restrição, o corpo vibra livremente nas molas.

Projeto do conjunto:
A estrutura tubular é formada por 18 componentes, que são definidos como camadas 2....19:
 2. Barra lateral
 3. Barra transversal do pedal
 4. Barra transversal do piloto
 5. Barra transversal traseira
 6. Reforço lateral
 7. Barra transversal do habitáculo
 8. Barra lateral dianteira
 9. Barra transversal do pára-lama diant.
10. Barra transversal auxiliar diant.
11. Coluna A
12. Coluna B
13. Coluna C
14. Estrutura da borda do teto
15. Estrutura lateral do teto
16. Subestrutura traseira
17. Barra da borda da caçamba
18. Barra transversal da caçamba
19. Barra transv. do pára-lama tras.

Tensões:
Estática linear: carregamento – flexão:
Por barra lateral 4 x 375 N (4 ocupantes, cada um pesando 75 kg), por canto da caçamba 300 N a partir de 120 kg de carga útil, peso próprio da estrutura de 170 kg.
Estática linear: carregamento – torção:
Momento de torção 3.000.000 N · mm como carga unitária normal nos rolamentos do eixo dianteiro:
B = – 3.593,7 N, C = 3.593,7 N
Dinâmica com extremidades livres:
Somente massas do peso próprio, nenhuma massa suplementar.

Resultados:
Estática linear:
Deformações x, y, z em todos os nós, forças de reação e momentos nos nós de apoio, tensões (cisalhamento e tração/compressão, tensões reduzidas de acordo com von Mises) em todos os elementos, processos de deformação por elemento e por componente (camadas 2...19 em %), forças internas e momentos sob solicitação.
Dinâmica com extremidades livres:
O conjunto pode vibrar livremente em suas molas, os menores harmônicos e formas do sistema elástico não amortecido em ordem ascendente: para iníciar com extremidades livres com várias formas de vibração de um corpo rígido (aqui, 1 a 6) com freqüência natural 0.

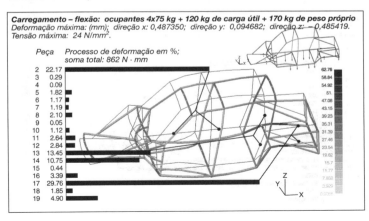

Carregamento – flexão: ocupantes 4x75 kg + 120 kg de carga útil + 170 kg de peso próprio
Deformação máxima: (mm); direção x: 0,487350; direção y: 0,094682; direção z: – 0,485419.
Tensão máxima: 24 N/mm².

Peça Processo de deformação em %;
      soma total: 862 N · mm

 2 22.17
 3   0.29
 4   0.09
 5   1.82
 6   1.17
 7   1.19
 8   2.10
 9   0.05
10   1.12
11   2.64
12   2.84
13 13.45
14 10.75
15   0.44
16   3.39
17 29.76
18   1.85
19   4.90

204 Matemática e métodos

1° harmônico = 38 Hz como vibração torcional, 3° harmônico = 48 Hz como vibração flexional; também, em cada caso, as deformações normalizadas x, y, z em todos os nós (aqui normalizadas para um máximo de 0,1 mm), as tensões normalizadas (cisalhamento e tração/compressão, tensões reduzidas de acordo com von Mises) em todos os elementos, processos de deformação por elemento e por componente (camadas 2...19 em % como gráfico de barras = força característica no componente, forças internas e momentos sob solicitação. A distribuição das deformações, tensões, forças, etc. são normalizadas para uma deformação de nó máxima selecionável. Valores absolutos são obtidos apenas no caso de um cálculo de excitação.

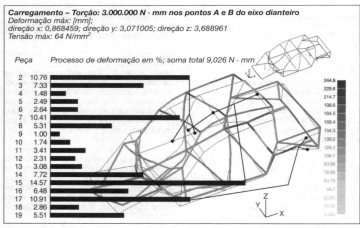

Carregamento – Torção: 3.000.000 N · mm nos pontos A e B do eixo dianteiro
Deformação máx: [mm];
direção x: 0,868459; direção y: 3,071005; direção z: 3,688961
Tensão máx: 64 N/mm²

Peça	Processo de deformação em %; soma total 9,026 N · mm
2	10.76
3	7.33
4	1.48
5	2.49
6	2.64
7	10.41
8	5.31
9	1.00
10	1.74
11	3.41
12	2.31
13	3.08
14	7.72
15	14.57
16	6.48
17	10.91
18	2.86
19	5.51

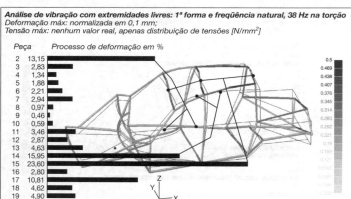

Análise de vibração com extremidades livres: 1ª forma e freqüência natural, 38 Hz na torção
Deformação máx: normalizada em 0,1 mm;
Tensão máx: nenhum valor real, apenas distribuição de tensões [N/mm²]

Peça	Processo de deformação em %
2	13,15
3	2,83
4	1,34
5	1,88
6	2,21
7	2,94
8	0,97
9	0,46
10	0,59
11	3,46
12	2,87
13	4,63
14	15,95
15	23,60
16	2,80
17	10,81
18	4,62
19	4,90

Método dos elementos finitos

A fórmula para cálculo de otimização peso/ rigidez é conhecida desde os anos 60 (erro máx. de 10% para rigidez em dobro). Ela pode ser utilizada especificamente para propósitos de otimização para carregamentos críticos de torção com consideração de outros tipos de carregamento (informação também disponível na relação da área de apoio composta por força linear, torção e flexão em torno de eixos, e peso). Desse modo, a estrutura pode ser reforçada utilizando-se componentes de apoio que absorvam a maior parte da carga e reduzam o peso através de componentes de apoio que absorvam menos carga.

O seguinte se aplica a:
Modificação geral da rigidez da estrutura (%) = (modificação da rigidez do componente x relação da deformação-processo do componente)/100

Aplicação da fórmula:
1º componente (veja figura do carregamento – torção).
Carregamento – torção, componente da camada 15 (estrutura lateral do teto, G = 11,85 kg) com relação da área de apoio de 14,57%: (14,57 x 116)/100 = 16,9% de modificação (i.é, redução) da torção entre os eixos quando a rigidez (o momento de inércia plano) desse componente for aumentada por um fator de 2,16 (116%). O aumento de peso será de 3,55 kg. O diâmetro do tubo será aumentado de 70 para 90 mm.

2º componente (veja figura do carregamento – torção).
Carregamento – torção, componente da camada 6 (reforço linear, G = 11,14 kg) com relação da área de apoio de 2,64%:
(2,64 x 250)/100 = 6,6% de modificação (i.é, aumento) da torção entre os eixos quando a rigidez (momento de inércia) do componente for reduzida por um fator de 3,5 (250%). A redução de peso será de 3,34 kg. O diâmetro do tubo será reduzido de 70 para 50 mm.

Resultado:
Um aumento mínimo no peso, de 3,55 – 3,34 = 0,21 kg aumenta a rigidez torcional em 16,9 – 6,6 = 10,3% (confrontado com a seção alterada do perfil forneceu 9%, um erro pequeno aceitável na fórmula de cálculo). Olhando a tabela de apoios de outros carregamentos vemos que isso também se aplica à vibração torcional e não tem importância na flexão. Então, é possível, com um mínimo de gasto de tempo, aumentar significativamente tanto a rigidez torcional como a vibração desse conjunto ainda mais e reduzir o peso total com segurança pela redução das seções transversais dos componentes superdimensionados.

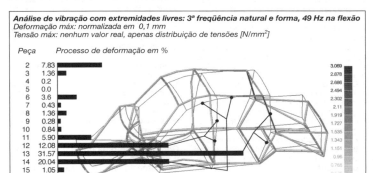

Análise de vibração com extremidades livres: 3ª freqüência natural e forma, 49 Hz na flexão
Deformação máx: normalizada em 0,1 mm
Tensão máx: nenhum valor real, apenas distribuição de tensões [N/mm²]

Qualidade

Qualidade é definida como sendo os valores contra os quais as expectativas do cliente são satisfeitas ou mesmo excedidas. A qualidade desejada é determinada pelo cliente. Com suas demandas e expectativas, ele determina o que é qualidade – tanto nos produtos como nos serviços. Como a competição conduz às maiores expectativas por parte do cliente, a qualidade se torna uma variável dinâmica. A qualidade é definida pelos fatores relacionados a produtos e serviços que são suscetíveis a análises quantitativas e qualitativas. As pré-condições para se atingir alta qualidade são:
- Política da qualidade: A empresa se compromete com a qualidade como um objetivo principal da corporação
- Liderança: Medidas de motivação dos empregados
- Garantia da qualidade.

Gerenciamento da qualidade (QM)

Sistema da qualidade

Todos os elementos num sistema de qualidade e todas as medidas de garantia da qualidade devem ser planejados sistematicamente. As atribuições individuais e as áreas de competência e responsabilidade devem ser definidas por escrito (Manual da Garantia da Qualidade). Os sistemas de qualidade também são descritos em normas internacionais, como na DIN ISO 9001 – 9004.

Maiores exigências para produtos livres de defeitos (objetivo zero defeitos) e considerações econômicas (prevenção de defeitos em vez de selecionar e retrabalhar, ou refugar) tornam imperativo que as medidas de garantia da qualidade sejam aplicadas. Elas servem aos seguintes objetivos:
- Desenvolver produtos que sejam refratários às flutuações de produção
- Estabelecer processos de produção para garantir que os níveis de qualidade sejam mantidos com segurança dentro dos limites especificados.
- Aplicar métodos que identifiquem as fontes de defeitos com antecedência, e que possam ser aplicados para corrigir os processos de produção a tempo.

Três tipos de auditoria são empregados no monitoramento regular de todos os elementos num sistema de qualidade:

- Auditoria de sistema: Avaliação da eficácia do sistema de qualidade observando sua compreensão e aplicação prática dos elementos individualmente.
- Auditoria de processo: Avaliação da eficácia dos elementos de QM, confirmação da capacidade da qualidade, da aderência e adequação de processos particulares, e a determinação de medidas específicas de melhorias.
- Auditoria de produto: Avaliação da eficácia dos elementos de QM executados pela inspeção final dos produtos ou de seus componentes.

Gerenciamento da qualidade no desenvolvimento

No início, todo novo produto que deve satisfazer as demandas de qualidade e de confiabilidade do cliente é alocado a um manual de especificações do projeto.

Logo após a fase de definições, seu conteúdo servirá como base para o planejamento de todos os protótipos e testes de durabilidade necessários para verificar a utilidade e a confiabilidade do novo produto.

Avaliação da qualidade

Na conclusão de estágios específicos de desenvolvimento, todos os dados disponíveis em relação à qualidade e à confiabilidade estarão sujeitos a procedimentos de avaliação da qualidade, levando ao início de medidas de correção necessárias. Responsáveis pela avaliação da qualidade são os membros das equipes de desenvolvimento, pré-produção e garantia da qualidade; eles, por sua vez, recebem suporte de especialistas dos respectivos departamentos.

Modo de Falha e Análise de Efeitos (FMEA)

Esse procedimento de redução de custos e prevenção de riscos é adequado à investigação de tipos de defeitos que podem ocorrer nos componentes do sistema e seus efeitos sobre esse sistema (para detalhes, veja "Confiabilidade", pág. 212)

Gerenciamento da qualidade durante a aquisição

Esse aspecto deve ser estendido além da inspeção de recebimento; ele deve englobar todo o sistema. Esse sistema deve garantir que os componentes adquiridos de fornecedores contribuam para o preenchi-

Qualidade

Exemplo de Modo de Falha e Análise de Efeitos (FMEA)

BOSCH GARANTIA DE QUALIDADE			FMEA Atuador 9 319 150 342 Peça 6: Produção de peças e montagem do suporte da bucha					DEPT. FMEA PAG. DATA		FVB 75 1289940001 10 10.10.88	
N.º	PROCESSO DO COMPONENTE	PROPÓSITO DA FUNÇÃO	TIPO DE DEFEITO	IMPLICAÇÕES DO DEFEITO	CAUSAS DO DEFEITO	PREVENÇÃO P/O DEFEITO	DETECÇÃO DO DEFEITO	S S	I A	E E	SxE RZ	MEDIDAS V/T:
1110	Montar o suporte da bucha	Preparar peças para o processo de soldagem	Superfícies de vedação danificadas	Atuador vazando para as redondezas → vapores de gasolina no compartimento do motor	Cavacos no dispositivo de montagem	Lavar antes de montar, limpar regularmente as ferramentas	Inspeção visual 100% da soldagem; verificação da superfície; inspeção visual 100% antes do embalamento	10	2	1	20	
1180	Soldar o suporte da bucha	Manter as peças juntas	Peça não soldada		Sem solda	Verificar a alimentação da solda	Inspeção visual 100% da soldagem; verificação da superfície; teste de vazamento 100%	10 (10	2 2	2 1	40 20)	Teste de vazamento da montagem bucha-suporte 100% V: FVB2 T: 01.89
		Garantir estanqueidade	Peça com vazamento (bolhas)		Soldagem insuficiente	Verificar a alimentação da solda	Inspeção visual 100% da soldagem	10 (10	4 3	6 2	240 60)	Teste de vazamento 100% V: FVB2 T: 01.89 + Melhoria do projeto no local da soldagem V: EVA3 T: 03.89

S = Severidade do defeito A = Probabilidade de ocorrência E = Probabilidade de detecção Valor de risco RZ = S x A x E
V = Departamento responsável T = Prazo final para introdução Copyright 1987 Robert Bosch GmbH Stuttgart

mento confiável das Especificações Técnicas definidas para o produto acabado.

É imperativo que a capacidade da qualidade do fornecedor seja suportada por técnicas preventivas modernas de garantia da qualidade (i.é, Controle Estatístico do Processo – CEP ou FMEA). Todas as especificações individuais para o produto devem ser feitas de uma maneira clara e não ambígua para permitir ao subcontratante alcançar e avaliar competentemente a conformidade com as especificações individuais da qualidade para o produto. Essas linhas de orientação estão em forma de desenho, especificações de compra, normas, fórmulas, etc.

Por exemplo, o fabricante de um produto fornecido executa a primeira inspeção de amostra inicial. Essa inspeção deve ser reproduzida pelo comprador quando o produto for recebido (com particular ênfase nos inter-relacionamentos envolvendo os processos de produção e o produto acabado), e confirmado por meio da inspeção de recebimento.

A inspeção final ou de envio do fornecedor pode ocorrer nas dependências de inspeção de recebimento do comprador nos casos em que o fabricante possua conhecimento especial e/ou o equipamento técnico necessário para executar formas específicas de testes de qualidade. O fornecedor confirma as relevantes inspeções de qualidade nos produtos nos certificados de qualidade de acordo com a DIN 55350 ou certificado de teste de material de acordo com a DIN 50049. Os resultados dos testes obtidos devem ser enviados ao comprador.

Gerenciamento da qualidade na pré-produção

As condições prévias para fornecimento com garantia da qualidade são estabelecidas na fase de planejamento da produção. A conformidade com as seguintes condições é necessária:
- Planejamento do processo de produção e fluxo de materiais
- Planejamento das necessidades dos recursos
- Seleção e aquisição de métodos adequados de manufatura e equipamentos de produção, bem como a necessidade de bancadas de teste (p. ex. para CEP).
- Exame dos métodos de produção, equipamentos de produção e máquinas para determinar a capacidade de máquina e do processo.
- Documentação do procedimento de produção no plano de seqüência de produção.
- Determinação do nível necessário de qualificação do funcionário.
- Preparação dos desenhos técnicos e das listas de peças.

O FMEA fornece um meio de antecipar metodicamente falhas potenciais no processo de produção e de controlar seus efeitos na qualidade do atributo ou do produto. O FMEA é empregado para descobrir as fontes de defeitos e para evitá-los ou minimizar seus efeitos. Isso torna possível iniciar os procedimentos da produção necessária e dos testes de engenharia para prevenir os defeitos.

Grupo de trabalho de FMEA

Área de operação	FMEA do produto	FMEA do processo	Contribuição do FMEA
Moderador do FMEA			Métodos de coordenação
Construção (Ⓥ=Responsabilidade)	Ⓥ		Construção
Teste			Funcionalidade
Teste de durabilidade			Durabilidade Resistência a interpéries
Comercialização técnica			Especificações do projeto
Serviço do cliente			Serviço do cliente
Pré-produção (Ⓥ=Responsabilidade)		Ⓥ	Procedimentos de variabilidade da manufatura
Serviços de qualidade			Garantia de qualidade e confiabilidade
Produção			Produção
Materiais			fornecimento do sub-contrato
Miscelânea			

O planejamento da inspeção compreende os seguintes pontos:
- Análise das funções a serem testadas.
- Determinação do critério de teste.
- Seleção de procedimentos adequados de teste e equipamentos de medição e inspeção.
- Determinação da extensão e freqüência da inspeção.
- Documentação do procedimento de teste num plano de inspeção.
- Planejamento do registro e documentação dos dados da qualidade (p. ex. cartas de CEP).
- Planejamento para o controle da inspeção, medição e equipamento de teste.
- Possível planejamento da documentação dos dados da qualidade.

Os critérios específicos de inspeção devem sempre incluir todas as características essenciais dos produtos acabados.

Meios adequados para compilação e avaliação dos resultados da inspeção devem ser especificados para estimar a qualidade dos produtos e seus componentes e para o controle dos processos de produção. Os resultados dos testes devem ser processados, de tal modo que sejam adequados para aplicação em sistemas de controle de processo em laços aberto e fechado, análise e retificação de falhas.

Capacidade de máquina e de processo

A avaliação da capacidade de máquina serve para confirmar o potencial de desempenho nas duas áreas seguintes:
- A máquina sob observação deve operar com consistência verificável. Se necessário, a consistência deve ser formulada com o auxílio de quantidades estatísticas, p. ex. distribuição normal com valor médio $\bar{x}$ e desvio padrão s.
- A máquina deve ser capaz de manter a produção dentro das tolerâncias especificadas. Isso só pode ser confirmado utilizando-se a quantificação de consistência indicada acima.

O teste da capacidade de máquina está restrito a um período limitado à investigação dos efeitos relacionados ao equipamento no processo de produção. No entanto, deveríamos notar que tanto os fatores relacionados ao equipamento como os não-relacionados (p. ex. efeitos de material ou de processo) não podem ser usualmente separados completamente. Testes individuais são designados para determinar se:

- resultados de processos não usuais são reconhecidos;
- valores médios e alcance da dispersão permanecem estáveis dentro da série de medições (os limites de verificação do CEP são empregados para essa análise).

Se nenhum resultado de processo não usual estiver presente, e a média e a dispersão estiverem estáveis, então o processo é considerado totalmente sob controle; a adequação do equipamento é então descrito utilizando-se a estatística conhecida c_m e c_{mk}. O valor para c_m só reflete a dispersão para a máquina; ele é calculado com a seguinte equação:

$$c_m = (OGW - UGW)/(6 \cdot \hat{\sigma})$$

Por outro lado, o valor para c_{mk} reflete não somente a dispersão da máquina como a posição da média dentro do campo de tolerância. É essencial que ele seja calculado para o equipamento de produção, no qual os ajustes são tanto imprecisos como impossíveis. Ele é calculado como segue:

$$c_{mk} = (\bar{\bar{x}} - UGW) / (3 \cdot \hat{\sigma}) \text{ ou}$$
$$c_{mk} = (OGW - \bar{\bar{x}}) / (3 \cdot \hat{\sigma}),$$

onde é válido o menor valor. As definições são:
$\bar{\bar{x}}$ Valor médio total
UGW Limite inferior do campo de tolerância
OGW Limite superior do campo de tolerância
$\hat{\sigma}$ Estimativa para o controle do processo

A Bosch só designa um equipamento de produção como capaz de garantir que a produção resultará nos atributos requeridos pelo produto se c_{mk} for de pelo menos 1,67.

Resultados não usuais do processo ou uma média ou dispersão instáveis indicam que o processo não está totalmente sob controle. Nesse caso, influências não aleatórias (fatores de interferência) estão afetando o processo. Eles devem ser eliminados ou compensados. O exame da capacidade da máquina é então repetido.

Se o resultado do teste de capacidade de máquina for positivo, ele será seguido por um exame de <u>capacidade do processo</u>. Isso é feito para garantir que o processo de produção seja capaz de consistentemente atender aos requisitos da qualidade exigidos.

O exame da capacidade do processo se estende por um longo período. Todas as modificações no processo (p. ex. mudanças de material, ferramentas ou método) são levadas em conta, quando o objetivo e intervalos de testes aleatórios de amostras são determinados e, então, incluídos no procedimento de exame.

Uma vez compilados, os dados estarão sujeitos a uma análise estatística comparável àquela empregada na determinação da capacidade da máquina. É dada uma atenção particular para certificar se a média do processo e o controle do processo estão estáveis, i. é, se o processo está totalmente sob controle. Se o processo estiver totalmente sob controle, a capacidade do processo será confirmada utilizando-se as estatísticas c_p e c_{pk}. Essas estatísticas são calculadas do mesmo modo que c_m e c_{mk}, onde os valores $\bar{\bar{x}}$ e $\hat{\sigma}$ são utilizados no exame do processo.

Se o processo não estiver totalmente sob controle, o cálculo de c_p e c_{pk} não é permitido. Nesse caso, as causas de instabilidade no processo devem ser eliminadas ou compensadas. O exame da capacidade da máquina deverá ser repetido.

A Bosch designa um processo como capaz de garantir os atributos requeridos pelo produto somente nos casos em que c_{pk} for de pelo menos 1,33.

As análises da capacidade da máquina e do processo são necessariamente verificações preliminares antes de se introduzir o CEP. No entanto, ambas as investigações também são importantes para processos que não sejam controlados pelo CEP, pois o potencial necessário deve ser confirmado para cada tipo de processo.

Controle Estatístico do Processo (CEP)

O CEP é um sistema de controle de processo destinado a apoiar a prevenção de erros e seus custos associados. O CEP é empregado na produção, e aplicado para atributos que são vitais à operação (para detalhes, veja "Estatística técnica", pág. 214).

Equipamento de teste

O equipamento de teste deve ser capaz de demonstrar se o critério de teste do produto acabado está de acordo com o produto. O equipamento de teste deve ser monitorado, calibrado e mantido. Incerteza de medição deve ser considerada quando da utilização de equipamento de teste. Ela deve ser mínima relativamente ao campo de tolerância para o critério de teste. Com o equipamento de teste devemos ter atenção:
- Definir as medições que devem ser feitas, a precisão necessária e o equipamento adequado para medição e inspeção.
- Garantir que o equipamento de teste atenda aos requisitos de precisão, i. é, a incerteza da medição, geralmente, não deve ultrapassar 10% do campo de tolerância.
- Todos os equipamentos de teste e sistemas de medição utilizados para a garantia da qualidade do produto devem ser especificados num plano de inspeção; eles devem ser rotulados e devem ser calibrados e ajustados a intervalos prescritos.

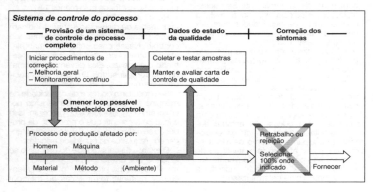

- Os procedimentos de calibração devem ser especificados. Eles devem compreender os dados individuais do tipo da unidade, sua identificação, área de aplicação e intervalos de calibração e também devem incluir os passos a serem seguidos em caso de resultados insatisfatórios.
- Os equipamentos de medição e inspeção devem ser fornecidos com identificação adequada constatando sua situação de calibração.
- Os registros (históricos) de calibração devem ser arquivados.
- Devem ser mantidas as condições ambientais apropriadas para calibração, teste e medição.
- Os equipamentos de medição e inspeção devem ser guardados cuidadosamente e protegidos contra contaminações, a fim de manter níveis consistentes de precisão e adequação para utilização.
- Os equipamentos de medição e inspeção e seus programas devem ser protegidos contra quaisquer influências que possam invalidar sua calibração.

Equipamento de inspeção, medição e teste: tipo e alcance

Arranjos satisfatórios para equipamentos para monitoramento de teste e inspeção abrangem todos os sistemas de medição utilizados no desenvolvimento, produção, montagem e no serviço do cliente. Essa categoria inclui calibradores, padrões de unidades, instrumentos, dispositivos de registro e equipamento de teste especial juntos com seus programas de computador para apoio. Além disso, o equipamento, suportes, fixadores e instrumentos empregados no controle do processo também devem ser monitorados.

Procedimentos que se ampliam para incluir o equipamento e a habilidade do operador são empregados na avaliação, se um processo de teste for controlado. Erros de medição são comparados com as especificações da qualidade. Uma ação corretiva apropriada deve ser tomada quando as solicitações para precisão e funcionalidade do equipamento não mais são satisfeitas.

Instrumentos de medição sujeitos à calibração

As condições legais alemãs sobre pesos e medidas estipulam que a calibração de instrumentos de medição utilizados em transações comerciais seja certificada oficialmente, nos casos em que os resultados de suas medições determinarem o preço de mercadorias ou energia. Essa categoria inclui instrumentos para medição de comprimento, área, volume e massa, além de energia térmica e elétrica. Se essas condições forem aplicáveis, a calibração dos instrumentos envolvidos deverá ser oficialmente certificada e monitorada continuamente por uma agência oficial ou oficialmente aprovada.

Relação entre resultados das medições, análise estatística e capacidade do processo

Processo	Tolerância T	Estado	Capacidade do processo
Valores individuais		Inseguro	Não calculado
Análise estatística		Resultado negativo devido à excessiva variância	$C_p = \dfrac{T}{6\sigma} = 0{,}67$ Fora de T por 4,6%
Requisitos mínimos		Resultado positivo, pequena variância, valor médio mantido	$C_p = 1{,}33$ Fora de T por 63 ppm
Valor médio da tolerância deslocado		Resultado negativo apesar da pequena variância	$C_p = 2{,}0$ mas $C_{pk} = \dfrac{D}{3\sigma} = 0{,}67$ i.é, fora de T por 2,3%

Confiabilidade

De acordo com a DIN 40041, confiabilidade é a soma total das características na unidade sob investigação que exerce um efeito na habilidade da unidade para atender requisitos específicos sob dadas condições durante um período específico. Confiabilidade é um elemento constituinte da qualidade ("confiabilidade é qualidade baseada no tempo").

O conceito essencial aqui é a palavra confiabilidade. Confiabilidade compreende os termos disponibilidade, segurança e conservação. Confiabilidade, portanto, significa a confiança depositada em um serviço que deve ser fornecido por um sistema. Um sistema é seguro quando o risco de perigo ao se entrar em contato com o sistema é aceito pela sociedade e pelos órgãos legislativos.

A disponibilidade quantifica a confiabilidade; é a probabilidade de, num determinado instante, um sistema provar ser totalmente operacional. A taxa de falha é a densidade probabilística condicional de um componente falhar antes do tempo $t + dt$, desde que tenha ultrapassado o tempo t. A taxa de falha possui a forma geral da curva como uma banheira, que pode ser descrita como a superposição de três distribuições de Weibull com componentes de graus de falha variáveis (veja o capítulo "Estatística técnica").

A falha em componentes eletrônicos é geralmente espontânea, sem aviso de defeito iminente. Essa condição é descrita por uma taxa de falha constante (seção média da curva). Nem o controle da qualidade nem a manutenção preventiva podem prever tais falhas. As falhas causadas por escolha incorreta do componente, sobrecarga ou defeitos de manufatura mostram um comportamento de verificação inicial descrito por uma taxa de falha que decresce com o tempo, enquanto o envelhecimento de um componente é representado por uma taxa de falha crescente (parte esquerda ou direita da curva).

Análise e previsão da confiabilidade

Métodos de análise suplementar mútua são aplicados para determinar o risco de falha potencial associado com um produto, i. é, para descobrir todos os efeitos possíveis da falha operacional e interna, bem como fatores de interferência externa (erro do operador); esses métodos são utilizados em diferentes fases durante a vida do produto. Principalmente a FMEA e a árvore de análise de falhas são utilizadas no desenvolvimento de motores de veículos.

FMEA (DIN 25448, IEC812)

A FMEA (Failure Mode and Effects Analysis) é uma análise "de baixo para cima". Ela inicia a partir de falhas no nível mais baixo da hierarquia do sistema (geralmente componentes em projeto, blocos de função num sistema, passos de execução num processo) e examina o modo como se propagam para níveis mais altos. Desse modo, todos os estados críticos do sistema causados por falhas individuais são detectados e também avaliados entre si. A FMEA pode ser utilizada em vários estágios do desenvolvimento e da produção.

FMEA de projeto: Sob a condição inicial de que as peças são fabricadas de acordo com seus desenhos, os produtos ou componentes são examinados quanto à conformidade entre projeto e especificações para evitar erros de projeto/sistema e para facilitar a detecção de riscos em campo.

FMEA de processo: Sob a condição inicial de que as especificações são corretas, o processo de fabricação do produto é examinado quanto à conformidade com os desenhos para evitar defeitos na manufatura.

FMEA de sistema: Os componentes do sistema são examinados para sua interação funcional para evitar erros de sistema/projeto e para facilitar a detecção de riscos em campo.

Fases da falha
a. Falhas iniciais. b. Falhas aleatórias
c. Falhas devidas ao envelhecimento

Análise da árvore de falhas (DIN 25424)

A análise da árvore de falhas (FTA) é um procedimento de análise "de cima para baixo", que permite uma estimativa quantitativa de probabilidades. Começando por um evento indesejável (evento maior), todas as causas concebíveis são enumeradas, mesmo as combinações individuais de falhas. Quando as probabilidades de ocorrência de defeitos isolados são conhecidas, é possível calcular a probabilidade de ocorrência de eventos indesejáveis. Para esse propósito, e acima de tudo para componentes elétricos, existem coleções de taxas de falha empiricamente determinadas, tais como o Mil Hdbk 217F (que ainda não foi atualizado).

Aprimoramento da confiabilidade

A confiabilidade de um sistema pode ser sempre melhorada por se evitar as falhas ou suas tolerâncias. As medições preventivas incluem, por exemplo, a seleção de componentes mais confiáveis que permitem tensões mais elevadas ou (para sistemas eletrônicos) reduzindo o número de componentes e suas conexões, através de maior integração. Como regra geral, componentes puramente eletrônicos, como transistores ou circuitos integrados, são responsáveis por 10% das falhas; sensores e elementos de controle final, 30% e conexões entre componentes e com elementos externos, 60%. Se medições preventivas não se mostrarem suficientes, então a tolerância das falhas de medição (p.ex. circuitos de multicanais, automonitoramento) deve ser implementada para encobrir os efeitos de um defeito.

Planejamento da confiabilidade

No caso de novos produtos a serem desenvolvidos, o procedimento do crescimento da confiabilidade (RGM, Mil Hdbk 189) fornece um planejamento básico para todo o trabalho necessário para teste para se atender a um objetivo de confiabilidade, dependendo da confiabilidade inicialmente existente.

No curso do desenvolvimento do produto, sua confiabilidade melhora devido à análise e eliminação, tanto quanto possível, das causas das falhas observadas. Uma avaliação estatística da confiabilidade do produto sem sua versão final só pode ser iniciada no fim de seu desenvolvimento. No entanto, no caso de demanda de vida útil pela indústria automotiva, qualquer avaliação nesse sentido precisaria de tanto tempo que atrasaria o lançamento da série. Sob certas condições prévias, o método RGM permite aos engenheiros avaliar a confiabilidade de um produto em qualquer estágio de desenvolvimento. A avaliação é baseada na eficácia dos dados de versões mais antigas do produto e as medidas de correção da falha são introduzidas. Desse modo, esse procedimento primeiro reduz o tempo de lançamento da série e, em segundo lugar, aumenta o volume de dados disponíveis e, portanto, a confiabilidade.

Se o tempo útil médio corrente, Tempo Médio para Falha (MTTF) for plotado numa escala log-log contra o tempo de serviço acumulado (tempo de teste total de todos os exemplares), a experiência nos mostra que, na média, esse valor MTTF cresce segundo uma reta. Dependendo do produto e do esforço despendido, o gradiente dessa reta estará entre 0,35 e 0,5. Essa relação empírica entre o dispêndio de teste e confiabilidade alcançada pode ser utilizada para o planejamento.

A comparação entre planejamento e situação atual pode ser feita a qualquer tempo. Enquanto o programa RGM progride, objetivos intermediários de confiabilidade em marcos específicos também devem ser atingidos. Quando se planeja um programa de teste, é essencial atingir um equilíbrio aceitável entre o tempo de teste, o esforço de teste e recursos disponíveis, e também fazer uma estimativa realística dos ganhos possíveis de confiabilidade.

Estatística técnica

Propósitos da estatística

Estatística descritiva
Para descrever conjuntos de unidades similares com valores específicos característicos utilizando características estatísticas que permitem comparações objetivas e avaliações.

Estatística de avaliação
Para fornecer informações sobre as características das estatísticas de grupos maiores (populações) baseadas em relativamente poucos dados (amostras).

Como tais declarações são baseadas nas leis de chances e teoria de probabilidades, suas validades estão sempre sujeitas a certos níveis de confiança, usualmente 95% no campo da engenharia.

Exemplos de populações:
- Todos os produtos do mesmo tipo produzidos sob condições constantes de manufatura.
- Conjunto de todos os resultados possíveis de uma medição sob condições imutáveis.

Existem dois tipos diferentes de características:
- Características quantitativas, p. ex. quantidades físicas (referidas como "valores medidos").
- Características por atributos, p. ex. "passa" ou "não passa" (referidas como "resultados de testes").

Métodos de análise estatística fornecem assistência de grande valia para garantir e melhorar os padrões da qualidade em produtos industriais. Os níveis atuais de confiabilidade dos veículos seriam impossíveis sem eles.

Apresentação de valores medidos

N Tamanho da população: o número de todos os itens que formam a base da análise estatística
n Número de valores medidos na amostra
P_A Nível de confiança
x Valor individual medido
R Amplitude: $R = x_{máx} - x_{mín}$
k Número de classes no qual R é dividido. Recomendação: $k = \sqrt{n}$ (≥5)
w Largura da classe
i Número, como subscrito, de valores medidos
j Número, como sobrescrito, de classes
x_j Ponto médio da classe n° j
n_j Freqüência absoluta da classe n° j; número de valores medidos na classe n°j
h_j Freqüência relativa na classe n° j, $h_j = n_j/n$
h_j/w Densidade de freqüência
G_j Freqüência absoluta acumulada: freqüência absoluta de uma classe em particular

$$G_j = \sum_{r=1}^{j} n_r$$

H_j Freqüência relativa acumulada = G_j/n
$F(x)$ Função de distribuição: probabilidade para valores ≤ x
$f(x)$ Função de densidade de freqüência d $F(x)/dx$
μ Média aritmética da população
$\bar{x}$ Média aritmética de uma amostra

$$\bar{x} = \sum_{i=1}^{n} x_i / n$$

$\bar{\bar{x}}$ Média aritmética de vários
σ Desvio padrão da população
s Desvio padrão da amostra

$$s = \sqrt{\sum_{i=1}^{n}(x_i - \bar{X})^2/(n-1)}$$

V Coeficiente de variação: $V = s/\bar{x}$
u Fator de dispersão
X, Y, Z Variáveis aleatórias

Histograma de freqüências e curva de freqüência acumulada de uma distribuição empírica
O modo mais simples de se apresentar claramente um grande número de valores característicos é um histograma de freqüências. No caso de características por atributos ou variáveis com poucos valores discretos, são desenhadas barras sobre os valores característicos, cujas alturas são proporcionais à freqüência relativa dos valores, i. é, a freqüência h_j do atributo j em proporção ao número total de todos os valores.

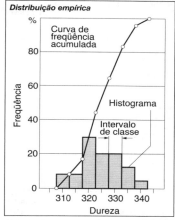

Distribuição empírica

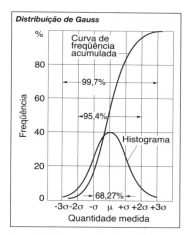

Distribuição de Gauss

No caso de atributos variáveis com uma amplitude contínua de valores, a amplitude é dividida em k classes e as barras marcadas sobre seus pontos médios. Se as classes não forem todas do mesmo tamanho, as barras se tornarão retângulos, cujas áreas serão proporcionais às freqüências relativas das classes e as alturas dos retângulos também serão proporcionais às densidades de freqüência.

Se as conclusões devem ser tiradas a partir da apresentação de amostras descritas como de interesse da população, será essencial definir as classes de tal modo que existam pelo menos cinco valores em cada classe.

Uma outra maneira de se apresentar a distribuição dos atributos é a curva de freqüência acumulada. A vantagem dessa curva para atributos variáveis é que para cada valor ou cada intervalo, a porcentagem de valores medidos abaixo ou acima pode ser facilmente lida (estimar a fração de defeitos fora da tolerância). A curva de freqüência acumulada pode ser determinada a partir do histograma de freqüência somando-se as freqüências relativas até um valor ou intervalo relevante. Para a população, isso representa a integral para a função de densidade.

Distribuições e parâmetros estatísticos

Uma variável X, aleatória, é caracterizada por sua distribuição. A função de distribuição $F(x)$ descreve a relação entre o valor da variável x e a freqüência acumulada ou probabilidade para valores $\leq x$. Em distribuições empíricas, ela corresponde à curva de freqüência acumulada. O histograma da freqüência corresponde à função de densidade $f(x)$.

Os parâmetros mais importantes de uma distribuição são a média aritmética μ e o desvio padrão σ.

Distribuição de Gauss

A distribuição normal ou de Gauss é o caso-limite idealizado matematicamente que sempre acontece quando muitos efeitos aleatórios mutuamente independentes são adicionados. A função probabilidade-densidade da distribuição de Gauss claramente definida por μ e σ define uma curva simétrica em forma de sino.

A área total sob essa curva corresponde a 1 = 100%. O desvio padrão σ e seus múltiplos permitem a delimitação de áreas específicas com as fronteiras $\mu \pm u\sigma$, na qual $P\%$ dos valores estão situados (veja Tabela 1). As porcentagens $\alpha = (100 - P)/2$ caem fora dessas áreas em ambos os lados.

Matemática e métodos

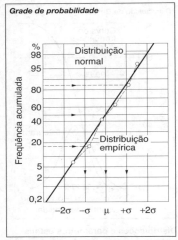

Distribuição empírica e de Gauss na grade de probabilidade
Numa grade de probabilidade, a ordenada é destorcida de tal modo que a curva de freqüência acumulada é transformada numa reta.

A determinação de μ e σ a partir da grade de probabilidade:
1. Leitura de μ na freqüência acumulada de 50%.
2. Leitura dos valores das abscissas em 16% e 84%.

A diferença corresponde a 2σ.

Somas de variáveis aleatórias
Para a média e desvio padrão de variável aleatória
$Z = a \cdot X + b \cdot Y$, criada pela combinação linear de duas variáveis X e Y, independentes, com distribuição aleatória, aplica-se o seguinte:

$$\mu_z = a \cdot \mu_x + b \cdot \mu_y$$
$$\sigma_z^2 = a^2 \cdot \sigma_x^2 + b^2 \cdot \sigma_y^2$$

Aplicações típicas:
1. Ajustes
Diâmetro do furo: x
Diâmetro do eixo: y
Folga: $z = x - y$
Para $\sigma_x = \sigma_y$ aplica-se o seguinte:
$$\sigma_z^2 = 2 \cdot \sigma_x^2$$

2. Dimensão combinada
Se as dimensões individuais são estatística e independentemente distribuídas em torno de suas tolerâncias médias, a tolerância para dimensão combinada poderá ser calculada pela adição quadrática (cf. DIN 7186).

Avaliação de séries de medições

Intervalo aleatório para $\bar{x}$ e s
(conclusão direta)
Se várias amostras, cada uma contendo n valores, forem tomadas a partir de uma única população com média μ, e o desvio padrão σ, os valores médios $\bar{x}_1, \bar{x}_2 \ldots$ das amostras estão dispersos com o desvio padrão:

$$\sigma_{\bar{x}} = \frac{\sigma}{\sqrt{n}} \text{ em torno do valor } \mu.$$

De uma maneira análoga, intervalos aleatórios podem ser definidos para s e R.

Tabela 1. Valor da freqüência P dentro e μ fora $\pm u\sigma$

u	1,00	1,28	1,64	1,96	2,00	2,33	2,58	3,00	3,29
$P\%$	68,27	80	90	95	95,4	98	99	99,7	99,9
$\alpha\%$	15,86	10	5	1,5	2,3	1	0,5	0,15	0,05

Estatística técnica

Quantidade	Intervalo aleatório	
	Limite inferior	Limite superior
$\bar{x}$	$\mu - u\dfrac{\sigma}{\sqrt{n}}$	$\mu + u\dfrac{\sigma}{\sqrt{n}}$
s	$D_u \cdot \sigma$	$D_o \cdot \sigma$
R	$D_u \cdot \sigma \cdot d_n$	$D_o \cdot \sigma \cdot d_n$

D_u e D_o como funções de n e P das Tabelas 1 e 2.

Tabela 2. Constantes auxiliares para avaliação de séries de medições

n	d_n	valores t para $P =$			D_u	D_o
		90%	95%	99%	para $P=95\%$	
2	1,13	6,31	12,7	63,7	0,03	2,24
3	1,69	2,92	4,30	9,92	0,16	1,92
5	2,33	2,13	2,78	4,60	0,35	1,67
10	3,08	1,83	2,26	3,25	0,55	1,45
20	3,74	1,73	2,09	2,86	0,68	1,32
50	-	1,68	2,01	2,68	0,80	1,20
∞	-	1,65	1,96	2,58	1,00	1,00

Intervalos de confiança para μ e σ
(Conclusão)

Se somente amostras com x e s forem conhecidas, e uma declaração deve ser feita para o valor real da média μ resultante de um número infinito de medições, um intervalo de confiança pode ser especificado que descreva μ com uma probabilidade de $P_A\%$. O mesmo se aplica para σ.

Quantidade	Intervalo de confiança	
	Limite inferior	Limite superior
μ	$\bar{x} - t\dfrac{s}{\sqrt{n}}$	$\bar{x} + t\dfrac{s}{\sqrt{n}}$
σ	$\dfrac{s}{D_o}$	$\dfrac{s}{D_u}$

t, D_o e D_u da Tabela 2.

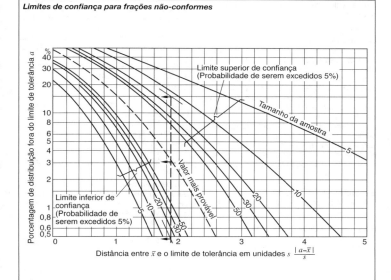

Limites de confiança para frações não-conformes

Comparação de valores médios

Duas amostras com valores n_1 e n_2 têm o mesmo desvio padrão $s_1 = s_2$ mas diferentes valores médios $\bar{x}_1 \neq \bar{x}_2$. O intervalo de confiança para a diferença $\mu_1 - \mu_2 = 0$ é:

$\pm t \cdot s_A \cdot \sqrt{1/n_1 + 1/n_2}$ com
$s_A^2 = ((n_1 - 1) s_1^2 + (n_2 - 1) s_2^2)/(n' - 1)$
$n' = n_1 + n_2 - 1$ determina t na Tabela 2.

Se a diferença $\bar{x}_1 - \bar{x}_2$ estiver fora do intervalo de confiança, as duas amostras virão com nível de confiança P de diferentes populações (p. ex. diferentes condições de produção).

Estimativa de frações não-conformes

A porcentagem de peças que caem fora dos limites de tolerância a deve ser estimada baseada em $\bar{x}$ e s de uma série de amostras.

Procedimento de cálculo:
Se μ e σ forem conhecidos, a porcentagem fora de a na Tabela 1, ou na figura "Limites de confiança para frações não-conformes" (curva "valor mais provável") será determinada por:

$u = |a - \mu| / \sigma$

Um valor de $u = 1{,}65$ corresponderia a uma porcentagem de 5%. No entanto, somente $\bar{x}$ e s da mesma amostra são conhecidos, não os valores de μ e σ da população. Como esses valores são aleatórios, a fração não-conforme pode ser especificada apenas em termos de intervalo de confiança ao qual ela pertença com uma probabilidade particular.

Na figura, os limites de confiança podem ser lidos como uma função de $|a - \bar{x}|/s$ que são excedidos somente com uma probabilidade de 5%. Análises separadas são necessárias para cada um dos dois limites de tolerância.

Exemplo:
Tolerância prescrita de roletes retificados:

$14^{-0{,}016}_{-0{,}043}$ mm

Foram testadas 14 peças variando entre 13,961 e 13,983 mm.
$\bar{x} = 13{,}972$ mm; $R = 0{,}022$ mm

Valor estimado para s a partir de R com d_n da Tabela 2:
$s = 0{,}022/3{,}5 = 0{,}0063$

Limite superior da tolerância ultrapassado
$\dfrac{|a - \bar{x}|}{s} = \dfrac{13{,}984 - 13{,}972}{0{,}0063} = \dfrac{0{,}012}{0{,}0063} = 1{,}9$

Referências à figura:
Limite superior de confiança ≈ 15%
Valor mais provável ≈ 3,1%
Limite inferior de confiança ≈ 0,5%

Limite inferior da tolerância ultrapassado
$\dfrac{|a - \bar{x}|}{s} = \dfrac{13{,}957 - 13{,}972}{0{,}0063} = \dfrac{0{,}015}{0{,}0063} = 2{,}38$

Limite superior de confiança ≈ 9%
Valor mais provável ≈ 1%
Limite inferior de confiança < 0,5%

Controle Estatístico do Processo (CEP)

As cartas de controle da qualidade são empregadas para garantir a qualidade consistente nos processos de produção. Pequenas amostras são testadas em intervalos específicos; os valores $\bar{x}$ e R são lançados como resultados de testes enquanto os defeitos são lançados para teste de atributos.

T_{lo}, T_{up} limites de tolerância, inf./sup.,
T Diferença entre os limites de tolerância superior e inferior (amplitude da tolerância)
$T = T_{lo} - T_{up}$, $T_m = (T_{lo} + T_{up})/2$,
$\bar{x}$, R Valores de ≥ 20 amostras
$\sigma = \bar{R}/n$ = Desvio padrão
$c_p = T/(6 \times \sigma)$ = Capacidade do processo

Um processo é considerado "sob controle" se:
1) $c_p > 1$ (ou melhor, $c_p \geq 1{,}33$);
2) a curva apresentada não mostra variações anormais (tendências, etc.)
3) $\bar{x}$ e R situam-se dentro dos "limites de ação" dos intervalos aleatórios correspondentes.

A Tabela 3 mostra os valores aproximados para os limites de ação como uma porcentagem de T. O cálculo é baseado assumindo-se que os valores sejam:
99,7% de intervalos aleatórios e $c_p = 1$.

Tabela 3. Limites de ação como % de T

n	3	4	5	6	7	8	10	12	15
$R/T < \%$	72	78	82	84	86	88	91	93	95
$(\bar{x} - T_m) < \%$	29	25	22	20	19	18	16	14	13

Estatística técnica

Distribuição de Weibull para ciclos de vida

A distribuição de Weibull tem ganhado aceitação como um padrão na investigação dos ciclos de vida de produtos técnicos. Sua função de distribuição (probabilidade para ciclos de vida ≤ t) é:

$F(t) = 1 - e^{-(t/T)^b}$

Probabilidade de sobrevida (confiabilidade)

$R(t) = 1 - F(t)$

Taxa de falha (falhas por unidade de tempo com referência aos produtos remanescentes)

$\lambda(t) = f(t)/R(t)$

onde:
T Ciclos de vida característicos, correspondentes à soma das falhas de 63,2%
b Inclinação das falhas (Inclinação de Weibull)
$b < 1$: diminuindo (falhas antigas)
$b = 1$: constante (falhas aleatórias)
$b > 1$: aumentando (desgaste)

Na grade Weibull, com abscissa ln t e ordenada ln (−ln $R[t]$), $R(t)$ é uma reta.

Avaliação de um teste de durabilidade envolvendo n amostras de teste:
A figura mostra a avaliação de um teste de durabilidade envolvendo $n = 19$ chaves, das quais $r = 12$ falharam. Contra os ciclos de vida t ordenados de acordo com o comprimento em ciclos, a soma das falhas é plotada como

$H = (i - 0,5)/n$

O resultado será:

$T = 83 \cdot 10^3$ ciclos
$b = 3,2$ (desgaste)

T e b são valores aleatórios como $\bar{x}$ e s. Intervalos de confiança aproximados ($n \geq 50$) para os "valores reais" são fornecidos pelas fórmulas
$T \pm (u/\sqrt{n}) \cdot (T/b)$
$b - 0,5 \cdot (u/\sqrt{n'}) \cdot b \ldots b + (u/\sqrt{n'}) \cdot b$
u da Tabela 1.

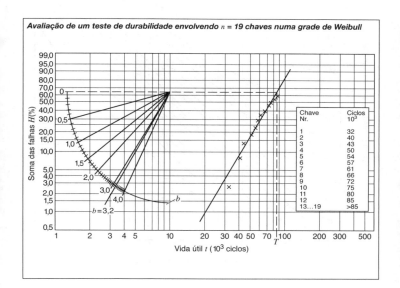

Avaliação de um teste de durabilidade envolvendo $n = 19$ chaves numa grade de Weibull

Chave Nr.	Ciclos 10^3
1	32
2	40
3	43
4	50
5	54
6	57
7	61
8	66
9	72
10	75
11	80
12	85
13…19	>85

Para observações incompletas ($r < n$):
$n' \approx r \cdot (1 + (r/n))/2$

T, b são portanto menos precisamente definidos por falhas r com $r < n$ do que $r = n$. A proporção que excede uma expectativa específica de ciclos de vida é estimada na seção seguinte.

Avaliação estatística dos resultados de testes

N Tamanho da população (lote). Um atributo divide o lote em duas classes. p. ex. "falhou" e "OK".
n Número de unidades da amostra
I Número de defeitos no lote
i Número de defeitos na amostra
p Fração defeituosa na amostra $p = i/n$
p' Fração defeituosa no lote $p' = I/N$

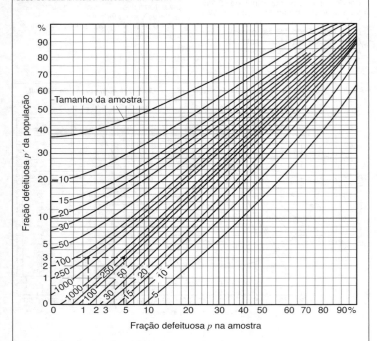

Limites aleatório e de confiança para frações defeituosas (distribuição binomial) Probabilidade de cada limite ser excedido $\alpha = 10\%$.

Distribuição da fração defeituosa p em amostras aleatórias

O número de defeituosos i dentro da amostra é uma variável aleatória. Lotes maiores ($N > 10 \cdot n$) são caracterizados pela distribuição binomial, com valor esperado

$$E(i) = n \cdot p'$$

Desvio padrão

$$\sigma_i = \sqrt{n \cdot p'(1-p')}$$

Intervalos aleatórios para p (conhecido p') e intervalos de confiança para p' (conhecido p) dependentes de n são mostrados na figura na pág. 220 com uma probabilidade de não-conformidade de $\alpha = 10\%$ para cada limite.

Para a amplitude $p' < 5\%$, freqüentemente encontrada na prática, a distribuição binomial é substituída pela lei de Poisson para eventos não-freqüentes, que é exclusivamente dependente de $n \cdot p'$ com $E(i) = n \cdot p'$, $\sigma_i = \sqrt{n \cdot p'}$

Exemplos:

1. Distribuição binomial (veja figura na pág. 220)

Num teste de durabilidade com $n = 20$ unidades, $i = 2$ unidades falhou após utilização prolongada.

Que porcentagem p' da série não atingirá o correspondente ciclo de vida T?

Porcentagem numa amostra aleatória
$p = {}^2/_{20} = 10\%$
Com $p = 10\%$, $n = 20$, a figura fornece os seguintes números:

$$p'_u = 2,8\%, \, p'_o = 24\%.$$

Com qualidade constante, a porcentagem com um ciclo de vida $< T$ cairá dentro dessa amplitude.

2. Distribuição de Poisson (Tabela 4)

Durante uma inspeção de recebimento, uma amostra aleatória de $n = 500$ peças encontrou $i = 1$ peça que excedeu a tolerância.

Qual a máxima porcentagem de peças com defeito no lote expressa com uma probabilidade de 90%?
Com $i = 1$, $\alpha = 10\%$, a Tabela 4 indica:
$np'_o = 3,89$
$p'_o = 3,89/500 = 7,78\%$

Fórmula de aproximação para a distribuição de Poisson

O valor aproximado para $i > 10$ pode ser derivado utilizando:

$$n \cdot p' = i + u \cdot \sqrt{i} + k$$

(veja Tabela 4 para u, k).

Exemplo para a aproximação de Poisson

Numa série de pré-produção, consistindo de $n = 10.000$ unidades, existiram $i = 17$ reclamações de garantia. Com probabilidade de 97,5%, qual será o limite para reclamações de garantia que não será excedida numa série normal de produção, se condições idênticas forem mantidas?

Inserindo-se os valores da Tabela 4 na fórmula de aproximação dada acima, teremos o seguinte:
$np'_o = 17 + 1,96 \cdot \sqrt{17} + 2 = 27,08$
$p'_o = 27,08/10.000 = 2,7‰$

Tabela 4. Limites de confiança para eventos não freqüentes

Obs. n° i	Limite inferior np'_u		Limite superior np'_o	
	Probabilidade de ser excedido			
	2,5%	10%	10%	2,5%
0	–	–	2,30	3,69
1	0,025	0,105	3,89	5,57
2	0,242	0,532	5,32	7,22
3	0,619	1,10	6,68	8,77
4	1,09	1,74	8,00	10,24
5	1,62	2,43	9,27	11,67
6	2,20	3,15	10,53	13,06
7	2,81	3,89	11,77	14,42
8	3,45	4,66	12,99	15,76
9	4,12	5,43	14,21	17,08
10	4,80	6,22	15,41	18,39
u	–1,96	–1,28	+1,28	+1,96
k	+1,0	+0,2	+1,2	+2,0

Medições: termos básicos

As medições só podem ser utilizadas para decisões responsáveis se seus limites de erro forem conhecidos. Aqui, são utilizados termos estatísticos.

Definição de termos (segundo DIN 1319)

Variável medida
Variável física que é medida (comprimento, densidade, etc.)

Valor medido
Valor particular da variável medida (3 m)

Resultado da medição
Valor calculado de um ou mais valores medidos (média $\bar{x}$)

Erro de medição $F = x_a - x_r$
x_a valor medido indicado;
x_r valor medido "correto".
Causas: objeto medido, instrumentos de medição, procedimentos de medição, ambiente, observador.

Erro de medição relativo
Normalmente: F/x_r
Para a designação de dispositivos de medição F/x_e, onde x_e = desvio integral do instrumento de medição.

Erro de medição sistemático
Erros de medição que, sob certas condições, têm a mesma magnitude e sinal.
 Erros sistemáticos detectáveis devem ser considerados para serem corrigidos por $B = -F$, caso contrário o resultado da medição será incorreto. Erros sistemáticos que não possam ser detectados deverão ser estimados (f).

Erros de medição aleatórios
Erros de medição cujas magnitudes e sinais sejam aleatoriamente dispersos. Utilização estimada de desvio padrão s de erros aleatórios.

Resultado de uma série de medições
Se n valores medidos x_i forem medidos sob as mesmas condições, o que se segue deverá ser especificado como resultado da medição:
$y = \bar{x}_E \pm y$ Limites de confiança para valores corretamente medidos, onde:
$\bar{x}_E = \bar{x} + B$ Valor médio correto
$u = t \cdot s / \sqrt{n} + |f|$ Medida da incerteza

Cálculo de s (pág.196),
para t, veja Tabela 2, pág.199
f = Erros sistemáticos não-detectáveis.

Separação de medições e precisão da manufatura
Em cada um dos n produtos, um atributo x_i é medido duas vezes com um erro de medição f_{ik}:
$$y_{ik} = x_i + f_{ik} \ (i = 1, \ldots n; \ k = 1, 2)$$

As diferenças entre os dois valores medidos no mesmo produto contêm dois erros de medição:
$z_i = y_{i1} - y_{i2} = f_{i1} - f_{i2}$
$\sigma_z^2 = 2\sigma_f^2$
$\sigma_y^2 = \sigma_x^2 = \sigma_f^2 =$

As duas últimas relações podem ser utilizadas para determinar o desvio padrão σ_1 dos erros de medição e o correto desvio padrão σ_x da característica x do produto.

Normas
DIN 55303 Avaliação estatística dos dados
DIN 53804 Avaliações estatísticas
DIN 55350 Garantia da qualidade e termos estatísticos
DIN 40080 Ajustes e tabelas para amostragens por atributos
DIN 7186 Tolerâncias estatísticas
DIN/ISO 9000 Sistemas de qualidade
DGQ-11-04 Termos e fórmulas da garantia da qualidade (Beuth)

Referências
Graf, Henning, Stange: Formeln und Tabellen der Statistik (Fórmulas e tabelas para estatística) Springer-Verlag, Berlin, 1956;
Rauhut: Berechnung der Lebensdauerverteilung (Cálculo da distribuição do ciclo de vida) Glükauf-Verlag, Essen, 1982.

Engenharia de controle

Termos e definições (de acordo com DIN 19226

Controle de laço fechado	Controle de laço aberto
Controle de laço fechado O controle de laço fechado é um processo pelo qual uma variável, a variável a ser controlada (variável controlada x), é continuamente registrada, comparada com outra variável, a variável de referência w_1, e influenciada de acordo com o resultado dessa comparação no mesmo modo de uma adaptação a uma variável de referência. A ação resultante acontece num laço de controle fechado. A função do controle de laço fechado é adaptar o valor da variável de controle ao valor especificado pela variável de referência, a despeito de interferências, mesmo se as condições dadas não permitirem uma correspondência perfeita.	**Controle de laço aberto** O controle de laço aberto é o processo num sistema onde uma ou mais variáveis como variáveis de entrada influenciam outras variáveis como variáveis de saída por conta das regras características daquele sistema. Esse tipo de controle é caracterizado pela ação aberta através de elemento de transferência individual ou o laço de controle aberto. O termo controle é freqüentemente utilizado não apenas para denotar o processo de controle por si mesmo, mas o sistema inteiro, no qual a função de controle tem lugar.
Laço de controle fechado O laço de controle fechado é formado por todos os elementos que tomam parte na ação da operação do controle. O laço do controle é um caminho fechado de ação que age em uma única direção. A variável x de controle age numa estrutura circular na forma de realimentação negativa em si mesma. **Em contraste ao controle de laço aberto, o controle de laço fechado leva em consideração a influência de todas as interferências (z_1, z_2) no laço do controle.** O laço de controle fechado é subdividido em sistema controlado e sistema de controle.	**Laço de controle aberto** Um laço de controle aberto é um arranjo de elementos (sistemas) que agem entre si numa estrutura em cadeia. Um laço de controle aberto como um todo pode ser parte de um sistema de nível mais alto e interage em qualquer estilo com outros sistemas. Um laço de controle aberto só pode reagir ao efeito da interferência que é medida pela unidade de controle (p.ex. z_1); outras interferências (p.ex. z_2) não são afetadas. O laço de controle aberto é subdividido em sistema controlado e sistema de controle.

Sistema de controle (laços abertos e fechados)
O sistema de controle de laço aberto ou de laço fechado é a parte do laço de controle que age no sistema de controle através do elemento de controle final como determinado pelos parâmetros de controle.

Fronteiras do sistema
Os sistemas de controle de laço aberto e de laço fechado incluem todos os dispositivos e elementos que agem diretamente para produzir a condição desejada dentro do circuito de controle.

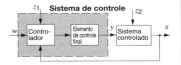 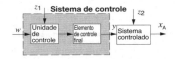

Variáveis de entrada e variável de saída de sistema de controle de laço fechado	Variáveis de entrada e variável de saída de sistema de controle de laço aberto
As variáveis de entrada para o sistema de controle são variáveis x controladas, a variável de referência w, e a(s) interferência(s) z_1. A variável de saída do sistema de controle é a variável manipulada y.	As variáveis de entrada para o sistema de controle são a variável de referência w e a(s) interferência(s) z_1. A variável de saída do sistema de controle é a variável manipulada y.

Controle de laço fechado	Controle de laço aberto

Sistema controlado (laços abertos e fechados)
O sistema de controle de laço aberto ou de laço fechado é a parte do laço de controle que representa a área do sistema que deve ser influenciada de acordo com a função.

Variáveis de entrada e variável de saída de sistema de controle de laço fechado	Variável de entrada e variável de saída de sistema de controle de laço aberto
As variáveis de entrada para o sistema controlado são a variável manipulada y e as interferências z_2. A variável de saída do sistema controlado é a variável controlada x.	A variável de entrada é a variável manipulada y. A variável de saída é a variável-objeto x_A ou uma variável de saída que influencie a variável-objeto, de uma maneira predeterminada.

Elementos de transferência e elementos de sistema
Os controles de laços aberto e fechado podem ser subdivididos em elementos ao longo do laço do controle.

Em termos de projeto e função do equipamento, são chamados de elementos de sistema e elementos de transferência, respectivamente.

Em termos de função controle de laços fechado ou aberto, é descrita somente a relação entre as variáveis e seus valores, que agem entre si no sistema.

Laço, direção e ação do controle
Ambos os controles de laço aberto e fechado compreendem elementos individuais (ou sistemas) que são conectados juntos para formar um laço.

O laço é o caminho, ao longo do qual os controles de laço aberto ou fechado acontecem. A direção da ação de controle é a direção na qual a função de controle opera.

O laço e a direção da ação de controle não precisam necessariamente coincidir com o caminho e com a direção da energia correspondente e com o fluxo de massa.

Elemento de controle final, ponto de controle
O elemento de controle final é o elemento que está localizado na extremidade superior do sistema controlado, e que afeta diretamente o fluxo de massa ou de energia. A localização, na qual essa ação acontece, é chamada de ponto de controle.

Ponto de interferência
O ponto de interferência é a localização, na qual uma variável não controlada pelo sistema age no laço, afetando, portanto, adversamente a condição, para a qual o controle foi projetado para manter.

Variável y, campo de manipulação Y_h
A variável y manipulada é tanto uma variável do sistema de controle e a variável de entrada do sistema controlado. Ela transfere a ação do sistema de controle para o sistema controlado.

O campo de manipulação Y_h é o campo dentro do qual a variável manipulada pode ser ajustada.

Variável de referência w, campo da variável-referência W_h
A variável de referência w de um controle de laço aberto ou fechado é uma variável que não é acionada diretamente pelo controle; ela é inserida no laço pela parte externa do controle, e é a variável cujo valor deve ser refletido pela variável de saída de acordo com os parâmetros de controle.

O campo da variável-referência W_h é o campo, dentro do qual a variável de referência w de um controle de laço aberto ou fechado deve se situar.

Interferências z, campo de interferência Z_h
As interferências z em controles de laço aberto ou fechado são todas as variáveis que agem externamente ao controle e que afetam adversamente a ação do controle. Em muitos casos, a interferência mais importante é a tensão ou o rendimento através do sistema. O campo de interferências Z_h é o campo, no qual a interferência pode se situar sem afetar adversamente a operação do controle.

Variável objeto x_A, campo X_{Ah} do objeto
A variável objeto x_A de um controle de laço aberto ou fechado é a variável que o controle deseja influenciar.

O campo X_{Ah} de um controle de laço aberto ou fechado é o campo, dentro do qual a variável objeto deve se situar, com capacidade funcional total do controle.

Métodos de controle

Elementos de transferência

Elementos de transferência são os módulos básicos e os elementos principais para a análise de engenharia de controle e síntese de sistemas dinâmicos. Cada um contém uma especificação de ilustração que permite uma variável de saída ser claramente atribuída para cada variável de entrada que seja permitida para o correspondente elemento de transferência. A representação gráfica geral de um elemento de transferência é o diagrama de blocos (veja figura).

```
         ┌─────────────┐
   ⇒     │ φ-(u(t), t) │    ⇒
  u(t)   └─────────────┘   y(t)
```

A especificação φ da ilustração é geralmente chamada de operador. Com o operador φ, a relação funcional entre as variáveis de entrada e de saída de um elemento de transferência pode ser descrita por:

$$y(t) = \phi\text{-}(u(t), t)$$

Um resumo dos elementos de transferência mais simples pode ser encontrado em tabela anexa.

Uma posição particular entre os elementos de transferência é ocupada por elementos de transferência lineares independentes do tempo. Para esses elementos, é aplicável o seguinte princípio de superposição:

$$\phi(u_1(t) + u_2(t)) = \phi(u_1(t)) + \phi(u_2(t))$$

junto com a condição de invariabilidade do tempo

$$y(t) = \phi(u(t)) \rightarrow y(t-T) = \phi(u(t-T)), T > 0$$

Com os elementos de transferência conectados entre si por linhas de ação, é possível descrever sistemas dinâmicos complexos como um motor CC, sistemas hidráulicos, servossistemas de mecatrônica, etc.

Projeto do controlador

Uma série de processos analíticos e sintéticos está disponível para aplicação em engenharia de controle. Os engenheiros de controle fazem distinção entre procedimentos de campo de tempo e de campo de freqüência. Um exemplo clássico e efetivo de procedimento de campo de freqüência é o projeto de controladores que utilizam diagramas Bode. Um procedimento efetivo de campo de tempo é o projeto de um controlador de estado por meio da especificação do pólo ou do controlador Riccati.

Muitos dos problemas colocados pelas necessidades da engenharia de controle são resolvidos pelo uso de certos tipos de controladores que são compostos, até onde possível, pelos quatro seguintes elementos de transferência:

– elemento P (elemento de transferência de ação proporcional)
– elemento I (elemento de transferência de ação integral)
– elemento D (elemento de transferência de ação derivada)
– elemento $P\text{-}T_1$ (elemento de 1ª ordem de retardo de tempo)

A conexão paralela no lado de entrada, adição das variáveis de saída dos três elementos de transferência P, I, D e a conexão de fluxo do elemento $P\text{-}T_1$ podem ser utilizadas para criar tipos de controladores P, I, PI, PP, PD, PID, PPD. Veja DIN 19226 para características e desempenho do sistema.

Subdivisão dos modos de controle

Na prática da engenharia de controle, são feitas distinções entre os modos de controle individuais de acordo com os seguintes atributos: tempo contínuo/valor contínuo, tempo contínuo/valor discreto, tempo discreto/valor contínuo e tempo discreto/valor discreto. Desses quatro atributos, somente as ocorrências do controle de tempo contínuo/valor contínuo e tempo discreto/valor discreto têm algum significado.

<u>Controle de tempo contínuo/valor contínuo</u>

No controle de tempo contínuo/valor contínuo, a variável controlada é registrada num processo ininterrupto e comparada com a variável de referência. Essa comparação fornece a base para a geração da variável manipulada de tempo contínuo e de valor contínuo.

O controle de tempo contínuo/valor contínuo também é referido como controle analógico.

Tabela: Resumo de alguns elementos de transferência

Designação	Relação funcional	Função de transferência	Curso da resposta do passo	Símbolo
Elemento P	$y = Ku$	K		
Elemento I	$y = K\int_0^t u(\tau)d\tau$	$\dfrac{K}{s}$		
Elemento D	$y = K\dot{u}$	Ks	Área = K	
Elemento TZ Elemento T_t	$y(t) = Ku(t - T_t)$	$Ke^{-T_t s}$	T_t	
Elemento S	$y = u_1 \pm \ldots \pm u_p$			
Elemento P-T_1 Elemento VZ_1	$T\dot{y} = y = Ku$	$\dfrac{K}{1+Ts}$		
Elemento P-T_2 Elemento VZ_2	$T^2\ddot{y} + 2d\,T^2\dot{y} + y = Ku$	$\dfrac{K}{1+2dTs+T^2s^2}$	Caso periódico: $d < 1$ Caso-limite não-periódico $d \geq 1$	

Controle de tempo discreto/valor discreto
No controle de tempo discreto/valor discreto, a variável controlada é registrada, quantificada e subtraída da variável referência quantificada apenas no instante da amostra. A variável manipulada é calculada com base na diferença de controle criado.

Para isso, um algoritmo é geralmente utilizado, o qual é implementado a partir de um programa de um microcontrolador. Conversores A/D e D/A são utilizados como interfaces de processo. O controle de tempo discreto/valor discreto também é referido como controle digital.

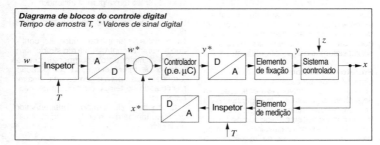

Diagrama de blocos do controle digital
*Tempo de amostra T, * Valores de sinal digital*

Engenharia de controle

Exemplos de sistemas de controle de laço fechado em veículos motorizados (simplificado)

Sistema de controle	Variáveis					Elementos		
	Variável objeto (x_w)	Variável controlada (x)	Variável referência (w)	Variável manipulada (y)	Interferências (z)	Sistema de controle	Elemento de controle final	Sistema controlado
Controle de laço fechado Lambda	Relação ar/combustível (λ)	Quantidade de O_2 nos gases de escapamento	λ = 1,0 (controle de comando fixo)	Quantidade de combustível injetado	Controle-piloto não-exato, vazamentos, ventilação do cárter	Unidade de controle Lambda e sensor de oxigênio Lambda	Injetores de combustível	Câmara de combustão; parte dos sistemas de admissão e de exaustão através de um sensor Lambda
Controle de rotação em motores a Diesel	Rotação do motor	Rotação do motor	Ponto de ajuste da rotação (controle de monitoração)	Quantidade de combustível injetado	Carga	Regulador	Bomba de injeção de combustível	Área de formação da mistura no motor
Sistema antibloqueio de frenagem (controle ABS)	Deslizamento da roda	Deslizamento da roda	Deslizamento limitado (adaptado)	Pressão de frenagem	Condições da pista e de dirigibilidade	Controlador em ABS e ECU	Válvula de controle de pressão	Pneus, pista
Controle de temperatura (cabine de passageiros)	Temperatura interna	Temperatura do ar de exaustão da cabine e do ambiente	Ponto de ajuste da temperatura (controle de monitoração)	Razão do fluxo de água quente ou relação da mistura de ar quente/frio	Temp. do motor; temp. ambiente; insolação; velocidade do veículo; rotação do motor	Regulador de temperatura e sensor de temperatura	Válvula solenóide de aquecimento ou flape do ar	Cabine de passageiros

Exemplos de sistemas de controle de laço aberto em motores

Sistema de controle	Variáveis				Elementos		
	Variável objeto (x_w)	Variável referência (w)	Variáveis de entrada do sistema de controle	Interferências (z)	Variável manipulada (y)	Sistema de controle	Elemento de controle final	Sistema controlado
Injeção Jetronic de gasolina	Relação ar/combustível	Relação ar/combustível (ponto de ajuste)	Rotação do motor, temperatura do motor, tensão elétrica do veículo, relação do fluxo de ar, temperatura do ar, posição da borboleta	Temperatura do combustível, condensação de combustível nas paredes do coletor de admissão	Duração da injeção	Jetronic ECU com vários elementos de medição	Injetores de combustível	Área de formação da mistura
Sistemas de ignição eletrônica	Ponto de ignição da mistura	Ponto de ignição da mistura (ponto de ajuste)	Rotação do motor, posição do virabrequim, pressão no coletor de admissão, posição da borboleta, temperatura do motor, sistema de tensão do veículo	Condições das velas de ignição, relação ar/combustível, tipo do combustível, tolerâncias mecânicas	Instante da ignição	Unidade de controle da ignição	Estágio de saída da ignição	Câmara de combustão no motor

Elementos químicos

Designações

Elemento	Símbolo	Tipo[1]	Número atômico	Peso atômico	Valência	Ano da descoberta	Descobridor(es)
Actínio	Ac	m	89	227	3	1899	Debierne
Alumínio	Al	m	13	26,9815	3	1825	Oersted
Amerício	Am	m	95	243	2; 3; 4; 5; 6	1944	Seaborg e outros
Antimônio	Sb	m	51	121,760	3; 5	pré-história	
Argônio	Ar	g	18	39,948	0	1894	Ramsay, Rayleigh
Arsênio	As	n	33	74,9216	3; 5	Séc. 13	Magnus
Astato	At	n	85	210	1; 3	1940	Corson, MacKenzie, Segré
Bário	Ba	m	56	137,327	2	1808	Davy
Berílio	Be	m	4	9,0122	2	1797	Vauquelin
Berquélio[2]	Bk	m	97	247	3; 4	1949	Seaborg e outros
Bismuto	Bi	m	83	208,9804	1; 3; 5	Séc. 15	Desconhecido
Bório[2]	Bh	m[3]	107	262	-[4]	1981	Ambruster, Münzenberg e outros
Boro	B	n	5	10,811	3	1808	Gay-LUSSAC, Thénard, Davy
Bromo	Br	n	35	79,904	1; 3; 4; 5; 7	1826	Balard
Cádmio	Cd	m	48	112,411	1; 2	1817	Strohmeyer
Cálcio	Ca	m	20	40,078	2	1808	Davy
Califórnio	Cf	m	98	251	2; 3; 4	1950	Seaborg e outros
Carbono	C	n	6	12,011	2; 4	pré-história	
Cério	Ce	m	58	140,116	3; 4	1803	Berzelius e outros
Césio	Cs	m	55	132,9054	1	1860	Bunsen, Kirchhoff
Chumbo	Pb	m	82	207,2	2; 4	pré-história	
Cloro	Cl	g	17	35,4527	1; 3; 4; 5; 6; 7	1774	Scheele
Cobalto	Co	m	27	58,9332	1; 2; 3; 4; 5	1735	Brandt
Cobre	Cu	m	29	63,546	1; 2; 3	pré-história	
Criptônio	Kr	g	36	83,80	0; 2	1898	Ramsay
Cromo	Cr	m	24	51,9961	1; 2; 3; 4; 5; 6	1780	Vauquelin
Cúrio[2]	Cm	m	96	247	2; 3; 4	1944	Seaborg e outros
Disprósio	Dy	m	66	162,50	2; 3; 4	1886	Lecoq de Boisbaudran
Dúbnio[2]	Db	m[3]	105	262	5 (?)	1967/70	discutido (Flerov ou Ghiorso)
Einstênio	Es	m	99	252	3	1952	Ghiorso e outros
Enxofre	S	n	16	32,066	1; 2; 3; 4; 5; 6	pré-história	
Érbio	Er	m	68	167,26	3	1842	Mosander
Escândio	Sc	m	21	44,9559	3	1879	Nilson
Estanho	Sn	m	50	118,710	2; 4	pré-história	
Estrôncio	Sr	m	38	87,62	2	1790	Crawford
Európio	Eu	m	63	151,964	2; 3	1901	Demarcay
Férmio[2]	Fm	m[3]	100	257	3	1952	Ghiorso e outros
Ferro	Fe	m	26	55,845	2; 3; 6;	pré-história	
Flúor	F	g	9	18,998	1	1887	Moissan
Fósforo	P	n	15	30,9738	3; 5	1669	Brandt
Frâncio	Fr	m	87	223	1	1939	Perey
Gadolínio	Gd	m	64	157,25	2; 3	1880	de Marignac
Gálio	Ga	m	31	69,723	1; 2; 3	1875	Lecoq de Boisbaudran
Germânio	Ge	m	32	72,61	2; 4	1886	Winkler

[1] m Metais, n Não metais, g Gases; [2] Produzidos artificialmente, não ocorrem na natureza;
[3] Desconhecido. Provavelmente os elementos 100...112 são metais; [4] Desconhecido;

Elementos químicos

Elemento	Símbolo	Tipo[1]	Número atômico	Peso atômico	Valência	Ano da descoberta	Descobridor(es)
Háfnio	Hf	m	72	178,49	4	1923	Hevesey, Coster
Hassium[2]	Hs	m[3]	108	265	-[4]	1984	Ambruster, Münzenberg e outros
Hélio	He	g	2	4,003	0	1895	Ramsay, Cleve, Langlet
Hidrogênio	H	g	1	1,0079	1	1766	Cavendish
Hólmio	Ho	m	67	164,9303	3	1878	Cleve, Delafontaine, Soret
Iodo	I	N	53	126,9045	1; 3; 5; 7	1811	Courtois
Índio	In	m	49	114,818	1; 2; 3	1863	Reich, Richter
Irídio	Ir	m	77	192,217	3; 4	1803	Tennant
Itérbio	Yb	m	70	173,04	2; 3	1878	de Marignac
Ítrio	Y	m	39	88,9059	3	1794	Gadolin
Lantânio	La	m	57	138,9055	3	1839	Mosander
Laurêncio[2]	Lr	m[3]	103	262	3	1961	Ghiorso e outros
Lítio	Li	m	3	6,941	1	1817	Arfvedson
Lutécio	Lu	m	71	174,967	3	1907	Urbain, James
Magnésio	Mg	m	12	24,3050	2	1755	Black
Manganês	Mn	m	25	54,9380	2; 3; 4; 6; 7	1774	Grahn
Meitnério	Mt	m[3]	109	266	-[4]	1982	Armbruster
Mendelévio[2]	Md	m[3]	101	258	2; 3	1955	Seaborg, Ghiorso e outros
Mercúrio	Hg	m	80	200,59	1; 2	pré-história	
Molibdênio	Mo	m	42	95,94	2; 3; 4; 5; 6	1781	Hjelm
Neodímio	Nd	m	60	144,24	2; 3; 4	1885	Auer Von Welsbach
Neônio	Ne	g	10	20,1797	0	1898	Ramsey, Travers
Netúnio[2]	Np	m	93	237	3; 4; 5; 6	1940	McMillan, Abelson
Nióbio	Nb	m	41	92,9064	3; 4; 5	1801	Hatchett
Níquel	Ni	m	28	58,6934	2; 3	1751	Cronstedt
Nitrogênio	N	m	7	14,0067	2; 3; 4; 5	1772	Rutherford
Nobélio[2]	No	m[3]	102	259	2; 3	1958	Ghiorso, Seaborg
Ósmio	Os	m	76	190,23	2; 3; 4; 5; 7; 8	1803	Tennant
Ouro	Au	m	79	196,9665	1; 3; 5; 7	pré-história	
Oxigênio	O	g	8	15,9994	1; 2	1774	Priestley, Scheele
Paládio	Pd	m	46	106,42	2; 4	1803	Wollaston
Platina	Pt	m	78	195,078	2; 4; 5; 6	pré-história	(Maias)
Plutônio[2]	Pu	m	94	244	3; 4; 5; 6	1940	Seaborg e outros
Polônio	Po	m	84	209	2; 4; 6	1898	M. Curie
Potássio	K	m	19	39,0983	1	1807	Davy
Praseodímio	Pr	m	59	140,9076	3; 4	1885	Auer von Welsbach
Prata	Ag	m	47	107,8682	1; 2	pré-história	
Promécio	Pm	m	61	145	3	1945	Marinsky e outros
Protactínio	Pa	m	91	231,0359	4; 5	1917	Hahn, Meitner, Fajans
Rádio	Ra	m	88	226	2	1898	P. e M. Curie
Radônio	RN	g	86	222	0; 2	1900	Dorn
Rênio	Re	m	75	186,207	1; 2; 3; 4; 5; 6; 7	1925	Noddack
Ródio	Rh	m	45	102,9055	1; 2; 3; 4; 5; 6	1803	Wollaston
Rubídio	Rb	m	37	85,4678	1	1861	Bunsen, Kirchhoff
Rutênio	Ru	m	44	101,07	1; 2; 3; 4; 5; 6; 7; 8	1808	Klaus
Rutherfórdio	Rf	m[3]	104	261	4 (?)	1964/69	discutido (Flerov ou Ghiorso)

[1]) m Metais, n Não metais, g Gases; [2]) Produzidos artificialmente, não ocorrem na natureza;
[3]) Desconhecido. Provavelmente os elementos 100...112 são metais; [4]) Desconhecido;

Elemento	Símbolo	Tipo[1]	Número atômico	Peso atômico	Valência	Ano da descoberta	Descobridor(es)
Samário	Sm	m	62	150,36	2; 3	1879	Lecoq de Boisbaudran
Seaborgium[2]	Sg	m[3]	106	263	-[4]	1974	Ghiorso e outros
Selênio	Se	n	34	78,96	2; 4; 6	1817	Berzelius
Silício	Si	n	14	28,0855	2; 4	1824	Berzelius
Sódio	Na	m	11	22,9898	1	1807	Davy
Tálio	Tl	m	81	204,3833	1; 3	1861	Crookes
Tantálio	Ta	m	73	180,9479	1; 3; 4; 5	1802	Eckeberg
Tecnécio	Tc	m	43	98	4; 5; 6; 7	1937	Perrier, Segré
Telúrio	Te	m	52	127,60	2; 4; 6	1783	Müller
Térbio	Tb	m	65	158,9253	3; 4	1843	Mosander
Titânio	Ti	m	22	47,87	2; 3; 4	1791	Gregor
Tório	Th	m	90	232,0381	2; 3; 4	1829	Berzelius
Túlio	Tm	m	69	168,9342	2; 3	1879	Cleve
Tungstênio	W	m	74	183,84	2; 3; 4; 5; 6	1783	Elhuijar
Unúmbio [2] [5]	Uub	m[3]	112	277	-[4]	1996	Armbruster, Hofmann
Unumílio [2] [5]	Uun	m[3]	110	270	-[4]	1994	Armbruster, Hofmann
Ununúmio [2] [5]	Uuu	m[3]	111	272	-[4]	1994	Armbruster, Hofmann
Urânio	U	m	92	238,0289	3; 4; 5; 6	1789	Klaproth
Vanádio	V	m	23	50,9415	2; 3; 4; 5	1801	del Rio
Xenônio	Xe	g	54	131,29	0; 2; 4; 6; 8	1898	Ramsay, Travers
Zinco	Zn	m	30	65,39	2	pré-história	
Zircônio	Zr	m	40	91,224	3; 4	1789	Klaproth

[1]) m Metais, n Não metais, g Gases;
[2]) Produzidos artificialmente, não ocorrem na natureza;
[3]) Desconhecido. Provavelmente os elementos 100...112 são metais;
[4]) Desconhecido;
[5]) Designação provisória da IUPAC.

Tabela periódica dos elementos

Ia																	VIIIa
1 **H** 1,008	IIa											IIIa	IVa	Va	VIa	VIIa	2 **He** 4,003
3 **Li** 6,941	4 **Be** 9,012											5 **B** 10,811	6 **C** 12,011	7 **N** 14,007	8 **O** 15,999	9 **F** 18,998	10 **Ne** 20,180
11 **Na** 22,990	12 **Mg** 24,305	IIIb	IVb	Vb	VIb	VIIb	────	VIIIb	────	Ib	IIb	13 **Al** 26,982	14 **Si** 28,086	15 **P** 30,974	16 **S** 32,066	17 **Cl** 35,453	18 **Ar** 39,948
19 **K** 39,098	20 **Ca** 40,078	21 **Sc** 44,956	22 **Ti** 47,87	23 **V** 50,942	24 **Cr** 51,996	25 **Mn** 54,938	26 **Fe** 55,845	27 **Co** 58,933	28 **Ni** 58,693	29 **Cu** 63,546	30 **Zn** 65,39	31 **Ga** 69,723	32 **Ge** 72,61	33 **As** 74,922	34 **Se** 78,96	35 **Br** 79,904	36 **Kr** 83,80
37 **Rb** 85,468	38 **Sr** 87,62	39 **Y** 88,906	40 **Zr** 91,224	41 **Nb** 92,906	42 **Mo** 95,94	43 **Tc** (98)	44 **Ru** 101,07	45 **Rh** 102,906	46 **Pd** 106,42	47 **Ag** 107,868	48 **Cd** 112,411	49 **In** 114,818	50 **Sn** 118,710	51 **Sb** 121,760	52 **Te** 127,60	53 **I** 126,904	54 **Xe** 131,29
55 **Cs** 132,905	56 **Ba** 137,327	57 **La*** 138,906	72 **Hf** 178,49	73 **Ta** 180,948	74 **W** 183,84	75 **Re** 186,207	76 **Os** 190,23	77 **Ir** 192,217	78 **Pt** 195,078	79 **Au** 196,967	80 **Hg** 200,59	81 **Tl** 204,383	82 **Pb** 207,2	83 **Bi** 208,980	84 **Po** (209)	85 **At** (210)	86 **Rn** (222)
87 **Fr** (223)	88 **Ra** (226)	89 **Ac**** (227)	104 **Rf** (261)	105 **Db** (262)	106 **Sg** (263)	107 **Bh** (262)	108 **Hs** (265)	109 **Mt** (269)	110 **Uun** (269)	111 **Uuu** (272)	112 **Uub** (277)						

*	58 **Ce** 140,116	59 **Pr** 140,908	60 **Nd** 144,24	61 **Pm** (145)	62 **Sm** 150,36	63 **Eu** 151,964	64 **Gd** 157,25	65 **Tb** 158,925	66 **Dy** 162,50	67 **Ho** 164,930	68 **Er** 167,26	69 **Tm** 168,934	70 **Yb** 173,04	71 **Lu** 174,967
**	90 **Th** 232,038	91 **Pa** 231,036	92 **U** 238,029	93 **Np** (244)	94 **Pu** (244)	95 **Am** (243)	96 **Cm** (247)	97 **Bk** (247)	98 **Cf** (251)	99 **Es** (252)	100 **Fm** (257)	101 **Md** (258)	102 **No** (259)	103 **Lr** (262)

Todos os elementos estão ordenados segundo seu número atômico crescente (número de prótons). As linhas horizontais são chamadas de períodos. As colunas verticais chamam-se grupos. A massa atômica relativa é indicada abaixo dos símbolos dos elementos. Os números entre parênteses são os números de massa (números de núcleons) dos isótopos mais estáveis dos elementos radiativos produzidos artificialmente.

Substâncias

Terminologia das substâncias

Estado de agregação
De acordo com o grau de ordenação das partículas elementares (átomos, moléculas, íons) dos materiais, distingue-se entre três estados clássicos de agregação, ou seja, estados básicos dos materiais: sólido, líquido, gasoso. A isso adiciona-se o plasma (gás ionizado com alta condutibilidade elétrica), muitas vezes denominado o quarto estado de agregação.

Solução
Solução é uma mistura homogênea de diferentes materiais com distribuição atômica ou molecular dos componentes.

Composição
Composição é uma união de elementos químicos em determinadas proporções de massa. Compostos com características metálicas são chamados compostos intermetálicos.

Dispersão
Dispersão ou sistema disperso é composto por pelo menos duas substâncias. Um material, chamado a fase dispersa, está finamente distribuído no outro material, chamado o meio de dispersão.

Suspensão
Suspensão é um sistema disperso, no qual partículas sólidas estão distribuídas em um líquido. Exemplo: Grafite em óleo, argila em água.

Emulsão
Emulsão é um sistema disperso, no qual pequenas gotas de líquido estão distribuídas num segundo líquido. por exemplo: óleo para furar, gordura do leite no leite.

Colóide
Colóide é um sistema disperso, no qual as partículas da fase dispersa têm dimensões lineares de aprox. 10^{-9} até 10^{-6} m. Exemplos: fumaça, látex, vidro de rubi dourado.

Parâmetros das substâncias

Densidade
Densidade é a relação entre a massa e o volume de uma determinada quantidade de substância.
Para denominações especiais vide DIN 1306, edição 1984.

Resistência à ruptura radial
Resistência à ruptura radial é uma característica de resistência que é especificada particularmente para materiais sinterizados para mancais de deslizamento. É determinada no ensaio de pressão quando um cilindro oco é comprimido.
Para mais detalhes vide "Condições técnicas para fornecimento de peças sinterizadas (Sint 03)", edição agosto 1981.

Limite elástico a 0,2%
O limite elástico a 0,2% é a tração que provoca em um corpo sólido um alongamento permanente (plástico) de 0,2%. Ele é determinado na curva σ-ε de um teste de tração com aumento de tensão-velocidade definidas.
Ao solicitar uma amostra ciclicamente a tração e compressão com amplitude crescente, obtém-se a curva σ-ε cíclica e desta o limite elástico a 0,2%. Em comparação com o limite elástico uniforme a 0,2%, esse valor é uma medida da eventual diminuição ou elevação da resistência com sobrecarga cíclica.
A relação do limite elástico é a relação entre o limite cíclico e uniforme de 0,2%. $\gamma > 1$ significa aumento de resistência cíclica, $\gamma < 1$ diminuição da resistência cíclica.

Tenacidade à fratura
Tenacidade à fratura ou fator K_{Ic} é uma característica dos materiais com respeito à mecânica da fratura. O fator K_{Ic} é a intensidade da tensão no extremo de uma trinca que provoca sua propagação e, com isso, a ruptura da peça. Conhecendo-se o fator K_{Ic} de um material, pode se calcular a carga de ruptura crítica a partir do comprimento dado da trinca, ou o comprimento da trinca a partir da carga exterior.

Capacidade calorífica específica
Capacidade calorífica específica (calor específico) é a quantidade de calor em J, que é necessária para aquecer 1 kg de uma substância por 1 K. Ela é dependente da temperatura.

No caso dos gases deve-se distinguir entre calor específico com pressão constante e com volume constante (símbolos: c_p ou c_v). No caso de substâncias sólidas ou líquidas, essa diferença normalmente é desprezível.

Calor específico de fusão
Calor específico de fusão é a quantidade de calor em J, necessária para passar 1 kg de substância na temperatura de fusão do estado sólido para o líquido.

Calor específico de evaporação
Calor específico de evaporação é a quantidade de calor em J, necessária para evaporar 1 kg de um líquido à sua temperatura de ebulição. Ele depende muito da pressão.

Condutibilidade térmica
Condutibilidade térmica é a quantidade de calor em J, que flui em 1 s através de uma amostra do material com 1 m^2 de superfície e espessura de 1 m, quando a diferença de temperatura entre as duas superfícies frontais é de 1 K.

No caso de líquidos e gases a condutibilidade térmica é muitas vezes fortemente dependente da temperatura; em substâncias sólidas, em geral muito pouco.

Coeficiente de dilatação térmica
O coeficiente de dilatação linear indica a variação relativa no comprimento de uma substância causada por uma mudança de temperatura de 1 K. Para uma variação de temperatura ΔT, a variação do comprimento é definida por $\Delta l = l \cdot \alpha \cdot \Delta T$. Os coeficientes de dilatação cúbica ou volumétrica são definidos da mesma maneira. Para os gases o coeficiente de dilatação cúbica é de aprox. 1/273; no caso de sólidos é aproximadamente três vezes maior que o coeficiente de dilatação linear.

Permeabilidade
A permeabilidade μ ou a permeabilidade relativa μ_r descrevem a dependência da indução magnética em função do campo aplicado:

$$B = \mu_r \cdot \mu_0 \cdot H$$

Dependendo de onde o material magnético é usado definem-se 15 diferentes permeabilidades. Estas são definidas de acordo com a faixa de modulação e da solicitação (solicitação de campo contínuo ou alternado). Exemplos:

Permeabilidade inicial μ_a
Inclinação da curva nova para $H \rightarrow 0$. Normalmente não é dado esse valor-limite, mas sim a inclinação para uma determinada intensidade de campo (em mA/cm). Anotação: μ_4 é a inclinação para a curva nova para $H = 4$mA/cm.

Permeabilidade máxima μ_{max}
Inclinação máxima da curva nova.

Permeabilidade permanente μ_p ou μ_{rec}
Inclinação média de uma espira magnetizada em desmagnetização, cujo ponto mais baixo normalmente fica na curva de desmagnetização.

$$\mu_p = \Delta B/(\Delta H \cdot \mu_0)$$

Coeficiente de temperatura da polarização magnética $TK(J_s)$
Ele indica a variação relativa da polarização de saturação com a temperatura em % por Kelvin.

Coeficiente de temperatura da intensidade de campo coercitivo $TK(H_c)$
Ele indica a variação relativa da intensidade de campo coercitivo com a temperatura em % por Kelvin.

Ponto de Curie (temperatura Curie) T_c
Ele indica em qual temperatura a magnetização de materiais ferrosos e não-ferrosos se torna nula e estes passam a se comportar como paramagnéticos (ocasionalmente também se define de outra maneira, vide características de ferritas moles, na pág. 265).

Propriedades dos sólidos[9]

Material		Densidade g/cm³	Temperatura de fusão [1] °C	Temperatura de ebulição [1] °C	Condutibilidade térmica [2] W/(m·k)	Calor específico médio [3] kJ/(kg·K)	Entalpia de fusão ΔH [4] kJ/kg	Coeficiente de dilatação linear [3] x10⁻⁶/K
Acetato de celulose		1,3	-	-	0,26	1,47	-	100...160
Aço cromo		-	-	-	-	-	-	11
Aço inoxidável (18Cr, 8Ni)		7,9	1450	-	1,4	0,51	-	16
Aço não ligado e pouco ligado		7,9	1460	2500	48...58	0,49	205	11,5
Aço níquel 36% Ni (invar)		-	-	-	-	-	-	1,5
Aço para ímãs AlNiCo12/6		-	-	-	-	-	-	11,5
Aço rápido		-	-	-	-	-	-	11,5
Aço sinterizado		-	-	-	-	-	-	11,5
Aço, aço de tungstênio (18W)		8,7	1450	-	26	0,42	-	-
Aço, chapa p/fins elétricos		-	-	-	-	-	-	12
Algodão		0,01	-	-	0,04	-	-	-
Alpaca CuNi12Zn24		8,7	1020	-	48	0,4	-	18
Alumínio	Al	2,7	660	2467	237	0,9	395	23
Âmbar		1,0...1,1	≈ 300	decompõe	-	-	-	-
Amianto		2,1...2,8	≈ 1300	-	-	0,81	-	-
Antimônio	Sb	6,69	630,8	1635	24,3	0,21	172	8,5
Areia, quartzo secos		1,5...1,7	≈ 1500	2230	0,58	0,8	-	-
Arenito		2...2,5	≈ 1500	-	2,3	0,71	-	-
Argamassa de cal		1,6...1,8	-	-	0,87	-	-	-
Argamassa de cimento		1,6...1,8	-	-	1,4	-	-	-
Argila seca		1,5...1,8	≈ 1600	-	0,9...1,3	0,88	-	-
Arsênio	As	5,73	-	613 [5]	50	0,34	370	4,7
Asfalto		1,1...1,4	80...100	≈ 300	0,70	0,92	-	-
Bário	Ba	3,5	729	1637	18,4	0,28	55,8	18,1...21,0
Basalto		2,6...3,3	-	-	1,67	0,86	-	-
Berílio	Be	1,85	1278	2970	200	1,88	1087	11,5
Betume		1,05	≈ 90	-	0,17	1,78	-	-
Bismuto	Bi	9,75	271	1551	8,1	0,13	59	12,1
Bórax		1,72	740	-	-	1,00	-	-
Boro	B	2,34	2027	3802	27	1,3	2053	5
Borracha bruta		0,92	125	-	0,15	-	-	-
Borracha dura		1,2...1,5	-	-	0,16	1,42	-	50...90 [6]
Borracha mole		1,08	-	-	0,14...0,24	-	-	-
Breu		1,25	-	-	0,13	-	-	-
Bronze CuSn 6		8,8	910	2300	64	0,37	-	17,5
Bronze vermelho CuSn5ZnPb		8,8	950	2300	38	0,67	-	-
Cádmio	Cd	8,65	321,1	765	96,8	0,23	54,4	29,8
Cálcio	Ca	1,54	839	1492	200	0,62	233	22
Carborundo sinterizado		-	-	-	-	-	6,5 [9]	-
Carbureto de silício		2,4	Decompõe acima de 3000°C		9 [8]	1,05 [8]	-	4,0
Carvão de pedra		1,35	-	-	0,24	1,02	-	-
Carvão vegetal		0,3...0,5	-	-	0,084	1	-	-
Cera		0,96	60	-	0,084	3,4	-	-
Chumbo	Pb	11,3	327,5	1749	35,5	0,13	24,7	29,1

[1] A 1,013 bar. [2] A 20°C. ΔH dos elementos químicos a 27°C (300 K). [3] Entre 0...100°C, vide também pág. 233.
[4] À temperatura de fusão e 1,013 bar. [5] Sublimado. [6] Entre 20...50°C. [7] Entre 20...1.000°C. [8] A 1.000°C.
[9] Materiais, vide pág. 250...285.

Substâncias

Material		Densidade	Temperatura de fusão [1]	Temperatura de ebulição [1]	Condutibilidade térmica [2]	Calor específico médio [3]	Entalpia de fusão ΔH [4]	Coeficiente de dilatação linear [3]
		g/cm³	°C	°C	W/(m-k)	kJ/(kg·K)	kJ/kg	x10^{-6}/K
Cimento endurecido		2...2,2	-	-	0,9...1,2	1,13	-	-
Cloreto de bário		3,86	963	1566	-	0,38	108	-
Cloreto de cálcio		2,15	782	> 1600	-	0,69	-	-
Cloreto de polivinila		1,4	-	-	0,16	-	-	70...150
Cobalto	Co	8,9	1495	2956	69,1	0,44	268	12,4
Cobre	Cu	8,96	1084,9	2582	401	0,38	205	-
Colofônio		1,08	100...130	decompõe	-	0,32	1,21	-
Concreto		1,8...2,2	-	-	≈ 1,0	0,88	-	-
Coque		1,6...1,9	-	-	0,18	0,83	-	-
Cortiça		0,1...0,3	-	-	0,04...0,06	1,7...2,1	-	-
Couro seco		0,86...1	-	-	0,14...0,16	≈ 1,5	-	-
Cromo	Cr	7,19	1875	2482	93,7	0,45	294	6,2
Depósito calcário nas caldeiras		≈ 2,5	≈ 1200	-	0,12...2,3	0,8	-	-
Diamante	C	3,5	3820	-	-	0,52	-	1,1
Enxofre (α)	S	2,07	112,8	444,67	0,27	0,73	38	74
Enxofre (β)	S	1,96	119	-	-	-	-	-
Escória de alto forno		2,5...3	1300...1400	-	0,14	0,84	-	-
Espuma de borracha		0,06...0,25	-	-	0,04...0,06	-	-	-
Espuma rígida, expandida com ar [5]		0,015...0,06	-	-	0,036...0,06	-	-	-
Espuma rígida, expandida com Freon		0,015...0,06	-	-	0,02...0,03	-	-	-
Estanho (branco)	Sn	7,28	231,97	2270	65,7	0,23	61	21,2
Esteatita (pedra-sabão)		2,6...2,7	≈ 1520	-	1,6 [6]	0,83	-	8...9 [7]
Ferro fundido cinzento		7,25	1200	2500	58	0,5	125	10,5
Ferro puro	Fe	7,87	1535	2887	80,2	0,45	267	12,3
Fibra vulcanizada		1,28	-	-	0,21	1,26	-	-
Fósforo (branco)	P	1,82	44,1	280,4	-	0,79	20	-
Fuligem		1,7...1,8	-	-	0,007	0,84	-	-
Gelo (0°C)		0,92	0	100	2,33 [8]	2,09 [8]	333	51 [9]
Germânio	Ge	5,32	937	2830	59,9	0,31	478	5,6
Gesso		2,3	1200	-	0,45	1,09	-	-
Giz		1,8...2,6	decompõe em CaO e CO_2		0,92	0,84	-	-
Granito		2,7	-	-	3,49	0,83	-	-
Granito puro	C	2,24	≈ 3800	≈ 4200	168	0,71	-	2,7
Índio	In	7,29	156,6	2006	81,6	0,24	28,4	33
Iodo	I	4,95	113,5	184	0,45	0,22	120,3	-
Irídio	Ir	22,55	2447	4547	147	0,13	137	6,4
Latão CuZn37		8,4	900	1110	113	0,38	167	18,5
Liga condutora de calor NiCr 8020		8,3	1400	2350	14,6	0,50 [10]	-	-
Liga resistiva CuNi 44		8,9	1280	≈ 2400	22,6	0,41	-	15,2

[1] A 1,013 bar. [2] A 20°C. ΔH dos elementos químicos a 27°C (300 K). [3] Entre 0...100°C.
[4] À temperatura de fusão e 1,013 bar. [5] Espuma rígida de resina fenólica, poliestireno, polietileno, etc.
[6] Entre 100...200 °C. [7] Entre 20...1000°C. [8] Entre –20...0°C. [9] Entre –20...–1°C. [10] Entre 0...1000°C.

Ciência dos materiais

Material		Densidade g/cm³	Temperatura de fusão [1] °C	Temperatura de ebulição [1] °C	Condutibilidade térmica [2] W/(m·k)	Calor específico médio [3] kJ/(kg·K)	Entalpia de fusão [4] ΔH kJ/kg	Coeficiente de dilatação linear [3] x10^{-6}/K
Ligas de alumínio		2,60...2,85	480...655	-	70...240	-	-	21...24
Ligas de magnésio		≈ 1,8	≈ 630	1500	46...139	-	-	24,5
Linóleo		1,2	-	-	0,19	-	-	-
Lítio	Li	0,534	180,5	1317	84,7	3,3	663	56
Madeira [5]								
Álamo		0,50			0,12			
Balsa		0,20	-	-	0,06		-	Sentido
Bordo		0,62	-	-	0,16		-	das fibras
Carvalho		0,69	-	-	0,17		-	3...4,
Faia		0,72	-	-	0,17	2,1...2,9	-	transversal
Freixo		0,72	-	-	0,16		-	às fibras
Nogueira		0,65	-	-	0,15		-	22...43
Pinheiro		0,45	-	-	0,14		-	
Pinho		0,52	-	-	0,14		-	
Vidoeiro		0,63	-	-	0,14		-	
Magnésio	Mg	1,74	648,8	1100	156	1,02	372	26,1
Manganês	Mn	7,47	1244	2100	7,82	0,48	326	22
Manta asfáltica		1,1	-	-	0,19	-	-	-
Mármore	CaCO₃	2,6...2,8	decompõe em CaO e CO₂		2,8	0,84	-	-
Metal duro K20		14,8	> 2000	≈ 4000	81,4	0,8	-	5...7
Metal Monel		8,8	1240...1330	-	19,7	0,43	-	-
Mica		2,6...2,9	decompõe a 700 °C		0,35	0,87	-	3
Molibdênio	Mo	10,22	2623	5560	138	0,28	288	5,4
Muros de tijolos		> 1,9	-	-	1	0,9	-	-
Nióbio	Nb	8,58	2477	4540	53,7	0,26	293	7,1
Níquel	Ni	8,9	1455	2782	90,7	0,46	300	13,3
Ósmio	Os	22,57	3045	5027	87,6	0,13	154	4,3...6,8
Ouro	Au	19,32	1064	2967	317	0,13	64,5	14,2
Óxido de chumbo	PbO	9,3	880	1480	-	0,22	-	-
Óxido de cromo	Cr₂O₃	5,21	2435	4000	0,42 [6]	0,75	-	-
Paládio	Pd	12	1554	2927	71,8	0,24	162	11,2
Papel		0,7...1,2	-	-	0,14	1,34	-	-
Parafina		0,9	52	300	0,26	3,27	-	-
Placas para construção de lã de madeira		0,36...0,57	-	-	0,093	-	-	9
Platina	Pt	21,45	1769	3827	71,6	0,13	101	9
Plutônio	Pu	19,8	640	3454	6,7	0,14	11	55
Poliamida		1,1	-	-	0,31	-	-	70...150
Policarbonato		1,2	-	-	0,20	1,17	-	60...70
Poliestireno		1,05	-	-	0,17	1,3	-	70
Polietileno		0,94	-	-	0,41	2,1	-	200
Porcelana		2,3...2,5	≈ 1600	-	1,6 [7]	1,2 [7]	-	4...5
Potássio	K	0,86	63,65	754	102,4	0,74	61,4	83
Prata	Ag	10,5	961,9	2195	429	0,24	104,7	19,2

[1] A 1,013 bar. [2] A 20°C. ΔH dos elementos químicos a 27°C (300 K). [3] Entre 0...100°C.
[4] À temperatura de fusão e 1,013 bar. [5] Valores médios para madeira secada a ar (umidade aproximada 12%). Condutibilidade térmica radial; axial aproximadamente o dobro. [6] Em forma de pó. [7] Entre 0...100°C.

Substâncias

Material		Densidade g/cm³	Temperatura de fusão [1]) °C	Temperatura de ebulição [1]) °C	Condutibilidade térmica [2]) W/(m-k)	Calor específico médio [3]) kJ/(kg·K)	Entalpia de fusão ΔH [4]) kJ/kg	Coeficiente de dilatação linear [3]) x10⁻⁶/K
Quartzo		2,1...2,5	1480	2230	9,9	0,8	-	8 [5])/16.6 [6])
Rádio	Ra	5	700	1630	18,6	0,12	32	20,2
Rênio	Re	21,02	3160	5762	150	0,14	178	8,4
Rubídio	Rb	1,53	38,9	688	58	0,33	26	90
Sal de cozinha		2,15	802	1440	-	0,92	-	-
Sebo		0,9...0,97	40.50	≈ 350	-	0,87	-	-
Selênio	Se	4,8	217	684,9	2	0,34	64,6	37
Silício	Si	2,33	1410	2480	148	0,68	1410	4,2
Silimanita		2,4	1820	-	1,51	1	-	-
Sódio	Na	0,97	97,81	883	141	1,24	115	70,6
Tântalo	Ta	16,65	2996	5487	57,5	0,14	174	6,6
Tela e papel endurecido		1,3...1,4	-	-	0,23	1,47	-	10...25 [7])
Telúrio	Te	6,24	449,5	989,8	2,3	0,2	106	16,7
Termoestáveis								
Resina fenólica ou material de enchimento		1,3	-	-	0,20	1,47	-	80
Resina fenólina com fibra de amianto		1,8	-	-	0,70	1,25	-	15...30
Resina fenólica com serragem		1,4	-	-	0,35	1,47	-	30...50
Resina fenólica c/tela		1,4	-	-	0,35	1,47	-	15...30
Resina de melanina com fibra de celulose		1,5	-	-	0,35	-	-	≈ 60
Tijolo refratário		1,7...2,4	≈ 2000	-	1,4	0,8	-	-
Titânio	Ti	4,51	1660	3313	21,9	0,52	437	8,3
Tombac CuZn 20		8,65	1000	≈ 1300	159	0,38	-	-
Tório	Th	11,72	1750	4227	54	0,14	< 83	12,5
Tungstênio	W	19,25	3422	5727	174	0,13	191	4,6
Turfa secada a ar		0,19	-	-	0,081			
Urânio	U	18,95	1132,3	3677	27,6	0,12	65	12,6
Vanádio	V	6,11	1890	3000	30,7	0,5	345	8,3
Vidro (janela)		2,4...2,7	≈ 700	-	0,81	0,83	-	≈ 8
Vidro (quartzo)		-	-	-	-	-	-	0,5
Zarcão	Pb₃O₄	8,6...9,1	Forma PbO	0,7	0,092	-	-	-
Zinco	Zn	7,14	419,58	907	116	0,38	102	25
Zircônio	Zr	6,51	1852	4377	22,7	0,28	252	5,8

[1]) A 1,013 bar. [2]) A 20°C. ΔH dos elementos químicos a 27°C (300 K).
[3]) Entre 0...100°C.
[4]) À temperatura de fusão e 1,013 bar.
[5]) Paralelo ao eixo do cristal.
[6]) Perpendicular ao eixo do cristal.
[7]) Entre 20...50°C.

Propriedades dos líquidos

Substância		Densidade [2] g/cm³	Temperatura de fusão [1] °C	Temperatura de ebulição [1] °C	Condutibilidade térmica [2] W/(m·K)	Calor específico [2] kJ/(kg·K)	Entalpia de fusão $\Delta f^{[3]}$ kJ/kg	Entalpia de evaporação [4] kJ/kg	Coeficiente de dilatação volumétrica [4] x10⁻³/K
Acetona	(CH₃)₂CO	0,79	-95	56	0,16	2,21	98,0	523	-
Ácido clorídrico 10%	HCl	1,05	-14	102	0,5	3,14	-	-	-
Ácido nítrico, concentrado	HNO₃	1,51	-41	84	0,26	1,72	-	-	-
Ácido sulfúrico, concentrado	H₂SO₄	1,83	+10,5 [5]	338	0,47	1,42	-	-	-
Água		1,00 [6]	±0	100	0,60	4,18	332	2256	0,55
Aguarrás		0,86	-10	160	0,11	1,80	-	293	0,18 [7]
Alcatrão de forno de coque		1,2	-15	300	0,19	1,56	-	-	1,0
Álcool 95% [8]		0,81	-114	78	0,17	2,43	-	-	-
Benzeno	C₆H₆		0,88	+5,5 [5]	80	0,15	1,7	127	394 1,25
Cloretileno	C₂H₅Cl	0,99 [10]	0,90	-136	12	0,11 [9]	1,54 [9]	69,0	437 -
Cloreto de metila	CH₃Cl		-92	-24	0,16	1,38	-	406	-
Diesel		0,81...0,85	-30	150...360	0,15	2,05	-	-	-
Etanol	C₂H₅OH	0,79	-117	78,5	0,17	2,43	109	904	1,1
Éter de petróleo		0,66	-160	>40	0,14	1,76	-	-	-
Éter etílico	C₂H₅)₂O	0,71	-116	34,5	0,13	2,28	98,1	377	1,6
Etileno glicol	C₂H₄(OH)₂	1,11	-12	198	0,25	2,40	-	-	-
Gasolina		0,72...0,75	-50...-30	25...210	0,13	2,02	-	-	1,0
Glicerina	C₃H₅(OH)₃	1,26	+20	290	0,29	2,37	200	828	0,5
Mercúrio [11]	Hg	13,55	-38,84	356,6	10	0,14	11,6	295	0,18
Metanol	CH₃OH	0,79	-98	65	0,20	2,51	99,2	1109	
Mistura anticongelante com água									
23% em volume		1,03	-12	101	0,53	3,94	-	-	-
38% em volume		1,04	-25	103	0,45	3,68	-	-	-
54% em volume		1,06	-46	105	0,40	3,43	-	-	-
m-Xileno	C₆H₄(CH₃)₂	0,86	-48	139	-	-	-	339	-

[1] A 1,013 bar. [2] A 20°C. [3] A temperatura de fusão e 1,013 bar. [4] À temperatura de ebulição e 1,013 bar. [5] Temperatura de solidificação 0°C. [6] A 4°C.
[7] Expansão do volume ao congelar: 9%. [8] Etanol desnaturalizado. [9] A 0 °C. [10] A -24°C. [11] Para conversão de Torr em Pa utilizar 13,5951 g/cm³ (a 0°C).

Substâncias

Substância	Densidade [2] g/cm³	Temperatura de fusão[1] °C	Temperatura de ebulição[1] °C	Condutibilidade térmica[2] W/(m·K)	Calor específico[2] kJ/(kg·K)	Entalpia de fusão ΔH[3] kJ/kg	Entalpia de evaporação[4] kJ/kg	Coeficiente de dilatação volumétrica x10⁻³/K
Óleo combustível	≈ 0,83	-10	> 175	0,14	2,07	-	-	-
Óleo de colza	0,91	± 0	300	0,17	1,97	-	-	-
Óleo de linhaça	0,93	-15	316	0,17	1,88	-	-	-
Óleo de parafina	-	-	-	-	-	-	-	0,764
Óleo de silicone	0,76...0,98	-	-	0,13	1,09	-	-	-
Óleo de transformadores	0,88	-30	170	0,13	1,88	-	-	-
Óleo lubrificante	0,91	-20	> 300	0,13	2,09	-	-	-
Petróleo	0,76...0,86	-70	> 150	0,13	2,16	-	-	1,0
Solução de sal de cozinha 20%	1,15	-18	109	0,58	3,34	-	-	-
Tolueno C₇H₈	0,87	-93	111	0,14	1,67	74,4	364	-
Tricloroetileno C₂HCl₃	1,46	-85	87	0,12	0,93	-	265	1,19

Propriedades do vapor d'água

Pressão absoluta Bar	Temperatura de ebulição °C	Entalpia de evaporação kJ/kG	Pressão absoluta Bar	Temperatura de ebulição °C	Entalpia de evaporação kJ/kG
0,1233	50	2382	25,5	225	1837
0,3855	75	2321	39,78	250	1716
1,0133	100	2256	59,49	275	1573
2,3216	125	2187	85,92	300	1403
4,760	150	2113	120,5	325	1189
8,925	175	2031	165,4	350	892
15,55	200	1941	221,1	374,2	0

Propriedades dos gases

Substância		Densidade[1]) Kg/m³	Temperatura de fusão [2]) °C	Temperatura de ebulição [2]) °C	Condutibilidade térmica[3]) W/(m·K)	Calor específico kJ/(kg·K) c_p	c_v	c_p/c_v	Entalpia de evaporação [2]) kJ/kg
Acetileno	C_2H_2	1,17	−84	−81	cp 0,021	cv 1,64	1,33	1,23	751
Ácido clorídrico	HCl	1,64	−114	−85	0,014	0,81	0,57	1,42	−
Ácido sulfídrico	H_2S	1,54	−86	−61	0,013 [1])	0,96	0,72	1,34	535
Amoníaco	NH_3	0,77	−78	−33	0,024	2,06	1,56	1,32	1369
Ar		1,293	−220	−191	0,026	1,005	0,716	1,40	209
Argônio	Ar	1,78	−189	−186	0,018	0,52	0,31	1,67	163
Cianogênio (Dicianogênio)	$(CN)_2$	2,33	−34	−21	−	1,72	1,35	1,27	−
Cloreto de metila	CH_3Cl	2,13	−92	−24	−	0,74	0,57	1,29	446
Cloro	Cl_2	3,21	−101	−35	0,09	0,48	0,37	1,30	288
Criptônio	Kr	3,73	−157	−153	0,0095	0,25	0,15	1,67	108
Diclorodifluormetano (= Freon F 12)	CCl_2F_2	5,51	−140	−30	0,010	0,61	0,54	1,14	−
Dióxido de carbono	CO_2	1,98	−57 [4])	−78	0,016	0,82	0,63	1,30	368
Dióxido de enxofre	SO_2	2,93	−73	−10	0,010	0,64	0,46	1,40	402
Dissulfeto de carbono	CS_2	3,41	−112	+46	0,0073	0,67	0,56	1,19	−
Etano	C_2H_6	1,36	−183	−89	0,021	1,66	1,36	1,22	522
Etileno	C_2H_4	1,26	−169	−104	0,020	1,47	1,18	1,24	516
Flúor	F_2	1,7	−220	−188	0,025	0,82	0,61	1,35	172
Gás de alto-forno		1,28	−210	−170	0,024	1,05	0,75	1,40	−
Gás de cidade		0,56...0,61	−230	−210	0,064	2,14	1,59	1,35	−
Hélio	He	0,18	−270	−269	0,15	5,20	3,15	1,65	20
Hexafluoreto de enxofre	SF_6	6,16 [3])	−50,8	−63,9	0,011	0,66			117 [1])
Hidrogênio	H_2	0,09	−258	−253	0,181	14,39	10,10	1,42	228
i-Butano	C_4H_{10}	2,67	−145	−10,2	0,016	−	−	1,11	−
Metano	CH_4	0,72	−183	−164	0,033	2,19	1,68	1,30	557
Monóxido de carbono	CO	1,25	−199	−191	0,025	1,05	0,75	1,40	−
n-Butano	C_4H_{10}	2,70	−138	−0,5	0,016	1,67	1,51	1,10	−
Neônio	Ne	0,90	−249	−246	0,049	1,03	0,62	1,67	86
Nitrogênio	N_2	1,24	−210	−196	0,026	1,04	0,74	1,40	199
Oxigênio	O_2	1,43	−218	−183	0,0267	0,92	0,65	1,41	213
Ozônio	O_3	2,14	−251	−112	0,019	0,81	0,63	1,29	−
Propano	C_3H_8	2,00	−182	−42	0,018	1,70	1,50	1,13	−
Propileno	C_3H_6	1,91	−185	−47	0,017	1,47	1,28	1,15	468
Vapor d'água a 100°C [5])		0,60	± 0	+ 100	0,025	2,01	1,52	1,32	−
Vapor de etanol		2,04	−114	+78	0,015	−	−	1,13	−
Xenônio	Xe	5,89	−112	−108	0,0057	0,16	0,096	1,67	96

[1]) A 0°C e 1,013 bar.
[2]) A 1,013 bar.
[3]) A 20°C e 1,013 bar.
[4]) A 5,3 bar.
[5]) À saturação e 1,013 bar, vide também tabela "Propriedades dos líquidos".

Materiais

Grupos de materiais

Os materiais usados hoje em dia na técnica podem ser divididos em quatro grupos de materiais, que por sua vez se dividem em subgrupos:
- <u>Metais</u>: metais fundidos, metais sinterizados,
- <u>Materiais inorgânicos não metálicos</u>: cerâmica, vidros,
- <u>Materiais orgânicos não metálicos</u>: substâncias naturais, plásticos,
- <u>Materiais compostos</u>.

Os materiais magnéticos, como grupo importante de propriedades especiais, serão descritos à parte.

Metais

Os metais têm em geral uma estrutura cristalina. Os átomos estão ordenados de forma regular em uma rede cristalina. Os elétrons exteriores dos átomos não estão ligados aos mesmos, mas podem se movimentar livremente na rede metálica (ligação metálica).

A particularidade da estrutura explica as propriedades características dos metais: a grande condutibilidade elétrica que diminui com o aumento da temperatura; a boa condutibilidade térmica; a escassa propagação de luz; a elevada capacidade de reflexão óptica (brilho metálico); a maleabilidade e a conseqüente facilidade de deformação. Ligas são metais compostos de duas ou mais substâncias, das quais pelo menos uma é metal.

<u>Metais fundidos</u>
Esses não contêm vazios, apesar de pequenas falhas como poros e inclusões não metálicas. Peças são produzidas por fusão, ou seja diretamente (p. ex. ferro fundido cinzento, alumínio fundido sob pressão) ou por produtos forjados (mecanizados com ou sem cortes).

<u>Metais sinterizados</u>
Esses geralmente são formados por prensagem de pó ou injetando misturas de pó metálico e plástico. Após a eliminação dos agentes deslizantes e aglutinantes, os corpos moldados são sinterizados obtendo suas características. Sinterização é um tratamento térmico na faixa de 800 a 1.300°C. Adicionalmente à composição química, as propriedades dos corpos sinterizados e sua aplicação são largamente determinadas por seu grau de porosidade. De metais sinterizados podem obter-se formas complicadas, já prontas para montagem ou que precisam de um pequeno retrabalho, de forma econômica.

Materiais inorgânicos não-metálicos

Esses materiais são caracterizados por ligações iônicas (p. ex. cerâmica), ligações (heteropolar/homopolar) mistas (p. ex. vidro) ou ligações homopolares (p. ex. carbono). Por outro lado esses tipos de ligação são determinantes para algumas propriedades características: em geral má condutibilidade térmica e elétrica (a ultima aumenta com o aumento da temperatura), pouca reflexão de luz, fragilidade e por isso praticamente não podem ser formados a frio.

<u>Cerâmica</u>
Os materiais cerâmicos contêm no mínimo 30% de partes cristalinas e, na maioria dos casos, componentes amorfos e poros. De modo similar aos metais sinterizados, são moldados com pós não metálicos ou misturas de pós e obtêm as suas propriedades características, por sinterização a temperaturas em geral maiores que 1.000°C. Às vezes também são moldados sob alta temperatura ou por um processo de fusão com posterior cristalização.

<u>Vidros</u>
Vidros devem ser vistos como líquidos ultracongelados. Neles há apenas uma ordenação aproximada dos átomos. São designados como amorfos. O vidro fundido se solidifica na temperatura de transformação T_g (T_g é derivada da antiga designação "temperatura de formação do vidro"). T_g é dependente de diferentes parâmetros e por isso não determinada claramente (melhor: faixa de transformação).

Materiais orgânicos não metálicos
Esses materiais consistem principalmente de compostos de carbono e hidrogênio, onde muitas vezes se incorporam nitrogênio, oxigênio e outros elementos. Em geral esses materiais possuem baixa condutividade de calor e elétrica e são combustíveis.

Materiais naturais
Os materiais naturais mais conhecidos são madeira, couro, resina, borracha natural e fibras de lã, algodão, cânhamo e seda. Em sua maior parte os materiais naturais são empregados na forma processada ou refinada, ou como matéria-prima para plásticos.

Plásticos
Os plásticos têm como característica principal uma estrutura macromolecular. Diferenciamos entre termoplásticos, termoestáveis e elastômeros. A temperatura de transformação T_E dos termoplásticos e termoestáveis fica acima da temperatura de aplicação e a dos elastômeros abaixo. Por T_E (comparável com a temperatura de transformação T_g dos vidros) entende-se a temperatura, abaixo da qual o movimento intrínseco das moléculas cessa. A importância maior dos termoplásticos e termoestáveis é que eles podem ser moldados sem aparas.

Termoplásticos
Os termoplásticos perdem a sua estabilidade dimensional acima de T_E, por amolecimento. Suas propriedades resistentes dependem muito da temperatura. Essa dependência pode ser reduzida um pouco, misturando-se polímeros termoplásticos.

Termoestáveis
Os termoestáveis mantêm a sua estabilidade dimensional até temperaturas próximas à de processamento devido à sua rede bastante densa. As suas características mecânicas são menos dependentes da temperatura do que os termoplásticos. Por causa da sua fragilidade adicionam-se cargas de enchimentos às resinas termoestáveis.

Elastômeros
Os elastômeros são usados em muitas aplicações por causa da sua elasticidade, que apenas está presente acima de T_E. Para garantir a sua ligação molecular, os elastômeros são vulcanizados (reticulação grande).

Materiais compostos
Materiais compostos normalmente consistem de dois componentes física ou quimicamente diferentes, que devem ser solidamente unidos entre si em uma camada-limite. A sua ligação não deve ter efeitos negativos sobre os componentes ligados. Sob essas condições existe a possibilidade de combinar muitos materiais entre si. Os materiais compostos possuem combinações de características que nenhum dos componentes possui por si só. São divididos em:
Compostos de partículas: p. ex. resinas preenchidas com pó, metais duros, ímãs unidos com plásticos, cermet;
Materiais estratificados: p. ex. placas de compensado, telas prensadas;
Materiais com fibras: p. ex. plásticos reforçados com fibra de vidro, de carbono ou de algodão.

Materiais magnéticos
Materiais com propriedades ferromagnéticas ou ferrimagnéticas são chamados magnéticos. Pertencem ao grupo dos metais (metais fundidos ou sinterizados) ou dos materiais inorgânicos não metálicos. Materiais compostos também estão tendo um papel cada vez mais importante. São caracterizados pela capacidade de armazenar energia magnética (ímãs permanentes) ou pela boa condutibilidade para o fluxo magnético (ímãs moles). Ao lado dos ferromagnetos e ferrimagnetos existem materiais diamagnéticos, paramagnéticos e antiferromagnéticos. Eles se diferenciam entre si pela sua permeabilidade μ (p. 78) ou pela dependência da temperatura da sua susceptibilidade $\varkappa$.[1]

$$\mu_r = 1 + \varkappa$$

---

[1] Relação entre a magnetização de uma substância e a intensidade do campo magnético ou excitação.

Diamagnetos: susceptibilidade $\varkappa_{Dia}$ é independente da temperatura.
Exemplos: pág. 78.

Paramagnetos: susceptibilidade $\varkappa_{para}$ diminui com o aumento da temperatura. Lei de Curie: $\varkappa_{para} = C/T$
C constante de Curie, T temperatura em K
Exemplos: pág 78.

Ferromagnetos e ferrimagnetos: ambos exibem magnetização espontânea que desaparece no ponto de Curie (temperatura de Curie T_c) Acima da temperatura de Curie eles se comportam como paramagnéticos. Para a susceptibilidade $\varkappa$ vale a $T > T_c$ a lei de Curie: $\varkappa = C/(T - T_c)$

Ferromagnetos têm induções de saturação maiores que os ferrimagnetos porque todos os momentos magnéticos são alinhados em paralelo. Nos ferrimagnetos, ao contrário, os momentos das duas sub-redes são alinhados antiparalelamente. Como os momentos das duas sub-redes têm magnitudes diferentes, resulta mesmo assim uma magnetização efetiva.

Antiferromagnetos: Exemplos: MnO, MnS, $FeCl_2$, FeO, NiO, Cr, V_2O_3, V_2O_4.
Como nos ferrimagnetos os momentos vizinhos são antiparalelos. Como a sua magnitude é igual, a magnetização efetiva do material é nula.
Acima do ponto de Néel (temperatura de Néel T_N) eles se comportam paramagnéticamente. Para a susceptibilidade vale a $T > T_N$: $\varkappa = C/(T + \Theta)$
Θ temperatura de Curie assintótica

Materiais magnéticos moles
Os valores a seguir foram extraídos das respectivas normas DIN. Materiais magnéticos moles (DIN-IEC 60 404-8-6).

As qualidades dos materiais definidas nessa norma correspondem em parte aos materiais de DIN 17 405 (relés de corrente contínua) e DIN-IEC 740-2 (transformadores e reatores).

Designação (composição):
Letra indicativa, Número 1 - Número 2 - Número 3. A "letra indicativa" indica os componentes principais da liga: "A" ferro puro, "C" silício, "E" níquel", "F" cobalto.

O Número 1 indica a concentração do elemento principal da liga.

O Número 2 define as diferentes formas de curvas: 1: ciclo de histerese redondo, 2: ciclo de histerese retangular.

O Número 3 após o hífen tem significado diferente para as diferentes ligas. No caso das ligas de níquel indica a permeabilidade inicial mínima $\mu_a/1.000$, e nas demais ligas a força de campo coercitiva máxima em A/m. As propriedades desses materiais dependem muito da geometria e em alto grau especificamente da aplicação. Os dados dos materiais citados extraídos das normas só podem dar uma visão muito superficial das propriedades desses materiais. Vide propriedades dos materiais, pág. 260.

Chapas e faixas elétricas (anteriormente em DIN 46 400).
Designação: letra característica 1 Número 1 – Número 2 letra característica 2.

A letra indicativa 1 é "M" para todos os tipos (indica materiais magnéticos). O Número 1 indica o múltiplo de cem para a perda da magnetização reversa em 1,5 T ou 1,7 T e 50 Hz em W/kg. O Número 2 é cem vezes a espessura nominal do produto em mm.

A letra característica 2 diferencia entre os tipos: "A" chapas elétricas laminadas a frio, sem orientação granular, no estado do revenido final (DIN-EN 10 106).

Chapa elétricas laminadas a frio, com orientação granular, com revenido final (DIN-EN 10 107) "N" perdas em campo magnético alternado normais, "S" perdas em campo magnético alternado limitadas, "P" perdas em campo magnético alternado reduzidas, "D" chapa elétrica laminada a frio de aços não ligados sem revenido final (DIN-EN 10 126), "E" chapa elétrica laminada a frio de aços ligados sem revenido final (DIN-EN 10 165). Vide propriedades dos materiais, pág. 261.

Materiais para transformadores e reatores (DIN-IEC 740-2)
Esses materiais compreendem as classes de ligas C21, C22, E11, E31 e E41 da norma para materiais magnéticos moles (DIN-IEC 60 404-8-6).

A norma contém essencialmente os valores mínimos para a permeabilidade da chapa do núcleo para cortes das chapas dos núcleos predeterminadas (YEI, YED, YEE, YEL, YUI, e YM). Vide propriedades dos materiais, pág. 262.

Materiais para relés de corrente contínua (DIN 17 405), vide propriedades dos materiais pág. 263. Designação:
a) Letra característica "R" material do relé.
b) Letras características para identificação das ligas constituintes:
"Fe" não ligado, "Si" aços de silício,
"Ni" aços de níquel ou ligas.
c) Número característico para o valor máximo da intensidade do campo coercitivo.
d) Letra característica para o estado de fornecimento desejado: "U" sem tratamento, "GB" pré-recozido para poder dobrar, "GT" pré-recozido para repuxo profundo, "GF" recozido final.

A DIN-IEC contém essencialmente as dimensões-limites para materiais magnéticos para relés de ferro e aço. As designações nessa norma são definidas como segue:
- Letra característica "M".
- Valor máximo admitido da intensidade do campo coercitivo em A/m.
- Letra característica para a composição do material: "F" ferro puro, "T" liga de aço, "U" aço não ligado.
- Letra característica para o estado de fornecimento: "H" laminado a quente, "C" laminado a frio ou repuxado a frio.
Exemplo: M 80 TH.

Metais sinterizados para componentes magneticamente moles (DIN-IEC 60 404-8-9) Designação:
- Letra característica "S" para materiais sinterizados.
- Hífen, seguido dos elementos de liga identificadores, ou seja, Fe mais eventualmente P, Si, Ni ou Co.
- Após um outro hífen segue o valor admitido da intensidade do campo coercitivo em A/m. Vide propriedades dos materiais, pág. 264.

Núcleos de ferrita magneticamente moles (DIN 41 280)
Ferritas magneticamente moles são peças moldadas de um material sinterizado da fórmula geral MO · Fe_2O_3, onde M é um ou mais dos elementos bivalentes Cd, Co, Mg, Mn, Ni, Zn.

Designação: os vários tipos de ferritas magneticamente moles são classificados em grupos de acordo com a permeabilidade inicial e designados por letras maiúsculas. Números adicionais podem ser usados para dividir em subgrupos, mas esses não representam nenhuma valorização qualitativa.

A intensidade do campo coercitivo H_c das ferritas moles fica normalmente na faixa de 4....500 A/m. A indução B para uma intensidade de campo de 3.000 A/m fica na faixa de 350...470 mT. Vide propriedades dos materiais, pág. 265.

Materiais de pós-compostos
Materiais de pós-compostos ainda não estão normalizados, mas ganham cada vez mais importância. São compostos de pós-metálicos ferromagnéticos (ferro ou uma liga) e uma fase-limite de grãos orgânicos ou cerâmicos como "aglutinante". Eles são fabricados em grande parte como os metais sinterizados. Os estágios individuais de fabricação são:
- mistura dos materiais iniciais (pó metálico e aglutinante),
- moldar por injeção, extrusão ou prensagem e
- tratamento térmico abaixo da temperatura de sinterização (< 600°C).

Dependendo do tipo e quantidade de aglutinante, o material pode ser otimizado no sentido de alcançar alta polarização de saturação, alta permeabilidade ou alta resistência elétrica específica.

A aplicação principal está em campos, nos quais todas as características acima mencionadas são importantes e não há exigências excessivas quanto à resistência mecânica e à usinabilidade. Atualmente são os atuadores de comutação rápida para a técnica de injeção Diesel e motores elétricos pequenos de alta rotação para veículos motorizados.

Os materiais cobrem atualmente o seguinte espectro de propriedades:

Tipo	J_S T	μ_{max} -	ϱ_{el} $\mu\Omega m$	R_{tr}[1] N/mm^2
A	1,6	120	> 500	40
B	1,8	400	> 50	60
C	> 2	> 750	> 5	> 100

[1] R_{tr} resistência à dobra

Materiais de ímãs permanentes
(DIN 17 410, substituída por DIN-IEC 60 404-8-1)

Se forem usados símbolos químicos nos nomes abreviados dos materiais eles se referem aos constituintes principais das ligas dos metais. Os números antes da barra obliqua designam o valor $(BH)_{max}$ em kJ/m³ e após a barra um décimo do valor H_{cJ} em kA/m (valores arredondados). Ímãs permanentes com aglutinantes são indicados por um p no final.

Designação através de nome abreviado ou número do material[1]

DIN: número do material conforme DIN 17 007, partes 2 e 4.
IEC: estrutura do número do material:
Número característico:
R - materiais de ímãs permanentes metálicos
S - materiais de ímãs permanentes cerâmicos

1° número
    designa o tipo do material, p. ex.
    1 AlNiCo, 5 RECo
2° número
    0: material isotrópico
    1: material anisotrópico
    2: material isotrópico com aglutinador
    3: material anisotrópico com aglutinador
3° número
    indica os níveis de qualidade

Vide propriedades dos materiais, pág. 266.

---

[1] O sistema de designação para os materiais de ímãs permanentes está sendo extensivamente revisado. Como as discussões estão em progresso, não puderam ser feitos comentários até o fim da data da redação.

Normas metalúrgicas da EN

Literatura
Einführung in die EN-Normen der Metalltechnik (Introdução às Normas EN da metalurgia), 1ª edição de 2002,
Karl Manfred Erhardt, Paulernst Seitz, Holland + Josenhans Verlag.
Número de pedido – N° 3050.

Normalização dos metais

Normas DIN
As normas mais antigas dos anos de 1920 para aços davam ênfase à resistência à tração garantida pelo fabricante.
Exemplo: St 37.11 onde St está para aço, 37 a resistência mínima à tração em kg/mm² e 11 para a categoria do aço.
A partir de 1943 a norma incluiu detalhes da composição química.
Com a terceira versão da norma para aços DIN 17 006 a partir de 1949 ocorreu uma subdivisão em aços sem liga (aços de engenharia e aço carbono) e em aços com liga (baixa e alta liga). Adicionalmente, foi possível indicar o estado de tratamento e grau e qualidade.

EURONORMAS da CE
Com a criação da Comunidade Européia (CE), os tipos de aço foram divididos e designados em 1974 conforme a EURONORMA 20-74 com uma divisão da composição química (especificação codificada) em aços com e sem liga, e seus perfis de aplicação em aço básico, de qualidade e especiais. Letras e números indicam as propriedades da resistência mecânica.

SEW
A indústria do aço publica novos desenvolvimentos em folhetos de especificações de materiais de aço e ferro (SEW). Eles servem como base para o comércio e elaboração de novas normas. A DIN EN 10 194 foi elaborada com base na SEW 092.

Normas ISO
Visto que a ISO não elaborou normas para metais, a DIN 17 006 valeu até a introdução parcial da EURONORMA, ou seja, a substituição pelas Normas EN.

Normas EN ou DIN EN da UE
Com a criação da União Européia (UE), o sistema de designação conforme DIN EN 10 027-1 substituiu desde 1989 a EURO-NORMA 27-74. Ela divide os materiais de aço com nomes abreviados em dois grupos principais (propriedades mecânicas ou físicas bem como composição química). O sistema de numeração da DIN 17 007 foi essencialmente assumido na DIN EN 10 027-2. EURONORMAS adaptadas podem ser identificadas pela adição de 10000 ou um múltiplo (p. ex. classificação dos aços da EU 20 em DIN EN 10 020).

Classificação dos aços
(conforme DIN EN 10 020:2000-07)
Aço é definido como uma liga de ferro com usualmente ≤ 2% de carbono (materiais ferrosos com conteúdo maior de carbono são normalmente classificados como ferro fundido). Aço é dividido em três categorias:

1. Aços não-ligados
Esses aços, que não atingem nenhum dos valores-limites, subdividem-se em:
- Aços sem liga de qualidade com exigências definidas em geral (dureza, maleabilidade, etc.) e
- Aços especiais com características melhoradas (alto limite de alongamento ou temperabilidade, boa dureza e/ou soldabilidade, alto grau de pureza, etc.).

2. Aços inoxidáveis
Aços contendo cromo ≥ 0,5% e carbono ≤ 1,2%, são diferenciados pelo teor de níquel < 2,5% ou ≥ 2,5%, e com as propriedades principais, como resistência à corrosão e ao calor.

3. Outros aços ligados
Os aços a seguir, que atingem pelo menos um dos valores-limites especificados para a diferenciação, e que não são qualificados como aços inoxidáveis:
- aços ligados de qualidade com exigências gerais definidas (dureza, maleabilidade, etc.; normalmente não previstos para têmpera ou endurecimento superficial) e
- aços especiais com propriedades melhoradas (liga, pureza, condições especiais de produção, etc.).

Sistema de designação para aços com nomes abreviados (conforme DIN EN 10 027-1)

Símbolos principais
1. Letra característica para a aplicação ou composição química.
2. Número característico para as propriedades características ou composição.

Nomes abreviados do grupo 1
Esses nomes abreviados contêm indicações para o uso e as características mecânicas ou físicas (o prefixo G designa fundição de aço):
(GS) S Para construção geral em aço
(GP) P Para construção de recipientes pressurizados
L Para construção de oleodutos
E Aços para engenharia mecânica
B Aços para concreto
Y Aços de protensão
R Aços de trilhos
H Produtos planos laminados a frio de aços maleáveis para moldagem a frio
D Produtos planos feitos de aço doce para moldagem a frio
T Chapa fina e folha-de-flandres (embalagem)
M Lâminas elétricas e chapas

Exemplos de normalização do grupo 1:

S 235 JR
Geral para construção de aço, 235 MPa de limite de escoamento, trabalho de resiliência 27 J a 20°C.

E 335
Aço de construção, 335 MPa de limite de escoamento.

H 240 LA
Aço de microliga, 240 MPa de limite de escoamento LA (baixa liga).

D C 03 B m
Produto plano, laminado a frio, 34% de alongamento na ruptura, lado melhor tanto quanto livre de falhas, fosco.

Nomes abreviados do grupo 2
Esses nomes abreviados contêm indicações sobre a composição química:
(GC) C Aços sem liga, Mn < 1%
(G)   Aços de baixa liga e sem liga, Mn ≥ 1%
(GX) X Aços de alta liga
HS   Ferramenta de aço rápido

Exemplos de normalização do grupo 2:
C 15 E
Aço sem liga com < 1% de manganês, especificado limite superior para enxofre.

X 6 Cr Ni Ti 18 -10
Aço de alta liga, constituintes de liga em porcentagens totais, para carbono vale o multiplicador 100.

HS 7 – 4 – 2 – 5
Ferramenta de aço rápido, constituintes de liga em porcentagens totais na seqüência tungstênio- molibdênio- vanádio-cobalto.

Símbolos suplementares para aços
De acordo com as exigências, estão definidos para cada tipo de aço, quais símbolos se aplicam no grupo 1 ou 2. Às vezes, os símbolos suplementares são omitidos.

Suplemento para o grupo 1
A   endurecido por precipitação
E   conteúdo máx. de S especificado
M   laminado termomecanicamente
N   Normalizado ou laminado
Q   temperado

Suplemento para o grupo 2
C   com deformabilidade a frio especial
D   para acabamentos a quente
H   perfis ocos
L   para temperaturas mais baixas
Q   temperado
W   à prova de intempéries

Símbolos suplementares para produtos de aço
+H   com capacidade de endurecimento
+CU com revestimento de cobre
+Z   galvanizado a fogo
+ZE galvanizado eletroliticamente
+A   recozido mole
+C   endurecido por deformação
+M   laminado termomecanicamente
+Q   temperado
+U   sem tratamento

Exemplo de normalização:
D X 54 D +Z275
Produto plano para moldagem a frio, laminado a frio ou quente, grau de repuxo extra profundo, acabamento a quente, galvanizado a fogo, em ambos os lados simultaneamente 275 g/m^2.

Sistema de designação para aços pelo sistema de números
(conforme DIN EN 10 027-2)
Todos os aços são definidos em paralelo com o nome abreviado por um número de material adotado extensivamente por DIN de acordo com a estrutura a seguir.

Número do grupo principal do material:
0. ferro gusa, ligas de ferro, 1. aço, 2. metais pesados não-ferrosos, 3 metais leves, 4...8. materiais não-metálicos, 9. livre para uso interno.

Número do grupo do aço (seleção):
00 aços de baixo carbono, 01...03 aços de alta liga, 08 aços de alta liga com propriedades especiais, 11, 15 aços especiais, 40...49 aços quimicamente estáveis, 20...85 aços especiais, etc.

Número ordinário, p. ex. **43** para S275J0.

(xx) posições auxiliares atualmente não utilizadas (reservadas para detalhes mais exatos eventualmente necessários mais tarde). Uma alternativa permite a anexação dos símbolos suplementares para produtos de aço antes só previstos para os nomes abreviados dos materiais (p. ex. +Z275 para o tipo de galvanização e espessura da camada). Exemplo: **1.0143 (xx)**

Normalização de materiais de ferro fundido
A estrutura e forma do carbono (como carbureto ou grafite) e a estrutura da grafite. As seguintes folhas de normas registram o ferro fundido em quatro grupos:
DIN EN 1561: ferro fundido com lâminas de grafite.
DIN EN 1562: fundição maleável.
DIN EN 1563: ferro fundido com grafite nodular.
DIN EN 1564: ferro fundido nodular bainítico.

Para a designação de ferros fundidos existem duas possibilidades: de acordo com os números do material ou abreviatura.

Sistema de designação para ferro fundido com número do material
(conforme DIN EN 1560: 1997-08)
A designação é alfanumérica. A primeira posição sempre é ocupada por EN para norma européia. Após um hífen seguem J (ferro) e uma letra que indica a estrutura da grafite:
L grafite lamelar
S grafite nodular
M carbono de têmpera
N sem grafite

Em seguida, outros quatro dígitos determinam o material.
Característica principal (1° dígito):
1 resistência à tração
2 dureza
3 composição química

Número característico do material (2° e 3° dígitos):
Números de 00...99.

Exigências ao material (4° dígito):
0 nenhuma exigência especial
1 amostra fundida em separado
2 amostra fundida
7 peça fundida não-acabada

Exemplo de normalização:
EN-JL 1050
Norma Européia, ferro fundido, grafite lamelar, resistência à tração estabelecida como característica principal, dígitos consecutivos (aqui para 300 N/mm² de resistência mínima à tração), sem exigências especiais.

Sistema de designação para ferro fundido com abreviações
(conforme DIN EN 1560: 1997-08)
A designação é alfanumérica. A combinação de letras EN-GJ (EN norma Européia, G fundição, J ferro) é seguida por uma letra para a estrutura da grafite:
L grafite lamelar
M carbono de têmpera
N sem grafite
S grafite nodular
V grafite vermicular
Y estrutura especial

e eventualmente para micro e macroestrutura:
A austenita
B recozido sem descarbonização
F ferrita
M martensita
P perlita
W recozido com descarbonização

Após um hífen seguem valores numéricos para indicação de propriedades mecânicas ou composição química:
- resistência mínima à tração em MPa (1 MPa = 1 N/mm²),
- alongamento mínimo adicional na ruptura em %,
- tipo do teste de dureza (HB, HV, HR) com valor,
- temperatura de teste para a resistência a impacto (RT ou LT),
- fabricação de amostra (S, U ou C),
- composição química (como no aço).

Exemplo de normalização:
EN-GJL-300
Norma Européia, Ferro fundido, grafite lamelar, resistência mínima à tração 300 MPa.

Ligas de metais não-ferrosos
A EN contém, como para os materiais ferrosos, também para os metais não ferrosos (NF) e suas ligas, duas maneiras para determinar todos os materiais:
- sistema de designação com ajuda dos símbolos químicos (abreviaturas) ou
- sistema de designação numérico.

O sistema de designação numérico diferencia muito para o aço e para a designação anterior. Para o aço as antigas designações de cinco números foram praticamente mantidas e são umas boas orientações na recodificação. De acordo com DIN 1700, o primeiro dígito determinava o grupo principal. O correspondente dígito 1 para o aço permaneceu. Porém o 2 para metais pesados e o 3 para metais leves foram suprimidos. Os metais não ferrosos são designados de acordo com o seu próprio sistema. Com isso são mais bem levadas em conta as diferentes propriedades de, p. ex. alumínio, cobre ou ligas de estanho.

Dos metais não-ferrosos o alumínio e suas ligas são os mais importantes. Por essa razão, o texto a seguir vai tratar apenas da normalização do alumínio, após uma explanação básica da sistemática.

Sistema de designação dos metais não-ferrosos com abreviaturas (símbolos químicos em partes)
A Norma EN caracteriza os metais não-ferrosos de acordo com o seguinte esquema básico (exemplo):

EN A W – Al Cu 4 Pb Mg Mn T4

EN Norma Européia

Letra característica para metal:
A alumínio
C cobre
M magnésio

Letra característica para processamento:
W liga forjada
C liga fundida

Sistema de designação com símbolos químicos ou numéricos, aqui p. ex.:
Al Cu 4 Pb Mg Mn

Condição do material, aqui, p. ex: **T4**

O sistema lista as ligas de metais na ordem do metal básico com porcentagem decrescente. A notação para as ligas de alumínio foi normalizada de tal modo que foi introduzido um espaço em branco após o Al. No caso de ligas de magnésio, porém, a designação completa é escrita sem espaço em branco e apenas separada de "EN" por um hifen.

Sistema de designação numérico especial para alumínio (Al) e ligas de alumínio
Para produtos de Al forjados (Al e Al forjado conforme DIN EN 573:1994-12), a liga é determinada por quatro dígitos (exemplo 1); com ligas de Al fundido (conforme DIN EN 1706:1998-06) por cinco dígitos (exemplo 2).

Exemplo 1 de normalização:
EN AW – 2007
Norma européia, AW liga de alumínio forjada, grupo de liga (série 2 para ligas de Al-Cu, 0 liga original (1,2 mudanças), 07 de designação para a liga com aproximadamente 4% de cobre,1,1% de chumbo, 1% de magnésio e 0,8% de manganês).

Exemplo 2 de normalização:
EN AC – 45 200
Norma européia, AC liga de alumínio fundido, 45 grupo da liga AlSi5Cu, 200 número para ligas individuais (aqui Al Si5Cu3Mn).

Números característicos para os grupos de ligas:
1 Al puro
2 com cobre
3 com manganês
4 com silício
5 com magnésio
6 com magnésio-silício
7 com zinco
8 outros

Algumas ligas de alumínio podem ser temperadas a frio ou a quente. Isso aumenta a resistência das ligas.

Condição do material:
O   recozido mole
H   endurecido a frio
H14 endurecido a frio, ½ duro (para chapas)
T   tratado a quente
T6   recozido com solução e envelhecido a quente

Exemplos de normalização:
EN 1706 AC – Al Si9 Mg S T6
Norma européia DIN EN 1706, liga de alumínio fundido, alumínio (metal básico), 9% de silício, quantidades reduzidas de magnésio, areia fundida, condição do material: recozido com solução e envelhecido a quente.

EN AW – 5754 [Al Mg3] H16
Norma européia, liga de alumínio forjada, grupo de liga 5 (com magnésio) 754 número para ligas individuais, [material básico alumínio, 3% de magnésio], condição do material: temperado a frio, ¾ duro.

Propriedades dos materiais metálicos

Materiais fundidos e aços

Ferro fundido e fundição maleável [6] E [7] em 10^3 N/mm² : GG 78...143 [8]; GGG 160...180; GTW e GTS 175...195

Material	Norma	Abreviatura de tipos selecionados	Componentes principais da liga, valores médios em % de massa	R_m [1] N/mm²	R_e [2] N/mm²	A_5 [3] %	σ_{bW} [4] Valor de ref. N/mm²	Barra de teste [5] mm	Características, exemplos de aplicação
Ferro fundido com grafite lamelar (ferro fundido cinzento)	DIN EN 1561	EN-GJL-200	Não normalizado	200...300	-	-	90	30	Frágil, muito facilmente usinável
Ferro fundido com grafite nodular	DIN EN 1563	EN-GJS-400-15	Não normalizado	≥ 400	≥ 250	≥ 15	200	25	Mais maleável que a fundição cinza, facilmente usinável
Fundição maleável branca Fundição maleável preta	DIN EN 1562	EN-GJMW-400-5 EN-GJMB-350-10	Não normalizado	≥ 400 ≥ 350	≥ 220 ≥ 200	≥ 5 (A_3) ≥ 10 (A_3)	-	12 12	Maleável como GGG, facilmente usinável
Aço fundido E [7] como aço	DIN 1681	GS-45	Não normalizado	≥ 450	≥ 230	≥ 22	210		Possível de ser temperado

Aço E [7] em 10³ N/mm² : aços não ligados ou fracamente ligados 212, aços austeníticos ≥ 190, aço de alta liga para ferramentas ≤ 230

Aço de construção sem tratamento (⌀ 16...40 mm)	DIN EN 10 025	S 235 JR E 350	≤ 0,19 C	340...510 670...830	≤ 225 ≤ 355	≥ 26 ≥ 11	≥ 170 ≥ 330	- -	Peças pouco exigidas Peças mais exigidas
Fita laminada a frio de aços moles não-ligados	DIN EN 10 139	DC 05 LC	Não normalizado	270...330	≤ 180	≥ 40 (A_{80})	≥ 130	-	Peças complexas de repuxo profundo
Fita e chapa galvanizada a quente	DIN EN 10 142	DX 53 D	Não normalizado	≤ 380	≤ 260	≥ 30 (A_{80})	≥ 190	-	Peças complexas de repuxo profundo, sujeitas à corrosão
Aço de corte livre (⌀ 16...40 mm)	DIN EN 10 087	11 SMn30 35 S 20	≤ 0,14 C; 1,1 Mn; 0,30 S 0,35 C; 0,9 Mn; 0,20 S	380...570 520...868	- -	- -	≥ 190 ≥ 260	- -	Aço de corte livre. Aço de corte livre para têmpera.

Propriedades dos materiais metálicos

Material Condição do material	Norma	Abreviatura de tipos selecionados	Componentes principais da liga, valores médios em % de massa	R_m [1] N/mm²	R_e [2] N/mm²	A_5 [3] %	σ_{bW} [4] Valor de ref. N/mm²	Barra de teste ϕ [5] mm	Características, exemplos de aplicação
Aço de têmpera, temperado ($\emptyset \leq 16$ mm)	DIN EN 10 083	C 45 E 34 Cr 4 42 CrMo 4 30 CrNiMo 8	0,45 C; 0,34 C; 1,1 Cr 0,42 C; 1 Cr; 0,2 Mo 0,3 C; 2 Cr; 0,4 Mo; 2 Ni	700...850 900...1100 1100...1300 1250...1450	≥ 490 ≥ 700 ≥ 900 ≥ 1.050	≥ 14 ≥ 12 ≥ 10 ≥ 9	≥ 280 ≥ 360 ≥ 440 ≥ 500	- - - -	possibilidade crescente de endurescimento →
Aço de cementação, cementado e revenido ($\emptyset \leq 11$ mm)	DIN EN 10 084	C 15 E 16 MnCr 5 17 CrNi 6-6 18 CrNiMo 7-6	0,15 C; 0,16 C; 1 Cr; 0,17 C; 1,5 Cr; 1,5 Ni 0,18 C; 1,6 Cr; 1,5 Ni; 0,3 Mo	Dureza HV (valor de ref.) Superfície / Núcleo 700...850 / 200...450 700...850 / 300...450 700...850 / 400...550 700...850 / 400...550		No caso de aços duros - revenidos e temperados, cementados, nitretados, etc. – os valores característicos dos materiais, medidos em teste de tração, não são apropriados para o dimensionamento dos componentes duros.			Alta resistência ao desgaste, alta resistência a vibrações. / Possibilidade crescente de endurecimento.
Aço nitretado temperado e nitretado	DIN EN 10 085	31 CrMoV 9 34 CrAlMo 5	0,31 C; 2,5 Cr; 0,2 Mo; 0,15 V; 0,34 C; 1,0 Al; 1,15 Cr; 0,2 Mo	700...850 850...1100	250...400 250...400				Alta resistência ao desgaste, alta resistência a vibrações.
Aço para rolamentos endurecido e revenido	DIN EN ISO 683-17	100 Cr 6	1 C; 1,5 Cr	Dureza 60...64 HRC					Alta resistência ao desgaste.
Aço para ferramentas não ligado endurecido e revenido	DIN EN ISO 4957	C 80 U	0,8 C	Dureza					Aço temperado em água.
Aço com liga endurecida por deformação a frio, endurecido e revenido	DIN EN ISO 4957	90 MnCrV 8 X 153 CrMoV 12 X 210 Cr 122,1 C; 12 Cr	0,9 C; 2 Mn; 0,3 Cr; 0,1 V; 1,53 Cr; 12 Cr; 0,8 Mo; 0,8 V; 2,1 C; 12 Cr	60...64 HRC 60...64 HRC 60...64 HRC					Aço temperado em água ou óleo. / Aumento de resistência ao desgaste. → Aço temperado em óleo.

252 Ciência dos materiais

Material Condição do material	Norma	Abreviatura de tipos selecionados	Componentes principais da liga, valores médios em % de massa	R_m [1]) N/mm²	R_e [2]) N/mm²	A_5 [3]) %	σ_{bW} [4]) Valor de ref. N/mm²	Barra de teste Ø [5]) mm	Características, exemplos de aplicação
Aço para trabalho a quente, endurecido e revenido	DIN EN ISO 4957	X 40 CrMoV 5-1	0,4 C; 5 Cr; 1,3 Mo; 1V	43...45 HRC		No caso de aços duros – endurecidos e revenidos, cementados, nitretados, etc. – os valores característicos dos materiais, medidos em teste de tração, não são apropriados para o dimensionamento dos componentes duros.			
Aço rápido, endurecido e revenido	DIN EN ISO 4957	HS 6-5-2	0,85 C; 6 W; 5 Mo; 2 V; 4 Cr	61...65 HRC					Resistente ao desgaste a quente
Aços inoxidáveis, aço ferrítico recozido	DIN EN 10088	X 6 Cr 17	≤ 0,08 C; 17 Cr	450...600 Dureza < 185 HV	≥ 270	≥ 20	200...315		Não temperável
Aço martensítico endurecido e revenido ≤ 200°C	DIN EN 10088	X 20 Cr 13 X 46 Cr 13 X 90 CrMoV 18 X 8 CrNiS 18-9	0,20 C; 13 Cr 0,46 C; 13 Cr 0,9 C; 18 Cr; 1,1 Mo; 0,1 V; 1,1 C; 17 Cr; 1,0 Mo	Dureza ap. 40 HRC Dureza ap. 45 HRC Dureza ≥ 57 HRC Dureza ≥ 58 HRC					Resistência crescente ao desgaste →
Aço austenítico recozido com solução	DIN EN 10088	X 5 CrNi 18-10 X 8 CrNiS 18-9	≤ 0,07 C; 18 Cr; 9 Ni ≤ 0,10 C; 18 Cr; 9 Ni, 0,3 S	500...700 600...700	≥ 190 ≥ 190	≥ 45 ≥ 35	-	-	Recozido com solução, não magnético, formado a frio, magnetizável, não temperável
Metais duros $E = 440000...550000$			W (Ti, Ta) carbureto + Co	800...1.900 HV					Materiais sinterizados, extremamente resistentes à pressão ao desgaste, mas frágeis, ferramentas para máquinas operatrizes, de corte e de conformação.
Metais extremamente pesados $E = 320000...380000$			> 90 W; Ni e outros	≥ 650 240...450 HV	≥ 560	≥ 2			Densidade 17...18,5 g/cm³, pesos reguladores, massas inerciais e de compensação.

[1]) Resistência à tração. [2]) Limite de alongamento (ou $R_{p0,2}$). [3]) Alongamento de ruptura.
[4]) Resistência à flexão; valores mais precisos de resistência devem ser calculados de acordo com a diretriz FMK "Comprovação matemática da resistência à fadiga para componentes de engenharia". [5]) Os valores de resistência indicados valem para a barras de teste fundidas à parte.
[6]) As grandezas de resistência de todos os tipos de ferro fundido são dependentes do peso e da espessura da parede das peças fundidas. [7]) Módulo de elasticidade.
[8]) E diminui na fundição cinza com o aumento da tração e se mantém quase constante com a compressão.

Aços de molas

Material	DIN	Principais componentes da liga, aprox. em % de massa; E e G em N/mm²	Diâmetro mm	R_m [1] N/mm²	Z [2] N/mm²	σ_b [3] %	τ_{kh} [4] N/mm²	τ_{perm} [5] N/mm²	Características, exemplos de aplicação
Arame de aço de mola D, patenteado e repuxado com dureza de mola	17 223 Folha 1	0,8 C; 0,6 Mn; < 0,35 Si E = 206.000 G = 81.500	1 3 10	2.230 1.840 1.350	40 40 30	1.590 1.280 930	380 [6] 360 [6] 320	1.115 920 675	Para altas tensões máximas.
Arame de mola inoxidável	17 224	< 0,12 C; 17 Cr; 7,5 Ni E = 185.000 G = 73.500	1 3	2.000 1.600	40 40	1.400 1.130	- -	1.000 800	Molas inoxidáveis.
Arame de aço temperado, para molas de válvulas	17 223 Folha 2	0,65 C; 0,7 Mn; ≤ 0,30 Si E = 206.000 G = 80.000	1 3 8	1.720 1.480 1.390	45 45 38	1.200 1.040 930	380 [7] 380 [7] 360 [7]	860 740 690	Para alta tensão cíclica alternada.
Arame de aço temperado com liga, para molas de válvulas VD Si CR	-	0,55 C; 0,7 Mn; 0,65 Cr; 1,4 Si E = 200.000 G = 79.000	1 3 8	2.060 1.920 1.720	50 50 40	- - -	430 [7] 430 [7] 380 [7]	1.030 960 860	Para máxima tensão cíclica alternada temperaturas mais altas.
Arame de aço temperado com liga, para molas de válvulas VD Cr V	-	0,7 C; 0,7 Mn; 0,5 Cr; 0,15 V; ≤ 0,30 S E = 200.000 G = 79.000	1 3 8	1.860 1.670 1.420	45 45 40	- - -	470 [7] 470 [7] 400 [7]	930 835 710	Para máxima tensão cíclica alternada.
Fita de aço de mola	17 222	0,85 C; 0,55 Mn; 0,25 Si E = 206.000	h ≤ 2,5	1.470	-	1.270	σ_{bh} = 640	-	Mola de lâminas altamente solicitada.
Fitas de aço de mola inoxidável	17 224	< 0,12 C; 17 Cr; 7,5 Ni E = 185.000	h ≤ 1	1.370	-	1.230	σ_{bh} = 590	-	Molas de lâminas inoxidáveis.

[1] Resistência à tração.
[2] Estricção de ruptura.
[3] Tensão admissível de dobra.
[4] Campo de tensão admissível para número de ciclos N ≥ 10⁷
[5] Máxima tensão admissível para temperaturas até aprox. 30°C e 1...2% de relaxamento em 10 h; para temperaturas mais altas.
[6] 480 N/mm² em molas jateadas.
[7] Aprox. 40% maior em molas jateadas.

Chapas para carroceria

Material/abreviatura	Espessuras padrão do material mm	$R_{p0,2}$ [1] N/mm²	R_m [2] N/mm²	A_{80} [3] %	Características, exemplos de aplicação
St 12	0,6...2,5	≈280	270...410	≈28	Para peças de repuxo simples.
St 13		≈250	270...370	≈32	Para peças de repuxo complexas.
St 14		≈240	270...350	≈38	Para peças de repuxo profundo muito complexas, peças externas (teto, portas, pára-lamas, etc.; 0,75...1,0 mm); vide também DIN 16623.
ZE 260	0,75...2,0	260...340	≈370	≈28	Para peças de suporte altamente exigidas, cujo grau de deformação não é muito complexo, vide EN 10 268.
ZE 340		340...420	≈420	≈24	
ZE 420		420...500	≈490	≈20	
AlMg 0,4 Sl 1,2	0,8...2,5	≈140	≈250	≈28	Para peças externas como pára-lamas dianteiro, portas, capô do motor, tampa traseira, entre outros; geralmente 1,25 mm; vide DIN 1745.
AlMg 4,5 Mn 0,3	0,5...3,5	≈130	≈270	≈28	Para reforços internos de tampas; para partes não visíveis; toleram-se marcas de repuxo.
TRIP (Transformation Induced Plasticity)		500...700		20...30	Peças estruturais, suportes transversais.
DP (Dual Phase)		300...700		10...30	

[1] Limite elástico.
[2] Resistência à tração.
[3] Alongamento de ruptura.

Metais não-ferrosos, metais pesados

Material Exemplos	Nome abreviado Exemplos	Composição, valores médios, % em massa	E [1] N/mm²	R_m [2] N/mm²	$R_{p\,9,2}$ [3] N/mm²	σ_{bW} [4] N/mm²	Características, exemplos de aplicação
Ligas de cobre forjado (DIN EN 1652, 1654, 1758, 12163...121680)							
Cobre condutor	EN CW-Cu-FRTP	99,90 Cu	128·10³	200	120 [5]	70	Condutibilidade elétrica muito boa.
Latão	EN CW-CuZn 30 R350 EN CW-CuZn 37 R440 EN CW=CuZn 39 Pb3 R430	70 Cu; 30 Zn 63 Cu; 37 Zn 58 Cu; 39Zn; 3 Pb	114·10³ 110·10³ 96·10³	350 440 430	200 400 250	110 140 150	Capacidade de repuxo profundo. Boa conformação a frio. Peças para tornos automáticos.
Alpaca	EN CW-CuNi 18 Zn 20 R500	62 Cu; 20 Zn; 18 Ni	135·10³	500	440		Resistente à corrosão.
Bronze com estanho	EN CW-CuSn 6 R420	94 Cu; 6 Sn	118·10³	420	290	175	Boas características antifricção; buchas de mancais, conectores.
Ligas de cobre fundido (DIN EN 1982)							
Bronze com estanho fundido	CuSn 10-C-GS	89 Cu; 10 Sn; 1 Ni	100·10³	250	160	90	Resistente à corrosão, resistente ao desgaste: engrenagens, mancais.
Bronze vermelho	CuSn 7 Zn 4 Pb 7-C-GZ	85 Cu; 7 Sn; 4 Zn; 7 Pb	95·10³	260	150	80	
Outras ligas							
Liga de estanho (DIN ISO 4381)	SnSb 12 Cu 6 Pb	80 Sn; 12 Sb; 6 Cu; 6 Pb	30·10³	-	60	28	Mancais lisos.
Zinco fundido sob pressão (DIN EN 12 844)	ZP 0410	95 Zn; 4 Al; Cu 1	72·10³	330	250	80	Peças fundidas com medidas de precisão.
Liga condutora a quente (DIN 17 470)	NiCr 80 20 NiCr 60 15	80 Ni; 20 Cr 60 Ni; 22 Fe; 17 Cr	- -	650 600	- -	- -	Elevada resistência elétrica (pág. 272)
Ligas para resistores (DIN 17 471)	CuNi 44 CuNi 30 Mn	55 Cu; 44 Ni; 1 Mn 67 Cu; 30 Ni; 3 Mn	- -	420 400	- -	- -	

[1] Módulo de elasticidade, valores de referência. [2] Resistência à tração. [3] Limite de alongamento 0,2%. [4] Resistência à flexão alternativa. [5] Máximo.

Metais não-ferrosos, metais leves

Material Exemplos	Composição, valores médios em % de massa	R_m [1] N/mm²	$R_{p\,9,2}$ [2] N/mm²	σ_{bW} [3] N/mm²	Características, exemplos de aplicação
Ligas de alumínio maleáveis (DIN EN 458, 485, 515, 573, 754...), módulo de elasticidade $E = 65000...73000$ N/mm²					
ENAW-Al 99,5 O	99,5 Al	65	20	40	Mole, condutor muito bom, pode ser anodizado/polido.
ENAW-AlMg 2 Mn 0,8 H111	97 Al; 2 Mg; 0,8 Mn	190	80	90	Resistente à água do mar, pode ser anodizado.
ENAW-AlSi 1 MgMn T 6	97 Al; 0,9 Mg; 1 Si; 0,7 Mn	310	260	90	Endurecido a quente, resistente à água do mar.
ENAW-AlCu e MgSi (A) T 4	94 Al; 4 Cu; 0,7 Mg; 0,7 Mn; 0,5 Si	390	245	120	Endurecido a frio, bom comportamento à fadiga.
ENAW-AlZn 5,5 MgCu T 6	90 Al; 6 Zn; 2 Mg; 2 Cu; 0,2 Cr	540	485	140	Máxima resistência.
Ligas de alumínio fundido [5] (DIN EN 1706), módulo de elasticidade $E = 68000...80000$ N/mm²					
ENAC-AlSi 7 Mg 0,3 KT 6	89 Al; 7 Si; 0,4 Mg; 0,1 Ti	290	210	80	Endurecido a quente; peças altamente solicitadas resistentes a vibrações.
ENAC-AlSi 6 Cu 4 KF	89 Al; 6 Si; 4 Cu; 0,3 Mn; 0,3 Mg	170	100	60	Altamente versátil, resistente ao calor.
ENAC-AlCu 4 Ti KT 6	95 Al; 5 Cu; 0,2 Ti	330	220	90	Endurecido a quente; peças simples com elevadas solicitações de resistência e tenacidade.
ENAC-AlSi 12 Cu 1 (Fe) DF	88 Al; 12 Si; 1 Cu; 1 Fe	240	140	70 [6]	Peças delgadas, resistentes a vibrações.
ENAC-AlSi 9 Cu 3 (Fe) DF	87 Al; 9 Si; 3 Cu; 0,3 Mn; 0,3 Mg	240	140	70 [6]	Resistente ao calor; peças complexas fundidas sob pressão.
ENAC-AlMg 9 DF	90 Al; 9 Mg; 1 Si; 0,4 Mn	200	130	60 [6]	Resistente à água do mar; peças medianamente solicitadas.
Ligas de magnésio (DIN EN 1753, DIN 9715), módulo de elasticidade $E = 40000...45000$ N/mm²					
MgAl 6 An F 27	93 Mg; 6 Al; 1 Zn; 0,3 Mn	270	195	-	Peças mediana até altamente solicitadas. Peças fundidas sob pressão complexas. Limalhas inflamáveis.
En-MC Mg Al 9 Zn 1(A) DF	90 Mg; 9 Al; 0,6 Zn; 0,2 Mn	200	140	50	
Ligas de titânio (DIN 17850, 17851, 17860...17864), módulo de elasticidade $E = 110000$ N/mm²					
Ti 1	99,7 Ti	290	180	-	Resistente à corrosão.
TiAl 6 V 4 F 89	90 Ti; 6 Al; 4V	890	820	-	Resistente à corrosão, máxima exigência de resistência. Resistência à flexão pura alternativa.

[1] Resistência à tração. [2] Limite elástico a 0,2%. [3] Resistência à fadiga por flexão rotativa. [4] Máximo. [5] Os valores de resistência valem para fundição em coquilha e sob pressão para barras de teste. A fundição em areia tem valores um pouco menores que fundição em coquilha. [6] Resistência à flexão pura alternativa.

Metais sinterizados
Metais sinterizados [1] para mancais de deslizamento

Material	Sinal abreviado	Densidade ϱ	Porosidade $(\Delta V/V) \cdot 100$	Composição química em % de massa	Resistência radial à quebra $K^{2)}$	Dureza HB	Densidade ϱ	Composição química % em massa	Resistência radial à quebra $K^{2)}$	Limite de recalque $\delta_{d\,0,2}$	Dureza	Condutibilidade térmica λ
	Sint.	g/cm³	%	%	N/mm²		g/cm³	%	N/mm²	N/mm²	HB [2]	W/mK
Ferro sinterizado	A 00 B 00 C 00	5,6…6,0 6,0…6,4 6,4…6,8	25 ± 2,5 20 ± 2,5 15 ± 2,5	< 0,3 C; < 1,0 Cu < 2 outros; resto Fe	> 150 > 180 > 220	> 25 > 30 > 40	5,9 6,3 6,7	< 0,2 outros; resto Fe	160 190 230	130 160 180	30 40 50	37 43 48
Aço sinterizado contendo Cu	A 10 B 10 C 10	5,6…6,0 6,0…6,4 6,4…6,8	25 ± 2,5* 20 ± 2,5 15 ± 2,5	< 0,3 C; 1…5 Cu; < 2 outros; resto Fe	> 160 > 190 > 230	> 35 > 40 > 55	5,9 6,3 6,7	2,0 Cu; < 0,2 outros; resto Fe	170 200 240	150 170 200	40 50 65	36 37 42
Aço sinterizado contendo Cu e C	B11	6,0…6,4	10 ± 2,5	0,4…1,0 C; 1…5 Cu; < 2 outros; resto Fe	> 270	> 70	6,3	0,6 C; 2,0 Cu; < 0,2 outros; resto Fe	280	160	80	28
Aço sinterizado contendo Cu mais elevado	A 20 B 20	5,8…6,2 6,2…6,6	25 ± 2,5 20 ± 2,5	<0,3 C; 15…25 Cu; < 2 outros; resto Fe	> 180 > 200	> 30 > 45	6,0 6,4	20 Cu; < 0,2 outros; resto Fe	200 220	140 160	40 50	41 47
Aço sinterizado contendo Cu e C mais elevados	A 22 B 22	5,5…6,0 6,0…6,5	25 ± 2,5 20 ± 2,5	0,5…2,0 C; 15…25 Cu; < 2 outros; resto Fe	> 120 > 140	> 20 > 45	5,7 6,1	2,0 C [3]; 10 Cu; < 0,2 outros; resto Fe	225 145	100 120	25 30	30 37
Bronze sinterizado	A 50 B 50 C 50	6,4…6,8 6,8…7,2 7,2…7,7	25 ± 2,5 20 ± 2,5 15 ± 2,5	< 0,2 C; 9…11 Sn; < 2 outros; resto Cu	> 120 > 170 > 200	> 25 > 30 > 35	6,6 7,0 7,4	10 Sn; < 0,2 outros; resto Cu	140 180 210	100 130 160	30 35 45	27 32 37
Bronze sinterizado contendo grafite [4]	A 51 B 51 C 51	6,0…6,5 6,5…7,0 7,0…7,5	25 ± 2,5 20 ± 2,5 15 ± 2,5	05…2,0 C; < 2 outros; resto Cu	> 100 > 150 > 170	> 20 > 25 > 30	6,3 6,7 7,1	1,5 C [4]; 10 Sn; < 0,2 outros; resto Cu	120 155 175	80 100 120	20 30 35	20 26 32

[1] De acordo com as "Folhas de especificação para materiais sinterizados". DIN 30 910, edição 1990. [2] Medido em mancais calibrados 10/16 Δ · 10.
[3] C normalmente se apresenta como grafite livre. [4] C se apresenta como grafite livre.

Metais sinterizados[1] para peças moldadas

Material	Sinal abreviado Sint.	Intervalos admissíveis					Exemplos representativos					
		Densidade ϱ g/cm³	Porosidade $(\Delta V/V) \cdot 100$ %	Composição, química em % de massa %	Dureza HB	Densidade ϱ g/cm³	Composição química % em massa %	Resistência à ruptura R_m N/mm²	Alongamento à ruptura $R_{p0,1}$ N/mm²	Limite de alongamento A %	Dureza HB	Módulo E $E \cdot 10^3$ N/mm²
Ferro sinterizado	C 00 D 00 E 00	6,4...6,8 6,8...7,2 > 7,2	15 ± 2,5 10 ± 2,5 < 7,5	< 0,3 C; < 1,0 Cu < 2 outros; resto Fe	> 35 > 45 > 60	6,6 6,9 7,3	< 0,5 outros; resto Fe	130 190 260	60 90 130	4 10 18	40 50 65	100 130 160
Aço sinterizado contendo C	C 01 D 01	6,4...6,8 6,8...7,2	15 ± 2,5 10 ± 2,5	0,3...0,6 C; < 1,0 Cu; < 2 outros; resto Fe	> 70 > 90	6,6 6,9	0,5 C; < 0,5 outros; resto Fe	260 320	180 210	3 3	80 100	100 130
Aço sinterizado contendo CU	C 10 D 10 E 10	6,4...6,8 6,8...7,2 > 7,2	15 ± 2,5 10 ± 2,5 < 7,5	< 0,3 C; 1...5 Cu; < 2 outros; resto Fe	> 40 > 50 > 80	6,6 6,9 7,3	1,5 Cu; < 0,5 outros; resto Fe	230 300 400	180 210 290	3 6 12	55 85 120	100 130 160
Aço sinterizado contendo C e Cu	C 11 D 11	6,4...6,8 6,8...7,2	15 ± 2,5 10 ± 2,5	0,4...1,5 C; 1...5 Cu; < 2 outros; resto Fe	> 80 > 95	6,6 6,9	0,6 C; 1,5 Cu; < 0,5 outros; resto Fe	460 570	320 400	2 2	125 120	100 130
	C 21	6,4...6,8	15 ± 2,5	0,4...1,5 C; 5...10 Cu; < 2 outros; resto Fe	>105	6,6	0,8 C; 6 Cu; < 0,5 outros; resto Fe	530	410	<1	150	100
Aço sinterizado contendo Cu, Ni e MO	C 30 D 30 E 30	6,4...6,8 6,8...7,2 > 7,2	15 ± 2,5 10 ± 2,5 < 7,5	< 03 C; 1...5 Cu; 1...5 Ni; < 0,8 Mo; < 2 outros; resto Fe	> 55 > 60 > 90	6,6 6,9 7,3	0,3 C; 1,5 Cu; 4,0 Ni; 0,5 Mo; < 0,5 outros; resto Fe	390 510 680	310 370 440	2 3 5	105 130 170	100 130 160
Aço sinterizado contendo P	C 35 D 35	6,4...6,8 6,8...7,2	15 ± 2,5 10 ± 2,5	< 0,3 C; < 1,0 Cu; 0,3...0,6 P; < 2 outros; resto Fe	> 70 > 80	6,6 6,9	0,45 P; < 0,5 outros; resto Fe	310 330	200 230	11 12	85 90	100 130
Aço sinterizado contendo Cu e P	C 36 D 36	6,4...6,8 6,8...7,2	15 ± 2,5 10 ± 2,5	< 0,3 C; 1...5 Cu; 0,3...0,6 P; < 2 outros; resto Fe	> 80 > 90	6,6 6,9	2,0 Cu; 0,45 P; < 0,5 outros; resto Fe	360 380	209 320	5 6	100 105	100 130
Aço sinterizado contendo Cu, Ni, Mo e C	C 39 D 39	6,4...6,8 6,8...7,2	15 ± 2,5 10 ± 2,5	0,3...0,6 C; 1...3 Cu; 1...5 Ni; < 0,8 Mo; < 2 outros; resto Fe	> 90 >120	6,6 6,9	0,5 C; 1,5 Cu; 4,0 Ni; 0,5 Mo; < 0,5 outros; resto Fe	520 600	370 420	1 2	150 180	100 130

[1] De acordo com as "Folhas de especificação para materiais sinterizados": DIN 30 910, edição 1990.

Metais sinterizados [1]) para peças moldadas

Material	Sinal abreviado Sint.	Densidade ϱ g/cm³	Intervalos admissíveis Porosidade $(\Delta V/V) \cdot 100$ %	Composição, química em % de massa %	Dureza HB	Densidade ϱ g/cm³	Exemplos representativos Composição química % em massa %	Resistência à ruptura R_m N/mm²	Alongamento à ruptura $R_{p 0,1}$ N/mm²	Limite de alongamento A %	Dureza HB	Módulo E $E \cdot 10^3$ N/mm²
Aço sinterizado inoxidável	C 40 D 40	6,4...6,8 6,8...7,2	15 ± 2,5 10 ± 2,5	< 0,08 C; 10...14 Ni; 2...4 Mo; 16...19 Cr; < 2 outros; resto Fe	> 95 > 125	6,6 6,9	0,06 c; 13 ni; 2,5 Mo; 18 Cr; < 0,5 outros; resto Fe	330 400	250 320	1 2	110 135	100 130
AISI 316 AISI 430	C 42	6,4...6,8	15 ± 2,5	< 0,08 C; 16...19 Cr; < 2 outros; resto Fe	> 140	6,6	0,06 c; 18 Cr; < 0,5 outros; resto Fe	420	330	1	170	100
AISI 410	C 43	6,4...6,8	15 ± 2,5	0,1...0,3 C; 11...13 Cr; < 2 outros; resto Fe	> 165	6,6	0,2 c; 13 Cr; < 0,5 outros; resto Fe	510	370	1	180	100
Bronze sinterizado	C 50 D 50	7,2...7,7 7,7...8,1	15 ± 2,5 10 ± 2,5	9...11 Sn; < 2 outros; resto Cu	> 35 > 45	7,4 7,9	10Sn; < 0,5 outros; resto Cu	150 220	90 120	4 6	40 55	50 70
Alumínio sinterizado contendo Cu	D 73 E 73	2,45...2,55 2,55...2,65	10 ± 2,5 6 ± 1,5	4...6 Cu; < 1 Mg; < 1 Si; < 2 outros; resto Al	> 45 > 55	2,5 2,6	4,5 Cu; 0,6 Mg; 0,7 Si; < 0,5 outros; resto Al	160 200	130 150	1 2	50 60	50 60

[1]) De acordo com as "Folhas de especificação para materiais sinterizados": DIN 30 910, edição 1990.

Materiais magnéticos

Materiais magnéticos maleáveis

Tipo de imã	Componentes da liga partes em massa %	Intensidade de campo coercitivo $H_{c(max)}$ em A/m Espessura em mm 0,4...1,5	>1,5	Mínima polarização magnética em Tesla (T) com intensidade de campo H em A/m 20	50	100	300	500	800	1.600	4.000	8.000	Ponto de medição $\hat{H}$ em A/m	Mínima amplitude da permeabilidade μ_r Espessura da chapa em mm 0,30...0,38	0,15...0,20
A - 240	100 Fe	240	240				1,15	1,30			1,60		Não apropriado para aplicações em corrente contínua.		
A - 120	100 Fe	120	120				1,15	1,30			1,60				
A - 60	100 Fe	60	60				1,25	1,35			1,60				
A - 12	100 Fe	12	12			1,15	1,30	1,40			1,60				
C1 - 48	0...5 Si (típico 2...4,5)	48	48			0,60	1,10	1,20			1,50				
C1 - 12	0...5 Si (típico 2...4,5)	12	12			1,20	1,30	1,35			1,50				
C21 - 09	0,4...5 Si (típico 2...4,5)												1,60	900	750
C22 - 13	0,4...5 Si (típico 2...4,5)												1,60	1.300	-
E11 - 60	72...83 Ni	2	4	0,50	0,65	0,70		0,73			0,75		0,40	40.000	40.000
E21	54...68 Ni	Não apropriado para essa espessura												Após acordo	
E31 - 06	45...50 Ni	10	10	0,50	0,90	1,10		1,35			1,45		0,40	6.000	6.000
E32	45...50 Ni	Não apropriado para essa espessura												Após acordo	
E41 - 03	35...40 Ni	24	24	0,20	0,45	0,70		1,00			1,18		1,60	2.900	2.900
F11 - 240	47...50 Co	60					1,40		1,70	1,90	2,06	2,15	Como combinado entre o fabricante e o comprador		
F11 - 60	47...50 Co	300					1,80		2,10	2,20	2,25	2,25			
F21	35 Co	300	240						1,50	1,60	2,00	2,20			
F31	23...27 Co										1,85	2,00			

[1]) Dados se aplicam para anéis laminados

Chapas e fitas elétricas

Tipo de chapa		Espessura nominal	Densidade ϱ	Perda máxima de transformação magnética (50 Hz) em W/kg sob excitação			Polarização magnética em Tesla (T) mínima à intensidade de campo H em A/m			Intensidade estática do campo coercitivo H_c em A/m	Permeabilidade μ máxima	Características, exemplos de aplicação
Nome abreviado	Núm. do material	mm	g/cm³	P 1,0	P 1,5	P 1,7	(B25) 2.500	(B50) 5.000	(B100) 10.000			
M 270-35A	1.0801	0,35	7,60	1,10	2,70	–	1,49	1,60	1,70			Perdas por transformação de magnetização
M 330-35A	1.0804	0,35	7,65	1,30	3,30	–	1,49	1,60	1,70			
M 330-50A	1.0809	0,50	7,60	1,35	3,30	–	1,49	1,60	1,70			
M 530-50A	1.0813	0,50	7,70	2,30	5,30	–	1,56	1,65	1,75			
M 800-50A	1.0816	0,50	7,80	3,60	8,00	–	1,60	1,70	1,78			
M 400-65A	1.0821	0,65	7,65	1,70	4,00	–	1,52	1,62	1,72			
M1000-65A	1.0829	0,65	7,80	4,40	10,00	–	1,61	1,71	1,80			
M 800-110A	1.0895	1,00	7,70	3,60	8,00	–	1,56	1,66	1,75	≈ 100	≈ 5.000	
M1300-100A	1.0897	1,00	7,80	5,80	13,00	–	1,60	1,70	1,78			
M 660-50D	1.0361	0,50	7,85	2,80	6,00	–	1,62	1,70	1,79			Construção de circuitos magnéticos com magnetização alternada (p. ex. motores)
M1050-50D	1.0363	0,50	7,85	4,30	10,50	–	1,57	1,65	1,77	...300		
M 800-65D	1.0364	0,65	7,85	3,30	8,00	–	1,62	1,70	1,79			
M1200-65D	1.0366	0,65	7,85	5,00	12,00	–	1,57	1,65	1,77			
							Com intensidade de campo H 800 A/m (B8)					
M 097-30N	1.0861	0,30	–	–	0,97	1,50		1,75				
M 140-30S	1.0862	0,30	–	–	0,92	1,40		1,78		≈ 1	≈ 30.000	
M 111-30P	1.0881	0,30	–	–	–	1,11		1,85				
M 340-50E	1.0841	0,50	7,65	1,42	3,40	–	1,54	1,62	1,72			
M 560-50E	1.0844	0,50	7,80	2,42	5,60	–	1,58	1,66	1,76	≈ 100	≈ 5.000	
M 390-65E	1.0846	0,65	7,65	1,62	3,90	–	1,54	1,62	1,72	...300		
M 630-65E	1.0849	0,65	7,80	2,72	6,30	–	1,58	1,66	1,76			

Materiais para transformadores e reatores

Permeabilidade da chapa do núcleo para as classes de liga C21, C22, E11, E31 e E41 para o corte do núcleo da chapa YEI1.

Permeabilidade mínima do núcleo da chapa μ_{iam} (mín)

Designação IEC		C21-09 Espessura em mm				C22-13 Espessura em mm				E11-60 Espessura em mm			
		0,3...0,38	0,14...0,2			0,3...0,38				0,3...0,38	0,15...0,2	0,1	0,05
YEI 1	-10	630	630			1.000				14.000	18.000	20.000	20.000
	13	800	630			1.000				18.000	20.000	20.400	20.400
	14	800	630			1.000				18.000	22.400	22.400	22.400
	16	800	630			1.000				20.000	22.400	22.400	22.400
	18	800	630			1.000				20.000	22.400	25.000	22.400
	20	800	630			1.120				22.400	25.000	25.000	25.000
	22	800	630			1.120				22.400	25.000	25.000	25.000
	25	800	630			1.120							

Designação IEC		E11-100 Espessura em mm				C22-13 Espessura em mm				E31-06 Espessura em mm			
		0,3...0,38	0,14...0,2	0,1	0,05	0,3...0,38	0,15...0,2	0,1	0,05	0,3...0,38	0,15...0,2	0,1	0,05
YEI 1	-10	18.000	25.000	31.500	31.500	2.800	2.800	3.150	3.150	3.550	4.000	4.500	5.000
	13	20.000	28.000	35.500	35.500	2.800	3.150	3.150	3.550	4.000	4.500	5.000	5.000
	14	22.400	28.000	25.500	35.500	2.800	3.150	3.150	3.550	4.000	4.500	5.000	5.000
	16	22.400	31.500	25.500	35.500	2.800	3.150	3.150	3.550	4.500	4.500	5.000	5.000
	18	25.000	31.500	40.000	35.500	3.150	3.150	3.550	3.550	4.500	4.500	5.000	5.000
	20	28.000	35.500	40.000	40.000	3.150	3.150	3.550	3.550	4.500	5.000	5.000	5.000

Designação IEC		E31-10 Espessura em mm				E41-02 Espessura em mm				E41-03 Espessura em mm			
		0,3...0,38	0,14...0,2	0,1	0,05	0,3...0,38	0,15...0,2	0,1	0,05	0,3...0,38	0,15...0,2	0,1	0,05
YEI 1	-10	5.600	6.300	5.600	6.300	1.600	1.800	1.800	2.000	2.000	2.240	2.500	2.240
	13	6.300	7.100	6.300	6.300	1.800	1.800	2.000	2.000	2.240	2.240	2.500	2.240
	14	6.300	7.100	6.300	7.100	1.800	1.800	2.000	2.000	2.240	2.240	2.500	2.240
	16	6.300	7.100	6.300	7.100	1.800	1.800	2.000	2.000	2.240	2.240	2.500	2.240
	18	7.100	7.100	6.300	7.100	1.800	1.800	2.000	2.000	2.240	2.500	2.500	2.240
	20	7.100	7.100	6.300	7.100	1.800	2.000	2.000	2.000	2.240	2.500	2.500	2.240

Materiais para relés de corrente contínua

Materiais		Componentes da liga		Densidade ϱ	Dureza [1]	Remanência [1]	Permeabilidade [1]	Resist. elétrica específica [1]	Intens. do campo coercitivo	Polarização magnética T (Tesla) mín. com intensidade de campo H em A/m									Características, exemplos de aplicações
Nome abrev.	Núm. do material		Proporção em peso %	g/cm³	HV	T (Tesla)	μ_{max}	$\frac{\Omega \cdot mm^2}{m}$	A/m max.	20	50	100	200	300	500	1.000	4.000		
Aços não-ligados																			
RFe 160	1.1011	-		7,85	max. 150	-	-	0,15	160	-	-	-	-	1,15	1,30	-	1,60		Intensidade de campo magnético coercitivo pequena
RFe 80	1.1014					1,10	-	0,15	80	-	-	-	1,10	1,20	1,30	1,45	1,60		
RFe 60	1.1015					1,20	-	0,12	60	-	-	-	1,15	1,25	1,35	1,45	1,60		
RFe 20	1.1017					1,20	≈ 20.000	0,10	20	-	-	1,15	1,25	1,30	1,40	1,45	1,60		
RFe 12	1.1018					1,20		0,10	12	-	-	1,15	1,25	1,30	1,40	1,45	1,60		
Aços de silício																			Relés de corrente contínua e finalidades similares
RSi 48	1.3840	2,5		7,55	130	0,50	-	0,42	48	-	-	0,60	-	1,10	1,20	-	1,50		
RSi 24	1.3843	-		-	-	1,00	≈ 20.000	-	24	-	-	1,20	-	1,30	1,35	-	1,50		
RSi 12	1.3845	4 Si		7,75	200	1,00	≈ 10.000	0,60	12	-	-	1,20	-	1,30	1,35	-	1,50		
Aços de níquel e ligas de níquel																			
RNi 24	1.3911	≈ 36 Ni		8,2	130...180	0,45	≈ 5.000	0,75	24	0,20	0,45	0,70	-	0,90	1,0	-	1,18		
RNi 12	1.3926	≈ 50 Ni		8,3	130...180	0,60	≈ 30.000	0,45	12	0,50	0,90	1,10	-	1,25	1,35	-	1,45		
RNi 8	1.3927	≈ 50 Ni		8,3	130...180	0,60	30.000...100.000	0,45	8	0,50	0,90	1,10	-	1,25	1,35	-	1,45		
RNi 5	2.4596	70...80 Ni peq. quant. de Cu, Cr, Mo		8,7	120...170	0,30	≈ 40.000	0,55	5	0,50	0,65	0,70	-	-	-	-	0,75		
RNi 2	2.4595			8,7	120...170	0,30	≈ 100.000	0,55	2	0,50	0,65	0,70	-	-	-	-	0,75		

[1] Valores de referência.

Metais sinterizados para componentes magneticamente moles

Material Nome abreviado	Elementos característicos da liga (exceto Fe) Proporção de massa %	Densidade do sinterizado ϱ_s g/cm³	Porosidade p_s %	Intensidade máxima de campo coercitivo $H_{c(max)}$ A/m	Polarização magnética em Tesla (T) com intensidade de campo H em A/m 500	5.000	15.000	80.000	Permeabilidade máxima $\mu_{(max)}$	Dureza Vickers HV5	Resistência elétrica específica ϱ μΩm
S-Fe-175	-	6,6	16	175	0,70	1,10	1,40	1,55	2.000	50	0,15
S-Fe-170	-	7,0	11	170	0,90	1,25	1,45	1,65	2.600	60	0,13
S-Fe-165	-	7,2	9	165	1,10	1,40	1,55	1,75	3.000	70	0,12
S-FeP-150	≈ 0,45 P	7,0	10	150	1,05	1,30	1,50	1,65	3.400	95	0,20
S-FeP-130	≈ 0,45 P	7,2	8	130	1,20	1,45	1,60	1,75	4.000	105	0,19
S-FeSi-80	≈ 3 Si	7,3	4	80	1,35	1,55	1,70	1,85	8.000	170	0,45
S-FeSi-50	≈ s Si	7,5	2	50	1,40	1,65	1,70	1,95	9.500	180	0,45
S-FeNi-20	≈ 50 Ni	7,7	7	20	1,10	1,25	1,30	1,30	20.000	70	0,50
S-FeNi-15	≈ 50 Ni	8,0	4	15	1,30	1,50	1,55	1,55	30.000	85	0,45
S-FeCo-100	≈ 50 Co	7,8	3	100	1,50	2,00	2,10	2,15	2.000	190	0,10
S-FeCo-200	≈ 50 Co	7,8	3	200	1,55	2,05	2,15	2,20	3.900	240	0,35

Propriedades dos materiais metálicos

Ferritas moles

Tipo de ferrita	Permeabilidade inicial [1] μ_i ±25%	Fator de perdas relativo $\tan \delta/\mu_i$ [2] 10^{-6}		Perda de potência específica [3] mW/g	Permeabilidade de amplitude [4] μ_a	Temperatura de Curie [5][6] Θ_c °C	Freqüência para $0,8 \cdot \mu_i$ [6] MHz	Características Exemplos de aplicação
			MHz					
Materiais em circuitos magnéticos correntemente abertos								Permeabilidade inicial. Em comparação com materiais magnéticos metálicos de elevada resistência específica ($10^0...10^5\,\Omega \cdot m$, metais $10^{-7}...10^{-6}\,\Omega \cdot m$), por isso menos perdas por corrente de Foucault. Telecomunicações (bobinas, transformadores)
C 1/12	12	350	100	–	–	> 500	400	
D 1/50	50	120	10	–	–	> 400	90	
F 1/250	250	100	3	–	–	> 250	22	
G 2/600	600	40	1	–	–	> 170	6	
H 1/1200	1.200	20	0,3	–	–	> 150	2	
Materiais em circuitos magnéticos correntemente fechados								
E 2	60... 160	80	10	–	–	> 400	50	
G 3	400...1.200	25	1	–	–	> 180	6	
J 4	1.600...2.500	5	0,1	–	–	> 150	1,5	
M 1	3.000...5.000	5	0,03	–	–	> 125	0,4	
P 1	5.000...7.000	3	0,01	–	–	> 125	0,3	
Materiais para aplicações de potência								
W 1	1.000...3.000	–	–	45	1.200	> 180	–	
W 2	1.000...3.000	–	–	25	1.500	> 180	–	

[1] Valores nominais.
[2] $\tan \delta/\mu_i$ denota as perdas de material dependente da freqüência com baixa densidade de fluxo ($B < 0,1$ mT).
[3] Perdas com grande densidade de fluxo. Medição de preferência a: $f = 25$ kHz, $B = 200$ mT, $\Theta = 100°C$.
[4] Permeabilidade com regulação mais forte senoidal. Medição a: $f \leq 25$ kHz, $B = 320$ mT, $\Theta = 100°C$.
[5] A temperatura de Curie Θ_c nessa tabela é a temperatura na qual a permeabilidade inicial μ_i abaixa 10% de seu valor a 25°C.
[6] Valores de referência.

Materiais para imãs permanentes

Material	Nome abreviado DIN	Núm. do material	IEC	Composição química [1] % em peso Al	Co	Cu	Nb	Ni	Ti	Fe	Densidade ϱ [1] g/cm³	$(BH)_{max}$ [2] kJ/m³	Remanência B_r [2] mT	Intensidade de campo coercivo [2] da densidade de fluxo H_{CB} kA/m	da polarização H_{CJ} kA/m	Permeabilidade relativa permanente m_p	Temp. de Curie [1] T_C K	Coef. de temp. da polar. $TK(J_s)$ [1] [3] %K	Coef. de temp. do campo coerc. $TK(H_c)$ [1] [3] %K	Fabricação, processamento, aplicações
Imãs metálicos																				
Isotrópicos																				
AlNiCo 9/5	1,3728		R 1-0-3	11…13	0…5	2…4	-	21…28	0…1	resto	6,8	9,0	550	44	47	4,0…5,0	1.030	-0,02	+0,03	
AlNiCo 18/9	1,3756		-	6…8	24…34	3…6	-	13…19	5…9		7,2	18,0	600	80	86	3,0…4,0	1.180		…-0,07	
AlNiCo 18/8p	1,3715		R 1-2-3	6…8	24…34	3…6	-	13…19	5…9		5,5	7,0	340	72	84	2,0…3,0				
Anisotrópicos																				
AlNiCo 35/5	1,3761		R 1-1-2	8…9	23…26	3…4	0…1	13…16	-	resto	7,2	35,0	1.120	47	48	3,0…4,5	1.030	-0,02	+0,03	Fabricação: fundição ou sinterização. Em imãs com aglutinante prensagem ou injeção. Processamento: retificação. Aplicação: máx. 400..500°C
AlNiCo 44/5	1,3757		-	8…9	23…26	3…4	0…1	13…16	-		7,2	44,0	1.200	52	53	2,5…4,0			…-0,07	
AlNiCo 52/6	1,3759		-	8…9	23…26	3…4	0…1	13…16	-		7,2	52,0	1.250	55	56	1,5…3,0	1.180			
AlNiCo 60/11	1,3763		R 1-1-6	6…8	35…39	2…4	0…1	13…15	4…6		7,2	60,0	900	110	112	1,5…2,5				
AlNiCo 30/14	1,3765		-	6…8	38…42	2…4	0…1	13…15	7…9		7,2	30,0	680	136	144	1,5…2,5				
				Pt	Co															
PtCo 60/40	2,5210		R 2-0-1	77…78	20…23						15,5	60	600	350	400	1,1	800	-0,01	-0,35	
				V	Co	Cr	Fe													
FeCoVCr 11/2	2,4570		R 3-1-3	8…15	51…54	0…4	resto				-	11,0	800	24	24	2,0…8,0	1.000	-0,01	≈ 0	
FeCoVCr 4/1	2,4571		-	3…15	51…54	0…6					-	4,0	1.000	5	5	9,0…25,0		-0,02		
RECo – imãs do tipo RECo₅																				
RECo 80/80			R 5-1-1	típico MMCo₅ (MM = Mistura cerâmica metal)							8,1	80	650	500	800	1,05	1.000	-0,05	-0,3	
RECo 120/96			R 5-1-2	típico SmCo₅							8,1	120	770	590	960	1,05	1.000	-0,05	-0,3	
RECo 160/80			R 5-1-3	típico (SmPr) Co₅							8,1	160	900	640	800	1,05	1.000	-0,05	-0,3	
RECo – imãs do tipo RE₂Co₁₇																				
RECo 165/50			R 5-1-11								8,2	165	950	440	500	1,1	1.100	0,03	-0,02	
RECo 180/90			R 5-1-13								8,2	180	1.000	680	900	1,1	1.100	0,03	-0,02	
RECo 190/70			R 5-1-14								8,2	190	1.050	700	700	1,1	1.100	0,03	-0,02	
RECo 48/60p			R 5-3-1								5,2	48	500	360	600	1,05	1.100	-0,05	-0,3	

[1] Valores de referência. [2] Valores mínimos. [3] Na faixa de 273…373 K.

Propriedades dos materiais metálicos

Material		Composição química [1]								Densidade ϱ [1]	$(BH)_{max}$ [2]	Remanência B_r [2]	Intensidade de campo coercitivo [2] da densidade de fluxo H_{CB}	da polarização H_{CJ}	Permeabilidade relativa permanente m_p	Temp. de Curie [1] T_C	Coef. de temp. da polar. $TK(J_s)$ [1][3]	Coef. de temp. do campo coerc. $TK(H_c)$ [1][3]	Fabricação, processamento, aplicações
Nome abreviado	Núm. do material	% em peso																	
	DIN / IEC	Al	Co	Cu	Mo	Ni	Ti	Fe		g/cm³	kJ/m³	mT	kA/m	kA/m		K	%K	%K	
CrFeCo 12/4	- / R 6-0-1	Sem dados								7,6	12	800	40	42	5,5...6,5	1.125	−0,03	−0,04	
CrFeCo 28/5	- / R 6-1-1									7,6	28	1.000	45	46	3...4	1.125	−0,03	−0,04	
REFe 165/170	- / R 7-1-1	Sem dados								7,4	165	940	700	1.700	1,07	583	−0,1	−0,8	
REFe 220/140	- / R 7-1-6									7,4	220	1.090	800	1.400	1,05	583	−0,1	−0,8	
REFe 240/110	- / R 7-1-7									7,4	240	1.140	850	1.100	1,05	583	−0,1	−0,8	
REFe 260/80	- / R 7-1-8									7,4	260	1.180	750	800	1,05	583	−0,1	−0,8	

Material			Densidade ϱ [1]	$(BH)_{max}$ [2]	Remanência B_r [2]	Intensidade de campo coercitivo [2] da densidade de fluxo H_{CB}	da polarização H_{CJ}	Permeabilidade relativa permanente m_p	Temp. de Curie [1] T_C	Coef. de temp. da polar. $TK(J_s)$ [1]	Coef. de temp. do campo coerc. $TK(H_c)$ [1]	Fabricação, processamento, aplicações
Nome abreviado	Número do material											
	DIN	IEC	g/cm³	kJ/m³	mT	kA/m	kA/m		K	% K	% K	
Imãs cerâmicos												
Isotrópicos												
Ferrita dura 7/21	1,3641	S 1-0-1	4,9	6,5	190	125	210	1,2	723	−0,2	0,2...0,5	Fabricação: sinterização. Os imãs com aglutinantes plásticos por prensagem, injeção, laminação ou extrusão. Processamento: retrificação
Ferrita dura 3/18p	1,3614	S 1-2-2	3,9	3,2	135	85	175	1,1				
Anisotrópicos												
Ferrita dura 20/19	1,3643	S 1-1-1	4,8	20,0	320	170	190	1,1	723	−0,2	0,2...0,5	
Ferrita dura 20/28	1,3645	S 1-1-2	4,6	20,0	320	220	280	1,1				
Ferrita dura 24/23	1,3647	S 1-1-3	4,8	24,0	350	215	230	1,1				
Ferrita dura 25/22		S 1-1-5	4,8	25,0	370	205	220	1,1				
Ferrita dura 26/26	1,3651	S 1-1-8	4,7	26,0	370	230	260	1,1				
Ferrita dura 32/17		S 1-1-10	4,9	32,0	410	160	165	1,1				
Ferrita dura 24/35	1,3616	S 1-1-14	4,8	24,0	360	260	350	1,1				
Ferrita dura 9/19p		S 1-3-1	3,4	9,0	220	145	190	1,1				
Ferrita dura 10/22p		S 1-3-2	3,5	10,0	230	165	225	1,1				

[1] Valores de referência. [2] Valores mínimos. [3] Na faixa de 273...373 K.

Materiais de ímãs permanentes (continuação)

Qualidades Bosch [BTMT] (não normalizadas)

Material Nome abreviado	Densidade ϱ [1] g/cm³	$(BH)_{max}$ [2] kJ/m³	Remanência [2] B_r mT	Intensidade do campo coercitivo [2]	
				da densidade de fluxo H_{CB} kA/m	da polarização H_{CJ} kA/m
RBX HC 370		25	360	270	390
RBX HC 380		28	380	280	370
RBX 380 K		28	380	280	300
RBX 400		30	400	255	260
RBX 400 K		31	400	290	300
RBX HC 400	4,7...4,9	29	380	285	355
RBX 420		34	420	255	270
RBX 410 K		33	410	305	330
RBX HC 410		30	395	290	340
RBX 420 S		35	425	260	270
RBX HC 400 N		28	380	280	390

[1]) Valores de referência. [2]) Valores mínimos.

Comparação entre ímãs moles e permanentes
Faixa das características magnéticas de alguns materiais cristalinos de uso comum.

Material magnético	Intensidade do campo coercitivo H_C A/m	Polarização de saturação J_S T	Remanência B_r T	μ
Ímãs moles	baixa 0,3...400	alta 0,9...2,4	de acordo com a aplicação	alta <500000
Ímãs permanentes	alta $5 \cdot 10^4 ... 2 \cdot 10^6$	alta 0,45...1,4	alta 0,4...1,25	alta 1,1...5

Soldas

Tipo da solda	Nome abreviado (conforme DIN EN ISO 3677)	Principais componentes da liga em % de massa	Faixa de fusão da solda °C	Características, exemplos de aplicação
Soldas moles (seleção de DIN 1707-100 e DIN EN 29 453)				
Soldas moles de estanho-chumbo	S-Sn 63 Pb 37 S-Sn 60 Pb 40	62,5-63,5 Sn; resto Pb 59,5-60,5 Sn; resto Pb	183 183...190	Soldagem de circuitos impressos por refluxo, ondas e ferro de solda. Estanhagem de cobre e ligas na indústria elétrica.
Soldas moles de chumbo/estanho com adições de AG ou Cu	S-Sn 62 Pb 36 Ag 2	61,5-62,5 Sn; 1,8-2,2 Ag; resto Pb	178...190	Soldagem de circuitos impressos por refluxo, ondas e ferro de solda.
	S-Sn 60 Pb 38 Cu 2	59,5-60,5 Sn; 0,5-2,0 Cu; resto Pb	183...190	Soldagem com ferro de solda de cobre e ligas na indústria elétrica.
	S-Sn 60 Pb 40 CuP	59,5-60,5 Sn; 0,1-0,2 Cu; 0,001-0,004 P; resto Pb	183...190	Soldagem por imersão de cobre e ligas na indústria elétrica.
Soldas moles de chumbo-estanho	S-Pb 92 Sn 8 S-Pb 60 Sn 40	7,5-8,5 Sn; resto Pb 39,5-40,5 Sn; resto Pb	280...305 183...235	Estanhagem; solda mole para pacotes de chapa fina. Soldagem mole de motores elétricos e construção de radiadores.
	S-Pb 78 Sn 20 Sb 2	19,5-20,5 Sn; 0,5-3,0 Sb; resto Pb	185...270	Soldagem mole na construção de carrocerias. Soldagem mole de cobre na construção de radiadores.
Soldas moles livres de chumbo	S-Sn 96 Ag 4 S-Sn 96 Ag 4 Cu 1 [1]	3,5-4,0 Ag; resto Sn 3,5-4,0 Ag; 0,5-1,0 Cu; resto Sn	221 217...220	Soldagem de circuitos impressos por refluxo, ondas e ferro de solda.
	S-Sn 99 Cu 1	0,45-0,90 Cu; resto Sn	230...240	Soldagem de circuitos impressos por onda.
	S-Bi 57 Sn 43	42,5-43,5 Sn; resto Bi	138	Soldagem de circuitos impressos por refluxo e por onda.
Soldas especiais	S-Sn 95 Sb 5	4,5-5,5 Sb; resto Sn	230...240	Soldagem mole de cobre na técnica de refrigeração e na instalação de canos de água.
	S-Sn 50 In 50	49,5-50,5 Sn; resto In	117...125	Soldagem mole de vidro/metal.
	S-Bi 57 In 26 Sn 17 [1]	57 Bi; 26 In; resto Sn	79	Soldagem mole de componentes sensíveis ao calor.
	S-Sn 90 Zn 10 S-Zn 95 Al 5	8,0-15,0 Zn; resto Sn 4,0-6,0 Al; resto Zn	200...250 380...390	Soldagem mole por ultra-som de alumínio e cobre sem fluxo.

[1]) Não listado em DIN 1707-100 ou DIN EN 29 453.

270 Ciência dos materiais

Tipo da solda	Nome abreviado anteriormente DIN 8513-1 até -5	atual DIN EN ISO 3677	Principais componentes da liga, valores médios em % de massa	Faixa de fusão da solda °C	Características, exemplos de aplicação
Soldas duras e de alta temperatura (selecionado de DIN 8513, ou seja, ISO 3677)					
Soldas com base de alumínio	L-AlSi 12 L-AlSi 10 L-AlSi 7,5	B-Al 88 Si-575/585 B-Al 90 Si-575/590 B-Al 92 Si-575/615	12 Si; resto Al 10 Si; resto Al 7,5 Si; resto Al	575...590 575...595 575...615	Soldagem dura de Al e ligas de Al com ponto de fusão suficientemente alto.
Soldas com conteúdo de Ag < 20%	BCu 75 AgP 643 L-Ag 15 P	B-Cu 75 AgP-645 B-Cu 80 AgP-645/800	18 Ag; 7,25 P; resto Cu 15 Ag; 5 P; resto Cu	643 650...800	Soldagem dura de Cu/Cu sem fluxo.
	L-Ag 5	B-Cu 55 ZnAg(Si)-820/870	5 Ag; 55 Cu; 0,2 Si; resto Zn	820...870	Soldagem dura de aço, Cu, Ni e ligas com fluxo.
Soldas com conteúdo de Ag ≥ 20%	L-Ag 55 Sn L-Ag 44	B-Ag 55 ZnCuSn-630/660 B-Ag 44 CuSn-6675/735	55 Ag; 22 Cu; 5 Sn; resto Zn 44 Ag; 30 Cu; resto Zn	620...660 675...735	Soldagem dura de aço, Cu e ligas de Cu, Ni e ligas de Ni com fluxo.
	L-Ag 49	B-Ag 49 ZnCuMnNi-680/705	49 Ag; 16 Cu; 7,5 Mn; 4,5 Ni; resto Zn	625...705	Solda dura de metal duro, aço, W, Mo, Ta com fluxo.
	BAg 60 CuIn 605-710 BAg 60 CuSn 600-700 L-Ag 72 BCu 58 AgNi 780-900	B-Ag 60 CuIn-605/710 B-Ag 60 CuSn-600/730 B-Ag 72 Cu-780 B-Cu 58 AgNi-780/900	60 Ag; 13 In; resto Cu 60 Ag; 10 Sn; resto Cu 72 Ag; resto Cu 40 Ag; 2 Ni; resto Cu	605...710 600...720 780 780...900	Soldagem dura de Cu, Ni, aço no vácuo ou sob gás de proteção.
	BAg 68 CuPd 807-810 BAg 54 PdCu 901-950 BAg 95 Pd 970-1010 BAg 64 PdMn 1180-1200	B-Ag 68 CuPd-807/810 B-Ag 54 PdCu-901/950 B-Ag 95 Pd-970/1010 B-Ag 64 PdMn-1180/1200	68 Ag; 5 Pd, resto Cu 54 Ag; 21 Pd; resto Cu 95 Ag; resto Pd 65 Ag; 3 Mn; resto Pd	807...810 901...950 970...1.010 1.180...1.200	Soldagem dura de aço, ligas de Ni e Co, Mo, W, Ti, no vácuo ou sob gás de proteção.
	L-Ag 56 InNi L-Ag 85	B-Ag 56 CuInNi-600/710 B-Av 85 SnP-650/700	56 Ag; 14 In; 4 Ni; resto Cu 85 Ag; resto Cu	620...730 960...970	Soldagem dura de aços Cr e Cr/Ni no vácuo ou sob gás de proteção.
Soldas com base de cobre	BCu 86 SnP 650-700	B-Cu 86 SnP-650/700	6,75 P; 7 Sn; resto Cu	650...700	Soldagem dura de Cu e ligas de Cu com fluxo. Não para ligas de Fe e Ni ou materiais que contenham S.

[1]) Dependente do processo

Propriedades dos materiais metálicos

Tipo da solda	Nome abreviado anteriormente DIN 8513-1 até -5	atual DIN EN ISO 3677	Principais componentes da liga, valores médios em % de massa	Faixa de fusão da solda °C	Características, exemplos de aplicação
Soldas com base de cobre (continuação)	L-CuP 8	B-Cu 92 P-710/770	8 P; resto Cu	710...740	Soldagem dura de Cu/Cu sem fluxo. Não para ligas de Fe e Ni ou materiais que contenham S.
	L-CuZn 40	B-Cu 60 Zn(Sn)(Si)-875/895	60 Cu; 0,2 Si; resto Zn	890...900	Soldagem dura de aço, Cu, Ni e ligas com fluxo.
	L-CuSn 6 L-SFCu	B-Cu 94 Sn(P)-910/1040 B-Cu 100 (P)-1085	6 Sn max; 0,4 P; resto Cu 100 Cu	910...1.083 1.040	Soldagem dura de aço no vácuo ou sob gás de proteção.
	BCu 86 MnNi 970-990 BCu 87 MnCo 980-1030 BCu 96,9 NiSi 1090-1100	B-Cu 86 MnNi-970/990 B-Cu 87 MnCo-980/1030 B-Cu 96,9 NiSi-1090/1100	2 Ni; 12 Mn; resto Cu 3 Co; 10 Mn; resto Cu 0,6 Si; 2,5 Ni; resto Cu	970...990 980...1.030 1.090...1.100	Soldagem dura de metal duro, aço, W, Mo, Ta no vácuo ou sob gás de proteção com pressão parcial.
Solda com base de níquel	L-Ni 6 L-Ni 1	B-Ni 89 P-875 B-Ni 73 CrFeSiB(C)-980/1060	11 P; resto Ni 3 B; 14 Cr; 4,5 Fe; 4,5 Si resto Ni	880 980...1.040	Soldagem dura de Ni, Co e suas ligas, aços sem liga, pouca liga e com muita liga no vácuo ou sob gás hidrogênio de proteção.
	L-Ni 5		19 Cr; 10 Si; resto Ni	1.080...1.135	
Solda com base de ouro	BAu 80 Cu 910	B-Au 80 Cu(Fe)-905/910	20 Cu; resto Au	910	Soldagem dura de Cu, Ni; aço no vácuo ou sob gás de proteção.
	BAu 82 Ni 950	B-Au 82 Ni-950	18 Ni; resto Au	950	Soldagem dura de W, Mo, Co, Ni, aços no vácuo ou sob gás de proteção.
Soldas ativas com conteúdo de titânio	- - -		72,5 Ag; 19,5 Cu; 5 In; resto Ti 70,5 Ag; 26,5 Cu; resto Ti 96 Ag; resto Ti	730...760 780...805 970	Soldagem dura direta de cerâmica não metalizada entre si ou combinada com aço no vácuo ou sob gás argônio de proteção.

[1]) Dependente do processo

Materiais eletrotécnicos

Resistência elétrica específica a 20 °C
(resistência de um fio com 1 m de comprimento com seção de 1 mm²)

Resistência específica fortemente dependente da pureza dos metais. O coeficiente de temperatura médio α se refere, sempre que possível, a temperaturas entre 0 e 100°C. Resistência específica à temperatura t°C é $\varrho_t = \varrho_{20}[1 + \alpha(t - 20°C)]$. Cálculo da temperatura de um enrolamento partindo do incremento da resistência, v. pág. 153.

$$1 \ \Omega \ mm^2/m = 1 \ \mu\Omega \ m, \ 1 \ S \ m/mm^2 = 1 \ MS/m \ (S = Siemens)$$

Material	Resistência elétrica específica ϱ	Condutibilidade elétrica $\gamma = 1/\varrho$	Coeficiente de temperatura médio α	Máxima temperatura operacional
	μΩm	MS/m	x 10⁻³ 1/°C	aprox. °C
Aço C 15	0,14...0,16	7,15	-	-
Alpaca CuNi 12 Zn 24	0,232	4,3	-	-
Alumínio, Al 99,5 (mole)	0,0265	35	3,8	-
Bismuto	1,07	0,8	4,54	-
Bronze CuBe 0,5, endurecido	0,04...0,05	20...25	-	200
Cádmio	0,068	13	-	-
Chapa elétrica I	0,21	4,76	-	-
Chapa elétrica IV	0,56	1,79	-	-
Chumbo Pb 99,94	0,206	4,8	4	-
Cobre, mole	0,01754	57	3,9	-
Cobre, duro (laminado a frio)	0,01786	56	3,9	-
Escovas de carvão, sem recheio	10...200	0,1...0,05	-	
Escovas de carvão, com recheio metálico	0,05...30	20...0,03	-	
Estanho	0,114	8,82	4,4	
Fundição cinza	0,6...1,6	0,62...1,67	1,9	
Latão CuZn 39 Pb 3	0,0667	15	2,33	-
Latão CuZn 20	0,0525	19	1,6	-
Liga de alumínio E – AlMgSi	< 0,0328	> 30,5	3,8	-
Liga de ouro-cromo Cr2,05	0,33	3,03	± 0,001	-
Liga resistiva [2]) CuMn 12 Ni	0,43	2,33	± 0,01	140
CuNi 30 Mn	0,40	2,50	0,14	500
CuNi 44	0,49	2,04	± 0,04	600
Liga de resistor de aquec.[1]) CrAl 20 5	1,37	0,73	0,05	1200
NiCr 30 20	1,04	0,96	0,35	1100
NiCr 60 15	1,13	0,88	0,15	1150
NiCr 80 20	1,12	0,89	0,05	1200
Mercúrio	0,941	1,0389	0,9	-
Molibdênio	0,052	18,5	4,7	1600 [3])
Níquel Ni 99,6	0,095	10,5	5,5	-
Ouro (ouro fino)	0,023	45	4	-
Platina	0,106	10,2	3,923	-
Prata (prata pura)	0,016	66,5	4,056	-
Tântalo	0,124	8,06	3,82	-
Tungstênio	0,056	18,2	4,82	-
Zinco	0,06	16,67	4,17	-

---

1) DIN 17 470. 2) DIN 17 471. 3) Sob gás protetor ou no vácuo.

Materiais isolantes

Propriedades elétricas

Propriedades fortemente dependentes da pureza, homogeneidade, processamento e envelhecimento do material isolante, bem como do teor de umidade e temperatura. Os valores de referência a seguir são para peças de teste não envelhecidas à temperatura ambiente e teor de umidade médio. 1 minuto de tensão de teste a 50 Hz; Peças com espessura de 3 mm.
Fator de perdas tan δ = potência eficaz/potência reativa; nos EUA: fator de perdas = $\varepsilon_r \cdot \tan \delta$.

Material isolante	Constante dielétrica relativa a 800 Hz (ar = 1) ε_r	Fator de perdas tan δ a 800 Hz × 10⁻³	Fator de perdas tan δ a 10⁶ Hz × 10⁻³	Resistividade volumétrica 10⁹ Ωm Valores de n	Rigidez dielétrica kV$_{eff}$/mm	Resistência a correntes de fuga de acordo com DIN 53 480 Nível
Acetatos de celulose	4,7...5,8	17...24	48...66	11...13	32	–
Borracha mole	2...14	0,2...100	–	2...14	15...30	Ka 1...KA 3
Cerâmica de titânio	12...10000	–	0,05...100	–	2...30	–
Cloreto polivinílico (PVC)	3,3...6,5	15...150	10...100	10...14	15...50	KA 3 b
Esteatita (pedra-sabão)	5,5...6,5	1...3	0,3...2	10...12	20...45	KA 3 c
Massas fenólicas prensadas com recheio inorgânico	5...30	30...400	50...200	6...11	5...30	KA 1
Massas fenólicas prensadas com recheio orgânico	4...9	50...500	50...200	6...10	5...20	KA 1
Mica	5...8	0,1...1	0,2	13...15	60	KA 3 c
Óleo de transformador, seco	2...2,7	≈ 1	≈ 10	11...12	5...30	–
Parafinas	1,9...2,3	< 0,3	< 0,3	13...16	10...30	KA 3 b, KA 3 c
Poliamidas	8...14	20...200	20...200	6...12	10...50	KA 1
Policarbonatos	3	1,0	10	14...16	25	KA 2, KA 1
Poliestireno	2,5	0,1	0,1	14	40	KA 3 c
Polietileno	2,3	0,2...0,6	0,2...0,6	> 15	≈ 80	KA 3 c
Polimetil metacrilatos	3,1...3,4	40	20	> 13	30	KA 3 b
Polipropileno	2,3	< 0,5	< 0,5	> 15	–	KA 3 c
Politetrafluoretileno	2	0,1...0,5	0,1...0,5	13...15	50	KA 3 c
Porcelanas duras	5...6,5	≈ 15	6...12	> 9	30...40	KA 3 c
Resinas de poliéster fundidas e prensadas	3...7	3...100	6...60	8...14	6...25	KA 3 c
Resinas epóxi fundidas e prensadas	3,2...5	2...30	2...60	10...15	6...15	KA 3 b, KA 3c
Silicone	5...8	≈ 4	≈ 4	10...14	20...60	KA 3 c
Vidro de quartzo	3,5...4,2	0,5	0,2	14...16	25...40	KA 3 c

Propriedades dos materiais não-metálicos

Materiais cerâmicos

Materiais	Composição	ϱ [1] g/cm³	σ_{cB} [2] MN/m²	σ_{dB} [3] MN/m²	E [4] GN/m²	α_t [5] 10^{-6}/K	λ [6] W/mK	c [7] kJ/kg·K	ϱ_D [8] Ω·cm	ε_r [9]	$\tan \varrho$ [10] 10^{-4}
Nitreto de alumínio	AlN > 97%	3,3	250...350	1.100	320...350	5,1	100...220	0,8	> 10¹⁴	8,5...9,0	3...10
Óxido de alumínio	Al₂O₃ > 99%	3,9...4,0	300...500	3.000...4.000	380...400	7,2...8,6	20...40	0,8...0,9	> 10¹¹	8...10	2
Titanato de alumínio	Al₂O₃·TiO₂	3,0...3,2	20...40	450...550	10...20	0,5...1,5	< 2	0,7	> 10¹¹	-	-
Óxido de berílio	BeO > 99%	2,9...3,0	250...320	1.500	300...340	8,5...9,0	240...280	1,0	> 10¹⁴	6,5	3...5
Carbureto de boro	B₄C	2,5	300...500	2.800	450	5,0	30...60	-	10⁻¹...10²	-	-
Cordierita p. ex. KER 410, 520	2MgO·2Al₂O₃·5SiO	1,6...2,1	40...200	300	70...100	2,0...5,0	1,3...2,3	0,8	> 10¹¹	5,0	70
Grafite	C > 99,7%	1,5...1,8	5...30	20...50	5...15	1,6...4,0	100...180	-	10⁻³	-	-
Porcelana p. ex. KER 110 − 2 (sem vitrificar)	Al₂O₃, 30...35% resto SiO₂ + fase de vidro	2,2...2,4	45...60	500...550	50	4,0...6,5	1,2...2,6	0,8	10³	6	120
Carbureto de silício sinterizado sem pressão SSiC	SiC > 98%	3,1...3,2	450...450	> 1.200	400	4,0...4,5	90...120	0,8	10³	-	-
Carbureto de silício prensado a quente HPSiC	SiC > 99%	3,1...3,2	400...650	> 1.500	420	4,0...4,5	100...120	0,8	10³	-	-
Carbureto de silício sinterizado por reação SiSiC	SiC > 90% + Si	3,0...3,1	300...400	> 2.200	380	4,2...4,3	100...140	0,8	10...100	-	-
Nitreto de silício sinterizado sob pressão de gás GPSN	Si₃N₄ > 90%	3,2	800...1.400	> 2.500	300	3,2...3,5	30...40	0,7	10¹²	-	-

Propriedades dos materiais não-metálicos

Materiais	Composição	ϱ [1] g/cm³	σ_{dB} [2] MN/m²	σ_{dB} [3] MN/m²	E [4] GN/m²	α_l [5] 10⁻⁶/K	λ [6] W/mK	c [7] kJ/kg·K	ϱ_D [8] Ω·cm	ε_r [9]	tan δ [10] 10⁻⁴
Nitreto de silício prensado a quente HPSN	Si₃N₄ > 95%	3,2	600...900	> 3.000	310	3,2...3,5	30...40	0,7	10¹²	-	-
Nitreto de silício sinterizado por reação RBSN	Si₃N₄ > 99%	2,4...2,6	200...300	< 2.000	140...160	2,9...3,0	15...20	0,7	10¹⁴	-	-
Esteatita p. ex. KER 220, 221	SiO₂ 55...65% MgO 25...35% Al₂O₃ 2...6% Óxido alc. < 1,5%	2,6...2,9	120...140	850...1.000	80...100	7,0...9,0	2,3...2,8	0,7...0,9	> 10¹¹	6	10...20
Carbureto de titânio	TiC	4,9	-	-	320	7,4	30	-	7·10⁻⁵	-	-
Nitreto de titânio	TiN	5,4	-	-	260	9,4	40	-	3·10⁻⁵	-	-
Dióxido de titânio	TiO₂	3,5...3,9	90...120	300	-	6,0...8,0	3...4	0,7...0,9	-	40...100	8
Dióxido de zircônio estabilizado parcialmente, PSZ	ZrO₂ > 90% resto Y₂O₃	5,7...6,0	500...1.000	1.800...2.100	200	9,0...11,0	2...3	0,4	10⁸	-	-
Normas		DIN EN 623 Parte 2	DIN EN 843 Parte 1	pr EN 993 Parte 5	DIN EN 843 Parte 2	DIN EN 821 Parte 1	DIN EN 821 Parte 2	DIN EN 821 Parte 3	DIN VDE 0335 Partes 2 e 3		

De acordo com a matéria-prima, composição e processo de fabricação, os valores característicos de cada material variam dentro de limites amplos.
Os dados dos materiais se referem às informações fornecidas por vários fabricantes.
A designação "KER" corresponde a DIN EN 60 672-1

[1] Densidade.
[2] Resistência à flexão.
[3] Resistência à compressão a frio.
[4] Módulo de elasticidade.
[5] Coeficiente de dilatação longitudinal RT...1000°C.
[6] Condutibilidade térmica a 20°C.
[7] Calor específico.
[8] Resistência elétrica específica a 20°C e 50 Hz.
[9] Coeficiente dielétrico.
[10] Fator dielétrico de perdas a 25°C e 10 MHz.

Laminados

Tipo	Tipo de resina	Material de enchimento	$\vartheta G^{1)}$ °C	$\sigma_{bB}{}^{2)}$ min. N/mm²	$a_{CU10}{}^{3)}$ min. kJ/m²	CTI[4]) min. Nível	Características, exemplos de aplicação
Papel duro DIN EN ISO 60 893-3-1							
PF CP 201 (Hp 2061)[5])	Resina fenólica	Tiras de papel	120	135	–	CTI 100	Para solicitações mecânicas
PF CP 204 (Hp 2063)[5])	Resina fenólica	Tiras de papel	105	75	–	CTI 100	Para solicitação elétrica; material básico FR 2 para placas de circuito impresso.
EP CP 201 (Hp 2361.1)[5])	Resina epóxi	Tiras de papel	110	110	–	CTI 100	Boas características elétricas e mecânicas; resistente a chamas; material básico FR 3 para placas de circuito impresso.
Tecido rígido DIN EN ISO 60 893-3-1							
PF GC 201 (Hgw 2072)[5])	Resina fenólica	Tecido de fibra de vidro	120	100	25	CTI 100	Elevada resistência mecânica, elétrica e térmica.
PF CC 201 (Hgw 2082)[5])	Resina fenólica	Tecido fino de algodão	120	100	8,8	CTI 100	Bom para usinar, bom comportamento de deslizamento e desgaste; particularmente para engrenagens e mancais.
PF CC 203 (Hgw 2083)[5])	Resina fenólica	Tecido finíssimo de algodão	120	110	7	CTI 100	
EP GC 201 (Hgw 2372)[5])	Resina epóxi	Tecido de fibra de vidro	130	340	33	CTI 200	Excelentes características mecânicas e elétricas.
EP GC 202 (Hgw 2372.1)[5])	Resina epóxi	Tecido de fibra de vidro	155	340	33	CTI 200	Excelentes características mecânicas e elétricas; material básico FR 4 para circuitos impressos.
EP GC 203 (Hgw 2372.4)[5])	Resina epóxi	Tecido de fibra de vidro	155	340	33	CTI 180	Para solicitações térmicas elevadas.
SI GC 201 (Hgw 2572)[5])	Resina de silicone	Tecido de fibra de vidro	180	90	20	PTI 450	Para elevada temperatura de uso.
Mantas duras DIN EN 60 893-3-1							
UP GM 201 (Hm 2472)[5])	Resina de poliéster não saturada	Manta de fibra de vidro	130	130	40	CTI 500	Boas propriedades mecânicas e elétricas, particularmente resistente a correntes de fuga.

[1]) Temperatura-limite conforme VDE 0304, parte 2, para tempo de serviço de 25.000 h.
[2]) Resistência à flexão conforme DIN 53 452.
[3]) Resistência a impactos (Charpy) ISO 179 (método de teste IEC 60 893-2).
[4]) Resistência a correntes de fuga conforme DIN IEC 112, procedimento para a avaliação do número de comparação e de teste da formação das correntes de fuga (CTI).

Massas plásticas para moldagem

Termoplásticos (seleção de DIN 7740...7749; DIN 16 771...16 781)

Denominação química	Abreviatura (ISO 1043/ DIN 7728)	t_G [1] °C	E [2] N/mm²	$a_{k,10}$ [3] min. kJ/m²	Resistência a 20° contra [4] Gaso-lina	Ben-zeno	Diesel	Álcool	Óleo mineral	Propriedades, Exemplos de aplicação
Acrilonitrila Butadieno Estireno	ABS	80	2.000	5...15	0	–	x	+	+	Alto brilho, também há qualidades transparentes; partes de carcaça resistentes a golpes.
Hidrocarbonetos fluorados	FEP PFA	250/205 260	600 650	[6] [6]	+ +	+ +	+ + +	+ +	+ +	Forte redução da rigidez com o aumento da temperatura, resistente a produtos químicos, coberturas, peças deslizantes, vedações.
Poliamida 11, 12	PA 11, 12	140/140	1.500	20...40	+	+	+	0	+	Tenaz e resistente, baixo coeficiente de atrito, boa absorção de som, aprox. 1...3% de absorção de água para que tenha boa tenacidade, Pa 11/12 tem absorção de água bastante menor.
Poliamida 6	PA 6	170/140	2.500	40...90	+	+	+	x	+	
Poliamida 66	PA 66	190/140	2.800	10...20	+	+	+	x	+	
Poliamida 6 + GF [5]	PA 6-GF	190/140	7.000	8...14	+	+	+	x	+	Carcaças de máquinas resistentes a impactos
Poliamida 66 + GF [5]	PA 66-GF	200/140	7.000	6...12	+	+	+	x	+	
Poliamida 6T/6I/66 + GF45	PA 6T/6I/66+ GF45	285/165	14.000	8...13	+	+	+	x	+	Carcaças e componentes de máquinas rígidas, mesmo com temperaturas mais elevadas (peças no compartimento do motor. Absorção de água menor que o padrão PA
Poliamida 6/6T + GF [5]	PA6/6 T-GF	250/160	10.000	6...12	+	+	+	x	+	
Poliamida MXD6 + GF50	PA MXD6 + GF50	240/165	15.000	8...12	+	+	+	x	+	
Polibutileno tereftalato	PBT	160/140	1.700	2...4	+	–	+	+	+	Resistente a desgaste, resistente a produtos químicos, a partir de 60°C diminuição da rigidez, acima de 70°C hidrólise em água e combustíveis. Características elétricas muito boas.
Polibutileno tereftalato + GF [5]	PBT-GF	180/140	8.000	5...9	+	+	+	+	+	Rigidez maior em relação a PTB sem GF.
Policarbonato	PC	130/125	2.500	20...30	+	–	+	0	+	Tenaz e rígido em ampla faixa de temperaturas, transparente.

Denominação química	Abreviatura (ISO 1043/ DIN 7728)	t_G [1] °C	E [2] N/mm²	$a_{k,10}$ [3] min. kJ/m²	Gaso-lina	Ben-zeno	Diesel	Álcool	Óleo mineral	Propriedades, Exemplos de aplicação
Policarbonato + GF	PC-GF	130	5.000	6...15	+	–	+	0	+	Componentes de alta rigidez.
Polietileno	PE	80	1.000	[6]	x	0	+	+	+	Recipientes e tubos resistentes a ácidos, lâminas.
Tereftalato de polietileno	PET	180/120	2.000	2...7	+	+	+	+	+	Resistente ao desgaste, resistente a produtos químicos, a partir de 60°C diminuição da rigidez, acima de 70°C hidrólise em água.
Copolímero de cicloolefina	COC	160	3.000	1,7...2	–	–	–	+	–	Elevada transparência, à prova d'água.
Polímeros cristalinos líquidos + GF [5]	LCP-GF	300/240	15.000	8...16	+	+	+	+	+	Retenção da forma à alta temperatura e alta resistência a impactos, baixa resistência na junta, componentes com paredes extremamente finas. Muito anisotrópico.
Polietersulfona + GF [5]	PES-GF	220/180	9.000	6...10	+	0	+	+	+	Elevada temperatura de serviço contínuo, Temperatura tem pouca influência nas características. Componentes dimensionalmente estáveis. Não resistente a combustíveis e álcoois em altas temperaturas.
Polietereterketone + GF [7]	PEEK	320/250	9.000	6,5...10	+	+	+	+	+	Componentes altamente resistentes a altas temperaturas, boas características deslizantes com pouco desgaste. Muito caro.
Tereftalato de polietileno + GF [5]	PET-GF	200/120	7.000	5...12	+	+	+	+	+	Rigidez maior em relação a PETP sem GF.
Polimetilmetacrilato	PMMA	80	3.000	1,5...2,5	+	–	x	0	+	Transparente como o vidro e em todas as cores, à prova do tempo; difusores, lentes.
Polioximetileno	POM	125/120	2.000	5...7	+	0	+	+	+	Sensível à formação de fissuras sob ação de ácidos, peças moldadas muito precisas
Polioximetileno + GF	POM-GF	140/120	6.000	3...5	+	0	+	+	+	
Éter de polifenileno + SB [7]	(PPE+S/B)	120/100	2.500	4...14	0	–	0	0	+	Resistente à água quente, resistente a chamas.
Sulfeto de polifenileno + GF 40	PPS-GF	270/220	13.000	4...7	+	+	+	+	+	Alta resistência ao calor, peças sob o capô do motor, proteção inerente contra chamas.

Propriedades dos materiais não-metálicos 279

Denominação química	Abreviatura (ISO 1043/ DIN 7728)	t_G [1] °C	E [2] N/mm²	a_{k10} [3] min. kJ/m²	Resistência a 20° contra [4] Gasolina	Benzeno	Diesel	Álcool	Óleo mineral	Propriedades, Exemplos de aplicação
Polipropileno	PP	130/110	1.500	6...10	x	0	+	x	+	Artigos caseiros, caixas de baterias, coberturas.
Polipropileno + GF [5]	PP-GF	130/110	4.000	4...8	x	0	+	x	+	Ventiladores
Poliestireno	PS	80	2.500	2...3	–	–	0	0	x	Peças moldadas, transparentes e opacas em todas as cores.
Cloreto de polivinila flexível, plastificado	PVC-P	80/70	200	[6]	–	–	0	0	+	Couro artificial, capas flexíveis, isolamentos de cabos, mangueiras, vedações.
Cloreto de polivinila rígido, isento de plastificante	PVC-U	70/60	3.000	2...30	+	–	+	+	+	Peças externas resistentes ao tempo, tubos, instalações galvânicas.
Estireno acrilonitrilo	SAN	90	3.000	1,5...2,5	0	–	x	0	+	Peças moldadas, boa resistência química, transparentes.
Estireno butadieno	S/B	60	1.500	4...14	–	–	–	x	+	Peças para caixas resistentes a golpes para muitas aplicações.
Poliestireno sindiotático	SPS-GF 20	180/140	5.500	6...10	+	–	+	+	+	Baixa torção, frágil, cristalização ruim, necessárias altas temperaturas das ferramentas.
Materiais plásticos amorfos que só podem ser processados por prensagem e sinterização											
Polimida	PI	320/290	3.100	2	+	+	+	+	+	Altamente resistente a calor e radiação, dura.
Politetrafluoretileno	PTFE	300/240	400	13...15	+	+	+	+	+	Forte redução da rigidez com o aumento da temperatura, elevada resistência ao calor, envelhecimento e produtos químicos, baixo coeficiente de atrito, peças de deslizamento.

[1] Temperatura máxima de serviço, curta duração (1 h)/ longa duração (5.000 h).
[2] Módulo de elasticidade, valores de referência aproximados.
[3] Resiliência conforme DIN 53 453.
[4] e [6]) Poliamidas, saturadas com ar úmido, a 23°C e 50% umidade relativa.
+ boa resistência, × resistência limitada, 0 pouca resistência, – sem resistência.
[5] GF fibra de vidro (25...35% em peso).
[6] Não se rompe.
[7] Mistura de polímeros de éter de polifenileno e estireno butadieno.

280 Ciência dos materiais

Termoestáveis

Novos padrões:
- Compostos de moldagem fenólicos vazáveis (PF-PMC) DIN EN ISO 14 526
- Compostos de moldagem formaldeído-melamina vazáveis (MF-PMC) DIN EN ISO 14 528
- Compostos de moldagem fenol-melamina vazáveis (MP-PMC) DIN EN ISO 14 529
- Compostos de moldagem de poliéster não-saturado vazáveis (UP-PMC) DIN EN ISO 14 530
- Compostos de moldagem de resina epóxi vazáveis (EP-PMC) DIN EN ISO 15 252

Tipo	Tipo de resina	Material de enchimento	t_G [1] °C	σ_{bB} [2] min. N/mm²	a_n [3] min. kJ/m²	CTI [4] min. Nível	Características, exemplos de aplicação
(WD30 + MD20) até (WD40 + MD10) (31 e 31,5) [7]	Fenol [8]	Serragem	160/140	70	6	CTI 125	Para peças sujeitas a altas cargas elétricas.
(LF20 + MD25) até (LF30 + MD15) (51) [7]		Celulose [5]	160/140	60	5	CTI 150	Para peças com boas características isolantes na faixa de baixas tensões.
*SS40 até SS50 (74) [7]		Retalhos de algodão [5]	160/140	60	12	CTI 150	Mais tenaz que o tipo 31.
(LF20 + MD25) até (LF40 + MD05) (83) [7]		Fibras de algodão [6]	160/140	60	5	CTI 150	
-		Fibras de vidro, curtas	220/180	200	14	CTI 125	Elevada resistência mecânica. Resistência muito boa contra fluidos automotivos, baixa dilatação.
-		Fibras de vidro, longas	220/180	230	17	CTI 175	
(WD30 + MD15) até (WD40 + MD05) (150) [7]	Melamina	Serragem	160/140	70	6	CTI 600	Resistente à incandescência, propriedades elétricas superiores, alto fator de encolhimento.

[1] Temperatura máxima de serviço, curta duração (100 h)/ longa duração (20.000 h).
[2] Resistência à flexão.
[3] Resistência a impactos (Charpy).
[4] Resistência a correntes de fuga conforme DIN IEC 112, procedimento para a avaliação do número de comparação e de teste da formação das correntes de fuga (CTI).
[5] Com ou sem adição de outras substâncias de enchimento orgânicas.
[6] E/ou serragem.
[7] Designação antiga entre parênteses.
[8] Tipo 13 até 83 (massas com substâncias de enchimento puramente orgânicas) para aplicações novas (disponibilidade não mais garantida).

Propriedades dos materiais não-metálicos

Tipo	Tipo de resina	Material de enchimento	t_G [1] °C	σ_{bB} [2] min. N/mm²	a_n [3] min. kJ/m²	CTI [4] min. Nível	Características, exemplos de aplicação
Termoestáveis							
LD35 até LD45 (181)[7]	Melanina-Fenol	Serragem	160/140	80	7	CTI 250	Para peças sujeitas a cargas elétricas e mecânicas.
(GF10 + MD60) até (GF20 + MD50) (802 e 804)[7]	Poliéster	Fibras de vidro, substâncias de enchimento inorgânicas	220/170	55	4,5	CTI 600	Tipo 801, 804: necessária pouca pressão para moldagem (possíveis peças com grandes áreas); Tipo 803, 804: resistência à incandescência.
MD65 até MD75	Epóxi	Pedra moída	200/170	80	5	CTI 600	Características elétricas muito boas. Encapsulamento de sensores e atuadores.
(GF25 + MD45) até GF35 + MD35)		Fibras de vidro/mineral	230/190	160	10	CTI 250	

[1] Temperatura máxima de serviço, curta duração (100 h)/ longa duração (20.000 h).
[2] Resistência à flexão.
[3] Resistência a impactos (Charpy).
[4] Resistência a correntes de fuga conforme DIN IEC 112, procedimento para a avaliação do número de comparação e de teste da formação das correntes de fuga (CTI).
[5] Com ou sem adição de outras substâncias de enchimento orgânicas.
[6] E/ou serragem.
[7] Designação antiga entre parênteses.
[8] Tipo 13 até 83 (massas com substâncias de enchimento puramente orgânicas) para aplicações novas (disponibilidade não mais garantida).

282 Ciência dos materiais

Material	Abreviatura [7]	Faixa de utilização [8] °C	Dureza Shore A	Resistência ao rasgamento [9] N/mm²	Alongamento de rasgamento [9] %	Resistência contra [11] tempo	ozônio	gasolina	Diesel	óleo mineral	Líquidos hidráulicos dificilmente inflamáveis HF [12] A	B	C	D
Elastômeros														
Borracha de acrilato	ACM	−20...+150	55...90	5...13	100...350	x	+	−	x	+	+	x	x	−
Borracha de acrilonitrilo - butadieno	NBR	−30...+120	35...100	10...25	100...700	x [10]	− [10]	x	x	+	x	x	+	−
Borracha de butilo	IIR	−40...+125	40...85	7...17	300...600	x [10]	x [10]	−	−	−	−	−	−	x
Borracha de cloropreno	CR	−40...+110	20...90	7...25	100...800	x	x [10]	x	x	−	0	0	+	−
Borracha de cloropolietileno	CM	−30...+140	50...95	10...20	100...700	+	+	0	0	x	x	x	+	−
Polietileno clorosulfonado	CSM	−30...+140	50...85	15...25	200...500	+	+	−	0	0	x	x	+	−
Borracha de epicloridrina	ECO	−40...+135	50...90	6...15	150...500	+	++	x	x	+	x	x	x	−
Borracha de etileno-acrilato	EAM	−40...+185	50...75	7...14	200...500	+	+	0	0	0	+	x	x	−
Borracha de etileno-propileno	EPDM	−50...+150	20...85	7...17	150...500	+	+	−	−	−	0	+	+	+
Borracha com flúor	FKM	−25...+250	40...90	7...17	100...350	+	+	+	+	+	+	+	+	+
Borracha de fluorsilicone	FVMQ	−60...+200	40...70	4...9	100...400	+	+	x	+	+	+	+	−	+
Borracha de nitrila hidratada	HNBR	−20...+150	45...90	15...35	100...600	+	+	x	+	+	+	+	+	+
Borracha natural	NR	−55...−90	20...100	15...30	100...800	0 [10]	− [10]	−	−	−	−	−	−	−
Borracha de poliuretano	AU EU	−25...+80	50...98	20...50	300...700	x	x	−	−	0	−	−	−	−
Borracha de silicone	VMQ	−60...+200	20...80	4...9	100...400	+	+	0	−	x	+	+	+	+
Borracha de estireno butadieno	SBR	−50...+110	30...100	7...30	100...800	0 [10]	− [10]	−	−	−	−	−	+	−

[7] DIN ISO 1629; [8] Não há temperatura de uso contínuo; [9] De acordo com a composição da mistura.
[10] Pode ser melhorada adicionando-se substâncias protetoras; [11] + boa resistência, x resistência limitada, 0 pouca resistência, - sem resistência.
[12] A emulsão de óleo em água; B emulsão de água em óleo; C solução de poliglicol água; D líquidos sintéticos.

Propriedades dos materiais não-metálicos

Material	Abreviatura [7]	Faixa de utilização [8] °C	Dureza Shore A	Resistência ao rasgamento [9] N/mm²	Alongamento de rasgamento [9] %	Resistência contra [11] tempo	ozônio	gasolina	Diesel	óleo mineral
Elastômeros termoplásticos										
Mistura de olefinas com borrachas não ligadas ou plenamente ligadas transversalmente	TPE-O [14]	–40...+100 (120)	35A...50D	3...15	250...600	+	+	0	0	0
Mistura de estirenos com blocos de polímeros	TPE-S [14]	–60...+60 (100)	30A...90A	3...12	500...900	+	+	–	–	–
Elastômero de poliéster	TPE-E [14]	–50...+150	40D...80D	9...47	240...800	0 [10]	x	x	+	+
Poliéster uretano	TPE-U [14]	–40...+100	55A...70D	15...55	250...600	0 [10]	+	0	x	+
Biocamida de poliéster	TPE-A [14]	–40...+80	75A...70D	30...60	300...500	0 [10]	+	x	+	x

---

[7] DIN ISO 1629
[8] Não há temperatura de uso contínuo.
[9] De acordo com a composição da mistura.
[10] Pode ser melhorada adicionando-se substâncias protetoras.
[11] + boa resistência, x resistência limitada, 0 pouca resistência, – sem resistência.
[14] Ainda não normalizada na ISO.

Plásticos – símbolos abreviados com denominação química e nomes comerciais [3])

Abreviatura	Denominação química	Nome comercial
ABS	Acrilonitrilo-butadieno-estireno	Cycolac, Novodur, Ronfalin, Terluran
ACM	Borracha acrilato	Cyanacryl, Hycar
EAM [1])	Borracha etileno-acrilato	Vamac
APE [1])	Poliésteres aromáticos	Arylet, APEC
ASA	Acrilonitrilo-estirênio-éster acrílico	Luran S
AU	Borracha de poliuretano	Urepan
CA	Acetato de celulose	Bergacell, Tenite
CAB	Aceto-butirato de celulose	Cllidor, Tenite
CM	Borracha com cloropolietileno	Bayer, CM, CPE
CR	Borracha com cloropreno	Baypren, Neoprene
CSM	Polietileno clorosulfonado	Hypalon
ECO	Borracha de epicloridrina	Herclor, Hydrin
EP	Epóxi	Araldite, Sumitomo, Shin Etsu, Nakelite EP
EPDM	Borracha de etileno-propileno	Buna AP, Dutral, Keltan, Nordel, Vistalon
EU	Borracha de poliuretano	Adiprene C
FKM	Borracha de fluorcarbono	DI-EL, Fluorel, Tecnoflon, Viton
HNBR [1])	NBR hidratado	Therban, Zetpol
IR	Borracha de isopreno	Cariflex IR, Natsyn
MF	Formaldeído de melamina	Bakelite, Resinol, Supraplast, Resopal
MPF	Fenol-formaldeído de melamina	Supraplast, Resiplast
MVQ	Borracha de silicone	Rhodorsil, Silastic, Silopren
NBR	Borracha acrilonitrilo-butadieno	Buna N, Chemigum, Hycar, Perbunan
PA 46 [1])	Poliamida 46	Stanyl
PA 6-3-T	Poliamida amorfa	Trogamid T
PA 6	Poliamida 6 (polímeros de ε-Caprolactama)	Akulon, Durethan B, Grilon, Nivionplast, Technyl, Ultramid B, Wellamid, Frianyl B, Schulamid 6
PA 66	Poliamida 66 (polímeros de hexametilendiamida e ácido adípico)	Akulon, Durethan A, Minion, Nivionplast, technyl, Ultramid A, Wellamid, Zytel, Frianyl A, Schulamid 66
PA X [1])	X = poliamidas parcialmente aromáticas	Ultramid T [4]), Amodel 1… [5]), Amodel 4… [6]), Grivory GV [7]), Grivory HTV [8]), Zytel HTN [9]), IXEF [10]), trogamid
PA 11	Poliamida 11 (polímeros de 11-ácido aminoundecanóico)	Rilsan B
PA 12	Poliamida 12 (polímeros de lactama láurica)	Grlamid, Rilsan A, Vestamid
PAI	Poliamida-imida	Torlon
PAN	Poliacrilonitrilo	Dralon, Orlon
PBT	Polibutilenotereftalato	Crastin, Pocan, Ultradur, Vestodur, Celanex, Schuladur
PC	Policarbonato	Makroton, Orgalan, Sinvet, Lexan
PA 612	Poliamida 612 (polímeros de hexametilenodiamina e ácido dodecanóico)	Zytel
COC [1])	Copolímeros de cicloolefina	Topas
LCP	Polímeros cristalinos líquidos	Vectra, Zenite, Xydar
PA 6/66	Copoliamida 6/66	Ultramid C, Technyl, Grilon TSV
SPS [1])	Poliestireno sindiotático	Questra, Xarec, Edgetek
PK [1])	Poliketone	Carilon
LFT [1])	Termoplásticos reforçados com fibras longas	Celstran (PA, PP, PBT, PPS, ABS base)
(PC + ABS)	Mistura de policarbonato + ABS	Batblend Cycoloy

Propriedades dos materiais não-metálicos

Abreviatura	Denominação química	Nome comercial
(PC-ASA)	Mistura de policarbonato + ASA	Terblend S
(PC-PBT)	Mistura de policarbonato + PBT	Xenoy
PE	Polietileno	Hostalen, Lupolen, Stamylan, Vestolen
PEEK	Polieter-eter-cetona	Victrex "PEEK"
PEI	Polieter-imida	Ultem
PES	Polieter-sulfona	Victrex "PES", Ultrason E, Rodel
PETFE [1]	Copolímero de politetrafluoretileno-etileno	Hostaflon ET, Tefzel
PETP	Polietilentereftalato	Arnite, Crastin, Mylar, Rynite, Impet
PF	Fenol-formaldeído	Nakelite, Supraplast, Vyncolit, Sumitomo, Durez
PFA	Perfluoralcoxi	Teflon PFA
PFEP [1]	Copolímero tetrafluoretileno-hexafluor-propileno	teflon FEP
PI	Poliimida	Kapton, Kerimid, Kinel, Vespel
PMMA	Polimetilmetacrilato	Degalan, Diakon, Lucryl, Perspex, Plexiglas, Vedril
POM	Polioximetileno, poliformaldeído (um poliacetal)	Deldrin, Hostaform, Ultraform
PP	Polipropileno	Daplen, Stamylan P, Starpylen, Vestolen, Hostacom
(PPE + SB)	Mistura de éter de polipropileno + SB	Noryl, Luranyl
(PPE + PA)	Mistura de éter de polipropileno + PA	Noryl GTX, Ultranyl, Vestoblend
PPS	Sulfeto de polifenileno	Fortron, Ryton, Tedur
PS	Poliestireno	Edistir, Hostyren, Polystyrol, Vestyron
PSU	Polisulfona	Udel, Ultrason S
PTFE	Politetrafluoretileno	Fluon, Hostaflon, Teflon
PUR	Poliuretano	Lycra, Volkollan
PVC-P	Cloreto de polivinila flexível, plastificada	Trosiplast, Vestolit, Vinoflex
PVC-U	Cloreto de polivinila rígido, isento de plastificante	Trovidur, Hostalit, Vinidur, Vestolid
PVDF	Fluoreto de polivinilideno	Dyflor, Kynar, Solef
PVF	Fluoreto de polivinila	Tedlar
SAN	Estireno-acrilo-nitrila	Kostil, Luran, Tyril
SB	Estireno-butadieno	Hostyren, Lustrex
SBR	Borracha de estireno-butadieno	Buna Hüls, Buna S, Cariflex S
TPE-A [1]	Polieterblocamida	Pebax, Vestamid E
TPE-E [1]	TPE [2] base de poliéster	Arniel, Hytrel, Riteflex
TPE-O [1]	TPE [2] base de olefina	Leraflex, Santoprene
TPE-S [1]	TPE [2] base de estireno	Cariflex, Evoprene, Kraton
TPE-11 [1]	Poliesteruretano	Desmopan, Elastollan
TPI	Poliamida termoplástica	Vespel TP
UH	Formaldeído uréico	Bakelite, Pollopas
UP	Poliéster insaturado	Keripol, Leguval, Palatal

---

[1] Abreviatura do material ainda não normalizada.
[2] TPE: Elastômero termoplástico.
[3] ISO 1043/DIN 7728 (termoplásticos, termo-estáveis), ISO 1629 (elastômeros).
[4] PA 6/6T
[5] PA 6T/6I/66
[6] PA 6T/66
[7] PA 66 + PA 6I/6T
[8] PA 6I/6T
[9] PA 6T/MPMDT
[10] PA MXD 6

Designações dos materiais [4] – [10] são normalizadas

Tintas automotivas

Estrutura das pinturas de cores sólidas

Camada	Espessura da camada em mm	Estrutura	Aglutinadores	Solventes	Composição Pigmentos	Recheios	Aditivos e CS	Aplicação
1	20...25	PCI	Resinas epóxi poliuretano	Água, pequenas porções de solventes orgânicos miscíveis com água	Inorgânico (orgânico)	Recheios inorgânicos	Substâncias tensoativas, produtos anticrateras, CS 20%	EI
2a	Aprox. 35	Recheio	Poliéster, melanina, uréia, resina epóxi	Compostos aromáticos, álcoois	Inorgânicos e orgânicos	Materiais sólidos inorgânicos	P. ex. umectantes, subtâncias tensoativas CS 55...62%	PP ESTA-HR
2b	Aprox. 35	Recheio de água	Resinas de poliéster, poliuretano, melanina solúveis em água	Água, pequenas porções de solventes orgânicos miscíveis com água			CS 43...50%	PP ESTA-HR
2c	aprox. 20	Recheio de água de camada fina	Resinas de poliuretano, melanina solúveis em água	Água, pequenas porções de solventes orgânicos miscíveis com água		Recheios inorgânicos	P. ex. umectantes, substâncias tensoativas CS 32...45%	PP ESTA-HR
3a	40...50	Tinta de cobertura sólida	Resinas alquídicas ou de melanina	Ésteres, compostos aromáticos, álcoois		-	P. ex. agentes niveladores e umectantes	PP ESTA-HR
3b	10...35 (dependente da tonalidade da cor)	Tinta-base sólida solúvel em água	Resinas de poliéster, poliuretano, poliacrilato, melanina solúveis em água	Pequenas porções de co-solventes miscíveis com água		-	Umectantes CS 20...40%	PP ESTA-HR
4a	40...50	Tinta clara convencional	Resinas acrílicas ou de melanina	Compostos aromáticos, álcoois, ésteres	-		P. ex. agentes niveladores e de proteção contra luz CS 45%	PP ESTA-HR
4b	40...50	2C-HS	Resinas de acrilato HS ou poliisocianatos	Ésteres, compostos aromáticos	-		P. ex. agentes niveladores e de proteção contra luz CS 58%	
4c	40...50	Tinta clara fluida em pó	Sistema epóxi/carboxi modificado de uretano	-	-		P. ex. agentes protetores contra a luz	

Estrutura das pinturas metálicas

Camada	Espessura da camada em mm	Estrutura	Aglutinadores	Solventes	Composição Pigmentos	Composição Recheios	Aditivos e CS	Aplicação
1	20...25	PCI	Resinas epóxi poliuretano	Água, pequenas porções de solventes orgânicos miscíveis com água	Inorgânico (orgânico)	Recheios inorgânicos	Substâncias tensoativas, produtos anticrateras, CS 20%	EI
2a	Aprox. 35	Recheio resinas de melanina, uréia, epóxi	Poliéster, álcoois	Compostos aromáticos, álcoois	Inorgânicos e orgânicos	Recheios inorgânicos	P. ex. umectantes, substâncias tensoativas CS 55...62%	PP ESTA-HR
2b	Aprox. 35	Recheio de água	Resinas de poliéster, poliuretano, melanina solúveis em água	Água, pequenas porções de solventes orgânicos miscíveis com água			CS 32...45%	PP ESTA-HR
2c	aprox. 20	Recheio de água de camada fina	Resinas de poliuretano, melanina solúveis em água	Água, pequenas porções de solventes orgânicos miscíveis com água			P. ex. umectantes, substâncias tensoativas CS 32...45%	PP ESTA-HR
3a	10...15	Tinta clara metálica	CAB, poliéster, resinas de melanina	Ésteres, compostos aromáticos	Partículas de alumínio e mica	-	CS 15...30%	PP ESTA-HR
3b	10...15	Tinta-base metálica solúvel em água	Resinas de poliéster, poliuretano, poliacrilato, melanina solúveis em água	Pequenas porções de co-solventes miscíveis com água	Partículas de alumínio e mica, pigmentos orgânicos e inorgânicos	-	Umectantes CS 18...25%	PP ESTA-HR
4a	40...50	Tinta clara convencional	Resinas acrílicas ou de melanina	Compostos aromáticos, álcoois, ésteres	-	-	P. ex. agentes niveladores e de proteção contra luz CS 45%	PP ESTA-HR
4b	40...50	2C-HS	Resinas de acrilato HS ou poliisocianatos	Ésteres, compostos aromáticos	-	-	P. ex. agentes niveladores e de proteção contra luz CS 58%	PP ESTA-HR
4c	40...50	Tinta clara fluida em pó	Sistema epóxi/carbóxi modificado de uretano	-	-	-	P. ex. agentes protetores contra a luz CS 38%	PP ESTA-HR

Abreviaturas: ESTA-HR Alta rotação eletrostática, EI eletroimersão, PCI pintura catódica por imersão, CS corpos sólidos, PP pulverização pneumática, 2C-HS 2 componentes Highsolid (rico em partes sólidas).

Corrosão e proteção contra corrosão

Processos de corrosão

Por corrosão entende-se a perda de material da superfície de um metal como conseqüência da reação eletroquímica com substâncias do ambiente. Nisso os átomos metálicos se oxidam, formando compostos não metálicos. Este processo corresponde, contemplado termodinamicamente, à passagem de um estado ordenado cheio de energia para um estado menos ordenado, pobre em energia e por isso mais estável.

Os processos de corrosão são sempre fases nos limites das fases, como por exemplo a oxidação de metais em gases quentes. Aqui se trata porém exclusivamente da corrosão na interfase metal/aquosa, que em geral se chama corrosão eletroquímica.

Ataque corrosivo

Em todo ataque corrosivo têm lugar em princípio duas reações diferentes: na parte anódica do processo, na qual o processo de corrosão é reconhecido imediatamente, o metal, por causa da diferença de potencial que se origina, passa ao estado oxidado perdendo um número equivalente de elétrons segundo a equação

$$Me \rightarrow Me^{n+} + ne^-$$

Os íons metálicos formados podem dissolver-se nos eletrólitos ou precipitar-se sobre o metal depois de reagir com componentes do meio atacante.

Esse processo parcial anódico só pode continuar enquanto os elétrons formados são consumidos em um segundo processo. Esse processo é uma reação parcial catódica. Em meios alcalinos ou neutros se reduz o oxigênio em íons hidroxil segundo a equação:

$$O_2 + 2 H_2O + 4 e^- \rightarrow 4 OH^-$$

que, por sua parte podem reagir, por exemplo, com os íons metálicos, enquanto nos meios ácidos, os íons de hidrogênio se reduzem formando hidrogênio livre, que se desprende na forma de gás:

$$2 H^+ + 2 e^- \rightarrow H_2$$

A cada uma das reações parciais corresponde uma curva parcial corrente/tensão. A corrente total é a soma das duas correntes parciais I_a e I_k:

$$I_{total} = I_a + I_k$$

Ambas as curvas parciais corrente/tensão se somam para formar a curva soma corrente/tensão.

No caso de ausência de tensão externa, ou seja, com corrosão livre, o sistema assume o estado em que a corrente parcial anódica e a catódica se compensam exatamente:

$$I_a = - I_k = I_{corr}$$

Nesse caso a corrente parcial anódica se chama corrente de corrosão I_{corr}, enquanto o correspondente potencial no qual ocorre essa compensação das correntes parciais é chamado "potencial de corrosão livre" ou simplesmente "potencial de repouso" E_{corr}.

O potencial de repouso é um potencial misto, no qual não existe equilíbrio, posto que há transformação contínua segundo a equação geral a seguir:

$$O_2 + 2 H_2O + \frac{4}{n} Me \rightarrow \frac{4}{n} Me^{n+} + 4 OH^-$$

Basicamente também ocorre o mesmo na corrosão por contato, porém nesse caso as condições são mais complicadas, posto que, além das duas curvas parciais corrente/tensão em cada um dos metais e

> **Corrosão livre na interface metal/meio corrosivo.**
> No meio corrosivo, oxigênio é reduzido no metal que sofre corrosão com formação simultânea dos produtos da corrosão.

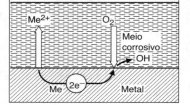

Corrosão e proteção contra corrosão

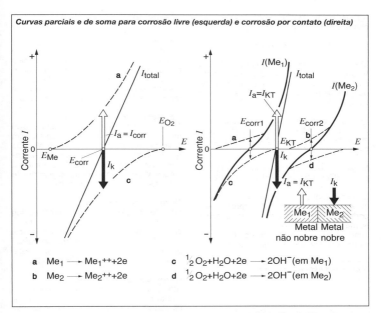

Curvas parciais e de soma para corrosão livre (esquerda) e corrosão por contato (direita)

a $Me_1 \longrightarrow Me_1^{++}+2e$
b $Me_2 \longrightarrow Me_2^{++}+2e$
c $\frac{1}{2}O_2+H_2O+2e \longrightarrow 2OH^-$ (em Me_1)
d $\frac{1}{2}O_2+H_2O+2e \longrightarrow 2OH^-$ (em Me_2)

das duas curvas soma corrente/tensão resultantes, também se deve levar em conta a curva total corrente/tensão resultante do sistema total como grandeza que se manifesta para fora.

Séries de tensões
Muitas vezes se ordenam os metais por valores crescentes do "potencial normal" como "série eletroquímica de tensões". O termo "potencial normal" indica aqui que os respectivos valores valem para condições normais, particularmente para as atividades dos íons metálicos dissolvidos (parte eletroquimicamente ativa das concentrações), bem como do hidrogênio na concentração de 1 mol/l, para uma pressão de hidrogênio de 1 bar a 25 °C. Essas condições são encontradas raramente, já que na prática as soluções estão praticamente livres de íons do metal considerado.

Deve ser enfatizado que a lista se limita a valores puramente termodinâmicos. As influências da cinética da corrosão não são levadas em conta aqui, como em função da formação de camadas protetoras. Aqui aparece, como exemplo, o chumbo como metal não nobre, que deveria se dissolver em ácido sulfúrico. As séries de tensões "práticas" ou "técnicas" não apresentam esse inconveniente, mas mesmo assim só devem ser usadas com limitações. Pelo contrário, as medições eletroquímicas de corrosão fornecem resultados claros.

Como ponto de referência, para metais não sujeitos a nenhuma tensão elétrica, pode ser dada a relação a seguir entre potencial e sensibilidade à corrosão, pressupondo-se que reações secundárias, tais como a formação de reações complexas ou a formação de camadas protetivas, não influenciem no comportamento:

Metais muito pouco nobres (potencial abaixo de - 0,4 V), p. ex. Na, Mg, Be, Al, Ti e Fe, corroem em soluções aquosas neutras, mesmo na ausência de oxigênio.

Metais não nobres (potencial entre - 0,5 e 0 V), p. ex. Cd, Co, Ni, Sn, e PB, podem corroer em soluções aquosas neutras na presença de oxigênio, em ácidos também na ausência de oxigênio produzindo hidrogênio.

Metais semi-nobres (potencial entre 0 e + 0,7 V), p. ex. CU, Hg e AG, podem corroer em todas as soluções só na presença de oxigênio.

Metais nobres (potenciais acima de + 0,7 V), p. ex. Pd, Pt e Au em geral são estáveis.

Se esses metais estiverem sujeitos a tensões externas, podem eventualmente comportar-se de maneira diferente da descrita acima. Faz-se uso disso na proteção contra corrosão eletroquímica (vide capítulo "Proteção contra corrosão Eletroquímica").

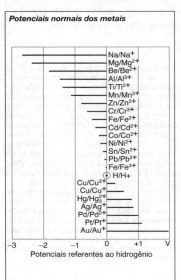

Potenciais normais dos metais

Potenciais referentes ao hidrogênio

Tipos de corrosão

Corrosão superficial
Perda uniforme de material por toda a camada-limite entre o material e o meio agressivo. É um tipo de corrosão muito freqüente, no qual a profundidade de corrosão pode ser calculada por unidade de tempo, conforme a corrente de corrosão.

Corrosão por craterização
Ataque do material em certos pontos pelo meio corrosivo, de modo que se formam orifícios, muitas vezes mais profundos que o diâmetro. Além dos orifícios praticamente não há nenhuma perda de material. A corrosão em forma de sulcos geralmente é causada por íons de halogênios.

Corrosão por contato
Se dois metais diferentes, umedecidos pelo mesmo meio, estiverem em contato elétrico, o processo parcial catódico ocorre no metal mais nobre e o processo parcial anódico no metal menos nobre. Nesse caso, fala-se de corrosão por contato.

Corrosão por fissuração
Ataque corrosivo ocorrendo preferencialmente em fissuras estreitas, causado por diferenças de concentração no meio corrosivo, por exemplo, como resultado de longos caminhos de difusão do oxigênio. Entre o início e o fim da fissura ocorrem diferenças de potencial, que causam uma corrosão maior nas partes menos ventiladas.

Corrosão sob tensão fraturante
Corrosão por ação simultânea de um meio corrosivo e solicitações mecânicas de tração, que também pode ser uma tensão própria na peça. Formam-se trincas intercristalinas ou transcristalinas, muitas vezes sem aparecerem produtos visíveis da corrosão.

Corrosão fraturante sob vibração
Corrosão por ação simultânea de um meio corrosivo e solicitações mecânicas alternadas, causadas por vibrações. Apresenta-se em forma de trincas transcristalinas, muitas vezes sem deformações visíveis.

Corrosão intercristalina e transcristalina
Tipos de corrosão que decorrem ao longo das bordas dos grãos ou quase paralelamente à direção de deformação pelo interior dos grãos.

Dezincagem
Dissolução seletiva do zinco no latão, deixando para trás uma estrutura porosa de cobre. Da mesma forma fala-se de desniquelação e desaluminização.

Ensaios de corrosão

Ensaios de corrosão eletroquímica
Nos procedimentos de ensaio de corrosão eletroquímica determinam-se principalmente as correntes de corrosão, em adição à determinação das reações entre os potenciais e os materiais em estudo durante a reação de corrosão. Em função disso pode-se calcular exatamente, na corrosão superficial, a perda de peso e de espessura por unidade de tempo. Os respectivos fatores de cálculo estão listados na tabela 2.

Medição pela resistência de polarização
No caso de polarização livre, a velocidade da corrosão é calculada com base na resistência de polarização (inclinação da curva soma corrente-tensão) e por pequenos pulsos anódicos e catódicos aplicados alternadamente sobre o metal.

Espectroscopia de impedância
A Espectroscopia Eletroquímica de Impedância (EIS) é usada para esclarecer os mecanismos de corrosão. É uma técnica de corrente alternada que determina a impedância e o ângulo de fase de um objeto de teste eletroquímico em função da freqüência. Para isso sobrepõe-se ao potencial do eletrodo de trabalho uma tensão alternada senoidal de baixa amplitude, e medindo-se então a resposta da corrente.

Após a medição, o sistema é descrito de forma aproximada por um circuito equivalente. A figura "Avaliação de dados EIS" mostra como exemplo um circuito equivalente para o sistema metal/acabamento/meio.

O método parameter-fit é usado para adaptar os circuitos equivalentes aos dados experimentais. Aos elementos de impedância (resistores, capacitores, indutâncias) são atribuídas propriedades físicas. Podem ser tiradas conclusões diretas sobre diferentes características, como p. ex. efetividade das medidas anticorrosivas, porosidade, espessura, absorção de água de um acabamento, efetividade de inibidores, velocidade da corrosão do metal-base, etc.

SRET
Para o reconhecimento antecipado e análise de processos locais de corrosão usa-se a Técnica de Varredura com Eletrodo de Referência (Scanning Reference Electrode Technique - SRET).

As corrosões por craterização, fissuração e intercristalinas são exemplos para processos locais, que podem levar a uma redução considerável das características mecânicas e, em casos extremos a falha total. Alta taxa de corrosão local bem como modificação do potencial local são típicos desses processos.

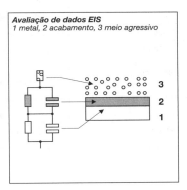

Avaliação de dados EIS
1 metal, 2 acabamento, 3 meio agressivo

Tabela 1. Resumo de alguns procedimentos de testes de corrosão normalizados não eletroquímicos

Norma	Tipo do procedimento de teste de corrosão
DIN EN ISO 196 (supersedes DIN 50911)	Teste de cobre e ligas de cobre; teste com nitrato de mercúrio
DIN EN ISO 3651-1 & 2 (supersedes DIN 50914)	Teste de aços inoxidáveis contra corrosão intercristalina
DIN EN ISO 4628-3 (draft) 6, 7 & 8	Avaliação de danos ao acabamento, parte 3: avaliação do grau de ferrugem
DIN 53210	Designação do grau de ferrugem de pinturas e acabamentos semelhantes (deve ser substituída por DIN EN ISO 4628-3)
DIN EN ISO 8565 (sup. DIN 50917-1)	Ensaio de corrosão de atmosfera: ensaios de intemperismo
DIN EN ISO 11 306 (sup. DIN 5091-2)	Corrosão de metais com água do mar próxima à superfície
DIN 50 016	Solicitação em clima úmido cíclico
DIN 50 017	Atmosfera de teste com água condensada
DIN 50 018	Teste no clima com água condensada e mutante com teor de dióxido de enxofre
DIN 50 021	Testes em névoa pulverizada com diferentes soluções de cloreto de sódio
DIN 50 900-2	Termos gerais, termos eletroquímicos, termos da análise de corrosão
DIN 50 905-1...4	Testes de corrosão; princípios, corrosão uniforme da superfície, corrosão não uniforme sem solicitação mecânica
DIN 50 915	Teste de aços sem liga ou com pouca liga contra corrosão intercristalina de fratura sob tensão
DIN 50 919	Testes da corrosão por contato em soluções eletrolíticas
DIN 50 920-1	Testes de corrosão em líquidos fluentes
DIN 50 922	Teste da resistência de materiais metálicos contra corrosão de fratura sob tensão
DIN 50 928	Teste e avaliação da proteção anticorrosiva de materiais metálicos em contato com agentes corrosivos aquosos
DIN EN 10244-2	Ensaio de acabamentos metálicos em fios (zinco, estanho)
N42AP 206	Ensaios climáticos; ensaio em clima constante condensado
N42AP 209	Ensaios climáticos; ensaio úmido cíclico
N42AP 213	Ensaios climáticos; ensaio de ambiente industrial

A figura "Princípio SRET" é um diagrama esquemático das linhas equipotenciais num ponto local de corrosão ativa. Para a captação do sinal é usada uma sonda composta de duas pontas de platina deslocadas e que mede micromodificações de potencial sobre uma amostra giratória.

Os dados são gravados automaticamente em um PC com software apropriado que possibilita a avaliação e representação gráfica 2D. SRET é usado para examinar corrosões por craterização, ativação e repassivação, a detecção antecipada de defeitos em acabamentos orgânicos e em soldas, traçar delaminações, etc.

Ruído eletroquímico
O ruído eletroquímico, que pode ser um ruído de potencial e/ou de corrente, é resultante de processos microeletroquímicos na superfície do metal que está sendo corroído. Pequenas flutuações estocásticas em torno dos respectivos valores médios servem como critérios de avaliação. Com isso modificações no estado do sistema podem ser reconhecidas com bastante antecedência. A principal vantagem do diagnóstico por ruído é que não há intervenção externa no sistema que está sendo corroído.

Áreas de aplicação são exames básicos de processos de corrosão local, inibição de processos de corrosão e monitoramento de corrosão.

Medição da corrente da corrosão por contato
Na medição da corrosão por contato a corrente, que flui entre os dois metais afetados, é medida diretamente com os dois metais imersos no mesmo meio corrosivo.

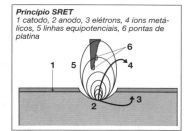

Princípio SRET
1 catodo, 2 anodo, 3 elétrons, 4 íons metálicos, 5 linhas equipotenciais, 6 pontas de platina

As taxas de desgaste obtidas das medições eletroquímicas coincidem muito bem com os resultados dos testes de campo. Ao lado das quantidades reduzidas de meio corrosivo de teste elas possuem, em relação aos processos não eletroquímicos, a vantagem de que fornecem dados quantitativos das taxas de desgaste.

Processos de ensaio de corrosão não-eletroquímicos
No processo não-eletroquímico se determina a perda de peso através de pesagem ou a quantidade de ferrugem. De acordo com DIN EN ISO 4628-3 (substitui DIN 53210) são constatados 5 graus diferentes de ferrugem, que são definidos de acordo com a superfície coberta de ferrugem, ou seja, enferrujada (Tabela 3).

Os ensaios de corrosão correspondentes derivam das exigências do uso prático. Junto com os procedimentos de ensaio DIN (tabela 1), têm se imposto na prática procedimentos de ensaio adaptados a exigências especiais durante a vida útil, por exemplo, nos veículos a motor (envelhecimento às intempéries durante a marcha, ensaios de esguichos de água para testar sistemas de preparação de mistura ar/combustível.

Tabela 2. Perda de massa e perda de espessura na corrosão superficial de diferentes metais com uma densidade de corrente de corrosão de $\mu A/cm^2$

Metais	Peso atômico	Densidade g/cm³	Perda de massa mg/(cm² · ano)	Perda de espessura µm/ano
Fe	55,8	7,87	9,13	11,6
Cu	63,5	8,93	10,40	11,6
Cd	112,4	8,64	18,40	21,0
Ni	58,7	8,90	9,59	10,8
Zn	65,4	7,14	10,70	15,0
Al	27,0	2,70	2,94	10,9
Sn	118,7	7,28	19,40	26,8
Pb	207,2	11,30	33,90	30,0

294 Ciência dos materiais

Tabela 3. Grau de ferrugem e proporção de penetração de ferrugem e subenferrujamento visível na superfície conforme DIN EN ISO 4628-3

Grau de ferrugem	Superfície enferrujada em %
R_i0	0
R_i1	0,05
R_i2	0,5
R_i3	1
R_i4	8
R_i5	40...50

Proteção contra corrosão

As diversas formas de manifestação e mecanismos da corrosão permitem utilizar métodos muito diferentes para a proteção de metais contra corrosão. Proteção contra corrosão significa intervir no processo de corrosão com o objetivo de reduzir a taxa de corrosão, de modo a prolongar o tempo de serviço dos componentes.

Proteção contra corrosão pode ser atingida aplicando-se quatro princípios básicos:
- Medidas no planejamento e construção escolhendo os materiais adequados e o projeto estrutural adequado dos componentes.
- Medidas que intervêm no processo corrosivo através de meios eletroquímicos.
- Medidas para a separação do metal do meio corrosivo através de camadas ou coberturas.
- Medidas que influenciem o meio corrosivo, p. ex. pela adição de inibidores.

Proteção contra corrosão através de projeto adequado dos componentes

A seleção de materiais adequados que apresentam resistência otimizada contra corrosão sob as condições esperadas pode ser um passo decisivo para evitar danos por corrosão. Muitas vezes um material mais caro pode ser uma alternativa mais barata a longo prazo, se forem levados em conta os custos de saneamento e reparos.

Medidas construtivas têm um papel muito importante no projeto de componentes. O projeto, principalmente a conexão entre peças de materiais iguais ou diferentes, requer muito conhecimento técnico.

Posições favoráveis e desfavoráveis de instalação de perfis

↓ Direção da força gravitacional

favorável — desfavorável

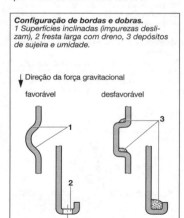

Configuração de bordas e dobras.
1 Superfícies inclinadas (impurezas deslizam), 2 fresta larga com dreno, 3 depósitos de sujeira e umidade.

↓ Direção da força gravitacional

favorável — desfavorável

Quinas e cantos de perfis são pontos de ataque da corrosão, que dificilmente podem ser protegidos.Uma posição de montagem favorável pode evitar a corrosão.

Também bordas e dobras podem acumular sujeira e umidade. Através de superfícies adequadas e drenos pode se evitar essa desvantagem.

Um outro ponto fraco são soldas, que geralmente modificam a microestrutura para pior. Para evitar corrosão por fissuração, nessas conexões as soldas devem ser lisas e sem frestas.

Corrosão por contato pode ser evitada através de união de metais iguais ou similares, ou através do completo isolamento elétrico de ambos os metais instalando arruelas, buchas ou luvas.

Processos eletroquímicos

A curva esquemática corrente/tensão de um metal apropriado para passivação mostra como esse processo trabalha. Os valores de densidade de corrente ordenados para cima no eixo y representam as correntes anódicas correspondentes à reação de corrosão definida na equação

$Me \rightarrow Me^{n+} + ne^-$

Por outro lado, as densidades de corrente ordenadas para baixo correspondem às correntes catódicas onde a equação de reação deve ser lida da direita para a esquerda. O esquema indica que pode ser aplicada uma tensão externa para suprimir a corrosão. Existem duas possibilidades para fazer isso:

Frestas dependentes do projeto em conexões por solda e como evitá-las

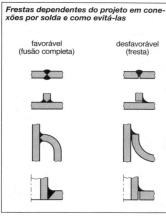

favorável (fusão completa)   desfavorável (fresta)

Isolamento elétrico para evitar corrosão por contato
1 Arruela isolante, 2 Bucha isolante

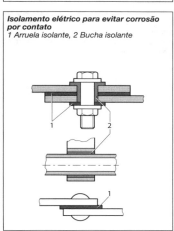

Curva esquemática corrente/tensão de um metal apropriado para passivação.
U_a potencial de corrosão livre do metal no estado ativo,
U_p potencial de passivação,
U_d potencial de ruptura.

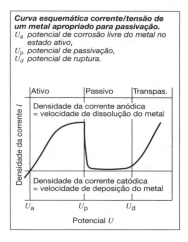

Na proteção catódica desloca-se o potencial tanto para a esquerda, para que não fluam correntes anódicas, de modo que $U < U_a$. Além de aplicar uma tensão externa, o deslocamento também pode ser conseguido introduzindo-se um metal não nobre que se torna o "anodo de sacrifício".

O potencial do eletrodo a ser protegido também pode ser deslocado para a faixa passiva, ou seja, na faixa de potencial entre U_p e U_d. Isso é chamado de proteção anódica. As correntes anódicas que fluem na faixa passiva segundo o tipo do metal e do líquido corrosivo, estão 3 a 6 décimos abaixo das correntes da faixa ativa, de modo que o metal correspondente está muito bem protegido.

O potencial porém não pode ser maior que U_d, pois nessa faixa transpassiva se forma oxigênio e em alguns casos se oxidará mais metal. Ambos efeitos condicionam o aumento da corrente.

Acabamentos
O princípio desse tipo de proteção contra corrosão é formar camadas protetoras diretamente sobre o metal a ser protegido, de modo que se oponham ao ataque do meio corrosivo. Essas camadas protetoras não podem ser porosas nem condutoras e devem ter uma espessura suficientemente grossa (outros acabamentos vide pág. 297).

Inibidores
Inibidores são substâncias adicionadas ao meio corrosivo em baixas concentrações (até o máximo de alguns 100 ppm) e absorvidas pelo metal e que reduzem as taxas de corrosão drasticamente porque bloqueiam ou o subprocesso anódico ou o catódico (muitas vezes também ambos ao mesmo tempo). Como inibidores se empregam principalmente aminas e amidas de ácidos orgânicos. No veículo os inibidores por exemplo são componentes dos aditivos do combustível; também são adicionados aos líquidos anticongelantes, para evitar danos ao circuito do líquido refrigerante.

Inibidores de fase de vapor garantem apenas uma proteção temporária durante a estocagem e transporte de produtos metálicos. Devem ser fáceis de aplicar e de remover.

A desvantagem é que são potencialmente prejudiciais à saúde.

No caso de inibidores de fase de vapor, que também têm as designações VCI (Volatile Corrosion Inhibitors) ou VPI (Vapour Phase Inhibitors), trata-se de substâncias orgânicas de moderada pressão do vapor. Muitas vezes são aplicados em materiais de embalagem especiais ou diluídos em meios aquosos ou com óleo. Eles evaporam ou sublimam paulatinamente e são absorvidos como monomoléculas no metal, onde eles inibem ou a sub-reação anódica ou a catódica ou também ambas ao mesmo tempo (reduzem ou interrompem). Um exemplo típico é nitrito de diciclohexilamina.

Pré-requisito para que esses inibidores tenham um efeito otimizado é uma superfície a maior possível da substância e um acabamento bem vedado. Por isso eles também são usados em geral em materiais de embalagem, como papéis ou folhas de polietileno. Não é necessária uma soldagem vedada ao ar; a embalagem pode ser aberta brevemente para o controle do conteúdo. A duração do efeito depende da estanqueidade da embalagem e da temperatura (normalmente dois anos; redução a temperaturas muito acima da temperatura ambiente).

Inibidores de fase de vapor comerciais em geral contêm misturas de vários componentes, que protegem ao mesmo tempo vários metais com exceção de cádmio, chumbo, tungstênio e magnésio.

Sistemas de acabamento

Sistemas de acabamento são usados, para adaptar as características das superfícies de componentes às exigências ("surface engineering"). Desse modo, por exemplo, um componente pode ser feito de um material tenaz e barato e mesmo assim possuir uma superfície dura e resistente a desgaste. Aplicações principais para acabamentos são:
- a proteção contra corrosão (ao lado de manter a funcionalidade muitas vezes também por motivos decorativos),
- proteção contra desgaste, bem como
- a técnica de conexão (contatos de encaixe, soldados, colados e crimpados).

Em sistemas de acabamento, distingue-se basicamente entre:
- acabamentos, nos quais se aplica uma camada,
- camadas de conversão, nas quais a camada funcional é produzida por conversão química/eletroquímica do material básico e
- camadas de difusão, nas quais a camada funcional é produzida por difusão de átomos ou íons no material básico.

Acabamentos

Camadas galvânicas
Camadas galvânicas são depositadas usando-se uma fonte de corrente externa. Antes do acabamento, as peças são imersas em um eletrólito. A progressão e a distribuição das linhas de campo influenciam a distribuição da espessura da camada. Uma espessura uniforme da camada pode ser obtida através de uma disposição otimizada dos anodos e dos anteparos.

Camadas galvânicas encontram larga aplicação como camadas protetoras contra corrosão, camadas protetoras contra desgaste e como camadas para contatos elétricos. Alguns sistemas importantes de acabamentos são descritos a seguir.

Zinco e ligas de zinco
Acabamentos de zinco depositados galvanicamente são largamente usados como proteção contra corrosão de componentes de aço. São uma proteção contra corrosão efetiva catódica (efeito sacrificial). Camadas de zinco são passivadas para o aumento do efeito de proteção contra corrosão. Ligas de zinco como zinco-níquel com aprox. 15% de níquel oferecem uma proteção contra corrosão nitidamente maior.

Produção de camadas galvânicas
a) Progressão e distribuição das linhas de campo elétricas entre anodo e catodo causadas por distribuição não uniforme da espessura da camada.
b) Comparação da distribuição da espessura da camada na galvanização sem agentes auxiliares, com anodos auxiliares e com telas (representação esquemática).
1 anodo, 2 catodo, 3 anodo auxiliar, 4 tela.

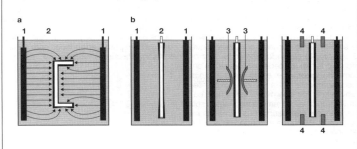

Tabela 1. Áreas de aplicação de camadas

Sistema de acabamento	Material da camada	Aplicação principal
Camadas galvânicas	Zn, ZnNi Cr Sn, Ag, Au	Proteção contra corrosão Proteção contra desgaste Contatos elétricos
Camadas químicas	NiP, dispersões de NiP Cu, Sn, Pd, Au	Proteção contra desgaste e corrosão Aplicações eletrônicas
Hot-immersion coatings	Zn, Al Sn	Proteção contra corrosão Contatos elétricos
Tintas (tintas molhadas e em pó)	Polímeros orgânicos Pigmentos (partículas de cores)	Proteção contra corrosão (decorativa) Redução de desgaste Isolamento elétrico
Camadas de PDV/CVD (tecnologia de plasma)	Tin, TiCN, TiAlN DLC: diamond like carbon i-C(WC), a-C:H	Proteção de ferramentas contra desgaste Redução de atrito e Desgaste de componentes

Níquel
Acabamentos de níquel depositados galvanicamente oferecem uma proteção limitada contra corrosão com visual óptico atrativo. A aplicação principal na técnica automotiva é o niquelamento de carcaças de velas de ignição.

Cromo
No caso de acabamentos de cromo faz-se diferença entre cromo duro e cromo brilhante. Cromo brilhante é usado como uma camada de cobertura de aprox. 0,3 mm com uma camada intermediária de níquel ou níquel/cobre. No passado pára-choques e frisos eram cobertos com cromo brilhante. Esse sistema de acabamento perdeu muito significado nos veículos.

Acabamentos de cromo duro são camadas de cromo com uma espessura > 2 mm. Em função da grande dureza da camada de cromo depositada galvanicamente é ideal como camada protetora contra desgaste. No passado, camadas de cromo duro foram aplicadas muitas vezes em camadas grossas e então retrabalhadas mecanicamente. Através de novos desenvolvimentos dos maquinários hoje cada vez mais se cobrem componentes sob medida com espessuras das camadas na faixa de 5...10 mm e aplicados então sem retrabalho (p. ex. componentes para válvulas injetoras).

Estanho
Camadas de estanho depositadas galvanicamente são usadas preferencialmente como superfícies de contato em contatos de encaixe e de chaveamento e como superfícies soldáveis. Para contatos de encaixe é ótima uma espessura de camada de 2...3 mm. Para aplicações de solda são exigidas espessuras de camada maiores, afim de garantir a solda, mesmo após um tempo mais longo de estocagem.

Ouro
Para contatos para maiores exigências usam-se normalmente camadas de ouro. Elas se destacam pela boa condutibilidade, baixa resistência de contato e boa resistência à corrosão e gases poluentes. Com isso se garante a segurança de contato. Camadas de ouro duro (com aprox. 0,5% de componentes de liga) são mais duras e resistentes ao atrito do que camadas de ouro puro e adequadas para contatos com alta carga mecânica.

Camadas depositadas quimicamente (sem corrente externa)

Camadas depositadas quimicamente caracterizam-se em relação às camadas galvânicas pela distribuição mais uniforme do acabamento sobre o componente, porque a deposição não ocorre sob influência de um campo elétrico externo. Por causa da baixa velocidade de deposição e da química cara do banho de deposição, elas são mais caras que as camadas galvânicas. Significado técnico ganharam:
- <u>Níquel químico</u> (níquel/fósforo) como camada protetora contra corrosão e desgaste;
- <u>Cobre químico</u> e <u>estanho químico</u> na técnica de placas de circuito impresso.

Camadas por imersão a quente

Camadas por imersão a quente são depositadas por imersão dos substratos em metal fundido.

Camadas por imersão a quente catódicamente eficientes servem para a proteção contra corrosão de aços com pouca liga. Usam-se zinco, zinco/alumínio e alumínio. Largamente utilizado e barato é o acabamento de chapas e fitas como material inicial. Aqui devem ser levados em conta os cantos livres das estampagens.

Camadas de estanho e de ligas de estanho depositadas no processo por imersão a quente têm aplicação principalmente como superfície de conectores e superfície para soldagem.

Camadas com lâminas de zinco

Acabamentos com lâminas de zinco são acabamentos com base em lâminas de zinco e alumínio e material ligante inorgânico. Eles são aplicados por imersão por centrifugação ou pulverização eletrostática e endurecidos termicamente. Acabamentos com lâminas de zinco são camadas protetoras contra corrosão baratas para produtos de aço (p. ex. parafusos) produzidos em massa.

Camadas de tinta

Tintas possuem uma ampla variação por causa das suas bases químicas extensas e da quantidade de aplicações como escovamento, pulverização, e imersão, também sob aplicação de corrente (DC: <u>d</u>eposição <u>c</u>atódica).

Camadas de tinta também podem cumprir uma ampla gama de funções. Em veículos a função principal é proteção contra corrosão acompanhada com efeito decorativo, mas outras funções também incluem proteção contra desgaste, absorção de ruídos ou isolamento elétrico.

A carroceria do automóvel é protegida e embelezada por uma complexa estrutura de camadas. Os agregados no compartimento do motor por outro lado, em geral são pintados com uma a duas camadas. É dada menos importância para as propriedades decorativas.

Na tecnologia automotiva são usados quase que exclusivamente sistemas sem solventes, acima de tudo tintas à base de água. Tintas em pó, e tintas endurecidas por UV são inclusive totalmente livres de solventes.

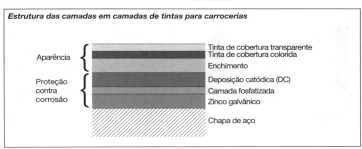

Estrutura das camadas em camadas de tintas para carrocerias

Acabamentos PVD/CVD

Sistemas de camadas PVD/CVD são geralmente depositados em componentes e ferramentas no vácuo, em geral com tratamento térmico ou plasma. Há dois procedimentos diferentes, dependendo de como o material formador da camada é obtido da fase sólida (PVD: physical vapor deposition) ou da gasosa (CVD: chemical vapor deposition). A maioria dos processos modernos combina as duas categorias em processos "reativos".

Camadas de material duro

Ferramentas são cobertas com camadas de material duro para aumentar a durabilidade e seu desempenho. Típico representante dos acabamentos largamente empregados em ferramentas é o nitrato de titânio dourado (TiN), que pode ser produzido, pela pulverização ou evaporação por arco de titânio em uma reação com nitrogênio. Novos sistemas de acabamento como TiCN ou TiAlN podem ser usados para corte à alta velocidade e em parte também para a usinagem do material com lubrificação em quantidades pequenas a frio ou mesmo a seco.

Esquema de um acabamento PVD/CVD com tratamento por plasma em câmara de vácuo.
1 Catodo magnetron não balanceado com sputter target, 2 Entrada de gás, 3 Bombardeamento intensivo de íons, 4 Substrato, 5 Tensão do substrato

- ○ Argônio,
- ◐ Metal/carbono,
- ● Nitrogênio/hidrogênio.

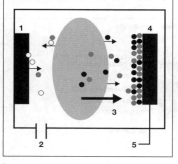

Materiais superduros, como p. ex. diamante, são cada vez mais usados para o acabamento de ferramentas de metal duro.

Camadas DLC

A proteção contra desgaste de componentes está sujeita a condições especiais. Aqui o acabamento deve estabelecer um baixo coeficiente de atrito para os componentes que entram em contato entre si e minimizar o desgaste de todo o arranjo. Camadas de carbono tipo diamante (DLC: diamont like carbon) não protegem apenas a peça acabada contra desgaste, mas também o corpo oposto sem acabamento. Elas têm um coeficiente de atrito muito baixo tanto sob emparelhamento de atrito a seco e sob influência do meio. Camadas DLC são resistentes a mídias e têm um efeito inibidor de corrosão. Em função dessas vantagens os acabamentos de componentes com camadas DLC têm ganho em significado. Além disso, deve-se notar que acabamentos contendo hidrogênio sofrem uma degradação da camada em atmosfera oxidante à temperatura local a partir de 350°C. Camadas de metal duro, como p. ex. TiN, suportam temperaturas consideravelmente maiores e também são usadas no acabamento de componentes.

Diferentes composições de camadas e processos de acabamento possibilitam a adaptação a diferentes cargas de desgaste ou combinações de desgaste por abrasão, oscilação, deslizamento, corrosão e adesão. Como não existe padronização das camadas DLC, é necessário checar cuidadosamente as propriedades de acabamento em testes de desgaste através de camadas como diamante de um outro fabricante. Processos PDV e CVD assistidos a plasma são conduzidos de tal maneira que a temperatura do componente não ultrapasse 250°C durante o acabamento, para que a dureza do material-base de aço não seja influenciado.

Camadas de carbono de baixo atrito contendo carbureto de metal i-C(WC) são eletricamente condutoras e têm uma microdureza de aprox. 1.800 HV com um módulo de elasticidade de 150 a 200 GPa.

Em comparação, camadas de carbono livre de metais (a-C:H) oferecem uma dureza aumentada de aprox. 3.500 HV e uma resistência ao desgaste nitidamente melhor e, além disso, um aumento da fragilidade. São eletricamente isolantes.

Com espessuras de camadas de 2...4 μm, camadas de carbono tipo diamante oferecem uma proteção muito boa contra desgaste e são especialmente adequadas para componentes de precisão sujeitos a grandes cargas mecânicas. Um retrabalho após o acabamento não é necessário. Em bombas de alta pressão para a injeção de Diesel e gasolina, a vedação do pistão contra o cilindro e feita através de uma fenda de baixa tolerância de poucos micrômetros. Aqui acabamentos DLC do pistão garantem o funcionamento durante toda a vida útil.

Camadas de difusão

O tratamento superficial pode ser combinado seletivamente com um endurecimento da superfície, usando-se o processo de difusão para carbonizar termicamente, carbonitrar, cromar o metal ou tratá-lo com boro ou vanádio (vide pág. 386 em diante). O metal também pode ser oxidado, nitrado ou sulfatado sem endurecimento.

Camadas de conversão

Camadas de conversão são camadas, que não são formadas por aplicação de um material, mas sim por conversão química/eletroquímica do material básico.

Camadas brunidas
Camadas brunidas são compostas de camadas finas de óxido de ferro (predominantemente Fe_3O_4), que são formadas por oxidação do aço em uma solução alcalina, aquosa com teor de nitrato a temperaturas > 100°C. Com uma subseqüente oleação oferecem uma proteção contra corrosão temporária.

Camadas fosfatizadas
Camadas fosfatizadas são formadas no aço, aço galvanizado e alumínio em soluções contendo ácido fosfórico por imersão ou pintura. Camadas de fosfato de zinco são usadas predominantemente como wash primer para pinturas. Camadas de fosfato de manganês servem como camadas de proteção contra desgaste com características de funcionamento emergencial, bem como wash primer para incrementar as propriedades antifricção dos componentes.

Camadas anodizadas
Camadas anodizadas são formadas por conversão eletroquímica do metal em eletrólitos aquosos em óxido de metal. Alumínio, magnésio e titânio são anodizáveis. Camadas anodizáveis em materiais de alumínio são largamente usadas para proteção contra corrosão e desgaste.

Sistema de patentes

Novas idéias e invenções não devem apenas ser pensadas, mas também protegidas contra imitadores. No caso de invenções cuja imitação não possa ser provada (p. ex. processos de fabricação), a vantagem competitiva derivada de uma invenção pode ser protegida por sigilo. Isso porém nem sempre é possível ou sensato. Uma melhor proteção é possível através da lei de patentes.

O que é uma patente ?
Uma patente é um título legal, que confere ao dono da patente (p. ex. pessoa, empresa, instituição) o direito exclusivo numa área específica (p. ex. no país e exterior) por um tempo limitado (máximo 20 anos) para impedir outros de fabricarem, venderem ou fazerem uso da invenção patenteada.

O que pode ser patenteado?
Patentes são outorgadas apenas para invenções, que são novas, se baseiem numa atividade inventiva e comercialmente utilizável. Uma invenção é nova, quando antes do dia da petição da patente - o "dia da prioridade" - não era de conhecimento público de nenhuma forma, isto é, não pertencia ao estado da arte da tecnologia. Ela se baseia numa atividade inventiva se, para o técnico, não for obviamente derivada do estado da arte da tecnologia.
São patenteáveis:
- objetos (p. ex. vela de ignição),
- processos (p. ex. um processo de fabricação específico),
- substâncias químicas (p. ex. remédios),
- programas de computador, desde que eles contribuam tecnicamente com o estado de arte da tecnologia (p. ex. software do ABS).

A patente é uma forma de Direito de Propriedade Industrial. Em adição, existem patentes de modelos de utilidade, com as quais podem ser protegidas mercadorias. Outras possibilidades de proteção são derivadas da design law, direito autoral, lei de marca registrada, e a recente lei de proteção de semicondutores.

Registro de uma invenção
O engenheiro de patentes da empresa verifica se existe a possibilidade de proteger uma invenção apresentada por um funcionário, e se a aplicação de um direito de propriedade industrial for considerada viável do ponto de vista econômico. Se os pré-requisitos estiverem de acordo, faz-se o registro de uma propriedade industrial na respectiva agência de patentes no país e no exterior. Além disso, nem todo registro de patente resulta em uma patente. Em torno de 50% dos registros são rejeitados porque eles são familiares ao estado de arte da tecnologia (p. ex. registros de patentes mais antigos).

A quantidade de novos registros de patentes é um índice da criatividade do aplicador da patente, ou seja, de seus funcionários. A Bosch, por exemplo, registrou em 2000 mais de 2.400 patentes.

Publicação
Registros de patentes e patentes outorgadas são publicados. Eles não são apenas instrumentos úteis para a observação do mercado, mas também fornecem uma visão do desenvolvimento inovativo em todos os campos da tecnologia. São, portanto, um meio eficiente para evitar desenvolvimentos paralelos e pesquisa em dobro.

Benefícios de patentes
Patentes são apoios importantes da transferência de tecnologia para promover o potencial inventivo:
- O direito exclusivo de uma invenção comercialmente utilizável facilita o financiamento dos custos de pesquisa e desenvolvimento da empresa.
- Patentes reforçam a posição de mercado da empresa, como direito de exclusividade.
- Invenções patenteadas motivam a pesquisa por soluções alternativas.
- Licenças para patentes favorecem a difusão de novas tecnologias.

Tribologia

Propósito e objetivos

A tribologia é definida como "o estudo de fenômenos e mecanismos de atrito, lubrificação e desgaste de superfícies em movimento relativo". A aplicação industrial é dirigida à obtenção de informação para utilização na ampliação da vida em serviço dos produtos e maximização da utilização de recursos. As atividades específicas são:
- Análise do atrito e do desgaste
- Análise e avaliação do dano tribológico
- Provisão de recomendações técnicas sobre materiais, lubrificantes e projeto (para controle de danos e no projeto de novos componentes e produtos)
- Garantia da qualidade
- Assistência no fornecimento de desempenho ótimo
- Avaliação para a vida útil
- Desenvolvimento e seleção de novos materiais e lubrificantes

A complexidade da tarefa leva a uma atitude sinérgica essencial. A disciplina envolvida inclui engenharia de materiais, física, química e engenharia mecânica.

Definições

Atrito (Planilha nº 7 da GfT)
Atrito é a resistência física ao movimento relativo entre superfícies em contato mútuo. Os mais significantes parâmetros físicos que descrevem o atrito são:
Força de atrito: A intensidade da força que resiste ao movimento.
Coeficiente de atrito (ou fator de atrito): Força de atrito relativa à força normal.
Energia de atrito: Força de atrito x velocidade de deslizamento.
Classificação do atrito:
1. De acordo com a condição de atrito (tipo do contato)
2. De acordo com o tipo de movimento

Condição do atrito (tipo do contato)
Atrito gasoso: Uma camada de gás separa completamente o objeto-base do segundo corpo, assumindo totalmente a carga.

Atrito líquido (atrito hidrodinâmico e hidrostático): Uma camada separa completamente o objeto-base do segundo corpo, assumindo totalmente a carga.
Atrito combinado: O objeto-base e o segundo corpo estão em contato mútuo nos picos das superfícies. A carga é dividida pelo filme de fluido/lubrificante e pelos corpos em contato.
Atrito seco ou limítrofe: O filme lubrificante não exerce mais qualquer função de suporte, mas apenas o residual de lubrificantes previamente absorvidos continua a exercer um efeito nessa função.
Atrito de corpo sólido: Contato direto entre superfícies dos corpos.

Tipos de movimento
Tipos possíveis de contato de movimento incluem atrito de escorregamento, atrito de rolamento e combinações dos dois.

Em muitos casos, os efeitos que o atrito produz em elementos de máquinas não são desejáveis, como existem conseqüências negativas para o consumo de energia e/ou aumentos de temperatura associados e/ou alterações no material. Em outros casos, o atrito pode fazer uma contribuição necessária para uma operação adequada. É o caso de autobloqueamento de dispositivos de transmissões, onde o lubrificante deve fornecer um coeficiente específico de atrito, e em alguns tipos de embreagem, nos quais níveis de atrito definidos também são solicitados.

Conceitos tribológicos
(Planilha nº 7 da GfT)
A tribologia engloba a ciência e tecnologia associada dedicada à interação entre superfícies em estados de movimento mutuamente opostos. Ela se concentra em toda a amplitude de atrito, desgaste e lubrificação, e também inclui os efeitos nas superfícies de contatos dos sólidos, bem como entre sólidos e gases.

Tribotecnologia (Planilha nº 7 da GfT)
Este ramo é dedicado à aplicação técnica real da tribologia.

Tensão tribológica
(Planilha nº 7 da GfT)
Tensão que resulta do contato de um corpo sólido com o segundo corpo sólido, fluido ou gasoso, e de seu movimento relativo.

Danos tribológicos
Danos resultantes da tribologia. Isso contrasta com os conceitos de desgaste e danos por desgaste conforme definidos na Planilha nº 7 da GfT, que sempre inclui a erosão do material. O termo "danos tribológicos" se estende tanto às numerosas alterações tribológicas induzidas na superfície do material como a reduções na eficácia operacional que, de acordo com a DIN, não são definidas como desgaste.

Desgaste
(Planilha nº 7 da GfT)
Perda progressiva de material da superfície de um corpo sólido, causada por tensão tribológica. O desgaste é caracterizado pela presença de partículas abrasivas, assim como alterações tanto no material como na estrutura da superfície que é exposta à tensão tribológica. Esse tipo de desgaste é geralmente indesejável, e piora a funcionalidade (exceção: processos de amaciamento). Logo, quaisquer procedimentos que melhorem o desempenho operacional não são considerados como desgaste.

Sistema tribológico

O desgaste pode ser observado como uma característica do sistema. Não existe valor específico de "resistência ao desgaste" para materiais como correspondente a, digamos, resistência à tração na engenharia de materiais. O sistema tribológico para superfícies em contato, que são o foco da presente discussão, consiste em:
- O material "elementos A": objeto-base, segundo corpo, material intermediário e meio envolvente (veja figura)
- As propriedades P dos elementos A
- A influência recíproca R entre os elementos A

As propriedades dos elementos e seus efeitos recíprocos constituem a estrutura do sistema tribológico. Enquanto o fator da tensão composta (compreendendo forças, movimento, temperatura) age nessa estrutura, ela é transformada em quantidades úteis e quantidades perdidas. Essas últimas incluem atrito e desgaste.

Enquanto as tensões tribológicas são tensões de superfície, as propriedades P anteriormente mencionadas também devem ser vistas como características de superfície. Em aplicações técnicas, ocorre freqüentemente uma discrepância substancial entre os valores medidos para o material-base e aqueles realmente encontrados em exames de superfície. Processos de manufatura, de limpeza, e o ambiente de operação podem causar alterações na superfície, provocando variações na resposta tribológica do material.

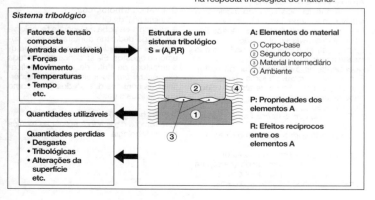

Tipos de desgaste

Os processos de desgaste podem ser classificados de acordo com o tipo de tensão e dos materiais envolvidos (estrutura do sistema), uma classificação da qual os seguintes tipos de desgaste emergem (Planilha nº 7 da GfT):

Estrutura de sistema
Corpo sólido/corpo sólido:
Escorregamento → Desgaste por escorregamento
Rolamento → Desgaste por rolamento
Oscilação → Desgaste por vibração

Estrutura do sistema
Corpo sólido/líquido:
Fluxo/oscilação → erosão por cavitação

Manifestações do desgaste

As manifestações do desgaste, como definido na Planilha nº 7 da GfT, se aplica a alterações de superfície resultantes da abrasão, bem como do tipo e forma das partículas resultantes.

Mecanismos de desgaste

Adesão
Formação e separação de soldagens (atômicas) superficiais. Ocorre uma transferência de material quando a separação se desvia da fronteira original entre o objeto-base e o segundo corpo.

O processo de adesão se inicia em nível molecular, mas pode se expandir até que o dano numa escala massiva ocorra (engripamento).

Abrasão
Tensão de abrasão e ação microscópica de abrasão, desempenhada pelo objeto-base, o segundo corpo, produtos de reação ou partículas sólidas no meio intermediário.

Fadiga superficial
Cargas alternadas tribológicas (p.ex. impacto, rolamento, tensão de escorregamento, cavitação) causam tensões mecânicas. As fissuras resultantes levam à separação do material (separação de partículas do desgaste).

Reações triboquímicas
Reação do objeto-base e/ou do segundo objeto com o material intermediário (e ambiente envolvente), causada por tensão tribológica.

Quantidades de desgaste

Razões de desgaste são definidas pelas chamadas quantidades de desgaste. Isso fornece índices diretos ou indiretos das variações na forma ou na massa de um corpo que são atribuídas ao desgaste (definições baseadas na Planilha nº 7 da GfT).

Coeficiente de desgaste
As quantidades pelas quais o desgaste é definido só podem ser indicadas como quantidades de um sistema específico.

O coeficiente de desgaste k facilita a comparação de razões de desgaste a várias pressões e velocidades da superfície:
$$k = W_v/(F \cdot s) \text{ em mm}^3/(N \cdot m)$$

F Força
W_v Desgaste volumétrico
s Distância do escorregamento

Análise do dano tribológico

Em casos onde a operação de um componente resulta em dano ou alteração de um tipo que poderia ser esperado afetar a integridade funcional do componente, a GfT indica que todas as tensões e características que ocorram nos pontos de contato tribológico deverão ser investigados (Planilha nº 7 da GfT).

A análise topográfica e do material de contato tribológico (objeto-base, segundo corpo, material intermediário) fornece informação do mecanismo causador do dano e/ou desgaste (adesão, abrasão, fadiga da superfície, reação triboquímica). Essas investigações também fornecem dados do fenômeno de acompanhamento e das alterações do lubrificante.

As análises devem ser baseadas na seguinte informação:
- estrutura da superfície
- composição do material da superfície
- microestrutura
- microdureza
- tensão intrínseca
- composição do material e alterações físicas/químicas do lubrificante

Procedimentos de teste tribológico

A Planilha nº 7 da GfT divide o teste de desgaste em seis categorias:
Categoria I: Teste operacional
Categoria II: Procedimento da bancada de teste com equipamento completo
Categoria III: Procedimento da bancada de teste com montagem ou unidade completa
Categoria IV: Teste com componente sem modificações ou montagem parcial
Categoria V: Tensão operacional simulada com amostras de teste
Categoria VI: Teste de modelo com amostras de teste simples

A montagem da produção original é empregada para testes de acordo com as Categorias I até III, enquanto a estrutura do sistema é modificada substancialmente da Categoria IV em diante. É muito conveniente integrar os exames tribológicos de produtos essenciais e relacionados à segurança numa seqüência de testes:
- Teste de modelo (p.ex. pino e esfera, chapa para desgaste de escorregamento e vibração)
- Teste de componente
- Teste de produto

Testes em modelos (com amostras de teste simples), embora freqüentemente empregados em pesquisa básica, não são mais utilizados para examinar sistemas tribológicos complexos. Dos vários elementos na seqüência de testes tribológicos, é o exame do produto real em si que fornece a informação mais confiável. Modernos procedimentos de pesquisa (como teste de rádio-nuclídeos) tornam possível acumular dados precisos sobre desgaste como função de tensão composta.

Para teste de rádio-nuclídeo (RNT) as peças a serem examinadas são marcadas radioativamente. As partículas raspadas podem ser detectadas "on-line" por medição de raios gama.

Inibição do desgaste

Variações no projeto, materiais e lubrificantes podem ser empregadas para melhorar as propriedades tribológicas.

Projeto
As opções de projeto incluem:
- Melhoria da topografia da superfície
- Redução das pressões superficiais pelo aumento da razão de contato da superfície
- Reforço da superfície
- Melhoria da eficiência da lubrificação

Material
As opções de materiais incluem:
- Endurecimento da camada superficial
- Refusão da camada superficial
- Liga refundida na camada superficial
- Processos termoquímicos
- Deposição elétrica e química
- Deposição por solda
- Spray térmico
- Revestimento metálico
- Camadas PVD/CVD (deposição por vaporização físico-química, p.ex. TiN, TiC)
- Tratamento por feixe de íons (p.ex. implantação de íons, incorporação por feixe de íons, incorporação na camada de transição e revestimento depositado por feixe de íons)
- Revestimentos com carbono (metálicos) semelhantes a diamantes
- Tintas redutoras de atrito
- Revestimentos de ancoragem (metais macios evitam grandes pressões superficiais localizadas)

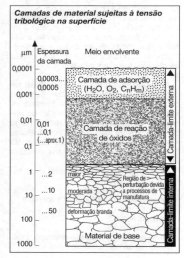

Camadas de material sujeitas à tensão tribológica na superfície

Existe uma variedade de tratamentos superficiais e processos de acabamento. Os parâmetros de processo podem ser ajustados freqüentemente para focar modos específicos de desgaste. O resultado é um amplo campo potencial de opções para a tribologia aplicada ajudar produtos a atingir numerosas necessidades.

Lubrificantes
Em muitos casos, a escolha do lubrificante adequado (pág. 266) e o projeto de um sistema ótimo de lubrificação vão exercer um efeito dramático nas propriedades tribológicas – o potencial é freqüentemente maior que o representado por uma alteração nos materiais. A escolha do lubrificante é a resposta inicial quando se lida com características operacionais insatisfatórias.

Capacidade de lubrificar
O teste de capacidade de lubrificar é baseado em parâmetros de desgaste especialmente definidos. Os resultados do teste fornecem um índice relativo de eficiência de fluidos como meio de separação em sistemas tribológicos definidos. Em avaliações sob condições idênticas, um fluido apresenta uma capacidade de lubrificar maior do que outro quando ele produz reduções relativas no desgaste entre elementos em contato num sistema tribológico e/ou menor geração de energia de atrito (DIN/ISO 12156).

É importante distinguir entre capacidade de lubrificar e viscosidade.

Descrições e dados numéricos específicos da capacidade de lubrificar são derivados do teste de desgaste do produto, do componente e do modelo com parâmetros de tensão e de carga especificamente definidos. Os resultados estão indicados em dados de teste específico para desgaste.

Os resultados desse tipo de teste são válidos somente para o sistema tribológico do objeto.

Em muitos produtos, o elemento de separação no sistema tribológico também é um meio fluido, como em sistemas hidráulicos e de injeção de combustível.

O nível da capacidade de lubrificar de tal fluido deve ser suficiente para garantir operação confiável e longa vida útil.

Aditivos especiais podem ser empregados para melhorar a capacidade de lubrificar.

Referências:
Fonte de citação freqüente Worksheet N°7 (50 páginas):
Gesellschaft für Tribologie (German Tribology Society) (GfT)
Ernststrasse 12, D-47443 Moers.
www.gftev.de

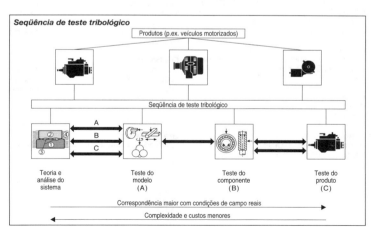

Lubrificantes

Conceitos e definições

Lubrificantes são meios de separação entre duas partes que se movimentam entre si submetidas a atrito. Sua função é evitar o contato direto entre ambas e com isso reduzindo o desgaste e diminuindo ou otimizando o atrito. Adicionalmente o lubrificante pode refrigerar, vedar o local de atrito, evitar corrosão ou diminuir o ruído de funcionamento. Existem lubrificantes sólidos, pastosos, líquidos e gasosos. A escolha se baseia nos detalhes construtivos, no teor de metais e nas solicitações nos pontos de atrito.

Aditivos
São substâncias ativas que são adicionadas para melhorar as propriedades do lubrificante. As substâncias alteram as propriedades físicas do lubrificante (p.ex. melhora o índice de viscosidade, rebaixa o ponto de solidificação) ou as propriedades químicas (p. ex. inibidores de oxidação, inibidores de corrosão). Podem ainda modificar a superfície das peças em atrito, causado p. ex. por modificadores de atrito (modificação da fricção), através de produtos protetores de desgaste (antidesgaste) ou através de aditivos contra engripamento (pressão extrema). Para evitar efeitos antagônicos, os aditivos devem ser bem casados entre si e com o lubrificante.

ATF (Automatic Transmission Fluid)
Lubrificantes especiais adequados às elevadas exigências nos câmbios automáticos.

Cinzas (DIN 51 575, 51 803)
O resíduo mineral que fica após a incineração de óxido ou de sulfato.

Sangria
(Separação de óleo, DIN 51 817)
Separação de óleo-base e engrossante em graxa lubrificante.

Corpos de Bingham
Materiais cujo comportamento de fluência é distinto dos líquidos de Newton.

Ponto de combustão e de inflamação
(DIN ISO 2592)
Temperatura mais baixa (Referida a 1013 hPa), na qual a fase gasosa de um produto mineral se inflama pela primeira vez (ponto de inflamação) ou segue queimando por pelo menos 5 segundos (ponto de combustão).

Ponto de névoa (Cloud point) (DIN ISO 3015)
Temperatura, na qual o óleo mineral fica turvo em função da formação de cristais de parafina ou separação de outros compostos sólidos.

Lubrificantes EP (Extreme Pressure)
Vide lubrificantes de alta pressão.

Pressão de fluência (DIN 51 805)
Segundo Kesternich é a pressão necessária para pressionar uma graxa lubrificante através de um bico de teste padronizado. A pressão de fluidez fornece informações sobre o comportamento de fluência de um lubrificante, particularmente em temperaturas baixas.

Limite de fluência (DIN 13 342)
Menor tensão de cisalhamento, na qual um material começa a fluir. Acima do limite de fluência um material plástico se comporta reologicamente como um líquido.

Friction modifier
Aditivos polares para lubrificantes, que por absorção sobre a superfície metálica, reduzem o atrito na faixa de fricção mista e com isso elevam a capacidade de carga. Eles também reduzem o fenômeno de ratear (stick-slip).

Graxas de gel
Lubrificantes com aditivos inorgânicos que dão consistência (p. ex. bentonita, sílica gel).

Tinta antifricção (AFC: Anti-Friction-Coating)
Combinação de lubrificantes sólidos, que são fixados na área de atrito com um agente ligante.

Grafita
Lubrificante sólido com estrutura laminar. Grafita lubrifica muito bem em combinação com água (p. ex. ar úmido) bem como em atmosfera de dióxido de carbono ou em combinação com óleos. No vácuo não reduz a fricção.

Lubrificantes de alta pressão
Contêm aditivos para elevar a capacidade de carga, para reduzir o desgaste e redução de engripamento (eficaz em geral em aço contra aço ou aço contra cerâmica).

Óleos hydro-crack
Óleos minerais refinados com VI aumentado (130 até 140).

Tempo de indução
Espaço de tempo que transcorre até o princípio da alteração de um lubrificante (p. ex. envelhecimento de um óleo com inibidor contra oxidação).

Inibidores
Aditivos protetores dos lubrificantes (p. ex. inibidores de oxidação e de corrosão).

Borra de baixa temperatura
Produtos de decomposição do óleo, que se formam no cárter do motor por combustão parcial e água condensada com baixas cargas do motor. Borra de baixa temperatura aumenta o desgaste e pode causar danos ao motor. Os óleo modernos de motores reduzem a tendência à formação dessa borra.

Consistência (DIN ISO 2137)
É uma medida da deformabilidade de graxas e pastas.

Lubrificantes com ligas
São lubrificantes que contêm aditivos para o melhoramento de determinadas propriedades (p. ex. estabilidade contra envelhecimento, proteção contra desgaste e corrosão, comportamento viscosidade-temperatura).

Óleo de motor longa vida
Óleos para intervalos significativamente longos para troca de óleo.

Óleos multigrau
Óleos para motores e caixas de câmbio com reduzida dependência viscosidade-temperatura (grande índice de viscosidade-temperatura). Esses óleos estão concebidos para utilização durante todo o ano e cobrem varias classes SAE.

Sabões metálicos
Produtos da conversão de metais, ou seja, de suas uniões com ácidos graxos. Servem como espessantes para graxas ou como modificador de fricção.

Óleos minerais
Os óleos minerais são produtos da destilação e refino do petróleo ou carvão. Constam de numerosos hidrocarbonetos de diferentes composições químicas. Segundo quais componentes prevalecem, fala-se de óleos de base parafínica (cadeias de hidrocarbonetos saturados), de base nafténica (anéis de hidrocarbonetos saturados, geralmente com 5 a 6 átomos de carbono no anel), ou ricos em aromáticos (p. ex. alquilbenzeno). Esses se diferenciam muito em suas propriedades físico-químicas.

Bissulfeto de molibdênio (MoS_2)
Lubrificante sólido com estrutura laminar reticulada. Entre as diferentes camadas existem somente forças de coesão muito pequenas, de modo que um deslocamento das camadas entre si é possível com muito pouco esforço de cisalhamento. Uma redução do atrito só é atingida quando MoS_2 é aplicado sobre uma superfície metálica de forma adequada, p. ex. em combinação com um meio ligante (tinta deslizante MoS_2).

Penetração (DIN ISO 2137)
A profundidade de penetração (em 10-1 mm) de um cone normalizado em um lubrificante consistente com temperatura e tempo definidos. Quanto maior for esse valor, mais macio é o lubrificante.

Substâncias polares
Moléculas bipolares são facilmente absorvidas nas superfícies metálicas. Aumentam a aderência e a capacidade de carga e por isso também reduzem o atrito e o desgaste. Entre elas estão os óleos de ésteres, éter, poliglicóis ou ácidos graxos.

Ponto de fluidez (DIN ISO 3016)
É a temperatura mais baixa na qual um óleo ainda flui, quando é resfriado sob condições definidas.

PTFE (Politetrafluoretileno, Teflon®)
Termoplástico com excelentes propriedades como lubrificante sólido, particularmente a velocidades de deslizamento muito pequenas (< 0,1 m/s). PTFE fica frágil apenas abaixo de aprox. 270°C. A temperatura superior de uso está em 260°C. Acima disso ocorre a decomposição com produtos de partição tóxicos.

Reologia
É a ciência que estuda o fluxo das substâncias. Sua representação geralmente é feita na forma de curvas de fluência em função de:
Tensão de cisalhamento
$\tau = F/A$ (N/m² = Pa)

F força, A superfície, contra
gradiente de velocidade $D = v/y$ (s⁻¹)
(gradiente de velocidade linear)
v velocidade, y espessura da película lubrificante.

Viscosidade dinâmica
$\eta = \tau/D$ (Pa · s)

A unidade "centiPoise" (cP) usada anteriormente equivale à unidade (mPa · s).

Viscosidade cinemática
$v = \eta/\varrho$ (mm²/s)

ϱ Densidade (kg/m³).
A unidade "centiStokes" (cSt) usada anteriormente equivale à unidade (mm²/s).

Líquidos de Newton
Mostram uma dependência linear entre T e D na forma de uma reta que passa pelo zero com inclinação dependente da viscosidade.

Todos os materiais não caracterizados por esse comportamento de fluxo não são classificados como líquidos de Newton.

Viscosidade de estrutura
Diminuição da viscosidade com gradiente de velocidade crescente (p. ex. graxas fluentes, óleos multigrau com melhoradores do VI).

Dilatância
Aumento da viscosidade com gradiente de velocidade crescente.

Plasticidade
Formabilidade de um líquido com estrutura viscosa com limite adicional de fluência (p. ex. graxas lubrificantes).

Tixotropia
Propriedade dos líquidos não newtonianos, cuja viscosidade diminui em função do tempo de cisalhamento e recupera sua viscosidade inicial com o tempo.

Reopexia
Característica de líquidos não newtonianos, cuja viscosidade aumenta em função do tempo de cisalhamento e recupera sua viscosidade inicial com o tempo.

Curvas de fluxo
1 Reopéxica, 2 Tixotrópica, 3 Newtoniana, 4 Plástica, 5 Dilatante, 6 Viscoso-estrutural, 7 Límite de fluência

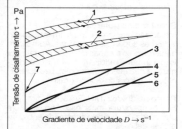

Curva de Stribeck
R Rugosidade da superfície, F_N Força normal, d distância entre o corpo básico e o oposto. Faixa a, fricção de corpos sólidos, muito desgaste. Faixa b, fricção mista, desgaste moderado. Faixa c, hidrodinâmica, sem desgaste.

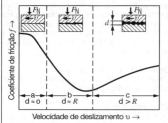

Lubrificantes

Ponto de gotejamento (DIN ISO 2176)
Temperatura na qual uma graxa lubrificante atinge uma determinada capacidade de fluência sob condições de teste definidas.

Curva de Stribeck
Representação do nível de fricção em sistemas tribológicos com lubrificação líquida ou com graxa separados por uma fenda que estreita (p. ex. mancal ou rolamento lubrificado) em função da velocidade de deslizamento.

Fricção de corpos sólidos
A espessura da película lubrificante é menor que a altura das pontas da rugosidade superficial.

Fricção mista
Película lubrificante de espessura quase igual à altura das pontas da rugosidade.

Hidrodinâmica
Separação total entre o corpo básico e o oposto (área praticamente livre de desgaste).

Viscosidade (DIN 1342, DIN EN ISO 3104)
Medida para a fricção interna e substâncias. É a resistência (fricção interna) que as partículas opõem à força no deslocamento (vide também reologia).

Índice de viscosidade (VI) (DIN ISO 2909)
O índice de viscosidade é um número obtido por cálculo, o qual caracteriza a variação da viscosidade de um produto de óleo mineral com a variação da temperatura.

Graus de viscosidade
Classificação de óleos dentro de determinadas faixas de viscosidade. Graus de viscosidade ISO (DIN 51 519, vide tabela 1).

Classes de viscosidade SAE (ISO/DIS 10 396, SAE J300, DIN 51 512, SAE J306c, vide tabelas 2 e 3).

Penetração trabalhada (DIN ISO 2137)
Penetração de uma prova de graxa após ser aquecida a 25 °C e preparada num amassador de graxa.

Tabela 1. Graus de viscosidade de óleos lubrificantes industriais conforme ISO 3448 (DIN 51 519)

Grau de viscosidade ISO	Viscosidade média a 40°C mm^2/s	Limites da viscosidade cinemática a 40°C mm^2/s mín.	máx.
ISO VG 2	2,2	1,98	2,42
ISO VG 3	3,2	2,88	3,52
ISO VG 5	4,6	4,14	5,06
ISO VG 7	6,8	6,12	7,48
ISO VG 10	10	9,00	11,0
ISO VG 15	15	13,5	16,5
ISO VG 22	22	19,8	24,2
ISO VG 32	32	28,8	35,2
ISO VG 46	46	41,4	50,6
ISO VG 68	68	61,2	74,8
ISO VG 100	100	90,0	110
ISO VG 150	150	135	165
ISO VG 220	220	198	242
ISO VG 320	320	288	352
ISO VG 460	460	414	506
ISO VG 680	680	612	748
ISO VG 1000	1.000	900	1.100
ISO VG 1500	1.500	1.350	1.650

Tabela 2. Graus de viscosidade SAE para óleos de transmissão

Grau de viscosidade SAE	Temperatura máxima em °C para a viscosidade dinâmica a 150 000 mPa · s (ASTM D 2983)	Viscosidade cinemática mm^2/s a 100°C (ASTM D 445) mín.	máx.
70 W	–55	4,1	–
75 W	–40	4,1	–
80 W	–26	7,0	–
85 W	–12	11,0	–
90	–	13,5	24,0
140	–	24,0	41,0
250	–	41,0	–

Tabela 3. Graus de viscosidade SAE para óleos de motor/transmissão (SAE J300, abril 1997)

Grau de viscosidade SAE	Viscosidade (ASTM D 5293) mPa·s a °C máx.	Viscosidade-limite de bombeamento (ASTM D 4684) Sem limite de fluência mPa·s a °C máx.	Viscosidade cinemática (ASTM D 445) mm²/s a 100 °C mín.	máx	Viscosidade com alto cisalhamento (ASTM D 4683. CEC L-36-A-90. (ASTM D 4741) mPa·s a 150 °C e 10^6 s^{-1} mín.
0 W	3,250 a –30	60,000 a –40	3,8	–	–
5 W	3,500 a –25	60,000 a –35	3,8	–	–
10 W	3,500 a –20	60,000 a –30	4,1	–	–
15 W	3,500 a –15	60,000 a –25	5,6	–	–
20 W	4,500 a –10	60,000 a –20	5,6	–	–
25 W	6,000 a – 5	60,000 a –15	9,3	–	–
20	–	–	5,6	< 9,3	2,6
30	–	–	9,3	< 12,5	2,9
40	–	–	12,5	< 16,3	2,9 (0W–40 5W–40, 10W–40)
40	–	–	12,5	< 16,3	3,7 (15W–40, 20W–40,25W–40,40)
50	–	–	16,3	< 21,9	3,7
60	–	–	21,9	< 26,1	3,7
5W-50	3,500 a –30	30,000 a –40	16,5	20,0	5,0

Óleos para motores

Óleos para motores são empregados principalmente para lubrificar componentes em movimento entre si em máquinas de combustão interna. Adicionalmente é dissipado calor de atrito, partículas de desgaste dos locais de atrito são levadas embora, contaminantes lavados e mantidos pelo óleo em suspensão e partes do metal protegidas contra corrosão. Os óleos para motores mais usados são óleos minerais aditivados (óleos HD: Heavy Duty para condições duras de funcionamento). Em função das maiores exigências aos óleos e intervalos maiores de troca do óleo, cada vez mais se usam óleos sintéticos ou semi-sintéticos, p. ex. óleos de hydrocracking. A qualidade dos óleos depende da origem, da refinação do óleo-base (exceto no caso de óleos sintéticos) e da aditivação.

Os aditivos são classificados de acordo com as suas respectivas funções:
- para melhorar a viscosidade,
- para melhorar o ponto de solidificação,
- inibidores de oxidação e corrosão,
- aditivos detergentes e dispersantes,
- aditivos para alta pressão (aditivos EP),
- modificadores de fricção,
- antiespumantes.

No motor à combustão o óleo é altamente solicitado térmica e mecanicamente. Os dados físicos dos óleos minerais indicam os limites de uso, mas não indicam sua capacidade de rendimento.

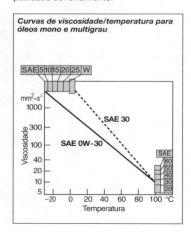

Curvas de viscosidade/temperatura para óleos mono e multigrau

Por isso existem numerosos métodos de teste para óleos minerais (vide indicação comparativa de óleos para motores):
- Normas ACEA (Association des Constructeurs Européens de l'Automobile) substituem desde início de 1996 todas as normas CCMC (Comité des Contructeurs d'Automobiles du Marché Commun).
- Classificação API (American-Petroleum-Institute),
- Especificações MIL (Military),
- Especificações de empresas.

Critérios para homologação são, entre outros:
- Cinzas de sulfetos,
- Conteúdo de zinco,
- Tipo de motor (Otto ou Diesel, ou seja, aspirado ou sobrealimentado
- Cargas sobre os componentes da transmissão do motor e mancais,
- Efeito protetor contra desgaste,
- Temperatura de funcionamento do motor (temperatura de lodos)
- Resíduos de combustão, solicitação química do óleo por resíduos de combustível ácidos,
- Capacidade de limpeza e de remoção de sujeiras do óleo do motor,
- Compatibilidade com juntas.

Especificações ACEA
Óleos para motores Otto
A1: óleos especiais de alta lubrificação com viscosidade reduzida a altas temperaturas e forte cisalhamento.
A2: óleos convencionais e de alta lubrificação sem limitação das classes de viscosidade. Maiores exigências do que CCMC G4, ou seja, API SH.
A3: óleos dessa categoria ultrapassam A2 e CCMC G4 e G5.
A5: com relação a A3, melhorias no "consumo de combustível", ocasionado por menor viscosidade inclusive aditivação melhorada. Cuidado! Aplicação somente em motores que foram desenvolvidos para isso!

Óleos de motos para motores Diesel de carros de passeio
B1: correspondente a A1 para reduzidas perdas por atrito e com isso redução do consumo de combustível.
B2: óleos convencionais e de alta lubrificação satisfazem as atuais exigências mínimas (exigências maiores do que CCMC PD2).
B3: excede B2.
B4: corresponde a B2, particularmente compatíveis com motores TDI-VW.
B5: óleos excedem B3 e B4, melhores características de "economia de combustível", também satisfazem VW 50600 e 50601. Aplicação somente em motores que foram desenvolvidos para isso!

Óleos de motos para motores Diesel de veículos comerciais
E1: óleos para motores de aspiração natural ou sobrealimentados com intervalos normais de troca de óleo.
E2: derivados da especificação MB folha 228.1. Principalmente para tecnologias de motores antes da norma Euro-II.
E3: para motores que satisfazem a norma EURO-II, derivada da especificação MB folha 228.3. Em comparação com a categoria antecessora CCMC D5 esses óleos apresentam uma capacidade de dispersão de fuligem melhorada com espessamento nitidamente menor do óleo.
E4: atualmente a categoria maior de qualidade para motores Diesel com norma Euro-I e Euro-II e elevadas exigências, principalmente intervalo de troca de óleo estendido (segundo dados do fabricante). Baseado extensamente em MB 228.5.

Classificações API
Classes S (Service) para motores Otto.
Classes C (Commercial) para motores Diesel.
SF: para motores dos anos 1980.
SG: válido desde 1988 com teste mais rigoroso de borra, proteção contra oxidação e desgaste melhorada.
SH: Desde meados de 1993 corresponde ao nível de qualidade API SG, porém com exigências mais rigorosas quanto ao teste de qualidade do óleo.
SJ: desde outubro de 1996, mais testes do que API SH.
SL: Desde 2001, em relação a SJ menor consumo de óleo, menor volatilidade, melhor limpeza do motor, maior resistência ao envelhecimento.

CC: óleos de motor para motores Diesel aspirados com baixa solicitação.
CD: óleos de motor para motores Diesel aspirados e sobrealimentados, substituídos em 1994 por API CF.
CD-2: exigências conforme API CD com exigências adicionais para motores Diesel de 2 tempos.
CF-2: óleos com propriedades especiais para 2 tempos (desde 1994).
CE: óleos com performance como CD com testes adicionais em motores Mack e Cummins americanos.
CF: substitui desde 1994 a especificação API CD. Particularmente para injeção indireta, mesmo com teor de enxofre > 0,5%.
CF-4: como API CE, mas com teste mais rigoroso no motor Caterpillar turbo Diesel de um cilindro.
CG-4: para motores Diesel operando sob condições extremas. Excede API CD, CE. Teor de enxofre no combustível < 0,5%. Requisito para motores de acordo com legislação de controle de emissões após 1994.
CH-4: óleo moderno para veículos comerciais desde 1998. Excede CG-4 nas exigências quanto a desgaste, fuligem e viscosidade. Intervalos de troca de óleo maiores.

ILSAC GF-3
Padrão comum entre General Motors, DaimlerChrysler, a associação japonesa de fabricantes de automóveis e a associação americana de fabricantes de motores. Adicionalmente à API-SL a norma exige um teste de economia de combustível.

Graus de viscosidade SAE
(ISO/DIS 10 369, SAE J300, DIN 51 512, SAE J306c)
Classificação SAE (Society of Automotive Engineers) válida internacionalmente para definir a viscosidade. Não fornece informações sobre a qualidade do óleo. Diferencia-se entre óleos mono e multigrau. Óleos multigrau são os mais usados hoje em dia.
A caracterização é feita por duas séries (vide tabelas 2 e 3), onde W (Winter) descreve determinado comportamento de fluência a frio. O grau de viscosidade "W" é classificado de acordo com a máxima viscosidade à temperatura inferior, à temperatura-limite máxima de bombeamento e da viscosidade mínima a 100 °C. O grau de viscosidade sem a letra "W" só é classificado segundo a viscosidade a 100 °C.

Óleos multigrau
Óleos multigrau são óleos com pouca dependência da viscosidade em função da temperatura. Eles diminuem o atrito e o desgaste, podem ser usados o ano inteiro e proporcionam uma rápida lubrificação de todas as partes do motor na partida a frio.

Óleos de alta lubrificação
Óleos lubrificantes com característica multigrau, baixa viscosidade a frio e aditivos especiais redutores de atrito. O funcionamento do motor livre de atritos sob todas as condições de funcionamento reduz o consumo de combustível.

Óleos para transmissão

O tipo da transmissão e a sua solicitação sob todas as condições de funcionamento determinam a qualidade do óleo de transmissão. As exigências (elevada capacidade de absorção de pressão, baixa dependência da viscosidade em função da temperatura, elevada resistência ao envelhecimento, baixa tendência a formar espuma, compatibilidade com os materiais das juntas) só podem ser obtidas com óleos aditivados. Em contraste com óleos para motores, os óleos para transmissão não contêm, ou muito poucos aditivos "detergentes", consideravelmente menos constituintes básicos e em geral não melhoradores de VI (a maioria deles seria cisalhada e com isso ficaria inativa). Danos típicos à transmissão através de óleos inadequados ou de baixa qualidade são danos nos mancais e flancos dos dentes das engrenagens.

Também a viscosidade deve ser adequada à aplicação específica. Os graus de viscosidade para transmissões veiculares são definidos na DIN 51 512, ou seja, SAE J 306 (vide tabela 3).

Para exigências especiais se usam cada vez mais óleos sintéticos (p. ex. poli-α-olefinas). Esses apresentam vantagens no comportamento viscosidade-temperatura e são mais resistentes ao envelhecimento do que óleos minerais.

Classificação API de óleos de transmissão

GL-1 a GL-3: hoje em dia não têm importância prática.

GL-4: óleos para engrenagens hipoidais com baixa carga e para transmissões que trabalham sob altas velocidades e esforços por choques, alta rotação e baixo torque, ou seja, baixa rotação e torque elevado.

GL-5: óleos para transmissão para engrenagens hipoidais de veículos de passeio e outros veículos com esforços por choques em alta rotação, bem como alta rotação e baixo torque, ou seja, baixa rotação e torque elevado.

GL-6: óleos para engrenagens tipo hipóide com alto deslocamento axial e elevadas cargas.

MT-1: transmissões manuais não sincronizadas em veículos utilitários americanos.

Muitos fabricantes de caminhões e de componentes elaboraram especificações próprias e não confiam mais na API.

Óleos para transmissões automáticas
(ATF: Automatic Transmission Fluid)

O comportamento do óleo ATF em transmissões automáticas é de grande importância porque, à diferença das transmissões manuais, é que para as transmissões automáticas, além da transmissão de força hidrodinâmica e a baseada na forma, predomina a transmissão de potência. As aplicações são basicamente classificadas de acordo com as características de fricção:

General Motors: não são mais válidos:
Type A, Suffix A, DEXRON®, DEXRON® B, DEXRON® II C, DEXRON® II D.
DEXRON® II E (válido até fins de 1994).
DEXRON® III F/G. Válido desde 1.1.1994 com exigências mais restritas com respeito à estabilidade contra oxidação e constante de atrito.
FORD: MERCON® (válido desde 1987).
Outros fabricantes: de acordo com as instruções de operação.

Óleos lubrificantes

Óleos lubrificantes são compostos dos componentes óleo-base e aditivos. Os aditivos melhoram as propriedades dos óleos básicos, p. ex. com respeito à estabilidade de oxidação, proteção contra corrosão e cisalhamento ou características viscosidade-temperatura. Adicionalmente, as propriedades de sistema como fricção (estática) e desgaste são otimizadas na direção desejada.

Existe uma grande quantidade de designações na forma de letras e números (p. ex. DIN 51 502) para variadas aplicações (p. ex. óleos hidráulicos:

HL: fluido hidráulico com base em óleos minerais com aditivos para melhoria da proteção contra corrosão e resistência a envelhecimento.

HLP: como HL, porém com aditivos adicionais de proteção contra cisalhamento,

HLVP: como HLP com melhoradores de VI adicionais).

Tabela 4. Composição de graxas lubrificantes

Óleos-base	Espessantes	Aditivos
Óleos minerais - parafínicos - naftênicos - aromáticos Poli-α-olefinas Aromáticos alquídicos Ésteres Poliálcoois Silicones Óleos de feniléter Perfluoropoliéter	Sabões metálicos (Li, Na, Ca, Ba, Al) Normal Hidroxílico Complexo Poliuréias PTFE PE Betonita Sílica gel	Inibidores de oxidação Íons de FE, CU, formadores de complexos Inibidores de corrosão Aditivos de alta pressão (aditivos EP) Aditivos protetores contra corrosão (aditivos anti-wear) Redutores de atrito (friction modifiers) Melhoradores de aderência Detergentes, dispersantes Melhoradores de VI Lubrificantes sólidos

Para cada par de atrito, a grande quantidade de componentes lubrificantes pode ser usada para desenvolver um lubrificante de alta performance

Graxas lubrificantes

Graxas lubrificantes são óleos lubrificantes espessados. Têm a vantagem em relação aos óleos de que não escorrem do local de atrito. Isso torna supérfluas medidas construtivas complexas para a vedação (p. ex. aplicação em mancais de rodas, em sistemas em movimento como ABS, alternador, distribuidor de ignição, motor limpador de pára-brisas, motores de engrenagens pequenos). A tabela 4 mostra uma visão geral dos componentes em uma graxa lubrificante consistente misturada dos três componentes básicos: óleo básico, espessante e aditivo.

Como óleo-base usam-se preferencialmente óleos minerais, que ultimamente têm sido substituídos por óleos totalmente sintéticos. (p. ex. em função das maiores exigências com respeito à estabilidade ao envelhecimento, comportamento de fluência a temperaturas baixas, comportamento viscosidade-temperatura).

O espessante serve para ligar o óleo-base. Quase sempre se usam sabões metálicos. Eles ligam o óleo em uma estrutura esponjosa de sabão (micelas) mediante inclusões e efeitos de forças atrativas. Quanto maior for a proporção de espessante (dependente do tipo do espessante) na graxa, tanto menor é a penetração (profundidade de penetração de cone de teste na amostra de graxa), ou sela, maior é o grau NLGI (vide tabela 5).

Tabela 5. Classificação por consistência para graxas lubrificantes

Classe NLGI	Penetração em marcha conforme DIN ISO 2137 em unidades (0,1 mm)
000	445…475
00	400…430
0	355…385
1	310…340
2	265…295
3	220…250
4	175…205
5	130…160
6	85…150

Os aditivos servem para modificar as propriedades físicas e químicas da graxa lubrificante em uma determinada direção (p. ex. melhoria da resistência contra oxidação, aumento da proteção contra cisalhamento (aditivos EP) ou redução do atrito e do desgaste).

Também se adicionam lubrificantes sólidos (p. ex. MoS_2) às graxas lubrificantes (p. ex. para a lubrificação dos eixos de acionamento no veículo).

A escolha de uma graxa lubrificante especial é efetuada considerando-se as suas propriedades físicas, do efeito sobre a zona de atrito e suas mínimas reações com os materiais de contato.

Exemplo:
Reações com materiais de polímeros:
- formação de trincas por tensão,
- variação da consistência,
- degradação do polímero,
- inchaço, encolhimento, fragilidade.

Assim as graxas de óleos minerais ou graxas com base em hidrocarbonetos sintéticos não podem entrar em contato com elastômeros, que são usados junto com fluidos de freio (com base de poliglicóis) (p. ex. grande inchaço de elastômeros EPDM).

Ademais, devem ser evitadas misturas de graxas lubrificantes diferentes (modificação das propriedades físicas, liquefação da graxa por redução do ponto de gotejamento).

Solicitações térmicas e mecânicas resultam em alterações químicas e/ou físicas, que podem ter um efeito negativo na função de todo o sistema tribológico. Uma oxidação, p. ex, resulta em acidificação, que pode disparar a corrosão em superfícies metálicas ou trincas por tensão em alguns plásticos. Com solicitação térmica muito forte, uma polimerização pode acusar a solidificação do lubrificante.

Cada alteração química automaticamente causa uma modificação das propriedades físicas. Isso inclui as propriedades reológicas, bem como alterações no comportamento viscosidade-temperatura ou do ponto de gotejamento. Uma forte redução do ponto de gotejamento resultaria em que o lubrificante já fluiria da área de atrito com aquecimento moderado.

Lubrificantes 317

É particularmente importante lembrar que ferro ou cobre (ou metais com teor de cobre como bronze ou latão) catalisam a oxidação de um lubrificante, isto é, a oxidação ocorre bem mais rápido do que sem o contato de catalisador.

Em função da oxidação a capacidade de lubrificação de uma graxa se torna insuficiente rapidamente. Muitas vezes a estrutura dos sabões se decompõe, a graxa fica oleosa, flui da área de atrito ou polimeriza.

Através da combinação correta de graxa lubrificante e sistema tribológico levando em conta a solicitação e a interação, é possível aumentar substancialmente a performance dos produtos em atrito (p. ex. transmissão, mancais ou rolamentos, sistemas de regulação).

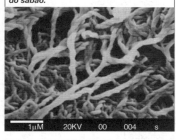

Foto de um sabão de lítio feita com um microscópio eletrônico de varredura. O óleo retido entra nas fibras torcidas do sabão.

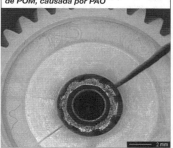

Trincas por pressão em uma engrenagem de POM, causada por PAO

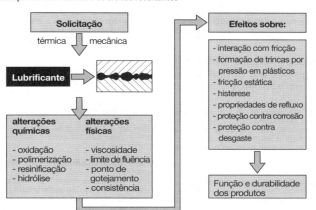

Solicitação do lubrificante e os efeitos resultantes

Alterações das propriedades físico-químicas do lubrificante não podem ter impacto negativo sobre a qualidade e durabilidade do produto.

Combustíveis

Características

Valores caloríficos líquidos e brutos

Os valores caloríficos específicos líquidos (anteriormente chamados de baixos) e brutos (anteriormente chamados de altos), ou H_u e H_o respectivamente, fornecem um índice para o teor de energia dos combustíveis. Apenas o valor calorífico líquido H_o (vapor de combustão) é significativo no que diz respeito a combustíveis que geram água como um subproduto da combustão.

Os constituintes oxigenados do combustível que contêm oxigênio, tais como álcoois, éter e éster metílico com ácido graxo, apresentam um valor calorífico mais baixo que os hidrocarbonetos puros, porque o oxigênio ligado aos mesmos não contribui para o processo de combustão. A potência comparável àquela que pode ser atingida com combustíveis sem oxigênio, só pode ser atingida através de taxas mais altas de consumo de combustível.

Valor calorífico da mistura ar/combustível

O valor calorífico da mistura ar/combustível determina o rendimento do motor. Assumindo-se uma razão estequiométrica constante, este número permanece basicamente o mesmo para todos os combustíveis líquidos e gases liquefeitos (aprox. 3,5...3,7 MJ/m³).

Combustíveis para motores com ignição por centelha (gasolina/petróleo)

Requisitos gerais

A Norma Européia EN228 define os requisitos para combustível sem chumbo para uso em motores com ignição por centelha. Os valores característicos adicionais específicos por país são definidos nos apêndices nacionais.
Nos EUA, os combustíveis para motores com ignição por centelha são definidos na ASTMD4814 (American Society for Testing and Materials). Os combustíveis baseados em óleo mineral para motores com ignição por centelha são compostos de hidrocarbonetos, aos quais podem ser adicionados componentes orgânicos oxigenados ou outros aditivos, para melhoria de desempenho.

É feita uma distinção entre gasolina premium normal (super grau) e "Super Plus". As gasolinas premium têm qualidades antidetonantes mais altas e são formuladas para uso em motores de alta compressão. As classificações de volatilidade variam de acordo com a região e o uso pretendido para o combustível, durante o verão ou inverno.

O combustível sem chumbo é indispensável para veículos equipados com conversores catalíticos, para tratamento de gases de escapamento, visto que o chumbo danificaria os metais nobres (ex.: platina), no conversor catalítico, tornando-o inoperante. Ele também destruiria os sensores de oxigênio lambda, usados para monitorar a composição do gás de escapamento dentro de sistema de controle de emissões com circuito fechado.

A gasolina contendo chumbo é proibida na Europa. O combustível contendo chumbo ainda pode ser encontrado em alguns países, ainda que seu número esteja em franca diminuição.

Os combustíveis sem chumbo são uma mistura especial de componentes de alto grau e alta octana (ex.: formiatos, alquilas e isomerizados). Éter (ex.: MTBE: éter de metilo ter-butilo 3...15%) e álcoois (metanol, etanol) podem ser adicionados como suplementos que não contêm metais, para aumentar a qualidade antidetonante. Por exemplo, o seguinte é permitido: E5 na Europa (máximo de 5% de etanol). E10 nos EUA e E29... E26 no Brasil.

Densidade

A Norma Européia EN228 limita a faixa de densidade do combustível em 720...775 kg/m³. Visto que os combustíveis premium incluem geralmente uma proporção mais alta de compostos aromáticos, eles são mais densos que a gasolina normal e assim, apresentam um valor calorífico levemente mais alto.

Qualidade antidetonante (teor de octana)

O teor de octana define a qualidade antidetonante da gasolina (resistência à pré-ignição). Quanto maior for o teor de octana, maior será a resistência à detonação do motor. Dois procedimentos são usados internacionalmente para determinar o teor de octana: o Método de Pesquisa e o Método de Motor.

Combustíveis

Tabela 1. Dados Essenciais para gasolina sem chumbo. Minuta da Norma Européia prEN228 (minuta 2002)

Requisitos	Unidade	Especificação
Qualidade antidetonante		
Premium, mín.	RON/MON	95/85
Normal, mín. [1]	RON/MON	91/82,5
Super Plus [1]	RON/MON	98/88
Densidade	kg/m^3	720...775
Enxofre, máx. Até 31.12.2004	mg/kg	150
2005 a 2008	mg/kg	50 (baixo enxofre)
A partir de 2009 [2]	mg/kg	10 (sem enxofre)
Benzeno, máx.	% volume	1
Chumbo, máx.	mg/l	5
Volatilidade		
Pressão de vapor, verão, min/máx.	kPa	45/60
Pressão de vapor, inverno, min/máx.	kPa	60/90 [1]
Volume evaporado a 70°C, verão, min/máx.	% volume	20/48
Volume evaporado a 70C, inverno, min/máx.	% volume	22/50
Volume evaporado a 100°C, min/máx.	% volume	46/71
Volume evaporado a 150°C, min/máx.	% volume	75/–
Ponto de ebulição final, máx.	°C	210
Período de transição VLI [3], máx.[4]		1150 [1]

[1] Valores nacionais para a Alemanha, [2] Propostas UE, [3] VLI: Índice de Bloqueio de Vapor, [4] Primavera e Outono

RON, MON

O número, determinado no teste com o uso do Método de Pesquisa, é o Número de Octana da Pesquisa ou RON. É usado como o índice essencial da detonação de aceleração.

O Número de Octana do Motor, ou MON, é derivado do teste conforme o Método de Motor. O MON fornece, basicamente, uma indicação da tendência à detonação em velocidades altas.

O Método de Motor difere do Método de Pesquisa pelo uso de misturas pré-aquecidas, velocidades maiores do motor e tempo variável de ignição, estabelecendo, deste modo, mais exigências térmicas rigorosas para o combustível testado. Os números MON são mais baixos que os de RON.

Os números de octana indicam o teor volumétrico em porcentagem de isooctana (trimetilo pentano) C_8H_{18}, contido em uma mistura com C_7H_{16} n-heptano, no ponto em que a resistência à detonação da mistura, em um motor de teste, é idêntica àquela do combustível em teste. A isooctana que é extremamente resistente à detonação, recebe o número de octana 100 (100 RON e MON), enquanto que o n-heptano, que apresenta baixa resistência à pré-ignição, recebe o número 0.

Aumento da qualidade antidetonante

A gasolina normal (sem tratamento), para percurso reto, apresenta uma baixa qualidade antidetonante. Vários componentes de refinaria resistentes à detonação devem ser adicionados para se obter combustíveis de alta octana, que são adequados para os motores modernos. O nível mais alto de octana possível também deve ser mantido através de toda a faixa de ebulição. Os hidrocarbonetos cíclicos (aromáticos) e cadeias derivadas (isoparafinas) asseguram maior resistência à detonação que moléculas de cadeia reta (n-parafinas).

Aditivos baseados em componentes oxigenados (metanol, etanol, éter de metilo ter-butilo) têm um efeito positivo sobre o número de octana, mas podem provocar dificuldades em outras áreas (álcoois aumentam o nível de volatilidade e podem afetar os materiais usados no equipamento de injeção de combustível, tais como inchaço de elastômero e corrosão).

Volatilidade

As gasolinas devem satisfazer exigências rigorosas de volatilidade, para assegurar uma operação satisfatória. O combustível deve conter uma proporção suficiente de componentes altamente voláteis, para assegurar uma boa partida a frio, mas a volatilidade não deve ser tão alta que prejudique a operação e a partida quando o motor estiver quente (bloqueio de vapor). Além disso, as condições ambientais exigem que as perdas evaporativas permaneçam baixas. A volatilidade é definida de vários modos. EN 228 define 10 classes diferentes de volatilidade (A...F...C1...F1) que se distinguem por vários níveis de pressão de vapor, curva de ebulição e VLI (Índice de Bloqueio de Vapor). Para atender requisitos especiais relacionados a variações das condições climáticas, os países podem incorporar classes individuais específicas em seu próprio apêndice nacional.

Curva de ebulição
As faixas individuais na curva de ebulição têm um efeito particularmente pronunciado sobre o comportamento operacional. Assim a EN 228 define os valores limites para a evaporação volumétrica do combustível a 70°C, 100°C e 150°C. A porcentagem de combustível vaporizado em até 70°C deve apresentar um volume mínimo, para assegurar a partida a frio (anteriormente importante para motores com carburador), mas não tão alto que favoreça a formação de bolhas de vapor. A porcentagem de combustível vaporizado a 100°C determina as qualidades de aquecimento do motor, assim como suas características de aceleração e resposta, quando tiver alcançado a temperatura operacional normal. O volume vaporizado em até 150°C deve ser alto o suficiente para minimizar a diluição do óleo lubrificante do motor, especialmente com o motor frio.

Pressão do vapor
A pressão do vapor, medida a 37,8°C (110°F), de acordo com EN 13016-1 é basicamente um índice da segurança, no qual o combustível pode ser bombeado para dentro e para fora do tanque de combustível do veículo. Todas as especificações definem limites superiores e inferiores para esta pressão do vapor: Na Alemanha, por exemplo, é de no máximo 60 kPa no verão e no máximo 90 kPa no inverno. Para que um sistema moderno de injeção de combustível possa ser projetado, é importante conhecer a pressão do vapor nas temperaturas mais altas (80°C, 100°C). Um aumento na pressão do vapor, através da adição de álcool, só é aparente em temperaturas mais altas, por exemplo.

Relação vapor/líquido
Esta especificação fornece um índice da tendência de um combustível para formar bolhas de vapor. Ela é definida como o volume de vapor gerado por uma quantidade específica de combustível a uma temperatura definida. Uma queda de pressão (ex.: quando da direção em uma passagem montanhosa) e/ou um aumento de temperatura elevarão a relação vapor/líquido, com prováveis problemas operacionais. A ASTMD4814, por exemplo, especifica uma exigência de relação vapor/líquido de no máximo 20, para diferentes classes de volatilidade.

Índice de Bloqueio de Vapor (VLI)
Este parâmetro é a soma de dez vezes a pressão do vapor (em kPa a 37,8°C) e sete vezes a proporção de combustível que se vaporiza em até 70°C. O VLI fornece mais informações úteis sobre a influência do combustível sobre a partida e operação de um motor quente que aquelas fornecidas apenas pelos dados de pressão do vapor e ebulição.

Enxofre
A fim de reduzir as emissões de SO_2 e considerando os conversores catalíticos necessários para tratamento do gás de escapamento, dos sistemas de injeção direta de gasolina, o teor de enxofre da gasolina deverá se restringir a 10 mg/kg em a toda Europa, a partir de 2009. Este produto sem enxofre já foi lançado na Alemanha, em resposta à introdução, em 2003, de um imposto de sanção sobre combustíveis contendo enxofre.

Aditivos
Podem ser usados aditivos para melhorar o grau do combustível, assim como para evitar prejuízos ao desempenho do veículo e composição do gás de escapamento, durante o funcionamento. Os pacotes geralmente usam componentes individuais combinados com vários atributos.

É necessário um extremo cuidado e precisão durante o teste de aditivos e determinação de suas concentrações ótimas. Efeitos colaterais indesejáveis devem ser evitados. Geralmente, eles são adicionados em base específica de marca, quando os caminhões-tanque são carregados na refinaria (medição de ponto final). Os condutores de veículo não devem adicionar aditivos suplementares no tanque de combustível, pois isto invalidaria quaisquer reclamações de garantia contra o fabricante do veículo.

Aditivos antienvelhecimento

Os agentes antienvelhecimento (antioxidantes) são adicionados aos combustíveis para aumentar a sua estabilidade durante a armazenagem. Eles evitam a oxidação provocada pelo oxigênio atmosférico. Os desativadores de metal inibem o efeito catalítico dos íons de metal sobre o envelhecimento do combustível.

Inibidores de contaminação no sistema de admissão

O sistema de admissão (injetores, válvulas de admissão) não deve apresentar contaminação e depósitos, por várias razões. O sistema de admissão deve estar limpo para manter os coeficientes A/F de fábrica, assim como para assegurar uma operação sem problemas e minimizar as emissões de escapamento. Para isto, devem ser adicionados agentes detergentes eficazes ao combustível.

Proteção contra corrosão

A presença de água pode provocar corrosão no sistema de injeção de combustível. Uma solução extremamente eficaz é a adição de inibidores de corrosão, que formam uma película fina de proteção sobre a superfície do metal.

Gasolina reformulada

As autoridades ambientais e câmaras legislativas estão impondo regulamentações cada vez mais rigorosas para combustíveis, para reduzir a evaporação e emissões de poluentes ("gasolina reformulada"). Como definido nas regulamentações, as características principais destes combustíveis incluem redução de pressão de vapor, baixos níveis de componentes aromáticos e benzeno e um ponto final de ebulição mais baixo. Nos EUA os aditivos concebidos para evitar a formação de depósito no sistema de admissão, são obrigatórios.

Combustível Diesel

O combustível Diesel contém uma grande variedade de hidrocarbonetos individuais, com pontos de ebulição que variam de 180°C a 370°C. Ele é o produto da destilação graduada de óleo cru. As refinarias adicionam volumes crescentes de produtos de conversão ao combustível Diesel. Estes "componentes craqueados" são derivados de óleo pesado através da quebra (craqueamento) de grandes moléculas. A Norma Européia EN 590 é válida para combustível Diesel em toda a Europa. As especificações mais importantes desta norma estão relacionadas na Tabela 2.

Qualidade da ignição, número de cetano, índice de cetano

Visto que o motor a Diesel é acionado com uma centelha de ignição externa, a ignição do combustível deve ser espontânea (auto-ignição), com um tempo mínimo (retardo da ignição), quando injetado no ar comprimido quente na câmara de combustão. A qualidade da ignição exprime a adequação do combustível para a auto-ignição espontânea em um motor a Diesel. O número de cetano (CN) exprime a qualidade da ignição. Quanto maior for o número de cetano, maior é a tendência do combustível para ignição. O número de cetano 100 é atribuído ao n-hexadecano (cetano) com ignição muito fácil, enquanto que a naftalina metílica, que apresenta queima lenta, recebe o número 0. Um número de cetano superior a 50 é desejável para uma boa operação em motores modernos (funcionamento uniforme, emissões baixas de escapamento). O combustível Diesel de alta qualidade apresenta uma alta proporção de parafinas com altos teores de CN. Por outro lado, os compostos aromáticos têm um efeito prejudicial sobre a qualidade da ignição.

Uma outra indicação da qualidade da ignição é fornecida pelo índice de cetano, calculado a partir da densidade e de vários pontos da curva de ebulição. Naturalmente, esta quantidade puramente matemática não considera a influência dos corretores de cetano sobre a qualidade da ignição. A fim de limitar o ajuste do número de cetano, através de seus corretores, tanto o número de cetano quanto o índice de cetano foram incluídos na lista de exigências da EN 590.

Propriedades de fluxo frio, filtragem

A precipitação de cristais de parafina em baixas temperaturas pode provocar o bloqueio do filtro de combustível, com possível interrupção do fluxo de combustível. Nas piores condições, podem ser formadas partículas de parafina em temperaturas de 0°C ou mesmo mais altas. Assim, a seleção especial e procedimentos de fabricação são necessários para combustível Diesel de inverno, assegurando uma operação sem problemas, durante a estação fria do ano. Normalmente, são adicionados corretores de fluxo ao combustível, na refinaria. Ainda que estes não evitem realmente a precipitação de parafina, eles limitam o crescimento do cristal, que permanece pequeno o suficiente para passar através dos poros do material do filtro. Podem ser usados outros aditivos para manter os cristais em estado de suspensão, ampliando ainda mais o limite de filtragem para baixo.

A adequação da operação em clima frio é definida em relação ao procedimento padronizado, para definir o "limite de filtragem". Isto é conhecido como CFPP, ou Ponto de Entupimento do Filtro a Frio. A Norma Européia EN 590 define o CFPP em várias classes, podendo ser determinado por países individuais, dependendo das condições geográficas e climáticas que prevaleçam.

Antigamente, os proprietários algumas vezes adicionavam gasolina normal nos tanques de combustível de seus veículos para melhorar a resposta a frio do combustível Diesel. Esta prática não é mais necessária agora, porque os combustíveis são adaptados às normas e isto invalidaria quaisquer reclamações, em caso de danos.

Ponto de fulgor

O ponto de fulgor é a temperatura na qual as quantidades de vapor emitidas por um fluido de combustível para a atmosfera, são suficientes para permitir a ignição por uma centelha da mistura vapor-ar acima do fluido. Considerações de segurança (transporte, armazenagem) obrigam o combustível Diesel a atender as exigências da Classe A III (ponto de fulgor de > 55°C). Uma quantidade inferior a 3% de gasolina no combustível Diesel é suficiente para baixar o ponto de fulgor, de tal modo que a ignição é possível à temperatura ambiente.

Faixa de ebulição

A faixa de ebulição afeta vários parâmetros importantes para a determinação das características operacionais do combustível Diesel. A ampliação para baixo da faixa de ebulição, para incluir temperaturas mais baixas, melhora as propriedades de operação a frio do combustível, mas isto provoca a redução do número de cetano. O efeito negativo dobre as propriedades de lubrificação do combustível é particularmente crítico, com o conseqüente aumento do risco de desgaste dos componentes do sistema de injeção. Por outro lado, ainda que desejável do ponto de vista da utilização eficiente dos recursos do petróleo, o aumento da temperatura final na extremidade superior da faixa de ebulição, também gera emissões mais altas de fuligem, assim como depósitos de carbono (resíduo de combustão) nos bicos.

Densidade

Existe uma correspondência razoavelmente constante entre o valor calorífico de um combustível Diesel e sua densidade; densidades mais altas têm um valor calorífico mais alto. Assumindo ajustes constantes da bomba de injeção de combustível (e, assim, volume constante de injeção), o uso de combustíveis com densidades muito diferentes em um dado sistema provoca variações nos coeficientes de mistura, derivadas de flutuações do valor calorífico. Densidades mais altas causam aumento das emissões de particulados, enquanto que densidades mais baixas diminuem o rendimento do motor.

Viscosidade

A viscosidade muito baixa provoca perdas por vazamento na bomba de injeção de combustível, diminuindo a potência. A viscosidade significativamente mais alta provoca aumento da pressão de pico de injeção em altas temperaturas, em sistemas sem regulagem de pressão (ex. sistemas de injetor de unidade). Este é o caso, por exemplo, quando é usado FAME (bio-diesel). Assim, o Diesel de óleo mineral não pode ser aplicado na pressão primária máxima permitida. A viscosidade alta também muda o padrão de pulverização, devido à formação de gotículas maiores.

Lubricidade

A lubricidade hidrodinâmica do combustível Diesel não é tão importante quanto aquela na faixa mista de atrito. A introdução de combustíveis ambientalmente compatíveis, dessulfurizados por hidrogenação, provocou problemas de campo enormes de desgaste para as bombas de injeção do distribuidor. Devem ser adicionados corretores de lubricidade ao combustível para evitar estes problemas. A lubricidade é testada usando-se equipamento oscilante de alta freqüência (HFRR). A lubricidade mínima é definida em EN 590.

Enxofre

O combustível Diesel contém enxofre ligado quimicamente e as quantidades reais dependem da qualidade do petróleo cru e dos componentes que são adicionados na refinaria. Componentes craqueados são caracterizados geralmente por altos teores de enxofre, mas estes podem ser reduzidos por tratamento com hidrogênio (hidrogenação) na refinaria. A partir de 2005, todas as gasolinas normais e combustíveis Diesel deverão atender a exigência de baixo enxofre mínimo (teor de enxofre < 50 mg/kg), através da Europa. A partir de 2009, apenas combustíveis sem enxofre (teor de enxofre < 10 mg/kg) serão permitidos.

Na Alemanha, um imposto de sanção tem sido cobrado sobre combustíveis contendo enxofre, desde 2003. Por esta razão, apenas combustíveis Diesel sem enxofre estão disponíveis no mercado alemão. Isto resulta em menos SO_2 durante a combustão, o que, por sua vez, reduz as emissões diretas de SO_2 e massa de particulados emitida (sulfato na fuligem). Isto também possibilita o uso de filtro de particulados e catalisadores de desnitrificação.

Índice de depósito de carbono (resíduo de carbono)

O índice de depósito de carbono descreve a tendência do combustível de formar resíduo de carbono nos bicos. Os mecanismos de formação de depósito são complexos e de difícil descrição.

Acima de tudo, os componentes contidos no combustível Diesel no ponto final de ebulição (em particular, os constituintes do craqueamento) influenciam a formação de depósito de carbono (coqueificação).

Aditivos

Aditivos, há muito tempo presentes em gasolinas, atingiram um crescente significado para melhorar a qualidade de combustíveis Diesel. Os vários agentes são geralmente combinados em pacotes de aditivo para atingir uma variedade de objetivos. Visto que a concentração total destes aditivos é geralmente de <0,1%, as características físicas do combustível – tais como densidade, viscosidade e curva de ebulição – permanecem inalteradas.

Corretores de lubricidade

A lubricidade de combustíveis Diesel com propriedades insuficientes de lubrificação pode ser melhorada, através da adição de ácidos graxos, éteres de ácido graxo ou glicerinas. O bio-diesel também é um éster de ácido graxo. Assim, as misturas de diesel contendo até 5% de biodiesel (B5), aprovadas de acordo com EN590, não requerem aditivos complementares.

Corretores de cetano

Os corretores de cetano são ésteres de ácido nítrico derivados do álcool, que diminuem o retardo de ignição com efeitos positivos sobre o ruído e emissões de particulados.

Corretores de fluxo

Os corretores de fluxo são polímeros, cuja aplicação é restrita geralmente ao inverno (ver propriedades de fluxo a frio).

Aditivos detergentes

Os aditivos detergentes ajudam a limpar o sistema de admissão para assegurar a formação eficiente da mistura. Eles também podem inibir a formação de depósitos e reduzir o acúmulo de depósitos de carbono nos bicos.

Inibidores de corrosão

Estes aditivos evitam a corrosão dos componentes metálicos, caso entre água no sistema de injeção de combustível.

Agentes antiespuma

A adição de agentes antiespuma ajuda a evitar espuma excessiva quando o veículo é reabastecido rapidamente.

Propriedades de combustíveis líquidos e hidrocarbonetos

Substância	Densidade Kg/l	Constituintes principais % por peso	Temperatura de ebulição °C	Calor latente de evaporação kJ/kg[1]	Valor calórico específico	Temperatura de Ignição °C	Requisito teórico de ar kg/kg	Limite de ignição Inferior % por vol. de gás no ar	Limite de ignição Superior % por vol. de gás no ar
Combustível para motor com ignição por centelha									
Normal	0,720...0,775	86 C, 14 H	25...210	380...500	42,7	≈ 300	14,8	≈ 0,6	≈ 8
Premium	0,729...0,775	86 C, 14 H	25...210	–	43,5	≈ 400	14,7	–	–
Combustível para aviação	0,720	85 C, 15 H	40...180	–	43,5	≈ 500	–	≈ 0,7	≈ 8
Querosene	0,77...0,83	87 C, 13 H	170...260	–	43	≈ 250	14,5	≈ 0,6	≈ 7,5
Combustível Diesel	0,820...0,845	86 C, 13 H	180...360	≈ 250	42,5	≈ 250	14,5	≈ 0,6	≈ 7,5
Óleo cru	0,70...1,0	80...83 C, 10...14 H	25...360	222...352	39,8...46,1	≈ 220	–	≈ 0,6	≈ 6,5
Óleo de alcatrão de linhito	0,850...0,90	84 C, 11 H	200...360	–	40,2...41,9	–	13,5	–	–
Óleo de carvão betuminoso	1,0...1,10	89 C, 7 H	170...330	–	36,4...38,5	–	–	–	–
Pentano C_5H_{12}	0,63	83 C, 17 H	36	352	45,4	285	15,4	1,4	7,8
Hexano C_6H_6	0,66	84 C, 16 H	69	331	44,7	240	15,2	1,2	7,4
n-Heptano C_7H_{16}	0,66	84 C, 16 H	98	310	44,4	220	15,2	1,1	6,7
Isooctana C_8H_{18}	0,69	84 C, 16 H	99	297	44,6	410	15,2	1	6
Benzeno C_6H_6	0,88	92 C, 8 H	80	394	40,2	550	13,3	1,2	8
Tolueno C_7H_8	0,87	91 C, 9 H	110	364	40,6	530	13,4	1,2	7
Xileno C_8H_{11}	0,88	91 C, 9 H	114	339	40,6	460	13,7	1	7,6
Éter $(C_2H_5)_2O$	0,72	64 C, 14 H, 22 O	35	377	34,3	170	7,7	1,7	36
Acetona $(CH_3)_2CO$	0,79	62 C, 10 C, 28 O	56	523	28,5	540	9,4	2,5	13
Etanol C_2H_5OH	0,79	52 C, 13 H, 35 O	78	904	26,8	420	9	3,5	15
Metanol CH_3OH	0,79	38 C, 12 H, 50 O	65	1.110	19,7	450	6,4	5,5	26

Viscosidade a 20°C em mm²/s (= cSt, P. 37): gasolina ≈ 0,6; etanol ≈ 1,5; metanol ≈ 0,75

[1]) Valores por l = valores por kg × densidade em kg/l

Propriedades de combustíveis gasosos e hidrocarbonetos

Substância		Densidade a 0°C e 1.013 mbar kg/m³	Constituintes principais % por peso	Temperatura de ebulição °C a 1.013 mbar	Valor calórico específico		Temperatura de Ignição °C	Requisito teórico de ar kg/kg	Limite de ignição	
					Combustível MJ/kg¹⁾	Mistura ar-combustível MJ/m³¹⁾			Inferior	Superior
									% por vol. de gás no ar	
Gás liquefeito (gás natural)		2,25²⁾	C₃H₈, C₄H₁₀	−30	46,1	3,39	≈ 400	15,5	1,5	15
Gás de rua		0,56...0,61	50 H, 8 CO, 30 CH₄	−210	≈ 30	3,25	≈ 560	10	4	40
Gás natural H (Mar do Norte)		0,83	87 CH₄, 8 C₂H₆, 2 C₃H₈, 2 CO₂, 1 N₂	−162 (CH₄)	46,7	–	584	16,1	4,0	15,8
Gás natural H (Rússia)		0,73	98CH₄, 1C₂H₆, 1N₂	−162 (CH₄)	49,1	3,4	619	16,9	4,3	16,2
Gás natural L		0,83	83 CH₄, 4 C₂H₆, 1 C₃H₈, 2 CO₂, 10 N₂	−162 (CH₄)	40,3	3,3	≈ 600	14,0	4,6	16,0
Gás de água		0,71	50 H, 38 CO	–	15,1	3,10	≈ 600	4,3	6	72
Gás de alto forno		1,28	28 CO, 59N, 12 CO₂	–	3,20	1,88	≈ 600	0,75	≈ 30	≈ 75
Gás de esgoto²⁾		–	46 CH₄, 54 CO₂	–	27,2³⁾	3,22	–	–	–	–
Hidrogênio	H₂	0,090	100 H	−253	120,0	2,97	560	34	4	77
Monóxido de carbono	CO	1,25	100 CO	−191	10,05	3,48	605	2,5	12,5	75
Metano	CH₄	0,72	75 C, 25 H	−162	50,0	3,22	650	17,2	5	15
Acetileno	C₂H₂	1,17	93 C, 7 H	−81	48,1	4,38	305	13,25	1,5	80
Etano	C₂H₆	1,36	80 C, 20 H	−88	47,5	–	515	17,3	3	14
Eteno	C₂H₄	1,26	86 C, 14 H	−102	14,1	–	425	14,7	2,75	34
Propano	C₃H₈	2,0²⁾	82 C, 18 H	−43	46,3	3,35	470	15,6	1,9	9,5
Propeno	C₃H₆	1,92	86 C, 14 H	−47	45,8	–	450	14,7	2	11
Butano	C₄H₁₀	2,7⁴⁾	83 C, 17 H	−10; +1 ⁴⁾	45,6	3,39	365	15,4	1,5	8,5
Buteno	C₄H₈	2,5	86 C, 14 H	−5; +1 ⁴⁾	45,2	–	–	14,8	1,7	9
Dimetiléter	C₂H₆O	2,05⁵⁾	52 C, 13 H, 35 O	−25	28,8	3,43	235	9,0	3,4	18,6

¹⁾ Valores por m³ = valores por kg × densidade em kg/m³
²⁾ Densidade do gás liquefeito 0,54 kg/l, densidade do propano liquefeito 0,51/l, densidade do butano liquefeito 0,58 kg/l
³⁾ O gás purificado de esgoto contém 95% de CH₄ (metano) e seu valor calorífico é 37,7 MJ/kg
⁴⁾ O primeiro valor para isobutano, o segundo valor para n-butano ou n-buteno
⁵⁾ Densidade do dimetiléter liquefeito 0, 667 kg/l.

Tabela 2. Dados básicos para combustível Diesel, conforme EN 590 (minuta de 2002)

Requisitos	Unidade	Especificação
Ponto de fulgor, mín.	°C	> 55
Água, máx.	mg/kg	200
Teor de enxofre, máx. Até 31.12.2004	mg/kg	350
2005 a 2008	mg/kg	50 (baixo enxofre)
A partir de 2009 [1]	mg/kg	10 (sem enxofre)
Lubricidade, "diâmetro da marca de desgaste", máx.	μm	460
Teor de FAME, máx.	% por volume	5
Para climas temperados		
Densidade (a 15°C), mín/máx.	kg/m^3	820/845
Viscosidade (a 40°C), mín/máx.	mm^2/s	2/4,5
Número de cetano, mín.	–	51
Índice de cetano, mín.	–	46
Quantidade coletada a 250°C, máx.	% por volume	< 65
Quantidade coletada a 350°C, mín.	% por volume	85
Temperatura de destilação, na qual 95% são evaporados (T95), máx.	°C	360
CFPP [2] em 6 classes A...F, máx.	°C	+5...–20
Para climas árticos (em 5 classes 0...4):		
Densidade (a15°C), mín/máx.	kg/m^3	800/845...800/840
Viscosidade (a 40°C), mín/máx.	mm^2/s	1,5/4...1,2/4
Número de cetano, mín.	–	49...47
Índice de cetano, mín.	–	46...43
Até 180°C, destilado, máx.	% volume	10
Até 340°C, destilado, mín.	% volume	95
CFPP [2], máx.	°C	–20...–44

[1] Proposta da UE, [2] Limite de filtragem

Combustíveis alternativos

Combustíveis à base de álcool
Motores com ignição por centelha, especialmente adaptados, também podem utilizar metanol (M100) ou etanol (E100, Brasil). Entretanto, a maioria destes álcoois é usada apenas como um componente do combustível para aumentar o número de octana (ex.: E24 no Brasil e E10, E85, M85 nos EUA). Mesmo os éteres de metilo (MTBE) ou de etilo (ETBE) ter-butilo, que podem ser produzidos a partir de álcoois com isobutileno, também são corretores importantes do número de octana. O etanol é extremamente importante, por causa de sua origem biogênica (fermentação de cana de açúcar no Brasil e de cereais nos EUA). O metanol pode ser derivado de reservas com alto teor de hidrocarbonetos, tais como carvão, gás natural, óleo pesado, etc.

Comparados com a gasolina baseada em óleo mineral, os álcoois apresentam valores diferentes de material (valor calorífico, pressão de vapor, resistência de material, corrosividade, etc.), que devem ser considerados durante a engenharia de projeto. Os motores que podem queimar gasolina normal e álcool em qualquer combinação, sem intervenção do motorista são usados em veículos com "flexible fuel".

GNC (Gás Natural Comprimido)
Ele geralmente assume a forma de metano comprimido e pode ser utilizado para assegurar emissões ultrabaixas dos motores a combustão. Devido a seu alto coeficiente H/C de 4:1, comparado a 21 da gasolina, o GNC também produz menos CO_2 durante a combustão. Para assegurar o mesmo teor de energia, p GNC requer quatro vezes o volume de gasolina. O GNC também pode ser liquefeito a – 162°C, sendo transformado em GNL (Gás Natural Liquefeito). Entretanto, a capacidade de armazenagem do GNL, que é três vezes maior que o GNC, acarreta altas exigências de energia. Por esta razão, atualmente, o GNC é usado quase com exclusividade, em aplicações em carros de passeio.

O GNC é usado principalmente em motores com ignição por centelha (NO = 130), mas está sendo testado em motores a Diesel. A presença de fuligem é virtualmente zero, quando este combustível é queimado no ciclo de Diesel. Os veículos devem ser adaptados especialmente para funcionarem com GNC.

Ainda não existe uma norma européia para GNC.

Gás Liquefeito de Petróleo (GLP)
Os dois componentes principais do GLP (Gás Liquefeito de Petróleo) são o butano e o propano. Ele tem sido usado, de modo limitado, como combustível para veículos automotores. O GLP é um subproduto do processo de refino de óleo cru e pode ser liquefeito sob pressão. As exigências referentes ao uso do GLP em veículos automotores são estabelecidas em uma norma européia (EN 589, minuta de 2002). O número de octana é > 89 MON.

Éster de metilo de ácido graxo
O éster de metilo de ácido graxo (FAME) – conhecido popularmente como "biodiesel" – é o termo genérico aplicado a óleos e graxas vegetais e animais que foram submetidos a transesterificação com metanol. O FAME pode ser produzido a partir de várias matérias-primas. Os mais comuns são ésteres de metilo de semente de colza (RME, Europa) e de soja (SME, EUA). Também existem ésteres de girassol e de palmeira, UFOME (Ésteres de Metilo de Óleo de Fritura Usado) e TME (Ésteres de Metilo de Sebo), mas estes são usados principalmente junto com outros FAMEs. O etanol também pode ser usado no lugar do metanol. Assim, o éster de etilo de soja (SEE) é produzido no Brasil. Entretanto, os óleos vegetais puros, não submetidos à esterificação são muito pouco usados em motores de Diesel com injeção direta. Eles ocasionam problemas consideráveis, principalmente devido à sua alta viscosidade e forte tendência a causar carbonização do bico.

O FAME pode ser usado em sua forma pura (B100) ou em até no máximo 5% como aditivo do combustível Diesel (B5). O uso de FAME também pode provocar problemas de funcionamento. Assim, as exigências relativas ao FAME são regulamentadas, de modo abrangente (EN 14214, minuta de março de 2003).

A estabilidade de envelhecimento (estabilidade de oxidação) e a eliminação da contaminação causada pelo processo devem ser asseguradas. O FAME deve satisfazer

Tabela 3. Dados básicos para ésteres de metilo de ácido graxo (FAME) conforme EN 14214 (minuta de março de 2003)

Requisitos	Unidade	Especificação
Ponto de fulgor, mín.	°C	>120
Água, máx.	mg/kg	500
Teor de enxofre, máx.	mg/kg	10
Estabilidade de oxidação (a 110°C), mín.	h (horas)	6
Densidade (a 15°C), mín./máx.	kg/m^3	860/900
Viscosidade (a 40°C), mín./máx.	mm^2/s	3,5/5,0
Número de cetano, mín.	–	51
Para climas temperados CFPP[1]), em 6 classes A...;F, máx	°C	+5...–20
Para climas árticos: CFPP[1]) em 5 classes 0...4, máx.	°C	–20...–44

[1]) Limite de filtragem

a Norma EN 14215, quer o FAME seja usado diretamente como B100 ou como um aditivo do combustível Diesel. A mistura B5 criada pelos aditivos do FAME também deve atender as exigências relativas ao combustível diesel puro (EN 590, 2002).

A produção de FAME não é viável economicamente, quando comparada a combustíveis Diesel baseados em óleo mineral e deve ser amplamente subsidiada (isenção de imposto de óleo mineral).

Emulsões (combustível Diesel)
Emulsões de água e etanol em combustível Diesel estão sendo submetidas a testes, em alguns institutos. A água e álcoois se dissolvem dificilmente no Diesel. São necessários emulsificantes eficazes para manter a mistura estável e para evitar a perda de emulsificação. Também são necessárias medidas para inibir o desgaste e a corrosão. Emissões de fuligem e de óxido de nitrogênio podem ser reduzidas por estas emulsões, mas até este momento seu uso é restrito a frotas, que em sua maioria são equipadas com bombas de injeção de combustível em linha.

Dimetiléter (DME)
Trata-se de um produto sintético com um número alto de cetano CN = 55, que gera pouca fuligem e óxido de nitrogênio reduzido, quando queimado em motores a Diesel. Seu valor calorífico é baixo, por causa de sua baixa densidade e alto teor de oxigênio. É um combustível na fase gasosa, de modo que o equipamento de injeção de combustível deve ser modificado. Outros éteres (dimetoximetano, di-pentiléter e outros), também estão sendo submetidos a testes.

Synfuels® e Sunfuels®
Os termos Synfuel e Sunfuel se referem a combustíveis produzidos a partir de gás de síntese (H_2 e CO), usando o processo Fischer-Tropsch. O produto final é conhecido como Synfuel quando for usado carvão, coque ou gás natural para produção do gás de síntese e como Sunfuel quando for usada biomassa. No processo Fischer-Tropsch, o gás de síntese é convertido cataliticamente para produzir hidrocarbonetos. O combustível Diesel é produzido preferencialmente. Um combustível Diesel de alta qualidade, sem enxofre e aromáticos é obtido, sendo usado principalmente para melhorar a qualidade do combustível Diesel convencional. Dependendo do catalisador usado, também é possível produzir gasolina. Os subprodutos são o gás liquefeito e parafinas.

Devido aos altos custos envolvidos, a produção de combustíveis sintéticos é restrita a mercados especiais (embargo de petróleo na África do Sul nos anos 70, excedente de gás natural na Malásia, laboratórios de pesquisa).

Fluido anticongelamento e de freio

Fluidos de Freio

O fluido de freio é o meio hidráulico utilizado para transferir as forças de acionamento dentro do sistema de frenagem. Sua conformidade em relação a exigências rigorosas é essencial, para assegurar a operação confiável do sistema de freio. Estas exigências são definidas em várias normas com conteúdo similar (SAE J1703, FMVSS 116, ISO 4925). Os dados de desempenho contidos na FMVSS (Norma Federal de Segurança para Veículo Automotor), obrigatórios nos EUA, também são usados como referência internacional. O Departamento de Transporte dos EUA (DOT) definiu exigências específicas para as características mais importantes (Tabela 1).

Exigências

Ponto de ebulição equilibrado
O ponto de ebulição equilibrado fornece um índice da resistência do fluido de freio ao esforço térmico. O calor encontrado nos cilindros do freio da roda (que são submetidos às temperaturas mais altas dentro do sistema de frenagem), pode ser especialmente crítico. Podem ser formadas bolhas de vapor em temperaturas acima do ponto de ebulição instantânea do fluido do freio, provocando a falha do freio.

Ponto de ebulição úmido
O ponto de ebulição úmido é o ponto de ebulição equilibrado do fluido após a absorção de umidade sob condições especificadas (aproximadamente 3,5%). A resposta de fluidos higroscópicos (com base de glicol) é uma queda pronunciada do ponto de ebulição.

O ponto de ebulição úmido é testado para quantificar as características da resposta do fluido de freio utilizado. O fluido de freio absorve umidade principalmente pela difusão através das mangueiras do sistema de freio. Esta é a razão principal para sua substituição a cada 1...2 anos. A figura mostra as quedas no ponto de ebulição resultantes da absorção de umidade em dois fluidos de freio diferentes.

Viscosidade

Para assegurar a confiabilidade consistente através de toda a faixa operacional do sistema de frenagem (–40°C...+100°C), a viscosidade deve permanecer a mais constante possível, com uma sensibilidade mínima em relação às variações de temperatura. Para os sistemas ABS/TCS/ESP é especialmente importante manter a viscosidade a frio mais baixa possível em temperaturas muito baixas.

Compressibilidade

O fluido deve manter um nível consistentemente baixo de compressibilidade, com sensibilidade mínima em relação às flutuações de temperatura.

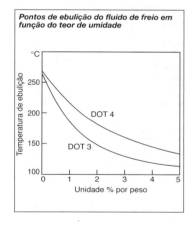

Pontos de ebulição do fluido de freio em função do teor de umidade

Tabela 1. Fluidos de freio

Norma de referência para teste	FMVSS 116		
Exigências/Data	DOT3	DOT4	DOT5
Ponto de ebulição a seco, mín °C	205	230	260
Ponto de ebulição úmido, mín. °C	140	155	180
Viscosidade a frio a –40°	<1.500	<1.800	<900

Proteção contra corrosão
A FMVSS 116 determina que os fluidos de freio não devem provocar corrosão nos metais usados geralmente nos sistemas de frenagem. A proteção necessária contra a corrosão pode ser assegurada com o uso de aditivos.

Dilatação de elastômero
Os elastômeros utilizados em um sistema de freio devem ser capazes de se adaptar ao fluido de freio em uso. Ainda que uma pequena dilatação seja desejável, ela não deve exceder aproximadamente 10%, em qualquer circunstância. Caso contrário, isto provocará um efeito negativo sobre a resistência dos componentes do elastômero. Mesmo níveis mínimos de contaminação de óleo mineral (tais como fluido de freio com base de óleo mineral, solventes) no fluido de freio baseado em glicol podem destruir os componentes de borracha (tais como anéis) e até mesmo causar a falha do sistema de freio.

Composição química
Fluidos de éter-glicol
A maioria dos fluidos de freio é baseada em compostos de éter-glicol. Estes consistem geralmente de monoéteres com baixos glicóis de polietileno. Ainda que estes componentes possam ser usados para produzir um fluido de freio que seja conforme aos requisitos de DOT3, suas propriedades higroscópicas indesejáveis fazem com que este fluido absorva umidade, em uma taxa relativamente alta, com redução rápida do ponto de ebulição.

Se os grupos de OH (peróxido de hidrogênio) forem parcialmente esterificados com ácido bórico, o resultado é um fluido de freio com DOT4 superior (ou "DOT4+", "Super DOT4", "DOT5.1"), que pode reagir com a umidade para neutralizar seus efeitos. Visto que o ponto de ebulição do fluido de freio DOT4 cai de modo muito mais lento que o de um fluido DOT4, sua vida útil é mais prolongada.

Fluidos de óleo mineral (ISO 7308)
Por não serem higroscópicos, os fluidos baseados em óleo mineral evitam a queda do ponto de ebulição, devido à absorção de umidade. Os óleos minerais e sintéticos para este fluido devem ser selecionados com o máximo cuidado. São geralmente adicionados corretores do índice de viscosidade, para obter a relação desejada entre a viscosidade e a temperatura.

A indústria petroleira também fornece uma variedade de outros aditivos para melhorar as outras propriedades do fluido de freio. Deve-se notar que os fluidos baseados em óleo mineral não devem ser adicionados a sistemas de frenagem projetados para éter glicol (e vice-versa), visto que isso destruiria os elastômeros.

Fluidos de silicone (SAE J1705)
Visto que os fluidos de silicone – do mesmo modo que os óleos minerais – não absorvem umidade, eles foram usados anteriormente, de modo ocasional, como fluidos de freio. As desvantagens destes produtos incluem a compressibilidade consideravelmente mais alta e a lubrificação inferior, que reduzem sua adequação para uso como fluído hidráulico em muitos sistemas. Um fator crítico referente a fluidos de freio baseados em silicone ou óleo mineral é a absorção de água livre no estado de fluido, visto que a água forma bolhas de vapor quando aquecida a mais de 100°C e congela quando resfriada a menos de 0°C.

Os fluidos de freio baseados em óleo de silicone ou óleo mineral menos usados correspondem, normalmente, às exigências de DOT5.

Tabela 2. Classificação dos fluidos de freio com bases químicas diferentes

Parâmetro	Classificação				
	DOT3 Éter glicol	DOT4 Éter glicol	DOT5		
			DOT5.1 Éter glicol	DOT5 SB Silicone	Óleo mineral
Ponto de ebulição [°C] Ponto de ebulição úmido [°C]	205 140	230 155	260 180		
Viscosidade a –40°C [mm^2/s]	< 1.500	< 1.800	< 900		
Diferença de cor	Incolor a âmbar			Roxo	Verde

Líquido de arrefecimento

Requisitos

O sistema de arrefecimento deve dissipar a parte do calor da combustão do motor que não é convertida em energia mecânica. Um circuito de arrefecimento contendo fluido transfere o calor, absorvido no cabeçote do cilindro, para um trocador de calor (radiador), para sua dispersão no ar (ver p.152). O fluido centro do circuito é exposto a cargas térmicas extremas; ele também deve ser formulado para evitar danos ao material do sistema de arrefecimento (corrosão).

Graças ao seu alto calor específico e sua capacidade de absorção térmica correspondente, a água é um ótimo meio de arrefecimento. Suas desvantagens incluem propriedades corrosivas e sua adequação limitada em condições frias (congelamento).

Por esta razão, devem ser misturados aditivos à água para um desempenho satisfatório.

Proteção contra congelamento

É possível abaixar o ponto de congelamento do líquido de arrefecimento através da adição de etileno glicol. Quando o glicol é adicionado para formar uma mistura com água, o líquido de arrefecimento resultante não mais se congela a uma dada temperatura. Pelo contrário, os cristais de gelo são precipitados no fluido quando a temperatura atinge o ponto de formação de flocos de gelo. Nesta temperatura, o meio do fluido ainda pode ser bombeado através do circuito de arrefecimento. O glicol também eleva o ponto de ebulição do líquido de arrefecimento (Tabela 3).

Os vários coeficientes opcionais de mistura anticongelamento são geralmente especificados nos manuais do proprietário dos fabricantes de veículos, para diferentes níveis de proteção contra congelamento.

Tabela 3. Pontos de formação de flocos de gelo e de ebulição para misturas água-glicol

Glicol % por volume	Ponto de formação de flocos de gelo °C	Ponto de ebulição °C
10	–4	101
20	–9	102
30	–17	104
40	–26	106
50	–39	108

Aditivos

Os líquidos de arrefecimento devem conter aditivos eficazes para proteger o glicol contra oxidação (que forma subprodutos extremamente corrosivos) e para proteger os componentes metálicos do sistema de arrefecimento contra corrosão.

Os aditivos comuns incluem:
- Inibidores de corrosão: silicatos, nitratos, nitritos, sais de metal ou ácidos orgânicos e derivados de benzotiazolina.
- Amortecedores: boratos.
- Agentes antiespuma: silicones.

Muitos destes aditivos são sujeitos à deterioração de envelhecimento, causando uma redução gradual do desempenho. Os fabricantes de automóveis responderam a isto, através da aprovação oficial exclusiva para líquidos de arrefecimento com estabilidade comprovada em longo prazo.

Nomes dos Produtos Químicos

Códigos de risco: E = explosivo, O = inflamável, F = prontamente inflamável, F$_+$ = altamente inflamável, C = cáustico, X$_n$ = levemente tóxico, X$_i$ = irritante, T = venenoso, T$_+$ = muito venenoso.

Designação comercial Português (código de risco)	Alemão	Francês	Designação química	Fórmula química
Ácido acético glacial (C)	Eisessig (Essigessenz)	Acide acétique glacial	Ácido acético	CH_3COOH
Éter acético (F)	Essigester (Essigäther)	Éther acétique	Acetato de etilo	$CH_3COOC_2H_5$
Aerosil	Aerosil®	Aérosil®	Dióxido de silício em partículas extremamente finas	SiO_2
Amoníaco hidróxido (X$_i$,C)	Salmiakgeist	Ammoniaque hydroxide	Solução aquosa de hidróxido de amônio	NH_4OH em H_2O
Anon, cetona pimética (X$_n$)	Anon	Anone	Ciclohexeno	$C_6H_{10}O$
Água forte (C)	Scheidewasser	Eau forte	Ácido nítrico (solução aquosa a 50%)	HNO_3 em H_2O
Água régia(C, T$_+$)	Königswasser	Eau régale	Mistura de ácidos nítrico e clorídrico	$HNO_3 + HCl$ (1 + 3)
Óleo de amêndoa amarga (T)	Bittermandelöl	Essence d'amandes amères	Benzaldeído	C_6H_5CHO
Cloreto de cal (C)	Chlorkalk	Chlorure de chaux	Hipoclorito de cloreto de cálcio	$Ca(OCl)Cl$
Vitríolo azul	Kupfervitrol	Vitriol bleu	Sulfato de cobre	$CuSO_4 \cdot 5H_2O$
Bórax (tincal)	Borax (Tinkal)	Borax (tincal)	Tetraborato de sódio	$Na_2B_4O_7 \cdot 10H_2O$
Butóxilo	Butosyl®	Butoxyl	Acetato (3-metoxibutilo)	$CH_2COO(CH_2)_2CH(OCH_3)CH_3$
Manteiga de estanho (C)	Zinnbutter	Beurre d'étain	Tetracloreto de estanho	$SnCl_4 \cdot 5H_2O$
Carbureto de Cálcio (F)	Karbid	Carbure de calcium	Carbureto de cálcio	CaC_2
Calomelano (X$_n$)	Kalomel	Calomel	Cloreto de mercúrio (I)	Hg_2Cl_2
Acetato de carbitol™ ¹)	Carbitolacetat®		Acetato de etiloéter de glicol dietileno	$CH_3COOCH_2CH_2OCH_2CH_2OC_2H_5$

Nomes dos produtos químicos

Carbitol ™ (solvente) 1)	Carbitol®, Dioxitol®	Carbitol	Monoetilóéter de glicol dietileno	$HOCH_2CH_2OCH_2CH_2OC_2H_5$
Ácido carbólico (T)	Karbolsäure	Acide carbolique	Fenol	C_6H_5OH
Potássio cáustico (C)	Atzkali	Potasse caustique	Hidróxido de potássio	KOH
Soda cáustica (C)	Atznatron	Soude caustique	Hidróxido de sódio	NaOH
Cellosolve™ (solvente) ¹)	Cellosolve®, Oxitol®		Monoetilóéter de glicol etileno	$HOCH_2CH_2OC_2H_5$
Acetato Cellosolve™ ¹)	Cellosolveacetat®		Acetato de etiloéter de glicol etileno	$CH_3COOCH_2CH_2OC_2H_5$
Giz	Kreide	Craie	Carbonato de cálcio	$CaCO_3$
Cloramina-T (X)	Chloramin T	Chloramine	Sal de sódio da cloramida de ácido sulfônico de p-tolueno	$Na[CH_3\text{-}C_6H_4SO_2NCl] \cdot 3H_2O$
Cloropreno (F, X_n)	Chloropren	Chloroprène	1-cloro, 1,3-butadieno	$CH_2=CClCH=CH_2$
Clorotéeno™ (X_t) "Metilclorofórmio"	Chlorothene® ("1.1.1") "Methylchloroform"	Chlorothène	1.1.1-tricloroetano	Cl_3CCH_3
Anidrido crômico (C, O, X_t)	Chromsäure	Anhydride chromique	Trióxido de cromo (anidrido de ácido crômico)	CrO_3
Cinábrio	Zinnober	Vermillon; cinabre	Sulfeto de mercúrio (II)	HgS
Colofônia, resina	Kolophonium	Colophane	Ácido abiético de ocorrência normal	$C_{19}H_{29}COOH$
Sublimado corrosivo (T)	Sublimat	Sublimé corrosif	Cloreto de mercúrio (II)	$HgCl_2$
Criolita (X_n)	Kryolith	Cryolite	Hexafluoroaluminato de sódio	$Na_3[AlF_6]$
Decalina	Dekalin	Décaline	Decahidro naftalina	$C_{10}H_{18}$
Sisfenol A	Bisphenol A; Diphenylol propan	Sisphénol A	Dihidroxifenil propano-1.2	$(CH_3)_2C(C_6H_4(OH)\text{-}4)_2$
Diisobutileno (F)	Diisobutylen	Diisobutylène	2.4.4-trimetil pentenos 1 e 2	$(CH_3)_3CCH_2C(CH_3)=CH_2$ e $(CH_3)_3C\text{-}CH=C(CH_3)_2$
DMF (X_n)	DMF (X_n)	DMF	N N-dimetil formamida	$HCON(CH_3)_2$

1) metil-, propil-, butil-c: nomes para éteres análogos contendo os grupos mencionados acima e não etilo.

334 Ciência dos materiais

Designação comercial Português (código de risco)	Alemão	Francês	Designação química	Fórmula química
DMSO	DMSO	DMSO	Dimetil sulfóxido	$(CH_3)_2SO$
Gelo seco	Trockeneis	Carboglace		CO_2
Vermelho da Inglaterra	Polierrot	Rouge d'Angleterre	Óxido de ferro (III)	Fe_2O_3
Sal amargo de epsomita	Bittersalz (Magnesiumvitriol)	Epsomite	Sulfato de magnésio	$MgSO_4 \cdot 7H_2O$
Sal de fixação (hipo)	Fixiersalz ("Antichlor")	Sel fixatif	Tiossulfato de sódio	$Na_2S_2O_3 \cdot 5H_2O$
Fluorspar; flúor	Flusspat; Fluorit	Spath fluoré; fluorine	Flúor de cálcio	CaF_2
Formol (T)	Formalin®	Formol	Solução aquosa de formaldeído	H_2CO em H_2O
Freon™ (s)	Freon®(e); Frigen®(e)	Fréon(s); frigène(s)	Compostos de C,H,F, Cl, (Br)	Designação numérica [2])
GB-Éster: Polysolvan O	GB-Ester; Polysolvan O®	Polysolvan O	Éster butilo de ácido glicólico (éster butilo de ácido hidroxiacético)	$HOCH_2COOC_4H_{10}$
Sal de Glauber; mirabilita	Glaubersalz	Sel de Glauber	Sulfato de sódio	$Na_2SO_4 \cdot 10H_2O$
Glicol (X1)	Glysantin®, Glykol	Glycol	1,2-etandiol	$HOCH_2CH_2OH$
Sulfeto de antimônio dourado	Goldschwefel	Sulfure doré d'antimoine	Sulfeto de antimônio (V)	Sb_2S_5
Vitríol verde	Eisenvitriol	Vitriol vert; couperose verte	Sulfato de ferro (II)	$FeSO_4 \cdot 7H_2O$
Halon(e)	Halon(e)	Halon(s)	Compostos de C, F, Cl, Br	Designação numérica [3])
Halon ™	Halon®		Polímero de tetrafluoroetileno	$(C_2F_4)n$
Halothane	Halothan		2-bromo 2- cloro 1,1,1-trifluoroetano	$F_3CCHClBr$
Sal de Hartshorn	Hirschhornsalz	Sel volatil d'Angleterre	Carbonato de hidrogênio de amônio + carbonato de amônio	$(NH_4)HCO_3 + (NH_4)_2CO_3$
Hexalina	Hexalin®	Hexaline	Ciclohexanol (também: hexahidronaftalina)	$C_6H_{11}OH$ ($C_{10}H_{14}$)
Hexona	Hexon; MIBK		4-metilpentanona 2 (metilisobutilcetona)	$(CH_3)_2CHCH_2COCH_3$

Nomes dos produtos químicos

Ácido clorídrico	Salzsäure	Esprit de sel	Solução aquosa de cloreto de hidrogênio	HCl em H$_2$O
Ácido fluorídrico (T,C)	Flusssäure	Acide fluorhydrique	Solução aquosa de fluoreto de hidrogênio	HF em H$_2$O
Peróxido de hidrogênio	Perhydrol$^\text{E}$	Eau oxygénée	Dióxido de hidrogênio	H$_2$O$_2$
Gás hilariante (O)	Lachgas ("Stickoxydul")	Gaz hilarant	Protóxido de hidrogênio	N$_2$O
Sal de Saturno (Xn)	Bleizucker	Sel de Saturne	Acetato de chumbo	Pb(CH$_3$COO) · 3H$_2$O
Vinagre de chumbo (Xn)	Bleiessig	Vinaigre de plomb; eau blanche	Solução aquosa de acetato de chumbo e hidróxido de chumbo	Pb(CH$_3$COO)$_2$ · Pb(OH)$_2$
Espírito fumegante de Libavius (C)	Spiritus fumans Libavii		Cloreto de Estanho (IV)	SnCl$_4$
Salitre de cal	Salpeter, Kalk-; Norge-	Salpêtre de Norvège	Nitrato de cálcio	Ca(NO$_3$)$_2$ · 4H$_2$O
Gás liquefeito (F)	Flüssiggas	Gaz liquéfié	Propano, n- e i-butano	C$_3$H$_8$ + C$_4$H$_{10}$
Pedra infernal (C)	Höllenstein; "lapis infernalis"	Pierre infernale	Nitrato de prata	AgNO$_3$
Mármore	Marmor	Marbre	Carbonato de cálcio	CaCO$_3$
Sal microcósmico	Phosphorsalz		Fosfato de hidrogênio de amônio de sódio	NH$_4$NaHPO$_4$ · 4H$_2$O
Gás de mina (F)	Grubengas; Sumpfgas	Grisou; gaz des marais	Metano	CH$_4$

2) Códigos numéricos para freons (derivados de fluoreto-cloro de metano e etano, CH$_4$ e C$_2$H$_6$):
Número na coluna da centena = número de átomos de carbono − 1
Número na coluna da dezena = número de átomos de hidrogênio +1
Número na coluna da unidade = número de átomos de fluoreto
Os átomos que faltam para a saturação da valência são átomos de cloro. Exemplos: F 113 = C$_2$F$_3$Cl$_3$; F 21 = CHFCl$_2$

3) Códigos de número para halons (hidrocarbonetos totalmente halogenados):
Número na coluna do milhar = número de átomos C
Número na coluna da centena = número de átomos F
Número na coluna da dezena = número de átomos Cl
Número na coluna da unidade = número de átomos Br
Exemplos: halon 1211 = CF$_2$ClBr; halon 2402 = C$_2$F$_4$Br$_2$

Designação comercial Português (código de risco)	Alemão	Francês	Designação química	Fórmula química
Mínio	Mennige	Minium	Ortoplumbato de chumbo (II)	$Pb_3O_4(Pb_2PbO_4)$
Sal de Mohr	Mohr'sches Salz	Sel de Mohr	Sulfato de amônio de ferro (II)	$(NH_4)_2[Fe(SO_4)_2] \cdot 6H_2O$
Sal corrosivo [4]	Tonerde, essigsäure	Mordant rouge	Acetato de alumínio básico	$(CH_3COO)_2AlOH$
Mota (X_n)	Meta®	Alcool solidifié	Tetrametil tetroxaciclooctana (metaldeído) 1.1.2.2-tetrabrometo	$(CHCH_3)_4O_4$ $Br_2CHCHBr_2$
Líquido de Muthmann	Muthmann's Flüssigkeit			
Nitroglicerina (E,F)	Nitroglycerin	Nitroglycérine	Trinitrato de propanatriol	$CHONO_2(CH_2\text{-}ONO_2)_2$
Nitrolina, nitrogênio de cal	Kalkstickstoff	Chaux azotée	Cianamida de cálcio	$CaCN_2$
Salitre da Noruega	Salpeter, Ammon-	Nitrate d'ammonium	Nitrato de amônio	NH_4NO_3
Oleum (C)	Oleum ("Vitriolöl")	Oléum	Ácido sulfúrico + ácido dissulfúrico	$H_2SO_4 + H_2S_2O_7$
Ácido oxálico (X_n)	Kleesäure	Acide oxalique	Ácido oxálico	$(COOH)_2 \cdot 2H_2O$
Fosgênio (T)	Phosgen	Phosgène	Dicloreto de ácido carbônico	$COCl_2$
Fosfina (T_+)	Phosphin	Phosphine (sel de phosphore)	Fosfeto de hidrogênio	PH_3
Ácido pícrico (T, E)	Pikrinsäure	Acide picrique	2,4,6-trinitrofenol	$C_6H_2(NO_2)_3OH$
Potássio	Pottasche	Potasse	Carbonato de potássio	K_2CO_3
Potássio alumínio	Alaun, Kali-	Alun de potassium	Sulfato de alumínio de potássio	$KAl(SO_4)_2 \cdot 12H_2O$
Clorato de potássio (O, X_n)	Knallsalz	Sel de Berthollet	Clorato de potássio	$KClO_3$
Metabisulfeto de potássio	Kaliummetabisulfit	Métabisulfite de potassium	Dissulfito de potássio	$K_2S_2O_5$
Pirolusita (X_n)	Braunstein	Pyrolusite	Dióxido de manganês	MnO_2
Cal virgem, cal queimada, cal cáustica	Kalk, gebrannter	Chaux vive	Óxido de cálcio	CaO
Sal de Rochelle, sal de Seignette	Seignettesalz (Natronweinstein)	Sel de Seignette	Tartrato de sódio de potássio	$(CHOH)_2COOKCOONa$

Nomes dos produtos químicos

Cianeto vermelho de potássio	Blutlaugensalz, rotes; Kaliumferricyanid	Prussiate rouge	Hexacianoferrato de potássio	K$_3$[Fe(CN)$_6$]
Sal amoníaco (Xn)	Salmiak (Salmiaksalz)	Salmiac	Hidrocloreto de amoníaco	NH$_4$Cl
Salitre	Salpeter, Kali-	Salpêtre (sel de pierre)	Nitrato de potássio	KNO$_3$
Gel de sílica com indicador	Blaugel (Silicagel)	Gel bleu (gel de silice)	Dióxido de silício poroso com indicador de umidade	SiO$_2$ com composto de cobalto
Cal Apagada	Kalk, gelöschter	Chaux éteinte	Hidróxido de cálcio	Ca(OH)$_2$
Cristais de soda	Soda (Kristall-)	Soude (cristaux de)	Carbonato de sódio	Na$_2$CO$_3$ · 10H$_2$O
Nitro de soda: salitre do Chile	Salpeter, Chile; Natronsalpeter	Salpêtre du Chili	Nitrato de sódio	NaNO$_3$
Sal de Sorrel: binoxalato	Kleesalz	Sel d'oseille	Tetraoxalato de potássio	(HOOCCOOK) · (COOH)$_2$ · 2H$_2$O
Éter sulfúrico (F)	Schwefeläther	Ether sulfurique	Éter dietílico	C$_2$H$_5$OC$_2$H$_5$
Tetracloroetileno (Xn)	Per	Tétrachloroéthylène	Tetracloroetileno (percloroetileno)	Cl$_2$C=CCl$_2$
Tetraclorometano (T)	Tetra ("Tetraform")	Tétrachlorométhane	Tetraclorometano	CCl$_4$
Tetralino	Tetralin	Tétraline	1.2.3.4-tetrahidronaftalina	C$_{10}$H$_{12}$
Folha de estanho	Stanniol	Papier d'étain	Folha de estanho	Sn
Sal de estanho	Zinnsalz	Sel d'étain	Cloreto de estanho (II)	SnCl$_2$ · 2H$_2$O
TNT, trotil (E)	TNT	TNT; tolite	2,4,6-trinitrotolueno	C$_6$H$_2$(NO$_2$)$_3$CH$_3$
Tricloroetileno (Xn)	Tri	Trichloréthylène	Tricloroetileno	Cl$_2$C=CHCl
Uréia	Harnstoff	Urée	Diamida de ácido carbônico	CO(NH$_2$)$_2$
Urotropina	Urotropin	Urotropine	1,3,5,7-tetra acadamantano	(CH$_2$)$_6$N$_4$
Sal de Vichy, bicarbonato de sódio	Bullrichsalz; Natron (Natriumbicarbornat)	Sel de Vichy	Carbonato de hidrogênio de sódio	NaHCO$_3$
Vidro solúvel	Wasserglas Kali- bzw. Natron-	Verre soluble	Solução aquosa de potássio ou silicatos de soda	M$_2$SiO$_3$ + M$_2$Si$_2$O$_5$ (M=K ou Na)
Cianeto amarelo de potássio	Blutlaugensalz, gelbes; Kaliumferrocyanid	Prussiate jaune	Hexacianoferrato de potássio (I)	K$_4$[Fe(CN)$_6$]

[1]) Agente cáustico, por exemplo, para tintura de têxteis . Cf. ex.: do Dicionário de Química Condensado Hawley, 11ª edição, 1987, em "Acetato de alumínio".

Juntas de atrito

Quantidade		Unid.
C	Conicidade	–
D	Diâmetro	mm
E	Módulo de elasticidade	N/mm²
F	Força	N
F_a	Força axial	N
F_N	Força normal	N
F_R	Força de atrito	N
K_A	Fator de aplicação (fator de serviço)	–
M_t	Torque	Nm
$M_{t,nominal}$	Torque de carga nominal	Nm
Q	Relação de diâmetro	–
R_z	Rugosidade da superfície	mm
S_B	Fator de segurança contra ruptura	–
S_F	Fator de segurança contra flexão	–
U	Tolerância	mm
Z	Folga	mm
b	Largura do cubo	mm
d	Diâmetro	mm
l	Conicidade do comprimento da alavanca	mm
n	Número de parafusos	–
p	Pressão superficial	N/mm²
t	Temperatura	°C
α	Ângulo do cone	°
α_A	Coeficiente de expansão linear, peça externa	10^{-6}/K
α_I	Coeficiente de expansão linear, peça interna	10^{-6}/K
μ	Coeficiente de atrito	–
ν	Coeficiente de Poisson	–
ξ	Folga específica	mm²/N

Referências

DIN7190: Encaixes por pressão. Regras de cálculo e projeto.
Beuth-Verlag 2001
Haberbauer/Bodenstein:
Maschinenelemente (Peças da Máquina), 12ª edição.
Springer-Verlag 2003
Kollmann: Welle-Nabe-Verbindungen (Conexões eixo-cubo)
Springer Verlag 1984

Princípios básicos

Para juntas de atrito, os encaixes por pressão ocorrem nas juntas (superfícies de fricção = áreas efetivas) em que existe contato direto das peças a serem montadas. A pressão superficial p pode ser gerada por forças de parafusos, chaves, separadores elásticos ou pela elasticidade dos próprios componentes. A força resultante normal $F_N = p \cdot A$ (onde A = superfície de atrito), induz uma força de atrito F_R que se opõe ao movimento causado por forças externas.

Encaixe por prensa

(encaixe por interferência cilíndrica)
A pressão superficial necessária para encaixe por prensa é produzida pela deformação elástica do eixo e cubo, que resulta de um encaixe por interferência. "O encaixe por interferência" é a combinação de peças cilíndricas de encaixe, que apresentam interferência antes da montagem.

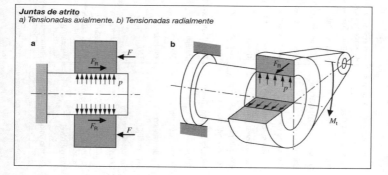

Juntas de atrito
a) Tensionadas axialmente. b) Tensionadas radialmente

Juntas de atrito

Elas são usadas freqüentemente por serem de fácil fabricação e capazes de transferir torques variáveis e abruptos e forças lineares.

Design elástico de conjuntos com encaixe fácil por prensa

O encaixe por prensa deve ser projetado de modo a:
- Que exista uma pressão superficial mínima P_{min}, para assegurar a transferência do maior esforço que possa ocorrer.
- Que uma pressão superficial máxima $P_{máx}$ não seja excedida, evitando esforço excessivo sobre os componentes.

Em princípio, são possíveis dois cálculos:
1 Para definir o encaixe necessário para um dado esforço (Tabela 1).

2 Determinar o esforço permissível para um dado encaixe (Tabela 2 na página seguinte).

As relações de diâmetro:
$Q_A = D_F/D_{Aa}$ e
$Q_I = D_{Ii}/D_F$
e a folga específica

$$\xi = D_F \cdot \left[\frac{1}{E_I}\left(\frac{1+Q_I^2}{1-Q_I^2} - v_I\right) + \frac{1}{E_A}\left(\frac{1+Q_A^2}{1-Q_A^2} + v_A\right) \right]$$

podem ser usadas para projetar encaixes por prensa em relação à sua função e a segurança de componente necessária.

As tensões máximas ocorrem nos diâmetros internos do eixo oco e do cubo.

Eixos sólidos não são críticos e normalmente não requerem cálculo.

Tabela 1. Definição de encaixes

Força M_1 e/ou F_a	$\sigma_{perm} = R_e/S_F$ ou $\sigma_{perm} = R_m/S_B$ dados
Encaixe necessário $$p_{min} = \frac{\sqrt{F_a^2 + \dfrac{4 \cdot M_{t,nominal}^2}{D_F^2}}}{\mu \cdot \pi \cdot D_F \cdot b} \cdot K_A$$	Encaixe permissível no cubo: $p_{max} = (1 - Q_A^2) \cdot \sigma_{perm}/\sqrt{3}$ Pressão permissível no eixo oco: $p_{max} = (1 - Q_I^2) \cdot \sigma_{perm}/\sqrt{3}$
Folga necessária: $Z_{min} = p_{min} \cdot \xi$	Folga permissível: $Z_{max} = p_{max} \cdot \xi$
Tolerância necessária: $U_{min} = A_{min} + 0{,}8 \cdot (R_{zI} + R_{zA})$	Tolerância permissível: $U_{max} = Z_{max} + 0{,}8 \cdot (R_{zI} + R_{zA})$
Selecionar encaixe ISO com $U_k \geq U_{min}$ e $U_g \leq U_{máx}$	

Encaixes por prensa
a) Antes da união, b) Depois da união. 1 Peça interna = Eixo. 2 Peça externa = Cubo.

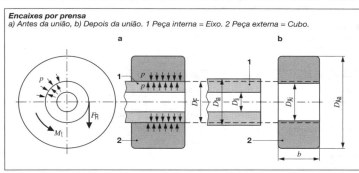

Tabela 2. Cálculo de tensão

Tolerância U_k dada	Tolerância U_g dada
Folga mínima: $Z_k = U_k + 0,8 \cdot (R_{zI} + R_{zA})$	Folga máxima: $Z_g = U_g + 0,8 \cdot (R_{zI} + R_{zA})$
Pressão superficial mínima: $p_k = \dfrac{Z_k}{\xi}$	Pressão superficial máxima: $p_g = \dfrac{Z_g}{\xi}$
Esforço permissível: $M_t = 0,5 \cdot p_k \cdot \mu \cdot \pi \cdot D_F^2 \cdot b$ (apenas M_t) $F_a = p_k \cdot \mu \cdot \pi \cdot D_F \cdot b$ (apenas F_a) $M_t = \dfrac{D_F}{2} \cdot \sqrt{(p_k \cdot \mu \cdot \pi \cdot D_F \cdot b)^2 - F_a^2}$ (F_a dado) $F_a = \sqrt{(p_k \cdot \mu \cdot \pi \cdot D_F \cdot b)^2 - \dfrac{4 \cdot M_a^2}{D_F^2}}$ (M_t dado)	Fator de segurança do cubo: $S_F = \dfrac{1 - Q_A^2}{\sqrt{3} \cdot p_g} \cdot R_e$ ou $S_B = \dfrac{1 - Q_A^2}{\sqrt{3} \cdot p_g} \cdot R_m$ Fator de segurança do eixo oco: $S_F = \dfrac{1 - Q_I^2}{\sqrt{3} \cdot p_g} \cdot R_e$ ou $S_B = \dfrac{1 - Q_I^2}{\sqrt{3} \cdot p_g} \cdot R_m$

Montagem

Existem dois tipos de encaixe por prensa, dependendo do método de montagem: linear e transversal. Os encaixes por prensa lineares são realizados por montagem a "frio" na temperatura ambiente. As forças altas necessárias para encaixe por prensa são aplicadas normalmente por prensas hidrostáticas. A velocidade do encaixe por prensa não deve exceder 2mm $\cdot$seg. s^{-1}. Para a força do encaixe por prensa:

$$F_e = \frac{[U_{g-0,8 \cdot (R_d + R_{zA})}] \cdot \mu \cdot \pi \cdot D_F \cdot b}{\xi}$$

Antes da realização dos encaixes por prensa transversais, o diâmetro da peça externa é expandido por aquecimento ou o diâmetro da parte interna é reduzido, através de resfriamento, de modo que as peças possam ser montadas sem esforço. Se a peça externa for aquecida, ela se retrai dentro da parte interna, na medida em que se resfria (encaixe por retração). Se a parte interna for resfriada, possibilitando sua expansão quando aquecida na temperatura ambiente, trata-se de um encaixe por expansão. Para possibilitar uma montagem que não requeira força, deve ser assegurada uma folga da junta de $\Delta D = 0,001 \cdot D_F$ (Tabela 3).

Temperatura de montagem para encaixe por retração:

$t_A = t_U + (U_g + \Delta D)/(\alpha_A \cdot D_F)$

Temperatura de montagem para encaixe por expansão:

$t_A = t_U + (U_g + \Delta D)/(|\alpha_A| \cdot D_F)$

Tabela 3. Coeficiente de Poisson, módulo de elasticidade e coeficiente linear de expansão térmica para materiais metálicos

Material	Coeficiente de Poisson	Módulo de elasticidade E N/mm^2	Coeficiente de expansão linear α 10^{-6}/K	
			Aquecimento	Arrefecimento
Ferro fundido cinza	0,24	100.000	10	–8
Ferro fundido maleável	0,25	90.000...100.000		
Aço	0,3	200.000...235.000	11	–8,5
Bronze	0,35	110.000...125.000	16	–14
Bronze de canhões	0,35...0,36	110.000...125.000	17	–15
CuZn	0,36	80.000...125.000	18	–16
Mg Al 8 Zn AlMgSI	0,3 0,34	65.000... 75.000	23	–18

Conexão cônica (encaixe com interferência cônica)

Aplicações
Uma conexão cônica é adequada para a transferência de forças dinâmicas e torques. É usada principalmente para fixar peças nas extremidades do eixo. Apresenta as seguintes vantagens:
- Pode ser retensionada
- Pode ser separada facilmente
- Não enfraquece o eixo
- Centralização ótima (sem desequilíbrio)

As desvantagens são:
- Altos custos de produção.
- Não é ajustável no sentido axial.

As seguintes relações de conicidade são especificadas como orientações:
$C = 1:5$ A conexão pode ser separada facilmente
$C = 1:10$ A conexão só pode ser separada com dificuldade
$C = 1:20$ Suporte de ferramenta para verruma em espiral

Relação de conicidade: $C = (d_1 - d_2)/l$

Ângulo do cone: $\tan \alpha/2 = (d1 - d_2)/2l$

Operação
A área efetiva de uma conexão cônica tem a forma de um cone truncado (tronco). A pressão superficial necessária p é aplicada normalmente pela força de um parafuso axial F_a. A relação entre a força de encaixe por prensa axial F_a e o torque transferível M_t é expressa pela seguinte equação:

$$F_a \geq \frac{2 \cdot K_A \cdot M_{t,\text{nominal}}}{\mu_U \cdot d_m} \cdot \left(\text{sen} \frac{\alpha}{2} + \mu_a \cdot \cos \frac{\alpha}{2} \right)$$

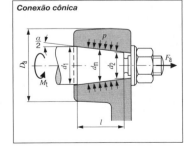
Conexão cônica

É considerada uma possível diferença entre os coeficientes de atrito na direção circunferencial μ_O e no sentido axial μ_a. Existe um autobloqueio, em caso de necessidade de uma força de expulsão para que a conexão seja separada. Isto significa que um torque pode ser transferido, mesmo se o parafuso for removido, depois que as peças forem tensionadas axialmente. Por outro lado, com uma conexão cônica sem autobloqueio, não existe pressão entre as áreas efetivas depois que a força de aplicação axial for liberada. Condição para autobloqueio:

$\alpha/2 \leq \arctan \mu_a$

Segurança do componente
O cubo é o componente crítico. Ele é calculado como um cilindro aberto, oco, com paredes finas. Se $Q = d_m/D_a$, o que segue se aplica à segurança do cubo, com design elástico, dependendo da teoria de esforço de cisalhamento máximo modificado:

$$S_F = \frac{1-Q^2}{\sqrt{3}} \cdot \frac{\left(\text{sen} \frac{\alpha}{2} + \mu_a \cdot \cos \frac{\alpha}{2} \right) \cdot \pi \cdot d_m \cdot l}{F_{a,\text{máx}}}$$

Juntas de bloqueio de conicidade

A pressão superficial necessária nas áreas efetivas também pode ser aplicada por separadores elásticos. A maior vantagem destas juntas com trava de conicidade é que elas podem ser usadas para fixar cubos, engrenagens, acoplamentos, etc. de modo seguro a eixos cilíndricos lisos. Elas também podem ser livremente ajustadas, axial e tangencialmente. Suas desvantagens incluem o espaço necessário e os altos custos. Elas são geralmente projetadas como especificado pelo fabricante (ver catálogos de produto ou Tabela 4 na página seguinte).

Tabela 4. Juntas com bloqueio cônico

Nome	Ilustração	Características
Abraçadeira (SPIETH)		É aplicada distorção axial para aumentar o diâmetro externo da bucha de aperto e para reduzir o diâmetro interno. O uso de parafusos longos reduz o risco de afrouxamento sob carga dinâmica.
Bucha da mola do cilindro oco hidráulico (LENZE)		É aplicada distorção axial para gerar pressão no cilindro oco de paredes finas. A centragem da bucha da mola é automática, devido à distribuição uniforme de pressão, assegurando um funcionamento eficaz. Em temperaturas mais altas, deve ser considerada a expansão térmica do fluido de pressão.
Anel de tolerância (OECHSLE)		Os anéis de tolerância são entalhados e fabricados com chapa de metal ondulado. A força inicial necessária é fornecida pela deformação forçada do elemento de conexão elástico. Podem ligar tolerâncias relativamente grandes de usinagem, compensar expansão térmica e transferir torques.
Arruelas de estrela (RINGSPANN)		Arruelas de estrela têm estruturas cônicas chatas, com paredes finas e rasgos radiais. A força axial inicial é traduzida pela deformação forçada em uma força radial cinco ou dez vezes maior. Arruelas de estrela não têm centragem automática.
Anel cônico de trava (RINGFEDER)	1. Pré-centragem	O anel cônico de trava é formado por dois anéis cônicos, com arranjo coaxial. A pré-tensão radial é assegurada pela distorção axial dos anéis. Eles não são autotravantes, podendo ser separados facilmente.
Conjunto cônico de bloqueio (BIKON)		É aplicada distorção axial através dos parafusos do conjunto cônico de bloqueio. Os conjuntos cônicos de bloqueio asseguram um funcionamento muito eficaz e podem transferir torques muito altos, principalmente com múltiplos pares de áreas efetivas.

Juntas de atrito

Abraçadeiras

No caso de abraçadeiras, forças externas asseguram a pressão superficial necessária na junta, principalmente através de parafusos. As juntas com cubo secional ou entalhado são usadas preferencialmente para torques baixos, que apresentam pouca flutuação. Sua vantagem é que a posição do cubo é facilmente ajustável no sentido axial e tangencial. Elas constituem um meio muito fácil de fixar rodas ou alavancas em eixos lisos. Entretanto, elas também são juntas com abraçadeira autotravante. Aqui, a força de oscilação F_K gera pressões da extremidade em A e B, para evitar movimento axial (Tabela 5).

Juntas chaveadas

Juntas chaveadas longitudinais
A distorção radial de um lado é obtida através do direcionamento de uma chave padronizada (conicidade 1:100) entre o eixo e o cubo. Entretanto, devido à sua montagem imprecisa (montagem por martelo) e às excentricidades resultantes, as chaves têm apenas uma importância secundária.

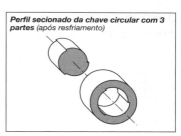

Perfil secionado da chave circular com 3 partes (após resfriamento)

Juntas chaveadas circulares
O perfil secionado de chave circular com 3 partes constitui um novo tipo de junta. Três chaves circulares são montadas circunferencialmente sobre a superfície cilíndrica de um eixo (parte interna). O cubo (parte externa) contém um número apropriado de chaves correspondentes, em um furo cilíndrico. A torção provoca distorção radial, permitindo a transferência de grandes forças axiais e tangenciais em qualquer sentido. Ao contrário dos encaixes por prensa, as juntas chaveadas circulares podem ser separadas. Exemplos de aplicação: conexões eixo-cubo, eixo de comando de válvulas, articulações na construção de veículo.

Tabela 5. Abraçadeiras

Nome	Ilustração	Cálculo
Abraçadeira com cubo separado		Torque transferível: $M_t = n \cdot F_S \cdot \mu \cdot (\pi/2) \cdot D_F$ (n número de parafusos)
Abraçadeira com cubo entalhado		Torque transferível: $M_t = n \cdot F_S \cdot \mu \cdot (\pi/2) \cdot D_F \cdot (l_S/l_N)$ (n número de parafusos)
Abraçadeira Autobloqueio		Condição para autobloqueio: $l/b = 1/(2\,\mu)$

Juntas positivas ou com perfil fechado

Grandeza		Unid.
D	Diâmetro	mm
F	Força	N
K_A	Fator de aplicação (fator de serviço)	–
M_t	Torque	Nm
b	Largura	mm
d	Diâmetro	mm
h	Altura	mm
i	Número de superfícies de cisalhamento	–
l	Comprimento	mm
l_{tr}	Comprimento da chave com lingüeta de suporte	mm
n	Número de acionadores	–
p	Pressão superficial	N/mm²
t_1	Profundidade da ranhura (eixo)	mm
t_2	Profundidade da ranhura (cubo)	mm
σ_b	Tensão de curvatura	N/mm²
τ_s	Tensão de cisalhamento	N/mm²
φ	Relação contato-superfície	–

Referências

DIN 6892
Cálculo e design de chaves de lingüeta
Beuth-Verlag 1998
Haberbauer/Bodenstein
Peças da Máquina
12ª edição, Springer-Verlag 2003
Kollmann:
Conexões eixo-cubo, Springer-Verlag 1984

Princípios básicos

A função das juntas positivas ou com perfil fechado é transferir forças que, por sua vez, mantêm contato via superfícies correspondentes, através de seu perfil geométrico. As forças são sempre transferidas perpendicularmente para as superfícies correspondentes, gerando principalmente tensão compressiva e de cisalhamento.

O perfil fechado forma, geralmente, conexões que podem ser separadas facilmente. Dependendo da escolha do encaixe por prensa, movimentos axiais relativos podem ocorrer durante a operação. Se necessário, eles podem ser evitados através de dispositivos adequados de bloqueio (ex.: anel de trava, conforme DIN 471).

Acoplamentos por chave de lingüeta e chaveta semi-redonda

Os acoplamentos com chave de lingüeta são usados para conexão resistente à torção de polias de correia, engrenagens, cubos de acoplamento, etc. em eixos. As chaves de lingüeta são usadas algumas vezes para fixar juntas de atrito ou para fixar uma posição especificada no sentido circunferencial.

Na chaveta semi-redonda mais barata, o lado redondo se encaixa no eixo, sendo usada principalmente para este propósito na construção automotiva e para transferência de torques menores.

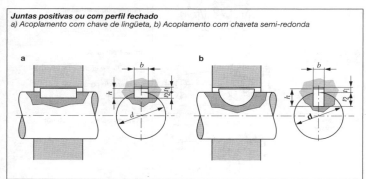

Juntas positivas ou com perfil fechado
a) Acoplamento com chave de lingüeta, b) Acoplamento com chaveta semi-redonda

Juntas positivas

No caso de acoplamentos com chaves de lingüeta, as faces estriadas se apóiam contra as faces da chave de lingüeta. Em oposição aos pontos chaveados, existe uma folga (jogo) entre a parte traseira da chave de lingüeta e a base da estria. Isto significa que as força são transferidas exclusivamente através dos flancos da chave de lingüeta.

A zona de tolerância $h\,9$ é fornecida para a largura da chave de lingüeta (aço da chave conforme DIN 6880). As seguintes zonas de tolerância se aplicam às larguras da estria b:

Encaixe c/estria	Encaixe fixo	Encaixe fácil	Encaixe corrediço
No cubo	$P\,9$	$N\,9$	$H\,8$
No eixo	$P\,9$	$J\,9$	$D\,10$

Deve ser usado um assento deslizante, caso o cubo deva se mover sobre o eixo longitudinalmente (ex: engrenagem na transmissão manual). Normalmente, a mola corrediça é parafusada firmemente na estria do eixo. São fabricadas chaves de lingüeta redondas (Formato A) e angulares (Formato B). A DIN 6885 define a norma em relação a seu formato e dimensões, dependendo do diâmetro do eixo (Tabela 1 e Figura).

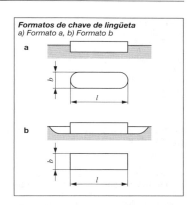

Formatos de chave de lingüeta
a) Formato a, b) Formato b

Na prática, as chaves de lingüeta são projetadas apenas para pressão superficial. Se $p \leq P_{\text{perm}}$, o comprimento necessário para suporte da chave de lingüeta é:

$$l_{\text{b}} = \frac{2 \cdot K_{\text{A}} \cdot M_{\text{t}}}{d \cdot (h - t_1) \cdot n \cdot \varphi \cdot p_{\text{perm}}}$$

Tabela 1. Dimensões da chave de lingüeta conforme DIN 6885

Diâmetro do eixo d		Largura x altura $b \times h$ mm	Profundidade das estrias		Comprimento l mm
acima de mm	até mm		t_1 mm	t_2 mm	
6	8	2 x 2	1,2	1,0	6…20
8	10	3 x 3	1,8	1,4	6…36
10	12	4 x 4	2,5	1,8	8…45
12	17	5 x 5	3,0	2,3	10…56
17	22	6 x 6	3,5	2,8	14…70
22	30	8 x 7	4,0	3,3	18…90
30	38	10 x 8	5,0	3,3	22…110
38	44	12 x 8	5,0	3,3	28…140
44	50	14 x 9	5,5	3,8	36…160
50	58	16 x 10	6,0	4,3	45…180
58	65	18 x 11	7,0	4,4	50…200
65	75	20 x 12	7,5	4,9	56…220
75	85	22 x 14	9,0	5,4	63…250
85	95	25 x 14	9,0	5,4	70…280
95	110	28 x 16	10,0	6,4	80…320
Comprimentos da chave de lingüeta em mm:		6, 8, 10 12, 14, 16, 18, 20, 22, 25, 28, 32, 36, 40, 45, 50, 56, 63, 70, 80, 90, 100, 110, 125, 140, 160, 180, 200, 220, 250, 280, 320			

Para chaves de lingüeta arredondadas (Formato A), o comprimento é de $l + l_{tr} + b$. Para as chaves retas (Formato B), é de $l = l_{tr}$. A norma estabelece pressões superficiais permissíveis de: $P_{perm} = 0,9 \cdot R_{e,min}$, onde $R_{e,min}$ é o ponto mínimo de ruptura do material do eixo, cubo ou chave. Com uma chave de lingüeta ($n = 1$), a relação da superfície de contato é $\varphi = 1$ e com duas chaves, é $\varphi = 0,75$.

Conexões eixo-cubo perfiladas

Para evitar o uso de múltiplas chaves de lingüeta nas estrias do eixo, a seção transversal do eixo também pode ter o formato de um perfil poligonal e a seção transversal do cubo correspondente terá um formato equivalente. A vantagem da conexão perfilada de eixo-cubo é que ela não requer separadores adicionais (chave de lingüeta), para transferir torque. O cubo é centralizado por uma superfície de camisa de cilindro (o diâmetro menor do eixo) ou através dos flancos dos guias. A centralização interna assegura um funcionamento muito uniforme (Tabela 2).

A centralização do flanco faz com que o jogo circunferencial seja muito baixo. Assim ela é excelente para torques variáveis e abruptos. Como para a chave de lingüeta, o design é robusto, baseado na pressão superficial.

Conexões por parafuso e pino

As conexões por parafuso ou pino são um meio simples e econômico de ligar dois ou mais componentes. Elas estão entre os tipos mais antigos e mais usados de conexão.

Conexões por parafuso

As conexões por parafuso são usadas principalmente para articulações de ligação, jumelos e hastes de conexão, assim como em eixos para anéis impulsores do rolamento, rolos, alavancas, etc. Visto que ocorrem movimentos relativos nestas conexões, pelo menos uma peça deve ser móvel. As tensões principais são a pressão superficial e o cisalhamento. O esforço de flexão não é importante na maioria dos casos. Ele é significativo apenas no caso de conexões por parafuso que sejam relativamente longas, em relação a seu diâmetro.

Conexões por pino

Os pinos são adequados para conexões permanentes de cubos, alavancas e aros de retenção em eixos ou árvores. Eles mantêm a posição precisa de duas peças da máquina e são usados como pinos guias para fixar molas, etc. Visto que eles são forçados nos furos como encaixes por prensa com tolerâncias, todas as peças são permanentes.

Tabela 2. Conexões eixo-cubo perfiladas

Nome	Norma	Ilustração	Guia	Centralização	Relação da superfície de contato
Chaveta	ISO 14 DIN 5464		Guia Prismático	Interna	$\varphi = 0,75$
				Flancos	$\varphi = 0,9$
Eixo com endentamento entalhado	DIN 5481		Endentamento Entalhado	Flancos	$\varphi = 0,5$
Eixo com dentes perfilados	DIN 5480 DIN 5482		Dentes perfilados	Flancos	$\varphi = 0,75$

Tabela 3. Conexões por parafuso e pino

Nome	Ilustração	Cálculo
Junta articulada	1. Ajuste com folga	Pressão superficial no garfo: $$p_G = \frac{F}{2 \cdot b_1 \cdot d} \leq p_{perm}$$ Pressão superficial na haste: $$p_S = \frac{F}{b \cdot d} \leq p_{perm}$$ Pressão superficial no pino: $$\tau_S = \frac{4 \cdot F}{i \cdot \pi \cdot d^2} \leq \tau_{S,perm}$$
Junta com pino transversal		Pressão superficial no eixo: $$p_{W,max} = \frac{6 \cdot M_t}{d \cdot D_W^2} \leq p_{perm}$$ Pressão superficial á no cubo: $$p_N = \frac{4 \cdot M_t}{d \cdot (D_N^2 - D_W^2)} \leq p_{perm}$$ Pressão superficial no pino: $$\tau_S = \frac{4 \cdot M_t}{D_W \cdot \pi \cdot d^2} \leq \tau_{S,perm}$$
Pino guia		Pressão máxima: $$p_{max} = p_b + p_d = \frac{F}{d \cdot s}\left(1 + 6 \cdot \frac{h + s/2}{s}\right) \leq p_{perm}$$ Esforço de flexão no ponto de fixação: $$\sigma_b = \frac{32 \cdot F \cdot h}{\pi \cdot d^2} \leq \sigma_{b,perm}$$ Esforço de cisalhamento no ponto de fixação: $$\tau_S = \frac{4 \cdot F}{\pi \cdot d^2} \leq \tau_{S,perm}$$

Tabela 4. Pressão superficial média permissível para conexões por parafuso e pino

Encaixes permanentes			Encaixes corrediços	
Material	Pressão superficial média		Correspondência de material	Pressão superficial média
	estática	deformação		
	p_{perm} N/mm^2	p_{perm} N/mm^2		p_{perm} N/mm^2
Ferro fundido cinza	70	50	Aço/ ferro fundido cinza	5
S 235 (St 37)	85	65	St/CS	7
S 295 (St 50)	120	90	St/Bz	8
S 335 (St 60)	150	105	St hard./Bz	10
S 369 (St 70)	180	120	St hard./St hard.	15

Elementos Roscados de Fixação

Símbolos e unidades

Grandeza	Unid.
A Área de corte transversal	mm²
A_S Área de esforço	mm²
D_{Km} Diâmetro efetivo para torque de atrito no cabeçote do elemento de fixação ou superfície de apoio da porca	mm
E Módulo de elasticidade	N/mm²
F_A Força matriz axial	N
F_K Força de aperto	N
F_M Pré-carregamento normal	N
F_N Força normal	N
F'_N Componente da força normal no polígono de força plana	N
F_{PA} Força adicional da placa	N
F_Q Força transversal, força operacional aplicada perpendicularmente no eixo do elemento de fixação	N
F_S Força do elemento de fixação	N
F_{SA} Força adicional do elemento de fixação	N
F_V Pré-carregamento	N
F_Z Perda de pré-carregamento devido a ajuste	N
M_A Torque de aperto	Nm
M_G Componente de torque efetivo de aperto na rosca	Nm
M_{KR} Torque de atrito do cabeçote	Nm
M_L Torque de liberação	Nm
P Passo da rosca	mm
R_e Ponto de escoamento	N/mm²
$R_{p0,2}$ Força de ruptura de 0,2%	N/mm²
R_P Coeficiente da mola das partes sob esforço	N/mm
R_S Coeficiente de mola do elemento de fixação	N/mm
R_z Rugosidade da superfície	μm
W_t Módulo de secção contra torção	mm³
d Diâmetro nominal da rosca	mm
d_2 Diâmetro do flanco da rosca	mm
d_3 Diâmetro do fundo da rosca	mm
d_h Diâmetro do furo das peças sob tensão	mm
d_w Diâmetro externo do cabeçote do elemento de fixação chato ou superfície de apoio da porca	mm
f_A Expansão linear elástica F_A	mm
f_{PV} Expansão linear elástica das peças sob tensão por F_V	mm
f_{SV} Expansão linear elástica do elemento de fixação por F_V	mm
f_z Esforço de contato	mm
i Pares da superfície de atrito	mm
l Comprimento	mm
m Altura da porca ou alcance da rosca	mm
n Fator de aplicação de força	–
n_S Número de elementos de fixação	°
α Ângulo do flanco da rosca	

Grandeza	Unid.
α_A Fator de aperto	–
μ_G Coeficiente de atrito na rosca	–
μ_K Coeficiente de atrito na superfície de apoio do cabeçote	–
μ_T Coeficiente de atrito na linha de separação	–
μ'_G Coeficiente aparente de atrito na rosca	–
ϱ'_G Ângulo de atrito para μ'_G	–
σ_a Esforço alternado sobre o elemento de fixação	N/mm²
σ_A Esforço variável permissível	N/mm²
$\sigma_{red,B}$ Esforço reduzido no estado operacional	N/mm²
$\sigma_{red,M}$ Esforço reduzido no estado encaixado	N/mm²
$\sigma_{z,M}$ Esforço de tração máx. quando encaixado	N/mm²
σ_z Esforço de tração máx. em operação	N/mm²
τ_t Esforço de tração máximo no passo da rosca	°
φ Pitch	–
Φ Coeficiente de força	–
Φ_n Coeficiente de força $n < 1$	

Referências

DIN-Taschenbuch 10: Mechanische Verbindungselemente – Schrauben (elementos mecânicos de fixação roscados – parafusos e parafusos com porca), Beuth-Verlag 2001.

DIN-Taschenbuch 45: Gewindenormen (Normas para Rosca), Beuth-Verlag 2000.

DIN-Taschenbuch 140: Mechanische Verbindungselemente – Muttern, Zubehörteile für Schraubenverbindungen (elementos mecânicos de fixação roscados – Porcas, acessórios para elementos de fixação roscados).
Beuth-Verlag 2001.

Haberbauer/Bodenstein: Machinenelemente (Peças da máquina), 12ª edição, Springer-Verlag 2003.

Diretriz VDI 2230 – Systematische Berechnung hochbeanspruchter Schraubenverbindungen (cálculo sistemático de elementos de fixação roscados com alto esforço), VDI-Verlag 2003.

Wiegand/Kloos/Thomala:
Schraubenverbindungen (Elementos de fixação roscados), Springer-Verlag 1988.

Fundamentos

Os elementos de fixação roscados incluem "parafusos e parafusos com porca". Estes são usados para fixar juntas que podem ser separadas inúmeras vezes. Os parafusos são usados para esforço sobre as peças correspondentes, de modo que as forças operacionais estáticas ou dinâmicas sobre a junta não provoquem qualquer movimento relativo entre as peças.

A base de cálculo adotada para elementos de fixação com alto esforço é a Diretiva VDI 2230. Esta pode ser usada para cálculo simples e suficientemente preciso para elemento de fixação cilíndrico roscado único, que pode ser considerado como a seção de um elemento de fixação roscado múltiplo muito rígido. Isto significa que em muitos casos, mesmo os elementos de fixação múltiplos complexos podem ser considerados como elementos de fixação roscados únicos. A pré-condição para isto é que os eixos do elemento de fixação sejam paralelos um em relação ao outro e perpendiculares aos planos de separação. Os componentes também devem ser elásticos. Um outro fator importante é que são considerados apenas elementos de fixação pré-carregados e com esforço centralizado. Para esforços maiores e excêntricos que podem fazer com que a linha de separação fique entreaberta, favor consultar VDI2230 (ver figura)

Roscas

Quando um elemento de fixação for apertado ou afrouxado, ocorre um movimento de parafusamento. Durante uma rotação completa do elemento de fixação, ocorre um deslocamento axial correspondente ao passo P. Se a linha do elemento de fixação for desenrolada sobre um cilindro com diâmetro de flanco d_2, isto produzirá uma linha reta com ângulo de passo $\varphi = \arctan [P/(\pi.d_2)]$.

Em geral, os elementos de fixação são roscados à direita (a linha reta aparece à direita). Parafusos roscados à esquerda podem ser necessários em algumas aplicações especiais.

Para parafusos normais de fixação, são usados perfis de rosca métrica (DIN 13, ISO 965). São usadas roscas de tubulação conforme DIN ISO 228-T ou DIN 2999 (PP.356.357) para tubulações, acessórios, flanges roscados, etc.

Classes de propriedade

Conforme DIN EN 20 898, as propriedades de um elemento de fixação são identificadas por dois números separados por um ponto decimal. O primeiro número equivale a 1/100 do esforço de tração mínimo; o segundo é um número que equivale a 10 vezes o coeficiente do ponto de ruptura em relação ao esforço de tração. A multiplicação dos dois números fornece 1/10 do ponto mínimo de ruptura (exemplo 8.8 → $R_e = R_{p0,2} = 640$ MPa).

Esforços aplicados a elementos de fixação roscados
a) Elemento de fixação com esforço e carregamento centralizados B) Elemento de fixação com esforço e carregamento excêntricos, c) Junta de elemento de fixação múltiplo. 1 Área de aplicação de pressão

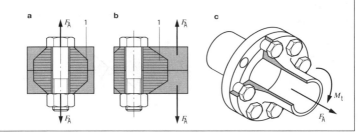

A classe de propriedade de uma porca padrão é identificada por um número. Este número corresponde a 1/100 do esforço de tração mínimo de um parafuso da mesma classe de propriedade. Assim, para otimizar o uso do material, devem sempre ser usados parafusos e porcas das mesmas classes de propriedade (ex.: parafuso 10.9 com porca 10).

Elementos de fixação roscados para aperto

Pré-carregamento
Os elementos de fixação roscados são juntas pré-carregadas em que o elemento de fixação é expandido pelo f_{SV} através do aperto, as peças ou placas que devem ser apertadas são prensadas em conjunto por f_{PV}. A deformação depende das dimensões (seção transversal e comprimento) e dos materiais (módulos de elasticidade). De acordo com a Lei de Hooke, na faixa elástica, estes são proporcionais à linha linear prevalecente. A relação entre a força F e a mudança no comprimento f é o coeficiente de mola

$$R = \frac{F}{f} = \frac{E \cdot A}{l}.$$

Caso a rigidez dos elementos de fixação e peças sob esforço for conhecida (pode ser calculada conforme VDI 2230), o elemento de fixação roscado pré-carregado pode ser representado por um diagrama de extensão de carga. Depois da montagem, ocorre um equilíbrio de forças de modo que a pré-carga no parafuso e nas peças sob esforço seja de tamanho idêntico (ver figura).

Forças operacionais
No caso de elementos de fixação roscados submetidos a esforço transversal (força operacional F_Q perpendicular ao eixo do elemento de fixação), as forças são transferidas no plano de separação por atrito. Se as forças de atrito, que são geradas pela pré-carga do elemento de fixação, forem maiores que as forças operacionais que devem ser transferidas, o diagrama de extensão de carga da montagem não é modificado. Isto significa que o elemento de fixação não "percebe" o esforço externo.

Em um coeficiente de atrito μ_T na linha de separação, número de elementos de fixação n_S, número de pares da superfície de atrito i e fator de segurança S_R contra deslizamento, a força de fixação mínima necessária é calculada como segue:

$$F_{K,min} = F_V \geq \frac{S_R \cdot F_Q}{\mu_T \cdot n_S \cdot i}.$$

Se uma força operacional externa F_A agir no sentido do eixo do elemento de fixação, o parafuso é estendido por f_A. Ao mesmo tempo, a compressão das peças sob esforço é reduzida proporcionalmente. O parafuso é submetido a um esforço adicional de F_{SA}, enquanto que as peças sob esforço são aliviadas por F_{PA}. A força adicional F_{SA} do elemento de fixação depende da rigidez e ruptura do elemento de fixação.

Quanto mais o elemento de fixação for "macio" (parafuso tensor: longo e fino), menor será o esforço adicional do parafuso, causado por uma força operacional axial externa F_A. Isto deve ser considerado especialmente com forças operacionais dinâmicas (ex.: parafusos do cabeçote do cilindro).

Elementos de fixação roscados para aperto
a) Diagrama de extensão de carga na montagem. B) Diagrama de extensão de carga com força operacional axial F_A.

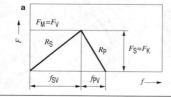
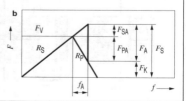

Aplicação de força

A rigidez dos elementos de fixação e as peças sob esforço também dependem da aplicação de força; Se a força operacional externa F_A não for aplicada diretamente ao cabeçote do elemento de fixação ou superfície de apoio da porca, apenas uma parte das peças sob esforço é aliviada. Isto aumenta o coeficiente de mola R_P das peças sob esforço, visto que o aperto é reduzido. As partes sob esforço das placas são marteladas dentro do elemento de fixação, que se torna então aparentemente mais longo e mais macio. Deste modo, valores n menores geram forças adicionais pequenas do elemento de fixação. Isto tem um bom impacto sobre o fator de segurança do elemento de fixação. Entretanto, a força de aperto é reduzida, prejudicando a função da junta.

Não existe um método simples para calcular o fator de aplicação de força n, que define o ponto de aplicação de força. Ou n ($0 < n < 1$) é estimado ou é realizado um cálculo aproximativo, de acordo com VDI 2230 (como na figura e Tabela 1).

Forças e torques do elemento de fixação

Modelo de cálculo
O modo mais simples de representar os coeficientes de força em um elemento de fixação roscado é através da concentração da pressão superficial distribuída a todas as espiras da rosca em um único elemento com porca. Durante o aperto e o afrouxamento, o elemento com porca se move ao longo da rosca do parafuso que, se for desdobrado, representará um plano sem prumo ou uma cunha.

Aperto de elemento de fixação roscado
Quando apertado, o elemento com porca é empurrado acima da cunha pela força periférica F_U. A força normal resultante F_N gera uma força de atrito F_R que age no sentido oposto e inclui o ângulo de atrito ϱ. Entretanto, visto que todos os perfis de rosca padronizados apresentam flancos inclinados, apenas o componente $F'_N = F_N \cdot \cos \alpha/2$ aparece no polígono de força do plano.

Tabela 1. Forças de fixação (dependendo da aplicação de força)

Forças	Aplicação de força no cabeçote do elemento de fixação $n = 1$	Qualquer aplicação de força $0 < n < 1$	Aplicação de força na linha de separação $n = 0$
Força máx. do elemento de fixação	$F_S = F_V + \Phi \cdot F_A$	$F_S = F_V + \Phi_n \cdot F_A$	$F_S = F_V$
Força de aperto	$F_K = F_V - (1 - \Phi) \cdot F_A$	$F_K = F_V - (1 - \Phi_n) \cdot F_A$	$F_S = F_V - F_A$
Força adicional do elemento de fixação	$F_{SA} = \Phi \cdot F_A$	$F_{SA} = \Phi_n \cdot F_A$	$F_{SA} = 0$
Força adicional da placa	$F_{PA} = (1 - \Phi) \cdot F_A$	$F_{PA} = (1 - \Phi_n) \cdot F_A$	$F_{PA} = F_A$

Where $\Phi = R_S/(R_P + R_S)$ and $\Phi_n = n \cdot \Phi$

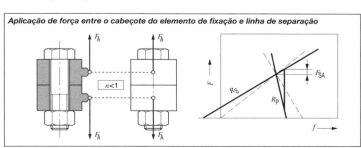

Aplicação de força entre o cabeçote do elemento de fixação e linha de separação

A força de atrito pode ser calculada como segue:

$$F_R = F_N \cdot \mu_G = F'_N \cdot \mu'_G$$

A fim de calcular o polígono de força em um plano paralelo ao eixo do elemento de fixação, é introduzido um coeficiente aparente de atrito:

$$\mu'_G = \frac{\mu_G}{\cos \alpha/2} = \tan \varrho'$$

Quando a força periférica age sobre o diâmetro do flanco d_2, o torque da rosca é:

$$M_G = F_V \cdot \frac{d_2}{2} \cdot \tan(\varphi + \varrho').$$

Para apertar um parafuso para pré-carregar F_V é necessário um torque de atrito do cabeçote M_{KR} para superar o atrito entre o cabeçote e as superfícies de apoio da porca, além do torque de rosca M_G. A um coeficiente de atrito P_K e um diâmetro médio de atrito do cabeçote D_{KM}, o torque de atrito é calculado como segue:

$$M_{KR} = F_V \cdot \mu_K \cdot \frac{D_{Km}}{2}.$$

O torque de aperto do parafuso aplicado durante a montagem é: (ver figuras):

$$M_A = M_G + M_{KR} = F_V \cdot \left[\frac{d_2}{2} \cdot \tan(\varphi + \varrho') + \mu_K \cdot \frac{D_{Km}}{2}\right]$$

Afrouxamento de um elemento de fixação roscado

Quando um elemento de fixação roscado é afrouxado, a força de atrito muda no sentido oposto à ação de aperto. O torque de afrouxamento do parafuso é calculado como segue:

$$M_L = F_V \cdot \left[\frac{d_2}{2} \cdot \tan(\varphi + \varrho') - \mu_K \cdot \frac{D_{Km}}{2}\right]$$

No caso de roscas autotravantes ($\varphi < \varrho'$), o torque de afrouxamento é negativo. Isto significa que deve ser aplicado um torque no sentido oposto à ação de aperto.

Forças para aperto de elementos de fixação roscados
1 Rosca do parafuso. 2 Elemento com porca

Diâmetro efetivo DKM para torque de atrito do cabeçote
1 Rosca do parafuso. 2 Elemento com porca a) Para parafuso Allen (d_W + diâmetro do cabeçote).
b) para parafuso/porca sextavado (d_W + largura através das partes planas)

$$D_{Km} = (d_W + d_h)/2$$

Design dos elementos de fixação roscados

Esforço excessivo
Se for mantida uma extensão mínima da rosca $m = (1{,}0...1{,}5) \cdot d$, ocorrerá falha do elemento de fixação roscado, em caso de esforço excessivo, não por causa da deformação das espiras da rosca, mas por causa da ruptura do parafuso cilíndrico com cabeça e porca.

Esforço de montagem
Quando o elemento de fixação roscado for apertado para pré-carregamento de F_V, ele é submetido a esforço até o esforço de tração. Devido ao torque de rosca M_G, ele também é submetido a esforço até a torção. Visto que o atrito na rosca evita que o parafuso gire em contrário, o esforço de torção também age após o aperto. De acordo com a energia de modificação de formato teórica, o esforço reduzido no parafuso é:

$$\sigma_{red,M} = \sqrt{\sigma_{z,M}^2 + 3 \cdot \tau_t^2} \leq v \cdot R_{p0,2}$$

No esforço de tração:

$$\sigma_{z,M} = \frac{F_{V,max}}{A_S} = \frac{\alpha_A \cdot F_V}{A_S}$$

No esforço por torção:

$$\tau_t = \frac{M_{G,max}}{W_t} = \frac{16 \cdot \alpha_A \cdot F_V \cdot d_2 \cdot \tan(\varphi + \rho')}{2 \cdot \pi \cdot d_3^3}$$

O fator de aperto α_A, considera a imprecisão que é inevitável durante a montagem.

Para aperto controlado por torque (chave de torque), é $\alpha_A = 1{,}4...1{,}6$; para torque controlado por pulso (chave de impacto), é de $\alpha_A = 2{,}5...4{,}0$.

Para assegurar uma alta segurança funcional, o material deve ser explorado ao máximo. Isto é levado em consideração pela eficiência v. A tabela 2 mostra os torques permissíveis de pré-carregamento e aperto durante a montagem, para diferentes coeficientes de atrito com eficiência de 90% ($v = 0{,}9$) do ponto de ruptura padronizado mínimo.

Tabela 2. Torques permissíveis de pré-carregamento e aperto para parafusos normais (conforme DIN 2230)

Rosca	Pré-carregamento da montagem F_V para diferentes coeficientes de atrito μ na rosca						Torque de aperto M_A com atrito da rosca $\mu + 0{,}12$					
	F_V em $10^3 \cdot N$ Onde $\mu = 0{,}1$			F_V em $10^3 \cdot N$ Onde $\mu = 0{,}2$			M_A em Nm Onde $\mu_K = 0{,}1$			M_A em Nm Onde $\mu_K = 0{,}2$		
	8.8	10.9	12.9	8.8	10.9	12.9	8.8	10.9	12.9	8.8	10.9	12.9
M4	4,5	6,7	7,8	3,9	5,7	6,7	2,6	3,9	4,5	4,1	6,0	7,0
M5	7,4	10,8	12,7	6,4	9,4	11,0	5,2	7,6	8,9	8,1	11,9	14,0
M6	10,4	15,3	17,9	9,0	13,2	15,5	9,0	13,2	15,4	14,1	20,7	24,2
M8	19,1	28,0	32,8	16,5	24,3	28,4	21,6	31,8	37,2	34,3	50,3	58,9
M10	30,3	44,5	52,1	26,3	38,6	45,2	43	63	73	68	100	116
M12	44,1	64,8	75,9	38,3	56,3	65,8	73	108	126	117	172	201
M14	60,6	88,9	104,1	52,6	77,2	90,4	117	172	201	187	274	321
M16	82,9	121,7	142,4	72,2	106,1	124,1	180	264	309	291	428	501
M18	104	149	174	91,0	129	151	259	369	432	415	592	692
M20	134	190	223	116	166	194	363	517	605	588	838	980
M22	166	237	277	145	207	242	495	704	824	808	1.151	1.347
M24	192	274	320	168	239	279	625	890	1.041	1.011	1.440	1.685
M27	252	359	420	220	314	367	915	1.304	1.526	1.498	2.134	2.497
M30	307	437	511	268	382	447	1.246	1.775	2.077	2.931	2.893	3.386

Esforço estático

Uma força operacional axial F_A aumenta o esforço de tração no parafuso. Visto que, no estado operacional, o efeito do esforço por torção é menor do que no estado encaixado, VDI 2230 deve ser aplicada ao esforço reduzido

$$\sigma_{red,B} = \sqrt{\sigma_z^2 + 3(0{,}5 \cdot \tau_t)^2} < R_{p0,2}$$

no esforço de tração

$$\sigma_z = \frac{F_{S,max}}{A_S} = \frac{\alpha_A \cdot F_V + F_{SA}}{A_S}$$

Esforço vibracional

Em uma força operacional dinâmica F_A, o componente de esforço variável σ_a não deve exceder o esforço variável permissível σ_A

$$\sigma_a = \frac{F_{S,max} - F_{S,min}}{2 \cdot A_S} \leq \sigma_A$$

O esforço variável permissível σ_A não depende da classe de propriedade, depende apenas do diâmetro (Tabela 3).

Pressão superficial entre o cabeçote e a superfície de apoio da porca

No caso de pré-carregamento importante, a pressão superficial no cabeçote e superfícies de apoio da porca deve ser verificada. Pressões superficiais excessivas podem provocar deformação plástica e perda de pré-carregamento. Isto pode causar o afrouxamento dos elementos de fixação.

A pressão superficial p resultante da força máxima do elemento de fixação não deve exceder o limite de pressão superficial permissível p_G (para valores de orientação para p_G, ver Tabela 4):

$$p = \frac{4 \cdot F_{S,max}}{\pi \cdot (d_w^2 - d_h^2)} \leq p_G$$

Tabela 3. Esforço variável permissível σ_A

Faixa de diâmetro	M6... M8	M10... M18	M20... M30
Esforço variável permissível σ_A em N/mm²	60	50	40

Tabela 4. Valores padrão para limite de pressão superficial p_G conforme VDI2230

Material	Limite de pressão superficial p_G em N/mm²
GD-AlSi 9 CU 3	290
S 235 J	490
E 295	710
EN-GJL-250	850
34-CrNiMo 6	1,080

Dispositivos para bloqueio de elemento de fixação roscado

O afrouxamento espontâneo de um elemento de fixação roscado é causado por uma perda total ou parcial de pré-carregamento, que por sua vez, é causada por fenômenos de acomodação (afrouxamento) ou movimentos relativos na linha de separação (desparafusamento).

Afrouxamento

O esforço de contato f_Z, causado pela deformação plástica provoca perda de pré-carregamento.

$$F_z = \frac{R_P \cdot R_S}{R_P + R_S} \cdot f_z$$

O esforço de contato f_Z em μm depende das propriedades superficiais e do número de linhas de separação (Tabela 5).

O esforço total de contato equivale à soma das peças componentes individuais. Entretanto, o esforço de contato determinado deste modo só é válido se os limites da pressão superficial não forem excedidos. Caso contrário, ocorrerá um assentamento significativamente maior. Os dispositivos de bloqueio são concebidos para reduzir ou compensar a acomodação.

As seguintes medidas asseguram uma proteção confiável contra afrouxamento:
- Pré-carga alta
- Elementos de fixação roscados elásticos
- Baixas pressões superficiais devido a grandes superfícies de apoio e profundidade suficiente da rosca
- Número pequeno de linhas de separação
- Deve ser evitado esforço sobre elementos plásticos ou quase elásticos (ex. vedações)

Desparafusamento

Os esforços dinâmicos, particularmente aqueles perpendiculares ao eixo do elemento de fixação, podem afrouxar os elementos de fixação, mesmo com um pré-carregamento suficiente. Caso movimentos transversais sejam possíveis, dispositivos de bloqueio podem evitar o desparafusamento, assegurando a funcionalidade da junta.

As medidas adequadas incluem:
- Evitar movimentos transversais através de bloqueio positivo na linha de separação.
- Parafusos elásticos.
- Comprimentos longos de aperto.
- Pré-carregamento alto.
- Dispositivos adequados de bloqueio (elementos de bloqueio ou ligação).

Dispositivos de bloqueio (exemplos)
a) Parafuso autotravante com cabeça chata
b) Porca autotravante com cabeça chata
c) Par de arruelas de trava

Tabela 5. Esforço de contato f_Z dependendo das propriedades superficiais e do número de linhas de separação

Superfície	Carga	Esforço de contato f_z em μm		
		Na rosca	Por cabeça ou superfície de apoio da porca	Por linha de separação
$R_z < 10$	Cisalhamento por tensão/ pressão	3,0 3,0	2,5 3,0	1,5 2,0
$10 \leq R_z < 40$	Cisalhamento por tensão/ pressão	3,0 3,0	3,0 4,5	2,0 2,5
$40 \leq R_z < 160$	Cisalhamento por tensão/ pressão	3,0 3,0	3,0 6,5	3,0 3,5

Seleção de Rosca

Roscas métricas de parafusos ISO
(DIN 13, ISO 965); Dimensões nominais

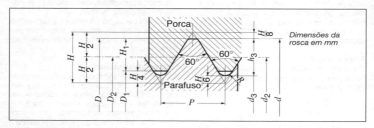
Dimensões da rosca em mm

Rosca média padrão
Exemplo de designação: M8 (Diâmetro nominal da rosca: 8 mm)

Diâmetro nominal da rosca $d = D$	Passo P	Diâmetro do passo $d_2 = D_2$	Diâmetro menor d_3	Diâmetro menor D_1	Profundidade da rosca h_3	Profundidade da rosca H_1	Área de esforço A_s em mm²
3	0.5	2.675	2.387	2.459	0.307	0.271	5.03
4	0.7	3.545	3.141	3.242	0.429	0.379	8.78
5	0.8	4.480	4.019	4.134	0.491	0.433	14.2
6	1	5.350	4.773	4.917	0.613	0.541	20.1
8	1.25	7.188	6.466	6.647	0.767	0.677	36.6
10	1.5	9.026	8.160	8.376	0.920	0.812	58.0
12	1.75	10.863	9.853	10.106	1.074	0.947	84.3
14	2	12.701	11.546	11.835	1.227	1.083	115
16	2	14.701	13.546	13.835	1.227	1.083	157
20	2.5	18.376	16.933	17.294	1.534	1.353	245
24	3	22.051	20.319	20.752	1.840	1.624	353

Rosca métrica fina
Exemplo de designação: M8 x 1 (Diâmetro nominal da rosca: 8 mm; passo 1 mm)

Diâmetro nominal da rosca $d = D$	Passo P	Diâmetro do passo $d_2 = D_2$	Diâmetro menor d_3	Diâmetro menor D_1	Profundidade da rosca h_3	Profundidade da rosca H_1	Área de esforço A_s in mm²
8	1	7.350	6.773	6.917	0.613	0.541	39.2
10	1.25	9.188	8.466	8.647	0.767	0.677	61.2
10	1	9.350	8.773	8.917	0.613	0.541	64.5
12	1.5	11.026	10.160	10.376	0.920	0.812	88.1
12	1.25	11.188	10.466	10.647	0.767	0.677	92.1
16	1.5	15.026	14.160	14.376	0.920	0.812	167
18	1.5	17.026	16.160	16.376	0.920	0.812	216
20	2	18.701	17.546	17.835	1.227	1.083	258
20	1.5	19.026	18.160	18.376	0.920	0.812	272
22	1.5	21.026	20.160	20.376	0.920	0.812	333
24	2	22.701	21.546	21.835	1.227	1.083	384
24	1.5	23.026	22.160	22.376	0.920	0.812	401

Elementos roscados de fixação

Roscas de tubulação para juntas sem autovedação
(DIN ISO 228-1); Roscas internas paralelas e roscas externas; dimensões nominais

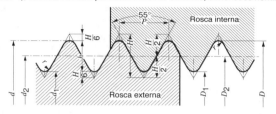

Exemplo de designação: G 1/2 (tamanho nominal da rosca 1/2 polegada)

Tamanho nominal da rosca	Número de roscas por polegada	Passo P mm	Profundidade da rosca h mm	Diâmetro maior $d = D$ mm	Diâmetro do passo $d_2 = D_2$ mm	Diâmetro menor $d_1 = D_1$ mm
$1/4$	19	1.337	0.856	13.157	12.301	11.445
$3/8$	19	1.337	0.856	16.662	15.806	14.950
$1/2$	14	1.814	1.162	20.955	19.793	18.631
$3/4$	14	1.814	1.162	26.441	25.279	24.117
1	11	2.309	1.479	33.249	31.770	30.291

Roscas de tubulação Whitworth para tubulações roscadas e acessórios
(DIN2999); roscas internas paralelas e roscas externas cônicas; dimensões nominais (mm)

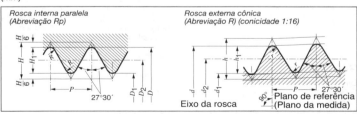

Rosca interna paralela (Abreviação Rp)

Rosca externa cônica (Abreviação R) (conicidade 1:16)

Abreviação Rosca externa	Abreviação Rosca interna	Diâmetro maior $d = D$	Diâmetro do passo $d_2 = D_2$	Diâmetro menor $d_1 = D_1$	Passo P	Número de roscas por polegada Z
R $1/4$	Rp $1/4$	13.157	12.301	11.445	1.337	19
R $3/8$	Rp $3/8$	16.662	15.806	14.950	1.337	19
R $1/2$	Rp $1/2$	20.955	19.793	18.631	1.814	14
R $3/4$	Rp $3/4$	26.441	25.279	24.117	1.814	14
R 1	Rp 1	33.249	31.770	30.291	2.309	11

Áreas de aplicação: Para unir roscas paralelas internas a válvulas e acessórios, flanges roscados, etc. com roscas externas cônicas.

Molas

Símbolos e unidades

Grandeza		Unid.
b	Largura da lâmina da mola	mm
d	Diâmetro do arame	mm
D	Diâmetro médio do enrolamento	mm
E	Módulo de elasticidade	MPa
F	Força da mola	N
G	Módulo transversal	MPa
h	Altura da lâmina da mola	mm
h_0	Deflexão da mola (mola de disco)	mm
i	Número de lâminas (mola de lâminas)	–
i'	Número de lâminas que permanecem até as extremidades	–
k	Coeficiente de esforço	–
L_c	Comprimento do bloco (comprimento sólido)	mm
l_t	Comprimento ativo	mm
M_b	Momento de flexão	N · m
M_t	Momento de torção	N · m
n	Número de enrolamentos ativos	–
n_t	Número total de enrolamentos	–
R	Coeficiente da mola (constante da mola)	N/mm
R_t	Coeficiente de torção da mola	N·m/rad
s	Deflexão da mola	mm
S_a	Total de distâncias mínimas	mm
t	Espessura (mola de disco)	mm
W	Trabalho da mola	J
W_R	Trabalho de atrito	J
α	Ângulo de torção	rad
σ_b	Esforço de flexão	MPa
τ_t	Esforço de torção	MPa
ψ	Amortecimento	–

Referências

DIN-Taschenbuch 29:
Federn (Molas). Beuth-Verlag 2003.
Haberhauer/Bodenstein:
Maschinenelemente (peças da máquina)
12ª edição. Springer-Verlag 2003.
Fischer/Vondracek:
Warm geformte Federn
(Molas formadas a quente)
Hoesch Hohenlimburg AG 1987.
Meissner/Schorcht:
Metallfedern (molas metálicas)
Springer-Verlag 1997.

Funções

Todos os componentes elásticos em que as forças são aplicadas são elementos de mola. Entretanto, as molas referem-se, no sentido mais estrito, àqueles elementos elásticos que podem absorver, armazenar e liberar o trabalho através de uma distância relativamente longa. A energia armazenada também pode ser usada para manter uma força.

As aplicações mais importantes das molas industriais são:
- Absorver e amortecer choques (amortecedores)
- Armazenar energia potencial (motores com mola)
- Aplicar força (molas de acoplamento)
- Sistemas de vibração (mesa vibratória)
- Medição de força (balança de mola)

Característica, operação e amortecimento

Característica da mola
A característica da mola mostra o comportamento de uma mola ou de um sistema de molas. Trata-se da dependência da força da mola ou torque da em relação à deformação. Molas metálicas apresentam características lineares (Lei de Hooke), molas de borracha apresentam características progressivas e as molas de disco têm características degressivas. O gradiente da característica é chamado de coeficiente de mola.

Para movimento de translação:
$$R = \frac{dF}{ds}$$

Para movimento rotacional:
$$R_t = \frac{dM_t}{d\alpha}$$

Serviço da mola
Para mola sem atrito, a área sob a característica representa o serviço absorvido ou liberado.
$$W = \int F \cdot ds$$

Molas

Amortecimento por mola
Caso ocorra atrito, a força que prevalece quando a mola é carregada é maior que no momento em que a carga é removida. A área fechada pelas duas características representa o serviço de atrito W_R e constitui uma medida do coeficiente de amortecimento:

$$\psi = \frac{W_R}{W}$$

O amortecimento devido a atrito interno pode ser muito alto com molas de borracha ($0{,}5 < \psi < 3$). Entretanto, com molas de metal, ele é baixo ($0 < \psi < 0{,}4$). Isto significa que a mola de metal tem um coeficiente notável de amortecimento que só pode ser atingido através de atrito externo, ex.: que ocorre em molas com camadas de lâminas ou de disco.

Combinações de mola
Pode ser criada uma grande variedade de características de mola através da combinação de várias molas. Em princípio, as molas podem ser combinadas em paralelo ou em série. Também é possível uma combinação de molas em paralelo e em série.

Combinações paralelas
Se o arranjo das molas for paralelo, a carga externa será distribuída proporcionalmente entre as molas individuais. Entretanto, a deflexão da mola (s) é a mesma para todas as molas. O coeficiente da mola do sistema de mola é a soma dos coeficientes individuais da mola:

$$R_{tot} = R_1 + R_2 + R_3 + \ldots + R_n$$

Os sistemas de mola constituídos por molas paralelas são mais rijos que as molas individuais.

Combinações em série
A carga externa total age sobre cada mola individual, no caso de molas em série. Entretanto, o percurso é diferente para cada mola, dependendo dos coeficientes das molas individuais, senso adicionado. O seguinte se aplica ao coeficiente de mola resultante do sistema global:

$$\frac{1}{R_{tot}} = \frac{1}{R_1} + \frac{1}{R_2} + \ldots + \frac{1}{R_n}$$

Os sistemas de mola constituídos por molas em série são mais macios que as molas individuais mais macias.

Características da mola e serviço da mola

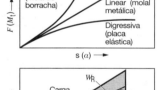

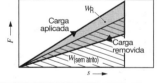

Combinação de molas
A combinação paralela das molas 2 e 3 em série com a mola 1

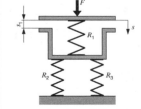

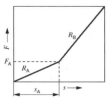

$R_B = R_2 + R_3$
$1/R_A = 1/R_1 + 1/(R_2 + R_3)$
$F_A = s_1 \cdot R_1$
$s_A = s_1 + F_A / R_B$

Molas metálicas

Normalmente, as molas metálicas são classificadas de acordo com suas tensões:

Tensão	Construção
Esforço de compressão de tração	Barra de teste de tração, mola com anel, mola com lâmina, mola enrolada, mola de disco
Esforço de flexão	
Esforço de torção	
	Barra de torção, mola helicoidal

Deve ser observado que a tendência de relaxamento das molas aumenta com a elevação da temperatura de serviço. A 120° o relaxamento não pode mais ser ignorado. Entretanto, no caso de aços sem liga, a acomodação pode começar a ocorrer a 40°C. Em temperaturas de serviço mais altas, as molas só podem ser avaliadas corretamente usando diagramas de relaxamento-tensão.

Molas submetidas a esforço de tração e compressão
Devido a seu alto coeficiente de mola, as barras de teste de tração e compressão de metal são adequadas apenas para poucas aplicações.

Molas submetidas a esforço de flexão
Molas de lâmina
É usada uma mola de lâmina simples como mola de compressão ou guia. As molas com lâmina em camada são usadas para controle de suspensão e roda em veículos. São fabricadas normalmente com aço para mola, conforme DIN 17 221 e 17 222. O design pode assumir os seguintes esforços de flexão permissíveis:

Tiras de aço conforme DIN 17 2222	Esforço estático $\sigma_{b,perm}$	Esforço dinâmico $\sigma_{b,perm}=\sigma_m+\sigma_{A,perm}$
Laminadas a frio, temperadas e recozidas	1.000 MPa	
Lâminas individuais		500 ± 320 MPa
Lâminas individuais com película de laminação		500 ± 100 MPa
Lâminas em camadas com película de laminação		500 ± 80 MPa

Molas de torção e espirais
No caso de deflexão de molas de torção e espirais, os torques de enrolamento são gerados próximos ao eixo de rotação. Devido a condições de aperto, os esforços de flexão no ângulo são quase uniformes. São usadas as mesmas equações para cálculo de molas de torção e espirais.

Molas de disco conforme DIN 2093
a) Sem contato com superfícies de apoio
b) Com contato com superfícies de apoio
c) Característica de mola calculada de uma mola de disco, conforme DIN 2092

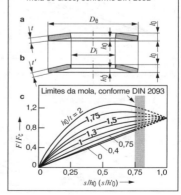

Esforços de flexão permissíveis
Para molas enroladas, fabricadas com fio de aço, conforme DIN 17223. Com esforço estático e quase estático e ignorando o esforço excessivo causado pela curvatura do arame, estes valores σ_b podem ser usados para cálculo de projeto.

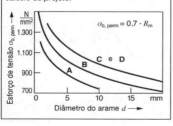

Molas de disco

As molas de disco com formato cônico são submetidas principalmente a esforços de flexão. É possível uma grande variedade de aplicações, a partir de combinações paralelas e em série. As molas de disco são usadas principalmente quando é necessária a absorção da força da mola e percurso, dentro de espaços confinados.

A $h_0/t > 0,4$, as não linearidades das molas não podem mais ser desconsideradas. As forças, o percurso e os coeficientes da mola podem ser calculados com precisão suficiente conforme DIN 2092 ou podem ser obtidos através dos dados do fabricante.

Para molas de disco submetidas a esforço estático (< 10^4 de reversões de esforço), o cálculo da resistência à fadiga não é necessário se a força máxima da mola a $s = 0,75 \cdot h_0$ não for excedida.

Tipo	Força e torque da mola	Deflexão
Mola com lâmina reta simples	$F_{max} = \dfrac{b \cdot h^2}{6 \cdot l} \sigma_{b,perm}$	$s = \dfrac{4 \cdot F \cdot h^2}{E \cdot b \cdot h^3}$
	Coeficiente da mola	Serviço da mola
	$R = \dfrac{F}{s} = \dfrac{E \cdot b \cdot h^3}{4 \cdot l^3}$	$W_{max} = \dfrac{\sigma_{b,perm}^2}{18 \cdot E} \cdot b \cdot h \cdot l$
Mola com lâmina em camada	Força e torque da mola	Deflexão
	$F_{max} = \dfrac{i \cdot b \cdot h^2}{6 \cdot l} \cdot \sigma_{b,perm}$	$s = \dfrac{12 \cdot F \cdot l^3}{(2 \cdot i + i') \cdot E \cdot b \cdot h^3}$
$Q = 2F$	Coeficiente da mola	Serviço da mola
	$R = \dfrac{(2i + i') \cdot E \cdot h^3 \cdot b}{12 \cdot l^3}$	$W_{max} = \dfrac{\sigma_{b,perm}^2}{3 \cdot E} \cdot \dfrac{i^2}{(2i + i')} \cdot b \cdot h \cdot l$
Mola enrolada $l_t = \pi \cdot D \cdot n$ — Seção transversal circular	Força e torque da mola	Deflexão
	$M_{t,max} = \dfrac{\pi \cdot d^3}{32} \cdot \sigma_{b,perm}$	$\alpha = \dfrac{64 \cdot M_t \cdot l}{E \cdot \pi \cdot d^4}$
	Coeficiente da mola	Serviço da mola
	$R = \dfrac{M_t}{\alpha} = \dfrac{E \cdot \pi \cdot d^4}{64 \cdot l}$	$W_{max} = \dfrac{\sigma_{b,perm}^2}{32 \cdot E} \cdot \pi \cdot d^2 \cdot l$
Mola espiral $l_t = 2 \cdot \pi \cdot n \cdot [r_0 + 0,5 \cdot n \cdot (h + \delta_r)]$ — Seção retangular	Força e torque da mola	Deflexão
	$M_{t,max} = \dfrac{b \cdot h^2}{6} \cdot \sigma_{b,perm}$	$\alpha = \dfrac{12 \cdot M_t \cdot l}{E \cdot b \cdot h^3}$
	Coeficiente da mola	Serviço da mola
	$R = \dfrac{M_t}{\alpha} = \dfrac{E \cdot b \cdot h^3}{12 \cdot l}$	$W_{max} = \dfrac{\sigma_{b,perm}^2}{6 \cdot E} \cdot b \cdot h \cdot l$

Molas submetidas a esforço por torção

Barras de torção
Normalmente, as seções transversais circulares são selecionadas para barras de torção. Elas apresentam um fator de utilização de volume muito alto, possibilitando que elas absorvam muita energia, ocupando pouco espaço.

Molas helicoidais
As molas helicoidais cilíndricas são fabricadas como molas de compressão e extensão. As equações de cálculo são idênticas para os dois tipos. As molas de compressão de formato cônico podem otimizar o uso de espaço, caso os enrolamentos individuais puderem ser empurrados um no outro.

A excentricidade pode ser minimizada nas molas de compressão enrolando-se a mola de modo que a extremidade do arame em cada extremidade da mola possa tocar o enrolamento adjacente. Cada extremidade da mola é achatada, perpendicularmente ao eixo da mola. Para evitar sobrecarga na mola, deve ser mantida uma distância mínima entre os enrolamentos ativos. Para esforços estáticos o seguinte se aplica:

	Número total de enrolamentos	Comprimento do bloco	Soma das distâncias mínimas
Formado a frio	$n_t = n + 2$	$L_c \leq n_t \cdot d$	$S_a = (0,0015 \cdot D/+0,1 \cdot d) \cdot n$
Formado a quente	$n_t = n + 1,5$	$L_c = (n_t - 0,3) \cdot d$	$S_a = 0,02 \cdot (D + d) \cdot n$

Tipo	Força e torque da mola	Deflexão
Barra de torção com seção transversal circular (DIN 2091)	$M_{t,max} \dfrac{\pi \cdot d^3}{16} \cdot \tau_{t,perm}$	$\alpha = \dfrac{32 \cdot M_t \cdot l_t}{G \cdot \pi \cdot d^4}$
	Coeficiente da mola	**Serviço da mola**
	$R = \dfrac{M_t}{\alpha} = \dfrac{G \cdot \pi \cdot d^4}{32 \cdot l_t}$	$W_{max} = \dfrac{\tau_{t,perm}^2}{16 \cdot G} \cdot \pi \cdot d^2 \cdot l_t$
Molas helicoidais cilíndricas Com seção transversal circular (DIN 2089) Mola de compressão / Mola de extensão	$F_{max} = \dfrac{\pi \cdot d^3}{8 \cdot k \cdot D} \cdot \tau_{t,perm}$	$s = \dfrac{8 \cdot D^3 \cdot n}{G \cdot d^4} \cdot F$
	Coeficiente da mola	**Serviço da mola**
	$R = \dfrac{G \cdot d^4}{8 \cdot D^3 \cdot n}$	$W_{max} = \dfrac{\tau_{t,perm}^2}{18 \cdot G} \cdot d^2 \cdot D \cdot \pi^2 \cdot n$
Molas helicoidais cônicas Com seção transversal circular	$F_{max} = \dfrac{\pi \cdot d^3}{16 \cdot k \cdot r_2} \cdot \tau_{t,perm}$	$s = \dfrac{16 \cdot (r_1 + r_2) \cdot (r_1^2 + r_2^2) \cdot n \cdot F}{G \cdot d^4}$
	Coeficiente da mola	**Serviço da mola**
	$R = \dfrac{G \cdot d^4}{16 \cdot (r_1 + r_2) \cdot (r_1^2 + r_2^2) \cdot n}$	$W_{max} = \dfrac{\tau_{t,perm}^2}{32 \cdot G} \cdot \dfrac{d^2 (r_1 + r_2) \cdot (r_1^2 + r_2^2) \cdot \pi^2 \cdot n}{r_2^2}$

Molas **363**

Para esforço dinâmico, S_a deve ser dobrado. Além disto, as extremidades da mola são posicionadas a 180° uma da outra. Então, o número total de enrolamentos é sempre um múltiplo de meio enrolamento (ex.: $n_t = 7,5$).

O efeito da curvatura do arame é considerado pelo coeficiente de esforço k:

D/d	3	4	6	8	10	14	20
k	1,55	1,38	1,24	1,17	1,13	1,10	1,07

No caso de esforço estático, este efeito pode ser desconsiderado, i.e. k é definido como = 1. O que segue aplica-se à faixa de esforço que prevalece no caso de esforço dinâmico:

$$\tau_{kh} = k \cdot \frac{8 \cdot D}{\pi \cdot d^3} \cdot (F_2 - F_1) \le \tau_{kH}$$

Molas de extensão
As molas de extensão são formadas por laços ou com peças de extremidade enroladas ou parafusadas. Visto que a vida útil é determinada principalmente pelos laços, é impossível fornecer valores limites gerais de fadiga. Molas de extensão formadas a frio, cementadas e temperadas após esti-

Esforços de torção permissíveis para molas helicoidais com esforço estático
a) Formadas a frio com arames de aço para mola patenteado (A, B, C e D) e arames de aço para mola de válvula, conforme DIN 17 223.
b) Formadas a quente com aços para mola, conforme DIN 17221

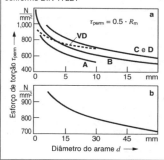

ramento, podem ser fabricadas com pré-carregamento externo. Isto permite esforços significativamente mais altos.

Diagramas de limite de fadiga para molas de compressão helicoidais
a) Para molas formadas a frio com arames de aço para mola C e D (sem jateamento)
b) Para molas formadas a frio com arames de aço para mola C e D (com jateamento)
c) Para molas formadas a frio com aço para mola de válvula.
d) Para molas formadas a quente

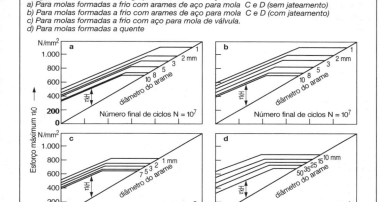

Mancais deslizantes

Características

Existem diferentes tipos de mancais com filme de fluido (também chamados de mancais lisos ou mancais deslizantes), que apresentam, normalmente uma separação total das superfícies de deslizamento através de filme de lubrificação (atrito com fluido), através de mancais com autolubrificação, sendo a maioria deles caracterizada por atrito misto, i.é, algumas das forças do mancal são absorvidas pelo contato direto entre as superfícies de deslizamento e os mancais deslizantes, que são submetidos a atrito com corpo sólido (i.é, sem qualquer filme de lubrificação de fluido efetivo), mas que têm, apesar disto, uma vida útil adequada.

A maioria dos tipos de mancais deslizantes hidrodinâmicos usada em aplicações automotivas são mancais lisos radiais cilíndricos circulares (freqüentemente com folga oval), para a retenção de árvore de manivelas, eixo de comando de válvula e rolamentos de turboalimentador. Normalmente, os mancais axiais são usados apenas como posicionadores axiais e não são submetidos a forças importantes.

Mancais deslizantes hidrodinâmicos
Símbolos (DIN 31 652)

Nome	Símbolo	Unid.
Comprimento do mancal axial	B	m
Diâmetro interno do mancal (diâmetro nominal)	D	m
Diâmetro do eixo (diâmetro nominal)	d	m
Excentricidade (deslocamento entre os centros do eixo e do mancal)	e	m
Carga	F	N
Espessura mínima do filme	h_0	m
Pressão local do filme	p	Pa=N/m²
Carga específica do mancal $\bar{p} = F/(B \cdot D)$	$\bar{p}$	Pa
Folga nominal $s = (D - d)$	s	m
Número de Sommerfeld	So	–
Excentricidade relativa $2\,e/s$	ε	–
Viscosidade dinâmica efetiva do filme	η_{eff}	Pa·s
Folga relativa do mancal $\psi = s/D$	ψ	–
Ângulo de deslocamento	β	°
Velocidade angular efetiva hidrodinamicamente	ω_{eff}	s⁻¹

Um mancal deslizante hidrodinâmico é confiável em serviço se não for afetado pelo que segue:
- <u>Desgaste</u> (separação suficiente das superfícies de contato pelo filme)
- <u>Esforço mecânico</u> (material do mancal com resistência suficiente)
- <u>Carga térmica</u> (estabilidade térmica do material do mancal e comportamento de viscosidade/temperatura do filme)

O número de Sommerfeld sem dimensão So é usado para determinação da capacidade de carga, i.é, para a avaliação da formação do filme de lubrificação h_0:

$$So = F \cdot \psi^2/(D \cdot B \cdot \eta_{\text{eff}} \cdot \omega_{\text{eff}})$$

Na medida em que o número Sommerfeld So aumenta, a excentricidade relativa também aumenta, assim como a espessura do filme de lubrificação h_0:

$$h_0 = (D - d)/2 - e = 0{,}5\,D \cdot \psi \cdot (1 - \varepsilon)$$

Excentricidade relativa
$$\varepsilon = 2e/(D - d)$$

Tabela 1. Ordem de magnitude de coeficientes de atrito para diferentes tipos de atrito
Os coeficientes de atrito fornecidos abaixo são valores aproximativos e são usados apenas para comparar diferentes tipos de atrito.

Tipo de atrito	Coeficiente de atrito f
Atrito seco	0,1 a > 1
Atrito misto	0,01 a 0,1
Atrito com fluido	0,01
Atrito em mancais de rolamento	0,001

Tabela 2. Valores empíricos para carga máxima aprovada específica do mancal
(Os valores máximos se aplicam apenas para velocidades de deslizamento muito baixas)

Materiais do mancal	Carga máxima específica do mancal $\bar{p}_{lim}$
Ligas de Pb e Sn (metais brancos)	5 a 15 N/mm²
Bronze, base de chumbo	7 a 20 N/mm²
Bronze, base de estanho	7 a 25 N/mm²
Ligas AlSn	7 a 18 N/mm²
Ligas AlZn	7 a 20 N/mm²

Mancais deslizantes

O número de Sommerfeld também é usado para determinar o coeficiente de atrito no mancal e para calcular a perda de atrito e a carga térmica (conforme DIN31 652, Diretiva (VDI) 2204).

Como os mancais hidrodinâmicos também são operados com atrito misto durante um certo período, eles devem ser capazes de suportar um certo volume de contaminação sem perda de função, também são submetidos a um alto esforço dinâmico e térmico (particularmente em motores com pistão); o material do mancal deve atender alguns requisitos, sendo alguns deles mutuamente exclusivos.
- <u>Conformidade</u> (compensação de desalinhamento causado por deformação plástica, sem afetar a vida útil)
- <u>Umedecimento por filme de fluido</u>
- <u>Embebimento</u> (capacidade da superfície do mancal de absorver partículas de sujeira sem aumento de desgaste do eixo ou mancal)
- <u>Resistência a desgaste (atrito misto)</u>
- <u>Resistência contra aderência</u>
  (o material do mancal não deve aderir ao material do eixo, mesmo sob alta carga compressiva e alta velocidade de deslizamento)
- Propriedades de antidesgaste (resistência ao desgaste)
- <u>Desempenho de funcionamento</u> (uma combinação de conformidade, resistência a desgaste e embebimento)
- <u>Capacidade para suportar carga mecânica</u>
- <u>Resistência à fadiga</u> (sob carga, particularmente com alto esforço térmico)

Se um mancal (ex.: bucha pistão-pino) for submetido simultaneamente a altas cargas e baixas velocidades de deslizamento, a alta resistência a desgaste e fadiga deve prevalecer sobre a resistência à aderência. Os materiais do mancal usados em tais casos são bronzes duros, ex.: bronzes de estanho e chumbo (Tabela 3). Para proteção do meio ambiente, o chumbo deve ser evitado em futuras aplicações.

Visto que são submetidos a altas cargas dinâmicas e a altas velocidades de deslizamento, os mancais da haste de conexão e árvore de manivelas, em motores com combustão interna, devem atender alguns requisitos diferentes. Nestas aplicações, <u>mancais com multicamada</u> comprovaram sua eficiência na prática, comparados a mancais com três metais.

A vida útil dos mancais da árvore de manivelas pode ser prolongada através do uso de <u>mancais deslizantes estriados</u>. Nestes mancais, foram usinadas estrias finas na superfície de operação na direção do deslizamento e preenchidas com um revestimento fabricado com material macio (um revestimento galvanizado similar ao encontrado em mancais com três metais). As áreas de contato são separadas por um metal de liga leve mais duro.

Estes mancais apresentam baixos índices de desgaste e alta resistência à fadiga, com bom umedecimento em relação às impurezas do fluído.

Mancal multicamada
(Design de mancal com três metais)
1 Casquilho de apoio. 2 Bronze-chumbo fundido (0,4 mm). 3 Barreira de níquel entre chumbo-bronze e metal branco (1 a 2 μm).
4 Metal branco galvanizado (sobre camada, ex.: 20 μm).

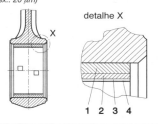

Seção através de um mancal deslizante estriado (patente MIBA)
Superfície de operação com estrias muito finas no sentido de operação: V_G.1 Metal leve resistente a desgaste 2 Revestimento macio. 3 Barreira de níquel

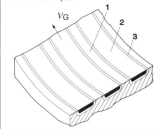

Tabela 3. Seleção de materiais para mancais deslizantes hidrodinâmicos

Material	Designação da Liga	Composição em %	Dureza HB 20°C	Dureza HB 100°C	Observações e exemplos de aplicação
Metal branco à base de estanho	LgPbSn 80 (WM 80)	80 Sn; 12 Sb; 6 Cu; 2 Pb	27	10	Muito macio, boa conformidade das superfícies de contato para operação fora do eixo, excelente desempenho antiaderência
Metal branco à base de chumbo	LgPbSn 10 (WM 10)	73 Pb; 16 Sb; 10 Sn; 1 Cu	23	9	Reforço necessário, ex.: como fundição de aço composto ou com camada de níquel intermediária sobre o bronze com chumbo
Bronze à base de chumbo	G-CuPb 25	74 Cu; 25 Pb; 1 Sn	60	47	Muito macio, excelente desempenho antiaderência, menos resistente a desgaste
	G-ChPb 22	70 Cu; 22 Pb; 6 Sn; 3 Ni	86	79	
Bronze à base de estanho-bronze	G-CuPb 10 Sn	80 Cu; 10 Pb; 10 Sn	75	67	Melhor desempenho antiaderência, pela liga com Pb. Mais resistente à operação fora do eixo que os bronzes com estanho puro, assim os bronzes Pb-Sn para alta carga são preferíveis para uso em mancais de árvore de manivela. Mancais compostos na fabricação de motores com combustão interna, buchas de pistão-pino. $\bar{p}$ para 100 N/mm^2
	G-CuPb 23 Sn	76 Cu; 23 Pb; 1 Sn	55	53	Fundição composta para mancais de baixa carga (70 N/mm^2). Casquilhos de mancal com parede fina. Ótimo desempenho antiaderência. Mancais de árvore de manivelas, eixo de comando das válvulas e mancais da haste de conexão.
Bronze à base de estanho	G-CuSn 10 Zn	88 Cu; 10 Sn; 2 Zn	85		Material duro, os casquilhos podem ser submetidos a cargas moderadas a baixas velocidades de deslizamento. Engrenagens de sem fim.
	CuSn 8	92 Cu; 8 Sn	80...220		Liga forjada de alto grau. Bom desempenho sob altas cargas e na ausência de lubrificação suficiente. Mancais da ponta de eixo. Particularmente apropriada para uso como bucha de mancal deslizante com parede fina.
Bronze vermelho	G-CuSn 7 ZnPb	83 Cu; 6 Pb; 7 Sn; 4 Zn	75	85	O estanho é parcialmente substituído por zinco e chumbo. Pode ser usado no lugar do bronze de estanho, mas apenas para cargas moderadas (40 N/mm^2). Mancais deslizantes gerais para maquinário. Pinos de pistão, buchas, mancais de árvore de manivelas e mancais de junta articulada.

Material	Designação da liga	Composição em %	Dureza HB 20°C 100°C	Observações e exemplos de Aplicação
Latão	CuZn 31 Si	68 Cu; 31 Zn; 1 Si	90... 200	O teor de Zn é desfavorável a altas temperaturas do mancal. Pode ser usado no lugar de bronze com estanho; baixas cargas
Bronze com alumínio	CuAl 9 Mn	88 Cu; 9 Al; 3 Mn	110... 190	Expansão térmica comparável àquela de ligas leves. Apropriado para uso em mancais de encaixe por interferência, em carcaças de liga leve. Melhor resistência a desgaste que o bronze com estanho, mas o atrito é alto.
Liga de alumínio	AlSi 12 Cu NiMn	1 Cu; 85 Al; 12 Si; 1 Ni; 1 Mn	110 100	Liga para pistão, para baixas velocidades de deslizamento.
Placa de alumínio laminado	AlSn 6	1 Cu; 6 Sn; 90 Al; 3 Si	40 30	Estanho fundido estirado por laminação, com alta capacidade de carga, propriedades antiatrito. Melhorado com revestimento galvanizado.
Revestimentos galvanizados	PbSn 10 Cu	2 Cu; 88 Pb; 10 Sn	50... 60	Usados em mancais trimetálicos, com espessura de 10 a 30 μm, galvanizados, com grão muito fino, camada intermediária de níquel sobre o metal do mancal.

Materiais conforme DIN 1703, 1705, 1716, 17660, 17662, 17666, 1494, 1725, 1743.
ISO 4381, 4382, 4383.

Tabela 4. Materiais para mancais com metal sinterizado.
Sint-B indica 20% PV (porosidade) (Sint-A: 25% PV; Sint-C: 15% PV)

Grupos de materiais	Designação Sinterizado...	Composição	Observações
Ferro sinterizado	B 00	Fe	Material padrão que atende requisitos de carga e ruído moderados
Aço sinterizado contendo Cu	B 10	< 0,3 C 1 a 5 Cu Rest Fe	Boa resistência a desgaste, pode ser submetido a cargas mais altas que o mancal de Fe puro.
Aço sinterizado com teor mais alto de Cu	B 20	20 Cu Rest Fe	Preço mais baixo que o do bronze sinterizado, bom comportamento em relação a ruído e valores $p \cdot v$
Bronze sinterizado	B 50	< 0,2 C 9 a 10 Sn Rest Cu	Material padrão baseado em Cu-Sn, bom comportamento em relação a ruído.

Mancais deslizantes de metal sinterizado

Os mancais deslizantes de metal sinterizado consistem de metais sinterizados, que são porosos e impregnados com lubrificantes líquidos. Para muitos motores pequenos em aplicações automotivas, este tipo de mancal é uma boa escolha em termos de precisão, instalação, facilidade de manutenção, vida útil e custo. Eles são usados principalmente em motores com diâmetros de eixo de 1,5 a 12 mm. Os mancais de ferro sinterizado e mancais de aço sinterizado (baratos, com menor interação com o lubrificante) são preferíveis a mancais de bronze sinterizado, para uso em veículos automotores (Tabela 4). As vantagens dos mancais de bronze sinterizado incluem maior capacidade de carga, ruído mais baixo e coeficientes menores de atrito (este tipo de mancal é usado em gravadores, equipamento de escritório, sistemas de dados e câmeras).

O desempenho dos mancais sinterizados em longos períodos de serviço está relacionado ao uso de lubrificantes adequados.

<u>Óleos minerais:</u> Propriedades inadequadas de fluxo frio, resistência moderada a envelhecimento.

<u>Óleos sintéticos:</u> (ex.: ésteres, olefinas poli-α): Boas propriedades de fluxo frio, alta resistência a esforços térmicos, baixa tendência para evaporação.

<u>Graxas sintéticas:</u> (óleos que incluem sabões para metal): Baixo atrito de partida, baixo desgaste.

Mancais com contato deslizante seco

(ver Tabela 5, pág. 370)

Mancais de polímero sólido, fabricados com termoplásticos
<u>Vantagens:</u> Baixo preço, sem risco de aderência a metais
<u>Desvantagens:</u> Baixa condutividade térmica, temperaturas de serviço relativamente baixas, uma possível deformação devido à umidade, baixa capacidade de carga, alto coeficiente de expansão térmica.

Os materiais de polímeros usados com mais freqüência são o polioximetileno (POM, POM-C), poliamida (PA), polietileno e polibutileno tereftalato (PET, PBT) e polietertercetona (PEEK).

As propriedades tribológicas e mecânicas podem ser amplamente variadas através da incorporação de lubrificantes e reforços no material de base termoplástica.
<u>Aditivos de lubrificação:</u> politetrafluoroetileno, grafite (C), óleo de silicone e outros lubrificantes líquidos, que foram envolvidos recentemente em microcápsulas.
<u>Aditivos de reforço:</u> fibras de vidro (FV), fibras de carbono (FC).
<u>Exemplos de aplicação:</u> mancais do limpador de pára-brisa (PA e fibra de vidro), acionadores intermediários (PEEK + fibra de carbono, PTFE e outros aditivos).

Mancais de polímero fabricados com duroplásticos e elastômeros

Estes materiais, com seus altos níveis de atrito intrínseco, raramente são usados como materiais para mancais em veículos automotores. Os duroplásticos incluem: resinas de fenol (alto atrito, ex.: Resitex), resinas de epóxi (requerem a adição de PTFE ou C para reduzir a sua fragilidade intrínseca, reforço normalmente por fibras), poliamidas (alta capacidade de carga térmica e mecânica).
<u>Exemplos de aplicação:</u> esbarro axial de poliimida no motor do limpador.

Mancais compostos baseados em metal

Mancais compostos são combinações de materiais de polímero, fibras e metais. Dependendo da estrutura do metal, eles oferecem vantagens quando comparados a mancais lisos de polímero, em termos de capacidade de carga, folga do mancal, condutividade térmica e instalação (adequados para movimento oscilante).
<u>Exemplo de estrutura de mancal:</u> aço estanhado ou com placa de cobre (espessura de muitos milímetros), no qual é sinterizada uma camada de bronze poroso, com 0,2 a 0,35 mm de espessura e porosidade de 30 a 40%. Um material de polímero de baixo atrito é laminado nesta camada de bronze, como um revestimento. Revestimento feito de a) resina de acetal, impregnada com óleo ou contendo recessos de lubrificação ou de b) aditivo de PTFE + Pb ou MoS_2.

Mancais compostos baseados em metal estão disponíveis com diferentes formatos e composições. Os mancais compostos com insertos de fibra de PTFE tecida usualmente não apresentam uma alta capacidade de carga e são adequados para uso em juntas universais.

Exemplos de aplicações em veículo automotor para este tipo de mancal incluem mancais para pistão do amortecedor para suspensão com mola, mancais para liberação da alavanca para placas de pressão da embreagem, mancais de sapata do freio em freios de tambor, mancais articulados, mancais para fechadura de porta, mancais para eixos de enrolamento de cinto de segurança, mancais da ponta de eixo, mancais da bomba com engrenagem.

Mancais de carbono-grafite

Os mancais de carbono-grafite fazem parte da família de mancais de cerâmica, devido a seu método de fabricação e propriedades de material. Os materiais de base são hidrocarbonetos em pó; o alcatrão ou resinas sintéticas são usados como ligantes.
<u>Vantagens</u>: Resistentes a calor de até 350°C (carbono de queima difícil) ou 500°C (eletrografite), boas propriedades antiatrito, boa resistência à corrosão, boa condutividade térmica, boa resistência a choque térmico. Entretanto, são muito frágeis.

Exemplos de aplicações em mancais de carbono-grafite: mancais de bomba de combustível, mancais de estufas de secagem, lâminas ajustáveis em turboalimentadores

Mancais de metal-cerâmica

Os mancais de metal-cerâmica consistem de materiais fabricados por processos de metalurgia de pó; além da matriz metálica, o material do mancal também contém partículas lubrificantes sólidas distribuídas finamente.
<u>Matriz</u>: ex.: bronze, ferro, níquel
<u>Lubrificante</u>: ex.: grafite, MoS_2.

Estes materiais são adequados para uso sob cargas extremamente altas e são autolubrificados.

Exemplo de aplicação: mancais da ponta de eixo.

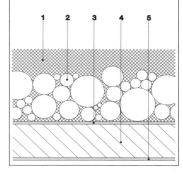

Vista em corte do mancal composto autolubrificado.
1 Revestimento de polímero. 2 Camada de bronze poroso. 3 Camada de cobre. 4 Suporte de aço. 5 Camada de estanho

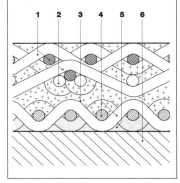

Seção através do mancal composto, com inserto tecido feito de PTFE e fibra de vidro
1 Tecido de fibra de PTFE. 2 Fibras adesivas. 3 Resina. 4 Suporte de fibra de vidro. 5 Adesivo. 6 Suporte de aço

Tabela 5. Propriedades de mancais autolubrificados, sem manutenção

	Mancais sinterizados impregnados com óleo		Mancais de polímero		Mancais compostos Revestimento		Carbonos Sintéticos
	Ferro sinterizado	Bronze sinterizado	Poliamida termoplástica	Poliamida duroplástica	PTFE + aditivo	Resina de acetal	
Força de compressão N/mm²	80 a 180		70	110	250	250	100 a 200
Velocidade max. de deslizamento m/s	10	20	2	8	2	3	10
Carga típica N/mm²	1 a 4 (10)		15	50 (a 50°C) 10 (a 200°C)	20 a 50	20 a 50	50
Temperatura de serviço permissível	−60 a 180 (depende do óleo)		−130 a 100	−100 a 250	−200 a 280	−40 a 100	−200 a 350
A curto prazo °C	200		120	300		130	500
Coeficiente de atrito sem lubrificação	Sem lubrificação 0,04 a 0,2		0,2 a 0,4 (100°C) 0,4 a 0,6 (25°C)	0,2 a 0,5 (sem enchimento) 0,1 a 0,4 (cheio)	0,04 a 0,2	0,07¹) a 0,2 ¹) cheio c/ PTFE	0,1 a 0,35
Condutividade térmica W/(m · k)	20 a 40		0,3	0,4 a 1	46	2	10 a 65
Resistência à corrosão	Deficiente	Boa	Muito boa		Boa	Boa	Muito boa
Resistência química	Nenhuma		Muito boa		Condicional	Condicional	Boa
Max. $p · v$ (N/mm²) · (m/s)	20		0,05	0,2	1,5 a 2		0,4 a 1,8
Embebimento de sujeira e material submetido a atrito	Menos bom		Bom	Bom	Menos bom	Bom	Menos bom

Mancais com superfície de rolamento

Características

Nestes mancais, as forças são transferidas por elementos de rolamento (esferas ou rolos). O rolamento é uma forma de movimento que compreende rolamento e deslizamento. Um microdeslizamento quase sempre ocorre além do simples movimento de rolamento. No caso de atrito misto, este movimento de deslizamento provoca um desgaste maior.

Vantagens
Baixo coeficiente de atrito estático (0,001...0,002), que é particularmente apropriado para aplicações em que a partida ocorra freqüentemente.
Baixa manutenção.
Adequados para lubrificação permanente.
Baixo consumo de lubrificante.
Largura pequena do mancal.
Alta precisão.

Desvantagens
Sensíveis a cargas de impacto e a sujeira.
O ruído do mancal é alto demais para algumas aplicações.
Os mancais padrão são constituídos por apenas uma peça.

Parâmetros

Materiais do mancal
As pistas do mancal e elementos deslizantes consistem basicamente de aços especiais com liga de cromo (100 Cr6H), com um alto grau de pureza e dureza na faixa de 58...65HRC.

Dependendo da aplicação, os separadores de esfera do mancal são fabricados com aço estampado ou latão. Separadores fabricados com polímeros começaram a ser usados recentemente devido à sua facilidade de fabricação, maior capacidade de adaptação à geometria do mancal e outras vantagens tribológicas (ex.: propriedades antiatrito). Os materiais com polímeros fabricados com poliamida 66 reforçada com fibra de vidro podem suportar temperaturas contínuas de serviço de até 120°C e podem ser operados, durante curtos períodos, em até 140°C.

Capacidade de carga estática (ISO 76-1987)
A classificação de carga estática Co é usada para medir a capacidade de carga de mancais deslizantes estáticos ou com movimento muito lento. Co é a carga à qual a deformação permanente dos elementos de deslizamento e pistas, nos pontos de contato submetidos às cargas mais altas, corresponde a 0,0001 do diâmetro do elemento de deslizamento. Uma carga igual a esta classificação de carga Co gera um esforço máximo de compressão de 4.000 N/mm² no centro do elemento de deslizamento submetido à carga mais alta.

Capacidade de carga dinâmica
A classificação de carga dinâmica C é usada para cálculo da vida útil de um mancal deslizante rotativo. C indica a carga do mancal para uma vida útil nominal do mancal de 1 milhão de giros. Conforme ISO 281:

Equação de vida útil: $L_{10} = \left(\dfrac{C}{P}\right)^p$

L_{10} Vida útil nominal em milhões de giros atingida ou excedida por 90% de um lote grande de mancais idênticos.
C Classificação de carga dinâmica em N (determinado empiricamente).
P Carga dinâmica do mancal equivalente em N.
p Expoente empírico da equação de vida útil: para mancais deslizantes, $p = 3$, para mancais com rolete, $p = 10/3$

Vida útil nominal modificada

$$L_{na} = a_1 \cdot a_2 \cdot a_3 \cdot \left(\dfrac{C}{P}\right)^p$$

L_{na} Vida útil nominal modificada em milhões de giros
a_1 Fator de probabilidade de sobrevivência, ex.: 90%: $a_1 = 1$; 95%: $a_1 = 0,62$
a_2 Coeficiente de atrito do material.
a_3 Coeficiente de atrito para condições de serviço (lubrificação do mancal).

Como os coeficientes de atrito a_2 e a_3 não são mutuamente independentes, é utilizado o coeficiente combinado a_{23}.

Os mancais são submetidos a esforço de fadiga. Este é incluído no cálculo da vida útil junto com outros parâmetros influentes, tais como contaminação (ver catálogos dos fabricantes dos mancais).

Engrenagens e sistemas de dentes
(com flancos evolventes)

Grandezas e unidades (DIN 3960)

Grandeza		Unid.
a	Distância do centro	mm
b	Largura da face	mm
c	Folga da parte inferior	mm
d	Diâmetro de referência	mm
d_a	Diâmetro externo	mm
d_b	Diâmetro da base	mm
d_f	Diâmetro da raiz	mm
d_w	Diâmetro do passo	mm
h_a	Altura da cabeça do dente $m \cdot h_{ap}^\star$	mm
h_f	Altura do pé do dente $m \cdot h_{fp}^\star$	mm
i	Relação de transmissão z_2/z_1	–
j_n	Folga normal	mm
m	Módulo $m = d/z$	mm
n	Velocidade rotacional	rpm⁻
p	Passo = $p = \pi \cdot m$	mm
s	Espessura do dente (circular)	mm
W	Medição do vão	mm
x	Coeficiente de modificação da altura da cabeça do dente	–
z	Número de dentes	–

Grandeza		Unid.
α	Ângulo de pressão	°
β	Ângulo da hélice	°
ε	Coeficiente de contato	°
★	Valor especificado multiplicado por m	

Sobrescritos e subscritos

1	referente à engrenagem 1
2	referente à engrenagem 2
a	referente à extremidade do dente
b	referente à raiz fundamental
f	referente à raiz do dente
n	referente ao perfil normal
t	referente ao perfil transversal
W	referente ao círculo de passo operacional
F	referente à carga raiz-dente
P	referente à cremalheira básica
W	referente à pressão de contato

O tipo e formato da engrenagem são determinados pela posição dos eixos que são ligados pelas engrenagens para transferência de forças ou movimentos.

<u>Dentes cicloidais</u>: Os dentes cicloidais são usados principalmente na indústria relojoeira. Permitem o uso de um número pequeno de dentes sem interferência de corte (recuo). Apresentam baixa pressão de contato, mas são sensíveis à variação da distância entre os centros.

<u>Dentes evolventes</u>: Estes, por seu lado, não são sensíveis às variações da distância entre os centros. Eles podem ser produzidos com ferramentas relativamente simples, usando o método de criação. A indústria automotiva usa dentes evolventes quase que exclusivamente, assim as informações se limitam a este tipo de sistema de engrenagem.

Todas as engrenagens retas com o mesmo módulo (e o mesmo ângulo de pres-

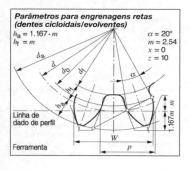

Parâmetros para engrenagens retas (dentes cicloidais/evolventes)
$h_a = 1.167 \cdot m$
$h_f = m$
$\alpha = 20°$
$m = 2.54$
$x = 0$
$z = 10$

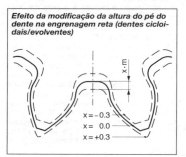

Efeito da modificação da altura do pé do dente na engrenagem reta (dentes cicloidais/evolventes)
$x = -0.3$
$x = 0.0$
$x = +0.3$

Engrenagens 373

Definições

Tabela 1. Tipos de engrenagem

Posição dos eixos	Tipo de engrenagem	Propriedades	Exemplos de aplicação na engenharia automotiva
Paralela	Par de engrenagens retas externas ou internas, com dentes retos ou helicoidais	Dentes helicoidais têm funcionamento mais uniforme, mas são sujeitos a impulso axial	Transmissões manuais
Convergente	Par de engrenagens cônicas com dentes retos, helicoidais ou curvados	Sensível a flutuações na folga angular e axial	Diferenciais
Convergente	Par de engrenagens cônicas inclinadas, com dentes helicoidais ou curvos		Acionamentos do eixo traseiro
	Par de engrenagens helicoidais cruzadas	Para cargas pequenas	Acionamentos do distribuidor
	Par de engrenagens-sem-fim	Transmissão, de alta relação, estágio único	Acionamentos dos limpadores de pára-brisa
Coaxial	Eixo e cubo dentados	Acoplamento do eixo deslizante	Motores de partida (eixo e pinhão Bendix)

são), podem ser fabricadas com a mesma ferramenta.

Módulo para engrenagens retas e cônicas: DIN780 (ver tabela na página 375); módulo para parafusos sem fim e engrenagens sem fim: DIN 780; módulo para eixos e cubos dentados: DIN5480. O módulo no perfil normal para engrenagens helicoidais cruzadas também é selecionado conforme DIN 780, na maioria dos casos. Para engrenagens cônicas com dentes curvos, é usada, geralmente, uma série de módulos adequados para o processo de fabricação.

Formato do dente

Cremalheira básica para engrenagens retas: DIN867, DIN58 400; cremalheira básica para parafuso-sem-fim e engrenagens-sem-fim: DIN 3975; cremalheira básica para eixos e cubos dentados: DIN 5480.

O formato do dente para engrenagens helicoidais cruzadas também pode ser projetado conforme a cremalheira básica, de acordo com DIN 867. Além dos ângulos padronizados de pressão (20° para engrenagens e 30° para eixos e cubos dentados), são usados ângulos de pressão de 12°, 14°30', 17°30', 22°30' e 25°.

Tabela 2. Lista de Normas

Norma	Título
DIN 3960	Definições, parâmetros e equações para engrenagens retas evolventes e pares de engrenagens retas
DIN-3961...4	Tolerâncias para dentes de engrenagem cilíndrica
DIN 3990/1...5	Cálculo da capacidade de carga de engrenagens retas
DIN 58 405/1...4	Acionamentos de engrenagem reta para engenharia de precisão
DIN 3971	Definições e parâmetros para engrenagens cônicas e pares de engrenagens cônicas
DIN 5480	Juntas de chaveta evolventes
DIN 3975	Termos e definições para engrenagens-sem-fim cilíndricas com ângulo do eixo de 90°

Modificação da altura da cabeça do dente

A modificação da altura da cabeça do dente (ver figura) é usada para evitar recuo quando o número de dentes for pequeno, para aumentar a resistência da raiz e para assegurar uma distância específica entre os centros.

Tabela 3. Equações básicas para engrenagens retas

Designação	Engrenagem reta ($\beta = 0$)	Engrenagem helicoidal ($\beta \neq 0$)
Diâmetro de referência	$d = z \cdot m$ Módulo m, ver p. 372	$\dfrac{z \cdot m_n}{\cos \beta}$ Módulo m, ver p. 372
	O valor negativo de z é usado para dentes internos; a distância entre os centros a se torna negativa	
Diâmetro básico	$d_b = d \cdot \cos \alpha_n$	$d_b = d \cdot \cos \alpha_t \quad \alpha_t$ de $\tan \alpha_t = \dfrac{\tan \alpha_n}{\cos \beta}$
Distância entre centros, sem folga; se a folga normal $j_n = 0$	$a = m\dfrac{z_1 + z_2}{2}\dfrac{\cos \alpha}{\cos \alpha_w} = \dfrac{d_{b1} + d_{b2}}{2 \cdot \cos \alpha_w}$ segundo DIN-867, $\alpha = 20°$ α_w de: inv $\alpha_w = \dfrac{2(x_1 + x_2)\operatorname{sen} \alpha + j_n/m}{(z_1 + z_2)\cos \alpha}$ invα	$a = m_t \dfrac{z_1 + z_2}{2}\dfrac{\cos \alpha_t}{\cos \alpha_{wt}} = \dfrac{d_{b1} + d_{b2}}{2 \cdot \cos \alpha_{wt}}$ $m_t = \dfrac{m_n}{\cos \beta} \qquad \dfrac{\operatorname{sen} \alpha_n}{\operatorname{sen} \alpha_t}$ inv $\alpha_{wt} = \dfrac{m_n \cdot 2(x_1 + x_2)\operatorname{sen} \alpha_n + j_n/\cos \beta_n}{m_t(z_1 + z_2)\cos \alpha_t} + \text{inv}\alpha_t$
Evolvente	inv $\alpha = \tan \alpha - \text{arc}\alpha$ P. 156	para $\alpha = 20°$, inv $\alpha = 0{,}014904$
Diâmetro do passo	$d_w = d_b / \cos \alpha_w$	$d_w = d_b / \cos \alpha_{wt}$
Diâmetro da raiz	$d_f = d + 2xm - 2h^*_{fP} \cdot m$ com altura do pé do dente $h^*_{fP} \cdot m$ ($h^*_{fP} = 1{,}167$ ou $1{,}25$ conf. DIN 3972)	$d_f = d_b \cdot 2xm_n + 2h^*_{fP} \cdot m_n$
Diâmetro do círculo da ponta	$d_a = d + 2xm - 2h^*_{aP} \cdot m$ com altura da cabeça do dente $h^*_{aP} \cdot m$ ($h^*_{aP} = 1{,}0$ conf. DIN 867)	$d_a = d \cdot 2xm_n + 2h^*_{aP} \cdot m_n$
Folga na parte inferior	$c_1 = a_{min} - d_{a1}/2 - d_{f2}/2; \quad c_2 = a_{min} - d_{a2}/2 - d_{f1}/2$	$c \geq 0{,}15 \, m_n$
Espessura do dente em relação ao círculo (circular)	$s = m(\pi/2 + 2x \cdot \tan \alpha)$	Perfil normal $s_n = m_n(\pi/2 + 2x \cdot \tan \alpha_n)$ Perfil transversal $s_t = s_n/\cos \beta = m_t(\pi/2 + 2x \cdot \tan \alpha_n)$
Número ideal de dentes	$z_i = z$	$z_i = z\,\dfrac{\text{inv } \alpha_t}{\text{inv } \alpha_n}$
Número de dentes abrangidos	$k \approx z_i\dfrac{\alpha_{nx}}{180} + 0{,}5$	α_{nx} a partir de $\cos \alpha_{nx} \approx \dfrac{z_i}{z_i + 2x}\cos \alpha_n$
	para k, utilizar o próximo número inteiro	
Comprimento tangencial da base sobre os dentes k	$W_k = \{[(k' - 0{,}5)\pi + z_i \text{ inv } \alpha_n]\cos \alpha_n + 2x \cdot \operatorname{sen} \alpha_n\} m_n$	
Estimativa de x a partir do comprimento tangencial da base	$\dfrac{(W/m_n) - [(k - 0{,}5) \cdot \pi + z_i \cdot \text{inv } \alpha_n] \cdot \cos \alpha_n}{2 \cdot \operatorname{sen} \alpha_n}$	
Relação de contato transversal para engrenagens sem tolerância de recuo	$\varepsilon_\alpha = \dfrac{\sqrt{d_{a1}^2 - d_{b1}^2} + \dfrac{z_2}{|z_2|}\sqrt{d_{a2}^2 - d_{b2}^2} - (d_{b1} + d_{b2})\tan \alpha_w}{2 \cdot \pi \cdot m_t \cdot \cos\alpha}$ (dentes retos) $\varepsilon_\alpha = \dfrac{\sqrt{d_{a1}^2 - d_{b1}^2} + \dfrac{z_2}{|z_2|}\sqrt{d_{a2}^2 - d_{b2}^2} - (d_{b1} + d_{b2})\tan \alpha_{wt}}{2 \cdot \pi \cdot m_t \cdot \cos\alpha}$ (dentes helicoidais)	
Coeficiente de sobreposição	—	$\varepsilon_\beta = \dfrac{b \cdot \operatorname{sen} |\beta|}{m_n \cdot \pi}$
Coeficiente de contato total	$\varepsilon_\gamma = \varepsilon_\alpha$	$\varepsilon_\gamma = \varepsilon_\alpha + \varepsilon_\beta$
	Aplicar somente se $\varepsilon_\gamma > 1$ para $d_{a\,mim}$ e a_{max}	

Engrenagens

Par de engrenagens com distância de referência do centro
Com um par de engrenagens a uma distância de referência do centro, as modificações da altura da cabeça do dente na engrenagem e pinhão são iguais, mas opostas, de modo que a distância entre os centros não muda. Este design é preferível para pares de engrenagens helicoidais cruzadas e cônicas.

Par de engrenagens com distância modificada do centro
As modificações na altura da cabeça do dente para a engrenagem e pinhão não se cancelam mutuamente, assim, a distância entre os centros muda.

Termos e erros
Os termos e erros são explicados em detalhe nas seguintes normas: DIN 3960, DIN 58 405 (engrenagens retas), DIN 3971 (engrenagens cônicas) e DIN 3975 (parafusos-sem-fim e engrenagens-sem-fim).

A inserção de $j_n = 0$ nas fórmulas precedentes faz com que a folga das engrenagens seja zero. A espessura dos dentes e a medição dos desvios da abrangência necessários para assegurar a folga podem ser especificadas de acordo com DIN 3967 e DIN 58 405, considerando a qualidade das engrenagens. Deve-se assegurar que o desvio mínimo seja suficientemente grande para compensar o erro do dente (tal como erro composto total, desvio de alinhamento, erro na distância centro a centro, etc.), sem reduzir a folga para zero e sem provocar o emperramento da engrenagem. As tolerâncias (referentes aos erros de dente fornecido acima) também devem ser determinadas para os parâmetros de erro composto total (dois flancos) e erro composto dente a dente (dois flancos) (DIN 3963, DIN58 405), desvio de alinhamento (DIN 3962 T2, DIN 3967, DIN 58 405) e a distância entre centros (DIN 3964, DIN 58 405).

Qualidades de engrenagem DIN (DIN 3961 a DIN 3964)

Tabela 4. Fabricação e aplicações

Qualidade	Exemplos de aplicação	Fabricação
2	Engrenagens mestras primárias padrão	Retífica da forma (50...60% de rebarba)
3	Engrenagens mestras para departamento de inspeção	Retífica da forma e retífica de engendramento
4	Engrenagens mestras para oficina, mecanismos de medição	
5	Transmissões para ferramentas de máquina, turbinas, equipamento de medição	
6	Como em 5, também as engrenagens mais altas de transmissões de carros de passeio e ônibus	
7	Transmissões de veículo automotor (engrenagens superiores), ferramentas de máquina, veículos de içamento e movimentação, turbinas e máquinas de escritório.	Engrenagens não temperadas (com cuidado suficiente) através de corte por fresa, modelação e plaina (a retirada subseqüente de rebarba é desejável), é necessária retífica adicional para engrenagens temperadas.
8 e 9	Transmissões de veículo automotor (engrenagens médias e inferiores), veículos de trilho, ferramentas de máquina e máquinas de escritório.	Fresa, modelação e plaina (engrenagens temperadas, mas não retificadas)
10	Transmissões para tratores agrícolas, maquinário agrícola, unidades subordinadas de engrenagens em equipamentos de máquina em geral, equipamento de içamento	Todos os processos usuais se aplicam, incluindo extrusão e sinterização e moldagem por injeção para engrenagens plásticas.
11 e 12	Maquinário agrícola em geral	

Série de módulos para engrenagens retas e cônicas
Em mm (extraído de DIN 780)

0,3	**1**	**3**	**10**	**32**
0,35	1,125	3,5	11	36
0,4	**1,25**	**4**	**12**	**40**
0,45	1,375	4,5	14	45
0,5	**1,5**	**5**	**16**	**50**
0,55	1,75	5,5	18	55
0,6	**2**	**6**	**20**	**60**
0,65	2,25	7	22	70
0,7	**2,5**	**8**	**25**	
0,75	2,75	9	28	
0,8				
0,85				
0,9				
0,95				

Módulos em negrito são preferíveis.

Coeficiente de modificação de altura da cabeça do dente x

Tabela 5. Coeficiente de Modificação da altura do dente X para engrenagem com dente reto $\alpha = 20°$
Cremalheira básica I, DIN 3972
($h_{fP} = 1,167 \cdot m$)

1	2	3	4
Número de dentes z, para dentes recuados helicoidais z_i	Dente livre se $x \geq$	Largura superfície superior $0,2 \cdot m$	Dente apontado se $x \geq$
7	+ 0,47	–	+ 0,49
8	+ 0,45	–	+ 0,56
9	+ 0,4	+ 0,4	+ 0,63
10	+ 0,35	+ 0,45	+ 0,70
11	+ 0,3	+ 0,5	+ 0,76
12	+ 0,25	+ 0,56	+ 0,82
13	+ 0,2	+ 0,62	+ 0,87
14	+ 0,15	+ 0,68	+ 0,93
15	+ 0,1	+ 0,72	+ 0,98
16	0	+ 0,76	+ 1,03

Se o número de dentes for maior que $z = 16$, x não deve ser inferior a $x = (16 - z)/17$, para dentes helicoidais $x = (16 - z)/17$.

Design do dente do motor de partida

A "Distância padrão entre centros" é um sistema de tolerâncias para engrenagem habitual na engenharia mecânica e é especificada na DIN 3961. Este sistema, no qual a folga é produzida pelas tolerâncias negativas da espessura do dente, não pode ser usado no design de dente de motor de partida. Os dentes da engrenagem do motor de partida requerem mais folga que engrenagens de engrenamento constante, devido ao processo de engrenamento do motor de partida. Para assegurar esta folga é melhor aumentar a distância entre os centros.

O alto torque necessário para a partida requer uma alta relação de transmissão ($i = 10$ a 20). Por esta razão, o pinhão do motor de partida tem um número pequeno de dentes (8 a 12). O pinhão geralmente apresenta modificação positiva da altura da cabeça do dente. No caso de engrenagens com passo, esta modificação da altura da cabeça do dente é expressa através da seguinte anotação fora da Alemanha: número de dentes, por exemplo = 9/10.

Isto significa que apenas 9 dentes são cortados em uma engrenagem com diâmetro para 10; isto corresponde a um coeficiente de modificação da altura da cabeça do dente de + 0,5. Leves desvios de $x = + 0,5$ são bastante comuns e não afetam o método de anotação acima: número de dentes = 9/10 (esta anotação não deve ser confundida com a anotação P 8/10, ver abaixo e na próxima página).

Tabela 6. Engrenagem habitual do motor de partida

Módulo m mm	Passo diametral P 1/polegada	Ângulo de pressão da cremalheira básica	Norma Americana	Norma Européia
2,1167	12	12°	SAE J 543 c	ISO 8123 1991 E
2,5	–	15°		ISO 9457-1 1991 E
2,54	10	20°	SAE J 543 c	ISO 8123 1991 E
3	–	15°		ISO 9457-1 1991 E
3,175	8	20°	SAE J 543 c	ISO 8123 1991 E
3,5	–	15°		ISO 9457-1 1991 E
4,233	6	20°	SAE J 543 c	ISO 8123 1991 E

Engrenagens

Normas americanas para engrenagem

A norma se baseia no número de dentes no diâmetro do passo de 1 polegada = passo do diâmetro (P) e não no módulo.
$$p = z/d$$
A conversão é feita como segue:
Módulo $m = 25{,}4$ mm$/P$

O espaçamento do dente no círculo do passo é chamado de passo circular (CP):

$$CP = \frac{1 \text{polegada}}{p} \cdot \pi$$

Passo $t = 25{,}4$ mm $\cdot CP = \pi \cdot m$

Dentes com profundidade total
Os dentes com profundidade total têm uma altura da cabeça do dente $h_a = m$ em normas alemãs, entretanto, a altura do pé do dente é freqüentemente um pouco diferente.

Dentes curtos
As fórmulas são as mesmas que as dos dentes de profundidade total, mas o cálculo da altura da cabeça do dente é baseado em um módulo diferente das outras dimensões. Anotação (exemplo):

p 5/7 —— P7 para calcular a altura da cabeça do dente
 └─── P5 para calcular as outras dimensões

Anotação e conversões:

Diâmetro externo:
$OD = d_a$
d_a Diâmetro externo

Diâmetro do passo:
$PD = z/P = d$ em polegadas
d Diâmetro de referência

Diâmetro da raiz:
$RD = d_1$
d_1 Diâmetro da raiz

Diâmetro do layout:
$LD = (z = 2\,x)/P$ em polegadas
$LD = (z = 2\,x) \cdot m$ em mm
$LD \approx d_W$
d_W Diâmetro do passo

Medição sobre pinos D_M:
M_d = medição sobre pinos D_M

Tabela 7. Passos diametrais P e módulos derivados dos mesmos

Passo Diametral P 1/polegada	Corresponde ao módulo m mm	Passo Diametral P 1/polegada	Corresponde ao módulo m mm	Passo Diametral P 1/polegada	Corresponde ao módulo m mm
20	1,27000	6	4,23333	**2**	12,70000
18	1,31111	5,5	4,61818	1,75	14,51429
16	1,58750	5	5,08000	**1,5**	16,93333
14	1,81429	4,5	5,64444	**1,25**	20,32000
12	2,11667	4	6,35000	**1**	25,40000
11	2,30909	3,5	7,25714	0,875	29,02857
10	2,54000	3	8,46667	**0,75**	33,86667
9	2,82222	2,75	9,23636	**0,625**	40,64000
8	3,17500	**2,5**	10,16000	**0,5**	50,80000
7	3,62857	2,25	11,28889		

Cálculo da capacidade de carga

O seguinte pode ser utilizado para estimativas brutas, como alternativa a DIN 3990 "Cálculo da capacidade de carga de engrenagens cônicas curtas". Isto se aplica a pares de engrenagens em uma unidade de transmissão estacionária.
As quantidades que aparecem nas seguintes fórmulas devem ser utilizadas nas unidades fornecidas abaixo:

Termo		Unid.
P	Potência	kW
P_{PS}	Força motriz métrica	HP
M	Torque	N·m
n	Velocidade rotacional	rpm
F	Força periférica	N
u	Coeficiente da engrenagem	–

Termo		Unid.
φ	Fator de vida	–
HB	Dureza Brinell	
HRC	Dureza Rockwell	
b_N	Largura efetiva do flanco	mm
k	Pressão de contato	N/mm^2
L_n	Vida útil	h

Tabela 8. Calcula da capacidade de carga de engrenagens curtas

Potência	$P = 0{,}736 \cdot P_{PS}$ $P = M \cdot n/0{,}549$ $P = F_t \cdot d \cdot n/(19{,}1 \cdot 10^6)$	
Força periférica		
No círculo do passo	$F_{tw} = 2.000 \cdot M/d_w = 19{,}1 \cdot 10^6 \, P/(d_w \cdot n)$	
No círculo de referência	$F_t = 2.000 \cdot M/d = 19{,}1 \cdot 10^6 \, P/(d \cdot n)$	
Coeficiente da engrenagem	$u = z_2/z_1 = n_1/n_2$ para pares de engrenagens internas $u < -1$	
Fator de vida	$\varphi = \sqrt[6]{5.000/L_h}$ ou a partir da tabela da p. 379	
Pressão de contato		
Para engrenagem pequena	$k_{perm} = \dfrac{(HB)^2}{2.560 \cdot \sqrt[6]{n}} = \dfrac{(HRC)^2}{23{,}1 \cdot \sqrt[6]{n}}$	ou a partir da tabela da p. 379
Dentes retos	$k_{ACT} = \dfrac{F_{tw}}{b_N \cdot d_{wt}} \cdot \dfrac{4(u+1)}{u \cdot \operatorname{sen}^2 \alpha_w}$	
Dentes helicoidais	$k_{ACT} = \dfrac{F_{tw}}{b_N \cdot d_{w1}} \cdot \dfrac{4(u+1) \cdot \cos^2\beta}{u \operatorname{sen}^2 \alpha_{wt}}$	$\cos^2\beta$ somente com pleno contato, de outra forma = 1
Resistência à corrosão superficial	$S_w = \varphi \cdot k_{perm}/k_{ACT} \geq 1$	

A resistência à corrosão superficial e a desgaste devido à pressão excessiva de contato é assegurada se as equações para S_W para a engrenagem menor (engrenagem 1) tiverem um valor igual ou maior a $z_1 < 20$; selecionar $S_W > 1$, 2…1,5 considerando a pressão de contato maior no ponto de engate único interno. Visto que a pressão de contato k é igual para ambas engrenagens do par, para k_{perm} deve ser selecionado um material para engrenagem 2 da tabela; ele deve apresentar pelo menos a mesma pressão de contato da engrenagem 1 na velocidade rotacional n_2.

Engrenagens

Os valores k_{perm} na tabela abaixo se aplicam quando ambas engrenagens forem de aço. Para ferro fundido sobre aço ou bronze sobre aço, os valores devem ser aproximadamente 1,5 vez mais altos; para ferro fundido sobre ferro fundido, ou bronze sobre bronze, eles devem ser de aproximadamente 1,8 vez mais altos. Para a engrenagem com superfícies não temperadas, valores de k_{perm} 20% mais altos são permissíveis se a outra engrenagem no par tiver dentes com flancos temperados.

Tabela 9. Pressão de contato permissível k_{perm} em N/mm² para uma vida útil l_h = 5.000 horas

Dureza dos dentes		Velocidade rotacional em rpm (com 1 mudança de carga por giro)											
HB	HRC	10	25	50	100	250	500	750	1.000	1.500	2.500	5.000	10.000
90		2,2	1,9	1,7	1,5	1,3	1,1	1,05	1,0	0,94	0,86	0,77	0,68
100		2,7	2,3	2,0	1,8	1,6	1,4	1,3	1,2	1,15	1,06	0,94	0,84
120		3,8	3,3	2,9	2,6	2,2	2,0	1,9	1,8	1,66	1,53	1,36	1,21
140		5,2	4,5	4,0	3,6	3,0	2,7	2,5	2,4	2,26	2,08	1,85	1,65
170		7,7	6,6	5,9	5,2	4,5	4,0	3,75	3,6	3,34	3,06	2,73	2,43
200		10,7	9,1	8,1	7,3	6,2	5,6	5,2	4,9	4,6	4,24	3,78	3,37
230		14,1	12,1	10,8	9,6	8,2	7,3	6,9	6,5	6,1	5,61	5,0	4,45
260		18,0	15,4	13,8	12,2	10,5	9,4	8,8	8,4	7,8	7,17	6,39	5,69
280		20,9	17,9	16,0	14,2	12,2	10,9	10,2	9,7	9,0	8,31	7,41	6,6
300		24,0	20,6	18,3	16,3	14,0	12,5	11,7	11,1	10,4	9,54	8,5	7,6
330		29,0	24,9	22,2	19,8	17,0	15,1	14,1	13,5	12,6	11,6	10,3	9,2
400		42,6	36,6	32,6	29,0	24,9	22,2	20,7	19,8	18,5	17,0	15,1	13,5
	57	96,0	82,3	73,3	65,3	56,0	49,9	46,7	44,5	41,6	38,2	34,0	30,3
	≥ 62	112,0	96,5	86,0	76,6	65,8	58,6	54,8	52,2	48,8	44,8	39,9	35,6

Materiais correspondentes são fornecidos na tabela "Parâmetros de material" na página 381.

Tabela 10. Fator de vida φ

O fator de vida é usado para converter os valores na tabela (considerando uma vida útil de 5.000 horas), em valores que correspondam a um período de vida útil diferente.

Vida útil em horas operacionais L_h	10	50	150	312	625	1.200	2.500	5.000	10.000	40.000	80.000	150.000
Fator de vida φ	2,82	2,15	1,79	1,59	1,41	1,27	1,12	1	0,89	0,71	0,83	0,57

As orientações para seleção da vida útil: Acionamentos em operação contínua com carga total: 40.000 a 150.000 horas de operação; acionamentos que funcionam intermitentemente ou apenas intermitentemente com carga total: 50 a 5.000 horas de operação.

Cálculos de dentes para flexão e fratura de dente

Tabela 11. Fórmulas para cálculo da resistência de engrenagens curtas

Velocidade periférica $v_1 = v_2$ m/s	$v_1 = \dfrac{\pi \cdot d_1 \cdot n_1}{60{,}000}$ d_1 em mm, n_1 em rpm	
Fator de velocidade f_v	Usar a tabela abaixo ou calcular	
Esforço permissível na raiz $\sigma_{F\,perm}$ N/mm²	Usar a da tabela da página 381, estimar valores intermediários $\sigma_{F\,perm} = \sigma_{F\,lim} \cdot Y_{NT} \cdot Y_L$	$Y_L = 1$ para cargas pulsantes $Y_L = 0{,}7$ para cargas alternativas
Fator de perfil do dente Y_{Fa}	Usar o gráfico abaixo	
Esforço na raiz do dente $\sigma_{F\,atual}$ N/mm²	Para dentes retos $\sigma_{F\,ACT} = \dfrac{F_t}{b \cdot m} \cdot \dfrac{Y_{Fa}}{f_v \cdot \varepsilon_\alpha}$ ε_α, ver página 374 m, m_n, b em mm, F_t, em N ver página 378	Para dentes helicoidais $\sigma_{F\,ACT} = \dfrac{F_1}{b \cdot m_n} \cdot \dfrac{Y_{Fa}}{f_v \cdot \varepsilon_\alpha}\left(1\dfrac{\varepsilon_\beta \cdot \beta}{120°}\right)$ onde $(1 - \varepsilon_\beta \cdot \beta / 120°) \geq$ deve ser 0,75 ε_β, ver página 374
Resistência à fratura do dente	$S_F = \sigma_{F\,perm}/\sigma_{F\,ACT} \geq 1$	

A resistência à fratura do dente existe se as equações para S_F para a engrenagem menor (engrenagem 1) apresentar um valor maior ou igual a 1.

Se for selecionado um material para a engrenagem 1 melhor que o da engrenagem 2, o cálculo para flexão também deve ser realizado para a engrenagem 2.

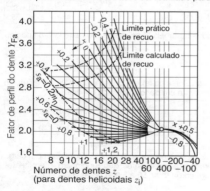

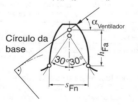

Fator de perfil do dente
É uma função do número de dentes z e do coeficiente de modificação da altura da cabeça do dente x. No caso de dentes internos, $Y_{Fa} < 2{,}07$ (ver gráfico)

$$Y_{Fa} = \dfrac{6 \cdot h_{FA} \cdot \cos \alpha_{Fan}/m_n}{(s_{Fn}/m_n)^2 \cdot \cos \alpha_n}$$

Tabela 12. Fator de velocidade f_v

Materiais	Velocidade periférica							Equação de base
	0,25	0,5	1	2	3	5	10	
Aço e outros metais	Velocidade fator							$f_v = \dfrac{A}{A+v}$ ¹)
	0,96	0,93	0,86	0,75	0,67	0,55	0,38	
Laminados à base de tecido e outros não-metais	0,38	0,75	0,62	0,5	0,44	0,37	0,32	$f_v = \dfrac{0{,}25}{1+v} + 0{,}25$

Tabela 13. Parâmetros de material

	Material	Condição	Esforço de tração R_m N/mm² min.	Esforço de fadiga para esforço de flexão revertido σ_{bW} N/mm² min.	Dureza HB ou HRC min.	Esforço permissível na raiz [3] σ_{lim} N/mm²	Fator de vida Y_{NT} [3] No número de mudanças de carga $N_L = L_h \cdot 60 \cdot n$				
							≥3·10⁶	10⁶	10⁵	10⁴	10³
Aço de têmpera	St 60-2, C 45	Recozido Trat. térmico Trat. térmico	590 685 980	255 295 410	170 HB 200 HB 280 HB	160 185 245	1	1,25	1,75	2,5	2,5
	St 70-2, C 60	Recozido Trat. térmico Trat. térmico	685 785 980	295 335 410	200 HB 230 HB 280 HB	185 209 245					
	50 Cr V 4	Recozido Trat. térmico Trat. térmico	685 1.130 1.370	335 550 665	200 HB 230 HB 400 HB	185 294 344					
	37 Mn Si 5	Recozido Trat. térmico Trat. térmico	590 785 1.030	285 355 490	170 HB 230 HB 300 HB	160 200 270					
Aço cementado	RSt 34-2, C 15	Recozido Endurecido superf. [4]	335 590	175 255	100 HB 57 HRC	110 160	1 1	1,25 1,2	1,75 1,5	2,50 1,9	2,5 2,5
	16 Mn Cr 5	Recozido Endurecido superf. [4]	800 1.100	– –	150 HB 57 HRC	– 300	– 1	– 1,2	– 1,5	– 1,9	– 2,5
	20 Mn Cr 5	Recozido Endurecido superf. [4]	590 1.180	275 590	170 HB 57 HRC	172 330	– 1	– 1,2	– 1,5	– 1,9	– 2,5
	18 Cr Ni 8	Recozido Endurecido superf. [4]	640 1.370	315 590	190 HB 57 HRC	200 370	– 1	– 1,2	– 1,5	– 1,9	– 2,5
Aço cinza	GG-18	–		175	200 HB	50	1	1,1	1,25	1,4	1,6
	GS-52.1	–	510		140 HB	110	1	1,25	1,75	2,5	2,5
	G-SnBz 14		195		90 HB	100	1	1,25	1,75	2,5	2,5
Poliamida PA 66		a 60°C	– 140	40 43	–	27 29	1	1,2	1,75	–	–
Laminados à base de tecido	Fino Grosso		– –	– –		75 50	1 1	1,15 1,2	1,4 1,6	1,65 2,1	2,0 2,8

Para aços de têmpera (que podem ser tratados termicamente), dois valores são fornecidos em cada caso para a condição de tratamento térmico. Para engrenagens menores até aproximadamente o módulo 3, pode ser especificado o maior dos dois valores. Entretanto, para engrenagens muito grandes, apenas o valor menor pode ser atingido com certeza.

---

[1] Valores válidos para $A = 6$ (qualidade média do dente). Para engrenagens fundidas e engrenagens de alta precisão, $A = 3$ e $A = 10$ respectivamente.
[2] Para cargas pulsantes com esforço de fadiga de material $N_L \geq 3 \cdot 10^6$. No caso de cargas alternativas (engrenagens intermediárias), considerar o fator de carga alternativa Y_L.
[3] Dentro do esforço de fadiga de vida finita, o esforço de flexão da raiz é multiplicado pelo fator Y_{NT}, dependendo do número de mudanças de carga $N_L = L_h \cdot 60 \cdot n$.
[4] Endurecido superficialmente

Transmissões por correia

Transmissões por correia à fricção

Quantidades e unidades

Quantidade	Unid.
A Seção transversal da correia	mm²
F Força de contato	N
F_1 Força da correia no lado da carga	N
F_2 Força da correia no lado solto	N
F_F Força centrífuga da correia	N
F_f Força centrífuga por lado	N
F_R Força de atrito	N
F_u Força periférica	N
F_v Força de pré-tensão	N
F_w Força de tensão do eixo	N
P Transmissão de potência necessária	kW
k_1 Fator de pré-tensão, referente às condições operacionais e ângulo de enrolamento	–
k_2 Fator de força centrífuga	–
v Velocidade da correia	m/s
z Número de correias (acionamentos com correia V) ou nervuras (correias V com nervuras)	–
α Ângulo de entalhes	°
β Ângulo de enrolamento	°
μ Coeficiente de atrito	–
μ' Coeficiente de cunha de atrito	–
ϱ Densidade média do material da correia	g/cm³

Força de transmissão

A equação geral para atrito:
$F_R = \mu \cdot F$
apresenta a seguinte equação para polias de correia V (ver figura)
$F_R = \mu \cdot 2 \cdot F'$
ou $F_R = \mu' \cdot F$
onde $\mu' = \mu/\text{sen}(\alpha/2)$

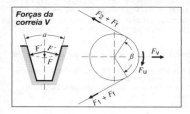

Forças da correia V

A equação de Eytelwein descreve a transição de atrito estático para atrito deslizante como:
$F_1/F_2 = e^{\mu'\beta}$

conforme as especificações dos fabricantes de correias V, com a incorporação de vários fatores de segurança.
Na medida em que a relação de forças nos dois lados da correia for:
$F_1/F_2 \leq e^{\mu'\beta}$
a correia não deslizará durante a transmissão de força periférica:
$F_u = F_1 - F_2 = P_2 \cdot 1.020/v$

Uma força de pré-tensão F_v é necessária para transmissão da força periférica F_u; em velocidades rotacionais altas, o constituinte da força centrífuga F_F da correia deve ser considerado. A força de pré-tensão é:
$F_v = F_w \cdot F_F$
onde $F_w = F_u \cdot [(e^{\mu'\beta} + 1)/(e^{\mu'\beta} - 1)] \cdot \text{sen}(\beta/2)$
$F_F = 2 \cdot z \cdot F_f \cdot \text{sen}(\beta/2)$
$F_f = \varrho \cdot A \cdot v^2 \cdot 10^{-3}$
ou na forma simplificada:
$F_F = 2 \cdot z \cdot k_2 \cdot v^2 \cdot \text{sen}(\beta/2)$
Na prática, o seguinte processo de aproximação é suficiente para calcular a força de pré-tensão (conforme a Continental):
$F_v = (k_1 \cdot F_u + 2 \cdot z \cdot k_2 \cdot v^2) \cdot \text{sen}(\beta/2)$
A seguinte regra pode ser usada para acionamentos com duas polias:
$F_v = (1,5...2) \cdot F_u$
Para verificar a pré-tensão da correia, a força aplicada em cada lado da correia:
$F_s = F_v/[2z \cdot \text{sen}(\beta/2)]$
é comparada com o valor obtido pela medição da deflexão da correia.

Os cálculos de deflexão da correia são realizados conforme DIN 2218, ou conforme as especificações fornecidas pelos fabricantes de correia. Os valores de desempenho das correias V são baseados em uma vida útil teórica de 25.000 horas. São usados programas de computador para cálculos de vida útil. Em transmissões projetadas adequadamente, o deslocamento involuntário da correia corresponde a menos de 1% e a eficiência da correia V é de 94% a 97%.

A vida útil da correia é abreviada se a velocidade máxima permissível e a freqüência de flexão forem excedidas, se a polia for menor que o diâmetro de polia mínimo permissível ou se, no caso de correias V, os tensores de correia forem utilizados para aplicar força na parte traseira da correia.

Transmissões por correia

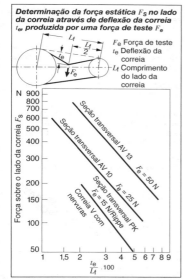

Determinação da força estática F_S no lado da correia através de deflexão da correia t_e, produzida por uma força de teste F_e

F_e Força de teste
t_e Deflexão da correia
L_f Comprimento do lado da correia

Correias V padrão
(correias V clássicas)
De acordo com DIN 2215, para eletrodomésticos, maquinário agrícola, maquinário pesado. A relação da largura do topo com a altura: 1,6:1. O design de correias com cabo de cordão e fibras enfeixadas como elementos de tensão transmite consideravelmente menos potência do que as correias V igualmente estreitas. Devido à sua alta resistência à tração e rigidez transversal, elas são adequadas para uso sob condições operacionais difíceis, com mudanças súbitas de carga.

Tipos de correia V
1 Correia V enrolada padrão
2 Correia V estreita enrolada
3 Correia V estreita com extremidade bruta

Fator de pré-tensão k_1				
		Acionamento		
Correia	β	Cargas leves Constantes	Cargas moderadas de transmissão	Choque pesado
Correias V	180°	1,5	1,7	1,9
	90°	2,6	2,8	3,0
Correias V c/nervuras	180°	1,8	2,0	2,2
	90°	3,3	3,5	3,7

Podem ser interpolados valores intermediários para outros ângulos de enrolamento.

Fator de correia k_2	Seção transversal	Força centrífuga
Correias V	SPZ	0,07
Correias V	SPA	0,12
com nervuras	K	0,02

São permitidas velocidades da correia de até 30 m/s e freqüências de flexão de até 40 s^{-1}. Ver DIN2217 para dimensões correspondentes da polia.

Correias V estreitas
De acordo com DIN 7753, Parte 1; construção de máquinas, veículos automotores construídos nos anos 60 e 70. Relação da largura do topo com a altura: 1,2:1. A correia V estreita é uma versão modificada da correia V padrão, na qual a seção central, que transmite apenas forças limitadas, é omitida. Maior capacidade que as correias padrão com a mesma largura. A versão dentada apresenta menos deslocamento involuntário, quando flexionada em torno de polias pequenas. São permitidas velocidades da correia de até 42 m/s e freqüências de flexão de até 100 s^{-1} (ver DIN 2211 para dimensões correspondentes da polia).

Correias V com extremidade bruta
Correias V com extremidade bruta conforme DIN 2215 e correias V estreitas com extremidade bruta para veículos automotores conforme DIN 7753, Parte 3 (minuta). As fibras sob a superfície da correia, perpendiculares ao sentido do movimento da correia, asseguram um alto grau de flexibilidade, assim como uma grande rigidez transversal e alta resistência a desgaste. Elas também são um excelente suporte para o elemento de tensão tratado especialmente. Particularmente com polias de diâmetro pequeno,

384 Peças de máquina

este design aumenta a capacidade da correia e assegura uma vida útil mais longa que a de correias V estreitas enroladas.

Desenvolvimentos adicionais
A correias V com elementos de tensão fabricados com Kevlar constituem o mais recente desenvolvimento. O Kevlar tem alta resistência à tração, com um grau muito baixo de dilatação e é mais resistente à temperatura.

Correias V com nervuras (correias com múltiplos entalhes)
Conforme DIN 7867. Muito flexíveis, a parte traseira da correia também pode ser usada para transmissão de potência. Esta capacidade permite que esta correia seja usada para transmissão em vários acessórios do veículo simultaneamente (alternador, ventilador, bomba de água, compressor do ar condicionado, bomba da direção hidráulica, etc.), se o ângulo de enrolamento em torno de cada polia acionada for suficientemente grande. As seções transversais opcionais incluem PH, PJ, PK, PL e PM, sendo a seção transversal PK amplamente usada em veículos automotores, nos últimos anos. Isto permite o uso de diâmetros de polia menores ($d_{bmin} \approx 45$ mm) que aqueles em correias V estreitas (seção transversal: AVX 10). Recomenda-se uma pré-tensão com aumento de 20% em relação a correias V estreitas, para assegurar as mesmas capacidades de transmissão de força, com a mesma largura da correia. Com uma largura de mais de 6 nervuras, uma força dez vezes maior pode ser necessária para a transmissão de potência, para equilibrar a correia.

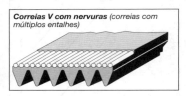

Correias V com nervuras (correias com múltiplos entalhes)

Correias V estreitas para veículos motorizados conforme DIN-7753 Parte 3
Exemplo de designação: Correia em V estreita DIN-7753 AVX 10 × 750 La.
Extremidade bruta, dentada com seção transversal da correia, código AVX 10 L_a = 750 mm.

Correia V estreita		Enrolada		Extremidade bruta			
				Seção transversal sólida		Dentada	
Seção transversal correia	Código	9,5	12,5	AVP10	AVP10	AVX10	AVX13
	Cód.ISO	AV 10	AV 13	AV 10	AV 13	AV 10	AV 13
Largura do topo $b_0 \approx$		10	13	10	13	10	13
Altura da correia $h \approx$		8	10	7,5	8,5	8	9
Diferencial de linha efetivo h_b		1,8	2,6	0,9			
Runout da correia $h_{a\,max}$		–		2,4			
Comprimento efetivo L_a		500 a 2.550 em incrementos de 25 mm					

Dimensões em mm

Código da seção transversal do entalhe		AV10		AV 13	
Diâmetro efetivo	d_b	< 57	≥ 57	< 70	≥ 70
Ângulo do entalhe	$\alpha \pm 0,5°$	34°	36°	34°	36°
Largura efetiva	b_b	9,7		12,7	
Profundidade do entalhe	t_{min}	11		14	
Raio da curvatura	r	0,8			
Distância entre entalhes	e_{min}	12,6		16	

Transmissões por correias positivas

Correias de transmissão sincronizada (correias dentadas) conforme DIN/ISO 5296.

As correias dentadas são usadas em veículos automotores para acionamento do eixo de comando das válvulas e, em alguns casos, como acionamento do distribuidor.

As correias de transmissão sincronizada com dentes trapezoidais ou arredondados combinam as vantagens de uma transmissão por correia (a qualquer distância desejada entre os centros da polia, funcionamento com baixo nível de ruído, baixa manutenção) com as vantagens de uma transmissão positiva (operação sincronizada, baixo esforço no mancal devido à baixa carga do eixo).

As correias de transmissão sincronizada devem ser guiadas nos dois lados para evitar seu deslizamento. Isto é assegurado através do uso de uma polia dentada com dois flanges ou de duas polias dentadas com um flange cada, em lados opostos. Ver DIN/ISO5294 para as dimensões correspondentes da polia.

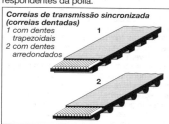

Correias de transmissão sincronizada (correias dentadas)
1 com dentes trapezoidais
2 com dentes arredondados

Correias V com nervuras e polias conforme DIN 7867

Designação para correia V com 6 nervuras, seção transversal código PK e comprimento efetivo de 800 mm: correia V com nervura DIN 7867-6 PK 800

Designação para a polia correspondente da correia V com 90 mm de diâmetro efetivo: polia de correia V com nervura DIN 7867-6 Kx 90

Dimensões em mm	Correia	Perfil do entalhe
Código da seção transversal	PK	K
Espaçamento da nervura ou entalhe s ou e	3,56	3,56
Tolerância de desvio permissível para s ou e	± 0,2	± 0,05
Soma de tolerância de desvio s ou e	± 0,4	± 0,30
Ângulo de entalhe α		40° ± 0,5°
r_K na nervura/r_a na cabeça do entalhe	0,50	0,25
r_g na nervura/r_1 na base do entalhe	0,25	0,50
Altura da correia h	6	
Diâmetro nominal do pino de teste d_S		2,50
$2 \cdot h_S$ dimensão nominal		0,99
$2 \cdot \delta$ (ver figura)		2,06
f (ver figura)		2,5

Largura da correia $b = n \cdot s$
com o número de nervuras = n

Diâmetro efetivo $d_w = d_b + 2 h_b$
para a seção transversal
$h_b = 1.6$ mm

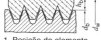

1 Posição do elemento tensor

Tratamento térmico de materiais metálicos

O tratamento térmico é utilizado para dotar ferramentas e componentes metálicos com as qualidades específicas requeridas por processos de fabricação subseqüentes ou para operação real. O processo de tratamento térmico inclui ou vários ciclos de tempo e temperatura. Primeiro, as peças que devem ser tratadas são aquecidas na temperatura requerida, sendo mantidas por um período específico antes de serem resfriadas na temperatura ambiente (ou abaixo, em alguns casos), em uma taxa calculada para atingir os resultados desejados.

O processo modifica a microestrutura para atingir a dureza, resistência, ductilidade, resistência a desgaste, etc. necessárias para suportar os esforços associados a cargas dinâmicas e estáticas. Os processos industriais mais significativos são resumidos na Tabela 1 (ver DIN/EN 10 052 para terminologia).

Endurecimento

Os procedimentos de endurecimento criam uma microestrutura martensítica com dureza e resistência extremas em materiais ferrosos, tais como aço e ferro fundido.

As peças tratadas são aquecidas na temperatura de austenização ou endurecimento, na qual são mantidas até atingir uma estrutura austenítica e até que uma quantidade adequada de carbono (liberada na decadência de carburetos, tais como grafite no ferro fundido) seja dissolvida no material tratado termicamente. Em seguida, o material é submetido a resfriamento rápido ou resfriado de outro modo, para atingir rapidamente a temperatura ambiente, assegurando um grau máximo de conversão para uma microestrutura martensítica (o diagrama de transformação tempo-temperatura para o aço específico em questão contém os números de referência para a taxa de resfriamento necessária).

A temperatura de austenização varia de acordo com a composição do material (para dados específicos, consultar as Exigências Técnicas DIN para Aços). A tabela 2 abaixo fornece dados de referência. Ver DIN17 022, Partes 1 e 2, para obter informações práticas sobre procedimentos de endurecimento para ferramentas e componentes.

Tabela 2. Temperaturas padrão de austenização

Tipo de aço	Especificação da qualidade	Temperatura de austenização °C
Aços de baixa liga e sem liga	DIN EN 10 083-1 DIN 17 211 DIN 17 212	780…950
<0,8% por massa de C		
≥0,8% por massa de C	–	780…820
Aços para ferramenta de trabalho a frio e quente	DIN 17 350	950…1.230
Aços para ferramenta de alta velocidade		1.150…1.100
Ferro fundido	–	850…900

Tabela 1. Resumo de processos de tratamento térmico

Endurecimento	Austêmpera	Revenimento	Tratamento termoquímico	Recozimento	Endurecimento por precipitação
Através de têmpera Endurecimento superficial Endurecimento de peças carburadas (cementação)	Transformação isotérmica no estágio de bainita	Têmpera de peças endurecidas Endurecimento e têmpera acima de 550°C	Carburização Carbonitruração Nitruração Nitrocarburação Tratamento por Boro Cromação	Alívio de tensão Revenimento de recristalização Revenimento macio, esferoidização Normalização	Tratamento por solução e envelhecimento

O endurecimento não pode ser realizado em todos os tipos de aço e ferro fundido. A seguinte equação descreve o potencial de endurecimento para aços com e sem liga, com teores de carbono entre 0,15 e 0,60% e pode ser aplicada para estimar os níveis de dureza que podem ser atingidos com uma microestrutura totalmente martensítica:

Dureza máxima = 35 + 50. (%C) ± 2 HRC

Caso a microestrutura não seja inteiramente constituída de martensita, a dureza máxima não será atingida.

Quando o teor de carbono for superior a 0,6% por massa, pode-se presumir que a estrutura do material contém austenita não transformada (austenita residual), além da martensita. Esta condição não permite que a dureza máxima seja atingida e a resistência ao desgaste será menor. Além disso, a austenita residual é metaestável, i.é, existe um potencial para transformação subseqüente em martensita, a temperaturas abaixo da temperatura ambiente ou sob tensão, com prováveis mudanças no volume específico e tensão interna. Procedimentos de acompanhamento de baixa temperatura ou operações de revenimento acima de 230°C podem ser úteis em casos em que a austenita residual seja um produto inevitável do procedimento de endurecimento.

A dureza superficial e do núcleo permanece virtualmente idêntica em componentes com espessura de material de até aproximadamente 10 mm. Com seções transversais maiores, a dureza do núcleo é mais baixa. Existe uma progressão ou gradiente de dureza. A taxa de progressão depende da resposta do endurecimento (teste descrito na DIN 50 191), que é uma função da composição do material (Mo, Mn, Cr). Este fator deve ser particularmente considerado em peças que não se resfriam bem (seções transversais grandes e/ou processos de resfriamento lentos ou graduais, selecionados para minimizar o risco de rachaduras e/ou distorção).

DIN 50 150 define o método para utilização do endurecimento como base para estimar a resistência à tração R_m. Este método só pode ser aplicado em casos onde a dureza superficial e do núcleo são virtualmente idênticas:

$R_m \approx (34...37{:}7) \cdot$ número de dureza Rockwell C em N/mm² ou

$R_m \approx (3{,}2...3{,}35) \cdot$ número de dureza Vickers em N/mm².

O volume específico da microestrutura martensítica é aproximadamente 1,0% maior que o do material original. Além disso, são geradas tensões devido ao novo arranjo da microestrutura e à contração durante o resfriamento. Visto que este último fenômeno não ocorre em uma taxa uniforme em todas as seções da peça, ele produz variações no formato e dimensões. Disto podem resultar esforços de tração próximos da superfície e tensão da pressão no núcleo.

Endurecimento superficial

O processo é especialmente adequado para integração dentro de operações de fabricação em larga escala e pode ser adaptado para se ajustar ao ritmo da linha de produção.

O aquecimento e o endurecimento são restritos à superfície, minimizando deste modo as alterações de formato e dimensões. O aquecimento é geralmente realizado por corrente alternada de alta ou média freqüência (endurecimento indutivo) ou por um queimador a gás (endurecimento por chama). Atrito (endurecimento por atrito) e feixes de alta energia (ex.: feixes de elétron ou laser) também podem ser usados para fornecer o calor necessário para austenização. A Tabela 3 apresenta as energias de aquecimento específicas para os procedimentos individuais.

Estes métodos podem ser usados para tratar superfícies lineares e planas, significando que as peças podem ser aquecidas estacionárias ou em movimento. A própria fonte de calor também pode ser movida. A rotação é o melhor modo de tratar peças radialmente simétricas, visto que assegura o endurecimento concêntrico.

Tabela 3. Comparação de densidades de potência para aquecimento com diferentes fontes

Fonte de energia	Densidade de potência normal W/cm²
Feixe de laser	$10^3...10^4$
Feixe de elétron	$10^3...10^4$
Indução (MF, HF, pulso de HF)	$10^3...10^4$
Aquecimento por chama	$10^3...6 \cdot 10^3$
Feixe de plasma	10^4
Solução salina fundida (convecção)	20
Ar/gás (convecção)	0,5

A imersão ou a pulverização também podem ser utilizadas para resfriamento rápido.

O aumento de calor é rápido, de modo que as temperaturas devem ser 50...10°C mais altas que aquelas usadas em aquecimento por forno, para compensar o curto período de contato. O procedimento é adotado geralmente com aços de baixa liga ou sem liga com teores de carbono por massa de 0,35...0,60% (consultar DIN 17 212 para a lista de aços adequados). Entretanto, os processos de endurecimento superficial também podem ser aplicados em aços com liga, ferro fundido e aços para mancais deslizantes. As peças podem ser submetidas a tratamento térmico para gerar uma combinação de maior resistência da base e alta dureza superficial, tornando-se adequadas para aplicações com alta tensão (extremidades recuadas, superfícies de rolamentos, transições na seção transversal).

O endurecimento superficial normalmente cria esforços de compressão internos ao longo da extremidade. Isto assegura maior resistência à fadiga, especialmente quando peças entalhadas são submetidas a esforço de vibração inconstante (ver figura).

A relação definida acima pode ser usada para estimar a dureza superficial potencial. Ocorre uma redução substancial da dureza entre a superfície e a região não endurecida do núcleo. A profundidade do endurecimento R_{ht} – a profundidade na qual 80% da dureza superficial Vickers é encontrada – pode ser derivada da curva de progressão de dureza (ver DIN 50 190, Parte 2).

Austêmpera

O objetivo deste processo é atingir uma microestrutura de bainita. Esta microestrutura não é tão dura quanto a martensita, mas apresenta maior ductilidade, assim como mudanças menores no volume específico.

Depois da austenização (ver endurecimento), as peças para austêmpera são primeiramente resfriadas até a temperatura de 200...350°C (dependendo da composição exata do material), no índice requerido. As peças são mantidas nesta temperatura até que seja completa a transformação da microestrutura em bainita. Em seguida, as peças podem ser resfriadas até a temperatura ambiente (nenhum procedimento especial é necessário).

A austêmpera é uma excelente alternativa para peças sensíveis à distorção e/ou rachaduras, em que devido à sua configu-

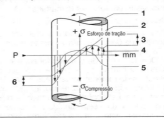

Esforço alternado ciclicamente conforme o endurecimento da camada superficial
+σ Esforço de tração, –σ Compressão
1 Camada de revestimento, 2 Esforço de flexão, 3 Redução de esforço de tração, 4 Tensão resultante, 5 Tensão interna, 6 Aumento no esforço de compressão

ração geométrica, seja necessária uma alta ductilidade, junto com uma dureza substancial ou que devam combinar a dureza com um baixo nível de austenita residual.

Revenimento

As peças ficam fragilizadas após o processo de endurecimento. Elas devem ser temperadas para aumentar sua ductilidade, reduzindo o risco de danos associados à tensão interna excessiva, tais como rachadura depois de endurecimento ou lascas durante a retífica. Este processo de revenimento baseia-se na eliminação de carburetos, um fenômeno acompanhado por um aumento da ductilidade, embora ocorram reduções da dureza.

As peças são aquecidas no revenimento até uma temperatura entre 180 e 650°C. Elas são mantidas nesta temperatura por no mínimo, 1 hora antes de serem resfriadas até a temperatura ambiente. Dependendo da composição específica do material, a têmpera em temperaturas superiores a 230°C pode provocar a transformação da austenita residual em bainita e/ou martensita.

O revenimento em temperaturas de até 180°C é suficiente para reduzir a dureza de aços com liga e sem liga, em aproximadamente 1...5 HRC. Os materiais individuais respondem a temperaturas mais altas com uma perda específica de dureza característica. O gráfico à direita mostra a curva de revenimento característica para tipos típicos de aço.

O gráfico ilustra o fato de que a dureza de aços de alta liga permanece constante até que a temperatura exceda 550°C, depois do que ela cai.

As relações mútuas entre a temperatura de revenimento em um lado e a dureza, resistência, ponto de fratura, contração de fratura no outro podem ser obtidas de diagramas de revenimento para vários aços (ver DIN EN 190 083).

O revenimento de peças endurecidas provoca uma redução do volume específico em alguns casos, o revenimento também pode induzir mudanças na variação progressiva da tensão interna em diferentes profundidades das peças.

Deve ser lembrado que aços ligados com magnésio, cromo, manganês e cromo, cromo-vanádio e cromo e níquel não devem ser revenidos em temperaturas de 350...500°C, porque isto poderia provocar fragilidade. Quando estes tipos de material são resfriados a partir de temperaturas mais altas de revenimento, a transição através desta faixa crítica também deve ser realizada o mais rapidamente possível (ver DIN 17 022, Partes 1 e 2 para mais informações).

Cementação e revenimento

Este tipo de processo de cementação e revenimento combina endurecimento e tempera em temperaturas acima de 500°C. Este procedimento é concebido para atingir uma relação ótima entre resistência e ductilidade. Ele é aplicado nos casos em que são necessárias ductilidade ou maleabilidade extremas.

Deve-se tomar um cuidado especial para evitar fragilidade na operação de cementação e revenimento (ver acima).

Tratamento termoquímico

No tratamento termoquímico, as peças são recozidas em agentes que emitem elementos específicos. Estes se difundem na camada superficial das peças que estão sendo tratadas e modificam sua composição. Isto gera propriedades muito específicas. Os elementos carbono, nitrogênio e boro são particularmente importantes para este processo.

Carburação, carbonitruração, endurecimento superficial

A carburação aumenta o teor de carbono na camada superficial, enquanto a carbonitruração complementa o enriquecimento

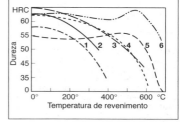

Resposta de vários tipos de aço ao revenimento
1 Aço de revenimento sem liga (C45), 2 Aço sem liga para ferramenta para serviço a frio (C80W2) 3 Aço de baixa liga para ferramenta para serviço a frio (105WCr6), 4 Aço de liga para ferramenta para serviço a frio (X165CrV12), 5 Aço para ferramenta para serviço a quente (X40CrMoV51), 6 Aço para ferramenta de alta velocidade (S6-5-2)

de carbono com nitrogênio. Este processo é realizado em temperaturas que variam de 850...1.050°C em gases que fornecem carbono ou nitrogênio de sua desintegração por calor ou por excitação no plasma. O endurecimento real é realizado subseqüentemente, seja por resfriamento rápido diretamente da temperatura de carburação/carbonitruração (endurecimento direto), ou deixando as peças resfriarem na temperatura ambiente (endurecimento único), ou através de seu resfriamento em uma temperatura intermediária adequada (ex.: 620°C), antes do reaquecimento (endurecimento após conversão isotérmica). Este processo gera uma camada superficial martensítica, enquanto o grau de martensita no núcleo está relacionado à temperatura de endurecimento, capacidade de endurecimento e espessura da peça.

Podem ser selecionadas temperaturas específicas para o endurecimento superficial nas camadas superiores com alto teor de carbono (refinamento superficial) ou para o núcleo não carburado (refinamento do núcleo) (ver DIN 17 022, Parte 3). A carburação e a carbonitruração geram uma declividade de carbono característica, com queda dos níveis na medida em que a distância da superfície aumenta (curva de carbono). A distância entre a superfície e o ponto em que o teor de carbono por massa ainda é de 0,35% é definida normalmente como a profundidade de carburação $At_{0,35}$.

O comprimento do processo de carburação ou carbonitruração depende da profundidade necessária de carburação, da temperatura e das propriedades de difusão de carbono na atmosfera. Uma aproximação razoável é possível:

$$At = K \cdot \sqrt{t} - D/\beta \text{ em mm}$$

Dependendo da temperatura e níveis de carbono, K situa-se entre 0,3 e 0,6 durante a carburação em uma atmosfera gasosa, por exemplo; o fator de correção D/β é geralmente de 0,1...0,3; o tempo t em h deve ser inserido.

Geralmente, o objetivo é atingir um gradiente de carbono com uma concentração de pelo menos 0,60% de teor de carbono por massa, o objetivo final é uma dureza superficial de 750 HV (que corresponde a 65 HRC). Concentrações mais altas de carbono podem causar austenita residual e/ou difusão de carbureto, que poderiam ter efeitos negativos no desempenho das peças endurecidas durante o uso real. O controle do nível de carbono da atmosfera e, conseqüentemente, do teor final de carbono da peça, é extremamente importante.

O gradiente que define a relação entre a dureza e a profundidade corresponde à curva de concentração de carbono. A profundidade do endurecimento superficial é usada para definir a profundidade da camada Eht. DIN50 190, Parte 1 define esta como a distância máxima da superfície antes da queda da dureza abaixo de 550 HV.

Geralmente, a peça endurecida superficialmente apresenta tensão de compressão na superfície e esforços de tração no núcleo. Como para os materiais endurecidos superficialmente, este padrão de distribuição assegura maior resistência a cargas de vibração.

Na carbonitruração, o nitrogênio também é absorvido; ele é usado para melhorar as propriedades de têmpera do material, aumenta sua durabilidade e resistência a desgaste. Os efeitos positivos são especialmente evidentes em aços sem liga. Para mais informações sobre procedimentos para endurecimento superficial, consultar DIN 17 022, Parte 3 e Folha de Informações 452 do Centro de Informações sobre Aço de Düsseldorf.

Nitruração e nitrocarburação

A nitruração é um processo de tratamento térmico (faixa de temperatura: 40...600°C), que pode ser usado para enriquecer, virtualmente, a camada superficial de qualquer material ferroso com nitrogênio. Na nitrocarburação, um certo volume de carbono é difundido no material para formar nitrogênio ao mesmo tempo.

O enriquecimento com nitrogênio é acompanhado pelo endurecimento por precipitação. Isto reforça a camada superficial, aumentando a resistência do material a desgaste, corrosão e esforço cíclico alternado.

Visto que o processo utiliza temperaturas relativamente baixas, não existem mudanças volumétricas do tipo associado a transformações na microestrutura, de modo que as mudanças de dimensão e formato são insignificantes.

A região nitrurada consiste de uma camada externa, com vários milímetros de espessura e uma camada branca de transição, cuja dureza pode variar entre 700 a 1.200 HV, dependendo da composição do material. Uma camada de difusão mais macia é ainda mais profunda e se estende por vários décimos de milímetro. A espessura das camadas individuais é determinada pela temperatura e duração do processo de tratamento. O processo cria um gradiente de dureza (similar àquele resultante do endurecimento superficial); este gradiente fornece a base para determinar a profundidade da nitruração Nht. DIN 50 190, Parte 3 define esta como a profundidade da superfície na qual a dureza ainda é de 50 HV acima da dureza do núcleo.

A resistência do material a desgaste e corrosão é determinada essencialmente pela camada branca, que contém até 10 componentes de massa de nitrogênio em %. A profundidade da nitruração e a dureza superficial determinam a resistência do material a esforço cíclico alternado (para mais detalhes, ver DIN 17 022, Parte 4 e Folha de Informações 447 do Centro de Informações sobre Aço de Düsseldorf).

Tratamento com boro

Trata-se de um método de tratamento termoquímico que utiliza boro para enriquecer a camada superficial de materiais ferrosos. Dependendo da duração e temperatura (normalmente 850...1.000°C), é produzida uma camada branca de ferro-boro de 30 μm...0,2 mm de profundidade e com uma dureza de 2.000...2.500 HV. Ela consiste de ferro-boro.

O tratamento com boro é particularmente eficaz como meio de proteção contra desgaste abrasivo. Entretanto, a temperatura comparativamente alta do processo produz grandes mudanças de formato e dimensões, o que significa que este tratamento só é adequado para aplicações onde são aceitas grandes tolerâncias.

Recozimento
O recozimento pode ser aplicado para otimizar certas características operacionais ou de processamento das peças. Com este método, as peças são aquecidas na temperatura requerida e mantidas durante um período adequado antes de serem resfriadas até a temperatura ambiente. A Tabela 1 relaciona os vários processos usados em aplicações individuais específicas.

Alívio de tensão
Dependendo da composição precisa das peças, esta operação é realizada em temperaturas que variam de 450 a 650°C. O objetivo é atingir a maior redução possível da tensão interna em componentes, ferramentas e fundições, através da indução da deformação plástica.

Depois de um período na estufa de 0,5...1 hora, as peças são resfriadas até a temperatura ambiente; este resfriamento deve ser o mais gradual possível, para evitar a formação de novas tensões.

Recozimento para recristalização
O recozimento para recristalização é aplicado em peças que foram formadas através de procedimentos sem corte. O objetivo é reestruturar o padrão do grão, a fim de evitar o endurecimento crescente, facilitando o trabalho de usinagem.

A exigência de temperatura depende da composição do material e do grau de deformação: situa-se entre 550° e 730°C para aço.

Recozimento macio, esferoidização
O propósito do recozimento macio é facilitar a usinagem e/ou modelagem de peças que foram endurecidas devido a processos de deformação ou outros processos de tratamento térmico.

A exigência de temperatura depende da composição do material e do grau de deformação: situa-se entre 650° e 720°C para aço e menos para materiais não ferrosos.

A esferoidização de cementita é utilizada para criar uma microestrutura com padrão de carbureto granular. Se a estrutura inicial for de martensita ou bainita, ocorrerá uma distribuição de carbureto especialmente homogênea.

Normalização
A normalização é realizada através do aquecimento das peças na temperatura de austenização e seu resfriamento gradual subseqüente até a temperatura ambiente. Em aços de baixa liga e sem liga, é criada uma estrutura consistindo de ferrita e perlita. Este processo é usado essencialmente para reduzir o tamanho do grão, reduzir a formação de padrões de grão grosso em peças com remodelagem limitada e para assegurar o máximo de homogeneidade na distribuição de ferrita e perlita.

Tratamento de endurecimento por precipitação
Este processo combina o tratamento por solução com o envelhecimento na temperatura ambiente. As peças são aquecidas e depois mantidas em temperatura para transformar os constituintes estruturais precipitados em uma solução sólida, elas são resfriadas rapidamente até a temperatura ambiente para formar uma solução supersaturada. O processo de envelhecimento compreende um ou vários ciclos nos quais o material é aquecido e mantido acima da temperatura ambiente (envelhecimento a quente). Neste processo, uma ou várias fases, i.é, ligações metálicas entre certas ligas de base, são formadas e precipitadas na matriz.

As partículas precipitadas melhoram a dureza e resistência da microestrutura de base. As características são determinadas pela temperatura e duração do processo de envelhecimento (opção de substituição mútua). Quando um valor máximo é excedido, a resistência e a dureza do produto final serão reduzidas.

O endurecimento por precipitação é aplicado principalmente em ligas não-ferrosas, mas alguns aços que podem ser endurecidos (aços de maraging) também podem ser processados.

Dureza

Teste de dureza

A dureza é a propriedade de materiais maciços que define sua resistência à deformação. Em materiais metálicos, a dureza é usada para avaliar propriedades mecânicas, tais como resistência, capacidade de usinagem, maleabilidade e resistência a desgaste. DIN 50 150 define orientações para conversão de dureza em resistência à tração. Os processos de medição são praticamente não-destrutivos.

Os dados de teste são derivados geralmente do tamanho ou profundidade da deformação gerada quando um entalhador especificado é aplicado em uma pressão definida.

É feita uma distinção entre teste dinâmico e estático. O teste estático baseia-se na medição da impressão permanente deixada pelo entalhador. Os testes convencionais de dureza incluem os procedimentos Rockwell, Vickers e Brinell. O teste dinâmico monitora a altura do ressalto de uma ferramenta de teste acelerada contra a superfície da amostra de teste.

O índice de dureza superficial também pode ser obtido riscando-se a superfície com uma ferramenta de teste mais dura e medindo-a a largura da ranhura. A tabela (na página seguinte) compara as faixas de aplicação padrão para os testes Rockwell, Vickers e Brinell.

Procedimento de teste

Dureza Rockwell (DIN EN 10 109)
Este método é especialmente adequado para teste em larga escala de peças de trabalho metálicas. Uma ferramenta de teste de diamante ou aço é posicionada verticalmente contra a superfície da amostra de teste e uma carga pequena é aplicada antes da aplicação da pressão total de teste (carga maior), durante um período mínimo de 30 s. A dureza Rockwell é a profundidade de penetração resultante e em mm (ver Tabela 1).

A superfície de teste deve ser uniforme (dependendo da faixa de dureza, R_{max} ≤ 1,2…3,4 μm) e a mais plana possível. Se o raio de curvatura da amostra for inferior a 20 mm, os resultados devem ser escalados usando-se o fator de correção para o nível de resistência individual.

A seleção dos procedimentos de teste enumerados na Tabela 1 baseia-se ou na espessura da amostra de teste ou na profundidade do revestimento da camada superficial endurecida (consultar Fig. A.1…A.3 em DIN EN 10 109). A abreviação para o método de teste selecionado deve ser acrescentada aos dados numéricos, quando a dureza for especificada, ex.: 65 HRC, 76 HR 45 N. A faixa de erro do procedimento Rockwell é de ± 1 HRC.

As vantagens do método de teste Rockwell incluem a preparação mínima da amostra e a medição rápida. Este processo de teste também pode ser totalmente automatizado.

Tabela 1. Métodos de teste Rockwell

Abreviação da força	Entalhador	Carga menor N	Teste Total N	Número de dureza (profundidade de penetração do entalhador e)	
HRC	Cone de diamante	98 ± 2	1.471 ± 9	100 − e/0,002	20…70
HRA			588 ± 5		60…881
HRB	Esfera de aço		980 ± 6,5	130 − e/0,002	35…100
HRF			588 ± 5		60…100
HR15N HR30N HR45N	Cone de diamante	29,4 ± 0,6	147 ± 1 294 ± 2 441 ± 3	130 − e/0,001	66…92 39…84 17…75
HR15T HR30T HR45T	Esfera de aço	3 ± 0,06	15 ± 0,1 30 ± 0,2 45 ± 0,3		50…94 10…84 0…75

Dureza

Qualquer vibração do dispositivo de teste, deslocamento ou movimento da sonda de teste ou da própria amostra de teste pode provocar erros de teste, isto também se aplica à superfície de teste não uniforme ou entalhador danificado.

Dureza Brinell (DIN EN 10 003)

Este procedimento é usado para materiais metálicos com dureza baixa ou média. A ferramenta de teste (entalhador) é uma esfera endurecida de aço ou feita de metal duro. Ela é aplicada na superfície da amostra de teste com uma força especificada individualmente F durante no mínimo 15 s [1]). O exame microscópico do diâmetro de deformação resultante d fornece a base para cálculo da dureza Brinell. Estes dados podem ser correlacionados com gráficos padrões ou calculados como segue:

$$\text{Dureza Brinell} = \frac{0{,}204 \cdot F}{\pi \cdot D \cdot \left(D - \sqrt{D^2 - d^2}\right)} \text{HB}$$

F Força em N
D Diâmetro da esfera em mm
d Diâmetro do entalhe em mm

As pressões de teste variam de 9,81 a 29.420 N. Os resultados obtidos usando esfera com diâmetros diferentes são comparáveis apenas condicionalmente e qualquer comparação deve ser baseada no teste com níveis idênticos de força.

[1]) No mínimo 30 s para chumbo, zinco, etc.

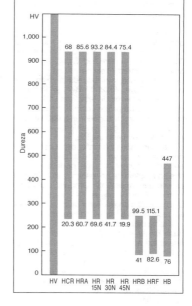

Comparação das faixas de dureza para diferentes métodos de teste
Os números nas extremidades da faixa indicam os dados de dureza para o método respectivo

Tabela 2. Aplicação do teste de dureza Brinell

Material	Dureza Brinell	Fator de carga 0,102 F/D^2
Aço, níquel e ligas de titânio		30
Ferro fundido [1])	< 140	10
	≥ 140	30
Cobre e ligas de cobre	<35	5
	35 a 200	10
	< 200	30
Metais leves e suas ligas	< 35	2,5
	35 a 80	5
		10
		15
	> 80	10
		15
Chumbo e estanho		1
Metais sinterizados	Ver EN 24498-1	

[1]) São especificados diâmetros nominais da esfera de 2,5, 5 ou 10 mm para teste de ferro fundido

O teste deve sempre ser realizado usando a maior esfera esférica possível e os fatores de carga devem ser selecionados para obter um diâmetro de entalhe entre $0{,}24 \cdot D$ e $0{,}6 \cdot D$. A Tabela 2 relaciona os fatores de carga recomendados e diâmetros da esfera para uma variedade de materiais, como definido em DIN EN 10 003.

Na designação de dureza Brinell, os dados numéricos são acompanhados pelo código do procedimento, material da esfera (W para metal endurecido, S para aço) e diâmetro da esfera. O elemento final é a força de teste (em N), multiplicada por um fator de 0,192. Exemplo: 250 HBW 2,5/187,5.

Para evitar erros de teste, causados pela deformação da própria esfera, o teste com fatores de dureza superiores a 450 HB deve ser realizado, exclusivamente, com uma esfera de metal endurecido.

Altas pressões de teste, que ocasionam deformações ao longo de uma área da superfície relativamente larga, podem ser usadas para coleta de dados em materiais com estrutura inconsistente. Uma vantagem do método Brinell é o grau relativamente alto de correlação entre o fator de dureza Brinell e a resistência à tração do aço.

A faixa de aplicação para os métodos de teste Brinell é limitada por especificações referentes à espessura da amostra de teste (conforme DIN EN 10 003) e pelo material da esfera. As preparações necessárias e procedimentos de teste resultantes são mais complexos que aqueles usados para o teste Rockwell. Fontes potenciais de erro são identificados pela avaliação visual da diagonal da impressão e a possibilidade de inconsistências na própria impressão.

Dureza Vickers (DIN 50 133)
Este método de teste pode ser usado para todos os materiais metálicos, qualquer que seja sua dureza. Ele é especialmente adequado para teste de amostras pequenas e finas, a faixa potencial de aplicação é ampliada para incluir peças com endurecimento superficial, assim como peças de trabalho nitruradas e peças carburadas em atmosferas baseadas em nitrogênio.

A ferramenta de teste é uma pirâmide de diamante com base quadrada, com ângulo apical de 136°. Ela é aplicada à superfície das amostras de teste na força especificada F.

A diagonal d da cavidade romboidal remanescente depois da remoção do entalhador é medida usando-se uma lupa para obter a base de cálculo da dureza Vickers, que pode ser extraída de tabelas ou calculada como segue:

Dureza Vickers = $0{,}189 \cdot F/d^2$ HV
F Força aplicada em N
d Diagonal da impressão em mm

A Tabela 3 fornece os níveis graduados de força definidos em DIN 50 133.

Na fórmula para dados de dureza Vickers, o número real de teste é acompanhado pela abreviação HV, a força em N (multiplicada por um fator de 0,102) e, após um entalhe, o período de aplicação de força (se não for usada norma de 15 s) em segundos, ex.: 750 HV 10/25.

A superfície da amostra de teste deve ser uniforme ($R_{max} \leq 0{,}005 \cdot d$) e plana. A norma DIN 50 133 estabelece que sejam usados fatores de correção para compensar qualquer erro relacionado à curvatura da superfície. Os níveis da pressão de teste são selecionados em relação à espessura da própria amostra de teste ou de sua camada externa endurecida (conforme Fig. 2 em DIN 50 133). A experiência prática indica uma faixa de erro de ± 25 HV. Ainda que as configurações geométricas sejam similares, os dados de dureza variam em função dos níveis de força aplicada.

A maior vantagem deste método de teste é que não existem virtualmente limitações para seu uso em avaliações de peças ou camadas finas. Ele permite o uso de níveis de força extremamente baixos para determinar a dureza de seções estruturais individuais. Os números Brinell e Vickers estão correlacionados em até aproximadamente 350 HV.

Entretanto, um grau mínimo de consistência superficial é necessário para asse-

Tabela 3. Incremento de força de dureza Vickers

Abreviação	HV0,2	HV0,3	HV0,5	HV1	HV2	HV3	HV5	HV10	HV20	HV30	HV50	HV100
Força aplicada N	1.96	2,94	4,9	9,8	19,6	29,4	49	98	196	294	490	980

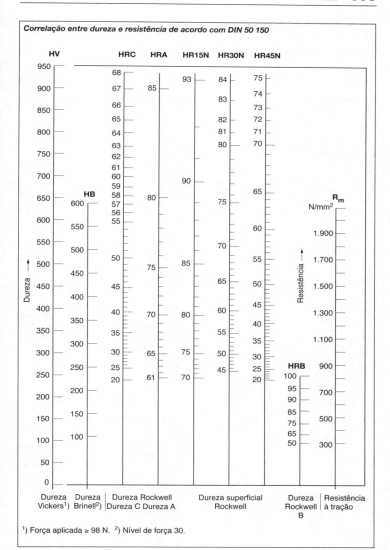

gurar resultados precisos. O teste Vickers fornece basicamente os mesmos níveis de precisão do método Brinell, ainda que o processo de medição seja extremamente sensível a movimento do setup de teste. Os entalhadores são mais caros que as esferas usadas no teste Brinell.

Dureza Knoop

Este processo se parece muito com o procedimento Vickers. É o método selecionado para teste de dureza de camada fina em países de língua inglesa.

A ferramenta de teste é projetada para deixar uma impressão na forma de um losango fino e alongado. A diagonal prolongada d é sete vezes mais longa que a curta e é a única que é realmente medida. A força aplicada é inferior a 9,8 N. As classificações de dureza são fornecidas em tabelas padrões ou podem ser calculadas como segue:

Dureza Knoop = $1,451 \cdot F/d^2$ HK
F Força aplicada em N
d Diagonal longa em mm

A diagonal, que é aproximadamente 2,8 vezes mais longa que no método Vickers, assegura resultados mais precisos que os procedimentos de avaliação visual. A profundidade de penetração é 1/3 menor que no método Vickers, permitindo a avaliação da dureza superficial em peças e camadas finas. Através de impressões Knoop em vários sentidos, mesmo as anisotropias do material podem ser detectadas.

As desvantagens deste método incluem uma sensibilidade pronunciada em relação a superfícies desalinhadas da amostra, que devem ser absolutamente perpendiculares ao eixo de aplicação de força e o fato de que a força máxima é restrita a 9,8 N. Não existem normas alemãs especiais para este procedimento. Não existe correlação entre os resultados de teste e aqueles do teste Vickers, por esta falta de normas.

Dureza Shore

Este método é usado principalmente para teste de dureza em borracha e plásticos macios. A ferramenta de teste é um pino de aço com diâmetro de 1,25 mm; este é forçado contra a superfície da amostra de teste por uma mola. A base para determinação da dureza Shore é a mudança subseqüente no comprimento da mola (percurso da mola).

No método Shore D, uma mola pré-tensionada exerce uma força de 0,55 N. A ponta do pino de aço tem a forma de tronco (para testar borracha dura). O índice da mola c é 4 N/mm.

No método Shore A, a medição é feita com um pino de aço cônico com a ponta arredondada e sem pré-tensão. O índice da mola c é 17,8 N/mm. Cada conjunto de 0,025 mm do percurso da mola corresponde a 100 unidades Shore.

Dureza da impressão de esfera
(DIN 53 456)

É um teste padrão para determinar níveis de dureza em plastômeros, sendo também usado em substâncias de borracha dura. A ferramenta de teste é uma esfera de aço endurecido com diâmetro de 5 mm. Ela é aplicada com uma carga pequena de 9,81 N à superfície da amostra de teste que deve ter 4 mm de espessura no mínimo. Os aumentos graduais subseqüentes de força geram pressões de aplicação de 49, 132, 358 e 961 N. Depois de 30 s, a profundidade de penetração é medida e indicada em um mostrador analógico. A carga de teste F deve ser selecionada para assegurar uma profundidade de penetração h entre 0,15 e 0,35 mm.

A dureza da impressão da esfera é definida como a relação entre a carga aplicada e a área deformada na superfície de teste. Ela é fornecida em tabelas ou calculada como segue:

$$\text{Dureza da impressão da esfera} = \frac{1,21 \cdot F}{1,25 \cdot \pi \cdot (h - 0,04)} \text{N/mm}^2$$

F Carga aplicada em N
h Profundidade de penetração em mm

Dureza do escleroscópio

Este método dinâmico de medição é concebido especialmente para peças metálicas pesadas e grandes. Este processo baseia-se na medição da altura do ressalto (energia de impacto) de um entalhador de aço (martelo), com uma ponta de diamante ou metal duro. Este é abaixado de uma altura determinada sobre a superfície da amostra de teste. O ressalto é usado como base para determinar a dureza.

Não existem normas para este método e não existe correlação com outro método de teste de dureza.

Tolerâncias

Correlações

Na falta de definições complementares especiais, a análise do envelope é obrigatória para todos os elementos individuais da forma em impressos baseados nas definições padronizadas DIN para tolerâncias e encaixes (ex.: Princípio de Independência da ISO 8015). O conceito de envelope baseia-se no teste de calibrador de Taylor, que especifica que a massa de material de intolerância máxima não deve penetrar no envelope geométrico em qualquer ponto.

Visto que não é possível produzir peças geometricamente ideais, os limites de dimensão (tolerâncias dimensionais) são definidos para a produção.

DIN 7167 inclui todas as tolerâncias de forma, incluindo tolerâncias de paralelismo, posição e regularidade planar, assim como tolerâncias dimensionais. A tolerância geométrica situa-se em algum ponto da tolerância dimensional (ver figura).

Para as seguintes tolerâncias de posição, a dimensão do envelope na dimensão máxima do material não é definida:
Tolerâncias de perpendicularidade, inclinação, simetria, coaxialidade e concentricidade. Para estas tolerâncias de posição, são necessárias especificações diretas no desenho ou tolerâncias gerais.

Não são definidos dados correlativos aplicáveis geralmente para o relacionamento entre a tolerância dimensional e altura pico-a-depressão (fórmula geral: $R_z \leq 0{,}5 \cdot 7$).

ISO International Standardization Organization

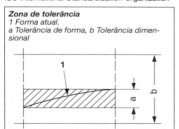

Zona de tolerância
1 Forma atual.
a Tolerância de forma, b Tolerância dimensional

Sistema ISO para limites e encaixes

As classes de tolerância ISO são indicadas por letras (para tolerâncias básicas) e números (para graus de tolerância básicos). As definições são:
- **As letras** de A a Z indicam a posição da zona de tolerância relativa à linha de base; letras minúsculas para eixos, letras maiúsculas para orifícios.
- **Os números** de 01 a 18 indicam a amplitude do grau de tolerância.

As zonas de tolerância ISO para eixos e orifícios podem ser combinadas, como desejado, para fornecer encaixes, os sistemas de furo padrão e eixo padrão para encaixes são preferidos.

Orifício padrão: As tolerâncias básicas para todos os furos são idênticas e são obtidos diferentes encaixes através da seleção dos tamanhos apropriados de eixo.

Eixo padrão: As tolerâncias básicas para todos os eixos são idênticas e são obtidos diferentes encaixes através da seleção das dimensões correspondentes de orifício.

Os encaixes mais comuns, de folga, transição e interferência, podem ser definidos usando-se a seguinte seleção de tolerâncias ISO da ISO 286.

Exemplo de classe de tolerância: H 7
Tolerância básica ┘
Grau de tolerância ┘

Tolerâncias de forma e posição

As tolerâncias de forma e posição devem ser especificadas apenas quando necessário (ex.: em resposta a exigências funcionais, intercambialidade e possíveis condições de produção).

As tolerâncias geométricas e posicionais de um elemento definem a zona, dentro da qual ele deve estar localizado (superfície, eixo ou linha geradora).

Dentro da zona de tolerância, o elemento pode ter a forma ou sentido de direção desejado. A tolerância se aplica em todo o comprimento ou superfície do elemento de tolerância.

São utilizados símbolos quando as tolerâncias são mencionadas em impressos (ver tabela na próxima página).

Símbolos de propriedades com tolerâncias

Propriedades		Símbolos
Retilinidade	1)	—
Nivelamento		▱
Arredondamento (circularidade)		○
Cilindricidade		⌀
Perfil de qualquer linha		⌒
Perfil de qualquer superfície		⌓
Paralelismo	2)	//
Perpendicularidade		⊥
Inclinação		∠
Posição	3)	⊕
Concentricidade, coaxilidade		◎
Simetria		≡
Percurso	4)	↗
Percurso global		↗↗

1) Tolerâncias de forma. 2) Tolerâncias de sentido. 3) Tolerâncias de localização 4) Tolerâncias de funcionamento

Símbolos complementares

Descrição		Símbolos
Identificação do elemento com tolerância	Direta	↓
	Com letra	A
Identificação da referência	Direta	
	Com letra	A
Ponto de referência		⌀2 / A1
Dimensão teoricamente precisa		50
Zona de tolerância projetada		P
Condição máxima do material		M

Desvios geométricos

O termo "desvio geométrico" se refere a todas as diferenças entre a superfície real e sua configuração geométrica ideal.

As considerações críticas podem ser restritas a desvios dimensionais, irregularidades ou ondulações da superfície ou podem abranger toda a faixa de desvio potencial, dependendo da aplicação especificada. Para distinção entre os diferentes tipos de desvio geométrico, DIN 4760 define um sistema de classificação que inclui exemplos de tipos de desvio e suas possíveis origens.

Desvios geométricos de 1ª ordem

Desvios de forma são irregularidades geométricas de 1ª ordem que podem ser detectadas quando uma superfície é examinada. Normalmente, a relação entre intervalos de desvio de forma e profundidade é > 1.000 : 1.

Desvios geométricos de 2ª a 5ª ordem

Ondulações são irregularidades geométricas de 2ª ordem. Estas irregularidades essencialmente periódicas são definidas através de seção representativa da área da superfície real no elemento geométrico investigado.

Rugosidade consiste de irregularidades geométricas das ordens 3 a 5. Ela é caracterizada por desvios de forma periódicos ou irregulares, cujos intervalos são múltiplos relativamente baixos de sua profundidade.

Parâmetros superficiais

Os instrumentos com estilete são usados para registrar planos de seção de perfis de superfície, verticalmente, horizontalmente e como uma função dos dois componentes combinados. As características são derivadas do perfil primário não filtrado (perfil P), o perfil de rugosidade filtrado (Perfil R) e o perfil de ondulação filtrado (perfil W). A rugosidade e a ondulação são diferenciadas através de filtros de perfil.

Altura do perfil P_t, R_t, W_t
Amplitude máxima sobre a linha central Z_p mais a amplitude máxima abaixo da linha central Z_v, através do comprimento transversal l_n.

O <u>comprimento transversal</u> l_n pode consistir de um ou mais comprimentos de amostra l_r. O valor de um parâmetro é computado a partir de dados medidos no comprimento de amostra. Via de regra, são necessários cinco comprimentos de amostra para computar os parâmetros de rugosidade e ondulação. As condições padronizadas de medição baseiam-se na altura máxima de pico-a-depressão da rugosidade e incluem, por exemplo, comprimento-limite da ondulação λ_c, comprimento de amostra l_r, comprimento transversal l_n, comprimento do perfil l_t, raio da ponta do estilete $r_{SP\,max}$ e corte Δx_{max}. Para propósitos industriais, os parâmetros utilizados geralmente para descrição de superfícies são os seguintes:

Média aritmética de rugosidade R_a
Média aritmética dos valores absolutos das ordenadas do perfil de rugosidade.

Altura máxima pico-a-depressão R_z
Amplitude máxima acima da linha central R_p, através de um comprimento de amostra R_v. Como a distância vertical entre o ponto mais alto e a depressão mais baixa, R_z é uma medida da dimensão do distanciamento das ordenadas de rugosidade.

Teor do material de perfil de rugosidade $R_{mr(c)}$
A curva de teor do material reflete o teor de material como uma função da altura da seção c. A característica é formada por uma relação de porcentagem entre a soma dos comprimentos do material Ml(c) dos elementos do perfil em uma altura da seção especificada c e comprimento transversal l_n.

Parâmetros da curva de teor do material R_k, R_{pk}, R_{vk}, M_{r1}, M_{r2}
A curva de teor de material derivada do perfil filtrado de rugosidade é dividida em três seções caracterizadas por parâmetro (altura pico-a-depressão do núcleo R_{k1}, altura reduzida de pico R_{pk} e profundidade reduzida de escore R_{vk}). Os parâmetros M_{r1} e M_{r2} refletem o teor de material nos limites do perfil de rugosidade do núcleo.

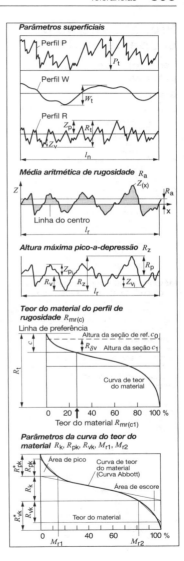

Processamento de chapa de metal

Tecnologia de estiramento profundo

Grandezas e unidades

Símbolos		Unid.
D	Diâmetro da seção	mm
d_B	Diâmetro do suporte do dispositivo de fixação	mm
d_1	Diâmetro da punção 1° estiramento	mm
d_2	Diâmetro da punção 2° estiramento	mm
F	Força total de estiramento profundo	kN
F_B	Força de retenção da chapa	kN
F_Z	Força de estiramento profundo	kN
p	Pressão do dispositivo de fixação	N/mm²
R_m	Resistência à tração	N/mm²
s	Espessura da chapa	mm
β_1, β_2	Coeficiente individual de estiramento	
β_{max}	Coeficiente máximo possível de estiramento	

Métodos de estiramento profundo

O procedimento de estiramento utiliza uma matriz, punção e dispositivo de retenção para chapa de metal, para remodelar seções planas, discos de metal e chapas redondas.

As variáveis que influenciam o estiramento profundo de componentes da carroceria tridimensionais são bastante complexas; assim, cálculos brutos não asseguram uma base adequada para sua definição. O método de elemento finito (FEM), em que computadores poderosos utilizam procedimentos numéricos de mecânica contínua, é usado para calcular processos de estiramento profundo. O desenvolvimento de software mostra a importância de parâmetros específicos que afetam o processo de estiramento profundo, incluindo a influência do atrito, do contato bilateral, dos valores de material que variam conforme a direção da laminação e fatores adicionais.

A simulação de estiramento profundo é muito útil para projetar ferramentas de estiramento profundo, ajudando a otimizar os tempos de produção para este equipamento.

Processo de estiramento profundo

O processo de estiramento transforma um disco chato em uma seção côncava. Uma punção, cercada por um mecanismo de retenção (abraçadeira de retenção, suporte de disco), puxa a chapa de metal para dentro da matriz. A abraçadeira aplica a força definida à chapa, evita a formação de estrias e permite a aplicação de força de tração.

O coeficiente máximo possível de estiramento é determinado por vários fatores:
- resistência do material
- dimensões da ferramenta e espessura da chapa
- força de retenção
- atrito
- lubrificação
- material e superfície da peça de trabalho

Estiramento em prensas com ação única

Esta categoria inclui todas as prensas, nas quais o macho representa o único componente móvel.

Estiramento profundo
a) Com prensa de ação única, b) Com prensa de ação dupla: 1 Macho, 2 Almofada de ar, 3 Dispositivo de fixação, 4 Matriz, 5 Punção, 6 Pinos pneumáticos, 7 Inserto da matriz, 8 Macho de fixação

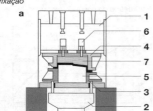
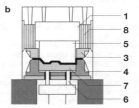

Aplicações: para estiramento profundo de peças de trabalho planas em operações simples de remodelagem para produzir desbastadores, arcos, suportes.

Estiramento em prensas de ação dupla

As prensas de estiramento com ação dupla utilizam machos separados para reter e puxar o metal. O macho de fixação é acionado mecanicamente através de disco ou balanceiro, ou hidraulicamente.

Aplicações: para componentes estirados profundamente, geometria, incluindo pára-lamas, arcos de roda e janelas traseiras.

Cálculos para o processo de estiramento

$$F_Z = \pi \cdot (d_1 + s) \cdot s \cdot R_m$$
$$F_B = \frac{\pi}{4} \cdot (D^2 - d_B^2) \cdot p$$
$$F = F_Z + F_B$$
$$\beta_1 = D/d_1; \quad \beta_2 = d_1/d_2$$

Exemplo
D = 210 mm; d_B = 160 mm; d_1 = 140 mm; p = 2,5 N/mm²; R_m = 380 N/mm²; s = 1 mm; β_{max} = 1,9.
Resultado
Coeficiente de estiramento β_1 = 1,5; Força de estiramento profundo F_Z = 122,2 kN; Força de retenção da chapa F_B = 36,3 kN; força total de estiramento profundo F = 148,5 kN.

O diagrama mostra os movimentos do macho de estiramento e o macho de fixação durante um ciclo. Os machos têm cursos diferentes. O macho de estiramento, que tem o curso mais longo, é colocado em

Material	β_1 máx	β_2 máx	Pressão do dispositivo de fixação p N/mm²
St 12	1,8	1,2	2,5
St 13	1,9	1,25	
St 14	2,0	1,3	
Cobre	2,1	1,3	2,0...2,4
CuZn 37 w	2,1	1,4	
CuZn 37 h	1,9	1,2	
CuZn 6 w	1,5	–	
Al 99,5 w	2,1	1,6	1,2...1,5
AlMg 1 w	1,85	1,3	
AlCuMg 1 pl w	2,0	1,5	
AlCuMg 1 pl ka	1,8	1,3	

[1]) Válido até d_1/s = 300; especificado por d_1 = 100 mm, s = 1 mm. Espessuras do aço e diâmetros de punção diferentes podem provocar pequenos desvios em relação aos números fornecidos. As qualidades básicas também são usadas em superfícies galvanizadas. Os números podem variar ligeiramente.

movimento em primeiro lugar, enquanto o macho de fixação que tem o curso menor é iniciado em segundo lugar, mas é o primeiro a atingir o contato.

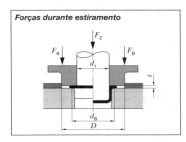

Forças durante estiramento

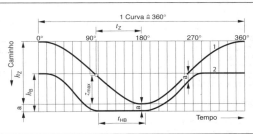

Diagrama de tempo-distância para prensa com ação dupla
1 Curva para macho de estiramento, 2 Curva para macho de fixação, h_Z Curso do macho de estiramento, h_B Curso do macho de fixação, Z_{max} Profundidade máxima de estiramento. t_Z Duração do processo de estiramento, t_{HB} tempo de retenção do macho de fixação, a Abordagem do macho de estiramento

Tecnologia laser

Os espelhos de desvio são usados para deflexão do feixe de luz gerado pelo laser (ver pág. 53), para concentração em um dispositivo de foco. No ponto de foco, o feixe de laser tem um diâmetro de aproximadamente 0,3…0.5 mm, permitindo atingir intensidades superiores a $10^6…10^8$ W/cm^2. A peça de trabalho se funde e vaporiza em milissegundos, se o ponto de foco estiver em sua vizinhança imediata, um efeito que pode ser explorado em operações de processamento que utilizem laser. Conforme a condição física do meio ativo, o dispositivo é classificado como laser em estado sólido, gás, semicondutor, ou líquido. O que se segue se aplica ao processamento de metal industrial:

Laser em estado sólido (Nd: YAG)

O neodímio (Nd) é um elemento do grupo das terras raras, YAG significa ítrio-alumínio-granada ($Y_5Al_5O_{12}$).

O laser Nd:YAG emite luz na faixa infravermelho do espectro, com comprimento de onda de 1,06 µm. A vantagem essencial do laser Nd:YAG é a possibilidade de transmissão do feixe gerado através de fibras ópticas, dispensando o uso de sistemas complicados. As classificações atuais de potência do laser situam-se na faixa de 400…4.200 W; geralmente é utilizada a operação no modo de pulso. A principal aplicação do laser em estado sólido é a solda de peças, que requer um alto grau de precisão, ex.: mecânica de precisão. A profundidade da solda depende da potência e velocidade da solda e situa-se na faixa de décimos de milímetro.

Laser a gás (CO$_2$)

O laser CO$_2$ está entre os dispositivos mais importantes de laser a gás. O gás molecular é usado como o meio ativo. As emissões de radiação estão dentro da faixa média infravermelho, com comprimentos de onda dentre de faixas espectrais entre 9,2 e 10,9 µm; a média é de 10,6 µm. Este tipo de laser é usado geralmente em operação contínua, com potência padrão de laser entre 2 e 5 kW. Já estão instaladas unidades de laboratório com até 20 kW.

Características do corte a laser
- Limpo, sem rebarbas
- Alta precisão dimensional/fabricação (não é necessário processamento posterior)
- Solicitação térmica e mecânica mínima na peça de trabalho durante o processo de corte
- Dispositivos simples de fixação
- É possível o corte de chapa de metal de até 10 mm (1 kW), corte rápido (10 m/min em chapas de metal com espessura de 1 mm)

Características da solda a laser
- Alto coeficiente de profundidade/largura (ex: largura da costura de aproximadamente 1mm, com profundidade de costura de 5 mm)
- A solicitação mínima do material de base assegura uma zona afetada por calor (HAZ) estreita
- Solda em atmosfera com gás de proteção
- As folgas de junta devem ser virtualmente zero
- A solda com metais de enchimento é possível (para preencher folgas e assegurar efeitos especiais na solda)
- É necessária tecnologia especial de fixação e equipamento

Aplicações em ferramental de máquina e engenharia automotiva
- Solda, solda forte e corte de chapa de metal para carroceria
- Solda (junção) de discos com várias espessuras
- Solda (junção) de peças simétricas por rotação (componentes da transmissão, pinos, componentes automotivos)
- Furação e perfuração
- Endurecimento superficial, ex. tratamento de assentos de válvula, etc.
- Melhor acabamento de superfícies, ex.: transformação estrutural em torno de camisas de cilindro

Apresentação de tipos de laser para aplicações automotivas

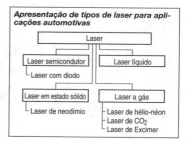

Técnicas de junção e união

Solda

Os componentes e subconjuntos automotivos são unidos através de uma grande variedade de técnicas de solda e união. A solda com pressão e fusão por resistência é um dos métodos de solda mais usados normalmente. Esta apresentação enfoca o uso em produção padrão (processos e símbolos baseados em DIN 19110, Parte 5).

Solda por resistência

Solda a ponto por resistência
Na solda a ponto por resistência, é usada corrente aplicada localmente para fundir as superfícies de contato das peças que devem ser unidas em um estado macio ou fluído. Em seguida, as peças são unidas sob pressão. Os eletrodos da solda a ponto, que conduzem a corrente de solda, também transferem a força do eletrodo para as peças. O calor necessário para formar a união por solda é determinado conforme $Q = I^2 \cdot R \cdot t$ (Lei de Joule).

O calor requerido é uma função da corrente, resistência e tempo. Os seguintes fatores devem ser coordenados para assegurar uma boa solda e diâmetro adequado do ponto d_1:
- corrente de solda l
- força do eletrodo F e
- tempo de solda t

Conforme o modo em que a corrente é conduzida, é feita uma distinção entre:
- solda a ponto por resistência indireta bilateral e
- solda a ponto por resistência indireta unilateral

O eletrodo para uma operação específica de solda a ponto é selecionado em relação ao formato, diâmetro externo e diâmetro do ponto. Antes da solda, as peças devem estar livres de incrustação, oxidações, pintura, graxa e óleo. Assim, a sua superfície é tratada antes da solda (quando necessário).

Solda por projeção
A solda por projeção é um processo em que os eletrodos com área superficial grande são utilizados para condução da corrente de solda e força do eletrodo para a peça. As projeções, que são geralmente incorporadas nas peças com espessura maior, fazem com que a corrente se concentre nas superfícies de contato. A força do eletrodo comprime as projeções parcial ou totalmente durante o processo de solda. É criada uma união permanente e inseparável nos pontos de contato, ao longo da costura da solda. Podem ser soldadas uma ou mais projeções simultaneamente, dependendo do tipo de projeção (redonda ou anular) e da potência disponível na unidade de solda.

Dependendo do número de pontos soldados, é feita uma distinção entre
- solda com projeção única e
- solda com projeção múltipla

São necessárias altas correntes para esta técnica, durante curtos períodos de tempo.

Aplicações:
- Solda de peças com espessuras diferentes
- Projeções múltiplas de solda em uma única operação

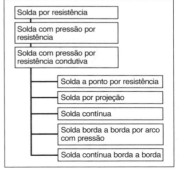

Solda contínua

Neste processo, os eletrodos com rolete substituem os eletrodos de solda a ponto usados na solda a ponto por resistência. O contato entre o conjunto de rolete e a peça de trabalho limita-se a uma área superficial extremamente pequena. Os eletrodos de rolete conduzem a corrente de solda e aplicam a força do eletrodo. Sua rotação é coordenada com o movimento da peça.

Aplicações:
Produção de soldas vedadas ou soldas a ponto contínuas (ex: tanques de combustível).

Solda borda a borda por arco com pressão

Na solda borda a borda por arco com pressão as extremidades da borda das peças são unidas sob pressão moderada, enquanto o fluxo da corrente nas superfícies de contato produz calor localizado e fusão (densidade de corrente alta). A pressão do vapor do metal remove o material fundido das marcas de contato (queimaduras), enquanto a força é aplicada para formar uma solda borda a borda inclinada. As extremidades da borda devem ser paralelas e estar em ângulos paralelos em relação ao sentido de aplicação de força (ou virtualmente). Não são necessárias superfícies uniformes. Um certo volume de comprimento extra deve ser fatorado para compensar as perdas ocorridas no processo de solda borda a borda por arco com pressão.

Resultado:
Solda com a costura projetada característica (rebarba).

Solda contínua borda a borda

Este processo utiliza pinças de cobre para conduzir a corrente de solda às peças que estão sendo unidas. Quando a temperatura de solda é atingida, a corrente é desligada. PE mantida uma pressão constante e as peças são soldadas (exigência: faces das bordas usinadas perfeitamente). O resultado é uma costura sem rebarbas. O processo não desloca completamente a contaminação que pode estar presente nas extremidades da borda.

Técnicas de solda
a) Solda a ponto por resistência bilateral, b) Solda a ponto por resistência unilateral, c) solda por projeção, d) solda contínua, e) Solda borda a borda por arco com pressão f) solda borda a borda

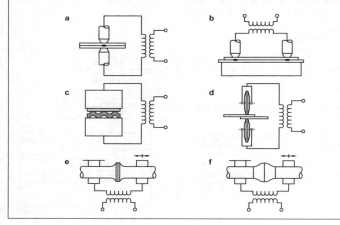

Solda por fusão

O termo "solda por fusão" descreve um processo que utiliza a aplicação local limitada de calor para fundir e unir as peças. Não é aplicada pressão.

A solda por arco protegido (gás inerte) é um tipo de solda por fusão. O arco elétrico entre o eletrodo e a peça de trabalho é usado como fonte de calor. Ao mesmo tempo, uma camada de gás inerte protege o arco e a área fundida contra a atmosfera. O tipo de eletrodo é o fator que distingue várias técnicas:

Solda com gás inerte tungstênio
Neste processo, um arco é mantido entre a peça e um eletrodo de tungstênio não-fundível estável. O gás de proteção (inerte) é o argônio ou hélio. O material de solda é fornecido a partir da lateral (como na solda por fusão a gás).

Solda por arco de metal protegida por gás
Neste processo, é mantido um arco entre a extremidade de fusão do eletrodo de arame (avanço de material) e a peça. A corrente de solda passa para o eletrodo através de contatos deslizantes no suporte do maçarico. A solda por arco de metal com gás utiliza gases inertes (de reação lenta, e gases nobres, tais como argônio, hélio ou combinações dos dois), como gás de proteção. A solda por arco metálico com gás ativo utiliza gases reativos, tais como CO_2 e gases mistos contendo CO_2, argônio e, algumas vezes, oxigênio e é designada freqüentemente como solda com CO_2.

Este processo é usado para solda de aços de baixa liga e sem liga.

Além disso, as seguintes técnicas de solda são usadas na indústria automotiva.
- solda com feixe de elétron
- solda por atrito
- solda por pressão de arco (solda de prisioneiro)
- solda com energia armazenada (solda por arco com corrente de pulso)

Solda

Na solda, um material complementar (metal de solda) é fundido em duas ou mais peças com composição metálica similar ou variada, criando-se uma conexão permanente entre elas. Também podem ser usados metais de solda e/ou gás de proteção. A temperatura de fusão do metal de solda é inferior àquela das peças que estão sendo unidas. O metal de solda é distribuído através da junta para gerar a conexão, sem que as peças sejam fundidas.

Os processos de solda são classificados através da temperatura de serviço. Esta é definida como a temperatura superficial mais baixa na conexão entre as peças que devem ser e nela, o metal de solda pode ser fundido e distribuído para formar uma união.

Solda macia

A solda macia é utilizada para formar juntas de metal de solda permanentes em temperaturas de fusão abaixo de 450°C (como solda com estanho). Os metais de solda macios com fusão em temperaturas de 200°C ou menos, também são conhecidos como metais de solda rápidos.

Solda forte

A solda forte é usada para formar juntas permanentes em temperaturas de fusão acima de 450°C (como para cobre/zinco, ligas combinadas de cobre/zinco e prata, ex.: enchimento de solda forte com prata). As Folhas DIN 1707, 8512, 8513 e 8516 contêm dados adicionais sobre materiais para solda forte.

Os fundentes (substâncias não metálicas) são aplicados para remover qualquer película (oxidação) que permaneça na superfície das peças depois da limpeza e para evitar a formação de uma nova película; isto possibilita a aplicação de um revestimento consistente de metal de solda nas superfícies da junta. DIN 8511 fornece dados sobre fundentes.

A resistência de uma junta soldada pode ser igual àquela do próprio material de base. Este fenômeno se deve ao fato de que materiais de união mais rígidos limitam o potencial de deformação da solda.

O método utilizado para aquecimento fornece um outro critério para classificação dos processos de solda. Os dois tipos padrões são solda com chama descoberta e a com ferro de soldar.

Solda com chama
O calor é fornecido por um queimador manual ou uma unidade aquecida a gás. Dependendo da operação específica de solda, são usados queimadores de oxiacetileno (solda a gás) ou lâmpadas de solda.

Ferro de solda
O calor é fornecido por um ferro de solda manual ou guiado mecanicamente. Os ferros de solda também podem ser usados para soldar superfícies pré-estanhadas.

Os outros processos incluem: estufa, banho de sal, imersão, resistência e solda por indução, assim como solda MIG, plasma e laser.

Tecnologias de ligação

Adesivos orgânicos e inorgânicos são utilizados para formar conexões rígidas permanentes entre dois materiais metálicos e não metálicos. As ligações adesivas são realizadas na temperatura ambiente ou com calor moderado. A ligação é adesiva, ou seja forças de ligação físicas e químicas operam no nível molecular para unir as superfícies. É feita uma distinção entre adesivos com um único componente e com dois componentes, em relação à sua condição de fornecimento.

Adesivos com componente único
São componentes que contêm todos os constituintes necessários para uma ligação.

Adesivos com dois componentes
O segundo componente deste tipo de adesivo é um endurecedor que inicia o processo de ligação. Um acelerador pode ser adicionado ao endurecedor. Os adesivos de metal geralmente contêm dois componentes. O processo de endurecimento é a polimerização, policondensação ou poliadição, influenciadas pela temperatura e/ou tempo. São formadas macromoléculas interligadas espacialmente. Dependendo da temperatura de ligação, é feita uma distinção entre os adesivos frios, endurecidos na temperatura ambiente, de aplicação relativamente fácil, e os adesivos quentes endurecidos a 100...200°C.

As conexões por adesivo devem ser projetadas para assegurar que a união seja submetida apenas a cargas de tensão de cisalhamento. Os adesivos são usados, virtualmente, apenas para juntas sobrepostas. Devem ser evitadas juntas de borda a borda submetidas a forças de tração ou deslizamento.

Adesivos metálicos podem ser usados junto com a solda a ponto. O adesivo evita a deformação prematura das chapas entre os pontos de solda por resistência. Este método também é adequado para reduzir picos de tensão nas extremidades dos pontos de solda e limitar o número de pontos necessários. Construções desta natureza asseguram maior integridade estrutural, rigidez e amortecimento quando submetidas a cargas dinâmicas. A solda é realizada enquanto o adesivo ainda está mole, caso contrário, o adesivo agiria como um isolador.

Os adesivos de metal mais significativos incluem: epóxi, resinas de poliéster e acrílicas, acetato de vinil e cimento de metal.

Aplicações automotivas
A união por adesivo se tornou uma técnica padrão na engenharia automotiva. As áreas individuais de aplicação podem ser classificadas como segue:
- Armação da carroceria: costura em relevo e união de reforço para componentes fixados
- Linha de pintura: fixação de reforços
- Linha de montagem: fixação de material de isolamento, guarnições, moldados, abraçadeira do suporte de espelho para pára-brisa
- Produção de componentes: união de pastilhas de freio, vidro de segurança laminado (LSG), conexões de borracha a metal para absorver vibração

Rebitamento

O rebitamento é utilizado para produzir uma conexão fixa e permanente entre dois ou mais componentes, feitos com material idêntico ou não. Dependendo do método e aplicação, as conexões rebitadas são divididas nas seguintes categorias:
- Conexões permanentes e rígidas (encaixes de interferência, por exemplo, na engenharia mecânica e de planta)
- Conexões permanentes vedadas (por exemplo, em caldeiras e vasos de pressão)
- Vedações extremamente estanques (por exemplo, em tubulações, equipamento de vácuo, etc.)

Em algumas áreas, tais como engenharia mecânica em geral e fabricação de tanques, o rebitamento foi amplamente substituído pela solda. É feita uma distinção entre rebitamento a frio e aquele a quente, dependendo da temperatura usada. O rebitamento a frio é utilizado para rebitar juntas de até 10 mm de diâmetro de aço, cobre, ligas de cobre, alumínio, etc. Rebites com diâmetro superior a 10 mm são instalados a quente.

Os tipos mais comuns de rebite são os de cabeça fungiforme, escariada, tallowdrop, oco e tubular. Também existem rebites padronizados para aplicações especiais, por exemplo, rebites explosivos e rebites pop. Os rebites pop são ocos e são expandidos por um mandril ou vazador. Os tipos de rebite e os materiais correspondentes são definidos nas folhas DIN; a integridade estrutural e a composição química são especificadas em DIN 17 111. Para evitar o risco de corrosão eletroquímica, o material do rebite e o material das peças que estão sendo unidas devem ser similares, se possível.

Vantagens/desvantagens comparadas a outras técnicas de união
- Diferentemente da solda, o rebitamento não tem efeitos tais como endurecimento ou alteração molecular no material
- Não há distorção dos componentes
- Adequado para unir materiais diferentes
- O rebitamento enfraquece os componentes
- Juntas borda a borda não podem ser rebitadas e
- O rebitamento é, geralmente, mais caro que a solda quando realizado fora da fábrica

Aplicações automotivas
- Pinos de junta rebitada (unidades de vidro elétrico, ligações do limpador de pára-brisa)
- Placas de reforço rebitadas (durante reparos)

Rebitamento por punção

A técnica de rebitamento por punção une materiais sólidos usando elementos de estampagem e rebitamento (rebites ocos ou semi-ocos) em uma operação combinada de corte e união.

As peças que devem ser unidas não precisam ser pré-perfuradas e estampadas, como é o caso em outras técnicas de rebitamento.

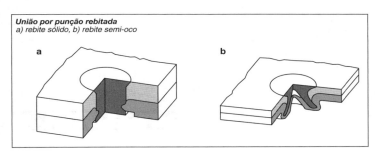

União por punção rebitada
a) rebite sólido, b) rebite semi-oco

Rebitamento por punção com rebites maciços

O primeiro estágio do rebitamento por punção com rebites maciços é posicionar o trabalho na placa de tarraxa.

A seção superior da unidade de rebite, incluindo o suporte da peça, desce e a matriz do rebite comprime o rebite através das peças que devem ser unidas em uma única operação de estampagem.

Rebitamento por punção com rebites semi-ocos

O primeiro estágio do rebitamento por punção com rebites semi-ocos é posicionar o trabalho sobre a placa de tarraxa (inferior). A matriz do rebite desce e comprime o rebite semi-oco através da chapa superior dentro da chapa inferior em uma única operação de estampagem. O rebite se deforma e a parte inferior se alarga para formar um elemento de fixação, normalmente sem penetrar totalmente a chapa inferior.

Equipamento

Ferramentas hidráulicas altamente rígidas são usadas para rebitamento por punção. Os rebites podem ser selecionados de um alimentador ou transportados em correias com suportes individuais para a ferramenta de rebitamento.

Materiais

Os rebites devem ser mais duros que o material que deve ser unido. Os materiais mais comuns são: aço, aço inoxidável, cobre e alumínio com vários revestimentos.

Características

- Usados para unir materiais similares e não similares (ex.: aço, plástico ou alumínio), peças de várias espessuras e resistências e chapas pintadas.
- Estampagem e perfuração preliminares, corrente elétrica ou extração de vácuo não são necessárias.
- Espessuras globais aprovadas de material: aço 6,5 mm, alumínio 11 mm.
- Processo de união com baixo aquecimento e ruído.
- As ferramentas têm uma vida útil prolongada (aproximadamente 300.000 aplicações de rebite), com qualidade consistente.
- Confiabilidade do processo com parâmetros monitorados do processo.
- Devem ser aplicadas altas forças.
- Alcance limitado da pinça.

Aplicações

O rebitamento por punção com rebites maciços: união de chapas de metal na engenharia automotiva, ex.: acionamento de vidro elétrico em carros de passeio.

Rebitamento por punção com rebites semi-ocos: união de materiais no estágio da carroceria em branco na engenharia automotiva, eletrodomésticos, junção de metais para compostos (proteções contra calor).

Força de punção/curva de percurso da punção
A Entalhe e
B Encalque e expansão
C Enchimento do contorno superior do molde
D Enchimento do canal anular
E Extrusão do copo

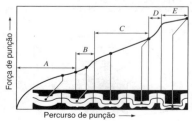

União e junção (rebitamento pressurizado)

O rebitamento por pressão é um processo mecânico para montagem por penetração de materiais com camadas. Ele combina corte, penetração e encalque a frio em uma única operação contínua de junção, sem aplicação de calor adicional. O princípio básico é o de uma junção através de remodelagem. DIN 8593, Parte 5, emitida em setembro de 1985, contém a primeira referência a este processo como um meio de junção de painéis de chapas metálicas por deformação.

Os últimos anos marcaram o aparecimento do rebitamento tox como um outro processo de junção. Ele se parece com o rebitamento por penetração, mas não inclui um processo de corte. As ferramentas usadas para rebitamento tox são relativamente pequenas. O diâmetro pode ser variado para se adequar à aplicação específica. Atualmente, o rebitamento pressurizado pode ser usado para junção de painéis de até 3 mm de espessura. A espessura total das duas chapas não deve ser superior a 5 mm. O material (ex.: aço/aço) ou materiais não similares (ex.: aço/metal não ferroso). Além disso, o rebitamento pressurizado pode ser usado para unir chapas revestidas e peças pintadas, assim como componentes que tenham recebido adesivo. O rebitamento múltiplo pode ser usado para produção de vários elementos de montagem por pressão (até 50), em um único processo (um curso da prensa, por exemplo). A curva típica para força de punção relativa ao percurso de punção pode ser dividida em cinco fases características (A, E).

Vantagens/desvantagens do rebitamento pressurizado
- Não é necessária isolação contra ruído
- O rebitamento tox não prejudica a proteção contra corrosão
- Quando combinado com operação de corte, ocorre uma perda parcial da proteção contra corrosão
- Não ocorre distorção por calor
- Chapas pintadas, protegidas (óleo, cera) e coladas podem ser rebitadas
- Materiais diferentes podem ser unidos (ex.: aço/plástico)
- Economiza energia, não é necessária alimentação de energia para solda ou água para resfriamento
- Um lado da peça apresenta uma projeção similar àquela produzida por uma cabeça de rebite, enquanto o outro lado apresenta uma depressão correspondente

Aplicações automotivas
- Abraçadeiras do limpador de pára-brisa
- Fixação de painéis internos da porta
- Posicionamento de componentes individuais

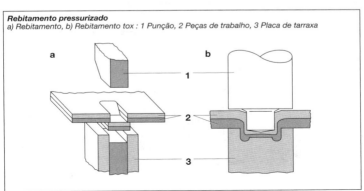

Rebitamento pressurizado
a) Rebitamento, b) Rebitamento tox : 1 Punção, 2 Peças de trabalho, 3 Placa de tarraxa

Conexões rápidas em componentes plásticos

Características
As conexões rápidas são um meio barato e eficiente para encaixe de componentes plásticos. Elas são usadas para conectar metades de carcaça em bujões de ligação e para fixar peças em carcaças plásticas. Elas aliam a alta expansibilidade do plástico à rigidez relativamente baixa.

Todas as conexões rápidas são caracterizadas pelo breve desvio de um elemento elástico no processo de junção antes de seu encaixe atrás de um ressalto de localização. Dependendo da configuração dos ângulos de junção nos elementos elásticos, é possível obter conexões desmontáveis não-destrutíveis e não desmontáveis (ver figura).

Os formatos básicos das conexões rápidas são (tabela 1 abaixo):
- Ganchos rápidos elásticos (molas de flexão fixadas em um lado)
- Anéis elásticos
- Conexões rápidas em forma de anel, também segmentadas (comprimentos entalhados)
- Conexões rápidas esféricas, também segmentadas e
- Ganchos rápidos de torção

Conexões rápidas (princípio)
a) Variáveis decisivas, b) ângulos de junção e liberação (conexão desmontável $\alpha_2 < 90°$, conexão não desmontável: $\alpha_2 \geq 90°$).
1 Elemento com mola, 2 Ressalto de localização *f* Percurso da mola (seção traseira), *l* Comprimento, *h* Espessura na seção transversal de fixação *F* Força de junção, *Q* Força de desvio, α_1 Ângulo de junção, α_2 ângulo de liberação

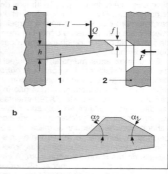

Instruções de projeto e layout
Os elementos com mola são projetados para acomodar o alongamento permitido do plástico no processo de junção. A condição menos favorável deve ser considerada aqui (ex.: poliamida seca).

Tabela 1. Formatos básicos e tipos de conexão rápida

Formato	Formato de gancho			Formato de anel		
				Anel circular/ranhura do anel	Anel circular, segmentado/ ranhura do anel	Seção da esfera oca
Elemento da mola	Mola de flexão	Mola de torção (+ mola de flexão)	Lingüeta de mola	Mola circular	Mola circular, segmentada	Mola circular
Designação	Gancho rápido (Flexão)	Gancho rápido de torção	Anel elástico	Elemento rápido com anel	Conexão rápida com anel	Elemento rápido esférico
Tipo						

O módulo da secante que depende do alongamento $E_S = \sigma_1/\varepsilon_1$ é usado como o módulo de elasticidade (ver diagrama).

Os valores do módulo dos diferentes plásticos podem ser consultados no banco de dados de material Bosch MATIS ou no banco de dados CAMPUS oferecido pelos fabricantes de matéria-prima (http://www.campusplastics.com).

Para assegurar uma distribuição uniforme de tensão e utilização ótima do material na faixa de flexão dos elementos da mola, a espessura da raiz à extremidade livre deve ser diminuída pela metade. Como alternativa, a largura até a extremidade do gancho pode ser reduzida em um quarto.

Os raios no ponto de conexão do elemento de mola ao componente podem ajudar a eliminar concentrações de tensão.

Quando unido, o elemento de mola deve retornar totalmente ao seu estado inicial para evitar deslocamento sob carga e deformação permanente.

É permitido o esforço de tração no elemento rápido devido a forças operacionais.

Percurso permitido da mola (desvio)

A Tabela 2 (p. 364) contém as fórmulas para alguns formatos básicos do gancho rápido. O desvio permitido (percurso da mola) f na junção depende da geometria do gancho rápido e do alongamento permitido do plástico, ver Tabela 3.

As fórmulas para outros formatos de seção transversal podem ser obtidas através da literatura técnica relevante ou são fornecidas por programas especiais de cálculo (ver seção "Programas de cálculo").

Força de desvio

A rigidez do plástico, como módulo de secante E_S, e a geometria, como o módulo de momento de flexão/seção W, são incluídas no cálculo da força de desvio Q.

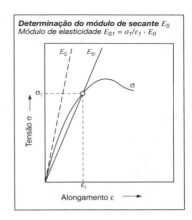

Determinação do módulo de secante E_S
Módulo de elasticidade $E_{S1} = \sigma_1/\varepsilon_1 \cdot E_0$

Força de junção

A força de junção F é calculada a partir da força de desvio Q, do ângulo de junção α_1 (normalmente 30°) e o coeficiente de atrito μ (Tabela 4, página 325d) entre os componentes que devem ser unidos conforme a fórmula:

$$F = \frac{Q \cdot (\mu + \tan \alpha_1)}{(1 - \mu \cdot \tan \alpha_1)}$$

Força de desconexão

A força de desconexão de uma conexão rápida é calculada de acordo com a mesma fórmula da força de junção, onde o ângulo de liberação α_2 do gancho rápido (normalmente 30°) deve ser usado.
No caso de conexões não desmontáveis ($\alpha_2 \geq 90°$), a capacidade axial dos braços rápidos limita a resistência.

Programas de cálculo

Vários fabricantes de plásticos oferecem, como um serviço a seus clientes, programas de cálculo de fácil uso (ex.: "Snaps" da BASF, "FEAsnap" da Bayer e "Fit-calc" da Ticona). A maioria dos dados de material para as variedades de produto dos fabricantes está incluída nestes programas.

Processos de fabricação

Tabela 2. Geometria e cálculo dos ganchos rápidos (seleção)

Formato com corte transversal / Tipo	**A:** Retângulo	**B:** Trapézio
Desvio (Permitido) — 1 $h_1 : h_0 = 1:1$, $b_1 : b_0 = 1:1$	$f = 0{,}67 \dfrac{\varepsilon \cdot l^2}{h_0}$	$f = \dfrac{a + b^1}{2a + b} \cdot \dfrac{\varepsilon \cdot l^2}{h_0}$
Desvio (Permitido) — 2 $h_1 : h_0 = 1:2{,}5$, $b_1 : b_0 = 1:1{,}0$	$f = 1{,}20 \dfrac{\varepsilon \cdot l^2}{h_0}$	$f = 1{,}79 \dfrac{a + b^1}{2a + b} \cdot \dfrac{\varepsilon \cdot l^2}{h_0}$
Desvio (Permitido) — 3 $h_1 : h_0 = 1:1$, $b_1 : b_0 = 1:1$	$f = 0{,}82 \dfrac{\varepsilon \cdot l^2}{h_0}$	$f = 1{,}22 \dfrac{a + b^1}{2a + b} \cdot \dfrac{\varepsilon \cdot l^2}{h_0}$
Força de desvio (1, 2, 3)	$Q = \dfrac{\overset{W^{1)}}{\overbrace{b \cdot h_0^2}}}{6} \cdot \dfrac{E_s \cdot \varepsilon}{l}$	$Q = \dfrac{\overset{W^{1)}}{\overbrace{\dfrac{h_0^2}{12} \cdot \dfrac{a^2 + 4ab + b^2}{2a + b}}}}{} \cdot \dfrac{E_s \cdot \varepsilon}{l}$

Técnicas de junção e união 413

Ganchos rápidos elásticos
(exemplo de aplicação: conexão de módulos pneumáticos)
1 Gancho rápido, 2 Módulo pneumático

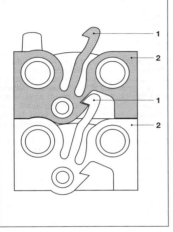

Tabela 3. Valores de referência para alongamento permitido ε em conexões rápidas (breve no processo de junção único, ativação freqüente de aproximadamente 60%)

Material	ε
Termoplásticos, semicristalinos, sem enchimento	
PE	0,080
PP	0,060
PA condicionado	0,060
PA seco	0,040
POM	0,060
PBT	0,050
Termoplásticos, amorfos, sem enchimento	
PC	0,030
ABS/SB	0,025
CAB	0,025
PVC	0,020
PS	0,018
Termoplásticos, com enchimento de fibra de vidro	
30% GF-PA condicionado	0,020
30% GF-PA seco	0,015
30% GF-PC	0,018
30% GF-PBT	0,015
30% GF-ABS	0,012

Legenda para Tabela 2:

- a, b Larguras na seção transversal de fixação
- e Espaçamento da zona da superfície a partir da zona superficial neutra (centro de gravidade)
- f Desvio permitido (percurso da mola)
- h Espessura na seção transversal de fixação
- l Comprimento do braço
- E_S Módulo da secante
- Q Força de desvio permitida
- W Módulo de seção axial ($W = l/e$)
- ε Alongamento permitido na zona superficial do ponto de fixação (para valor absoluto, ver Tabela 3)

1) As fórmulas se aplicam nos casos em que a largura b está no lado de extração do elemento de flexão. Se a largura estiver no lado de extração, a e b devem ser arredondados na fórmula respectiva.

Tabela 4. Valores de referência para coeficientes de atrito μ

Material	União plástico/aço μ	Fator de união plástico/plástico
PTFE	0,12…0,22	
PE-rígido	0,20…0,25	(x2)
PP	0,25…0,30	(x1,5)
POM	0,20…0,35	(x1,5)
PA	0,30…0,40	(x1,5)
PBT	0,35…0,40	
PS	0,40…0,50	(x1,2)
SAN	0,45…0,55	
PC	0,45…0,55	(x1,2)
PMMA	0,50…0,60	(x1,2)
ABS	0,50…0,65	(x1,2)
PE-macio	0,55…0,60	(x1,2)
PVC	0,55…0,60	(x1,0)

Exigências para veículo na estrada

Dirigibilidade
O veículo deve ser capaz de realizar a transição do estado estacionário para móvel. Quando em movimento, deve ser capaz de ascender gradientes acelerando para velocidade constante com um grau razoável de potência. Com uma potência dada P, a correspondência ideal em relação a estas exigências é atingida quando a força M e a velocidade do motor n puderem ser variadas de acordo com a fórmula $P = M \cdot n$. Sob estas condições, os limites no campo potencial de operação são definidos por $P_{nominal}$, criando uma relação inversa entre a força disponível e a velocidade do veículo (curva de limite definida pela hipérbole de força de tração).

Densidade de potência e densidade de armazenamento
A densidade de potência (W/kg) e a densidade de armazenamento de energia (W·h/kg) do sistema combinado de motor/acúmulo de energia devem ser altas se o tamanho do veículo – e conseqüentemente, a massa que deve ser acelerada – tiver que ser mantido em um nível modesto. Os fatores de baixa densidade para acúmulo de potência e energia aumentariam o tamanho e massa do veículo, com conseqüentes aumentos no consumo de potência e energia que seria necessário para atingir o desempenho desejado (aceleração, velocidade).

Descarga ou tempo operacional do dispositivo de acúmulo de energia
O tempo operacional do veículo – e assim, a faixa operacional que pode ser coberta antes do dispositivo de acúmulo de energia deve ser reabastecida (renovada /reabastecida/recarregada), – é uma função da densidade de acúmulo de energia, do requisito de potência e do peso do veículo. Este último, por sua vez, é influenciado pela relação potência-peso do sistema de acionamento.

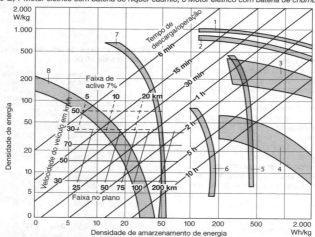

Densidades de potência e acúmulo de energia para vários conceitos de propulsão
(motor e unidade de acumulação)[1])
1 Turbina a gás, 2 Motor com combustão interna, 3 Motor com combustão externa, 4 Motor elétrico com célula de combustível, 5 Motor elétrico com bateria de lítio-cloreto 6 Motor elétrico com bateria zinco-ar, 7 Motor elétrico com bateria de níquel-cádmio, 8 Motor elétrico com bateria de chumbo

1) Extraído de "O Automóvel e a Poluição do Ar", Departamento de Comércio dos EUA (Morsebericht); Mahle "Kolben-Handbuch" (Manual de Pistão)

A configuração de direção e acúmulo de energia utilizada para uma aplicação específica determinam a relação entre a densidade de potência/densidade de armazenamento de energia e tempo operacional; ela também afeta decisivamente o formato da curva de torque. Relações favoráveis entre potência e peso são combinadas com altas densidades de acúmulo e energia (período de operação por tanque de combustível), para fazer com que os motores com combustão interna sejam particularmente adequados para aplicações veiculares. Entretanto, as curvas de torque fornecidas por centrais geradoras de pistão padrão (motores Diesel e com ignição por centelha) são menos satisfatórias. Assim, elas requerem algum tipo de unidade de transmissão para transferência e conversão de torque. A unidade deve ser capaz de transmitir o torque na faixa de deslizamento (para partida), incorporando, ao mesmo tempo, os vários coeficientes de conversão de torque (para ascensão de gradientes e seleção de diversas faixas de velocidade). As centrais geradoras elétricas e a vapor também requerem transmissão, devido às limitações impostas pelos máximos respectivos para corrente e pressão de vapor.

Além de atender as exigências básicas enumeradas acima, o sistema de geração e acúmulo de energia deve também atender as seguintes exigências:

Eficiência econômica, caracterizada pelo consumo mínimo de combustível, baixos custos de fabricação e manutenção, vida útil prolongada;

Compatibilidade ambiental, com baixos níveis de emissões, de poluentes e ruído, uso econômico de matérias-primas;

Flexibilidade operacional, incluindo partida de –30°C a +50°C, a operação não deve ser afetada pelo clima e pela altitude, boas características de colocação em marcha, aceleração e frenagem.

Os motores com combustão interna são a opção mais favorável para veículos independentes autocontidos, onde a prioridade atribuída aos fatores individuais relacionados acima irá variar conforme a aplicação.

Carros de passeio: Alta densidade de potência, baixas emissões de escapamento e ruído, baixos custos de fabricação.

Caminhões e ônibus: Economia máxima, vida útil prolongada e conformidade em relação a todos os requisitos de emissão.

Sistemas especiais de acionamento, tais como aqueles baseados exclusivamente em motores elétricos, ou híbridos (ônibus com sistemas duplos, etc.) podem representar a melhor, ou até mesmo a única, opção para aplicações especiais e/ou sob certas condições operacionais.

Requisitos básicos para combustíveis
Os motores com combustão externa apresentam as exigências menos exatas em relação à qualidade do combustível, visto que seus gases de combustão e serviço não são idênticos e permanecem isolados uns dos outros. Por outro lado, o combustível usado em motores de combustão interna deve queimar rapidamente e, virtualmente, sem resíduo.

Além disto, os sistemas modernos de tratamento de gás requerem combustíveis e lubrificantes que não contenham enxofre.

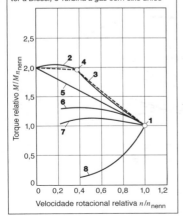

Torques relativos para várias unidades de potência
1 Ponto de referência: ponto de base da turbina a gás, motor com pistão n_{max}. 2 Motor a vapor, 3 Motor elétrico, 4 Curva de limite para pressão/corrente máxima, 5 Turbina a gás com eixo duplo, 6 Motor a gasolina (SI), 7 Motor a Diesel, 8 Turbina a gás com eixo único

Consumo de combustível

Determinação do consumo de combustível

São realizados testes de funcionamento para determinar o consumo de combustível (ver página 566 e segs).

O Novo Ciclo de Transmissão Europeu (NEDC, 93/116/EEC), por exemplo, é um ciclo realizado em um dinamômetro para verificar o consumo de combustível. Ele consiste de quatro ciclos urbanos similares de 195 s cada um e um ciclo urbano extra de 400 s (página 568). O gás de escapamento é coletado em um saco de amostra e seus componentes são analisados subseqüentemente. CO, HC e CO_2 são fatorados em cálculos, conforme a análise de carbono.

O teor de CO_2 do gás de escapamento é proporcional ao consumo de combustível. Assim, ele pode ser usado como um indicador para avaliar o consumo de combustível do veículo (Diesel ou gasolina, conforme o caso).

A massa de teste especificada para o veículo é igual à massa vazia do veículo mais uma carga útil de 100 kg. A massa do veículo deve ser simulada por massas de inércia balanceadas finitas em um dinamômetro, para que uma classe de massa de inércia possa ser atribuída à massa de teste do veículo.

Conforma a legislação em vigor (EU 3), o teste é iniciado quando o motor é iniciado. O tempo de espera previamente aceito, de 40 s antes do início do teste, não é mais permitido.

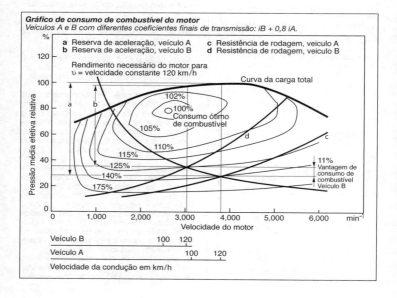

Gráfico de consumo de combustível do motor
Veículos A e B com diferentes coeficientes finais de transmissão: iB + 0,8 iA.

Efeito do design do veículo sobre o consumo de combustível

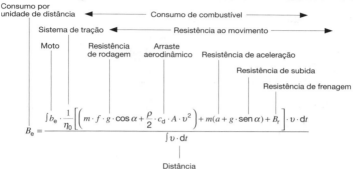

Grandeza		Unid.
B_e	Consumo por unidade de distância	g/m
$\eta_ü$	Eficiência de transmissão do sistema de tração	–
m	Massa do veículo	kg
f	Coeficiente de resistência de rodagem	–
g	Aceleração gravitacional	m/s²
α	Ângulo de ascensão	°
ρ	Densidade do ar	kg/m³
c_d	Coeficiente de arrasto	–
A	Área frontal	m²
v	Velocidade do veículo	m/s
a	Aceleração	m/s²
B_r	Resistência frenagem	N
t	Tempo	s
b_e	Consumo específico de combustível	g/kWh

A equação de consumo distingue três grupos de fatores
- Motor,
- Transmissão e
- Fatores externos de resistência

Transmissão (caixa de mudanças)

A influência da caixa de mudanças é determinada pelas perdas na transmissão de potência e os coeficientes de transmissão (marcha) selecionados para a aplicação. As primeiras devem ser as mais baixas possíveis; os últimos determinam a correspondência entre a velocidade do veículo e os pontos específicos na curva de consumo de combustível do motor.

A engrenagem "longa (relação ampla)" fará geralmente com que um estado operacional específico parasse num ponto da curva que corresponde a um consumo mais baixo de combustível (ver ilustração), ainda que às custas de uma aceleração reduzida.

Fatores de resistência externa

A resistência externa ao movimento pode ser compensada por medidas, tais como redução de peso, melhor aerodinâmica e menor resistência ao rolamento.

Em um veículo médio, 10% de reduções no peso, arrasto e resistência ao rolamento assegurarão melhorias de consumo de combustível de aproximadamente 6%, 3% e 2% respectivamente.

A fórmula citada distingue entre resistência à aceleração e resistência à frenagem, ilustrando claramente o fato de que o maior consumo de combustível associado à aceleração se origina da aplicação subseqüente dos freios. Se os freios não forem aplicados, então a energia cinética do veículo é utilizada para impelir o veículo para frente (retardação = aceleração negativa), com conseqüente redução do consumo global de combustível.

Dinâmica de veículos automotores

Dinâmica do movimento linear

Grandeza		Unid.
A	Seção transversal maior do veículo [1]	m^2
a	Aceleração, frenagem (desaceleração)	m/s^2
c_d	Coeficiente de arrasto	–
F	Força motora	N
F_{cf}	Força centrífuga	N
F_L	Arraste aerodinâmico	N
F_{Ro}	Resistência ao rolamento	N
F_{St}	Resistência à subida	N
F_w	Resistência ao movimento	N
f	Coeficiente de resistência ao rolamento	–
G	Peso = $m \cdot g$	N
G_B	Soma das forças da roda em rodas acionadas ou freadas	N
g	Aceleração gravitacional = 9,81 m/s^2 ≈ 10 m/s^2	m/s^2

Grandeza		Unid.
i	Marcha ou relação de transmissão entre motor e rodas de tração	–
M	Torque do motor	N · m
m	Massa do veículo (peso)	kg
n	Velocidade do motor	rpm
P	Potência	W
P_w	Força motriz	W
p	Gradiente (= 100 · tan α)	%
r	Raio dinâmico do pneu	m
s	Distância percorrida	m
t	Tempo	s
v	Velocidade do veículo	m/s
v_0	Velocidade de proa	m/s
W	Serviço	J
α	Ângulo de gradiente	°
μ_r	Coeficiente de atrito estático	–
Símbolos e unidades adicionais no texto		

Resistência total ao movimento
A resistência ao movimento é calculada como segue:

$$F_W = F_{Ro} + F_L + F_{St}$$

Potência da resistência ao movimento
A potência que deve ser transmitida através das rodas de acionamento para superar a resistência ao movimento é:

$$F_W = F_W \cdot v$$

ou

$$P_W = \frac{F_W \cdot v}{3.600}$$

Com P_W em kW, F_W em N, v em km/h.

[1] Em carros de passeio $A \approx 0,9$ x Percurso x Altura

Resistência ao rolamento
A resistência ao rolamento F_{Ro} é o produto de processos de deformação que ocorrem no contato entre o pneu e a superfície da estrada

$$F_{Ro} = f \cdot G \cdot \cos \alpha = f \cdot m \cdot g \cdot \cos \alpha$$

Um cálculo aproximado da resistência ao rolamento pode ser realizado através do coeficiente fornecido na tabela seguinte e no diagrama da página 379.

O aumento do coeficiente de resistência ao rolamento f é diretamente proporcional ao nível de deformação e inversamente proporcional ao raio do pneu. Então, o

Superfície da estrada	Coeficiente de resistência ao rolamento
Pneus pneumáticos de carro em	
Pavimentação com laje grande	0,013
Pavimentação com laje pequena	0,013
Concreto, asfalto	0,011
Cascalho	0,02
Macadame alcatroado	0,025
Rodovia não pavimentada	0,05
Terra	0,1…0,35
Pneus pneumáticos de caminhão em concreto, asfalto	0,006…0,01
Rodas com precinta na terra	0,14…0,24
Trator de trilhos na terra	0,07…0,12
Roda sobre trilho	0,001…0,002

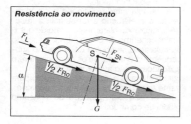

Resistência ao movimento

Dinâmica de veículos automotores

aumento do coeficiente está relacionado a cargas maiores, velocidades mais altas e pressão mais baixa do pneu.

A resistência ao rolamento é aumento pela

Resistência em curva

$$F_K = f_K \cdot G$$

O coeficiente de resistência em curva F_K é uma função da velocidade do veículo, raio da curva, geometria da suspensão, pneus, pressão do pneu e da resposta do veículo sob aceleração lateral.

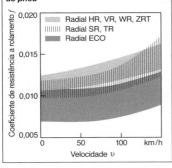

Resistência a rolamento de pneus radiais de carro em superfícies uniformes e niveladas sob carga normal e pressão correta do pneu

Arrasto aerodinâmico

O arrasto aerodinâmico é calculado como:

$$F_L = 0,05 \cdot \varrho \cdot c \cdot A \, (v + v_0)^2$$

Com v em km/h, F_L em N, ϱ em kg/m³, A em m²;

$$F_L = 0,0386 \cdot \varrho \cdot c \cdot A \, (v + v_0)^2$$

Densidade do ar ϱ
(a 200 m de altitude, q = 1.202 kg/m³),
Coeficiente de arrasto c P. 420

Arrasto aerodinâmico em kW

$$P_L = F_L \cdot v = 0,5 \cdot \varrho \cdot c \cdot A \cdot v \cdot (v + v_0)^2$$

ou

$$P_L = 12,9 \cdot 10^{-6} \cdot c \cdot A \cdot v \cdot (v + v_0)^2$$

Com P_L em kW, F_L em N, v e v_0 em km/h, A em m², ϱ = 1.202 kg/m³.

Determinação empírica de coeficientes para arrasto aerodinâmico e resistência ao rolamento

Desacelerar o veículo no neutro, sob condições sem vento em uma superfície da estrada nivelada. O tempo que transcorre enquanto o veículo é desacelerado por um incremento específico de marchas é medido a partir de duas velocidades iniciais v_1 (alta velocidade) e v_2 (baixa velocidade). Esta informação é usada para calcular as taxas médias de desaceleração a_1 e a_2. Ver tabela abaixo para fórmulas e exemplo.

O exemplo se baseia em um peso de veículo m = 1.450 kg, com seção transversal A = 2,2 m².

O método é apropriado para velocidades do veículo inferiores a 100 km/h.

	1º Teste (alta velocidade)	2º Teste (baixa velocidade)
Velocidade inicial Velocidade final Intervalo entre v_a e v_b	v_{a1} = 60 km/h v_{b1} = 55 km/h t_1 = 7,8 s	v_{a2} = 15 km/h v_{b2} = 10 km/h t_2 = 12,2 s
Velocidade média	$v_1 = \dfrac{v_{a1} + v_{b1}}{2} = 57,5$ km/h	$v_2 = \dfrac{v_{a2} + v_{b2}}{2} = 12,5$ km/h
Desaceleração média	$a_1 = \dfrac{v_{a1} + v_{b1}}{t_1} = 0,64 \dfrac{\text{km/h}}{\text{s}}$	$a_2 = \dfrac{v_{a2} + v_{b2}}{t_2} = 0,41 \dfrac{\text{km/h}}{\text{s}}$
Coeficiente de arrasto	$c_d = \dfrac{6m \cdot (a_1 - a_2)}{A \cdot (v_1^2 - v_2^2)} = 0,29$	
Coeficiente de resistência rolamento	$f = \dfrac{28,2(a_2 \cdot v_1^2 - a_1 \cdot v_2^2)}{10^3 \cdot (v_1^2 - v_2^2)} = 0,011$	

Coeficiente de arrasto e exigências associadas de potência para várias configurações de carroceria

		Coeficiente de arrasto [1]	Arrasto aerodinâmico em kW, valores médios para $A = 2\ m^2$ em várias velocidades			
		c_d	40 km/h	80 km/h	120 km/h	160 km/h
	Conversível aberto	0,33...0,50	0,70	5,3	18	42
	Veículo off-road	0,35...0,50	0,71	5,5	19	44
	Sedã com porta traseira (forma convencional)	0,26...0,35	0,50	3,8	13	31
	Camioneta	0,30...0,34	0,52	4,1	14	33
	Formato em V, faróis e pára-lamas integrados na carroceria, rodas cobertas, painéis subveiculares, fluxo otimizado de ar de arrefecimento	0,30...0,40	0,58	4,6	16	37
	Faróis e todas as rodas embutidas na carroceria, painéis subveiculares	0,20...0,25	0,37	3,0	10	24
	Formato de V invertido (seção transversal mínima na traseira)	0,23	0,38	3,0	10	24
	Carenagem ótima	0,15...0,20	0,29	2,3	7,8	18
Caminhões, combinações de caminhão-reboque		0,80...1,5	–	–	–	–
Motocicletas		0,60...0,70	–	–	–	–
Ônibus		0,60...0,70	–	–	–	–
Ônibus aerodinâmicos		0,30...0,40	–	–	–	–

[1] No headwind ($v_0 = 0$)

Dinâmica de veículos automotores

Resistência à subida e força de descida

A <u>resistência à subida</u> (F_{St} com sinal positivo) e a <u>força de descida</u> (F_{St} com sinal negativo), são calculadas como:

$F_{St} = G \cdot \operatorname{sen} \alpha$
$\quad\ \ = m \cdot g \cdot \operatorname{sen} \alpha$

ou, para uma aproximação de trabalho:

$F_{St} \approx 0{,}01 \cdot m \cdot g \cdot p$

válidas para gradientes de até $p \leq 20\%$, como sen $\alpha \approx \tan \alpha$ em ângulos pequenos (menos de 2% de erro).

A <u>força de subida</u> é calculada como:

$P_{St} = F_{St} \cdot v$

Com P_{St} em kW, F_{St} em N, v em km/h

$P_{St} = \dfrac{F_{St} \cdot v}{3.600} = \dfrac{m \cdot g \cdot v \cdot \operatorname{sen} \alpha}{3.600}$

ou, para uma aproximação de trabalho:

$P_{St} \approx \dfrac{m \cdot g \cdot p \cdot v}{360.000}$

O <u>gradiente</u> é:

$p = (h/l) \cdot 100\%$ ou
$p = (\tan \alpha) \cdot 100\%$,

com h como a altura da distância projetada. Em países de língua inglesa, o *gradiente* é calculado como segue:
Conversão:
Gradiente 1 em 100/*p*
Exemplo: 1 em 2.

Ângulo de gradiente α	Inclinação $p\ \%$ / *Gradiente*	Resistência à subida a $m = 1.000$ kg N

Valores em $m = 1.000$ kg					
Resistência à subida F_{St} N	Potência de subida F_{St} em kW em várias velocidades				
	20 km/h	30 km/h	40 km/h	50 km/h	60 km/h
6.500	36	54	72	–	–
6.000	33	50	67	–	–
5.500	31	46	61	–	–
5.000	28	42	56	69	–
4.500	25	37	50	62	–
4.000	22	33	44	56	67
3.500	19	29	39	49	58
3.000	17	25	33	42	50
2.500	14	21	28	35	42
2.000	11	17	22	28	33
1.500	8,3	12	17	21	25
1.000	5,7	8,3	11	14	17
500	2,3	4,2	5,6	6,9	8,3
0	0	0	0	0	0

<u>Exemplo</u>: Para subir uma colina com um gradiente de $p = 18\%$, um peso de veículo de 1.500 kg irá requerer aproximadamente $1{,}5 \cdot 1.700$ N $= 2.500$ N de força motriz e em $v = 40$ km/h, aproximadamente $1{,}5 \cdot 19$ kW $= 28{,}5$ kW de potência de subida.

Força motriz

Quanto maior for o torque do motor M e a relação global de transmissão i entre o motor e as rodas acionadas e mais baixas forem as perdas de transmissão, maior será a força motriz F disponível nas rodas de tração.

$$F = \frac{M \cdot i}{r} \cdot \eta \quad \text{ou} \quad F = \frac{P \cdot \eta}{v}$$

η = Nível de eficiência do sistema de tração
(motor em linha $\eta \approx 0{,}88...0{,}92$)
(motor transversal $\eta \approx 0{,}91...0{,}95$)

A força motriz F é consumida parcialmente para superar a resistência ao movimento F_W. São aplicadas relações de transmissão numericamente mais altas para superar a resistência ao movimento substancialmente aumentada, encontrada em gradientes (caixa de mudanças).

Velocidades do veículo e do motor

$$n = \frac{60 \cdot v \cdot i}{2 \cdot \pi \cdot r}$$

ou com v em km/h:

$$n = \frac{1.000 \cdot v \cdot i}{2 \cdot \pi \cdot 60 \cdot r}$$

Aceleração

A força excedente $F - F_W$ acelera o veículo (ou o desacelera quando F_W for superior a F).

$$a = \frac{F - F_W}{k_m \cdot m} \quad \text{ou} \quad a = \frac{P \cdot \eta - P_W}{v \cdot k_m \cdot m}$$

O coeficiente de inércia de rotação k_m compensa o aumento aparente na massa do veículo, devido a massas rotativas (rodas, volante, árvore de manivelas).

Força motriz e velocidade de estrada em veículos com transmissão automática

Quando a fórmula para força motriz é aplicada a transmissões automáticas com conversores de torque hidrodinâmico ou embreagens hidrodinâmicas, o torque do motor M é substituído pelo torque na turbina do conversor, enquanto que a velocidade de rotação da turbina do conversor é usada na fórmula para velocidade do motor.

Conversor hidrodinâmico
1 Eixo de avanço, 2 Turbina, 3 Bomba, 4 Estator, 5 Embreagem de via única, 6 Eixo acionado

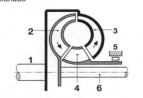

A relação entre $M_{Turb} = f(n_{Turb})$ e a característica do motor $M_{Mot} = f(n_{Mot})$ é determinada através das características do conversor hidrodinâmico (P. 739).

Determinação do coeficiente de inércia rotativa k_m

Diagrama de funcionamento para carro com transmissão automática e conversor Trilok sob aceleração total

Aderência à superfície da estrada

Coeficientes de atrito estático para pneus pneumáticos em várias superfícies

Velocidade do veículo km/h	Condição do pneu	Condição da estrada					
		Seca	Molhada Água de aprox. 0,2 mm	Chuva Pesada Água de aprox. 1 mm	Poças Água de aprox. 2 mm	Com gelo (gelo preto)
		Coeficiente de atrito estático μ_r				
50	novo	0,85	0,65	0,55	0,5	0,1 e menos
	desgastado [1]	1	0,5	0,4	0,25	
90	novo	0,8	0,6	0,3	0,05	
	desgastado [1]	0,95	0,2	0,1	0,05	
130	novo	0,75	0,55	0,2	0	
	desgastado [1]	0,9	0,2	0,1	0	

O coeficiente de atrito estático (entre os pneus e a superfície da estrada), também conhecido como coeficiente de atrito de interface-pneu-estrada, é determinado pela velocidade do veículo, condição dos pneus e estado da superfície da estrada (ver tabela acima). Os números indicados se aplicam a superfícies de estrada de concreto e de macadame alcatroado em boas condições. Normalmente, os coeficientes do atrito de deslizamento (com a roda travada) são inferiores aos coeficientes de atrito estático.

Compostos especiais de borracha que asseguram coeficientes de atrito de até 1.8 são utilizados em pneus de corrida.

Os valores máximos para aceleração e direção em subida e para desaceleração e frenagem em descida, são fornecidos na página 425.

Aquaplanagem

A aquaplanagem tem um efeito particularmente dramático sobre o contato entre o pneu e a superfície da estrada. Ela descreve o estado em que uma camada de água separa o pneu e a superfície (molhada) da estrada. O fenômeno ocorre quando uma cunha de água força sua passagem sob o manchão de contato do pneu erguendo-o da estrada. A tendência de aquaplanagem depende de fatores tais como a profundidade da água na superfície da estrada, padrão da banda de rodagem, desgaste da banda de rodagem e a carga que pressiona o pneu contra a superfície da estrada. Pneus largos são particularmente suscetíveis à aquaplanagem. Não é possível esterçar ou frear um veículo em aquaplanagem, visto que suas rodas frontais pararam de girar, significando que o esterçamento e as forças de frenagem não podem ser transmitidos à superfície da estrada.

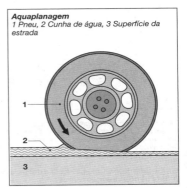

Aquaplanagem
1 Pneu, 2 Cunha de água, 3 Superfície da estrada

---

[1] Desgaste até uma profundidade da banda de rodagem ≥ 1,6 mm (mínimo legal na Alemanha, conforme Parágrafo 36.2, StVZO (FMVSS/CUR)).

Aceleração e frenagem

A aceleração e a frenagem (desaceleração) do veículo são consideradas a uma taxa constante, quando a permanece constante. As seguintes equações se aplicam a uma velocidade inicial e final 0.

	Equações para v em m/s	Equações para v em km/h
Aceleração ou frenagem (desaceleração) em m/s²	$a = \dfrac{v^2}{2 \cdot s} = \dfrac{v}{t} = \dfrac{2 \cdot s}{t^2}$	$a = \dfrac{v^2}{26 \cdot s} = \dfrac{v}{3{,}6 \cdot t} = \dfrac{2 \cdot s}{t^2}$
Tempo de aceleração ou frenagem em s	$t = \dfrac{v}{a} = \dfrac{2 \cdot s}{v} = \sqrt{\dfrac{2 \cdot s}{a}}$	$t = \dfrac{v}{3{,}6 \cdot a} = \dfrac{7{,}2 \cdot s}{v} = \sqrt{\dfrac{2 \cdot s}{a}}$
Tempo de aceleração ou frenagem [1]) em m	$s = \dfrac{v^2}{2 \cdot a} = \dfrac{v \cdot t}{2} = \dfrac{a \cdot t^2}{2}$	$s = \dfrac{v^2}{26 \cdot a} = \dfrac{v \cdot t}{7{,}2} = \dfrac{a \cdot t^2}{2}$

Distância de parada, P. 427
Símbolos e unidades, P. 25

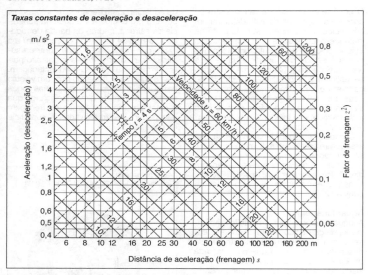

Taxas constantes de aceleração e desaceleração

Cada ponto do gráfico representa uma relação particular entre v, a ou z^2), s e t.
Devem ser fornecidos dois valores para todos os valores a serem determinados.
Dado: a velocidade do veículo $v = 30$ km/h, distância de frenagem $s = 13{,}5$ m.
Determinado: Desaceleração média $a = 2{,}5$ m/s², aceleração negativa $z = 0{,}25$.
Tempo de frenagem $t = 3{,}3$ s.

1) Se a velocidade final v_2 não for 0, a distância de frenagem $a = v_1 \cdot t - at^2$ a v_1 em m/s.
2) Taxa de desaceleração relativa a 1 g.

Dinâmica de veículos automotores

Valores máximos para aceleração e frenagem (desaceleração)

Quando as forças motoras ou de frenagem exercidas nas rodas do veículo atingem uma tal magnitude que faz com que os pneus mal estejam dentro de seu limite de aderência (a aderência máxima ainda está presente), as relações entre o ângulo de gradiente α, coeficiente de atrito estático μ_r^1) e a aceleração ou desaceleração máximas são definidas como segue. Os números reais são sempre um pouco inferiores, visto que os pneus não exploram simultaneamente sua aderência máxima durante cada aceleração (desaceleração). O controle de tração eletrônico e sistemas de frenagem antibloqueio (ASR, ABS, ESP) [2], mantêm o nível de tração em torno do coeficiente de atrito estático.

k = Relação entre a carga em rodas acionadas ou freadas e o peso total. Todas as rodas acionadas ou freadas: $k = 1$. Em 50% de distribuição de peso $k = 0,5$.
Exemplo:
$k = 0,5$; $g = 10$ m/s^2;
$\mu_r = 0,6$; $p = 15$%;
$a_{max} = 10 \cdot (0,5 \cdot 0,6 \pm 0,15)$ m/s^2
Frenagem em aclive (+) $a_{max} = 4,5$ m/s^2
Frenagem em declive (–) $a_{max} = 1,5$ m/s^2

Serviço e potência

A potência requerida para manter uma taxa consistente de aceleração (desaceleração) varia de acordo com a velocidade do veículo. Potência disponível para aceleração:
$$P_a = P \cdot \eta - P_W$$
Onde
P = rendimento do motor,
η = eficiência e
P_W = força motriz

Aceleração e frenagem (desaceleração)

	Superfície da estrada nivelada	Superfície da estrada inclinada α^2; $p = 100 \cdot \tan \alpha$%	
Aceleração ou desaceleração limite a_{max} em m/s^2	$a_{max} = k \cdot g \cdot \mu_r$	$a_{max} = k\,(k \cdot \mu_r \cdot \cos \alpha \pm \sen \alpha)$ Aproximação [3]) $a_{max} = g\,(k \cdot \mu_r \pm 0,01p)$	+ Frenagem em aclive ou aceleração em declive – Aceleração em aclive ou frenagem em declive

Aceleração possível a_e (P_a em kW, v em km/h, m em kg)

Superfície da estrada nivelada	Superfície da estrada inclinada	
$a_e = \dfrac{3.600 \cdot P_a}{k \cdot m \cdot v}$	$a_e = \dfrac{3.600 \cdot P_a}{k \cdot m \cdot v} \pm g \cdot \sen \alpha$	+ Aceleração em declive – Aceleração em aclive para $g \cdot \sen \alpha$ por aproximação [3]) $g \cdot p/100$

Serviço e potência

	Superfície da estrada nivelada	Superfície da estrada inclinada α^2; $p = 100 \cdot \tan \alpha$%	
Serviço de aceleração ou frenagem W em J [4])	$W = m \cdot a \cdot s$	$W = m \cdot s\,(k \cdot a \pm \sen \alpha)$ Aproximação [3]): $W = m \cdot s\,(k \cdot a \pm g \cdot p/100)$	+ Frenagem em declive ou aceleração em aclive – Aceleração em declive ou frenagem em aclive
Potência de aceleração ou de frenagem em velocidade v em W	$P_a = k \cdot m \cdot a \cdot v$	$P_a = m \cdot v\,(k \cdot a \pm g \cdot \sen \alpha)$ Aproximação [3]): $P_a = m \cdot v\,(k \cdot a \pm g \cdot p/100)$	v em m/s. Para v em km/h, usar $v/3.6$.

---

[1] Ver p. 423 para valores numéricos
[2] Sistema de frenagem antibloqueio ABS, p. 809 em diante, p. 858 em diante, ASR: sistema de controle da tração: p. 817 em diante, p. 862 em diante. ESP: programa de estabilidade da eletrônica: p. 802 em diante, p. 864 em diante.
[3] Válido para aproximadamente $p = 20$% (com 2% de erro).
[4] J = N · m = W · s; conversões p. 26

Ações: reação, frenagem e parada (conforme ÖNORM V5050)

Tempo para reconhecimento de risco
O tempo de reconhecimento de risco, também conhecido como tempo de reação a perigo, é o período de tempo transcorrido entre a percepção de um obstáculo visível e/ou seu movimento e o tempo necessário para reconhecimento como um perigo. Se, como parte deste reconhecimento de perigo e processo de resposta, for necessário que o motorista volte seus olhos na direção da situação perigosa, o tempo de reconhecimento de risco e reação ao perigo será prolongado em aproximadamente 0,4 s.

Tempo de pré-frenagem (t_{VZ})
O tempo de pré-frenagem é o período de tempo transcorrido entre o momento do reconhecimento do risco e o início da frenagem, definido por cálculo. Baseado na seguinte fórmula, o tempo de pré-frenagem situa-se na faixa de aproximadamente 0,8 a 1,0 s:

$t_{VZ} = t_R + t_U + t_A + t_S/2$

Tempo de reação (t_R): É o período de tempo transcorrido entre o momento em que ocorre o incitamento para ação e o início da primeira ação especificamente dirigida.

O reconhecimento de risco instintivo provoca uma reação automática inerente (reação espontânea), permitindo que o motorista determine tanto o ponto da reação quanto a posição da razão que determina a reação, retardada pela distância coberta durante o tempo de pré-frenagem. É necessário 0,2 s para a reação espontânea em seres humanos; entretanto, o tempo de reação será de pelo menos 0,3 s se for necessário que o motorista tome uma decisão para adotar uma ação preventiva ou evasiva em resposta ao conhecimento consciente de risco (reação de escolha).

Tempo de transferência (t_U): É o período de tempo necessário para que o motorista tire o pé do acelerador e acione o pedal do freio. O tempo de transferência situa-se na faixa de aproximadamente 0,2 s.

Tempo de resposta (t_A): É o período de tempo necessário para transmitir a pressão aplicada ao pedal de freio através do sistema de freio até o ponto em que a ação de frenagem se torna efetiva (acúmulo total da força de aplicação e aumento incipiente da desaceleração do veículo).

Tempo de pressurização (t_S): O tempo de pressurização é o período de tempo transcorrido entre a ação de frenagem e a desaceleração de frenagem totalmente efetiva. Alternativamente, metade do tempo de pressurização ($t_S/2$) pode ser assumida como o início da frenagem, determinada através de cálculo.

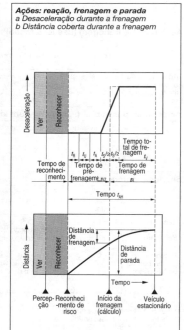

Ações: reação, frenagem e parada
a Desaceleração durante a frenagem
b Distância coberta durante a frenagem

Dinâmica de veículos automotores

	Equações para v em m/s	Equações para v em km/h
Tempo de parada t_{AH} em s	$t_{AH} = t_{VZ} + \dfrac{v}{a}$	$t_{AH} = t_{VZ} + \dfrac{v}{3{,}6 \cdot a}$
Distância de parada s_{AH} em m	$s_{AH} = v \cdot t_{VZ} + \dfrac{v^2}{2 \cdot a}$	$s_{AH} = \dfrac{v}{3{,}6} t_{VZ} + \dfrac{v}{25{,}92 \cdot a}$

De acordo com a Diretiva do Conselho de Ministros da UE, EEC 71/230, Anexo 3.2.4, a soma do tempo de resposta e tempo de pressurização não deve ser superior a 0,6 s. Caso a manutenção do sistema de frenagem seja deficiente, o tempo de resposta e de pressurização será prolongado.

Tempo de frenagem (t_B)
Tempo de frenagem (t_B) é o período de tempo transcorrido entre o início da frenagem, calculado matematicamente, e o momento de parada total do veículo. Este período de tempo compreende a metade do tempo de acúmulo da pressão ($t_S/2$) (hipótese de cálculo: apenas a metade do tempo de pressurização, com desaceleração de frenagem total), assim como tempo total de frenagem (t_V), durante o qual a desaceleração de frenagem máxima é realmente efetiva.

$t_B = t_S/2 + t_V$

Tempo de parada (t_{AH}) e distância de parada (s_{AH})
O tempo de parada (t_{AH}) é a soma do tempo de pré-frenagem (t_{VZ}) e de tempo de frenagem (t_B)

$t_{AH} = t_{VZ} + t_B$

A distância de parada (S_{AH}) pode ser calculada através de integração.

Referências:
Sacher in Fucik/Hartl/Schlosser/Wielke Verkehrsunfall II (Acidentes de trânsito II) (1998), MANZ'sche Verlags – und Universitäts-buchhandlung AG.
ISBN 3-214-12894-9.

Desaceleração a em m/s²	Velocidade do veículo antes da frenagem em km/h													
	10	30	50	60	70	80	90	100	120	140	160	180	200
	Distância durante o tempo de pré-frenagem (atraso) de 1 s em m													
	2,8	8,3	14	17	19	22	25	28	33	39	44	50	56
	Distância de parada em m													
4,4	3,7	16	36	48	62	78	96	115	160	210	270	335	405
5	3,5	15	33	44	57	71	87	105	145	190	240	300	365
5,8	3,4	14	30	40	52	65	79	94	130	170	215	265	320
7	3,3	13	28	36	46	57	70	83	110	145	185	230	275
8	3,3	13	26	34	43	53	64	76	105	135	170	205	250
9	3,2	12	25	32	40	50	60	71	95	125	155	190	225

Ultrapassagem

Símbolo		Unid.
a	Aceleração	m/s²
l_1, l_2	Comprimento do veículo	m
s_1, s_2	Margem de segurança	m
s_H	Distância relativa percorrida ao ultrapassar veículo	m
s_L	Distância percorrida pelo veículo que é ultrapassado	m
s_u	Distância de ultrapassagem	m
t_u	Tempo de ultrapassagem	s
v_L	Velocidade do veículo mais lento	km/h
v_H	Velocidade do veículo mais rápido	km/h

A manobra completa de ultrapassagem envolve a saída da pista, a ultrapassagem do outro veículo e retorno à pista original. A ultrapassagem pode ocorrer sob uma grande variedade de circunstâncias e condições, o que dificulta os cálculos. Por esta razão, os seguintes cálculos, gráficos e ilustrações se limitarão a duas condições extremas: ultrapassagem em velocidade constante e ultrapassagem a uma taxa constante de aceleração.

Nós podemos simplificar a representação gráfica considerando a distância de ultrapassagem s_u como a soma de dois componentes (em frente) e desconsiderando o percurso adicional, relativo à saída e volta à pista.

Distância de ultrapassagem:
$$s_U = s_H + s_L$$

A distância s_H que o veículo mais rápido deve cobrir, comparado ao veículo mais lento (considerado como estacionário), é a soma dos comprimentos do veículo l_1 e l_2 e as margens de segurança s_1 e s_2.

$$s_H = s_1 + s_2 + l_1 + l_2$$

Durante o tempo de ultrapassagem t_{u1}, o veículo mais lento cobre a distância s_L, esta é a distância que o veículo que ultrapassa também deve cobrir para manter a margem de segurança.

$$s_L = t_u \cdot v_L / 3,6 \text{ (para } v \text{ em km/h)}$$

Distância de ultrapassagem

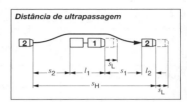

Margem de segurança
A margem de segurança mínima corresponde à distância coberta durante o tempo de pré-frenagem t_{VZ} (p. 246). O valor para um tempo de frenagem de $t_{VZ} = 1,08$ s (velocidade em km/h) é $(0,3 \cdot v)$ metros. Entretanto, é aconselhável um mínimo de $0,5 \cdot v$ fora das áreas desenvolvidas.

Ultrapassagem em velocidade constante
Em vias expressas com mais de duas pistas, o veículo que realiza a ultrapassagem roda freqüentemente em uma velocidade adequada para ultrapassagem, antes que o processo seja realmente iniciado. O tempo de ultrapassagem (da mudança inicial de pista até o retorno à pista original), é de:

$$t_u = \frac{3,6 \cdot s_H}{v_H - v_L}$$

A distância de ultrapassagem

t em s
s em m
v em km/h

$$s_u = \frac{t_u \cdot v_L}{3,6} = \frac{s_H \cdot v_H}{v_H - v_L}$$

Ultrapassagem em aceleração constante
Em estradas estreitas, o veículo terá, normalmente, de diminuir a velocidade para a velocidade do carro ou caminhão precedente, antes de acelerar para ultrapassar. Os valores da aceleração que pode ser atingida dependem do rendimento do motor, peso do veículo, velocidade e resistência à rodagem (p. 425). Estes geralmente situam-se na faixa de 0,4...0,8 m/s², com 1,4 m/s² disponíveis em marchas mais baixas para reduções posteriores no tempo de ultrapassagem. A distância necessária para completar a manobra de ultrapassagem não deve nunca ser superior à metade da extensão visível da estrada.

Assumindo a hipótese de que pode ser mantida uma taxa de aceleração constante durante a manobra de ultrapassagem, o tempo de ultrapassagem será:

$$t_u = \sqrt{2 \cdot s_H / a}$$

A distância que o veículo mais lento cobre dentro deste período é definida como $s_L = t_u \cdot v_L / 3{,}6$. Isto corresponde a uma distância de ultrapassagem de:

$$s_u = s_H + t_u \cdot v_L / 3{,}6 \qquad \begin{array}{l} t \text{ em s} \\ s \text{ em m} \\ v \text{ em km/h} \end{array}$$

O lado esquerdo do gráfico abaixo mostra as distâncias relativas s_H para diferenciais de velocidade $v_H - v_L$ e taxas de aceleração a_1, enquanto que o lado direito mostra as distâncias s_L cobertas pelo veículo que é ultrapassado, em várias velocidades v_L. A distância de ultrapassagem s_u é a soma de s_H e s_L.

Primeiro, determinar a distância s_H a ser percorrida pelo veículo que ultrapassa. Colocar esta distância no lado esquerdo do gráfico entre o eixo Y e a linha aplicável para $(v_H - v_L)$ ou aceleração. Depois, extrapolar a linha para a direita, sobre a linha de velocidade v_L.

Exemplo (representado pelas linhas com traço e ponto no gráfico):
$v_L = v_H = 50$ km/h,
$a = 0{,}4$ m/s²,
$l_1 = 10$ m, $l_2 = 5$ m,
$s_1 = s_2 = 0{,}3 \cdot v_L = 0{,}3 \cdot v_H = 15$ m.

Solução: Colocar a intersecção de $a = 0{,}4$ m/s² com $s_H = 15 + 15 + 10 + 5 = 45$ m no lado esquerdo do gráfico.
Indicação $t_u = 15$ s, $s_L = 210$ m.
Então $s_u = s_H + s_L = 255$ m.

Faixa visual
Para ultrapassagem segura em estradas estreitas, a visibilidade deve corresponder pelo menos à soma da distância de ultrapassagem mais a distância que seria percorrida por um veículo que se aproxima, enquanto a manobra de ultrapassagem está sendo realizada. Esta distância é de aproximadamente 400 m, se os veículos que se aproximam estiverem rodando em velocidades de 90 km/h e o veículo que está sendo ultrapassado estiver a 60 km/h.

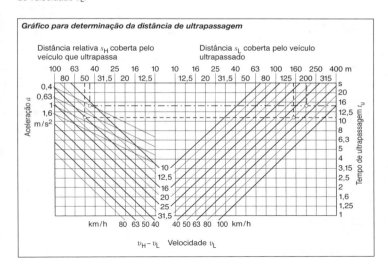

Gráfico para determinação da distância de ultrapassagem

Dinâmica do movimento lateral

Grandezas e unidades

Grandeza		Unid.
δ	Ângulo de esterçamento do eixo	rad
δ_H	Ângulo do volante da direção	rad
a_V	Ângulo de deslizamento do eixo dianteiro	rad
a_H	Ângulo de deslizamento do eixo traseiro	rad
β	Ângulo flutuante	rad
ψ	Ângulo de derrapagem	rad
l	Banda de rodagem	m
l_v	Distância entre eixo dianteiro e centro de gravidade	m
l_h	Distância entre eixo traseiro e centro de gravidade	m
v	Velocidade longitudinal	m/s
v_r	Velocidade resultante de impacto de vento	m/s
C_v	Rigidez de curva dianteira	N/rad
C_h	Rigidez de curva traseira	N/rad
m	Massa total (peso)	kg
i_l	Relação de transmissão	–
F_{SV}	Força lateral no eixo dianteiro	N
F_{SH}	Força lateral no eixo traseiro	N
a_y	Aceleração lateral	m/s²
θ	Momento de derrapagem de inércia	Nms²
ϱ	Densidade do ar	kg/m³
A	Área frontal	m²
τ	Ângulo de impacto	rad
F_S	Força de vento transversal	N
M_Z	Momento de derrapagem por vento transversal	Nm

Referências
Willumeil, H-P.: Modelle und Modellierungs-verfahren in der Fahrzeugdynamic; (Modelos e Métodos de Modelagem na Dinâmica de Veículos Automotores); Teubner-Verlag Stuttgart, 1998.
Mitschke, M.: Dynamik der Kraftfahrzeuge, Band C Fahrverhalten; (Dinâmica de Veículo Automotor, Volume C, Dirigibilidade); Vogel-Buchverlag Würzburg, 1987.

Faixas de aceleração lateral
Hoje, os carros de passeio podem atingir níveis de aceleração lateral de até 10 m/s². A aceleração lateral é subdividida nas seguintes faixas:
- A faixa de 0...0,05 m/s² é conhecida como <u>faixa de sinal curto</u>. O fenômeno a ser considerado nesta faixa é o comportamento de rodagem em linha reta, provocado por fontes de excitação na estrada, tais como sulcos e vento transversal. A excitação por

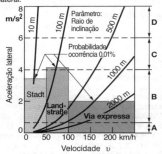

Faixas de aceleração lateral
A Faixa de sinal curto, B Faixa "linear" (relevante para motorista de carro comum), C Faixa de transição, D Faixa limite (ênfase na estabilidade, relevante para imprensa e peritos)
Para o motorista de carro médio, a probabilidade de ocorrência de aceleração lateral diminui exponencialmente com a aceleração lateral.

vento transversal é induzida por ventos fortes e tempestuosos ou por dirigir para dentro e para fora de áreas de vento.
- A faixa de 0,5...4 m/s² é conhecida como <u>faixa linear</u>, visto que o comportamento do veículo que ocorre nesta faixa pode ser descrito com a ajuda do modelo de via única. As manobras típicas, que envolvem dinâmica de movimento lateral, incluem esterçamento súbito, mudança de pistas, assim como combinações de manobras que envolvem movimento lateral e longitudinal, tais como reações de mudança de carga em curvas.
- Na faixa de aceleração lateral de 4...6 m/s², dependendo de suas características de design, os veículos de passeio são categorizados como ainda lineares ou já não-lineares. Assim, esta faixa é considerada como uma <u>faixa de transição</u>. Nesta faixa, os veículos com aceleração lateral máxima de 6...7 m/s² (ex.: veículos off-road) já apresentam características não-lineares, enquanto os veículos que atingem níveis mais altos de aceleração lateral (ex.: carros esportivos) ainda apresentam características lineares.
- A faixa de aceleração lateral acima de 6 m/s² é atingida apenas em situações extremas, sendo chamada de <u>faixa-limite</u>. Nesta faixa, as características do veículo são predominantemente não-lineares, com maior

ênfase na estabilidade do veículo. Esta faixa é atingida em circuitos de corrida ou em situações que provocam acidentes de trânsito em estradas normais.

O motorista médio dirige, normalmente, na faixa de até 4 m/s². Isto significa que tanto a faixa de sinal curto quanto a faixa linear são relevantes para o motorista quando este avalia a situação subjetivamente (ver figura). Podem ser feitas deduções importantes relativas às características dinâmicas do movimento lateral a partir do modelo de via única linear.

Modelo de via única

O modelo de via única combina as propriedades dinâmicas laterais de um eixo e suas rodas para formar uma roda eficaz. Na versão mais simples, como ilustrado aqui, as características consideradas são posicionadas na faixa linear, o que explica porque este tipo de modelo é chamado de modelo de via única linear. As principais hipóteses no modelo incluem:
- A cinemática e a elastocinemática do eixo são consideradas apenas na forma linear.
- A estrutura da força lateral do pneu é linear e o torque de alinhamento ou retorno do pneu é ignorado.
- O centro de gravidade está no nível da superfície da estrada. Isto significa que o veículo executa apenas o movimento de derrapagem como um grau de rotação livre. Oscilação, balanço e levantamento não são considerados (ver página 436 para definição dos ângulos; levantamento é o movimento de translação no eixo z).

Percurso estacionário em círculo

A figura abaixo representa o modelo de via única em relação ao percurso em círculo rápido e lento. Esta representação gera os seguintes inter-relacionamentos que descrevem a cinemática dos ângulos de deslizamento:

$$\alpha_v = \delta - \beta - \frac{\psi \cdot l_v}{v}$$

$$\alpha_h = -\beta + \frac{\psi \cdot l_h}{v}$$

O ângulo de deslizamento é o ângulo formado entre o eixo longitudinal e o vetor de velocidade do pneu. Do mesmo modo, o ângulo flutuante β é o ângulo que ocorre entre o vetor de velocidade no centro de gravidade e o eixo longitudinal do veículo.

Junto com o balanceamento de torque, é possível calcular a mudança no ângulo da roda do volante da direção em relação à aceleração lateral crescente para a manobra de derrapagem em um raio constante. Isto gera a definição do gradiente EG de auto-esterçamento:

$$EG = \frac{d\delta}{da_y} = \frac{m}{l} \cdot \left(\frac{l_h}{C_v} - \frac{l_v}{C_h} \right)$$

Todos os veículos de passeio são projetados de modo a apresentar subesterçamento na faixa de aceleração lateral. O valor EG para veículos de passeio situa-se na faixa de aproximadamente 0,30 grau · s²/m.

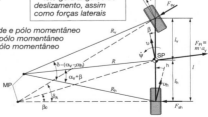

Percurso em círculo estacionário.
β_0 Ângulo flutuante com a roda girando sem deslizamento
δ_A Ângulo de Ackermann
v_v Velocidade do pneu no eixo dianteiro
v_h Velocidade do pneu no eixo traseiro
F_{Fl} Força centrífuga
MP Pólo momentâneo
SP Centro de gravidade
R Distância entre o centro de gravidade e pólo momentâneo
R_v Distância entre o eixo dianteiro e o pólo momentâneo
R_h Distância entre o eixo traseiro e o pólo momentâneo
Ver p. 430 para outras variáveis

Percurso em círculo lento
As rodas giram sem deslizamento lateral
→ não existem ângulos de deslizamento ou forças laterais

Percurso em círculo rápido
As rodas giram com deslizamento lateral
→ isto gera ângulos de deslizamento, assim como forças laterais

Em termos de dinâmica do movimento lateral, o gradiente de auto-esterçamento caracteriza a estabilidade e amortecimento do veículo. Além disso, o significado do gradiente de auto-esterçamento para o motorista de carro médio se torna aparente visto, que a exigência do ângulo de esterçamento aumenta quanto maior for a velocidade de curva. Isto chama a atenção do motorista para a aceleração lateral crescente.

O gradiente do ângulo flutuante SG pode ser calculado a partir da mesma figura. O gradiente do ângulo flutuante deve ser o mais baixo possível para aumentar a estabilidade do veículo.

$$SG = \frac{d\beta}{da_y} = \frac{m \cdot l_v}{C_h \cdot l}$$

Ganho de derrapagem
O ganho de derrapagem define o grau de resposta de derrapagem que um veículo executa em resposta a um ângulo de esterçamento na faixa quase estacionária. O fator de ganho de derrapagem pode ser determinado através do seguinte procedimento de teste: ao dirigir em velocidade constante, o volante de direção é girado com movimento senoidal em uma freqüência de menos de 0,2 Hz. A amplitude do ângulo de esterçamento é selecionada, a fim de atingir uma aceleração lateral máxima de aproximadamente 3 m/s². Iniciando a uma velocidade de 20 km/h, a manobra é repetida a uma velocidade que é aumentada em 10 km/h a cada vez. Desde que

Ganho de derrapagem dependente da velocidade

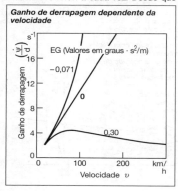

não ocorram influências aerodinâmicas em altas velocidades (forças de levantamento ou de sublevação nos eixo dianteiro e traseiro), o teste apresentará curvas de ganho de derrapagem que correspondem essencialmente com a seguinte equação, derivada do modelo linear de via única:

$$\left(\frac{\psi}{\delta}\right)_{\text{stat.}} = \frac{v}{l + \text{EG} \cdot v^2}$$

A figura mostra o ganho de derrapagem para um veículo que tende a sobreesterçar (EG < 0), que tem esterçamento neutro (EG = 0) e subesterçamento (EG > 0).

Apenas o veículo com subesterçamento é aceitável em altas velocidades, tendo a dinâmica correta do veículo, mesmo quando em linha reta. A velocidade em que o veículo que tende a subesterçar tem a resposta mais alta de derrapagem, é conhecida como a "velocidade característica" v_{char}. No modelo de via única linear, esta velocidade é expressa como:

$$v_{\text{char}} = \sqrt{\frac{l}{\text{EG}}}$$

Fator de amortecimento
O seguinte equilíbrio de forças no sentido lateral é derivado do modelo de via única linear:

$$m \cdot a_y = F_{sv} \cdot \cos(\delta) + F_{sh}$$

e o seguinte balanceamento de torque:

$$\theta \cdot \ddot{\psi} = F_{sv} \cdot \cos(\delta) + l_v + F_{sh} + l_h$$

O fator de amortecimento D para excitação em termos da dinâmica do movimento linear pode ser derivado das duas equações:

$$D = \frac{1}{\omega_e} \cdot \left(\frac{C_v + C_h}{m \cdot v} + \frac{C_v \cdot l_v^2 + C_h \cdot l_h^2}{\theta \cdot v} \right)$$

A seguinte equação exprime a freqüência natural não amortecida:

$$\omega_e = \sqrt{\frac{C_h \cdot l_n - C_v \cdot l_v}{\theta} + \frac{C_v \cdot C_h \cdot l^2}{\theta \cdot m \cdot v^2}}$$

O fator de amortecimento de um veículo pode ser identificado a partir da resposta de derrapagem do esterçamento súbito ou entrada de pedal. O veículo é projetado para assegurar que o amortecimento seja o mais alto possível.

A figura mostra o fator de amortecimento e o ganho de derrapagem para vários gradientes de auto-esterçamento. Isto gera os seguintes conflitos de objetivos:

- Um alto gradiente de auto-esterçamento é necessário, caso o veículo deva ter boas características de rodagem em linha reta.
- O gradiente de auto-esterçamento deve ser o mais baixo possível para facilitar um fator alto de amortecimento, principalmente am altas velocidades.

Relação de transmissão da direção
Uma outra variável importante relacionada ao balanceamento do veículo é a relação de transmissão da direção total i_l. O ângulo do volante de direção, junto com a relação de transmissão de direção total i_l é calculado a partir do ângulo de esterçamento do eixo:

$$\delta_H = i_l \cdot \delta$$

Isto gera a seguinte equação para o ganho máximo de derrapagem:

$$\left(\frac{\dot{\psi}}{\delta_H}\right)_{max} = \frac{1}{2 \cdot i_l \cdot \sqrt{l \cdot EG}}$$

Este máximo é anotado no "gráfico de agilidade lateral" como uma função da relação de transmissão de direção. O gráfico também mostra as isolinhas EG. O gradiente de auto-esterçamento é constante ao longo destas curvas. As faixas-alvos desejadas para o ganho de derrapagem e relação de transmissão de direção podem ser anotadas neste gráfico para definir os gradientes necessários de auto-esterçamento.

Se apenas a relação de transmissão de direção for mudada em um veículo, o ganho máximo de derrapagem pode ser determinado no gráfico de agilidade lateral, mudando-se a linha de base ao longo das isolinhas EG. A mudança será feita ao longo do eixo vertical, caso as características do eixo sejam variadas.

Dinâmica do movimento lateral causado por vento transversal
O vento pode induzir a dinâmica lateral em veículos automotores. O veículo responde a esta influência externa pelo desvio de curso, aceleração lateral e mudança no ângulo de derrapagem e ângulo de oscilação. Então, o motorista tenta adotar a ação corretiva para contrabalançar esta discrepância. Conseqüentemente, as capacidades de resposta do motorista, assim como a capacidade de correção do veículo, são levadas em consideração em segundo estágio.

De acordo com descobertas atuais, a resposta direta do veículo a vento cruzado é a principal variável para avaliar subjetiva-

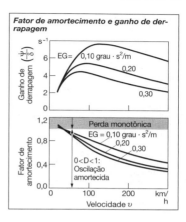

Fator de amortecimento e ganho de derrapagem

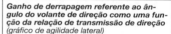

Ganho de derrapagem referente ao ângulo do volante de direção como uma função da relação de transmissão de direção (gráfico de agilidade lateral)

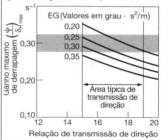

mente a estabilidade global do veículo em ventos transversais. Isto permite que a interação do vento transversal e resposta do veículo possa ser observada efetivamente por análise. O conjunto do circuito veículo – motorista – meio ambiente (ver figura na p. 436), ainda é objeto de uma pesquisa extensiva e, por esta razão, não é tratado em detalhes aqui. Caracteristicamente, o motorista de carro médio percebe dois estados induzidos pela excitação do vento:
- Vento transversal natural que pode variar em termos de direção e velocidade do vento, enquanto estiver dirigindo.

- Dirigir para dentro e para fora das áreas de vento, onde forças muito variáveis podem agir sobre o veículo.

A indústria automotiva busca minimizar os efeitos das excitações provocadas por forças do vento, considerando os seguintes fatores do veículo:
- "Rigidez de curva" dos pneus, i.é, em que extensão a força lateral muda na medida em que o ângulo de deslizamento aumenta. A carga da roda do pneu permanece constante.
- Peso total do veículo
- Posição do centro de gravidade
- Características do eixo
- Suspensão eqüilateral e recíproca
- Amortecimento
- Cinemática e elastocinemática dos eixos
- Perfil aerodinâmico e área frontal do veículo

Forças e momentos aerodinâmicos

Quando um veículo se move a uma velocidade v, com vento a uma velocidade de v_W, o veículo será submetido ao impacto do vento aplicado na velocidade resultante de v_r. Conforme o vento transversal natural, o ângulo de impacto τ é geralmente diferente de 0 grau, criando, deste modo, uma força lateral F_S e um momento de derrapagem M_Z que age sobre o veículo.

Em aerodinâmica, especificar coeficientes sem dimensão, ao contrário de forças e momento, é uma prática padrão. Assim:

$$F_s = C_s \cdot \frac{\rho}{2} \cdot v_r^2 \cdot A$$

$$M_Z = C_M \cdot \frac{\rho}{2} \cdot v_r^2 \cdot A \cdot l$$

Veículo exposto a vento transversal
D Ponto de pressão, S Centro de gravidade,
B Ponto de referência aerodinâmico
Ver p. 430 para outras variáveis

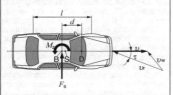

O momento M_Z e força lateral F_Z, que é definida no ponto intermediário da banda de rodagem, podem ser representados por uma única força lateral M_S quando o ponto de impacto estiver localizado no centro do ponto de pressão d. A distância d do ponto intermediário da banda de rodagem é calculada como segue:

$$d = \frac{M_Z}{F_S} = \frac{c_M \cdot l}{c_S}$$

Para manter as influências aerodinâmicas as mais baixas possíveis, devem ser adotadas medidas adequadas para assegurar que o centro do ponto de pressão esteja o mais próximo possível do centro de gravidade. Isto reduz, conseqüentemente, o impacto efetivo do momento.

A figura representa os coeficientes aerodinâmicos para os dois formatos mais típicos de veículo, i.é, camioneta e sedã, como uma função do ângulo de impacto τ. O ponto de pressão resultante é consideravelmente mais baixo para camionetas que para sedãs (ver figura). Para veículo com o centro de gravidade localizado no ponto intermediário da banda de rodagem, a estrutura da camioneta é menos sensível ao vento transversal que a estrutura do sedã.

Coeficiente da força lateral e ponto de pressão
1 Camioneta, 2 Sedã

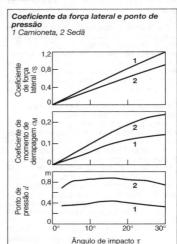

Dinâmica de veículos automotores

Força centrífuga em curvas

Oscilação da carroceria em curvas

$$F_{cf} = \frac{m \cdot v^2}{r_k} \quad \text{(p. 40)}$$

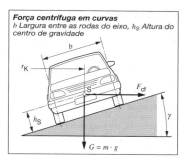

Força centrífuga em curvas
b Largura entre as rodas do eixo, h_S Altura do centro de gravidade

Eixo de oscilação
Em curvas, a força centrífuga concentrada em torno do centro de gravidade faz com que o veículo oscile para fora do percurso. A amplitude deste movimento de oscilação depende das taxas das molas e sua resposta à compressão alternada e do braço de alavanca da força centrífuga (distância entre o eixo de oscilação e o centro de gravidade). O eixo de oscilação é o eixo instantâneo de rotação da carroceria em relação à superfície da estrada. Como todos os corpos rígidos, a carroceria do veículo executa, de modo consistente, um movimento de parafuso ou rotação; este movimento é complementado por um deslocamento lateral ao longo do eixo instantâneo.

Quanto mais alto for o eixo de oscilação, i.é, quanto mais próximo ele estiver de um eixo paralelo através do centro de gravidade, maior será a estabilidade transversal e menor será a oscilação em curvas. Entretanto, isto geralmente provoca um deslocamento para cima do eixo instantâneo das rodas, gerando uma mudança na largura entre as rodas do eixo (com efeitos negativos para a segurança). Por esta razão, o projeto busca combinar um centro de oscilação instantâneo alto com uma mudança mínima no percurso. O objetivo é fazer com que os eixos instantâneos das rodas sejam os mais altos possíveis em relação à carroceria, mantendo-os, ao mesmo tempo, o mais longe possível da carroceria.

Determinação do eixo de oscilação
Um meio utilizado freqüentemente para determinar o eixo aproximado de oscilação baseia-se na determinação dos centros de rotação de um movimento equivalente da carroceria. Este movimento da carroceria ocorre nos dois planos através do eixo dianteiro e traseiro, que são verticais em relação à estrada. Os centros de rotação são aqueles pontos (hipotéticos) na carroceria que permanecem estacionários durante a rotação. O eixo de oscilação, por sua vez, é a linha que conecta estes centros (centros de oscilação instantânea). O gráfico dos centros de oscilação instantâneos baseia-se na regra, segundo a qual os pólos instantâneos de movimento relativo se encontram ao longo de uma linha de pólo comum.

A complexidade das operações necessárias para uma definição mais precisa das relações espaciais envolvidas no movimento da roda faz com que o uso de modelos de simulação tridimensionais gerais seja aconselhável.

Velocidades críticas (equações de valor numérico)

	Curva aberta	Curva inclinada
Velocidade em que o veículo excede o limite de aderência (deslizamento)	$v \leq 11{,}28\sqrt{\mu_r \cdot r_k}$ km/h	$v \leq 11{,}28\sqrt{\dfrac{(\mu_r + \tan\gamma)r_k}{1 - \mu_r \cdot \tan\gamma}}$ km/h
Velocidade em que o veículo tomba	$v \geq 11{,}28\sqrt{\dfrac{b \cdot r_k}{2 \cdot h_S}}$ km/h	$v \geq 11{,}28\sqrt{\dfrac{\left(\dfrac{b}{2 \cdot h_S} + \tan\gamma\right) \cdot r_k}{\dfrac{b}{2 \cdot h_S} \cdot \tan\gamma}}$ km/h

h_S Altura do centro de gravidade (em m), μ_r Coeficiente máximo de atrito, b Largura entre as rodas do eixo (em m), r_k Raio da curva (em m), γ Cambagem da curva

Procedimentos ISO para avaliar o manuseio do veículo

A ciência que estuda a dinâmica de manuseio do veículo geralmente define seu objeto como o comportamento global do sistema total representado por "motorista + veículo + ambiente". Como o primeiro elo da corrente, o motorista julga as características das qualidades de manuseio do veículo, baseado na soma de diversas impressões subjetivas. Por outro lado, os dados de manuseio, derivados de manobras específicas de direção executadas sem interferência do motorista (operação em circuito aberto), fornecem uma descrição objetiva das qualidades de manuseio do veículo. O motorista, que até hoje não pôde ser definido com precisão em termos de comportamento, é substituído nestes testes por um fator específico e objetivamente quantificável. A resposta veicular resultante pode, então, ser analisada e discutida.

As versões padronizadas de manobras de direção (realizadas sobre uma superfície seca da estrada) na lista abaixo já foram definidas pela ISO ou estão sendo consideradas; elas são usadas como procedimentos padrão reconhecidos para avaliação veicular [1], [2]:
- Percurso estacionário em círculo [3]
- Resposta momentânea [4], [5], [6]
- Frenagem em curvas [7]
- Sensibilidade a vento transversal
- Estabilidade de rodagem em linha reta e

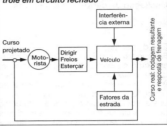

Sinergia "Motorista – veículo – ambiente" representada como um sistema de controle em circuito fechado

- Reação à mudança no acelerador no percurso em círculo

Até este momento, ainda não foi possível chegar a definições objetivas e abrangentes para as características dinâmicas associadas à operação em circuito fechado, visto que os dados adequados sobre as características precisas de controle do elemento humano ainda não estão disponíveis.

Dados de teste

Os critérios principais usados para avaliar a dinâmica do veículo são:
- Ângulo do volante de direção
- Aceleração lateral
- Aceleração e desaceleração longitudinais
- Velocidade de derrapagem
- Ângulos flutuantes e de oscilação

Critérios para avaliar a dinâmica operacional

Dinâmica de veículos automotores

Definição de comportamento em curva estável (conforme Mitschke [10])
i_L Índice de esterçamento, l Distância entre eixos, R (= const.) Raio de curva, i_L (l/R) Efeito Ackermann.

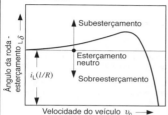

São utilizados dados adicionais para verificar e confirmar as informações derivadas anteriormente sobre pontos específicos do manuseio do veículo:
- Velocidade linear e lateral
- Ângulos de esterçamento nas rodas dianteiras e traseiras
- Ângulos de deslizamento em todas as rodas
- Ângulos de cambagem e passo
- Força do volante de direção

Percurso estacionário em círculo

Além da aceleração lateral máxima, os dados mais importantes obtidos no teste de percurso estacionário em círculo são as mudanças que ocorrem em parâmetros dinâmicos individuais como um fator de aceleração lateral até que o valor máximo seja atingido. Estas informações são utilizadas para avaliar a resposta de autoesterçamento do veículo [2], [3]. A conformidade referente ao sistema de direção e suspensão é representada na definição da norma atual de resposta de esterçamento, que utiliza os termos "subesterçamento", "sobreesterçamento" e "esterçamento neutro". Vários fatores dinâmicos e seus derivativos são considerados junto com a aceleração lateral para descrever o manuseio do veículo, por exemplo, ângulo do volante de direção, ângulo de oscilação e ângulo flutuante. Outros parâmetros significativos do veículo são o ângulo de esterçamento e o ângulo de deslizamento.

Uma Van utilitária leve (similar a um carro de passeio) e um caminhão pesado são usados para fornecer exemplos dos resultados obtidos em uma superfície seca.

Percurso estacionário em círculo (raio de 42 m)
a) Ângulo do volante de direção, b) Ângulo de oscilação, c) Ângulo flutuante, d) Ângulo de esterçamento do eixo traseiro, e) Ângulo de deslizamento da roda dianteira, f) Ângulo de deslizamento da roda traseira

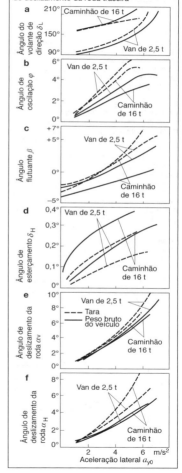

Ângulo do volante de direção
Visto que os utilitários leves são equipados com pneus similares àqueles usados em carros de passeio e também são equipados com motores com potência relativamente alta, eles atingem altos índices de aceleração lateral. Os dois tipos de veículo têm subesterçamento.

Ângulo de oscilação
O grau de auto-esterçamento que prevalece nos eixos é determinado, em grande parte, pelo ângulo de oscilação. Cargas mais altas geram ângulos de oscilação mais pronunciados, devido à massa maior do veículo e o conseqüente aumento da força centrífuga.

Ângulo flutuante
O ângulo flutuante encontrado em altas taxas de aceleração lateral é considerado como um índice de possibilidade de controle, em outras palavras, a resposta do veículo ao comando do motorista. Altos números absolutos ou flutuações no ângulo flutuante são consideradas particularmente indesejáveis [8].

Em baixas taxas de aceleração lateral, o ângulo flutuante é uma função do raio do círculo acionado e o centro de gravidade do veículo que varia conforme as mudanças na carga do veículo.

Esterçamento do eixo traseiro
A relação entre o ângulo de esterçamento no eixo traseiro e a aceleração lateral ilustra como o ângulo de esterçamento no eixo traseiro diminui em resposta a cargas maiores no veículo.

Ângulo de deslizamento
Os ângulos de deslizamento da roda nas rodas individuais fornecem informações sobre as características de auto-esterçamento do veículo. Os ângulos de deslizamento da roda aumentam em função de cargas maiores do veículo, porque os pneus requerem ângulos de deslizamento maiores, na medida em que sua carga aumenta.

Resposta momentânea
Além do auto-esterçamento no teste estacionário, um outro fator significativo é a resposta do veículo durante mudanças de direção (ex.: para manobras evasivas rápidas) [2]. Dois métodos de teste são aceitos internacionalmente. Estes são definidos de acordo com o tipo de estímulo de comando e ilustram as faixas de tempo e freqüência da resposta do veículo:
- Comando de passo (mudança radical no ângulo de esterçamento)
- Comando senoidal (comando de passo senoidal)

Comando de passo (sem carga v_o=60 km/h)
a) Ângulo do volante de direção δ_L, b) Ângulo de oscilação φ, c) Aceleração lateral a_{yo}, d) Velocidade de derrapagem $\dot{\psi}$

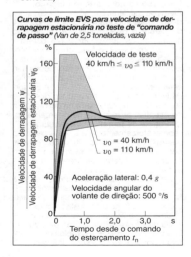

Curvas de limite EVS para velocidade de derrapagem estacionária no teste de "comando de passo" (Van de 2,5 toneladas, vazia)

Dinâmica de veículos automotores

Comando de passo (resposta de tempo)
Partindo o veículo em um percurso em linha reta, o volante de direção é "puxado" abruptamente em um ângulo especificado; a resposta do veículo é usada como base para avaliação. Os valores mais importantes que devem ser medidos são [5]:
- Ângulo do volante de direção
- Velocidade de derrapagem
- Velocidade do veículo e
- Aceleração lateral

Uma Van utilitária leve responde ao comando com uma mudança mais rápida na aceleração lateral – e, conseqüentemente, na derrapagem – que um caminhão pesado.

As autoridades dos EUA definiram uma exigência de derrapagem momentânea para Veículos de Segurança Experimentais (ESV) [11]. Veículos classificados como similares a carros de passeio podem apresentar uma oscilação relativamente pronunciada na fase inicial de comando (este efeito deve cessar após um certo período).

Comando de passo senoidal (resposta de freqüência)
Os comandos de esterçamento senoidal permanente no volante de direção também são usados para medir as características de reposta de freqüência. Isto fornece mais base para avaliar a resposta de manuseio de transição do veículo, a intensidade e a fase variam de acordo com a freqüência de esterçamento. Os fatores mais importantes para esta avaliação são [6]:
- Ângulo do volante de direção
- Aceleração lateral
- Velocidade de derrapagem e
- Ângulo de oscilação

Frenagem em curvas
Entre todas as manobras encontradas em situações cotidianas de direção, uma das mais críticas – e, conseqüentemente, uma das mais importantes com relação ao projeto do veículo – é a frenagem em curvas. O conceito do veículo deve ser otimizado de modo que a reação a esta manobra seja caracterizada pelo melhor compromisso possível entre possibilidade de esterçamento, estabilidade e retardamento [2], [7]. O teste é iniciado a partir de um índice inicial especificado de aceleração lateral e enfoca o índice flutuante e velocidade de

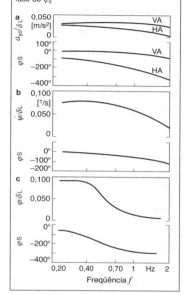

Comando de passo senoidal
(Caminhão de 16 toneladas, v_o = 60 km/h, δ_L = 60°) Referentes ao ângulo do volante de direção: a) Aceleração lateral a_{yo}/δ_L
b) Velocidade de derrapagem $\dot{\psi}/\delta_L$ e
c) Ângulo de oscilação φ/δ_L com ângulo da fase de φ_s

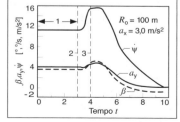

Curvas de tempo para frenagem em curvas (Caminhão de 7,5 toneladas, carregado)
1 Percurso estacionário em círculo, 2 Frenagem inicial, 3 Ponto de avaliação, $\dot{\psi}$ Velocidade de derrapagem, a_y Aceleração lateral, β Ângulo flutuante

derrapagem relativa à desaceleração lateral, como fatores importantes.

O veículo, inicialmente em circulação estacionária em uma aceleração lateral definida, é freado com a taxa de desaceleração aumentada por incrementos. Em todos os testes, usando as funções de tempo, as medições são feitas "1 s depois do início da frenagem" para veículos com freios hidráulicos (um atraso de 1,5...2 s depois da frenagem inicial é aplicado para veículos comerciais para serviço pesado com sistemas de freio com ar comprimido, item c na figura).

Ângulo flutuante
Devido à transferência de peso do eixo traseiro e à resposta dos pneus a este fenômeno, índices maiores de retardo geram maiores ângulos flutuantes (item a na figura). A altas taxas de aceleração, nas imediações do limite de tração, a distribuição da força do freio é o fator decisivo para o ângulo flutuante. O fator decisivo para a estabilidade do veículo é a sujeição remanescente de curva das rodas traseiras.

Respostas típicas para frenagem em curvas
a) ângulo flutuante β_{1s} e b) Velocidade de derrapagem $\dot{\psi}_{1s}$ depois da frenagem inicial (t_n), c) Velocidade de derrapagem $\dot{\psi}$ no momento t_n
1: Caminhão de 16 toneladas, 2: Van de 2,5 toneladas, 3: O veículo começa a deslizar, 4: O veículo permanece estável

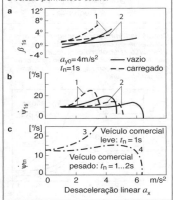

Velocidade de derrapagem
A velocidade de derrapagem é usada como referência para determinar se o desempenho de frenagem em curvas é estável ou instável. Na figura, item b, as curvas de velocidade de derrapagem dos dois veículos movem-se para zero, na medida em que os veículos progridem para fases de desaceleração crescente. Isto indica uma resposta aceitável de frenagem. O veículo permanece estável.

Referências
[1] Rönitz, R.; Braess, H.H.; Zomotor, A.. Verfahren und Kriterien des Fahrverhaltens von Personenwagen (Procedimentos de teste e avaliação da dirigibilidade de carros de passeio). AI 322, 1972, Volume 1.
[2] von Glasner, E.C.: Einbeziehung von Prüfstandsergebnissen in die Simulation des Fahrverhaltens von Nutzfahrzeugen (incluindo resultados de bancada de teste na simulação de manuseio de veículo comercial). Habilitation, Universität Stuttgart, 1987.
[3] ISO. Veículos de Estrada – Procedimento de Teste de Circular Estacionário. ISO 1982, Nº 4138
[4] ISO. Veículos de Estrada – Mudança de Pista Dupla, ISO 1975, TR 3888.
[5] ISO. Proposta de Minuta para Norma Internacional. Veículos de Estrada – Procedimento de Tese de Resposta Momentânea (Comando de Passo/Rampa). ISO/TC 22/SC 9/N 185.
[6] ISO. Proposta de Minuta de Norma Internacional. Veículo de Estrada - Procedimento de Tese de Resposta Momentânea (Comando Senoidal). ISO/TC 22/SC 9/N 219.
[7] ISO. Veículos de Estrada – Frenagem em Curva. Procedimento de Teste de Circuito Aberto. ISO/DIS 7975.
[8] Zomotor, A.; Braess, H.H.; Rönitz, R.; Doppeiter Fahrspurwechsel, eine Möglichkeit zur Beurteilung des Fahrverhaltens von Kfz? (Mudança em Pista Dupla, um Método para Avaliar a Dirigibilidade de um Veículo?) ATZ 76, 1974, Volume 8.
[9] Mitschke, M. Dynamik der Kraftfahrzeuge (Dinâmica do Veículo Automotor), Springer Verlag, 1ª Edição 1972, 2ª Edição 1982 e 1984 e edições subseqüentes.
[10] Mitschke, M. Fahrtrichtungshaltung – Analyse der Theorien (Manutenção da Direção de Percurso – Análise de Teorias). ATZ 70, 1968, Volume 5.
[11] Mischke, A; Göhring, E; Wolsdorf, P; von Glasner, E.C. Contribuição para o Desenvolvimento de um Conceito de Mecânica de Direção para Veículos Comerciais, SAE 83 0643.

Dinâmica operacional especial para veículos comerciais

Grandezas e unidades

G_V	N	Carga no eixo dianteiro
G_H	N	Carga no eixo traseiro
G_G	N	Peso total
G_F	N	Peso sustentado por molas
U_V	N	Peso não sustentado por molas, parte dianteira
U_H	N	Peso não sustentado por molas, parte traseira
C_{DSt}	N · m/roda	Relação de mola de torção para todos os estabilizadores
$C_{FV,H}$	N/m	Relação de mola para as molas dos eixos
$C_{RV,H}$	N/m	Relação das molas para pneus
$S_{FV,H}$	m	Percurso da mola
$S_{RV,H}$	m	Percurso do pneu
$m_{V,H}$	m	Altura do centro instantâneo
h_F	m	Altura do centro de gravidade, peso sustentado por mola
h_G	m	Altura do centro de gravidade, peso total do veículo
$C_{QV,H}$	N/m	Índice de rigidez lateral dos pneus
r	m	Raio da curva

Propriedades de auto-esterçamento
Na fase de desenvolvimento em que são determinados os parâmetros que afetam as propriedades de auto-esterçamento do veículo, são utilizadas medições empíricas e por teste de bancada e simulações por computador, para um processo de otimização. As determinantes mais importantes são a geometria e os índices de conformidade do sistema de direção, chassi e suspensão.

Os objetos da análise são os fatores de interferência que influenciam a estabilidade de rodagem em linha reta e comportamen-

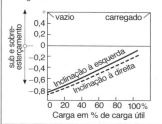

Ângulo de auto-esterçamento da curva de um caminhão de 18 toneladas com aceleração lateral de 3 m/s²
O ângulo de auto-esterçamento é anotado ao longo de Y

to em curva, que podem ser rastreados até a interação entre esterçamento e suspensão e que não se derivam dos comandos do motorista. O efeito de auto-esterçamento é examinado nos eixos dianteiro e traseiro, no teste de percurso estacionário em círculo, durante a frenagem e sob compressão unilateral da mola.

Quando as molas são comprimidas em um lado, um eixo maciço apoiado em molas de lâmina tende a girar em torno do eixo vertical do veículo. O grau de oscilação da mola tem um impacto importante sobre o tipo de fenômeno de efeito do auto-esterçamento. O comportamento neutro ou subesterçamento suave, desejáveis do ponto de vista da segurança são melhorados basculando-se a mola para cima na parte frontal e para baixo na parte traseira, enquanto a mola traseira é montada no sentido oposto, i.é, para baixo na parte frontal e para cima na parte traseira.

Modelo de sistema multicarroceria de um veículo com tração nas quatro rodas, para determinar os efeitos do auto-esterçamento e simular a dinâmica do veículo

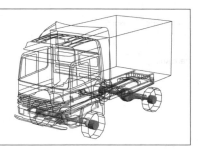

Veículos comerciais para serviço pesado com suspensão a ar são equipados normalmente com eixos maciços ou rígidos controlados com braços e suspensão e conexões. Estes eixos são projetados geralmente para assegurar que a proporção das propriedades de auto-esterçamento no controle do eixo seja virtualmente constante para todos os estados com carregamento, visto que não existe diferença de nível entre os estados "carregado" e "sem carga". Até hoje, os conceitos de controle de eixo envolvendo controle independente da roda só foram implementados em Vans comerciais leves e ônibus.

As cargas da roda no eixo traseiro de caminhão variam dramaticamente, dependendo do caminhão estar carregado ou vazio. Isto faz com que o veículo responda a reduções na carga, com subesterçamento mais pronunciado.

Em veículos 6 x 4 com 3 eixos, o conjunto tandem do eixo-não-esterçado representa uma força de restrição em torno do eixo vertical do veículo, favorecendo a estabilidade em linha reta. Para baixas velocidades, a força de curva adicional necessária nos eixos dianteiro e traseiro é determinada como segue:

Forças de curva resultantes da restrição onde
$F_{S1} = F_{S2} - F_{S3}$ onde
$F_{S2} = c_{p2} \cdot n_2 \cdot \alpha_2$
$F_{S3} = c_{p3} \cdot n_3 \cdot \alpha_3$

Ângulo de deslizamento
$$\alpha_2 = \frac{1}{r} \cdot \frac{c_{p3} \cdot n_3 \cdot b \cdot (a+b)}{c_{p3} \cdot n_3 \cdot (a+b) + c_{p2} \cdot c_2 \cdot a}$$
$$\alpha_3 = (b/r) - \alpha_2$$

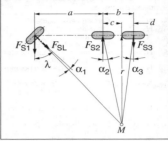

Forças de curva F_S e ângulo de deslizamento α em veículo com três eixos, com eixo tandem não-esterçado.

c_p Coeficiente de estabilidade de curva da curva de desempenho do pneu, n Número de pneus por eixo, outras designações, como na figura.

Resistência à inclinação
Na medida em que altura total do veículo aumenta, o veículo também pode apresentar uma tendência crescente para se inclinar para o lado, durante uma curva, antes que comece a deslizar. Do mesmo modo que o comportamento dinâmico global, os limites de inclinação dos veículos são determinados através de simulações de multicarroceria. As simulações investigam várias manobras quase estacionárias e não estacionárias (percurso estacionário em círculo, tração de esterçamento, guinada VDA, ou teste de evasão, etc.).

Resistência à inclinação.
Equação aproximativa para velocidades críticas v_{tip} em um caminhão com 2 eixos (em km/h).

$$v_{tip} = 7{,}98 \sqrt{\frac{r \cdot (G_V \cdot S_{RV} + G_H \cdot S_{RH})}{G_G \cdot h_G + \frac{G_V^2}{C_{QV}} + \frac{G_H^2}{C_{QH}} + \frac{G_F^2 \cdot h_m^2}{C_D - G_F \cdot h_m}}}$$

com $C_D = \dfrac{C_{DF} \cdot C_{DR} \cdot i^2}{C_{DF} + C_{DR} \cdot i^2}$; $i = \dfrac{h_m}{h_m + m}$;

$h_m = h_F - m$; $m = \dfrac{(G_V - U_V) \cdot m_V + (G_H - U_H) m_H}{G_F}$

$C_{DF} = 1/2 \cdot (C_{FV} \cdot S_{FV^2} + C_{FH} \cdot S_{FH^2}) + C_{DSt}$
$C_{DR} = 1/2 \cdot (C_{RV} \cdot S_{RV^2} + C_{RH} \cdot S_{RH^2})$

Dinâmica de veículos automotores

Os índices possíveis de aceleração lateral no limite de inclinação:
Van $\quad b = 6...8\ m \cdot s^{-2}$
Caminhão $\quad b = 4...6\ m \cdot s^{-2}$
Ônibus com deck duplo $\quad b = 3\ m \cdot s^{-2}$

O uso crescente de sistemas ESP em veículos comerciais (ver p. 864 em diante), pode reduzir amplamente o risco de inclinação através da estimativa/determinação do status e distribuição da carga.

Exigência de largura
A exigência de largura de veículos automotores e combinações de caminhão-reboque é maior durante a curva, do que quando o veículo se move em linha reta. Em relação às manobras de direção selecionada, é necessário determinar o raio descrito pelas extremidades externas do veículo durante a curva, para avaliar a adequação para certas aplicações (ex.: estradas estreitas através de áreas restritas) e para determinar a conformidade em relação a regulamentações legais. A avaliação é realizada em relação ao princípio de tractriz usando programas eletrônicos.

Características de manuseio
Análises objetivas de manuseio do veículo se baseiam em várias manobras, tais como: teste de percurso estacionário em círculo, comando de esterçamento súbito, resposta de oscilação/freqüência e frenagem em curva.

A resposta lateral dinâmica das combinações de caminhão-reboque difere geralmente daquela de veículos rígidos. A distribuição de cargas entre o caminhão e o reboque e o design e geometria do dispositivo de acoplamento mecânico é particularmente importante dentro de uma dada combinação.

A oscilação, com as massas do veículo girando contra a rigidez dos pneus em torno do eixo vertical, prejudica a estabilidade de rodagem em linha reta. Este fenômeno é induzido por:
- correções rápidas de esterçamento, associadas a manobras evasivas
- ventos transversais e
- estrada não uniforme, obstáculos em um lado, sulcos na superfície da estrada e cambagens.

As oscilações associadas com este movimento de pêndulo devem diminuir rapidamente se for necessário manter a estabilidade do veículo. As oscilações associadas ao movimento de pêndulo podem ser avaliadas através das respostas de freqüência de velocidade de derrapagem.

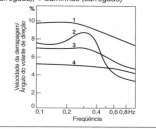

Combinação de trator semi-reboque na área circular, como determinada pelas Regulamentações Alemãs sobre Tráfego na Estrada (StVZO)

Respostas de freqüência de velocidade de derrapagem
1 Unidade de semi-reboque (carregada),
2 Unidade de caminhão-reboque (vazia/carregada),
3 Unidade de caminhão-reboque (carregada),
4 Caminhão (carregado)

As respostas de freqüência de velocidade de derrapagem para vários tipos de combinação caminhão-reboque são mostradas no gráfico acima. O pior caso é representado por uma combinação em que o veículo rebocador está descarregado, enquanto o reboque com eixo central está carregado. Aqui, a curva indica um aumento excessivo de ressonância. Este tipo de combinação exige um alto grau de habilidade do motorista e estilo de direção defensiva.

Com unidades de semi-reboque, as manobras de frenagem realizadas sob condições extremas podem provocar a dobragem ao meio.

Este processo é iniciado quando, em uma superfície de estrada escorregadia (μ-baixo), a perda de força lateral é induzida por uma força de frenagem excessiva aplicada ao eixo traseiro do trator, ou devida a um momento de derrapagem excessivo sob condições de μ-split. A instalação de um programa de estabilidade eletrônica (ESP) é o meio mais eficaz de evitar a dobragem ao meio.

Requisitos para tratores agrícolas

Grandezas e unidades

Símbolo		Unid.
F	Peso de uma roda (carga da roda)	N
F_R	Resistência à rodagem	N
F_{Rh}	Resistência à rodagem, eixo traseiro	N
F_{Rv}	Resistência à rodagem, eixo dianteiro	N
F_{St}	Resistência à subida	N
F_T	Força de tração (motora) na circunferência da roda	N
F_{Th}	Tração (motora), traseira	N
F_{Tv}	Tração (motora), dianteira	N
F_w	Resistência ao solo (chão)	N
F_Z	Potência na barra de tração do trator	N
$F_{Zerf.}$	Requisito de potência da barra de tração do implemento	N
P_e	Potência líquida do motor	kW
P_{trans}	Perdas de potência de transmissão	kW
P_N	Potência prescrita do motor	kW
P_R	Requisito de potência automotiva	kW
P_S	Perdas de potência de deslizamento	kW
P_{St}	Requisito de potência de subida	kW
P_Z	Potência da barra de tração	kW
v	Velocidade do veículo	km/h
v_o	Velocidade circunferencial do volante de direção	km/h
η_{trans}	Eficiência da transmissão/caixa de mudanças	–
η_L	Eficiência de tração nas rodas do trator	–
η_T	Eficiência de tração em uma única roda	–
η_Z	Eficiência de tração de um trator agrícola	–
λ	Coeficiente de utilização do motor	–
$\varkappa$	Coeficiente de força de tração	–
ϱ	Coeficiente de resistência à rodagem	–
σ	Deslizamento da roda	%

Aplicações

Os tratores agrícolas são utilizados para trabalho de campo e para transporte geral e serviços agrícolas. Dependendo do tipo de unidade, a potência do motor pode ser transformada através de um eixo PTO auxiliar ou linhas hidráulicas, assim como através das rodas de tração. Os rendimentos do motor para tratores agrícolas usados na República Federal da Alemanha situam-se em uma faixa de até 250 kW, com pesos superiores a 120 kN.

Rendimentos mais altos do motor acentuam os problemas associados ao suporte do peso no solo sobre pneus de grande volume com capacidade adequada, assim como as dificuldades encontradas para transformar a potência do motor em potência de tração em velocidades aceitáveis do trator.

Requisitos essenciais de um trator
- Alta potência da barra de tração, alta eficiência de tração
- O motor deve combinar aumento de torque alto e baixo consumo de combustível específico com característica de potência a mais constante possível
- Dependendo da aplicação e das distâncias envolvidas, são necessárias velocidades do veículo (velocidades nominais) de até 25, 32, 40, 50 km/h, com > 60 km/h para tratores para propósitos especiais; múltiplas relações de conversão com espaçamento apropriado de marcha (especialmente importante para até 12 km/h), adequado para mudança sob carga, se possível.
- Eixo de tomada de força (PTO) e conexões hidráulicas para energizar os equipamentos auxiliares. Opção de instalar e/ou energizar equipamentos na parte dianteira do trator.
- Espaço para monitorar e operar equipamentos auxiliares a partir do assento do motorista, ex.: com alavancas de controle hidráulicas (p. 1179)
- Layout claro e lógico das alavancas de controle em um arranjo ergonômico.
- Medidas para proteger e preservar o solo (pneus largos, pressão reduzida de enchimento do pneu).
- Proteção para o motorista contra vibração, poeira, ruído, influências climáticas e acidentes.
- Aplicabilidade universal.

Força e potência da barra de tração de um trator no trabalho de campo

A potência da barra de tração é determinada essencialmente pelo peso do trator, tipo de tração (tração traseira ou nas quatro rodas) e as características operacionais de seus pneus. A resposta operacional dos pneus de tração do trator é determinada por fatores, tais como tipo e condições do solo (umidade e porosidade), dimensões do pneu, design da banda de rodagem e armação e pressão do pneu. Devido a estas características operacionais particulares, o trator agrícola desenvolve, no trabalho de campo, sua força máxima da barra de tração, apenas quando o deslizamento do pneu é alto, enquanto a potência máxima da barra de tração é atingida em níveis relativamente baixos de deslizamento e força da barra de tração. Com o motor desenvolvendo 90% de seu rendimento máximo, a força da barra de tração de um trator AWD não excederá 60% da potência nominal do motor, mesmo sob condições extremamente favoráveis.

Dinâmica de veículos automotores

O rendimento efetivo do motor é:
$P_e = P_Z + P_R + P_S + P_{trans.}$
(+ P_{St} em gradientes)
A potência da barra de tração é calculada como:
$P_Z = P_Z \cdot v$
Com a tração nas rodas traseiras, a potência necessária para impulsionar o trator é:
$P_R = F_{Rv} \cdot v + F_{Rh} \cdot v_o$
As perdas de potência de deslizamento são definidas como:
$P_S = F_T \cdot (v_o - v) = F_T \cdot \sigma \cdot v_o$
As perdas na unidade de transmissão são determinadas com a equação:
$P_{trans} = P_e \cdot (1 - \eta_{trans})$
Níveis de eficiência:
Com a tração nas rodas traseiras:

$$\eta_L = \frac{F_{Th} - F_{Rv}}{F_{Th} + F_{Rh}} \cdot (1 - \sigma)$$

Com a tração nas quatro rodas (AWD):

$$\eta_L = \frac{F_{Th} - F_{Tv}}{F_{Th} + F_{Tv} + F_{Rh} + F_{Rv}} \cdot (1 - \sigma)$$

Para roda única:

$$\eta_L = \frac{F_T}{F_T + F} \cdot (1 - \sigma) = \frac{x}{x + \rho}(1 - \sigma)$$

Para o trator:
$\eta_Z = \eta_{trans} \cdot \eta_L = P_Z/P_e$
Os coeficientes são calculados como segue:
$\varkappa = F_T/F$
$\varrho = F_R/F$
$\lambda = P_e/P_N$
$\sigma = (v_o - v)/v_o$

Requisitos da barra de tração dos equipamentos auxiliares e reboques

A uma velocidade constante sobre uma superfície plana, o requisito da barra de tração depende ou da resistência à rodagem F_R (ex.: equipamentos agrícolas) ou da resistência do solo F_W (ex.: a força necessária para mover uma ferramenta

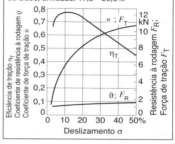

Características operacionais da roda de tração de um trator
Pneu 6.9/14-30 AS, Carga na roda: 1582 daN; Pressão do pneu 1,1 bar, Solo: argila barrenta, arado de trigo, tratado com grade de disco, umidade: 17,3 – 20,8%

através do solo) ou de ambas ao mesmo tempo (ex: levantador de beterraba). A resistência à rodagem é calculada usando o coeficiente de resistência à rodagem e a soma dos pesos suportados pelas rodas, resultando em:
$F_R = \varrho \cdot \Sigma \ F$
Para pneus pneumáticos sobre asfalto
$\varrho \leq 0,03$
Para pneus pneumáticos no campo:
$\varrho = 0,04…0,35$
A resistência do solo é determinada pelo tipo e condição do solo, número e tipo de implementos, profundidade de trabalho e velocidade do veículo. Os números gerais de referência para arar seriam a resistência específica do solo de 400...600 N/dm^2 em solos moderados, com 6000...1.000 N/dm^2 em solos duros (argila). Em solos moderados, com velocidades entre 6 e 9 km/h, a resistência do solo por metro de largura de trabalho de um cultivador é 5.500...7.800 N, para uma profundidade de trabalho de 13...15 cm e 11.000.12.500 N para uma profundidade de 22...25 cm.

Tabela 1. Exemplos de potência necessária para equipamento agrícola acionado por PTO, trabalhando com feno de 1 metro em solo moderado

Implemento	Potência requerida do motor kW	Profundidade de trabalho cm	Velocidade do veículo km/h
Arado em solo fofo	10,5…25	8	3…7
Grade vibratória	8…22	8	3,5…6,5
Grade circular	0…15	8	3,5…6,5

Solicitações ambientais no equipamento automotivo

Fatores climáticos

Os fatores climáticos que agem sobre os componentes automotivos incluem os efeitos do ambiente natural, i.é, o macroclima e as influências derivadas do próprio veículo (tais como vapor de combustível) e o microclima dentro de um componente (tal como calor gerado nos dispositivos elétricos).

Temperatura e variações de temperatura

A faixa engloba desde temperaturas extremamente baixas (armazenagem, transporte) até temperaturas altas associadas à operação do motor com combustão interna.

Umidade atmosférica e variações

Englobam tudo, desde climas desérticos áridos a ambientes tropicais e podem mesmo se estender além destes, sob certas condições (o que ocorre, por exemplo, quando a água é pulverizada contra um bloco quente do motor). O calor úmido (altas temperaturas combinadas com alta umidade atmosférica) é especialmente exigente. Alternar umidade gera condensação superficial, que causa corrosão atmosférica.

Atmosferas corrosivas

A névoa salina, encontrada quando o veículo trafega em estradas tratadas com sal e nas áreas costeiras, provoca corrosão eletroquímica e atmosférica. Atmosferas industriais em regiões industriais provocam corrosão ácida em superfícies metálicas. Quando presentes em concentrações suficientes, os volumes crescentes de poluentes atmosféricos (SO_2, H_2S, Cl_2 e NO_2) formam camadas de contaminantes nas superfícies de contato, gerando aumentos de resistência.

Água

A chuva, pulverização, respingo e água de mangueira, que ocorrem quando se dirige debaixo de chuva, durante as lavagens do carro e motor e – em casos excepcionais – durante a submersão geram esforços com intensidades variadas.

Fluidos químicos agressivos

O produto em questão deve ser capaz de resistir aos fluidos químicos, encontrados no decorrer da operação e da manutenção normais, em seu local de operação particular. Dentro do compartimento do motor, estes produtos químicos incluem combustível (e vapor de combustível), óleo de motor e detergentes de motor. Alguns componentes são submetidos a substâncias adicionais, por exemplo, componentes do sistema de freio e o fluido de freio usado para sua operação.

Areia e poeira

Ocorrem problemas de funcionamento por causa do atrito provocado por areia e poeira em superfícies móveis adjacentes. Além disto, sob a influência da umidade, alguns tipos de camadas de poeira podem provocar interrupção de corrente em circuitos elétricos.

Radiação solar

Os raios de sol podem envelhecer plásticos e elastômeros (um fator que deve ser considerado durante o design de componentes externos expostos).

Pressão atmosférica

A flutuação na pressão atmosférica afeta a operação e confiabilidade de componentes com pressão diferencial, tais como diafragmas, etc.

Simulação de solicitação em laboratório

Condições climáticas e ambientais são simuladas de acordo com procedimentos de teste padronizados (DINIEC 98 – Procedimentos de teste ambiental para componentes e equipamentos eletrônicos) e, em especial, programas de testes de campo projetados especificamente para casos individuais. O objetivo é atingir a maior aproximação possível das solicitações encontradas na prática real ("personalização do teste").

Temperatura, variação de temperatura e umidade atmosférica

A simulação é realizada em câmaras de temperatura e climáticas, assim como em salas climatizadas, que permitam o acesso do pessoal de teste.

O teste de calor seco permite a avaliação da adequação dos componentes para armazenagem e operação em altas temperaturas. O teste não se restringe a avaliar os efeitos do calor sobre a operação: ele também monitora as influências sobre as características materiais. Dependendo da aplicação particular (componente montado na carroceria, motor ou sistema de escapamento), o grau de calor pode cobrir uma variedade extremamente vasta. O tempo de esforço pode ser de muitas centenas de horas.

O teste da operação do produto sob <u>condições frias</u> se refere particularmente ao comportamento da partida e mudanças nas características materiais em baixas temperaturas. A faixa de teste se estende até –40°C para operação e –55°C para armazenagem. Em menos de 100 h, os tempos reais de teste são menores que aqueles utilizados para calor seco.

Um outro teste simula flutuação de temperatura entre os extremos encontrados na operação real; o gradiente de temperatura e o tempo de retardo também contribuem para determinar o grau de solicitação. O tempo de retardo deve ser pelo menos longo o suficiente para assegurar que a amostra atinja o equilíbrio térmico. Os diferentes níveis de expansão térmica significam que as variações de temperatura provocam o envelhecimento do material e esforços mecânicos no componente. A seleção dos parâmetros de teste apropriados possibilita atingir fatores substanciais de tempo-compressão.

Teste de umidade atmosférica sob calor úmido (ex.: + 40°C/93% de umidade relativa) é utilizado para avaliar a adequação de um produto para operação e armazenagem em níveis de umidade relativamente altos (climas tropicais).

Atmosferas corrosivas

A <u>neblina salina</u> é produzida pela difusão de uma solução de 5% de NaCl em temperatura ambiente de 35°C. Dependendo do local de instalação pretendido, os tempos de teste podem ser desde várias centenas de horas. A <u>neblina salina cíclica</u> é um teste combinado que compreende o seguinte: "neblina salina, calor seco e calor úmido". Ele gera uma melhor correlação com os resultados de campo. O <u>teste de clima industrial</u> compreende até 6 alternações cíclicas entre um período de retardo de 8 horas a 40°C/100% de umidade relativa a 0,67% SO_2 e 16 horas em temperatura ambiente. O <u>teste de poluente</u> com SO_2, H_2S, NO e Cl_2 é realizado para gases únicos ou para multissubstância. O teste é realizado a 25°C/75% de umidade relativa, com concentração nas faixas de ppm e ppb e dura até 21 dias.

Pulverização de água

Um pulverizador articulado é usado para simular a pulverização de água. A pressão da água, o ângulo de pulverização e o ângulo de articulação podem ser ajustados para diferentes níveis de gravidade de esforço. O teste de pulverização de água utiliza jatos de alta pressão e limpadores a vapor padrão do tipo usado para limpeza de motores.

Tempo de retardo para esforços combinados simulados
t_V Tempo de retardo, t_n Ciclo de variação de temperatura, T Ciclo de teste

Fluidos químicos agressivos

A amostra é molhada com o fluido em questão durante um período definido. Isto é seguido por uma armazenagem durante 24 horas em temperatura elevada. Este teste pode ser repetido muitas vezes, de acordo com a aplicação particular.

Areia e poeira

A simulação de poeira é realizada usando-se um dispositivo que mantém uma densidade de poeira de 5 g por m^3 no ar em circulação. Uma mistura de cal e cinza é uma das substâncias utilizadas.

Testes combinados

Testes combinados de temperatura, variações de temperatura e umidade, no produto elétrico operacional, asseguram um alto grau de convergência em relação aos efeitos de envelhecimento que devem ser previstos sob condições operacionais extremas. A vantagem deste teste é o seu alto nível de conformidade em relação à prática real. A desvantagem é a duração do teste que geralmente excede aquela que é necessária para as investigações individuais correspondentes.

Motores de combustão interna

Conceitos operacionais e classificações

O motor de combustão interna (IC) é a fonte de energia usada com mais freqüência para veículos automotores. Os motores de combustão interna geram energia através da conversão de energia química contida no combustível em calor e o calor assim produzido, em trabalho mecânico. A conversão da energia química em calor é realizada através de combustão, enquanto a conversão subseqüente em trabalho mecânico é realizada permitindo-se que a energia do calor aumente a pressão dentro de um meio, que então realiza o trabalho na medida em que se expande.

Líquidos, que asseguram um aumento na pressão de serviço através de uma transformação de fase (vaporização) ou gases, cuja pressão de serviço pode ser aumentada através da compressão, são usados como meios de serviço.

Os combustíveis – principalmente hidrocarbonetos – precisam de oxigênio para sua queima; o oxigênio necessário é fornecido normalmente como um constituinte do ar de admissão. Se a combustão do combustível ocorrer no próprio cilindro, o processo é chamado de <u>combustão interna</u>. Aqui, o próprio gás de combustão é usado como meio de serviço. Se a combustão ocorrer fora do cilindro, o processo é chamado de <u>combustão externa</u>.

O serviço mecânico contínuo é possível apenas em um processo cíclico (motor com pistão) ou um processo contínuo (turbina de gás) de absorção de calor, expansão (produção de serviço) e retorno do meio de serviço à sua condição inicial (<u>ciclo de combustão</u>).

Se o meio de serviço for alterado quando absorve calor, ex.: quando uma parte de seus constituintes é usada como oxidante, o retorno à sua condição inicial só é possível através de substituição.

Isto é chamado de ciclo aberto e é caracterizado pela <u>troca de gás cíclica</u> (eliminação de gases de combustão e indução de carga nova). Assim, um ciclo aberto é sempre necessário para a combustão interna.

Na combustão externa, o meio real de trabalho permanece quimicamente inalterado e, assim, pode ser devolvido à sua condição inicial através de medidas adequadas (arrefecimento, condensação). Isto permite o uso de um processo fechado.

Tabela 1. Classificação de motor de combustão interna

Tipo de processo		Processo aberto			Processo fechado		
		Combustão interna			Combustão externa		
		Gás de combustão $\triangle$ meio de serviço			Gás de combustão $\neq$ meio de serviço		
					Transformação de fase em meio de serviço		
					Não	Sim	
Tipo de combustão		Combustão cíclica			Combustão contínua		
Tipo de ignição		Auto-ignição	Ignição fornecida externamente				
Tipo de máquina	Motor $\triangle$ máquina contendo uma câmara de serviço	Diesel	Híbrido	Ignição por centelha	Rohs	Stirling	Vapor
	Turbina $\triangle$ turbina de gás				Gás	Vapor quente	Vapor
Tipo de mistura		Heterogênea	Homogênea		Heterogênea		
		(na câmara de combustão)			(em uma chama contínua)		

Motores de combustão interna

Além das características principais do processo (aberto/fechado) e do tipo de combustão (cíclica/contínua), os diversos processos para motores de combustão interna também podem ser definidos conforme sua formação de mistura ar/combustível e arranjos de ignição.

Na formação externa da mistura ar/combustível, a mistura é formada fora da <u>câmara de combustão</u>. Neste tipo de formação de mistura, uma mistura de ar/combustível muito homogênea está presente quando a combustão é iniciada, assim, ela também é chamada de formação de mistura homogênea.

Na <u>formação interna da mistura ar/combustível</u>, o combustível é introduzido diretamente na câmara de combustão. Quanto mais tarde ocorrer a formação da mistura interna, mais a mistura ar/combustível será heterogênea, no momento em que a combustão for iniciada. Assim, a formação de mistura interna também é chamada de formação de mistura heterogênea. O projeto de ignição externa se baseia em uma centelha elétrica ou vela para iniciar a <u>combustão</u>. Na <u>auto-ignição</u>, a mistura se inflama na medida em que se aquece até a sua temperatura de ignição durante a compressão, ou quando o combustível é injetado no ar, cujas condições-limites permitem a evaporação e a ignição.

Ciclos

Gráfico $p\text{-}V$

Uma pré-condição básica para a conversão contínua de energia térmica em energia cinética é uma modificação da condição do meio de serviço. Também é desejável que o meio seja devolvido à sua condição inicial, na medida do possível.

Para aplicações técnicas, podem ser enfocadas mudanças na pressão e as variações volumétricas correspondentes, que podem ser anotadas em um gráfico de serviço de pressão × volume, ou resumindo, um gráfico $p\text{-}V$.

Como mostrado na figura, a adição de calor e a mudança na condição do meio de trabalho que acompanham o progresso do processo na fase 1 → 2 deve consumir menos energia que aquela necessária para a fase 2 → 1. Uma área que corresponde ao potencial de serviço do processo: $L = \oint V\mathrm{d}p$ resultará do atendimento desta condição.

Gráfico $T\text{-}S$

A entropia de temperatura, ou gráfico $T\text{-}S$, é usada para fornecer uma representação gráfica similar das transferências de energia térmica bidirecionais neste processo cíclico.

No gráfico $T\text{-}S$, as quantidades de calor podem ser representadas como áreas, do mesmo modo que o trabalho é representado como uma área no gráfico $p\text{-}V$. Com o calor do meio de trabalho conhecido, o gráfico $T\text{-}S$ pode ser transformado no gráfico $H\text{-}S$, conhecido como gráfico de entalpia-entropia, de acordo com a equação $\mathrm{d}H = c_p \cdot \mathrm{d}T$.

Um ciclo termodinâmico ilustrado através do gráfico $p\text{-}V$

Um ciclo termodinâmico ilustrado através do gráfico $T\text{-}S$ ou $H\text{-}S$

O ciclo ilustrado no gráfico p-V na página 449 mostra a quantidade de calor adicionado ao longo de "a":

$$Q_{add} = \int_2^1 T_a \, dS$$

e a quantidade de calor dissipado ao longo de "b":

$$Q_{diss} = \int_2^1 T_b \, dS \text{ onde}$$
$$Q_{add} - Q_{diss} = L = \oint V dp$$

(diferença entre a quantidade de calor fornecido e a quantidade de calor eliminado), que corresponde ao montante disponível de serviço mecânico. O gráfico também mostra que uma eficiência térmica $\eta_{th} = (Q_{add} - Q_{diss})/Q_{add}$ pode ser definida baseada na igualdade do serviço mecânico e na diferença entre as quantidades de calor. Isto também ilustra o ciclo teórico que fornece a quantidade máxima de serviço técnico, como encontrada na área entre duas temperaturas especificadas para o meio de serviço (Definição de eficiência p. 453).

---

[1] Mudança isotérmica na condição: a temperatura não muda.
[2] Mudança isentrópica na condição: adiabática (sem acréscimo ou dissipação de calor) e sem atrito (reversível).
[3] Mudança isocórica na condição: o volume não muda, ver p. 451.

O ciclo Carnot
Este ciclo, descrito em 1824 por Carnot, consiste de duas mudanças isotérmicas [1] e duas isentrópicas [2] na condição, que geram a área máxima no gráfico T-S entre T_{max} e T_{min}. Como o ciclo Carnot representa a eficiência máxima do processo entre os limites definidos de temperatura, ele é a condição ótima teórica para converter calor em serviço:

$$\eta_{thCarnot} = (T_{max} - T_{min})/T_{max}$$

Processos reais de combustão
Os motores de combustão interna são operados conforme diferentes ciclos, entretanto, a compressão isotérmica, i.é, um aumento de pressão no meio de serviço sem um aumento na temperatura, e a expansão isotérmica não são possíveis.

Hoje, o tratamento teórico envolve os seguintes ciclos ideais de combustão:
- o ciclo de volume constante para todos os motores com pistão, com combustão periódica e geração de serviço e
- o ciclo com pressão constante para todos os motores com turbina, com combustão contínua e geração de serviço.

Estes ciclos serão tratados com mais detalhes na discussão das máquinas correspondentes.

O ciclo de Carnot nos gráficos p-V e T-S

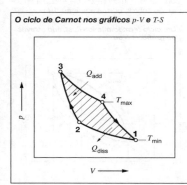
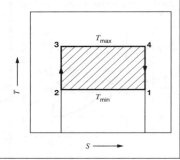

Motores de combustão interna com pistão alternativo

Conceito operacional

Todos os motores com pistão alternativo são operados com ar comprimido ou uma mistura de ar/combustível no cilindro de serviço, ou através da injeção de combustível no ar comprimido quente para iniciar a combustão. O conjunto de árvore de manivelas converte o serviço gerado neste processo em torque disponível na extremidade do eixo de manivela.

O gráfico p-V mostra o processo de geração de potência real no motor como uma função do percurso do pistão. Ele mostra as pressões efetivas médias p_{mi} dentro do cilindro, durante um ciclo completo de serviço. Outros gráficos também podem ser feitos facilmente, tais como os gráficos de pressão x tempo (p-t) e pressão x ângulo do eixo de manivela (p-α). As superfícies definidas nestes dois gráficos não indicam diretamente o volume de serviço gerado, mas fornecem uma representação clara de dados essenciais, tais como ponto de ignição de pressão de pico de injeção.

O produto da pressão efetiva média no deslocamento do cilindro e pistão gera o serviço do pistão e o número de ciclos de serviço por unidade de tempo indica a potência do pistão ou potência interna (índice de potência) para o motor. Deve-se observar aqui que a potência gerada por um motor de combustão interna com pistão alternativo aumenta na medida em que a velocidade do motor aumenta (ver equações na p. 498 a p. 505).

Ciclo ideal de combustão para motores de combustão interna com pistão
Para motores de combustão interna com pistão oscilante, o processo de combustão termodinâmica ideal é o "processo com volume constante" (ver figura na p. 452). Este processo consiste de compressão isentrópica [2]) (ver nota de rodapé na p. 450) (1-2), fornecimento de calor isocórico [3]) (2-3), expansão isentrópica (3-4) e reversão isocórica do gás de serviço ideal à sua condição inicial (4-1). Este ciclo só é possível, se as seguintes condições forem atendidas:
- Sem perdas de calor ou gases, sem gás de escapamento residual
- Gás ideal com calor específico constante C_p, C_v e $\varkappa = C_p/C_v = 1{,}4$
- Fornecimento e descarga de calor infinitamente rápidos
- Sem perdas de fluxo

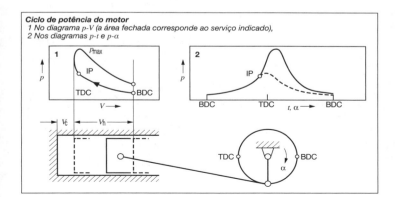

Ciclo de potência do motor
1 No diagrama p-V (a área fechada corresponde ao serviço indicado),
2 Nos diagramas p-t e p-α

Ciclo ideal de combustão com volume constante, como mostrado nos gráficos p-V e T-S

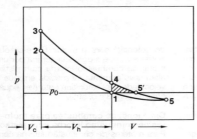
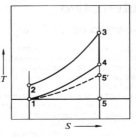

Na medida em que a árvore de manivelas restringe a expansão em níveis finitos, a superfície 4-5 nos gráficos não está disponível diretamente para uso. A seção 4-5'-1 acima da linha de pressão atmosférica está disponível quando uma turbina de gás de escapamento estiver conectada a jusante.

A eficiência do ciclo ideal de combustão com volume constante é calculada do mesmo modo que as eficiências térmicas:

$$\eta_{th} = \eta_v = (Q_{add} - Q_{diss})/Q_{add}$$

Onde $Q_{add} = Q_{23} = m \cdot c_v \cdot (T_3 - T_2)$
e $Q_{diss} = Q_{41} = m \cdot c_v \cdot (T_4 - T_1)$

Usando o mesmo x para compressão e expansão:

$$\eta_{Th} = 1 - Q_{diss}/Q_{add} = 1 - \frac{T_4 - T_1}{T_3 - T_2} = 1 - T_1/T_2$$

Onde $T_4 - T_1 = \varepsilon^{x-1}$ então

$$\eta_{th} = 1 - \varepsilon^{x-1},$$

onde a taxa de compressão é definida como $\varepsilon = (V_c + V_h)/V_c$ com deslocamento do pistão de V_h e um volume de compressão de V_c.

Os motores reais de combustão interna não operam conforme ciclos ideais, mas com o gás real e, assim, estão sujeitos a perdas termodinâmicas, mecânicas e de fluido.

Seqüência de eficiência (DIN 1940)

A eficiência global η_e inclui a soma de todas as perdas e assim, pode ser definida como a relação entre o serviço mecânico efetivo e serviço mecânico equivalente do combustível fornecido:

$\eta_e = W_e/W_B$, onde

W_e é serviço efetivo disponível na embreagem e
W_B é o serviço equivalente do combustível fornecido.

Para distinguir melhor as diferentes perdas, pode ser feita uma distinção adicional:

O fator de conversão de combustível η_B fornece um índice da qualidade da combustão:

$\eta_B = (W_B - W_{Bo})/W_B$, onde

W_B é o serviço equivalente do combustível fornecido,
W_{Bo} é o serviço equivalente do combustível não queimado.

Não existem condições operacionais em que ocorra a combustão completa. Uma parte do combustível fornecido não é queimada (constituintes de hidrocarbonetos no gás de escapamento), ou não é queimada totalmente (CO no escapamento).

η_B é freqüentemente definido como "1" para motores a Diesel pequenos na temperatura operacional e para comparações.

Motores de combustão interna com pistão alternativo **453**

Tabela 2. Representações gráficas e definições de eficiências globais e individuais de motor com pistão alternativo.

Gráfico de pressão x volume	Designação	Condições	Definição	Eficiências
	Ciclo teórico de volume constante para referência	Gás ideal, calor específico constante, adição e dissipação de calor infinitamente rápidas, etc.	$\eta_{th} = 1 - \varepsilon^{1-\varkappa}$ Eficiência teórica ou térmica	η_{th}
	Ciclo de serviço com alta pressão real	Perdas de calor pela parede, gás real, adição e dissipação de calor finitamente rápidas, calor específico variável	η_{gHD} Fator de eficiência do ciclo de alta pressão	η_i η_g η_e
	Ciclo de carga real (4 cursos)	Perdas de fluxo, aquecimento da mistura ou do ar, etc.	η_{gLW} Eficiência de troca de carga	
Perdas mecânicas	Perdas devidas a atrito, arrefecimento e unidades auxiliares	Motor real	η_m	η_m η_m

O índice de eficiência η é a relação entre o serviço de alta pressão indicado e o teor calórico do combustível fornecido
$\eta_i = W_i/W_B$.

A eficiência do fator de ciclo η_g inclui todas as perdas internas que ocorrem nos processos de alta e baixa pressão.
Isto se origina de:
- Gás de serviço real
- Gás de escapamento residual
- Perdas de calor pela parede
- Perdas de gás e
- Perdas do ciclo de carga

Por esta razão, η_g é dividido, de modo mais apropriado, em η_{gHD} para a parte de alta pressão e η_{gLW} para processos de troca de gás. Assim, a eficiência do fator de ciclo indica em que medida o desempenho do motor corresponde ao ciclo de combustão ideal.

$\eta_g = \eta_{gHD} \cdot \eta_{gLW} = W_i/W_{th}$, onde
W_i é o serviço indicado e

W_{th} é o serviço gerado no ciclo de combustão ideal.

A eficiência mecânica define a relação entre o serviço efetivo disponível na embreagem W_e e o serviço indicado W_i. A diferença entre o serviço indicado e o serviço efetivo disponível é atribuída a perdas mecânicas, que incluem, em particular, as perdas por atrito na árvore de transmissão e sistemas de controle de troca de gás, perdas de acionamento nas bombas de óleo, água e combustível, assim como no alternador.

$\eta_m = W_e/W_i$, onde
W_e é o serviço efetivo disponível na embreagem e
W_i é o índice de serviço.

Assim, a cadeia de eficiência é como segue:

$\eta_e = \eta_{th} \cdot \eta_{gHD} \cdot \eta_{gLW} \cdot \eta_m$
(Ver Tabela 2).

Tipos de motor

Unidade de potência com pistão único
A câmara de serviço é formada pelo cabeçote do cilindro, camisa do cilindro e pistão.

Motor em linha (1)
Os cilindros são dispostos consecutivamente em um único plano.

Motor em V (2)
Os cilindros são dispostos em dois planos, em uma configuração de V.

Motor radial (3)
Os cilindros são dispostos radialmente em um ou mais planos.

Motor com cilindro oposto (boxer) (4)
Os cilindros são postos horizontalmente.

Unidade de potência com multi-pistões
Mais de um (normalmente 2) pistão de serviço compartilham uma câmara de combustão comum.

Motor em U (5)
Os pistões se movem no mesmo sentido.

Motor com pistões opostos
Os pistões se movem em sentidos opostos

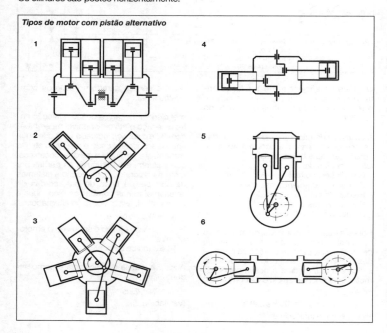

Tipos de motor com pistão alternativo

Motores de combustão interna com pistão alternativo

Definições

Sentido de rotação (DIN 73021) [1]
Rotação no sentido horário: como visualizada a partir da extremidade do motor oposta à extremidade da árvore de transmissão. Abreviação: cw.

Rotação no sentido anti-horário: como visualizado a partir da extremidade do motor oposta à extremidade da árvore de transmissão. Abreviação: ccw.

Numeração dos cilindros (DIN 73021) [1]
Os cilindros são numerados consecutivamente 1, 2, 3, etc. na ordem em que eles seriam interceptados por um plano de referência imaginário, como visualizado a partir da extremidade do motor oposta à extremidade da árvore de transmissão.

Este plano está localizado horizontalmente à esquerda quando a numeração é iniciada: as numerações são realizadas no sentido horário, próximas do eixo longitudinal do motor (ver figuras abaixo). Se houver mais de um cilindro em um plano de referência, o cilindro mais próximo do observador recebe o número 1, números consecutivos são atribuídos aos cilindros seguintes. O cilindro 1 deve ser identificado pelo número 1.

Seqüência de combustão
A seqüência de combustão é a seqüência em que a combustão é iniciada nos cilindros. A configuração de design do motor, uniformidade dos intervalos de ignição, facilidade da fabricação da árvore de manivelas, ótimos padrões de carga da árvore de manivelas, etc., desempenham um papel na definição da seqüência de combustão.

Design		Número de cilindros	Seqüência normal de combustão (exemplos)
Saída de potência		4 5 6 8	1 3 4 2 ou 1 2 4 3 1 2 4 5 3 1 5 3 6 2 4 ou 1 2 4 6 5 3 ou 1 4 2 6 3 5 ou 1 4 5 6 3 2 1 6 2 5 8 3 7 4 ou 1 3 6 8 4 2 7 5 ou 1 4 7 3 8 5 2 6 ou 1 3 2 5 8 6 7 4
Saída de potência		4 6 8	1 3 2 4 1 2 5 6 4 3 ou 1 4 5 6 2 3 1 6 3 5 4 7 2 8 ou 1 5 4 8 6 3 7 2 ou 1 8 3 6 4 5 2 7
Saída de potência		4	1 4 3 2

[1] Aplica-se apenas a motores de veículos automotores. Para motores de combustão interna para uso geral e naval, a direção inversa (visualizada na extremidade da árvore de transmissão) é padronizada (ISO 1204 e 1205, DIN 6265).

Operação do conjunto de árvore de manivelas e propriedades dinâmicas

O propósito do conjunto de pistão, biela, e árvore de manivelas no motor com pistão alternativo é transformar as forças do gás, geradas durante a combustão no cilindro de serviço em um curso do pistão, que a árvore de manivelas converte em torque útil disponível na extremidade saída de potência do motor. O princípio cíclico de operação gera forças desiguais do gás e a aceleração e desaceleração dos componentes de transferência de potência alternativa geram forças inertes. É normal distinguir entre efeitos internos e externos da pressão do gás e força inerte.

Os efeitos externos, que consistem de forças ou momentos livres, imprimem movimento ao motor. Este é transmitido aos suportes do motor, em forma de vibração.

Neste contexto, o <u>funcionamento suave</u> de um motor é entendido como a ausência de vibração de baixa freqüência, enquanto <u>funcionamento silencioso</u> significa ausência de vibração audível de alta freqüência.

As forças internas induzem, periodicamente, cargas variáveis no bloco do motor, pistão, biela, árvore de manivelas, conjunto de eixo de manivela e componentes de transferência de força. Estes fatores devem ser incluídos em cálculos para definir suas dimensões e limite de fadiga.

Conjunto da árvore de manivelas e força do gás

O conjunto da árvore de manivelas de um motor com um único cilindro inclui o pistão, biela (controle) e árvore de manivelas. Estes componentes reagem às forças do gás, gerando forças inertes de massa.

A força do gás F_G que age sobre o pistão pode ser subdividida em forças laterais F_N aplicadas pelo pistão na parede do cilindro e apoiadas por esta e a força da biela F_S. A força da biela, por sua vez, gera a força tangencial F_T que deve ser aplicada à árvore de manivelas. Esta força, junto com o raio da manivela, gera o torque do eixo e a força radial F_R.

Estas forças podem ser calculadas como uma função da força do gás, usando-se o ângulo da árvore de manivelas α, o ângulo de rotação da biela β e a relação entre curso/biela λ:

Força da biela: $\qquad F_S = F_G/\cos\beta$
Força lateral do pistão: $F_N = F_G \cdot \tan\beta$
Força radial: $\qquad F_R = F_G \cdot \cos(\alpha + \beta)/\cos\beta$
Força tangencial $F_T = F_G \cdot \text{sen}(\alpha + \beta)/\cos\beta$
onde $\lambda = r/l$; $\text{sen }\beta = \lambda \cdot \text{sen }\alpha$;

$$\cos\beta = \sqrt{1 - \lambda^2 \cdot \text{sen}^2\alpha}$$

Todas estas relações podem ser representadas como uma série de Fourier, que pode ser útil para cálculos de vibração.

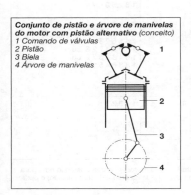

Conjunto de pistão e árvore de manivelas do motor com pistão alternativo (conceito)
1 Comando de válvulas
2 Pistão
3 Biela
4 Árvore de manivelas

Componentes da força do gás mostrados em um conjunto básico de árvore de manivelas

Forças de inércia e momentos de inércia

As propriedades da massa de inércia do pistão, biela e conjunto da árvore de manivelas são compostas de forças de massas de rotação da árvore de manivelas próximas de seu eixo (eixo-z para motores em linha). Em máquinas com múltiplos cilindros, ocorrem momentos livres de inércia, devido a diferentes pontos de aplicação para forças de gás e de inércia. As propriedades de inércia de um motor com cilindro único podem ser determinadas, usando-se a massa do pistão m_K (apenas massa oscilante), a massa da árvore de manivelas m_W (apenas massa rotativa) e os componentes correspondentes da massa da biela (usualmente compostos de massas rotativas e oscilantes, que constituem $1/3$ e $2/3$ da massa, respectivamente):

Massa oscilante

$$m_o = m_{pl}/3 + m_K$$

Massa rotativa

$$m_r = 2\, m_{pl}/3 + m_W$$

A força de inércia rotativa que age sobre a árvore de manivelas é a seguinte:

$$F_r = m_r \cdot r \cdot \omega^2$$

Força de inércia oscilante:

$$F_o = m_o \cdot r \cdot \omega^2 \cdot (\cos\alpha + \lambda \cdot \cos 2\alpha + \ldots)$$

$\qquad\qquad\qquad\qquad$ | $\qquad\qquad$ |
$\qquad\qquad\qquad\qquad$ 1ª ordem $\;$ 2ª ordem

As seguintes aproximações também se aplicam:

$$F_y = \cdot r \cdot \omega^2 \cdot m_r \cdot \operatorname{sen}\alpha$$
$$F_z = \cdot r \cdot \omega^2 \cdot [m_r \cdot \cos\alpha + m_o \cdot (\cos\alpha + \lambda \cdot \cos 2\alpha)]$$

onde $\lambda = r/l$

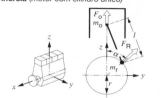

Coordenadas de referência e forças de inércia (motor com cilindro único)

Os componentes da força de inércia são chamados de forças de inércia de 1ª, 2ª, 3ª ou 4ª ordem, dependendo de suas freqüências de rotação em relação à velocidade do motor.

Em geral, apenas os componentes de 1ª e 2ª ordem são significativos. Ordens superiores podem ser desconsideradas.

No caso de motores com múltiplos cilindros, os momentos livres de inércia ocorrem quando todas as forças de inércia do conjunto de árvore de manivelas completo se combinam para produzir uma conjugação de forças na árvore de manivelas. O conjunto da árvore de manivelas deve, então, ser considerada como uma configuração tridimensional, quando os momentos livres de inércia são determinados, enquanto as forças de inércia podem ser determinadas usando-se um sistema bidimensional.

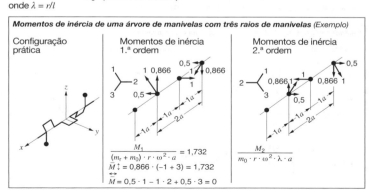

Momentos de inércia de uma árvore de manivelas com três raios de manivelas (Exemplo)

458 Motores de combustão interna

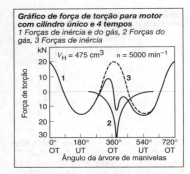

Gráfico de força de torção para motor com cilindro único e 4 tempos
1 Forças de inércia e do gás, 2 Forças do gás, 3 Forças de inércia

Gráfico de força de torção para motor com pistão alternativo

Se a força periódica de gás, que age sobre o pistão, e as forças periódicas de inércia de massa, que agem sobre o pistão, biela e conjunto da árvore de manivelas, forem agrupadas, elas geram a soma dos componentes da força tangencial no mancal da árvore de manivelas. Quando multiplicada pelo raio da manivela, é obtido um valor de torque periodicamente variável. Se este valor de torque se referir à superfície do pistão e raio da manivela, o resultado é um valor válido para qualquer tamanho de motor: pressão tangencial. O gráfico de força de torção mostra a curva para esta pressão, como uma função da posição da árvore de manivelas. Esta é uma das curvas características mais importantes, quando o comportamento dinâmico do motor é avaliado.

Para motores com múltiplos cilindros, as curvas de pressão tangencial para os cilindros individuais são sobrepostas com uma mudança de fase dependendo do número de cilindros, sua configuração, design da árvore de manivelas e seqüência de combustão. A curva composta resultante é característica para o design do motor e compreende um ciclo de serviço total (i.é, 2 rotações da árvore de manivelas para motores de 4 tempos). Também é chamada de gráfico de força de torção.

A análise harmônica pode ser utilizada para substituir o gráfico de força de torção, com uma série de oscilações senoidais caracterizadas por múltiplos de números inteiros das freqüências básicas e obter "harmônica de torção". Quando definidos conforme a velocidade do motor, estes múltiplos também são chamados de ordens. Quando aplicado ao motor de quatro tempos, este procedimento cria meias ordens, por exemplo, a 0,5ª ordem.

As flutuações cíclicas da força de torção, encontradas em todos os motores com pistão alternativo, provocam variações na velocidade de rotação da árvore de manivelas, o chamado coeficiente de variação cíclica.

$\delta_s = (\omega_{max} - \omega_{min})/\omega_{min}$,

Um dispositivo de armazenagem de energia (o volante de direção) assegura a compensação adequada para estas variações na taxa de rotação em aplicações normais.

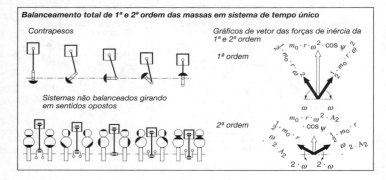

Balanceamento total de 1ª e 2ª ordem das massas em sistema de tempo único

Balanceamento de massas no motor com pistão alternativo

O balanceamento de massa engloba uma vasta gama de medidas utilizadas para obter a compensação parcial ou total das forças e momentos de inércia provenientes do conjunto da árvore de manivelas. Todas as massas são balanceadas externamente quando nenhuma força ou momento de inércia for transmitido através do bloco para a parte externa. Entretanto, as forças e momentos internos remanescentes submetem os montantes e bloco do motor a várias cargas, assim como a tensões que provocam deformação e vibração. As cargas básicas impostas pelas forças baseadas em gás e na inércia são mostradas na Tabela 3.

Balanceamento de forças de inércia no motor com tempo único

O meio mais simples de balancear massas rotativas é o uso de contrapesos para gerar uma força igual que é oposta à força centrífuga. Massas oscilantes geram forças periódicas. As forças de 1ª ordem são propagadas na velocidade da árvore de manivelas, enquanto a periodicidade das forças de 2ª ordem é equivalente a duas vezes a taxa de rotação da árvore de manivelas.

Tabela 3. Forças e momentos aplicados ao pistão, biela e conjunto da árvore de manivelas

Forças e momentos no motor				
Designação	Torque oscilante, momento de inclinação transversal, torque de reação	Forças livres de inércia	Momento livre de inércia, momento de inclinação longitudinal próximo do eixo y (eixo transversal) (momento de "balanço"), próximo do eixo z (eixo vertical) (momento de "rolagem")	Momento de inclinação interna (forças de flexão)
Causa	Forças tangenciais de gás, assim como forças tangenciais de inércia para os ordinais 1, 2, 3 e 4	Forças de inércia de oscilação não balanceadas, 1ª ordem nos cilindros 1-2; 2ª ordem nos cilindros 1, 2 e 4.	Forças de inércia oscilante não balanceadas, como uma composição das forças de 1ª e 2ª ordem	Forças de inércia de rotação e oscilante
Fatores de projeto	Número de cilindros, intervalos de ignição, deslocamento p_b, ε, p_z, m_o, r, ω, λ	Número de cilindros, configuração da manivela m_o, r, ω, λ	Número de cilindros, configuração da manivela, espaçamento do cilindro, o tamanho do contrapeso afetam os componentes do torque de inércia, próximos dos eixos x e z. m_o, r, ω, λ, a	Número de raios de manivela, configuração da manivela, comprimento do motor, rigidez do bloco do motor
Solução	Só pode ser compensado em casos excepcionais	Os efeitos da massa livre podem ser eliminados com estes sistemas de balanceamento de rotação. Entretanto, este processo é complexo e raro; as seqüências de manivela com efeitos limitados ou sem estes são preferíveis.		Contrapesos, bloco rígido do motor
		Blindagem do ambiente através de montantes flexíveis do motor (principalmente para ordens ≥ 2)		

Tabela 4. Forças residuais de inércia de 1ª ordem com diferentes taxas de balanceamento

		Taxas de balanceamento		
		0%	50%	100%
Tamanho do contrapeso	$m_G \triangleq$	m_r	$m_r + 0,5\,m_0$	$m_r + m_0$
Força de inércia residual (z) de 1ª ordem	$F_{1z} =$	$m_0 \cdot r \cdot \omega^2$	$0,5 \cdot m_0 \cdot r \cdot \omega^2$	0
Força de inércia residual (y) de 1ª ordem	$F_{1y} =$	0	$0,5 \cdot m_0 \cdot r \cdot \omega^2$	$m_0 \cdot r \cdot \omega^2$

A compensação destas forças pode ser feita através de sistema de balanceamento com contrapeso, projetado para uma rotação oposta a uma taxa igual ou duas vezes aquela da árvore de manivelas. As amplitudes das forças de balanceamento devem ser iguais àquelas dos vetores de força de inércia de rotação, quando agirem no sentido oposto.

Taxa de balanceamento
As forças exercidas pelos contrapesos usados para balancear massas de rotação podem ser aumentadas por uma certa porcentagem de massa oscilante, para reduzir as forças oscilantes que agem no sentido dos cilindros (z). A porcentagem desta força de inércia que é contraposta aparece no eixo y. O coeficiente do componente da força de inércia compensada no eixo z em relação ao valor inicial para a força de inércia de 1ª ordem é chamado de taxa de balanceamento.

Tabela 5. Gráfico de estrela da 1ª e 2ª ordem para motores em linha com três a seis cilindros

	Cilindro 3	Cilindro 4	Cilindro 5	Cilindro 6
Seqüência de manivela				
Gráfico de estrela 1ª ordem	1 / 2, 3	1,4 / 2,3	1 / 4,5 / 3,2	1,6 / 3,4 2,5
Gráfico de estrela 2ª ordem	1 / 3, 2	1,2,3,4	1 / 2,3 / 4,5	1,6 / 2,5 3,4

Balanceamento de forças de inércia no motor com múltiplos cilindros

Nos motores com múltiplos cilindros, as ações mutuamente contrárias dos vários componentes no conjunto da árvore de manivelas são um dos fatores essenciais que determinam a seleção da configuração da árvore de manivelas e com ela, o próprio projeto do motor. As forças de inércia são balanceadas, se o centro comum de gravidade para todos os componentes móveis do conjunto da árvore de manivelas estiver localizado em um ponto intermediário da árvore de manivelas, i.é, se a árvore de manivelas for simétrica (visualizada da parte frontal). O nível de simetria da árvore de manivelas pode ser definido usando-se representações geométricas das forças de 1ª e 2ª ordem (gráficos de estrela). O diagrama de estrela da 2ª ordem, para o motor em linha com quatro cilindros, é assimétrico, significando que esta ordem é caracterizada por forças livres de inércia substanciais. Estas forças podem ser balanceadas usando-se dois eixos da transmissão intermediária que giram em sentidos opostos no dobro da taxa da árvore de manivelas (sistema Lanchester).

Balanceamento de forças de gás e de inércia

As forças tangenciais de gás fornecem adicionalmente um torque periódico. Este pode ser detectado como torque de reação no bloco do motor. As forças compostas geradas no motor em linha com 4 cilindros incluem forças livres de inércia de 2ª ordem, assim como forças de torque oscilante de forças de inércia e gás de 2ª ordem. O balanceamento das forças de 2ª ordem, junto com uma redução da intensidade das transições da força de 2ª ordem, pode ser realizado a partir de dois eixos da transmissão intermediária.

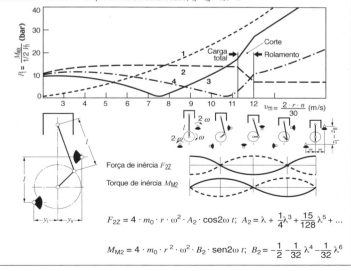

Balanceamento de forças de inércia e oscilantes de 2ª ordem em um motor em linha com 4 cilindros, com eixos da transmissão intermediária
1 Apenas torque de inércia, 2 Torque de gás apenas ou balanceamento completo do torque de inércia $z_I - z_{II}\ 2B_2/B_2 \cdot z$, 3 Torque de gás e inércia sem compensação de força, 4 Torque de gás e inércia com metade do torque de inércia balanceado, $z_I - z_{II} \approx 0{,}5 \cdot l$.

$$F_{2Z} = 4 \cdot m_0 \cdot r \cdot \omega^2 \cdot A_2 \cdot \cos 2\omega\, t;\quad A_2 = \lambda + \frac{1}{4}\lambda^3 + \frac{15}{128}\lambda^5 + \ldots$$

$$M_{M2} = 4 \cdot m_0 \cdot r^2 \cdot \omega^2 \cdot B_2 \cdot \operatorname{sen} 2\omega\, t;\quad B_2 = -\frac{1}{2} - \frac{1}{32}\lambda^4 - \frac{1}{32}\lambda^6$$

Tabela 6. Forças livres e momentos de 1ª e 2ª ordem e intervalos de ignição nos projetos mais comuns de motor

$F_r = m_r \cdot r \cdot \omega^2$ $\qquad F_1 = m_0 \cdot r \cdot \omega^2 \cdot \cos \alpha$ $\qquad F_2 = m_0 \cdot r \cdot \omega^2 \cdot \lambda \cdot \cos 2\alpha$

Arranjo dos cilindros	Forças livres de 1ª ordem [1]	Forças livres de 2ª ordem	Momentos livres de 1ª ordem [1]	Momentos livres de 2ª ordem	Intervalos de ignição
3 cilindros					
Em linha, três cursos	0	0	$\sqrt{3} \cdot F_1 \cdot a$	$\sqrt{3} \cdot F_2 \cdot a$	240°/240°
4 cilindros					
Em linha, 4 cursos	0	$4 \cdot F_2$	0	0	180°/180°
Cilindro oposto (boxer), 4 cursos	0	0	0	$2 \cdot F_2 \cdot b$	180°/180°
5 cilindros					
Em linha, 5 cursos	0	0	$0{,}449 \cdot F_1 \cdot a$	$4{,}98 \cdot F_2 \cdot a$	144°/144°
6 cilindros					
Em linha, 6 cursos	0	0	0	0	120°/120°

[1] Sem contrapesos

Motores de combustão interna com pistão alternativo **463**

Arranjo dos cilindros	Forças livres de 1ª ordem[1]	Forças livres de 2ª ordem	Momentos livres de 1ª ordem[1]	Momentos livres de 2ª ordem	Intervalos de ignição
6 cilindros (continuação)					
V 90°, 3 cursos	0	0	$\sqrt{3} \cdot F_1 \cdot a$ [2])	$\sqrt{6} \cdot F_2 \cdot a$	150°/90° 150°/90°
V 90° com balanceamento normal, 3 cursos, desvio da árvore de manivela de 30°	0	0	$0{,}4483 \cdot F_1 \cdot a$	$\dfrac{(0{,}966 \pm 0{,}256)}{\sqrt{3}} \cdot F_2 \cdot a$	120°/120°
Cilindro oposto, 6 cursos	0	0	0	0	120°/120°
V 60°, 6 cursos	0	0	$3 \cdot F_1 \cdot a/2$	$3 \cdot F_2 \cdot a/2$	120°/120°
8 cilindros					
V 90°, 4 cursos em dois planos	0	0	$\sqrt{10} \cdot F_1 \cdot a$ [2])	0	90°/90°
12 cilindros					
V 60°, 6 cursos	0	0	0	0	60°/60°

---

[1]) Sem contrapesos, [2]) Pode ser totalmente balanceado com o uso de contrapesos

Componentes principais do motor com pistão alternativo

Pistão

Os pistões nos motores atuais de veículo automotor devem desempenhar uma grande variedade de funções:
- Eles transmitem a força gerada pelo gás de combustão às bielas.
- Eles são usados como prolongamento para definir os percursos das bielas dentro do cilindro.
- Eles apóiam a força normal aplicada contra as paredes do cilindro, enquanto a pressão do cilindro é transportada para a barra de ligação.
- Junto com seus elementos de vedação, eles vedam a câmara de combustão da árvore de manivelas.
- Eles absorvem calor para transferência subseqüente ao sistema de arrefecimento.

O design do pistão e a configuração do pino do êmbolo, utilizados para transferir as forças do gás de combustão à barra de ligação são determinados pelo formato da câmara de combustão, incluindo a geometria da coroa do pistão, enquanto outras variáveis incluem o processo de combustão selecionado e a pressão associada máxima. A prioridade é operar o pistão o mais levemente possível em uma unidade capaz de suportar forças intensas durante a operação, em um ambiente com temperaturas que podem atingir os limites físicos

Formatos do pistão em vários projetos de motor
1. Pistão de alumínio para motor a Diesel de veículo comercial; 2. Pistão de aço forjado para veículo comercial; 3. Pistão de alumínio para motor a Diesel de veículo de passeio com suporte de anel e canal de arrefecimento; 4. Pistão de alumínio para motor a Diesel de carro de passeio, com suporte de anel arrefecido; 5. Pistão de alumínio de carro de passeio, para motor com ignição por centelha MPI (Injeção Multiponto); 6. Pistão de alumínio de carro de passeio, para motor com ignição por centelha GDI.

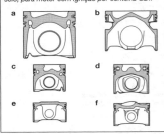

dos materiais usados em sua fabricação. A definição precisa das dimensões do pistão, pino do êmbolo e buchas do pino do êmbolo é essencial para atingir este objetivo.

Os materiais usados mais freqüentemente para forros de cilindro e pistões são o ferro fundido cinza e alumínio. As variações na folga do pistão dentro do cilindro devem ser minimizadas para reduzir o ruído (batida de pino) e melhorar a vedação, apesar de o pistão e forro do cilindro apresentarem diferentes coeficientes de expan-

Temperaturas operacionais do pistão em motores de veículo em plena carga (WOT) (esquema, valores em °C)
a) Pressão de ignição de 16 MPa para pistão de motor a Diesel de veículo de passeio, 58 kW/l
b) Pressão de ignição de 7,3 MPa para pistão de motor com ignição por centelha de veículo de passeio, 53 kW/l

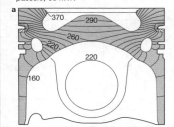
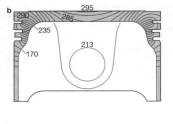

> **Formatos e configurações do anel do pistão**
> **Motor a diesel**
> 1 Anel de fecho com coroa, 2 Anel de compressão de face cônica, com chanfro interno coroado, 3 Anel de compressão escalonado, 4 Anel de controle de óleo ventilado com chanfro duplo, com expansor tipo espiral
>
> **Motor com ignição por centelha**
> 5 Anel de compressão simples, 6 Anel de compressão com face cônica, 7 Anel escalonado, 8 Anel com chanfro duplo, 9 Anel para óleo de aço multi-peça

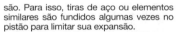

> **Biela de motor de carro de passeio**

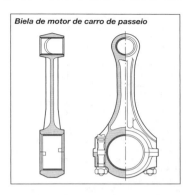

são. Para isso, tiras de aço ou elementos similares são fundidos algumas vezes no pistão para limitar sua expansão.

Os anéis do pistão constituem o elemento de vedação entre a câmara de combustão e o eixo de manivelas. Os dois superiores – anéis de compressão – asseguram a vedação do gás. Pelo menos um anel adicional (anel de controle de óleo ou anel raspador, geralmente com um design diferente), assegura a lubrificação correta do pistão e das vedações. Graças às forças iniciais extremas dos anéis, exercidas contra as paredes do cilindro, eles constituem uma fonte importante de atrito, dentro do motor com pistão alternativo.

Biela

A biela é o elemento de junção entre o pistão e o eixo de manivelas. Ela é submetida à compressão de tração e esforços de flexão, alojando ao mesmo tempo as buchas do pino do êmbolo e rolamentos da árvore de manivela. O comprimento da biela é determinado pelo curso do pistão e raio do contrapeso: assim, a altura do motor também pode ser um fator importante (aplica-se normalmente em motores de veículo).

Árvore de manivelas

A arvore de manivelas, com suas extensões de haste, converte o movimento alternado dos pistões – transmitidos pelas bielas – em movimento rotativo, disponibilizando o torque efetivo na extremidade da árvore de manivelas. As forças que agem na árvore de manivelas são caracterizadas por periodicidades altamente variáveis e variam muito conforme a localização. Estes torques e momentos de flexão e as vibrações secundárias geradas por eles representam fatores de tensão intensos e altamente complexos para a própria árvore de manivelas. Em função disso, suas propriedades estruturais e padrões de resposta de vibrações repousam em cálculos precisos e dimensões definidas cuidadosamente. Assim, o cálculo e o dimensionamento são ainda mais complicados por causa da instalação de um grande número de múltiplos mancais radiais, como uma medida de precaução.

O número de mancais da árvore de manivelas é determinado primariamente pelo fator de carga global e pela velocidade máxima do motor. Para acomodar suas pressões operacionais intensas, todas as

> **Raio de manivela**
> Tensões e deformações primárias, provocadas pela pressão do gás e forças de inércia.

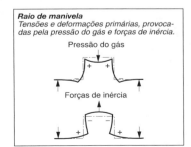

árvores de manivelas de motores a Diesel incorporam um mancal radial principal entre cada raio de manivela e em cada extremidade da árvore de manivelas. Este arranjo também pode ser encontrado em motores de alta velocidade com ignição por centelha (SI), projetados para altos rendimentos específicos.

As árvores de manivelas em alguns motores SI menores, projetados para operação em fatores de carga mais baixos, prolongam, algumas vezes, o intervalo entre mancais principais a cada dois raios de manivela da árvore de manivelas, por razões de custo. O número de contrapesos também depende dos critérios citados acima.

Os fatores de tensão e carga também são considerados para a seleção de materiais e processos de fabricação. Árvores de manivelas submetidas a altas tensões são normalmente forjadas. Em motores menores e com menos tensões, as árvores de manivelas fundidas, que apresentam a dupla vantagem de menor peso e menores custos, estão se tornando cada vez mais populares.

Árvore de manivelas fundida

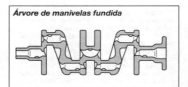

Vibrações da árvore de manivelas

A vibração por flexão é significativa apenas em motores com um pequeno número de cilindros, porque a árvore de manivelas e o volante grande requerido formam um sistema oscilante com uma freqüência natural baixa. A vibração por flexão não é um fator crítico em motores com 3 cilindros ou mais. Por uma extensão lógica, isto também se aplica às vibrações longitudinais da árvore de manivelas, induzidas por vibrações por flexão.

Ao mesmo tempo, as oscilações rotativas do sistema de vibração formado pela árvore de manivelas, bielas e pistões se tornam cada vez mais críticas com números mais altos de cilindros. Este sistema em que os momentos de massa de inércia para as bielas e pistões variam de acordo com o ângulo da árvore de manivelas, pode ser calculado

Esquema de vibrações de uma árvore de manivelas com 6 cilindros (K) com volante (S) e transmissão (G) a Amplitudes relativas, n Velocidade do motor

Análise da ordem das vibrações da árvore de manivelas de um motor com 6 cilindros, com seqüências diferentes de combustão a Amplitudes relativas

reduzindo-o a um eixo uniforme e flexível, livre de inércia, com as massas equivalentes montadas sobre o mesmo. O modelo de redução de oscilação permite determinar a freqüência natural do sistema e a intensidade das forças de vibração. As oscilações emanam das forças tangenciais geradas por uma combinação de forças de gás e forças de inércia oscilantes no pino da árvore. São necessários amortecedores de vibração para reduzir as vibrações de torque da árvore de manivelas a um nível aceitável (ex.: amortecedores de vibração de borracha ou amortecedores viscosos de vibração).

Bloco do motor e cárter
A unidade do bloco de motor e cárter suporta o mecanismo de transferência de força entre o cabeçote do cilindro e o conjunto da árvore de manivelas. Ela apóia os mancais de suporte do conjunto da árvore de manivelas e incorpora (ou apóia) os forros do cilindro. Também estão incluídas: uma camisa d'água separada e câmaras de galerias de óleo vedadas. O bloco também é utilizado como superfície de montagem e suporte para a maioria das unidades auxiliares do motor.

O bloco fundido e a unidade da árvore de manivelas constituem a configuração padrão para as aplicações automotivas. Os parafusos do cabeçote do cilindro opõem as forças de gás para facilitar uma transferência de força com linearidade máxima e tendência mínima de flexão através das paredes de suporte e para os mancais principais. Para maior resistência, o cárter é freqüentemente prolongado abaixo do eixo central da árvore de manivelas. Os pistões em motores com ignição por centelha quase sempre operam em cilindros integrais, usinados com a fundição do bloco. Em motores a Diesel, forros secos ou molhados, fabricados com materiais especiais resistentes a desgaste são usados normalmente.

Enquanto quase todos os blocos para motores de caminhão continuam a ser fabricados com ferro fundido cinza, os blocos de alumínio para carros de passeio estão se tornando cada vez mais populares, devido a seu potencial de redução de peso.

Cabeçote do cilindro
O cabeçote do cilindro veda a extremidade superior do bloco e cilindro(s). Ele aloja as válvulas de troca de gás, assim como as velas e/ou injetores de combustível. Junto com o pistão, ele também assegura o formato desejado da câmara de combustão. Na grande maioria dos motores de carro

Design do cabeçote do cilindro conforme a localização da admissão e escapamento
1 Design de fluxo cruzado
2 Design de contrafluxo

de passeio, o comando de válvulas também é montado no cabeçote do cilindro.

Considerando-se os conceitos de troca de gás, é feita uma distinção entre duas configurações básicas de design:

<u>Cabeçote do cilindro de contrafluxo:</u> As passagens de admissão e escapamento se abrem do mesmo lado do cabeçote do cilindro. Isto limita o espaço disponível para as passagens de admissão e escapamento, mas, devido ao fluxo curto, representa uma vantagem substancial em aplicações com sobrealimentadores. Este design, com o fornecimento de gás e escapamento em um único lado, também oferece vantagens práticas em motores montados transversalmente.

<u>Cabeçote do cilindro com fluxo cruzado:</u> As passagens de admissão e escapamento são localizadas em lados opostos do motor, assegurando um padrão diagonal de fluxo para os gases de admissão e de escapamento. As vantagens deste layout incluem maior liberdade no design da admissão e do escapamento, assim como arranjos menos complicados de vedação.

Em motores de caminhão e industriais, os cabeçotes dos cilindros individuais são usados freqüentemente em cada cilindro para uma melhor distribuição da força de vedação e manutenção e reparo mais fáceis. Os cabeçotes separados de cilindro também são especificados para maior eficiência de arrefecimento em motores arrefecidos a ar.

Em motores de carros de passeio e de menor potência, é usado normalmente um cabeçote de cilindro para todos os cilindros juntos. Os cabeçotes de cilindro em motores a Diesel arrefecidos à água de caminhões são fabricados normalmente com ferro fundido cinza. O aumento substancial

Trem de acionamento de válvulas (fonte: Hütten "Motoren")
1 Conjunto da haste de impulso, 2 Conjunto do balancim único, 3 Conjunto do balancim duplo, 4 Conjunto do tucho suspenso, válvulas superiores OHV, eixo de comando de válvulas OHC, eixo de comando suspenso de válvula duplo DOHC

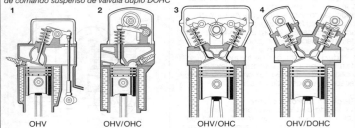

OHV   OHV/OHC   OHV/OHC   OHV/DOHC

das pressões do cilindro deu origem ao uso crescente de fundições vermiculares.

A dissipação superior de calor e o peso mais baixo se combinaram para fazer do alumínio um material preferencial na fabricação de cabeçotes de cilindro para motores arrefecidos a ar, assim como em quase todos os motores com ignição por centelha e a Diesel, em carros de passeio.

Trem de acionamento de válvulas
O conjunto válvula-engrenagem em um motor de 4 tempos permite e controla a troca de gases no motor IC (ver p. 470). A válvula de engrenagem inclui as válvulas de admissão e de escapamento, as molas que as fecham e os vários dispositivos de transmissão de força.

Conceitos de sincronismo de válvula
Nos seguintes designs que são amplamente utilizados, o eixo de comando das válvulas está localizado no cabeçote do cilindro:

Conjunto tucho-haste superior: no qual uma "haste" que se move para frente e para trás no cabeçote do cilindro absorve a força lateral do excêntrico, transferindo sua pressão linear de comando à haste das válvulas.

Roda acionada do excêntrico ou conjunto de balancim único acionado por excêntrico superior, em que as forças laterais e lineares do ressalto do excêntrico são absorvidas por uma alavanca montada no cabeçote de cilindro que oscila para frente e para trás entre os ressaltos do excêntrico e a válvula. Além de transferir forças e absorver forças laterais, o balancim intermediário pode também ser projetado para aumentar o efeito de passo do excêntrico.

Conjunto de balancim duplo acionado pelo excêntrico superior, em que o eixo de oscilação do balancim está localizado entre o excêntrico e a válvula. Aqui o balancim também é projetado normalmente como multiplicador de passo do excêntrico, para assegurar o percurso desejado das válvulas.

Quando o excêntrico é instalado dentro do bloco, o ressalto do excêntrico age contra um mecanismo de levantamento intermediário e conjunto da haste impulsora e não diretamente contra a válvula.

Arranjos de válvula
O arranjo de controle das válvulas e o design da câmara de combustão estão estreitamente inter-relacionados. Hoje, quase todos os conjuntos de válvula são unidades suspensas montadas no cabeçote do cilindro. Em motores a Diesel e motores mais simples de ignição por centelha, as válvulas são paralelas ao eixo do cilindro e são acionadas normalmente por balancins duplos, tuchos ou balancins únicos. Cada vez mais os motores com ignição por centelha, projetados para rendimentos específicos mais altos, tendem a apresentar válvulas de admissão e de escapamento inclinadas uma em direção da outra. Esta configuração permite diâmetros maiores das válvulas para um dado orifício do cilindro, assegurando, ao mesmo tempo, uma maior liberdade para otimizar o design de admissão e de escapamento. Conjuntos de balancim duplo, acionados por excêntricos suspensos, são usados com mais freqüência. Motores de alto desempenho e de corrida usam cada vez mais, quatro válvulas por cilindro e conjuntos de válvulas de tucho suspensos.

Um gráfico de sincronização das válvulas do motor mostra os momentos de

Motores de combustão interna com pistão alternativo **469**

Gráfico de sincronização das válvulas mostrando levantamento das válvulas(s), velocidade das válvulas (s')e aceleração das válvulas (s")

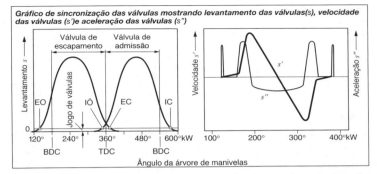

Ângulo da árvore de manivelas

abertura e fechamento das válvulas, a curva de levantamento das válvulas, com levantamento máximo e as taxas de velocidade e aceleração das válvulas.

As taxas de aceleração típicas das válvulas para conjuntos de válvula OHC (eixo de comando de válvulas suspenso) de carros de passeio:
$s'' = 60...65$ mm $(b/\omega^2) \triangleq 6.400$ m/s^2 a 6.000 rpm para conjuntos de balancim único e duplo.
$s'' = 70...80$ mm $(b/\omega^2) \triangleq 7.900$ m/s^2 a 6.000 rpm para conjuntos de tucho. Para veículos comerciais pesados com eixo de comando de válvulas montado no bloço:
$s'' = 100...120$ mm $(b/\omega^2) \triangleq 2.000$ m/s^2 a 2.400 rpm.

Válvula, guia das válvulas e assento das válvulas

Os materiais utilizados na fabricação de válvulas são resistentes a calor e incrustação. A superfície de contato do assento das válvulas é freqüentemente endurecida. Um método comprovado para melhorar as características de condutividade térmica das válvulas é encher suas hastes com sódio. Para prolongar a vida útil e melhorar a vedação, são adotados comumente sistemas de rotação de válvulas (rotocaps).

As guias de válvulas em motores de alto desempenho devem apresentar alta condutividade térmica e boas propriedades antiatrito.

Eles são normalmente pressionados no cabeçote do cilindro e são, freqüentemente, suplementados por vedações da haste das válvulas em suas extremidades frias, para reduzir o consumo de óleo.

O desgaste do assento das válvulas é geralmente reduzido através da fabricação de assentos de válvula fundidos ou com materiais sinterizados e através de encaixe por retração no cabeçote do cilindro.

Design do ressalto e dinâmica de sincronização

O ressalto do excêntrico deve possibilitar a abertura (e fechamento) das válvulas o mais rápida e uniformemente possível. A força de fechamento para as válvulas é aplicada pelas molas das válvulas, que também são responsáveis pela manutenção do contato entre o ressalto do excêntrico e a válvula. As forças dinâmicas impõem limites no excêntrico e levantamento das válvulas.

O conjunto válvula-engrenagem pode ser visto como um sistema de mola/massa, no qual a conversão de energia armazenada em energia livre provoca vibração forçada. Os conjuntos válvula-engrenagem com eixos de comando das válvulas suspensos podem ser representados com precisão suficiente por um sistema de massa única (que consiste da massa impulsionada, rigidez do conjunto válvula-engrenagem e os efeitos de amortecimento correspondentes).

Os sistemas de massa dupla estão se tornando cada vez mais populares para utilização em eixos de comando de válvulas e haste impulsora montados no bloco.

A pressão superficial máxima permissível, normalmente considerada como o parâmetro decisivo que limita o raio do ressalto do excêntrico e o índice de abertura de um lado, situa-se normalmente entre 600 e 750 N/mm^2, dependendo do material utilizado.

Troca de gás

Nos motores de combustão que utilizam processos abertos, o sistema de troca de gás (escapamento e reabastecimento) deve desempenhar duas funções decisivas:
1. A substituição é usada para fazer com que o meio de gás retorne à sua condição inicial (início do ciclo) e
2. O oxigênio necessário para queimar o combustível é fornecido na forma de ar fresco.

Os parâmetros definidos na DIN 1940 podem ser usados para avaliar o processo de troca de gás. Para o fluxo de ar global (consumo de ar $\lambda_a = m_g/m_{th}$) a carga total transferida durante o ciclo de trabalho m_g é definida em relação ao máximo teórico para deslocamento específico. Por outro lado, a eficiência volumétrica $\lambda_{a1} = m_2/m_{th}$ é baseada exclusivamente na carga fresca m_z presente ou remanescente no cilindro. A diferença entre m_z e a transferência total de carga m_g consiste da proporção de gás que flui diretamente no escapamento na fase de sobreposição, impedindo sua combustão subseqüente.

O índice de retenção $\lambda_a = m_2/m_g$ é um índice de carga residual no cilindro.

O índice de limpeza $\lambda_s = m_z/(m_z + m_r)$ indica o volume de carga fresca m_z em relação à carga total existente, que consiste de carga fresca e gás residual m_r. O parâmetro m_r indica o volume de gás residual dos ciclos de trabalho anteriores que permanece no cilindro depois do processo de escapamento.

No ciclo de 2 tempos, o gás é trocado a cada rotação da árvore de manivelas no final da expansão na área em torno do centro morto inferior. Em um ciclo de 4 tempos, os tempos separados de admissão e escapamento geram um ciclo adicional de troca de gás.

Processo com 4 tempos

A sincronização das válvulas – e conseqüentemente, a troca de gás – é regulada por um eixo de controle (eixo de comando das válvulas), que gira na metade da freqüência da árvore de manivelas, que o aciona. O eixo de comando das válvulas abre as válvulas de troca de gás apertando-as contra as molas das válvulas para descarregar o gás de escapamento e aspirar o gás fresco (válvulas de escapamento e admissão, respectivamente). Logo antes do centro morto da parte inferior do pistão (BDC), a válvula de escapamento se abre aproximadamente 50% dos gases de combustão saem da câmara de combustão sob um coeficiente de pressão supercrítico, durante a fase de pré-descarga. Na medida em que ele se move para cima durante o tempo de escapamento, o pistão elimina quase todos os gases de combustão da câmara de combustão.

Logo depois do centro morto do topo do pistão (TDC) e antes que a válvula de escapamento tenha se fechado, a válvula de admissão se abre. Esta posição do centro morto do topo da árvore de manivelas é chamada de TDC de troca de gás ou TDC de sobreposição (porque os processos de admissão e escapamento se sobrepõem neste ponto), para distingui-la do TDC de ignição. Logo após o TDC de troca de gás, a válvula de escapamento é fechada e, com a válvula de admissão ainda aber-

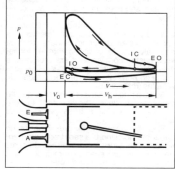

Representação do processo de troca de gás com quatro tempos no gráfico p-V.

ta, o pistão aspira ar fresco em seu curso para baixo. Este segundo tempo no processo de troca de gás, o tempo de admissão, continua até logo após BDC. Os dois tempos subseqüentes no processo de 4 tempos são a compressão e a combustão (expansão).

Em motores a gasolina controlados por estrangulador, durante o período de sobreposição das válvulas, os gases de escapamento fluem diretamente da câmara de combustão para a passagem de admissão, ou da passagem de escapamento de volta para a câmara de combustão e de lá para a passagem de admissão. Esta tendência é especialmente pronunciada em aberturas pequenas de estrangulamento, com alto vácuo do coletor. Esta recirculação "interna" de gás de escapamento pode ter efeitos negativos sobre a qualidade da marcha lenta, mas é impossível evitar totalmente, visto que deve haver um compromisso entre o levantamento de alta velocidade das válvulas e uma marcha lenta satisfatória.

A sincronização precoce das válvulas de escapamento permite um alto grau de purga garantindo, deste modo, uma baixa compressão de gás residual enquanto o pistão está em seu curso para cima, ainda que ocorra uma redução no índice de trabalho dos gases de combustão.

Na sincronização – válvula de admissão fechada (IC) – exerce um efeito decisivo sobre a relação entre o consumo de ar e a velocidade do motor. Quando a válvula de admissão fecha precocemente (IC), a eficiência máxima da carga ocorre a baixas velocidades do motor, enquanto o fechamento retardado muda o pico de eficiência na direção da extremidade superior do espectro de velocidade do motor.

Obviamente, a sincronização fixa das válvulas representará sempre um compromisso entre dois objetivos diferentes de projeto: máxima pressão efetiva média de frenagem – e assim, o torque – nos pontos mais desejáveis da curva e o rendimento de pico mais alto possível. Quanto maior for a velocidade em que a potência máxima ocorre e quanto maior for a faixa de velocidades operacionais do motor, menos satisfatório será este compromisso. Gran-

Processo de troca de gás em 4 tempos
E   Escapamento
EO O escapamento abre
EC O escapamento fecha
I   Admissão
IO A admissão abre
IC A admissão fecha
TDC Centro Morto do Topo
OTDC TDC de Sobreposição
ITDC TDC de Ignição
BDC Centro Morto da Parte inferior
IP Ponto de ignição

des variações na abertura de fluxo efetiva das válvulas em relação ao tempo (i.é, em projetos com mais de duas válvulas), irão intensificar esta tendência.

Ao mesmo tempo, as exigências referentes a emissões mínimas de escapamento e economia máxima de combustível significam que baixas velocidades de marcha lenta e torque alto na extremidade lenta (apesar dos altos rendimentos específicos em virtude do peso da unidade de potência) estão se tornando cada vez mais importantes. Estes imperativos levaram à aplicação de sincronização variável das válvulas (ver p. 474 em diante).

Vantagens do processo de 4 tempos
- Ótima eficiência volumétrica em toda faixa de velocidade do motor
- Baixa sensibilidade em relação a perdas de pressão no sistema de gás de escapamento e
- controle relativamente bom da curva de eficiência de alimentação através da seleção de sincronização apropriada das válvulas e projetos do sistema de admissão.

Desvantagens do processo de 4 tempos
- O controle das válvulas é altamente complexo.
- A densidade de potência é reduzida porque apenas cada segunda rotação do eixo é utilizada para gerar serviço.

Representação gráfica do processo de troca de gás de 2 tempos no gráfico p-V

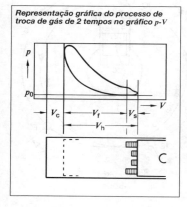

Processo de 2 tempos
Para manter a troca de gás sem uma rotação adicional do eixo de manivelas, os gases são trocados, no processo de dois tempos, na extremidade de expansão e no início do tempo de compressão. A sincronização de admissão e escapamento é controlada normalmente pelo pistão, na medida em que este desliza após os orifícios de admissão e escapamento, dentro do alojamento do cilindro próximo de BDC. Entretanto, esta configuração requer tempos simétricos de controle e envolve problemas de expulsão de curto circuito. Além disto, 15...25% do curso do pistão não podem gerar serviço, porque apenas o volume de carga V_f pode ser explorado para geração de potência e não o volume de deslocamento V_h. Visto que o processo de dois tempos separa os tempos de admissão e escapamento, o cilindro deve ser cheio e esvaziado usando-se pressão positiva, o que requer o uso de bombas de descarga. Em um design especialmente simples e muito utilizado, a superfície inferior do pistão opera junto com um carter com um mínimo de volume morto, para formar uma bomba de descarga. As figuras mostram um motor de 2 tempos com expulsão por carter ou pré-compressão por carter, junto com os processos de controle associados. Os processos que ocorrem do lado da bomba de descarga são mostrados no círculo interno, enquanto aqueles que ocorrem no lado do cilindro são mostrados no círculo externo. Uma descarga satisfatória pelo pistão é assegurada através da descarga por fluxo cruzado, descarga em circuito fechado e descarga por fluxo único.

Vantagens do processo de dois tempos:
- Design simples do motor
- Baixo peso
- Baixos custos de fabricação
- Padrão melhor de força de torção

Desvantagens do processo de dois tempos:
- Maior consumo de combustível e
- Altas emissões de HC (a descarga do cilindro é problemática)
- Pressões efetivas médias mais baixas (eficiência volumétrica mais deficiente)
- Cargas térmicas mais altas (não existe tempo de troca de gás)
- Marcha lenta mais deficiente (porcentagem alta de gás residual)

Motores de combustão interna com pistão alternativo **473**

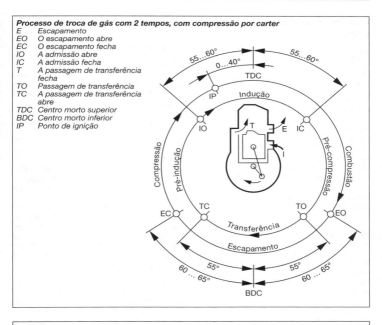

Processo de troca de gás com 2 tempos, com compressão por carter
E Escapamento
EO O escapamento abre
EC O escapamento fecha
IO A admissão abre
IC A admissão fecha
T A passagem de transferência fecha
TO Passagem de transferência
TC A passagem de transferência abre
TDC Centro morto superior
BDC Centro morto inferior
IP Ponto de ignição

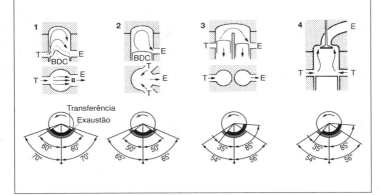

Descarga com 2 tempos
1 Descarga com fluxo cruzado, 2 Descarga em circuito fechado, 3 e 4 Descarga com fluxo único

Comando variável das válvulas

Ajuste da fase do eixo de comando de válvulas

Os motores equipados com comando variável de válvulas permitem o ajuste da fase dos eixos de comando de válvulas em relação à arvore de manivelas sem afetar o período de abertura das válvulas e o levantamento das mesmas (ver figura). Os comandos operados eletricamente ou eletro-hidraulicamente permitem o ajuste do eixo de comando de válvulas como uma função da velocidade do motor. Sistemas simples de controle permitem o ajuste apenas em duas posições definidas, enquanto os sistemas de controle mais sofisticados permitem ajuste infinitamente variável, dentro de uma faixa definida de ângulo da árvore de manivelas.

O eixo de comando de válvulas é ajustado para "fechamento retardado da admissão" na velocidade de marcha lenta e na faixa superior de velocidade do motor. A sobreposição reduzida das válvulas gera uma recirculação interna reduzida de gás de escapamento, assegurando, ao mesmo tempo, características estáveis de marcha lenta com a possibilidade de diminuir a velocidade de marcha lenta. Os efeitos de reforço atribuídos à propriedade dinâmica de gases em velocidades mais altas do motor asseguram um maior rendimento do motor.

Estes efeitos dinâmicos de gás diminuem na faixa média de velocidade do motor. O fechamento precoce das válvulas evita que o ar aspirado seja expelido, aumentando o rendimento.

Sistemas que também permitem o ajuste do eixo de comando de válvulas de escapamento possibilitam a variação da recirculação interna de gás de escape (medida usada para reduzir as emissões de óxido de nitrogênio).

Controle do ressalto do eixo de comando de válvula

O controle seletivo do ressalto do eixo de comando de válvulas permite a alternância entre dois ressaltos separados do eixo de comando de válvula, que têm perfis diferentes de levantamento para variação da sincronização das válvulas e levantamento da mesma (ver figura). O primeiro ressalto tem um perfil concebido para uma sincronização perfeita de admissão e escapamento e levantamento das válvulas nas faixas inferiores e médias de velocidade do motor. O segundo ressalto assegura um maior levantamento das válvulas e tempos mais prolongados de abertura para velocidades mais altas do motor.

Tais sistemas podem envolver, por exemplo, um balancim que gira livremente em baixas velocidades e que está acoplado ao balancim padrão. Este balancim se movimenta no segundo ressalto do eixo de comando de válvula. Uma opção adicional de controle é assegurada por tuchos suspensos.

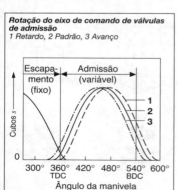

Rotação do eixo de comando de válvulas de admissão
1 Retardo, 2 Padrão, 3 Avanço

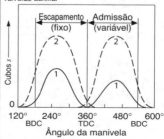

Comando seletivo do ressalto do eixo de comando de válvula
1 Ressalto do eixo de comando de válvulas da base, 2 Ressalto do eixo de comando de válvulas auxiliar

Sincronização totalmente variável das válvulas

Um sistema de sincronização das válvulas que permite a variação do levantamento e da sincronização das válvulas é conhecido como sincronização totalmente variável das válvulas ou sistema de controle. Os ressaltos do eixo de comando de válvulas com perfil tridimensional curvado e comutação lateral do eixo de comando de válvulas permitem um grau substancial de liberdade na operação do motor (ver figura). Este tipo de sistema de controle do eixo de comando de válvulas facilita o ajuste infinitamente variável do levantamento das válvulas (apenas no lado da admissão) e, conseqüentemente, do ângulo de abertura das válvulas, assim como da posição da fase entre o eixo de comando de válvulas e árvore de manivelas.

Através do fechamento precoce das válvulas de admissão, este controle totalmente variável do eixo de comando de válvulas permite o controle da carga, dispensando a instalação de estrangulamento no coletor de admissão. Isto também tem um efeito positivo sobre a eficiência.

Sincronização totalmente variável das válvulas sem eixo de comando de válvula

Os sistemas que permitem a sincronização das válvulas sem envolver o eixo de comando de válvulas asseguram o mais alto grau de liberdade em relação à sincronização das válvulas e o mais alto potencial para redução de consumo de combustível. Nestes sistemas, as válvulas são operadas através de controles eletromagnéticos (solenóides) ou eletridráulicos. O objetivo desta sincronização totalmente variável sem envolver o eixo de comando de válvulas é assegurar a reversão do estrangulamento do coletor de admissão com perdas muito baixas de carga e facilitar os níveis flexíveis de recirculação de gás de escapamento para reduzir as emissões de óxido de nitrogênio.

Exemplo de um sistema com sincronização e levantamento das válvulas infinitamente variáveis
a) Levantamento mínimo
b) Levantamento máximo

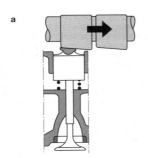
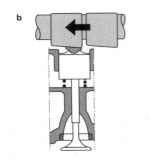

Processos de sobrealimentação

A potência de um motor é proporcional ao fluxo de ar-massa m_Z. Visto que este fluxo de ar é, por sua vez, proporcional à densidade do ar, a potência de um motor, em um deslocamento e velocidade específicos, pode ser aumentada através da pré-compressão do ar antes que ele entre nos cilindros, i.é, através da sobrealimentação.

O coeficiente de sobrealimentação indica o aumento da densidade comparada ao motor aspirado naturalmente. Um fator determinante é o sistema utilizado (coeficiente de pressão potencial). O coeficiente máximo para um aumento dado de pressão é obtido quando a temperatura do ar comprimido (ar de reforço) não é aumentada ou é retornada a seu nível inicial por interarrefecimento.

No motor com ignição por centelha, o coeficiente de sobrealimentação é limitado pelo patamar de pré-ignição. No motor a Diesel as pressões máximas de pico constituem um fator de limitação.

Para evitar esses problemas, os motores sobrealimentados apresentam, geralmente, coeficientes de compressão mais baixos que os motores similares aspirados normalmente.

Sobrealimentação dinâmica

Além da sincronização das válvulas, a geometria do ar de admissão e as linhas de gás de escapamento influenciam os ciclos de carga. Induzido pelo trabalho de indução do pistão, quando a válvula de admissão é aberta, ele inicia uma onda de propagação de pressão que se reflete na extremidade aberta do coletor de admissão e retorna à válvula de admissão. A pulsação de pressão resultante pode ser utilizada para aumentar a admissão de massa de ar. Além da geometria no coletor de admissão, este efeito de sobrealimentação, baseado na dinâmica do gás, também depende da velocidade do motor.

Sobrealimentação através do coletor de admissão oscilador

Em conexão com a sobrealimentação do coletor de admissão oscilador, cada cilindro apresenta um canal individual com um comprimento específico, conectado normalmente a uma câmara plena comum. As ondas de pressão podem se propagar independentes uma da outra nestes canais de admissão (ver figura). O efeito de sobrealimentação depende da geometria do coletor de admissão e da velocidade do motor. Os comprimentos dos canais individuais de admissão são adaptados à sincronização das válvulas, de modo que a onda de pressão refletida na extremidade do canal de admissão passa através das válvulas de admissão aberta.

Ao mesmo tempo em que o comprimento dos canais deve ser adaptado à faixa de velocidade do motor, é necessário encaixar os diâmetros dos canais ao deslocamento do cilindro. Canais longos produzem um alto efeito de sobrealimentação na faixa mais baixa de velocidade do motor, enquanto canais menores têm o mesmo efeito na faixa de velocidade mais alta do motor.

No caso do sistema de sobrealimentação com efeito na haste, mostrado na figura, deve ser feita uma distinção entre dois tipos diferentes de canais de admissão. A válvula de troca ou aba se fecha na faixa mais baixa de velocidade do motor, para permitir o fluxo da admissão de ar através do canal longo de admissão, para os cilindros. O ar flui através do canal curto de admissão em altas velocidades do motor, quando a válvula de troca é aberta.

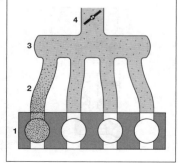

Sobrealimentação por coletor de admissão oscilador (princípio)
1 Cilindro; 2 Canal individual; 3 Câmara plena comum; 4 Válvula de estrangulamento (válvula borboleta)

Motores de combustão interna com pistão alternativo **477**

Alimentação de coletor de admissão sintonizado
1 Cilindro, 2 Coletor curto de admissão, 3 Câmara plena comum, 4 Coletor de ressonância (coletor sintonizado), 5 Câmara plena comum, 6 Válvula de estrangulamento (válvula borboleta) A Grupo de cilindros A, B Grupo de cilindros B

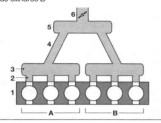

Alimentação do coletor de admissão sintonizado
Em uma determinada velocidade do motor, as oscilações de gás no coletor de admissão, induzidas pelo movimento periódico do pistão ressoam, produzindo um efeito adicional de sobrealimentação, no sistema de alimentação sintonizado (ver figura), dutos curtos conectam grupos de cilindros com os mesmos intervalos de ignição, para as câmaras de ressonância designadas. Estas câmaras de ressonância são conectadas a uma câmara plena comum por coletores sintonizados e agem como ressonadores Helmholtz. O comprimento e o tamanho dos coletores sintonizados são determinados pela faixa de velocidade do motor, na qual deve ocorrer o efeito de sobrealimentação induzido pela ressonância.

Coletores de admissão com geometria variável
Visto que o efeito de sobrealimentação dinâmico depende do ponto de operação do motor (ver figura), a geometria variável do coletor de admissão permite uma curva de torque virtualmente ideal. Sistemas variáveis podem ser implementados por:
- Ajuste do comprimento dos canais de admissão
- Alternância entre vários comprimentos de canais de admissão ou
- Desativação alternada de um canal de admissão por cilindro em sistemas de canais múltiplos de admissão ou
- Comutação para diferentes volumes de admissão

A comutação em sistemas de admissão com configuração variável é assegurada por válvulas operadas eletricamente ou eletropneumaticamente.

Aumento de eficiência volumétrica através de sobrealimentação dinâmica
1 Sistema com sobrealimentação dinâmica
2 Sistema com coletor de admissão padrão

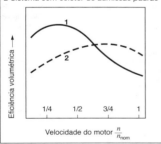

Velocidade do motor $\frac{n}{n_{nom}}$

Sistema de admissão oscilante
a) Geometria do duto de admissão com válvula de troca fechada
b) Geometria do duto de admissão com a válvula de troca aberta
1 Válvula de troca
2 Câmara plena comum
3 Passagem de admissão oscilante longa e estreita com a válvula de troca fechada
4 Passagem de admissão oscilante curta e larga com a válvula de troca aberta

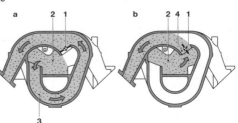

Sobrealimentação mecânica

Na sobrealimentação mecânica, um compressor é energizado diretamente pelo motor de combustão interna. Os compressores acionados mecanicamente tomam a forma de:
- Vários tipos de sobrealimentadores com deslocamento positivo (compressores) (ex.: sobrealimentadores Roots, sobrealimentadores com palhetas deslizantes, sobrealimentadores tipo espiral, sobrealimentadores tipo rosca), ou
- Compressores de fluxo hidrocinético (ex.: compressores radiais)

O motor e a alimentação usualmente apresentam um coeficiente fixo de transmissão. Engrenagens mecânicas ou eletromagnéticas são usadas para controlar a ativação do sobrealimentador.
Para a descrição dos dispositivos de sobrealimentação, ver p. 528 em diante.

Vantagens da sobrealimentação mecânica
- Sobrealimentadores relativamente simples no lado frio do motor
- O gás de escapamento do motor não é envolvido e
- O sobrealimentador responde quase que imediatamente às mudanças de carga

Desvantagens da sobrealimentação mecânica
- O sobrealimentador deve ser acionado pela potência efetiva do motor
- Isto aumenta o consumo de combustível

Turboalimentação por gás de escapamento

Na turboalimentação por gás de escapamento, a energia para a turboalimentação é extraída dos gases de escapamento do motor. Ainda que o processo explore a energia que não é utilizada (devido aos limites de expansão do conjunto da árvore de manivelas), pelos motores aspirados naturalmente, a contrapressão de escapamento aumenta, na medida em que os gases fornecem a potência necessária para girar o compressor.

Os motores atuais turboalimentados utilizam uma turbina acionada pelo escapamento para converter a energia do gás de escapamento em energia mecânica, permitindo que o turboalimentador comprima o gás de indução.

O turboalimentador com gás de escapamento é a combinação de uma turbina acionada por gás de escapamento e de um compressor de fluxo (ver p. 532 em diante).

Os turboalimentadores com gás de escapamento são projetados normalmente para gerar uma alta pressão de reforço, mesmo em baixas velocidades do motor. Inversamente, entretanto, a pressão de reforço na extremidade alta da faixa de velocidade do motor pode aumentar em níveis que podem gerar uma carga excessiva no motor. Assim, os motores com faixas amplas de velocidade, em particular, requerem uma comporta de descarga excedente que desvie a turbina, ainda que isto signifique uma perda de energia do gás de escapamento. Podem ser obtidos resultados muito mais satisfatórios com um compromisso entre a alta pressão de carga na faixa baixa de velocidade do motor e a eliminação de sobrecarga do motor na extremidade alta da faixa de velocidade do motor, através da utilização de Geometria Variável da Turbina (VTG). As pás da turbi-

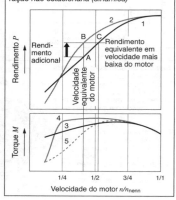

Curvas de potência e torque
1.3 Motor aspirado naturalmente para aplicação estacionária, 2.4 Motor sobrealimentado para operação estacionária, 5 Curva de torque do motor sobrealimentado para operação não estacionária (dinâmica)

na VTG se ajustam para se encaixarem na seção transversal do fluxo e à pressão do gás na turbina, pela variação da geometria da turbina.

Vantagens da turboalimentação com gás de escapamento
- Aumento considerável no rendimento de potência por litro a partir de uma dada configuração
- Melhor curva de torque dentro da faixa efetiva de velocidade do motor
- Melhoria significativa do consumo de combustível, em relação a motores aspirados naturalmente com a mesma potência de rendimento
- Melhoria das emissões de gás de escapamento

Desvantagens da turboalimentação com gás de escapamento
- Instalação do turboalimentador no escapamento de gás quente, requerendo materiais resistentes a altas temperaturas
- Complexidade e requisitos de espaço para turboalimentador e intercooler.
- Torque básico baixo em baixas velocidades do motor
- A resposta de estrangulamento é extremamente sensível ao encaixe eficiente do turboalimentador no motor.

Turboalimentação com gás de escapamento com suporte elétrico (EUATL)
Nos sistemas de turboalimentação com suporte elétrico, um motor elétrico integrado mantém o turboalimentador em alta velocidade na faixa de velocidade do motor mais baixa, a fim de disponibilizar imediatamente o ar de alimentação necessário, na medida em que a carga aumenta (ver p. 538 em diante).

Vantagem
- Eliminação de características de startup retardado (superalimentação)

Desvantagens
- Admissão de alta potência do motor elétrico requer o aumento na voltagem do sistema
- Complexidade

Sobrealimentação por onda de pressão
O sobrealimentador por onda de pressão utiliza a troca direta de energia entre o gás de escapamento e o ar de admissão para aumentar a densidade do último. Isto é realizado pela utilização de diferentes velocidades das partículas do gás e ondas de pressão em um lado e as propriedades de reflexão destas ondas de pressão sobre o outro (ver p. 530).

O sobrealimentador por onda de pressão consiste de um rotor de célula com um alojamento de ar em um lado e um alojamento de escapamento no outro. Estes incorporam extremidades específicas de sincronização e configurações de bolsa de gás.

Vantagens da sobrealimentação por onda de pressão
- Rápida resposta de estrangulamento porque a troca de energia entre o gás de escapamento e o gás de reforço ocorre na velocidade do som
- Alta compressão em baixas velocidades do motor

Desvantagens da sobrealimentação por onda de pressão
- Restrições na flexibilidade da instalação devido ao acionamento por correia e linhas de gás
- Maiores quantidades de gás de escapamento e ar de expulsão
- Operação ruidosa
- Extremamente sensível à maior resistência no lado de baixa pressão

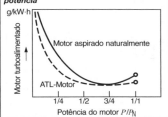

Curvas específicas de consumo de alimentação para motores por indução atmosférica e turboalimentados de mesma potência

Mapa da taxa de fluxo volumétrico

Uma ilustração clara da relação entre o motor e o sobrealimentador é fornecida pelo gráfico de pressão x taxa de fluxo volumétrico, no qual o coeficiente de pressão π_c do sobrealimentador é traçado contra a taxa de fluxo volumétrico.

As curvas para motores de 4 tempos sem estrangulamento (Diesel) são particularmente descritivas, porque contêm linhas retas inclinadas (características de fluxo de massa do motor), que representam os valores crescentes de fluxo de ar do motor, na medida em que o coeficiente de pressão $\pi_c = p_2/p_1$ aumenta em uma velocidade constante do motor.

O gráfico mostra os coeficientes de pressão resultantes nas velocidades constantes correspondentes do sobrealimentador para um sobrealimentador com deslocamento positivo e um compressor hidrocinético.

Apenas sobrealimentadores, cujas taxas de vazão variem linearmente com suas velocidades rotacionais, são adequados para motores de veículo. Estes são sobrealimentadores com deslocamento positivo com design de pistão ou palheta rotativa ou sopradores Roots (ver p. 528 e segs.). Os compressores com fluxo hidrocinético não são adequados.

Avaliação dos componentes de troca de gás

Os tratos de admissão e escapamento podem ser avaliados com a utilização de teste de fluxo estacionário com números de fluxo de passagem ou níveis de eficiência de passagem. É útil avaliar as válvulas de escapamento na faixa mais baixa de levantamento em relação às pressões super-críticas como aquelas que correm na fase de sangria.

Além da avaliação do número de fluxo, a análise do fluxo dentro do cilindro está se tornando cada vez mais significativa. Estes estudos também podem se basear no teste de fluxo estacionário e os parâmetros podem ser derivados para remoinhos e amortecimento. Os modelos 3D de computador têm sido usados cada vez mais, porque, ao contrário das técnicas de medição disponíveis, eles podem fornecer informações locais sobre as condições de fluxo. Modelos altamente desenvolvidos de motor são amplamente usados para a avaliação teórica do ciclo global de gás.

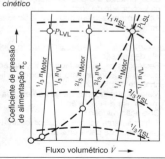

Curva de pressão x taxa de fluxo volumétrico de sobrealimentador, com deslocamento positivo acionado mecanicamente e turboalimentador
VL Sobrealimentador com deslocamento positivo, SL Compressor com fluxo hidrocinético

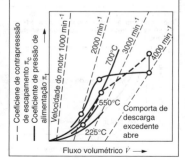

Curva de pressão x taxa de fluxo volumétrico de um turboalimentador com gás de escapamento, mostrando a pressão de reforço e as curvas de contrapressão de escapamento

Arrefecimento

A fim de evitar sobrecarga térmica, combustão do óleo lubrificante na superfície deslizante do pistão e combustão descontrolada, devido a temperaturas excessivas dos componentes, os componentes em torno da câmara de combustão quente (forro do cilindro, cabeçote do cilindro, válvulas e, em alguns casos, os próprios pistões) devem ser arrefecidos intensivamente. Consultar p. 512 em diante, para uma descrição dos sistemas necessários de arrefecimento.

Arrefecimento direto
O arrefecimento direto a ar remove o calor diretamente dos componentes, O princípio subjacente é baseado no fluxo intensivo de ar, usualmente através de uma superfície com aletas. Ainda que usada principalmente em motores de motocicletas e aeronaves, esta forma de arrefecimento também é usada em alguns motores a Diesel ou com ignição por centelha em veículos de passeio e comerciais. Sua principal vantagem é sua alta confiabilidade e inexistência de manutenção. Por outro lado, as medidas de design necessárias para assegurar a dissipação eficiente de calor no ar de arrefecimento aumentam o custo de todos os componentes.

Arrefecimento indireto
Como a água tem uma alta capacidade específica de calor e assegura uma transição térmica eficiente entre os materiais, a maioria dos veículos contemporâneos é arrefecida à água. O sistema de arrefecimento com recirculação ar/água é o sistema mais utilizado. Ele compreende um circuito fechado que permite o uso de aditivos anticorrosão e anticongelamento. O líquido de arrefecimento é bombeado através do motor e através de um radiador ar/água. O ar de arrefecimento flui através do radiador em resposta ao movimento do veículo e/ou é forçado dentro dele por um ventilador. A temperatura do líquido de arrefecimento é regulada por uma válvula termostática que realiza o by-pass do radiador, como necessário.

Lubrificação

O motor de combustão interna utiliza óleo para lubrificar e arrefecer todos os componentes da transmissão. Este óleo também é usado para remover a sujeira e neutralizar produtos de combustão quimicamente ativos, assim como transmissão de forças e amortecimento de vibração. O óleo só pode atender todas estas exigências, se for transportado em quantidades adequadas aos pontos críticos do motor e suas propriedades são adaptadas aos requisitos específicos através de medidas apropriadas adotadas durante a fabricação (ex.: inclusão de aditivos).

Em uma lubrificação de perda total (lubrificação com óleo novo), um sistema de medição fornece óleo aos pontos de lubrificação, onde é consumido subseqüentemente. Um caso especial deste tipo de lubrificação é a lubrificação de mistura, na qual o óleo é adicionado ao combustível em uma relação que varia de 1:20 a 1:100, ou medido para o motor (este processo é usado principalmente em motores pequenos de dois tempos).

Na maioria dos motores de veículos automotores são usados sistemas de lubrificação de alimentação forçada, em combinação com lubrificação por salpico e névoa de óleo (ver p. 522 em diante).

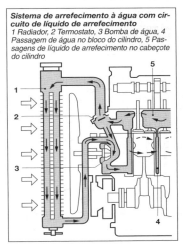

Sistema de arrefecimento à água com circuito de líquido de arrefecimento
1 Radiador, 2 Termostato, 3 Bomba de água, 4 Passagem de água no bloco do cilindro, 5 Passagens de líquido de arrefecimento no cabeçote do cilindro

Motor de ignição por centelha (ciclo Otto)

O motor de ignição por centelha (ou motor SI) é um motor com pistão, com formação externa ou interna de mistura ar/combustível. A formação externa de mistura geralmente produz misturas homogêneas, enquanto a mistura formada internamente é altamente heterogênea no momento da ignição. O tempo de formação da mistura e a distribuição do combustível na câmara de combustão são fatores importantes que influenciam o grau de homogeneização que pode ser atingido pela formação interna da mistura.

Em ambos os casos, a mistura é comprimida em aproximadamente 20...30 bar (ε = 8...12) no tempo de compressão para gerar uma temperatura final de compressão de 400...500°C. Isto ainda está abaixo do patamar de auto-ignição da mistura, cuja ignição é feita através de uma centelha antes que o pistão alcance TDC.

Visto que a ignição confiável de misturas homogêneas de ar/combustível só é possível dentro de uma janela estreitamente definida da relação ar/combustível (fator de excesso de ar λ = 0,6...1,6) e a velocidade da chama cai rapidamente na medida em que o fator de excesso de ar λ aumenta, os motores SI com formação homogênea de mistura devem operar em uma faixa λ = 0,8...1,4 (a melhor eficiência global é obtida em λ = 1,2...1,3). A faixa λ é restrita adicionalmente a 0,98...1,02 para motores com conversores catalíticos de três vias.

Considerando esta faixa λ estreita, a carga deve ser controlada pela quantidade de mistura que entra nos cilindros (controle de quantidade). Isto é possível pelo estrangulamento do volume de mistura ar/combustível que entra nos cilindros sob condições operacionais de carga da peça (controle de estrangulamento).

A otimização da eficiência global dos motores SI deu origem ao crescente esforço de desenvolvimento direcionado para motores com formação interna de mistura heterogênea. A melhor eficiência é um resultado da compressão mais alta e perdas mais baixas de estrangulamento.

A formação de misturas heterogêneas e homogêneas é similar, visto que a eficiência econômica e as emissões não tratadas dependem do processo de combustão que ocorre após a ignição. A combustão, por seu lado, pode ser influenciada em uma grande extensão, pelos fluxos e turbulência que podem ser produzidos na câmara de combustão pela geometria do duto de admissão e câmara de combustão.

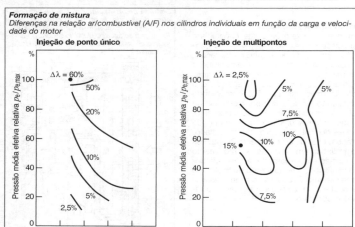

Formação de mistura
Diferenças na relação ar/combustível (A/F) nos cilindros individuais em função da carga e velocidade do motor

Formação da mistura

Formação de mistura homogênea
As misturas homogêneas presentes no momento em que a ignição começa fazem com que o combustível se vaporize totalmente, porque apenas o gás ou as misturas de gás/vapor podem atingir a homogeneidade.

Se algum fator (tal como baixa temperatura durante uma partida a frio) inibir a vaporização completa do combustível, deve ser adicionado combustível suficiente para assegurar que o constituinte volátil e que pode ser vaporizado produza uma relação adequadamente rica – e assim, combustível – de ar/combustível (enriquecimento de partida a frio).

Além da homogeneização da mistura, o sistema de formação de mistura também é responsável pelo controle da carga (controle de estrangulamento) e pela minimização dos desvios da relação A/F de cilindro a cilindro, de ciclo de trabalho a ciclo de trabalho.

Formação de mistura heterogênea
O objetivo da formação de mistura heterogênea interna é de operar o motor sem controle de estrangulamento através de todo o mapa operacional. O arrefecimento interno é um efeito colateral da injeção direta, assim, os motores deste tipo podem operar em altos coeficientes de compressão. A conjunção destes dois fatores, ausência de controle de estrangulamento e compressão mais alta significa que o grau de eficiência é mais alto que aquele que pode ser atingido por uma mistura homogênea. A carga é controlada através da massa de combustível injetado.

O desenvolvimento de sistemas de formação de mistura deu um novo ímpeto às técnicas "híbridas" ou de "injeção estratificada", que foram objeto de muita pesquisa a partir dos anos 70. A mudança definitiva ocorreu com os injetores eletromagnéticos de combustível, que permitiram a flexibilidade no início da injeção e puderam atingir as altas pressões de injeção necessárias.

GDI (Injeção Direta de Gasolina) foi o termo genérico aplicado ao desenvolvimento mundial de sistemas de formação de mistura "direcionada por jato", "direcionada por parede" ou "direcionada por ar" (ver fig. na p. 612). As posições da vela de ignição e do injetor têm uma grande influência na formação da mistura, mas os fluxos na câmara de combustão também constituem um fator importante. O turbilhonamento (induzido pelos canais espirais ou tangenciais) é principalmente uma rotação sobre um eixo paralelo àquele do cilindro, enquanto o eixo de amortecimento, que é induzido pelos canais de alimentação, é normal para o eixo do cilindro.

O posicionamento preciso da vela de ignição e do jato do injetor de combustível é essencial para a injeção por pulverização direcionada por jato. A vela de ignição é submetida a um forte esforço, porque é atingida diretamente pelo jato de combustível líquido. As configurações direcionadas por parede ou por ar direcionam a mistura para a vela de ignição através do movimento da carga. Deste modo, as exigências a este respeito não são tão altas.

A formação de mistura heterogênea opera com excesso de ar (operação sem estrangulamento); devem ser usados conversores catalíticos de baixa queima para reduzir as emissões de óxido de nitrogênio.

Ignição

O sistema de ignição deve realizar, com confiabilidade, a ignição da mistura comprimida em um momento definido com precisão, mesmo sob condições operacionais dinâmicas com as flutuações substanciais nos padrões de fluxo da mistura e relações ar/combustível. A ignição confiável pode ser obtida através da seleção das localizações da vela de ignição com um bom acesso da mistura e padrões eficientes de turbilhonamento. Estas são considerações especialmente importantes para uma operação pobre, com aberturas de estrangulamento muito baixas. Melhorias similares também podem ser atingidas através do posicionamento da vela de ignição em pequenas "câmaras de ignição" auxiliares.

As exigências de energia de ignição dependem da relação da mistura ar/combustível (A/F). É necessária uma energia de ignição de 0,2 mJ para misturas de gasolina/ar na faixa estequiométrica, enquanto são necessários 3 mJ para a ignição de misturas mais ricas ou mais pobres.

A voltagem de ignição necessária aumenta com a pressão do gás no momento da ignição. O aumento da folga do eletrodo é uma maneira de melhorar a confiabilidade da ignição, mas isto requer uma voltagem de ignição mais alta e provoca o desgaste acelerado do eletrodo.

O teor de energia do mistura inflamada pela vela deve ser suficiente para a ignição da mistura adjacente. Isto define a mistura mais pobre possível e o momento mais precoce de ignição. Em motores com um coeficiente de compressão de $\varepsilon = 8...12$, esta faixa é de aproximadamente 40°...50° da árvore de manivelas antes de TDC.

Processo de combustão
A reação térmica inicial que ocorre entre o fornecimento de energia de ignição pela vela e a reação exotérmica da mistura ar/combustível é a fase de ignição. Esta fase é constante através do tempo e o único fator influente é a composição da mistura. Em conseqüência disso, as velocidades crescentes do motor são acompanhadas por um vácuo de ignição maior – em função do percurso do pistão (° árvore de manivelas) – que muda junto com o fator de excesso de ar λ.

Assim, o momento de ignição deve ser avançado na medida em que a velocidade do motor aumenta, assim como o fator λ. Entretanto, o avanço da ignição é limitado pela queda da densidade da energia da mistura nas proximidades dos eletrodos (ver acima). Quando este limite físico é atingido, os projetistas podem recorrer a configurações de vela de ignição dupla ou câmaras de ignição para melhorar esta situação.

O transiente de liberação de calor é determinado pela taxa de combustão, que por sua vez, é definida pela velocidade da chama e pela área frontal da chama. A velocidade da chama depende dos processos de difusão na frente da chama e atinge um pico de aproximadamente 20...40 m.s-1 em misturas de gasolina/ar com aproximadamente 10% de deficiência de ar ($\lambda = 0,9$). Ela é influenciada pelo fator de excesso de ar λ e pela temperatura da mistura.

A área da frente da chama pode ser influenciada pela geometria da câmara de combustão e pela posição da vela de ignição. A inclinação da frente da chama, devido à turbulência e aos fluxos induzidos (tais como turbilhonamento e amortecimento), é um fator significativo a este respeito. Os fluxos induzidos principalmente pelo processo de indução e, em menor grau, pela geometria da câmara de combustão, junto com a turbulência da compressão, inclinam a frente da chama acelerando o processo de conversão de energia. O amortecimento, turbilhonamento e turbulência aumentam com a velocidade do motor e,

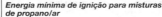

Energia mínima de ignição para misturas de propano/ar

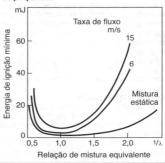

conseqüentemente, a inclinação da frente da chama se torna mais pronunciada. Isto explica por que a taxa de liberação de calor aumenta com a velocidade, apesar de que por definição, a velocidade da chama deve permanecer constante.

Ainda que possa ser um fator em processos de turbulência ultrabaixa ou em testes em câmaras de pressão de baixo fluxo, a turbulência criada pela própria propagação da chama não é significativa no processo de combustão, visto que ela ocorre em motores SI modernos.

A pressão crescente devida à propagação local da chama provoca um aumento de temperatura através da mistura, incluindo aquela que ainda não foi atingida pela chama e conhecida como "gás de extremidade". Entretanto, por causa da radiação local de calor e condução de calor, a temperatura na frente da chama é mais alta que no resto da mistura. Isso assegura a propagação regular da chama. A anomalia conhecida como detonação de combustão ou pré-ignição, por causa da combustão simultânea do gás da extremidade, ocorre quando o aumento na pressão faz com que a temperatura do gás da extremidade exceda seus limites de ignição.

Baixo consumo de combustível e alta eficiência são obtidos através de altas taxas de combustão (breve duração), combinadas com o padrão ótimo de liberação de calor referente ao curso do pistão. A liberação máxima de calor deve ocorrer (aprox. 5...10° do eixo de manivelas) logo após o centro morto superior. Se a maior parte do calor for liberada cedo demais, as perdas de calor pela parede e perdas mecânicas (alta pressão de pico de injeção) aumentam. Uma liberação retardada de calor prejudica a eficiência térmica (eficiência do fator de ciclo) e provoca altas temperaturas de escapamento.

O ponto de ignição deve ser selecionado, de modo a assegurar curvas ótimas de liberação de calor, considerando, ao mesmo tempo, os seguintes aspectos:
- Relação da mistura ar/combustível (λ, T)
- Efeitos dos parâmetros do motor (especialmente a carga e velocidade) sobre a turbulência da câmara de combustão
- Processos de ignição com duração constante e de propagação da chama, significando que as variações no retardo de ignição são necessárias na medida em que a velocidade aumenta

Problemas e limites de combustão
Na prática real, a iniciação e propagação confiáveis da chama em motores com formação externa da mistura e ignição por centelha não permitem o uso de misturas mais pobres que $\lambda > 1,3$, ainda que estas possam ser desejáveis para melhorar os níveis de eficiência teórica (expoente politrópico) e de troca de gás, junto com reduções úteis das perdas de calor pela parede e por dissociação (redução da temperatura de combustão). Os motores GDI (Injeção Direta de Gasolina) oferecem um potencial adicional de melhoria.

Ainda que os coeficientes mais altos de compressão assegurem maior eficiência de carga da peça, eles também aumentam o risco de detonação de combustão e estrangulamento totalmente aberto (WOT). A detonação de combustão ocorre quando toda a carga do gás da extremidade alcança a temperatura de ignição e queima dentro de um espaço extremamente curto de tempo, sem a propagação regular da chama. O gás da extremidade é altamente comprimido e, assim, a sua densidade de energia é muito alta, de modo que a detonação de combustão libera volumes muito altos de calor, em um espaço de tempo muito curto. As altas temperaturas locais causadas deste modo aplicam cargas extremas nos componentes do motor, podendo danificá-los. Estes ciclos de energia alta também provocam picos de pressão. Dentro da câmara de combustão, estes picos de pressão se propagam na velocidade do som e podem danificar o pistão, cabeçote do cilindro e vedação do cabeçote do cilindro, em pontos críticos.

O risco de detonação durante a combustão pode ser reduzido pelo uso de aditivos no combustível ou por misturas mais ricas (arrefecimento interno adicional).

A solução atual para evitar detonação de combustão retardando o momento de ignição gera seus próprios problemas, principalmente quando usada em motores de alta compressão. A curva de ignição (pressão média referente ao ponto de ignição) se torna mais íngreme na medida em que a compressão aumenta, as perdas da pressão média são acompanhadas por temperaturas extremas do gás de escapamento. A detecção confiável e a eliminação de detonação de combustão são vitalmente importantes nos coeficientes de compressão $\varepsilon = 11...13$.

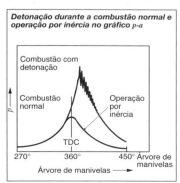

Detonação durante a combustão normal e operação por inércia no gráfico p-a

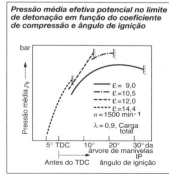

Pressão média efetiva potencial no limite de detonação em função do coeficiente de compressão e ângulo de ignição

Controle de carga

Em motores GDI sem estrangulamento com mistura heterogênea, a carga é controlada através da quantidade de combustível injetado. Os motores com ignição por centelha com formação de mistura homogênea, por seu lado, têm pouca liberdade de operação com misturas pobres, assim o controle de carga deve ser implementado, ajustando-se o fluxo de massa da mistura. Em motores com carburador, que já perderam quase toda a importância na engenharia automotiva, isso pode ser feito através do estrangulamento do fluxo da massa da mistura. Em motores com injeção no coletor de admissão, o controle do estrangulador para reduzir a densidade do ar de admissão é a abordagem convencional. Entretanto, este arranjo aumenta as perdas do ciclo de carga, assim, está sendo desenvolvido um método alternativo para controle da carga. O fluxo de massa pode ser influenciado, por exemplo, pelo fechamento prematuro das válvulas de admissão, reduzindo os períodos efetivos de admissão. Entretanto, este meio complicado de controle de carga requer a sincronização totalmente variável da válvula e pode provocar a condensação de combustível em conseqüência da expansão quando as válvulas de admissão são fechadas. Esta desvantagem pode ser compensada com o "controle de feedback", um arranjo no qual as válvulas de admissão não são fechadas, até que a massa requerida de mistura tenha enchido o cilindro.

Um outro modo de reduzir ou até mesmo de eliminar as perdas de estrangulamento é a recirculação de gás de escapamento com as válvulas de admissão abertas. A carga pode ser variada através de uma vasta gama pela modulação da taxa de recirculação do gás de escapamento.

A regulagem da pressão do ar de alimentação é um método para assegurar o controle da carga sobre vastas regiões do mapa característico com motores de ignição por centelha sobrealimentados.

Rendimento de potência e economia

O índice de eficiência para motores com formação externa de mistura e ignição por centelha cai principalmente na porção inferior do mapa. Isto se deve à ineficiência do fator de ciclo (turbulência insuficiente, densidade inadequada da carga), junto com um processo ineficiente de troca de gás.

A eficiência efetiva também é reduzida pelas características de baixa eficiência mecânica desta região do mapa.

Assim, todas as medidas para evitar estas seções mais baixas do mapa contribuem para melhorar a eficiência global do motor.

A interrupção seletiva da alimentação de combustível para cilindros individuais permite que os cilindros remanescentes operem em níveis mais altos de eficiência de fator de ciclo com melhor combustão e troca de gás. A desativação da válvula assegura maior redução na perda de potência, permitindo que as válvulas de admissão e escapamento dos cilindros desativados permaneçam fechadas. O desligamento do cilindro imobiliza os componentes mecânicos da transmissão de potência dos cilindros inativos, para aumentos adicionais da eficiência mecânica.

As medidas citadas acima variam em termos de sofisticação, mas a redução da velocidade do motor também melhora a eficiência geral do fator de ciclo, promovendo, ao mesmo tempo, uma troca de gás eficaz. Reduções simultâneas na pressão média de atrito também melhoram a eficiência mecânica.

O motor a Diesel

Um motor a Diesel é um motor com pistão alternativo com formação interna de mistura (heterogênea) e auto-ignição. Durante o tempo de compressão, o ar de admissão é comprimido para 30...55 bar em motores aspirados naturalmente, ou 80...110 bar em motores sobrealimentados, de modo que sua temperatura aumenta para 700...900°C. Esta temperatura é suficiente para induzir a auto-ignição no combustível injetado nos cilindros um pouco antes do final do tempo de compressão, quando o pistão se aproxima de TDC. Nos processos heterogêneos, a formação de mistura é decisiva para determinar a qualidade da combustão que se segue e a eficiência com a qual o ar de combustão introduzido é utilizado e para a definição dos níveis disponíveis de pressão média efetiva.

Formação da mistura

Nas misturas heterogêneas, a relação de ar/combustível λ varia do ar puro ($\lambda = \infty$) na periferia de pulverização a combustível puro ($\lambda = 0$) no núcleo da pulverização.

A figura fornece uma ilustração esquemática da distribuição λ e a zona associada de chama para uma gotícula estática única. Visto que esta zona sempre ocorre para cada gota do jato injetado, o controle da carga, com formação de mistura heterogênea, pode ser realizado através da regulagem da alimentação de combustível. Ele é chamado de controle da qualidade da mistura.

Curva da relação λ de ar/combustível (A/F) em uma gotícula de combustível estática individual

Como para as misturas homogêneas, a combustão ocorre em uma faixa relativamente estreita entre $0,3 < \lambda < 1,5$. O transporte da massa necessária para gerar estas misturas de combustível repousa na difusão e turbulência. Estas são produzidas pelas fontes de energia de formação de mistura descritas abaixo, assim como pelo próprio processo de combustão.

Energia cinética da pulverização de combustível

A energia cinética da pulverização varia de acordo com o diferencial de pressão no orifício do injetor. Junto com o padrão de pulverização (determinado pela geometria do injetor) e a velocidade de saída do combustível, ela determina a configuração do espaço, no qual o ar e o combustível interagem, assim como a faixa de tamanhos das gotículas na câmara. A energia de pulverização é influenciada pela taxa de vazão da bomba de injeção de combustível e dimensões do orifício no bico do injetor.

Energia térmica

A energia térmica armazenada nas paredes da câmara de combustão e o ar comprimido vaporizam o combustível injetado (como uma camada de filme sobre as paredes e como gotículas).

Formato da câmara de combustão

O formato da câmara de combustão e a ação do pistão podem ser utilizados para criar turbulência ou para distribuir o combustível líquido e/ou jato de ar/vapor de combustível.

Padrões controlados de ar (ação de turbilhonamento)

Se a direção do fluxo de combustível for perpendicular à direção do vórtice e se a vaporização da gotícula estiver ocorrendo, um movimento devido ao ar de combustão dentro da câmara de combustão, usualmente na forma de fluxo rotativo de partículas sólidas, promove o fluxo do ar em direção ao fluxo de combustível e remove os gases queimados do fluxo.

Na medida em que o filme da parede evapora, o movimento de turbilhonamento do ar absorve a camada de vapor e assegura a isolação térmica entre os gases queimados e frescos, enquanto os padrões de microturbulência impostos sobre o vórtice de partícula sólida asseguram uma rápida mistura de ar e combustível. O turbilhonamento de partícula sólida do ar pode ser induzido com o uso de geometrias do trato de indução especiais ou mudando uma porção da carga do cilindro em uma pré-câmara rotacionalmente simétrica (transportando-a através de uma passagem lateral).

Combustão parcial em uma pré-câmara

Quando o combustível é parcialmente queimado em uma pré-câmara, sua pressão sobe acima daquela da câmara de combustão. Este aumento impulsiona os gases de combustão parcialmente oxidados e o combustível vaporizado, através de uma ou mais passagens, dentro da câmara principal, onde são totalmente misturados com o ar de combustão remanescente.

Formato da câmara de combustão e localização do injetor para o processo de injeção de pulverização com injeção estática, sem turbilhonamento de ar

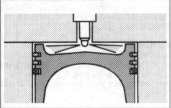

Formato da câmara de combustão e localização do injetor para o processo com múltiplos orifícios, com turbilhonamento de ar

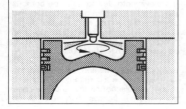

Processo de combustão de Diesel

O processo de combustão de Diesel utiliza pelo menos um (mas normalmente uma combinação apropriada) destes métodos de formação de mistura.

Processo de injeção direta

Este termo se refere a todos os processos de combustão que não se baseiam na divisão da câmara de combustão. Em tais sistemas, a mistura é formada pelo movimento do ar e pela turbulência produzida pelo duto de admissão (turbilhonamento) e movimento do pistão (turbulência), assim como pelo jato de injeção. Com o surgimento de pressões de injeção cada vez mais altas, a influência da formação de mistura controlada por jato é crescente, alinhada com a diminuição da importância de sistemas baseados em turbilhonamento.

<u>Processo de combustão de baixo turbilhonamento</u>
Pressões de injeção de até 2.000 bar possibilitam o aumento do número de orifícios em injetores com múltiplos orifícios para 8...9, mantendo, ao mesmo tempo, o padrão necessário de propagação de pulverização na área das paredes do recesso do pistão. Isso permite reduzir o turbilhonamento de ar, utilizando, ao mesmo tempo, o efeito positivo sobre o design dos tubos de admissão e eficiência de troca de gás. Processos modernos de combustão para motores a Diesel de veículo comercial são caracterizados por valores muito baixos de turbilhonamento. Os recessos de pistão ocos e largos, assim como injetores com orifícios que produzem grandes ângulos de cone, são usados para melhorar a taxa de utilização.

Devido à faixa ampliada de velocidade e às pequenas câmaras de combustão, os motores com injeção direta usados em veículos de passeio não podem prescindir do turbilhonamento.

<u>Processo de combustão com turbilhonamento</u>
A energia de formação de mistura dos jatos de injeção sozinha não é suficiente para uma preparação de mistura suficientemente uniforme e rápida para motores a Diesel de alta rotação com amplas faixas

de velocidade operacional e pequenos volumes eliminados (em outras palavras, os motores achados com maior freqüência em carros de passeio e veículos comerciais leves). O movimento de apoio do ar dentro da câmara de combustão é necessário especialmente porque os diâmetros pequenos dos cilindros tornam inevitável o choque do combustível contra a parede da câmara de combustão.

Estes recessos de pistão distintamente mais estreitos são mais profundos e retraídos na extremidade superior, a fim de criar uma alta turbulência da folga do pistão, por um lado, e para acelerar o turbilhonamento da carga de ar induzida pelo design dos dutos de admissão, por outro lado. A velocidade total de turbilhonamento da massa de ar dentro do cilindro, atingida deste modo, é selecionada para assegurar que os setores localizados entre os jatos de injeção sejam cobertos durante o tempo de injeção. Se a mistura de ar/combustível não encher totalmente o segmento da câmara de combustão, tanto a utilização de ar quanto o rendimento de potência serão prejudicados. Por outro lado, se houver uma sobreposição e a mistura A/F se estender além do espaço entre os eventos individuais de injeção, o sobreenriquecimento local de combustível resultante provocará uma maior produção de fuligem.

Sistema M
O processo de combustão com distribuição pela parede MAN (Sistema M) foi desenvolvido nos estágios iniciais da injeção direta, referente a motores de veículo comercial para controlar o ruído de combustão originalmente forte, produzido pelos motores com injeção direta. O combustível pulverizado contra a parede da câmara de combustão através de um injetor com orifício único evapora em uma taxa substancialmente mais baixa que a do método "distributivo de ar", de modo que menos combustível é preparado durante a fase de retardo de ignição. É esta proporção de combustível que influencia amplamente o ruído da combustão, tornando o sistema M comparativamente mais silencioso.

Com o uso crescente de sobrealimentação e graças aos avanços feitos na tecnologia de injeção, outros métodos podem ser usados agora para limitar o ruído da combustão, contribuindo, deste modo, para a perda de importância deste sistema.

Processo de câmara dividida
O tempo necessário para que o combustível injetado diretamente na câmara de combustão evapore depende em grande parte da área da superfície da gotícula, i.é, do número de gotículas de combustível produzidas e, conseqüentemente, da pressão de injeção. Se a pressão de injeção for limitada, a faixa de velocidade e a densidade da força de controle do motor também serão limitadas durante o tempo de vaporização associado do combustível.

Os processos de câmara dividida asseguram a vaporização do combustível e a formação da mistura na câmara de combustão principal. Para isto, uma parte do combustível injetado na câmara também é queimada nesta câmara. A queda de pressão resultante entre a pré-câmara e a câmara de combustão principal produz um fluxo de gás a partir da câmara e uma formação intensiva de mistura na câmara de combustão principal. Conseqüentemente, a formação da mistura e a combustão são prolongadas, comparadas ao motor a Diesel com injeção direta. Isto provoca maiores perdas de calor pela parede e maior consumo de combustível.

Com o surgimento de sistemas modernos de injeção de combustível, que produzem pressões de até 2.000 bar, a importância dos processos de câmara dividida diminuiu, inicialmente no setor de veículo comercial e recentemente também no setor de veículos de passeio.

Sistema de câmara de turbilhonamento
Este processo apresenta uma pré-câmara quase esférica, compreendendo

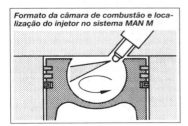

Formato da câmara de combustão e localização do injetor no sistema MAN M

aproximadamente 50% do volume total de compressão e localizada na extremidade da câmara de combustão principal. A pré-câmara é conectada à câmara principal por uma passagem que entra na câmara principal em um ângulo direcionado para o centro do pistão. A câmara de turbilhonamento aloja o injetor e a vela incandescente (medida de assistência para partida). O curso do compressor gera um vórtice intenso de ar na câmara de turbilhonamento. Como no sistema M, o combustível é injetado excentricamente para convergir com o padrão de turbilhonamento e bate contra a parede da câmara. Os fatores críticos são o design da câmara de turbilhonamento (por exemplo, com vaporização adicional da mistura, superfícies onde o jato de injeção bate na parede) e as localizações do injetor e da vela incandescente. Estes fatores definem a qualidade do processo de combustão. Este processo combina velocidades muito altas do motor (> 5.000 rpm) com uma boa utilização do ar e baixas emissões de partículas.

Formato da câmara de combustão e localização do injetor para o sistema de pré-câmara

Formato da câmara de combustão e localização do injetor para o sistema de câmara de turbilhonamento

Sistema de pré-câmara
O sistema de pré-câmara tem uma câmara auxiliar (pré-câmara) que é centralizada em relação à câmara de combustão principal, com 35...40% do volume de compressão. Também neste caso, o bico injetor e a vela incandescente (medida de apoio à partida) estão localizados na pré-câmara. Ela se comunica com a câmara de combustão principal através de vários orifícios para permitir a mistura mais completa possível dos gases de combustão com o ar de combustão principal. Um conceito otimizado de pré-câmara utiliza a superfície defletora ("pinos esféricos"), abaixo do bico injetor, para induzir simultaneamente a formação rápida de mistura e um padrão controlado de turbulência (em alguns designs) na pré-câmara. O fluxo turbulento encontra o jato de injeção, que também é direcionado no turbilhonamento em um ângulo. O sistema completo, incluindo a vela incandescente a jusante, assegura a combustão com emissões muito baixas e reduções importantes de particulados. O processo é diferenciado por um fator de alta utilização de ar e também é adequado para altas velocidades do motor.

Combustão homogênea de Diesel

O termo Ignição de Compressão de Injeção Homogênea (HCCI) se refere aos processos de combustão que facilitam a operação homogênea também em motores a Diesel. Nestes sistemas, o combustível é injetado na câmara de combustão durante uma fase inicial do tempo de compressão, produzindo uma mistura homogênea com o ar de combustão no início da combustão, para reduzir emissões de particulados e óxido de nitrogênio.

Ocorrem problemas no controle da sincronização da ignição (eliminação da ignição antecipada) e no padrão de liberação de calor. Por esta razão, o coeficiente de compressão é reduzido para $\varepsilon = 12...14$, considerando o uso cada vez maior da recirculação de gás de escapamento. A sincronização variável das válvulas e a compressão variável são opções adicionais que podem ser utilizadas para controlar a sincronização da ignição e o processo de combustão.

O desenvolvimento deste processo de combustão ainda está em seu início.

Processo de combustão

O início da injeção (e, conseqüentemente, o início da formação da mistura) e o início da reação exotérmica (início da ignição) são separados por um certo período de tempo, chamado de retardo de ignição. O atraso real é definido por:
- qualidade da ignição do combustível (número de cetano)
- pressão do final da compressão (coeficiente de pressão, fator de reforço)
- temperatura do final da compressão (coeficiente de compressão, temperaturas do componente, interarrefecimento)
- sistema de controle do combustível

O processo de combustão, que começa no início da ignição pode ser subdividido em três fases. Na fase de "chama prémisturada", o combustível injetado antes do início da ignição é misturado com o ar é queimado. O combustível injetado depois do início da ignição queima em uma "chama de difusão". Aquela parte do combustível queimado como uma chama prémisturada muito rápida é primariamente responsável pelo aumento de pressão, sendo assim a causa principal do ruído de combustão e dos óxidos de nitrogênio. A chama de difusão, com queima mais lenta, é a fonte principal de particulados e hidrocarbonetos não queimados.

Na terceira fase, final de injeção, fuligem formada principalmente durante a segunda fase é oxidada. Esta fase está se tornando cada vez mais significativa em processos de combustão modernos.

A liberação de calor de um motor a Diesel depende do próprio processo de combustão, e também em grande parte, do início da injeção, taxa de injeção e da pressão máxima de injeção. Nos motores a Diesel com injeção direta, o número de orifícios de injeção no injetor é um outro fator crucial. Além disso, o sistema de injeção de combustível requer uma capacidade de pré-injeção (injeção-piloto), para reduzir o ruído da combustão e assegurar que a fase de injeção principal comece o mais cedo possível. Isso reduz o consumo de combustível para os níveis definidos de emissões de óxido de nitrogênio.

O gráfico ilustra os padrões de liberação de calor que são características dos vários métodos de injeção de combustível. A combustão com estágio duplo, existente no processo de câmara dividida, assegura um outro meio para influenciar o processo de combustão, permitindo a seleção de diferentes diâmetros para a passagem entre a pré-câmara e a câmara de combustão principal.

Problemas e limites de combustão

Visto que a ignição do combustível injetado nos motores a Diesel deve ocorrer através da auto-ignição, o combustível deve ter uma alta qualidade de ignição (número de cetano CN ≈ 45...50). Considerando que nas velocidades baixas de partida a compressão não é iniciada até o fechamento da válvula de admissão (isto é, muito depois de BDC), o coeficiente efetivo de compressão e, conseqüentemente, a temperatura de compressão são altamente reduzidos. Isto significa que, apesar de altos coeficientes de compressão, podem ocorrer problemas de ignição na partida, principalmente quando o motor estiver frio.

Além disso, os componentes do motor frio tendem a absorver energia térmica do ar comprimido (expoente politrópico n = 1,1...1,2). A equação $T_1 = T_0 \cdot \varepsilon^{n-1}$ indica que uma redução da compressão efetiva ou do expoente politrópico provoca uma redução da temperatura final da compressão. Ao mesmo tempo, a formação de mistura é insatisfatória em baixas velocidades do motor (baixa pressão de injeção, grandes gotas de combustível) e o movimento do ar é inadequado. Os tempos prolongados de vaporização (a injeção começa mais cedo)

Curvas de liberação de calor
1 Injeção direta de combustível com ar distribuído (motor aspirado naturalmente sincronizado para economia máxima), 2 Injeção direta com distribuição na parede (projetada para um ruído mínimo), 3 Processo de câmara dividida em pré-câmara (3a) e câmara de combustão principal (3b), 4 Injeção por pulverização de injeção estática com emissões mínimas (motores sobrealimentados interarrefecidos)

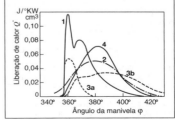

e um aumento da quantidade de combustível injetado – em níveis significativamente mais altos que a vazão de injeção total (fornecendo combustível com ebulição mais baixa), podem apenas resolver parcialmente o problema da partida, porque os constituintes do combustível com ebulição mais alta deixam o motor sob a forma de uma fumaça branca ou azul. Assim, medidas de apoio para a partida, projetadas para aumentar a temperatura, tais como velas incandescentes ou sistemas de partida de chama, são essenciais, principalmente em motores pequenos.

Visto que uma parte significativa do processo de formação da mistura ocorre durante a combustão em processos heterogêneos, é importante evitar concentrações locais de mistura excessivamente rica na chama de difusão, pois isso aumentaria as emissões de fuligem, ainda que exista uma grande quantidade de ar em excesso. Os limites da relação ar/combustível no nível de tolerância exigido legalmente, constituem um indicador da eficiência de utilização de ar. Os motores com câmara dividida atingem o limite da operação com ar em excesso de 5...15%, enquanto o número comparável é de 10...80% para motores a Diesel com injeção direta. Deve-se notar que motores a Diesel com alto volume também devem funcionar com níveis significativos de ar em excesso devido à carga de componente térmica.

A fuligem é um subproduto inevitável da combustão heterogênea, assim um motor a Diesel sem fuligem deve permanecer inevitavelmente como um desenvolvimento condicional e irá requerer uma melhoria significativa da oxidação da fuligem.

Entretanto, já foi comprovado ser possível reduzir as emissões de partículas de motores a Diesel modernos abaixo do patamar de visibilidade, através de várias medidas. Estas incluem aumento das pressões de injeção no injetor e a transição para processos otimizados de injeção por pulverização, que apresentam grandes recessos de combustão no pistão, múltiplos orifícios no injetor, turboalimentação com gás de escapamento e arrefecimento do ar de injeção. Entretanto, os limites planejados para particulados tornam necessário o desenvolvimento de filtros de particulados que usem sistemas regenerativos (ver p. 716 em diante).

Devido à combustão abrupta na parte do combustível que vaporiza e se mistura com o ar durante o período de retardo de ignição, o processo de ignição pode ser caracterizado por uma combustão ruidosa "pesada" durante a operação sob condições em que este combustível corresponda a uma grande proporção do total. Estas condições incluem marcha lenta, baixo estrangulamento em motores turboalimentados e operação com carga alta em motores de alta velocidade aspirados naturalmente.

A situação pode ser melhorada pela diminuição do retardo de ignição (pré-aquecendo o ar de admissão, superalimentando ou aumentando a compressão) e/ou reduzindo a quantidade de combustível injetado durante o período de retardo de ignição. Em motores com injeção direta, esta redução é obtida normalmente pela aplicação de injeção-piloto, enquanto em motores com câmara dividida é utilizada uma configuração especial do injetor (bico injetor com tubo de estrangulamento).

Não se deve confundir combustão "pesada" inerente ao design com "detonação," à qual os processos de câmara dividida com bicos injetores de tubo são particularmente suscetíveis e que ocorre principalmente nas áreas de injeção média e baixa da curva operacional do motor a Diesel. Este fenômeno pode ser explicado por inadequações no sistema de formação de mistura ("trepidação" no injetor pobre ou fuligem nos injetores) e é caracterizado por um som metálico pulsante.

O motor a Diesel ser projetado para operações com pressões de injeção de pico e seus materiais e dimensões devem ser selecionados, de modo correspondente. As razões incluem:
- Altos coeficientes de compressão necessários para uma partida confiável e redução de ruído
- Processo de combustão com propagação máxima da ignição para economia de combustível e
- Uso cada vez mais freqüente de superalimentação com pressões de ar de alimentação mais altas

Considerando-se que os motores a Diesel devem também operar com ar em excesso (pobre) com estrangulador totalmente aberto, eles geralmente apresentam densidades mais baixas de controle de força que seus equivalentes com ignição por centelha.

Motores híbridos

Os motores híbridos compartilham características de motores a Diesel e com ignição por centelha (formação interna de mistura com ignição fornecida externamente).

Estratificação de injeção

Em motores SI com injeção estratificada, a mistura diretamente adjacente à vela de ignição é enriquecida para assegurar uma ignição confiável, enquanto o resto do processo de combustão é realizado com uma mistura extremamente pobre. O objetivo é combinar a economia de estrangulamento da peça comparável àquela de um motor a Diesel com baixo NO_x (especialmente importante) e baixas emissões de CO.

Combustão com câmara aberta

A pesquisa referente a sistemas de combustão com câmara aberta, com muitas características similares àquelas dos sistemas a Diesel (controle da qualidade da mistura, injeção de combustível de alta pressão, etc.) enfoca o uso de formação de mistura interna (Texaco, TCCS, Ford PROCO, Ricardo, MAN-FM, KHD-AD) para gerar uma mistura que permita ignição na vela de ignição, usando, ao mesmo tempo, misturas progressivamente mais pobres (até o ar puro) no remanescente da câmara de combustão (ver injeção direta de gasolina).

Os processos que utilizam formação de mistura interna têm um fator de utilização de ar comparável ao dos motores a Diesel.

Sistemas de combustão com câmara dividida

Os sistemas de combustão com câmara dividida tendem a se parecer com motores com ignição por centelha em seu layout básico (controle por estrangulamento, indução da mistura, etc.). A vela de ignição está localizada dentro de uma pré-câmara pequena – a câmara de ignição – que corresponde aproximadamente a 5...25% do volume total de compressão. Uma das várias passagens conecta esta câmara de ignição primária à câmara de combustão principal.

A pré-câmara tem um injetor adicional que injeta uma parte do combustível diretamente (VW, Porsche-SKS) ou uma válvula complementar para fornecer a mistura ar/combustível à câmara de ignição (Honda-CVCC).

A desvantagem destes processos é seu design mais complexo e as emissões mais altas de HC provocadas pelas temperaturas mais baixas do gás de escapamento e as reduções na atividade da câmara secundária na zona de escapamento.

Os sistemas desenvolvidos entre 1970 e 1980 foram abandonados, devido à sua falta de impacto em termos de consumo de combustível e suas altas emissões de HC.

Motores multicombustível

Em motores multicombustível, a qualidade da ignição e a resistência à detonação do combustível podem ser relativamente insignificantes. Estes motores devem ser capazes de queimar combustíveis com qualidades variáveis sem provocar danos.

Visto que os combustíveis usados em motores multicombustível podem apresentar uma resistência à detonação muito baixa, a formação de mistura externa seria acompanhada pelo risco de detonação de combustão ou ignição antecipada. Por esta razão, os motores multicombustível sempre utilizam a formação de mistura interna e início retardado de injeção (similar ao motor a Diesel).

Considerando que a baixa qualidade de ignição dos combustíveis torna a auto-ignição difícil, ou até mesmo impossível, os motores multicombustível operam com coeficientes de compressão extremamente altos (Mercedes-Benz, MTU: $\varepsilon = 25:1$). Como uma alternativa, eles podem ser equipados com uma fonte auxiliar de ignição, tal como velas de ignição ou velas incandescentes (MAN-FM). Em $\varepsilon = 14...15$, o coeficiente de compressão nestes motores com ignição fornecida externamente, está situado entre aqueles de motores com ignição por centelha e a Diesel.

Os motores multicombustível se tornaram cada vez menos viáveis, visto que não podem atender os atuais limites restritos de emissão.

Valores e dados empíricos para cálculo

Comparações

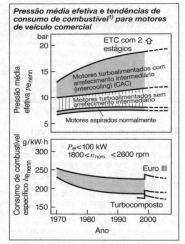

Pressão média efetiva e tendências de consumo de combustível[1] para motores de veículo comercial

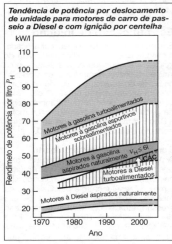

Tendência de potência por deslocamento de unidade para motores de carro de passeio a Diesel e com ignição por centelha

1) Ver p. 417 para medidas no veículo que influenciam o consumo de combustível. ETC-Turbocarregador com gás de escapamento, CAC Arrefecimento intermediário TC Turbocomposto.

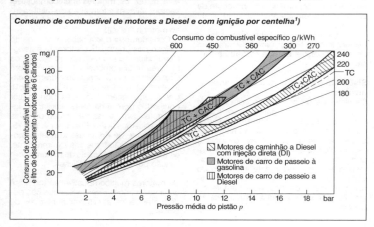

Consumo de combustível de motores a Diesel e com ignição por centelha[1]

Dados comparativos

Tipo de motor/Aplicação			Velocidade do motor nominal $\eta_{nominal}$ rpm	Coeficiente de compressão ε	Pressão média máx. P_e bar	Potência por litro kW/L	Relação peso-potência kg/kW	Consumo específico de combustível g/kW·h	Aumento de torque %
Motores com ignição por centelha	Ciclos do motor	2 Tempos	4.000–14.000	7–11	5–12	40–160	2,0–0,4	500–380	5–10
		4 tempos	5.000–13.000	9–12	9–13	50–150	2,5–0,5	400–320	10–15
	Carros de passeio	SM	5.000–8.000	9–11	11–14	40–80	2,0–0,8	350–300	15–20
		CAC/AM	5.000–7.500	8–10	15–22	60–110	1,5–0,5	340–280	20–40
	Veículo comercial	SM	2.000–3.500	8–9	8–10	20–35	5,0–3,0	360–240	15–20
Motores a Diesel	Carros passeio/ veículo comercial leve	SM	3.500–4.500	19–24	7–9	20–35	4,0–2,0	300–240	5–10
		AM/CAC	3.500–4.500	18–22	12–20	35–55	3,0–1,3	280–230	20–40
	Veículo comercial médio	SM	2.000–4.000	16–19	7–10	15–25	6,0–3,0	250–220	10–15
		AM/CAC	1.800–2.600	15–18	18–24	25–40	4,0–2,5	225–200	20–40
		TC	1.800–2.400	15–18	20–24	30–45	4,0–3,0	210–190	20–40

SM Motor aspirado naturalmente; AM ≙ Motor sobrealimentado; CAC = Arrefecimento intermediário;
TC = Turbocomposto ≙ AM + CAC + Turbina

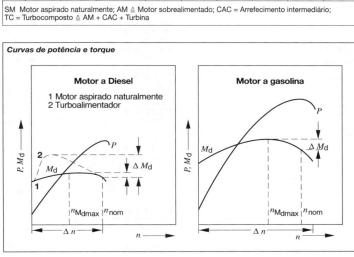

Curvas de potência e torque

Curvas de desempenho (comportamento da carga da peça) para um percurso de regulagem específico ou posição específica do pedal do acelerador

O motor a Diesel com percurso de regulagem constante M_d permanece constante em n

A formação de mistura em um único ponto (quatro tempos) com posição constante da válvula borboleta. M_d cai rapidamente na medida que n aumenta, P_{eff} permanece basicamente constante

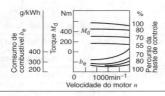
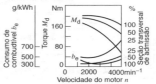

Posição do torque

A posição na curva de velocidade do motor (referente a rpm para rendimento máximo), na qual o torque máximo é desenvolvido, especificado em % ($n_{Mdmax}/n_{nominal} \cdot 100$).

Faixa de velocidade útil
(velocidade de carga total mínima/velocidade nominal)

Tipo do motor		Faixa de velocidade útil Δn_N	Posição do torque %
Motor a Diesel	Carros de passeio	3,5...5	15...40
	Caminhões	1,8...3,2	10...60
Motor com ignição por centelha		4...7	25...35

Aumento do torque

Tipo do motor		Aumento de torque M_d em %
Motor a Diesel Carros de passeio	Motor com aspiração natural	15...20
	SC [1]	20...30
	SC [1] + CAC [2]	25...35
Motor a Diesel Caminhões	Motor com aspiração natural	
	SC [1]	
	SC [1] + CAC [2]	
Motor com ignição por centelha	Motor com aspiração natural	
	SC [1] + CAC [2]	

1) Com sobrealimentação, 2) Com arrefecimento intermediário

Rendimento do motor, condições atmosféricas

O torque e, conseqüentemente, o rendimento de potência de um motor de combustão interna são determinados essencialmente pelo teor de calor da carga do cilindro. A taxa de fluxo de ar (ou mais precisamente, de oxigênio) na carga do cilindro oferece uma indicação direta do teor de calor. A mudança que será mostrada pelo motor a toda potência pode ser calculada em função de variações na condição do ar ambiente (temperatura, pressão barométrica, umidade), desde que a velocidade do motor, a relação de ar/combustível (A/F), a eficiência volumétrica, a eficiência de combustão e a perda total de potência do motor permaneçam as mesmas. A mistura A/F responde à densidade atmosférica mais baixa tornando-se mais rica. A eficiência volumétrica (pressão no cilindro em BDC referente à pressão no ar ambiente) apenas permanece constante para todas as condições atmosféricas na abertura máxima da válvula borboleta (WOT). A eficiência de combustão cai no ar fino frio, visto que a taxa de vaporização, a turbulência e a velocidade de combustão também caem. A perda de potência do motor (perdas por atrito + serviço de troca de gás + drenagem de potência de reforço) reduz a potência indicada.

Efeito de condições atmosféricas

A quantidade de ar que um motor aspira, ou que é introduzida no motor por sobrealimentação, depende da densidade do ar ambiente; o ar mais frio, mais pesado ou mais denso aumenta o rendimento do motor. Regra: a potência do motor cai aproximadamente 1% para cada 100 metros de subida. Dependendo do design do motor, o ar de admissão frio é normalmente aquecido em algum grau enquanto atravessa as passagens de admissão, com conseqüente redução de sua densidade e do rendimento do motor. O ar úmido contém menos oxigênio que o ar seco e, assim, produz rendimentos mais baixos de potência do motor. A diminuição é geralmente pequena, quase insignificante. A umidade quente do ar em regiões tropicais pode provocar uma perda notável de potência do motor.

Definições de potência
A potência efetiva é a potência do motor medida na árvore de manivelas ou mecanismo auxiliar (tal como a transmissão) na velocidade especificada do motor. Quando são feitas medições a jusante a partir da transmissão, as perdas de transmissão devem ser fatoradas na equação. A potência nominal é a potência máxima efetiva do motor com estrangulamento total. A potência líquida corresponde à potência efetiva.

São usadas fórmulas de conversão para converter os resultados do teste com dinamômetro, para refletir as condições padrão, invalidando, assim, fatores como hora do dia e ano, permitindo ao mesmo tempo, que vários fabricantes forneçam mutuamente dados comparáveis.

As referências cruzadas na tabela seguinte mostram as normas mais importantes usadas na correção da potência.

Normas de correção de potência (comparação)

Norma (Data de publicação)		ECC 80/1269 (4/81)	ISO 1585 (5/82)	JIS D 1001 (10/82)	SAE J 1349 (5/85)	DIN 70 020 (11/76)
Pressão barométrica durante o teste (*pressão de vapor subtraída!)						
Seca P_{PT}*	kPa	99	99	99	99	–
Absoluta P_{PF}	kPa	–	–	–	–	101,3
Temperatura durante o teste						
Absoluta T_P	K	298	298	298	298	293
Motores com ignição por centelha, aspirados naturalmente e sobrealimentados						
Fator de correção	α_A		$\alpha_a = A^{1,2} \cdot B^{0,5}$ $A = 99/p_{PT}$ $B = T_P/298$			$\alpha_a = A^{1,2} \cdot B^{0,5}$ $A = 101,3/p_{PF}$ $B = T/293$
Potência corrigida: $P_0 = \alpha_a \cdot P$(kW) (P potência medida)						
Motores a diesel, aspirados naturalmente e sobrealimentados						
Fator de correção atmosférica	f_a	$f_a = A \cdot B^{0,7}$ ($A = 99/p_{PT}$; B = $T_P/293$) (motores as pirados naturalmente e sobrealimentados mecanicamente)				Como α_A para motores SI
		$f_a = A^{0,7} \cdot B^{1,5}$ ($A = 99/p_{PT}$; B = $T_P/293$) (motores turboalimentados com/sem arrefecimento intermediário)				
Fator de correção do motor	f_m	$40 \leq q/r \leq 65$: $\quad f_m = 0,036 \cdot (q/r) - 1,14$ $q/r < 40$: $\quad f_m = 0,3$ $q/r > 65$: $\quad f_m = 1,2$				$f_m = 1$
$R = P_L/P_E$ Resposta de pressão do ar de injeção na pressão do ar de injeção absoluta P_L P_E pressão absoluta a montante do compressor, q consumo específico de combustível (SAE J1349) Motores de 4 tempos: $q = 120.000 \ F/DN$, motores de 2 tempos: $q = 60.000 \ F/DN$ Com F fluxo de combustível (mg/s): D Deslocamento (l); N Velocidade do Motor (P potência medida)						
Potência corrigida: $P_0 = P \cdot f_a^{fm}$ (kW) (P potência medida)						
Acessórios obrigatórios						
Ventilador		Sim, com ventilador de acionamento elétrico/viscoso no deslizamento max.				Não definido
Sistema de controle de emissões		Sim				
Alternador		Sim, carregado com corrente do motor				Sim
Servobombas		Não				Não
Condicionador de ar		Não				Não

Cálculo

Grandeza		Unid.
a_k	Aceleração do pistão	m/s²
B	Consumo de combustível	kg/h;dm³/h
b_e	Consumo de combustível específico	g/kWh
D	Diâmetro do cilindro $2 \cdot r$	mm
d_v	Diâmetro da válvula	mm
F	Força	N
F_G	Força do gás no cilindro	N
F_N	Impulso lateral do pistão	N
F_o	Força de inércia oscilante	N
F_r	Força de inércia rotativa	N
F_s	Força da biela	N
F_T	Força tangencial	N
M	Torque	N · m
M_o	Momentos oscilantes	N · m
M_r	Momentos rotativos	N · m
M_d	Torque do motor	N · m
m_p	Relação potência x peso	kg/kW
n	Velocidade do motor	rpm
n_p	Velocidade da bomba de injeção de combustível	rpm
P	Potência	kW
P_{eff}	Potência efetiva [1]	kW
P_H	Rendimento de potência por litro	kW/dm³
p	Pressão	bar
p_c	Compressão final	bar
p_e	Pressão média do pistão (pressão média, pressão média de serviço)	bar
p_L	Pressão do ar de injeção	bar
p_{max}	Pressão de pico de injeção	bar
r	Raio da árvore de manivelas	mm
s_d	Seção transversal da injeção	mm²
S, s	Curso, geral	mm
s	Curso do pistão	mm
s_f	Curso de indução de um cilindro (2tempos)	mm
s_F	Curso de indução, motor de dois tempos	mm
S_k	Folga do pistão de TDC	mm
S_s	Altura do entalhe, motor de 2 tempos	mm
T	Temperatura	°C, K
T_c	Temperatura final de compressão	K
T_L	Temperatura do ar de injeção	K
T_{max}	Temperatura de pico na câmara de combustão	K
t	Tempo	s
V	Volume	m³

Grandeza		Unid.
V_c	Volume de compressão de um cilindro	dm²
V_E	Quantid. de combustível injetado por curso da bomba	mm³
V_t	Volume de carga de um cilindro (motor de 2 tempos)	dm³
V_F	Volume de carga de um motor de 2 tempos	dm³
V_h	Deslocamento de um cilindro	dm³
V_H	Deslocamento do motor	dm³
v	Velocidade	m/s
v_d	Velocidade média do jato de injeção	m/s
v_g	Velocidade do gás	m/s
v_m	Velocidade média do pistão	m/s
v_{max}	Velocidade máxima do pistão	m/s
z	Número de cilindros	–
v_d	Tempo de injeção (no ângulo da árvore de manivelas na bomba de injeção de combustível)	°
β	Ângulo de articulação da biela	°
ε	Coeficiente de compressão	–
η	Eficiência	–
η_e	Eficiência líquida	–
η_{th}	Eficiência térmica	–
v, n	Expoente politrópico dos gases reais	–
ϱ	Densidade	kg/m³
φ, α	Âng. da árvore de manivelas (φ_o = centro morto superior)	°
ω	Velocidade angular	rad/s
λ	$= r/l$ Relação curso/biela	–
λ	Fator de ar em excesso	–
$\varkappa$	$= c_p/c_v$ Expoente adiabático de gases ideais	–

Superescritos e subscritos

0, 1, 2, 3, 4, 5	Valores de ciclo/valores principais
0	Oscilante
r	Rotativo
1.ª, 2.ª	1ª, 2ª ordem
A	Constante
', ''	Subdivisão de valores principais, derivações

Conversão de unidades
(Ver p. 29...38)

1 g/hp · h	= 1,36 g/kW · h
1 g/kW · h	= 0,735 g/hp · h
1 kp	= 9,81 N · m ≈ 10 N · m
1 N · m	= 0,102 kp · m ≈ 0,1 kp · m
1 hp	= 0,735 kW
1 kW	= 1,36 hp
1 at	= 0,981 bar ≈ 1 bar
1 bar	= 1,02 at ≈ 1 at

---

[1] Potência efetiva P_{eff} é a potência efetiva fornecida pelo motor de combustão interna, acionando os equipamentos auxiliares necessários para a operação (ex.: equipamento de ignição, bomba de injeção de combustível, ventilador de ar de expulsão e ar de arrefecimento, bomba de água e ventilador, sobrealimentador) (DIN 1940). Esta potência é chamada de potência líquida do motor em DIN70020 (ver p. 497).

Equações de cálculo

Relação matemática entre grandezas	Relação numérica entre grandezas
Deslocamento do pistão Deslocamento de um cilindro $V_h = \dfrac{\pi \cdot d^2 \cdot s}{4}; \quad V_f = \dfrac{\pi \cdot d^2}{4} \cdot f$ (2 tempos)	$V_H = 0{,}785 \cdot 10^{-6} \, d^2 \cdot s$ V_h em dm³, d em mm, s em mm
Deslocamento de um motor $V_H = V_h \cdot z; \quad V_F = V_f \cdot z$ (2 tempos)	$V_H = 0{,}785 \cdot 10^{-6} \, d^2 \cdot s \cdot z$ V_h em dm³, d em mm, s em mm
Compressão Coeficiente de compressão $\varepsilon = \dfrac{V_h + V_c}{V_c}$ (ver p. 502 para gráfico) Pressão final de compressão $p_c = p_o \cdot \varepsilon^\nu$ Temperatura final de compressão $T_c = T_o \cdot \varepsilon^{\nu-1}$	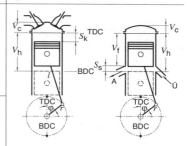
Movimento do pistão (ver p. 503 p/gráfico) Folga do pistão a partir do centro morto superior $S_k = r\left[1 + \dfrac{l}{r} - \cos\varphi - \sqrt{\left(\dfrac{l}{r}\right)^2 - \operatorname{sen}^2\varphi}\right]$	Motor de 4 tempos Motor de 2 tempos
Ângulo do eixo de comando de válvulas $\varphi = 2 \cdot \pi \cdot n \cdot t$ (φ em rad) Velocidade do pistão (aproximação) $v \approx 2 \cdot \pi \cdot n \cdot r\left(\operatorname{sen}\varphi + \dfrac{r}{2l}\operatorname{sen}2\varphi\right)$	$\varphi = 6 \cdot n \cdot t$ φ em °, n em rpm, t em s $v \approx \dfrac{n \cdot s}{19.100}\left(\operatorname{sen}\varphi + \dfrac{r}{2l}\operatorname{sen}2\varphi\right)$ v em m/s, n em rpm, l, r e s em mm
Velocidade média do pistão $v_m = 2 \cdot n \cdot s$ Velocidade máxima do pistão (aproximada, se a biela estiver em uma tangente em relação à trajetória da extremidade grande; $a_k = 0$)	$v_m \approx \dfrac{n \cdot s}{30.000}$ (ver p. 504 para gráfico) v_m em m/s, n em rpm, s em mm

l/r	3,5	4	4,5
v_{max}	$1{,}63 \cdot v_m$	$1{,}62 \cdot v_m$	$1{,}61 \cdot v_m$

(ver p. 504 para gráfico)

Aceleração do pistão (aproximação) $\alpha_k \approx 2 \cdot \pi^2 \cdot n^2 \cdot s\left(\cos\varphi + \dfrac{r}{l}\cos 2\varphi\right)$	$\alpha \approx \dfrac{n^2 \cdot s}{182.400}\left(\cos\varphi + \dfrac{r}{l}\cos 2\varphi\right)$ α_k em m/s², n em rpm, l, r e s em mm

---

[1]) As variáveis podem ser introduzidas nas equações em quaisquer unidades. A unidade da quantidade a ser calculada é obtida a partir das unidades escolhidas para os termos da equação. As equações numéricas se aplicam apenas com unidades de medida especificada sob a equação.

Equações de cálculo (continuação)

Relação matemática entre grandezas	Relação numérica entre grandezas
Velocidade do gás Velocidade média do gás na seção da válvula $v_g = \dfrac{d^2}{d_v^2} \cdot v_m$	$v_g = \dfrac{d^2}{d_v^2} \cdot \dfrac{n \cdot s}{30.000}$ v_g em m/s, d, d_v, e s em mm, n em rpm
Alimentação de combustível Quantidade de combustível injetado por curso da bomba de injeção de combustível $V_E = \dfrac{P_{eff} \cdot b_e}{\rho \cdot n_p \cdot z}$ Velocidade média do jato de injeção $v_d = \dfrac{2 \cdot \pi \cdot n_p \cdot V_E}{S_d \cdot \alpha_d}$ (α_d em rad)	$V_E = \dfrac{1.000 \cdot P_{eff} \cdot b_e}{60 \cdot \rho \cdot n_p \cdot a}$ V_E em mm³, P_{eff} em kW, b_e em g/kW · h (ou também P_{eff} em hp, b_e em g/hp · h) n_p em rpm, ρ em kg/dm³ (para combustíveis $\rho \approx 0{,}85$ kg/dm³) $v_d = \dfrac{6 n_p \cdot V_E}{1.000 \cdot S_d \cdot \alpha_d}$ $v_d =$ em m/s, n_p, em rpm, V_e em mm³, S_d em mm², α_d em °
Potência do motor $P = M \cdot \omega = 2 \cdot \pi \cdot M \cdot n$ $P_{eff} = V_H \cdot p_e \cdot n / K$ $K = 1$ para motor de 2 tempos $K = 2$ para motor de 4 tempos Potência por deslocamento de unidade (rendimento de potência por litro) $P_H = \dfrac{P_{eff}}{V_H}$ Power-to-weight ratio $m_p = \dfrac{m}{P_{eff}}$	$P = M \cdot n / 9.549$ P em kW, M em N · m (= W · s) $P_{eff} = \dfrac{V_H \cdot p_e \cdot n}{K \cdot 600} = \dfrac{M_d \cdot n}{9.549}$ P_{eff} em kW, p_e em bar, n em rpm M_d em N · m $P = M \cdot n / 716{,}2$ P em hp, M em kp · m, n em rpm

Equações de cálculo (continuação)

Relação matemática entre grandezas	Relação numérica entre grandezas

Pressão média do pistão (pressão média, pressão média de serviço)

Motor de 4 tempos	Motor de 2 tempos	Motor de 4 tempos	Motor de 2 tempos
$p = \dfrac{2 \cdot P}{V_H \cdot n}$	$p = \dfrac{P}{V_H \cdot n}$	$p = 1.200 \dfrac{P}{V_H \cdot n}$	$p = 600 \dfrac{P}{V_H \cdot n}$
		\multicolumn{2}{l}{p em bar, P em kW, V_H em dm^3, n em rpm}
		$p = 833 \dfrac{P}{V_H \cdot n}$	$p = 441 \dfrac{P}{V_H \cdot n}$
		\multicolumn{2}{l}{p em bar, P em PS, V_H em dm^3, n em rpm}
$p = \dfrac{4 \cdot \pi \cdot M}{V_H}$	$p = \dfrac{2 \cdot \pi \cdot M}{V_H}$	$p = 0{,}1257 \dfrac{M}{V_H}$	$p = 0{,}0628 \dfrac{M}{V_H}$
		\multicolumn{2}{l}{p em bar, M em N · m, V_H em dm^3}

Torque do motor

$M_d = \dfrac{V_H \cdot p_e}{4\pi}$	$M_d = \dfrac{V_H \cdot p_e}{2\pi}$	$M_d = \dfrac{V_H \cdot p_e}{0{,}12566}$ $M_d = \dfrac{V_H \cdot p_e}{0{,}06284}$

M_d em N · m, V_H em dm^3, p_e em bar
$M_d = 9.549 \cdot P_{eff}/n$
M_d em N · m, P_{eff} em kW, n em rpm

Consumo de combustível[1]
B = valores medidos em kg/h
$b_e = B/P_{eff}$
$b_e = 1/(H_u \cdot \eta_e)$

B em dm^3/h ou kg/h
V_B = volume medido no dinamômetro de teste
t_B = tempo transcorrido para o consumo do volume medido

$$b_e = \dfrac{V_b \cdot \varrho_B \cdot 3.600}{t_B \cdot P_{eff}}$$

ϱ_B = Densidade do combustível em g/cm^2
t_B em s, V_B em cm^3, P_{eff} em kW

Eficiência
$\eta_{th} = 1 - \varepsilon^{1-\nu}$
$\eta_e = P_{eff}/(B \cdot H_u)$

$\eta_e = 86/b_e$
Onde H_u = valor calorífico específico
42.000 kJ/kg
b_{er} em g/(kW · h)

---

[1] Ver p. 417 para medidas sobre o veículo que influenciam o consumo de combustível

Área de deslocamento e compressão
Ver p. 499 para gráfico e equação

O gráfico abaixo se aplica ao deslocamento V_h e espaço de compressão V_c do cilindro individual e ao deslocamento total V_H e espaço total de compressão V_C.

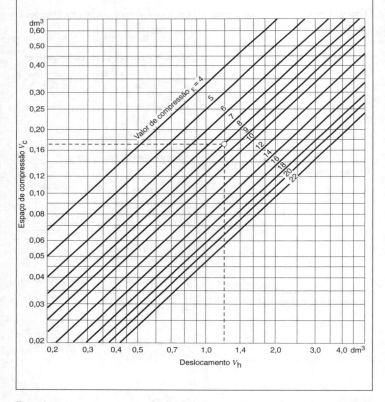

Exemplo:
Um motor com um deslocamento de 1,2 dm³ e um coeficiente de compressão ε = 8 tem uma área de compressão de 0,17 dm³.

Valores e dados empíricos para cálculo

Folga do pistão a partir do centro morto superior Ver p. 499 para gráfico e equação

Conversão de graus do ângulo da árvore de manivelas para mm de percurso do pistão

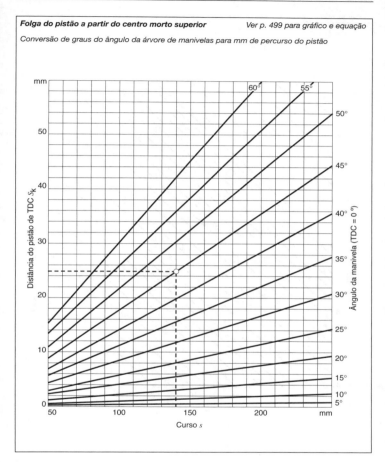

Exemplo:
A folga do pistão a partir do centro morto superior é de 25 mm para um curso de 140 mm com ângulo da árvore de manivelas de 45°.

O gráfico se baseia em uma relação da manivela de $l/r = 4$ (l = comprimento da biela, r metade do comprimento do curso). Entretanto, isto também se aplica com uma aproximação muito boa (erro inferior a 2%) a todas as relações l/r entre 3,5 e 4,5.

Velocidade do pistão — *Ver p. 499 para equação*

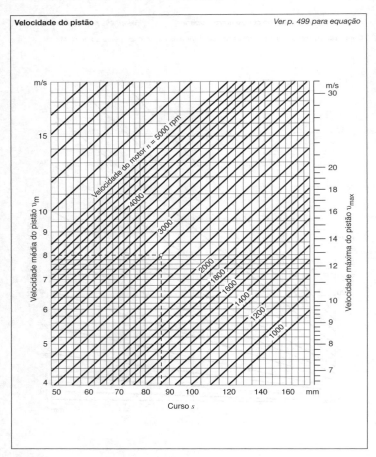

Exemplo:
Velocidade média do pistão = v_m = 8 m/s e velocidade máxima do pistão v_{max} = 13 m/s para curso s = 86 mm em uma velocidade do motor de n = 2.800 rpm.

O gráfico se baseia em $v_{max} = 1{,}62\, v_m$ (ver p. 499)

Valores e dados empíricos para cálculo

Aumento de densidade do ar de combustão no cilindro na turbo/sobrealimentação
O aumento de densidade na sobrealimentação em função do coeficiente de pressão no compressor, a eficiência do compressor e o coeficiente de arrefecimento intermediário para arrefecimento do ar de injeção (CAC)

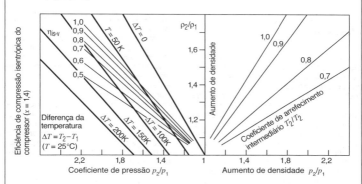

$p_2/p_1 = \pi_c$ = coeficiente de pressão durante a pré-compressão,
ϱ_2/ϱ_1 = Aumento da densidade, ϱ_1 = Densidade a montante do compressor,
ϱ_2 = Densidade a jusante do compressor em kg/m³
T_2/T_2' = Coeficiente de arrefecimento intermediário, T_2 = Temperatura antes de CAC,
T_2' = Temperatura depois de CAC em K
η_{is-v} = Eficiência isentrópica do compressor

Pressão e temperatura finais da compressão
A temperatura final de compressão em função do coeficiente de compressão e temperatura de admissão

Pressão final de compressão em função do coeficiente de compressão e pressão de reforço

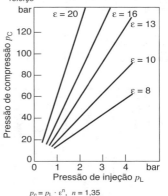

$t_c = T_c - 273{,}15$ K, $T_c = T_A \cdot \varepsilon^{n-1}$, $n = 1{,}35$

$p_c = p_L \cdot \varepsilon^n$, $n = 1{,}35$

Motor com pistão alternativo com combustão externa (motor Stirling)

Conceito operacional e eficiência

Seqüência de ciclo: Na fase I, o pistão hidráulico (inferior), ou pistão de serviço, está na sua posição mais baixa e o deslocador (pistão superior), na sua posição mais alta. Todo o gás de serviço é expandido na área "fria" entre os dois pistões. Durante a transição da fase I para a fase II, o pistão hidráulico comprime o meio de serviço na câmara fria. O deslocador permanece em sua posição de parada. Durante a transição da fase II para a fase III, o deslocador se move para baixo para empurrar o meio de serviço comprimido através do trocador de calor e dentro do regenerador (onde absorve o calor acumulado). Como o pistão hidráulico permanece em sua posição mais baixa, o volume não muda.

Depois do tratamento, o gás entra na área "quente" acima do deslocador. Durante a transição da fase III para a fase IV, o gás quente é expandido. O pistão hidráulico e o deslocador são empurrados para sua posição mais baixa e a potência é produzida. O ciclo é concluído com a transição da Fase IV para a fase I, onde o movimento do deslocador para cima impulsiona novamente o gás através do aquecedor e dentro do regenerador, irradiando um calor substancial dentro do processo. O calor residual é extraído no trocador de calor, antes que o gás torne a entrar na área fria.

Assim, o ciclo teórico corresponde amplamente à compressão isotérmica (o gás de serviço é arrefecido até a sua temperatura inicial no trocador de calor, após a compressão adiabática), adição de calor isocórico através do regenerador e aquecedor, expansão quase isotérmica (o gás de serviço é reaquecido até a sua condição inicial no aquecedor, depois da expansão adiabática) e dissipação de calor isocórico através do regenerador e trocador de calor.

O ciclo ideal, mostrado nos gráficos p-V e T-S, só poderia ser atingido se – como descrito – o movimento dos sistemas de pistão hidráulico e deslocador fosse descontínuo.

Se os dois pistões estiverem conectados a um eixo, i.é, através de um acionamento rômbico, eles realizam movimentos senóides comutados por fase que geram um gráfico de serviço arredondado com a mesma eficiência de ciclo – similar à eficiência do ciclo Carnot – mas com trocas na potência e eficiência líquida.

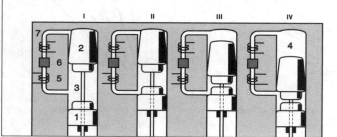

O ciclo do motor Stirling
Quatro estados de movimento descontínuo do pistão hidráulico e deslocador. 1 Pistão hidráulico, 2 Deslocador, 3 Espaço frio, 4 Espaço quente, 5 Trocador de calor, 6 Regenerador, 7 Aquecedor

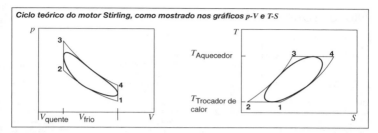

Ciclo teórico do motor Stirling, como mostrado nos gráficos p-V e T-S

Design e características operacionais

Os motores Stirling modernos são motores com comando duplo com (por exemplo) 4 cilindros que operam em uma troca definida de fase. Cada cilindro tem apenas um pistão, cuja superfície superior age como um pistão hidráulico e cuja superfície inferior age como um deslocador para o cilindro seguinte. O trocador de calor, regenerador e aquecedor estão localizados entre os cilindros.

A fim de manter um rendimento aceitável de potência por unidade da capacidade do motor, os motores funcionam em altas pressões de 50 a 200 bar, que são variáveis para assegurar o controle da carga. Os gases com baixas perdas de fluxo e calor específico alto (usualmente hidrogênio) devem ser usados como fluidos de serviço. Visto que o trocador de calor deve transferir todo o calor que deve ser extraído do processo para o ar ambiente, os motores Stirling requerem trocadores de calor consideravelmente maiores que os dos motores com combustão interna.

<u>Vantagens do motor Stirling</u>: concentrações muito baixas de todos os poluentes que são submetidos à legislação (HC, CO e NOx); operação silenciosa; queima uma grande variedade de combustíveis diferentes (capacidade multicombustível); consumo de combustível (no mapa do programa) aproximadamente equivalente àquele de um motor a Diesel com injeção direta, em velocidades comparáveis.

<u>Desvantagens</u>: altos custos de fabricação, devido ao design complicado; pressões de serviço muito altas, com rendimento de potência apenas moderado em relação ao volume e peso da unidade; sistema caro de controle de carga; superfície de arrefecimento e/ou potência de ventilação requeridas altas.

Motor Stirling com comando duplo
1 Aquecedor, 2 Regenerador, 3 Trocador de calor

Balanceamento de calor do motor Stirling

Motor rotativo Wankel

O motor rotativo é um motor com pistão não convencional, em que o mecanismo do eixo de comando de válvula é substituído por uma unidade de comando excêntrica, operada por um pistão rotativo.

O pistão forma as câmaras de combustão na medida em que se desloca dentro de seu padrão trocóide. Visto a partir da lateral, o rotor é um triângulo com laterais convexas. A câmara do pistão (epitrocóide) com formato oval – ou mais precisamente: com formato de vidro de relógio – está localizada dentro da carcaça arrefecida à água. Quando o rotor gira, seus três vértices seguem a parede da carcaça para formar três câmaras de deslocamento variáveis, vedadas mutuamente (A, B e C), espaçadas em intervalos de 120°. Cada uma destas câmaras acomoda um ciclo completo de combustão de quatro tempos, durante cada rotação completa do rotor, i.é, depois de uma rotação completa do rotor triangular, o motor completa o ciclo de quatro tempos três vezes e o eixo excêntrico completa um número igual de rotações.

O rotor é equipado com vedações em ambas as faces e no vértice. Ele incorpora uma engrenagem concêntrica e os rolamentos para o excêntrico do eixo do motor. Esta engrenagem funciona excentricamente em relação ao eixo do excêntrico. A engrenagem interna do pistão rotativo gira contra uma engrenagem montada na carcaça. Esta engrenagem gira concentricamente em relação ao eixo do excêntrico. Este conjunto de engrenagem não transmite força. Ao contrário, ele mantém o pistão rotativo no padrão de órbita trocóide necessário para sincronizar o pistão e o eixo do excêntrico.

Os dentes do conjunto de engrenagem atuam de acordo com a relação de conversão de 3:2. O rotor gira em dois terços da velocidade angular do eixo e na direção oposta. Este arranjo gera uma velocidade relativa do rotor que corresponde apenas a um terço da velocidade angular do eixo em relação à carcaça.

Design e conceito operacional do motor rotativo Wankel
1 Rotor, 2 Engrenagem interna no rotor, 3 Vela de ignição, 4 Pinhão fixo, 5 Superfície de funcionamento do excêntrico

*a) A célula **A** aspira a mistura ar-combustível, a célula **B** comprime a mistura e o escape dos gases de combustão é realizado na célula **C** (depressões no flanco do rotor permitem que o gás passe pela restrição trocóide).*
*b) A célula **A** é cheia com gás fresco, os gases de combustão se expandem na célula **B**, girando o eixo do excêntrico através do rotor, o escape dos gases de combustão é realizado na célula **C**. A fase seguinte da combustão é novamente aquela mostrada na figura a), onde a célula **C** assumiu o lugar da célula **A**. Assim, o rotor, girando através de 120° de uma rotação, realizou o processo completo de quatro tempos em seus três flancos. Durante este processo, o eixo do excêntrico realizou uma rotação completa.*

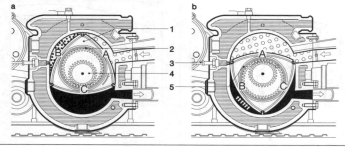

Motor rotativo Wankel 509

A troca de gás é regulada pelo próprio pistão, na medida em que ele se move através das frestas na carcaça. Uma alternativa para este arranjo – com orifícios de admissão periféricos localizados ao longo dos percursos trocóides dos vértices – é representada pelos coletores de admissão na lateral do bloco (orifícios laterais).

As velocidades consideravelmente mais altas do gás e do motor são possibilitadas pela ausência de passagens restritivas de gás e de massas alternativas. O motor rotativo pode ser totalmente balanceado mecanicamente. A única irregularidade remanescente é o fluxo não uniforme de torque, uma característica de todos os motores de combustão interna. Entretanto, a curva de força de torção de um motor com rotor único é consideravelmente mais uniforme que a de um motor convencional com cilindro único, visto que os cursos de potência ocorrem acima de 270° da rotação do eixo do excêntrico. A consistência do fluxo de potência e a uniformidade operacional podem ser melhoradas através da união de vários pistões rotativos em um único eixo. Neste contexto, um motor Wankel com três rotores corresponde a um motor com pistão alternativo de oito cilindros. A curva de torque pode ser realizada para assumir as características do motor com estrangulamento ou motor de corrida, através da mudança de sincronização (localização) e a seção transversal da admissão.

Vantagens do motor rotativo: balanceamento completo de massas; curva de força de torção favorável; design compacto; ausência de conjunto de engrenagem de válvula e excelente controle.

Desvantagens: o formato da câmara de combustão não é ótimo; altas emissões de HC; maior consumo de combustível e óleo; custos mais altos de fabricação; a operação a Diesel não é possível e o eixo de saída tem uma localização alta.

Design de um motor rotativo duplo
1 Rotor, 2 Conversor de torque hidráulico, 3 Embreagem automática

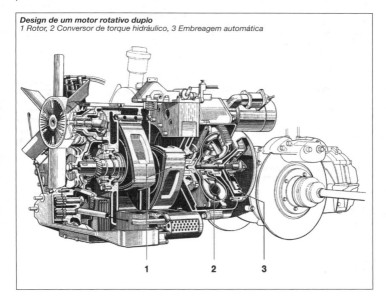

Turbina a gás

Na turbina a gás, as mudanças individuais de estado, durante o ciclo, ocorrem em componentes separados espacialmente (compressores, queimadores e turbinas), que se comunicam através de componentes de condução de fluxo (difusores, espirais e similares). Assim, estas mudanças de estado ocorrem continuamente.

Conceito operacional, ciclo comparativo e eficiência

Nas turbinas a gás automotivas, o ar de admissão é aspirado continuamente através de filtros e silenciosos, antes da condensação em um compressor radial e aquecimento subseqüente em um trocador de calor. O trocados de calor nas unidades automotivas atuais é projetado normalmente como um regenerador rotativo.

O ar comprimido e pré-aquecido flui dentro do queimador onde é aquecido diretamente através da injeção e combustão de combustíveis gasosos, líquidos ou emulsificados. A energia dos gases comprimidos e aquecidos é transmitida a um, dois ou três estágios da turbina, em um a três conjuntos de eixo. As turbinas com fluxo radial ou axial acionam inicialmente os compressores e conjuntos auxiliares, que, em seguida, direcionam a energia remanescente para o eixo propulsor através de uma turbina de energia, engrenagem de redução e transmissão.

Normalmente, a turbina incorpora pás ajustáveis (turbina AVG) projetadas para reduzir o consumo de combustível na marcha lenta e na operação com carga parcial, melhorando, ao mesmo tempo, o controle durante a aceleração. Em máquinas com eixo único, isso requer um mecanismo de ajuste na transmissão.

Depois do arrefecimento parcial na fase de expansão, os gases fluem através da seção de gás do trocador de calor, onde a maior parte do calor residual é descarregada no ar. Em seguida, os próprios gases são expelidos através da passagem de escapamento, onde eles também podem fornecer calor ao sistema de aquecimento do veículo.

A eficiência térmica e, conseqüentemente, o consumo de combustível da turbina de gás são determinados em grande parte pela temperatura operacional máxima permitida (temperatura de saída do queimador). As temperaturas que podem ser atingidas usando-se cobalto altamente resistente ao calor – ou ligas baseadas em níquel – não permitem consumo de combustível que seja comparável com os motores atuais com pistão. Será necessária a mudança para materiais cerâmicos, antes que a eficiência de combustível similar, ou até mesmo melhor, possa ser atingida.

O ciclo termodinâmico comparativo para a turbina de gás é a pressão constante ou ciclo Joule. Ele consiste de compressão isentrópica (processo 1 → 2), adição de calor isobárico (processo 2 → 3), expansão isentrópica (processo 3 → 4) e dissipação de calor isobárico (processo 4 → 1). Altos níveis de eficiência térmica só podem ser atingidos quando o aumento de tempera-

Temperaturas operacionais características (ordens de amplitude) em várias posições em turbinas a gás automotivas metálicas e cerâmicas em WOT

Ponto de medição	Turbina de metal	Turbina cerâmica
Saída do compressor	230°C	250°C
Saída do trocador de calor (lado do ar)	700°C	950°C
Saída do queimador	1.000°C...1.100°C	1.250°C...1.350°C
Entrada do trocador de calor (lado do gás)	750°C	1.000°C
Saída do trocador de calor	270°C	300°C

Turbina a gás

Ciclo comparativo termodinâmico, como mostrados nos gráficos p-V e T-S

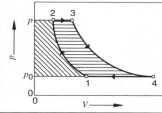
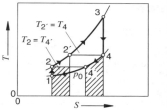

tura de T_2 para $T_{2'}$, assegurado pelo trocador de calor, estiver conectado a uma descarga térmica (4 → 4). Se o calor for trocado totalmente, a quantidade de calor a ser adicionada por unidade de gás é reduzida a

$q_{add} = c_p \cdot (T_3 - T_{2'}) = c_p \cdot (T_3 - T_4)$

e a quantidade de calor a ser removida é

$q_{rem} = c_p \cdot (T_{4'} - T_1) = c_p \cdot (T_2 - T_1)$

A eficiência térmica máxima para a turbina a gás com trocador de calor é:

$\eta_{th} = 1 - Q_{rem}/Q_{add} = 1 - (T_2 - T_1)/(T_3 - T_4)$

Onde $p_2/p_1 = (T_2/T_1)^{\frac{\chi}{\chi-1}} = (T_3/T_4)^{\frac{\chi}{\chi-1}}$

e $T_4 = T_3 \cdot (T_1/T_2)$ segue-se que

$\eta_{th} = 1 - (T_2/T_3)$

Os motores atuais com turbina a gás atingem eficiências térmicas de até 35%.

<u>Vantagens da turbina a gás</u>: escapamento limpo sem dispositivos complementares para controle de emissão: funcionamento extremamente uniforme; capacidade multicombustível; boa curva de torque estático e intervalos mais prolongados de manutenção.

<u>Desvantagens</u>: os custos de fabricação ainda são altos; resposta transicional deficiente; alto consumo de combustível e é menos adequada para aplicações de baixa potência.

Turbina a gás
1 Filtro e silenciador
2 Compressor de fluxo radial
3 Queimador
4 Trocador de calor
5 Orifício de escapamento
6 Conjunto de engrenagem de redução
7 Turbina de energia
8 Pás ajustáveis
9 Turbina do compressor
10 Motor de partida
11 Acionamento de equipamento auxiliar
12 Bomba de lubrificação de óleo

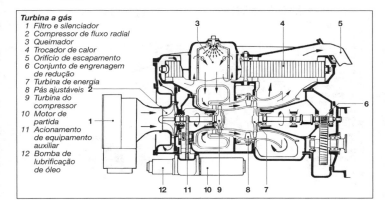

Arrefecimento do motor

Arrefecimento a ar

O arrefecimento a ar é direcionado por pressão dinâmica e/ou um ventilador em torno das paredes externas com aletas do forro do cilindro. Instalações projetadas para restringir o fluxo de ar de arrefecimento e controlar a velocidade do ventilador podem ser utilizadas para regular a taxa de fluxo volumétrico. O consumo de energia corresponde a 3...4% do rendimento total do motor.

O calor absorvido pelo óleo do motor é disperso por um radiador de óleo arrefecido a ar, montado em uma posição adequada no fluxo de ar.

O nível de emissão de ruído e a ineficiência para manter temperaturas consistentes do motor são considerados como desvantagens, comparando-se com motores arrefecido por líquido. Hoje, o arrefecimento a ar é usado principalmente em motores de motocicletas e em aplicações especiais.

Arrefecimento à água

O arrefecimento à água se tornou padrão para carros de passeio e veículos pesados. No lugar de água pura, os líquidos de arrefecimento agora são uma mistura de água (de qualidade potável), anticongelante (geralmente etileno glicol) e vários inibidores de corrosão selecionados para a aplicação específica. Uma concentração anticongelamento de 30...50% eleva o ponto de ebulição da mistura, para permitir temperaturas operacionais de até 120°C em uma pressão de 1,4 bar em carros de passeio.

Design e materiais de radiador

Os núcleos dos radiadores de líquido de arrefecimento nos modernos carros de passeio são fabricados quase que exclusivamente com alumínio. Os radiadores de alumínio também estão sendo usados cada vez mais em uma grande variedade de veículos comerciais e caminhões no mundo todo. Existem duas variantes básicas de montagem:
- Radiadores soldados e
- Radiadores unidos ou montados mecanicamente

Para motores de alto desempenho de arrefecimento, ou quando o espaço é limitado, a melhor solução é o layout de radiador com tubo chato soldado e aleta corrugada com resistência aerodinâmica minimizada no lado de admissão de ar.

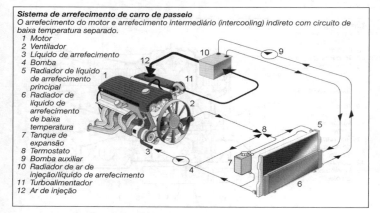

Sistema de arrefecimento de carro de passeio
O arrefecimento do motor e arrefecimento intermediário (intercooling) indireto com circuito de baixa temperatura separado.
1. Motor
2. Ventilador
3. Líquido de arrefecimento
4. Bomba
5. Radiador de líquido de arrefecimento principal
6. Radiador de líquido de arrefecimento de baixa temperatura
7. Tanque de expansão
8. Termostato
9. Bomba auxiliar
10. Radiador de ar de injeção/líquido de arrefecimento
11. Turboalimentador
12. Ar de injeção

O sistema de tubo com aleta montado mecanicamente, que é mais barato, é geralmente utilizado para aplicações com motores menos potentes ou quando houver mais espaço disponível.

Quando o radiador é montado mecanicamente, a grade de arrefecimento é formada pelas aletas estampadas montadas em torno de tubos redondos, ovais ou ovais chatos. As aletas são corrugadas e/ou entalhadas nos ângulos retos na direção do fluxo de ar.

Nervuras e corrugados são integrados nas aletas de arrefecimento no lado do ar de arrefecimento para melhorar a transferência térmica. Medidas adicionais para aumentar a eficiência de arrefecimento incluem o uso de tubos com a menor largura e espessura da parede possíveis e tubuladores no lado do líquido de arrefecimento, desde que as perdas de pressão permaneçam dentro dos limites aceitáveis.

O tanque do radiador assegura que o líquido de arrefecimento seja distribuído através do bloco. Estes tanques são fabricados com poliamidas reforçadas com fibra de vidro e são moldados por injeção com todas as conexões e guarnições em uma única unidade. Eles são montados com flange no núcleo do radiador e vedados por um elemento de vedação de elastômero integrado.

Os novos desenvolvimentos incluem radiadores totalmente em alumínio com um tanque de radiador que também é fabricado com alumínio e soldado no núcleo do radiador em uma mesma operação.

Design do radiador

Em quaisquer condições operacionais e ambientais, o radiador deve continuar a assegurar a transferência térmica confiável, dissipando o calor do motor para o ar circundante. O tamanho e, consequentemente, a capacidade de arrefecimento de um radiador específico podem ser determinados por cálculo, baseado nas equações de correlação derivadas de testes relativos à transferência térmica e perda de pressão de fluxo.

A massa de ar, que flui através do radiador em um veículo, é um fator decisivo e depende:
- da velocidade de condução
- da resistência ao fluxo no compartimento do motor
- da resistência ao fluxo do radiador e
- da eficiência do ventilador

O objetivo principal do design do radiador é manter a temperatura do líquido de arrefecimento na saída do motor, abaixo de um valor máximo permissível sob determinadas condições operacionais. Em taxas de fluxo de ar-massa baixas, são necessários radiadores grandes e de alto rendimento, para atingir este objetivo, enquanto uma alta taxa de fluxo de ar-massa permite o uso de radiadores menores. Entretanto, um ventilador mais potente, com alto consumo de energia, é freqüentemente necessário para atingir altas taxas de fluxo ar-massa.

A tarefa de determinar a solução mais favorável em termos de viabilidade técnica e eficiência econômica é um assunto de otimização, que é resolvido pela aplicação de ferramentas de simulação. As ferramentas de simulação mais adequadas e eficazes descrevem todos os componentes que influenciam o fluxo de ar-massa e mostram o radiador como um meio integrado de transferência de calor ou trocador de calor. Os resultados da simulação são verificados por testes no veículo, realizados em túneis de vento.

Regulagem da temperatura do líquido de arrefecimento

Um motor de veículo automotor opera em uma grande variedade de condições climáticas e com flutuações importantes na carga do motor. A temperatura do líquido de arrefecimento – e também do motor – deve ser regulada, caso deva permanecer constante dentro de uma faixa estreita.

Termostato regulado por elemento de expansão

Um modo eficiente de compensar as condições variáveis é instalar um termostato sensível à temperatura que incorpora um elemento de expansão para regular a temperatura independentemente das variações de pressão no sistema de arrefecimento. O elemento de expansão utilizado neste tipo de termostato opera uma válvula de disco de ação dupla, que – até que a temperatura operacional seja atingida – fecha a conexão para o radiador, enquanto libera simultaneamente o fluxo de líquido de arrefecimento da entrada do motor à linha de bypass, permitindo que o líquido de arrefecimento flua não arrefecido de volta para o motor ("circuito secundário").

Os dois lados da válvula dupla são abertos parcialmente dentro da faixa de controle do termostato. Isto permite que uma mistura de líquido de arrefecimento arrefecido e não arrefecido flua para o motor em uma taxa suficiente para manter uma temperatura operacional constante.

A abertura para o radiador é totalmente aberta e a linha de bypass é fechada em um estrangulamento totalmente aberto ("circuito primário").

Termostato controlado por mapa eletrônico

Existem outras possibilidades quando é usado um termostato com mapa de programa. Um termostato controlado eletronicamente difere de um termostato regulado apenas por elemento de expansão, porque a temperatura de abertura pode ser controlada. Um termostato controlado por mapa é equipado com um resistor de aquecimento usado para aquecer o elemento de expansão, além de aumentar a abertura da válvula dupla para o radiador, reduzindo a temperatura do líquido de arrefecimento. O resistor de aquecimento é controlado pelo sistema de comando do motor para assegurar que a temperatura operacional do motor seja adaptada às condições operacionais. As informações necessárias para isso são armazenadas na forma de mapas de programa no sistema de comando do motor.

Aumentar a temperatura na faixa de carga parcial e reduzir a temperatura operacional no estrangulamento assegura as seguintes vantagens:
- Menor consumo de combustível
- Composição de gás de escapamento menos poluente
- Desgaste reduzido e
- Maior eficiência de aquecimento no interior do veículo

Tanque de expansão de líquido de arrefecimento

O tanque de expansão fornece um canal de escapamento confiável para gases pressurizados evitando a cavitação que pode ocorrer no lado da admissão da bomba de água. O volume de ar do tanque de expansão deve ser grande o suficiente para absorver a expansão térmica do líquido de arrefecimento, durante o acúmulo rápido de pressão e evitar a ebulição do líquido de arrefecimento quando o motor quente é desligado.

Os tanques de expansão são de plástico moldado por injeção (geralmente polipropileno), ainda que designs simples também possam ser moldados por sopro. Um sistema de mangueiras é usado normalmente para conectar o tanque de expansão ao sistema de arrefecimento. O tanque de expansão é montado no compartimento do motor, no local que corresponde ao ponto mais alto no sistema de arrefecimento para assegurar que o ar seja expelido efetivamente. Em alguns casos, o tanque de expansão pode formar uma única unidade com o tanque do radiador, ou os dois podem ser unidos através de um flange ou conector.

Termostato controlado por mapa
1 Conector; 2 Conexão para o radiador; 3 Carcaça do elemento de serviço; 4 Inserto de elastômero; 5 Pistão; 6 Mola de bypass; 7 Válvula de bypass; 8 Carcaça; 9 Resistor de aquecimento; 10 Válvula principal; 11 Mola principal; 12 Conexão do motor; 13 Tirante; 14 Conexão para o motor (bypass)

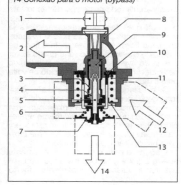

Controle eletrônico da temperatura do líquido de arrefecimento

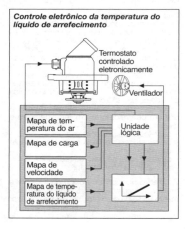

A posição e o formato da abertura de enchimento podem ser usados para limitar a capacidade, evitando, deste modo, o enchimento excessivo. Um sensor eletrônico de nível pode ser instalado para monitorar o nível do líquido de arrefecimento. O nível do líquido de arrefecimento também pode ser monitorado através da fabricação do tanque de expansão, total ou parcialmente em plástico transparente, com cor natural, com marcadores moldados de nível. Entretanto, o polipropileno incolor é sensível aos raios ultravioleta. Por esta razão, a parte transparente do tanque de expansão não deve ser exposta diretamente à luz solar.

Ventilador de ar de arrefecimento
Design
Visto que os veículos automotores também requerem uma capacidade substancial de arrefecimento em baixas velocidades, a ventilação por ar forçado também é necessária para o radiador. Os ventiladores de plástico moldado por injeção em uma única peça são usados geralmente em carros de passeio; atualmente, ventiladores de plástico moldado por injeção com capacidades de potência de acionamento de até 30 kW também são usados em veículos comerciais.

Ventiladores com potências menores são normalmente acionados eletricamente por motores CC ou motores CC sem escova (até 850 W). Ainda que o design da pá e o arranjo possam ser selecionados para assegurar um funcionamento silencioso, estes ventiladores apresentam níveis consideráveis de ruído em velocidades de alta rotação.

Em algumas aplicações de carro de passeio, principalmente aquelas que envolvem rendimentos muito altos de potência do motor e equipamentos opcionais, para operação em climas quentes, ou variantes de equipamento para motores a Diesel e sistemas de condicionamento de ar, a capacidade de acionamento elétrico não é mais suficiente para assegurar o volume de ar necessário para um arrefecimento eficaz. Nestes casos, os ventiladores em veículos comerciais são acionados diretamente pelo motor, através de correias V. Como uma regra, os ventiladores em veículos comerciais e caminhões pesados são acionados através de correia. Em algumas raras aplicações, o ventilador elétrico também ser montado diretamente no eixo de comando de válvulas.

Controle do ventilador
O arranjo de controle do ventilador exige uma atenção especial. Dependendo do veículo e das condições operacionais, o fluxo de ar não assistido pode fornecer arrefecimento suficiente em até 95% do tempo. Assim, é possível economizar a energia que seria usada para fornecer potência de acionamento do ventilador. Para isto, os ventiladores elétricos usam um sistema de controle de multiestágio ou contínuo que adapta especificamente os períodos operacionais e velocidade do ventilador à capacidade necessária de arrefecimento. Um sistema de controle com multiestágio consiste de relés e resistores em série, enquanto o controle variável contínuo requer o uso de eletrônica. Os interruptores termostáticos elétricos da unidade de controle do motor fornecem os sinais de entrada para o sistema de controle.

Layout do acionamento
O ventilador com atrito de fluido ou acionamento viscoso (embreagem VISCO®) é uma arranjo de acionamento mecânico com eficácia comprovada, para aplicação em carros de passeio e veículos comerciais. Ele consiste essencialmente de três conjuntos (ver figura na p. 516):
- o disco primário acionado
- a seção secundária acionada, compreendendo o corpo básico e a tampa e
- a instalação de controle

Um disco intermediário divide a seção secundária em uma câmara de alimentação e uma câmara de serviço, através da qual o fluido circula. O disco primário gira livremente na câmara de serviço. O torque é transmitido pelo atrito interno do fluido altamente viscoso e sua aderência às superfícies internas. Existe um grau de deslizamento entre a entrada e a saída.

O fluido viscoso de serviço é um óleo com silicone. O montante de óleo com silicone, na câmara de serviço, determina a potência de saída transmitida pela embreagem e conseqüentemente, a velocidade do ventilador. A válvula localizada entre a câmara de alimentação e a câmara de serviço controla o montante de óleo com silicone na câmara de serviço.

Pode ser feita uma distinção entre dois modos de operação da embreagem do ventilador com acionamento por fricção de fluido ou viscoso, conforme o tipo de operação da válvula:

- Em primeiro lugar, a embreagem com autocontrole dependente da temperatura, que varia infinitamente sua velocidade através de um elemento bimetálico, um pino de serviço e uma alavanca de válvula. A variável controlada é a temperatura do ar que sai do radiador e, indiretamente, a temperatura do líquido de arrefecimento.
- Em segundo lugar, a embreagem acionada eletricamente; esta embreagem é controlada eletronicamente e acionada eletromagneticamente. Ao contrário de uma única variável controlada, é usada uma grande variedade de variáveis de entrada, para fins de controle. Estas são normalmente os limites de temperatura dos vários meios de arrefecimento.

Embreagem Visco controlada eletronicamente
1 Corpo básico; 2 Mola da alavanca da válvula; 4 Induzido da solenóide; 5 Disco intermediário; 6 Disco primário; 7 Sensor de efeito hall; 8 Magnético permanente; 11 Eixo flangeado; 12 Anel de pulsação de velocidade; 13 Anel de controle do fluxo magnético

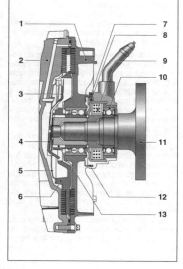

Arrefecimento intermediário (Intercooling) (arrefecimento de ar de injeção)

As tendências do desenvolvimento de motor mostram um aumento constante da potência de saída do motor. Este desenvolvimento caminha lado a lado com a transição atual de motores aspirados naturalmente para motores sobrealimentados e finalmente para motores sobrealimentados com arrefecimento intermediário. A necessidade de arrefecimento intermediário (arrefecimento do ar de injeção) é atribuída aos níveis mais altos de densidade do ar associados aos sistemas de sobrealimentação e, conseqüentemente, ao volume de oxigênio disponível no ar de combustão. O arrefecimento intermediário também reduz as emissões de gás de escapamento dos motores a Diesel sobrealimentados. Se o arrefecimento intermediário (arrefecimento do ar de injeção) não fosse utilizado nos motores com ignição por centelha sobrealimentados, medidas apropriadas seriam necessárias para evitar a detonação no motor, devido ao enriquecimento da mistura e/ou sincronização da ignição retardada. Conseqüentemente, o arrefecimento intermediário serve, indiretamente, para reduzir o consumo de combustível e emissões de poluentes.

Variações de design
Falando de modo geral, o ar ambiente e o líquido de arrefecimento do motor podem ser usados para arrefecer o ar de injeção. Com poucas exceções, os intercoolers de ar arrefecido são usados, atualmente, em carros de passeio e veículos comerciais.

Os intercoolers arrefecidos a ar podem ser montados na frente ou próximos do radiador do motor, ou até mesmo em um local totalmente diferente acima do módulo de arrefecimento. Um intercooler com localização remota pode utilizar o fluxo de ar do veículo não assistido ou seu próprio ventilador. Com o intercooler localizado na frente do radiador do motor, o ventilador de arrefecimento de ar assegura um fluxo de ar suficiente, mesmo em baixas velocidades do veículo. Entretanto, o problema deste arranjo é que o próprio ar de arrefecimento é aquecido neste processo. Para compensar este efeito, a capacidade do radiador do motor deve ser aumentada, de modo correspondente.

Intercoolers arrefecidos por líquido de arrefecimento podem ser instalados virtualmente em qualquer local no compartimento do motor, visto que não existem dificuldades técnicas para alimentar o sistema com o líquido de arrefecimento. Além disso, graças às suas dimensões modestas, este tipo de intercooler requer muito menos espaço que o intercooler arrefecido a ar. Os intercoolers arrefecidos por líquido de arrefecimento têm uma alta densidade de potência. Entretanto, o líquido de arrefecimento deve estar a uma temperatura muito baixa para efetivamente arrefecer o ar de injeção. Esta exigência tem um significado particular em veículos comerciais e caminhões pesados, visto que, neste caso, é necessário aquecer o ar de injeção a um nível de 15 K acima da temperatura ambiente. Deste modo, pode ser necessário instalar um radiador de baixa temperatura no módulo de arrefecimento para assegurar que o líquido de arrefecimento esteja disponível na temperatura adequada. Sem o radiador de baixa temperatura, o ar de injeção pode ser arrefecido apenas abaixo dos níveis próximos da temperatura do líquido de arrefecimento do motor.

O sistema de aletas de alumínio corrugado e tubos utilizados para o núcleo do intercooler é similar ao design do radiador de líquido de arrefecimento do motor. Tubos largos com aletas internas asseguram desempenho superior e integridade estrutural na prática. A densidade da aleta do lado do ar de arrefecimento é relativamente baixa e corresponde aproximadamente à densidade das aletas internas, para atingir uma boa distribuição da resistência à transferência térmica.

A taxa de difusão é uma propriedade particularmente importante do intercooler. Ela define a relação entre a eficiência de arrefecimento do ar de injeção e o diferencial de temperatura do ar de injeção/ar de arrefecimento:

$\Phi = (t_{1E} - t_{1A})/(t_{1E} - t_{2E})$

Os elementos da equação são:
Φ Taxa de difusão
t_{1E} Temperatura na entrada de ar de injeção
t_{1A} Temperatura na saída do ar de injeção
t_{2E} Temperatura na entrada de ar de arrefecimento

Para carros de passeio: $\Phi = 0,4...0,7$
Para veículos comerciais: $\Phi = 0,9...0,95$

Sempre que possível, a câmara plena deve ser moldada por injeção de poliamida reforçada com fibra de vidro, como uma única fusão, incorporando todas as conexões e montantes. As câmaras plenas que são submetidas a esforços maiores, ex.: sistema de entrada de ar de injeção, são moldadas por injeção de PPA ou PPS altamente resistentes a calor. Elas são montadas com flange no núcleo do radiador e vedadas por um elemento de vedação de elastômero integrado. As câmaras plenas que apresentam formatos recuados ou são concebidas para aplicações à alta temperatura são fundidas em alumínio e soldadas ao núcleo.

Arrefecimento de óleo e combustível

Os radiadores de óleo são freqüentemente necessários em veículos automotores para arrefecimento do óleo do motor e da transmissão. Eles são usados quando as perdas de calor do motor e da transmissão não podem mais ser dissipadas através da superfície do reservatório de óleo ou da transmissão, fazendo com que as temperaturas permitidas do óleo não sejam excedidas.

Os radiadores de óleo são projetados como unidades arrefecidas a ar ou por líquido de arrefecimento. Eles podem ser instalados no módulo de arrefecimento ou em qualquer outra posição no compartimento do motor. Devem ser adotadas medidas adequadas para fornecer o ar de arrefecimento aos radiadores óleo-para-ar localizados separadamente fora do módulo de arrefecimento, ex.: situados no fluxo não assistido de ar.

Radiadores óleo-para-ar

Os radiadores óleo-para-ar são fabricados predominantemente com alumínio. Na maioria dos casos, eles consistem de um sistema de tubos chatos e aletas corrugadas, caracterizadas por uma alta densidade de potência. Sistemas montados mecanicamente, com tubos redondos e aletas são menos usados. Insertos de turbulência são soldados no sistema de tubo chato para aumentar a capacidade de arrefecimento e resistência (a pressões internas altas).

Radiadores óleo-para-líquido de arrefecimento

O design com pilha de alumínio, usado em radiadores óleo-para-líquido de arrefecimento, substituiu os radiadores de disco de aço inoxidável e radiadores de tubo bifurcado de alumínio.

Os radiadores de disco são montados entre o bloco do motor e o filtro de óleo. Eles têm uma capa separada e um canal central para passagem do óleo. O óleo que flui do filtro de óleo é direcionado através de um labirinto de discos perfurados, separados por insertos de turbulência. Este labirinto é arrefecido pelo líquido de arrefecimento que flui através da capa.

Os <u>radiadores com tubo bifurcado</u> são fabricados com tubos bifurcados com aletas, através dos quais o líquido de arrefecimento flui. No lado do óleo, eles não têm capa e, assim, devem ser integrados na carcaça do filtro de óleo ou no reservatório de óleo.

Radiadores de óleo com pilha de disco são fabricados com discos individuais e insertos de turbulência entre os discos. As extremidades superiores direitas dos discos se encaixam em uma capa. As passagens conectam os canais formados pelos discos para permitir que o líquido de arrefecimento e o óleo possam fluir através de canais alternados.

Se for necessária apenas uma capacidade de arrefecimento modesta (ex.: para arrefecer o fluido de transmissão nas transmissões automáticas), os radiadores de óleo podem ser usados em carros de passeio e veículos comerciais. Eles não têm uma capa no lado do líquido de arrefecimento e são integrados no tanque de água de saída do radiador de líquido de arrefecimento. Os radiadores de óleo mais adequados para este propósito são os radiadores de tubo duplo de metal não-ferroso e radiadores de tubo chato. <u>Os radiadores de tubo duplo</u> consistem de dois tubos concêntricos com insertos de turbulência instalados entre eles. <u>Radiadores de óleo com tubo chato</u> são construídos por um sistema soldado de tubos chatos e placas de turbulência no lado do líquido de arrefecimento. Os tubos chatos são interconectados por aberturas em suas extremidades. Os insertos de turbulência são soldados nos tubos chatos para aumentar a capacidade de arrefecimento e a resistência.

Um radiador óleo-para-ar é usado para arrefecimento de óleo de transmissão em veículos comerciais pesados. A unidade é montada na frente do motor, para assegurar uma boa ventilação.

Geralmente, o óleo do motor de veículos comerciais é arrefecido por radiadores de disco de aço inoxidável ou radiadores de tubo chato, sem uma capa no lado do líquido de arrefecimento. Eles são instalados em um duto de líquido de arrefecimento no bloco do motor.

Radiadores de combustível

Os radiadores de combustível são instalados em motores a Diesel modernos para arrefecer o combustível Diesel em excesso, até os níveis permissíveis. Este combustível Diesel em excesso se aquece durante o processo de injeção devido à compressão na bomba de alta pressão, antes que seja direcionado de volta através da linha de retorno, para o tanque de combustível. O combustível pode ser arrefecido através de um sistema de arrefecimento a ar ou por líquido de arrefecimento. Em vista disso, vários tipos de radiadores óleo-para-ar ou de pilha de disco são usados para este propósito.

Tecnologia de módulo de arrefecimento

Os módulos de arrefecimento são unidades estruturais que consistem de vários componentes de arrefecimento e condicionamento de ar para um veículo de passeio e incluem uma unidade de ventilador completa com acionamento, ex.: um motor elétrico e/ou uma embreagem Visco®.

A tecnologia de módulo de arrefecimento abrange o design dos componentes, considerando suas interações, dimensionamento dos componentes em relação ao espaço no veículo e procedimento para interfaces. Os problemas a serem considerados em relação a interfaces incluem:
- os métodos de montagem
- os dutos de ar de arrefecimento
- vedações no lado do ar de arrefecimento
- conexões de fluidos dos componentes e
- conectores elétricos

Em princípio, a tecnologia de modulo contém uma variedade completa de vantagens técnicas e econômicas:
- Logística simplificada através da combinação de componentes para formar uma unidade estrutural
- Número reduzido de interfaces
- Montagem simplificada
- Design otimizado dos componentes através de componentes encaixados
- Sistemas modulares, englobando diversas variantes de motor e equipamentos

Os métodos de simulação e teste são utilizados para assegurar o design do componente e o layout otimizados no módulo de arrefecimento. Baseados no conhecimento exato das características do ventilador, do acionamento do ventilador e dos trocadores de calor, os programas de simulação são criados para réplica do lado do ar de arrefecimento e do lado do fluido. Através da integração dos componentes individuais em modelos de simulação, é possível examinar as interações dos componentes individuais sob várias condições operacionais. É cada vez mais valorizado este tipo de análise virtual, que utiliza ferramentas de desenvolvimento com ajuda de computador. Alinhados a este desenvolvimento, todos os dados geométricos são inseridos e processados em um sistema CAD (Computer Aided Design). Análises de CFD (Computational Fluid Dynamics) são realizadas para examinar o fluxo de ar no compartimento do motor, enquanto as análises FEM (Finite Element Method) fornecem informações sobre a resistência e estabilidade do layout do projeto. A fase de análise do projeto é concluída com testes de verificação que também podem ser realizados em um túnel de vento ou em equipamentos de teste de vibração.

Tecnologia de sistema de arrefecimento

Enquanto o módulo de arrefecimento compreende uma unidade estrutural de componentes com funções definidas, o sistema de arrefecimento engloba todos os componentes que são associados às funções do sistema de arrefecimento, ainda que não formem unidades estruturais completas. Isso inclui componentes que não fazem parte do módulo de arrefecimento, ex.: linhas, bombas, tanques de expansão e elementos de controle.

A tecnologia do sistema de arrefecimento oferece uma variedade completa de vantagens técnicas e econômicas:
- Perdas parasíticas reduzidas, através de encaixe de design hidráulico apropriado
- Inclusão dos sistemas de controle e dinâmica
- Inclusão do sistema de aquecimento de compartimento de passageiro
- Vasta game de opções de intervenção para a otimização do design
- Conceito padronizado de montagem para todos os componentes do sistema de arrefecimento
- Gastos reduzidos de desenvolvimento através de corte no número de interfaces

Termogestão inteligente

As tendências futuras envolvem a regulagem otimizada do sistema de vários fluxos de calor e de substância.

A termogestão vai além da tecnologia de sistema de arrefecimento, porque considera todos os materiais e sistemas de fluxo de calor no veículo, i.é, além das estruturas de fluxo do sistema de arrefecimento ela engloba aquelas do sistema de condicionamento de ar. Os objetivos de otimização incluem:
- redução do consumo de combustível e de emissões poluentes
- aumento do conforto do condicionamento de ar
- prolongamento da vida útil dos componentes e
- melhoria da capacidade de arrefecimento nos estados de carga parcial

Um dos princípios básicos da termogestão envolve o fato de que a energia auxiliar utilizada para operar o sistema de arrefecimento sempre representa uma perda para o balanceamento de energia do veículo e a eficiência do componente não pode ser aumentada arbitrariamente em uma alimentação constante de energia auxiliar. Assim, para atingir os objetivos de otimização, o sistema de arrefecimento é equipado com "inteligência", instalada em acionadores conhecidos e novos, assim como em sistemas de controle com microprocessador, que operam estes acionadores. Por exemplo, grade de ventilação do radiador para controle do ar de arrefecimento e acionamentos controláveis do ventilador podem ser utilizados para assegurar o mínimo necessário de ar de arrefecimento sob todas condições operacionais (regulagem de demanda-disparo). Além de melhorar o coeficiente de arraste c_d, esta medida também assegura que todos os meios atinjam sua temperatura operacional com mais eficiência durante a fase de aquecimento depois de uma partida a frio e que o compartimento de passageiro seja aquecido eficientemente. Este modo de corte de energia auxiliar significa que a energia auxiliar pode ser desviada para uso em estados operacionais que são críticos para a eficiência de arrefecimento, atingindo, ao mesmo tempo, os objetivos de otimização.

Outro princípio básico importante é manter uma temperatura constante nos componentes que devem ser arrefecidos o maior tempo possível, quaisquer que sejam as condições ambientes e estado operacional. Um exemplo deste princípio de controle de temperatura é o uso de líquido de arrefecimento para regular a temperatura do óleo da transmissão. O aquecimento do óleo da transmissão durante a fase de aquecimento e o uso de um sistema eficiente de arrefecimento para evitar o superaquecimento do óleo da transmissão reduzem as perdas por atrito na transmissão e prolongam os intervalos de troca do óleo de transmissão.

Finalmente, a abordagem dos sistemas de arrefecimento e de condicionamento de ar em seu conjunto permite a "integração térmica". O fluxo de calor de um dos sistemas pode ser utilizado ou dissipado pelo outro sistema, sem qualquer entrada adicional importante de energia auxiliar. Um exemplo é a utilização do calor do sistema de arrefecimento de gás de escapamento para aquecer o interior do veículo.

As medidas de termogestão referentes ao arrefecimento do motor incluem:
- Ajuste da temperatura do óleo da transmissão
- Termostato com mapa de programa
- Embreagem Visco® controlada eletricamente
- Bomba elétrica controlável de líquido de arrefecimento
- Arrefecimento do gás de escapamento e
- Arrefecimento do ar de injeção arrefecido por líquido de arrefecimento (arrefecimento intermediário)

O potencial para economia de combustível, baseado na soma de todas as medidas, situa-se na faixa de 5% (para veículos de passeio). Para coroar tudo isso, existe uma variedade de vantagens adicionais que correspondem aos objetivos de otimização já mencionados. O âmbito de utilização das opções de controle do sistema de arrefecimento pelo comando do motor é decisivo para alavancar este potencial.

Ao mesmo tempo, foram implementadas medidas individuais para assegurar o ajuste de temperatura otimizado do sistema. Entretanto, a termogestão como um princípio totalmente abrangente de otimização pertence às futuras gerações de veículo.

Sistema de arrefecimento controlado
Exemplo de arquitetura com trocadores de calor e acionadores
1 Condensador; 2 Radiador de líquido de arrefecimento; 3 Grade de ventilação; 4 Ventilador; 5 Termostato; 6 Unidade de controle; 7 Motor elétrico (acionamento do ventilador); 8 Termostato controlado eletronicamente; 9 Motor elétrico com bomba; 10 Motor de combustão interna; 11 Motor elétrico com bomba; 12 Núcleo do aquecedor; 13 Motor de passo esquerdo; 14 Circuito de baixa temperatura; 15 Regulador de baixa temperatura; 16 Radiador de óleo; 17 Transmissão; 18 Radiador de óleo de transmissão

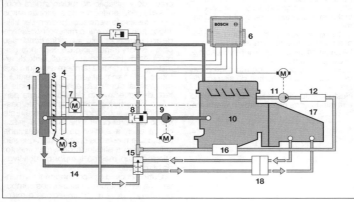

Arrefecimento do motor

Arrefecimento de gás de escapamento

Devido à introdução de uma nova legislação mais estrita de controle de emissão para motores a Diesel, a engenharia passou a enfocar novas tecnologias para redução de emissões. Uma destas tecnologias é a recirculação de gás de escapamento (EGR). O sistema EGR é acomodado na área de alta pressão do motor. O gás de escapamento recirculado é extraído do fluxo principal entre o cilindro e a turbina do turboalimentador de gás de escapamento. Ele é arrefecido pelo líquido de arrefecimento do motor e reintroduzido a montante do ar fresco do intercooler. O sistema EGR consiste de uma válvula que regula a quantidade de gás de escapamento recirculado, tubulações de escapamento e radiador do gás de escapamento.

Devido à sua localização na área de alta pressão, o radiador de gás de escapamento é submetido a condições operacionais extremas. Por exemplo, a temperatura do gás de escapamento pode atingir até 450°C em carros de passeio e até 700°C em veículos comerciais, um fato que torna imperativo o uso de materiais resistentes ao calor.

Além disso, o material deve ser resistente à corrosão e apresentar propriedades de alta resistência mecânica. Assim, são usados aços inoxidáveis especiais para este propósito.

O design dos radiadores de gás de escapamento deve permitir uma queda muito baixa de pressão no lado do gás de escapamento para atingir as taxas necessárias de recirculação. Devem ser adotadas medidas para assegurar a baixa suscetibilidade à sujeira. Assim, o design dos radiadores de gás de escapamento baseia-se no design de feixe tubular, utilizando tubos lisos ou estruturados. O gás de escapamento flui através dos tubos, enquanto o líquido de arrefecimento é direcionado através das camisas.

Uma aplicação dos radiadores de gás de escapamento nos motores com ignição por centelha é o pré-arrefecimento do gás de escapamento. O pré-arrefecimento é necessário para os sistemas de tratamento de gás de escapamento com conversores catalíticos do tipo acumulador, para manter a temperatura do gás de escapamento dentro da faixa de serviço do conversor catalítico.

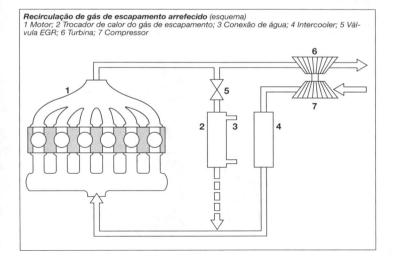

Recirculação de gás de escapamento arrefecido (esquema)
1 Motor; 2 Trocador de calor do gás de escapamento; 3 Conexão de água; 4 Intercooler; 5 Válvula EGR; 6 Turbina; 7 Compressor

Lubrificação do motor

Sistema de lubrificação com alimentação forçada

A lubrificação com alimentação forçada, junto com a lubrificação por salpico e névoa de óleo, é o sistema mais utilizado para lubrificar os motores de veículo automotor. Uma bomba de óleo (geralmente uma bomba com engrenagem) transporta o óleo pressurizado para todas as superfícies de mancais no motor, enquanto as peças deslizantes são lubrificadas por sistemas de lubrificação por salpico e névoa de óleo.

Depois de fluir através das superfícies do mancal e peças deslizantes, o óleo é depositado abaixo do motor, no coletor de óleo. O coletor de óleo é um reservatório onde o óleo é arrefecido e a espuma se dissipa. Os motores submetidos a altos esforços também são equipados com um radiador de óleo.

A vida útil do motor pode ser prolongada drasticamente, se o óleo for mantido limpo.

Componentes

Filtros de óleo
<u>Função</u>

Os filtros de óleo removem e reduzem particulados (resíduos de combustão, abrasão de metal, poeira, etc.) do óleo do motor que, caso contrário, poderiam danificar ou desgastar o circuito de lubrificação. Visto que o óleo do motor circula constantemente no sistema de óleo de lubrificação, uma filtragem inadequada poderia provocar o acúmulo de particulados e isto aceleraria a taxa de desgaste. O filtro de óleo não filtra constituintes líquidos ou solúveis, tais como água, aditivos ou produtos relacionados ao envelhecimento do óleo.

Em termos de desgaste, a importância dos particulados no circuito de óleo depende da quantidade e tamanho das partículas. O tamanho típico das partículas no óleo do motor varia de 0,5 a 500 μm. Assim, a fineza do filtro de óleo é especificamente adaptada às exigências de um motor particular.

Sistema de lubrificação com alimentação forçada
1 Válvula de alívio de pressão; 2 Filtro de óleo; 3 Bomba com engrenagem; 4 Do mancal principal ao mancal da biela; 5 Carcaça da correia de admissão com filtro de tela; 6 Coletor de óleo; 7 Linha principal de alimentação de óleo para os mancais da árvore de manivelas; 8 Linha de retorno do cárter de distribuição; 9 Para os mancais do eixo de comando de válvulas

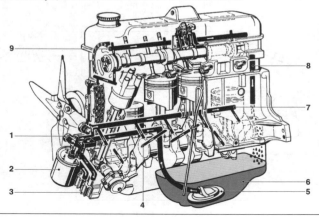

Diferentes tipos e designs

Em princípio, os filtros de óleo se baseiam em dois designs específicos: filtros de troca rápida e filtros com carcaça. Nos filtros de troca rápida, o elemento do filtro está localizado em uma carcaça que não pode ser aberta e que é fixada através de prisioneiro roscado ao bloco do motor. A unidade completa do filtro de troca rápida é substituída como parte da troca de óleo.

O filtro com carcaça é constituído por uma carcaça que é conectada permanentemente ao bloco do motor e pode ser aberta para acessar o elemento de filtro descartável. Durante a troca de óleo, apenas o elemento de filtro é substituído, a carcaça é um componente permanente. O elemento de filtro utilizado em motores recentes adota um design sem metal. Isto significa que o elemento de filtro pode ser totalmente incinerado.

Além do elemento de filtro, os dois designs de filtro normalmente apresentam uma válvula de bypass, que se abre em pressões diferenciais altas para assegurar a lubrificação eficaz nos pontos necessários no motor. As pressões típicas de abertura variam de 0,8 a 2,5 bar. Pressões diferenciais elevadas podem ocorrer por causa de altas viscosidades do óleo ou quando o elemento do filtro está muito contaminado.

Dependendo das exigências específicas do motor, os dois designs de filtro também podem apresentar válvula de retenção para evitar retorno no lado do óleo filtrado ou não filtrado (lado do óleo contaminado). Estas válvulas evitam que a carcaça do filtro de óleo seja drenada, depois que o motor é desligado.

Atualmente, os intervalos de troca de óleo e filtro de óleo para motores de carro de passeio variam entre 15.000 e 50.000 km e entre 60.000 e 120.000 km para veículos comerciais e caminhões.

Meios de filtragem

Vários tipos de meios de filtro profundos são utilizados para a filtragem de óleo. Eles consistem principalmente de estruturas de fibra, que são arranjadas em várias configurações. O material de filtragem mais usado é o meio chato que, na maioria dos casos, é dobrado, mas em algumas aplicações, também é enrolado ou usado na forma de guarnições de fibra, especialmente em filtros de bypass. O material usado geralmente para estas fibras é a celulose. Quantidades adicionais de fibra plástica ou de vidro, virtualmente em qualquer proporção, podem ser adicionadas à celulose. Estes meios de filtro são impregnados com resina para aumentar a sua resistência ao óleo. Entretanto, os meios de filtragem feitos com fibras totalmente sintéticas estão sendo usados cada vez mais, por apresentarem maior resistência a pro-

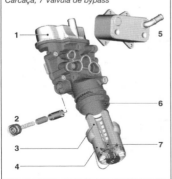

Filtro de óleo com carcaça
1 Separador de névoa de óleo; 2 Válvula de controle; 3 Elemento do filtro; 4 Tampa plástica; 5 Trocador de calor óleo-para-água; 6 Carcaça; 7 Válvula de bypass

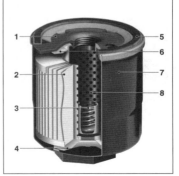

Filtro de óleo descartável
1 Tampa roscada; 2 Elemento de filtragem; 3 Válvula de bypass; 4 Mola; 5 Vedação; 6 Diafragma de retenção; 7 Carcaça; 8 Tubo central

524 Sistemas auxiliares do motor

dutos químicos, o que assegura intervalos mais prolongados de troca. Eles também fornecem melhores opções para estruturar a matriz tridimensional de fibra, para otimizar a filtragem e aumentar a eficiência de retenção de particulados.

Filtros de fluxo total
Todos os veículos automotores recentes são equipados com filtros de fluxo total. Baseado neste princípio de filtragem, o fluxo volumétrico total de óleo que é bombeado para os pontos de lubrificação no motor, é direcionado através do filtro. Conseqüentemente, todas as partículas que poderiam provocar danos e desgastes devido a seu tamanho são retidas na primeira vez em que passam através do filtro.

Os fatores decisivos que regem a área do filtro são o fluxo volumétrico do óleo e a capacidade de retenção de particulados.

Filtros de bypass
Os filtros de bypass, projetados como filtros profundos ou como centrífugos, são usados para filtragem superfina ou microfiltragem do óleo do motor. Estes filtros removem mais partículas finas do óleo do que seria possível usando filtros de fluxo total. Eles podem remover partículas abrasivas minúsculas para melhorar a proteção contra desgaste. As partículas de fuligem também são filtradas para reduzir o aumento da viscosidade do óleo. A concentração máxima permissível de fuligem é de aproximadamente 3...5%. A viscosidade do óleo aumenta substancialmente em concentrações mais altas de fuligem, diminuindo a eficiência operacional do óleo.

Por esta razão, os filtros de bypass são utilizados principalmente em motores a Diesel. Apenas uma parte do fluxo de óleo (8...10%) do motor é direcionada através do filtro de bypass.

Qualidade de filtragem dos filtros de fluxo total e de bypass
(conforme ISO 4548-12)
.... Eficiência máxima de filtragem do filtro de fluxo total e de bypass
___ Eficiência mínima de filtragem do filtro de fluxo total e de bypass

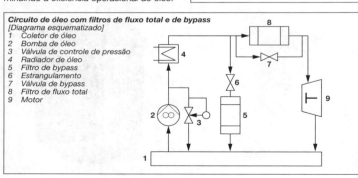

Circuito de óleo com filtros de fluxo total e de bypass
[Diagrama esquematizado]
1 Coletor de óleo
2 Bomba de óleo
3 Válvula de controle de pressão
4 Radiador de óleo
5 Filtro de bypass
6 Estrangulamento
7 Válvula de bypass
8 Filtro de fluxo total
9 Motor

Filtragem de ar

Impurezas do ar

Os filtros de ar de admissão no motor, também chamados de limpadores de ar, reduzem as partículas contidas no ar de admissão. As impurezas típicas no ar de admissão incluem: aerossóis, fuligem de Diesel, gases de emissões industriais, pólen e poeira. Estas partículas apresentam uma grande variedade em termos de tamanho (ver figura na p. 959). Tipicamente, as partículas de poeira aspiradas pelo motor, junto com o ar, têm um diâmetro de 0,01 μm (predominantemente partículas de fuligem) e 2 mm (grãos de areia). Aproximadamente 75% das partículas (relativas à massa (peso)) têm uma faixa de tamanho entre 5 μm e 100 μm.

A concentração de massa no ar de admissão depende muito do ambiente em que o veículo é operado (ex.: via expressa ou pista de areia). Em casos extremos, ao longo de um período de dez anos, a concentração de massa acumulada em um carro de passeio pode variar entre alguns gramas e vários quilogramas de poeira.

Filtros de ar (limpadores de ar)

Função

O filtro de ar evita que a poeira mineral e partículas sejam aspiradas no motor, contaminando o óleo do motor. Assim, ele reduz o desgaste, ex. nos mancais, nos anéis do pistão e nas paredes do cilindro.

Meio de filtragem e design

Os filtros de ar são normalmente projetados como filtros profundos que, ao contrário dos filtros superficiais, retêm as partículas na estrutura do meio de filtragem. Os filtros profundos com uma alta capacidade de absorção de poeira são sempre usados quando é necessária uma solução econômica para filtrar altas taxas de fluxo volumétrico com baixas concentrações de particulados.

Em termos de massa, os filtros de tecnologia mais avançada atingem níveis de eficiência total de filtragem de até 99,8% (carros de passeio) e 99,95% (caminhões). Estes valores devem ser mantidos sob todas as condições prevalecentes, i.é, também sob condições dinâmicas, como as encontradas no sistema de admissão do motor (pulsação). Filtros de baixa qualidade apresentam uma taxa maior de ruptura ou parada por poeira.

Os elementos de filtragem são projetados para atender as exigências de cada tipo individual de motor. Isto assegura que as perdas de pressão sejam mínimas e que os altos níveis de eficiência de filtragem não dependam do fluxo do ar. O meio de filtragem que constitui os elementos do filtro, em filtros chatos ou cilíndricos, é instalado em camadas dobradas para assegurar uma área de superfície de filtragem máxima no menor espaço possível. Estes meios, que consistem principalmente de fibras de celulose, passam por um processo de estampagem em relevo e impregnação para obter a resistência mecânica necessária, estabilidade suficiente de água e resistência a produtos químicos.

Os elementos são substituídos em intervalos de troca definidos pelos fabricantes de veículo automotor (para carros de passeio, de dois a quatro anos ou algumas vezes depois de 40.000 km, 60.000 km ou 90.000 km, respectivamente, ou quando a contrapressão de 20 mbar é atingida).

As demandas por elementos de filtro compactos e de alto desempenho (devido ao espaço reduzido para o pacote), assim como intervalos mais prolongados de troca, são a força motora para o desenvolvimento de meios de filtragem inovadores. Os novos meios de filtragem constituídos por fibras sintéticas com dados de um desempenho muito melhor, já foram introduzidos na produção em série. A figura mostra uma imagem fotográfica de um meio de filtragem sintético de alto desempenho (floco). Ele apresenta densidade continua-

Imagem fotográfica de um meio de filtragem de ar composto de fibras sintéticas, feita com microscópio eletrônico de escaneamento

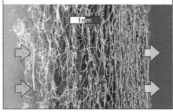

mente crescente e diâmetro reduzido de filtro através de toda a seção transversal do lado da admissão ao lado do ar filtrado ou ar limpo.

Também são atingidos valores melhores que os do meio de celulose pura com "graus compostos" (ex. papel com revestimento por fusão) e meios de filtragens especiais de nanofibra. Neste caso, as fibras ultrafinas com um diâmetro de apenas 30...40 nm, são aplicadas em uma camada de suporte relativamente grande, feita de celulose.

As novas estruturas dobradas com os canais alternativamente fechados, similares aos filtros de fuligem de Diesel, serão lançadas brevemente no mercado.

As geometrias cônicas, ovais, escalonadas, assim como trapezoidais, complementam as estruturas padrão, para otimizar o uso do espaço que está se tornando muito escasso e confinado no compartimento do motor.

Silenciosos (amortecimento de ruído da admissão)

No passado, as capas dos filtros de ar eram projetadas, quase que exclusivamente, como amortecedor de ruído de admissão ou filtros de absorção de som. O grande volume relacionado a estas capas é concebido para funções acústicas. Ao mesmo tempo, havia uma tendência cada vez maior para considerar as funções de "filtragem" e de "redução de ruído do motor/acústica" separadamente e para otimizar os ressonadores individuais. Conseqüentemente, foi possível reduzir as dimensões da capa ou carcaça do filtro, gerando filtros extremamente chatos que podem ser integrados, por exemplo, nas tampas de design dos motores, enquanto os ressonadores são colocados em posições menos acessíveis no compartimento do motor.

Filtros de carros de passeio

Além da capa com o elemento de filtragem cilíndrico, o módulo de admissão de ar de carro de passeio inclui o sistema total de linhas de alimentação de ar e o coletor de admissão. Os ressonadores Helmholtz são colocados entre eles e as tubulações de onda para acústica (consultar silenciosos do sistema de escapamento na p. 547 em diante). A otimização do sistema completo permite um encaixe mais efetivo do design de componentes individuais e atende às exigências de conformidade em relação às regulamentações governamentais, gradualmente mais estritas em relação aos níveis de emissão de ruído.

Existe uma grande demanda de componentes de separação de água que devem ser integrados no sistema de admissão de ar. Sua principal função é proteger o sensor de massa de ar ou indicador de massa de ar (HFM), que mede o fluxo de massa de ar. Se o acessório da admissão estiver na po-

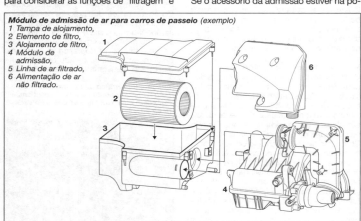

Módulo de admissão de ar para carros de passeio (exemplo)
1 Tampa de alojamento,
2 Elemento de filtro,
3 Alojamento de filtro,
4 Módulo de admissão,
5 Linha de ar filtrado,
6 Alimentação de ar não filtrado.

sição errada, gotículas de água aspiradas sob chuva forte, água espirrada (ex.: veículos off-road) ou nevasca, podem atingir o sensor e provocar problemas de detecção da carga do cilindro.

Defletores embutidos ou estruturas em forma de ciclone são instalados na linha de admissão para separar gotículas de água. Quanto menor for a distância da admissão de ar ao elemento de filtro, menor será a eficiência do sistema de separação de água, visto que seu layout permite apenas perdas muito pequenas de pressão. Entretanto, uma estrutura especial dos elementos do filtro pode ser projetada para coletar (coalescer) as gotículas de água e direcionar a película de água para longe do elemento de filtragem de particulado real. O sistema inteiro é acomodado em uma capa especificamente projetada para esta função. Este layout também pode ser usado com sucesso para separar água em linhas de ar não filtrado muito curtas.

Em um futuro próximo, um outro novo componente, que se tornará provavelmente uma característica padrão em todos os sistemas de admissão de ar em carro de passeio, é o "coletor de HC" (Hidrocarboneto), para separar (absorver) hidrocarbonetos (principalmente combustível), que podem se difundir da entrada do motor/coletor de admissão e sistema de ventilação da árvore de manivelas (respiro do cárter) na direção da entrada de ar não filtrado, depois que o motor for desligado. Este desenvolvimento é direcionado pelas exigências estipuladas pela legislação californiana que é extremamente restrita, ex.: para SULEV (Super Ultra Low Emission Vehicles - Veículos com Emissão Ultrabaixa). Ao longo de um período definido de tempo, estes veículos podem emitir apenas um volume extremamente baixo de hidrocarbonetos para o meio ambiente. O sistema de admissão que é aberto para o exterior representa uma fonte de tais emissões. Nenhum design específico já foi aceito. A integração na capa do filtro de ar, imediatamente a jusante do elemento de filtragem de particulados, só é viável se a instalação for feita na linha de ar filtrado ou limpo a montante ou a jusante do indicador de massa de ar. A maioria dos sistemas apresenta componentes que são revestidos com carvão ativado e que têm perdas de pressão muito baixas sobre uma área superficial relativamente grande. Como ditado pela legislação atual, estes coletores de HC devem permanecer diretamente no fluxo de ar, ou seja, eles não devem ser ativados quando o motor for desligado. Quando o motor estiver funcionando novamente, o fluxo de ar induz à dessorpção dos hidrocarbonetos, provocando a regeneração ou reativação do separador.

Filtros de ar de veículos comerciais

A figura ao lado mostra um filtro de ar plástico de fácil manutenção e peso otimizado, para veículos comerciais e caminhões. Além da alta eficiência de filtragem, os elementos do filtro são dimensionados para facilitar os intervalos de troca de mais de 100.000 km. Assim, estes intervalos são muito mais longos que os de veículos de passeio.

Um filtro preliminar é montado a montante do elemento do filtro em veículos usados em países com climas muito poeirentos. Entretanto, este layout também é usado em maquinário de construção e agrícola. Este filtro preliminar ou separador remove a fração de poeira volumosa e pesada. Isto aumenta drasticamente a vida útil do elemento de filtro fino. Em sua forma mais simples, este separador é projetado como um anel de placas defletoras ou lâminas que faz girar o ar que entra. A força centrífuga resultante separa as partículas volumosas de poeira. Entretanto, o potencial total de separadores centrífugos em filtros de ar de caminhões pesados só pode ser totalmente utilizado através da instalação de baterias de miniciclone a montante, que correspondam perfeitamente ao elemento de filtro a jusante.

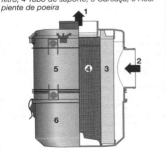

Filtro de ar de papel para veículos comerciais (exemplo)
1 Saída de ar, 2 Entrada de ar, 3 Elemento do filtro, 4 Tubo de suporte, 5 Carcaça, 6 Recipiente de poeira

Turboalimentadores e sobrealimentadores para motores de combustão interna

Através da compressão do ar induzido para queimar o combustível no motor de combustão interna (IC) e com isso aumentando sua passagem de ar, os turboalimentadores e sobrealimentadores aumentam o rendimento obtido para um dado deslocamento, a uma dada velocidade do motor. Geralmente, existem três tipos básicos de "compressor" usados nos motores IC: o sobrealimentador acionado mecanicamente, o turboalimentador de gás de escapamento e o sobrealimentador com onda de pressão.

Os sobrealimentadores mecânicos comprimem o ar usando a potência fornecida pela árvore de manivelas (acoplamento mecânico entre o motor e o sobrealimentador), enquanto o turboalimentador é energizado pelos gases de escapamento (acoplamento de fluido entre o motor e o turboalimentador).

Ainda que o sobrealimentador por onda de pressão também derive a sua força de compressão dos gases de escapamento, ele requer acionamento mecânico complementar (combinação de acoplamento mecânico e de fluido).

Estes são compreendidos em duas categorias: sobrealimentadores centrífugos mecânicos (MKL) e sobrealimentadores mecânicos com deslocamento positivo (MVL).

Sobrealimentador centrífugo mecânico

O compressor MKL corresponde à configuração do turboalimentador a gás de escapamento. Este tipo de dispositivo é muito eficiente, assegurando a melhor relação entre as dimensões da unidade e o fluxo volumétrico. Entretanto, as velocidades periféricas extremas necessárias para gerar a pressão significam que as velocidades de acionamento devem ser muito altas. Como a polia secundária de acionamento (coeficiente de conversão 2:1 em relação à polia primária) não gira com a rapidez suficiente para acionar um sobrealimentador centrífugo, é utilizada uma engrenagem planetária de estágio único com coeficiente de aumento de velocidade de 15:1, para atingir as velocidades periféricas necessárias. Além disso, deve ser incluída uma unidade de transmissão para variar as velocidades rotacionais, caso a pressão deva ser mantida em um nível razoavelmente constante através de uma grande faixa de taxas de fluxo volumétrico (~ velocidade do motor).

A necessidade de usar velocidades rotacionais extremas e os limites técnicos impostos na transmissão da potência de acionamento significa que a variedade de aplicações potenciais do sobrealimentador é limitada a motores a Diesel de médio e grande deslocamento e motores à gasolina de carros de passeio. Este design não foi utilizado extensivamente para sobrealimentadores mecânicos.

Sobrealimentadores com deslocamento positivo

Os sobrealimentadores com deslocamento positivo (MVL) operam com ou sem compressão interna. Os sobrealimentadores com compressão interna incluem compressor com pistão alternativo, tipo parafuso, com pistão rotativo e com pá deslizante. O sobrealimentador Roots é um exemplo de uma unidade sem compressão interna. Todos os sobrealimentadores com deslocamento positivo têm certas características em comum, como mostrado na figura de um sobrealimentador Roots.
- As curvas para a velocidade rotacional constante n_{LAD} = const na curva característica e p_2/p_1 contra $\dot{V}$ são extremamente

Sobrealimentador centrífugo mecânico (MKL) (esquema)
1 Polia primária de velocidade variável, 2 Polia secundária de velocidade variável, 3 Embreagem solenóide, 4 Conjunto de engrenagem planetária de aceleração, 5 Compressor, 6 Entrada de ar, 7 Saída de ar

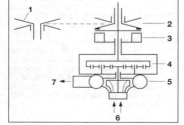

íngremes, indicando que os aumentos na relação de pressão p_2/p_1 são acompanhados apenas por leves reduções no fluxo volumétrico $\dot{V}$. A extensão precisa da queda no volume de fluxo é determinada basicamente pela eficiência da vedação de folga (perdas de contrapressão). É uma função da relação de pressão p_2/p_1 e do tempo, não sendo influenciada pela velocidade rotacional.
- A relação de pressão p_2/p_1 não depende da velocidade rotacional, em outras palavras, taxas de alta pressão também podem ser geradas com taxas baixas de fluxo volumétrico.
- O fluxo volumétrico $\dot{V}$ é independente da taxa de pressão e é de certa forma diretamente proporcional à velocidade rotacional.
- A unidade mantém a estabilidade através de sua faixa operacional. O compressor com deslocamento positivo opera em todos os pontos da curva característica p_2/p_1-$\dot{V}$, de acordo com as dimensões do sobrealimentador.

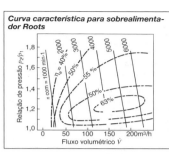

Curva característica para sobrealimentador Roots

Sobrealimentador Roots
Os pistões rotativos com duas pás do sobrealimentador Roots operam sem contato direto entre si ou com a carcaça. O tamanho da folga da vedação é determinado pelo design, escolha de materiais e tolerâncias de fabricação. Um conjunto externo de engrenagens sincroniza o movimento dos dois pistões rotativos.

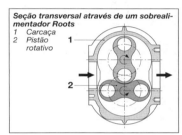

Seção transversal através de um sobrealimentador Roots
1 Carcaça
2 Pistão rotativo

Sobrealimentador com pás deslizantes
No sobrealimentador com pá deslizante, um motor montado excentricamente aciona as três pás deslizantes montadas centralmente; o movimento excêntrico assegura a compressão interna. A extensão desta compressão interna pode ser variada para qualquer excentricidade definida, alterando a posição da extremidade de saída A na carcaça.

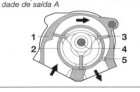

Seção transversal através de um sobrealimentador com pá deslizante
1 Carcaça, 2 Rotor, 3 Pás, 4 Eixo, 5 Extremidade de saída A

Sobrealimentador tipo espiral
O sobrealimentador espiral utiliza um elemento de deslocamento montado excentricamente, que é projetado para responder à rotação do eixo de avanço, girando em um padrão oscilante excêntrico duplo. Na seqüência, as câmaras de serviço se abrem para alimentação, se fecham para transporte e se abrem novamente para descarga no cubo. As espirais podem ser prolongadas além do comprimento mostrado na figura, para assegurar a compressão interna.

Seção transversal através de um sobrealimentador tipo espiral
1 Admissão de ar na segunda câmara de serviço
2 Eixo de acionamento
3 Elemento de deslocamento
4 Admissão de ar na câmara de serviço primária
5 Carcaça
6 Elemento de deslocamento

O elemento de deslocamento é acionado por um eixo auxiliar, acionado por correia e lubrificado com graxa, enquanto o eixo de avanço é lubrificado pelo circuito de óleo do motor. A vedação radial é feita através de folgas, enquanto as tiras de vedação laterais asseguram a vedação axial.

Sobrealimentador com pistão rotativo
O sobrealimentador com pistão rotativo incorpora um pistão rotativo que se move em torno de um eixo interno. O rotor interno acionado (pistão rotativo) gira através de um padrão excêntrico no rotor externo cilíndrico. As relações do rotor em sobrealimentadores com pistão rotativo são de 2:3 ou 3:4. Os rotores giram em direções opostas em torno de eixos fixos, sem contato entre si ou com a carcaça. O movimento excêntrico permite que a unidade absorva o volume máximo possível (câmara 1) para compressão e descarga (câmara 2). A compressão interna é determinada pela posição da extremidade de saída A.

Uma engrenagem com anel e pinhão com lubrificação por graxa sincroniza o movimento do rotor interno e externo. A lubrificação permanente também é utilizada para os rolamentos de rolo. Os rotores interno e externo usam vedações de folga e normalmente têm algum tipo de revestimento. Os anéis do pistão asseguram a vedação entre a câmara de serviço e caixa de transmissão.

Os sobrealimentadores em motores IC são geralmente acionados por correia (correia dentada ou V). O acoplamento é direto (serviço contínuo) ou através de embreagem (ex.: acoplamento operado por solenóide, acionamento requerido). A relação de giros pode ser constante ou pode variar de acordo com a velocidade do motor.

Os sobrealimentadores com deslocamento positivo mecânico (MVL) devem ser substancialmente maiores que os sobrealimentadoers centrífugos (MKL), para produzir um fluxo volumétrico definido. Geralmente, o sobrealimentador com deslocamento positivo mecânico é aplicado a motores com deslocamento médio e pequeno, onde a relação entre o volume de alimentação e as exigências de espaço ainda é aceitável.

Sobrealimentadores com onda de pressão

O sobrealimentador com onda de pressão utiliza as propriedades dinâmicas de gases, usando ondas de pressão para transportar energia do gás de escapamento para o ar de admissão. A troca de energia ocorre dentro das células do rotor (conhecido como rotor de célula ou roda de célula), que também depende da correia acionada pelo motor para sincronização e manutenção do processo de troca de onda de pressão.

Dentro do rotor com célula, o processo real de troca de energia prossegue na velocidade do som. Isto depende da temperatura do gás de escapamento, o que significa que é essencialmente uma função do torque do motor e não da velocidade do motor. Assim, o processo de onda de pressão é perfeitamente adaptado apenas para um ponto de operação, caso seja utilizada uma relação de giros constante entre o motor e o sobrealimentador. Para superar esta desvantagem, "bolsas" projetadas apropriadamente podem ser incorporadas na parte frontal das carcaças. Estas atingem altos níveis de eficiência que se estendem por uma faixa relativamente ampla de condições operacionais do motor e asseguram uma boa curva de reforço global.

A troca de energia que ocorre dentro do rotor na velocidade do som permite que o sobrealimentador reaja rapidamente a mudanças na demanda do motor, os tempos reais de reação são determinados pelos processos de alimentação nas tubulações de ar e de escapamento.

Seção transversal através de um sobrealimentador com pistão rotativo
1 Carcaça, 2 Rotor externo, 3 Rotor interno, 4 Extremidade de saída, 5 Câmara III, 6 Câmara II, 7 Câmara I

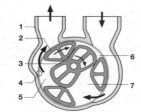

Turboalimentadores e sobrealimentadores p/motores de combustão interna

O rotor com célula do sobrealimentador com onda de pressão é acionado pela árvore de manivelas do motor, através de um conjunto de correias. As paredes da célula do rotor são espaçadas irregularmente, para reduzir o ruído. O rotor com célula gira dentro de uma carcaça cilíndrica, com alimentação pelas tubulações de ar fresco e gás de escapamento dentro das extremidades respectivas da carcaça. Em um lado está a entrada de ar de baixa pressão e ar pressurizado, enquanto a saída de escapamento de alta pressão e saída de gás de escapamento de baixa pressão estão localizadas no outro lado. Os gráficos de fluxo de gás e estado ilustram o processo de onda de pressão em um "Comprex" básico e em uma velocidade do motor moderada e plena carga. O rotor de desenvolvimento e a carcaça convertem a rotação em translação. O gráfico de estado contém as curvas de limite para as quatro aberturas da carcaça, conforme as condições locais. Os gráficos do processo ideal sem perda foram realizados com a ajuda do processo de característica intrínseca.

O rotor do sobrealimentador por onda de pressão é sobremontado, com lubrificação permanente por graxa, com o mancal localizado no lado de ar da unidade. A carcaça de ar é fabricada com alumínio, enquanto a carcaça de gás é fabricada com materiais NiResist. O rotor, com suas células axiais, é fundido através do método de moldagem com cera perdida. Um mecanismo de comando integrado no sobrealimentador regula a pressão de ar de injeção, conforme a demanda.

Sobrealimentador por onda de pressão
1 Motor, 2 Rotor, 3 Acionamento por correia, 4 Gás de escapamento de alta pressão, 5 Ar de alta pressão, 6 Entrada de ar de baixa pressão, 7 Saída de gás de baixa pressão

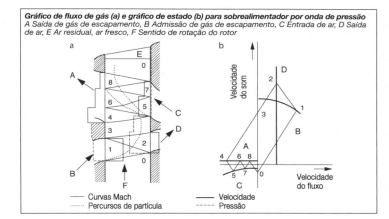

Gráfico de fluxo de gás (a) e gráfico de estado (b) para sobrealimentador por onda de pressão
A Saída de gás de escapamento, B Admissão de gás de escapamento, C Entrada de ar, D Saída de ar, E Ar residual, ar fresco, F Sentido de rotação do rotor

— Curvas Mach
⋯⋯ Percursos de partícula
— Velocidade
----- Pressão

Turboalimentadores de gás de escapamento

Princípio operacional

O turboalimentador de gás de escapamento (ATL) consiste de dois turboelementos: uma turbina e um compressor, instalados em um único eixo. A turbina usa a energia do gás de escapamento para acionar o compressor. O compressor, por sua vez, aspira ar fresco que ele fornece aos cilindros, sob a forma comprimida. Em termos de energia, o ar e o fluxo de massa dos gases de escapamento representam o único acoplamento entre o turboalimentador a gás de escapamento e motor. A velocidade do turboalimentador não depende da velocidade do motor, ela é uma função do balanceamento de energia de acionamento entre a turbina e o compressor.

Geralmente, a sobrealimentação aumenta a eficiência de motores de combustão interna.

Aplicações

Os turboalimentadores de gás de escapamento são usados tradicionalmente para sobrealimentação de motores a Diesel. Entretanto, originalmente eles eram usados principalmente em motores para serviço pesado de caminhões, locomotivas e navais, assim como em aplicações de maquinário agrícola e de construção. No meio dos anos 70, ocorreu a primeira produção de motores a Diesel sobrealimentados em carros de passeio. Hoje, virtualmente todos os motores a Diesel fabricados na Europa são equipados com turboalimentador e arrefecimento intermediário (intercooling) (arrefecimento do ar de injeção).

Por razões técnicas, a sobrealimentação de motores com ignição por centelha destinava-se originalmente apenas a motores esportivos de alto rendimento e era raramente encontrada no mercado de massa. A sobrealimentação de motores à gasolina passou a fazer parte do desenvolvimento de motor, principalmente em relação a motores pequenos e médios. Além da melhoria de eficiência, um dos objetivos principais da sobrealimentação é evitar aumento no número de cilindros do motor, influenciando positivamente, deste modo, o espaço de instalação e consumo de combustível.

Em contraste com o motor a Diesel, a sobrealimentação mecânica também é utilizada em motores com ignição por centelha, além da turboalimentação, principalmente para melhorar o acúmulo transiente na pressão de reforço. Neste contexto, a faixa extensiva de fluxo volumétrico do motor com ignição por centelha (aproximadamente 1:75 da marcha lenta ao ponto de plena carga), tem um efeito negativo sobre o desempenho do turboalimentador de gás de escapamento. Com a introdução de motores com ignição por centelha com injeção direta de combustível, a turboalimentação se tornou novamente uma perspectiva mais interessante, comparada a outros processos de sobrealimentação.

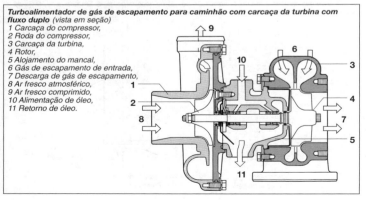

Turboalimentador de gás de escapamento para caminhão com carcaça da turbina com fluxo duplo (vista em seção)
1 Carcaça do compressor,
2 Roda do compressor,
3 Carcaça da turbina,
4 Rotor,
5 Alojamento do mancal,
6 Gás de escapamento de entrada,
7 Descarga de gás de escapamento,
8 Ar fresco atmosférico,
9 Ar fresco comprimido,
10 Alimentação de óleo,
11 Retorno de óleo.

Design do turboalimentador

O turboalimentador de gás de escapamento consiste de 4 componentes básicos:
- alojamento do mancal
- compressor
- turbina e
- instalação para controle de pressão de reforço

Alojamento do mancal

O alojamento do mancal acomoda os mancais e os elementos de vedação. Os turboalimentadores de gás de escapamento de alta tecnologia usualmente são equipados com um mancal liso projetado especificamente, no conjunto radial e axial. Os mancais radiais são projetados como buchas lisas duplas rotativas ou como buchas lisas estacionárias. O tipo de sistema de mancal é selecionado em função dos requisitos referentes a características de estabilidade, perda de potência e emissão de ruído. O mancal axial é constituído por uma bucha com superfície de múltiplas ranhuras, que é submetida a carga dos dois lados e que é lubrificada central ou individualmente, em cada superfície com ranhura. O óleo de lubrificação é fornecido através da conexão do turboalimentador ao circuito de óleo do motor. A saída de óleo é conectada diretamente ao coletor de óleo no cárter. Hoje, este tipo de conjunto de mancal é usado para controlar velocidades rotacionais de até 300.000 rpm, de modo confiável.

O eixo é equipado com anéis de pistão nas aberturas da capa, para vedação da câmara de óleo em relação ao exterior e para minimizar a entrada de ar de injeção ou gás de escapamento no interior do alimentador. Em algumas aplicações especiais, o efeito de vedação pode ser melhorado através da implementação de medidas adicionais, tais como uma vedação de ar ou vedações com anéis deslizantes no lado frio do compressor. Para evitar qualquer excesso de óleo, reduzindo os níveis globais de emissão, atualmente está sendo realizado um desenvolvimento intensivo, para criar conjuntos alternativos de mancal, tais como mancais hidráulicos ou magnéticos. Considerando as velocidades extremamente altas envolvidas, os mancais com rolamento estão sendo excluídos para turboalimentadores pequenos.

Não são necessárias medidas adicionais de arrefecimento para assegurar a operação eficiente dos conjuntos de mancal, sob condições operacionais padrão, i.é, em temperaturas do gás de escapamento de até aproximadamente 800°C. As temperaturas relevantes podem ser mantidas abaixo dos níveis críticos através de dispositivos, tais como blindagem contra calor e através de isolação térmica da carcaça da turbina quente, complementada pela incorporação de elementos adequados de design no próprio alojamento do mancal. Alojamentos de mancal arrefecidos à água são utilizados para temperaturas mais altas do gás de escapamento, por exemplo, em motores com ignição por centelha que operam em até 1.000°C.

Compressor

Geralmente, as unidades de compressor consistem de um propulsor de fluxo radial fabricado com alumínio fundido e de uma carcaça também fabricada com alumínio fundido. As características de desempenho de um compressor são determinadas por sua curva característica. Isto ajuda a determinar o tamanho necessário do turboalimentador, baseado no fluxo de massa de ar requerido pelo motor e a curva de pressão de reforço necessária. Através da implementação de medidas adequadas, a faixa efetiva, assim como as características de velocidade e eficiência do compressor, podem ser adaptadas à curva requerida de pressão de reforço. A faixa efetiva do com-

---

Turboalimentador de gás de escapamento com Wastegate
1 Saída de ar comprimido; 2 Roda do compressor; 3 Eixo; 4 Turbina de gás de escapamento; 5 Admissão do fluxo de massa de gás de escapamento; 6 Wastegate com haste e válvula borboleta (na entrada da turbina)

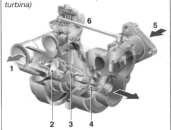

pressor é determinada pelo limite de instabilidade no lado "esquerdo" (fluxo mínimo) e pelo limite do afogador no lado "direito" (fluxo máximo). O limite de sobrepressão é definido como a transição entre a faixa operacional estável e a instável. Instável significa que, devido a uma interrupção no fluxo na entrada da roda do compressor, o fluxo de massa do ar é alternativamente interrompido e restabelecido, para gerar um efeito de bombeamento. Entre outros fatores, a extensão do limite de instabilidade também é determinada pelo design da linha de admissão. O limite do afogador, identificável pela faixa de curvas de velocidade descendentes abruptas, é determinado com base na seção transversal da entrada livre da roda do compressor e, conseqüentemente, através do diâmetro da roda.

Considerando a proporcionalidade da velocidade do motor e fluxo volumétrico de ar do compressor, é fácil deduzir que os compressores devem ter uma largura de curva característica efetiva substancialmente maior para motores com grande velocidade rotacional (motores com combustão por centelha), que para motores a Diesel, por exemplo. As curvas características de compressor sem dimensão na figura mostram os requisitos de ar característicos, ao longo da plena carga para carros de passeio, veículos comerciais e grandes motores para serviço pesado.

Medidas, tais como ajuste de controle-piloto variável, dispositivos para estabilização de curva característica ou adaptação específica do ângulo de entrada da pá, são utilizadas com sucesso para ampliar a faixa efetiva. Isto de fato provoca a mudança para taxas de fluxo mais baixas. Uma característica especial das aplicações em motores com ignição por centelha é o uso de uma "válvula de bypass". Sua função é evitar o bombeamento no lado do compressor quando a carga é subitamente removida do motor (a válvula de estrangulamento fecha). Isto é possível através da criação de um curto-circuito entre a saída e a entrada do compressor, fazendo com que não haja mais vazão.

Turbina
A roda da turbina em aplicações padrão é projetada como uma turbina centrípeta. As turbinas axiais são usadas apenas para aplicações de serviço pesado (saída do motor > 2.000 kW/turboalimentador). O design da carcaça da turbina difere substancialmente, conforme o uso pretendido. As carcaças de turbina para aplicações em veículos comerciais/caminhões são normalmente projetadas como carcaças com fluxo duplo (ver figura p. 532), nas quais os dois fluxos se unem um pouco antes de atingir o propulsor. Esta configuração da carcaça da turbina é utilizada para atingir a turboalimentação com pulso, usando a energia cinética, assim como a energia da pressão do gás de escapamento, para gerar potência na turbina. Este efeito pode ser usado particularmente bem em baixas velocidades do motor, onde as instabilidades de pressão podem efetivamente ocorrer, devido ao longo intervalo de tempo entre um pulso de entrada e outro. Por esta razão, a turboalimentação por pulso é usada principalmente em motores de média e baixa velocidade.

A sobrealimentação com pressão constante é usada em motores de alta velocidade, tais como motores a Diesel de carros de passeio. Este sistema facilita o uso de carcaças de turbina com fluxo único. As carcaças de turbina com fluxo único também são usadas em aplicações, onde um anel de injetor é montado à frente da roda da turbina – um arranjo usado freqüentemente em motores grandes, para melhorar o rendimento da turbina, que é graduado precisamente.

As rodas da turbina, feitas com um material contendo altos níveis de níquel, são fabricadas através do processo de moldagem com cera perdida. Elas são unidas ao eixo do rotor de aço através de solda por atrito ou solda por feixe de elétrons. A carcaça da turbina, fabricada com ferro fundido esféri-

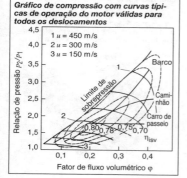

Gráfico de compressão com curvas típicas de operação do motor válidas para todos os deslocamentos

co ou esferulítico de alta liga, dependendo da aplicação específica, é produzida por um processo de fusão de areia aberto. Aços fundidos ligados, fundidos normalmente através do processo de moldagem com cera perdida, são usados em aplicações de alta temperatura (até 1.050°C).

Pesquisas intensivas estão sendo realizadas atualmente, para desenvolver carcaças de turbina de chapa de metal, para uso específico em motores com ignição por centelha. Este desenvolvimento enfoca a redução do efeito de perda de calor durante a fase de partida a frio, através da diminuição do volume de massa a ser aquecida. Assim, o conversor catalítico atinge a temperatura mínima de aproximadamente 250°C, como requerido para o processo de conversão, em uma taxa mais rápida.

Controle de pressão de reforço
Considerando a grande velocidade rotacional de motores de carro de passeio, uma instalação de controle de pressão de reforço é indispensável para manter a pressão máxima permissível de ar de injeção, caso o torque do design deva permanecer aceitável. A prática padrão atual favorece o controle de saída da turbina no lado do gás de escapamento.

Controle de bypass
Um método simples que ainda é muito utilizado é o controle de bypass, que envolve um mecanismo de flap para sangrar a parte do gás de escapamento e direcioná-lo em torno da turbina (Wastegate). Isto controla a saída da turbina. Para simplificação, o ar é usado como energia de acionamento. Os acionadores podem ser controlados com sobrepressão diretamente do sobrealimentador, assim como com a pressão negativa do sistema de vácuo do veículo. Na maioria dos casos, as pressões de controle são reguladas através de válvulas de pulso horário. Os desenvolvimentos mais recentes indicam claramente o uso de acionadores elétricos que podem ajustar as características de controle mais rápido e com maior precisão.

Com a assistência microeletrônica apropriada, as características da pressão de reforço do turboalimentador podem ser adaptadas não apenas para a faixa de plena carga, mas também para toda a curva característica, não importando qual seja a energia de acionamento.

Geometria variável da turbina
Comparada ao controle de bypass, a geometria variável da turbina (VTG) oferece, sem sombra de dúvida, as melhores opções para adaptar o sobrealimentador dentro da curva característica global. Com a geometria variável da turbina, o fluxo total de gás de escapamento é direcionado para a turbina, assegurando vantagens específicas para a exploração da energia disponível. Através da variação das seções transversais da turbina, a resistência da turbina ao fluxo é ajustada conforme o nível de pressão de reforço necessário.

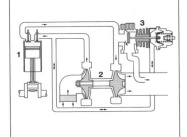

Regulagem da pressão de reforço através da válvula de controle de pressão de reforço no lado do escapamento (Wastegate)
1 Motor, 2 Turboalimentador de gás de escapamento, 3 Wastegate

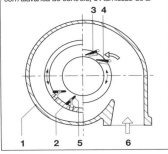

Geometria variável da turbina
(diagrama esquemático)
1 Carcaça da turbina, 2 Anel de ajuste, 3 Cames de controle, 4 Pás de ajuste, 5 Pás de ajuste com alavanca de controle, 6 Admissão de ar

Entre todos os designs potenciais, as pás ajustáveis conseguiram aceitação geral, visto que combinam uma ampla faixa de controle com altos níveis de eficiência. O ângulo da pá pode ser facilmente ajustado, girando-a. As pás, por sua vez, são ajustadas na posição requerida através de cames de ajuste, ou diretamente através de alavancas de controle fixadas nas pás individuais. Conseqüentemente, todas as pás se acoplam em um anel de ajuste que, por sua vez, é conectado ao acionador. O acionador é comandado como descrito acima.

Este tipo de geometria variável da turbina corresponde à mais alta tecnologia em aplicações de motor a Diesel. O trabalho de desenvolvimento está totalmente direcionado para os sistemas VTG, para motores com ignição por centelha. O desafio específico de design é assegurar a confiabilidade funcional e termodinâmica, apesar das temperaturas muito altas do gás de escapamento.

Sobrealimentador VST
Além da turbina variável com pás ajustáveis, a turbina com luva variável (VST) é adequada para motores de carro com deslocamento pequeno. O modo de operação da VST assegura que, de modo similar à turbina fixa, apenas um duto da carcaça da turbina com fluxo duplo, determine inicialmente o desempenho da haste (luva na posição 1).

Quando a pressão máxima do ar de injeção é atingida, a luva se abre continuamente na direção axial e expõe o segundo duto (luva na posição 2). Os dois dutos são configurados, de modo que a maior parte do fluxo de massa de gás de escapamento seja direcionada através da turbina. O volume remanescente é direcionado depois do propulsor, pelo deslocamento adicional da luva de controle (luva na posição 3).

Operação de sobrealimentador com luva variável (VST)
a) *Posição 1 da luva*
b) *Posição 2 da luva (ambos os dutos abertos)*
c) *Posição 3 da luva (ambos os dutos e bypass abertos)*

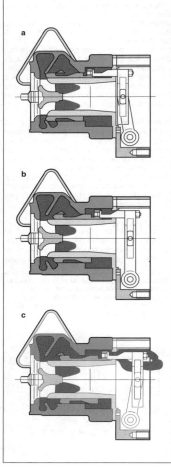

Sobrealimentação com multi-estágio

A sobrealimentação com multiestágio é um aperfeiçoamento da sobrealimentação de estágio único, em que os limites de potência podem ser significativamente ampliados. O objetivo é melhorar a alimentação de ar em uma base estacionária e não-estacionária e, ao mesmo tempo, melhorar o consumo específico do motor. Dois processos de sobrealimentação mostraram ser bem-sucedidos a este respeito.

Sobrealimentação seqüencial

Devido ao equipamento extensivo de troca do alimentador, a sobrealimentação seqüencial é usada principalmente em sistemas de propulsão de barco ou acionamentos de gerador. Neste caso, na medida em que a carga e a velocidade do motor aumentam, um ou mais turboalimentadores são cortados no processo de sobrealimentação básico. Assim, em comparação com um sobrealimentador grande que é direcionado para a potência nominal, duas ou mais sobrealimentações excelentes são atingidas.

Estrutura esquemática da sobrealimentação controlada com dois estágios
1 Estágio HP (alta pressão)
2 Estágio LP (baixa pressão)
3 Coletor de admissão
4 Coletor de escapamento
5 Válvula de bypass
6 Linha de bypass

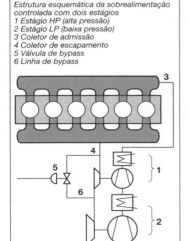

Sobrealimentação controlada com dois estágios

Este processo de sobrealimentação é usado para aplicações em veículo automotor, devido à sua reação de controle simples. A sobrealimentação com dois estágios envolve a conexão serial de dois turboalimentadores de tamanhos diferentes, com um sistema de controle de bypass e, idealmente, um segundo intercooler.

O fluxo de massa de gás de escapamento dos cilindros passa inicialmente no coletor de escapamento. A partir deste ponto, existe a possibilidade de expandir o fluxo de massa de gás de escapamento através da turbina de alta pressão (HP) ou desviar um fluxo de massa parcial através da linha de bypass. Em seguida, o fluxo inteiro de massa de gás de escapamento é usado novamente pela turbina de baixa pressão (LP) a jusante.

O fluxo total de massa de ar fresco é inicialmente pré-comprimido pelo estágio de baixa pressão e, idealmente, passa pelo intercooler. Em seguida, o fluxo é comprimido novamente e passa pelo intercooler no estágio de alta pressão. Em virtude da pré-compressão, o compressor HP relativamente pequeno opera em um nível de pressão mais alto, sendo capaz de gerar o fluxo de massa de ar necessário.

Em baixas velocidades do motor, i.é, pequenas taxas de fluxo de massa de gás de escapamento, o bypass permanece totalmente fechado e o fluxo total de massa de gás de escapamento se expande através da turbina HP. Isto provoca um acúmulo rápido e alto de pressão de reforço. Na medida em que a velocidade do motor aumenta, o serviço de expansão é continuamente mudado para turbina LP, fazendo com que a seção transversal de bypass aumente de modo correspondente.

Assim, a sobrealimentação controlada com dois estágios permite uma adaptação infinitamente variável nos lados da turbina e do compressor para os requisitos da operação do motor.

Auxiliares de rendimento

Desde a introdução da turboalimentação de gás de escapamento, particularmente em aplicações de carro de passeio, existe um conflito em termos de encaixe de design entre a otimização referente aos valores estacionários alvos do motor e o comportamento dinâmico do turboalimentador durante um ciclo de mudança de carga. No caso de sobrealimentação e em relação a um alimentador dimensionado para uma aplicação específica, o comportamento transiente pode ser influenciado pelo controle do rendimento da turbina (geometria variável da turbina ou Wastegate) ou por medidas de design implementadas no próprio alimentador. A redução das massas movimentadas é um exemplo típico, visto que isto favoreceu o objetivo de desenvolvimento de maior aumento da densidade de potência termodinâmica do turboalimentador, fazendo com que turboalimentadores distintamente menores possam ser usados para uma aplicação específica, o que não era o caso no início dos anos 80. Um segundo objetivo de desenvolvimento era reduzir o momento polar de inércia do rotor, utilizando materiais de baixa densidade, melhorando deste modo, as características de startup do alimentador. Buscando estes objetivos, houve um intenso desenvolvimento no campo da cerâmica industrial, como material substituto para a turbina, assim como magnésio e plástico para o compressor. Considerando-se os requisitos específicos de desempenho dos componentes, além de sua confiabilidade e exigências de custo, as soluções ainda não foram adotadas em projetos de larga escala.

Uma opção adicional é fornecer energia auxiliar aplicada externamente ao alimentador, sempre que a energia disponível do gás de escapamento for insuficiente. Basicamente, duas opções são de interesse fundamental. A primeira propõe que uma roda de turbina Pelton seja instalada no rotor, entre os mancais e conectada ao circuito de óleo do motor, para alimentação pressurizada de óleo. Como parte da segunda solução, a roda Pelton foi substituída por um motor elétrico, energizado através de um estágio de eletrônica de potência do sistema elétrico do veículo. Em

Sistemas de sobrealimentação eBooster
a) Representação esquemática de turboalimentador de gás de escapamento controlado eletricamente (ATL); b) Representação esquemática da conexão em série do eBooster e turboalimentador de gás de escapamento; 1 Motor de combustão interna, 2 Intercooler, 3 Válvula de bypass para ATL, 4 Turbina de ATL, 5 Compressor de ATL, 6 Motor elétrico, 7 Eletrônica de disparo para motor elétrico, 8 Válvula de bypass para eBooster, 9 Compressor de eBooster, 10 Gás de escapamento, 11 Ar de admissão

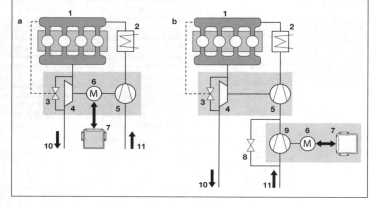

ambos os casos, a energia auxiliar só foi aplicada no modo de aceleração. No modo quase estacionário, as unidades eram apenas transportadas, gerando perdas. Em termos de utilização da energia total disponível e do ponto de vista de confiabilidade, estes métodos foram excluídos relativamente rápido, por razões relacionadas à produção em série.

O eBooster é conectado em série com o turboalimentador, utilizando deste modo, as vantagens da multiplicação de taxas de pressão de ambos os compressores, fazendo com que até mesmo uma pressão graduada baixa tenha uma taxa de pressão total alta. A unidade pode ser posicionada tanto à frente do turboalimentador quanto na alimentação de ar a jusante. Quando o "eBooster" não estiver em operação uma válvula abre uma linha de bypass, para permitir que todo o fluxo de ar ou uma parte do mesmo sejam desviados para o compressor de aceleração.

A qualidade de reforço depende da disponibilidade de energia elétrica do veículo. Conseqüentemente, uma voltagem de serviço de 42 V oferece as melhores condições para o uso de um sistema eBooster. Entretanto, o desenvolvimento atual está direcionado para 12 V, visto que não parece ser possível que o sistema elétrico de 42 V seja introduzido em um futuro próximo.

O eBooster é uma unidade compacta que consiste essencialmente de compressor de fluxo hidrocinético, motor elétrico, carcaça transportadora e conjunto de mancal. Em termos de design, o compressor de fluxo hidrocinético corresponde essencialmente ao turboalimentador. O motor elétrico é um motor assíncrono, que permite velocidades de até 100.000 rpm – velocidades que correspondem aproximadamente a um fator de pressão graduada de aproximadamente 1,5 para um compressor de 50 mm. Em relação às exigências de vida útil, esta velocidade facilita o uso de mancais híbrido com lubrificação permanente, dispensando, deste modo, uma alimentação externa de lubrificante. Caso as condições térmicas ambientes permitam, o estágio de potência eletrônica pode também ser integrado no eBooster.

Referências

Mayer, M.: Abgasturbolader – sinnvolle Nutzung der Abgasenergie (Uso prático da energia do gás de escapamento), 5. Auflage, Verlag Moderne Industrie, 2003 ISBN 3-478-93120-7

Zinner, K.: Aufladung von Verbrennungsmotoren (Sobrealimentação de motores de combustão interna). 3, Auflage, Springer-Verlag, 1985. ISBN 3-540-07300-0.

Hiereth, H. e Prenninger, P.: Aufladung der Verbrennungskraftmaschine (Sobrealimentação de motores de combustão externa) Springer-Verlag, 2003
ISBN 3-211-83747-7

Hack, G. e Langkabel, G-I.: Turbo-und Kompressormotoren – Entwicklung und Technik (Motores com turboalimentadores e compressor – desenvolvimento e engenharia)
1. Auflage, Motorbuchverlag, 1999.

Vista em seção do sobrealimentador eBooster
1 Carcaça do compressor, 2 Roda do compressor, 3 Carcaça do transportador, 4 Motor elétrico, 5 Mancal

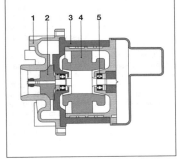

Sistemas para redução de emissões

Sistema de recirculação de gás de escapamento

A recirculação externa de gás de escapamento pode ser utilizada para controlar a carga do cilindro e, conseqüentemente, o processo de combustão (consultar a Recirculação Através de Sobreposição de Válvula, p. 474). O gás de escapamento recirculado para o coletor de admissão aumenta a proporção de gás inerte no abastecimento de gás fresco. Isto permite a redução da temperatura de pico de combustão, assim como a redução de emissão de NO_x não tratada, que depende da temperatura.

Existe uma conexão entre a tubulação de escapamento e o coletor de admissão. Devido ao diferencial de pressão, o coletor de admissão pode aspirar o gás de escapamento através desta conexão. Junto com a válvula de recirculação de gás de escapamento operada eletricamente, a unidade de controle do motor ajusta a seção transversal de abertura (abertura) controlando, deste modo, o fluxo parcial derivado do fluxo principal de gás de escapamento.

A recirculação de gás de escapamento desempenha um papel importante para redução de emissões de poluente em motores a Diesel e com ignição por centelha (ver p. 659 e 719). Como parte dos esforços para reduzir ainda mais as emissões de NO_x, sistemas projetados para arrefecer o gás de escapamento recirculado, com a ajuda de um radiador de arrefecimento EGR, têm sido cada vez mais valorizados (ver página 521).

Injeção de ar secundário

A injeção adicional de ar na tubulação de escapamento provoca a combustão de componentes de HC e CO, que prevalecem principalmente durante a fase de aquecimento. Este processo de oxidação também libera calor. Conseqüentemente, o gás de escapamento fica mais quente, fazendo com que o conversor catalítico se aqueça mais rapidamente, na medida em que o gás de escapamento passa através do mesmo. Para veículos com motor de ignição por centelha, a injeção de ar secundário é um meio efetivo de reduzir as emissões de HC e CO, depois da partida do motor e de aquecer rapidamente o conversor catalítico. Isso assegura que a conversão das emissões de NO_x comece mais cedo.

A bomba de ar secundário, operada eletricamente, aspira o ar e o transporta – com controle através de válvula de ar secundário – dentro do sistema de escapamento. A válvula evita o retorno do gás de combustão dentro da bomba. Assim, ela deve ser fechada quando a bomba for desligada.

A válvula de controle, operada eletricamente, liga a válvula de ar secundário pneumaticamente. Para isto, a pressão do coletor de admissão (a válvula de ar secundário abre) é aplicada através da válvula de controle à válvula de ar secundário. A unidade de controle do motor aciona a bomba e a válvula de controle, para permitir que o ar secundário possa ser injetado em um ponto definido de tempo.

O ar secundário deve ser injetado, o mais próximo possível da válvula de saída, para explorar as altas temperaturas, usando a reação exotérmica com eficácia. Entretanto, para evitar o esforço térmico, a válvula de ar secundário não deve ser colocada muito próxima do coletor. Por outro lado, devem ser implementadas medidas adequadas para assegurar que o "tubo morto", entre a válvula e o ponto de entrada não cause ressonância (efeito de assobio).

Princípio de recirculação de gás de escapamento
1 Ar fresco induzido, 2 Válvula de estrangulamento, 3 Gás de escapamento recirculado, 4 Unidade de controle do motor, 5 Válvula de recirculação de gás de escapamento (válvula EGR), 6 Gás de escapamento

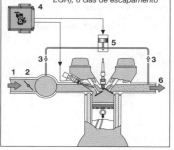

Sistema de ar secundário
1 Bomba de ar secundário, 2 Ar induzido, 3 Relé, 4 Unidade de controle do motor, 5 Válvula de ar secundário, 6 Válvula de controle, 7 Bateria, 8 Ponto de entrada de fluxo na tubulação de escapamento, 9 Válvula de escapamento, 10 Para a conexão do coletor de admissão

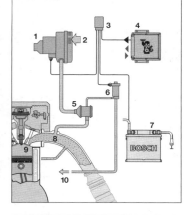

Sistema de controle de emissões evaporativas
1 Unidade de controle do motor, 2 Linha de ventilação do tanque de combustível, 3 Tanque de combustível, 4 Válvula de estrangulamento, 5 Válvula de purga do canister, 6 Canister de carvão, 7 Linha para o coletor de admissão, 8 Ar fresco, 9 Coletor de admissão

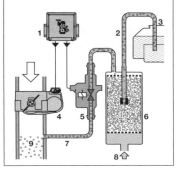

Sistema de controle de emissões evaporativas

Um sistema de controle de emissões evaporativas é necessário para veículos equipados com um motor com ignição por centelha. Sua função é interceptar e coletar os vapores de combustível do tanque de combustível e assegurar a conformidade em relação a disposições legais que regulamentam os limites de emissão para perda evaporativa. Considerando a alta temperatura de ebulição do combustível Diesel (ver p. 324), os sistemas de controle de emissões evaporativas não são necessários em veículos com motor a Diesel.

O combustível evapora do tanque em uma taxa crescente quando:
- a temperatura do combustível no tanque aumenta, devido a temperaturas ambientes mais altas ou devido à perda de potência da bomba de combustível e, dependendo do sistema do tanque de combustível, devido ao retorno de combustível aquecido no motor, que não é mais necessário para o processo de combustão (ver p. 596).
- A pressão ambiente cai, por exemplo, durante uma subida.

O sistema de controle de emissões evaporativas consiste de um canister de carvão, no qual é projetada a linha proveniente do tanque de combustível, assim como de uma válvula de purga do canister, que é conectada ao canister de carvão e ao coletor de admissão.

O carvão ativado absorve o combustível contido no vapor de combustível, permitindo que apenas o ar seja liberado na atmosfera. Devido ao vácuo existente no coletor de admissão, o ar fresco é aspirado através do carvão ativado, quando a válvula de purga do canister libera a linha entre o canister de carvão e o coletor de admissão. O ar fresco coleta o combustível absorvido, alimentando-o no processo de combustão (purga do canister de carvão).

A unidade de controle do motor (Motronic) controla o volume de gás de purga, dependendo do ponto de operação do motor. A purga ou a regeneração deve ser realizada regularmente, para assegurar que o canister de carvão esteja sempre pronto para aceitar e absorver vapor de combustível (ver p. 661).

Ventilação do cárter

Sistema de ventilação

Gás de escape
O gás de ventilação do cárter (gás de escape) resulta dos processos de combustão em um motor de combustão interna. O gás flui para fora da câmara de combustão e para dentro do cárter, através de folgas previstas no design, entre as paredes do cilindro e pistões, pistões e anéis de pistão e através das vedações da válvula. Além dos produtos originados da combustão completa e incompleta, água (vapor), fuligem e resíduo de carbono, este gás também contém óleo do motor do cárter, na forma de gotículas minúsculas. No sistema de circuito fechado, o fluxo de gás não tratado originado do cárter é direcionado através de um sistema de ventilação, que inclui componentes adicionais (ex.: dispositivos de controle de pressão, válvulas de retenção), para admissão de ar de combustão. Em sistemas de ventilação com circuito aberto, o gás tratado é eliminado diretamente na atmosfera. Entretanto, atualmente a legislação restringe o uso de sistemas abertos, apenas para poucos casos excepcionais.

Principalmente em relação a motores a Diesel turboalimentados e motores com ignição por centelha com injeção direta de combustível, o óleo do motor e a fuligem contidos no gás de escape podem gerar depósitos sobre os turboalimentadores, válvulas e no filtro de fuligem ou particulado a jusante (depósitos de cinzas de aditivos inorgânicos presentes no óleo do motor).

Conseqüentemente, isto pode prejudicar a operação. Entretanto, um aspecto adicional importante é reduzir o consumo de óleo, gerado pela migração de óleo do motor através do sistema de ventilação do cárter.

Composição do óleo no gás de escape
O óleo do motor contido no gás se origina do óleo de salpico criado pelas partes móveis do motor, do filme lubrificante sobre as paredes do cilindro e óleo do motor evaporado do condensado, como parte do arrefecimento da coroa do pistão. O tamanho médio da gotícula e a proporção no espectro total diferem, dependendo da origem do óleo do motor. A proporção do salpico de óleo relativamente grande pode ser influenciada, consideravelmente, pela seleção adequada do ponto de purga, ou pela implementação de medidas simples no motor. As gotículas muito finas do filme de lubrificação e especialmente do condensado são extraídas em grandes volumes, do compartimento do motor. Sua presença no espectro total depende, essencialmente, das condições operacionais (carga e velocidade do motor). A distribuição do tamanho da gotícula de óleo no gás, como visualizado na figura, mostra que o diâmetro médio da gotícula, baseado na massa, situa-se entre 0,5 e 2 mm, independentemente do tipo do motor. Os diâmetros da gotícula são ainda menores na medida em que a pressão média na câmara de combustão aumenta, assim como a temperatura do óleo. Os diâmetros mínimos da gotícula ocorrem principalmente na faixa de carga próxima do torque máximo do motor.

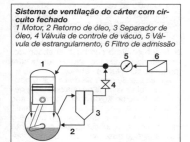

Sistema de ventilação do cárter com circuito fechado
1 Motor, 2 Retorno de óleo, 3 Separador de óleo, 4 Válvula de controle de vácuo, 5 Válvula de estrangulamento, 6 Filtro de admissão

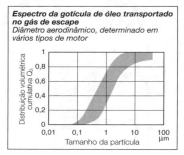

Espectro da gotícula de óleo transportado no gás de escape
Diâmetro aerodinâmico, determinado em vários tipos de motor

Separadores de óleo

Podem ser usados vários métodos para remoção do óleo contido no gás de escape.

Separadores com labirinto são separadores inerciais de grande volume relativamente simples. Eles apresentam obstruções localizadas no sentido do fluxo, projetadas para eliminação das gotículas. Eles são usados principalmente para separar grandes gotas de óleo e grandes quantidades de óleo. Na prática, não é possível separar pequenas gotículas ≤ 1...2 µm, com este sistema.

Separadores com ciclone também são projetados como separadores inerciais. Eles utilizam um campo de fluxo rotativo para eliminar as gotas do fluxo de óleo. Para aumentar a eficiência da separação, vários ciclones paralelos são conectados em paralelo. Com um design correspondente, tais sistemas podem ainda eliminar gotículas na faixa de 1,5 µm. Os separadores com ciclone requerem uma definição precisa do ponto operacional, visto que a eficiência de separação está estreitamente ligada à perda de pressão e, conseqüentemente, à taxa de fluxo.

Os separadores com labirinto e ciclone são projetados como componentes duradouros.

Separadores com fibra são principalmente separadores de difusão e dependem da seleção do material da fibra (pequenos diâmetros da fibra). Isto significa que eles podem separar gotículas com tamanho de até ≤ 1 µm. Na maioria dos casos, estes materiais de fibra fina devem ser projetados como componentes de manutenção, visto que os poros nestes materiais tendem a ficar entupidos, quando expostos a altos níveis de fuligem.

Centrífugas são componentes com rotação rápida, nos quais as gotículas são eliminadas do fluxo de gás em um campo centrífugo imposto. Devido ao acionamento externo, a perda de pressão pode ser desligada da eficiência de separação, para permitir uma eficiência máxima de filtragem. Os separadores de disco apresentam o maior potencial, por permitirem uma eficiência máxima de separação em um pequeno espaço, em velocidades aceitáveis.

Separadores elétricos utilizam as forças que agem sobre gotículas carregadas em um campo elétrico, para assegurar o processo de separação. Estas centrífugas permitem eficiência máxima de separação e baixas perdas de pressão. A alta voltagem necessária para uma separação eficiente está na faixa de aproximadamente 5...15 kV. Freqüentemente ocorrem problemas, em função de depósitos de óleo do motor e gás de escape, que se formam nos eletrodos.

Separador de óleo com 2 ciclones

Tabela 1. Comparação de vários sistemas de separador de óleo

	Labirinto	Ciclone	Separadores com fibra	Centrífugas	Separador eletrostático
Eficiência na separação	– até 0	0 até +	0 até ++	++	++
Perda de pressão	+ até ++	0 até –	+ até –	++	++
Espaço para instalação	0 até +	++	+	+	0
Sensibilidade ao fluxo volumétrico	0	– até 0	0	+	+
Componente duradouro	Sim	Sim	Não	Sim	Sim
Energia auxiliar	Não	Não	Não	Sim	Sim

Sistemas de gás de escapamento

Design e função

Conforme as exigências legais, o sistema de gás de escapamento reduz os poluentes no gás de escapamento, que são gerados pelo motor de combustão interna (ver p. 554 em diante). O sistema de gás de escapamento também ajuda a amortecer o ruído do gás de escapamento e a descarregar o gás de escapamento em um ponto conveniente no veículo. A potência do motor deve ser reduzida o menos possível durante o processo.

Componentes

Um sistema de gás de escapamento de um carro de passeio consiste de:
- coletor
- componentes para tratamento do gás de escapamento
- componentes para absorção de som
- e o sistema de tubulações que conectam estes componentes

Os componentes para tratamento do gás de escapamento não são sempre incluídos nos sistemas de gás de escapamento, em veículos comerciais e caminhões. Quando a norma européia EU4 para controle de emissões entrar em vigor para veículos comerciais (ver p. 564), os sistemas de gás de escapamento de todos os veículos comerciais deverão incluir instalações para controle de emissões.

Dependendo do deslocamento do motor e do tipo de silencioso usado, o sistema de gás de escapamento pesa entre 8 e 40 kg. Os componentes são fabricados geralmente com aços de alta liga, por causa dos esforços extremos que ocorrem nos sistemas de gás de escapamento.

Controle de emissões

Os componentes usados para tratar o gás de escapamento incluem:
- o <u>conversor catalítico</u> para quebrar os poluentes gasosos no gás de escapamento e
- o <u>filtro de particulados</u> (ou filtro de fuligem) para filtrar as partículas sólidas finas no gás de escapamento (principalmente em motores a Diesel)

Os conversores catalíticos são instalados no sistema de gás de escapamento o mais próximo possível do motor, para que possam atingir rapidamente a sua temperatura operacional, sendo efetivos dentro da condução urbana. Os filtros de particulados de Diesel também são instalados na área frontal do sistema de gás de escapamento para assegurar que as partículas de fuligem que eles retiverem sejam queimadas com maior eficácia, em temperaturas mais altas do gás de escapamento. Os dois componentes também exercem a função de absorção de som, principalmente os componentes de freqüência mais alta do ruído do gás de escapamento.

Absorção de som

Os silenciosos amortecem o ruído produzido pelo gás de escapamento. Em princípio, eles podem ser instalados em qualquer posição no sistema de gás de escapamento. Entretanto, normalmente eles estão localizados na seção intermediária e traseira do sistema de gás de escapamento.

Dependendo do número de cilindros e do rendimento do motor, são usados geralmente 1 a 3 silenciosos no sistema de gás de escapamento. Nos motores V, os bancos de cilindro direito e esquerdo são, freqüentemente, operados separadamente, cada um deles é equipado com seus próprios conversores catalíticos e silenciosos.

O limite para emissão de ruído para o veículo como um todo é definido pela le-

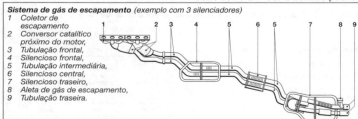

Sistema de gás de escapamento (exemplo com 3 silenciadores)
1. Coletor de escapamento
2. Conversor catalítico próximo do motor,
3. Tubulação frontal,
4. Silencioso frontal,
5. Tubulação intermediária,
6. Silencioso central,
7. Silencioso traseiro,
8. Aleta de gás de escapamento,
9. Tubulação traseira.

Sistemas de escapamento

gislação (ver p. 58). O ruído produzido pelo sistema de gás de escapamento constitui uma fonte substancial de emissão de ruído em um veículo. Isto faz com que uma atenção particular e recursos sejam necessários para o desenvolvimento de silenciosos. Ainda que o objetivo seja reduzir o ruído conforme a legislação, também pode ser criado o som específico do tipo de veículo (ver p. 1.130).

Coletor

O coletor é um componente importante do sistema de gás de escapamento. Ele direciona o gás de escapamento dos orifícios de saída do cilindro para o sistema de gás de escapamento. O design da geometria do coletor (i.é, comprimento e seção transversal das tubulações individuais), tem um impacto sobre as características de desempenho, o comportamento acústico do sistema de gás de escapamento e sua temperatura. Em alguns casos, o coletor é isolado com um entreferro para atingir altas temperaturas do gás de escapamento mais rápido e para diminuir o tempo necessário, para que o conversor catalítico atinja sua temperatura operacional.

Conversores catalíticos

Um conversor catalítico consiste de um funil de entrada de fluxo e um de saída de fluxo e de um suporte monolítico. O suporte monolítico é constituído por um grande número de canais paralelos muito finos, recobertos com revestimento catalítico ativo. O número de canais varia de 400 a 1.200 cppq (células por polegada quadrada). O princípio funcional da camada ativa no conversor catalítico é descrito na seção intitulada "Tratamento catalítico de escapamento", na p. 662.

O suporte monolítico pode ser fabricado com metal ou material cerâmico.

Suporte monolítico metálico

O suporte monolítico metálico é constituído por uma folha de metal corrugada, com 0,05 mm de espessura, enrolada e soldada através de um processo de alta temperatura. Devido às paredes muito finas entre os canais, o suporte monolítico metálico apresenta uma resistência extremamente baixa ao gás de escapamento. Assim, ele é freqüentemente instalado em veículos de alto desempenho.

O suporte monolítico metálico pode ser soldado diretamente nos funis.

Suporte monolítico cerâmico

O suporte monolítico cerâmico é fabricado com cordierita. Dependendo da densidade da célula, a espessura da parede entre os canais varia de 0,05 mm (a 1.200 cppq) a 0,16 mm (a 400 cppq).

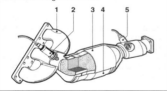

Coletor com conversor catalítico próximo do motor
1 Coletor, 2 Sensor de oxigênio lambda, 3 Suporte monolítico de metal, 4 Isolação, 5 Sensor de oxigênio lambda

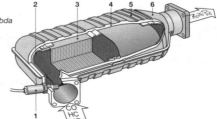

Conversor catalítico com suporte monolítico cerâmico
1 Sensor de oxigênio lambda para controle em circuito fechado lambda
2 Funil de entrada de fluxo
3 Suporte monolítico cerâmico
4 Coxim
5 Carcaça de metal
6 Funil de saída de fluxo

Os suportes monolíticos cerâmicos apresentam uma estabilidade extremamente alta em relação à temperatura e choque térmico. Entretanto, eles não podem ser instalados diretamente na carcaça metálica e requerem uma fixação especial. Esta fixação é necessária para compensar as diferenças entre os coeficientes de expansão térmica do aço e da cerâmica e para proteger o suporte monolítico contra choques. Deve-se tomar um cuidado extremo na montagem e processo de produção, principalmente com suportes monolíticos com paredes finas (< 0,8 mm). O suporte monolítico é montado sobre um coxim localizado entre a carcaça de metal e o suporte monolítico cerâmico. O coxim é fabricado com fibras cerâmicas. Ele é extremamente flexível para minimizar a carga de pressão exercida sobre os suportes monolíticos. Ele também é utilizado como isolante contra calor.

Por razões operacionais, são freqüentemente usados vários suportes monolíticos com revestimento diferente, em um conversor catalítico. O formato do funil de entrada de fluxo deve ser especialmente considerado, para que o gás de escapamento seja distribuído uniformemente sobre os suportes monolíticos. O formato externo do suporte monolítico cerâmico depende do espaço de instalação disponível e pode ser triangular, oval ou redondo.

Filtro de particulado

Como para os suportes monolíticos do conversor catalítico, existem sistemas de filtros metálicos e cerâmicos. Entretanto, até este momento, apenas os filtros cerâmicos têm sido usados em carros de passeio. O método para instalação e fixação de filtros cerâmicos de particulados na carcaça metálica é o mesmo utilizado para os conversores catalíticos.

Como o suporte monolítico cerâmico do conversor catalítico, o filtro cerâmico para particulados é constituído por um grande número de canais paralelos. Conseqüentemente, o gás de escapamento é forçado através das paredes porosas da estrutura de colméia. As partículas sólidas são depositadas nos poros. Dependendo da porosidade do corpo cerâmico, a eficiência de filtragem destes filtros pode atingir até 97%.

Os depósitos de fuligem no filtro de particulados induzem a um aumento progressivo na resistência ao fluxo. Por esta razão, o filtro para particulados deve se regenerado em intervalos definidos, através de dois processos diferentes.

Processo passivo
No processo passivo, a fuligem é queimada por reação catalítica. Para isto, aditivos no combustível diesel reduzem a inflamabilidade das partículas de fuligem para as temperaturas normais do gás de escapamento.

Outras opções de regeneração passiva incluem partículas do filtro com revestimento catalítico ou o processo CRT™ (Filtragem para Regeneração Contínua).

Processo ativo
No processo ativo, são implementadas medidas externas para aquecer o filtro na temperatura necessária para a queima da fuligem. Este aumento de temperatura pode ser atingido por um queimador instalado a montante do filtro ou pela injeção secundária iniciada pelo comando do motor e o uso de um conversor catalítico preliminar.

Consultar a seção intitulada "Minimização de poluentes de motores a Diesel", na p. 716 em diante, para obter informações mais detalhadas sobre processos de regeneração.

Filtro de particulado cerâmico
1 Entrada de gás de escapamento, 2 Conector cerâmico, 3 Divisão de célula, 4 Saída de gás de escapamento

Silenciosos

Os silenciosos são concebidos para uniformizar as pulsações do gás de escapamento e para torná-las as mais inaudíveis possíveis. Existem, basicamente, dois princípios físicos envolvidos:
- reflexão e
- absorção

Os silenciosos também diferem de acordo com estes princípios. Entretanto, normalmente eles compreendem uma combinação de reflexão e absorção.

Como os silenciosos e as tubulações do sistema de gás de escapamento constituem um sistema oscilante com sua própria ressonância natural, a posição dos silenciosos é muito significativa para a qualidade do amortecimento do som. O objetivo é ajustar os sistemas de gás de escapamento o mais baixo possível, de modo que suas freqüências naturais não gerem ressonâncias na carroceria. Para evitar ruído estrutural e assegurar a isolação contra o calor para a parte subveicular do veículo, os silenciosos apresentam, freqüentemente, paredes duplas e uma camada de isolação.

Princípios do silencioso
a) Silencioso por reflexão, b) Silencioso por absorção, c) Combinação de a) e b)

Silenciosos por reflexão

Os silenciosos por reflexão consistem de câmaras de tamanhos variados interconectadas por tubulações. As diferenças nas seções transversais das tubulações e câmaras, o desvio dos gases de escapamento e os ressonadores formados pelas tubulações de conexão e as câmaras produzem um efeito de amortecimento, que é particularmente eficiente em baixas freqüências. Quanto mais forem usadas tais câmaras, mais eficiente será o silencioso.

Os silenciosos por reflexão geram uma contrapressão mais alta do gás de escapamento. Via de regra, eles são associados a uma maior perda de potência.

Silenciosos por absorção

Os silenciosos por absorção são projetados com uma câmara, através da qual passa uma tubulação perfurada. A câmara é cheia com material absorvente. O som penetra no material absorvente através da tubulação perfurada e é convertido em calor, através de atrito.

O material de observação consiste normalmente de lã mineral com fibra longa, com densidade de 100...150/l. O nível de amortecimento depende da densidade, do grau de absorção de som do material e do comprimento e espessura do revestimento da câmara. O amortecimento ocorre através de uma faixa ampla de freqüência, mas se inicia apenas em freqüências mais altas.

O formato das perfurações e o fato de a tubulação passar através da lã asseguram que o material não seja expelido pelos pulsos do gás de escapamento. Algumas vezes, a lã mineral é protegida por uma camada de lã de aço inoxidável, em torno da tubulação perfurada.

Design do silencioso

Dependendo do espaço disponível sob o veículo, os silenciosos são produzidos como uma capa enrolada em espiral ou meias-conchas.

Para criar uma camisa para um <u>silencioso enrolado em espiral</u>, várias chapas de metal são formatadas sobre um mandril redondo e unidas por dobras longitudinais ou solda a laser. Em seguida, o núcleo, totalmente montado e soldado, é instalado na estrutura da camisa. Consiste de tubos internos, defletores e camadas intermediárias. As camadas externas são conectadas à camisa por um processo de dobragem ou solda a laser.

Freqüentemente, não é possível acomodar efetivamente um silencioso enrolado em espiral tendo em vista as condições complicadas de espaço no conjunto do piso. Em tais casos, um silencioso tipo concha, produzido com meias-conchas profundas é usado, visto que ele pode assumir, virtualmente, qualquer formato necessário.

O volume total dos silenciosos em um sistema de gás de escapamento de carro de passeio corresponde aproximadamente a 8 – 12 vezes o deslocamento do motor.

Silencioso com conversor catalítico integrado
1 Tubulação de entrada, 2 Coxim, 3 Suporte monolítico cerâmico, 4 Cano de escapamento

Elemento de fixação
1 Coxim de borracha, 2 Abraçadeira de metal, 3 Concha do silencioso

Elementos de conexão

São usadas tubulações para conectar o conversor catalítico e os silenciosos. Também podem ser utilizados arranjos em que o conversor catalítico e o silencioso estão integrados em uma única carcaça, em motores e veículos pequenos.

As tubulações, o conversor catalítico e o silencioso são conectados para formar um sistema integrado, através de conexões com pinos e flanges. Muitos sistemas com equipamentos originais são totalmente soldados para montagem mais rápida.

O sistema de gás de escapamento inteiro é conectado na parte subveicular do veículo, através de fixações elásticas. Os pontos de fixação devem ser selecionados cuidadosamente, caso contrário pode ser transmitida vibração à carroceria e pode ser gerado ruído no compartimento de passageiros. Os pontos de fixação errados também podem criar resistência e, conseqüentemente, problemas de durabilidade. Em alguns casos, estes problemas são controlados através do uso de dispositivos para absorção de vibração. Estes componentes oscilam em uma freqüência crítica, precisamente no sentido oposto do sistema de gás de escapamento, eliminando, deste modo, a energia de vibração no sistema.

O ruído do sistema de gás de escapamento no ponto de emissão do escapamento (o cano de escapamento), assim como a radiação de som dos silenciosos,

Elemento de isolamento
1 Camisa interna, 2 Forro de metal, 3 Trança de fio

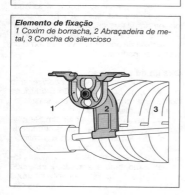

Sistemas de escapamento

também podem provocar ressonância na carroceria. Dependendo da intensidade das vibrações do motor, são usados elementos de isolamento para isolar o sistema de gás de escapamento do bloco do motor e para diminuir o esforço sobre o sistema de gás de escapamento.

Basicamente, o arranjo de fixação de um sistema de gás de escapamento é ajustado para ser rígido o suficiente para suportar vibrações de modo confiável, por um lado, e apresentar flexibilidade e propriedades de amortecimento suficientes para reduzir a transferência, com eficácia, de forças à carroceria, do outro lado.

Ressonador Helmholtz
1 Volume Helmholtz
2 Tubulação de escapamento para gás
3 Tubulação Helmholtz
4 Concha do silencioso

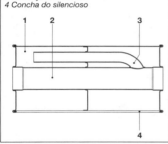

Portinhola de gás de escapamento, controlada por vácuo externo
1 Unidade de vácuo, 2 Válvula borboleta, 3 Canos de escapamento

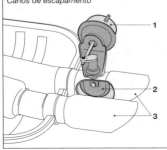

Dispositivos de ajuste acústico

Alguns componentes diferentes podem ser usados para eliminar freqüências problemáticas do ruído emitido pelo cano de escapamento.

Ressonador Helmholtz

O ressonador Helmholtz consiste de uma tubulação instalada ao longo do lado do gás de escapamento e de um volume definido conectado ao mesmo. O volume de gás atua como uma mola, enquanto o gás na seção da tubulação atua como uma massa. Em sua freqüência ressonante, este sistema de mola-massa assegura um alto grau de absorção de som, mas em uma faixa de freqüência estreita. A freqüência ressonante f depende do tamanho do volume V, assim como do comprimento L e área de secção transversal A da tubulação.

$$f = c \cdot \sqrt{A/(L \cdot V)}/2\pi$$

O valor c é a velocidade do som.

Ressonadores de quarto de onda

Os ressonadores de quarto de onda consistem de uma derivação de tubulação do sistema de gás de escapamento. A freqüência ressonante f destes ressonadores é derivada do comprimento L da tubulação. Ela é expressa como $f = c/(4 \cdot L)$. Estes ressonadores também apresentam uma faixa de amortecimento muito estreita próxima de sua freqüência ressonante.

Portinholas de gás de escapamento

As portinholas de gás de escapamento são encontradas normalmente em silenciosos traseiros. Dependendo da velocidade do motor ou do fluxo do gás de escapamento, elas fecham uma tubulação de bypass no silencioso ou um segundo cano de escapamento. Em conseqüência disso, o ruído do gás de escapamento pode ser amortecido substancialmente em velocidades mais baixas do motor, sem acarretar perdas de potência em altas velocidades do motor.

As portinholas de gás de escapamento podem ter autocontrole, baseado na pressão e no fluxo ou podem ser controladas externamente. Deve ser instalada uma interface com o sistema de comando do motor, para portinholas controladas externamente. Isto faz com que sejam mais complexas que as portinholas com autocontrole. Entretanto, a sua faixa de aplicação é mais flexível.

Emissões de escapamento

Os gases de escapamento são produzidos em motores a gasolina e a Diesel, quando o combustível queima. Estes gases contêm diferentes produtos de combustão e alguns deles são categorizados como poluentes.

Produtos da combustão

Combustão completa
Quando a combustão de combustível puro é completa e ideal, i.é, combustão completa de combustível com oxigênio e sem quaisquer reações secundárias indesejáveis, seriam produzidos apenas:
- Água (H_2O) e
- Dióxido de carbono (CO_2)

Combustão incompleta
Além dos produtos principais da combustão, água e dióxido de carbono, alguns componentes menores indesejados são produzidos, porque a combustão não é ideal (ex.: gotículas de combustível não vaporizadas ou um filme de combustível líquido sobre a parede da câmara de combustão). Isto também é causado pela composição do combustível:
- Hidrocarbonetos não queimados
  C_nH_m (parafinas, olefinas, hidrocarbonetos aromáticos)
- Hidrocarbonetos parcialmente queimados
  Ex.: $C_n H_m \cdot CHO$ (aldeídos)
  $C_n H_m \cdot CO$ (cetonas)
  $C_n H_m \cdot COOH$ (ácidos carboxílicos)
  CO (monóxido de carbono)
- Produtos de craqueamento térmico e derivados
  Ex.: $C_2 H_2$ (acetileno)
  $C_2 H_4$ (etileno)
  H_2 (hidrogênio)
  C (fuligem) e hidrocarbonetos policíclicos

Subprodutos de combustão
Uma pequena quantidade de nitrogênio (N_2), contida no ar de admissão, reage com o oxigênio (O_2) em altas temperaturas de combustão, formando o monóxido de nitrogênio (NO) e dióxido de nitrogênio (NO_2), que também são chamados de óxidos de nitrogênio (NO_x). Outros subprodutos são produzidos na forma de óxidos de enxofre, em função do teor de enxofre no combustível.

Propriedades dos componentes do gás de escapamento

Componentes principais
O gás de escapamento compreende primariamente os componentes importantes não tóxicos:
- Nitrogênio (componente do ar de admissão)
- Vapor de água
- Dióxido de carbono
- Oxigênio, em motores a Diesel e a gasolina, com operação de queima pobre

O dióxido de carbono está presente no ar como um componente natural e não é categorizado como poluente, em relação a emissões de gás de escapamento de veículos automotores. Entretanto, ele é considerado como uma das causas do efeito estufa e está associado à mudança climática global. Desde 1920, o teor de CO_2 na atmosfera aumentou aproximadamente 20%, com mais de 360 ppm em 1995.

O montante de dióxido de carbono liberado é diretamente proporcional ao consumo de combustível. As medidas adotadas para reduzir o consumo de combustível estão se tornando cada vez mais significativas.

Componentes menores
A quantidade de componentes menores, produzida durante a combustão depende muito do status operacional do motor. Para o motor a gasolina, a quantidade de gás de escapamento não tratada (gás de escapamento depois da combustão e antes do tratamento de gás de escapamento), corresponde a aproximadamente 1% do montante total de gás de escapamento para um motor na situação operacional normal e com uma composição de mistura estequiométrica ($\lambda = 1$). A composição dos gases de escapamento de Diesel depende muito do ar em excesso (o motor a Diesel é sempre operado em $\lambda > 1$).

A tabela 1 mostra os valores típicos para a composição de gases de escapamento de motores a Diesel.

Monóxido de carbono (CO)
O monóxido de carbono é um gás incolor, inodoro e insípido. Ele reduz a capacidade do ser humano de absorver oxigênio no sangue, provocando envenenamento. Inalar ar com uma concentração volumétrica de 0,3% de monóxido de carbono pode provocar a morte em 30 minutos.

Hidrocarbonetos (HC)
Os hidrocarbonetos estão presentes nos gases de escapamento sob várias formas. Os hidrocarbonetos alifáticos (alcanos, alcenos e alcinos, assim como seus derivados cíclicos) são praticamente inodoros. Os hidrocarbonetos aromáticos cíclicos apresentam um odor (ex.: benzeno, tolueno, hidrocarbonetos policíclicos).

Alguns hidrocarbonetos são considerados como cancerígenos, sob exposição constante. Os hidrocarbonetos parcialmente oxidados têm um odor desagradável (ex.: aldeídos, cetonas) e formam derivados na luz solar, que também são considerados cancerígenos sob exposição constante, em certas concentrações.

Óxidos de nitrogênio (NO_x)
O monóxido de nitrogênio (NO) é um gás incolor, inodoro e insípido que muda lentamente para dióxido de nitrogênio (NO_2) na atmosfera. O NO_2 puro é um gás venenoso marrom avermelhado com odor penetrante. Quando altamente concentrado, o NO_2 pode irritar as membranas mucosas.

Os óxidos de nitrogênio são responsáveis por danos a florestas (chuva ácida) e formam smog (combinação de nevoeiro e fumaça), quando combinados com hidrocarbonetos.

Oxidantes
Quando expostos à luz solar, os hidrocarbonetos e os óxidos de nitrogênio emitidos produzem oxidantes de:
- Peróxidos orgânicos
- Ozônio
- Peroxi-acetilnitratos

O ozônio, que não deve ser confundido com oxigênio, é um gás tóxico e oxidante. Ele tem um odor penetrante e, em altas concentrações, provoca irritações na garganta e no trato respiratório, assim como queimadura nos olhos. Ele contribui para a formação de smog.

Particulados
Os particulados no gás de escapamento são produzidos principalmente por motor a Diesel. As emissões de particulados são muito pequenas no processo de combustão (injeção no coletor de admissão) do motor convencional a gasolina.

Os particulados na forma de matéria particulada são formados se a combustão não for completa. Estes particulados consistem principalmente de partículas de carbono em cadeia (fuligem), com uma superfície específica muito grande, dependendo do sistema de combustão e do status operacional do motor. Hidrocarbonetos não queimados ou queimados parcialmente, assim como aldeídos com um odor penetrante, se acumulam na fuligem. Os combustíveis e aerossóis de graxa (materiais sólidos ou líquidos dispersados nos gases), assim como sulfatos, se unem à fuligem.

Existem suspeitas de que os particulados sejam cancerígenos.

Tabela 1: Composição do gás de escapamento de Diesel (valores típicos)

Componente do gás de escapamento	Em marcha lenta	No rendimento máximo
Óxidos de nitrogênio (NO_x)	50…200 ppm	600…2.500 ppm
Hidrocarbonetos (HC)	50…500 ppm	<50
Monóxido de carbono (CO)	100…450 ppm	350…2.000
Dióxido de carbono (CO_2)	…3,5 vol.%	12…16 vol.%
Vapor de água (H_2O)	2…4 vol.%	…11 vol.%
Oxigênio (O)	18 vol.%	2…11 vol.%
Nitrogênio (N), etc.	Resto	Resto
Quantia de fumaça, carros de passeio	SN ≤ 0,5	SN = 2…3
Temperatura do gás de escapamento a jusante de válvula de escapamento	100…200°C	550…800°C

Legislação de controle de emissão

O volume crescente de tráfego, combinado com o impacto ambiental subseqüentemente ampliado, principalmente devido ao tráfego urbano, se tornou um grande problema no passado. Assim, as emissões de gás de escapamento de veículos automotores tiveram que ser limitadas. Os legisladores definem limites permissíveis de emissão e procedimentos de teste. Todos os tipos de veículos novos registrados devem satisfazer estas exigências legais.

Introdução

O estado americano da Califórnia foi um pioneiro na tentativa de aplicar limites legais a emissões de escapamento, causadas por veículos automotores. A razão para isto é que a localização geográfica de grandes cidades, como Los Angeles, não permite a dispersão dos gases pelo vento, fazendo com que os gases se concentrem sobre as cidades, na forma de névoa. Além de afetar a saúde dos habitantes da cidade, esta formação de smog também provoca obstruções maciças da visibilidade.

Desde a primeira legislação de controle de emissão, para motores a gasolina, que entrou em vigor na Califórnia em meados dos anos 90, os limites permissíveis de emissão, para diferentes componentes poluentes, têm sido reduzidos ainda mais. Neste meio de tempo, as nações industrializadas introduziram leis de controle de emissão que especificam os limites permissíveis de emissão para motores a gasolina e Diesel, além de procedimentos de testes. Em alguns países, as regulamentações referentes a emissões de gás de escapamento são complementadas por limites impostos a perdas evaporativas do sistema de combustível.

A legislação primária para controle de emissão inclui:
- Legislação da CARB (California Air Resources Board)
- Legislação da APA (Agência de Proteção Ambiental)
- Legislação UE (União Européia)
- Legislação japonesa

Procedimentos de teste
Adotando a iniciativa dos EUA, os países da UE e o Japão desenvolveram seus próprios procedimentos de teste para certificação de controle de emissão de veículos automotores. Outros países adotaram estes procedimentos, em sua forma original ou modificada. Os legisladores especificaram três procedimentos de teste para diferentes categorias de veículo e objetivos de teste:
- aprovação de tipo para obtenção da Certificação Geral
- teste em série para que a agência de inspeção possa realizar teste aleatório da produção em série atual e
- monitoramento de campo para verificação dos constituintes específicos do gás de escapamento de veículos em uso.

A aprovação de tipo requer a despesa de teste maior. São usados procedimentos simplificados para monitoramento de campo.

Classificação
Os veículos são categorizados em diferentes classes nos países com legislação de controle de emissão (ver p. 884).
- Carros de passeio: O teste é realizado em um dinamômetro do chassi do veículo.
- Veículos comerciais leves: O limite superior para o peso total permissível situa-se em 3,5...3,8 t, dependendo da legislação nacional. O teste é realizado em um dinamômetro do chassi do veículo (como para carros de passeio).
- Veículos comerciais pesados: Peso permissível total acima de 3,5...3,8 t. O teste é realizado em um berço de teste do motor e a medição do motor do veículo não é prevista.
- Veículos que não são utilizados em rodovias (ex.: veículos para construção, maquinário agrícola e florestal). O teste é realizado em um berço de teste de motor, como para veículos comerciais pesados.

Aprovação de tipo
Uma condição para a concessão da Certificação Geral para um modelo de veículo e motor são os testes de gás de escapamento, nos quais os ciclos de teste devem ser realizados sob condições específicas e os limites de emissão devem obedecer à legislação. Cada país especifica individualmente os ciclos de teste e os limites de emissão.

Ciclos de teste

Cada país prescreve ciclos dinâmicos de teste diferentes para carros de passeio e veículos comerciais leves. Eles são categorizados em dois tipos diferentes, dependendo de seu método de realização:
- ciclos de teste derivados de registros realizados em viagens reais na estrada (ex.: Ciclo de Teste FTP nos EUA) e
- ciclos de teste (gerados sinteticamente) constituídos de seções da estrada com aceleração constante (ex.: MNEDC na Europa).

Para determinar a quantidade de massas poluentes emitidas, o veículo é dirigido em velocidades fixadas precisamente, ao longo do ciclo de teste. Os gases de escapamento são coletados para análise das massas poluentes, no final da programação de condução. Para veículos pesados são realizados testes estacionários de gás de escapamento (ex.: teste de 13 estágios nos UE) ou testes dinâmicos (ex.: ciclo transiente nos EUA), em uma bancada de teste de motor.

Teste de série

Os fabricantes realizam, normalmente, testes de série, durante a produção, como parte do controle da qualidade. A agência de aprovação pode solicitar novas verificações, quantas vezes forem necessárias. As Regulamentações UE e as Diretivas CEE (Comissão Econômica da Europa) incorporaram testes aleatórios em 3 a 32 veículos. As exigências mais estritas são aplicadas nos EUA onde, principalmente na Califórnia, é necessário o monitoramento da qualidade de quase 100%.

Diagnóstico a bordo

A legislação de controle de emissão também especifica a forma de monitoramento da conformidade em relação aos limites de emissão. A unidade de controle do motor contém funções de diagnóstico (algoritmos de software), que detectam falhas no sistema associadas ao gás de escapamento. As funções de diagnóstico OBD (diagnóstico a bordo) verificam todos os componentes que causam um aumento nas emissões de gás de escapamento, caso eles falhem. Cada país define seus próprios limites para emissões de gás de escapamento. A lâmpada do indicador de falha avisa os motoristas sobre um defeito, quando os limites de emissão são excedidos.

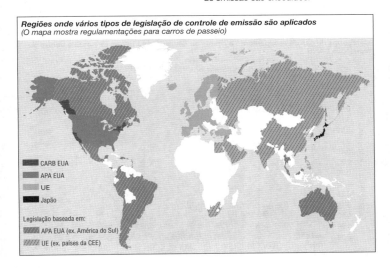

Regiões onde vários tipos de legislação de controle de emissão são aplicados
(O mapa mostra regulamentações para carros de passeio)

Legislação CARB (carros de passeio/caminhões leves)

Os limites de emissão na legislação sobre controle de emissão do CARB (California Air Resources Board) californiano para carros de passeio e caminhões leves (LDT) são especificados nas normas para controle de emissão:
- LEV I e
- LEV II

A norma LEV I se aplica a carros de passeio e caminhões leves com peso total permissível de 6.000 lb, para os modelos de 1994 a 2003. Em 1º de janeiro de 2004 a norma LEV II entrou em vigor e é obrigatória para todos os veículos novos com um peso total permissível de até 8.500 lb (3,85 t), a partir do modelo do ano de 2004.

Limites de emissão

A legislação CARB especifica limites de emissão para:
- monóxido de carbono (CO)
- óxidos de nitrogênio (NO_x)
- gases orgânicos não metanos,
- formaldeído (apenas LEV II) e
- particulados (Diesel LEV I e LEV II, gasolina: planejados para LEV II)

As emissões de escapamento são medidas na programação de condução FTP 75 (Procedimento Federal de Teste). Os limites de emissão estão correlacionados ao percurso realizado durante o teste e são expressos em gramas por milha. Durante o período de 2001 a 2004, a norma SFTP (Procedimento de Teste Federal Complementado) foi introduzida e inclui ciclos de teste adicionais. Eles incluem limites adicionais de emissão, além dos limites de emissão do FTP.

Categorias de gás de escapamento

Os fabricantes de automóveis podem usar designs diferentes de veículo, que são subdivididos nas categorias de gás de escapamento abaixo, conforme os valores de emissão do veículo para emissões de NMOG, CO, NO_x e particulados:
- Tier 1
- TLEV (Veículo com Baixa Emissão de Transição)
- LEV (Veículo de Baixa Emissão, i.é, veículos com baixas emissões de gás de escapamento e evaporativas)
- ULEV (Veículo com Emissão Ultra Baixa)
- SULEV (Veículo com Emissão Super Ultra Baixa)
- ZEV (Veículo com Emissão Zero, i.é, veículo sem emissões de gás de escapamento e evaporativas) e

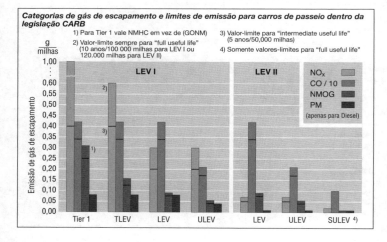

Categorias de gás de escapamento e limites de emissão para carros de passeio dentro da legislação CARB

- PZEV (ZEV parcial, corresponde geralmente ao SULEV, entretanto apresenta exigências maiores para emissões evaporativas e durabilidade)

As categorias Tier 1, TLEV, LEV e ULEV são decisivas para LEV I. A norma de controle de emissão LEV II está em vigor desde 2004. As categorias Tier 1 e TLEV não mais se aplicarão e SULEV entrará em vigor com limites de emissão significativamente mais baixos. As categorias LEV e ULEV permanecerão. Os limites de emissão de CO e NMOG de LEV I não serão modificados, mas os limites de emissão de NOx e particulados serão significativamente mais baixos para LEV II. Serão introduzidos limites adicionais de formaldeído com a norma LEV II.

Durabilidade

Para garantir a aprovação de tipos de veículo, os fabricantes devem certificar que as emissões de escapamento estabelecidas pela legislação de controle de emissão não excedem os limites de:
- 50.000 milhas ou 5 anos ("vida útil intermediária"), ou
- 100.000 milhas (LEV I) ou 120.000 milhas (LEV II) ou 10 anos ("Vida útil total")

150.000 milhas ou 15 anos se aplicam a veículos da categoria de gás de escapamento PZEV.

Opcionalmente, um fabricante de veículo pode certificar seus veículos para uma milhagem de 150.000 milhas, com os mesmos limites de emissão que se aplicam a 120.000 milhas. O fabricante automotivo receberá um bônus, quando a média de NMOG da frota for calculada.

O fabricante deve fornecer duas frotas de veículos de sua linha de produção para este teste de durabilidade:
- Uma frota na qual cada veículo deve ser dirigido por 4.000 milhas antes do teste
- Uma frota para teste de resistência; ela será usada para medir os fatores de deterioração de componentes individuais em um teste de serviço contínuo.

Os veículos são submetidos a uma programação específica de condução de 50.000 ou 100.000 milhas, para o teste de resistência. As emissões de gás de escapamento são medidas em intervalos de 5.000 milhas. As tarefas de assistência técnica e manutenção só podem ser realizadas nos intervalos especificados.

Os usuários dos ciclos de teste dos EUA também permitem que os fatores de deterioração prescritos sejam aplicados para simplificação (ex.: Suíça).

Escalonamento

No mínimo 25% dos veículos novos registrados devem satisfazer a norma LEV II depois que ela entrou em vigor a partir de 2004. A regra de escalonamento também estipula que 25% adicionais de veículos devem atender à norma LEV II a cada ano. A partir de 2007, todos os veículos devem ser certificados de acordo com a norma LEV II.

Média da frota (NMOG)

Todos os fabricantes de veículo devem assegurar que seus veículos não excedem um limite médio específico de emissão para emissões de gás de escapamento. As emissões de NMOG são usadas como critério a este respeito. A média da frota é definida a partir do valor médio do limite de emissão de NMOG, para todos os veículos produzidos por um fabricante. Os limites de emissão para a média da frota são diferentes para carros de passeio e caminhões leves.

Os limites de emissão de NMOG para a média da frota são reduzidos a cada ano. Isto significa que os fabricantes de veículo devem produzir, cada vez mais, veículos em categorias de gás de escapamento melhores ou mais limpas, para assegurar a conformidade em relação ao limite mais baixo de emissão. As regras de escalonamento não afetam a média da frota.

Consumo de combustível da frota

Os legisladores dos EUA especificam exigências obrigatórias para fabricantes de automóveis, em relação ao consumo médio de combustível de frotas de veículos, ou o número de milhas percorridas por galão. O valor CAFE (Economia Média de Combustível Corporativa) é, atualmente, de 27,5 milhas/galão, para carros de passeio. Isto equivale a um consumo de combustível de 8,55 l/100 km. O número para caminhões leves é de 20,3 milhas/galão ou 11,6 l/100 km. Não existem regulamentações para veículos comerciais pesados.

A economia média dos veículos vendidos é calculada para cada fabricante automotivo no final do ano. Deve ser paga uma multa de $ 5,50 ao estado, para cada veículo, por 0,1 milha/galão que ultrapasse o limite de consumo. Os compradores pagam uma multa para veículos que apresentem um alto consumo de combustível (bebedores de gasolina). O limite de consumo é de 22,5 milhas/galão (equivalente a 10,45 l/100 km).

O objetivo destas medidas é estimular o desenvolvimento de veículos com baixo consumo de combustível.

O consumo de combustível é medido, através do ciclo de auto-estrada, além de ciclo de teste FTP 75.

Diagnóstico a bordo

A introdução do OBD II (1994) torna o uso de um sistema de diagnóstico obrigatório para todos os novos carros de passeio e caminhões leves com peso total permissível de até 3,85 t e de até 12 lugares, registrados, para detectar falhas que afetem as características de gás de escapamento do veículo.

As emissões de gás de escapamento não devem exceder 1,5 vez o limite de emissão em vigor, para a categoria de gás de escapamento do veículo. Caso contrário, a lâmpada do indicador de falha deve se acender para indicar uma falha depois da segunda programação de condução, no máximo. A lâmpada do indicador de falha pode se desligar depois de três percursos sem nenhuma falha detectada.

Monitoramento de campo

Inspeção não rotineira

Um teste de emissão de gás de escapamento conforme o método de teste FTP 75, assim como um teste de evaporação, é realizado em veículos em uso em uma base aleatória de teste. São selecionados apenas veículos com uma milhagem inferior a 50.000 ou 70.000 milhas (dependendo do tipo de procedimento de certificação para os veículos envolvidos).

Monitoramento do veículo pelo fabricante

Desde o modelo do ano de 1990, os fabricantes de veículo são obrigados a emitir relatórios referentes a reclamações ou danos em componentes ou sistemas específicos de emissão. Esta obrigação de emitir relatórios permanece por 5 a 10 anos, ou 50.000 ou 100.000 milhas, dependendo do período de garantia do componente ou conjunto. O método de relatório é dividido em três níveis de relatório:
- Relatório de Informações de Garantia contra Emissões (EWIR)
- Relatório de Informações de Campo (FIR) e
- Relatório de Informações sobre Emissão (EIR)

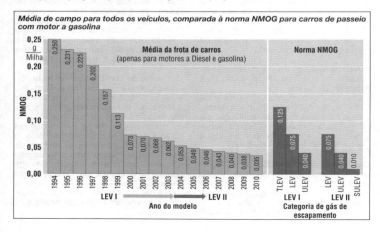

Média de campo para todos os veículos, comparada à norma NMOG para carros de passeio com motor a gasolina

Cada nível tem uma exigência maior, para fornecimento de informações detalhadas. A agência ambiental é notificada sobre informações referentes a:
- reclamações
- cotas de falha
- análise de falha e
- impactos sobre as emissões

A agência usa o FIR como base para decidir se deve haver uma ação de recall por parte do fabricante do veículo.

Veículos livres de emissão
Desde 2003 na Califórnia, 10% de veículos novos registrados devem ser fabricados na categoria ZEV (Veículos com Emissão Zero). Estes veículos não podem liberar nenhuma emissão, quando estiverem em operação. Normalmente, são carros elétricos.

Os veículos na categoria de gás de escapamento PZEV (Veículos com Emissão Zero Parcial) não têm emissão zero, entretanto, eles devem emitir níveis muito baixos de poluentes. O número de 10% dos veículos da categoria ZEV registrado depois de 2003 também pode ser coberto por PZEV. Os veículos são ponderados com um fator de 0,2 ...1, dependendo de sua redução de emissão. As seguintes exigências devem ser atendidas, para um fator mínimo de 0,2:
- certificação SULEV para uma durabilidade de 150.000 milhas ou 15 anos
- período de garantia de 150.000 milhas ou 15 anos para todas as peças relacionadas à emissão
- nenhuma emissão evaporativa a partir do sistema de combustível (0-EVAP, evaporação zero). Isto é assegurado através de isolamento complexo do sistema do tanque

Cláusulas especiais se aplicam a veículos híbridos, equipados com motor a gasolina e motor elétrico. Estes veículos também podem contribuir para a cota de 10%.

Legislação APA (carros de passeio/caminhões leves)

A legislação da APA (Agência de Proteção Ambiental) se aplica principalmente nos estados dos EUA, excluindo a Califórnia, onde é adotada a legislação CARB. As leis da APA para carros de passeio e caminhões leves são menos estritas que as leis CARB. Entretanto, os estados dos EUA podem aplicar a legislação CARB. Alguns estados adotaram esta opção, tais como Maine, Massachusetts e Nova York.

Esta legislação se baseia no Ato de Ar Limpo, uma lei que especifica muitas medidas para proteger o meio ambiente. Ela estabelece metas globais, mas não estipula nenhum limite de emissão.

A norma Tier 1 se aplica, atualmente, à legislação da APA. O nível seguinte, Tier 2, entrou em vigor em 2004.

NLEV (Veículo Nacional de Baixa Emissão) é um programa voluntário realizado pelos estados dos EUA (excluindo a Califórnia), para reduzir os limites de emissão. Os veículos são classificados em quatro categorias de emissão: Tier 1, TLEV, LEV e ULEV. Como na Califórnia, estas são usadas junto com as emissões de NMOG para cálculo da média da frota.

O programa NLEV perderá sua validade quando a norma de controle de emissão Tier 2 for introduzida.

Limites de emissão
A legislação da APA especifica limites de emissão para os poluentes:
- Monóxido de carbono (CO)
- Óxidos de nitrogênio (NO_x)
- Gases Orgânicos Não Metano (NMOG)
- Formaldeído (HCHO) e
- Matéria sólida (particulados)

A emissão de escapamento é medida dentro da programação de condução FTP 75. Os limites de emissão são correlacionados ao trajeto percorrido durante o teste e são correlacionados ao trajeto percorrido durante o teste e são expressos em gramas por milha.

A norma SFTP (Supplemental Federal Test Procedure) com ciclos adicionais de teste, está em vigor desde 2002. Os limites de emissão prevalecentes devem ser obedecidos, além dos limites de emissão FTP.

Os mesmos limites de emissão serão aplicados a veículos com motores a gasolina ou Diesel, quando a norma de controle de emissão Tier 2 entrar em vigor.

Categorias de gás de escapamento
Na norma Tier 1, é aplicado um limite de emissão para cada poluente sujeito à legislação. Na Tier 2, os limites de emissão são divididos em 10 normas sobre emissões (Bin) para carros de passeio ou 11 (HLDT, LDT pesado). Bin 9 e Bin 10 são provisórias e perderão a validade depois de 2007.

As seguintes modificações serão válidas após a mudança para Tier 2:
- Será introduzida uma média da frota para NO_x
- Formaldeídos (HCHO) serão sujeitos à legislação, na qualidade de poluentes
- Carros de passeio e caminhões leves de até 6.000 lb (2,72 t) serão combinados para formar uma única categoria de veículo
- Serão introduzidas novas categorias de veículo: MDPV (Veículo de Passeio Médio, previamente incluído em HDV)
- A vida útil total será aumentada para 120.000 milhas (192.000 km)

Escalonamento
A partir da introdução de Tier 2 em 2004, no mínimo 25% dos carros de passeio e LLDT (LDT leve) novos registrados devem ser certificados em conformidade com a norma Tier 2 final (Tier, 2 final). Os 75% remanescentes podem ainda ser certificados conforme uma norma provisória (Tier 2 provisória). As regras de escalonamento também estipulam que 25% adicionais dos veículos devem obedecer à norma Tier 2 a cada ano. A norma Tier 2 para carros de passeios e LLDT será totalmente aplicável a partir de 2007. O escalonamento para HLDT/MDPV será concluído em 2009.

Média da frota (NO_x)
As emissões de NO_x serão usadas como critério para a média da frota de um fabricante de veículo, em relação à legislação APA. Isto difere dos cálculos para as especificações CARB que utilizam as emissões de NMOG para a média da frota.

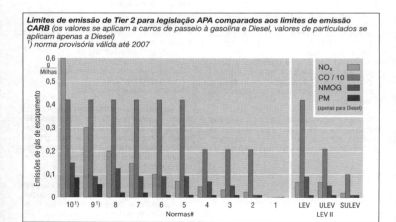

Limites de emissão de Tier 2 para legislação APA comparados aos limites de emissão CARB (os valores se aplicam a carros de passeio à gasolina e Diesel, valores de particulados se aplicam apenas a Diesel)
[1]) *norma provisória válida até 2007*

Consumo de combustível da frota
As mesmas regulamentações da Califórnia se aplicam para determinar o consumo de combustível da frota para todos os veículos novos registrados nos EUA. Quando for ultrapassado um limite de emissão de 27,5 milhas/galão (8,55 l/100 km) para carros de passeio, o fabricante do veículo deve pagar uma multa. O comprador também deve pagar uma multa, caso o carro novo apresentar um limite de emissão acima de 22,5 milhas/galão.

OBD
O diagnóstico a bordo rastreia falhas no sistema de escapamento. A legislação da APA equivale, geralmente, às exigências CARB.

Monitoramento de campo
Inspeção não rotineira
A legislação da APA, como a legislação CARB, exige que seja realizado um teste de emissão de gás de escapamento, conforme o método de teste FTP 75, nos veículos em uso, em uma base aleatória. São testados veículos com baixa milhagem (10.000 milhas, de aproximadamente um ano) e um de alta milhagem (50.000 milhas, mas no mínimo um veículo por grupo de teste com 75.000/90.000 milhas, com aproximadamente quatro anos). O número de veículos depende do número vendido. Pelo menos um veículo com motor a gasolina por grupo de teste também é testado em perdas evaporativas.

Monitoramento do veículo pelo fabricante
Desde o modelo do ano de 1972, os fabricantes são obrigados a emitir relatórios sobre danos em componentes ou sistemas específicos da emissão. Esta obrigação de emitir relatório existe se no mínimo 25 peças relacionadas à emissão apresentarem um defeito no modelo. Ela cessa cinco anos após o final do ano do modelo. Além de relacionar os componentes relevantes pelo nome, o formulário do relatório também inclui uma descrição do dano, o impacto nas emissões de gás de escapamento e detalhes da ação corretiva adotada pelo fabricante. A agência ambiental usa o relatório para decidir se o fabricante do veículo deve realizar um recall.

Legislação da UE (carros de passeio/caminhões leves)
A Comissão da UE emite diretivas para a legislação de controle de emissão européia. Os limites de emissão para carros de passeio e veículos comerciais leves (LDT, Caminhões Leves) estão contidos nas normas de controle de emissão:
- UE 1 (de 1º de julho de 1992)
- UE 2 (de 1º de janeiro de 1996)
- UE 3 (de 1º de janeiro de 2000) e
- UE 4 (de 1º de janeiro de 2005)

Uma nova norma de controle de emissão entra normalmente em vigor em dois estágios. No primeiro estágio, as aprovações de novo tipo de veículo devem obedecer aos novos limites de emissão especificados (TA, Aprovação de Tipo). No segundo estágio – normalmente um ano mais tarde – cada novo veículo registrado deve ser conforme aos novos limites de emissão (FR, Primeira Regulamentação). Os legisladores podem inspecionar os veículos da produção, para verificar a conformidade referente aos limites de emissão (COP, Conformidade da Produção).

Os países individuais membros da UE adotaram as diretivas na legislação nacional para UE Nível 1 e UE Nível 2. A Alemanha criou o D Nível 3 e D Nível 4, para este propósito. Os limites de emissão para a norma D3 eram mais estritos que os limites da UE 2. Assim, a Alemanha está liderando a UE.

Visto que a UE Nível 3 entrou em vigor em 1º de janeiro de 2000, as normas UE substituíram as leis nacionais dos países membros da União Européia. A UE Nível 4 entrará em vigor em 1º de janeiro de 2005.

Na Alemanha, existem diferentes alíquotas para taxação de veículo automotor, dependendo da norma de controle de emissão. As diretivas da norma UE permitem incentivos de impostos, caso os limites de emissão sejam atendidos, antes que se tornem compulsórios.

Limites de emissão
As normas UE especificam limites de emissão para os seguintes poluentes:
- Monóxido de carbono (CO)
- Hidrocarbonetos (HC)
- Óxidos de nitrogênio (NOx) e
- Particulados, apenas para veículos com motor a Diesel

Os limites permissíveis de emissão se baseiam na distância coberta e são expressos em gramas por quilômetro (g/km). As medições de gás de escapamento são feitas no dinamômetro do chassi do veículo e o MNEDC (Novo Ciclo de Condução Modificado Europeu) está em vigor desde a UE 3.

Os valores para hidrocarbonetos e óxidos de nitrogênio são combinados para formar um total (HC + NO_x), para UE Nível 1 e UE Nível 2. Limites separados de emissão se aplicam a estes poluentes e ao monóxido de carbono desde a UE 3.

O limite de emissão de CO para motores a gasolina é levemente mais alta na UE 3 que na UE 2. Esta "deterioração" do limite de emissão deve-se ao fato de que, quando a UE 3 entrou em vigor, os gases de escapamento eram medidos no teste de gás de escapamento durante o procedimento de partida do motor. A partida não era incluída anteriormente no teste e a medição começava apenas depois de um tempo de espera de 40 segundos. Entretanto, as emissões de CO eram muito altas nesta fase em particular. Conseqüentemente, os limites de emissão de CO para UE 2 e UE 3 não eram comparáveis.

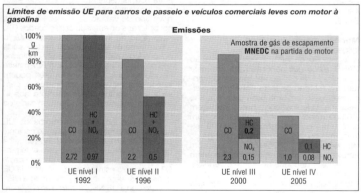

Limites de emissão UE para carros de passeio e veículos comerciais leves com motor à gasolina

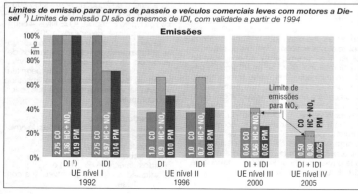

Limites de emissão para carros de passeio e veículos comerciais leves com motores a Diesel [1]) *Limites de emissão DI são os mesmos de IDI, com validade a partir de 1994*

Os limites de emissão são diferentes para veículos com motores a gasolina e a Diesel. Entretanto, no futuro, eles serão harmonizados.

Não existe uma solução padrão para limites de emissão para LDTs. Os LDTs são categorizados em três classes (1...3), dependendo do peso de referência do veículo (peso de tara + 100 kg). Os limites de emissão para a Classe 1 são idênticos àqueles de carro de passeio.

Aprovação de tipo
A aprovação de tipo é realizada de modo similar ao método dos EUA, com as seguintes diferenças: As medições são feitas para os poluentes HC, CO e NO_x, e de particulados e opacidade do gás de escapamento para veículos com motor a Diesel. A distância percorrida pelo veículo antes do início do teste é de 3.000 km. Os fatores de deterioração aplicados ao resultado do teste, para cada componente poluente, são especificados pela lei; opcionalmente, os fabricantes de veículo podem documentar fatores menores como parte de um funcionamento de teste contínuo acima de 80.000 km (na UE 4: 100.000 km).

A conformidade em relação aos limites de emissão especificados deve perdurar em uma distância de 80.000 km (UE 3) ou 100.000 km (UE 4), ou 5 anos. Esta exigência faz parte do teste de certificação.

Diretivas
A Diretiva 70/220/EC existe desde 1970 e constitui a base para a legislação de controle de emissão para carros de passeio e caminhões leves. Esta diretiva foi a primeira a especificar limites de emissão para emissões de gás de escapamento. Desde o seu surgimento, ela foi atualizada muitas vezes.

Testes de tipo
São especificados seis testes diferentes nesta diretiva:
- As emissões de escapamento são medidas depois da partida a frio no teste Tipo I. A opacidade do gás de escapamento é registrada em veículos com motor a Diesel. Atualmente, os veículos novos registrados devem atender as exigências da UE 3, mas muitos veículos já atendem os limites de emissão da UE 4 (obrigatória a partir de 2005).

No teste Tipo IV (apenas para veículos com motor à gasolina), as emissões evaporativas do veículo são medidas com o motor desligado. Isto envolve primariamente o vapor de combustível que evapora no tanque de combustível.

O teste Tipo VI (apenas para veículos com motor à gasolina) registra as emissões de hidrocarboneto e monóxido de carbono após uma partida a frio, a –7°C. A primeira seção (seção urbana) do MNEDC é realizada para este teste, que é obrigatório desde 2002.

Emissões de CO_2
As emissões de CO_2 devem ser expressas em gramas por quilômetro para veículos novos registrados nos países da UE. Não existe uma legislação que especifique limites para estas emissões ou consumo de combustível, ainda que os fabricantes de veículos europeus tenham imposto limites voluntários (ACEA-Associação dos Construtores Europeus de Automóveis). Em 2003 a emissão de CO_2 para veículos da Classe M1 era de 165...170 g/km. Isto equivale a um consumo de combustível de 6,8...7,0 *l*/100 km. Uma emissão de CO_2 de 140 g/km (5,8 *l*/100 km) deve ser atingida por volta de 2008.

Diagnóstico a bordo
O EOBD (Diagnóstico A Bordo Europeu) foi introduzido para motores à gasolina quando a norma de controle de Emissão UE 3 entrou em vigor. Conseqüentemente, todos os carros de passeio e caminhões leves, com um peso total permissível de até 3,5 t, novos registrados devem ser equipados com um sistema de diagnóstico para detectar falhas no veículo que possam afetar as características de gás de escapamento do veículo. O EOBD é aplicado a veículos com motor a Diesel desde 1º de janeiro de 2003.

Os limites absolutos de emissão abaixo são especificados como patamares de falha para componentes poluentes:
- Monóxido de carbono (CO): 3,2 g/km
- Hidrocarbonetos (HC): 0,4 g/km
- Óxidos de nitrogênio (NO_x): 0,6 g/km (gasolina) ou 2 g/km (Diesel) e
- Particulados: 0,18 g/km (Diesel)

A lâmpada do indicador de falha se acende depois da terceira programação de condução no máximo, caso o sistema diagnostique falhas que fazem com que os limites de emissão sejam excedidos. O percurso realizado desde que a falha é mostrada é armazenado na unidade de controle. A lâmpada do indicador de falha pode ser desligada, depois de três viagens sem uma falha detectada.

Monitoramento de campo
No teste Tipo I, a legislação UE especifica uma inspeção de conformidade para veículos em uso. O número mínimo de veículos a serem inspecionados é três, o número máximo depende do procedimento de teste. Os veículos inspecionados devem atender certos critérios (ex.: idade do veículo, quilometragem, documentação de inspeções realizadas).

Se um veículo chamar a atenção porque seus níveis de emissão excedem a norma requerida, em uma margem considerável, a causa deve ser determinada. Se mais de um veículo de uma amostra apresentar emissões excessivas pela mesma causa, a amostra recebe um resultado negativo. Se as causas forem diferentes, a amostra é aumentada em um veículo, na medida em que o tamanho máximo da amostra não tenha ainda sido atingido.

Se a agência de aprovação de tipo estiver convencida de que um veículo não atende as exigências, ela solicitará que o fabricante do veículo apresente um plano de ação para retificação dos defeitos. As medidas devem se referir a todos os veículos que apresentam, presumivelmente, os mesmos defeitos. Um recall de veículo pode fazer parte da ação corretiva planejada.

Teste de emissão alemão (AU)
As inspeções de campo de gás de escapamento na República Federal da Alemanha são regulamentadas pelas Regulamentações de Licenciamento de Tráfego de Rodovia (SIVZO). De acordo com a seção 47a do Anexo XI.a, cada carro de passeio deve ser submetido a teste de emissões três anos após o seu primeiro registro e depois, a cada dois anos. O enfoque primário é a medição de CO em veículos com motor a gasolina e a medição de opacidade em veículos com motor a Diesel (ver p. 575 em diante e p. 1164).

Legislação japonesa (carros de passeio e caminhões leves)
No Japão, os limites anteriores de emissão foram substituídos por limites mais estritos no final de 2002. Limites mais restritos de emissão estão planejados para 2005.

Além de carros de passeio (para até 10 pessoas), o Japão tem as categorias de veículo LDV (Caminhão Leve), de até 1,7 t, MDV (Caminhão Médio) de até 2,5 t de peso total permissível. O MDV tem limites de emissão levemente mais altos para NO e particulados que os veículos das duas outras categorias.

Limites de emissão
A legislação japonesa especifica limites de emissão para os seguintes poluentes:
- Monóxido de carbono (CO)
- Óxidos de nitrogênio (NO_x)
- Hidrocarbonetos
- Particulados (apenas veículos com motor a Diesel) e
- Fumaça (apenas veículos com motor a Diesel)

As emissões de escapamento são medidas no teste de modo 10.15 e também no teste de modo 11 para motores a gasolina. Está sendo discutida a provável introdução, em 2005, de um teste de modo 10.15 modificado.

OBD
Desde outubro de 2000 todos os modelos novos de carro de passeio devem ser equipados com um sistema de diagnóstico a bordo e todos os carros de passeio, desde setembro de 2002. As funções requeridas no OBD japonês incluem monitoramento do sistema de combustível, recirculação de gás de escapamento e sistema de injeção de combustível.

Consumo de combustível da frota
O Japão planeja introduzir medidas para reduzir as emissões de CO_2 em carros de passeio. Uma proposta compreende a especificação de um consumo médio de combustível de 33,5 milhas/galão para toda a frota de carro de passeio, por volta de 2010. Uma outra proposta baseia este valor no peso do veículo.

Legislação dos EUA (veículos comerciais)

A legislação da APA define veículos comerciais pesados como veículos com um peso permissível de 8.500 lb (equivalente a 3.850 kg). Com a introdução da Tier 2 (2004), os veículos entre 8.500 e 10.000 lb, para transporte de passageiros (MDPV, Veículo de Passeio Médio) são categorizados como caminhões leves. Conseqüentemente, eles são certificados em um dinamômetro no chassi. Na Califórnia, todos os veículos acima de 14.000 lb (equivalente a 6.350 kg) são classificados como veículos comerciais pesados. Em grande parte, a legislação californiana é idêntica a partes da legislação da APA. Entretanto, existe um programa adicional para ônibus urbanos.

Limites de emissão

As normas dos EUA especificam limites de emissão para motores a Diesel para:
- Hidrocarbonetos (HC)
- Alguns NMHC
- Monóxido de carbono (CO)
- Óxidos de nitrogênio (NO_x)
- Particulados e
- Opacidade do gás de escapamento

Os limites permissíveis de emissão baseiam-se no desempenho do motor e são expressos em g/kW.h. No ciclo de teste dinâmico, as emissões são medidas na bancada de teste do motor na partida a frio (HDTC, Ciclo Transiente de Serviço Pesado). A opacidade do gás de escapamento é submetida ao teste de Fumaça Federal.

Os limites de emissão para o ano de modelo 1998 são prescritos até 2003. Ao longo do mesmo período, há um programa voluntário (Programa de Frota com Combustível Limpo), assegurando reduções de imposto se o veículo atingir padrões de emissão mais baixos. O nível seguinte de limite de emissão, com limites significativamente reduzidos para NO_x, entrou em vigor a partir do modelo de 2004. Os hidrocarbonetos não metano e óxidos de nitrogênio são combinados para formar um limite composto (HC + NO_x). Os limites de CO e particulados permanecerão no nível de 1998.

Uma redução adicional drástica dos limites entrou em vigor a partir do modelo de 2007. Os novos limites de emissão de particulados são mais baixos que os limites anteriores em um fator de 10. Os limites de emissão de NO_x e NMHC serão escalonados entre os modelos de 2007 e 2010. O teor de enxofre máximo permissível no combustível Diesel será reduzido a partir de meados de 2006, passando dos atuais 500 ppm para 15 ppm, em conformidade com regulamentações estritas de emissão.

Contrariamente aos carros de passeio e LDTs, não foram especificados limites de emissão para emissões médias da frota ou consumo de combustível da frota, para veículos comerciais pesados.

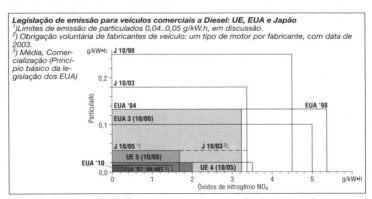

Legislação de emissão para veículos comerciais a Diesel: UE, EUA e Japão
[1] Limites de emissão de particulados 0,04..0,05 g/kW.h, em discussão.
[2] Obrigação voluntária de fabricantes de veículo: um tipo de motor por fabricante, com data de 2003.
[3] Média, Comercialização (Princípio básico da legislação dos EUA)

Decreto de consentimento
Em 1998, um acordo em juízo foi firmado entre a APA, CARB e vários fabricantes de veículo. Ele incluía multas para o fabricante, no caso de mudanças não permitidas no motor, a fim de otimizar o consumo de combustível no ciclo de auto-estrada, que provocariam um aumento na emissão de NO_x. Os principais destaques do "Decreto de Consentimento" incluem:
- O fabricante de motor envolvido deve atender os limites de emissão, a partir do ano de modelo 2004 e preferencialmente com efeito a partir de 2002.
- Além do teste de ciclo dinâmico, os limites de emissão também devem ser submetidos ao teste de 13 estágios europeu estacionário (ESC). Além disso, as emissões dentro de uma velocidade ou de uma zona de torque específicas do motor (Zona "A Não Ser Excedida") devem estar apenas 25% acima dos limites de emissão especificados para o ano de modelo 2004, em qualquer estilo de direção. Estes testes adicionais são obrigatórios para todos os veículos comerciais a Diesel, a partir do modelo de 2007.

Durabilidade
A conformidade em relação a limites de emissão deve ser certificada sobre um percurso especificado ou período de tempo específico, sendo feita uma distinção entre três classes de peso, cada uma delas com exigências crescentes de durabilidade:
- Veículos comerciais leves de 8.500 (APA) ou 14.000 (CARB) até 19.500 lb
- Veículos comerciais médios de 19.500 a 33.000 lb
- Veículos comerciais pesados acima de 33.000 lb

Até este momento, deve ser documentada uma durabilidade de 8 anos ou 290.000 milhas para veículos comerciais pesados. A partir do modelo de 2004, a exigência foi aumentada para 13 anos ou 435.000 milhas.

Legislação UE (Veículos comerciais)

Na Europa, os veículos comerciais pesados incluem todos os veículos com um peso total permissível superior a 3.500 kg e projetados para o transporte de mais de nove pessoas. As regulamentações de emissão estão contidas na Diretiva 88/77/EEC, que é atualizada continuamente.

Como para carros de passeio e veículos comerciais leves, os novos níveis de limite de emissão para os veículos comerciais pesados são introduzidos em dois estágios. A fim de receber a aprovação de tipo (TA), o novo tipo de motor deve primeiro ser ajustado em relação aos novos limites de emissão. Um ano mais tarde, a conformidade em relação aos novos limites de emissão é um pré-requisito para registrar um veículo novo. O legislador pode inspecionar a conformidade da produção (COP) retirando motores da produção em série e testando sua conformidade com os novos limites de emissão.

Limites de emissão
As normas UE especificam limites de emissão para hidrocarbonetos (HC), alguns NMHCs, monóxido de carbono (CO), óxidos de nitrogênio (NO_x), particulados e opacidade do gás de combustão em motores de veículo comercial.

Os limites de emissão da Euro Nível 3 estão em vigor para aprovações de tipo de todos os motores novos, desde outubro de 2000 e para todos os veículos produzidos desde outubro de 2001. As emissões são medidas no teste estacionário de 13 estágios (ESC, Ciclo de Estado Estacionário Europeu). A opacidade do gás de escapamento está sujeita ao teste de opacidade (ELR, Resposta de Carga Européia). Os motores a Diesel equipados com "sistemas avançados" para tratamento de gás de escapamento (ex.: conversor catalítico ou filtro de particulados) também devem ser testados no ETC dinâmico (Ciclo Transiente

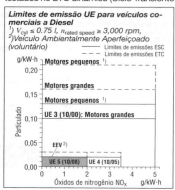

Limites de emissão UE para veículos comerciais a Diesel
[1]) $V_{cyl} \leq 0.75\ l$, $n_{rated\ speed} \geq 3,000\ rpm$,
[2]) Veículo Ambientalmente Aperfeiçoado (voluntário)

Europeu). Os ciclos de teste europeu são iniciados com o motor funcionando na temperatura operacional normal.

Emissões de particulado um pouco mais altas são permitidas em motores pequenos, i.é, motores com um deslocamento de pistão abaixo de 0,75/por cilindro e velocidade nominal acima de 3.000 rpm comparada a motores grandes. Os limites separados de emissão se aplicam a ETC, ex.: limites de emissão de particulados devidos a picos antecipados de fuligem em operação dinâmica. Eles são aproximadamente 50% mais altos do que os limites de emissão de ESC.

A partir de outubro de 2005, os limites de emissão da Euro Nível 4 entrarão em vigor, inicialmente para aprovações de tipo novo e, um ano depois, para produção em série. Todos os limites de emissão são significativamente reduzidos na Euro 3, principalmente os limites de emissão de particulado, que foram reduzidos em aproximadamente 80%. As seguintes modificações também se aplicam depois da introdução de Euro 4:
- Além de ESC e ELR, o teste de escapamento de gás dinâmico (ETC) será obrigatório para todos motores a Diesel
- Todos os novos tipos de veículo devem ser equipados com sistema de diagnóstico a bordo (OBD)
- A operação de componentes relacionados à emissão deve ser documentada durante a vida útil do veículo

A partir de outubro de 2008, os limites de emissão da Euro Nível 5 entrarão em vigor, inicialmente para aprovação de tipo de motores novos e, um ano depois, para produção em série. Apenas os limites de emissão de NO_x são reduzidos, comparados à Euro 4. Os limites de emissão de NO_x serão reduzidos em aproximadamente 80%, comparados à norma Euro 3.

Veículos aperfeiçoados ambientalmente

As diretivas UE permitem incentivos de impostos para veículos EEV (Veículos Aperfeiçoados Ambientalmente) e se os limites de emissão forem atendidos antes de se tornarem legalmente obrigatórios. A categoria EEV inclui especificações para limites voluntários de emissões para testes de gás de escapamento ESC, ETC e ELR. Os limites de emissão de NOx e particulados são idênticos aos limites de emissão ESC da Euro 5. As normas para HC, NMHC, CO e opacidade de gás de escapamento são mais estritas.

Legislação japonesa (veículos comerciais)

No Japão, todos os veículos comerciais pesados são aqueles que apresentam um peso total permissível acima de 2.500 kg e podem transportar mais de dez pessoas.

Limites de emissão

O limite de emissão válido atualmente no Japão foi introduzido entre 1997 e 1999. Ele estipula limites de emissão para HC, NO_x, CO, particulados e opacidade do gás de escapamento. As emissões são medidas no teste estacionário japonês de 13 estágios (teste quente). A opacidade do gás de escapamento é sujeita ao teste de fumaça japonês. A durabilidade das emissões deve ser documentada para uma distância de 45.000 km.

O novo nível de limite de emissão (Nova Regulamentação em Curto Prazo), com níveis reduzidos de emissão e maiores exigências de durabilidade (80.000...650.000 km, dependendo do peso total permissível), deve vigorar a partir de outubro de 2003. De acordo com uma obrigação voluntária, assumida pelos fabricantes de motores japoneses, um tipo de motor por fabricante já deve atender o nível de emissão de particulado do próximo nível de limite de emissão.

A Nova Regulamentação Em Longo Prazo provavelmente entrará em vigor em outubro de 2005. As regulamentações ainda não foram aprovadas. De modo geral, o Japão pretende diminuir as emissões pela metade, comparadas a 2003 e mesmo buscar uma redução de 75% nos níveis de particulado. Além disso, existe uma discussão em andamento sobre a introdução de um teste de ciclo dinâmico japonês.

Programas regionais

Além das regulamentações nacionais que se aplicam a veículos novos, existem regulamentações regionais para a frota de veículos. O objetivo é reduzir as emissões em campo, substituindo ou reajustando veículos antigos com motores a Diesel (ex.: "Lei de NOx de Veículo" ou legislação sobre particulados pelo Conselho da Cidade de Tóquio).

Ciclos de teste dos EUA para carros de passeio e caminhões leves

Ciclo de teste FTP 75
O ciclo de teste FTP 75 (Procedimento de Teste Federal), que consiste de três seções de teste, representa as velocidades reais medidas nos EUA, em ruas de Los Angeles durante o tráfego cotidiano pela manhã.

Condicionamento
O veículo sob teste é primeiramente condicionado (com o motor desligado durante 12 horas na temperatura ambiente de 20...30°C). Em seguida, é dada a partida e ele é submetido ao ciclo de teste prescrito.

Coleta de poluentes
Os poluentes emitidos são coletados separadamente durante diferentes fases.

Fase ct:
Coleta de gás de escapamento diluído no saco de amostra 1 do equipamento de teste, para o teste CVS durante a fase de transição a frio.

Fase s:
Mudança para saco de amostra 2 no início da fase estabilizada (depois de 505 segundos), sem nenhuma interrupção na programação de condução. O motor é desligado durante 600 segundos no final da fase s, depois de um total de 1.365 segundos.

Fase ht:
É dada a partida novamente no motor, para o teste a quente. As velocidades usadas nesta fase correspondem diretamente àquelas na fase de transição a frio (fase ct). Os gases de escapamento são coletados em um terceiro saco de amostra.

Avaliação
As amostras das fases anteriores são analisadas durante a pausa antes do teste a quente, visto que as amostras não devem permanecer nos sacos por mais de 20 minutos.

A amostra de gás de escapamento no terceiro saco de amostra é analisada no final da programação de condução. Os resultados individuais das três fases são ponderados por fatores de 0,43 (fase ct), 1 (fase s) e 0,57 (fase ht), para o resultado global. As somas ponderadas das massas de poluente (HC, CO e NO_x) dos três sacos são correlacionadas com a distância coberta durante o teste, sendo expressas como emissão de poluente por milha.

Este ciclo de teste é aplicado nos EUA, incluindo a Califórnia e em outros países (ex.: América do Sul).

Programações de SFTP
Os testes conforme a norma SFTP são escalonados gradualmente de 2001 a 2004. Eles incluem as seguintes programações:
- FTP 75
- SC03 e
- US06

Os testes extensivos são concebidos para examinar as seguintes condições adicionais de direção:
- Direção agressiva
- Mudanças importantes na velocidade de direção
- Dar a partida e desligar o motor
- Mudanças menores na velocidade de direção
- Tempo gasto para desligar o motor
- Motor em funcionamento com o condicionador de ar ligado

Nas programações SC03 e US06, a fase ct do ciclo de teste FTP 75 é aplicada depois do pré-condicionamento, sem coleta de gases de escapamento. Entretanto, outros procedimentos de condicionamento também são possíveis.

A programação SC03 é realizada a uma temperatura de 35°C e umidade relativa de 40% (apenas veículos com condicionador de ar). As programações de direção individuais são ponderadas como segue:
- Veículos com condicionador de ar:
  35% FTP 75 + 37% SC03 + 28% US06
- Veículos sem condicionador de ar:
- 72% FTP 75 + 28% US06

O veículo deve ser submetido a cada programação SFTP e FTP 75, separadamente.

O enriquecimento de partida a frio, que é necessário quando a partida de um motor de veículo é feita a baixas temperaturas, gera emissões particularmente altas. Estas não podem ser medidas com teste de gás de escapamento atual, que é realizado em temperaturas ambientes de 20...30°C. Um teste adicional de gás de escapamento é realizado a −7°C em veículos com motor a gasolina, para limitar estes poluentes. Entretanto, este teste prescreve apenas um limite para monóxido de carbono.

Ciclos de teste para determinar o consumo de combustível

Todos os fabricantes de veículo devem determinar o consumo de combustível de sua frota de veículos. Se um fabricante exceder certos limites, ele receberá uma multa. O fabricante de carro recebe um bônus se o consumo estiver abaixo de certos limites.

O consumo de combustível é determinado a partir das emissões de escapamento produzidas durante dois ciclos de teste: o ciclo de teste FTP 75 (55%) e o ciclo de teste em auto-estrada (45%). O ciclo de teste em auto-estrada é realizado uma vez após o pré-condicionamento (o veículo permanece com o motor desligado durante 12 horas a 20...30°C), sem medição. As

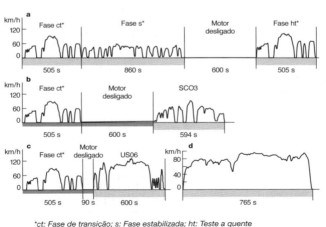

Ciclos de teste dos EUA para carros de passeio e veículos comerciais leves

	a	b	c	d
Ciclo de teste	FTP 75	SC03	US06	Rodovia
Distância do ciclo:	17,87 km	5,76 km	12,87 km	16,44 km
Duração do ciclo:	1877 s + Pausa 600-s	594-s	600-s	765-s
Velocidade média do ciclo:	34,1 km/h	34,9 km/h	77,3 km/h	77,4 km/h
Velocidade máxima do ciclo:	91,2 km/h	88,2 km/h	129,2 km/h	96,4 km/h

ct: Fase de transição; s: Fase estabilizada; ht: Teste a quente
Fases durante as quais o gás de escapamento é coletado
Condicionamento (outras programações de direção também são possíveis)

emissões de escapamento de um segundo funcionamento de teste são coletadas. O consumo de combustível é extrapolado baseado nas emissões.

Ciclos adicionais de teste
<u>Teste FTP 72</u>
O teste FTP 72 – também chamado de UDDS (Programação de Direção de Dinamômetro Urbano) – é equivalente ao teste FTP 75, mas exclui a seção de teste *ht* (teste a quente). Este ciclo é realizado durante o teste de perda de funcionamento para veículos com motor a gasolina.

<u>Ciclo da Cidade de Nova York (NYCC)</u>
Este ciclo também é um elemento do teste de perda de funcionamento (para veículos com motor a gasolina).

Ciclo de teste europeu para carros de passeio e caminhões leves

O ciclo de teste UE/ECE (Comissão Econômica da Europa) – também chamado de programação de direção européia – é realizado com um ciclo de testes que é calculado para fornecer uma aproximação razoável do comportamento de direção no tráfego urbano (UDC, Ciclo de Direção Urbana). Em 1993, o ciclo foi complementado pela seção de auto-estrada, com velocidades de até 120 km/h (EUDC, Ciclo de Direção Fora da Cidade). O ciclo de teste produzido a partir da combinação destes ciclos é chamado de NEDC (Novo Ciclo de Direção Europeu).

O tempo de espera de 40 segundos, antes que a medição do gás de escapamento seja iniciada (MNEDC, NEDC modificado), é omitido neste estágio. Isso significa que a partida a frio também é incluída na medição.

Condicionamento
Para o teste de gás de escapamento, o veículo deve estar em uma temperatura específica, durante no mínimo seis horas, com o motor desligado. Atualmente, a temperatura está situada entre 20...30°C. Desde 2002, a temperatura de partida para o teste

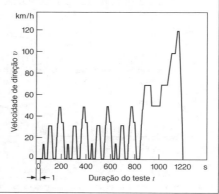

Ciclo de teste UE/ECE para carros de passeio e veículos comerciais leves
1 Tempo de espera (sem medição): inicialmente 40 s, omitido no Estágio III da UE

Distância do ciclo: 11 km
Velocidade média: 32,5 km/h
Velocidade máxima: 120,0 km/h

Tipo VI foi diminuída para –7°C, para veículos com motor a gasolina.

Ciclo de direção urbana
O ciclo de direção urbana compreende quatro seções idênticas, com duração de 195 segundos cada uma e direção sem interrupção. O percurso mede 4,052 km. Isto gera uma velocidade média de 18,7 km e velocidade máxima de 50 km/h.

Ciclo de direção em auto-estrada
Imediatamente após o ciclo de direção urbana, é realizada uma viagem em velocidades de até 120 km/h. Esta seção dura 400 segundos e o percurso mede 6,955 km.

Avaliação
Durante a medição, o gás de escapamento é coletado em um saco de amostra, usando o método CVS. As massas de poluente determinadas através da análise dos conteúdos do saco são convertidas na distância percorrida.

Ciclo de teste japonês para carros de passeio e caminhões leves

Dois ciclos de teste com diferentes ciclos de teste gerados sinteticamente são combinados para assegurar o teste completo para veículos com motor a gasolina. Depois de uma partida a frio, o ciclo de 11 modos (apenas para veículos com motor a gasolina) é realizado quatro vezes, com avaliação dos quatro ciclos. O teste de 10-15 modos (para motores a gasolina e Diesel), como um teste a quente, é realizado uma vez. Este ciclo de teste simula a dirigibilidade característica em Tóquio e foi ampliado para incluir um componente de alta velocidade. Entretanto, a velocidade máxima é inferior a do ciclo de teste europeu, visto que a velocidade de direção no Japão é normalmente mais baixa, devido à densidade mais alta de tráfego.

O pré-condicionamento para o teste a quente também inclui o teste de emissões em marcha lenta estipulado e é realizado como segue: depois de aquecer o veículo a 60 km/h, durante aproximadamente 15 minutos, as concentrações de HC, CO e CO_2 na tubulação de escapamento são medidas. Depois de um segundo período de aquecimento de 5 minutos a 60 km/h, o teste a quente de 10-15 modos é iniciado. No teste de 11 modos, é realizada a análise usando-se um sistema CVS. O gás de escapamento diluído é coletado em um saco, em cada caso. No teste a frio, os poluentes são especificados em termos de g/teste. No teste a quente, eles são correlacionados com a distância percorrida, i.é, eles são convertidos em g/km.

A legislação de controle de emissão no Japão inclui limites de emissões evaporativas, que são medidas através do método SHED.

Ciclos de teste japonês para carros de passeio e veículos comerciais leves
a) Ciclo de 11 modos (teste a frio)
Distância do ciclo: 1,021 km
Ciclos por teste: 4
Velocidade média: 30,6 km/h
Velocidade máxima: 60 km/h
b) Ciclo de 10-15 modos (teste a quente)
Distância do ciclo: 4,16 km
Ciclos por teste: 1
Velocidade média: 22,7 km/h
Velocidade máxima: 70 km/h

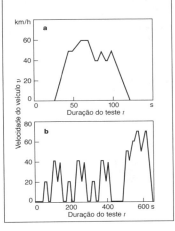

Ciclos de teste para veículos comerciais

Todos os ciclos de teste para veículos comerciais são realizados na bancada de teste de motor. Nos ciclos de teste transientes, as emissões são coletadas e avaliadas de acordo com o princípio CVS. As emissões não tratadas são medidas nos ciclos de teste estacionários. As emissões se baseiam no desempenho do motor e são expressas em g/kW · h.

Europa

Na Europa, até o ano de 2000, os veículos com um peso total permissível de 3,5 toneladas e mais de 9 assentos deviam atender as exigências do teste de 13 estágios, de acordo com EEC R49. O novo teste ESC com 13 estágios (Ciclo de Estado Estacionário Europeu), com pontos operacionais modificados, entrou em vigor com a introdução da UE Nível 3 (outubro 2000). Os pontos operacionais são determinados a partir da curva de carga total do motor. A seqüência de testes determina uma série de 13 modos operacionais estacionários diferentes. São usados fatores para ponderar as emissões gasosas e particulados medidos, assim como a potência desenvolvida em cada ponto operacional. O resultado

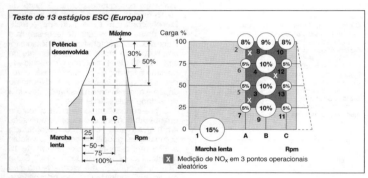

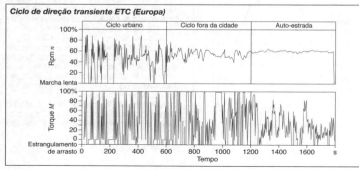

do teste expresso em g/kW · h é derivado do total das emissões ponderadas divididas pela potência total desenvolvida ponderada. Um teste adicional de NO_x pode ser realizado na faixa de teste quando a certificação é realizada. As emissões de NO_x só podem diferir em uma pequena quantidade em relação àquelas nos pontos operacionais adjacentes. O objetivo da medição adicional é evitar modificações no motor, feitas especialmente para o teste.

Além do ESC, o ETC (Ciclo Transiente Europeu), para medição de emissões gasosas e particulados, assim como o ELR (Resposta de Carga Européia), para determinar a opacidade do gás de escapamento, foram introduzidos na UE 3.

O ETC se aplica apenas a veículos comerciais com tratamento "avançado" de gás de escapamento (conversor catalítico de NO_x, filtro de particulados), na UE Nível 3. Passando a vigorar a partir da UE 4 (10/2005), ele será obrigatório para todos os veículos. O ciclo de teste é derivado de viagens reais na estrada e é dividido em três seções – uma seção na cidade, uma seção na estrada e uma seção na auto-estrada. O teste dura 30 minutos. Valores nominais são especificados para velocidade e torque do motor, em passos de um segundo.

Todos os ciclos de teste europeus são iniciados com o motor quente.

Japão

As emissões de escapamento são medidas através do teste estacionário japonês com 13 estágios (teste a quente). Entretanto, os pontos operacionais, sua ordem e sua ponderação relativa são diferentes daqueles do teste europeu de 13 estágios. Comparado ao ESC, o teste enfoca velocidades e cargas mais baixas do motor, devido à alta densidade de tráfego no Japão.

Também é discutida a introdução de um ciclo de teste japonês dinâmico para nível de limite de emissão, que deve entrar em vigor em 2005.

EUA

Desde 1987, os motores de veículos comerciais pesados são testados em uma partida a frio, em uma bancada de teste de motor, dentro de uma programação de direção transiente. O ciclo de teste baseia-se na operação em auto-estrada sob condições reais. Ele apresenta mais tempos de marcha lenta que o ETC.

A opacidade do gás de escapamento é monitorada em um teste adicional (Ciclo de Fumaça Federal), sob condições operacionais transientes e quase estacionárias.

A partir do modelo de 2007 (e a partir de outubro de 2002 para os signatários do decreto de consentimento), os limites de emissão dos EUA também devem ser atendidos no teste europeu de 13 estágios (ESC).

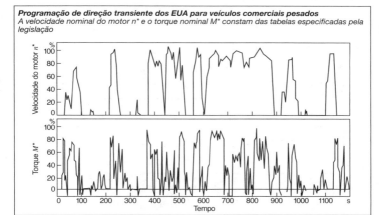

Programação de direção transiente dos EUA para veículos comerciais pesados
A velocidade nominal do motor n e o torque nominal M* constam das tabelas especificadas pela legislação*

Técnicas de medição de gás de escapamento

Teste de emissões em dinamômetros do chassi

Exigências
Os testes de gás de escapamento em dinamômetros do chassi são usados para aprovação de tipo para obtenção da Certificação Geral, assim como para desenvolver o motor e outros componentes. Ele difere dos testes de gás de escapamento, porque são usados dispositivos de medição de oficina para monitoramento de campo. Além disso, os testes de gás de escapamento são realizados em bancadas de teste de motor, por exemplo, para a aprovação de tipo de veículos comerciais pesados.

O teste de gás de escapamento nos dinamômetros do chassi é realizado no veículo. Os métodos usados são definidos para simular a operação real do veículo na estrada, a mais próxima possível. A medição em um dinamômetro do chassi oferece as seguintes vantagens:
- Resultados altamente reproduzíveis, porque as condições ambientais podem ser mantidas constantes
- Boa comparabilidade de testes, visto que o perfil de velocidade-tempo definido pode ser realizado, independentemente do fluxo de tráfego e
- O setup das técnicas de medição necessárias pode ser realizado em um ambiente estacionário

Teste de gás de escapamento no dinamômetro do chassi
1 Rolo, 2 Conversor catalítico primário, 3 Conversor catalítico principal, 4 Filtro, 5 Filtro de particulados, 6 Túnel de diluição, 7 Mix-T, 8 Válvula, 9 Condicionador de ar de diluição, 10 Ar de diluição, 11 Ar de escapamento, 12 Ventoinha, 13 Sistema CVS, 14 Saco de amostra de ar de diluição, 15 Saco de amostra de gás de escapamento (Mix-T), 16 Saco de amostra de gás de escapamento (túnel) ① Percurso para medição de gás de escapamento, motor a gasolina, ② Percurso para medição de gás de escapamento, motor a Diesel

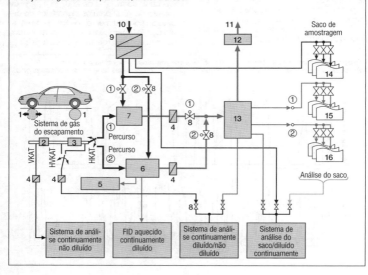

Setup de teste
Setup geral
As rodas de tração do veículo testado são colocadas sobre rolos rotativos. Isto significa que as forças que agem sobre o veículo, i.é, os momentos de inércia do veículo, resistência ao rolamento e arrasto aerodinâmico devem ser simulados de modo que a viagem sobre a banca de teste reproduza emissões comparáveis àquelas obtidas durante uma viagem na estrada. Para isto, máquinas assíncronas, máquinas com corrente contínua ou até mesmo retardadores eletrodinâmicos, em bancadas de teste mais antigas, geram uma carga dependente da velocidade adequada, que age sobre os rolos que o veículo deve superar. Máquinas mais modernas utilizam a simulação de volante elétrico, para reproduzir esta inércia. Bancadas de teste mais antigas utilizam volantes reais de diferentes tamanhos, fixados por conectores rápidos aos rolos, para simular a massa do veículo. Uma ventoinha montada a uma curta distância em frente ao veículo, assegura o arrefecimento necessário do motor.

A tubulação de escapamento do veículo testado é geralmente um acessório à prova de gás no sistema de coleta de gás de escapamento – o sistema de diluição descrito a seguir. No final do teste de direção, o gás é analisado em relação aos componentes de limite de emissão (hidrocarbonetos, óxidos de nitrogênio e monóxido de carbono) e dióxido de carbono (para determinar o consumo de combustível).

Além disso, para propósitos de desenvolvimento, parte do fluxo de gás de escapamento pode ser extraída continuamente de pontos de amostragem, ao longo do sistema de gás de escapamento do veículo ou sistema de diluição, para analisar as concentrações de poluente.

O ciclo de teste é repetido por um motorista no veículo. As velocidades necessárias e atuais do veículo são mostradas em um monitor da estação de controle do motorista. Em alguns casos, um sistema de direção automatizado substitui o motorista, para aumentar a possibilidade de reprodução dos resultados de teste.

Setup de teste para veículos com motor a Diesel
A emissão de poluente de veículos com motor a Diesel é medida de modo similar ao método para veículos com motor a gasolina, embora algumas modificações devam ser feitas na bancada de teste e nas técnicas de medição utilizadas. O sistema completo de amostragem, incluindo o dispositivo de medição de gás de escapamento para hidrocarbonetos deve ser aquecido em 190°C. Isto evita a condensação de hidrocarbonetos, que têm pontos de ebulição altos, e permite a evaporação de hidrocarbonetos que já tenham se condensado no gás de escapamento de Diesel. Além disso, é usado um "túnel de diluição", com uma alta turbulência de fluxo interno (número Reynolds > 40.000). Os filtros de particulado também são usados para calcular a emissão de particulado, baseada na carga.

Os legisladores tendem a aplicar os mesmos limites de emissão para veículos com motor a gasolina ou a Diesel. Assim, o design das bancadas de teste para veículos com motores a gasolina e a Diesel se tornará cada vez mais similar no futuro. A operação mista é possível, em princípio. Entretanto, testar veículos com níveis muito diferentes de emissão (ex.: veículos no nível SULEV e veículos conformes em relação à norma UE 3), em uma única bancada de teste requer uma instrumentação de controle extremamente complexa (ex.: sistemas separados de amostragem, procedimentos especiais de purga).

Sistema de diluição
O método mais usado para coleta de gases de escapamento emitidos por um motor é o procedimento de diluição CVS (Amostragem de Volume Constante). Ele foi introduzido, pela primeira vez, nos EUA em 1972, para carros de passeio e caminhões leves. Neste meio tempo, ele foi melhorado em vários estágios. O método CVS é usado em outros países, tal como o Japão. Ele também é usado na Europa desde 1982. Assim, constitui uma coleta de gás de escapamento reconhecida no mundo todo.

Objetivos

No método CVS, o gás de escapamento é analisado apenas no final do teste. As seguintes exigências devem ser atendidas:
- Deve ser evitada a condensação do vapor de água, para que não ocorram perdas de óxidos de nitrogênio
- Devem ser evitadas reações secundárias no gás de escapamento coletado

Princípio do método CVS

O método CVS opera com o seguinte princípio. Os gases de escapamento emitidos pelo veículo de teste são diluídos com ar ambiente em uma relação média de 1:5...1:10 e extraídos através de um sistema especial de bombas, de modo que o fluxo volumétrico total, composto de gás de escapamento e ar de diluição, é constante. Assim, a mistura de ar de diluição depende do volume instantâneo de gás de escapamento. Uma amostra representativa é extraída continuamente do fluxo de gás de escapamento diluído e é coletada em um ou mais sacos de amostra (gás de escapamento). O fluxo volumétrico permanece constante durante a amostragem, ao longo da fase em que os sacos são cheios. Assim, a concentração de poluente em um saco de amostra, no final do processo de enchimento, é idêntica ao valor médio da concentração no gás de escapamento diluído durante o processo em que os sacos são cheios.

Ao mesmo tempo, na medida em que os sacos de amostra de gás de escapamento são cheios, é tomada uma amostra do ar de diluição e coletada em um ou mais sacos de amostra (ar), para medir a concentração de poluente no ar de diluição.

Encher os sacos de amostra corresponde, geralmente, às fases ou ciclos parciais em que os ciclos de teste são divididos (ex.; fase ht no ciclo de teste FTP 75, ver p. 567).

A massa de poluente emitida durante o teste é calculada a partir do volume total do gás de escapamento diluído e das concentrações de poluente nos sacos de amostra de gás de escapamento e ar.

Sistemas de diluição

Existem dois métodos alternativos para atingir o fluxo volumétrico constante no gás de escapamento diluído:

- Método PDP (Bomba com Deslocamento Positivo): É usada uma ventoinha com pistão rotativo (ventoinha Roots)
- Método CFV (Venturi de Fluxo Crítico): Um tubo venturi e uma ventoinha padrão são usados no estado crítico.

Avanços no método CVS

A diluição do gás de escapamento provoca uma redução nas concentrações de poluente, como um fator da diluição. As concentrações de alguns poluentes (principalmente compostos de hidrocarboneto), no gás de escapamento diluído são comparáveis às concentrações no ar de diluição (ou mais baixas), em algumas fases do teste, visto que as emissões de poluente foram reduzidas significativamente em tempo recente, porque os limites de emissão se tornaram mais estritos. Isto cria um problema do ponto de vista do processo de medição, visto que a diferença entre os dois valores é crucial para as emissões de escapamento. Um outro desafio refere-se à precisão dos dispositivos de medição usados para analisar os poluentes.

As medidas abaixo foram geralmente implementadas nos dinamômetros do chassi, que contam com sistemas de diluição CVS mais modernos, para superar os problemas citados:
- Redução da diluição: com as precauções necessárias para evitar a condensação da água, ex.: aquecendo seções do sistema de diluição ou secando ou aquecendo o ar de diluição em veículos com motor a gasolina.
- Redução e estabilização das concentrações de poluente no ar de diluição, ex.: usando filtros de carvão ativado.
- Otimização dos dispositivos de medição (incluindo sistemas de diluição), ex.: através da seleção e pré-tratamento dos materiais usados e setup de sistemas: usando componentes eletrônicos modificados.
- Otimização de processos, ex.: aplicando procedimentos especiais de purga.

Diluidor de minissaco

Como uma alternativa às melhorias na tecnologia CVS descritas acima, um novo tipo de sistema de diluição foi desenvolvido nos EUA: o Diluidor de Minissaco (BMD). Uma parte do fluxo de gás de escapamento é diluída, em uma taxa constante com um gás zero seco e aquecido (ex. ar limpo). Durante o teste, parte deste fluxo de gás de escapamento diluído, que é proporcional ao fluxo volumétrico de gás de escapamento, é colocada em sacos de amostra (gás de escapamento) e analisada no final do teste de direção.

Neste procedimento, a diluição é realizada com um gás zero livre de poluentes e não com ar contendo poluentes. O objetivo disso é evitar a análise do saco de amostra de ar e a formação diferencial subseqüente de concentrações do saco de amostra de gás de escapamento e de ar. Entretanto, é necessário um procedimento mais complexo que aquele requerido para o método CVS, ex.: uma exigência é a determinação do fluxo volumétrico de gás de escapamento (não diluído) e o enchimento proporcional do saco de amostra.

Dispositivos de medição de gás de escapamento

Dispositivos de medição de gás de escapamento para medições em veículos com motor a gasolina e a Diesel

A legislação de controle de emissão define procedimentos de teste padronizados mundiais para poluentes sob controle, a fim de medir as concentrações no gás de escapamento e sacos de amostra de ar (ver Tabela 1).

Para fins de desenvolvimento, muitas bancadas de teste também incluem a medição contínua de concentrações de poluente no sistema de gás de escapamento do veículo ou sistema de diluição. Isto é feito para coletar dados para os componentes sob controle, assim como para outros componentes não sujeitos à legislação. Outros procedimentos de teste, além daqueles da Tabela 1, são necessários, ex.:
- Método paramagnético (para medir a concentração de O_2)
- Cortador FID: uma combinação de detector de ionização de chama e absorvente para hidrocarbonetos não metano (para medir a concentração de CH_4)
- Espectroscopia de massa (analisador de multicomponente)
- Espectroscopia FTIR (Infravermelho de Conversão de Fourier) (analisador de multicomponente)

Uma descrição dos dispositivos principais de medição é fornecida a seguir:

Analisador NDIR
O analisador NDIR (Infravermelho Não Dispersivo) utiliza a propriedade de alguns gases de absorver a radiação infravermelho dentro de uma faixa de comprimento de onda estreita. A radiação absorvida é convertida em energia de vibração ou rotação pelas moléculas absorventes. Por sua vez, esta energia pode ser medida como calor. O fenômeno descrito ocorre em moléculas que são formadas a partir de átomos de pelo menos dois elementos diferentes, ex.: CO_2, C_6H_{14}, SO_2.

Existem algumas variantes dos analisadores NDIR, as peças componentes principais são uma fonte de luz infravermelho, uma célula de absorção (bandeja), através

Tabela 1: Procedimento de teste

Componentes	Procedimento
CO, CO_2	Analisador Infravermelho Não Dispersivo (NDIR)
Óxidos de nitrogênio NO_x	Detector de quimiluminiscência (CLD). Nota: NO_x é geralmente interpretado como o total de NO e NO_2
Hidrocarboneto total (THC)	Detector de ionização de chama (FID)
CH_4	Design combinado de procedimento cromatográfico de gás e detector de ionização de chama (GC FID)
CH_3OH, CH_2O	Design combinado de processo de percutidor ou cartucho e técnicas de análise cromatográficas, obrigatório nos EUA quando são usados certos combustíveis
Particulados	Procedimento gravimétrico (pesar os filtros de particulados antes e depois do teste), na Europa e no Japão ele é obrigatório, até o presente momento, apenas para veículos com motor a Diesel

da qual o gás de teste direcionado, uma célula de referência, posicionada geralmente em paralelo (cheia de gás inerte, ex.: N_2), um cortador rotativo e um detector. O detector compreende duas câmaras conectadas por um diafragma e contendo amostras dos componentes de gás analisados. A radiação da célula de referência é absorvida em uma câmara e a radiação da bandeja, na outra. Isto pode já ter sido reduzido pela absorção no gás de teste. A diferença na energia radiante provoca um movimento de fluxo, que é medido por um sensor de fluxo ou sensor de pressão. O cortador rotativo interrompe a radiação infravermelho em ciclos, fazendo com que o movimento do fluxo mude de sentido, com conseqüente modulação do sinal do sensor.

Os analisadores NDIR possuem uma forte sensibilidade cruzada para vapor de água no gás de teste, visto que as moléculas de H_2O absorvem uma grande variedade de comprimentos de onda de radiação infravermelho. Por esta razão, quando os analisadores NDIR são utilizados para medições em gás de escapamento não diluído, são posicionados a jusante do dispositivo de tratamento de gás de escapamento (ex.: um radiador de gás), para secar o gás de escapamento.

Detector de Quimiluminescência (CLD)

Em uma câmara de reação, o gás de teste é misturado com ozônio que é produzido a partir do oxigênio em uma descarga de alto volume. O teor de monóxido de nitrogênio no gás de teste oxida para dióxido de nitrogênio neste ambiente, algumas das moléculas estão em estado de excitação. Quando estas moléculas retornam a seu estado básico, a energia é liberada na forma de luz (quimiluminescência). Um detector, por exemplo, um fotomultiplicador, mede a energia luminosa emitida; sob condições específicas, ela é proporcional à concentração de monóxido de nitrogênio no gás de teste.

É necessário medir as moléculas de NO e NO_2, visto que a legislação regulamenta a emissão dos óxidos de nitrogênio totais. Entretanto, como o princípio de teste do CLD se limita à medição da concentração de NO, o gás de teste é encaminhado através de um conversor, que reduz o dióxido de nitrogênio para monóxido de nitrogênio.

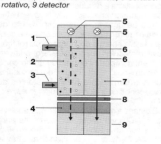

Câmara de teste para o método NDIR
1 Saída de gás, 2 Célula de absorção, 3 Entrada de gás de teste, 4 Fibra óptica, 5 Fonte de luz infravermelho, 6 Radiação infravermelho, 7 Célula de referência, 8 Cortador rotativo, 9 detector

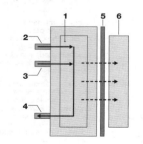

Design do detector de quimiluminescência
1 Câmara de reação, 2 Entrada de ozônio, 3 Entrada de gás de teste, 4 Saída de gás, 5 Filtro, 6 detector

Detector de Ionização de Chama (FID)
O gás de teste é queimado em uma chama de hidrogênio, onde são formados radicais de carbono e alguns destes radicais são temporariamente ionizados. Os radicais são descarregados em um eletrodo coletor; a corrente produzida é medida e é proporcional ao número de átomos de carbono no gás de teste.

GC FID e Cortador FID
Geralmente, existem dois métodos para medir a concentração de metano no gás de teste. Cada método consiste da combinação de um elemento de separação de CH_4 e de um detector de ionização de chama. Nestes métodos, uma coluna de cromatografia de gás (GC FID) ou um conversor catalítico aquecido oxidam os hidrocarbonetos não CH_4 (cortador FID), para separar o metano.

A contrário do Cortador FID, o GC FID pode apenas determinar a concentração de CH_4 descontinuamente (intervalos típicos entre duas medições: 30...45 segundos).

Detector Paramagnético (PMD)
Existem diferentes construções de detectores paramagnéticos (dependendo do fabricante). As construções são baseadas no fenômeno em que forças com propriedades paramagnéticas (tais como oxigênio) agem sobre moléculas em campos magnéticos não homogêneos. Estas forças provocam o movimento das moléculas. O movimento é detectado por um detector especial e é proporcional à concentração de moléculas no gás de teste.

Dispositivos de medição de gás de escapamento para medições em veículos com motor a Diesel
Essencialmente, são usados os mesmos dispositivos para medição de concentrações de poluentes gasosos no gás de escapamento em veículos com motor a gasolina ou a Diesel.

Sistema de teste para medição de HC
Entretanto, há uma diferença quando da medição das emissões de hidrocarboneto (HC). Ela não é realizada no saco de amostra de gás de escapamento, mas através de análise contínua de parte do fluxo de gás de escapamento diluído. A concentração medida através de todo teste de direção é adicionada. Isto se deve ao fato de que os hidrocarbonetos (que têm um ponto de ebulição alto) condensam no saco de gás de escapamento (não aquecido).

Medição de emissão de particulados
Além dos poluentes gasosos, particulados (sólidos) também são medidos em veículos com motor a Diesel, visto que eles também são poluentes sujeitos à legislação. O processo gravimétrico é o processo especificado por lei para medir emissões de particulados.

Processo gravimétrico
(processo de filtro de particulados)
É retirada uma amostra de parte do gás de escapamento diluído no túnel de diluição, durante o teste de direção, que é direcionada em seguida através de filtros de particulados. A carga de particulados é calculada a partir do peso dos filtros de particulados antes e depois do teste. A emissão de particulados durante o teste de direção é calculada a partir da carga, do volume total de gás de escapamento diluído e do volume parcial direcionado através dos filtros de particulados.

O processo gravimétrico apresenta as seguintes desvantagens:

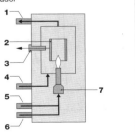

Design do detector de ionização de chama
1 Saída de gás, 2 Eletrodo coletor, 3 Amplificador, 4 Ar de combustão, 5 Alimentação de gás de teste, 6 Gás de combustão (H/He), 7 Queimador

- Limite de detecção relativamente alto, apenas reduzível em uma extensão limitada, através do uso de instrumentação complexa (ex. otimização da geometria do túnel).
- Não é possível medir as emissões de particulados continuamente
- Processo complexo, porque os filtros de particulados devem ser condicionados para minimizar influências ambientais
- Não há seleção em relação à composição química dos particulados ou tamanho dos particulados

As desvantagens apresentadas acima e a redução significativa nos limites de emissão para emissões de particuladas, esperada no futuro, fizeram com que os legisladores considerassem a eliminação do processo gravimétrico. Entretanto, ainda não foi encontrado um processo alternativo.

Processo contínuo para teste de emissão de particulados
O processo gravimétrico não permite a medição contínua de emissões durante o teste de direção. Só é possível uma medição integral através de todo o teste, ou fases individuais de teste, ou ciclos parciais. Assim, para propósitos de desenvolvimento, dispositivos adicionais de medição são usados com o objetivo principal de medir a emissão de particulado continuamente durante o teste. O indicador de opacidade é um exemplo disso.

Estes dispositivos são usados, por exemplo, durante o teste de emissão de fumaça de Diesel que é prescrito legalmente em alguns países (para descrição dos dispositivos, ver p. 579 em diante).

Desenvolvimentos adicionais
Existe um interesse crescente pela aquisição de conhecimento sobre a distribuição de tamanho de particulados no gás de escapamento de um veículo com motor a Diesel. Exemplos de dispositivos que fornecem estas informações:
- "Medidor de Partícula com Mobilidade de Escaneamento" (SMPS)
- "Impactador de Baixa Pressão Elétrico" (ELPI) e
- "Sensor de Fuligem Foto-Acústico" (PASS)

Teste em veículos comerciais
O método de teste transiente para teste de emissão de motores a Diesel em veículos comerciais pesados de mais de 8.500 lb (EUA) ou acima de 3,5 t (Europa), foi prescrito nos EUA a partir do modelo de 1986 e deve ser introduzido na Europa de 2000/2005. Este teste é realizado em bancadas de teste de motor dinâmico e também utiliza o método de teste CVS. Entretanto, devido ao tamanho do motor, é necessário um sistema de teste com uma capacidade consideravelmente mais alta, para estar em conformidade com as mesmas condições de diluição que se aplicam ao método de teste CVS, para carros de passeio e caminhões leves. A diluição dupla (através de um túnel secundário), aprovada pelos legisladores, ajuda a limitar a complexidade crescente da instrumentação.

O fluxo volumétrico do gás de escapamento diluído pode ser medido com uma ventoinha Roots calibrada ou um tubo venturi no estado crítico.

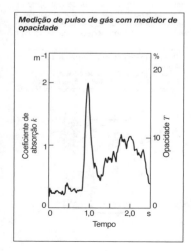

Medição de pulso de gás com medidor de opacidade

Teste de emissão de fumaça de Diesel (medição de opacidade)

Método
A legislação separada para teste de emissões de fumaça de veículos com motor a diesel entrou em vigor muito antes da introdução da legislação para teste de poluentes gasosos e ainda é aplicável em sua forma original. Os métodos de teste não são padronizados nos países em que existe uma exigência legal para teste de emissão de fumaça de Diesel. Todos os testes de fumaça existentes estão diretamente relacionados aos dispositivos de medição utilizados. A quantia de fumaça é uma medição para fumaça (emissões de particulados de carbono, particulados). São utilizados essencialmente dois métodos para medir este valor.
- No método de absorção (medição de opacidade), a opacidade do gás de escapamento é indicada pelo grau em que esta bloqueia a passagem de um feixe de luz através do mesmo
- No método de filtro (medição da luz refletida), uma quantidade de amostra do gás de escapamento é direcionada através de um elemento de filtro. O grau de descoloração do filtro fornece uma indicação da quantidade de fuligem contida no gás de escapamento.

A medição de emissões de fumaça de motores a Diesel é relevante apenas se o motor estiver sob carga, visto que é apenas quando o motor é operado sob carga que ocorre a emissão de níveis significativos de particulados. São usados procedimentos diferentes de teste:
- Medição sob carga total, ex.: em um dinamômetro de chassi ou sobre um curso específico de teste, contra os freios do veículo.
- Medição sob condições de aceleração sem impedimentos, com depressão definida do pedal do acelerador e carga aplicada pela massa do volante do motor de aceleração.

Como os resultados de emissões de fumaça de Diesel variam muito, conforme os dois procedimentos de teste e tipo de carga, geralmente eles não são adequados para comparações mútuas.

Indicador de opacidade (método de absorção)
Durante a aceleração sem impedimentos, uma parte do gás de escapamento é direcionada da tubulação de escapamento do veículo através de uma sonda de amostra de escapamento e mangueira de amostragem, para a câmara de medição (sem assistência de vácuo). Em particular, visto que a temperatura e a pressão são contro-

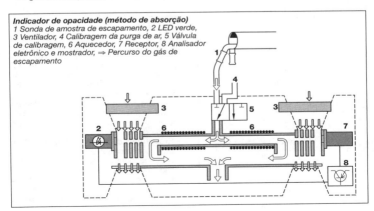

Indicador de opacidade (método de absorção)
1 Sonda de amostra de escapamento, 2 LED verde, 3 Ventilador, 4 Calibragem da purga de ar, 5 Válvula de calibragem, 6 Aquecedor, 7 Receptor, 8 Analisador eletrônico e mostrador, ⇒ Percurso do gás de escapamento

ladas, este método evita que os resultados do teste sejam afetados pela contrapressão do gás de escapamento e suas flutuações.

Dentro da câmara de medição, o gás de escapamento de Diesel é penetrado por um feixe de luz. A atenuação da luz é medida fotoeletricamente e é indicada como % de opacidade T ou como um coeficiente de absorção k. O alto grau de precisão e a possibilidade de reprodução dos resultados do teste requerem que o comprimento da câmara seja definido precisamente e que as janelas ópticas sejam mantidas livres de fuligem (por cortinas de ar, i.é, fluxos tangenciais de ar de purga).

Durante o teste sob carga, a medição e a exibição são um processo contínuo. No caso de aceleração sem impedimentos, a curva total do teste pode ser armazenada digitalmente. O analisador determina automaticamente o valor máximo e calcula a média a partir de vários pulsos de gás.

Analisador de fumaça *(método de filtro)*
1 Papel de filtro, 2 Passagem de gás, 3 Fotômetro refletivo, 4 Transporte de papel, 5 medição de volume, 6 Válvula de comutação para ar de purga, 7 Bomba

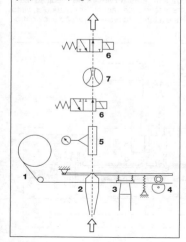

Analisador de fumaça (método de filtro)
O analisador de fumaça extrai uma quantidade especificada (ex.: 0,1 ou 1l) de gás de escapamento de Diesel através de uma tira de papel de filtro. Resultados de teste consistentes, mutuamente comparáveis são atingidos através do registro do volume de gás processado em cada passo do teste; o dispositivo converte os resultados em um valor de setpoint. O sistema também considera o efeito da pressão e temperatura, assim como o volume morto entre a sonda de amostra de escapamento e o papel de filtro.

O papel de filtro escurecido é analisado optoeletronicamente através de um fotômetro refletivo. Normalmente, os resultados são mostrados como um número de fumaça Bosch ou uma concentração de massa (mg/cm^3).

Teste de emissão evaporativa

Independentemente dos poluentes de combustão produzidos no motor, o veículo com motor a gasolina emite quantidades adicionais de hidrocarbonetos (HC), através da evaporação de combustível no tanque e sistema de combustível. As quantidades evaporadas dependem do design do veículo e da temperatura do combustível. Alguns países (ex.: EUA e Europa) têm regulamentações que limitam estas perdas evaporativas.

Procedimento de teste
Estas emissões evaporativas são medidas normalmente em câmaras climáticas à prova de gás, conhecidas como câmara SHED (Compartimento Vedado para Determinação de Evaporação). A concentração de HC é medida no início e no final do teste, sendo então determinada pela diferença nas perdas evaporativas.

As perdas evaporativas devem – dependendo do país – ser medidas em alguns ou todos os status operacionais seguintes e atender os limites de emissão:
- Evaporação do sistema de combustível provocada por flutuações de temperatura no decorrer do dia: "teste de respiração do tanque" ou "teste diurno" (EUA e UE)
- Evaporação de combustível do sistema de combustível depois de estacionar o veículo e desligar o motor em temperatu-

ras operacionais normais: embebimento quente (UE e EUA)
- Evaporação em uso: teste de perda em funcionamento (EUA)

As evaporações são medidas em várias fases durante o procedimento prescrito de teste. O teste é realizado depois que o veículo tiver sido pré-condicionado, incluindo a preparação do filtro de carvão ativado e abastecimento do tanque de combustível em um nível específico (40%).

Procedimentos de teste

1º teste: perdas por embebimento quente
Para medir as emissões evaporativas nesta fase de teste, o veículo é aquecido antes do teste, pelo funcionamento através do ciclo de teste válido para o país envolvido. Em seguida, o motor é desligado, quando o veículo estiver na câmara SHED. O aumento da concentração de HC é medido durante um período de uma hora, enquanto o veículo é arrefecido.

As janelas do veículo e a tampa do tanque devem permanecer abertas durante o teste. Isto permite que as perdas evaporativas do interior do veículo sejam incluídas nas medições.

2º teste: perdas por respiração do tanque
Neste teste, o perfil de temperatura de um dia quente de verão (temperatura máxima para a UE: 35°C; APA: 35,5°C; CARB 40,6°C) é simulado em uma câmara climática hermeticamente vedada e os hidrocarbonetos liberados do veículo neste processo são coletados.

Nos EUA deve ser realizado um teste diurno de 2 dias (48 horas) e um teste diurno de 3 dias (72 horas). A legislação da UE prevê um teste de 24 horas.

Teste de perda em funcionamento
No teste de perda em funcionamento, que precede o teste de embebimento quente, as emissões de hidrocarboneto são medidas nos ciclos de teste prescritos (uma vez FTP 72, duas vezes NYCC, uma vez FTP 72: ver a seção "Ciclos de teste dos EUA", p. 566), enquanto o veículo é dirigido.

Limites de emissão

Legislação da UE
O total dos resultados da medição do 1º e 2º teste indica as perdas evaporativas. Este total deve situar-se dentro do valor-limite atual de 2 g de hidrocarbonetos evaporados para todas as medições.

EUA
Nos EUA (CARB e EPA Tier 1), as perdas evaporativas durante o teste de perda em funcionamento devem ser inferiores a 0,05g/milha. Limites adicionais de emissão:
- Diurno de 2 dias: 2,5 g (total do primeiro e segundo teste)
- Diurno de 3 dias: 2,0 g (total do primeiro e segundo teste)

Estes limites de emissão devem ser mantidos durante 100.000 milhas.

A APA decidiu tornar os limites de emissão ainda mais restritos que na legislação Tier 2:
- Diurno de 2 dias: 1,2 g (total do primeiro e segundo teste)
- Diurno de 3 dias: 0,95 g (total do primeiro e segundo teste)

Estes limites de emissão devem ser mantidos durante 120.000 milhas. Eles serão introduzidos em estágios iniciando com o modelo de 2004 e se aplicarão totalmente com o modelo de 2007.

Testes adicionais

Teste de reabastecimento
No teste de reabastecimento, as emissões HC são medidas durante o reabastecimento, para monitorar a evaporação de vapores de hidrocarboneto durante o reabastecimento (limite de emissão: 0,053 g de HC por litro de combustível abastecido).

Nos EUA, este teste se aplica a CARB e APA.

Teste de respingo
No teste de respingo, é medida a quantidade de combustível respingada durante cada operação de reabastecimento. O tanque de combustível deve ser abastecido em pelo menos 85% de sua capacidade.

Este teste só é realizado se o teste de reabastecimento não for concluído com sucesso (limite de emissão: 1g HC por teste).

Diagnóstico

Introdução

O papel dominante que tem sido assumido pela eletrônica em veículos automotores faz com que os problemas associados à assistência técnica requeiram uma maior atenção. Além disso, considerando que as funções essenciais do veículo dependem da eletrônica, estes sistemas devem atender exigências estritas de confiabilidade, ao mesmo tempo em que são necessários programas originais de emergência, para tratar de erros do sistema que possam ocorrer.

A solução é a incorporação de auto-diagnóstico no sistema eletrônico. Este se baseia na "inteligência" eletrônica já instalada no veículo, para monitorar o sistema continuamente, detectar falhas, armazenar dados de falha e realizar o diagnóstico. Algoritmos de supervisão verificam sinais de entrada e saída durante a operação. Além disso, o sistema global é verificado para detectar falhas e defeitos. As falhas detectadas durante este diagnóstico são armazenadas na ECU (Unidade ou Módulo de Comando Eletrônico do Motor). Durante a assistência técnica do veículo na oficina do comerciante, as informações armazenadas são exportadas através de uma interface serial. Isto permite a resolução de problemas e reparos rápidos e confiáveis.

Até este momento, a função do sistema é específica do fabricante. Como os limites de gás de escapamento se tornaram mais severos e as exigências de monitoramento contínuo foram incorporadas, a legislação também reconheceu o auto-diagnóstico como um apoio para monitorar o gás de escapamento e criou uma padronização que independe do fabricante. Este sistema adicional é chamado de sistema OBD (Sistema de Diagnóstico a Bordo).

Autodiagnóstico

O diagnóstico integrado na ECU é uma característica básica dos sistemas eletrônicos de controle de motor. Além da autoverificação na ECU, também são monitorados os sinais de entrada e saída e a intercomunicação da ECU.

Sinais de entrada de monitoramento

Os sensores, conectores e linhas de conexão (percurso do sinal) para a ECU são monitorados através dos sinais de entrada avaliados. Além de falhas, estas verificações também podem detectar curtos-circuitos na voltagem estacionária V_{batt}, no aterramento do equipamento, assim como interrupções na linha. São adotados os seguintes procedimentos:
- Monitoramento da voltagem de alimentação para o sensor (se instalado)
- Verificação de medições registradas para faixas de valores permissíveis (ex.: 0,5...4,5 V)
- Se informações adicionais estiverem disponíveis, é realizada uma verificação de plausibilidade, usando-se o valor registrado (ex.: comparação das velocidades rotativas do eixo de manivelas e eixo de comando de válvulas)
- Sensores particularmente importantes são projetados para serem redundantes (ex.: sensor do percurso de pedal). Isto permite uma comparação direta de seus sinais.

Sinais de saída de monitoramento

Além do monitoramento de conexões para a ECU, os acionadores são monitorados através destas funções. As verificações implementadas podem detectar interrupções na linha e curtos-circuitos, assim como falhas nos acionadores. São adotados os seguintes procedimentos:
- Uso do estágio de saída para monitorar o circuito elétrico de um estágio de saída. O circuito elétrico é monitorado em relação a curtos-circuitos na voltagem estacionária V_{batt}, no aterramento do equipamento, ou interrupções.
- Os impactos do sistema sobre os acionadores são verificados em relação à plausibilidade. Por exemplo, é realizada

uma verificação na recirculação do gás de escapamento do sistema de gasolina, para assegurar que a pressão do coletor de admissão esteja dentro dos limites específicos ou que reaja suficientemente ao controle do acionador. Os acionadores no sistema a Diesel são monitorados indiretamente através de circuitos fechados (ex.: desvio de regulador permanente) e alguns através dos sensores de posição (ex.: a posição da geometria da turbina no turboalimentador).

Funções internas de monitoramento da ECU
As funções de monitoramento são instaladas no hardware da ECU (ex.: módulos de estágio de saída "inteligentes") e software para assegurar a operação correta da ECU, o tempo todo. As funções de monitoramento verificam os componentes individuais da ECU (ex.: microcontrolador, Flash EPROM, RAM). Muitos testes são realizados imediatamente depois que ele é ligado. As funções adicionais de monitoramento são repetidas em intervalos regulares durante a operação normal, de modo que a falha do componente também possa ser detectada durante a operação. Os procedimentos de teste que requerem uma grande capacidade de computação ou que não podem ser realizados durante a operação do veículo por outras razões, são realizados depois que o motor for desligado. Isto evita que as outras funções sejam afetadas. Durante a colocação em marcha ou depois do funcionamento no motor a Diesel com common rail, os percursos de fechamento do injetor são testados.

Comunicação de monitoramento da ECU
A comunicação com os outros módulos de comando é feita normalmente através do bus do CAN. Os mecanismos de controle para detecção de erro são incorporados no protocolo CAN, de modo que os erros de transmissão podem ser detectados no chip do CAN. Além disso, são realizados outros testes na ECU. Como os módulos de comando enviam a maioria das mensagens do CAN, em intervalos regulares, uma falha do controlador do CAN, em um módulo de comando, pode ser detectada através da verificação dos intervalos de tempo (ver CAN p. 1072). Se forem armazenadas informações redundantes na ECU, todos os sinais de entrada são verificados contra estas informações.

Resposta a erros

Detecção de falha
Um percurso de sinal é categorizado como totalmente defeituoso se ocorrer uma falha através de um período específico de tempo. O sistema continuará usar o último valor válido até que o defeito seja categorizado. Depois da categorização do defeito, uma função substituta é iniciada normalmente (ex.: valor substituto da temperatura do motor $T = 90°C$).

Um "sinal intacto novamente" está disponível para a maioria das falhas. O percurso do sinal deve ser detectado como intacto durante um período específico de tempo, para este propósito.

Armazenagem de falha
Todas as falhas são armazenadas como um código de erro na área não volátil da memória de dados. As informações adicionais são armazenadas para cada inserção de falha, tais como condições operacionais e ambientais (estrutura de congelamento), que estavam presentes quando a falha ocorreu (ex.: velocidade do motor, temperatura do motor). Informações complementares também são armazenadas, tais como o modo de falha (ex.: curto-circuito, interrupção de linha) e, em alguns casos, o status da falha (ex.: falha presente em um estado estático, a falha ocorre esporadicamente).

Função de funcionamento de emergência
As medidas de funcionamento de emergência (ex.: limitação do desempenho do motor ou rpm) podem ser iniciadas além dos valores alternativos, quando uma falha é detectada. As medidas são usadas para:
- manter a segurança da direção
- evitar danos conseqüentes (ex.: superaquecimento do conversor catalítico), ou
- minimizar as emissões de gás de escapamento

Diagnóstico de oficina
Leitura de falha
As entradas de falha podem ser lidas com a ajuda de um analisador de oficina especial, fabricado pelo fabricante do veículo ou um analisador de sistema (ex. analisador pequeno Bosch, série 650). Depois que a memória da falha tiver sido lida na oficina e que a falha tenha sido retificada, o analisador pode ser usado para deletar a armazenagem de falha. Uma interface adequada deve ser definida para comunicação entre a ECU e o analisador.

Interface de diagnóstico
Dependendo de seu âmbito de aplicação, são usados diferentes protocolos de comunicação no mundo todo:
- ISO 9141-2 para carros de passeio europeus
- SAE J1850 para carros de passeio americanos
- ISO 14230-4 (KWP 2000) para carros de passeio e veículos comerciais europeus e
- SAE J1708 para veículos comerciais americanos

Estas interfaces seriais operam uma taxa de bit (taxa de transmissão de dados) de 5 a 10 Kbaud. São projetadas como uma interface com circuito único, com um circuito comum para transmitir e receber, ou como uma interface com dois circuitos, como uma "linha de dados" (linha K) e uma "linha de inicialização" (linha L) separadas. Várias unidades de comando eletrônicas (tais como Motronic e ESP ou EDEC e controle de comutação de transmissão, etc.) podem ser direcionadas juntas em uma tomada de diagnóstico.

A comunicação entre o analisador e a unidade de comando é realizada em três fases:
- Iniciar a unidade de comando eletrônica,
- Detectar e gerar a taxa de transmissão de dados
- Ler os bytes chaves usados para identificar o protocolo de transmissão

Isto é seguido por uma avaliação usando-se as seguintes funções disponíveis geralmente: identificar ECU, ler armazenagem de falha, deletar armazenagem de falha, ler valores reais, disparar os acionadores.

No futuro, a comunicação entre ECUs e o analisador será feita através de um bus do CAN (ISO 15 765-4).

Diagnóstico a Bordo (OBD)
O sistema e componentes do motor devem ser monitorados continuamente, para assegurar a conformidade em relação aos limites de emissão estabelecidos pela legislação. Assim, começando na Califórnia, regulamentações foram adotadas para monitorar sistemas e componentes relacionados ao gás de escapamento. Isto causou a padronização e ampliação dos procedimentos de autodiagnóstico, que eram, anteriormente, específicos do fabricante, na maioria dos casos.

OBD I
Em 1988, o primeiro estágio da legislação CARB (Agência de Recursos do Ar da Califórnia) entrou em vigor na Califórnia com o OBD I. Este primeiro estágio do OBD requer o que segue:
- Monitoramento dos componentes elétricos relacionados ao gás de escapamento (curtos-circuitos, interrupções da linha) e armazenagem de falhas na ECU
- Uma lâmpada de indicação de falha (MIL: Lâmpada de Indicação de Falha), para mostrar falhas detectadas ao motorista
- "Meios a bordo" (ex.: código piscante em uma lâmpada de diagnóstico), para assegurar a leitura de que componente apresentou falha

OBD II
Em 1994, foi implantado o segundo estágio da legislação de diagnóstico na Califórnia, com o OBD II. Além das estipulações contidas no OBD I, agora a funcionalidade do sistema é monitorada (ex.: os sinais do sensor são testados quanto à plausibilidade).

O OBD II exige que todos os sistemas e componentes do gás de escapamento sejam monitorados, caso uma falha em um destes sistemas ou componentes provoque um aumento significativo nas emissões de gás de escapamento nocivo (limites de emissão do OBD). Além disso, todos os componentes usados para monitorar os componentes relacionados à emissão ou que afetam o resultado do diagnóstico, devem ser monitorados.

As funções de diagnóstico para todos os componentes e sistemas inspecionados devem ser realizadas, normalmente, pelo menos uma vez no ciclo de teste do gás de escapamento (ex.: FTP 75). As funções de diagnóstico também devem operar um número suficiente de vezes, durante a operação normal do veículo no dia-a-dia. A partir do modelo de 2005, uma freqüência específica de monitoramento (Índice de Desempenho de Monitoração Em Uso) é necessária para muitas funções de monitoramento, durante a operação normal do veículo no dia-a-dia.

A legislação do OBD prescreve a padronização das informações da memória de falha e acesso às informações (conector, comunicação), conforme a ISO 15 031 e as normas SAE (Society of Automotive Engineers) correspondentes. Isto permite a leitura de armazenagem de falha, através de analisadores padronizados disponíveis no mercado (ferramentas de escaneamento).

A legislação foi revista várias vezes (atualizações) desde que o OBD II foi introduzido. A última atualização entrou em vigor a partir do modelo de 2004.

A legislação do OBD II também vigora em quatro outros estados federativos dos EUA.

APA

A legislação da APA (Agência de Proteção Ambiental) passou a vigorar nos estados federativos remanescentes a partir de 1994. As exigências destes diagnósticos são essencialmente equivalentes à legislação CARB (OBD II). Entretanto, as exigências são menos severas em alguns pontos.

EOBD

O OBD adaptado às condições européias é conhecido como Diagnóstico a Bordo Europeu (EOBD) e vigora para carros de passeios com motor a gasolina desde 2000. Ele se baseia no OBD II da APA.

A regulamentação se aplica aos carros de passeio com motor a Diesel desde 2003 e, junto com a implantação da norma UE 4 de controle de emissão, aos veículos comerciais pesados, a partir de 2005.

Outros países

Alguns outros países já adotaram OBD da UE ou dos EUA, ou planejam a sua implantação.

Exigências para o diagnóstico a bordo

A ECU deve contar com medidas adequadas para monitorar todos os sistemas e componentes no veículo automotor, caso a falha em um destes sistemas ou componentes provoque uma deterioração significativa nos valores de teste de emissão. A falha deve ser mostrada ao motorista através da MIL, caso os limites de emissão sejam excedidos por causa da falha.

Validade
As regulamentação de OBD da CARB e APA se aplicam a todos os carros de passeio com até 12 lugares e pequenos veículos comerciais de até 6,35 t. As regulamentações para veículos comerciais pesados são esperadas em 2007.

EOBD vigora desde janeiro de 2000 para todos os carros de passeio e caminhões leves com motores a gasolina, de até 3,5 t e 9 lugares. Desde janeiro de 2003, o EOBD também inclui carros de passeio e caminhões leves com motores a Diesel.

O OBD será exigido para veículos comerciais e ônibus de > 3,5 t a partir de outubro de 2005.

Limites de emissão
OBD II dos EUA (CARB e APA) prescreve patamares baseados nos limites de emissão. Do mesmo modo, existem diferentes limites de emissão de OBD para várias categorias de gás de escapamento que são aplicadas quando a certificação do veículo (ex.: TIER, LEV, ULEV, ver p. 554). Os valores absolutos de emissão são obrigatórios no EOBD que se aplica conforme a legislação européia (ver Tabela 1 na próxima página).

Exigências funcionais
Como para o autodiagnóstico, os sinais de entrada e saída da ECU devem ser monitorados, assim como os próprios componentes.

A legislação EOBD requer principalmente o monitoramento elétrico (curto-circuito, interrupção de linha), a legislação CARB, por seu lado, também requer a verificação de plausibilidade para sensores e o monitoramento funcional para acionadores.

A concentração de poluente, caso um componente falhe (valores empíricos), determina o tipo de diagnóstico. Um teste

Legislação de controle de emissão e diagnóstico

Tabela 1. Limites de emissão OBD

	Carros de passeio a gasolina		Carros de passeio a Diesel		Veículos comerciais a Diesel
CARB	- Limites relativos de emissão - Normalmente 1,5 x o limite de emissão das categorias de gás de emissão		- Limites relativos de emissão - Normalmente 1,5 x o limite de emissão das categorias de gás de emissão		-
APA (Federal dos EUA)	- Limites relativos de emissão - Normalmente 1,5 x o limite de emissão das categorias de gás de emissão		- Limites relativos de emissão - Normalmente 1,5 x o limite de emissão das categorias de gás de emissão		-
EOBD	2000 CO: 3,2 g/km HC: 0,4 g/km NO_x: 0,6 g/km	2005 (proposto) CO: 1,9 g/km HC: 0,3 g/km NO_x: 0,53 g/km	2003 CO: 3,2 g/km HC: 0,4 g/km NO_x: 1,2 g/km PM: 0,18 g/km	2005 (proposto) CO: 3,2 g/km HC: 0,4 g/km NO_x: 1,2 g/km PM: 0,18 g/km	2005 NO_x: 7,0 g/kWh PM: 0,1 g/kWh

funcional simples (teste branco-preto) verifica apenas a condição de operação do sistema ou dos componentes (ex.: a válvula de ar secundário abre e fecha). O teste funcional qualitativo fornece informações mais detalhadas sobre as condições de operação do sistema. Assim, por exemplo, quando o conversor catalítico é testado, os valores medidos são usados para calcular o envelhecimento do conversor catalítico (em sistemas a gasolina). Este valor pode ser lido através da interface de diagnóstico.

A complexidade dos sistemas de diagnóstico se desenvolveu em sincronia com a legislação de controle de emissão.

Lâmpada do indicador de falha (MIL)
A MIL (Lâmpada do Indicador de Falha) informa ao motorista que um componente falhou. Quando a falha é detectada em uma área em que CARB e APA se aplicam, a MIL deve se acender, no máximo após duas programações de direção com a presença da falha. Na área em que EOBD se aplica, a MIL deve se acender no máximo depois da terceira programação de direção quando a falha for detectada. A MIL pisca para falhas no sistema a gasolina, caso tal falha possa danificar o conversor catalítico (falha na combustão).

Comunicação com a ferramenta de escaneamento
Os protocolos para carros de passeio definidos na seção "Interface de diagnóstico" (ver p. 584) também são permitidos hoje para diagnóstico OBD. Entretanto, os diagnósticos somente serão permitidos através do CAN (ISO 15 765), em 2008.

Reparo do veículo
Qualquer oficina pode usar a ferramenta de escaneamento para ler as informações de falha relacionadas à emissão da ECU. Isto permite que mesmo as oficinas não franqueadas realizem reparos.

Os fabricantes devem fornecer as ferramentas e informações necessárias (manual de reparo na web), mediante honorários adequados, para assegurar que os reparos possam ser realizados com grau adequado de perícia.

Condições para partida
As funções de diagnóstico só podem ser iniciadas se as condições de partida forem atendidas. Estas incluem:
- patamares de torque
- patamares de temperatura do motor e
- patamares ou limites de velocidade do motor

Condições de restrição

As funções de diagnóstico e as funções do motor nem sempre podem ser operadas simultaneamente. Condições restritivas impedem que certas funções sejam iniciadas. Por exemplo, a ventilação do tanque (sistemas de controle de emissões evaporativas) no sistema a gasolina não pode funcionar, enquanto o diagnóstico do conversor catalítico estiver sendo realizado. No sistema Diesel, o indicador de massa de ar do filem quente (HFM) só pode ser monitorado, se a válvula de recirculação de gás de escapamento estiver fechada.

Desativação temporária das funções de diagnóstico

As funções de diagnóstico só podem ser desativadas sob certas condições, para evitar que as falhas sejam detectadas incorretamente. Exemplos de tais condições:
- elevação alta demais
- baixa temperatura ambiente quando o motor é ligado e
- baixa voltagem estacionária

Códigos de prontidão

Quando a armazenagem de falha é verificada, é importante saber que as funções de diagnóstico funcionaram no mínimo uma vez. Isto pode ser verificado através da leitura dos códigos de prontidão através da interface de diagnóstico. Estes códigos de prontidão são definidos para cada componente que é monitorado, na conclusão do diagnóstico exigido por lei.

Recall de veículo

Caso os veículos não atendam as exigências legais de OBD, o recall de veículo pode ser exigido legalmente, sendo as despesas arcadas pelo fabricante.

Gerenciamento do sistema de diagnóstico

As funções de diagnóstico para todos os componentes e sistemas que são revisados devem ser operadas no mínimo uma vez no ciclo de teste de gás de escapamento (ex. FTP 75, NEDC). Do mesmo modo, as funções de diagnóstico devem ser ativadas durante a operação normal do veículo. O Gerenciamento do Sistema de Diagnóstico (DSM) pode mudar dinamicamente a seqüência para ativação das funções de diagnóstico, dependendo da condição de direção. O objetivo é ativar freqüentemente as funções de diagnóstico na operação do dia-a-dia do veículo.

O DSM compreende os três componentes seguintes:

Gerenciamento do Percurso da Falha do Diagnóstico (DFPM)
O papel principal do DFPM é armazenar os estados da falha que são detectados no sistema. São armazenadas outras informações, tais como condições ambientais (estrutura de congelamento).

Programação da Função de Diagnóstico (DSCHED)
A DSCHED é responsável pela coordenação das funções designadas do motor e de diagnóstico e obtém informações de DVAL e DFPM para sua realização. As funções que requerem liberação pela DSCHED exibem a sua prontidão para serem iniciadas. O estado atual do sistema e a ativação da função são verificados.

Validação do Diagnóstico (DVAL)
A DVAL (instalada apenas em sistemas a gasolina até este momento) utiliza as inserções de memória de falha e informações adicionais armazenadas para decidir se cada falha detectada é a causa real ou uma conseqüência de falha. Conseqüentemente, a validação fornece informações armazenadas para o analisador de diagnóstico usado para a leitura das informações armazenadas.

Assim, as funções de diagnóstico podem ser liberadas em qualquer seqüência. Todos os diagnósticos liberados e seus resultados são avaliados retroativamente.

Funções do OBD

Enquanto o EOBD e o OBD da APA prescrevem poucos sistemas explícitos de redução de emissão e fornecem regulamentações detalhadas de monitoramento, as exigências do OBD II CARB são muito mais detalhadas. Foi realizada uma revisão adicional para o modelo de 2004 (atualização do OBD I). A lista abaixo mostra o estado atual das exigências CARB (a partir do modelo de 2004) para carros de passeio a gasolina e Diesel. (E) identifica as exigências que também se aplicam ao EOBD.
- Conversor catalítico (E), conversor catalítico aquecido
- Falhas na combustão (E; sistema a Diesel: não para EOBD)
- Sistema de redução de evaporação (diagnóstico de vazamento do tanque, apenas para sistema a gasolina)
- Injeção de ar secundário
- Sistema de combustível
- Sensores de oxigênio (lambda) (E)
- Recirculação de gás de escapamento
- Ventilação do cárter
- Sistema de arrefecimento
- Sistema de redução de emissão durante partida a frio
- Condicionador de ar (componentes)
- Sincronização da válvula variável (até este momento, apenas para sistemas a gasolina)
- Sistema de redução direta de ozônio
- Filtro de particulados (filtro de fuligem, apenas para sistema a Diesel) (E)
- "Componentes abrangentes" (E)
- "Outros componentes relacionados à emissão" (E)

Alguns dos componentes relacionados são categorizados como "componentes compreensivos" ou "outros componentes relacionados à emissão" para EOBD e APA. Estas categorias significam o seguinte:
- Outros componentes ou subsistemas do sistema de redução de emissão ou
- Componentes relevantes para emissão conectados a um computador ou
- Subsistemas do sistema de tração, que em caso de falha ou defeito, podem fazer com que as emissões de gás de escapamento excedam os limites de emissão OBD ou desativem outras funções de diagnóstico

Diagnóstico do conversor catalítico
Sistema a gasolina
A função de diagnóstico monitora a eficiência de conversão do conversor catalítico com 3 vias. Esta é medida pela capacidade de retenção de oxigênio do conversor catalítico. O monitoramento é realizado através da observação dos sinais dos sensores de oxigênio Lambda, em reação a uma alteração específica do valor de setpoint do controle com circuito fechado lambda.

Além disso, a capacidade de acumulação de NO_x (fator da qualidade do conversor catalítico) deve ser avaliada para o conversor catalítico tipo acumulador de NO_x. Para isto, o teor real de NO_x acumulado, que resulta do consumo do agente redutor durante a regeneração do conversor catalítico, é comparado a um valor esperado.

Sistema a Diesel
No sistema a Diesel, o monóxido de carbono (CO) e os hidrocarbonetos não queimados (HC) são oxidados no conversor catalítico de tipo oxidação (para minimizar os poluentes, ver p. 716). Existe um desenvolvimento em andamento de funções de diagnóstico para monitoramento da operação do conversor catalítico do tipo oxidação, baseado na temperatura e pressão diferencial.

Ao mesmo tempo, estão sendo desenvolvidas funções de monitoramento para as capacidades de acumulação e regeneração do conversor catalítico tipo acumulador de NOx, que, no futuro, também será instalado no sistema a Diesel.

Detecção de falha na combustão
A falha na combustão provoca um aumento das emissões de HC e CO. O detector de falha na combustão avalia o tempo decorrido (tempo de segmento) de uma combustão a outra, para cada cilindro. Este tempo é derivado através do sinal do sensor de velocidade. Um tempo de segmento que é mais longo, comparado aos outros cilindros, indica falha na combustão.

A injeção de combustível é desativada no cilindro envolvido, se as taxas de falha na combustão excederem os limites permissíveis (sistema a gasolina).

No sistema a Diesel, o diagnóstico das falhas na combustão é necessário apenas e realizado quando o motor está em marcha lenta.

Diagnóstico de vazamento no tanque
Sistema a gasolina
O diagnóstico de vazamento no tanque detecta a evaporação no sistema de combustível que pode causar um aumento nos valores de HC, em particular. O EOBD limita-se simplesmente a testar o circuito elétrico de controle do sensor de pressão do tanque e válvula de purga do canister (sistema de controle de emissões evaporativas, ver p. 541). Nos EUA, deve ser assegurada a possibilidade de detecção de vazamentos no sistema de combustível. Existem dois métodos diferentes para isto:

O método de baixa pressão observa a pressão do tanque e testa primeiro as suas condições de operação, acionando deliberadamente a ventilação do tanque e as válvulas de retenção do canister de carbono. Pode ser tirada uma conclusão sobre o tamanho do vazamento, através da curva de tempo da pressão do tanque – acionando deliberadamente as válvulas outra vez.

O método de sobrepressão utiliza um módulo de diagnóstico com uma bomba com palheta integrada, acionada eletricamente, que pode ser usada para bombear o sistema do tanque. O fluxo da bomba é alto quando o tanque está vedado hermeticamente. Pode-se tirar uma conclusão sobre o tamanho do vazamento através da avaliação do fluxo da bomba.

Diagnóstico de injeção de ar secundário
Sistema a gasolina
O diagnóstico é um teste funcional para verificar se a bomba de ar secundário está funcionando, ou se existem defeitos na linha de alimentação no trato de gás de escapamento (injeção de ar secundário, ver P. 540). O diagnóstico se baseia no cálculo da massa de ar secundário injetado. Este valor pode ser derivado do controle com circuito fechado Lambda ou diretamente através dos sinais do sensor de oxigênio Lambda.

Diagnóstico do sistema de combustível
Sistema a gasolina
As falhas no sistema de combustível podem prejudicar a formação otimizada da mistura. Os valores medidos (ex.: massa de ar, posição da válvula de estrangulamento), assim como as informações sobre o status operacional, são processados para diagnosticar o sistema de combustível. Em seguida os valore medidos são comparados com os cálculos do modelo.

Sistema a Diesel
No sistema com common-rail, o diagnóstico do sistema de combustível inclui monitoramento elétrico dos injetores do regulador de pressão (regulador de alta pressão). Funções especiais do sistema de injeção de combustível, que aumentam a precisão da quantidade de combustível injetado, também são monitoradas. Os exemplos disso incluem calibragem da quantidade zero de combustível, adaptação ao valor médio da quantidade e a função de observação de AS MOD (observação do sistema de ar). As suas funções mencionadas por último utilizam informações do sensor de oxigênio Lambda como sinais de entrada e calculam os desvios entre as quantidades do setpoint e reais, através dos sinais de entrada e modelos.

Diagnóstico dos sensores de oxigênio Lambda
Os sensores de oxigênio Lambda com dois estágios são testados quanto a plausibilidade (voltagem de saída) e dinâmica (velocidade de aumento de sinal, durante a mudança de rica para pobre e de pobre para rica, assim como a duração do período).

Os sensores Lambda de banda larga requerem um método de diagnóstico diferente dos sensores de dois estágios, visto que seus ajustes podem se diferir em $\lambda = 1$. Eles são monitorados eletricamente (curto-circuito, interrupção de linha) e quanto à plausibilidade. O elemento de aquecimento do aquecedor do sensor é testado eletricamente e quanto a desvio de regulador permanente.

Diagnóstico do sistema de recirculação de ar de escapamento
Sistema a gasolina
Existem dois métodos para o diagnóstico do sistema de recirculação de gás de escapamento (recirculação de gás de escapamento, ver p. 540). Um método testa a operação de fechamento da válvula de recirculação de gás de escapamento. A mudança na pressão do coletor de admissão é observada quando a válvula é fechada brevemente e em seguida, isto é comparado com o modelo de computador. O outro método observa o aumento esperado em funcionamento não uniforme, quando o motor está em marcha lenta e a válvula de recirculação de escapamento está aberta.

Sistema a Diesel
No sistema de recirculação de gás de escapamento, o regulador de massa de ar e o controlador de posição da válvula de recirculação de gás de escapamento são monitorados em relação ao desvio do regulador em longo prazo. Conseqüentemente, é um teste funcional da válvula de recirculação de gás de escapamento, que também é monitorada eletricamente.

Diagnóstico de ventilação do cárter
O gás de purga flui do cárter para o coletor de admissão, através da válvula de PVC (Ventilação Positiva do Cárter) (ventilação do cárter, ver p. 542). Um princípio possível de diagnóstico para este sistema baseia-se na medição da marcha lenta, que deve mostrar uma resposta específica ao modelo de computador, quando a válvula de PVC é aberta. As falhas na ventilação do cárter também podem ser detectadas pelo sensor de massa de ar, dependendo do sistema. A legislação não exige qualquer monitoramento, se a ventilação do cárter apresentar um design "robusto".

Diagnóstico do sistema de arrefecimento
O sistema de arrefecimento compreende um termostato e um sensor de temperatura do líquido de arrefecimento. Se o termostato estiver defeituoso, por exemplo, a temperatura do motor só pode ser aumentada lentamente e isto aumenta as taxas de emissão de escapamento. As funções de diagnóstico para o termostato utilizam o sensor de temperatura do líquido de arrefecimento para verificar se a temperatura nominal foi atingida. Um modelo de temperatura é usado para o monitoramento.

O sensor de temperatura do líquido de arrefecimento é monitorado para assegurar que a temperatura mínima tenha sido atingida. Além disso, as falhas elétricas são monitoradas através de uma função de plausibilidade dinâmica. A plausibilidade dinâmica é realizada quando o motor é arrefecido. Estas funções podem monitorar o sensor quanto à "aderência" nas faixas de baixa e alta temperatura.

Diagnóstico do sistema de redução de emissão durante partida a frio
As estratégias de redução de emissão durante a partida a frio, ex.: aquecimento rápido do conversor catalítico, devem ser monitoradas durante a partida do motor, para assegurar que as emissões sejam baixas durante a operação do dia-a-dia. O aquecimento rápido pode ser verificado através do monitoramento e avaliação de alguns parâmetros, tais como ângulo de ignição, rpm ou massa de ar fresco. Ao mesmo tempo, são realizados diagnósticos específicos nos componentes vitais do aquecedor (ex. posição do eixo de comando de válvulas).

Diagnóstico do condicionador de ar
Sistema a gasolina
O motor pode ser operado em um ponto operacional diferente, conforme as exigências estabelecidas, a fim de cobrir os requisitos de carga elétrica do condicionador de ar. O diagnóstico verifica se o motor é operado neste ponto operacional, quando o condicionador de ar está ligado.

Diagnóstico de Sincronização das Válvulas Variável (VVT)
Normalmente, o diagnóstico é realizado por uma comparação setpoint/real da posição do eixo de comando de válvulas. Exigências mais estritas serão introduzidas para o modelo de 2006.

Sistema de redução direta de ozônio
Uma característica especial da legislação de controle de emissão californiana é a exigência referente à redução de concentração de ozônio (um poluente do ar), além da redução de gás de escapamento e de emissões evaporativas. Isto é realizado através de um revestimento catalítico aplicado no radiador do veículo (Redução Direta de Ozônio, DOR). É concedido um crédito, dependendo da redução de ozônio, e esta é incorporada no cálculo global da redução atingida de gás de escapamento e emissões evaporativas. Isto significa que se trata de um componente de redução de emissão e que deve, conseqüentemente, ser monitorado pelo sistema de OBD, a partir do modelo de 2005.

Vários procedimentos de teste estão sendo discutidos.

Diagnóstico do filtro de particulados
Sistema a Diesel
Atualmente, o filtro de particulados é monitorado em relação à destruição, remoção e bloqueio. Um sensor de pressão diferencial é usado para medir o diferencial de pressão (contrapressão do gás de escapamento a montante e a jusante do filtro), em um fluxo volumétrico específico. O valor medido pode ser usado para verificar se o filtro está defeituoso.

Componentes abrangentes
O diagnóstico a bordo exige que todos os sensores (ex.: sensor de massa de ar, sensor de velocidade, sensores de temperatura) e acionadores (ex.: válvula de estrangulamento, bomba de alta pressão, velas incandescentes) sejam monitorados caso tenham um impacto sobre as emissões ou se forem usados para monitorar outros componentes ou sistemas (e, conseqüentemente, possam desativar outros diagnósticos).

Os sensores monitoram os seguintes erros:
- Falhas elétricas, i.é, curtos-circuitos e interrupções de linha
- Falhas de faixa (verificação de faixa), i.é, exceder ou ficar abaixo dos limites de voltagem estabelecidos pela faixa de medição física dos sensores
- Falhas de plausibilidade (verificações da racionalidade); estas falhas estão relacionadas aos próprios componentes (ex.: mandril) ou podem ser causadas por conexões da linha. O monitoramento é realizado através de uma verificação de plausibilidade nos sinais do sensor, por um modelo ou diretamente por outros sensores.

Os acionadores devem ser monitorados quanto a falhas elétricas – se for possível tecnicamente – e também quanto à função. O monitoramento funcional significa que quando um comando do controle (valor de setpoint) é dado, ele é monitorado por observação ou medição (ex.: por um sensor de posição) da resposta do sistema (valor real), de modo adequado, usando informações do sistema.

Os acionadores monitorados incluem:
- todos os estágios de saída
- a válvula de estrangulamento
- a válvula de recirculação de gás de escapamento
- a geometria variável da turbina do turboalimentador de gás de escapamento
- a válvula de turbilhonamento
- a vela incandescente (sistema a Diesel)
- o sistema de ventilação do tanque de combustível (sistema a gasolina) e
- a válvula de retenção com carvão ativado (sistema a gasolina)

Funções do OBD para veículos comerciais pesados
O monitoramento do OBD, como planejado nos EUA (2007), será muito similar ao da legislação de carro de passeio, ainda que alguns detalhes não tenham sido revelados ainda.

A legislação européia exige o monitoramento das seguintes funções:
- sistema de injeção de combustível para circuito elétrico fechado e falha total
- componentes ou sistemas do motor relacionados à emissão, no que se refere à conformidade com os limites de emissão OBD (estas funções são realizadas de modo similar às dos "componentes abrangentes" para carros de passeio) e
- o sistema de tratamento de gás de escapamento para falhas funcionais importantes (ex.: conversor catalítico danificado, déficit de uréia no sistema SCR).

O objetivo do estágio 2 do EOBD (2008), que já foi anunciado, é monitorar os limites de emissão do sistema de tratamento de gás de escapamento. Isto significa que não será possível evitar o uso de sensores de gás de escapamento (ex.: NO_x).

Função do gerenciamento de motor

O gerenciamento do motor se encarrega de converter o desejo do motorista, p. ex., aceleração para uma determinada potência do motor Otto. Ele regula todas as funções do motor de tal maneira que o torque desejado esteja disponível com consumo e emissões reduzidos.

A potência entregue por um motor Otto é determinada pelo torque da embreagem e pela rotação. O torque da embreagem é resultante do torque gerado pelo processo de combustão, reduzido pelo torque de atrito (perdas por atrito no motor) e as perdas por troca de carga bem como o torque necessário para o funcionamento dos conjuntos secundários.
O torque de combustão é gerado no tempo de combustão e é determinado principalmente pelas seguintes grandezas:
- a massa de ar, que está disponível para a combustão após o fechamento das válvulas de admissão,
- a massa de combustível disponível no cilindro e
- o ponto no qual ocorre a combustão.

Há também influências menores por p. ex. composição da mistura (parte de gás residual) ou também o processo de combustão.

A função principal do gerenciamento de motor é, coordenar os diversos sistemas parciais, para ajustar o torque gerado pelo motor e satisfazer ao mesmo tempo as altas exigências quanto a
- emissão de gases de escape,
- consumo de combustível,
- potência,
- conforto e
- segurança.

O gerenciamento de motor executa o diagnóstico dos sistemas parciais.

Controle do enchimento

Em sistemas de comando de motor com acelerador eletrônico (EGAS) o enchimento do cilindro com ar é calculado no sistema parcial "comando de enchimento" e a borboleta do acelerador comandada eletronicamente. Outras grandezas influentes os comandos das válvulas de admissão e escape bem como a recirculação dos gases de escape.
Em sistemas convencionais o motorista comanda a abertura da borboleta diretamente através do pedal do acelerador e com isso o enchimento do cilindro do cilindro com ar fresco.

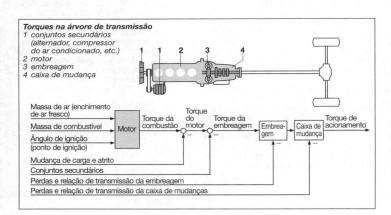

Torques na árvore de transmissão
1 conjuntos secundários (alternador, compressor do ar condicionado, etc.)
2 motor
3 embreagem
4 caixa de mudança

Alimentação de combustível
O sistema parcial "alimentação de combustível" tem a função de alimentar o motor sempre com a massa de combustível necessária à pressão de combustível necessária, sob todas as condições de funcionamento. No nível de pressão necessário, basicamente se diferencia entre formação de mistura interna (injeção direta de gasolina) e externa (injeção no coletor de admissão).

Formação da mistura
No sistema parcial "formação da mistura" é calculada a massa de combustível associada e, a partir disso, o tempo de injeção necessário e o ponto de injeção otimizado. Na injeção direta de combustível deve ser levado ainda em conta o tipo de funcionamento atual (p. ex. operação estratificada).

Ignição
No sistema parcial "ignição" é determinado finalmente o ângulo da árvore de manivelas, no qual a faísca da ignição se encarrega da inflamação da mistura no tempo certo.

Enchimento dos cilindros

Componentes
A mistura do gás que se encontra no cilindro após o fechamento das válvulas de admissão é o chamado enchimento do cilindro. Ela é formada pelo ar fresco admitido e gás residual.

Gás fresco
Os componentes do gás fresco admitido são ar fresco, bem como – nos sistemas com formação de mistura exterior – o combustível levado com ele. A principal parte do ar fresco flui através da borboleta de aceleração; o gás fresco adicional pode ser aspirado através de um sistema de retenção da evaporação de combustível. O ar admitido no cilindro após o fechamento da válvula de admissão é o fator decisivo para o trabalho realizado no pistão durante a combustão e, portanto, para o torque liberado pelo motor. Medidas para o aumento do torque máximo e a potência máxima do motor quase sempre impõem o aumento do enchimento máximo possível. O enchimento máximo teórico é determinado pela cilindrada e, nos motores sobrealimentados, adicionalmente pela pressão de sobrealimentação.

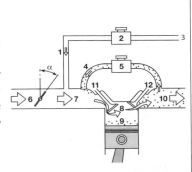

Enchimento do cilindro no motor Otto
1 ar e vapor de combustível
2 válvula regeneradora
3 ligação com o sistema de retenção da evaporação do combustível
4 gás de escape
5 válvula de recirculação do gás de escape (válvula EGR) com abertura de válvula variável
6 fluxo de massa de ar (pressão ambiente)
7 fluxo de massa de ar (pressão do coletor de admissão)
8 enchimento de ar fresco (pressão na câmara de combustão)
9 enchimento de gás residual (pressão na câmara de combustão)
10 gás de escape (contrapressão do gás de escape)
11 válvula de admissão
12 válvula de escape
α ângulo da borboleta de aceleração

Gás residual

A parcela de gás residual do enchimento é formada
- pela massa de gás de escape que permanece no cilindro e não é expulsa durante o tempo de abertura da válvula de escape, bem como
- pela massa do gás de escape que retorna nos sistemas com esse tipo de realimentação.

A parcela de gás residual é determinada pela mudança de carga. Ela não participa diretamente na combustão, mas influi na inflamação e na curva de combustão. Em plena carga é desejada via de regra uma parcela de gás residual a menor possível, para maximizar a massa de ar fresco e, com isso, a potência de saída do motor.

Com o motor em carga parcial essa parcela de gás residual pode ser perfeitamente desejável, para diminuir o consumo de combustível. Isto é conseguido com um ciclo mais favorável em função da composição da mistura modificada, bem como por perdas de bombeamento mais reduzidas na mudança de carga, pois para o mesmo enchimento é necessária uma maior pressão no coletor de admissão. O emprego objetivo do gás residual pode reduzir a emissão de óxido de nitrogênio (NO_x) e hidrocarbonetos (HC) não consumidos.

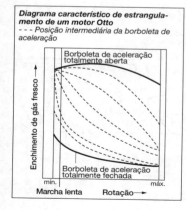

Diagrama característico de estrangulamento de um motor Otto
- - - Posição intermediária da borboleta de aceleração

Comando do enchimento de ar

No motor Otto com formação de mistura exterior, mas também em sistemas com formação interna de mistura e enchimento homogêneo do cilindro, o torque do motor é determinado pelo enchimento de ar. Em contrapartida, na formação interna de mistura com excesso de ar, o torque do motor também pode ser comandado diretamente pela variação da massa de combustível injetada (operação estratificada, pág. 612).

Borboleta de aceleração

O elemento atuador central para a influência no fluxo de massa de ar é a borboleta de aceleração. Quando a borboleta de aceleração não está totalmente aberta, o ar aspirado pelo motor é estrangulado e o torque produzido é reduzido. Esse efeito estrangulador depende da posição e, portanto, do diâmetro de abertura da borboleta de aceleração, bem como da rotação do motor. Com a borboleta de aceleração totalmente aberta é atingido o torque máximo do motor (vide fig.).

Em sistemas com acelerador eletrônico (EGAS) é determinado, a partir do torque desejado do motor (posição do pedal do acelerador), o enchimento de ar necessário para isso e então aberta a borboleta de aceleração.

Em sistemas convencionais, o motorista comanda diretamente a abertura da borboleta de aceleração através do acionamento do pedal do acelerador.

Mudança de carga

A mudança de carga de gás fresco e gás residual ocorre em função da abertura e fechamento das válvulas de admissão e de escape. Importantes são os momentos de abertura e fechamento das válvulas (tempos de comando), bem como a curva da abertura da válvula.

O cruzamento das válvulas, isto é, a sobreposição dos tempos de abertura e fechamento das válvulas de admissão e escape, tem influência decisiva sobre a massa de gás restante no cilindro. As quantidades de ar fresco e gás residual no cilindro podem ser controladas mudando as curvas do curso da válvula.

Enchimento dos cilindros

Variando o comando das válvulas de acordo, é possível comandar o fluxo de ar e com isso a potência do motor, sem o uso da borboleta de aceleração. A parcela de gás residual também pode ser ajustada através do comando das válvulas.

Nos sistemas atuais as válvulas são comandadas mecanicamente através do eixo de comando de válvulas. Através de medidas adicionais, esse comando pode ser modificado em um determinado âmbito (p. ex. variação do eixo de comando de válvulas ou comutação do eixo de comando de válvulas, pág. 474). Porém, esses sistemas mecânicos não podem dispensar a borboleta de aceleração.

Recirculação de gases de escape

Como descrito no capítulo "mudança de carga", a massa de gás residual pode ser influenciada através dos tempos de comando das válvulas de admissão e de escape. Nesse caso, fala-se de "recirculação de gases de escape interna". A massa de gás residual no cilindro pode ser aumentada adicionalmente através de "recirculação de gases de escape externa" (EGR). Nesse caso uma válvula EGR adicional liga o coletor de admissão ao cano de escape (pág. 540). Com a válvula de admissão aberta, o motor aspira uma mistura de ar fresco e gás de escape. O quanto faz sentido o EGR, em um determinado regime de funcionamento, é calculado pela unidade de comando do motor e acionando a válvula EGR devidamente.

Sobrealimentação

O torque que pode ser atingido é proporcional ao enchimento de gás fresco. Com isto, o torque pode ser incrementado à medida que o ar no cilindro é comprimido por sobrealimentação dinâmica, sobrealimentação mecânica ou turboalimentação com gás de escape (pág. 476 em diante).

Componentes do sistema de ar

Os componentes principais para a influência no enchimento de ar estão representados na figura na página 593. A borboleta de aceleração tem a influência mais importante nos sistemas atuais.

Componentes do acelerador eletrônico (EGAS)

O sistema EGAS é composto pelo módulo do pedal do acelerador, unidade de comando do motor e unidade de comando da borboleta. Esta é composta principalmente pela borboleta de aceleração, pelo acionamento elétrico da borboleta de aceleração e pelo sensor do ângulo da borboleta. O acionamento é feito por um motor de corrente contínua, o qual atua sobre o eixo da borboleta através de uma engrenagem. Para a captação da posição da borboleta é utilizado um sensor do ângulo da borboleta redundante.

O desejo do motorista é captado por sensores redundantes no módulo do pedal do acelerador e comunicado à unidade de comando. Esta calcula, baseada no regime atual de funcionamento do motor, o enchimento de cilindro necessário e regula o ângulo de abertura da borboleta de aceleração através do acionamento da borboleta e pelo sensor do ângulo da borboleta. Os potenciômetros disponíveis em duplicidade no pedal do acelerador e na unidade de comando da borboleta por razões de redundância, são parte do sistema de monitoramento EGAS, a fim de evitar falhas.

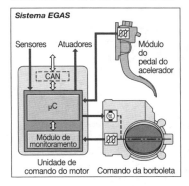

Sistema EGAS

Alimentação de combustível

Alimentação de combustível com injeção no coletor de admissão

Sistema padrão
Uma bomba de combustível acionada eletricamente (pág. 599 em diante), alimenta o combustível e gera a pressão de injeção. O combustível é aspirado do tanque de combustível e pressionado para um tubo de pressão através de filtros de papel (filtro de combustível, vide pág. 604), de onde ele flui para o distribuidor de combustível com as válvulas injetoras, montado no motor. O regulador de pressão está fixado na galeria de combustível. Ele mantém a diferença de pressão constante através do orifício dosador independentemente da carga do motor (pressão do coletor de admissão).

O combustível não necessário pelo motor flui através da galeria de combustível, via um tubo de retorno ligado ao regulador de pressão, de volta ao tanque de combustível. O combustível realimentado é aquecido no caminho do motor para o tanque de combustível. Com isso resulta uma elevação da temperatura do combustível no tanque. Em função dessa temperatura, geram-se vapores de combustível. Para proteger o meio ambiente estes são armazenados intermediariamente em um filtro de carvão ativado por um sistema de ventilação do tanque e, conduzidos com o ar admitido para o motor, via coletor de admissão (pág. 541).

Sistema sem retorno
No sistema de alimentação de combustível sem retorno o aquecimento do combustível no tanque é menor do que no sistema padrão. Com isso fica mais fácil cumprir as exigências governamentais legais para emissões evaporativas veiculares.

O regulador de pressão encontra-se no tanque de combustível ou nas suas imediações. Com isso elimina-se o tubo de retorno do motor para o tanque de combustível. Somente a quantidade de combustível injetada pelas válvulas injetoras é conduzida à galeria de combustível sem fluxo de retorno. A quantidade adicional de combustível fornecida pela bomba elétrica de combustível retorna imediatamente ao tanque de combustível, sem ter que tomar o caminho até o compartimento do motor. Com condições limite iguais e dependendo das aplicações específicas do veículo, a temperatura do combustível no tanque de combustível pode ser reduzida em aprox. 10 K e com isso ser reduzida a quantidade de combustível evaporada em torno de um terço.

Sistema regulado por demanda
Uma redução adicional da temperatura do combustível no tanque de combustível e ao mesmo tempo redução do consumo podem ser atingidas com a utilização de um sistema regulado por demanda. Neste

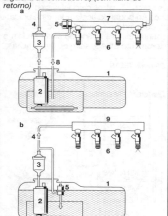

Alimentação de combustível na injeção no coletor de admissão.
a) sistema padrão.
b) sistema sem retorno.
1 tanque de combustível,
2 bomba elétrica de combustível
3 filtro de combustível
4 tubo de pressão
5 regulador de pressão
6 válvulas injetoras
7 galeria de combustível (fluxo contínuo)
8 tubo de retorno
9 galeria de combustível) (sem fluxo de retorno)

sistema a bomba de combustível fornece apenas a quantidade de combustível necessária ao motor e para o ajuste da pressão. O regulador de pressão mecânico é dispensado. A regulagem da pressão ocorre através de um circuito de regulagem fechado na unidade de comando do motor com captação da pressão através de um sensor de baixa pressão. Para ajustar a vazão da bomba de combustível a sua tensão de operação é variada por um módulo de impulsos ativado pela unidade de comando. Uma válvula aliviadora de pressão complementa o sistema (para evitar um aumento excessivo de pressão por aquecimento do combustível no freio motor e desligamento).

Ao lado da redução adicional da temperatura do combustível e da redução do consumo em até 0,1 l/100 km, a pressão ajustável de maneira variável pode ser utilizada para o aumento da pressão do combustível sob condições de partida a quente, ou para a ampliação da vazão das válvulas injetoras em aplicações com turbo-alimentação. Outrossim, resulta em melhores possibilidades de diagnóstico do sistema de combustível em relação aos sistemas atuais. Uma outra vantagem é que leva em conta a pressão do combustível no cálculo do tempo de injeção na unidade de comando do motor, particularmente durante o aumento da pressão na partida.

Alimentação de combustível na injeção no coletor de admissão.
Sistema regulado por demanda
1 bomba elétrica de combustível com filtro de combustível (alternativamente filtro de combustível também fora do tanque),
2 válvula de alívio de pressão e sensor de pressão, 3 módulo de pulsos, 4 válvulas injetoras, 5 galeria de combustível (sem fluxo de retorno).

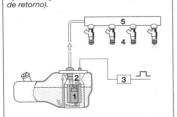

Alimentação de combustível com injeção direta de gasolina

Na injeção direta de combustível na câmara de combustão, na operação de carga estratificada, o combustível deve ser injetado com pressões maiores do que na injeção no coletor de admissão. Além disso, a janela de tempo disponível para a injeção é menor. Sistemas de combustível para injeção direta de gasolina necessitam portanto de uma pressão de combustível maior. O sistema de combustível se divide no
- circuito de baixa pressão e no
- circuito de alta pressão.

Circuito de baixa pressão
O circuito de baixa pressão do sistema de injeção direta de gasolina utiliza em princípio os sistemas de combustível e componentes da injeção no coletor de admissão. Pelo fato de as bombas de alta pressão utilizadas atualmente necessitarem em geral na partida a quente e no funcionamento a quente de uma pré-pressão maior para evitar a formação de bolhas de vapor, pode ser vantajoso variar a baixa pressão. Para isso é ideal que seja utilizado um sistema de baixa pressão regulado por demanda. Também são utilizados sistemas sem retorno com pré-pressão comutável – comandados por uma válvula de retenção – ou sistemas com pré-pressão constante.

Circuito de alta pressão
O circuito de alta pressão é composto de
- bomba de alta pressão,
- galeria de combustível (Rail),
- sensor de alta pressão e de acordo com o sistema
- válvula de controle de pressão ou
- válvula limitadora de pressão.

Diferencia-se entre sistemas de alimentação contínua e sistemas regulados por demanda.

Dependente do ponto de funcionamento é ajustada uma pressão de sistema entre 5 e 12 MPa através de um sistema de regulagem de alta pressão na unidade de comando do motor. As válvulas injetoras de alta pressão estão conectadas na galeria, as quais injetam o combustível diretamente na câmara de combustão do motor.

Sistema de alimentação contínua

Uma bomba acionada pelo eixo de comando de válvulas do motor, p.ex. a bomba de pistão radial de três cilindros HDP1 (pág. 602), alimenta o combustível para a galeria contra a pressão de sistema. A vazão da bomba não é ajustável. O combustível excedente, não necessário para a injeção e manutenção da pressão, é aliviado pela válvula de controle de pressão retornando para o circuito de baixa pressão. A válvula de controle de pressão é ativada pela unidade de comando do motor, de maneira que a pressão desejada seja ajustada de acordo com o ponto operacional. A válvula de controle de pressão serve ao mesmo tempo como válvula limitadora de pressão mecânica.

Em sistemas de alimentação contínua, na maioria dos pontos operacionais, é comprimido mais combustível para a pressão de sistema do que o motor necessita. Isso custa potência adicional e a vazão de combustível excedente, aliviada pela válvula de controle de pressão, aquece o combustível. Disso resulta a vantagem do sistema regulado por demanda.

Sistema regulado por demanda

Uma bomba com vazão ajustável, p. ex. a bomba de pistão radial de cilindro único HDP2 (pág. 603), somente alimenta o combustível para a galeria contra a pressão do sistema, o qual é necessário para a injeção e manutenção da pressão. A bomba é acionada pelo eixo de comando de válvulas do motor. A regulagem na unidade de comando do motor comanda a bomba de tal maneira que se ajuste na galeria a pressão de sistema desejada de acordo com o ponto operacional. É necessária uma válvula limitadora de pressão mecânica na galeria. Devido à alimentação discreta da bomba de pistão radial de um cilindro, é necessário, em relação ao sistema de alimentação contínua com bomba de pistão radial de três cilindros, um maior volume da galeria para manter as quedas de pressão, geradas pela injeção, no mesmo nível.

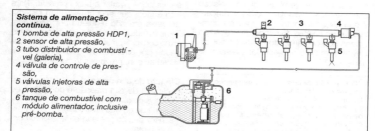

Sistema de alimentação contínua.
1 bomba de alta pressão HDP1,
2 sensor de alta pressão,
3 tubo distribuidor de combustível (galeria),
4 válvula de controle de pressão,
5 válvulas injetoras de alta pressão,
6 tanque de combustível com módulo alimentador, inclusive pré-bomba.

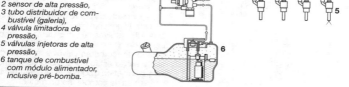

Sistema de alimentação por demanda.
1 bomba de alta pressão HDP2,
2 sensor de alta pressão,
3 tubo distribuidor de combustível (galeria),
4 válvula limitadora de pressão,
5 válvulas injetoras de alta pressão,
6 tanque de combustível com módulo alimentador, inclusive pré-bomba.

Componentes da alimentação de combustível

Bomba elétrica de combustível

Função
A bomba elétrica de combustível deve disponibilizar ao motor, sob todas as condições operacionais, a quantidade suficiente de combustível com a pressão necessária para a injeção. As principais exigências são:
- Vazão entre 60 e 250 l/h com tensão nominal
- Pressão no sistema de combustível entre 300 e 650 kPa
- Aumento da pressão a partir de 50...60% da tensão nominal: determinante para isso é o funcionamento na partida a frio.

Concepção e princípios
A bomba elétrica de combustível é composta de:
- Tampa de conexão com conexões elétricas, válvula de retenção (contra esvaziamento do sistema de combustível) bem como a saída hidráulica. A tampa de conexão normalmente contém as escovas de carvão para o funcionamento do coletor do motor de acionamento e elementos para a supressão de interferências (bobina de reatância ou eventualmente capacitores).
- Motor elétrico com induzido e ímãs permanentes (padrão é coletor de cobre, para aplicações especiais nos sistemas Diesel são utilizados coletores de carvão).
- Parte da bomba, executada como bomba de deslocamento positivo ou bomba centrífuga.

Bomba de deslocamento positivo
Em uma bomba de deslocamento positivo são aspirados principalmente volumes de combustível e numa (não levando em conta vazamentos) câmara selada e, através da rotação do elemento da bomba, transportados para o lado de alta pressão. Para a bomba elétrica de combustível utiliza-se a bomba de roletes, a bomba de engrenagem de dentes internos, bem como a bomba de parafuso. Bombas de deslocamento positivo são vantajosas em altas pressões de sistema (450 kPa ou mais) e têm um bom comportamento com baixas tensões, ou seja, uma curva característica de alimentação relativamente "plana" sobre a tensão operacional. O grau de eficiência pode ser de até 25%. De acordo com a construção e situação de montagem, as inevitáveis pulsações de pressão podem causar ruídos.

Enquanto para a clássica função da bomba elétrica de combustível em sistemas de injeção eletrônica de gasolina a bomba de deslocamento positivo foi amplamente substituída pela bomba centrífuga, resulta para a bomba de deslocamento positivo um novo campo de aplicação na pré-alimentação para sistemas de injeção direta (gasolina e Diesel) com a sua necessidade de pressão e faixa de viscosidade ampliada consideravelmente.

Bomba centrífuga
Para as aplicações de gasolina até 500 kPa dominam as bombas centrífugas. Uma turbina provida de inúmeras pás em seu contorno gira em uma câmara formada por duas carcaças fixas. Essas carcaças fixas apresentam canais na área das pás

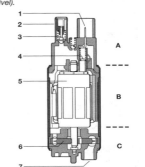

Concepção de uma bomba elétrica de combustível no exemplo de uma bomba centrífuga
1 conexão elétrica,
2 conexão hidráulica (saída de combustível),
3 válvula de retenção,
4 escovas de carvão,
5 induzido do motor com ímã permanente,
6 turbina da bomba centrífuga,
7 conexão hidráulica (entrada de combustível).

do rotor. Os canais começam na altura da abertura de sucção e terminam onde o combustível sai da parte da bomba com pressão de sistema. Para a melhoria das características de alimentação a quente encontra-se, a uma determinada distância angular da abertura de sucção, um pequeno furo de descarga de gás, o qual (com vazamento mínimo) possibilita a saída de eventuais bolhas de gás.

A pressão sobe ao longo do dito canal através da troca de impulso entre as pás da turbina e as partículas do fluido. A conseqüência disso é uma rotação em espiral do volume de líquido encontrado na turbina e nos canais.

Bombas centrífugas são silenciosas, pois o dito aumento de pressão ocorre continuamente e praticamente livre de pulsações. A construção é nitidamente simplificada em relação às bombas de deslocamento positivo. Pressões de sistema de até 500 kPa também são atingidas com bombas de um estágio. O grau de eficiência destas bombas é de até 22%.

Módulos de alimentação de combustível

Enquanto nas primeiras injeções eletrônicas de gasolina a bomba elétrica de combustível era montada exclusivamente fora do tanque (in line), hoje em dia domina a montagem da bomba elétrica de combustível dentro do tanque (in tank). A bomba elétrica de combustível é parte de um módulo de alimentação de combustível, que pode envolver outros elementos:
- um reservatório para garantir combustível na dirigibilidade em curvas (geralmente enchido "ativo" por uma bomba de sucção por jato, ou "passivo" por um sistema de borboletas, válvula comutadora, ou similares),
- um sensor de nível de combustível,
- um regulador de pressão (v. pág. 601) em sistemas sem retorno (RLFS),
- um pré-filtro para proteção da bomba,
- um filtro fino de combustível do lado de pressão, o qual não precisa ser trocado por toda a vida útil do veículo (v. pág. 604),
- conexões elétricas e hidráulicas.
- Além disso, podem ser montados sensores de pressão do tanque (para o diagnóstico de vazamento do tanque), sensores de pressão do combustível (para sistemas regulados por demanda) bem como válvulas.

<u>Panorama</u>
A alimentação de combustível de alguns veículos modernos já é feita através de sistemas de alimentação de combustível controlados por demanda (v. pág. 596). Nesses sistemas um módulo eletrônico aciona a bomba em função da pressão necessária, a qual é controlada por um sensor de pres-

Princípios de bomba para bombas elétricas de combustível.
a) bomba de roletes
b) bomba de engrenagem de dentes internos
c) bomba centrífuga

A abertura de aspiração
B saída
1 disco de ranhuras (excêntrico)
2 rolete
3 roda de acionamento interna
4 rotor (excêntrico)
5 turbina
6 pás da turbina
7 canal (periférico)

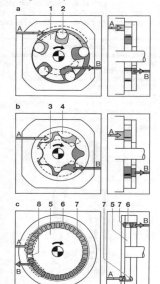

Alimentação de combustível **601**

são do combustível. As vantagens desses sistemas são
- consumo de corrente reduzido,
- aquecimento reduzido em função do motor elétrico,
- ruído da bomba reduzido e
- possibilidade de ajuste de pressões variáveis no sistema de combustível.

Em sistemas futuros uma regulagem pura da bomba será ampliada com outras funções. Por exemplo:
- deslocamento do diagnóstico do vazamento do tanque e avaliação do sinal do sensor de nível do combustível da unidade de comando do motor,
- comando de válvulas, p. ex. para o gerenciamento de vapores de combustível.

Para satisfazer as exigências cada vez maiores com respeito à pressão e durabilidade, bem como as diferentes qualidades de combustível no mundo, motores sem contato com comutação eletrônica vão desempenhar um papel importante no futuro.

Regulador de pressão do combustível
O regulador da pressão do combustível mantém condições de pressão definidas no sistema de combustível. É um regulador com fluxo de retorno e que trabalha com membrana. Um membrana de borracha o divide em uma câmara de combustível e uma da mola. A mola pressiona uma placa da válvula móvel sobre um assento de válvula através de uma mola de válvula integrada na membrana. Quando a força exercida pela pressão do combustível ultrapassar a força da mola, a válvula se abre e deixa passar combustível suficiente para que se ajuste na membrana um equilíbrio de forças.

Em sistemas de combustível com retorno a conexão superior do regulador de pressão está ligada ao coletor de admissão. Por isso existe na membrana a mesma relação de pressão que nas válvulas injetoras. A queda de pressão nas válvulas injetoras depende por isso apenas da força da mola e da superfície do diafragma.

Em sistemas sem retorno, o regulador de pressão fica no módulo de alimentação. Não existe uma conexão pneumática para o coletor de admissão. A pressão na galeria de combustível é regulada para um valor constante em relação à pressão ambiente. A diferença de pressão variável em relação à pressão do coletor de admissão deve ser levada em conta no calculo do tempo de injeção.

Para a regulagem de pressão do circuito de baixa pressão da injeção direta de gasolina são utilizados os mesmos reguladores de pressão.

Módulo de alimentação.
1 filtro de combustível, 2 bomba elétrica de combustível, 3 bomba de jato (regulada), 4 regulador de pressão, 5 sensor do nível do combustível, 6 pré-filtro.

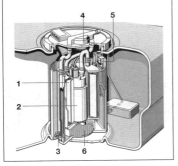

Regulador de pressão DR2.
1 conexão (pressão do coletor de admissão ou do meio ambiente), 2 mola, 3 suporte da válvula, 4 membrana, 5 válvula, 6 entrada de combustível, 7 retorno de combustível.

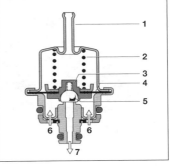

602 Gerenciamento do motor Otto

Bomba de alta pressão
A bomba de alta pressão tem a função de comprimir o combustível fornecido pela bomba elétrica de combustível com uma pré-pressão de 0,3...0,5 MPa em quantidade suficiente, para o nível de 5...12 MPa necessário para a injeção com alta pressão.

Na partida do motor, o combustível é injetado primeiramente sob pré-pressão. No conseqüente aumento de rotação do motor ocorre então o aumento da pressão.

Em operação, a bomba de alta pressão é lubrificada e esfriada apenas com combustível.

São utilizadas bombas de três cilindros, bem como bombas controladas por demanda de cilindro único.

<u>Bomba de três cilindros HDP1</u>
A unidade é executada basicamente como uma bomba de pistões radiais com três pistões deslocados em 120°. As figuras mostram a solução realizada em corte longitudinal e transversal.

O eixo de comando, acionado pelo eixo de comando de válvulas do motor, gira com o excêntrico, o qual se encarrega de movimentar o pistão da bomba no cilindro da bomba. No movimento descendente do pistão flui combustível com a pré-pressão de 0,3...0,5 MPa do tubo de combustível pelo pistão oco através da válvula de entrada para a câmara de alimentação. No movimento ascendente do pistão, esse volume de líquido é comprimido e flui após ultrapassar a pressão da galeria através da válvula de saída para a conexão de alta pressão. Através disposição de cilindros selecionada ocorre uma sobreposição da alimentação, resultando por outro lado, uma reduzida pulsação de alimentação e com isso uma reduzida pulsação de pressão na galeria. A vazão é proporcional à rotação.

Para garantir que, com a quantidade máxima injetada, a pressão de sistema ainda possa ser variada suficientemente rápida e adequadamente à necessidade de combustível do motor, a vazão máxima da bomba de alta pressão é projetada em um valor definido maior. Em funcionamento

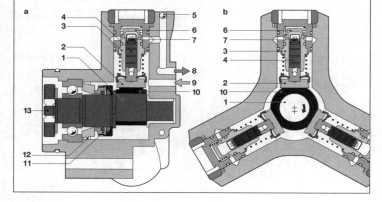

Bomba de três cilindros HDP1
a corte longitudinal, b corte transversal
1 excêntrico, 2 sapata, 3 cilindro da bomba, 4 pistão da bomba (pistão oco, entrada de combustível), 5 esfera de fechamento, 6 válvula de saída, 7 válvula de entrada, 8 conexão de alta pressão para a galeria, 9 entrada de combustível, 10 anel de curso, 11 vedação de atuação axial (junta de anel deslizante), 12 vedação estática, 13 eixo de acionamento.

Alimentação de combustível **603**

com pressão da galeria constante ou em cargas parciais a quantidade de combustível fornecida a mais é aliviada ao nível da pré-pressão através de válvula controladora de pressão e retornada para o lado de entrada da bomba de alta pressão.

Bomba de cilindro único HDP2
A bomba de cilindro único HDP2 é executada como bomba de encaixe com acionamento direto pelo eixo de comando. A transmissão do movimento para o pistão da bomba é assumida por um tucho de copo.

A figura mostra o princípio construtivo da unidade. Na câmara de alimentação existe agora, adicionalmente à válvula de entrada e de saída, ainda uma válvula de controle de vazão controlada eletricamente com retorno para a entrada. Na posição aberta sem corrente não ocorre nenhuma alimentação de alta pressão, pois o fluxo de alimentação flui completamente para a entrada. No funcionamento ativo, a válvula é fechada no ponto morto inferior do pistão da bomba e aberta após atingir a pressão prescrita da galeria, para terminar a alimentação.

O combustível ainda alimentado até o ponto morto superior retorna novamente à entrada. Esse tipo de controle garante que seja sempre alimentado o combustível necessário pelo motor, o que reduz o consumo de corrente da bomba e com isso o consumo de combustível.

Para o amortecimento de pulsações de pressão, geradas pelas características de fornecimento da bomba de cilindro único está montado um amortecedor de pressão na entrada, diretamente antes da válvula de entrada. Aqui é utilizado o princípio do acumulador de mola de membrana, já conhecido da injeção no coletor de injeção.

Um outro elemento funcional importante é a vedação do pistão disposta no cilindro da bomba como uma interface de separação entre combustível e área do óleo do motor. Para aumentar a segurança de funcionamento a pressão da vedação é aliviada através de conexão com a tubulação de vazamento ligada ao tanque.

Bomba de cilindro único HDP2
1 entrada de combustível (baixa pressão), 2 conexão de alta pressão para a galeria, 3 retorno de vazamento, 4 válvula de saída, 5 válvula de entrada, 6 pistão da bomba, 7 vedação do pistão, 8 pistão da bomba, 9 válvula controladora de vazão, 10 amortecedor de pressão.

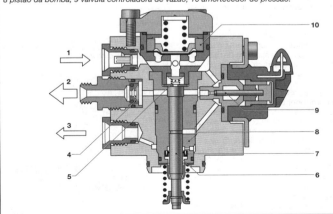

Filtros de combustível

Sistemas de injeção para motores Otto e Diesel são sensíveis às menores impurezas no combustível. Danos podem ocorrer acima de tudo por erosão de partículas e corrosão de água. O tempo de vida útil só é garantido contra os componentes de risco de desgaste a partir de uma determinada pureza mínima do combustível.

O filtro de combustível tem a tarefa de reduzir as impurezas das partículas. O sistema de injeção determina a fineza necessária para o filtro. Ao lado de garantir a proteção contra desgaste, o filtro também deve ter uma capacidade suficiente de armazenar partículas. Filtros com capacidade insuficiente de armazenar partículas podem entupir antes do intervalo de troca. Neste caso reduz-se a vazão de combustível com a conseqüente perda de potência do motor. É essencial a montagem de um filtro de combustível feito sob medida para o respectivo sistema de injeção. A utilização do filtro incorreto traz, no melhor dos casos, conseqüências desagradáveis, mas no pior caso conseqüências muito caras (substituição de componentes até o completo sistema de injeção).

Filtros de combustível para sistemas de injeção de gasolina

Filtros de combustível para motores Otto são dispostos exclusivamente no lado de alta pressão após a bomba de combustível. Com a introdução de novas diretrizes para emissão de HC, dá-se preferência para a integração do filtro de combustível em uma unidade de montagem no tanque. Para essas aplicações, o filtro deve ser um filtro para a vida toda (Lifetime-Filter). Adicionalmente também são utilizados filtros externos montados na tubulação (Inline Filter), bem como peça de troca e também como componente para a vida toda.

A tecnologia de injeção mais complexa nos motores Otto de injeção direta requer uma proteção maior contra desgaste e com isso filtros mais finos. O grau de separação na passagem única para o fracionamento das partículas entre 3 e 5 μm (ISO/TR 13353: 1994) é de 25...45% em motores com injeção no coletor de admissão e 45...85% nos de injeção direta. Para satisfazer essas exigências aumentadas são utilizados meios filtrantes dobrados em estrela com mistura de fibras finíssimas de celulose e de poliéster e cada vez mais também meios filtrantes compostos de várias camadas de finíssimas camadas de fibras puramente sintéticas.

Filtro combustível para gasolina de montagem na tubulação.
Com elemento de filtro dobrado em estrela.

Elemento de filtro de gasolina para vida toda.
Com meio filtrante plissado e geometria não cilíndrica para utilização otimizada do espaço em conjuntos de bomba de combusível.

Formação da mistura

Princípios básicos

Mistura ar-combustível
Um motor Otto precisa de uma determinada relação de ar-combustível para a operação. A queima total, teoricamente ideal, está em uma relação de 14,7:1. Também é chamada de relação estequiométrica. Isto significa: para a queima de 1 kg de massa de combustível são necessários 14,7 kg de ar. Ou expresso em volume: 1 l de combustível é totalmente consumido com cerca de 9500 l de ar.

O consumo específico de combustível de um motor Otto depende principalmente da proporção da mistura ar-combustível. Para a queima real e total e, portanto, para o mínimo consumo possível é necessário um excesso de ar que, no entanto, devido à inflamabilidade da mistura e à duração da queima disponível, é limitado.

Além disso, a mistura ar-combustível exerce influência definitiva sobre a eficácia dos sistemas de tratamento de gás de escape. A tecnologia atual oferece o catalisador de três vias que atinge sua eficiência ideal com uma relação estequiométrica de ar-combustível. Com ele é possível reduzir em mais de 98% os componentes tóxicos do gás de escape. Motores atualmente no mercado são, portanto, operados com mistura estequiométrica, desde que regime de funcionamento do motor assim permitir.

Determinados regimes de funcionamento do motor exigem uma correção da mistura. Alterações objetivas da composição da mistura são necessárias, p. ex. com o motor frio. O sistema de formação da mistura deve, portanto, ser capaz de cumprir essas exigências variáveis.

Coeficiente de ar λ
Para determinar quanto a mistura ar-combustível efetivamente disponível desvia da teoricamente necessária (14,7:1) foi escolhido o coeficiente de ar ou a relação da ar λ (Lambda):

λ = massa de ar admitida em relação à demanda de ar para a queima estequiométrica.

$\lambda = 1$: a massa de ar admitida corresponde à massa de ar teoricamente necessária.

$\lambda < 1$: predomina a falta de ar e, portanto, a mistura rica. A potência máxima se dá com $\lambda = 0,85...0,95$.

$\lambda > 1$: nesta faixa predomina o excesso de ar ou mistura pobre. Esse coeficiente de ar é característico de menor consumo de combustível e menor potência. O valor máximo possível de ser atingido para λ – o chamado "limite de funcionamento pobre" – depende muito da construção do motor e do sistema de preparação de mistura usado. No limite de funcionamento pobre a mistura não é mais facilmente inflamável e ocorrem falhas da combustão. O funcionamento irregular do motor aumenta muito.

Motores Otto com injeção no coletor de admissão atingem com potência do motor constante o menor consumo de combustível dependente do motor a 20...50% de excesso de ar ($\lambda = 1,2...1,5$).

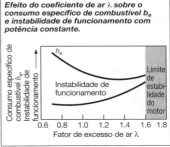

Efeito do coeficiente de ar λ sobre o consumo específico de combustível b_e e instabilidade de funcionamento com potência constante.

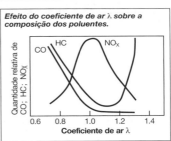

Efeito do coeficiente de ar λ sobre a composição dos poluentes.

As figuras (pág. 605) mostram a dependência do consumo específico de combustível e da instabilidade de funcionamento, bem como o desenvolvimento de poluentes a partir do coeficiente de ar com potência do motor constante. Pode-se deduzir que não existe um coeficiente de ar ideal, no qual todos os fatores assumem o valor mais propício. Para a realização de um consumo "ótimo" com potência "ideal", os coeficientes de ar $\lambda = 0,9...1,1$ comprovaram a sua funcionalidade para o motor com injeção no coletor de admissão.

Nos motores com injeção direta predominam outras condições de combustão, de modo que o limite de funcionamento pobre se situa em valores de Lambda bem maiores. Na faixa de cargas parciais, estes motores podem, portanto, ser operados com coeficientes de ar consideravelmente maiores.

Para o tratamento catalítico do gás de escape por um catalisador de três vias é imprescindível a manutenção exata de $\lambda = 1$ com o motor aquecido. Para conseguir isso, é necessário determinar exatamente a massa de ar admitido e adicionar uma quantidade de combustível exatamente dosada.

Nos motores atuais com injeção no coletor de admissão, é necessária, além do volume exato de injeção, uma mistura homogênea para um processo de combustão ideal. Para tanto é necessária uma boa pulverização do combustível. Não cumprida essa condição, há um grande depósito de gotas de combustível no coletor de admissão e nas paredes da câmara de combustão. Essas gotas não podem ser totalmente consumidas, o que provoca maiores emissões de HC.

Sistemas de formação de mistura

Sistemas de injeção ou carburadores têm a função de disponibilizar a mistura ar-combustível melhor adaptada a um determinado regime de funcionamento do motor. Sistemas de injeção, particularmente sistemas eletrônicos, servem melhor para a manutenção de limites predeterminados apertados para a composição da mistura. Disso resultam vantagens com respeito a consumo de combustível, dirigibilidade e potência. As exigências das leis de emissões cada vez mais rígidas levaram o setor automotivo a substituir hoje o carburador totalmente pela injeção de gasolina.

Até agora foram usados exclusivamente sistemas, nos quais a formação da mistura ocorre fora da câmara de combustão. Sistemas com formação interna de mistura, ou seja, com injeção direta do combustível na câmara de combustão, servem para a redução continuada do consumo de combustível e ganham com isso um significado cada vez maior.

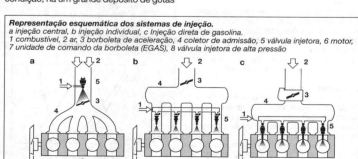

Representação esquemática dos sistemas de injeção.
a injeção central, b injeção individual, c Injeção direta de gasolina.
1 combustível, 2 ar, 3 borboleta de aceleração, 4 coletor de admissão, 5 válvula injetora, 6 motor, 7 unidade de comando da borboleta (EGAS), 8 válvula injetora de alta pressão

Carburadores

Instalação
Uma bomba alimentadora de combustível (geralmente uma bomba de diafragma) acionada pelo eixo de comando do motor ou pelo eixo do distribuidor aspira o combustível do tanque de combustível e o impulsiona para o carburador. Um dimensionamento adequado limita a pressão máxima de alimentação. Em caso de necessidade pode ser montado um filtro fino de combustível antes ou após a bomba.

Concepção e princípio de funcionamento
O motorista usa o pedal do acelerador para variar a borboleta de aceleração, com isso variando a quantidade de ar admitida pelo motor e com isso a sua potência. Dependendo da quantidade de ar o carburador dosa a respectiva quantidade de combustível. A bóia regula, em conexão com a válvula de agulha da bóia, a entrada de combustível para o carburador e mantém constante o nível de combustível na cuba.

A medição de ar ocorre no carburador com a ajuda de um funil de ar em forma de venturi. O estreitamento da seção transversal aumenta a velocidade do ar e gera com isso uma determinada depressão na parte mais estreita da seção, que pode ser aumentada com um difusor secundário. A diferença de pressão, assim produzida, em relação à cuba da bóia, vai alimentar o combustível. O ajuste da quantidade de combustível é feito pelos sistemas dosadores.

Sistemas dosadores de combustível

Sistema principal
O combustível é dosado no gicleur principal. Como ajuda para transporte se adiciona ar ao combustível através de furos laterais no tubo emulsionador.

Sistemas de marcha lenta e progressão
Em marcha lenta, o sistema principal ainda não responde ao fluxo de ar. Por isso existe um sistema próprio de marcha lenta, o qual desemboca através do canal da marcha lenta logo após a borboleta de aceleração na área de maior depressão. Os gicleurs de marcha lenta e de ar de marcha lenta dosam o combustível e o ar de correção.
Para a progressão para sistema principal a borboleta de aceleração comanda uma série de furos (ou uma fenda), os quais são alimentados pelo sistema de marcha lenta.

Outros sistemas
Além dos sistemas básicos acima existem outros sistemas. Eles servem para a melhor adaptação ao mapa característico do

Esquema de um sistema de carburador
1 tanque de combustível, 2 bomba alimentadora de combustível, 3 filtro fino de combustível, 4 carburador, 5 coletor de admissão.

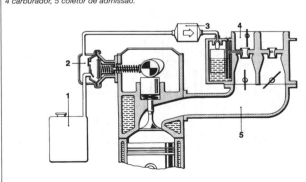

Gerenciamento do motor Otto

motor quente (comando de marcha lenta, enriquecimento de plena carga), à compensação do efeito acumulador do coletor de admissão ao acelerar (bomba aceleradora) e à adaptação às necessidades do motor para partida e funcionamento a quente. Outros exemplos são a adição do ar de correção controlada por válvulas magnéticas da regulagem Lambda, bem como o freio motor.

Tipos de carburadores

Carburadores de fluxo descendente
Carburadores de fluxo descendente são os tipos mais comuns de carburadores. Por sua favorável possibilidade de disposição da cuba e dos diferentes sistemas de gicleur resultam em modelos apropriados que conseguem, junto com coletores de admissão apropriados, uma preparação e distribuição otimizada da mistura.

Carburadores de fluxo horizontal
Carburadores de fluxo horizontal (conhecidos como carburadores de difusor de ar fixo e pressão constante) oferecem vantagens quando a altura do motor tem que ser muito baixa.

Carburadores de pressão constante trabalham com seção transversal do difusor variável e depressão praticamente constante na saída de combustível. A variação da seção transversal do difusor se realiza por intermédio de um pistão de atuação pneumática e a vazão de combustível é regulada por uma agulha fixada no pistão.

Disposições da câmara de mistura
O carburador simples com uma câmara de mistura é a versão mais barata, O carburador de duas câmaras oferece vantagens na adaptação, de maneira que chegou a ser a forma construtiva padrão para motores de quatro cilindros. A carga parcial é regulada no primeiro estágio. A borboleta de aceleração do segundo estágio é aberta para atingir a plena potência.

Para motores de 6 cilindros são apropriados carburadores duplos, que correspondem a dois carburadores com cuba em comum. Também se utilizam carburadores de câmara dupla de registro com quatro câmaras de mistura e com uma cuba em comum.

Esquema de um carburador de registro.
a) 1º estágio, b) 2º estágio.
1 válvula de corte de marcha lenta, 2 bomba aceleradora, 3 sistema de marcha lenta, 4 borboleta afogadora, 5 difusor secundário, 6 sistemas principais com tubos emulsionadores, 7 enriquecimento de plena carga, 8 bóia, 9 entrada de combustível, 10 válvula de agulha da bóia, 11 tampão do bypass, 12 parafuso de regulagem (mistura de marcha lenta), 13 borboletas de aceleração, 14 difusores, 15 válvula controladora de marcha lenta, 16 câmara de mistura.

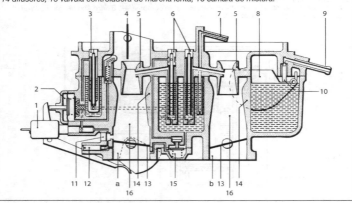

Sistema de carburador controlado eletronicamente (ECOTRONIC)

Carburador básico
O carburador básico se limita à borboleta de aceleração, sistema de bóia, sistema de marcha lenta e transição, sistema principal e borboleta afogadora. Também está previsto um controle para o ar de correção da marcha lenta com um gicleur de agulha acionado pela borboleta afogadora.

Componentes de montagem e atuadores
O atuador da borboleta de aceleração é um atuador pneumático para o comando de enchimento. O tucho do atuador aciona a borboleta de aceleração através de uma alavanca localizada no eixo da borboleta do acelerador.

O atuador da borboleta afogadora serve como elemento de ajuste para regular a relação de mistura nas diversas condições de funcionamento do motor. No fechamento da borboleta afogadora, a mistura é enriquecida no sistema de marcha lenta através do aumento da diferença de pressão e influência do gicleur do ar de marcha lenta.

Sensores
O potenciômetro da borboleta de aceleração capta posição e movimento da borboleta de aceleração. Um sensor de temperatura capta a temperatura de funcionamento do motor, e às vezes um segundo, a temperatura do coletor de admissão.
O interruptor de marcha lenta serve para o reconhecimento do corte de combustível. Ele pode ser economizado através do software apropriado na unidade de comando.

Unidade de comando eletrônica (ECU)
O estágio de entrada da ECU digitaliza os sinais analógicos dos sensores. O processador executa as grandezas de entrada e calcula os valores de saída com os dados armazenados nos mapas característicos. Os valores de saída comandam os atuadores para acionamento da borboleta afogadora e a borboleta aceleradora, bem como outras tarefas.

Funções básicas
O carburador básico determina as funções básicas do sistema. Uma calibração no mapa característico do motor ocorre com a ajuda do sistema de marcha lenta, de transição e principal. Essa calibração estacionária pode ser intencionalmente "pobre", pois correções na direção "rica" são possíveis com a ajuda do controle da borboleta afogadora.

Funções eletrônicas
Às funções básicas são sobrepostas funções controladas/reguladas eletronicamente, as quais são tratadas na unidade de comando eletrônica. Algumas são indicadas na figura. Podem adicionar-se, p. ex. comando da ignição, tarefas de comutação, indicação de consumo e funções de diagnóstico.

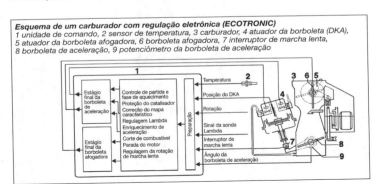

Esquema de um carburador com regulação eletrônica (ECOTRONIC)
1 unidade de comando, 2 sensor de temperatura, 3 carburador, 4 atuador da borboleta (DKA),
5 atuador da borboleta afogadora, 6 borboleta afogadora, 7 interruptor de marcha lenta,
8 borboleta de aceleração, 9 potenciômetro da borboleta de aceleração

Injeção no coletor de admissão (Formação externa de mistura)

Sistemas de injeção de gasolina para formação externa da mistura são caracterizados pelo fato de que a mistura ar-combustível é criada fora da câmara de combustão (no coletor de admissão). Em função de uma dosagem melhorada de combustível e melhor preparação da mistura, motores Otto com injeção no coletor de admissão substituíram quase que completamente o motor carburador, o qual também trabalha com formação externa de mistura. Evoluções tecnológicas são sistemas eletrônicos de injeção no coletor de admissão, no qual o combustível é injetado intermitentemente em cada cilindro individual, ou seja, em intervalos, diretamente antes das válvulas de admissão.

Sistemas que se baseiam em uma injeção contínua mecânica ou injeção central localizada no fluxo ascendente da borboleta de aceleração, praticamente não têm mais significado para novos desenvolvimentos (vide capítulo "Sistemas históricos de injeção", pág. 642 em diante).

Altas exigências à suavidade de marcha e emissão de gases de um veículo impõem altas exigências à composição da mistura em cada ciclo de trabalho. Ao lado da dosagem precisa da massa de combustível injetada respectivamente ao ar aspirado, a injeção no tempo correto também é significativa. Por isso, na injeção eletrônica individual se ordena não apenas uma válvula injetora eletromagnética para cada cilindro, mas cada válvula injetora é ativada individualmente para cada cilindro. A unidade de comando tem a tarefa de calcular a massa de ar aspirada e o regime de funcionamento atual do motor, bem como a massa de combustível para cada cilindro e ponto de injeção correto. O tempo de injeção necessário para injetar a massa de combustível calculada depende da seção transversal de abertura da válvula injetora, bem como da diferença de pressão entre coletor de admissão e sistema de alimentação de combustível.

Na injeção no coletor de admissão, o combustível é enviado através da bomba de combustível, tubulação de combustível e filtros, sob pressão de sistema, à galeria de combustível, a qual garante que o combustível seja distribuído igualmente às válvulas injetoras. É de suma impor-

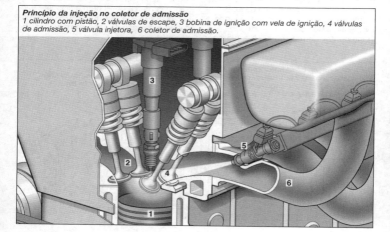

Princípio da injeção no coletor de admissão
1 cilindro com pistão, 2 válvulas de escape, 3 bobina de ignição com vela de ignição, 4 válvulas de admissão, 5 válvula injetora, 6 coletor de admissão.

tância para a qualidade da mistura ar-combustível a preparação do combustível pelas válvulas injetoras, cuja pulverização deve disponibilizar gotículas as menores possíveis.
Formato e ângulo do jato das válvulas injetoras (pág. 614) são adaptados à geometria do coletor de admissão e cabeça do cilindro.
Na injeção da massa de combustível exatamente dosada diretamente antes da(s) válvula(s) de admissão do cilindro uma grande parte do combustível finamente pulverizado pode evaporar. O tempo disponível para a formação da mistura pode ser aumentado pela injeção nas válvulas de admissão ainda fechadas.

Uma parte do combustível se precipita na parede próxima às válvulas de admissão formando uma película, cuja espessura depende essencialmente da pressão no coletor de admissão e da condição de carga do motor. No funcionamento dinâmico do motor, essa umidificação pode levar a desvios temporários do valor Lambda desejado ($\lambda = 1$), de modo que a massa de combustível armazenada nessa película deve ser mantida a menor possível. Efeitos da umidificação da parede no canal de admissão não podem ser negligenciados particularmente sob condições de partida a frio: como o combustível não pode evaporar suficientemente, mais combustível é necessário inicialmente na fase de partida para criar uma mistura inflamável. Quando a pressão no coletor cai a seguir, partes da película vaporizam, o que pode levar à elevação das emissões de HC se o catalisador não operar na temperatura de funcionamento. Por causa de uma injeção irregular de combustível podem também se formar áreas com películas na parede da câmara de combustão e fontes de emissão críticas. Considerações sobre o alinhamento geométrico definido do jato de combustível ("spray targeting") possibilitam a escolha das válvulas injetoras adequadas, com as quais a umidificação da parede do canal de admissão e nas válvulas de admissão pode ser controlada ou minimizada.

Em comparação com motores carburados e sistemas de injeção central, a umidificação das paredes nos sistemas de injeção individual é muito menor. Ao mesmo tempo os coletores de admissão utilizados podem ser adaptados otimamente ao fluxo do ar de combustão, bem como às exigências dinâmicas ao gás do motor.

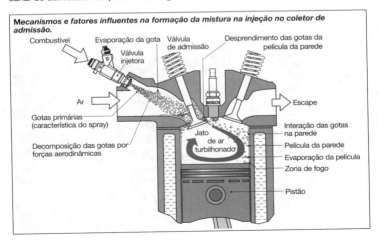

Mecanismos e fatores influentes na formação da mistura na injeção no coletor de admissão.

612 Gerenciamento do motor Otto

Injeção direta de gasolina (formação interna de mistura)

Ao contrário da injeção no coletor de admissão, na injeção direta de gasolina flui ar puro pelas válvulas para a câmara de combustão. Somente lá o combustível é injetado no ar através de um injetor fixado diretamente no cabeçote do motor. Basicamente, há dois modos de operação principais. Na injeção de combustível no tempo de aspiração fala-se de <u>operação homogênea</u>, porém a injeção de combustível durante a compressão é designada como <u>operação estratificada</u>. Há também outros tipos de operação especiais, que representam uma mistura dos dois modos principais ou uma pequena variação de ambos.

Operação homogênea

Na operação homogênea, a formação da mistura é semelhante à da injeção no coletor de admissão. A mistura é formada em relação estequiométrica ($\lambda = 1$). Porém, há algumas diferenças do ponto de vista da formação da mistura. Por um lado falta o processo formador da mistura do fluxo em torno da válvula de admissão, por outro sobra nitidamente menos tempo para o processo de formação da mistura. Enquanto na injeção no coletor pode ser injetado em todos os 720° da árvore de manivelas (pré-armazenado e sincronizado com a admissão), fica para a injeção direta de gasolina apenas uma janela de injeção de 180° da árvore de manivelas. A injeção só pode ocorrer no tempo de aspiração, pois antes disso as válvulas de escape estão abertas e o combustível não queimado iria para o sistema de escapamento. As consequências seriam altas emissões de HC e problemas com o catalisador. Para também fornecer a quantidade suficiente de combustível durante o tempo encurtado, deve-se aumentar, na injeção direta de combustível, a vazão através do injetor. Isso ocorre principalmente através de um aumento da pressão do combustível, que traz a vantagem adicional de um aumento da turbulência na câmara de combustão, que por seu lado promove a formação da mistura. Com isso a mistura pode ser completamente preparada, mesmo com o tempo de interação combustível-ar menor do que na injeção no coletor de admissão.

Operação estratificada

Na operação estratificada faz-se distinção entre diferentes estratégias de combus-

Princípio da injeção direta de gasolina
1 pistão, 2 válvula de admissão, 3 bobina de ignição com vela de ignição, 4 válvula de escape, 5 válvula injetora de alta pressão, 6 galeria (Rail).

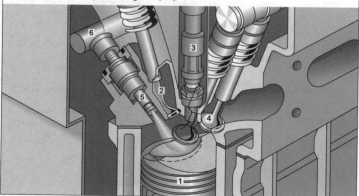

tão. Todas as estratégias têm uma coisa em comum, que é procurar alcançar uma estratificação da carga. Isso significa que, para a quantidade de combustível requerida para um ponto de carga, não é alimentada a correspondente quantidade estequiométrica de ar ajustando a borboleta de aceleração, mas sempre é introduzida a quantidade total de ar na câmara de combustão e apenas uma parte do ar interage com o combustível e é enviado à vela de ignição. O resto do ar fresco envolve a carga estratificada. Este desestrangulamento oferece junto com efeitos de resfriamento para a redução da tendência à detonação – e com isso um possível aumento da compressão – um grande potencial para a diminuição do consumo de combustível.

Processo de combustão direcionado à parede
No processo de combustão direcionado à parede, o combustível é injetado na câmara de combustão pelo lado. Através de uma cavidade no pistão, o jato de combustível é desviado para a vela de ignição. A formação da mistura ocorre no caminho da ponta do injetor para a vela de ignição. Como o tempo para a formação da mistura é mais curto, via de regra aqui a pressão do combustível deve ser mais alta do que na operação homogênea. A pressão do combustível aumentada diminui o tempo e reforça a interação com o ar por causa da troca de pulso aumentada.

Desvantagem do processo de combustão direcionado à parede é a umidificação da parede com combustível, o que eleva as emissões de HC. Como o tempo de formação da mistura é curto, a nuvem de carga muitas vezes ainda contém zonas de mistura rica em cargas mais altas, com isso aumentando o perigo de formação de fuligem. Com carga baixa, o pulso do combustível, que é utilizado como mecanismo de transporte para a nuvem de carga até a vela de ignição, é reduzido. Como resultado, o fluxo deve ser usualmente restringido aqui para que o combustível encontre um ar menos denso.

Processo de combustão arrastado por ar
Em princípio, o processo de combustão arrastado por ar funciona como o dire-

Sistemas de preparação da mistura da injeção direta de gasolina (assistidos por jato em espiral ou em espiral turbilhado em cada caso)
a) direcionados à parede
b) arrastados por ar
c) direcionados à vela
1 válvula injetora (injetor)
2 vela de ignição

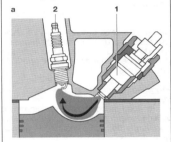

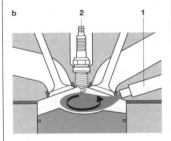

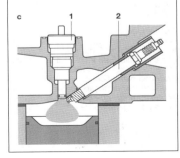

cionado à parede. A grande diferença é que a nuvem de combustível não interage diretamente com a cavidade do pistão, mas sim com um colchão de ar que se move na nuvem de carga. Isso resolve o problema da umidificação da cavidade do pistão. Processos de combustão arrastados por ar não são tão estáveis como os dirigidos à parede, pois os fluxos de ar não são completamente reprodutíveis.

Muitas vezes, os processos de combustão reais são uma mistura de processo dirigido à parede e do processo arrastado por ar, dependente do ponto de operação em cada caso.

Processo de combustão direcionado à vela
O processo de combustão direcionado à vela de ignição já se diferencia oticamente dos outros dois pela posição de montagem do injetor. Ele está localizado em cima no centro e injeta verticalmente para baixo na câmara de combustão. A vela de ignição se encontra diretamente ao lado do injetor. O jato de combustível não é desviado, mas sim inflamado logo após a injeção. Com isso o tempo de preparação fica muito curto. Isso exige um aumento adicional da pressão do combustível para o processo de combustão direcionado à vela. As desvantagens de umidificação da parede, dependências do fluxo de ar e do estrangulamento em pequenas cargas, são eliminadas. Por isso esse processo de combustão tem o maior potencial para a economia de combustível. Além disso, o curto tempo de preparação representa um grande desafio aos sistemas de injeção e ignição.

Outros modos de operação

Ao lado da operação homogênea e estratificada existem ainda modos de operação especiais. Eles incluem a comutação entre os modos de operação (modo homogêneo-estratificado), aquecimento do catalisador e proteção contra detonação (modo homogêneo-split), bem como operação homogênea-pobre.

Componentes da formação da mistura

Essencialmente, os componentes da formação da mistura têm que garantir uma preparação da mistura ar-combustível apropriada para um sistema em particular. Na injeção no coletor de admissão, essa tarefa é essencialmente da válvula injetora, enquanto na injeção direta de gasolina a válvula injetora de alta pressão pode ser auxiliada pela borboleta direcionadora do ar.

Válvula injetora para injeção no coletor de admissão
Concepção e função
As válvulas injetoras consistem principalmente de
- uma carcaça da válvula com bobina magnética e conexão elétrica,
- um assento de válvula com placa de furos e
- uma válvula de agulha móvel com induzido magnético.

Válvula injetora EV6 (exemplo)
1 anéis (O-ring),
2 peneira de filtro,
3 carcaça da válvula com conexão elétrica
4 bobina indutora
5 mola,
6 válvula da agulha com induzido magnético,
7 assento da válvula com placa de furos.

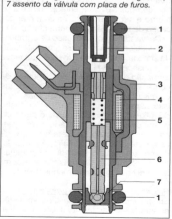

Uma peneira de filtro na entrada do combustível protege a válvula injetora de impurezas. Dois anéis (O-ring) vedam a válvula contra a galeria de combustível e o coletor de admissão. No caso de bobina sem corrente, as molas e a força resultante da pressão do combustível pressionam a agulha da válvula sobre o assento da válvula e vedam o sistema de alimentação de combustível contra o coletor de admissão (figura).

Quando a válvula injetora é alimentada, a bobina produz um campo magnético. O induzido é atraído pelo campo magnético, a agulha da válvula se levanta do assento e o combustível flui através da válvula injetora.

O volume de combustível injetado por unidade de tempo é determinado principalmente pela pressão do sistema e do diâmetro livre dos furos de injeção na placa. Quando a corrente de excitação é desativada, a agulha da válvula fecha novamente.

Preparação do jato e direcionamento
A preparação do jato das válvulas injetoras, isto é, o formato do jato, o ângulo e o tamanho das gotículas, influencia a formação da mistura ar-combustível. Geometrias individuais de coletor de admissão e cabeça do cilindro requerem diferentes formas de preparação do jato. Para poder satisfazer esses requisitos, existem diversas variantes de formação de jato.

Jato cônico
Através da abertura da placa de furos de injeção saem jatos individuais de combustível. A soma dos jatos de injeção formam um cone. Jatos cônicos também podem ser obtidos através de um pino na ponta da agulha da válvula injetora.

Áreas típicas de emprego de válvulas de jato cônico são motores com uma válvula de admissão por cilindro. O jato cônico é direcionado para a abertura entre o prato da válvula de admissão e a parede do coletor de admissão.

Jato duplo
A preparação do jato duplo é empregada para motores com duas válvulas de admissão. As aberturas da placa de furos são dispostas de modo que dois jatos de combustível saiam da válvula injetora. Cada um desses jatos alimenta uma válvula de admissão.

Adição de ar
Na válvula com admissão de ar há um aproveitamento da queda de pressão entre pressão do coletor de admissão e pressão ambiente para melhorar a formação da mistura. O ar é conduzido para a área de saída da placa de furos de injeção através de um adaptador de ar adicional. Em uma fenda estreita o ar atinge uma velocidade muito alta e o combustível é finamente pulverizado na mistura com o ar.

Geometria dos jatos
a jato em linha, b jato cônico, c jato duplo, d ângulo gama.
Definição da geometria do jato:
α_{80}: *80% do combustível encontra-se dentro do ângulo* α
α_{50}: *50% do combustível encontra-se dentro do ângulo* α
β: *70% do combustível no jato individual encontra-se dentro do ângulo* β
γ: *ângulo da direção do jato*

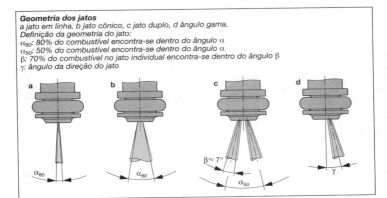

Válvula injetora de alta pressão

A maior pressão de combustível exigida pela injeção direta de gasolina significa que a válvula de injeção deve satisfazer exigências adicionais. Por isso foram desenvolvidas para a injeção direta de gasolina válvulas injetoras de alta pressão especiais.

Concepção e funcionamento

A válvula injetora de alta pressão tem a função de dosar e pulverizar o combustível. Através da pulverização é garantida, na câmara de combustão, uma mistura rápida do combustível com o ar. Com isso a mistura ar-combustível é posicionada numa área fisicamente restrita. Aqui é feita uma distinção se a mistura ar-combustível é distribuída concentrada na área em torno da vela de ignição (operação estratificada) ou igualmente em toda a câmara de combustão (operação homogênea). Em ambos os casos, deveria estar presente na vela de ignição uma mistura inflamável.

A válvula injetora de alta pressão consiste dos componentes individuais:
- carcaça,
- assento da válvula,
- agulha de bico com induzido magnético,
- mola e
- bobina.

Quando a corrente elétrica flui através da bobina, vai ser gerado um campo magnético. Este levanta a agulha de válvula do assento da válvula contra a pressão do mola e libera a abertura de saída da válvula. Através da pressão do combustível nitidamente maior em relação à pressão na câmara de combustão, o combustível é injetado na câmara de combustão. Para uma pulverização melhor, a jato de combustível pode ser turbilhonado.

Quando a corrente é desativada, a agulha da válvula é pressionada pela mola novamente contra o assento, interrompendo assim o processo de injeção.

Com agulhas de válvula que abrem para dentro, a pressão da galeria ajuda no processo de fechamento. Na abertura ela atua contra a direção de abertura, sendo dessa maneira necessário um campo magnético mais forte do que em válvulas injetoras convencionais para coletor de admissão.

Preparação do jato

Com uma abertura definida e um diâmetro de abertura constante com a agulha totalmente levantada, são dosadas quantidades de combustível reprodutíveis. A quantidade de combustível é dependente da pressão na galeria, da contrapressão na câmara de combustão e do tempo de abertura da válvula. Uma geometria adequada da ponta da válvula e uma condução do fluxo para a geração de um turbilhão apóiam o processo de pulverização.

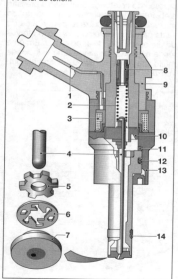

Válvula injetora de alta pressão (HDEV)
1 conexão elétrica, 2 mola de fechamento, 3 bobina, 4 agulha, 5 arruela guia, 6 placa de turbilhonamento, 7 arruela de assento, 8 bucha de ajuste, 9 tampa da carcaça, 10 induzido magnético, 11 arruela de ajuste, 12 anel (O-ring), 13 carcaça da válvula, 14 anel de teflon.

Formação da mistura

Curvas de sinal para excitação da válvula injetora de alta pressão
a Sinal de excitação calculado pela unidade de comando,
b curva da corrente na válvula injetora,
c curso da agulha,
d quantidade injetada de combustível.

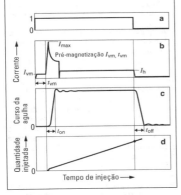

Excitação da HDEV
Para garantir um processo de injeção claro e definido a válvula de alta pressão (HDEV) deve ser excitada por uma complexa curva de corrente. Para isso a unidade de comando fornece um sinal digital. Desse sinal um componente especial gera o sinal de ativação, com o qual o estágio final vai excitar a válvula injetora.

Um capacitor de booster gera a tensão de excitação de 50...90 V. Essa tensão leva a uma corrente alta no início do processo de ativação e se encarrega de um rápido levantamento da agulha da válvula. Com a válvula injetora aberta (máximo curso da agulha da válvula), é suficiente uma corrente de excitação menor para manter um curso da agulha da válvula constante. Um curso da agulha da válvula constante produz uma vazão de combustível proporcional ao tempo de injeção.

O tempo de pré-magnetização, durante o qual a válvula injetora ainda não abre, é levado em conta no cálculo da injeção.

Borboleta direcionadora do ar
1 Coletor de admissão, 2 borboleta de aceleração, 3 borboleta direcionadora do ar, 4 divisor, 5 válvula de admissão.

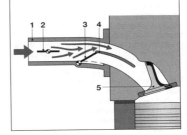

Borboleta direcionadora do ar
O tempo de formação da mistura disponível na injeção direta de gasolina é nitidamente menor do que na injeção no coletor de admissão. Para garantir uma formação de mistura suficientemente boa durante esse tempo encurtado, utiliza-se muitas vezes na injeção direta de gasolina uma borboleta direcionadora do ar. Ela está localizada antes das válvulas de admissão e pode ser alinhada horizontalmente (borboleta tumble) ou verticalmente (borboleta swirl). O alinhamento depende do processo de combustão. Por um lado a borboleta tumble gera turbulência, que facilita a mistura de ar e combustível na câmara de combustão, por outro também a direção do fluxo na câmara de combustão é influenciada. A borboleta pode apoiar o transporte direcionado da carga.

Borboletas direcionadoras de ar existem tanto como execução de dois pontos, bem como sistemas de operação contínua.

Ignição

Princípios básicos

No motor Otto uma ignição externa inicia o processo de combustão. Função da ignição é inflamar a mistura ar-combustível comprimida no ponto exato. Isto se dá por meio de uma faísca elétrica entre os eletrodos de uma vela de ignição na câmara de combustão.

Uma ignição com funcionamento seguro em todas as circunstâncias é a premissa para um funcionamento perfeito do motor. Falhas na ignição levam a
- falhas na combustão e
- danificação ou mesmo destruição do catalisador,
- valores ruins de emissões,
- consumo mais elevado e
- potência menor do motor.

A faísca de ignição

Uma faísca elétrica na vela de ignição só pode ocorrer quando a tensão de ignição necessária for ultrapassada. A tensão de ignição é dependente da distância dos eletrodos da vela de ignição e da densidade da mistura ar-combustível no ponto de ignição. Depois do salto da faísca, a tensão na vela cai para a tensão de queima. A tensão de queima depende do comprimento do plasma da faísca, (distância de eletrodos e excursão por fluxo). Durante o tempo de combustão da faísca de ignição (duração da faísca) é convertida energia do sistema de ignição na faísca de ignição. Após o rompimento da faísca, a tensão é amortecida e cai para zero.

Curva característica da tensão na vela de ignição com mistura estática ou semi-estática
1 Tensão de ignição, 2 tensão de queima.
t duração da faísca

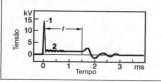

Inflamação da mistura e energia de ignição

A faísca elétrica entre os eletrodos da vela de ignição gera um plasma de alta temperatura. O núcleo da faísca formado se desenvolve para uma frente de chama que se propaga por si só, em função das respectivas condições da mistura na vela de ignição e fornecimento suficiente de energia pelo sistema de ignição.

A ignição deve garantir esse processo sob todas as condições de funcionamento do motor. Para a inflamação de uma mistura ar-combustível por uma faísca elétrica é necessária uma energia de cerca de 0,2 mJ por ignição individual sob condições ideais (p. ex. uma "bomba de combustão"), desde que a mistura possua uma composição estática, homogênea e estequiométrica. No funcionamento real do motor, portanto, são necessários maiores níveis de energia. Uma parte da energia da faísca é convertida no salto da faísca e outra na fase de queima da faísca.

Distâncias de eletrodo maiores, que geram um arco maior, necessitam de tensões de ignição maiores. Em misturas pobres ou motores sobrealimentados necessita-se de tensões de ignição maiores. Com dado nível de energia a duração da faísca diminui com o aumento da tensão de ignição. Uma duração maior da faísca geralmente estabiliza a combustão. Não homogeneidades na mistura no ponto de ignição em torno da vela de ignição podem ser compensadas por uma maior duração da faísca. Turbulências na mistura, como ocorrem p. ex. na operação estratificada na injeção direta de gasolina, podem deflexionar a faísca de ignição até a ruptura. São então necessárias faíscas seqüenciais para inflamar a mistura novamente.

A necessidade de tensão de ignição maior, duração mais longa da faísca e a disponibilização de faíscas seqüenciais levam a sistemas de ignição com energia de ignição maior. Se houver pouca energia de ignição à disposição, não ocorre a inflamação da mistura, o que leva a falhas de combustão. Por esse motivo deve ser disponibilizada tanta energia de ignição, que a mistura ar-combustível possa inflamar com toda a segurança em todas as condições de funcionamento.

Ignição

Boa preparação e fácil acesso da mistura à faísca de ignição melhoram as características de ignição tanto como longa duração da faísca e grande comprimento da faísca e grande distância entre eletrodos. Posição da faísca e comprimento da faísca são dados pelas dimensões da vela; a duração da faísca, pelo tipo e concepção do sistema de ignição bem como das condições de ignição momentâneas do motor. A energia das faíscas dos sistemas de ignição. Dependendo das exigências do motor (injeção no coletor de admissão, injeção direta de gasolina ou turbo) a energia das faíscas de sistemas de ignição está numa faixa de aprox. 30...100 mJ.

Ponto de ignição

Através da seleção do ponto de ignição, o início da combustão pode ser controlado no motor Otto. O ponto de ignição é sempre referido ao ponto morto superior do tempo de combustão do motor Otto. Pontos de ignição adiantados estão antes do ponto morto superior e pontos de ignição atrasados, após. O ponto de ignição mais adiantado possível é determinado pelo limite de detonação, e o ponto mais atrasado possível pelo limite de combustão ou pela máxima temperatura permitida dos gases de escape. O ponto de ignição influencia
- o torque entregue,
- as emissões de gases de escape e
- o consumo de combustível.

Ponto de ignição básico
A velocidade, com que a frente de chama se propaga na câmara de combustão, aumenta com maior enchimento do cilindro e rotação maior. Para a oferta do máximo torque do motor o foco da combustão e com isso a máxima pressão de combustão devem estar imediatamente após o ponto morto superior. Por isso, a ignição deve ocorrer antes do ponto morto superior e o ponto de ignição adiantado com o aumento da rotação ou enchimento reduzido.

Outrossim, o ponto de ignição deve ser adiantado com mistura pobre, porque nesse caso a frente de chama se propaga lentamente. O ajuste do ponto de ignição depende basicamente da rotação, enchimento e relação de ar. Os pontos de ignição são determinados no dinamômetro de motores e armazenados em mapas característicos em sistemas eletrônicos de gerenciamento de motor (vide pág. 620).

Correções do ponto de ignição e pontos de ignição dependentes do funcionamento
Em sistemas de gerenciamento eletrônico do motor podem ser levadas em consideração outras influências no ponto de ignição, ao lado da rotação e enchimento. O ponto de ignição básico pode ser modificado por correções aditivas ou, ser substituído por ângulos de ignição ou mapas característicos de ignição especiais, para pontos ou faixas de funcionamento específicos. Exemplos de correção do ponto

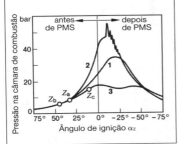

Curva de pressão na câmara de combustão com pontos de ignição diferentes
1 Ignição Z_a no ponto de ignição correto
2 Ignição Z_b muito adiantada
3 Ignição Z_c muito atrasada

Mapa da ignição como função da rotação do motor n e enchimento relativo de ar

Influência do coeficiente de ar λ e ponto de ignição α_z sobre a emissão de poluentes

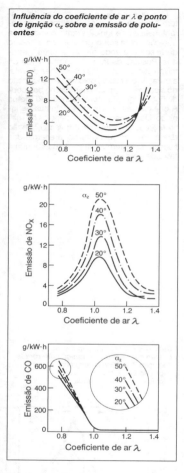

de ignição são a regulagem da detonação, os ângulos de correção para a operação homogênea pobre da injeção direta de gasolina ou aquecimento. Exemplos de ângulos de ignição especiais ou mapas de ignição são a operação estratificada da injeção direta de gasolina ou a operação de partida. A implementação definitiva depende do respectivo conceito de unidade de comando.

Gás de escape e consumo de combustível

O ponto de ignição tem uma considerável influência no gás de escape porque ele pode ser utilizado para influenciar diretamente os diversos componentes não tratados do gás de escape. Os pontos de ignição otimizados deriváveis disso porém só podem ser realizados em parte, pois os critérios de otimização de gás de escape, consumo de combustível e dirigibilidade nem sempre são compatíveis.

O ponto de ignição influencia o consumo de combustível e a emissão de gás de escape de maneira oposta: uma ignição mais adiantada aumenta a potência e reduz o consumo de combustível, mas também aumenta a emissão de HC e, de maneira particular, a emissão de dióxido de carbono. Uma ignição muito adiantada pode conduzir a um funcionamento detonante do motor com perigo de danificar o motor. Com ignição atrasada sobem as temperaturas do gás de escape, o que também danifica o motor.

Através de um gerenciamento eletrônico do motor que comanda o ponto de ignição otimizadamente em função de rotação, carga, temperatura e outras grandezas de influência, podem ser levados em conta objetivos mutuamente antagônicos.

Ignição 621

Influência do coeficiente de ar λ e ponto de ignição α_z sobre o consumo de combustível e torque

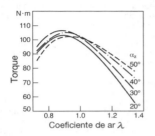

Esquema de uma regulagem de detonação

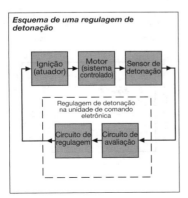

Regulagem de detonação
Princípios básicos
O comando eletrônico do ponto de ignição oferece a possibilidade de um controle muito preciso do ângulo de ignição dependente de rotação, carga e temperatura. Entretanto, é necessária uma distância segura em relação ao limite de detonação.

Essa distância é necessária, para que mesmo no caso mais sensível à detonação em relação a tolerâncias do motor, desgaste, condições ambientais e qualidade do combustível nenhum cilindro atinja ou ultrapasse o limite de detonação. A resultante concepção da construção do motor provoca uma baixa compressão com ponto de ignição atrasado e, portanto, comprometimento no consumo de combustível e no torque.

Esses prejuízos podem ser evitados com o emprego da regulagem de detonação. Experiências comprovam que desta maneira é possível aumentar a compressão do motor, bem como melhorar nitidamente o consumo de combustível e o torque. A regulagem de avanço do ângulo de ignição então não precisa mais ser aplicada às condições menos sensíveis (p. ex. compressão do motor no limite inferior de tolerância, melhor qualidade possível de combustível, cilindro menos sensível à detonação). Agora cada cilindro do motor pode ser operado praticamente em todas as faixas de funcionamento, no seu limite de detonação durante toda a sua vida útil e com ótimo grau de eficiência.

A condição para essa concepção do ângulo de ignição é um reconhecimento seguro da detonação a partir de uma determinada intensidade de detonação de cada cilindro individualmente, em toda a faixa operacional do motor.

Sistema de regulagem de detonação
Um sistema de regulagem de detonação consiste de:
- sensor de detonação,
- sistema de avaliação do sinal,
- Sistema de reconhecimento da detonação e
- regulagem do ângulo de ignição com adaptação.

Sensor de detonação

Um típico sintoma de combustão detonante são oscilações de alta freqüência na câmara de combustão, que são sobrepostas à curva de baixa pressão. Essas oscilações são melhor detectadas diretamente na câmara de combustão com sensores de pressão. Sendo que ainda é relativamente complexa e cara a instalação desses sensores no cabeçote do motor para cada cilindro, essas oscilações são comumente captadas com sensores de detonação fixados externamente no motor. Esses sensores piezoelétricos de aceleração captam as oscilações características de combustões detonantes e as transformam em sinais elétricos.

Existem dois tipos de sensores de detonação. O sensor de banda larga com uma típica faixa de freqüência de 5 até 20 kHz, e o sensor de ressonância, o qual transmite preferencialmente apenas uma freqüência de ressonância do sinal de detonação. Em combinação com uma avaliação flexível do sinal na unidade de comando, podem ser avaliadas por um sensor de banda larga diferentes ou várias freqüências de ressonância. Isso leva a um melhor reconhecimento da detonação, por isso o sensor de banda larga substitui cada vez mais o sensor de ressonância.

Para garantir um reconhecimento suficiente da detonação em todos os cilindros e faixas de funcionamento, a quantidade e a posição de montagem dos sensores de detonação necessários para cada tipo de motor devem ser determinados cuidadosamente. Motores de 4 cilindros em linha são equipados com um ou dois, motores de 5 ou 6 cilindros com dois, motores de 8 ou 12 cilindros com quatro sensores de detonação.

Avaliação do sinal

Durante uma faixa de tempo na qual pode ocorrer detonação, um circuito especial de avaliação na unidade de comando avalia, do sinal de banda larga, a ou as faixas de freqüência com as melhores informações de detonação, e gera uma grandeza representativa para cada combustão. Essa avaliação de sinal muito flexível com um sensor de banda larga leva a resultados nitidamente melhores no reconhecimento de detonação do que um sensor de detonação de ressonância com apenas uma freqüência de ressonância avaliável para todos os cilindros designados no mapa característico total do motor.

Sensor de detonação
1 massa sísmica, 2 massa de calafetar, 3 piezocerâmica, 4 contatos, 5 ligação elétrica.

Regulagem da detonação
Algoritmo de regulagem na intervenção na ignição de um motor de 4 cilindros.
K 1...3 detonação no cilindro 1...3
(sem detonação no cilindro 4)
a demora antes do atraso da ignição,
b atraso da ignição, c demora antes do avanço da ignição, d avanço da ignição

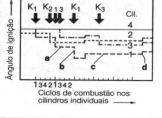

Reconhecimento de detonação
A variável produzida pelo circuito de avaliação de sinal é classificada em um algoritmo de reconhecimento de detonação como detonação ou não detonação, para cada cilindro e cada combustão. Isso é feito comparando a grandeza da combustão atual com uma grandeza que represente a combustão sem detonação.

Controle do ângulo de ignição com adaptação
Combustões detonantes reconhecidas provocam um atraso do ponto de ignição no respectivo cilindro. Não ocorrendo mais detonação processar-se-á um adiantamento progressivo do ponto de ignição até o valor de pré-controle. Os algoritmos de reconhecimento de detonação e de regulagem da detonação são coordenados de maneira que não ocorra uma detonação audível ou prejudicial ao motor, apesar de que cada cilindro funcione no limite de detonação na faixa otimizada do grau de eficiência.

No funcionamento real do motor estabelecem-se diferentes limites de detonação para os diversos cilindros e portanto também diferentes pontos de ignição. Para adaptação dos valores de pré-controle do ponto de ignição ao respectivo limite de detonação, os atrasos do ponto de ignição individuais de cada cilindro são memorizados, dependendo do ponto de operação. Essa memorização é feita em mapas característicos não voláteis na memória RAM alimentada permanentemente através da carga e da rotação. Dessa maneira, o motor poderá funcionar com ótimo grau de eficiência e prevenção de combustão com detonação audível mesmo na rápida mudança de carga e rotação em qualquer ponto operacional.

Essa adaptação possibilita também a utilização de combustíveis com baixa resistência à detonação (p. ex. gasolina comum no lugar da gasolina super).

Sistemas de ignição

Em veículos modernos, os sistemas de ignição são quase sempre integrados como subsistemas em um sistema de gerenciamento de motor. Sistemas de ignição separados são apenas utilizados em aplicações especiais (p. ex. motores pequenos). A ignição por bobina (ignição indutiva) com um circuito de ignição individual por cilindro (distribuição estática de alta tensão com bobinas de faísca simples) é cada vez mais usual. Também são utilizados, em menor quantidade, sistemas de ignição de alta tensão capacitivos (ignição capacitiva) ou outras concepções especiais como ignições por magneto para motores pequenos. A seguir serão enfocadas as ignições por bobina.

Ignição por bobina (ignição indutiva)
Princípio da ignição por bobina
O circuito de ignição de uma ignição por bobina consiste de
- uma bobina com um enrolamento primário e um secundário,
- um estágio final da ignição para o comando da corrente através do enrolamento primário (integrado na unidade de comando do motor ou na bobina de ignição) e
- uma vela de ignição, conectada ao circuito de alta tensão de enrolamento secundário.

Estrutura de um circuito de ignição com bobinas de faísca simples
1 estágio final da ignição, 2 bobina de ignição, 3 diodo supressor da faísca de ativação, 4 vela de ignição.
15, 1, 4, 4a designações dos terminais
⊓⊔ sinal de disparo

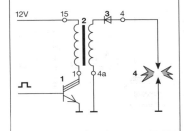

Gerenciamento do motor Otto

O estágio final de ignição liga uma corrente da rede de bordo, antes do ponto de ignição desejado, através do enrolamento primário da bobina de ignição. Enquanto o circuito de corrente primário estiver fechado (tempo de fechamento) vai se formar um campo magnético no enrolamento primário.

No ponto de ignição, a corrente através do enrolamento é novamente interrompida e a energia do campo magnético se descarrega principalmente através do enrolamento secundário acoplado magnéticamente (indução). Com isso se produz uma alta tensão no enrolamento secundário, a qual gera a faísca na bobina de ignição. A tensão de ignição necessária na vela de ignição (demanda de tensão de ignição) sempre deve ser ultrapassada pela máxima tensão de ignição possível do sistema de ignição (oferta de tensão de ignição).

Após o salto da faísca, a energia ainda restante é convertida durante a duração da faísca na vela de ignição.

Funções de um sistema de ignição com ignição por bobina
As funções básicas de um sistema de ignição inductivo são:
- determinação do ponto de ignição,
- determinação do tempo de fechamento e
- liberação da energia de ignição.

Determinação do ponto de ignição
O ponto de ignição atual é determinado pelos mapas característicos dependendo do ponto de operação (vide pág. 620) e então liberado.

Determinação do tempo de fechamento
A energia de ignição requerida deve estar disponível no ponto de ignição. O nível de energia de ignição depende do nível da corrente primária no ponto de ignição (corrente de corte) e da indutância do enrolamento primário. O nível da corrente de corte depende basicamente do tempo de ativação (tempo de fechamento) e da tensão da bateria na bobina de ignição. Os tempos de fechamento para atingir a corrente de corte desejada estão contidos em curvas ou mapas característicos. A modificação do tempo de fechamento através da temperatura pode ser compensada adicionalmente.

Liberação da ignição
A liberação da ignição garante que a faísca de ignição ocorra no cilindro correto no tempo correto e com a energia de ignição requerida. Em sistemas controlados eletronicamente geralmente um anel de impulsos com uma marca de referência com ângulo fixo (típico 60-2 dentes) na árvore de manivelas é escaneado por um sensor indutivo (sistema sensor). A partir disso a unidade de comando pode calcular o ângulo de manivela e a rotação momentânea. A ligação e desligamento da bobina de ignição podem ocorrer em cada ângulo de manivela desejado. Para a designação clara do cilindro é necessário um sinal adicional de fase do eixo de comando de válvulas.

A unidade de comando calcula para cada combustão, a partir do ponto de ignição desejado, o tempo de fechamento necessário e, da rotação atual, o ponto de ligação e liga o estágio final. O ponto de ignição ou o desligamento do estágio final podem ser disparados quando o tempo de fechamento expirar ou for atingido o ângulo desejado.

> **Sistema de ignição com bobinas de faísca simples**
> 1 chave de ignição, 2 bobina de ignição, 3 vela de ignição, 4 unidade de comando, 5 bateria.
>
>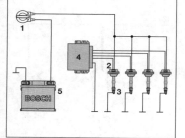

Componentes da ignição

Estágio final de ignição

Função
O estágio final de ignição tem a função de chavear a corrente na bobina de ignição.

Concepção e princípio de funcionamento
Os estágios finais de ignição geralmente são concebidos como transistores de potência de três estágios em técnica BIT (tecnologia bipolar, Bosch Integrated Power). As funções "limitação da tensão primária" e "limitação de corrente primária" estão integradas monoliticamente e protegem os componentes de ignição de sobrecarga.
Em funcionamento, o estágio final da ignição e a bobina se esquentam. Para não ultrapassar as temperaturas de funcionamento permitidas, a perda por calor deve ser dissipada para o meio ambiente de maneira segura, mesmo com temperaturas operacionais maiores, através de medidas apropriadas. Para evitar grandes perdas de calor no estágio final de ignição a limitação da corrente primária só tem a função de limitar (limite emergencial de corrente) a corrente em caso de falha (p. ex. curto-circuito).

> **Risco de acidentes!**
> Todos os sistemas de ignição são sistemas de alta tensão. Para evitar riscos em trabalhos no sistema de ignição, deve-se desligar sempre a ignição ou desconectar a alimentação de tensão. Tais trabalhos são p. ex.:
> - Troca de peças como velas de ignição, bobina de ignição ou transformador de tensão, distribuidor de ignição, cabos de ignição, etc.
> - Ligação de analisadores de motor como pistola estroboscópica, testador de ângulo de permanência e rotação, osciloscópio de ignição, etc.
>
> No teste do sistema de ignição com ignição ligada aparecem tensões perigosas em todo o sistema. Trabalhos de teste devem ser realizados apenas por especialistas treinados.

No futuro, protetores de circuito de circuito de três estágios serão substituídos pelos novos IGBTs (Insulated Gate Bipolar Transistor, uma combinação de transistor de efeito de campo e bipolar), que também foram desenvolvidos para aplicações de ignição. O IGBT têm algumas vantagens sobre o BIP:
- Ativação quase sem força (ativados por tensão) no lugar de comandada por corrente,
- menor corrente de saturação,
- maior corrente de carga,
- tempos de chaveamento menores,
- possível maior tensão nos terminais,
- temperatura de operação contínua maior,
- protegido contra inversão de polaridade na rede de bordo de 12 V.

Versões
Estágios finais de ignição são divididos entre estágios finais internos e externos. Os internos são integrados na placa de circuito impresso da unidade de comando do motor. Os estágios finais externos estão localizados em uma carcaça própria fora da unidade de comando do motor. Por motivos de custo os estágios finais externos não encontram mais aplicação em projetos novos.
Uma outra possibilidade, cada vez mais praticada é a integração de estágios finais na bobina de ignição. Essa solução evita cabos no chicote, que conduzem altas correntes e são supridas com altas tensões. Da mesma maneira a perda de potência na unidade de comando Motronic é correspondentemente menor.
Estágios finais integrados nas bobinas de ignição estão sujeitos a exigências aumentadas com respeito à ativação, capacidade de diagnóstico e sobrecarga de temperatura.

Bobina de ignição

Função

A bobina de ignição representa em princípio uma fonte de alta tensão carregada de energia com estrutura similar a um transformador. Ela recebe a energia da rede de bordo do veículo durante o tempo de fechamento ou de carga. No ponto de ignição, que ao mesmo tempo representa o fim do tempo de carga, a energia é liberada à vela de ignição com a alta tensão e energia de faísca necessárias (Sistema de ignição indutivo, pág. 623).

Concepção da bobina de ignição compacta
1 Placa de circuito impresso, 2 estágio final, 3 diodo supressor da faísca de ativação, 4 carcaça da bobina secundária, 5 enrolamento secundário, 6 placa de contato, 7 pino de alta tensão (conexão para a mola de contato), 8 conector primário, 9 enrolamento primário, 10 núcleo-I, 11 ímã permanente, 12 núcleo-O, 13 mola (contato da vela de ignição), 14 capa de silicone (isolamento de alta tensão).

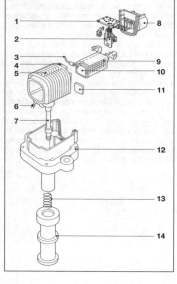

Concepção

A bobina de ignição consiste de dois enrolamentos que são acoplados magneticamente através de um núcleo de ferro. Esse circuito de ferro eventualmente ainda contém um ímã permanente para a otimização da energia. O enrolamento primário tem uma quantidade de espiras significativamente menor do que o enrolamento secundário. A relação de transformação está na faixa de $ü = 80...100$.

As espiras devem ser muito bem isoladas eletricamente, para evitar descargas elétricas e/ou faíscamentos no interior ou mesmo para fora. Por isso as espiras são geralmente preenchidas com resina epóxi na carcaça da bobina de ignição.

O núcleo de ferro consiste de um número de lâminas ferromagnéticas empilhadas para minimizar as perdas por correntes de Foucault.

O estágio de saída da ignição pode ser integrado alternativamente para a montagem na unidade de comando do motor ou na bobina de ignição. Elementos supressores de interferências podem ser incorporados na bobina de ignição junto com o diodo supressor da faísca de ligamento. É comum se utilizar um resistor supressor de interferência na saída de alta tensão para a vela de ignição.

Operação

O estágio de saída da ignição chaveia a corrente primária na bobina de ignição. A corrente aumenta com um retardo de acordo com a indutância. No campo magnético que se cria nesse processo, é armazenada energia na bobina de ignição. O tempo de fechamento é calculado de tal maneira que uma determinada corrente de desconexão e com isso uma determinada energia sejam atingidas no final do tempo de fechamento.

A desconexão da corrente pelo estágio de saída gera uma indução de tensão na bobina de ignição. Do lado primário são algumas centenas de Volt. Por causa da grande relação de transformação entre enrolamento primário e secundário ocorrem tensões em torno de 30.000 Volts do lado secundário.

Se a oferta de tensão da bobina de ignição atinge a necessidade de tensão de ignição nos eletrodos da vela de ignição, a tensão cai a uma tensão de faísca de aprox. 1.000 V. Flui então uma corrente de faísca, a qual diminui com o aumento da duração da faísca até que a faísca finalmente se extingue. A energia armazenada no processo de carga foi totalmente convertida.

Conforme a corrente muda no tempo em que a corrente primária é cortada, uma tensão de indução na saída da bobina de ignição aparece analogamente ao início do tempo de carga. Além disso, essa tensão tem polaridade invertida e é nitidamente menor que a tensão no momento da ignição. Para evitar uma ignição indesejada através dessa "tensão de ativação", ela normalmente é suprimida por meio de um diodo de alta tensão no circuito secundário (diodo supressor de faísca de ligamento).

Os dados elétricos de uma bobina de ignição podem ser determinados em função da sua concepção. Determinantes aqui são em primeira linha as exigências quanto ao espaço de instalação e as duas interfaces especificadas:
- unidade de comando (p. ex. corrente de desconexão,
- vela de ignição ou motor (p. ex. tensão de ignição, dados da faísca).

Versões
Existem vários tipos de bobina, de modo que é possível uma distinção sob vários pontos de vista.

Ao lado das <u>bobinas individuais</u>, que via de regra ficam diretamente sobre a vela de ignição, também podem ser agrupadas varias bobinas de ignição como <u>módulo</u> ou rail (inglês: trilho). Tais disposições são então fixadas diretamente às velas de ignição; ou estão um pouco afastadas, sendo que a alta tensão dever ser fornecida através dos cabos apropriados.

Ao lado das bobinas com apenas uma saída de alta tensão (bobinas de ignição de faísca simples) também existem aquelas, nas quais as duas extremidades do enrolamento secundário são utilizadas como saída (bobina de ignição de faísca dupla). No caso de descarga no lado secundário, o circuito sempre deve ser fechado através dos dois caminhos da faísca. Como possíveis aplicações existe aqui a ignição dupla, ou seja, uma bobina de ignição alimenta duas velas de ignição por cilindro. Uma outra aplicação é a divisão das duas saídas de alta tensão para duas velas de ignição de cilindros diferentes. No último caso apenas uma vela de ignição se encontra no tempo de ignição, com o que a necessidade de tensão e energia da "faísca passiva" (faísca de apoio) é nitidamente reduzida. Essa variante oferece antes de tudo vantagens de custo, porém deve estar casada com o sistema total, para evitar danos por inflamações indesejadas causadas pela faísca de apoio.

Bobinas de ignição também são distinguidas pela sua concepção básica. Por exemplo, existe aqui a <u>bobina compacta</u> convencional, que possui lados iguais e um circuito magnético de núcleo O/I ou também núcleo C/I. O corpo da bobina fica alojado no motor acima da cavidade da vela de ignição.

Um outro tipo é a bobina de bastão (inglês: Pencil Coil) que se destaca porque penetra com seu corpo na cavidade da vela de ignição. Também aqui os enrolamentos se localizam em um núcleo I ou em forma de bastão, uma lamela (lamela de fechamento do circuito magnético) disposta concentricamente em torno dos enrolamentos se encarrega do fechamento do circuito magnético.

Panorâmica
As exigências à bobina estarão focadas no futuro num formato construtivo ainda menor com exigências extremas de isolação e temperatura igualmente altas. Junto vem a integração com a eletrônica, que teve no estágio de saída da ignição o seu início. A razão para integrar eletrônica é, por um lado, o alívio da unidade de comando e, por outro, novas funções como, p. ex.:
- funções de proteção (p. ex. desligamento por excesso de temperatura),
- funções de diagnóstico (p. ex. controle do tempo de carga),
- medição de corrente iônica (diagnóstico de combustão) e
- ignição multifaísca (comando de faísca).

628 Gerenciamento do motor Otto

Vela de ignição

Função
A energia de ignição gerada pela bobina de ignição é introduzida na câmara de combustão através da vela de ignição. A alta tensão aplicada cria uma faísca elétrica entre os eletrodos da vela de ignição, que inflama a mistura ar-combustível comprimida. Como essa função também deve ser garantida sob condições extremas (partida a frio, plena carga), a vela de ignição tem um papel decisivo no desempenho otimizado e funcionamento seguro do motor Otto. Essas exigências ficam por toda a vida útil de vela de ignição.

Exigências
As exigências à vela de ignição são extremas: ela está exposta aos processos variáveis periodicamente na câmara de compressão, bem como às condições climáticas fora do motor.

Quando a vela de ignição é usada com sistemas de ignição eletrônicos podem ocorrer tensões de ignição de até 30000 V, que não podem levar a centelhamento na cerâmica e na cabeça. Essa capacidade isolante deve ser mantida por toda a vida útil e garantida também com altas temperaturas (até aprox. 1.000°C).

Mecanicamente, a vela de ignição está submetida às pressões que aparecem periodicamente na câmara de combustão (até 100 bar), mas a estanqueidade ao gás não pode diminuir. Além disso os eletrodos da vela devem ser produzidos com materiais com alta resistência ao calor e às vibrações contínuas. A carcaça deve estar em condições de absorver as forças de aperto sem deformações duradouras.

A parte da bobina de ignição que penetra na câmara de combustão está exposta aos processos químicos que ocorrem a altas temperaturas, de modo que se exige resistência contra os depósitos agressivos na câmara de combustão. Ao isolador da vela de ignição se exige uma alta resistência à solicitação térmica (choque térmico), pois ele está exposto a uma rápida mudança de temperatura devido à alta temperatura dos gases de escape e à mistura ar-combustível fria. O bom funcionamento da vela de ignição exige uma boa dissipação de calor dos eletrodos e do isolador no cabeçote do motor

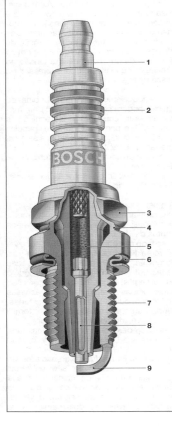

Estrutura da vela de ignição
1 pino de conexão com porca de conexão,
2 isolador de cerâmica Al_2O_3,
3 carcaça,
4 zona de contração por calor,
5 vidro condutor,
6 anel de vedação (assento de vedação),
7 rosca,
8 eletrodo central composto (Ni/Cu),
9 eletrodo massa (aqui como eletrodo composto de Ni/Cu).

Concepção

O eletrodo central e o pino de conexão estão unidos por vidro fundido condutor de eletricidade dentro de um isolador de cerâmica especial de alta qualidade. Esse vidro fundido se encarrega, além do suporte mecânico das peças, da estanqueidade contra os gases frente às altas pressões da combustão. Podem também se incorporar nele resistores como medidas para supressão de interferência e o desgaste dos eletrodos.

Em seu lado de conexão, o isolador tem um vitrificado livre de chumbo, para repelir umidade e sujeira. Isso evita sobremaneira correntes de fuga.

Também a conexão entre o isolador e a carcaça de aço niquelada deve ser estanque ao gás.

O(s) eletrodo(s) massa são fabricados, como o eletrodo central, normalmente de ligas múltiplas com base em níquel por causa das altas solicitações térmicas e soldados à carcaça. Para a melhor condução de calor, prestam-se tanto para o eletrodo central como para o eletrodo massa, eletrodos compostos com um material de cobertura com uma liga à base de níquel e um núcleo de cobre. Para determinados casos o material do eletrodo é composto de prata ou platina ou ligas de platina.

De acordo com a conexão de alta tensão as velas de ignição têm uma rosca M4 ou uma conexão normalizada SAE. Para exigências máximas de proteção contra interferências e sistemas à prova d'água, existem velas de ignição com blindagem metálica.

Índice térmico

A vela de ignição é aquecida durante o funcionamento pelo calor da combustão. Uma parte do calor absorvido pela vela de ignição é entregue ao gás fresco. A maior parte é transmitida via eletrodo central e o isolador à carcaça da vela de ignição e desviada ao cabeçote do motor. A temperatura de funcionamento se representa como um equilíbrio entre a absorção de calor do motor e a dissipação de calor para o cabeçote do motor. A intenção é que o pé do isolador atinja a temperatura de autolimpeza de aprox. 500°C já com pequena potência do motor.

Se a temperatura ficar abaixo desse nível, existe o risco de que restos de fuligem e óleo de combustões incompletas se depositem nas partes frias da vela de ignição (principalmente com motor não à temperatura de funcionamento, nas baixas temperaturas externas e partidas repetidas). Isso pode criar uma conexão condutora (curto-circuito) entre os eletrodos centrais e a carcaça da vela, através da qual a energia de ignição é desviada como corrente de curto-circuito (perigo de falhas de ignição). Com temperatura mais alta, os resíduos com teor de carvão se queimam no pé do isolador: a vela de ignição se "autolimpa".

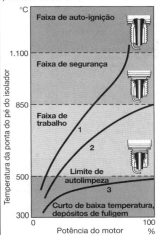

Comportamento de temperatura das velas de ignição
1 vela de ignição com índice térmico muito alto (vela de ignição quente),
2 vela de ignição com índice térmico correto,
3 vela de ignição com índice térmico muito baixo (vela fria).
A temperatura na faixa de trabalho deveria ficar entre 500°C e 900°C nas diversas potências do motor.

Como limite superior deve se manter aprox. 900°C pois nessa faixa o desgaste dos eletrodos da vela aumenta muito (devido à oxidação e corrosão por gás quente). Se esse limite for excedido por um valor significativo, aumenta o risco de auto-ignições (inflamação da mistura ar-combustível em superfícies quentes). Estas sobrecarregam muito o motor e podem destruí-lo em pouco tempo. Por isso, a vela de ignição deve ser adaptada em sua característica de absorção de calor conforme o tipo de motor.

Caracterizador da capacidade de a vela de ignição suportar cargas térmicas é o índice térmico, que é descrito com um número característico determinado em medições comparativas com uma fonte de referência padrão.

Com o procedimento de medição de corrente iônica da Bosch, a característica de combustão é utilizada para determinar a necessidade de grau térmico do motor. O efeito ionizador das chamas permite avaliar, por meio da medição da condutibilidade no caminho da faísca, como a combustão se desenvolve em função do tempo. Mudanças características no processo de combustão através de uma sobrecarga térmica maior das velas de ignição podem ser detectadas usando corrente iônica e usadas para avaliação do processo de auto-ignição. A adaptação da vela de ignição tem que ocorrer de tal maneira que sejam evitadas inflamações térmicas antes do ponto de ignição (especialmente pré-ignição).

O uso de materiais com maior condutibilidade térmica (ligas de prata ou níquel com núcleo de cobre) para os eletrodos centrais permite estender o comprimento do pé do isolador sem mudar o índice térmico. Isso estende a faixa de trabalho da vela de ignição para uma sobrecarga térmica menor e reduz a possibilidade de formação de fuligem. Essa é uma vantagem de todas as velas Bosch-Super (Thermo-Elastic).

A redução do risco de falhas de queima e ignição, que deixam a emissão de hidrocarbonetos subir abruptamente, gera benefícios para os valores de gases de escape e o consumo de combustível nas faixas de baixa carga.

Distância entre eletrodos e tensão de ignição

A distância entre eletrodos é a menor distância entre eletrodos central e de massa e determina entre outros o comprimento da faísca de ignição. Por um lado ela deve ser a maior possível, para que a faísca ative um volume grande e leve a uma inflamação segura da mistura ar-combustível através de uma formação estável do núcleo da chama. Quanto menor for a distância entre eletrodos, menor será a tensão necessária para gerar uma faísca. Com uma distância entre eletrodos muito pequena só se forma um núcleo de chama pequeno na área dos eletrodos. Energia será retirada do núcleo da chama através das áreas de contato com os eletrodos (quenching), e o núcleo da chama só pode se propagar muito lentamente. Em casos extremos, a retirada de energia pode ser tão grande que podem ocorrer até falhas de inflamação.

Com o aumento da distância entre eletrodos (p. ex. desgaste dos eletrodos) as condições de inflamação são melhoradas, mas a necessidade de tensão de ignição sobe. Para uma dada oferta de tensão de ignição da vela de ignição a oferta de tensão é reduzida e o risco de falhas de ignição aumenta.

Esquema elétrico do processo de medição de corrente iônica
1 alta tensão da bobina de ignição,
2 adaptador de corrente iônica,
2a diodo disparador,
3 vela de ignição,
4 instrumento medidor de corrente iônica,
5 osciloscópio.

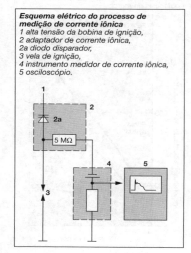

O valor da necessidade de tensão de ignição não depende apenas do tamanho da distância entre eletrodos, do formato, da temperatura e do material dos eletrodos, mas também de parâmetros específicos como composição da mistura (valor Lambda), velocidade do fluxo, turbulência e densidade do gás a ser inflamado.

Nos conceitos atuais de motores com elevadas taxas de compressão e grande turbulência de carga, é necessária uma aplicação criteriosa da distância entre eletrodos, para garantir durante a vida útil requerida uma inflamação confiável e com isso um funcionamento de ignição sem falhas.

Posição da faísca
A posição do caminho da faísca relativa à parede da câmara de combustão define a posição da faísca. Em motores modernos (e particularmente nos motores com injeção direta de gasolina) percebe-se uma nítida influência da posição da faísca sobre a combustão. Com uma posição da faísca que penetra mais profundamente na câmara de combustão o comportamento da inflamação pode ser melhorado perceptivelmente. Para a caracterização da combustão servem a suavidade de marcha e a marcha irregular do motor, que é derivada diretamente das oscilações de rotação ou ser descrita indiretamente através de uma avaliação estatística da pressão induzida média.

Por causa dos eletrodos massa maiores são atingidas temperaturas maiores, o que por outro lado tem efeito sobre o desgaste dos eletrodos e a durabilidade dos eletrodos. Os tempos de vida requeridos podem ser atingidos através de medidas construtivas (prolongamento da carcaça da vela de ignição para fora da parede da câmara de combustão) ou aplicação de eletrodos compostos ou materiais resistentes a altas temperaturas.

Conceitos de velas de ignição
O tipo de conceito de vela de ignição é determinado pela posição relativa de um eletrodo em relação ao outro e da posição do eletrodo massa para o isolador.

Conceitos de faísca no ar (a)
Nos conceitos de faísca no ar o eletrodo massa está posicionado em relação ao eletrodo central, de tal maneira que a faísca salte no caminho direto entre os eletrodos e a mistura ar-combustível inflame entre os eletrodos.

Conceitos de faísca deslizante (b)
Pela posição definida dos eletrodos em relação à cerâmica a faísca desliza primeiramente através da superfície da ponta do pé do isolador e então salta sobre um entreferro cheio de gás para o eletrodo massa.

Conceitos de velas de ignição
a) conceito de faísca no ar,
b) conceito de faísca deslizante,
c) conceito de faísca deslizante no ar.

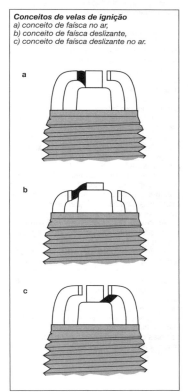

Como para a inflamação sobre a superfície é necessária uma tensão de ignição menor do que para a descarga através de um entreferro de igual tamanho, a faísca deslizante pode vencer uma distância entre eletrodos maior do que a faísca no ar, com a mesma necessidade de tensão de ignição. Em função do maior núcleo da chama, as características de inflamação melhoram significativamente.

Ao mesmo tempo esses conceitos de vela de ignição apresentam uma característica de repetição de partida a frio nitidamente melhor, pois a faísca deslizante limpa a frente do isolador, ou seja, evita que fuligem se deposite lá.

Conceitos de faísca deslizante no ar (c)
Nesses conceitos de vela de ignição os eletrodos massa estão posicionados a uma determinada distância do eletrodo central e da frente da cerâmica. São criados dois caminhos da faísca alternativos, que possibilitam as duas formas de descarga e apresentam necessidades de tensão de ignição diferentes. De acordo com as condições de funcionamento a faísca salta como faísca no ar ou deslizante.

Comportamento operacional da vela de ignição
Alterações em funcionamento
Por causa do funcionamento da vela em uma atmosfera agressiva, algumas vezes sob altas temperaturas, ocorre um desgaste nos eletrodos, o qual deixa aumentar a necessidade de tensão de ignição. Se essa não puder mais ser coberta pela oferta da bobina de ignição, ocorrerão falhas na ignição.

O funcionamento da vela de ignição também poderá ser influenciado por alterações no motor devido a envelhecimento (p. ex. consumo elevado de óleo) ou sujeiras. Depósitos na vela de ignição podem levar a derivações e com isso a falhas na ignição, que causam um nítido aumento das emissões poluentes e também podem levar à danificação do catalisador. Por isso, as velas de ignição devem ser trocadas regularmente.

Desgaste dos eletrodos
Por desgaste dos eletrodos entende-se uma retirada de material nos eletrodos, que deixa crescer a distância entre eletrodos perceptivelmente com o aumento do tempo de funcionamento. Dois mecanismos são os principais responsáveis por isso:
- erosão por faíscas e
- corrosão na câmara de combustão.

Para a minimização do desgaste dos eletrodos são utilizados materiais com alta resistência à temperatura (p. ex. platina e ligas de platina). A retirada do material também pode ser reduzida para o mesmo período de funcionamento através da escolha adequada da geometria dos eletrodos e do conceito de vela de ignição (velas de ignição de faísca deslizante).

O resistor no vidro condutor reduz a queima e contribui para uma redução do desgaste.

Regimes de funcionamento anormais
Regimes de funcionamento anormais (ignições por incandescência, combustões detonantes, etc.) podem destruir o motor e as velas de ignição.

Sistemas de ignição ajustados incorretamente bem como a utilização de velas de ignição com índice térmico que não combina com o motor ou combustível inadequado podem danificar o motor e as velas de ignição.

Ignição por incandescência
Ignição por incandescência é um processo de inflamação descontrolado, no qual a temperatura em um lugar na câmara de combustão (p. ex. ponta do pé do isolador, na válvula de escape, nas vedações salientes do cabeçote do motor) pode subir tanto que são causados sérios danos ao motor e à vela de ignição.

Combustão detonante
Detonação é uma combustão descontrolada com um aumento muito acentuado da pressão (vide pág. 619). Esta combustão é muito mais rápida do que a combustão normal. Por causa dos elevados gradientes de pressão, os componentes (cabeçote do motor, válvulas, pistão e velas de ignição) estão sujeitos a uma elevada carga térmica que pode levar à danificação de um ou mais componentes (vide Regulagem de detonação, pág. 621).

Ignição

Designação de velas de ignição Bosch
A designação dos tipos de velas de ignição é determinada por uma fórmula de tipo. Na fórmula de tipo estão contidas todas as características da vela de ignição – com exceção da distância dos eletrodos. Este está indicado adicionalmente na embalagem. Especificações das velas de ignição para o respectivo motor são definidas ou recomendadas pelo fabricante do motor ou pela Bosch.

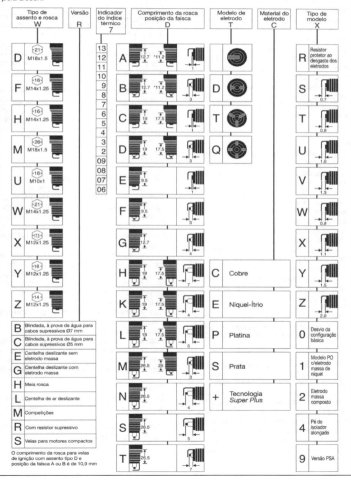

Gerenciamento de motor Motronic

Função

Motronic é nome dado pela Bosch para sistemas de controle e regulagem do motor Otto. Originalmente a Motronic tinha a função básica de combinar a injeção eletrônica com uma ignição eletrônica em uma unidade de comando. Gradualmente foram adicionadas mais funções que se fizeram necessárias em função das exigências das leis para redução de emissão de gás de escape, redução do consumo de combustível, aumento da demanda de potência, conforto ao dirigir e segurança ao dirigir.

Exemplos dessas funções adicionais são:
- regulagem da rotação de marcha lenta,
- regulagem Lambda,
- controle do sistema de retenção de evaporação de combustível,
- recirculação do gás de escape para redução das emissões de NO_X e do consumo de combustível,
- controle do sistema de ar secundário para redução das emissões de HC na fase de partida e aquecimento,
- controle do turbocompressor bem como da comutação do coletor de ar e do aumento da potência do motor,
- controle do eixo de comando para a redução das emissões de gás de escape e do consumo de combustível, como também aumento da potência,
- proteção de componentes (p. ex. regulagem de detonação, limitação da rotação, regulagem da temperatura do gás de escape).

Uma outra função importante da Motronic é a monitoração da funcionabilidade do sistema geral do diagnóstico "on board" (OBD). Através das exigências legais (legislação de diagnóstico, vide pág 584 em diante) são impostas exigências à Motronic, que resultam que em torno da metade da capacidade do sistema Motronic (em termos de poder de computação e necessidade de memória) seja dedicada ao diagnóstico.

Resumo do sistema

O sistema Motronic contém todos os sensores para detectar os dados operacionais do motor e do veículo, bem como todos os atuadores para executar as intervenções de ajuste no motor Otto. A unidade de comando usa os dados dos sensores para captar o estado do motor e do veículo em intervalos muito curtos (na faixa de milissegundos para atender às exigências em tempo real do sistema). Circuitos de entrada suprimem as interferências dos sinais dos sensores e os colocam em uma faixa de tensão uniforme. Um conversor analógico-digital transforma então os sinais preparados em valores digitais. Outros sinais são captados através de interfaces digitais (p. ex. Bus CAN) ou interfaces moduladas por largura de pulso (PWM).

A parte central da unidade de comando do motor é um microcontrolador com a memória de programa (EPROM ou flash), na qual estão armazenados todos os algoritmos de comando de operações – são cálculos baseados num determinado esquema – e dados (parâmetros, curvas características, mapas característicos). As grandezas de entrada derivadas dos sinais dos sensores influenciam os cálculos nos algoritmos e com isso os sinais de comando para os atuadores. O microcontrolador reconhece, baseado nesses sinais de entrada, a reação do veículo desejada pelo motorista e calcula a partir disso:
- o torque necessário,
- o enchimento dos cilindros resultante e a respectiva quantidade injetada,
- a ignição no tempo certo,
- os sinais de comando para os atuadores, p. ex. do sistema de retenção de evaporação de combustível, do turbocompressor do gás de escape, do sistema de ar secundário.

Os dados de sinal de baixo nível disponíveis nas saídas do microcontrolador são adaptados pelos estágios de saída de potência aos níveis necessários para os respectivos atuadores.

Gerenciamento de motor Motronic

Versões da Motronic

O sistema de gerenciamento de motor Motronic passou por substanciais desenvolvimentos desde a sua implantação em 1979. Ao lado de sistemas com injeção eletrônica individual por cilindro foram também desenvolvidos sistemas mais simples e baratos para a época, que possibilitaram o uso da Motronic também em carros pequenos e de classe média:
- KE-Motronic baseado na injeção contínua de gasolina KE-Jetronic (pág. 646),
- Mono-Motronic baseado na injeção central intermitente Mono-Jetronic (pág. 642).

Para veículos novos, hoje são apenas utilizados sistemas de injeção individual por cilindro. Para isso são utilizados os seguintes sistemas:
- M-Motronic para comando da injeção e ignição na injeção no coletor de admissão (vide pág. 610). Esse sistema Motronic está cada mais em desuso.
- ME-Motronic com pedal do acelerador eletrônico (EGAS) para o comando de injeção de gasolina, ignição e enchimento de ar fresco na injeção no coletor de admissão.
- DI-Motronic (antiga designação MED-Motronic) com funções adicionais de comando e regulagem para o circuito de alta pressão de combustível na injeção direta de gasolina e realização dos diferentes modos de funcionamento desse tipo de motor (pág. 612).

M-Motronic

A M-Motronic abrange todos os componentes necessários para o controle de um motor com injeção no coletor de admissão e borboleta de aceleração convencional.

O motorista ajusta o fluxo de massa de ar e com isso o torque diretamente através do pedal do acelerador e da borboleta aceleradora. A Motronic adapta a necessidade de ar, p. ex. com baixa temperatura do motor ou para a regulagem de marcha lenta usando um atuador de ar bypass. A partir da corrente de massa de ar aspirada, captada com a ajuda de sensores de carga (p. ex. medidor de massa de ar, sensor de pressão do coletor de admissão), a M-Motronic calcula a massa de combustível necessária, bem como o melhor ponto de ignição possível para o ponto de funcionamento ajustado. Um funcionamento otimizado do motor consegue-se com a ativação das válvulas de injeção e bobinas de ignição no tempo certo.

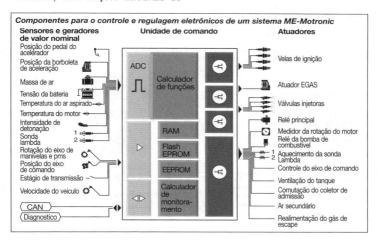

Componentes para o controle e regulagem eletrônicos de um sistema ME-Motronic

ME-Motronic

A ME-Motronic abrange todos os componentes necessários para o controle de um motor com injeção no coletor de admissão e borboleta de aceleração ajustável eletricamente (EGAS, pedal do acelerador eletrônico) (vide diagrama de sistema). Ela é baseada na M-Motronic e se diferencia basicamente através do controle elétrico da borboleta de aceleração e a falta do atuador de ar bypass.

Ajuste do torque

Para ajustar o regime de funcionamento desejado pelo motorista, a posição do pedal do acelerador, detectada pelo sensor do curso do pedal é convertida no microcontrolador em um valor nominal para o torque do motor. Levando em consideração os muitos dados operacionais disponíveis na ME-Motronic esse valor nominal é convertido para as variáveis que determinam o torque do motor:
- o enchimento dos cilindros com ar fresco,
- a massa do combustível injetado e
- o ângulo de ignição.

Essas variáveis são ajustadas através de:
- a borboleta de aceleração ativada eletricamente (EGAS),
- o sistema de injeção (ativação das válvulas injetoras no tempo certo) e
- o sistema de ignição (ativação das bobinas de ignição no tempo certo).

Gestão do torque

Com a ME-Motronic foi introduzida a estrutura de gestão do torque. O objetivo da gestão do torque é o desdobramento dessas inúmeras e em parte tão diferentes funções que exigem um torque.

A maioria dessas funções adicionais de controle e regulagem também influi sobre o torque do motor (comando da transmissão, ASR ou ESP, regulagem de marcha lenta, aquecimento do catalisador). Cada uma dessas funções requer um torque separado do motor. Em um sistema gerido por torque, essas funções são priorizadas com os desejos do motorista. A ME-Motronic com gestão de torque pode selecionar as exigências contraditórias com a coordenação de torque e realizar as mais importantes.

Tratamento do gás de escape e controle do catalisador

Para a regulagem da mistura ar-combustível são utilizadas sondas de salto de tensão (sondas de 2 pontos) antes do catalisador de três vias, opcionalmente também sondas de banda larga contínua. No caso das sondas após o catalisador sempre se trata de sondas de salto de tensão (vide Regulagem Lambda, pág. 665 em diante).

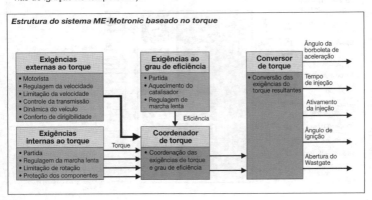

Estrutura do sistema ME-Motronic baseado no torque

Gerenciamento de motor Motronic

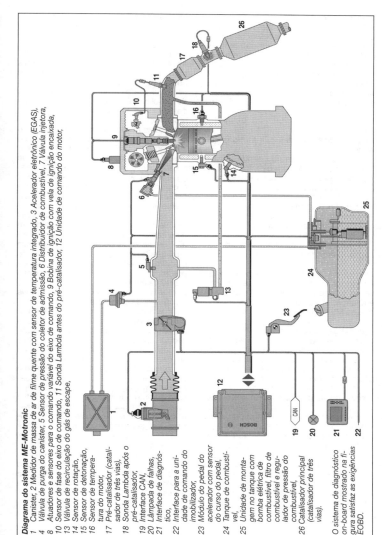

Diagrama do sistema ME-Motronic
1 Canister, 2 Medidor de massa de ar de filme quente com sensor de temperatura integrado, 3 Acelerador eletrônico (EGAS), 4 Válvula de purga do canister, 5 Sensor de pressão do coletor de admissão, 6 Distribuidor de combustível, 7 Válvula injetora, 8 Atuadores e sensores para o comando variável do eixo de comando, 9 Bobina de ignição com vela de ignição encaixada, 10 Sensor de fase do eixo de comando, 11 Sonda Lambda antes do pré-catalisador, 12 Unidade de comando do motor, 13 Válvula de recirculação do gás de escape,
14 Sensor de rotação,
15 Sensor de detonação,
16 Sensor de temperatura do motor,
17 Pré-catalisador (catalisador de três vias),
18 Sonda Lambda após o pré-catalisador,
19 Interface CAN,
20 Lâmpada de falhas,
21 Interface de diagnóstico,
22 Interface para a unidade de comando do imobilizador,
23 Módulo do pedal do acelerador com sensor do curso do pedal,
24 Tanque de combustível,
25 Unidade de montagem no tanque com bomba elétrica de combustível, filtro de combustível e regulador de pressão do combustível,
26 Catalisador principal (catalisador de três vias).

O sistema de diagnóstico on-board mostrado na figura satisfaz as exigências EOBD.

DI-Motronic

A DI-Motronic (Direct Injection) abrange todos os componentes necessários para o controle de um motor com injeção direta de gasolina (vide pág. 612) com borboleta de aceleração ajustável eletricamente (EGAS, acelerador eletrônico) (vide diagrama do sistema). Ela é baseada na ME-Motronic e se diferencia basicamente através do circuito adicional de alta pressão do sistema de combustível.

Exigências
As exigências impostas à DI-Motronic basicamente são:
- Ajustar o enchimento do cilindro para o torque necessário para o motor (EGAS),
- gerar a pressão de injeção necessária,
- definir o ponto de injeção certo,
- dosar exatamente a quantidade de combustível necessária,
- introduzir o combustível direta e precisamente nas câmaras de combustão do motor,
- ajustar o ângulo de ignição calculado para essa finalidade.

Além disso, ela deve coordenar as varias exigências de torque ao motor, e então fazer os ajustes necessários no motor. Essa é a função do já conhecida gestão do torque da ME-Motronic.

Sistema de combustível
Como na injeção no coletor de admissão, o sistema de injeção direta de alta pressão é executado como sistema de injeção acumulador. O combustível armazenado no acumulador (galeria de combustível) sob pressão pode ser injetado a qualquer momento diretamente no cilindro através das válvulas eletromagnéticas de alta pressão. A DI-Motronic ajusta a pressão da galeria em função do ponto de funcionamento.

Em comparação com a unidade de comando básica da ME-Motronic foram incluídos adicionalmente um estágio de potência para ativar a válvula controladora de pressão e a válvula controladora de vazão (vide pág. 602), bem como estágios de saída especiais para as válvulas injetoras de alta pressão.

Modos de funcionamento
Para explorar a injeção direta de gasolina ao máximo com vistas ao consumo reduzido de combustível e alta potência do motor, é necessário um complexo gerenciamento de motor. Enquanto nos sistemas com injeção no coletor de admissão só é possível operar o motor com distribuição homogênea da mistura, na injeção direta de gasolina são possíveis outros modos de funcionamento além da operação homogênea.

Na faixa inferior de rotação e torque o motor funciona com uma carga de cilindro altamente estratificada e alto nível de excesso de ar, para atingir um consumo de combustível o mais baixo possível (operação estratificada). O estado ideal é atingir duas zonas na câmara de combustão retardando a injeção de combustível justamente antes do ponto de ignição: uma nuvem de mistura ar-combustível inflamável na vela de ignição, que está depositada em uma camada isolante de ar e gás residual. A utilização da borboleta de turbulência auxilia esta formação da mistura. Dessa maneira, o motor pode funcionar livre de perdas por estrangulamento. Além disso o grau de eficiência termodinâmico cresce por se evitar perdas de calor nas paredes da câmara de combustão.

Com o aumento do torque do motor e da quantidade de combustível injetada a nuvem de carga estratificada vai enriquecendo. Isso resultaria em uma degradação do gás de escape, particularmente quanto à emissão de fuligem. Por isso o motor funciona nessa faixa de torque mais alta com uma carga de cilindro homogênea (operação homogênea). O combustível é injetado durante o tempo de aspiração, a fim de atingir uma boa mistura de combustível e ar. Esse modo de funcionamento também deve ser ajustado com altas rotações (> 3.000 min^{-1}), pois não é mais possível manter a estratificação e o transporte ordenado da mistura para a vela de ignição. O motivo para isso são turbulências muito altas, bem como o tempo muito curto, para poder injetar a quantidade de combustível necessária.

Gerenciamento de motor Motronic

Diagrama do sistema DI-Motronic

1. Canister, 2 Válvula de purga do canister, 3 Bomba de alta pressão (HDP2) com válvula controladora de vazão integrada, 4 Atuadores e sensores para o comando variável do eixo de comando, 5 Bobina de ignição com vela de ignição encaixada, 6 Medidor de massa de ar de filme quente com sensor de temperatura integrado, 7 Acelerador eletrônico (EGAS, com sensor de posição), 8 Sensor de pressão do coletor de admissão, 9 Sensor de pressão do combustível, 10 Galeria de alta pressão (distribuidor de combustível), 11 Sensor de fase do eixo de comando, 12 Sonda Lambda antes do pré-catalisador, 13 Válvula de recirculação do gás de escape, 14 Válvula injetora de alta pressão, 15 Sensor de detonação,
16 Sensor de temperatura do motor,
17 Pré-catalisador (catalisador de três vias),
18 Sonda Lambda após o pré-catalisador (opcional),
19 Sensor de rotação,
20 Unidade de comando do motor,
21 Interface CAN,
22 Lâmpada de falhas,
23 Interface de diagnóstico,
24 Interface para a unidade de comando do imobilizador,
25 Módulo do pedal do acelerador com sensor do curso do pedal,
26 Tanque de combustível,
27 Unidade de montagem no tanque com bomba elétrica de combustível, filtro de combustível e regulador de pressão do combustível,
28 Sensor de temperatura do gás de escape,
29 Catalisador principal (acumulador de NO_x mais catalisador de três vias),
30 Sonda Lambda após o catalisador principal.

Em uma zona de transição entre a operação estratificada e homogênea, o motor pode ser operado com mistura pobre homogênea (λ >1). Nessa operação homogênea pobre o consumo de combustível é menor do que na operação homogênea, pois as perdas por estrangulamento são menores.

Na operação homogênea estratificada toda a câmara de combustão está preenchida com uma mistura básica homogênea pobre. Essa mistura se forma através da injeção de uma quantidade menor de combustível no tempo de aspiração. Uma segunda injeção no tempo de compressão gera uma zona mais rica na área da vela de ignição. Essa carga estratificada é facilmente inflamável e a chama pode inflamar a mistura homogênea pobre no resto da câmara de combustão. Esse modo de funcionamento é ativado por alguns ciclos durante a transição entre operação estratificada e homogênea. Por causa disso o gerenciamento de motor pode ajustar melhor o torque durante a transição.

A operação homogênea de proteção de detonação evita a detonação do motor em plena carga através da estratificação da carga. Isso significa que não é necessário atrasar a ignição – uma prática usual nos sistemas de injeção no coletor de admissão. Grau de eficiência e torque do motor melhoram.

Um outro tipo de injeção, o aquecimento estratificado do catalisador, possibilita o rápido aquecimento do catalisador. Uma injeção retardada no tempo de compressão leva a um aquecimento do gás de escape.

Numa troca entre operação homogênea e estratificada é crucial controlar quantidade de combustível injetada, enchimento de ar e ângulo de ignição, de modo que o torque entregue pelo motor à caixa de mudanças fique constante. Através da estrutura de torque também aqui foram assumidas e ampliadas as funções de controle principais do acelerador eletrônico diretamente da ME-Motronic. Antes da transição propriamente dita para a operação homogênea, a borboleta de aceleração deve ser fechada.

Coordenação de modos de funcionamento

A DI-Motronic pode injetar o combustível de acordo com a exigência de tal maneira que se ajuste o modo de funcionamento desejado. As funções, que servem como grandeza de entrada para a coordenação de modos de funcionamento, são p. ex.:
- proteção dos componentes,
- aquecimento do catalisador,
- regeneração de NO_x e SO_x do catalisador acumulador,
- partida e aquecimento,
- mapa dos modos de funcionamento (faixa de rotação/torque).

O coordenador de modos de funcionamento na DI-Motronic avalia as exigências discrepantes dos modos de funcionamento usando uma lista de prioridades e calcula o modo de funcionamento desejado. Antes que ocorra a transição para o novo modo de funcionamento para injeção e ignição, as funções de controle para recirculação do gás de escape, ventilação do tanque, borboleta de turbulência bem como ajuste da borboleta de aceleração são requisitadas se necessário e aguardada a sua quitação.

Sistema de gás de escape

Uma consideração importante na injeção direta de gasolina é que na operação estratificada o conteúdo elevado de NO_x no gás de escape muito pobre não pode ser reduzido com um catalisador de três vias. Através de recirculação de gás de escape com elevada taxa de recirculação de gás de escape, é atingida uma nítida redução do conteúdo de NO_x. Para atender as leis de emissões é inevitável um pós-tratamento adicional da emissão de NO_x com um catalisador acumulador de NO_x (vide pág. 663).

O controle da mistura é realizado por sondas Lambda universais LSF (salto de tensão) e LSU (banda larga) no fluxo do gás de escape antes e após o catalisador. Elas ajudam a regular a operação com λ = 1, funcionamento pobre, e – caso não exista sensor de NO_x – o controle preciso da regeneração de NO_x do catalisador. Importante é o preciso ajuste da taxa de recirculação de gás de escape, particularmente no funcionamento dinâmico.

Gerenciamento de motor Motronic

Estrutura de sistema da Motronic
O sistema Motronic pode ser dividido em vários subsistemas. Alguns desses subsistemas contêm ao lado das funções principais (software) também componentes de hardware (p. ex. acelerador eletrônico, válvulas injetoras, sondas Lambda).

O subsistema Torque Demand capta todas as exigências de torque (p. ex. desejo do motorista, necessidade do ar condicionado, regulador de velocidade).

No subsistema Torque Structure (estrutura de torque) são coordenadas todas as exigências de torque e convertidas em um valor nominal de torque. Esse torque nominal é dividido em porções para o ar, combustível e sistema de ignição.

O Air System (sistema de ar) contém o acelerador eletrônico (em sistemas EGAS), sensores para a captura do enchimento, equipamento para o controle das válvulas, controle do coletor de admissão, recirculação de gás de escape e sobrealimentação.

O Fuel System (sistema de combustível) contém os componentes para a alimentação de combustível (p. ex. bomba de combustível) e injeção de combustível (válvulas injetoras).

O Ignition System (sistema de ignição) contém as bobinas de ignição, velas de ignição e sensores de detonação.

As sondas Lambda, os catalisadores e opcionalmente o sensor de temperatura do gás de escape são parte do Exhaust System (sistema de gás de escape).

O subsistema Operating Data (dados operacionais) usa sensores para captar todos os parâmetros operacionais importantes para o funcionamento do motor.

O Accessory Control (comando dos acessórios) contém componentes como o motor do ventilador ou compressor do ar condicionado.

O subsistema Communication (comunicação) faz a conexão para outros sistemas no veículo (p. ex. unidade de comando do câmbio) através do bus CAN, comunica-se com a unidade de comando do imobilizador e possibilita também a conexão de testes de diagnóstico para ler a memória de falhas OBD (vide pág. 584).

Monitoring (monitoramento de funções) monitora todos os elementos da Motronic que determinam o torque e rotação do motor, com isso evitando regimes de funcionamento não permitidos.

O Diagnostic System (sistema de diagnóstico) assume a coordenação do diagnóstico dos componentes e sistema, a qual é executada nas funções principais dos subsistemas.

As funções principais se comunicam através de interfaces definidas. Com isso é garantido um desenvolvimento modular de uma Motronic. Cada função principal pode ser desenvolvida independente do sistema geral, levando em consideração as interfaces externas.

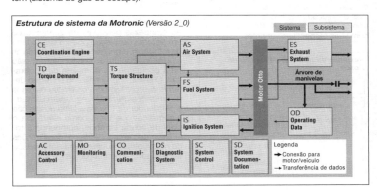

Estrutura de sistema da Motronic (Versão 2_0)

Sistemas de injeção históricos

Resumo

A injeção central é um sistema de injeção controlado eletronicamente, no qual uma válvula injetora eletromagnética injeta o combustível de modo intermitente no coletor de admissão, num ponto central antes da borboleta de aceleração. Em comparação com sistemas de injeção individual ela trabalha muitas vezes com baixa pressão (0,7...1 bar em relação à pressão atmosférica). Isso permite o uso de bombas elétricas de combustível baratas do tipo centrifuga, geralmente montadas no tanque de combustível. Uma válvula injetora com fluxo contínuo de combustível que evite a formação de bolhas de vapor é indispensável em um sistema de baixa pressão.

A designação "injeção central" corresponde aos termos "Single-Point Injection" (SPI), "Central Fuel Injection" (CFI), "Throttle-Body Injection" (TBI) ou "Mono-Jetronic" (Bosch).

A injeção individual cria as condições ideais para satisfazer as exigências de um sistema de preparação de mistura. Em sistemas de injeção individual está ordenada uma válvula injetora para cada cilindro, que injeta o combustível diretamente antes da válvula de admissão do cilindro. De acordo com o calculo ou dosagem da quantidade de combustível, distingue–se entre sistemas de injeção mecânicos, mecânico-eletrônicos e eletrônicos: K- KE- e L-Jetronic com suas respectivas variantes.

Resumo dos sistemas de injeção da Bosch

Sistemas de injeção históricos	
Injeção central	Injeção individual
Mono-Jetronic	K-Jetronic — mecânico
	KE-Jetronic — mecânico/eletrônico
	L-Jetronic LH-Jetronic — eletrônico

Mono-Jetronic

A Mono-Jetronic é um sistema central de injeção controlado eletronicamente para motores de 4 cilindros com uma válvula injetora eletromagnética posicionada centralmente. O núcleo do sistema é uma unidade de injeção que, com a borboleta de aceleração, dosa o ar aspirado e injeta o combustível de modo intermitente antes da borboleta de aceleração. O combustível se distribui aos diferentes cilindros através do coletor de admissão. Diferentes sensores captam as grandezas de funcionamento do motor para o cálculo dos sinais de controle da válvula injetora e outros atuadores no sistema.

Unidade de injeção

A válvula injetora está localizada no fluxo de ar de admissão acima da borboleta de aceleração para garantir uma formação homogênea da mistura e distribuição uniforme da mistura. O jato de combustível é formado de tal maneira que, evitando ao máximo umidificar as paredes, chegue à ranhura em forma de foice entre a carcaça e a borboleta de aceleração e se consiga uma preparação ótima, graças à elevada diferença de pressão. A fina pulverização do combustível da válvula injetora que trabalha com a pressão de sistema de 1 bar (com relação à pressão atmosférica), permite a distribuição constante boa da mistura, mesmo na faixa crítica de plena carga. A válvula injetora é acionada em sincronismo com os impulsos de ignição

Controle do sistema

As grandezas principais de comando de um sistema de injeção podem ser ao lado da rotação n, a quantidade ou massa de ar, a pressão absoluta do coletor de admissão ou a posição α da borboleta de aceleração. O sistema (α/n) utilizado na Mono-Jetronic cumpre também os limites estreitos de emissões utilizando regulagem Lambda e catalisador de três vias. Uma adaptação automática, que toma como referência o sinal da sonda Lambda, compensa a tolerância dos componentes e modificações do motor, obtendo assim uma alta precisão durante toda a vida útil do sistema.

Sistemas de injeção históricos

Esquema de um sistema Mono-Jetronic
1 tanque de combustível, 2 bomba elétrica de combustível, 3 filtro de combustível, 4 regulador de pressão, 5 válvula injetora, 6 sensor de temperatura do ar, 7 unidade de comando, 8 atuador de borboleta de aceleração, 9 potenciômetro da borboleta de aceleração, 10 válvula de purga do canister, 11 canister, 12 sonda Lambda, 13 sensor de temperatura do motor, 14 distribuidor de ignição, 15 bateria, 16 chave de ignição, 17 relé, 18 conector de diagnóstico, 19 unidade de injeção.

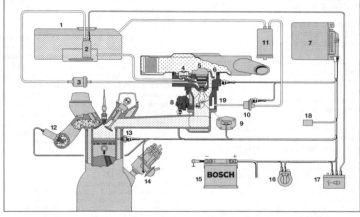

Funções de adaptação

Mediante a prolongação do tempo de injeção se injeta combustível adicional durante a partida a frio, pós-partida e aquecimento. Para manter a rotação de marcha lenta e a taxa de emissão de gás de escape constantes, um atuador da borboleta controla a borboleta de aceleração e fornece uma quantidade adicional de ar ao motor. O potenciômetro da borboleta capta a posição modificada da borboleta de aceleração e aumenta a quantidade de combustível através da unidade de comando. Do mesmo modo o sistema controla a taxa de enriquecimento durante aceleração e plena carga. O freio motor leva à economia de combustível e baixa emissão de gás de escape na operação com freio motor. A regulagem adaptativa de marcha lenta reduz e estabiliza a rotação de marcha lenta. Para isso a unidade de comando fornece ao servomotor um sinal para ajuste da borboleta de aceleração em função da rotação e temperatura do motor.

Unidade de injeção da Mono-Jetronic
1 regulador de pressão, 2 sensor de temperatura do ar, 3 válvula injetora, 4 parte superior (parte hidráulica), 5 entrada de combustível, 6 retorno de combustível, 7 placa intermediária isoladora de calor, 8 borboleta aceleradora, 9 parte inferior.

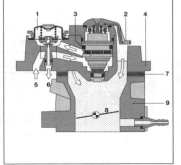

K-Jetronic

O sistema K-Jetronic trabalha sem acionamento e injeta o combustível continuamente. A massa de combustível injetada não é determinada pela válvula injetora, mas sim pelo distribuidor de combustível.

Princípio de trabalho
- Injeção contínua
- Medição direta do fluxo de ar.

A K-Jetronic, ao contrário da bomba injetora acionada pelo motor de combustão, é um sistema mecânico sem acionamento, no qual o combustível é dosado continuamente segundo a quantidade de ar aspirada pelo motor.

Por causa da medição direta de fluxo de ar a K-Jetronic também leva em conta alterações no motor e permite a utilização de equipamentos de controle de emissões para o que é pré-requisito para a medição correta da quantidade de ar admitida.

Funcionamento
O ar aspirado flui através do filtro de ar, o medidor de fluxo de ar e pela borboleta de aceleração para o coletor de admissão, de onde se distribui para os cilindros individuais.

O combustível é aspirado do tanque de combustível por uma bomba elétrica de combustível (bomba de roletes) e enviado através do acumulador de combustível e do filtro de combustível ao distribuidor de combustível. Um regulador de pressão de sistema no distribuidor de combustível mantém constante a pressão do combustível. Do distribuidor de combustível o combustível flui para as válvulas injetoras. O combustível excedente que não é utilizado flui de volta para o tanque de combustível.

Esquema de um sistema K-Jetronic
1 tanque de combustível, 2 bomba elétrica de combustível, 3 acumulador de combustível, 4 filtro de combustível, 5 regulador de aquecimento, 6 válvula injetora, 7 coletor de admissão, 8 válvula de partida elétrica, 9 distribuidor de combustível, 10 medidor de fluxo de ar, 11 válvula de impulsos, 12 sonda Lambda, 13 interruptor térmico temporizado, 14 distribuidor de ignição, 15 adicionador de ar, 16 interruptor da borboleta de aceleração, 17 unidade de comando, 18 chave de ignição, 19 bateria.

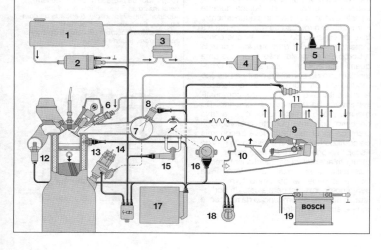

Componentes

Regulador de mistura
O regulador de mistura é composto pelo medidor de fluxo de ar e pelo distribuidor de combustível.

Medidor de fluxo de ar
O medidor de fluxo de ar é composto de um funil de ar e de um prato sonda fixado em uma alavanca. O peso conjunto da alavanca e do prato sonda é compensado por um contrapeso. O prato sonda é movimentado pela força executada pelo ar circulante e mantido em equilíbrio pela contraforça hidráulica no pistão de controle no distribuidor de combustível. A posição do prato sonda é uma medida para a quantidade de ar aspirada; ela é transmitida através de uma alavanca sobre o cilindro dosador do distribuidor de combustível.

Distribuidor de combustível
A dosagem de combustível para os cilindros individuais se realiza variando a abertura das ranhuras de dosagem no distribuidor de combustível. A quantidade de ranhuras de dosagem (aberturas retangulares) do suporte das ranhuras corresponde ao número de cilindros do motor. De acordo com a posição do pistão de controle é liberada uma determinada seção da ranhura de dosagem. Cada uma dessas ranhuras de dosagem está ligada a uma válvula de pressão diferencial, que mantém constante a queda de pressão nas ranhuras com vazões diferentes.

Válvula injetora
A válvula injetora abre sozinha com uma sobrepressão de aproximadamente 3,8 bar, e não tem função dosadora. A válvula injetora abre e fecha com uma freqüência de aprox. 1500 Hz (ronco) e efetua com isso uma boa pulverização do combustível.

Para sua fixação se utiliza uma peça moldada de borracha. Ela é encaixada e não rosqueada. O sextavado serve de apoio quando se aparafusa o tubo de combustível.

Regulador de aquecimento
O regulador de aquecimento enriquece a mistura durante a fase de aquecimento reduzindo a contrapressão no pistão de controle, regulado por um bimetal aquecido eletricamente. A redução da pressão de controle, com a mesma vazão de ar, leva a um curso maior do prato sonda (correspondente a uma seção de passagem de combustível aumentada) e com isso ao enriquecimento de aquecimento.

Quando necessário, o regulador de aquecimento pode ser ampliado com as seguintes funções:
- enriquecimento de plena carga,
- enriquecimento de aceleração,
- correção de altitude.

Adicionador de ar
O adicionador de ar, controlado por uma mola bimetálica ou um elemento de dilatação, leva ao motor uma quantidade adicional de ar durante a fase de aquecimento (contornando a borboleta de aceleração, medida pelo medidor de fluxo de ar). Essa quantidade adicional de ar compensa o maior atrito do motor frio com a mesma rotação de marcha lenta ou permite rotações de marcha lenta mais elevadas para um aquecimento mais rápido do motor ou gás de escape.

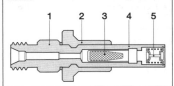

Válvula injetora
1 sextavado, 2 peça moldada de borracha, 3 filtro fino, 4 corpo da válvula, 5 agulha da válvula.

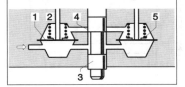

Distribuidor de combustível
1 membrana, 2 para a válvula injetora, 3 pistão de controle, 4 ranhura dosadora, 5 válvula de pressão diferencial.

646 Gerenciamento do motor Otto

Válvula elétrica de partida, interruptor térmico temporizado
O interruptor térmico temporizado controla a válvula elétrica de partida dependente da temperatura do motor e do tempo, o que possibilita a injeção de uma quantidade adicional de combustível (enriquecimento de partida a frio) no coletor de admissão durante a partida em temperaturas baixas.

Regulagem Lambda
Para cumprimento dos limites de emissões de gás de escape o controle da relação ar-combustível não é suficientemente preciso.

A regulagem Lambda necessária para a operação de um catalisador de três vias obriga na K-Jetronic ao emprego de uma unidade de comando eletrônica, cuja grandeza principal de entrada é o sinal da sonda Lambda.

Uma válvula de impulsos eletromagnética influencia a pressão diferencial nas ranhuras de controle e varia assim a relação ar-combustível. Com esse princípio os limites de emissões de gás de escape atuais mais restritos não podem mais ser mantidos.

KE-Jetronic
A KE-Jetronic se baseia no sistema mecânico básico K-Jetronic. Ela possibilita, através da captura ampliada de dados operacionais, funções adicionais controladas eletronicamente, para adaptar a quantidade injetada exatamente aos diversos regimes de funcionamento do motor. A KE-Jetronic é uma versão avançada da K-Jetronic. Para aumentar a flexibilidade e dar mais funções se amplia a K-Jetronic com uma unidade de comando eletrônica. Outros componentes são:
- o sensor para a quantidade de ar aspirada pelo motor,
- o atuador de pressão que atua sobre a composição da mistura e
- o regulador de pressão que mantém a pressão de sistema constante e que, ao desligar o motor, realiza uma determinada função de fechamento.

Funcionamento
Uma bomba elétrica de combustível gera a pressão de sistema. O combustível flui através do distribuidor de combustível; um regulador de pressão de membrana man-

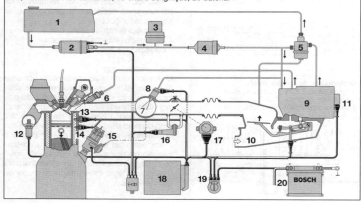

Esquema de um sistema KE-Jetronic
1 tanque de combustível, 2 bomba elétrica de combustível, 3 acumulador de combustível, 4 filtro de combustível, 5 regulador de pressão do combustível, 6 válvula injetora, 7 coletor de admissão, 8 válvula de partida elétrica, 9 distribuidor de combustível, 10 medidor de fluxo de ar, 11 atuador de pressão eletro-hidráulico, 12 sonda Lambda, 13 interruptor térmico temporizado, 14 sensor de temperatura do motor, 15 distribuidor de ignição, 16 adicionador de ar, 17 interruptor da borboleta, 18 unidade de comando, 19 chave de ignição, 20 bateria.

têm a pressão de sistema constante. A diferença para a K-Jetronic, na qual as correções de mistura ocorrem através do regulador de aquecimento no circuito de controle, é que a pressão do sistema e no pistão de controle é constante. As correções de mistura ocorrem através da modificação simultânea da pressão diferencial em todas as câmaras do distribuidor de combustível.

A pressão de sistema atua antes das ranhuras de dosagem no distribuidor de combustível e como contrapressão acima do pistão de controle. O pistão de controle é movimentado como na K-Jetronic por um medidor de fluxo de ar com prato sonda, um estrangulador de amortecimento evita as oscilações que podem ativar-se pelas forças do prato sonda. Da conexão do pistão de controle o combustível flui de volta a seu tanque através do atuador de pressão, das câmaras inferiores das válvulas de pressão diferencial, um estrangulador fixo e do regulador de pressão. O atuador forma junto com o estrangulador fixo um distribuidor de pressão, cuja pressão pode ser alterada eletromagneticamente. Essa pressão existe nas câmaras inferiores das válvulas de pressão diferencial.

De acordo com a intensidade da corrente elétrica no atuador cai uma determinada pressão entre as suas conexões. Isso leva a uma variação da pressão diferencial através das ranhuras de dosagem e com isso a uma variação da quantidade de combustível injetada. Invertendo a corrente pode ser atingido um completo bloqueio da alimentação de combustível, o que pode ser utilizado, p. ex., para o freio motor ou limitação da rotação.

Componentes

Atuador de pressão eletro-hidráulico
O atuador eletro-hidráulico está montado no distribuidor de combustível. Ele representa um regulador de pressão, que trabalha como um sistema defletor-injetor e controlado por uma corrente elétrica. O fator de enriquecimento da mistura depende linearmente dessa corrente.

Unidade de comando eletrônica
Na unidade de comando eletrônica se analisam e preparam os sinais de ignição (rotação do motor), sensor de temperatura (temperatura do motor), potenciômetro (quantidade de ar aspirado), interruptor da borboleta (marcha lenta, freio motor e plena carga), chave de ignição, sonda Lambda, sensor de pressão e outros sensores. As funções importantes que controla são:
- enriquecimento e partida e pós-partida,
- enriquecimento de aquecimento,
- enriquecimento de aceleração,
- enriquecimento de plena carga,
- freio motor,
- limitação de rotação,
- regulagem da rotação de marcha lenta,
- correção de altitude,
- regulagem Lambda.

Com um interruptor codificador pode ser comutado entre operação com regulagem Lambda (com catalisador) ou sem regulagem Lambda.

Regulagem Lambda
O sinal da sonda Lambda é processado na unidade de comando eletrônica da KE-Jetronic. A operação de regulagem é feita pelo atuador de pressão.

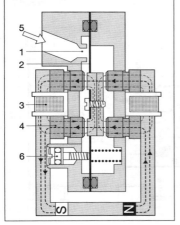

Atuador de pressão eletro-hidráulico
1 bico, 2 placa da válvula, 3 bobina,
4 pólo magnético, 5 entrada de combustível,
6 parafuso de ajuste

L-Jetronic

Sistemas de injeção controlados eletronicamente injetam o combustível intermitentemente com válvulas injetoras acionadas eletricamente. A quantidade de massa de combustível injetada é determinada pelo tempo de abertura da válvula (com queda de pressão conhecida na válvula).

Princípio de trabalho
- Medição de fluxo de ar.
- Grandezas de controle principais: fluxo de ar e rotação.
- Injeção intermitente.

A L-Jetronic junta as vantagem da medição direta de fluxo de ar com as possibilidades melhores da eletrônica. Como na K-Jetronic são captadas todas as modificações no motor como desgaste, depósitos na câmara de combustão, modificação da posição do ajuste das válvulas. Com isso é garantida uma qualidade constante.

A L3-Jetronic incorpora funções ampliadas em relação à L-Jetronic com tecnologia analógica. A ECU digital adapta a relação ar-combustível – ao contrário da L-Jetronic – através de um mapa de carga/rotação. A unidade de comando está montada diretamente no medidor de fluxo e forma com esse uma unidade de medição e controle.

Funcionamento

Combustível é injetado no motor através de válvulas injetoras acionadas eletromagneticamente. A cada cilindro se designa uma válvula injetora, que á acionada uma vez por volta da árvore de manivelas. Todas as válvulas injetoras são acionadas em paralelo para reduzir a complexidade do circuito elétrico. A diferença de pressão entre a pressão do combustível e do coletor de admissão é mantida constante em 2,5 ou 3 bar, de modo que a quantidade de combustível injetada só dependa do tempo de abertura das válvulas. Para isso a unidade de comando eletrônica fornece impulsos de controle cuja duração depende da quantidade de ar aspirado, da rotação do motor e de outras grandezas. Essas são captadas por sensores e processadas na unidade de comando.

Esquema de um sistema L-Jetronic
1 tanque de combustível, 2 bomba elétrica de combustível, 3 filtro de combustível, 4 unidade de comando, 5 válvula injetora, 6 regulador de pressão, 7 coletor de admissão, 8 válvula de partida elétrica, 9 interruptor da borboleta, 10 medidor de fluxo de ar, 11 sonda Lambda, 12 interruptor térmico temporizado, 13 sensor de temperatura do motor, 14 distribuidor de ignição, adicionador de ar, 16 bateria, 17 chave de ignição.

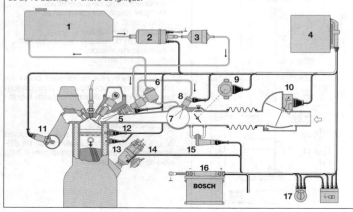

Sistemas de injeção históricos

Medidor de fluxo de ar
1 parafuso de ajuste da mistura de marcha lenta, 2 palheta sensora, 3 batente, 4 palheta de compensação, 5 câmara de amortecimento, 6 sensor de temperatura do ar.

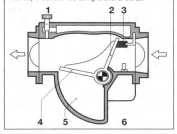

Válvula injetora
1 pino de injeção, 2 agulha da válvula, 3 induzido magnético, 4 mola de fechamento, 5 bobina magnética, 6 conexão elétrica, 7 peneira de combustível.

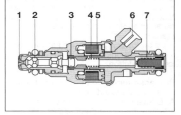

Alimentação de combustível
Uma bomba de combustível acionada eletricamente alimenta o combustível e gera a pressão de injeção. Na L-Jetronic predomina o uso de sistemas padrão com retorno de combustível, nas também sistemas de alimentação de combustível sem retorno (vide pág. 596).

Componentes
Medidor de fluxo de ar
O fluxo de ar de aspiração desloca uma palheta sensora contra a força de retorno de uma mola para uma posição angular definida, a qual é convertida por um potenciômetro em uma relação de tensão elétrica. Essa relação de tensão determina o tempo de comutação de um elemento temporizador na ECU. Um sensor de temperatura no medidor de fluxo de ar capta a alteração da densidade do ar em função da alteração da temperatura.

Válvulas injetoras
Válvulas injetoras servem para a dosagem e pulverização do combustível. Com a excitação elétrica da bobina magnética a agulha da válvula é levantada somente em aprox. 0,05 mm do seu assento.

Interruptor da borboleta
Ele transmite à unidade de comando eletrônica um sinal de comutação com a borboleta de aceleração fechada (marcha lenta) ou totalmente aberta (plena carga).

Sensor de temperatura do motor
O sensor de temperatura do motor é um resistor dependente da temperatura e comanda o enriquecimento de aquecimento.

Adicionador de ar, válvula de partida elétrica, interruptor térmico temporizado
Função e execução semelhantes à K-Jetronic.

Unidade de comando eletrônica
Esta converte as grandezas influentes captadas no motor em impulsos elétricos, cujo ponto de atuação coincide com o ponto de ignição e cuja duração depende em primeira linha do fluxo de ar e da rotação. Como todas as válvulas injetoras são acionadas ao mesmo tempo, só é necessário um estágio da saída de potência. Os sensores de temperatura provocam um aumento do tempo de injeção com a diminuição da temperatura do motor e do ar. Sinais de comutação do interruptor da borboleta possibilitam uma modificação da mistura em marcha lenta e plena carga.

Regulagem Lambda
O sinal da sonda Lambda é comparado na unidade de comando com um valor nominal e com isso controla um regulador de dois pontos. A atuação sobre a regulação ocorre como em todas as funções de controle sobre o tempo de abertura das válvulas injetoras.

LH-Jetronic

A LH-Jetronic está muito relacionada com a L-Jetronic. A diferença é que aqui se capta o fluxo de ar aspirado pelo motor através de um medidor de massa de ar de fio aquecido. Ele mede a massa de ar aspirada pelo motor. Com isso o resultado da medição independe da densidade do ar, que depende da temperatura e da pressão.

Os outros componentes e funcionamento da LH-Jetronic são em sua maior parte iguais à L-Jetronic.

Processamento dos dados operacionais na unidade de comando

A LH-Jetronic tem uma ECU digital e adapta a relação ar-combustível – em contraste com a L-Jetronic – a um mapa característico de carga/rotação, programada para menor consumo de combustível e menor emissão de gás de escape. A ECU processa os sinais de entrada dos sensores e calcula o tempo de injeção como medida para a quantidade de combustível a injetar. A ECU tem um microcomputador, uma memória de programa e de dados bem como um conversor analógico-digital. O microcomputador tem uma fonte de tensão adequada, um clock básico estável em cuja varredura ocorre o processamento. O clock é fornecido por um oscilador de quartzo.

Medidor de massa de ar
Medidor de fluxo de massa de ar de fio aquecido

A corrente do ar aspirado é conduzida através de um fio aquecido. Esse fio é parte de um circuito elétrico em ponte e se mantém a uma temperatura constante acima da temperatura do ar aspirado em função da corrente que flui através dele. Por esse princípio, a corrente de aquecimento necessária é uma medida para a massa de ar aspirada pelo motor. A corrente de aquecimento é convertida, em um resistor, para um sinal de tensão, que é processado pela unidade de comando como grandeza de entrada principal ao lado da rotação. Um sensor de temperatura montado no

Esquema de um sistema LH-Jetronic
1 tanque de combustível, 2 bomba elétrica de combustível, 3 filtro de combustível, 4 unidade de comando, 5 válvula injetora, 6 distribuidor de combustível, 7 regulador de pressão, 8 coletor de admissão, 9 interruptor da borboleta, 10 medidor de fluxo de massa de ar de fio aquecido, 11 sonda Lambda, 12 sensor de temperatura do motor, 13 distribuidor de ignição, 14 atuador de marcha lenta, 15 bateria, 16 chave de ignição.

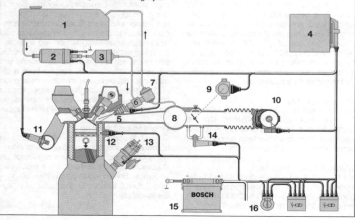

Sistemas de injeção históricos

medidor de fluxo de massa de ar de fio aquecido garante que o sinal de saída não dependa da temperatura do ar aspirado. Com um potenciômetro é possível ajustar a relação ar-combustível em marcha lenta. Como uma sujeira na superfície do fio aquecido pode alterar o sinal de saída, cada vez que se desliga o motor se eleva eletricamente, durante um segundo, a temperatura do fio para eliminar as possíveis sujeiras. O medidor de fluxo de massa de ar de fio aquecido não tem partes móveis e apenas oferece pouca resistência ao fluxo no canal de aspiração.

Medidor de fluxo de massa de ar de filme quente

O medidor de fluxo de massa de ar de filme quente trabalha segundo o mesmo princípio do medidor de fluxo de massa de ar de fio aquecido. Para simplificar a estrutura reuniram-se as partes importantes do circuito elétrico em ponte em um substrato de cerâmica como resistores de filme fino. Além disso, não é necessário queimar impurezas desses medidores de fluxo de massa de ar. O problema de contaminação é resolvido colocando as zonas críticas do elemento sensor para a transmissão de calor fluxo abaixo, evitando com isso a influência do acúmulo inevitável de sujeira nos cantos dianteiros do elemento sensor.

Medidor de fluxo Kárman-Vortex

Um outro sensor para a medição do ar aspirado é o que mede o fluxo volumétrico pelo princípio Kárman-Vortex. Por isso são gerados vórtices em corpos pelo fluxo do ar aspirado, cuja freqüência é uma medida para o fluxo volumétrico. Essa freqüência é medida emitindo ondas ultra-sônicas perpendicularmente à direção do fluxo de ar aspirado. A velocidade de propagação dessas ondas é influenciada pelos vórtices de ar, o que é medido por um receptor ultra-sônico e processado devidamente na unidade de comando eletrônica.

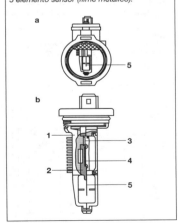

Medidor de fluxo de massa de ar de filme quente
a carcaça, b sensor de filme quente (montado no meio da carcaça).
1 corpo de resfriamento, 2 placa intermediária, 3 componente de potência, 4 híbrido, 5 elemento sensor (filme metálico).

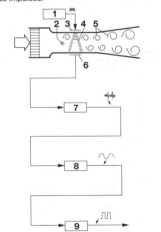

Medidor de fluxo Kárman-Vortex
1 oscilador, 2 gerador de vórtices, 3 transmissor, 4 ondas ultra-sônicas, 5 vórtices, 6 receptor, 7 amplificador, 8 filtro, 9 formador de impulsos.

Sistemas históricos de ignição por bobina

As funções puramente mecânicas de sistemas de ignição, como disparo da ignição, ajuste do ângulo de ignição e distribuição da ignição, foram substituídas por funções elétricas e eletrônicas durante o desenvolvimento. O princípio da geração de alta tensão através de uma bobina de ignição ainda está sendo mantido nos sistemas atuais. Um resumo está representado na seguinte tabela.

Resumo dos diferentes tipos de sistemas de ignição por bateria

Sistemas de ignição indutivos	Controlar corrente da bobina	Ajuste do ângulo de ignição	Distribuição de tensão
Ignição convencional por bobina			
Ignição transistorizada TZ			
Ignição eletrônica EZ			
Ignição totalmente eletrônica VZ			

☐ mecânico ■ eletrônico

Ignição convencional por bobina (SZ)

Concepção e modo de operação
Veículos mais antigos ainda estão equipados com um sistema convencional de ignição por bateria. Todos os cilindros do motor são alimentados com alta tensão por uma bobina. A distribuição no tempo correto aos cilindros individuais ocorre através de um distribuidor de ignição. No distribuidor também está incluído um interruptor mecânico (platinado), que é controlado pelo deslocamento de um ressalto e que chaveia a corrente através da bobina.

Enquanto o platinado estiver fechado (tempo de permanência), é gerado um campo magnético na bobina de ignição. No ponto de ignição, o platinado abre o circuito de corrente e o campo magnético da bobina se descarrega através do enrolamento secundário da bobina de ignição na faísca de ignição.

Além disso, existem no distribuidor dispositivos para deslocar o ponto de ignição em função da rotação (avanço centrífugo) e carga (avanço a vácuo).

O distribuidor de ignição é acionado pelo eixo do distribuidor e gira com a metade da rotação da árvore de manivelas. O ressalto no eixo do distribuidor fecha o platinado por um determinado ângulo (ângulo de ignição). Com isso o tempo de ligação

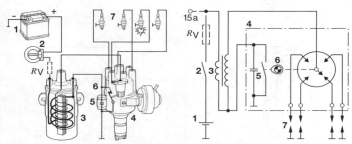

Sistema de ignição com ignição convencional por bobina
1 bateria, 2 chave de ignição, 3 bobina de ignição, 4 distribuidor de ignição, 5 condensador de ignição, 6 platinado, 7 velas de ignição. R_V pré-resistor para elevação da tensão de partida (opcional).

fica mais curto com o aumento da rotação e a corrente na bobina de ignição, menor. Com isso baixa também a oferta de alta tensão com a rotação.

Componentes
Bobina de ignição
Para a ignição convencional por bobina foram utilizadas bobinas de ignição com uma caneca preenchida com asfalto ou óleo. As bobinas estavam dimensionadas para correntes baixas e resistentes a correntes constantes. Em algumas bobinas foram ligados resistores que são curto-circuitados na partida com tensão de bateria mais baixa (enriquecimento de partida).

Distribuidor de ignição
O distribuidor de ignição é um componente integrado ao sistema de ignição com as seguintes funções:
- Distribuir os impulsos de tensão de ignição para as velas de ignição do motor em seqüência prefixada (distribuição rotativa de alta tensão).
- Disparo do impulso de ignição através do ruptor (platinado) da corrente primária e
- Ajuste do ponto de ignição através dos avanços de ignição.

O platinado e os avanços de ignição não pertencem funcionalmente ao distribuidor de ignição. Eles são combinados com ele em uma unidade em comum porque necessitam de um acionamento sincronizado.

O impulso de ignição passa através do contato central e da escova de carvão ou da folga do conector central para o rotor do distribuidor. Através das faíscas do distribuidor o impulso de ignição é transmitido aos eletrodos fixos prensados e conduzido às velas de ignição através dos cabos de ignição. Uma tampa protetora de poeira separa, quando necessário, a seção de alta tensão do resto da carcaça.

Platinado (ruptor)
O platinado tem um contato acionado por um ressalto, que liga a corrente primária da bobina de ignição antes do ponto de ignição e a interrompe no ponto de ignição. A quantidade de ressaltos é igual ao número de cilindros do motor. O ângulo de giro do eixo do distribuidor, no qual o contato está fechado, chama-se ângulo de permanência β.

O platinado se desgasta com o funcionamento e a ignição se ajusta. Queima do contato ocorre em função de faíscas disruptivas (faísca de abertura) por causa da tensão de indução na interrupção da corrente primária. O condensador de ignição tem a característica de apagar as faíscas, mas não pode suprimir totalmente a faísca disruptiva. Queima dos contatos e abrasão atuam em sentido oposto, e quase sempre o efeito da abrasão é maior, provocando um deslocamento do ponto de ignição no sentido "ignição atrasada".

Avanços de ignição
Distribuidores de ignição normalmente têm dois avanços de ignição:
- o avanço controlado por força centrífuga, dependente da rotação (avanço centrífugo) e
- o avanço controlado pelo vácuo no coletor de admissão, dependente da carga (avanço a vácuo).

O avanço centrífugo ajusta o ponto de ignição na dependência da rotação do motor. A placa do eixo na qual são montados os contrapesos gira com o eixo do distribuidor. Com o aumento da rotação os contrapesos se movimentam para fora. Eles deslocam o arrastador através da pista de contato contra o eixo do distribuidor no

---

Platinado
1 mesa móvel do platinado, 2 alavanca do platinado, 3 eixo do distribuidor, 4 ressalto de ignição.

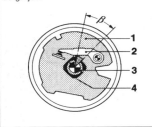

654 Gerenciamento do motor Otto

sentido de rotação. Isso provoca também um deslocamento do ressalto de ignição contra o eixo do distribuidor no valor do ângulo de avanço da ignição α. O ponto de ignição será adiantado nesse ângulo.

O <u>avanço a vácuo</u> desloca o ponto de ignição na dependência da potência ou carga do motor. Como medida para o avanço da ignição utiliza-se o vácuo no coletor de admissão próximo à borboleta de aceleração. O vácuo é conduzido a duas câmaras de membrana.

Ignição transistorizada (TZ)

A capacidade de chaveamento do contato do platinado é limitada. A necessidade de sistemas de ignição mais potentes e a disponibilidade de chaves eletrônicas de alta potência levaram ao desenvolvimento da ignição transistorizada e dos primeiros módulos de comando de ignição eletrônicos.

Ignição transistorizada com comando por contato
Primeiramente a corrente através da bobina era chaveada por um transistor de potência. O platinado servia para o disparo da ignição através de um módulo de comando de ignição e tinha desgaste nitidamente menor (ignição transistorizada de bobina comandada por contato TSZ-K).

Ignição transistorizada com comando sem contato
Num segundo passo, o platinado foi substituído por sistemas sem contato e sem desgaste. Na ignição transistorizada de bobina de comando sem contato é utilizado em lugar do platinado acionado por ressaltos um "gerador de impulsos", que comanda um transistor de potência no módulo de comando de ignição. O gerador de impulsos está montado no distribuidor de ignição.

Para tais geradores existem diferentes princípios de trabalho:

Avanço centrífugo em repouso (em cima), na posição de trabalho (embaixo)
1 placa do eixo, 2 ressalto de ignição, 3 curva de guia, 4 contrapeso, 5 eixo do distribuidor, 6 arrastador.

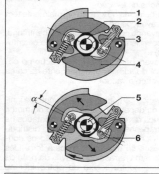

Avanço de ignição a vácuo com sistema de adiantamento (câmara de avanço adiantado) e de atraso (câmara de avanço atrasado)
a avanço em sentido "adiantado" até o batente, b avanço em sentido "atrasado" até o batente
1 distribuidor de ignição, 2 mesa do platinado, 3 membrana, 4 câmara de avanço atrasado, 5 câmara de avanço adiantado, 6 cápsula de vácuo, 7 borboleta de aceleração, 8 coletor de admissão.

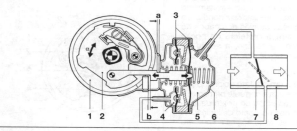

Sistemas históricos de ignição por bobina

Gerador de impulsos segundo o princípio indutivo (TZ-I)
O impulsor indutivo é um gerador de corrente alternada permanentemente excitado, composto de estator e rotor. O número de dentes corresponde ao número de cilindros do motor. A freqüência e a amplitude da tensão alternada gerada dependem da rotação do motor. Essa tensão alternada é processada pelo módulo de comando de ignição e utilizada para o controle da ignição.

Gerador de impulsos segundo o princípio Hall (TZ-H)
Esses impulsores utilizam o efeito Hall. Em uma camada semicondutora atravessada pela corrente são gerados impulsos de tensão por meio de um campo magnético dependente do ângulo de rotação, que no módulo de comando de ignição ligam e desligam a corrente primária.

Módulos de comando de ignição
Os módulos de comando de ignição contêm uma eletrônica de controle e estágios de saída de potência, com limitação de tensão primária e corrente primária para proteção. Uma regulagem do ângulo de permanência garante que a corrente primária desejada seja atingida o mais precisamente possível dentro de uma grande faixa de rotação. Isso minimiza as perdas de potência no módulo de comando de ignição, além disso a regulagem do ângulo de permanência compensa as oscilações da tensão da bateria e os efeitos de temperatura da bobina de ignição.

De acordo com a concepção do sistema, a regulagem do ângulo de permanência atua até rotações médias. Em rotações altas do motor o ângulo de permanência é determinado por tempo de abertura necessário para o tempo de combustão da faísca.

As ignições transistorizadas sem contato são livres de corrente de repouso ou possuem um desligamento de corrente de repouso.

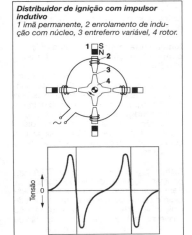

Distribuidor de ignição com impulsor indutivo
1 imã permanente, 2 enrolamento de indução com núcleo, 3 entreferro variável, 4 rotor.

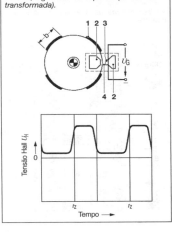

Distribuidor de ignição com impulsor Hall
1 lâmina com largura b, 2 peças condutoras magneticamente moles 3 IC de Hall, 4 entreferro, U_G tensão do impulsor (tensão Hall transformada).

O desligamento de corrente de repouso sem faíscas desliga a corrente primária com motor parado e ignição ligada, de tal maneira que a tensão secundária não cause faíscas.

Bobinas de ignição
As bobinas de ignição para ignições transistorizadas foram concebidas para correntes primárias bem maiores do que as bobinas de ignição para sistemas de ignição por contato. As bobinas de ignição não são resistentes a tensões duradouras.

Avanço do ângulo de ignição
O avanço do ângulo de ignição ocorre como na ignição convencional por bobina através de contrapesos e avanço a vácuo no distribuidor de ignição.

Ignição eletrônica (EZ, VZ)

Na ignição eletrônica as curvas de ajuste da força centrífuga e vácuo do distribuidor de ignição são substituídas por mapas característicos de ângulo de ignição (vide pág. 620) no software da unidade de comando. As condições de funcionamento do motor são captadas pela unidade de comando e o correspondente ângulo de ignição é calculado. Através do processamento de mais sinais a bobina de ignição é ativada no tempo correto.

Os estágios de saída da ignição podem ser montados na unidade de comando ou em um módulo de comando de ignição separado ou na bobina de ignição. Usualmente, a ignição eletrônica pode ser combinada com uma regulagem de detonação.

Ignição eletrônica (EZ) com distribuição dinâmica de alta tensão (ROV)
O disparo da ignição pode ser feito por um sistema de sensores no distribuidor de ignição ou por um sistema de sensores na árvore de manivelas. O disparo a partir da árvore de manivelas possibilita ângulos de ignição mais precisos, pois são eliminadas as tolerâncias do eixo do distribuidor. A distribuição da alta tensão ainda é mecânica através de distribuidor de ignição.

Ignição totalmente eletrônica (VZ) com distribuição estática de alta tensão (RUV)

O distribuidor de ignição é substituído nesse sistema por uma distribuição estática. Para isso é necessária uma bobina de ignição para cada cilindro, sob determinadas condições é suficiente uma bobina de ignição para dois cilindros. Sem distribuidor o disparo da ignição só faz sentido com um sistema de sensores na árvore de manivelas.

Distribuição estática de tensão (RUV) com bobinas de ignição de faísca simples
Para cada cilindro está ordenado um estágio de saída de ignição e uma bobina de ignição. A unidade de comando de ignição chaveia os estágios de saída de ignição de acordo com a seqüência de ignição.

Ignição eletrônica, processamento do sinal
1 rotação do motor, 2 sinais dos interruptores, 3 CAN (Bus serial), 4 pressão no coletor de admissão, 5 temperatura do motor, 6 temperatura do ar aspirado, 7 tensão da bateria, 8 conversor analógico / digital, 9 microcomputador, 10 estágio de saída de potência.

Esse sistema para motores com qualquer número de cilindros tem a maior liberdade para o ajuste do ponto de ignição, pois só há uma faísca por ciclo.

É necessário um sincronismo com a posição do eixo de comando (sensor de fase). No caso de falha do sensor do eixo de comando em motores com número par de cilindros, ainda é possível um funcionamento de emergência através de um disparo através da árvore de manivelas, porém sempre com ativação simultânea de duas bobinas de ignição (uma faísca vai para o tempo de escape).

Distribuição estática de tensão (RUV) com bobinas de ignição de faísca dupla

Cada dois cilindros têm uma bobina em comum. A ativação pode ocorrer simplesmente pela árvore de manivelas. Cada uma das extremidades do enrolamento de alta tensão vai à vela de ignição correspondente a dois cilindros que trabalham deslocados em 360°. No ponto de ignição é produzida simultaneamente uma faísca em duas velas de ignição.

Dado que no cilindro com o cruzamento de válvulas entre o tempo de escape e aspiração ocorra uma faísca de apoio, deve ser garantido que não ocorra nenhuma inflamação do gás residual inflamável ou do gás fresco aspirado. Com isso ocorre uma limitação da faixa de ajuste possível do ângulo de ignição. Além disso, a bobina de dupla faísca se presta apenas para número par de cilindros. Devido aos custos mais reduzidos em relação à bobina de faísca simples, o sistema com bobina de dupla faísca foi muito difundido.

O sistema de ignição totalmente eletrônico marcou o fim do desenvolvimento de sistemas de ignição independentes. Nesse meio tempo as funções de uma ignição totalmente eletrônica foram integradas ao sistema de gerenciamento de motor Motronic.

Ignição por descarga capacitiva (HKZ)

A ignição por descarga capacitiva, também chamada de "ignição tiristorizada", trabalha segundo um outro princípio que os sistemas de ignição descritos até aqui. Ela foi desenvolvida para motores de pistões alternativos de quatro cilindros de alta rotação e alta performance de aplicações no setor esportivo e de competição, bem como para motores de pistão rotativo.

A característica marcante da ignição de descarga capacitiva é que a energia de ignição é armazenada no campo elétrico de um capacitor. A capacitância e a tensão de carga do capacitor determinam a grandeza da energia armazenada. O transformador de ignição transforma a tensão primária gerada pela descarga do capacitor na alta tensão necessária.

A ignição de alta tensão capacitiva existe nas versões comandadas por contato e sem contato.

Vantagem principal da HKZ é que ela é insensível a curtos-circuitos elétricos no circuito de ignição, particularmente em velas de ignição sujas. A duração da faísca de 0,1...0,3 ms é curta demais para muitas aplicações, para garantir uma inflamação segura da mistura ar-combustível. Por esse motivo, a HKZ foi apenas construída para determinados motores e hoje só é aplicada em casos específicos, pois a performance da ignição transistorizada já é praticamente a mesma. A HKZ não é adequada para a montagem posterior.

A distribuição estática, ou seja, sem contato, pode ser realizada na HKZ com a utilização de um transformador de ignição por cilindro e distribuição da energia ao nível médio de tensão.

Minimização de poluentes no motor Otto

As medidas para a influência da composição do gás de escape podem ser divididas em "medidas no projeto do motor", "redução de interferências externas ao motor", "tratamento do gás de escape". Os valores-limite muito estritos para gás de escape na maioria dos países evoluídos exigem normalmente uma combinação dessas estratégias.

Medidas na concepção do motor

Formação da mistura
Geral
Motores Otto trabalham com combustível mais volátil que motores Diesel e preparam a mistura ar-combustível até o início da combustão por mais tempo do que motores Diesel. Assim, os motores atingem uma mistura mais homogênea que motores Diesel.

Na formação da mistura precisamos diferenciar no motor Otto entre motores com injeção direta e indireta. Fora poucos pontos de funcionamento, o motor Otto com injeção indireta funciona com mistura estequiométrica ($\lambda = 1$). No motor com injeção direta na operação homogênea é ajustada igualmente uma mistura estequiométrica. O combustível é injetado nesse modo de funcionamento direto na câmara de combustão durante o tempo de aspiração. Durante a fase de compressão, ocorre uma ampla homogeneização da mistura.

Um outro modo de funcionamento no motor de injeção direta é a operação estratificada, na qual, de modo semelhante ao motor Diesel, se injeta só no tempo de compressão criando uma mistura em geral mais pobre.

Ajuste da mistura
Em motores Otto, a mistura é ajustada essencialmente calculando corretamente o enchimento de ar dos cilindros e a quantidade resultante de combustível.

O coeficiente de ar λ (vide pág. 605) da mistura alimentada ao motor tem um grande impacto sobre a composição do gás de escape. O motor produz o torque máximo em aprox. $\lambda = 0,9$. Em muitos casos é necessário um enriquecimento da mistura em plena carga para diminuição da temperatura dos gases de escape, para evitar danos térmicos das válvulas de escape, coletor de escape e catalisador.

Um certo nível de excesso de ar é exigido para um baixo consumo de combustível. Nesse ajuste as emissões de CO (monóxido de carbono) e HC (hidrocarbonetos) são favoráveis. A emissão de NO_x (óxido de nitrogênio), portanto, está no seu máximo.

O coeficiente de ar λ influencia:
Composição dos gases de escape (CO, NO_x, HC), torque (M), e consumo de combustível específico (b). Os valores valem para a faixa de cargas parciais de um motor Otto com rotação média e enchimento constantes (no motor do veículo são realizados valores de λ de aprox. 0,85...1,15, dependentes do ponto de funcionamento).

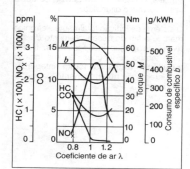

Com ajuste de mistura muito pobre o limite de marcha do motor é atingido, ou seja, ultrapassado. As emissões de HC sobem então abruptamente por falhas de queima. Com freio motor interrompe-se acima da marcha lenta totalmente a alimentação de combustível.

Um ajuste exato da mistura é atingido com sistemas de injeção controlados eletronicamente (sistemas Motronic).

Preparação da mistura
A preparação da mistura engloba além do ajuste também a qualidade com que a mistura atinge a câmara de combustão ou está presente no ponto de ignição. Homogeneidade ou estratificação do combustível no ponto de inflamação ou a temperatura da mistura têm influência decisiva sobre a inflamabilidade, o processo de combustão e com isso sobre a composição dos gases de escape. Formação homogênea da mistura ou estratificação controlada (mistura rica na vela de ignição, mistura pobre nas proximidades da parede da câmara de combustão) são objetivos diferentes do desenvolvimento.

A homogeneidade da mistura ar-combustível é otimizada por "spray targeting". Pressão do combustível, figura e direcionamento do jato são definidos em função da geometria do motor durante a fase de projeto (vide capítulo "Injeção no coletor de admissão", pág. 610).

Para melhorar a formação da mistura também podem ser previstas borboletas de turbulência no coletor de admissão. De acordo com a posição essas borboletas fecham partes do coletor de admissão, com o que são influenciados os comportamentos e velocidades do fluxo.

Na fase de partida do motor as condições para a formação da mistura são piores por causa das temperaturas menores prevalecentes. Por conseguinte, ocorre uma formação mais forte de filme na parede pela condensação do combustível, o que leva a concentrações maiores de poluentes no gás de escape durante a partida e pós-partida.

Distribuição da mistura
Cada cilindro do motor deve funcionar com o mesmo coeficiente de ar para um funcionamento ótimo do motor. Para isso deve ser garantido que tanto o ar como o combustível sejam distribuídos igualmente aos cilindros individuais. Deve-se levar em conta que oscilações de enchimento com Lambda constante levam a oscilações inevitáveis de torque e não podem ser compensadas por equalização dos cilindros usando combustível. Aqui é vantajoso usar a suavidade de marcha, que permite Lambdas diferentes.

Recirculação de gás de escape (EGR)
O gás de escape reconduzido à câmara de combustão serve para a redução da temperatura de pico da combustão. Como a formação de NO_x sobe de maneira desproporcional com o aumento da temperatura de combustão, a recirculação do gás de escape como redutor de temperatura é um método muito eficaz para a redução de NO_x.

Como a taxa de EGR aumenta a pressão no coletor de admissão, a borboleta de aceleração deve ser aberta mais para manter o enchimento de gás fresco. O desestrangulamento adicional leva a nítida redução do consumo de combustível.

Recirculação de gás de escape pode ser obtida de duas maneiras:
- recirculação interna de gás de escape com o cruzamento de válvulas apropriado (vide pág. 474) ou
- recirculação externa de gás de escape controlando as de válvulas de recirculação de gás de escape (vide pág. 540).

Com recirculação externa de gás de escape, a válvula EGR é ativada eletricamente dependente do ponto de funcionamento, para alimentar uma porção do gás de escape à mistura de ar fresco.

A recirculação externa de gás de escape também é utilizada em motores com injeção direta de gasolina para a redução do consumo e de NO_x, onde o segundo aspecto é o mais significativo. Ela representa a medida mais importante para minimizar as emissões não tratadas de NO_x e com isso aumentar a duração do funcionamento pobre limitado pelo catalisador acumulador de NO_x.

Para que o gás de escape possa ser aspirado pela válvula EGR, deve existir uma queda de pressão entre coletor de admissão e escapamento. Como motores com injeção direta praticamente funcionam sem estrangulamento, mesmo em cargas parciais e nos modos de funcionamento pobre uma quantidade não insignificante de oxigênio retorna pela válvula EGR, os sistemas de injeção direta de gasolina requerem uma estratégia de controle que coordena a borboleta de aceleração e a válvula EGR.

Tempos de controle de válvulas
Grandes cruzamentos de válvulas (abertura adiantada da válvula de admissão) aumentam a recirculação interna de gás de escape e podem com isso colaborar para uma redução NO_x. Como o gás de escape recirculante desloca o gás fresco, uma abertura adiantada da válvula de admissão leva a uma diminuição do torque máximo. Além disso, uma recirculação de gás de escape muito grande pode levar a falhas de combustão especialmente em marcha lenta, que causam um aumento das emissões de HC. Com tempos de controle de válvula variáveis (vide pág. 475) pode ser encontrado um ponto ótimo através da variação dos tempos de comando dependentes do ponto de funcionamento.

Geometria do motor
Taxa de compressão
Alta taxa de compressão é conhecida por seu grau de eficiência térmica melhorado como uma medida para a melhoria do consumo. Além disso, o aumento da temperatura dos picos de combustão também aumenta a emissão de NOx.

Configuração da câmara de combustão
Câmaras de combustão compactas com pequena superfície sem frestas gera baixas emissões de HC. Um posicionamento central da vela de ignição com curtos caminhos da faísca leva a uma rápida e relativamente completa combustão da mistura e com isso a emissões reduzidas de HC e baixo consumo de combustível. Turbulências certeiras da carga causam igualmente uma combustão rápida. Câmaras de combustão otimizadas dessa maneira apresentam baixas emissões de HC com $\lambda = 1$ e melhoram a capacidade de funcionamento do motor com mistura pobre.

A otimização consequente da câmara de combustão apoiada por medidas externas (como turbilhonamento na admissão) leva a um motor de mistura pobre, que pode funcionar com coeficiente de ar $\lambda \approx 1,4...1,6$. O motor de mistura pobre se destaca por baixa emissão de gás de escape e consumo de combustível favorável, mas para manter os limites de emissão de gás de escape precisa também de um tratamento posterior catalítico para CO, HC e NO_x. Principalmente porque o tratamento posterior de NOx no gás de escape pobre ainda está no começo, o motor de mistura pobre só pode se impor na Europa e Japão em poucos modelos de veículos em conceitos pobre/combinado com compromissos entre emissões e consumo de combustível.

Um novo caminho para melhorar consideravelmente a capacidade do motor de funcionar com mistura pobre é a injeção direta do combustível na câmara de combustão com carga estratificada. Para o tratamento posterior do gás de escape são favorecidos sistemas com uma combinação de catalisador de três vias e catalisador acumulador.

A capacidade de funcionamento com mistura pobre obtida mediante a configuração da câmara de combustão e combustão induzida pode ser utilizada para a obtenção de altas taxas de recirculação de gás de escape em conceitos com $\lambda = 1$. Com isso pode-se reduzir o consumo de combustível, sem aumentar a porção de tratamento posterior do gás de escape de maneira equivalente aos motores com mistura pobre com formação externa da mistura.

Sistema de ignição e processo de combustão
O tipo de vela de ignição, a posição da vela de ignição na câmara de combustão, bem como energia e duração da faísca influenciam a inflamação e com isso as emissões de gás e escape através do processo de combustão. Isso é tanto mais importante, quanto mais próximo da zona pobre ($\lambda > 1,1$) se quer funcionar o motor.

O processo de combustão descreve a combustão em função do tempo como a relação entre o combustível já inflamado e o a ser inflamado. O ponto no qual 50% da energia é convertida tem um efeito particular sobre o grau de eficiência e a temperatura da combustão e com isso sobre o consumo de combustível e a formação de NO_x.

No motor Otto a combustão é iniciada pelo ponto de ignição. Partindo do ponto de ignição ótimo para o consumo, pode-se atrasar esse de tal maneira que a combustão ainda não esteja completa na abertura da válvula de escape ou pelo menos ainda não predominem temperaturas muito altas do gás de escape. Isso causa uma pós-reação térmica de hidrocarbonetos não queimados no sistema de escape e é atingido um melhor aquecimento do catalisador na temperatura de funcionamento (vide pág. 664). As emissões de NO_x são reduzidas em função das baixas temperaturas da câmara de combustão, enquanto o consumo de combustível sobe.

Consumo de combustível, emissões de NO_x e HC sobem, quando o ponto de ignição é adiantado em relação com o ótimo.

Redução de interferências externas ao motor

Ventilação do cárter (blowby)
Os gases do cárter podem conter um múltiplo em concentração de hidrocarbonetos em comparação com os gases de escape do motor. Sistemas de controle conduzem esses gases ao lugar apropriado no sistema de admissão de ar do motor, de onde chegam à câmara de combustão para a queima (vide pág. 542).

Enquanto antigamente os gases eram jogados na atmosfera sem tratamento, hoje esses sistemas estão em geral prescritos por lei.

Sistema de retenção da evaporação de combustível
Evaporações de combustível do tanque de combustível são armazenadas pelo sistema de retenção da evaporação de combustível em um reservatório de carvão ativado (canister), e então alimentadas para a combustão (vide fig. pág. 541). Para isso a unidade de comando do motor controla a válvula de purga do canister. Essa válvula fica entre o canister e o coletor de admissão. Com a válvula aberta flui ar para o canister em função da diferença de pressão, arrasta os vapores de combustível consigo e entra no coletor de admissão.

A válvula de purga do canister é controlada com um sinal PWM. A unidade de comando do motor está em condição de ajustar a seção transversal da abertura da válvula e ajustar o fluxo de regeneração (fluxo de limpeza) em dependência do regime de funcionamento do motor.

A regeneração do canister em sistemas com injeção direta de gasolina é limitada na operação estratificada por causa da baixa depressão no coletor de admissão (em função do amplo desestrangulamento) e da combustão incompleta do gás de regeneração distribuído homogeneamente. O fluxo de gás de regeneração é mais reduzido em relação à operação homogênea. Se isso não for possível, se uma grande quantidade de combustível evaporou, o motor deve funcionar em operação homogênea até que a concentração de combustível no fluxo de gás de regeneração tenha diminuído novamente.

Tratamento posterior catalítico do gás de escape

Enquanto no desenvolvimento do motor Diesel se visa minimizar a produção de poluentes já na combustão, no motor Otto um tratamento posterior do gás de escape tem um significado muito maior. Catalisadores convertem os poluentes produzidos durante a combustão em componentes não nocivos.

Catalisador

Catalisador de três vias
Função
A evolução tecnológica de motores que funcionam com uma mistura ar-combustível estequiométrica é o catalisador. Ele tem a função de converter os componentes poluentes HC (hidróxido de carbono), CO (monóxido de carbono) e NO_x (óxidos de nitrogênio) em componentes não nocivos. Os produtos finais são H_2O (vapor de água), CO_2 (dióxido de carbono) e N_2 (nitrogênio).

Efeito do catalisador em função do coeficiente de ar λ.
a) emissão de gás de escape antes do catalisador de três vias, b) emissão de gás de escape após o catalisador de três vias,
c) sinal elétrico da sonda Lambda.
U_λ tensão da sonda.

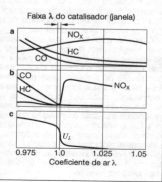

Concepção e princípio de funcionamento
O catalisador é composto de uma carcaça de chapa, o substrato e a camada catalítica ativa de metal nobre (vide pág. 545 em diante). Como substratos utilizam-se normalmente monolitos cerâmicos, mas em casos especiais também se usam monolitos metálicos. Nos monolitos está fixada uma camada de substrato que amplia a área efetiva do catalisador por um fator de 7000. A camada catalítica aplicada sobre esse substrato contém os metais nobres platina e/ou paládio, bem como ródio. Platina e paládio aceleram a oxidação de HC e CO. Ródio acelera a redução de NO_x. O oxigênio necessário para o processo de oxidação ou está disponível no gás de escape como oxigênio residual por combustão incompleta, ou retirado do NO_x que, ao mesmo tempo, é reduzido.

A concentração de poluentes no gás de escape não tratado (antes do catalisador) depende do coeficiente de ar λ ajustado. Para que a conversão do catalisador de três vias seja a mais alta possível para os três componentes poluentes, os poluentes devem estar presentes em equilíbrio químico. Isso requer uma composição da mistura na relação estequiométrica $\lambda = 1$. A "janela" (faixa de regulagem Lambda), na qual deve estar o valor λ médio, é muito estreita. Por isso a formação da mistura deve ser corrigida em um circuito de regulagem Lambda (vide pág. 665 em diante).

Acumulador de oxigênio
Aqui a capacidade de acumular oxigênio do catalisador de três vias tem um papel importante. A precisão λ em funcionamento dinâmico é aprox. 5%, ou seja, flutuações dessa ordem em torno de $\lambda = 1$ são inevitáveis. Esses desvios não causam problemas, pois na fase pobre é armazenado oxigênio em excesso no catalisador, para ser usado na fase rica a seguir.

A exigência ao gerenciamento do motor pode ser formulado da seguinte maneira: o valor médio dos Lambdas resultante antes do catalisador deve ser muito preciso (poucos milésimos). Os desvios integrais do valor médio convertidos em entrada e saída de oxigênio não devem sobrecarregar o acumulador de oxigênio do catalisador. Valores típicos de acumuladores de oxigênio estão na faixa de 100 mg...1 g. Todos os métodos convencionais de diagnóstico de catalisador se baseiam na determinação direta ou indireta dessa capacidade de acumular oxigênio (osc, oxigen storage capacity).

Com isso são atingidas taxas de conversão > 99% para os poluentes limitados quando o catalisador está operando na temperatura operacional.

Catalisador acumulador de NO_x
Função, concepção e princípio de funcionamento
Na injeção direta de gasolina, o oxigênio necessário para o processo de oxidação de HC e CO não é separado do NO_x, mas sim da alta quantidade de oxigênio residual no gás de escape. Por isso um catalisador de três vias sozinho não é suficiente.

A camada catalítica do catalisador acumulador de NO_x contém adicionalmente substâncias que podem armazenar NO_x (p. ex, óxido de bário). Todas as camadas convencionais de acumulação de NO_x têm ao mesmo tempo as características do catalisador de três vias, de modo que o catalisador acumulador de NO_x trabalha em $\lambda = 1$ como um catalisador de três vias.

A conversão de NO_x na operação estratificada pobre é feita em três estágios. Na fase de armazenamento, NO_x é primeiro oxidado para NO_2, que reage com os aditivos na camada para nitratos (p. ex. nitrato de bário).

Com o aumento da quantidade de NO_x (carga), a capacidade de continuar a ligar NO_x vai decaindo. Num estado de carga predeterminado, o catalisador de NO_x deve ser regenerado, isto é, os óxidos de nitrogênio armazenados devem ser removidos (liberados) e convertidos. Para isso se comuta por pouco tempo para operação homogênea rica ($\lambda < 0,8$), para reduzir NO para N, sem emitir CO e HC no processo. O fim das fases de armazenamento e liberação é calculado usando modelos ou medido com um sensor de NO_x ou uma sonda Lambda após o catalisador.

Dessulfatização
O enxofre contido no combustível também reage com o material acumulador na camada catalítica. Isso cria sulfatos (p. ex. sulfato de bário) que são muito resistentes à temperatura. O catalisador deve ser aquecido a > 650°C através de medidas especiais (p. ex. comutação para o modo de funcionamento aquecer catalisador estratificado ou outros métodos de aquecimento catalítico) e então ser exposto alternadamente a gás de escape rico ($\lambda = 0,95$) e gás de escape pobre ($\lambda = 1,05$). Com isso os sulfatos são novamente reduzidos.

Os vários métodos para aquecer o catalisador acumulador de NO_x localizado sob o assoalho devem ser cuidadosos para não superaquecer o catalisador primário.

Temperatura de funcionamento dos catalisadores
Os catalisadores só atingem uma conversão significativa a partir de uma determinada temperatura de funcionamento (temperatura de início de conversão). No catalisador de três vias ela é de 300°C. Condições ideais para uma alta taxa de conversão se encontra a 400...800°C. No catalisador acumulador, essa faixa de temperatura está em 200...500°C e com isso muito mais baixa do que no catalisador de três vias.

Temperaturas de funcionamento de 800...1.000°C levam ao envelhecimento térmico do catalisador. Causa disso é a sinterização dos metais nobres e da camada substrata, que leva à redução da superfície ativa. Acima de 1000°C, o envelhecimento térmico aumenta muito até a perda total de efeito do catalisador.

664 Gerenciamento do motor Otto

Arranjos típicos de catalisadores
a) *Pré-catalisador e principal: regulagem Lambda de duas sondas com sondas antes e após o pré-catalisador.*
b) *Pré-catalisador e principal: regulagem Lambda de duas sondas com sonda antes do pré-catalisador e após o catalisador principal.*
c) *Catalisador principal: regulagem Lambda de duas sondas com sondas antes e após o catalisador principal.*
d) *Arranjo em y para injeção direta de gasolina com dois pré-catalisadores e um catalisador acumulador de NO_x: regulagem Lambda de duas sondas com sensores antes e após o pré-catalisador. sensor de NO_x para controle do catalisador acumulador.*

1 *Pré-catalisador, 2 catalisador principal, 3 sonda de dois pontos (LSF) ou sonda de banda larga (LSU), 4 sonda de dois pontos, 5 sensor de NO_x.*

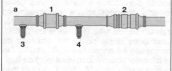

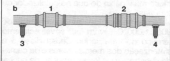

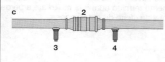

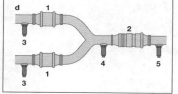

Arranjos de catalisadores
De acordo com as exigências são usados diversos conceitos. Em princípio existem dois tipos de catalisadores que se diferenciam principalmente pelo tamanho:
- pré-catalisador, normalmente montado perto do motor, e
- catalisadores principais, os quais pelo seu tamanho raramente são montados perto do motor mas na área do assoalho (catalisadores de assoalho).

São possíveis todas as combinações de pré-catalisador e principal, em sistemas de dois bancos (usualmente em motores com seis ou mais cilindros) essas são montadas duas vezes.

Um caso especial é o "arranjo em y" que é utilizado principalmente na injeção direta de gasolina com catalisadores acumuladores de NO_X. Aqui cada sistema de escapamento contém um pré-catalisador. Após a junção dos dois sistemas, segue o catalisador principal em comum.

Tratamento posterior do gás de escape com $\lambda = 1$
Motor frio
A combustão da mistura ar-combustível nunca é completa. Combustível que não é queimado, é conduzido ao sistema de gás de escape no tempo de escape e leva a emissões de HC e CO. Particularmente com motor frio essas emissões são altas, porque o combustível se precipita nas paredes frias do cilindro, e deixa a câmara de combustão sem queimar.

A esse problema soma-se o fato de que o catalisador precisa atingir uma temperatura mínima antes de poder converter os poluentes. Por isso é muito importante minimizar as emissões não tratadas durante a fase de aquecimento, antes do início de conversão do catalisador. Isso é realizado por:
- partida otimizada (tempo de injeção, ignição)
- fase de aquecimento pobre (motor deve ser capaz de funcionar com mistura pobre),
- insuflação de ar secundário (v. pág. 540).

Por outro lado, são exigidas medidas que levem o catalisador rapidamente à temperatura de funcionamento. Isso é realizado através de:
- catalisadores próximos ao motor,
- altas temperaturas do gás de escape devido a ângulo da ignição atrasado e grande fluxo de massa de gás,
- insuflação de ar secundário.

A Motronic garante que o catalisador atinja a sua temperatura de funcionamento o mais rapidamente possível através da coordenação do torque.

Em aplicações especiais também é utilizado, para o rápido aquecimento dos catalisadores, o catalisador com aquecimento elétrico (EHC: electric heated catalyst). Também está se pensando na utilização de um queimador movido a combustível para o aquecimento do catalisador.

Motor quente
Tão logo seja possível um funcionamento com $\lambda = 1$ em função da suavidade de marcha e da temperatura, pode ser ajustada a mistura estequiométrica ar-combustível. Com esse coeficiente de ar o catalisador de três vias atinge a sua maior taxa de conversão para os poluentes HC, CO e NO_x. A relação ar-combustível só pode oscilar na faixa de $\lambda = 1 \pm 0,005$, para que possa ser mantida uma alta taxa de conversão. Essa precisão torna possível uma regulagem de mistura (regulagem Lambda).

Tratamento posterior do gás de escape para operação com mistura pobre
Em motores com injeção direta de gasolina, o efeito de armazenamento de NO_x pode ser usado com limitações também na operação homogênea pobre. Valores-limites típicos de Lambda estão em $\lambda = 1,5...1,6$. Os limites são determinados em geral pela suavidade de marcha do motor no lado pobre, no lado rico pela minimização da emissão de NO_x. Por isso, é necessária uma manutenção rigorosa desses limites. Para a regulagem com valores nominais pobres pode ser utilizada a regulagem Lambda contínua.

Regulagem Lambda
A regulagem Lambda avalia os sinais das sondas Lambda (v. pág. 133 em diante). Esses sensores medem o teor de oxigênio no gás de escape e fornecem com isso informações sobre a composição da mistura. Todas as estratégias atuais de regulagem Lambda no motor Otto utilizam a quantidade de combustível injetada como grandeza de regulagem e, estritamente falando, só estão em condição de compensar falhas de combustível (p. ex. falha das válvulas injetoras, da pressão do combustível, etc.). A precisão do pré-controle, baseado no cálculo do enchimento determina a grandeza dos ajustes de controle necessários.

Regulagem de dois pontos
A sonda Lambda de dois pontos com característica de salto em $\lambda = 1$ é ideal para regulagens de dois pontos. Uma grandeza de regulagem, composta de tensão de salto e rampa, muda a sua direção de controle a cada salto de tensão, que indica uma mudança rico/pobre ou pobre/rico (vide fig. na próxima página). A amplitude típica dessa grandeza de controle foi fixada na faixa de 2...3%. Isso resulta numa dinâmica de regulagem limitada, que é determinada predominantemente pela soma dos tempos de resposta (pré-estocagem de combustível no coletor de admissão, princípio de quatro tempos do motor Otto e tempo de trânsito de gás).

A típica "medida falsa" desta sonda, devido à variação da composição do gás de escape pode ser compensada de forma regulada configurando o transcurso da grandeza de regulagem intencionalmente de forma assimétrica. Para isso, prefere-se manter o valor da rampa durante o salto da sonda por um tempo de permanência regulado t_v depois do salto da sonda.

Regulagem Lambda contínua
A dinâmica determinada de uma regulagem de dois pontos somente pode ser melhorada, quando o desvio de $\lambda = 1$ realmente for medido. Com a sonda de banda larga se obtém uma regulagem contínua para $\lambda = 1$ com amplitude estacionária muito reduzida juntamente com uma dinâmica alta. Os parâmetros dessa regulagem se calculam e ajustam em função dos pontos de

Curva da grandeza da regulagem com deslocamento Lambda controlado (regulagem de dois pontos)
t_v Tempo de permanência após o salto da sonda

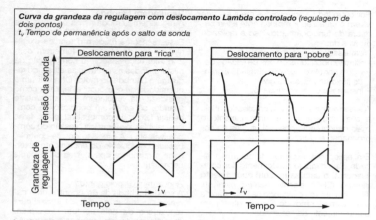

funcionamento do motor. Em especial se compensam mais rapidamente mediante esse tipo de regulagem Lambda os inevitáveis erros residuais dos pré-controles estacionários ou não estacionários.

Uma outra otimização das emissões de gás de escape reside no potencial dos valores nominais de regulagem $\lambda \neq 1$, p. ex. no funcionamento pobre se as condições de funcionamento do motor (p. ex. aquecimento) assim o exigirem. Uma ampliação para a regulagem magra com as vantagens e desvantagens mencionadas somente significa a determinação de outros valores nominais de regulagem.

Regulagem Lambda com sonda-guia após o catalisador
A influência de interferência sobre a precisão em $\lambda = 1$ no ponto de salto de uma sonda de dois pontos ou na curva característica de uma sonda de banda larga pode ser minimizada através de sistemas de camada protetora na sonda Lambda. Apesar disso, atuam o envelhecimento e influências ambientais (envenenamento). Uma sonda após um catalisador está muito menos exposta a essas influências. O princípio da regulagem de duas sondas se baseia no fato de que o deslocamento controlado para rico ou pobre ou o valor nominal de uma regulagem contínua podem ser modificados aditivamente através de um circuito de correção "lento". A constância de longo tempo obtida é necessária para a legislação atual de emissões.

Regulagem de três sondas
O uso de um terceira sonda Lambda após o catalisador principal é necessário em SULEVs (Super Ultra-Low-Emission Vehicle, vide pág. 554) tanto para diagnóstico do catalisador como para a constância do gás de escape. O sistema de regulagem de duas sondas (cascata simples) foi ampliado em uma regulagem extremamente lenta com a terceira sonda após o catalisador principal (sob o assoalho).

Regulagem de cilindros individuais
Em pré-catalisadores próximos ao motor não pode ser garantido que os gases de escape dos cilindros individuais sejam suficientemente misturados, antes que eles fluam através do catalisador. A conversão dos segmentos do catalisador expostos ao fluxo esparso do gás de escape é insuficiente, dependente de quanto os cilindros desviam de $\lambda = 1$. A equalização Lambda dos cilindros individuais pode levar a uma melhora significativa do gás de escape. para obter valores Lambda para os cilindros individuais a partir de um sinal Lambda medido, a sonda Lambda deve ser extremamente dinâmica.

Minimização de poluentes no motor Otto

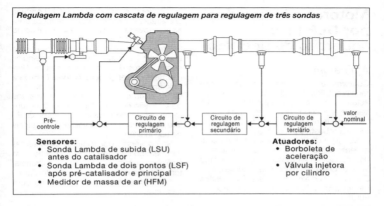

Regulagem Lambda com cascata de regulagem para regulagem de três sondas

Sensores:
- Sonda Lambda de subida (LSU) antes do catalisador
- Sonda Lambda de dois pontos (LSF) após pré-catalisador e principal
- Medidor de massa de ar (HFM)

Atuadores:
- Borboleta de aceleração
- Válvula injetora por cilindro

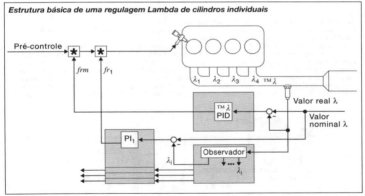

Estrutura básica de uma regulagem Lambda de cilindros individuais

Equalização do torque

Uma equalização Lambda resulta na equalização do torque, quando não estiverem presentes erros de enchimento. Ela eventualmente deve ser substituída por uma equalização de torque, a qual compensa erros de enchimento na faixa pobre, medindo a suavidade de marcha e com isso as oscilações de torque do motor.

Motores alimentados por GLP (gás liquefeito de petróleo)

Aplicação

Conforme uma mistura de propano e butano o gás liquefeito de petróleo assume o estado líquido com uma pressão de 2...20 bar (dependendo da relação propano-butano e da temperatura) (vide também capítulo "Combustíveis", pág. 327).

No ínicio de 2000 foram utilizados anualmente cerca de 14,4 milhões de toneladas de GLP para motores de combustão interna, desses 3 milhões de toneladas na Europa. Mundialmente existem 7 milhões de veículos a GLP, desses 1,5 milhão na Europa.

A quantidade produzida de GLP poderia aumentar exponencialmente se fosse possível aproveitar o gás liquefeito contido no petróleo e gás natural.

Uma conversão para funcionamento com GLP é possível em todos os veículos com motores de combustão interna. Normalmente se reequipam motores Otto para funcionamento bivalente (com gasolina ou GLP). Táxis e ônibus com equipamentos de GLP são em sua maior parte para funcionamento monovalente (apenas GLP). Isto está prescrito para veículos industriais de uso interno.

Na conversão dos motores deve ser levado em conta que o funcionamento com GLP, com um mesmo grau de eficiência, tem um aumento de consumo de aprox. 25% em relação ao funcionamento com gasolina.

Esquema de um sistema com GLP (princípio da injeção)
A figura mostra um sistema para funcionamento monovalente. Sistemas Bi-fuel contêm adicionalmente componentes para funcionamento com gasolina.
1 válvula de fechamento de gás (pressão baixa), 2 regulador de pressão evaporador, 3 borboleta de aceleração, 4 sensor de pressão do coletor de admissão, 5 injetor, 6 bobina de ignição com vela de ignição, 7 sonda Lambda, 8 unidade de comando, 9 sensor de rotação, 10 sensor de temperatura do motor, 11 pré-catalisador, 12 sonda Lambda, 13 interface CAN, 14 lâmpada de diagnóstico, 15 interface de diagnóstico, 16 tubulação de ventilação para acessórios do tanque, 17 tanque de GLP, 18 carcaça com acessórios do tanque, 19 válvula de reabastecimento externa com dispositivo de parada de reabastecimento a 80% da capacidade do tanque, 20 catalisador principal.

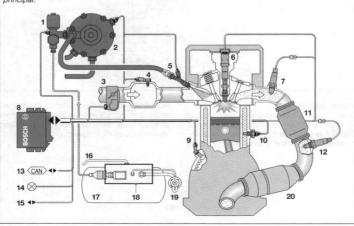

Sistemas GLP

Armazenagem de GLP
GLP é armazenado sob pressão no estado líquido. Para veículos bivalentes é necessário um espaço adicional para acomodar o tanque cilíndrico de GLP.

O novo desenvolvimento de tanques polimórficos, compostos em combinação com um tanque de gasolina menor, possibilita autonomias equivalentes aos veículos a gasolina sem diminuir o espaço de carga.

Todos os tanques estão sujeitos às rigorosas normas européias de segurança (ECE Regulation R 67-01) para veículos novos e normas nacionais para veículos utilitários. Medidas de segurança incluem:
- uma válvula de retenção,
- uma limitação de reabastecimento, de modo que a quantidade reabastecida não ultrapasse 80% do volume máximo do tanque (a parte restante é necessária para a expansão do gás líquido com o aumento da temperatura),
- uma válvula de sobrepressão de 27 bar,
- uma válvula de segurança de temperatura de 120°C,
- uma válvula de retirada de gás com limitador de fluxo.

Atualmente existem no mundo ainda três diferentes acoplamentos para o tanque. Desde 2002 veículos novos na Europa são equipados com acoplamentos unificados. A partir de 2008 todos os veículos a GLP existentes na Europa deverão vir equipados com eles.

Formação da mistura
Na maioria dos sistemas, a injeção ocorre como nos sistemas multipoint convencionais de injeção de gasolina no coletor de admissão. Através de um tubo distribuidor comum de combustível e as válvulas injetoras conectadas nele, o GLP é dosado no

Esquema de um sistema com GLP (princípio do carburabor)
1 tubulação de ventilação para acessórios do tanque, 2 tanque de GLP, 3 carcaça com acessórios do tanque, 4 válvula de reabastecimento externa com dispositivo de parada de reabastecimento a 80% da capacidade do tanque, 5 válvula de fechamento de gás, 6 regulador de pressão para evaporador, 7 motor atuador para a regulagem do gás, 8 unidade de comando, 9 chave seletora gás-gasolina, 10 dispositivo de mistura venturi, 11 sonda Lambda, 12 sensor de vácuo, 13 bateria, 14 chave de ignição, 15 relé.

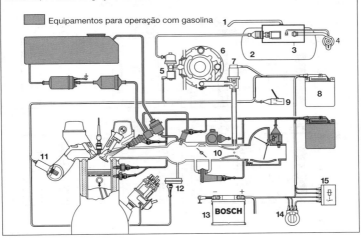

coletor de admissão continuamente com pressão variável ou intermitentemente. O gerenciamento do motor indica a quantidade a ser injetada. Ele contém uma regulagem Lambda para o tratamento posterior do gás de escape com catalisador de três vias.

Na maioria dos casos o GLP é injetado na forma gasosa após a evaporação em um regulador de pressão. Existem também sistemas no qual o GLP é injetado na forma líquida. Uma bomba de combustível gera uma sobrepressão definida em relação à pressão do tanque. Com tais sistemas é possível manter a atual legislação européia de controle de emissões EURO 4 (válida a partir de 2005).

Em países com leis de emissões menos rígidas são suficientes sistemas com um dispositivo de mistura venturi (princípio do carburador) antes da borboleta de aceleração, com ou sem regulagem Lambda.

O motor a GLP tem em comparação com o motor à gasolina a mesma potência ou no máximo 5% menor, dependente do sistema de formação de mistura.

Gás de escape

Na combustão do GLP são produzidos em relação à gasolina aproximadamente 10 % menos emissões de CO_2. Em muitos países, assim também na Alemanha, existe uma taxa fiscal para óleo mineral reduzida para veículos movidos a GLP.

Em relação aos modernos motores a gasolina Euro 4 com catalisadores de três vias, as emissões limitadas dos motores com GLP são consideravelmente menores. As vantagens vêm nos poluentes não limitados, que em parte são cancerígenos ou contribuem para a formação de smog (mistura de fumaça e neblina) e ácido. A formação de particulados é muito menor em ordem de grandeza (vide diagrama).

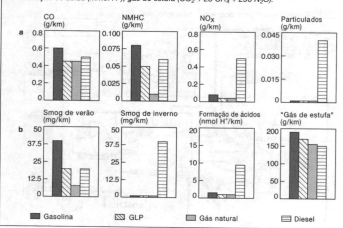

Emissões e efeitos poluentes no funcionamento com gasolina, GLP, gás natural e Diesel (injeção direta)
Valores de emissões para novos licenciamentos de veículos de classe média com motor Otto e Diesel na Europa em 2002.
a) Emissão de poluentes: CO, HC não metano, NO_x, particulados
b) Efeito dos poluentes: smog de verão (equivalente etileno), smog de inverno (particulados), formação de ácido (mmol H^+), gás de estufa (CO_2 + 23 CH_4 + 296 N_2O).

Motores alimentados por gás natural veicular (GNV)

Aplicação

Com vistas ao esforço da redução mundial das emissões de CO_2 e manutenção dos limites de emissões cada vez mais rígidos, o gás natural está ficando cada vez mais importante como combustível alternativo. Além disso com gás natural aumenta a segurança de fornecimento, reduzindo a dependência de importação de petróleo.

No ínicio de 2002 existiam mundialmente 2 milhões de veículos a gás natural, desses 15.000 na Alemanha. A comissão UE sugere na diretriz KOM(2001)-547, substituir até o ano 2020 10% do consumo de combustível por gás natural. Isso corresponde então a 25 milhões de veículos a gás natural na Europa.

Sistema de gás natural

Armazenagem de gás natural

O componente principal do gás natural é metano (CH_4) com uma participação de 80...99 %, dependente da origem. O resto são gases inertes como dióxido de carbono, nitrogênio e outros hidrocarbonetos de menor valor. De acordo com a qualidade do gás se diferencia entre L-gás (80...90% metano) e H-gás (> 90%).

O gás natural pode ser armazenado líquido a -162 °C como LNG (Liquified Natural Gas) ou comprimido a pressões de 200 bar como CNG (Compressed Natural Gas). Por causa do alto custo do armazenamento líquido o gás natural é utilizado em quase todas as aplicações na forma comprimida. A baixa densidade de energia é uma desvantagem do gás natural. Baseado no mesmo conteúdo de energia, é necessário para CNG um tanque com volume 4 vezes maior com relação à gasolina.

Os componentes condutores de gás e as diretrizes de montagem no veículo são normatizados mundialmente segundo o padrão ISO (International Organization for Standardization). Para novos licenciamentos na Europa se aplica a diretriz 110 da ECE (Economic Commission for Europe).

Formação da mistura

Na maioria dos sistemas a injeção de gás ocorre, como na injeção multipoint convencional de gasolina, no coletor de admissão. Através de uma galeria de baixa pressão as válvulas injetoras são alimentadas com gás natural, as quais injetam esse de forma intermitente no coletor da admissão. A formação da mistura é melhorada pelo fornecimento de combustível completamente gasoso, pois o gás natural não condensa nos coletores de admissão e não deposita um filme na parede. Isso tem um efeito positivo sobre as emissões, principalmente durante a fase de aquecimento.

No mercado encontram-se veículos bi-fuel e mono-fuel. Os primeiros podem funcionar com gás natural ou gasolina, mas com gás natural têm em geral uma potência do motor em torno de 10-15% menor. Causa para isso é a menor eficiência volumétrica em função do deslocamento pela alimentação de gás natural.

Veículos monovalentes podem ser especialmente otimizados para o combustível gás natural.

A altíssima qualidade antidetonante do gás natural (até 130 RON) possibilita uma taxa de compressão mais alta de aprox. 13:1 (motor à gasolina 9...11:1). Com isso o motor a gás natural é ideal para uma sobrealimentação. Combinado com um curso do pistão reduzido (conceito de downsizing), o grau de eficiência aumenta com desestrangulamento adicional e redução do atrito.

Gás de escape

Comparados a motores à gasolina, veículos a gás natural se caracterizam por emissões de CO_2 20-30 % menores, devido à relação hidrogênio/carbono (relação H/C) favorável de aprox. 4:1 (gasolina aprox. 2:1) e com isso a mudança dos componentes principais de combustão de CO_2 para H_2O. Por isso, o imposto sobre óleos minerais é reduzido em muitos países.

Apesar da combustão praticamente livre de particulados, em conjunção com um catalisador de três vias regulado, são produzidas emissões muito reduzidas de NO_x, CO e NMHC ("Non-Methane Hydrocarbon": soma de todos os hidrocarbonetos menos metano). Metano é classificado como não tóxico e, em contraste com a

Europa, não é considerado como poluente pela legislação americana de controle de emissões. Veículos a gás natural cumprem a atual legislação européia de controle de emissões EURO 4 (válida a partir de 2005), ônibus a gás natural, os valores-limite rígidos EEV ("Enhanced Environmentally friendly Vehicle").

O motor a gás natural tem nítidas vantagens em relação aos motores à gasolina e

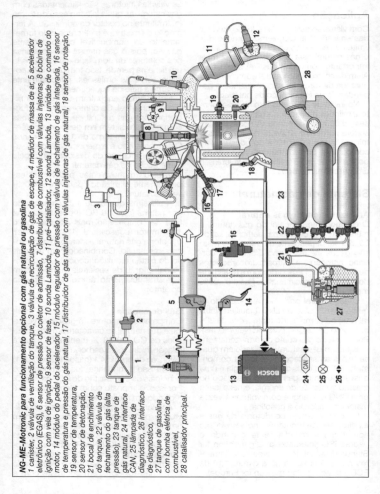

NG-ME-Motronic para funcionamento opcional com gás natural ou gasolina
1 canister, 2 válvula de ventilação do tanque, 3 válvula de recirculação de gás de escape, 4 medidor de massa de ar, 5 acelerador eletrônico (EGAS), 6 sensor de pressão do coletor de admissão, 7 distribuidor de combustível com válvulas injetoras, 8 bobina de ignição com vela de ignição, 9 sensor de fase, 10 sonda Lambda, 11 pré-catalisador, 12 sonda Lambda, 13 unidade de comando do motor, 14 módulo do pedal do acelerador, 15 módulo regulador de pressão com válvula de fechamento de gás integrada, 16 sensor de temperatura e pressão do gás natural, 17 distribuidor de gás natural com válvulas injetoras de gás natural, 18 sensor de rotação, 19 sensor de temperatura, 20 sensor de detonação, 21 bocal de enchimento do tanque, 22 válvula de fechamento do gás (alta pressão), 23 tanque de gás natural, 24 interface CAN, 25 lâmpada de diagnóstico, 26 interface de diagnóstico, 27 tanque de gasolina com bomba elétrica de combustível, 28 catalisador principal.

Diesel, particularmente com os poluentes não limitados, que em parte são cancerígenos ou contribuem para a formação de smog (mistura de fumaça e neblina) e ácido (vide diagrama pág. 670).

Campos de aplicação para os motores de gás natural

Em função da autonomia limitada e da estrutura pobre de postos de abastecimento (aprox. 300 postos no início de 2003 na Alemanha) os motores a gás natural têm sido mais usados em frotas de transporte publico local (p. ex. ônibus e táxis). Até 2006 estão planejados 1.000 novos postos de abastecimento de gás natural.

Sistemas Bi-fuel, que podem facilmente ser comutados entre funcionamento com gás natural e com gasolina, são usados principalmente em automóveis.

Gerenciamento de motor para veículos com gás natural

O ar aspirado pelo motor passa através do medidor de massa de ar e a borboleta de aceleração eletrônica para o coletor de admissão e conduzido para a câmara de combustão através das válvulas de admissão (vide figura). O gás natural armazenado no tanque de gás com 200 bar flui através de uma válvula de fechamento de alta pressão para o regulador de pressão de gás, que reduz a pressão do gás a uma pressão de sistema constante de 8 bar. O gás flui através de uma válvula de fechamento de baixa pressão a um tubo distribuidor de gás comum, que alimenta uma válvula injetora por cilindro. A preparação da mistura ocorre por injeção intermitente de gás natural no coletor de admissão.

A mistura é inflamada na câmara de combustão pela vela de ignição. A disponibilização da energia de ignição ocorre sem distribuidor através de bobinas de ignição de faísca simples, as quais são controladas pelos estágios de saída do gerenciamento do motor. Um sensor de rotação e um de fase se encarregam do sincronismo correto. Um sensor de detonação detecta uma eventual combustão detonante.

O gás de escape sai através da válvula de escape do motor para o escapamento com catalisador seletivo de metano bem como uma sonda Lambda antes e após o catalisador, como no motor à gasolina.

Motores alimentados por álcool

Aplicação

Os álcoois metanol e etanol podem ser produzidos regenerativamente de biomassa (plantas, madeira, etc.) e contribuem com isso com a redução das emissões globais de dióxido de carbono. A disponibilidade limitada de combustíveis fósseis e a dependência cada vez maior de países produtores de petróleo apóiam o desenvolvimento de motores e sistemas de injeção para álcoois como combustíveis alternativos ("Combustíveis alternativos", pág. 327). Por causa da disponibilidade, o funcionamento com etanol ocorre praticamente só no Brasil e nos EUA. O funcionamento de motores Otto com álcool oferece vantagens adicionais de gases de escape: menor produção de CO_2 bem como menor formação de ozônio e smog. Além disso, o álcool é totalmente livre de enxofre.

Sistema

Como hoje em dia não pode ser garantido um fornecimento sem interrupções do combustível álcool, os motores e gerenciamento de motores devem ser desenvolvidos para funcionamento flexível misto, ou seja, poderem funcionar com mistura variável de metanol ou etanol. O combustível misto de etanol e gasolina oferecido nos postos de gasolina no Brasil ou nos EUA também é designado por "Flex-Fuel" (p. ex. E15 = 15 % etanol + 85 % gasolina ou E85 = 85 % etanol + 15 % gasolina). Álcoois impõem exigências especiais ao motor e componentes condutores de combustível, pois as partes de água, ácidos e gomas no combustível podem agredir materiais metálicos, plásticos e vedações de borracha. Etanol tem em relação ao metanol a vantagem da menor toxicidade.

A maior resistência à detonação do metanol e etanol em relação à gasolina, possibilitam um aumento da taxa de compressão do motor. Devido ao baixo valor calorífico, o consumo volumétrico do metanol é quase o dobro e o de etanol aprox. 1,5 vezes maior do que a gasolina, o que exige um aumento do tanque de combustível e uma

674 Combustíveis alternativos para motores Otto

adaptação das válvulas injetoras. Lubrificantes especiais se mantêm estáveis pela sua vida útil, apesar da agressividade do álcool.

O tratamento posterior do gás de escape é feito por um catalisador de três vias. O exato pré-controle da mistura requer um sensor de combustível, que envia um sinal definido à unidade de comando de acordo com a parcela de metanol ou etanol.

O gerenciamento de motor calcula as correções de mistura e ignição para o respectivo regime de funcionamento.

Motores alimentados por hidrogênio

Aplicação

Hidrogênio está ganhando cada vez mais em significado pela combustão livre de CO_2 e produção a partir de fontes de energia renováveis. A produção de hidrogênio, a infra-estrutura requerida, a técnica de reabastecimento e a armazenagem on-board são complicados e técnica e economicamente ainda não solucionados satisfatoriamente. A produção de hidrogênio através de eletrólise necessita grandes quantidades de energia elétrica, p. ex. regenerativamente de energia solar e dos ventos (eólica) ou de energia nuclear. Hoje o hidrogênio é produzido em larga escala quase que exclusivamente de reformação de vapor de gás natural, porém liberando CO_2.

Automóvel alimentado a hidrogênio com motor Otto (BMW 735i)
LH_2 hidrogênio líquido, GH_2 hidrogênio gasoso, 1 bloco de válvulas para abastecimento da LH_2 e alimentação de GH_2 (isolado a vácuo), 2 tubos de hidrogênio, isolados a vácuo, 3 evaporador de LH_2, 4 válvula dosadora para regulagem da potência com controle eletrônico, 5 válvulas injetoras de hidrogênio, 6 válvulas de descarga e segurança, 7 tanque de hidrogênio líquido com super-isolação a vácuo, 8 sensores de hidrogênio para monitoração automática de vazamento, 9 borboleta aceleradora para funcionamento com gasolina e controle eletrônico, 10 turbocompressor centrífugo com variador de velocidade.

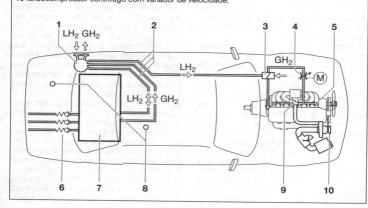

Sistema de hidrogênio

Armazenamento de hidrogênio no veículo

Armazenagem gasosa (tanque pressurizado)

Devido à baixa densidade volumétrica de energia são necessárias pressões muito altas para a armazenagem de hidrogênio (350 a 700 bar). Essas pressões impõem exigências especiais aos materiais empregados. A 700 bar, o volume de armazenamento é de 7 vezes o de um tanque de gasolina com conteúdo de energia equivalente.

Armazenagem líquida (tanque criogênico)

A armazenagem líquida é no momento a forma de armazenagem mais favorável com respeito a peso e densidade de energia (aprox. 4 vezes o volume de armazenagem com relação à gasolina). A temperatura extremamente baixa (-253°C) impõe altas exigências ao isolamento térmico. Entrada de calor residual causa perdas por evaporação se o veículo ficar parado por mais tempo (mais de 3...12 dias). Isso causa problemas para o uso no veículo, pois mesmo com motor parado é consumido hidrogênio. Em funcionamento um evaporador elétrico regula a pressão do tanque para o seu valor nominal.

Uma outra desvantagem dessa forma de armazenagem é a alta energia necessária para a liquefação de aprox. 30% da energia de saída.

Outras formas de armazenagem

Uma outra possibilidade inclui armazenagem química, p. ex. a armazenagem de hidrogênio em hidretos metálicos, metilciclohexano, ou hidretos orgânicos líquidos. Nanoestruturas de carbono encontram-se em estudos.

Nenhum desses processos teve aceitação até agora, sendo usadas no momento quase que exclusivamente armazenagens de pressão e líquida.

Formação da mistura

Independentemente da forma de armazenagem o hidrogênio é injetado de forma gasosa no coletor de admissão. Em função da baixa densidade do hidrogênio durante a injeção, uma grande parte do ar aspirado é deslocada pelo hidrogênio. Isso leva a uma redução da taxa de fornecimento de ar e com isso a uma redução da potência do motor em relação à gasolina.

Apesar de a injeção direta de hidrogênio na câmara de combustão apresentar uma série de vantagens (potência aumentada devido a enchimento melhor, reduzida emissão de NO_x por resfriamento da mistura, sem perigo de retorno da centelha), são difíceis de serem realizadas as exigências às válvulas injetoras.

Na formação externa de mistura pode ser usada uma injeção contínua, na qual uma válvula dosadora eletromecânica comum conduz o hidrogênio gasoso através de um distribuidor aos coletores de admissão individuais. Mistura pobre e injeção adicional de água evitam um retorno da centelha ao coletor de admissão. No funcionamento pobre, uma parte da perda de potência pode ser compensada por sobrealimentação.

Da mesma maneira que com o gás natural, é utilizada cada vez mais uma injeção seqüencial, que injeta o hidrogênio intermitentemente nos canais de admissão do motor. Esse processo também reduz o perigo de retorno da centelha com misturas mais ricas através da livre escolha para o ponto de injeção.

Em relação à gasolina existem exigências maiores para a válvula injetora quanto à estanqueidade e o grande fluxo de volume necessário, resultante da baixa densidade do hidrogênio.

Gás de escape

Durante a combustão, hidrogênio puro oxida com o oxigênio contido no ar para água. Com isso hidrogênio é o único combustível com o qual pode ser evitada qualquer emissão de CO_2, se esse não for produzido com o emprego de portadores de energia primários fósseis. Os óxidos de nitrogênio (emissões de NO_x) produzidos na combustão podem ser reduzidos efetivamente através de funcionamento muito pobre ou tratamento posterior catalítico de gás de escape.

Alimentação de combustível
(estágio de baixa pressão)

A alimentação de combustível tem a função de armazenar, filtrar o combustível necessário e oferecer ao sistema de injeção uma determinada pressão de alimentação em todos os regimes de funcionamento. Em algumas aplicações o retorno de combustível é resfriado adicionalmente.

A alimentação de combustível envolve os seguintes componentes essenciais (vide figuras):
- tanque de combustível,
- pré-filtro (exceto UIS em veículos de passeio (Pkw)),
- resfriador da ECU (opcional),
- pré-bomba alimentadora (opcional, em Pkw também bomba interna ao tanque),
- filtro de combustível,
- bomba de combustível (baixa pressão),
- válvula reguladora de pressão (válvula de retorno),
- resfriador de combustível (opcional),
- tubos de combustível de baixa pressão.

Alguns componentes isolados podem ser unidos em módulos (p. ex. bomba de combustível com válvula limitadora de pressão). Nas bombas distribuidoras de pistão axial e radial, assim como no sistema Common Rail a bomba de combustível está integrada na bomba de alta pressão.

Sistema de injeção Diesel

Como mostram as figuras a seguir para veículos de passeio com UIS, bomba distribuidora com pistão radial e Common Rail, a alimentação de combustível pode diferenciar muito, de acordo com o sistema de injeção usado.

Tanque de combustível
O tanque de combustível armazena o combustível. Ele deve ser resistente à corrosão e ser estanque ao dobro da pressão de serviço, mas no mínimo a 0,3 bar de sobrepressão. Sobrepressão superior deve escapar automaticamente através de aberturas próprias ou válvulas de segurança. Em percurso em curva, inclinações ou impactos não pode fluir combustível através do bocal de reabastecimento ou dos dispositivos para compensação de pressão. O tanque de combustível deve ser montado em separado do motor, para que, mesmo em acidentes, seja evitada uma inflamação do combustível.

Tubos de combustível
Para o estágio de baixa pressão podem ser usados ao lado de tubos metálicos também tubos flexíveis com armação de malha de aço. Eles devem ser dispostos de tal maneira que sejam evitados danos mecânicos e impedir o acúmulo e a inflamação de gotas ou vaporizações de combustível.

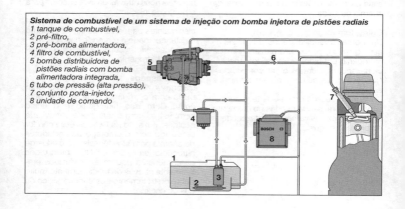

Sistema de combustível de um sistema de injeção com bomba injetora de pistões radiais
1 tanque de combustível,
2 pré-filtro,
3 pré-bomba alimentadora,
4 filtro de combustível,
5 bomba distribuidora de pistões radiais com bomba alimentadora integrada,
6 tubo de pressão (alta pressão),
7 conjunto porta-injetor,
8 unidade de comando

Alimentação de combustível (estágio de baixa pressão)

A função dos tubos não pode ser influenciada por torção do veículo, movimento do motor ou semelhantes. Todas as peças condutoras de combustível devem ser protegidas contra calor operacional. Em ônibus os tubos de combustível não podem ficar no compartimento dos passageiros ou do motorista e o combustível não pode ser debitado pela força de gravidade.

Filtro de Diesel

Ele tem a função de prevenir que o combustível seja contaminado por partículas e garantir com isso uma pureza mínima do combustível para os componentes sujeitos a desgaste (vide pág. 681).

Versões

A escolha do filtro certo deve ser feita de acordo com o sistema de injeção utilizado e as condições de operação.

Pré-filtro para pré-bombas alimentadoras: normalmente o pré-filtro é um filtro de peneira com malha de 300 μm, sendo empregada adicionalmente ao filtro efetivo.

Filtro principal: filtros descartáveis com elemento de filtro dobrado em estrela ou enrolado (vide pág. 681). Eles são parafusados a um console de filtro. Também é possível a montagem de dois filtros em paralelo (maior capacidade de armazenamento) ou em linha (filtro por estágios para aumento do grau de purificação ou filtro fino com pré-filtro adaptado). Cresce o emprego de filtros de carcaça, nos quais apenas o elemento de filtro é substituído.

Separador de água: ele evita que água na forma emulsificada ou livre chegue ao sistema de injeção (vide pág. 682).

Pré-aquecimento do combustível: ele evita o entupimento dos poros do filtro por cristais de parafina no inverno. Os componentes geralmente integrados ao filtro aquecem o combustível eletricamente, através da água de refrigeração ou do retorno do combustível.

Bombas manuais: elas servem para o enchimento e esgotamento do sistema após uma troca de filtro. Geralmente são integradas à tampa do filtro.

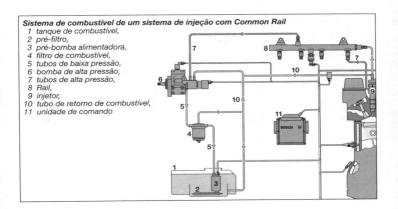

Sistema de combustível de um sistema de injeção com Common Rail
1 tanque de combustível,
2 pré-filtro,
3 pré-bomba alimentadora,
4 filtro de combustível,
5 tubos de baixa pressão,
6 bomba de alta pressão,
7 tubos de alta pressão,
8 Rail,
9 injetor,
10 tubo de retorno de combustível,
11 unidade de comando

678 Gerenciamento de motores Diesel

Pré-bomba alimentadora
A pré-bomba alimentadora – uma bomba elétrica de combustível ou bomba de engrenagens com acionamento mecânico – aspira o combustível do tanque de combustível e o alimenta continuamente para a bomba de alta pressão (v. cap. seguinte).

Bomba elétrica de combustível de estágio simples
A elemento da bomba, B motor da bomba,
C tampa de ligação.
1 lado de pressão, 2 induzido do motor,
3 elemento da bomba, 4 limitador de pressão, 5 lado de aspiração,
6 válvula de retenção

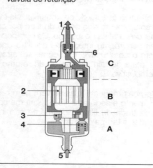

Componentes da alimentação de combustível Diesel

Bomba de combustível
A função da bomba elétrica de combustível no circuito de baixa pressão (pré-bomba alimentadora é alimentar os componentes de alta pressão com combustível suficiente
- em qualquer regime de funcionamento,
- com baixo nível de ruído,
- com a pressão necessária e
- por toda a vida útil do veículo.

De acordo com a área de aplicação podem ser utilizados diferentes modelos.

Bomba elétrica de combustível
Aplicação:
- Opcional para bombas distribuidoras (só para tubos de combustível longos ou grande diferença de altura entre o tanque de combustível e a bomba injetora),
- para sistema unidade injetora (veículos de passeio),
- para sistema Common Rail (veículos de passeio).

A bomba elétrica de combustível corresponde às versões das bombas utilizadas em motores Otto (v. pág. 599 em diante). Para aplicações Diesel normalmente são usadas bombas de roletes.

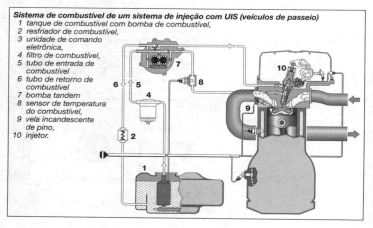

Sistema de combustível de um sistema de injeção com UIS (veículos de passeio)
1 tanque de combustível com bomba de combustível,
2 resfriador de combustível,
3 unidade de comando eletrônica,
4 filtro de combustível,
5 tubo de entrada de combustível,
6 tubo de retorno de combustível,
7 bomba tandem,
8 sensor de temperatura do combustível,
9 vela incandescente de pino,
10 injetor.

Alimentação de combustível (estágio de baixa pressão)

Bomba de combustível de engrenagens

Aplicação:
- para sistemas individuais de injeção em veículos comerciais (unit injector e unit pump system e bomba injetora individual PF),
- em parte para sistema Common Rail (veículos de passeio, comerciais e fora de estrada).

Ela é fixada diretamente ao motor ou integrada à bomba de alta pressão do Common Rail. O acionamento é feito através de acoplamento, roda dentada ou correia dentada.

Os principais componentes são duas engrenagens girando em sentido contrário, que transportam o combustível no vão dos dentes do lado de admissão para o lado de pressão. A linha de toque das rodas dentadas faz a vedação entre lado de admissão e lado de pressão e impede que o combustível possa retornar.

O volume de débito é aproximadamente proporcional à rotação do motor. por isso é feita uma regulagem de débito ou por estrangulamento no lado de admissão ou por uma válvula de retorno no lado de pressão.

Bomba alimentadora de palhetas

Aplicação: pré-bomba alimentadora integrada na bomba distribuidora

A bomba alimentadora de palhetas está disposta na bomba distribuidora sobre o eixo de acionamento. O rotor de palhetas nesse caso está centrado no eixo de acionamento, sendo arrastado por uma chaveta semicircular. Um anel excêntrico disposto na carcaça envolve a roda de palhetas.

A força centrífuga resultante do movimento de rotação pressiona as quatro palhetas do rotor de palhetas para fora, contra o anel excêntrico. O combustível, que se encontra entre a parte inferior da palheta e o rotor, reforça esse movimento das palhetas para fora.

Através dos orifícios de entrada e uma ranhura em curva, o combustível chega à câmara formada pelo rotor, palhetas e anel excêntrico. Em função do movimento de rotação, o combustível que se encontra entre as palhetas é transportado para a ranhura em curva na parte superior e pressionado através de um orifício para a saída.

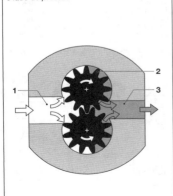

Bomba de combustível de engrenagens (esquema)
1 lado de aspiração,
2 engrenagem de acionamento,
3 lado de pressão

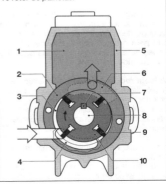

Bomba alimentadora de palhetas
1 câmara interna da bomba, 2 anel excêntrico, 3 célula em forma de foice, 4 entrada de combustível (ranhura de admissão), 5 carcaça da bomba, 6 saída de combustível (ranhura de descarga), 7 chaveta semicircular, 8 eixo de acionamento, 9 palheta, 10 rotor de palhetas.

680 Gerenciamento de motores Diesel

Bomba de aletas fixas
1 rotor, 2 lado de aspiração (admissão, 3 mola, 4 palheta fixa, 5 lado de pressão

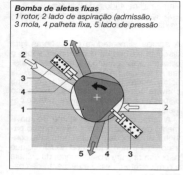

Bomba de aletas fixas
Aplicação: sistema UIS em veículos de passeio.

Na bomba de aletas fixas molas pressionam duas aletas fixas contra um rotor. Quando o rotor gira o volume no lado de aspiração aumenta e o combustível é aspirado em duas câmaras. No lado de pressão, o volume diminui e o combustível é debitado de duas câmaras.

A bomba de aletas fixas já debita em rotações muito baixas.

Bomba Tandem de combustível
Aplicação: sistema UIS em veículos de passeio.

Essa bomba é um módulo formado de bomba de combustível (bomba de aletas fixas ou de engrenagens) e bomba de vácuo para o servo freio. Está integrada ao cabeçote do cilindro e acionada pelo eixo de comando do motor.

Válvula reguladora de baixa pressão

A válvula reguladora de pressão (também chamada válvula de retorno) está instalada no retorno de combustível. Ela providencia pressão operacional suficiente no segmento de baixa pressão do UIS e UPS em todos os regimes de funcionamento e com isso um enchimento uniforme das bombas.

O pistão acumulador da válvula abre a uma "pressão de ruptura" de 300...350 kPa (3...3,5 bar). Uma mola de pressão se encarrega de que um volume acumulador possa compensar pequenas oscilações de pressão. Com uma pressão de abertura de 4...4,5 bar se abre a vedação da fenda, de modo que o volume de fluxo aumenta intensamente.

Para o ajuste prévio da pressão de abertura existem dois parafusos com pressão da mola escalonada diferentemente.

Resfriador do combustível

Devido à alta pressão no injetor do UIS para veículos de passeio e alguns sistemas Common Rail, o combustível se aquece tanto que deve ser esfriado no retorno. O combustível que retorna do injetor flui através do resfriador (trocador de calor) e libera energia térmica ao líquido de arrefecimento no circuito de refrigeração do combustível. Esse é separado do circuito de refrigeração do motor, uma vez que a temperatura do líquido de arrefecimento do motor à temperatura operacional é muito alta para esfriar o combustível. Próximo ao reservatório de compensação o circuito de refrigeração do combustível é ligado ao de refrigeração do motor, para que o circuito de refrigeração do combustível seja preenchido e variações de volume sejam compensadas por oscilações de temperatura.

Circuito de refrigeração do combustível
1 bomba de combustível, 2 sensor de temperatura do combustível, 3 resfriador do combustível, 4 tanque de combustível, 5 reservatório de compensação, 6 circuito de refrigeração do motor, 7 bomba do líquido de arrefecimento, 8 radiador adicional

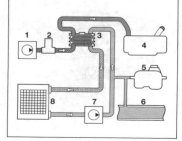

Filtro de combustível

Como no motor Otto também no motor Diesel deve ser garantido que o sistema de combustível seja protegido de impurezas. A função do filtro de combustível é reduzir a contaminação de particulados (exigências gerais, vide pág. 604).

Filtro de combustível para sistemas de injeção Diesel

Comparados com os sistemas de injeção Otto, os sistemas de injeção Diesel necessitam de maior proteção contra desgaste e com isso filtros mais finos, em função das pressões de injeção muito maiores. Além disso o combustível Diesel é muito mais sujo em relação à gasolina. Filtros de Diesel são projetados como filtros descartáveis. Muito difundidos são filtros de troca rápida rosqueáveis, filtros em linha e elementos de filtro livres de metais como peça de troca em carcaças de filtro de alumínio, plástico ou chapa de aço (maiores exigências quanto a acidentes). Filtros dobrados em estrela são a escolha preferida. O filtro de Diesel normalmente fica localizado no circuito de baixa pressão entre a bomba elétrica de combustível e a bomba de alta pressão.

As exigências ao filtro aumentaram mais uma vez nos últimos anos em função da introdução de sistemas Common Rail da 2ª geração e sistemas bomba-bico para veículos de passeio e utilitários. Dependendo da aplicação (contaminação do combustível, períodos de parada do motor), os novos sistemas requerem uma eficiência de filtragem entre 85% e 98,6% (single pass, intervalo entre particulados 3 e 5 µm, ISO/TR 13353: 1994). Os filtros de combustível para a última geração de veículos devem ser capazes de armazenar uma maior quantidade de particulados em função dos intervalos maiores de serviço, e alta filtragem de particulados superfinos. Isso só é possível com meios filtrantes especiais, p. ex. multicamadas feitas de microfibras sintéticas. Esses meios de filtragem usam um efeito de pré-filtro fino e garantem uma máxima capacidade de retenção de particulados separando os particulados dentro da respectiva camada. O funcionamento com ésteres metílicos de ácidos graxos (biodiesel) também é possível com a nova geração de filtros ultrafinos. Em função da maior concentração de particulados orgânicos deve ser prevista uma vida útil menor do filtro agora no conceito de serviço.

Uma segunda função essencial do filtro de Diesel é a separação de água emulsificada e livre, a fim de evitar danos por corrosão. Uma separação efetiva de água de mais de 93% com fluxo nominal (ISO 4020) é particularmente importante para bombas distribuidoras e sistemas Common Rail. A separação da água ocorre por coalescência no meio filtrante (formação de gotas por tensão superficial diferente da água e combustível). A água separada se deposita na câmara de água na parte inferior da carcaça do filtro. Para monitorar o nível da água são utilizados atualmente sensores de condutividade. A água é drenada manualmente através de um parafuso de drenagem de água ou de um botão de pressão.

Filtro Diesel de troca rápida
com elemento de filtro dobrado em estrela

Para exigências muito pesadas é vantajosa a utilização de um pré-filtro/separador de água adicional fixado do lado de sucção ou pressão com uma unidade de filtro adaptada ao filtro fino. Esses pré-filtros são utilizados principalmente em países onde a qualidade do combustível Diesel é ruim.

Filtros Diesel da nova geração integram funções adicionais modulares como:
- pré-aquecimento do combustível (elétrico; retorno de combustível) para evitar o entupimento com parafina durante a operação no inverno;
- refrigeração do combustível;
- indicação de manutenção através de uma medição de pressão diferencial;
- dispositivos de enchimento e sangria.

Filtro de Diesel com dreno de água
1 tampa do filtro co bomba de enchimento, 2 elemento de filtro descartável, 3 sensor de água, 4 válvula de escoamento de água automática, 5 aquecedor PTC na tampa do filtro e no tanque coletor de água (opcional), 6 tanque coletor de água transparente.

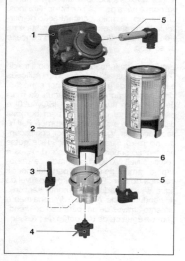

Sistemas de injeção Diesel

Visão geral

No processo de combustão Diesel o combustível é sempre injetado diretamente na câmara de combustão com uma pressão do lado do bico de 200 até > 2.000 bar. Dependendo do processo de combustão, injeta-se (com pressão relativamente baixa de < 350 bar) em motores de câmara em uma câmara secundária e se fala em injeção indireta. Atualmente, injeção direta é o processo mais comum, no qual se injeta (com alta pressão de até > 2.000 bar) em uma câmara de combustão não dividida.

Particularidades desses sistemas de injeção, vide indicações de leitura, pág. 711.

Gerenciamento de motores Diesel
Requisitos
A potência P entregue por um motor Diesel é determinada pelo torque da embreagem e rotação do motor. O torque da embreagem é produzido pelo torque gerado no processo de combustão, reduzido pelo torque de atrito e as perdas por troca de carga bem como o torque necessário para o funcionamento dos agregados acionados diretamente pelo motor. O torque de combustão é gerado no tempo de trabalho e é determinado pelas seguintes grandezas se o excesso de ar for suficiente:

Carcaça de filtro modular de combustível Diesel para veículos de passeio com funções adicionais
1 resfriador de combustível, 2 retorno regulado por termostato, 3 aquecimento elétrico PTC, 4 sensor de água, 5 dois elementos de filtro superfinos livres de metais.

Sistemas de injeção Diesel

- a massa de ar admitida,
- o início da combustão determinado pelo ponto de injeção,
- o processo de injeção e de combustão.

Além disso, o torque máximo dependente da rotação é limitado por:
- emissão de fumaça,
- pressão do cilindro,
- carga de temperatura de diversos componentes e
- carga mecânica de todo o trem de força.

Função principal do gerenciamento de motor

A função principal do gerenciamento de motor é ajustar o torque gerado pelo motor ou em algumas aplicações ajustar uma determinada rotação dentro da faixa de funcionamento permitida (p. ex. marcha lenta).

No motor Diesel o tratamento do gás de escape e a redução de ruído são feitos em grande parte dentro do motor, ou seja, controlando o processo de combustão. Isso também é feito pelo gerenciamento de motor alterando as seguintes grandezas:
- enchimento do cilindro (superalimentação),
- acondicionamento da temperatura do enchimento do cilindro no tempo de aspiração,
- composição do enchimento do cilindro (realimentação do gás de escape),
- movimentação da carga (turbilhonamento da entrada),
- ponto de injeção,
- pressão de injeção e
- formação da curva de injeção (p. ex. pré-injeção, injeção dividida, etc.).

Até os anos de 1980, a injeção em motores de veículos, ou seja, o débito e o início da injeção eram regulados exclusivamente mecanicamente. Via de regra o débito é variado por uma hélice de comando no pistão ou uma bucha de acordo com carga e rotação. O início da injeção / débito é ajustado na injeção mecânica em função da rotação e da carga através de reguladores de pesos centrífugos (dependendo da rotação) ou hidraulicamente controlando a pressão. Nos capítulos, bombas em linha e distribuidoras serão descritos mais detalhes.

A legislação de controle de emissões exige uma regulagem muito precisa do débito e início do débito, dependente de grandezas como temperatura, rotação, carga, altitude, etc. Isso só pode ser realizado eficientemente com uma regulagem eletrônica. Essa forma não vingou só no campo automotivo. Somente com ela é possível o monitoramento contínuo das funções relevantes às emissões do sistema de injeção, o que também é exigido pelo legislador com um diagnóstico on-board.

A regulagem do débito e início da injeção ocorre nos sistemas EDC (Electronic Diesel Control) através de válvulas magnéticas de baixa ou alta pressão ou outros atuadores elétricos. O controle da curva de injeção, ou seja, a quantidade injetada por grau da árvore de manivelas, ocorre por exemplo via servo-válvulas ou controle do curso da agulha.

Particularidades

Um sistema de injeção é composto de um estágio de baixa e um de alta pressão. O circuito de alimentação de baixa pressão já foi descrito no capítulo alimentação de combustível, as diferenças específicas de sistemas serão descritas para os diferentes sistemas de injeção nas respectivas seções.

Primeiro será descrita a regulagem mecânica e eletrônica em geral.

A regulagem mecânica é utilizada exclusivamente para bombas PF, em linha e bombas distribuidoras de pistão axial. Existem muitos reguladores e grupos de adaptação, que são requisitados para bombas em linha e distribuidoras, dependendo da aplicação. A regulagem mecânica sempre é um compromisso em relação à regulagem eletrônica, pois essa ultima é mais precisa, permite levar em conta muitas grandezas de influência e possibilita a adaptação contínua das grandezas de ajuste. As vantagens são:

- consumo menor de combustível, menores emissões, maior potência e torque através de regulagem de débito melhorada e início de injeção mais preciso,
- rotação de marcha lenta mais baixa e constante e adaptação da rotação de marcha lenta para componentes adicionais (p. ex. ar condicionado),
- funções de conforto melhoradas, como amortecimento de solavancos, regulagem de suavidade de marcha ou regulagem de velocidade,
- melhores possibilidades de diagnóstico,
- funções de controle e regulagem adicionais, como regulagem da pressão de sobrealimentação, controle do tempo de incandescência, recirculação dos gases de escape (EGR), tratamento posterior do gás de escape, imobilizador eletrônico,
- troca de dados com outros sistemas eletrônicos, como controle de tração (ASR), controle eletrônico do câmbio e com isso integração com o sistema geral do veículo.

Regulagem eletrônica do débito é chamada "drive by wire", isto é, não existe mais conexão direta entre pedal do acelerador e p. ex. bomba injetora.

Para motores Diesel de veículos são usados os seguintes sistemas de injeção:

Bomba injetora em linha com regulagem mecânica ou eletrônica: a bomba injetora em linha é usada principalmente em motores de veículos utilitários. Um número de elementos de bomba correspondente ao número de cilindros do motor são acondicionados em uma carcaça comum e acionados por um eixo de comando situado na própria carcaça (bomba com acionamento próprio, PE).

Em bombas injetoras em linha o avanço da injeção ocorre através de uma hélice de comando localizada em cima do elemento ou através de um avanço centrífugo da injeção externo. Somente a bomba injetora com bucha deslizante possui um avanço da injeção integrado. Dois atuadores elétricos controlam o débito e o início do débito.

Bomba distribuidora com regulador de rotação mecânico ou regulador eletrônico com avanço integrado: a bomba distribuidora de pistão axial é usada particularmente em motores Diesel de alta rotação IDI e em motores Diesel DI para veículos de passeio e veículos utilitários menores. Nela um pistão central, o qual é acionado por um came de comando, assume a geração de pressão e a distribuição aos cilindros individuais. Um came de comando ou uma válvula magnética dosam o débito.

Principalmente em modernos motores Diesel DI de rotação rápida para veículos de passeio e veículos utilitários menores, é usada a bomba injetora distribuidora de pistão radial. A geração de pressão e débito ocorrem através de dois até quatro pistões dispostos axialmente, que são acionados através de um anel de ressaltos. Uma válvula magnética dosa o débito e comanda o início do débito.

Ao lado das bombas injetoras em linha e distribuidoras existem ainda preferencialmente em grandes motores de navio, máquinas de construção e motores pequenos – bombas acionadas diretamente pelo eixo de comando do motor, também chamadas de <u>bombas de encaixe</u> PF (bombas de acionamento externo).

Outro sistema moderno é a <u>unidade bomba e bico</u> (UIS-<u>U</u>nit <u>I</u>njector <u>S</u>ystem), na qual a bomba injetora e o bico injetor formam uma unidade. Por cada cilindro do motor é montada uma unidade no cabeçote do motor e acionada diretamente por um tucho ou indiretamente pelo eixo de comando do motor através de um balancim.

O sistema <u>bomba-tubo-bico</u> (UPS-<u>U</u>nit <u>P</u>ump <u>S</u>ystem) trabalha pelo mesmo princípio que a unidade bomba e bico. Além disso aqui é montado um pequeno tubo de alta pressão entre bomba e bico e com isso se possibilita maior liberdade construtiva para a disposição do eixo de comando no bloco do motor ou no cabeçote do motor.

Comum a todos esses sistemas é que a pressão de injeção é gerada no momento da injeção. Nos sistemas regulados eletronicamente a curva do débito não é apenas influenciável pelo contorno do ressalto,

Sistemas de injeção Diesel **685**

mas também pelo acionamento da válvula magnética. A máxima pressão que se pode obter depende diretamente da rotação e do débito.

Um ajuste praticamente independente da rotação e da carga pode ser feito com um sistema de injeção acumulador. Nesse assim chamado <u>sistema Common Rail</u> a geração de pressão e injeção são desacopladas do tempo e localização. A pressão de injeção é gerada por uma bomba de alta pressão separada. Essa não precisa necessariamente ser acionada sincronizada com as injeções. A pressão pode ser ajustada de acordo com um mapa característico de pressão aplicado, independentemente da rotação do motor e da carga. No lugar das válvulas injetoras controladas por pressão entram aqui injetores acionados eletricamente, com os quais são determinados o ponto de acionamento, início da injeção e débito. Nesse sistema existe também uma grande liberdade com respeito à concepção de injeções múltiplas ou divididas.

Todos os sistemas devem apresentar dispersões reduzidas de curso a curso e cilindro a cilindro para proporcionar um controle e uma regulagem exata do débito e ponto de injeção. Para garantir isso por toda a vida útil os componentes de sistema devem ser fabricados com peças individuais de alta precisão e tolerâncias apertadas.

Bomba injetora em linha

(PE = bomba com acionamento próprio, ou seja, eixo de comando próprio).

De acordo com a finalidade existem bombas em linha para níveis de débito e pressão diferentes. As várias gerações de bombas em linha se diferenciam pele designação:

- <u>Bomba M</u> para motores pequenos inclusive veículos de passeio com injeção indireta (p_{Ppe} < 350 bar).
- <u>Bomba A</u> para motores médios com injeção direta e baixa demanda de pressão (p < 650 bar).
- <u>Bomba MW</u> para motores médios veiculares DI com cilindrada de até aprox. 1 l/cilindro e pressões de até aprox. 850 bar.
- <u>Bomba P</u> com diversas versões para grandes motores veiculares DI com cilindrada até ≥ 2 l/cilindro e pressões do lado da bomba de aprox. 1.150 bar.
- <u>Bomba ZW</u> foi desenvolvida para motores de navio e fora-de-estrada com elevadas potências específicas de > 60 kW/cilindro.

Sistema de injeção com bomba injetora em linha com regulagem mecânica
1 tanque de combustível, 2 regulador de rotação, 3 bomba alimentadora, 4 bomba injetora, 5 avanço da injeção, 6 acionamento do motor, 7 filtro de combustível, 8 sangria, 9 porta-injetor com bico injetor, 10 retorno de combustível, 11 tubo de transbordamento.

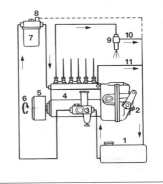

Áreas de aplicação das diversas bombas injetoras em linha.

686 Gerenciamento de motores Diesel

A figura na página 685 mostra que a bomba em linha é composta de:
- tanque de combustível,
- bomba alimentadora,
- filtro,
- bomba injetora com regulador,
- tubulação de injeção e
- conjuntos porta-injetor.

Bomba alimentadora de efeito simples (princípio de funcionamento)
a) curso do ressalto, b) curso da mola
1 excêntrico de acionamento, 2 eixo de comando da bomba injetora, 3 tucho, 4 câmara de pressão, 5 pistão da bomba, 6 câmara de aspiração, 7 mola de pressão, 8 válvula de aspiração, 9 válvula de pressão.

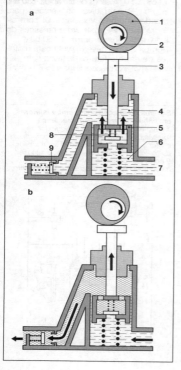

Bomba alimentadora

Uma bomba alimentadora de pistão alimenta o combustível com uma pressão de 1...2,5 bar para a câmara de aspiração da bomba injetora. O pistão da bomba acionada por um ressalto é levado a cada curso até o ponto morto superior. Ele não é ligado rigidamente ao elemento de acionamento, mas retorna pela força de uma mola. Se a pressão na tubulação da alimentação sobe, a mola do pistão só move o pistão de volta numa parte do curso total. Quanto maior for a pressão na tubulação de alimentação, menor será o débito.

Bomba de alta pressão

Todas as bombas injetoras em linha têm por cilindro do motor um elemento de bomba, que é composto de cilindro e pis-

Bomba injetora em linha tamanho P
1 porta-válvula de pressão, 2 prato da mola, 3 válvula de pressão, 4 cilindro da bomba, 5 pistão da bomba, 6 braço de alavanca com cabeça esférica, 7 haste de regulagem, 8 manga de regulagem, 9 asa do pistão, 10 mola do pistão, 11 prato da mola, 12 tucho de rolete, 13 eixo de comando.

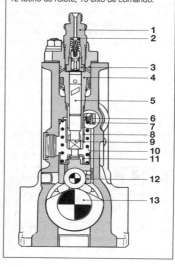

Sistemas de injeção Diesel **687**

Controle do débito da bomba injetora em linha
1 a câmara de aspiração, 2 para o bico, 3 cilindro, 4 pistão, 5 hélice de comando inferior, 6 ranhura longitudinal.

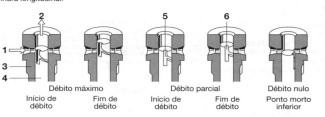

Débito máximo		Débito parcial		Débito nulo
Início de débito	Fim de débito	Início de débito	Fim de débito	Ponto morto inferior

tão. O pistão é movimentado no sentido de alimentação por um eixo de comando acionado pelo motor e pressionado de volta pela mola do pistão. O pistão está ajustado tão precisamente (folga 3...5 μm), que ele trabalha praticamente livre de vazamentos mesmo com alta pressão e baixa rotação.

O curso do pistão não pode ser variado. Através da alteração do curso útil, altera-se o débito. Para isso se incorporaram no pistão hélices de comando inclinadas de modo que, conforme a posição de giro do pistão, resulte o curso útil desejado. O débito se inicia quando o canto superior do pistão fecha o orifício de admissão. A câmara de alta pressão acima do pistão é ligada com a câmara abaixo da hélice de comando através de uma ranhura longitudinal. Por isso o débito termina quando a hélice de comando libera o orifício de admissão.

As hélices de comando do pistão da bomba podem estar dispostas de maneira diferente. Em elementos com apenas uma hélice de comando embaixo o débito sempre inicia com o mesmo curso do pistão, mas de acordo com a posição de giro termina antes ou depois. Com uma hélice de comando na parte superior pode ser alterado o ínicio do débito. Existem elementos de bomba com hélice de comando inferior e superior.

Os principais modelos de válvula de pressão em ordem de possibilidade de utilização e pressão crescentes de injeção são:
- válvula de volume constante,
- válvula de volume constante com estrangulador de retorno,
- válvula de pressão constante.

As válvulas de pressão e suas características de alívio devem ser projetadas com esmero para cada aplicação. No estrangulador de retorno ou na válvula de pressão constante um estrangulamento adicional amortece a onda de pressão parcialmente refletida no bico injetor e evita com isso

Porta-válvula de pressão com válvula de pressão
a) com válvula de volume constante e estrangulador de retorno, b) com válvula de pressão constante.
1 porta-válvula de pressão, 2 estrangulador de retorno, 3 volume morto, 4 pistão de alívio, 5 cone da válvula, 6 suporte da válvula, 7 válvula de avanço, 8 orifício de estrangulamento, 9 válvula de manutenção de pressão.

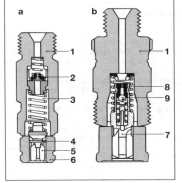

uma segunda abertura do bico injetor. A válvula de pressão constante é geralmente utilizada para sistemas de injeção de alta pressão, p. ex. para motores pequenos de alta rotação de injeção direta, a fim de conseguir uma característica hidráulica estável.

Em bombas injetoras com pressão média até 600 bar (p. ex. tamanho A) o elemento da bomba está montado em posição fixa na carcaça da bomba e fixado sobre a válvula de pressão e o porta-válvula de pressão.

Para pressões de injeção acima de aprox. 600 bar o elemento da bomba, válvula de pressão e porta-válvula de pressão estão aparafusados para formar um conjunto. Com isso as grandes forças de vedação não precisam mais ser absorvidas pela carcaça da bomba (p. ex. tamanhos MW, P).

A bomba injetora e o regulador de rotação montado estão conectados ao circuito do óleo lubrificante do motor.

Regulagem de rotação

A função principal do regulador é limitar a rotação máxima, ou seja, ele deve-se encarregar de que o motor Diesel não ultrapasse a rotação máxima permitida pelo fabricante. Dependendo do tipo, outras funções do regulador são a manutenção constante de determinadas rotações independentemente da carga bem como da rotação de marcha lenta ou das rotações dentro de uma determinada faixa de rotação entre a rotação de marcha lenta e a máxima. Outras funções são, p. ex. a alteração do débito máximo dependente da rotação (aproximação), pressão de sobrealimentação e atmosférica ou da dosagem da quantidade de combustível necessária para a partida. Para essas funções o regulador traz a haste de regulagem para a respectiva posição, a haste de regulagem traz as hélices de comando girando-as para a posição desejada e regula com isso o débito.

Reguladores de rotação mecânicos

O eixo de comando da bomba injetora aciona o regulador de rotação mecânico (controlado por força centrífuga), que possibilita os mapas característicos descritos a seguir. Os pesos centrífugos atuam sobre molas de regulagem que são ligadas à haste de regulagem por meio de hastes.

Curvas características do regulador
a) aproximação positiva na faixa de rotação superior; b) faixa sem regulagem, c) aproximação.
1 ponto de ajuste da marcha lenta, 2 linha de plena carga, 3 linha de plena carga com motor turbo, 4 linha de plena carga do motor aspirado, 5 linha de plena carga do motor com compensação de altitude, 6 regulagem de rotação intermediária, 7 débito de partida dependente da temperatura.

Regulador variável de rotação

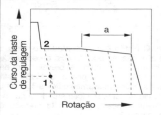

Regulador de marcha lenta e rotação máxima

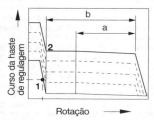

Regulador complexo com outras funções de controle

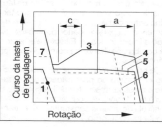

Sistemas de injeção Diesel

No funcionamento estacionário as forças centrífugas e as forças das molas estão em equilíbrio. Com isso a haste de regulagem assume a posição para um débito de combustível correspondente à potência do motor nesse ponto de funcionamento. Se a rotação abaixa, p. ex. devido a aumento da carga, assim também baixa a força centrífuga e as molas de regulagem empurram os pesos centrífugos e com isso a haste de regulagem para uma posição de débito maior de combustível, até restabelecer o estado de equilíbrio.

Varias funções são combinadas para produzir os seguintes tipos de reguladores:

Tipos de reguladores
Regulador variável de rotação
O regulador variável de rotação mantém uma rotação do motor praticamente constante dependente da posição da alavanca de comando.

Aplicação: preferencialmente veículos comerciais com acionamentos adicionais, máquinas de construção, tratores agrícolas, barcos e instalações fixas.

Regulador de marcha lenta e rotação máxima
A curva característica do regulador de marcha lenta e rotação máxima mostra que o regulador só trabalha em marcha lenta e ao atingir a rotação máxima do motor. Nas posições intermediárias o torque é determinado exclusivamente pela posição do pedal do acelerador.

Aplicação: veículos de estrada.

Regulador progressivo
Os reguladores progressivos formam combinações dos tipos de reguladores descritos anteriormente. De acordo com a finalidade da aplicação o controle pode estar na faixa superior ou inferior de rotação.

Tipos de reguladores
No regulador RQ e RQV os pesos centrífugos atuam diretamente sobre as molas de regulagem; no acionamento da alavanca de comando, a relação de transmissão na haste de regulagem é variada.

No regulador RSV e RSF a mola de regulagem fica fora dos pesos centrífugos; a relação de transmissão fica praticamente constante.

Grau P
Um regulador de rotação se caracteriza em geral pela inclinação da curva de regulagem ou pelo grau P:

$$\delta = \frac{n_{LO} - n_{VO}}{n_{VO}} \cdot 100\%$$

Regulador variável RSV
1 pistão da bomba, 2 haste de regulagem, 3 batente de rotação máxima, 4 alavanca de comando, 5 mola de partida, 6 batente de parada ou marcha lenta, 7 mola de regulagem, 8 mola adicional de marcha lenta, 9 eixo de comando da bomba injetora, 10 peso centrífugo, 11 pino de arrasto, 12 mola de aproximação, 13 batente de plena carga.

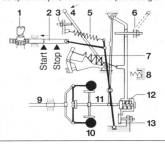

Regulador de marcha lenta e rotação máxima RQ
1 pistão da bomba, 2 haste de regulagem, 3 batente de plena carga, 4 alavanca de comando, 5 eixo de comando da bomba, 6 peso centrífugo, 7 mola de regulagem, 8 pino de arraste.

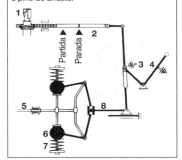

Quanto menor for a diferença de rotação entre a rotação superior sem carga (n_{LO}) e a rotação superior de plena carga (n_{VO}), tanto menor é o grau P, isto é, o regulador mantém a rotação prescrita com maior precisão. Em motores pequenos de alta rotação são comuns valores de 6...10% nos reguladores variáveis de rotação e nos de regulagem de rotação máxima.

Dispositivos mecânicos de adequação
Dispositivo de aproximação
A necessidade de combustível a plena carga, cuja curva característica cai ligeiramente com o aumento da rotação, se obtém mediante uma mola adicional (mola de aproximação) em um lugar apropriado no regulador. Quando se atinge uma determinada rotação, essa mola desvia um pouco o que provoca o deslocamento da haste de regulagem na direção de débito menor (aproximação positiva). Também é possível uma aproximação negativa, isto é, débito aumentando com rotação aumentando, mas para isso se necessita de muito mais peças e trabalhos de ajuste.

Batente de plena carga dependente da pressão de sobrealimentação (LDA)
Motores turbinados podem transformar maior volume de débito de combustível em torque do motor em função da massa de ar maior com o aumento da pressão de sobrealimentação. Uma membrana carregada com a pressão de uma mola, em cujo lado de trabalho atua a pressão de admissão, está ligada à haste de regulagem de tal maneira que o débito aumente com o aumento da pressão de sobrealimentação.

Batente de plena carga dependente da pressão atmosférica (ADA)
O ADA, que é um aparelho semelhante ao LDA, reduz o débito de plena carga com pressão atmosférica baixa e a densidade menor de ar a grandes altitudes. Ele contém uma cápsula barométrica que, a partir de uma determinada queda de pressão desloca a haste de regulagem em direção a um débito menor.

Batente de débito de partida dependente da temperatura (TAS)
O motor frio necessita para a partida de um maior débito de partida, que não é necessário com motor quente e eventualmente pode emitir nuvens de fumaça.
A solução é o TAS, cujo batente da haste de regulagem bloqueia o débito adicional na partida a quente com um elemento de dilatação.

Sensor de curso de regulagem (RWG)
O RGW mede a posição da haste de regulagem indutivamente.
O sinal preparado por um circuito de avaliação pode ser utilizado, p. ex. para o controle de câmbios mecânicos ou automáticos, para a medição do consumo de combustível ou para o diagnóstico.

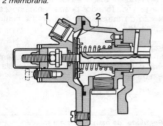

Batente de plena carga dependente da pressão de sobrealimentação
1 conexão da pressão de sobrealimentação, 2 membrana.

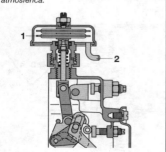

Batente de plena carga dependente da pressão atmosférica
1 câmara de pressão, 2 conexão da pressão atmosférica.

Sistemas de injeção Diesel

Sensor de início de débito (FBG)
O FBG é um sensor indutivo que pode medir o início de débito com motor funcionando; também é possível o teste do avanço da injeção.

Além disso, bombas injetoras equipadas com esse dispositivo podem ser fornecidas com o eixo de comando bloqueado na posição de início de débito, o que possibilita uma rápida montagem no motor.

Avanço de injeção
Avanços de injeção controlados por força centrífuga ficam no trem de força entre o motor e a bomba injetora. Com o aumento da rotação os pesos centrífugos giram o eixo de comando contra o eixo de acionamento na direção "débito adiantado".

Versões: avanços de montagem frontal acionados por embreagem e avanços integrados e acionados por engrenagem com uma faixa de regulagem de 3°...10° no eixo da bomba.

Parada
Um dispositivo mecânico (alavanca de parada), elétrico ou pneumático de parada para o motor interrompendo a alimentação de combustível.

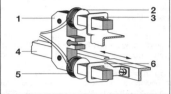

Sensor de curso de regulagem
1 núcleo de ferrita chapeado, 2 bobina de referência, 3 anel de curto-circuito fixo, 4 haste de regulagem, 5 bobina de medição, 6 anel de curto-circuito móvel.

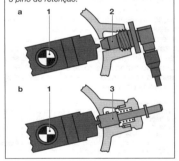

Sensor de início de débito
a) medir com sensor, b) bloquear,
1 eixo de comando da bomba, 2 sensor, 3 pino de retenção.

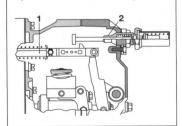

Batente da partida dependente da temperatura
1 haste de regulagem, 2 batente de débito de partida com elemento de dilatação.

Avanço de injeção
Posição de repouso

Reguladores eletrônicos

Em lugar do regulador mecânico centrífugo utiliza-se na regulagem eletrônica da bomba injetora em linha um atuador eletromagnético com sensor de posição indutivo, sem contato para a posição da haste de regulagem (sensor de curso de regulagem). Uma unidade de comando eletrônica controla o atuador.

O microprocessador na unidade de comando calcula em função da posição do pedal do acelerador, rotação bem como uma série de grandezas de correção em conjunto com mapas característicos armazenados na sua memória, o valor nominal do débito ou a posição nominal da haste de regulagem.

Um regulador eletrônico, que determina a corrente de excitação para um eletroímã posicionador que trabalha contra uma mola de retorno compara o valor nominal com o valor real do sinal de retorno da posição da haste de regulagem. No caso de desvios, a corrente de excitação é variada até que a haste de regulagem se encontre exatamente na sua posição nominal. Um sensor de rotação indutivo testa um disco dentado fixado no eixo de comando. A unidade de comando utiliza os intervalos dos impulsos para calcular a rotação.

Mediante a possibilidade de abranger diferentes grandezas do motor e do veículo e ligá-las entre si para determinar o débito, a regulagem eletrônica oferece em comparação com a regulagem mecânica muitas funções adicionais:
- partida e parada com chave,
- possibilidade de determinar livremente a característica de plena carga,
- adaptação exata do débito máximo à pressão de sobrealimentação para manter o limite de fumaça,
- correção através da temperatura do ar e combustível,
- débito de partida dependente da temperatura,
- regulagem de rotação para acionamentos secundários,
- regulagem da velocidade de cruzeiro,
- limitação de velocidade máxima,
- rotação de marcha lenta baixa e constante,
- regulagem anti-solavancos ativa,
- regulagem de suavidade de marcha,
- possibilidade de intervenção no controle de tração/transmissão automática,
- saída de sinal para indicação de consumo e rotação,
- suporte ao serviço através de diagnóstico de falhas interno.

Regulagem eletrônica para bombas injetoras em linha
1 haste de regulagem, 2 atuador, 3 eixo de comando, 4 sensor de rotação, 5 unidade de comando. Grandezas de entrada/saída: a parada redundante, b pressão de sobrealimentação, c velocidade, d temperatura (água, ar, combustível), e intervenção no débito, f rotação, g curso de regulagem, h posição do imã atuador, i indicação de consumo/rotação, k diagnóstico, l posição do pedal do acelerador, m predeterminação da velocidade, n embreagem freio, freio motor.

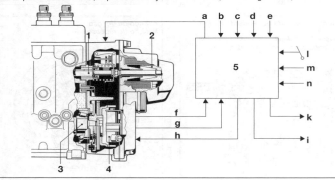

Sistemas de injeção Diesel

Bomba injetora em linha com bucha deslizante

A bomba injetora em linha com bucha deslizante torna possível uma regulagem eletrônica do início do débito. É uma bomba em linha com avanço de injeção integrado. Uma bomba injetora em linha com bucha deslizante só existe para o tamanho P. Uma bucha deslizante colocada em cada um dos elementos substitui o orifício de comando de pressão convencional. Um eixo de regulagem com alavancas de guia, que intervém nas buchas, avança todas as buchas simultaneamente.

Dependendo da posição da bucha (embaixo ou em cima), o débito começa antes ou depois, relativamente ao ressalto. Um atuador eletromagnético, parecido com o da regulagem do débito da bomba distribuidora, gira por sua vez o eixo de regulagem da bucha, mas sem sinal de retorno da posição.

Um sensor do movimento da agulha (NBF) mede o início do débito direto em um bico injetor e envia esse sinal a um regulador, que faz a comparação com o seu valor nominal como função de rotação, débito, etc., e altera a corrente de excitação para a bobina magnética até que os valores nominal e real do início da injeção estejam iguais.

Para obter uma informação exata sobre o ponto morto superior e a posição do início da injeção relativamente ao ponto morto superior, o sensor de rotação registra as marcações de impulsos no volante da árvore de manivelas.

Bomba injetora em linha com bucha deslizante
1 pistão da bomba, 2 bucha deslizante, 3 eixo de regulagem da bucha, 4 haste de regulagem.

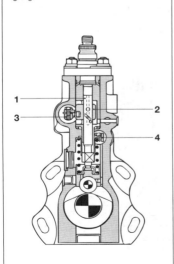

Elemento da bomba com bucha deslizante
a) início do débito, b) fim do débito.
1 hélice de comando, 2 bucha deslizante, 3 orifício de comando, 4 ranhura de comando, 5 pistão da bomba.

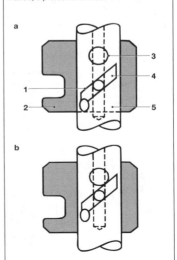

Bomba distribuidora

Campos de aplicação das bombas distribuidoras são motores Diesel de 3, 4, 5 e 6 cilindros em veículos de passeio, tratores bem como veículos comerciais pequenos e médios com uma potência até 50 kW por cilindro, dependente da rotação e do tipo de combustão. Bombas distribuidoras para motores de injeção direta atingem em rotações até 2.400 min^{-1} picos de pressão até 1.950 bar.

Diferencia-se entre bombas distribuidoras com regulagem mecânica e eletrônica, nas quais existem versões com atuador magnético giratório e controle com válvula magnética.

Bomba distribuidora de pistões axiais controlada mecanicamente (VE)

Os grupos de componentes das bombas distribuidoras reguladas mecanicamente são:

Bomba alimentadora

Como não existe uma pré-bomba alimentadora, a bomba alimentadora de palhetas integrada aspira o combustível e gera, em conjunto com uma válvula reguladora de pressão, uma pressão no interior da bomba que aumenta com o aumento da rotação.

Bomba de alta pressão

A bomba VE só tem um elemento para todos os cilindros. O pistão alimenta o combustível através de um movimento linear e o distribui através de um movimento giratório às saídas individuais.

Bomba distribuidora VE (versão básica)
1 bomba alimentadora de palhetas, 2 acionamento do regulador, 3 avanço da injeção, 4 came de comando, 5 bucha de regulagem, 6 pistão distribuidor, 7 válvula de pressão, 8 dispositivo eletromagnético de parada, 9 grupo das alavancas do regulador, 10 estrangulamento de retorno, 11 dispositivo mecânico de parada, 12 mola de regulagem, 13 alavanca de controle de rotação, 14 luva de regulagem, 15 peso centrífugo, 16 válvula reguladora de pressão.
a) entrada de combustível, b) retorno para o tanque de combustível, c) para o bico injetor.

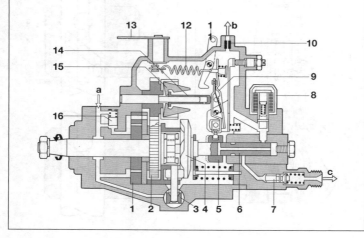

Durante um giro do eixo de acionamento, o pistão realiza tantos cursos quantos forem os cilindros a serem alimentados. O eixo de acionamento gira o came de comando através do arrastador e o pistão da bomba rigidamente unido ao came. Os ressaltos no lado inferior do came de comando viram-se sobre os roletes do porta-roletes. Com isso o came de comando e o pistão efetuam um movimento linear adicionalmente ao movimento giratório (distribuição e alimentação).

A bomba debita durante o curso de trabalho enquanto o orifício de comando no pistão estiver fechado. O débito termina quando o orifício de comando sai da bucha de regulagem. A posição da bucha de regulagem determina portanto o curso útil e o débito. O regulador de rotação determina a posição da bucha de regulagem deslocável sobre o pistão.

Regulador mecânico de rotação
A bucha de regulagem está ligada através de um pino de cabeça esférica às alavancas do regulador, e sobre essas atua a força centrífuga dos pesos centrífugos e das molas reguladoras. Marcha lenta, faixas intermediárias e rotação máxima podem ser adaptadas às necessidades do motor.

Grau P, tipos de regulagem: a descrição de grau P e tipos de regulagem (regulador variável de rotação, regulador de marcha lenta e rotação máxima) para bombas injetoras em linha vale também para os reguladores para bombas distribuidoras.

Sinal de carga: em bombas injetoras com regulador de marcha lenta e rotação máxima a posição da alavanca de regulagem exterior pode ser utilizada como informação de carga através de microinterruptor ou potenciômetro giratório. Isso é necessário, p. ex. para uma recirculação controlada de gás de escape.

Dispositivos de adequação
Para processar outros parâmetros operacionais para o controle do débito (p. ex. batente de plena carga dependente da pressão de sobrealimentação, débito de partida, aproximação de plena carga hidráulica e mecânica) e a variação do início do débito (p. ex. acelerador de partida a frio, início de débito dependente da carga) existe uma série de dispositivos adicionais.

Avanço da injeção controlado hidromecanicamente
A pressão da bomba alimentadora dependente da rotação (5...10 bar) atua através de um orifício estrangulador sobre o lado frontal do pistão do avanço da injeção carregado por uma mola. Esse último gira o porta-roletes dependente da rotação contra o sentido de giro da bomba e desloca assim o início do débito na direção "adiantado".

Parada
Um dispositivo elétrico de parada (válvula magnética) desliga o motor interrompendo a alimentação de combustível.

Regulagem eletrônica Diesel (EDC): bombas distribuidoras com atuador magnético giratório

Em contraste com a bomba VE regulada mecanicamente a bomba EDC com atuador magnético giratório dispõe de um regulador eletrônico e um avanço de injeção regulado eletronicamente.

Regulador eletrônico
A bucha de regulagem da bomba VE está conectada a um atuador giratório eletromagnético através de um pino de cabeça esférica disposto excentricamente. Dependente da posição de giro do atuador, a bucha de regulagem altera a sua posição e com isso o curso útil da bomba. Um sensor de posição sem contato está conectado ao atuador giratório.

O microcomputador da ECU recebe diferentes sinais de sensores: posição do pedal do acelerador, rotação do motor, temperatura do ar, água e combustível, pressão de sobrealimentação e atmosférica, etc. Ele utiliza essas grandezas de entrada para calcular o débito correto, o qual é então convertido em uma posição da bucha de regulagem com a ajuda dos mapas característicos armazenados. A ECU altera a corrente de excitação para o atuador giratório, até que o sensor indique que a posição real da bucha corresponda à posição nominal.

Avanço de injeção regulado eletronicamente

Aqui o sinal de um sensor no porta-injetor, que indica o início da abertura do bico injetor, é comparado com um valor nominal programado. Uma válvula magnética pulsada, que está ligada à câmara de trabalho do pistão do avanço da injeção, influencia a pressão acima do pistão e com isso a posição do avanço da injeção. A relação de impulso de controle da válvula magnética é modificada até que valor nominal e real coincidam.

Vantagens da regulagem eletrônica em relação à mecânica são:
- regulagem de débito melhorada (consumo de combustível, potência, emissões),
- regulagem de rotação melhorada (rotação de marcha lenta mais baixa, adaptação ao ar condicionado, etc.),
- funções de conforto melhoradas (amortecimento anti-solavanco, regulagem da suavidade de marcha),
- início da injeção mais preciso (consumo de combustível, emissões),
- possibilidade de serviço melhorada (diagnóstico).

Além disso, são possíveis outras funções como recirculação de gás de escape regulada e controlada, regulagem da pressão de sobrealimentação, controle da vela incandescente, etc., bem como interconexões com outros sistemas de bordo.

Regulagem eletrônica Diesel (EDC): bombas distribuidoras controladas por válvula magnética

Nas bombas VE controladas por válvula magnética, a dosagem de combustível é assumida por uma válvula magnética de alta pressão que fecha diretamente a câmara de trabalho do elemento da bomba. Isso permite uma dosagem ainda maior da dosagem do combustível e da variação do início da injeção (princípio, vide figura). Além disso, é maior o potencial de pressão da bomba distribuidora de pistão axial controlada por válvula magnética, devido ao menor volume morto.

Os grupos de componentes das bombas VE dessa geração são:
- a válvula magnética de alta pressão,
- a unidade de comando eletrônica e o
- sistema incremental ângulo/tempo para o controle de tempo do ângulo da válvula magnética através de um sensor de ângulo de rotação (DWS) montado na bomba.

O ponto de fechamento da válvula magnética determina o início do débito, com a abertura está determinado o fim do débito. O tempo de fechamento da válvula determina o débito. O controle por válvula magnética permite uma rápida abertura e fechamento da câmara do elemento independentemente da rotação. Através do controle direto com válvulas magnéticas

---

Regulagem eletrônica para bombas distribuidoras
1 bomba alimentadora, 2 válvula magnética, 3 avanço da injeção, 4 bucha de regulagem, 5 atuador giratório com sensor, 6 unidade de comando. Sinais de entrada/saída: a rotação, b início da injeção, c temperatura, d pressão de sobrealimentação, e posição do pedal do acelerador, f retorno de combustível, g para o bico injetor.

Sistemas de injeção Diesel **697**

podem ser obtidos volumes mortos menores, uma melhor vedação da alta pressão e com isso um grau de eficiência maior em relação a bombas reguladas mecanicamente e bombas EDC com atuador magnético giratório.

Para a regulagem exata do início do débito e dosagem do débito a bomba injetora está equipada com uma ECU própria montada na bomba. Nessa estão armazenados mapas característicos individuais e dados de calibração específicos do exemplar.

A ECU do motor determina o início da injeção e do débito com base nos parâmetros operacionais do motor, e os envia através do bus de dados à ECU da bomba. O sistema também oferece a possibilidade da regulagem do início da injeção e também da regulagem do início do débito.

Através do bus de dados a ECU da bomba recebe igualmente o sinal do débito, que é gerado na ECU do motor em função do sinal do pedal do acelerador e outras exigências de débito. Na ECU da bomba o sinal do débito e a rotação da bomba para início de débito predeterminado, formam as grandezas de entrada para o mapa da bomba, no qual o correspondente período de atuação está armazenado como graus do ângulo do eixo de comando.

E finalmente, a atuação da válvula magnética de alta pressão e do tempo desejado de atuação é determinada com base no sensor de ângulo de rotação integrado na bomba VE.

O sensor de ângulo de rotação montado na bomba usado para o controle do ângulo/tempo consiste em um sensor magnetoresistivo e uma roda dentada com divisões em ângulo de 3°, que são interrompidos por uma marca de referência para cada cilindro. Sua função é a determinação exata do eixo de comando, para o qual a válvula magnética abre e fecha. Isso exige da ECU da bomba a conversão tempo/ângulo e vice-versa.

As baixas taxas de débito no início da injeção, resultantes do desenvolvimento da bomba VE, são reduzidas mais uma vez pelo uso de um porta-injetor de duas molas e possibilitam um ruído básico baixo com motor quente.

Bomba distribuidora com pistões axiais controlada por válvula magnética
1 sensor de ângulo de rotação, 2 acionamento da bomba, 3 unidade de comando da bomba, 4 válvula magnética de alta pressão, 5 válvula de pressão, 6 válvula magnética do avanço da injeção.

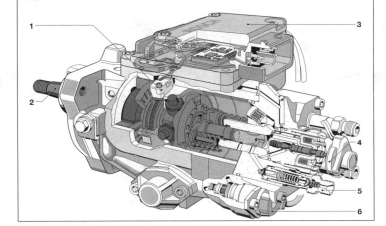

698 Gerenciamento de motores Diesel

Pré-injeção
Através da pré-injeção o ruído da combustão pode ser reduzido ainda mais sem se prescindir da característica de desempenho máximo no ponto de potência nominal. A pré-injeção pode ser realizada sem hardware adicional. A unidade de comando controla a válvula magnética da bomba duas vezes dentro de poucos milissegundos. A válvula magnética dosa o débito com alta precisão de regulagem e resposta dinâmica (quantidade típica de combustível para a pré-injeção: 1,5 mm^3).

As bombas distribuidoras com pistões axiais controladas por válvula magnética trabalham pelo mesmo princípio como as bombas EDC com atuador magnético giratório. A pressão do lado do bico pode atingir até 1.500 bar, dependendo da aplicação.

Deslocando o início de débito do ponto morto inferior do pistão da bomba para o curso do pistão, a pressão em rotações baixas pode ser aumentada e com rotações altas o torque máximo de acionamento, ser reduzido substancialmente. Para aplicações especiais o início de débito variável permite também um avanço para adiantado do início do débito já na rotação de partida.

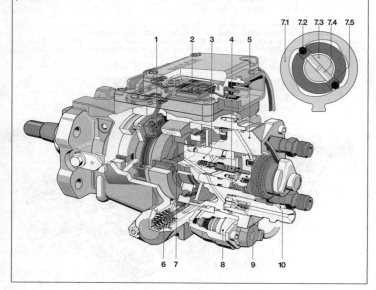

Bomba distribuidora com pistões radiais controlada por válvula magnética
1 sensor (ângulo/tempo), 2 unidade de comando eletrônica, 3 eixo distribuidor, 4 agulha da válvula magnética, 5 corpo do distribuidor, 6 avanço da injeção, 7 bomba de pistões radiais, 7.1 anel de ressaltos, 7.2 rolete, 7.3 eixo distribuidor, 7.4 pistão de débito, 7.5 sapata do rolete, 8 válvula de pulsos do avanço da injeção, 9 válvula estranguladora de retorno, 10 válvula magnética de alta pressão.

Sistemas de injeção Diesel

Bombas distribuidoras com pistões radiais controladas por válvula magnética

Bombas distribuidoras com pistões radiais (v. fig. pág. esquerda) para motores de alta potência com injeção direta atingem pressões na câmara do elemento até 1.100 bar e pressões no bico até 1.950 bar.

O fluxo de força direto no âmbito do acionamento de ressaltos tem pouca elasticidade, tendo assim, por conseqüência, uma maior eficiência. O débito é distribuído em pelo menos dois pistões de débito radiais. Devido às forças pequenas são possíveis perfis íngremes dos ressaltos. Para aumentar o débito pode ser aumentado o número de pistões de débito. Esses sistemas são empregados em veículos de passeio rápidos e veículos utilitários até 50 kW/cilindro.

Variante com eletrônica integral na bomba injetora

As bombas distribuidoras da nova geração são sistemas compactos completos com uma unidade de comando eletrônica que assume tanto o gerenciamento da bomba como do motor. Como não é necessária uma unidade de comando adicional para o motor, a montagem é mais simples, pois o sistema de injeção requer um número menor de conectores e chicote menos complexo.

O motor com sistema de injeção completo pode ser montado e testado como sistema completo independentemente do veículo.

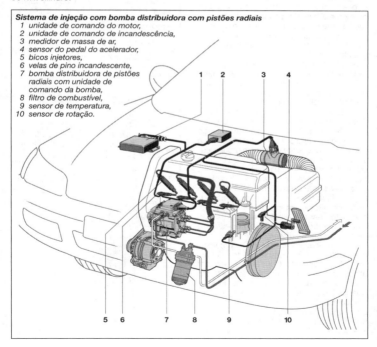

Sistema de injeção com bomba distribuidora com pistões radiais
1 unidade de comando do motor,
2 unidade de comando de incandescência,
3 medidor de massa de ar,
4 sensor do pedal do acelerador,
5 bicos injetores,
6 velas de pino incandescente,
7 bomba distribuidora de pistões radiais com unidade de comando da bomba,
8 filtro de combustível,
9 sensor de temperatura,
10 sensor de rotação.

Sistemas de bombas individuais controladas por tempo

Os sistemas modulares de bombas individuais controladas por tempo incluem o sistema regulado eletronicamente "Unit Injector System" (UIS, também chamado unidade bomba e bico), para veículos de passeio e utilitários com motores de injeção direta, bem como o "Unit Pump System" (UPS, também chamado de unidade bomba-tubo-bico) para motores de veículos utilitários.

Sistema Unidade injetora (UIS) para veículos utilitários

A unidade injetora controlada eletronicamente é um módulo injetor de um cilindro com bomba de alta pressão e bico injetor integrados bem como válvula magnética, que é montada diretamente no cabeçote do motor Diesel. Para cada cilindro do motor, há uma unidade injetora. A unidade injetora, é acionada através de um balancim por um ressalto de injeção no eixo de comando do motor.

A válvula magnética de comutação rápida determina início de injeção e débito, cujos valores podem ser selecionados como desejado no mapa característico. Sem corrente a válvula magnética está aberta. Isso quer dizer que o combustível pode fluir livremente da entrada de combustível do sistema de baixa pressão através da bomba e de volta para o sistema de baixa pressão no cabeçote do motor, o que possibilita o enchimento da câmara da bomba durante o curso de aspiração do pistão da bomba. Energizando a válvula durante o curso de débito do pistão da bomba, esse bypass é fechado, o que leva a um aumento da pressão no sistema de alta pressão e, após ultrapassar a pressão de abertura do bico, o combustível é injetado na câmara de combustão do motor.

A construção compacta indica um volume de alta pressão muito reduzido e rigidez hidráulica muito alta. Com isso podem ser atingidas pressões de injeção de 2.000 bar.

Essas elevadas pressões de injeção possibilitam, junto com a regulagem eletrônica baseada no mapa característico, uma nítida redução das emissões com baixo consumo de combustível. A unidade injetora possui os pré-requisitos para que sejam mantidos os limites de emissões de hoje e do futuro.

Através da regulagem eletrônica são realizáveis com esse sistema funções adicionais, que melhoram principalmente o conforto ao dirigir.

Usando uma equalização adaptativa dos cilindros a irregularidade rotacional da árvore de transmissão completa pode ser reduzida, o que leva a uma alta suavidade de marcha. Ao mesmo tempo, é possível uma equalização dos injetores individuais de um motor.

Unidade Injetora (UI)
1 mola de retorno, 2 corpo da bomba, 3 pistão da bomba, 4 cabeçote do motor, 5 porta-molas, 6 porca de fixação, 7 núcleo magnético, 8 placa do induzido, 9 agulha da válvula magnética, 10 porca capa da válvula magnética, 11 tampão de alta pressão, 12 tampão de baixa pressão, 13 batente de curso da válvula magnética, 14 estrangulador, 15 retorno de combustível, 16 admissão de combustível, 17 mola do injetor, 18 pino de pressão, 19 disco intermediário, 20 bico injetor.

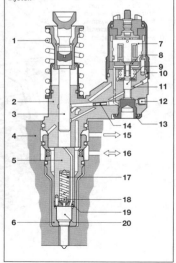

Sistemas de injeção Diesel **701**

Através de uma pré-injeção controlada eletricamente (dupla ativação da válvula magnética) o ruído de combustão pode ser reduzido significativamente e a característica de partida a frio melhorada.

Adicionalmente, o sistema permite o desligamento de cilindros individuais, p. ex. em cargas parciais.

Sistema Bomba-Tubo-Bico (UPS) para veículos utilitários

O sistema Bomba-Tubo-Bico também é um sistema modular de bombas individual controlado por tempo que está estreitamente ligado ao UIS. Cada cilindro do motor é alimentado por um módulo próprio composto pelos seguintes componentes:

Unidade Bomba-Tubo-Bico
1 batente de curso da válvula magnética,
2 bloco do motor, 3 carcaça da bomba,
4 pistão da bomba, 5 mola do tucho, 6 tucho de rolete, 7 placa do induzido, 8 núcleo magnético, 9 agulha da válvula magnética,
10 filtro, 11 admissão de combustível,
12 retorno de combustível, 13 dispositivo de retenção, 14 ranhura de fixação.

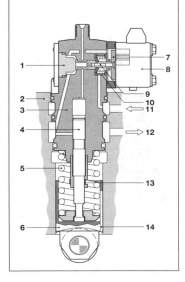

- bomba de alta pressão com válvula magnética integrada, de comutação rápida,
- curto tubo de alta pressão e
- conjunto porta-injetor.

A unidade Bomba-Tubo-Bico é integrada ao bloco do motor Diesel e acionada diretamente por um ressalto de injeção no eixo de comando do motor através de um tucho de rolete.

O conceito de acionamento da válvula magnética corresponde ao da UIS.

Com a válvula magnética aberta é possível encher o cilindro da bomba durante o curso de aspiração do pistão da bomba e o retorno durante o curso de débito. Apenas quando a válvula magnética for energizada e com isso fechada, a pressão no sistema de alta pressão aumenta entre pistão da bomba e bico injetor, durante o curso de débito do pistão da bomba. Após ultrapassar a pressão de abertura do bico, o combustível é injetado na câmara de combustão do motor.

Sistema unidade Bomba-Tubo-Bico (UPS)
1 porta-injetor, 2 motor, 3 bico injetor, 4 válvula magnética, 5 admissão, 6 bomba de alta pressão, 7 ressalto.

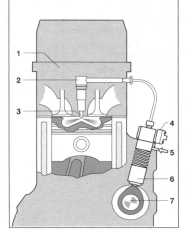

702 Gerenciamento de motores Diesel

O fechamento da válvula magnética determina com isso o início da injeção, a abertura da válvula, o débito.

O sistema Bomba-Tubo-Bico permite pressões de até 2.000 bar. Com ajuda dessas altas pressões de injeção e controle eletrônico baseado em mapa característico com esse sistema de injeção oferece como o UIS os pré-requisitos para que sejam mantidos os limites de emissões de hoje e do futuro com baixo consumo de combustível. Funções adicionais como a equalização adaptativa dos cilindros ou o desligamento de cilindros individuais também são possíveis com esse sistema.

Sistema Unidade injetora (UIS) para veículos de passeio

O sistema Unidade Injetora para veículos de passeio (vide fig.) foi projetado para as exigências dos modernos motores Diesel de injeção direta. Característica é a sua construção compacta, altas pressões de injeção de até 2.000 bar, bem como uma pré-injeção mecânico-hidráulica no mapa característico completo, que reduz substancialmente o ruído de combustão.

O sistema Unidade Injetora para veículos de passeio também é um sistema de injeção de bomba individual, ou seja, para cada cilindro do motor está designado um injetor (composto de bomba de alta pressão, bico injetor e válvula magnética). Este está montado entre as válvulas no cabeçote do motor, onde o bico projeta-se

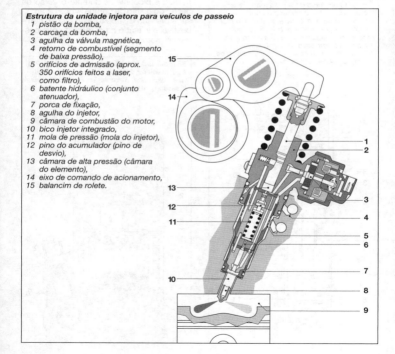

Estrutura da unidade injetora para veículos de passeio
1 pistão da bomba,
2 carcaça da bomba,
3 agulha da válvula magnética,
4 retorno de combustível (segmento de baixa pressão),
5 orifícios de admissão (aprox. 350 orifícios feitos a laser, como filtro),
6 batente hidráulico (conjunto atenuador),
7 porca de fixação,
8 agulha do injetor,
9 câmara de combustão do motor,
10 bico injetor integrado,
11 mola de pressão (mola do injetor),
12 pino do acumulador (pino de desvio),
13 câmara de alta pressão (câmara do elemento),
14 eixo de comando de acionamento,
15 balancim de rolete.

para dentro da câmara de combustão. Os injetores são acionados através de balancins por um eixo de comando de válvulas situado em cima. A montagem transversal da válvula magnética possibilita uma montagem compacta com correspondente alta eficiência hidráulica.

O enchimento do sistema ocorre com a válvula aberta e desenergizada durante o curso de aspiração do pistão da bomba.

O período de injeção começa com a energização e fechamento da válvula durante o curso de débito do pistão da bomba. A pré-injeção inicia após o aumento da pressão na área de alta pressão e ser atingida a pressão de abertura do bico. A pré-injeção termina quando uma válvula mecânica (pistão de desvio) abre, o que diminui abruptamente a pressão na câmara de alta pressão e fechando o bico. Curso e diâmetro da haste do pistão de desvio determinam o intervalo entre o fim da pré-injeção e o início da injeção principal, isto é, a pausa na injeção. O curso do pistão de desvio pré-tensiona a mola do bico adicionalmente, o que fecha o bico injetor rapidamente no final da pré-injeção. O curso de abertura da agulha do injetor é muito pequeno durante a pré-injeção por causa do forte amortecimento hidráulico em função de um elemento atenuador entre a agulha do injetor e a mola do injetor. A injeção principal se inicia ao ser atingida a pressão de abertura do bico injetor. Em função da pré-tensão adicional da mola do injetor, essa pressão é duas vezes mais alta do que no início da pré-injeção. O período de injeção termina com a desenergização e abertura da válvula magnética. A diferença de tempo entre a reabertura do injetor e fechamento da válvula magnética determina o débito da injeção principal.

Através da regulagem eletrônica o ínicio e o débito são selecionáveis livremente no mapa característico. Em função disso e junto com as altas pressões de injeção são possíveis densidades de potência muito altas com emissões muito baixas e consumo baixíssimo.

Com redução adicional das dimensões externas, as unidades injetoras poderão ser usadas nos futuros motores de 4 válvulas, com o que é possível reduzir ainda mais as emissões. Com isso e através da otimização adicional da característica de injeção a unidade injetora oferece os pré-requisitos para a manutenção dos futuros valores-limite de emissões.

Unidade de comando eletrônica

O acionamento das válvulas magnéticas da unidade injetora e da unidade Bomba-Tubo-Bico é feito por uma unidade de comando eletrônica. Ela avalia todos os parâmetros operacionais relevantes no sistema relativos ao motor e o ambiente e define o início de injeção e débito exatos para o respectivo regime de funcionamento do motor, de modo que seja possível um funcionamento do motor livre de poluentes e baixo consumo. O início da injeção também é regulado por um sinal BIP (begin of injection period) a fim de equilibrar as tolerâncias no sistema geral. O início da injeção é sincronizado com a posição do pistão do motor através de uma avaliação exata da roda de impulsos incremental.

Ao lado das funções de injeção básicas existe uma variedade de funções adicionais para atender às exigências ao conforto ao dirigir como amortecedor de trancos, regulador de marcha lenta e equalização adaptativa dos cilindros. Para atender as elevadas exigências de segurança, a unidade de comando corrige e compensa automaticamente falhas e desvios que ocorram no sistema e possibilita, quando necessário, o diagnóstico preciso do sistema de injeção e do motor. A unidade de comando se comunica com outros componentes eletrônicos do veículo através do bus de dados rápido CAN, como p. ex. sistema antibloqueio, controle de tração ou controle do câmbio.

Sistema Common Rail

O sistema de injeção acumulador "Common Rail" torna possível integrar o sistema de injeção no motor Diesel junto com ampliações de funcionamento e conseguir graus de liberdade adicionais para definir o processo de combustão.

A característica principal do sistema Common Rail é que a pressão de injeção pode ser gerada independentemente da rotação do motor e do débito. Isso é o caso apenas no sistema Common Rail e não em todos os sistemas acionados por ressaltos descritos anteriormente.

Estrutura do sistema

O desacoplamento da geração de pressão e da injeção se efetua mediante um volume acumulador. Esse volume, que é essencial para o funcionamento, é composto de um tubo distribuidor comum (Common Rail), os tubos e os injetores (vide fig.).

Uma bomba de pistão gera a alta pressão; em veículos utilitários ela é construída em parte como bomba em linha e em geral como bomba de pistões radiais. A bomba pode trabalhar com picos de torque reduzidos, o que alivia nitidamente o acionamento da bomba. Em bombas de alta pressão de veículos de passeio a pressão desejada do rail é regulada por uma válvula reguladora de pressão montada na bomba ou no rail e, para veículos utilitários bem como para a segunda geração para veículos de passeio por uma regulagem de débito do lado de aspiração. Com isso a temperatura do combustível no sistema é reduzida.

A pressão de sistema gerada pela bomba de alta pressão e regulada por um circuito de regulagem de pressão é aplicada aos injetores. O injetor, como peça-chave do sistema, tem a função de introduzir o combustível corretamente na câmara de combustão. Num instante precisamente definido, a ECU aplica um pulso na válvula magnética no injetor, iniciando o processo de injeção. Tempo de abertura e pressão

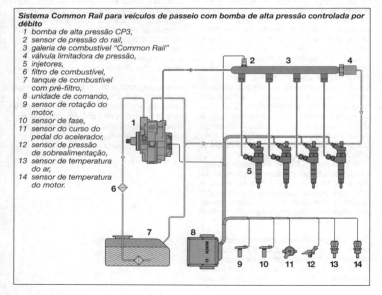

Sistema Common Rail para veículos de passeio com bomba de alta pressão controlada por débito
1. bomba de alta pressão CP3,
2. sensor de pressão do rail,
3. galeria de combustível "Common Rail"
4. válvula limitadora de pressão,
5. injetores,
6. filtro de combustível,
7. tanque de combustível com pré-filtro,
8. unidade de comando,
9. sensor de rotação do motor,
10. sensor de fase,
11. sensor do curso do pedal do acelerador,
12. sensor de pressão de sobrealimentação,
13. sensor de temperatura do ar,
14. sensor de temperatura do motor.

do sistema determinam a quantidade de combustível injetada.

Unidade de comando, sensores e a maioria das funções de sistema no Common Rail são iguais aos outros sistemas de bombas individuais controladas por tempo.

Desempenho hidráulico de potência

A separação das funções "geração de pressão" e "injeção" abre um alto grau de liberdade no processo de combustão: a pressão de injeção pode ser escolhida quase livremente dentro do mapa característico. O nível de pressão atual em veículos de passeio está em 1.600 bar e em 1.400 bar para veículos comerciais.

A pré-injeção e as injeções múltiplas são medidas que possibilitam mais reduções de emissões e principalmente de ruídos.

No sistema Common Rail, o movimento da agulha do injetor e com isso a curva da injeção podem ser influenciados em uma determinada faixa. Com a ativação múltipla da válvula magnética extremamente rápida, pode se produzir injeções múltiplas, ou seja, até 5 injeções por ciclo de injeção. A agulha do injetor fecha com ajuda hidráulica e garante com isso um final de injeção rápido.

Aplicação do sistema no motor

Na aplicação de um sistema Common Rail a um motor Diesel, esse em geral não precisa sofrer modificações. A bomba de alta pressão entra no lugar da bomba injetora e o injetor é integrado ao cabeçote do motor como um conjunto porta-injetor. Common Rail é hoje o sistema de injeção mais utilizado em modernos motores DI rápidos para veículos de passeio.

Bomba de alta pressão

A bomba de alta pressão aplicada em veículos de passeio é concebida como bomba de pistões radiais (três pistões deslocados entre si em 120°) (comparável à HDP1 para injeção direta de gasolina, pág. 602). O princípio de funcionamento dessas bombas para motores Otto e Diesel é igual, mas comparada com a injeção direta de gasolina a bomba de alta pressão está concebida para pressões significativamente maiores (até 1.600 bar).

Como a bomba de alta pressão está concebida para débitos maiores, existe (na 1ª geração de CRS) em marcha lenta e em cargas parciais um excesso de combustível comprimido. Esse excesso de combustível retorna ao tanque de combustível através de uma válvula reguladora de pressão flangeada na bomba ou no rail. Com isso a pressão no rail pode ser ajustada dependente da carga do motor. Como o combustível comprimido é aliviado aqui, a energia introduzida na compressão é perdida.

Uma solução parcial é adaptar a taxa de débito à necessidade de combustível desativando um elemento da bomba. Nessas bombas de alta pressão com <u>desligamento de elemento</u> a válvula de aspiração de um elemento da bomba é mantida permanentemente aberta com a ajuda de uma válvula magnética. Com isso não pode ocorrer um aumento de pressão na câmara do elemento e o combustível aspirado retorna ao canal de baixa pressão.

Na 2ª geração foi introduzida uma regulagem do lado da baixa pressão, que se encarrega de só comprimir o combustível o quanto for necessário. O grau de eficiência hidráulico é nitidamente melhorado e o nível de temperatura abaixa.

Injetor de válvula magnética

Início de injeção e débito são ajustados através do injetor de comando elétrico. O ponto de injeção é ajustado pelo sistema ângulo-tempo da regulagem eletrônica EDC.

O combustível é conduzido da ligação de alta pressão através de um canal para o bico, bem como através do estrangulador de entrada para a câmara de controle da válvula. A câmara de controle é ligada ao retorno de combustível através do estrangulador de saída, que pode ser aberto pela válvula magnética.

Quando o estrangulador de saída está fechado, predomina a força hidráulica sobre o pistão da válvula sobre aquela no ombro da agulha do bico. Conseqüentemente, a agulha é pressionada no assento e veda o canal de alta pressão em relação ao compartimento do motor. Com motor desligado e falta de pressão no rail a mola do bico fecha o injetor.

706 Gerenciamento de motores Diesel

Na ativação da válvula magnética o estrangulador de saída é aberto. O estrangulador de entrada evita uma equalização total da pressão, de modo que a pressão na câmara de comando da válvula caia, diminuindo também a força hidráulica sobre o pistão de comando da válvula. Assim que a força hidráulica se apresente inferior àquela sobre o ombro da agulha do bico, a agulha do bico abre. O combustível passa então pelos furos de injeção para dentro da câmara de combustão do motor.

Com a válvula magnética não ativada, o induzido é pressionado para baixo pela pressão da mola da válvula. A esfera da válvula fecha o estrangulador de saída. Em função disso, a pressão na câmara de comando da válvula e no rail aumenta novamente pelo defluxo através do estrangulador de entrada. Essa pressão aumentada exerce uma força adicional sobre o pistão de comando, de modo que a agulha do bico fecha novamente. O fluxo através do estrangulador de entrada determina a velocidade de fechamento da agulha do bico.

Essa ativação indireta da agulha do injetor através de um sistema mecânico de amplificação de força é empregado porque as forças necessárias para uma rápida abertura da agulha do injetor não podem ser produzidas pela válvula magnética. O chamado volume de controle, necessário adicionalmente ao volume de combustível injetado, chega ao retorno do combustível através dos estranguladores da câmara de controle.

Injetor com válvula magnética
1 retorno de combustível, 2 bobina magnética, 3 induzido magnético, 4 esfera da válvula, 5 câmara de controle da válvula, 6 ombro da agulha do bico, 7 furo de injeção, 8 estrangulador de saída, 9 conexão de alta pressão, 10 estrangulador de entrada, 11 pistão da válvula.

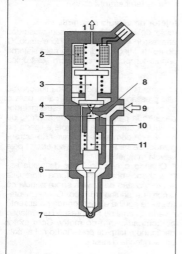

Injetor piezo
1 retorno de combustível, 2 conexão de alta pressão, 3 módulo atuador piezo, 4 amplificador hidráulico, 5 válvula, 6 agulha do bico, 7 furo de injeção.

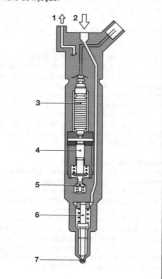

Injetor piezo

O mais novo desenvolvimento de injetor para a 3ª geração do CRS trabalha com um atuador piezo no lugar da válvula magnética. O atuador piezo é significativamente mais rápido do que as válvulas magnéticas utilizadas até então. Foi necessária uma adaptação na construção para realmente poder aproveitar as vantagens do piezo. Isso foi conseguido pela primeira vez com a construção mostrada na figura.

A agulha do bico é controlada hidráulica e diretamente pelo atuador, de modo que não há conexão mecânica entre atuador e agulha do bico. Com isso não pode haver mais atrito e também nenhuma deformação elástica dos elementos de conexão.

Como a agulha do bico no injetor piezo ficou ainda mais leve e o volume de retorno no atuador pôde ser reduzido drasticamente, o injetor piezo oferece uma outra série de vantagens:
- o espaço estrutural é bem menor, ou seja, mais compacto,
- peso reduzido quase que à metade,
- podem ser realizadas varias injeções por ciclo de injeção, p. ex. duas pré-injeções, uma injeção principal e duas pós-injeções,
- o débito da pré-injeção pode ser reduzido outra vez significativamente,
- os intervalos entre as injeções podem ser ainda menores.

Para as aplicações no motor existem outros graus de liberdade, que podem ser usados, ou seja:
- reduzir o ruído do motor,
- reduzir as emissões em até 20%,
- aumentar a potência do motor,
- ou reduzir o consumo de combustível.

Devido ao volume de retorno mais reduzido podem ser utilizadas bombas de alta pressão menores.
Tudo isso são vantagens positivas que foram atingidas com esse conceito totalmente novo.

Componentes do sistema de injeção

Bicos e porta-injetores

Funções

No sistema geral de um motor Diesel os bicos injetores são o elemento de ligação entre o sistema de injeção e o motor. Suas funções são:
- a injeção dosada,
- a preparação do combustível,
- a formação da curva de injeção,
- a vedação contra a câmara de combustão.

Em sistemas com bombas injetoras separadas (bombas em linha, distribuidoras e de encaixe), os bicos injetores estão integrados no porta-injetor. Nos sistemas unidade injetora (UIS) e sistemas Common Rail (CRS), os bicos são parte integral dos injetores.

O combustível Diesel é injetado sob alta pressão. A pressão de pico é de até 2.000 bar, futuramente até acima disso. Sob essas condições, o combustível não se comporta mais como um líquido incompressível e torna-se compressível. Durante a curta duração do débito (aprox. 1 ms) o sistema de injeção é "inflado" localmente. Com pressão e tempo de injeção dados, a seção transversal do bico determina o débito de combustível injetado na câmara de combustão do motor.

O comprimento e diâmetro do orifício, a direção do jato e (com limitação) o formato do orifício do bico injetor influenciam a preparação do combustível e com isso a potência, consumo de combustível e emissão de poluentes do motor.

A curva de injeção desejada se consegue, dentro de determinados limites, mediante uma regulagem "correta" da seção do fluxo do bico injetor (dependente do curso da agulha) e pela regulagem do movimento da agulha. Finalmente, o bico injetor deve vedar o sistema de injeção contra os gases de combustão quentes e altamente comprimidos (até aprox. 1.000 °C). Para evitar um retorno desses gases com o bico injetor aberto, a pressão dentro da câmara de pressão do bico deve ser sempre superior à pressão de combustão. Esse requisito é particularmente relevante no fim de um processo de injeção (com pressão de injeção já baixada e pressão de combustão com forte aumento), onde só pode ser garantido com um ajuste meticuloso.

Tipos de construção
Os dois tipos de motores Diesel, que se dividem nos grupos dos motores com câmara de combustão dividida (motores de antecâmara e de câmara de turbilhonamento) e com câmara de combustão não dividida (motores de injeção direta), requerem diferentes construções de bicos.

Para motores de antecâmara ou de câmara de turbilhonamento com câmara de combustão dividida utilizam-se injetores de pino com um jato coaxial e uma agulha que abre normalmente para dentro.

Para motores de injeção direta com câmara de combustão não dividida utilizam-se injetores de orifício.

Injetores de pino
Um bico injetor (tipo DN..SD..) e um porta-injetor (tipo KCA com rosca) formam o conjunto porta-injetor standard para motores de antecâmara e câmara de turbulência (vide fig.). Geralmente, utilizam-se bicos injetores DN O SD.. com um diâmetro da agulha de 6 mm e um ângulo de abertura do jato de 0°. Mais raro é encontrar-se bicos injetores com um ângulo do cone do jato definido (p. ex. 12° em bicos DIN 12 SD..).

Uma característica do injetor de pino é a regulagem da seção transversal da saída, ou seja, do volume de fluxo na dependência direta do curso da agulha. Enquanto no injetor de orifício a seção transversal aumenta abruptamente logo após a abertura da agulha do bico, os injetores de pino se caracterizam por uma progressão muito plana do aumento da seção transversal na faixa de pequenos cursos da agulha. Nessa faixa de curso, o pino, uma extensão da agulha, ainda fica dentro do orifício de injeção. Como seção transversal de fluxo fica disponível apenas uma pequena fenda anular entre o orifício de injeção um pouco maior e o pino estrangulador. Com um curso maior da agulha o pino libera totalmente o orifício de injeção e a seção de fluxo aumenta abruptamente.

Essa variação da seção transversal dependente do curso regula a curva de injeção até certo grau, incluindo a quantidade de combustível injetada por unidade de tempo. No ínicio da injeção sai pouco combustível do bico injetor; no final muito. Essa curva influencia positivamente o ruído de combustão.

Deve ser levado em conta que com seções transversais muito reduzidas, isto é, com cursos de agulha muito pequenos, a agulha do injetor é acelerada pela bomba injetora mais fortemente na direção "abrir," saindo com isso rapidamente do curso de estrangulamento. A quantidade de combustível dependente do tempo sobe rapidamente e o ruído de combustão aumenta.

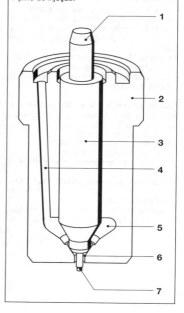

Bico injetor de pino
1 pino de pressão, 2 corpo do injetor,
3 agulha do injetor, 4 furo de entrada,
5 câmara de pressão, 6 orifício de injeção,
7 pino de injeção.

De forma parecida têm efeito negativo seções transversais muito pequenas no final da injeção, pois no fechamento da agulha do injetor o volume de combustível deslocado pode fluir apenas lentamente através da seção transversal restrita. Com isso, o final da injeção é retardado desfavoravelmente. Portanto, o que importa é coordenar a curva da seção transversal com a taxa de débito da bomba injetora e as particularidades do processo de combustão.

Como o pino e o furo de injeção ficam atrás do assento da agulha do injetor, a fenda anular coqueifica parcialmente durante o funcionamento.

Os bicos injetores de pino chanfrado coqueificam menos e mais uniformemente. São uma forma especial do bico injetor de pino cuja fenda anular entre o orifício de injeção e o pino estrangulador é praticamente nula. Aqui o pino estrangulador possui uma superfície chanfrada que libera a seção transversal de fluxo. A face chanfrada freqüentemente fica paralela ao eixo da agulha do injetor. Com inclinação adicional a parte plana da curva do volume de fluxo pode aumentar com maior intensidade, promovendo uma passagem mais suave para a abertura plena do bico injetor. Isso influencia favoravelmente o ruído em cargas parciais e a dirigibilidade.

Temperaturas acima de 220°C nos bicos injetores também provocam coqueificação forte. Placas de proteção de calor estão disponíveis para transferir o calor da câmara de combustão de volta para o cabeçote do motor.

Injetores de orifício
Os conjuntos porta-injetor (DHK) para injetores de orifício apresentam uma grande quantidade de variantes. Ao contrário dos injetores de pino a posição de montagem dos injetores de orifício normalmente é predeterminada. Os orifícios de injeção dispostos no corpo do injetor em diferentes ângulos devem ser orientados de acordo com a câmara de combustão. Por isso, o conjunto porta-injetor é fixado por garras ou parafusos ocos no cabeçote do motor. Adicionalmente, uma fixação giratória se encarrega do posicionamento correto.

Injetores de orifício estão disponíveis com diâmetros de agulha de 4 mm (tamanho P) e de 5 ou 6 mm (tamanho S), onde o injetor de furo de assento existe apenas no tamanho P. As molas de pressão devem ser adaptadas aos diâmetros das agulhas e aos altos valores de pressão de abertura situados acima de 180 bar. Especialmente no final da injeção a função de vedação é importante, pois existe o perigo de os gases de combustão retornarem ao bico injetor, destruindo-o e com isso causando instabilidade hidráulica. Um ajuste fino do diâmetro da agulha e da mola de pressão se encarrega dessa função de estanqueidade.

Injetor de orifício
1 pino de pressão, 2 corpo do injetor, 3 agulha do injetor, 4 furo de entrada, 5 câmara de pressão, 6 orifício de injeção, 7 furo cego, δ ângulo do cone do orifício de injeção.

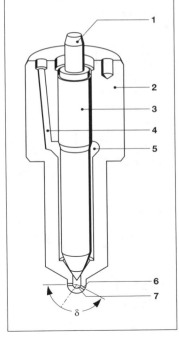

Existem três maneiras diferentes como os orifícios de injeção podem ser arranjados na cúpula do bico dos injetores de orifício. Essas três construções diferem no volume de combustível, que pode evaporar livremente no final da injeção para dentro da câmara de combustão – também conhecido por volume morto. Os injetores com furo cego cilíndrico, furo cego cônico e o injetor com furo de assento têm nessa seqüência um volume morto sucessivamente menor. A emissão de hidrocarbonetos do motor abaixa na mesma ordem, em que evapora menos combustível não inflamado.

Formas de injetores
1 bico injetor de pino,
2 bico injetor de pino chanfrado,
2a vista lateral, 2b vista frontal,
3 injetor de orifício com furo cego cônico,
4 injetor de orifício com furo cego cilíndrico,
5 bico injetor de furo de assento.

A resistência mecânica da cúpula do bico limita o comprimento dos orifícios de injeção para baixo. Atualmente nos furos cegos cilíndricos e cônicos elé é de 0,6...0,8 mm. No injetor de furo de assento o comprimento mínimo do orifício é de 1 mm.

A tendência é desenvolver orifícios mais curtos, pois esses possibilitam menores valores de emissão de fumaça. As tolerâncias de fluxo que podem ser obtidas nos injetores de orifício por perfuração se situam em ± 3,5%. Mediante um arredondamento adicional (usinagem hidroerosiva) dos cantos de entrada dos orifícios de injeção se obtêm tolerâncias de ± 2%.

Particularmente para o uso em motores de injeção direta de baixas emissões para veículos de passeio, o bico injetor foi sendo refinado. Através da otimização do espaço do volume morto no corpo do injetor e a adaptação da geometria dos orifícios de injeção, foi possível atingir pressão máxima na saída do orifício de injeção de modo a disponibilizar uma formação de mistura ótima. Uma melhoria na distribuição do jato em injetores de furo de assento é obtida através da utilização de um guia duplo da agulha.

Nos bicos injetores de orifício o limite superior de temperatura é de 300°C, devido à resistência térmica do material. Para aplicações especialmente difíceis, existem ainda luvas de isolamento térmico ou, para motores grandes, até bicos injetores refrigerados.

Porta-injetores standard
Um conjunto porta-injetor é formado pelo porta-injetor e o bico injetor. O bico injetor é formado pelo corpo do injetor e a agulha do injetor. A agulha do injetor se movimenta livremente dentro do furo guia do corpo do injetor, que veda seguramente contra as altas pressões de injeção.

A pressão de abertura de um conjunto porta-injetor (aprox. 110...140 bar em um injetor de pino e 150...250 bar em um injetor de orifício) é ajustada através da inserção de arruelas sob a mola de pressão.

A pressão de fechamento é definida pela geometria do bico injetor, a relação entre o diâmetro da guia da agulha do injetor e o diâmetro do assento, o assim chamado degrau de pressão.

Sistemas de injeção Diesel

Porta-injetor de duas molas
São utilizados preferencialmente em motores de injeção direta, onde a curva de injeção é importante para a redução do ruído de combustão. O uso do porta-injetor de duas molas alcança esse efeito desejado que é criado através do ajuste e sincronização de:
- pressão de abertura 1,
- pressão de abertura 2,
- pré-curso e
- curso total

Conjunto porta-injetor
1 entrada, 2 corpo do porta-injetor, 3 porca de fixação do bico, 4 disco intermediário, 5 bico injetor, 6 porca-capa com tubo de pressão, 7 filtro bastão, 8 conexão de retorno, 9 arruelas de ajuste de pressão, 10 canal de pressão, 11 mola de pressão, 12 pino de pressão.

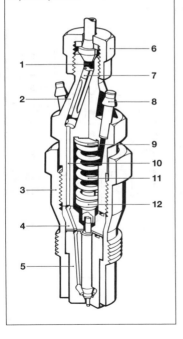

(vide fig. pág. seguinte). O ajuste da pressão de abertura 1 é feito como no porta-injetor de uma mola. A pressão de abertura 2 é a soma da pré-tensão da mola 1 e da mola adicional 2. A mola 2 se apóia numa bucha de encosto que limita o pré-curso. No processo de injeção, a agulha do injetor abre inicialmente apenas o pré-curso. As amplitudes usuais do pré-curso ficam entre 0,03...0.06 mm. Se a pressão no porta-injetor continuar subindo, a bucha de encosto se levanta e a agulha se abre até o final do curso.

Para motores de antecâmara e de câmara de turbilhonamento também estão disponíveis porta-injetores de duas molas. Os valores de ajuste estão adaptados ao sistema de injeção em particular.

Literatura para sistemas de injeção Diesel:
Série de apostilas amarelas:
- Bombas injetoras em linha.
- Reguladores para bombas injetoras em linha.
- Bombas distribuidoras VE.
- Bomba distribuidora de pistões radiais VR.
- Sistema de injeção de pressão modulada Common Rail.
- Sistema de injeção de unidades injetoras e de bombas unitárias (UIS/UPS).
- A técnica de injeção Diesel em resumo.

712 Gerenciamento de motores Diesel

Conjunto porta-injetor
com injetor de orifício
1 entrada, 2 corpo do porta-injetor, 3 porca de fixação do bico, 4 disco intermediário, 5 bico injetor, 6 porca capa com tubo de pressão, 7 filtro bastão, 8 conexão de retorno, 9 arruelas de ajuste de pressão, 10 canal de pressão, 11 mola de pressão, 12 pino de pressão, 13 pinos de fixação.

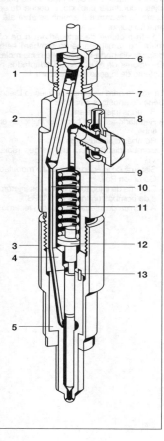

Porta-injetor de duas molas KBEL..P.
H_1 pré-curso, H_2 curso principal,
$H_{tot} = H_1 + H_2$ curso total,
1 corpo do porta-injetor, 2 disco de compensação, 3 mola de pressão 1, 4 pino de pressão, 5 disco de guia, 6 mola de pressão 2, 7 pino de pressão, 8 prato da mola, 9 disco de compensação, 10 bucha de encosto, 11 disco intermediário, 12 porca de fixação do bico.

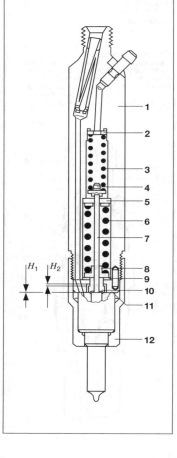

Sistemas de injeção Diesel

Sistemas auxiliares de partida

A disposição para partida de motores Diesel diminui com baixas temperaturas. Ao lado do aumento do torque de atrito, as perdas por vazamento e de calor reduzem a pressão de compressão e a temperatura na compressão do ar, até que não seja mais possível uma partida sem sistemas auxiliares. A temperatura-limite da partida depende do tipo de construção do motor. Motores de injeção direta têm uma perda de calor menor que motores de antecâmara e de turbilhonamento e com isso uma característica de partida melhorada. No caso de motores da antecâmara ou de turbilhonamento, o pino incandescente da vela adentra a câmara, em motores DI na câmara de combustão do motor.

Em motores DI grandes pré-aquece-se o ar aspirado com velas incandescentes de inflamação ou de pré-aquecimento ou um flange de aquecimento.

Disposição da vela de pino incandescente na câmara de turbilhonamento
1 bico injetor, 2 vela de pino incandescente, 3 câmara de turbilhonamento.

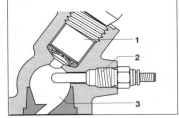

Vela de pino incandescente GSK2
1 conector de ligação, 2 arruela isolante, 3 vedação dupla, 4 pino de conexão, 5 carcaça, 6 vedação do corpo aquecedor, 7 espiral de aquecimento e regulagem, 8 tubo incandescente, 9 pó de preenchimento.

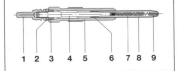

Velas de pino incandescente
Construção e características

O pino incandescente é composto de um corpo tubular de aquecimento, que é prensado de forma firme e estanque no corpo da vela. O corpo tubular de aquecimento é um tubo resistente aos gases quentes e à corrosão, que leva em seu interior uma espiral de incandescência acomodada em pó de óxido de magnésio compactado. Essa espiral é formada por dois resistores ligados em série: a espiral de aquecimento disposta na ponta do tubo incandescente com resistor quase independente da temperatura e uma espiral de regulagem com material com coeficiente positivo de temperatura.

A continuidade é produzida soldando-se a espiral de aquecimento do lado de massa na cúpula do tubo incandescente, a espiral de regulagem está ligada ao pino de conexão, através do qual é feita a conexão com a rede de bordo.

Operação

Ao se aplicar a tensão na vela de pino incandescente, primeiramente a maior parte da energia elétrica é transformada em calor na espiral de aquecimento; com isso a temperatura na ponta da vela sobe rapidamente. A temperatura da espiral de regulagem sobe com um retardo e com isso também a resistência. O consumo de corrente e com isso a potência total da vela diminuem e se aproximam da temperatura de funcionamento constante. Com o correspondente dimensionamento obtêm-se as características de aquecimento representadas.

Temperatura das velas incandescentes como função do tempo em ar parado
1 S-RSK, 2 GSK2

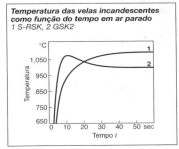

Fase de partida: A vela incandescente deve ser aquecida o mais rapidamente possível à temperatura necessária para a partida (aprox. 850°C). Ela está numa posição na câmara de combustão onde se forma uma mistura inflamável. Em velas incandescentes modernas essa temperatura é atingida após aprox. 2 s.

Fase de pós-aquecimento: após a partida do motor a vela incandescente continua a funcionar para promover uma melhor aceleração do motor e diminuir as emissões de fumaça azul, bem como o ruído de combustão durante o aquecimento. Essa fase de pós-partida é ≤ 180 s.

Versões
Velas de pino incandescente GSK2
Nas velas de pino incandescente convencionais S-RSK, a espiral de regulagem é de níquel. Nas GSK2 da segunda geração é de uma liga de CoFe (fig. pág. 713). Ela se distingue por atingir mais rapidamente a temperatura de partida e uma temperatura permanente mais baixa. Com isso o tempo de pré-incandescência até a partida foi reduzido, possibilitando uma fase de pós-incandescência.

Vela de pino incandescente cerâmico Rapiterm
As novas velas de pino incandescente de baixa tensão da Bosch possuem pinos incandescentes de um novo material composto de cerâmica altamente resistente à temperatura com propriedades destacáveis. Essa geração de velas de pino incandescente oferece as seguintes vantagens:
- partida imediata devido a taxas de aquecimento rapidíssimas (1.000°C/min), mesmo com queda momentânea da tensão de bordo,

Vela de pino incandescente cerâmico Rapiterm
1 conector redondo, 2 arruela isolante, 3 anel de vedação, 4 pino de conexão, 5 carcaça da vela, 6 elemento de contato, 7 anel de vedação, 8 camada isolante, 9 camada condutora, 10 Hot Spot.

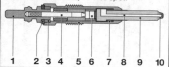

- temperaturas máximas de incandescência de 1.300°C,
- alta temperatura de uso contínuo até 1.150°C,
- vida longa (como o motor),
- tempos de pós-partida e incandescência intermediários na faixa de minutos,
- consumo de potência baixo.

Temperaturas no motor
As temperaturas na vela de pino incandescente se alteram com o regime de funcionamento do motor. No motor de injeção direta, as máximas temperaturas ocorrem com baixa rotação e alta carga (pequena passagem de ar e resfriamento reduzido da vela incandescente). Ao contrário, em motores de antecâmara e de turbilhonamento a temperatura máxima ocorre com alta carga e alta rotação.

Temporizador de pré-aquecimento
Um sistema de incandescência completo incorpora as velas de incandescência, um elemento chaveador para as altas correntes elétricas, bem como uma unidade para controlar esse chaveador. Ele contém ainda uma lâmpada (também controlada pelo temporizador) para sinalizar a prontidão de partida do motor.

Antigamente, eram usados simples interruptores bimetálicos: hoje os sistemas de incandescência possuem ECU. Em veículos mais simples, são usados temporizadores de pré-aquecimento individuais, que assumem todas as funções de comando e indicação. Em veículos modernos, essas são controladas pelo sistema de gerenciamento central do motor. As unidades oferecem funções adicionais de proteção e monitoramento.

Construção
Um temporizador consiste basicamente de um relé de potência para chavear a corrente da vela, uma placa de circuito impresso com a eletrônica para o controle da duração da incandescência e ativação do indicador para prontidão de partida, bem como elementos para funções de proteção. Nas novas gerações de unidades, utilizam-se interruptores semicondutores (power MOSFET) no lugar de relés eletromecânicos. Uma carcaça de plástico protege contra poeira e água (principalmente na montagem no compartimento do motor).

Sistemas de injeção Diesel

Curva característica de tempo de aquecimento
1 interruptor de aquecimento e partida, 2 motor de partida, 3 lâmpada piloto, 4 interruptor de carga, 5 velas incandescentes
t_V tempo de aquecimento, t_S prontidão de partida, t_N tempo de pós-incandescência.

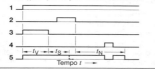

Operação
A seqüência de pré-aquecimento e partida é iniciada pelo interruptor de aquecimento e partida como no motor Otto. O processo de pré-aquecimento começa com a chave na posição "Ignição ligada".

Temporizadores de pré-aquecimento independentes
Em temporizadores básicos, um sensor de temperatura controla o tempo de pré-aquecimento. Este foi concebido de acordo com a necessidade específica da respectiva combinação motor/vela de incandescência, para atingir a temperatura da vela necessária para uma boa partida. Após terminar o pré-aquecimento, o apagamento da lâmpada de controle de aquecimento indica a prontidão de partida. A incandescência continua até o fim do acionamento do motor de partida ou até expirar o tempo de desligamento de segurança, que limita a sobrecarga das velas incandescentes e da bateria. Um fusível de tira protege contra curto-circuito.

Em temporizadores individuais com funções ampliadas um sensor de temperatura do motor (NTC da água de arrefecimento) determina mais precisamente os tempos de aquecimento. O temporizador de pré-aquecimento leva em conta tensões da bateria diferentes corrigindo o tempo de aquecimento. As velas incandescentes continuam a ser energizadas após a partida durante o "tempo de pós-aquecimento". O processo de incandescência pode ser interrompido ou terminado através de um interruptor dependendo da carga do motor. Um circuito eletrônico protege contra sobretensão e curto-circuito. Um circuito de monitoração reconhece defeito das velas de pino incandescentes ou falha do relé e indica isso através da lâmpada-piloto de prontidão de partida.

Temporizadores de pré-aquecimento controlados por EDC
Esses temporizadores recebem a informação quando é necessária a operação da vela incandescente e quando não, diretamente da ECU central do motor. Lá estão disponíveis as informações sobre o regime de funcionamento do motor (temperatura do líquido de arrefecimento, rotação e carga do motor) para o controle otimizado das velas de pino incandescente (estático ou através de um protocolo de dados serial). De maneira similar, o temporizador também sinaliza à ECU as falhas reconhecidas através de uma linha de diagnóstico ou a interface serial. Lá elas são armazenadas para o serviço ou indicadas para atender às exigências OBD.

Sistema de incandescência controlado por EDC em motores DI
1 vela de pino incandescente, 2 temporizador de pré-aquecimento, 3 interruptor de aquecimento e partida, 4 indicação de pré-aquecimento, 5 para a bateria, 6 controle, 7 diagnóstico.

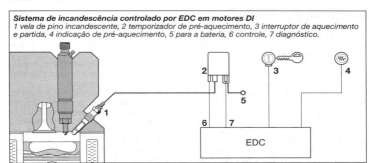

Minimização de poluentes no motor Diesel

Medidas no projeto do motor

O bom grau de eficiência do motor Diesel está intimamente ligado aos poluentes criados durante a combustão do motor Diesel. Durante o processo de combustão Diesel o combustível é introduzido na câmara de combustão por um curto período. A rápida combustão perto do ponto morto superior em combinação com o alto coeficiente de ar gera o bom grau de eficiência do motor Diesel. A rápida combustão do combustível também está associada a altos picos locais de temperatura de combustão, que por seu lado causam a formação de óxidos de nitrogênio (NO e NO_2, usualmente juntados e designados como NO_x). A tendência mínima do motor à detonação permite uma alta taxa de compressão, o que por um lado também colabora com um bom grau de eficiência, mas também com temperaturas de combustão muito altas.

A combustão próxima do PMS é possibilitada através da injeção direta do combustível na câmara de combustão. Uma certa parcela do combustível injetado queima após o atraso da ignição de forma pré-mixada, a maior parcela queima como chama de difusão. Uma falta de oxigênio local é inevitável. O combustível não queima completamente produzindo fuligem, que é o segundo componente importante do gás de escape do motor Diesel.

Um aumento da pressão de injeção leva a uma preparação da mistura melhor. Com isso, a parcela de fuligem no gás de escape do motor Diesel pôde ser reduzida drasticamente nos últimos anos. A recirculação do gás de escape diminui os picos da temperatura de combustão e conseqüentemente a formação de óxidos de nitrogênio através da parcela maior de gás inerte e da velocidade de combustão reduzida. Com isso, o motor Diesel se destaca por baixas emissões não tratadas (concentração de poluentes no gás de escape antes do tratamento posterior do gás de escape) com bom grau de eficiência. Todavia, tendo em vista a legislação de emissões cada vez mais rígida (EURO IV, ULEV, etc.), medidas para o tratamento ativo posterior do gás de escape também serão essenciais no futuro para motores Diesel.

Tratamento posterior do gás de escape

Atualmente existem diferentes processos em desenvolvimento para a remoção dos componentes importantes NO_x e fuligem do gás de escape. Isso envolve a conversão de NO_x e fuligem através de diferentes processos nos componentes ilimitados não tóxicos N_2 e CO_2. Uma técnica como o catalisador de três vias no motor Otto pode ser descartada no motor Diesel, pois é praticamente impossível reduzir NO_x na presença de O_2 (funcionamento do motor Diesel com excesso de ar).

Processos usuais para redução de NO_x e fuligem serão descritos em separado a seguir.

Catalisador de oxidação

Já se encontram em produção seriada catalisadores de oxidação, que removem monóxido de carbono (CO) parcialmente oxidado e hidróxidos de carbono não queimados do gás de escape. A massa de particulados ejetada também é reduzida por oxidação dos hidrocarbonetos com alto ponto de ebulição que são condensados das partículas de fuligem.

Catalisadores de oxidação são posicionados o mais perto possível do motor, para que atinjam o mais rapidamente possível a temperatura para o seu funcionamento eficiente (light-off temperature).

Filtros de particulados

Os particulados emitidos pelo motor Diesel são compostos em partes praticamente iguais de carbono, cinzas e hidrocarbonetos não queimados. A composição exata depende do teor de enxofre do combustível, do processo de combustão e da temperatura do gás de escape.

Os particulados podem ser removidos eficientemente do gás de escape através de filtros. Atualmente, são favorecidos filtros de cerâmicas porosas. Cordierita e carbureto de silício são os materiais cerâmicos apropriados. Normalmente, filtros de particulados são construídos da mesma maneira que catalisadores de cerâmica e apresentam uma grande quantidade de canais quadrados paralelos. As paredes dos canais têm a espessura típica de 300...400 μm. O tamanho dos canais é indicada normalmente pela densidade da célula por polegada quadrada (cpsi) (valor típico: 100...300 cpsi).

Em filtros de particulados os canais adjacentes são selados nos lados opostos com tampões cerâmicos. O gás de escape flui através das paredes porosas de cerâmica. As partículas de fuligem são transportadas para as paredes dos poros por difusão, onde elas aderem (filtragem em profundidade). Ao aumentar a quantidade de fuligem no filtro também vai se formar uma camada de fuligem nas paredes dos canais.

Filtros de fluxo através da parede (wall-flow) armazenam os particulados na superfície (filtragem de superfície). Filtros de particulados se caracterizam por uma taxa de retenção de mais de 90% de particulados do espectro geral relevante de tamanho (10...1.000 nm).

O problema principal da tecnologia de filtragem de particulados não é a retenção dos particulados em um filtro, mas sim a queima posterior da fuligem acumulada no filtro. Esse processo é conhecido como regeneração. Através da contaminação crescente do filtro com fuligem a contrapressão do gás de escape cresce continuamente, tem um efeito negativo sobre a economia do motor e a dirigibilidade.

O nível de carbono nos particulados pode ser oxidado a temperaturas acima de aprox. 600°C para o CO_2 não tóxico com o oxigênio sempre presente no gás de escape. Temperaturas tão altas não são obtidas na condução normal do veículo, de modo que devem ser tomadas medidas especiais.

Sistema CRT
Em veículos utilitários, é oferecido para a regeneração do filtro de particulados o princípio CRT (Continuously Regenerating Trap), que está sendo analisado nos primeiros testes em frotas. O princípio tem o efeito de que fuligem com NO_2 pode ser oxidada já a temperaturas de 250...350°C de acordo com a reação:

$$2NO_2 + C \rightarrow CO_2 + 2NO$$

Esse processo também é conhecido como regeneração passiva, pois não é necessária nenhuma intervenção ativa no funcionamento do motor. Para usar esse processo, um catalisador de oxidação que oxida NO para NO_2, é disposto fluxo acima do filtro de particulados. Esses catalisadores dependem do uso de combustível com baixo teor de enxofre. Esse processo trabalha confiavelmente acima das temperaturas mencionadas, quando a relação de massa NO_2/fuligem for maior que 8 : 1. Essas condições normalmente são dadas em veículos utilitários.

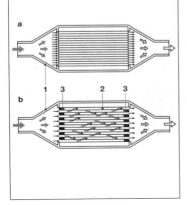

Tratamento posterior do gás de escape com diversos métodos
a catalisador de oxidação (coberto com metais nobres),
b filtro de fuligem,
1 carcaça, 2 cerâmica alveolar prensada por extrusão, 3 tampão cerâmico.

Sistema aditivo

Com a introdução serial de filtros de particulados em veículos de passeio, é adicionado às vezes um aditivo que baixa a temperatura de oxidação da fuligem com O_2 de 600°C para aprox. 450°C (concentração de aditivo: aprox. 10...20 ppm). Mesmo essa temperatura do gás de escape não é atingida na operação normal, de modo que a fuligem não queima continuamente. O fator de carga do filtro é calculado medindo a queda de pressão através do filtro de particulados usando um sensor de pressão diferencial e com a ajuda de uma simulação da massa de fuligem. Acima de uma determinada carga de fuligem, a queima da fuligem é iniciada através de medidas ativas (regeneração ativa). Nisso o motor é operado em termos de seu rendimento de combustão, de modo que ocorram temperaturas do gás de escape nitidamente maiores do que na operação normal. Isso pode ser atingido, p. ex. por injeção significativamente mais atrasada ou se necessário com pós-queima de partes não queimadas do combustível em um catalisador.

Tão logo a fuligem atinja sua temperatura de ignição, o filtro continua a se aquecer automaticamente pelo calor liberado com a queima da fuligem. Com as temperaturas subindo, a queima da fuligem continua a ser acelerada aumentando introdução de calor no filtro e no gás de escape.

Os picos de temperatura que ocorrem durante a regeneração de um filtro de particulados (1.000°C ou mais) podem destruir o filtro. Com o aumento da carga sobe o perigo de um aumento de temperatura inaceitável, de modo que deve ser iniciada uma regeneração, antes que esse estado crítico de carga seja atingido. Dependendo do material do filtro, 5...10 g de fuligem por litro de volume de filtro de são especificadas como uma quantidade de carga crítica.

O aditivo adicionado ao combustível (geralmente composto de cério ou ferro) forma uma cinza, que se deposita no filtro e não pode ser queimada. Essa cinza, bem como cinzas de resíduos do óleo do motor ou do combustível, gradualmente obstroem o filtro e aumentam adicionalmente a contrapressão do gás de escape. Parte-

---

Tratamento posterior do gás de escape: filtros de particulados com sistema aditivo
1 ECU aditiva, 2 ECU do motor, 3 bomba aditiva, 4 sensor de nível, 5 reservatório de aditivo, 6 injetor de aditivo, 7 tanque de combustível, 8 motor Diesel, 9 catalisador de oxidação, 10 filtro de particulados, 11 sensor de temperatura, 12 sensor de pressão diferencial.

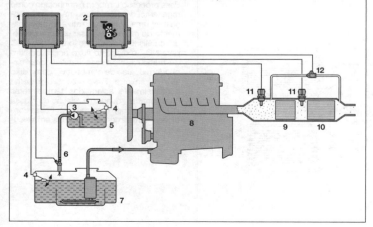

Minimização de poluentes no motor Diesel **719**

se da premissa de que o filtro deva ser desmontado e limpado mecanicamente a aprox. cada 120.000 km. Por isso está-se procurando por processos que possibilitem uma regeneração segura e descontinuada de filtros de particulados sem o uso de aditivos. O que promete muito é o revestimento catalítico do filtro, através do qual também pode ser abaixada a temperatura de ignição, que geralmente é menor do que quando é usado um aditivo.

Queimadores catalíticos
Queimadores catalíticos são apropriados para aumentar a temperatura do gás de escape até a temperatura de ignição da fuligem. Nesse caso, é introduzido combustível diretamente no escapamento, que queima em um catalisador de oxidação, produzindo o aumento de temperatura desejado.

Queimadores externos ou queimadores de fluxo parcial, usados p. ex. em máquinas de construção, ou o aquecimento elétrico dos filtros de particulados, têm apenas importância secundária nas aplicações veiculares.

Redução catalítica seletiva de óxidos de nitrogênio

A redução catalítica seletiva (SCR) está perto de ser introduzida em série para a redução de óxidos de nitrogênio. Há alguns anos, essa tecnologia tem sido um meio aprovado para remover nitrogênio de gases de escape em caldeiras industriais. Ela é baseada no princípio de que agentes redutores selecionados reduzem seletivamente os óxidos de nitrogênio na presença de oxigênio. Seletivo nesse caso significa que a redução do agente redutor ocorre de preferência (seletivamente) com o oxigênio dos óxidos de nitrogênio e não com o oxigênio molecular mais abundante do gás de escape. Amônia (NH_3) tem demonstrado a maior seletividade entre os agentes redutores.

Como amônia é uma substância tóxica, o agente redutor usado atualmente em aplicações veiculares é obtido do portador catalítico não tóxico carbamida. Carbamida [$(NH_2)_2CO$] é fabricada comercialmente como fertilizante e alimento, e é compatível com o lençol freático e quimicamente estável sob condições ambientais. Carbamida apresenta uma solubilidade muito boa em

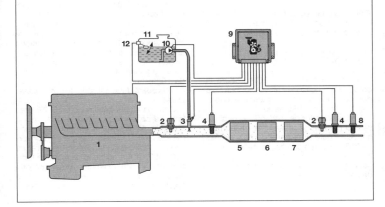

Sistema de gás de escapamento com redução catalítica de óxidos de nitrogênio (SCR)
1 motor Diesel, 2 sensor de temperatura, 3 bico injetor para o agente redutor, 4 sensor de NO_x, 5 catalisador hidrolisador, 6 catalisador SCR, 7 catalisador de oxidação, 8 sensor de NH_3, 9 unidade de comando do motor, 10 bomba do agente redutor, 11 reservatório do agente redutor, 12 sensor de nível.

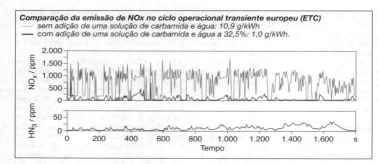

Comparação da emissão de NOx no ciclo operacional transiente europeu (ETC)
— sem adição de uma solução de carbamida e água: 10,9 g/kWh
— com adição de uma solução de carbamida e água a 32,5%: 1,0 g/kWh.

água, motivo pelo qual uma solução de carbamida e água é adicionada ao gás de escape por causa da dosificação simples. Aqui é usada uma solução de 32,5 % (porcentagem em peso) por causa do ponto de congelamento mais baixo (eutético a -11 °C).

No sistema de escape encontra-se em algumas aplicações antes do catalisador SCR um catalisador hidrolisador, no qual a molécula de carbamida se decompõe com uma molécula de água em dois passos em duas moléculas de amônia e uma molécula de CO_2:

$(NH_2)_2CO \rightarrow NH_3 + HNCO$ (termólise)
$HNCO + H_2O \rightarrow NH_3 + CO_2$ (hidrólise)

A amônia criada pela termo-hidrólise reage no catalisador SCR particularmente de acordo com as seguintes equações:

$4NO + 4NH_3 + O_2 \rightarrow 4N_2 + 6H_2O$
$NO + NO_2 + 2NH_3 \rightarrow 2N_2 + 3H_2O$

Modernos catalisadores SCR podem incorporar a função do catalisador hidrolisador, de modo que freqüentemente não se usa o catalisador hidrolisador.

Um catalisador de oxidação, o qual oxida NO para NO_2, causa uma melhoria na conversão até uma parte de NO_2 do NO_x de 50%, e leva o catalisador SCR a trabalhar com ótimo grau de eficiência, principalmente com baixas temperaturas do gás de escapamento (< 250°C).

Devido à toxicidade do NH_3, é importante limitar o vazamento de amônia quando se operam sistemas SCR, isto é, a penetração de NH_3 através do catalisador. Isso pode ser atingido com um catalisador de oxidação adicional após o catalisador SCR. Esse catalisador de bloqueio oxida eventual amônia em N_2 e H_2O. Por outro lado, é importante uma aplicação cuidadosa da solução de carbamida e água.

Um parâmetro importante para essa aplicação é a razão de alimentação molar α, definida como a relação molar do NO_x presente no gás de escape e o NH_3 adicionado. Em condições ideais de funcionamento (nenhum vazamento de NH_3, nenhuma reação secundária, nenhuma oxidação de NH_3) α é diretamente proporcional à taxa de redução de NO_x. Com $\alpha = 1$ é atingida teoricamente uma redução completa de NO_x. Na prática, com um vazamento de NH_3 menor que 20 ppm, pode ser atingida uma redução de até 90% de NO_x em funcionamento estacionário e não estacionário. A quantidade de solução de carbamida e água necessária corresponde a aprox. 5% da quantidade utilizada de combustível Diesel.

Com os atuais catalisadores SCR, uma taxa de conversão de $NO_x > 50\%$, pode ser atingida apenas a temperaturas acima de 200°C. Taxas ótimas de conversão são obtidas na janela de temperatura 250...450°C. A ampliação da faixa de temperatura, e principalmente uma melhoria da atividade a baixas temperaturas, são objetos das pesquisas com catalisadores.

Catalisador acumulador de NO$_x$

O catalisador acumulador de NO$_x$ já foi lançado no mercado para motores com injeção direta de gasolina (v. pág. 663). Por motivos de economia de combustível, esses motores são operados como no motor Diesel com excesso de ar. No funcionamento com mistura pobre os óxidos de nitrogênio não são reduzidos no catalisador convencional de três vias, e por isso ele não pode ser usado. Em veículos de passeio Diesel o catalisador acumulador de NO$_x$ é favorecido em relação a outras técnicas de remoção, porque não é desejado um agente operacional adicional (p. ex. solução de carbamida e água na tecnologia SCR).

Há dois modos diferentes de operação em relação ao catalisador acumulador de NO$_x$. No funcionamento normal com mistura pobre ($\lambda > 1$), NO é reduzido primeiramente a NO$_2$ e então adere na forma de um nitrato (NO$_3$) a um óxido de metal básico (p. ex. óxido de bário) no catalisador. O armazenamento é apenas ideal numa faixa de temperatura do gás de escape dependente do material entre 250 e 450 °C. Abaixo disso, a oxidação de NO para NO$_2$ é muito lenta; acima, o NO$_2$ não é estável.

Como no filtro de particulados, o real desafio no catalisador acumulador de NO$_x$ é a regeneração, ou seja, o esvaziamento periódico do acumulador. Para a regeneração do acumulador devem ser ajustadas condições ricas ($\lambda < 1$) no gás de escape. Sob essas condições de funcionamento há tantos agentes redutores no gás de escape (CO, H$_2$ e diversos hidrocarbonetos) que a composição de nitrato é dissolvida abruptamente e o NO$_2$ liberado reduzido a N$_2$ no catalisador com metais nobres. A duração da fase de carga está entre 30...300 s, dependendo do ponto de funcionamento; a regeneração ocorre entre 2...10 s.

Em motores com injeção direta de gasolina, condições de funcionamento ricas podem ser ajustadas facilmente comutando de operação estratificada pobre para operação homogênea rica. Em motores Diesel $\lambda < 1$ é obtida, entre outros, com injeção atrasada e estrangulamento do ar aspirado. Na comutação de funcionamento pobre para rico, deve ser mantida uma dirigibilidade irrestrita, bem como torque constante, resposta e ruído.

Um problema dos catalisadores acumuladores de NO$_x$ é a sua sensibilidade ao enxofre, pois SO$_2$ também é armazenado no catalisador por causa da sua semelhança química com o NO$_x$. A composição de sulfato (SO$_4$) formada não é dissolvida numa regeneração normal do acumulador, de modo que a quantidade de SO$_2$ armazenado aumenta gradualmente durante o período de uso. Dessa maneira, há menos espaço para o armazenamento de NO$_x$ e a conversão de NO$_x$ diminui. No funcionamento com 10 ppm de enxofre no combustível, é necessária uma regeneração de enxofre após 10.000 km, por causa da diminuição da capacidade de armazenar NO$_x$. Para isso é necessário um período de mais de 5 min a temperaturas acima de 600°C e $\lambda < 1$.

Diagrama esquemático de um sistema de gás de escape com catalisador acumulador de NO$_x$ 1 motor Diesel, 2 aquecimento do gás de escape (opcional), 3 catalisador de oxidação, 4 sensor de temperatura, 5 sonda Lambda de banda larga LSU, 6 catalisador acumulador de NO$_x$, 7 sensor de NO$_x$ ou sonda Lambda de dois pontos, 8 unidade de comando do motor.

Propulsão elétrica

A propulsão elétrica se distingue pela escassez de ruído, isenção de emissões e alto grau de aproveitamento. Enquanto nos veículos exclusivamente elétricos a propulsão elétrica atua isoladamente no acionamento das rodas, nos veículos híbridos atuam pelo menos dois tipos de propulsões, na maioria das vezes uma delas elétrica.

Ao contrário dos veículos com motores de combustão interna, nos veículos exclusivamente elétricos o responsável pela potência de tração é geralmente o acumulador. A potência do motor elétrico é determinada pela potência máxima do acumulador. Como acumulador de energia pode ser utilizada, p.ex., uma bateria eletroquímica ou uma célula de combustível (p. 732) com seu respectivo tanque de combustível.

Dependendo da aplicação, os veículos elétricos à bateria podem ser subdivididos em veículos elétricos rodoviários e empilhadeiras. Empilhadeiras são destinadas às operações internas de transporte e em geral não são autorizadas a trafegar em vias públicas. Sua velocidade máxima atinge menos de 50 km/h. Nos veículos elétricos rodoviários, devido à baixa densidade de energia, a autonomia em comparação com os veículos movidos por motores de combustão interna é sensivelmente menor. Geralmente a velocidade máxima também é limitada a aproximadamente 130 km/h. Enquanto nas empilhadeiras mais da metade dos novos veículos já são movidos por eletricidade, a participação da propulsão elétrica nos veículos rodoviários é insignificante.

Abastecimento de energia

Não existem gargalos para o abastecimento de veículos elétricos que serão carregados através da rede de energia elétrica. Na Alemanha, por exemplo, mais de 10 milhões de automóveis elétricos podem ser abastecidos com energia, sem que para isso seja necessário construir novas usinas de eletricidade – desde que sejam carregados predominantemente durante a noite. Esta quantidade de automóveis elétricos demandaria menos de 5% da produção de energia elétrica da Alemanha.

Para carregar as baterias pode ser usada qualquer tomada doméstica. Estas, porém, só dispõem no máximo de 3,7 kW de potência elétrica, o que permite recarregar por hora apenas o suficiente para um percurso máximo de 20 km. Tempos de carga mais curtos podem ser obtidos através de conexão em corrente trifásica (como para as empilhadeiras). Comparados com o tempo de abastecimento, especialmente do combustível Diesel, para o mesmo percurso e veículos similares, os tempos de recarga dos automóveis elétricos, mesmo em conexões de alta potência, ficam pouco acima do fator 100.

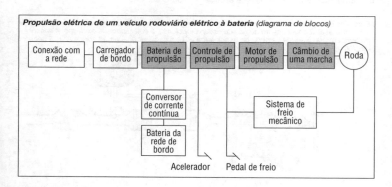

Propulsão elétrica de um veículo rodoviário elétrico à bateria (diagrama de blocos)

Baterias

Enquanto nas empilhadeiras, por motivo de economia, as baterias ácido-chumbo predominam, nos automóveis elétricos elas estão sendo progressivamente suplantadas pelos sistemas de baterias de níquel e lítio.

Baterias de chumbo-ácido

O princípio construtivo da bateria chumbo-ácido corresponde ao de uma bateria de partida (p. 967), sendo a composição do material e a configuração das células da bateria adaptadas às exigências de tração. No âmbito das empilhadeiras, as baterias usuais são compostas de células unitárias enquanto nos automóveis elétricos o sistema de construção modular, com 3 ou 6 células por unidade, tem prevalecido devido a maior densidade de energia.

Nas empilhadeiras são mais empregadas as baterias de chumbo com eletrólito líquido, nas quais é necessário adicionar água regularmente. Nos veículos elétricos rodoviários, este esforço de manutenção não é aceito pelo usuário do veículo. Neste caso as baterias de chumbo, com eletrólitos estáveis (gel) e isentas de manutenção durante toda a vida útil, têm prevalecido. Veículos elétricos rodoviários equipados com baterias de chumbo e sob condições operacionais realísticas possuem autonomia de aproximadamente 50...70 km por carga de bateria. Através de recarga intermediária durante as paradas, é possível atingir autonomias diárias mais elevadas.

Nas baterias de chumbo, a capacidade de absorver energia diminui com a queda da temperatura. Assim, com temperaturas da bateria abaixo de 0°C é necessário um aquecedor de baterias para que estas sejam completamente carregadas num tempo razoável. A energia para o aquecedor geralmente é obtida da carga juntamente com a energia de carga. Potência e energia disponíveis também diminuem com a queda da temperatura. Isso significa aceleração e autonomia inferiores.

Devido à participação do eletrólito na reação química, as baterias de chumbo demonstram uma dependência entre a capacidade disponível e a corrente de carga. Dirigir constantemente em plena carga significa, portanto, uma redução da autonomia na ordem de 20% ou mais.

No âmbito das empilhadeiras, é possível atingir 7..8 anos de vida útil a 1.200..1.500 ciclos. Ensaios com frotas de automóveis elétricos demonstraram ser possível com o emprego de bateria de chumbo atingir uma vida útil de aproximadamente 5 anos ou 700 ciclos. A principal causa da baixa du-

Sistemas de baterias

Propriedades	Sistemas ácido-chumbo aberto/fechado	Sistemas níquel Níquel-cádmio (NiCd) Níquel-hidretos metálicos (NiMH)	Sistemas lítio Íons de lítio Polímero de lítio
Tensão da célula	2 V	1,2 V	3,4 V
Densidade de energia	24...30 Wh/kg	35...80 Wh/kg	60...150 Wh/kg
Grau de eficiência energética sem aquecimento/resfriamento	75...85%	60...85%	85...90%
Densidade de potência	100...200 W/kg	100...1000 W/kg	300...90%
Vida útil em ciclos	600...900	> 2000	> 1000 projetado
Temperatura operacional	10...55°C	−20...55°C	−10...50°C
Isenta de manutenção	depende do modelo	depende do modelo	sim

Veículos disponíveis para compra (exemplos)

Tipo de veículo	Tipo de bateria	Potência do motor	Aceleração 0...50 km/h	Velocidade máxima	Autonomia por carga típica	Consumo de energia da rede- típico
Passageiros	Ni/Cd	21 kW	9 s	90 km/h	80 km	18 kWh/100 km
Passageiros	NiMH	49 kW	7 s	130 km/h	200 km	26 kWh/100 km
Passageiros	Íons de lítio	62 kW	6 s	120 km/h	200 km	23 kWh/100 km
Transporte	Ácido-chumbo	80 kW	7 s	120 km/h	90 km	35 kWh/100 km

rabilidade em veículos elétricos rodoviários está na demanda específica da bateria, extremamente alta. Nos veículos elétricos o tempo de descarga médio é de 2 horas ou menos, sendo que nas empilhadeiras a regra é 7...8 horas.

Sistemas de baterias de níquel
O sistema de níquel-cádmio e em expansão o de níquel-hidreto metálico estão largamente difundidos nas baterias para aparelhos. Sendo o cádmio prejudicial ao meio ambiente, dentro de um determinado prazo o sistema níquel-hidreto metálico substituirá o sistema níquel-cádmio. Enquanto nas baterias para aparelhos são empregados os sistemas selados, para aplicações de tração geralmente são apropriadas as células abertas de níquel-cádmio, nas quais, como nas baterias de chumbo abertas, deve ser adicionada água em intervalos regulares. Baterias de níquel-hidreto metálico, por imposição do próprio sistema, são sempre fechadas. A baixa tensão de 1,2 V das células exige um número maior de células (p.ex., para um módulo de 6 V) do que nas baterias de chumbo. Uma vida útil da bateria de até 10 anos ou 2.000 ciclos foi comprovada para uma série de aplicações. A durabilidade, sensivelmente maior em comparação com a bateria de chumbo-ácido, pode compensar em parte o alto custo devido à matéria-prima relativamente cara e pelo dispendioso processo de fabricação.

As baterias de níquel-cádmio e de níquel-hidreto metálico para aplicação em veículos elétricos rodoviários são resfriadas. O aquecimento só é necessário para temperaturas abaixo de –20°C. A capacidade disponível é quase independente do tempo de descarga. A alta densidade de energia das baterias alcalinas pode ser empregada tanto para elevação da carga útil quanto para aumento da autonomia. Autonomias típicas de automóveis elétricos com baterias de níquel-cádmio atingem aproximadamente 80...100 km.

No sistema níquel-hidreto metálico, uma liga de metal armazenadora de hidrogênio substitui o cádmio. Em comparação com o sistema níquel-cádmio, a bateria de níquel-hidreto metálico possui uma densidade de energia um pouco maior com uma durabilidade um pouco mais longa. Sistemas de níquel, devido à densidade de energia geralmente mais alta, são interessantes principalmente para os veículos híbridos.

Sistemas de baterias de lítio
Sistemas de lítio permitem às baterias de tração densidades de energia acima de 100 Wh/kg e densidades de potência acima de 300 W/kg. Elas podem ser operadas à temperatura ambiente ou ligeiramente mais alta e apresentam altos valores de tensão por célula, acima de 4 V. No mercado de baterias para aparelhos de alta performance (p.ex., laptops e gravadores de vídeo) o sistema de íons de lítio já está definitivamente estabelecido.

Os sistemas de lítio não apresentam o efeito memória como os sistemas de níquel-cádmio. A desvantagem dos sistemas de lítio é o gasto relativamente alto que tem ser feito para a segurança do sistema. Assim, pela incapacidade de aceitar sobrecarga, cada célula deve ser monitorada individualmente. A bateria também deve ter proteção especial para o caso de curto-circuito, a fim de evitar danos ao meio ambiente.

<u>Baterias de íons de lítio</u>
Nas baterias de lítio, os íons de lítio se acumulam sobre o eletrodo negativo num reticulado de grafite eletricamente reversível. Nas baterias comuns para aparelhos, o eletrodo positivo é composto essencialmente por cobalto, o que torna o sistema realmente caro. Por isso experimenta-se usar materiais mais baratos como, p.ex., óxidos de manganês ou níquel. Como eletrólito é usado material orgânico, eletrólitos aquosos não podem ser empregados, devido à intensa reatividade química do lítio com a água.

<u>Baterias de polímeros de lítio</u>
Um outro sistema de lítio muito promissor é a bateria de polímeros de lítio. Ela consiste de uma fina lâmina de lítio, um eletrólito de polímero e um eletrodo positivo laminado cujo principal componente é o óxido de tungstênio. Esta película (espessura total aprox. 0,1 mm) é enrolada ou dobrada em células unitárias. A temperatura operacional é de aproximadamente 60°C. Adicionalmente, há estudos para substituir o eletrólito orgânico líquido por eletrólitos de polímeros nas baterias de íons de lítio para aparelhos.

Propulsão

A transmissão de um veículo elétrico é composta geralmente pelo regulador de potência, motor e caixa de mudanças. O regulador de potência converte a posição do acelerador nos respectivos valores de corrente e tensão para o motor. Geralmente o torque de acionamento é determinado através do acelerador (como nos motores de combustão).

Como o torque máximo determina substancialmente o custo do motor, é vantajosa uma relação de redução mais alta possível entre a rotação do motor e a das rodas. Dependendo da capacidade de subida e da velocidade máxima desejada para o veículo com o torque e âmbito de rotações oferecido pelo motor utilizado, a redução pode ser de uma ou várias marchas. Automóveis elétricos possuem atualmente redução de uma marcha.

Ao contrário dos motores de combustão, no motor elétrico deve-se diferenciar entre potência momentânea e potência disponível por longo período. A potência máxima do atuador de potência geralmente limita a potência momentânea. Para caracterizar a potência máxima disponível por longo período nos propulsores para veículos rodoviários elétricos, é utilizada a potência de meia hora. Esta em geral é limitada pela temperatura admissível para o motor. A diferenciação entre potência momentânea e contínua também é necessária para a maioria dos sistemas de baterias. Entre a potência momentânea e a potência de meia hora há, dependendo do tipo de propulsor, um fator de 1 a 3. A potência máxima de propulsão precisa portanto ser monitorada de acordo com a curva característica de limite térmico e eventualmente reduzida através do atuador de potência, do motor ou da bateria.

A diferenciação nos veículos rodoviários elétricos entre potência momentânea e potência de meia hora leva também, entre outras, a que sejam especificadas duas velocidades máximas: a velocidade máxima numa distância de 2 x 1 km e a velocidade máxima num período de 30 minutos.

Motor de corrente contínua com excitação serial

Esta propulsão possui a construção mais simples do atuador de potência. A tensão do motor é regulada de acordo com o valor teórico desejado da corrente por meio de um circuito de potência (tiristor ou transistor/es) que insere no motor a tensão da bateria em uma relação de pulso e/ou freqüência de ciclo variável (princípio do conversor rebaixador).

Para recuperação da energia de frenagem, o regulador de potência precisa trabalhar como conversor elevador, necessitando componentes adicionais. Como campo e induzido do motor são ligados em série o torque de propulsão, com a tensão da bateria totalmente conectada, diminui ao quadrado da rotação.

Devido à sua construção simples e seus baixos custos, atualmente a maioria das empilhadeiras são equipadas com esta propulsão, apesar de seu grau de eficiência ser relativamente baixo. As modestas velocidades máximas das empilhadeiras admitem soluções de transmissão com redução de uma marcha.

Motor de corrente contínua com excitação separada

Neste tipo de propulsão a excitação magnética do motor é ajustada através de um atuador próprio (regulador de campo). O campo pode ser atenuado, dependendo do tamanho do motor, numa razão de até 1:4. A atenuação do campo é estabelecida na rotação referencial. A rotação referencial é atingida com tensão total do motor no induzido e máxima corrente de campo. Na partida, um regulador eletrônico do induzido limita a corrente do motor com a corrente de campo no máximo até que na rotação referencial a tensão total do motor se estabeleça no induzido. No âmbito da atenuação do campo com a corrente do induzido constante, a potência da máquina permanece quase constante. O comportamento da comutação, mais difícil à medida que a corrente de campo cai, exige quase sempre uma redução da corrente do induzido antes de atingir a rotação máxima.

O motor, devido à necessidade de pólos auxiliares, é mais dispendioso do que o motor com excitação serial. As velocidades-limites, condicionadas pelo inversor mecânico de corrente, são restritas a 7.000 min^{-1}.

726 Propulsões alternativas

Torque e potência em relação à rotação para diferentes tipos de motores
a) Motor de excitação em série – corrente contínua
b) Motor de corrente contínua de excitação separada
c) Motor assíncrono
d) Motor síncrono com excitação permanente
M_{max} Torque máximo
P_{max} Potência máxima

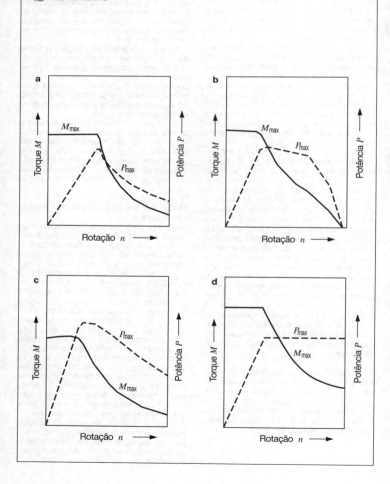

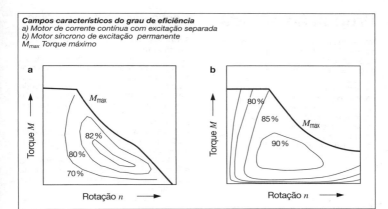

Campos característicos do grau de eficiência
a) Motor de corrente contínua com excitação separada
b) Motor síncrono de excitação permanente
M_{max} Torque máximo

Para manter baixos os custos e o peso, este motor pode ser combinado com uma caixa de mudanças de várias marchas. É possível reaproveitar a energia de frenagem com boa eficiência e sem componentes adicionais. Entretanto, raramente os automóveis elétricos atuais são equipados com motor de corrente contínua. O motor de corrente trifásica, síncrona ou assíncrona, tem prevalecido também, devido à sua independência de manutenção. Nos motores de corrente contínua, ainda que em intervalos longos, é necessária uma troca de escovas.

Motor assíncrono

O motor assíncrono tem construção mais simples e mais barata com (em comparação com o motor de corrente contínua) peso e volume sensivelmente reduzidos. Em princípio os gastos para o controlador de potência nos motores trifásicos são mais altos do que para os motores de corrente contínua. Do mesmo modo que no motor de excitação separada, é possível a operação com atenuação de campo. Como não há um conversor mecânico de tensão, com a construção adequada do motor é possível atingir rotações de até 20.000 min^{-1}. Isso permite a concepção de transmissões com redução de um estágio mesmo para os veículos elétricos rodoviários. O grau de eficiência é melhor do que os dos motores de corrente contínua, mas não alcança totalmente os dos motores síncronos com ímãs permanentes. Do mesmo modo é possível recuperar a energia de frenagem com alto grau de eficiência.

Motor síncrono com excitação permanente

Devido ao emprego de ímãs permanentes para criar o campo de excitação, esta versão de motor atinge alto grau de eficiência também no âmbito de carga parcial. Ímãs de terra rara (alta densidade energética) permitem dimensões muito compactas combinadas com torque elevado. Porém, os ímãs de terra rara encarecem o motor mais do que, por exemplo, os motores assíncronos. Esse tipo de motor não admite uma verdadeira operação com atenuação de campo. Uma operação quase como atenuação de campo pode ser feita através da elevação da componente longitudinal da corrente do estator, reduzindo a geratriz de torque. Atualmente, existem à disposição motores com ímãs "enterrados" que, devido à sua pronunciada assimetria, atingem fatores de atenuação de campo consideravelmente altos, até 1:3. Alternativamente, são construídos enrolamentos com indutância particularmente alta que permitem fatores de atenuação de campo ainda mais altos. Como é possível a operação com potência quase constante, também neste caso uma redução de um estágio geralmente é suficiente.

Propulsão híbrida

No sentido mais amplo o termo "propulsão híbrida" é usado para designar propulsões automotivas com mais de uma fonte de propulsão. Propulsões híbridas podem incorporar vários acumuladores e/ou conversores de energia, similares ou diferentes. O objetivo do desenvolvimento da propulsão híbrida é combinar diversos propulsores de modo a aproveitar as vantagens de cada um sob diferentes condições operacionais, fazendo com que a soma das vantagens compense os altos custos associados à propulsão híbrida.

Configurações de propulsão

Propulsão híbrida com motor de combustão interna

Nenhum outro tipo de propulsão supera em oferta de potência e autonomia o motor de combustão interna como propulsor automotivo. Suas desvantagens – queda de eficiência em regimes de carga parcial e emissão de gases tóxicos – levaram ao desenvolvimento da propulsão híbrida com motor de combustão interna integrado. Por essa razão, em muitas propulsões híbridas o motor de combustão interna é dimensionado para a faixa de potência média. A diferença entre a potência oferecida e a potência necessária é suplementada por acumuladores de energia mecânicos ou elétricos.

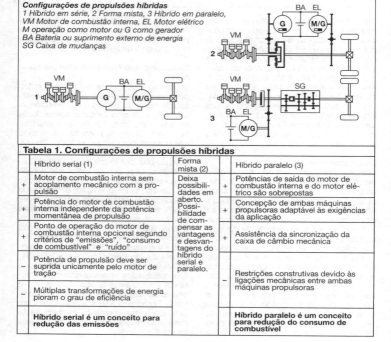

Configurações de propulsões híbridas
1 Híbrido em série, 2 Forma mista, 3 Híbrido em paralelo,
VM Motor de combustão interna, EL Motor elétrico
M operação como motor ou G como gerador
BA Bateria ou suprimento externo de energia
SG Caixa de mudanças

Tabela 1. Configurações de propulsões híbridas

	Híbrido serial (1)	Forma mista (2)		Híbrido paralelo (3)
+	Motor de combustão interna sem acoplamento mecânico com a propulsão	Deixa possibilidades em aberto. Possibilidade de compensar as vantagens e desvantagens do híbrido serial e paralelo.	+	Potências de saída do motor de combustão interna e do motor elétrico são sobrepostas
+	Potência do motor de combustão interna independente da potência momentânea de propulsão		+	Concepção de ambas máquinas propulsoras adaptável às exigências da aplicação
+	Ponto de operação do motor de combustão interna opcional segundo critérios de "emissões", "consumo de combustível" e "ruído"		+	Assistência da sincronização da caixa de câmbio mecânica
–	Potência de propulsão deve ser suprida unicamente pelo motor de tração		–	Restrições construtivas devido às ligações mecânicas entre ambas máquinas propulsoras
–	Múltiplas transformações de energia pioram o grau de eficiência			
	Híbrido serial é um conceito para redução das emissões			**Híbrido paralelo é um conceito para redução do consumo de combustível**

Sistemas de acumulação mecânica de energia envolvem acumuladores de pressão ou de massas inerciais rotativas. Na verdade, acumuladores de pressão apresentam densidades de energia gravimétrica mais altas do que os armazenadores mecânicos, mas o processo de troca energética requer a transformação da energia mecânica em pressão. O acumulador mecânico "volante inercial" não requer transformação para troca energética, entretanto as características de armazenagem exigem uma transmissão variável sem escalonamento para a troca de energia. A rotação do volante e a velocidade do veículo são inversamente proporcionais (opostas) de modo que durante a aceleração a velocidade do veículo aumenta, enquanto a rotação do volante diminui. A troca de energia só é possível se um mecanismo com relação de transmissão continuamente variável compensar esta tendência oposta. Transmissões hidráulicas ou elétricas (eventualmente com distribuição de torque) são normalmente empregadas com este propósito, embora a intermediação acarrete uma deterioração da eficiência de transmissão em híbridos típicos.

Propulsão híbrida sem motor de combustão interna

Propulsões híbridas que não possuem motor de combustão interna e usam somente componentes de propulsão elétrica devem evitar as desvantagens da propulsão elétrica exclusivamente à bateria. A quantidade de energia útil armazenada nas baterias só permite uma autonomia limitada, além disso a energia diminui desproporcionalmente com a elevação da demanda por potência.

A adoção de um acumulador de energia mecânico mantém a bateria protegida contra picos de potência e contribui para o uso mais eficiente da energia da bateria. Um sistema híbrido que utilize duas fontes diferentes de energia eletroquímica combinadas pode separá-las de modo a obter uma fonte de alta potência e uma fonte de alta capacidade de armazenamento. Na propulsão híbrida com fonte externa de energia (tróleibus), o próprio veículo é usado como armazenador de energia de curto prazo para pequenos trechos sem rede aérea. Esta configuração reduz os altos custos da rede aérea e incrementa a agilidade no tráfego.

Conceitos de propulsões híbridas

Configurações de propulsões

Propulsões híbridas que combinam um motor de combustão interna com um propulsor elétrico são até agora as únicas propulsões híbridas dignas de atenção. O motor elétrico de tais propulsões é alimentado por baterias embarcadas ou pela rede aérea através de coletores de corrente. O esquema mostra as diversas configurações básicas. As baterias indicadas em cada configuração podem ser substituídas por suprimento externo de energia.

A diferença principal entre as várias configurações é a interconexão <u>serial</u>, <u>paralela</u> ou <u>mista</u> das fontes de tração. Na configuração serial, os propulsores são conectados enfileirados um atrás do outro, na configuração paralela há uma adição mecânica das duas fontes de tração. As letras M e G indicam os dois possíveis modos de operação da máquina elétrica: como "motor" ou como "gerador".

Propulsão híbrida serial na traseira de ônibus
1 Resistor de frenagem. 2 Motor Diesel.
3 Gerador. 4 Conversor. 5 Baterias.
6 Motor de tração. 7 Caixa de redução

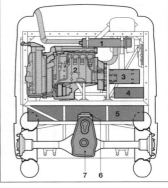

730 Propulsões alternativas

Híbrido serial
Como configuração híbrida serial o motor diesel está mecanicamente desconectado da tração do veículo, ele pode operar em rotação contínua, isto é, em regime ideal em termos de eficiência e volume de emissões. Apesar das vantagens da configuração serial, há a desvantagem de a energia ter que ser continuamente transformada. Incluindo a eficiência de armazenamento da bateria, a eficiência mecânica entre o motor diesel e o eixo de tração dificilmente atinge 55%.

Apesar disso a configuração híbrida serial pode ser vantajosa para propulsão de ônibus, pois todos os componentes podem ser alojados na traseira dos ônibus com corredores baixos.

Híbrido paralelo
A vantagem da configuração híbrida paralela é ser, quando operando com o motor de combustão interna, tão eficiente quanto um veículo normal. Na ilustração a caixa de mudanças exigida pelo motor diesel também está interligada ao ramo de propulsão elétrica, de modo que o motor elétrico também pode se beneficiar da relação de multiplicação de torque e conseqüentemente o motor elétrico pode ser dimensionado para um torque reduzido. Isso acarreta uma redução equivalente da massa do motor elétrico, já que esta é proporcional ao torque.

A configuração híbrida paralela é particularmente adequada aos veículos de entrega que podem ser usados para cobrir, sem nenhuma emissão, curtas distâncias em áreas de pedestres ou em galpões de armazéns. A ilustração mostra os componentes necessários para uma configuração híbrida paralela. Ela também indica a extensão das funções auxiliares: Os equipamentos, que normalmente são acionados pelo motor Diesel, devem ser instalados em dupla para que suas funções sejam preservadas, mesmo com o motor Diesel fora de operação. A estrutura da configuração híbrida paralela demonstra claramente seu parentesco com o gerador de partida integrado (ISG). Geralmente o gerador de partida integrado está acoplado diretamente com o motor de combustão interna enquanto que, na configuração híbrida paralela, a conexão entre os motores de propulsão elétrica e o de combustão interna pode ser interrompida pela embreagem normal.

Propulsão híbrida paralela em caminhão
1 Cardan do motor elétrico. 2 Motor elétrico. 3 Baterias de chumbo. 4 Carregador. 5 Compressor com conversor. 6 Caixa de fusíveis e conversor (servo-bomba da direção). 7 Conversor para motor elétrico. 8 Baterias de chumbo. 9 Reservatório de água de resfriamento (sistema de propulsão). 10 Hidráulica para plataforma de elevação.

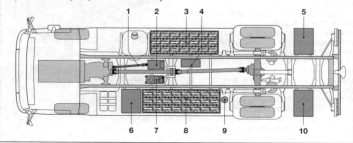

Modos de operação

Além dos modos de operação exclusivamente elétrico ou Diesel (n° 1 e n° 2 do esquema de modos de operação), vários modos de operação também permitem a operação simultânea de ambas unidades de propulsão, oferecendo o maior potencial de conexão para a configuração híbrida paralela. Nesta configuração o motor elétrico pode trabalhar tanto como motor para incrementar a potência de tração quanto como gerador/alternador para carregar as baterias durante o trajeto (n° 3 e n° 4). Uma distinção adicional pode ser feita no segundo caso se a energia mecânica para alimentar o alternador é produzida pelo veículo em conexão com o aproveitamento da energia de frenagem ou se produzida pelo motor Diesel com o veículo parado (n° 5 e n° 6). Considerado isoladamente, o modo de operação n° 6 pode ser interessante como uma eficiente fonte de energia, independente do sistema padrão de abastecimento.

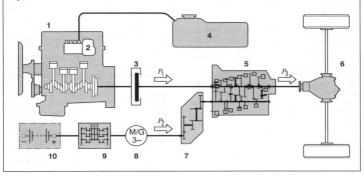

Modos de operação das propulsões híbridas (esquema)
1 Motor diesel. 2 Bomba injetora. 3 Embreagem. 4 Tanque de combustível. 5 Caixa de mudanças. 6 Eixo de transmissão. 7 Transmissão secundária. 8 Motor elétrico. 9 Retificador. 10 Baterias de tração

N°	Modo de operação	Motor Diesel P_1	Motor elétrico P_2	Veículo P_3
1	Propulsão através do motor Diesel	⇒	○	⇒
2	Propulsão através do motor elétrico	○	⇒	⇒
3	"Kick-down" Potência máxima de propulsão	⇒	⇒	⇒
4	Propulsão através do motor Diesel com carregamento das baterias de tração	⇒	⇐	⇒
5	Aproveitamento da frenagem	○	⇐	⇐
6	Carregamento das baterias de tração com o veículo parado	⇒	⇐	○

Tabela 2. Modos de operação das propulsões híbridas

Células de combustível

Células de combustível são células eletroquímicas nas quais a energia química de um combustível apropriado é continuamente transformada em energia elétrica usando o oxigênio atmosférico (O_2). Os combustíveis mais comuns para esta finalidade são o hidrogênio (H_2), o metanol (CH_3OH) e, em menor escala, o metano (a temperaturas muito altas). Como os combustíveis convencionais não podem ser usados diretamente, eles devem ser convertidos em H_2 através de uma reação química de reforma gasosa. Células de combustível operam com elevada eficiência e baixa emissão de poluentes. Elas têm concepção modular e portanto podem ser empregadas numa ampla faixa de potência, desde alguns watts até megawatts.

Devido a estas propriedades e as promessas dos novos desenvolvimentos no campo das células de baixa temperatura, muitos fabricantes de automóveis já vêem nesta propulsão uma séria alternativa ao motor de combustão interna. Principalmente as grandes fábricas de automóveis se dedicam intensamente ao desenvolvimento de células adequadas ao uso automotivo.

Célula de combustível de eletrólito de polímero (princípio)
1 Hidrogênio. 2 carga elétrica
3 Ar (oxigênio). 4 Catalisador. 5 Eletrólito
6 Placa bipolar. 7 Vapor d'água e ar residual

Fonte: DaimlerChrysler

Uma estimativa realista em termos de benefício ao cliente e ao meio ambiente da propulsão com células de combustível só é possível através de uma abordagem holística. No que concerne às emissões, não se deve considerar apenas as emissões diretas dos veículos e sim o total produzido no processo de fabricação da célula de combustível. O mesmo se aplica para a eficiência do sistema, que só pode ser comparada com outro tipo de propulsão se considerada a eficiência total do processo, desde a fonte de energia primária até a roda.

Até o momento a principal aplicação das células de combustível é na geração de energia elétrica em veículos espaciais e submarinos.

Variações conceituais

Diferentemente das máquinas térmicas a operação das células de combustível não requer (alta) temperatura específica; algumas células de combustível operam à temperatura ambiente enquanto outras são projetadas para temperaturas de aproximadamente 1.000°C (tabela 1). A principal diferença entre os diversos conceitos está no tipo de eletrólito, que depende da temperatura. Até cerca de 90°C, os eletrólitos são aquosos ou contêm água. Para temperaturas médias altas (500...700°C), o padrão são os eletrólitos fundíveis de carbonatos alcalinos e para temperaturas altas (800... 1.000°C) só podem ser usados eletrólitos sólidos com base cerâmica (p.ex., dióxido de zircônio). Além do eletrólito, as células de combustíveis também se diferenciam pelo tipo de material usado nos eletrodos.

Para sigla de designação das células de combustível são empregadas as abreviaturas de seus nomes em inglês (tabela 1).

Acondicionamento do combustível

Embora há muito tempo se tente fazer com que as células de combustível funcionem diretamente com diversos combustíveis, as atuais necessitam de H_2 como fonte de energia. O H_2 hoje, via de regra, é obtido do gás natural ou de outras fontes de energia fósseis através de reação de reforma química. Para uma aplicação móvel, o H_2 precisa ser armazenado no veículo ou extraído de outra fonte de energia a bordo.

Reservatório de hidrogênio
Para emprego veicular, o H_2 pode ser armazenado e transportado na forma gasosa em botijões até 300 bar ou líquida em tanques criogênicos a –253°C. Para aplicações de baixa potência ou em submarinos o hidrogênio é armazenado em hidretos metálicos ou eventualmente em modificações carbônicas especiais. Se o H_2 for armazenado sob pressão ou em estado líquido, deve-se considerar que uma parcela substancial da energia primária tem de ser gasta na compressão ou liquefação do H_2. Além disso, a densidade energética do reservatório de H_2, comparada à do tanque de combustível convencional, é menor.

Reforma do metanol
CH_3OH é fabricado tecnicamente a partir de gás natural com um grau de eficiência de aproximadamente 65%. Ele tem a vantagem em relação ao H_2 de poder ser abastecido na forma líquida, semelhantemente aos combustíveis convencionais. Entretanto, uma infra-estrutura própria para o CH_3OH precisa ser construída. Por ser consideravelmente mais corrosivo do que o Diesel ou a gasolina, ele não pode ser armazenado nos tanques de combustível existentes. Através de uma reforma catalítica com vapor d'água a temperaturas de 250 a 450°C o CH_3OH pode ser convertido em H_2, CO_2 e CO. O CO se combina com a água para produzir H_2 e CO_2 num estágio subseqüente de conversão catalítica. Resíduos remanescentes de CO devem ser removidos através de purificação gasosa, pois o CO inibe os eletrodos da célula de combustível.

Reforma da gasolina
As vantagens da gasolina são a alta densidade energética e a disponibilidade da infra-estrutura existente. Todavia, reformar gasolina em H_2 é substancialmente mais difícil do que reformar CH_3OH, por exemplo. A conversão envolve a oxidação parcial na presença de ar e água a temperaturas de 800...900°C, produzindo H_2, CO_2 e CO. O CO é convertido em H_2 e CO_2 em dois estágios catalíticos subseqüentes usando H_2O. Também aqui os resíduos remanescentes de CO devem ser removidos através de purificação gasosa, pois o CO inibe os eletrodos da célula de combustível. Os problemas da reforma da gasolina estão principalmente no complexo sistema que precisa ser controlado a altas temperaturas e na inibição dos catalisadores utilizados devido à formação de coque.

Termodinâmica e cinemática

Nas células de combustível transcorrem basicamente as mesmas reações químicas que nas células galvânicas (p.ex., nas baterias). A diferença é que nas células de combustível são empregados exclusivamente combustíveis líquidos ou gasosos. O agente oxidante geralmente é o O_2 ou oxigênio atmosférico. Por essa razão, as células de combustível requerem estruturas porosas especiais para os eletrodos.

A tabela 2 contém as equações das reações e os dados calculados da célula de combustível (tensão teórica da célula E_0 e grau de eficiência termodinâmica η_{th}) para os dois combustíveis importantes, H_2 e CH_3OH, a diferentes temperaturas. À primeira equação descreve a conhecida

Tabela 1. Tipos de células de combustível

Designação da célula de combustível		Eletrólito	Temperatura °C	Grau de eficiência da célula (carga-carga parcial) %	Área de aplicação
Alkaline Fuel Cell	AFC	KOH aquoso	60...90	50...60	móvel, estacionária
Polymer Electrolyte Fuel Cell	PEFC	Eletrólito de polímero	50...80	50...60	móvel, estacionária
Direct Methanol Fuel Cell	DMFC	Membrana	110...130	30...40	móvel
Phosphoric Acid Fuel Cell	PAFC	H_2PO_4	160...220	55	estacionária
Molten Carbonate Fuel Cell	MCFC	Carbonato alcalino	620...660	60...65	estacionária
Solid Oxide Fuel Cell	SOFC	ZrO_2	800...1000	55...65	estacionária

reação do gás oxídrico, que na célula de combustível não transcorre de forma explosiva mas controlada (combustão fria). Crucial para que a transição ocorra de forma diferente é que na célula de combustível as reações parciais importantes (oxidação do H_2 e redução do O_2) transcorrem em eletrodos separados fisicamente, a temperaturas relativamente baixas (figura e tabela 1). Por esse motivo na célula de combustível é possível transformar direta e completamente em trabalho elétrico E_0 toda a energia química correspondente à entalpia livre ΔG_R da reação, conforme a equação 1:

$A_e = -\Delta G_R = n \cdot F \cdot E_0$ (equação 1)

(onde n = número de elétrons convertidos por molécula de combustível, F constante de Faraday).

Como este tipo de conversão de energia evita o desvio usual através do calor, o grau de eficiência da célula de combustível não é limitado pelo grau de eficiência relativamente baixo do ciclo de Carnot.
A tabela 2 mostra que as tensões da célula E_0 para os dois combustíveis ficam próximas (cerca de 1,2 V) e o grau de eficiência termodinâmica η_{th}, calculado pela equação 2 também é < 1 para o CH_3OH se o produto da reação for água em estado líquido:

$\eta_{th} = \Delta G_R/\Delta H_R$ (equação 2)

A temperaturas acima de 100°C (se houver CH_3OH e H_2O em estado gasoso) a célula de CH_3OH/O_2 mostra que em princípio é possível atingir eficiência termodinâmica > 1 nas células de combustíveis.

Na prática, os valores teóricos da célula de combustível não são atingidos com nenhum combustível, mesmo em altas temperaturas. Os motivos se devem principalmente à inibição cinética em ambos os eletrodos (p.ex., infiltração de cargas, e transferência de material) assim como à geração de potencial misto no eletrodo positivo e à resistência do eletrólito. As polarizações resultantes podem ser evitadas, mas não completamente eliminadas, através do emprego de metais nobres (platina, rutênio) como catalisadores, eletrodos porosos especialmente estruturados e distâncias mínimas entre os eletrodos. Isso se aplica mesmo na situação sem fluxo de corrente, onde a tensão de estabilização de uma H_2/O_2 PEFC (veja tabela 1) só atinge 1 V em vez dos 1,23 V esperados. Quando uma carga é aplicada a tensão e a eficiência da célula de combustível caem em grau variado, dependendo do combustível, em relação ao aumento da corrente devido ao aumento da polarização (veja figura). Outros fatores que determinam a curva característica são temperatura, pressão do gás (1,5 a 3 bar) e a cobertura de metal precioso dos eletrodos que com o tempo pode cair para 0,1...0,5 mg Pt/cm².

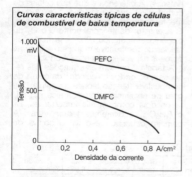

Curvas características típicas de células de combustível de baixa temperatura

Tabela 2. Equações das reações e dados teóricos para hidrogênio (H_2) e metanol (CH_3OH) como fonte de energia para células de combustível.

Equação da reação	Estado H_2O, CH_3OH	Temperatura °C	E_0 V	η_{th} %
$H_2 + {}^1/_2 O_2 \rightarrow H_2O$	Líquido	25	1,23	83
	Líquido	127	1,15	81
	Gasoso	127	1,16	92
	Gasoso	227	1,11	87
$CH_3OH + {}^3/_2 O_2 \rightarrow CO_2 + 2\,H_2O$	Líquido/líquido	25	1,21	97
	Líquido/líquido	127	1,20	99
	Gasoso/gasoso	127	1,20	103
	Gasoso/gasoso	227	1,21	104

A tensão típica de trabalho de uma PEFC H_2/ar na faixa de potência nominal contínua (0,4...0,5 W/cm² de superfície do eletrodo) está por volta de 0,75...0,70 V (veja figura), o que de acordo com a equação 2 resulta num grau de eficiência de 51...48%. Com CH_3OH como fonte de energia na PEFC, apesar da temperatura mais alta (110...130°C), menor densidade de potência (0,1...0,2 W/cm²) e maior cobertura Pt dos eletrodos, é produzida uma tensão mais baixa (0,50...0,35 V) e atingida uma menor eficiência termodinâmica (41...30%) do que numa PEFC H_2/ar. Ainda não se considerando que no caso do CH_3OH, devido à sua infiltração através da membrana eletrolítica, há uma perda no anodo, o que diminui ainda mais o grau de eficiência de uma célula de combustível alimentada diretamente com metanol.

Células de combustível em automóveis

As células de combustível como conversores de energia de baixa emissão com alto grau de eficiência, sob o ponto de vista da preservação de recursos e do meio ambiente, representam uma interessante alternativa aos processos clássicos de produção de energia. Dos tipos de células de combustível aqui apresentados, a PEFC, em virtude de sua baixa temperatura de trabalho e de sua construção compacta e robusta, tanto para aplicações móveis como estacionárias, detém as maiores chances de sucesso. No âmbito das aplicações móveis, impulsionado pelas leis antipoluição cada vez mais severas dos EUA e da Europa, o desenvolvimento de propulsores com célula de combustível está definitivamente em primeiro plano. Adicionalmente estão em curso estudos e primeiros experimentos para se utilizar PEFC's também no fornecimento de energia para veículos com propulsão convencional. Um suprimento de energia para a rede de bordo independente do motor de propulsão permitiria realizar convenientemente funções adicionais, comandadas à distância ou por temporizador (p.ex., aquecimento do motor/catalisador, climatização do compartimento interno).

Todos os fabricantes de automóveis envolvidos no intenso trabalho de desenvolvimento de células de combustível estão focados em dois problemas-chaves, que em princípio afetam todas as aplicações de células de combustível: os altos custos e a disponibilidade de H_2 puro, essencial para a operação das PEFC's e para o qual ainda não existe nenhuma infra-estrutura que possa ser aproveitada pelos veículos com células de combustível. Uma desvantagem adicional do H_2 como combustível para veículos equipados com célula de combustível é o fato de que sua densidade energética só ser satisfatória quando armazenado sob pressão ou em estado líquido. Por razões de segurança já existem sérias restrições contra tais formas de armazenagem de H_2 em veículos privados.

No uso de células de combustível para propulsão veicular o grau de eficiência cai cerca de 30% entre o reservatório de H_2 e a roda. Esta perda é atribuída em parte aos sistemas secundários necessários para a operação e monitoramento da célula de combustível (p.ex., compressor de ar, bombas de resfriamento, ventoinha, equipamentos de controle e, quando aplicável, reformador de gás). A demanda de energia dos consumidores secundários, dependendo da extensão, tamanho e ponto de operação da célula de combustível, pode atingir até 25% da potência por ela fornecida. Considerando a cadeia energética completa, desde a fonte de energia primária até a roda e com a tecnologia atualmente disponível, a eficiência total de veículos modernos alimentados a Diesel e à célula de combustível é equivalente para veículos com a mesma relação peso/potência.

Ainda não é possível nenhuma previsão sobre a vida útil das PEFC's sob condições dinâmicas de operação. Como em todas aplicações com participação de catalisadores, também nas células de combustível deve-se contar com uma diminuição da atividade catalítica dos eletrodos, resultando num declínio gradual da tensão e da eficiência da célula de combustível, denominada degradação. Entretanto, é razoável supor que a longo prazo serão atingidos tempos de duração e operação similares aos dos motores de combustão interna.

Literatura
Karl Kordesch, Günther Simander, Fuel Cells and Their Applications, VCH Weinheim 1996.

Transmissão

Grandezas e unidades

Grandeza		Unidade
a	Aceleração	m/s^2
c_d	Coeficiente de arrasto	–
e	Coeficiente de inércia rotacional	–
f	Coeficiente de resistência ao rolamento	–
g	Aceleração da gravidade	m/s^2
i	Relação de transmissão	–
m	Massa do veículo	kg
n	Rotação	rpm
r	Raio dinâmico do pneu	m
s	Patinação da roda	–
v	Velocidade do deslocamento	m/s
A	Área frontal	m^2
D	Diâmetro do sistema	m
I	Faixa total de conversão	–
J	Momento de inércia de massa	kg · m^2
M	Torque	N · m
P	Potência	kW
α	Ângulo de inclinação	°
φ	Fator de sobremarcha	–
η	Grau de eficiência	–
λ	Índice de potência	–
μ	Conversão	–
ρ	Densidade	kg/m^3
ω	Velocidade angular	rad/s
ν	Relação de velocidade	–

Índices
eff efetivo
tot total
hydr hidráulico
max máximo
min mínimo
fd acionamento do eixo
eng motor
o pot. máx. de saída
dt transmissão
G câmbio
P bomba
R roda
T turbina

Função

A transmissão de um automóvel tem a função de fornecer as forças de tração e impulsão necessárias para induzir o movimento. Na unidade de propulsão a energia química (combustível) ou também elétrica (bateria, célula solar) é transformada em energia mecânica. Motores de ignição e diesel são os preferidos como unidade de propulsão. Toda unidade de propulsão trabalha numa determinada faixa de rotações, limitada pela rotação de marcha lenta e pela rotação máxima. Os valores característicos de potência e torque não são oferecidos uniformemente; os valores máximos só estão disponíveis em faixas específicas. As relações de transmissão dos elementos da transmissão adaptam o torque disponível à força de tração requerida no momento.

Concepção

A condição dinâmica de um automóvel é descrita através da equação da resistência ao movimento. Ela equilibra a oferta de força da transmissão com a necessidade de força nas rodas de tração (resistência ao movimento).

Pela equação da resistência ao movimento podem ser calculadas aceleração, velocidade máxima, capacidade de subida e também a faixa total de conversão I da caixa de mudanças.

$$I = \frac{(i/r)_{\text{máx}}}{(i/r)_{\text{mín}}} = \frac{\tan\alpha_{\text{máx}} \cdot v_0}{(P/(m \cdot g))_{\text{eff}} \cdot \varphi}$$

Relação de equilíbrio entre impulsão e resistência ao movimento

A equação da relação de equilíbrio entre impulsão e resistência ao movimento serve para determinação das diversas grandezas, como, p.ex., aceleração, velocidade máxima, capacidade de vencer ladeiras etc.

Oferta de força = Resistência ao movimento nas rodas de tração (demanda de força)

$$M_{\text{eng}} \cdot \frac{i_{\text{tot}}}{r} \cdot \eta_{\text{tot}} = m \cdot g \cdot f \cdot \cos\alpha + m \cdot g \cdot \sen\alpha + e \cdot m \cdot \alpha + c_d \cdot A \cdot \frac{\rho}{2} \cdot v^2$$

- Força de tração na superfície de contato dos pneus
- Resistência ao rolamento
- Resistência à subida
- Resistência à aceleração
- Arrasto aerodinâmico

Sendo o coeficiente de inércia rotacional $e = 1 + \dfrac{J}{m \cdot r^2}$ e o momento de inércia de massa

$$J = J_R + i_h^2 \cdot J_A + i_h^2 \cdot i_G^2 \cdot J_m$$

O fator de sobremarcha φ é

$$\varphi = \frac{(i/r)_{min}}{\omega_0/v_0}.$$

O cálculo da potência específica efetiva deve incluir somente a potência P atualmente disponível para tração do veículo (potência líquida menos acionamentos auxiliares, perdas de potência, influência da altitude). Condições especiais, como reboques, devem ser consideradas no peso m x g. Fator $\varphi = 1$ é verdadeiro quando a curva característica de resistência ao movimento na marcha mais alta intercepta diretamente o ponto de potência máxima. O fator φ determina a posição relativa da curva de resistência ao movimento e potência do motor na marcha mais alta e conseqüentemente o grau de eficiência com o qual trabalha o motor.

Fator $\varphi > 1$ faz o motor operar numa faixa de menor eficiência, mas eleva a reserva de aceleração e a capacidade de vencer aclives da marcha mais alta. A opção pelo fator $\varphi < 1$, embora favoreça o consumo de combustível, diminui sensivelmente a reserva de aceleração e a capacidade de vencer aclives. O menor consumo é obtido ao longo da curva η_{opt}. Fator $\varphi > 1$ diminui, fator $\varphi < 1$ aumenta o âmbito necessário de variação do câmbio I.

Configurações de transmissões

A transmissão no automóvel tem configuração distinta de acordo com a posição do motor e do eixo de tração:

Tipo de transmissão	Posição do motor	Eixo de tração
Padrão	Frontal	Eixo traseiro
Tração dianteira	Frontal, longitudinal ou transversal	Eixo dianteiro
Tração total	Frontal, raramente traseira ou central	Eixos dianteiro e traseiro
Tração traseira	Traseira	Eixo traseiro

Elementos da transmissão

Os elementos da transmissão devem cumprir as seguintes funções:
- Parar o veículo, mesmo com o motor em funcionamento,
- Efetuar o procedimento de arranque,
- Converter torque e rotação,
- Proporcionar movimento para frente e para trás,
- Permitir rotações diferentes das rodas motrizes em curvas,
- Possibilitar ao propulsor operar na faixa ideal de consumo e emissões.

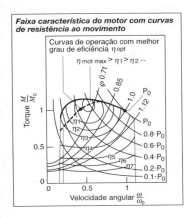

Faixa característica do motor com curvas de resistência ao movimento

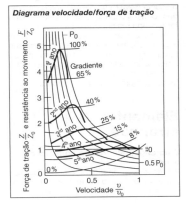

Diagrama velocidade/força de tração

Parada, arranque e interrupção da transmissão de força são possibilitadas pela embreagem. Durante o arranque a embreagem desliza e compensa a diferença de rotações entre o motor e a transmissão. Quando as condições operacionais exigem uma troca de marcha a embreagem isola a caixa de mudanças durante o procedimento de troca de marchas. Nas transmissões automáticas, o conversor hidrodinâmico de torque assume o procedimento de arranque. A caixa de mudanças modifica torque e rotação do motor adequando-os à necessidade de tração do veículo no momento.

A relação final da transmissão – se não houver outros estágios de transmissão – é o produto da relação fixa da transmissão e da relação variável da caixa de mudanças. As caixas de mudanças são quase sempre de múltiplas marchas com engrenagens de relações de transmissão fixas e, em pequena escala, continuamente variáveis.

Geralmente, as caixas de mudanças se encaixam em duas categorias: Manual com engrenagens deslizantes sobre eixo intermediário e automáticas acionadas pela carga através de engrenagens planetárias. As caixas de mudanças também permitem inversão do sentido de rotação para movimento à frente e à ré.

O diferencial permite aos eixos e às rodas girarem em rotações diferentes nas curvas para que a força de tração seja distribuída uniformemente às rodas. Diferenciais com bloqueio reagem ao deslizamento de uma das rodas, limitando o efeito diferencial e fornecendo maior torque à roda aderente.

Amortecedores de torção, elementos de transmissão hidrodinâmicos, embreagens ativas com controle de deslizamento ou sistemas inerciais absorvem oscilações de grandes amplitudes, protegem contra sobrecarga e proporcionam conforto.

Elementos de arranque

Embreagem de fricção com disco seco

A embreagem de fricção é composta por um platô, um disco de embreagem – com guarnições de fricção coladas ou rebitadas – e outra superfície de fricção representada pelo volante do motor. O volante e platô fornecem a absorção térmica necessária para o trabalho de fricção da embreagem; volante e platô estão ligados diretamente ao motor e o disco de embreagem está ligado à árvore motriz da caixa de mudanças.

Um sistema de molas, geralmente na forma de disco central, pressiona o platô e o disco de embreagem contra o volante do motor fazendo-os girar solidários; nesta situação, a embreagem se encontra acoplada para transmissão positiva de torque. Para desacoplar a embreagem (p.ex., para troca de marchas) um rolamento de desengate, com acionado mecânico ou hidráulico, aplica força no centro do platô aliviando a pressão na periferia. A embreagem é controlada pelo pedal de embreagem ou por um atuador eletro-hidráulico, eletropneumático ou eletromecânico. Um amortecedor de torção de um ou mais estágios, com ou sem pré-amortecimento pode ser integrado ao disco de embreagem para amortecer as vibrações.

Um volante de duas peças (dupla massa) com um elemento elástico intermediário pode ser instalado antes da embreagem para o máximo isolamento das vibrações. A freqüência de ressonância desse sistema de massas elásticas está abaixo da freqüência de excitação (freqüência de ignição) da marcha lenta do motor e portanto fora da

---

Embreagem com volante de massa dupla
1 Volante de massa dupla. 2 Elemento elástico. 3 Platô. 4 Mola diafragma. 5 Disco arrastador. 6 Rolamento de desengate.

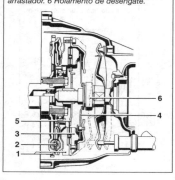

Transmissão

faixa de rotação operacional. Ele atua como elemento isolante de vibrações para os componentes de propulsão acoplados depois do motor (filtro de baixa).

Embreagens automáticas combinadas com controladores eletrônicos oferecem um procedimento automático de arranque ou, em conjunto com caixas de mudanças servo, acionadas, uma transmissão totalmente automática. Também são possíveis intervenções para controle de patinação ou interrupção da força durante a frenagem.

Embreagens de fricção em banho de óleo

A embreagem de fricção em banho de óleo, comparada com a versão de disco seco, tem a vantagem da elevada capacidade térmica, pois pode ser banhada em óleo para a dissipação do calor. Porém, suas perdas por arrasto na posição acoplada são sensivelmente piores do que as da embreagem seca. A utilização em conjunto com caixas de mudança sincronizadas é problemática devido à elevada sobrecarga de sincronização. As embreagens em banho de óleo foram introduzidas com as caixas de mudança de variação contínua. Elas têm vantagem no espaço para montagem, principalmente quando se pode compartilhar um ou mais elementos de comutação em meio viscoso (acoplamento ou freio de lamelas) para o procedimento de arranque.

Conversor hidrodinâmico de torque

O conversor hidrodinâmico de torque é composto por uma bomba que é o elemento propulsor, uma turbina que é o elemento movido e um estator que é o elemento auxiliar do conversor de torque. Ele é carregado de óleo e transmite o torque do motor através da energia cinética do óleo em circulação. O conversor compensa a diferença de rotação entre o motor e a transmissão e por esta razão é muito adequado para o arranque. Na bomba, a energia mecânica é convertida em energia cinética e à frente na turbina, convertida novamente em energia mecânica.

O torque absorvido M_P e a potência absorvida P_P pela bomba são calculados pelas fórmulas:

$$M_p = \lambda \cdot \rho \cdot D^5 \cdot \omega_p^2$$

$$P_p = \lambda \cdot \rho \cdot D^5 \cdot \omega_p^3$$

λ Índice de potência
ρ Densidade do meio (para o óleo ≈ 870 kg/m³)
D Diâmetro do circuito em m
ω_p Velocidade angular da bomba

O estator entre a bomba e a turbina direciona o óleo para recirculação na bomba. Isso eleva o torque fornecido inicialmente pelo motor à bomba. A conversão de tor-

Sistema de embreagem automática limitada pelo atuador
1 Motor. 2 Sensor de rotação do motor. 3 Embreagem. 4 Caixa de mudança. 5 Motor de atuação. 6 Controlador. 7 Sensor de velocidade. 8 Acelerador. 9 Pedal de embreagem.

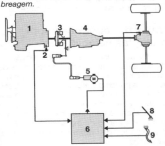

Conversor hidrodinâmico com acoplamento solidário
1 Acoplamento solidário. 2 Turbina. 3 Bomba. 4 Estator. 5 Roda livre

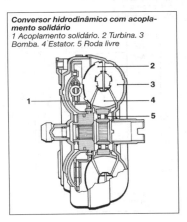

que equivale a

$\mu = -M_T/M_P$

O fator ν, definido como relação entre a rotação da bomba e a rotação da turbina, influencia determinantemente o índice de potência λ e o fator de conversão μ:

$\nu = \omega_T/\omega_P$

O fator de deslizamento $s = 1 - \nu$ e a conversão de força determinam em conjunto a eficiência hidráulica:

$\eta_{hidr} = \mu(1-s) = \mu \cdot \nu$.

A multiplicação máxima de torque é obtida em $\nu = 0$, ou seja, com a turbina imóvel e cai quase linearmente com a elevação da rotação da turbina até a relação de torque 1:1, atingida no ponto de acoplamento. Acima deste ponto o estator, apoiado numa roda livre da carcaça, gira livremente na corrente de óleo.

Para aplicações automotivas, o conversor de dupla fase Föttinger, com turbina de fluxo centrífugo, denominado "conversor Trilok" está definitivamente estabelecido. A configuração geométrica de suas aletas foram concebidas para proporcionar multiplicação de torque na faixa de 1,7...2,5 com a turbina imobilizada ($\nu = 0$). A curva

Conversor Trilok
(Curva característica típica de automóvel de passageiros)
$M_{P2000} = M_P$ at $n = 2.000$ rpm

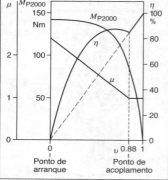

que define o fator eficiência hidráulica $\eta_{hidr} = \nu$. μ na faixa de conversão é semelhante a uma parábola. Acima do ponto de acoplamento, que se situa em 10...15 % de escorregamento, o grau de eficiência se iguala à relação de rotação ν e atinge em altas rotações valores por volta de 97%.

O conversor hidrodinâmico é uma transmissão continuamente variável, totalmente automática, praticamente livre de desgaste, que elimina picos de vibração e absorve vibrações com alto grau de eficiência.

Entretanto, seu âmbito de conversão e eficiência, principalmente sob níveis elevados de deslizamento, não são suficientes para aplicações automotivas. Conseqüentemente, o conversor de torque só pode ser empregado em combinação com caixas de mudanças de múltiplas velocidades ou transmissões continuamente variáveis.

Acoplamento de solidarização

Para melhorar o grau de eficiência, depois do arranque a turbina e a bomba podem ser conectadas por força de aderência através do acoplamento de solidarização. O acoplamento de solidarização é composto de um pistão com guarnição de fricção, ligado ao cubo da turbina. O fluxo de óleo através do conversor, determinado pelo controle operacional da caixa de mudanças, fecha ou abre o acoplamento de solidarização.

O acoplamento de solidarização normalmente requer medidas adicionais para absorção das vibrações:
- amortecedor de torção,
- operação do acoplamento de solidarização controlada pelo deslizamento nos níveis críticos de oscilações ou
- ambas medidas combinadas entre si.

Caixa de mudanças com múltiplas velocidades

Caixas de mudanças com múltiplas velocidades se impuseram como meio de transmissão de força em veículos automotivos. Os principais motivos deste sucesso incluem excelentes características de eficiência dependendo do número de velocidades e das características de torque do motor, adaptação de média a boa à hipérbole da força de tração e fácil domínio da tecnologia.

As trocas de marchas nas caixas de mudanças de múltiplas velocidades são efetuadas ou com interrupção da força de tração (acoplamento por encaixe) ou sob carga através de acoplamento de fricção. As caixas de mudanças manuais ou automatizadas pertencem ao primeiro grupo e as transmissões automáticas ao segundo.

As caixas de mudanças manuais instaladas em automóveis de passageiros e na maioria dos utilitários são de eixo duplo, com eixo principal e eixo intermediário. Caixas de mudanças para utilitários pesados possuem algumas vezes dois ou mesmo três eixos intermediários. Estes casos requerem medidas construtivas especiais para equilibrar a distribuição da potência nos eixos intermediários.

Transmissões automáticas para automóveis e utilitários usam predominantemente conjuntos planetários e raramente são concebidas com eixos intermediários. As engrenagens planetárias geralmente assumem a forma de um mecanismo de acoplamento planetário. Isso freqüentemente envolve o uso de engrenagens planetárias Ravigneaux ou Simpson.

Conjuntos planetários

O conjunto planetário simples consiste de engrenagem planetária, coroa e ponte com engrenagens satélites. Cada elemento pode atuar como engrenagem motriz ou movida, ou também ser mantido estacionário. A concepção coaxial dos três elementos permite uma combinação ideal com acoplamentos e freios de fricção para acoplar ou fixar individualmente cada elemento. A mudança da relação de transmissão pode ser feita sem interrupção da tração. Esta característica é aproveitada sobretudo pelas transmissões automáticas.

Como várias engrenagens se encontram simultaneamente sob carga, as transmissões com conjuntos planetários são muito compactas. Elas não possuem forças de rolamentos livres, permitem níveis elevados de torque, separação ou combinação de potência e apresentam um nível de eficiência muito bom.

Transmissões com mudança manual

Os elementos básicos da transmissão manual são:
- Embreagem para arranque e desacoplamento, com disco seco, simples ou duplo; para força de acionamento elevada com servo-assistência.
- Caixa de mudanças com relação de transmissão variável, construída em um ou mais módulos com engrenagens continuamente engrenadas.

Conjunto planetário com variações de relação de transmissão
A Planetário. B Coroa. C Ponte com satélites.
Z Número de dentes.

Equação básica do conjunto planetário simples: $n_A + (Z_B / Z_A) \cdot n_B - [1 + Z_B / Z_A] \cdot n_C = 0$

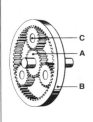

Entrada	Saída	Fixo	Relação de transmissão	Observações
A	C	B	$i = 1 + Z_B / Z_A$	$2.5 \leq i \leq 5$
B	C	A	$i = 1 + Z_A / Z_B$	$1.25 \leq i \leq 1.67$
C	A	B	$i = \dfrac{1}{1 + Z_B / Z_A}$	$0.2 \leq i \leq 0.4$ marcha sobremultiplicada
C	B	A	$i = \dfrac{1}{1 + Z_A / Z_B}$	$0.6 \leq i \leq 0.8$ marcha sobremultiplicada
A	B	C	$i = -Z_B / Z_A$	Ponto morto com mudança no sentido de rotação $-0.4 \leq i \leq -1.5$
B	A	C	$i = -Z_A / Z_B$	Ponto morto com mudança no sentido de rotação $-0.25 \leq i \leq -0.67$

742 Transmissão

Transmissão com mudanças manuais
a) Com sincronizador de cone simples
b) Com sincronizador de cone duplo

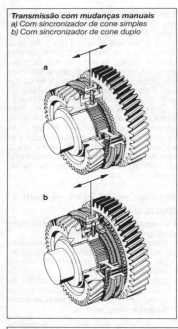

- Mecanismo de troca de marchas com alavanca de câmbio.

A força necessária para a seleção das marchas é transmitida através de articulações ou cabos tensores, acoplamentos de garras ou anéis sincronizadores fixam a engrenagem ativa no eixo. Antes de efetuar uma troca, a rotação dos elementos que serão engrenados deve ser sincronizada. Nas caixas de mudanças com acoplamento de garras (ainda parcialmente utilizados em utilitários pesados) isso é feito pelo motorista através da dupla debreagem nas trocas para cima e da aceleração intermediária nas trocas para baixo.

As caixas de mudanças dos automóveis de passageiros e da maioria dos utilitários possuem hoje anéis de sincronização que, por meio de um acoplamento por fricção, estabelecem a igualdade de rotação e através de um sistema de bloqueio só permitem o engate da marcha após o término do processo de sincronização. Predominantemente são utilizados sincronizadores de cone simples. Para altas exigências de capacidade e/ou redução da força de engate são empregados sincronizadores de cone duplo, triplo e de lamelas.

Caixa de mudanças de 6 marchas para automóvel de passageiros com tração padrão (ZF S6-37)
1 Árvore de transmissão. 2 Árvore principal. 3 Trilho de acionamento. 4 Árvore intermediária. 5 Árvore de saída

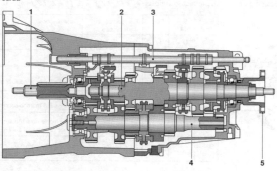

Caixas de mudanças de automóveis possuem geralmente 5 e, em crescimento, 6 marchas à frente. A faixa de relação de transmissão (dependendo do número de marchas e da proximidade das relações) está aproximadamente entre 4 e 6,3 e o grau de eficiência de transmissão atinge 99%. A construção da caixa de mudanças depende da concepção do veículo (tração padrão, tração dianteira com motor longitudinal ou transversal, tração total). Como conseqüência ela pode ter eixos de entrada e saída coaxiais ou deslocados, a ponta de eixo e o diferencial também podem ser combinados numa unidade.

Caixas de mudanças de utilitários, dependendo do tipo de veículo e da aplicação, possuem de 6 a 16 marchas. Até 6 marchas as caixas de mudanças são construídas num grupo unitário, com faixa de relação de transmissão entre 4 e 9. Caixas de mudanças com até 9 marchas possuem dois grupos de engrenagens, sendo a comutação de faixa acionada pneumaticamente. A faixa de relação de transmissão chega a 13.

Para números maiores de marchas – até 16 – são empregados três grupos de engrenagens: grupo principal, grupo intermediário e grupo de seleção de faixa, com acionamento pneumático dos dois últimos grupos. A faixa de relação de transmissão chega a 16.

Acionamentos suplementares
Caixas de mudanças para utilitários são dotadas de uma série de conexões para acionamento suplementar de equipamentos auxiliares. Há uma diferenciação entre acionamento suplementar dependente da embreagem e dependente do motor. A escolha depende das exigências.

Retardadores
Retardadores hidrodinâmicos ou eletrodinâmicos são freios auxiliares livres de desgaste e servem à redução da carga térmica dos freios das rodas submetidos à frenagem contínua. Eles podem ser instalados tanto do lado de entrada (retardador primário) quanto do lado de saída (retardador secundário) do acionamento, como unidade separada ou integrada à caixa de mudanças. As vantagens da solução integrada são as dimensões compactas, baixo peso e compartilhamento do óleo com a caixa de mudanças. Retardadores primários são especialmente vantajosos em frenagens à baixa velocidade e por isso amplamente utilizados em ônibus urbanos. Retardadores secundários são particularmente vantajosos em caminhões de longa distância para frenagem corretiva em altas velocidades ou em descidas de serras.

Transmissões automáticas

Há dois conceitos de transmissões automáticas, diferenciados pelo seu efeito no comportamento dinâmico do veículo:
- <u>Transmissões automatizadas</u> são caixas de mudanças manuais nas quais todos os procedimentos realizados pelo motorista na troca de marchas são assumidos por um sistema eletrônico de atuadores. Em termos de dinâmica do veículo isso significa que a troca de marcha envolve o acionamento da embreagem e conseqüente interrupção da força de tração.
- <u>Transmissões totalmente automáticas</u>, mais comumente denominadas transmissões automáticas, trocam de marcha sob carga, ou seja, mesmo durante a troca de marchas a propulsão do veículo é mantida.

Esta diferença no comportamento dinâmico do veículo determina decisivamente a área de aplicação destes dois conceitos de transmissão. Transmissões totalmente automáticas são usadas onde a interrupção da força de tração significa acentuada redução do conforto (sobretudo automóveis com alta aceleração) ou não seja aceitável por razões de condução dinâmica (principalmente veículos fora de estrada). Transmissões automatizadas equipam veículos de longas distâncias, ônibus rodoviários e, mais recentemente, carros compactos, carros de corrida e automóveis de passeio acentuadamente esportivos.

Transmissões automatizadas
Sistemas de troca de marchas automáticos ou semi-automáticos contribuem consideravelmente para simplificação da operação de troca de marchas e para a economia. Principalmente quando usada em

Caixa de mudanças múltipla de 16 marchas com retardador secundário para caminhões pesados (ZF Ecosplit 16 S221)

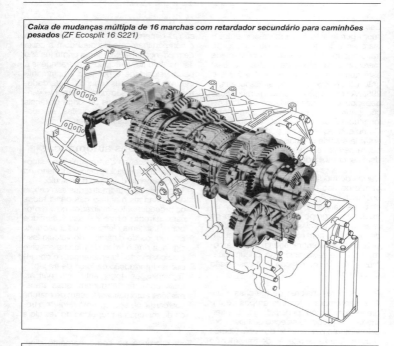

Transmissão automatizada (esquematizada)
1 Eletrônica do motor (EDC). 2 Eletrônica da transmissão. 3 Atuador da caixa de mudanças. 4 Motor Diesel, 5 Embreagem com disco seco. 6 Atuador da embreagem. 7 Unidade de controle do Intarder. 8 Display. 9 Seletor de marchas. 10 ABS/ASR. 11 Caixa de mudanças. 12 Abastecimento de ar comprimido —— Elétrico . – – – – Pneumático. —— Comunicação CAN

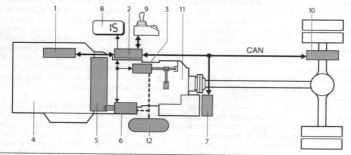

caminhões, as desvantagens inerentes da interrupção da força de tração são compensadas por vantagens decisivas:
- menor espaço entre as relações até 16 marchas
- alta eficiência na transmissão de força
- baixos custos
- mesma tecnologia para transmissões com mudanças manuais e automáticas

Modo de operação
Um módulo posicionador – elétrico, hidráulico ou pneumático – na caixa de mudanças troca as marchas individuais e ativa a embreagem. O sinal para a operação de troca de marchas é gerado pelo controle eletrônico da transmissão.

Variações do conceito
Nos sistemas mais simples a articulação mecânica de troca de marchas é apenas substituída por um controle remoto. Neste caso, a alavanca de mudanças envia só sinais elétricos. Procedimentos de arrancar e embrear são idênticos aos da caixa de mudança manual. Versões mais avançadas combinam este sistema com uma indicação para o ponto de troca de marchas.
As vantagens são:
- facilidade nas trocas de marcha
- instalação simples (sem articulações)
- segurança contra falhas na operação (exceder a rotação do motor)

Nos sistemas totalmente automatizados, a caixa de mudanças e os elementos de arranque são automatizados. Os controles do motorista se resumem a uma alavanca ou tecla tipo +/– com a qual o motorista pode sobrepujar o controle automático.
O controle automático de uma caixa de mudanças com muitas marchas requer um programa complexo, não basta seguir um padrão predeterminado de trocas. Para equilibrar os critérios de dirigibilidade e economia deve ser considerada a resistência ao movimento (determinada pela carga e condições da estrada). Esta tarefa é assumida por um microprocessador do mesmo modo que o controle da sincronização dos procedimentos de troca de marchas. A rotação do motor é ajustada pelo controlador de potência do motor (EDC ou EGAS) de acordo com a rotação exigida pelo controle eletrônico da caixa de mudanças via barramento de comunicação de dados. Como resultado a sincronização da caixa de mudanças pode ser parcial ou totalmente dispensada.
As vantagens são:
- otimização do consumo através da troca automática computadorizada.
- redução do estresse do motorista
- redução do peso e espaço de instalação
- maior segurança para o motorista e para o veículo

Transmissões totalmente automáticas
As transmissões totalmente automáticas efetuam o arranque e a seleção da relação de transmissão (troca de marcha) sem nenhuma interferência do motorista. Na maioria dos casos o elemento de arranque é um conversor hidrodinâmico de torque, geralmente equipado com acoplamento de solidarização. Alternativamente, são usados acoplamentos de lamelas em banho de óleo para o arranque.

Por seu próprio princípio, a eficiência da transmissão de força das transmissões totalmente automáticas é pouco menor do que o das transmissões com mudanças manuais e automatizadas. Entretanto, esta desvantagem é compensada por programas que mantêm a operação do motor na faixa mais favorável de consumo.

Os componentes comuns de uma transmissão totalmente automática são:
- Bomba de óleo acionada pelo motor (ocasionalmente complementada por uma bomba de óleo na saída de força) para suprimento de óleo das válvulas e elementos de troca, assim como unidade de arranque, lubrificação e resfriamento.
- Acoplamentos de lamelas, freios de lamelas ou de fita com acionamento hidráulico para efetuar as trocas sem interrupção da força de tração.
- Sistema de controle da transmissão para definição da marcha e do momento da troca e efetuar a adequação de carga de acordo com o programa selecionado pelo motorista (alavanca seletora, tecla), posição do acelerador, condições do motor e velocidade do veículo. O sistema de controle da transmissão é um sistema hidráulico-eletrônico.

Caixa de mudanças automática de 6 marchas para automóveis de passageiros (ZF 6 HP26)
1 Acionamento. 2 Conversor com acoplamento de solidarização. 3 Conversor hidrodinâmico de torque. 4 Conjuntos planetários de 6 marchas com dois freios de lamelas, 3 acoplamentos de lamelas acoplados por aderência. 5 Controlador hidráulico-elétrico de mudanças. 6 Eixo de saída.

Marcha	Acoplamento				Freio		Roda livre	Relação de transmissão
	CLC	A	B	E	C	D	G	i
1	*	●				●	O	4.171
2	*	●			●		O	2.340
3	*	●	●				O	1.521
4	*	●		●			O	1.143
5	*		●	●			O	0.867
6	*			●	●		O	0.691
R			●			●	O	-3.403

O Dependendo da condição de operação
* Dependendo do programa de troca de marchas

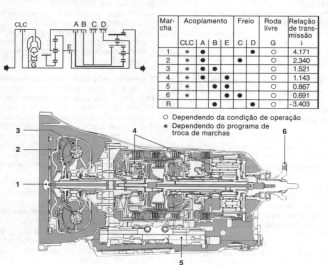

Transmissão automática com retardador primário integrado para ônibus, caminhões e veículos especiais (ZF Ecomat 5HP 500)
1 Conversor hidrodinâmico de torque com acoplamento de solidarização
2 Retardador hidrodinâmico
3 Conjunto planetário de 5 marchas
4 Bomba de óleo
5 Controlador de trocas de marcha

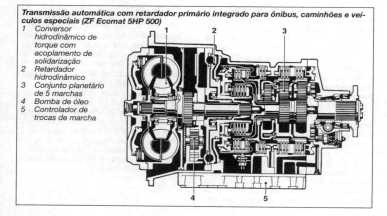

Variações de conceito de transmissões

Transmissões automáticas com conversor possuem um conversor hidrodinâmico de torque (nas transmissões para automóveis de passageiros sempre, para utilitários geralmente com princípio Trilok) para arranque, multiplicação do torque e absorção de vibrações. Posteriores ao conversor hidrodinâmico são dispostos vários conjuntos planetários. Número e disposição dos conjuntos planetários dependem da quantidade de marchas e da relação de transmissão.

Transmissões automáticas com conversor de torque para automóveis de passageiros têm geralmente 4 ou 5, e por enquanto também 6 e 7 marchas. A faixa de relação de transmissão mecânica é de aprox. 3,5 (transmissão de 4 marchas), 5 (transmissão de 5 marchas) e 6 para transmissão de 6 e 7 marchas. A conversão de arranque do conversor hidrodinâmico de torque atinge de 1,7 a 2,5. Transmissões automáticas para utilitários possuem de 3 a 6 marchas. A faixa de relação de transmissão mecânica atinge de 2 a 8. Freqüentemente, estes sistemas possuem retardador hidrodinâmico primário ou secundário integrado, que pode compartilhar elementos da transmissão, ou seja, bomba, cárter e resfriador de óleo.

Transmissões com embreagem dupla possuem duas embreagens de lamelas do lado do eixo motor para efetuar a adequação de carga e para o arranque. Cada embreagem está conectada a um subconjunto de engrenagens sincronizado, um subconjunto assume a troca das marchas pares, o outro das marchas ímpares. Os dois subconjuntos de engrenagens são construídos interligados.

Para agilizar troca, a próxima marcha é pré-selecionada no subconjunto que no momento não está transmitindo potência, enquanto o outro subconjunto assume a carga.

A primeira transmissão com embreagem dupla de série foi uma versão de 6 marchas para automóvel de passeio com tração frontal e motor transversal.

Controle eletrônico da transmissão

Transmissões automáticas são controladas quase que exclusivamente por sistemas hidráulicos comandados eletronicamente. A operação hidráulica se resume ao acionamento da embreagem, enquanto a eletrônica assume a seleção das marchas e a adequação da pressão de acordo com o torque a ser transferido. As vantagens são:
- maior número de programas de troca
- maior conforto nas trocas
- adaptabilidade a diversos veículos
- simplificação do controle da hidráulica
- eliminação de rodas livres

Sensores detectam a rotação do eixo de saída da transmissão, condições de carga e rotação do motor, posição da alavanca seletora e do comutador "kick down." O sinal de controle processa estas informações de acordo com um programa preestabelecido e determina as variáveis que serão enviadas à caixa de mudanças. Conversores eletro-hidráulicos formam a interface entre a eletrônica e a hidráulica. Válvulas solenóides simples ativam ou desativam os acoplamentos. Reguladores de pressão analógicos ou digitais asseguram regulagem precisa da pressão nos elementos de fricção. Um sistema típico abrange:

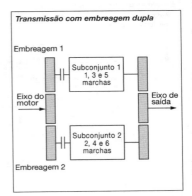

Seleção do ponto de troca

Dependendo da carga do motor e da rotação do eixo de saída da caixa de mudanças, o sistema seleciona a marcha a ser engatada pelas válvulas solenóides. O motorista pode optar por um dos diversos programas de trocas (p.ex., maior economia ou maior performance). Adicionalmente, a alavanca seletora permite ao motorista intervir manualmente na caixa de mudanças.

Complementando os parâmetros padrões do sistema com diversas variáveis, como aceleração longitudinal e lateral e velocidade de pressionamento do acelerador ou do pedal de freios os programas "inteligentes" para trocas de marcha melhoram a dirigibilidade. Um complexo programa de controle seleciona a marcha apropriada à situação ou ao estilo de condução do motorista, ou seja, suprime a troca de marcha superior quando o acelerador é aliviado rapidamente na entrada da curva, impede a troca durante a curva e, quando o acelerador é acionado com suavidade, seleciona sem intervenção manual um programa para troca de marchas em velocidades mais baixas. Conceitos que combinam o alto nível de conveniência destes programas "inteligentes" para troca de marchas com a possibilidade de influência ativa do motorista obtiveram grande difusão. Além das habituais posições para neutro, marcha a frente e à ré, a alavanca seletora destes sistemas dispõe de uma guia paralela na qual um simples toque na alavanca provoca a troca imediata da marcha (desde que nenhum limite de rotação seja ultrapassado).

Solidarização do conversor

Uma solidarização mecânica pode eliminar o deslizamento do conversor de torque e com isso melhorar a eficiência da transmissão. O acionamento do mecanismo de solidarização do conversor depende da carga do motor e da rotação do eixo de saída da transmissão.

Controle da qualidade das trocas

O ajuste exato da pressão dos elementos de fricção ao nível do torque que deve ser transmitido (determinado pela condição de carga e rotação do motor) tem influência decisiva sobre a qualidade da troca; esta pressão é ajustada por um regulador de pressão. Uma outra melhoria do conforto nas trocas pode ser obtida através de uma diminuição momentânea do torque do motor (p,ex., retardando o ponto de ignição). Esta melhoria reduz também as perdas por atrito na embreagem e, conseqüentemente, aumenta a durabilidade.

Circuitos de segurança

Circuitos de monitoramento previnem danos na transmissão devido a erro de operação. No caso de falhas no sistema elétrico, o equipamento entra em modo de segurança com atributos de emergência.

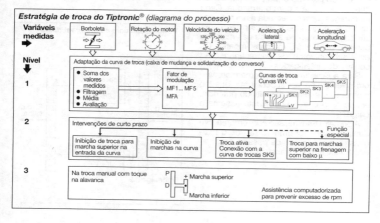

Atuadores

A conexão entre eletrônica e hidráulica é formada por conversores eletro-hidráulicos, como válvulas solenóides e reguladores de pressão.

Transmissão continuamente variável (CVT)

Transmissões continuamente variáveis (CVT) são capazes de converter cada ponto de operação do motor em uma curva operacional e cada curva operacional do motor em uma faixa de operação dentro do campo característico de tração. Isso, em comparação com as caixas de mudanças escalonadas, oferece vantagens tanto para a performance quanto para o consumo de combustível e redução de emissões (p.ex., mantendo o motor operando em sua curva ideal de consumo específico).

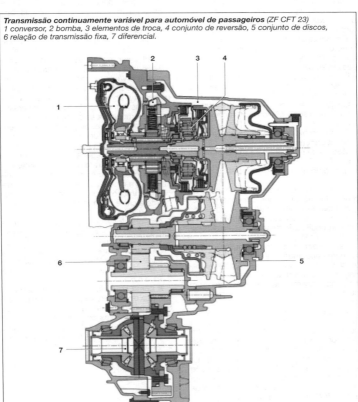

Transmissão continuamente variável para automóvel de passageiros (ZF CFT 23)
1 conversor, 2 bomba, 3 elementos de troca, 4 conjunto de reversão, 5 conjunto de discos, 6 relação de transmissão fixa, 7 diferencial.

A transmissão continuamente variável pode operar por meios mecânicos, elétricos ou hidráulicos. Presentemente, para automóveis de passageiros só existem soluções mecânicas, a maioria no sistema de polias variáveis e, em pequena escala, a denominada transmissão toroidal.

O sistema de polia variável é particularmente adequado para automóveis de tração dianteira com motor longitudinal ou transversal. Como elemento de transmissão é utilizada ou uma correia segmentada ou uma corrente de tração. A relação de transmissão está entre 5,5 e 6. Hoje são produzidas em série transmissões para torque de motor entre 300 Nm e 350 Nm.

Os principais elementos das transmissões continuamente variáveis mecânicas com polias variáveis para automóveis de passageiros são:
- Embreagem em banho de óleo ou conversor hidrodinâmico como mecanismo de arranque.
- Conjunto de discos primário e secundário com discos cônicos deslocáveis no eixo axial.
- Comando hidráulico-eletrônico da caixa de mudanças.
- Módulo de reversão para marcha avante e à ré.
- Tração do eixo com diferencial.

As transmissões toroidais pertencem ao grupo das transmissões por roda de fricção. Elas transmitem potência através da força de atrito numa zona puntiforme. Para este propósito são necessários fluidos especiais para tração.

As vantagens da transmissão toroidal incluem capacidade de transferir altas potências, alto conforto e velocidade de variação. As desvantagens em comparação com as transmissões automáticas com conversor são espaço de alojamento e peso.

Transmissões elétricas são usadas em ônibus urbanos. Além do motor diesel elas podem utilizar fontes alternativas de energia , como baterias, cabos aéreos e futuramente células de combustível. Outras vantagens da transmissão elétrica em ônibus são sistema independente de construção de todos os componentes do conjunto propulsor, tração independente das rodas e, principalmente, facilidade de implantação de sistemas de tráfego subterrâneos.

Transmissões hidrostáticas mecânicas com distribuição de potência são de série em tratores agrícolas. Devido à emissão de ruído, não é prevista sua utilização em automóveis de passeio.

Acionamento do eixo

A relação total de transmissão entre o motor e as rodas de tração é determinada por todos os elementos operando em conjunto: uma transmissão com relação variável (automática, manual, CVT), eventualmente um diferencial central (distribuidor de torque para tração total) e o acionamento do eixo.

Quando há separação física entre a caixa de mudanças e o acionamento do eixo, a interligação é feita pela árvore de transmissão (em peça única ou, para distância longa, em várias seções com mancais intermediários). Desvios angulares no alinhamento das árvores de conexão são compensados por meio de juntas universais, juntas homocinéticas e juntas flexíveis.

O componente essencial do acionamento do eixo é o par de engrenagens cônicas de dentes hipóides (motor longitudinal) ou o par de engrenagens cilíndricas (motor transversal), podendo os componentes serem montados numa caixa separada (veículos com motor dianteiro/ tração traseira ou com tração total) ou integrados diretamente à caixa de mudanças (veículos com tração dianteira).

Os principais componentes de uma transmissão do eixo são par de engrenagens cônicas (coroa e pinhão), diferencial, rolamentos, flanges de entrada e saída e carcaça. A relação de transmissão do acionamento do eixo fica geralmente entre 2,6:1 e 4,5:1.

A coroa normalmente é aparafusada na carcaça do diferencial e a árvore do pinhão e a carcaça do diferencial giram sobre rolamentos de rolos cônicos. Para reduzir a transmissão de vibrações mecânicas para a carroceria a caixa de transmissão do eixo é fixada à estrutura do veículo através de elementos elásticos (coxins).

Transmissão 751

Eixo de tração direta para ônibus (ZF A131)
1. Eixo da roda,
2. Rolamento da roda,
3. Sapata de freio,
   (acionada por ar comprimido),
4. Acionamento do eixo,
5. Diferencial

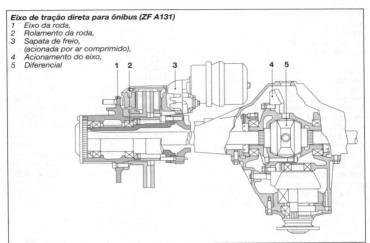

Eixo de redução para ônibus (ZF AV132)
1 rolamento da roda, 2 sapata de freio, 3 engrenagem de redução, 4 diferencial, 5 acionamento do eixo

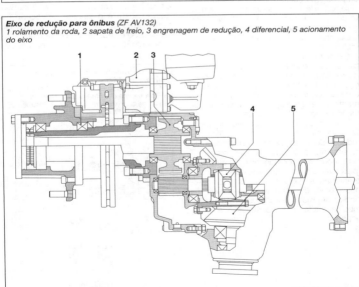

Além da capacidade de transmissão de torque, da eficiência mecânica e do peso, a característica de ruído da caixa de transmissão do eixo passou a ser um critério decisivo no moderno desenvolvimento de automóveis de passageiros. Nesse sentido, o par coroa e pinhão recebe significado especial como fonte primária de ruídos. O nível de ruído depende decisivamente do método de fabricação das engrenagens. É feita uma distinção entre os processos convencionais de fabricação e o processo de retificação dos dentes, no qual as irregularidades provenientes do tratamento térmico (cementação) são eliminadas de modo a obter uma topografia dos flancos dos dentes precisa e reproduzível (isto é, a maior correspondência possível entre a topografia teórica dos flancos dos dentes e a geometria atingida de fato na máquina), ao contrário dos processos convencionais (p.ex., lapidação).

Os utilitários são usados preponderantemente eixos de tração direta com par de engrenagens cônicas de dentes hipóides. A relação de transmissão do acionamento do eixo varia entre 3:1 e 6:1. Nas aplicações que exigem circulação silenciosa, p.ex., ônibus, as engrenagens cônicas são retificadas.

Os ônibus urbanos, atualmente concebidos quase exclusivamente com corredor baixo, são equipados com eixo de redução que permite uma altura de embarque bastante baixa. Adicionalmente ao acionamento de engrenagens cônicas espirais, há um estágio de redução de engrenagens cilíndricas com bifurcação de potência. Esse arranjo bifurcado permite à limitada redução do acionamento do eixo transmitir os altos níveis de torque requeridos.

Se houver maior exigência de área livre (p.ex., veículos de canteiros de obras) são empregados eixos de planetários externos. Árvore de transmissão e semi-eixos podem ser mais compactos, devido à distribuição da força de transmissão, e liberar espaço.

Diferencial

O diferencial compensa as diferentes rotações das rodas de tração entre as rodas externas e internas durante a curva e adicionalmente entre os eixos de tração nos veículos de tração total.

Excluindo os casos especiais, o conceito de engrenagens cônicas é o preferido para diferenciais de eixos e rodas. As engrenagens diferenciais atuam como travessões de balança e estabelecem o equilíbrio de torque entre a roda direita e esquerda. Havendo na superfície da pista diferentes coeficientes de atrito para as rodas de tração (deslizamento μ), este efeito de balança limita o torque de tração efetivamente transferido pelo veículo ao dobro do valor da força de tração da roda (pneu) com menor coeficiente de atrito. Se o torque exceder a força de resistência do atrito, a roda patina.

Este efeito indesejável pode ser eliminado através do bloqueio do diferencial por meio físico ou por fricção. O bloqueio físico do diferencial é acionado pelo motorista. Sua desvantagem é o esforço provocado na transmissão durante o trajeto em curva. Bloqueadores por fricção operam automaticamente usando lamelas de fricção, co-

Caixa de transmissão traseira para automóvel (ZF HAG210)
1 Carcaça (2 peças), 2 Flange de tração,
3 Rolamentos do diferencial, 4 Diferencial,
5 Par de engrenagens cônicas, 6 Rolamento do pinhão, 7 Flange de acionamento.

Transmissão **753**

nes ou uma combinação de engrenagem e rosca-sem-fim, e portanto, possuem um efeito de bloqueio dependente do torque. O bloqueio por força de fricção também pode ser obtido através de acoplamento em meio viscoso, dependendo assim da diferença de rotações.

Outros sistemas empregam acoplamentos de discos múltiplos controlados eletronicamente para obter o efeito de bloqueio variável até o bloqueio total.

Os diferenciais com bloqueio estão em concorrência com os sistemas eletrônicos que bloqueiam a roda que está girando em falso através da intervenção do freio e assim transferem a transmissão de força para a roda com maior aderência (ASR).

Tração total e diferencial central

A tração total melhora a tração em automóveis de passageiros, veículos fora de estrada e utilitários principalmente em pistas molhadas e escorregadias e em terrenos irregulares. Existem os seguintes sistemas:

- Tração total comutável através de acoplamento rígido dos eixos dianteiro e traseiro ou do diferencial central. O diferencial central e as caixas de transmissão também podem ter um bloqueio comutável. Os veículos fora de estrada possuem também uma redução adicional para velocidades baixas e aclives acentuados.
- Tração total permanente com tração constante em todas as rodas. Diferencial central livre ou com bloqueio por fricção através de mecanismo dependente do torque. Bloqueio de torção ou acoplamento em meio viscoso. Distribuição de torque entre os eixos dianteiro e traseiro na proporção de 50:50 ou assimétrica. Redução adicional também é possível.

Concepções com acoplamento viscoso ou acoplamento de lamelas controlados eletronicamente em vez do diferencial central também são classificadas como tração total permanente.

Alguns veículos dispensam o bloqueio adicional do diferencial central em favor do controle inteligente dos freios.

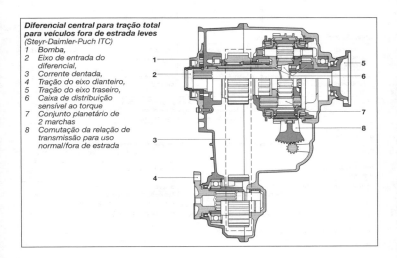

Diferencial central para tração total para veículos fora de estrada leves
(Steyr-Daimler-Puch ITC)
1 Bomba,
2 Eixo de entrada do diferencial,
3 Corrente dentada,
4 Tração do eixo dianteiro,
5 Tração do eixo traseiro,
6 Caixa de distribuição sensível ao torque
7 Conjunto planetário de 2 marchas
8 Comutação da relação de transmissão para uso normal/fora de estrada

Molas e amortecedores

Tipos de oscilações

Efeitos

Molas e amortecedores reagem sobretudo às oscilações verticais do veículo. Eles são determinantes para o conforto (solicitações oscilatórias sobre passageiros e carga) e para a segurança de tráfego (solicitações da pista e flutuação da carga da roda). Vários sistemas de massa – mola – amortecedor servem para ilustrar o modo como os componentes do veículo atuam em conjunto.

Sistema de dupla massa como modelo de um quarto do veículo
h Amplitude de excitação, z Amplitude de oscilação, c Constante da mola, k Fator de amortecimento, m Massa.
Índices: 1 Eixo e pneus. 2 Carroceria

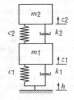

Tabela 1.
Efeitos dos parâmetros do projeto sobre as oscilações verticais do veículo

Parâmetro do projeto	Efeito sob freqüência própria da carroceria	Efeito sob faixa de freqüência intermediária	Efeito sob freqüência própria do eixo
Especificações da carroceria Constante da mola	no conforto, grande	no conforto, médio	sobre a segurança no tráfego, pequeno
Mais rígida	eleva a freqüência e amplitude, diminui o conforto		eleva a freqüência, diminui levemente a amplitude
Mais macia	diminui a freqüência e amplitude máxima, eleva o conforto		eleva um pouco a amplitude nas baixas freqüências de excitação
Constante de amortecimento	no conforto, grande requer otimização		na flutuação da carga da roda, grande
Mais alta (amortecedor mais rígido)	diminui a aceleração	eleva a aceleração	nenhum efeito no conforto, diminui a flutuação da carga da roda
Mais baixa (amortecedor mais macio)	eleva a aceleração	diminui a aceleração	nenhum efeito no conforto, eleva a flutuação da carga da roda
Massa	no fator de amplificação da flutuação da carga da roda, pequeno; com aumento da carga transportada diminui o fator de amplificação da aceleração (veículo vazio oferece pouco conforto e uma maior flutuação relativa da carga da roda do que o veículo carregado)		
Especificações dos pneus e rodas Elasticidade (com os pneus tendendo a maior maciez)	freqüência própria e amplitude praticamente inalteradas		freqüência própria e amplitude da aceleração da carroceria e flutuação da carga da roda diminuem quase proporcionalmente à diminuição da rigidez vertical do pneu
Amortecimento	freqüência e amplitude não se alteram com a alteração do amortecimento dos pneus		amplitude com a aceleração da carroceria e flutuação da pressão da roda diminuem pouco com amortecimento mais rígido
	devido ao aquecimento o amortecimento do pneu deve ser mantido o mais baixo possível para permitir maior expansão aos pneus macios		
Dimensão da roda	a redução das dimensões da roda quase não afeta o conforto		dimensões menores da roda aumentam a segurança no tráfego

As oscilações da carroceria são fundamentais para o nível de conforto. Valores efetivos da aceleração da carroceria:

$$\overrightarrow{\ddot{z}_2} / \overrightarrow{h}$$

As flutuações da carga da roda determinam o nível de segurança. Valores afetivos de flutuação dinâmica da carga da roda:

$$\overrightarrow{\ddot{z}_2} / \overrightarrow{h}$$

A flutuação da carga da roda deriva da soma das acelerações das massas:

$$F_{dyn} = m_2 \cdot \ddot{z}_2 + m_1 \cdot \ddot{z}_1$$

Ambas grandezas são caracterizadas por correlações de freqüências específicas na forma de relações de amplitude.

A tabela 1 enumera os efeitos relativos da variação dos parâmetros num modelo de dupla massa (aplicável também no veículo real).

Molas montadas na carroceria e amortecedores afetam a arfagem e o rolamento da carroceria do veículo, tanto quanto a característica de oscilação vertical.

Arfagem: Rotação em torno do eixo transversal do veículo, como na largada (expansão das molas dianteiras, compressão das molas traseiras). A arfagem na largada e na frenagem é amenizada através do acerto da cinemática dos eixos (configuração dos braços da suspensão).

Rolagem: Rotação em torno de um eixo longitudinal, que geralmente corre do ponto inferior dianteiro ao ponto superior traseiro do veículo (os eixos de arfagem e rolagem são determinados pelo tipo de eixos).

Densidade espectral de energia da aceleração da carroceria e da flutuação da carga da roda

As funções de ampliação da aceleração da carroceria e da flutuação da carga da roda no tráfego viário normal são excitadas pelas irregularidades da superfície da pista. Numa escala logarítmica dupla a excitação (oscilação) gerada pela superfície da pista tem uma função linear descendente. Se esta função (alta amplitude a baixa freqüência, baixa amplitude a alta freqüência) é combinada com a resposta do veículo (multiplicada) obtém-se a densidade espectral de energia da aceleração da carroceria e da flutuação da roda, que pode ser medida em testes práticos.

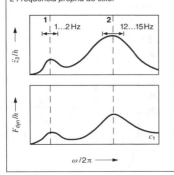

Correlação de freqüência das grandezas de movimento.
F_{dyn} Amplitude da flutuação dinâmica da carga da roda, $\ddot{z}_2$ Amplitude da aceleração da carroceria, h Amplitude de excitação.
1 Freqüência própria da carroceria,
2 Freqüência própria do eixo.

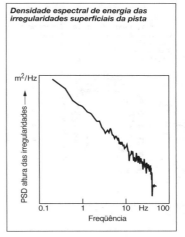

Densidade espectral de energia das irregularidades superficiais da pista

Sistemas do chassi

Densidade de energia da aceleração da carroceria e da flutuação da carga da roda

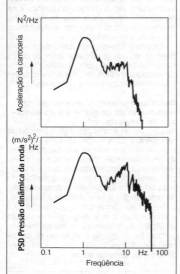

As altas amplitudes de excitação da superfície da pista em baixas freqüências elevam a amplitude à faixa de freqüência própria da carroceria. As baixas amplitudes das irregularidades resultam numa redução da densidade espectral de energia na faixa de freqüência própria do eixo. Conseqüentemente, o movimento da carroceria predomina sobre os movimentos do eixo.

Elementos elásticos
(veja tabela 2)

Sistemas de molas reguláveis

Regulagem do nível
Sistemas parcialmente sustentados
O uso de molas macias (conforto) acarreta curso longo de mola, como ocorre quando o veículo está carregado. Para manter a altura da carroceria num nível aceitável, são empregadas molas pneumáticas ou molas hidropneumáticas.

Um volume de gás é utilizado como elemento elástico e o nível do veículo é monitorado mecanicamente em pontos do chassi. Válvulas são usadas para controlar a entrada e a saída de ar ou de fluido hidráulico da mola; o sistema também pode incorporar unidades eletrônicas interme-

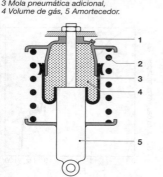

Sistema pneumático de regulagem do nível (sistema parcialmente sustentado)
1 Conexão de ar, 2 Mola de aço,
3 Mola pneumática adicional,
4 Volume de gás, 5 Amortecedor.

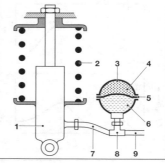

Sistema hidropneumático de regulagem de nível (sistema parcialmente sustentado)
1 Amortecedor, 2 mola de aço, 3 Acumulador, 4 Volume de gás, 5 Diafragma de borracha, 6 Fluido, 7 Mangueira, 8 Peça "T" para conexão do fluido, 9 Conexão de óleo.

diárias para regulagem de nível atuando em válvulas solenóides.

Vantagens do sistema eletrônico:
- Consumo reduzido de energia por meio da eliminação do ciclo de regulagem durante aceleração, frenagem e curva.
- O sistema reage à alta velocidade do veículo e rebaixa a carroceria para economia de combustível.
- Elevação da carroceria do veículo em trechos irregulares.
– Maior estabilidade em curvas através do bloqueio das molas opostas dos eixos.

Vantagens adicionais para utilitários:
- Limitação automática do curso para intercâmbio de plataformas e contêineres.
- Regulagem irrestrita da altura do veículo, p.ex., para ajustar a superfície de carga à rampa de carregamento.
- Controle do eixo de elevação (elevação automática do nível ao levantar o eixo de elevação); rebaixamento automático se a carga máxima do eixo de elevação for excedida; o eixo de elevação é erguido temporariamente (2...3 minutos) para aumentar a carga no eixo de tração (auxílio para arranque).

Sistemas totalmente sustentados
O efeito elástico é assumido unicamente pela mola a gás dispensando as molas helicoidais. Tanto um eixo (geralmente o traseiro) quanto todos os eixos do veículo podem ser reguláveis. Se todos os eixos forem reguláveis, o sistema exige uma unidade de controle central para, por exemplo, controlar as flutuações de carga do eixo (evitar inclinação da carroceria), monitorar os tempos de regulagem e detectar falhas no sistema.

Sistema aberto
O compressor retira ar da atmosfera, comprime e injeta dentro da mola pneumática. Para abaixar o nível, o ar comprimido é descarregado na atmosfera.

Vantagens: concepção simples e facilidade de controle.

Desvantagens: exige alta potência de compressão para curtos períodos de regulagem; requer um secador de ar; gera ruídos na sucção e descarga do ar.

Sistema fechado
O compressor retira o ar de um acumulador pressurizado (cuja pressão máxima é igual à requerida pelo fole), aumenta sua compressão e o injeta na mola pneumática. Para abaixar o nível o ar é descarregado no acumulador.

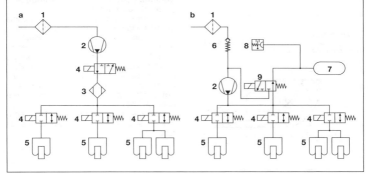

Sistema de regulagem de nível (sistema totalmente sustentado)
a) Sistema aberto, b) Sistema fechado, 1 Filtro, 2 Compressor, 3 Secador de ar, 4 Válvula de controle direcional, 5 Molas de foles, 6 Válvula de retenção, 7 Reservatório de pressão, 8 Comutador de pressão, 9 Válvula de controle direcional 3/2 vias.

Vantagens: compressor de baixa potência (pequena diferença de pressão entre o acumulador e a mola pneumática); praticamente nenhum problema com a umidade do ar (não requer secador de ar).

Desvantagens: concepção relativamente complicada (acumulador, comutador de pressão, válvula de retenção).

As vantagens do sistema fechado são claramente ilustradas no diagrama p-V. Cada curso do compressor com admissão sob pressão fornece muito mais ar para a mola pneumática do que um compressor com a mesma capacidade volumétrica num sistema aberto (ar aspirado da atmosfera).

Compressor (concepção)
1 Acumulador pressurizado, 2 Compressor,
3 Válvula, 4 Mola pneumática,
5 Motor elétrico, 6 Transmissão mecânica.

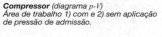

Compressor (diagrama p-V)
Área de trabalho 1) com e 2) sem aplicação de pressão de admissão.

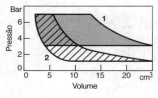

Para superar posições desfavoráveis da árvore de manivela, que exigem alto torque de acionamento, é recomendável um "compressor de velocidade reduzida". A potência necessária para os torques baixos é fornecida pelo motor elétrico em alta rotação e o torque necessário na árvore de manivela do compressor é obtido através de uma redução mecânica. O momento de inércia de massa do motor elétrico que atua sobre a árvore do compressor varia ao quadrado dessa redução. Isso gera momento de inércia suficiente para superar os ângulos críticos da árvore de manivela.

Controle ativo da mola

O controle ativo da mola compreende as funções de "mola" e "amortecedor". Ele é realizado através de três concepções diferentes.

Sistema com cilindro hidráulico

Uma fonte auxiliar, através de sensores conectados à carroceria do veículo, fornece energia para a regulagem instantânea dos cilindros hidráulicos. Os sensores de carga da roda, curso e aceleração emitem sinais para uma unidade de controle eletrônico cujo ciclo de processamento é de alguns milissegundos.

O sistema de controle mantém a carga da roda praticamente invariável e a altura média do veículo, constante. Molas de aço ou molas hidropneumáticas suportam a pressão estática sobre roda.

Sistema com mola hidropneumática (controle do fluido)

Um controle seletivo do fluido no sistema de mola hidropneumática regula os movimentos da carroceria. O fluido hidráulico é enviado à mola hidropneumática ou removido do braço telescópico. Para reduzir a demanda de energia o sistema se limita a regular apenas ondulações fatigantes; um acumulador de gás instalado próximo ao braço telescópico é responsável pelas reações de alta freqüência da mola.

O elemento de amortecimento é regulado basicamente pelos movimentos da roda.

Molas e amortecedores

Sistema com ajuste no prato da mola
Na faixa de baixa freqüência é possível manter a carroceria nivelada dotando uma mola helicoidal convencional de um prato ajustável (em relação à carroceria ou em relação ao eixo). No movimento de compressão da mola o prato é elevado, no movimento de expansão ele é rebaixado. O controle contínuo é realizado através de uma bomba de fluido hidráulico e por uma válvula de retenção. A mola helicoidal deve ser mais longa do que em sua concepção original. Neste sistema o amortecedor pode ser alimentado com parâmetros constantes de ajuste e, acima de tudo, pode ser ajustado ao amortecimento da roda.

Sistema com mola pneumática
Para rápida alteração da pressão nos foles das molas pneumáticas montadas nas rodas (aumentar e diminuir a pressão) é necessário acoplar unidades de pistões (só a potência do compressor não seria suficiente). Dependendo das condições de circulação, o ar é comprimido nos foles do lado interno da curva e removido dos foles do lado externo da curva. A unidade de pistões é acionada por motor elétrico e/ou sistema hidráulico. Interconexões com o torque de acionamento da direção são possíveis.

Controle ativo da mola
a) Cilindro hidráulico,
b) Mola hidropneumática,
c) Ajuste da base da mola,
d) mola pneumática.
1 Carroceria do veículo,
2 Sensor de carga da roda,
3 Sensor de curso, 4 Acumulador,
5 Circuito da bomba, 6 Servo-válvula,
7 Cilindro de posicionamento,
8 Sensor de aceleração, 9 Estrangulador,
10 Válvula proporcional, sistema com mola pneumática,
11 Energia auxiliar (elétrica/pneumática),
12 Unidade de pistões com energia auxiliar,
13 Unidade de deslocamento de ar, 14 Tanque,
15 Pistão do amortecedor dotado de válvula,
16 Mola montada na carroceria (helicoidal),
17 Unidade de ajuste da base da mola.

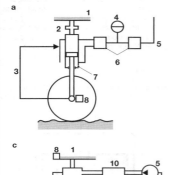
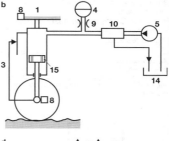
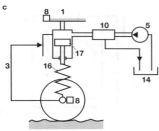
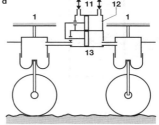

Amortecedores

Os amortecedores telescópicos convertem a energia das oscilações da carroceria e das rodas em calor. Para isolamento acústico eles são fixados à carroceria e ao eixo por meio de mancais elásticos

Amortecedores de tubo simples.

Amortecedores de tubo simples possuem um pistão móvel para separação e uma câmara pressurizada para compensar o volume deslocado pela haste do pistão quando esta entra no amortecedor durante a compressão.

Vantagens: facilidade de ajuste da força de amortecimento. Graças à pressão no interior do amortecedor (> 35 bar) não há risco de cavitação. Espaço suficiente para válvulas e canais. Ambas válvulas no pistão são de trabalho (não de retenção). O calor é dissipado pelo próprio tubo externo. Pode ser instalado em qualquer posição.

Desvantagens: Comprimento, se a câmara não está situada do lado externo. O tubo externo, que serve de guia para a haste do pistão, é passível de danos através de pancadas de pedras. O tubo não pode ser alojado em espaços confinados do chassi. O retentor da haste do pistão, submetido à pressão de amortecimento, dificulta respostas suaves.

Amortecedor de tubo duplo

Este tipo de amortecedor é disponível nas versões de pressão atmosférica e de baixa pressão.

Vantagens: respostas suaves graças ao baixo atrito dos retentores. Imune a pancadas de pedras. O tubo pode ser retraído para encaixar em pequenos espaços. Comprimento reduzido, pois a câmara de compensação é localizada ao lado do cilindro de trabalho.

Desvantagens: este amortecedor está mais sujeito à sobrecarga do que o de tubo simples (perda do efeito amortecedor através de cavitação e bolhas de vapor). Instalação só em determinadas posições.

Características de amortecimento

As características de amortecimento resultam do acúmulo de funções dos canais e das válvulas localizadas nos orifícios de passagem; as molas abrem as passagens em resposta ao aumento da pressão. Aberturas do pistão e diafragmas das molas podem ser ajustados especificamente para fornecer desde curvas de amortecimento lineares até digressivas. O amortecimento adaptativo permite uma ampla faixa de características. Nos amortecedores com características fixas ou programáveis os valores no modo de compressão são apenas 30...50% dos do modo de distensão.

Amortecedores
a) Amortecedor de tubo simples. b) Amortecedor de tubo duplo.
1 Pistão de separação, 2 Válvula do modo de compressão, 3 Câmara pressurizada de compensação, 4 Vedação do pistão, válvula do modo de distensão, 7 Pressão atmosférica, 8 Câmara de reserva.

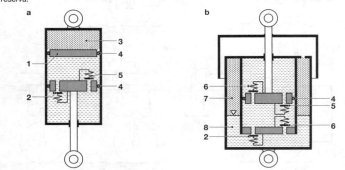

Objetivo: conforto durante o modo de compressão, amortecimento elevado (moderação do sistema) no modo de distensão. Amortecedores ajustáveis, controlados eletronicamente (adaptação ativa às condições de circulação), podem ser usados para aumentar o conforto e a segurança. Por outro lado, parâmetros fixos de amortecimento representam um compromisso definido entre conforto e segurança.

A regra padrão normalmente o é tipo semi-ativo "Skyhook", no qual os ajuste do amortecedor são realizados em razão da velocidade da carroceria.

Assimilador de oscilações

O assimilador de oscilações é uma massa adicional suspensa no veículo através de molas e amortecedores. As oscilações do sistema principal são transferidas para o assimilador, ou seja, quem oscila é o assimilador, não o sistema principal. (veja "Oscilações", página 44). O efeito do assimilador sobre a suspensão é mínimo e, desde que seja empregada somente assimilação "passiva", nenhuma fonte de energia auxiliar é utilizada.

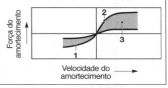

Curva característica do amortecedor
1 Amortecimento de compressão, 2 Amortecimento de distensão, 3 Faixa de ajuste do amortecedor adaptativo.

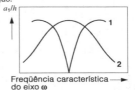

Função de amplificação da aceleração do eixo
1 Com assimilação, 2 Sem assimilação, a_1 Amplitude de z_1, h Amplitude de excitação.

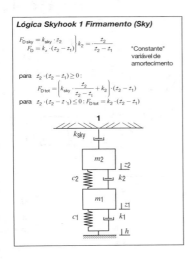

Lógica Skyhook 1 Firmamento (Sky)

$$\left.\begin{array}{l} F_{D\,sky} = k_{sky} \cdot z_2 \\ F_D = k_2 \cdot (z_2 - z_1) \end{array}\right\} k_2 = \frac{z_2}{z_2 - z_1}$$

"Constante" variável de amortecimento

para $z_2 \cdot (z_2 - z_1) \geq 0$:
$$F_{D\,tot} = \left(k_{sky} \cdot \frac{z_2}{z_2 - z_1} + k_2\right) \cdot (z_2 - z_1)$$
para $z_2 \cdot (z_2 - z_1) \leq 0 : F_{D\,tot} = k_2 \cdot (z_2 - z_1)$

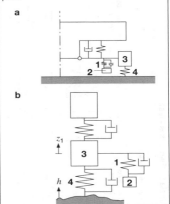

Assimilador de oscilações
a) Disposição no veículo,
b) Modelo mecânico do sistema.
1 Mola e amortecedor, 2 Massa de assimilação, 3 Massa da roda, 4 Elasticidade do pneu.

Tabela 2. Elementos elásticos

Elementos elásticos	Ilustração	Impacto sobre a freqüência própria da carroceria	Propriedades
Molas de aço Mola de lâmina $c = \dfrac{b \cdot s^3}{4 \cdot l^3} \cdot E = \text{const.}$	para automóveis / para caminhões com feixe auxiliar	$\dfrac{v_{\text{carregado}}}{v_{\text{sem carga}}} = \sqrt{\dfrac{m_{\text{sem carga}}}{m_{\text{carregado}}}}$	Em algumas aplicações as molas de lâminas simples ou múltiplas assumem a função de alinhar as rodas. Dependendo da concepção o atrito entre as lâminas pode ser reduzido através de insertos de plástico (possíveis ruídos). Em caminhões geralmente sem insertos. Requer manutenção. Boa transferência de forças para o chassi. E Módulo de elasticidade
Mola espiral $c = \dfrac{G \cdot d^4}{8 \cdot i \cdot D^3} = \text{const.}$	cilíndrica / tipo barril	A freqüência natural declina com o aumento da carga. Curvas características são geralmente lineares	Características progressivas através de variação no passo ou com arame cônico. O amortecedor pode ser alojado no interior da mola. Não apresenta amortecimento próprio. Pode apresentar ruídos. Vantagens: Exige pouco espaço, tem baixo peso, é isento de manutenção. Desvantagem: Requer elementos especiais para alinhamento da roda. G Módulo de cisalhamento; i Número de espiras; c não linear quando há alteração de d ou D.
Barra de torção $c = \dfrac{G \cdot \pi \cdot d^4}{r \cdot l \cdot 32} = \text{const.}$			Feita de barra de aço redonda ou chata (redonda é mais leve). Dependendo da concepção a altura do veículo pode ser ajustável. Isenta de manutenção e desgaste. Para elevadas exigências é usado feixe de barras chatas. G Módulo de cisalhamento, d Diâmetro da barra de torção (determinado sob tensão de cisalhamento).
Molas pneumáticas e hidropneumáticas $c = \dfrac{A^2 \cdot n \cdot p_i}{V}$ $A = \dfrac{\pi \cdot D_w^2}{4}$ Fole cilíndrico Fole toroidal	Molas com volume constante de gás 1 Chassi do veículo, 2 Fole cilíndrico, 3 Pistão, 4 Entrada de ar, 5 Placa de fixação Fole cilíndrico / Fole toroidal	$\dfrac{v_{\text{carregado}}}{v_{\text{sem carga}}}$ A freqüência natural permanece constante quando carregado. As curvas características dependem das propriedades do gás, formato do pistão, ângulo das lonas do fole	Usado como haste telescópica ou mola, principalmente em utilitários e ônibus. Emprego disseminado em automóveis para regulagem da altura do eixo traseiro e para redução da rolagem. Obtém elevada flexibilidade vertical (maior conforto). O alinhamento da roda deve ser obtido através de braços de suspensão extras. A baixas pressões (< 10 bar) exige grande volume. Baixa constante de mola vertical não é atingida, devido à geometria do fole toroidal. A Superfície efetiva, dependendo do formato do pistão, constante ou variável. n Expoente politrópico ($n = 1,0$ curva isotérmica, $n = 1,4$ curva adiabática), p_i Pressão interna (função da carga) V Volume (constante)

Molas e amortecedores

Molas hidropneumáticas Acumulador hidráulico de membrana Acumulador de pistão	Elementos elásticos com massa constante de gás *1 Gás, 2 Fluido, 3 Diafragma, 4 Mola de aço* Acumulador hidráulico de membrana Acumulador de pistão	$\dfrac{v_{carregado}}{v_{sem carga}} = \sqrt{\dfrac{m_{carregado}}{m_{sem carga}}}$ A frequência natural aumenta com a carga. Curvas características são progressivas e dependem da pressão inicial do reservatório	O volume de gás no reservatório (separado do fluido por um pistão) determina as características da mola. O fluido hidráulico comprime o gás dependendo da carga da roda. Válvulas de amortecimento são integradas no amortecedor e na junção da coluna telescópica com o reservatório. A membrana de borracha requer manutenção devido à difusão do gás. *n* Exponente politrópico (*n* = 1,0 curva isotérmica, *n* = 1,4 curva adiabática). A Superfície efetiva. (constante). *p*₁ Pressão interna (função da carga) *V* Volume declina com o aumento da carga devido ao volume no acumulador hidráulico (massa constante de gás)
Molas de borracha		A frequência natural é afetada através da carga devido à rigidez não linear da mola	Mola de ação tangencial de borracha vulcanizada entre elementos metálicos com amortecedor hidráulico integrado. Utilizada como coxim de motor/transmissão, como mancal de braços de suspensão e como mola suplementar.
Estabilizador		Não tem efeito quando ambos lados se movem simultaneamente na mesma direção. Quando um dos lados se move, apresenta metade do efeito de estabilização, quando os dois lados se movem em sentidos opostos, apresenta efeito total de estabilização.	Reduz a tendência à rolagem e influencia o comportamento do veículo na curva (subesterço ou sobreesterço). Geralmente feito de barra com perfil "U" ou tubular, as laterais normalmente são laminadas para resistir à flexão. Para permitir estabilizador com diâmetro mínimo, os pontos de fixação devem ser posicionados nas extremidades do eixo. Os eixos de direção da suspensão devem ser projetados de forma que as solicitações sobre o estabilizador sejam apenas de torção e não de flexão.

Suspensão

A suspensão estabelece a conexão entre a carroceria do veículo e as rodas com os pneus e, essencialmente, possibilita o movimento vertical da roda para compensar as irregularidades da pista de rolamento. As rodas dianteiras são direcionais e, nos veículos com eixo traseiro direcional, também as rodas traseiras. As suspensões dianteira e traseira diferem devido aos elementos de direção e à posição da sustentação longitudinal e transversal. Por meio da geometria adequada da suspensão e das molas e amortecedores é possível reduzir, além dos movimentos verticais da carroceria, também a arfagem e a rolagem.

Literatura: Wolfgang Matschinsky. Radführung der Straßenfahrzeug ("Suspensão de veículos rodoviários") 2ª Edição; Springer-Verlag 1998.

Cinemática

As rodas dianteiras giram em torno de um eixo cuja inclinação espacial é determinada pelos braços da suspensão.
Os parâmetros cinéticos a seguir têm importância crucial para as respostas das rodas aos comandos da direção e na transferência das forças entre os pneus e a superfície da pista para a barra de direção.

Convergência δ_{VS}
Convergência por roda é o ângulo entre o eixo longitudinal do veículo e o plano médio dos pneus ou metade da diferença de distância entre frente e traseira do aro da roda. A convergência afeta a estabilidade direcional e o comportamento em curvas; nos veículos com tração dianteira compensa as variações elasto-cinemáticas de bitola. Para veículos com tração padrão a convergência corresponde a aprox. 5...20°, em veículos com tração dianteira até −20° (para compensação das forças motrizes).

Braço de força de deflexão r_{st}
Braço de força de deflexão é a distância mais curta entre o centro da roda e o pino mestre. Nos veículos com tração dianteira seu comprimento é um índice do efeito contrário das forças desiguais de tração da roda direita ou esquerda e sobre a direção.

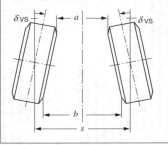

Convergência
δ_{VS} Ângulo de convergência; distância entre as rodas: a na frente, b atrás, b-a convergência em mm, s bitola.

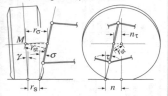

Posição da roda
M Centro da roda, r_{st} Braço de força de deflexão, n_τ Deslocamento do caster, n Curso de caster, τ Ângulo de caster, r_σ Deslocamento da inclinação do pino mestre, r_s Deslocamento do pino mestre, γ Ângulo de camber, σ Ângulo do pino mestre.

Curso de caster n
O curso de caster é a distância entre o ponto de contato da roda e o ponto de intersecção do ângulo de inclinação do pino mestre com superfície da pista na projeção lateral. Ele afeta o retorno das rodas à posição central e influencia o momento do volante na curva e a estabilidade direcional.

Ângulo de caster τ
O ângulo de caster é o ângulo entre a perpendicular e a inclinação do pino mestre na projeção lateral. Em conjunto com o ângulo de inclinação do pino mestre na projeção frontal, ele influencia a alteração do camber em função do ângulo de direção, assim como as características de retorno à posição central da direção.

Suspensão

Deslocamento do pino mestre r_s
O deslocamento do pino mestre é a distância do ponto médio de contato da roda com a superfície da pista e o ponto de interseção do eixo do pino mestre com a superfície da pista. Ele é negativo se o ponto de interseção do eixo do pino mestre estiver entre o ponto médio de contato da roda e a lateral externa do veículo. O deslocamento do pino mestre interage com o efeito da força de frenagem para gerar movimentos direcionais e efeito de autocentralização (informação ao motorista). Deslocamento negativo do pino mestre resulta em ângulo de direção auto-estabilizante.

Ângulo de camber γ
O ângulo de camber é a inclinação do eixo da roda em relação à superfície da pista no plano vertical. Ele é negativo se a parte superior da roda é inclinada em direção ao centro do veículo. O ângulo de camber em pequena escala gera forças laterais adicionais; principalmente são compensados os efeitos do ângulo de rolagem na curva.

Ângulo do pino mestre
O ângulo do pino mestre é o ângulo entre o eixo do pino mestre e o plano longitudinal do veículo, medido no plano transversal. Ele influencia a força da direção (sensibilidade do volante), juntamente com ângulo e deslocamento do caster e o deslocamento do pino mestre.

Tipos básicos

(veja tabelas nas páginas seguintes)

Elasto-cinemática

Bitola e camber são influenciados pelas propriedades cinemáticas da suspensão e pela variação das características cinemáticas durante a ação de compressão e expansão das molas. As forças que interferem na suspensão (aceleração, desaceleração, forças laterais, verticais e de resistência ao rolamento) exercem influência adicional sobre a posição dinâmica das rodas devido à deformação elástica dos mancais e componentes (cinemática das deformações elásticas: elasto-cinemática). Geralmente busca-se, através da cinemática e dos efeitos elasto-cinemáticos, al-

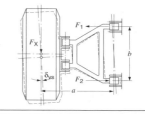

Deslocamento elástico da roda através de força longitudinal F_x
F_1, F_2 Força nas buchas, a Distância entre a roda e as buchas, b distância entre as buchas, δ_{VS} Ângulo de convergência

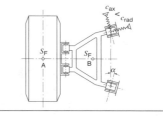

Posicionamento das buchas para compensação da deflexão elástica da direção
S_F Centro de gravidade, (A Redução, B Compensação total), C_{ax}, C_{rad} Constante de mola axial/radial, a Ângulo de alinhamento

terações propositais na posição da roda. Com esta finalidade, a cinemática e a elasticidade de um eixo são concebidas para que, sob influência das forças e da ação das molas, os efeitos interajam adequadamente. Buchas de suspensão especialmente alinhadas resultam em ângulos de cardan durante a compressão/ expansão da mola. De acordo com a concepção da bucha de borracha são definidas as opções para compensação dos efeitos da deformação dinâmica.

Algumas suspensões traseiras modernas empregam a elasto-cinemática para reduzir as reações às alterações dinâmicas de carga. Diferentes forças verticais e horizontais sobre as rodas permitem uma guinada da suspensão flexível ou dos braços individuais, aumentando a convergência da roda do lado externo da curva (efeito estabilizador das rodas traseiras).

Tipos básicos de suspensão e suas características

Eixos rígidos

Feixe de molas	Braço triangular	Hastes Watt	Barra Panhard (com triângulo)	Barra Panhard (com braço arrastado)
	Braço arrastado	Triângulo	Triângulo / Braço arrastado	Braço arrastado

Aplicação como eixo traseiro na tração convencional (rodas traseiras); como eixo dianteiro e traseiro em utilitários e veículos fora de estrada
Distância entre as rodas, convergência e camber sempre constantes em relação à superfície da pista, boa aderência mesmo com inclinação lateral da carroçaria

Nenhum movimento lateral da carroceria durante a ação das molas, nenhum posicionamento desfavorável das rodas sob forças transversais ou laterais e sob torção, demanda grandes espaços

Baixo custo de fabricação, flutuação do eixo, volume de massas não suspensas alto, deformação desfavorável sob forças laterais e torção

			Barra Panhard provoca movimentos laterais na carroceria em tráfego	
Pontos de sustentação irrestritos, peso e custos altos				Pontos de sustentação irrestritos

Eixos semi-rígidos

Barras de torção	Barra de torção com braços semi-arrastados		Barra de torção com braços arrastados

Aplicação como eixo traseiro em veículos de tração dianteira
Longas distâncias entre as buchas minimizam a tensão estrutural, admissão favorável de força nos braços longitudinais rígidos, fabricação simples, dois pontos de fixação, montagem simples, extremamente robusta, opções cinemáticas limitadas

ER depende da posição da barra Panhard acima do centro da roda	ER abaixo do centro da roda (dependendo da posição de interconexão)		ER na superfície da pista (todos ER's alinhados com o centro do veículo)

ER = Eixo de rolagem

Suspensão

Suspensão independente			
Braço arrastado	Braço semi-arrastado	Braço semi-arrastado	Pêndulo
Aplicação como eixo traseiro para tração frontal ou traseira		Baixos custos, opções limitadas em termos de cinemática, a carroceria é pressionada para cima devido a forças laterais na curva, efeito de sustentação vertical com camber positivo	
Requer pouco espaço, tem custo baixo, versatilidade cinemática limitada, alteração do camber, grande alteração na convergência, posição da sustentação do torque, altas solicitações	Baixos custos de produção, opções favoráveis em termos de cinemática, elasto-cinemática desfavorável, sobreesterço de forças laterais e circulares, altas forças na suspensão		
Suspensão Mc Pherson — Braços transversais		Braços duplos superior e inferior	Pêndulo — Braços transversais e longitudinais
Aplicação como eixo dianteiro ou traseiro em veículos de tração dianteira e padrão;		Aplicação como eixo dianteiro para tração dianteira ou padrão	
Requer pouco espaço (largura do veículo), baixas forças na carroceria devido a grande base de sustentação, poucas articulações, facilidade de alojamento, baixo peso, tolerâncias largas, versatilidade cinemática limitada em relação a possibilidade de alteração no camber, ângulo do pino mestre, ponto transiente e de sustentação, espaço requerido para a mola, largura do pneu, altura de instalação.		Maior liberdade cinemática possível, altos custos devido ao número de articulações, tolerâncias estruturais limitadas (sem sub-chassi); devido as pequenas distâncias entre os pontos de apoio requer buchas mais rígidas para prevenir alterações excessivas da posição da roda (prejuízo para o conforto)	
		Admissão de força do braço superior no painel rígido	

Rodas

Visão geral

O tamanho da roda é determinado fundamentalmente pelos requisitos do sistema de freios, pelos componentes do eixo e pelo tamanho do pneu utilizado.
Os principais termos são:
- Diâmetro do aro,
- Largura do aro,
- Diâmetro do furo central (formato),
- Offset da roda,
- Circunferência dos furos de fixação,
- Número de furos de fixação,
- Superfície de apoio dos elementos de fixação (esférica, cônica).

Tipos de aro

Dependendo da finalidade de aplicação e do tipo de pneu, estão disponíveis diversas formas de seção transversal do aro:
- Centro rebaixado (automóveis de passageiros),
- Aro plano (aplicações especiais, aros segmentados),
- Assento inclinado 5° (caminhões)
- Assento inclinado 15° (caminhões, principalmente com pneus sem câmara).

Os termos mais importantes para o aro são:
- Flange (forma do flange do aro),
- Assento do talão,
- Centro rebaixado,
- Base do aro
- Nervura (forma da nervura)

Estrutura da roda

A concepção e a estrutura da roda, assim como os elementos estruturais, precisam satisfazer os requisitos de segurança sob quaisquer condições operacionais do veículo. As forças sobre a roda, resultantes da tração, frenagem, carga da roda e forças direcionais devem ser absorvidas por todos os elementos estruturais sem prejudicar a durabilidade ou a função das rodas e dos componentes do eixo.

Rodas para automóveis de passageiros

Como material básico, são empregadas chapas de aço especial ou diversas ligas de alumínio. Ligas de magnésio não conseguiram se estabelecer na produção em série, mas são utilizadas em veículos especiais e automóveis esportivos. Rodas de

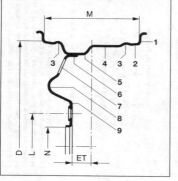

Roda de disco de chapa de aço
1 Flange do aro, 2 Assento do talão, 3 Nervura, 4 Aro, 5 Canal, 6 Junção do disco, 7 Furo de ventilação, 8 Prato da roda, 9 Disco da roda. D Diâmetro do aro, L Diâmetro do círculo dos furos de fixação, M Largura do aro, N Furo central, ET Offset da roda.

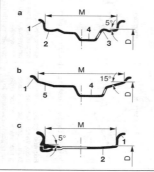

Sistemas de aros
a) Aro acanalado, automóvel
b) Assento do talão 15°, caminhão (sem câmara) c) Assento do talão 5°, caminhão,
1 Flange, 2 Assento do talão 5°, 3 Nervura, 4 Centro rebaixado, 5 Assento do talão 15°, M Largura do aro, D Diâmetro

chapa de alumínio, devido aos custos, não conseguem competir com as de chapa de aço.

Materiais e métodos de fabricação especiais oferecem um grande potencial para redução do peso. A roda de alumínio estampado com concepção mais leve permanece portanto como opção em vários tipos de acabamento e diversos estilos de calota. Outros potenciais podem ser desenvolvidos através da laminação progressiva (espessura da parede variável do centro da roda à junção do disco). Feita a partir de um disco de alumínio a "roda bipartida" oferece igualmente um grande potencial de economia, mas, dependendo da aplicação e do tamanho da roda, atingirá relativamente cedo seus limites técnicos e econômicos.

Os processos de produção das rodas de chapa de aço e de alumínio são, do ponto de vista do procedimento, bastante idênticos. A clássica roda de aço forjado e a roda "bipartida" possuem em comum apenas o processo de laminação. Neste processo um disco em bruto ou uma arruela forjada nas bordas são separados através de uma operação de laminação e na mesma operação é formado o aro. O material inicial para a roda forjada é uma arruela recortada de um perfil extrudado que após várias operações de forjamento se transforma em peça bruta pronta para a laminação. Finalmente a roda é submetida à usinagem e tratamento superficial. Outro potencial para redução de peso é oferecido pelo processo "flow forming", no qual a matéria-prima fundida é laminada aproveitando o aperfeiçoamento das propriedades de material e fundição para a economia de material.

A tecnologia de raios ocos com núcleo de areia também oferece potencial de economia, mas exige estilo apropriado. Rodas "estruturais" são empregadas, entre outras finalidades, como rodas sobressalentes ou como rodas normais com cobertura de plástico. O objetivo no caso é utilizar, sem restrições de estilo, somente o material suficiente para garantir a segurança operacional e funcional e limitar os custos de produção destas rodas.

O plástico, devido principalmente à resistência térmica insuficiente e aos problemas de fixação e fabricação das rodas, ainda se encontra em estágio inicial de desenvolvimento.

Nas rodas de chapa os raios e o aro são soldados, as rodas de liga leve forjadas e fundidas são produzidas em peça única. Concepções com peças múltiplas, também em materiais diferentes (p.ex., raios de magnésio e aro de alumínio) estão disponíveis apenas em casos especiais e carros de corrida. Automóveis de passeio são equipados quase que exclusivamente com aros de centro rebaixado, com nervura dupla H_2 (raramente com nervura plana FH), assento do talão inclinado e formato do flange J. O formato baixo do flange B é encontrado freqüentemente em veículos pequenos, os formatos altos do flange JK e K são raros nos veículos modernos e somente em veículos pesados.

Outro recente desenvolvimento, que teve limitada produção em série, foi o aro TR (no sistema métrico) da MICHELIN para o uso com pneus compatíveis TRX e oferece maior espaço para o freio. Os aros da DUNLOP com canal "Denloc" também requerem pneus compatíveis e possuem em conjunto maior segurança na circulação com perda de ar. Ambos sistemas roda-pneu foram unificados no sistema TD (TRX-Denloc). Ao contrário da prática usual, todos os três têm em comum o fato dos aros e pneus não serem, ou apenas com restrição, compatíveis com outros modelos.

Num desenvolvimento totalmente novo o pneu agarra a parte externa do aro (CONTINENTAL). Este conceito permite acomodar um freio de diâmetro consideravelmente maior, mas altera também algumas características de uso intercambiável. Ele permite rodar, com velocidade máxima limitada, mais de cem quilômetros com o pneu vazio. Neste caso pode se prescindir do estepe. Este sistema também não se tornou popular no mercado e permanece reservado para aplicações especiais.

Por motivos de economia de espaço e – muito restritamente – redução de peso, inicialmente nos EUA e com maior intensidade na Europa, foi introduzida uma roda de emergência como estepe. A roda de emergência é equipada com um pneu compatível de menor capacidade. As opiniões sobre sua utilidade prática divergem.

Os critérios de projeto para rodas de automóveis de passageiros incluem alta resistência estrutural, resfriamento eficiente dos freios, fixação confiável, excentricidade mínima, pouca necessidade de espaço, boa proteção anticorrosiva, pouco peso, baixo custo, facilidade para montagem do pneu, bom assentamento do pneu, boa fixação dos contrapesos e estética atraente (principalmente nas rodas de liga leve). Recentemente tem se dado maior atenção à redução do coeficiente de arrasto aerodinâmico C_w.

A fixação da roda no veículo é feita geralmente através de três a cinco parafusos ou porcas cujo formato da superfície de assento varia de acordo com o fabricante. Uma boa concentricidade da roda com o cubo é obtida pela centralização através do furo central com precisão de ajuste exatamente definida. O conceito de fixação da roda com uma porca central e solidarização através de guias (p.ex., pinos), atualmente só é usado em carros de corrida.

Cubos ou calotas decorativas removíveis são fixadas à roda através de elementos elásticos, principalmente para melhorar a aparência (basicamente em rodas de aço), em raros casos são usadas soluções aparafusadas. Isso pode obter efeitos adicionais, como redução do coeficiente de arrasto aerodinâmico C_w ou melhor ventilação da roda reduzindo a temperatura do rolamento e do fluido de freio. O plástico predomina como material para calotas, mas há também casos onde são empregadas chapas de alumínio e aço inoxidável.

Rodas para utilitários

Os requisitos primordiais de uma concepção atual de roda para utilitários são:
- alta resistência à fadiga e vida útil para garantir máxima segurança no tráfego,
- menor peso possível, pois a roda como massa rotativa não suspensa influencia todo o sistema oscilatório do veículo,
- alta capacidade de carga por meio de desenho adequado e funcional e pelo emprego de materiais ideais,
- redução das irregularidades do disco da roda,
- redução dos desvios radiais e laterais e do desequilíbrio de balanceamento da roda e
- montagem facilitada na montadora e no uso diário.

Assento do talão com 15° de inclinação

Um projeto de engenharia atual é o aro com assento do talão com 15° de inclinação para pneus sem câmara e uso em utilitários.

Vantagens:
- A roda de peça única proporciona redução de até 10 % no peso da roda em relação ao aro de duas peças e melhor concentricidade e perpendicularidade,
- Aumento do diâmetro do aro,
- Espaço livre suficiente,
- Válvula padronizada, exatamente posicionada e à distância suficiente do tambor ou pinça do freio,
- Contra-pesos padronizados,
- Introdução da centralização pelo cubo e
- Possibilidade de uso de equipamento de montagem de pneus automático ou semi-automático.

Desvio radial e lateral, balanceamento

O <u>desvio radial</u> da roda é a principal causa de oscilações no veículo. A redução para 1,25 mm (valor de pico a pico) do desvio radial permissível para assentos do talão com 15° de inclinação, comumente usados hoje em dia, representa um notável aperfeiçoamento em ralação aos aros com base plana. O <u>desvio lateral</u>, comparado ao desvio radial, representa um papel secundário. O <u>desequilíbrio de balanceamento</u> da roda, em relação ao grande <u>desequilíbrio de balanceamento do pneu</u>, não é problemático. O desequilíbrio estático máximo admissível é limitado a 2000 cmg.

Centralização da roda

A centralização através de pinos com esfera de pressão ou apenas através de parafusos com assento esférico foi substituída pela centralização no cubo, a fim de reduzir a excentricidade, permitindo uma faixa mínima e máxima de folga dependendo do tamanho da roda (sobretudo nos aros de 22,5"). Isso requer a definição de tolerâncias as mais estreitas possíveis.

Planeza e superfície de contato
As deformações da superfície de contato da roda (enrugamento, inclinação, incrustação) são transferidas para o tambor do freio quando a roda é apertada, causando flutuação da força de frenagem provocada pela roda em movimento, que por sua vez acarreta oscilações na direção. Testes de campo determinaram o enrugamento máximo de 0,15 mm e 0,2 mm para a inclinação do centro para a borda da roda.

Rodas de liga leve
O uso de rodas de liga leve se deve à redução de peso nas rodas de aros com assento do talão com 15° de inclinação. Existem rodas forjadas e fundidas. Apesar da redução de peso e das características de resistência serem suficientes, o uso de rodas de liga leve em utilitários, por motivos de custos, permanecerá restrita aos casos especiais.

Solicitações das rodas de utilitários

Tensão inicial
Resulta da sobreposição das tensões derivadas da montagem e das tensões provocadas pelo pneu inflado.

Tensão estática nominal da roda
Envolve a roda sob carga estática nominal sobre uma superfície perfeitamente plana da pista, variando periodicamente no segmento em observação com a rotação da roda.

Tensões dinâmicas adicionais
Estas tensões adicionais, similares na evolução, são produzidas pelas forças dinâmicas geradas através da passagem em linha reta sobre irregularidades da pista. Ao mesmo tempo são provocadas tensões quase estáticas que se manifestam durante as manobras do veículo, ao transpor a curva, girar a direção com o veículo parado, frear e acelerar.

O complexo coletivo resultante das solicitações da roda acima mencionadas é usado atualmente como base e ponto de partida para o dimensionamento e teste de rodas.

Pontos fracos significativos

As partes da roda mais solicitadas, e conseqüentemente mais expostas a fissuras, são o flange do disco, os furos de ventilação, a junção soldada entre o disco e o aro e o raio do canal do aro. A fixação do flange está particularmente exposta. Rodas centradas no cubo normalmente apresentam ruptura tangencial acima do círculo dos furos de fixação em rodas centradas por pinos as ruptura ocorrem geralmente no sentido radial a partir dos furos dos pinos.

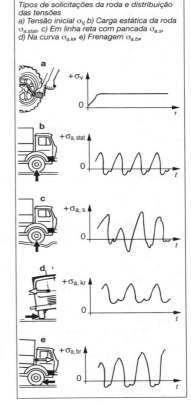

Tipos de solicitações da roda e distribuição das tensões
a) Tensão inicial σ_V b) Carga estática da roda $\sigma_{a.stat}$, c) Em linha reta com pancada $\sigma_{a.s}$, d) Na curva $\sigma_{a.kr}$, e) Frenagem $\sigma_{a.br}$

Pneus

Categorias de pneus

Os pneus são classificados em categorias de acordo com as exigências de diversos modelos e tamanhos de veículos e condições de uso. Os dados fundamentais – dimensões do pneu, capacidade de carga, pressão específica e velocidade máxima – são padronizados para permitir a intercambiabilidade (veja tabela 1). Além dos pneumáticos propriamente ditos, também são permitidos pneus de borracha maciça para velocidades de até 25 km/h (até 16 km/h para rodas de tração sem suspensão). A classificação do pneu nas categorias 1...4 é baseada nas condições da pista:
- Pneus "standard" (verão) para rodovias
- Pneus "especial" para uso fora de estrada ou misto em e fora de estrada.
- Pneus "M + S" (inverno)

Os mesmos requisitos operacionais se aplicam para todas as categorias (tabela 2), sendo que para os veículos mais pesados os três últimos critérios devem ser enfatizados (principalmente no de número 6).

Tipos de pneus

Hoje em dia os automóveis de passageiros são equipados exclusivamente com pneus radiais. Pneus diagonais são instalados apenas em motocicletas, bicicletas, escavadeiras e veículos industriais e agrícolas; sua importância para os utilitários é cada vez menor.

O pneu diagonal, antigamente o único utilizado, recebe seu nome da banda de rodagem composta por camadas de lonas entrecruzadas (cross ply) dispostas na "diagonal" (bias) da carcaça. Entretanto, o pneu radial mais complexo, cuja concepção compreende duas seções principais, representa o único meio de satisfazer as múltiplas características operacionais exigidas dos pneus. Ele já é usado em automóveis de passeio e utilitários pesados.

Os cabos das lonas da carcaça radial percorrem o caminho mais curto e mais direto – radial – de um talão a outro. Uma cinta (belt) de estabilização envolve a carcaça elástica, relativamente fina. O mode-

---
[1] As normas européias correspondentes podem ser encontradas no ETRTO (European Tire and Rim Technical Organization, Brussels), publicação "Dados de Pneus, Aros e Válvulas"
[2] Diretriz da Associação Econômica das Indústrias de Borracha da Alemanha, Frankfurt.

Tabela 1. Categorias de pneus e respectivas normas

No.	Tipo de aplicação	Norma Alemã (seleção)-[1] DIN	WdK-[2]
1	**Motocicletas** Motocicletas, Scooters motorizadas, Motocicletas c/menos de 50 cm^3, bibicletas motorizadas	7801, 7802, 7810	119
2	**Automóveis de passageiros** Inclusive Vans e pneus sobressalentes especiais	7803	128, 203
3	**Utilitários leves** Inclusive caminhões de entregas	7804	132, 133
4	**Utilitários** Inclusive veículos multiuso	7805, 7793	134, 135, 142, 143, 144, 153
5	**Máquinas de movimentação de terra** Veículos de transporte, carregadores, motoniveladoras	7798, 7799	145, 146
6	**Veículos industriais** Inclusive aros de borracha maciça	7811, 7845	171
7	**Veículos agrícolas** Tratores, máquinas, implementos, reboques	7807, 7808, 7813	156, 161

Exemplos de pneus radiais (versão sem câmara)
1 Nervura, 2 Assento do talão, 3 Flange do aro, 4 Carcaça, 5 Camada de borracha estanque, 6 Cinta, 7 Banda de rodagem, 8 Parede lateral, 9 Talão, 10 Núcleo do talão, 11 Válvula, 12 Anel de cobertura, 13 Contrapeso, 14 Aba do aro.

Pneu radial para automóvel de passageiro: duas camadas radiais de cabos de Rayon. **Cinta:** duas camadas entrecruzadas de cabos de aço e duas camadas circulares de fio de nylon.

Pneu CT

Pneu radial para caminhão Carcaça: uma camada radial de cabos de aço. **Cinta:** quatro camadas entrecruzadas de cabos de aço.

lo "bias-belted", mais difundido nos EUA, incorpora uma cinta adicional sobre uma carcaça diagonal. Entretanto, as características deste tipo de pneu não atingem o nível dos pneus radiais.

Pneus CT possuem características de emergência. Quando vazio o pneu se apóia sobre a borda plana do aro e pode rodar sem pressão por mais de 100 km.

Os pneus sem câmara, já populares nos automóveis de passageiros, estão gradualmente mais freqüentes nos utilitários. O principal requisito é um aro de peça única e hermético ou um aro de múltiplas peças capaz de aceitar o anel elástico de vedação. Pneus sem câmara possuem uma camada vulcanizada estanque em lugar da câmara de ar.

O talão do pneu sem câmara deve assentar sobre o aro com maior pressão inicial para exercer o efeito de vedação. Algumas vezes são usados no talão anéis de vedação de elastômero.

Dispensando a câmara de ar, o peso foi reduzido e o procedimento de montagem simplificado.

Diâmetro e desenho do aro
Nas categorias 3 e 4, os aros com assento do talão inclinado 15° (para pneus sem câmara) se impuseram perante os aros segmentados com assento do talão inclinado 5°. Este tipo é identificado pelo código de diâmetro (1 unidade = 25,4 mm) terminando em 0.5, como em 17.5, 19.5 e 22.5.

Tabela 2. Requisitos de uso

N°	Critério principal	Critérios secundários
1	Conforto	Maciez, silêncio, ausência de trepidação (sem excentricidade)
2	Comportamento da direção	Força da direção, precisão da direção
3	Estabilidade direcional	Estabilidade em linha reta [3]), estabilidade em curvas [3])
4	Segurança	Assento do pneu no aro, aderência na pista[3])
5	Durabilidade	Estabilidade estrutural, performance em alta velocidade, pressão de estouro, resistência à perfuração
6	Economia	Expectativa de vida útil (quilometragem), marca de desgaste, desgaste da lateral, capacidade de recauchutagem

[3]) Principal critério para pistas no inverno

Códigos relevantes para aros com assento do talão inclinado 5° são o 16 e o 20. Para automóveis de passageiros, além do aro normal acanalado com códigos de diâmetro com números redondos 10, 12, 13 etc., existe também modelos especiais com diâmetros em mm.

Relação nominal de aspecto A/L
Relação de aspecto $A/L = (A/L) \cdot 100$
A Altura da seção transversal do pneu
L Largura da seção transversal do pneu

Atualmente, os valores usuais para a relação de aspecto (A/L = altura em relação à largura) de pneus para automóveis de passageiros estão entre 80 e 50, para automóveis esporte até o mínimo de 25 e para utilitário entre 100 e 50.

Pneus de automóveis de passageiros com baixa relação de aspecto A/L proporcionam grande estabilidade nas curvas. Devido à intercambiabilidade, pneus com o mesmo diâmetro externo possuem diversas relações de aspecto. Com o mesmo diâmetro de pneu e aro, os pneus com baixa relação de aspecto A/L são mais largos, possuem maior superfície de contato e, principalmente na aparência, são mais eficientes.

Em pneus de baixa relação de aspecto A/L é possível, com a mesma largura, utilizar aros de maior diâmetro, proporcionando assim maior espaço para o freio da roda. A introdução do aro de centro rebaixado e assento dos talões inclinados para <u>pneus de utilitários</u> só foi possível graças ao desenvolvimento do pneu sem câmara com baixa relação de aspecto A/L, pois era impossível diminuir o diâmetro da base do aro, sem alterar o diâmetro do tambor do freio.

Se há exigência de pneus de menor diâmetro possível para obter maior altura útil, p. ex., para o transporte de contêineres, a única solução é aumentar a largura, ou seja, diminuir a relação de aspecto A/L.

Identificação dos pneus

A identificação estampada no flanco do pneu (veja tabela 5) respeita as normas legais obrigatórias nos países-chaves da Europa, inclusive regulamento ECE N° 54 para pneus de automóveis de passageiros (velocidade de 80 km/h ou mais) e regulamento ECE N° 75 para pneus de veículos motorizados de duas rodas (veículos com velocidade acima de 40 km/h ou com capacidade volumétrica acima de 50 cm³). O regulamento ECE-R 106 para pneus de veículos agrícolas ainda não está em vigência. O regulamento para pneus remoldados (ECE 108 para automóveis de passageiros, ECE 109 para pneus de utilitários) entrará em vigor na França a partir de 2008.

Pneus testados quanto à conformidade com os regulamentos ECE são identificados com um código gravado próximo ao talão. O código consiste de um "E" maiúsculo acompanhado pelo código do órgão de aprovação circunscritos num círculo e seguidos pelo número de aprovação.
Exemplo: Ⓔ4 020 427
O "e" minúsculo que pode ser estampado no flanco dos pneus para automóveis de passageiros e utilitários, em conformidade com o regulamento europeu 92/93, tem o mesmo significado da marca ECE.
Exemplo: ⓔ4 00321
A partir de agosto de 2003 os novos tipos de pneus precisam satisfazer a regulamentação de ruídos da EU. O mesmo se aplica aos pneus para automóveis de passageiros e utilitários a partir de 2009, de acordo com um cronograma preestabelecido. Estas regulamentações foram publicadas juntamente com a Diretriz 2001/43/EEC como anexo 5 da Diretriz sobre pneus EU 92/23/EEC. A marca tem a seguinte aparência (exemplo): ⓔ4 00687-s.

A identificação do pneu deve incluir no mínimo a largura do pneu, a estrutura do pneu (R = Radial; "–" = Diagonal, B = Bias Belted) e o diâmetro do aro. O diâmetro do pneu geralmente também é incluído nos pneus para veículos industriais. Nos pneus para veículos de duas rodas, automóveis de passageiros e utilitários pesados estas informações são complementadas com a relação de aspecto A/L em %, anexada logo após a indicação da largura e separada por barra. O regulamento ECE exige esta informação em todos os pneus novos. Todavia o regulamento ECE para pneus de automóveis de passageiros e veículos de duas rodas não estipula a colocação de um código para a velocidade após a indicação da relação de aspecto A/L ou da largura. No pneu bias-ply, a letra de código substitui o traço horizontal.

Nos pneus VR, VB, ZR e ZB é obrigatório que a letra de código seja incluída na identificação de tamanho do pneu.

O número PR (Play Rating) é colocado depois do tamanho e é empregado como código opcional da capacidade de carga para várias versões de mesmo tamanho. Originalmente ele indicava o número de camadas da carcaça.

O índice de serviço é um sufixo adicional composto pelo índice de carga (LI) e pelo símbolo de velocidade (GSY). Ele é prescrito pelo regulamento ECE para substituir o número PR e a letra de velocidade na identificação do pneu. Os índices de serviço possuem valores fixos (tabela 4).

Para pneus de automóveis de passageiros vale:
Velocidade nominal = velocidade máxima. Nos veículos cujo projeto só permite velocidade máxima de 60 km/h ou menos, o índice de carga pode ser incrementado.

Tabela 3.
Acréscimo do índice de carga

km/h	Acréscimo no índice de carga %	Elevação da pressão do ar em bar
60	10	0,1
50	15	0,2
440	25	0,3
30	35	0,4
20	42	0,5

Para scooters e utilitários geralmente a velocidade nominal pode ser ultrapassada, se ao mesmo tempo a capacidade de carga for correspondentemente reduzida. Para ambas categorias de pneus a capacidade de carga pode ser incrementada em toda faixa abaixo da velocidade nominal (de referência) se o veículo, condicionado pelo projeto, for mais lento. Aumento na capacidade de carga também é permitido para pneus de reboques de carros de passageiros com velocidade máxima de 100 km/h e para utilitários que trafegam em trajetos curtos.

A pressão de ar correta para um pneu de tamanho e código PR ou indicação de serviço específica podem ser consultadas nas normas ou manuais do fabricante do pneu (tabela 1). O código de velocidade aposto indica sempre a velocidade nominal efetiva.

Pneus sobressalentes especiais para automóveis de passageiros (baixo peso e economia de espaço) são identificados no flanco como destinados a uso temporário à baixa velocidade.

Pneus M+S para automóveis de passageiros, utilitários e motocicletas não são obrigados a corresponder à velocidade máxima alcançada pelo projeto do veículo, se uma advertência sobre a velocidade admissível mais baixa, imposta pelo pneu, for afixada no campo visual do motorista. Além disso, as seguintes categorias de pneus podem apresentar dados adicionais prescritos pela legislação de segurança nas estradas dos EUA. Estes dados são moldados próximos ao talão e são válidos também para o Canadá e Israel.
- FMVSS 109 para pneus de automóveis de passageiros,
- FMVSS 119 para veículos de duas rodas e utilitários pesados.

Estes dados estão estampados junto à sigla "DOT" em seguida vêm código de identificação do pneu, data de fabricação e outros dados sobre a capacidade máxima de carga, pressão máxima e camadas de cordame utilizadas na carcaça e na cinta.

A Regulamentação de Segurança da Austrália ADR 23, aplicada a pneus para automóveis de passageiros, emprega o código de identificação da FVMSS 109 e ECE-R30.

Tabela 4. Códigos de identificação de serviço (exemplos)
Índice de carga (LI)

LI	50	51	88	89	112	113	145	149	157
kg	190	195	560	580	1,120	1,150	2,900	3,250	4,125

Códigos de velocidade (GSY)

GSY	F	G	J	K	L	M	N	P	Q	R	S	T	H	V	W	Y
km/h	80	90	100	110	120	130	140	150	160	170	180	190	210	240	270	300

Sistemas do chassi

Tabela 5. Exemplos de identificação de pneus

Categorias de pneus		Exemplos de identificação				O exemplo inclui indicação para			
	Suitability	Identificação do pneu	Número PR[3)]	Identificação de serviço [4)]LI	[5)]GSY	Ø do pneu A	Largura do pneu B	A/L %	Ø do aro d
MC	Bicicleta motorizada	2¹/₄ – 16 bicicleta motorizada	–	–	–	–	código	–	código
	Motonetas	3 – 17 reforçado[2)]	–	51	J	–	código	–	código
	Bicicletas motorizadas	3.00 – 17 reforçado[2)]	–	50	P	–	código	–	código
		110/80 R 18	–	58	H	–	mm	80	código
		120/90 B 16	–	65	H	–	mm	90	código
	Scooters	3.50 – 10	–	51	J	–	código	–	código
Automóveis de passageiros		165 R 14 M+S	–	84	Q	–	mm	–	código
		195/65 R 15 reforçado[2)]	–	95	T	–	mm	–	código
		200/60 R 365	–	88	H	–	mm	60	mm
		205/60 ZR 15	–	91	W	–	mm	60	código
		CT 235/40 ZR 475	–	–	–	–	mm	40	mm
CV	Veículos de entrega	185 R 14 C[1)]	8 PR	102/100	M	–	mm	–	código
	Utilitários leves	245/70 17,5	–	143/141	J	–	código	–	código
	Caminhões	11/70 R 22,5	–	146/143	K	–	código	70	código
	Reboques	14/80 R 20	–	157	K	–	código	80	código
	Ônibus	295/80 R 22,5	–	149/145	M	–	mm	80	código
MPV	Veículo multiuso	10,5 R 20 MPV[8)]	14 PR	134	G	–	código	–	código
		275/80 R 20 MPT[8)]	–	134	G	–	mm	80	código
EM	Veículo de transporte	18,00–25 EM[9)]	32 PR	–	–	–	código	–	código
	Carregadores	29,5–29 EM[9)]	28 PR	–	–	–	código	–	código
IT	Veículo industrial	6,50–10[6)]	10 PR	–	–	–	código	–	código
	Carro de carga	21 x 4[6)]	4 PR	–	–	código	código	–	–
	Veículo industrial	28 x 9–15[7)]	14 PR	–	–	código	código	–	código
		300 x 15[7)]	18 PR	–	–	–	mm	–	código
AS	Tratores	480/70 R 34	–	143	A 8	–	mm	–	código
		7,50–60 AS[10)] frontal	6 PR	–	–	–	código	–	código
	Implementos[11)]	11,0/65–12 Impl	6 PR	–	–	–	código	65	código

Exemplo de pneu para automóvel de passageiros 175/70R13 82S: Largura nominal do pneu 175 mm, relação de aspecto A/L 70%, pneu <u>Radial, aro 13</u> (aprox. 330 mm [13 polegadas]), índice de carga 82 (475 kg), código de velocidade S = 180 km/h.

[1)] C = pneu para caminhão (veículo de entrega) leve (também para motocicleta com grande capacidade de carga), [2)] Reforçado = Extra Load = designação adicional para pneus reforçados para veículos de duas rodas e automóvel de passageiros.
3) PR = Classe de capacidade de carga 4) Código de capacidade de carga para pneus unitários/duplos, 5) Código de velocidade nominal (de referência) do veículo, 6) Pneu a ar comprimido, 7) Pneu de borracha maciço, 8) MPT = veículo multiuso, 9) EM = Máquinas de terraplenagem, 10) AS = Trator agrícola, 11) Pneus para implementos e reboques.

"IN" juntamente com um número do centro de desenvolvimento e CCCs são, respectivamente, designações para pneus no Brasil e na República Popular da China. Os requisitos técnicos destas regulamentações são baseados nos da ECE.

Uso dos pneus

A seleção baseada nas recomendações do fabricante é essencial para se obter uma performance satisfatória. Características operacionais ideais só podem ser alcançadas se os pneus de todas as rodas forem do mesmo modelo (por exemplo, pneus radiais). Isso é obrigatório para automóveis de passageiros. Para utilitários acima de 2,8 t de peso bruto, os pneus de um mesmo eixo devem ser de modelos idênticos. Durante a armazenagem sazonal dos pneus, as câmaras e a guarnição dos talões tendem a envelhecer e rachar, com maior rapidez quando expostas diretamente ao sol. A movimentação do ar acelera este processo. A integridade da embalagem é de suma importância para assegurar que as câmaras permaneçam em boas condições. Portanto, a área de armazenagem deve ser fria, seca e escura. Qualquer contato com óleo ou graxa deve ser evitado. A montagem do pneu deve ser extremamente cuidadosa. Só usar aro com as dimensões perfeitas, isento de ferrugem, sem danificações ou desgaste excessivo. Se for utilizado flange solto o seu lado deve ser inspecionado com atenção redobrada. Em pneus novos devem ser sempre utilizadas válvulas e, quando aplicável, câmaras e guarnições novas. Recomenda-se atenção especial também depois do reparo no pneu: as câmaras se expandem durante o uso e quando reinstaladas podem formar dobras perigosas, portanto, em caso de dúvida usar câmaras novas.

Exemplos de banda de rodagem
1 Pneus para veículos de passageiros,
2 Pneus M+S para veículos de passageiros,
3 Pneus para utilitários, 4 Pneus alta tração para utilitários

Banda de rodagem (veja exemplos)
É ilegal refazer os sulcos da banda de rodagem de pneus para veículos de duas rodas e automóveis de passageiros, para as demais categorias devem ser observadas as prescrições do fabricante.

O rodízio dos pneus é recomendado quando há desgaste diferente da banda de rodagem entre os eixos. Quanto menor a profundidade dos sulcos, menor a camada de proteção sobre as cintas e a carcaça. Isso deve ser considerado no planejamento de operações de longa duração sob condições severas. Além disso, a redução da profundidade dos sulcos da banda de rodagem aumenta desproporcionalmente a distância de frenagem em pistas molhadas, devido à perda de aderência. Isso se aplica especialmente a automóveis de passageiros e utilitários velozes. Por exemplo, entre um automóvel de passageiros leve, com tração dianteira, e um veículo de passageiros pesado, com tração traseira, a tabela 6 relaciona as distâncias percorridas até a imobilidade quando os veículos são freados a uma velocidade inicial de 100 km/h (dependendo muito das condições da superfície da pista, da banda de rodagem e do composto de borracha).

Tabela 6. Profundidade dos sulcos e distância de frenagem (velocidade inicial de 100 km/h)

Veículo		Veículo leve de passageiros com tração dianteira					Veículo pesado de passageiros com tração traseira (ABS)			
Profundidade dos sulcos	em mm	8	4	3	2	1	8	3	1,6	1
Distância de frenagem	em m	76	99	110	129	166	59	63	80	97
	em %	100	130	145	170	218	100	107	135	165
Aumento da distância de frenagem por mm de desgaste	em %	7	15	25	48		1,4	20	50	

Características de tração do pneu

Grandezas e unidades

Quantidade	Unid
f — Freqüência	Hz
F_B — Força de frenagem	kN
F_R — Carga de roda	kN
F_S — Força lateral	kN
M_R — Torque de alinhamento	N·m
n_S — Caster	mm
p_i — Pressão do pneu	bar
v_0 — Velocidade de teste	km/h
α — Ângulo de deslizamento	°
γ — Ângulo do camber	°
λ — Deslizamento	—

Para a concepção e otimização da dirigibilidade, do conforto e do comportamento do sistema de tração do veículo, é fundamental dispor de gráficos acurados das características dos pneus.

Gráficos característicos de pneus, usados tipicamente em automóveis de passageiros, são conhecidos e estão disponíveis em diversas publicações [1, 3, 4]. Portanto as explanações a seguir se relacionam a pneus para utilitários pesados, tamanho 11 R 22.5, utilizados em larga escala.

Todos os dados dos gráficos característicos se relacionam aos pneus Michelin XZA 11 R 22.5.

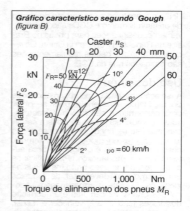

Gráfico característico segundo Gough (figura B)

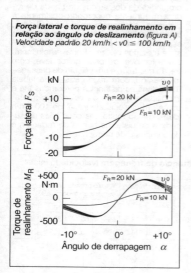

Força lateral e torque de realinhamento em relação ao ângulo de deslizamento (figura A)
Velocidade padrão 20 km/h < v0 ≤ 100 km/h

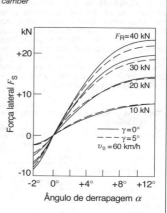

Força lateral × ângulo de deslizamento (figura A)
Parâmetros: carga da roda e ângulo do camber

Roda girando livre em ângulo de deslizamento

Se um pneu gira em ângulo de deslizamento, uma força lateral de intensidade proporcional ao ângulo de deslizamento é gerada. Essa força lateral é acompanhada por um torque de alinhamento do pneu (figura B). O diagrama de Gough [3] é freqüentemente empregado para ilustrar este fenômeno. A força lateral depende do ângulo de deslizamento e aumenta digressivamente com a carga da roda (figura C). A força lateral máxima é inversamente proporcional à velocidade enquanto a influência da velocidade é incrementada em função da carga da roda (figura A).

Se um pneu girando em ângulo de deslizamento for submetido a um ângulo de camber adicional, as curvas características de força lateral/ângulo de deslizamento para veículos de passageiros e utilitários leves são deslocadas paralelamente devido às forças de laterais de camber.

Pneus de utilitários pesados também apresentam, para ângulos de deslizamento acentuados, deslocamento das curvas características de força lateral/ângulo de deslizamento em virtude da força lateral adicional do camber. O resultado é que praticamente todas as curvas interceptam a coordenada de origem. Em pista seca, a diminuição da profundidade sos sulcos da banda de rodagem acarreta curvas características de força lateral/ângulo de deslizamento mais íngremes, acompanhadas de um incremento da força lateral máxima transmissível (figura D).

Roda girando em linha reta sob efeito de tração e frenagem

A reação do pneu ao "deslizamento" é similar à reação ao ângulo de deslizamento (figura E). A força periférica máxima (força de frenagem) em pista seca fica geralmente na faixa de 10 a 20% do deslizamento. A aderência na direção periférica não diminui tão significativamente com a elevação da carga da roda quanto a aderência na direção lateral. Na faixa de velocidade normal dos utilitários pesados e para pneus grandes, a influência da velocidade sobre a aderência na direção longitudinal não é tão pronunciada quanto nos pneus para veículos de passageiros (figura E).

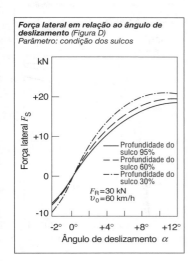

Força lateral em relação ao ângulo de deslizamento (Figura D)
Parâmetro: condição dos sulcos

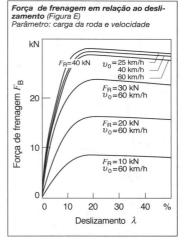

Força de frenagem em relação ao deslizamento (Figura E)
Parâmetro: carga da roda e velocidade

Força lateral em relação ao ângulo de deslizamento em utilitários pesados *(Figura F)*
Parâmetro: Pressão dos pneus e carga da roda.

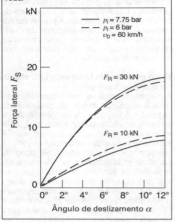

Força lateral em relação ao ângulo de deslizamento em utilitários pesados *(Figura H)*
Aderência máxima obtida com carga constante da roda.

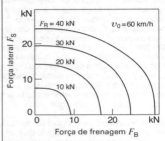

A influência da pressão do pneu sobre as forças periféricas máximas é desprezível para pequenas cargas de roda. Com a elevação da carga da roda e diminuição da pressão do pneu, a força periférica aumenta consideravelmente (figura G).

Força de frenagem em relação ao deslizamento em utilitários pesados *(Figura G)*
Parâmetro: pressão do pneu e carga da roda

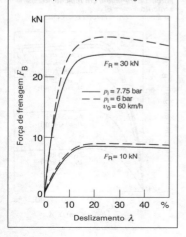

Força de frenagem em relação ao deslizamento *(Figura I)*
Parâmetro: ângulo de deslizamento.

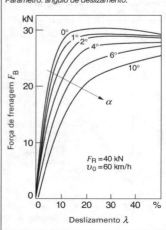

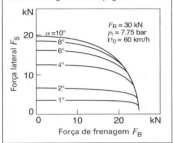

Curva característica do pneu com uma carga da roda de 30 kN (Figura K)
Força lateral em relação à força de frenagem,
Parâmetro: ângulo de derrapagem.

$F_R = 30$ kN
$p_i = 7.75$ bar
$v_0 = 60$ km/h

Nos pneus altamente carregados a pressão interna atua em oposição às forças lateral e periférica (Figuras F e G).

Pneus enviesados e sob deslizamento
Se um pneu operando sob forças periféricas ou em deslizamento for adicionalmente submetido a um ângulo de deslizamento, as forças periféricas utilizáveis em todas as taxas de deslizamento são reduzidas com o aumento do ângulo de deslizamento. Com o aumento do ângulo de deslizamento a força periférica máxima se desloca para taxas mais altas de deslizamento (figura I).

A curva elíptica da força lateral em relação à força periférica (força de frenagem) varia de acordo com a carga da roda (figura H). Para uma carga de roda específica em veículos equipados com ABS esta curva representa o limite máximo de aderência disponível para a dinâmica do veículo. A curva característica efetiva do pneu mostra a evolução da força lateral em relação à força de frenagem na faixa entre 0...10° de ângulo de deslizamento com os parâmetros "carga da roda", "velocidade" e "pressão do pneu" constantes (figura K).

Pneus sobre pista molhada
Se um pneu roda sobre uma superfície da pista coberta por uma camada fechada de água, forma-se inicialmente uma zona de deslocamento A, seguida de uma breve zona de transição B e finalmente a zona de contato C propriamente dita. A zona A é caracterizada por uma cunha de água que separa totalmente o pneu da superfície da pista. Se a zona A se estender por toda a área de contato do pneu com a pista, é atingida a condição de aquaplanagem (figura L). Os fatores que afetam fundamentalmente as características de aderência dos pneus em pista molhada são:
- Velocidade de marcha,
- Altura da água,
- Carga da roda,
- Largura do pneu,
- Profundidade dos sulcos,
- Desenho dos sulcos,
- Distribuição da pressão na área de contato do pneu,
- Composto do pneu e
- Superfície da pista.

Cada um dos parâmetros aqui relacionados depende, por sua vez, de uma outra série de fatores adicionais de influência.

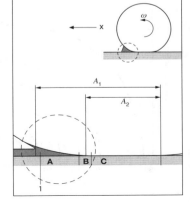

Área de contato do pneu, dependendo das condições da pista (Figura L).
A Zona de deslocamento, B Zona de transição, C Zona de contato. A1 Área de contato com pista seca, A2 Área de contato com a pista molhada, X Direção de movimento, w Freqüência de rotação da roda, 1 Cunha de água.

782 Sistemas do chassi

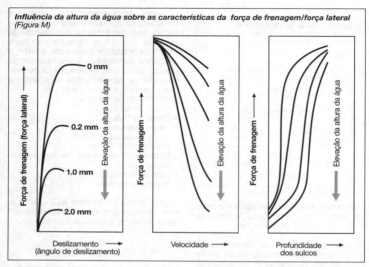

Influência da altura da água sobre as características da força de frenagem/força lateral (Figura M)

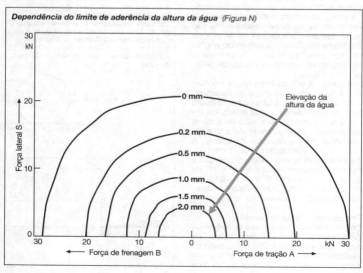

Dependência do limite de aderência da altura da água (Figura N)

Por exemplo, a distribuição da pressão na área de contato do pneu depende também do desenho do pneu, do desenho da banda de rodagem, do ângulo de camber, da estrutura da cinta e dos flancos do pneu e, em conjunto com os dois últimos parâmetros, da curvatura da superfície de contato do pneu paralela ao eixo.

O diagrama à esquerda da figura M mostra a curva de forças do pneu em relação aos seus parâmetros estruturais. Deve-se atentar que aqui também a curva da força lateral em relação ao ângulo de deslizamento e a curva da força de frenagem em relação ao deslizamento da roda são basicamente iguais para diferentes alturas de água. A forma característica das curvas para todas as alturas de água também se mantém igual.

O diagrama central da figura M mostra a dependência da força de frenagem da velocidade para várias alturas de água. Enquanto na faixa de aderência em pista molhada, isto é, com altura mínima de água, a força de aderência é influenciada basicamente pelo tipo composto de borracha, na faixa de aquaplanagem, isto é, com altura da água elevada e altas velocidades (sem alterações nos demais parâmetros do pneu), o desenho da banda de rodagem e a distribuição da pressão na área de contato são os fatores predominantes de influência.

Um outro parâmetro de influência fundamental, pertencente ao complexo da banda de rodagem, é a profundidade dos sulcos. O diagrama à direita da figura M mostra o efeito da profundidade do sulco em várias alturas de água.

A figura N contém "curvas características para pista molhada" que mostram o limite de aderência em relação à altura da água.

A figura O mostra as diferentes forças de frenagem atingidas com diversos tipos de pneus em condições de aquaplanagem. A extrema diferença de performance entre os pneus de vários fabricantes sob condições de aquaplanagem é marcante. Isso pode interferir na concepção dinâmica do veículo, elaborada pelo fabricante após vários estágios de otimização.

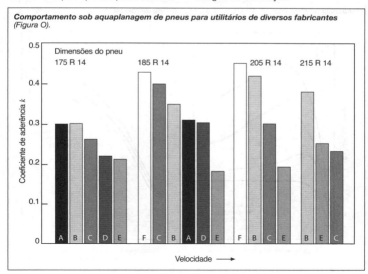

Comportamento sob aquaplanagem de pneus para utilitários de diversos fabricantes (Figura O).

Pneus em pista escorregadia no inverno

As curvas características dos pneus sobre gelo e neve são basicamente iguais às curvas para pista seca. Parâmetros de influência fundamentais para as características de aderência são: a temperatura, o histórico da formação da camada de gelo e neve, a idade da estrutura de gelo ou neve e seu grau de sujeira.

Outro parâmetro essencial para a força de aderência sobre uma pista escorregadia no inverno é o tipo de composto de borracha.

Os requisitos para os pneus sobre neve e gelo são contraditórios. Enquanto uma alta pressão superficial e sulcos profundos, autolimpantes, são vantajosos na neve, uma baixa pressão superficial é preferível para aderência ideal no gelo.

O diagrama da força lateral/ângulo de deslizamento ilustra o impacto da temperatura superficial do gelo (figura P, diagrama à esquerda).

Além da ampla gama de forças laterais máximas que se pode atingir, a temperatura exerce influência fundamental sobre a formação da força lateral máxima. Assim, nenhuma força lateral máxima é criada por volta de 0 °C e, analogamente, nenhuma força máxima de frenagem é criada como mostra o diagrama força de frenagem/deslizamento da roda.

O diagrama à direita na figura P mostra a influência da temperatura superficial do gelo sobre a força lateral máxima sob diferentes velocidades. Com o declínio temperatura, a performance dos pneus se eleva novamente.

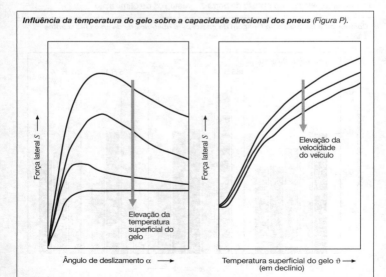

Influência da temperatura do gelo sobre a capacidade direcional dos pneus (Figura P).

Requisitos do sistema "Roda/Pneu"
Os requisitos para os pneus do futuro podem ser resumidos da seguinte forma:
- Observação irrestrita das unidades do sistema "Roda/Pneu".
- Redução da variedade de pneus disponíveis atualmente.
- Novos desenvolvimentos devem no mínimo igualar ou ultrapassar os atuais requisitos de segurança de funcionamento, economia e vida útil.
- Resistência ao rolamento minimizada.
- Pneus uniformes em todas as rodas.
- Redução do peso do pneu.
- Compatibilidade total com correntes para neve.
- Redução do ruído de rolamento do pneu.
- Evidente redução das irregularidades do pneu.
- Um aumento visível da aderência entre pneus e superfície da pista (tanto na direção longitudinal quanto lateral) é imprescindível para possibilitar o tráfego compatível com outros veículos.
- Divulgação antecipada das curvas características dos pneus para análise e otimização da dinâmica do veículo.

A constante adequação dos utilitários às necessidades atuais e futuras do mercado exige – como para os pneus – uma expansão dos limites de capacidade das rodas.

Isso acarreta as seguintes exigências para o projeto das rodas:
- Redução do peso da roda.
- Aumento da capacidade de carga
- Redução das ondulações do disco da roda.
- Maior durabilidade dos pontos sujeitos a fissuras (flange do disco e furos de ventilação, junção da solda do disco com o aro e no raio do centro rebaixado).

Gráfico dinâmico do pneu
Os gráficos das características dos pneus apresentados são baseados em parâmetros que se alteram gradualmente no decorrer das medições, ou seja, em condições quase estáticas. Quando em operação trata-se de procedimentos dinâmicos. O incremento na velocidade de variação dos parâmetros individuais provoca, conforme a manobra determinadas alterações no comportamento dos pneus que não podem ser desprezadas. As variáveis dinâmicas de influência mais significantes são:
- Ângulo de deslizamento,
- Bitola,
- Camber,
- Carga da roda.

As respostas do pneu a estas alterações instantâneas dos parâmetros geralmente são representadas no gráfico em função da freqüência, isto é, amplitude e ângulo de fase das forças e dos momentos do pneu são plotados no gráfico em relação ao parâmetro de excitação e, adicionalmente, à curva característica média das forças e dos momentos dependentes da freqüência.

Literatura
[1] Gegenbach, W.: Expermentelle Untersuchung von Reifen auf nasser Fahrbahn (Análise experimental de pneus sobre pista molhada). ATZ, 1968, volumes 3, 8 e 9.
[2] von Glasner, E.C.: Einbeziehung von Prüfstandsergebnissen in die Simulation des Fahrverhaltens von Nutzfahrzeugen (Inclusão dos resultados de teste de bancada na simulação do comportamento dinâmico de utilitários). Tese de pós-graduação da universidade de Stuttgart, 1987.
[3] Gough, V.E.: Cornering Characteristics of Tyres (Características dos pneus em curvas) Automobile Engineer, 1954, vol.44.
[4] Weber, R.: Beitrag zum Übertragungsverhalten zwischen Schlupf- und Reifenführungskräften (Dissertação sobre o comportamento transitivo das forças direcional e de deslizamento). AI, 1981, vol. 4.
[5] Fritz, G.: Seitenkräfte und Rückstell-momente von Personenwagenreifen bei periodischer Änderung der Spurweite, des Sturz- und Schräglaufwinkels (Forças laterais e momento de alinhamento dos pneus de veículos de passageiros sob influência da alteração periódica da bitola, do ângulo de camber e deslizamento). Dissertação, Universidade de Karlsruhe, 1978.
[6] Weber, R.: Reifenführungskräfte bei schnellen Änderungen von Schräglauf und Schlupf (Forças direcionais de pneus sob alterações instantâneas do ângulo de deslizamento e escorregamento). Pós-graduação, Universidade de Karlsruhe, 1981.

Direção

A direção converte o movimento giratório executados pelo motorista no volante de direção em movimento angular para as rodas direcionais do veículo.

Requisitos do sistema de direção

De acordo com a Diretriz Européia 70/311/EEC, o sistema de direção deve garantir uma orientação rápida e segura do veículo. O tempo máximo admissível para acionamento e a força máxima para operação de um sistema em condições normais de operação estão estabelecidos neste regulamento (veja tabela). Eles devem ser cumpridos quando o veículo a 10 km/h passa da trajetória retilínea para uma trajetória em espiral.

Comportamento direcional

Os requisitos em termos de comportamento direcional, em síntese, são:
1. Choques resultantes das irregularidades da pista devem ser retransmitidos ao volante com o máximo de amortecimento, entretanto sem fazer o motorista perder o contato com a pista.
2. A concepção básica da direção deve satisfazer as condições de Ackermann: O prolongamento dos eixos das rodas dianteiras esquerda e direita quando em ângulo devem interceptar um prolongamento do eixo traseiro.
3. Através da rigidez adequada do sistema (principalmente quando empregados elementos elásticos de ligação), o veículo deve reagir à mínima correção do volante.
4. Quando o volante é liberado as rodas devem retornar automaticamente à posição central e permanecerem estáveis nesta posição (em trajetória retilínea).

Forças regulamentares de acionamento da direção

Classe do veículo	Equipamento intacto			Equipamento com falha		
	Força máxima acionamento daN	Tempo em s	Raio do círculo em m	Força máxima de acionamento daN	Tempo em s	raio do círculo em m
M_1	15	4	12	30	4	20
M_2	15	4	12	30	4	20
M_3	20	4	12	45	6	20
N_1	20	4	12	30	4	20
N_2	25	4	12	40	4	20
N_3	20	4	12-[1]	45-[2]	6	20

[1]) Ou até o batente se este valor não for atingido.
[2]) 50-daN para veículos não articulados, com dois ou mais eixos direcionais, exceto eixos direcionados por atrito.

Direção (esquema).
a) Princípio básico, b) Sistema pinhão e cremalheira.
1 Braço de direção, 2 Barra de conexão, 3 Alavanca intermediária, 4 Barra de direção, 5 Volante, 6 Coluna de direção, 7 Caixa de direção, 8 Braço Pitman.

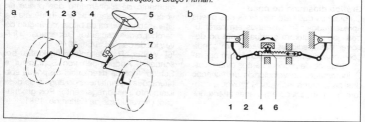

5. A direção deve possuir a menor relação de redução possível (números de voltas de batente a batente) para permitir fácil manuseio. As forças de comando envolvidas não dependem apenas da relação de redução mas também da carga do eixo dianteiro, do raio do círculo, da geometria da suspensão (ângulo de caster, ângulo do pino mestre, deslocamento do pino mestre) e das propriedades da banda de rodagem e da superfície da pista.

Tipos de caixas de direção

Uma caixa de direção precisa apresentar as seguintes qualidades:
- nenhuma folga na trajetória retilínea,
- baixo atrito resultando em alta eficiência,
- alta rigidez,
- possibilidade de reajuste.

Por estes motivos apenas dois tipos satisfazem as exigências do veículo:

Pinhão e cremalheira

Como indica o nome, o sistema é constituído basicamente por pinhão e cremalheira. A relação de redução é definida pelo número de revoluções do pinhão (= voltas do volante) em relação ao curso da cremalheira. De acordo com a composição dos dentes da cremalheira a relação de redução pode variar em função do curso. Isso pode diminuir a força de acionamento ou reduzir o curso para correções de direção.

Sem-fim com esferas circulantes

Uma série de esferas circulantes de baixo atrito transmite as forças entre o parafuso-sem-fim e a porca de direção. A porca de direção atua sobre a barra de direção através de um segmento de engrenagem. Neste tipo de caixa de direção é possível obter relação de redução variável.

Cinemática da direção

A cinemática da direção e o desenho do eixo devem ser concebidos de forma a transmitir ao motorista as condições de aderência entre o pneu e a pista, sem contudo transferir para o volante as forças resultantes dos movimentos da suspensão das rodas ou da força de tração (na tração dianteira) (veja p. 764).

Inclinação do eixo de direção provoca uma elevação da parte frontal do veículo quando as rodas são direcionadas, gerando um torque de auto-alinhamento das rodas proporcional ao ângulo de direcionamento.

Convergência (divergência) é um ângulo de deslizamento já presente na trajetória retilínea que exerce tensão sobre o sistema de braços e gera rapidamente uma força transversal quando as rodas são direcionadas.

Caster cria uma alavanca para as forças laterais, ou seja, um torque de auto-alinhamento proporcional à velocidade.

Deslocamento do pino mestre determina o efeito das forças interferentes (ação irregular dos freios, forças de aceleração e desaceleração na tração dianteira) sobre o sistema de direção. Na concepção atual a meta é atingir deslocamento do pino mestre igual a "zero" ou "levemente negativo".

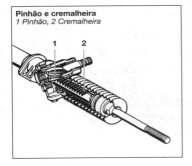

Pinhão e cremalheira
1 Pinhão, 2 Cremalheira

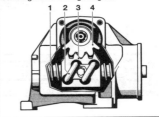

Sem-fim com esferas circulantes
1 Parafuso-sem-fim, 2 Circulação das esferas, 3 Porca de direção, 4 Eixo de direção com segmento de engrenagem.

Classificação dos sistemas de direção

A Diretriz Européia 70/311/EEC diferencia três tipos de sistemas de direção para tração dianteira:
- Sistemas de acionamento muscular: nos quais a força de direcionamento é fornecida exclusivamente pelo motorista (veja Caixa de direção mecânica na p. 787).
- Sistemas de acionamento externo: nos quais a força de direcionamento é fornecida exclusivamente por uma fonte de energia do veículo.
- Sistemas assistidos: nos quais a força de direcionamento é fornecida pelo motorista e por uma fonte de energia do veículo (empregada em veículos de alta velocidade).

Servodireção hidráulica

Fonte de energia

A fonte de energia consiste de uma bomba de palhetas, geralmente acionada pelo motor de combustão, com regulador de fluxo de óleo integrado, reservatório de óleo, tubulação e mangueiras.

A bomba deve ser dimensionada para gerar, já em marcha lenta, um fluxo de óleo que permita girar o volante a uma velocidade mínima de 1,5 n/s.

A válvula de limitação de pressão, obrigatória nos sistemas hidráulicos, normalmente é integrada.

A bomba e os componentes do sistema devem ser projetados de tal forma que o óleo hidráulico não atinja temperaturas excessivas (< 100 °C), não haja geração de ruído e que o óleo não forme espuma.

Nos automóveis de passageiros compactos ocasionalmente também são usadas bombas de engrenagens ou de roletes, acionadas eletricamente. Essa fonte de energia, alimentada pelo sistema elétrico do veículo, pode ser alojada de forma versátil favorecendo a construção modular do veículo. Uma unidade de controle eletrônico possibilita a economia de energia através da variação da velocidade da bomba. A elevação da tensão do sistema elétrico, hoje em desenvolvimento, permitirá o uso destas unidades em veículos maiores.

Válvula de comando

A válvula de comando controla a pressão do cilindro de direção de acordo com o

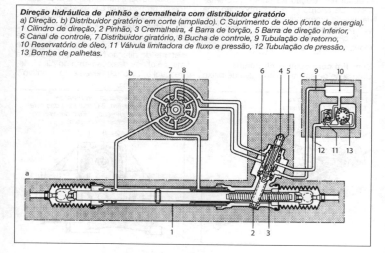

Direção hidráulica de pinhão e cremalheira com distribuidor giratório
a) Direção. b) Distribuidor giratório em corte (ampliado). C Suprimento de óleo (fonte de energia).
1 Cilindro de direção, 2 Pinhão, 3 Cremalheira, 4 Barra de torção, 5 Barra de direção inferior,
6 Canal de controle, 7 Distribuidor giratório, 8 Bucha de controle, 9 Tubulação de retorno,
10 Reservatório de óleo, 11 Válvula limitadora de fluxo e pressão, 12 Tubulação de pressão,
13 Bomba de palhetas.

Direção **789**

movimento do volante de direção. Um sensor elástico de torque (barra de torção, mola espiral, mola de lâmina) determina ao atuador o menor curso possível, geralmente proporcional, exato e sem folgas. As arestas de comando, na forma de chanfros ou facetas, se move em resposta ao curso do atuador e liberam a seção transversal correspondente para o fluxo de óleo.

As válvulas de comando geralmente são construídas segundo o princípio de "no centro aberta", ou seja, quando a válvula não está acionada, o óleo retorna livremente para o reservatório.

Cilindro de direção

O cilindro de direção de dupla ação converte a pressão do óleo acionada em força auxiliar aplicada na cremalheira amplificando a força despendida pelo motorista. Via de regra o cilindro de direção é integrado à caixa de direção. Como o cilindro de direção deve trabalhar com o menor atrito possível, as maiores exigências são feitas aos retentores do pistão e da barra para satisfazer os requisitos.

Servodireção hidráulica, parametrizável

As crescentes exigências de conforto operacional e segurança do veículo resultaram na introdução de servodireções controláveis. Um exemplo é o sistema hidráulico de pinhão e cremalheira servo-assistido, controlado eletronicamente. Ele opera em dependência da velocidade, ou seja, a velocidade indicada pelo tacômetro eletrônico controla a força de acionamento do volante. Uma unidade de controle avalia os sinais de velocidade e determina o nível de resposta hidráulica e, conseqüentemente, a força de acionamento do volante. Estes parâmetros são transmitidos para a válvula de controle do sistema de direção por um conversor eletro-hidráulico, que altera a reação hidráulica em razão da velocidade do veículo. As características da direção são projetadas para permitir o menor esforço de acionamento no âmbito das manobras de estacionamento e com o veículo parado. Com a elevação da velocidade o nível de assistência hidráulica é reduzido, permitindo em altas velocidades uma condução firme e precisa. Neste sistema é importante que em nenhum momento o fluxo ou a pressão do óleo sejam reduzidos e que estejam disponíveis para qualquer situação de emergência. Estas características permitem precisão e segurança excepcionais e máximo conforto nas manobras.

Servodireção elétrica

Atualmente encontra-se em desenvolvimento para veículos médios e compactos a SERVOELECTRIC (designação Bosch ZF). Este sistema de direção assistida é caracterizado através de um motor elétrico alimentado pela rede de bordo do veículo que pode ser instalada em três variantes possíveis como acionamento da coluna de direção, da cremalheira ou da barra de direção.

Servodireção parametrizável
(Curvas características)
As curvas características podem ser adaptadas aos dados do veículo.

Servodireção controlável dependente da velocidade (esquematizada)
1 Bomba de óleo, 2 Carcaça da válvula de direção, 3 Conversor eletro-hidráulico, 4 Unidade de controle, 5 Tacômetro eletrônico, 6 Bateria.

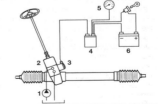

790 Sistemas do chassi

Diagrama de funcionamento da servodireção elétrica
1 Sensor de torque, 2 Caixa de redução, 3 Motor elétrico, 4 Sensor do motor.

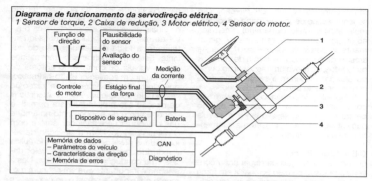

A unidade de controle eletrônico da SERVOELECTRIC admite parametrização (p.ex., variáveis dinâmicas) e amplificação automática da resposta do eixo de direção. Ela oferece potencial considerável de economia de energia do sistema da direção (aprox. 85% em relação à servodireção hidráulica com bomba acionada pelo motor de combustão).

No caso de falha do sistema a direção SERVOELECTRIC funciona mecanicamente (com aumento da força de acionamento).

Servodireção para utilitários

Servodireção com transmissão totalmente hidráulica

Na "direção hidrostática" não há nenhuma conexão mecânica entre as rodas direcionais e o volante. A força de acionamento é amplificada hidraulicamente e transmitida às rodas direcionais exclusivamente por meios hidráulicos. A unidade de controle dispõe de uma bomba de dosagem que alimenta os cilindros de direção com a pressão de óleo proporcional ao movimento do volante de direção. Devido à inevitável perda por escorrimento na bomba de dosagem, a posição do volante em trajetória retilínea é indefinida, restringindo o uso deste sistema às máquinas de trabalho.

A velocidade máxima permitida para este sistema de direção é de 25 km/h na maioria dos países europeus e na Alemanha 50 km/h, podendo ser estendida para 62 km/h com o uso de circuito duplo.

Sistema de servodireção em circuito duplo para utilitários pesados

Sistemas de direção com circuito duplo são exigidos quando, na falta da força auxiliar, a força de acionamento ultrapassa 450 N (EEC 70/ 311).

Estes sistemas de direção são caracterizados pela redundância hidráulica. Ambos circuitos hidráulicos de um equipamento

Servodireção com transmissão totalmente hidráulica
1 Reservatório de óleo, 2 Bomba de direção 3 Unidade de controle eletrônico com bomba de dosagem, 4 Cilindro de direção.
Conexões: L Fluxo de óleo para direcionamento à esquerda, R Fluxo de óleo para direcionamento à direita.

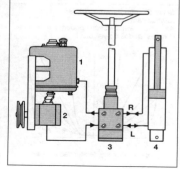

Direção **791**

são monitorados quanto ao funcionamento por um indicador de fluxo. As bombas de alimentação dos circuitos devem ser acionadas de formas distintas (p.ex., dependente do motor, dependente da velocidade ou elétrica). No caso de falha no motor ou em um dos circuitos de direção, o veículo, de acordo com as determinações legais, pode ser controlado pelo circuito em condições operacionais.

Servodireção com circuito simples para utilitários

Os utilitários normalmente são equipados com servodireção hidráulica de rosca-sem-fim e esferas circulares. Nos sistemas modernos a válvula de controle é integrada ao parafuso sem fim, permitindo construção compacta e otimização do peso.

Com pequenas modificações na válvula de comando das modernas servodireções hidráulicas com esferas circulares é possível, através de uma unidade de controle eletrônico, adequar a força de acionamento à velocidade e a outros parâmetros (p.ex.: aceleração lateral ou condições de carga).

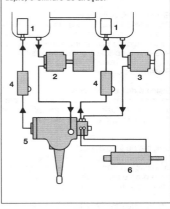

Sistema de servodireção com circuito duplo
1 Reservatório de óleo, 2 Bomba acionada pelo motor, 3 Bomba acionada pela roda, 4 Indicador de fluxo, 5 Direção de circuito duplo, 6 Cilindro de direção.

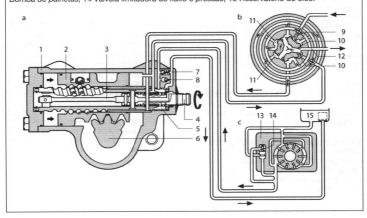

Servodireção hidráulica com esferas circulares
a) Direção, b) Distribuidor giratório em corte (ampliado), c) Suprimento de óleo (fonte de energia)
1 Carcaça, 2 Pistão, 3 Barra de torção, 4 Distribuidor giratório/barra de direção, 5 Bucha de comando/rosca-sem-fim, 6 Eixo do segmento, 7 Válvula reguladora de pressão, 8 Válvula de retorno, 9 Ranhura de admissão, 10 Ranhura de retorno, 11 Canal axial, 12 Canal de retorno, 13 Bomba de palhetas, 14 Válvula limitadora de fluxo e pressão, 15 Reservatório de óleo.

Sistemas de freios

Definições, princípios
(baseado na ISO 611 e DIN 70 024)

Equipamento de freio
Conjunto de todos os sistemas que compõem o freio de um veículo e cuja finalidade é reduzir ou manter sua velocidade, levá-lo à imobilidade ou mantê-lo imóvel.

Sistemas do freio

Sistema de freio de serviço
Permite ao motorista, com atuação progressiva, reduzir a velocidade do veículo durante sua operação ou levá-lo à imobilidade.

Sistema de freio auxiliar
Numa eventual pane no sistema de freio de serviço, permite ao motorista, com atuação progressiva, reduzir a velocidade do veículo ou levá-lo à imobilidade.

Sistema de freio de estacionamento
Permite por meios mecânicos manter o veículo imóvel, mesmo numa pista inclinada e principalmente na ausência do motorista.

Sistema de freio de atuação contínua
Conjunto de elementos que, praticamente sem desgaste do freio de fricção, permite ao motorista reduzir a velocidade do veículo ou em longos trechos em declive manter a velocidade quase constante. Um sistema de freio de atuação contínua pode ter um ou mais desaceleradores.

Sistema de freio automático
Conjunto de elementos que, num desacoplamento intencional ou acidental do reboque do veículo trator, ativa automaticamente os freios do veículo rebocado.

Sistema eletrônico de freio (EBS. EHB)
Sistema de freio controlado por sinais elétricos gerados e processados pelo transmissor de comando. Um sinal elétrico de saída controla os elementos que geram as forças de atuação.

Componentes

Dispositivo de suprimento de energia
Elementos de um sistema do freio que fornecem, regulam e eventualmente condicionam a energia necessária para frenagem. Ele termina no ponto onde começa o dispositivo de transmissão, isto é, onde os circuitos de freio, inclusive circuitos secundários quando existentes, são isolados ou do suprimento de energia ou entre si.

A fonte de energia tanto pode estar localizada fora do veículo (sistema de freio pneumático de um reboque, p.ex.) como também pode ser a força muscular de uma pessoa.

Dispositivo de comando
Elementos de um sistema de freio que induzem e controlam a ação deste sistema de freio. O sinal de controle pode ser transmitido no interior do dispositivo de comando, por exemplo, por meios mecânicos, pneumáticos, hidráulicos ou elétricos, inclusive utilizando energia externa ou auxiliar.

O dispositivo de comando começa no componente onde a força de acionamento é diretamente aplicada e pode ocorrer da seguinte forma:
- diretamente com o pé ou a mão,
- por intervenção indireta do motorista ou sem qualquer intervenção (só em veículos reboques),
- através da alteração da pressão ou da corrente elétrica em um condutor de conexão entre o veículo trator e o reboque durante o acionamento de um dos sistemas de freio do veículo trator ou em caso de uma pane.
- pela inércia ou peso do veículo ou de um de seus componentes essenciais.

O dispositivo de comando termina no ponto onde a energia necessária para frenagem é distribuída ou onde uma parte da energia é desviada para controlar a energia de frenagem.

Dispositivo de transmissão
Elementos de um sistema de freio que transferem a energia controlada pelo dispositivo de comando. Ele começa no ponto onde termina, por um lado o dispositivo de comando, ou por outro o dispositivo de abastecimento de energia. Ele termina nos elementos do sistema de freio onde são geradas as forças de oposição ao movimento ou à tendência de movimento do veículo. Ele pode, por exemplo, ser mecânico, hidráulico, pneumático (pressão maior ou menor do que a pressão atmosférica), elétrico ou combinado (hidromecânico, hidropneumático).

Freios
Elementos de um sistema nos, quais são geradas as forças de oposição ao movimento ou à tendência de movimento do veículo, por exemplo, freios de fricção (disco ou tambor) ou desaceleradores (desaceleradores hidrodinâmicos ou eletrodinâmicos, freio motor).

Dispositivo auxiliar do veículo trator para um reboque
Elementos de um sistema de freio de um veículo trator destinados a suprir energia e controlar o sistema de freio do reboque. Ele é composto pelos elementos entre o dispositivo de suprimento de energia do veículo trator e o cabeçote de acoplamento da tubulação de suprimento (inclusive), assim como pelos elementos dos dispositivo(s) de transmissão do veículo trator e do cabeçote de acoplamento da tubulação de freio (inclusive).

Sistemas de freio em relação ao dispositivo de suprimento de energia

Sistema de freio por energia muscular
Sistema de freio, no qual a energia necessária para gerar a força de frenagem é fornecida unicamente pelo esforço físico do motorista.

Sistema de freio servo-assistido
Sistema de freio no qual a energia necessária para gerar a força de frenagem é fornecida pelo esforço físico do motorista e por um ou vários dispositivos de suprimento de energia.

Sistema de freio por energia externa
Sistema de freio no qual a energia necessária para gerar a força de frenagem é fornecida por um ou vários dispositivos de suprimento de energia, dispensando o esforço físico do motorista que é usado apenas para o comando do sistema.

Nota: Sistemas de freio, nos quais o motorista pode incrementar a energia de frenagem no caso de queda total de energia, acionando o sistema por esforço físico, não se incluírem nesta definição.

Sistema de freio inercial
Sistema de freio no qual a energia necessária para gerar a força de frenagem é produzida pela aproximação do reboque ao veículo trator.

Sistema de freio por gravidade
Sistema de freio, no qual a energia necessária para gerar a força de frenagem é fornecida pela queda de um componente vital do reboque (p.ex. barra de engate) devido à gravidade.

Sistemas de freio em relação à constituição do dispositivo de transmissão

Sistema de freio de circuito único
Sistema de freio que possui um dispositivo de transmissão com único circuito. O dispositivo de transmissão é de circuito único quando, na ocorrência de uma pane no dispositivo de transmissão, este não é mais capaz de transmitir a energia necessária para atuação.

Sistema de freio de circuito múltiplo
Sistema de freio que possui um dispositivo de transmissão com vários circuitos. O dispositivo de transmissão é de circuito múltiplo quando, na ocorrência de uma pane no dispositivo de transmissão, este ainda é capaz de transmitir total ou parcialmente a energia necessária para atuação.

Definição dos sistemas de freio em relação à combinação dos veículos

Sistema de freio de uma via
Configuração, na qual os sistemas de freio de cada veículo são interligados de forma que uma única tubulação é usada alternadamente para suprir energia e para acionamento do sistema de freio do reboque.

Sistema de freio de via dupla ou múltipla
Configuração, na qual os sistemas de freio de cada veículo são interligados de forma que o suprimento de energia e o acionamento do sistema de freio do reboque são feitos separadamente através de várias tubulações.

Sistema de freio contínuo
Combinação dos sistemas de freio dos veículos de um comboio. Características:
- Do seu assento o motorista, numa só operação e com ação gradual, pode acionar diretamente o dispositivo de comando do veículo trator e indiretamente o do veículo reboque.
- A energia necessária para frenagem dos veículos individuais do comboio é fornecida pela mesma fonte (que pode ser a força muscular do motorista).
- Frenagem simultânea ou devidamente defasada dos veículos individuais do comboio.

Sistema de freio semicontínuo
Combinação dos sistemas de freio dos veículos de um comboio. Características:
  Do seu assento o motorista, numa só operação e com ação gradual, pode acionar diretamente o dispositivo de acionamento do veículo trator e indiretamente o do veículo reboque.
  A energia necessária para frenagem dos veículos individuais do comboio é fornecida por pelo menos duas fontes diferentes (uma delas pode ser a força muscular do motorista).
  Frenagem simultânea ou devidamente defasada dos veículos individuais do comboio.

Sistema de freio não contínuo
Combinação dos sistemas de freio dos veículos de um comboio que não é nem contínua nem semicontínua.

Linhas de condução do sistema de freio

Cabo, condutor: Condutores para energia elétrica.
Tubulação: Condutores flexíveis, semiflexíveis ou rígidos para condução de energia hidráulica ou pneumática.

Linhas para conexão dos equipamentos de freios dos veículos de um comboio

Linha de suprimento: uma linha de suprimento é uma linha especial de abastecimento, através da qual a energia do veículo trator chega ao acumulador do veículo reboque.
Linha de freio: linha especial, através da qual a energia necessária para o controle é transmitida do veículo trator para o veículo rebocado.
Linha compartilhada de freio e suprimento: Linha que serve igualmente como linha de freio e linha de suprimento. (sistema de freio de uma via).
Linha de freio auxiliar: linha especial de serviço, através da qual a emergia necessária para o freio auxiliar é transmitida do veículo trator para o veículo reboque.

Procedimento de frenagem
Todos os eventos entre o início do acionamento do dispositivo de comando e o final da frenagem.

Frenagem gradual
Frenagem na qual, dentro da faixa normal de operação do dispositivo de comando, se permite ao motorista a qualquer momento, aumentar ou reduzir, com sensibilidade suficiente, a força de frenagem através do acionamento do dispositivo de comando. Se a intensificação da ação sobre o dispositivo de comando resulta em elevação da força de frenagem, então uma inversão da atuação deve provocar uma redução desta força.

Histerese do sistema de freio: Diferença das forças de acionamento ao pressionar e liberar com o mesmo momento do freio.

Histerese do freio: Diferença entre as forças de retenção ao pressionar e liberar com o mesmo momento do freio.

Sistemas de freios

Forças e momentos

Força de acionamento F_c: Força exercida sobre o dispositivo de comando.

Força de compressão F_s: No freio de fricção, a força total aplicada a uma guarnição e que pelo atrito resultante gera a força de frenagem.

Momento de freio: Produto das forças de fricção resultante da forças de retenção pela distância do ponto de aplicação destas forças ao centro do eixo de rotação das rodas.

Força de frenagem total F_t: Soma das forças de frenagem atuando na superfície de contato de todos os pneus com a pista, produzidas pelo sistema de freio e que se opõem ao movimento ou à tendência de movimento do veículo.

Distribuição da força de frenagem: Indicação em % da força de frenagem de cada eixo em relação à força de frenagem total F_t, p.ex.: eixo dianteiro 60%, eixo traseiro 40%.

Coeficiente de frenagem C^*: Relação entre as forças periféricas totais e a força de retenção de um determinado freio:

$$C^* = F_u/F_s$$

F_u forças periféricas totais, F_s força de retenção. Se diversas forças de retenção atuarem sobre cada sapata de freio, deve-se efetuar a média (i = quantidade):

$$F_s = \Sigma F_{si}/i$$

Tempos (veja diagrama)

Tempo de reação: Tempo transcorrido desde a percepção até o inicio do acionamento do dispositivo de comando (t_0).

Tempo de movimentação do dispositivo de comando: Tempo transcorrido desde o início da atuação da força sobre o dispositivo de comando (t_0) até a posição final ou o curso de acionamento correspondente à força de aplicação, (válido em sentido inverso também para a liberação do freio).

Tempo de resposta $t_1 - t_0$: Tempo transcorrido desde o inicio da atuação da força sobre o dispositivo de comando até o estabelecimento da força de frenagem.

Período de limiar $t_{1'} - t_1$: Tempo transcorrido desde o estabelecimento da força de frenagem até a obtenção de um determinado valor (75% do valor assintótico da pressão do cilindro receptor da roda, de acordo com a diretriz EU 71/320 EWG, anexo III, 2.4).

Tempo de resposta e período limiar: A soma do tempo de resposta e do período de limiar serve para avaliar o comportamento temporal do sistema de freio até a obtenção da ação total de frenagem.

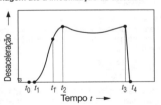

Tempos e desaceleração durante uma frenagem até a imobilização do veículo.

antes de t_0: Tempo de reação
t_0: Início da ação da força sobre o dispositivo de comando
t_1: Início da desaceleração
$t_{1'}$: Final do período de limiar
t_2: Desaceleração totalmente gerada
t_3: Final da desaceleração total
t_4: Final da frenagem (imobilização do veículo)
$t_1 - t_0$: Tempo de resposta inicial
$t_{1'} - t_1$: Período limiar
$t_3 - t_2$: Faixa "desaceleração média total"
$t_4 - t_1$: Duração da ação do freio
$t_4 - t_0$: Duração da frenagem

Duração da ação do freio $t_4 - t_1$: Tempo transcorrido desde o estabelecimento da força de frenagem até sua extinção. Se o veículo é imobilizado antes que cesse a força de retenção, então o inicio da imobilização é o final da ação do freio.

Tempo de liberação: Tempo transcorrido desde o início do movimento de liberação do dispositivo de comando até a extinção da força de frenagem.

Duração da frenagem $t_4 - t_0$: Tempo transcorrido desde o início da ação da força sobre o dispositivo de comando até a extinção da força de frenagem. Se o veículo é imobilizado antes que cesse a força de retenção, então o inicio da imobilização determina o final da duração da frenagem.

Distância de frenagem s: Distância percorrida pelo veículo ao longo da duração da frenagem. Se o início da imobilidade determina o final da duração da frenagem, então a distância percorrida até este ponto é denominada "distância percorrida até a imobilidade".

Trabalho de frenagem W: Integral do produto da força de frenagem instantânea total F_f e o movimento de frenagem elementar d-s através da distância de frenagem.

$$W = \int_0^s F_f \cdot ds$$

Potência instantânea de frenagem P
Produto da força de frenagem total F_f pela velocidade do veículo v

$P = F_f \cdot v$

Desaceleração de frenagem
Redução da velocidade do veículo obtida pelo sistema de freio na unidade de tempo t. Diferencia-se:

Desaceleração instantânea da frenagem
$a = dv/dt$

Desaceleração média num determinado período
Desaceleração média entre dois instantes t_B e t_E

$$a_{mt} = \frac{1}{t_E - t_B} \cdot \int_{t_B}^{t_E} a(t) \cdot d\tau;$$

De onde se obtém:

$$a_{mt} = \frac{v_E - v_B}{t_E - t_B},$$

onde v_E e v_B são as velocidades do veículo nos instantes t_B e t_E.

Desaceleração média numa determinada distância
Desaceleração média entre dois pontos do percurso s_E e s_B

$$a_{ms} = \frac{1}{s_E - s_B} \cdot \int_{s_B}^{s_E} a(s) ds;$$

De onde se obtém:

$$a_{ms} = \frac{v_E^2 - v_B^2}{2 \cdot (s_E - s_B)}$$

onde v_E e v_B são as velocidades do veículo nos pontos do percurso s_E e s_B

Desaceleração média no percurso de imobilização.
Desaceleração média de acordo com a seguinte equação:

$$a_{ms0} = \frac{-v_0^2}{2 \cdot s_0},$$

onde v_0 se refere ao instante t_0 (caso especial de a_{ms} onde $s_E = s_0$).

Desaceleração média total d_m
Desaceleração média total no percurso determinada pelas condições $v_B = 0{,}8 \cdot v_0$ e $v_E = 0{,}1 \cdot v_0$:

$$d_m = \frac{v_B^2 - v_E^2}{2 \cdot (s_E - s_B)}$$

A desaceleração média total é utilizada na regulamentação ECE 13 como parâmetro de eficiência de um sistema de freio. Como lá são utilizados valores positivos para d_m, aqui o sinal matemático foi invertido (para estabelecer uma relação entre distância de frenagem e desaceleração, a desaceleração deve ser expressa em função da distância).

Fator de frenagem:
Relação entre a força de frenagem total F_f e o peso estático total G_s sobre o eixo ou eixos do veículo:

$z = F_f / G_s$

Regulamentações legais

O teste do sistema de freios com a finalidade de certificação geral do veículo na Europa deve ser realizado de acordo com:
- as regulamentações nacionais de licenciamento de veículos e respectivas Diretrizes sobre testes de freios,
- as Diretrizes da Comunidade Econômica Européia, Diretriz EU 71/320 EWG e respectivas emendas e anexos ou
- as regulamentações ECE 13, 13H e 78 da Comissão Econômica da ONU em Genebra.

Na Europa, as regulamentações nacionais sobre o licenciamento de veículos de cada país determinam o cumprimento das Diretrizes UE ou da Regulamentação ECE 13 (ou 13H). Em essência elas são bastante similares. Entretanto, as regulamentações ECE 13 e 13H são mais atuais e incluem, por exemplo, requisitos para sistemas de freios com controle elétrico (sistemas de freios controlados eletronicamente), assim como requisitos para sistemas eletrônicos complexos, como ESP ou ACC.

Sistemas de freios em conformidade com as Diretrizes da EU e com as Regulamentações ECE 13 e 78
(para determinação da classe, veja página 885).

<u>Veículos automotivos da categoria L (menos de 4 rodas)</u>
Veículos motorizados com duas ou quatro rodas devem ser equipados com dois sistemas de freios independentes. Para veículos pesados de 3 rodas da categoria L os dois sistemas devem atuar conjuntamente sobre todas as rodas. Além disso, estes veículos devem dispor de um sistema de freio de estacionamento.

<u>Veículos automotivos das categorias M e N</u>
Veículos automotivos das categorias M e N devem satisfazer os requisitos estipulados para os sistemas de freio de serviço, de freio auxiliar e freio de estacionamento. Os três sistemas de freios podem ter componentes compartilhados. Devem existir pelo menos dois dispositivos de acionamento independentes um do outro.

A distribuição da força de frenagem para cada eixo é especificada. Veículos das categorias M_2 e N_2 para cima devem ser equipados com sistemas antibloqueio (ABS) (há eventuais exceções para veículos com homologação antiga).

Para preencher os requisitos em longos trechos de declive, é permitido o uso de sistema adicional de freios de ação contínua. Veículos da categoria M_3 para tráfego local ou de longa distância devem preencher os requisitos destes "declives" usando exclusivamente o sistema de freio de ação contínua.

<u>Veículos reboques da categoria O</u>
Os reboques da categoria O_1 não necessitam nenhum sistema de freio, mas devem dispor de uma conexão segura com o veículo trator. Veículos reboques da categoria O_2 devem ser equipados com um sistema de freio de serviço e de estacionamento que podem possuir componentes comuns. Também deve ser possível a uma pessoa ao lado do veículo acionar freio de estacionamento. A distribuição da força de frenagem para cada eixo é especificada.

Determinados veículos reboques a partir da categoria O_3 devem ser equipados com sistemas antibloqueio (ABS).

Freios inerciais são permitidos para veículos reboques da categoria O_2.

Numa eventual ruptura do dispositivo de conexão durante a viagem o veículo reboque deve ser freado automaticamente (para reboques de < 1,5 t) ou possuir uma conexão segura com o veículo trator.

Requisitos da StVZO (Alemanha), Diretriz EU 71/320 EWG e Regulamentação ECE 13

Classe do veículo (para determinação da classe veja página 885)	Automóveis de passageiros e furgões			Veículos comerciais			Reboques			
	M_1	M_2	M_3	N_1	N_2	N_3	O_1	O_2	O_3	O_4
Sistema de freio de serviço	Distribuição prescrita da força de frenagem para cada eixo, atuando em todas as rodas						Nenhum sistema de freio ou como O_2	Sistema de freio inercial ou como O_3		
ABS conforme Diretriz EG ou ECE [1] ($V_{max} \geq 25$ km/h)	–	+	+	–	+	+			+	+
Teste tipo O (motor desengatado)										
Velocidade de teste km/h	80	60	60	80	60	60	–	60	60	60
Distância de frenagem ≤ m	50,7	36,7	36,7	61,2	36,7	36,7				
Equação da distância de frenagem	$0,1v + \dfrac{v^2}{150}$			$0,15v + \dfrac{v^2}{130}$				$z \geq 0,50$ semi-reboque $z \geq 0,45$		
Desaceleração média total ≥ m/s²	5,8			5,0						
Força de acionamento ≤ N	500			700				$a \leq 6,5$ bar		
Teste tipo O (motor engatado)	Comportamento do veículo sob frenagem de 30% a 80% v_{max} e eficiência do freio									
Velocidade de teste $v = 80\% v_{max}$, porém ≤ km/h	160	100	90	120	100	90	–	–	–	–
Distância de frenagem ≤ m	212,9	111,6	91,8	157,1	111,6	91,8				
Equação da distância de frenagem	$0,1v + \dfrac{v^2}{130}$			$0,15v + \dfrac{2v^2}{130}$						
Desaceleração média total ≥ m/s²	5,0			4,0						
Força de acionamento ≤ N	500			700						
Teste tipo I	Frenagem repetitiva a 3 m/s², carregado, motor engatado							Frenagem contínua, carregado, 40 km/h, 7% de declive, 1,7 km, $z \geq 0,36$ e $z \geq 60\%$ do valor medido no teste tipo O a 40 km/h		–
$v_1 = 80\% v_{max}$, porém ≤ km/h $v_2 = 1/2\ v_1$	120	100	60	120	80	60	–			
Número de ciclos de frenagem n	15	15	20	15	20	20				
Duração do ciclo de frenagem s	45	55	60	55	60	60				
Eficiência do freio quente ao final do teste tipo I	≥ 80% do que a eficiência especificada para o teste tipo O (motor desengatado) e ≥ 60% da eficiência obtida no teste tipo O (motor desengatado)									
Teste tipo II Em declive longo	Energia correspondente a 30 km/h, declive de 7% e 6 km, carregado, só com o freio de ação contínua acionado									
Eficiência do freio quente ao final do teste tipo II	Mensuramento como teste tipo O (desengatado)									a 40 km/h
Equação da distância de frenagem	$M_3: 0,15v + \dfrac{1,33v^2}{130}$; $N_3: 0,15v + \dfrac{1,33v^2}{115}$						–	–	–	
Distância de frenagem ≤ m	–	–	45,8	–	–	50,6				$z \geq 0,33$
Desaceleração média total ≥ m/s²	–	–	3,75	–	–	3,3				

[1] Para homologações antigas há possibilidade de exceções eventuais.

Sistemas de freios

Classe do veículo (para determinação da classe veja página 885)		Automóveis de passageiros e furgões			Veículos comerciais			Reboques			
		M_1	M_2	M_3	N_1	N_2	N_3	O_1	O_2	O_3	O_4
Teste tipo IIa		\multicolumn{6}{l}{Energia correspondente a 30 km/h, declive de 7% e 6 km, carregado, só com o freio de ação contínua acionado.}					
Para sistema de freio de ação contínua		\multicolumn{6}{l}{Só permitido para M_3 [2]) e para tração de O_4, N_3.}					
Teste tipo III		–						–	–	–	[3])

Efeito residual de frenagem
Após falha no sistema de transmissão/circuito de freio, motor desengatado

Os freios do veículo reboque devem estar total ou parcialmente acionados com efeito gradual

		M_1	M_2	M_3	N_1	N_2	N_3
Velocidade de teste	km/h	80	60	60	70	50	40
Dist. de frenagem, carregado	≤ m	150,2	101,3	101,3	152,5	80,0	52,4
Dist. de frenagem, descarregado	≤ m	178,7	119,8	101,3	180,9	94,5	52,4
Desaceleração média total carregado	≥ m/s²	1,7	1,5	1,5	1,3	1,3	1,3
descarregado	≥ m/s²	1,5	1,3	1,5	1,1	1,1	1,3
Força de acionamento	≤ N	700	700	700	700	700	700

Sistema de freio auxiliar
(Testado como no teste tipo O, motor desengatado)

Os freios do veículo reboque devem ser acionados com efeito gradual

		M_1	M_2	M_3	N_1	N_2	N_3
Velocidade de teste	km/h	80	60	60	70	50	40
Distância de frenagem	≤ m	93,3	64,4	64,4	95,7	54,0	38,3
Fórmula da distância de frenagem		$0,1v + \dfrac{v^2}{150}$	$0,15v + \dfrac{2v^2}{130}$		$0,15v + \dfrac{2v^2}{115}$		
Retardo médio máximo	≥ m/s²	2,9	2,5		2,2		
Força de acionamento com a mão	≤ N	400	600		600		
com o pé	≤ N	500	700		700		

Sistema de freio de estacionamento
(teste com o veículo carregado)

		M_1 M_2 M_3	N_1 N_2 N_3	O_1	O_2 O_3 O_4
Efeito de imobilização em aclive/declive	≥ %	18	18	–	18
em conjunto com veículo da categoria O sem freio	≥ %	12	12	–	–
Força de acionamento com a mão	≤ N	400 600	600	–	600
com o pé	≤ N	500 700	700	–	–

Teste tipo O [4])
(motor desengatado, carregado)

		M_1	M_2	M_3	N_1	N_2	N_3	
Velocidade de teste	km/h	80	60	60	70	50	40	–
Desaceleração média total e desaceleração antes da imobilização	≥ m/s²	1,5			1,5			

Sistema de freio automático
Frenagem do veículo reboque com sistema de ar comprimido no caso de queda na pressão do reservatório

			O_1	O_2 O_3 O_4
Velocidade de teste	km/h		–	40
Fator de frenagem	≥ %		–	13,5

---

[2]) Exceto ônibus urbano.
[3]) Frenagem repetitiva como no teste tipo I para N_3. Depois eficiência do freio ≥ 40 e ≥ 60% do nível atingido no teste tipo O.
[4]) Com sistema de freio de estacionamento ou via dispositivo auxiliar de acionamento do sistema de freio de serviço.

Veículos com sistema antibloqueio (ABS)

Os sistemas ABS precisam corresponder aos requisitos do anexo X da Diretriz EU 71/320/EWG ou ao anexo 13 da Regulamentação ECE 13 (para veículos das categorias M_2, M_3, N_2 e N_3 da classe 1). As exigências essenciais são:
- na frenagem sobre qualquer superfície da pista, a velocidades acima de 15 km/h, o travamento das rodas diretamente controladas deve ser evitado.
- a estabilidade e o controle direcional devem ser mantidos, assim como
- deve ser explorada a aderência dos pneus em pistas com nível de atrito uniforme ou (no caso da classe 1) lateralmente irregular (μ-Split) e
- um dispositivo óptico deve alertar sobre falhas elétricas.

Para veículos reboque são estabelecidos apenas requisitos mínimos. Por motivos de segurança e preservação dos pneus, os sistemas antibloqueio do veículo trator e do veículo reboque devem ser compatíveis.

Veículos tratores e veículos reboques com sistema de freio a ar comprimido

As conexões de ar comprimido devem ter concepção dupla ou múltipla. Quando o sistema de freio de serviço do veículo trator for acionado, o sistema de freio de serviço do veículo reboque também deve ser acionado com ação gradual. Se ocorrer qualquer falha no sistema de freio de serviço do veículo trator, a parte não afetada pela falha deve ser capaz de frear o reboque com ação gradativa. No caso de rompimento ou vazamento em uma das linhas de conexão entre o veículo trator e o reboque deve haver um meio de frear o ou este deve frear automaticamente.

A eficiência do freio do veículo carregado (e descarregado no caso de veículos sem ABS) é especificada de acordo com a pressão no cabeçote de conexão da tubulação de freio. Só deve ser possível acionar o sistema de freio de serviço do veículo reboque em conjunto com o sistema de freio de serviço, freio auxiliar ou freio de estacionamento do veículo trator.

Composição e estrutura de um sistema de freio

Componentes básicos

Um sistema de freio compreende (veja figura A):
- Suprimento de energia,
- Dispositivo de comando,
- Dispositivo de transmissão para controle da força de frenagem e para ativação do freio motor e de estacionamento, assim como do desacelerador,
- Dispositivos adicionais no veículo trator para frenagem de um veículo reboque,
- Freios das rodas.

Estes componentes afetam individualmente as forças decisivas para a frenagem do veículo ou comboio.

Diferentes aplicações para diversos tipos de veículos resultam em parte numa ampla variedade de exigências feitas ao sistema de freios, o que obriga ao desenvolvimento de sistemas de freios diferentes entre si, tanto na aplicação quanto na concepção dos componentes básicos.

Finalidade de aplicação

Regulamentações legais estabelecem que o equipamento de freios para veículos utilitários deve ser constituído de:
- sistema de freio de serviço,
- sistema de freio auxiliar,
- sistema de freio de estacionamento e, dependendo do caso,
- sistema de freio de ação contínua e
- sistema de freio automático.

Os sistemas de freio de serviço e de estacionamento dispõem de dispositivos de comando e transmissão independentes. O acionamento do dispositivo de comando do sistema de freio de serviço, via de regra, é feito com o pé, e o do sistema de freio de estacionamento, com a mão ou com o pé. O sistema de freio auxiliar freqüentemente compartilha componentes com o freio de serviço e com o freio de estacionamento. Por exemplo, um dos circuitos do sistema de freio de serviço de duplo circuito assume a função de freio auxiliar. O freio de ação contínua serve de freio adicional livre de desgaste, aliviando o sistema de freio de serviço, principalmente em longos trechos em declive (página 846).

O sistema de freio automático se aplica apenas à operação com reboque.

Tipos de energia e meios utilizados
Dependendo do tipo de energia empregada no controle do sistema de freio é feita uma distinção entre:
- Sistema de freio por energia muscular
- Sistema de freio servo-assistido
- Sistema de freio por energia externa
- Sistema de freio inercial

Estes sistemas de freios também podem ser combinados. Por exemplo, ao contrário do sistema de freio por energia externa, o sistema de freio servo-assistido depende em parte da força exercida sobre o pedal. Os sistemas de freio por energia externa e de freio servo-assistido podem ser diferenciados não só pelo tipo, mas também pelo meio utilizado na transmissão da energia para ativação dos freios das rodas, que pode ser pneumático (ar comprimido, vácuo), hidráulico ou elétrico.

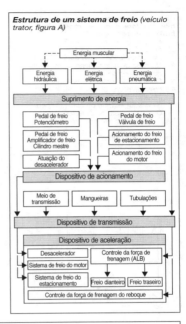

Estrutura de um sistema de freio (veículo trator, figura A)

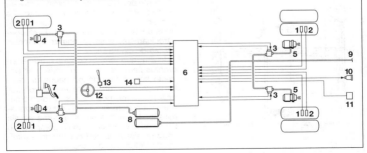

Sistema de freio eletrônico-pneumático para veículo trator de dois eixos (figura B)
1 Sensor de rotação, 2 Sensor de desgaste da guarnição do freio, 3 Válvula reguladora, 4 Cilindro de freio da roda dianteira, 5 Cilindro de freio da roda traseira, 6 Unidade de controle, 7 Pedal de freio, 8 Reservatório de ar comprimido, 9 Suprimento de ar comprimido para o reboque, 10 Tubulação de comando do reboque, 11 Sensor de força de acoplamento, 12 Sensor do ângulo do volante de direção, 13 Ativação do sistema do desacelerador e do freio motor, 14 Sensor de taxa de guinada/ aceleração lateral.

802 Sistemas de segurança do veículo

Comparação entre os sistemas de freios híbrido e totalmente eletrônico ("full brake-by-wire") (figura C)
a) Freio eletro-hidráulico (EHB)
b) Freio eletromecânico (EMB)
1 Linha hidráulica com redundância,
2 Unidade de acionamento com simulador do curso do pedal,
3 Linha hidráulica sem redundância,
4 Freio da roda,
5 Módulo EMB da roda,
6 Simulador elétrico do curso do pedal,
7 Gerenciamento do sistema elétrico.
VA Eixo dianteiro, HA Eixo traseiro

——— Alimentação,
- - - - Percurso do sinal.

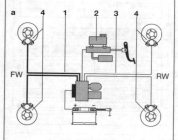

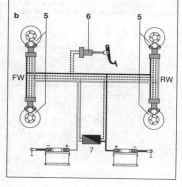

Freio de roda eletromotriz (EMB) para sistema totalmente eletrônico ("full brake-by-wire") (figura D)

Tipo do dispositivo de transmissão

A transmissão da força no sistema de freio é feita por meio mecânico, hidráulico, pneumático e elétrico/eletrônico. Na transmissão em direção aos freios das rodas também são possíveis combinações híbridas.

O dispositivo elétrico/eletrônico de transmissão (figura B) é cada vez mais importante, principalmente nos sistemas de freios pneumáticos eletrônicos e hidráulicos eletrônicos.

Nos sistemas de freios totalmente eletrônicos, os freios das rodas são controlados eletronicamente e ativados por motores elétricos. As atividades visando o preenchimento dos requisitos exigidos para este sistema estão em pleno andamento. Os primeiros veículos equipados com protótipos deste freio de roda ativado eletroeletronicamente já se encontram em testes de campo (figura D).

Assim que estes sistemas estiverem prontos para produção em série, eles poderão ser de fato denominados de "sistema de freio totalmente eletrônico" (full brake-by-wire), pois o emprego da hidráulica e da pneumática como meio de transmissão de energia se dará numa escala ínfima. Isso é evidenciado na comparação entre os sistemas de freio híbrido e totalmente eletrônico na figura C.

Concepção do sistema de freios

O sistema de freios é concebido sob o ponto de vista tanto do veículo quanto do equipamento. Na concepção sob o ponto de vista do veículo, a força de frenagem que pode ser aplicada, sob um coeficiente específico de atrito entre os pneus e a superfície da pista, sem que ocorra o bloqueio das rodas, é determinada pela posição do centro de gravidade do veículo e pela distribuição da força de frenagem entre os eixos dianteiro e traseiro. O gráfico de distribuição da força de frenagem ilustra esta relação. Os eixos das coordenadas indicam as forças de frenagem dos eixos dianteiro e traseiro em relação ao peso. Os pontos de intersecção das retas que indicam o mesmo coeficiente de atrito para o eixo dianteiro e traseiro formam a parábola da distribuição "ideal" da força de frenagem. As linhas representam frenagem constante complementam o gráfico.

Se não é prevista nenhuma válvula de equalização de pressão, a distribuição das forças de frenagem estabelecida também formará uma reta. A inclinação é resultado da relação entre as forças de frenagem dos eixos dianteiro e traseiro, determinadas através dos dimensionamentos das rodas de freio. Enquanto a linha da distribuição estabelecida permanecer abaixo da distribuição ideal, o eixo dianteiro será bloqueado primeiro (distribuição estável da frenagem). O ponto de bloqueio do eixo dianteiro se encontra na intersecção entre a "distribuição estabelecida" e as linhas representando os respectivos coeficientes de atrito.

Os critérios essenciais da concepção sob o ponto de vista do veículo são:
- Determinações legais sobre a desaceleração mínima antes do bloqueio e a seqüência de bloqueio.
- Condições de distribuição da carga.
- Influência da fadiga dos freios.
- Torque de frenagem do motor.
- Falha no circuito de freio.
- Válvula de equalização (se disponível).
- Desacelerador (se disponível).

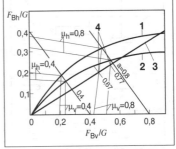

Distribuição da força de frenagem sem válvula de equalização.
Distribuição ideal da força de frenagem: 1 Com o peso total admissível, 2 Pronto para andar (com motorista). 3 Distribuição da força de frenagem estabelecida, 4 Bloqueio do eixo dianteiro, FBv Força de frenagem no eixo traseiro, FBh Força de frenagem no eixo dianteiro, G Peso, a Desaceleração. Coeficientes de atrito: traseiro μ_{HFh}, dianteiro μ_{HFV}.

A concepção do ponto de vista do equipamento se ocupa com o dimensionamento do freio da roda e do dispositivo de comando.

Critérios para a concepção do freio da roda:
- Tipo do freio (disco ou tambor).
- Durabilidade (desgaste e solicitações).
- Espaço disponível para alojamento.
- Níveis aceitáveis de pressão.
- Rigidez (volume de fluido absorvido pelo freio hidráulico).

Critérios de concepção para o dispositivo de comando:
- Curso e força do pedal no acionamento normal do freio, na frenagem de emergência e no caso de pane num dos circuitos ou no amplificador do freio.
- Requisitos de conforto.
- Espaço para instalação.
- Combinação com sistemas para regulagem da força de frenagem.

Configurações do circuito de freio (variantes)
a) Repartição II, b) Repartição X, c) Repartição HI, d) Repartição LL, e) Repartição HH.
1 Circuito de freio n° 1, 2 Circuito de freio n° 2
← Direção do movimento

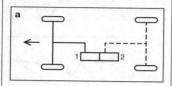
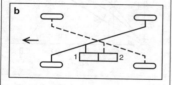
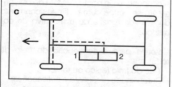
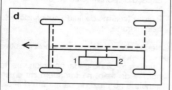
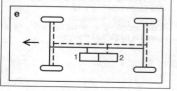

Configurações do circuito de freio

Regulamentações legais exigem um dispositivo de transmissão de circuito duplo. Das cinco possibilidades previstas na DIN 74 000, as repartições II e X se tornaram padrão. Com o mínimo gasto em tubulações, mangueiras, conexões e vedações estáticas ou dinâmicas, a probabilidade de pane devida a vazamentos é comparável ao dos sistemas de freios com circuitos simples. No caso de pane no circuito de freio, em virtude de sobrecarga térmica de um freio de roda, as repartições em HI, LL e HH são particularmente críticas, pois uma falha de ambos circuitos de freio numa roda pode provocar o colapso total do sistema de freios.

Para satisfazer as exigências legais em relação à ação do freio auxiliar, veículos com maior carga dianteira são equipados com a repartição X. A repartição II é mais indicada para veículos com maior carga traseira e para utilitários médios e pesados.

Repartição II
Separação eixo dianteiro/eixo traseiro. Um circuito de freio atua sobre o eixo dianteiro e o outro, sobre o eixo traseiro.

Repartição X
Distribuição diagonal. Cada circuito de freio atua sobre uma roda dianteira e sobre uma roda traseira diagonalmente oposta.

Repartição HI
Separação eixo dianteiro/eixo dianteiro e eixo traseiro/traseiro. Um círculo de freio atua sobre os eixos dianteiro e traseiro e o outro, somente sobre o eixo dianteiro.

Repartição LL
Separação eixo dianteiro e roda traseira/eixo dianteiro e roda traseira. Cada circuito de freio atua sobre o eixo dianteiro e sobre uma das rodas traseiras.

Repartição HH
Separação eixo dianteiro e eixo traseiro/eixo dianteiro e eixo traseiro. Cada circuito de freio atua sobre o eixo dianteiro e sobre o eixo traseiro.

Sistemas de freios para veículos de passageiros e utilitários leves

Componentes

Dispositivo de comando
O dispositivo de comando é composto de:
- Pedal de freio
- Servofreio a vácuo
- Cilindro mestre
- Reservatório de fluido de freio
- Dispositivo de alerta sobre falha num dos circuitos de freio ou perda de fluido de freio

Além desta composição padrão também pode ocasionalmente ser empregado servofreio hidráulico ou mesmo sistema de freio através de energia externa. No caso de sistema de freio através de energia externa, uma válvula de freio substitui o servofreio e o cilindro mestre. A pressão de freio desejada é regulada de acordo com a força no pedal de freio. Para armazenamento e produção de energia devem ser instalados o acumulador de alta pressão e a respectiva bomba.

Servofreio a vácuo
O servofreio a vácuo tem aplicação disseminada, graças à sua construção simples e econômica. Neste tipo de servofreio, a força aplicada no pedal controla a entrada da pressão atmosférica num dos lados do diafragma, enquanto o outro lado do diafragma é submetido à depressão. A pressão diferencial no diafragma gera uma força suplementar à força aplicada no pedal. O diagrama simplificado ilustra, sem considerar o grau de eficiência ou as perdas, os parâmetros essenciais que afetam a pressão do freio:
- Relação da alavanca do pedal
- Fator de amplificação
- Área do diafragma
- Nível de depressão
- Área do cilindro mestre

A pressão do freio resulta da combinação da força do pedal e da força auxiliar. A proporção da força auxiliar aumenta até o ponto de amplificação total, de acordo com o fator de amplificação determinado pelo projeto.

Servofreio a vácuo
Influência dos parâmetros de concepção
1 Área do cilindro mestre, 2 Relação de alavanca do pedal, 3 Fator de amplificação, relação de alavanca do pedal, 4 Área do diafragma, nível de depressão, 5 Proporção da força do pedal, 6 Proporção da força auxiliar, 7 Ponto de amplificação total

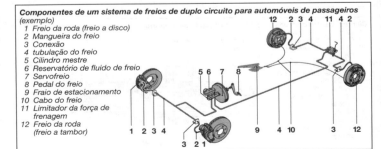

Componentes de um sistema de freios de duplo circuito para automóveis de passageiros (exemplo)
1. Freio da roda (freio a disco)
2. Mangueira do freio
3. Conexão
4. tubulação do freio
5. Cilindro mestre
6. Reservatório de fluido de freio
7. Servofreio
8. Pedal do freio
9. Fraio de estacionamento
10. Cabo do freio
11. Limitador da força de frenagem
12. Freio da roda (freio a tambor)

No ponto de amplificação total, é atingida a pressão diferencial máxima entre a pressão atmosférica e a depressão. Uma elevação adicional da força de saída só é possível através de um aumento incomum da força do pedal. Portanto, o projeto do servofreio deve assegurar, que, mesmo nas desacelerações acentuadas do veículo, o ponto de amplificação total não seja substancialmente ultrapassado. Essencial para a força de saída é a área do diafragma. Para altas solicitações são empregados dois diafragmas no estilo tandem. O diâmetro do diafragma ainda tecnicamente viável é de aproximadamente 250 mm. A depressão máxima de aproximadamente 0,8 bar é estabelecida no tubo de admissão dos motores do ciclo Otto, com a borboleta fechada. Motores do ciclo Diesel exigem uma bomba de vácuo.

Como os veículos excepcionalmente pesados exigem elevadas pressões de freio, neles o servofreio hidráulico, que pode utilizar o mesmo princípio de funcionamento, é bastante viável.

O abastecimento de energia muitas vezes ocorre através da bomba da direção hidráulica, empregando-se um acumulador intermediário para reduzir as influências mútuas entre a direção e o freio.

<u>Cilindro mestre</u>
A pressão de saída, através de um tucho, atua diretamente sobre o pistão da haste de pressão do cilindro mestre tipo tandem, gerando pressão hidráulica que é transmitida para o pistão "flutuante" intermediário. Deste modo, estabelecem-se nas câmaras de pressão de ambos circuitos de freio pressões aproximadamente iguais.

No caso de falha em um dos circuitos de freio, ou o pistão da haste de pressão move-se de encontro ao pistão intermediário, ou o pistão intermediário, por ação hidráulica, avança até a base do cilindro mestre. Este processo pode ser notado devido a um curso longo e quase sem resistência do pedal.

Para veículos com repartição do circuito de freio tipo II, o cilindro mestre escalonado é ideal. O circuito do eixo traseiro é impelido pelo pistão intermediário que, em relação ao pistão da haste de pressão, possui um diâmetro menor. No caso de falha no circuito do eixo dianteiro, com a mesma força do pedal, a pressão no circuito do eixo traseiro aumenta proporcionalmente às áreas do pistão da haste de pressão e do pistão intermediário.

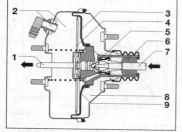

Servofreio a vácuo
1 Haste de pressão, 2 Câmara de depressão com conexão, 3 Diafragma, 4 Pistão de trabalho, 5 Válvula dupla, 6 Filtro de ar, 7 Haste do pistão, 8 Câmara de trabalho, 9 Elemento de reação.

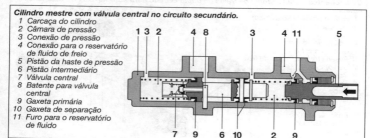

Cilindro mestre com válvula central no circuito secundário.
1 Carcaça do cilindro
2 Câmara de pressão
3 Conexão de pressão
4 Conexão para o reservatório de fluido de freio
5 Pistão da haste de pressão
6 Pistão intermediário
7 Válvula central
8 Batente para válvula central
9 Gaxeta primária
10 Gaxeta de separação
11 Furo para o reservatório de fluido

Para compensação do desgaste das guarnições de freio e escorrimentos, o cilindro mestre é interligado ao reservatório de fluido de freio. Quando o freio é liberado, uma válvula central posicionada no pistão da haste de pressão se abre ou a gaxeta de vedação do pistão libera um furo de comunicação com o reservatório. Isso garante que na posição de repouso os freios estejam livres de pressão e que as perdas de fluido hidráulico sejam compensadas. A desvantagem desta concepção simples é que, se com o freio liberado houver uma formação de bolhas de vapor no fluido de freio, provocada por sobrecarga térmica, o circuito afetado se esgota. Numa frenagem subseqüente é possível que não se obtenha nenhuma pressão.

Para evitar o esgotamento total do fluido do reservatório, mesmo no caso de um grande vazamento, ele também é construído, pelo menos a partir de um determinado nível, com circuito duplo. Se o nível de fluido abaixar em demasia, um ou dois comutadores flutuantes acionam um sinal óptico. Em alguns casos, os comutadores flutuantes também são substituídos por comutadores de pressão diferencial no cilindro mestre para alertar sobre falhas num dos circuitos de freio.

Freio de roda

Um freio de roda precisa preencher os seguintes requisitos:
- Atuação uniforme,
- Boa dosagem,
- Insensibilidade à sujeira e corrosão,
- Alta confiabilidade,
- Estabilidade,
- Resistência ao desgaste e
- Manutenção simples.

Se os diversos modelos de freios a tambor preenchem os requisitos essenciais nos utilitários ou automóveis de passageiros pequenos, a atuação uniforme e boa dosagem só são obtidas nos automóveis de passageiros pesados e ligeiros com freios a disco.

Na prática os discos de freio de ferro fundido cinzento com pinças externas se tornaram padrão. Geralmente, os discos de freio são assentados no cubo da roda. Esta disposição requer uma adequada dissipação de calor através de irradiação, convecção e condução térmica. Medidas

Freio a disco
a) Pinça fixa, b) Pinça flutuante.
1 Pastilha de freio, 2 Pistão, 3 Disco de freio, 4 Carcaça, 5 Suporte

adicionais, como discos de freio ventilados, placa de dissipação de calor e rodas com fluxo de ar otimizado, reduzem a temperatura dos discos, principalmente nos automóveis de alta performance.

As pinças de freio são subdivididas em pinças fixas e pinças flutuantes.

As pinças fixas agarram o disco de freio com uma carcaça rígida. Durante a frenagem, os pistões de pressão, em posições opostas, pressionam as pastilhas contra a superfície do disco de freio.

Para as pinças flutuantes, dois desenhos se estabeleceram como padrão:

Pinça de chassi flutuante e pinça de garra. Em ambos desenhos o cilindro ou os pistões de pressão atuam diretamente sobre as pastilhas alojadas do lado interno do veículo. As pastilhas externas são puxadas contra o disco de freio através do chassi flutuante guiado ou através da garra que envolve o disco de freio. As pinças flutuantes têm as seguintes vantagens em relação às pinças fixas:
- Requerem pouco espaço entre o disco de freio e a calota da roda (vantajoso para eixos com deslocamento do pino mestre pequeno ou negativo).
- Melhor comportamento térmico devido à ausência de tubulações hidráulicas na zona de temperatura crítica acima do disco de freio.

Desvantagens condicionadas pelo projeto (propensão a apresentar ruído tilintante, rangidos de freio, desgaste irregular das pastilhas e corrosão dos elementos de guia) podem ser compensadas através de medidas construtivas.

Distribuidores da força de frenagem

Ao contrário dos reguladores da força de frenagem (sistemas antibloqueio), os distribuidores da força de frenagem são apenas elementos de controle. Eles se diferenciam pela sua função como limitadores ou redutores da força de frenagem ou por seus parâmetros de ativação como: pressão de frenagem, carga do eixo ou desaceleração.

Sua função é aproximar ainda mais a distribuição da força de frenagem entre os eixos dianteiro e traseiro, determinada através do dimensionamento dos freios das rodas, à distribuição ideal, ou seja, à curva em forma de parábola. A distribuição ideal da força de frenagem depende exclusivamente da posição do centro de gravidade do veículo e da respectiva desaceleração. Estas relações podem ser representadas ilustrativamente num gráfico adimensional da distribuição da força de frenagem. Nos eixos das coordenadas são registradas as forças de frenagens dos eixos dianteiro e traseiro em relação ao peso. Curvas de mesma desaceleração aparecem como retas com inclinação negativa (–1). As distribuições ideais da força de frenagem para as condições do veículo "pronto para rodar" e "peso total admissível" têm o traçado em forma de parábola. O gráfico "a" mostra o limitador de força de frenagem e o gráfico "b", o redutor da força de frenagem.

As curvas dos distribuidores dependentes da pressão se aproximam bastante da distribuição ideal. Entretanto, com "peso total admissível" (parábola superior) elas se distanciam após a ação do limitador ou do redutor (flexão), ou seja, com o aumento da carga do eixo traseiro, diminui a participação da força de frenagem do eixo traseiro na composição da força de frenagem total.

Nos distribuidores dependentes da carga, com a elevação da carga o ponto de ação é deslocado para cima e permite uma boa aproximação da distribuição ideal, em qualquer situação de carga.

O distribuidor dependente da desaceleração reage a uma desaceleração fixada e é, essencialmente, independente da situação de carga.

A concepção do distribuidor deve garantir que a curva de distribuição da força de frenagem não fique acima da curva de distribuição ideal. Também deve-se levar

Gráfico da distribuição da força de frenagem
a) Limitador da força de frenagem, b) Redutor da força de frenagem. F_{Bh} Força de frenagem na traseira, F_{Bv} Força de frenagem na dianteira, G Peso 1 Carregado, 2 Vazio, 3 Dependente da carga, carregado, 4 Dependente da pressão, vazio; dependente da desaceleração, vazio e carregado; dependente da carga, vazio, 5 Dependente da pressão, carregado.

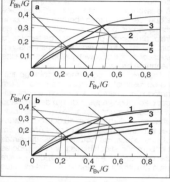

em conta os efeitos das oscilações do coeficiente de atrito das guarnições de freio, o torque do freio motor e as tolerâncias do distribuidor para que seja evitado um eventual bloqueio do eixo traseiro. Na prática, isso significa que a distribuição flexionada estabelecida deve ficar abaixo da distribuição ideal.

Entre outros critérios, a definição do distribuidor deve considerar:
- Compatibilidade com ABS.
- Despesas no caso de circuitos de freio independentes em HA (p.ex.: repartição X).
- Possibilidades de supressão no caso de falha no circuito de freio, principalmente para limitadores.
- Possibilidade de testar a ajustagem correta e o funcionamento.

Veículos com relação de carga balanceada não necessitam obrigatoriamente de um distribuidor, pois a desvantagem de um defeito não detectado no distribuidor anula a pequena vantagem na distribuição da força de frenagem.

Sistemas de estabilização veicular para veículos de passeio

Sistemas antibloqueio (ABS) fabricados em série estão em uso desde o final de 1978. Eles têm se estabelecido como sistema de segurança. Na Europa e América do Norte as taxas de equipação com ABS (montagem em todos os veículos novos) em aprox. 80%; mundialmente em aprox. 70%. Em alguns países praticamente viraram standard. Como resultado de um acordo, ABS se tornou equipamento standard para veículos de passeio a partir de 2004.

Bosch produziu o seu centésimo milionésimo sistema em 2003, 25 anos após a implantação.

O sistema eletrônico de estabilidade (ESP) entrou em série em 1995. Na Europa, ele se firmou rapidamente. O número total de sistemas Bosch produzidos ultrapassou em 2003 a marca de 10 milhões.

A figura a seguir ilustra a redução em peso e volume dos sistemas ABS de 1978 até 2003.

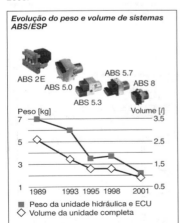

Evolução do peso e volume de sistemas ABS/ESP

■ Peso da unidade hidráulica e ECU
◇ Volume da unidade completa

Sistemas antibloqueio (ABS)

Função
Sistemas antibloqueio são dispositivos de controle no sistema de freios, que evitam o bloqueio das rodas na frenagem mantendo a dirigibilidade e a estabilidade. Em geral geram-se distâncias de frenagem menores em comparação com frenagens com as rodas totalmente bloqueadas. Isso é o caso principalmente com pista molhada. A redução das distâncias de frenagem pode ser de uns 10% dependendo de quão molhada esteja a pista e do coeficiente de atrito pneu-pista.

Sob condições especiais de pista também são possíveis ligeiros aumentos da distância de frenagem, mas mantendo a estabilidade e a dirigibilidade.

Exigências
As exigências a um sistema ABS estão descritas na norma ECE-R13. Ela define o ABS como um componente do sistema de freio de serviço, que controla automaticamente o escorregamento da roda no sentido de giro da roda em uma ou mais rodas durante o processo de frenagem.

Na ECE 13 anexo 13 estão definidas três categorias. A geração atual do ABS atende às mais altas exigências.

Modo de funcionamento
No sistema convencional de freios, é fixada entre o cilindro mestre e o cilindro da roda uma válvula magnética 2/2 (válvula de entrada) com duas conexões hidráulicas e duas posições de controle (vide fig. pág. seguinte). Com a válvula aberta há um acréscimo da pressão no cilindro da roda (posição normal no processo de frenagem). A válvula de saída, igualmente uma válvula magnética 2/2, está fechada nesse ponto.

Se o sensor de rotação da roda mede uma desaceleração abrupta da roda (risco de bloqueio), a pressão na respectiva roda não pode mais subir. As válvulas de entrada e saída estão fechadas e a pressão fica constante.

810 Sistemas de segurança do veículo

Se a desaceleração continua, a válvula de saída deve ser aberta para reduzir a pressão. O fluido é bombeado de volta para o cilindro mestre pela bomba de retorno. A pressão no cilindro da roda diminui e a roda é freada menos.

Em sistemas ABS mais antigos foi usada uma válvula magnética 3/3 em lugar das válvulas magnéticas 2/2. As três conexões hidráulicas e as três posições de controle dessa válvula possibilitam igualmente as funções: acréscimo de pressão, manutenção de pressão e redução de pressão.

Variantes do sistema ABS
Dependendo da configuração do circuito de frenagem (vide pág. 804), da concepção do veículo das exigências de funcionamento e do ponto de vista econômico estão disponíveis várias versões. A versão mais comum de distribuição de força de frenagem é a divisão em X, seguida da divisão II. A divisão HI e HH (p. ex. Maybach) são aplicações especiais e são pouco usadas com ABS.

As variantes de sistemas ABS são diferenciadas de acordo com o número de canais de regulagem e dos sensores de rotação.

<u>Sistemas de 4 canais e 4 sensores</u>
Esses sistemas (vide fig. Variantes 1 e 2) permitem o controle individual da força de frenagem de cada roda através dos quatro canais hidráulicos, ou seja, frente/atrás (na divisão II) ou diagonal (na divisão X) com quatro canais hidráulicos. Cada roda tem seu sensor de rotação para monitorar a rotação da roda.

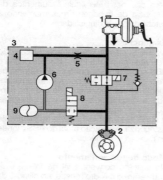

Esquema simplificado do ABS
1 cilindro mestre, 2 cilindro da roda, 3 unidade hidráulica, 4 medidas para o amortecimento de pulsações, 5 estrangulador, 6 bomba de retorno, 7 válvula de entrada, 8 válvula de saída, 9 acumulador

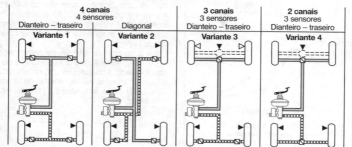

Variantes do sistema ABS
◻ Canal de controle, ◀ sensor, ◁ sensor (alternativa para o sensor diferencial)

4 canais 4 sensores		3 canais 3 sensores	2 canais 3 sensores
Dianteiro – traseiro	Diagonal	Dianteiro – traseiro	Dianteiro – traseiro
Variante 1	Variante 2	Variante 3	Variante 4

Para uma parte do mercado japonês de automóveis, o segmento "midget" (veículos pequenos com cilindrada < 600 cm^3, foi desenvolvido um ABS que pôde ser simplificado bastante eliminando as câmaras amortecedoras, e bombas de retorno inclusive motor de acionamento. O menor número de componentes comparado com sistemas convencionais oferece uma redução de custos apreciável, mas também apresenta fraquezas funcionais significantes. Esses sistemas estão sendo interrompidos.

Sistema de 3 canais e 3 sensores (variante 3)
Em vez das aplicações conhecidas com dois sensores de rotação por eixo existe no eixo traseiro apenas um sensor de rotação montado no diferencial. Em função da característica do diferencial é possível uma medição de diferença de rotação entre rodas com certas restrições. Através do controle select-low do eixo traseiro, ou seja ligação em paralelo dos dois freios das rodas, é suficiente um canal hidráulico para o controle (paralelo) das pressões de frenagem.

Sistemas hidráulicos de 3 canais requerem uma divisão II do circuito de frenagem (dianteiro/traseiro).

Sistemas de 3 sensores podem ser usados em veículos com tração traseira, ou seja, preferencialmente em veículos utilitários pequenos ou caminhões leves. O número de veículos com esses sistemas está diminuindo.

Sistemas de 2 canais e 1 ou 2 sensores
Sistemas de 2 canais foram produzidos por causa da menor quantidade de componentes requerida e da redução de custos resultante. A sua popularidade ficou limitada, pois a sua funcionalidade não atinge a de "sistemas plenos". Esses sistemas praticamente não são mais usados em veículos de passeio.

Em alguns caminhões leves do mercado americano, com distribuição de força de frenagem frente/atrás, (ainda) são montados sistemas RWAL (Rear wheel anti lock system) – uma variante simples especial do sistema de 2 canais, composta de um sensor no diferencial do eixo traseiro e um canal de controle (sem bomba de retorno), que evita o bloqueio apenas das rodas traseiras. Se for aplicada uma pressão de frenagem suficientemente alta, as rodas dianteiras podem bloquear, isto é, a dirigibilidade também pode ser perdida eventualmente. Esses sistema não satisfazem as exigências funcionais que são esperadas de um sistema ABS da categoria 1.

Uso do ABS em motocicletas
Foi possível reduzir substancialmente o tamanho e o peso do ABS para veículos de passeio nos últimos anos. Com isso, a produção em grandes séries também ficou atrativa para motocicletas. Pode ser aguardada uma ampla implantação. Com isso essa classe de veículos também tira proveito das vantagens do sistema de segurança ABS.

Para o uso em motocicletas o sistema para veículos de passeio é modificado. Em vez das usuais oito válvulas 2/2 na unidade hidráulica (na divisão X), motocicletas normalmente só requerem quatro válvulas. O algoritmo de controle se diferencia fundamentalmente do algoritmo para ABS de veículos de passeio.

Variantes adicionais surgiram da demanda por sistemas de freio combinados – também chamados CBS (Combined Brake System) – isto é, sistemas nos quais os freios dianteiro e traseiro podem ser acionados juntamente por uma alavanca de mão ou o pedal do pé, e eventualmente em paralelo com uma possibilidade de atuação na roda dianteira. Nesse caso é necessária uma unidade hidráulica de 3 canais. A variante CBS, portanto, é projetada muito específicamente por modelo.

Processo de controle básico
Processos de controle

No início da frenagem, a pressão de frenagem aumenta, o escorregamento de frenagem λ aumenta e atinge no ponto máximo da curva aderência/escorregamento o limite entre a faixa estável e instável. A partir desse ponto, um outro aumento da pressão de frenagem ou do torque de frenagem não vai mais causar aumento da força de frenagem FB. Na faixa estável o escorregamento de frenagem é mais um escorregamento de modificação da forma e na faixa instável tende a escorregar mais mais.

Escorregamento de frenagem
$\lambda = (v_F - v_R)/v_F \cdot 100\%$
Velocidade da roda $v_R = r \cdot \omega$
Força de frenagem $F_B = \mu_{HF} \cdot G$
Força lateral $F_S = \mu_S \cdot G$
μ_{HF} coeficiente de fricção
μ_S coeficiente de força lateral.

De acordo com o traçado de curva de escorregamento ocorre uma maior ou menor queda do coeficiente de atrito μ_{HF}. Sem ABS o excesso de torque resultante bloqueia a roda freada em tempo curtíssimo o que produz um forte aumento da desaceleração da roda.

O sensor de rotação da roda monitora o estado de movimento da roda. Se uma roda tende a bloquear, a desaceleração tangencial da roda e o escorregamento da roda aumentam abruptamente. Se estes ultrapassam determinados valores críticos, a unidade de controle do ABS envia comandos à unidade de válvulas magnéticas (unidade hidráulica, vide pág. 815) para parar o acréscimo da pressão na roda ou reduzir esta pressão, até que se elimine o perigo de bloqueio. Para que a roda não seja freada muito pouco a pressão da frenagem deve ser acrescida novamente. Durante o controle de frenagem sempre devem ser reconhecidas a estabilidade e a instabilidade do movimento da roda e controlada na faixa de escorregamento com a máxima força de frenagem, através de uma seqüência de fases de acréscimo de pressão, manutenção de pressão e redução de pressão.

Com relação às rodas dianteiras essa seqüência de controle é feita individualmente, isto é, separada e independentemente para cada roda.

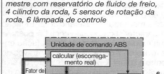

Circuito de controle ABS
1 pedal do freio, 2 servofreio, 3 cilindro mestre com reservatório de fluido de freio, 4 cilindro da roda, 5 sensor de rotação da roda, 6 lâmpada de controle

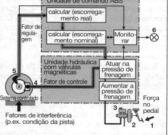

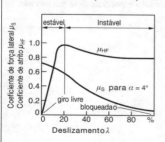

Curva aderência/deslizamento
Traçado da curva diferencia-se muito de acordo com o estado da pista e dos pneus

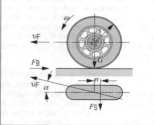

Forças na roda freada
G força do peso, F_B força de frenagem, F_S força lateral, v_F velocidade do veículo, n caster, α ângulo de escorregamento lateral, ω velocidade angular.

Por motivos de estabilidade é necessária outra estratégia de controle para as rodas traseiras. Para poder manter a aceleração lateral na frenagem plena em curva e, com isso, as forças laterais no eixo traseiro, os coeficientes de atrito lateral dos pneus devem ser aumentados. Por isso, os valores de escorregamento no eixo traseiro devem ser mantidos baixos, principalmente na roda externa à curva. Isso é realizado com o controle select-low no eixo traseiro. Isso quer dizer que a roda do eixo, com a tendência de bloquear primeiro, i.é, a roda "low", é determinante para o controle. Na configuração de 3 canais para a divisão II isso é conseguido conectando os circuitos hidráulicos em paralelo e, nos circuitos de freio divididos em diagonal, através de controle lógico em paralelo das válvulas do eixo traseiro.

Fatores de interferência no circuito de controle
O ABS deve levar em conta os seguintes fatores de interferência:
- mudanças na aderência entre pneu e pista causada por diferentes superfícies da pista e alteração das cargas sobre as rodas, p. ex. em curvas,
- irregularidades na pista que provocam vibrações nas rodas e nos eixos,
- falta de concentricidade, histerese e fading dos freios,
- variações de pressão no cilindro mestre induzidas pelo motorista e
- diferentes circunferências dos pneus, p. ex. no estepe.

Critérios para a qualidade do controle
Os sistemas antibloqueio eficazes devem cumprir os seguintes critérios para a qualidade do controle:
- manutenção da estabilidade de marcha mediante a formação de forças de condução lateral suficientes nas rodas traseiras,
- manutenção da dirigibilidade mediante a formação de forças de condução lateral suficientes nas rodas dianteiras,
- redução das distâncias de frenagem com relação à frenagem com bloqueio com aproveitamento otimizado da aderência entre pneu e pista,
- rápida adaptação da pressão de frenagem a diferentes coeficientes de atrito, p. ex. ao passar por poças d'água ou placas de neve e gelo,
- garantia de pequenas amplitudes de regulagem do torque de frenagem para evitar oscilações na suspensão,
- alto conforto mediante reações pequenas do pedal e baixo nível de ruído dos atuadores.

Ciclo de controle típico
O ciclo de controle descrito mostra um controle de frenagem com grande coeficiente de atrito. A unidade de comando calcula a alteração da rotação da roda (desaceleração). Quando o valor cai abaixo do limiar $(-a)$ a unidade de válvulas da unidade hidráulica é comutada para manutenção de pressão. Se a velocidade da roda fica então abaixo do limiar de escorregamento λ_1, então a unidade de válvulas é comutada para redução de pressão e continua assim enquanto o sinal $(-a)$ for aplicado. Durante a fase de manutenção de pressão que se segue a velocidade angular da roda aumenta, até que tenha sido ultrapassado o limiar $(+a)$. A pressão de frenagem é então mantida constante.

Após ultrapassar o limiar relativamente grande $(+A)$ a pressão de frenagem é aumentada, para que a roda não entre com muita aceleração na faixa estável da curva de aderência/escorregamento. Após a

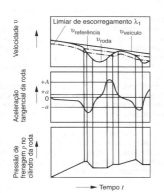

Ciclo de controle ABS com grandes coeficientes de atrito

queda do sinal (−a), a pressão de frenagem é aumentada lentamente, até que, ficando novamente abaixo do limiar (−a) seja iniciado o segundo ciclo de controle, dessa vez com um acréscimo imediato de pressão.

No primeiro ciclo de controle era necessária uma curta fase de manutenção de pressão antes de filtrar as interferências. No caso de grandes torques de inércia da roda, pequeno coeficiente de atrito e lento acréscimo de pressão no cilindro da roda (inicio de frenagem cuidadoso, p. ex. com gelo), a roda poderia bloquear sem resposta do limiar de desaceleração. Por isso, usa-se o escorregamento da roda para controle de frenagem.

Nos veículos de passeio com tração nas quatro rodas, quando está aplicado o bloqueio do diferencial e em determinadas condições da pista, ocorre o perigo de bloqueio no uso do ABS, que pode ser evitado através de suporte à velocidade de referência no processo de controle, diminuição do limiar de desaceleração da roda e diminuição do torque do motor.

Controle de frenagem com atraso na construção do momento de guinada em relação ao eixo vertical (GMA)

Ao frear em pistas assimétricas (p. ex. as rodas esquerdas sobre asfalto seco, as rodas direitas sobre gelo) produzem-se nas rodas dianteiras forças de frenagem muito diferentes, que induzem um momento de giro em torno do eixo vertical do veículo (momento de guinada).

Veículos de passeio menores necessitam ao lado do ABS um atraso na construção do momento de guinada em relação ao eixo vertical (GMA), para garantir que o controle seja mantido durante frenagens de pânico em pistas assimétricas. A GMA atrasa o aumento da pressão no cilindro da roda, na roda dianteira que gira no lado da pista com o maior coeficiente da aderência (roda "high").

O diagrama explica o funcionamento da curva 1 mostra a pressão no cilindro mestre p_{CM}. Sem GMA, depois de um breve tempo, a roda sobre asfalto tem a pressão p_{high} (curva 2), a roda sobre gelo tem a pressão p_{low} (curva 5); cada roda freia com a máxima força de frenagem transmitida (controle individual).

Para veículos com características de rodagem menos críticas é ideal o sistema GMA 1 (curva 3), para veículos com características de rodagem particularmente críticas, o sistema GMA 2 (curva 4).

Em todos os casos da GMA a roda "high" é freada menos no início. Para evitar prolongamentos desnecessários da distância de frenagem deve se ajustar a GMA muito cuidadosamente ao respectivo veículo.

Formação do momento de guinada com coeficientes de aderência muito diferentes
M_{Gier} Momento de guinada, F_B força de frenagem, μ_{HF} coeficiente de aderência.
1 roda "High", 2 roda "Low".

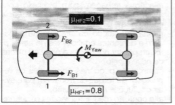

Curvas da pressão de frenagem e ângulo do volante de esterçamento com atraso na construção do momento de guinada em relação ao eixo vertical
1 pressão de frenagem p_{HZ}, 2 pressão de frenagem p_{high} sem GMA, 3 p_{high} com GMA 1, 4 p_{high} com GMA 2, 5 p_{low} na roda "Low", 6 ângulo do volante de esterçamento α sem GMA, 7 ângulo do volante de esterçamento α com GMA.

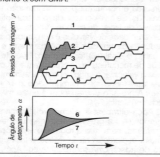

Sistemas de estabilização veicular para veículos de passeio

Versão ABS (posição em 2003)

Unidade hidráulica
Com o desenvolvimento de válvulas magnéticas com duas posições hidráulicas (válvulas 2/2, aplicadas no ABS Bosch a partir da geração ABS 5) o ABS pôde ser retrabalhado completamente em relação às versões ABS 2S/ABS 2E com as suas válvulas 3/3. Com isso, foi possível uma racionalização abrangente na construção e fabricação. O conceito hidráulico básico porém não se alterou desde o início da fabricação seriada em 1978. Isto quer dizer que os circuitos de frenagem fechados e o conceito de retorno não mudaram.

Os componentes principais da unidade hidráulica são:
- uma bomba de retorno por circuito,
- câmara acumuladora,
- medidas atenuadoras, antigamente realizadas com uma câmara acumuladora e estrangulador, agora são possíveis com medidas hidráulicas, bem como com técnicas de controle, ou seja, software,
- válvulas 2/2 com duas posições hidráulicas e duas conexões hidráulicas.

Para cada roda está previsto um par de válvulas magnéticas (exceto no caso da configuração de 3 canais com divisão II): uma válvula magnética aberta quando desenergizada para o acréscimo de pressão (válvula de entrada, EV) e uma válvula fechada quando desenergizada para a redução da pressão (válvula de saída, AV). Para o rápido alívio dos freios das rodas ao se tirar o pé do pedal freio, as válvulas de entrada têm uma válvula de retenção, que está integrada no corpo da válvula (p. ex. gaxeta da válvula de retenção ou válvula de retenção sem mola).

A atribuição de acréscimo de pressão e redução de pressão para válvulas magnéticas em separado com apenas uma posição ativa (energizada) resultaram em construções compactas de válvulas, ou seja, menor tamanho e peso bem como forças magnéticas menores em relação às válvulas magnéticas 3/3 usadas anteriormente. Isso possibilita um controle elétrico otimizado com baixas perdas de potência elétrica nas bobinas magnéticas e na unidade de comando. Além disso, o bloco de válvulas pode ser menor resultando numa economia significativa de peso e tamanho.

Sistema hidráulico do ABS 8
1 cilindro mestre, 2 cilindro da roda, 3 unidade hidráulica, 4 válvulas de entrada, 5 válvulas de saída, 6 bomba de retorno, 7 acumulador, 8 motor da bomba.
V frente, H traseiro, R direito, L esquerdo.

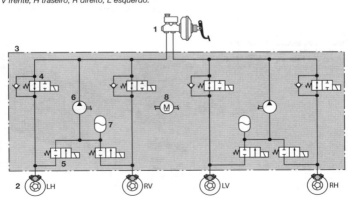

Sistemas de segurança do veículo

As válvulas magnéticas 2/2 disponíveis em diferentes versões e especificações e, por causa das suas dimensões compactas e excelente dinâmica, possibilitam tempos de chaveamento rápidos suficientes para a operação cíclica modulada por largura de pulso, em outras palavras, elas têm uma "característica de válvulas proporcionais".

No ABS 8 as válvulas são controladas por um sinal modulado por corrente, que tem como consequência um ganho substancial em funcionalidade (adaptação a coeficientes de atrito modificados) e conforto de controle (p. ex. flutuações menores de desaceleração com a ajuda de estágios de pressão com controle analógico de pressão). Essa otimização mecatrônica tem, ao lado da funcionalidade, também efeitos positivos com respeito a conforto, ruído e retorno do pedal do freio.

O ABS 8 possibilita, através de variação de componentes (p. ex. uso de motores de diferentes potências, câmaras acumuladoras de diferentes tamanhos), fazer adaptações específicas às exigências individuais dos veículos. A potência dos motores das bombas de retorno está na faixa de 90...200 Watt. O tamanho da câmara acumuladora também é variável.

Unidade de comando
Os progressos conquistados no desenvolvimento do ABS são primeiramente um fator dos enormes progressos no campo da eletrônica. Os tempos, nos quais uma unidade de comando do ABS era composta de mais de 1000 componentes (geração ABS 1 do ano de 1970, versão analógica) já são passado há muito tempo. A integração de funções em circuitos LSI, o uso de microcomputadores de alta performance com estruturas menores que aprox. 15 mm e o uso de unidades de comando com tecnologia híbrida permitem uma alta compactação e com isso mais miniaturização. Ao mesmo tempo isso gera um aumento significativo da performance do sistema e da funcionalidade. Com o uso de microcontroladores pôde ser atingida uma substancial otimização dos algoritmos de controle incorporando adaptações específicas do fabricante do veículo e do próprio veículo.

A unidade de comando é concebida como unidade de comando acoplada e montada direto na unidade hidráulica. Isso tem a vantagem de diminuir a fiação externa. O chicote tem menos cabos. Disso resulta uma redução da necessidade de espaço e uma instalação menos complicada. O esquema construtivo exige apenas um conector para a conexão da unidade de comando e da unidade hidráulica e para conectar o motor da bomba de retorno.

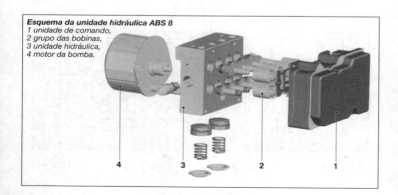

Esquema da unidade hidráulica ABS 8
1 unidade de comando,
2 grupo das bobinas,
3 unidade hidráulica,
4 motor da bomba.

A unidade de comando ilustrada em blocos representa a versão 4 canais/4 sensores. Os dois microcontroladores processam o programa de controle. Elas são pulsadas com 20 Mhz, ROM de aprox. 128 kByte. Capacidade de memória de aprox. 256 kByte é suficiente para versões de ABS com funções especiais.

Com sistemas altamente complexos como ESP a ROM pode ser de < 1 MByte. De acordo com a capacidade de processamento requerida, são usados microcontroladores com freqüência de pulso maior.

O software é composto dos seguintes blocos:
- o software relacionado ao hardware, isto é, ao sistema operacional,
- o automonitoramento com o software de diagnóstico,
- o software específico para a função e
- o software específico do fabricante do veículo e da aplicação.

A comunicação com outras unidades de comando e o diagnóstico específico do fabricante ocorrem via CAN.

Diagrama em blocos da unidade de comando
1 circuito multifuncional com circuito de entrada, condicionamento da velocidade, diagnóstico, regulador de tensão, CAN, controle dos relés, etc.
2 microcontrolador 1, 3 microcontrolador 2, 4 EEPROM, 5 estágio de saída.

DS sensores de rotação, DP saídas de sinal de rotação (p. ex. para instrumento combinado, V frente, H traseira, L esquerda, R direita, MV válvula magnética.

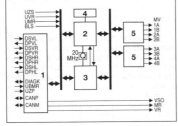

Controle de tração (ASR)

Função e exigências
Ao arrancar, acelerar ou frear, a transferência de força depende do escorregamento entre pneu e pista. As curvas de aderência/escorregamento têm praticamente o mesmo padrão (vide fig. pág. 812).

A grande maioria dos processos de frenagem e aceleração transcorrem com valores pequenos de escorregamento na faixa estável das curvas. Se o escorregamento aumenta, aumenta também a aderência aproveitável. Com escorregamento crescente se alcança o extremo instável correspondente da curva. Um aumento adicional do escorregamento leva a uma diminuição da aderência. Ao frear, a roda bloqueia em poucos décimos de segundo; na aceleração a rotação de uma ou ambas as rodas motrizes aumenta muito rapidamente em função do torque excessivo.

No primeiro caso, atua o ABS e evita o bloqueio das rodas. No segundo caso atua o ASR, que evita que as rodas patinem, regulando o escorregamento de tração para valores admissíveis. Com isso o ASR cumpre as duas funções:
- aumento da tração (função eletrônica de bloqueio de diferencial) e
- garantia da estabilidade do veículo.

Disso resultam as exigências do ASR: basicamente ele deve evitar que as rodas patinem, também com alteração de μ, isto é:
- evitar que as rodas motrizes patinem com μ-split e com pista lisa,
- evitar que as rodas patinem na arrancada em estacionamentos e estacionamentos de emergência à beira da estrada com gelo,
- evitar a patinação na aceleração em curva,
- evitar a patinação na arrancada em morros e
- aumento da estabilidade em curvas.

Intervenções do ASR

São dadas as seguintes possibilidades de intervenção:

Regulagem do torque de tração (AMR): ela ocorre através do controle eletrônico da potência do motor. Uma intervenção rápida é realizada bloqueando impulsos individuais ou – no motor Otto – atrasando o ângulo de ignição. Esses tipos de intervenção não são críticos, em termos de composição do gás de escape e sobrecarga do catalisador, por causa da curta duração da intervenção.

A intervenção mais lenta ocorre no motor Otto através da borboleta elétrica do acelerador (borboleta de aceleração ajustável eletricamente, vide pág. 638). Em gerações mais novas de motores, essas borboletas de aceleração ajustáveis eletricamente são standard.

Regulagem do torque de frenagem (BMR): significa uma intervenção no freio através de frenagem controlada da roda com tendência a patinar, similar a uma função de bloqueio de diferencial.

Comparação dos tempos de reação com diferentes intervenções ASR
ASR com
1 intervenção na borboleta do acelerador e freio da roda,
2 intervenção na borboleta de acelerador e ignição,
3 intervenção na borboleta do acelerador.

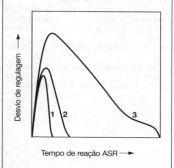

Combinação de AMR e BMR: sistemas mais recentes usam uma combinação de ambos os métodos de intervenção. O ASR sempre está de prontidão e intervém quando necessário. Porém, em função da velocidade do veículo as parcelas de intervenção do BMR e AMR são variadas.

Em contraste com bloqueios de diferencial mecânicos, os pneus não arrastam em curvas fechadas. Uma lâmpada de controle indica ao motorista que o ASR está ativo.

Fundamentalmente, dá para perceber que esse tipo de sistema, usado como bloqueio eletrônico de diferencial, não foi planejado para um uso contínuo sob as condições mais difíceis fora de estrada. Como o efeito de bloqueio ocorre através da frenagem da respectiva roda, é inevitável o aquecimento do freio, de modo que é necessário desligar a função no caso de sobrecarga e superaquecimento.

Para regular os torques de tração nas rodas motrizes de maneira ótima, a conexão mecânica entre o pedal do acelerador no motor Otto é substituída por um controle eletrônico da potência do motor ("acelerador eletrônico", "EGAS"). Um sensor do curso do pedal converte a posição do pedal do acelerador em um sinal elétrico. A unidade de comando da borboleta recebe a tensão de controle convertida pela unidade de comando, aciona a borboleta do acelerador através de um motor de corrente contínua, e informa a sua posição de volta para a unidade de comando. No motor Diesel a regulagem eletrônica Diesel (EDC, Electronic Diesel Control) ajusta o torque do motor em função da posição do pedal do acelerador.

Uma breve intervenção simultânea nos freios das rodas pode apoiar o EGAS por curto tempo (melhoria da tração através de efeito bloqueador de diferencial).

A unidade hidráulica ABS está ampliada pela adição de componentes do ASR, para disponibilizar energia hidráulica adicional para uma possível intervenção individual nos freios das rodas. Uma comutação para o modo ASR possibilita "acréscimo de pressão" e "manutenção de pressão" para a modulação de pressão rápida e precisa nos freios das rodas motrizes.

Sistemas de estabilização veicular para veículos de passeio

A unidade de comando ABS/ASR se comunica com a unidade de comando do gerenciamento do motor através de uma interface apropriada (p. ex. CAN), que assume o ajuste do torque do motor.

Eventuais intervenções adicionais no gerenciamento do motor levam a uma resposta melhor da regulagem de torque do motor, que não seria possível usando apenas a borboleta do acelerador.

O atual projeto do ASR é baseado no conceito modular, de modo que também aqui a redução de volume, peso e custo pôde ser aproveitada. Com isso é possível uma aplicação flexível para as duas divisões de circuito de freio (II/X) e configurações de tração (inclusive tração nas quatro rodas) mais utilizadas.

Também no ASR a conexão direta da unidade de comando com a unidade hidráulica simplifica o chicote elétrico no veículo e com isso uma quantidade menor de contatos dos conectores e cabos.

Diagrama esquemático de um circuito hidráulico ABS/ASR 5 para uma divisão da força de frenagem em X
1 cilindro mestre, 2 cilindro da roda, 3 unidade hidráulica, 4 válvula de aspiração, 5 válvula comutadora, 6 válvula de entrada, 7 válvulas de saída, 8 acumulador, 9 bomba de retorno, 10 motor da bomba

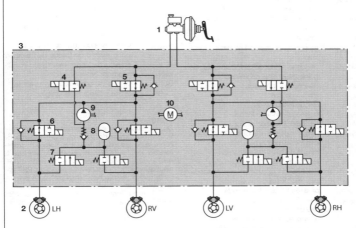

Programa eletrônico de estabilidade (ESP) para veículos de passeio

Grandezas e conceitos

a	distância das rodas dianteiras para o centro de gravidade do veículo
a_x	aceleração longitudinal estimada do veículo
a_y	aceleração transversal calculada do veículo
A_0, A_1, A_2	constantes para o cálculo do ponto de trabalho do pneu
c	distância das rodas traseiras para o centro de gravidade do veículo
C_p	relação de transmissão do torque de frenagem
C_λ	rigidez do pneu no sentido longitudinal
D_T	tempo do ciclo de controle
D_λ	banda de tolerância do escorregamento de tração das rodas motrizes
F_B	força de frenagem do pneu
F_{BF}	força de frenagem estacionária (filtrada)
F_N	força de apoio do pneu
F_R	força resultante do pneu
F_S	força lateral do pneu
J_{Mot}	torque de inércia do motor
J_{Whl}	torque de inércia da roda
K_p, K_d, K_i	fatores de amplificação do controlador para os componentes P, D, I
M_{Dif}	torque diferencial nominal das rodas motrizes
M_{DR}	torque do motor dado pelo motorista
M_{YwNo}	momento de guinada nominal do veículo
ΔM_{YawExp}	pequena variação do momento de guinada nominal do veículo
M_{CaHalf}	meio torque do cardã
M_{Ca}	torque do cardã
M_{Mot}	torque real do motor
M_{WhlNo}	torque nominal do freio
M_{NoMot}	torque nominal do motor
M_{NoLock}	torque nominal do bloqueio do freio nas rodas motrizes
M_{NoSPR}	torque nominal em função do ajuste do ângulo de ignição
p_{Circ}	pressão do circuito, que é ajustada pelo motorista
p_{Whl}	pressão no cilindro da roda
p_{WhlPre}	pressão nominal no cilindro da roda
R	raio da roda
T_{iOFF}	tempo de corte da injeção
$\ddot{U}_{Tr}$	relação de transmissão do câmbio
U_{val}	modo de controle das válvulas
v_{CH}	velocidade característica do veículo
v_{Dif}	diferença de velocidade entre as rodas motrizes
v_{Veh}	velocidade do veículo
v_{DS}	velocidade do eixo cardã
v_{Whl}	velocidade medida da roda
v_{Whl3}	velocidade medida da roda traseira esquerda
v_{Whl4}	velocidade medida da roda traseira direita
v_{WhlFre}	velocidade calculada da roda (girando livremente)
v_{NoDif}	diferença de velocidade nominal das rodas motrizes
v_{NoCa}	velocidade normal do eixo cardã
v_x	velocidade longitudinal do veículo
v_y	velocidade transversal do veículo
x_1, x_2	parâmetros do modelo hidráulico
α	ângulo de condução lateral do pneu
α_0, λ_0	ponto de trabalho arbitrário do pneu
β	ângulo de flutuação do veículo
β_{No}	ângulo de flutuação nominal do veículo
δ	ângulo do volante
δ_W	ângulo de esterçamento das rodas dianteiras
λ	escorregamento do pneu
λ_{No}	escorregamento nominal do pneu
λ_{Ma}	valor médio do escorregamento de tração das rodas motrizes
μ_{HF}	coeficiente de aderência
$\mu\alpha_{Res}$	coeficiente de aderência resultante das estimativas de força da roda
$\dot{\psi}$	velocidade de guinada
$\dot{\psi}_{No}$	velocidade de guinada nominal
m	valor mínimo do torque de frenagem nominal das rodas motrizes
MIN	operador de valor médio
SUM	integração controlada por eventos
ZWV	ajuste do ângulo de ignição

Função

O programa eletrônico de estabilidade, ESP (controle da dinâmica do veículo) é um sistema de controle no sistema de freio e na árvore de transmissão, que evita a derrapagem do veículo. O ABS evita o bloqueio das rodas ao frear, o ASR evita que as rodas patinem ao tracionarem. ESP garante que o veículo não "empurre" ou fique instável ao dirigir.

O ESP melhora, além das vantagens do ABS e ASR, a segurança ativa de condução nos seguintes aspectos:

- apoio ativo ao motorista, mesmo em situações críticas de dinâmica transversal,
- ampliação da estabilidade direcional e do veículo na faixa limite em todos os regimes de funcionamento como frenagem total, frenagem parcial, rodagem livre, aceleração, mudança de tração e carga,
- ampliação da estabilidade direcional em manobras extremas de condução (reações de medo e pânico) e com isso redução drástica do perigo de derrapagem,
- comportamento melhorado do veículo também na faixa limite e com isso previsível quanto à experiência do motorista. O veículo fica sob controle, mesmo em situações críticas de tráfego,
- aproveitamento melhorado, dependente da situação, do potencial de aderência com ABS/ASR e com isso ganho na tração e distância de frenagem, bem como dirigibilidade melhorada.

Condução do veículo

A descrição da dinâmica lateral do veículo (pág. 430 em diante) define o comportamento de autocondução do veículo e representa a dependência dos ângulos de escorregamento do pneu α da aceleração transversal do veículo a_y e com isso das forças transversais dos pneus. Além disso, a descrição do ABS (pág. 809 em diante) e ASR (pág. 817 em diante) já indicam a dependência das forças transversais do pneu do escorregamento do pneu. Disso se deduz que o comportamento de autocondução do veículo pode ser influenciado em conjunto com o escorregamento do pneu. O ESP aproveita essa característica dos pneus para realizar um controle assistido para a condução do veículo.

Importante para uma boa condução do veículo é que o veículo siga uma trajetória, que coincida o mais precisamente possível com a característica do ângulo de esterçamento (vide fig. "Dinâmica transversal de um veículo", curva 2). Isso é garantido quando as forças transversais dos pneus durante a manobra ficam nitidamente abaixo do potencial de aderência dos valores do atrito entre os pneus e a pista. A curva da velocidade de guinada corresponde ao ângulo de esterçamento.

Entretanto, não é suficiente para o ESP controlar o movimento de guinada em correspondência com o ângulo de esterçamento: apesar disso, o veículo pode ficar instável (vide fig., curva 3). Por esse motivo o ESP controla tanto a velocidade de guinada como o ângulo de flutuação.

O controle de condução do veículo do ESP não é limitado ao funcionamento do ABS e ASR/MSR, mas também se estende até a faixa na qual o veículo roda livremente e na faixa de frenagem parcial, na qual o veículo se movimenta nos limites físicos da condução.

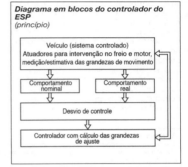

Diagrama em blocos do controlador do ESP
(princípio)

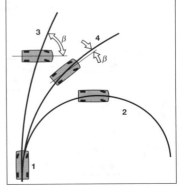

Dinâmica transversal de um veículo
1 entrada de grau, ângulo do volante fixo, 2 percurso em pista de boa aderência, 3 percurso em pista lisa, entrada com degrau "open-loop" com controle da velocidade de guinada, 4 percurso em pista lisa com controle adicional do ângulo de flutuação (ESP).

Sistema de controle do ESP

O controle do comportamento do veículo dentro do limite dinâmico deve influenciar os três graus de liberdade do veículo no plano (velocidades longitudinal, transversal e de guinada em torno do eixo vertical) para adaptar o comportamento do veículo ao desejo do motorista e à pista. Para isso deve ser determinado primeiramente, como mostrado no diagrama em bloco, como o veículo deve se comportar na faixa limite (comportamento nominal) de acordo com os desejos do motorista e como ele realmente se comporta (comportamento real). Para minimizar a diferença entre comportamento nominal e real as forças no pneu devem ser influenciadas adequadamente através de atuadores.

O sistema completo (fig. "Sistema de controle total") contém o veículo como circuito controlado, os sensores (1...5) para a determinação das grandezas de entrada do controlador, os atuadores (6 e 7) para influenciar as forças de frenagem e tração bem como o controlador estruturado hierarquicamente, composto do controlador da dinâmica de marcha de nível superior e do controlador de escorregamento de nível inferior. O controlador de nível superior determina valores nominais para o controlador de nível inferior na forma do escorregamento nominal. No observador, é determinada a grandeza de estado controlada (angulo de flutuação b).

Para a determinação do comportamento nominal são avaliados os sinais que captam o desejo do motorista, como o sensor do ângulo do volante (3. giro do volante), do sensor de pressão prévia (2. desaceleração desejada) e do gerenciamento do motor (7. torque de tração desejado). Adicionalmente entram no cálculo do comportamento nominal o coeficiente de aderência e a velocidade do veículo, os quais são estimados dos sinais dos sensores de rotação (1), do sensor de aceleração lateral

Sistema total de controle do ESP
1 sensores de rotação das rodas, 2 sensor de pré-carga, 3 sensor do ângulo do volante, 4 sensor da velocidade de guinada, 5 sensor de aceleração transversal, 6 modulação de pressão, 7 gerenciamento do motor, 8 sinal dos sensores para ESP. α ângulo de condução lateral do pneu, δ_R ângulo de esterçamento das rodas dianteiras, λ_{So} escorregamento nominal do pneu.

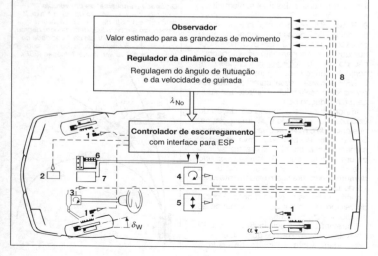

(5), do sensor de velocidade de guinada (4) e do sensor de pré-carga (2). O momento de guinada é calculado em dependência do desvio de controle, que é necessário para adaptar o estado de grandeza real ao estado de grandeza nominal.

Para gerar esse momento de guinada nominal são avaliadas, no controlador da dinâmica do veículo, as alterações do escorregamento nominal nas rodas apropriadas. Elas são controladas através dos controladores subordinados de frenagem e de escorregamento de tração e os atuadores "hidráulica de frenagem" (6) e "gerenciamento do motor" (7).

O sistema baseia-se nos componentes aprovados do ABS e ASR. A unidade hidráulica ASR (6), que é descrita em outra parte, possibilita uma frenagem ativa de todas as rodas, com alta dinâmica, em toda a faixa de temperatura.

Através do gerenciamento do motor (7) com interface CAN, podem ser ajustados o torque necessário do motor e os valores de escorregamento de tração.

Componentes do sistema

Controlador da dinâmica do veículo

A relação existente no percurso estacionário em círculo entre ângulo de esterçamento, velocidade do veículo e velocidade de guinada forma a base para o movimento nominal do veículo tanto na condução estacionária, como na frenagem e na aceleração. Da velocidade do veículo e do ângulo de esterçamento é calculada a velocidade de guinada nominal com ajuda do "modelo single-track (bicicleta)":

$$\dot{\psi}_{No} = \frac{v_x \cdot \delta_W}{(a+c)\left(1+\dfrac{v_x^2}{v_{CH}^2}\right)}$$

Para o controle do ângulo de flutuação esse é primeiramente limitado de acordo com o coeficiente de aderência da pista:
$|\dot{\psi}_{No}| \leq \mu_{HF} \cdot g/v_F$

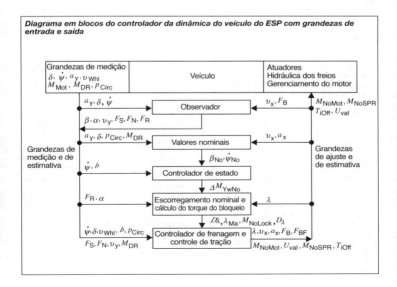

Diagrama em blocos do controlador da dinâmica do veículo do ESP com grandezas de entrada e saída

onde g é a aceleração da gravidade e o coeficiente de aderência μ_{HF} e a velocidade do veículo v_F são estimadas.

Abre-se mão de uma influência direta na velocidade transversal e com isso também do ângulo de flutuação através de alterações das forças laterais. É melhor ajustar o movimento transversal indiretamente através de modificações do ângulo de escorregamento, induzindo o giro do veículo através da geração de momentos de guinada.

A estrutura do controlador da dinâmica do veículo é mostrada em um diagrama em blocos simplificado. No "observador" calcula-se, baseado nas grandezas de medição (velocidade de guinada nominal $\dot{\psi}_{So}$, ângulo do volante δ e aceleração transversal do veículo a_y) bem como nas grandezas de estimativa (velocidade longitudinal do veículo v_x e forças de frenagem F_B) o ângulo de escorregamento α, o ângulo de flutuação β e a velocidade transversal do veículo v_y bem como as forças da roda no sentido lateral e normal F_S, F_N, e as forças resultantes na roda F_R.

O valores nominais para o ângulo de flutuação β_{No} e a velocidade de guinada $\dot{\psi}_{No}$ são determinados a partir das indicações do motorista, ângulo do volante δ, torque requerido do motor M_{DR} (posição do pedal do acelerador) e pressão de frenagem p_{circ}, da velocidade longitudinal estimada do veículo v_x e do coeficiente de aderência μ_{HF} que são calculados com a ajuda da aceleração da aceleração longitudinal estimada e da aceleração transversal medida. Nisso também se leva em conta o comportamento de transmissão do veículo bem como condições especiais como pista inclinada ou coeficientes de aderência diferentes nas laterais do veículo (μ-split).

O controlador da dinâmica do veículo é executado como controlador de estado. As grandezas de estado controladas são o ângulo de flutuação e a velocidade de guinada. Ao se aumentar os valores do ângulo de flutuação o controlador os leva em conta de maneira crescente. A grandeza de saída do controlador de estado corresponde a um momento de guinada M_{YwNo}.

Esse momento de guinada também é convertido em modificações nominais do escorregamento nas rodas apropriadas, com a ajuda do modelo linearizado do veículo e dos valores atuais de escorregamento λ, das forças resultantes das rodas F_R e do ângulo de escorregamento α. Se por exemplo o veículo sobreesterçar na rolagem livre em uma curva para a direita e a velocidade de guinada for ultrapassada, então é requisitado um valor nominal de escorregamento de frenagem na roda dianteira esquerda, entre outras coisas. Isso sujeita o veículo a uma mudança no momento de guinada no sentido anti-horário, que reduz a velocidade de guinada excessiva. O escorregamento nominal é modificado pelos controladores subordinados ABS e ASR das rodas. Se os freios não forem aplicados ou quando a pressão de frenagem aplicada pelo motorista não for suficiente para ajustar o escorregamento nominal (faixa de frenagem parcial), a pressão nos circuitos de freio é aumentada ativamente.

No modo ASR o controlador da dinâmica do veículo produz um valor médio do escorregamento de tração λ_{MA} e uma banda de tolerância do escorregamento de tração D_λ, também um torque nominal de bloqueio do freio M_{NoLock} para o ajuste do momento de guinada nominal do veículo M_{YwNO}. Para atingir melhoras sensíveis também para as funções básicas do ABS e ASR durante o aproveitamento do potencial de aderência todas a grandezas de medição e estimativa disponíveis são também aproveitadas nos controladores subordinados.

Controladores subordinados de escorregamento de frenagem (ABS) e do torque do freio motor (MSR)

Para o controle do escorregamento das rodas para um valor predeterminado deve se conhecer o escorregamento precisamente. A velocidade longitudinal do veículo não é medida, mas determinada a partir das velocidades das rodas v_{Whl}. Para isso rodas individuais são "subfreadas" durante um controle ABS, isto é, o controle de escorregamento é interrompido, o torque de frenagem atual reduzido de forma definida e mantida constante por um tempo. Supondo-se que a velocidade da roda seja estável no final desse período, pode-se calcular a velocidade (livre de escorregamento) da roda (rodando livremente) v_{WhlFre} a partir da força de frenagem F_B momentânea e da rigidez do pneu C_λ.

$$v_{WhlFre} = v_{Whl} \cdot \frac{C_\lambda}{C_\lambda - \dfrac{F_B}{F_N}}$$

A velocidade da roda (rodando livremente) determinada no sistema de coordenadas da roda é transformada no centro de gravidade através da velocidade de guinada $\dot{\psi}$, do ângulo de esterçamento δ_w, da velocidade transversal v_y, gerando a partir disso a velocidade do centro de gravidade v_x no sentido longitudinal. Em seguida v_x é transformada de volta aos quatro pontos centrais das rodas, para obter as velocidades (rodando livremente) das quatro rodas. Isso também permite calcular o escorregamento real λ para as três rodas controladas restantes:

$$\lambda = 1 - \frac{v_{Whl}}{v_{WhlFre}}$$

Partindo da força de frenagem estacionária F_{BF} forma-se o torque nominal na roda através de uma lei de controle PID com uma função do desvio de controle.

$$M_{WhlNo} = F_{BF} \cdot R + K_p(\lambda_{No} - \lambda)R \\ + K_d\left(\frac{d}{dt}v_{Whl} - \frac{d}{dt}v_{WhlFre}\right)\frac{J_{Whl}}{R} \\ + K_i \cdot C_p \cdot \text{SUM}\{(\lambda_{No} - \lambda) \cdot D_T\}$$

Para as rodas motrizes o torque de frenagem nominal M_{whlNo} pode ser ajustado parcialmente ou no caso sem frenagem totalmente pelo motor, para realizar um controle do torque do freio motor. A roda motriz com o menor torque nominal da roda é controlada dentro de limites permissíveis através da intervenção no motor.
Com tração traseira vale:

$$M_{NoMot} = -\frac{2m}{\ddot{U}_{Tr}} + \frac{J_{Mot} \cdot \ddot{U}_{Tr}}{R} \cdot \frac{d}{dt}v_x$$

m = MIN (M_{Whl3}, M_{Whl4})

O torque nominal do motor M_{NoMot} é limitado, com valores negativos, pelo torque máximo do freio motor e no caso de tração (valores positivos) pelo torque de tração ativo máximo permitido pelo fabricante. Para um torque de frenagem positivo

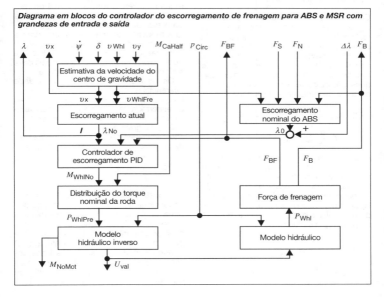

Diagrama em blocos do controlador do escorregamento de frenagem para ABS e MSR com grandezas de entrada e saída

M_{WhlNo} o eventual torque de frenagem residual deve ser ajustado pela pressão de frenagem.

$$p_{WhlPre} = \frac{M_{WhlNo} + M_{CalHalf}}{C_p}$$

A pressão p_{WhlPre} aplicada aos cilindros das rodas pelo controlador é ajustada através da hidráulica de frenagem e pelo modo de ativação das válvulas correspondente U_{Val}. Com um "modelo hidráulico" inverso, cujos parâmetros x_1, x_2 são determinados previamente e armazenados no controlador, é calculado o tempo de válvula requerido. Essencialmente o modelo consta do princípio de Bernoulli para meios incompressíveis e de uma curva característica pressão/volume.

$$U_{val} = \frac{p_{WhlPre} - p_{Whl}}{(x_1 + x_2 \cdot p_{Whl})\sqrt{|p_{Circ} - p_{Whl}|}}$$

$U_{val} > 0$ acrescentar pressão
$U_{val} = 0$ manter pressão
$U_{val} < 0$ reduzir pressão

Como o modo de ativação das válvulas U_{val} é limitado e quantificado, a pressão realmente ajustada p_{Whl} deve ser calculada através do modelo hidráulico. Se forem conhecidas a pressão de frenagem na roda e as velocidades medidas das rodas, pode se determinar, através do equilíbrio dos torques, a força de frenagem atual do pneu F_B e a força de frenagem estacionária F_{BF}:

$$F_B = C_p \cdot \frac{p_{Whl}}{R} - \frac{M_{CalHalf}}{R} + \frac{J_{Whl}}{R^2} \cdot \frac{d}{dt} v_{Whl}$$

$$F_B = T_i \cdot \frac{d}{dt} F_{BF} + F_{BF}$$

A força de frenagem estacionária (filtrada) F_{BF} serve então como grandeza de referência para o controlador PID. Do ponto de trabalho calculado λ_0 e da alteração do escorregamento determinada pelo controlador da dinâmica do veículo, o controlador do ABS calcula o escorregamento nominal do pneu λ_{No} a ser ajustado.

$$\lambda_0 = A_0 \cdot \mu_{WhlFre} + \frac{A_1}{v_{WhlFre}} + A_2$$

$$\mu_{Res} = \frac{\sqrt{F_B + F_S}}{F_N}$$

Controlador de tração (ASR)
O controlador de tração só é usado para o controle de tração com tração traseira. Intervenções ativas nas rodas dianteiras são determinadas diretamente pelo controlador do escorregamento de frenagem. Contrariamente ao ABS, o controlador de tração recebe do controlador da dinâmica do veículo, o valor nominal médio do escorregamento de tração λ_{MA} das duas rodas motrizes e um torque nominal de bloqueio do freio M_{NoLock} como grandezas-guia para influenciar diretamente sobre o momento de guinada. O valor nominal para a velocidade diferencial das duas rodas motrizes u_{NoDif} é a diferença de suas velocidades de roda (rodando livremente), onde o controlador da dinâmica do veículo estipula adicionalmente uma banda de tolerância $D\lambda$ para a diferença das duas rodas motrizes, que representa uma zona morta para o desvio do controle, para que possa ser formado um torque nominal de bloqueio do freio M_{NoLock}.

O módulo ASR calcula os torques de frenagem nominais M_{WhlNo} para as duas rodas motrizes, o torque nominal do motor M_{NoMot} para a intervenção na borboleta do acelerador, o valor nominal M_{NoSPR} para a redução do torque do motor através do controle do ângulo de ignição (ZWV) e opcionalmente o número de cilindros e a duração do tempo T_{iOFF} para os quais deve ser cortada a injeção de combustível.

Os valores nominais para a velocidade diferencial do eixo cardã e das rodas (v_{NoCa} e v_{NoDif}) são formados pelos valores de escorregamento nominais com as velocidades das rodas (rodando livremente) v_{WhlFre}. As grandezas de controle v_{Ca} e v_{Dif} são calculadas no caso de tração traseira das velocidades das rodas v_{Whl3} e v_{Whl4}:

$$v_{Ca} = \frac{1}{2}(v_{Whl3} + v_{Whl4})$$

$$v_{Dif} = v_{Whl3} - v_{Whl4}$$

A resposta dinâmica depende dos regimes de funcionamento muito diferentes do sistema controlado. Por isso determina-se o regime de funcionamento, para poder adaptar os parâmetros de controle à resposta dinâmica do sistema controlado. O torque de inércia da árvore de transmissão completa (motor, câmbio, eixo cardã e rodas motrizes) atua sobre a velocidade do eixo cardã v_{Car}. Por isso, a velocidade do cardã é descrita por uma constante de tempo relativamente grande (resposta dinâmica reduzida). Por outro lado, a constante de tempo da velocidade diferencial das rodas v_{Dif} é relativamente pequena, porque a resposta dinâmica de v_{Dif} é determinada quase que exclusivamente pelos torques de inércia de ambas as rodas. Além disso v_{Dif} não é influenciada diretamente pelo motor, como acontece com v_{Ca}. Por isso v_{Ca} e v_{Dif} são usadas como grandezas de controle porque permitem uma divisão do sistema acoplado de duas grandezas (velocidade medida da roda traseira esquerda v_{Whl3} e direita v_{Whl4}) em dois sistemas parciais com resposta dinâmica diferente e influências no motor distintas. As intervenções no motor e a "parte simétrica" da intervenção do freio são as grandezas atuadoras do controlador para a velocidade do eixo cardã v_{Ca}. A "parte assimétrica" da intervenção do freio é o sinal atuador do controlador para a diferença de velocidade entre as rodas v_{Dif}.

A velocidade do eixo cardã é controlada por um controlador PID não linear, onde particularmente a amplificação da parte I (dependente do regime de funcionamento) pode ser variada em uma faixa ampla. No estado estacionário a parte I é uma medida para o torque transmitido à pista. O torque do eixo cardan M_{Ca} é a saída de controle.

Usa-se um controlador não linear PI para o controle da diferença de velocidade entre as rodas v_{Dif}. Os parâmetros de controle são independentes da marcha engatada e das influências do motor. Da faixa de tolerância D_λ, determinada pelo controlador da dinâmica do veículo para a diferença de escorregamento das rodas motrizes, é calculada uma zona morta para o desvio do controle. No caso de "μ-split" o controlador da dinâmica do veículo determina uma zona morta relativamente estreita para garantir a tração e aumenta com isso a sensibilidade do controlador para a diferença de velocidade entre as rodas v_{Dif}. Com uma influência sobre o torque nominal de bloqueio do freio M_{NoLock} ou um controle select-low opcional, o controlador da dinâmica do veículo indica uma faixa de tolerância larga, e o controlador para a diferença de velocidade entre as rodas v_{Dif} permite com isso maiores diferenças de velocidade nas rodas traseiras. O torque diferencial nominal das rodas M_{Dif} é a saída de controle.

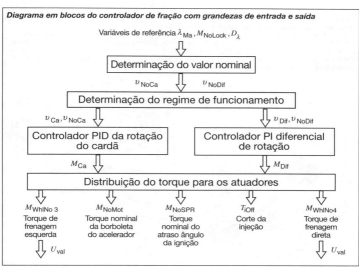

O torque do eixo cardã M_{Ca} e o torque diferencial nominal M_{Dif} são distribuídos entre os atuadores. O torque diferencial nominal M_{Dif} é ajustado pela diferença do torque de frenagem entre a roda motriz esquerda e direita através de um correspondente modo de ativação das válvulas U_{Val} na unidade hidráulica. O torque nominal do eixo cardã M_{Ca} é conseguido tanto pelas intervenções no motor como também através de influência simétrica na frenagem. A intervenção na borboleta do acelerador somente é eficaz com um atraso relativamente grande (tempo de resposta e comportamento de transição do motor). Como intervenção rápida no motor usa-se um atraso do ângulo de ignição e opcionalmente um corte da injeção. A intervenção simétrica no freio serve para o breve apoio à redução do torque do motor.

O controlador da tração pode ser adaptado nesse modulo com relativa facilidade aos diferentes tipos de intervenção no motor.

Execução do sistema

A unidade hidráulica e os sensores de rotação são apropriados para as condições no compartimento do motor. Sensor de ângulo de guinada, de aceleração transversal e unidade de comando estão previstos para montagem no habitáculo ou no porta-malas. Como exemplo representa-se a montagem dos componentes no veículo com suas conexões elétricas e mecânicas.

Sistemas de sensores

A configuração das interfaces é fortemente influenciada pela necessidade e pela possibilidade de monitoração das interfaces, que pode ser realizada de maneira efetiva e econômica com as unidades de comando modernas (sensores, vide pág. 110).

Os requisitos aos sensores foram averiguados através da avaliação de estudos de simulação e amplos testes de rodagem. Do mesmo modo foram analisadas as repercussões dos efeitos secundários (in-

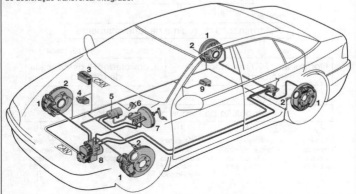

O sistema ESP com conexões elétricas no veículo
1 freios das rodas, 2 sensores de rotação das rodas, 3 ECU do gerenciamento do motor com interface CAN, 4 atuador da borbololeta do acelerador, 5 bomba de pré-carga com sensor de pré-carga, 6 sensor do ângulo do volante, 7 servofreio com cilindro mestre, 8 sistema hidráulico com sensor da pressão de frenagem e ECU montada, 9 sensor da velocidade de guinada com sensor de aceleração transversal integrado.

fluências das tolerâncias das posições de montagem, acoplamentos cruzados e demais falhas de sensores) sobre a operação do ESP. Disso resulta uma rede de monitoramento multinível e com isso muito densa, que incorpora os aspectos da redundância analítica. Isso é um pré-requisito básico, para dominar sistemas complexos relevantes de segurança, com respeito à confiabilidade, quando por motivos de custo se deve renunciar a sensores redundantes.

Unidade de comando
A unidade de comando, montada em técnica convencional de placa de circuito impresso (quatro camadas), incorpora além dos dois processadores parcialmente redundantes também todos os drivers para o acionamento das válvulas e lâmpadas, relés semicondutores para o acionamento de válvulas e bombas, bem como circuitos de interface para a preparação dos sinais dos sensores e respectivas entradas para sinais adicionais, como interruptor da luz do freio e outros. Além disso, integrou-se uma interface CAN para a comunicação com outros sistemas (p. ex. gerenciamento do motor e controle do câmbio). Para manter as dimensões da carcaça reduzidas por causa da grande quantidade de conexões adicionais de sinais, a unidade de comando dispõe de um conector especial.

Sistema de monitoramento
Um sistema de segurança abrangente é de importância fundamental para o funcionamento seguro do ESP. Ele inclui o sistema completo inclusive todos os componentes com todos os efeitos recíprocos. O sistema de segurança está baseado em métodos de segurança como p. ex. FMEA, ETA e estudos de simulação de falhas.

Disso foram derivadas medidas para evitar falhas, com efeitos importantes na segurança. Extensos programas de monitoramento garantem que todas as falhas não previsíveis sejam reconhecidas com segurança. Base para isso é o software de segurança aprovado no ABS e ABS/ASR, que monitora todos os componentes ligados à unidade de comando, suas ligações elétricas, sinais e funções. Essa base foi melhorada pelo conseqüente aproveitamento dos sensores adicionais e adaptada aos componentes e funções adicionais do ESP.

Os sensores são monitorados em diversos estágios:
Num primeiro estágio, os sensores são monitorados continuamente quanto à ruptura de cabos e comportamento não plausível dos sinais durante a operação do veículo (out-of-range check, detecção de interferências, plausibilidade física).

Num segundo estágio os sensores mais importantes são testados ativamente. O sensor da velocidade de guinada é testado mediante um desajuste ativo do elemento sensor e então avaliada a resposta do sinal. O sensor de aceleração também tem em segundo plano um monitoramento interno. Quando ativado, o sinal do sensor de pressão deve mostrar uma característica predefinida e o offset e a amplificação são compensados internamente. O sensor do ângulo do volante com "inteligência local" tem funções de monitoramento próprias e fornece uma mensagem de falha diretamente à unidade de comando. Adicionalmente a transmissão digital do sinal à unidade de comando é monitorada constantemente.

Num terceiro estágio se efetua o monitoramento dos sensores durante todo o funcionamento estacionário através de "redundância analítica", testando, através de um calculo de modelo, se as relações entre os sinais dos sensores, determinadas pelo movimento do veículo, não são violadas. Os modelos também são usados para calcular os offsets, que aparecem dentro das especificações dos sensores, e compensá-los.

No caso de falha o sistema é desligado total ou parcialmente dependendo do tipo de falha. O tratamento da falha também é dependente de que o controle esteja ativado ou não.

Funções adicionais (funções automáticas de frenagem)

Distribuição eletrônica da força de frenagem (EBV)

Função

Os sistemas de freio de veículos para transporte de pessoas devem ser projetados de tal maneira, que não sejam atingidos determinados valores-limite, que poderiam levar a um bloqueio das rodas traseiras antes das rodas dianteiras. Quando as rodas traseiras bloqueiam primeiro, o veículo ficaria instável e poderia girar em torno do eixo vertical e derrapar. Impedindo-se que as rodas traseiras bloqueiem antes das dianteiras garante-se que a estabilidade do veículo seja mantida. Usando redutores de pressão e válvulas proporcionais é possível controlar a distribuição da força de frenagem entre o eixo dianteiro e traseiro, de modo que seja garantida a seqüência de bloqueio desejada.

Uma função complementar no ABS permite a realização dessa distribuição da força de frenagem por meios eletrônicos. Com isso pode-se economizar componentes adicionais e custos. Esse método eletrônico da distribuição da força de frenagem praticamente se tornou standard.

Funções de assistente de frenagem hidráulicas (e pneumáticas)

Estudos sobre o comportamento de frenagem nos anos 1990 mostraram que motoristas de automóveis têm um comportamento diferenciado na frenagem. A maioria – dos "motoristas normais" – não freia suficientemente numa situação de emergência, isto é, com isso eles desperdiçam uma distância de frenagem "valiosa".

Um sistema disponível desde 1995 trouxe melhorias: o assistente de frenagem (BA). Suas intenções principais são:
- Uma certa velocidade do movimento do pedal (aplicação rápida dos freios) é interpretada como intenção de frenagem total, porém sem empregar força máxima. Nesse caso é gerada a pressão de frenagem necessária para uma frenagem total.
- O motorista tem a possibilidade de cancelar essa frenagem total a qualquer momento.
- O comportamento do servofreio e com isso a resposta do pedal não é alterada sob condições "normais" de acionamento.
- A função do sistema básico de frenagem não é diminuída se o servofreio falhar.
- O sistema foi projetado para evitar ativação acidental.

Assistente de frenagem pneumático/mecânico

Esse sistema requer um servofreio a vácuo modificado, que aumenta a amplificação na dependência da velocidade de acionamento do pedal e da força. Isso leva a um acréscimo mais rápido e maior da pressão nos freios das rodas.

Distribuição eletrônica da força de frenagem
1 distribuição de força de frenagem ideal, 2 distribuição de força de frenagem instalada, 3 distribuição eletrônica de força de frenagem, 4 ganho de força de frenagem no eixo traseiro.

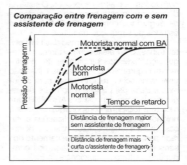

Comparação entre frenagem com e sem assistente de frenagem

Assistente de frenagem pneumático/eletrônico
O controle do servofreio a vácuo é eletrônico, por isso resultam possibilidades melhores para a definição otimizada do limiar de disparo e da resposta característica.

Assistente de frenagem hidráulico
A função do assistente de frenagem hidráulico se utiliza do hardware disponível para o ESP. Um sensor de pressão – standard no ESP, no ASR necessário com hardware adicional – capta o desejo do motorista, analisa o sinal com base no critério de ativação definido e inicia um correspondente acréscimo da pressão de frenagem com a hidráulica. O servofreio a vácuo acoplado corresponde ao Standard e não precisa ser modificado.

Observa-se, em geral, que todas as variantes mencionadas do assistente de frenagem são usadas em conjunto com ASR ou ESP, porque o acréscimo de pressão rápido gerado ativamente passa acima do limite de bloqueio das rodas.

Controle do torque do freio motor (MSR)
Ao engatarem uma marcha inferior ou soltarem o acelerador abruptamente com pista lisa, as rodas motrizes podem apresentar um grande escorregamento de frenagem por causa do efeito de frenagem do motor. Os sistemas de controle de escorregamento ABS e ASR para veículos de passeio e veículos utilitários leves podem ser complementados com um controle do torque do freio motor (MSR) adicional. O MSR aumenta a rotação do motor através da aceleração apropriada, isto é, através de intervenção no gerenciamento do motor, de modo que as rodas girem numa faixa de escorregamento otimizada.

A aplicação do MSR é possível a partir do ABS; para o ESP é uma função standard.

Freio de estacionamento eletromecânico (EMP)
No freio de estacionamento eletromecânico (EMP) a força para travar o freio de estacionamento é gerada eletromecanicamente. A função da alavanca de mão ou do pé é assumida por uma "interface do motorista" com uma combinação motor elétrico-transmissão. Quando o motorista opera a interface, o motor elétrico (atuador) é ativado, após o sistema detectar que o veículo está parado. Se o veículo estiver estacionado no plano as tensões dos cabos do freio são ajustadas a menor do que quando o veículo estiver totalmente carregado ou estacionado numa subida. Para captar a situação de estacionamento, isto é, estacionária, são usados sensores de rodas ativos. Opcionalmente a inclinação da pista pode ser captada por um sensor de inclinação.

O freio de estacionamento é destravado através da mesma interface do motorista. Para isso, devem ser mantidas diferentes normas de segurança e exigências, p. ex. para prevenir o destravamento inapropriado ou inadvertido do freio de estacionamento por crianças ou animais.

Outrossim, o acionamento inadvertido ou intencional do freio de estacionamento quando o veículo estiver em movimento não pode causar uma situação de direção crítica. Nesse caso, quando o veículo ultrapassar um limiar superior de velocidade, a frenagem é assumida pelo sistema ASR ou ESP, o que garante uma frenagem segura mesmo com pistas de superfície escorregadia ou molhada. Ao atingir um limiar inferior de velocidade a parada do veículo é assumida pelo EMP.

A comunicação entre EMP e ASR/ESP ocorre através de uma interface CAN (Controller Area Network).

O freio de estacionamento eletromecânico do tipo descrito pode ser usado apenas em conjunto com o ESP.

Sistemas de segurança do veículo

Hill-Hold Control (HHC)

O sistema HHC (Hill-Hold Control) facilita a arrancada no morro (assistente de arrancada no morro). Ele evita que o veículo role para trás, depois que o motorista tenha soltado o pedal do freio. O HHC é de grande ajuda principalmente com veículos carregados, com câmbio manual e veículos com reboques. O freio de estacionamento não é necessário.

O desejo do motorista de arrancar é reconhecido pelo sistema HHC. Após soltar o pedal do freio restam cerca de 2 segundos para engatar a marcha e iniciar o processo de arrancada. O freio é solto automaticamente quando o torque de tração for maior que o torque de tração do morro.

O mau uso do sistema HHC como freio de estacionamento não é possível, pois a pressão hidráulica nos cilindros das rodas para segurar o veículo na subida só é mantida pelas válvulas magnéticas pelo tempo máximo especificado. Além disso, o sistema também seria desativado, soltando-se o pedal da embreagem.

O sistema HHC se baseia no hardware do ESP com sensores adicionais: um sensor de inclinação reconhece a inclinação da pista, um interruptor do câmbio, o engate da primeira marcha ou marcha-à-ré e um interruptor da embreagem, o acionamento do pedal da embreagem. Sensores de rotação das rodas, interruptor do pedal do freio e da borboleta do acelerador são necessários para outros sistemas do veículo (p. ex. gerenciamento do motor) e não podem ser usados pelo HHC.

Hill-Descent Control (HDC)

O sistema HDC (Hill-Descent Control) é uma função de conforto que apóia o motorista em descidas fora de estrada com inclinação de aprox. 8...50% atuando automaticamente no freio. O motorista pode se concentrar totalmente na direção e não é distraído pela necessidade de operar os freios ao mesmo tempo. Não é necessário um acionamento do pedal do freio.

Com HDC ativado. p. ex. através de botão ou chave, uma velocidade nominal predeterminada é mantida através de acionamento do pedal do freio e do acelerador. Ele fica ativado até que seja desativado, pressionando-se o botão ou chave novamente ou pressionando-se o pedal do acelerador ou do freio.

Um mau uso é prevenido fixando-se uma máxima velocidade possível na descida e desativação do HDC ao se dirigir no plano ou em subida.

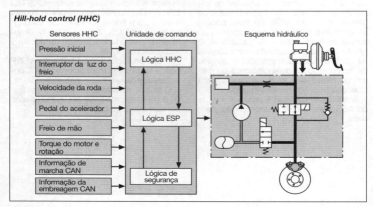

TIMS/DWS (Tire Inflation Monitoring System/Dunlop Warnair System)

Sistemas de medição direta para o controle da pressão do pneu captam a pressão absoluta do pneu com sensores de pressão e enviam a informação, p. ex., sem fio a um receptor no veículo para análise e exibição. Sistemas de medição indireta, como p. ex., o TIMS/DWS, informam o motorista sobre desvios maiores de pressão em um pneu. Esse sistema se baseia no princípio de que um pneu com pressão mais baixa tem uma circunferência efetiva menor do que um pneu com pressão correta. A diferença de pressão é mensurável como velocidade diferencial e analisada de acordo.

Os sensores de rotação e com isso a informação da velocidade da roda estão disponibilizados pelos sistemas ABS, ASR ou ESP. Eles são processados nessas unidades de comando (a partir da geração 8) de acordo com os algoritmos TIMS/DWS. Uma queda de pressão de aprox. 30% eleva a velocidade da roda em aprox. 0,2...0,5%. O sistema reconhece perdas de pressão de mais de 30% (± 10%) em relação à pressão normal. O tempo de detecção é > 3 minutos com queda de pressão de 30%, e com 50% de queda de pressão < 1 minuto.

Deve ser enfatizado claramente que aqui se trata de um sistema de conforto e não de um sistema de segurança.

Sistemas de controle da pressão dos pneus estão se difundindo de modo crescente. Eles são regulamentados, p. ex., nos Estados Unidos pelo regulamento FMVSS 138, estão sendo introduzidos em várias etapas e serão prescritos como Standard em fins de 2006.

Rollover migration (ROM)

A Rollover migration é uma função adicional, que evita que o veículo capote com forças de desaceleração laterais excessivas. O programa eletrônico de estabilidade (ESP) já reduz o risco de capotamento sob circunstâncias específicas, e a função ROM produz uma melhoria adicional.

A função ROM se baseia, entre outros itens, na detecção da aceleração lateral. Ela limita a aceleração lateral para um valor máximo de acordo com as características do veículo (determinadas p. ex. pelo centro de gravidade do veículo, a bitola, a massa do veículo, a combinação entre pneu e superfície da pista, etc.). Isso é atingido reduzindo-se as forças de condução lateral. Isto quer dizer que, para deixar o veículo escorregar lateralmente e evitar um capotamento, o escorregamento de frenagem das rodas externas é aumentado. A proporção da força de condução lateral transferível diminui e a aceleração lateral é limitada a valores permissíveis.

Por causa dos números crescentes de acidentes envolvendo SUV (Sport Utility Vehicles) e veículos fora-de-estrada há uma demanda, especialmente nos Estados Unidos, em corrigir essa situação, equipando os veículos adicionalmente com funções como ROM.

Desaceleração controlada eletronicamente (ECD)

Essa função requer o hardware do ESP. Através de uma interface para o ACC (Adaptive Cruise Control) é transmitida ao ESP, p. ex., o comando "reduzir velocidade", e os sistemas hidráulicos são então ajustados para produzir uma determinada taxa de desaceleração.

Essa função será usada no futuro de forma apropriadamente adaptada às várias funções de controle do veículo.

Freio eletro-hidráulico SBC

Finalidade e função

O freio eletro-hidráulico SBC (Sensoric Brake Control) une as funções do servo-freio e do ABS (sistema antibloqueio) inclusive a funcionalidade do ESP (programa eletrônico de estabilidade). O acionamento mecânico do pedal do freio é detectado pela unidade acionadora através de sensores eletrônicos redundantes e enviado à unidade de comando. A unidade de comando usa algoritmos específicos para calcular comandos de controle que são convertidos em modulações de pressão na unidade hidráulica para os freios das rodas. No caso de falha da eletrônica há um retorno automático ao sistema hidráulico.

Usando as características "Brake-by-wire", o SBC pode controlar as pressões de frenagem nos cilindros das rodas independentemente da influência do motorista. Com isso podem ser realizadas funções que vão além das do ABS (sistema anti-bloqueio), ASR (controle de tração) e ESP (programa eletrônico de estabilidade). Um exemplo é a intervenção confortável no freio para ACC (Adaptive Cruise Control).

Funções básicas

Como um sistema de freio convencional o freio eletro-hidráulico tem as seguintes funções:
- reduzir a velocidade do veículo,
- fazer o veículo parar ou
- manter o veículo parado.

Como sistema de freio ativo assume o controle de:
- acionamento do freio,
- amplificação da força de frenagem e
- regulagem da força de frenagem.

SBC é um sistema de controle eletrônico com atuadores hidráulicos. A distribuição da força de frenagem é feita eletrônica e individualmente por roda na dependência da situação de direção. Não é mais necessário o vácuo para a amplificação da força de frenagem. O autodiagnóstico possibilita

Localização dos componentes do SBC no veículo (Figura A)
1 sensor de rotação ativo com sensor de sentido de giro, 2 unidade de comando do gerenciamento do motor, 3 unidade de comando do SBC, 4 sensor de ângulo de guinada e de aceleração lateral, 5 unidade hidráulica (para SBC, ABS, ASR, ESP), 6 unidade atuadora com sensor do curso do pedal, 7 sensor do ângulo de esterçamento.

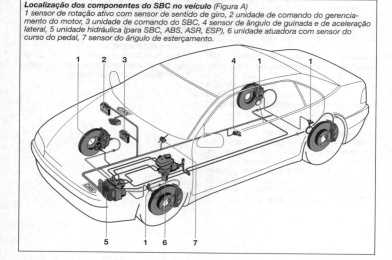

uma função de advertência prévia para reconhecimento de possíveis falhas do sistema.

SBC usa freios hidráulicos de roda standard. Devido ao controle totalmente eletrônico da pressão, SBC é facilmente integrável com redes de sistemas de controle veiculares. Com isso SBC satisfaz todas as exigências aos futuros sistemas de freio.

Devido ao seu acumulador de alta pressão, SBC tem uma dinâmica de aumento de pressão muito rápida oferecendo com isso o potencial para distâncias de frenagem curtas combinado com alta estabilidade do veículo. Modulação de pressão e frenagem ativa são silenciosas sem pulsação sobre o pedal do freio. SBC também satisfaz os elevados desejos de conforto.

A característica de frenagem pode ser adaptada à situação de condução, p. ex. através de resposta brusca em condução esportiva ou alta velocidade. Através de uma característica mais suave do pedal, pode ser sinalizada ao motorista uma redução do efeito de frenagem, antes que ocorra o fading dos freios por superaquecimento.

Funções adicionais SBC
Com funções adicionais gera-se um aumento nítido em segurança e conforto ao se frear com SBC.

Assistente de arrancada
Após a ativação do assistente de arrancada com um aumento nítido da força de frenagem com o veículo parado, o veículo fica freado mesmo com o pedal aliviado. O assistente de arrancada é cancelado automaticamente, tão logo o motorista tenha gerado suficiente torque do motor pressionando o pedal do acelerador. Com isso é possível arrancar, p. ex., em morros sem acionar o freio de estacionamento. Em outras situações onde o veículo pode rolar a partir de uma parada se não estiver freado, o motorista não precisa aplicar os freios constantemente, se o assistente de arrancada estiver ativado.

Funções de assistente de frenagem ampliadas
Ao se soltar o acelerador abruptamente as pastilhas de freio são aplicadas levemente através de um acréscimo automático do sado da pressão de frenagem. Essa medida possibilita que os freios "agarrem" mais rapidamente numa eventual frenagem de pânico a seguir, reduzindo a distância de frenagem.

Se o sistema detecta uma frenagem de pânico, a pressão de frenagem é aumentada brevemente até o ponto otimizado do coeficiente de atrito. Com isso, se reduz significativamente a distância de frenagem para motoristas indecisos. Nesse caso, a dinâmica de acréscimo rápido de pressão do SBC supera sistemas convencionais.

Freio de motorista (Soft Stop)
SBC permite numa frenagem de conforto uma parada sem tranco, através de uma redução automática da pressão pouco antes da parada. Se o motorista desejar parar mais rapidamente essa função não é ativada e o SBC minimiza a frenagem.

Assistente de congestionamento
Com assistente de congestionamento ativado, o SBC gera um torque de arrasto maior quando o pedal do acelerador é solto, com o que o motorista não precisa ficar trocando entre pedal do acelerador e o do freio constantemente num congestionamento. Se necessário, o veículo é freado automaticamente até a parada e mantido assim. Essa função só é ativada com velocidades abaixo de 50...60 km/h.

Função de secagem do freio
A função de secagem do freio remove o filme de água dos discos de freio em condições molhadas. Isso reduz a distância total de frenagem no molhado. O sinal para a ativação dessa função é derivável, p. ex. do sinal do limpador do pára-brisas.

Distribuição dinâmica da força de frenagem com SBC

➡ Força de frenagem da roda

Concepção

O freio eletro-hidráulico SBC é composto dos seguintes componentes:
- unidade acionadora (fig. A, pos. 6),
- sensores da dinâmica do veículo (fig. A, pos. 1, 4 e 7),
- ECU SBC (p. ex. ECU separada) (fig. A, pos. 3) e
- unidade hidráulica com ECU acoplada (fig. A, pos. 5).

Esses componentes são interligados através de linhas de controle elétrico e linhas de pressão hidráulicas. A figura A mostra onde estes componentes estão montados no veículo.

Unidade atuadora
A unidade atuadora é composta de:
- cilindro mestre com reservatório de fluido de freio,
- simulador do curso do pedal e
- sensor do curso do pedal.

Simulação do curso do pedal
O simulador do curso do pedal produz uma curva força/curso apropriada e calcula o montante do amortecimento do pedal do freio. Conseqüentemente, o motorista experimenta a mesma "sensação de frenagem" com o freio eletro-hidráulico como com um sistema convencional de freio bem projetado.

Tecnologia dos sensores do SBC
O sistema de sensores SBC é composto dos sensores da dinâmica do veículo familiares do ESP e dos sensores próprios do SBC.

Sensores da dinâmica do veículo
O sistema sensor do SBC é composto de quatro sensores de rotação das rodas, sensor de ângulo de guinada, sensor do ângulo de esterçamento, e eventualmente um sensor de aceleração lateral. Esses sensores fornecem dados à ECU sobre a velocidade e o estado de movimento das rodas e aspectos da dinâmica do veículo como trajeto em curva. As funções de controle como ABS, ASR e ESP são executadas da maneira conhecida.

Se o veículo estiver equipado com um controle adaptativo da velocidade ACC (Adaptive Cruise Control) um sistema de radar capta a distância para o veículo da frente. Desses dados a unidade de comando SBC determina a pressão de frenagem a ser aplicada, eventualmente sem produzir pulsação no pedal.

Sensores SBC
A figura B mostra os sensores do SBC. Quatro sensores medem a pressão para cada circuito de roda individualmente. Outro sensor de pressão mede a pressão no acumulador de alta pressão. O desejo de frenagem é calculado pelo sensor de curso do pedal fixado na unidade atuadora e por um sensor de pressão que capta a pressão aplicada pelo motorista.

O sensor do curso do pedal consiste em dois sensores de ângulo separados. Juntamente com o sensor de pressão para a pressão de frenagem do motorista gera uma captação tripla do desejo do motorista e o sistema pode continuar a trabalhar sem falhas, mesmo com a queda de um desses sensores.

Princípio de funcionamento

Modo normal
A figura B mostra os componentes do SBC em um diagrama em blocos. Um motor elétrico aciona uma bomba hidráulica. Isso carrega um acumulador de alta pressão com uma pressão entre 90 e 130 bar, o que é monitorado por um sensor da pressão do acumulador. Os quatros moduladores individuais da pressão das rodas são alimentados por esse acumulador e ajustam a pressão necessária para cada roda individualmente. Os moduladores de pressão consistem de duas válvulas com característica de controle proporcional e um sensor de pressão.

No modo normal, as válvulas isoladoras interrompem a conexão para a unidade atuadora. O sistema se encontra no modo "brake by wire". Ele capta o desejo do motorista eletronicamente e o transmite "by wire" aos moduladores de pressão das rodas. A interação entre motor, válvulas e sensores de pressão é controlada por circuitos eletrônicos de tecnologia híbrida na unidade de comando acoplada. Essa tem dois microcontroladores, os quais se controlam mutuamente. O fator essencial é que os circuitos eletrônicos possuem a capacidade de autodiagnóstico e constantemente verificam todos os estados do sistema quanto à plausibilidade. Com isso eventuais falhas podem ser mostradas ao motorista antes que se chegue a condições críticas. No caso de falha de componentes, o sistema disponibiliza automaticamente ao motorista a funcionalidade restrita otimizada ainda disponível. Uma ampla memória de falhas possibilita um diagnóstico rápido e um reparo, no caso de falhas.

Uma interface inteligente com o bus CAN faz a conexão com a ECU SBC. Essa unidade integra as seguintes funções:
- ESP (programa eletrônico de estabilidade),
- ASR (controle de tração),
- ABS (sistema antibloqueio),
- cálculo do desejo de frenagem do motorista e
- funções suplementares SBC (funções de assistente).

Frear no caso de falhas no sistema
Por motivos de segurança, o SBC foi projetado de tal maneira que no caso de eventuais falhas graves (p. ex. interrupção na tensão de alimentação) é mudado para um estado, no qual o veículo ainda possa ser freado sem utilizar amplificação ativa de força de frenagem. As válvulas isoladoras desenergizadas abrem uma conexão hidráulica direta entre a unidade atuadora e os cilindros das rodas (fig. B) de modo que os freios possam ser operados diretamente.

Para manter a funcionalidade otimizada, mesmo com falha no sistema, os pistões separadores ilustrados atuam como meio separador entre o circuito ativo do SBC e o circuito de freio convencional do eixo dianteiro. Estes evitam que qualquer gás possa escapar do acumulador de alta pressão e entre no circuito de freio das rodas dianteiras, o que reduziria a potência de frenagem, no caso de falha do sistema.

Evolução dos sistemas de freio

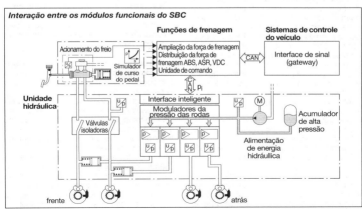

Interação entre os módulos funcionais do SBC

Sistemas de freios para veículos utilitários com peso total > 7,5 t

Sistemática e configuração

Sistemas de freio de força auxiliar para veículos utilitários meio pesados e pesados acima de 7,5 t trabalham normalmente com
- ar comprimido como meio para fornecimento da energia e de transmissão de força (fig. B),
- transmissão de força eletro-hidráulica no sistema de freio de serviço e transmissão pneumática de força no sistema de freio de estacionamento (fig. C).

Sistema de freio de serviço para veículos de tração

Em veículos utilitários médios e pesados a força do pé do motorista não é suficiente para gerar uma desaceleração de frenagem para o funcionamento normal na prática. Por isso se usam preferencialmente sistemas de freio a ar comprimido, que usam o ar comprimido como energia armazenada para o acionamento do freio de serviço. Cilindros de membrana geram as forças de aplicação nos freios das rodas. Sistemas de freio "air-over-hydraulic" tendem a ser usados menos, pois a pressão do ar necessária para acionar os freios das rodas deve ser convertida em pressão hidráulica através de cilindros amplificadores. Um sistema de freio de ar comprimido de circuito duplo com conexão para o freio do reboque, acumulador de mola, sistema de freio auxiliar e de estacionamento é composto dos seguintes grupos principais:
- fornecimento de energia,
- reserva,
- válvulas de freio,
- controle da força de frenagem,
- freios das rodas bem como
- controle e fornecimento do sistema de freio para veículos com reboque (fig. D).

O fornecimento de energia engloba compressor e regulador de pressão. Podem ser incluídos protetores contra congelamento, drenagem automática de água, filtro de ar, secador de ar e acumulador intermediário, que se encarregam de um ar limpo e seco.

É recomendado instalar compressores de ar consideravelmente mais potentes que os, estipulados p. ex., nas normas EC/ECE, porque nos veículos utilitários modernos pode haver um grande número de consumidores de ar comprimido tanto nos veículos de tração como nos reboques.

No ponto de intersecção entre fornecimento de energia e reserva fica a válvula de proteção de quatro circuitos, que serve para assegurar a continuidade do fornecimento de ar aos circuitos de freio individuais e consumidores auxiliares preferenciais. A válvula de proteção de quatro circuitos exerce as seguintes funções:
- Protege os circuitos de freio do freio de serviço no caso de defeito no fornecimento de energia.
- Garante o fornecimento continuado de ar para os circuitos de freio do freio de serviço e isolando um do outro.
- Garante o fornecimento continuado de ar para o freio de serviço do reboque no caso de defeito em um circuito de freio no freio de serviço do veículo de tração.
- Protege e garante o fornecimento continuado de ar para os dois circuitos de freio de serviço do veículo de tração na quebra da linha de fornecimento para o reboque.
- Protege os dois circuitos de freio de serviço no caso de defeito no fornecimento de energia e
- Garante o fornecimento continuado de ar para os consumidores secundários, como auxílio de mudança de marcha ou amplificador da embreagem, no caso de defeito no freio de serviço.

O equipamento de controle do freio de serviço começa no pedal do freio e termina nos componentes da válvula de freio de circuito duplo acionados mecanicamente.

As condições de espaço em veículos utilitários às vezes fazem necessário fixar a válvula de frenagem no mais atrás da cabine e não na cabine (basculante). A problemática dos caminhões com volante à esquerda ou à direita com a mesma posição da válvula de frenagem no chassi, é resolvida usando-se um dispositivo de transmissão de dois canais para o sistema de controle de frenagem. Um sistema elétrico de alarme monitora o nível de fluido nos reservatórios de compensação de ambos os circuitos.

Componentes adicionais do circuito de freio do veículo de tração para reboques e semi-reboques ajudam a alimentar o sistema de freio do reboque/semi-reboque e controlar quanto ao efeito de frenagem (válvula de controle de reboque, cabeçotes de acoplamento, etc.).

Sistema de freio de duas linhas para reboques

Nessa versão standard européia uma linha (linha de fornecimento) conecta os acumuladores de energia no veículo de tração com os do reboque/semi-reboque; ela fica permanentemente sob pressão. A segunda linha (linha de frenagem) vai da válvula de controle de reboque no veículo de tração para a válvula de freio do reboque no reboque/semi-reboque (fig. E). A frenagem ocorre com o aumento da pressão. A função de frenagem automática é assumida pela linha de fornecimento na separação involuntária do reboque. Se ela se desconecta ou quebra, escapa ar da linha e a válvula de freio no reboque ativa os freios. Com a ajuda de uma válvula de controle do reboque de dois circuitos e da válvula de proteção de quatro circuitos, é possível continuar a alimentar o reboque com ar para controlar a frenagem, mesmo que falhe um circuito do freio de serviço de dois circuitos do veículo de tração. Os cabeçotes de acoplamento normalizados para "reserva" e "freio" estão equipados com uma válvula de fechamento automático que se abre no processo de acoplamento.

Distribuição de força de frenagem dependente da carga

O controle automático da força de frenagem dependente da carga (ALB) é um elemento vital para o dispositivo de transmissão de um sistema de freio de serviço num veículo utilitário. Com o veículo parcialmente carregado ou vazio, válvulas de distribuição da carga, tornam possível a adaptação das forças de frenagem às baixas cargas axiais (p. ex. através do sensoriamento do curso de mola do eixo) e com isso uma correção da distribuição da força de frenagem nos eixos de um veículo avulso (quebra da distribuição da força de frenagem) ou um nível predeterminado de frenagem (importante para veículos que operam como rodo-trem ou de tração para reboques). Existem dois tipos de válvulas de distribuição da força de frenagem dependentes da carga (fig. A):

Limitator da força de frenagem

Um limitador de força de frenagem evita, a partir de um determinado "ponto de comutação", o acréscimo da força de frenagem, (p. ex. no eixo traseiro), isto é, a distribuição da força de frenagem "quebra horizontalmente".

Redutor da força de frenagem

Mesmo num caso desfavorável de carga, redutores de pressão dependentes da carga possibilitam uma aproximação à parábola da distribuição de força de frenagem dinâmica (ideal) (vide concepção de um sistema de freio). Na faixa após o ponto de comutação, as forças de frenagem no eixo afetado são reduzidas com relação à distribuição de força de frenagem original. Além disso, a distribuição de força de frenagem instalada depende da relação de transmissão e da pressão de comutação (esta dependente da carga sobre o eixo) da válvula de distribuição de força de frenagem.

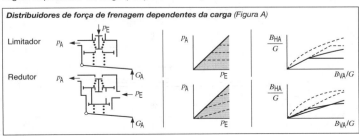

Distribuidores de força de frenagem dependentes da carga (Figura A)

840 Sistemas de segurança do veículo

Sistemas de freio a ar comprimido para veículos utilitários
1 Compressor, 2 regulador de pressão, 3 bomba anticongelamento, 4 válvula de proteção de quatro circuitos, 5 reservatório de ar, 6 cabeçote de acoplamento com válvula de fechamento automática, 7 válvula de drenagem de água, 8 válvula de retenção, 9 válvula de teste, 10 válvula de freio de estacionamento, 11 válvula de controle do reboque, 12 cabeçote de acoplamento sem válvula de fechamento, 13 cilindro acumulador de mola, 14 eixo dianteiro, 15 regulagem automática da força de frenagem dependente da carga, 16 eixo traseiro, 17 válvula do freio de serviço, 18 cilindro de freio

Sistema de freio de dois circuitos, duas linhas e força auxiliar com dispositivo pneumático de transferência (Figura B)

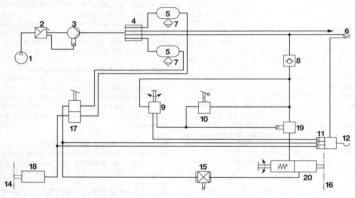

Sistema de freio de dois circuitos, duas linhas e força auxiliar (sistema de freio "Air-over-hydraulic") com dispositivo hidráulico de transferência (Figura C)

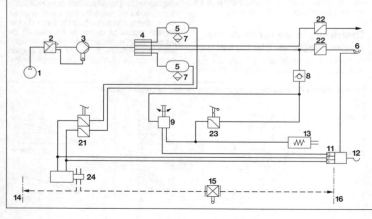

Sistemas de freios para veículos utilitários com peso total > 7,5 t **841**

19 válvula relé, 20 cilindro combinado de freios, 21 válvula de freio de serviço com limitador de pressão, 22 válvula limitadora de pressão, 23 válvula do freio de estacionamento com limitador de pressão, 24 câmara pneumática de dois circuitos, 25 válvula de freio do reboque, 26 válvula de carga/vazio, 27 consumidores secundários (p. ex. sistema de freio motor)

Componentes principais de um sistema moderno de freios a ar comprimido e força auxiliar
(Figura D).
A Fornecimento de energia, b) reserva, c) válvulas de freio, d) controle e fornecimento para reboques, e) controle da força de frenagem, f) freios das rodas.

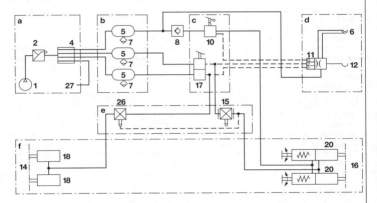

Sistema de freios de duas linhas para reboques *(Figura E)*

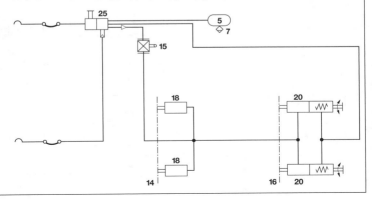

Observações básicas sobre a quebra da distribuição de força de frenagem

Distribuidores de força de frenagem dependentes da carga ajustam a distribuição de força de frenagem instalada à distribuição de força de frenagem dinâmica (ideal) evitando o bloqueio prematuro das rodas de um eixo. Além disso, com coeficiente de aderência baixo e eixo traseiro com pouca carga as rodas podem escorregar, pois o ponto de comutação do distribuidor de força de frenagem pode ficar então na faixa instável da distribuição de força de frenagem quando ocorre adicionalmente o seguinte: alto torque de frenagem do motor, torque de frenagem do retarder, variações da tolerância do distribuidor de força de frenagem e/ou grandes variações do valor característico nos freios das rodas.

Somente através de uma ampla otimização da distribuição de frenagem dependente da carga é possível realizar um sistema de freio que trabalhe precisamente sob todas as condições de frenagem. Veículos utilitários com diferenças extremas de carga entre vazios e totalmente carregados necessitam de sistemas de freio com controle da força de frenagem dependente da carga automático (ALB) no eixo traseiro e válvulas vazio/carga (para ampliação da faixa de trabalho do ALB, fig. F).

Freios de rodas

Em veículos utilitários médios e pesados usam-se cada vez mais freios a disco. Mundialmente ainda predominam freios a tambor.

O coeficiente de freio C^* como critério de avaliação da eficácia dos freios informa a relação entre a força de frenagem e a força de aplicação. Esse valor abrange a influência da taxa de transmissão interna do freio bem como do coeficiente de atrito que, por sua vez, depende principalmente dos parâmetros velocidade, pressão do freio e temperatura.(Fig. G).

Freios a tambor

As formas construtivas dos freios a tambor dependem das exigências da força de aperto, ancoragem e ajuste das sapatas de freio.

Freios a tambor simplex (fig. H)
Esses se diferenciam principalmente pelo tipo de aplicação (flutuante e fixa) e ancoragem (sapata giratória, sapata deslizante). Estão muito difundidos freios de roda com aplicação e ancoragem de sapata flutuante. No caso de acionamento hidráulico, p. ex. os freios são aplicados por meio de pistões de pressão flutuantes. O curso do pistão

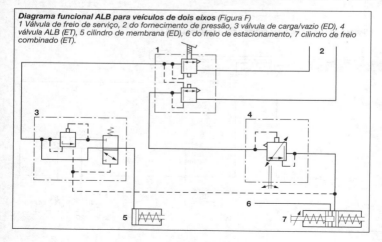

Diagrama funcional ALB para veículos de dois eixos (Figura F)
1 Válvula de freio de serviço, 2 do fornecimento de pressão, 3 válvula de carga/vazio (ED), 4 válvula ALB (ET), 5 cilindro de membrana (ED), 6 do freio de estacionamento, 7 cilindro de freio combinado (ET).

Sistemas de freios para veículos utilitários com peso total > 7,5 t   **843**

não é fixo e desenvolve forças de atuação iguais em ambos os sentidos. Uma sapata é primária, isto é, as forças de atrito entre a lona do freio e o tambor do freio apóiam a força de aplicação, enquanto as forças de atrito atuam contra a força de aplicação na sapata secundária.

Para o freio simplex, C^* resulta da soma dos valores individuais das sapatas e é $\approx$ 2,0 (referido a um coeficiente de atrito de $\mu = 0{,}38$; ele sempre aparece nas seguintes considerações de C^* como valor básico). O inconveniente é a grande diferença de ação de frenagem das duas sapatas e o maior desgaste resultante disso da lona de freio da sapata primária em relação à sapata secundária.

Por isso, muitas vezes a sapata secundária é recoberta com uma lona mais fina que a sapata primária.

Outra possibilidade de ativar um freio a tambor simplex é através de uma cunha (com mecanismo de reajuste integrado), que predomina cada vez mais em veículos utilitários leves e médios com freio a ar comprimido (figuras H e K).

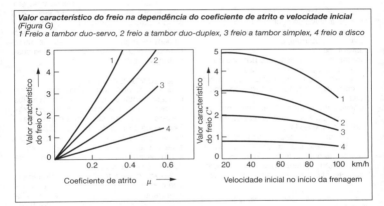

Valor característico do freio na dependência do coeficiente de atrito e velocidade inicial (Figura G)
1 Freio a tambor duo-servo, 2 freio a tambor duo-duplex, 3 freio a tambor simplex, 4 freio a disco

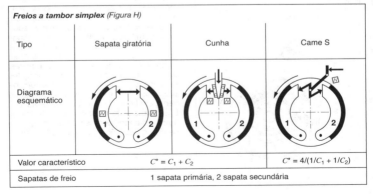

Freios a tambor simplex (Figura H)

Tipo	Sapata giratória	Cunha	Came S
Diagrama esquemático			
Valor característico	$C^* = C_1 + C_2$		$C^* = 4/(1/C_1 + 1/C_2)$
Sapatas de freio	1 sapata primária, 2 sapata secundária		

Sistemas de segurança do veículo

O freio de roda mais usado em veículos utilitários pesados é o freio a tambor simplex com came S com aplicação fixa (fig. J).
Vantagens:
- desgaste igual das sapatas nas sapatas primária e secundária através de aplicação fixa,
- vida útil longa das lonas,
- mecanismo de aplicação simples, confiável e insensível à temperatura através de cilindros de membrana, ajustador automático das hastes, eixo do freio e came S,
- pouca variação do coeficiente de freio C^*,
- operação simples do freio de estacionamento através de acumulador de mola,
- reajuste preciso através de ajustador de alavanca automático.

Desvantagens:
- forças internas elevadas e por isso construção relativamente pesada, porque ocorrem forças desiguais nos cames e com isso altas forças livres nos mancais,
- coeficiente de freio C^* relativamente baixo, isto é, faz-se necessária muita força de aplicação ao frear,
- devido aos cursos de aplicação aproximadamente iguais das sapatas primárias e secundárias, as forças de aplicação se comportam inversamente aos valores característicos das sapatas individuais,
- com mesmo valor de atrito o coeficiente do freio C^* é um pouco mais baixo em comparação com freios simplex com aplicação hidráulica ou pneumática.

Freios a tambor duo-duplex
O freio duo-duplex com duas sapatas primárias (com controle por cunha) encontra pouca aplicação hoje em dia (fig. K).
Características desse freio são a aplicação flutuante e a necessidade de ancoragem para a sapata deslizante. Vantajoso é o desgaste praticamente igual das lonas de freio em ambas as sapatas e a taxa de transmissão interna maior desse freio em relação aos freios a tambor simplex. Com duas sapatas primárias se conseguem coeficientes de freio de $C^* \approx 3,0$, que não podem ser mantidos constantes por muito tempo devido à sensibilidade a fading desse freio a tambor.

Freios a tambor duo-servo
Freios a tambor duo-servo tiveram no passado grande aplicação em veículos utilitários leves (particularmente nos eixos traseiros). Característica importante desse freio é que a força de apoio da sapata primária é usada como força de atuação para a sapata secundária, tanto andando para a frente como em marcha-à-ré. O coeficiente de freio se situa em $C^* \approx 5,0$.
A razão para a ampla difusão dos freios a tambor duo-servo é que por seus altos coeficientes de freio podem ser instalados em camionetes e caminhões leves até aprox. 6 t com um sistema de freio assistido a vácuo. Ao mesmo tempo um sistema de freio de estacionamento equipado com freio a tambor duo-servo atinge torques de frenagem consideravelmente grandes com acionamento manual. Além disso, sob grandes solicitações térmicas, ocorrem oscilações fortes nos coeficientes de freios, o que limita as possibilidades de sua utilização e exige uma distribuição de frenagem bem ajustada para cada veículo. Em futuros sistemas de freio de rodas os freios a tambor duo-servo para o freio de serviço quase não terão mais aplicação.

Freio a tambor simplex com came S
(Figura J)
1 cilindro de membrana, 2 came S, 3 sapata do freio, 4 mola de retorno, 5 tambor do freio.

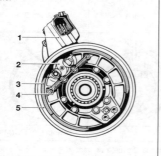

Freios a disco

As vantagens do freio a disco em relação ao freio a tambor são:
- Melhor capacidade de regulação da ação de frenagem,
- com um dimensionamento correto da carga térmica há um desgaste igual das pastilhas em ambos os lados do disco,
- menor tendência a ruídos de frenagem,
- características relativamente constantes com tendência a fading mínima.

Desvantagens:
- Vida útil mais curta das pastilhas,
- custos de aquisição e de serviço maiores (em relação aos freios a tambor).

As frenagens de adaptação a grandes velocidades nas auto-estradas em geral são melhores com freios a disco, isto é, com menor tendência a fading e menor tendência a rachaduras da pastilha do que freios a tambor. O coeficiente de freio fica em $C^* \approx 0,76$, referido ao valor básico de $\mu = 0,38$. Atualmente estão sendo usados mais freios a disco de pinça flutuante. Fator decisivo são os esforços para construir freios de roda mais leves e baratos e mais resistentes à temperatura. Pinças livres de torque têm um efeito positivo sobre a dosagem e consistência da ação de frenagem.

Ajuste posterior automático dos freios das rodas

O desgaste das guarnições do freio aumenta a folga entre o disco/tambor do freio, o que aumenta a distância de frenagem. Se a folga não for ajustada corretamente, o curso do pistão no cilindro do freio pode ficar tão grande que em casos extremos não se pode mais aplicar efeito de frenagem. O ajuste automático de volta à folga correta ocorre ao soltar-se o freio da roda.

Numa frenagem, o curso necessário do pistão no cilindro do ferro para cruzar toda a folga pode ser dividido em três seções:
- folga construtiva predeterminada entre guarnição do freio e tambor/disco do freio,
- folga resultante do desgaste das guarnições,
- folga que depende da elasticidade do tambor/disco de freio e das guarnições dos freios e da transmissão de força entre cilindro do freio e freio da roda ("folga de elesticidade").

Um ajustador de alavanca garante o ajuste correto (fig. L).

Freio a tambor duo e freio a disco (Figura K)

Tipo	Duo-Duplex cunha	Duo-Servo ajuste por força	Freio a disco
Diagrama esquemático			
Valor característico	$C^* = C_1 + C_2$	$C^* = C_1 + C_2(k_1 + k_2 \cdot C_1)$	$C^* = 2 \cdot \mu$
Sapatas do freio	1 sapata primária, 2 sapata secundária		–

Sistema de freio de estacionamento

Os sistemas de freio de acumulador de mola, usuais em veículos utilitários acima de 6 t, são uma versão conveniente para sistemas de freio de estacionamento e auxiliares. Para isso se combinam entre si o cilindro de freio de acumulador de mola do freio de estacionamento e o cilindro de freio de membrana do sistema de freio de serviço, em sistemas de freio puramente com ar comprimido.

Na posição solta, a válvula de proteção de quatro circuitos e a válvula de freio de mão conectam os reservatórios de ar comprimido do sistema de freio de serviço com a câmara de compressão da mola, mantendo assim a mola tencionada. Em veículos com conexão para o sistema do reboque/semi-reboque encontra-se nessa linha também um reservatório amortecedor. Acionando-se a válvula de freio de mão a pressão na câmara de compressão é reduzida. Assim ocorre primeiramente uma frenagem parcial e, continuando o acionamento, uma redução de pressão para a "condição ambiente" e com isso uma frenagem total do acumulador de mola (frenagem auxiliar). Um novo acionamento fixa uma determinada "posição de estacionamento". Com a ajuda de uma outra posição da alavanca de mão é possível em rodo-trens frear apenas o veículo de tração e não o trem inteiro. Ao lado dessa posição de teste para e eficiência do freio de estacionamento mecânico com reboque acoplado, a regulamentação EU/ECE exige p. ex. um fornecimento emergencial de ar, acionamento e soltura por nove vezes com a reserva de energia, um dispositivo de alarme que indique que o acumulador de mola começou a funcionar e um dispositivo de soltura de emergência.

Sistema de freio Retarder

Os freios de roda utilizados em veículos de passeio e utilitários não estão previstos para uso contínuo. Durante um longo período de uso (p. ex. em descida de serras) pode ocorrer sobrecarga térmica dos freios, causando uma redução do efeito de frenagem ("fading"). Em casos extremos pode falhar todo o sistema de freio (principalmente com má manutenção do freio de serviço). Para permitir uma frenagem continuada em percursos em descida, veículos com elevado peso total são equipados muitas vezes com um dispositivo de frenagem contínua livre de desgaste (retarder), independente dos freios das rodas. Essa instalação também se usa para frenagens de adaptação.

Com isso pode ser reduzido o desgaste das guarnições de freio e melhorado o conforto de frenagem.

Retarders podem ser fixados entre o motor e a caixa de câmbio (retarder primá-

---

Folgas ao frear (Figura L)
a por elasticidade, b por desgaste, c construtiva. 1 sapata de freio, 2 cilindro de membrana, 3 ajustador de alavanca automático.

Características do torque de frenagem de retarders primários e secundários (Figura M)
1 retarder secundário, 2 limite do efeito de resfriamento sob carga contínua (300 kW), 3 retarder primário antes do câmbio de 16 marchas.

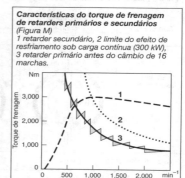

rio) ou entre a caixa de câmbio e eixos motrizes (retarder secundário). Retarders primários têm a desvantagem da interrupção inevitável da transmissão de força e com isso do efeito de frenagem na mudança de marcha em câmbios manuais. Retarders primários têm uma ligeira vantagem em descidas íngremes com velocidades baixas em ralação ao retarder secundário (figuras M e N).

Dois conceitos básicos diferentes representam a evolução tecnológica.

Retarders primários
A potência de frenagem do motor é composta pela potência de arrasto e da potência de frenagem (causada pelo estrangulamento do fluxo do gás de escape no tempo de escape). A potência de arrasto em motores de série é de no máximo 5...7 kW/l dependendo da cilindrada. Em contraste, motores de série com freio motor convencional ("freio de borboleta no coletor de escape") atingem potências de frenagem de 14...20 kW/l. Um outro aumento da potência de frenagem do motor só é possível com construções adicionais. Freios motor (p. ex. "C-Brake", "Jake Brake", "Dynatard", "Powertard", "estrangulador constante", "Pritarder", "Aquatarder", etc.) podem aumentar a potência de frenagem significativamente (fig. O).

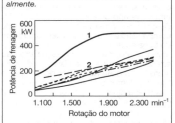

Curvas características para sistemas de freio motor (Figura O)
1 Aquatarder Voith,
2 sistemas de freio motor conhecidos atualmente.

Sistema de freio motor com borboleta no coletor de escape
O freio motor com borboleta no coletor de escape é o mais usado no mundo hoje em dia. O motorista pode fechar (com ar comprimido) uma borboleta giratória instalada no coletor de escape (com custo comparativamente baixo). Ela gera uma contrapressão no sistema de gás de escape que cada cilindro tem que vencer no tempo de escape.

Através do uso de uma válvula reguladora de pressão no bypass, pode-se aumentar a potência de frenagem na faixa de rotação inferior e média do motor juntamente com uma borboleta no coletor de escape. Com rotações mais altas, a válvula reguladora de pressão evita todo aumento de pressão além dos limites que podem danificar as válvulas e os acionamentos das válvulas.

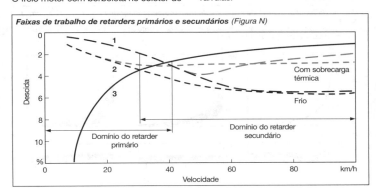

Faixas de trabalho de retarders primários e secundários (Figura N)

Sistemas de segurança do veículo

Sistema de freio motor com estrangulamento constante

O freio motor convencional com borboleta no coletor de escape utiliza exclusivamente o trabalho na fase de troca de gases, durante o tempo de escape e de aspiração. Descompressão exata durante o tempo de compressão e combustão libera uma parte do trabalho de descompressão. Os diagramas p-v mostram as curvas de pressão em um cilindro para os sistemas de freio motor "borboleta no coletor de escape" e "estrangulamento constante" bem como a combinação de ambos os sistemas (fig. Q). A potência de frenagem com utilização do estrangulamento constante se origina principalmente na fase de alta pressão, ao contrário do sistema com borboleta no coletor de escape.

A instalação de uma pequena válvula estranguladora no bypass para a válvula de escape possibilita um aumento da potência. Essa válvula é atuada por ar comprimido do mesmo modo como para p cilindro posicionador da borboleta do freio motor. Durante o funcionamento com freio motor a válvula pode ficar aberta, obtendo-se assim uma seção de estrangulamento constante (fig. R).

Freio motor com válvula reguladora de pressão adicional (Figura P)
1 acionamento da borboleta no coletor de escape (ar comprimido), 2 bypass, 3 válvula reguladora de pressão, 4 escape, 5 admissão, 6 pistão (tempo de escape).

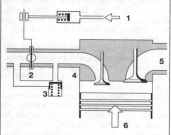

Freio motor com borboleta no coletor de escape e estrangulador constante (Mercedes Benz) (figura R)
1 ar comprimido, 2 borboleta no coletor de escape, 3 escape, 4 estrangulador constante, 5 admissão, 6 pistão (tempo de compressão).

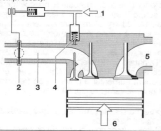

Princípio de funcionamento de sistemas de freio motor no diagrama $p - v$ (n_M = 1700 min^{-1}) (Figura Q)
a) borboleta do freio motor fechada, b) estrangulador constante acionada, c) borboleta do freio motor fechada e estrangulador constante acionado.

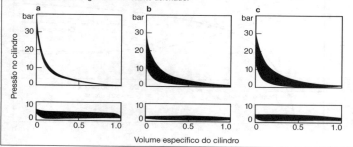

Sistemas de freios para veículos utilitários com peso total > 7,5 t **849**

Nas futuras gerações de veículos os retarders primários vão oferecer forte concorrência aos retarders secundários. Eles incluem p. ex. bomba d'água com retarder integrado acionada pela árvore de manivelas, turbocompressor de gás de escape com retarder integrado, etc., que oferecem ao lado da alta potência de frenagem também grandes vantagens de peso. As grandes forças de frenagem que atuam sobre os eixos motrizes requerem um monitoramento eletrônico do efeito de frenagem, ou seja, uma integração do sistema de freio motor com o gerenciamento eletrônico de frenagem.

Retarder secundário
Em caminhões e ônibus se usam retarders como freios contínuos sem desgaste. Assim se pode cumprir as exigências legais, aumentar a segurança ativa dos veículos aliviando o sistema de freio de serviço e melhorar ainda mais a rentabilidade dos veículos com velocidades médias maiores bem como reduzindo o desgaste das guarnições dos freios.

Retarders hidrodinâmicos
Esse retarder atua da mesma forma como a embreagem Föttinger (Fig. T). O rotor converte a energia mecânica do eixo de acionamento em energia cinética de um fluido. Essa energia cinética por sua vez se transforma em calor no estator, o que torna necessário o resfriamento do fluido utilizado.

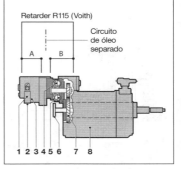

Retarder multiplicador (Figura T)
1 conector dos cabos, 2 válvula proporcional, 3 cilindro de ar comprimido, 4 estator, 5 rotor, 6 flange da caixa de câmbio, 7 engrenagens cilíndricas (taxa de transmissão), 8 caixa de câmbio.
A trocador de calor, B circuito do retarder.

Uma alavanca de mão ou o pedal do freio (no caso do retarder integrado no sistema de freio eletrônico EBS) determina a potência de frenagem solicitada pelo motorista. Em conexão com uma regulagem eletrônica é possível ajustar uma pressão de ar de controle, a qual empurra uma quantidade de óleo proporcional à essa quantidade de ar para o compartimento de trabalho do retarder entre o rotor e o estator.

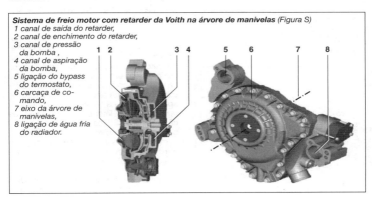

Sistema de freio motor com retarder da Voith na árvore de manivelas (Figura S)
1 canal de saída do retarder,
2 canal de enchimento do retarder,
3 canal de pressão da bomba,
4 canal de aspiração da bomba,
5 ligação do bypass do termostato,
6 carcaça de comando,
7 eixo da árvore de manivelas,
8 ligação de água fria do radiador.

850 Sistemas de segurança do veículo

Retarder eletrodinâmico (Figura U)
1 estrela de suporte, 2 rotor do lado do câmbio, 3 arruelas distanciadoras (ajuste do entreferro), 4 estator com bobinas, 5 flange intermediário, 6 rotor do lado do eixo traseiro, 7 tampa do câmbio, 8 eixos de saída do câmbio, 9 entreferro.

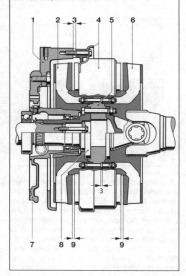

Curvas características do retarder hidrodinâmico (Figura V)
1 retarder multiplicador, 2 retarder convencional, 3 limite de refrigeração com carga contínua (300 kW).

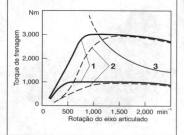

A energia de fluxo fornecida ao óleo pela velocidade do veículo e o movimento associado do rotor é freada pelas pás fixas do estator, o que por sua vez provoca a frenagem do rotor e com isso de todo o veículo.

Características:
- é necessário um dimensionamento suficiente do circuito de refrigeração, para dissipar o calor gerado pela frenagem ao circuito de refrigeração do motor através de um trocador de calor óleo/água,
- custo construtivo relativamente alto,
- peso relativamente baixo do retarder integrado diretamente na caixa de câmbio,
- potências específicas de frenagem altas,
- torque de frenagem controlável continuamente,
- as perdas do ventilador também presentes com o retarder desconectado devem ser levadas em conta no projeto do ventilador.

No retarder secundário hidrodinâmico se dispõe de um torque de frenagem praticamente constante (Fig. V) em um ampla faixa de rotação do, eixo articulado. Abaixo de aprox. 1000 min^{-1}, o torque de frenagem cai abruptamente. Devido a essa característica os retarders hidrodinâmicos de construção convencional são apropriados especialmente para veículos com altas velocidades de transporte (transporte a longas distâncias).

Novos conceitos de retarder fazem oposição às características de torque de frenagem desfavoráveis do tipo de retarder descrito, já disponibilizando altos torques de frenagem em rotações baixas do eixo cardan. Um estágio de engrenagens cilíndricas com uma taxa de transmissão de aprox. 1:2 aciona "retarders multiplicadores" montados lateralmente na caixa de câmbio (Fig. T). Mesmo na faixa de rotações baixas do eixo cardan, um controle com microprocessadores se encarrega de obter torques de frenagem aceitáveis, através de uma válvula proporcional.

Em determinadas situações, os retarders hidrodinâmicos só podem funcionar por tempos limitados como sistemas de frenagem contínua. A máxima potência de resfriamento em modernos motores Diesel fica em aprox. 300 kW (Fig. V). Devido ao acoplamento dos circuitos de refrigeração do motor e retarder há riscos de danos ao motor e retarder sem medidas de segurança adicionais. O emprego de interruptores térmicos limita a potência de frenagem do retarder de tal modo que seja garantido um equilíbrio térmico.

Retarders eletrodinâmicos
Os hoje usuais retarders eletrodinâmicos dispõem de um suporte usado com estator ao qual estão fixadas as bobinas de excitação (Fig. U). No eixo de acionamento de ambos os lados do estator estão instalados rotores com nervuras para melhor dissipação do calor. Para frear as bobinas de excitação são alimentadas com tensão (da bateria ou alternador) e geram assim um campo magnético que induz correntes de Foucault. Essas geram um torque de frenagem, cuja grandeza depende da excitação das bobinas do estator e do entreferro entre rotor e estator.

Características:
- dissipação do calor produzido para a atmosfera,
- custo de projeto relativamente reduzido,
- peso relativamente alto,
- funcionamento livre de problemas só com alimentação de tensão suficiente,
- aquecimento do retarder leva a uma diminuição do torque de frenagem,
- altas potências de frenagem mesmo com baixas velocidades,
- influência sobre a potência pelas pás do rotor, condições de fluxo de ar em torno do freio de correntes de Foucault e temperatura ambiente.

Os retarders eletrodinâmicos apresentam em relação aos tradicionais retarders secundários hidrodinâmicos torques de frenagem relativamente altos com baixas rotações (Fig. W).

A nítida redução dos torques de frenagem do retarder eletrodinâmico com o aumento das temperaturas do rotor se pode atribuir à proteção térmica (Fig W). A desaceleração do veículo diminui com o aumento da carga térmica do retarder eletrodinâmico.

A fim de evitar destruição do retarder por temperatura ao frear o veículo, um interruptor bimetálico corta a alimentação de tensão para a metade das oito bobinas, quando a temperatura do estator atingir aprox. 250°C (Fig. X).

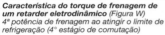

Característica do torque de frenagem de um retarder eletrodinâmico (Figura W)
4ª potência de frenagem ao atingir o limite de refrigeração (4° estágio de comutação)

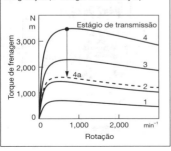

Influência da taxa de transmissão e temperatura do rotor sobre a potência de retarders eletrodinâmicos (Veículo utilitário de 17 t, carregado) (Figura X)

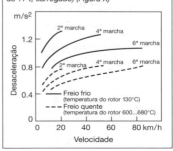

Componentes para freios a ar comprimido

Dispositivo de fornecimento de energia
O dispositivo de fornecimento de energia é composto de:
- fonte de energia,
- regulagem da pressão e
- preparação do ar.

A fonte de energia é um compressor de ar que é acionado pelo motor do veículo por correia em V ou engrenagens, de funcionamento contínuo. É composto de:
- carter e árvore de manivela (arrastador para a bomba de direção na extremidade livre do eixo). Suporte e conexões para a lubrificação circulante do motor,
- cilindro com pistão e biela,
- placa intermediária com válvula de admissão e de descarga,
- tampa do cilindro com conexão de aspiração e pressão do ar e nas versões com refrigeração por líquidos adicionalmente com as respectivas conexões.

Para reduzir as perdas na marcha lenta (resistência de abertura e fluxo em válvulas, linhas e regulador de pressão), usam-se cada vez mais controles economizadores de energia. Eles estão integrados na placa de válvulas e acionados pneumaticamente através de um atuador. Em marcha lenta é aberto um bypass da câmara de pressão do compressor para o lado de admissão ou o orifício de entrada é aberto pelo giro ou deslocamento da válvula de admissão.

O compressor normalmente é montado no motor por meio de uma base ou flange; às vezes vem integrado na carcaça do motor.

No movimento descendente, o compressor admite ar, após a válvula de admissão ter se aberta sozinha com a depressão. No início do movimento contrário, a válvula de admissão se fecha. Agora o ar é comprimido e, após atingir uma determinada pressão é fornecido para o sistema de ar comprimido a seguir através da válvula de descarga, que se abre sozinha.

Em termos de quantidade de fornecimento, almeja alcançar-se um grau de fornecimento de 70% e um valor máximo de consumo de óleo de 0,5 g/h.

A regulagem de pressão garante a manutenção do nível de pressão desejado. São usados dois tipos de regulagem:
1. Regulador de pressão sem influência sobre a fonte de energia (em compressores com rotações máximas >2500 min^{-1}).

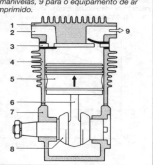

Compressor de ar (comprimir e fornecer)
1 cabeçote do cilindro, 2 admissão de ar, 3 placa intermediária (com válvula de admissão e de descarga), 4 cilindro, 5 pistão, 6 biela, 7 carter da árvore de manivelas, 8 árvore de manivelas, 9 para o equipamento de ar comprimido.

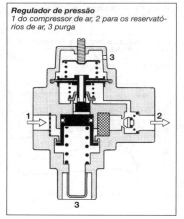

Regulador de pressão
1 do compressor de ar, 2 para os reservatórios de ar, 3 purga

O regulador de pressão desliga ao atingir a pressão de trabalho máxima desejada e descarrega o ar comprimido alimentado pelo compressor para a atmosfera durante o subseqüente período sem carga. Se a pressão nos reservatórios atingir o valor limite inferior da pressão de serviço, o regulador de pressão liga novamente e conduz o ar alimentado pelo compressor para os reservatórios.

2. Regulador de pressão com influência sobre a fonte de energia (em compressores com rotações máximas <2500 min-1).

Quando a máxima pressão de trabalho desejada no regulador de pressão for atingida, o regulador de pressão abre a válvula de admissão do compressor com um pistão de acionamento controlado por pressão. O ar aspirado volta simplesmente à conexão de entrada sem voltar ao reservatório. Se a pressão nos reservatórios atingir a pressão limite inferior de trabalho, o regulador comuta, e a válvula de admissão pode novamente abrir e fechar automaticamente e os reservatórios serão cheios.

Nível de pressão: no veículo de tração se utilizam pressões máximas entre 7 e 12,5 bar (baixa pressão) e entre 14 e 20 bar (alta pressão). Nas linhas de conexão com o reboque as pressões máximas para o sistema de freios de duas linhas ficam entre 6,5 e 8,5 bar.

A preparação do ar deve garantir um funcionamento perfeito das peças do sistema de freio a seguir. Impurezas são prejudiciais para a estanqueidade das válvulas de controle e água no ar comprimido provoca corrosão ou com geada o seu congelamento. Para evitar isso se instala um secador de ar após o compressor de ar. Com essa disposição não é mais necessário adicionar anticongelantes.

Basicamente um secador de ar é composto de um cartucho dissecante e uma carcaça, que incorpora a passagem de ar, uma válvula de purga e um elemento de controle para a regeneração do granulado. Normalmente se regenera o granulado através de um reservatório de ar de regeneração com válvula de estrangulamento integrada.

Funcionamento: com a válvula de purga fechada o ar comprimido vindo do compressor de ar flui através do cartucho dissecante e de lá para os reservatórios de reserva de

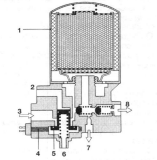

Secador de ar de um cartucho
1 cartucho dissecante, 2 do regulador de pressão, 3 do compressor de ar, 4 bastão aquecedor, 5 válvula de purga, 6 purga, 7 para o reservatório do ar de regeneração, 8 para o reservatório de ar de reserva.

ar. Ao mesmo tempo, um reservatório de ar de regeneração é preenchido com um volume de aprox. 4...6 litros de ar comprimido seco. Ao passar pelo cartucho com dissecante se extrai água do ar comprimido úmido por condensação e absorção.

O granulado no cartucho dissecante tem uma capacidade limitada de absorção de água e por isso precisa ser regenerado em intervalos regulares. Em um processo de reversão, ar comprimido seco do reservatório de regeneração se descomprime à pressão atmosférica através do estrangulador de regeneração, flui em sentido contrário o granulado úmido, retira deste a umidade e flui para a atmosfera como ar úmido através da válvula de purga aberta. Em secadores de ar com regulador de pressão integrado o seu elemento de controle está fixado na conexão 4 da carcaça da válvula do secador.

Dispositivo de acionamento
Em geral, o dispositivo de acionamento engloba o pedal do freio até os componentes que influem sobre os equipamentos de controle.

Dispositivo de transmissão
Esse dispositivo é composto de:
- isolamento do circuito (p. ex. válvula de proteção de múltiplos circuitos,

Sistemas de segurança do veículo

- armazenamento de energia (p. ex. reservatório de ar),
- equipamentos de controle (p. ex, válvulas dos freios),
- aplicação da força de frenagem dependente da carga (p. ex. regulagem automática da força de frenagem dependente da carga),
- cilindros de freio ou posicionadores.

O diagrama em blocos ilustrado abaixo mostra como interagem os componentes do dispositivo de transmissão de um sistema de freio com força externa com um sistema de freio de serviço de dois circuitos (vide também os diagramas de sistemas de freio na pág. 840). Função e construção dos componentes:
Isolamento do circuito: no caso de dano em um circuito, os circuitos são separados e os circuitos intactos continuam a ser alimentados.

O isolamento é conseguido principalmente pela combinação de válvulas de sobrecarga unidas em uma carcaça, cujo funcionamento é garantido tanto com vazões pequenas como com grandes.

Cada vez mais se usam unidades que incorporam as funções "regulagem de pressão", "preparação do ar" e "isolamento do circuito". Unidades eletrônicas de controle mais avançadas realizam as funções com ajuda de válvulas magnéticas.

Armazenamento de energia: disponibilização do volume de energia necessário para todos os circuitos do sistema de freio, mesmo que a fonte de energia falhe. Para isso são empregados reservatórios de ar comerciais com as respectivas seguranças contra sobrepressão e corrosão.

Equipamentos de controle
Controle da pressão desejada na parte correspondente da instalação. Válvulas de reação acionadas ou controladas mecanicamente, hidraulicamente ou pneumaticamente controlam a pressão na saída da respectiva válvula em função da grandeza de entrada. Devido à grande variedade de aplicações também se usam numerosos componentes diferentes. Também são necessárias válvulas de controle de dois circuitos para sistemas de freio de serviço de dois canais. Uma excelente operação do sistema de freios requer um bom controle com boa capacidade de dosagem, reação rápida e uma histerese reduzida.

Controle automático da força de frenagem dependente da carga (ALB)
Controle automático da pressão na dependência da carga do veículo. Muitas vezes se toma como medida para a carga o curso das molas (no caso de suspensão com molas de aço) e a pressão do fole (no caso de suspensão a ar). Uma válvula de controle com superfície de reação variável reduz a pressão de saída na válvula em relação à pressão de entrada, na dependência do curso da mola ou da pressão do fole.

Dispositivo de transmissão de um sistema de freio de força externa (diagrama em blocos)
1. fornecimento de energia,
2. isolamento do circuito,
3. armazenamento de energia,
4. unidades de controle,
5. dosagem automática da força de frenagem dependente da carga (ALB),
6. cilindro de freio ou servo-freio
VA eixo dianteiro
HA eixo traseiro

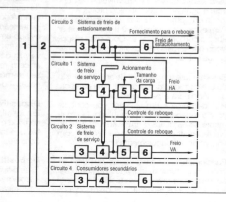

Cilindro de freio ou servofreio

Conversão em força da pressão aplicada no sistema de freio correspondente. Existem dois tipos de pistão ou com membrana. Para o sistema de freio de serviço usam-se preferencialmente cilindros de membrana e para o sistema de freio de estacionamento acumuladores de pistão de mola. Nos eixos, nos quais atuam tanto os freios de serviço como os de estacionamento, são utilizados cilindros acumuladores de mola de uma câmara combinados (cilindros combinados) nos sistemas de freio sem transmissão hidráulica de força.

Freios de rodas (vide pág. 842)

Válvula de freio de serviço

Duas válvulas de controle dispostas uma atrás da outra são acionadas por um dispositivo em comum (pedal de freio com transmissão). Por meio de forças de fechamento de válvula e de mola bem como a superação das forças de abertura em ambas as válvulas de controle é garantida uma abertura sincronizada de ambos os circuitos. Na posição de frenagem, os pistões de balanço entre os circuitos de controle estão sujeitos em ambos os lados à pressão de frenagem aplicada (sincronismo entre os circuitos). Através da mola de curso pré-tencionada são alcançados pequenos cursos de resposta da válvula do freio de serviço. A interação da força do pistão de reação com a mola de curso possibilita ao sistema executar os cursos de controle de forma automática. Uma vedação de dois circuitos do pistão de balanço garante a segurança requerida.

Válvula de freio de estacionamento

Por causa do pouco espaço de montagem no painel de instrumentos surgiu a forma muito pequena da válvula de freio de serviço atual. Ela controla os cilindros de freio através de válvulas relés.

Uma alavanca acionada manualmente (alavanca de acionamento) ajusta um assento de válvula interno através de excêntrico e haste de ligação. Ela controla uma válvula de duplo assento na qual a pressão do ar atua por cima e a força de molas de pressão por baixo sobre um pistão da válvula. Na posição de frenagem a alavanca de acionamento trava automaticamente e o espaço acima do pistão da válvula é purgado. São possíveis várias posições intermediárias entre a posição de condução e a de frenagem.

Se a alavanca de acionamento for movimentada além da posição de frenagem, é acionada a válvula (de teste) adicional. Nisso flui ar comprimido do reservatório de

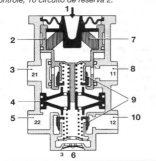

Válvula de freio de serviço
1 Acionamento, 2 pistão de reação, 3 circuito de freio 1, 4 pistão de balanço, 5 circuito de freio 2, 6 purga, 7 mola de curso, 8 circuito de reserva 1, 9 válvulas de controle, 10 circuito de reserva 2.

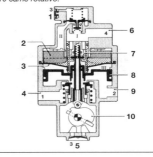

Regulador automático da força de frenagem dependente da carga
1 purga, 2 ancinho, 3 membrana de reação, 4 do reservatório de ar, 5 purga, 6 da válvula de freio de serviço, 7 válvula de controle, 8 pistão relé, 9 para os cilindros de freio, 10 came rotativo.

reserva de ar para a conexão para a válvula do reboque, deixando ativo o efeito de frenagem no veículo de tração, mas é suprimido pelo reboque.

Regulador automático de força de frenagem dependente da carga

O regulador da força de frenagem é conectado entre a válvula de freio de serviço e os cilindros de freio. Dependendo da carga do veículo ele regula a pressão de frenagem aplicada. Ele tem uma membrana de reação com superfície efetiva variável. A membrana está situada sobre dois leques dispostos radialmente e entrelaçados. Dependendo da posição vertical do assento da válvula de controle obtém-se uma superfície de reação grande (posição inferior da válvula) ou pequena (posição superior da válvula). Conseqüentemente, os cilindros do freio são alimentados através de uma válvula relé integrada, com uma pressão menor (sem carga) ou igual à alta pressão (carga plena) vinda da válvula do freio de serviço. O regulador é fixado no chassi do veículo e capta a posição de compressão do eixo por uma alavanca giratória através de articulações. O came rotativo movimenta o tubo da válvula correspondentemente na direção vertical determinando assim a posição da válvula. O limitador de pressão montado em cima do regulador deixa penetrar uma pequena pressão parcial no lado superior da membrana. Com isso, até essa pressão, não há nenhuma redução da pressão do cilindro de freio. Isso resulta na aplicação sincronizada dos freios de todos os eixos do veículo. Com a quebra da alavanca giratória a pressão aplicada flui na razão 2 : 1 para os cilindros dos freios.

Cilindro de freio combinado para freios de cunha

O cilindro de freio combinado é composto de um cilindro de membrana de câmara única para o freio de serviço e de um cilindro de pistão acumulador de mola para o freio de estacionamento, que estão dispostos um atrás do outro e atuam sobre uma haste de pressão em comum. Podem ser acionados independentemente um do outro. Com acionamento simultâneo, as suas forças se somam. O parafuso central de liberação permite tencionar a mola do acumulador de mola, mesmo sem ar comprimido. Esta é a posição de montagem na montagem no veículo. Após a montagem o parafuso de liberação é girado para dentro do cilindro acumulador de mola e a mola atua sobre o mecanismo da cunha através da haste do pistão. Com a entrada de ar comprimido diante do pistão do acumulador de mola (soltar o freio de estacionamento) este se movimenta em sentido oposto à força da mola, tenciona a mola e libera o freio (posição ilustrada). Ao acionar o freio de serviço, entra ar comprimido atrás da membrana e através do disco do pistão e a haste de pressão comprime o mecanismo da cunha. A diminuição da pressão libera novamente o freio.

Para freios a tambor acionados por cames ou para freios a disco utilizam-se variantes do sistema descrito.

Válvula de controle de reboque

Em sistemas de freio de dois circuitos, a válvula de controle de reboque montada no veículo de tração controla o freio de serviço do reboque. Essa válvula de relé de múltiplos circuitos é controlada por ambos os circuitos do freio de serviço e pelo freio de estacionamento.

Cilindro de freio combinado para freios de cunha
1 linha de freio do cilindro de câmara única, 2 linha de freio do cilindro da câmara de mola, 3 haste de pressão, 4 haste do pistão, 5 parafuso de liberação.

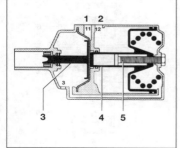

No modo de condução a câmara de reserva e a câmara do circuito do freio de estacionamento estão sob a mesma pressão e a linha do circuito de freio do reboque é purgada através da purga central. Um aumento da pressão antes do pistão de controle do circuito de freio 1 (em cima) e/ou do circuito de freio 2 (embaixo) leva ao correspondente aumento da pressão na linha de freio do reboque. Devido ao tamanho maior do pistão de comando do circuito de freio 1, esse tem preferência perante o pistão de controle do circuito de freio 2, o que termina ao atingir a pressão piloto (mola de controle prévia). Uma redução da pressão nos circuitos de freio de serviço leva à mesma redução na linha do freio do reboque. Na purga do circuito do freio de estacionamento (processo de frenagem) aumenta a pressão na câmara para a linha do freio do reboque. Com a aplicação de ar no circuito do freio de estacionamento (processo de liberação) a linha do freio do reboque é purgada novamente.

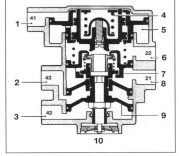

Válvula de controle do reboque
1 circuito do freio de serviço 1, 2 circuito do freio de estacionamento, 3 circuito de freio de serviço 2, 4 mola piloto, 5 pistão de controle 1, 6 linha de freio para o reboque, 7 unidade do pistão de controle, 8 linha de reserva para o reboque, 9 pistão de controle 2, 10 purga.

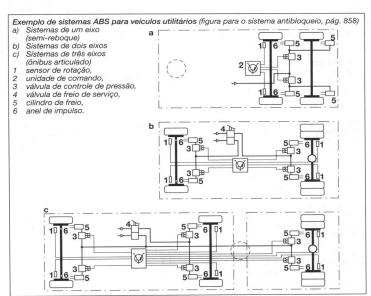

Exemplo de sistemas ABS para veículos utilitários (figura para o sistema antibloqueio, pág. 858)
a) Sistemas de um eixo (semi-reboque)
b) Sistemas de dois eixos
c) Sistemas de três eixos (ônibus articulado)
1 sensor de rotação,
2 unidade de comando,
3 válvula de controle de pressão,
4 válvula de freio de serviço,
5 cilindro de freio,
6 anel de impulso.

Sistemas de estabilização para veículos comerciais

Sistema antibloqueio (ABS)

O ABS evita o bloqueio das rodas numa frenagem muito forte. Por isso o veículo fica estável e dirigível mesmo com frenagem total em pista lisa. Em muitos casos, a distância de frenagem é mais curta do que com rodas bloqueadas. Em veículos articulados o ABS evita o "efeito L".

Veículos comerciais, ao contrário dos veículos de passeio têm sistemas de freio pneumático. Mesmo assim, a descrição de um processo de controle ABS em veículos de passeio (v. pág. 809 em diante) vale também para veículos utilitários.

O ABS para veículos utilitários é composto de sensores de rotação, uma unidade de comando eletrônica e válvulas controladoras de pressão. Ele regula a pressão de frenagem em cada cilindro de freio fazendo com que essa aumente, seja mantida constante ou reduzida através de descarga para a atmosfera (v. fig. pág. 857).

Controle individual (IR)

Esse procedimento de controle, que regula individualmente para cada roda a pressão de frenagem otimizada, produz as menores distâncias de frenagem. Sob condições de μ-split (aderência diferente esquerda/direita, p. ex. gelo/asfalto) ocorre portanto em torno do eixo vertical do veículo um grande momento de guinada, que dificulta o domínio do veículo principalmente com curta distância entre eixos. Além disso produzem-se grandes momentos de direção devido aos grandes raios de rolagem positivos usuais em veículos utilitários.

Controle select-low (SL)

Os momentos de guinada e de direção são nulos na utilização desse processo de controle. Isso é atingido aplicando-se a mesma força de frenagem em ambas as rodas de um mesmo eixo. Para isso é necessária apenas uma única válvula de controle de pressão por eixo. A pressão aplicada é dependente da roda com o menor coeficiente de atrito (select-low), a roda com o coeficiente de atrito alto é freada mais fracamente em comparação com o controle individual. Sob condições de μ-split as distâncias de frenagem aumentam, mas a estabilidade e a dirigibilidade melhoram. Com coeficientes de atrito iguais à esquerda e à direita as distâncias de frena-

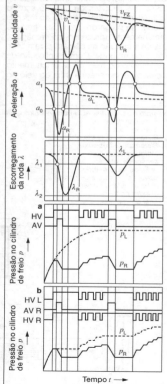

Métodos de controle ABS
Exemplo: frenagem com μ-split
a) controle individual (eixo traseiro),
b) controle individual modificado (eixo direcional). HV válvula de manutenção, AV válvula de descarga, FZ veículo, R roda direita, L roda esquerda. 0, 1, 2 limiares

Sistemas de estabilização para veículos comerciais **859**

gem, dirigibilidade e estabilidade direcional são iguais ao controle individual.

Controle select-smart (SSM)
Como no controle select-low, usa-se no controle select-smart apenas uma válvula controladora de pressão por eixo. Com controle select-smart, porém, o escorregamento sob condições de μ-split é aumentado de acordo com as variáveis físicas como pressão de frenagem e coeficiente de atrito. A roda com o menor coeficiente de atrito pode então bloquear. Por isso o controle SSM possibilita, em comparação com o controle SL, menores distâncias de frenagem com μ-split. A dirigibilidade e a estabilidade direcional podem reduzir-se ligeiramente. Em geral a roda bloqueada não sofre danos, devido ao pequeno coeficiente de atrito.

Controle individual modificado (IRM)
Esse processo de controle requer em cada roda de um eixo uma válvula controladora de pressão. Ele só reduz os momentos de guinada e de direção o quanto for necessário, limitando a diferença de pressão de frenagem entre a direita e a esquerda a um valor permissível. A roda com coeficiente da atrito mais alto é freada um pouco menos. Essa solução de compromisso produz uma distância de frenagem um pouco maior em relação ao controle individual puro, mas garante o domínio de veículos críticos.

Equipamento ABS para veículos utilitários
A evolução tecnológica atual é que ECUs ABS para veículos de tração (caminhões, cavalos mecânicos, ônibus) podem ser usadas tanto para veículos de dois eixos como de três eixos. Durante um processo de aprendizado a ECU se ajusta ao veículo correspondente. Nisso é detectado o número de eixos, o processo de controle ABS bem como eventuais funções adicionais como ASR (v. pág. 862). Coisa semelhante vale para as ECUs de reboques. A mesma unidade de comando pode ser usada em reboques ou semi-reboques com um, dois ou três eixos e se adapta ao equipamento disponível.

Se um eixo puder ser suspenso, é automaticamente excluído do controle ABS quando estiver suspenso.

Com eixos próximos um do outro, muitas vezes apenas um dos eixos é equipado com sensores de rotação. A pressão de frenagem do par de rodas adjacentes é então controlada por uma única válvula controladora de pressão (controle combinado).

Em veículos de múltiplos eixos com eixos distantes um do outro, como p. ex. ônibus articulados, é preferível um controle de três eixos.

O processo de controle IRM é mais usado nos eixos direcionais, mas raramente porém também o SL. Nos eixos traseiros de veículos de tração se usa normalmente o processo IR, e em alguns casos também o SSM.

As unidades de comando disponíveis possibilitam outras combinações de controle (não descritas aqui em detalhes). Exemplo: se dois eixos de um semi-reboque possuem sensores de rotação, mas cada lado do veículo só uma válvula, controladora de pressão, as rodas de um lado do veículo são controladas de maneira semelhante ao controle SL.

Unidade de comando ABS/ASR
1 sensor de rotação, 2 interface ASR-gerenciamento do motor, 3 autodiagnóstico, 4 tensão de bordo, 5 alimentação de tensão, unidade de proteção, 6 estágios de entrada, 7 microcomputador 1 e 2, 8 estágios de saída, 9 válvula controladora de pressão, 10 válvula solenóide ASR, 11 lâmpada de advertência, 12 lâmpada de informações ASR, 13 relé do retarder, 14 relé de válvula.

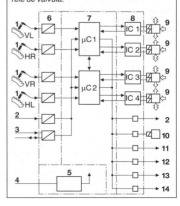

Todos os sistemas ABS podem ser equipados com válvulas de controle de pressão de um canal. Sistemas ABS de reboque também com válvulas de controle de pressão com efeito relé.

Em veículos utilitários leves com conversores pneumáticos/hidráulicos o ABS atua na parte pneumática do sistema através de válvulas de controle de um canal e determina com isso a pressão hidráulica de frenagem. Em outras versões é conectado em paralelo com o conversor pneumático/hidráulico um modulador de pressão do ABS com válvulas magnéticas integradas. Os moduladores são controlados pelas mesmas ECUs como as válvulas controladoras de um canal.

Um freio contínuo acionado (freio motor ou retarder) pode levar a um escorregamento alto não permissível nas rodas motrizes, se o coeficiente de atrito for baixo. Com isso a estabilidade seria reduzida. Por isso o ABS monitora o escorregamento de frenagem e o controla conectando ou desconectando o freio contínuo.

Componentes do ABS

Sensor de rotação

Na maioria das aplicações, é usado um sensor indutivo aplicado no eixo (descrição de funcionamento vide pág. 119). Em contraste com as aplicações em veículos de passeio (sensores fixados rigidamente) o sensor em veículos utilitários é seguro por uma luva de mola. Quando o veículo está em movimento, a folga do rolamento da roda e as deformações elásticas do eixo provocam um deslocamento do sensor no seu sentido axial e com isso um auto-ajuste do entreferro entre o anel de impulsos e o sensor. Se em casos excepcionais o entreferro ficar muito grande, a ECU desliga o controle nessa roda.

Futuramente serão utilizados sensores de rotação indutivos integrados nos rolamentos das rodas e sensores de rotação semicondutores por motivos de custo.

Unidade de comando eletrônica (ECU)

Os estágios de entrada da ECU convertem os sinais quase senoidais dos sensores de rotação em impulsos retangulares. Computadores dispostos em redundância calculam as velocidades das rodas a partir da freqüência dos sinais retangulares, dos quais é estimada uma velocidade de referência do veículo. O escorregamento de frenagem de cada roda é calculado usando a velocidade de referência e a velocidade de cada roda. Dos sinais "aceleração da roda" e "escorregamento da roda" é reconhecida a eventual tendência de bloqueio das rodas. Nesse caso os microcomputadores controlam os solenóides das válvulas controladoras de pressão através dos estágios de saída, com os quais é controlada a pressão de frenagem nos cilindros de freios individuais.

A ECU contém um amplo programa para o reconhecimento de falhas em todo o sistema antibloqueio (sensor de rotação, ECU, válvulas controladoras de pressão, chicote). Se for reconhecida uma falha, a unidade de comando desliga a parte defeituosa do sistema e armazena um código de falha, que caracteriza o caminho defeituoso. Esse código pode ser lido em uma oficina especializada através da lâmpada de diagnóstico (código de piscadas) ou de um aparelho de teste inteligente (p. ex. computador pessoal) através de uma interface serial padronizada.

As unidades de comando de alguns fabricantes europeus de ABS não contêm só a função ABS, mas também um controle de tração (ASR) e em parte também um limitador de velocidade (FGB) (vide pág. 863). O fator mais importante é que as ECUs se configurem automaticamente na função requerida. Se um veículo estiver equipado apenas com componentes do ABS, a ECU executa apenas as funções de ABS: se o veículo tiver componentes ASR, a ECU controla automaticamente o escorregamento de tração.

Válvula controladora de pressão

Existem válvulas controladoras de pressão com ou sem efeito relé. A válvulas com efeito relé são usadas em semi-reboques e reboques de lança. Muitas vezes o sistema de freio standard do reboque contém válvulas relé, que podem então ser substituídas por válvulas ABS com efeito relé. As válvulas ABS sem efeito relé encontram aplicação em todos os outros veículos, isto é, em ônibus, caminhões, cavalos mecânicos, bem como em reboques e veículos especiais. Ambos os tipos têm válvulas eletromagnéticas 3/2. Nas válvulas sem

Válvula controladora de pressão (esquema)
1 válvula de manutenção, 2 válvula de descarga, 3 válvula solenóide para "manter pressão", 4 válvula solenóide para "redução de pressão", 5 pistão de controle, 6 prato da válvula, 7 mola de pressão, 8 cilindro de freio, 9 válvula de freio de serviço, 10 ar de reserva, 11 purga.

Válvula controladora de pressão de um canal

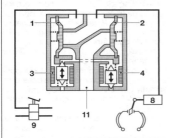

Válvula controladora de pressão com efeito relé

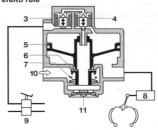

efeito relé controla-se com elas válvulas de membrana 2/2, as quais têm uma seção suficientemente grande para quase todas as aplicações. Nas válvulas com efeito relé as válvulas solenóide 3/2 influenciam a pressão na câmara de controle de uma válvula de relé. A eletrônica controla as válvulas eletromagnéticas na combinação apropriada, de modo que se tenham as funções requeridas "manter pressão" ou "redução de pressão". Nenhum controle significa "acréscimo de pressão".

Durante uma frenagem sem resposta do ABS (nenhuma tendência de bloqueio de uma roda), o ar passa pelas válvulas sem nenhum impedimento, em ambos os sentidos, tanto no enchimento como na purga dos cilindros de freio. Assim se garante que a função do sistema de freio de serviço não seja influenciada pelas válvulas do ABS.

Exigências legais
Desde 1° de outubro de 1991 na área de cobertura dos estados membros da EU o ABS está prescrito por lei para o primeiro licenciamento de veículos comerciais para operação com reboques e cavalos mecânicos (> 16 t), de reboques (> 10 t) e de ônibus (> 12 t). Essa regulamentação foi ampliada, de modo que desde 1.10.1998 todos os ônibus e desde 1.10.1999 todos os caminhões e reboques (> 3,5 t) devam ser equipados com ABS.

A lei estipula três categorias de ABS. Elas se diferenciam nas especificações com respeito ao fator de frenagem bem como comportamento das rodas e do veículo em pistas com μ-split. A maioria dos fabricantes europeus de veículos usam exclusivamente sistemas ABS da categoria 1. Somente essas precisam satisfazer a todas as exigências da diretriz 71/320/EWG.

Todos os sistemas ABS precisam dispor de uma lâmpada de advertência, que fica ligada pelo menos 2 s após "chave de contato ligada" e deve ser controlada pelo motorista através de um exame visual. Se a lâmpada acende com o veículo em movimento foi reconhecida uma falha pelo autoteste contínuo do sistema: o ABS pode então ser desligado completamente.

Veículos de tração e reboques com ABS de diferentes fabricantes podem ser combinados como se deseja. A conexão elétrica entre veículo de tração e reboque está normalizada conforme DIN ISO 7638.

Em todas as combinações de veículos (semi-reboques, rodo-trens) o controle otimizado da frenagem no limite físico de condução só pode ser garantido, se tanto o veículo de tração como o reboque estiverem equipados com ABS. Já com uma equipagem parcial de ABS (somente no veículo de tração ou no reboque) as melhorias são significativas em comparação com uma combinação de veículos sem ABS.

Controle de tração (ASR)

O controle de tração está integrado na ECU do ABS e também usa os componentes do ABS como sensores de rotação e válvulas controladoras de pressão. O sistema de controle é composto de um circuito de controle de frenagem e um do motor. O circuito de controle de frenagem ASR requer adicionalmente uma válvula de duas vias e uma válvula ASR (válvula solenóide 2/2) e o circuito de controle do motor requer um elemento atuador para redução do torque do motor.

Circuito de controle de frenagem

Numa arrancada em uma pista com baixo coeficiente de atrito ou com μ-split, isto é, com diferentes coeficientes de atrito à direita e à esquerda, muitas vezes apenas uma roda patina numa aceleração muito forte. A força de propulsão para o veículo é determinada pelo coeficiente de atrito baixo na roda que patina e por isso é pequena. Nesse caso, o controlador de frenagem aplica um torque de frenagem nessa roda, que atua, através do diferencial, como um torque de tração na roda ainda parada.

Para frear a roda a válvula ASR é primeiramente comutada pela ECU para passagem e, então, a pressão no cilindro de freio é mantida ou reduzida com a ajuda da válvula controladora de pressão do ABS. A pressão de frenagem é controlada de tal maneira a sincronizar as rodas motrizes. O resultado é um tipo de efeito de bloqueio do diferencial entre as rodas motrizes, que pode ser comparado com o efeito de um bloqueio mecânico do diferencial. Para atingir a mesma propulsão, o torque do motor deve ser maior do que o exigido com um bloqueio de diferencial mecânico numa quantidade equivalente para o torque de frenagem aplicado pelo controlador de frenagem ASR.

Em terrenos difíceis (p. ex. grandes construções) usa-se muitas vezes um bloqueio de diferencial mecânico e aproveita-se a função de controle de frenagem quando o motorista tem dificuldade em reconhecer que um efeito de bloqueio do diferencial entre as rodas motrizes pode aumentar a tração. Em uma grande quantidade de veículos usados em terrenos difíceis, é possível dispensar o bloqueio de diferencial mecânico.

O efeito do controlador de frenagem é vantajoso principalmente na arrancada, aceleração ou em trechos de montanha com "μ-split". Em trechos de montanha com "μ-split" extremo com um veículo totalmente carregado é necessária uma grande pressão de frenagem para frear a roda que está patinando. Para não sobrecarregar os freios termicamente nesses casos, o ASR dispõe de duas funções de segurança:
a) com velocidades > 30 km/h o regulador de frenagem não é mais ativado,
b) a atividade de controle e a correspondente velocidade da roda são a base para estimativa da carga térmica dos freios; se um valor definido for excedido, o controlador se desliga.

Com a função de controle descrita as rodas motrizes também podem ser sincronizadas a tal ponto que um bloqueio de diferencial mecânico possa ser engatado automaticamente, p. ex. com a ajuda de um cilindro pneumático. A ECU do ABS/ASR calcula para isso o ponto correto e também as condições para liberar o bloqueio do diferencial.

Circuito de controle do motor

Se o motorista acelerar muito, ambas as rodas motrizes patinam em superfícies com coeficiente de atrito baixo e homogêneo. A força de propulsão para o veículo se baseia no coeficiente de atrito que está diminuindo na faixa instável da curva de aderência/escorregamento (v. fig. pág. 812). Com gelo e neve, com veículo ainda parado ou andando muito devagar, é perceptível um "efeito de polimento", que diminui o coeficiente de atrito nitidamente. Ao mesmo tempo, a estabilidade do veículo é reduzida. O circuito de controle do motor reduz nesse caso o escorregamento de tração para valores aceitáveis, aumenta a tração e garante a estabilidade do veículo.

Estão disponíveis atuadores elétricos e pneumáticos para reduzir o torque do motor. Abaixo serão descritas duas variantes possíveis de atuação elétricas:
- interface para as unidades de comando eletrônicas do motor,
- controle direto de um servomotor elétrico.

Sistemas de estabilização para veículos comerciais **863**

Controle de tração (ASR) para veículos utilitários com controle eletrônico da bomba injetora (EDC)
1 sensor de rotação, 2 anel de impulsos, 3 ECU ABS/ASR, 4 válvula controladora de pressão (um canal), 5 válvula solenóide 2/2, 6 válvula de duas vias, 7 válvula de freio de serviço, 8 controlador da força de frenagem, 9 cilindro de freio, 10 ECU EDC, 11 pedal do acelerador, 12 sensor do curso do pedal, 13 bomba injetora.

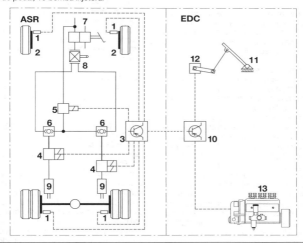

Interface (p. ex. CAN, v. pág. 1.073): a ECU ABS/ASR obtém da ECU de gerenciamento do motor um sinal de "desejo do motorista" (p. ex. posição do pedal do acelerador ou débito de combustível desejado). A ECU ABS/ASR usa esse sinal e outros dados como escorregamento da roda para calcular a redução do torque desejada e envia o resultado para a ECU do gerenciamento do motor para implementação. Exemplos de ECU para o gerenciamento do motor são EMS (controle eletrônico da potência do motor) e EDC (controle eletrônico Diesel). Eles contêm todas as funções do gerenciamento do motor (controlador da velocidade, limitador de rotação, controle de marcha lenta) e executam o desejo de redução do ASR imediatamente com a necessária precisão.

Servomotor: a ECU ABS/ASR comanda o servomotor diretamente. O servomotor é um motor de corrente contínua com retorno de posição integrado que possibilita um controle de posição preciso, que dessa maneira torna a regulagem independente das forças atuadoras na bomba injetora, o atrito no cabo do acelerador ou outras grandezas interferentes. O ASR só pode usar o cabo para reduzir, excluindo a possibilidade de uma abertura inadequada da borboleta do acelerador. Um limitador da velocidade do veículo (FGB) integrado na ECU controla a velocidade do veículo para um valor máximo permitido por lei (controle v_{max}) ou para um valor ajustado por um motorista através de uma tecla (controle v_{set}). O motorista deve para isso acelerar mais do que seria necessário para manter a velocidade v_{max} e v_{set}. O "excesso" de aceleração é reduzido pela ECU ABS/ASR. Limitadores de velocidade do veículo são prescritos por lei desde 1º de janeiro de 1994 para ônibus (peso total > 10 t) e veículos utilitários (> 12 t).

Programa eletrônico de estabilidade (ESP) para veículos utilitários

Função
O programa eletrônico de estabilidade (ESP) para veículos utilitários é uma regulagem dinâmica de marcha, que amplia muito o sistema antibloqueio (ABS) e o controle de tração (ASR).

Os sistemas de segurança ABS e ASR controlam a dinâmica de rodas individuais quando freadas ou aceleradas. As rotações das rodas são enviadas como valores reais medidos ao respectivo controlador, que os compara com o valor nominal e corrige desvios através de alterações de pressão de frenagem e/ou do torque do motor. Isso neutraliza situações criticas de dinâmica longitudinal: p. ex. a dirigibilidade do veículo é mantida ao se frear.

Como o controlador não leva em conta grandezas para a movimentação do veículo, a estabilização do veículo depende da calibração do respectivo sistema ABS ou ASR e é, p. ex., no ABS um compromisso entre distância de frenagem e dirigibilidade. No ASR o compromisso fica entre estabilidade e tração.

O ESP amplia os parâmetros do controle com as grandezas do movimento do veículo, isto é, a dinâmica transversal. Adicionalmente à derrapagem do veículo (veja ESP para veículos de passeio pág. 820 e segs.) existem para veículos utilitários, em função das suas particularidades (graus de liberdade adicionais em função do reboque ou semi-reboque e centro de gravidade alto), outras situações críticas, como "efeito L" e tombamento. Com isso, o ESP para veículos utilitários tem as seguintes funções:
- Apoio ativo ao motorista em situações críticas de dinâmica transversal, independentemente de que o motorista freie ou acelere.
- Estabilidade de marcha ampliada: melhoria da estabilidade direcional de um veículo individual bem como de uma combinação de veículos (p. ex. cavalos mecânicos) na faixa-limite sob todos os regimes de funcionamento e de carga. Isso também engloba evitar o efeito L da combinação de veículos.
- Estabilidade direcional ampliada: redução da possibilidade de tombamento de um veículo individual e de uma combinação de veículos tanto em manobras quase estacionárias quanto em dinâmicas.
- Melhor utilização da aderência entre pneu e a pista e com isso otimização da performance da ABS e ASR com a inclusão das informações da dinâmica de marcha.

Grupos funcionais
A partir dessas atribuições resultam para o ESP os grupos funcionais descritos a seguir.

<u>Estabilização do veículo sob perigo de derrapagem ou efeito L</u>
Para estabilizar um veículo, uma situação deve ser primeiramente reconhecida como tal. Para isso o controlador compara o atual movimento do veículo no plano horizontal com o movimento desejado pelo motorista levando em conta os limites físicos. O movimento horizontal é descrito num veículo individual por três graus de liberdade (movimento longitudinal, transversal e de guinada). Num cavalo mecânico, o movimento no plano é ampliado para incluir o ângulo de articulação entre o veículo de tração e o reboque, como grau de liberdade adicional.

O movimento do veículo desejado pelo motorista é calculado na ECU com a ajuda de modelos físicos e matemáticos simplificados baseados principalmente no ângulo do volante e na velocidade do veículo. Assim a velocidade de guinada nominal ω_{zsoll} do veículo de tração é calculada com a ajuda de um modelo de veículo single-track:

$$\omega_{zsoll} + (\delta_R \cdot v_x)/(l + EG \cdot v_x^2)$$

onde:
$\delta_R =$ ângulo de esterçamento da roda
$v_x =$ velocidade do veículo
$l =$ base da roda
$EG =$ gradiente de auto-esterçamento, que descreve o comportamento de auto-esterçamento do veículo (veja pág. 441).

O ESP calcula o movimento atual do veículo das grandezas de medição disponíveis "razão de guinada" e "aceleração transversal", bem como as "rotações das rodas". Como o ângulo de articulação não está disponível como sinal de medição, ele é estimado das grandezas de medição disponíveis. Isso só é possível se for assumido um movimento estável do semi-reboque.

Com desvios perceptíveis entre o movimento atual do veículo e o movimento esperado pelo motorista, o ESP primeiro classifica a situação em "sobreesterçada" e "subesterçada".

"Sobreesterçar" descreve situações em que a traseira do veículo se desloca lateralmente para fora, isto é, o veículo vira mais rápido do que é necessário para o raio desejado da curva (veja pág. 432). Essa situação provoca muitas vezes o efeito L no cavalo mecânico e praticamente não é controlável pelo motorista.

No caso do "subesterçamento", a frente do veículo se desloca para o lado de fora da curva, o que acontece principalmente em veículos carregados de três eixos com apenas um eixo de direção.

Depois que o ESP classificou a situação, ele calcula um momento de guinada corretor. Esse momento de guinada corretor é então convertido em um escorregamento das rodas de maneira adequada, freando uma ou mais rodas. Isso é ilustrado na figura da pág 867 para um nítido sobreesterçamento e subesterçamento. Ao lado dessas claras situações existem outras situações dinâmicas críticas, nas quais também são freadas outras rodas, ou seja, combinações de rodas de acordo com o efeito de estabilização desejado.

A derrapagem e o efeito L de um veículo utilitário ocorrem principalmente com coeficientes de aderência baixos e médios por causa das características específicas destes veículos. Com altos coeficientes de aderência, os veículos utilitários tendem mais a tombar do que a derrapar por causa do seu centro de gravidade alto.

Redução do risco de tombamento
O limite de tombamento de um veículo não depende apenas da altura do centro de gravidade, mas também do sistema do chassi (suspensão do eixo, estabilizadores, molas, etc.) e do tipo da carga útil (fixa ou móvel). Um método aproximado de cálculo está descrito na página 442.

A situação que leva um veículo utilitário a tombar é o limite relativamente baixo de tombamento combinado com uma velocidade muito alta do veículo em uma curva.

O ESP aproveita essas relações para minimizar a probabilidade de tombamento. Tão logo o veículo se aproxima do limite de tombamento, esse é retardado através da redução do torque do motor e de uma frenagem. O limite de tombamento é estimado da carga útil do veículo e da distribuição da carga, e é modificado dependendo da situação.

Assim, o limite de tombamento estimado é reduzido em situações dinâmicas de alta velocidade (p. ex. em manobras de desvio de obstáculos), para permitir uma intervenção rápida. Ao contrário, em manobras muito lentas, o limite é aumentado (p. ex. percursos sinuosos serra acima) para evitar intervenções desnecessárias e perturbadoras do ESP.

Para a estimativa do limite de tombamento existem varias suposições quanto à altura do centro de gravidade e a comportamento dinâmico da combinação de veículos com uma distribuição da carga dos eixos conhecida. Essas suposições cobrem a maior parte das combinações comuns de veículos.

Para garantir a estabilização mesmo com altos desvios dessas suposições, o ESP detecta também o levantamento das rodas internas à curva. Essas são então monitoradas quanto a rotações implausíveis. Eventualmente, a combinação inteira do veículo é desacelerada fortemente através de intervenções de frenagem adequadas.

O levantamento das rodas do reboque, internas à curva, é comunicado com a ajuda do sistema de frenagem controlado eletronicamente (EBS) (v.p. 869) do reboque através da linha de comunicação CAN (SAE J 11992, veja pág. 875) através da ativação do controlador ABS. Para combinações com reboques equipados apenas com ABS, a detecção da roda levantada se restringe apenas às rodas internas do veículo de tração.

Concepção

O programa eletrônico de estabilidade ESP para veículos utilitários se baseia no sistema de frenagem controlado eletronicamente (EBS) (veja pág. 869) e amplia esta com o controle da dinâmica de marcha. O ESP aproveita a possibilidade do EBS de gerar individualmente para cada roda diferentes forças de frenagem, independentemente do motorista.

Sistema de sensores
Através dos sensores típicos do EBS para rotação das rodas e pressão de frenagem, o ESP também contém sensores para a dinâmica de marcha. Esses são sensores de ângulo de guinada com sensor de aceleração lateral integrado, bem como o sensor do ângulo do volante (v. pág. 110 em diante). Ambos os sensores contêm um microcontrolador com interface CAN para a avaliação e transmissão dos dados medidos.

O sensor do ângulo do volante geralmente é montado logo abaixo do volante e mede com isso o ângulo de giro do volante.

A aceleração lateral do veículo deveria ser captada o mais próximo possível do centro de gravidade do veículo de tração. Por isso, o sensor de ângulo de guinada e de aceleração lateral é montado normalmente nas proximidades do centro de gravidade no chassi do veículo.

Unidade de comando (ECU)
Ao lado da ECU EBS, o sistema do veículo inclui agora uma outra ECU em tecnologia de circuito impresso convencional para o ESP de veículos utilitários da primeira geração. Sistemas sucessores integram as funções do ESP na ECU EBS.

Um bus CAN conecta os sensores ESP (do mesmo modo como os moduladores eletropneumáticos EPM) com a ECU (veja pág. 869 em diante). Os grupos funcionais na ECU descritos anteriormente calculam a pressão de frenagem e o escorregamento das rodas para cada roda e para o reboque bem como uma redução do torque do motor, a partir das informações dos sensores. Esses dados são transmitidos então através do bus CAN do sistema de frenagem aos EPM ou seja através do bus CAN do veículo (Em geral CAN conforme SAE J 1939) para a ECU do motor para conversão.

O bus CAN do veículo não envia apenas as solicitações do ESP para o gerenciamento do motor para reduzir o torque do motor, mas também informações do motor e dos retarders na direção oposta. Essencialmente isto envolve os atuais e requisitados torques e rotação do motor, torques dos retarders, a velocidade do veículo, bem como informações de diversos interruptores de controle e de um eventual reboque acoplado.

Estrutura do sistema
A estrutura do EBS está representada na página 871.

Funções de segurança e monitoramento

As amplas possibilidades de intervenção do ESP no comportamento de direção do veículo ou combinação de veículos requerem um sistema de segurança abrangente para garantir o funcionamento adequado do sistema. Isso não engloba apenas o sistema básico EBS, mas também os componentes adicionais do ESP, inclusive todos os sensores, unidades de comando e interfaces.

Automonitoramento dos componentes
Devido à complexidade do sistema e da "inteligência própria" da maioria dos componentes, cada componente monitora as suas próprias funções internas, interfaces e sensores conectados. Assim, o EBS básico incorpora o monitoramento de todas as funções e componentes relevantes para o funcionamento do EBS (v. pág. 871).

Os sensores do ESP também têm monitoramento interno e sinalizam qualquer falha à ECU ESP via bus CAN.

Monitoramento recíproco dos microcontroladores
Adicionalmente às funções internas de monitoramento de cada unidade de comando, existe um monitoramento recíproco, no qual o funcionamento dos microcontroladores é testado com auxílio de algoritmos especiais.

Sistemas de estabilização para veículos comerciais

Monitoramento dos sensores do ESP
Ao lado dos monitoramentos internos é feito no ESP um teste de plausibilidade físico dos sinais dos sensores (para gradiente do sinal e faixa de valores).

Adicionalmente os sinais dos sensores são testados com a ajuda de um monitoramento de sensores baseado em modelos. Esse usa modelos físicos simplificados e a seguir as informações dos três sensores para calcular o ângulo de guinada para o veículo:
- rotação das rodas dianteiras,
- aceleração transversal e
- ângulo do volante.

Os resultados desse calculo junto com o ângulo de guinada medido possibilitam uma avaliação dos sinais de cada sensor, levando em conta e situação de condução.

Reações a falhas
A ocorrência de falhas leva ao desligamento de grupos funcionais individuais ou do ESP completo, dependente do tipo e significado da falha (procedimento fail-safe). Isso garante que sinais incorretos de sensores não possam causar intervenções implausíveis e possivelmente perigosas nas frenagens. A ocorrência de uma falha é comunicada ao motorista através dos dispositivos de advertência apropriados (p. ex. lâmpada de advertência ou indicação no display, de modo que esse possa se adequar à situação.

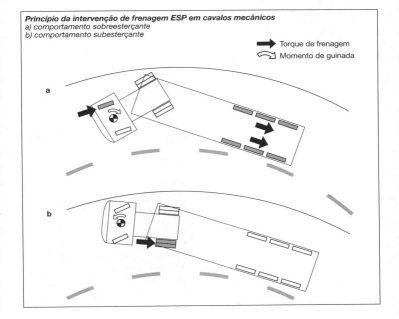

Princípio da intervenção de frenagem ESP em cavalos mecânicos
a) *comportamento sobreesterçante*
b) *comportamento subesterçante*

➡ Torque de frenagem
↪ Momento de guinada

Know-How em Engenharia Automotiva

Apostilas técnicas (amarelas) da Bosch em português

O programa completo

Sistemas de ignição

Tecnologia de gases de escape	F 000 WA7 018
Gerenciamento de motor Motronic	6 008 FA9 000
Gerenciamento de motor ME-Motronic	F 000 WA7 007
Ignição	6 008 FA9 001

Sistemas elétricos

Alternadores	F 000 WA7 010
Sistemas de partida	F 000 WA7 011

Sistemas de freios

Programa eletrônico de estabilidade ESP	F 000WA7 019
Sistemas de freios convencionais	F 000 WA7 009

Sistemas Diesel

Bombas injetoras em linha	F 000 WA7 004
Bombas distribuidoras VE	F 000 WA7 005
Bomba distribuidora de pistões radiais VR	6 008 FA9 008
Injeção Common Rail	6 008 FA9 009
Sistemas de injeção Diesel UIS/UPS	6 008 FA9 007
Reguladores para bombas injetoras em linha	6 008 FA9 006
A técnica de injeção Diesel em resumo	6 008 FA9 002

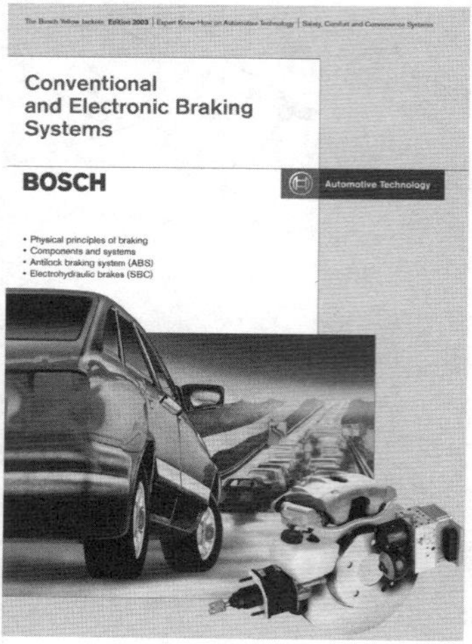

O programa atual é encontrado na Internet em:
www.bosch.com.br/br/equiteste

Sistema de frenagem controlado eletronicamente (EBS) para veículos utilitários

Função

O sistema de frenagem controlado eletronicamente (EBS) aumenta e otimiza a funcionalidade no caso de frenagem e tração em relação a um sistema de freios convencional controlado pneumaticamente.

Como parte da rede de comunicação CAN no veículo, o EBS pode trocar informações com outros sistemas e utilizá-las para a realização otimizada (sob os aspectos de segurança, economia e conforto) de processos de aceleração e de frenagem (Fig. H). Com essa troca "inteligente" de dados podem também ser implantadas funções complexas envolvendo a interação de várias ECU, bem como ampliar as possibilidades de diagnóstico. Apesar da complexidade das funções, um sistema EBS pode ser configurado mais simplesmente que um sistema de freio convencional devido aos componentes padronizados e menor necessidade de cabos.

Concepção do sistema

Os grupos de componentes "fornecimento de ar comprimido", "preparação do ar comprimido", "proteção do circuito", "acumulador de energia", "cilindro de freio", "freios das rodas" são idênticos aos sistemas convencionais de freios.

Com EBS, portanto, o sistema tradicional de freio pneumático é subordinado a um circuito de controle eletrônico, que se sobrepõe ao controle pneumático (solenóide "backup"). Os dois circuitos de energia (P1 e P2) permanecem inalterados (Figuras A e J).

A pressão de controle para o reboque também é controlada eletronicamente. Para a comunicação com o equipamento EBS do reboque está disponível a interface CAN de acordo com ISO 11992. A figura abaixo mostra os arranjos típicos dos módulos controladores de pressão EBS (Fig. B).

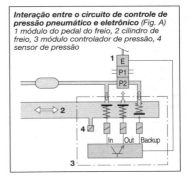

Interação entre o circuito de controle de pressão pneumático e eletrônico (Fig. A)
1 módulo do pedal do freio, 2 cilindro de freio, 3 módulo controlador de pressão, 4 sensor de pressão

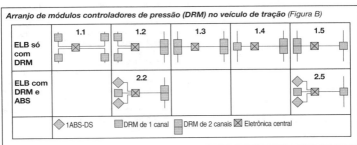

Arranjo de módulos controladores de pressão (DRM) no veículo de tração (Figura B)

870 Sistemas de segurança do veículo

Controle dos "circuitos backup" (figura C)
1 "backup " com dois circuitos de controle (corresponde a um sistema de freio convencional),
2 "backup" com circuitos de controle individuais para eixo dianteiro e reboque, HA controlado apenas eletricamente, 3 "backup" com controle pneumático de um circuito para eixo dianteiro, eixo traseiro e reboque. a isolador do circuito.

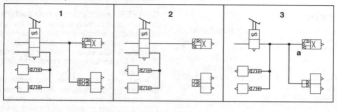

De acordo com a opção a pressão de frenagem é controlada eletronicamente para cada eixo ou roda. Sistemas com ESP necessitam de um controle de pressão individual por roda. O reconhecimento de uma falha dispara no sistema de frenagem elétrico um desligamento seletivo das funções ou componentes afetados. Sem controle eletrônico de frenagem o controle pneumático continua à disposição ("backup"). O sistema "backup" pode ser controlado por circuito duplo (configuração dos circuitos semelhante a um sistema de frenagem convencional de 2 circuitos) ou circuito único (Fig. C).

Módulo do pedal do freio FBM com dois circuitos de controle pneumáticos (Fig. C)
1 sensor de nível de frenagem, 2 válvula de freio de serviço, 3 conexão da alimentação de tensão (5 V), 4 conector do potenciômetro, 5 aterramento do equipamento.

O controle com circuito único de todos os eixos requer um dispositivo para isolar os circuitos pneumáticos. Para um controle puramente elétrico sem "backup" pneumático ("brake by wire"), é necessário resolver futuramente o problema da alimentação de tensão.

Componentes EBS

Unidade de comando eletrônica (ECU)
O centro de controle de um EBS é composto de uma ou mais unidades de comando.

Atualmente, encontram-se sistemas com estrutura centralizada (isto é, todas as funções de software executadas em uma unidade de comando) e aqueles com uma configuração descentralizada de várias unidades de comando.

Módulo do pedal do freio (FBM, Fig. D)
O FBM realiza duas funções: primeiramente dois sensores elétricos redundantes captam o desejo de frenagem do motorista, medindo o curso de acionamento do tucho do FBM. Eles transmitem o valor medido para a ECU central, que calcula a partir dele a solicitação de frenagem. Em segundo lugar, de maneira análoga a uma válvula do pedal do freio convencional, um ou dois circuitos de controle pneumático (circuitos de "backup") são pressurizados dependendo da pressão aplicada pelo motorista sobre o pedal do freio (seção FBV).

Sistema de frenagem controlado eletronicamente (EBS) para veículos utilitários

Módulos controladores de pressão
DRM *(Figura E)*
a) módulo controlador de pressão de 1 canal,
b) Módulo controlador de pressão de 2 canais.
1 Unidade de comando eletrônica,
2 sensor de rotação,
3 sensor da guarnição do freio,
4 módulo de monitoramento e CAN,
5 válvula "backup",
6 válvula de admissão,
7 válvula de descarga,
8 sensor de pressão,
9 filtro,
10 válvula relé,
11 silenciador,
12 circuito de "backup",
13 fornecimento,
14 cilindro de freio,
15 ALB.

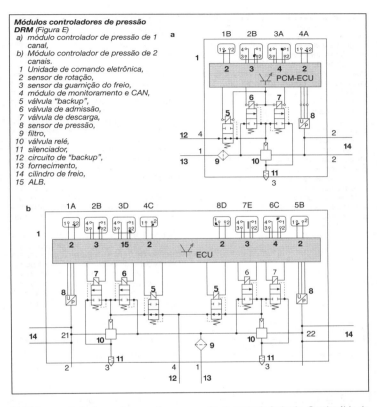

Módulos controladores de pressão (DRM, Fig. E)

Os módulos controladores de pressão formam a interface entre o sistema eletrônico de frenagem e a força de frenagem pneumática. Eles convertem as pressões de frenagem nominal transmitidas pela CAN de freio em pressões pneumáticas. A conversão é feita por dois "solenóides proporcionais" ou com uma combinação de solenóides de admissão/descarga. Um sensor de pressão mede a pressão de frenagem fornecida. Com isso a pressão de frenagem pode ser controlada em um circuito de controle fechado. O solenóide de "backup" ativado eletricamente bloqueia as pressões de controle pneumáticas do FBM, para permitir um controle elétrico de pressão livre de interferências.

A instalação dos módulos controladores de pressão próximos às rodas possibilita a conexão dos sensores da velocidade das rodas e do desgaste da guarnição dos freios com cabos elétricos curtos. Esses sinais são transmitidos pelo CAN dos freios para a ECU central. Isso minimiza a quantidade de cabos elétricos necessários no veículo.

Módulo de controle do reboque (ASM)

O módulo de controle eletrônico do reboque possibilita a modulação da pressão de controle do reboque de acordo com as exigências funcionais do EBS. Os limites das faixas de controle elétrico são definidos por exigências legais. A conversão do valor nominal predeterminado para uma pressão modulada é feita com um arranjo de solenóides como no DRM. O corte da pressão "backup" é feito por um solenóide "backup" ou retenção pneumática dependendo do princípio construtivo.

Sob todas as condições normais, o módulo de controle do reboque deve ser ativado por dois sinais de controle independentes. Esses podem ser dois sinais pneumáticos de dois circuitos de controle ou um sinal de controle elétrico. O sinal de controle, portanto, deve estar disponível sob todas as condições regulares de funcionamento.

Frenagem eletropneumática (princípio operacional)

Com o acionamento da chave de contato o EBS é inicializado e feito um autoteste. A inicialização do sistema de freios também pode ocorrer com a chave de contato desligada mas com módulo do pedal do freio acionado. Se não for reconhecida nenhuma falha, as lâmpadas de advertência apagam e o EBS está pronto para funcionar.

Com o acionamento do FBM a unidade de comando calcula o desejo de frenagem. Ao mesmo tempo, os solenóides "backup" no DRM são ativados e as pressões de comando pneumáticas cortadas. A unidade de comando eletrônica calcula então a pressão de frenagem ótima, dependente do desejo de frenagem, massa do veículo, distribuição da carga axial, etc. Essa pressão de frenagem nominal é transmitida através do CAN dos freios aos DRM e ao ASM (Fig. F).

Dependendo da configuração os DRM e o ASM controlam o fornecimento da pressão de frenagem para os cilindros de freio separadamente para cada eixo ou roda. Um comando de frenagem apropriado correspondente à pressão de controle do reboque é transmitido através do CAN ISO 11992 para o EBS do reboque (Fig. H).

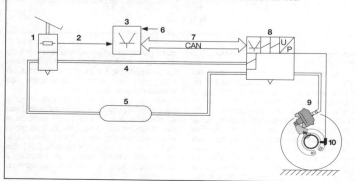

Transmissão de informações em um EBS (Figura F)
1 módulo do pedal do acelerador FBM, 2 desejo do motorista, 3 ECU central do EBS, 4 "backup" pneumático, 5 reservatório do ar, 6 informação de carga, 7 bus CAN dos freios, 8 módulo controlador de pressão DRM, 9 cilindro de membrana, 10 sensor da velocidade da roda.

Para funções como ASR (controle de tração) ou ESP (programa eletrônico de estabilidade), é gerada pressão de frenagem no DRM, independente do comando de frenagem do motorista e controlado nos cilindros de freio.

A função básica mais importante num sistema EBS, ao lado do controle eletrônico de pressão, ABS e ASR, é controlar a distribuição da força de frenagem entre os eixos individuais do veículo. Para a determinação da distribuição da força de frenagem são usados atualmente os dois métodos a seguir.

Distribuição da força de frenagem baseada na medição da carga axial

Com esse método a carga axial é determinada por um sensor de pressão de mola de ar de fole. Para veículos com molas de aço estão disponíveis sensores de medição de curso (distância entre chassi e eixo). De preferência a carga é medida no eixo motriz.

A massa total do veículo também é determinada. Com essas grandezas de entrada são calculadas as cargas dos eixos sem sensores. De acordo com a carga axial determinada é designada para cada eixo uma força de frenagem específica.

Distribuição da força de frenagem baseada em um escorregamento diferencial das rodas

Esse método é baseado na suposição de que a relação entre a força vertical atuando sobre as rodas e a força de frenagem é igual para rodas com o mesmo deslizamento. Isso garante que cada roda transmita a força de frenagem correspondente à sua força vertical. As pressões de frenagem das rodas individuais ou eixos são ajustadas até que não seja mais perceptível nenhuma diferença de escorregamento. As grandezas de medição usadas consistem das velocidades das rodas medidas pelos sensores de rotação das rodas do ABS e das pressões de frenagem aplicadas pelos DRMs.

Funções de controle e de gerenciamento

Em adição às funções de um sistema convencional de frenagem, o EBS oferece as seguintes funções:

Controle de desaceleração

Para o controle de desaceleração é designada para cada posição do pedal de freio uma desaceleração fixa do veículo. Essa desaceleração é realizada independente da massa do veículo, do estado dos freios e da inclinação da pista. A percepção ao pisar no pedal do freio é reprodutível dessa maneira e independente de parâmetros externos.

Um monitoramento automático dos freios indica em tempo o risco de sobrecarga dos freios das rodas.

Controle do desgaste

Para o controle do desgaste, os freios das rodas devem estar equipados com sensores de desgaste de funcionamento contínuo. Os sinais de medição servem como grandezas de entrada para o controle do desgaste. O objetivo desse controle é que todas as guarnições dos freios se desgastem ao mesmo tempo. Por um lado, a

Áreas funcionais do controle de desgaste em um EBS (Figura G).
1 Atividade ABS, 2 freio otimizado para adesão, 3 freio otimizado para desgaste, 4 freio motor, 5 atividade ASR.

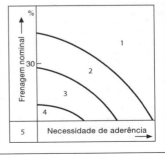

espessura das guarnições deve ser usada ao máximo e, por outro lado, reduzir os tempos de manutenção do veículo. Se os sensores detectarem diferentes espessuras das guarnições nos eixos do veículo, as pressões de frenagem são modificadas por eixo quando o motorista desejar apenas frenagens leves (Fig. G).

Gerenciamento dos freios e blending

A força de frenagem desejada pelo motorista deve ser gerada com o menor desgaste possível nos freios mecânicos. Para isso tenta-se utilizar os freios pneumáticos, que respondem muito rápido, apenas no início da frenagem e então substituir pelo sistema de frenagem contínua (p. ex. retarder) que tem uma resposta de força de frenagem com retardo.

A transição do freio pneumático para o freio contínuo é denominada "blending". Esse processo de blending ocorre sem que o motorista perceba, pois a desaceleração do veículo durante esse processo não se altera.

O gerenciamento para a distribuição das forças de frenagem para os tipos de freio disponíveis (freio motor, freio com borboleta no escapamento, retarder, freios pneumáticos) é assumido pela eletrônica do EBS.

Ajuste entre veículo de tração e reboque

As exigências legais para a interação entre veículo de tração e reboque são definidas pelo "diagrama de compatibilidade". Mesmo assim dentro desses limites legais, a interação entre certas combinações de veículos pode produzir condições de direção críticas ou distribuição desigual do desgaste entre o veículo de tração e o reboque.

O EBS procura então determinar e controlar a diferença entre o ajuste real e o ideal. O objetivo é controlar a força de acoplamento na quinta roda de cavalos mecânicos e para zero em caminhões com reboque.

Se o reboque estiver equipado com EBS e a interface conforme ISO 11992 (Fig. H), a velocidade da roda do reboque está à disposição. A força de frenagem pode então ser equilibrada com base no escorregamento diferencial entre veículo de tração e reboque (vide distribuição de força de frenagem).

Bloqueio de recuo e freio de parada de ônibus

O limitador de recuo ou o freio de parada de ônibus é acionado através de uma chave adicional. Se a função estiver ativada, a pressão de frenagem aplicada pelo motorista é mantida depois que o veículo estiver parado, mesmo que o pedal do freio seja liberado.

Se for reconhecido um procedimento de arrancada (posição do sinal da embreagem) e o motor fornecer um torque de acionamento, que corresponda ao torque de frenagem da pressão de frenagem, os cilindros de freio são purgados. Através da comparação entre o torque de frenagem e o torque de acionamento é evitado um recuo do veículo. O bloqueio de recuo porém não pode ser usado como freio de estacionamento.

Funções de monitoramento e diagnóstico

Adicionalmente às funções descritas podem ser realizadas outras funções de monitoramento e diagnóstico.

Métodos preventivos adicionais

O acionamento simultâneo do freio de serviço e do freio de estacionamento causa uma sobrecarga mecânica dos freios das rodas. O EBS pode reconhecer o acionamento em paralelo e diminuir a sobrecarga do freio da roda reduzindo a pressão de frenagem de serviço quando o freio de estacionamento estiver acionado.

Monitoramento do freio

Com o conhecimento da velocidade da roda e das pressões de frenagem é possível calcular a carga (consumo de energia) dos freios das rodas. Se o sistema detectar que a carga está se aproximando de um nível crítico, pode informar o motorista em tempo. O motorista obtém uma folga maior para evitar situações de perigo (p. ex. fading).

Sistema de frenagem controlado eletronicamente (EBS) para veículos utilitários

Rede CAN entre os componentes do freio e outros sistemas no veículo *(Figura H).*
a) veículo de tração,
b) reboque.
1, 2, 3 estações CAN (p. ex. informação, suspensão, árvore de transmissão),
4, 5 estações CAN (ECU EBS),
6 estações CAN (módulos controladores de pressão EBS),
7 conector ISO 7638 (7 pólos).

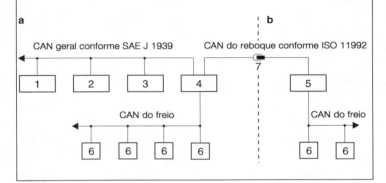

Sistema de freio de serviço de um EBS *(Figura J)*
a) veículo de tração, b) reboque.
1 válvula de proteção de quatro canais, 2 reservatório de ar, 3 válvula de freio de serviço com sensor do valor da frenagem, 4 módulo controlador de pressão de 1 canal (DRM), 5 cilindro de freio, 6 sensor de rotação, 7 sensor de desgaste das guarnições, 8 ECU EBS no veículo de tração, 9 módulo controlador de pressão de 2 canais (2K-DRM), 10 sensor de pressão, 11 fole da suspensão a ar, 12 válvula de controle do reboque, 13 cabeçote do acoplamento da reserva, 14 cabeçote do acoplamento do freio, 15 conector ISO 7638 (7 pólos), 16 filtro de linha, 17 válvula do freio do reboque com dispositivo de liberação, 18 ECU EBS no reboque.

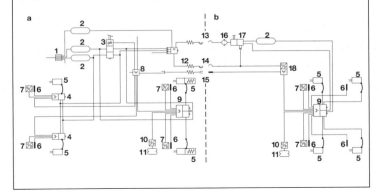

Gerenciamento eletrônico de freios para veículos utilitários como plataforma para sistemas de assistência ao motorista

Sistema eletrônico de freios básico

O sistema de freios básico é composto de um sistema de frenagem de serviço de duplo circuito conforme ECE R13, que é subordinado a um sistema de controle de força de frenagem eletrônico. Aos freios das rodas nos eixos dianteiro(s) e traseiro(s) estão atribuídos circuitos de controle de pressão, com os quais os valores nominais de pressão são convertidos em pressões de frenagem reais na ECU.

Sistemas de assistência ao motorista, como p. ex. ABS ou ASR, não funcionam como sistemas "stand alone" como nos sistemas de freio a ar convencionais, mas estão integrados direto na lógica do sistema de frenagem. Um controle de escorregamento diferencial "inteligente" garante uma distribuição de força de frenagem ótima para o respectivo estado de carga. Com isso se garante uma alta estabilidade direcional, boa dirigibilidade e grandes desacelerações. Uma resposta mais rápida dos freios das rodas em comparação com o sistema de freios convencional possibilita reduções na distância de frenagem [1].

Comparados com o sistema convencional de freio de serviço, os componentes do sistema eletrônico de freios básico substituem a válvula de freio de serviço, a válvula de controle automático da força de frenagem dependente da carga (ALB) e as válvulas do ABS e ASR. O pedal do freio e um sensor elétrico do nível de frenagem transmitem o desejo de frenagem para a ECU. Sensores do ABS captam a rotação das rodas. A figura A mostra um exemplo de um sistema de frenagem eletrônico básico em um caminhão de dois eixos.

Com ajuda do controle de escorregamento diferencial, os módulos de controle de pressão eletrônicos controlam as pressões de frenagem nos freios das rodas dos eixos dianteiro(s) e traseiro(s) do veículo – de acordo com a respectiva situação de direção – e atingem com isso uma distribuição de força de frenagem ótima. Após o reconhecimento de uma tendência à sobrefrenagem em um eixo é feita uma redistribuição das pressões de frenagem nos eixos dianteiro(s) e traseiro(s) para minimizar as diferenças de velocidade entre as rodas de diferentes eixos e para otimizar a aderência entre veículo e pista. Um controle de desaceleração integrado no sistema geral tem a função de dosar corretamente o efeito de frenagem. Isto é, um determinado curso do pedal sempre corresponde a uma determinada desaceleração, independentemente da carga ou da inclinação da pista.

Sistema de frenagem eletrônico a ar comprimido para veículos de tração de 2 eixos (Fig. A)
1 sensor de rotação, 2 sensor de desgaste das guarnições do freio, 3 válvula de controle, 4 cilindro de freio da roda dianteira, 5 cilindro de freio da roda traseira, 6 ECU, 7 pedal do freio, 8 reservatório de ar comprimido, 9 fornecimento de ar comprimido para o reboque, 10 linha de controle do reboque, 11 sensor de força de acoplamento, 12 sensor do ângulo do volante, 13 ativação do retarder e do sistema do freio-motor, 14 sensor de momento de guinada e de aceleração transversal.

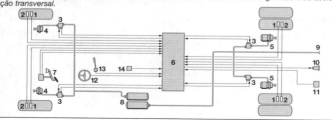

Com esse tipo de sistema básico de frenagem, os sistemas de assistência ao motorista podem ser plenamente usados com as seguintes vantagens do gerenciamento eletrônico de frenagem [1, 2, 3, 4]:
- rápida geração da pressão de frenagem,
- distribuição de força de frenagem dependente da carga otimizada,
- controle do freio-motor e retarder integrados,
- controle otimizado do desgaste das guarnições dos freios,
- controle das forças de acoplamento entre veículo de tração e reboque,
- auxílio de arrancada em morros,
- assistente de frenagem e
- controle da dinâmica de marcha incluindo evitação de capotamento.

Subsistemas

Integração de sistemas de frenagem contínua no sistema de frenagem de serviço

As forças de frenagem adicionais no eixo traseiro com o uso de sistemas de frenagem contínua alteram a distribuição da força de frenagem instalada. Primeiramente, elas têm influência sobre a estabilidade de frenagem do veículo com chuva, neve e gelo. Por isso o sistema de gerenciamento eletrônico de frenagem deve monitorar e otimizar a interação entre o sistema de frenagem contínua e o sistema de frenagem de serviço. Se necessário, o sistema eletrônico de frenagem básico usa apenas parte do efeito de frenagem do sistema de frenagem de serviço (Fig. B).

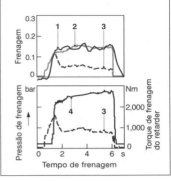

Integração de um sistema de frenagem contínuo ao sistema de frenagem de serviço (Figura B)
1 frenagem do veículo, 2 desejo do motorista, 3 sistema de frenagem de serviço, 4 retarder.

Controle de estabilidade com evitação de capotamento integrado

O controle de estabilidade é um subsistema integrado no sistema eletrônico de frenagem básico. Para captar o comportamento de direção desejado pelo motorista, são medidos o ângulo do volante, rotações das rodas e aceleração transversal (Fig. C). O momento de guinada momentâneo é medido para detectar o comportamento de direção real. Diferenças entre o "comporta-

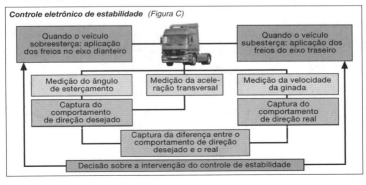

Controle eletrônico de estabilidade (Figura C)

878 Sistemas de segurança do veículo

Progressão das forças de acoplamento entre veículo de tração e reboque com desaceleração de 5 m · s⁻² (Figura E)
Cavalo mecânico 1 (17 t, caminhão carregado e 24 t, reboque carregado): veículo de tração no final inferior e reboque no final superior da faixa de frenagem ECE R13
Cavalo mecânico 2: veículo de tração no final inferior e reboque no final superior da faixa de frenagem ECE R13.

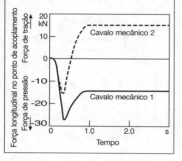

mento de direção desejado e o real" resultam na intervenção imediata pelo controle de estabilidade [1].

Se o veículo subesterça, é necessária uma intervenção dos freios no eixo traseiro, se sobreesterçar é necessária uma intervenção dos freios no eixo dianteiro. A figura D mostra essas possibilidades de intervenção do sistema de frenagem nos freios rodas dianteiras e traseiras.

Após detectar a carga momentânea da roda o sistema eletrônico de frenagem básico controla o freio da roda na roda relevante individualmente.

Uma outra função relevante de segurança do controle de estabilidade é a evitação de um processo tombamento ao dirigir em curvas com alta aceleração transversal em pista seca. Com ajuda do subsistema "rollover protection" é detectado o levantamento de uma roda do chão. Se isso ocorrer, o processo de tombamento é evitado através da ativação imediata do sistema de frenagem [1].

Compatibilidade entre veículo de tração e reboque

Sistemas convencionais não são capazes de resolver satisfatoriamente o ajuste do efeito de frenagem em veículos individuais, principalmente com combinações de veículos que mudam constantemente. A figura E mostra as forças incompatíveis entre o veículo de tração e o reboque na frenagem.

Efeito do controle eletrônico de estabilidade no exemplo de "percurso em curva" (Fig. D)
a) veículo tendendo a subesterçar,
b) veículo tendendo a sobreesterçar.
B força de frenagem, S força transversal, M_{res} torque resultante.

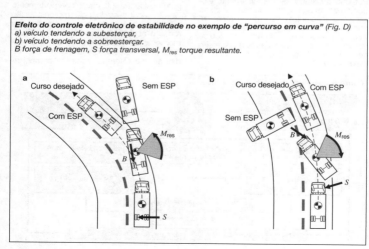

Para minimizar essas forças, sistemas eletrônicos inteligentes podem realizar a compatibilidade através do ajuste correto das forças de frenagem. Isso é feito garantindo que o reboque fique envolvido no trabalho de frenagem da combinação dos veículos.

Tanto quanto os limites definidos por lei o permitirem, um sistema de controle do reboque "inteligente" ou uma função de compatibilidade integrada no sistema eletrônico de frenagem básico do veículo trator, são usados para eliminar ou pelo menos minimizar as forças de acoplamento entre o veículo de tração e o reboque de modo a prevenir efeitos negativos sobre a estabilidade da combinação dos veículos. A pressão de frenagem no reboque é controlada o quanto for preciso (Fig. F), sem ir além dos limites especificados por lei.

Assistente de frenagem
O sistema eletrônico de frenagem básico pode incorporar um software de "assistente de frenagem", que compensa a frenagem suave do motorista no caso de necessidade de uma frenagem total.

Uma situação de frenagem de emergência é detectada sensoriando a velocidade de acionamento do pedal do freio. O rápido aumento necessário da pressão de frenagem ocorre ativando a máxima pressão de armazenamento (Fig. G). O motorista pode determinar por quanto tempo o assistente de frenagem deve ficar ativo aliviando o pedal do freio.

Bloqueio de recuo
O bloqueio de recuo deve aliviar o motorista destreinado na arrancada em subidas. Os freios das rodas traseiras são ativados através da pressão de frenagem adequada usando as válvulas do ABS. O desembreamento provoca a redução da pressão de frenagem. O conforto na ativação do sistema pode ser melhorado bastante com a ajuda da detecção da inclinação bem como a detecção do engate de marcha à frente ou à ré [1].

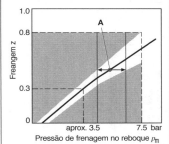

Controle das forças de acoplamento entre veículo de tração e reboque (Figura F).
A Possibilidades de variação para o controle das forças de acoplamento

Assistente de frenagem (princípio de trabalho, Figura G).
a) Diagrama $z = f(s)$,
b) mapa característico

Harmonização do desgaste das guarnições entre os eixos (Fig. H)
Barra A: sistema de frenagem convencional,
Barra B: sistema eletrônico de frenagem no veículo de tração com controle de desgaste,
Barra C: sistema eletrônico de frenagem no reboque, x Ganho na troca da guarnição.

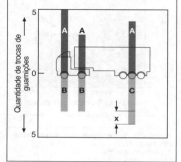

Controle do desgaste das guarnições dos freios

Um desgaste uniforme das guarnições dos freios em todos os eixos é possível, quando numa freada parcial são apenas ativados os freios das rodas com as guarnições com o menor desgaste. Se for necessária uma frenagem total, todas as rodas são freadas igualmente. Esse controle do desgaste das guarnições possibilita minimizar os custos de manutenção do veículo mantendo todos os aspectos de segurança.

A figura H mostra a harmonização do desgaste das guarnições no veículo de tração com um reboque freado convencionalmente. Se o reboque também tiver um sistema eletrônico de frenagem, a economia total pode aumentar mais uma vez. Com isso pode se sincronizar os tempos de manutenção e troca das guarnições de freio no conjunto completo.

O sistema eletrônico de frenagem também tem o recurso de manter o motorista constantemente informado sobre o estado do sistema de frenagem e os freios das rodas.

Manutenção inteligente da distância (ART)

Com a ajuda de um sensor de radar que mede a distância e a velocidade do veículo à frente e com um algoritmo de controle pode ser mantida uma distância constante especificada pelo motorista.

Se a distância fica muito pequena, a eletrônica intervém no sistema de controle de velocidade ativando ou o controle do freio-motor, o retarder ou eventualmente também o sistema de frenagem de serviço para frenagens menores. Se eventualmente forem necessárias desacelerações maiores o motorista é avisado acusticamente para pisar no freio. A distância de 50 m exigida por lei a ser mantida por veículos utilitários sob determinadas situações, pode ser mantida sem que o motorista tenha que operar os freios constantemente [1].

O sistema de controle de velocidade usa a aceleração, a velocidade, a distância bem como o torque de frenagem e a pressão de frenagem como base para o controle. O sensor de radar trabalha na faixa de ≈ 70 GHz e influencia a árvore de transmissão e o sistema de frenagem através do controle eletrônico.

O módulo do radar transmite a cada 20...60 ms três sinais de radar a um ângulo de aprox. 3° e detecta objetos móveis e obstáculos estacionários a uma distância até ≈ 120 m (Fig. J). O controle eletrônico de velocidade trabalha na faixa de velocidade de 35... ≈ 120 km/h. O funcionamento não é afetado por condições de tempo ruins.

Condução automática do veículo

Com a ajuda de imagens de vídeo o sistema controla um piloto automático, que pode reconhecer veículos, marcações na pista e sinais de trânsito (Fig. K).

Os subsistemas "manutenção da linha", "controle eletrônico de velocidade", "aviso para não cochilar" e "stop and go automatizado" aliviam o motorista substancialmente no dia-a-dia.

Uma outra possibilidade de utilização da condução automática do veículo é a "lança eletrônica" (platooning), na qual dois ou mais veículos utilitários podem andar em comboio – interligados eletronicamente – conduzidos por apenas um motorista. Nesse caso, um sistema ativo de processamento de imagens permite reconhecer pequenas mudanças na direção e na distância e reagir de acordo. O acesso a todos os sistemas do veículo é garantido eletronicamente (p. ex. com sistemas X-by-wire). À parte a redução do espaço necessário nas ruas, esse sistema tem a vantagem da redução da resistência do ar de todo o comboio e com isso uma redução no consumo de combustível.

Integração de sistemas e interconexão eletrônica

Em futuras gerações de veículos, todos os sistemas eletrônicos estarão interligados em rede. Base para essa interconexão é um sistema de comunicação computadorizado potente e com segurança relevante que monitora todos os sistemas do veículo "inteligentemente".

Essa rede deve trabalhar com arquiteturas de sistema padronizadas e deve garantir uma transmissão livre de interferências e informações relevantes de segurança com respeito aos freios, direção, suspensão e árvore de transmissão.

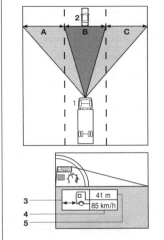

Manutenção de distância inteligente (ART, Figura J).
1 sensor de radar no veículo utilitário, 2 veículo da frente; A, B, C, sinais enviados pelo radar e as larguras da pista captadas pelo radar, 3 símbolo para ART "ligada", 4 velocidade nominal, 5 distância real para o veículo da frente.

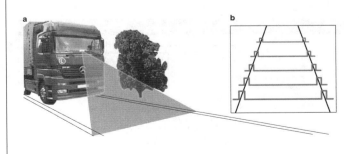

Manutenção da trajetória (Figura K)
a) visão da pista pela câmara fixada no meio do pára-brisa,
b) procura de marcas na faixa marcada baseada num modelo de trajetória.

882 Sistemas de segurança do veículo

A interconexão dos sistemas ocorre através dos barramentos (bus) CAN high-speed e low-speed. Um sistema mestre monitora a correta integração entre os sistemas individuais. Esse sistema mestre controla os subsistemas individuais com um alto grau de inteligência artificial (Fig. L).

Um bom exemplo para sistemas "X-by-wire" interconectados é o sistema "drive-by-wire" (Fig. M), composto de um gerenciamento inteligente da árvore de transmissão e suspensão com o subsistema "power-by-wire", "clutch/shift-by-wire", "steer-by-wire", "suspension-by-wire" e "brake-by-wire".

O desenvolvimento da inteligência eletrônica e o conhecimento cada vez mais intenso das relações da dinâmica dos veículos já permitem, a partir de hoje, conceber sistemas veiculares inteligentes e produzi-los em série, os quais podem aumentar a segurança ativa de veículos utilitários, significativamente.

Através do acréscimo de outros subsistemas ligados ao sistema eletrônico de frenagem básico, sob a forma de pacotes de software, há cada vez mais possibilidades para a introdução de sistemas assistentes que ajudam e aliviam o motorista em situações críticas.

A introdução de sistemas eletrônicos interconectados com altos níveis de inteligência artificial vai facilitar muito o trabalho do motorista no futuro, dando a ele mais possibilidades de observar o meio ambiente. O motorista é aliviado de todas as tarefas que podem sobrecarregar e desviar a sua atenção. Isso aumenta muito a segurança ativa de veículos utilitários.

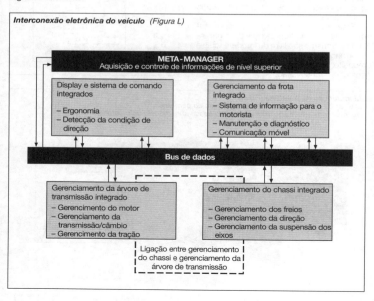

Interconexão eletrônica do veículo (Figura L)

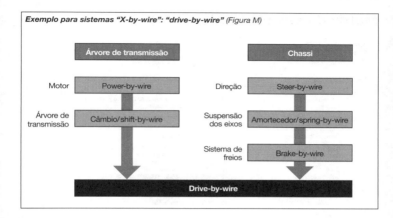

Exemplo para sistemas "X-by-wire": "drive-by-wire" (Figura M)

Literatura

[1] Breuer, B., Bill, K.-H.
Bremsenhandbuch, Vieweg-Verlag, 2003.

[2] Göhring, E., von Glasner, E.-C.
Fundamental Remarks on the Present Status and on Further Development of Braking Systems of Modern European Commercial Vehicles, JSAE Paper No. 911011.

[3] Povel, R., von Glasner, E.-C., Wüst, K.
Electronic Systems Designed to Improve the Active Safety of Commercial Vehicles, SAE do Brazil, São Paulo, 1998.

[4] Povel, R., von Glasner, E.-C.
Advanced Control Systems for Commercial Vehicles, AVEC '98, Nagoya, 1998.

[5] Pflug, H.-C., von Glasner, E.-C., Povel, R., Wüst, K.
The Compatibility of Tractor/Trailer Combinations during Braking Maneuvers, SAE Paper No. 97 32 82

[6] von Glasner, E.-C.
Intelligent Braking System Management for Commercial Vehicles,
Braking 2002, Leeds, 2002.

Matriz de veículos rodoviários

Veículo rodoviário	Definição, exemplos
Veículo automotivo	Veículos rodoviários movidos a motor
Motocicleta	Veículo a motor de duas rodas e dois eixos, event. com carro lateral
Motocicleta	Com elementos fixos do veículo na área dos joelhos (p.ex.: tanque)
Motoneta	Sem elementos fixos do veículo na área dos joelhos
Motociclo	Com características de bicicleta
Veículo motorizado	Veículos dom duas ou mais rodas por eixo
Automóvel de passageiros	Para no máximo 9 pessoas
Sedã	Carroceria fechada, no máximo 4 portas laterais
Sedã conversível	Capota retrátil, painéis laterais fixos
Limusine	Interior alongado, no máximo 6 pessoas
Cupê	Carroceria fechada, no máximo 2 portas laterais
Conversível	Carroceria aberta, event. com barra santantônio, 2 ou 4 portas
Perua	Interior amplo com área de carga
Perua utilitário	Perua fechada para transporte
Automóvel especial	Ambulância, trailer motorizado
Automóvel multiuso	Veículos fora-de-estrada, limusines com amplo espaço interno
Veículos utilitários	Transporte de passageiros e carga
Ônibus	Transporte para mais de 9 passageiros e bagagem
Microônibus	Máximo 17 passageiros
Ônibus urbano	Tráfego urbano, espaço para passageiros sentados e em pé
Ônibus intermunicipal	Tráfego intermunicipal, sem espaço especial para passageiros em pé
Ônibus de turismo	Tráfego de longa distância, sem espaço para passageiros em pé
Tróleibus	Propulsão elétrica com alimentação por cabos aéreos
Ônibus articulado	Veículo com duas secções articuladas com intercomunicação
Ônibus especial	Carroceria especial, p.ex., para deficientes, prisioneiros
Caminhão	Transporte de cargas
Caminhão multiuso	Caminhão com carroceria aberta ou fechada
Caminhão especial	Transporte de cargas especiais (p.ex., tanque) ou para aplicações especiais (p.ex., carregar ou rebocar equipamentos intercambiáveis)
Veículos de tração	Utilitário para puxar reboques
Trator de reboque	Para conduzir reboques, transporte na área de embarque
Trator de semi-reboque	Para puxar semi-reboques
Trator agrícola	Máquina de tração, também para empurrar, para transportar ou conduzir implementos intercambiáveis
Reboque	Veículos sem propulsão própria
Reboque articulado com engate	
Reboque com engate rígido	
Reboque com engate central	
Semi-reboque	
Reboque multiuso	
Reboque ônibus	
Reboque trailer	
Reboque especial	
Veículo combinado	Veículo com reboque
Automóvel de passageiro	Automóvel de passageiros com reboque
Comboio rodoviário de passageiros	Ônibus com reboque
Comboio rodoviário	Caminhão com reboque
Trator com engate	Trator com reboque
Comboio rodoviário duplo	Comboio rodoviário articulado com reboque
Comboio rodoviário de plataforma	Caminhão ou trator com reboque especial, a carga faz a ligação entre os dois veículos

Classificação [1]

Classe L
Veículos com menos de 4 rodas: veículos motorizados com duas e três rodas.

Classe	Modelo	Capacidade cúbica	Velocidade máxima
L_1	duas rodas	$\leq 50\ cm^3$	$\leq 50\ km/h$
L_2	três rodas	$\leq 50\ cm^3$	$\leq 50\ km/h$
L_3	duas rodas	$> 50\ cm^3$	$> 50\ km/h$
L_4	três rodas assimétricas em relação ao eixo longitudinal do veículo	$> 50\ cm^3$	$> 50\ km/h$
L_5	três rodas simétricas em relação ao eixo longitudinal do veículo	$> 50\ cm^3$	$> 50\ km/h$

Classe M
Veículos com pelo menos 4 rodas, destinados ao transporte de passageiros.

Classe	Total de assentos, inclusive do condutor	Peso total do veículo
M_1	≤ 9	
M_2	> 9	$\leq 5\ t$
M_3	> 9	$> 5\ t$

Os veículos das classes M_2 e M_3 ainda são subdivididos (veículos só com assentos, veículos com assento e espaço para passageiros em pé, classes I...III).

Classe N
Veículos com pelo menos 4 rodas e destinados ao transporte de carga.

Classe	Peso total do veículo
N_1	$\leq 3,5\ t$
N_2	$> 3,5\ t \leq 12\ t$
N_3	$> 12\ t$

Categoria O
Reboques e semi-reboques

Classe	Peso total do veículo
O_1	$\leq 0,75\ t$
O_2	$> 0,75 \leq 3,5\ t$
O_3	$> 3,5\ t \leq 10\ t$
O_4	$> 10\ t$

Veículos das classes M, N e O podem ser equipados para finalidades especiais (p.ex.: trailers, ambulâncias)

Existem ainda outras classificações para veículos agrícolas e florestais e para veículos fora-de-estrada (Classe G).

---

[1] A classificação dos veículos é feita pela: Comissão Econômica Européia (CEE).
Resolução consolidada para construção de veículos (Consolidated resolution on the construction of vehicles (R.E.3)).

Carroceria do veículo (automóvel de passageiros)

Dimensões principais

Dimensões internas
A concepção dimensional depende do formato da carroceria, tipo de propulsão, nível de equipamentos, espaço interno desejado, volume do porta-malas e de outras condições como, p.ex., conforto e segurança na condução e operação. As posições do assento são determinadas segundo os conhecimentos ergonômicos e com auxílio de gabaritos ou modelos da figura humana em 3D-CAD (DIN, SAE, RAMSIS): DIN 33408 para homens (5, 50 e 95%) e para mulheres (1, 5 e 95%). Por exemplo, o gabarito 5% representa a estatura "pequena", ou seja, somente 5% da população apresenta estatura pequena enquanto 95% apresenta estatura grande.

Gabaritos SAE em conformidade com SAEJ826 (maio de 1987): segmento da perna e da coxa para 10, 50 e 95%. Por imposição legal os fabricantes de veículos dos EUA e do Canadá devem aplicar o gabarito SAE para estabelecer o ponto referencial do assento. Gabaritos da figura humana conforme DIN 33408 na forma acelerada são particularmente adequados para o projeto dimensional de assentos e compartimentos de passageiros. A maioria dos fabricantes de veículos no mundo utiliza o modelo humano em 3D-CAD "RAMSIS" (sistema matemático antropológico auxiliado por computador para simulação de passageiros).

O ponto do quadril (ponto H) é ponto de intersecção das linhas médias do torso e da coxa e corresponde mais ou menos à localização da articulação do quadril. O ponto referencial do assento (Seating Reference Point, ISO 6549 e legislação dos EUA) ou Ponto R (ISO 6549 e Diretriz EWG/ regulamentação ECE) indicam para assentos reguláveis a localização do ponto H mais afastada com o condutor sentado em posição normal. Para definir a localização do ponto H, muitos fabricantes de automóveis usam a posição de 95% homem ou, se esta não for atingida, a posição mais afastada permitida pela regulagem do banco. Para checar a posição medida do ponto H relativa ao veículo é usada uma máquina de medição tridimensional do ponto H com 75 kg. Ponto referencial do assento, ponto do calcanhar, distâncias vertical e horizontal destes pontos e inclinação do corpo especificada pelo fabricante do veículo constituem a base dimensional para a determinação da posição do assento do motorista.

O ponto referencial do assento serve para:
- definir a posição da elipse dos olhos (SAE J941) e o ponto dos olhos (RREG 77/649) como base para determinar o campo visual direto do motorista;
- definir as regiões de alcance das mãos para o posicionamento correto de elementos de comando e ajuste;
- determinar o ponto do calcanhar (AHP Accelerator Hell Point) como ponto de referência para localização dos pedais.

O espaço requerido pelo eixo traseiro, assim como a localização e o formato do tanque de combustível, determinam as proporções do banco traseiro (altura do ponto referencial do assento, espaço do banco traseiro, espaço para a cabeça). Dependendo do tipo de veículo em desenvolvimento, das dimensões principais projetadas e da estatura determinada dos passageiros, serão diferentes as inclinações do corpo dos gabaritos 2D ou das posturas RAMSIS e diferentes as distâncias dos pontos referenciais dos assentos dianteiro e traseiro. A altura do ponto referencial do acento acima do ponto do calcanhar tem grande influência sobre as dimensões longitudinais. Assentos mais baixos requerem uma postura mais esticada dos passageiros e, portanto, maior comprimento interno.

A largura do compartimento de passageiros depende da largura externa projetada, do formato das laterais (curvatura) e do espaço requerido pelos mecanismos das portas, sistemas restritivos passivos e equipamentos (túnel para a árvore de transmissão, sistema de exaustão etc.).

Dimensões do porta-malas
Tamanho e forma do porta-malas dependem do formato da traseira do veículo, da posição e do volume do tanque de combustível, da posição do estepe e do alojamento do silencioso principal.

Carroceria do veículo (automóvel de passageiros) 887

Dimensões internas e externas típicas *(conforme DIN 70 020, parte 1)*

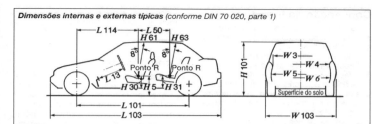

Dimensão			Subcompacto mm	Sedã de luxo mm
H	5	Ponto R até a superfície do solo, frente	460	510
H	30	Ponto R até o ponto do calcanhar, frente	240	300
H	31	Ponto R até o ponto do calcanhar, traseira	300	310
H	61	Espaço livre efetivo para a cabeça, frente	940	980
H	63	Espaço livre efetivo para a cabeça, traseira	920	950
H	101	Altura do veículo	1.360	1.400
L	13	Volante até o pedal de freio	480	630
L	50	Distância dos pontos R (do assento dianteiro ao traseiro)	710	830
L	101	Distância das rodas	2.430	2.880
L	103	Comprimento total do veículo	3.840	4.930
L	114	Centro da roda dianteira ao ponto R	1.250	1.590
W	3	Espaço dos ombros, frente	1.310	1.430
W	4	Espaço dos ombros, traseira	1.290	1.420
W	5	Espaço do quadril, frente	1.260	1.430
W	6	Espaço do quadril, traseira	1.240	1.470
W	103	Largura total do veículo	1.620	1.820

A capacidade do porta-malas é determinada de acordo com DIN ISO 3832 ou mais comumente pelo método VDA, com módulos VDA (paralelepípedo reto medindo 200 x 100 x 50 mm – correspondente a um volume de 1 dm^3).

Dimensões externas
Considerar os seguintes fatores:
- Concepção de assentos e porta-malas
- Motor, transmissão, radiador
- Sistemas auxiliares, equipamentos especiais
- Espaço exigido pelas rodas suspensas e direcionais (adic. para correntes de neve)
- Tipo e tamanho do eixo de tração
- Posição e volume do tanque de combustível
- Pára-choques dianteiro e traseiro
- Ponto de vista aerodinâmico
- Altura livre do solo (aprox. 100...180 mm)
- Efeito da largura da estrutura sobre o sistema de limpadores de pára-brisa (ADR 16, FMVSS 104)

Parâmetros significativos para o espaço do motorista em automóvel de passageiros

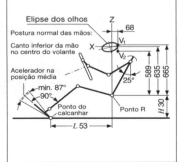

Concepção da forma

Os seguintes requisitos técnicos devem ser observados na concepção do interior e do exterior do veículo:
- Funções mecânicas (movimento dos vidros laterais, abertura do capô, porta-malas e teto solar, posição das luzes).
- Facilidade de fabricação e reparo (largura das frestas, montagem da carroceria, formato do pára-brisa, faixas de proteção, arestas de degradação da pintura).
- Segurança (posição e formato dos pára-choques, sem pontas ou cantos vivos).
- Aerodinâmica (força e momento do ar afetam performance, consumo de combustível, emissões, dinâmica do veículo/estabilidade direcional, ruído do vento, adesão de sujeira nos painéis externos, conforto ao trafegar com as janelas abertas, ventilação interna, funcionamento do limpador de pára-brisa, resfriamento de fluidos e componentes; veja figura).
- Óptica (distorções devidas ao tipo e inclinação dos vidros, ofuscamento causado por reflexos).
- Exigências legais (posição e tamanho das lanternas, espelhos retrovisores, placas de licença).
- Concepção e disposição dos controles (posição, forma, superfície).
- Visibilidade geral (estacionamento).

Aerodinâmica

A aerodinâmica abrange todos os fenômenos decorrentes do movimento relativo entre o veículo e o ar que o envolve e podem afetar performance/consumo de combustível, conforto (inclusive acústica aerodinâmica), dinâmica do veículo/estabilidade direcional, refrigeração, percepção de segurança (veja também "Concepção da forma").

Forças e momentos do ar
Em relação à performance e ao consumo de combustível, o coeficiente de arrasto aerodinâmico c_d e a área frontal do veículo A são fatores determinantes e podem ser influenciados pelo fabricante do veículo. A fórmula do arrasto aerodinâmico F_L é:

$$F_L = c_d \cdot \frac{\rho}{2} \cdot v^2 \cdot A$$

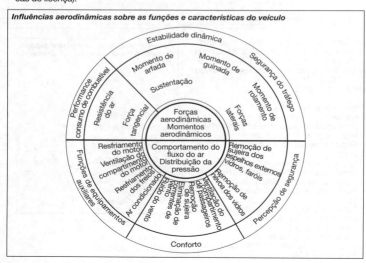

Influências aerodinâmicas sobre as funções e características do veículo

Onde F_L é o arrasto aerodinâmico em N; C_d o coeficiente de arrasto aerodinâmico; ρ a densidade do ar em kg · m⁻³; v a velocidade do veículo em m · s⁻¹; A a área frontal do veículo em m².

A mesma fórmula vale analogamente para as outras forças de sustentação do ar F_a (freqüentemente subdividida em F_{aV} para o eixo dianteiro e F_{aH} para o eixo traseiro) e para as forças de ventos laterais F_S.
 Para a dinâmica do veículo e estabilidade direcional o que interessa são os momentos que atingem o veículo em torno do eixo transversal (Momento de arfada M_N), do eixo vertical (momento de guinada M_G) e do eixo longitudinal (momento de rolamento M_R). O ponto de referência para estes momentos é o centro do veículo, no ponto médio da distância entre eixos e no nível da pista. O momento de guinada M_G (como exemplo para os outros momentos) pode ser descrito como:

$$M_G = c_N \cdot \frac{\rho}{2} \cdot v^2 \cdot A \cdot l$$

Onde M_G é o momento de guinada em N; c_N o coeficiente do momento de guinada; ρ a densidade do ar em kg · m⁻³; v a velocidade do veículo em m · s⁻¹; A a área frontal do veículo em m²; l a distância entre eixos.

O momento ideal para otimizar a aerodinâmica ocorre durante a criação dos modelos de design, quando o número de apêndices aerodinâmicos, com todas as suas conseqüências negativas (custos, peso), pode ser reduzido. Afirmações definitivas sobre a efetividade de tais apêndices são quase impossíveis, uma vez que eles dependem do ponto de partida, representado pelo veículo básico, todavia é possível citar exemplos típicos (veja tabela 1).

Com o avanço da otimização dos veículos ocorreu uma estagnação do coeficiente de arrasto c_d, mesmo porque outros aspectos do desenvolvimento ganharam novamente maior importância (p.ex., estilo). A tabela 2 contém exemplos atuais de coeficiente de arrasto aerodinâmico (c_d) para várias classes de veículos.

Tabela 1. Efeito de várias modificações no veículo sobre o coeficiente de arrasto aerodinâmico

Modificação	Δ_{CW} [–]
Redução da altura do solo em cerca de 10 mm	–0,003…–0,008
Parte externa do assoalho totalmente lisa	–0,010…–0,040
Spoilers nas rodas	–0,002…–0,010
Resfriamento para os freios	+0,001…+0,005
Espelho externo	+0,004…+0,020
Fluxo de ar através do radiador e compartimento do motor	+0,010…+0,025
Janelas dianteiras abertas	+0,010…+0,020
Teto solar aberto	+0,005…+0,010
Capota abaixada	+0,040…+0,060
Transportar prancha de surfe no teto	+0,100…+0,120

Tabela 2. Coeficiente de arrasto aerodinâmico e área frontal de veículos modernos

Classe do veículo	Veículo	C_d –	A m²	Veículo	C_d –	A m²
Luxo	Audi A8	0,27	2,31	MB Classe S	0,27	2,29
Médio de luxo	MB Classe E	0,26	2,21	BMW 5ª série	0,27	2,17
Médio	MB Classe C	0,26	2,08	Audi A4	0,28	2,06
Compacto	Audi A2	0,28	2,18	MB Classe A	0,30	2,30
Esporte	MB SL	0,29	2,00	Porsche 911	0,30	1,94

Tabela 3. Efeito do coeficiente de arrasto aerodinâmico e da massa do veículo sobre o rendimento e consumo de combustível tendo como exemplo um veículo médio

Diferença do C_d	—	Base	+0,04	—	0,04
Diferença da massa	kg	Base	0	+100	+100
Massa —cálculo	kg	1.445/1.645	1.445/1.645	1.545/1.745	1.545/1.745
Massa inercial para NEFZ	kg	1.590	1.590	1.700	1.700
C_d/A	1/m²	0,262/2,08	0,302/2,08	0,26/2,08	0,302/2,08
$V_{máx}$	km/h	221	212	220	212
Aceleração 0...100 km/h	s	9,8	9,8	10,2	10,3
60...120 km/h	s	13,7/19,5	18,9/19,9	14,5/20,8	14,8/21,2
(AG KD/VG)	marcha	5/6	5/6	5/6	5/6
Capacidade de subida a 120 km/h	%	12,1/9,4	11,8/9,0	11,4/8,8	11,1/8,5
	marcha	5/6	5/6	5/6	5/6
Consumo de combustível		EU3	EU3	EU3	EU3
Cidade (City)	l/100 km	9,5	9,5	9,7	9,7
Estrada (EUDC)	l/100 km	5,1	5,2	5,2	5,4
Misto (NEFZ)	l/100 km	6,7	6,8	6,8	7,0
CO_2 total	g/100 km				
Consumo de combustível a velocidade constante					
90 km/h	l/100 km	4,2	4,4	4,3	4,5
120 km/h	l/100 km	5,3	5,7	5,4	5,7
150 km/h	l/100 km	7,0	7,6	7,1	7,6
180 km/h	l/100 km	9,0	9,9	9,1	10,0
210 km/h	l/100 km	12,3	13,9	12,4	14,0

O efeito da alteração do coeficiente de arrasto e da massa do veículo é ilustrado pelo exemplo de um veículo médio (Mercedes Benz C220 CDI) na tabela 3. O crescimento exponencial do efeito aerodinâmico com o aumento da velocidade é claramente demonstrado. Também é evidente que esta alteração tem um efeito mínimo sobre o NEFZ (Novo Ciclo de Tráfego da Europa), condicionado pela baixa velocidade média de 33,4 km/h deste ciclo. Apesar disso, uma alteração no C_d de 0,001 produz a mesma redução no consumo de combustível que uma diminuição de 2 a 3 kg na massa do veículo (mesmo nas condições do NEFZ), o que em tráfego constante de 210 km/h equivale aproximadamente a 40 kg.

Acústica aerodinâmica

Sempre maior é a atenção dispensada aos aspectos aerodinâmicos, relevantes para a segurança e conforto, mais particularmente a acústica aerodinâmica. Altos níveis de ruído no interior do veículo são compreendidos cada vez mais como uma indicação da baixa qualidade do veículo e levam a insatisfação do cliente.

Ruídos nas janelas dependem muito da velocidade e apresentam problemas principalmente em altas velocidades. Em baixas velocidades outras fontes de ruídos predominam (ruído de rolamento dos pneus, ruído do motor etc.).

Existem duas possíveis linhas de ataque contra os níveis de ruído:
- Reduzir a intensidade das fontes de ruído
- Otimizar a via de transmissão de ruído para os ocupantes do veículo

O esforço para redução do ruído do vento são se limita mais a simples otimização individual dos componentes (como antenas ou vedações de portas e janelas), as medidas visam com maior intensidade a concepção da forma do veículo. Generalizando, um fluxo de ar rente à carroceria representa vantagem para a redução do ruído do vento. Nos pontos em que isso não é possível (coluna A, retrovisor externo), a ênfase deve ser dada à criação de defletores na área de estabilidade, afastando a turbulência da superfície da carroceria. Isso evita o máximo possível a reincidência de turbulência no fluxo de ar. Para evitar a transmissão de ruídos para o interior do veículo as vedações das portas, janelas e porta-malas devem estar funcionando perfeitamente. Igualmente, a estrutura dos vidros das janelas, em termos de espessura e composição das camadas, é extremamente importante.

Há uma tendência acentuada de se realizar os ensaios de acústica aerodinâmica em túnel de vento (v. p. 1134 em diante) em detrimento dos testes realizados em campo. As operadoras de túneis de vento responderam a esta evolução construindo novos túneis ou modificando as instalações existentes de modo a reduzir o nível de ruído do próprio túnel (túneis de vento acústicos). As vantagens do teste em túnel de vento são: maior reprodutibilidade, ausência dos efeitos colaterais do tempo e eliminação das fontes externas de ruído. Além disso, os ciclos de medição para cada conjunto de variáveis são mais curtos do que nas medições em campo.

Para avaliação da qualidade acústica aerodinâmica é aplicado até o momento predominantemente o nível geral de pressão sonora dB(A). Entretanto, já se provou vantajoso incluir também a avaliação de parâmetros "psico-acústicos" (p.ex., volume, estridência e índice de articulação). Estes parâmetros abrangem componentes de alta freqüência do ruído que levam mais em conta a percepção subjetiva (volume, estridência) e a inteligibilidade da voz (índice de articulação).

A tabela 4 lista exemplos atuais para veículos de várias categorias.

Estrutura da carroceria

Carroceria monobloco
(construção padrão)

A carroceria monobloco é composta por chapas, estruturas ocas e painéis, ligados entre si por meio de equipamento de solda multiponto ou robôs de solda. Os elementos individuais também podem ser colados, rebitados ou soldados a laser.

Dependendo do tipo do veículo são necessários cerca de 5.000 pontos de solda ao longo de 120...200 m de flange. Os flanges têm entre 10...18 mm de largura. Os elementos adicionais (pára-lamas dianteiros, portas capô do motor e tampa do porta-malas) são aparafusados na estrutura da carroceria. Outros sistemas de construção da carroceria são o "sanduíche" e o tubular.

Maior difusão encontra a estrutura híbrida, na qual os componentes estruturais individuais são fabricados a partir de diversos materiais de acordo com a finalidade e a solicitação de carga. A carroceria da ilustração (MB W211), por exemplo, é constituída por 47% de aço de alta resistência, 42% de aço comum, 10% de alumínio e 1% de plástico.

Tabela 4. Valores de acústica aerodinâmica de veículos modernos (140 km/h)

Categoria do veículo	Exemplo de veículo	Pressão sonora dB(A)	Volume sone	Estridência acum	Índice de articulação %
Luxo	MB Classe S	67,1	21,1	1,23	74,6
Médio de luxo	BMW Série 5	67,5	23,4	1,50	65,2
Médio	Audi A4	68,1	26,4	1,65	53,2
Compacto	Ford Focus	71,8	31,3	1,86	50,0
Esporte	MB SL	67,6	24,4	1,62	61,4

892 Carroceria

Os requisitos gerais exigidos para a estrutura da carroceria são:

Rigidez
A rigidez em relação à torção e curvatura deve ser a maior possível para minimizar as deformações nas aberturas para as portas, janelas e porta-malas. Os efeitos da rigidez da carroceria sobre as características oscilatórias do veículo devem ser considerados.

Características oscilatórias
Oscilações da carroceria, assim como dos elementos individuais da estrutura, incitadas pelas rodas, suspensão, motor ou transmissão, podem prejudicar seriamente o conforto no caso de ressonância.

As freqüências naturais da carroceria e dos seus componentes passíveis de oscilações devem ser desarmonizadas por meio de vincos e alterações na espessura e na seção das paredes de modo a minimizar a ressonância e suas conseqüências.

Integridade operacional
Solicitações alternantes, que atuam sobre a carroceria durante a operação, podem provocar fissuras ou falhas nos pontos de solda. As áreas mais suscetíveis são os pontos de ancoragem da suspensão, da direção e dos equipamentos de propulsão.

Solicitações provocadas por acidente
No caso de colisão, a carroceria deve ser capaz de transformar a maior parte possível da energia cinética em trabalho de deformação sem causar alterações significativas na forma da célula de passageiros.

Reparos simples
As áreas mais suscetíveis de danos em pequenas colisões devem ser facilmente substituíveis ou reparadas (acesso pelo interior aos painéis externos, acessibilidade dos parafusos, posição favorável dos pontos de junção, linhas de definição para pintura parcial).

Estrutura da carroceria
1 Viga transversal sob o pára-brisa,
2 Moldura do teto, dianteira,
3 Moldura do teto, lateral,
4 Moldura do teto, traseira,
5 Painel central da traseira,
6 Coluna C,
7 Assoalho traseiro e alojamento do estepe,
8 Longarina traseira,
9 Coluna B,
10 Viga transversal sob o assento traseiro,
11 Coluna A,
12 Viga transversal sob o assento dianteiro,
13 Longarina lateral
14 Console do amortecedor,
15 Longarina dianteira,
16 Viga integral,
17 Viga transversal frontal.

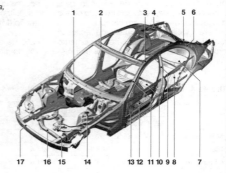

Material da carroceria

Chapa de aço
Habitualmente, utilizam-se na estrutura da carroceria, chapas de aço de diversas qualidades (veja tabela "Chapas para carrocerias", p. 254).

A espessura da chapa da estrutura da carroçaria varia de 0,6 a 3,0 mm, com maior participação das chapas de 0,75 a 1,0 mm de espessura. Devido às propriedades mecânicas do aço em relação à rigidez, resistência, economia e ductidade ainda não há materiais alternativos substitutos para a estrutura da carroçaria.

Chapas de aço de baixa liga e alta resistência (High Strength Low Alloy HSLA) são empregadas em estruturas altamente solicitadas. A alta resistência permite a redução da espessura.

Alumínio
Para redução do peso o alumínio pode ser empregado em componentes avulsos da carroceria, como capô do motor, tampa do porta-malas etc.

Desde 1994 é usada em série uma carroceria de alumínio num carro de luxo alemão. A estrutura do chassi é composta por perfis de alumínio extrudado, os painéis integrados são autoportantes (ASF Audi Space Frame). A implementação do sistema requer o emprego de ligas de alumínio adequadas, novos processos de produção e ferramental especial para reparos. Segundo o fabricante, as características de rigidez e de deformação são idênticas ou mesmo superiores às da carroceria similar de aço.

Plásticos
Em substituição ao aço, os plásticos são empregados em componentes avulsos da carroceria (veja tabela).

Tabela 5. Exemplos de materiais alternativos

Aplicação típica	Material	Abreviação	Método de processamento
Componentes estruturais p.ex.: arco transversal de suporte do pára-choque	Termoplástico reforçado com vibra de vidro	PP-GMT	Injeção
Coberturas/anteparos p.ex.: saias frontais, spoilers, seções frontais, grades de radiador, revestimentos das caixas de rodas, coberturas das rodas.	Termoplástico reforçado com vibra de vidro	PP-GMT	
	Poliuretano	PUR	RIM (Reaction-Injection-Molding) RRIM (Reinforced Reaction-Injection-Molding)
Componentes da carroceria p.ex.: capô do motor, pára-lamas, tampa do porta-malas, teto solar	Poliamida Polipropileno Polietileno Copolímeros de acrilonitrila-butadieno - estireno Policarbonato (com politereftalato de butadieno)	PA PP PE ABS PC-PBT	Injeção, o teor de fibra de vidro determina a elasticidade
Faixas flexíveis de proteção	Policloreto de vinila Terpolímero de etileno - propileno Elastômero modificado de polipropileno	PVC EPDM PP-EDPM	Injeção/extrusão
Espumas para absorção de energia	Poliuretano Polipropileno	PUR PP	Espumas de reação
Pára-choques	Plástico termorrígido reforçado com fibra de vidro (Sheet Molding Compound)	SMC	Prensagem

Superfície da carroceria

Proteção contra corrosão
A proteção contra corrosão deve ser considerada já na fase de projeto da carroceria (Código anticorrosivo do Canadá).
Medidas de proteção contra corrosão:
- Minimizar as junções com flange, os cantos vivos e as arestas.
- Evitar áreas que possam acumular sujeira e umidade
- Prever furos para tratamento e pintura por eletroforese.
- Prover boa acessibilidade para o tratamento contra corrosão.
- Prever ventilação para os espaços vazios
- Evitar amplamente a entrada de água e sujeira, prever furos para saída de água.
- Minimizar a área sujeita a impacto de pedras.
- Evitar a corrosão por contato.

Nos componentes de maior risco, como, p.ex., portas e vigas da área frontal, geralmente são empregadas chapas pré-revestidas (zinco inorgânico, zinco eletrolítico, galvanização a fogo). Áreas estruturais de difícil acesso são revestidas com pasta para solda a ponto (PVC ou cola epóxi, aprox. 10...15 m de costura por veículo).

Pintura (pg. 264)
Após a pintura por eletroforese:
- Revestir as costuras de solda a ponto (aprox. 90...110 m), encaixes e junções com massa de PVC para vedação.
- Revestir a parte inferior com PVC para proteger contra impactos de pedras (0,3...1,4 mm de espessura, 10...18 kg por veículo), ou revestimento alternativo com painéis de plástico.

Tabela 5. Espessura da tinta	
Espessura total da camada de tinta	≈ 120 µm
Camada de zinco-fosfato Pintura por eletroforese (catódica) Fundo Camada superior	≈ 2 µm 13...18 µm ≈ 40 µm 35...45 µm
Verniz transparente (só para pintura metálica e à base de água)	40...45 µm

- Preencher as cavidades com cera penetrante, resistente ao envelhecimento, à base de água.
- Usar componentes de plástico, resistentes à corrosão, nos locais de alto risco, como as caixas das rodas dianteiras (não usar PVC nestes locais).
- Selar a parte inferior e o compartimento do motor após a montagem final.

Acabamentos da carroceria

Pára-choques
As seções frontal e traseira da carroceria devem ser protegidas de tal forma que colisões em baixas velocidades resultem em nenhum dano, ou danos mínimos, para o veículo. Testes de avaliação prescritos para os pára-choques (U.S. Part 581, Canadá CMVSS215 e ECE-R42) estabelecem os requisitos mínimos em termos de absorção de energia e altura de instalação dos pára-choques. Testes de avaliação de pára-choques nos EUA. conforme U.S. Part 581 (impacto contra barreira a 4 km/h, pêndulo a 4 km/h) e no Canadá (8 km/h) exigem pára-choques com sistema regenerativo de absorção de energia. Para satisfazer a norma ECE são suficientes elementos para retenção de plástico deformável, localizados entre o suporte flexível (pára-choque) e a estrutura do veículo. Como elemento semi-acabado do suporte flexível são utilizados, além do aço, plásticos reforçados com fibra de vidro e perfis de alumínio.

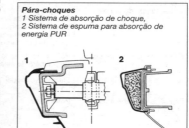

Pára-choques
1 Sistema de absorção de choque,
2 Sistema de espuma para absorção de energia PUR

Revestimentos externos, faixas de proteção

O plástico tornou-se o material preferido para faixas externas de proteção, revestimentos externos, saias, spoilers e principalmente para componentes cujo propósito seja melhorar a aerodinâmica do veículo. Os critérios para a escolha do material adequado são: flexibilidade, estabilidade térmica, coeficiente de dilatação térmica, resistência ao impacto, resistência a riscos, resistência química, qualidade superficial e capacidade de pintura.

Vidros (veja página 942 em diante)
O pára-brisa e a janela traseira são usualmente encaixados e vedados por meio de perfis de borracha ou fixados com adesivo. O peso dos vidros corresponde a 25...35 % do veículo. A substituição do vidro pelo plástico (PC, PMMA) para redução do peso ainda não foi concretizada devido a uma série de desvantagens. Nas janelas das portas, usa-se muitas vezes o vidro laminado de segurança para melhorar o isolamento termo-acústico. Com mais freqüência é usado o vidro (geralmente de segurança de camada simples) no teto solar.

Fechaduras das portas (veja Sistemas de fechaduras na página 1.028 em diante)
As fechaduras das portas são de suma importância para a segurança passiva. Os fabricantes desenvolveram várias soluções para proteção contra roubos, conforto operacional e segurança para as crianças. As principais exigências são:

ECE (ECE R11)
Todas as fechaduras devem dispor de uma posição de segurança e uma posição totalmente fechada.
Força longitudinal: Capacidade de resistir a 4.440 N na posição de segurança e 11.110 N na posição totalmente fechada.
Força transversal: Capacidade de resistir a 4.440 N na posição de segurança e 8.890 N na posição totalmente fechada.
Força inercial: A fechadura, com o mecanismo de trava não acionado, não pode abandonar a posição totalmente fechada quando submetida à aceleração longitudinal ou transversal de 30 g atuando em ambas direções sobre a fechadura e o batente, inclusive sobre a maçaneta.

EUA (FMVSS 206)
Toda fechadura deve possuir uma posição totalmente fechada. Portas fixadas por dobradiças devem possuir uma posição de segurança.
Força longitudinal: Capacidade de resistir a 4.450 N na posição de segurança e 11.000 N na posição totalmente fechada.
Força transversal: Capacidade de resistir a 4.440 N na posição de segurança e 8.900 N na posição totalmente fechada.
Força inercial: A fechadura não pode destravar quando exposta à aceleração longitudinal ou transversal de 30 g atuando em ambas direções sobre o sistema de fechamento da porta (fechadura e maçaneta).

Fechadura do porta-malas (extrato do FMVSS401, em vigor desde 01/09/2002)

S1. Objetivo e abrangência
Este regulamento de segurança para veículos automotivos contém os requisitos para um sistema de abertura do porta-malas. Este deve permitir que uma pessoa trancada no interior do porta-malas de um veículo de passageiro se liberte.

S2. Área de aplicação
Este regulamento de segurança se aplica a veículos com porta-malas. Ele não é válido para veículos com porta traseira.

S4. Requisitos
De acordo com S4.1, todo veículo com porta-malas deve possuir no interior do porta-malas um mecanismo automático ou manual para abertura da fechadura do porta-malas. Todo mecanismo de abertura do porta-malas deve estar, à escolha do fabricante, em conformidade com S4.2(a) e S4.3 ou S4.2(b) e S4.3. O fabricante deve optar por uma das alternativas no momento da certificação do veículo, não podendo utilizar futuramente no veículo nenhuma outra opção.

De acordo com S4.2(a), todo mecanismo de abertura com acionamento manual, em conformidade com S4.1 deste regulamento de segurança para veículos automotivos, deve ser caracterizado (p.ex.: iluminação ou fosforescência) de forma que facilite sua visualização dentro do porta-malas fechado.

De acordo com S4.2(b), todo mecanismo de acionamento automático, em conformidade com S4.1 deste regulamento de segurança para veículos automotivos, deve abrir-se automaticamente após 5 minutos se houver uma pessoa no interior do porta-malas.

De acordo com S4.3(a), o mecanismo de abertura exigido em S4.1 deste regulamento de segurança para veículos automotivos deve liberar a tampa do porta-malas, independentemente da posição da fechadura.

Bancos
A resistência exigida dos bancos em caso de colisão se referem à estrutura do banco do assento (assento, encosto), ao apoio da cabeça, ao mecanismo de regulagem e à ancoragem do banco (regulamentos: p.ex., FMVSS 207 e 202; ECE-R17 e 25; assim como RREG 74/408 e 78/932). Um componente da segurança ativa é o conforto do banco. Os bancos devem ser projetados para acomodar pessoas de diversos tamanhos, por longo período, sem provocar cansaço.
Parâmetros:
- Suporte individual para as áreas do corpo (distribuição de pressão),
- Suporte lateral durante a curva,
- Condições climáticas do banco,
- Liberdade de movimento para alteração da postura corporal sem necessidade de reajuste do banco,
- Características oscilatórias e de amortecimento (harmonização entre as freqüências natural e de movimentação),
- Regulagem do assento, encosto e apoio da cabeça.

Corte transversal de uma coluna A com revestimento (esquematizada)
1 Alma, 2 Espuma, 3 Película, 4 Pára-brisa, 5 Janela lateral, 6 Batente da porta.

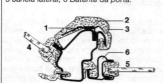

Estes parâmetros são afetados por:
- Dimensões e formato do estofamento, assento e encosto,
- Distribuição média das molas do estofamento das regiões individuais,
- Montante de mola e amortecimento, principalmente do assento,
- Condutividade térmica e absorção de umidade dos revestimentos e estofados,
- Manuseio e faixa de regulagem do banco.

Revestimentos internos
Uma peça de revestimento é composta de um núcleo com estabilidade dimensional (chapa de aço, alumínio ou plástico) e elementos de fixação, um estofamento para absorção de energia de espuma (ex.: PUR) e uma cobertura superficial flexível. Também são usados revestimentos de termoplástico moldado em peça única.

A forração do teto é feita com revestimento esticado ou em peça moldada. Os materiais empregados devem ser retardantes de chama e de combustão lenta (FMVSS 302).

Segurança

Segurança ativa:
Prevenção de acidentes.
Segurança passiva:
Redução das conseqüências de acidentes.

Segurança ativa
A segurança de circulação é resultado de uma concepção harmoniosa do chassi em relação ao alinhamento das rodas, à suspensão e ao sistema de direção e freios e se reflete no comportamento dinâmico do veículo.

A segurança condicional, como conseqüência da menor sobrecarga psicológica dos ocupantes do veículo por exposição a oscilações, ruídos e influências climáticas, contribui consideravelmente para redução da probabilidade de atos falhos no trânsito.

Oscilações na faixa de freqüência entre 1...25 Hz (trepidação, sacolejo etc.), induzidas pelas rodas e elementos da suspensão, atingem os ocupantes do veículo através da carroceria, banco e volante de

Carroceria do veículo (automóvel de passageiros)

direção. Os efeitos destas oscilações são sentidos em maior ou menor grau dependendo da direção, amplitude e duração.

Ruídos originários de distúrbios acústicos no veículo podem ter fontes internas (motor, transmissão, eixos articulados, árvores) ou externas (rodas/pneus, vento) e são transmitidos através do ar ou de estruturas. O nível de pressão sonora é medido em dB(A) (veja página 58 em diante).

Medidas para redução de ruídos visam, por um lado, o desenvolvimento de componentes silenciosos e isolação das fontes de ruído (ex.: encapsulação do motor) e por outro, o amortecimento dos ruídos através de materiais absorventes ou anti-reverberação.

As condições climáticas incluem: temperatura, umidade, vazão e pressão do ar.

Segurança perceptiva
Medidas para incrementar a segurança perceptiva se concentram em:
- Equipamentos de iluminação (v. p. 910 em diante),
- Avisos sonoros (v. p. 1033 em diante),
- Visibilidade direta e indireta (visão do motorista: o ângulo cego causado pela coluna A para ambos olhos – binocular – não deve ultrapassar 6 graus).

Segurança operacional
Para diminuir ao máximo a carga física do motorista e aumentar a segurança de circulação, todos os elementos de comando do veículo devem ser acessados e operados a partir da posição do motorista de forma ideal.

Segurança passiva
Segurança externa
O termo "segurança externa" abrange todas as medidas relacionadas ao veículo, projetadas para minimizar os efeitos de um acidente sobre pedestres, ciclistas e motociclistas. Os fatores determinantes para a segurança externa são:
- Comportamento deformável da carroceria do veículo,
- Forma externa da carroceria.

O objetivo primordial é, através da concepção adequada das zonas de possível contato, reduzir ao mínimo as conseqüências da colisão primária (colisão entre pessoas no exterior do veículo com o próprio veículo).

Os ferimentos mais graves sofridos por pedestres ocorrem através do impacto com a parte frontal do veículo e com as rodas, sendo a seqüência do acidente influenciada em larga escala pela estatura corporal. As conseqüências de um acidente envolvendo um veículo de duas rodas e um automóvel de passageiros, em razão da considerável energia cinética do condutor do veículo de duas rodas, da altura do assento e da dispersão dos pontos de contato, dificilmente podem ser influenciadas por meio de providências conceptivas no automóvel. Medidas passíveis de implementação são, por exemplo:

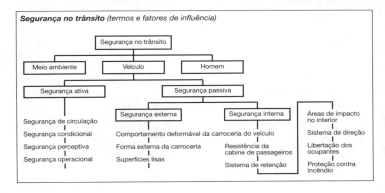

898 Carroceria

- faróis deslocáveis,
- limpadores de pára-brisa recuados,
- calhas recuadas,
- maçanetas das portas recuadas.

Veja também ECE-R26, RREG 74/483.

Segurança Interna
O termo "segurança interna" abrange providências no veículo, cujo objetivo seja minimizar a aceleração e as forças atuantes sobre os ocupantes durante um acidente, garantir espaço suficiente para sobrevivência e manter funcionais mesmo depois do acidente os componentes necessários para libertação dos ocupantes.

Fatores determinantes para a segurança interna são:
- Comportamento deformável da carroceria do veículo,
- Resistência da cabine dos passageiros e espaço de sobrevivência durante e após o impacto,
- Áreas de impacto no interior do veículo (FMVSS 201),
- Sistema de direção,
- Libertação dos ocupantes,
- Proteção contra incêndio.

Legislação sobre a segurança interna (impacto frontal):
- Proteção dos ocupantes do veículo na ocorrência de acidente, principalmente sistema de retenção (FMVSS 208 nova versão, FMVSS 214, ECE R94, ECE R95, critérios de ferimentos).
- Fixação do pára-brisa (FMVSS 219).
- Penetração de elementos da carroceria no pára-brisa (FMVSS 219).
- Tampas de compartimentos de armazenagem (FMVSS 201).
- Estanqueidade do combustível (FMVSS 301).

Sistema "PRE-SAFE"

Os atuais sistemas de retenção são concebidos para o "caso mais desfavorável" e portanto não podem oferecer aos ocupantes uma proteção ideal em todas as situações. Estando o ocupante em uma posição desfavorável, pode até estar associado a riscos.

A chave para o contínuo aperfeiçoamento da segurança dos ocupantes no futuro está na adoção de uma posição na qual as seguranças ativa e passiva sejam consideradas como sistemas complementares e não como áreas distintas. O elemento central desta abordagem está na interligação, ou mesmo na fusão, de todos sensores de segurança. Além disso, a função de um sensor "PRE-CRASH" não deve ser vista exclusivamente em termos de detecção de uma colisão, mas de ativação dos sistemas de proteção dos ocupantes, assim que uma manobra crítica seja detectada.

Riscos para o pedestre em colisões frontais com automóvel de passageiros
Percentual das zonas de contato conforme GIDAS (1999-2001); 100% equivalem a 116 colisões.

Item	Área do veículo	Porcentagem
1	Pára-choque dianteiro	28%
2	Grade do radiador e faróis	5%
3	Cantos do capô do motor	3%
4	Capô do motor	8%
5	Pára-brisa e caixilho	18%
6	Superfície do chão na frente do veículo	27%
–	Outros	11%

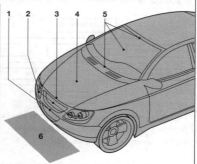

Sistemas "PRE-SAFE" utilizam elementos da segurança ativa na preparação do veículo, dos seus ocupantes e dos sistemas de retenção para um possível acidente em situações críticas de circulação com a finalidade de melhorar a segurança passiva. Estes sistemas preventivos podem contribuir para eliminar possíveis lacunas de segurança através do acionamento antecipado e gradual.

Testes de avaliação:
- New Car Assessment Program (NCAP, EUA, Europa, Japão, Austrália)
- IIHS (EUA, teste de seguradoras)

Comportamento deformável da carroceria
Devido à freqüência das colisões frontais, a regulamentação legal do teste de impacto frontal, a 43 km/h (30 mph) contra uma barreira rígida, perpendicular ou com 30° de inclinação em relação ao eixo longitudinal do veículo, representa um papel crucial. O gráfico abaixo mostra a distribuição dos tipos de colisões para acidentes com ferimentos dos ocupantes. Fonte: GIDAS, German In-Depth Accident Study (projeto de pesquisa da BASt e FAT).

Como quase 50% das colisões frontais envolvem predominantemente a metade frontal esquerda do veículo, no mundo inteiro é realizado o teste de colisão frontal deslocada, cobrindo de 30 a 50% da largura do veículo.

Principais áreas de deformação em colisões primárias com ferimentos nos ocupantes

Frente 48.0%
Lateral esquerda 19.2%
Lateral direita 11.4%
Traseira 18.5%
Outras capotagens 2.1% 0.8%

Fonte: GIDAS, situação em 10/2002

Numa colisão frontal a energia cinética é absorvida pela deformação do pára-choque, da parte frontal e, em casos graves, da secção frontal da célula de passageiros (parede corta-fogo). Eixos, rodas (aros) e motor limitam o comprimento da deformação. Entretanto, para reduzir a aceleração da célula de passageiros são necessários comprimentos de deformação suficientes e equipamentos auxiliares deslocáveis. Dependendo do projeto (formato da carroceria, tipo de propulsão e posição do motor), massa e tamanho do veículo, um impacto frontal contra uma barreira a 50 km/h resulta numa deformação permanente da secção frontal da ordem de 0,4...0,7 m. A célula de passageiro deve ser fundamentalmente preservada. Isso se refere principalmente a:
- zona da parede corta-fogo (deslocamento do sistema de direção, painel de instrumentos, pedais, restrição do espaço dos pés)
- assoalho (rebaixamento ou elevação dos bancos) e
- paredes laterais (capacidade de abertura das portas após um acidente).

Requisitos quanto à estanqueidade do combustível também precisam ser satisfeitos. Medições da aceleração e avaliações de câmeras de alta velocidade permitem a análise exata do comportamento deformável. Bonecos de teste (Dummies) de vários tamanhos são usados para simular ocupantes do veículo e fornecem dados de medições da cabeça, pescoço, tórax e pernas.

Os valores de aceleração da cabeça são usados para determinar o valor de sobrecarga "HIC" (Head Injury Criterion). A comparação dos dados medidos obtidos nos bonecos (Dummies) com os limites permitidos, especificados pelo FMVSS 208, p.ex., para 50% dos homens (HIC: 700, aceleração do tórax: 60 g/3 ms, força na coxa: 10kN) só permite conclusões limitadas.

O impacto lateral como segundo tipo mais freqüente de acidente oferece um alto risco aos ocupantes do veículo devido à limitada capacidade de absorção de energia dos componentes estruturais e de revestimento e do alto grau de deformação do interior do veículo.

O risco de ferimentos é altamente influenciado pela rigidez estrutural da late-

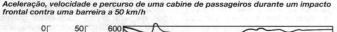

Aceleração, velocidade e percurso de uma cabine de passageiros durante um impacto frontal contra uma barreira a 50 km/h

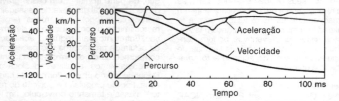

ral do veículo (junção das colunas com as portas, junção das colunas no assoalho/teto), pela capacidade de carga das vigas transversais e dos bancos, assim como do desenho dos painéis internos das portas (FMVSS 214 e 301, ECE R95, Euro NCAP e U.S. SINCAP). Airbags adicionais nas portas/bancos e no teto têm alto potencial de redução do risco de ferimentos.

No ensaio de impacto traseiro a deformação na cabine de passageiros deve ser a menor possível, ainda deve ser possível abrir as portas, o canto da tampa do porta-malas não deve penetrar no interior através do vidro e o tanque de combustível deve permanecer estanque (FMVSS 301).

As estruturas do teto são examinadas através de ensaios de capotagem (Roll-Over-Tests) e testes quase estáticos de compressão do teto (FMVSS 216).

Adicionalmente, vários fabricantes submetem o veículo a uma queda invertida para testar a resistência formal da estrutura do teto (célula de sobrevivência) sob condições extremas (queda do veículo de uma altura de 0,5 m sobre o canto dianteiro esquerdo do teto).

Sistema de direção (página 786)

Exigências legais (FMVSS 203 e 204, ECE R12) estabelecem o deslocamento máximo da extremidade da coluna de direção voltada para o motorista (máximo 127 mm, impacto frontal a 48,3 km/h) e o limite de impacto de um corpo de teste sobre o sistema de direção (máximo 1.111 daN a uma velocidade de 24,1 km/h).

Tubos entalhados, corrugados e juntas universais de ruptura, entre outros, são empregados na concepção da árvore inferior da coluna de direção possibilitando sua deformação no sentido transversal e longitudinal.

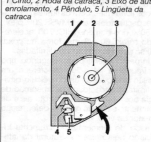

Sistema de cinto de segurança automático
1 Cinto, 2 Roda da catraca, 3 Eixo de auto-enrolamento, 4 Pêndulo, 5 Lingüeta da catraca

Tensor de cinto de segurança (exemplo)
1 Do sensor,
2 Vela de ignição,
3 Propelente sólido,
4 Cabo tensor,
5 Cilindro,
6 Pistão,
7 Cinto.

Sistema de retenção dos ocupantes
(página 1.034 em diante)

Cinto automático (sistema manual)
O cinto de três pontos, com mecanismo de retração (cinto de segurança automático), instalado com maior freqüência representa um bom compromisso entre segurança efetiva, rápida colocação, conforto no uso e custo. Quando o veículo atinge uma determinada desaceleração, uma catraca de engate rápido acoplada bloqueia o carretel do cinto.

Sistemas de tensor do cinto
A indústria automobilística aplica vários princípios para tensores de cinto:
– Tensor de esferas
– Tensor de cabo
– Tensor com barra dentada
– Tensor Wankel

O tensor do cinto de segurança representa uma evolução do sistema automático de cinto de três pontos. Através da redução da folga do cinto, ele elimina o movimento para frente dos passageiros em acidentes graves. Isso reduz a velocidade diferencial entre passageiros e veículo reduzindo, conseqüentemente, as forças que atuam sobre os passageiros.

Limitadores integrados garantem que o cinto ceda, de forma controlada, após o retesamento para evitar possíveis sobrecargas na região torácica. Este sistema atua em conjunto com os airbags frontais.

Sistemas de airbags (pg. 1.036 em diante)
Airbags (frontais, laterais, de janela) servem para evitar ou minimizar o impacto dos ocupantes com componentes internos do veículo (volante de direção, painel de instrumentos, portas, vidros, colunas).

Cálculo

Método dos elementos finitos
As propriedades estáticas, dinâmicas e acústicas dos componentes, da carroceria inteira e do veículo completo podem ser calculadas usando o Finite Element Method (FEM) (veja também página 190 em diante). Ele se baseia na idéia de que qualquer estrutura complexa é capaz de ser decomposta em elementos estruturais simples (vigas, painéis, espaços etc.), cujo comportamento elástico é conhecido e pode ser descrito com facilidade em termos matemáticos. Estes componentes são então reunidos para formar a estrutura completa, levando em consideração os requisitos de compatibilidade.

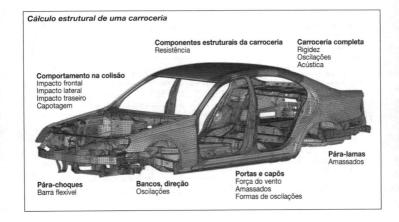

Cálculo estrutural de uma carroceria

Componentes estruturais da carroceria
Resistência

Carroceria completa
Rigidez
Oscilações
Acústica

Comportamento na colisão
Impacto frontal
Impacto lateral
Impacto traseiro
Capotagem

Pára-lamas
Amassados

Pára-choques
Barra flexível

Bancos, direção
Oscilações

Portas e capôs
Força do vento
Amassados
Formas de oscilações

Isso permite descrever com auxílio de um modelo matemático as propriedades elásticas de um corpo real com precisão suficiente. Para a execução prática do cálculo FE existem vários sistemas disponíveis, p.ex., PERMAS, NASTRAN, ABAQUIS DYNA3D.

Vantagens do FEM:
- Permite o cálculo de estruturas de qualquer nível de complexidade,
- Considera as propriedades anisotrópicas e não lineares dos materiais,
- Facilidade para analisar variantes,
- Disponibilidade de sistemas de programas testados e aprovados (incorporação à cadeia CAD/CAM).

Limitações do FEM:
- A precisão depende do tipo de elemento e nível de decomposição da estrutura,
- Alterações da espessura de chapas e características do material resultantes de repuxo profundo não são consideradas,
- Junções soldadas não podem ser reproduzidas com exatidão.

Cálculo da carroceria completa
Para o cálculo, a estrutura da carroceria é decomposta em elementos com o grau de refinamento desejado, de acordo com o problema a ser solucionado (nível em 2002: aprox. 370.000 elementos com mais de 1,9 milhões de incógnitas). Os resultados sob carga estática são fornecidos na forma de deformação, tensões e trabalho de deformação, entre outras.

Análise da resistência
Ensaios detalhados são realizados para peças individuais e secções da carroceria sujeitas a sobrecargas especiais, como, p.ex., sistemas de fixação ou cargas adicionais. Estes ensaios objetivam fornecer provas de resistência suficiente ou reduzir tensões inadmissíveis através de alterações no projeto. As cargas definitivas para o cálculo da integridade operacional podem ser determinadas através de cálculos não lineares do veículo como um todo.

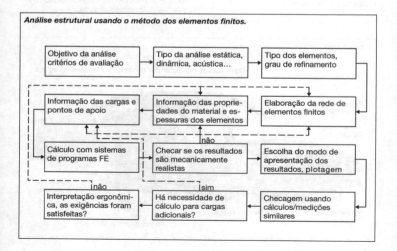

Análise estrutural usando o método dos elementos finitos.

Análise do comportamento dinâmico

Análises dinâmicas são feitas tanto para a carroceria completa quanto para os componentes individuais. Estas análises determinam o comportamento das oscilações próprias (freqüências e formas das oscilações) e a resposta do sistema às excitações periódicas ou genericamente dependentes do tempo, possibilitando a identificação de ressonâncias críticas.

Para a análise do conforto ao dirigir e do comportamento acústico no interior do veículo o modelo da carroceria é complementado com modelos FE do chassi, motor, portas etc., assim como com o modelo FE do interior do veículo.

Análise do comportamento em colisões

Ensaios de acidentes dos fabricantes de veículos (impacto frontal, lateral e traseiro, capotagem e queda), assim como acidentes de trânsito, são processos dinâmicos, em grande parte não lineares, que não podem ser descritos com o uso de programas FE comerciais. Para a simulação numérica destes eventos foram desenvolvidos programas FE especiais (ex.: DYNA3D, PAM-CRASH) que foram aplicados com sucesso. Esses programas incluem a descrição de deformações plásticas severas e determinam as áreas de contato entre várias partes do veículo que surgem durante o processo de colisão.

Análise dos sistemas de proteção dos ocupantes

As seguintes tarefas básicas são realizadas com auxílio da simulação computadorizada:
- Projeto/otimização de sistemas de retenção em relação a impactos frontais e traseiros por meio de simulação de testes de colisão para os casos em que a interação entre a estrutura e o Dummy é desprezível. A ferramenta utilizada é o sistema de corpos múltiplos (ex.: Madymo-3D) combinado com um programa FE (ex.: LS-DYNA-3D).
- Projeto de componentes de proteção relacionados a impactos laterais em simulações integradas, isto é, simulação completa do veículo com Dummy, banco e painéis de revestimento. Cálculo usando programa FE (LS-DYNA-3D).
- Projeto e otimização de medidas de acolchoamento (de acordo com FMVSS 201) em relação ao preenchimento dos critérios de proteção. Cálculo usando programa FE (LS-DYNA-3D).

Reciclagem, proteção ambiental

Os fabricantes de veículos se empenham na manutenção da pureza da água e do ar, na prevenção da poluição sonora e na reciclagem de materiais:
- Diretriz sobre automóveis antigos.
- Proibição de metais pesados.
- A cota de reciclagem de materiais metálicos é de 95%.
- A cota de reciclagem para plásticos é de aproximadamente 14%. Em cooperação com a indústria química e os fornecedores de componentes plásticos estão em andamento esforços intensivos para melhorar este cenário.
- Tratamento dos gases de escape e reciclagem dos materiais dos catalisadores.
- Reciclagem dos materiais de baterias.
- Clorofluorcarbonos (CFC) não são mais usados como agente refrigerante ou propelente na fabricação de plásticos.
- Solventes para desengraxe da carroceria são quase totalmente isentos de hidrocarbonetos clorados; na aplicação do fundo por imersão é empregada tinta à base de água.
- Está sendo introduzida a pintura final à base de água.
- Tratamento de materiais de consumo, p.ex., óleo, agente refrigerante, anticongelante.
- Reaproveitamento de cerca de 60% dos materiais residuais (p.ex., aparas de metal, papel usado, retalhos de couro, tecidos e madeira).

Carroceria (Utilitários)

Veículos utilitários

Veículos utilitários são usados para o transporte seguro e eficiente de pessoas e cargas. Seu grau de eficiência econômica é determinado pela relação entre espaço útil e o volume total e entre a carga útil e o peso total do veículo. Dimensões e peso são limitados por regulamentação legal.

Conceitualmente deve ser feita uma distinção entre veículos com cabine avançada (motor abaixo da cabine) e veículo com cabine e capô (motor na frente da cabine).

Uma grande variedade de modelos de veículos satisfaz a demanda por transporte de curta e longa distância, assim como em canteiros de obras e aplicações especiais.

Devido à grande variedade de tipos de veículos, o cálculo dimensional das estruturas (carroceria monobloco, cabine, chassi etc.) é de suma importância já no estágio de projeto. Com base na experiência com veículos similares, são definidos modelos comparativos (unidades de volume de vendas, configurações Worst-Case) que são simulados e calculados com auxílio de modelos de veículos completos, sucessivamente refinados por meio do FEM ou MKS-FEM. Deste modo é possível garantir a rigidez, a integridade operacional e as características em colisões das variantes mais significativas da carroceria, antes da realização dos ensaios. Os cálculos estruturais também levam em conta a exigência legal (internacional) de comprovação da segurança.

Utilitários leves

São veículos leves (2...7 t), os utilizados no transporte de passageiros e na distribuição de mercadorias em percursos de curta distância. Utilitários leves, com motores mais potentes, estão sendo empregados com maior freqüência dentro da Europa no tráfego de longa distância, envolvendo alta capacidade quilométrica (serviços de entrega urgente, correio noturno). Ambos casos demandam alta capacidade do veículo em termos de agilidade, performance, conforto operacional e segurança. Os projetos conceituais prevêem tração dianteira ou traseira, suspensão independente ou

Visão geral dos veículos utilitários
Utilitário leve
Caminhão
Comboio
Comboio de alta capacidade
Semi-reboque
Ônibus

Visão geral dos veículos utilitários leves
Furgão
Caminhão de plataforma
Cabine dupla
Chassi

eixo rígido e, acima de 3,5 t, pneus geminados no eixo traseiro.

A gama de produtos inclui carroceria fechada multiuso ou caçamba aberta, assim como caminhão com carroceria especial de plataforma elevada ou baixa e cabine dupla.

Nos utilitários leves (até aprox. 6 t brutas) a carroceria forma em conjunto com o chassi uma estrutura de carga integrada.

A carroceria e o chassi consistem de elementos de chapas prensadas e perfis rebordados. Caminhões de plataforma possuem como estrutura principal uma armação tipo escada com longarinas e travessas abertas ou fechadas.

Utilitários pesados geralmente possuem um chassi separado, similar aos caminhões (veja próximo capítulo), a cabine na maioria das vezes, por razões de conforto ou ruído, é apoiada sobre elementos elásticos e é parcialmente isolada das oscilações do chassi.

Caminhões e carretas

Os veículos deste setor possuem ou um chassi independente ou carroçaria parcialmente integrada. Na maioria das vezes o motor é posicionado na frente, raramente é alojado abaixo do corredor, entre os eixos. A tração é feita através do(s) eixo(s) de rodas duplas. Em casos isolados o eixo traseiro é equipado com rodas simples. Para aplicação em canteiro de obras (fora de estrada), com elevada necessidade de tração, é usada tração total com bloqueio transversal e longitudinal do diferencial.

Designação dos tipos de chassi para caminhões:
N x Z / L
N = número de rodas
Z = número de rodas de tração
L = número de rodas direcionais
(rodas gêmeas são contadas uma roda)

Chassis normais possuem eixos rígidos na dianteira e na traseira, suspensos por molas pneumáticas ou de lâminas. Molas pneumáticas reduzem a aceleração da carroceria (conforto ao dirigir, preservação da carga, redução das solicitações da pista), também possibilitam rapidez na troca de carroceria e desacoplamento do semi-reboque. Veículos de três eixos (6 X 2) são equipados com eixo intermediário ou arrastado (respectivamente na frente ou atrás do eixo de tração) para aumentar a capacidade de carga. Veículos 6 X 4 de alta tração para canteiros de obras possuem um conjunto de eixo duplo com compensação da carga dos eixos e suporte central ou eixos independentes, via de regra com compensação pneumática da carga dos eixos.

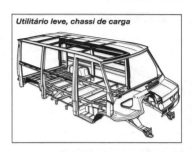
Utilitário leve, chassi de carga

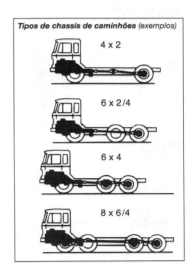
Tipos de chassis de caminhões (exemplos)
4 x 2
6 x 2/4
6 x 4
8 x 6/4

906 Carroceria

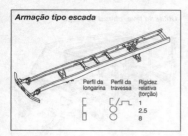

Armação tipo escada

Perfil da longarina / Perfil da travessa / Rigidez relativa (torção)

1
2.5
8

Junções da armação do chassi
1 Travessa tipo chapéu, 2 Travessa "U"

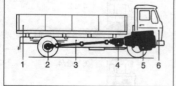

Módulos do caminhão
1 Carroceria, 2 Eixo, 3 Armação do chassi, 4 Transmissão, 5 Motor, 6 Cabine do motorista

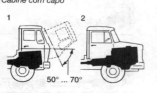

Cabine do motorista
1 Cabine avançada, 2 Cabine com capô

50° ... 70°

Armação do chassi

A armação constitui o próprio chassi do veículo utilitário. Ela tem um formato de escada, com longarinas e vigas transversais. A seleção dos perfis determina a capacidade de torção. Armações com maior capacidade de torção são preferíveis para utilitários médios e pesados, pois em terrenos irregulares permitem uma melhor adaptação da suspensão. Armações com menor capacidade de torção são mais adequadas para veículos leves de entregas.

Além dos pontos de receptação das forças, os pontos críticos do projeto da armação são as junções entre as vigas transversais e as longarinas. Chapas especiais de junção ou perfis transversais, especialmente prensados, oferecem uma base maior de sustentação. As junções são rebitadas, parafusadas ou soldadas. Apêndices na longarina em forma de "L" ou "U" aumentam a resistência à flexão da armação e servem para reforços localizados.

Cabine do motorista

De acordo com a concepção do veículo existem diversas cabines. Para veículos de entregas e uso em serviço público, a posição baixa e a facilidade de embarque são vantajosas; no tráfego de longa distância, espaço amplo e conforto são mais relevantes. Projetos modulares permitem versões de cabine curta, média e longa mantendo inalterada a frente, a traseira e as portas.

No caso da cabine avançada, a parede corta-fogo e todo o sistema de direção são posicionados totalmente à frente do motor. O motor é alojado em baixo da cabine elevada (cabine especial para tráfego de longa distância com piso plano) ou abaixo de um túnel entre o banco do motorista e do acompanhante. A entrada é posicionada à frente ou sobre o eixo dianteiro. Um dispositivo mecânico (barra de torção sob tensão) ou hidráulico ergue a cabine basculante permitindo o acesso ao motor.

Na cabine com capô o conjunto motor/transmissão é alojado à frente da parede corta-fogo da cabine sob um capô (geralmente basculante por motivo de acessibilidade) de aço ou plástico. A entrada é posicionada atrás do eixo dianteiro.

Carrocerias

Carrocerias especiais, como plataformas, cofres, baús, basculantes, tanques, betoneiras etc., permitem o transporte eficiente e funcional de uma extensa variedade de produtos. A carroceria e o chassi são conectados entre si parcialmente por meio de chassi secundário com fixação por aderência ou encaixe. Para evitar alterações críticas na rigidez ao longo do chassi – que em geral apresenta baixa rigidez na torção – no uso de carrocerias rígidas (p.ex., baú) devem ser tomadas medidas especiais, como, p.ex., ligações elásticas na área frontal da carroceria.

No tráfego de longa distância são empregados comboios rodoviários e semi-reboques. Com o aumento do tamanho da unidade de transporte, caem os custos relacionados ao volume do frete.

O volume de carga pode ser aumentado através da redução do espaço livre entre a cabine, área de carga e reboque (comboio de grande capacidade). A vantagem da operação com semi-reboque é grande área contínua de carga e o curto tempo inoperante do cavalo mecânico. Para minimizar o consumo de combustível são adotadas medidas para melhoria da aerodinâmica, como painéis frontais e laterais e defletores especialmente adaptados entre a cabine e a carroceria.

Ônibus

O mercado de ônibus oferece veículos específicos para praticamente todas as aplicações. Isso resulta em vários tipos diferentes de ônibus, que se diferenciam através das dimensões externas (comprimento, largura, altura) e dos equipamentos (dependendo da aplicação).

Microônibus

Microônibus transportam até aprox. 19 passageiros. Estes veículos foram desenvolvidos a partir de utilitários leves ou furgões com até aprox. 4,5 t de peso.

Miniônibus

Miniônibus transportam até aprox. 25 passageiros. Estes veículos foram desenvolvidos a partir de utilitários leves ou furgões com até aprox. 7,5 t de peso. Ocasionalmente são construídos sobre chassi de caminhões leves. Um projeto modificado de suspensão e medidas especiais aplicadas na carroceria (p.ex., coxins elásticos) oferecem ótimo conforto e nível de ruído.

Ônibus médios

Dependendo da aplicação, os ônibus médios podem transportar em ônibus rodoviários até aprox. 35 passageiros, e em ônibus urbanos até aprox. 65 passageiros. O peso do veículo atinge até aprox. 12,5 t e são predominantemente construídos sobre chassi tipo escada de caminhões leves. Também há concepções monobloco em operação. Um projeto modificado de suspensão e medidas especiais aplicadas na carroceria oferecem ótimo conforto e nível de ruído.

Ônibus urbanos

ônibus urbanos são dotados de espaço para passageiros sentados e em pé para rotas regulares. O curto intervalo entre as paradas no transporte público urbano requer um rápido fluxo de passageiros, obtido através de portas amplas que abrem e fecham com rapidez, baixa altura de embarque (aprox. 320 mm) e baixa altura do corredor (aprox. 370 mm).

Visão geral - ônibus	
Micro-ônibus	
Mini-ônibus	
Ônibus médio	
Ônibus urbano	
Ônibus rodoviário	

908 Carroceria

Principais especificações para um ônibus padrão de 12 m para o transporte público:
Comprimento aproximado: 12 m.
Peso bruto: 18,0 t
Número de assentos: 32...44
Lotação aproximada: 105 passageiros

A adoção de ônibus de piso duplo (comprimento 12 m, lotação aprox. 130 passageiros), ônibus rígido de três eixos (comprimento 15 m, lotação aprox. 135 passageiros) e ônibus articulado (aprox. 160 passageiros) incrementa a capacidade de transporte.

Ônibus intermunicipais
Dependendo da aplicação (vedados passageiros em pé à velocidade > 60 km/h), são empregadas versões de ônibus urbanos com embarque e assoalho baixos ou ônibus com assoalho alto e bagageiro pequeno, semelhantes aos ônibus rodoviários. Ônibus intermunicipais são oferecidos na versão rígida com comprimento de 11...15 m, ou com comprimento de 18 m na versão articulada.

Ônibus rodoviários
Concebidos para viagens confortáveis em percursos de média e longa distância. A variedade inclui desde os ônibus baixos normais de dois eixos até os ônibus de luxo de piso duplo com comprimento de 10...15 m.

Carroceria
Construção leve com carroceria autoportante. A carroceria e o chassi, soldados entre si, são constituídos de treliças estruturais construídas com elementos prensados e tubos retangulares.

Trem de força
O motor instalado horizontal ou verticalmente aciona o eixo traseiro. Molas pneumáticas em todos os eixos permitem a estabilização do nível e alto grau de conforto. A maioria dos ônibus intermunicipais e rodoviários são equipados com suspensão independente no eixo dianteiro. Freios a disco, freqüentemente auxiliados por retardador, equipam todos os eixos.

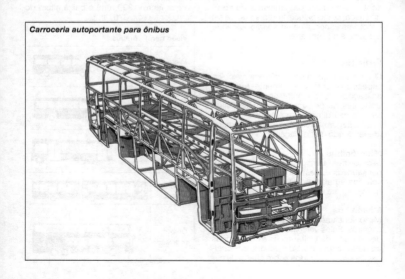

Carroceria autoportante para ônibus

Segurança passiva em utilitários

A segurança passiva deve limitar as conseqüências de acidentes e proteger os outros motoristas e passageiros. Registros sistemáticos dos acidentes, ensaios de acidentes com veículos comerciais completos e otimização computadorizada intensiva auxiliam o desenvolvimento de medidas de segurança. De modo geral, a efetividade e a resistência dos sistemas de contenção dos ocupantes devem ser comprovadas. Portanto, o dimensionamento da estrutura da carroceria do veículo utilitário deve levar em conta, entre outros aspectos, a resistência e rigidez nas áreas de ancoragem dos cintos nos bancos e nas estruturas da carroceria a elas relacionadas (trilhos dos bancos, assoalho, chassis etc.).

Numa eventual colisão, a cabine e o compartimento dos passageiros devem garantir o espaço de sobrevivência para os ocupantes, ao mesmo tempo em que as desacelerações não podem se tornar excessivas. Dependendo do tipo de veículo há diversas soluções para esse problema.

Em veículos comerciais leves a seção frontal, como nos automóveis de passageiros, é concebida para absorver energia. Apesar do pequeno curso de deformação e altas energias geradas, os limites fisiológicos admissíveis são mantidos em quase todos os testes de colisão para veículos de passageiros (requisitos legais e testes de avaliação).

Utilitários leves devem dispor adicionalmente de dispositivos para evitar riscos aos ocupantes frente a movimentos descontrolados da carga. A resistência estática e dinâmica destes dispositivos (parede divisória, rede/grade de proteção, dispositivos de amarração) deve ser demonstrada matematicamente ou através de testes técnicos.

No caso de caminhões as longarinas do chassi se estendem até o pára-choque dianteiro e podem absorver altas forças longitudinais. Baseadas em análises de acidentes as medidas visam o aperfeiçoamento da estrutura da cabine do motorista. Testes estáticos e dinâmicos de carga e impacto na frente, na traseira e na área do teto da cabine simulam as solicitações provocadas por colisão frontal, capotagem, tombamento ou deslizamento da carga.

As estatísticas comprovam ser o ônibus o meio mais seguro de transporte de passageiros. Testes estáticos de carga no teto e testes dinâmicos de capotagem evidenciam a resistência da carroceria. O uso de materiais retardadores de chama e auto-extinguíveis no equipamento interno do veículo diminui o risco de incêndio.

O tráfego misto de veículos não permite evitar a colisão entre veículos leves e pesados. A diferença de peso e a incompatibilidade da geometria e rigidez estrutural resultam em maior risco de ferimentos nos veículos mais leves. A equação abaixo determina a variação de velocidade durante um impacto plástico normal (não oblíquo) para colisão frontal ou traseira entre dois veículos:

Veículo 1 $\Delta c_1 = \dfrac{\mu \cdot \Delta v}{1+\mu}$

Veículo 2 $\Delta c_2 = \dfrac{\Delta v}{1=\mu}$

onde $\mu = m_2/m_1$
m_2, m_1 = Massa dos veículos envolvidos
v Velocidade relativa antes do impacto.

Dispositivos laterais, frontais e traseiros para proteção contra penetração por baixo reduzem o grave risco do veículo mais leve entrar debaixo do veículo mais pesado numa eventual colisão, ajudando a melhorar a proteção dos outros motoristas e passageiros.

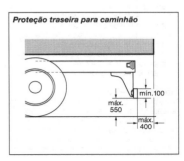

Proteção traseira para caminhão

Iluminação

Funções

Dianteira do veículo
A principal função dos faróis dianteiros do veículo é iluminar a pista para que o motorista perceba as condições de tráfego e reconheça a tempo os obstáculos. Eles também servem de sinalização para o tráfego em sentido contrário. As luzes intermitentes permitem transmitir uma intenção de mudança de direção ou sinalizar uma situação de perigo. Faróis e lanternas na dianteira do veículo incluem:
- Farol de luz baixa
- Farol de luz alta
- Farol de neblina
- Farol auxiliar de luz alta
- Luz intermitente (indicador de direção)
- Lanterna de estacionamento
- Lanterna de contorno/delimitação (veículos largos)
- Farol diurno (quando exigido por lei, em países específicos)

Traseira do veículo
As lanternas na traseira do veículo, acionadas de acordo com as condições atmosféricas, sinalizam a posição do veículo. Elas também indicam como e em qual direção o veículo se movimenta, p.ex.: se com o freio livre em linha reta, se o freio foi acionado, se há intenção de mudar de direção ou se há uma situação de risco. As luzes de ré iluminam a pista quando o veículo está em marcha à ré. Lanternas/luzes na traseira do veículo incluem:
- Lanterna de freio
- Lanterna de posição traseira
- Lanterna traseira de neblina
- Luz intermitente (indicador de direção)
- Lanterna de estacionamento
- Lanterna delimitadora (veículos largos)
- Lanterna de marcha à ré
- Lanterna da placa de licença

Interior do veículo
No interior do veículo a segurança para acionamento dos elementos de comutação e o fornecimento de informações sobre as condições operacionais do veículo (com o mínimo deslocamento do motorista) têm prioridade sobre todas as demais funções. Um painel de instrumentos bem iluminado (p. 1.079) e uma iluminação discreta dos vários grupos de funções, como do rádio ou do sistema de navegação, são absolutamente essenciais para uma condução descontraída e segura. Sinais ópticos e acústicos devem ser transmitidos ao motorista, de acordo com seu nível de urgência.

Regulamentações e equipamentos

Selo de aprovação
Os equipamentos de iluminação automotiva estão sujeitos a regulamentações nacionais e internacionais de construção e operação e devem ser fabricados e testados de acordo com estas regulamentações. Para cada tipo de equipamento de iluminação é estabelecido um selo especial de aprovação, que deve ser visível no respectivo equipamento. Os locais preferenciais para os selos de aprovação são, por exemplo, sobre a lente do farol ou da lanterna, sobre elementos e regiões da carcaça do farol que sejam diretamente visíveis quando o capô é aberto. Isso se aplica também para faróis e lanternas de reposição com modelo testado e aprovada.

Se um equipamento apresenta um selo deste tipo, ele foi testado por um instituto técnico (na Alemanha, p.ex., o Instituto Técnico de Iluminação da Universidade de Karlsruhe) e certificado por um órgão de aprovação (na Alemanha: Agência Federal de Transporte Rodoviário). Todas as unidades produzidas em série e dotadas com este selo precisam estar de acordo com a unidade modelo aprovada. Exemplos de selos de aprovação:

Ⓔi Selo de aprovação ECE ⌷e1⌷, selo de aprovação EU

O dígito 1 após a letra indica, p.ex., o teste de aprovação de acordo com a ECE-Comissão Econômica Européia (Economic Commission for Europe) para a Alemanha. Para a instalação de equipamentos de iluminação na Europa, além das diretrizes nacionais, valem também a diretrizes européias superiores (ECE: toda a Europa, União Européia – UE, Nova Zelândia, Austrália, África do Sul e Japão). Com a crescente unificação da Europa, as regulamentações de transporte tornam-se cada vez mais simples devido à harmonização das diretrizes e regras.

Faróis de Iluminação Automotiva AL (Automotive Lighting) correspondem às diretrizes ECE e UE em vigor e podem ser empregados em todos, países ECE e UE, independentemente do país onde foram adquiridos.

Tráfego na mão direita ou na mão esquerda

A regulamentação ECE se aplica de forma análoga para ambos tipos de tráfego. Os requisitos técnicos para iluminação são espelhados na perpendicular média da tela de teste. Conforme o Acordo Mundial de Viena de 1968, todo motorista ao trafegar em países que empreguem o lado oposto é obrigado a adotar medidas para evitar o ofuscamento à noite de quem trafega em sentido contrário, provocado pela distribuição assimétrica da luz. Isso é possível através de películas de plástico disponíveis no fabricante ou através de comutação dos faróis (no caso de PES).

EUA

Os equipamentos de iluminação nos EUA estão sujeitos a regulamentações essencialmente diferentes da Europa. O princípio de auto-regulamentação obriga todo fabricante, como importador de equipamento de iluminação, a garantir, e em casos extraordinários a comprovar, que seus produtos correspondem a 100% das regulamentações do FMVSS 108, estabelecidas no Registro Federal. Conseqüentemente não há nos EUA uma aprovação de tipo. As regulamentações do FMVSS 108 são baseadas parcialmente nas especificações industriais da SAE.

Atualização, adaptação

Veículos de outras regiões importados para a Europa precisam ser adaptados para corresponder às diretrizes européias. Isso se aplica particularmente aos equipamentos de iluminação. Componentes idênticos, disponíveis para o mercado europeu, podem ser instalados diretamente. Outras soluções, como produtos de varejo ou, em certos casos, manutenção do equipamento original, requerem um parecer técnico. Na Alemanha o parágrafo 22a da StVZO (Regulamentação do Licenciamento de Trânsito) requer um "Certificado de Proximidade" para os equipamentos de iluminação. Tais certificados são expedidos pelo Instituto Técnico de Iluminação da Universidade de Karlsruhe.

> Atenção especial deve ser dispensada no caso da conversão de faróis com lâmpadas incandescentes convencionais para lâmpadas com tecnologia de descarga gasosa. Na Alemanha a aplicação deste regulamento é controlada rigorosamente pela Agência Federal de Transporte Rodoviário. Faróis de xenônio devem ser concebidos de acordo com a ECE R(egulamentação) 98 e adicionalmente, conforme parágrafo 50, seção 10, do StVZO (Regulamentação do Licenciamento de Trânsito), instalados com um controle automático da altura do farol e sistema de limpador de farol.

Distribuição global do tráfego na mão direita e na mão esquerda
Mão direita (72% da quilometragem total)   Mão esquerda (28% da quilometragem total)

Termos e definições

Termos de iluminação

Alcance do farol
Distância na qual o facho luminoso apresenta uma determinada intensidade luminosa: Geralmente a linha de 1 lux na faixa direita da pista.

Alcance geométrico do farol
Distância da porção horizontal do limite claro-escuro sobre a pista. Para uma inclinação de 1% ou 10 cm/10 m da luz baixa o alcance geométrico é igual a 100 vezes a altura de instalação do farol (do centro do refletor à superfície da pista).

Alcance visual
Distância na qual um objeto (veículo, obstáculo) dentro do campo visual de distribuição da iluminação ainda é visível.

Forma, tamanho e grau de reflexão do objeto, tipo de superfície da pista, concepção técnica e limpeza do farol e condições de adaptação dos olhos influenciam o alcance visual. Devido a esta grande quantidade de fatores de influência não é possível determinar valores numéricos para o alcance visual. Em condições extremamente desfavoráveis, o alcance visual pode, p.ex., chegar a menos de 20 m (lado esquerdo da pista, piso molhado) e em condições ótimas atingir mais de 100 m (lado direito da pista).

Alcance do sinal luminoso
Distância na qual um sinal luminoso (p.ex., lanterna de neblina) sob névoa ou neblina ainda é perceptível.

Ofuscamento fisiológico (inglês: disability glare)
Perda mensurável da capacidade visual provocada por fonte de luz ofuscante, em outras palavras, redução do campo visual no cruzamento de dois veículos.

Ofuscamento psicológico (inglês: discomfort glare, ofuscamento desconfortável)
Ocorre quando uma fonte de ofuscamento "incomoda", sem contudo reduzir a capacidade visual. A avaliação é feita através de uma escala que vai de agradável a desagradável.

Tecnologia do farol

Distância focal do refletor
Refletores convencionais para faróis e lanternas possuem em geral forma parabólica. A distância focal f (distância entre o foco e o vértice da parábola) corresponde a 15...40 mm.

Refletor de superfície complexa
A forma do refletor de superfície complexa é gerada a partir de cálculos matemáticos complexos, Cálculo Numérico para Superfícies Homogêneas (HNS, Homogeneous Numerically Calculated Surface). Neste caso é definida uma distância focal média f, relativa à distância entre o vértice da parábola e o centro do filamento. Os valores correspondem a 15...25 mm.

Nos refletores secionados em degraus ou facetas, cada seção pode ser criada com sua própria distância focal f.

Área iluminada pelo refletor
Projeção paralela da abertura total do refletor sobre um plano transversal. Esse plano geralmente é perpendicular à direção do movimento do veículo.

Fluxo luminoso efetivo
Eficiência do farol
Parte do fluxo luminoso da fonte de luz que, através da reflexão ou refração causada por um elemento do aparelho, é capaz de se transformar em iluminação efetiva (por

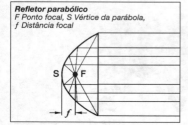

Refletor parabólico
F Ponto focal, S Vértice da parábola,
f Distância focal

exemplo: através do refletor do farol na superfície da pista). Refletor com menor distância focal: melhor aproveitamento da lâmpada e maior grau de eficiência, pois o refletor envolve plenamente a lâmpada e uma porção maior do fluxo luminoso pode contribuir na formação do feixe de luz.

Ângulo de visibilidade geométrica
O ângulo medido em relação ao eixo do aparelho dentro do qual a superfície iluminada deve ser visível.

Termos para o tipo de construção

Agrupada
Carcaça compartilhada, lentes e lâmpadas individuais.
Exemplo: Lanterna traseira com compartimentos múltiplos, agrupados para diversas funções.

Combinada
Lâmpadas e carcaça compartilhadas, lentes individuais.
Exemplo: Lanterna traseira combinada com iluminação da placa de licença.

Dois em um
Carcaça e lente compartilhadas, lâmpadas individuais.
Exemplo: Farol com lâmpada de delimitação do contorno integrada.

Farol principal, sistema europeu

Luz baixa

Com a densidade de tráfego atual a luz alta só pode ser usada em casos excepcionais. O farol realmente usado no tráfego é portanto o de luz baixa. Ele pode ser melhorado consideravelmente através da adoção de medidas básicas:
- Introdução da luz baixa assimétrica, com maior alcance visual no lado esquerdo da pista.
- Aprovação oficial de vários tipos de lâmpadas halógenas, com elevação da capacidade de iluminação da pista em cerca de 50...80%.
- Introdução de novos sistemas de faróis com geometria complexa (PES, superfície complexa, refletor facetado), com grau de eficiência até 50% mais alto.
- O sistema de faróis "Litronic", com lâmpadas de descarga gasosa (lâmpadas de xenônio com arco voltaico), elevam a geração de luminosidade em mais do que o dobro em comparação com as lâmpadas halógenas.
- Aperfeiçoamento da iluminação lateral em mais de 70% e iluminação homogênea da pista.

Faróis de luz baixa exigem uma zona claro-escuro na distribuição da luz. Nos faróis com lâmpadas halógenas isso é obtido com lâmpadas H4 e nos faróis Litronic com as lâmpadas D2R, através da reflexão da capa ou do escudo. Nos faróis de uso geral a zona claro-escuro é obtida através da reflexão seletiva do filamento da lâmpada. O padrão de distribuição "em cima escuro/ em baixo claro", resultante da zona claro-escuro oferece alcances visuais aceitáveis em todas as condições de tráfego. Esta configuração permite manter o ofuscamento do tráfego contrário dentro dos limites e ao mesmo tempo oferece uma iluminação abaixo da zona claro-escuro relativamente alta.
Além de oferecer máximo alcance visual e mínimo ofuscamento a distribuição da luminosidade também precisa satisfazer as exigências de iluminação das áreas próximas. As curvas devem ser feitas com segurança, ou seja, o facho luminoso deve alcançar o meio-fio da via.

Luz baixa (corte vertical do feixe de irradiação, lâmpada H4)
1 Filamento da luz baixa, 2 Anteparo

914 Carroceria

Perspectiva da via do ponto de vista do motorista

Pontos de medição na perspectiva da via de acordo com ECE-R 112

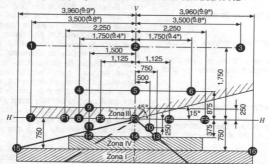

Tabela 1. Pontos de medição e intensidade luminosa para faróis

Luz baixa

Pontos de medição no gráfico			Intensidade luminosa	
Item	Tráfego na mão direita	Tráfego na mão esquerda	Classe A (lx)	Classe B (lx)
01	8L/4U		≤-0.7	≤-0.7
02	V/4U		≤-0.7	≤-0.7
03	8R/4U		≤-0.7	≤-0.7
04	4L/2U		≤-0.7	≤-0.7
05	V/2U		≤-0.7	≤-0.7
06	4R/2U		≤-0.7	≤-0.7
07	8L/H	8R/H	≥-0.1; ≤-0.7	≥-0.1; ≤-0.7
08	4L/H	4R/H	≥-0.2; ≤-0.7	≥-0.2; ≤-0.7
09	B50L	B50R	≤-0.4	≤-0.4
10	75R	75L	≥-6	≥-12
11	75L	75R	≥-12	≥-12
12	50L	50R	≤-15	≤-15
13	50R	50L	≥-6	≥-12
14	50V	50V	–	≥-6
15	25L	25R	≥-1.5	≥-2
16	25R	25L	≥-1.5	≥-2
Ponto aleatório na Zona III			≤-0.7	≤-0.7
Ponto aleatório na Zona IV			≥-2	≥-3
ponto aleatório na Zona I			≤-20	≤-2E-[1]

Luz alta

Pontos de medição		Intensidade luminosa	
Item	Ponto	Classe A (lx)	Classe B (lx)
	E_{max}	32-<-E <-240	48-<-E <-240
F1	$E_{H-5.15°}$	>-4	>-6
F2	$E_{H-2.55°}$	>-16	>-24
F3	E_{HV}[9]	≥-0.8	≥-0.8
		E_{max}	E_{max}
F4	$E_{H+2.55°}$	>-16	>-24
F5	$E_{H+5.15°}$	>-4	>-6

Para luz baixa:
Soma 1-+-2+-3-≥-0.3 lx
Soma 4-+-5-+-6-≥-0.6 lx

[1]) E é o valor atual medido no ponto 50R/50L.

Os requisitos técnicos dos faróis para veículos automotivos devem ser comprovados no teste de modelo antes da fabricação em série. No caso são prescritos tanto valores mínimos, para garantir uma boa iluminação da pista, com também valores máximos para evitar ofuscamentos (Pontos de medição e intensidade luminosa para faróis, tabela 1).

Farol para curvas
Desde o início de 2003 é permitido o uso de farol para curvas. Se até então, apenas o farol de luz alta podia ser movimentado em coordenação com o ângulo de direção (Citroën DS dos anos 60), hoje também é permitido mover o farol de luz baixa (luz de curva dinâmica) e/ou acionar uma fonte de luz auxiliar (luz de curva estática). Além do ângulo de direção, outros parâmetros de atuação também são concebíveis, como sinais de GPS, relação de guinada ou similares.

Variantes de farol

Farol de reflexão
Nos sistemas convencionais de faróis, com refletor semelhante a uma parábola, a qualidade luz baixa melhora com o aumento do tamanho do refletor. Quanto mais alta a instalação, maior o alcance geométrico.

Em contraposição, a frente do veículo por motivos de aerodinâmica deve ser mantida baixa. Sob estas condições, aumentar o refletor acarreta faróis mais largos.

Refletores de mesmo tamanho dependem ainda de um fator adicional: suas distâncias focais. Distâncias focais curtas possuem maior grau de eficiência e produzem feixes de luz mais largos, com melhor iluminação nas laterais e à curta distância. Isso é vantajoso principalmente em curvas.

Refletores escalonados
Refletores escalonados são refletores segmentados constituídos por secções parabolóide e/ou secções parabolóide elíptico (combinação de parábola e elipse) com diferentes distâncias focais, de modo a manter, com pequena profundidade de instalação, as vantagens do refletor mais fundo.

Refletores de foco variável (sem escalonamento)
Programas especialmente desenvolvidos para técnica de iluminação (CAL, Computer Aided Lighting) possibilitam projetar refletores não escalonados com secções não parabólicas. O foco das diferentes zonas pode alterar sua posição em relação à fonte de luz. Com este princípio a superfície total do refletor pode ser aproveitada.

Faróis com lentes claras
Avanços na tecnologia de refletores HNS (Homogeneous Numerically Calculated Surface) já permitem aos faróis operar com um grau de eficiência de até 50%. A geração completa do feixe de luz é feita exclusivamente pelo refletor, sem elementos ópticos adicionais na lente. Isso permite um design do farol totalmente não convencional.

Farol com refletor facetado
Com as facetas a superfície do refletor é segmentada. O programa PD2 fornece os módulos CAL e HNS para otimização individual de cada segmento. A característica essencial das superfícies desenvolvidas pelo PD2 é permitir descontinuidades e escalas em todas as superfícies-limites da segmentação. O resultado é uma superfície refletora formada livremente, com alta homogeneidade e iluminação lateral.

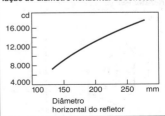

Intensidade luminosa de um farol para iluminação da faixa direita da pista em relação ao diâmetro horizontal do refletor.

Diâmetro horizontal do refletor

916 Carroceria

Refletor HNS ou Refletor facetado
Reflexo do filamento através de espelho óptico

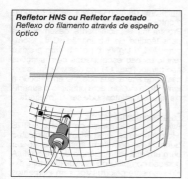

Farol PES (Sistema Poli-elipsóide)

O sistema de farol denominado PES (Polly Ellipsoid System), com reflexão óptica, oferece maiores possibilidades de design comparado ao farol convencional. Uma área de saída com diâmetro de apenas 40...70 mm permite feixes de luz até agora só obtidos com faróis de área muito maior. Isso é conseguido através de um refletor elíptico (calculado com CAL) e de um sistema óptico de projeção. O diafragma refletido pela lente gera uma zona claro-escuro exatamente definida, se necessário com alta definição ou propositalmente fora de foco ou ainda com qualquer geometria.

Refletor facetado
a) Segmentação vertical,
b) Segmentação radial e vertical.

Refletores PES (Curso dos raios)
a) PES, b) PES com parábola circular e lente de difusão, c) PES com parábola circular e tubo parcialmente espelhado.
1 Refletor, 2 Objetiva, 3 Diafragma, 4 Lente interna perfilada, 5 Lente interna parcialmente espelhada.

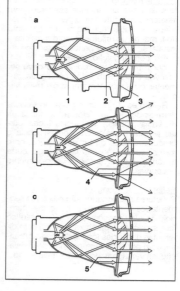

Refletor PES (princípio óptico)
1 Objetiva, 2 Diafragma, 3 Refletor, 4 Lâmpada

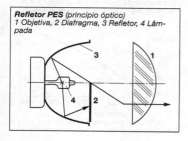

Faróis PES podem ser combinados com luz alta convencional, luz de delimitação e farol PES de neblina para formar uma unidade horizontal de faróis com aproximadamente apenas 80 mm de altura.

Nos faróis PES o feixe luminoso pode ser configurado de forma a aproveitar a área em torno da objetiva como imagem de sinalização. Essa ampliação da imagem de sinalização é empregada sobretudo em objetivas de diâmetro pequeno para reduzir o ofuscamento fisiológico do tráfego contrário. O refletor circular aproveita a porção de luz que não é capturada pelo refletor PES e a direciona adiante através da objetiva. Um diafragma interno, que evita a visão direta da lâmpada, pode ser usado como lente difusora ou como diafragma parcialmente espelhado. Essa superfície adicional também pode ser aproveitada como elemento de design, com perfurações luminosas circulares ou poligonais, ou objetos luminosos tridimensionais.

Litronic

O sistema de faróis Litronic (contração de Light e Electronic), com uma lâmpada de descarga gasosa xenônio como componente central, permite alta eficiência luminosa com o mínimo de área frontal e é ideal para veículos com estilo aerodinâmico. Ao contrário da lâmpada incandescente, a geração da luz ocorre através da descarga de plasma numa câmara do tamanho de um grão de cereja.

O arco da lâmpada de 35 W D2S gera em relação à lâmpada H1 o dobro de fluxo luminoso com alta temperatura de cor (4.200 K), isto é – semelhante à luz do sol – altas proporções de azul e verde. A eficiência luminosa total, de aproximadamente 90 lm/W, é atingida quando a temperatura operacional do bulbo de quartzo passa dos 900°C. Entretanto, a operação por curto período à alta potência, com correntes de até 2,6 A (em operação contínua aprox. 0,4 A) pode ser usada para obter "luz instantânea". A vida útil de 2.000 horas é suficiente para a média geral do tempo de operação do veículo. Como não há queima repentina, como ocorre com o filamento, é possível diagnosticar e fazer a substituição com antecedência.

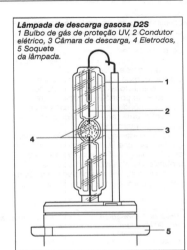

Lâmpada de descarga gasosa D2S
1 Bulbo de gás de proteção UV, 2 Condutor elétrico, 3 Câmara de descarga, 4 Eletrodos, 5 Soquete da lâmpada.

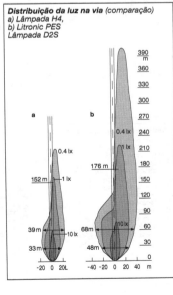

Distribuição da luz na via (comparação)
a) Lâmpada H4,
b) Litronic PES
Lâmpada D2S

Atualmente, são usadas lâmpadas de descarga gasosa com os códigos de tipo D1x e D2x. Ao longo de 2005 as lâmpadas da série D3/D4 foram instaladas como equipamento padrão a partir do Japão. Elas se distinguem pela baixa tensão de incandescência, composição diferente do plasma e geometria do arco voltaico alterada. As unidades de controle eletrônico para cada tipo de lâmpada geralmente são desenvolvidas para uma série específica e não irrestritamente intercambiáveis.

As lâmpadas automotivas de descarga gasosa da série D2/D4 possuem soquete de alta voltagem fixo e bulbo de vidro de proteção UV. Nos modelos da série D1/D3 o sistema eletrônico de alta voltagem também é integrado no soquete da lâmpada.

Ambos sistemas possuem duas categorias inferiores:
- lâmpadas S para faróis com sistema de projeção e
- lâmpadas R para faróis com sistema de reflexão com "anteparo" integrado para formação da zona claro-escuro, semelhante ao anteparo para luz baixa da lâmpada H4.

Atualmente a lâmpada D2S é o tipo mais difundido.

Uma unidade intermediária de controle eletrônico (EVG) como elemento integrante do farol aciona e monitora a lâmpada. Suas funções incluem:
- Ignição da descarga de gás (tensão 10...20 kV).

Unidade intermediária de controle eletrônico (EVG) para suprimento de corrente alternada de 400 Hz e ignição da lâmpada.
1 Unidade comando (1a Conversor CC/CC, 1b Derivação, 1c Conversor CC/CA, 1d Microprocessador), 2 Unidade de ignição, 3 Soquete da lâmpada, 4 Lâmpada D2S, U_B Tensão da bateria.

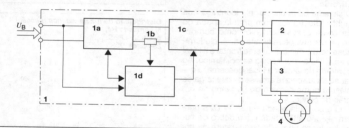

Componentes do sistema de farol reflexivo com regulagem dinâmica do alcance do farol integrada
1a Lente com ou sem dispersão óptica,
1b Refletor,
2 Lâmpada de descarga gasosa,
3 Unidade de ignição
4 Unidade de controle eletrônico,
5 Motor de passo,
6 Sensor do eixo,
7 Para o sistema elétrico do veículo

Iluminação 919

- suprimento de corrente regulada durante a fase de aquecimento da lâmpada e
- suprimento de acordo com a demanda durante a operação contínua.

Oscilações do sistema elétrico do veículo são controladas continuamente, evitando alterações no fluxo de luz. Caso a lâmpada se apague, p.ex., devido a uma queda extrema da tensão do sistema elétrico do veículo, a reignição é imediata e automática.
No caso de falha (p.ex., danos na lâmpada) a unidade intermediária de controle eletrônico interrompe o suprimento, assegurando proteção no caso de contato.

A luz de xenônio irradiada pelos faróis Litronic forma um amplo tapete de luz na frente do veículo, combinado com um longo alcance. Conseqüentemente as guias da via permanecem visíveis, mesmo durante a curva e em vias mais largas, o que os faróis de halogênio mal conseguem em trechos retos. Em condições críticas de tráfego ou com tempo ruim há uma melhoria considerável, tanto da visibilidade quanto da orientação.

Em conformidade com a regulamentação 48 da ECE, os faróis Litronic são combinados com regulagem eletrônica de alcance e sistema de limpeza do farol. Esta combinação garante um aproveitamento ideal do longo alcance do farol e uma emissão de luz impecável em qualquer situação.

Bi-Litronic (Bi-Xenônio)
O sistema Bi-Litronic permite, com um arco voltaico da lâmpada de descarga gasosa, realizar tanto a função de luz baixa quanto a de luz alta.

Bi-Litronic "Refletor"
Na versão com refletor do sistema uma lâmpada D2R é usada para as duas funções do farol.
Um atuador eletromecânico posiciona a lâmpada de descarga gasosa no refletor em duas posições diferentes, correspondentes à emissão do feixe de luz alta e baixa.

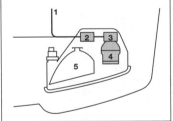

Sistema Litronic com quatro faróis
1 Sistema elétrico do veículo, 2 Unidade de controle eletrônico, 3 Ignição com conexão da lâmpada, 4 Sistema óptico (Litronic/Bi-Litronic), 5 Farol halógeno de luz alta ou auxiliar de luz alta.

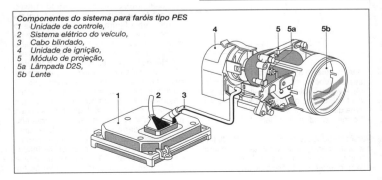

Componentes do sistema para faróis tipo PES
1 Unidade de controle,
2 Sistema elétrico do veículo,
3 Cabo blindado,
4 Unidade de ignição,
5 Módulo de projeção,
5a Lâmpada D2S,
5b Lente

920 Carroceria

Bi-Litronic "Refletor"
1 Luz baixa, 2 Luz alta

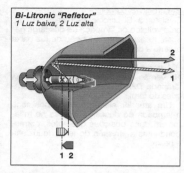

Bi-Litronic "Projetor"
1, Luz baixa, 2 Luz alta

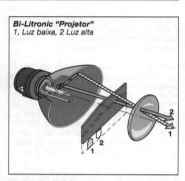

Distribuição do feixe de luz no Bi-Litronic
1 Luz baixa, 2 Luz alta.

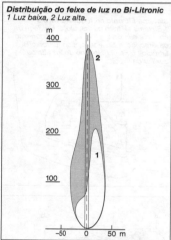

As principais vantagens são:
- Luz de xenônio na operação em luz alta.
- Guia visual através da transição contínua do feixe de luz da área próxima para a área distante.
- Forma individual do refletor

Versões especiais do Bi-Litronic "Refletor" são soluções que movimentam o refletor completo ou elementos individuais que abrem o anteparo do feixe de luz.

Bi-Litronic "Projetor" (Bi-Xenônio)
O Bi-Litronic "Projetor" é baseado num farol Litronic PES. Nele o escudo de luz para formação da zona claro-escuro é desviado do facho luminoso. Com lentes de diâmetro de 60 e 70 mm o Bi-Litronic "Projetor" permite obter o mais compacto farol da atualidade, com luzes alta e baixa combinadas e ao mesmo tempo com luminosidade extraordinária.

As principais vantagens do Bi-Litronic Projetor são:
- Luz de xenônio para a luz alta
- A solução mais compacta para farol de luz alta e baixa
- Sistema modular

Farol de luz alta
Normalmente, a luz alta é gerada através de uma fonte disposta no ponto focal do refletor (veja figura na página 912). Isso faz com que a luz refletida seja emitida na direção do eixo do refletor. A intensidade máxima obtida pela luz alta depende essencialmente da área reflexiva do refletor. Além dos refletores de luz alta puramente parabolóides, existem também, principalmente nos sistemas de quatro faróis, refletores com geometria complexa que permite "sobreposição" dos feixes de luz alta. O cálculo empregado no desenho destas unidades possibilita obter uma distribuição do feixe de luz alta harmonizado com o feixe de luz baixa (ativação simultânea). O feixe de luz alta é praticamente sobreposto ao feixe de luz

Iluminação

Estratégia de acionamento e direcionamento dos módulos básico e giratório de um farol de curva dinâmico/estático (farol esquerdo).
a) Posição "Estrada Secundária", b) Posição "Via Expressa", c) Posição "Tráfego Urbano".
1 Módulo giratório, 2 Módulo básico

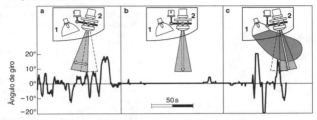

próxima à frente do veículo, geralmente incômoda, neste caso é eliminada.

Faróis de curva
A função de "farol de curva", aprovada desde 2003, permite ao veículo manter o campo visual ideal mesmo em curvas fechadas. Isso envolve a variação da iluminação horizontal, obtida essencialmente por meio do acionamento de refletores adicionais (farol de curva estático) ou da rotação do farol de luz baixa (farol de curva dinâmico).

Farol de curva estático
O farol de curva estático serve principalmente para iluminar as áreas próximas à lateral do veículo (ziguezagues, manobras de retorno). Para este propósito o acionamento de refletores adicionais geralmente é o meio mais eficiente.

Farol de curva dinâmico
O farol de curva dinâmico serve para a iluminação dinâmica do percurso, por exemplo, em estradas sinuosas.

Ao contrário dos faróis giratórios dos anos 60, interligados diretamente ao movimento de direção, a rapidez de resposta e o ângulo de giro dos sistemas atuais são comandados eletronicamente de acordo com a velocidade do veículo.

Sistema modular do farol de curva.
Feixe de luz para estrada secundária e curva

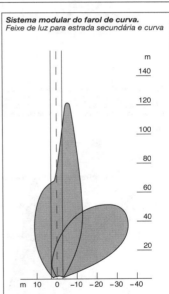

Isso otimiza a harmonização entre os faróis e as atitudes do veículo, eliminando os movimentos "erráticos" do farol.
Neste procedimento de regulagem uma unidade de posicionamento (motor de passo) gira a módulo básico/farol de luz ou o

922 Carroceria

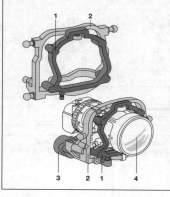

Módulo de farol de curva
1 Chassi de suporte, 2 Chassi de fixação, 3 Motor para rotação horizontal, 4 Bi-Litronic PES

elemento reflexivo de acordo com o ângulo do volante de direção ou com o ângulo das rodas direcionais frontais. Sensores detectam estes movimentos e por meio de algoritmos "Fall Safe" evitam o ofuscamento involuntário do tráfego contrário. Em geral as regulamentações legais estabelecem que o giro só pode atingir até a linha central da pista a uma distância de 70 m da frente do veículo para evitar ofuscamento dos veículos contrários.

Segurança do trânsito e conforto ao dirigir
A introdução do farol de curva representa uma significativa melhoria da segurança e do conforto no tráfego noturno.

Em comparação com o farol de luz baixa convencional o farol de curva atinge um aumento de aproximadamente 70% no alcance visual, o que representa 1,6 segundos de tempo extra de percurso. Com o farol de curva o motorista pode avaliar melhor as situações de risco e iniciar mais cedo a manobra de frenagem, o que acar-

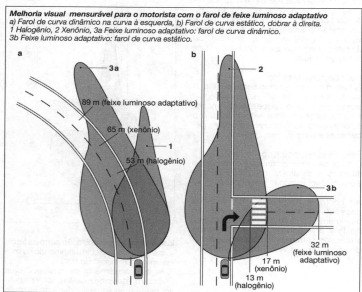

Melhoria visual mensurável para o motorista com o farol de feixe luminoso adaptativo
a) Farol de curva dinâmico na curva à esquerda, b) Farol de curva estático, dobrar à direita.
1 Halogênio, 2 Xenônio, 3a Feixe luminoso adaptativo: farol de curva dinâmico.
3b Feixe luminoso adaptativo: farol de curva estático.

reta uma considerável redução das conseqüências dos acidentes. A adoção do farol de curva estático dobra o alcance visual nas manobras em curvas.

Provavelmente em 2007 entrará em vigor uma nova regulamentação ECE (AFS) que, além das versões de faróis de curva, permitirá também outros fachos de luz, como farol para via expressa, para tráfego urbano e para condições climáticas ruins.

Sistemas

Regulamentações internacionais prescrevem dois faróis de luz baixa para todos os veículos com duas rodas de tração e pelo menos dois (ou opcionalmente quatro) para luz alta.

Sistema de farol duplo
O sistema de farol duplo utiliza lâmpadas com duas fontes de luz (BILUX,/Duplo, lâmpadas halógenas de filamento duplo, selado, refletor/projetor bi-xenônio) para as luzes alta e baixa usando refletores compartilhados.

Sistema de farol quádruplo
Um par de faróis do sistema quádruplo serve para a luz alta e baixa ou somente para a luz baixa, o segundo par de faróis serve para a luz alta. No caso as funções de reflexão ou de projeção da luz podem ser empregadas em qualquer combinação.

Grupo de componentes

Lente móvel em relação à carroceria
Lente e refletor são ligados entre si formando uma unidade de farol. Para regular o feixe luminoso o conjunto completo é girado. Em casos desfavoráveis isso pode levar a um posicionamento oblíquo da lente do farol em relação à linha da carroceria. Os conjuntos dos faróis geralmente possuem capas de vedação na região da lâmpada e sistemas especiais de ventilação.

Lente fixa em relação à carroceria
O refletor é montado na carcaça sem conexão com a lente e na ajustagem só ele se movimenta (modelo carcaça). As lentes são fixas e, portanto, podem ser ajustadas completamente à linha da carroceria. O farol é totalmente selado ou dotado de elementos de ventilação. A regulagem é feita através de dispositivos de ajuste integrados que movimentam o refletor.

Componentes

Refletor
Os refletores são fabricados com plástico, metal fundido sob pressão ou chapa de aço.

Refletores de plástico são produzidos através de injeção por pressão (plásticos termorrígidos) que oferece uma precisão considerável na reprodução da geometria em relação ao sistema de repuxo profundo. É possível atingir tolerâncias geométricas na casa de 0,01 mm. Além disso é possível obter refletores escalonados e composições ilimitadas de facetas. O material básico não necessita de tratamento anticorrosivo.

O metal para fundição sob pressão empregado com maior freqüência é o alumínio e ocasionalmente o magnésio. As vantagens são a alta resistência térmica e a capacidade de produzir formas com alto grau de complexidade (soquete da lâmpada, furos ou espigas para roscas).

Sistemas de faróis
a) Faróis duplos,
b) Faróis quádruplos,
c) Faróis quádruplos com farol de neblina adicional

a — Faróis de luz baixa/alta

b — Faróis de luz baixa/alta ou Faróis de luz baixa
— Faróis de luz alta ou Faróis auxiliares

c — Faróis de luz alta
— Faróis de luz alta
— Faróis de neblina

As superfícies dos refletores de metal fundido sob pressão ou de plástico injetado são normalizadas com uma camada de tinta spray ou à base de pó antes de receberem uma camada de alumínio com espessura de 50...150 nm. Uma camada especial, ainda mais fina, protege o alumínio contra oxidação.

A seqüência do processo de fabricação de refletores de chapa de aço é a seguinte:
- Repuxo profundo para obter um formato geométrico parabolóide ou mais complexo com ferramenta de múltiplos estágios e etapas adicionais de estampagem e curvatura.
- Galvanização ou revestimento pulverizado para proteção contra corrosão.
- Aplicação de tinta para obter uma superfície lisa.
- Aplicação da camada reflexiva através de vapor de alumínio.
- Proteção do alumínio através da aplicação por evaporação de uma camada especial.

Esse processo sela hermeticamente a chapa de aço e proporciona uma superfície com excelente característica de polimento.

Lentes de proteção/lentes de difusão
Uma grande proporção de lentes perfiladas são compostas por vidro de alto grau de pureza (isento de bolhas e estrias). Na fabricação através de prensagem a maior prioridade é dada à consistência da superfície para evitar a indesejável refração da luz para cima (ofuscamento do tráfego contrário). O tipo e a configuração dos prismas da lente dependem do refletor e da distribuição do facho luminoso desejada.

As lentes de proteção "claras" usadas nos faróis atuais são geralmente feitas de plástico. Além da redução do peso as lentes de plástico oferecem outras vantagens em sua aplicação, sobretudo a liberdade de forma e concepção é de grande valia para a tecnologia automotiva.

Existem duas razões básicas que explicam por que as lentes de plástico não devem ser limpas com pano seco:
- Apesar da camada de proteção à prova de riscos, o atrito seco pode danificar a superfície das lentes,
- O atrito com um pano seco pode gerar cargas eletrostáticas e provocar o acúmulo de pó na superfície interna das lentes.

Farol principal, regulamentações na Europa

Regulamentos e diretrizes
ECE R112: Faróis para luz baixa e/ou luz alta assimétrica, equipados com lâmpada incandescente (automóveis, ônibus, caminhões).

ECE R112: Faróis para luz baixa e/ou luz alta simétrica, equipados com lâmpada incandescente (motociclos, motonetas, motocicletas).

ECE R48 e 76/756/EWG (Comunidade Econômica Européia): para instalação e aplicação.

ECE R98: Faróis com lâmpada de descarga gasosa, conforme ECE R99.

Farol de luz baixa, instalação
A regulamentação prescreve dois faróis de luz branca para veículos com duas ou mais rodas de tração.

Farol de luz baixa, fotometria
Para o farol de luz baixa são válidas as regulamentações e diretrizes internacionais com as prescrições exatas para medição fotométrica da luz baixa (com lâmpada incandescente ou de descarga gasosa).

Os testes para homologação são realizados sob condições laboratoriais, com lâmpadas de teste cujos campos de tolerância são mais restritos do que os das lâmpadas comerciais fabricadas em série. As lâmpadas são operadas com o fluxo luminoso especificado para cada categoria de lâmpada (lâmpada incandescente aprox. 12 V, lâmpadas de descarga gasosa 13,5 V). Estas condições laboratoriais são válidas individualmente para todos os faróis do veículo, considerando porém as limitações individuais do veículo, tais como altura de instalação, tensão do sistema elétrico e regulagem.

Na Alemanha, os efeitos ofuscantes de um farol instalado no veículo são avaliados segundo StVZO § 50 (6) (Regulamentação da Licença de Trânsito). O ofuscamento é considerado eliminado se a intensidade luminosa a uma distância de 25 m, na altura do centro do farol, não ultrapassar 1 lux. Neste teste o motor deve funcionar com rotação média.

Iluminação

Farol de luz baixa, acionamento
Todos os faróis de luz alta devem se apagar simultaneamente quando a luz baixa é acionada. A desativação gradual é permitida, desde que num período máximo de 5 segundos. Para que a desativação gradual não ocorra durante o sinal de luz, é necessário garantir um tempo de resposta de 2 segundos. Na posição "luz alta" o farol de luz baixa pode permanecer aceso junto com o farol de luz alta (operação simultânea). Geralmente as lâmpadas H4 são adequadas para uma operação de curta duração com ambos filamentos.

Farol de luz alta, instalação
Um mínimo de dois e no máximo quatro faróis de luz alta são prescritos.

Lâmpada-piloto de acionamento no interior do veículo: Cor azul ou amarela.

Farol de luz alta, fotometria
A distribuição do facho luminoso do farol de luz alta é definida nas regulamentações e diretrizes especificadas para o farol de luz baixa.

As especificações mais importantes são: distribuição simétrica em relação ao plano perpendicular central, iluminação máxima ao longo do eixo central do farol.

A intensidade luminosa máxima, composta pela soma das intensidades luminosas de todos os faróis de luz alta instalados no veículo é de 225.000 cd. Este valor é indicado através de códigos localizados em todos os faróis próximos ao selo de certificação.

225.000 cd correspondem ao código 75. A intensidade luminosa do farol, indicada ao lado do selo de certificação ECE é, por exemplo, 20.

Supondo que o veículo seja equipado apenas com estes faróis de luz alta (sem faróis auxiliares), então a intensidade luminosa somada equivale a aproximadamente 40/75 de 225.000 cd, ou seja, 125.000 cd.

Regulagem dos faróis, luz alta e luz baixa
A regulagem correta dos faróis do veículo é um fator essencial para a segurança tanto do motorista do veículo quanto para os demais veículos que trafegam em sentido contrário durante a noite. Desvios mínimos na regulagem para baixo provocam uma redução substancial no alcance geométrico do farol (veja tabela 2). Um leve desvio para cima acarreta elevação do ofuscamento de quem trafega em sentido contrário.

A regulamentação e equipamento especificados para regulagem de faróis estão descritos no capítulo intitulado "Tecnologia de oficinas" (página 1.154).

Sistema europeu de faróis (farol de luz baixa)

≤ 1.200
≥ 500
≤ 400 e ≤ farol de luz alta

Dimensões em mm

Tabela 2. Alcance geométrico para a componente horizontal da zona claro-escuro do farol de luz baixa. (altura de instalação do farol: 65 cm)

Inclinação da zona claro-escuro (1% = 10 cm/10 m)	%	1	1,5	2	2,5	3
Medida ajustada e	cm	10	15	20	25	30
Alcance geométrico da componente horizontal da zona claro-escuro	m	65	43,3	32,5	26	21,7

Faróis principais, EUA

Sistemas de faróis principais
Como na Europa nos EUA são usados sistemas de dois e quatro faróis. A instalação e o uso de faróis de neblina e faróis de luz alta auxiliares estão sujeitos à legislação, em alguns casos contraditórias, aprovadas em 50 estados individuais.

Até 1983 eram permitidos nos EUA unicamente faróis sealed-bean nos seguintes tamanhos:

Sistemas com faróis duplos:
- 178 mm de diâmetro (redondo),
- 200 x 142 mm (retangular).

Sistemas com faróis quádruplos
- 146 mm de diâmetro (redondo),
- 165 x 100 mm (retangular).

Desde 1983 um suplemento do FMVSS 108 tornou possível o uso de faróis de diversos tamanhos e formatos com lâmpadas substituíveis (RBH Replaceable Bulb Headlamps).

Desde 01/05/1997, entretanto, foram autorizados nos EUA também faróis com zona claro-escuro que requerem regulagem visual. Isso possibilitou a fabricação de faróis que atendem as exigências legais da Europa e dos EUA.

Farol de luz baixa
Os requisitos para distribuição do facho luminoso na América diferem em menor ou maior grau do sistema europeu, dependendo do tipo de construção.

Em particular, os níveis de ofuscamento são maiores nos EUA e a distribuição máxima do facho de luz baixa é mais próxima ao veículo. A regulagem básica em geral é mais alta (veja tabela 3).

Farol de luz alta
As formas construtivas dos faróis de luz alta equivalem às da Europa. As diferenças estão na largura da dispersão do facho luminoso e no menor valor máximo no eixo do farol de luz alta.

Pontos de medição em relação à perspectiva da via segundo SAE 108/FMVSS (resumo)

Tabela 3. Pontos de medição e intensidade luminosa para faróis, luz baixa

Item Nº	Ponto de medição	Intensidade luminosa (cd)
01	10U – 90U	$\leq'''125$
02	4U, 8L	$\geq'''64$
03	4U, 8R	$\geq'''64$
04	2U, 4L	$\geq'''135$
05	1.5U, 1R-3R	$\geq'''200$
05	1.5U, 1R-R	$\leq'''1,400$
06	1U, 1.5L-L	$\leq'''700$
07	0.5U, 1.5L-L	$\leq'''1,000$
08	0.5U, 1R-3R	$\geq'''500; \leq'''2,700$
09	H, 4L	$\geq'''135$
10	H, 8L	$\geq'''64$
11	0.6D, 1.3R	$\geq'''10,000$
12	0.86D, V	$\geq'''4,500$
13	0.86D, 3.5L	$\geq'''1,800; \leq'''12,000$
14	1.5D, 2R	$\geq'''15,000$
15	2D, 9L	$\geq'''1,250$
16	2D, 9R	$\geq'''1,250$
17	2D, 15L	$\geq'''1,000$
18	2D, 15R	$\geq'''1,000$
19	4D, 4R	$\geq'''12,500$
20	4D, 20L	$\geq'''300$
21	4D, 20R	$\geq'''300$

Sistemas

Farol selado
Neste sistema, já fora de uso, o refletor de vidro aluminizado e a lente precisam ser selados com gás devido à fonte de luz não ser encapsulada. A unidade completa é fundida e preenchida com um gás inerte. Quando o filamento queima a unidade inteira precisa ser substituída. Também são empregadas unidades com lâmpadas halógenas.

A linha limitada de faróis selados "Sealed Beam" restringe consideravelmente as opções de projeto para os faróis frontais.

Farol com lâmpada substituível (RBH)
O desenvolvimento da tecnologia de faróis com lâmpadas substituíveis na Europa atingiu também o sistema americano a partir de 1983.

A flexibilidade de tamanho e formato possibilita uma concepção mais avançada do farol (estilo). Normalmente são utilizados refletores e lentes de plástico.

Farol americano Sealed Beam
a) Luz baixa, b) Luz alta.
1 Filamento de luz baixa, 2 Ponto focal,
3 Filamento de luz alta (no ponto focal)

Farol com dispositivo de regulagem (VHAD)
Este conceito emprega faróis RBH que podem ser regulados verticalmente com auxílio de um nível de bolha integrado ao farol e horizontalmente através de um sistema de ponteiro e escala, o que na prática equivale ao "On-Boarding-Aiming".

Farol para regulagem visual (VOL/VOR)
Estes são faróis RBH cujo facho de luz baixa possui (como usualmente na Europa) uma zona claro-escuro, através da qual é possível ajustar o farol.

É usada a zona claro-escuro horizontal esquerda (marcação VOL no farol) ou, mais comum nos EUA, a zona claro-escuro horizontal direita (marcação VOR no farol).

Este tipo de farol dispensa regulagem horizontal.

Farol principal, regulamentações nos EUA

Regulamentos e diretrizes
A norma federal é a Norma Federal de Segurança Automotiva (Federal Motor Vehicle Safety Standard (FMVSS)) n° 108 e o Manual de Normas Básicas de Iluminação Veicular (Normas e Práticas Recomendadas) (SAE Ground Vehicle Lighting Standard Manual (Standards and Recommended Practices)) nela referenciado.

As regulamentações sobre instalação e circuitos de comando são similares às européias. Desde 01/05/1997 também estão aprovados nos EUA faróis com zona claro-escuro.

Faróis em conformidade com a regulamentação ECE ou diretrizes EEC são aprovados nos EUA para o uso em veículos com uma ou duas rodas de tração, desde que satisfaçam também os requisitos americanos de iluminação e regulagem (visual).

Regulagem dos faróis
Veja parágrafo "Regulagem de faróis nos EUA", no capítulo "Tecnologia de oficinas", página 1.157.

Regulagem do alcance do feixe de luz do farol, Europa

A tabela 2 (página 925) indica o alcance geométrico para diferentes inclinações do farol montado a uma altura de 65 cm. Na inspeção de controle são aceitas inclinações de até 2,5% (1,5% sob regulagem normal). A legislação da União Européia prescreve para o ajuste do alcance: o ajuste padrão, baseado na dimensão e, equivale a (10...15 cm)/10 m, com o veículo carregado com uma pessoa no assento do motorista. O fabricante do veículo fornece o ajuste padrão.

Desde 01/01/1998 na Europa, todos os veículos emplacados pela primeira vez precisam possuir um sistema automático ou manual para regulagem do alcance do farol, exceto nos casos em que outros meios garantam manter a inclinação do feixe luminoso dentro da tolerância (p.ex., suspensão com regulagem de nível). Embora este equipamento não seja obrigatório nos demais países, seu uso é permitido.

<u>Regulagem automática do alcance do farol</u>
Deve garantir o rebaixamento ou elevação do feixe luminoso do farol entre 5 cm/10 m (0,5%) e 25 cm/10 m (2,5%) em quaisquer condições de carga.

<u>Ajuste manual do alcance do farol</u>
Este dispositivo é operado do assento do motorista e precisa dispor de um engate elástico na posição padrão, na qual é realizada a regulagem dos faróis. Os sistemas com ou sem escalonamento devem apresentar, próximas à chave manual, marcações para as condições de carga que requerem um ajuste do alcance do farol.

Todos os sistemas de regulagem do alcance dos faróis empregam mecanismos que movimentam verticalmente o refletor (modelo carcaça).
Nos sistemas manuais uma chave próxima ao assento do motorista aciona o movimento. Nos sistemas automáticos o sensor de nível no eixo do veículo transmite ao atuador do mecanismo de posicionamento um sinal proporcional à compressão da mola.

Sistemas hidromecânicos
Nos sistemas hidromecânicos um volume de fluido proporcional ao nível de ajuste é movido bombeado na mangueira de conexão entre a chave manual (ou sensor de nível) e o mecanismo de ajuste.

Sistemas a vácuo
Nos sistemas a vácuo a depressão do tubo de admissão é controlada pela chave manual (ou sensor de nível) e conduzida ao mecanismo de ajuste.

Sistemas elétricos
Os sistemas elétricos empregam motores elétricos para acionamento do mecanismo de ajuste de acordo com o comando da chave manual ou dos sensores nos eixos.

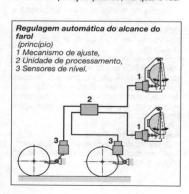

Regulagem automática do alcance do farol
(princípio)
1 Mecanismo de ajuste,
2 Unidade de processamento,
3 Sensores de nível.

Regulagem manual do alcance do farol
(princípio)
1 Mecanismo de ajuste,
2 Chave manual

Iluminação

Os sistemas de limpadores de faróis removem a sujeira das lentes dos faróis principais, garantindo uma iluminação da pista sem interferências e evitando o ofuscamento do tráfego no sentido contrário.

Sistema de limpeza com palhetas

A aplicação de sistemas com palhetas e bicos de esguicho (atualmente integrados às palhetas) se restringe aos faróis com lentes de vidro devido à superfície das lentes de plástico ser muito sensível para uma limpeza mecânica, apesar do revestimento de alta resistência à abrasão.

Sistema de limpeza à alta pressão

Os sistemas de limpeza com água à alta pressão recebem cada vez mais aceitação, pois podem ser empregados tanto em lentes de vidro quanto de plástico. O efeito removedor é determinado principalmente pelo impulso das gotículas de água. Os fatores decisivos são:
- distância entre o(s) esguicho(s) e a lente,
- tamanho, ângulo de incidência e velocidade de impacto das gotículas de água,
- volume de água.

Além dos suportes de esguicho fixos no pára-choque, há também suportes de esguichos com movimento telescópico. Como o suporte telescópico pode se colocar numa posição mais favorável, o efeito de limpeza é consideravelmente melhor. Além disso, o suporte inativo pode ser ocultado, por exemplo, no interior do pára-choques.

Os sistemas com água à alta pressão consistem de:
- Reservatório de água, bomba, mangueiras e válvula de retenção.
- Suporte do esguicho, que pode ser extensível por meio de telescópio, com um ou mais bicos.

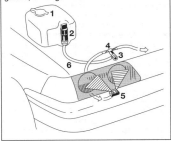

Sistema de limpeza de farol com água à alta pressão, com suporte do esguicho fixo.
1 Reservatório de água, 2 Bomba, 3 Válvula de retenção, 4 Conexão T, 5 Suporte do esguicho, 6 Mangueira.

Sistema de limpeza de farol com palhetas
1 Esguicho com jato de água,
2 Braço da palheta.

Sistema de limpeza de farol com água à alta pressão, com suporte do esguicho telescópico.
1 Do reservatório de água,
2 Suporte do esguicho com movimento telescópico,
3 Lente do farol.

Faróis de neblina

O objetivo dos faróis de neblina (luz branca) é melhorar a iluminação da pista no caso de neblina, neve, chuva forte e nuvem de poeira.

Princípio óptico

Paraboloide
Um refletor parabólico com a fonte de luz no ponto focal reflete a luz num feixe paralelo ao eixo (como na luz alta) e a lente dispersa esse feixe formando uma faixa horizontal. Um anteparo limita a irradiação do feixe para cima.

Tecnologia de superfície livre
Métodos de cálculo, como Cálculo de Iluminação Auxiliado por Computador CAL (Computer Aided Lighting), podem ser empregados para calcular superfícies do refletor para dispersar diretamente o feixe de luz (isto é, sem refração pela lente) e gerar simultaneamente (sem sombreamento extra) uma zona claro-escuro. A forte concentração da lâmpada resulta num volume de luz extremamente alto com a máxima largura de dispersão.

Farol de neblina PES
Esta tecnologia minimiza o ofuscamento por reflexão na neblina. O diafragma projetado na pista pela lente gera uma zona claro-escuro com a mínima dispersão da luz para cima.

Farol de neblina com refletor de superfície livre (corte horizontal)

Sistemas

Faróis de neblina para instalação avulsa, com elemento óptico na carcaça, são fixados sobre ou abaixo do pára-choque.

Por razões estilísticas e aerodinâmicas, os faróis, como unidade para instalação, são cada vez mais freqüentemente integrados às linhas da carroceria ou fazem parte de um conjunto óptico (na montagem com faróis principais os refletores são móveis para permitir a regulagem).

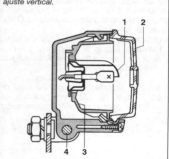

Farol de neblina
(refletor parabólico, instalação perpendicular)
1 Anteparo, 2 Lente, 3 Refletor, 4 Eixo para ajuste vertical.

Faróis de neblina (posicionamento)

Dimensões em mm

Os faróis de neblina atuais produzem luz branca. As vantagens da luz amarela seletiva não possuem fundamentação na psicologia. A eficiência fotométrica do farol de neblina depende do tamanho da área iluminada e da distância focal do refletor. Para mesma área iluminada e distâncias focais iguais, a diferença fotométrica entre faróis redondos e retangulares é insignificante.

Regulamentações
Forma construtiva conforme ECE R19, Instalação conforme ECE R48 e, na Alemanha, StVZO § 52 (Regulamentação da Licença de Trânsito); são permitidos dois faróis de neblina na cor branca ou amarela. O circuito de controle para acionamento dos faróis de neblina deve ser independente dos faróis de luz baixa e alta. Na Alemanha o StVZO permite instalar faróis de neblina a uma distância acima de 400 mm do ponto mais largo do veículo, se o circuito garantir que os faróis de neblina só poderão ser acesos em conjunto com os faróis de luz baixa.

Regulagem
Os faróis de neblina são regulados como os faróis principais.
Regulamentações e medidas específicas para regulagem veja capítulo "Tecnologia de oficinas", página 1.154.

Faróis auxiliares de luz alta

Faróis auxiliares de luz alta servem para melhorar o efeito da luz alta dos faróis regulamentares. O princípio óptico é adaptado aos requisitos luminotécnicos dos faróis de luz alta. Tamanhos e formas dos faróis auxiliares de luz alta geralmente são idênticos aos faróis de neblina.
Instalação, fotometria e regulagem correspondem às especificações para os faróis de luz alta. Os faróis auxiliares de luz alta também estão sujeitos às determinações de intensidade máxima de iluminação estabelecidas para o veículo, segundo as quais a soma dos números de referência de todos os faróis não pode ultrapassar 75. Para faróis antigos, sem número de referência no código de aprovação, assume-se o número 10 como referência.

Lanternas

Forma construtiva conforme ECE R6, R7, R23 e R38 e instalação ECE R48.
Nos EUA a quantidade, posição e cores das luzes de sinalização são estabelecidas pela regulamentação federal FMVSS 108. A construção e os requisitos luminotécnicos são encontrados nas Normas SAE relevantes.
As lanternas têm a finalidade de facilitar o reconhecimento do veículo e alertar sobre suas intenções de mudança de direção ou movimento. Em princípio há uma série de possibilidades construtivas para satisfazer os requisitos luminotécnicos das lanternas.

Lanternas com refletor óptico
Lanternas com refletores semelhantes a uma parábola ou refletores escalonados direcionam a luz da lâmpada num feixe luminoso paralelo ao eixo e o difunde por meio dos elementos ópticos de dispersão da lente.
Lanternas com refletores de superfície livre geram a necessária dispersão total ou parcial do facho luminoso por meio de reflexão. Deste modo, a lente externa pode ser totalmente lisa ou complementada com elementos de dispersão cilíndricos, dispostos na direção horizontal ou vertical.

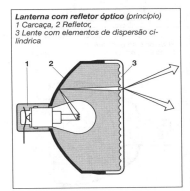

Lanterna com refletor óptico (princípio)
1 Carcaça, 2 Refletor,
3 Lente com elementos de dispersão cilíndrica

932 Carroceria

Lanterna com lente de Fresnel
A luz da lâmpada incide, sem ajuda do refletor, diretamente na lente de Fresnel que realiza a refração na direção desejada. O grau de eficiência das lentes de Fresnel é geralmente menor do que o dos refletores.

Lanterna com refletor óptico e lente de Fresnel
Combinações dos dois princípios anteriores também são empregadas com muito sucesso. O refletor de parábola girada permite construir unidades mais compactas mantendo o mesmo fluxo luminoso. Suas características são pequeno diâmetro da lente e pouca profundidade do refletor.

Este conceito emprega um refletor com formato especial (parábola girada) para capturar o feixe luminoso emitido pela lâmpada no maior ângulo periférico possível. A lente de Fresnel homogeneíza o feixe de luz e o projeta na direção desejada.

Uma lanterna de superfície livre com lente de Fresnel combina um alto grau de eficiência luminosa com uma infinidade de possibilidades estilísticas. O feixe luminoso é formado essencialmente pelo refletor e a lente de Fresnel melhora a eficiência luminosa, refratando na direção desejada a porção de luz que normalmente não contribuiria para o funcionamento da lanterna. Ambos sistemas são utilizados principalmente nas lanternas direcionais dianteiras.

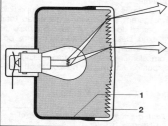

Lanterna com lente de Fresnel (princípio)
1 Carcaça, 2 Lente de Fresnel.

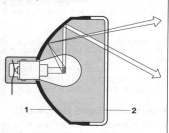

Lanterna com superfície livre (princípio)
1 Refletor, 2 Lente clara.

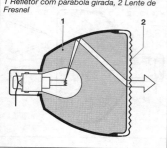

Refletor com parábola girada (princípio)
1 Refletor com parábola girada, 2 Lente de Fresnel

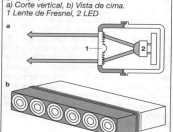

Lanterna com LED's e lente de Fresnel (princípio)
a) Corte vertical, b) Vista de cima.
1 Lente de Fresnel, 2 LED

Iluminação

Lanterna com tecnologia de fibra óptica (princípio)
a) Construção e funcionamento b) Exemplo
1 Condutor de luz, 2 Prisma de refração, 3 Lâmpada com refletor e placa térmica.

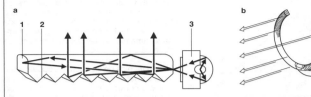

A aplicação de cada uma depende do formato da carroceria e conseqüentemente do espaço disponível para instalação, das exigências estilísticas e dos requisitos de iluminação.

Lanterna com diodos de luz (LED's)

As lanternas traseiras do veículo, principalmente a lanterna de freio elevada, também usam LED's como fonte de luz (veja página 55). LED's especiais permitem um formato linear e estreito da lanterna de freio elevada. Além disso, o LED na luz de freio proporciona uma segurança adicional. Um LED fornece potência total de luz em menos de 1 ms, enquanto a lâmpada incandescente demora aproximadamente 200 ms para atingir sua potência nominal. Portanto o LED emite o sinal de freio mais cedo e, com isso, reduz o tempo de reação.

Lanterna com tecnologia de fibra óptica

Com o emprego de condutores de ondas de luz (veja página 53), a fonte de luz pode ser separada fisicamente do ponto de emissão da luz. Como fonte de luz são adequados lâmpada incandescente ou LED's.

O condutor de luz geralmente é composto por fibras de vidro e/ou plástico transparente, como PC ou PMMA. Para se obter a distribuição do feixe de luz desejada são necessários prismas refratores especiais no condutor de luz ou elementos ópticos ativos sobre ou na frente da fibra óptica.

Fotometria/intensidade luminosa

Para as lanternas há exigências para intensidade luminosa mínima e máxima na direção do eixo de referência, que por um lado visam garantir o reconhecimento do sinal luminoso e por outro evitar o ofuscamento prejudicial aos demais usuários do tráfego.

A partir destes valores de referência, a intensidade luminosa pode decair levemente tanto nas laterais quanto acima e embaixo do eixo de referência. Estes desvios foram quantificados numa base percentual ("Padrão unificado de distribuição da luz").

Filtro de cores

Dependendo da finalidade (p.ex., lanterna de freio, indicação de direção, advertência de neblina), as lanternas do veículo devem apresentar cores uniformes e inconfundíveis, na faixa do vermelho e do amarelo. Estas cores são definidas em regiões específicas de um diagrama cromático padrão (local espectral).

Tela de medição ECE "Lanternas"
Representação esquemática da distribuição da luminosidade das lanternas traseiras, vista em direção à traseira. (valores em %)

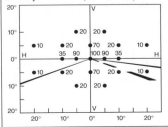

Carroceria

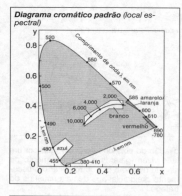

Diagrama cromático padrão (local espectral)

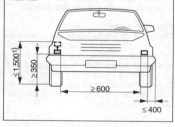

Indicador de direção dianteiro (ECE)
(posicionamento, medidas em mm)
¹) Menos de 2.100 mm se o tipo de carroceria do veículo não permite manter a altura máxima.

Indicador de direção traseiro (ECE)
(posicionamento, medidas em mm)
1 Lanterna traseira.
Altura e largura como no indicador de direção dianteiro.

Como a luz branca é composta por diversas cores, a irradiação na banda indesejável do espectro (cores) pode ser amainada ou completamente eliminada através de filtros. Como filtro de cor pode ser usada a lente colorida da lanterna ou uma camada de cor no bulbo da lâmpada (p.ex., lâmpada amarela no pisca-pisca e lente da lanterna em cor neutra).

Com a técnica de filtragem é possível, com as lanternas desligadas, adequar a cor das lentes à cor da carroceria do veículo e ao mesmo tempo cumprir as exigências de certificação com as lanternas ligadas. Por exemplo, para a região da EU/ECE é estabelecido para a cor "amarela/laranja" do pisca-pisca o local espectral correspondente ao comprimento de onda de aproximadamente 592 nm e para a cor "vermelha" das luzes de freio e de delimitação do contorno o local espectral correspondente ao comprimento de onda de aprox. 625 nm (veja figura).

Indicadores de direção (ECE R6)

ECE R48 e 76/756/EEC especificam para veículos de três ou mais rodas indicadores de direção do grupo 1 (frontal), do grupo 2 (lateral) e do grupo 3 (traseiro). Para motocicletas bastam indicadores de direção do grupo 2. A cor das lâmpadas-piloto é liberada. A freqüência estabelecida para o pisca-pisca é de 90 ± 30 ciclos por minuto.

Indicador de direção na lateral (ECE)
(posicionamento, medidas em mm)
¹) ou 2.500 mm ⎫ se a carroceria do veículo
²) ou 2.300 mm ⎭ não permite manter as dimensões máximas

Iluminação

Indicador de direção dianteiro
São estipuladas duas lanternas amarelas. É exigida exigida luz-piloto no interior do veículo.

Indicador de direção traseiro
São estipuladas duas lanternas amarelas.

Indicador de direção na lateral
São especificadas duas lanternas na cor amarelo. EUA: SAE J588 Nov. 1984.

Luzes intermitentes

Regulamentações
A StVZO (Regulamentação de Licença de Trânsito) e a Diretriz EU 76/756/EWG determinam que veículos com velocidade acima de 25 km/h, além da iluminação padrão, devem possuir equipamento de sinalização intermitente para mudança de direção e alerta de perigo.

Luz intermitente
Sinais com 60...120 pulsos por minuto e período relativo de iluminação de 30...80%. A luz deve ser emitida dentro de 1,5 s após o acionamento. Se uma lâmpada queimar, as restantes devem continuar emitindo sinais perceptíveis.

Luz intermitente de direção
Sinal sincronizado de todas as luzes intermitentes de um dos lados do veículo. As luzes são monitoradas eletricamente.
Falhas no funcionamento são indicadas.

Luz intermitente de alerta
Luz intermitente sincronizada de todos os indicadores de direção, mesmo com a ignição desligada.
   Indicador de operação obrigatório.

Luzes intermitentes para veículos sem reboque
O gerador eletrônico de sinais intermitentes possui um gerador de pulsos que aciona as luzes através de um relé e um circuito de monitoramento controlado pela corrente que altera a freqüência quando a primeira lâmpada queima. A alavanca de indicação de direção aciona as luze intermitentes de direção e a chave de luz de alerta, as luzes intermitentes de alerta.

Luzes intermitentes de indicação de direção e alerta de perigo para automóvel de passageiros
1 Gerador de sinais intermitentes com circuito integrado (IS) ou gerador de pulsos G e estágio de controle H, 2 Alavanca de indicação de direção, 3 Lâmpada-piloto, 4 Indicadores de direção, 5 Chave da luz de alerta com controle de acionamento.

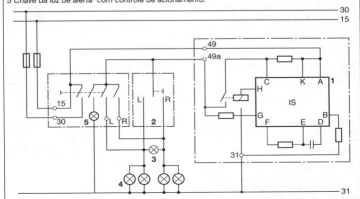

Luzes intermitentes para veículos com e sem reboque
Este gerador de sinais intermitentes difere do gerador para veículos sem reboque através do tipo de controle de funcionamento das luzes intermitentes de mudança de direção.

Monitoramento com circuito simples
Veículo trator e reboque compartilham um circuito de monitoramento, concebido para ativar duas lâmpadas com lanternas laterais amarelas de intermitência. Este tipo de circuito não pode localizar falhas das lâmpadas. A freqüência de intermitência permanece inalterada.

Monitoramento com circuito duplo
Veículo trator e reboque são equipados com circuitos independentes. O não acendimento da lâmpada-piloto permite localizar falhas das lâmpadas. A freqüência de intermitência permanece inalterada.

Lanternas para delimitação do veículo

Lanternas de posição e delimitação (ECE R7)
De acordo com ECE R48 e 76/756/EWG, veículos e reboques com largura superior a 1.600 mm requerem lanternas delimitadoras (na frente). Lanternas de posição (na traseira) são obrigatórias para veículos de qualquer largura. Se a largura do veículo ultrapassa 2.100 mm (p.ex., caminhões) devem ser instaladas lanternas delimitadoras eficazes.

Lanterna de posição dianteira (ECE R7)
São prescritas duas lanternas de posição dianteira na cor branca.
EUA: SAE J222 Dez.1970.

Lanterna de posição traseira (ECE R7)
São prescritas duas lanternas de posição traseira na cor branca. Se a lanterna de posição e a luz de freio formarem uma unidade, a relação de intensidade luminosa efetiva das duas funções deve ser no mínimo 1:5. As lanternas de posição traseira precisam operar simultaneamente com as lanternas delimitadoras. EUA: SAE J585e Set. 77.

Lanternas delimitadoras (ECE R7)
Para veículos com largura superior a 2.100 mm são prescritas duas lanternas brancas na frente e duas vermelhas na traseira.
Posição: O mais próximo possível das extremidades laterais superiores.
EUA: SAE J592e

Lanternas laterais (ECE R 91)
De acordo com ECE R48, veículos com comprimento acima de 6 m devem ser equipados com lanternas laterais amarelas (SML), exceto veículos só com cabine e chassi.
Lanternas laterais tipo SM1 podem ser usadas em veículos de qualquer categoria, ao contrário do tipo SM2 que só pode ser usado em automóveis de passageiros. Em todos os demais veículos (p.ex., ônibus, reboques) os dois tipos SLM são permitidos.
EUA: SAE J592e

Refletores (ECE R3)
Conforme ECE R48, são prescritos para os veículos <u>dois refletores traseiros vermelhos, não triangulares</u> (um para motocicletas e motonetas).
Outros itens reflexivos (fita reflexiva vermelha) são permitidos, desde que não prejudiquem a função dos equipamentos de iluminação e sinalização prescritos.

<u>Dois refletores dianteiros incolores, não triangulares</u>, são exigidos para reboques e veículos, cujas lanternas dianteiras com refletores ativos sejam encobertas (p.ex.: faróis escamoteáveis). Em todos os demais veículos eles são permitidos.

<u>Refletores laterais amarelos, não triangulares</u> são exigidos para todos os veículos com comprimento acima de 6 m e em todos os reboques. Nos veículos abaixo de 6 m de comprimento, eles são permitidos.

<u>Dois refletores traseiros triangulares, vermelhos</u>, são exigidos para reboques e proibidos para veículos automotivos.
Dentro do triângulo não é permitida nenhuma lanterna.
EUA: SAE J594f.

Lanterna de estacionamento (ECE R77)

Segundo ECE R48 são permitidas duas lanternas de estacionamento na frente e duas na traseira ou uma de cada lado. A cor na frente é branca, na traseira, vermelha. A cor amarela é permitida na traseira se as lanternas de estacionamento forem instaladas em conjunto com os indicadores de direção laterais.

As lanternas de estacionamento devem operar, mesmo sem que as demais lanternas (ou faróis) sejam acionados. Na maioria dos casos, a função das lanternas de estacionamento é assumida pelas lanternas de posição e delimitação.
EUA: SAE J222 Dez. 1970.

Iluminação da placa de licença (ECE R4)

De acordo com ECE R48, a placa traseira deve ser iluminada de modo que à noite seja legível a uma distância de 25 m.

Em qualquer ponto da superfície da placa de licença a luminância deve ser, no mínimo, igual a 2,5 cd/m². O gradiente de luminância entre dois pontos quaisquer de medição, distribuídos na superfície da placa, não pode ultrapassar $2 \times B_{min}$/cm. Sendo B_{min} a menor luminância medida nos pontos de medição.
EUA: SAE J587 Out. 1981.

Luz de freio (ECE R7)

De acordo com ECE R 48, todo automóvel de passageiros deve ser equipado com duas lanternas de freio tipo S1 ou S2 e uma lanterna de freio do tipo S3, na cor vermelha.

Se a lanterna de freio e a lanterna de posição formarem uma unidade, a relação de intensidade luminosa efetiva entre as duas funções deve ser no mínimo 1:5.

A lanterna de freio do tipo S3 (lanterna de freio central) não pode ser incorporada numa unidade com outra lanterna).
EUA: SAE J586 Fev. 1984,
SAE J186a Set. 1977.

Lanterna de neblina traseira (ECE R38)

Para os países de UE/ECE a ECE R48 prescreve uma ou duas lanternas de neblina traseiras, na cor vermelha, para todos os veículos novos, posicionadas a uma distância mínima de 100 mm das lanternas de freio.

A área iluminada visível na direção do eixo de referência não pode ultrapassar 140 cm². O circuito de acionamento deve garantir que a lanterna de neblina traseira só possa ser ativada em conjunto com o farol de luz alta ou farol de neblina dianteiro. Além disso, deve ser possível desativar a lanterna de neblina traseira, independentemente do farol de neblina.

Lanternas de freio (ECE)
(posicionamento, medidas em mm)
1   Lanterna de freio central (tipo S3),
2   Duas lanternas de freio (tipo S1),
¹) ≥ 400 mm se a largura < 1.300 mm
²) ≤ 2.100 mm se for impossível manter a altura máxima ou
³) ≤ 150 mm abaixo do canto inferior da janela traseira.
⁴) Entretanto o canto inferior da lanterna de freio central deve estar mais alto do que o canto superior das lanternas de freio (principais).

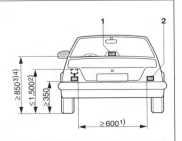

938 Carroceria

Lanternas de neblina traseiras (ECE)
(posicionamento, medidas em mm)
1 Lanternas de freio, 2 Duas lanternas de neblina traseiras, 3 Uma lanterna de neblina traseira.

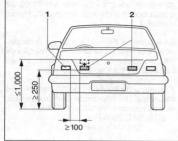
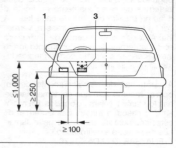

Lanterna de marcha à ré (ECE)
(posicionamento, medidas em mm)
Quantidade: 1 ou 2

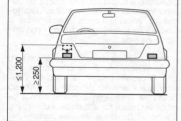

A lanterna de neblina traseira só deve ser usada se o alcance visual, devido à neblina, for menor do que 50 m. Motoristas responsáveis obedecem a esta restrição, pois a lanterna de neblina traseira, em virtude da sua alta intensidade luminosa em condições de boa visibilidade, pode ofuscar motoristas sensíveis.

Lâmpada-piloto prescrita: Amarela.

Lanterna de marcha-à-ré (ECE R23)

De acordo com ECE R 48, é permitida uma ou duas lanternas de marcha-à-ré brancas.

O circuito de acionamento deve garantir que as lanternas de marcha-à-ré só possam entrar em funcionamento com a marcha-à-ré engatada e a chave de ignição ligada.
EUA; SAE J593c Fev. 1968.

Farol diurno

Segundo ECE R87, a instalação de farol diurno na Europa é autorizada. Seu uso, ou o uso de farol de luz baixa durante o dia, é exigido por lei na Dinamarca, Noruega, Finlândia, Suécia, Lituânia, Estônia, Letônia, Hungria, Polônia, Eslováquia, Eslovênia, Espanha (rodovias) e Itália (rodovias).

Farol diurno (ECE)
(posicionamento, medidas em mm)

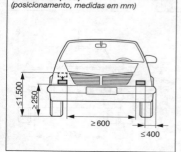

Outros equipamentos de iluminação

Lanternas de identificação
De acordo com ECE R65, as lanternas de identificação devem ser visíveis de todas as direções e criar uma impressão de intermitência. A freqüência de intermitência corresponde a 2...5 Hz. Lanternas de identificação azuis são destinadas a veículos oficiais. Lanternas de identificação amarelas devem advertir sobre perigo ou sobre transporte de cargas perigosas.

Farol de busca
Faróis de busca produzem um facho de luz estreito com alta intensidade luminosa, podendo à longa distância iluminar uma área pequena.

Faróis de trabalho
Faróis de trabalho só podem ser utilizados em movimento se o movimento do veículo é parte integrante da operação por ele realizada, por exemplo, nos tratores na agricultura e na floresta, em máquinas automotivas, em veículos de resgate etc.

Lanternas de conveniência
Lanternas para o uso com o veículo parado estão em franca expansão. As aplicações típicas são na iluminação das áreas de embarque e desembarque com a porta aberta ou fechada, lanternas que iluminam o contorno do veículo na área abaixo do chassi ou lanternas que identificam as maçanetas.

Combinações com as lanternas delimitadoras ou com os faróis de neblina são denominadas como funções de "boas-vindas" que, p.ex., são ativadas pelas travas das portas.

Tabela 4. Intensidade mínima de intermitência para lanternas de identificação		
Faixa de medição	Intensidade cd	
	azul	amarelo
Paralela à superfície da pista	> 20	> 40
Dentro do feixe de luz ±4°	> 10	
Ângulo em relação à superfície da pista ±8°		>30

Lâmpadas automotivas
Lâmpadas para iluminação veicular em conformidade com ECE R37 estão disponíveis para 6V, 12V e 24V (veja tabela 5 na próxima página). Para evitar ambigüidade, lâmpadas de tipos diferentes são identificadas por soquetes diferentes. Lâmpadas de várias tensões operacionais possuem inscrição da tensão para evitar equívocos no caso de soquetes iguais. Os tipos de lâmpadas compatíveis devem ser indicadas no equipamento. Uma elevação de 10% na tensão acarreta uma variação de 75% na vida útil e ao mesmo tempo uma variação de 30% na capacidade de iluminação (veja figura).

A eficiência luminosa (lumens por watt) representa a eficiência fotométrica da lâmpada em relação à potência elétrica fornecida. A eficiência luminosa de lâmpadas de vácuo corresponde a 10...18 lm/W. A eficiência máxima das lâmpadas halógenas de 22...26 lm/W é primariamente uma conseqüência da elevada temperatura do filamento. As lâmpadas D2S e D2R de descarga gasosa (Litronic) com uma eficiência de 85 lm/W contribuem para a avançada melhoria do farol de luz baixa.

Lâmpadas substituíveis precisam ter tipo aprovado de acordo com ECE R37. Outras fontes de luz que não correspondam a esta regulamentação (LED, neon, lâmpadas incandescentes) só podem ser empregadas com componente fixo de uma lanterna. No caso de reparo a unidade inteira precisa ser trocada.

Dados operacionais de lâmpadas incandescentes
L Vida útil
Grandezas elétricas:
I Corrente, P Potência, U Tensão
Grandezas fotométricas:
Φ Fluxo luminoso, η Eficiência luminosa.

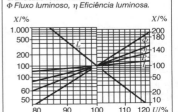

Tabela 5. Dados das principais lâmpadas para veículos automotivos (não incluem lâmpadas para motocicletas)

Aplicação	Categoria	Tensão nominal V	Potência nominal W	Fluxo luminoso Lúmen	Tipo de soquete IEC
Luz alta, luz baixa	R2	6 12 24	45/40 [1]) 45/40 55/50	600 min/ 400-550[1])	P 45 t-41
Luz de neblina, luz alta, luz baixa com 4 faróis	H1	6 12 24	55 55 70	1.350 [2]) 1.550 1.900	P14,5 e
Luz de neblina, luz alta	H3	6 12 24	55 55 70	1.050 [2]) 1.450 1.750	PK 22s
Luz alta/ luz baixa	H4	12 24	60/55 75/70	1.650/ 1.000 [1]),[2]) 1.900/1.200	P 43 t-38
Luz alta, luz baixa com 4 faróis, luz de neblina	H7	12 24	55 70	1.500 [2]) 1.750	PX 26 d
Luz de neblina, farol de curva estático	H8	12	35	800	{GJ 19-1
Luz alta	H9	12	65	2.100	PGJ 19-5
Luz baixa, luz de neblina	H11	12 24	55 70	1.350 1.600	PGJ 19-2
Luz de neblina	H10	12	42	850	PY 20 d
Luz baixa no sistema 4 faróis	HB4	12	55	1.100	P 22 d
Luz alta no sistema 4 faróis	HB3	12	60	1.900	P 20 d
Luz baixa, luz alta	D1S	85 12 [5])	35 aprox. 40 [5])	3.200	PH 32 d-2
Luz baixa, luz alta	D2S	85 12 [5])	35 aprox. 40 [5])	3.200	P 32 d-2
Luz baixa, luz alta	D2R	85 12 [5])	35 aprox. 40 [5])	2.800	P 32 d-3

Tabela 5. Continuação

Aplicação	Categoria	Tensão nominal V	Potência nominal W	Fluxo luminoso Lúmen	Tipo de soquete IEC	Ilustração
Luz de freio, indicação de direção, neblina traseira, ré	P 21 W PY 21W[6])	6, 12, 24	21	460 [3])	BA 15 s	
Luz de freio/ posição traseira	P 21/5W	6 12 24	21/5 [4]) 21/5 21/5	440/35 [3], [4]) 440/35 [3], [4]) 440/40 [3])	BAY 15d	
Luz de delimitação, posição traseira	R 5 W	6 12 24	5	50 [3])	BA 15 s	
Luz de posição traseira	R 10 W	6 12 24	10	125 [3])	BA 15 s	
Luz de freio, indicação de direção	P 19 W PY 19 W	12 12	19 19	350 [3]) 215 [3])	PGU 20/1 PGU/20/2	
Luz de neblina traseira, ré. Indicação de direção à frente	P 24 W PY 24 W	12 12	24 24	500 [3]) 300 [3])	PGU 20/3 PGU 20/4	
Luz de freio, indicação de direção, ré	P 27 W	12	27	475 [3])	W2,5x16d	
Luz de freio/ luz de posição traseira	P 27/7W	12	27/7	475/36 [3])	W2,5x16q	
Luz da placa de licença, luz de posição traseira	C 5 W	6 12 24	5	45 [3])	SV 8,5	
Luz de ré	C 21 W	12	21	460 [3])	SV 8,5	
Luz de delimitação	T 4 W	6 12 24	4	35 [3])	BA 9 s	
Luz de delimitação, Luz da placa de licença	W 5 W	6 12 24	5	50 [3])	W2,1x9,5d	
Luz de delimitação, Luz da placa de licença	W 3 W	6 12 24	3	22 [3])	W2,1x9,5d	

[1]) Luz alta/luz baixa; [2]) Valores nominais na tensão de teste de 6,3, 13,2 ou 28,0 V;
[3]) Valores nominais na tensão de teste 6,3, 13,2 ou 28,0 V; [4]) Espira principal/espira secundária;
[5]) Com dispositivo seriado; [6]) Variante amarela.

Janelas e pára-brisas

O material vidro

Os pára-brisas e as janelas automotivas são feitos de vidro de sílica. Os compostos químicos básicos e suas proporções são:
- 70...72% ácido silícico (SiO_2) como vitrificante,
- aprox. 14% de óxido de sódio (Na_2O) como fundente e
- aprox. 10% de óxido de cálcio (CaO) como estabilizante.

Estas substâncias são misturadas na forma de areia de quartzo, soda e cal. Outros óxidos, como de magnésio e de alumínio, são acrescentados à mistura até a proporção de 5%. Os aditivos melhoram as características químicas e físicas do vidro.

Fabricação do vidro plano

As janelas e pára-brisas de vidro são fabricados tendo o vidro plano como matéria-prima. O vidro plano utilizado é obtido pelo processo de fundição por flotação. Neste processo a mistura fundida a uma temperatura de 1.560°C passa por uma zona de purificação de 1.500°C a 1.100°C e então é vertida sobre um banho de estanho líquido, denominado banho de flotação. O vidro em estado análogo ao líquido é aquecido por cima (polimento a fogo). A superfície plana do estanho cria um vidro plano, com superfícies paralelas, de qualidade extremamente alta (abaixo, superfície de banho de estanho, acima, superfície polida a fogo). O vidro é resfriado até a temperatura de 600°C. Depois de um posterior resfriamento lento e livre de tensão, o vidro é cortado em placas de 6,10 x 3,20 m.

O estanho é indicado para o processo de vidro de flotação por ser o único metal que a 1.000°C ainda não gera nenhuma pressão de vapor e por ser líquido à temperatura de 600°C.

Propriedades do material e dados físicos do vidro e das janelas e pára-brisas acabados

Propriedade	Unidade	VST	VSL
Densidade	kg/m^3	2.500	2.500
Dureza	Mohs	5...6	5...6
Resistência à compressão	MN/m^2	700...900	700...900
Módulo de elasticidade	MN/m^2	68.000	70.000
Resistência à curvatura			
antes da tensão inicial	MN/m^2	30 [2]	30 [1]
após a tensão inicial	MN/m^2	50 [2]	
Calor específico	kJ/kgK	0,75...0,84	0,75...0,84
Coeficiente de condutividade térmica	W/mK	0,70...0,87	0,70...0,87
Coeficiente de dilatação térmica	m/mK	$9,0 \cdot 10^{-6}$	$9,0 \cdot 10^{-6}$
Constante dielétrica		7...8	7...8
Transparência (DIN 52 306) claro [3]	%	≈ 9	≈ 9 [1]
Índice de refração [3]		1,52	1,52 [1]
Ângulo de desvio devido à conicidade	Arco	< 1,0 plano	≤1,0 plano [1]
	Minuto	< 1,5 curvado	≤1,5 curvado [1]
Divergência dióptrica DIN 52 305 [3]	Dptr.	< 0,03	≤0,03 [1]
Resistência térmica	°C	200	90 [1] (máx. 30')
Resistência ao choque térmico	K	200	

---

1) Propriedade do vidro de segurança laminado (VSL). No cálculo da resistência à curvatura o efeito de acoplamento da película de PVB deve ser desprezado.
2) Valores calculados, já incluídas as margens de segurança necessárias.
3) Os valores para as características ópticas dependem muito do tipo da janela e do pára-brisa.

Vidraçaria automotiva

Vidros usados na vidraçaria automotiva são de dois tipos:
- Vidro de Segurança Temperado (VST), usado predominantemente nas janelas laterais, traseiras e no teto, e
- Vidro de Segurança Laminado (VSL), usado principalmente nos pára-brisas e janelas traseiras, como também em tetos solares. O VSL é usado cada vez mais também nas janelas laterais e traseiras.

O vidro original para confecção dos painéis de VST e VSL são dos tipos básicos:
- Vidro flotado incolor: este vidro oferece a melhor transparência possível.
- Vidro flotado tonalizado: esse vidro é colorido na massa, com tons homogêneos verde ou cinza; a coloração tem a função de proteção contra radiação solar.
- Vidro flotado revestido: as placas têm uma ou as duas faces revestidas com óxidos de metais preciosos e óxidos metálicos. O revestimento proporciona proteção contra radiação solar e ultravioleta, bem como isolamento térmico.

Vidro de segurança temperado (VST)

O vidro de segurança temperado se distingue do vidro de segurança laminado através das altas tensões mecânicas e térmicas e pelo comportamento na quebra e na formação de estilhaços. Eles são submetidos a um processo de têmpera que lhes confere alta tensão superficial. No caso de quebra estes vidros se partem em várias partículas de vidro, sem cantos vivos.

Não é possível submetê-los a processos posteriores (esmerilhar, furar).

As espessuras padrões dos vidros de segurança temperados são 3, 4 e 5 mm.

Vidro de segurança laminado (VSL)

O vidro de segurança laminado é composto de duas placas com uma camada plástica flexível intermediária de Polivinil butiral (PVB). Quando submetido ao impacto ou choque o vidro quebra formando estilhaços. A camada plástica intermediária mantém os estilhaços de vidro unidos. A integridade e a visibilidade do vidro laminado são mantidas em caso de quebra.

As espessuras padrões dos vidros de segurança laminados são 4,5...5,6 mm.

A formação de partículas (no VST) e a camada de plástico (no VSL) reduzem o risco de ferimentos no caso de acidente.

Propriedades ópticas

Os requisitos de qualidade óptica dos vidros automotivos são:
- visão desimpedida,
- visão sem interferências e
- visão sem distorções.

O preenchimento dos requisitos de qualidade óptica deve ser harmonizado com as exigências estruturais e com o design da carroceria do veículo, considerando:
- envidraçamento de grandes superfícies,
- envidraçamento com grande inclinação,
- placas cilíndricas ou esféricas,
- placas com grandes curvaturas..

Efeitos negativos possíveis:
- deflexão óptica,
- distorção óptica,
- imagem dupla.

A deflexão óptica aumenta proporcionalmente com:
- a obliqüidade do ângulo de incidência, isto é, com a inclinação da janela,
- a espessura da janela,
- a diminuição do raio de curvatura (maior curvatura do vidro),
- o desvio do paralelismo da placa de vidro original.

Vidros tonalizados com tons verde ou cinza são empregados como vidro de proteção térmica por bloquearem as transmissões na faixa infravermelho (radiação térmica) com maior intensidade do que na faixa de ondas mais curtas. Todavia, a permeabilidade na faixa da luz visível também é reduzida. A película de PVB nos vidros de segurança laminados absorve as radiações ultravioleta.

As propriedades dos vidros de segurança laminados e temperados são quase idênticas, pois as propriedades ópticas da película intermediária dos vidros de segurança laminados é muito similar às do vidro para o espectro visível.

Permeabilidade da luz (transparência) dos vidros automotivos
1 vidro flotado e janelas de VST, espessura de 4 mm, incolor.
Janelas de VSL tonalizados em diversos tons, espessura total 5,5 mm, 2 incolor, 3 verde.

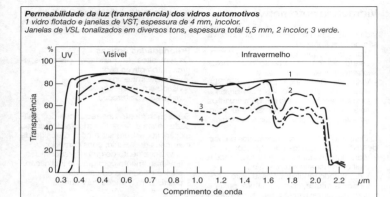

Função do envidraçamento

Os requisitos do envidraçamento são cada vez maiores. Os vidros planos usados no passado tinham como única finalidade proteger os ocupantes contra o vento e as intempéries. Hoje, o envidraçamento cumpre diversas funções.

Vidro tonalizado

O material original utilizado neste tipo de vidro é tonalizado na massa e protege o interior do veículo contra a radiação solar direta.

A diminuição da permeabilidade (transparência) da energia solar ocorre principalmente na faixa das ondas de maior amplitude (infravermelho) de modo a reduzir predominantemente a penetração de energia solar e obter um menor aquecimento do interior do veículo. Até que ponto a transparência na faixa visível é afetada depende do nível de coloração e da espessura do vidro.

Para o pára-brisa a transparência deve atingir no mínimo 75%. Vidros com tonalidades mais escuras, com transparência mínima de 70% podem ser usados nas janelas depois da coluna B, se o veículo possuir dois retrovisores externos. Para o teto solar são empregados vidros tonalizados, com transparência consideravelmente reduzida e com transparência aos raios ultravioleta menor ou igual a 2%.

Vidro revestido

O vidro é revestido com uma camada de metal ou de óxido metálico. Dependendo do processo de o fabricação o revestimento é feito antes de o vidro ser curvado ou sobre o vidro pronto, curvado e temperado. O revestimento é feito na superfície interna da placa de vidro de segurança laminado.

Este tipo de vidro apresenta uma transparência menor do que 70%. Conseqüentemente, ele só pode ser empregado nas janelas da coluna B em diante, se o veículo possuir dois retrovisores externos.

Vidros revestidos também podem ser empregados no teto solar. Outro tipo de vidro para teto solar é o revestido por pirólise, que só pode ser processado após o revestimento.

Vidros revestidos reduzem a radiação solar direta e absorvem a energia solar, principalmente nas faixas infravermelho e ultravioleta.

Pára-brisa com revestimento anti-radiação solar.

A uma superfície interna da placa de vidro interna ou externa do vidro de segurança laminado é aplicada uma camada de revestimento. Este revestimento compõe um sistema de interferência de múltiplas camadas, tendo a prata como camada básica. Como o revestimento se encontra no interior do laminado, ele está permanentemente protegido contra corrosão e abrasão.

A finalidade do revestimento é bloquear mais de 50% da energia solar. Isso proporciona uma redução do aquecimento do interior do veículo. O bloqueio é feito essencialmente na faixa infravermelho e portanto a transparência da luz visível é muito pouco afetada. A redução é obtida basicamente por reflexão, de modo que a radiação secundária para o interior é mínima. A transparência aos raios ultravioleta menor que 1% deste vidro é muito baixa.

Vidro impresso para teto solar

Antes da curvatura e têmpera, é realizada a impressão pelo processo de serigrafia sobre o vidro plano e tonalizado. Através do subseqüente processo de curvatura e têmpera, a impressão é fixada de forma permanente no vidro.

A impressão tem a forma de um reticulado cujo tamanho e concentração determinam as características ópticas.

Vidro de segurança laminado para teto solar

O vidro de segurança laminado curvo é composto de duas placas de vidro tonalizado que, para elevação da resistência mecânica, são termicamente submetidas a uma têmpera parcial. Elas são unidas entre si através de uma película com tonalidade especial e de alta resistência à ruptura. A espessura total depende da área envidraçada e do projeto geral do teto.

A absorção predominante da energia solar na faixa de radiação infravermelho garante mínima permeabilidade ao calor. O revestimento também oferece uma baixa transparência luminosa e filtro total contra radiações ultravioleta.

Vidro isolante automotivo

O vidro isolante automotivo é composto de duas placas de vidro de segurança (3 mm), planas ou curvas, separadas por uma camada de ar (3 mm). Este vidro isolante reduz o aquecimento do interior do veículo, principalmente quando utilizado em combinação com um revestimento tonalizado. A diminuição da permeabilidade ocorre predominantemente na faixa do infravermelho, de modo que a transparência luminosa praticamente não é afetada.

O vidro isolante oferece adicionalmente maior isolamento térmico no inverno e uma melhor isolação acústica.

Vidro de segurança laminado com aquecimento

O vidro de segurança laminado com aquecimento pode ser empregado no pára-brisa ou na janela traseira. O aquecimento impede que o vidro congele ou embace mesmo em temperaturas extremas de inverno e assim permite uma visão límpida.

O vidro de segurança com aquecimento é composto de dois ou mais vidros, unidos entre si através de película de PVB. A película é percorrida por fios de aquecimento que – dependendo da potência de aquecimento – podem ter menos de 20 μm de espessura. O traçado dos fios de aquecimento pode ter forma linear ou ondulada. Os fios de aquecimento podem ser dispostos horizontal ou verticalmente. A área aquecida pode cobrir totalmente o vidro ou ser separada em várias zonas de aquecimento. Deste modo, por exemplo, pode-se evitar o congelamento das palhetas do limpador de pára-brisa, no caso da geada.

Janelas com aquecimento também podem ser criadas em camadas.

Vidro com antena automotiva

Este tipo de vidro tem uma antena automotiva embutida. No vidro de segurança temperado (teto solar e janelas laterais) a antena é impressa de forma quase invisível na superfície interna do vidro. No vidro de segurança laminado (pára-brisa) o sistema condutivo da antena é laminado ou impresso na película.

Sistemas para limpeza de vidros

Os sistemas para limpeza dos vidros têm como finalidade cumprir as determinações legais quanto à necessidade de manter permanentemente a visibilidade panorâmica. Eles se subdividem em:
- Sistema para limpeza do pára-brisa
- Sistema para limpeza da janela traseira
- Sistema para limpeza dos faróis
- Sistema para lavagem dos faróis
- Sistemas combinados para lavagem e limpeza dos faróis

Sistemas para limpeza do pára-brisa

A seguir são apresentados os principais sistemas para limpeza do pára-brisa do veículo. Estes sistemas são baseados nas determinações legais sobre a área mínima de visão (Europa, EUA, Austrália). A área de limpeza pode ser ampliada através do direcionamento adicional das palhetas (paralelogramo, quadrilátero comum articulado).

Os requisitos para o sistema de limpeza do pára-brisa são:
- Remoção de água e neve
- Remoção de sujeira (mineral, orgânica, biológica)
- Operação em altas (+80 °C) e baixas (-30°C) temperaturas
- Resistência contra corrosão de ácidos, bases, sais (240 h), ozônio (72 h)
- Durabilidade de $1,5 \cdot 10^6$ ciclos de limpeza para veículos de passageiros e de $3 \cdot 10^6$ para veículos utilitários
- Teste de bloqueio

Mecanismo das palhetas

Como mecanismo das palhetas são usados quadriláteros articulados acoplados em série ou em paralelo, para ângulos de limpeza amplos ou relações de transmissão pesadas também são empregadas alavancas cruzadas ou duplo pêndulo intermediário ou controlado.

O importante é a otimização do mecanismo. O movimento estável das palhetas pode ser obtido mantendo-se os valores extremos da aceleração angular e/ou do ângulo de atuação da força próximos do ponto de reversão da palheta.

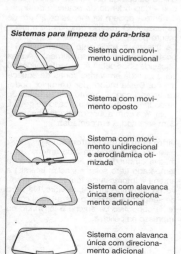

Sistemas para limpeza do pára-brisa

Sistema com movimento unidirecional

Sistema com movimento oposto

Sistema com movimento unidirecional e aerodinâmica otimizada

Sistema com alavanca única sem direcionamento adicional

Sistema com alavanca única com direcionamento adicional

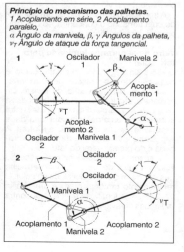

Princípio do mecanismo das palhetas.
1 Acoplamento em série, 2 Acoplamento paralelo,
α Ângulo da manivela, β, γ Ângulos da palheta,
ν_T Ângulo de ataque da força tangencial.

Sistema para limpeza de vidros **947**

A tendência é não permitir a rotação completa da manivela mas apenas (não mais) meia volta (técnica de reversão). Isso reduz consideravelmente o espaço necessário para as barras de movimento. O motor de acionamento é controlado eletronicamente e seu sentido de rotação é revertido no compasso do movimento da palheta.

Com o mínimo de gasto é possível obter uma "posição de estacionamento expandida", uma "proteção contra sobrecarga de neve", velocidade infinitamente variável e, apesar da variação das condições de operação, uma área de limpeza constante.

Se houver problemas para o alojamento do sistema de alavancas, a tecnologia acima permite a substituição de uma alavanca longa por duas unidades consideravelmente compactas, cada uma com seu próprio motor (pequeno) de acionamento (sistema de limpador com dois motores).

Uma segunda etapa de otimização envolve a posição de trabalho da palheta em relação à superfície do vidro. Através do posicionamento do mancal da palheta em ângulo correto com o vidro e da aplicação de uma torção adicional do braço da palheta, a posição da lâmina da palheta é determinada de tal forma que em sua posição de reversão elas estejam inclinadas lateralmente em relação à bissetriz da área de limpeza e com isso a lâmina da palheta recebe um auxílio para se acomodar na nova posição de trabalho.

Braço da palheta
O braço da palheta é o elemento de ligação entre o mecanismo do limpador e a palheta. Ele segura a palheta e a guia sobre o vidro. Ele é aparafusado na haste cônica do eixo pivô do limpador através da peça de fixação, geralmente de zinco ou alumínio fundido sob pressão. A outra extremidade, via de regra, é composta por uma fita de aço curvada em forma de gancho ("fixação do tipo gancho") que sustenta a palheta. Além do desenho padrão, existe uma variedade de estilos de braços. Há também desenhos especiais que cumprem funções adicionais, como por exemplo:
- Braço de palheta com articulação quádrupla e ação recíproca,
- Braço com controle direcional da palheta,
- Braço de palheta com paralelogramo.

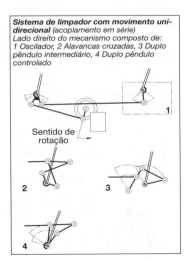

Sistema de limpador com movimento unidirecional (acoplamento em série)
Lado direito do mecanismo composto de:
1 Oscilador, 2 Alavancas cruzadas, 3 Duplo pêndulo intermediário, 4 Duplo pêndulo controlado

Braço da palheta (vista lateral e de cima)
1 Fita de aço com fixador tipo gancho, 2 Peça de ligação, 3 Mola de tração, 4 Peça de fixação com cone para montagem no eixo pivô.

Braço com articulação quádrupla e ação recíproca

O braço com articulação quádrupla e ação recíproca provoca um prolongamento do braço sobre o vidro, reduzindo a área não atingida pela palheta num dos cantos do pára-brisa.

Braço com controle direcional da palheta

O braço com controle direcional da palheta provoca uma rotação adicional da palheta em relação ao braço para produzir uma área de limpeza paralela à coluna A visualmente "agradável".

Braço de palheta com paralelogramo

O braço de palheta com paralelogramo é um modelo especial que mantém a palheta numa posição fixa durante todo seu percurso, por exemplo, na vertical (p.ex. para ônibus intermunicipais).

Palheta convencional.
a) Palheta sob carga, b) Sem carga,
c) Em corte
1 Elemento da palheta com trilho elástico,
2 Arco de garras, 3 Articulação, 4 Arco central, 5 adaptador

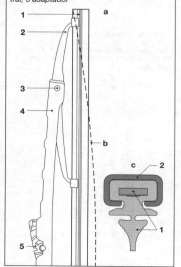

Palhetas

A palheta sustenta a lâmina de borracha e direciona seu movimento sobre o vidro. As palhetas são usadas nos comprimentos de 260...1.000 mm. As dimensões da conexão para instalação (p.ex., engate rápido ou de gancho) são padronizadas. Medidas para compensação do jogo entre os aros e as articulações proporcionam uma operação com pouco desgaste. Para evitar a decolagem da palheta em altas velocidades, o arco central é perfurado na parte superior. Em casos especiais defletores de vento são integrados ao braço ou à palheta para elevar a pressão sobre o vidro.

Lâmina de borracha

O elemento mais importante da palheta é a lâmina de borracha. Pressionadas pelas garras do sistema de arcos e sustentadas pelo trilho elásticos, as arestas micrométricas duplas são pressionadas contra a superfície do vidro e no ponto de contato possuem uma largura de apenas 0,01...0,015 mm. Durante o movimento sobre o vidro, a lâmina de borracha deve superar coeficientes de atrito no seco de 0,8...2,5 (dependendo da umidade do ar) e no molhado de 0,6...0,1 (dependendo da velocidade de fricção). A combinação correta do perfil e das propriedades da borracha deve ser selecionada de forma que a lâmina percorra toda a área de limpeza do vidro inclinada em aprox. 45°. A "palheta gêmea", com lâmina de borracha sintética de dois componentes, é composta de uma lâmina muito dura e resistente à abrasão, incrustada num núcleo extramacio.

O núcleo macio proporciona ótimas características de reversão e movimentos suaves a qualquer temperatura.

Lâmina de borracha em posição de trabalho
1 Garra, 2 Trilho elástico, 3 Lâmina de limpeza, 4 Vidro do pára-brisa, 5 Arestas micrométricas duplas

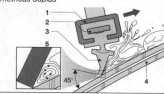

Sistema para limpeza de vidros

Palheta sem articulações (Palheta Aero)

A palheta sem articulações (Palheta Aero) corresponde à mais recente evolução no desenvolvimento de palhetas. A força de contato sobre a lâmina de borracha não é mais distribuída pelas garras do sistema de arcos, mas sim por dois trilhos de aço (molas de lâmina), especialmente adaptados à curvatura do pára-brisa. O efeito é uma pressão ainda mais regular da lâmina de borracha sobre o pára-brisa. Isso reduz o desgaste da lâmina de borracha e eleva a qualidade da limpeza. Além disso, a eliminação do sistema de arcos acaba com o desgaste nas articulações e resulta numa altura de montagem consideravelmente mais baixa, menor peso e menor geração de ruído (também menor ruído do vento).

O canto superior da palheta tem a forma de um spoiler (defletor de ar) e permite velocidades extremamente altas sem quaisquer meios adicionais. O material flexível deste spoiler é uma proteção ideal contra ferimentos no caso de um eventual acidente envolvendo pedestres.

A conexão simples e bem adaptada ao braço da palheta proporciona fixação segura durante a operação e uma rápida troca da palheta numa eventual substituição de emergência.

Sensor de chuva

Com a implantação do sensor de chuva foi dado mais um passo rumo ao "sistema de limpeza de pára-brisa totalmente automatizado". O sensor detecta a intensidade da chuva e envia um sinal correspondente para o motor do limpador de pára-brisa. O motor então é acionado automaticamente na velocidade de trabalho 2 ou 1 ou no modo intermitente.

Entretanto, o potencial do sensor de chuva só será totalmente aproveitado em conjunto com um motor elétrico que possa ser acionado com rotação infinitamente variável, de acordo com a intensidade da chuva (veja página 110, "Sensores").

Sistemas de limpadores traseiros

As características operacionais dos limpadores traseiros são as mesmas dos limpadores de pára-brisa. Entretanto, sua durabilidade é limitada a $0,5.10^6$ ciclos de limpeza. Para o trânsito na mão direita a área de limpeza preferencial é a com posição de repouso à direita (olhando na direção do movimento), sistema de 180°.

As engrenagens geralmente são integradas ao motor, de forma que o próprio eixo de saída realiza o movimento oscilatório. O braço do limpador é fixado diretamente neste eixo, a maioria das vezes através de um cone serrilhado.

Para proporcionar uma aparência uniforme, tanto o braço como a palheta dos sistemas de limpadores traseiros são freqüentemente feitos de plástico.

Palheta sem articulações (Palheta Aero)
a) Palheta sob carga, b) Sem carga, c) Corte
1 Clipe de acabamento, 2 Trilho elástico,
3 Lâmina de borracha, 4 Spoiler, 5 Braço de limpeza.

Sistemas de limpeza dos faróis

Existe praticamente dois sistemas para limpeza dos faróis: O sistema de limpeza e lavagem e o sistema só de lavagem (páginas 929 e 951). No sistema de limpeza e lavagem uma palheta é acionada diretamente por um motor elétrico com redutor; a água para a lavagem é retirada do reservatório do sistema de lavagem do pára-brisa.

As vantagens do sistema só de lavagem estão na sua construção simples e, muitas vezes, na sua a melhor adaptação ao estilo do veículo, permitindo que a qualquer velocidade o jato de água atinja completamente o farol.

A legislação exige que um farol sujo, dispondo de apenas 20% de luminosidade, recupere 80% da sua luminosidade dentro de 8 s. O sistema deve ser capaz de realizar no mínimo 50 ciclos com uma carga de fluido de lavagem.

Área de limpeza do limpador do vidro traseiro
A área sombreada representa a área com visibilidade prejudicada para observar o tráfego na faixa esquerda

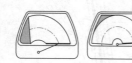

Disposição do sistema de limpeza do farol
(sistema de lavagem, motor e palheta)

Motores de acionamento

Para o acionamento são empregados motores de corrente contínua com ímã permanente. Nos sistemas com palhetas eles são equipados com um mecanismo de engrenagem helicoidal, nos sistemas para limpeza do vidro traseiro e limpeza do farol geralmente também com o mecanismo para transformação do movimento rotativo em oscilatório (mecanismo articulado, pinhão e cremalheira ou roda e biela).

A determinação da potência dos motores de acionamento difere da dos propulsores elétricos usuais. As regulamentações legais e as prescrições de uso geralmente estabelecem a rotação do motor $n_{B1} = 45$ min^{-1} para a freqüência mais baixa da palheta e $n_{B2} = 65$ min^{-1} para a freqüência mais alta da palheta. Do atrito máximo entre o elemento de borracha e o vidro resulta o torque que o motor deve fornecer para cada palheta na rotação de mínima $n_A = 5$ min^{-1}. Este torque de arranque M_{An} em Nm, para o acionamento de uma palheta, é calculado da seguinte forma:

$M_{An} =$ $\quad F_{WFN} \cdot \mu_{max} \cdot f_S \cdot f_T \cdot L_A \cdot$
$\quad\quad\quad (\omega_{Hmax}/\omega_{Mot}) \cdot (1/\eta_{Trans}) \cdot (R_{AW}/R_{AK})$

F_{WFN} Força nominal de contato da palheta em N (aprox. 15 N por m de comprimento da lâmina de borracha em movimento no vidro),

μ_{max} Coeficiente máx. de atrito no seco da lâmina de borracha (2,5 com umidade relativa do ar $\varphi = 93$%),

f_S Fator de atrito das articulações da palheta (usualmente 1,15),

f_T Fator de tolerância considerando as tolerâncias da força de contato (usualmente 1,12),

L_A Comprimento da palheta em m,

Motor da palheta com engrenagem helicoidal
1 Motor de corrente contínua com ímã permanente, 2 Engrenagem helicoidal, 3 Ponta do eixo.

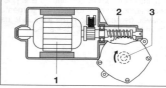

Sistema para limpeza de vidros

Curva característica de um motor de limpador
n Rotação, I Corrente, P Potência fornecida, η Grau de eficiência, M Torque.
Os índices se referem às velocidades 1 e 2 da palheta.

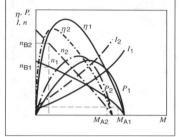

Bomba elétrica para sistema de lavagem com a curva característica
1 Conexão de sucção, 2 Rotor de pás, 3 Carcaça da bomba, 4 Conexão de pressão, 5 Motor de corrente contínua.

ω_{Hmax} Velocidade angular máxima do braço da palheta,
ω_{Mot} Velocidade angular média da manivela do motor, $\omega_{Hmax}/\omega_{Mot} \approx 0{,}15 \cdot (0{,}01 \cdot \omega_W)^2 + \text{sen}\,(\omega_W/2)$
ω_W = ângulo da palheta β ou γ.
η_{Trans} Grau de eficiência da transmissão, geralmente assume-se 0,8; deve ser determinado separadamente se for utilizado mecanismo especial (articulação transversal, paralelogramo intermediário, vedação com vários anéis tipo O),
R_{AW} Resistência do induzido aquecido pela operação em rotação nominal,
R_{AK} Resistência do induzido frio,
R_{AW}/R_{AW} Geralmente 1,25

Outro fator para a concepção do motor é a resistência ao curto-circuito. Ela é definida como o tempo em que o motor bloqueado, com tensão de teste total, deve resistir sem superaquecimento do enrolamento (geralmente especificado como $t_K = 15$ min).

Da carga do atrito e da relação de transmissão resulta o torque operacional, com o vidro molhado, equivalente a 0...20% do torque de arranque. Para sistemas de limpeza muito grandes e pára-brisas quase verticais (p.ex. em ônibus) o torque do braço da palheta, devido ao seu próprio peso, também deve ser considerado (adicional calculado à parte).

No caso de motores de acionamento com mecanismo pendular (sistemas de limpeza do vidro traseiro, limpadores de farol) o torque de arranque necessário é determinado no eixo oscilante.

Ele é calculado da seguinte forma:

$$M_H = F_{WFN} \cdot \mu_{max} \cdot f_S \cdot f_T \cdot L_A \cdot (R_{AW}/R_{AK})$$

Sistemas de lavagem

Sistemas de lavagem são imprescindíveis para uma limpeza perfeita da área coberta pelas palhetas. Modelos simples de bombas elétricas centrífugas (curva característica da bomba) são empregados para aspergir o vidro com líquido de limpeza, através de 2...4 injetores. A capacidade do reservatório de água geralmente é de 1,5...2 litros. Se a água para lavagem dos faróis for retirada do mesmo reservatório, sua capacidade é elevada para até 7 litros.

O sistema de lavagem do vidro traseiro pode dispor de um reservatório separado. Geralmente o sistema de lavagem é interligado ao sistema de limpadores através de um sistema de controle eletrônico, de modo que a água é aspergida no pára-brisa ou no vidro traseiro, enquanto o botão permanece pressionado. Após a liberação do botão o respectivo limpador continua funcionando durante alguns ciclos.

Calefação e climatização do compartimento de passageiros

Função

O sistema de calefação e climatização do veículo deve proporcionar:
- um clima confortável para todos os passageiros,
- um ambiente livre dos fatores que possam provocar fadiga ou estresse ao motorista,
- nas unidades mais modernas: filtro para remoção de partículas (pólen, poeira) ou mesmo odores do ar,
- boa visibilidade em todas as janelas e pára-brisas.

Em muitos países a função da calefação, principalmente quanto a manter os vidros livres de condensação e gelo, é regulamentada por lei (como na Comunidade Européia através da Diretriz EWG 78/317 e nos EUA através da norma de segurança MVSS 103).

Sistemas dependentes do calor dissipado pelo motor

Nos veículos com motores resfriados por meio líquido a calefação do compartimento de passageiros é feita através do calor dissipado pelo motor, contido no líquido de arrefecimento, nos motores resfriados a ar, através do aproveitamento do calor dissipado, contido nos gases de combustão ou, em alguns casos, no óleo do motor. O radiador de calor, composto por dutos e aletas, é basicamente igual ao radiador do motor. O líquido de arrefecimento circula através dos dutos e o ar através das aletas. A potência de aquecimento pode ser controlada pelo volume do fluxo de água ou pelo volume do fluxo de ar.

Calefação controlada pelo fluxo de água

Neste sistema geralmente o fluxo total de ar circula constantemente através do radiador durante a operação de aquecimento. A potência de aquecimento é controlada através de uma válvula que regula

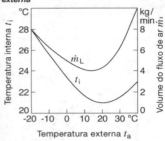

Temperatura interna confortável e volume do fluxo de ar em função da temperatura externa

a passagem da água. O controle exato dos níveis muito baixos de calefação, como na meia-estação, requer a regulagem estável e consistente de volumes mínimos de fluxo e exige muita precisão da válvula utilizada. A desvantagem reside no fato de a potência de calefação depender da pressão e da temperatura do líquido de arrefecimento que variam de acordo com a rotação e a carga do motor.

Calefação controlada pelo fluxo de ar

Neste sistema o fluxo de líquido de arrefecimento que circula pelo radiador de aquecimento é irrestrito. Para controle do nível de calefação, o volume de ar é dividido antes do radiador de aquecimento. Uma parte do ar flui pelo radiador, a outra é desviada em torno dele. As duas partes são então reunidas numa câmara de mistura. A proporção entre as partes, e conseqüentemente, a quantidade de calor extraída do líquido de arrefecimento, podem ser reguladas sem escalonamento por meio de um defletor de ar. Este controle depende menos das condições operacionais do motor e os ajustes da temperatura têm efeito imediato. Quando a calefação é desligada, o indesejável calor residual do radiador de aquecimento pode ser eliminado através do bloqueio da água e/ou do ar.

Devido ao canal de desvio e à câmara de mistura, os sistemas controlados pelo fluxo de ar têm a desvantagem do espaço requerido para instalação.

A ventilação é proporcionada por uma ventoinha elétrica de vários estágios ou infinitamente variável; com a elevação da velocidade do veículo a pressão aerodinâmica pode ser um fator de influência. O fluxo de ar por pessoa deve ser no mínimo 30 m³ por hora (valor apenas referencial). Atingir um clima confortável depende dos fatores: temperatura interna, temperatura externa, fluxo de ar e, até certo ponto, também da radiação (veja figura). Os pesos destes fatores se alteram extremamente de veículo para veículo e só podem ser determinados através de ensaios.

Como o compartimento de passageiros do veículo é relativamente pequeno, em relação à calefação e climatização, as correntes de ar e a irradiação através das janelas são fatores de influência de difícil equacionamento. Para que os passageiros se sintam confortáveis, a temperatura na região dos pés deve estar entre 4...8 °C acima da temperatura em torno da parte superior do corpo.

Regulagem eletrônica da calefação

Variações na temperatura externa e na velocidade do veículo provocam oscilações na temperatura do compartimento de passageiros, demandando constantes ajustes manuais. A regulagem eletrônica da calefação, em compensação, mantém a temperatura ambiente desejada e previamente ajustada constante.

Na calefação controlada pelo fluxo da água, sensores registram as temperaturas do interior do veículo e do ar admitido. Os resultados são avaliados pela unidade de controle e comparados com a temperatura pré-selecionada. A unidade de controle envia impulsos num ritmo constante a uma válvula solenóide que, por sua vez, abre e fecha numa freqüência determinada o circuito de líquido de arrefecimento, no qual ela está instalada. A alteração na proporção entre aberta e fechada, mantendo inalterado o tempo de ciclo, permite a regulagem do fluxo de zero ao máximo. Nos sistemas controlados pelo fluxo de ar, um defletor de regulagem da mistura é posicionado, sem escalonamento, através de um atuador elétrico (ocasionalmente é empregado um atuador linear pneumático). Sistemas mais sofisticados possuem regulagem separada para as áreas direita e esquerda do veículo.

Ar condicionado

A unidade de calefação só preenche parcialmente a função de oferecer conforto. Se a temperatura externa ultrapassar os 20 °C, o ar precisa ser resfriado para que a temperatura interna necessária seja atingida. Neste caso são empregados sistemas de refrigeração com compressores e refrigerante R 134a (até 1982, R 12).

O compressor, acionado pelo motor, comprime o refrigerante que se encontra em estado gasoso. Este se aquece e é conduzido ao condensador onde é resfriado e retorna ao estado líquido. A energia fornecida no compressor e o calor absorvido no condensador são dissipados no ambiente.

Uma válvula de expansão pulveriza o líquido resfriado no evaporador. O refrigerante se evapora e extrai do ar circulante o calor necessário para a evaporação. Conseqüentemente, o ar é resfriado. A umidade é extraída do ar frio como condensação e a umidade do ar é reduzida ao nível desejado. O evaporador e o condensador são geralmente trocadores de calor do tipo tubos e aletas. O evaporador é posicionado no fluxo de ar fresco na frente do radiador de aquecimento e resfria o ar a aprox. 3...5 °C. O ar desumidificado desta forma é aquecido no radiador de aquecimento à temperatura desejada.

Controle automático da climatização

Principalmente em veículos com calefação e ar condicionado, o controle automático da climatização é bastante útil, pois para os ocupantes é muito difícil dominar e realizar todos os ajustes necessários para obter um clima confortável. Isso se aplica principalmente para os motoristas de ônibus, que só estão expostos ao clima na região frontal do veículo. Uma regulagem automática com programas pré-selecionados é capaz de manter adequadamente a temperatura interna, o volume e a distribuição do ar. Estes parâmetros são interdependentes e não podem ser alterados isoladamente. O coração do sistema é um circuito de controle para temperatura interna. A unidade de controle eletrônico registra não só todos os fatores relevantes de influência e de interferência, como também a temperatura pré-selecionada pelos ocupantes e usa estas informações para calcular continuamente um valor teórico t_i.

954 Carroceria

O valor teórico é comparado com a temperatura atual e a diferença constatada gera na unidade de controle eletrônico variáveis de referência usadas como base para a regulagem da calefação, do ar condicionado e do fluxo de ar, de acordo com o programa selecionado pelos ocupantes. Todos os circuitos de controle podem ser alterados manualmente.

O valor teórico da temperatura calculado pela unidade de controle é atingido por meio da regulagem do fluxo de ar ou de água (como descrito em "Controle eletrônico da calefação").

Controles escalonados ou infinitamente variáveis das ventoinhas são usados para ajustar o volume de ar ao valor teórico. Geralmente, este controle é feito sem processamento do valor atual. A altas velocidades,

---

Ar condicionado com controle eletrônico do fluxo de água (princípio)
 1 Ventoinha,
 2 Evaporador,
 3 Sensor de temperatura do evaporador,
 4 Radiador de aquecimento,
 5 Válvula solenóide, 6 Sensor de temperatura de saída do ar,
 7 Ajuste da temperatura,
 8 Sensor interno (ventilado)
 9 Unidade de controle eletrônico,
 10 Compressor,

 a) Ar fresco,
 b) Ar recirculado,
 c) Desembaçador,
 d) Bypass AC,
 e) Ventilação,
 f) Área dos pés,
 g) Dreno de água

Calefação e climatização do compartimento dos passageiros

este arranjo é insuficiente, pois a pressão aerodinâmica aumenta o volume do fluxo. Um controle especial pode responder ao aumento da velocidade inicialmente ajustando a velocidade da ventoinha até zero e, se a pressão aerodinâmica continuar a aumentar, limitando a entrada de ar por meio de um defletor móvel.

A distribuição do fluxo de ar é programada através dos três níveis – desembaçador, central e área dos pés – e pode ser controlada manualmente, através de pré-seleção ou totalmente automatizada. Bastante difundidos são os botões programáveis, com os quais através de um apertar de dedo a distribuição do ar em cada um dos três níveis pode ser ajustada.

O desembaçador representa um caso especial. Para limpar o gelo ou a condensação do pára-brisa o mais rápido possível, a calefação deve ser ajustada no valor máximo, a ventoinha na velocidade máxima e a distribuição do ar na posição "pára-brisa". Para pré-seleção e total automatização isso é feito através de uma única tecla, sendo que em temperaturas acima de 0 °C o ar condicionado é acionado para remover a umidade do ar. Para evitar correntes de ar muito frio, na partida a frio durante o inverno a ventoinha é eletronicamente bloqueada até atingir a temperatura média, exceto na posição "DEF" e com o ar condicionado ligado.

As concepções descritas acima são válidas tanto para automóveis de passageiros quanto para caminhões. Ônibus requerem um sistema de climatização mais complicado. O compartimento de passageiros pode ser dividido em várias zonas de controle, cujas temperaturas podem ser reguladas separadamente por meio de controle eletrônico da rotação das bombas de água individuais.

Circuito do refrigerante num sistema de ar condicionado
1 Compressor, 2 Acoplamento elétrico (para compressor ligado/desligado), 3 Condensador, 4 Ventoinha auxiliar, 5 Comutador de alta pressão, 6 Reservatório de fluido com elemento secante, 7 Comutador de baixa pressão, 8 Comutador de temperatura ou controle de duas posições (para o compressor ligado/desligado), 9 Sensor de temperatura, 10 Aparador para água de condensação, 11 Evaporador, 12 Ventoinha do evaporador, 13 Chave da ventoinha, 14 Válvula de expansão.

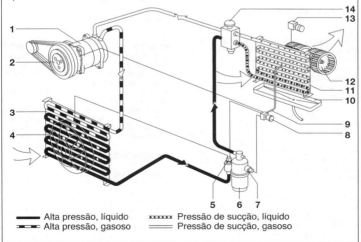

Calefação independente do motor

Função e tipos
Os sistemas de calefação independente do motor funcionam com o combustível do veículo (ou em veículos muito grandes através de suprimento próprio). Uma bomba elétrica injeta o combustível através de um evaporador ou vaporizador na câmara de combustão, onde este se mistura ao ar e entra em combustão.

Se o aparelho é um aquecedor de ar ou um aquecedor de água depende do modo como o calor gerado é distribuído. Ambos aparelhos aquecem, independentemente do motor, o interior do veículo e (no caso do aquecedor de água) o próprio motor.

As vantagens da calefação independente do motor são:
- Vidros livres de gelo melhoram a visibilidade e reduzem o risco de acidente.
- O veículo fica sempre confortavelmente aquecido.
- A partida de um motor pré-aquecido gera menos desgaste e emissões.
- O catalisador atinge a eficiência máxima mais cedo e o motor consome menos combustível.

Aquecedores de ar

Aplicações
Aquecedores de ar predominam principalmente no setor de caminhões e utilitários. Suas maiores vantagens são:
- baixo custo,
- instalação rápida,
- baixo consumo de combustível e energia elétrica.

Funcionamento
Aquecedores de ar são independentes do sistema de arrefecimento do veículo. Uma ventoinha suga o ar da atmosfera e o sopra na câmara de combustão. A ventoinha de calefação suga o ar a ser aquecido e o sopra através de um trocador de calor para o interior da cabine.

Um importante aspecto relativo à segurança é que o ar para a combustão e o ar para a cabine devem ter dutos independentes. Deste modo evita-se que os gases da combustão penetrem na cabine.

Termostatos e sensores regulam a potência de aquecimento. Se a temperatura detectada for menor do que a ajustada no elemento de comando (potenciômetro), a potência do aquecedor aumenta em intervalos suaves até o valor máximo. Quando a temperatura desejada é atingida, a potência de aquecimento se regulariza. O elemento de comando também registra eventuais defeitos (p.ex., superaquecimento) e desliga o aquecedor a tempo.

Instalação
Aquecedores de ar para veículos utilitários geralmente podem ser instalados na cabine de trabalho/do motorista. Nos caminhões, por exemplo, o aquecedor é colocado preferencialmente no espaço para os pés do acompanhante, na parede traseira da cabine, em baixo da cama, no lado externo da parede da cabine ou na caixa de apetrechos. A tubulação de exaustão sempre passa por baixo do corredor (dentro da caixa de roda ou para a parede traseira da cabina). Um grande número de unidades de alimentação de combustível no tanque do veículo já possui uma conexão livre para o suprimento de combustível. Se necessário, é instalada uma unidade adicional de alimentação de combustível. Deve ser assegurada uma reserva de combustível para o motor do veículo.

Aquecedores de água

Aplicações
Aquecedores de água são empregados de preferência em automóveis de passageiros. Eles são interconectados no circuito de líquido de arrefecimento do motor (tubulação entre o motor e o trocador de calor da cabine de passageiros). Além disso, eles aproveitam os equipamentos existentes, como ventoinhas defletores e saídas de ar. É feita uma distinção entre aquecedor estacionário e aquecedor complementar.

Funcionamento

Aquecedor estacionário:
A água de arrefecimento é conduzida pela bomba de circulação do aquecedor estacionário e flui pelo trocador de calor onde é aquecida. De um lado, água de arrefecimento aquecida circula pelo motor. Do outro, ela circula pelo trocador de calor do veículo transferindo calor. O ar aquecido

Calefação e climatização do compartimento dos passageiros

Aquecedor de ar (corte)
1. Ventoinha de ar quente,
2. Unidade de controle eletrônico,
3. Ventoinha do ar de combustão,
4. Vela incandescente,
5. Trocador de calor,
6. Sensor de monitoramento da chama/superaquecimento,
7. Relógio modular,
8. Seletor de ventilação/aquecimento,
9. Suporte do fusível,
10. Motor elétrico,
11. Câmara de combustão,
12. Bomba de dosagem,
13. Silencioso.

F Ar fresco,
W Ar quente,
A Gás de escape,
B Combustível,
V Ar para combustão.

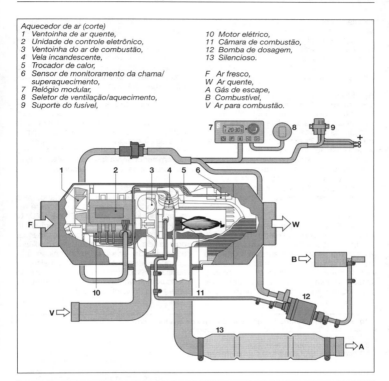

Aquecedor estacionário, integrado ao circuito de arrefecimento (modelo padrão)
1 Motor do veículo, 2 Aquecedor de água, 3 Trocador de calor do veículo com ventoinha.

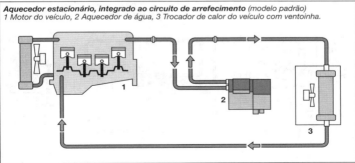

958 Carroceria

circula na cabine de forma controlada através do sistema de ventilação existente. A operação é controlada por um temporizador (para operação manual imediata e programação de horários de acionamento) ou através de controle remoto via rádio e, mais recentemente, via celular ou telefone fixo.

Aquecedor complementar:
Os motores Diesel com injeção direta, devido ao seu grau de eficiência otimizado, não dissipam calor suficiente para a calefação da cabine. Aquecedores complementares para operação com combustível zeram esse déficit de calor. Eles só funcionam com o motor em movimento e com a temperaturas externas abaixo de 5 °C.

Mas, com alguns componentes adicionais os aquecedores complementares podem ser transformados em estacionários.

Instalação
Aquecedores de água normalmente são instalados no compartimento do motor. A configuração mais simples para integração no sistema de arrefecimento do veículo é a conexão em série entre o motor e o trocador de calor do veículo (circuito primário). Uma desvantagem em motores acima de 2,5 l é que o aquecimento do motor atrasa o aquecimento do interior do veículo. Neste caso, pode-se dar prioridade ao aquecimento do compartimento de passageiros através de um pequeno circuito adicional com válvula de retenção e termostato, fazendo com que a água de arrefecimento só circule pelo motor após atingir uma temperatura mais elevada.

Na Alemanha, todos os aquecedores estacionários e aquecedores complementares operados com combustível devem possuir uma aprovação de modelo genérico, expedida pela Agência Federal de Transportes. As instruções de instalação do fabricante devem ser observadas e a instalação deve ser inspecionada por um técnico.

Regulamentações
O uso de aquecedor estacionário para o transporte de materiais perigosos é regulamentado pela ARD/TRS 003/TMD. O aquecedor deve ser desligado antes de entrar em locais de risco (p.ex., refinarias, postos de abastecimento). Além disso, o aquecedor desliga automaticamente quando o motor é desligado, um sistema auxiliar (p.ex. acionamento para bomba de descarga ou similar) é acionado ou quando uma porta do veículo é aberta.

Aquecedor estacionário integrado ao circuito de arrefecimento
(dividido em "circuito primário" e "circuito secundário")
1 Motor do veículo, 2 Válvula de retenção,
3 Aquecedor de água, 4 Termostato de aquecimento,
5 Trocador de calor do veículo com ventoinha.

Separação através de termostato e válvula de retenção em circuito secundário (prioridade para aquecimento do compartimento de passageiros) e circuito primário de água de arrefecimento (inclusive motor).

Filtro para cabine de automóveis de passageiros

Sistemas de calefação e ar condicionado veiculares sugam o ar do exterior. Após o condicionamento, o ar carregado de partículas ou poluentes gasosos é conduzido ao compartimento de passageiros. Esta poluição do ar pode provocar reações alérgicas. Portanto, faz sentido filtrar gases e partículas críticas. O filtro também reduz o acúmulo de sujeira na ventoinha, no sistema de calefação, no painel de instrumentos e no pára-brisa.

Dependendo das exigências são usados filtros de partículas ou filtro combinado. A vantagem do filtro combinado é que, além de filtrar as partículas ele evita odores desagradáveis no interior do veículo. Isso ocorre através da cuidadosa estratificação dos grânulos de carvão ativado (até 300 g/m^2) no elemento do filtro de partículas, o que elimina substâncias aromáticas. Além disso, o carvão ativado remove ozônio, benzeno e tolueno, por exemplo.

Elementos do filtro

Antigamente, os elementos de filtro eram construídos predominantemente à base de papel, entretanto as crescentes exigências dos sistemas de filtragem (retenção de partículas menores do que 0,001 mm) mudaram a situação. Hoje os elementos de filtro são compostos geralmente por materiais lanosos à base de poliéster ou polipropileno. O filtro de partícula é constituído por três camadas de fibras: pré-filtro, lã de microfibra com microfibras fiadas eletrostaticamente e lã de suporte. No filtro de carvão ativado, além das três camadas é adicionada mais uma camada de carvão ativado.

Na transformação de um material em filtro, uma série de parâmetros específicos deve ser considerada. Existe uma complexa interdependência entre o material utilizado no filtro, a altura das dobras e a distância das dobras do elemento do filtro. A interação entre estes parâmetros é importante para a performance do filtro durante sua utilização.

Concepção

Basicamente, os filtros para cabine devem ser otimizados em três aspectos:
- Separação,
- Perda de pressão e
- Capacidade de armazenamento de pó.

As especificações da aplicação determinam qual destes três objetivos deve ser atingido em primeira linha.

O "melhor" filtro, por exemplo, pode ser um filtro que atinja a melhor separação possível mas que leve em conta o compromisso com a perda de pressão e a capacidade de armazenamento de pó. Numa outra concepção pode ser um filtro que atinja uma longa vida útil como resultado da capacidade de armazenamento de pó com um determinado nível de separação.

A vida útil dos filtros usados em automóveis de passageiros corresponde a 20.000 km, ou seja, com os atuais intervalos de manutenção os filtros são trocados nas respectivas revisões.

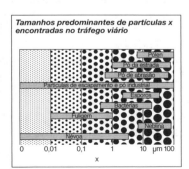

Tamanhos predominantes de partículas x encontradas no tráfego viário

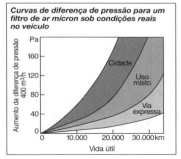

Curvas de diferença de pressão para um filtro de ar mícron sob condições reais no veículo

Redes de bordo

Alimentação de energia na rede de bordo convencional do veículo

A rede de bordo de um veículo é composta basicamente de um acumulador de energia (bateria), um conversor de energia (alternador) e consumidores de energia (aparelhos eletroeletrônicos).

Com a ajuda da energia da bateria (acumulador) é dada a partida no motor através do motor de partida (consumidor) e adaptada às exigências do funcionamento pelas unidades de comando específicas do motor durante o funcionamento autônomo.

Com o motor funcionando o alternador (conversor) fornece corrente, que de acordo com o nível da tensão de bordo (dependente da rotação do alternador e consumidores ligados) é suficiente sob condições ideais, para alimentar os consumidores e adicionalmente ainda carregar uma bateria. Se os consumidores conectados puxarem uma corrente maior do que a gerada pelo alternador, a tensão de bordo diminui ao nível da tensão da bateria e a bateria é descarregada de acordo. Através de uma seleção específica da bateria, motor de partida, alternador e consumidores da rede de bordo, deve ser garantido um balanço de carga da bateria de modo que:
- sempre seja garantida uma partida do motor de combustão interna e
- com o motor parado certos consumidores elétricos possam ser usados por um período razoável.

Os critérios de otimização para uma combinação favorável são baixo peso, pequeno volume e também um consumo baixo de combustível e com isso menores emissões de poluentes causados pela conversão de energia no alternador. Deve ser levado em consideração o seguinte:

Temperatura limite de partida
A temperatura, na qual ainda pode ser dada partida no motor, depende, entre outros itens da bateria (capacidade, corrente de teste a frio, estado de carga, resistência interna, etc.) e do motor de partida (tipo, tamanho e potência). Para poder dar partida no motor, p. ex. a –20°C, a bateria deve ter uma carga mínima p.

Fornecimento de corrente do alternador
O fornecimento de corrente do alternador depende da rotação. Com o motor em rotação de marcha lenta n_L o alternador pode fornecer apenas uma parte da corrente nominal com taxas de transmissão (da árvore de manivelas para o alternador) convencionais de 1:2 até 1:3. A corrente nominal é definida na rotação de 6.000 min^{-1}.

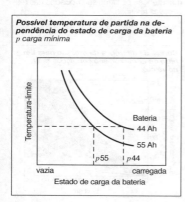

Possível temperatura de partida na dependência do estado de carga da bateria p carga mínima

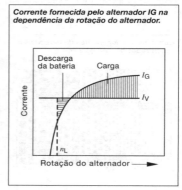

Corrente fornecida pelo alternador IG na dependência da rotação do alternador.

Redes de bordo/alimentação de energia

Consumidores instalados em função do tempo de ligação (exemplos).

Consumidores	Potência consumida	Potência consumida média
Motronic, bomba elétrica de combustível	250 W	250W
Rádio	20 W	20 W
Luz de estacionamento	8 W	7 W
Farol de luz baixa	110 W	90 W
Luz da placa, lanterna traseira	30 W	25 W
Luz de controle, instrumentos	22 W	20 W
Desembaçador do vidro traseiro	200 W	60 W
Calefação, ventilador	120 W	50 W
Ventoinha elétrica do radiador	120 W	30 W
Limpador do pára-brisa	50 W	10 W
Luz de freio	42 W	11 W
Luzes de sinalização	42 W	5 W
Faróis de neblina	110 W	20 W
Farol de neblina traseiro	21 W	2 W
Total Potência elétrica instalada Potência elétrica média	1.145 W	600 W

Se a corrente do consumidor I_v na rede de bordo for maior do que a corrente do alternador I_G (p. ex. com motor em marcha lenta), então a bateria é descarregada. A tensão da rede de bordo cai para o nível da bateria com carga.

Se a corrente do consumidor I_v for menor que a corrente do alternador I_G, uma parte da diferença de corrente flui para a bateria como corrente da bateria I_B sob carga.

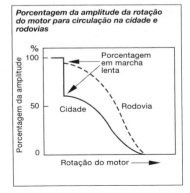

Porcentagem da amplitude da rotação do motor para circulação na cidade e rodovias

Funcionamento durante a marcha

A rotação oferecida ao alternador (e com isso a corrente fornecida pelo alternador) depende da utilização do veículo.

O gráfico da porcentagem da amplitude da rotação do motor informa quantas vezes uma determinada rotação é alcançada ou ultrapassada durante a marcha do veículo.

Um veículo de passeio circulando na cidade em dias de trabalho tem alta porcentagem de marcha lenta por causa das muitas paradas em semáforos ou congestionamentos. Circulando em vias expressas a porcentagem do tempo em marcha lenta em geral é pequeno. Um ônibus urbano de linha tem porcentagens adicionais de marcha lenta por causa das paradas nos pontos de ônibus. Os consumidores que são usados com o motor parado (p. ex. componentes que não podem ser desligados no ponto final) têm um efeito negativo sobre o balanço de carga da bateria. Ônibus de viagens em geral têm uma parcela de marcha lenta mais reduzida, mas nas paradas o equipamento elétrico pode consumir muita corrente.

Potência dos consumidores

Os consumidores elétricos têm diferentes tempos de acionamento. Distinguimos entre consumidores contínuos (ignição, injeção de combustível, etc.), consumidores de longa duração (iluminação, desembaçador do vidro traseiro) e consumidores de curta duração (luz de sinalização de direção, luz de freio, etc.). O uso de alguns consumidores depende da estação do ano (ar condicionado no verão, aquecimento de assentos no inverno). A freqüência de acionamento dos ventiladores elétricos do radiador depende da temperatura e da condição de operação. No percurso entre a casa e o trabalho no inverno anda-se muito com as luzes acesas. O consumo de potência não é constante durante a operação do veículo. Em geral ela é muito alta nos primeiros minutos após a partida, abaixando depois:

1. O aquecimento do pára-brisa vai necessitar no futuro até 2 kW durante 1...3 min após a partida para desembaçar o vidro.
2. A bomba de ar secundário, que sopra ar adicional diretamente na câmara de combustão para a pós-combustão do gás de escape, funciona até 3 min após a partida.
3. Outros consumidores como aquecimento (vidro traseiro, bancos, espelhos, etc.), ventoinha e iluminação ficam ligados mais ou menos tempo dependendo da situação, enquanto o gerenciamento do motor funciona constantemente.

Tensão de carga

A tensão de carga da bateria deve ser mais alta com frio e menor com calor, levando em consideração os processos químicos dentro da bateria. A curva de gaseificação indica a máxima tensão permitida, na qual a bateria não "ferve".

Consumidores necessitam de uma tensão a mais constante possível. A tensão aplicada em lâmpadas incandescentes deve ter uma tolerância apertada, para que a durabilidade e a intensidade luminosa fiquem dentro dos limites especificados. O regulador limita a tensão máxima, quando a corrente possível do alternador I_G for maior que a soma da corrente necessária pelos consumidores I_V e a possível corrente de carga da bateria I_B. Os reguladores normalmente são montados no alternador.

Com diferenças maiores entre a temperatura do regulador e a do ácido da bateria, é mais vantajoso monitorar a temperatura para a regulagem da tensão diretamente na bateria. A queda de tensão no cabo de carga entre o alternador e a bateria pode ser compensada por um regulador através de medição do valor real da tensão diretamente na bateria (mediante um cabo adicional).

Curva característica do sistema dinâmico

A ação conjunta dos componentes bateria, alternador, consumidores, temperatura, rotação e relação de transmissão motor/alternador define a curva característica de sistema. Ela é específica para cada combinação e cada condição de funcionamento e por isso é dinâmica. A curva característica dinâmica pode ser medida nos bornes da bateria e registrada num plotter.

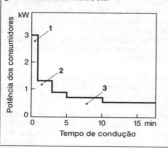

Potência de consumidores em função do tempo de direção
1 aquecimento do pára-brisa, 2 bomba de ar secundário, 3 aquecimento, ventoinha, gerenciamento do motor, etc.

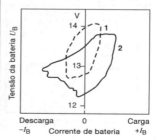

Curvas características do sistema dinâmico
(curvas envolventes para percurso urbano)
1 com alternador grande e bateria pequena,
2 com alternador pequeno e bateria grande.

Cálculo do balanço de carga

No cálculo do balanço de carga devem ser levadas em conta as grandezas de influência acima mencionadas. Com a ajuda de um programa de computador determina-se o estado de carga da bateria no final de um percurso característico. Um ciclo comum é o percurso entre a casa e o trabalho (baixas rotações do motor) combinado com operação de inverno (baixa admissão de carga pela bateria). Para veículos com ar condicionado (grande consumo de corrente), a operação no verão pode ser ainda mais desfavorável. O estado de carga da bateria ao final de um ciclo deveria ser pelo menos tão alta que seja possível a partida seguinte à temperatura ambiente.

Simulação da rede de bordo

Em contraste com a aproximação sumária nos cálculos do balanço de carga é possível calcular a situação do fornecimento de energia para a rede de bordo através de simulações baseadas em modelos para cada ponto de funcionamento. Com isso também podem ser incluídos sistemas de gerenciamento da rede de bordo e avaliada a sua eficiência.

Ao lado do balanço puro da corrente da bateria, é possível registrar a curva característica da tensão da rede de bordo e o ciclo da bateria a cada momento de um percurso. Cálculos com simuladores de rede de bordo sempre fazem sentido para comparar tipologias das redes de bordo e os efeitos de consumidores altamente dinâmicos ou consumidores de curto tempo de acionamento.

Projeto da rede de bordo

O tipo de fiação entre alternador, bateria e consumidores também influi no nível de tensão e, portanto, na condição de carga da bateria. Se todos os consumidores estiverem conectados do lado da bateria, fluirá no cabo de carga a corrente total $I_G = I_B + I_V$.

Devido à intensa queda de tensão, a tensão de carga é menor. Se no entanto todos os consumidores estiverem ligados do lado do alternador a queda de tensão será menor e a tensão de carga maior. Isto pode prejudicar consumidores sensíveis a picos ou ondulações de tensão (eletrônica). Recomenda-se que consumidores insensíveis à tensão e maior consumo de corrente sejam conectados nas proximidades do alternador e consumidores sensíveis à tensão e baixo consumo de corrente sejam conectados nas proximidades da bateria.

Seções transversais de cabos adequadas e boas conexões, cujas resistências de passagem não se alteram mesmo após um período prolongado de funcionamento, resultam em menores quedas de tensão.

Redes de bordo futuras

Rede de bordo de duas baterias

Na rede de bordo de 12 V de veículos de série, a bateria é um compromisso entre duas exigências conflitantes: ela deve ser dimensionada tanto para o procedimento de partida como para o fornecimento de corrente para a rede de bordo. Durante a partida a bateria é sobrecarregada com altas correntes (300...500 A). A queda de tensão associada tem um efeito prejudicial sobre determinados consumidores (p. ex. equipamentos com microcontroladores) e deveria ser a menor possível. Durante a marcha porém só fluem correntes comparativamente pequenas, onde a capacidade da bateria é o fator saliente. As duas características não são possíveis de serem otimizadas ao mesmo tempo em uma bateria.

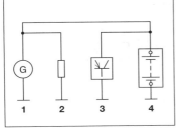

Rede de bordo com conexão dos consumidores no alternador e na bateria
1 alternador, 2 consumidores com absorção maior de potência, 3 consumidores com absorção reduzida de potência, 4 bateria.

Nas redes de bordo futuras com duas baterias (bateria de partida e bateria de alimentação), as funções das baterias "disponibilização de grande potência para a partida" e "alimentação da rede de bordo" serão separadas, para evitar a queda de tensão durante a partida e para garantir uma partida a frio segura, mesmo com uma bateria de uso geral com baixa carga.

Unidade de comando da rede de bordo
A unidade de comando (ECU) na rede de bordo de duas baterias separa o motor de partida do restante da rede de bordo. Com isso ela evita que a queda de tensão ocasionada durante a partida afete a rede de bordo.

Com o veículo estacionado, ela evita que a bateria de partida se descarregue através de consumidores ligados com o motor desligado e dispositivos que consomem corrente ainda algum tempo após desligados.

Através da completa separação do lado de partida do resto da rede de bordo, não existe, principalmente no lado da bateria de partida, nenhuma restrição no nível de tensão. Com isso a bateria de partida pode ser adaptada de maneira otimizada à bateria através de um conversor DC/DC, isto é, ser recarregada no tempo mais curto possível.

Com a bateria de alimentação descarregada, a ECU está em condição de interligar as duas redes de bordo provisoriamente e, com isso, sustentar a rede de bordo através da bateria de partida totalmente carregada. Adicionalmente pode ser enviada uma informação através de uma interface CAN ao computador de bordo.

Em uma outra variante possível, a ECU conecta apenas os consumidores necessários para a partida à correspondente bateria totalmente carregada.

Bateria de partida
A bateria de partida deve fornecer durante um curto tempo (durante a partida) uma corrente alta. As suas dimensões compactas permitem instalá-la próxima ao motor de partida com cabos de conexão curtos. A capacidade também é reduzida.

Bateria de alimentação
A bateria de alimentação está prevista apenas para a rede de bordo (sem motor de partida). Ela fornece correntes relativamente pequenas (p. ex. 20 A para o gerenciamento do motor), mas podem se imprimir fortes ciclos, isto é, pode fornecer grandes quantidades de energia e armazenar de novo com a correspondente capacidade e acima do limite de descarga. O dimensionamento se baseia principalmente na capacidade de reserva para consumidores ligados (p. ex. luz de estacionamento, luz de alarme), para os consumidores de corrente de repouso e da profundidade de descarga permitida.

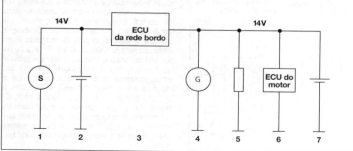

Rede de bordo de duas baterias
1 motor de partida, 2 bateria de partida, 3 unidade de comando da rede de bordo, 4 alternador, 5 consumidores, 6 unidade de comando do motor, 7 bateria de alimentação.

Redes de bordo de 42 V

Na rede de bordo deve ser coordenada uma complexa interação entre geradores de energia e consumidores. O combustível não é usado apenas para obter energia cinética, mas também para obter energia elétrica. O objetivo do desenvolvimento é fazer o gerenciamento de toda a energia gerada e consumida no veículo o mais eficientemente possível. Por exemplo, consumidores hidráulicos de energia (como uma direção hidráulica) podem ser substituídos por elétricos. Esses aproveitam melhor a energia utilizada.

Mais segurança, economia e conforto têm como conseqüência mais consumidores elétricos. Exemplos para isso são: pára-brisa aquecido para maior segurança e aquecimento da cabine de passageiros com PTC para mais conforto com motores Diesel econômicos. A potência de pico vai praticamente quintuplicar para mais de 10 kW. O gerenciamento de consumidores com potências dessa ordem de grandeza não é mais possível com redes de bordo de 14 V.

A Associação de Fabricantes Alemães de Automóveis (VDA) trabalhando juntamente com fornecedores, universidades e comitês internacionais especificaram uma tensão da rede de bordo de 42 V para a futura alimentação de energia nas redes de bordo de veículos.

<u>Rede de bordo de duas tensões com gerenciamento elétrico de energia (EEM)</u>

Um primeiro passo para a tensão da rede de bordo mais alta é a rede de bordo de duas tensões com sub-redes de 14 V e 42 V. Vantagem: componentes existentes de baixo custo com base em 14 V poderão continuar a ser usados. Nessa rede de bordo o alternador alimenta os consumidores de alta potência de 42 V diretamente. Os demais consumidores são ligados à sub-rede de 14 V através de conversores de corrente contínua. Baterias separadas para ambas as partes da rede podem ser dimensionadas de tal maneira que juntas não fiquem mais pesadas que as atuais baterias.

Um gerenciamento elétrico de energia EEM coordena durante a operação do veículo a interação entre alternador, conversor de tensão, baterias e consumidores elétricos. Com o veículo estacionado o EEM monitora as baterias e desliga os consumidores que ainda ficam ligados algum tempo após desligados e os de corrente de repouso, tão logo a carga da bateria atinja um limite crítico. O coordenador EEM controla todo o balanço de energia elétrica. Ele compara as exigências de potência dos consumidores com a oferta de potência disponível na rede de bordo e garante um equilíbrio entre geração de energia e fornecimento de energia. O coordenador EEM pode evitar os picos de potência que

---

Rede de bordo de duas tensões
(cabos de dados não desenhados)
Sub-rede de 42 V: 1alternador, 2 motor de partida, 3 consumidores, 4 bateria, 5 conversor (42/14 V). Sub-rede de 14 V: 6 motor, 7/8 grupos de consumidores, 9 EEM, 10 bateria.

aparecem com a ligação simultânea de vários consumidores, fornecendo a potência em estágios.

A rede de bordo de duas tensões, portanto é vista por muitos aplicadores como uma solução temporária. A meta é uma rede de bordo apenas de 42 V.

Motor de partida – alternador
Para redes de 42 V com alta demanda de energia, motores de partida – alternadores (MPA) são uma alternativa para alternadores e motores de partida individuais. Eles são ao mesmo tempo geradores e consumidores de energia.

O motor de partida – alternador integrado na árvore de manivelas (MPAI) aumenta a eficiência do sistema elétrico. O motor elétrico é projetado como uma máquina síncrona permanentemente excitada e disposta entre o motor de combustão e o câmbio.

Durante a condução o MPAI gera energia elétrica. A grande eficiência do motor de partida – alternador reduz o consumo de combustível em aprox. 0,5%. Esse potencial para economia de combustível pode ser aumentado para 4...6%, se o MPAI também realizar operações de parada-partida. Essas operações desligam o motor automaticamente na parada do veículo (p. ex. na parada num semáforo). Se o motorista pisar na embreagem é dada a partida rápida e silenciosa do motor pelo MPAI. Quando o veículo for freado e o motor for desligado, o alternador pode transformar a energia cinética resultante em energia elétrica (recuperação). Essa energia pode ser aproveitada p. ex. para um auxílio de arrancada elétrico. Isso resulta em economia adicional de potencial.

Influência sobre o consumo de combustível

Apenas uma pequena parte do combustível consumido pelo veículo é necessário para o acionamento do alternador, bem como para o peso do motor de partida, bateria e alternador (aprox. 5% num carro de passeio de classe média).

Consumo médio de combustível por 100 km: para 10 kg de peso aprox. 0,1 *l*, para 100 W de potência de acionamento aprox. 0,1 *l*.

Alternadores com maior grau de eficiência em cargas parciais ajudam a economizar combustível, apesar de serem ligeiramente mais pesados.

Motor de partida – alternador integrado MPAI
1 ECU do MPAI, 2 gerenciamento elétrico de energia EEM, 3 unidade de comando do motor, 4 motor de combustão interna, 5 motor de partida – alternador integrado MPAI, 6 transmissão.

Baterias de partida

Exigências
Os veículos modernos exigem cada vez mais das baterias:
- Motores Diesel e motores a gasolina de grande volume requerem uma grande potência de partida a frio (altas correntes de partida, particularmente com temperaturas baixas).
- As redes de bordo de veículos com equipamento elétrico abrangente necessitam de grandes quantidades de energia da bateria numa alimentação temporária insuficiente – que não deve ser subestimada – com motor parado.

Assim a potência instalada de todos os consumidores, que puxam a sua energia elétrica por alguns minutos da bateria, muitas vezes excede aos 2 kW, e a corrente de repouso que deve ser fornecida pela bateria às vezes por dias ou semanas é da ordem de grandeza de vários miliamperes.

Ao lado dos aspectos da alimentação uniforme de energia recaem sobre a bateria na rede de bordo cada vez mais tarefas da disponibilização de pulsos de alta corrente, que não podem ser fornecidos tão rapidamente pelo alternador (em operações "transientes"). Além disso a bateria possui, em função da sua capacitância natural inerente muito alta do capacitor de dupla camada de alguns Farad (F), excelentes características de retificação das ondulações da corrente da rede de bordo. Ela ajuda com isso a minimizar e eliminar problemas de compatibilidade magnética. Recentemente vieram as exigências de uma confiabilidade na alimentação elétrica de consumidores relevantes para a segurança, como p. ex. o freio eletro-hidráulico e/ou a direção elétrica.

A soma de todas essas exigências torna compreensíveis os esforços, para produzir baterias com propriedades otimizadas e garantir a sua operação como acumuladores de energia. As baterias mais avançadas são aquelas que apresentam as características elétricas exigidas e também sejam livres de manutenção, protejam o meio ambiente e principalmente seguras no manuseio. Do lado do veículo pode se contar no futuro cada vez mais com sistemas de duas baterias e avaliadores eletrônicos do estado da bateria, pois a confiabilidade deve ser garantida, entre outros fatores, evitando baterias descarregadas e uma troca em tempo de baterias gastas.

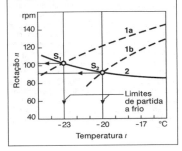

Influência da temperatura sobre a rotação do motor de partida e rotação inicial mínima do motor
Exemplo: 1a rotação do motor de partida, bateria descarregada em 20%; 1b rotação do motor de partida, bateria fortemente descarregada; 2 rotação inicial mínima do motor. S_1, S_2 limite de partida a frio

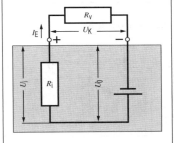

Grandezas elétricas dentro e na bateria
I_E corrente de descarga, R_i resistência interna, R_V resistência do consumidor, U_0 tensão do circuito aberto, U_K tensão nos bornes, U_i queda de tensão na resistência interna.

968 Auto-elétrica

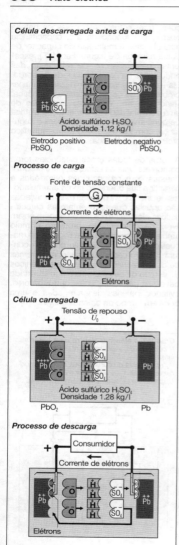

Célula descarregada antes da carga
Eletrodo positivo PbSO₄
Eletrodo negativo PbSO₄

Processo de carga
Fonte de tensão constante
Corrente de elétrons
Elétrons

Célula carregada
Tensão de repouso U_0
Ácido sulfúrico H₂SO₄
Densidade 1.28 kg/l
PbO₂ — Pb

Processo de descarga
Consumidor
Corrente de elétrons
Elétrons

Apesar de todas as melhorias técnicas, é de responsabilidade do motorista garantir que a bateria e com isso a rede de bordo do veículo fiquem funcionando bem. As excelentes propriedades de aceitação de carga das modernas baterias de partida não servem para nada se, p. ex. em percursos regulares e curtos na cidade no inverno (envolvendo grande consumo de corrente e baixas rotações do motor) não for atingido um balanço de carga positivo para a bateria. Geralmente estados de carga baixos da bateria por longos períodos reduzem a vida útil do acumulador e deslocam a rotação do motor no sentido perigoso do limite de partida a frio.

Ao lado das características da bateria adaptadas à respectiva rede de bordo como potência de partida, capacidade e armazenamento de corrente de carga na faixa de aprox. -30...+70°C, existem outras especificações da bateria, que devem ser satisfeitas para determinadas aplicações (p. ex. livre de manutenção, à prova de vibrações). Típicas tensões de bordo são 12 V em veículos de passeio e 24 V em veículos utilitários (realizadas através de ligação em série de duas baterias de 12 V).

Bateria de chumbo
Carga e descarga

Os materiais ativos da bateria de chumbo são o peróxido de chumbo (PbO$_2$) da placa positiva, o esponjoso e altamente poroso chumbo (Pb) da placa negativa e o eletrólito composto de ácido sulfúrico diluído (H$_2$SO$_4$). O eletrólito é ao mesmo tempo condutor de íons para carga e descarga. PbO$_2$ e Pb assumem, em relação aos eletrólitos, tensões elétricas típicas (potenciais individuais), cujas magnitudes (sem levar em conta os sinais) são iguais à soma das tensões das células mensuráveis por fora. Ela é de aprox. 2 V em repouso, devendo subir ao ser carregada e descarregada com carga, para compensar as quedas de tensão na resistência interna (vide figura). Na descarga PbO$_2$ e Pb são convertidos com H$_2$SO$_4$ em PbSO$_4$ (sulfato de chumbo); Com isso o eletrólito perde íons SO$_4$ (de sulfato) e a densidade do eletrólito abaixa. Durante a carga, os materiais ativos PbO$_2$ e Pb são reconstituídos da partir de PbSO$_4$.

Densidade e ponto de congelamento do ácido sulfúrico diluído

Estado de carga	Versão da bateria	Densidade do eletrólito kg/l [1])	Ponto de congelamento °C
carregada	Normal	1,28	–68
	Para trópicos	1,23	–40
meio carregada	Normal	1,16/1,20 [2])	–17...–27
	Para trópicos	1,13/1,16 [2])	–13...–17
descarregada	Normal	1,04/1,12 [2])	–3...–11
	Para trópicos	1,03/1,08 [2])	–2...–8

[1]) A 20°C: a densidade diminui com o aumento da temperatura e sobe com o abaixamento da temperatura em aprox. 0,01 kg/l a cada 14 K de diferença de temperatura.

[2]) Valor baixo: grande consumo de eletrólito. Valor alto: baixo consumo de eletrólito.

Se a bateria continuar a ser carregada após a carga completa, só ocorre a decomposição eletrolítica da água com a formação de gás explosivo (oxigênio na placa positiva e hidrogênio na placa negativa). A densidade do eletrólito pode ser usada como medida para o estado de carga. A exatidão dessa relação depende do projeto da bateria (vide tabela "Densidade e ponto de congelamento do ácido sulfúrico diluído"), da estratificação do eletrólito e desgaste da bateria com um certo grau de sulfatação irreversível e/ou placas fortemente desagregadas.

Individualmente ocorrem os seguintes processos (seqüência de figuras à esquerda):

Célula descarregada antes da carga: em ambos os eletrodos encontra-se $PbSO_4$ composto de Pb^{++} e $SO4^{--}$. O eletrólito consiste de H_2SO_4 de baixa densidade, pois na absorção de corrente anterior se formou H_2O.

Processo de carga: Pb^{++} é convertido em Pb^{++++} no eletrodo positivo através da "absorção" dos elétrons. Esse se combina com o O_2 de H_2O para PbO_2. Por outro lado se forma Pb no eletrodo negativo. Íons SO_4^{--} liberados do $PbSO_4$ de ambos eletrodos e íons H^+ de H_2O criam novo H_2SO_4 e aumentam a densidade do eletrólito.

Célula carregada: $PbSO_4$ no eletrodo positivo foi convertido em PbO_2 e $PbSO_4$ no eletrodo negativo foi convertido em Pb. A tensão de carga bem como a densidade do eletrólito não sobem mais.

Processo de descarga: a direção do fluxo da corrente e os processos eletroquímicos se invertem na descarga em relação à carga da bateria, de modo que da combinação dos íons Pb^{++} e SO_4^{--} novamente resulta $PbSO_4$.

Comportamento com baixas temperaturas
Basicamente as reações químicas no acumulador com baixas temperaturas são mais lentas. A potência de partida de uma bateria diminui com baixas temperaturas mesmo totalmente carregada. Quanto mais a descarga progride, mais o eletrólito se dilui. Com isso um congelamento do eletrólito, de uma bateria descarregada, é muito provável. Esse tipo de bateria só pode fornecer baixas correntes e não é mais sufi-

Curvas da tensão da bateria na dependência do tempo de descarga com diferentes correntes de descarga

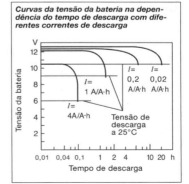

ciente para dar partida ao veículo.

Características das baterias

Designação
Ao lado das características mecânicas como dimensões físicas, características de fixação, tipos de pólos terminais, são principalmente caracterizadas pelos valores elétricos, que são medidos de acordo com normas de teste específicas (p. ex. DIN EN 60 096-1, anteriormente DIN 43 539-2). As baterias de partida fabricadas na Alemanha são identificadas por um número de tipo de 9 dígitos, a tensão nominal, a capacidade nominal e a corrente de teste a frio de acordo com DIN EN 60 095-1/A11. Por exemplo: 555 059 042 significa 12 V, 55 A · h, uma construção especial (059) e corrente de teste a frio de 420 A. No futuro essa norma européia (EN) para a caracterização da bateria será usada cada vez mais amplamente.

Capacidade
É a quantidade de corrente em A · h que pode ser fornecida sob determinadas condições. Ela diminui com o aumento da corrente de descarga e com a diminuição da temperatura.

Capacidade nominal K_{20}
DIN EN define a capacidade nominal como a quantidade de carga, que pode ser fornecida pela bateria dentro de 20 h até uma tensão de descarga de 10,5 V (1,75 V/célula) com corrente de descarga constante a 25°C. A capacidade nominal depende da quantidade de material ativo usada (massa negativa, massa positiva, eletrólito) e relativamente pouco da quantidade de placas.

Corrente de teste a frio I_{CC} (anteriormente I_{KP})
Ela caracteriza a capacidade de fornecimento de corrente da bateria com baixas temperaturas. Conforme DIN EN, a tensão nos bornes na descarga com I_{CC} e $-18°C$ deve ser de no mínimo 7,5 V (1,25 V/célula) 10 s após o início da descarga. Outras particularidades sobre o tempo de descarga devem ser retiradas da norma acima. Determinante para o comportamento de curto tempo caracterizado por I_{CC} é a quantidade de placas, a superfície das placas, a distância entre as placas e o material dos separadores. Uma outra variável que caracteriza o comportamento de partida é a resistência interna R_i.

Para $-18°C$ e uma bateria carregada (12 V) vale: $R_i \leq 4000/I_{CC}$ (mΩ), onde I_{CC} é dado em A. A resistência interna da bateria determina, junto com outras resistências do circuito de partida, a rotação para dar partida no motor.

Estrutura da bateria
Uma bateria de partida de 12 V contém seis células ligadas em série, que estão montadas em uma caixa de polipropileno separadas entre si por divisórias. Uma célula se compõe de jogo de placas positivo e um negativo (grades de chumbo e massa ativa), bem como material isolante microporoso (separadores) entre placas de diferentes polaridades. Como eletrólito usa-se ácido sulfúrico diluído, que preenche o espaço livre nas células e os poros das placas e separadores. Pólos terminais, células e os conectores entre as placas são de chumbo; os conectores entre as células passam através de aberturas seladas nas paredes separadoras das células. A tampa da caixa, aplicada pelo processo de vedação a quente, fecha a caixa para cima. Nas baterias convencionais cada célula tem um tampão, que serve para o primeiro enchimento, a manutenção e a evacuação dos gases de carga. As baterias livres de manutenção aparentemente são fornecidas totalmente fechadas, mas também precisam das aberturas para evacuação

Capacidade disponível em função da corrente de descarga e da temperatura

dos gases.

Tipos de baterias
Bateria livre de manutenção

Conforme a norma DIN, em função da grande redução do teor de antimônio na liga de chumbo para as grades, a bateria livre de manutenção tem uma perda reduzida de água durante a fase de carga por causa da formação reduzida de gases. Por isso um controle do eletrólito se limita a
- cada 15 meses ou 25.000 km em uma bateria com baixa manutenção e
- cada 25 meses ou 40.000 km em uma bateria livre de manutenção.(Conforme DIN).

A bateria totalmente livre de manutenção (bateria de chumbo-cálcio) não exige mais o controle do nível do eletrólito (e geralmente não permite essa possibilidade): com exceção de duas aberturas para evacuação dos gases, ela é completamente selada. Sob condições normais da rede de bordo (U = constante) a decomposição da água é tão pouca, que a quantidade de eletrólito sobre as placas é suficiente para toda a vida útil da bateria. Uma outra vantagem desse tipo de bateria de chumbo-cálcio é a autodescarga muito baixa. Isso possibilita uma estocagem por meses com a bateria totalmente carregada. Se uma bateria livre de manutenção for carregada fora da rede de bordo, a tensão de carga não pode ultrapassar 2,3...2,4 V por célula, porque uma sobrecarga com corrente constante ou um carregador com curva característica W forçosamente consome água em todos os acumuladores de chumbo.

Uma melhoria da liga de chumbo para as grades da placa positiva inclui a adição de prata, um conteúdo reduzido de cálcio e níveis de zinco aumentados. Essa liga provou ser muito durável quando sujeita a altas temperaturas que aceleram a deterioração corrosiva, bem como após uma sobrecarga prejudicial com alta densidade do eletrólito e também durante a inatividade por longo período com baixa densidade do eletrólito. Esse efeito tem sido intensificado com uma grade fundida construída como estrutura de suporte com condutividade adicional otimizada. Essa técnica tem o potencial de conceber essas placas ainda mais finas (mas mais fortes) e com isso aumentar a sua quantidade. Com isso pode se aumentar mais a potência de partida sem perdas de qualidade.

Bateria resistente a descargas cíclicas

As baterias de partida, por sua construção (placas finas, material leve dos separadores), somente são adequadas condicionalmente para aplicações com descargas profundas repetidas, já que com elas se produz um grande desgaste das placas positivas (especialmente por soltura e desagregação da massa ativa). Nas baterias

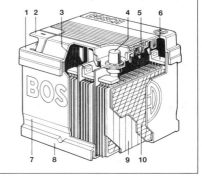

Bateria livre de manutenção
1 tampa da caixa,
2 cobertura de proteção dos pólos terminais,
3 conector direto das células,
4 pólos terminais,
5 massa fundida,
6 conector das placas,
7 caixa da bateria,
8 barra de fixação
9 placas positivas envelopadas em separadores de filme,
10 placas negativas.

resistentes a descargas cíclicas, separadores com mantas de fibra de vidro apóiam a massa positiva contida em placas relativamente espessas e evitam com isso uma desagregação prematura da massa.

A vida útil medida em ciclos de carga e descarga é aproximadamente o dobro da das baterias Standard. A bateria resistente a ciclos repetidos com separadores envelopados e mantas de fibra tem uma durabilidade ainda maior.

Bateria resistente a vibrações
Nas baterias resistentes à vibração, os blocos de placa são fixados com resina e/ou plástico para evitar o movimento relativo à caixa da bateria. DIN prescreve que deve resistir a um teste de vibrações senoidais de 20 horas (com freqüência de 22 Hz) e uma aceleração de 6·g. Essas exigências são umas 10 vezes superiores às da bateria standard. A bateria resistente a vibrações com a designação "Rf", é principalmente usada em veículos utilitários, máquinas de construção, tratores, etc.

Bateria HD
A bateria HD apresenta uma combinação de medidas para baterias resistentes a ciclos repetidos e a vibrações. Ela é usada em veículos utilitários submetidos a altas vibrações e cargas cíclicas. Designação: "HD".

Bateria "Kt"
A bateria "Kt" corresponde na construção à bateria resistente a ciclos repetidos, mas contém placas mais espessas e por isso em menor quantidade. Para a bateria "Kt" não se indica nenhuma corrente de teste a frio; sua potência de partida porém é nitidamente menor (35 a 40%) do que nas baterias de partida de mesmo tamanho. Ela é usada em aplicações de alta carga cíclica, em parte também para fins de tração (pág. 723).

Regimes de funcionamento

Carga
Na rede de bordo do veículo a bateria é carregada com limitação de tensão. Isto corresponde ao método de carga IU, no qual a corrente de carga retrocede automaticamente, tão logo a tensão da bateria suba. O método de carga IU evita a perigosa sobrecarga e garante uma longa vida à bateria.

Carregadores de bateria, por outro lado, trabalham em parte com corrente constante ou de acordo com a curva característica W (vide fig. "Carga da bateria: curva característica W"). Em ambos os casos, após atingir a plena carga, continua a carga com corrente constante ou pouco reduzida,

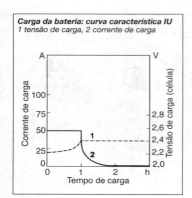

Carga da bateria: curva característica IU
1 tensão de carga, 2 corrente de carga

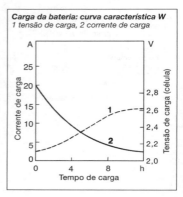

Carga da bateria: curva característica W
1 tensão de carga, 2 corrente de carga

o que provoca um elevado consumo de água ou a corrosão da grade positiva.

Descarga
Logo após o início da descarga, a tensão da bateria baixa a um valor, o qual na continuação da descarga se altera relativamente lento em comparação com um capacitor. Apenas imediatamente antes do fim da descarga, pelo esgotamento de um ou mais componentes ativos (massa positiva, massa negativa, eletrólito), a tensão cai rapidamente.

Autodescarga (vide também "Manutenção da bateria")
As baterias se descarregam ao longo do tempo, mesmo não submetidas à carga, isto é, quando não estiverem ligados consumidores. Baterias modernas com pouco antimônio perdem aprox. 0,1...0,2% da sua carga diariamente quando novas. Com o envelhecimento da bateria, o valor pode subir a 1% ao dia em função do deslocamento de antimônio para a placa negativa e outras impurezas, até o ponto em que a bateria deixa de funcionar. Uma regra aproximada para a influência da temperatura: a cada 10°C de aumento de temperatura duplica a autodescarga.

As baterias de chumbo-cálcio têm uma autodescarga significativamente menor (fator 1/5), que fica praticamente constante por toda a vida útil.

Manutenção das baterias
Nas baterias com baixa manutenção o nível do eletrólito deveria ser controlado de acordo com as instruções do fabricante e quando necessário reabastecidas com água destilada ou desmineralizada até a marca MÁX indicada pelo fabricante. A bateria deveria ser mantida limpa e seca a fim de minimizar a autodescarga. Antes do início do inverno, recomenda-se mais um controle do estado da bateria medindo-se a densidade do eletrólito ou, onde não for possível, a tensão de repouso da bateria. Se a densidade do eletrólito for menor que 1,20 g/ml ou a tensão da bateria abaixo de 12,2 V, a bateria deveria ser recarregada. Os pólos terminais, bornes de conexão e peças de fixação devem ser cobertos com graxa de proteção.

Baterias, que são retiradas de serviço temporariamente, devem ser armazenadas frias e secas. A densidade do eletrólito e tensão de repouso devem ser controladas a cada três até quatro meses. Se os valores estiverem abaixo de 1,20 g/ml ou 12,2 V, dever, ser feita a recarga. Para baterias com baixa manutenção ou livre de manutenção é recomendada a carga IU (v. capítulo "Carga") com uma tensão máxima de 14,4 V. Esse método permite, p. ex., o ajuste de um tempo de carga de 24 horas para uma carga completa sem perigo de sobrecarga. Se for usado um carregador com corrente constante ou com curva característica W, a corrente (em A) deveria ser reduzida para 1/10 da capacidade nominal quando for observado o desprendimento de gás, p. ex. 6,6 A para uma bateria de 66 Ah. Após aprox. 1 h a carga deve ser encerrada. Ventilar a área de carga (formação de gás explosivo, perigo de explosão, nenhuma chama aberta, cuidado com a formação de faíscas) e usar óculos de proteção.

Falhas da bateria
Falhas no funcionamento, cuja causa são danos no interior da bateria (p. ex. curtos-circuitos por desgaste de separadores ou perda de massa ativa, interrupção de conexões de células e placas, entre outras), em geral não podem ser solucionadas reparando a bateria. A bateria deve ser substituída. Um sinal característico de curtos-circuitos interiores são oscilações na densidade do eletrólito de célula para célula (diferença entre mínimo e máximo > 0,03 g/ml). No caso de interrupção das conexões a bateria pode muitas vezes ser descarregada e carregada com pequenas correntes, porém na partida a tensão cai imediatamente, mesmo estando totalmente carregada.

Se não for encontrado nenhum defeito na bateria, mas a bateria estiver permanentemente descarregada (sinais característicos: baixa densidade do eletrólito em todas as células, nenhuma potência de partida) ou sobrecarregada (sinal característico: elevado consumo de água), existe uma falha na rede de bordo (alternador defeituoso, consumidores elétricos ficam ligados com motor parado, p.ex. em função de relé danificado, regulador do alternador regulado ajustado muito alto ou muito baixo ou não funcionando). Em baterias que ficam muito tempo muito descarregadas, aumentam os cristais de $PbSO_4$ na massa ativa, o que dificulta a recarga da bateria. Para regenerá-las devem ser carregadas

Alternador

Geração de corrente
O alternador deve fornecer corrente suficiente para a rede de bordo sob todas as condições de funcionamento e com isso garantir que a bateria sempre esteja carregada suficientemente como acumulador de energia. O objetivo é o balanço de carga compensado, isto é, o alternador deve gerar no mínimo a energia que todos os consumidores consomem durante o mesmo tempo, de acordo com a sua curva característica e a sua distribuição da freqüência da rotação.

Os alternadores geram corrente alternada. O sistema elétrico do veículo precisa de corrente contínua para carregar a bateria e para acionar os equipamentos e grupos eletrônicos. Como conseqüência deve ser fornecida corrente contínua para a rede de bordo. Um retificador em ponte integrado no alternador assume a retificação da corrente alternada trifásica. As principais exigências são:
- alimentação de todos os consumidores ligados com corrente contínua,
- reserva de potência adicional para carga e recarga rápida da bateria, mesmo com consumidores ligados permanentemente,
- manutenção de uma tensão do alternador por toda a faixa de rotação do motor do veículo independente da carga do alternador,
- construção robusta que resista a todas as solicitações externas, p. ex. vibrações, altas temperaturas ambientes, mudança de temperatura, sujeira, umidade , etc.,
- peso reduzido, dimensões compactas favoráveis à montagem e longa vida útil,
- baixo ruído e
- alto grau de eficiência.

Fatores de influência

Rotações
O rendimento de um alternador (isto é, potência gerada pelas partes ativas por kg de massa) cresce com o aumento da rotação. Por isso, o objetivo é obter uma alta relação de transmissão entre a árvore de manivelas do motor e o alternador.

Fatores limitadores são:
- forças centrífugas com altas rotações do motor,
- ruído do alternador e da ventoinha,
- grau de eficiência diminuindo em altas rotações,
- efeitos das altas rotações sobre a vida útil das peças sujeitas a desgaste (mancais, anéis coletores, escovas de carvão),
- o torque de inércia das massas do alternador com relação à árvore de manivelas e com isso a solicitação sobre as correias de acionamento.

Valores típicos para veículos de passeio estão entre 1:2 e 1:3, e para utilitários até 1:5. No caso extremo (p. ex. no tráfego diário para o trabalho) o alternador funciona até um terço do tempo de funcionamento na marcha lenta do motor, isto é, na faixa de rotação com a menor eficiência.

Temperaturas
As perdas, que ocorrem em todas as máquinas na transformação de energia, elevam a temperatura dos componentes.

De acordo com a montagem no motor os componentes do motor (tubos de escape e turbocompressor a gás de escape) geram adicionalmente altas temperaturas no alternador, tipicamente em altas rotações e plena carga do motor (marcha a quente). O alternador aspira o ar de refrigeração geralmente do compartimento do motor.

Por causa da tendência de encapsularem cada vez mais o compartimento do motor como meio de supressão de ruído, a alimentação de ar fresco para o alternador é uma medida adequada para a redução da temperatura dos componentes. Existem alternadores com refrigeração por líquido para situações onde as temperaturas do compartimento do motor são extremas.

Influências externas
Pela montagem do alternador no motor de combustão se produzem grandes cargas mecânicas. De acordo com as condições de montagem e características de vibração, o alternador pode estar sujeito a acelerações de oscilação de 500...800 m · s^{-2}. Isso aplica forças extremas às peças de fixação e componentes do alternador, e é essencial que sejam evitadas ressonâncias críticas.

Outras influências são pingos de água, sujeira, névoa de óleo ou combustível e sal que se espalham nas ruas no inverno. Esses fatores expõem todos os componentes ao risco de corrosão. É importante que não se formem vias de dispersão da corrente entre as partes condutoras de tensão, a fim de que componentes importantes não falhem antes do tempo por eletrólise.

Características e funcionamento

Os alternadores para veículos são projetados para tensões de 14 V, 28 V em veículos utilitários e futuramente para 42 V, para que baterias de 12 V, 24 V ou 36 V possam ser carregadas suficientemente.

Como a carga do acumulador de energia exige corrente contínua, um retificador deve retificar a corrente alternada trifásica. O alternador também está sujeito permanentemente à tensão da bateria, mesmo com o motor parado, de modo que os diodos retificadores evitam a descarga da bateria.

A curva característica da corrente máxima tem uma curvatura acentuada. O alternador gera corrente apenas acima da "rotação de 0 ampère". Com rotações maiores a curva característica não sobe mais em função do campo magnético reverso gerado pela corrente de carga. Com isso também não pode fluir uma corrente de alternador maior, mesmo com sobrecarga, e o alternador é então protegido contra danos térmicos, no caso de sobrecarga elétrica.

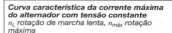

Curva característica da corrente máxima do alternador com tensão constante
n_L rotação de marcha lenta, $n_{máx}$ rotação máxima

Alternadores para a aplicação em veículos são construídos como geradores trifásicos síncronos de 12 ou 16 pólos com rotores de pólos tipo garra (na maioria dos casos, auto-excitáveis). Nas ranhuras do estator se encontra o enrolamento de corrente trifásica e no rotor o de excitação. Através do enrolamento de excitação, flui a corrente contínua, que é transmitida ao rotor em rotação através de contatos deslizantes. A corrente gerada pelo enrolamento de corrente trifásica se divide: a maior parte flui através dos diodos positivos da ponte retificadora principal para a rede de bordo e de lá volta através dos diodos negativos.

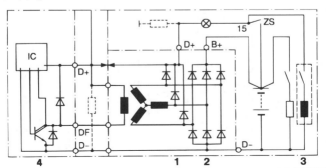

Alternador com regulador Standard (circuito elétrico)
1 diodos de excitação, 2 diodos de potência (alternativamente diodos Zener de potência), 3 rede de bordo, 4 regulador

Dependendo do projeto do alternador e do regulador a corrente de excitação flui:
a) através dos diodos de excitação no caso de reguladores standard.
b) direto de B+ no regulador multifuncional.

Em reguladores standard uma parte da corrente gerada flui como corrente de excitação através dos três diodos de excitação para o borne D+, bem como através do regulador e dos anéis coletores para o enrolamento de campo e de lá novamente de volta através dos três diodos negativos do retificador principal.

Em alternadores com regulador multifuncional não existem os diodos de excitação, a corrente de excitação é derivada diretamente do retificador principal. O regulador de tensão liga a corrente de excitação através do reconhecimento da rotação somente após a partida do motor e evita assim uma descarga da bateria com o motor desligado.

Variando a corrente de excitação, a saída do alternador é ajustada à necessidade da rede de bordo elétrica. O regulador trabalha modulado por pulsos com base na tensão de bornes constante.

A conexão D+ tem várias funções: por um lado o alternador é pré-excitado através da conexão B+ da bateria através da lâmpada-piloto do alternador e do borne

Circuito para regulador standard com indicação de falha na interrupção do circuito de excitação
1 alternador, 2 lâmpada-piloto do alternador, 3 resistor, 4 chave de ignição e partida, 5 bateria.

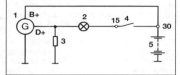

D+. Por outro, depois da excitação, o borne D+ cai a um nível de tensão similar a B+; determinados grupos de consumidores podem ser alimentados com tensão através de um relé.

A corrente de pré-excitação determina a velocidade de auto-excitação na qual ocorre a primeira excitação. Essa velocidade fica bem acima da "rotação de 0 ampère" e, no caso de alternadores com diodos de excitação, depende muito da potência da lâmpada-piloto.

A lâmpada-piloto deve acender antes da partida ao se ligar a ignição (controle da lâmpada) e apagar quando o motor começa a funcionar.

Alternador com regulador multifunção
Conexões à rede L, DFM.
1 IC regulador, 2 carcaça, 3 alternador, 4 rede de bordo, 5 circuitos de avaliação/monitoramento

Redes de bordo/alimentação de energia **977**

Variantes

Alternador de pólos tipo garra

Esse princípio de máquina já conhecido há muito tempo substituiu totalmente os antigos dínamos dos veículos. O alternador de pólos tipo garra pesa 50% menos com a mesma potência e é mais econômico na fabricação. A introdução em larga escala só foi possível com a disponibilização de diodos de silício pequenos, potentes e de baixo custo.

Para aumentar a potência, em certos casos podem ser combinados dois sistemas na mesma carcaça.

Característica marcante da construção clássica é a ventilação axial de fluxo único através de uma única ventoinha externa.

Alternador compacto (resfriado a ar)

O alternador compacto é uma nova variante do alternador de pólos tipo garra, baseado na ventilação de duplo fluxo através de duas ventoinhas internas menores. O ar de refrigeração é aspirado axialmente e expulsado radialmente na área dos cabeçotes do enrolamento do estator, um no mancal do lado do acionamento e outro no mancal dos anéis coletores. As vantagens principais do alternador compacto são:

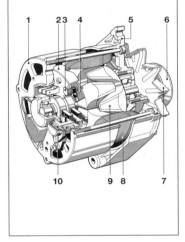

Alternador de pólos tipo garra
1 mancal dos anéis coletores, 2 dissipador de calor do retificador, 3 diodo de potência, 4 diodo de excitação, 5 mancal do lado de acionamento com flanges de fixação, 6 polia, 7 ventoinha externa, 8 estator, 9 rotor de pólos tipo garra, 10 regulador transistorizado.

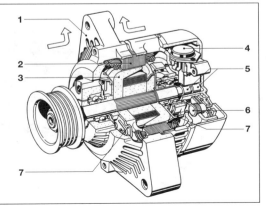

Alternador compacto
1 carcaça,
2 estator,
3 rotor,
4 regulador de tensão eletrônico com porta-escovas,
5 anéis coletores,
6 retificador,
7 ventoinha.

- maior eficiência em função de velocidades máximas maiores possíveis,
- ruído aerodinâmico reduzido, em função de ventoinhas de diâmetro menor,
- ruído magnético nitidamente menor e
- maior durabilidade das escovas de carvão, em função do menor diâmetro do anel coletor.

Alternador de pólos individuais
Em casos especiais com extremas necessidades de potência, são necessários alternadores com pólos individuais. O rotor tem pólos magnéticos individuais cada um com seu enrolamento de campo. Essa construção permite que o estator seja substancialmente mais comprido (relativo ao seu diâmetro) do que no alternador de pólos tipo garra. Com isso é possível aumentar a potência com o mesmo diâmetro. As rotações máximas atingíveis porém são menores em relação às construções com pólos tipo garra. Como a corrente de excitação é muito maior do que no alternador de pólos tipo garra, causando maiores perdas no regulador, o regulador eletrônico é montado em uma carcaça especial em separado do alternador.

Alternador com rotor guia
Alternadores com rotor guia são uma variante especial do alternador de pólos tipo garra, no qual os pólos de garra giram, enquanto o enrolamento de excitação fica estático. Uma das duas rodas polares não está ligada diretamente ao eixo, mas é segura pela roda polar oposta através de um anel intermediário não magnético. O fluxo magnético deve transpor adicionalmente ao entreferro de trabalho dois outros entreferros. Nesse tipo de construção o retificador alimenta o enrolamento de excitação diretamente com corrente através do regulador; contatos deslizantes não são necessários. Com isso não são necessárias as peças de desgaste, anel de coletores e escovas de carvão: os alternadores podem ser projetados para vida útil mais longa, p. ex. para alternadores de máquinas de construção e trens. O peso é um pouco maior do que nos alternadores de mesma potência com pólos tipo garra com anéis coletores, pelo o fato de que é necessário mais ferro e cobre para conduzir o fluxo através dos entreferros adicionais.

A variante com rotor guia também é projetada na versão refrigerada por líquido (ti-

Alternador de pólos individuais
1 mancal dos anéis coletores, 2 escovas, 3 enrolamento de excitação, 4 carcaça, 5 estator, 6 mancal no lado de acionamento, 7 polia, 8 ventoinha radial, 9 rotor de pólos individuais, 10 anéis coletores, 11 diodo de potência, 12 dissipador de calor, 13 capacitor supressor, 14 tomada para os cabos de conexão para o regulador.

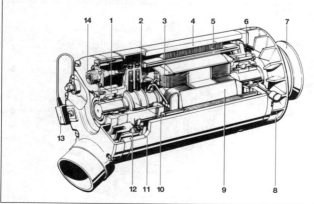

Redes de bordo/alimentação de energia

po LIF-B). O líquido refrigerante do motor flui através do invólucro completo e da parte traseira do alternador. Os componentes eletrônicos estão montados no mancal do lado de acionamento.

Condições-limites para aplicação

Refrigeração
Alternadores de veículos de passeio refrigerados a ar geralmente são refrigerados por um fluxo de ar fornecido por ventoinha radial integrada ou montada. Em certos casos onde a temperatura do compartimento do motor é muito alta, é aspirado ar fresco. A capacidade de refrigeração deve ser concebida de tal maneira que a temperatura dos componentes, sob todas as condições-limites, não ultrapasse os valores limite específicos.

Em alternadores para veículos utilitários é comum encapsular o espaço dos contatos deslizantes, inclusive escovas contra poeira, sujeira e pingos d'água. A aspiração de ar fresco é quase sempre adequada, principalmente com potências maiores. Em certos casos, usam-se alternadores fechados com aletas de refrigeração para a refrigeração superficial. Em casos especiais são necessários alternadores fechados com refrigeração por líquido (p. ex. óleo).

Alternadores refrigerados por líquido com refrigeração por invólucro de água são caracterizados principalmente por:
- falta do ruído do fluxo aerodinâmico (-20 dB),
- adequados para uso sob altas temperaturas do compartimento do motor,
- possibilidade de montagem no bloco do motor,
- poderem ser mergulhados em função do encapsulamento total,
- ajudarem a aquecer a água de refrigeração do motor através da dissipação do calor do alternador.

Ao contrário dos alternadores refrigerados a ar, as conexões se encontram do lado da polia da correia. Se o alternador refrigerado por água for montado com carcaça própria lateralmente no motor, são necessárias conexões adicionais para o líquido de arrefecimento (p. ex. por mangueiras). Deve ser incluído o fornecimento do líquido de arrefecimento no âmbito da aplicação.

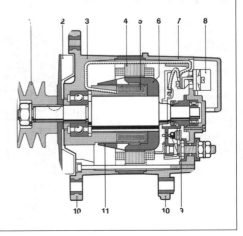

Alternador com rotor guia (refrigerado a ar)
1 polia,
2 ventoinha,
3 mancal do lado de acionamento com pólo interno estacionário,
4 estator,
5 enrolamento de excitação estacionário,
6 rotor guia,
7 mancal traseiro,
8 regulador,
9 diodo de potência,
10 braços móveis,
11 peça condutora.

Auto-elétrica

Montagem no veículo

Quase todos os alternadores acionados por correias em V normais pelo motor à combustão são fixos quase que exclusivamente por um braço móvel, que permite que a correia possa ser reajustada. Se o alternador for acionado por uma correia em V nervurada (correia Poly-V) a fixação do alternador geralmente é rígida e o tensionamento da correia ocorre por um rolo tensor em separado. Em casos especiais, os alternadores grandes são fixados diretamente ao motor em um rebaixo em forma de cavalete. O dimensionamento do rolamento do lado do acionamento de um alternador se determina principalmente pelas solicitações da correia. As forças da correia são determinadas pela geometria da correia e da carga de todos os agregados acionadas por essa correia. Um outro fator é o alcance da polia, a qual pode levar a um braço de alavanca considerável entre o ponto de ataque da carga da correia e a posição do rolamento do lado de acionamento. Outro fator de influência são as forças dinâmicas provocadas pela variação do torque e da rotação ao lado das forças estáticas. Tem que se ter em conta essas influências na hora de dimensionar o rolamento e o teste do alternador.

Acionamento

Ao lado do acionamento com correias trapezoidais normais usam-se cada vez mais correias em V nervuradas. A possibilidade de um menor raio de dobragem permite o uso de polias menores no alternador e com isso maiores relações de transmissão. Os alternadores para trens são acionados diretamente pelo eixo através de uma engrenagem helicoidal. É necessário que sejam tomadas medidas urgentes para o amortecimento de oscilações giratórias no caso do acionamento direto sem correia (p. ex. centralmente na árvore de manivelas ou por rolamentos).

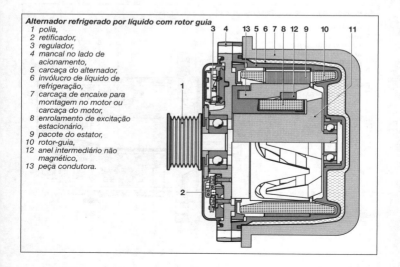

Alternador refrigerado por líquido com rotor guia
1 polia,
2 retificador,
3 regulador,
4 mancal no lado de acionamento,
5 carcaça do alternador,
6 invólucro do líquido de refrigeração,
7 carcaça de encaixe para montagem no motor ou carcaça do motor,
8 enrolamento de excitação estacionário,
9 pacote do estator,
10 rotor-guia,
12 anel intermediário não magnético,
13 peça condutora.

Distribuição de perdas em alternadores
P_1 potência absorvida, P_2 potência liberada.
V_{Mec} atrito do ar e mancal,
$V_{Cu\ Estat}$ perdas de cobre no estator,
$V_{Fe+Adic}$ perdas de ferro e adicionais,
V_{Diodos} perdas de retificadores,
$V_{Cu\ Campo}$ perdas de excitação

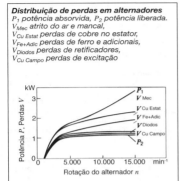

Curvas características do grau de eficiência para tamanhos NCB1 e KCB1 (alternadores compactos)
Exemplo para grau de eficiência em carga parcial:
$I = 70$ A, $U = 14$ V, $n = 6000$ min^{-1}
$\eta_{KCB1} = 57\%$ a 5,2 kg,
$\eta_{NCB1} = 65\%$ a 6,3 kg.

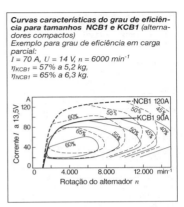

Grau de eficiência
Na conversão de energia mecânica em elétrica são inevitáveis perdas. O grau de eficiência é a relação entre potência absorvida e potência liberada. As "perdas de ferro" ocorrem em função da troca do campo magnético no ferro do estator e do rotor, devido à histerese e ao efeito da corrente de Foucault. As "perdas de cobre" são as perdas ôhmicas nos enrolamentos do rotor e do estator. Elas são tanto maiores quanto maior o aproveitamento, isto é, quanto maior a relação entre potência elétrica gerada e massa das partes ativas. As perdas mecânicas são as perdas por atrito nos mancais de rolamentos e nas escovas e o atrito do ar do rotor e principalmente da ventoinha que aumentam intensamente com o aumento da rotação.

No funcionamento normal do veículo o alternador trabalha na faixa de cargas parciais. O grau de eficiência em rotações médias está em torno de 50%. O uso de um alternador maior (e mais pesado) com a mesma carga possibilita a operação com eficiência mais favorável na faixa de cargas parciais. O ganho de eficiência que se estabelece em um alternador maior compensa em muito a desvantagem do maior peso sobre o consumo de combustível. Entretanto, deve ser levado em consideração o maior torque de inércia da massa.

Como conjunto típico de funcionamento contínuo, em relação ao consumo mínimo de combustível, o alternador deve ser otimizado mais pelo grau de eficiência e menos pelo peso.

Ruído
A redução do ruído dos alternadores ganha cada vez mais importância nos veículos cada vez mais silenciosos. O ruído de um alternador se compõe de partes de origem magnética e aerodinâmica.

O ruído induzido magneticamente de alto tom, aparece principalmente em rotações baixas (< 4.000 min^{-1}). Ele pode ser atenuado otimizando-se o circuito magnético e a característica de oscilações e de irradiação do alternador.

O ruído aerodinâmico aparece principalmente em altas rotações. Ele pode ser influenciado otimizando-se o projeto da ventoinha (p. ex. por ventoinhas assimétricas) e uma condução adequada do ar.

Regulagem da tensão

Aqui mais uma vez há duas opções:
- reguladores standard e
- reguladores multifunção

O regulador standard tem a função de manter a tensão constante, mesmo com grande variação da rotação e da carga do alternador. O valor nominal normalmente é dependente da temperatura. No inverno, ele é um pouco maior para melhorar a carga da bateria dificultada pelo frio. No verão, a tensão da rede de bordo é limitada pelo regulador a um nível menor, a fim de evitar a sobrecarga da bateria.

Enquanto reguladores mais antigos eram montados com componentes discretos, usam-se hoje em dia circuitos híbridos ou monolíticos. Num regulador em técnica monolítica, o IC de controle e regulagem, o transistor de potência e o diodo supressor estão integrados em um mesmo chip.

Reguladores multifunção realizam funções especiais ao lado das funções normais.

Deve-se mencionar especialmente aqui a "load response function" (LR). Ela ajuda a melhorar o comportamento de funcionamento e dos gases de escape do motor à combustão através da limitação da taxa de subida da potência empregada em função do tempo. Diferencia-se entre LR com motor funcionando e LR na partida do motor (alternador inativo após a partida por um determinado período).

Reguladores de tensão com interface digital são a resposta para o crescimento da demanda da compatibilidade entre o gerenciamento do motor e a regulagem do alternador. Utiliza-se principalmente a interface do tipo de bits sincronizados. A codificação é feita através da duração do sinal, em vez da amplitude, e é armazenada com um protocolo fixo. As vantagens estão na imunidade contra interferências e insensibilidade à temperatura da eletrônica da interface.

Reguladores com interface permitem um ajuste fino das funções LR ao regime de funcionamento do motor, otimização da estrutura do torque para a redução do consumo e adaptação da tensão de carga para a melhoria do estado de carga da bateria.

Proteção contra sobretensão

Em geral, os alternadores e reguladores são tão resistentes à tensão, que os elementos semicondutores incorporados trabalham com segurança e sem falhas quando operam com bateria. Operação de emergência sem bateria é caracterizada por picos de tensão elevados; principalmente no caso

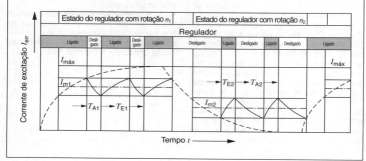

Função do regulador
I_{err} corrente de excitação, I_m corrente de excitação média, T_E tempo de ligação, T_A tempo desligado, n_1 rotação mais baixa, n_2 rotação mais alta

de load dumps, isto é, quando a corrente para consumidores maiores é subitamente interrompida. São necessárias medidas adicionais para garantir um funcionamento sem falhas.

Há duas alternativas para a proteção contra sobretensões:

Proteção por diodos Zener
No lugar dos diodos de potência também podem ser usados no retificador diodos Zener de potência. Eles limitam picos de tensão, de modo que se tornem inofensivos para alternador e regulador. Diodos Zener oferecem ainda uma proteção à distância para outros componentes da rede de bordo sensíveis à tensão. A tensão de reação de um retificador equipado com diodos Zener é de 25...30 V, em um alternador de 14 V. Alternadores compactos estão 100% equipados com diodos Zener.

Alternador e regulador em construção resistente a tensões
Os componentes semicondutores nesses alternadores e reguladores têm alta resistência a tensões. Alternadores e reguladores resistentes a tensões têm somente função de autoproteção. Não oferecem portanto proteção à distância para outros consumidores sensíveis a tensões.

Dispositivos de proteção contra sobretensões
São dispositivos com circuitos semicondutores conectados aos bornes D+ e D- (massa) do alternador. Ocorrendo um pico de tensão, o alternador é curto-circuitado através do enrolamento de excitação. Dispositivos de proteção contra sobretensão protegem primeiramente o alternador e o regulador, e em segundo lugar os consumidores sensíveis a tensões. A combinação de dispositivos de proteção contra sobretensões com uma proteção contra danos conseqüentes evita que a bateria ferva com regulador defeituoso conduzindo.

Normalmente alternadores não têm proteção contra inversão de polaridade. Uma inversão da polaridade da bateria (p. ex. auxílio de partida com bateria externa) leva à destruição dos diodos no alternador e põem em perigo os elementos semicondutores de outros componentes no veículo.

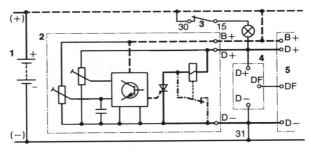

Esquema de ligação de um dispositivo de proteção de sobretensão com ativação automática
1 bateria, 2 dispositivo de proteção de sobretensão, 3 chave de ignição, 4 regulador, 5 alternador.

Sistemas de partida

Exigências

Motores à combustão de veículos necessitam de uma assistência para a partida para poderem funcionar sozinhos. Os sistemas de partida são compostos dos grupos:
- motor de corrente contínua (motor de partida,
- módulos e unidades de comando,
- bateria e
- fiação.

Para atingir com um pequeno motor de partida as rotações para que o motor funcione sozinho (motores Otto 60 até 100 min^{-1}; motores Diesel 80 até 200 min^{-1}), a rotação nitidamente maior do motor de partida é adaptada à rotação do motor através de uma relação de transmissão adequada (1/10 até 1/20).

Grandezas influentes

O motor de partida deve acionar o motor de combustão com uma rotação mínima (rotação do motor de partida), para conseguir no motor Otto a mistura ar-combustível necessária e no motor Diesel a temperatura de auto-ignição. A rotação de partida depende das características do motor à combustão (tipo do motor, cilindrada, número de cilindros, compressão, atrito dos mancais, óleo do motor, preparação da mistura e cargas adicionais) e da temperatura ambiente.

Em geral, torques de partida e rotações de partida crescentes necessitam de um gradual aumento da potência de partida, ao cair a temperatura. A potência fornecida pela bateria de partida vai se reduzindo com o abaixamento da temperatura, pois a sua resistência interna sobe. Esse comportamento contraposto entre necessidade e oferta de potência significa que a partida a frio representa a condição de funcionamento mais crítica, à qual um sistema de partida deve estar preparado.

Estrutura e funcionamento

Um motor de partida é composto de: motor elétrico, sistema de engrenamento, roda livre e eventualmente transmissão planetária. No processo de partida, o pinhão é engrenado na cremalheira com a ajuda do relé de engrenamento. O motor de partida é acoplado ao pinhão de partida diretamente ou através de uma transmissão planetária, que reduz a rotação do motor de corrente contínua ($i \approx 3...6$). O pinhão de partida aciona o motor de combustão através da cremalheira do motor até que esse possa funcionar sozinho. Depois que o motor pega, ele pode acelerar rapidamente para rotações altas. Logo após poucas ignições ele acelera tão rápido que o motor de partida não pode mais acompanhar. O motor de combustão "ultrapassa" o motor de partida e aceleraria o induzido a rotações tão altas, se a roda livre não desfizesse a união entre o pinhão e o induzido. Soltando a chave de ignição, o relé de partida cai e

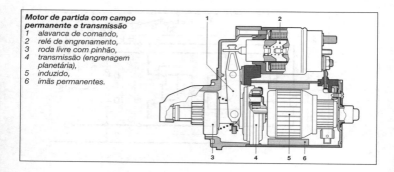

Motor de partida com campo permanente e transmissão
1. alavanca de comando,
2. relé de engrenamento,
3. roda livre com pinhão,
4. transmissão (engrenagem planetária),
5. induzido,
6. ímãs permanentes.

a mola de desengrenamento desengrena o pinhão da cremalheira.

Motor elétrico
Com os materiais magnéticos disponíveis hoje em dia, é possível desenvolver motores de partida resistentes à desmagnetização com fluxo magnético de alta eficiência para elevada potência de partida. A excitação magnética permanente para motores de partidas de veículos de passeio se tornou padrão.

O objetivo é, com a redução do volume do motor elétrico, reduzir o peso e as dimensões do motor de partida. Para atingir a mesma potência de partida, o torque menor do induzido deve ser compensado por um aumento da rotação do induzido. A adaptação da rotação à velocidade da árvore de manivelas do motor à combustão é feito através do aumento da transmissão árvore de manivelas/induzido de motor de partida com ajuda de uma transmissão intermediária (transmissão planetária) integrada no motor de partida. Este normalmente é composto de engrenagens planetárias.

Para veículos de passeio usam-se em geral motores de partida de excitação permanente com transmissão intermediária com potência de partida de até aprox. 2,5 kW. Eles têm vantagens de peso e volume quando comparados com os de excitação elétrica acionados diretamente.

Para potências de partida na faixa de 3...7 kW são adequados motores de partida diretos e com transmissão intermediária com motor de circuito de excitação em série. Para potências superiores existem, além dos motores de acionamento direto com motor de circuito de excitação em série, também versões com bobina de circuito paralelo, que se caracterizam por uma partida suave e uma limitação da rotação em vazio.

Sistemas de engrenamento
O mecanismo de engrenamento garante o engrenamento do pinhão na cremalheira. É composto de pinhão, roda livre, mola de engrenamento e relé de engrenamento.

<u>Motor de partida com fuso de avanço</u>
O fuso de avanço é o sistema mais simples de sistema de engrenamento (p. ex. cortadores de grama). Um fuso no eixo desloca a roda livre para frente quando o induzido gira. Ao ligar o motor de partida o induzido gira primeiramente sem carga. O pinhão e a roda livre ainda não giram por causa do torque de inércia da massa, mas se deslocam para frente sobre o fuso. Após o engrenamento do pinhão na cremalheira a roda livre transmite o torque do induzido através do pinhão para a cremalheira. Com isso o motor de partida põe o motor de combustão em funcionamento.

Na "ultrapassagem" do motor à combustão, a roda livre desfaz a união. O torque de ultrapassagem originado por atrito na roda livre gera no fuso uma força axial que desengrena o pinhão da cremalheira, auxiliada pela mola de retorno.

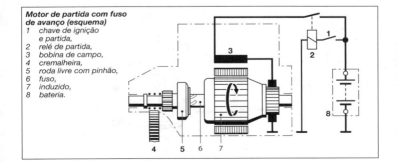

Motor de partida com fuso de avanço (esquema)
1. chave de ignição e partida,
2. relé de partida,
3. bobina de campo,
4. cremalheira,
5. roda livre com pinhão,
6. fuso,
7. induzido,
8. bateria.

Motor de partida com fuso de avanço e alavanca de comando

O motor de partida com fuso de avanço e alavanca de comando se tornou mundialmente standard. Num motor de partida com fuso de avanço e alavanca de comando o curso de engrenamento é composto do curso do pinhão e do fuso. No curso do pinhão o induzido do relé de engrenamento empurra o pinhão através da alavanca de comando na direção da cremalheira. Se um dente do pinhão encontra um vão da cremalheira (posição dente-vão), o pinhão engrena até onde atuar o movimento do relé.

Se o dente coincide com um dente (posição dente-dente), o que ocorre em 80% dos casos, o induzido do relé comprime a mola de engrenamento. No final do curso do pinhão gerado pelo relé de engrenamento, a ponte de contatos do induzido do relé fecha a corrente principal do motor de partida e o induzido do motor de partida começa a girar. Em uma posição dente-vão o giro do motor elétrico desloca o pinhão pelo fuso completamente para dentro da cremalheira (curso helicoidal). Partindo de uma posição dente-dente o motor elétrico gira o pinhão na frente da cremalheira, até que um dente do pinhão encontre um vão da cremalheira e a mola de engrenamento comprimida empurre o pinhão e a roda livre para a frente. Através do fuso, o motor elétrico girando desloca o pinhão completamente para dentro da cremalheira.

Ao desligar a bobina do relé, a mola de retorno empurra o induzido do relé, e através da alavanca de comando, o pinhão com roda livre, para a posição de repouso. Com a ultrapassagem do motor de combustão o fuso auxilia esse desengrenamento.

Motor de partida com avanço do pinhão por haste deslizante

O sistema com avanço do pinhão por haste deslizante liga o motor de partida em dois estágios. Ao se ligar a chave de partida a força magnética do relé de engrenamento movimenta o pinhão do motor de partida, através de uma alavanca em forma de forquilha e um fuso contra a cremalheira, e o engrena suavemente na cremalheira ao mesmo tempo em que o induzido do motor de partida começa a girar. O engrenamento suave dá certo porque a bobina de circuito em série ainda não recebe toda a corrente nesse primeiro estágio.

O relé de engrenamento conecta a corrente total de excitação e do induzido apenas no segundo estágio, pouco antes do fim do curso de engrenamento do pinhão. Agora, o motor de partida vira o motor de combustão através do pinhão com roda livre integrada. Quando o motor pega, a roda livre fica novamente ativa; ao soltar a chave de partida e ignição, a mola de retorno pressiona o pinhão de volta à sua posição de repouso. A bobina de circuito em paralelo (rotação de marcha lenta limitada) faz com que o induzido pare imediatamente para que, se for necessário, possa ser repetida a partida.

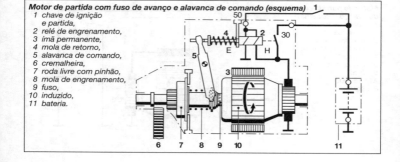

Motor de partida com fuso de avanço e alavanca de comando (esquema)
1. chave de ignição e partida,
2. relé de engrenamento,
3. ímã permanente,
4. mola de retorno,
5. alavanca de comando,
6. cremalheira,
7. roda livre com pinhão,
8. mola de engrenamento,
9. fuso,
10. induzido,
11. bateria.

Sistemas de partida

Sistemas de roda livre

Em todos as versões de motor de partida, uma roda livre (acoplamento de ultrapassagem) transmite o torque de acionamento. Essa roda livre se encontra entre motor de partida e pinhão. Ela tem a função de arrastar o pinhão enquanto o motor de partida estiver acionando o motor à combustão, e soltar o acoplamento entre pinhão e eixo de acionamento. A roda livre evita com isso que o motor à combustão, ao subir de rotação, acelere o induzido do motor de partida a uma rotação excessivamente alta.

Roda livre de roletes

Motores de partida com fuso de avanço e alavanca de comando normalmente possuem rodas livres de roletes. A unidade funcional "roda livre de roletes" é composta de: arrastador com roda livre, pista de deslizamento de roletes, roletes, molas, pinhão, eixo do pinhão com fuso e capa de fechamento. Na roda livre se comprimem os roletes com molas individuais em espaços cônicos.

Com eixo do induzido acionado, os roletes cilíndricos travam no estreitamento da pista de deslizamento de roletes e criam uma união entre o eixo interno e o arrastador.

Se ocorrer uma ultrapassagem, as molas se soltam contra a força das molas de pressão na parte mais larga da pista de deslizamento. A força de acoplamento é cancelada.

Embreagem de lâminas

A embreagem de lâminas é usada em motores de partida grandes para veículos utilitários (embreagem dependente do torque). Essa unidade é composta de: arrastador, pacote de lâminas externas, mola prato, acoplamento, anel de encosto e fuso. Característico na construção dessa roda livre é que as lâminas individuais que transmitem as forças montadas no acoplamento podem ser deslocadas axialmente. O acoplamento também é deslocável axialmente no eixo de acionamento através de um fuso. Com o aumento da carga, o acoplamento é deslocado pelo fuso, na direção das molas de pressão ou mola prato, cuja tensão sobe de acordo.

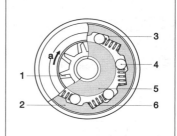

Roda livre
1 pinhão, 2 arrastador com roda livre, 3 pista de deslizamento dos roletes, 4 rolete, 5 eixo do pinhão, 6 mola.
a direção de giro.

Motor de partida com avanço do pinhão por haste deslizante (esquema)
1 chave de ignição e partida,
2 relé de comando,
3 lingüeta de trava,
4 pinhão,
5 cremalheira,
6 comutador,
7 chave magnética,
8 bobina de circuito em série,
9 bobina de circuito em paralelo,
10 bateria.

Por isso a embreagem de lâminas transmite também torques maiores, com o aumento da carga do alternador.

Se a rotação no pinhão do alternador ultrapassar a rotação do induzido do motor de partida quando o motor pega (ultrapassagem), a roda livre de lâminas libera em sentido contrário o acoplamento entre o pinhão e o induzido do motor de partida. As lâminas patinam.

<u>Roda livre de dentes frontais</u>
A roda livre de dentes frontais também é usada em veículos utilitários grandes. É composta de: pinhão com dentes retos, contrapesos, anel de pressão cônico, molas e coxim de borracha. Essa roda livre transmite o torque através de engrenagem de dentes frontais.

Assim que o processo de ultrapassagem começa, a cremalheira do motor à combustão aciona o pinhão, que é acoplado ao elemento de acoplamento através dos dentes frontais. Em função dos dentes frontais na forma de dentes de serra, o elemento de acoplamento é pressionado sobre o fuso para dentro na direção do motor de partida, ao ultrapassar o pinhão. O anel externo é deslocado pela força centrífuga dos contrapesos, e mantém em função disso os dentes frontais abertos.

Controle do motor de partida

Controle convencional
Durante partidas convencionais, o motorista conecta a tensão da bateria (chave de ignição na posição de partida) no relé do motor de partida. A corrente do relé (aprox. 30 A para veículos de passeio até aprox. 70 A em veículos utilitários) gera no relé a força do relé, que, por um lado, empurra o pinhão na direção da cremalheira do motor e, por outro lado, liga a corrente principal do alternador (200...1.000 A em veículos de passeio e aprox. 2.000 A em veículos utilitários).

O desligamento do motor de partida ocorre girando a chave de ignição de volta: o interruptor da chave de ignição abre e separa a tensão do relé do motor de partida.

Sistemas de partida automáticos
As altas exigências dos veículos da última geração com relação a conforto, segurança, qualidade e menor emissão de ruídos levam a um aumento de sistemas de partida automáticos.

Um "sistema de partida automático" se diferencia de um sistema convencional por componentes adicionais:

Um ou mais relés de controle de partida (pos. 2) bem como componentes de hardware e software (p. ex. uma unidade de comando do motor, pos. 3) para o controle da seqüência de partida.

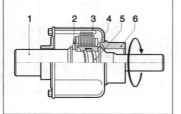

Embreagem de lâminas:
1 eixo de acionamento (conectado com o pinhão), 2 mola de pressão, 3 arrastador com lâminas externas, 4 porca de pressão com lâminas internas, 5 fuso, 6 lado do acionamento (conectado ao induzido).

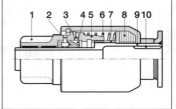

Roda livre de dentes frontais
1 pinhão, 2 contrapeso, 3 dentes frontais, 4 anel de desengrenamento, 5 porca de acoplamento, 6 mola, 7 fuso, 8 coxim de borracha, 9 bucha do mancal, 10 dentes retos.

Sistemas de partida

O motorista não controla mais diretamente a corrente do relé do motor de partida, mas "informa" com o giro da chave de ignição seu desejo de partida à unidade de comando, que faz um teste da segurança antes de iniciar a partida.

São possíveis vários testes, p. ex. de acordo com as seguintes perguntas:
- O motorista está autorizado a dar partida no veículo (proteção antifurto)?
- O motor de combustão está em repouso (segurança contra engrenamento do pinhão com a cremalheira girando)?
- O estado de carga da bateria é suficiente (em relação à temperatura do motor) para a partida planejada?
- A alavanca seletora do câmbio automático está na posição "neutro" ou com câmbio manual a marcha está desengatada?

Após um teste bem-sucedido a unidade de comando inicia a partida. Durante a partida o sistema de partida compara a rotação do motor (detectada pela ECU) com a rotação com força própria do motor (que também pode ser dependente da temperatura). Se o motor atingiu a rotação com força própria, a ECU desconecta o motor de partida. Com isso se obtém um tempo de partida o mais curto possível, uma redução subjetiva do ruído e um menor desgaste do motor de partida.

Sistema de partida automático *(diagrama de circuito)*
1 sinal de partida do motorista, 2 relé de controle de partida, 3 ECU, 4 sinal da embreagem-posição park-neutral, 5 motor de partida.

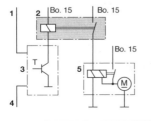

Com base nisso também é possível realizar uma operação start-stop (partida-parada). O motor desliga na parada do veículo, p. ex. no sinal vermelho, e parte novamente quando requisitado. Principalmente no trânsito na cidade pode se conseguir uma maior economia.

Um sistema start-stop requer um sistema de controle de nível maior para implementar a estratégia de desligamento e partida. Um sistema start-stop requer um gerenciamento da energia elétrica que incorpore a detecção da carga da bateria, e eventualmente devem ser tomadas medidas para a estabilização da rede de bordo na fase de partida, para evitar quedas de tensão inaceitáveis. Para isso, as unidades de comando e o sistema de partida devem estar casados. A queda de tensão deve ser limitada no nível e na duração, e as unidades de comando devem realizar a sua função mesmo com uma queda significativa da tensão.

Da mesma forma, o motor à combustão deve ser otimizado para o procedimento de partida rápida. Para atender as exigências de uma maior vida útil e uma partida mais rápida para a redução do ruído, é necessário um motor de partida com medidas para aumentar a sua vida útil. O projeto da geometria do pinhão e da cremalheira deve ser otimizado para reduzir o desgaste e o ruído.

Por um lado, a redução do consumo de combustível e das emissões e, por outro, as crescentes exigências quanto a conforto e segurança levam a empregar esses novos sistemas no veículo. Por exemplo o <u>N</u>ovo <u>C</u>iclo de <u>C</u>ondução <u>E</u>uropeu (NCCE) especifica um tempo de parada de aprox. 28%, o que possibilita uma economia de combustível de aproximadamente 4%.

990 Auto-elétrica

Símbolos usados em sistemas elétricos de veículos Norma: DIN 40 900

Símbolos gerais (seleção dos esquemas elétricos, p. 995 em diante)

Conexões	Funções mecânicas	
Condutor, cruzamento de condutores, sem ou com conexão 	Posições de comutação (posição básica: linha contínua) 	Variabilidade, não por si própria (externa), em geral
Condutor blindado, curto ou longo 		Variabilidade por si mesma, por influência de uma grandeza física, linear/não linear
Conexão com atuação mecânica; condutor elétrico (instalado posteriormente) – – –	Acionamento manual, através de sensor (came), térmico (bimetal)	Ajustabilidade, em geral
Cruzamentos (sem/com conexão)		**Interruptores**
Conexão em geral; conexão separável (indicação quando necessária) ● ○	Engate; retorno não automático/automático no sentido da seta (botão de pressão)	Interruptor pulsador, que fecha/abre
Conexão; plug; conector; conexão tripla 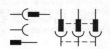	Acionamento em geral (mecânico, pneumático, hidráulico), acionamento por pistão	Interruptor com trava, que fecha/abre
Massa (massa da carcaça, massa do veículo) ⊥	Acionamento por rotação n, pressão p, quantidade Q, tempo t, temperatura $t°$ 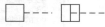	Inversor, com/sem interrupção

Rede de bordo/símbolos

Interruptores	Vários componentes	
Contato NA de duas vias com três posições (p.ex. interruptor das setas)	Acionamentos com uma bobina	Resistor 
Contato NA/NF	Acionamento com duas bobinas atuando no mesmo sentido	Potenciômetro (com três conexões)
Contato NA gêmeo	Acionamento com duas bobinas atuando em sentidos opostos	Resistor aquecedor, vela incandescente, vela de chama, vidro aquecido 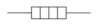
Interruptor de múltiplas posições	Acionamento eletromagnético, relé térmico	Antena
Interruptor acionado por came (p.ex. ruptor)	Acionamento eletromagnético, ímã impulsor	Fusível
Interruptor térmico	Válvula eletromagnética, fechada	Ímãs permanentes 
Disparador	Relé (acionamento e interruptor), ex.: contato que abre sem retardo e contato que fecha com retardo	Enrolamento, indutivo 

Vários componentes

Resistor PTC

Resistor NTC

Diodo, em geral, passagem de corrente no sentido da ponta do triângulo

Transistor PNP
Transistor NPN

E = emissor (seta mostra sentido de condução)
C = coletor, positivo
B = base (horizontal), negativa

Diodo emissor de luz (LED)

Gerador Hall

Equipamentos no veículo

Linha traço-ponto para limitar ou agrupar componentes de um circuito que formam um conjunto

Equipamento blindado, linha tracejada conectada à massa

Regulador em geral

Unidades de comando

Instrumento indicador, em geral; voltímetro; relógio

Indicador de rotação; indicador de temperatura; indicador de velocidade

Bateria

Conexão de encaixe

Luz, farol

Buzina, corneta

Vidro traseiro aquecido (resistor aquecedor em geral)

Interruptor, em geral sem lâmpada indicadora

Interruptor, em geral com lâmpada indicadora

Equipamento no veículo

Interruptor de pressão	Vela de ignição	Motor com ventoinha, ventilador
Relé, em geral	Bobina de ignição	Motor de partida com relé de engrenamento (sem/com circuito interno
Válvula magnética, injetora de combustível, de partida a frio	Distribuidor de ignição, em geral	
Interruptutor térmico temporizado	Regulador de tensão	Motor do limpador do pára-brisa (uma/duas velocidades de limpeza)
Interruptor da borboleta de aceleração	Alternador com regulador (sem/com ciruito interno)	
Atuador rotativo		Relé intervalador do limpador do pára-brisa
Válvula adicionadora de ar com acionamento eletrotérmico	Bomba elétrica de combustível, acionamento motorizado para bomba hidráulica	Auto-rádio

Equipamento no veículo

Alto-falante	Sensor piezoelétrico	Sensor de velocidade
Estabilizador de tensão	Sensor de posição resistivo	Sensor de rotação do ABS
Sensor indutivo, controlado com marca de referência	Medidor de fluxo de ar	Sensor Hall
Gerador de sinal para as setas, gerador de impulsos, relé de intervalos	Medidor de massa de ar	Conversor, transformador (quantidade, tensão)
Sonda lambda (não aquecida/aquecida)	Sensor de fluxo, sensor de nível do combustível	Sensor indutivo
	Interruptor térmico, sensor de temperatura	

Instrumento combinado (painel de instrumentos)

N1　P2　P3　P4　P5　H1　H2　H3　H4　H5　H6

Diagramas de circuito

O diagrama de circuito é a representação desenhada de equipamentos elétricos através de símbolos, ou eventualmente por ilustrações ou planos construtivos simplificados.

Ele mostra a relação entre os diversos equipamentos e como eles estão conectados entre si. Tabelas, diagramas e descrições podem complementar o diagrama. o tipo do diagrama de circuito é determinado pela sua finalidade (p. ex. representação do funcionamento de um sistema) e pelo tipo da sua representação.

O diagrama de circuito deve ser representado conforme as regras com explicações dos desvios.

Os caminhos da corrente preferencialmente devem arranjados para que o fluxo da corrente ou o acionamento transcorra da esquerda para a direita e de cima para baixo.

Nos sistemas elétricos automotivos, os diagramas em bloco são feitos com representação unipolar e omitindo os circuitos internos.

Esquemas elétricos

Função
O esquema elétrico é a representação detalhada de um diagrama de circuito. Através da representação clara dos percursos individuais da corrente, ele explica a operação de um circuito elétrico. Num esquema elétrico, essa representação detalhada que facilita a leitura do circuito, não pode ser influenciada por dados técnicos e a sua relação espacial.

Estrutura
Os esquemas a seguir mostram exemplos de circuitos automotivos. Os esquemas servem para explicar o texto e não podem ser usados como base de projeto ou instalação.

Exemplos de identificação
G1 Identificação de equipamentos (DIN 40719)
15 Designação de bornes (DIN 75 552)
1 Identificação de seções (DIN 40 719)

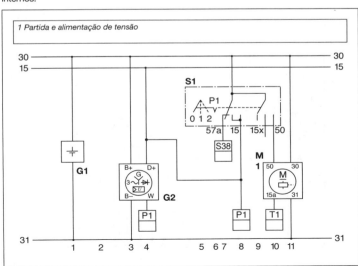

1 Partida e alimentação de tensão

996 Auto-elétrica

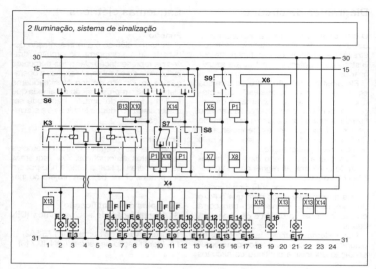

2 Iluminação, sistema de sinalização

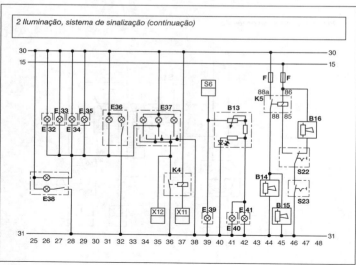

2 Iluminação, sistema de sinalização (continuação)

Rede de bordo/símbolos 997

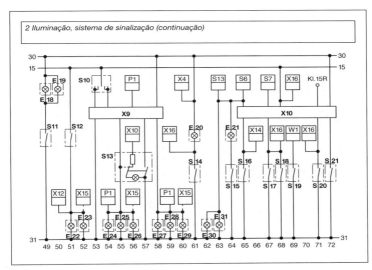

2 Iluminação, sistema de sinalização (continuação)

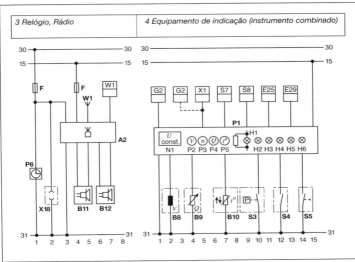

3 Relógio, Rádio

4 Equipamento de indicação (instrumento combinado)

998 Auto-elétrica

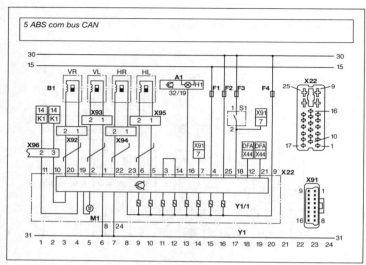

5 ABS com bus CAN

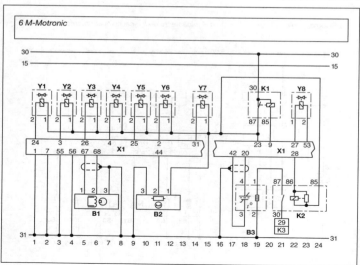

6 M-Motronic

Rede de bordo/símbolos

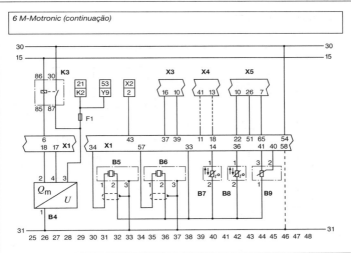
6 M-Motronic (continuação)

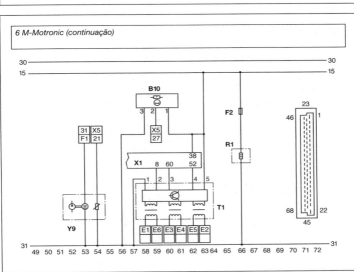
6 M-Motronic (continuação)

1000 Auto-elétrica

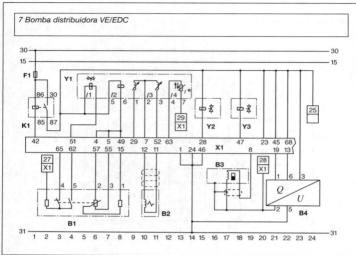

7 Bomba distribuidora VE/EDC

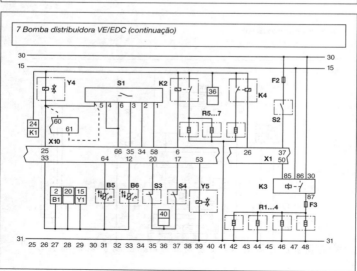

7 Bomba distribuidora VE/EDC (continuação)

Rede de bordo/símbolos **1001**

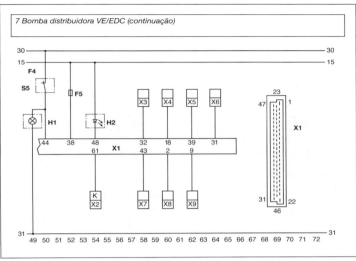

7 Bomba distribuidora VE/EDC (continuação)

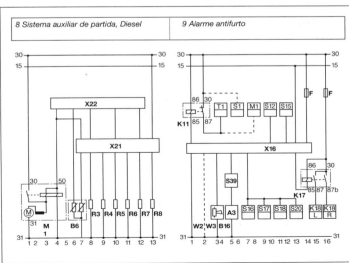

8 Sistema auxiliar de partida, Diesel

9 Alarme antifurto

1002 Auto-elétrica

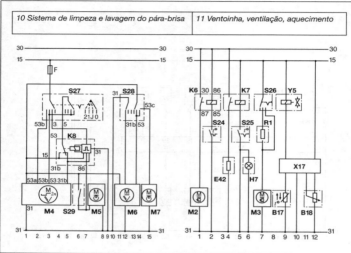

10 Sistema de limpeza e lavagem do pára-brisa | *11 Ventoinha, ventilação, aquecimento*

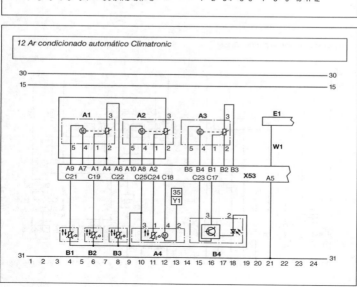

12 Ar condicionado automático Climatronic

Rede de bordo/símbolos **1003**

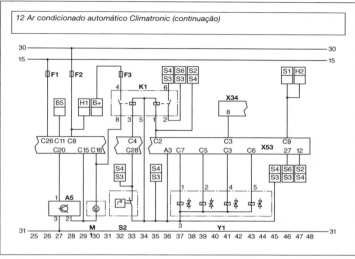

12 Ar condicionado automático Climatronic (continuação)

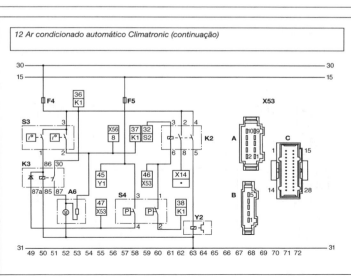

12 Ar condicionado automático Climatronic (continuação)

1004 Auto-elétrica

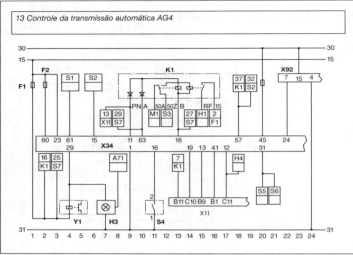

13 Controle da transmissão automática AG4

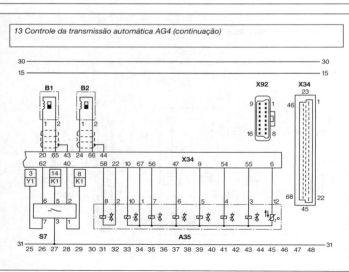

13 Controle da transmissão automática AG4 (continuação)

Designação das seções e identificação dos equipamentos

A tabela 1 detalha a designação das seções do capítulo "Esquemas elétricos de veículos de passeio" (a partir da pág. 995). As seções identificam áreas definidas dentro dos esquemas elétricos, que representam um sistema em particular.

A tabela 2 contém os equipamentos e seus códigos de identificação com o número da seção para o esquema elétrico do veículo de passeio

Tabela 1 Seções

Seção	Equipamento
1	Partida e alimentação de tensão
2	Iluminação, sistema de sinalização
3	Relógio, rádio
4	Equipamento de indicação (instrumento combinado)
5	ABS com bus CAN
6	M-Motronic
7	Bomba distribuidora VE/EDC
8	Sistema auxiliar de partida, Diesel
9	Alarme antifurto
10	Sistema de limpeza e lavagem do pára-brisa
11	Ventoinha, ventilação, aquecimento
12	Ar condicionado automático Climatronic
13	Controle da transmissão automática AG4

Tabela 2 Identificação dos equipamentos

Símbolo	Equipamento	Seção
A1	Unidade indicadora luz-alarme	5
A1	Servomotor p/ borboleta central	12
A2	Rádio	3
A2	Servomotor para a borboleta da pressão dinâmica	12
A3	Ignição com regulagem antidetonação	9
A3	Servomotor para a borboleta da temperatura	12
A4	Sensor de temperatura do painel de instrumentos com ventoinha	12
A5	Unid. de comando da ventoinha	12
A6	Ventoinha do radiador	12
A35	Unid. da transmissão, elétrica	13
B1	Sensor de rotação/marca de referência	5, 6
B1	Sensor do pedal do acelerador	7
B1	Sensor líquido de arrefecimento	12
B1, 2	Sensor de velocidade	6, 13
B2	Sensor do curso da agulha	7
B2	Sensor de temperatura externa	12
B2	Sensor de rotação do eixo de entrada da transmissão	13
B3	Sonda lambda	6
B3	Sensor de rotação/marca de referência	7
B3	Temperatura do ar de admissão	12
B4	Medidor de massa de ar	6, 7
B4	Sensor fotoelétrico	12
B5	Sensor de detonação 1	6
B5, 7	Sensor líq. de arrefecimento	6, 7
B6	Sensor de detonação 2	6
B6	Sensor de temp. combustível	7, 8
B8	Sensor de velocidade	4
B8	Temperatura do ar de admissão	6
B9	Sensor do nível do combustível	4
B9	Potenciômetro da borboleta	6
B10	Sensor do líq. de arrefecimento	4
B10	Sensor de identific. do cilindro	6
B11, 12	Alto-falantes	3
B13	Regulagem da iluminação do painel de instrumentos	2
B14, 15	Buzina supersonante	2
B16	Buzina standard	2, 9
B17	Sensor de temperatura da cabine	11
B18	Ajustador do valor nominal	11
E1	Display da unidade Climatronic	12
E2, 3	Lanterna de neblina E, D	2
E4, 5	Farol alto E, D	2
E6, 7	Farol de neblina E, D	2
E8, 9	Farol baixo E, D	2
E10, 11	Luz de posição E, D	2
E12, 13	Luz da placa E, D	2
E14, 17	Lanterna de freio E, D	2
E15, 16	Lanterna traseira E, D	2
E18	Luz da tampa do porta-malas	2
E19	Luz do porta-malas	2
E20	Luz do porta-luva	2
E21	Luz do compartimento do motor	2
E22, 23	Farol de ré E, D	2
E24, 26	Luz das setas FE, TD	2
E25, 28	Luz das setas auxiliares E, D	2
E27, 29	Luz das setas FD, TD	2
E30, 31	Luz do cinzeiro F, T	2
E32, 33	Luz do compartimento dos pés FE, TE	2
E34, 35	Luz do compartimento dos pés FD, TD	2
E36, 38	Luz de leitura traseira D, E	2
E37	Luz de leitura dianteira	2

Auto-elétrica

E39	Luz do espelho de cortesia	2
E40	Iluminação dos instrumentos	2
E41	Iluminação do painel de instrumentos	2
E42	Aquecimento vidro traseiro	11
F..	Fusíveis	
G1	Bateria	1
G2	Alternador	1
H1	Luz-piloto do alternador	4
H1	Luz de alarme do ABS	5
H1	Luz controle de incandescência	7
H2	Luz de advertência da pressão do óleo	4
H2	Luz do freio	7
H3	Luz do freio de mão	4
H3	Luz da alavanca seletora	4
H4	Luz de advertência do desgaste das guarnições do freio	4
H5	Luz de controle do farol alto	4
H6	Luz de controle das setas	4
H7	Luz de controle do aquecimento do vidro traseiro	11
K1	Relé principal	6, 7
K1	Relé do ar condicionado	12
K1	Relé de bloqueio de partida	13
K2	Relé para aquecimento da sonda Lambda	6
K2	Relé para o pequeno filamento de aquecimento	7
K2	Relé do compressor do ar condicionado	12
K3	Relé de escaneamento da luz de posição	2
K3	Relé da bomba de combustível	6
K3	Relé da vela incandescente	7
K3	Relé de funcionamento da ventoinha após desligado	12
K4	Relé de controle da luz interior	2
K4	Relé filamento de aquecimento	7
K5	Relé da buzina supersonante	2
K6	Relé da ventoinha do motor	11
K7	Relé aquecimento vidro traseiro	11
K8	Relé intermitência limpeza pára-brisa	10
K11	Relé bloqueio partida/imobilizador	9
K17	Relé do alarme óptico	9
M1	Motor de partida	1, 8
M1	Motor da bomba, unidade hidráulica	5
M1, 3	Motor da ventilação	11, 12
M2	Motor do ventilador	11
M4	Motor do limpador pára-brisa	10

M5	Motor do lavador do pára-brisa	10
M6	Motor do ventilador do motor	10
M7	Motor do limpador vidro traseiro	10
N1	Estabilizador de tensão	4
P1	Instrumento combinado	4
P2	Velocímetro eletrônico	4
P3	Conta-giros	4
P4	Nível do combustível	4
P5	Temperatura do motor	4
P6	Relógio	3
R1	Resistor de aquecimento	6
R1..4	Velas incandescentes	7
R1	Resistor do ventilador	11
R5..7	Aquecimento auxiliar (câmbio manual)	7
R3...8	Velas de pino incandescente	8
S1	Chave de ignição-partida	1
S1	Interruptor da luz do freio	5
S1	Unidade de operação do cruise control	7
S1	Interruptor das luzes	12
S2	Interruptor do ar condicionado	7
S2	Interruptor termostático do evaporador	12
S3	Interruptor da pressão do óleo	4
S3	Interruptor do pedal do freio	7
S3	Interruptor termostático da ventoinha do radiador	12
S4	Interruptor do freio de mão	4
S4	Interruptor do pedal da embreagem	7
S4	Interruptor de pressão do ar condicionado	12
S4	Interruptor Kickdown	13
S5	Contato do desgaste das guarnições do freio	4
S5	Interruptor da luz do freio	7
S6	Interruptor das luzes	2
S7	Interruptor da luz de neblina	2
S7	Interruptor multifunção	13
S8	Interruptor do farol baixo	2
S9	Interruptor da luz do freio	2
S10	Interruptor das setas	2
S11	Interruptor das luzes do porta-malas	2
S12	Interruptor do farol de ré	2
S13	Interruptor do pisca alerta	2
S14	Interruptor da luz do porta-luva	2
S15	Interruptor da luz do compartimento do motor	2

Rede de bordo/símbolos **1007**

S16..18	Interruptores das portas FE, TD, TE	2
S19	Interruptor de impacto	2
S20	Interruptor de posição da porta FD	2
S21	Interruptor da maçaneta da porta	2
S22	Comutador das buzinas	2
S23	Botão da buzina	2
S24	Interruptor termostático	11
S25	Interruptor do aquecimento do vidro traseiro	11
S26	Interruptor da ventoinha	11
S27	Interruptor do limpador do pára-brisa	10
S28	Interruptor do limpador-lavador do vidro traseiro	10
S29	Interruptor do lavador do pára-brisa	10
S39	Interruptor do código do alarme	9
T1	Bobina de ignição	6
W1	Antena do rádio	3
W1	Conector para cabo flexível de 16 pólos	12
W2, 3	Cabo de codificação	9
X1	Conector da ECU Motronic/VE/EDC	6, 7
X3	Conector da ECU ar condicionado	6
X4	Conector do módulo de controle de luzes	2
X4	Conector da ECU do câmbio automático	6
X5	Conector do instrumento combinado	6
X6	Conector, check control	2
X9	Soquete, relé do pisca alerta	2

X10	Conector do módulo básico da eletrônica central do veículo	2, 7
X11	Conector da ECU do gerenciamento do motor	13
X16	Conector do alarme	9
X17	Conector da ECU do controle do ar condicionado/aquecimento	11
X18	Conector de diagnóstico	3
X21	Conector da ECU do tempo de incandescência	8
X22	Conector da ECU do ABS/ABD[1])	5
X22	Conector de diagnóstico	8
X34	Conector da ECU do câmbio automático	12, 13
X44	Conector do sistema de navegação	5
X53	Conector do ar condicionado automático	12
X91,X92	Conector de diagnóstico	5, 13
Y1	Unidade hidráulica	5
Y1	Válvula injetora 1	6, 7
Y1	Bloco de válvulas	12
Y1	Solenóide de bloqueio de engate	13
Y2	Controle da potência de saída do ar condicionado	7
Y2	Embreagem magnética do compressor do ar condicionado	12
Y2..5	Válvulas injetoras 2..5	6, 7
Y5	Válvula de água quente	11
Y6	Válvula injetora 6	6
Y7	Válvula de ventilação do tanque	6
Y8	Atuador de marcha lenta	6
Y9	Bomba elétrica de combustível	6

[1]) ABS = sistema antibloqueio
ABD = diferencial de frenagem automático

Esquema elétrico em representação separada

Na representação separada se omitem os condutores entre os equipamentos. Os equipamentos individuais são representados por quadrados, retângulos, círculos ou símbolos ou de forma figurativa e caracterizados de acordo com DIN 40719 parte 2. Os bornes dos equipamentos são indicados. Todos os cabos que saem de um equipamento recebem uma indicação do destino, que contém o código ID e a designação dos bornes e, se necessário, a cor do cabo.

Exemplo: alternador.
a) símbolo do equipamento (letra de caracterização e número contador),
b) designação dos bornes no equipamento,
c) equipamento à massa,
d) indicação do destino (letra de caracterização e número indicativo, designação do borne, cor do cabo).

Representação do equipamento

indicação do destino

D+ o— H1/sw
B+ o— G2:+/rt
B— •—|
sw = preto
rt = vermelho

G1
a   b c d

Designação dos bornes

O sistema de designação de bornes do sistema elétrico de veículos especificado na norma DIN 72 552, deve possibilitar uma conexão dos cabos a mais livre possível de falhas, principalmente no caso de consertos e montagem de peças de reposição. A designação dos bornes não é ao mesmo tempo designação dos cabos, pois em ambas as extremidades do cabo podem ser conectados equipamentos com diferentes designações de bornes. Por isso as designações dos bornes não precisam ser fixadas aos cabos. Ao lado das designações listadas também podem ser usadas designações para máquinas elétricas conforme normas DIN-VDE.

Conexões múltiplas, para as quais as designações dos bornes conforme DIN 72 552 não são mais suficientes, recebem números corridos ou designações de letras não especificados por normas.

Exemplos para designação de bornes

Bornes	Significado
	Bobina de ignição, distribuidor de ignição
1	Baixa tensão
	Distribuidor de ignição com dois circuitos de corrente separados
1a	para o platinado I
1b	para o platinado II
	Bobina de ignição, distribuidor de ignição
4	Alta tensão
	Distribuidor de ignição com dois circuitos de corrente separados
4a	da bobina de ignição I, borne 4
4b	da bobina de ignição II, borne 4
15	Positivo chaveado após a bateria (saída da chave de ignição)
15a	Saída no pré-resistor para a bobina de ignição e para o motor de partida
	Interruptor da vela incandescente
17	Partida
19	Pré-incandescência
	Bateria
30	Entrada do positivo da bateria (direto)
	Comutação de bateria 12/24 V
30a	Entrada do positivo da bateria II
	Retorno da bateria
31	Negativo ou massa (direto)
	Retorno para a bateria
31b	Negativo ou massa através de chave ou relé (negativo chaveado)
	Relé comutador de bateria 12/24 V
31a	Retorno no negativo da bateria II
31c	Retorno no negativo da bateria I
	Motores elétricos
32	Cabo de retorno [1])
33	Conexão principal [1])
33a	Desconexão final
33b	Campo em paralelo
33f	para segundo nível menor de rotação
33g	para terceiro nível menor de rotação
33h	para quarto nível menor de rotação
33L	giro à esquerda
33R	giro à direita
	Motor de partida
45	Relé de partida em separado, saída; motor de partida, entrada (corrente principal)
	Operação paralela de dois motores de partida
	Relé para corrente de engrenamento
45a	Saída motor de partida I, Entrada motor de partida I e II
45b	Saída motor de partida II
48	Borne no motor de partida e relé de repetição de partida (monitoração do processo de partida)
	Gerador do pisca-pisca (setas) (gerador de impulsos)
49	Entrada
49a	Saída
49b	Saída segundo circuito da seta
49c	Saída terceiro circuito da seta
	Motor de partida
50	Controle do motor de partida (Direto)
	Relé comutador de bateria
50a	Saída p/controle do motor de partida
	Controle do motor de partida
50b	Para operação em paralelo de dois motores de partida com controle seqüencial
	Relé de partida para controle seqüencial da corrente de engrenamento de dois motores de partida em paralelo
50c	Entrada no relé de partida para o motor de partida I

[1]) possível borne 32/33 reversor de polaridade

Rede de bordo/símbolos

50d	Entrada no relé de partida para o motor de partida II	82b	2ª saída
		82z	1ª entrada
	Relé de bloqueio de partida	82y	2ª entrada
50e	Entrada		**Interruptor multiposição**
50f	Saída	83	Entrada
	Relé de repetição de partida	83a	Saída, posição 1
50g	Entrada	83b	Saída, posição 2
50h	Saída	83L	Saída, posição esquerda
	Motor limpador pára-brisa	83R	Saída, posição direita
53	Motor limpador pára-brisa, entrada (+)		**Relé de corrente**
53a	Limpador pára-brisa (+), parada final	84	Entrada, acionamento e contato do relé
53b	Limpador pára-brisa (bobina paralela)	84a	Saída, acionamento
53c	Bomba elétrica do lavador do pára-brisa	84b	Saída, contato do relé
			Relé chaveador
53e	Limpador do pára-brisa (bobina de freio)	85	Saída, acionamento (final da bobina negativo ou massa)
53i	Motor limpador do pára-brisa com ímã permanente e terceira escova (para velocidade maior)	86	Entrada, acionamento (ínicio da bobina)
		86a	Início da bobina ou 1ª bobina
	Iluminação	86b	Derivação na bobina ou 2ª bobina
55	Farol de neblina		Contato do relé NF e reversível:
56	Farol	87	Entrada
56a	Farol alto e controle do farol alto	87a	1ª saída (lado NF)
56b	Farol baixo	87b	2ª saída
56d	Contato do lampejador	87c	3ª saída
57a	Luz de posição	87z	1ª entrada
57L	Luz de posição esquerda	87y	2ª entrada
57R	Luz de posição direita	87x	3ª entrada
58	Luzes limitadoras, lanternas, placa e instrumentos		Contato de relé NA:
		88	Entrada
58L	esquerda		Contato do relé NA e reversível (lado NA):
58R	direita		
	Alternador e regulador	88a	1ª saída
61	Controle do alternador	88b	2ª saída
B+	Positivo da bateria	88c	3ª saída
B–	Negativo da bateria		Contato de relé NA:
D+	Positivo do dínamo	88z	1ª entrada
D–	Negativo do dínamo	88y	2ª entrada
DF	Campo do dínamo	88x	3ª entrada
DF1	Campo 1 do dínamo		**Indicação de direção** (setas)
DF2	Campo 2 do dínamo	C	1ª luz de controle
U,V,W	Bornes do alternador	C0	Conexão principal para circuitos de controle separados das setas
	Sistema de áudio		
75	Rádio, acendedor de cigarros	C2	2ª luz de controle
76	Alto-falante	C3	3ª luz de controle (p. ex. em funcionamento com reboque)
	Interruptores		
	Normalmente fechado, reversível	L	Setas do lado esquerdo
81	Entrada	R	Setas do lado direito
81a	1ª saída, lado de abertura		
81b	2ª saída, lado de abertura		
	Normalmente aberto (NA)		
82	Entrada		
82a	1ª saída		

Esquema de circuitos efetivo

Para a busca de falhas em sistemas complexos e muito ramificados com sistema de autodiagnóstico, a Bosch desenvolveu os circuitos elétricos específicos por sistema. Para outros sistemas em uma grande variedade de veículos a Bosch disponibiliza os esquemas de circuito efetivo em um CD-ROM "P". Ele está totalmente integrado no ESI, o sistema de serviço eletrônico da Bosch. Com ele as oficinas de veículos têm uma ajuda importante para localizar falhas ou conectar acessórios adequadamente. Na página seguinte está representado um esquema de circuito efetivo.

Desviando dos esquemas elétricos o esquema de circuito efetivo contém símbolos americanos, complementados com descrições adicionais (figura abaixo). Isso inclui códigos de componentes, p. ex. "A28" (sistema antifurto), que são explicados na tabela 1, bem como a explicação da cor dos cabos (tabela 2). Ambas as tabelas estão disponíveis no CD-ROM "P".

Tabela 1. Explicação dos códigos dos componentes

Posição	Descrição
A1865	Sistema de bancos reguláveis eletricamente
A28	Sistema antifurto
A750	Caixa de fusíveis/relés
F53	Fusível C
F70	Fusível A
M334	Bomba alimentadora de combustível
S1178	Interruptor da cigarra de advertência
Y157	Atuador a vácuo
Y360	Atuador para porta FD
Y361	Atuador para porta FE
Y364	Atuador para porta TD
Y365	Atuador para porta TE
Y366	Atuador da tampa do tanque
Y367	Atuador da tampa do porta-malas/traseira

Tabela 2. Explicação da cor dos cabos

Posição	Descrição
BLK	preto
BLU	azul
BRN	marrom
CLR	transparente
DKBLU	azul-escuro
DKGRN	verde-escuro
GRN	verde
GRY	cinza
LTBLU	azul-claro
LTGRN	verde-claro
NCA	cor desconhecida
ORG	laranja
PNK	rosa
PPL	púrpura
RED	vermelho
TAN	cor da pele
VIO	violeta
WHT	branco
YEL	amarelo

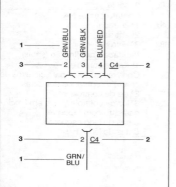

Descrições adicionais nos esquemas de circuito efetivo.
1 cor do cabo, 2 número do conector, 3 Número dos pinos (uma linha tracejada mostra que todos os pinos pertencem ao mesmo conector).

Rede de bordo/símbolos **1011**

Esquema de circuito efetivo de um sistema de trava de portas (exemplo)

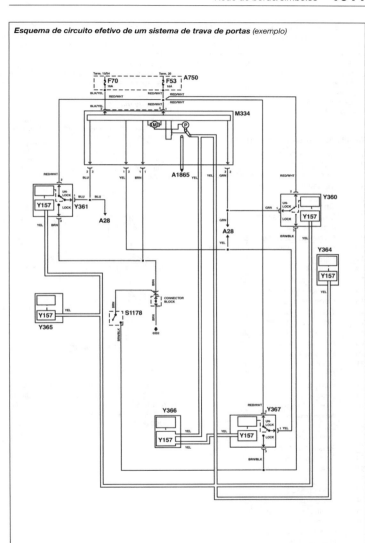

1012 Auto-elétrica

Os esquemas de circuito efetivo são divididos em circuitos de sistema e eventualmente em subsistemas (Tabela 3). Como nos outros sistemas existe também dentro do ESI uma classificação dos circuitos de sistema em quatro grupos:
- motor,
- carroceria,
- suspensão e
- árvore de transmissão

Tabela 3. Circuitos de sistema

1	Gerenciamento do motor
2	Partida/carregar
3	Ar condicionado/aquecimento
4	Ventoinha do radiador
5	ABS
6	Cruise control
7	Levantador dos vidros
8	Trava central
9	Painel de instrumentos
10	Limpeza/lavagem do pára-brisa
11	Faróis
12	Luzes externas
13	Alimentação de tensão
14	Distribuição da massa
15	Cabo de dados
16	Trava da mudança
17	Sistema anti furto
18	Sistemas de segurança passiva
19	Antena elétrica
20	Sistema de alarme
21	Vidro/espelho aquecido
22	Sistemas de segurança adicionais
23	Iluminação interna
24	Direção hidráulica
25	Ajuste do espelho
26	Acionamento do teto solar
27	Buzina
28	Porta-malas, tampa traseira
29	Ajuste dos bancos
30	Amortecedores eletrônicos
31	Acendedor de cigarros, tomada
32	Navegação
33	Transmissão
34	Partes ativas da carroceria
35	Controle da suspensão
36	Telefone celular
37	Rádio, sistema de som
38	Imobilizador

É muito importante conhecer os pontos de massa, especialmente ao montar acessórios. Por isso o CD-ROM "P" contém como complemento para os esquemas de circuito efetivo para um determinado veículo, um diagrama da localização dos pontos de massa (figura abaixo).

Pontos de massa
1 Pára-lamas dianteiro esquerdo, 2 frente do veículo, 3 motor, 4 parede de fogo, 5 pára-lamas dianteiro à direita, 6 compartimento para os pés ou painel de instrumentos, 7 porta dianteira esquerda, 8 porta dianteira direita, 9 porta traseira esquerda, 10 porta traseira direita, 11 colunas A, 12 compartimento dos passageiros, 13 teto, 14 traseira do veículo, 15 colunas C, 16 colunas B

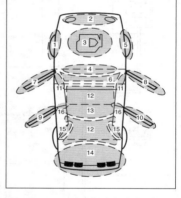

Nos esquemas de circuito efetivo foram usados símbolos americanos, que divergem dos símbolos conforme DIN ou IEC. Uma seleção desses símbolos americanos é mostrado na página seguinte.

Rede de bordo/símbolos **1013**

Seleção dos símbolos americanos

Símbolo	Descrição	Símbolo	Descrição
	Relé		Caixa de conexão com terminal de massa
	Contato normalmente fechado		Cabo de massa
	Contato normalmente aberto		Conexão entre cabos
	Interruptor inversor com posição zero		Linha tracejada: indica um único ponto de conexão
	Fusível		Circuito continua em outro esquema elétrico
	Fusível de potência		Circuito continua em outro ponto, Letras idênticas indicam o ponto de conexão
	LED (diodo emissor de luz)		O componente inteiro é ilustrado
	Lâmpada incandescente		Somente a parte do componente relevante para o sistema é ilustrada
	Resistor		Potenciômetro
	Conexão de encaixe, aparafusada ou soldada		Motor
	Componentes com fiação fixa		Bobina

Dimensionamento de cabos elétricos

Grandezas e unidades

Grandeza	Unid.
A Seção do cabo	mm²
I Intensidade de corrente	A
l Comprimento do cabo	m
P Potência do consumidor	W
R Resistor (consumidor)	Ω
S Densidade de corrente do condutor	A/mm²
U_N Tensão nominal	V
U_{vl} Queda de tensão permitida no cabo isolado	V
U_{vg} Queda de tensão no circuito completo	V
ϱ Resistividade	Ω · mm²/m

Cálculo

Ao fixar a seção do cabo, levar em conta a queda de tensão e o aquecimento.

1. Determinar a intensidade corrente I do consumidor

$$I = P/U_N = U_N/R$$

2. Calcular a seção A usando os parâmetros da tabela 2 (para cobre ϱ = 0, 0185 Ω · mm²/m).

$$A = I \cdot \varrho \; l/U_{vl}$$

3. Arredondar a seção A para o valor imediatamente superior de acordo com a tabela 1.

Cabos individuais com seção inferior a 1 mm² não são recomendados, devido à baixa resistência mecânica.

4. Calcular a queda de tensão real

$$U_{vl} = I \cdot \varrho \; l/A$$

5. Testar a densidade de corrente S para evitar aquecimento excessivo (para funcionamento durante curto tempo $S < 30$ A/mm², valores para seção nominal vide tabela 1).

$$S = I/A$$

Tabela 1.1. Cabo elétrico de cobre para veículos
Unipolar (um condutor), sem estanhar, isolado com PVC com espessura de parede normal, tipo FLY.

Seção nominal mm²	Número aprox. de fios individuais [1]	Resistência máxima por metro [1] a +20° C mΩ/m	Diâmetro máximo do cabo [1] mm	Espessura nominal da isolação [1] mm	Diâmetro externo máximo do cabo [1] mm
0,5	16	37,1	1,1	0,6	2,3
0,75	24	24,7	1,3	0,6	2,5
1	32	18,5	1,5	0,6	2,7
1,5	30	12,7	1,8	0,6	3,0
2,5	50	7,60	2,2	0,7	3,6
4	56	4,71	2,8	0,8	4,4
6	84	3,14	3,4	0,8	5,03
10	80	1,82	4,5	1,0	6,5
16	126	1,16	6,3	1,0	8,3
25	196	0,743	7,8	1,3	10,4
35	276	0,527	9,0	1,3	11,6
50	396	0,368	10,5	1,5	13,5
70	360	0,259	12,5	1,5	15,5
95	475	0,196	14,8	1,5	18,0
120	608	0,153	16,5	1,6	19,7

[1] Conforme DIN ISO 6722, Parte 3

Cabos de alimentação normalmente são cabos de PVC do tipo FLY com espessura normal da parede ou FLRY com espessura reduzida, que são usados em aplicações até + 105°C. Até 2,5 mm2 são usados mais cabos FLRY, maior que 2,5 mm^2 principalmente FLY.

A concepção dos cabos FLY está detalhada na tabela 1.1 e a concepção dos cabos FLRY na tabela 1.2 (vide também figura à direita).

Em veículos novos a maioria dos equipamentos está protegida por fusíveis, com exceção do motor de partida.

Cabos de partida não podem ser protegidos com fusíveis convencionais por causa das curvas de corrente do motor de partida. Por isso, cabos de partida não têm fusíveis ou são desenergizados por um elemento de desconexão pirotécnico, no caso de acidentes.

Além disso, o cabo de partida requer um projeto especial, pois a queda de tensão no cabo tem uma influência maior no comportamento de partida a frio do que os picos e correntes contínuas esperados no projeto convencional.

Todos os outros componentes são protegidos por fusíveis ou, se forem acionados eletronicamente, também protegidos eletronicamente.

Comparação entre as seções de cabos elétricos automotivos de cobre
a) *Tipo FLY com espessura normal da parede*
b) *Tipo FLRY com espessura da parede reduzida*
1 isolamento, 2 cabo com fios individuais, d_1 diâmetro do cabo, d_2 diâmetro externo do cabo.

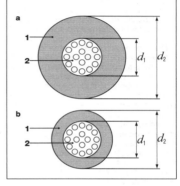

Para o dimensionamento de cabos de alimentação standard deve ser levado em conta o tipo de proteção.

Para fusíveis a máxima corrente contínua do consumidor deveria ficar 0,8 vez abaixo da corrente nominal do fusível.

Tabela 1.2. Cabo elétrico de cobre para veículos
Unipolar (um condutor), sem estanhar, isolado com PVC com espessura de parede reduzida, tipo FLRY.

Seção nominal mm^2	Número aprox. de fios individuais [2]	Resistência máxima por metro [2] a +20 °C mΩ/m	Diâmetro máximo do cabo mm	Espessura nominal da isolação mm	Diâmetro externo máximo do cabo [2] mm
0,35	12	52	0,9	0,25	1,4
0,5	16	37,1	1	0,3	1,6
0,75	24	24,7	1,2	0,3	1,9
1	32	18,5	1,35	0,3	2,1
1,5	30	12,7	1,7	0,3	2,4
2,5	50	7,6	2,2	0,35	3,0
4	56	4,7	2,75	0,4	3,7
6	84	3,1	3,3	0,4	4,3

[2] Conforme DIN ISO 6722, Parte 4

A tabela 2 fornece valores típicos de proteção para cabos de PVC standard.

A corrente de pico não deve ultrapassar a corrente nominal do fusível, para evitar o disparo prematuro ou mesmo envelhecimento do fusível. Se isso continuar a ser o caso, a duração do pico de corrente máximo aplicado deve ficar bem abaixo da curva característica de disparo ou da faixa de tolerância do fusível usado. Somente testes podem determinar o nível de segurança.

Para cabos protegidos eletronicamente, o dimensionamento do cabo de alimentação é mais fácil, pois possibilitam limitação de corrente, curvas definidas de disparo e reconhecimento de curto-circuito. Com isso os valores de corrente contínua podem ser aproximados mais aos valores de proteção da tabela 2.

Fatores que também têm influência sobre o projeto do fusível ou dimensionamento dos cabos incluem os sistemas de contato selecionados, situações particulares de distribuição dos cabos no veículo ou distribuição no feixe com cabos de alimentação. Com isso, a capacidade de portar corrente pode ser drasticamente reduzida e deve ser testada em cada em caso particular.

Ao lado da capacidade de portar corrente, a máxima queda de tensão no cabo é significativa. A tabela 3 serve como valor de referência. Em muitos casos são necessárias as especificações precisas dos fabricantes dos componentes, para garantir um funcionamento seguro. Principalmente com o emprego de semicondutores de potência com alta resistência, a queda de tensão no circuito elétrico total é maior do que com o emprego de relés.

Todas as informações são apenas valores de referência e recomendações. As normas internas dos fabricantes automotivos podem variar. Em todo caso, as normas dos fabricantes automotivos devem ser observadas.

Curvas características corrente-tempo
A curva característica corrente-tempo de um cabo deve ficar acima e a corrente do consumidor abaixo da curva característica do fusível ligado em série.
1 Característica do fusível (com área de dispersão)
2 Curva característica do cabo

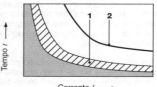

Tabela 2. Valores típicos de proteção para fusíveis
Válidos para cabos não estanhados, isolados com PVC, cabos unipolares FLY e FLRY com uma resistência máxima contínua à temperatura de +105 °C com temperatura ambiente máxima de +70 °C.

Seção do cabo mm²	Valor nominal do fusível A	Corrente contínua máxima A
0,35	5	4
0,5	7,5	6
0,75	10	8
1	15	12
1,5	20	16
2,5	30	24
4	40	32
6	50	40
10	70	56
16	100	80
25	125	100
35	150	120
50	200	160
70	250	200

Os valores indicados para U_{vl} na tabela 3 servem para o cálculo do cabo positivo. A queda de tensão através do retorno da massa não é levada em conta. No caso de cabo massa isolado, deve ser usado normalmente o comprimento total do cabo em ambas as direções.

Os valores U_{vg} indicados são valores de teste e não podem ser usados para o cálculo do cabo, porque eles levam em conta, além dos cabos, também resistências dos contatos dos interruptores, fusíveis, etc.

Notas
1. *Em casos particulares com cabo do motor de partida muito comprido, o valor U_{vl} eventualmente pode ser ultrapassado com temperatura de partida reduzida.*
2. *Nos casos em que o cabo de retorno do motor de partida for isolado, a queda de tensão no cabo de retorno não deve ser superior à queda de tensão na linha de alimentação – valores máximos permitidos são 4% da tensão nominal, isto é, um total de 8%.*
3. *Os valores U_{vl} se aplicam para temperaturas do relé de engrenamento de 50 até 80°C.*
4. *Eventualmente, levar em conta o cabo antes da chave de ignição/partida.*

Tabela 3 Máxima queda de tensão recomendada

Tipo do cabo	Queda de tensão no cabo positivo U_{vl}		Queda de tensão no circuito completo U_{vg}		Observações
Tensão nominal U_N					
Cabos para iluminação do borne 30 do interruptor de luz até as luzes < 15 W até o conector do reboque do conector do reboque até as luzes	0,1 V	0,1 V	0,6 V	0,6 V	Corrente com tensão nominal e potência nominal
do borne 30 do interruptor de luz até as luzes > 15 W até o conector do reboque	0,5 V	0,5 V	0,9 V	0,9 V	
do borne 30 do interruptor de luz até o farol	0,3 V	0,3 v	0,6 V	0,6 V	
Cabo de carga do borne B+ do alternador até a bateria	0,4 V	0,4 V	–	–	Corrente com tensão nominal e potência nominal
Cabo principal do motor de partida	0,5 V	1,0 V	–	–	Corrente de curto-circuito do motor de partida a + 20 °C (Notas 1 e 2)
Cabo de controle do motor de partida da chave de ignição/partida até o borne 50 do motor de partida Relé de engrenamento com bobina simples Relé de engrenamento com bobina de engrenamento e de retenção	1,4 V 1,5 V	2,0 V 2,2 V	1,7 V 1,9 V	2,5 V 2,8 V	Corrente máxima de controle (Notas 3 e 4)
Outros cabos de controle do interruptor até relé, buzina, etc.	0,5 V	1,0 V	1,5 V	2,0 V	Corrente com tensão nominal

Conectores

Funções e exigências

Conectores elétricos devem fornecer uma conexão confiável entre diversos componentes do sistema sob todas as condições de funcionamento. Eles são projetados de maneira a resistir aos múltiplos esforços durante toda a vida útil do veículo. Exemplos para tais esforços são:
- vibrações,
- oscilações de temperatura,
- temperaturas extremas,
- umidade e respingos de água,
- fluidos e gases agressivos, bem como
- micromovimentos entre os contatos e conseqüente corrosão por atrito.

Esses esforços podem aumentar as resistências de passagem dos conectores até a interrupção total. As resistências de isolamento também podem diminuir e com isso causar curto-circuito com cabos adjacentes.
Conectores elétricos devem portanto apresentar as seguintes características:
- baixa resistência à passagem da corrente das partes condutoras de corrente,
- grande resistência de isolação entre as peças condutoras de corrente com diferentes potenciais elétricos,
- alta vedação contra água, umidade e névoa salina.

Adicionalmente às características físicas, os conectores devem cumprir exigências adicionais à sua área de aplicação como:
- manuseio fácil, à prova de falhas na montagem do veículo, garantia contra inversão de polaridade,
- travamento seguro e perceptível, desconexão simples,
- robustez e compatibilidade com fabricação automatizada de cabos e transporte.

Concepção e tipos

Para as diversas aplicações dos conectores Bosch existe uma variedade de tipos. Nesses são utilizados contatos especialmente desenvolvidos para a respectiva aplicação. A seguir, dois exemplos com as suas características.

Bosch microcontato (BMK)

Esse contato coberto com estanho ou ouro, que cobre um pino de 0,6 mm, foi especialmente desenvolvido para um espaçamento entre pinos de 2,5 mm, alta resistência à temperatura e alta resistência a vibrações. Ele é adequado para conectores multipolares, porque permite dimensões muito compactas do conector.

O contato é composto de duas partes. Uma parte para a condução da corrente e uma outra (luva de mola de aço) para a geração da pressão de contato (força de contato normal).

A luva de mola de aço mantém a pressão de contato, mesmo com altas temperaturas e durante toda a vida útil do veículo. As forças maiores para conectar e desconectar o conector são reduzidas com um recurso especial. Esse também garante que o conector fique precisamente alinhado, de modo que os pinos não possam ser danificados por torção ou flexão.

Bosch microcontato
1 luva de mola de aço, 2 mola de trava (mola primária), 3 alma individual, 4 raio de inserção, 5 corpo de contato, 6 crimpador do contato, 7 crimpador da isolação.

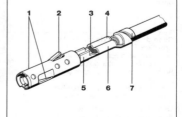

Redes de bordo/conectores **1019**

O conector completo é selado contra o conector fêmea da unidade de comando por uma vedação radial circunferencial na carcaça do conector. Com três abas de vedação, ela garante uma vedação segura no colarinho de vedação da unidade de comando.

Os contatos são protegidos contra a entrada de umidade ao longo do cabo por uma placa de vedação, através da qual os contatos são inseridos com o cabo crimpado a ele. Para isso é usada uma placa de gel de silicone que substitui a vedação individual de cada cabo, mas ao mesmo tempo também possibilita conectores menores e variação na disposição dos pinos (quantidade diferente de contatos usados).

A placa de vedação, forma uma vedação segura na sua superfície interna contra a isolação do cabo.

Na montagem do conector o contato e o cabo são inseridos na placa de vedação pré-montada no conector, e o conector desliza para a sua posição final no porta-contatos. Lá ele trava automaticamente na posição através de mola de trava. Se todos os contatos estiverem na posição final, um pino deslizante produz um mecanismo de trava secundário. Isso é um travamento adicional e aumenta a resistência a uma remoção inadvertida do cabo mais os contatos.

Contato sensor/atuador Bosch (BSK)
O BSK é utilizado em conectores compactos de 2 a 7 pólos, que conectam os componentes no compartimento do motor (sensores e atuadores) com a unidade de comando. O espaçamento de 5 mm entre pinos possibilita a robustez mecânica exigida.

O BSK tem uma construção interna em forma de meandros que evita com segurança a transmissão de vibrações do cabo para o contato. Isso garante que não ocorram movimentos relativos na superfície do contato e que levam a uma corrosão.

O conector compacto tem vedação para os fios individuais, que evita a penetração de umidade na área dos contatos. Três abas de vedação na carcaça do conector garantem através da força de contato a estanqueidade contra respingos de água e outras fontes de umidade.

Os conectores autotravantes do tipo snap-on com função adicional de destravamento garantem um manuseio fácil na montagem do veículo e serviços de assistência técnica. O destravamento ocorre apertando-se um ponto marcado por uma superfície nervurada.

As aplicações típicas para esse tipo de contato são conectores nos componentes de um motor Diesel (p. ex. sensor da pressão do Rail, injetores de combustível) ou de um motor Otto (p. ex. válvulas injetoras, sensor de detonação).

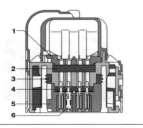

Conector multipolar com microcontatos (corte)
1 placa de pressão, 2 placa de vedação, 3 vedação radial, 4 pino de deslocamento (mecanismo de trava secundário), 5 porta-contatos, 6 contato.

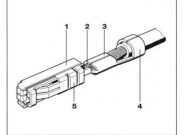

Contato sensor/atuador Bosch
1 luva de mola de aço, 2 alma individual, 3 crimpador do contato, 4 crimpador da isolação, 5 meandros

Compatibilidade eletromagnética (CEM) e supressão de interferências

Exigências

A compatibilidade eletromagnética (CEM) é a qualidade de um sistema elétrico, de se manter neutro com a proximidade de outros sistemas. Ele não perturba esses sistemas e não de deixa influenciar por eles. Aplicado ao veículo, isto significa que os diferentes sistemas elétricos e eletrônicos instalados como sistema de ignição, injeção eletrônica, ABS/ASR, airbag, rádio, telefone celular, sistema de navegação, etc., devem poder funcionar uns próximos aos outros sem influência recíproca. Por outro lado, o veículo deve ter um comportamento neutro como sistema no seu meio ambiente, isto é, não deve influenciar eletricamente outros veículos ou a transmissão de rádio, televisão e outros serviços por rádio (interferência radiada). Ao mesmo tempo o veículo deve continuar funcionando plenamente na presença de outros campos, p. ex. nas proximidades de transmissores (imunidade a interferências).

Por esses motivos, os sistemas elétricos para veículos e também os veículos como um todo devem ser equipados de tal maneira que sejam compatíveis eletromagneticamente.

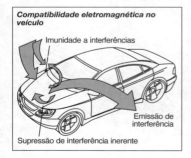

Compatibilidade eletromagnética no veículo
- Imunidade a interferências
- Emissão de interferência
- Supressão de interferência inerente

Fontes de interferência

Rede de bordo, ondulação
O alternador alimenta a rede de bordo com uma corrente alternada retificada. Apesar da retificação através da bateria do veículo fica uma ondulação residual. Sua amplitude depende da carga da rede de bordo e da fiação. Sua freqüência se altera com a rotação do alternador ou do motor. A oscilação fundamental está na faixa dos kHz. Acoplada ao sistema de som do veículo por via galvânica ou indutiva, a oscilação se apresenta com um chiado nos alto-falantes.

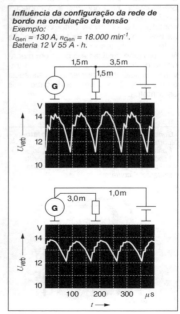

Influência da configuração da rede de bordo na ondulação da tensão
Exemplo:
$I_{Gen} = 130$ A, $n_{Gen} = 18.000$ min^{-1}.
Bateria 12 V 55 A · h.

Rede de bordo, impulsos

Ao ligar-se consumidores, são gerados impulsos nos cabos de alimentação. Por um lado, eles penetram diretamente através da alimentação de tensão (acoplamento galvânico) e indiretamente por acoplamento através de cabos de conexão (acoplamento indutivo e capacitivo). No caso de falta de ajuste, provocam falhas de funcionamento, chegando inclusive a destruir sistemas vizinhos.

A grande variedade de impulsos que aparecem no veículo pode dividir-se basicamente em cinco grupos. Para garantir que não ocorram funções inaceitáveis na rede de bordo, deve ser encontrada uma solução otimizada para tornar as fontes de interferência (locais que geram interferências) compatíveis com os receptores de interferências (dispositivos susceptíveis) para cada veículo.

As amplitudes dos impulsos (diferentes para redes de bordo de 12 V e 24 V) são divididas em categorias. Ao definir-se o nível permissível da interferência radiada, das fontes de pulsos e da imunidade necessária dos receptores de interferências, ocorre uma adaptação, de modo que seja prevista para todas as fontes de interferência de um veículo uma categoria pelo menos uma categoria abaixo dos receptores de interferência (p. ex. unidades de comando), e levando em conta uma segurança contra interferências. A escolha das classes de supressão de interferências é feita de acordo com o esforço necessário para suprimir as fontes de interferência ou proteger os dispositivos susceptíveis.

Rede de bordo, alta freqüência

No interior de muitos componentes eletromecânicos e eletrônicos, são geradas oscilações de alta freqüência quando são chaveadas tensões e correntes (circuitos digitais, controle de estágios de saída, comutações). Essas oscilações chegam à rede de bordo mais ou menos amortecidas, através dos cabos ligados, principalmente cabos de alimentação de tensão.

Dependendo de que o espectro da tensão de interferência medido seja contínuo ou composto de curvas individuais, fala-se de "interferentes de banda larga" (motores elétricos, p. ex. limpador de pára-brisa, ventiladores, bomba de combustível, alter-

Fontes de interferência de banda larga e estreita
a) Curva do sinal em função do tempo y(t),
b) espectro associado ȳ(f),
c) observação do espectro com um instrumento de medição com largura de faixa B: com $B \cdot T < 1$ (como representado no diagrama) barras individuais indicam interferência de "banda estreita", com $B \cdot T > 1$ curva contínua indica interferência de "banda larga".

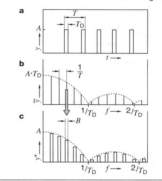

nador, mas também determinados componentes eletrônicos) ou de "interferentes de banda estreita" (unidades de comando eletrônicas com microprocessadores). Essa classificação depende da largura de faixa do instrumento de medição usado em relação às características do sinal.

As oscilações de alta freqüência podem representar uma fonte de interferência permanente para os sistemas de comunicação no veículo, porque se encontram na mesma freqüência e amplitude do sinal útil e são captadas diretamente pelo sensor (antena) do sistema de comunicação ou acopladas pelo cabo da antena. particularmente críticas são as interferências de banda estreita, pois elas têm uma característica de sinal muito parecida com o espectro dos transmissores.

Para os interferentes de banda larga, como motores elétricos, ventiladores, etc., a avaliação das emissões de interferência se realiza através das tensões das interferências nos cabos de alimentação em uma estrutura de teste definida e, em parte adicionalmente através de medições da antena em câmaras anecóicas forradas com absorvedores de alta freqüência de acordo com CISPR 25 ou DIN/VDE 0879-2. As graduações das tensões de interferência e intensidade dos campos interferentes causadas por graus de supressão facilitam o ajuste de fontes de interferência e de receptores de interferência incluídos no equipamento original do veículo.

Se numa equipagem posterior de equipamentos de comunicações os níveis de interferência forem maiores do que os admitidos para o equipamento original, são possíveis medidas limitadas para a supressão de interferências.

- Se a fonte de interferência for alimentada diretamente do borne 15 ou 30 através de um interruptor adequadamente dimensionado, os níveis de interferência podem ser abaixados por capacitores supressores apropriados para veículos ou filtros. Para isso eles são montados o mais próximo da fonte de interferência com um cabo massa o mais curto possível. O sobreacoplamento de cabos condutores de tensões interferentes sobre outros cabos pode ser reduzido por uma malha de blindagem ligada em ambos os extremos à massa.
- Se a fonte de interferência for controlada por uma ECU, normalmente não é permitida a instalação posterior da fonte de interferência, pois as características de comutação (apagamento) da ECU seriam alteradas.
- Os microprocessadores montados nas ECUs com seus sinais pulsados atuam como fontes de interferência de banda estreita. Via de regra, uma posterior supressão de interferência nesses componentes não é mais possível. A interferência radiante pode ser minimizada o máximo possível no projeto dos circuitos e equipamentos através de uma série de medidas (p. ex. capacitores supressores) e da disposição dos componentes e da fiação. Se essas medidas de supressão

Níveis de tensão de interferência permissíveis em dbµV dos graus de supressão nas diferentes faixas de freqüência conforme DIN/VDE 0879, parte 2 ou CISPR 25 com sinais interferentes de banda larga, medidos com detector de valor quase-pico (B) e interferências de banda estreita com detector de valor pico (S).

Grau de supressão	Nível de tensão de interferência												
	0,15…0,3 MHz (LW)		0,53…2,0 MHz (MW)		5,9…6,2 MHz (SW)		30…54 MHz		68…87 MHz		76…108 MHz (FM)	
	B	S	B	S	B	S	B	S	B	S	B	S
1	100	90	82	66	64	57	64	52	48	42	48	48
2	90	80	74	58	58	51	58	46	42	36	42	42
3	80	70	66	50	52	45	52	40	36	30	36	36
4	70	60	58	42	46	39	46	34	30	24	30	30
5	60	50	50	34	40	33	40	28	24	18	24	24

Níveis de intensidade de campo de interferência permissíveis em dbµV/m dos graus de supressão nas diferentes faixas de freqüência conforme DIN/VDE 0879, parte 2 ou CISPR 25 com sinais interferentes de banda larga, medidos com detector de valor quase-pico (B) e interferências de banda estreita com detector de valor pico (S).

Grau de supressão	Nível de intensidade de campo de interferência																		
	0,15…0,3 MHz (LW)		0,53…2,0 MHz (MW)		5,9…6,2 MHz (SW)		30…54 MHz		68…87 MHz		76…108 MHz (FM)		142…175 MHz		380…512 MHz		820…960 MHz	
	B	S	B	S	B	S	B	S	B	S	B	S	B	S	B	S	B	S
1	83	61	70	50	47	46	47	46	36	36	36	42	36	36	43	43	49	49
2	73	51	62	42	41	40	41	40	30	30	30	36	30	30	37	37	43	43
3	63	41	54	34	35	34	35	34	24	24	24	30	24	24	31	31	37	37
4	53	31	46	26	29	28	29	28	18	18	18	24	18	18	25	25	31	31
5	43	21	38	18	23	22	23	22	12	12	12	18	12	12	19	19	25	25

de interferência não forem suficientes, deve ser tentado resolver a situação com um projeto adequado da rede de bordo, selecionar a melhor posição da antena e distribuição do cabo da antena.

A avaliação em laboratório do comportamento de interferência dos componentes eletrônicos se realiza em função dos condutores (p. ex. através de medição da tensão de interferência nos cabos de alimentação) e através de medições nas antenas em câmaras anecóicas. A avaliação definitiva, se é possível a recepção (rádio ou telefonia móvel) em um veículo, é realizada com a medição da tensão de interferência na conexão do cabo da antena no receptor. Isso é feito com a ajuda de um circuito de medição apropriado para adaptação da impedância de entrada do receptor de medição à impedância de entrada do receptor. Para obter resultados realistas, as medições devem realizadas de preferência com antenas originais no local de montagem original da antena. Para o desacoplamento de emissores e sinais interferentes eletromagnéticos externos, essas medições são realizadas em câmaras anecóicas-CEM blindadas e equipadas com absorvedores de alta freqüência.

Veículos como fonte de interferência
O sistema de ignição é a maior fonte de interferência irradiada do veículo. A máxima radiação permissível para veículos é limitada por lei (diretriz EU 95/54/EG) para garantir que não ocorram interferências em rádios e televisores de outros veículos e de moradores próximos às ruas. São especificados limites máximos tanto para interferências de banda larga, como de banda estreita.

Os níveis especificados na diretriz são exigências mínimas. A manutenção dentro dos limites lá especificados não é suficiente na prática para garantir a recepção sem interferências no mesmo veículo. Por essa razão, a supressão deve ser melhorada para cada tipo específico de veículo para a recepção de rádio na rede de bordo do veículo (p. ex. rádio, telefone celular, etc.). A interferência radiada por sistemas de ignição pode ser reduzida com o uso de componentes supressores adequados (como resistores supressores nas bobinas de ignição ou conectores de alta tensão) e velas de ignição resistivas. Para veículos especiais (p. ex. equipados com transmissores de rádio para serviços de emergência), pode ser necessário blindar o sistema de ignição parcial ou completamente. Essas medidas de supressão podem ter um impacto negativo sobre a oferta de tensão do sistema de ignição e exigem por isso uma análise detalhada de se essas medidas são permissíveis.

Dispositivos susceptíveis a interferências

Unidades de comando e sensores são dispositivos susceptíveis a sinais interferentes entrando no sistema do exterior. Os sinais interferentes são emanados de sistemas adjacentes no próprio veículo ou de fontes nas vizinhanças do veículo, p. ex. quando esse se encontra próximo a transmissores possantes. Defeitos ocorrem quando o sistema não estiver em condições de distinguir entre sinais úteis e interferentes.

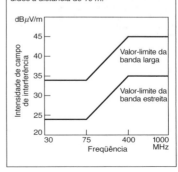

Valores-limite para emissões interferentes de veículos conforme CISPR 12 e 95/54/EG
Valores limite de banda larga e estreita, medidos à distância de 10 m.

A possibilidade de tomar medidas efetivas depende das características do sinal útil e do interferente.

Se a característica do sinal de um sinal interferente for semelhante à característica de um sinal útil (p. ex. sinal de interferência pulsado com a mesma freqüência do sinal de um sensor de rotação), a unidade de comando não pode distinguir entre sinal útil e interferente. Particularmente críticas são as freqüências na faixa das freqüências dos sinais úteis ($f_S \approx f_N$) e na mesma faixa de algumas das harmônicas da freqüência útil.

Sinais não modulados ou sinais senoidais de alta freqüência modulados em baixa freqüência podem ser demodulados nas junções p-n dos circuitos eletrônicos. Isso pode levar a deslocamentos de nível causado por componentes CC, ou à superposição de sinais interferentes transientes por causa das partes demoduladas de baixa freqüência do sinal interferente. Normalmente, a freqüência portadora é um múltiplo das freqüências úteis ($f_{S,HF} \gg f_N$). Os componentes de baixa freqüência são particularmente críticos, quando eles se situam na faixa das freqüências úteis ($f_{S,HF} = f_N$). Sinais interferentes com freqüências muito menores que os sinais úteis ($f_{S,HF} \ll f_N$) também podem levar a falhas em função de intermodulações.

A imunidade necessária a interferências em relação a campos magnéticos também está definida na diretriz EU 95/54/EG. A diretriz especifica as intensidades de campo às quais um veículo deve ser imune, bem como as exigências à interferência e as exigências mínimas. Na prática os fabricantes de veículos e fornecedores prevêem níveis muito maiores de imunidade a interferências.

Acoplamento de interferências

Sinais de fontes de interferência penetram nos dispositivos susceptíveis de três maneiras:

O acoplamento galvânico ocorre quando a fonte de interferência e o dispositivo susceptível têm circuitos de corrente em comum, que forçosamente é o caso com alimentação de tensão em comum. No projeto da fiação para o veículo deve ser mantido um acoplamento galvânico o menor possível. Se uma estrutura paralela, em série ou multipoint for melhor para os cabos de alimentação, isso depende da intensidade de corrente, da faixa de freqüência, da impedância dos componentes e do conceito do sistema a ser ligado.

O sobreacoplamento em cabos de ligação ocorre em cabos conduzidos em paralelo entre a fonte de interferência e o equipamento susceptível. No modelo, a tensão U_b, que é acoplada ao equipamento susceptível, é calculada usando-se a fórmula abaixo com os seguintes parâmetros:

$$k = C/C_0; k_a = (C_a + C)/C_0; k_b = (C_b + C)/C_0$$
$$C_0 = \sqrt{C_a \cdot C_b + C \cdot (C_a + C_b)}$$
$$\gamma \cdot l = j(\omega/c) \cdot l; W = 1/(c \cdot C_0)$$
$$c = 3 \cdot 10^8 \text{ m/s (velocidade da luz)}$$

U_b se compõe de uma parte capacitiva dependente da tensão U e uma parte indutiva dependente da corrente I. Se o comprimento de onda do sinal interferente for maior que o comprimento geométrico do cabo, então vale a simplificação:

$$U_b \approx k \cdot (\gamma \cdot l) \cdot [U(R_1 \cdot R_2)/(R_1 + R_2) - W \cdot I \cdot R_2/(R_1 + R_2)]$$

$$U_b = \frac{k \cdot R_2 \cdot \mathrm{senh}(\gamma \cdot l)}{(R_1 + R_2) \cdot \cosh(\gamma \cdot l) + W\left(k_a + \frac{R_1 \cdot R_2}{W^2} \cdot k_b\right) \cdot \mathrm{senh}(\gamma \cdot l)} \cdot \left(\frac{R_1}{W} \cdot U - W \cdot I\right)$$

Compatibilidade eletromagnética (CEM) **1025**

Modelo de influência
Sistema eletrônico: S sensor(es), V₁ amplificação e preparação do sinal, SV processamento do sinal, V₂ amplificação da potência, A atuador(es). Ao fluxo de sinais úteis se sobrepõe um fluxo de sinais de interferência. (U₁...U₃) acoplamento galvânico, (L₁...L₄) sobreacoplamentos em cabos de ligação, (D₁, D₂) acoplamento direto no sensor e atuador.

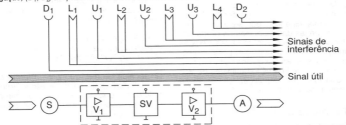

Modelo para o mecanismo de acoplamento de ondas eletromagnéticas guiadas por cabo
1. Condutor sobre o qual se propaga uma onda eletromagnética produzida por uma fonte de interferência.
2. Cabo influenciado (componente do dispositivo susceptível).

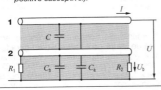

Diagrama esquemático do circuito equivalente de uma rede de bordo veicular conforme DIN/VDE 0879-2
P-B dispositivo a ser testado, A-B alimentação de tensão, M-B monitor de rádio interferência, S interruptor, B massa de referência (chapa de metal, blindagem do modelo de rede de bordo).

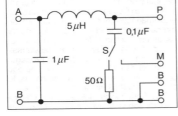

Isso indica que o sobreacoplamento pode ser minimizado, quanto mais curto for o comprimento l e quanto menor for a capacitância de acoplamento padronizada k.

k diminui com o aumento da distância entre os cabos e pode ser diminuída adicionalmente com uma malha ligada à massa nas duas extremidades.

O acoplamento direto pode ocorrer quando o sensor (S) ou o atuador (A) reagem diretamente a campos eletromagnéticos. Por exemplo, quando S for uma antena receptora, um microfone ou um cabeçote magnético de um toca-fitas ou um sensor que tem o mesmo princípio de funcionamento usado para detectar um campo magnético. Nesse caso, o objetivo é reduzir o acoplamento aumentando a separação física entre a fonte de interferência e o dispositivo susceptível até que a interferência desapareça.

Particularmente para altas freqüências, as estruturas das placas de circuito impresso e circuitos integrados nos equipamentos eletrônicos podem atuar diretamente como antenas receptoras. Nesses casos, o acoplamento de interferências inaceitável deve ser prevenido através da seleção dos componentes, de projeto adequado e especialmente de um projeto da placa de circuito impresso compatível eletromagneticamente.

Descargas eletrostáticas

O tema "perigo de danos a componentes e circuitos eletrônicos por descargas eletrostáticas (ESD)" cai na área de trabalho da CEM. Aqui trata-se de proteger os componentes e equipamentos da destruição por descargas estáticas por seres humanos ou por peças das máquinas na produção. Por um lado, devem ser tomadas medidas apropriadas no manuseio e, por outro ser projetados os equipamentos de tal maneira que as tensões de vários milhares de Volt produzidas por descargas eletrostáticas sejam reduzidas a níveis aceitáveis.

Técnicas de medição

Para o teste da imunidade a interferências e da emissão de interferências são usuais uma variedade de métodos de medição. De forma sucinta, dividem-se segundo o tipo de avaliação dos fenômenos de interferência que trabalham no intervalo de tempo (geradores de impulsos, osciloscópios) e em processos que trabalham na faixa de freqüências (geradores senoidais, receptores de medição, analisadores de espectro).

Impulsos de teste conforme ISO 7637, parte 2 para redes de bordo de 12 e 24 V

Impulsos de teste	
Forma do impulso	Causa
1	Desligamento de consumidores indutivos, p. ex. relé ou válvula
2	Desligamento de motores elétricos, p. ex, motor da ventoinha que, por funcionar após desligado gera sobretensão positiva
3a 3b	Sobretensões íngremes como conseqüência de chaveamentos
4	Curva da tensão de alimentação durante o procedimento de partida
5	Load dump do alternador 1)

1) "Load dump", isto é, o alternador carrega a bateria com alta corrente e a conexão para a bateria é interrompida repentinamente.

Na técnica de medições de interferências, os sinais de interferência emitidos são expressos geralmente como valores de referência em dB (decibel). O valor de referência é 1 µV para tensões de interferência, 1 µV/m para a intensidade de campo e 1 mW para a potência.

$u^* = 20 \cdot \lg U$; u^* em dB, U em µV
$e^* = 20 \cdot \lg E$; e^* em dB, E em µV/m
$p^* = 20 \cdot \lg P$; p^* em dB, P em mW.

Na técnica de medição para a influência das interferências, os parâmetros (amplitude dos impulsos, intensidade de campo do transmissor) são indicados diretamente (E em V/m, U em V, I em A).

As medições de CEM se efetuam em componentes individuais no laboratório e no veículo.

Procedimentos de teste em laboratório

<u>Os modelos de redes</u> são usados para examinar os impulsos ou tensões de interferência de alta freqüência emitidas pelo equipamento sob condições normalizadas.

A imunidade contra interferências em forma de impulsos é testada com <u>geradores de impulsos</u> especiais, com os quais se podem gerar impulsos conforme ISO 7637, parte 2. Um acoplamento de interferências pulsantes nos cabos de sinal e de controle é reproduzido usando-se um alicate capacitivo conforme ISO 7637, parte 3.

As ondas de interferência guiadas por cabos injetadas na fiação de um sistema elétrico a ser testado são geradas com a ajuda de uma stripline, uma célula TEM (campo eletromagnético transversal ou por uma BCI (Bulk Current Injection). No caso de uma <u>stripline</u>, a fiação é arranjada em linha com a direção de propagação da onda eletromagnética entre um condutor em forma de fita e uma placa-base. Quando for usada uma célula TEM, a ECU e uma seção da fiação são arranjadas transversalmente em relação à direção de propagação da onda eletromagnética. No <u>método BCI</u> sobrepõe-se uma corrente na fiação com a ajuda de uma pinça de corrente.

Para freqüências maiores (>400 MHz) a unidade sob teste e a fiação são irradiadas por antenas e com isso expostas diretamente a um campo eletromagnético.

Todos esses métodos de medição são descritos nas várias seções da ISO 11 452. A radiação de interferência emitida é medida conforme CISPR 25 com antenas de banda larga, em câmaras anecóicas forradas com absorvedores.

Seleção de testes CEM
Os testes CEM a serem executados em um equipamento elétrico ou eletrônico dependem da faixa de aplicação do componente e da sua construção interna. Equipamentos eletromecânicos simples, que não contêm componentes eletrônicos não são testados quanto à imunidade contra campos eletromagnéticos. No caso de componentes que contêm componentes eletrônicos, deve ser especificada no plano de teste uma série de testes individuais.

Procedimentos de teste no veículo
A imunidade de sistemas eletrônicos em relação a campos magnéticos de transmissores de alta potência é testada no veículo em câmaras anecóicas especiais. Lá podem ser geradas altas intensidades de campos elétricos e magnéticos, aos quais fica exposto todo o veículo (ISO 11 451).

O efeito de interferência da elétrica e eletrônica do veículo sobre as transmissões de rádio dentro do veículo é medido com receptores sensíveis, dentro do possível com as antenas originais montadas no veículo no terminal de entrada do receptor de rádio (CISPR 25).

Prescrições e normas

A supressão de interferências do veículo (proteção de receptores de rádio fixos instalados permanentemente) está prescrita por lei na Europa desde 1972 (Regulamentação EC - ECE10 ou diretriz EU – 72/245/EWG). Desde 1.1.1996, existem prescrições legais obrigatórias para a compatibilidade eletromagnética (Diretriz européia ou lei alemã para CEM) para todos os equipamentos e instalações elétricas em circulação no mercado. Para veículos foi elaborada a diretriz especial EG – 95/54/EG, que é a sucessora da diretriz 72/245/EWG e regulamenta a proteção de receptores de rádio fixos instalados permanentemente e a imunidade de veículos à interferência de campos eletromagnéticos. Essa diretriz, além de definir a forma como um veículo ou um componente são colocados em circulação, também especifica métodos de teste e valores-limite a serem respeitados.

Os métodos de medição CEM têm uma variedade de normas alemãs e internacionais. As normas alemãs (DIN/VDE) correspondem basicamente às normas internacionais (ISO/IEC-CISPR) e cobrem todos os aspectos da CEM automotiva.

Normas
Imunidade a interferências
ISO 7637-1/-2/-3,
ISO 11 451/1 452,
ISO/TR 10 605.

Supressão de interferências
DIN/VDE 0879-1/-2,
CISPR 12,
CISPR 25.

Sistemas de travas

Função, estrutura, funcionamento

A função do sistema de travas é assegurar a permissão de acesso a qualquer hora. Apesar da fechadura do veículo estar exposta durante anos a solicitações extremas de frio, umidade e sujeira, ela deve proteger com segurança o veículo e seus ocupantes e ser operada com suavidade.

A estrutura de um sistema de trava compreende os seguintes componentes (exemplo da porta do motorista):
- Ferrolho nas colunas da carroceria,
- Portas laterais com as fechaduras e demais componentes mecânicos e elétricos,
- Componentes elétricos da permissão de acesso e controle remoto freqüentemente associados ao sistema de travas.

Dependendo da localização no veículo, é feita uma distinção adicional entre os seguintes módulos (com diferentes níveis de funções):
- Módulo da porta lateral,
- Módulo da tampa do porta-malas e
- Módulo do capô do motor.

O componente mais importante do sistema de travas é a fechadura da porta. Suas principais funções são:
- Transferir a força estrutural entre a porta e a carroceria,
- Fechar e abrir a trava com segurança,
- Avaliar os comandos mecânicos ou elétricos e
- Armazenar a situação lógica (computador mecânico).

De acordo com esta subdivisão, a fechadura é estruturada em módulos que executam as seguintes funções:
O mecanismo de bloqueio responde pela transmissão da força para o início da função de abrir e fechar. Ele é constituído pelo trinco giratório, lingüeta de trava e guia.

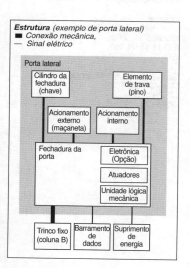

Estrutura (exemplo de porta lateral)
■ Conexão mecânica,
— Sinal elétrico

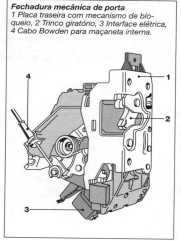

Fechadura mecânica de porta
1 Placa traseira com mecanismo de bloqueio, 2 Trinco giratório, 3 Interface elétrica, 4 Cabo Bowden para maçaneta interna.

Sistema de travas

O respectivo ferrolho é fixado na coluna da carroceria. Durante o procedimento de fechamento, a guia da fechadura desliza pelo ferrolho, centralizando a porta, em seguida o ferrolho é preso pelo trinco giratório na posição fechada (entalhe principal). O trinco giratório é então fisicamente bloqueado pela lingüeta de trava.

Este bloqueio deve ser cancelado no início do processo de abertura. Com esse propósito, a força aplicada na maçaneta interna ou externa da porta é canalizada para a lingüeta de trava. Assim que a lingüeta de trava libera o trinco giratório a porta pode se mover para fora. O ferrolho permanece fixo enquanto o trinco giratório volta à sua posição aberta.

Sistema de trava mecânico

Situações lógicas do mecanismo de trava

A unidade lógica do mecanismo de trava permite desacoplar ou isolar a maçaneta externa, a maçaneta interna e o elemento de trava. Por exemplo, com a porta travada a maçaneta externa fica inoperante, impossibilitando a abertura pelo lado de fora.

Além disso, o bloqueio contra furtos torna inoperante a maçaneta interna (abertura pelo lado de dentro) e o elemento de trava (liberação da trava pelo lado de dentro).

A trava de segurança para crianças impede a abertura das portas traseiras pelo lado de dentro, mas permite aos ocupantes liberar a trava pelo lado de dentro para, p.ex., permitir que uma pessoa oferecendo ajuda abra a porta pelo lado de fora (note a diferença com o bloqueio contra furtos). A matriz de situações a seguir mostra as funções básicas de um modelo de porta traseira.

Tabela 1. Funções básicas de um modelo de porta traseira (tipo "ejetor de curso único")

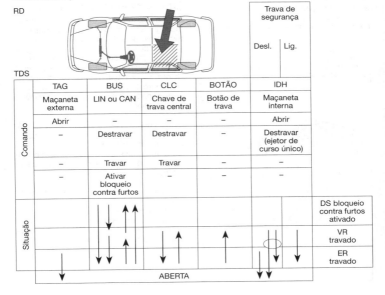

Características construtivas

O mecanismo de trava é instalado na área molhada dentro da porta. Os efeitos adversos da água e da poeira, o impacto considerável quando a porta é batida e os requisitos para prevenção contra furto exigem uma construção robusta.

O material utilizado atualmente nos elementos de trava e sistemas de alavancas é o aço (peças estampadas de precisão, molas, uniões rebitadas). Em escala crescente também estão sendo empregados componentes de plástico, que todavia devem cumprir suas funções, mesmo após uma colisão lateral ou num incêndio no veículo. Corrosão, abrasão e desgaste exigem que as peças metálicas sejam submetidas a um custoso tratamento de superfície (tamboreamento, galvanização, revestimento).

Para corresponder às altas exigências de funcionamento silencioso, as peças de trava são recobertas com plástico de alto amortecimento sonoro. Medidas abrangentes para redução dos ruídos nos sistemas de alavancas e atuadores são comuns nos mecanismos de trava de alta qualidade.

Mecanismo de trava (princípio)
1 Lingüeta,
2 Trinco giratório na fechadura,
3 Ferrolho na coluna B ou C.

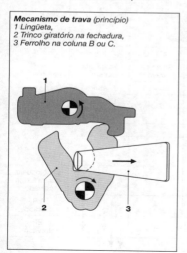

Antigamente o funcionamento das fechaduras automotivas era puramente mecânico. O bloqueio central foi então introduzido com auxílio de atuadores das travas montados em flanges (elementos de posicionamento elétricos e pneumáticos).

Nas fechaduras mais modernas, estes atuadores são integrados à carcaça da fechadura. Motores em miniatura transformam os comandos elétricos de permissão de acesso em movimentos mecânicos. A situação de trava é armazenada mecanicamente no sistema de alavancas.

A redução da alta rotação de saída é assumida por engrenagens helicoidais, engrenagens cilíndricas de vários estágios ou mecanismo planetário (material plástico). Também é usado acionamento por fuso.

Sensores na fechadura permitem a avaliação elétrica da situação da trava. Sensores de efeito de Hall e microchaves provaram-se particularmente adequados para este propósito.

Open-by-wire (abertura automática)

Com a expansão do uso de sistemas elétricos para aplicações veiculares, possibilitou-se inicialmente o bloqueio central, logo seguido pelo bloqueio contra furtos e pelo controle remoto por rádio. A trava de segurança para crianças já é acionada eletricamente. Alguns sistemas de abertura e fechamento das portas empregam motores para acionar o trinco giratório ou o ferrolho (servofechamento).

É óbvio que o próximo passo será o uso de um motor elétrico para levantar a lingüeta de trava ("open-by-wire").

Por isso no setor de fechaduras a evolução rumo à função "x-by-wire" apresenta progressos consistentes.

A principal vantagem da função "open-by-wire" é a interação com a permissão de acesso, particularmente em conjunto com os sistemas de "entrada passiva", pois estes exigem atuadores de liberação da trava extremamente rápidos ou soluções de "superação".

Sistema de travas **1031**

No "princípio de superação", o atuador inicia o procedimento de abertura do mecanismo de trava antes que a lógica da fechadura tenha sido completamente liberada. Esta função visa evitar tempos de espera para o usuário. O "autotravamento" é evitado com segurança através de medidas construtivas.

Sistema de trava elétrico

A demanda por qualidade e a confiabilidade, assim como a pressão dos custos, obrigam a reduzir futuramente ao mínimo os elementos mecânicos do sistema de trava e substituí-los por componentes elétricos. Este desenvolvimento resultará finalmente no sistema de trava elétrica.

A fechadura neste caso consiste apenas do mecanismo de trava, atuador de abertura e eletrônica. As maçanetas das portas e demais elementos de operação são dotados de sensores. Cabos elétricos substituem as conexões mecânicas com a fechadura.

As vantagens de um sistema elétrico de trava são consideráveis:
- Tamanho e peso reduzido da fechadura,
- Desenho simétrico,
- Apenas uma configuração por veículo (a configuração é codificada no final da linha de montagem),
- Maçanetas sem movimento (ou podem ser completamente dispensadas).

Funções adicionais, como iluminação interna, indicação de status e muitas outras podem ser facilmente implementadas no sistema de trava elétrica, pois a fechadura dispõe de eletrônica capaz de realizar estas funções.

A comunicação com as fechaduras, a permissão de acesso e o suprimento de energia ocorrem através de interfaces do barramento de dados. Prognósticos usando análise de árvore de falhas indicam que a confiabilidade do sistema elétrico de trava é no mínimo tão confiável quanto os sistemas convencionais. O mais tardar, com a introdução do sistema elétrico do veículo de 42 V (suprimento de energia com redundância ativa), pode-se esperar sistemas economicamente viáveis.

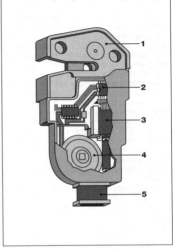

Fechadura eletromecânica (princípio).
1 Mecanismo de trava, 2 Eletrônica, 3 Motor elétrico, 4 Engrenagens, 5 Conexão elétrica.

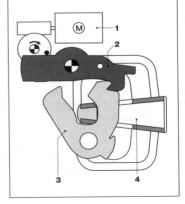

Open-by-wire (abertura automática) (princípio)
1 Motor elétrico, 2 Lingüeta de trava, 3 Trinco giratório, 4 Ferrolho

Sistema de trava central

O sistema central para travar e destravar as portas, o porta-malas e a tampa do tanque de combustível integra os sistemas de conveniência do veículo. O acionamento dos dispositivos individuais de trava é feito por atuadores elétricos ou pneumáticos.

No sistema pneumático uma bomba de dupla ação (pressão/depressão), conectada aos diafragmas dos dispositivos de trava através de tubulações rígidas, é responsável pelo movimento de abrir e fechar.

No sistema eletromecânico de trava central, cada dispositivo de trava dispõe de um motor elétrico de posicionamento. Este motor elétrico com mecanismo de redução aciona os dispositivos de trava por meio de conexões mecânicas (hastes, alavancas).

Os sistemas de trava central possuem basicamente uma unidade de controle para processamento dos sinais. Na bomba pneumática de dupla ação a unidade de controle é integrada na carcaça. Nos sistemas eletromecânicos ela é alojada de forma centralizada ou, para reduzir o volume de cabos, descentralizada em módulos de porta, com uso de sistema multiplexado. No sistemas multiplex de portas descentralizadas o cabeamento pode ser usado para múltiplas utilidades, como para acionamento dos vidros e dos retrovisores.

Sistemas de trava central eletromecânicos ou pneumáticos são ativados através de comutadores elétricos nos atuadores ou nos cilindros de fechamento da porta do motorista, da porta do acompanhante, da tampa do porta-malas e por meio de elementos de comando no interior do veículo. Controles remotos infravermelho ou por rádio aumentam a comodidade.

Nos mais novos sistemas de conveniência, o sistema é acionado quando o veículo inicia a marcha (sinal do velocímetro) para proteger os ocupantes contra abertura indevida pelo lado de fora, assim como num acidente as travas são liberadas (sensor de impacto).

É feita uma distinção entre abrir, fechar e bloquear. No modo abrir e fechar é possível a qualquer momento a operação manual pelo lado interno (p.ex., ocupantes). No modo bloquear, para proteção contra furto, o sistema é travado e só pode ser operado com a chave do veículo pelo lado de fora ou com o controle remoto.

Trava central com motor elétrico
1 Chave central, 2 Contatos nas fechaduras de portas, 3 Unidade de controle, 4 Servomotores

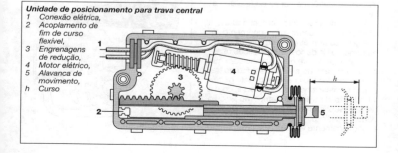

Unidade de posicionamento para trava central
1 Conexão elétrica,
2 Acoplamento de fim de curso flexível,
3 Engrenagens de redução,
4 Motor elétrico,
5 Alavanca de movimento,
h Curso

Dispositivos de sinalização acústica

Aplicação

A regulamentação internacional aplicável ECE N° 28 especifica que o sinal acústico produzido por veículos motorizados deve manter uma qualidade sonora uniforme sem flutuações perceptíveis na freqüência durante a operação. O acionamento só é permitido para advertir sobre perigo. Em países onde esta regulamentação não é aplicada, o dispositivo de sinalização acústica é uma peça de consumo submetida a muita sobrecarga.

O uso de sirenes, campainhas e similares não e permitido, tampouco a reprodução de melodias através de geradores de som ativados seqüencialmente.

Os dispositivos de sinalização devem ser instalados no veículo virados para frente e, a uma distância de 2 m, ainda devem apresentar um volume sonoro suficiente. Eles estão sujeitos a temperaturas de –40 °C a +90 °C e devem ser projetados para resistir à umidade, névoa de salmoura, assim como choques e vibrações. Buzinas acionadas eletricamente devem ser isoladas da carroceria através de suspensão elástica, do contrário a ressonância de peças da carroceria pode interferir na tonalidade e no volume. As buzinas são sensíveis a resistores ligados em série no circuito de alimentação. Na instalação em dupla, o comando deve ser feito por meio de relés intermediários.

Nas viagens constantes de longa distância em caminhões, a buzina de impacto é preferível à eletropneumática devido ao seu melhor efeito de advertência. Entretanto, para o trânsito urbano a buzina eletropneumática é mais adequada, pois o som da buzina de impacto freqüentemente soa muito alto e estressante para os pedestres. Para estas diferentes exigências podem ser instalados ambos sistemas com uma chave de comutação para cidade e estrada. As freqüências das buzinas de impacto e eletropneumáticas padronizadas. A combinação de tons altos e baixos produz um som duplo harmonioso.

Buzina de impacto

A massa do induzido em conjunto com o diafragma flexível formam na buzina de impacto padrão um sistema oscilatório. Quando é aplicada tensão na bobina magnética controlada pelo interruptor, o induzido se choca contra o núcleo do magneto na freqüência básica da buzina. Um disco oscilante fixado diretamente no induzido responde a estes intensos impactos periódicos emitindo ondas harmônicas, cuja intensidade sonora máxima, de acordo com as determinações legais, fica na faixa de freqüência entre 1,8 e 3,55 kHz. Esta freqüência explica o som relativamente agudo da buzina de impacto, que é preponderantemente emitido para frente e na direção do eixo da buzina, assim como com a boa penetração por longa distância no ruído do tráfego. O tamanho da buzina de impacto é um dos fatores que determinam a freqüência básica e o volume.

As buzinas supertom possuem, além do diâmetro maior, uma potência elétrica mais elevada, portanto seu sinal de alerta pode ser percebido, mesmo em condições extremas (p.ex., na cabine fechada do caminhão).

Buzina eletropneumática

A buzina eletropneumática possui o mesmo sistema de funcionamento da buzina de impacto, porém o induzido oscila livremente na frente do sistema magnético, sem impactos. O diafragma oscilante faz vibrar uma coluna de ar dentro de um tubo. As freqüências de ressonância do diafragma e da coluna de ar são harmonizadas entre si e determinam o volume do sinal. Para obter um melhor grau de eficiência na propagação do som, a extremidade do tubo se expande em forma de funil. Para reduzir o tamanho o tubo geralmente é encaracolado.

A presença de muitos harmônicos na faixa mais baixa de freqüência concede à buzina eletropneumática um som rico e melodioso. A capacidade de penetração, devido à distribuição regular da energia sonora num espectro amplo, é menor do que na buzina de impacto.

Sistemas para segurança dos ocupantes

Segurança ativa e passiva nos veículos automotivos

Sistemas de segurança ativos ajudam a evitar acidentes e assim contribuem preventivamente para a segurança do tráfego. Um exemplo de segurança ativa é o sistema antibloqueio (ABS) com programa eletrônico de estabilidade (ESP) da Bosch, que mesmo em situações críticas de frenagem mantém a estabilidade e o controle direcional do veículo.

Sistemas de segurança passivos ajudam a proteger os ocupantes do veículo contra ferimentos graves ou mesmo fatais. Um exemplo de segurança passiva são os airbags, que protegem os ocupantes quando uma colisão não pode ser evitada.

Cintos de segurança e pré-tensores do cinto de segurança

Função

A função dos cintos de segurança é reter os ocupantes nos assentos do veículo se este colidir contra um obstáculo.

Pré-tensores do cinto de segurança melhoram as características de retenção de um cinto automático de três pontos e aumentam a proteção contra ferimentos. Num eventual impacto frontal eles puxam o cinto para mais perto do corpo, mantendo o tórax tão atado no encosto do banco quanto possível. Deste modo, evita-se um deslocamento excessivo dos ocupantes, causado pela inércia (veja figura).

Funcionamento

Num impacto frontal contra um obstáculo sólido a 50 km/h, os cintos precisam absorver uma energia equivalente à energia cinética de uma pessoa em queda livre da altura do quarto andar de um edifício.

Devido à folga do cinto, à dilatação do cinto e ao efeito retardado do dispositivo de retração do cinto ("efeito bobina de filme"), em impactos contra obstáculos sólidos a velocidades acima de 40 km/h o cinto automático de três pontos tem apenas um efeito limitado de proteção, pois não pode evitar com segurança um choque da cabeça e do corpo contra o volante ou o painel de instrumentos. Sem o sistema de retenção, os ocupantes experimentam um extenso deslocamento para frente (veja figura na próxima página).

Num impacto o <u>pré-tensor do cinto</u> elimina a folga do cinto e o "efeito rolo de filme", enrolando e retesando o cinto. O efei-

Sistema de segurança dos ocupantes com pré-tensores dos cintos e airbags
1 Pré-tensor do cinto, 2 Airbag frontal do passageiro, 3 Airbag frontal do motorista, 4 Unidade de controle eletrônico

to total deste sistema é atingido numa colisão a 50 km/h dentro de 20 ms após o inicio da colisão, auxiliando assim o airbag que necessita de aprox. 40 ms para ser completamente inflado. Depois disso, o ocupante ainda se desloca um pouco para frente pressionando o gás (N_2) para fora do airbag de modo que a energia cinética do ocupante é dissipada com relativa suavidade. Isso protege o ocupante de ferimentos, já que ele não se choca contra as estruturas rígidas do veículo.

Para uma ótima proteção, é necessário que durante a desaceleração do veículo os ocupantes se desloquem para frente de seus bancos o mínimo possível. Para isso a ativação do pré-tensor age praticamente no início da colisão e assegura a retenção imediata dos ocupantes. O máximo deslocamento para frente dos ocupantes com cintos retesados é de aprox. 2 cm e a duração da operação mecânica de retesamento equivale a 5...10 ms.

Na ativação, o sistema dispara eletricamente uma carga pirotécnica propelente. A pressão crescente atua sobre um pistão que através de um cabo de aço gira o carretel do cinto, apertando o cinto contra o corpo (veja figura "Pré-tensor torácico").

Variantes

Além do pré-tensor torácico descrito para rebobinar o carretel do cinto, existem variações que puxam o fecho do cinto para trás (pré-tensor torácico) e com isso apertam ao mesmo tempo o cinto subabdominal e torácico. <u>Pré-tensores subabdominais</u> melhoram o efeito de retenção e adicionalmente evitam o escorregamento por baixo do cinto ("efeito submarino"). O processo de retesamento destes dois sistemas ocorre em períodos de tempo iguais ao do pré-tensor torácico.

Um maior curso de retesamento é obtido pela combinação de dois pré-tensores para cada banco (dianteiro), como no Renault Laguna, por exemplo, composto de um pré-tensor torácico e um <u>pré-tensor abdominal</u>. O pré-tensor subabdominal é ativado somente após uma colisão de certa gravidade ou somente com um determinado retardo (p.ex., 7 ms) após o acionamento do pré-tensor torácico.

Além do pré-tensor com carga pirotécnica, existe ainda pré-tensores torácicos acionados mecanicamente. Neste caso, um sensor mecânico ou elétrico libera uma mola sob tensão, a qual puxa o fecho do cinto para trás. A única vantagem deste sistema é o baixo custo, entretanto, suas características de disparo não são tão bem sincronizadas quanto a dos cintos com carga pirotécnica, que possuem o mesmo sistema de sensores eletrônicos do airbag frontal.

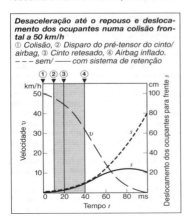

Desaceleração até o repouso e deslocamento dos ocupantes numa colisão frontal a 50 km/h
① Colisão, ② Disparo do pré-tensor do cinto/airbag, ③ Cinto retesado, ④ Airbag inflado.
– – – sem/ —— com sistema de retenção.

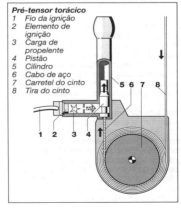

Pré-tensor torácico
1 Fio da ignição
2 Elemento de ignição
3 Carga de propelente
4 Pistão
5 Cilindro
6 Cabo de aço
7 Carretel do cinto
8 Tira do cinto

Para se obter um nível de proteção ideal, todos os componentes do sistema de proteção dos ocupantes, "pré-tensores dos cintos mais airbags para colisões frontais", devem funcionar em perfeita harmonia. Os cintos e os pré-tensores proporcionam a maior parte do efeito protetor, absorvendo sozinhos entre 50...60% da energia do impacto. Junto com os airbags frontais a energia absorvida corresponde a 70%, se o momento dos disparos estiver perfeitamente sincronizado.

Uma melhoria adicional e, antes de tudo, a prevenção de fraturas na clavícula ou nas costelas com a conseqüente lesão de órgãos internos nos ocupantes mais idosos, é oferecida pelo limitador da tensão do cinto. Neste caso, os pré-tensores do cinto retesam inicialmente os cintos com a força máxima (p.ex., com aprox. 4 kN) e em seguida mantém os ocupantes bem presos aos assentos. Quando a tensão do cinto ultrapassa um determinado valor, o comprimento do cinto aumenta, resultando num maior deslocamento para frente. A energia cinética se transforma em energia de deformação, reduzindo picos na desaceleração. Exemplos de elementos de deformação incluem:
- barra de torção (eixo do carretel do cinto),
- costura de ruptura no cinto,
- fecho do cinto com elementos deformáveis,
- elementos usinados.

A Daimler-Chrysler, por exemplo, possui um limitador da força do cinto de estágio simples, controlado eletronicamente, que num determinado período após o acionamento do segundo estágio do airbag frontal e após atingir um certo deslocamento reduz a tensão do cinto para 1...2 kN através da ignição de um detonador.

Futuros desenvolvimentos
A performance dos pré-tensores pirotécnicos é aperfeiçoada constantemente: "Pré-tensores de alta performance" são capazes de retrair 15 cm de cinto em 5 ms. Futuramente estarão disponíveis limitadores de tensão do cinto de duplo estágio, constituídos de duas barras de torção com respostas defasadas ou barra de torção com placa de deformação adicional no retrator.

Airbags frontais

Função
A função dos airbags frontais é proteger o motorista e o passageiro contra lesões no tórax e na cabeça em colisões frontais com obstáculos sólidos em velocidades de até 60 km/h. Em colisões frontais envolvendo dois veículos a proteção oferecida pelos airbags frontais atinge velocidades relativas de até 100 km/h. O pré-tensor do cinto de segurança sozinho não pode evitar choques da cabeça contra o volante de direção em colisões graves. Para preencher totalmente esta função os airbags possuem diferentes capacidades de enchimentos e diversos formatos adaptados às características do veículo, dependendo do local de instalação, tipo do veículo e comportamento da deformação estrutural do veículo.

Em alguns tipos de veículos, os airbags frontais também trabalham em conjunto com "almofadas infláveis para os joelhos" para oferecer o "benefício da desaceleração", isto é, a redução da velocidade dos ocupantes juntamente com a redução da velocidade da cabine de passageiros. Isso assegura o deslocamento rotacional do tórax e da cabeça, necessário para que o airbag ofereça proteção ideal, principalmente nos países onde o uso do cinto de segurança não é obrigatório.

Funcionamento
Para proteger o motorista e o passageiro, geradores de gás usando dinâmica pirotécnica inflam os airbags do motorista e do passageiro, após uma colisão ter sido detectada pelos sensores. Para que o ocupante afetado desfrute a máxima proteção, o airbag deve estar completamente cheio antes que o ocupante tenha contato com ele. No choque do tórax com o airbag, este se esvazia parcialmente, fazendo com que a pessoa a ser protegida absorva "suavemente" a energia do impacto, em níveis de pressão superficial e desaceleração que não sejam críticos a ponto de provocar lesões. Desse modo, ferimentos na cabeça e no tórax são nitidamente reduzidos ou mesmo evitados.

O deslocamento máximo permitido até que o airbag do passageiro seja inflado é de 12,5 cm, correspondendo a um período

Sistema para segurança dos ocupantes **1037**

de aprox. 10 ms + 30 ms = 40 ms após o início da colisão (contra obstáculo sólido a 50 km/h) (veja figura "Desaceleração até o repouso"). 10 ms é o tempo até a ignição e 30 ms o tempo para inflar o airbag.

Numa colisão a 50 km/h, o airbag leva 40 ms para ser inflado e é esvaziado após 80...100 ms através dos furos de escape. O processo inteiro demora pouco mais que um décimo de segundo, ou seja, um piscar de olhos.

Detecção do impacto
A proteção ideal na colisão frontal, deslocada, oblíqua ou em poste é atingida – como já mencionado – através da interação coordenada dos airbags frontais pirotécnicos com ignição eletrônica e dos pré-tensores dos cintos de segurança. Para maximizar os efeitos de ambos equipamentos de proteção, eles são ativados por uma unidade de controle eletrônico compartilhada (disparador) com tempo de resposta otimizado, alojada na cabine de passageiros. Isso envolve a unidade de controle eletrônico, com um ou dois sensores de aceleração linear para medir a desaceleração durante o impacto e calcular a mudança de velocidade. Para melhor detectar colisões oblíquas ou deslocadas, o algoritmo empregado pode usar também os dados do sensor de aceleração lateral.

A colisão também precisa ser avaliada. Uma pancada de martelo na oficina, impactos suaves, saltos, subidas na guia ou passagens em buracos não podem acionar o airbag. Os sinais dos sensores são processados com algoritmos de análise digital, cujos parâmetros de sensibilidade foram otimizados com ajuda de simulações de colisões. O primeiro limiar de acionamento do pré-tensor do cinto de segurança é atingido dentro de 8...30 ms, dependendo do tipo de impacto, e o primeiro limiar de acionamento do airbag após 10...50 ms.

Os sinais de aceleração, influenciados pelos equipamentos do veículo e pelas características de deformação da carroceria, por exemplo, são diferentes para cada veículo. Eles determinam os parâmetros de ajuste, cruciais para a sensibilidade do algoritmo de análise (processo computacional) e, em última instância, pelo disparo dos airbags e pré-tensores dos cintos de segurança. Dependendo do conceito

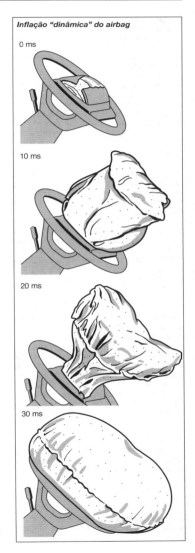

Inflação "dinâmica" do airbag

0 ms

10 ms

20 ms

30 ms

de produção do fabricante do veículo, dos parâmetros estratégicos e do nível de equipamentos do veículo, eles podem ser programados na unidade de controle eletrônico no final da linha de montagem ("programação de fim de linha").

Para prevenir ferimentos causados por airbags ou fatalidades em ocupantes "fora de lugar" ou em crianças pequenas em cadeirinhas com detecção automática de assentos para crianças, é essencial que os airbags sejam inflados de acordo com a situação particular. Com este propósito foram introduzidos os seguintes aperfeiçoamentos:

1. <u>Chaves de desativação</u>. Estas chaves podem ser usadas para desativar o airbag do motorista ou do passageiro. O funcionamento do airbag é indicado por lâmpadas especiais.

2. Nos EUA, onde ocorreram aprox. 160 casos fatais com airbags, foram feitas tentativas para reduzir a agressividade do enchimento dos airbags, introduzindo-se os "airbags com potência reduzida". Estes airbags, cuja potência de inflação do gás foi reduzida em 20...30%, diminuem a velocidade de inflação, a severidade da inflação e o risco de ferimentos em ocupantes "fora de lugar". "<u>Airbags com potência reduzida</u>" podem esvaziar mais rápido no caso de ocupantes grandes e pesados, ou seja, eles têm menor capacidade de absorção de energia. Portanto, é essencial – considerando todas as possibilidades de impactos frontais graves – que os ocupantes estejam com os cintos de segurança colocados. Nos EUA, atualmente a opção pela estratégia de "menor risco" tem preferência, de modo que, numa situação com ocupantes "fora do lugar", somente o primeiro estágio do airbag frontal é disparado. No caso de uma colisão grave, a inflação total de gás pode ser atingida disparando ambos estágios. Outro modo de implementar a estratégia de "menor risco" com inflação de estágio simples e com deflação controlada é manter a válvula de deflação constantemente aberta.

3. "<u>Sistema de airbag inteligente</u>". A introdução de aperfeiçoamentos nas funções de detecção e nas opções de controle do processo de inflação do airbag, com acompanhamento da melhora dos efeitos de proteção, resultou numa redução gradual do risco de ferimentos. Estes aperfeiçoamentos são:
- Detecção da gravidade do impacto através do aperfeiçoamento do algoritmo ou do uso de um ou dois sensores frontais (veja no diagrama "Sistema de retenção eletrônico") instalados na zona de deformação do veículo, (p.ex., no elemento transversal do radiador). Estes são sensores de aceleração que facilitam a rápida detecção de impactos difíceis de serem sentidos centralmente, p.ex., ODB (colisão contra barreira deformável, colisão deslocada contra barreira macia), impacto contra postes e a baixas velocidades. Eles também permitem uma melhor avaliação da energia do impacto.
- Detecção do uso de cinto de segurança.
- Detecção da presença, da posição e do peso do ocupante.
- Detecção da posição do assento e da inclinação do encosto.
- Uso de airbags frontais com inflação de duplo estágio ou de estágio simples com disparador da válvula de descarga de gás (veja estratégia de "menor risco").
- Uso de pré-tensores com limitador da tensão do cinto dependente do peso do ocupante.
- Barramento de dados CAN do sistema de proteção dos ocupantes para comunicação e uso compartilhado de dados de sensores (comutadores) de outros sistemas (dados de velocidade do veículo, operação dos freios, status dos fechos dos cintos e das portas) e para ativação de lâmpadas de advertência e transmissão de diagnósticos.

Para a transmissão de chamados de emergência após uma colisão e para ativação de "sistemas de segurança secundários" (sinais de perigo, liberação da trava central, corte do fluxo da bomba de combustível, desconexão da bateria etc.), é usada a "saída de colisão" (veja figura "Unidade de controle dos airbags 9").

Airbag lateral

Função
Colisões laterais constituem aproximadamente 30% de todos os acidentes. Isso faz com que a colisão lateral seja o segundo tipo mais comum de impacto depois da colisão frontal. Um número crescente de veículos são equipados com airbag lateral em adição ao pré-tensor do cinto de segurança e ao airbag frontal. Airbags laterais, que inflam ao longo da linha do teto com o propósito de proteger a cabeça, são desenhados para amortecer os ocupantes e protegê-los de ferimentos causados por impactos laterais (p.ex., sistema tubular inflável, airbag de janela, cortina inflável) ou da porta para o resto do corpo (airbag torácico, proteção para a parte superior do corpo).

Funcionamento
Devido à falta de uma zona de deformação e o espaço mínimo entre os ocupantes e a estrutura lateral do veículo, é particularmente difícil aos airbags laterais inflarem a tempo. No caso de impactos severos, todavia, o tempo para detecção e ativação do airbag lateral corresponde a aprox. 5...10 ms e o tempo necessário para inflar, aprox. 12 l do airbag torácico, não deve ultrapassar 10 ms.

A Bosch oferece a seguinte opção para satisfazer os requisitos citados: uma unidade de controle eletrônico, que processa os sinais de entrada dos sensores periféricos de aceleração lateral (montados em pontos adequados da carroceria) e pode disparar tanto os airbags laterais quanto os pré-tensores dos cintos e os airbags frontais.

Componentes

Sensor de aceleração
Sensores de aceleração para detecção de impactos são integrados diretamente nas próprias unidades controladas (cinto de segurança, airbag frontal) e montados em locais selecionados em ambos lados do veículo em suportes estruturais, como elemento transversal do assento, umbrais, colunas B e C (airbags laterais), ou na zona de deformação na frente do veículo (sensor frontal para "airbag inteligente"). A precisão destes sensores é crucial para salvar vidas. Hoje em dia, estes sensores de aceleração são sensores micromecânicos de superfície, constituídos de estruturas móveis e fixas e pinos elásticos. Um processo especial é empregado para incorporar o "sistema de massa elástica" na superfície de um biscoito de silicone. Como os sensores têm uma baixa capacitância operacional

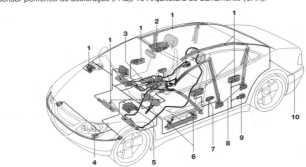

Sistema eletrônico de proteção contra impactos "Restraint System Electronics" (RSE)
1 Airbag com inflação a gás, 2 Câmara iVision^{TM} do compartimento de passageiros, 3 Ligação OC, 4 Sensor frontal, 5 Unidade de controle eletrônico com sensores de capotagem, 6 iBolt^{TM}, 7 Sensor periférico de pressão (PPS), 8 Pré-tensor do cinto de segurança com carga propelente, 9 Sensor periférico de aceleração (PAS), 10 Arquitetura do barramento (CAN).

Segurança e conforto

(= 1 pF), é necessário acomodar os elementos eletrônicos de avaliação na mesma carcaça, imediatamente próximos dos elementos de detecção para evitar dispersão de capacitâncias e outras interferências.

ECU para pré-tensor dos cintos, airbags frontais e laterais e sistema de proteção para capotagens

A unidade de controle eletrônico ECU, também designada por unidade de disparo, possui as seguintes funções integradas (configuração atual):
- Detecção de impacto através de sensores de aceleração e chaves de segurança ou, para dois sensores de aceleração,

Unidade de controle eletrônico combinada Airbag 9 (diagrama)

Terminal 30	Positivo direto da bateria, sem passar pela ignição,
Terminal 15R	Positivo da bateria ligado com a chave nas posições "rádio", "ignição" ou "motor de partida"
Terminal 31	Massa da carroceria (num dos pontos de montagem do aparelho)
CROD	Saída de colisão digital
OC/ACSD	Classificação do ocupante/Detecção automática do assento de criança
SOS/ACSD	Sensor de assento ocupado/Detecção automática do assento de criança
CAN Baixo	Rede local de controle nível baixo
CAN Alto	Rede local de controle nível alto
CAHRD	Apoio de cabeça do motorista ativo
CAHRP	Apoio de cabeça do passageiro ativo
UFSD	Sensor frontal motorista
PASFD	Sensor periférico de aceleração frontal motorista
PASFP	Sensor periférico de aceleração frontal passageiro
BLFD	Trava cinto (comutador) frontal motorista
BLFP	Trava cinto (comutador) frontal passageiro
BLRL	Trava cinto (comutador) traseiro esq.
BLRC	Trava cinto (comutador) traseiro central
BLRR	Trava cinto (comutador) traseiro direito
BL3SRL	Trava cinto (comutador) 3° fileira assento esquerdo
BL3SRR	Trava cinto (comutador) 3° fileira assento direito
PPSFD	Sensor periférico de pressão frontal motorista
PPSFP	Sensor periférico de pressão frontal passageiro
UFSP	Sensor frontal passageiro
PPSRD	Sensor periférico de pressão traseiro motorista
PPSRP	Sensor periférico de pressão traseiro passageiro
FP	Cápsulas de ignição 1...4 ou 21...24

Outras abreviações:
FL/C	Circuito integrado de ignição
PIC	Circuito integrado periférico
SCON	Controlador de segurança
µC	Microcontrolador

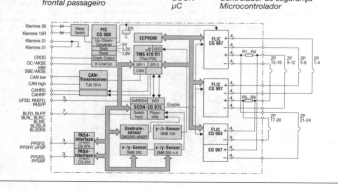

sem chave de segurança (sensor totalmente eletrônico, redundante).
- Reconhecimento de capotagens através da taxa de guinada e sensores baixos g-y e de aceleração z (veja parágrafo "Sensoriamento de capotagem").
- Ativação imediata dos airbags frontais e dos pré-tensores dos cintos em resposta a diferentes tipos de colisões na direção longitudinal do veículo (p.ex., frontal, oblíqua, deslocada, poste, traseira).
- Monitoramento do sistema de proteção de capotagem.
- Para os airbags laterais a unidade de controle eletrônico trabalha em conjunto com um sensor de aceleração lateral central e dois ou quatro sensores periféricos de aceleração. Sensores periféricos de aceleração lateral PAS (Peripheral Acceleration Sensors) transmitem o comando de disparo para a ECU via interface digital. A unidade de controle eletrônico dispara os airbags laterais, desde que um sensor transversal interno confirme a colisão lateral através de um teste de plausibilidade. Como a confirmação da plausibilidade pela central, no caso de uma colisão na porta ou acima do limiar, é muito defasada, no futuro sensores de pressão PPS (Peripheral Pressure Sensors) no espaço vazio das portas medirão a variação da pressão adiabática, causada pela deformação da porta. Isso resultará numa rápida detecção da colisão na porta. A confirmação da "plausibilidade" então ficará a cargo de um PAS periférico, montado nos elementos estruturais da carroceria. Isso é inquestionavelmente mais rápido que através do sensor de aceleração lateral central.
- Transformador de tensão e acumulador, caso se perca o abastecimento pela bateria do veículo.
- Disparo seletivo dos pré-tensores dos cintos de segurança, dependendo da situação do fecho: disparo apenas com a chave de ignição no contato. Atualmente, a maioria dos comutadores usados nos cintos de segurança são do tipo de aproximação, isto é, circuitos integrados de efeito Hall que reconhecem a variação do campo magnético provocada pela lingüeta do cinto dentro do fecho.
- Estabelecimento de múltiplos limiares para disparo de pré-tensores e airbags de duplo estágio, dependendo da ocupação do assento e do uso do cinto.
- Watchdog WD (cão de guarda): dispositivos pré-tensores do cinto de segurança precisam satisfazer severos requisitos de segurança para prevenir um acionamento falho e quanto ao correto acionamento quando necessário (colisão). Por este motivo a nona geração (AB 9) para acionamento do pré-tensor do cinto de segurança integra três hardware Watchdogs (WD's) independentes para monitoramento intensivo:
WD1 monitora o relógio eletrônico do sistema com um oscilador próprio de 2 MHz.
WD2 monitora os processos em tempo real (tempo base 500 µs) para seqüências corretas e completas. Por esta razão o controlador de segurança SCON (Safety Controller, veja diagramas de blocos AB 9) envia ao microprocessador 8 mensagens digitais que este deve responder ao SCON com 8 respostas corretas numa janela de tempo de $1 \pm 0{,}3$ ms.
WD3 monitora os processos de "fundo" do microprocessador, como, p.ex., as rotinas "built-in self-test" no centro ARM, quanto à correta operação. Neste caso, o microprocessador deve responder dentro de um período de 100 ms.
No AB 9 os sensores, os módulos de avaliação e os estágios de saída estão conectados através de duas interfaces SPI (Serial Peripheral Interface). Os sensores possuem saídas digitais, cujos sinais podem ser transmitidos diretamente pela Interface SPI. Alterações no sinal, devidas a derivações, podem ser reconhecidas na placa do circuito impresso, ou melhor, elas não fazem efeito, resultando num alto nível de segurança. Um disparo só é liberado se um canal de plausibilidade independente do hardware detectar uma colisão e liberar o disparo por um tempo limitado (ativo).
- Diagnóstico das funções internas e externas e dos componentes do sistema.
- Armazenamento de tipos e duração de erros com gravação da colisão; leitura através da interface de diagnóstico ou do barramento CAN.
- Ativação da lâmpada de alerta.

Geradores de gás

A carga pirotécnica do gerador do gás usado para inflar o airbag (principalmente nitrogênio) e acionamento do pré-tensor do cinto de segurança é ativada por um elemento de ignição elétrico.

O gerador de gás em questão infla o airbag com nitrogênio. O airbag do motorista, instalado no cubo do volante de direção (volume aproximado 60 *l*) e o airbag do passageiro, instalado no lugar do porta-luvas (volume aproximado 120 *l*), são inflados aprox. 30 ms após a detonação.

Ignição por corrente alternada

Para evitar disparos indesejáveis provocados por um contato do elemento de ignição com a tensão do sistema elétrico do veículo (p.ex., falha no isolamento do chicote) na ignição por corrente alternada ("AC-Firing"), a ignição é realizada através de pulsos de corrente alternada de aprox. 80 kHz. Um pequeno capacitor de 470 nF, incorporado ao circuito no conector do elemento de ignição, proporciona isolação galvânica entre o elemento de ignição e a corrente contínua. Este isolamento da tensão do sistema elétrico do veículo impede um disparo involuntário, mesmo quando após o acidente os ocupantes tenham que ser liberados da cabine deformada com o uso de tesouras mecânicas e havendo para isso a necessidade do corte do condutor de ignição (positivo permanente) existente no chicote da coluna de direção.

Sensoriamento da cabine de passageiros

Com a manta de classificação de ocupantes ("OC mats"), que mede o perfil da pressão sobre o assento, a ocupação do assento por uma pessoa é diferenciada da ocupação por um objeto. Além disso, a distribuição da pressão e a distância dos ossos ilíacos podem ser usadas para determinar o tamanho da pessoa e, indiretamente, seu peso. As mantas são constituídas por pontos de medição de força individualmente endereçáveis, cuja resistividade diminui com a elevação da pressão conforme o princípio FSR (Force Sensing Resistor, "resistor sensível à força").

Adicionalmente está em desenvolvimento um medidor de peso absoluto com quatro sensores piezo-resistivos ou células de carga no chassi do banco. Em vez do uso de elementos deformáveis a estratégia da Bosch para medição de peso emprega "i-Bolts" (parafusos "inteligentes") para a fixação do chassi do banco (berço do banco) nos trilhos. Estes i-Bolts sensíveis à força (veja detalhe e figura "Sistema eletrônico de proteção contra impactos RSE") substituem os quatro parafusos de fixação. Através de um circuito integrado de efeito de Hall, eles medem as variações da folga entre a bucha e o parafuso interno fixado nos trilhos provocadas pela carga.

Para detectar situações "fora de posição", quatro conceitos diferentes são considerados:
- Determinação da posição do centro de gravidade do ocupante através de distribuição de peso no assento, medida pelos quatro sensores de peso.
- Usando os seguintes métodos ópticos: Princípio "Time of Flight" (TOF). O sistema envia pulsos de luz infravermelho e mede o tempo transcorrido para recebimento do reflexo, que é proporcional à

Sensor de força "i-Bolt" (princípio de funcionamento)
a) Posição de repouso, b) Em funcionamento.
1 Trilho, 2 Bucha, 3 Suporte do ímã, 4 Espiga de dupla flexão (mola), 5 Circuito integrado de efeito de Hall, 6 Chassi do assento.

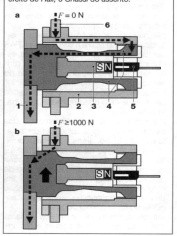

distância dos ocupantes. Os tempos medidos estão na casa dos picossegundos! Método "Photonic Mixer Device" (PMD). Um sensor de imagem PMD envia "luz ultra-som" e permite visão espacial e triangulação.

Câmara interna de vídeo estereográfico "i-Vision" com tecnologia CMOS (opção favorita da Bosch, veja figura "Sistema eletrônico de proteção contra impactos RSE"). Ela detecta a posição, o tamanho e a postura dos ocupantes e portanto pode ajustar as funções de conveniência (espelhos, assentos e ajuste do rádio) de acordo com os respectivos ocupantes.

Ainda não é possível estabelecer um padrão uniforme para o sensoriamento da cabine de passageiros. A Jaguar, por exemplo, usa mantas de classificação de ocupantes combinadas com sensores de ultra-som.

Sistema de proteção contra capotagem

Função

Num eventual acidente envolvendo capotagem, nos veículos abertos, como conversíveis, fora-de-estrada e similares, falta a estrutura de proteção e suporte do teto dos veículos fechados. Por isso, sensores de capotagem e sistemas de proteção foram criados inicialmente para conversíveis e veículos abertos sem santantônio fixo.

Recentemente, foram desenvolvidos sistemas de sensores de capotagem também para veículos fechados. Numa capotagem

Início de uma capotagem
1 Unidade de controle eletrônico com sensores de capotagem integrados para acionamento dos pré-tensores dos cintos e dos airbags de cabeça.

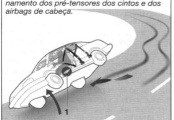

existe o risco de os ocupantes sem cintos de segurança serem atirados através das janelas laterais e serem atingidos pelo próprio veículo ou de a cabeça, braços e torso dos ocupantes com cinto de segurança saírem pela janela e sofrerem ferimentos graves.

Em todo caso, como proteção preventiva os sistemas de proteção já existentes, como pré-tensor do cinto e airbag de cabeça, são acionados. Nos conversíveis, o santantônio retrátil ou os encostos de cabeça retráteis também são disparados.

Funcionamento

Nos conceitos de sensores anteriores (meados de 1989) partiu-se do princípio da função onidirecional do sensor. Em outras palavras, a capotagem deve ser detectada na horizontal em todas as direções. Com este propósito foram utilizados sensores de aceleração com sensibilidade em todas as direções e sensores de inclinação (com circuito lógico 'E') ou mesmo sensores de nível (princípio de bolha) e sensores de gravitação (o sensor fecha um contato com ajuda de uma mola, se contato com o solo é perdido).

Os sensores atuais não disparam mais num limiar fixo, mas sim num limiar em conformidade com a situação e só no caso mais comum de capotagem, ou seja, em torno do eixo longitudinal do veículo. O conceito de sensor da Bosch envolve um sensor micromecânico de guinada (veja figura) e sensores de aceleração de alta resolução na direção transversal e vertical do veículo (eixos y e z).

O sensor de guinada é o sensor principal, os sensores de aceleração y e z servem tanto para checar a plausibilidade quanto para detectar o tipo de capotagem (em talude, na caixa de brita, impacto na guia). No sistema Bosch estes sensores são integrados na unidade de disparo do airbag.

Dependendo do tipo da capotagem, da taxa de guinada e da aceleração lateral, os sistemas de proteção dos ocupantes são adaptados à situação, ou seja, de acordo com algoritmos selecionados e processados automaticamente os sistemas são disparados entre 30...3000 ms.

Sensor da taxa de guinada (princípio de funcionamento)
1 Capacitância de detecção,
2 Capacitância de acionamento,
3 Capacitância de detecção,
4 Eixo de sensibilidade.
Fc Força de Coriolis
v Velocidade de acionamento,
Ω Taxa de guinada.

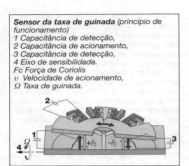

Panorama

Além da desativação do airbag frontal através de comutador, num futuro próximo haverá cadeiras para crianças com ancoragem padronizada ("cadeiras ISO-FIX"). Comutadores integrados em ambos pontos de fixação da cadeira desativarão automaticamente o airbag do passageiro e o status será indicado por uma lâmpada-piloto especial.

Para futuros aperfeiçoamentos da função de disparo e detecção antecipada do tipo da colisão (detecção pré-impacto), radares de microondas ou sensores LIDAR (sistemas ópticos com uso de laser) serão usados para registrar a velocidade relativa, a distância e o ângulo de uma colisão frontal.

Em conjunto com sensores de detecção antecipada da colisão serão desenvolvidos pré-tensores reutilizáveis para os de cintos de segurança. Eles têm acionamento eletromecânico, o que significa um tempo maior de retesamento e necessidade de ser disparados mais cedo, ou seja, 150 ms antes do início da colisão, apenas pela detecção antecipada da colisão.

Para melhorar ainda mais o efeito de retenção, airbags integrados na parte do cinto que entra em contato com o tórax ("Air Belts"), cintos torácicos tubulares infláveis ou sistemas "Bag in Belt") reduzirão o risco de contusões nas costelas para os ocupantes idosos.

Na mesma direção do aperfeiçoamentos das funções de proteção segue o desenvolvimento de "protetores infláveis para a cabeça" (prevenção de traumas por efeito do chicote e lesões nas vértebras cervicais através de encosto de cabeça adaptativo), de "carpetes infláveis" (prevenção de ferimentos nos pés e nas pernas), de pré-tensores de duplo estágio e "assentos ativos". Neste caso, um airbag constituído por um fina chapa de aço (!) será inflado para dificultar o deslizamento do ocupante por baixo do cinto subabdominal ("efeito submarino").

Para reduzir a espessura e a complexidade do chicote de cabos será desenvolvida a rede de ignição, neste contexto existe o barramento "safe by wire" (desenvolvido originalmente pela Philips). Mais recentemente, foi formado um consórcio de várias empresas visando a produção em série. Além disso, existe o barramento DSI (desenvolvido pela Motorola para a TRW) e o barramento BST (desenvolvido em conjunto pela Bosch, Siemens e Termic). Como ainda é totalmente incerto se um conceito de barramento de ignição se tornará padrão, o projeto BST foi suspenso.

Sinais de sensores "lentos" ou de comutadores (p.ex., o comutador da fivela do cinto ou da cadeira ISOFIX) também podem ser transmitidos via barramento de ignição.

Atualmente estão em curso nos EUA esforços no sentido de padronizar o conceito de barramento de ignição "safe by wire". Para penetração no mercado e devido à praticidade do uso de elementos de ignição uniformizados com eletrônicos uniformizados compartilhando o mesmo barramento, a padronização é imprescindível. Há um empenho para integrar o receptor eletrônico no elemento de ignição sem aumentar o diâmetro e alongando a cápsula no máximo em 5 mm. Isso permitiria ampliar o uso do gerador de gás padrão.

Além do "barramento de ignição" deverá haver também um "barramento de sensores" para conectar em rede os sinais dos sensores "rápidos", o que possibilitaria, por exemplo, combinar os sensores inerciais num "bloco de sensores". O quadro geral da dinâmica do veículo estaria disponível via CAN para os processadores de avaliação de diversos sistemas do veículo. Barramentos de sensores viáveis incluem TT-CAN (Time Triggered CAN), TTP (Time

Triggered Protocol) ou Flex Ray, a opção preferida pela Bosch. As exigências para um barramento de sensores em relação à segurança e velocidade de transmissão são extremamente altas.

A primeira fase dos requisitos legais para melhoria da proteção dos pedestres foi implementada em outrubro de 2005. Conseqüentemente, as montadoras deverão desenvolver soluções urgentes para seus novos modelos de modo a corresponder aos limites de traumas para os pedestres que entrarão em vigor e que na maioria dos casos podem ser atingidos inicialmente através de medidas passivas (formato da carroceria, uso de materiais amortecedores). A entrada em vigor da segunda fase (por volta de 2010), com limites ainda menores, exigirá então medidas ativas de proteção, isto é, a colisão com o pedestre precisa ser detectada e agentes de proteção devem ser acionados.

A detecção da colisão contra o pedestre deverá ser feita inicialmente por meio de sensores de deformação ou de força montados no pára-choque ou eventualmente na extremidade frontal do capô, por exemplo na forma de:
- cabo piezo com dupla proteção,
- mangueira de pressão,
- fibras ópticas que utilizam o efeito "microdobras",
- sensores de pressão em películas (como na manta de classificação de ocupantes),
- sensores de aceleração ou de choque no suporte do pára-choque.

Futuramente também poderão ser empregados sensores à distância para distinguir um pedestre de um objeto. Estes poderão ser, por exemplo:
- radar de curta distância,
- sensores de ultra-som, assim como
- câmara estereográfica externa.

Os <u>agentes de proteção</u> consistem de airbags na coluna A e tampas de capô que podem ser erguidas cerca de 10 cm e num impacto contra a cabeça do pedestre impedem, devido à maior distância, que estas atinjam as estruturas rígidas do motor e conseqüentemente sejam submetidas a grandes desacelerações.

Na Europa 7.000 pedestres são mortos todos os anos. Isso representa 20% de todos os mortos no trânsito. No Japão, por exemplo, são mortos anualmente 17.000 pedestres. Por este motivo, os legisladores japoneses pensam em tornar a proteção dos pedestres legalmente obrigatória, como ocorre na Europa.

As seguintes melhorias para uma interceptação mais suave dos ocupantes são sugeridas:
1. Airbags com sistema de ventilação ativa: Estes airbags possuem uma válvula de deflação controlada para manter a pressão do airbag constante, mesmo no caso de que ocupante caia sobre ele e assim minimizar os traumas do ocupante. Uma versão simples é o airbag com "escape inteligente". Esta válvula permanece fechada (de modo que o airbag não desinfla) até que a elevação da pressão causada pelo impacto do ocupante provoque sua abertura e deixe o gás escapar. Com isso a capacidade de absorção de energia do airbag é totalmente mantida até o início de seu efeito de amortecimento.
2. Liberação adaptativa da coluna de direção, com acionamento pirotécnico.
Isso permite a retração da coluna no caso de um impacto severo, oferecendo maior curso de desaceleração para que o ocupante seja interceptado com maior suavidade.
3. Interconexão entre a segurança passiva e ativa.

O primeiro exemplo do uso sinérgico dos sensores de diversos sistemas de segurança é dado pelo ROSE II (Sensoriamento de capotagem II). O ROSE II utiliza os sinais, disponíveis no barramento CAN, do sensor de ângulo de oscilação ("Sensor de velocidade vetorial"), para melhor detectar a capotagem tipo caixa de brita ("Soil Trip Rollover"). O sensor de velocidade vetorial faz parte do sistema ESP e é usado para medir o desvio do movimento do veículo em torno do seu eixo longitudinal. Em contrapartida, o sistema ESP pode utilizar os sinais dos sensores de aceleração baixos-g (eixos x e y) do ROSE II para melhorar a detecção de situações de instabilidade do veículo").

Servocomando dos vidros

Os vidros com servocomando são acionados por mecanismos com motores elétricos. Existem dois sistemas em uso. Além de outros critérios, a opção por um dos dois sistemas depende muito do espaço disponível para instalação.
- <u>Mecanismo pantográfico</u>: O pinhão do motor de acionamento move um segmento de engrenagem ligado ao mecanismo pantográfico. O uso deste sistema de levantamento de vidro está regredindo.
- <u>Mecanismo de cabo de tração</u>: Um cabrestante acionado pelo motor move o mecanismo de cabo de tração.

Motores do servocomando

As limitações de espaço no interior da porta impõem uma constrição estreita (motores planos). A engrenagem de redução é helicoidal, projetada para oferecer travamento automático. Isso impede que o vidro se abra inadvertidamente por si mesmo ou seja aberto através de força.

Amortecedores integrados ao mecanismo de engrenagens proporcionam uma boa característica de amortecimento nos finais de curso.

Controle do servocomando

A operação do vidro é controlada manualmente através de uma tecla basculante. Para maior comodidade o sevocomando dos vidros pode ser interligado a um sistema de travas, centralizado ou não, por meio do qual ao se travar o veículo os vidros são automaticamente fechados ou levantados até uma posição de ventilação.

Quando os vidros são fechados, entra em ação um limitador de força, impedindo que partes do corpo sejam esmagadas. Na Alemanha o parágrafo 30 da StVZO (legislação da licença de tráfego) estipula que durante o movimento ascendente o limitador de força deve atuar na distância entre 4...200 mm (medido a partir do canto superior da abertura da janela).

O servomecanismo do vidro possui um sensor de efeito de Hall que monitora a rotação do motor durante a operação. Caso

Servocomando dos vidros
a) Sistema com mecanismo pantográfico,
b) Sistema com cabo de tração.
1 Motor elétrico com redutor, 2 Trilho de guia, 3 Arrastador, 4 Mecanismo pantográfico, 5 Cabo de tração.

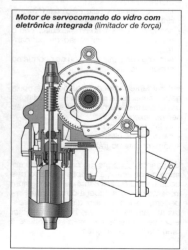

Motor de servocomando do vidro com eletrônica integrada (limitador de força)

seja detectada uma redução da rotação durante a operação, ocorre imediatamente uma reversão do sentido de rotação do motor. A força de fechamento do vidro não pode ultrapassar 100 N com uma constante de mola de 10 N/mm. Entretanto, imediatamente antes de o vidro entrar na vedação da janela o limitador de força é automaticamente desativado para permitir o completo fechamento do vidro. A posição do vidro é monitorada durante todo o curso.

O controle eletrônico pode ser reunido numa unidade central ou – para minimizar o gasto com cabeamento – os elementos de controle podem ser integrados aos motores do servocomando dos vidros. Futuramente os controles eletrônicos descentralizados serão conectados em rede via interfaces de barramento (LIN/CAN). As vantagens são o diagnóstico de falhas e uma redução ainda maior do cabeamento.

Unidade de controle do servocomando do vidro com limitador de força eletrônico
1 Microprocessador, 2 Estágio final do relé, 3 Comandos de controle, 4 Barramento multiplex, 5 Sensores de efeito de Hall.

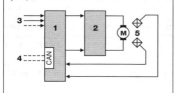

Servocomando do teto solar com controle eletromecânico das funções de abrir, fechar, levantar e abaixar

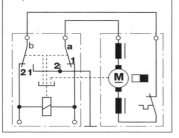

Servocomando do teto solar

Os servocomandos de teto solar combinam as funções de um teto solar deslizante e basculante. Isso exige controles especiais que podem ser eletrônicos ou eletromecânicos. No controle eletromecânico (veja figura), um bloqueio mecânico das chaves fim de curso a e b determina se o teto solar, partindo da posição fechada, pode ser aberto ou levantado, dependendo da polaridade dos terminais 1 e 2. Uma inversão da polaridade com o teto aberto ou levantado ativa o processo de fechamento ou de abaixamento. Se o teto solar basculante e deslizante for interligado a um sistema de trava central, um controle eletrônico com limitação de força oferece vantagens. O controle eletrônico é equipado com um microprocessador que avalia os sinais de entrada e monitora a posição do teto solar deslizante. A posição fechada e a posição final do teto solar deslizante são controladas com ajuda de microchaves ou sensores de efeito de Hall. Funções suplementares podem ser implementadas com gastos adicionais relativamente baixos, por exemplo:
- controle de posição pré-selecionada,
- fechamento através de sensor de chuva,
- controle de velocidade do motor,
- proteção eletrônica do motor.

O acionamento do teto solar é feito através de cabo de Bowden ou outro cabo com tensão e torção controlada. O motor de acionamento geralmente é alojado diretamente no teto ou na área traseira do veículo (p.ex., no porta-malas). Motores de ímã permanente com redutor helicoidal e potência de saída de aprox. 30 W são empregados para acionar o mecanismo. Eles são protegidos contra sobrecarga através de um relé térmico (em desuso) ou através de proteção térmica via software (principalmente).

No caso de pane no sistema elétrico deve ser assegurado que o teto pode ser fechado através de ferramentas simples de bordo (p.ex. manivela).

Regulagem do banco e da coluna de direção

A regulagem elétrica do banco ainda se restringe aos automóveis de passageiros médios e grandes. O principal aspecto considerado para seu uso é o aumento do conforto, reforçado no caso de múltiplos níveis de regulagem pela necessidade de espaço ou a dificuldade de acesso a um acionamento mecânico. Até sete motores controlam as seguintes regulagens:
- altura do assento frente/atrás,
- distância do assento,
- profundidade do assento,
- inclinação do encosto,
- apoio lombar altura/curvatura,
- inclinação do terço superior do encosto,
- altura do apoio para cabeça.

Um banco comum possui quatro motores que acionam as engrenagens de regulagem da altura e uma combinação de engrenagens para regulagem da altura e distância. Bancos mais simples não possuem regulagem de profundidade. Um outro sistema é composto por três motor-redutores idênticos com quatro grupos de engrenagens para regulagem da altura e dois para regulagem da distância. Os grupos de engrenagens são acionados pelos motor-redutores via eixos flexíveis. Este sistema é bem universal e não está associado a nenhum tipo especial de banco.

Nos bancos modernos (principalmente para carros esporte) não é apenas o cinto subabdominal que é fixado no chassi do banco, mas também o cinto torácico com a regulagem de altura, o carretel e o pré-tensor do cinto. Este tipo de banco oferece um ajuste ideal do cinto, tanto para ocupantes de tamanhos variados como também para todas as posições de regulagem do banco e traz uma importante contribuição para a segurança dos ocupantes. Este conceito exige maior rigidez do chassi do banco e um reforço dos componentes do conjunto de engrenagens, inclusive na sua conexão com o chassi do banco.

A regulagem elétrica do banco programável como opcional permite a repetição de posições previamente ajustadas. O registro das posições é feito através de potenciômetros ou de sensores de efeito de Hall. Para facilitar o acesso ao banco traseiro nos veículos de duas portas, o banco dianteiro pode ser deslocado totalmente para frente.

Para aumentar ainda mais a comodidade do banco, cresce o número de veículos equipados com coluna de direção regulável. O dispositivo de regulagem, composto por um conjunto de engrenagens com trava automática e motor elétrico para cada nível de regulagem, é integrado à coluna de direção. As engrenagens de regulagem linear precisam absorver todas as forças de impacto aplicadas na coluna de direção. A regulagem pode ser feita opcionalmente através da chave de posicionamento manual ou através da conexão com a regulagem programável do banco. Para auxiliar o embarque e desembarque com a ignição desligada a coluna de direção pode ser inclinada para cima.

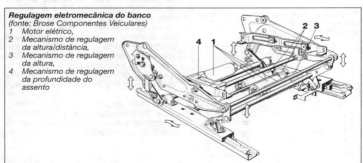

Regulagem eletromecânica do banco
(fonte: Brose Componentes Veiculares)
1. Motor elétrico,
2. Mecanismo de regulagem da altura/distância,
3. Mecanismo de regulagem da altura,
4. Mecanismo de regulagem da profundidade do assento

A ciência de engenharia automotiva
Série amarela da Bosch

coleção completa	ISBN
Elétrica e eletrônica para veículos automotivos	
Baterias e sistemas elétricos	3-7782-2003-9
Alternadores e motores de partida	3-7782-2028-4
Iluminação veicular e limpadores de pára-brisas	3-7782-2039-X
Sensores automotivos	3-7782-2031-4
Microeletrônica automotiva	3-7782-2022-5
Gerenciamento de motores Diesel	
Visão geral	3-7782-2058-6
Controle eletrônico do motor diesel EDC	3-7782-2035-7
Sistema de injeção Diesel com acumulador Common Rail	3-7782-2054-3
Sistemas de injeção Diesel Unit Injector System Unit Pump System UIS/UPS	3-934584-17-9
Bomba injetora distribuidora controlada p/ válvula solenóide	3-7782-2059-4
Bomba injetora distribuidora controlada por arestas	3-7782-2014-4
Bombas injetoras em linha	3-7782-2057-8
Gerenciamento de motores Otto	
Tecnologia de controle de emissões para motores Otto	3-7782-2020-9
Sistema de injeção de gasolina K-Jetronic	3-9804389-7-X
Sistema de injeção de gasolina KE-Jetronic	3-9804389-8-8
Sistema de injeção de gasolina L-Jetronic	3-9804389-9-6
Sistema de injeção de gasolina Mono-Jetronic	3-7782-2033-0
Ignição do motor Otto	3-7782-2030-6
Gerenciamento do motor Otto: Fundamentos e componentes	3-7782-2036-5
Gerenciamento do motor Otto: Sistema Motronic	3-7782-2029-2

Sistemas de segurança e conveniência	
Sistemas de freios convencionais e eletrônicos para automóveis de passageiros	3-7782-2023-3
Programa eletrônico de estabilidade ESP	3-934584-15-2
Controle adaptável da velocidade de cruzeiro ACC	3-7782-2034-9
Controle eletrônico da transmissão EGS	3-7782-2027-6
Sistemas pneumáticos para utilitários: Esquemas	3-934584-10-1
Sistemas pneumáticos para utilitários: Equipamentos	3-7782-2016-0
Sistemas de segurança e conveniência	3-7782-2037-3
Áudio, navegação e telemática para veículos automotivos	3-7782-2032-2

A coleção atualizada está disponível na Internet no endereço
www.Bosch.de/aa/de/fachliteratur/index.htm

Sistemas biométricos

Função

"Sistemas biométricos" têm a função de determinar e confirmar a identidade das pessoas com base nas características "biométricas".

Atualmente são conhecidos cerca de dez processos biométricos, entre eles:
- identificação da impressão digital,
- identificação dos traços faciais,
- identificação da íris e
- identificação da voz.

Sistemas biométricos no automóvel

Para os veículos automotivos se instituiu a identificação da impressão digital, pois a criminalística permitiu uma compreensão fundamental da técnica de diferenciação das impressões digitais.

Como a identificação das impressões digitais deverá substituir a senha nos computadores, no registro de horários e sistemas de controle de acesso, abem como nos telefones celulares, ocorreu um amplo desenvolvimento dos sensores e algoritmos. Devido às restrições de espaço no veículo, o espaço para instalação do sensor também é limitado.

Características biométricas

As características biométricas são intrínsecas da pessoa, isto é, inseparavelmente ligadas à pessoa. As características biométricas podem ser fisiológicas (como o padrão das linhas da impressão digital) ou comportamentais (como o modo de andar ou de assinar).

A vantagem dos sistemas biométricos é, por um lado, maior comodidade para o usuário. Como as características biométricas fazem parte do indivíduo, ele as carrega permanentemente consigo, isto é, ele não pode esquecê-las nem perdê-las. Portanto, ele não precisa carregar uma chave nem um cartão transponder.

Por outro lado, elas oferecem a vantagem do aumento real da segurança. Como as características biométricas são intrínsecas e individuais da pessoa, elas não podem ser voluntariamente entregues a terceiros ou, no sentido clássico, roubadas. Também é grande o nível de confiança de que a pessoa que está ao volante do carro é um motorista conhecido.

Registro

Para poder identificar o usuário o sistema biométrico precisa primeiro aprender o padrão de sua impressão digital. Esse processo chama-se "registro". Para isso o usuário coloca seu dedo sobre um sensor de impressão digital que gera uma imagem em escala de cinza (tamanho típico: 64.000 ...96.000 pixels com uma resolução de 8 bit/pixel).

Com auxílio de algoritmos de processamento de sinais, um processador calcula traços característicos nesta imagem, p.ex., ramificações ou pontos nodais no padrão das linhas. O sistema biométrico então armazena estas características – não o padrão da impressão digital em si – num banco de dados permanente, tipicamente numa memória EEPROM (espaço requerido: 250...600 bytes por impressão digital).

Quando mais tarde o sistema biométrico checa a impressão digital de uma pessoa, ele calcula novamente as características da impressão digital e procura no banco de dados um conjunto de características coincidente. Se ele encontra tal coincidência, a pessoa é reconhecida como usuário autorizado.

Exemplos de aplicação

Muitos veículos já dispõem de regulagem programável do banco. Para isso existe no painel de comando, por exemplo, três teclas numeradas para memorização da regulagem e que podem ser atribuídas a três motoristas diferentes. Os motoristas do veículo precisam combinar entre si qual tecla será designada a cada um e lembrar qual tecla corresponde à sua própria regulagem. O número de motoristas que podem utilizar o sistema é limitado pelo número de teclas de armazenagem.

O uso do sistema biométrico aumenta consideravelmente a comodidade da personalização. Nela as teclas de memória são substituídas por um sensor de impressão digital. Em vez de pressionar a tecla de memória para sua regulagem, o motorista coloca um dedo sobre o sensor.

Sistemas biométricos

Como as características biométricas são intrínsecas da pessoa, o sistema biométrico é capaz de identificar precisamente a pessoa do motorista e aplicar a regulagem correta.

Se um motorista apresenta pela primeira vez seu dedo para memorização da regulagem, o sistema biométrico executa automaticamente o procedimento de registro e então memoriza a regulagem atual. Se o motorista já é conhecido do sistema, então apenas a regulagem atual é memorizada.

A vantagem para o usuário está na simplicidade da interface homem-máquina, os usuários não precisam mais se entender sobre a utilização das teclas de memória nem se lembrar da tecla que lhe foi atribuída. A quantidade de teclas de memória disponíveis também deixa de ser uma limitação para o numero máximo de usuários. Finalmente, o número de usuários é limitado pela capacidade de armazenamento do sistema biométrico e pela capacidade de armazenamento de regulagens.

A personalização pode ser expandida para além das funções de regulagem do banco, regulagem dos espelhos e regulagem da coluna de direção. A princípio é possível conectar ao sistema biométrico todos os sistemas configuráveis do veículo. É possível imaginar a regulagem do sistema de climatização e o comportamento do câmbio automático (esportivo/econômico). Para o rádio poderão ser selecionadas tabelas de estações e características de tonalidade e para o sistema de navegação, listas de destinos personalizadas. Do mesmo modo, se o veículo tiver um display configurável, será possível apresentar os elementos dos mostradores configurados de acordo com a preferência individual.

Nos sistemas de assistência autodidatas, que se adaptam ao modo de condução do motorista, a última "situação conhecida" a respeito do comportamento do motorista poderá ser recuperada através do sistema de personalização imediatamente após a partida.

Sistemas biométricos também poderão ser usados antes mesmo da partida do motor, como meio de imobilização do veículo e para acesso ao veículo. Veículos equipados com esta tecnologia poderão ser operados totalmente sem o uso das chaves. Para a aplicação como imobilizador do veículo, ainda não foi definitivamente demonstrado que possa ser atingido o mesmo nível de segurança dos atuais imobilizadores baseados em Transponder.

Para acesso ao veículo os sensores para identificação da impressão digital precisarão ser integrados à lataria externa do veículo. O desafio tecnológico é projetar um sensor suficientemente robusto, que seja protegido adequadamente contra as intempéries e que garanta um uso confortável – mesmo durante o inverno.

Sensor de impressão digital baseado no processo Direct Optical Scanning (DiOS™) (exemplo)
a) Sensor de imagem CMOS com a ponta do dedo, b) Detalhe.
1 Luz ambiente, 2 Pele com padrão das linhas do dedo, 3 Iluminação adicional por LED, 4 Feixe de fibra óptica, 5 Sensor de imagem sensível à luz

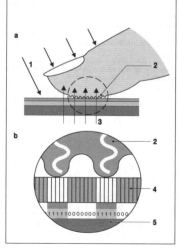

Sistema de assistência ao motorista

Situações críticas
Na média estatística uma pessoa morre a cada minuto no mundo em decorrência de um acidente de trânsito. A Bosch tem como meta reduzir a freqüência e a gravidade dos acidentes através do desenvolvimento de sistemas ativos e passivos de assistência ao motorista. Os sistemas de assistência ao motorista visam tornar o veículo capaz de perceber e interpretar o seu ambiente, reconhecer situações de perigo e auxiliar o motorista na execução das manobras. O objetivo na melhor das hipóteses é evitar totalmente os acidentes, senão pelo menos reduzir ao mínimo as conseqüências do acidente para os envolvidos.

Nas situações críticas, frações de segundo decidem com freqüência se um acidente irá ocorrer ou não. Segundo vários estudos, 60% das colisões traseiras e praticamente um terço dos impactos frontais seriam evitados se o motorista pudesse reagir apenas meio segundo mais cedo. Um em cada dois acidentes em cruzamentos pode ser evitado através de uma reação mais rápida.

No final dos anos 80, quando a visão de um tráfego viário altamente eficiente e parcialmente automatizado foi apresentada como parte do projeto "Prometheus", ainda não existia nenhum componente eletrônico adequado para esta tarefa. Os sensores de alta sensibilidade e os microprocessadores de extrema capacidade, agora disponíveis, trazem veículo "sensitivo" para mais perto da realidade. Sensores fazem uma varredura do ambiente do veículo e o sistema emite advertências ou realiza imediatamente as manobras necessárias. Isso tudo acontece naquela decisiva fração de segundo, mais rápido do que mesmo um motorista muito atento e bem treinado seria capaz.

Causas de acidentes e possíveis ações
No ano 2000 na Europa, EUA e Japão foram mortos no trânsito viário mais de 91.000 pessoas. Isso resulta num dano para a economia de mais de 600 bilhões de Euros (Figura).

Que muitos motoristas são sobrecarregados com a complexa situação do tráfego demonstram as recentes estatísticas: No ano 2001, por exemplo, ocorreram 2,37 milhões de acidentes de trânsito – 375.345 deles com lesões pessoais. Nove entre dez casos foram causados por falha humana.

Uma análise estatística das causas de acidentes fora da zona urbana na Alemanha (figura) mostra que mais de um terço de todos os acidentes é provocado na mudança da faixa e pelo abandono involuntário da faixa de rolamento. Sistemas que permitem a visão no ângulo morto e alarmes de mudança de faixa se dispõem a

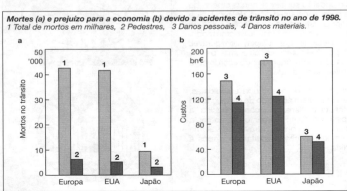

Mortes (a) e prejuízo para a economia (b) devido a acidentes de trânsito no ano de 1998.
1 Total de mortos em milhares, 2 Pedestres, 3 Danos pessoais, 4 Danos materiais.

Sistema de assistência ao motorista **1053**

reduzir estes acidentes. Aproximadamente outro terço dos acidentes é causado por colisões traseiras e frontais.

Sistemas de alarme de colisão eminente podem, num primeiro estágio, combater este tipo de acidente. Num estágio mais avançado os sistemas de prevenção de colisão evitarão o acidente através da intervenção ativa no veículo. O primeiro passo nessa direção foi dado pelo piloto automático adaptável ACC (Adaptive Cruise Control, veja 1.058, 1.060).

Acidentes envolvendo pedestres e colisões em cruzamentos apresentam alto nível de complexidade. Somente sistemas de redes de sensores com capacidade de interpretar o cenário seriam capazes de dominar estas complicadas situações de acidente. Este é um dos assuntos que ocupam os pesquisadores atualmente.

Campo de aplicação

Sistemas de assistência ao motorista com múltiplas aplicações (figura) se dividem em
- sistemas de segurança com o objetivo de evitar acidentes e
- sistemas de conveniência com o objetivo de tornar a longo prazo o "veículo semi-autônomo".

Também é feita uma distinção entre:
- sistemas ativos, que interferem na dinâmica do veículo e
- passivos, ou seja, sistemas informativos sem interferência no controle do veículo.

Funções de conveniência e segurança

A segurança passiva (quadrante inferior esquerdo do diagrama) abrange as medidas para amenizar as conseqüências do acidente, como procedimentos pré-colisão e medidas para proteção dos pedestres.

Sistemas de apoio ao motorista, sem intervenção no controle do veículo, (quadrante inferior direito) são considerados como estágio preliminar para o gerenciamento do veículo. Estes sistemas simplesmente alertam o motorista ou lhe dão recomendações sobre a manobra.

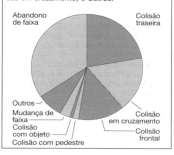

Causas de acidentes fora da zona urbana na Alemanha no ano 2001
1 Mudança de faixa, 2 Abandono da faixa, 3 Colisão traseira, 4 Colisão frontal, 5 Colisão com objeto, 6 Colisão com pedestre, 7 Colisão em cruzamento, 8 Outros.

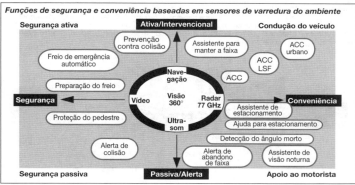

Funções de segurança e conveniência baseadas em sensores de varredura do ambiente

Exemplo: Num primeiro estágio o assistente de estacionamento mede o tamanho da vaga e informa ao motorista se ele pode estacionar com folga ou com dificuldade ou se o espaço é insuficiente. Num segundo estágio, durante o procedimento de estacionamento, o sistema fornece ao motorista recomendações sobre as manobras do volante de direção para um alinhamento ideal no espaço medido anteriormente. O objetivo a longo prazo da Bosch, no desenvolvimento de sistemas de estacionamento, é o assistente de estacionamento autônomo – portanto um sistema que intervenha ativamente no comando do veículo e o manobre automaticamente numa vaga de estacionamento.

A detecção de objetos potencialmente perigosos no ângulo morto é feita através de sensores de aproximação (sensores de ultra-som, radar ou sensores LIDAR), já o sensor de vídeo pode ser empregado para melhorar efetivamente a visão do motorista em viagens noturnas. O alarme de mudança de faixa usa uma câmara de vídeo para extrapolar o curso da pista à frente do veículo e alerta o motorista numa mudança de pista, sem que o indicador de direção tenha sido acionado. O alerta pode ser acústico, através dos alto-falantes do rádio, ou mecânico, na forma de um leve torque no volante.

O ACC "piloto automático adaptável" (quadrante superior direito), que já equipa o veículo, pertence ao sistema de comando do veículo. Um avanço no desenvolvimento deste sistema deverá aliviar o motorista nos lentos congestionamentos – num primeiro estágio freando totalmente o veículo e movimentando-o novamente em velocidade baixa (ACC LSF: ACC Low Speed Following).

Um passo na evolução do desenvolvimento deverá utilizar a interação entre vários sensores diferentes para permitir um total controle linear, mesmo na zona urbana (ACC Stop&Go) e em altas velocidades do veículo. A base para isso é uma complexa fusão de dados de radar e câmaras de vídeo. Combinando um sistema de controle transversal (igualmente baseado em câmara de vídeo) com um sistema de controle linear (assistente para manutenção da faixa), um veículo autônomo é teoricamente viável. O assistente para manutenção da faixa é uma evolução do desenvolvimento do alarme de mudança de faixa.

As funções de segurança ativa (quadrante superior esquerdo) abrange todas as medidas de prevenção de acidentes. As altas exigências colocadas sobre elas com relação à funcionalidade e confiabilidade vão desde o simples freio de assistência de estacionamento, que freia automaticamente o veículo ante um obstáculo, até a execução de manobras auxiliadas por com-

Visibilidade 360° em torno do veículo, alcance dos sensores
1 Radar de longo alcance, 77 GHz (alcance padrão 1...120 m), 2 Sistema de visão infravermelho de longo e curto alcance (alcance de visão noturna 0...100 m), 3 Alcance do vídeo externo (visão noturna, médio alcance 0...80 m), 4 Sensor de proximidade (alcance 0,2...20 m), 5 Vídeo interno, 6 Ultra-som padrão (alcance ultracurto 0,2...1,5 m).

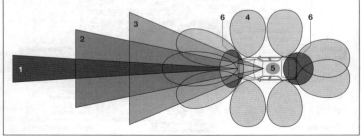

putador com objetivo de evitar colisões. Estágios intermediários são representados pelos "Sistemas de Segurança Premonitórios" (PSS). Eles vão desde a pressurização antecipada dos freios na detecção de um perigo, passam por um breve e intenso acionamento do freio e atingem até a frenagem automática de emergência, que dispara a força total dos freios quando o computador do veículo reconhece que a colisão é inevitável.

Sistemas de conveniência e sistema de auxílio (como piloto de estacionamento e piloto automático adaptável ACC) são as fundações sobre as quais a Bosch desenvolverá nos próximos anos um sistema de segurança para a produção em série. A médio prazo, este sistema deverá reduzir a gravidade dos acidentes e, a longo prazo, evitá-los completamente.

Sensores para visibilidade eletrônica de 360°

Com uma "visibilidade eletrônica de 360°", numerosos sistemas de auxílio ao motorista tornam-se viáveis – tanto para sistemas de alerta como para sistemas de intervenção ativa. O diagrama mostra as áreas de cobertura dos atuais e futuros sensores de visão 360°.

Curto alcance
Devido à disponibilidade limitada de sensores, até agora poucos sistemas de assistência ao motorista puderam se estabelecer no mercado. Um deles é o "piloto de estacionamento" (página 1.086) que monitora as áreas próximas com ajuda da tecnologia do ultra-som. Sensores de ultra-som integrados aos pára-choques do veículo asseguram que o motorista receba um alerta acústico ou óptico quando o veículo se aproxima de um obstáculo. Os sensores possuem um alcance de ≤ 1,5 m. A próxima (quarta) geração de sensores de ultra-som deverá ter um alcance de ≈ 2,5 m. Esses sensores serão então apropriados para as futuras funções mais sofisticadas de "medição da vaga de estacionamento" e "assistência para estacionamento".

O sistema de curto alcance já está bastante difundido, tem boa aceitação por parte dos usuários e hoje já faz parte dos equipamentos de série de alguns modelos de veículos.

Longo alcance
Para as aplicações de longo alcance já estão em uso sistemas ACC com sensores de radar de longo alcance (LRR). Eles empregam a freqüência operacional de 76,5 GHz com um alcance de ≈ 120 m. Um feixe de radar muito estreito varre o espaço na frente do veículo para medir as distâncias dos veículos da frente. O motorista fornece a velocidade e a distância de segurança desejadas. Se os sensores de varredura espacial detectarem um veículo mais lento andando na frente, o ACC aplica automaticamente os freios e mantém a distância previamente ajustada pelo motorista. Assim que a área de varredura estiver livre de veículos, o ACC acelera novamente o veículo até atingir a velocidade de cruzeiro ajustada pelo motorista. Deste modo, o veículo se integra harmoniosamente ao fluxo do tráfego. Ele não só permite ao motorista chegar menos tenso ao seu destino como também aumenta sua atenção sobre as ocorrências do tráfego atual. As informações do ACC também podem ser usadas para alertar o motorista quando este se aproximar demais do veículo da frente.

A versão atual do ACC da Bosch (página 1.058) satisfaz estes requisitos intervindo automaticamente nos sistemas de freios e de gerenciamento do motor à velocidades > 30 km/h. A velocidades mais baixas o sistema é desativado.

A segunda geração (ACC2) foi implementada em outubro de 2004 e, além da duplicação do alcance horizontal para ± 8°, tem o tamanho substancialmente reduzido. O equipamento será assim o menor sistema de radar para controle de distância com unidade de comando eletrônico integrada.

O ACC é o primeiro sistema de assistência ao motorista que não apenas adverte o motorista, como também intervém ativamente na condução dinâmica do veículo. A atual versão do ACC é especialmente indicada para o uso em vias expressas e estradas de alta velocidade. Com o maior ângulo de varredura o ACC2 poderá futuramente captar melhor as condições de tráfego, principalmente em curvas e passagens estreitas, podendo então ser usado também em estradas com curvas estreitas.

Escudo de segurança virtual

Sensores de curto alcance poderão formar um "escudo de segurança" em torno do veículo, que pode ser usado para implementar diversas funções. Os sinais deste escudo de segurança podem, por um lado, alertar o motorista sobre situações de perigo e, por outro, servir como banco de dados para os sistemas de segurança e conveniência. Os "ângulos mortos" para o motorista também podem ser monitorados por esses sensores.

Sensores de vídeo

Os sensores de vídeo representam um papel crucial para os sistemas de assistência ao motorista, pois eles auxiliam especificamente a interpretação das informações visuais (classificação dos objetos). Num futuro próximo a Bosch estará apta a oferecer estes sensores para o uso veicular, abrindo um vasto campo para novas funções.

Na área traseira, os sensores de vídeo (na versão mais simples) poderão auxiliar o piloto de estacionamento baseado em ultra-som durante as manobras de estacionamento.

Uma câmara traseira é de grande utilidade se os objetos observados puderem ser interpretados através de processamento de imagem e o motorista alertado em situações críticas. Um caso, por exemplo, é quando uma mudança intencional de pista pode se tornar perigosa devido a um veículo se aproximando velozmente na pista de ultrapassagem.

O uso de uma câmara frontal é necessário para, por exemplo, implementar as funções de aperfeiçoamento de visão noturna. Para isso o sistema ilumina a pista à frente com raios infravermelhos. Um visor mostra as imagens captadas por uma câmara sensível aos raios infravermelhos. Assim o campo visual do motorista é ampliado sem provocar ofuscamento no trânsito em sentido contrário e os obstáculos e perigos podem ser percebidos com maior antecedência do que na escuridão.

Uma câmara frontal para visão noturna e diurna pode ser usada para diversas funções de assistência. A Bosch, por exemplo, desenvolve atualmente um sistema para reconhecimento de faixas e sinalização de trânsito baseados nesta tecnologia.

O "reconhecimento da faixa" detecta os limites e a direção da faixa. Se o veículo ameaça abandonar a faixa involuntariamente, o sistema alerta o motorista. Num futuro estágio evolutivo a Bosch planeja expandir o reconhecimento de faixa para um sistema de assistente de manutenção da faixa que poderá mover o veículo de volta para a faixa através da intervenção ativa no volante de direção. Em conjunto com o ACC, este é o sistema ideal para aliviar o motorista no anda-e-pára do tráfego.

Uma outra função que usa os dados do sensor de vídeo é o "reconhecimento da sinalização viária". Ele registra os sinais de trânsito (p.ex., limite de velocidade ou proibição de ultrapassagem). A combinação de instrumentos mostra no visor o último sinal de trânsito registrado.

A câmara frontal também serve de auxílio para os sensores do ACC para que estes não apenas meçam a distância do objeto mas que também sejam capazes de classificá-los. A interconexão do sistema de vídeo com o radar de longo alcance provoca o efeito cinegético: o alcance visual do sistema ACC é substancialmente ampliado e o reconhecimento de objetos torna-se ainda mais seguro.

A tecnologia do vídeo será empregada inicialmente em sistemas informativos. Os sensores de vídeo atuais, em termos de resolução, sensibilidade e resposta às alterações de luminosidade, ainda estão muito longe de imitar a capacidade do aparelho visual humano. Porém, métodos avançados de processamento de imagem em conjunto com os sensores de imagem, altamente dinâmicos, desenvolvidos recentemente demonstram o enorme potencial desta técnica de sensoriamento.

A tecnologia CMOS, com conversão de luminosidade não linear, cobrirá uma ampla faixa de luminosidade dinâmica, viabilizando os sensores CCD convencionais. Como a luminosidade das imagens no ambiente automotivo é incontrolável, a faixa de luminosidade dinâmica dos sensores convencionais não é suficiente, conseqüentemente são necessários conversores de imagem altamente dinâmicos.

Os sinais da câmara de um sistema de vídeo são transmitidos para um processador de imagens que extrai as características individuais da imagem (veja figura com a estrutura primordial). Estas informações podem ser enviadas, p.ex., via barramento, para outras unidades de controle eletrônico ou unidades de informação (Interface Homem Máquina HMI), onde podem ser usadas para gerar intervenções no veículo ou informações para o motorista.

Fusão dos dados dos sensores

Para assegurar que as funções de assistências sejam tão resistentes a falhas quanto possível e ao mesmo tempo possam detectar e classificar diversos objetos, é necessário combinar e avaliar os sinais de vários sensores. A fusão dos dados dos sensores permite ao sistema criar uma imagem geral e realista do ambiente do veículo. Deste modo, as informações sobre o ambiente do veículo são substancialmente mais confiáveis do que as que seria possível obter com um único sensor.

Futuramente os sistemas de assistência ao motorista incorporarão às suas funções um número cada vez maior de sensores e atuadores e terão conexões muito mais extensas com os demais sistemas do veículo. A Bosch desenvolve todos os componentes e funções com base na arquitetura de sistema "Cartronic" (página 1.066) que é utilizada para conectar em rede todas as funções de controle e regulagem do veículo. Ela é composta por uma arquitetura funcional estruturada de forma lógica e por software com interfaces abertas e padronizadas.

Resumo e panorama

O desenvolvimento de sensores para a detecção do ambiente do veículo caminha a passos largos. Novas funções, devido sua relevância para a segurança e conveniência, são imediatamente incorporadas.

Sensores de curto alcance representam o novo marco deste desenvolvimento. Eles formarão o "escudo de segurança" em torno do veículo, cujos sinais serão utilizados primeiro para alertar o motorista sobre situações de risco e segundo como banco de dados para os sistemas de segurança ativa e de conveniência.

Paralelamente, (quando chip de sensores de alta performance estiverem disponíveis em grandes volumes) o sensoriamento de vídeo, com suas múltiplas possibilidades de aplicação, farão parte do mundo automobilístico. Com base na avaliação da imagem de alta complexidade através de processadores de altíssima capacidade é possível fechar um pacote de informações que podem ser utilizadas como fonte de dados por diversos sistemas de auxílio ao motorista.

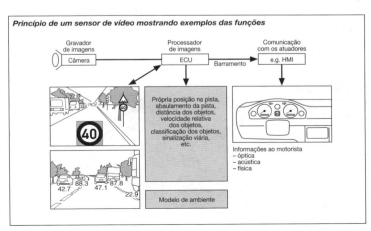

Princípio de um sensor de vídeo mostrando exemplos das funções

Piloto automático adaptável (ACC) para automóveis de passageiros

Função

O princípio de funcionamento do piloto automático adaptável ACC (Adaptive Cruise Control) é baseado no piloto automático convencional (Tempomat) que mantém a velocidade predefinida pelo motorista. O ACC pode, complementarmente, adaptar automaticamente a velocidade do veículo à variação das condições do tráfego acelerando, fechando o venturi ou freando. Com isso este sistema permite manter uma distância do veículo da frente em função da velocidade.

Sensor de distância

O principal componente de um sistema ACC é o sensor que mede a distância, a velocidade relativa e a posição angular do veículo da frente. A melhor performance é obtida – mesmo sob condições climáticas adversas – com sensores de radar.

O sensor de radar (página 117) trabalha com uma freqüência liberada para o ACC de 77 GHz. Para a medição são emitidos três feixes simultaneamente. Os feixes refletidos pelo veículo da frente são analisados em relação ao tempo de propagação, ao efeito Doppler e à relação de amplitude. Destes três fatores é calculada a distância, a velocidade relativa e a posição angular do veículo da frente (veja detalhes nas páginas 117...119).

Determinação do curso

Para o funcionamento seguro do ACC em qualquer situação de tráfego – p.ex. também nas curvas – os veículos à frente devem ser alocados corretamente em suas respectivas faixas de rolamento. Com esta finalidade são analisadas primeiramente as informações dos sensores do ESP (taxa de guinada, ângulo do volante de direção, rotação das rodas e aceleração lateral) em relação à situação do próprio veículo na curva. As demais informações sobre o desenvolvimento do tráfego são obtidas através dos sinais de radar. Para auxiliar na determinação do curso são usados os dados do sistema de navegação, futuramente também os do processamento de imagens de vídeo.

Intervenção no motor

Para controle da velocidade é necessário um sistema eletrônico de comando do motor (EGAS ou EDC). Com isso, o veículo pode ser automaticamente acelerado à velocidade preestabelecida ou, se aparecer um obstáculo, desacelerado através do fechamento do venturi.

Intervenção ativa do freio

A experiência demonstrou que a desaceleração através do fechamento do venturi é insuficiente para a função do ACC. Só

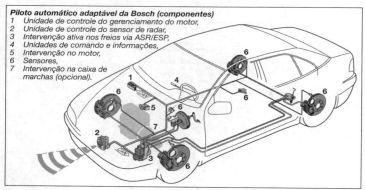

Piloto automático adaptável da Bosch (componentes)
1. Unidade de controle do gerenciamento do motor,
2. Unidade de controle do sensor de radar,
3. Intervenção ativa nos freios via ASR/ESP,
4. Unidades de comando e informações,
5. Intervenção no motor,
6. Sensores,
7. Intervenção na caixa de marchas (opcional).

mesmo com a intervenção nos freios é possível controlar longos procedimentos de acompanhamento sem a necessidade de intervenções freqüentes do motorista. A possibilidade de se frear sem atuação do motorista é proporcionada pelo ESP.

O ACC só permite intervenções "suaves" no freio. Frenagem de emergência devido ao aparecimento repentino de um obstáculo (p.ex., mudança de faixa do veículo da frente em velocidade lenta) não é, portanto, possível.

Possibilidades de ajuste
O motorista informa a velocidade e o lapso de tempo desejados; a opção disponível para o lapso de tempo é de 1...2 s.

Elementos informativos
O motorista deve receber pelo menos as seguintes informações:
- Indicação da velocidade desejada.
- Indicação do status do comutador.
- Indicação do lapso de tempo ajustado pelo motorista.
- Indicação do modo de acompanhamento que informa ao motorista se o sistema controla ou não a distância de um objeto detectado.

Objetivo do ACC
O objetivo do ACC é liberar o motorista das tarefas "irracionais" estressantes, como manter velocidades constantes e acompanhar o veículo da frente no tráfego congestionado. Além de aumentar o conforto, este sistema também contribui para a segurança do trânsito.

Limitações do sistema
Mesmo com esta forma de auxílio, a responsabilidade pela condução do veículo recai totalmente sobre o motorista. A competência sobre decisões complexas relacionadas à condução linear do veículo – e obviamente pela direção – continua a cargo do motorista. A orientação das funções na direção da comodidade do motorista estabelece uma fronteira evidente entre o motorista e o ACC. Assim sendo, as funções de segurança como a "frenagem de emergência" não foram incluídas neste sistema, permanecendo reservadas para as futuras gerações. Estas funções estão total e completamente no âmbito de responsabilidade do motorista, do mesmo modo que a seleção da velocidade e do lapso de tempo desejados.

O ACC ainda não permite nenhum controle no trânsito urbano. Este sistema só pode ser ativado a partir de velocidades acima de 30 km/h.

A expansão das funções para a operação na cidade requer uma capacidade dos sensores de ambiente substancialmente mais alta e que não pode ser obtida apenas e tão-somente pelo radar de 76,5 GHz.

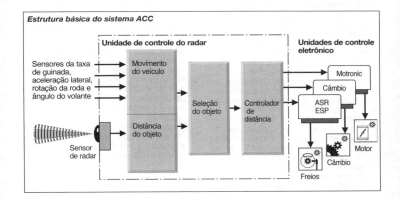

Estrutura básica do sistema ACC

Piloto automático adaptável (ACC) para veículos utilitários

Estrutura e função

Tal como os controladores da velocidade (FGR) disponíveis em série há anos, o ACC pode ser classificado na categoria dos sistemas de assistência ao motorista. Adicionalmente às funções do FRG o ACC, além de outros dados, registra a distância e a velocidade relativa do veículo à frente e os utiliza para regular o lapso de tempo entre os veículos.

O ACC é um sistema de conveniência que alivia o motorista das atividades rotineiras, sem contudo liberá-lo da sua responsabilidade sobre a condução do veículo. Portanto, o motorista pode desativar ou assumir as funções do ACC a qualquer momento.

Atualmente os sistemas ACC disponíveis consistem de um radar de 77 GHz (página 117), utilizado também no ACC para automóveis de passageiros (página 1.058). A eletrônica para avaliação e controle é integrada na carcaça do sensor. O módulo de radar recebe e envia dados via barramento CAN (veja página 1.072) de e para outras unidades de controle eletrônico que regulam o torque do motor e os freios (desacelerador, freio motor e freio de serviço).

O lapso de tempo para o veículo da frente é calculado pelos sinais de radar e comparado com o lapso de tempo ajustado pelo motorista. Se o lapso de tempo for menor do que o lapso desejado, o sistema ACC reage de forma adequada à situação do tráfego reduzindo o torque do motor e, somente se necessário, freando automaticamente o veículo por meio do desacelerador ou o freio motor.

O sistema de freio de serviço só é ativado se, por exemplo, o desacelerador não for capaz de gerar a desaceleração requerida pelo controle do ACC devido à sua capacidade de frenagem limitada e dependente da velocidade. Isso pode ocorrer em velocidades baixas ou com o veículo totalmente carregado. Na média o sistema de freio não é acionado com mais freqüência pelo ACC do que por motorista previdente.

Se o lapso de tempo é ultrapassado, o veículo é acelerado. Se em virtude da mudança das condições de tráfego nenhum veículo à frente for detectado, o veículo é acelerado no máximo até a velocidade ajustada pelo motorista no FRG.

A desaceleração calculada pelo processador é limitada a 2 m/s_ de modo que a frenagem total automática não pode ser iniciada automaticamente em pista seca. A aceleração é calculada com base na eficiência energética.

Em pistas escorregadias durante uma manobra de desaceleração ou aceleração, o ABS (página 858) ou o ASR (página 862) podem ser respectivamente ativados.

Aplicações

Basicamente o mesmo tipo de ACC pode ser usado em ônibus, caminhões e em veículos tratores. Ele cobre os variados requisitos relativos aos sistemas de propulsão e frenagem, caixas de marchas manuais, automatizadas ou automáticas. Os requisitos de conforto exigidos pelos ônibus também são plenamente satisfeitos.

ACC para veículos utilitários devem satisfazer requisitos diferentes dos para automóveis de passageiros (página 117):
- A regulagem da desaceleração e da aceleração deve levar em conta a enorme variação da relação "carga/motorização".
- Os procedimentos de ultrapassagem e infiltração ocorrem de forma dinamicamente diferente do que com os automóveis de passageiros e portanto exigem outras regulagens e ajustamentos.
- A dinâmica do controle deve ser capaz de manejar situações nas quais vários veículos equipados com ACC viajam enfileirados.
- O que simplifica o controle do ACC em comparação com os automóveis de passageiros é o âmbito limitado da velocidade dos utilitários.

Piloto automático adaptável para veículos utilitários **1061**

ACC para veículos utilitários *(módulos funcionais)*
1 Possíveis funções dos sensores de radar com eletrônica integrada. O bloco 4 pode ser implementado através de unidades de controle eletrônico externas.

1...3 Funções idênticas para aplicação em automóveis de passageiros e veículos utilitários.
4 Funções específicas para veículos utilitários e tipos de veículos.
5 Unidade de controle eletrônico externa para controle dos sistemas de propulsão e freios.

1 | RADAR dados | Sensor de rotação das rodas | Sensor da taxa de guinada | Outros sensores

2 | RADAR detecção de objetos | Cálculo da pista e da curva através dos sinais dos sensores

3 Previsão do curso com base nos dados do objeto e nos dados do movimento do veículo. Seleção do objeto para controle do acompanhamento da fila.

4 Controle da velocidade de cruzeiro (FGR)
Controle de acompanhamento da fila.
Controle direcional na curva.

5 | Gerenciamento do motor | Sistema de controle do freio (freio motor, desacelerador, freio de serviço)

Algoritmos de controle

O sistema de controle para veículos utilitários (como para automóveis de passageiros) é composto de três módulos:

Módulo de controle 1: Controle da velocidade de cruzeiro (FGR)
Se o sensor de radar não detectar nenhum veículo à frente, o sistema controla a velocidade ajustada pelo motorista.

Módulo de controle 2: Controle de acompanhamento da fila
O sensor de radar detectou um veículo à frente. O controle mantém constante o lapso de tempo para o veículo à frente.

Módulo de controle 2: Controle direcional na curva
Ao contornar curvas fechadas o sensor, devido ao seu pequeno ângulo de varredura, pode "perder de vista" o veículo da frente. Até reconhecer novamente este veículo, ou seja, até o restabelecimento do controle normal de velocidade, são ativadas medidas especiais:

Detecção de objetos e alocação das faixas de rolamento
A principal função do sensor de radar com eletrônica integrada é o reconhecimento de objetos e sua alocação na própria faixa de rolamento ou em faixa(s) diferente(s).

A alocação de faixas de rolamento exige, por um lado, a detecção precisa do veículo da frente e, por outro, o conhecimento exato dos movimentos do próprio veículo. O movimento do veículo é calculado através dos sinais enviados pelos sensores que também são usados pelo programa eletrônico de estabilidade ESP (página 864). São eles: sensores de rotação de todas as rodas, sensor da taxa de guinada e de aceleração lateral, assim como sensor do ângulo do volante de direção.

A decisão sobre qual objeto detectado será usado como referência para o controle de distância é baseado essencialmente na comparação da posição e do movimento do objeto detectado com os dados de movimento do próprio veículo.

Estrutura eletrônica
Além dos sensores descritos o ACC requer outros dados adicionais das unidades de controle do motor, do desacelerador, da transmissão e dos freios, transmitidos via barramento de dados CAN. Estas unidades de controle assumem diversas tarefas, de acordo com suas funções específicas. Desaceleração e aceleração podem, por exemplo, ser controladas pela unidade central de controle do veículo. As unidades de controle do motor e dos freios induzem os torques de propulsão e frenagem requeridos pelo sistema ACC.

Alinhamento
O sensor de radar é montado na frente do veículo e a direção do seu feixe deve estar corretamente alinhada. Um desvio no alinhamento provocado por interferência mecânica, deformação do suporte num acidente ou outros impactos precisa ser corrigido. Desvios de pequenas proporções são compensados automaticamente pela rotina de correção, permanentemente ativa, implementada no software. O motorista será avisado quando houver necessidade de um realinhamento.

Panorama

O ACC é um sistema de medição e controle que pela primeira vez utiliza um sensor "visual". Uma característica dos sensores atualmente disponíveis é sua limitada área de detecção de objetos, principalmente nas proximidades do próprio veículo.

Para melhorar o desempenho nas áreas próximas estão sendo desenvolvidos sensores que possibilitarão a implementação de funções adicionais, tais como parar e continuar.

Se a área de detecção de objetos através de sensores "visuais" (isto é, sensores de radar, de laser, de ultra-som, câmaras de vídeo etc.) for ampliada para o ambiente em torno do veículo, além do ACC outras funções de assistência ao motorista poderão ser implementadas.

Futuros aperfeiçoamento podem ser:
- Sistemas de assistência para fornecer informações e alertas de perigo ao motorista. Exemplo: enquanto o ACC controla o movimento do veículo na direção da pista, um detector da faixa de rolamento pode alertar o motorista quando o veículo ameaçar abandoná-la.
- Sistemas de assistência que apóiem ativamente o motorista. Exemplo: se um sensor de radar ou outros sensores detectarem que um acidente é inevitável, pode ser disparada automaticamente uma frenagem de emergência para minimizar os danos. O ACC pertence a esta classe de sistemas de assistência.
- Sistemas de assistência que intervenham automaticamente para evitar acidentes quando uma situação de tráfego for reconhecida como crítica. Exemplo: Iniciar automaticamente correções na direção e/ou operação dos freios, se numa manobra de curva surgir um obstáculo no "ângulo morto" e não puder ser detectado diretamente pelo motorista.

O desenvolvimento do sistema ACC foi iniciado como parte integrante do projeto de pesquisa alemão PROMETHEUS. Participando do projeto de pesquisa europeu CHAUFFEUR foi realizado um estudo sobre comboio automático de caminhões (com motorista apenas no caminhão líder). Para o uso comercial deste tipo de função são necessárias no mínimo conexões adicionais via rádio entre os veículos, assim como investimentos adicionais em sistemas de gerenciamento de tráfego.

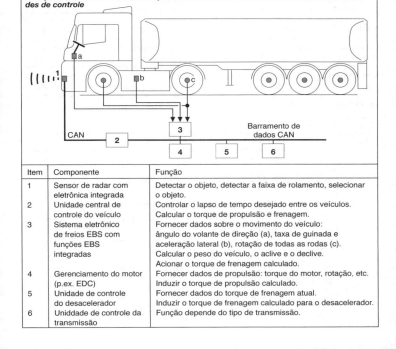

ACC para veículos utilitários: exemplo de uma estrutura eletrônica com sensores e unidades de controle

Item	Componente	Função
1	Sensor de radar com eletrônica integrada	Detectar o objeto, detectar a faixa de rolamento, selecionar o objeto.
2	Unidade central de controle do veículo	Controlar o lapso de tempo desejado entre os veículos. Calcular o torque de propulsão e frenagem.
3	Sistema eletrônico de freios EBS com funções EBS integradas	Fornecer dados sobre o movimento do veículo: ângulo do volante de direção (a), taxa de guinada e aceleração lateral (b), rotação de todas as rodas (c). Calcular o peso do veículo, o aclive e o declive. Acionar o torque de frenagem calculado.
4	Gerenciamento do motor (p.ex. EDC)	Fornecer dados de propulsão: torque do motor, rotação, etc. Induzir o torque de propulsão calculado.
5	Unidade de controle do desacelerador	Fornecer dados do torque de frenagem atual. Induzir o torque de frenagem calculado para o desacelerador.
6	Unidade de controle da transmissão	Função depende do tipo de transmissão.

Processamento de dados e redes de comunicações nos veículos automotivos

Requisitos

Os requisitos dos inúmeros subsistemas específicos do veículo automotivo, em termos de funcionamento, segurança, compatibilidade ambiental e comodidade, só podem ser satisfeitos através de conceitos de comando e regulação altamente desenvolvidos. As variáveis de gerenciamento e regulação registradas pelos sensores são convertidas numa unidade de controle eletrônico em sinais para os atuadores. Os sinais de entrada podem ser analógicos (p.ex. variação da tensão no sensor de pressão), digitais (p.ex. posição do comutador) ou em forma de pulsos (isto é, conteúdo de informação em função do tempo, p.ex., sinal de rotação). Estes sinais de entrada são processados após o condicionamento (filtragem, amplificação, formação de pulso) adequado e da conversão (analógico/digital), de preferência por métodos digitais de processamento de sinal.

Com a moderna tecnologia de semicondutores, processadores de alta capacidade podem ser integrados em poucos componentes juntamente com seus respectivos programas e memórias de dados, assim como circuitos periféricos concebidos para aplicações em tempo real.

O equipamento de um veículo moderno abrange entre 20 e 60 unidades de controle eletrônico, p.ex., para gerenciamento do motor, do sistema antibloqueio (ABS) e da transmissão. Desempenho superior e funções adicionais podem ser obtidos pela sincronização dos processos das unidades de controle eletrônico individuais e pelo controle mútuo de seus parâmetros em tempo real. Um exemplo de função deste tipo é o controle de tração (ASR) que reduz o torque de tração da roda quando esta gira em falso.

O intercâmbio de informações entre as unidades de controle eletrônico (no exemplo o ABS/ASR e a unidade de controle eletrônico do motor) originalmente era feito através de condutores separados. Entretanto, tais conexões ponto-a-ponto só são vantajosas para um número limitado de sinais. A introdução de redes de comunicação próprias para o uso automotivo na transmissão serial de informações e dados entre unidades de controle eletrônico amplia as possibilidades de transmissão e representa o futuro lógico no desenvolvimento do "microcomputador" autônomo para o veículo automotivo.

Processamento do sinal na unidade de controle eletrônico.
1 Sinal de entrada digital, 2 Sinal de entrada analógico, 3 Circuito de proteção, 4 Amplificador, filtro, 5 Conversor de corrente alternada/contínua, 6 Processamento do sinal digital,
7 Conversor de corrente contínua/alternada, 8 Interruptor de potência, 9 Amplificador de potência.

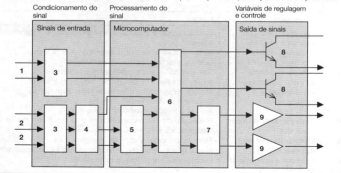

Unidade de controle eletrônico ECU

As unidades de controle eletrônico desenvolvidas para o uso veicular possuem projetos semelhantes. Sua estrutura pode ser subdividida no condicionamento do sinal de entrada, no processamento lógico destes sinais, no microcomputador e na saída dos níveis lógico e de potência, como sinal de regulação ou comando (veja figura).

Sinais de entrada digitais
Registram uma posição de comutação ou sinais de sensores digitais (p.ex., impulsos de rotação de um sensor de efeito Hall).

Sinais de entrada analógicos
Sinais de sensores analógicos (sonda lambda, sensor de pressão).

Sinais de entrada em forma de pulsos
Sinais de sensores de rotação indutivos. Após o condicionamento os sinais são processados como sinais digitais.

Condicionamento do sinal
Circuitos de proteção (passiva: circuitos R e RC, ativa: semicondutores especiais resistentes à tensão) são empregados para limitar tensão a um nível admissível (tensão operacional do microcomputador). Filtros eliminam a maior parte dos ruídos sobrepostos no sinal, que é amplificado para a tensão de entrada do microcomputador.

Processamento do sinal
As unidades de controle eletrônico geralmente processam o sinal de forma digital. Os sinais rápidos, periódicos, com cobertura em tempo real, são processados em módulos de hardware especialmente projetados para funções específicas. Os resultados, p. ex., a leitura de um contador ou o momento de um evento, são enviados em registros à CPU para posterior processamento. Este procedimento reduz substancialmente o tempo de interrupção de resposta da CPU (na faixa de ms).

O tempo disponível para o procedimento de cálculo é determinado pelo sistema controlado (p. ex., milissegundos no caso do gerenciamento do motor). Os algoritmos de comando e regulação são implementados no software. Dependendo do dado, praticamente qualquer operação lógica pode ser implementada e qualquer registro de dados pode ser armazenado e processado na forma de parâmetro, curva característica e gráfico multidimensional. Para exigências mais sofisticadas no campo do processamento de imagens está em expansão o uso de processadores digitais de sinais (DSP).

Variáveis de comando e regulação
As variáveis de comando e regulação no módulo de saída fornecem o nível lógico ou de potência necessário para os atuadores periféricos (p.ex., motores elétricos para regulagem do banco, levantamento dos vidros ou servodireção elétrica). Circuitos de potência e de amplificação elevam a potência do sinal de saída do microcomputador (0...5 V, alguns mA) para o nível de potência exigida pelo respectivo atuador (p.ex., até 100 A por curtos períodos para o arrefecimento do motor).

Arquitetura

Os blocos estruturais, através do uso de componentes idênticos (grupo de chips), formam plataformas de hardware ou módulos. O uso destes módulos em aplicações polivalentes (p.ex., gerenciamento de motores à gasolina e Diesel) também está em expansão.

O mesmo procedimento também é adequado para os blocos de funções de algoritmos de controle, que se tornariam então componentes modulares, reutilizáveis em todo o sistema. Para implantar esta transferência metódica, dois elementos são essencialmente importantes:
- Um conceito para ordenar e estruturar a funcionalidade no veículo (CARTRONIC),
- Redes de comunicações, através das quais as unidades de controle eletrônico possam intercambiar informações.

O esquema para organizar função, rede, hardware e software é denominado de arquitetura. A arquitetura do sistema descreve as características estruturais e dinâmicas do sistema distribuído em sua totalidade.

CARTRONIC®

Sistemas veiculares conectados em rede

As crescentes exigências determinam o desenvolvimento incessante de sistemas eletrônicos veiculares. Isso inclui: segurança, comodidade e compatibilidade ambiental, exigências legais e diretrizes mais rígidas, integração de funções dos sistemas eletrônicos de informações e entretenimento, assim como conexão com computadores externos e serviços via rádio.

Impulsionados por estas exigências e sem a pressão dos custos, os sistemas individuais do veículo (injeção de combustível, ABS, rádio) evoluíram para um sistema integrado abrangendo todo o veículo, no qual informações são trocadas via barramento de dados (p.ex., CAN) e a influência recíproca é possível. Neste caso, a padronização dos componentes individuais, subsistemas e funções entre os fabricantes é condição imprescindível para reduzir o tempo de desenvolvimento, com aumento da confiabilidade e disponibilidade do sistema, assim como redução de componentes através do uso de informações de outros sistemas do veículo.

Sistemas integrados (exemplos)

Atualmente já existem sistemas integrados nos veículos, p.ex., o controle de tração (ASR) e sua extensão, o programa eletrônico de estabilidade (ESP). As funções interativas destes sistemas foram implementadas de forma que, quando uma roda gira em falso, a unidade de controle eletrônico do ASR se comunica com a unidade de gerenciamento do motor e esta determina uma redução correspondente no torque de tração. Do mesmo modo, o sistema de climatização comunica à unidade de controle eletrônico do motor que o ar condicionado foi ligado e a conseqüente necessidade de maior torque ou rotação do motor.

Requisitos

A implementação de tais funções interativas através da reciprocidade dos subsistemas requer acordos sobre a padronização de interfaces e funções dos subsistemas. Deve-se estabelecer quais informações um subsistema necessita e quais variáveis serão controladas com base nestas informações. Isso é mais importante, ainda se estes subsistemas forem desenvolvidos separadamente (geralmente por vários fornecedores) e uma adequação a cada modelo de veículo ou às exigências de cada fabricante é custosa e passível de erros.

A incrementação da funcionalidade através de software exige que o acordo e a padronização de interfaces sejam aplicados também ao software.

Conceito

Destes requisitos emergiu o CARTRONIC como um conceito de organização e especificação para todos os sistemas de comando e regulação de um veículo. Ele contém regras fixas para a interação de subsistemas, assim como arquiteturas modulares expansíveis para "função", "segurança" e "eletrônica" baseadas nestas regras formais. Com isso é possível descrever o sistema completo de veículo. Sem conhecer os processos internos dos subsistemas os fornecedores podem harmonizar a interação entre seus produtos sem que ocorram, em larga escala, alterações em relação a fabricantes ou modelos.

Estruturação, arquitetura

O necessário é uma sistemática de estruturação universal cuja implantação na prática resulte numa estrutura formalizada. A arquitetura das funções no nível veicular abrange todas as tarefas de comando e regulação incidentes no veículo. Foram definidos componentes lógicos que representam as tarefas do sistema integrado. A conexão e interface entre os componentes e suas interações foram definidas de acordo com a análise dos requisitos. A arquitetura do sistema independente da implementação obtida a partir disto, deve ser complementada através de uma arquitetura de segurança que garanta elementos adicionais para a operação segura e confiável do sistema completo. O sistema integrado é então criado, transformando os componentes lógicos e funcionais em componentes de hardware (eletrônicos, unidades de controle, microcomputador). O resultado disso é uma topologia de hardware otimizada, caracterizada pelas particularidades do modelo do veículo (p.ex., dimensões especificadas e distribuição física dos componentes).

Processamento de dados e redes de comunicação no veículo automotivo

Regras de arquitetura
As regras da arquitetura de função ou domínio servem para definir e organizar o sistema integrado com base nos requisitos, independentemente da topologia específica do hardware ou da rede. Elas são criadas exclusivamente sob o ponto de vista lógico, funcional ou não funcional (p.ex., custos, confiabilidade). Por esse motivo as regras definem essencialmente componentes e interações admissíveis em termos de vínculos de comunicação.

Análise dos requisitos
Conceitualmente a análise dos requisitos de um sistema integrado, existente ou planejado, começa com a análise da funcionalidade e de outras condições gerais (qualidade) dos sistemas individuais anteriormente autônomos e seu ambiente (p.ex. tolerância a falhas nos sistemas relevantes para a segurança). Estas condições gerais são denominadas "requisitos não funcionais". Como isso também ocorre no nível funcional (ainda independente da análise e separação concreta do hardware), as afirmações ainda são independentes das características específicas do veículo e permitem portanto afirmações universalmente válidas. Uma estruturação básica neste nível permite limitar a diversidade de hard e software e utilizar unidades eletrônicas idênticas (módulos básicos) para as funções básicas de um grande número de veículos.

Elementos de estruturação
Os elementos da arquitetura são sistemas, componentes e inter-relacionamentos de comunicação, os quais descrevem formalmente um sistema integrado, inclusive as regras de estruturação e de modelagem para concepção da interação e da especificação das interdependências. O nível de detalhamento dos componentes é determinado pela sua reutilização em outros sistemas (tão geral quanto possível, tão específico quanto necessário).

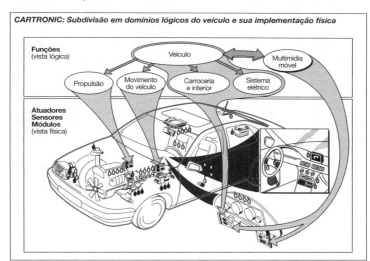

CARTRONIC: Subdivisão em domínios lógicos do veículo e sua implementação física

Sistemas, componentes, interfaces

Neste sentido um sistema é uma combinação de componentes interligados através de mecanismos de comunicação e que exercem uma função superior além de suas funções individuais. O termo "componente" não se limita explicitamente a uma unidade física e deve ser entendido como uma unidade de função. O CARTRONIC reconhece três tipos de componentes:
- Componentes cujas funções predominantes são de coordenação,
- Componentes cujas funções principais são de operação,
- Componentes cujas funções são exclusivamente de geração, provisão e transmissão de informações.

Interfaces de componentes se referem a possíveis vínculos de comunicação que podem ser estabelecidos com outros componentes. Sempre que possível, variáveis físicas serão definidas como interfaces (p.ex., torque do motor ou de tração).

Descrição do sistema

Conseqüentemente, um sistema é descrito através da representação de todos os componentes funcionais com seus vínculos de comunicação e interações recíprocas.

Regras de estruturação

As regras de estruturação descrevem os vínculos de comunicação entre diversos componentes dentro da arquitetura do sistema. Um conceito hierárquico é criado de acordo com a estrutura que começa com o veículo como um todo e se estende até os componentes individuais. Conseqüentemente, existem regras de estruturação para os vínculos de comunicação entre os componentes de mesmo nível e de níveis diferentes. Além disso, também existem regras para a transferência de informações de um subsistema para um outro.

Regras de modelagem

As regras de modelagem consistem de modelos que combinam componentes e vínculos de comunicação para a solução de tarefas específicas que surgem repetidamente num veículo. Estes modelos podem então ser reutilizados em diversos pontos dentro da estrutura do veículo.

Características da arquitetura

Uma estrutura representada por meio de regras de estruturação e de modelagem apresenta propriedades e características uniformes:
– fluxo hierárquico do trabalho (só são recebidas tarefas provenientes do mesmo nível ou de nível superior),
– distinção clara entre coordenadores e provedores de informação (elementos operacionais, sensores) e
– clara delimitação dos componentes individuais segundo o princípio da caixa preta (tão visível quanto necessário e tão invisível quanto possível).

Integração no processo de desenvolvimento

No processo de desenvolvimento o conceito CARTRONIC (veja figura) auxilia sistematicamente a integração dos requisitos do fabricante de veículos em estruturas de funções com vínculos de comunicação (análise dos requisitos). Num segundo estágio, a estrutura da função é descrita mais detalhadamente pela sua conversão em modelo de estrutura e de comportamento usando uma linguagem de modelagem (p.ex.: Linguagem Unificada de Modelagem UML). Num próximo refinamento do modelo de análise, os requisitos funcionais (p.ex., tempos de controle) e não funcionais (como segurança, custos etc.) são incorporados num modelo de projeto orientado por objetos. A implementação pode ser representada por geração de código usando ferramentas de desenvolvimento orientadas pela aplicação (p.ex., Statemate, ASCET, Matlab/Simulink).

Processamento de dados e redes de comunicação no veículo automotivo

Conseqüências

O CARTRONIC representa um conceito padronizado que permite a descrição de todas as funções do veículo. Através da facilidade para definir funções genéricas é possível descrever uniformemente, numa linguagem padronizada, todos os sistemas usuais de controle e gerenciamento do veículo. Novas funções requerem uma expansão adequada desta classe de funções. O próximo passo é a definição extensiva aos fabricantes das interfaces entre os componentes e os subsistemas nos níveis funcional e físico. Isso permite a implementação de funções integradas complexas no veículo, em colaboração com diversos fornecedores.

Panorama

A funcionalidade dos veículos atuais é cada vez mais determinada através de software, o sistema integrado se tornou uma rede de computadores. Através da padronização dos sistemas operacionais, as aplicações de software se tornaram portáteis, ou seja, podem ser empregadas em diversas unidades de controle eletrônico. Com isso, a arquitetura de software se libertou da topologia de hardware. Para manter os módulos de software intercambiáveis ou reutilizáveis, as regras de interface e de arquitetura do CARTRONIC devem ser mais refinadas e precisas. Como no campo das aplicações de computadores, as interfaces entre funções diferentes serão estabelecidas através de "API's" (Interface para programação de aplicativos) que definirão precisamente os vínculos de comunicação do CARTRONIC. Este caminho requer um acordo entre diversos fabricantes e fornecedores, no sentido de uma padronização do ramo industrial. O CARTRONIC estabeleceu os primeiros requisitos para este desenvolvimento.

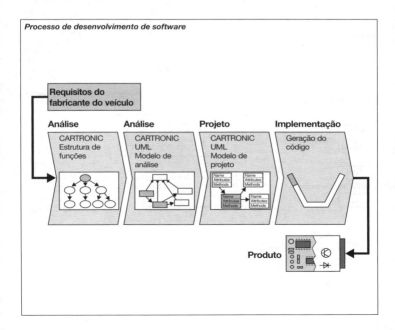

Processo de desenvolvimento de software

Rede de comunicações

Os veículos atuais são equipados com um grande número de unidades de controle eletrônico que, para realizar suas funções necessitam de um intenso intercâmbio de dados e informações. Os métodos convencionais de comunicações de dados via linha dedicada para cada conexão já atingiu o limite de viabilidade. Por um lado, já é quase impossível lidar com a complexidade do chicote, por outro lado, o número limitado de pinos da conexão é uma limitação para o desenvolvimento da unidade de controle eletrônico. A solução está no emprego de sistemas de barramentos seriais de dados, próprios para o uso veicular, entre os quais o CAN (Controller Area Network) tornou-se padrão. A rede de comunicação e seu layout – a arquitetura da rede – representam, juntamente com o CARTRONIC, um dos mais importantes componentes para a implantação de modernos sistemas eletrônicos no veículo.

Existem quatro áreas de aplicação no veículo, cada uma com seus próprios requisitos:

Rede multimídia

Aplicações para comunicações móveis conectam componentes, como sistemas de navegação, telefone ou equipamentos de áudio/vídeo com mostrador central e unidades operacionais. O objetivo é padronizar ao máximo o processo de operação, assim como sintetizar as informações de status, de modo a minimizar a distração do motorista. Para proteger outros sistemas do veículo contra acesso não autorizado e interferências externas (CD, canal móvel, internet), os domínios da rede são separados por restrições de acesso (firewall).

A taxa de transferência de dados para controle de componentes neste domínio é da ordem de 125 kbit/s. A transmissão direta de dados de áudio e/ou vídeo exige larguras de banda entre 10mbit/s e até mais de 100 mbit/s.

Conceito de rede

Com a entrada dos sistemas de multimídia no campo automobilístico, cada vez mais elementos do computador clássico e do mundo das comunicações passam a fazer parte do veículo. Exemplos: componentes via ondas de rádio, como aparelhos ou módulos GSM, sistemas de navegação e de informação ao motorista com arquitetura similar à dos computadores. Portanto,

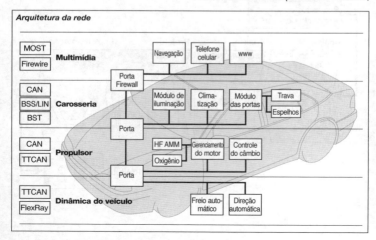

Arquitetura da rede

um veículo bem equipado deve dispor de dupla abertura DIN para alojamento do rádio em lugar da abertura normal DIN. Para sistemas de alto nível ou para permitir futuras expansões no sistema durante o ciclo de vida do produto (p.ex., aparelhos de DVD, CDC, unidades do banco traseiro), é necessário implantar uma rede de comunicação de alto desempenho.

Além disso, a enorme divergência entre o ciclo de vida dos computadores e equipamentos de comunicação (em casos extremos apenas alguns meses) e o ciclo de vida do veículo (acima de dez anos) torna desejável a possibilidade de troca de equipamentos para atualização com comodidade e rapidez. Portanto, uma rede padronizada via cabo ou em alguns casos através de sistemas sem fio via rádio é indispensável.

Por esse motivo, há alguns anos teve início o desenvolvimento de barramentos de dados multimídia especiais. Estes barramentos precisam transmitir dados de controle, bem como sinais de áudio e vídeo, sendo as características dos dados bastante diversas (largura de banda, taxa de bits contínua/variável, comprimidos/não comprimidos).

A multiplicidade dos tipos de dados exige requisitos especiais para a concepção da rede.

Aplicações multiplex

As aplicações multiplex são adequadas para controle e regulagem de componentes eletrônicos na área de carroceria e conveniência, como, por exemplo, controle da climatização, do sistema de trava central e da posição dos bancos. As taxas típicas de transmissão se situam entre 1 kbit/s e 125 kbit/s. Devido às pressões dos custos nesta área de aplicação, foram trilhados vários caminhos alternativos. Conexões econômicas ponto-a-ponto, tipo interface de bits sincronizados (BSI), podem ser empregadas entre o alternador e o controle eletrônico do motor e redes locais (LIN), com taxa de transferência de até 20 kbit/s, podem ser instaladas nas portas do veículo.

Redes automotivas

Sistemas multiplex/carroceria:
1 Iluminação,
2 Controle da climatização,
3 Alarme antifurto,
4 Atuadores e sensores,
5 Portas, fechaduras, espelhos,
6 Sensoriamento do interior,
7 Gerenciamento de energia,
8 Outras opções.
9 Navegação, reconhecimento da posição/ portas de comunicações,

Informação/Multimídia:
10 Interface homem/máquina (p.ex., painel de instrumentos),
11 Portas de comunicações/ Firewall,
12 Áudio/Vídeo,
13 Comunicações móveis,
14 Outras opções.
15 Gerenciamento do motor,
16 Gerenciamento dos freios, (p.ex. ESP)
17 Controle do câmbio,
18 Direção,

Funções relacionadas à condução:
19 Chassi,
20 Sensores de ambiente, piloto automático adaptável (ACC),
21 Sistema de retenção do motorista (airbag, tensor do cinto de segurança e similares),
22 Outras opções,
23 Interface de diagnóstico.

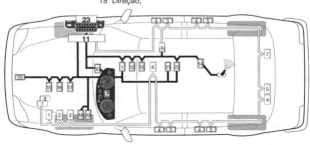

Devido ao seu desempenho e versatilidade, a extremidade final da aplicação, inclusive o diagnóstico do veículo, é formada pela rede CAN (Controller Area Network).

Aplicações em tempo real

Aplicações em tempo real interligam em rede sistemas eletrônicos, como gerenciamento do motor Motronic, troca de marchas e programa eletrônico de estabilidade, e servem para controlar a tração e o movimento do veículo. As taxas de transmissão características ficam entre 125 kbit/s e 1 mbit/s, para garantir os requisitos de operação em tempo real.

Controller Area Network (CAN)

O sistema de barramento de dados CAN se tornou padrão para a aplicação veicular. As unidades de controle eletrônico dos diversos sistemas do veículo não são mais interligadas através de um número enorme de cabos individuais, mas sim conectadas em rede por meio de um barramento de dados. Isso elimina a multiplicidade de conexões elétricas e resulta numa redução da probabilidade de falhas na rede de aparelhos.

Configuração do barramento

O CAN trabalho de acordo com o princípio "multi-master", no qual várias unidades de controle eletrônico de mesmo nível de prioridade são interconectadas através de uma estrutura linear de barramento. A vantagem deste tipo de topologia está no fato de que uma falha num dos integrantes do sistema não impede o acesso dos demais. Em comparação com outras arquiteturas lógicas (topologia circular ou em estrela), a probabilidade de falha total é consideravelmente reduzida. Nas topologias circulares ou em estrela, a falha num dos integrantes ou na unidade central de processamento é suficiente para causar a falha geral do sistema.

Endereçamento baseado no conteúdo

O CAN utiliza o endereçamento baseado na mensagem. Para isso um "identificador" fixo é designado para cada mensagem. O identificador caracteriza o conteúdo da mensagem (p.ex., rotação do motor). Cada estação processa exclusivamente as mensagens, cujos identificadores constam da lista de aceitação (filtro de mensagens).

Assim, o CAN não requer o endereçamento de estações para transmissão de dados e as estações não são envolvidas na configuração do sistema, facilitando o controle das diversas versões do equipamento.

Endereçamento e teste de aceitação
A estação 2 emite os dados, as estações 1 e 4 recebem.

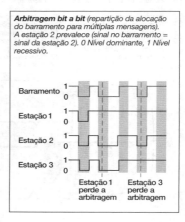

Arbitragem bit a bit (repartição da alocação do barramento para múltiplas mensagens).
A estação 2 prevalece (sinal no barramento = sinal da estação 2). 0 Nível dominante, 1 Nível recessivo.

Status lógico do barramento

O protocolo CAN é baseado em dois status lógicos: os bits são ou "recessivos" (1 lógico) ou "dominantes" (0 lógico). Se um bit dominante é enviado por pelo menos uma estação, os demais bits recessivos enviados simultaneamente pelas outras estações são sobrescritos.

Priorização

O identificador define ao mesmo tempo o conteúdo dos dados e a prioridade da mensagem quando esta é enviada. Um identificador correspondente a um número binário de baixo nível possui alta prioridade e vice-versa.

Alocação do barramento

Quando o barramento está desocupado, qualquer estação pode começar a transmitir suas mensagens mais importantes. Se várias estações começam a transmitir simultaneamente, para solucionar os conflitos de acesso ao barramento, o sistema usa um esquema de arbitragem "wired-and". A mensagem com maior prioridade recebe acesso primeiro, sem perda de bit ou atraso. Todo transmissor que perde a arbitragem é comutado automaticamente para o modo receptor e repete sua tentativa de transmissão até que o barramento esteja livre.

Formato da mensagem

O CAN suporta dois formatos diferentes de registro, diferenciados somente pelo comprimento do identificador (ID). O comprimento do ID é de 11 bit no formato padrão e de 29 bit no formato expandido. Portanto, o registro transmitido tem no máximo 130 bit (formato padrão) ou 130 bit (formato expandido). Isso assegura que o tempo de espera até a próxima transmissão (que pode ser urgente) seja o mínimo possível. O "registro de dados" é composto por sete campos consecutivos:

O <u>início do registro</u> indica o começo da mensagem e sincroniza todas estações.

O <u>campo de arbitragem</u> é composto pelo identificador da mensagem e bits adicionais de controle. Durante a transmissão deste campo, o emissor verifica a cada bit se ele ainda detém prioridade ou se uma estação com maior prioridade está transmitindo. O bit de controle determina se mensagem é classificada como "registro de dados" ou como "registro remoto".

O <u>campo de controle</u> contém a quantidade de bits de dados contidos no campo de dados.

O <u>campo de dados</u> dispõe de um conteúdo de informação entre 0 e 8 bytes. Uma mensagem de comprimento 0 pode ser usada para sincronização dos processos distribuídos.

O <u>campo CRC</u> (Cyclic Redundancy Check) contém uma palavra para verificar possíveis interferências na transmissão.

O <u>campo ACK</u> contém o sinal de confirmação de todos os receptores, indicando que a mensagem foi recebida sem erros.

O <u>fim de registro</u> marca o final da mensagem.

Formato da mensagem CAN
0 Nível dominante, 1 Nível recessivo,
* Quantidade de bit.

IDLE	1*	12*	6*	0...64*	16*	2*	7*	3*	IDLE

Campos:
- Início do registro
- Campo de arbitragem
- Campo de controle
- Campo de dados
- Campo CRC
- Campo ACK
- Fim do registro
- Espaço interno do registro

Registro de dados (do início do registro até o campo ACK)
Registro de mensagem (do início do registro até o fim do registro)

Iniciativa da transmissão
Geralmente, o emissor inicia a transmissão enviando um registro de dados. Entretanto, o receptor também pode solicitar dados do emissor. Para isso o receptor envia um "registro remoto". O registro de dados e o registro remoto correspondente possuem o mesmo identificador. A distinção entre os dois é feita através do bit subseqüente ao identificador.

Detecção de erro
O CAN dispõe de uma série de mecanismos de controle para detecção de erros, incluindo:

15 bit CRC (Cyclic Redundancy Check): Todo receptor compara a seqüência CRC recebida com a seqüência calculada.

Monitoramento: Todo emissor compara o bit enviado com o bit mapeado.

Inserção de bit: Entre o "início de registro" e o final do campo CRC de todos os registros de dados e registros remotos só devem existir no máximo 5 bits consecutivos de mesma polaridade. Após cada 5 bits de mesma polaridade, o emissor insere na seqüência um bit de polaridade contrária e o receptor elimina esse bit após o recebimento da mensagem.

Proteção do registro: O protocolo CAN contém alguns campos de bit com formatos fixos que são verificados por todas as estações.

Tratamento de erros
Quando o controle do CAN detecta um erro, ele aborta a transmissão em curso enviando um indicador de erro. Um indicador de erro é constituído por 6 bits dominantes, sua função é violar deliberadamente a regra de inserção, ou seja, a regra de formatação.

Delimitação de erros em falhas locais
Estações defeituosas podem sobrecarregar o tráfego do barramento. Por isso, o controle do CAN incorpora mecanismos capazes de distinguir entre erros esporádicos e erros persistentes e falhas localizadas em estações. Isso é feito através de avaliação estatística das situações de erro.

Implementações
Para prover a CPU com suporte adequado a uma extensa gama de diferentes requisitos, os fabricantes de semicondutores introduziram no mercado diversas implementações com vários níveis de desempenho. As diferentes implementações não se diferenciam quanto ao formato da mensagem gerada e ao tratamento de erros, mas apenas em relação ao suporte da CPU necessário para administração das mensagens.

Como a ocupação dos processadores das unidades de controle eletrônico é muito intensa, o controlador de interface deve administrar um grande número de mensagens e realizar a transmissão sem sobrecarregar a CPU. Nestas aplicações geralmente são empregados controladores CAN de alta performance.

Já nos sistemas multiplex, e atualmente também nas comunicações móveis, as exigências sobre o controlador são menores, portanto neste caso são preferidos componentes simples e de baixo custo.

Padronização
O CAN foi padronizado tanto pela ISO como pela SAE para o intercâmbio de informações nas aplicações automotivas – para aplicações de baixa velocidade, até 125 kbit/s, como ISO 11 519-2 e para aplicações de alta velocidade, acima de 125 kbit/s, como ISO 11 898 e SAE J 22 584 (automóveis de passageiros) e SAE J 1939 (caminhões e ônibus). Além disso, está em preparação uma norma ISO para o diagnóstico via CAN (ISO 15 765).

Extensões para aplicações baseadas no tempo (novo)
Nos atuais desenvolvimentos de sistemas relacionados à dinâmica do veículo, como freios e direção, os componentes hidráulicos e mecânicos estão sendo substituídos por sistemas eletrônicos (x by wire). Para preencher os requisitos de confiabilidade, segurança e tolerância aos erros são necessárias redes com características comprovadas de tempo de resposta. Neste tipo de protocolo, as unidades de controle integrantes da rede (nós) e suas comunicações dentro da janela de tempo são alocadas numa matriz de comunicações no processo de planejamento da rede.

Desse modo, a atualidade temporal dos dados e a disponibilidade dos nós podem ser determinadas a qualquer instante e os interlocutores podem ser justapostos sincronicamente com diferenças mínimas de tempo. Este tipo de protocolo, em comparação com os protocolos baseados em eventos, é denominado baseado no tempo (acionado pelo tempo). Ele suporta desenvolvimentos distribuídos em diversas parcerias através da "capacidade de justaposição" dos sistemas individuais com a previsibilidade do comportamento do sistema completo.

A extensão do protocolo CAN para obter a capacidade de operação baseada no tempo é chamada de "Time Triggered CAN" (TTCAN). Ela pode ser livremente configurada de "baseada em tempo" para "baseada em eventos" e, portanto, totalmente compatível com as redes CAN. Foi solicitada a padronização da TTCAN como extensão da CAN-ISO (ISO 11898-4).

Extensões em relação à largura de faixa para até 10 Mbit/s e ao protocolo (p.ex. FlexRay) estão sendo desenvolvidas em consórcios com participação dos fabricantes e dos fornecedores automobilísticos.

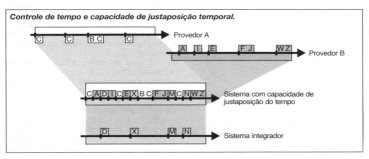

Controle de tempo e capacidade de justaposição temporal.

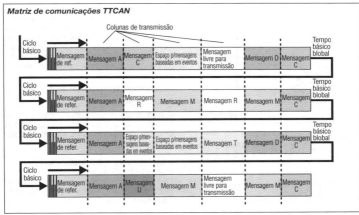

Matriz de comunicações TTCAN

Instrumentação

O motorista precisa processar um fluxo contínuo de informações provenientes do seu próprio ou de outros veículos, da estrada e de equipamentos de telecomunicações. Elas devem ser repassadas ao motorista através de instrumentos adequados e ergonômicos, dispostos na área reservada para informações e comunicações do veículo. Além do sistema de áudio e monitoramento do veículo, futuramente os telefones celulares, os sistemas de navegação e os sistemas de alerta de distância também se tornarão comuns no equipamento de série do automóvel.

Área de informações do motorista (desenvolvimento)
1 Instrumento analógico, 2 Instrumento analógico com TN LCD e AMLCD separado no console central, 3 Instrumento analógico com (D)STN e AMLCD integrado, 4 Instrumento programável com dois componentes AMLCD.

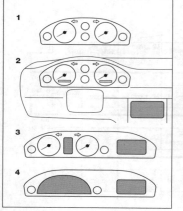

Áreas de informação e comunicação

No veículo existem quatro áreas de informação ou comunicação que devem satisfazer diferentes requisitos em termos de características dos displays:
- o painel de instrumentos,
- o pára-brisa,
- o console central e
- o compartimento traseiro do veículo.

Suas características são determinadas pela quantidade de informações disponíveis e pelas informações necessárias, úteis ou desejáveis para os ocupantes.

Informações dinâmicas e de monitoramento (p.ex., nível de combustível), que exigem reação do motorista, são apresentadas no painel de instrumentos, portanto, o mais próximas possível do campo visual primário.

O display refletido (HUD), que projeta as informações no pára-brisa, é ideal para chamar a atenção do motorista (p.ex. alertas do radar de aproximação ou indicações de rota), e complementado pela emissão de um sinal acústico.

Informações sobre status ou diálogos de operação com características de questionamento são apresentadas preferencialmente nas proximidades do console central.

Informações de entretenimento são apresentadas no campo primário de visão, no compartimento traseiro do veículo. Este também é o local ideal para o escritório móvel. O encosto do banco do passageiro da frente é o local adequado para a instalação do monitor e do teclado do laptop.

Sistema de informação ao motorista

A área de informação ao motorista na cabine de direção e a tecnologia de displays utilizada passaram pelos seguintes estágios de evolução:

Instrumentos individuais e combinados

Os instrumentos individuais convencionais para informações visuais foram inicialmente suplantados pelos instrumentos combinados, de baixo custo (combinação de várias unidades de informações numa carcaça), anti-reflexivos e com boa iluminação. Com o tempo e com o volume crescente de informações surgiu no espaço disponível o moderno painel de instrumentos, com vários mostradores e inúmeras lâmpadas-piloto (v. figura, item 1).

Display digital
Instrumentos digitais
Os instrumentos digitais, empregados parcialmente até os anos 90, que exibiam as informações através de display de fluorescência a vácuo (VFD) e mais tarde através de display de cristal líquido (LCD) já desapareceram em larga escala. Em seu lugar, estão sendo usados instrumentos analógicos convencionais, combinados com displays. Ao mesmo tempo, aumentou-se consideravelmente a superfície, a definição e a representação das cores do display.

Display central e unidade de operação no console central
Com o advento dos sistemas de informações automotivos, de navegação e de telemática (páginas 1082/1112/1114), estabeleceram-se os monitores e teclados no console central. Tais sistemas reúnem todas as informações adicionais das unidades funcionais e componentes informativos (p.ex.: telefone celular, rádio/CD, elementos de comando do sistema de climatização e – importante para o Japão – a função "TV") numa unidade central de monitor e operação. Os componentes são interconectados em rede e capacitados para comunicação interativa.

A disposição deste terminal, utilizado universalmente pelo motorista e pelo passageiro, no console central é prática e necessária sob os pontos de vista ergonômico e técnico. As informações visuais são exibidas num display gráfico. Os requisitos para reprodução de TV e de apresentação dos mapas/vídeos do sistema de navegação determinam sua resolução e reprodução de cores (figura, item 2).

Módulo gráfico
Equipar o veículo com airbag e servodireção de série resultou numa menor abertura para visão através da metade superior do volante. Ao mesmo tempo cresceu o volume de informações que devem ser apresentadas no espaço disponível. Isso exige módulos adicionais com capacidade gráfica, cuja área de exibição permita apresentar informações aleatoriamente, de forma flexível e de acordo com a prioridade.

Esta tendência obriga o uso de instrumentos analógicos clássicos, porém complementados com um display gráfico. O monitor central também se encontra localizado na altura do painel de instrumentos (figura, item 3). O importante para qualquer apresentação visual é que esta possa ser lida com facilidade dentro do campo visual primário do motorista ou em suas proximidades, sem grande desvio da vista, p. ex., quando localizada na região inferior do console central.

O módulo gráfico no painel de instrumentos permite prioritariamente a apresentação das funções relevantes para o veículo e para o motorista, como, p.ex., intervalos de manutenção, funções de checagem sobre as condições operacionais, inclusive diagnóstico do veículo para a oficina. Ele também pode apresentar informações de rotas do sistema de navegação (não seções digitalizadas de mapas, somente símbolos indicativos da rota, como setas ou símbolos de cruzamentos). Os módulos inicialmente monocromáticos foram substituídos, nos automóveis de luxo, pelos displays coloridos (geralmente com tecnologia TFT), cuja velocidade e segurança de leitura proporcionada pela representação das cores dão maiores.

Nos monitores centrais com sistema de informações integrado, a tendência é evoluir da tela com proporção 4:3 para um formato mais largo, com proporção 16:9 (formato cinema), que permite apresentar símbolos adicionais de indicação de rota ao lado do mapa.

Módulo único com monitor de computador
Por volta de 2006 em diante, serão utilizados pela primeira vez displays TFT também para a representação de instrumentos analógicos (figura, item 4). Entretanto, por motivos de custos, a substituição dos instrumentos convencionais por esta tecnologia será bastante gradual.

Painel de instrumentos

Construção
Com a tecnologia dos microprocessadores e o avanço das redes automotivas, o painel de instrumento migrou do domínio da mecânica de precisão para o da eletrônica. Um painel de instrumentos típico (iluminado por LED, com segmentos de LEDs de tecnologia TN e contatos de borracha, veja figura) é uma unidade muito fina (eletrônica, motores de passo planos) e com quase todos os componentes (a maioria SMT) montados diretamente no circuito impresso.

Painel de instrumentos (construção)
1 Lâmpada-piloto, 2 Circuito impresso, 3 Motor de passo, 4 Refletor, 5 Placa de cobertura, 6 Ponteiro, 7 LED, 8 Display, 9 Guia de luz, 10 LCD.

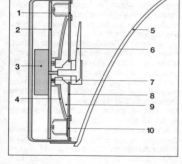

Funcionamento
Enquanto as funções básicas são semelhantes na maioria dos painéis de instrumentos (veja diagrama de blocos típico), a separação dos blocos de funções (em parte para funções específicas) no microprocessador, ASICs e periféricos padrão algumas vezes diferem substancialmente (faixa de produtos, extensão dos displays, tipo de display).

Painéis eletrônicos indicam os valores medidos com bastante precisão, graças à tecnologia dos motores de passo e assumem adicionalmente funções "inteligentes", como alerta de pressão do óleo em função da rotação, aviso de falhas em matriz de display com base na prioridade ou indicador de intervalo de manutenção. Diagnósticos em tempo real também são comuns e ocupam uma porção significativa da memória de programação.

Como o painel de instrumento faz parte dos equipamentos básicos de todos os veículos e nele se aglutinam todos os sistemas de barramento, ele assume parcialmente as funções de porta de comunicações, ou seja, ele serve de ponte entre os diversos sistemas de barramento do veículo (p.ex., motor CAN, carroceria CAN e barramento de diagnóstico).

Instrumentos de medição
A maioria dos instrumentos trabalha com ponteiro mecânico e mostrador. Inicialmente, o medidor de magnetos móveis ativado eletronicamente substituiu o volumoso tacômetro de corrente de Foucault. Atualmente, dominam os robustos motores de passo com redução e pequena profun-

Painel de instrumentos (diagrama de blocos)

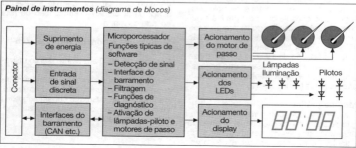

didade de instalação. Graças ao compacto circuito magnético e à redução (geralmente) de 2 estágios, com cerca de apenas 100 mW de potência, eles permitem o posicionamento rápido e preciso do ponteiro.

Iluminação

Originalmente, os painéis de instrumentos eram iluminados com luz incidente de lâmpadas incandescentes. Atualmente, disseminou-se o uso da iluminação traseira devido à melhor aparência. As lâmpadas incandescentes foram substituídas por diodos emissores de luz (LEDs página 55) de alta durabilidade. O LED também é apropriado para luzes de advertência e para a iluminação traseira de escalas, de displays e (via fibra óptica plástica) de ponteiros (v. tabela "Visão geral das fontes de luz").

Para as cores amarela, laranja e vermelha os eficientes LEDs de AlInGaP são largamente utilizados. A nova tecnologia InGaN introduziu uma sensível melhora na eficiência para as cores verde, azul e branca. Neste caso, a combinação de um chip de LED azul com material de um chip de LED azul com material luminescente de cor laranja (granulado de ítrio-alumínio) produz a cor branca.

Visão geral das fontes de luz

Entretanto, para concepções especiais são usadas tecnologias especiais:

CCFL (lâmpada fluorescente de catodo frio): principalmente para instrumentos de "tela preta", que quando desligados parecem pretos. A combinação destas lâmpadas muito claras (alta iluminação, alta tensão) com uma placa de cobertura colorizada (p.ex., 25% de transmissão) produz uma aparência brilhante com excelente contraste. Como os LCDs coloridos possuem baixíssima transmissão (tipicamente cerca de 6%), o uso de CCFLs como iluminação traseira é imprescindível para se obter um bom contraste, mesmo à luz do dia.

Películas EL (Eletroluminescência): Essa película plana que se ilumina quando submetida a uma tensão alternada e produz uma iluminação bem distribuída só se tornou disponível para aplicações automotivas por volta do ano 2000. Ela oferece grande liberdade na concepção de combinações de cores e/ou sobreposição de superfícies de displays com áreas de mostradores.

Visão geral das fontes de luz

Fonte de luz	Cores possíveis	Dados típicos[1]	Técnicamente adequado para	Painel convencional	Instrum. de tela preta	Vida útil[2] em horas	Ativação
Lâmpada incandescente	Branca (com filtro, qualquer cor é possível)	2 lm/W 65 mA 14 V	Mostrador Ponteiro Display	+ 0 0	–	$B_3 \approx 4.500$	Não necessita de nenhuma ativação especial
SMD LED Diodo luminescente	Vermelha, laranja amarela, (AlInGaP)	20 lm/W 25 mA 2 V	Mostrador Ponteiro Display	+ + +	0 + +	$B_3 \gg 10.000$	Resistor em série ou regulador
	Azul, verde (InGaN) Branca (com conversor)	3…12 lm/W 15 mA 3,6 V	Mostrador Ponteiro Display	+ + 0	0 + +	$B_3 > 10.000$	
Película EL Eletroluminescência	Azul, violeta, amarela, laranja, branca	2 lm/W 100 V 400 Hz	Mostrador Ponteiro Display	+ – 0	–	aprox. 10.000	Requer alta tensão
CCFL Lâmpada de catodo frio	Branca (depend. do material fluorescente, qualquer cor)	25 lm/W 2 kV– 50…100 kHz	Mostrador Ponteiro Display	+ – +	+ 0 +	$B_3 > 10.000$	Requer alta tensão

[1] Eficiência em lm/W (lúmen por watt), corrente em mA, tensão em V ou kV, freqüência de ativação em kHz.
[2] Tempo no qual até 3% dos componentes podem falhar, Adequação + preferencial, – restrito, 0 não aplicável.

Tipos de display

TN-LCD

A tecnologia TN-LCD ("Twisted Nematic Liquid-Crystal Display", veja p. 55) com alto grau de desenvolvimento é a mais difundida. O termo tem origem na disposição retorcida das moléculas longas do cristal líquido entre as placas de vidro com eletrodos transparentes. Uma camada deste tipo forma uma "válvula de luz", bloqueando ou permitindo a passagem da luz polarizada, dependendo de estar ou não sob tensão elétrica. O âmbito de aplicação é –40 °C ... +85 °C. Devido à alta viscosidade do cristal líquido os tempos de comutação a baixas temperatura são relativamente altos.

O TN-LCD pode ser operado em contraste positivo (caracteres escuros em fundo claro) ou negativo (caracteres claros em fundo escuro). Células de contraste positivo são adequadas para iluminação incidente ou traseira. Células de contraste negativo só atingem contraste suficiente para leitura, se a iluminação traseira for bastante potente. A tecnologia TN não é adequada apenas para pequenos módulos de displays do painel de instrumentos, mas também para displays modulares de superfície grande ou mesmo para painéis de instrumentos com a superfície inteiramente em LCD.

Display gráfico para painel de instrumentos

A apresentação de informações de forma irrestrita e com capacidade gráfica requer displays com matriz de pontos. Eles são ativados por varredura de linhas e exigem portanto características multiplex. Sob as condições impostas pelo veículo, atualmente os TN-LCD convencionais atingem taxas de multiplexagem de até 1:4 com bom contraste e de até 1:8 com contraste reduzido. Para taxas de multiplexagem mais altas, é necessário recorrer a outras tecnologias de displays LCD. As tecnologias STN e DSTN são usadas nos módulos de média resolução. A tecnologia DSTN pode ser implementada para displays monocrômicos ou multicolores.

STN-LCD e DSTN-LCD

A estrutura molecular do display STN (Super Twisted Nematic) é mais retorcida no interior da célula do que no display TN convencional. Os STN-LCD só admitem gráficos monocrômicos, usualmente em contraste azul-amarelo. Cores neutras podem ser obtidas através da aplicação de "películas retardantes", porém não no âmbito total de temperatura do veículo.

O DSTN-LCD (STN de dupla camada) exibe características acentuadamente melhores, que permitem uma reprodução preto-e-branco neutra, num amplo âmbito de temperatura, com apresentação em negativo ou positivo. As cores são criadas através de iluminação traseira com LEDs coloridos. A reprodução multicolor é obtida através da inserção de filtros vermelhos, verdes e azuis em um dos dois substratos de vidro. Sob as condições do veículo, as graduações de cinza só são possíveis muito restritamente, de modo que a gama de cores se limita ao preto, branco, às cores puras vermelho, verde, azul, assim como às secundárias amarelo, ciano e magenta.

AMLCD

Para a exibição de informações complexas, visualmente sofisticadas e de rápida mutação na área do painel de instrumentos e do console central com monitores de cristal líquido de alta definição e capacidade de vídeo, o único adequado é o display AMLCD (display de cristal líquido com matriz ativa).

Transistor de película LCD (TFT LCD)
1 Condutor das linhas, 2 Transistor de película, 3 Condutor das colunas, 4 Eletrodo do plano frontal, 5 Camadas de cores, 6 Matriz negra, 7 Substrato de vidro, 8 Eletrodo de pixel.

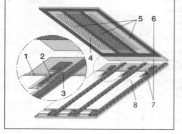

Os mais desenvolvidos e difundidos são os displays de cristal líquido TFT-LCD (Thin Film Transistor LCD), endereçados por transistores de película. Monitores para o console central, com diagonal de 4"...7" e âmbito de temperatura ampliado (-25 °C... + 85 °C). Para o painel de instrumentos programável estão previstos formatos de 10"...14" com âmbito de temperatura ainda mais ampliado (-40 °C...+95 °C).

O TFT-LCD é constituído pela substrato de vidro "ativo" e pela contraplaca com as estruturas de filtro. No substrato ativo alojam-se os eletrodos de pixel feitos de óxido de estanho-índio, os condutores metálicos das linhas e colunas e as estruturas de semicondutores. Em cada ponto de intersecção dos condutores de linhas e colunas se acha um transistor de efeito de campo, que é gravado em vários estágios de máscaras de uma seqüência de camadas aplicadas previamente. Da mesma forma, é criado um condensador em cada pixel.

A placa de vidro oposta acomoda os filtros de cores e uma estrutura de "reticulado preto" que melhora o contraste do display. Estas estruturas são gravadas no vidro numa seqüência de processos de fotolitografia. Acima disso fica um contra-eletrodo contínuo para todos pixels. Os filtros de cores são aplicados em faixas contínuas (boa reprodução de informações gráficas) ou como filtro de mosaico (especialmente indicado para figuras de vídeo).

Display refletido (HUD)
Os painéis de instrumentos convencionais têm uma distância visual de 0,8...1,2 m. Para ler uma informação no painel, os olhos do motorista precisam se acomodar do infinito (observação do cenário da via) para a curta distância do painel de instrumentos. Este processo de acomodação leva geralmente 0,3...0,5 s. Para motoristas mais idosos, esse processo é extenuante e, dependendo da constituição, algumas vezes impossível. A técnica de projeção HUD pode eliminar este inconveniente. Seu sistema óptico gera uma imagem virtual a uma distância tão grande que os olhos humanos podem permanecer acomodados ao infinito. Esta distância inicia aprox. a 2 m e as informações podem ser lidas, com distração mínima, sem desviar a vista para o painel de instrumentos.

Construção
Um HUD típico possui um display ativado para geração de imagens, uma iluminação, um sistema óptico para projeção da imagem e um "combinado", no qual a imagem é refletida nos olhos do observador. O pára-brisa sem tratamento também pode assumir o lugar do "combinado".

Para HUDs com pouco conteúdo de informação geralmente são usados displays fluorescentes a vácuo (VFDs) de cor verde e nos HUDs mais sofisticados TFTs baseados na tecnologia polissilício. Também estão em desenvolvimento sistemas de projeção que permitem maior ângulo de visão e representam um passo em direção à representação analógica do contato – ou seja, o alerta de um obstáculo sob o ângulo visual, no qual o motorista também veria o obstáculo, por exemplo.

Apresentação das informações do HUD
A imagem virtual não deve encobrir o panorama da via para não desviar a atenção do motorista das condições de tráfego. Portanto, ela é apresentada numa área com pouco conteúdo informativo.

Para evitar um excesso de estímulos no campo visual primário, o HUD não pode ser sobrecarregado com informações e portanto não é um substituto para painel de instrumentos convencional. Sua apresentação, entretanto, é bastante adequada para informações relevantes para a segurança, como indicação da distância de segurança ou informações da direção da rota.

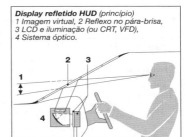

Display refletido HUD *(princípio)*
1 Imagem virtual, 2 Reflexo no pára-brisa,
3 LCD e iluminação (ou CRT, VFD),
4 Sistema óptico.

Sistema automotivo de informações

Adicionalmente aos elementos de indicação e de comando, preponderantemente para funções relacionadas ao veículo, aumentam cada vez mais as aplicações para informação, comunicação e conveniência no automóvel. Sistemas de rádio e áudio já são equipamentos de série. Aplicações para telefone, navegação, serviços de telemática e multimídia possuem um alto grau de expansão. Cada uma destas funções requer múltiplos elementos de indicação e de comando. Tanto pelo aspecto ergonômico quanto pelo aspecto da segurança, muitos destes elementos de comando e indicadores foram reunidos num sistema de informações que oferece aos usuários (motorista e acompanhante) uma interface de usuário simples e uniforme.

Elementos de comando e indicadores são colocados separadamente em locais ideais do veículo. Por exemplo, num monitor posicionado no centro do veículo são apresentadas quase todas as informações enquanto os poucos elementos de comando estão dispostos no console central numa posição de fácil acesso entre o banco do motorista e o do acompanhante.

Se no passado a ênfase era depositada na expansão da funcionalidade do veículo, hoje se percebe uma concentração sobre o design, a ergonomia e a facilidade de operação.

Monitores LCD de até 9 polegadas com resolução de 1.200 × 800 pontos permitem a apresentação de filmes pela TV e em vídeo no veículo. Para informações direcionadas especialmente ao motorista são empregados displays projetados (Display refletido, veja página 1081), que projetam imagens na frente do veículo. O motorista pode assim assimilar a informação sem desviar a vista da via. Um exemplo disso é a projeção de indicações de navegação e rotas.

Os serviços on-line, que oferecem ao motorista múltiplas informações e serviços, como, p.ex., reserva de hotéis, localização na oficina mais próxima, avisos de congestionamentos e até mesmo cotações da bolsa, também desempenham um papel cada vez maior.

Uma informação por voz pode complementar a indicação visual e aliviar o motorista. Um próximo aumento da conveniência do usuário será proporcionado pelo comando de voz para várias funções. No futuro, números de telefone poderão ser dados por voz, assim como destinos, estações de rádio ou comandos, como regulagem do ar condicionado, por exemplo.

Devido ao grande número de informações e altas taxas de dados (p.ex., imagem de vídeo) entre as fontes de informação (p.ex., DVD para mapas de navegação) e os receptores, são necessárias conexões por barramento de alta velocidade. Com a introdução em série do barramento MOST (Media Oriented Systems Transport) no ano 2002, estão disponíveis 22 mbit/s de largura de banda. Deste modo, podem ser trocados simultaneamente dados de áudio, vídeo e comando entre os diversos aparelhos. Portanto, um sistema automotivo de informações é bastante complexo, geralmente com muitos componentes individuais conectados em rede.

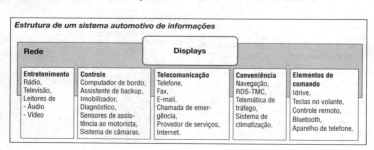

Estrutura de um sistema automotivo de informações

Rede		Displays		
Entretenimento Rádio, Televisão, Leitores de - Áudio - Vídeo	**Controle** Computador de bordo, Assistente de backup, Imobilizador, Diagnóstico, Sensores de assistência ao motorista, Sistema de câmaras.	**Telecomunicação** Telefone, Fax, E-mail, Chamada de emergência, Provedor de serviços, Internet.	**Conveniência** Navegação, RDS-TMC, Telemática de tráfego, Sistema de climatização.	**Elementos de comando** Idrive, Teclas no volante, Controle remoto, Bluetooth, Aparelho de telefone.

Tacógrafos

Aplicação

Os tacógrafos exibem a velocidade do veículo, a distância percorrida (hodômetro), as horas e a ultrapassagem de uma velocidade ajustada (p.ex., o limite legal de velocidade ou um determinado limite para rodar com economia) através de uma lâmpada de advertência. Além disso, eles registram num disco gráfico a curva da velocidade, as horas de viagem, os tempos de parada e as distâncias percorridas, precisamente em relação à hora do dia. Estes discos devem ser preenchidos com o nome do motorista e o número de registro do veículo. Todos os estados membros da UE exigem tacógrafos para caminhões e ônibus. Em outros países, também existem regulamentos sobre o uso de tacógrafos.

Funcionamento

Tacógrafos EC

Registro e displays

Os tacógrafos EC mostram não somente as horas de viagem e os tempos de paradas, mas também os tempos de manobra, de trabalho, de espera e de descanso (registro de tempo agrupado) e, dependendo do modelo, para um ou dois motoristas. Um tacógrafo EC preenche todos os requisitos da Regulamentação EWG 3821/85, i.é, o disco do tacógrafo serve de registro diário do motorista. Ele é obrigatório para determinadas categorias de veículos nos países da UE e servem de monitoramento das jornadas de trabalho e períodos de descanso estabelecidos na regulamentação EWG 3820/85. O equipamento complementar do tacógrafo EC inclui um display que mostra as funções do relógio e uma lâmpada-piloto que indica ao motorista que os discos estão colocados e que todos os apontamentos funcionam perfeitamente. Alguns aparelhos oferecem ainda a indicação e o registro da rotação do motor. Com equipamentos adicionais, é possível controlar as funções e realizar outros registros. Isso inclui um registrador adicional de dois

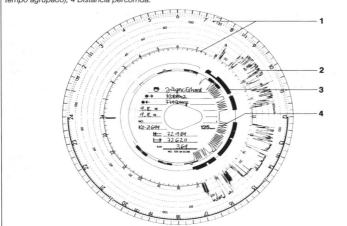

Disco gráfico de um tacógrafo EC
1 Escala das horas, 2 Registro das velocidades, 3 Tempo de viagem e de parada (registro de tempo agrupado), 4 Distância percorrida.

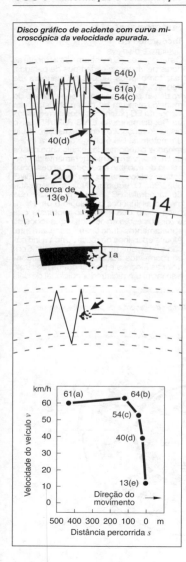

Disco gráfico de acidente com curva microscópica da velocidade apurada.

estágios (p.ex., para registrar o consumo de combustível) e contatos dependentes da velocidade ou rotação para conexão de equipamentos adicionais de alerta ou de controle.

Todos os tacógrafos estão sujeitos a tolerâncias operacionais estritas estabelecidas na regulamentação de calibração (na Alemanha artigo 57b da StVZO (regulamentação de licença de trânsito)) e na regulamentação EWG 3821/85. Estas regulamentações também estabelecem a inspeção periódica do aparelho e dos equipamentos por oficinas credenciadas.

Os discos gráficos podem ser interpretados por meio de avaliação visual, eletrônica ou microscópica.

Avaliação visual
A avaliação visual é o método mais simples, pois o disco permite de uma só vez apreciar e verificar a rotina do dia. Uma avaliação visual sistemática abrange as seguintes verificações:
- preenchimento manual,
- horas trabalhadas,
- pausas,
- períodos de descanso,
- avaliação do estilo de condução,
- consumo de combustível e rotação,
- registros manipulados ou incorretos.

Avaliação por processo microscópico
A avaliação por processo microscópico é realizada com microscópio especial com precisão de metros e segundos. Os dados recolhidos podem ser registrados num gráfico distância/tempo (v. figura) para, por exemplo, reconstruir precisamente a evolução de um acidente. Dentro da estrutura de um sistema de gerenciamento de frota, os discos gráficos também podem ser avaliados de forma semi ou totalmente automatizada e os dados podem ser processados por computador.

Sistema de medição eletrônico
Aparelhos com sistema de medição eletrônico são operados através de impulsos gerados por um emissor instalado no veículo ou na conexão da caixa de marchas, que converte as rotações do pinhão do tacômetro em impulsos eletrônicos.

Nos tacógrafos eletrônicos modernos, a adaptação da unidade à variação do número de impulsos por quilômetro percorrido é feita no próprio aparelho, sem meios separados de conversão. Em veículos com tração no eixo traseiro, a adaptação à variação da relação de transmissão do eixo traseiro é feita por uma unidade de conversão, que altera a transmissão para o aparelho na mesma proporção.

Separação do registrador e do display
Os novos tacógrafos EC são compostos por uma unidade para o registro das informações preestabelecidas no disco gráfico e por uma unidade para exibição da velocidade e da quilometragem atual. A unidade de registro com display e teclas operacionais e uma gaveta para inserção do disco gráfico é construída no formato de rádio DIN, a unidade para exibição pode, por exemplo, ser incorporada a um painel de instrumentos específico para o veículo. A conexão pode ser feita através de linha de comunicação K ou, preferencialmente, através de comunicação CAN.

A separação do registrador e do mostrador por um lado facilita a padronização do tacógrafo, propriamente dito, de acordo com modelos e fabricantes, por outro lado confere aos fabricantes de veículos maior liberdade na concepção do painel de instrumentos.

O pioneiro desde 1999 neste sistema de tacógrafos é o "tacógrafo modular MTCO". Como outra inovação, os sensores de impulso KITAS, paralelamente ao sinal de rotações do câmbio em tempo real, transmitem um sinal de dados criptografado. Isso permite dispensar a proteção física de um cabo de proteção blindado para evitar manipulações.

Tacógrafos digitais
O Anexo Técnico 1B da emenda de agosto de 2002 da Diretriz UE sobre Equipamentos de Gravação define uma nova geração de "tacógrafos digitais". Este primeiro registro eletrônico de dados especificados representa uma mudança crucial.

O tacógrafo armazena os dados relevantes dos últimos 365 dias e, adicionalmente, o motorista recebe um cartão de identificação (Smart Card), no qual são registrados os dados dos seus últimos 28 dias de trabalho. A impressora incorporada ao tacógrafo fornece extratos de controle conforme a necessidade. Estão previstas outras interfaces para controle, calibração, arquivamento eletrônico etc.

O display do tacógrafo digital mostra a velocidade do veículo, mas que, dependendo do modelo, também pode ser transmitido via barramento CAN para um painel da instrumentos, por exemplo.

A comunicação com o emissor de impulsos também é criptografada. No geral, os requisitos de segurança contra manipulações são bastante elevados.

A obrigatoriedade da introdução do tacógrafo digital nos veículos utilitários novos sujeitos ao uso de tacógrafo é prevista para agosto de 2004. Até o presente não há planos para a troca compulsória dos aparelhos em todos os veículos existentes.

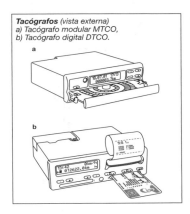

Tacógrafos *(vista externa)*
a) Tacógrafo modular MTCO,
b) Tacógrafo digital DTCO.

Sistemas de estacionamento

Auxílio de estacionamento com sensores ultra-sônicos

Aplicação
A carroceria de quase todos os veículos é desenvolvida visando o menor coeficiente de arrasto aerodinâmico possível, de forma a reduzir o consumo de combustível. O resultado, em geral, é um leve formato de cunha que limita extremamente a visão nas manobras. Obstáculos só são percebidos – quando muito – com dificuldade.

Auxílio de estacionamento com sensores ultra-sônicos oferece uma ajuda efetiva no procedimento de estacionar. Eles monitoram uma área de aprox. 30...150 cm atrás e na frente do veículo, obstáculos são detectados e indicados através de sinais ópticos ou acústicos.

Área de varredura do sistema de estacionamento com monitoramento 360°.

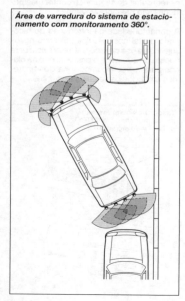

Sistema
O sistema é composto pelos componentes: unidade de controle eletrônico (ECU), elementos de alerta e sensores ultra-sônicos.

Veículos apenas com proteção traseira geralmente dispõem de mais de 4 sensores ultra-sônicos no pára-choque traseiro. Uma proteção frontal adicional é obtida através de outros 4...6 sensores ultra-sônicos no pára-choque dianteiro.

O sistema é ativado automaticamente com a comutação da marcha-à-ré ou, nos sistemas com proteção dianteira, com a ultrapassagem de uma velocidade limiar de aprox. 15 km/h. Durante a operação a função autoteste garante o monitoramento de todos os componentes do sistema.

Sensor ultra-sônico
De forma análoga ao princípio do sonar, os sensores emitem impulsos ultra-sônicos com uma freqüência de aprox. 40 kHz e registram o tempo decorrido até a recepção do eco refletido pelo obstáculo. A distância do veículo para o obstáculo mais próximo é calculada pelo tempo de propagação do primeiro eco refletido, de acordo com a seguinte fórmula:

$$a = 0.5 \cdot t_e \cdot c$$

t_e tempo de propagação do sinal ultra-sônico (s)
c velocidade do som no ar (aprox. 340 m/s)

Os sensores são constituídos de uma carcaça de plástico com conector integrado, um diafragma de alumínio, em cujo interior são colados um disco de cerâmica piezelétrica e uma placa de circuito eletrônico para emissão e avaliação. A conexão elétrica com a ECU é feita através de três condutores, dois dos quais servem para fornecimento de energia. O terceiro é um condutor de sinais bidirecional responsável pelo acionamento da função do emissor e pela retransmissão do sinal recebido e avaliado à ECU. Quando o sensor recebe um sinal de emissão da ECU, o circuito eletrônico excita o diafragma de alumínio com ondas de pulsos retangulares na freqüência de ressonância e o ultra-som é emitido. O diafragma, que entrementes se acha em repouso passa novamente a vibrar excitado pelos sons refletidos pelo obstáculo. As vibrações são convertidas pela cerâmica piezelétrica num sinal elétrico analógico. O

Sistemas de estacionamento **1087**

circuito eletrônico do sensor amplifica o sinal e o converte em sinal analógico.

Para cobrir a maior área possível a característica de detecção precisa preencher requisitos especiais. No plano horizontal é desejável um amplo ângulo de cobertura. Em contrapartida no plano vertical é necessário um pequeno ângulo de cobertura para evitar as interferências dos reflexos do piso. Aqui é necessário um compromisso, para que os eventuais obstáculos sejam detectados com segurança.

Suportes especialmente adaptados fixam os sensores nas suas respectivas posições dentro dos pára-choques.

Unidade de controle eletrônico (ECU)

A ECU inclui um estabilizador de tensão para os sensores e microprocessadores integrados, assim como todos os circuitos de interface necessários para adaptação dos diversos sinais de entrada e saída. O software assume as seguintes funções:
- ativação dos sensores e recepção do eco,
- avaliação do tempo de propagação e cálculo da distância do obstáculo,
- ativação dos elementos de alerta,
- avaliação dos sinais de entrada do veículo,
- monitoramento dos componentes do sistema, inclusive armazenagem de erros,
- fornecimento de diagnóstico.

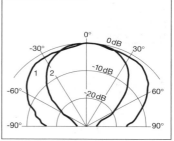

Diagrama de varredura da antena de um sensor ultra-sônico
1 Horizontal, 2 Vertical.

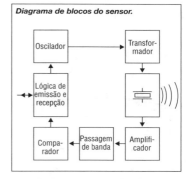

Diagrama de blocos do sensor.

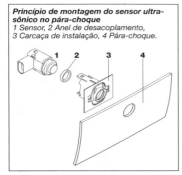

Princípio de montagem do sensor ultra-sônico no pára-choque
1 Sensor, 2 Anel de desacoplamento, 3 Carcaça de instalação, 4 Pára-choque.

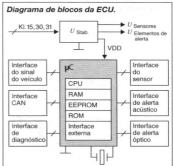

Diagrama de blocos da ECU.

Elementos de alerta

A distância de um obstáculo é indicada através dos elementos de alerta. Seu design é específico para cada veículo e consiste, via de regra, de uma combinação de indicadores acústicos e ópticos. Atualmente são empregados indicadores ópticos tanto de LEDs como de LCD.

No exemplo de elemento de alerta exibido aqui, a distância até o obstáculo é subdividida em 4 áreas principais (veja figura e tabela).

Área de proteção

A área de proteção é determinada pelo alcance e quantidade de sensores e pelas suas características de varredura.

Experiências anteriores demonstraram que para a proteção da traseira 4 sensores são suficientes e, para proteção frontal, de 4 a 6 sensores. Os sensores são integrados aos pára-choques e a distância até o chão é prefixada.

O ângulo de instalação e a distância entre os sensores são determinados de acordo com cada veículo específico. Estes dados são levados em conta nos algoritmos de cálculo da unidade de controle eletrônico. Até o fechamento da redação, já haviam sido feitas aplicações para mais de 200 modelos diferentes de veículos. de modo que os veículos mais antigos também podem ser reequipados.

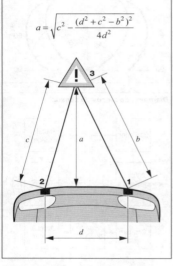

Cálculo da distância para um único obstáculo (Exemplo)
Distância pára-choque/obstáculo
Distância sensor 1/obstáculo
Distância sensor 2/obstáculo
Distância sensor1/sensor 2
1 Sensor de emissão e recepção
2 Sensor de recepção
3 Obstáculo

$$a = \sqrt{c^2 - \frac{(d^2 + c^2 - b^2)^2}{4d^2}}$$

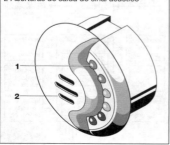

Exemplo de um elemento de alerta
1 LED da lâmpada de alerta
2 Aberturas de saída do sinal acústico

Área	Distância s	Indicador óptico LED	Indicador acústico
I	< 1,5 m	verde	intermitente
II	< 1,0 m	verde + amarelo	intermitente
III	< 0,5 m	verde + amarelo + vermelho	contínuo
IV	< 0,3 m	todos LEDs piscando	contínuo

Sistemas de estacionamento **1089**

Futuros desenvolvimentos

Alcance ampliado
O atual alcance dos sensores, por volta de 150 cm, é tido por muitos motoristas acostumados a estacionar como curto demais. Por isso, será desenvolvido futuramente um sensor com alcance de até 250 cm. Com elevado nível de integração da eletrônica ele será sensivelmente mais compacto do que os fabricados atualmente. Isso vem de encontro às elevadas exigências para proteção dos pedestres na área dos pára-choques.

Medição da vaga de estacionamento
Outra possível aplicação do sensor ultra-sônico é a medição do espaço disponível para estacionar.

Após o motorista ativar o sistema, um sensor montado na lateral do veículo mede o comprimento da vaga de estacionamento. Após uma comparação do valor medido com os sinais do contador de impulsos da roda para confirmação da plausibilidade, o sistema indica ao motorista se o comprimento da vaga é suficiente.

Num outro estágio de desenvolvimento, o sistema poderá sugerir ao motorista a forma ideal de girar o volante de direção para estacionar na vaga, do modo mais elegante possível.

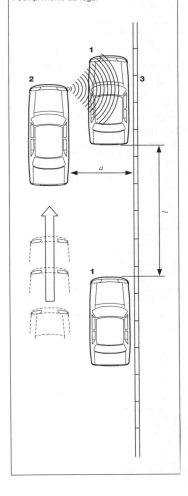

Medição da vaga de estacionamento
1 *Veículos estacionados,*
2 *Veículo a estacionar,*
3 *Meio-fio da vaga.*
a Distância medida,
l Comprimento da vaga.

Transmissão analógica de sinal

A tecnologia analógica de transmissão sem fio permite o fornecimento simultâneo de informações a grandes grupos populacionais. A transmissão sem fio, especialmente para receptores móveis como no automóvel, tem importância fundamental. Atualmente, a importância do processo digital de transmissão também está em crescimento. O segmento sem fio da corrente de sinais também usa a transmissão analógica, e portanto, as duas tecnologias de transmissão têm o mesmo princípio básico.

Transmissão de sinais sem fio, radiodifusão

A radiodifusão de som e imagem analógica é utilizada preponderantemente nas transmissões terrestres. A radiodifusão analógica modula o sinal de alta freqüência em analogia com os sinais de áudio. O receptor converte o sinal de alta freqüência recebido na banda básica e efetua sua demodulação. O sinal assim obtido corresponde ao sinal utilizado originalmente.

Oscilações

Oscilações são alterações de estado que se repetem em intervalos regulares. O valor máximo de uma oscilação, denominado "amplitude", é uma dimensão para sua intensidade. A difusão de uma oscilação recebe a denominação "propagação de onda". As telecomunicações usam a propagação de uma onda eletromagnética para a transmissão de informações.

Freqüência e comprimento de onda

A freqüência indicada em Hertz (Hz) é o número de oscilações por segundo. As unidades de freqüência mais usadas são os seguintes múltiplos do Hz:
Quilohertz (kHz): 1 kHz = 1.000 Hz
Megahertz (MHz): 1 MHz = 1.000 kHz
Gigahertz (GHz): 1 GHz = 1.000 MHz

A faixa dentro da qual as ondas sonoras são audíveis para o ouvido humano, p.ex., se estende de aprox. 20 Hz até no máximo 20 kHz. As freqüências empregadas usualmente na radiodifusão abrangem, em comparação, um âmbito entre poucos kHz até 100 GHz. A tabela 1 lista algumas faixas de freqüência mais comuns. O uso das faixas de freqüência é regulamentado por lei (na Alemanha § 45 da Lei sobre Telecomunicações, de 25 de julho de 1996). O planejamento da alocação de freqüências de cada país é baseado em acordos internacionais, segundo disposto no artigo S5 da *Regulamentação de Rádio* da ITU (União Internacional de Telecomunicação).

A distância mínima entre dois pontos nos quais uma onda em propagação apresenta o mesmo estado oscilatório chama-se "comprimento de onda λ" (expresso em metros). Ele é calculado através da velocidade de propagação [1] (em $m \cdot s^{-1}$) e da freqüência (em s^{-1}):

$$\lambda = c/f$$

[1]) A velocidade de propagação de uma onda eletromagnética no ar é de aprox. $c = 2.998 \cdot 10^8$ $m \cdot s^{-1}$.

Tabela 1. Faixas de freqüência para radiodifusão (resumo)

Faixa de onda	Classificação	Freqüência (MHz)	Comp. de onda λ (m)
Ondas longas (LW) Ondas médias (MW) Ondas curtas (SW)	Radiodifusão	0,148…0,283 0,526…1,606 3,95…26,10	≈ 2.000…≈ 1.000 ≈ 1.000…≈ 100 ≈ 100…≈ 10
Freqüência muito alta Banda 1 (TV) Banda 2 (VHF) Banda 3 (TV)	VHF	30…300 47…68 87,5…108 174…223	≈ 10…≈ 1
Freqüência ultra-elevada Banda 4 (TV) Banda 5 (TV) Banda L	UHF	300…3.000 470…582 610…790 1.453…1.491	≈ 1…≈ 0,1
Freqüência superelevada (p.ex., radioguia)	SHF	3.000…30.000	≈ 0,1…≈ 0,01

Transmissão de notícias com ondas de alta freqüência

A variação de um sinal de alta freqüência para transmissão de um sinal utilitário de um emissor para um receptor é denominada "modulação". Uma antena irradia o sinal de alta freqüência modulado numa faixa estreita de freqüência precisamente determinada. O receptor seleciona exatamente esta freqüência entre as inúmeras freqüências captadas pela antena. Deste modo, a propagação da onda entre o emissor e o receptor forma um dos elos da corrente de transmissão de sinais.

Ao contrário do sinal portador de alta freqüência, o sinal utilitário é composto de diversas freqüências de no máximo até 20 kHz. A oscilação sonora de baixa freqüência é convertida por meio de microfone num sinal elétrico que é usado para modular o portador de alta freqüência. Uma antena emissora irradia a onda portadora.

A distância máxima com que um sinal pode ser captado e a qualidade da recepção dependem, entre outras coisas, da freqüência. Assim, por exemplo, ondas curtas e longas têm um maior alcance, em alguns casos intercontinental, enquanto as ondas de freqüência muito alta (VHF) alcançam pouco mais do que a distância da visão.

Na estação receptora, o sinal é demodulado e um alto-falante converte as oscilações elétricas em oscilações acústicas.

Amplitude modulada (AM)
Na Amplitude Modulada (AM), a amplitude A_H da oscilação de alta freqüência com a freqüência f_H é alterada segundo o ritmo das oscilações de baixa freqüência (A_N, f_N). A amplitude modulada é empregada, por exemplo, nas faixas de ondas curtas, médias e longas.

Freqüência modulada (FM)
Na Freqüência Modulada (FM), a freqüência f_H das oscilações de alta freqüência é alterada segundo o ritmo das oscilações de baixa freqüência. A freqüência modulada é empregada, p.ex., no canal de som da transmissão de TV. Interferências de amplitude modulada (p.ex., causadas pelo sistema de ignição dos motores de explosão) têm menos influência sobre os transmissões de freqüência modulada do que as transmissões de amplitude modulada.

Propagação das ondas de alta freqüência

A propagação das ondas de alta freqüência depende da freqüência. Sinais de ondas longas se propagam sobre a superfície da terra como ondas terrestres, os sinais de ondas curtas e, em alguns casos, os de ondas médias, se propagam como ondas espaciais. A reflexão na ionosfera possibilita a propagação das ondas espaciais em distâncias mais longas. Pelo contrário, a propagação das ondas de freqüência muito alta (VHF) ocorre quase linearmente, pois neste caso não há reflexão na ionosfera. O resultado são diferentes distâncias de propagação para as faixas de ondas.

As ondas eletromagnéticas de alta freqüência geradas pelos emissores de rádio não dependem de meio material para transmissão, como é o caso das ondas sonoras, e portanto podem ser utilizadas nas conexões, por exemplo, via satélite. Se as

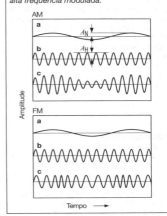

Amplitude modulada AM (acima) e freqüência modulada FM (abaixo)
a) Oscilação de baixa freqüência com amplitude A_N e freqüência f_N, b) Oscilação de alta freqüência não modulada, c) Oscilação de alta freqüência modulada.

ondas eletromagnéticas entram em contato com um condutor, como, p.ex., uma antena receptora, as características de tensão e corrente do condutor se alteram.

Dentro de sua faixa de transmissão o emissor altera o estado eletromagnético do espaço. Esta faixa também é denominada como campo eletromagnético do emissor. A intensidade do campo é medida em V/m e diminui em função da distância do emissor. A característica de propagação depende do comprimento de onda.

Ondas longas (LW)

Sinais de ondas longas são emitidos em amplitude modulada e se propagam como ondas terrestres sobre a superfície da terra. Eles podem ser captados a longas distâncias (aprox. 600 km) independentemente da hora do dia. Interferências atmosféricas ou locais (p.ex., através de motores, veículos motorizados ou trens) têm alta influência nesta faixa de ondas.

Ondas médias (MW)

Sinais de ondas médias também são emitidos em amplitude modulada e se propagam parcialmente como ondas terrestres. A parcela remanescente é irradiada pelo emissor como ondas espaciais. Esta parcela pode ser refletida na camada de Heaviside, situada a uma distância de 80...400 km acima da superfície da terra. A altura da camada de Heaviside e seu grau de reflexão dependem das condições atmosféricas, principalmente da radiação solar. Conseqüentemente, a recepção a longa distância ao pôr-do-sol ou durante a noite, por exemplo, é bem melhor do que durante o dia.

Na recepção por ondas médias sob condições desfavoráveis podem ocorrer flutuações ("fading" ou degeneração do sinal), se as ondas terrestres ou espaciais se amplificarem ou se atenuarem mutuamente.

Ondas curtas (SW)

Os sinais de ondas curtas também são emitidos em amplitude modulada e são absorvidos pela superfície da terra com maior intensidade do que as ondas médias. Entretanto, elas podem superar distâncias extremamente longas. As características de recepção neste caso são muito instáveis em virtude da variação da reflexibilidade da camada de Heaviside. Também há zonas onde a recepção é impossível, pois as ondas espaciais só são refletidas dentro de um determinado ângulo de limitação.

Sinais de freqüência muito alta (VHF)

Os sinais de freqüência muito alta são emitidos em FM e se propagam em linha reta. Eles acompanham a curvatura da terra e podem ser refratados ou refletidos por edificações ou elevações topográficas. Não é possível atingir transmissões de longa distância através da reflexão na camada de Heaviside. Do mesmo modo, a recepção por onda terrestre está descartada devido à elevada atenuação através do solo. O alcance em regiões planas não vai muito além do alcance da vista humana (até cerca de 100 km).

Problemas na recepção

Sinais na faixa de VHF se propagam praticamente em linha reta. Conseqüentemente, a recepção num automóvel a apenas 30 km da estação emissora é impossível, devido às elevações entre eles enquanto num local situado ao dobro da distância numa região plana a recepção é possível. Por esse motivo, os locais situados na sombra são freqüentemente supridos por uma "estação suplementar".

Ondas refletidas (p.ex., nas encostas de vales ou em edifícios altos) são a causa da recepção defasada sobreposta às ondas recebidas diretamente da emissora. Essa indesejável recepção "múltipla" provoca interferências que resultam em perda de qualidade do som nas transmissões radiofônicas.

Condutores no campo de irradiação da emissora (p.ex., mastros de aço ou linhas de transmissão) como também florestas próximas, casas ou localidades em vales profundos prejudicam a propagação e a recepção das ondas eletromagnéticas. As características de propagação das ondas, expostas acima de forma apenas resumida, são importantes para a eliminação efetiva das interferências na recepção em automóveis, mas uma recepção livre de interferência é impossível, se o sinal recebido da emissora é demasiadamente fraco. Deste modo, a recepção de uma emissora totalmente livre de interferências pode se deteriorar repentinamente após a entrada num túnel. Isso pode ser explicado pelo efeito escudo proporcionado pelas paredes de concreto armado, que reduz a intensidade de campo da emissora de rádio sintonizada, ao mesmo tempo em que a intensidade do campo de interferência permanece o mesmo. Sob certas condições, a emissora pode não ser sequer recebida. Efeito similar ocorre, ao se viajar em regiões serranas, por exemplo.

Interferências de rádio

Origem
Interferências de rádio são causadas por ondas indesejáveis de alta freqüência que chegam ao receptor juntamente com o sinal desejado. Elas aparecem sempre que correntes elétricas são interrompidas ou ligadas repentinamente. Por exemplo, a ignição do motor de explosão, o acionamento de um comutador ou o processo de comutação de um motor elétrico produzem sinais interferentes de alta freqüência. Estas alterações rápidas na corrente geram ondas de alta freqüência e interferem na recepção dos aparelhos de rádio próximos. O efeito da interferência depende, entre outras causas, da declinação do pulso e de sua amplitude. Interferências de rádio causadas por tais pulsos de corrente de elevada declinação podem ser reduzidas ou totalmente eliminadas através de medidas CEM (Compatibilidade Eletromagnética, v. página 1.020).

Propagação
Interferências podem chegar ao receptor de várias formas: diretamente por meio de condutores entre o receptor e a fonte de interferência ou por meio de transmissão sem fio de radiações eletromagnéticas ou acoplamento capacitivo ou indutivo. No sentido exato, as três últimas fontes citadas não podem ser separadas umas das outras.

Relação sinal-ruído

A qualidade da recepção depende da intensidade do campo eletromagnético gerado pela emissora. Esta deve ser substancialmente maior do que a intensidade do campo de interferência. Em outras palavras, a relação entre a intensidade do sinal da emissora e o sinal interferente – a relação sinal-ruído – deve ser a maior possível.

Um receptor próximo à fonte de interferência capta tanto o sinal da emissora desejada quanto o sinal indesejável da fonte de interferência, se este for irradiado na mesma freqüência. Entretanto, é possível obter uma boa recepção desde que no local de recepção a intensidade do campo eletromagnético da emissora desejada seja muito maior do que a intensidade do campo gerado pela fonte de interferência. A intensidade do campo útil depende da potência da emissora, da freqüência da emissora, da distância física entre a emissora e o receptor e das características de propagação das ondas eletromagnéticas mencionadas anteriormente.

No caso das ondas médias e longas, a intensidade de campo da emissora pode ser tão enfraquecida pelas características topográficas desfavoráveis que até mesmo emissoras potentes apresentem no local de recepção apenas campos utilizáveis de baixa intensidade. Dependendo das condições os sinais VHF também estão sujeitos a fortes flutuações da intensidade de campo. Os receptores automotivos também podem sofrer com a fraca tensão de entrada no receptor, devido à altura insuficiente da antena. Em relação ao receptor as possibilidades de aumentar a relação sinal-ruído são bastante restritas.

Com a otimização do posicionamento da antena, a tensão disponível na entrada do receptor pode ser incrementada, melhorando a relação sinal-ruído que é um fator decisivo para a qualidade da recepção. Entretanto, geralmente são feitas concessões entre os aspectos de design e os requisitos técnicos. Outro modo de melhorar a relação sinal-ruído é reduzir a potência do sinal interferente irradiado.

O projeto do receptor também tem influência sobre a qualidade da recepção. Além da blindagem metálica, que impede a radiação direta de interferências, e do filtro de linha, alguns receptores também são equipados com supressores automáticos de ruídos (ASU) (veja capítulo "Auto-rádio" na página 1.096).

Transmissão digital de sinal

Aplicações

Nos anos 80, com a substituição do disco de vinil pelo CD houve uma transição no sistema de transmissão de sinal, e conseqüentemente de dados, de analógico para digital. Mais tarde a transição atingiu as aplicações móveis de rádio. A transmissão de TV via satélite também utiliza cada vez mais o sistema digital DVB-S. As redes de TV a cabo ainda não foram convertidas.

No âmbito da radiodifusão, foi introduzido o sistema DAB. Ele foi desenvolvido especialmente para aplicações móveis de rádio e de multimídia (veja "Sistemas Multimídia", página 1.118). Ao contrário dos sistemas analógicos (veja "Transmissão analógica de sinais", página 1.090) a modulação dos dados é feita digitalmente e portanto não está sujeita a interferências.

Também foram adotadas medidas para recepção em automóveis e para eliminação da propagação por múltiplas vias.

Sistema de radiodifusão digital DAB

O sistema DAB é baseado essencialmente em três componentes:
- Processo de compactação de dados de áudio conforme MPEG-1 (ISO 11172-3) e MPEG-2 (ISO 13818-3), ambos Layer II.
- Processo de transmissão COFDM (multiplexagem por divisão de freqüência ortogonal codificada) e
- Distribuição flexível da capacidade de transmissão entre inúmeros canais inferiores que, independentes entre si, podem transmitir programas de áudio e dados com diferentes taxas de dados e diferentes níveis de proteção (multiplexagem DAB).

O diagrama de blocos mostra a estrutura e a interação dos diferentes componentes do sistema DAB, assim como o processo de geração do sinal DAB.

Codificadores de áudio compactam os dados de cada programa radiofônico. O codificador de canal insere a redundância necessária para correção de erros pelo receptor. Vários serviços de dados podem ser combinados num pacote multiplexado. Este pacote multiplexado é igualmente enviado ao codificador de canal.

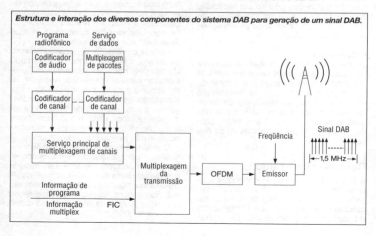

Estrutura e interação dos diversos componentes do sistema DAB para geração de um sinal DAB.

Os dados codificados por canal dos canais inferiores são combinados com os dados do Fast Information Channel (FIC) que contêm a estrutura multiplex e as informações do programa e modulados usando-se o COFDM. Em geral isso é feito digitalmente através de Fast Fourier Transformation (FFT). O sinal então é convertido de digital para analógico, misturado de acordo com a freqüência da emissora, amplificado, filtrado e finalmente transmitido.

A transmissão ocorre na banda 3 ou na banda L.

Medidas para transmissão segura em canais móveis

O processo de transmissão COFDM adotou diversas medidas para garantir a recepção, mesmo na complexa transmissão para receptores móveis. Desta forma, grupos de 3.072 bits são combinados numa espécie de "símbolo" e modulados em 1.536 freqüências portadoras em espaços de 1 kHz (divisão de freqüência), isto é, 2 bit por portadora usando modulação diferencial de fase (DQPSK).

Como diversas freqüências sofrem várias interferências nos canais móveis (seletividade de freqüência), foi assegurado que um número suficiente de portadoras pudesse sempre ser recebido. Uma função para correção de erros pode reconstituir os bits de uma portadora afetada por interferências.

Para eliminar os efeitos da <u>propagação por múltiplas vias</u> foi introduzido um "intervalo de proteção". No caso, uma parte (1/4 ou 250 ms) do símbolo mencionado acima é repetido no final.

Quando partes do sinal atingem o receptor com defasagem, devido a reflexões, elas pertencem ao mesmo símbolo que o registro de dados. Isso permite evitar a "interferência intersímbolos" e obter uma demodulação segura. Uma outra vantagem deste procedimento é a possibilidade de as emissoras DAB operarem na mesma onda. Normalmente, as emissoras de radiodifusão que operam na mesma freqüência sofrem interferência mútua, pois seus sinais chegam defasados ao receptor. O intervalo de proteção soluciona este problema, de modo que as emissoras podem cobrir todo o território nacional operando na mesma freqüência.

Como meio de eliminar altos níveis de interferências transientes, foi introduzido um processo conhecido como "intercalação de tempo". Para isso os dados são distribuídos num longo período (384 ms). Se ocorrerem interferências transientes (erro de pacote), elas são misturadas cronologicamente com os bits recebidos corretamente de modo que os procedimentos de correção podem ser efetuados.

O sistema digital de radiodifusão (DRM) para ondas longas, médias e curtas

De forma semelhante ao DAB, no futuro o sistema DRM "Digital Radio Mondial" irá digitalizar as transmissões em ondas longas, médias e curtas. A vantagem destas faixas de ondas é o longo alcance que permite a radiodifusão de programas com grande economia. Infelizmente, as condições de propagação nestas faixas de ondas são ainda mais difíceis do que na faixa de VHF.

No sistema DRM serão adotadas medidas semelhantes às do sistema DAB para minimizar os efeitos das interferências.

Adicionalmente, será utilizada uma codificação de áudio bastante efetiva, baseada no processo MPEG-4 AAC com uma ampliação adicional da largura da banda de áudio (SBR). Isso permite uma boa qualidade sonora, mesmo nos estreitos canais de ondas curtas.

Auto-rádio

O termo "auto-rádio" não se refere apenas a simples receptores de radiodifusão, mas também a aparelhos com inúmeras funções integradas que servem para informação e entretenimento. Isso inclui, por exemplo, a avaliação de informações suplementares (p.ex., notícias de trânsito), reprodução de mídias de armazenamento (p.ex., Cds e disco rígido) e telefone celular integrado. A tecnologia convencional de transmissão analógica ultimamente evoluiu para novos sistemas com acentuada velocidade. Por este motivo, os auto-rádios atuais dispõem de recepção para inúmeros sistemas mundiais de radiodifusão. Estes sistemas incluem, além da radiodifusão convencional, os sistemas DAB, SDARS e DRM.

Receptor de rádio

O receptor clássico de rádio possui uma via analógica desde a antena até o sinal de áudio. Por outro lado, os auto-rádios de alta "performance de recepção" dispõem de um processamento digital do sinal. Para isso, o sinal de freqüência intermediária fornecido pelo sintonizador é digitalizado com auxílio de um conversor analógico-digital (veja página 102) e convenientemente processado.

Receptores convencionais

Processamento do sinal
Inicialmente, a antena capta no ar o sinal eletromagnético que originalmente consiste de diversos canais com distância fixas de freqüência. O receptor recebe e processa a tensão alternada de alta freqüência gerada na base da antena.

A maioria dos auto-rádios possui, em princípio, dois circuitos para o sinal (diagrama de blocos de um típico receptor convencional):
- um circuito para processamento dos sinais de Amplitude Modulada (AM) e
- um circuito para processamento dos sinais de Freqüência Modulada (FM).

Estágio de entrada AM
Com auxílio de um selecionador de faixas, o sinal de amplitude modulada é delimitado nas faixas de ondas longas, médias e curtas e amplificado no estágio posterior.

Estágio de entrada VHF/FM
Um estágio separado recebe os sinais VHF. O filtro de entrada é sintonizado na freqüência a receber de modo que o canal desejado possa ser extraído da faixa recebida.

Com auxílio de um amplificador automático o nível do sinal recebido é então ajustado ao nível do estágio de mixagem subseqüente.

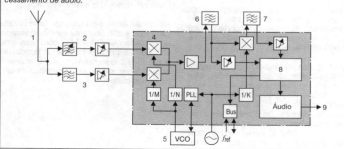

Receptor de rádio analógico convencional com dois circuitos de sinal (diagrama de blocos)
1 Antena, 2 Estágio de entrada FM, 3 Estágio de entrada AM, 4 Estágio de mixagem, 5 Oscilador, 6 Filtro FI (freqüência intermediária), 7 Filtro FI-AM, 8 Demodulador e decodificador RDS, 9 Processamento de áudio.

Oscilador controlado pela tensão (VCO)
O oscilador, cuja freqüência é controlada por um circuito controlador de fase (PLL), gera uma oscilação de alta freqüência com a qual no estágio de mixagem o sinal de entrada será convertido para uma freqüência intermediária constante. Um sinal estabilizador de quartzo serve como sinal de referência.

Estágio de mixagem
O estágio de mixagem converte o sinal de entrada para uma freqüência intermediária (FI) constante. Freqüentemente existem estágios diferentes de mixagem para a recepção dos sinais de AM e FM. No outro extremo, está o princípio da conversão de freqüência, no qual alguns receptores convertem uma segunda vez o sinal FI-AM obtido para uma segunda freqüência intermediária.

Filtro e amplificador de FI
O sinal FI obtido no estágio de mixagem passa por um filtro FI e por um amplificador regulado.

Demodulador
A partir do sinal FI de alta freqüência, o demodulador gera o sinal de áudio de baixa freqüência, que em princípio corresponde ao sinal de saída do microfone da emissora.

Decodificador
Informações adicionais, como dados RDS (sistema de dados de rádio) são interpretadas pelo decodificador e enviadas a um processador.

Processamento de áudio
Após a demodulação, o sinal de áudio pode ser adaptado às condições reinantes no veículo e ao desejo dos ouvintes. Isso pode ser obtido através do ajuste nos controles de tom e volume e balanço entre os alto-falantes dianteiros e traseiros ou direitos e esquerdos.

Pré-amplificador AF e estágio de saída
O pré-amplificador AF de áudio-freqüência e o estágio de saída servem para amplificar o sinal de áudio.

Receptor digital
(DigiCeiver)

Processamento do sinal
DigiCeivers são módulos receptores com alto nível de integração. Eles convertem o sinal FI analógico de entrada num sinal digital e o processam digitalmente. Essa tecnologia digital permite um processamento do sinal que não seria possível com a tecnologia analógica. Eles geram filtros FI com níveis excepcionais de distorção e suas larguras de banda variáveis podem ser adaptadas às condições de recepção. Além disso, através de inúmeras opções, eles podem manipular de tal maneira o sinal de entrada que as interferências no sinal de áudio podem ser sensivelmente reduzidas. O capítulo adiante "Melhorias na recepção" apresenta outras funções importantes, possíveis apenas através da tecnologia digital. Elas incluem SHARK, DDA e DDS.

Equalizador digital (DEQ)
O Digitale Equalizer (DEQ) é constituído por um equalizador paramétrico de banda múltipla que oferece ajuste separado das freqüências médias e da amplificação ou atenuação dos filtros individuais. A supressão da ressonância indesejável obtida deste modo otimiza o som no interior do veículo. A resposta de freqüência dos alto-falantes também pode ser retificada. Alguns aparelhos também dispõem de filtros de equalização pré-ajustados, selecionáveis de acordo com o tipo da música ou modelo do veículo (p.ex., jazz, pop, perua, limusine etc.)

Ajuste digital do som (DSA)
O Digital Sound Adjustment (DSA) analisa e corrige automaticamente a resposta de freqüência no veículo. Um microfone e o DSP são usados para medir e analisar um sinal de teste gerado pelos alto-falantes e a curva sonora ideal para o veículo é ajustada no equalizador.

Cobertura dinâmica do ruído
Com o veículo em movimento, o Dynamic Noise Covering (DNC) através de um microfone mede e analisa permanentemente o espectro do ruído no veículo que encobre

o sinal de áudio limitando a percepção do som. Ele amplifica seletivamente a freqüência encoberta e restaura a qualidade do som independentemente do ruído no veículo.

TwinCeiver

A última geração de auto-rádios fabricados pela Blaupunkt dispõe de um chip de recepção altamente integrado chamado TwinCeiver que possui duas vias de sinal digital e conversor analógico-digital. Este sistema de recepção pode calcular a partir das duas vias uma nova abertura para a antena e assim melhorar sensivelmente a qualidade da recepção (DDA: Digital Directional Antenna). Entre outras coisas, isso minimiza as interferências provocadas pela propagação múltipla.

Qualidade da recepção

A radiodifusão analógica serve primordialmente para o suprimento terrestre. A distância de transmissão nem sempre é ideal, o que, dependendo da constelação de receptores/emissora e do ambiente, pode resultar em perdas na qualidade da transmissão. Na recepção VHF, ocorrem situações críticas de recepção, devido aos seguintes problemas provocados pela distância de transmissão.

Degeneração da recepção (fading)

A degeneração da recepção tem origem nas oscilações no nível de recepção, devido a obstáculos no percurso do sinal como túneis, edifícios, montanhas etc.

Recepção múltipla (Mutipath Reception)

A recepção múltipla provocada por reflexões em prédios, árvores ou água pode facilmente provocar uma queda substancial da intensidade de campo de recepção e até a extinção total. As oscilações da intensidade de campo de recepção surgem dentro de um espaço de poucos centímetros. Estas oscilações têm efeito particularmente nocivo sobre as recepções móveis, como é o caso do auto-rádio.

Canais adjacentes (Adjacent Channel)

Interferências de canais adjacentes ocorrem, quando ao lado do canal sintonizado há um outro canal com maior intensidade de campo e que também é detectável.

Interferência de sinal de nível mais alto

A interferência por sinal de nível mais alto ocorre nas proximidades de emissoras com alta intensidade de campo. O receptor protege sua entrada reduzindo a intensidade de campo. Isso provoca o efeito de atenuação do volume das emissoras mais fracas.

Sobremodulação

Para atingir uma maior alcance ou um volume mais alto algumas emissoras aumentam a modulação. As desvantagens deste procedimento são maior fator de distorção e maior suscetibilidade a interferências causadas por múltipla propagação.

Interferências de ignição

Fontes de interferência de alta freqüência (tais como ignição do motor de explosão, acionamento de um comutador ou o processo de comutação do motor elétrico) provocam interferências na recepção.

Melhorias na recepção

Os auto-rádios atuais possuem inúmeras funções para melhorar o desempenho da recepção, as mais significativas são:

RDS (Sistema de Dados de Rádio)
O RDS é um sistema digital de transmissão de dados para rádio FM. O formato é padrão para a Europa e oferece ao receptor, além do sinal de áudio desejado, informações adicionais sobre freqüências alternativas de mesma modulação. Entre outras coisas, isso permite ao receptor sintonizar continuamente a freqüência com menor interferência. Os parágrafos a seguir oferecem um resumo das informações transmitidas.

Código PS
O código PS representa o nome da estação sintonizada.

Código AF
O código AF contém a lista das freqüências alternativas, nas quais a estação sintonizada é igualmente transmitida.

Auto-rádio **1099**

Código PI
Com o código PI a estação sintonizada pode ser claramente identificada.

Códigos TP e TA
Os códigos TP e TA permitem identificar as estações que divulgam comunicados de tráfego.

Código PTY
O código PTY serve para identificar o tipo de estação, enquanto o PTY31 contém um sinal especial para comutação de comunicados de alerta para a população.

Código EON
O código EON sinaliza um comunicado sobre o tráfego numa outra estação. A freqüência pode ser mudada durante a duração do comunicado.

Código TMC
O código TMC transmite informações padronizadas de tráfego. Sua reprodução pode ser feita no idioma local através de um gerador de linguagem. Os sistemas de navegação podem levar em conta as informações para o cálculo das rotas.

Código CT
O código CT contém a hora e a data.

Código RT
O código RT contém transmissões de texto (p.ex., o título da música atual).

DDA (Antena Direcional Digital)
Este sistema desenvolvido pela Blaupunkt usa de duas antenas para calcular uma antena balanceada com uma nova característica direcional. Isso permite a supressão das interferências provocadas pela propagação múltipla (figura).

DDS (Sistema de Diversidade Digital)
As características de recepção das rádios FM dependem muito da localização. Um sistema de diversidade dispõe de várias antenas entre as quais ele pode comutar para obter a melhor característica de recepção. O DDS integrado ao DigiCeiver usa na estratégia de comutação o mesmo sinal que é fornecido como sinal de áudio após a demodulação.

High Cut
Interferências como as causadas por propagação múltipla ou degeneração têm maior efeito sobre as altas freqüências. Por este motivo, os auto-rádios atuais dispõem de um dispositivo para detectar tais interferências e reduzir o nível do sinal de áudio das altas freqüências, no caso de interferência.

SHARK
SHARK é uma função que na recepção FM ajusta automaticamente a largura de banda dos filtros de freqüência intermediária para adaptá-la às condições de recepção. No caso de emissoras que transmitem em faixas de freqüência muito próximas, esta função aumenta consideravelmente a separação entre elas, possibilitando uma recepção praticamente livre de interferências. Quando não existem canais adjacentes, a largura da banda pode ser aumentada e assim reduzir o fator de distorção.

ASU (Supressão Automática de Ruídos)
A função ASU suprime os sinais interferentes tanto de fontes do próprio veículo quanto de fontes externas e com isso melhora a recepção. No momento que ocorre a interferência, ela sente o sinal demodulado que, além do sinal útil, contém também impulsos interferentes, ou seja, ela interrompe o sinal momentaneamente.

Diagrama da antena otimizada
1 Sinal direto, 2 Reflexão,
3 Diagrama direcional

Equipamentos suplementares

Amplificador
O amplificador de potência separado (com transformadores integrados) controla o auto-rádio através da saída pré-amplificada. A potência de saída substancialmente mais alta alcança um sensível ganho no tom e na dinâmica da música, principalmente na faixa dos graves.

Equalizador
O equalizador é um aparelho suplementar para auto-rádios comuns ou um módulo digital para auto-rádios de ponta, usado para controlar o tom. Ele permite a ampliação ou atenuação individual dos canais de tom (faixas de freqüência). Ele contrabalança as distorções de ênfase provocadas pelas características acústicas do veículo (falta de linearidade).

Trocador de CDs
O trocador de CDs é um reprodutor de CD (Compact Disc) para instalação no porta-malas. Ele é carregado com gavetas, geralmente com capacidade para até dez CDs. A seleção de CDs e de títulos é feita através de um auto-rádio compatível ou de um controle remoto separado.

Modulador de FM
O modulador de FM atua como um pequeno emissor de rádio convertendo os sinais de entrada (p.ex., de um trocador de CD) em ondas de rádio numa freqüência selecionada. O adaptador conectado entre a entrada e o conector da antena fornece estes sinais para o sintonizador do auto-rádio. Isso permite conectar o trocador de CD em qualquer auto-rádio.

Reprodutor de MP3
Este aparelho supercompacto pode ser conectado praticamente em qualquer auto-rádio. Seu minidisco rígido (Compact Drive MP3) pode reproduzir até 18 horas de música MP3. O processo MP3 é capaz de compactar dados de áudio sem perda audível da qualidade possibilitando a gravação de músicas baixadas pela Internet no PC doméstico. O minidisco rígido é um meio universal de armazenagem, reutilizável, atualmente com capacidade para aproximadamente 250 títulos.

Processador digital de sinais com reprodutor MP3 integrado
O processador digital de sinais com função integrada para reprodução de MP3 assume amplamente as funções de equalizador e as complementa com ajustes prefixados para gêneros musicais do pop ao clássico. Há possibilidade de ajuste tanto para as faixas individuais de freqüência como para entonação. O aparelho é carregado com cartão de chip com músicas MP3. O meio de armazenagem é um cartão multimídia MMC (MultMediaCard) que pode ser reproduzido no PC por um número irrestrito de vezes. O aparelho aceita simultaneamente até 5 cartões com qualquer capacidade de armazenagem e pode tocar seleções individuais de trilhas ou cartões.

Alto-falantes automotivos
Os sinais elétricos de baixa freqüência fornecidos após a demodulação pelo receptor são convertidos novamente em ondas sonoras audíveis para o ouvido humano (30...20.000 Hz) através do alto-falante automotivo. Ele consiste de uma membrana (diafragma) que é suspensa através de uma canaleta flexível em torno do perímetro externo, cujo ápice é movimentado para dentro e para fora pela bobina de um sistema de acionamento eletromagnético. Geralmente para as freqüência baixas e médias, são usados diafragmas com formato cônico e para as freqüências altas diafragmas em forma de calota. Eles são feitos de papel rígido ou, nos alto-falantes de qualidade, predominantemente de polipropileno, alumínio SAC ou cerâmica.

O alto-falante dinâmico (figura) consiste de um ímã permanente em cuja folga circular oscila uma bobina ligada ao diafragma. O alto-falante capacitor para altas freqüências > 5.000 Hz é baseado na atração eletrostática entre duas superfícies metálicas carregadas com potencial elétrico oposto. O alto-falante de cristal utiliza o efeito piezelétrico. Nos alto-falantes iônicos em lugar do diafragma, partículas ionizadas são colocadas em oscilação. Dependendo da faixa de freqüência, existem as seguintes categorias:
- Agudos (tweeters)
- Médios (midrange)
- Graves (woofer) e
- Graves externos (subwoofer).

Auto-rádio **1101**

Alto-falante dinâmico (esquema)
1 Ímã permanente, 2 Bobina oscilante,
3 Diafragma central, 4 Armadura, 5 Canaleta,
6 Diafragma cônico.

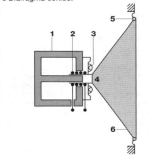

As características acústicas do interior do veículo e os alto-falantes e suas condições de instalação determinam a qualidade de reprodução. Quanto maior o alto-falante melhor a reprodução de graves. Como um único alto-falante não pode reproduzir todos os tons audíveis, os sistemas de alta-fidelidade distribuem o espectro total de freqüência entre diversos alto-falantes.

Pré-requisito para um som estereofônico balanceado é uma série de alto-falantes especificamente posicionados juntamente com um processador de sinal digital DSP (p.ex., em conjunção com um sistema de som). Eles criam um panorama estereofônico em qualquer ponto do interior do veículo, fazendo parecer que o espaço sonoro se estende além dos limites internos do veículo.

Antenas veiculares

As antenas veiculares captam as ondas portadoras de alta freqüência irradiadas pelas emissoras e as transferem ao receptor (auto-rádio, telefone celular ou sistema de navegação) para demodulação. A freqüência operacional para rádio e telefone abrange de 150 kHz a 1,9 GHz. Para explorar esta imensa faixa de freqüências sob condições especiais de recepção seria necessário um grande número de antenas. Por isso a tendência é usar antenas combinadas que permitam a recepção de vários serviços de rádio.

A capacidade de recepção da <u>antena de rádio</u> depende do local de instalação e da distância do receptor. Quanto mais distante das superfícies metálicas planas e das janelas do veículo, maior a eficiência. O amplificador na base da antena aumenta a capacidade de recepção da antena ativa. Bons resultados podem ser obtidos com antenas de haste telescópica livres (também com antenas automáticas acionadas por motor). Uma alternativa é a antena de pára-brisa, que devido às suas características direcionais são um pouco inferiores, mas que são isentas de desgaste e não exigem manutenção. A antena flexível de haste curta é tecnicamente um meio termo.

A <u>antena de telefone celular</u> no veículo usa duas freqüências RF sintonizadas para transmissão digital bidirecional simultânea de dados entre a estação-base e o telefone celular. A antena de haste $\lambda/4$ simples é adequada para este propósito, devido às suas características de irradiação. Para locais com sinal fraco a "antena de ganho" $\lambda/4 + \lambda/2$ ou a $\lambda/4 + 2 \times \lambda/2$ é uma alternativa melhor. A antena combinada é usada para a recepção do maior número possível de serviços de rádio. Antenas "On-glass" e para fixação no vidro são indicadas para uma rápida instalação ou remoção.

A <u>antena de navegação de rota horizontal</u> com amplificador para elevação da sensibilidade de recepção é especialmente adequada para ser usada como antena polarizada circular para recepção de satélites GPS. Antenas combinadas, com filtros de antena, podem ser usadas para serviços de rádio, de comunicações, de telefone celular etc. Uma visão livre evita perdas de recepção, devido às sombras de rádio.

Telefone celular e dados

Redes de telecomunicações

As redes de telecomunicações compreendem terminais e infra-estrutura. Pelos critérios de mobilidade e pelo modo como os terminais acessam a infra-estrutura é possível classificar as redes de telefonia celular dentro das redes de telecomunicações.

		Modo de acesso	
		via fio	sem fio
Mobilidade	Fixo	– Rede telefônica tradicional – Internet, LAN	– Transmissão de rádio
	Móvel		– Telefone celular/dados – Rádio privado – Radiodifusão – Marítimo/aeronáutico – Telefone sem fio

Componentes e estrutura

As redes de telefonia celular são baseadas em aparelhos portáteis e infra-estrutura.

Aparelhos portáteis

Aparelhos portáteis incluem telefones celulares e equipamentos de radiocomunicação veicular. Um aparelho celular é composto por três componentes funcionais:
- Unidade de operação (microfone e alto-falante, display e teclado),
- Modem de rádio (modem, modulador/demodulador) para converter sinais de voz e dados em sinais elétricos e
- Unidade de transmissão/recepção de rádio.

Terminais de dados sem unidade de rádio, como laptop ou PDA (Personal Digital Assistants) podem se comunicar com um sistema de telefonia celular através de um modem de rádio interno ou externo.

Infra-estrutura de telefone celular

A infra-estrutura de telefone celular é composta por postos de rádio em locais fixos e pelo controle do sistema de rádio. Um posto de rádio consiste de uma estação base, que garante cobertura de rádio para uma área, e de um controle da estação-base. A localização dos postos de rádio se baseia, entre outras coisas, nos requisitos topográficos e no volume de tráfego de comunicações esperado (capacidade máxima de assinantes). Uma estrutura de rede de rádio celular permite a reutilização da estreita faixa de freqüências de rádio nas células adjacentes.

Controle do sistema de rádio

A central de comutação de telefone celular, além de controlar as ligações entre os aparelhos celulares que se encontram na mesma célula ou em células diferentes de rádio, controla também as ligações entre os aparelhos celulares e a rede de telefonia fixa. Para oferecer um controle automático das ligações, a central de comutação de telefone celular precisa saber permanentemente a localização de todos os aparelhos celulares nas células de rádio. Isso é possível através de uma troca contínua de sinais de identificação entre o aparelho celular e as estações-base. A estação-base pode detectar quando um aparelho celular se moveu para a célula adjacente pela queda da intensidade de campo ou da qualidade do sinal recebido.

O banco de dados dos assinantes, entre outras coisas, faz a autenticação do assinante e registra sua respectiva localização na célula de rádio.

Um sistema de manutenção e controle monitora continuamente a operação.

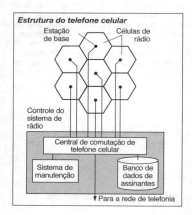

Estrutura do telefone celular

Redes de telefonia celular

Redes de telefonia celular GSM e DCS 1800

O sistema de telefone celular padrão nos países europeus, GSM (Global System for Mobile Communication), está em operação desde 1992. Ao contrário do telefone celular analógico, ele transmite voz e dados de controle de forma digital. As redes de telefonia celular GSM operam na faixa de 900 MHz, cada uma com capacidade para 2 milhões de assinantes. O sistema similar DCS 1.800 (Digital Cellular System) opera com a mesma tecnologia desde 1994 na faixa de 1800 MHz. Cada célula de rádio dispõe de vários canais de alta freqüência, cada um com uma largura de banda de 200 kHz. Cada canal de alta freqüência transmite dentro de uma fatia de tempo sete canais de voz (canal de tráfego) e um canal de controle consecutivos em curtos intervalos de tempo. Durante uma ligação o canal de alta freqüência fica disponível a cada 4,6 ms para todos os aparelhos celulares pelo decorrer do intervalo de tempo (processo de multiplexagem por divisão de tempo). A defasagem de 4,6 ms entre dois intervalos de tempo consecutivos iguais é curto o suficiente para garantir perfeita qualidade de voz.

Cada canal de tráfego pode suportar um fluxo bruto de dados de 22,8 kbit/s. Para compensar interferências durante a transmissão de rádio, a voz digitalizada é transmitida a uma taxa de dados de 9,6 kbit/s. A diferença para os 22,8 kbit/s é usada para correção de erros. Em lugar de voz, um canal de tráfego também pode transmitir dados (p.ex., um fax).

No decorrer de uma ligação de telefonia celular um intervalo de tempo entre os aparelhos fica permanentemente reservado (conexão de linha), independentemente de essa conexão estar transmitindo voz ou dados.

Serviço de mensagens curtas (SMS)

O serviço de mensagens curtas SMS (Short Message Service) oferece um meio econômico de transmissão de dados pela rede de telefonia celular GSM para mensagens de texto com até 160 caracteres por emissão. O texto da mensagem SMS é transmitido sem ocupação extra de um canal de voz, aproveitando a capacidade ociosa dos canais de controle. As mensagens SMS podem ser enviadas de um aparelho celular para outro ou, através da internet, de um PC para um aparelho celular. Depois que uma mensagem SMS é enviada, ela é armazenada temporariamente na rede de telefonia celular e enviada assim que o aparelho celular receptor é ligado (princípio "store and forward").

Processo de transmissão de dados HSCSD

No processo HSCSD (High Speed Circuit Switched Data) as redes GSM reúnem até quatro canais de tráfego adjacentes para transmissão de dados (conexão de linha). Com uma taxa líquida de 14,4 kbit/s por canal de tráfego, o feixe de canais atinge uma velocidade de dados de 57,6 kbit/s. Os custos de uma conexão HSCSD é calculada pelo tempo de conexão e pelo número de canais de tráfego utilizados.

Multiplexagem por divisão de tempo

Fatia de tempo 4,6 ms | Fatia de tempo 4,6 ms

Intervalo de tempo 1 para o aparelho A (canal de tráfego 1)

Intervalo de tempo 7 para o aparelho B (canal de tráfego 7)

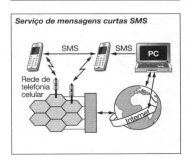

Serviço de mensagens curtas SMS

Processo de transmissão de dados GPRS

Em 2001 o processo de transmissão de dados orientado por pacotes GPRS (General Packet Radio Service) foi introduzido para complementar a rede de telefonia celular GSM. Canais de dados GPRS e canais normais de voz compartilham os intervalos de tempo de uma fatia de tempo. Os canais de dados GPRS são alocados dinamicamente dependendo da prioridade dos canais de voz. Durante uma pausa na transmissão da conexão GPRS, outra conexão GPRS pode usar o intervalo de tempo temporariamente "desocupado". Ao contrário da técnica HSCSD, um fluxo de dados é subdividido em pacotes individuais, numerados consecutivamente para transmissão. Os pacotes de dados são transmitidos independentes uns dos outros. No aparelho celular, com base na numeração, os pacotes de dados individuais são recompostos na seqüência correta. Os custos de transmissão são baseados no volume dos dados transmitidos. Um aparelho celular equipado com módulo GPRS pode se conectar com redes de dados (p.ex., Internet).

Serviço de dados WAP

O serviço WAP (Wireless Application Protocol) na rede de telefonia celular GSM é baseado num protocolo especial de transmissão de dados, derivado do protocolo Internet amplamente difundido. Este serviço foi definido independentemente de um padrão de telefone celular. Portanto, ele pode ser empregado não só nas redes GSM como também na futura rede de telefonia celular UMTS. Um micronavegador integrado ao aparelho celular pode acessar dados da Internet (World Wide Web, e-mail etc.). Ao contrário dos serviços SMS e MMS, o acesso a dados/mensagens armazenadas (páginas WAP ou e-mails) na Internet é iniciado ativamente pelo usuário (princípio "store and retrieve"). Para possibilitar a exibição de páginas WAP em pequenos displays de celular ou PDA, elas foram adaptadas ao pequeno formato especial display e freqüentemente são armazenadas paralelamente às páginas normais da Internet. Aplicações típicas são transmissão de mensagens (e-mail), dados de trânsito, tempo, cotações da bolsa etc.

Serviço de dados i-Mode

O serviço dados sem fio i-Mode (o "i" representa Internet interativa) na Europa é oferecido na rede de telefonia celular DC 1800 e no Japão é uma alternativa bem sucedida para o serviço WAP. Ambos utilizam a tecnologia de transmissão GPRS.

Serviço de dados MMS

O serviço de multimídia MMS (Multimedia Messaging Service) envia imagens, gráficos, vídeos, dados de áudio etc. de ou para um aparelho celular. O serviço MMS foi definido para a transmissão de mensagens MMS na rede de telefonia celular GSM com base na tecnologia GPRS/WAP e na rede de telefonia celular UMTS. Antes de enviar elementos multimídia para um aparelho celular, o formato do display deve ser adaptado. Além disso, computadores especiais das redes de telefonia celular configuram os dados de multimídia. Elementos individuais de multimídia podem ser combinados à vontade e reproduzidos no aparelho celular segundo um cronograma definido. Além de "aplicações recreativas" (fotos ao vivo das férias), é possível o uso comercial, como, p.ex., enviar apresentações, dados de produto ou instruções para os funcionários de assistência técnica.

Rede de telefonia celular UMTS

A futura rede de telefonia celular UMTS (Universal Mobile Telecommunications System) é um aprimoramento da rede GSM. A interface de radiocomunicação foi otimizada para aplicações multimídia, como voz, dados, música, imagens, vídeo, jogos etc. e transmissões de dados baseadas em pacotes. A rede de telefonia celular opera na Europa na faixa de freqüência 1,9...2,2 GHz. A infra-estrutura de radiocomunicação é dividida em três níveis:

1. A rede de células macro como nível mais alto da rede é constituída de postos de rádio com células de aprox. 2 km. Ela fornece cobertura em rede nacional. A taxa máxima de transmissão de dados atinge 144 kbit/s.
2. A rede de células micro como nível médio da rede cobre pequenas áreas (células de aprox. 1 km, principalmente para regiões densamente povoadas). A taxa de transmissão de dados atinge no máx. 384 kbit/s.

3. A rede de células pico (células de aprox. 60 m, taxa máxima de transmissão de dados de 2 mbit/s) cobre primordialmente edificações (p.ex., aeroportos).

Ao contrário da multiplexagem por divisão de tempo GSM, os dados dentro de uma célula são transmitidos simultaneamente pelo mesmo canal de rádio.

Códigos WCDMA (Wideband Code Division Multiplexing Access) separam os dados de diversos aparelhos celulares num canal de alta freqüência. As estações-base e os aparelhos celulares negociam estes códigos entre si. A tecnologia WCDMA permite um aproveitamento mais efetivo dos canais de rádio. Assim, a capacidade de transmissão de dados para uma conexão pode se adaptar de forma flexível ao serviço utilizado. A transmissão de voz, por exemplo, requer uma taxa de transmissão de dados menor do que a transmissão de aplicações multimídia, como imagens e vídeos.

Redes de dados via rádio

Redes especiais de dados via rádio como Bluetooth ou WLAN oferecem uma conexão de dados entre terminais móveis ou numa rede de dados, como a Internet.

Bluetooth
A Bluetooth é uma alternativa para as conexões via infravermelho e é empregada para conectar sem fio o PC com aparelhos externos, como impressoras, câmaras digitais etc.

A rede Bluetooth opera na faixa de freqüência isenta de licença de 2,4 GHz (como os fornos de microondas, p.ex.). "Bluetooth" vem do nome do rei viking Harald Blåtand ("dente azul") em reconhecimento às firmas escandinavas que participaram decisivamente no desenvolvimento desta tecnologia. A potência de transmissão atinge 1 mW com alcance de aprox. 10 m. Para proporcionar uma conexão com o mínimo de interferências a freqüência é trocada 1.600 vezes por segundo (frequency hopping). As divisões de freqüência transmitem os dados seqüencialmente na forma de pacotes. Se uma divisão de freqüência sofre uma interferência durante a transmissão dos dados, um processo de correção por parte do receptor pode reconstituir completamente a divisão de freqüência.

A taxa de transmissão de dados atinge no máx. 721 kbit/s. Na rede Bluetooth não se emprega nenhum processo especial de criptografia de dados. A segurança dos dados se limita simplesmente à sincronização do processo de troca de freqüência entre os aparelhos.

WLAN
A rede WLAN (Wireless Local Area Network), do mesmo modo que a Bluetooth, oferece aos telefones celulares uma conexão sem fio com as redes de computadores na faixa de 2,4 GHz. Ao contrário da Bluetooth, a troca de freqüência ocorre apenas a cada 2,5 segundos. A potência de transmissão atinge até 100 mW permitindo um alcance de até 100 m no interior de prédios. Usando a WLAN, é possível fazer conexão de dados com a Internet a uma taxa máxima de dados de 11 mbit/s, com baixos custos de investimento. Diferentemente da Bluetooth, a rede WLAN via rádio emprega um eficiente processo adicional de criptografia de dados.

Como terminais podem ser usados laptops ou PDAs equipados com módulos adequados de interface de rádio LAN. As redes WLAN substituem ou complementam as redes LAN via cabo em empresas, universidades, aeroportos etc. Para permitir o faturamento dos custos em WLANs públicas (aeroportos, estações ferroviárias etc.), os aparelhos móveis devem ser equipados com módulos de identificação SIM (Security Identify Module).

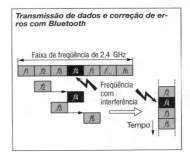

Transmissão de dados e correção de erros com Bluetooth

Serviços de informações via celular

Enquanto o capítulo "Telefone celular e dados" (página 1102) trata das diferentes técnicas de transmissão do telefone celular, este capítulo focaliza as informações transmitidas e os serviços oferecidos.

Sistemas de transmissão para serviços de telefonia celular

Sistemas de transmissão, no sentido da telecomunicação, contribuem essencialmente para superar qualquer distância. Voz, imagem e texto são os principais elementos atualmente transmitidos. Enquanto a voz com a telefonia, a imagem com a televisão e o texto com o fax e telex possuem uma longa tradição, a Internet (uma rede formada por clientes e servidores autônomos) como sistema de transmissão ainda é comparativamente jovem. A principio, ela oferece apenas uma opção rápida e simples para intercâmbio de informações entre os sistemas participantes. A novidade fundamental em comparação com os sistemas anteriores está na separação entre aplicação (como voz, texto, fotos e filmes) e o transporte das informações como dados digitais, sem o conhecimento do conteúdo.

Os sistemas de transmissão existentes, no decorrer de seu desenvolvimento, foram da mesma forma progressivamente digitalizados. Um exemplo disso é o desenvolvimento da rede de telefonia celular na Alemanha que têm sua origem na telefonia celular analógica. Com a introdução da rede "C" em 1985 seguida pela rede "D" em 1992, a voz pode ser transmitida como informação digital com auxílio da conversão analógica/digital. Mas, até este ponto as aplicações e a transmissão estavam intrinsecamente ligadas. Com o avanço do desenvolvimento a transmissão de mensagens de texto se popularizou e desde 2001, com a introdução do GPRS, o uso de aparelhos celulares como interface para Internet se estabeleceu definitivamente.

Funções básicas

Os sistemas de transmissão podem ser divididos basicamente em duas classes:
- Sistemas unidirecionais, como radiodifusão e rádio satélite,
- Sistemas bidirecionais, como telefone celular, Internet ou rede WLAN (Wireless Local Area Networks com alcance aproximado de 100 m).

Sistemas de transmissão unidirecionais se destinam à divulgação de informações a um custo acessível para um número irrestrito de receptores ao mesmo tempo. Pelo contrário, os sistemas bidirecionais são otimizados para permitir o relacionamento equivalente entre os provedores de informações e os receptores.

Por isso, os sistemas bidirecionais têm como premissa que o usuário possa ser endereçado para resposta, que a perda de dados no trajeto da transmissão possa ser detectada, que os dados possam ser protegidos contra falsificações por terceiros e que uma pergunta acarretará certamente uma resposta. Logo, a complexidade da transmissão de dados é considerável.

Arquitetura em camadas

Em 1984, foi publicada a norma ISO-OSI 7498 (Open Systems Interconnections). Ela reparte em "camadas" as tarefas de transmissão de informações num sistema distribuído. Isso representa mais uma subdivisão das tarefas gerais de comunicações necessárias em termos de desmembramento do uso e da transmissão de informações. As tarefas com maior afinidade com o usuário são classificadas num nível mais alto de hierarquia.

Camada de aplicação

A "camada de aplicação" abrange todas as tarefas que têm contato direto com o usuário ou com o processo de usuário. Por exemplo, um programa de e-mail notifica o usuário que há mensagens recebidas ou permite ao usuário compor uma nova mensagem; por outro lado, ele também pode responder automaticamente com um aviso de ausência.

Camada de apresentação
A camada de apresentação se ocupa com as questões de representação dos dados transmitidos, isto é, compressão, codificação dos caracteres e criptografia. A codificação dos caracteres e criptografia em certa medida também faz parte da camada de transporte ou de conferência, pois estas são melhor implementas em relação à segurança. O equivalente na Internet como camada de criptografia é, por exemplo, a SSL (Secure Socket Layer) ou a TLS (Transport Layer Security), situada entre a conferência e o transporte.

Camada de conferência
A função da camada de conferência, entre outras coisas, é controlar a comunicação e administrar a conexão entre as partes em comunicação. No WAP (Wireless Application Protocol) e na WWW (World Wide Web) estabeleceu-se um formato que decompõe o par pergunta-resposta sem considerar o status, ou seja, sem que o servidor tenha que memorizar a pesquisa após a resposta. Na Internet o HTTP (Hyper Text Transfer Protocol) é o padrão mais conhecido para isso.

Camada de transporte
A camada de transporte coloca uma conexão de dados à disposição, independentemente da rede no nível inferior de hierarquia. A Internet na maioria das vezes usa para este propósito o protocolo TCP (Transfer Control Protocol), mais conhecido.

Camada de comunicação/Network Layer
O termo inglês significa literalmente que esta camada tem a função de estabelecer as rotas para os dados na rede. Um infra-estrutura distribuída, composta por vários sistema de processadores individuais precisa administrar e intercambiar rotas para os pacotes de dados, p.ex., onde tal assinante ou servidor pode ser localizado. Na Internet é usado entre outros o protocolo IP (Internet Protocol).

Camada física
A transmissão dos dados é subdividida ainda em duas camadas:
- segurança do bit (security layer) e
- transmissão de bit (physical layer),
que não serão detalhadas aqui.

Componentes

Os sistemas de transmissão mencionados acima possuem uma série de componentes que assumem funções na cadeia de transmissão descritos a seguir.

Servidor
Como ponto terminal da cadeia de transmissão o servidor fornece as informações. Através de funções padronizadas ele pode ser solicitado e responder sobre estas informações de acordo com os aplicativos.

Cliente
Um cliente é um segundo ponto terminal da cadeia. Ele geralmente é a máquina operada pelo usuário. O cliente inicia a solicitação ao servidor estabelecendo assim a conexão ativa. Cliente e servidor podem ser unificados sem restrições numa mesma máquina.

O termo deve ser considerado em relação ao processo de comunicação, pois numa determinada situação um servidor se comporta como cliente para contatar outro servidor.

Proxy
Um proxy, freqüentemente combinado com um firewall, é um ponto de passagem no percurso da comunicação. Ele possui o mesmo protocolo em ambos os lados. Suas funções são:
- codificar ou decodificar o conteúdo num formato legível para o terminal,
- administrar o perfil do terminal,
- alocar os endereços IP e
- armazenar temporariamente os dados solicitados para acelerar uma segunda solicitação.

Firewall
O firewall é um sistema de segurança capaz de distinguir as zonas interna e externa. Ele protege comunicações e dados internos contra o acesso de fontes externas não autorizadas. Isso é feito através de camuflagem dos endereços internos (Network Addres Translation) e de outros mecanismos variados. Entre outras coisas, ele faz uma varredura nos dados à procura de vírus e os elimina quando necessário.

1108 Informação e comunicação

Gateway

Um gateway é usado para traduzir comunicações de um protocolo para outro. O objetivo é fazer os aplicativos se comunicarem através do gateway com a mínima interferência possível. Entretanto, há limitações, já que só estão disponíveis funções que possam ser representadas em ambos lados. Um dos mais indesejáveis efeitos ocorre com a camada de segurança WAP WTLS. Na Internet a função de criptografia correspondente tem forma diferente. Portanto, se um terminal WTLS quiser acessar a Internet o gateway precisa abrir os dados, decifrá-los e criptografá-los de forma diferente para a Internet. Como justamente a operação de abrir os pacotes de dados é considerada crítica, foi adotada nos aparelhos WAP 2.0 a função de criptografia usada pela Internet.

Access Point

O acess point é o ponto onde é estabelecida a conexão semipermanente entre a infra-estrutura de comunicação sem fio e a infra-estrutura de comunicação com fio. Ele geralmente também é o ponto onde ocorre a tradução do protocolo, de forma que os access points também são os gateways.

Desafios

Sistemas de transmissão via celular servem para transmitir e apresentar informações de acordo com a vontade do usuário. Todavia, o processo é dificultado por diversas circunstâncias descritas a seguir.

Tolerância a erros

Ao contrário dos sistemas por linha, o usuário pode se mover e conseqüentemente a qualidade da recepção pode se alterar durante a transmissão (ou por sombra ou por abandono da área de alcance da estação).

Quando o usuário se move da área de alcance de uma estação para a área da estação adjacente, a conexão é trocada automaticamente. Para tornar isso possível a estação anterior passa um registro com os dados da conexão para a nova estação ("visitor location register"). Esta operação é chamada de "handover". Uma operação "handover" é muito complexa e representa uma defasagem considerável nas transmissões de alta freqüência. Automóveis em altas velocidades podem perder momentaneamente a conexão. Portanto, é função da camada de transporte detectar isso de forma imperceptível para o usuário e se necessário restabelecer a conexão.

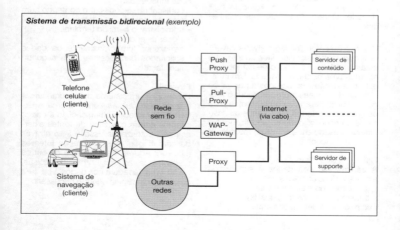

Sistema de transmissão bidirecional (exemplo)

Mas interferências na rede de rádio também podem provocar erros. GSM DCS, por exemplo, garante uma taxa de erro de 1%, o que para alguns tipos de dados não é suficientemente seguro. Ao contrário da codificação de voz, um programa não tolera erros, senão ele pode travar.

Disponibilidade/queda da conexão
A cobertura celular na Alemanha é praticamente total. Apesar disso, existem locais onde um terminal não pode se conectar com o transmissor (p.ex., no porão). Seria muito desagradável se uma curta interrupção provocasse o término da comunicação e a conseqüente perda de todos os dados transmitidos desde o estabelecimento da conexão. Por isso, a camada de conferência abre uma conexão com um serviço especial de forma que um processo pode continuar em operação mesmo durante um período relativamente longo sem resposta (dependendo do serviço pode ser até por várias horas). Assim que o aparelho entra novamente na área de recepção, a conexão é reativada.

Características do aparelho
Uma outra diferença entre o PC doméstico e um terminal móvel é o formato. Enquanto neste sentido os PCs são quase padrão (800 x 600 pixel, teclado de 102 teclas e mouse), os aparelhos portáteis são extremamente diferentes em termos de entrada e saída de dados. Além da quantidade de teclas, tamanho, cor e resolução do monitor, eles também diferem quanto às áreas de aplicação. Para que as prestadoras de serviço possam enviar as informações no formato apropriado, uma conferência pode esclarecer automaticamente o tipo de terminal usado para o serviço. Assim pode ser feita uma conversão apropriada das informações, para que o usuário as receba de forma otimizada.

Pagamento
O pagamento de serviços tarifados é um problema resolvido de diversas maneiras pela Internet. Como o refinanciamento através da publicidade, em virtude do pequeno tamanho da tela não é muito adequado neste caso, esta função adquire importância extra. Interfaces para cartões EC (Cartões Eurocheque) encareceriam desnecessariamente o aparelho terminal. Por este motivo, futuras soluções irão gerenciar dinheiro eletrônico e identificações ("assinaturas") permitindo sua transferência pela rede através de um terminal. Outro aspecto do pagamento é a própria conexão de dados. Para isso, já existe uma solução bastante difundida. O termo "roaming" se refere ao movimento de usuários dentro da área de operadoras, de redes diferentes. As operadoras trocam detalhes sobre os usuários conectados usando o "visitor location register" (registro de localização de visitantes), de modo que o usuário pode mover seu terminal de uma operadora para outra. A cobrança é feita através da conta do telefone celular local.

Serviços baseados na localização
Um PC ou um laptop geralmente são estacionários. O tamanho usual do terminal celular faz com que ele seja portátil e fácil de usar. Ele abre a possibilidade para outro tipo de serviço baseado na localização atual ("locations based services"), que fundamentalmente projeta a posição geográfica de um terminal num mapa viário digital. Um serviço de "páginas amarelas", por exemplo, poderia assim prescindir de uma grande parte das informações (relacionadas ao local onde se acha o usuário) normalmente necessárias para apresentar os estabelecimentos próximos. Informações para se orientar no local atual seria outro serviço que poderia utilizar estas informações.

Classes de serviço

Como já mencionado, as funções especiais de telefone celular oferecem um grande número de aplicações. A seguir é apresentada uma pequena lista dos serviços possíveis com o telefone celular. Do ponto de vista do usuário, o termo aplicação recebe uma conotação de "serviço". Um serviço pode ser uma aplicação autônoma ou uma outra aplicação, como, p.ex., o uso de um navegador para servir de interface para o usuário. Em ambos casos, interessa ao usuário primordialmente o próprio serviço em si.

Serviço POI

Um POI ("Point of Interest", ponto de interesse) é um local que por si só oferece um serviço ao usuário. POIs são, por exemplo, atrações turísticas, lojas de departamento ou postos de abastecimento (página 1112). Serviços POI freqüentemente respondem a questões como: "Onde fica o posto de abastecimento mais próximo?".

Diagnóstico à distância

Diagnóstico à distância e telecomando são serviços com os quais as condições do veículo podem ser analisadas ou alteradas através de uma conexão. Se, por exemplo, o veículo estiver com defeito ou com superaquecimento, o usuário pode solicitar sugestões de como deve proceder.

Do mesmo modo um serviço de diagnóstico pode verificar se as janelas e as portas estão fechadas, o aquecimento auxiliar está ligado ou se o imobilizador foi ativado. De forma inversa, o telecomando (após respectiva identificação do usuário) pode fazer alterações no veículo.

Gerenciamento de tráfego

Serviços de gerenciamento de tráfego (no sentido exato) servem primordialmente para comandar e controlar a rede de tráfego. Pelo ponto de vista do usuário ele pode oferecer informações sobre o tráfego ou rotas alternativas para evitar pontos congestionados. Estas informações não só podem ser mostradas ou anunciadas, como também podem ser consideradas diretamente pelo sistema de navegação no cálculo do itinerário (página 1112).

Compras na rede

Quando as condições de identificação e pagamento forem satisfeitas, será dado um passo a mais para o uso do terminal como meio de pagamento. Um serviço de agência processará a transação bancária e creditará a quantia na conta do comerciante.

Atualizações de software

Com a linguagem Java já é possível carregar pequenos programas ("mid-lets") no terminal. Jogos ou mesmo pequenas ferramentas, como calculadora de bolso ou programas de chat, fazem parte desta classe de serviço.

Intercâmbio de informações, geral

O intercâmbio de informações por meio de navegadores é um serviço autônomo usado por vários serviços para interface com o usuário. Ao mesmo tempo, ele continua a existir como serviço autônomo. Acima de 8 milhões de páginas WAP já estavam disponíveis para o usuário no ano 2000, e o número continua a crescer. A maioria delas são acessadas gratuitamente. Mas também existem conceitos para "conteúdo superior": páginas com conteúdo útil e de qualidade garantida, financiadas através de uma pequena taxa de acesso.

Serviços alternativos de informações via celular

Exemplos de serviços alternativos oferecidos por diversos provedores são:

WWW

No mercado digital WWW, vários provedores divulgam suas informações usando os mais variados modelos comerciais. Um número preponderante de serviços tem como premissa a disponibilidade de um PC "padrão" (processador com capacidade de vários 100 MIPS), um monitor com tela de 800 x 600 pixel, um teclado e um mouse. Além disso, vários provedores se interessam primordialmente interessados em oferecer conteúdos atraentes agradavelmente "bonitos". Graças à malha de linhas de transmissão disponível na Internet, eles usam grandes volumes de dados para ilustrações e animações. A WWW é financiada em grande parte pela publicidade que depende destes efeitos visuais.

A WWW não é limitada por fronteiras nacionais no sentido original da palavra. Todos os idiomas são falados simultaneamente no mundo todo. Praticamente todos os países no mundo têm acesso à Internet.

OMA/WAP

O sistema de telefonia celular, pelo contrário, adotou em vários continentes uma série de soluções diferentes e incompatíveis entre si. Isso devido ao uso de diferentes freqüências ou tipos de modulação ou diferentes concepções da infra-estrutura ou do conceito de segurança utilizado. Estas barreiras terão que ser superadas, se o sistema de telefonia celular participar da rede.

OMA/WAP é a iniciativa internacional da indústria de telefonia celular que tenta unir a Internet via cabo à telefonia celular. Desde 1998, este caminho é trilhado como fórum industrial. O objetivo principal é estabelecer o uso de serviços de informações móveis em aparelhos celulares. No início do fórum, a preocupação essencial foi a definição e a padronização dos sistemas de transmissão.

Desde o restabelecimento do fórum como "Open Mobile Alliance" em 2002, o foco é direcionado para as aplicações baseadas nestes sistemas. Já existem os mais variados modelos de acesso aos serviços disponíveis baseados na Web. Eles são visíveis para o usuário como, por exemplo, caixa de entrada para mensagens multimídia (mensagens de texto combinadas com imagens, animações e peças musicais). Isso inclui também serviços que enviam fotografias recém-tiradas para a caixa postal doméstica do usuário. Mas o navegador do celular também já possui elementos ativos ("script" ou programas em Java) que podem ser executados.

Na Open Mobile Alliance, estão integrados vários fóruns menores, como, p.ex., o MGIF (Mobile Gaming Interoperability Forum) que utilizam esta nova plataforma para jogos comunicativos.

O OMA/WAP funciona em quase todos os sistemas de telefonia celular, como GSM, CDMA, PDC e UMTS e várias outras redes, como WLAN, Bluetooth ou DECT. Ele fornece portanto uma função básica similar à Internet e permite uma solução de sistema similar para todos os sistemas diferentes de rádio.

i-Mode

No Japão, uma operadora de telefonia celular detém a maior participação do mercado e como única empresa pode criar um quase padrão para o Japão. Embora esta empresa esteja engajada no OMA/WAP, ela decidiu continuar no Japão com esta solução própria.

O i-Mode já conseguiu entrar no mercado da Europa e da Alemanha através da participação acionária em outras operadoras de telefonia celular. O conceito está menos direcionado para a qualidade técnica da transmissão do que para a oferta de uma de "conteúdo superior" de alta qualidade e editada de forma atraente.

A empresa opera a oferta total de informações e dá grande importância à uniformidade do conceito operacional e ao uso racional do efeito de reconhecimento. Os serviços tarifados são oferecidos com um sistema de preços simples e de fácil compreensão, com tarifas para os serviços que podem ser reservados ou cancelados mensalmente.

Na programação do provedor alemão para i-Mode, constam uma variedade de serviços das áreas de notícias, previsão do tempo, esportes, correspondência, chat, lazer, jogos, sons, logos, navegação, finanças, ciências, comparações de preços e consultas.

Para as futuras gerações de terminais já se vislumbra uma via de migração e que será focalizada pelos provedores de OMA e i-Mode.

Sistemas de navegação

Os sistemas de navegação se tornaram extremamente populares nos últimos anos. Enquanto os primeiros sistemas eram disponíveis no mercado apenas como acessório, os sistemas atuais se estabeleceram definitivamente como equipamento opcional ou de série nos novos automóveis. A integração com o veículo permite o uso compartilhado dos sensores por diversos sistemas e uma conexão em rede com outros componentes. Displays no painel de instrumentos fornecem orientações de destino no campo visual primário do motorista.

Em muitos modelos de veículos a navegação faz parte de um complexo sistema de informações ao motorista com funções de áudio e de telefone. Essa tendência se desenvolverá continuamente.

As funções básicas de posicionamento, seleção do destino, cálculo da rota e orientação do destino são comuns para todos os sistemas. Os aparelhos de maior nível de capacidade oferecem adicionalmente a representação de um mapa em cores. Todas as funções necessitam de um mapa digital da malha viária que – exceto nos sistemas de navegação externos (veja capítulo "telemática de tráfego") – armazenado geralmente em CD-ROM ou DVD.

Posicionamento

Para a determinação da posição é usada a navegação composta. Elementos de rotas são adicionados ciclicamente (compostos) de acordo com a magnitude e o ângulo, isso tende a acumular erros que são compensados através de uma constante verificação da posição do veículo com as rotas do mapa digital (compatibilidade com o mapa). O sistema de posicionamento por satélite GPS (Sistema de Posicionamento Global) ganhou importância, desde que a deterioração artificial do sinal, empregada para fins militares, foi desativada. O GPS também permite o sistema funcionar sem problemas após o veículo viajar temporariamente fora dos limites do mapa digital ou após ser transportado por balsa ou ferrovia.

Sensores

Para o posicionamento freqüentemente são empregados sensores de rotação em duas rodas (página 119) para determinar o percurso e a mudança de direção, assim como uma sonda geomagnética para definir a direção absoluta do movimento. O GPS serve essencialmente para corrigir grandes interferências nos sensores e para localizar a posição correta no mapa após trajetos fora do limite do mapa digital.

Para os sistemas atuais basta um sinal de movimento que também é usado pelo controlador de volume do alto-falante dependente da velocidade freqüentemente já disponível nos auto-rádios. A mudança na direção é detectada por sensor de taxa de guinada (girômetro de oscilação, página 121 em diante). A direção absoluta do movimento é medida pelo efeito Doppler dos sinais do GPS.

Seleção do destino

O mapa digital contém índices para permitir a indicação de um destino como endereço. Para isso são necessárias listas de todos os locais disponíveis e para todos os locais são necessárias listas com os nomes dos logradouros armazenados. Para maior precisão dos destinos também podem ser indicados cruzamentos de logradouros ou a numeração dos edifícios.

Os motoristas geralmente desconhecem o endereço de certos destinos, como aeroportos, estações ferroviárias, postos de combustíveis, estacionamentos etc. Para facilitar a procura existem índices temáticos com listas destes destinos freqüentemente designados também como POI (ponto de interesse). Estes índices também permitem, p.ex., encontrar um posto de combustível nas cercanias do veículo.

A marcação de um destino no display do mapa ou a recuperação de destinos previamente armazenados são outras possibilidades para seleção do destino.

Guia de viagem

Uma seqüência lógica no desenvolvimento da seleção de pontos de interesse são suportes de dados com guias de viagens armazenados, criados a partir da cooperação entre os editores e os produtores de mapas digitais. Com isso é possível, por exemplo, procurar hotéis nas cercanias do destino; informações sobre tamanho, preços e instalações dos pontos de interesse são igualmente disponíveis.

Cálculo da rota

Cálculo padrão
O cálculo da rota pode ser adaptado às preferências do motorista. Isso inclui opções para otimização da rota de acordo com o tempo de viagem ou com a distância, ou preferências pelos tipos de rotas (p.ex., evitar vias expressas, cruzamentos com linha férrea ou pedágios). Recomendações sobre a rota são aguardadas em menos de meio minuto após indicação do destino.

Em termos de tempo ainda é crítico recalcular a rota quando o motorista abandona a rota recomendada. Pois deve ser possível fornecer novas recomendações antes de alcançar o próximo cruzamento. Um botão de "congestionamento" permite recalcular uma rota alternativa, caso o percurso recomendado esteja bloqueado.

Rotas dinâmicas
A avaliação de mensagens de tráfego RDS TMC codificadas (página 869) torna possível contornar congestionamentos. Estes anúncios de tráfego podem ser recebidos através de RDS ou GSM. Os códigos TMC necessários são restritos a vias expressas e estradas principais.

Uma ampliação das possibilidades de dinamização das rotas através de novos processos está em desenvolvimento.

Supervisão da rota

A supervisão da rota é realizada através da comparação entre a posição atual e a rota calculada. Em consequência do trecho de estrada percorrido em linha reta e dos demais trechos da rota, o sistema pode decidir se o motorista deve realizar um procedimento de curva ou se ele deve simplesmente seguir no curso da estrada.

Recomendação sobre direção da rota
As recomendações sobre a direção da rota são dadas em primeira linha de forma acústica. O motorista pode seguir as recomendações sem desviar os olhos do trânsito. Gráficos simples, de preferência posicionados no campo primário de visão (painel de instrumentos), auxiliam o entendimento. A concisão destas recomendações acústicas e gráficas é determinante para a qualidade da supervisão da rota.

A identificação das manobras através de um gráfico no display não deve ser a primeira opção, devido ao risco de distração do motorista.

Apresentação de mapas

Dependendo do sistema, o mapa pode ser apresentado num monitor colorido numa escala de 1:8000 até 1: 16 milhões. Ele é bastante útil para obter uma visão geral sobre rota em localidades próximas ou numa área mais ampla.

Informações topográficas de fundo, como cursos d' água, áreas construídas, estradas de ferro e bosques auxiliam a orientação.

Armazenagem de mapas viários

O CD é o meio mais difundido para armazenagem de mapas viários. O DVD com uma capacidade mais de sete vezes maior pode armazenar mapas cobrindo áreas muito mais extensas e, portanto, está superando progressivamente o CD.

A estrutura dos dados armazenados em CD ou DVD é know-how específico dos fabricantes e é um fator essencial que afeta o funcionamento e a performance do sistema. Por este motivo os CDs e DVDs para sistemas dos diversos fabricantes geralmente não são compatíveis.

No futuro, discos rígidos próprios para veículos como meio de armazenagem de mapas viários, além da grande capacidade, permitirão uma constante atualização dos mapas.

Telemática de tráfego

A telemática de tráfego abrange os sistemas de transmissão de informações relacionadas ao tráfego para e do veículo e geralmente as avalia automaticamente.

O termo "telemática" é derivado da contração das palavras "telecomunicação" e "informática".

Meios de transmissão

Atualmente, o principal meio de transmissão para telecomunicação é oferecido pela radiodifusão e pela rede de telefonia celular.

A radiodifusão permite apenas a transmissão unidirecional para o veículo e não serve para a comunicação de mensagens individuais. Com auxílio do GSM, as informações podem ser trocadas de forma bidirecional entre o veículo e as centrais de prestadoras de serviço.

O volume de informação é limitado pela largura de banda do canal de transmissão disponível. Portanto, é necessária uma codificação com a mínima redundância possível. A largura de banda disponível cresceu consideravelmente com o GPRS e com a implantação dos serviço UMTS será incrementada ainda mais.

Padronização

A padronização do conteúdo possibilitou não só a compactação do código, que era um dos objetivos iniciais, como também o uso de informações de diversas fontes e através de diferentes terminais.

No caso de avisos de distúrbios no tráfego, a padronização se refere ao tipo de distúrbio (como "congestionamento" e "bloqueio total"), às causas (como "acidente", "gelo"), à duração prevista e à identificação do trecho da rodovia afetado.

Uma codificação para a região geográfica, longos trechos de vias expressas (segmentos) e entroncamentos individuais (localidades) já existe em vários países para a transmissão de mensagens de tráfego através do Canal de Mensagem de Tráfego, TMC, do Sistema de Dados via Rádio, RDS (página 869).

Entretanto, as prestadoras de serviço em GSM também utilizam os mesmos códigos.

A Global Automotive Telematics Standard (GATS) é usada para pedidos de SOS, chamadas de emergência, serviços de informações e registro de dados de tráfego de acordo com o princípio "floating car data" descrito adiante.

Referências

O uso de pontos de entroncamento e trechos de rodovia da malha viária predefinidos pressupõe que eles sejam do conhecimento do aparelho do veículo. Até o momento eles são restritos às principais rodovias (vias expressas e estradas federais). Este processo também exige considerável trabalho de atualização. Por este motivo num projeto abrangendo toda a UE (AGORA) está sendo desenvolvido um processo que permite codificar mensagens para qualquer rodovia sem que a emissora e o receptor tenham que usar tabelas de referência de versões idênticas.

Seleção

Com base na localização do veículo, e se necessário do movimento ao longo de uma rota, o terminal de bordo filtra as mensagens relevantes do total de mensagens disponíveis.

Decodificação de mensagens de tráfego

O dispositivo para decodificação e seleção das mensagens de tráfego já é integrado aos auto-rádios 1-bloco. Um chip de saída de voz converte as mensagens para a forma audível. Como as mensagens são padronizadas, a conversão para diversos idiomas não representa nenhum problema.

Serviços de telemática

Aparelhos como o Blaupunkt "Gemini GPS 148" dispõem de um módulo GSM e de um receptor de sistema de posicionamento global (GPS). O módulo GSM, além das funções normais de telefone, também permite a transmissão bidirecional de mensagens via SMS (mensagens de texto). Ele permite a localização do veículo com uma precisão de aprox. 100 m. Com este tipo de aparelho, é possível usar serviços de telemática como "Informações de tráfego",

"Pedidos de SOS" e "Chamadas de assistência".

As informações sobre o tráfego podem ser selecionadas com base na localização do veículo e na direção de tráfego ou através da seleção de vias expressas ou estradas federais. Num caso de pane, o motorista pode estabelecer uma conexão telefônica com a central apertando apenas uma tecla. Ao mesmo tempo, a localização do veículo é transmitida via SMS.

Futuros serviços GSM poderão expandir as funções do parelho através da instalação de novo software.

Supervisão dinâmica da rota

A maior expansão da avaliação automatizada de mensagens sobre o tráfego tem como finalidade a supervisão dinâmica da rota. A codificação padronizada de localidades (veja parágrafo "Padronização"), de ocorrências e sua extensão física e duração prevista permitem ao computador do sistema de supervisão de rota avaliar o impacto sobre o desenvolvimento da rota. Ele pode então calcular se há uma rota alternativa mais favorável. Neste caso, o motorista recebe um aviso que, em virtude das informações sobre o tráfego, a rota será calculada novamente. Seguem-se então as novas recomendações de direção de acordo com a nova rota.

Para este propósito, os CDs com os mapas digitais do sistema de supervisão de rota precisam de uma tabela de referência com os códigos de localidades usados nas mensagens de tráfego.

Sistemas com supervisão dinâmica da rota estão disponíveis desde 1998 e se tornaram rapidamente populares, graças à conveniência para o motorista.

Navegação externa

A navegação externa oferece supervisão de rota por meio de um provedor de serviços na rede GSM. O veículo necessita apenas de um meio para informar o destino, de um dispositivo para apresentar as recomendações ao motorista e de uma unidade de localização. A rota e as recomendações ao motorista são calculadas centralmente pelo provedor de serviço e transmitidas ao veículo via GSM. A rota inclui o curso das vias correspondentes usadas para auxiliar as funções de localização. Não há necessidade de um CD ou qualquer outro meio de armazenagem com os dados das vias.

Captação das informações

O benefício da telemática de tráfego depende da qualidade e atualidade das mensagens.

Captação através da infra-estrutura rodoviária

Há anos, as informações sobre o fluxo de tráfego nos principais trechos das rodovias são colhidas através de bobinas de indução na pista de rolamento. As bobinas podem medir a velocidade e a quantidade de veículos e daí calcular a densidade (veículos por km) e a intensidade (veículos por hora) do tráfego. A instalação destas bobinas foi intensificada nos últimos anos, mas ela é trabalhosa e cara.

Os provedores de serviços também instalaram sensores que transmitem informações via rádio nas pontes das rodovias. Eles têm custo de instalação menor, mas são limitados à contagem dos veículos e a uma classificação grosseira da velocidade.

Floating car data

As informações sobre tráfego também são colhidas usando o princípio do "floating car data". Um carro "flutua" (floating car) na corrente de tráfego e transmite ciclicamente sua posição e velocidade para uma central. Através da avaliação estatística destes dados, são geradas mensagens sobre as condições do tráfego.

Este método de avaliação estatística depende de um número suficientemente grande de veículos equipados com equipamentos adequados de localização e de transmissão (GSM SMS).

Gerenciamento de frota

Definição

O termo "gerenciamento de frota" neste contexto designa o uso de serviços de temática de tráfego em frotas de veículos para uso comercial.

Enquanto na telemática de tráfego no veículo individual, o fluxo de informações fica restrito ao veículo e ao provedor de serviço, no gerenciamento de frota, um número quase irrestrito de membros pode ser conectado à cadeia de informações.

Os sistemas de gerenciamento de frota (FMS) são constituídos por componentes móveis e estacionários que trocam informações por meio de comunicação sem fio.

Serviços

Aplicações

Assim como o termo "telemática de tráfego" abrange diversas aplicações para a transmissão de informações para o tráfego individual, no gerenciamento de frota também podem ser definidos blocos específicos de funções. Estes são componentes recorrentes de aplicações de telemática no veículo comercial. Basicamente, são usados dois tipos de serviço:
- Serviços de gerenciamento de frota que auxiliam o veículo quando este é empregado como meio operacional, beneficiando a empresa de transporte que deseja dispor da frota do modo mais eficiente possível,
- Serviços que colocam o próprio veículo como meio operacional no centro das atenções. Com isso o fabricante do veículo, por exemplo, pode realizar um diagnóstico de todos os agregados e unidades de controle eletrônico durante todo o período de uso do veículo e tomar as devidas providências para eliminação das falhas.

Posicionamento

A informação sobre localização do veículo, usualmente obtida com ajuda do sistema de posicionamento global GPS é transmitida para o centro de controle da frota. Dependendo da aplicação, essa informação é visualizada em mapas eletrônicos ou mesmo usada como base para comparação entre a posição planejada e a posição real. Deste modo, falhas na cadeia logística podem ser detectadas a tempo de tomar as devidas providências.

Comunicação

A troca de mensagens curtas e concisas entre o veículo e a central de controle da frota é sempre preferível a uma comunicação coloquial.

As próprias mensagens podem ter diversos caracteres. Além de mensagens de texto livre há geralmente mensagens de status com texto padrão (p.ex., chegada ao cliente, início de serviço, pausa) e até pedidos de remessa formatados, nos quais podem ser reproduzidas informações da documentação da carga.

Navegação

Como extensão lógica da transmissão de pedidos de remessa num veículo, podem ser adicionadas coordenadas geográficas do destino da viagem no registro de dados da mensagem. Deste modo, o sistema de navegação pode levar automaticamente a tripulação do veículo ao destino, pela rota ideal e sem intervenção do motorista.

Diagnóstico

O benefício do sistema de gerenciamento da mobilidade não se limita às funções básicas "comunicação", "posicionamento" e "navegação". No mercado altamente competitivo da logística, os operadores de frotas e as empresas de leasing valorizam cada vez mais também a integração das informações sobre consumo de combustível, desgaste, perfil de utilização, planejamento de manutenção, dados operacionais e as conseqüentes possibilidades para um planejamento aperfeiçoado com os respectivos tempos e custos economizados.

Para veículos existe atualmente sistemas para análise da ocupação do veículo, que reúnem dados operacionais do veículo que permitem uma análise do seu aproveitamento. Sistemas para diagnóstico remoto e planejamento de manutenção estão anunciados para a próxima geração de veículos.

Vias de transmissão

Essencial para a seleção de um meio adequado de transmissão é, por um lado, sua disponibilidade na área e, por outro os custos para uso do meio.

Sistemas de telefone celular
Em geral é usado o sistema de telefonia celular GSM (Global System for Mobile Communication), disponível em toda a Europa. Neste caso, é utilizado o serviço de mensagens SMS (Short Message Services) que permite a transmissão de dados com até 160 caracteres.

Com a mudança da estrutura das tarifas em favor dos serviços da rede GSM, como o GPRS (Sistema Geral de Pacotes via Rádio), nota-se uma tendência no uso deste tipo de tecnologia nas aplicações FMS nos próximos anos. Isso possibilitaria então o intercâmbio de grandes volumes de dados entre os veículos e a central de controle da frota.

Rede de feixe de rádio
Para aplicações para a polícia, corpo de bombeiros e serviços de emergência, a rede de feixe de rádio digital TETRA (Trans European Trunked Radio) e a alternativa TETRAPOL foram definidas para toda a Europa e deverão substituir os meios de comunicação de voz analógicos. Os terminais TETRA oferecem através da interface para equipamento periférico (PEI) as condições técnicas necessárias para a integração de componentes externos para aplicações FMS.

O uso de rádio móvel privado ou de redes analógicas de feixe de rádio em aplicações FMS na prática representa um papel apenas secundário.

Padronização

Componentes e subsistemas
Nos sistemas de gerenciamento de frota uma rede de informações é formada por vários componentes muito diferentes. A informação passa por várias interfaces entre os componentes individuais e subsistemas. A uniformidade das interfaces é um objetivo desejado por diversos motivos.

Do ponto de vista do usuário, componentes que possam ser incorporados ao sistema de gerenciamento de frota através de interfaces padronizadas oferecem menor risco de investimento e a segurança de que o sistema pode ser operado por um longo período. O sistema pode então ser adaptado ao crescentes requisitos e os componentes individuais podem ser trocados futuramente, se uma nova tecnologia mais adequada estiver disponível. A grande diferença entre o ciclo de vida do produto e os diversos componentes individuais reforça ainda mais este desejo.

Interfaces do veículo
Para aplicações e funções múltiplas os instrumentos e elementos de comando específicos do fabricante do veículo precisam atuar em conjunto com os componentes FMS.

Além disso, os dados operacionais do veículo são imprescindíveis para uma análise da ocupação do veículo ou para futuras aplicações de diagnóstico ou planejamento de manutenção.

Os fabricantes de veículos líderes na Europa podem se unificar a respeito de uma interface para informações de dados nos veículos utilitários. Através desta interface, uma série de informações básicas do veículo, como velocidade, consumo de combustível ou tempo de operação, pode ser lida. O acesso é feito através de barramento CAN (J1939). O protocolo usado na aplicação é especificado como "Padrão FMS" (www.fms.standard.com).

Interface do ar
Até o momento não existe um protocolo padronizado para transmissão de aplicações de gerenciamento de frota. Os provedores de componentes FMS operam portanto com inúmeras definições próprias de Interfaces.

Esforços para atingir uma padronização, como expandir a GATS (Global Automotive Telematics Standard), estabelecer um portfólio de serviços ou um nível de protocolo não obtiveram sucesso na prática.

Sistemas multimídia

Multimídia significa combinação de diferentes mídias. Todas as mídias conhecidas são interconectadas em rede e colocadas à disposição do usuário.

Diversas fontes sonoras e de informações, assim como equipamentos de comunicações podem ser conjugados num sistema móvel de informações ao motorista constituído de rádio, aparelhos de cassete, CD, telefone, navegação e telemática, podendo incluir ainda computador, vídeo e TV.

Radiodifusão de multimídia

Os sistemas de radiodifusão de áudio digitais desenvolvidos nos últimos anos (DAB, DRM) permitem a transmissão de dados em taxas elevadas, transformando repentinamente o rádio do passado num autêntico sistema multimídia do futuro. Isso permite tanto a transmissão de dados de áudio (música, notícias), quanto informações textuais (mensagens) e dados de vídeo (desde imagens individuais até transmissão de TV). Com estas possibilidades, a radiodifusão de áudio digital (DAB) se transforma em radiodifusão de multimídia digital (DMB), ilustrada pelos seguintes exemplos imagináveis:

Informações sobre tráfego e viagens
Informações sobre tráfego e viagens podem abranger os seguintes serviços:
- Avisos de tráfego podem ser transmitidos por áudio (voz sintetizada) ou por textos ou secções de mapas (num display).
- Avisos de tráfego codificados em padrão TMC ou TPEG podem ser transmitidos para aparelhos de navegação, permitindo assim a supervisão dinâmica da rota. Adicionalmente, mapas viários digitais atualizados podem ser transmitidos, permitindo assim que a supervisão da rota pelo sistema de navegação seja feita segundo a situação mais recente.
- Guias de viagem podem usar mapas para indicar o destino de férias ou de reuniões de negócios e oferecer informações sobre a localidade, o hotel (fotos, diárias e ocupação), eventos locais, estacionamentos (com indicação de vagas livres), postos de combustível, horários de viagens, comércio local etc. Com as informações sobre os pontos de interesse (POI), podem ser transmitidas referências sobre sua localização ("posicionamento"), permitindo a navegação direta, sem registro manual do destino.

Transmissão de textos e imagens
Informações de texto são um complemento dos programas radiofônicos e podem conter uma grande quantidade de informações adicionais, entre elas, título e compositor da música em execução, informações sobre o programa atual com número do telefone ou endereço para solicitação de informações. ou até mesmo uma revista eletrônica de programação. O padrão DAB oferece as seguintes modos de transmissão de textos:
- Nome da estação e tipo de programa.
- Texto dinâmico com informação sobre o programa, a velocidade do texto é controlada pela estação transmissora.
- Páginas de texto interativas em formato HTML ou XML que podem ser exibidas em formatos variados.

Internet móvel

A combinação com meios de comunicação móveis, como GMS e UMTS, permite a interação com servidores na Internet, possibilitando a oferta de serviços interativos. Wireless Applications Protocoll (WAP-protocolo para aplicações em telefone celular) é o nome do protocolo estabelecido internacionalmente para conexão entre os dois mundos.

O objetivo é integrar diversos elementos de comunicações, como sistemas de navegação, auto-rádio, telefone celular, radiodifusão digital e Internet.

Para o acesso à Internet a partir do veículo (ou do trem), a recepção através da interface do ar deve ser garantida mesmo em altas velocidades. Satisfazer os requisitos de uma conexão estabelecida com a Internet às condições inconstantes causadas pela mudança da área urbana para a área rural também representa um desafio.

Sistemas de multimídia

A Internet como um meio ou mercado aberto para os usuários e provedores de informações possui uma multiplicidade de serviços para os consumidores em trânsito. Grêmios internacionais, como a Open Mobile Alliance (OMA), a World Wide Web Consortium (W3C) ou a International Engineering Taskforce (IETF) definem interfaces e protocolos, de forma que estes novos serviços podem ser usados a qualquer tempo e lugar:

- Um hotel ou restaurante pode codificar suas coordenadas geográficas em sua página na Internet para que, acessadas pelo sistema de navegação, guiem o motorista diretamente ao local de destino. Uma reserva pode ser antecipadamente pesquisada ou confirmada através do canal do telefone celular.
- Funções do veículo, como diagnóstico e apoio à manutenção remotos, podem, no caso de pane ou acidente, conectar automaticamente o veículo com um centro de serviços através da Internet, que faria um diagnóstico das condições do veículo e o acompanharia até a oficina ou informaria o socorro mecânico ou o serviço de emergência.
- Os futuros sistemas de gerenciamento de tráfego levarão em conta o fluxo de trânsito nas áreas urbanas. O número de organizações envolvidas será tão grande que haverá necessidade da coordenação através da Internet, que é um meio acessível por todos. O fluxo de tráfego em áreas selecionadas poderá ser exibido graficamente em tempo real ou divulgado em listas na rede de forma legível para as máquinas. O sistema de navegação poderá então determinar a rota mais favorável.
- Além disso, outros serviços preparados especialmente podem ser acessados através da Internet. Isso inclui e-mail e comércio eletrônico, assim como notícias, informações sobre o tempo e esportes ou transações on-line com bancos, hotéis, cinemas ou agências de viagens.
- Com o ciclo cada vez mais rápido de desenvolvimento da tecnologia de informação e comunicação, a atualização de software pela Internet permite manter os componentes de longa vida do automóvel sempre na versão mais atual.

Serviços na Internet móvel (exemplos)
a) Mapas de congestionamentos (com prognósticos), b) Informações de estacionamento e sistema de guia de estacionamentos, c) Navegação dinâmica, d) Informações de transportes públicos, e) Condições de tráfego captadas por câmaras, f) Informações sobre eventos.

Métodos e ferramentas

Função e requisitos

Todo desenvolvimento tem como objetivo a criação de uma nova função ou o aperfeiçoamento de uma função já disponível no veículo. Como função subentende-se qualquer característica funcional do veículo. O usuário do veículo tem noção destas funções, elas representam para ele um valor ou uma utilidade. A implementação técnica de uma função, ou seja, se é um sistema hidráulico, mecânico, elétrico ou eletrônico do veículo, tem importância secundária.

Componentes eletrônicos combinados com elementos mecânicos, elétricos ou hidráulicos podem oferecer muitas vantagens na implementação técnica, seja em relação à maior confiabilidade, ao peso, ao espaço requerido ou aos custos. Como nenhuma outra, a eletrônica é a tecnologia-chave para implementação de muitas inovações no veículo. Atualmente, quase todas as funções no veículo são comandadas, controladas ou monitoradas eletronicamente. O progressivo avanço da tecnologia e da capacidade dos componentes eletrônicos permite implementar, através de software, inúmeras funções novas, sempre com maior capacidade.

O aumento do número destas funções de software, sua interconexão, a elevação das exigências em relação à confiabilidade e segurança, a multiplicação das variáveis do veículo e a diferença nos ciclos de vida do software, do hardware e do veículo impõem exigências e condições que afetam consideravelmente o desenvolvimento de software para sistemas eletrônicos de um veículo automotivo.

Dominar a conseqüente complexidade é um desafio para os fabricantes de veículos e seus fornecedores. Precauções no desenvolvimento devem garantir a capacidade de dominar software e sistemas eletrônicos. Os métodos e ferramentas apresentados a seguir devem contribuir para isso, estando em primeiro plano as áreas de aplicação do trem de propulsão, suspensão e carroceria.

Desenvolvimento das funções do veículo baseado em modelo

A colaboração interdisciplinar no desenvolvimento (p.ex., entre o desenvolvimento do propulsor e o da eletrônica) exige uma compreensão coletiva e abrangente dos problemas envolvidos. Por exemplo, no desenvolvimento das funções técnicas de controle e regulação do veículo deve-se considerar como um todo as exigências de confiabilidade e segurança, assim como os aspectos da implementação através de software em sistemas embutidos.

A base para esta compreensão coletiva da função pode ser criada por um modelo gráfico da função que considere todos os componentes do sistema. No desenvolvimento de software, conseqüentemente, o uso de métodos de desenvolvimento baseados em modelos, com notações como diagrama de blocos ou máquinas de estado finito, está substituindo cada vez mais a descrição por escrito dos dados e especificações do software. Este método de modelagem de funções de software oferece vantagens adicionais. Se o modelo de especificação é formal, isto é, inequívoco e sem margens para interpretações, as especificações podem ser reproduzidas por simulação em computador e "experimentadas" no veículo através de protótipo rápido.

Com métodos automáticos para geração de códigos, os modelos de funções especificados podem ser representados em componentes de software para unidades de controle eletrônico (ECU). Os modelos de funções precisam conter informações adicionais de design de software, que podem incluir medidas de otimização dependendo das características do produto requeridas pelo sistema eletrônico.

No próximo estágio, veículos-laboratórios simulam o ambiente das ECUs, permitindo um teste das ECUs em laboratório. Comparado com o teste em bancada e o ensaio em campo, isso permite uma maior flexibilidade e uma reprodutibilidade mais fácil dos casos testados.

A calibração das funções de software do sistema eletrônico envolve os ajustes individuais do veículo, por exemplo, parâmetros armazenados em forma de valores característicos, curvas características e mapas de programação destas funções. Em muitos casos, isso só pode ocorrer num estágio posterior do processo de desenvolvimento, muitas vezes apenas diretamente no veículo, com o sistema em operação e precisa ser auxiliado por processos e ferramentas adequadas.

Neste processo de desenvolvimento de funções de software baseado em modelo, podem ser distinguidos os métodos de desenvolvimento mostrados na figura.

Este procedimento também pode ser empregado no desenvolvimento de redes de funções e redes de ECUs. Entretanto, neste caso há um maior grau de liberdade, como:
- Combinações de funções modeladas, virtuais e implementadas,
– Combinações de componentes técnicos modelados, virtuais e implementados.

Portanto, uma diferenciação lógica entre o ponto de vista abstrato das funções e um ponto de vista concreto das realizações técnicas é bastante útil.

Estes pontos de vista abstrato e concreto podem ser aplicados para todos os componentes do veículo, para o motorista e para o ambiente. O ponto de vista abstrato, neste caso, é denominado arquitetura do sistema lógico (apresentado em cinza na figura) e o ponto de vista concreto das realizações é denominado arquitetura do sistema técnico (apresentado em branco na figura). O procedimento descrito, baseado em funções de controle e funções de regulação, pode ser aplicado genericamente – por exemplo, em funções de monitoramento e diagnóstico.

Métodos de desenvolvimento no desenvolvimento de funções de software baseado em modelos
1 Modelagem e simulação computadorizadas das funções de software, assim como do veículo, do motorista e do ambiente.
2 Criação rápida de protótipos das funções no veículo real.
3 Implementação das funções de software numa rede de unidades de controle eletrônico (ECU).
4 Integração e teste das ECUs com veículos-laboratórios e bancadas de teste.
5 Teste e calibração das funções de software das ECUs no veículo.

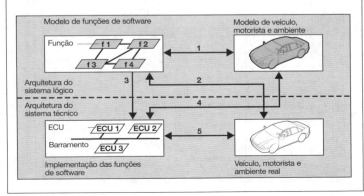

Arquitetura de software e componentes padronizados de software

Medidas para padronização da arquitetura de software foram implantadas com sucesso nos microprocessadores integrados nas unidades de controle eletrônico. Atualmente, por exemplo, as funções "reais" do software aplicativo são separadas do software de plataforma que depende parcialmente do hardware (figura abaixo).

Uma camada de software de plataforma (Hardware Abstraction Layer, HAL) reúne os componentes de software que cobrem os aspectos relacionados com as unidades de entrada e saída (unidades I/O) de um microprocessador. Como ilustrado na figura, a descrição a seguir exclui as unidades de entrada e saída desta "hardware abstraction layer", necessárias para comunicação via barramento com outros sistemas. O administrador de barramento requerido é considerado à parte.

O software de plataforma também inclui os componentes de software da camada situada acima que são necessários para a comunicação com outras unidades de controle eletrônico da rede ou para comunicação com sistemas de teste de diagnóstico.

Exemplo de componentes padronizados de software são os sistemas operacionais de tempo real para gerenciamento de redes de acordo com a OSEK [2] ou os protocolos de diagnóstico conforme ISO [3, 4]. Estes componentes de software colocam interfaces padronizadas à disposição do software aplicativo (Application Programming Interfaces, API). Isso torna possível padronizar o software de plataforma para diversas aplicações. A maioria das funções do software aplicativo pode ser desenvolvida independentemente do hardware.

Modelagem e simulação das funções de software

Diagramas de blocos devem ser usados sempre que possível para os sistemas de controle e regulação. Estes diagramas usam blocos para representar as respostas dos componentes e setas para representar o fluxo de sinais entre os blocos (página à direita, figura superior). Como a maioria dos sistemas são sistemas de múltiplas variáveis, todos os sinais são genericamente em forma de vetor e classificados em:

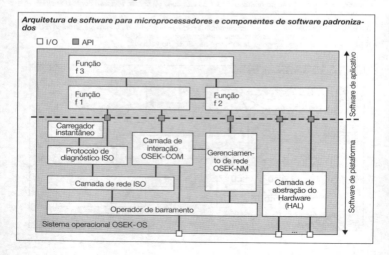

Arquitetura de software para microprocessadores e componentes de software padronizados

Métodos e ferramentas **1123**

- Variáveis de medição ou de feedback $\underline{R}$
- Variáveis de saída do controlador ou do regulador $\underline{U}$
- Vaiáveis de referência ou de valor especificado $\underline{W}$
- Valor especificado pelo motorista $\underline{W^*}$
- Variáveis de controle ou regulação $\underline{X}$
- Variáveis manipuladas $\underline{Y}$
- Variáveis de interferência $\underline{Z}$

Os blocos são classificados em:
- Modelo de controle e regulação
- Modelo de atuador
- Modelo de via
- Modelos de geradores de valores nominais e
- Modelo de motorista e de ambiente

O motorista pode influenciar as funções de controle e regulação através da especificação de valores nominais. Todos os componentes para detecção destes valores especificados (p.ex., comutadores ou pedais) são denominados geradores do valor especificado. Sensores, pelo contrário, registram os sinais da via. O motorista neste panorama é o representante de todos os usuários desta função, inclusive, por exemplo, os demais ocupantes do veiculo.

Um modelo deste tipo pode ser executado num sistema de simulação (num PC, por exemplo) e com isso ser analisado com precisão.

Criação rápida de protótipo de funções de software

A criação rápida de protótipo neste contexto abrange todos os métodos para implementar a curto prazo as especificações das funções de controle e regulação no veículo real. Para isso, as funções modeladas de controle e regulação devem ser implementadas como protótipo. Sistemas experimentais podem ser usados como plataforma de implementação para o software das funções de controle e regulamentação (veja figura abaixo).

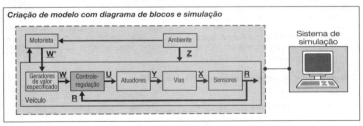

Criação de modelo com diagrama de blocos e simulação

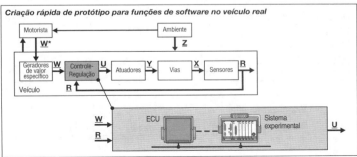

Criação rápida de protótipo para funções de software no veículo real

Elas são então conectadas aos geradores do valor especificado, sensores e atuadores, assim como à ECU do veículo. Devido a esta interface com o veículo real, a implementação das funções de software no sistema experimental — como na ECU — deve levar em conta os requisitos de tempo real.

No sistema experimental são empregados usualmente como ECU sistemas de computadores de tempo real com capacidade de processamento nitidamente alta. Isso permite que o modelo de uma função de software seja automaticamente convertido da especificação para um modelo implementável usando-se uma ferramenta de criação rápida de protótipo, sujeita a regras unificadas, e assim reproduzir o comportamento especificado da forma mais exata possível.

Sistemas experimentais estruturados de forma modular podem ser configurados especificamente para a aplicação, por exemplo, quanto às interfaces necessárias para os sinais de entrada e saída. O sistema completo é projetado para ser empregado no veículo e é operado, por exemplo, através de um PC. Isso permite experimentar as funções de software diretamente no veículo ainda num estágio antecipado e alterá-las conforme a necessidade.

Existem dois meios para o uso de sistemas experimentais, a via secundária e a via direta.

Via secundária

O desenvolvimento paralelo é adequado para testar antecipadamente no veículo funções de software de uma unidade de controle eletrônico que foram alteradas ou acrescentadas.

A função de software nova ou alterada é definida através de um modelo e executada num sistema experimental. Isso requer uma ECU que possa executar as funções básicas do sistema de software, que suporte todos os geradores de valor específico, sensores e atuadores e que disponha de uma interface secundária para o sistema experimental. A função de software nova ou alterada é desenvolvida usando-se uma ferramenta de criação rápida de protótipo e executada no sistema experimental "em paralelo" (figura abaixo).

Esta abordagem também é adequada para o aprimoramento de funções da ECU já existentes. Neste caso, as funções já existentes da ECU freqüentemente ainda são usadas, porém modificadas em tal extensão para que sejam usados os valores

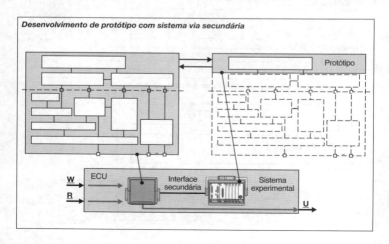

Desenvolvimento de protótipo com sistema via secundária

de entrada da nova função desenvolvida paralelamente. As modificações necessárias do software na ECU são chamadas de terceirização secundária.

Para a essencial sincronização do processamento das funções entre a ECU e o sistema experimental, normalmente é adotado um procedimento no qual a ECU aciona o processamento da função secundária no sistema experimental através de uma interface de controle de fluxo. A plausibilidade dos valores de saída da função secundária é monitorada pela ECU.

Via direta
Caso uma função totalmente nova deva ser testada no veículo e não haja uma ECU com interface secundária disponível, isso pode ser feito através de um desenvolvimento direto. Neste caso o sistema experimental deve suportar todos os geradores de valor especificado, sensores e interfaces de atuadores requeridos pela função. O comportamento em tempo real da função também deve ser definido e garantido pelo sistema experimental (figura abaixo). Em geral, isso é feito por um sistema operando em tempo real no computador de via direta.

Via secundária ou direta
A via secundária é empregada principalmente quando poucas funções de software estão sendo desenvolvidas e uma ECU com funções básicas comprovadas esteja disponível – por exemplo, de um projeto anterior. A via secundária também é adequada, quando o volume de sensores e atuadores de uma ECU é muito grande e o seu suporte exige esforço considerável por parte do sistema experimental (como nas ECUs de gerenciamento do motor, por exemplo).

Se não estiver disponível uma ECU deste tipo de geradores de valor especificado, sensores e atuadores devem ser adicionalmente testados e seu volume é limitado, então geralmente é preferível a via direta.

Em virtude da alta flexibilidade, formas mistas entre via secundária e via direta estão se expandindo.

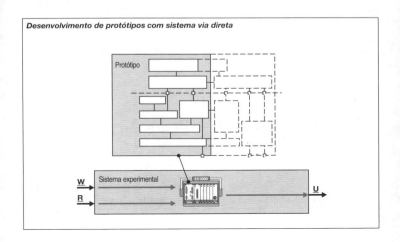

Desenvolvimento de protótipos com sistema via direta

Design e implementação de funções de software

Baseado nas especificações dos dados, no comportamento de uma função de software e no comportamento em tempo real desta função, devem ser considerados no design, todos os detalhes técnicos da rede de ECUs, os microprocessadores integrados e a arquitetura do software. Com isso, a implementação final das funções de software pode ser definida e executada com base nos componentes de software (veja figura abaixo).

Além das decisões sobre o design para os dados e o comportamento de uma função de software, que leva em conta as funções relacionadas com tempo e valor dos microprocessadores, uma implementação inclui decisões de projeto relacionadas ao comportamento em tempo real, à distribuição e interconexão dos microprocessadores e ECUs, assim como aos requisitos de confiabilidade e segurança dos sistemas eletrônicos.

Por motivos de custos, os microprocessadores das ECUs geralmente têm capacidade de processamento e armazenagem limitada. Em muitos casos, isso exige medidas de otimização no desenvolvimento do software para reduzir os recursos de hardware requeridos para uma função de software.

Um exemplo disso é a implementação em aritmética de ponto fixo.

Todos os requisitos dos sistemas eletrônicos e dos veículos, do ponto de vista da produção e de serviços, também devem ser levados em conta (p.ex., conceitos de monitoramento e diagnóstico, parametrização de funções de software ou a atualização do software para ECUs em campo).

Integração e teste de software e ECU

Na fase de integração e teste, os modelos de simulação podem servir de base para os veículos-laboratórios e bancadas de teste. As especificações essenciais para as tarefas de desenvolvimento, integração e teste, geralmente comuns a todos os fabricantes, devem ser levadas em consideração.

Assim, por exemplo, os veículos protótipos geralmente só são disponíveis em quantidade limitada. O fornecedor de um componente, na maioria das vezes, não dispõe de um ambiente completo de integração e teste para o componente por ele fornecido. Estas limitações no ambiente de teste sob certas circunstâncias restringem os estágios possíveis de teste.

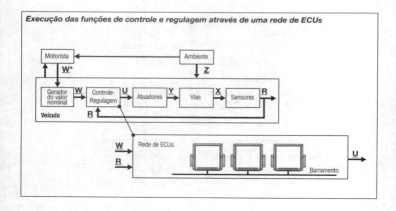

Execução das funções de controle e regulagem através de uma rede de ECUs

Métodos e ferramentas

A integração dos componentes é um ponto de sincronização para todos os desenvolvimentos de componentes envolvidos. Os testes de integração, de sistema e de aceitação só podem ser efetuados depois que todos os componentes estejam disponíveis. Atrasos nos componentes individuais prejudicam também a integração e, conseqüentemente, todas as etapas de teste posteriores.

Para as unidades de controle isso significa que um teste de funções de software só pode ser realizado quando todos os equipamentos dos sistemas do veículo (ECUs, gerador do valor nominal, sensores, atuadores e vias) estejam disponíveis. O uso de veículos-laboratórios permite o teste antecipado das ECUs num ambiente virtual, sem os equipamentos periféricos (figura abaixo).

Isso permite realizar e automatizar testes sob condições laboratoriais reproduzíveis, com alto nível de flexibilidade. Ao contrário do teste na bancada ou no veículo real, as condições operacionais podem ser impostas sem restrições (por exemplo, uma ECU do motor pode ser testada em regime de rotação e carga máximas). Situações de desgaste e panes podem ser facilmente simuladas e permitem testar as funções de monitoramento, diagnóstico e segurança da ECU. As tolerâncias dos componentes (por exemplo, geradores do valor nominal, sensores e atuadores) podem ser simuladas para permitir a verificação da robustez das funções de controle e regulagem.

Esse procedimento também pode ser aplicado para geradores do valor nominal, sensores e atuadores reais. Para isso, as interfaces do veículo-laboratório devem ser devidamente adaptadas. Também é possível acrescentar etapas intermediárias aleatoriamente.

Uma estrutura como a ilustrada na figura abaixo considera as ECUs como caixas-pretas. O comportamento das funções das ECUs só pode ser avaliado com base nos sinais de entrada e saída $\underline{W}$, $\underline{R}$ e $\underline{U}$. Para funções de software simples, este procedimento é suficiente, porém, o teste de funções complexas exige a integração de um processo de medição das variáveis intermediárias internas das ECUs. Uma técnica de medição deste tipo é denominada instrumentação. A verificação das funções de diagnóstico torna necessário um acesso adicional aos erros de memória via interface de diagnóstico da ECU e exige a integração de um sistema de medição e diagnóstico.

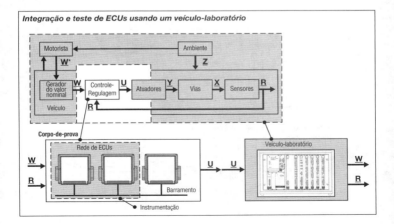

Integração e teste de ECUs usando um veículo-laboratório

Calibração das funções de software

A integração e teste dos sistemas eletrônicos no veículo real, requer que a instrumentação seja estendida a todos componentes de sistemas do veículo envolvidos. Além de um sistema de medição e diagnóstico isso freqüentemente pressupõe também um sistema de calibração para aferição dos parâmetros internos (como curvas características e mapas de programação) da unidade de controle eletrônico (ECU).

Na calibração, os valores dos parâmetros (que serão definitivamente armazenados de forma inalterável numa memória fixa, como ROM, EEPROM ou Flash) devem ser passíveis de alterações. Portanto, um sistema de calibração é composto por uma ou várias ECUs com interfaces adequadas para uma ferramenta de medição e calibração (figura abaixo). Além da aplicação em veículos, os sistemas de medição, calibração e diagnóstico também podem ser usados em veículos-laboratórios e bancadas de teste.

A alteração dos valores dos parâmetros, como o valor de uma curva característica, é auxiliada tanto no nível de implementação quanto no nível físico de especificação por editores da ferramenta de calibragem.

Adequadamente, os valores registrados são convertidos na ferramenta de medição para uma representação física ou para a tela alternativa de implementação. A figura na página abaixo, à direita, apresenta um exemplo do nível físico e do nível de implementação para uma curva característica e um sinal de medição registrado.

O método de trabalho com sistemas de calibração pode ser diferenciado genericamente entre calibração on-line e calibração off-line.

Na <u>calibração off-line</u> a execução das funções de controle, regulação e monitoramento do "programa de percurso" é interrompida durante a alteração ou o ajuste dos valores dos parâmetros. A calibração off-line, portanto, acarreta muitas restrições. Principalmente quando empregada na bancada de teste e em ensaios no veículo sempre provoca a interrupção do teste da bancada ou do percurso.

Por este motivo, um processo que oferece suporte à <u>calibração on-line</u> é muito útil.

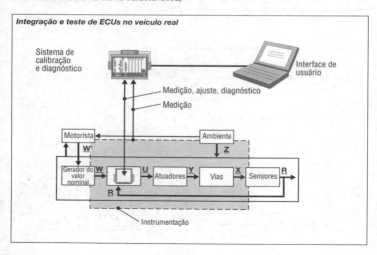

Integração e teste de ECUs no veículo real

Na calibração on-line, os valores dos parâmetros podem ser ajustados pelos microprocessadores durante a execução do programa de percurso. Isso significa que é possível ajustar os valores dos parâmetros simultaneamente com a execução das funções de controle, regulação e monitoramento e portanto durante a operação regular do veículo ou da bancada de teste.

A calibração on-line exige grande estabilidade das funções de controle, regulação e monitoramento, pois o programa de percurso deve permanecer estável durante todo o procedimento de ajuste, mesmo em situações excepcionais, como exemplo, no caso em que a distribuição dos pontos de interpolação na curva característica perder momentaneamente a uniformidade de elevação.

A calibração on-line é adequada para aferições demoradas em parâmetros de funções pouco dinâmicas (p.ex., afinação das funções de controle do motor na bancada de teste).

Na calibração de parâmetros de funções altamente dinâmicas ou de grande relevância para a segurança (p.ex., afinação das funções de software de um sistema anti-bloqueio em manobras de frenagem em teste de percurso), a variação não ocorre durante a atual ação do regulador. Entretanto, neste caso a calibração on-line também pode ser empregada para evitar a interrupção do programa de percurso e assim reduzir o intervalo entre dois testes de percurso.

Literatura

[1] Jörg Schäuffele, Thornas Zurawka: Automotive Software Engineering. Grundlagen, Prozesse, Methoden und Werkzeuge (Fundamentos, processos, métodos e ferramentas). Vieweg-Verlag. 2003.
[2] OSEK Open Systems and the corresponding interfaces for automotive electronics. http://www.osekvdx.org
[3] ISO international Organization for Standardization: IS0 14 230 - Road Vehicles - Diagnostic Systems - Keyword Protocol 2000. 1999.
[4] ISO International Organization for Standardization: IS0 15 765 - Road Vehicles - Diagnostic Systems - Diagnostics on CAN. 2000

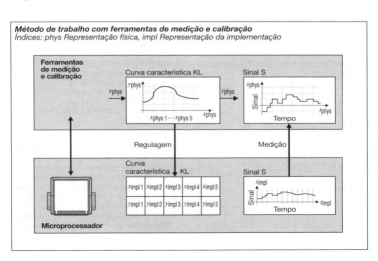

Método de trabalho com ferramentas de medição e calibração
Índices: phys Representação física, impl Representação da implementação

Projeto sonoro

Definição

O projeto sonoro é a alteração controlada e reproduzível de um som. Se por um lado os sons são avaliados subjetivamente, por outro eles podem ser visualizados através de programas de computador. Estes programas permitem analisar o som com precisão e demarcar as áreas que devem ser mudadas. No campo da engenharia de vibrações, o projeto sonoro, que é uma área especializada da acústica, desde o final dos anos 80 tem se transformado gradualmente numa importante ferramenta para descrever as características acústicas dos desenvolvimentos técnicos.

O projeto sonoro em colaboração com a engenharia de som é um importante campo de trabalho não só para os projetistas automobilísticos, como também, p.ex., para os fabricantes de eletrodomésticos e até mesmo de batatas chips ("som crocante").

Implementação

Percepção sonora

Vários aparelhos geram, através de seu acionamento, vibrações que provocam uma irradiação de som quando atingem a faixa de freqüência de 20 Hz a 20 kHz (faixa de audição do ouvido humano). O fator decisivo em termos de volume são a amplitude (intensidade das oscilações), a irradiação (determinada pelas características superficiais do componente) e a freqüência. O volume é medido usando-se a escala logarítmica internacional decibel (dB) (veja página 56 em diante). Esta medida é baseada no ouvido humano que é capaz de perceber intensidades sonoras extremamente pequenas e também muito distantes (fator $10^0...10^{12}$).

Fontes de ruído e valores-limites

Num veículo existem mais de cem fontes de ruídos. Na acústica, elas são denominadas "área de alto-falantes". É feita uma distinção entre ruídos externos e ruídos internos.

Ao conceber um novo som, o engenheiro acústico tem que observar atentamente a legislação internacional sobre ruídos externos. Na Europa, por exemplo, o limite atual é de 74 dB (A). Este limite caiu aceleradamente desde 1970.

Para comparação: dez veículos de modelo atual juntos produzem aproximadamente o mesmo nível de ruído que um veículo do final dos anos 60. A maior fonte de ruído dos veículos atuais, via de regra, é o rolamento dos pneus sobre a superfície da pista.

Conceito do projeto

Um som do veículo é delineado originalmente pelo conceito do projeto ("hereditariedade"). Os principais fatores são:
– Motor Diesel ou de ignição,
– Número de cilindros ou de discos,
– Tipo de motor (cilindros em linha, opostos, em V ou motor Wankel),
– Construção do trem de propulsão (motor frontal, central, traseiro; tração dianteira, traseira, total).

Harmonização do ruído

A principal fonte de ruído para a concepção do som (a "orquestra", por assim dizer) é o motor, que com seu acionamento da árvore de manivelas, eixos de ressaltos, carcaça estrutural da árvore de manivelas, cárter, tampa das válvulas, acionamentos auxiliares, acionamento por correias, silenciosos de aspiração e exaustão de gases de escapamento, é quem verdadeiramente "dá o tom".

Projeto sonoro

Fontes de ruídos de tráfego no veículo.

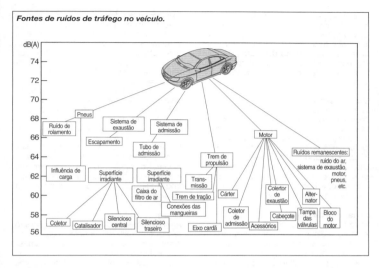

O trabalho básico do engenheiro acústico é, depois de conhecer o conjunto completo, captar as múltiplas fontes individuais de ruído de um motor e através de alterações técnicas adequadas obter uma harmonização dos ruídos no propulsor básico. As diferenças entre os regimes de "marcha lenta" e "plena carga" do motor são essenciais e não podem se tornar muito pequenas, pois o som do veículo "vive" desta dependência de carga.

O trabalho básico para harmonização acústica do propulsor é muito abrangente. O engenheiro acústico pode, por exemplo, reunir os seguintes temas:
– decisão do conceito,
– tolerâncias/folgas/estruturas,
– expansão térmica das folgas,
– prevenção de ressonância por vibração de torção,
– uso de material apropriado nos componentes,
– amplificação ou atenuação dos sistemas vibratórios no conjunto propulsor e em seus silenciadores.

Uma importante via de som, que afeta o som interno, é representada pela disposição e construção dos suportes do conjunto propulsor. Nos veículos modernos, são usados elementos de alta isolação, amortecidos hidraulicamente, para suporte elástico do conjunto propulsor. Isso produz uma certa suavidade no ruído interno do veículo e ainda mantém aceitável a vibração geral do veículo total, quando em velocidade na pista.

Som externo

A irradiação do som do motor através do ar determina o som externo. Dependendo do efeito de anteparo condicionado pelo conceito do veículo, ele pode ser muito diferente. Um veículo com motor frontal é acusticamente mais fácil de se dominar do que um veículo com motor traseiro. Neste último, todas as fontes dominantes de ruído são alojadas na traseira. Não há nenhuma possibilidade de separar as fontes, de forma acústica ou espacial.

A concepção dos silenciadores (nas seções de admissão de ar e exaustão de gases), em relação aos ruídos de superfície e de abertura de entrada/saída, em combinação com o ruído do motor, da caixa de mudanças e dos pneus, contribui para a desejada dependência da carga do som externo.

Som interno
A figura mostra numa visualização tridimensional o som interno de um carro esporte em regime de baixa e plena carga em relação à rotação. Com veículos mais potentes, é possível circular com considerável "suavidade" em baixas rotações. À plena carga o som interno aumenta sensivelmente, o que, para veículos com acerto esportivo, é tido pelo motorista como característica bastante positiva.

Dinâmica de carga
Para o som interno, como também para o externo, a dinâmica de carga desempenha um importante papel. Ela oferece ao motorista uma gama de experiências sonoras, que ele pode influenciar pessoalmente através do seu estilo de condução (figura).

Métodos de avaliação
De ruído para som
Até nos anos 60 a escala decibel era a única medida para avaliação objetiva do ruído. Essa medida foi gradualmente substituída pela avaliação dos valores de "freqüência" (Hz) e "intensidade sonora" (sones).

A avaliação da intensidade sonora considera os seguintes fatores:

Existem duas fontes de ruído com o mesmo volume (dB). Uma fonte de ruído gera freqüências muito próximas entre si, a outra gera freqüências distantes umas das outras. O ser humano percebe que os dois ruídos têm intensidade sonora diferente, embora o nível na escala dB (A) possa ser idêntico.

Um tom representa uma oscilação audível numa freqüência definida, por outro lado um som é composto por vários tons que ressoam ao mesmo tempo.

Um ruído é uma mistura de diversos tons com amplitudes alternadas. O "som", por sua vez, é um ruído (desejável) que, dependendo das condições operacionais do veículo, se altera sensivelmente elevando ou reduzindo agradavelmente a freqüência adequada ao produto (figura abaixo).

Gravação do tom / estúdio de tom
As gravações dos tons para avaliação são feitas com auxílio da tecnologia da cabeça artificial. No estúdio de tom, estas amostras sonoras são apresentadas a vários provadores através de fones auriculares individuais ou sistemas de alto-falantes. A visualização das gravações de ruídos auxilia o projeto elementar das amostras de som. Um programa de computador é usado para sugerir variantes acústicas dos sons gravados. Depois que uma variante é selecionada, o som virtual é transformado em som real pela engenharia de som (alterações técnicas no produto).

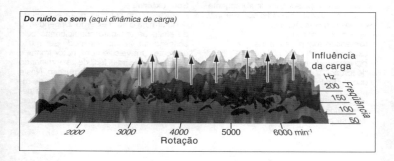

Do ruído ao som (aqui dinâmica de carga)

Psicoacústica

À medida que os métodos de avaliação acústica foram sendo mais refinados, mais fatores subjetivos foram sendo acrescentados. Este campo, conhecido como psicoacústica, oferece um quadro bastante apurado do ruído desejado para o veículo e conseqüentemente contribuindo para uma maior identidade de mercado e para a atração a ela associada.

A atratividade de um produto, principalmente um carro esporte, está intimamente ligada a fatores emocionais. Estes fatores são extremamente importantes para os motoristas de tais veículos. Estas exigências devem ser levadas em conta pelos fabricantes de automóveis.

As avaliações psicoacústicas dos sons gerados desempenham um importante papel complementar (figura à direita).

Vários provadores avaliam um som projetado num período determinado e, de acordo com diversos critérios, lhe atribuem uma nota. A "nota" é informada através de teclado e avaliada imediatamente por um programa de computador.

Engenharia de som

Engenharia de som é a ciência de influenciar tecnicamente os sons internos e externos através do projeto especializado dos componentes.

Ela exige engenheiros acústicos experientes que sejam capazes de estabelecer uma inter-relação das funções técnicas dos componentes em termos de física das vibrações veiculares.

Se a engenharia do som for empregada no desenvolvimento de uma carroceria de veículo, o resultado será uma carroceria, cujas estruturas, ligações das superfícies das membranas, transmissão física do som (desde o suporte do conjunto propulsor/ transmissão até os desvios acústicos, vedações e revestimento acústico) terão características sonoras otimizadas.

Estas modificações afetam exclusivamente o som interno, que ainda pode ser influenciado através do ruído de rolamento dos pneus e vento.

Avaliação psicoacústica

Túnel de vento automobilístico

Aplicações

Um túnel de vento automobilístico serve para representar o fluxo de ar ao redor do veículo durante seu movimento na via, de forma tão realista e reproduzível quanto possível. Entretanto, as condições naturais são muito heterogêneas e transitórias, a direção e a consistência do vento natural, por exemplo, se alteram constantemente, devido às construções e ao tráfego.

As vantagens do túnel de vento automobilístico como ferramenta de desenvolvimento em relação às medições em campo são a reprodutibilidade das condições de teste, a técnica de medição simples, confiável e rápida e a capacidade de isolar certos efeitos que em campo só ocorrem conjuntamente (p.ex., ruído de movimento). Além disso, protótipos que ainda têm condições de rodar podem ser otimizados no túnel de vento com garantia de segredo.

Parâmetros aerodinâmicos

A tabela 1 mostra os parâmetros mais importantes, isto é, forças, momentos e coeficientes do desenvolvimento da aerodinâmica veicular (veja também página 888).

Arrasto aerodinâmico
O coeficiente de arrasto aerodinâmico C_w descreve o formato aerodinâmico do corpo no fluxo de ar. Multiplicado pela pressão dinâmica do fluxo de ar:
$q = 0,5 \cdot \varrho \cdot v^2$ e pela área frontal do veículo A_{tx} resulta no arrasto W.

Em comparação ao arrasto aerodinâmico W, o momento de rolamento L em torno do eixo x não é importante.

Sustentação
O formato curvo da parte superior do veículo faz com que o ar flua com maior velocidade nesta superfície do que na parte inferior do veículo, produzindo uma indesejável força de sustentação que reduz a força de contato das rodas, e conseqüentemente, a estabilidade direcional.

Tabela 1. Forças aerodinâmicas, momentos e coeficientes

Valor	Unidade	Significado	Coeficiente e definição
W	N	Resistência na direção x	$c_d = W/(q \cdot A_{tx})$
S	N	Força lateral na direção y	$c_S = S/(q \cdot A_{tx})$
A	N	Sustentação na direção z	$c_A = A/(q \cdot A_{tx})$
L	N · m	Momento de rolamento em tono de x	$c_L = L/(q \cdot A_{tx} \cdot RS)$
M	N · m	Momento de arfada em torno de y	$c_M = M/(q \cdot A_{tx} \cdot RS)$
N	N · m	Momento de guinada em torno de z	$c_M = M/(q \cdot A_{tx} \cdot RS)$

$q = 0,5 \cdot \varrho \cdot v^2$ (ϱ densidade, v velocidade do fluxo de ar)
RS Base da roda
A_{tx} área frontal,
$C_{AV} = 0,5 \cdot C_A + C_M$
(em relação ao eixo frontal),
$C_{AH} = 0,5 \cdot C_A - C_M$
(em relação ao eixo traseiro).

O coeficiente de sustentação c_A é a soma dos coeficientes de sustentação dos eixos dianteiro c_{AV} e traseiro c_{AH}. A diferença entre as forças de sustentação dos eixos dianteiro e traseiro chama-se "balanço de sustentação" e é um fator de influência importante para a estabilidade direcional.

O momento de arfagem M em torno do eixo y é usado freqüentemente com referência ao lugar da sustentação. Um momento de arfagem positivo requer subesterço, um momento de arfagem negativo requer um sobreesterço.

Força lateral
Olhando de frente, um veículo tem uma forma quase simétrica, de modo que as forças laterais provocadas pelo fluxo de ar se mantêm pequenas. Assim que o fluxo de ar se desvie do eixo x, portanto vento lateral, o fluxo de ar gera forças laterais que podem influenciar sensivelmente o comportamento direcional.

O momento de guinada N, que atua sobre o eixo z, também é usado como indicação para a suscetibilidade a forças laterais. Este valor é empregado para derivar a velocidade e a aceleração angular de guinada, que são indicativas da intensidade dos ventos laterais.

Modelos de túneis de vento

Tipos de túnel de vento
As grandezas aerodinâmicas características são determinadas em túneis de vento, diferenciados pela forma de condução do ar, pelo tipo do setor de medição, pelo tamanho e pela simulação da superfície da via (tabela 2).

Túneis de vento com recirculação fechada do ar são denominados "tipo Göttinger" e equipamentos sem recirculação são chamados "tipo Eiffel" (figura abaixo).

Equipamento padrão do túnel de vento
Existem setores de medição abertos, setores com paredes contendo fendas, e setores fechados. Um túnel de vento é caracterizado pela área de saída dos difusores, pela secção transversal do coletor e pelo comprimento do setor de medição da tabela 2, (página 1.136).

Outro parâmetro determinante é a obstrução $\varphi_N = A_{fx}/A_N$. Isso é a relação entre a área frontal do veículo e a área de saída do difusor. Como na estrada esta relação é $\varphi_N = 0$, esta relação no túnel de vento também deve ser a menor possível. Considerando-se os custos de construção e de operação de túneis de vento, na prática $\varphi_N = 0,1$ foi adotado pela maioria, isso significa uma secção transversal do difusor de aprox. 20 m².

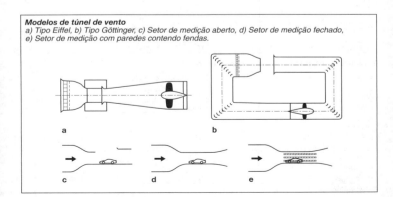

Modelos de túnel de vento
a) Tipo Eiffel, b) Tipo Göttinger, c) Setor de medição aberto, d) Setor de medição fechado,
e) Setor de medição com paredes contendo fendas.

A contração e o contorno de um difusor determinam a velocidade e a regularidade do fluxo de ar no túnel de vento. Uma grande relação de contração x da secção transversal da antecâmara em relação à saída do difusor ($x = A_V/A_D$) leva a uma distribuição regular da velocidade e pequeno grau de turbulência, assim como a uma maior aceleração do fluxo de ar.

O contorno do difusor pode influenciar a regularidade do perfil de velocidade na saída do difusor no setor de medição e o paralelismo em relação ao eixo geométrico do túnel.

A câmara de estabilização ou antecâmara é disposta a montante do defletor na secção da maior área transversal do túnel de vento. Nesta antecâmara estão dispostos os retificadores de fluxo, peneira e trocador de calor, os quais melhoram a qualidade do fluxo em relação à regularidade e direção e mantêm constante a temperatura do túnel.

Para a aerodinâmica do veículo são empregados preponderantemente túneis Göttinger com setor de medição aberto ou com fendas na parede.

O ventilador, na maioria dos túneis de vento automobilísticos, pode gerar velocidades acima de 200 km/h. Velocidades assim são usadas muito raramente, como por exemplo para teste de segurança funcional e de estabilidade sob ação da força do vento, já que isso requer capacidade total do ventilador na casa de até 5.000 kW.

Normalmente, as medições são feitas a 140 km/h. Nesta velocidade é possível determinar os coeficientes aerodinâmicos com confiabilidade e baixos custos operacionais. A velocidade do vento é regulada ou através da rotação do ventilador ou através das pás do ventilador com rotação constante, (tabela 3).

Uma balança de túnel de vento registra as forças aerodinâmicas atuantes sobre o

Tabela 2. Túneis de vento automobilísticos na Alemanha (exemplos)

Operador do túnel de vento	Seção transversal do difusor m²	Seção transversal do coletor m²	Comprimento do setor de medição m	Tipo do setor de medição	Simulação da pista em movimento
Audi	11,0	37,4	9,5...9,93	aberto	c/5 correias móveis
BMW	20,0	22,1	10,0	aberto	–
Daimler Chrysler	32,0	53,6	12,2	aberto	–
IVK Stuttgart	22,5	26,5	9,9	aberto	c/5 correias móveis
Ford	23,8	28,2	9,7	aberto	–
Porsche	22,3	37,7	13,5	paredes com fendas	–
Volkswagen	37,5	44,8	10,0	aberto	–

Tabela 3. Ventiladores de túneis de vento

Túnel de vento	Potência de acionamento kW	Diâmetro do ventilador m	Controle
Audi	2.600	5,0	rpm
BMW	2 × 900 [1]	2 × 4,97 [1]	rpm
Daimler Chrysler	5.000	8,5	rpm rpm
IVK Stuttgart	2.950	7,1	rpm rpm
Ford	1.650	6,3 rpm	
Porsche	2.600	7,4	rpm
Volkswagen	2.600	9,0	Ajuste nas pás

[1]) O túnel BMW usa dois ventiladores sincronizados

Túnel de vento automobilístico

veículo e os momentos em todas as quatro superfícies de contato das rodas e os utiliza para calcular os parâmetros aerodinâmicos para os componentes x, y e z.

A balança do túnel de vento geralmente é posicionada abaixo de uma plataforma de medição giratória com a qual o veículo testado é girado em relação ao vento para simular situações de ventos laterais.

Ao contrário da realidade, o veículo permanece estacionário no túnel de vento e é submetido à corrente de vento. A influência do movimento relativo entre o veículo e a pista permanece ignorada. Por este motivo, desenvolvimentos mais recentes resultaram em vários túneis de vento que usam correias móveis incorporadas ao piso para reproduzir o movimento da pista e permitir a rotação das rodas (figura). Com isso, a qualidade do fluxo de ar entre a pista e o veículo fica mais perto da realidade.

Sistemas adicionais do túnel de vento

O sistema de medição da área frontal (processo laser ou CCD) mede a área frontal do veículo por meios ópticos. Os resultados são então usados para calcular os coeficientes aerodinâmicos das forças medidas no túnel de vento.

Um sistema de medição de pressão em razão do tempo no túnel de vento pode registrar simultaneamente as variações de pressão em pelo menos 100 pontos de medição, por exemplo, para medir a distribuição da pressão com auxílio de sensores planos colocados na superfície da carroceria. Os sensores de pressão em miniatura (quartzo) usados em cada ponto de medição não possuem componentes de desgaste e, portanto, podem fornecer informações eletrônicas em freqüências relativamente altas (figura).

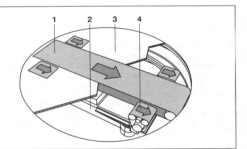

Plataforma giratória no piso do túnel de vento, com correias móveis integradas.
1. Correia móvel entre as rodas,
2. Balança,
3. Plataforma giratória,
4. Unidade das rodas motrizes com correia móvel estreita.

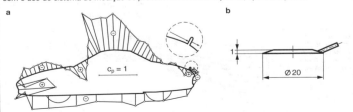

Medição da distribuição da pressão (exemplo de aplicação).
a) Distribuição da pressão na superfície do veículo na seção média do veículo (y = 0), medida com o uso do sistema de medição de pressão e 63 sensores planos, b) Sensor plano.

O dispositivo transverso permite a medição do ambiente completo do fluxo de ar do veículo. Cada posição no setor de medição pode ser alcançado e reproduzido através de coordenadas. De acordo com o sensor localizado naquele ponto é possível medir pressões, velocidades ou fontes de ruído.

As lanças de fumaça são empregadas para visualizar fluxos de ar que de outra forma não seriam visíveis. O modelo de fumaça permite detectar qualquer irregularidade no fluxo de ar capaz de piorar o coeficiente através do consumo de energia pela turbulência. A "fumaça" atóxica geralmente é criada pelo aquecimento de uma mistura de glicol num gerador de vapor.
Outros meios de visualizar o fluxo de ar são:
- Filamentos sobre a superfície do veículo,
- Sensores de filamento,
- Imagens de pintura com emulsões de secagem rápida preparadas com querosene e giz.
- Geradores de bolhas de hélio e
- Lâminas de laser.

O "sistema de aspersão de poluentes" pode ser empregado para submeter o veículo no túnel de vento, desde a uma névoa de spray até a uma chuva forte. Uma mistura de giz ou agente fluorescente pode representar e documentar o nível de sujeira.

A unidade de água quente fornece água aquecida a uma taxa constante para a medição da capacidade de arrefecimento do radiador em protótipos ainda sem condições de rodas.

Variantes de túneis de vento
Um túnel de vento automobilístico exige alto investimento. Este investimento e os custos operacionais o tornam um equipamento de teste dispendioso e com alta carga horária. A alta ocupação do túnel de vento com ensaios aerodinâmicos, aeroacústicos e térmicos justifica a construção de túneis de vento com várias funções especializadas.

Com o túnel de vendo para modelos os custos operacionais podem ser sensivelmente reduzidos, pois a complexidade técnica e construtiva é menor. Condicionadas pela escala (de 1:5 a 1:2), as mudanças de forma nos modelos de veículos são implementadas com maior rapidez, comodidade e economia.

Ensaios com modelos são realizados primordialmente na fase de desenvolvimento, com o objetivo de otimizar a aerodinâmica da forma básica. Com o apoio de estilistas, modelos de "plastilina" são usados para otimizar a forma ou até para desenvolver formatos alternativos e identificar seu potencial aerodinâmico no túnel de vento para modelos.
Usando-se novos métodos de produção (criação rápida de protótipos), os modelos podem ser produzidos com rapidez com todos os detalhes e em qualquer escala. Isso permite ensaios expressivos com os modelos para otimização de detalhes, mesmo depois da fase de pesquisa da forma.

No túnel de vento acústico, graças a medidas intensivas de amortecimento, o nível de pressão sonora é cerca de 30 dB (A) mais baixo do que no túnel de vento padrão! Isso oferece uma maior distância do nível de ruído de ≥ 10 dB (A) em relação ao sinal útil do veículo, permitindo a identificação e avaliação dos ruídos provenientes da circulação e passagem do fluxo de ar.

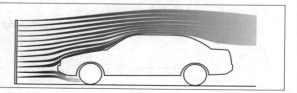

Uso de rastros de lanças de fumaça para tornar o fluxo de ar visível.

Túnel de vento automobilístico

Os túneis de vento com clima controlado são usados para a análise e proteção de veículos em faixas de temperatura definidas e diferentes condições de carga.

Trocadores de calor de grandes dimensões são usados para ajustar faixas de temperatura de, p.ex., –40°C a + 70°C com pequena tolerância de controle de aprox. ± 1 K.

O veículo é posicionado no dinamômetro de rolos e operado nas condições ou ciclos de carga desejados. A velocidade do vento e dos rolos deve ser exatamente sincronizada, mesmo em velocidades baixas. Aclives e declives podem ser simulados conforme a necessidade para introduzir fatores realistas no ciclo operacional.

Opcionalmente, a umidade do ar pode ser regulada e a radiação do sol simulada através de bateria de lâmpadas.

Os extensos desafios aerodinâmicos no design do veículo não são totalmente cobertos pelos avançados testes em bancada como os anteriormente descritos. Por esse motivo, empregam-se com maior constância as avaliações numéricas de modelos CFD (Computational Fluid Dynamics-"dinâmica computacional dos fluidos"), para antecipar a tomada de decisões e com isso reduzir a carga de trabalho com testes.

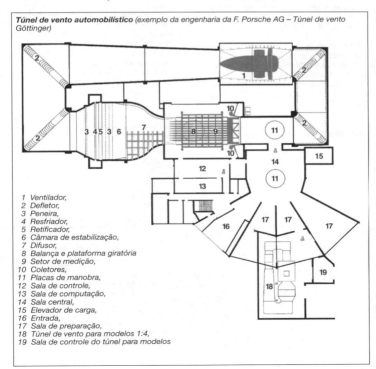

Túnel de vento automobilístico (exemplo da engenharia da F. Porsche AG – Túnel de vento Göttinger)

1 Ventilador,
2 Defletor,
3 Peneira,
4 Resfriador,
5 Retificador,
6 Câmara de estabilização,
7 Difusor,
8 Balança e plataforma giratória
9 Setor de medição,
10 Coletores,
11 Placas de manobra,
12 Sala de controle,
13 Sala de computação,
14 Sala central,
15 Elevador de carga,
16 Entrada,
17 Sala de preparação,
18 Túnel de vento para modelos 1:4,
19 Sala de controle do túnel para modelos

Gestão Ambiental

Visão geral

Um sistema de Gestão Ambiental serve para instituir e manter uma estrutura organizacional para a implementação da política ambiental de uma empresa.

Sistemas de Gestão Ambiental

Basicamente, a gestão ambiental pode ser estruturada de acordo com dois sistemas:
- Regulamentação (EG) N° 761/2001 do Parlamento Europeu e do Conselho sobre a participação voluntária de organizações num sistema comum para o gerenciamento e auditagem ambiental (SEGA, referenciado a seguir como Regulamento de Eco-Auditoria),
- DIN EN ISO 14 001).

Estruturalmente, ambos sistemas são praticamente idênticos.

As principais diferenças estão na validade e no diálogo com o público:
O Regulamento de Eco-Auditoria só é válido dentro da União Européia. Ele exige a publicação de um relatório ecológico anual para informar ao público e a outros círculos interessados o impacto ambiental, o desempenho ambiental e o contínuo aperfeiçoamento do desempenho ambiental.

A DIN EN ISO 14 001 é mundialmente válida. Diferentemente do Regulamento de Eco-Auditoria, ela não exige a participação pública.

Elementos do sistema

Um sistema de Gestão Ambiental é composto por onze elementos e deve ser descrito detalhadamente num manual do meio ambiente:
- Política ambiental,
- Princípios legais,
- Obrigações organizacionais e gerenciais,
- Fornecedores e prestadores de serviços,
- Desenvolvimento técnico,
- Aquisição de materiais amigáveis ao meio ambiente,
- Produção,
- Monitoramento do sistema,
- Medidas corretivas,
- Sistema de auditoria ecológica e
- Educação e treinamento.

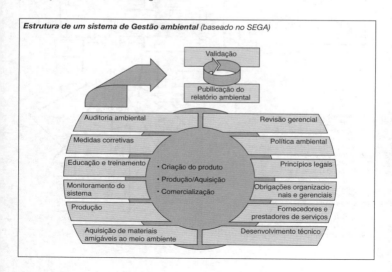

Estrutura de um sistema de Gestão ambiental (baseado no SEGA)

Documentação

A documentação de um sistema de Gestão Ambiental é feita através dos seguintes instrumentos:
- Política ambiental,
- Manual do meio ambiente,
- Instruções de processos e
- Instruções de trabalho.

Política ambiental

A política ambiental de uma empresa estabelece, por escrito, no nível gerencial mais elevado, princípios de procedimento para o contínuo aprimoramento da compatibilidade ambiental dos produtos e dos locais de fabricação, assim como para o tratamento ambientalmente correto dos recursos naturais.

Documentação do sistema de Gestão Ambiental

Princípios legais

Devido à importância das normas legais, das determinações oficiais e dos regulamentos internos para a proteção ambiental, um sistema de Gestão Ambiental deve oferecer informações sobre as normas legais a serem observadas, como, por exemplo, leis, decretos, regulamentos administrativos e diretrizes técnicas.

Funções organizacionais e gerenciais

Gerenciamento voltado para o meio ambiente significa que a responsabilidade pela proteção ambiental começa com a diretoria da empresa. A proteção ambiental, no entanto, deve ser vista como uma área de atividade que envolve todos os membros da empresa. Isso requer uma boa organização da proteção ambiental corporativa, com a definição exata das diversas obrigações e responsabilidades dentro da empresa.

Fornecedores e prestadores de serviço

Uma grande parte dos componentes necessários na produção automobilística é adquirida de terceiros. A proteção ambiental corporativa, portanto, está nas mãos de parceiros comerciais externos. Para garantir que também neste caso a ecologia é respeitada, a Audi, por exemplo, instituiu limites claros com a "Norma de Veículo Ambiental".

Esta norma, válida para todo o grupo VW, declara os materiais cujo uso é proibido pela Audi e prescreve valores limites para as substâncias permitidas (porém críticas). Ela regulamenta o uso de materiais reciclados e a identificação das peças para reciclagem.

Na contratação de prestação de serviço para limpeza, montagem e desmontagem, os aspectos ambientais são considerados contratualmente.

Antes de fechar um contrato de coleta de resíduos, é essencial checar em cada caso a legitimidade, a confiabilidade e a competência técnica da empresa de coleta.

Desenvolvimento técnico

Um ponto de partida bastante objetivo para a proteção ambiental corporativa é o desenvolvimento de produtos. Resultados essenciais para a proteção ambiental corporativa são preparados antecipadamente neste estágio. O desenvolvimento de novos processos e produtos com consciência ambiental, contribui para a substituição de materiais perigosos para o meio ambiente, para a redução do consumo de água, energia e de outros recursos e para evitar o impacto ao meio ambiente através de emissões, efluentes e resíduos.

Mais de 80% do impacto de um automóvel sobre o meio ambiente ocorre fora do local de produção – durante a extração da matéria-prima, uso e descarte. Mas, a decisão sobre como um automóvel, com todos os seus componentes, será construído, reparado e descartado, é tomada na fábrica.

No estágio de desenvolvimento do produto, são feitas análises de ciclo de vida e balanços para sistemas alternativos de produto, fluxo de materiais, consumo de energia e emissões. Deste modo, é esclarecido onde o uso de alumínio é ecologicamente racional.

Já na fase de desenvolvimento do produto é que são determinados os rumos para o automóvel menos poluente, com vida útil mais longa e mais adequado à reciclagem.

Para que os materiais individuais sejam separados durante o descarte de forma mais seletiva possível, é necessário identificar os diversos tipos de plásticos. O uso de compósitos difíceis de reciclar deve ser evitado sempre que possível.

Aquisição de materiais amigáveis ao meio ambiente

O uso de matérias-primas é um ponto de partida crucial para a proteção preventiva do meio ambiente. Através do uso de materiais menos poluente freqüentemente é possível dispensar equipamentos adicionais de limpeza, filtros ou similares no final do processo de produção de um produto.

É primordial que, antes do uso de produtos químicos, seja feita uma verificação sobre a possibilidade de alternativas inofensivas ou menos perigosas.

Na Audi, por exemplo, o processo de aquisição é regulamentado por uma diretriz do conselho executivo. Um comitê de avaliação de materiais, formado por representantes das áreas de "proteção contra incêndios", "ambiente", "segurança do trabalho", "proteção da saúde" e "engenharia de processos/ segurança química", avaliam os produtos químicos quanto à segurança técnica e química. O comitê estabelece determinações para o manuseio dos materiais e as transmite aos usuários.

Produção

Processos de produção, via de regra, são relevantes para o meio ambiente, pois além do próprio produto são criados subprodutos, como ar de exaustão, águas servidas, resíduos e ruídos.

O objetivo é minimizar estes subprodutos — e também a energia consumida — através de uma produção voltada para o meio ambiente, em outras palavras, primeiro não permitindo absolutamente sua criação e, tanto quanto possível, aproveitá-los racionalmente. No caso de um galpão automobilístico, seguem alguns exemplos:

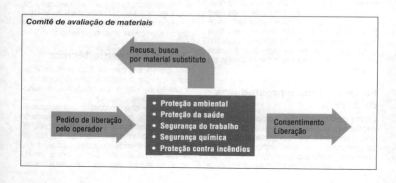

Sistema de aquecimento
Tecnologia de baixo consumo de energia na caldeira de aquecimento, isolação das tubulações de água quente, combustível não poluente, como gás natural.

Equipamento de pintura para reparos
Tinta com baixo teor de solvente ou solúvel em água, tecnologia de aplicação com baixa difusão do spray.
Técnica pontual para pequenos reparos, mantas de filtro seco no exaustor da cabine evitando emissão de partículas de tinta.

Águas servidas
Limpeza das águas servidas da estação de lavagem através de equipamento de tratamento para remoção do óleo emulsionado. Recirculação da água de lavagem.
Dreno das águas do galpão e da superfície do tanque de abastecimento via separador de óleo/separador de coalescência.

Economia de energia
Trocador de calor no exaustor da cabine de pintura, isolação do prédio, vidros térmicos, portões de alta velocidade, aquecimento solar para água de processamento, sistema fotovoltaico. Requer estudo de viabilidade econômica para cada medida individual.

Proteção das águas
Proteção dos recipientes com líquidos prejudiciais para a água através de bandeja coletora. Estoque subterrâneo de combustíveis somente em tanques de parede dupla com monitoramento de vazamentos.

Detritos
Coleta separada e reciclagem de todos os detritos de embalagens.
Detritos especiais coletados separadamente e descartados por empresa especializada, certificada.

Monitoramento do sistema

O monitoramento das instalações de produção, descarte e armazenamento é uma das mais importantes tarefas da proteção ambiental. Os gerentes de linha são responsáveis pelo cumprimento desta tarefa.
Um controle sistemático autônomo deve garantir que os efeitos das tarefas, procedimentos e atividades operacionais sobre o meio ambiente sejam os mínimos possíveis.
Omissões ou incorreções podem acarretar sérias conseqüências em termos de responsabilidade legal e criminal.
Programas de inspeções podem facilitar o trabalho, relembrar constantemente as obrigações legais e evitar que um monitoramento regular seja negligenciado, devido às tarefas corriqueiras do dia-a-dia. No caso de galpões, os programas de inspeção podem incluir a extensão das verificações, listadas num programa de monitoramento (veja próxima página).

Os programas de monitoramento devem especificar os prazos das inspeções e os nomes das pessoas responsáveis.
Deficiências constatadas são protocoladas e o operador é solicitado a eliminá-las.
O protocolo deve conter informações, como data, hora, área verificada, participantes, o objeto da inspeção — como, por exemplo, armazenagem de material prejudicial à água, separação de detritos ou funcionamento de sistemas ambientais — as deficiências constatadas e a assinatura das pessoas responsáveis.

Medidas corretivas

Um sistema de Gestão Ambiental também regulamenta o encaminhamento dos relatórios e os procedimentos na constatação de operações impróprias ou riscos ambientais e as medidas que devem ser tomadas para sua correção.
Materiais potencialmente perigosos, como líquidos inflamáveis e materiais prejudiciais à água, são freqüentemente armazenados e manuseados.
A meta é corrigir deficiências com rapidez e eficiência, evitando danos ao ambiente, ou pelo menos, limitando-os ao mínimo.
Exemplos de operações impróprias:
- Derramamento do conteúdo de um recipiente devido a vazamento,
- Falha num sistema de tratamento de efluentes,
- Acidente de transporte com prejuízo para o ambiente.

Medidas de proteção contra riscos são definidas através de um fluxograma.

Tabela 1: Programa de monitoramento (exemplo para o ano 2003)

Verificação	Intervalo de verificação	Pessoa responsável	01	02	03	04	05	06	07	08	09	10	11	12
Armazenagem de líquidos prejudiciais para a água	A cada 6 meses	A.N. Other				X					X			
Descarte de resíduos – Coleta separada de resíduos perigosos – Separação lixo/material reciclável	A cada 4 meses	T.B. T.B.		X								X		
Inspeção da fábrica – Itens dignos de observação	A cada 12 meses	T.B. T.B.							X					
Inspeção visual dos tanques subterrâneos	A cada 12 meses	T.B. T.B.					X							
Verificar emissão de partículas de pintura	A cada 3 anos	T.B. T.B.	Próxima verificação em 2005										
Verificar processo de pintura – Alterações no processo – Alterações de materiais	A cada 12 meses	T.B. T.B.								X				
Descarte de efluentes – Vedação do poço das bombas – Funcionamento do sistema de tratamento de efluentes	A cada 3 meses	T.B. T.B.			X			X			X			X
Verificação do separador de óleo – Funcionamento	A cada 6 meses	T.B. T.B.				X							X	

Auditoria do sistema de Gestão Ambiental

A auditoria ambiental é um exame abrangente das questões relacionadas ao meio ambiente e dos efeitos associados às atividades na localidade de uma empresa.

O Regulamento de Eco-Auditoria descreve dois gêneros de auditoria ambiental:
- Auditoria técnico-operacional e
- Auditoria da gestão ambiental.

A auditoria técnico-operacional verifica se os regulamentos ambientais, a política ambiental e o programa para o meio ambiente estão sendo cumpridos na prática na área de produção. São enfatizados os aspectos técnicos da proteção ambiental.

A auditoria do sistema de Gestão Ambiental verifica se este é adequado e se é funcionalmente capaz de manter a política ambiental e o programa para o meio ambiente da empresa. Com este propósito, a documentação é analisada e as operações são inspecionadas. Todos os detentores de cargos de comando envolvidos de alguma forma com a gestão ambiental são entrevistados.

As auditorias ambientais podem ser realizadas por equipes internas especialmente treinadas ou por peritos externos.

Após cada auditoria ambiental, é elaborado um relatório por escrito, com formato e conteúdo apropriados, para garantir uma apresentação completa e formal das constatações e conclusões da auditoria. Os resultados são comunicados oficialmente à diretoria da empresa.

São estabelecidas medidas corretivas adequadas e definidos responsáveis pela sua implantação. O programa para o meio ambiente existente é atualizado com as alterações e complementações correspondentes.

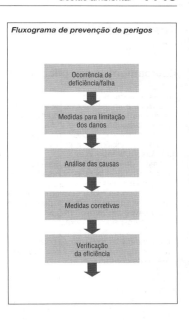

Fluxograma de prevenção de perigos

Educação e treinamento

Motivar os funcionários para que adquiram responsabilidade própria e consciência ambiental é uma tarefa elementar.

Deve-se adotar processos para garantir que os funcionários estejam conscientes sobre a importância de cumprir a política ambiental e sobre os efeitos vitais das suas atividades sobre o meio ambiente.

Funcionários aos quais serão delegadas funções relevantes para o meio ambiente devem adquirir experiência através de cursos, instrução e treinamento adequados.

Portanto, devem ser definidos requisitos de instrução e realizados cursos para determinados grupos de pessoas.

Teste dos sistemas do veículo

Equipamento para oficina

Software para oficina
O software para diagnóstico ESI[tronic] da Bosch é um conjunto de programas, que auxiliam o mecânico no teste, diagnóstico, seleção da peça de reposição e reparo do veículo. O principal produto "Diagnóstico do Veículo" abrange, p.ex.:
- Sistema de Informação de Serviço (SIS), que com o guia para localização de defeitos permite um conserto bem sucedido,
- Diagnóstico da ECU, que, em conjunto com o verificador de sistema, permite um diagnóstico seguro (p. 1147) e
- Serviço Assistido por Computador (CAS-[plus]), que conecta o guia para localização de defeitos diretamente com o diagnóstico da ECU, otimizando o procedimento de conserto.

A série de software ESI[tronic] inclui as seguintes informações:
- Dados de identificação das peças de reposição com desenhos explodidos (listas por veículo e confrontação com o número do fabricante do veículo),
- Unidades e tempos de trabalho,
- Guia de localização de defeitos e de conserto específica por veículo,
- Diagnóstico do veículo,
- Esquemas do motor do veículo (local de instalação dos componentes, esquemas elétricos e de mangueiras etc.),
- Dados de revisão e cronogramas de manutenção, inclusive dados de regulagens mecânicas,
- Esquema elétrico dos sistemas de conveniência e
- Especificações de teste.

Instrumentos de medição
A necessidade de manutenção e revisão dos veículos é cada vez menor, os sistemas eletrônicos trabalham extensivamente livres de manutenção. Apesar disso, podem ocorrer falhas. O funcionamento do motor ou dos sistemas eletrônicos pode ser prejudicado por desgaste, impurezas e corrosão ou os valores ajustados podem se alterar. Assim, o diagnóstico rápido e seguro no caso de falha é uma tarefa da maior importância na assistência técnica, na qual deve-se diferenciar entre "teste" e "diagnóstico":

No "teste" são medidos valores definidos para comparação com os valores especificados. No "diagnóstico" (p.ex., do motor), os desvios da condição padrão são confrontados com as funções do sistema, com as circunstâncias da falha e com os conhecimentos empíricos com o objetivo de identificar o tipo de falha ou componente defeituoso.

Um teste de sistema efetivo pressupõe o uso de equipamentos adequados de inspeção e teste. Se antigamente ainda era possível testar um sistema eletrônico com aparelhos simples (p.ex., multímetro), agora, devido ao avanço progressivo dos sistemas eletrônicos (p.ex., Motronic, EDC, ABS), aparelhos complexos de teste são imprescindíveis.

Aparelhos de teste portáteis
Aparelhos de teste portáteis são pequenos e relativamente simples. Exemplos:
- Multímetro: para medição de corrente, tensão e resistências.
- Multímetro com função estendida: para apresentação adicional da progressão no tempo da variável medida.
- Scan tool (Bosch: KTS 100 e KTS 115): para ler e apagar a memória de erros da unidade de controle eletrônico em sistemas relacionados às emissões.

Analisador de motor
O analisador de motor "tradicional" é adequado para teste e exibição das condições operacionais do motor e de suas unidades anexas para sistemas veiculares sem autodiagnóstico. As variáveis medidas são:
- Rotação,
- Tensão primária e secundária da ignição,
- Ângulo de permanência e de ignição,
- Corrente, tensão e resistência,
- Tempo de injeção,
- Relação de ciclo,
- Início de alimentação/avanço de injeção nos motores Diesel,
- Temperatura do óleo,
- Temperatura do ar e pressão de vácuo na tubulação de aspiração.

Módulo para diagnóstico de ECU

Para o diagnóstico da unidade de controle eletrônico (ECU), a Bosch dispõe da série KTS, com modelos que vão desde os módulos (KTS 520/KTS 550), que para seu funcionamento exigem um PC ou laptop, até aparelhos de teste autônomos, como o portátil KTS 650 ou o estacionário FIS 550, já com PC integrado. Estes aparelhos de teste de sistemas em combinação com o software ESI[tronic] permitem um diagnóstico rápido e seguro do veículo.

Os módulos de teste de sistemas KTS são adequados para todos os protocolos de diagnóstico atuais (sistemas ISO para veículos europeus, sistemas SAE para veículos americanos e japoneses, protocolos CAN para sistemas de barramentos CAN). Para medição de sinais e teste de componentes, o KTS 520 possui um multímetro integrado. O KTS 550 e o KTS 650 oferecem outras possibilidades de medição através de um multímetro de dois canais e de um osciloscópio de dois canais (outras funções, v. p. 1148). A operação do KTS 650 é feita através de tela de toque e duas teclas de membrana seladas.

Análise do sistema do veículo

A análise do sistema do veículo (FSA) é um componente de uma estação universal de medição para oficina e combina a funcionalidade do analisador de motor tradicional com o módulo KTS. Adicionalmente, ele oferece outras possibilidades, como, por exemplo:

Teste de sistema com diagnóstico da ECU
1 ECU do motor (Motronic ou EDC),
2 ECU do ABS, 3 ECU da transmissão,
4 Interface de diagnóstico, 5 Módulo de teste de sistema (p.ex., KTS 650).

- Teste de componentes eletrônicos (p.ex., sensores, barramento CAN),
- Medição da corrente de repouso da bateria,
- Geração de sinal para simulação de sinais de sensores,
- Análise da ignição (circuitos primário e secundário).

Teste de sistemas com o KTS

Diagnóstico da ECU

A infiltração da eletrônica no veículo exige atenção redobrada nas ações de assistência técnica. Além disso, como as funções essenciais do veículo dependem cada vez mais da eletrônica, ela tem que satisfazer os mais altos requisitos de confiabilidade, exigindo programas para operação de emergência, no caso de eventuais falhas.

O diagnóstico da ECU (veja p. 582 em diante) do sistema eletrônico pode usar sua "inteligência" para monitorar a si próprio constantemente, identificar erros, armazená-los e diagnosticá-los. Os resultados deste diagnóstico "a bordo" podem ser avaliados por meio de aparelhos de teste externos.

A interface de comunicação estabelece a conexão entre o equipamento de teste de sistemas e a ECU. Esta interface serial com taxa de transmissão variável entre 10 Baud e 10 kBaud, na forma de interface de cabo simples ou duplo, é concebida de tal forma que é possível reunir várias ECUs em uma tomada central de diagnóstico (p.ex., ABS, Motronic ou EDC). Um endereço é enviado a todas ECUs conectadas, o sistema endereçado reconhece seu próprio endereço e se ajusta automaticamente. Os bytes chave seguintes (na Alemanha alocados pelo Comitê Técnico para Veículos Automotivos do DIN) determinam o protocolo para a subseqüente comunicação de dados. Daí em diante, o equipamento de teste de sistemas converte os dados transmitidos em seqüências de diagnóstico e informações textuais, formatados especificamente para o sistema em teste.

Futuramente, o barramento CAN desempenhará um papel fundamental no intercâmbio de dados entre o equipamento de teste e as ECUs.

Funções do KTS

Diversos aparelhos de teste de sistema são adequados para o teste de sistemas. Em combinação com o software ESI[tronic], os aparelhos de teste da série KTS permitem uma eficiente seqüência de teste.

O diagnóstico pode ser iniciado após o aparelho de teste ser conectado à interface de diagnóstico. O diagnóstico da ECU com o uso do KTS permite, por exemplo, as seguintes funções:

Identificação: O KTS ajusta-se automaticamente à ECU a ser testada.

Ler e apagar a memória de falhas: O KTS pode ler as falhas identificadas e gravadas durante a operação pelo autodiagnóstico da ECU (veja p. 582) na memória de falhas e exibi-las em texto no display ou no monitor do PC. Na seqüência, ele pode apagar a memória de falhas da ECU.

Ler os valores reais: Os valores atuais, processados pela ECU, podem ser apresentados como grandezas físicas (p.ex., rotação do motor em rpm).

Função de multímetro: Esta função pode medir e exibir no display correntes, tensões e resistências, como num multímetro convencional.

Progressão no tempo: O display gráfico exibe o valor medido continuamente como progressão do sinal em função do tempo como num osciloscópio.

Diagnóstico dos atuadores: Os atuadores elétricos podem ser ativados para checar seu funcionamento. Desta forma, é possível ativar os atuadores e checar acústica e visualmente sua capacidade de funcionamento independentemente das condições operacionais.

Teste de motor: O KTS executa seqüências programadas para teste do gerenciamento do motor ou do próprio motor (p.ex., avaliação das oscilações da rotação do motor acionado pelo motor de partida com a injeção desligada no teste de compressão).

Informações adicionais: Informações adicionais específicas relacionadas às falhas ou componentes podem ser exibidas em destaque com ajuda do software ESI[tronic] (p.ex., local de instalação e especificações de teste de componentes, esquemas elétricos).

Impressão: Impressoras comuns para PC podem imprimir todos os dados (p.ex., lista dos valores reais).

Codificação: O KTS pode ser usado para reprogramar a memória programável da ECU.

Exemplos de funções do KTS
a) Display do multímetro,
b) Esquema elétrico (dados do ESI[tronic],
c) Comparação de volume.

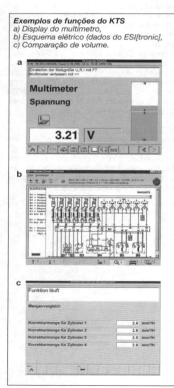

Tecnologia de teste de motor

Processos de teste
Sistemas complexos controlam o motor, a ignição e a preparação da mistura. Procedimentos universais, automatizados, livres de influências subjetivas são, portanto, componentes essenciais da tecnologia de teste computadorizado na fábrica automobilística.

Para o diagnóstico é usado o analisador de motor (p.ex., FSA da Bosch). O conector do componente pode ser desconectado para a medição no componente. Adaptadores "Y" específicos para o veículo podem ser empregados para permitir a conexão do componente com o analisador de motor.

O diagnóstico inclui:
- Comparação da potência dos cilindros através da análise da regularidade da velocidade angular a uma dada rotação.
- Comparação da compressão dos cilindros pelo padrão da corrente do motor de partida.
- Medição seletiva dos HCs para determinar a distribuição da mistura nos gases de exaustão.
- Análise do padrão da tensão primária e secundária da ignição quanto a defeitos, como interrupções nos cabos de ignição, curto com a massa, velas e bobina defeituosas.
- Medição de corrente (p.ex., corrente de carga da bateria, corrente de repouso da bateria), tensão (p.ex., tensão da bateria, padrões de sinais de sensores, e sinal de controle dos atuadores) e resistências (p.ex., potenciômetro da válvula borboleta, resistência de contato de conectores).
- Medição dos sinais de injeção (tempo de injeção, início da injeção, padrão do sinal).
- Verificação dos sinais de saída dos sensores que geram níveis de sinal pelo fator de pulso do sinal digital.
- Verificação do início de alimentação e o avanço de injeção na bomba injetora Diesel com ajuda de um "sensor de grampo" na tubulação de alta pressão.
- Medição da temperatura do óleo com um sensor de temperatura no lugar da vareta de inspeção do óleo.
- Medição da temperatura do ar com ajuda de um sensor de temperatura (p.ex., temperatura no tubo de admissão, temperatura na cabine de passageiro para checar o ar condicionado).
- Teste dos componentes elétricos (p.ex., sensor da válvula borboleta, sensor de pressão no tubo de admissão) através do padrão do sinal.

Adaptação com adaptadores específicos para o veículo
A medição dos sinais de ignição secundários na distribuição estática de alta tensão requer adaptadores específicos para cada veículo diferente. Após a colocação do adaptador na bobina de ignição, a medição é realizada através de acoplamento indutivo ou capacitivo.

Teste de componentes elétricos montados no veículo
O analisador de motor pode testar os componentes elétricos (alternador, motor de partida) montados no veículo. No alternador podem ser testados, por exemplo, os padrões da corrente e da tensão de carga. No entanto, para medições do funcionamento sob carga definida o componente precisa ser desmontado e testado na bancada de teste (veja p. 1152 em diante).

Diagnóstico dos gases de exaustão
A adição de um módulo de teste de gases de exaustão no FSA permite medir a composição dos gases de exaustão.

Nos motores de ignição, o diagnóstico dos gases de exaustão consiste na medição da rotação e da temperatura do óleo, bem como os níveis de CO, CO2, HC, O2 e NO. Com auxílio da equação de Brettschneider pode ser calculado o fator de excesso de ar l (lambda).

No diagnóstico de gases de exaustão de motores Diesel primeiramente são testadas as rotações de marcha lenta e de corte. A temperatura do óleo, no caso, deve ter ultrapassado um determinado limiar. Em seguida são avaliados, em acelerações livres, a rotação de corte, a curva de rotação do motor, o tempo de aceleração, a opacidade e a progressão da opacidade.

Testes elétricos

Teste e carga de baterias de partida

As especificações e procedimentos de teste para baterias de partidas são definidos pela DIN EN 60095-1. Estes testes são adequados para determinação e monitoramento da qualidade das baterias de partida novas; entretanto não pretendem de modo algum reproduzir fielmente as múltiplas exigências do uso na prática.

Manuseio

Antes da substituição ou instalação de uma nova bateria de partida, o manual de operação deve ser consultado com atenção para evitar riscos para a segurança, devido ao manuseio inadequado. Os riscos são provenientes do ácido sulfúrico da bateria e do gás explosivo (mistura de hidrogênio e oxigênio) formado durante a carga: manter a bateria inclinada por tempo prolongado ou falha na observação do nível de ácido podem provocar cauterizações por ácido sulfúrico. Cuidado especial também deve ser dispensado durante e imediatamente após o procedimento de carga, bem como na colocação e remoção de cabos auxiliares de partida, devido à possibilidade de detonação de gás oxídrico.

A mistura de gás explosivo formada durante a carga pode ser detonada graças a um nível suficientemente alto de energia térmica. Por este motivo não se deve manipular chamas vivas nas proximidades de baterias. Descargas elétricas através do corte repentino da corrente ou curto-circuito, por exemplo, devem ser evitadas e a possível geração de eletricidade estática, através de transferência (carpete) ou de atrito com lã ou materiais sintéticos, deve igualmente ser descartada. Pelos motivos mencionados, recomenda-se ventilar muito bem o recinto onde as baterias são carregadas e usar preventivamente óculos e luvas de proteção para manusear baterias.

Para evitar a formação de centelhas ao conectar e desconectar os terminais da bateria, os aparelhos consumidores devem ser desligados e os terminais precisam ser conectados na seqüência correta. As regras são as seguintes:

- Na instalação da bateria, conectar primeiramente o pólo positivo e depois o negativo. Na remoção, soltar primeiro o pólo negativo e depois o positivo (assumindo-se que o negativo esteja ligado à massa).
- Para conectar com um carregador ou com uma segunda bateria "auxiliar de partida", conectar sempre o pólo positivo da bateria instalada com o pólo positivo da fonte externa de energia e o pólo negativo do carregador ou da bateria auxiliar de partida num ponto metálico desencapado do veículo, a uma distância mínima de 0,5 m da bateria.
- Antes de iniciar o trabalho na instalação elétrica do veículo ou nas proximidades da bateria, soltar o cabo do pólo positivo, pois curtos-circuitos (com as ferramentas) provocam centelhas com possibilidade de lesões por queimaduras.

Testes de baterias

Os testes de baterias dão um prognóstico sobre a capacidade de partida, o estado geral da bateria e as condições de carga e tensão da bateria. É feita uma distinção entre os processos de teste da bateria sob carga e os de teste da bateria sem carga.

Processo de teste sob carga

Nos processos de teste sob carga, a bateria é submetida a uma corrente de mesma ordem que a bateria experimenta durante o procedimento de partida (até em torno de 100 A). A queda da tensão ΔU, enquanto a carga é aplicada, e a elevação da tensão na fase de restabelecimento após remoção da carga servem de critério para avaliação da capacidade de partida e das condições da bateria. Para permitir um prognóstico sobre a potência de partida expresso em percentual a queda da tensão ΔU constatada é comparada com o valor nominal de uma bateria em bom estado. O valor nominal depende do tamanho da bateria e é pré-selecionado pelo operador através da indicação da capacidade da bateria ou da corrente de teste a baixas temperaturas. O nível de carga é determinado por meio da tensão da bateria.

A vantagem do processo de teste sob carga é a segura identificação até mesmo de fissuras capilares no trilho de interligação e nas placas de chumbo da bateria.

A duração da carga de aproximadamente 30 segundos corresponde à demanda de corrente de vários procedimentos de partida e têm um efeito negativo sobre ao nível de carga da bateria.

Processo de teste sem carga
No processo de teste sem carga, a bateria é submetida por um curto espaço de tempo a uma corrente de baixa freqüência de aprox. 0,25 A até 2 A, com ondas retangulares. Esta carga sobrepõe à tensão contínua da bateria uma tensão alternada na faixa de milivolt. Com base na avaliação da amplitude e da forma do sinal desta tensão alternada, pode ser feito um prognóstico sobre a capacidade de partida e das condições da bateria. Para avaliação das condições e da capacidade de partida da bateria, é necessário indicar no teste sem carga a corrente de teste à baixa temperatura da bateria sob teste.

A vantagem do processo de teste sem carga é a mínima descarga da bateria testada e o curto tempo de teste.

Carregadores para baterias
Curva característica de carga
A curva característica de carga mais utilizada é a curva característica W (p. 972). Neste caso, trata-se geralmente de aparelhos não controlados. A corrente de carga, devido às resistências internas da bateria e do carregador, diminui constantemente com o aumento da tensão da bateria (tempo de carga 12...24 h).

Como os aparelhos com curva característica W não possuem limitador para a tensão de carga, eles só são indicados com restrições para as baterias isentas de manutenção. Neste caso, deve-se empregar de preferência aparelhos com curva característica IU (p. 972), IWU ou WU.

Pela curva característica IU, a bateria de chumbo (2,4 V por célula) é carregada com corrente constante (proteção do aparelho contra sobrecarga) até a tensão de gaseificação. Daí em diante, a tensão de carga permanece constante (proteção da bateria contra sobrecarga) e a corrente de carga é consideravelmente reduzida.

Se a corrente inicial for suficientemente alta, podem ser obtidos tempos de recarga (até 80% da carga total) de < 5 horas com aparelhos com curva característica IU.

Variações especiais são oferecidas tanto pela curva característica IU quanto pela W (por exemplo, Wa, WoW, IUW etc.). Com a combinação destas curvas características entre si é possível atingir determinados requisitos para o tempo de carga e liberação da manutenção.

Ajuste da corrente e da tensão de carga
Nos aparelhos com controle do padrão de carga (p.ex. curva característica IU), a corrente e a tensão de carga (eventualmente também a temperatura de carga) são enviadas para um controlador. Este compara os valores reais com os valores nominais específicos da bateria e usa um atuador para reduzir a zero os desvios. Nos aparelhos controlados, as usuais variações da corrente de carga, em virtude das alterações na tensão da rede elétrica, são compensadas. Entre outras coisas, isso tem efeito positivo sobre a vida útil da bateria e sobre os intervalos de manutenção.

Durante a carga normal ($I_L = 1 \cdot I_{10}$), a bateria é suprida com uma corrente correspondente a aprox. 10% da capacidade nominal da bateria (A . h). O tempo de carga equivale a várias horas. Através da carga rápida ($I_L = 5 \cdot I_5$) as baterias descarregadas podem ser carregadas sem danos com 80% da sua capacidade nominal. Ao atingir a tensão de gaseificação, a corrente de carga precisa ser ou desligada (p.ex., curva característica Wa) ou reduzida a nível mais baixo (p.ex., curva característica IU). Isso é feito por meio de uma "comutação automática". Através do uso de circuitos eletrônicos de monitoramento especiais, o ponto de carga total também pode ser determinado com base no padrão de tensão específico da bateria, em conjunto com o tempo de carga (a tensão da bateria torna a cair no caso de sobrecarga).

Tecnologia de teste para alternadores

Teste direto no veículo
A inspeção visual se concentra na correia de acionamento, no cabeamento e na lâmpada-piloto do alternador. A verificação elétrica é feita basicamente com um analisador de motor ou um volt-amperímetro para medição das seguintes variáveis:
- Oscilograma da corrente contínua com poucas ondas harmônicas (entre D+, B+ e B–),
- Tensão do alternador (entre B+ e B–),
- Corrente de repouso,
- Tensão da bateria,
- Interrupção nos condutores e
- Resistência de contato dos condutores.

Reparo do alternador
Equipamento de teste usado: testador de alternadores e verificador de curto-circuito no enrolamento. Além disso, o reparo de cada tipo de alternador requer ferramentas especiais para localizar a falha e saná-la corretamente.

Teste do alternador na bancada de teste combinada
Após o reparo, o alternador é fixado no local de teste de alternadores da bancada combinada (veja figura na próxima página). Dependendo do modelo do alternador é possível atingir rotação de teste de até 6.000 rpm com acionamento direto. Para rotações mais altas, o acionamento é feito por meio de correia.

Depois de alinhar e fixar o alternador no dispositivo de fixação, o sensor de rotação é ajustado. Em seguida são conectados os condutores elétricos do alternador.

Para testar um alternador são abordados dois pontos da sua curva característica: por meio de uma resistência variável o alternador é submetido à carga requerida em duas rotações diferentes da sua curva característica. A tensão do alternador deve permanecer acima de um limite especificado. Se estes valores forem atingidos, o alternador está pronto para o uso.

Bancada de teste combinada para motores de partida e alternadores
1 Painel de comando para teste de motor de partida e alternador, 2 Resistência de carga regulável (teste de alternador), 3 Roda manual para regulagem da altura da mesa de fixação (teste de alternador), 4 Local de teste do alternador, 5 Capô de proteção (teste de alternador), 6 Compartimento de armazenamento, 7 Unidade de mostradores, 8 Console de iluminação, 9 Tomada para o sensor de rotação (teste de motor de partida e alternador), 10 Local de teste de motor de partida, 11 Terminais do motor de partida, 12 Compartimento de baterias com porta, 13 Pedal para carga do motor de partida (freio a tambor).

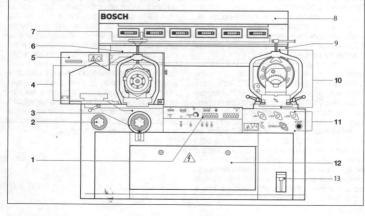

Testes elétricos 1153

Alternador fixado na bancada de teste
1 Guia, 2 Dispositivo de fixação, 3 Braço articulado, 4 Sensor de rotação, 5 Acionamento, 6 Correia de acionamento, 7 Alternador, 8 Mesa de fixação.

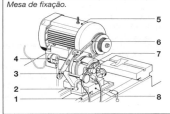

Tecnologia de teste para motor de partida

Teste direto no veículo
Primeiramente, deve ser testada a tensão da bateria sob carga e verificados o nível e a densidade do eletrólito da bateria. As seguintes irregularidades podem ser percebidas através da audição:
- Ruídos estranhos durante a partida,
- O motor de partida acopla, mas não gira o motor ou o gira lentamente,
- Não se ouve o som de acoplamento,
- O motor de partida não desacopla ou desacopla lentamente.

No caso de ruídos estranhos durante a partida, a falha pode estar no motor de partida, na sua montagem ou na coroa dentada do volante do motor. As outras irregularidades exigem um teste elétrico sistemático do sistema de partida (p.ex., com o analisador de motor). Os seguintes testes são realizados com o motor de partida em repouso:
- Tensão no borne 30,
- Interrupção nos condutores ou
- Resistência de contato dos condutores.

Os testes no procedimento de partida são:
- Tensão no borne 50,
- Tensão no borne 30 e
- Consumo de corrente do motor de partida

Reparo do motor de partida

Primeiramente, o pinhão do motor de partida é verificado quanto a danificações (dente quebrado, desgaste etc.) e, se necessário, substituído. Em seguida, podem ser usados diversos aparelhos de teste, seguindo as instruções de serviço. Além disso, cada tipo de motor de partida requer ferramentas especiais para montagem e desmontagem ou para localização e correta eliminação de defeitos no interior do motor de partida.

Teste do motor de partida na bancada combinada
Após a fixação no local de teste para motor de partida na bancada combinada (figura abaixo), segue-se o ajuste do sensor de rotação e das conexões elétricas do motor de partida. O teste consiste basicamente em:
- teste sem carga e
- teste em curto-circuito ou sob carga.
Nos novos tipos de motores de partida o teste em curto-circuito não é mais permitido, devendo, portanto, ser substituído por um teste de carga.

Motor de partida fixado na bancada de teste
1 Coroa dentada, 2 Motor de partida, 3 Cobertura de proteção, 4 Sensor de rotação, 5 Roda manual, 6 Suporte de fixação, 7 Flange de fixação, 8 Mesa de fixação.

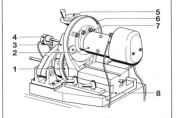

Regulagem de faróis
Europa

Diretrizes e procedimento
A regulagem correta dos faróis do veículo deve proporcionar a melhor iluminação possível da via com o mínimo de ofuscamento dos outros motoristas. As Diretrizes EU (e na Alemanha também o § 50 da StVZO "Regulamentação da Licença de Trafego") prescrevem o alinhamento vertical e horizontal do facho do farol. O ofuscamento da luz baixa é considerado como eliminado, quando a iluminação, a uma distância de 25 m de cada farol sobre um plano perpendicular à pista, à altura do centro do farol para cima, não for maior do que 1 lux. Entretanto, se o veículo estiver sujeito a inclinações extremas, devido à variação de carga, os faróis devem ser regulados de tal modo que o objetivo seja alcançado.

A ECE-R48 e EWG 76/756 prescrevem a regulagem básica, ou seja, as dimensões de ajuste especificadas para o veículo. Para as categorias de veículos que não constam nestas diretrizes, valem os valores de referência recomendados na ECE-R48 ou ECE-R53.

Preparação para a regulagem
Condições de carga do veículo:
- Veículos automotivos, exceto motos: Descarregado, 75 kg (uma pessoa no banco do motorista,
- Motos: Para EG (correspondente a 93/92/ EWG) descarregado, sem motociclista; para ECE/StVZO descarregado, 75 kg (uma pessoa no assento do motociclista).

Pressão dos pneus: ajustada de acordo com as recomendações do fabricante do veículo para as condições de carga em questão.
Suspensão:
- Veículos sem regulagem de nível: rolar o veículo por alguns metros e/ou balançá-lo de forma que a suspensão se ajuste no nível correto.
- Veículos com regulagem de nível: ajustar o nível da suspensão de acordo com as instruções de regulagem de nível.
- Para veículos com ajuste manual da altura dos faróis, o equipamento deve ser ajustado na posição especificada.

Verificação obrigatória do funcionamento do dispositivo de ajuste da altura dos faróis
- Dispositivos automáticos devem ser acionados ou operados de acordo com as instruções do fabricante.
- Nos veículos licenciados antes de 01/ 01/1990, não há necessidade de posições escalonadas.
- Dispositivos manuais com duas posições escalonadas:
Nos veículos, nos quais o facho de luz se eleva com o aumento da carga, o dispositivo deve ser ajustado na posição na qual o facho de luz seja mais alto (mínima inclinação).
Nos veículos, nos quais o facho de luz se abaixa com o aumento da carga, o dispositivo deve ser ajustado na posição, em que o facho de luz seja mais baixo (mínima inclinação).

Superfície e ambiente de teste
- Veículo e aparelho de regulagem devem estar numa superfície plana (orientação na ISO 10 604).
- Procurar o mais possível realizar a regulagem num ambiente fechado e não demasiado claro.

Regulagem e teste com um aparelho de teste e regulagem de faróis
- Alinhar o aparelho de teste e regulagem de faróis na distância especificada à frente do farol a ser testado (exceto equipamento automático).
- No caso de aparelhos que não correm sobre trilhos, o alinhamento do ângulo reto em relação ao plano médio longitudinal do veículo deve ser feito individualmente para cada farol. O teste deve ser realizado sem mais nenhum deslocamento lateral do aparelho de teste e regulagem de faróis.
- No caso de aparelhos que corram sobre trilhos (ou similares) basta um único alinhamento do ângulo reto em relação ao plano médio longitudinal do veículo na posição mais favorável possível (p.ex., no centro do veículo).
- Ajustar, no aparelho de teste e regulagem de faróis, as dimensões especificadas para o respectivo farol e verificar a regulagem do farol ou ajustar o farol às medidas especificadas.

Regulagem de faróis 1155

Regulagem e teste com superfície de teste
- A superfície de teste precisa ser perpendicular à superfície na qual se encontra o veículo e em ângulo reto com o plano médio longitudinal do veículo.
- A superfície de teste deve ter cor clara, ser vertical e horizontalmente regulável e possuir as marcações exibidas na figura.
- A superfície de teste deve ser posicionada a 10 m de distância do veículo, de modo tal que a marca central esteja alinhada com o centro do farol a ser testado/regulado. No caso de faróis com feixe de luz muito baixo (p.ex., farol de neblina), pode ser selecionada uma distância menor, alterando-se proporcionalmente as medidas de regulagem.
- Cada farol deve ser regulado individualmente. Para isso deve-se cobrir os demais faróis.
- A posição vertical da superfície de teste deve ser ajustada de tal modo que a linha de referência da superfície de teste (paralela ao piso) esteja situada a uma altura $h = H - e$. Caso a distância de teste não corresponda a 10 m, a medida deve ser alterada proporcionalmente.

Notas sobre a regulagem
No caso de faróis com luz baixa assimétrica e faróis de neblina, o ponto mais alto da zona claro-escuro deve tocar a linha de separação e percorrer a largura mínima da superfície de teste tão horizontalmente quanto possível. A regulagem lateral destes faróis deve ser tal que o padrão da luz se posicione tão simetricamente quanto possível em relação à linha perpendicular que passa pela marca central. No caso de faróis para luz baixa assimétrica, a zona claro/escuro deve tocar a linha de referência, à esquerda do centro. A interseção entre a parte esquerda (mais horizontal possível) e a parte direita ascendente da zona claro/escuro deve estar situada na perpendicular que passa pelo ponto central.

Tabela 1. Regulagem de faróis
(Excerto da StVZO – "Regulamentação do licenciamento de tráfego")

Tipo de veículo:	Medida de ajuste "e"	
	Luz baixa	Luz de neblina
Motorizado com > de 2 rodas Posição dos faróis: Altura acima da pista		
Com autorização conforme 76/756/EWG ou ECE-R48 e StVZO com primeiro licenciamento após 01/01/1990, < 1.200 mm	Ajuste no veículo p.ex.10% ≧↻1.0%	– 2,0 %
Primeiro licenciamento até 31/12/1989 ≤ 1.400 mm e primeiro licenciamento após 31/12/1989, > 1.200 mm, porém ≤ 1.400 mm	–1,2 %	– 2,0 %

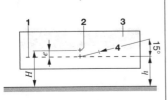

Superfície de teste para o facho do farol
1 Linha de referência, 2 Marca central, 3 Superfície de teste, 4 Ponto de inflexão
H Altura do centro do farol acima da superfície do piso em cm; h Altura da linha de referência da superfície de teste acima da superfície do piso em cm.
$e = H - h$ Medida de ajuste.

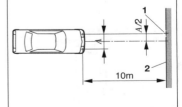

Posição da superfície de teste em relação ao eixo longitudinal do veículo
1 Marca central,
2 Superfície de teste.
A Distância entre os centros dos faróis.

O centro do feixe de luz do farol de luz alta deve estar sobre a marca central.

No caso de faróis com regulagem comum para luz baixa e luz de neblina ou para luz alta, luz baixa e luz de neblina a regulagem deve ser feita sempre com base no farol de luz baixa.

Como referência de medida de ajuste e, ver Tabela 1, p. anterior.

Aparelhos para regulagem de faróis
Função
O ajuste correto dos faróis no veículo deve garantir uma iluminação da pista com a luz baixa tão boa quanto possível com o mínimo ofuscamento daqueles que trafegam em sentido contrário. Para isso a inclinação do facho do farol em relação a uma base plana e sua direção em relação ao plano médio perpendicular do veículo precisam obedecer às diretrizes oficiais.

Aparelhos de teste para faróis são câmaras ambulantes compostas por uma lente simples (objetiva) e uma tela de projeção disposta no plano focal da lente e com ela conectada rigidamente. A tela de projeção possui as marcações necessárias para a regulagem e pode ser observada pelo operador através de dispositivos apropriados, por exemplo, janelas de observação ou espelho basculante de refração. A medida de ajuste "e" especificada para o farol, isto é, a inclinação em relação ao eixo central do farol, indicada em cm para uma distância fixa de 10 m, é ajustada através de um botão giratório que movimenta a tela de projeção (tabelas 1 e 2).

Para o alinhamento do aparelho de teste com o eixo do veículo é usado um visor, como um espelho com linhas de orientação. Girando o aparelho de teste ele é alinhado de tal forma que a linha do visor toca simultaneamente dois pontos externos de referência do veículo. Para alinhar na altura do farol a câmara pode ser movida e fixada numa guia vertical.

Teste do farol
O farol pode ser testado depois que o aparelho tenha sido posicionado corretamente na frente da lente do farol. Uma imagem do padrão de distribuição da luz emitida pelo farol aparece na tela de projeção. Nos aparelhos equipados com fotodiodo e display, é possível medir adicionalmente a iluminação.

Nos faróis com luz baixa assimétrica a zona claro/escuro deve tocar a linha de limitação horizontal; o ponto de interseção entre a seção horizontal e a seção ascendente deve estar na linha perpendicular que passa sobre a marca central. Após ajustar a zona claro/escuro da luz baixa de acordo com a regulamentação, o centro do facho de luz alta (no caso de a luz baixa e a luz alta serem ajustadas em conjunto) deve estar localizado dentro do retângulo em torno da marca central.

Aparelho de teste para faróis
1 Espelho de alinhamento, 2 Cabo de manobra, 3 Medidor de lux, 4 Espelho de refração, 5 Marcação para o centro da lente.

Janela de observação do aparelho de regulagem e teste
a) Linha de limitação para a zona claro-escuro na luz baixa assimétrica,
b) Marca central para o centro para a luz alta.

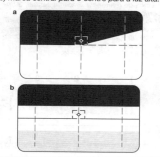

Tabela 2. Alcance geométrico para a seção horizontal da zona claro-escuro da luz baixa (altura de instalação do farol 65 cm).

Inclinação da zona claro-escuro (1% = 10 cm/10 m)	%	1	1,5	2	2,5	3
Medida de ajuste e	cm	10	15	20	25	30
Alcance geométrico para a seção horizontal da zona claro-escuro	m	65	43,3	32,5	26	21,7

Regulagem de faróis, EUA

Para os faróis prescritos pela legislação federal dos EUA, a regulagem visual (somente vertical) permitida desde 01/05/1997 tem se difundido de modo crescente, desde meados de 1997. Neste caso, renunciou-se a uma regulagem horizontal.

Enquanto na Europa os faróis sempre foram alinhados visualmente, com base no facho luminoso, nos EUA instituiu-se o método de regulagem. Com este propósito as unidades de faróis eram dotadas de três ressaltos sobre lente, definindo o plano geométrico de ajuste. Um aparelho de regulagem era apoiado nestes ressaltos e o controle da regulagem ocorria através de nível de bolha.

Com o método "VHAD" (Vehicle Headlamp Aiming Device "Dispositivo de Regulagem de Farol Veicular"), permitido desde 1993, o farol é regulado em relação ao eixo de referência fixo do veículo. Isso acontece através de um nível de bolha fixado no farol. Os três ressaltos na lente do farol não são mais necessários.

Teste de bombas injetoras Diesel

Teste na bancada

Somente bombas injetoras e reguladores ajustados e testados com precisão garantem a relação ideal entre consumo e potência do motor Diesel e o preenchimento das regulamentações sobre emissões, cada dia mais severas. Para isso, a bancada de teste de bombas injetoras é imprescindível. As normas ISO estabelecem condições gerais essenciais para o teste e para a bancada de teste e fixam altas exigências para o acionamento, principalmente quanto à sua rigidez e regularidade.

A bomba injetora em teste é fixada sobre o barramento e conectada pelo seu lado de acionamento ao acoplamento da bancada de teste. A bancada de teste é acionada através de um motor especial acoplado no volante inercial. A bancada de teste é controlada por meio de um conversor de freqüência com circuito vetorial de controle. Vias de alimentação e retorno interligam a bomba injetora com o suprimento de óleo de teste da bancada. Tubulações de pressão estabelecem a conexão com o dispositivo de medição de débitos. Este é constituído por bicos de teste com pressão de abertura precisamente ajustada, que injetam o óleo de teste no sistema de medição através de amortecedores de injeção. A pressão de alimentação e a temperatura do óleo de teste podem ser ajustadas conforme especificações de teste.

Medição contínua do volume

No método de medição contínua do débito (figura A), as 12 entradas de medição são ligadas a duas células de medição de precisão através de um dispositivo hidráulico de multiplexagem (figura B).

Através do dispositivo de multiplexagem, são medidas duas saídas da bomba injetora em intervalos de tempo de aprox.10 segundos. A comutação entre as diversas saídas da bomba é realizada por válvulas solenóides. As saídas são conduzidas através de elementos de amortecimento às células de medição. Cada célula de medição possui uma bomba de engrenagens de precisão. A rotação de cada bomba de engrenagem é controlada de tal forma que seu débito por unidade de tempo é igual ao volume de óleo de teste injetado. Assim, a rotação da bomba de engrenagem é uma medida do débito por unidade de tempo. Um microprocessador avalia os resultados e os apresenta em um monitor na forma de gráfico de barras. Este método de teste é caracterizado pelo alto grau de precisão e pela reprodutividade consistente dos resultados do teste.

Medição do volume com vidros graduados

Na medição do volume com vidro graduado, inicialmente o óleo de teste injetado passa pelos vidros diretamente para o tanque de óleo de teste. Depois que o número especificado de cursos tenha sido ajustado no contador de cursos e o processo de medição tenha sido iniciado, uma corrediça de separação libera a entrada do óleo de teste para os vidros graduados e a interrompe novamente após o número de cursos ter sido atingido. O volume de óleo de teste injetado pode ser lido nos vidros graduados.

Testador para bomba injetora rotativa controlada por válvula solenóide

O teste e a ajustagem da bomba injetora controlada por válvula solenóide requerem um conjunto especial de dispositivos de teste em conjunto com a bancada de teste (figura C).

O PC de comando da bancada de teste dispõe de hardware e software desenvolvidos especialmente para esta finalidade. A bomba ou a ECU da bomba é conectada com o PC através de uma interface. O PC de comando possui todos os dados necessários para a programação da ECU da bomba e para o teste e ajustagem da bomba.

A seqüência de teste e ajustagem da bomba injetora é extensivamente automática. A base é a comunicação entre software de teste, sistema de medição de volume ou controle da bancada de teste e a ECU da bomba. Todos os valores de débitos são registrados e corrigidos automaticamente no caso de uma ajustagem da bomba. No final da ajustagem da bomba, o programa de teste calcula um mapa característico da bomba e o programa na ECU da bomba injetora.

Teste de bombas injetoras Diesel **1159**

A ajustagem da bomba é documentada num protocolo de teste impresso.

As funções do aparelho de teste abrangem:
- Verificação e ajustagem da bomba injetora,
- Bloqueio do início de alimentação,
- Leitura e apagamento da memória de erros.

Para proteção contra acesso indevido à ECU da bomba, qualquer acesso aos dados é documentado através de um código na ECU da bomba.

Medição do débito da bomba de alta pressão common-rail (CR/CP)
O teste da bomba de alta pressão CR é largamente automatizado através do PC de controle da bancada de teste de bombas injetoras (figura D).

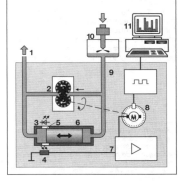

Sistema de medição contínua do volume (célula de medição de precisão, figura A).
1 Retorno para o reservatório de óleo de teste; 2 Bomba de engrenagens; 3 LED; 4 Fotocélula; 5 Janela; 6 Pistão de controle; 7 Amplificador com eletrônica de controle; 8 Motor elétrico; 9 Contador de pulsos; 10 Conjunto de porta-injetor de teste; 11 Monitor (PC).

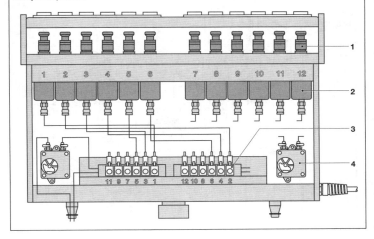

Dispositivo de multiplexagem com duas células de medição (Figura B)
1 Engate rápido; 2 Elemento de amortecimento; 3 Bloco de válvulas solenóides; 4 Células de medição de precisão

1160 Tecnologia de oficina

Em conjunto com o equipamento de atualização CRS 845 da Bosch, são simuladas durante o teste diversas situações de operação (p.ex., débito da bomba CR especificado para o procedimento de partida, débito da bomba CR em plena carga).

Para se aproximar o máximo possível das condições reais de circulação, as pressões de alimentação (do tanque para a bomba CR) e de retorno (da bomba CR para o tanque) simulam as pressões do sistema de combustível do respectivo veículo através de válvulas da bancada de teste. Estas pressões são ajustadas no início do teste e controladas no decorrer deste.

A bomba de alta pressão CR bombeia o combustível no rail de alta pressão (item 2). O rail de alta pressão com seus sensores de pressão atua como acumulador e regulador de pressão. O distribuidor de volume (3) reparte o volume bombeado pela bomba de alta pressão CR, antes do resfriamento no trocador de calor (5), e a medição contínua de volume é realizada por até 12 canais de medição.

O atuador (6) controla a pressão no rail de alta pressão e as válvulas da bomba de alta pressão CR e monitora o fechamento da porta de proteção contra injeção (7) durante o decorrer do teste. A proteção contra injeção é necessária, pois no teste da bomba de alta pressão CR são geradas pressões da ordem de até 16 MPa (1.600 bar).

Bancada de teste de bombas injetoras (exemplo Bosch EPS815 com conjunto de atualização VPM 844 para teste de bomba injetora rotativa, figura C).
1 Trocador de calor, 2 Unidade de conexão, 3 Mangueira de conexão com peça de conexão, 4 Conjunto de porta-injetor de teste com suporte, 5 Tubulação de pressão de teste, 6 Válvula de regulagem para o trocador de calor, 7 Sensor de pressão, 8 Bomba rotativa comandada por válvulas solenóides, Display TFT com teclado, 10 CPU do PC, 11 Estabilizador de voltagem.

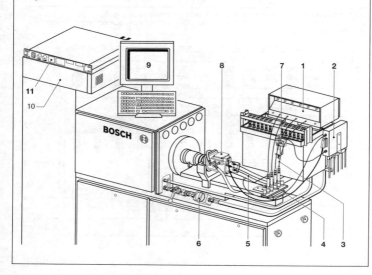

Teste no veículo

Um sistema Diesel também pode ser testado no veículo, porém, um teste detalhado da bomba só pode ser realizado nas bancadas de teste descritas anteriormente.

Nos sistemas Diesel eletrônicos vários valores reais podem ser lidos via interface de diagnóstico e comparados com os valores prescritos. A comparação permite várias conclusões, inclusive a respeito do ajuste mecânico da bomba.

Nos sistemas Diesel antigos, não eletrônicos, é possível ajustar exatamente a bomba ao motor com auxílio do analisador de motores. Ele é capaz de indicar o início de débito, a variação do ponto de injeção e respectiva rotação do motor, sem que para isso seja necessário abrir a tubulação de alta pressão. Um sensor de garra é preso na tubulação de injeção do primeiro cilindro. Em virtude da dilatação da tubulação de injeção no débito de alta pressão, o sensor emite um sinal. Em conjunto com um estroboscópio, ou sensor de ponto morto superior, para monitoramento da posição da árvore de manivelas, o analisador de motores determina o início de débito e a variação do ponto de injeção.

Em vez disso, caso seja usado um sistema de sensor de início de débito, um sensor indutivo é atarraxado na carcaça do regulador. O sensor recebe seus impulsos quando um pino assentado na cápsula de contrapesos centrífugos do regulador passa por ele. Estes impulsos ocorrem em intervalos de tempo defasados em relação ao sinal do sensor de ponto morto superior; pela diferença de tempo o aparelho calcula o início de débito.

Conjunto de atualização common rail CRS845 na bancada de teste EPS815 (figura D).
1 Mangueira de alta pressão, 2 Rail de alta pressão, 3 Distribuidor, 4 Válvula reguladora de pressão, 5 Trocador de calor, 6 Atuador, 7 Proteção contra injeção.

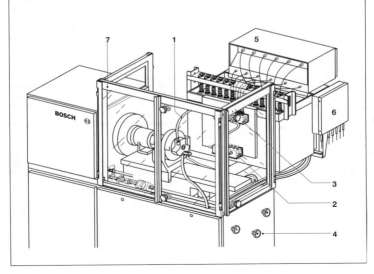

Teste de freios

A importância fundamental do sistema de freio para a tecnologia de segurança veicular exige verificações regulares. Nestas inspeções veiculares, de acordo com as respectivas normas em vigor (por exemplo, na Alemanha o § 29 da StVZO – "Regulamentação da Licença de Tráfego"), assim como nas revisões em oficinas mecânicas e nos reparos nos serviços de assistência técnica de freios, o teste dos freios é realizado em dinamômetros de freios (primordialmente de rolos). As forças de frenagem medidas no perímetro da roda servem de base para a avaliação da funcionalidade e efetividade do sistema de freios. Na Alemanha, os dinamômetros de freios exigidos no § 29 do StVZO devem estar em consonância com as "Diretrizes para Utilização e Teste de Dinamômetros de Freios" do Ministério dos Transportes.

Frenômetro

Estrutura
Um dinamômetro de rolos para teste de freio é composto basicamente por dois conjuntos de rolos para o lado direito e o lado esquerdo do frenômetro. O veículo em teste é colocado com as rodas do eixo a ser testado sobre estes conjuntos de rolos.

O elemento básico do conjunto de rolos é formado por um chassi rígido, no qual são o rolo de acionamento e o rolo acionado são montados sobre mancais de rolamento. Conectados entre si através de uma corrente, os rolos têm movimentos solidários. Um motor de corrente alternada impele o rolo de acionamento por meio de uma caixa de redução. Essa unidade de impulsão repousa suspensa no prolongamento do eixo do rolo de acionamento e se apóia sobre um dispositivo de medição de força no chassi através de uma alavanca fixada com flange na caixa. A medição da força de frenagem F_{Br} é baseada no momento de reação M_R. O motor elétrico aciona os rolos a uma determinada velocidade periférica e a mantém praticamente constante quando um momento de frenagem das rodas do veículo atua sobre o par de rolos. A unidade de acionamento suspensa pendularmente com uma alavanca transfere o momento de frenagem para o dispositivo de medição de força, quando as rodas são freadas. O dispositivo de medição de força, é construído na forma de barra de flexão com tiras para medição extensométrica (DMS).

O computador do sistema emprega tecnologia digital para avaliação separada dos diversos dados derivados da medição da força de frenagem, como diferenças ou flutuações das forças de frenagem e apresenta as informações, analógicas ou digitais, conforme o modelo de forma concisa. As informações também podem ser protocoladas por meio da conexão de uma impressora.

Operação
A ativação dos motores para acionamento dos conjuntos de rolos pode ser feita tanto através de controle remoto quanto por um comutador automático integrado. A característica evidente deste comutador automático são os roletes de contato dispostos entre os rolos de cada um dos conjuntos de rolos. Ao entrar no frenômetro, o veículo pressiona com as rodas estes roletes de contato, ativando o frenômetro. Quando o veículo abandona o frenômetro, esta é desligada automaticamente através da liberação dos roletes de contato. Se a força de frenagem aplicada ultrapassa a força de atrito entre os pneus e os rolos, a roda começa a patinar tendendo a travar. Entretanto, com as rodas patinando não é mais a força de frenagem que está sendo medida e sim a resistência ao deslizamento entre o pneu e os rolos (proporcional à carga das rodas) e que para o teste de frenagem não é utilizada. Esta medição equivocada e um possível dano aos pneus são evitados pela "desativação automática de patinação", que detecta a patinação através dos roletes de contato e, no caso de ultrapassagem de um valor pré-ajustado, desliga o frenômetro. No momento da desativação, o mostrador da força de frenagem está exibindo o valor máximo de frenagem. Um circuito eletrônico de memorização assegura que este valor permaneça imutável por um tempo suficientemente longo para uma leitura segura.

Se, além das forças de frenagem, o peso do veículo, ou melhor, os pesos dos eixos

Teste de freios **1163**

forem fornecidos remotamente ou forem medidos diretamente no frenômetro, este calcula, adicionalmente, o fator efetivo de frenagem.

Através de procedimentos automáticos do frenômetro, as seqüências de teste podem ser executadas de forma extremamente racional. O operador pode realizar os testes completos de frenagem nos eixos dianteiro e traseiro, sem sair do veículo.

Os veículos com tração total permanente e distribuição variável de torque são testados em bancadas de teste especiais. Elas são projetadas para evitar que o torque do eixo acionado seja transferido para o eixo em repouso.

Frenômetro: sensor de medição
1 Alavanca de torque,
2 Conexão elétrica,
3 Apoio de pressão,
4 Sensor de medição,
5 Barra de flexão com tira extensométrica,
6 Placa de ajuste.

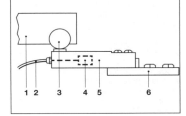

Determinação da força de frenagem F_{Br} através da medição do momento de reação M_R
1 Pneu do veículo,
2 Conjunto de rolos com distância a,
3 Motor com caixa de redução,
4 Alavanca de momento com comprimento l,
5 Sensor de medição,
6 Unidade de display.

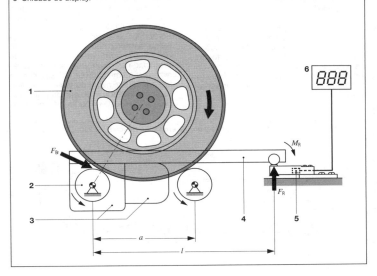

Inspeção de emissões na Alemanha

Regulamentações

A União Européia (UE) emitiu uma Diretriz estabelecendo as condições gerais para inspeção das emissões de gases de exaustão. Os estados membros da UE converteram em lei nacional as exigências dela provenientes. Conseqüentemente, o poder legislativo nacional exige inspeções regulares das emissões dos gases de exaustão nos veículos em circulação (inspeções periódicas). Como resultado surgiram procedimentos de teste específicos para cada país, como, por exemplo, a inspeção de emissões na Alemanha (desde 1993).

Na Alemanha, por exemplo, todo veículo deve ser submetido à inspeção de emissões, três anos após o licenciamento e daí em diante a cada dois anos. A inspeção verifica se o nível de emissões do veículo, de acordo com a capacitação tecnológica no momento, pode ser classificado como "satisfatório".

Com a introdução do "Onboard Diagnosis" (OBD), os componentes e sistemas relacionados com as emissões são monitorados permanentemente. As inspeções periódicas dos gases de emissão foram sistematicamente adaptadas aos novos requisitos dos veículos e o procedimento de teste expandido para incluir a funcionalidade do OBD.

A inspeção de emissões certifica que o sistema OBD trabalha corretamente e que preenche as exigências durante toda a vida útil do veículo.

Procedimento de teste

Veículos com motor de ignição

O procedimento de teste de um veículo com OBD abrange as seguintes etapas:
- Identificação do veículo, isto é, informação do número de registro, fabricante do veículo, leitura do hodômetro etc. Seleção do tipo do veículo por meio do tipo de teste (baseado no tipo de catalisador ou se veículo é equipado com OBD) ou através do banco de dados específicos do veículo (opcional só disponível na Alemanha).
- Inspeção visual do sistema de exaustão: verificação visual da disponibilidade, integridade, avarias e vedação.
- Diagnóstico embarcado (OBD). Verificação visual da lâmpada MI ao se ligar a ignição ou com o motor em funcionamento. Leitura do status da lâmpada MI a partir da ECU via interface OBD.
Leitura da memória de falhas e do status do código de testes de disponibilidade (Readiness-Codes, veja p. 587).
Se houver uma falha registrada na memória, o veículo não é aprovado no teste de emissões. Se um ou mais testes de prontidão não forem completados, é realizada uma medição de CO em marcha lenta adicionalmente ao teste de tensão da sonda lambda (medição da voltagem, se o veículo estiver equipado com son-

Teste de gases de exaustão com o analisador de emissões Bosch BEA 250

da de dois pontos; medição da tensão, corrente e nível de oxigênio, se o veículo estiver equipado com sonda de banda larga). Se os valores estiverem fora do campo de tolerância, o veículo não é aprovado na inspeção de emissões.
- Verificação da rotação e temperatura do motor.
- Verificação dos níveis de CO e oxigênio numa janela de rotações definida (marcha lenta elevada).
- Aprovado no teste? Sim/Não.
  Registro das observações do examinador.
- Impressão automática do protocolo de teste.

Veículos com motor Diesel
O procedimento de teste de um veículo com OBD abrange as seguintes etapas:
- Identificação do veículo, isto é, informação do número de registro, fabricante do veículo, leitura do hodômetro etc. Seleção do tipo do veículo por meio do tipo de teste (Diesel) ou através do banco de dados específicos do veículo (opcional só disponível na Alemanha).
- Inspeção visual do sistema de exaustão: verificação visual da disponibilidade, integridade, avarias e vedação.
- Verificação da rotação e temperatura do motor.
- Registro da rotação média de marcha lenta.
- Registro da rotação média de corte.
- Realização de, no mínimo, três acelerações livres para determinação do nível de opacidade. Se os níveis de opacidade estiverem abaixo dos valores-limites (motores aspirados $< 2,5$ m^{-1}, motores turboalimentados $< 3,0$ m^{-1}) e todas as três leituras estiverem numa largura de faixa $< 0,5$ m^{-1}, então o veículo é aprovado no teste de emissões.
- Aprovado no teste? Sim/Não.
  Registro das observações do examinador.
- Impressão automática do protocolo de teste.

Aparelhos de teste

Aparelhos de teste para medição de emissões em motores de ignição
Os componentes individuais dos gases de exaustão devem ser medidos com grande precisão. Nos laboratórios, são adotados procedimentos complexos para este propósito. Nos serviços de assistência técnica generalizou-se o uso do processo infravermelho não dispersivo NDIR (p. 575 em diante), baseado no princípio de que determinados componentes dos gases de exaustão absorvem fortemente a luz infravermelho e precisamente num comprimento de onda característico do componente.

Dependendo do modelo, existem aparelhos para um único componente (p.ex. para CO) ou para vários componentes (para CO/HC, CO/CO$_2$, CO/HC/CO$_2$ etc.). Os aparelhos para vários componentes dispõem de várias câmaras, através das quais os gases de exaustão passam seqüencialmente.

Aparelhos para medição da fuligem em motores Diesel
Os testes de emissão de fuligem nos motores Diesel são realizados nas oficinas com aparelhos de medição de fumaça (opacímetro) pelo método de absorção (veja p. 579 em diante).

Motoesportes

Motronic em corridas

Simultaneamente à introdução do sistema Motronic na produção de veículos de série, versões adaptadas foram empregadas nos motores de corrida. Enquanto o desenvolvimento de modelos de série visa conforto, segurança, longevidade, limites de emissões e consumo, a atenção principal dos motoesportes é fixada na alta performance a curto prazo. Na seleção de materiais e dimensionamento dos componentes para motoesportes, os custos de produção são postos em segundo plano.

Até hoje, as duas versões do sistema Motronic são construídas sobre fundamentos idênticos, já que em ambos casos funções semelhantes conduzem a estes objetivos antagônicos. Exemplo disso são os circuitos de controle lambda (oxigênio) e de controle de detonação (batida de pino).

As obrigações ambientais também devem ser consideradas em escala crescente. Assim, por exemplo, os carros do Campeonato Alemão de Turismo atualmente são equipados com catalisadores. Limites de ruído e de consumo devem ser observados num número cada vez maior de categorias de corridas. Progressos na redução do consumo dos modelos de série são rapidamente adotados pelo motoesporte, onde reabastecimentos curtos ou raros podem oferecer uma vantagem decisiva na corrida. Desta forma, em 2001 a corrida 24 horas de Le Mans foi vencida pela primeira vez por um carro equipado com injeção direta de gasolina Bosch.

ECU/software

As carcaças das unidades de controle eletrônico (ECU) para motoesporte, de alta resistência mecânica, são feitas de fibra de carbono ou alumínio. Medidas especiais de vedação contra poeira e umidade, assim como para amortecimento de vibrações, aumentam a resistência contra solicitações térmicas e mecânicas. Numerosas entradas e saídas para sensores e atuadores, assim como interfaces para comunicações, oferecem opções para aplicações altamente complexas. A alta freqüência de ciclo da ECU condicionada pela rotação do motor e o grande volume de dados a processar exigem cada vez mais o emprego de sistemas com múltiplos processadores.

O software da versão do sistema Motronic para motoesportes oferece ao piloto, mesmo durante a corrida, a possibilidade de selecionar, através de teclas, mapas de dados programáveis pelo usuário para várias funções. Assim o veículo pode ser facilmente adaptado ao piloto, ao percurso e às condições climáticas. Além disso, o sistema Motronic para motoesportes dispõe de funções de software sem restrições de reprodução.

Outra particularidade — especialmente para os motores em V — são os sistemas de bancada múltipla. Neles, as duas bancadas de cilindros são tratadas separadamente em termos de controle, isto é, cada bancada de cilindros dispõe de um circuito próprio de combustível como também de controles lambda e de pressão de alimentação próprios. Alterações nos parâmetros operacionais (neste caso especialmente a denominada pressão de caixa de ar) resultam em correções individuais das bancadas, p.ex., do volume injetado.

Sensores/chicote de cabos

Em termos de funcionamento, os sensores de carro de corrida pouco se diferenciam dos de veículo de série, apenas a detecção de dados da suspensão é extensamente aumentada. No motoesporte os sensores são otimizados para mínimo peso e máxima resistência contra vibrações e temperaturas. As quantidades produzidas geralmente são muito pequenas, freqüentemente fabricadas por encomendas particulares.

Para a transmissão dos sinais dos sensores para a ECU de um carro de corrida são necessários cabos que algumas vezes não são previstos nos veículos de série. Por este motivo os chicotes especiais para uso em carros de corrida são feitos sob medida.

A conexão de alta qualidade entre o sensor ou atuador e o chicote é feita por acoplamento múltiplo, de acordo com norma militar, que permite rápidos, fáceis e freqüentes acoplamento e desacoplamento, oferecendo ao mesmo tempo um contato seguro e livre de deterioração.

Motoesportes **1167**

Tela do display

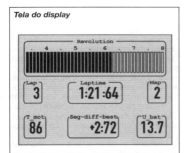

Display
Na cabine o display fornece ao piloto informações atualizadas sobre seu veículo. Como nem todos os valores medidos podem ser exibidos ao mesmo tempo no pequeno display, é possível — mesmo durante a corrida — alternar as telas do display. A figura *Tela do display* mostra um exemplo.

Armazenagem e avaliação dos dados
Dependendo do equipamento e das exigências, os dados detectados pelos sensores podem ser armazenados em pequenos cartões de memória, atualmente com capacidade máxima de 250 MB e/ou transmitidos via rádio para o boxe. A taxa de gravação, a quantidade de parâmetros gravados e o limite de gravação podem ser selecionados livremente.

No boxe, os dados de diferentes pilotos ou seções de treino podem ser comparadas, volta a volta, no computador com auxílio de ferramentas de análise especialmente desenvolvidas. A figura *Análise dos dados* mostra um trecho das gravações de uma seção de treino com relação ao atual percurso.

Análise dos dados

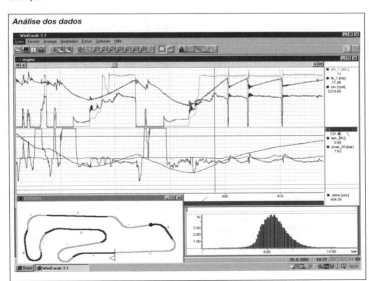

Componentes do veículo (atuadores)

O alto nível de rotação minimiza o tempo disponível para cada ciclo de trabalho. Portanto, não só a ECU, mas também os componentes de ignição e injeção precisam trabalhar muito depressa. Isso exige bobinas de ignição com tempo de carga mais curto e componentes do sistema de combustível que permitam altos fluxos e elevadas pressões. Velas de ignição com rosca de diâmetro reduzido, fabricadas com materiais adequados à temperatura operacional, permitem elevadas taxas de compressão. Os motores de partida são adaptados às exigências especiais em relação ao peso e rotação de partida. Dependendo da concepção do motor torna-se necessário o uso de uma redução intermediária. Os alternadores também são modificados de forma similar, com atenção especial para a proteção contra vibrações e resistência ao calor.

Telemetria

Como telemetria entende-se a transmissão em tempo real de diversos parâmetros operacionais. Os dados do veículo podem ser enviados por rádio da pista para os boxes. Deste modo, temperaturas e pressões críticas podem ser permanentemente monitoradas. O piloto pode reagir rapidamente às anormalidades, reduzindo a velocidade ou fazendo uma parada no boxe. Os sistemas de telemetria modernos dispõem de rede LAN (Local Area Network) via rádio que, através de um servidor remoto no boxe, pode servir vários clientes. Isso aumenta a flexibilidade da equipe de boxe, especialmente quando vários veículos devem ser monitorados simultaneamente na pista. A figura *Sistema de telemetria* mostra esquematicamente um sistema de telemetria.

Regulamento

Cada categoria de motoesporte possui um regulamento que é atualizado anualmente pelo órgão oficial de motoesportes competente. No nível nacional na Alemanha, por exemplo, o responsável é a DMSB Deutsche Motorsportbund (Associação Alemã de Motoesportes), enquanto as competições internacionais são regidas pela FIA (Fédération Internationale de l'Automobile).

Várias características dos veículos participantes de uma categoria de corrida são precisamente definidas por aquele regulamento. Como exemplo é apresentado a seguir um trecho do regulamento técnico do Campeonato Alemão de Turismo do ano de 2001. Sobre a posição de instalação do eixo de manivelas é especificado:

"6.1.1.: O eixo giratório da árvore de manivelas, quando visto de cima, deve correr paralelamente ao eixo longitudinal do veículo. A numeração obrigatória dos cilindros é especificada no desenho B10.

Além disso, o motor deve ser instalado de tal forma que o centro da árvore de manivelas relativo ao eixo longitudinal do veículo se situe 1.075 mm à frente do centro da distância entre os eixos das rodas. A tolerância permitida é de ± 5 mm. A posição do centro do eixo de manivelas deve ser indicado através de uma marcação bem visível e de fácil acesso (p.ex., canal de fundição) no bloco do motor."

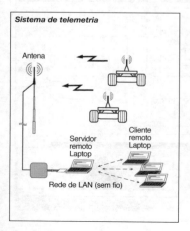

Sistema de telemetria

Super Trucks

O motoesporte não se limita apenas aos carros especiais de corrida ou aos veículos modificados, geralmente impulsionados por motores de ignição. Há também corridas com utilitários. Os motores Diesel e sistemas de injeção para os utilitários preparados para corridas — os "Super Trucks" — são adaptados para as condições especiais de corrida. Por exemplo: motores de utilitários de série, com cerca de 300 kW (410 hp) são preparados para desenvolver cerca de 1.100 kW (1500 hp) em corrida — 3,7 vezes mais. Isso significa:
- rotações mais altas,
- maior enchimento dos cilindros (massa de ar) e conseqüentemente
- maior volume de injeção em curtos espaços de tempo.

Adequação dos componentes mecânicos

Nas corridas, os motores operam com uma relação ar-combustível pouco maior que 1. Por isso, são usados elementos da bomba maiores e bicos injetores especiais. Os ressaltos de injeção — quando disponíveis — também precisam ter formato mais íngreme.

Para obter ar suficiente, o motor conta com dois turboalimentadores, cujas turbinas ficam incandescentes com a extrema temperatura dos gases de exaustão que atingem aprox. 1.100°C. Estas condições tornam necessários tubos de escape especialmente soldados. A pressão de alimentação atinge aprox. 4 bar. Conseqüentemente, o sistema de resfriamento do ar de alimentação é extremamente solicitado.

As alterações no veículo para uso em corridas são feitas naturalmente às custas do consumo de combustível, dos níveis de emissões e da durabilidade dos componentes. A fumaça preta não está presente, já que todos os veículos são equipados com filtro de partículas.

Requisitos do EDC

A eletrônica — como nos veículos de série — deve operar com alta precisão. O regulamento prescreve que a velocidade máxima de 160 km/h não pode ser ultrapassada além de 2 km/h (1,25 %!). Isso exige funções especiais no âmbito das rotações de corte. Afora isso, o controle eletrônico Diesel (EDC) é o mesmo dos modelos de série.

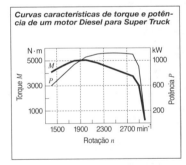

Curvas características de torque e potência de um motor Diesel para Super Truck

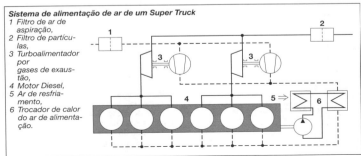

Sistema de alimentação de ar de um Super Truck
1 Filtro de ar de aspiração,
2 Filtro de partículas,
3 Turboalimentador por gases de exaustão,
4 Motor Diesel,
5 Ar de resfriamento,
6 Trocador de calor do ar de alimentação.

Hidráulica

Grandezas e unidades [1)]

Grandezas		Unid.
A	Área da seção de vazão	cm²
A_D	Área da seção de estrangulamento	cm²
A_K	Área do pistão	cm²
A_R	Área da seção da tubulação	cm²
b	Largura da fresta	mm
d	Diâmetro do tubo	mm, cm
E_{Fl}	Módulo de elasticidade do fluido	N · mm⁻²
E_{Oil}	Módulo de compressão do óleo	N · mm⁻²
e	Excentricidade, deslocamento	mm
F	Força	N
g	Aceleração da gravidade	m · s⁻²
H	Curso do cilindro	cm, mm
h	Altura da fresta	μm, mm
l	Comprimento da fresta, do tubo	mm, m
l_o	Comprimento da saída	cm
M_1	Torque de entrada	N · m
M_2	Torque de saída	N · m
M_{th}	Torque teórico de entrada ou de saída	N · m
M_{verl}	Torque perdido	N · m
n	Rotação	rpm
P_{an}	Potência de entrada	kW
P_{ab}	Potência de saída	kW
p_z	Pressão do cilindro	bar
Δp	Diferença de pressão	bar
Q	Vazão da bomba hidráulica ou fluxo absorvido pelo motor hidráulico ou cilindro hidráulico	$l · m$
Q_1	Vazão	$l · m$
Q_2	Fluxo absorvido	$l · m$
Q_L	Fluxo de vazamento	$l · m$
Q_{th}	Vazão teórica ou fluxo absorvido teórico	$l · m$
Re	Número de Reynold	—
r	Raio do tubo	mm
t	Tempo de curso do cilindro hidráulico	s
U	Perímetro da seção de vazão	cm
V_{Fl}	Volume do fluido	cm³
V_H	Deslocamento do cilindro hidráulico	cm³
V_o	Volume de saída	cm³
V_{th}	Volume teórico deslocado a cada revolução	cm³
v	Velocidade do fluxo	m · s⁻¹
v_1	Velocidade do curso	m · s⁻¹
α_D	Coeficiente de fluxo, p.ex., estrangulador, orifício	—
η	Viscosidade dinâmica	Ns · m⁻²
η_{hm}	Eficiência hidromecânica	—
η_{vol}	Eficiência volumétrica	—
λ	Coeficiente de resistência	—
ν	Viscosidade cinemática	m² · s⁻¹
ϱ	Densidade	kg · dm⁻³
ω	Velocidade angular	s⁻¹

Termos e fórmulas

Cálculo do coeficiente de resistência λ para fluxo laminar e mudança isotérmica de estado para fluxo laminar e mudança adiabática de estado para fluxo turbulento até $Re = 80.000$ e tubulação lisa

$$\lambda = \frac{64}{Re}$$

$$\lambda = \frac{75}{Re}$$

$$\lambda = \frac{0,316}{Re^{0,25}} \quad Re = v \cdot D_H / \nu \text{ com } D_H = A/U$$

Bomba hidráulica
Vazão
$$Q_1 = V_{th} \cdot n \cdot \eta_{vol}$$
Potência de saída
$$P_{ab} = Q_1 \cdot \Delta p$$
Torque de entrada
$$M_1 = \frac{V_{th} \cdot \Delta p}{2\pi} \cdot \frac{1}{\eta_{hm}}$$
Potência de entrada
$$P_{an} = M_1 \cdot \omega$$
Eficiência volumétrica
$$\eta_{vol} = \frac{Q_1}{Q_{th}} = \frac{Q_{th} - Q_L}{Q_{th}} = 1 - \frac{Q_L}{Q_{th}}$$
Eficiência hidromecânica
$$\eta_{hm} = \frac{M_{th}}{M_1} = \frac{M_{th}}{M_{th} + M_{verl}}$$

Motor hidráulico
Fluxo absorvido
$$Q_2 = V_{th} \cdot n / \eta_{vol}$$
Potência de saída
$$P_{ab} = M_2 \cdot \omega$$
Torque de saída
$$M_2 = \frac{V_{th} \cdot \Delta p}{2\pi} \cdot \eta_{hm}$$
Eficiência volumétrica
$$\eta_{vol} = \frac{Q_{th}}{Q_2} = \frac{Q_{th}}{Q_{th} + Q_L}$$
Eficiência hidromecânica
$$\eta_{hm} = \frac{M_2}{M_{th}} = \frac{M_{th} - M_{verl}}{M_{th}}$$

Cilindro hidráulico
Pressão do cilindro $p_z = F/(A_K \cdot \eta_{hm})$
Volume do curso $V_H = A_K \cdot H$
Tempo de curso $t = A_H / Q_1$
Velocidade de curso $v_1 = Q_1 / A_K$

[1)] Estas são as unidades comumente usadas, não as unidades SI.

Hidráulica **1171**

Fluxos nas tubulações e fendas
Seção transversal da tubulação necessária
$A_R = Q_1/v$
Perda de pressão em tubulação retilínea

$$\Delta p = \lambda \cdot \frac{l}{d} \cdot \frac{\rho}{2} \cdot v^2$$

Fluxo através de um tubo
(segundo Hagen-Poiseuille)

$$Q = \frac{\pi \cdot r^4}{8 \cdot \eta \cdot l} \cdot \Delta p$$

Fluxo (laminar) através de uma
fresta plana

$$Q = \frac{b \cdot h^3}{12 \cdot \eta \cdot l} \cdot \Delta p$$

Fluxo (laminar) através de uma fresta de
vedação excêntrica

$$Q = \frac{d \cdot \pi \cdot \Delta r^3}{12 \cdot \eta \cdot l} \cdot \left[1 + 1{,}5 \cdot \left(\frac{e}{\Delta r}\right)^2\right] \cdot \Delta p$$

($2 \cdot \Delta r$ = Folga de ajuste entre pistão e furo)
Fluxo através do estrangulador e orifício

$Q = \alpha_D \cdot A_D \cdot \sqrt{2\,\Delta p/\rho}$
(α_D na válvula de controle: 0,6 a 0,8)

Compressibilidade de um fluido
$\Delta V_{Fl} = A_K \cdot \Delta l = V_o \cdot \Delta p / E_{Fl}$,
onde o volume de saída é
$V_o = A_K \cdot l_o$
e o módulo de compressão para o óleo é
$E_{Oil} \approx 1{,}6 \cdot 10^9\ N \cdot m^{-2}$

Bombas de engrenagens

Bombas de engrenagens podem possuir uma engrenagem de dentes externos e outra de dentes internos ou duas engrenagens de dentes externos. As bombas de dentes externos têm custo de fabricação mais baixo e, por isso, seu uso é generalizado. O deslocamento por revolução é constante e determinado pelo diâmetro da engrenagem, pela distância entre eixos e pela largura do dente. O fluido hidráulico é transportado do lado de baixa pressão para o lado de alta pressão nos espaços entre os dentes das engrenagens em rotação (engrenadas) que, ao se engrenarem, o comprimem na tubulação de pressão. A folga quase nula entre a cabeça dos dentes e a carcaça proporciona a vedação radial da câmara de pressão. Placas ou buchas, pressionadas hidraulicamente contra as engrenagens, limitam a câmara da bomba no sentido axial e nas bombas de bucha servem, ao mesmo tempo, de mancal para as engrenagens. Essa construção permite atingir a alta eficiência característica das bombas de alta pressão. Rotação de até 4.000 min^{-1}, pressão máxima de aprox. 300 bar e alta densidade de potência (6 kW/kg) tornam a bomba de engrenagens ideal para aplicações na hidráulica veicular. A faixa de deslocamento exigida de 0,5...300 l/min é coberta com 4 a 5 tamanhos de bomba.

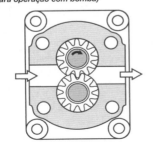

*Bomba e motor de engrenagens
(sentido de rotação e direção do fluxo
para operação com bomba)*

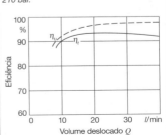

*Bomba de engrenagens de alta pressão
Eficiência volumétrica η_v e eficiência geral
η_t em relação ao volume deslocado a $\Delta p = 210$ bar.*

Motores de engrenagens

Os motores de engrenagens mais simples, para operação num único sentido de rotação, são construídos como as bombas de engrenagens. No motor de engrenagens, o óleo flui do lado de alta pressão para o lado de baixa pressão e as engrenagens giram em sentido contrário ao da bomba. Motores adequados para acionamento de veículos, isto é, que possam ser operados em ambas direções e com capacidade de carga reversa, também podem ser derivados de bombas de engrenagens, através da adequação do campo de pressão axial e das passagens de óleo de escape. As vantagens da bomba de dentes externos, como alta densidade de potência, pequeno espaço de instalação e baixos custos de fabricação valem também para os motores de engrenagens. Daí sua aplicação preferencial em veículos viários, em máquinas agrícolas e de terraplenagem para acionamento de ventoinhas de arrefecimento e limpeza, parafusos de Arquimedes, vassouras, dispersadores, vibradores etc. O excelente comportamento de partida do motor de engrenagens é usado no acionamento de bombas e compressores, assim como em mecanismos de translação.

Bombas e motores de pistões

O mecanismo de ação das bombas e motores hidráulicos de pistões difere sensivelmente do das máquinas clássicas a pistão. O alto nível de pressão (valor padrão de acionamentos hidrostáticos: 350...400 bar) resulta em altas forças do pistão e exige uma mecânica rígida e robusta. Apesar disso, os mecanismos modernos são bastante compactos, graças principalmente à transmissão hidrostática de forças entre os elementos estáticos e rotativos que geram o curso. O alto efeito de lubrificação e resfriamento do fluido hidráulico favorece esta construção compacta. As máquinas hidráulicas de pistões atingem uma máxima densidade de potência acima de 5 kW/kg.

Para obter um fluxo de volume com boa uniformidade as máquinas hidráulicas de pistões são construídas com um número ímpar de elementos de pistão. Dependendo da disposição do mecanismo de ação, é feita uma distinção entre as máquinas de pistões radiais e as axiais. Ambas existem como bomba ou motor, com deslocamento constante ou variável, adequadas para circuitos fechados ou abertos. Como a regulagem de fase nas máquinas hidráulicas não foi aprovada na prática, uma variação contínua só é possível através da alteração do curso dos pistões. Mecanismos rotativos geradores de curso, como eixo de excêntrico ou de manivela (radial) e disco oscilante (axial), são inadequados para este propósito e só são empregados em algumas máquinas de deslocamento constante. Em todas as máquinas de deslocamento variável e em muitas de deslocamento constante, emprega-se um outro tipo de mecanismo de ação específico para o sistema hidráulico. Neste

Máquina de pistões axiais
(unidade de disco articulado)
1 Eixo de acionamento, 2 Disco articulado,
3 Tambor dos cilindros (rotativo),
4 Placa de retenção, 5 Assento deslizante,
6 Pistão, 7 Placa de controle.

Máquina de pistões radiais
1 Dispositivo de controle ou regulação, 2 Assento deslizante, 3 Pivô de comando, 4 Anel de curso, 5 Pistão de regulagem 1, 6 Pistão, 7 Bloco de cilindros (rotativo), 8 Pistão de regulagem 2.

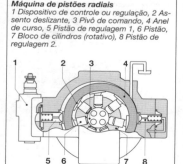

tipo de construção o bloco de cilindros é rotativo e forma, em conjunto com um pivô ou disco estacionário de comando, uma corrediça giratória que coloca as câmaras do cilindro alternadamente em contato com a entrada e a saída. Máquinas de pistões axiais são construídas como unidades de disco ou eixo oscilante.

A máquina de admissão interna foi adotada como padrão para construção radial. O bloco de cilindros gira sobre o pivô de comando. As forças de mancal são suportadas pelos campos de pressão hidrostática no pivô. Do mesmo modo, campos de pressão transferem as forças entre os assentos deslizantes dos pistões e o anel fixo de curso. A excentricidade variável do anel em relação ao pivô de comando gera o curso do pistão. Nas bombas com sentido de fluxo reversível, o anel de curso pode ser movido pelo pistão de regulagem em ambas direções. Todos os elementos de controle estão dispostos no estator e permitem uma alteração rápida e precisa do volume deslocado através de atuadores e reguladores hidráulicos ou eletro-hidráulicos. Uma máquina hidráulica de pistões pode ser integrada ao controle eletrônico tanto através de válvulas proporcionais no circuito de regulação como através de um regulador eletro-hidráulico.

Bombas eletro-hidráulicas e pequenas unidades

Bombas eletro-hidráulicas são uma combinação de bomba hidráulica e motor elétrico. Para a grande maioria das aplicações de hidráulica ambulante é usado um motor de corrente contínua, porém existem motores de corrente alternada e trifásica para operações estacionárias.

As bombas de engrenagem, sendo um componente hidráulico silencioso e de baixa pulsação, foram aprovadas como gerador de pressão. Elas são usadas nos tamanhos B e F, com volume deslocado de 1 a 22,5 cm³ por revolução e atingem pressão operacional de até aprox. 280 bar. Em conjunto com os motores elétricos de tamanho I a T, que geram uma potência nominal máxima de 8 kW, elas são largamente utilizadas na hidráulica ambulante.

As bombas eletro-hidráulicas fornecem energia hidráulica para as funções "levantar" e "direcionar" em veículos de todos os tipos, principalmente em veículos internos de apoio (empilhadeiras, elevadores de estrados), plataformas móveis, caminhões, veículos especiais para transporte em canteiros de obras e veículos de resgate, assim como em veículos de passageiros. No caso são usadas bombas eletro-hidráulicas e, em escala crescente, unidades pequenas e miniaturizadas para funções auxiliares, como regulagem de nível e assistência de direção ou de estacionamento. Uma área especial é a de segurança nos sistemas de frenagem e de controle de aceleração. Os sistemas ABS e ASR têm como peça essencial, via de regra, uma unidade hidráulica como fonte de pressão de óleo.

Para as múltiplas funções de controle do veículo precisam ser instaladas, além das bombas eletro-hidráulicas, diversas válvulas ou blocos de válvulas. Isso levou ao desenvolvimento de unidades hidráulicas pequenas e compactas até uma faixa de potência de 4 kW. Estas unidades unem ao motor elétrico e à bomba hidráulica um bloco de controle, um reservatório de óleo e filtro de ar e de óleo. O conceito construtivo permite a implementação de funções individuais de controle. Válvulas de assento e de distribuição podem ser combinadas num bloco de controle compacto ou numa interface do sistema. As unidades pequenas e miniaturizadas são empregadas nas aplicações que, apesar de oferecerem pouco espaço, exigem alto nível de energia. Um exemplo são as funções dos veículos de serviço público (varredoras, limpadores de neve, pequenos tratores, veículos industriais e especiais, veículos para transporte de pessoas como ambulâncias com elevador para deficientes físicos e dispositivos basculantes).

Novas aplicações incluem funções para veículo de passageiros. Conversíveis avançados utilizam sistemas hidráulicos de qualidade para acionar a capota numa seqüência de operações predeterminada.

Válvulas

Válvulas de vias
Válvulas OC (centro aberto)
Na posição neutra o fluxo da bomba flui através de até 10 válvulas de um equipamento (recirculação neutra). Quando uma válvula é acionada, o fluxo de óleo é estrangulado antes que a passagem para a

unidade consumidora seja liberada.
Desvantagens:
- alta perda de pressão = perda de energia na posição neutra,
- precisão do controle depende da pressão da carga.

Válvulas LS (sensível à carga)
Usada em sistemas com bomba de capacidade variável ou constante e em regulador de pressão adicional. Na posição neutra a bomba e o regulador de pressão são aliviados através da tubulação de controle LS. Na posição de trabalho, o regulador da bomba ou regulador de pressão mantém constante a pressão diferencial no cilindro de comando, isto é, o fluxo de óleo para a unidade consumidora independe da pressão da carga.

Vantagens:
- mínima perda na posição neutra,
- maior precisão de controle independente da pressão da carga.

Válvulas de fluxo

Válvulas de estrangulamento
Nas válvulas de estrangulamento, o fluxo de óleo é ajustado através da variação da seção transversal do fluxo. Segundo as leis da dinâmica dos fluidos, esta limitação do fluxo depende da pressão e portanto só é usada em controles simples de velocidade. A limitação do fluxo independente da pressão requer válvulas de controle.

Válvulas de controle de fluxo
Para ajustar o fluxo de óleo Q independente da pressão de carga p_3 numa válvula de 2 vias, a pressão diferencial ($p_1 - p_2$) no orifício calibrado é regulada constantemente por meio de um estrangulador variável (regulador de pressão). A pressão diferencial ($p_1 - p_2$) corresponde à força da mola do regulador de pressão. Neste tipo de controle, o óleo excedente flui para o sistema através da válvula limitadora de pressão.

As perdas podem ser reduzidas com o uso de uma válvula de 3 vias com uma saída adicional para a corrente excedente fluir para o tanque ou para outra unidade.

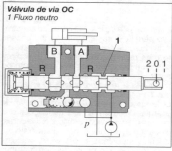

Válvula de via OC
1 Fluxo neutro

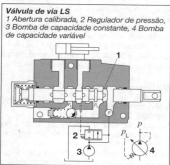

Válvula de via LS
1 Abertura calibrada, 2 Regulador de pressão, 3 Bomba de capacidade constante, 4 Bomba de capacidade variável

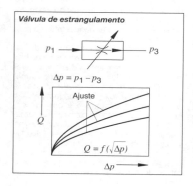

Válvula de estrangulamento

Hidráulica **1175**

Válvulas de controle de pressão

Válvula limitadora de pressão
Para proteção dos componentes e para segurança operacional do sistema, os circuitos hidráulicos incorporam uma válvula limitadora de pressão. Se a pressão atingir um valor correspondente à tensão pré-ajustada da mola, a esfera da válvula se abre e o óleo flui para o tanque. Para grandes volumes de fluxo e para curvas características independentes do fluxo são empregadas válvulas controladas por pressão-piloto. A válvula-piloto alivia a câmara da mola da válvula principal que controla o fluxo de retorno para o tanque.

Válvula proporcional elétrica
Nos veículos industriais e agrícolas, como tratores e empilhadeiras, hoje em dia são empregadas em escala crescente válvulas acionadas eletricamente. Os motivos são a alta produtividade, pouca sobrecarga do motorista e baixos custos de instalação, devido à liberdade de posicionamento no veículo. A eletrônica permite desde o controle confortável e seguro até seqüências automáticas de movimentos.

Acionamento magnético direto
Nas aplicações de pequena a média potência hidráulica (movimentos de posicionamento nas máquinas de ceifar, função de inclinação nas empilhadeiras), o pistão da válvula de vias é movido contra a mola através de solenóide, proporcionalmente à corrente de excitação. O limite de aplicação é determinado pela força do solenóide disponível, p.ex., 30 l/min, 200 bar. Devido ao pequeno curso do solenóide, só são possíveis válvulas de três posições.

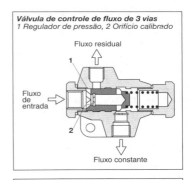

Válvula de controle de fluxo de 3 vias
1 Regulador de pressão, 2 Orifício calibrado

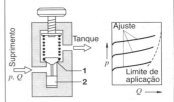

Válvula limitadora de pressão c/ controle direto
1 Assento da válvula, 2 Pistão de amortecimento

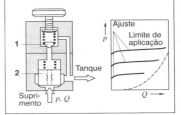

Válvula limitadora de pressão c/pressão piloto
1 Válvula-piloto, 2 Válvula principal

Válvula de controle de fluxo de 2 vias
1 Mola, 2 Orifício calibrado 3 Estrangulador de regulagem (regulador de pressão)

Atuador eletro-hidráulico
O posicionador eletro-hidráulico EHS gera uma alta força de acionamento para controles de alta performance, como os exigidos pelo elevador frontal dos tratores agrícolas ou pela lança do guindaste de carregamento de caminhões. Um pistão de posicionamento, que move a armadura da válvula na posição especificada pelo gerador de valor nominal, serve para amplificar a força. Para uma pequena histerese, um circuito de controle de posicionamento compensa as influências do fluxo. A válvula de 4/3 vias com controle-piloto e solenóide duplo é suprida com pressão de controle de 20 bar. Um sensor indutivo de curso detecta a posição da corrediça para controlar o posicionamento. Ele também permite identificar a posição para diagnósticos e funções de segurança.

Circuito eletrônico de controle
O circuito eletrônico de análise do sensor de curso (ASIC) e a eletrônica de controle digital com barramento serial CAN são alojados na carcaça da unidade de posicionamento. Com o uso de um microprocessador com EEPROM consegue-se a programação do comportamento da válvula. A curva característica da válvula e o comportamento temporal podem ser selecionados e adaptados à aplicação. As curvas características estáticas determinam a inter-relação entre o sinal de entrada e o volume (ajuste fino) e os gradientes de tempo para acelerações e desacelerações dos acionamentos hidráulicos.

Além das opções primordiais de controle com barramento CAN, também é possível o controle analógico ou a modulação da amplitude de pulso (PWM) da tensão do sinal. Falhas na válvula de vias, por exemplo, emperramento do pistão de controle ou falta de pressão de comando, são mostradas de acordo com sua gravidade (código de sinal luminoso, mensagem CAN) ou a unidade de posicionamento é desligada.

Cilindros

Os cilindros convertem a potência hidráulica (pressão, fluxo de óleo) em movimento linear (força, velocidade). Eles se caracterizam pela alta densidade de potência e pelo projeto relativamente simples. Sua eficiência depende das vedações, da qualidade da superfície e da pressão. Além da força e da velocidade, a resistência à curvatura é um importante critério conceptivo. Através dela são determinadas as dimensões e o comprimento do curso. Como elementos articuláveis do cabeçote e da base do cilindro são empregados furos, forquilhas, mancais pivotantes e roscas.

Válvula de vias SB23LS com acionamento eletro-hidráulico EHS
1 Sensor indutivo de curso, 2 Módulo eletrônico digital, 3 Entrada de controle: CAN, PWM ou potenciômetro, 4 Diagnóstico: sinal de falha, 5 Diagnóstico: sinal visual, 6 Válvula-piloto, 7 Válvula de bloqueio, 8 Regulador de pressão

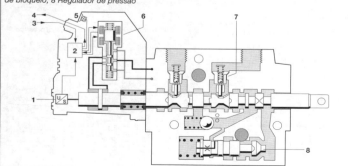

Hidráulica

Unidade de posicionamento EHS para válvula de vias remota
Curvas características programáveis

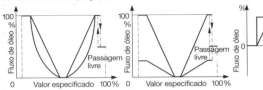

Forma da curva característica programável
- De linear (x) à progressiva (x^3)
- Individual para ambas direções
- Para adequação do comportamento do ajuste fino

Inclinação da curva característica programável
- 0...100%
- Individual para ambas direções
- Para adequação a qualquer hidromotor ou cilindro.

Comportamento programável do tempo
- Rampas de 0,07...4 s
- Individual para ambas direções
- Para adequação de acelerações e desacelerações a diferentes relações de carga

---

Cilindro
1 Elemento de vedação, 2 Retentor, 3 Cabeçote pivotante, 4 Pistão, 5 Tubo do cilindro, 6 Bucha de guia, 7 Haste do pistão.

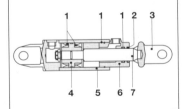

Modelos	Observação
Ação simples	O acionamento só é possível numa direção
Dupla ação	Duas direções de acionamento, áreas diferentes de atuação da pressão do lado do pistão e do lado da haste
Dupla ação	Duas direções de acionamento, áreas iguais de atuação da pressão, haste do pistão traspassada.

Hidráulica no trator

O sistema hidráulico faz do trator um veículo ambulante universal para aplicações agrícolas e florestais. Os múltiplos implementos podem ser acoplados rapidamente na área frontal, traseira e entre os eixos e ajustados ou comandados na respectiva posição de trabalho. Engates rápidos hidráulicos são empregados para controlar motores lineares ou rotativos adicionais dos próprios implementos. O manuseio do trator é facilitado por servomecanismos de direção (veja capítulo Direção), freios, embreagem e troca de marchas. A sobrecarga do trator causada pelos implementos é evitada por meio de válvulas limitadoras de pressão. Reboques — compatíveis com os freios do trator — podem ser freados através da hidráulica.

O motivo da expansão do uso da hidráulica no trator se deve à sua alta densidade de potência e à sua flexibilidade. A grande variedade de aplicações hidráulicas que vão desde o pequeno trator de vinhedos de 20 kW de potência, passando pelos tratores de canteiros de obras, florestais e padrões, chegando até ao grande trator articulado com aproximadamente 300 kW, exige dos sistemas hidráulicos diferentes funções e requisitos.

Sistemas hidráulicos para tratores

Sistemas hidráulicos para tratores possuem, via de regra, três circuitos de pressão:
- Circuito de trabalho ou de alta-pressão com até 250 bar e vazões de até 120 *l*/min para direção, freios do reboque, regulagem dos equipamentos de elevação e outras unidades consumidoras.
- Circuito de comando com aprox. 20 bar e cerca de 30 *l*/min para troca de marchas, acoplamento do eixo de cavilha, bloqueio do diferencial etc.
- Circuito de lubrificação com 3...5 bar.

Existem diferenças consideráveis no circuito de alta-pressão que serão descritas a seguir. Os critérios mais importantes para seleção são função, custos, energia perdida, complexidade e facilidade de operação.

Sistema de vazão constante, centro aberto (OC) (Q constante, p variável)

Este sistema, graças à sua boa relação custo-potência, é o mais difundido. Para suprimento de energia são usadas sobretudo bombas de engrenagens. Na posição neutra da válvula, o fluido circula livremente através da rotação da bomba em vazão constante para o tanque. Para acionar uma ou mais unidades consumidoras, a posição neutra da válvula é estrangulada e de acordo com o movimento do pistão de comando da válvula o óleo é conduzido para a unidade consumidora. Válvulas de prioridade são empregadas para garantir a precedência do fornecimento de pressão para as funções de segurança, como direção ou freios do reboque. As grandes perdas de energia condicionadas pelo sistema através da circulação neutra podem ser contornadas, através da repartição apropriada do circuito e do abastecimento de pressão através de duas ou mais bombas.

Sistema de pressão constante, centro fechado (CC) (Q variável, p constante)

Uma bomba de vazão variável opera em constante regulagem de pressão. Na posição neutra da válvula, a bomba reduz seu volume deslocado até a taxa de escorrimento. Quando uma válvula é acionada, a

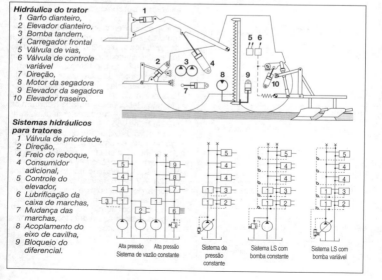

Hidráulica do trator
1 Garfo dianteiro,
2 Elevador dianteiro,
3 Bomba tandem,
4 Carregador frontal
5 Válvula de vias,
6 Válvula de controle variável
7 Direção,
8 Motor da segadora
9 Elevador da segadora
10 Elevador traseiro.

Sistemas hidráulicos para tratores
1 Válvula de prioridade,
2 Direção,
4 Freio do reboque,
4 Consumidor adicional,
5 Controle do elevador,
6 Lubrificação da caixa de marchas,
7 Mudança das marchas,
8 Acoplamento do eixo de cavilha,
9 Bloqueio do diferencial.

Alta pressão Alta pressão
Sistema de vazão constante

Sistema de pressão constante

Sistema LS com bomba constante

Sistema LS com bomba variável

bomba ajusta automaticamente o volume requerido pela carga. Válvulas de prioridade são usadas para garantir preferência às funções relacionadas com a segurança. Este tipo de sistema é insignificante para a hidráulica veicular.

Sistema de carga compensada com bomba de vazão constante, centro aberto, sensor de carga (OC-LS) (Q constante, p variável)
Com auxílio de um elemento de controle (regulador de pressão), a pressão diferencial é mantida constante através de uma válvula de seção variável (diafragma calibrado). Deste modo a vazão de óleo para a unidade consumidora é proporcional à abertura da válvula e independente da pressão da carga. A pressão máxima da carga dentro do sistema de controle é selecionada diretamente e conduzida para o regulador de pressão através de válvulas de transferência e tubulação de controle. O excesso de vazão da bomba é reconduzida ao tanque através do regulador de pressão. Se a compensação da carga deve ser mantida também para todas as unidades consumidoras na operação em paralelo, é usado para cada consumidor um regulador de vazão de 2 vias (regulador de pressão individual).

Este sistema é tecnicamente muito dispendioso; entretanto, devido à comodidade operacional é empregado cada vez mais na hidráulica ambulante (transporte de materiais, aplicações agrícolas). As perdas energéticas são apenas insignificantemente menores do que no sistema com bomba de vazão constante.

Sistema de carga compensada com bomba variável, centro fechado, sensor de carga (CC-LS) (Q variável, p variável)
Este sistema corresponde ao sistema OC-LS. Porém o suprimento de pressão é realizado por uma bomba de vazão variável com regulagem do fluxo e da pressão, em vez da bomba de vazão constante e regulador de pressão. Adicionalmente ao ganho em comodidade são obtidas também perdas energéticas consideravelmente baixas no regime de carga parcial. Este tipo de sistema está sendo cada vez mais empregado para altas potências hidráulicas instaladas (máquinas de construção, tratores grandes).

Controle do elevador traseiro
O elevador traseiro com seus três pontos de acoplamento é o tipo de dispositivo para fixação de implementos mais usado. O implemento fixado pode ser erguido, inclinado e mantido em posição, assim como a força de tração na barra de acoplamento e a posição constante em relação ao trator podem ser controladas. O controle da força de tração é empregado principalmente no tratamento do solo, p.ex., lavrar (tração constante resulta em profundidade constante para solos homogêneos). Alta qualidade de regulagem, ou seja, pequenas variações da força de tração são determinantes para o aproveitamento total da potência do motor, para operação com economia de combustível na faixa ideal da curva característica do motor e pequenas variações da profundidade. Como o implemento é guiado e em grande parte suportado pelo controlador de elevação, as forças de tração atuam como sobrecarga adicional nas rodas de tração. Isso significa menor patinação das rodas e, conseqüentemente, menor perda energética. O controle do posicionamento é empregado principalmente em implementos que não penetram no solo. Além disso, a porção de posicionamento do controle de elevação pode ser adicionada à mistura (controle misto) para limitar a variação de profundidade em solos irregulares.

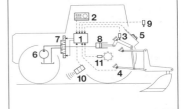

Controle eletrônico de elevação (EHR-D)
1 Eletrônica, 2 Painel de comando, 3 Sensor de posição, 4 Pino de medição de força, 5 Acionamento traseiro, 6 Bomba, 7 Válvula de regulagem, 8 Cilindro, 9 Sensor externo, 10 Sensor de radar, 11 Sensor de rotação.

Controle mecânico do elevador (MHR)
Os sinais do sensor são monitorados e processados na forma de curso mecânico. A força de tração é medida como curso de mola no braço superior ou inferior. A posição real pode ser lida num disco de ressaltos do eixo de elevação. Uma haste de controle transmite o sinal para a válvula de controle de acordo com a relação selecionada, onde o valor real é comparado com o valor ajustado pelo motorista. O mecanismo de elevação é abaixado ou levantado para compensar os desvios.

Controle eletrônico do elevador (EHR)
A característica essencial do controle eletrônico do elevador é a captação, transmissão e processamento eletrônico dos sinais de controle e medição. A força de tração é medida através de pinos de medição de força diretamente no ponto de acoplamento. Dependendo do nível de expansão do controlador e dos sensores, é possível adicionar funções para controle de posicionamento e de força. O acionamento traseiro facilita o acoplamento de implementos. Para o posicionamento de um implemento para trabalhar a superfície do solo (p.ex., roçadeira), pode ser conectado um sensor externo. Um sensor de velocidade (radar) e um sensor de rotação das rodas permitem determinar a patinação e controlar o limite de patinação. Para viagens de transporte com implementos pesados, um amortecedor ativo é útil para a segurança e o conforto.

Controle do elevador com transmissão hidráulica do sinal
O esquema básico é uma ligação em ponte hidráulica, na qual o valor especificado e o valor real da grandeza controlada são aplicados nos braços da ponte via estranguladores e, no caso de desvios do valor controlado, a válvula de controle é deslocada pela pressão diferencial contra a força da mola.

Válvulas de vias para tratores
Dependendo do sistema hidráulico, existem válvulas de vias para o circuito de alta pressão tanto com a posição neutra aberta ou fechada com sensor de carga. Para poder manter cargas pesadas durante longos períodos na posição — e por razões de segurança — são usadas válvulas de assento ou válvulas de pistão (veja parágrafo Válvulas de vias) com válvulas de assento aliviadas hidráulica ou mecanicamente e ligadas à conexão de trabalho. Além das três posições estender, retrair e manter posição da carga, as válvulas freqüentemente possuem uma quarta posição (posição de passagem livre) para permitir que o implemento seja guiado no solo, p.ex., sobre rodas de apoio. Dispositivos com detenção de pressão hidráulica máxima fazem com que a válvula seja movida automaticamente para a posição neutra, no caso de sobrecarga ou curso máximo do cilindro (auxiliar de operação). Controladores de vazão integrados permitem conexões paralelas dependentes da pressão e rotações ou velocidades constantes em motores rotativos ou lineares. Válvulas de choque acopladas protegem o trator contra sobrecargas, se a conexão de trabalho for fechada.

Para acionar várias funções hidráulicas no implemento são empregadas válvulas solenóides comandadas do trator por meio de cabos (p.ex. colheitadeiras).

O abastecimento hidráulico é feito através de conectores hidráulicos ou de uma bomba separada, acionada pelo eixo de cavilha do trator. Válvulas solenóides comutadoras conectadas no circuito de baixa pressão são usadas cada vez mais para troca de marchas ou acionamento de acoplamentos diversos.

Para frenagem do reboque uma válvula de freio é ligada no circuito de alta pressão que, ativada pelo freio do trator, controla a pressão correspondente para a frenagem do reboque.

Acumuladores hidráulicos

Funções: acumular energia, amortecer choques e pulsações e operar como mola.

Acumuladores hidráulicos são compostos por um reservatório, cujo interior é separado por uma divisão móvel, elástica ou rígida, em uma câmara de gás e em outra de fluido. Basicamente, diferenciam-se três tipos de construção: acumulador de bexiga, de diafragma e de pistão.

Hidráulica

O gás utilizado é o nitrogênio. Durante operação do acumulador, o gás é comprimido pela pressão do fluido. A pressão operacional mais baixa p_1 deve ficar no mínimo 10% acima da pressão inicial p_0 do gás. A relação de pressão entre a pressão inicial do gás e a pressão operacional máxima p_1 nos acumuladores de diafragma e de bexiga não deve ultrapassar 1:4 e nos acumuladores de pistão, 1:10. Os três estados operacionais mostrados no diagrama estão sujeitos à lei da mudança de estado multiforme:

$$p_0 \cdot V_0^n = p_1 \cdot V_1^n = p_2 \cdot V_2^n$$

Para o nitrogênio, o expoente multiforme na mudança isotérmica de estado corresponde a n = 1 e na mudança adiabática a n = 4. O volume de fluido disponível entre as pressões operacionais resulta da diferença dos volumes:

$$\Delta V = V_1 - V_2.$$

Acionamentos auxiliares

Dispositivos eletro-hidráulicos são empregados como unidades de acionamento para diversas funções do veículo. Além da vantagem da densidade de potência extremamente alta, eles oferecem flexibilidade na instalação. Dispositivos eletro-hidráulicos são usados para controlar eixos de guindastes e de translação e para elevação de eixos de tratores. Também são empregados para controlar mecanismos direcionais e elevatórios em veículos industriais e outros meios de transporte. Elevadores de plataforma com capacidade de 500 kg até 5.000 kg de carga útil são a principal aplicação dos dispositivos eletro-hidráulicos.

Os movimentos dos elevadores de plataforma se resumem em levantar e abaixar. Enquanto o curso ascendente e descendente é realizado por um cilindro central ou por dois cilindros externos, para inclinação são empregados normalmente dois cilindros. Eles podem ser tanto cilindros de ação simples, com mola de retorno, quanto os de dupla ação. Via de regra a função de inclinação é controlada hidraulicamente. Como funções essenciais, além de "levantar" e "abaixar", podem ser citados uma "posição flutuante" para carregamento em docas fixas, o posicionamento em altura aleatória (inclinar com carga total), assim como manter as velocidades de "abaixar" e "levantar" num valor prefixado.

Ventoinhas hidrostáticas

O controle da temperatura do fluido de arrefecimento por meio do ar é feito pela variação termostática da velocidade da ventoinha. Quando por necessidade de flexibilização o radiador não pode ser disposto próximo ao motor de combustão (espaço de instalação, motor encapsulado) são empregadas, principalmente em aplicações de alta potência (ônibus, caminhões, máquinas agrícolas e de construções, sistemas estacionários), ventoinhas hidrostáticas. Além da flexibilidade na instalação do radiador, elas oferecem a vantagem da alta densidade de potência (baixo peso, pouco espaço requerido), controle e

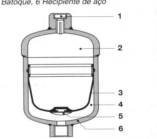

Acumulador de diafragma
1 Parafuso de fechamento, 2 Câmara de gás, 3 Diafragma, 4 Câmara de fluido, 5 Batoque, 6 Recipiente de aço

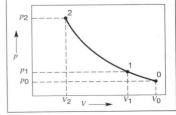

Estados operacionais do acumulador hidráulico. p_0 Pressão inicial do gás, p_1 Pressão operacional mínima, p_2 Pressão operacional máxima, v_0 Volume com o gás na pressão inicial, v_1 Volume na pressão operacional mínima, v_2 Volume na pressão operacional máxima.

comando simplificados, alta confiabilidade e pequeno desgaste dos componentes, graças à autolubrificação pelo fluido hidráulico.

A ventoinha hidrostática é composta basicamente pela bomba e pelo motor hidráulico (unidades de engrenagens ou de pistões de alta pressão), assim como por uma válvula termostática na linha de bypass do motor hidráulico para controle da rotação do ventilador.

A bomba hidráulica é acionada diretamente ou através de correia (redução) pelo motor de combustão. Ela impulsiona o motor hidráulico acoplado ao ventilador, cuja rotação depende diretamente da característica do ventilador ($n_L - \sqrt{\Delta p_M}$), da pressão diferencial efetiva (Δp_M) e da pressão do sistema (p).

Controladores contínuos ou descontínuos são usados para a regulagem da temperatura do fluido de arrefecimento do motor. No controlador de dois pontos (descontínuo) a válvula bypass é uma válvula de vias acionada eletricamente, que é aberta ou fechada através do comutador termostático do circuito de fluido de arrefecimento. A pressão do sistema (geralmente 200 bar), ajustada numa válvula de pressão conectada em paralelo, determina a rotação máxima do ventilador – e com isso o resfriamento – quando a válvula de vias está fechada. No controle contínuo, a válvula bypass é uma válvula de pressão ou uma válvula estranguladora com válvula de pressão bypass adicional para limitação da pressão do sistema. Regulada por um mecanismo de controle sensível à temperatura, esta unidade altera continuamente a pressão do sistema (na válvula estranguladora via saída de fluxo do bypass). O mecanismo de regulagem pode ser um elemento termostático (elemento de dilatação com enchimento de cera), banhado pelo fluxo de fluido de arrefecimento. Os sistemas eletro-hidráulicos nos quais a válvula é controlada através de um solenóide (solenóide proporcional ou modulado por pulsos) estão se tornando cada vez mais importantes. O sinal de saída de um sensor de temperatura elétrico no fluxo de fluido de arrefecimento controla este solenóide. Dentro da faixa de controle de ± 2,5°C, esta alteração da pressão do sistema proporcional à temperatura resulta numa adaptação sem escalonamento da

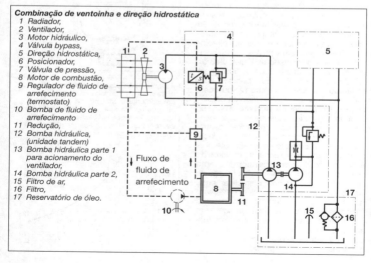

Combinação de ventoinha e direção hidrostática
1 Radiador,
2 Ventilador,
3 Motor hidráulico,
4 Válvula bypass,
5 Direção hidrostática,
6 Posicionador,
7 Válvula de pressão,
8 Motor de combustão,
9 Regulador de fluido de arrefecimento (termostato)
10 Bomba de fluido de arrefecimento
11 Redução,
12 Bomba hidráulica, (unidade tandem)
13 Bomba hidráulica parte 1 para acionamento do ventilador,
14 Bomba hidráulica parte 2,
15 Filtro de ar,
16 Filtro,
17 Reservatório de óleo.

rotação do ventilador à demanda de potência de resfriamento. A parcela de tempo na qual o ventilador opera com rotação máxima corresponde aprox. a apenas 5%. No âmbito preponderante de demanda, o ventilador trabalha com rotação reduzida. Isso proporciona redução do consumo e das emissões de ruído. As perdas inerentes deste sistema de regulagem deslizante correspondem aprox. a 15% da potência de acionamento do ventilador, sendo portanto economicamente justificáveis. Para assegurar através de uma rotação básica, a ventilação do compartimento do motor, principalmente em veículos de baixo nível de ruído com motores encapsulados, a pressão do sistema é limitada num valor mínimo. Dependendo da expansão da eletrônica de controle, é possível processar outros sinais de entrada analógicos (como temperatura interna ou externa) ou digitais que, através de um sinal de saída correspondente, podem influenciar o solenóide de controle e conseqüentemente a rotação do ventilador. Um exemplo disso é a aplicação combinada da ventoinha para controlar a temperatura da água de arrefecimento, do ar de alimentação e do compartimento do motor ou acionar o ventilador na rotação máxima durante a operação do retardador. É possível integrar os sistemas eletro-hidráulicos ao sistema de gerenciamento do motor. Ventoinhas hidrostáticas também podem abastecer outros sistemas ou combinar com outros acionamentos auxiliares, como embreagem, caixa de marchas, compressor, bomba de água, alternador, direção hidráulica, direcionamento do eixo traseiro, sistemas hidráulicos para basculantes etc. Através de circuitos apropriados ou combinações de bombas múltiplas, é possível, entre outras coisas, priorizar funções e satisfazer as exigências de segurança.

Acionamento eletro-hidráulico da ventoinha
1 Motor de engrenagens com válvula proporcional, 2 Unidade de controle, 3 Regulador de fluxo, 4 Regulador de tensão, 5 Operação do retardador.
Sensores de temperatura para: 6 Fluido de arrefecimento, 7 Ar de alimentação, 8 Ambiente.
U_B Tensão da bateria.

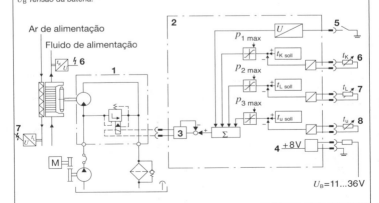

Propulsão hidrostática

Se a saída de pressão de uma bomba hidráulica variável for conectada a um motor hidráulico constante ou variável (motor de pistões ou de engrenagens), obtém-se assim uma transmissão hidráulica. A entrada de potência mecânica (torque x rotação) permanece disponível como saída de potência mecânica num outro local. A respectiva relação de redução é determinada pelo quociente da vazão ajustada da bomba pelo volume absorvido pelo motor. Também são possíveis circuitos paralelos com vários motores (efeito diferencial) ou circuitos em série (sincronização). Efetivamente, uma transmissão básica com circuito aberto pode, sem equipamentos adicionais, tanto inverter o sentido de rotação quanto absorver torque de frenagem. Este tipo de arranjo ainda é muito adequado para acionar equipamentos auxiliares, tais como ventiladores, difusores e similares.

Propulsão principal

Para a propulsão hidrostática de veículos a reversão e a possibilidade de frenagem são imprescindíveis. Por esta razão, predomina neste caso o circuito fechado. A bomba principal (fluxo reversível) é combinada com uma bomba de alimentação – geralmente com flange – que através da alimentação da linha de baixa pressão compensa os volumes de escorrimento e de compressão. Devido a esta pressão inicial presente no lado de baixa pressão, a rotação máxima admissível da bomba principal é maior em comparação com a operação em sucção. Mantendo-se a relação de redução constante, uma transmissão deste tipo é quase tão rígida quanto uma mecânica e portanto bastante adequada para acionamento de máquinas de trabalho. Para circular com características similares à de um automóvel (p.ex., veículos industriais) foram desenvolvidos comandos que controlam o motor de combustão e a relação de transmissão através de um pedal compartilhado. Mais conhecidos são

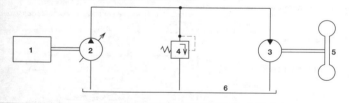

Propulsão hidrostática em circuito aberto
1 Motor de combustão, 2 Bomba hidráulica variável, 3 Motor hidráulico, 4 Válvula limitadora de pressão, 5 Saída de movimento, 6 Reservatório de óleo.

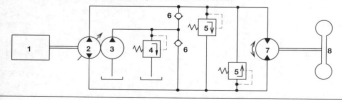

Esquema básico para circuito fechado
1 Motor de combustão, 2 Bomba hidráulica variável, 3 Bomba de alimentação, 4 Válvula limitadora de pressão de alimentação, 5 Válvula limitadora de alta pressão, 6 Válvula de retenção de alimentação, 7 Motor hidráulico reversível, 8 Saída de movimento.

Hidráulica

os circuitos, nos quais o motorista usa o pedal apenas para controlar a rotação do motor de combustão. A potência do motor é direcionada através de uma bomba auxiliar e de um circuito de estrangulamento – geralmente constituído por vários estágios – para gerar a pressão de comando correspondente à rotação do motor. Esta pressão, por sua vez, determina a vazão da bomba principal através de um dispositivo de regulagem com resposta proporcional à pressão. Este conceito de controle é simples e evita que o motor "apague", pois a bomba responde à perda de rotação de acionamento reduzindo a vazão e o torque de acionamento. Entretanto, para altas exigências de adequação de potência e consumo mais favorável são necessários circuitos mais sofisticados. Bombas com comando elétrico e a moderna tecnologia de sensores também permitem soluções eletrônicas elegantes.

Propulsão auxiliar

Outra aplicação para a propulsão hidrostática é o acionamento auxiliar de eixos livres de caminhões para circulação lenta em terrenos difíceis. Quando necessário, esta unidade hidrostática atua como substituta do eixo cardã e da caixa de transferência. Para operação normal em estrada é necessária a possibilidade de desacoplamento desta propulsão com poucas perdas. A solução em relação ao motor é oferecida por uma bomba de vazão constante que, acionada em estágios, pode ser totalmente desacoplada. No eixo de tração auxiliar são alojados motores de cubo de roda de baixa velocidade, cujos pistões se retraem por atuação de molas durante a circulação em estradas. Deste modo o circuito hidráulico pode ser dimensionado para velocidades baixas. Na circulação normal, não há perdas por recirculação nem perdas consideráveis, devido ao atrito causado pela propulsão auxiliar.

Esquema básico para transmissão
1 Pedal de aceleração, 2 Motor de combustão com regulador de rotações, 3 Bomba hidráulica variável proporcionalmente à rotação, 4 Bomba auxiliar, 5 Rede de estranguladores para pressão de comando proporcional à rotação, 6 Motor hidráulico, 7 Saída de movimento.

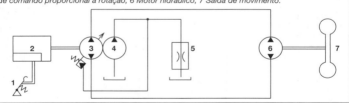

Propulsão hidrostática auxiliar
1 Unidade elétrica de controle para propulsão estrada/auxiliar, 2 Bomba constante desacoplável, acionada em estágios, 3 Reservatório de óleo, 4 Conexões de mangueiras desacopláveis, 5 Tubulação hidráulica, 6 Motor de cubo de roda.

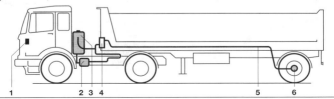

Pneumática veicular

Na área automobilística, a pneumática é empregada como meio de condução de energia para os seguintes propósitos:
- Abrir, fechar e travar portas, capôs etc.
- Acionar e controlar sistemas de freios (equipamentos de freios), veja p. 838 em diante, e
- Regulagem de nível, p. 756 em diante.

Acionamento de portas em ônibus

As portas dos ônibus são acionadas através de cilindros pneumáticos de dupla ação. O movimento do pistão é transmitido para as folhas da porta. Com a compressão e descompressão de ambas câmaras do cilindro, a porta abre e fecha. São empregados três sistemas de acionamento:
- A haste do cilindro é conectada a uma alavanca fixada no eixo pivotante da porta. A porta também é fixada no eixo pivotante. Quando o cilindro é acionado, a haste estendida do pistão gira o eixo pivotante para abrir a porta.
- O cilindro é fixado com flange no sentido axial do eixo pivotante da porta. O curso da haste do pistão é transformado em movimento giratório dentro do eixo pivotante. Este movimento giratório abre e fecha a porta que está montada sobre um pivô.
- O cilindro (acionamento giratório) é uma combinação de cilindro e eixo giratório. O curso do pistão é transmitido para a porta com movimento giratório em torno do eixo montado sobre flanges pivotantes.

A porta deve atingir sua posição final, ao fechar ou abrir sem colidir violentamente contra o batente. Para isso, com auxílio de dispositivos de amortecimento dependentes da pressão ou do curso, a velocidade da porta é reduzida antes de atingir tal posição final. O efeito deste amortecedor de fim de curso pode ser regulado através de um parafuso de estrangulamento.

O movimento da porta pode ser revertido, por exemplo, através de uma válvula de 4/2 vias. O motorista dispara um pulso de corrente através do pressionamento da tecla de comando da porta, fazendo com que a armadura do solenóide, através do tucho, mova a báscula para a posição oposta. Com isso, a válvula de entrada de um dos lados do cilindro é fechada e a saída é aberta enquanto para o outro lado a entrada é aberta e a saída é fechada. Válvulas e funções adicionais são especificadas na Alemanha através das determinações de segurança do § 35e da Regulamentação da Licença de Tráfego StVZO, da Diretriz ZH 1/494 da associação dos sindicatos profissionais sobre janelas, portas e portões acionados por mecanismo de força, das diretrizes da associação das operadoras de transportes públicos (VÖV) para ônibus padrão e através das exigências dos fabricantes de veículos.

A força para o fechamento da porta deve ser desativada ou ter sua direção revertida em resposta a qualquer resistência. A força de abertura deve ser limitada em 150 N ou interrompida, ao encontrar resistência. Após o acionamento da válvula de emergência a força de fechamento ou de abertura da porta deve ser cancelada, de forma que a porta possa ser movida com as mãos. Após a válvula de emergência retornar à sua posição normal; o movimento da porta não pode ser iniciado antes que uma tecla separada (localizada no console do motorista ou na caixa da porta) seja acionada ou até que as condições de segurança tenham sido restabelecidas. Não podem ocorrer movimentos bruscos da porta.

Sistemas em ônibus urbanos

A reversão dos movimentos das portas em ônibus urbanos é obtida através de dispositivos de pressão nas guarnições da porta, comutadores de pressão diferencial, fotocélulas, guarnições flexíveis ou potenciômetros. Caso um passageiro seja preso na porta, o sistema emite um sinal elétrico de comutação para reversão da válvula da porta. Durante a abertura da porta, o sistema pode reagir aliviando a pressão do sistema ou comprimindo simultaneamente ambas câmaras do cilindro.

Nos ônibus com mais de duas portas, a terceira porta traseira deve ser controlada automaticamente. O motorista apenas libera a porta. Abertura da porta, tempo com a porta aberta e fechamento da porta são controlados eletronicamente através das informações conjuntas do passageiro e do motorista.

Algumas vezes, é desejável que apenas a folha frontal da porta dianteira seja aberta, enquanto a outra permanece fechada. Essa função é obtida com uma válvula solenóide de 2/2 vias instalada na tubulação de fechamento do cilindro da segunda folha da porta.

Sistemas em ônibus de turismo
Se a válvula de emergência for posicionada antes da válvula da porta (veja diagrama), ao se acionar a tecla da porta o tucho da válvula para o mecanismo de retorno é liberado por um solenóide.

Nesta entrada em operação do sistema de força, a batida da porta é evitada através de um estrangulador de partida. Em operação normal, o estrangulador de partida é mantido aberto pela pressão secundária.

Se a válvula de emergência for instalada na tubulação da câmara de fechamento do cilindro, a trava da válvula de emergência é acionada pneumaticamente. Ao atingir uma pressão média, a corrediça de controle é liberada e a válvula revertida.

Trava de portas e capôs
Nas portas com grande abertura para fora dos ônibus de turismo, é necessário o travamento da porta durante a viagem. Isso pode ser obtido tanto através do levantamento da porta imediatamente após o procedimento de fechamento, como através de dispositivos de trava adicionais com cilindros de ação simples instalados no chassi da porta. Estes são ativados pela própria porta no final do procedimento de fechamento, por exemplo com auxílio de uma válvula de reversão de 3/2 vias e auxiliam a impulsão da porta no final do fechamento. Este sistema de assistência de fechamento e trava é projetado de tal forma que, numa eventual queda de pressão a trava seja liberada. A porta é mantida fechada apenas pela fechadura, podendo numa emergência ser aberta manualmente.

Os capôs dos bagageiros, pelo contrário, numa queda de pressão são travados através de pressão de mola.

Sistema de acionamento da porta (circuito)
1 Tanque de ar, 2 Válvula de emergência com solenóide de liberação, 3 Estrangulador de partida, 4 Válvula da porta, 5 Limitador de pressão, 6 Cilindro, 7 Tecla, 8 Comutador para sinal acústico.

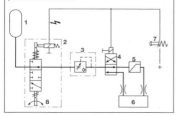

Dispositivo de fechamento e trava para ônibus de turismo
1 Pino de trava, 2 Porta oscilante, 3 Trinco de segurança, 4 Alavanca oscilante, 5 Cilindro de acionamento.

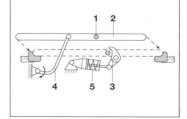

Siglas de nacionalidades

A	Áustria
AFG	Afeganistão
AL	Albânia
AND	Andorra
ANG	Angola
AUS	Austrália
AZ	Azerbaijão
B	Bélgica
BD	Bangladesh
BDS	Barbados
BF	Burkina Faso
BG	Bulgária
BH	Belize
BIH	Bósnia-Herzegovina
BOL	Bolívia
BR	Brasil
BRN	Bahrein
BRU	Brunei
BS	Bahamas
BY	Belarus (Bielo-Rússia)
C	Cuba
CD	República Democrática do Congo
CDN	Canadá
CH	Suíça
CI	Costa do Marfim
CO	Colômbia
CR	Costa Rica
CY	Chipre
CZ	República Tcheca
D	Alemanha
DK	Dinamarca
DOM	República Dominicana
DZ	Argélia
E	Espanha
EAK	Quênia
EAT	Tanzânia
EAU	Uganda
EC	Equador
ER	Eritréia
ES	El Salvador
EST	Estônia
ET	Egito
ETH	Etiópia
F	França
FIN	Finlândia
FJI	Fuji
FL	Liechtenstein
FR	Ilhas Faeroes
GB	Reino Unido
GBA	Alderney
GBG	Guersey
GBJ	Jersey
GBM	Ilha de Man
GBZ	Gibraltar
GCA	Guatemala
GE	Geórgia
GH	Gana
GR	Grécia
GUY	Guiana
H	Hungria
HK	Hong Kong
HN	Honduras
HR	Croácia
I	Itália
IL	Israel
IND	Índia
IR	Irã
IRL	Irlanda
IRQ	Iraque
IS	Islândia
J	Japão
JA	Jamaica
JOR	Jordânia
K	Camboja
KS	Quirguistão
KSA	Arábia Saudita
KWT	Kuwait
KZ	Cazaquistão
L	Luxemburgo
LAO	República Democrática Popular do Laos
LS	Lesoto
LT	Lituânia
LV	Letônia
M	Malta
MA	Marrocos
MAL	Malásia
MC	Mônaco
MD	Moldávia
MEX	México
MGL	Mongólia
MK	Macedônia (Ex- República Iugoslava da)
MOC	Moçambique
MS	Ilhas Maurício
MW	Malaui
MYA	Mianmar

Siglas de nacionalidades 1189

N	Noruega
NA	Antilhas Holandesas
NAM	Namíbia
NIC	Nicarágua
NL	Holanda
NZ	Nova Zelândia

OM	Omã

P	Portugal
PA	Panamá
PE	Peru
PK	Paquistão
PL	Polônia
PY	Paraguai

Q	Qatar

RA	Argentina
RB	Botsuana
RC	República da China (Taiwan)
RCA	República Centro-Africana
RCB	Congo
RCH	Chile
RH	Haiti
RI	Indonésia
RIM	Mauritânia
RL	Líbano
RM	Madagascar
RMM	Mali
RN	Níger
RO	Romênia
ROK	Coréia (República da)
ROU	Uruguai
RP	Filipinas
RSM	San Marino
RT	Togo
RUS	Federação Russa
RWA	Ruanda

S	Suécia
SD	Suazilândia
SGP	Cingapura
SK	Eslováquia
SLO	Eslovênia
SME	Suriname
SN	Senegal
SP	Somália
SU	União Soviética (antiga)
SY	Seychelles
SYR	Síria

THA	Tailândia
TJ	Tadjiquistão
TM	Turcomenistão

TN	Tunísia
TR	Turquia
TT	Trinidad e Tobago

UA	Ucrânia
UAE	Emirados Árabes Unidos
USA	Estados Unidos da América
UZ	Uzbequistão

V	Cidade do Vaticano
VN	Vietnã

WAG	Gâmbia
WAL	Serra Leoa
WAN	Nigéria
WD	Dominica
WG	Granada
WL	Santa Lúcia
WS	Samoa
WV	São Vicente e Granadinas

YU	Iugoslávia (Sérvia e Montenegro)
YV	Venezuela

Z	Zâmbia
ZA	África do Sul
ZW	Zimbábue

Fonte: Ministério dos Transportes, Construções e Habitação da República Federal da Alemanha,
Boletim Oficial (VkBl. Seção Oficial, vol. 24 – 1999, N° 204)
Edição atual: Dezembro de 1999.

Alfabetos e algarismos

Alfabeto alemão

Estilo gótico

𝔄	α	a	𝔍		j	𝔖	𝔰	s
𝔅	𝔟	b	𝔎	𝔣	k	𝔗	𝔱	t
ℭ	𝔠	c	𝔏	𝔩	l	𝔘	𝔲	u
𝔇	𝔡	d	𝔐	𝔪	m	𝔙	𝔳	v
𝔈	𝔢	e	𝔑	𝔫	n	𝔚	𝔴	w
𝔉	𝔣	f	𝔒	𝔬	o	𝔛	𝔵	x
𝔊	𝔤	g	𝔓	𝔭	p	𝔜	𝔶	y
ℌ	𝔥	h	𝔔	𝔮	q	ℨ	𝔷	z
ℑ	𝔦	i	ℜ	𝔯	r			

Alfabeto grego

Letra		Nome	Letra		Nome
A	α	alfa	N	ν	nu
B	β	beta	Ξ	ξ	csi
Γ	γ	gama	O	o	ômicrom
Δ	δ	delta	Π	π	pi
E	ε	epsilon	P	ϱ	ro
Z	ζ	dzeta	Σ	σς	sigma
H	η	eta	T	τ	tau
Θ	θ	teta	Y	υ	ipsilon
I	ι	iota	Φ	φ	fi
K	κ	capa	X	χ	qui
Λ	λ	lambda	Ψ	ψ	psi
M	μ	mu	Ω	ω	ômega

Alfabetos fonéticos

	Alemão	Internacional	Rádio
A	Anton	Amsterdam	Alpha
Ä	Ärger	—	—
B	Bertga	Baltimore	Bravo
C	Cäsar	Casablanca	Charlie
CH	Charlette	—	—
D	Dora	Denmark	Delta
E	Emil	Edison	Echo
F	Friedrich	Florida	Foxtrot
G	Gustav	Gallipoli	Golf
H	Heinrich	Havana	Hotel
I	Ida	Italy	India
J	Julius	Jerusalem	Juliet
K	Kaufmann	Kilogram	Kilo
L	Ludwig	Liverpool	Lima
M	Martha	Madagascar	Mike
N	Nordpol	New York	November
O	Otto	Oslo	Oscar
Ö	Ökonom	—	—
P	Paula	Paris	Papa
Q	Quelle	Quebec	Quebec
R	Richard	Roma	Romeo
S	Samuel	Santiago	Sierra
Sch	Schule	—	—
T	Theodor	Tripoli	Tango
U	Ulrich	Uppsala	Uniform
Ü	Übermut	—	—
V	Viktor	Valencia	Victor
W	Wilhelm	Washington	Whiskey
X	Xanthippe	Xanthippe	X-ray
Y	Ypsilon	Yokohama	Yankee
Z	Zeppelin	Zürich	Zulu

Alfabeto russo

Letra		Pronúncia	Letra		Pronúncia
А	а	a	Р	р	r
Б	б	b	С	с	ss
В	в	w	Т	т	t
Г	г	g	У	у	u
Д	д	d	Ф	ф	f
Е	е	je	Х	х	ch
Ё	ё	jo	Ц	ц	z
Ж	ж	ch (fraco)	Ч	ч	tch
З	з	s	Ш	ш	ch
И	и	i	Щ	щ	chch
Й	й	I (curto)	Ъ	ъ	acento forte
К	к	k	Ы	ы	ü
Л	л	l	Ь	ь	acento fraco
М	м	m	Э	э	ä
Н	н	n	Ю	ю	yu
О	о	o	Я	я	ya
П	п	p			

Algarismos romanos

I	1	XXX	30
II	2	XL	40
III	3	L	50
IV	4	LX	60
V	5	LXX	70
VI	6	LXXX	80
VII	7	XC	90
VIII	8	C	100
IX	9	CC	200
X	10	CD	400
XI	11	D	500
XX	20	DC	600
XXI	21	M	1000
XXIX	29	MVM	1995

Índice remissivo

A
Abastecimento (alimentação) de energia elétrica 960
Abrasão, desgaste 305
ABS, processos de controle, utilitários 858
ABS, utilitários 857
ABS, variantes do sistema, automóveis 810
ABS, versões 815
Absorção do som 57
Acabamento da carroceria, automóvel 894
ACC, Piloto automático adaptativo 1058
Access Point, serviços de informações 1108
Aceleração 422, 425
Aceleração da carroceria, molas 755
Aceleração lateral 430
Acidentes de trânsito 1052
Ácido sulfúrico 969
Acionamento de portas em ônibus 1186
Acionamento do eixo 750 e segs.
Acionamento (servocomando) do teto solar 1047
Acionamentos auxiliares, hidráulica 1181
Aço, revenimento 388
Acoplamento de interferências, 1024
Acoplamento embreagem de lâminas, motor de partida 987
Acumulação de fuligem 717
Acumulador de diafragma, hidráulica 1181
Acumulador de partida 964
Acústica 56 e segs.
Acústica, terminologia geral 56
Adicionador de ar, K-Jetronic 645 e seg.
Aditivos, Diesel 323
Aditivos, líquido de arrefecimento 331
Aditivos, lubrificantes 308
Acústica aerodinâmica 890
Aerodinâmica 888
Afrouxamento, conexões parafusadas 355
Agentes (elementos) de filtragem, 959
AHP, ponto do calcanhar no acelerador 886
Air Belts 1044
Airbag 1036
Airbag de janela 1039
Airbag do passageiro - desativação 1044
Airbag frontal 1036 e segs.
Airbag lateral 1039
Airbag torácico 1039
Ajuste de fase do eixo de comando de válvulas 474
Ajuste do prato da mola, mola ativa 759
Ajuste (integração), circuitos integrados 93

Alarme de mudança de faixa 1054
Alcance ampliado, sistema de estacionamento 1089
Alcance do farol 912
Alcance geométrico, faróis 912
Alcance geométrico, luz baixa 925, 1157
Alcance visual, iluminação 912
Álcoois, combustível alternativo 327
Alfabeto fonético 1190
Alfabetos 1190
Algarismos romanos 1190
Algoritmos de controle 1062
Alimentação de combustível 593
Alimentação de combustível, motor Diesel 676
Alimentação de combustível, motor Otto 596 e segs.
Alojamento do mancal, turboalimentador 533
Alongamento (limite elástico) 232
Alternador com rotor guia 978
Alternador com pólos tipo garra 977
Alternador compacto 977
Alternador de partida 966
Alternador de pólos individuais 978
Alternador trifásico 974 e segs.
Alternadores, tecnologia de teste 1152
Alto-falante 1100
Alto-falante capacitor 1100
Alto-falante de cristal 1100
Alto-falante dinâmico 1100
Alto-falantes iônicos 1100
AMLCD 1080
Amônia 719
Amortecedor de tubo duplo 760
Amortecedores 760
Amortecimento por mola 359
Amortecimento, molas 760
Amostragem, estatística 214
Ampère, definição 22
Amplificador de FI, auto-rádio 1097
Amplificador de operação, OP 93, 102 e segs.
Amplificador, auto-rádio 1100
Amplitude modulada AM, auto-rádio 1091
Analisador de fumaça (método de filtro) 580
Analisador de motor 1146
Analisador NDIR 575
Análise da árvore de falhas 213
Análise de confiabilidade 212
Análise de danos, tribologia 305
Análise do modo e do efeito da falha FMEA 206 e segs.
Análise do sistema do veículo 1147
Análise estrutural com elementos finitos 902

Índice remissivo **1193**

Anéis do pistão 465
Anel para óleo 465
Angström, unidade 24
Ângulo de camber 765
Ângulo de caster 764
Ângulo de deslizamento 431, 437, 442
Ângulo de visibilidade geométrica, iluminação 913
Ângulo do pino mestre 765
Ângulo do volante de direção 437 e segs.
Ângulo flutuante 431, 437, 440, 821
Ângulo sólido, definição óptica 52
Antecâmara, túnel de vento 1136
Antena de navegação 1101
Antena de telefone celular 1101
Antenas veiculares 1101
Antenas de rádio 1101
Antiespumante, combustível Diesel 323
Aparelho de proteção contra sobretensão, alternador 983
Aparelho de teste portátil 1146
Aparelhos (dispositivos) de sinalização acústica 1033
Aparelhos para regulagem de farol 1156
Aparelhos portáteis, telefone celular 1102
Aperfeiçoamento da visão noturna 1056
Aperto de conexões parafusadas 350 e segs.
Aplicações multiplex 1071
Aplicações em tempo real 1072
Apresentação de mapas, navegação 1113
Aprovação de tipo 552, 561
Aquaplanagem 423
Aquecedor complementar 958
Aquecedor de ar 956 e segs.
Aquecedor estacionário 956 e segs.
Aquecedores de água 956 e segs.
Aquisição de materiais amigáveis para o meio ambiente 1142
Ar condicionado 953 e segs.
Área de comunicação 1076
Área de informações 1076
Área de informações ao motorista 1076
Área de limpeza (limpador de pára-brisa) 946
Área de proteção, sistema de estacionamento 1088
Área de superfícies planas 158
Área frontal, veículo 889
Área iluminada pelo refletor 912
Arfagem, molas e amortecedores 755
Armação do chassi, utilitários 906
Armazenamento de energia, sistema de freios 854
Armazenamento de mapas viários, navegação 1113

Arquitetura de rede 1070
Arquitetura do sistema 1121
Arquitetura do sistema lógico 1121
Arquitetura do sistema técnico 1121
Arquitetura em camadas, serviço de informações 1106
Arranjo de válvula 468 e segs.
Arranjos de catalisadores 664
Arrasto aerodinâmico (valor c_d) 419 e segs.
Arrefecimento à água 512
Arrefecimento a ar 512
Arrefecimento do ar de alimentação 516
Arrefecimento, motor 481, 512
Árvore de manivelas 456 e segs., 465 e segs.
Assento do talão com 15° de inclinação 770
Assimilador de oscilações 761
Assistência ao motorista 1052 e segs.
Assistente de arranque 835
Assistente de congestionamento 835
Assistente de estacionamento 1053
ASU, Auto-rádio 1099
ATF (Automatic Transmission Fluid) 308
Ativação convencional, motor de partida 988
Ativação do airbag lateral 1039
Ativação do pré-tensor do cinto 1035
Ativação dos Airbags frontais 1037
Ativação, motor de partida 988
Ato de Ar Limpo (emissão zero) 557
Atrito (fricção) de corpos sólidos 311
Atrito (fricção) misto 311
Atuação 140, 224
Atuador de pressão eletro-hidráulico 647
Atuador eletro-hidráulico 1176
Atuadores 140 e segs.
Atuadores, dados, características 146 e segs.
Atuadores, eletromecânicos 140 e segs.
Atuadores, hidromecânicos 145 e segs.
Atualização e adaptação, iluminação 911
Atualização, iluminação 911
Audibilidade 60
Auditoria do sistema de gestão ambiental 1145
Autocondução (condutores) 86 e segs.
Autodescarga 973
Autodiagnóstico 582 e segs.
Auto-estercamento, automóveis 437, 441
Alto-falante dinâmico 1100
Alto-falantes automotivos 1100
Auto-indução 82
Automóveis elétricos 722
Auto-rádio 1096 e segs.
Auxiliar de estacionamento com sensores ultra-sônicos 1086

1194 Índice remissivo

Auxiliares de rendimento 538
Avaliação da integridade operacional 186
Avaliação de dados, motoesporte 1167
Avaliação microscópica, tacógrafos EC 1084
Avaliação visual, tacógrafo EC 1084
Avanço a vácuo 654
Avanço da ignição centrífugo 653
Avanço de injeção 691
Avanços de ignição 653

B

Bag in Belt 1044
Bainita, aço (endurecimento) 388
Balanceamento de massas no motor com pistão alternativo 459 e segs.
Balanço da carga 963
Bancada de teste combinada para motor de partida e alternador 1152
Bancos, automóveis 896
Bandagem (conexão) de pressão cônica 341
Barra de torção 362, 766
Barra Panhard 766
Barra triangular eletrônica, gerenciamento dos freios, utilitários 881
Barramento de dados CAN 1062
Batente de débito de partida 690
Batente de débito de partida dependente da temperatura 690
Batente de plena carga 690
Batente de plena carga dependente da pressão atmosférica 690
Batente de plena carga dependente da pressão de sobrealimentação 690
Bateria 73, 723
Bateria HD 972
Bateria, aparelho de teste 1150
Bateria, aparelhos para carga 1151
Bateria, características, bateria de partida 970
Bateria, construção, bateria de partida 970
Bateria, corrente de carga 961
Bateria, falhas 973
Bateria hidráulica 1180
Bateria, manutenção 973
Bateria, modelos, bateria de partida 971
Bateria, sistemas 723
Bateria, tensão de carga 962
Bateria, veículos elétricos 722
Baterias à prova de vibrações 972
Baterias de chumbo 968 e segs.
Baterias de chumbo-ácido 723
Baterias de ciclo fixo 971
Baterias de partida 967 e segs.
Baterias de partida, teste e carga 1150
Baterias de suprimento (alimentação) 964
Baterias isentas de manutenção 971
Baterias totalmente isentas de manutenção (Baterias de chumbo-cálcio) 971
Biblioteca de modelos padrões, mecatrônica 107
Biblioteca de modelos, mecatrônica 107
Bicos injetores 707 e segs.
Biela 465
Bi-Litronic 919 e segs.
Bi-Xenônio, Litronic 919 e segs.
Bloco (módulo) de funções, ACC 1061
Bloqueio contra roubo, travas 1029
Bloqueio de recuo, gerenciamento de freios utilitários 879
Bloqueio de recuo/freio de parada 874
Bluetooth 1105
Bobina compacta 627
Bobina de bastão 627
Bobina de ignição 626 e segs.
Bobina de ignição individual 627
Bobinas de ignição de faísca dupla 657
Bobinas de ignição de faísca simples 627
Bobinas individuais 627
Bomba alimentadora de palhetas 679
Bomba alimentadora, bomba injetora em linha 686
Bomba centrífuga 599
Bomba de acionamento externo 684
Bomba de aletas fixas 680
Bomba de alta pressão 597 e segs.
Bomba de alta pressão, bomba distribuidora 694
Bomba de alta pressão, bomba injetora em linha 686
Bomba de cilindro único 603
Bomba de combustível 678
Bomba de combustível de engrenagens 679
Bomba de deslocamento positivo 599
Bomba de engrenagens 1171
Bomba de três cilindros 602
Bomba distribuidora 684 e segs., 694 e segs.
Bomba distribuidora com pistões radiais 699
Bomba distribuidora de pistões axiais 694 e segs.
Bomba elétrica de combustível 599
Bomba hidráulica 1170
Bomba injetora em linha 684 e segs.
Bomba injetora em linha com bucha deslizante 693
Bomba manual, filtro de combustível Diesel 677
Bomba tandem de combustível 680
Bombas de encaixe 684

Bombas de engrenagens 1171
Bombas de pistões 1172
Bombas eletro-hidráulicas 1173
Borboleta de aceleração 594
Borboleta direcionadora do ar 617
Braço arrastado 766
Braço da palheta 948
Braço de força de deflexão 764
Braço de palheta com paralelogramo 948
Braço duplo 767
Braços transversais 767
Braços longitudinais 767
Braços triangulares 766
Brake by Wire 834, 882
Buzina de impacto 1033
Buzina de impacto padrão 1033
Buzina eletropneumática 1033

C

Cabeçote do cilindro 467
Cabine de passageiros 900
Cabine do motorista, utilitários 906
Cabo principal do motor de partida 1017
Cache 96
Cadeia (sistema) de controle, regulação e comando 223
Caixa de engrenagens planetárias 738
Caixa de mudanças com múltiplas velocidades 740
Caixas de direção 787
Cálculo da capacidade de carga, engrenagens e sistemas de dentes 378
Cálculo da carga (balanço) 963
Cálculo da deformação elástica 169
Cálculo da distância, sistema de estacionamento 1088
Cálculo da rota, navegação 1113
Cálculo de resistência dos materiais 160
Cálculo do limite de fadiga 180
Cálculo estrutural da carroceria 901
Cálculo, construção automotiva 901
Calefação controlada pelo fluxo de água 952
Calefação controlada pelo fluxo de ar 952
Calefação dependente do calor dissipado pelo motor 952 e segs.
Calefação dependente do motor 952 e segs.
Calefação e climatização 952 e segs.
Calefação independente do motor 952 e segs., 956 e segs.
Calibração off-line 1128
Calibração on-line, funções de software 1128
Calibração, funções de software 1120, 1128
Calor 66 e segs.
Calor específico de evaporação 233

Calor específico de fusão 233
Calor, símbolos e unidades 66
Calota da roda 770
Camadas de lâminas de zinco 299
Camada (grânulos) de carvão ativado, filtro 959
Camadas anodizadas 301
Camadas brunidas 301
Camadas de cromo 298
Camadas de difusão 301
Camadas de níquel 298
Camadas de ouro 298
Camadas de pintura (tinta) 299
Camadas de zinco 297 e segs.
Camadas DLC 300
Camadas fosfatizadas 301
Camadas galvânicas 297
Câmara de estabilização, túnel de vento 1136
Câmara frontal 1056
Câmara traseira 1056
Caminhão de plataforma 904
Caminhões 905 e segs.
Caminhões e carretas 905 e segs.
Campo elétrico 71
Campo magnético 77 e segs.
Campos eletromagnéticos 70
CAN 1072
Canais móveis 1095
Canal adjacente, auto-rádio 1098
Canal (linha) de comunicações CAN 865
Candela, definição 22
Capacidade das máquinas, garantia da qualidade 209
Capacidade de condução (condutibilidade) térmica 233
Capacidade (limite) de filtragem, combustível Diesel 322
Capacidade do processo, segurança da qualidade 209
Capacidade lubrificante, combustível Diesel 323
Capacidade nominal, bateria de partida 970
Capacidade térmica (calorífica) específica 233
Capacidade, bateria de partida 970
Capacitância 71
Capacitor 71, 73
Capotagem 900
Captação de informações, telemática de tráfego 1115
Característica (procedimentos) Fail-Safe 867
Características (parâmetros) aerodinâmicas 1134 e segs.
Características das rodas de tração de um trator 445

Características de tração dos pneus, 778 e segs.
Características do banco traseiro, automóveis 886
Características dos pneus 778 e segs.
Características (propriedades) no frio, combustível Diesel 322
Carbamida 719
Carbonitruração 389 e segs.
Carburação 389 e segs.
Carburador de fluxo descendente 608
Carburador de fluxo horizontal 608
Carburadores 607 e segs.
Carcaça, pneus 773
Carga estratificada 613
Carga, baterias de chumbo 968, 972
Carpetes infláveis 1044
Carroceria autoportante, ônibus 908
Carroceria do veículo, automóveis 886 e segs.
Carroceria do veículo, utilitários 904 e segs.
Carroceria monobloco, automóveis 891
Carroceria, ônibus 908
Cárter 467
CARTRONIC 1066 e segs.
Caster 787
Catalisador acumulador de NO_x 663, 721
Catalisador de oxidação 716
Catalisador de três vias 662
Categorias de gás de escapamento 554
Categorias de pneus 772
Causas de acidentes 1052
Célula de combustível 732 e segs.
Célula de combustível, equações de reações 734
Célula galvânica 74
Célula Leclanché (célula seca) 74
Célula normal de Weston 74
Célula solar 91
CEM, compatibilidade eletromagnética 1020 e segs.
Cementação e revenimento 389 e segs.
Centrífugas, ventilação do cárter 543
Chassi, ônibus 908
Chassi, utilitários 906
Chave de desativação, Airbag 1038
CI de aplicação específica 96
Ciclo de Carnot 69, 450
Ciclo de teste europeu 568
Ciclo de teste FTP-75 566
Ciclo de teste japonês 569
Ciclos de teste 553, 566 e segs.
Ciclos de teste para veículos utilitários 570 e segs.
Cilindro atuador 855
Cilindro de direção 789

Cilindro hidráulico 1170
Cilindro hidráulico, controle ativo da mola 758
Cilindro mestre 806
Cilindro, Hidráulica 1176
Cinemática da direção 787 e segs.
Cinto automático 901
Cinto torácico tubular 1044
Cintos de segurança 1034 e segs.
Circuito de baixa pressão 597
Circuito de corrente contínua 73
Circuito em série, máquinas elétricas 149
Circuito integrado analógico 93
Circuito integrado de potência inteligente 97
Circuito magnético 80
Circuitos com corrente alternada 75 e segs.
Circuitos de filme fino 97
Circuitos digitais, integrados 94
Circuitos de filme e híbridos 97 e segs.
Circuitos híbridos 98 e segs.
Circuitos integrados (CI) 92 e segs.
Circuitos integrados digitais 94
Circuitos integrados Hall 114
Circuitos integrados monolíticos 92 e segs.
Circuitos lógicos 96
Círculo de sistemas, diagrama de atuação 1012
Círculo de tensões de Mohr 169
Classes de serviço, Serv. de infor. 1109
Classes (graus) de viscosidade 311
Classes de viscosidade SAE 311, 314
Classes de propriedades (resistência), conexões parafusadas 349 e segs.
Classificação, veículos rodoviários 885
Classificações API, óleos minerais 313 e segs.
Cliente, serviço de informações 1107
Clientes 1168
Cloud point 308
Clutch/shift by wire 882
Código (normas) de operação, pneus 772
Códigos de componentes, esquemas de circuitos atuantes 1010
Códigos de prontidão 587
Coeficiente de absorção sonoro 57
Coeficiente de ar 605
Coeficiente de arrasto 420, 889
Coeficiente de Poisson 340
Coeficiente (quantidades) de desgaste 305
Coeficiente de dilatação térmica 233, 340
Coeficiente de resistência, hidráulica 1170
Coeficiente de temperatura 233
Coeficiente de transferência de calor 67

Coeficientes de atrito 364, 423
Colapso (fratura dúctil) 176
Coletores de admissão com geometria variável 477
Colisão frontal 899
Colisão lateral 1039
Colisões 899, 1039
Colisões de automóveis, pedestres 898
Colisões primárias, automóveis 899
Colóide 232
Coluna A, carroceria 892, 896
Coluna B, carroceria 892
Combinações de molas 359
Combustão detonante 632
Combustão homogênea de Diesel 490
Combustão, detonação 485
Combustíveis 318 e segs.
Combustíveis alternativos 327 e segs.
Combustíveis Otto 318 e segs.
Combustíveis, requisitos básicos 415
Compatibilidade com o mapa 1112
Compatibilidade entre veículo trator e reboque, gerenciamento de freio 818
Componentes abrangentes 591
Componentes (dispositivos) de lógica 97
Componentes do acelerador eletrônico EGAS 595
Componentes EBS 870 e segs.
Componentes menores, Diesel 550
Componentes principais do motor com pistão alternativo 464 e segs.
Componentes semicondutores
Componentes variados, símbolos 991
Componentes, faróis, 923
Componentes, freios de automóvel 805
Comportamento de circuito secundário 150
Comportamento deformável da carroceria 899
Comportamento dinâmico, utilitários 436
Comportamento direcional 786
Comportamento no frio, baterias 969
Composto 232
Compras na rede, serviço de informações 1110
Compressibilidade, fluidos de freios 329
Compressor, turboalimentador 533
Comprimentos de onda 56, 1090
Comunicação, gerenciamento de frota 1116
Comutador (conversor de corrente) 149
Comutador magnético 142
Comutadores, símbolos de comutação 991
Conceito de centelha (faísca) deslizante 631

Conceito de fragmentação mecânica 163
Conceito de velas de ignição 631
Conceito do projeto, projeto sonoro 1130
Conceitos de faísca deslizante no ar 632
Conceitos de faísca no ar 631
Concepção da forma, construção veicular 888
Condição (processo) de carga 969
Condicionamento do sinal 1065
Condições de Ackermann, direção 786
Condução de calor 66
Condução (polarização) em eletrólitos 74
Condutibilidade dos sólidos 86
Condutor (cabo) de controle do motor de partida 1017
Condutores (cabos) de cobre 1014
Condutores (cabos) de controle (outros) 1017
Condutores (cabos) de luz 1017
Condutores (cabos) de suprimento 1015
Condutores (cabos) do motor de partida 1015
Condutores FLY 1015
Condutores FLRY 1015
Conexão com anel 410
Conexão cônica 341
Conexão (junta) por cruzeta 343
Conexão triângulo 77
Conexões com abraçadeira 343
Conexões com chaveta 344
Conexões com chaveta longitudinal 343
Conexões com elementos tensores 341 e segs.
Conexões com pino 346 e segs.
Conexões com encaixe por prensa 344 e segs.
Conexões de soquete 1018 e segs.
Conexões (juntas) por fricção 338 e segs.
Conexões prensadas 338 e segs.
Conexões rápidas 410
Confiabilidade 212 e segs., 219
Configuração de barramento, CAN 1072
Configuração, conexões parafusadas (roscadas) 353 e segs.
Configurações de transmissões 737
Conforto, farol de curva 922
Conjunto da árvore de manivela 456 e segs.
Conjunto (unidade) hidráulico 828
Conjunto porta-injetor 710
Consistência (lubrificantes) 309
Constante (coeficiente) de mola 358
Construção combinada, iluminação 913
Construção dois em um, iluminação 913
Consumidor 961 e segs.
Consumidor de corrente 961
Consumidor instalado, 961

1198 Índice remissivo

Consumo de combustível 494
Consumo de combustível da frota 555
Consumo de combustível, cálculo 501
Contato sensor/posicionador Bosch 1019
Contraste em luminância, definição, 52
Controlador de distância ART, gerenciamento de freio em utilitários 880
Controle ativo da mola 758
Controle automático da força de frenagem em razão da carga 854 e segs.
Controle da dinâmica direcional, ESP 822 e segs.
Controle da força de acoplamento entre veículo trator e reboque, gerenciamento de freio 879
Controle da força de tração, trator 1179
Controle da patinação, ASR 826 e segs.
Controle da patinação, automóveis 817
Controle da patinação, utilitários (ASR) 862
Controle da pressão de reforço 535
Controle de bypass, turboalimentador 535
Controle de estabilidade, gerenciamento do freio 877
Controle de sistema de rádio 1102
Controle do desgaste das lonas de freio, gerenciamento do freio, utilitários 880
Controle do elevador traseiro 1179
Controle do enchimento 592
Controle do servocomando dos vidros 1046
Controle (regulagem) eletrônico da calefação 953
Controle eletrônico da transmissão 747 e segs.
Controle eletrônico do elevador, EHR 1180
Controle estatístico do processo (CEP) 210, 218
Controle mecânico do elevador 1179
Controle Select low 858
Controle Select smart 859
Controller Area Network, CAN 1072 e segs.
Convergência por roda 764, 787
Conversão CI analógico/digital 102 e segs.
Conversor 104, 140
Conversor analógico/digital 102, 103
Conversor flash 104
Conversor Föttinger 740
Conversor hidrodinâmico 739
Conversor hidrodinâmico de torque 739 e segs.
Conversor Pipelined-Flash 104
Conversor Trilok 740
Conversores catalíticos (catalisadores) 545 e segs., 662 e segs.

Coordenação de modos de funcionamento DI-Motronic 640
Cores dos condutores, esquemas 1010
Corpo Bingham 308
Correia V com extremidade bruta 383
Correias 382
Correias com múltiplos entalhes 384
Correias dentadas 385
Correias V com entalhes 385
Correias V estreitas 383 e segs.
Correias V padrão 383
Correias, alternador 980
Corrente alternada 75
Corrente contínua 72
Corrente de excitação, alternador 976
Corrente de saída do alternador 960
Corrente de teste a frio, bateria de partida 970
Corrente trifásica 77
Corretor da capacidade lubrificante, combustíveis Diesel 323
Corretor de cetano, Diesel 323
Corrosão 288 e segs.
Corrosão de ataque perfurante 290
Corrosão de contato 293
Corrosão de fresta 290
Corrosão por fissura de tensão 290
Corrosão por vibração 290
Corrosão superficial 290
Cortina inflável, 1039
Criação rápida de protótipo de funções de software 1123
Cromo decorativo 298
Cromo duro 298
Cunha de abertura, freio a tambor 843
Curso de caster 764
Curso, direção de atuação, regulação e controle 224
Curva característica da mola 358
Curva característica de carga, baterias 1151
Curva de histerese, perda por histerese 78
Curva de Wöhler 188
Curva Stribeck 311
Curvas características de sistemas, dinâmicas 962

D

Dados operacionais de lâmpadas incandescentes 939
Dados via rádio 1102 e segs.
Dados via rede de rádio 1105
Danos tribológicos 304
DCS, Rede móvel de rádio 1103
DDA, Auto-rádio 1099
DDS, Auto-rádio 1099
Decapagem, eletroquímica 100

Decodificação de mensagens de trânsito, telemática de trânsito 1114
Decodificador, Auto-rádio 1097
Decreto de consentimento 564
Definição de encaixes, uniões prensadas 339
Definição de segurança 162
Deformação plana geral 169
Deformação plástica limitada 176
Degeneração da recepção (Fading) 1098
Demodulador, Auto-rádio 1097
Densidade de corrente 1014
Densidade de fluxo magnético 77
Densidade do ácido 969
Densidade, substâncias 232
Densidade, combustíveis Diesel 322
Densidade, combustíveis Otto 318
Dentes cicloidais 372
Dentes com profundidade total 377
Dentes curtos, engrenagens 377
Deposição PVD/CVD 300
Desaceleração 425
Desatarraxar, conexões parafusadas 355
Desativação do airbag 1038
Desativação do airbag frontal 1044
Desbalanceamento 770
Descarga, baterias de chumbo 968, 972 e segs.
Descarga eletrostática 1026
Descarga em gases e plasma 85
Desenvolvimento de protótipo, unidade de comando eletrônico 1125
Desenvolvimento técnico, gestão ambiental 1141
Desenvolvimento, funções do veículo 1120
Desgaste 304
Desgaste dos eletrodos 632
Design do dente do motor de partida 376
Design do ressalto, comando de válvulas 469
Design e material de radiadores 512
Design, Funções de Software 1126
Designação de seções, esquema elétrico 1005
Designação de velas de ignição 633
Designação dos bornes, símbolos elétricos 1008 e segs.
Deslocamento do pino mestre 765, 787
Dessulfatização 663
Desvio lateral 770
Desvio radial da roda 770
Desvios geométricos, tolerâncias 398
Detecção da detonação 622
Detecção de colisão contra pedestre 1045
Detecção de colisão, Airbag frontal 1037
Detecção de colisão, Airbag lateral 1039

Detecção de falha na combustão 588
Detecção do impacto, airbag 1037
Detector de ionização de chama (FID) 577
Detector de quimiluminescência 576
Detector paramagnético (PMD) 577
Detergente, Diesel 323
Determinação da posição 1112
Determinação do curso, ACC 1058
Determinação do ponto de ignição 624
Detrito, proteção ambiental 1143
Diagnóstico 582
Diagnóstico a bordo 553, 556, 561, 584
Diagnóstico da unidade de controle eletrônico 1147
Diagnóstico da ventilação do cárter 590
Diagnóstico de injeção de ar secundário 589
Diagnóstico de oficina 584
Diagnóstico de sincronização das válvulas variável 590
Diagnóstico de vazamento no tanque 589
Diagnóstico do ar condicionado 590
Diagnóstico do conversor catalítico 588
Diagnóstico do filtro de particulados 591
Diagnóstico do sistema de arrefecimento 590
Diagnóstico do sistema de combustível 589
Diagnóstico do sistema de recirculação de ar de escapamento 589
Diagnóstico do sistema de redução de emissões durante a partida a frio 590
Diagnóstico do sistema de redução de ozônio 590
Diagnóstico dos sensores de oxigênio 589
Diagnóstico remoto, serviço de informações 1110
Diagnóstico, gerenciamento da frota 1116
Diagrama de aceleração e frenagem 424
Diagrama de cores (local espectral), iluminação 934 e segs.
Diamagnetismo 78
Dianteira do veículo, iluminação 910
Diesel, combustíveis 321 e segs.
Diesel, filtros de combustível 677 e segs.
Diesel, processos de combustão 488 e segs.
Diferencial 752
Diferencial central 753
Digital Sound Adjustment, DSA 1097
Dilatância 310
Diluidor de minissaco 574
Dimensionamento dos condutores (cabos) 1014 e segs.
Dimensões do porta-malas, automóvel 886
Dimensões externas, automóvel 887

Dimensões internas, automóvel 886
Dimensões principais, automóvel 886 e segs.
DI-Motronic 638 e segs.
Dinâmica de carga, projeto sonoro 1132
Dinâmica de veículos automotores 418
Dinâmica do movimento lateral 433
Dinâmica do movimento linear 418
Dinâmica operacional especial para veículos comerciais 441
Dinâmica, FEM 192
Diodo com quatro camadas 91
Diodo comutador 88
Diodo de capacitância 88
Diodo emissor de luz (LED) 55
Diodo luminescente, fontes de luz 1079
Diodo retificador 88
Diodo Schottky 88
Diodo Zener 88
Diodo Zener, alternador 983
Diodos 88
Dióxido de nitrogênio 551
Direção 786 e segs.
Direção com esferas circulantes 787
Direção hidráulica com esferas 791
Direcionamento (condução) do veículo, gerenciamento de freios, utilitários 880
Diretrizes, faróis, Europa 924
Diretrizes, faróis, USA 927
Diretrizes, regulagem do farol, Europa 1154
Disco gráfico, tacógrafo EC 1083
Dispersão substâncias 232
Display central e unidade de operação 1077
Display gráfico, painel de instrumentos 1080
Display refletido 1081
Display, motoesporte 1167
Disponibilidade operacional 212
Disposição dos equipamentos, diagrama elétrico 1005 e segs.
Disposição (design) elástica, encaixe simples 339
Dispositivo auxiliar para o reboque 793
Dispositivo de aproximação 690
Dispositivo de comando, sistema de freios 792
Dispositivo de fechamento e trava em ônibus de turismo 1187
Dispositivo de transmissão 793
Dispositivo transverso, túnel de vento 1138
Dispositivos de ajuste acústico 549
Dispositivos de medição de gás de escapamento 575 e segs.
Dispositivos de trava (bloqueio), conexões parafusadas 355

Dispositivos mecânicos de adequação, bomba injetora em linha 690
Dispositivos semicondutores discretos 88 e segs.
Distância de parada, freios 427
Distância entre eletrodos 630
Distância focal do refletor, iluminação 912
Distribuição binomial 221
Distribuição da força de frenagem 842
Distribuição da luz do Bi-Litronic 920
Distribuição da luz do farol de curva 922
Distribuição da luz na via 917
Distribuição da mistura 659
Distribuição de Gauss 215 e segs.
Distribuição de Poisson 221
Distribuição de pressão, túnel de vento 1137
Distribuição eletrônica da força do freio 830
Distribuição empírica 214 e segs.
Distribuição estática de alta de tensão 656
Distribuição rotativa de alta tensão 653
Distribuição Weibull 219
Distribuidor de combustível 645
Distribuidor de ignição 653
Divisão áurea (contínua) 157
Documentação, gestão ambiental 1141
Dopagem N 86
Dopagem P 86
DSTN-LCD 1080
Durabilidade, controle de emissão 555
Duração da ação do freio 796
Duração da ligação 961
Duração da resposta, sistema de freio 795
Dureza 392 e segs.
Dureza Brinell 393
Dureza da impressão de esfera 396
Dureza do escleroscópio 396
Dureza Knoop 396
Dureza Rockwell 392 e segs.
Dureza Shore 396
Dureza Vickers 394
Dynamic Noise Covering, DNC 1098

E

Economia de energia, proteção ambiental 1143
ECOTRONIC 609
Educação, gestão ambiental 1145
Efeito de entalhe 173
Efeito Doppler 57
Efeito galvânico-magnético 114
Efeito Hall 84, 114
Efeito Peltier 84
Efeito Seebeck 84
Efeito Thomson 85

Eficiência do ciclo ideal 452 e segs.
Eficiência do farol 912
Eficiência global 452
Eficiência luminosa, definição 52
Eficiência mecânica 453
Eficiência volumétrica 470
Efluentes, proteção ambiental 1143
Eixo de oscilação da força centrífuga 435
Eixo de rolagem 766
Eixo de tração direta, ônibus 751
Eixo de transmissão direta, ônibus 751
Eixo instantâneo de rotação (oscilação) 435
Eixo rígido 766
Eixos semi-rígidos 766
Elasto-cinemática, 765
Elastômeros 282
Elemento de bastão 864 e segs.
Elemento de isolamento 548
Elemento rápido com anel 410
Elemento rápido esférico 410
Elementos AMR 116 e segs.
Elementos da transmissão 737
Elementos de alerta, sistema de estacionamento 1088
Elementos de arranque 738
Elementos de conexão, escapamento 548
Elementos de mostradores (display) 55
Elementos de segurança, conexões parafusadas (roscadas) 355
Elementos de superfície 194
Elementos de transferência e elementos de sistema, controle e regulação 224 e segs.
Elementos de volume 195
Elementos do sistema, gestão ambiental 1140
Elementos indicadores, ACC 1059
Elementos químicos 228 e segs.
Elementos térmicos 84
Eletrodo central 629
Eletrônica 86 e segs.
Eletrotécnica 70 e segs.
Embreagem de fricção 738 e segs.
Embreagem em meio viscoso 515
Embreagem Föttinger 849
Emissão de particulado, medição 577
Emissão de ruído, grandezas utilizadas na medição 57
Emissividade do corpo negro 67
Emissões de escapamento 550
Empilhadeiras 722
Empuxo 62
Emulsão 232
Emulsões (combustível Diesel), combustíveis alternativos 328
Encaixe por interferência cilíndrica 338 e segs.

Enchimento dos cilindros 593 e segs.
Endurecimento por atrito 387
Endurecimento por precipitação 391
Endurecimento superficial 387 e segs.
Energia de ignição 618
Energia 69
Energia do campo magnético 83
Energia luminosa 52
Engenharia de som, projeto sonoro 1133
Engenharia de superfícies 297
Engrenagem de dentes evolvente 372
Engrenagem diferencial 738
Engrenagens 372
Engrenagens americanas 377
Engrenagens cônicas 373
Engrenagens planetárias 738, 741
Engrenagens retas 372
Enrolamento 149
Entropia 69
Enxofre, combustíveis Diesel 323
Enxofre, combustíveis Otto 320
Equação da continuidade 64
Equação de Bernoulli 64
Equações básicas da mecânica 39 e segs.
Equalização do torque 667
Equalizador digital, DEQ 1097
Equalizador, auto-rádio 1100
Equipamento de acionamento 853
Equipamento (dispositivo) de fornecimento de energia 852
Equipamento (dispositivo) de fornecimento de energia, sistema de freio 792
Equipamento (sistema) de freio contínuo 794
Equipamento de pintura para reparos, gestão ambiental 1143
Equipamento de transmissão, sistema de freio 854
Equipamento, Iluminação 910
Equipamentos de controle, controle e regulação 223
Equipamentos no veículo, símbolos elétricos 992 e segs.
Equipamentos suplementares, auto-rádio 1100
Equivalente eletroquímico 74
Erros de medição 40
Escalonamento, controle de emissão 555, 558
Escapamento, elementos de conexão 548
Escoamento (lubricidade) corrigido, combustível Diesel 323
Escoamento laminar 63
Escoamento turbulento 63
Escudo de segurança virtual 1056
Esgotamento, lubrificantes 308

1202 Índice remissivo

ESI [tronic] 1146
ESP, Programa eletrônico de estabilização 820
ESP, Sistema de regulagem 822 e segs.
Espaço (área) de compressão, diagrama 502
Especificação (norma) ACEA para óleo de motor 313
Espectro do som 57
Espectro em oitavas 57
Espectro em três oitavas 57
Esquema de ligações, representação expandida 1007
Esquemas elétricos 995
Estado da matéria, definição 232
Estágio de entrada AM, auto-rádio 1096
Estágio de entrada VHF/FM 1096
Estágio de mixagem, auto-rádio 1097
Estagio final da ignição 625
Estática, FEM 191
Estatística técnica 214 e segs.
Estator 149
Éster metílico de ácidos graxos, combustíveis alternativos 327
Esterçamento do eixo traseiro 438
Estratégia de menor risco, airbag 1038
Estratificação de injeção 493, 613
Estrutura da carroceria, automóvel 891
Estrutura de sistema da Motronic 641
Estrutura eletrônica 1062
Etanol 673
Éter dimetílico (dimitiléter), DME, combustível alternativo 327
Evaporação do combustível, sistema de retenção 541, 661
Excitação de ímã permanente, 149
Excitância luminosa, definição 52

F

Fadiga superficial, desgaste 305
Fading, auto-rádio 1098
Faixa de ebulição, combustíveis Diesel 322
Faixa visual na ultrapassagem 429
Faixas de freqüência, radiodifusão 1090
Faixas de proteção, automóvel 895
Faróis auxiliares de luz alta 931
Faróis principais, regulamentação EUA 927
Faróis principais, regulamentação Europa 924
Faróis principais, sistema europeu 913
Faróis, EUA 927
Faróis, Europa 923
Faróis, tipo de construção, iluminação 913
Farol 912
Farol auxiliar de luz alta 931

Farol com dispositivo de regulagem, faróis (VHAD) 927
Farol com lâmpada substituível RBH 927
Farol com lente lisa 915
Farol com refletor facetado 915
Farol de busca 939
Farol de curva estático 921
Farol de curva, Europa 921
Farol de marcha-à-ré, iluminação 938
Farol de neblina 930
Farol de neblina PES 930
Farol de neblina, sistemas, 930
Farol de reflexão 915
Farol de trabalho 939
Farol diurno 938
Farol diurno/luz baixa, iluminação 938
Farol para luz baixa, Europa 913
Farol para regulagem visual 927
Farol reflexivo com regulagem dinâmica do alcance do farol integrada 918
Farol tipo PES 919
Farol, tipos de construção 913
Fator de amortecimento 432
Fator de conversão de combustível 452
Fator de potência 75
Fator de vida, engrenagens, 379
Fatores climáticos, veículo 446 e segs.
Fechadura (sistema de trava) 1031
Fechadura do porta-malas 895
Fechaduras das portas 895
Feixe de onda de rádio, gerenciamento de frota 1117
Ferramentas de calibração, desenvolvimento de software 1129
Ferramentas de medição, desenvolvimento de software 1129
Ferramentas para desenvolvimento de funções de software 1120
Ferromagnetismo 78
Fibras ópticas 53 e segs.
Filtro anti-aliasing, conversor A/D 103
Filtro, cabine de passageiros 959
Filtro com carcaça, filtro de óleo 523
Filtro de ar (limpadores de ar) 525 e segs.
Filtro de combustível, Diesel 681
Filtro de combustível, gasolina 604
Filtro de cor 51
Filtro de cores, iluminação 933
Filtro de FI, auto-rádio 1097
Filtro de óleo 522
Filtro de óleo de fluxo bypass 524
Filtro de óleo de fluxo total 524
Filtro de óleo de troca rápida (descartável) 523
Filtro de particulado 546, 716 e segs.
Filtro para o interior, automóveis 959
Firewall, serviço de informações 1107

Fisiologia da visão 52
Flambagem de barras 176
Flex-Fuel 673
Flip Chip 99
Floating car data, telemática de tráfego 1115
Flocos de gelo e ponto de ebulição, mistura água-glicol 331
Fluidos de arrefecimento 331
Fluidos de freio 329 e seg.
Fluidos de freio, classificação 330
Fluidos de glicol, fluidos de freio 330
Fluidos de Newton 310
Fluidos de silicone, fluido de freio 330
Fluidos hidráulicos, compressibilidade 1171
Fluidos minerais, fluidos de freios 330
Flutuação da carga da roda 755
Flutuação da carga da roda, molas 756
Fluxo de ar global 470
Fluxo luminoso efetivo, iluminação 912
Fluxo luminoso, definição 52
Fluxo magnético 78
Fluxo útil 81
FMEA, análise do modo e dos efeitos da falha 206 e seg.
Folga de ar na frenagem 846
Folga do cinto, cinto de segurança 901
Fon 60
Fonte de elastômeros, fluidos de freios 330
Fontes de energia 852
Fontes de energia, sistema de freio 792
Fontes de interferência, CEM 1020
Fontes de luz 51 e seg.
Fontes de luz, visão geral 1079
Fontes de ruídos do tráfego 1131
Fora de posição detecção 1042
Fora do lugar, airbag 1038
Força centrífuga em curvas 435
Força de acionamento, sistema de freios 795
Força de aperto, conexões parafusadas 350 e seg.
Força de compressão, sistema de freio 795
Força de Lorentz 77
Força do freio 795
Força do freio, distribuição 795
Força do freio, distribuição, considerando o travamento diferencial, EBS 873
Força do freio, distribuição, dependente da carga, utilitários 839
Força do freio, distribuição, medição da carga do eixo, EBS 873
Força do freio, distribuidor 808
Força do freio, limitador, utilitários 839
Força do freio, redutor, utilitários 839

Força do gás, motor de pistão alternativo 456
Força do lado da correia 383
Força e momento do vento 888
Força lateral, túnel de vento 1135
Força motriz 422
Força motriz para subir uma colina 421
Forças de acionamento da direção 786
Forças de parafuso 351 e seg.
Forças operacionais, conexões parafusadas 350
Formação da mistura, 449, 482 e seg., 593
Formação da mistura, motor Diesel 487 e seg.
Formação da mistura, motor Otto 605 e seg., 658
Formação de ferrugem 291
Formação de partículas 943
Formato de mensagem, CAN 1073
Formato do dente 373
Fórmula de Euler 156
Formulação de ruído 104
Fotodiodo 88
Fotovoltaico 91 e seg.
Fratura dúctil 176
Fratura frágil 175
Fratura por fadiga 185
Freemesh 198
Freio a ar comprimido, componentes 852
Freio a disco, automóveis 807
Freio a disco, utilitários 845
Freio a tambor Duo-Duplex, 844
Freio a tambor Duo-Servo, 844
Freio a tambor Simplex 843
Freio a tambor, automóveis 807
Freio a tambor, utilitários 842
Freio de estrangulamento 848
Freio de estacionamento 792
Freio de estacionamento eletromecânico 831
Freio de estacionamento, utilitários 846
Freio de roda, automóveis 807
Freio de rodas 842
Freio de serviço para carretas 838
Freio do motorista 835
Freio eletro-hidráulico 834
Freio eletro-pneumático, EBS 872
Freio hidráulico SBC
Freio, bancada de teste 1162
Freio, controle de travamento, ABS 874
Freio, luzes, iluminação 937
Freio, percurso 796
Freio, potência 796
Freio, desaceleração 796
Freio, seqüência de eventos 794 e seg.

Freio, sistema 792 e segs.
Freio, tempos 427
Freio, torque 795
Freio, tubulação 794
Freios 793
Freios de operação contínua, utilitários 846
Freios, componentes 805
Freios, gerenciamento, EBS 874
Freios, servofreios a vácuo 835
Freios, teste 1162
Freios, valores característicos 795
Freios, barramento CAN 866
Frenagem 424, 797
Frenagem em curvas 439 e segs.
Frenagem escalonada 794
Freqüência 1090
Freqüência de ligação 962
Fricção 303
Função de funcionamento de emergência 583
Função de monitoramento (ESP) 867
Função de transferência 103
Função do envidraçamento 944
Função, motor de partida 984
Funcionamento de emergência 583
Funções automáticas de frenagem 830
Funções de assistência, freios 830, 835
Funções de segurança e monitoramento (ESP) 866
Funções gerenciais, gestão ambiental 1141
Funções mecânicas, símbolos 990
Funções OBD 588
Funções partida-alternador 966
Funções trigonométricas 156
Fusão de dados dos sensores 1057
Fusão, EBS 874
Fusíveis 1015
Fusos horários 38

G
Gancho rápido (flexão) 410
Gancho rápido de torção 410
Ganho de derrapagem 432
Gás de escapamento, arrefecimento 521
Gás de escapamento, categorias, APA 558
Gás de escapamento, componentes 544 e segs.
Gás de escapamento, portinholas, 549
Gás de escapamento, tratamento posterior, motores Otto 662 e segs.
Gás de escape, ventilação do cárter 542
Gás de exaustão, diagnóstico 1149
Gás de extremidade 484
Gás fresco 593
Gás liquefeito (gás veicular) 327
Gás liquefeito, combustível alternativo 327
Gás natural GNC 327
Gás natural, combustíveis alternativos 327
Gás residual 594
Gás veicular, combustíveis alternativos 327
Gases de escapamento, valores-limites 554, 557, 559
Gases, variação de estado 69
Gasolina reformulada, combustíveis Otto 321
Gate-Arrays 97
Gateway, serviço de informações 1108
Geração de densidade de corrente 974
Gerador de impulsos de ignição 655
Gerador de pulsos (relógio) 96
Geradores de gás, airbag 1042
Gerenciamento da qualidade 206 e segs.
Gerenciamento de freios de utilitários 879
Gerenciamento de frota 1116 e segs.
Gerenciamento de motores Diesel 682
Gerenciamento de tráfego, serviço de informações 1110
Gerenciamento do motor Motronic 634 e segs.
Gerenciamento do motor Otto 592 e segs.
Gerenciamento do percurso da falha do diagnóstico 587
Gerenciamento do sistema de diagnóstico 587
Gerenciamento dos freios, eletrônico 876
Gerenciamento térmico 519
Gestão ambiental 1140 e segs.
Gestão do torque, Motronic 636
Girômetro de oscilação 121
Gradiente de auto-esterçamento 431
Gradiente do ângulo flutuante 432
Gráfico de estrela para motores em linha 460
Gráfico de força de torção para motor com pistão alternativo 458
Grafite 309
Grandezas características das substâncias 232 e segs.
Grandezas da acústica dinâmica dos veículos atuais 891
Grandezas de atuação, faixa 224
Grandezas de avaliação do desgaste 305
Grandezas e unidades fotométricas 28, 49
Grandezas e unidades, visão geral 22 e segs.
Grandezas magnéticas 28
Grandezas utilizadas na medição de ruídos 59 e segs.
Grandezas, âmbito de gerenciamento, regulação e controle 224

Grandezas, controles e sistemas de regulação, 223
Grandezas de interferências, regulação e comando 224
Grau de integração 93
Graxa gel 308
Graxa lubrificante 315 e segs.
Grupo de funções 864
Guia das válvulas 469
Guia de viagem, navegação 1112

H
Hastes de Watt 766
Híbrido em paralelo 728, 730
Híbrido serial 728, 730
Hidráulica do trator 1177 e segs.
Hidráulica veicular 1170 e segs.
Hidrocarboneto 551
Hidrodinâmica 311
Hidrostática 62
HighCut, auto-rádio 1099
Hill decent control 832
Hill hold control 832
Hipótese da tensão normal 171
Hipótese de acumulação de danos 189
Holografia 54 e segs.

I
Identificação da impressão digital 1050
Identificação dos pneus 774 e segs.
Identificações de equipamentos, símbolos elétricos 995
Ignição "safe by wire" 1044
Ignição 483, 618 e segs.
Ignição eletrônica 656
Ignição indutiva 623
Ignição por bobina 623
Ignição por corrente alternada 1042
Ignição por corrente alternada, airbag 1042
Ignição por descarga capacitiva 657
Ignição por incandescência 632
Ignição tiristorizada 657
Ignição totalmente eletrônica 656 e segs.
Ignição transistorizada 654 e segs.
ILSAC GF-3, 314
Iluminação da placa de licença 937
Iluminação, equipamentos 936
Iluminação, lanternas 910, 933
Iluminação, painel de instrumentos 1079
Iluminação, termos 912
i-mode, serviço de dados 1104
i-mode, serviço de informações 1111
Impacto ao meio ambiente, gestão ambiental 1142
Impacto lateral 899

Impacto na guia, capotagem 1043
Impedância 76
Impedância acústica específica 56
Implementação de funções de software 1126
Impulso, CEM 1021
Indicação de seção, símbolos de circuitos 995
Indicador de direção dianteiro, iluminação 935
Indicador de direção na lateral, iluminação 935
Indicador de direção traseiro, iluminação 935
Indicador de opacidade 579
Índice de cetano, Diesel 321
Índice de eficiência 453
Índice de limpeza 470
Índice de retenção, força do gás 470
Índice térmico, vela de ignição 629
Índices de viscosidade 311
Indução 82
Inflamação da mistura 618
Influências aerodinâmicas sobre as funções do automóvel 888
Informações sobre tráfego, multimídia 1118
Informações sobre viagens, multimídia 1118
Infra-estrutura de telefone celular 1102
Infra-estrutura na rodovia, telemática de tráfego 1115
Inibidores de corrosão, combustível Diesel 323
Inibidores, proteção de lubrificantes 309
Início do escoamento 175
Injeção central 642
Injeção de ar secundário 540
Injeção de combustível no coletor de admissão 596
Injeção direta de gasolina 597
Injeção direta de gasolina 612 e segs.
Injeção individual 642
Injeção no coletor de admissão 610 e segs.
Injetor de orifícios 709
Injetor de válvula magnética, Common Rail 705
Injetor Piezo, Common Rail 707
Injetores de agulha (orifício) 709
Injetores de pino 708
Instrumentação 1076 e segs.
Instrumentos de medição, painel 1078
Instrumentos digitais 1077
Instrumentos individuais 1076
Integração de sistemas, gerenciamento de freio de utilitários 881

Integração de software e ECUs 1126
Integração em rede, gerenciamento de freios de utilitários 881
Integração monolítica 92 e segs.
Intensidade de campo limite 78
Intensidade de campo magnético 78
Intensidade do campo elétrico 71
Intensidade do som 56
Intensidade luminosa, definição 52
Intensidades luminosas, lanternas 933
Intensidade luminosa para faróis (ECE) 914
Intensidade mínima de intermitência, lanternas de identificação 939
Intensidades luminosas para faróis (SAE) 926
Intercâmbio de informações 1110
Interface CAN, EBS 869
Interface de diagnóstico 584
Interface do ar, gerenciamento de frota 1117
Interface secundária 1124
Interfaces do veículo, gerenciamento de frota 1117
Interferência de sinal de nível mais alto, auto-rádio 1098
Interferência na banda larga, CEM 1021
Interferência (intervenção) no motor, ACC 1058
Interferências de ignição, auto-rádio 1098
Interferências de rádio 1020, 1093 e segs.
Interior do veículo, iluminação 910
Internet móvel, sistemas multimídia 1118
Interruptor térmico temporizado, K-Jetronic 646
Intervalo de coincidência (freqüência), estatística 217
Intervalo de confiança 217
Intervalo de confiança, estatística 217
Intervalo de som 57
Intervenção ativa do freio, ACC 1058
Intervenção do ASR, automóveis 818
Introdução da força, conexões parafusadas 351
Irradiação de interferência, CEM 1023
Isolador 86, 629

J

Janelas e pára-brisas 942
Jato cônico 615
Jato duplo 615
Junção PN 87
Junções do chassi, utilitários 906

K

KE-Jetronic 646 e segs.
Kelvin, definição 22
K-Jetronic 644 e segs.

L

L3-Jetronic 648
Lama fria, lubrificantes, 309
Lâmina de borracha, limpador de pára-brisa 948
Lâmpada de descarga gasosa 917
Lâmpada halógena 51
Lâmpada incandescente 51
Lâmpadas com descarga em gás 51 e segs., 917
Lâmpadas fluorescentes 1079
Lâmpadas para veículos 939
Lâmpadas para veículos, dados 940
Lanças de fumaça, túnel de vento 1138
Lanterna c/ tecnologia de fibra óptica 933
Lanterna com LEDs, iluminação 932
Lanterna com refletor óptico 931
Lanterna com refletor óptico e lente de Fresnel 932
Lanterna de estacionamento, iluminação 937
Lanterna de neblina traseira 937
Lanternas com diodos de luz (LED) 933
Lanternas com lente de Fresnel, iluminação 932
Lanternas de conveniência 939
Lanternas de identificação, iluminação 937
Lanternas delimitadoras, iluminação 936
Lanternas laterais, iluminação 936
Lanternas para delimitação do veículo, iluminação 936
Lanternas, iluminação 931
Laser a gás 402
Laser em estado sólido 402
Legislação APA, carros de passeio e caminhões leves 557 e segs.
Legislação CARB, carros de passeio e caminhões leves 554 e segs.
Legislação da UE, carros de passeio/caminhões leves 559 e segs.
Legislação de controle de emissões 552 e segs.
Legislação dos EUA, veículos comerciais 563
Legislação japonesa, carros de passeio/caminhões leves 562
Legislação japonesa, veículos comerciais 565
Legislação UE, veículos comerciais 564
Lei da indução 82
Lei da malha fechada, leis de Kirchhoff 72
Lei de Ampère (equação da tensão magnética) 80
Lei de Ohm 72, 76
Lei dos pontos nodais 72
Leis de Kirchhoff 72
Lente fixa em relação à carroceria, 623

Índice remissivo **1207**

Lente móvel em relação à carroceria, 623
Lente, farol 924
Lentes cilíndricas 50
Lentes de difusão, faróis 924
LH-Jetronic 650 e segs.
Liberação da ignição 624
Liberação de calor, motores Diesel 491
Ligação de pastilhas 102
Ligações, símbolos usados no sistema elétrico do veículo 990
Limiar de acionamento do airbag 1037
Limiar de acionamento do pré-tensor do cinto 1037
Limiar (ponto) de congelamento 969
Limitador da tensão do cinto 1036
Limite de inclinação do veículo 865
Limite de interferência, estatística 218
Limite de temperatura de partida 960
Limites de emissão 554, 557, 559
Limites de interferência, estatística 218
Limpador de pára-brisa 946
Limpador do pára-brisa unidirecional 947
Limpador do vidro traseiro 949
Limpeza do farol 929
Limpeza do pára-brisa 946
Limpeza do sistema de admissão, combustíveis Otto 321
Lingüeta de mola 410
Linha de freio auxiliar 794
Litronic, iluminação 917
L-Jetronic 648 e segs.
Local (ponto) de interferência 224
Lubricidade, combustível Diesel 323
Lubrificação, motor 481, 522
Lubrificante de alta pressão 309
Lubrificantes EP (alta pressão) 308
Luminância, definição 52
Luz alta (ECE) 914
Luz alta, EUA 926
Luz alta, iluminação, Europa 925
Luz alta, instalação, Europa 925
Luz baixa (ECE) 914
Luz baixa (SAE) 926
Luz baixa, Comutação, Europa 925
Luz baixa, EUA 926
Luz baixa, Europa 913
Luz baixa, Iluminação, Europa 924
Luz baixa, Instalação, Europa 924
Luz (farol) de curva dinâmica 921
Luz intermitente de alerta 935
Luzes (indicadores) de direção, iluminação 934
Luzes delimitadoras, iluminação 936
Luzes intermitentes, regulamentação 935

M
Malha (tecido) resinada 276
Mancal de camada múltipla 365
Mancal de carbono sintético 369
Mancal de materiais compostos 368
Mancal de polímero 368
Mancal deslizante 364
Mancal metal-cerâmico 369 e segs.
Mancal seco 368
Mancal, metal sinterizado 368
Manivelas, árvore de 465
Manta de classificação dos ocupantes 1042
Manta (tecido) resinada 276
Manutenção da distância, gerenciamento de freios em utilitários 880
Manutenção de linha na pista 880 e segs.
Mapa (curva) de pressão x fluxo de alimentação, sobrealimentação 480
Mapa do ângulo de ignição 620
Mapmesh 198
Máquina de corrente alternada monofásica 152
Máquina de pistão axial, hidráulica 1172
Máquina elétrica, conexão em série 149
Máquinas assíncronas 150
Máquinas de circuito secundário 149
Máquinas de corrente contínua 149 e segs.
Máquinas de pistões radiais, hidráulica 1172
Máquinas elétricas 149 e segs.
Máquinas elétricas, tipos de proteção 153
Máquinas síncronas 151
Máquinas trifásicas 150 e segs.
Margem de segurança 428
Matemática 154 e segs.
Materiais ferromagnéticos 79
Materiais lubrificantes 308 e segs.
Materiais magnéticos moles 79
Materiais magnéticos permanentes 79
Materiais operacionais 329 e segs.
Materiais sólidos 55 e segs.
Material da carroceria, automóvel 892
Material de prensagem estratificada 276
Material para engrenagens 381
Mecânica dos fluidos 63
Mecanismo das palhetas 946
Mecanismo de cabo de tração, vidros 1046
Mecanismo de trava (portas) 1030
Mecanismo pantográfico 1046
Mecanismo para limpeza do pára-brisa 946
Mecatrônica 105 e segs.
Média da frota 555, 558
Medição da corrente 72
Medição da opacidade 579
Medição da vaga, sistema de estacionamento 1089

Medição de vazão por ultra-som 131
Medição de volume 1158
Medição do peso absoluto 1042
Medição do torque 129 e segs.
Medidas corretivas, gestão ambiental 1143
Medidor de fluxo da massa de ar por fio aquecido 132, 650
Medidor de fluxo de ar, K-Jetronic 645
Medidor de fluxo de ar, L-Jetronic 649
Medidor de vazão 131
Medidor de vazão de massa 132
Medidor de vazão Kàrmán-Vortex 131
Medidor de vazão por pressão de congestionamento 131
Medidor de volume de vazão 131
Medidor do valor da fumaça 580
Medidor do fluxo de massa de ar por filme quente 132 e segs., 651
Meios de filtragem, filtro de ar 525
Meios de inspeção, segurança da qualidade 210
Meios de transmissão, telemática de tráfego 1114
Melhorias na recepção, auto-rádio 1098
Memória de longa duração (não volátil) 94
Memória de semicondutores 94 e segs.
Memória volátil (RAM) 94
ME-Motronic 636 e segs.
Metais, tratamento térmico 386 e segs.
Metanol 673
Método de absorção, medição da opacidade 579
Método de desenvolvimento, mecatrônica 1061
Método de elementos finitos 190, 901
Método de recurso, mecatrônica 108
Método dos elementos finitos 901
Métodos de avaliação, projeto sonoro 1132
Métodos de desenvolvimento de funções do veículo 1120
Métodos de estiramento profundo, processamento de chapa de metal 400 e segs.
Métodos tribológicos de teste 306
Metro, definição 22
Microcontato Bosch 1018
Microcomputador 94
Microcontrolador 96
Micromecânica 100 e segs., 148
Micromecânica de corpo (BMM) 100
Micromecânica superficial, SMM 101
Microônibus 907
Microprocessador, 94
Microprocessador, microcomputador 94 e segs.

Minimização de poluentes no motor Diesel 716
Minimização de poluentes no motor Otto 658
Miniônibus 907
Mistura ar-combustível 605
M-Motronic 635
Modelação, FEM 196
Modelação, funções de software 1120
Modelo da figura humana RAMSIS 886
Modelo mola-amortecedor 754
Modelo de via única 431
Modelo V mecatrônica 108
Modelos de faróis, Europa 915
Modificação da altura do pé do dente, engrenagens 372
Modificador de atrito, lubrificantes 308
Modo de funcionamento, DI-Motronic 638
Modulação de freqüência, auto-rádio 1091
Modulador de FM 1091
Módulo de alimentação de combustível 600
Módulo de controle do reboque, EBS 872
Módulo de elasticidade 340
Módulo de farol de curva 922
Módulo do freio de pedal, EBS 870
Módulo eletrônico (EVG), Litronic 917, 918
Módulo gráfico 1077
Módulo único com monitor de computador 1077
Módulos de regulagem de pressão, EBS 869, 871
Mol, definição 22
Mola de lâmina 360, 766
Mola de prato (disco) 361
Mola de tração 363
Mola espiral, mola giratória 360
Mola helicoidal 362
Mola hidropneumática, controle ativo da mola 758
Molas 358 e segs.
Molas de metal 360
Molas e amortecedores 754 e segs.
Molas hidropneumáticas 756
Molas pneumáticas 756
Momento de inércia, árvore de manivelas 457
Momentos de parafusos 351 e segs.
Monitoramento (ESP) 867
Monitoramento de campo 556, 559, 562
Monitoramento do sistema, gestão ambiental 1143
Mono-Jetronic 642 e segs.
Monóxido de carbono 550
Monóxido nítrico 346 e segs.

Montagem, conexões (encaixes) prensadas 340
MOS, Semicondutor óxido-metal 90
MOS, transistores 90
MOSFET, transistor de efeito de campo 90
Mostrador de cristal líquido 55
Mostradores digitais 1077
Motoesportes 1166 e segs.
Motor a Diesel 487 e segs.
Motor assíncrono trifásico 150
Motor de corrente contínua com excitação separada 725
Motor de corrente contínua com excitação serial 725
Motor de partida com acionamento deslizante 986
Motor de partida com acionamento helicoidal 986
Motor de partida com acionamento helicoidal deslizante 986
Motor de partida integrado à árvore de manivelas 966
Motor de partida, estrutura 984
Motor de partida, tecnologia de teste 1153
Motor de pistão alternativo com combustão externa (motor Stirling) 506 e segs.
Motor de torque 143
Motor do limpador de pára-brisa 949 e segs.
Motor elétrico, motor de partida 985
Motor hidráulico 1170
Motor Otto 482 e segs.
Motor rotativo Wankel 508 e segs.
Motor síncrono com excitação permanente 727
Motor, excitação por ímã permanente 149
Motores alimentados por álcool 673 e segs.
Motores alimentados por gás natural veicular GNV 671
Motores alimentados por GLP 668 e segs.
Motores alimentados por hidrogênio 674 e segs.
Motores assíncronos monofásicos 152
Motores de combustão interna 448 e segs.
Motores de combustão interna com pistão alternativo 451 e segs.
Motores de engrenagens 1172
Motores de pistões 1172
Motores de propulsão, acionamento 950
Motores EC 151
Motores híbridos 493
Motores multicombustível 493
Motores universais, máquinas elétricas 152
Motronic 634 e segs.
MON, Número de octanas do motor 319

Mudança de carga 594
Mudança de marchas 742 e segs.
Mudança radical no ângulo de esterçamento 438

N

Navegação composta 1112
Navegação externa, telemática de tráfego 1115
Navegação, gerenciamento de frota 1116
Nervura (aro) 768
Nitrocarburação 390
Nitruração 390
Nível de audibilidade 60
Nível de intensidade sonora 58
Nível de potência sonora 57
Nível de pressão sonora 58
Nível sonoro contínuo equivalente 60
Nível sonoro nominal, ruído 59
Nome comercial de plásticos 284
Normalização (aço) 391
Numeração dos cilindros, sentido 455
Número de cetano, Diesel 321
Número de octanas do motor 319
Número de octanas de ensaio (pesquisa) 319
Número de Reynolds 63
Números preferidos 155

O

OBD I 584
OBD II 584
OC-Mats 1042
Ofuscamento fisiológico, iluminação 912
Óleo de craqueamento a vapor (hydrocrack) 309
Óleo para caixas de engrenagens 314
Óleos ATF 315
Óleos leves 314
Óleos longa vida para motor 309
Óleos lubrificantes 315
Óleos multigrau 309, 314
Óleos para motores 312 e segs.
Óleos para motores Diesel, automóveis 313
Óleos para motores Diesel, utilitários 313
Óleos para motores Otto 313
OMA/WAP, serviço de informações 1111
Ondas curtas 1092
Ondas longas 1092
Ondas médias 1092
Ondulação, CEM 1020
Ônibus 907 e segs.
Ônibus intermunicipais 908
Ônibus médio 907
Ônibus rodoviários 908

Ônibus urbano 907
Open-by-wire (sistema de travas) 1030
Operação contínua, freios 792
Operação contínua, integração com gerenciamento de freio utilitários 877
Operação contínua, máquinas elétricas 152
Operação (funcionamento) em marcha 961
Operação em períodos curtos, máquinas elétricas 152
Operação estratificada 612, 638
Operação homogênea de proteção de detonação 640
Operação homogênea 612, 638
Operação homogênea estratificada 640
Operação homogênea pobre 640
Operação intermitente, máquinas elétricas 152
Óptica geométrica 50 e segs.
Organização, gestão ambiental 1141
Orifício padrão, eixo padrão 397
Oscilação da carroceria em curvas 435
Oscilações 1090
Oscilador 118 e segs.
Oscilador VCO 1097
Oxidantes 551
Óxidos de nitrogênio 551
Ozônio 551

P

Padronização, gerenciamento de frota 1117
Padronização, telemática de tráfego 1114
Painel de instrumentos 1076, 1078
Palheta sem articulação (palheta Aero) 949
Palhetas, limpador de pára-brisa 948
Papel resinado 276
Parabolóide, farol de neblina 930
Pára-choques 894
Parafuso-sem-fim 791
Paramagnetismo 78
Parâmetros aerodinâmicos 1134
Parâmetros superficiais, tolerâncias 398 e segs.
Particulados 551
Passagem (transição) 87
Passos diametrais, engrenagens 377
Pedestre, risco para o 898
Película de plástico 943
Películas eletroluminescentes 1079
Pêndulo 767
Pêndulo, suspensão 767
Penetração 311
Penetração, lubrificantes 309

Pequenas unidades hidráulicas 1173
Percurso estacionário em círculo 431, 437
Perdas por remagnetização 80
Perdas por embebimento quente 581
Perdas por respiração do tanque 581
Perfil de rugosidade 399
Perfil dos pneus 777
Periféricos 96
Período de limiar, sistema de freios 795
Permeabilidade 233
Permeabilidade da luz 944
Perspectiva da via (ECE) 914
Perspectiva da via (SAE) 926
Piloto automático adaptativo (ACC) para automóveis 1058
Piloto automático adaptativo ACC 1058
Piloto automático adaptativo para utilitários 1060 e segs.
Piloto automático, gerenciamento dos freios de utilitários 880
Pinhão e cremalheira, direção 787
Pino de medição de carga, elastômero magnético 128
Pintura, automóvel 894
Pisca-pisca, iluminação 935
Piscas de direção, iluminação 935
Placa giratória, túneis de vento 1137
Placas de efeito de campo 120
Planejamento de inspeção, segurança da qualidade 209
Plano de confiabilidade 213
Planos de fluência de corrente 995 e segs.
Plasticidade 310
Platinado, ignição por bobina 653
Platooning, gerenciamento de freios 881
Pneumática veicular 1186 e segs.
Pneus 772 e segs.
Pneus Bias-Belted 773
Pneus CT 773
Pneus diagonais 772
Pneus enviesados e sob deslizamento 781
Pneus para automóveis 772 e segs.
Pneus para utilitários 772 e segs.
Pneus radiais 772 e segs.
Pneus sobre pista escorregadia no inverno 784
Pneus sobre pista molhada 781
Pneus, uso 777
Poder calorífico 318
Poder calorífico da mistura, combustíveis 318
Polarização de saturação 78
Polarização dos eletrólitos 74
Polarização magnética 78
Polias para correias V 385
Polimento a fogo 942

Política ambiental, gestão ambiental 1141
Ponto Curie 233
Ponto de centelha, ignição 631
Ponto de ebulição, fluido de freio 329
Ponto de gotejamento, lubrificantes 311
Ponto de ignição 619 e segs.
Ponto de ignição básico 619
Ponto de inflamação 308
Ponto de inflamação, combustível Diesel 322
Ponto de massa, esquema de efeito 1012
Pontos de medição para faróis (ECE) 914
Pontos de medição para faróis (SAE) 926
Porta-injetor de duas molas 711
Porta-injetor standard 710
Porta-injetores 707 e segs.
Posicionador eletro-hidráulico (EHS) 1176
Posicionamento, gerenciamento de frota 1116
Posicionamento, navegação 1112
Pós-processador 191
Potência aparente, reativa, ativa 75 e segs.
Potência ativa, reativa, aparente 75 e segs.
Potência de subida 421
Potência reativa, ativa, aparente 75 e segs.
Potência sonora 56
Potencial de contato entre condutores 83
Potencial elétrico 71
Potências de arrasto aerodinâmico 420
Potências dos consumidores 961 e segs.
Potenciômetro de contato deslizante 112
Potenciômetro estratificado 112
Pourpoint, óleos 310
Power by wire 882
Prato da roda 768
Pré-aquecimento do combustível 677
Pré-filtro 677
Pré-injeção 698
Prensa hidráulica 62
Preparação da mistura, motores Otto 659
Pré-processador 191
Pressão/limite de escoamento 308
Pressão de contato, engrenagens 379
Pressão de vapor, combustível Otto 320
Pressão do som 56
Pressão média do pistão, cálculo 501
Pressão superficial limite, conexões parafusadas 354
Pré-tensor abdominal 1035
Pré-tensor do cinto 900, 1034 e segs.
Pré-tensor torácico 1035
Prevenção adicional, EBS 874
Prevenção da capotagem, gerenciamento de freios utilitários 877

Principais zonas de deformação, automóvel 899
Princípio de "Corrente Spin" 114
Princípio SRET, teste de corrosão 293
Princípios de conversores, conversor analógico/digital 104
Prismas 50
Probabilidade, estatística 216
Problemas de recepção 1092
Problemas potenciais, FEM 193
Procedimento, regulagem do farol, Europa 1154
Processador de sinais com reprodutor de MP3, auto-rádio 1100
Processamento de chapa de metal 400 e segs.
Processamento de dados 1064
Processamento do sinal 1065
Processo aberto, combustão interna 448
Processo aberto, combustão externa 448
Processo de câmara dividida, Diesel 489
Processo de combustão arrastado por ar 613
Processo de combustão de baixa turbulência, Diesel 488
Processo de combustão direcionado à parede 613
Processo de combustão direcionado à vela 614
Processo de combustão, motor Diesel 491 e segs.
Processo de combustão, motores 484
Processo de desenvolvimento, funções de software 1121
Processo de ebulição, comb. Diesel 320
Processo de estiramento profundo, processamento de chapa de metal 400
Processo de flotação do vidro 942
Processo dois tempos 472 e segs.
Processo gravimétrico 577
Processo misto BCD, semicondutores 90
Processos com quatro tempos 470 e segs.
Processos de combustão 613
Processos de combustão com turbulência, Diesel 488
Processos de combustão, Diesel, 488 e segs.
Processos de injeção direta, Diesel 488 e segs.
Processos de medição de corrente iônica 630
Processos de medição do veículo, CEM 1027
Processos de medição CEM 1027
Processos de regulação, ABS 225 e segs.
Processos de sobrealimentação 476 e segs.

Produção, gestão ambiental 1142
Produtos da combustão 550
Profundidade do sulco e distância de frenagem 777
Programa de monitoramento, gestão ambiental 1143 e seg.
Programa eletrônico de estabilização, automóveis 820 e segs.
Programa eletrônico de estabilização, utilitários 864 e segs.
Programação da função de diagnóstico 587
Programações de SFTP 566
Projeto de regulador, controle e regulação 225
Projeto sonoro 1130 e segs.
Propagação de ondas de alta freqüência 1091
Propagação do som 56
Propriedades, combustíveis Diesel 326
Propriedades, combustíveis Otto 319
Propriedades, éster metílico de ácidos graxos, combustíveis alternativos 328
Propulsão assíncrona 727
Propulsão auxiliar, hidráulica veicular 1185
Propulsão elétrica 722
Propulsão híbrida 728 e segs.
Propulsão híbrida com motor de combustão 728
Propulsão híbrida sem motor de combustão 729
Propulsão hidrostática 1184
Propulsão principal, hidráulica veicular 1184
Proteção anódica contra corrosão 296
Proteção catódica contra corrosão 296
Proteção contra corrosão, 288, 294 e segs.
Proteção contra corrosão, automóvel 894
Proteção contra corrosão, combustível Otto 321
Proteção contra corrosão, fluido de freio 330
Proteção contra degeneração, combustível para motores Otto 321
Proteção da parte superior do corpo 1039
Proteção das águas, proteção ambiental 1143
Proteção de sobretensão, alternador 982
Proteção do circuito, sistema de freio 854
Proteção frontal, fluido do radiador 331
Proteção traseira para caminhões 909
Protetores infláveis para cabeça 1044
Protótipo rápido 1120
Proxy, serviço de informações 1107
Psicoacústica, projeto sonoro 1133
PTFE 310

Q

Qualidade 206 e segs.
Qualidade da ignição, combustível Diesel, Número cetano, índice cetano 321
Qualidade de recepção, auto-rádio 1098
Qualidades de engrenagens 375
Queda de interferências 1023
Queda de tensão 1014, 1017
Queimadores catalíticos 719
Quilograma, definição 22
Químicos, denominação 332 e segs.

R

Radiação eletromagnética 49
Radiação térmica 66
Radiador com tubos bifurcados 518
Radiador de óleo com pilha de alumínio 517
Radiador de óleo de tubo chato 518
Radiador de tubo duplo 518
Radiador óleo-para-ar 517
Radiador, sistema de nervuras corrugadas 513
Radiador, sistemas de tubo chato 512
Radiadores de disco 517
Radiadores de óleo 517
Radiadores óleo-para-líquido de arrefecimento 517
Radiadores térmicos 51
Radiodifusão 1090
Radiodifusão de multimídia 1118
RDS, auto-rádio 1098
Reajuste do freio da roda, automático 845
Reatância 76
Rebitamento pressurizado 409
Recepção múltipla, auto-rádio 1098
Receptor de radiodifusão 1096
Receptor digital (DigCeiver) 1097
Receptor, auto-rádio 1096
Recirculação de gases de escape 595, 659
Recomendações sobre direção da rota 1113
Reconhecimento da sinalização viária 1056
Reconhecimento de faixa 1056
Recozimento 391
Recozimento macio 391
Recozimento para alívio de tensão 391
Recozimento para recristalização 391
Recuperação 966
Rede celular GSM 1103
Rede de bordo 960 e segs.
Rede de bordo, controlador 964
Rede de bordo, reprodução, CEM 1025
Rede de bordo, simulação 963
Rede de bordo, versões 963

Rede de comunicações 1064, 1070
Rede de sistemas do veículo, gerenciamento de freios, utilitários 882
Rede de telefonia celular UMTS 1104
Rede de unidades de controle eletrônico 1126
Rede elétrica com duas baterias 963 e segs.
Rede elétrica com duas tensões 965
Rede multimídia 1070
Redes de bordo futuras 963 e segs.
Redes de telefonia celular 1103
Redução catalítica seletiva 719 e segs.
Redução catalítica 719
Redução de interferências externas ao motor 661
Redução de ruído 57
Redução do desgaste 305
Redução do capotamento 833
Referências, telemática de tráfego 1114
Refletor facetado, faróis 916
Refletor HNS 915
Refletor PES, farol 916
Refletor sem escalonamento, farol 915
Refletor, farol 923
Refletores 50
Refletores de superfície complexa 912
Refletores escalonados, faróis 915
Refletores traseiros, iluminação 936
Reflexão, farol de 915
Reforma da gasolina, célula de combustível 733
Reforma do metanol, células de combustível 733
Refração da luz, índices de refração 50
Refrigeração 979 e segs.
Regeneração 717
Regra da mão direita, direção do campo magnético 82
Regra (lei) do seno 157
Regulação do alternador (tensão) 982
Regulação do desgaste, EBS 873
Regulação do retardo 873
Regulação individual 858
Regulador da velocidade de marcha 1060
Regulador de aquecimento 645
Regulador de deslizamento ESP 822 e segs.
Regulador de marcha lenta e rotação máxima 689
Regulador de mistura 645
Regulador de pressão do combustível 601
Regulador de rotação, bomba distribuidora 695
Regulador de rotação, bomba injetora em linha 689
Regulador multifunções, alternador 976

Regulador padrão, alternador 975
Regulador variável de rotação 689
Regulagem automática do alcance do farol 928
Regulagem da calefação 953
Regulagem da coluna de direção 1048
Regulagem de cilindros individuais 666
Regulagem de detonação 621 e segs.
Regulagem de nível hidropneumática 756
Regulagem de nível, mola pneumática 756 e segs.
Regulagem de pressão 852
Regulagem de rotação, bomba injetora em linha 688 e segs.
Regulagem de três sondas 666
Regulagem do alcance do farol 928
Regulagem do alcance do feixe de luz do farol, Europa 928
Regulagem do banco 1048
Regulagem do farol de luz alta e luz baixa, Europa 925
Regulagem do farol Europa 1154
Regulagem do farol, EUA 927, 1157
Regulagem e teste de faróis 1154
Regulagem eletrônica Diesel, bomba rotativa 695 e segs.
Regulagem Lambda 665 e segs.
Regulagem Lambda com dois pontos 666
Regulagem Lambda com sonda-guia 666
Regulagem Lambda contínua 665
Regulagem manual do alcance do farol 928
Regulagem pneumática do nível 756
Regulagem, farol de neblina 931
Regulamentação do tráfego viário no mundo 911
Regulamentação, faróis, EUA, 927
Regulamentação, faróis, Europa 924
Regulamentações legais, sistema de freios 797 e segs.
Regulamentações, farol de neblina 931
Regulamentações, iluminação 910
Regulamento de eco-auditoria, gestão ambiental 1140
Regulamento, motoesportes 1168
Relação de ar 605
Relação de aspecto, pneus 774
Relação de transmissão da direção 433
Relação estequiométrica 605
Relação líquido-vapor, combustível Otto 320
Relação sinal-ruído 1093
Remoção de zinco 291
Reologia 310
Reopexia 310
Repartição do circuito de freio 804

1214 Índice remissivo

Reprodutor de MP3, auto-rádio 1100
Requisitos para tratores agrícolas 444
Requisitos, baterias de partida 967
Requisitos, combustíveis Otto 318
Reservatório de hidrogênio, célula de combustível 733
Resfriador do combustível 680
Resíduos de coque, combustível Diesel 323
Resistência 73
Resistência à detonação, combustível Otto 318 e segs.
Resistência à ruptura, radial 232
Resistência ao movimento 736
Resistência de camada espessa (PTC/NTC) 136
Resistência do ar, túnel de vento 1134
Resistência metálica de camada delgada (PTC) 135
Resistência ôhmica 72
Resistência térmica 67
Resistência total ao movimento 418
Resistências (resistores) de cerâmica sinterizada 135
Resistências (resistores) de semicondutores de silício monocristalino PTC 136
Resistências em paralelo 73, 76, 150
Resistências em série 73, 76
Resposta a erros, diagnóstico 583
Resposta momentânea de utilitários 438
Ressalto S 843
Ressonador Helmholtz 549
Ressonadores de quarto de onda 549
Resultados estatísticos de testes 220 e segs.
Retardador (retarder) de alta impulsão 849
Retardador (retarder) de eixos de manivela, utilitários 849
Retardador (retarder) eletrodinâmico, utilitários 851
Retardador (retarder) hidrodinâmico, utilitários 849 e segs.
Retardador (retarder) primário, utilitários 847
Retardador (retarder) secundário 849
Retardador (retarder), utilitários 743, 849 e segs.
Retardo do desenvolvimento do momento de guinada 814
Retardo (desaceleração) eletronicamente controlado 833
Revenimento 389
Revestimentos 297 e segs.
Revestimentos em imersão a quente 299
Revestimentos externos, automóvel 895
Rigidez de curvas 434
Roda de emergência 769
Roda livre de dente reto, motor de partida 988
Roda livre, motor de partida 987
Roda, ângulo de deslizamento 779
Roda, sob efeito de tração e frenagem 779
Rodas 768 e segs.
Rodas de disco de chapa de aço 768
Rodas de liga leve 771
Rolamento com ranhuras 365
Roscas, conexões parafusadas 349
Rotação no sentido anti-horário 455
Rotação no sentido horário 455
Rotações, gerador trifásico 974
Rotas dinâmicas, navegação 1113
Rotor 149
RON (Número de octanas de pesquisa) 319
Ruído 1132
Ruído interno, veículo 59
Ruído (projeto sonoro) 61, 1130
Ruído, alternador 981
Ruído, fontes, projeto sonoro 1130
Ruído, harmonização, projeto sonoro 1130
Ruído, medição 58
Ruído, percepção, projeto sonoro 1130

S
Sapata arrastada (arrastada), freio a tambor 843
Sapata incidente, freio a tambor 843
Sapata móvel, freio a tambor 843
Sapatas do freio a tambor 843
Sealed Beam, Faróis 927
Seção transversal de condutores (cabos) 1014 e segs.
Segundo, definição 22
Segurança ativa 896, 1054
Segurança de operação 897
Segurança de parafusos 348 e segs.
Segurança de trânsito, farol de curva 922
Segurança externa 897
Segurança interna 898
Segurança nos veículos automotivos 1034
Segurança passiva 1053
Segurança passiva, automóveis 897
Segurança passiva, utilitários 909
Segurança perceptiva 897
Segurança, automóvel 896
Segurança, conexões cônicas 341
Segurança, escudo virtual 1056
Seleção do destino, navegação 1112
Seleção, telemática de tráfego 1114
Selos de aprovação, iluminação 910
Sensor AMR 121
Sensor da posição do pedal, fluxo de turbilhão 113

Índice remissivo 1215

Sensor de aceleração de efeito Hall 123
Sensor de alta pressão com diafragma de metal 128
Sensor de capotagem 1044
Sensor de chuva 138, 949
Sensor de concentração de oxigênio (Sonda Lambda) 133
Sensor de curso de regulagem 690
Sensor de curto-circuito 112
Sensor de detonação 621, 622
Sensor de distância, ACC 1058
Sensor de início de débito 691
Sensor de pressão de camada espessa 126
Sensor de rotação, piezelétrico 121
Sensor de sujeira 137
Sensor de taxa de rotação 1043 e segs.
Sensor de ultra-som, sistema de estacionamento 1086
Sensor de vídeo 1054, 1056
Sensor diferencial 113
Sensor frontal para airbag inteligente 1039
Sensor Hall 114 e segs.
Sensores 110 e segs.
Sensores de aceleração de silício 124
Sensores de aceleração para detecção de colisões 1039
Sensores de aceleração 123 e segs., 1043
Sensores de camada delgada de Ni-Fe (AMR) 116 e segs.
Sensores de concentração 133
Sensores de curto alcance 1057
Sensores de estrangulamento diferencial 113
Sensores de fibra óptica 111
Sensores de força 126 e segs.
Sensores de gradiente 120
Sensores de imagens 138 e segs.
Sensores de indução 119
Sensores de indutor mergulhado 113
Sensores de posição 112
Sensores de pressão 125 e segs.
Sensores de radar 123
Sensores de rotação 119 e segs.
Sensores de semicondutores para pressão 126
Sensores de temperatura 135
Sensores de torque 128 e segs.
Sensores de tração-pressão, magnetoelástico 129
Sensores de transformador diferencial 113
Sensores de turbilhão 113
Sensores de velocidade 119 e segs.
Sensores de vibração 123
Sensores extrínsecos 112
Sensores integrados 111
Sensores intrínsecos 112
Sensores para visibilidade eletrônica 360, 1055

Sensores piezelétricos 124, 127 e segs.
Sensores semidiferenciais 113
Sensores tangenciais 120 e segs.
Sensores thermopile 136 e segs.
Sensores úmidos 134
Sensores, navegação 1112
Sensoriamento da cabine de passageiros, airbag 1042
Sentido de rotação, motores de veículos 455
Separação de água, filtro de ar 526
Separador com fibras, ventilação do cárter 543
Separador com labirinto, ventilação do cárter 543
Separador de água 677
Separador de óleo, ventilação do cárter 543
Separadores com ciclone, ventilação do cárter 543
Separadores elétricos, ventilação do cárter 543
Seqüência de combustão 455
Seqüência de eficiência 452 e segs.
Seqüência (circuito) de regulação, ABS 812
Série de potencial eletrolítico 83
Série de tensões termoelétricas 84
Série de tensões, metais 289
Séries aritméticas 157
Séries E, componentes elétricos 155
Séries geométricas 157
Serviço de dados MMS 1104
Serviço de dados WAP 1104
Serviço de informações via celular 1106
Serviço de mensagens curtas SMS 1103
Serviço POI, serviços de informações 1110
Serviço, gerenciamento de frota 1116
Serviços de telemática, telemática de tráfego 1114
Servidor, serviço de informações 1107
Servocomando dos vidros 1046 e segs.
Servodireção elétrica 789
Servodireção hidráulica 788
Servodireção hidráulica, parametrizável 789
Servodireção para utilitários 790
Setor de medição, túnel de vento 1135
SHARX, Auto-rádio 1099
Siglas de plásticos 284
Silencioso de tubo único 760
Silencioso enrolado em espiral 547
Silencioso por reflexão 547
Silenciosos 547
Silenciosos de absorção 547
Silenciosos tipo concha 548

1216 Índice remissivo

Silenciosos, escapamento 544
Silenciosos, filtro de ar 526
Símbolos de nacionalidades 1189
Símbolos usados em circuitos elétricos americanos 1013
Símbolos usados em sistemas elétricos de veículos 990 e segs.
Simulação de funções de software 1120, 1122
Simulação de solicitações em laboratório 446
Simulação do curso do pedal 836
Simulação, mecatrônica 106
Sinais de freqüência muito alta VHF 1092
Sinais de pisca, iluminação 935
Sincronização totalmente variável das válvulas 475
Sistema "Drive by Wire" 882
Sistema "roda/pneu", requisitos 785
Sistema aberto, regulagem de nível 757
Sistema aditivo 718
Sistema antibloscante, ABS 800
Sistema antibloscante, automóveis 809
Sistema antibloscante, utilitários 858
Sistema automotivo de informações 1082
Sistema biométrico 1050
Sistema bomba-tubo-bico 684
Sistema bomba-tubo-bico para veículos utilitários 701
Sistema com mola pneumática, controle ativo da mola 759
Sistema Common Rail 704 e segs.
Sistema CRT 717
Sistema de airbag 901
Sistema de airbag inteligente 1038
Sistema de alimentação contínua 598
Sistema de aproximações sucessivas 104
Sistema de aquecimento, gestão ambiental 1143
Sistema de aspersão de poluentes, túnel de vento 1138
Sistema de barramento 96
Sistema de baterias de lítio 724
Sistema de baterias de níquel 724
Sistema de câmara de turbilhonamento, Diesel 489
Sistema de combustível 596 e segs.
Sistema de controle no motor 227
Sistema de dentes 372
Sistema de diluição CVS 573 e segs.
Sistema de direção com força externa 788
Sistema de direção por acionamento muscular 788
Sistema de direção, automóvel 900
Sistema de direção, requisitos do 786
Sistema de estabilização do veículo, utilitários 858

Sistema de faróis duplos 923
Sistema de faróis quádruplos 923
Sistema de freio a ar comprimido 800
Sistema de freio a ar comprimido para utilitários 840
Sistema de freio automático 792
Sistema de freio auxiliar 792
Sistema de freio com circuito duplo para reboques, 839
Sistema de freio com força externa, 783
Sistema de freio com via dupla 794
Sistema de freio de circuito múltiplo 793
Sistema de freio de escorregamento, 793
Sistema de freio de uma via 794
Sistema de freio de via única 793
Sistema de freio de via múltipla 793
Sistema de freio Fail-Safe 793
Sistema de freio não contínuo 794
Sistema de freio por energia muscular 793
Sistema de freio servoassistido 793
Sistema de freio, automóveis e utilitários leves 792 e segs.
Sistema de freio, composição e estrutura 800
Sistema de freio, configuração 803
Sistema de freio, histerese 794
Sistema de freio, trabalho de frenagem 796
Sistema de freio, tubulações 794
Sistema de freio, utilitários 879
Sistema de freio-motor com borboleta no escapamento, utilitários 847
Sistema de freio-motor com estrangulador constante, utilitários 848
Sistema de freios Air-over-hydraulic 840
Sistema de freios de serviço 792, 838
Sistema de informações ao motorista 1076 e segs.
Sistema de injeção Diesel 682 e segs.
Sistema de lavagem, bomba elétrica 951
Sistema de lavagem, faróis 950 e segs.
Sistema de limpeza à alta pressão, lavagem de farol 926
Sistema de limpeza com palhetas, farol 929
Sistema de limpeza de faróis 950
Sistema de limpeza e lavagem 950
Sistema de lubrificação com alimentação forçada 522
Sistema de medição da área frontal, túnel de vento 1137
Sistema de medição de pressão, túnel de vento 1137
Sistema de medição eletrônico, tacógrafo EC 1084
Sistema de monitoramento 829
Sistema de partida automática 988

Sistema de pré-câmara, Diesel 490
Sistema de pressão constante, hidráulica 1178
Sistema de proteção contra capotagem 1043
Sistema de radiodifusão digital. DRM 1095
Sistema de retenção dos ocupantes 901
Sistema de roda livre, motor de partida 987
Sistema de transmissão bidirecional 1108
Sistema de trava elétrico 1031
Sistema de trava mecânico 1029
Sistema de via única, motor de partida 985
Sistema Dunlop Warnair 833
Sistema eletrônico de freio, utilitários 869
Sistema europeu de faróis 925
Sistema fechado, regulagem de nível 757
Sistema físico de unidades 23
Sistema ISO para limites e encaixes 397
Sistema Litronic com quatro faróis 919
Sistema M, Diesel 489
Sistema para redução de emissões 540
Sistema PRE-SAFE 898
Sistema regulado por demanda 596, 598
Sistema sem retorno 596
Sistema técnico de unidades 23
Sistema tubular inflável 1039
Sistema unidade injetora para veículos de passeio 702 e segs.
Sistemas "X by wire" 882
Sistemas ACC 1060
Sistemas auxiliares de partida 713
Sistemas de assistência ao motorista 1052,1060
Sistemas de bombas individuais 700
Sistemas de direção assistidos 788
Sistemas de direção, classificação 788
Sistemas de estabilização do veículo, automóveis 809
Sistemas de estacionamento 1086 e segs.
Sistemas de faróis, EUA 923, 926
Sistemas de formação de mistura 606 e segs.
Sistemas de freio 792 e segs.
Sistemas de gestão ambiental 1140
Sistemas de ignição 623 e segs.
Sistemas de injeção 642 e segs.
Sistemas de molas reguláveis 756 e segs.
Sistemas de navegação 1112 e segs.
Sistemas de partida 984
Sistemas de radiodifusão digital, DAB 1094
Sistemas de regulação no automóvel 277
Sistemas de segurança ativa 1034
Sistemas de segurança passiva 1034

Sistemas de telefone celular, gerenciamento de frota 1117
Sistemas de transmissão para serviço de telefonia celular 1106
Sistemas estratificados (por camadas) 297 e segs.
Sistemas históricos de ignição por bobina 652 e segs.
Sistemas integrados do veículo 1066 e segs.
Sistemas multimídia 1118 e segs.
Sistemas numéricos 154
Sistemas para limpeza do pára-brisa 946
Sistemas para segurança dos ocupantes 903, 1034 e segs.
Sistemas totalmente sustentados, regulagem do nível 757
Sistemas tribológicos 304
Situações críticas de condução1052
SMD (surface mounted device) 98 e segs.
Sobrealimentação 595
Sobrealimentação com dois estágios 537
Sobrealimentação dinâmica 476
Sobrealimentação em múltiplos estágios 537
Sobrealimentação mecânica 478
Sobrealimentação por onda de pressão 479
Sobrealimentação por oscilação do coletor de admissão 476
Sobrealimentação por ressonância 477
Sobrealimentação seqüencial 537
Sobrealimentador centrífugo mecânico 528
Sobrealimentador com pistão rotativo 530
Sobrealimentador de pás deslizantes 529
Sobrealimentador eBooster 539
Sobrealimentador mecânico 528 e segs.
Sobrealimentador Roots 529
Sobrealimentador tipo espiral 529
Sobrealimentador VST 536
Sobrealimentadores com deslocamento positivo 528
Sobrealimentadores para motores de combustão (sem auto-alimentação) 528
Sobrecarga (esforço excessivo), conexões parafusadas 353
Sobreesterçamento 437, 865
Sobremodulação, auto-rádio 1098
Software aplicativo 1122
Software de plataforma 1122
Software, arquitetura 1122
Software, atualização, serviço de informações 1110
Software, componentes padronizados 1122

Software, funções, calibração 1128
Software, funções, criação rápida de protótipo 1123
Software, funções, Design 1126
Software, funções, implementação 1126
Software, funções, modelagem e simulação 1122
Software, integração e teste 1126
Solenoide "back-up", EBS 869 e segs.
Solicitações ambientais no equipamento automotivo 446
Solicitações das rodas 771
Solicitações de montagem, conexões parafusadas 353
Solicitações de vibração, conexões parafusadas 354
Solicitações estáticas, conexões parafusadas 354
Soltar (afrouxar) conexão parafusada 352
Solução 232
Som 1132
Som externo, projeto sonoro 1131
Som interno, projeto sonoro 1132
Som, avaliação subjetiva 60
Somatória (total) de freqüências 961
Sonda Lambda 133
Sonda Lambda de banda larga 134
SPC (controle estatístico do processo) 210
Spoiler (palheta direcionadora de ar) 949
Spray targeting 611
Steer by wire 882
STN-LCD 1080
Subesterçamento, 865
Substâncias polares (redutores de desgaste) 309
Substrato cerâmico multicamada 98
Sulcos Denloc, Rodas 769
Super Trucks 1169
Superfície da carroceria, automóvel 894
Superfície de teste, regulagem de farol 1155
Supervisão da rota, navegação 1113
Supervisão da rota, telemática de tráfego 1115
Supervisão dinâmica da rota, telemática de trânsito 1115
Suporte monolítico cerâmico 545
Suporte monolítico metálico 545
Supressão da ignição indesejada 627
Surface Mounted Device (SMD) 98 e seg.
Suspensão 232, 764 e segs.
Suspensão Mc Pherson 767
Suspension by wire 882
Suspensões independentes 767
Sustentação, túnel de vento 1134
Synfuels e Sunfuels, combustíveis alternativos 328
System on a Chip 93

T

Tabela periódica, elementos químicos 231
Tacógrafos 1083 e segs.
Tacógrafos digitais 1085
Tacógrafos EC 1083
Tamanho de partículas 959
Tanque de combustível 676
Tanque de expansão do líquido de arrefecimento 514
Taxa de balanceamento 460
Taxa de cancelamento 212
Técnica de medição, CEM 1026
Técnica de medição, termos básicos 222
Técnica de regulação 223 e segs.
Técnicas de medição de gás de escapamento 572 e segs.
Técnicas para medição da temperatura 68
Tecnologia analógica 102
Tecnologia de controle 223 e segs.
Tecnologia de estiramento profundo 400 e segs.
Tecnologia de módulo de arrefecimento 518
Tecnologia de placas de circuitos, SMT 99
Tecnologia de semicondutores, fundamentos 86 e segs.
Tecnologia de sistema de arrefecimento 519
Tecnologia de superfície livre, faróis de neblina 930
Tecnologia de teste de motor 1149
Tecnologia de teste, alternador 1152
Tecnologia de teste, motor de partida 1153
Tecnologia de transmissão 1090
Tecnologia digital, conversão analógica/digital 102
Tecnologia do farol 912
Tecnologia laser 53, 402
Tecnologia óptica 49 e segs.
Tela de medição ECE "Luzes" 933
Telefone celular e dados 1102 e segs.
Telemática de tráfego 1114 e segs.
Telemetria 1168
Têmpera por cementação 389 e segs.
Temperatura Curie 233
Temperaturas, alternador 974
Tempo de comando de válvulas 474 e segs., 660
Tempo de indução, lubrificantes 309
Tempo de liberação, sistema de freios 796
Tempo de parada, freios 427
Tempo de pré-frenagem 426
Tempo de reação, sistema de freios 795
Tempo de resposta, freios 426
Tempo para reconhecimento de risco, freios 426

Índice remissivo **1219**

Temporizador de pré-aquecimento 714 e segs.
Tempos de transferência, freios 426
Tenacidade à fratura 232
Tendência à carbonização 323
Tensão de carga 962
Tensão de desvio, conexões parafusadas 354
Tensão de ignição 630
Tensão de ruptura 87
Tensão do alternador 961, 975
Tensão elétrica 71
Tensão inicial, rodas 771
Tensões, carregamentos básicos 163
Teorema de Pappus para superfícies de revolução 158
Termodinâmica 69
Termoeletricidade 84
Termogestão inteligente 519
Termos de materiais 232
Termostato 514
Termostato controlado por elemento de expansão 513
Teste de dureza 392 e segs.
Teste de emissão alemão 562, 1164
Teste de emissão de fumaça de Diesel 579
Teste de emissão de particulado 578
Teste de emissões em dinamômetros do chassi 572
Teste de emissões evaporativa 580
Teste de perda em funcionamento 581
Teste de reabastecimento 581
Teste de respingo 581
Teste de software e de unidades de controle eletrônico 1126
Teste dos sistemas do veículo 1146 e segs.
Teste, bombas injetoras Diesel 1158
Teste, faróis 1156
Testes de corrosão 291 e segs.
Testes de emissões, gás de escapamento 572 e segs.
Testes de tipo 561
Testes elétricos 1150 e segs.
TFT-LCD 1080
Tipos de correia V 383
Tipos de desgaste 304 e segs.
Tipos de display 1080 e segs.
Tipos de engrenagens 373
Tipos de falha 161
Tipos de operação nominal, máquinas elétricas 152
Tipos de oscilações 754 e segs.
Tipos de pneus 772 e segs.
Tipos de proteção, máquinas elétricas 153

Tipos de reguladores, bomba injetora em linha 689
Tire Inflation Monitoring System 833
Tiristor GTO 91
Tiristores 91
Tixotropia 310
TN-LCD 1080
Tolerância de posição 397
Tolerâncias 397 e segs.
Tolerâncias de forma 397
Tolerâncias, Sistema ISO 397
Tom (espectro perceptível) 61
Tom 1132
Torque de aperto, conexões parafusadas 353
Torque do motor, cálculo 501
Trabalho (serviço) da mola 358
Tráfego na mão direita 911
Tráfego na mão esquerda 911
Transferência de calor 66 e segs.
Transistor 89
Transistor de efeito de campo com camada de bloqueio 89 e segs.
Transistor de efeito de campo FET 89
Transistores 88, 109
Transmissão 736 e segs.
Transmissão automática 743
Transmissão automatizada 743
Transmissão com mudança manual 741
Transmissão continuamente variável 749 e segs.
Transmissão de dados GPRS 1104
Transmissão de dados HSCSD 1103
Transmissão de força (correias) 382
Transmissão de notícias com ondas de alta freqüência 1091
Transmissão de sinais analógicos 1090 e segs.
Transmissão de sinal digital 1094 e segs.
Transmissão de sinal, analógica 1090
Transmissão de textos e imagens, multimídia 1118
Transmissão hidráulica, direção 790
Transmissão por correia 385
Transmissão por correia à fricção 382 e segs.
Transmissão por correias 382 e segs.
Transmissão totalmente automática 745 e segs.
Transputer 96
Traseira do veículo, iluminação 910
Tratamento com boro 390 e segs.
Tratamento de endurecimento 391
Tratamento posterior catalítico do gás de escape 662 e seg.
Tratamento posterior do gás de escape 664 e segs.

1220 Índice remissivo

Tratamento posterior do gás de escape, motores Diesel 716 e segs.
Tratamento térmico de materiais metálicos 386 e segs.
Trava central 1032
Trava de segurança para crianças 1029
Trem de acionamento de válvulas 468 e segs.
Triac 91
Triângulo esférico 157
Triângulo, suspensão 766
Tribologia 303 e segs.
Tribologia, termos 303
Troca de CD, auto-rádio 1100
Troca de gás 448, 470 e segs.
TTCAN 1075
Tubos de combustível 676
Tubulação de carga 1017
Túnel de vento acústico 1138
Túnel de vento automobilístico 1134 e segs.
Túnel de vento com clima controlado 1139
Túnel de vento para modelos 1138
Túnel de vento, balança 1137
Túnel de vento, equipamento padrão 1135
Túnel de vento, modelos 1135 e segs.
Túnel de vento, sistemas adicionais 1137 e segs.
Túnel de vento, tipos 1135
Túnel de vento, variantes 1138 e segs.
Túnel de vento, ventilador 1136
Turbina (máquina de chama contínua) 448
Turbina a gás 510 e segs.
Turbina de geometria variável 535
Turbina, sobrealimentador 534
Turboalimentação com gás de escapamento com suporte elétrico 479
Turboalimentadores 528
Turboalimentadores de gás de escapamento 532
TwinCeiver 1098

U

Ultrapassagem, dinâmica 428
Ultra-som 56
União (acoplamento) com chaveta 344
Unidade bomba e bico injetor 684
Unidade de água quente, túnel de vento 1138
Unidade de controle eletrônico, 829
Unidade de controle eletrônico, ABS/ASR 859
Unidade de controle eletrônico, integração e teste 1126
Unidade de controle eletrônico, pré-tensor dos cintos, airbags frontais/laterais, sistema de proteção de capotagem 1040
Unidade de controle eletrônico, sistema de freios 854
Unidade de injeção 642
Unidade de potência com pistão único 454
Unidade de potência com pistões múltiplos 454
Unidade injetora para utilitários 700
Unidades americanas, conversão 29 e segs.
Unidades básicas do SI, definição 22
Unidades de ângulo, conversão 31
Unidades de área, conversão 30
Unidades de energia, conversão 35
Unidades de força, conversão, 34
Unidades de massa, conversão 32
Unidades de potência, conversão 35
Unidades de pressão e tensão, conversão 34
Unidades de temperatura, conversão 36
Unidades de tempo, conversão 38
Unidades de viscosidade, conversão 37
Unidades de volume, conversão 30
Unidades hidráulicas, ABS 815
Unidades legais 23
Unidades SI 22 e segs.
Unidades, conversão 29 e segs.
Uniões (acoplamentos) com chaveta meia lua 344
Universo, estatística 214
Uso de via secundária 1125
Utilitários, visão geral 904

V

Vácuo, servofreio 805
Validação do diagnóstico 587
Valor calorífico 318
Valores característicos, combustíveis gasosos e hidrocarbonetos 325
Valores característicos, combustíveis líquidos e hidrocarbonetos 324
Valores característicos, materiais gasosos 240
Valores característicos, materiais líquidos 236 e segs.
Valores característicos, materiais sólidos 234 e segs.
Valores característicos, vapor d'água 239
Valores de ácido, baterias de chumbo 834 e segs.
Valores de fusíveis 1016
Valores-limite, projeto sonoro 1130
Valores medidos, apresentação 214 e segs.
Válvula controladora de vazão 603
Válvula de admissão 468
Válvula de comando, cilindro de direção 788

Índice remissivo 1221

Válvula de controle de fluxo, hidráulica 1174
Válvula de controle de pressão 598
Válvula de controle do reboque 856
Válvula de escapamento 468
Válvula de freio de estacionamento 855
Válvula de freio de serviço 855
Válvula de partida, K-Jetronic 646
Válvula de pressão, hidráulica 1175
Válvula de vias para trator 1180
Válvula de vias, hidráulica 1174
Válvula estranguladora, hidráulica 1174
Válvula injetora 614
Válvula injetora de alta pressão 616 e segs.
Válvula injetora para injeção no coletor de admissão 614
Válvula injetora, K-Jetronic 645
Válvula injetora, L-Jetronic 649
Válvula limitadora de pressão, hidráulica 1175
Válvula OC 1174
Válvula proporcional, hidráulica 1175
Válvula reguladora de baixa pressão 680
Válvulas de fluxo, hidráulica 1174
Válvulas LS 1174
Válvulas, hidráulica 1174
Variável de coincidência, estatística 215 e segs.
Veículo laboratório, teste de ECU 1121
Veículos bi-fuel 671
Veículos elétricos 725
Veículos elétricos rodoviários 722
Veículos mono-fuel 671
Veículos rodoviários, sistemática 884
Vela de ignição 628 e segs.
Vela de pino incandescente 713 e seg.
Velocidade 422
Velocidade da partícula, acústica 56
Velocidade de derrapagem 440, 821
Velocidade do motor 422
Velocidade do som 56

Velocidades, conversão 31
Ventilação do cárter 542
Ventilador de arrefecimento 515
Ventilador, túnel de vento 1136
Vento transversal, dirigibilidade 433
Ventoinhas hidrostáticas 1181
Verniz (friction modifier) deslizante 308
Via de turbulência de Karmann 131
Via direta ou indireta 1125
Via direta, desenvolvimento 1125
Via secundária 1125
Vias de transmissão, gerenciamento de frota 1117
Vidraçaria automotivo 943
Vidro com antena automotivo 945
Vidro de segurança 943
Vidro de segurança de placa única 943
Vidro de segurança laminado 943
Vidro de sílica 942
Vidro do teto solar 945
Vidro ESG 943
Vidro isolante 945
Vidro plano 942
Vidro VSL 943
Vidros, automóvel 895
Visão eletrônica 360° 1055
Viscosidade 63, 311
Viscosidade estrutural 310
Viscosidade, cinemática 310
Viscosidade, combustível Diesel 322
Viscosidade, dinâmica 310
Viscosidade, fluido de freios 329
VLI, combustíveis Otto 320
Volante de massa dupla, embreagem 738
Volatilidade de combustíveis Otto 319
Volume do fluxo de ar, calefação 952
Volume e área superficial de sólidos 159

W

Wankel, motor rotativo 508 e segs.
WLAN 1105
WWW, serviço de informações 1110

Abreviações

A:
A/D: Conversor Analógico/Digital
ABD: Diferencial de Freio Automático
ABG: Certificado de Modelo Genérico
ABS: Sistema Antibloqueio
AC: Alternating Current (Corrente Alternada)
ACC: Adaptive Cruise Control (Piloto Automático Adaptativo)
ACC LSF: ACC Low Speed Following
ACEA: Association des Constructeurs Européens de l'Automobile (Associação dos Fabricantes de Automóveis Europeus)
ADA(1): Sujeito à pressão atmosférica (Batente de plena carga)
ADA(2): Auto-Directional Antenna (Antena autodirecional)
ADR Australian Design Rule (Norma Australiana de Projeto)
AFC: Anti-Friction-Coating (Revestimento antiatrito)
AF-Code: Alternative Frequencies Code (Código de freqüências alternativas)
AGR: (Realimentação do gás de escapamento)
AHP: Accelerator Heel Point (Ponto do calcanhar do acelerador)
AKSE: Detecção automática de assento para crianças
AL: Automotive Lighting
ALB: Controle automático da força do freio em razão da carga
AM: Amplitude-Modulation
AM-LCD: Active Message Liquid Crystal Display (Display de cristal líquido com endereçamento ativo)
AMR: Controle do torque de acionamento
AMR-Sensor: Sensor de camadas finas de NiFe, anisotrópicas, com resistividade magnética
AOS: Automotive Occupancy Sensing (detecção de passageiros no veículo)
API: Application Programmer Interface
API Classificação: American-Petroleum-Institute Classification (Classificação do instituto americano de petróleo)
ARF: Realimentação do gás de escapamento
ARI: Informação ao motorista via rádio
ART: Controle de distância Tempomat
AS: Trator
ASF: Audi Space Frame (Sistema de chassi da firma Audi com seções de chapas autoportantes integradas)
ASIC: Application Specific Integrated Circuit (circuito integrado para aplicações específicas)
ASM: Módulo de controle do reboque
ASR: Controle de tração
ASSP: Application Specific Standard Product
ASTM: American Society of Testing and Materials (Sociedade americana de testes e materiais)
ASU: Supressão automática de interferências
AT: Profundidade de carburação
ATF: Automatic-Transmission Fluid (lubrificante para transmissão automática)
ATL: Turboalimentador
AU: Ensaio de gases de escapamento
AV: Válvula de redução (ABS)

B:
BA: Assistente de frenagem
BCD Processo misto: Bipolar/CMOS/DMOS (processo de fabricação para componentes de potência MOS)
BCI: Bulk Current Injection
BDC: Botton Dead Center
BDE: Injeção Direta de gasolina
BEM: Boundary-Element-Method
BiCMOS: Bipolar Complementary MOS-Transistors (Circuito com componentes bipolares e CMOS)
BIP-Signal: Beginning of Injection Period Signal (sinal de detecção do início da injeção)
BK: Identificação de área
BLCD: Motor de corrente contínua sem escovas, comutado eletronicamente
BLFD: Belt Lock (Switch) Front Driver
BLFP: Belt Lock (Switch) Front Passenger
BLRC: Belt Lock (Switch) Rear Center
BLRL: Belt Lock (Switch) Rear Left
BLRR: Belt Lock (Switch) Rear Right

Abreviações

BL3SRL: **B**elt **L**ock (Switch) 3rd **S**eat **R**ow **L**eft
BL3SRR: **B**elt **L**ock (Switch) 3rd **S**eat **R**ow **R**ight
BMD: **B**ag **M**ini **D**iluter
BMK: Microcontato **B**osch
BMM: **B**ulk-**M**ikro**m**echanik (Processo de corrosão do lado de trás do disco de silício)
BMR: Controle de torque de frenagem
BOTE-ACT: Princípio Bosch de barramento de atuadores térmicos
BSK: Contato Bosch para sensor/posicionador
BSS: Interface de Bit síncrono
BZ: Célula de combustível

C:
CAD: **C**omputer-**A**ided **D**esign (desenho com auxílio computadorizado)
CAE: **C**omputer-**A**ided **E**ngineering (desenvolvimento com auxílio computadorizado)
CAFE: **C**orporate **A**verage **F**uel **E**conomy
CAHRD: **C**rash **A**ctive **H**ead **R**est **D**river (apoio de cabeça ativo, motorista)
CAHRP: **C**rash **A**ctive **H**ead **R**est **P**assenger (apoio de cabeça ativo, acompanhante)
CAL: Computer **A**ided **L**ighting (projeto de iluminação com auxílio computadorizado)
CAN: **C**ontroller **A**rea **N**etwork (sistema de barramento linear)
CARB: **C**alifornia **A**ir **R**esource **B**oard
CARTRONIC: Conceito de classificação e descrição de todos os sistemas de comando e controle de um veículo
CBS: **C**ombined **B**rake **S**ystem
CCD: **C**harge-**C**oupled **D**evice (circuito em disposição acoplada com a carga)
CCFL: **C**old-**C**athode **F**luorescence **L**amp (lâmpada fluorescente de catodo frio)
CC-LS-System: **C**losed-**C**enter **L**oad **S**ensing System (Sistema de compensação de carga com bomba variável)
CCMC: **C**omité des **C**onstructeurs d'Automobile du **M**arché **C**ommun (Comitê dos Fabricantes de Automóveis do Mercado Comum)
CC-System: **C**losed **C**enter System (sistema de pressão constante)
CD: **C**ompact **D**isc
CDC: **C**ompact **D**isc **C**harger (trocador de CD)
CFD: **C**omputational **F**luid **D**ynamics
CFI: (**C**entral (single-point) **F**uel **I**njection (injeção central)
CFPP: **C**old **F**ilter **P**lugging **P**oint (valor-limite de filtração)
CFV: **C**ritical **F**low **V**enturi
CGPM: **C**onférence **G**énérale des **P**oids et **M**ésures (Conferência Geral de Pesos e Medidas)
CISC: **C**omplex **I**nstruction **S**et **C**omputing (processador com conjunto completo de instruções para o computador)
CLD: Detector de luminescência química
CMOS: **C**omplementary **MOS**-Transistors (transistores PMOS e NMOS fabricados aos pares no mesmo chip de silício)
CMVSS: **C**anadian **M**otor **V**ehicle **S**afety **S**tandard (Norma canadense para a segurança de veículos automotivos)
CNG: **C**ompressed **N**atural **G**as (gás natural armazenado sob pressão)
COB: **C**hip **o**n **B**oard
COFDM: **C**oded **O**rthogonal **F**requency **D**ivision **M**ultiplexing (processo de transmissão multiplexada por divisão codificada de freqüência)
COP: **C**onformity **o**f **P**roduction (Conformidade da produção)
CPU: **C**entral **P**rocessing **U**nit (Unidade Central de Processamento)
CRC: **C**yclic **R**edundancy **C**heck (verificação de redundância cíclica)
CROD: **C**rash **O**utput **D**igital
CRS: **C**ommon **R**ail **S**ystem
CRT: **C**ontinuously **R**egenerating **T**rap
CT-Code: **C**lock/**T**ime Code (identificação para exibição de hora e data)
CVD: **C**hemical **V**apor **D**eposition (revestimento químico por vapor)
CVS: **C**onstant **V**olume **S**ampling

1224 Abreviações

CVT: **C**ontinuous **V**ariable **T**ransmission (transmissão continuamente variável)
CZ: Número de cetano

D:
D/F-Relação: Relação vapor-líquido
DAB: **D**igital **A**udio **B**roadcasting (sistema de radiodifusão digital)
DBV: Válvula limitadora de pressão
DC: **D**irect **C**urrent (corrente contínua)
DCS: **D**igital **C**ellular **S**ystem
DDA: **D**igital **D**irectional **A**ntenna
DDS: **D**igital **D**iversity **S**ystem
DEQ: **D**igital **E**qualizer
DFPM: Gerenciamento do diagnóstico do caminho do erro
DFS: Diagrama de resistência permanente
DFV: Relação vapor-líquido (combustível)
DHK: Combinação de porta injetor
DI: **D**irect **I**njection (injeção direta)
DI-Motronic: Motronic para injeção direta de gasolina (**D**irect **I**njection)
DigiCeiver: **Digi**tal **Ce**ive**r** (receptor digital)
DIN: Instituto Alemão de Normalização
DK(1): Constante dielétrica
DK(2): Detecção de anúncio
DKA: Posicionador da borboleta
DKG: Sensor da borboleta
DLC: **D**iamond **L**ike **C**arbon
DMB: **D**igital **M**ultimedia **B**roadcasting (radiodifusão digital multimídia)
DME: Éter dimetílico (combustível alternativo)
DMOS: **D**igital **MOS** **T**ransistor (transistor metal-óxido digital)
DMS: Fita ou resistência extensométrica
DMSB: Associação Alemã de Esportes a Motor
DNC: **D**ynamic **N**oise **C**overing (cobertura dinâmica do ruído)
DOHC: **D**ouble **O**ver**h**ead **C**amshaft (duplo comando de válvulas no cabeçote)
DOT: **D**epartment **o**f **T**ransportation (ministério dos transportes nos EUA)
DPE: **D**igital **P**arametric **E**qualizing (equalizador paramétrico digital)
DPR: **D**ual **P**ort **RAM** (memória de escrita e leitura)
DRAM: **D**ynamic **RAM** (memória dinâmica de escrita e leitura)
DRM(1): Módulo de controle de pressão
DRM(2): **D**igital **R**adio **M**ondial
DRO: **D**ielectric **R**esonance **O**scillator (oscilador de ressonância dielétrica)
DSA: **D**igital **S**ound **A**djustment (ajuste digital do volume)
DSCHED: **D**iagnose **F**unctions **Sch**edul**er**
DS-L: Sensor da pressão de alimentação
DSM: **D**iagnose **S**ystem **M**anagement
DSP: **D**igital **S**ignal **P**rocessor
DS-S: Sensor da pressão no tubo de admissão.
DSTN-LCD: Display de cristal líquido nemático de dupla camada trançada
DS-U: Sensor de pressão ambiente
DTM: Campeonato Alemão de Turismo
DVAL: **D**iagnose **Val**idator
DVD: **D**igital **V**ersatile **D**isc (disco óptico digital de alta capacidade)
DWS(1): Sensor de ângulo de giro
DWS(2): **D**unlop **W**amair **S**ystem

E:
E/A: Unidade de entrada/saída
EBS: Sistema eletrônico de freios
EBV: Distribuição eletrônica da força de frenagem
ECD: Retardamento controlado eletronicamente
ECE: **E**conomic **C**ommission for **E**urope (Comissão Econômica das Nações Unidas para a Europa)
ECL: **E**mitter **C**oupled **L**ogic (circuito digital integrado bipolar)
EC-Motor: **E**lectrically **C**ommuted Direct Current Motor (motor de corrente contínua comutado eletricamente)
EDC: **E**lectronic **D**iesel **C**ontrol (Controle eletrônico de Diesel)
EEPROM: **E**lectrically **E**rasable **P**rogrammable **R**ead **O**nly **M**emory (memória programável só para leitura que pode ser apagada eletricamente)
EEV: **E**nhanced **E**nvironmentally Friendly **V**ehicle (veículo particularmente amigável ao meio ambiente)

EG(1): Comunidade Européia
EG(2): Gradiente de autodirecionamento (descreve a característica de autodirecionamento do veículo)
EGAS: Acelerador eletrônico
EHB: Freio eletro-hidráulico
EHR: Controle eletrônico do mecanismo de curso
EHSe: Posicionador eletro-hidráulico para válvula de vias
EHT: Profundidade de cementação
EHVS: Comando de válvulas com acionamento eletro-hidráulico
EIR: Emissions Information Report
EIS: Espectroscopia de impedância eletroquímica
EKP: Bomba de combustível elétrica
EL-Folie: Película de eletroluminescência
ELPI: Electrical Low Pressure Impactor
ELR: European Load Response
EM: Fibra unimodular (fibra de vidro)
EM: Máquina de terraplenagem
EMK: Força eletromotriz
EMP: Freio de estacionamento eletromecânico
EMS: Controle eletrônico do motor
EMV: Compatibilidade eletromagnética
EN: Norma Européia
EOBD: On Board Diagnose, adaptada para a Europa
EON-Code: Enhanced Other Networks (identificação para uma notícia de trânsito numa estação paralela)
EP: Extreme Pressure (lubrificante)
EPA: Environment Protection Agency (agência de proteção ambiental)
EPM: Modulador eletropneumático
EPROM: Erasable Programmable Read Only Memory (memória apagável e programável só para leitura)
EP Lubrificante: Lubrificante de alta pressão
ESC: European Steady State Cycle
ESI[tronic]: Electronic Service Information
ESD: Electrostatic Discharge (descarga eletrostática)
ESG: Vidro de segurança de placa única
ESP: Programa eletrônico de estabilidade
ESV(1): Experimental Safety Vehicle (veículo experimental de segurança)

ESV(2): Retardo eletrônico
ETC: European Transient Cycle
ETRTO: European Tire and Rim Technical Organization (Associação Técnica Européia para Pneus e Rodas)
ETSI: European Telecommunication Standards Institute (Instituto Europeu de Normas para Telecomunicações)
EU: União Européia
EUATL: Turboalimentador com assistência elétrica
EUDC: Extra Urban Driving Cycle
EV(1): Válvula de admissão (ABS)
EV(2): Válvula de injeção
EVG: Unidade eletrônica intermediária
EWG: Comunidade Econômica Européia
EWIR: Emissions Warranty Information Report

F:
FAME: Éster metílico do ácido graxo (combustível alternativo)
FBG: Sensor de início de débito
FBM: Módulo de freio de pedal
FDMA: Frequency Division Multiplex Access (multiplexagem por divisão de freqüência para acesso a canal de voz)
FE: Elemento finito
FEM: Método de elemento finito
FET: Transistor de efeito de campo
FFT: Fast Fourier Transformation (transformação rápida de Fourier)
FGB: Limitador de velocidade
FH: Roda de calota plana
FIA: Fédération Internationale de l'Automobile (Federação Internacional de Automobilismo)
FIC: Fast Information Channel (canal de informação rápida)
FID: Detector de ionização de chama
FIFO: First In First Out
FIR: Field Information Report
FIS: Sistema de informações ao motorista

Flash memory: Flash EEPROM (memória programável apagável eletricamente, só para leitura)
FLIC: Firing Loop Integrated Circuit
FM: Modulação de freqüência
FMCW: Frequency-Modulated Continuous Wave (Onda contínua de freqüência modulada)

Abreviações

FMEA: Failure Mode and Effects Analysis (Análise de modo e efeito de falhas)
FMS: Sistema de gerenciamento de frota
FMVSS: Federal Motor Vehicle Safety Standard (Regulamentação federal sobre segurança de veículos nos EUA)
FPK: Painel de instrumentos programável
FR: First Registration (primeiro licenciamento)
FSI: Fuel Stratified Injection (Injeção direta de gasolina com alimentação estratificada)
FSR(1): Full Scale Range (Largura de banda completa)
FSR(2): Force Sensing Resistor (Resistência pontual de medição de força)
FTA: Fault Tree Analysis (análise da árvore de erros)
FTIR: Fourier Transform Infrareds (Espectroscopia)
FTP: Federal Test Procedure

G:
GATS: Global Automotive Telematics Standard (Norma para telemática veicular global)
GC: Coluna de cromatografia a gás
GDI: Gasoline Direct Injection (Injeção direta de gasolina)
GH: Hipótese da energia de alteração de forma (cálculo de resistência)
GIDAS: German In-Depth Accident Study (Projeto de pesquisa do BASt e FAT)
GKZ: Recozimento sobre carboneto de ferro granulado
GMA: Retardo do estabelecimento do momento de guinada
GOT: Ponto morto superior no ciclo de exaustão
GP: Parábola girada (refletor)
GPRS: General Packet Radio Service
GPS: Global Positioning System (Sistema de posicionamento global)
GSK: Vela incandescente de pino
GSM: Global System for Mobile Communication (Sistema global para comunicações móveis)
GSY: Símbolo de velocidade (pneus)
GTO: Gate Turn Off (Tiristor de corte)

H:
HAL: Hardware Abstraction Layer
H/B Relação: Relação altura-largura da seção transversal do pneu
HDC: Hill-Descent Control
HDEV: Válvula de injeção de alta pressão
HD Óleo: Heavy Duty Oil (óleo para condições extremas)
HDP: Bomba de alta pressão
HD Nível: Nível de alta pressão
HF: Alta freqüência
HFM: Medidor de massa de ar por película quente
HGD: Zona claro-escuro
HHC: Hill-Hold Control
HIC: Head Injury Criterion (sobrecarga para a cabeça na colisão frontal)
HKZ: Ignição por condensador de alta tensão
HNS: Homogeneous Numerically Calculated Surface (Superfície homogênea calculada numericamente)
HSCSD: High Speed Circuit Switched Data
HSLA: High Strength Low Alloy (microliga de alta resistência)
HTTP: Hyper Text Transfer Protocol
HUD: Head-up Display

I:
I/O: Input/Output
I²L: Integrated Injection Logic (Circuito digital integrado bipolar)
IC: Integrated Circuit (Circuito integrado)
ID: Identifier
IDB-M: Intelligent Data Bus Multimedia (Barramento inteligente de dados multimídia)
IDI: Indirect Injection (Injeção indireta)
IEC: International Electro technical Commission
IETF: International Engineering Taskforce
IR(1): Infravermelho
IR(2): Controle individual das rodas através do ABS
IRM: Controle individual modificado (ABS)
IP: Internet Protocol
IS: Circuito Integrado

Abreviações

ISO: International Organization for Standardization (Organização internacional de normalização)
ITU: International Telecommunications Union (União internacional de telecomunicações)

J:
JFET: Junction Feld-Effekt Transistor (Transistor de junção de efeito de campo)

K:
KE-Jetronic: Injeção individual contínua comandada mecanicamente com unidade de controle eletrônico
KE-Motronic: Sistema Motronic de gerenciamento do motor baseado na injeção individual contínua **KE**-Jetronic
Kfz: Veículo motorizado
KI: Painel de instrumentos
K-Jetronic: Injeção individual contínua comandada mecanicamente
KOM: Ônibus motorizado
KTL: Pintura por imersão catódica
KW(1): Árvore de manivelas
KW(2): Ondas curtas

L:
LAN: Local Area Network (rede de curta distância)
LBK: Palheta móvel de alimentação
LCD: Liquid Crystall Display (Display de cristal líquido)
LCF: Low Cycle Fatigue
LDA: Batente de plena carga dependente da pressão de alimentação
LED: Light Emitting Diode (diodo emissor de luz)
LGS: Unidade de controle eletrônico da qualidade do ar
LH-Jetronic: Injeção individual comandada eletronicamente, com medidor de massa de ar de fio quente
LI: Índice de carga (pneus)
LIN: Local Interface Network
Lidar: Luz da faixa infravermelho próxima
Litronic: Light and Elec**tronic**
L-Jetronic: Injeção individual intermitente comandada eletronicamente
LKE: Unidade de pistão de alimentação
Lkw: Caminhão
LLk: Resfriamento do ar de alimentação
LNG: Liquefied Natural Gas (gás natural liquefeito)
LPG: Liquefied Petroleum Gas (gás liquefeito de petróleo)
LR: Load Response Function
LRR-Sensor: Long Range Radar Sensor (Sensor de radar de longa distância)
LSB: Least Significant Bit (Bit de valor mais baixo)
LSF: Lambda Sonde (sonda de dedo)
LSI: Large Scale Integration (Alto nível de integração)
LSU: Lambda Sonde (Sonda de banda larga ou universal)
LS-Ventil: Válvula Load Sensing (regulador da bomba ou da pressão aliviado na posição neutra)
LW: Ondas longas
LWL: Condutor de ondas de luz

M:
M+S Pneus: Pneus de inverno "lama e neve"
MCM: Multi Chip Module (componente feito de vários circuitos integrados "não empacotados")
MDPV: Medium Duty Passenger Vehicle
ME: Miner Elementar (Curva de Wöhler, cálculo de resistência)
MED-Motronic: Sistema Motronic de gerenciamento de motor com EGAS e injeção direta de gasolina
MEMO: Multimedia Environment for Mobiles (Canal multimídia para veículos com DAB)
ME-Motronic: Sistema Motronic de gerenciamento de motor com EGAS
MEZ: Horário da Europa Central
MGIF: Mobile Gaming Interoperability Forum
MHR: Controle mecânico do elevador
MI: Main Injection (Injeção principal)
MIL: Malfunction Indicator Lamp
MIL Especificação: Especificação militar
MIN: Operador mínimo (ESP)
MKL: Sobrealimentador mecânico
ML: Miner Liu/Zenner (Curva de Wöhler, cálculo de resistência)
MM(1): Fibra multiforme (fibra de vidro)

1228 Abreviações

MM(2): **M**iner **M**odifiziert (Curva de Wöhler, cálculo de resistência)
MMC: **M**ulti**M**edia**C**ard
MMS: **M**ultimedia **M**essaging **S**ervice
M-Motronic: Sistema Motronic de gerenciamento do motor baseado na injeção individual L-Jetronic
MNEFZ: Novo ciclo de jornada Europeu modificado
Mono-Jetronic: Injeção central comandada eletronicamente
MO: **M**iner **O**riginal (Curva de Wöhler, cálculo de resistência)
Modem: **Mo**dulator/**Dem**odulator
Mono-Motronic: Sistema Motronic de gerenciamento do motor baseado na injeção central intermitente Mono-Jetronic
MOS: **M**etal-**O**xide **S**emiconductor (Semicondutor óxido-metal)
MOSFET: Transistor MOS de efeito de campo
MOST: **M**edia **O**riented **S**ystems **T**ransport
MOZ: Número de octano do motor
MPT(1): **M**ulti-**P**urpose **T**ire (pneu multiuso)
MPT(2): **M**inistry of **P**ost and **T**elecommunications (Ministério dos Correios e Telecomunicações)
MSB: **M**ost **S**ignificant **B**it (Bit de valor mais alto)
MSI: **M**edium-**S**cale **I**ntegration (Grau médio de integração)
MTBE: **M**etil **T**erciário **B**util **É**ter
MTTF: **M**ean **T**ime **T**o **F**ailure (tempo médio até ocorrer uma falha)
MVL: Alimentador de deslocamento mecânico
MVSS: Motor Vehicle Safety Standard (Regulamentação sobre segurança de veículos dos EUA)
MW: Ondas médias

N:
NA: Abertura numérica (condutor de ondas de luz)
NBF: Sensor de movimento da agulha
NBS: Sensor de movimento da agulha
NCAP: **N**ew **C**ar **A**ssessment **P**rogram
NDIR: Infravermelho não dispersivo (analisador)
ND Estágio: Estágio de baixa pressão
NEDC: **N**ew **E**uropean **D**riving **C**ycle (Novo Ciclo Europeu de Jornada)
NEFZ: **N**euer **E**uropäischer **F**ahrz**y**klus (Novo Ciclo Europeu de Jornada)
NH: Hipótese de tensão normal
NHT: Profundidade de têmpera por nitretação
NLEV: **N**ational **L**ow **E**mission **V**ehicle
NMHC: **N**on-**M**ethane **H**ydro**c**arbon
NMOG: Gases orgânicos sem teor de metano
NMOS: Transistor MOS de junção N
NTC: **N**egative **T**emperature **C**oefficient (Coeficiente negativo de temperatura)
NYCC: **N**ew **Y**ork **C**ity **C**ycle

O:
OBD: **O**n **B**oard **D**iagnose
OC: **O**ccupant **C**lassification
OC-LS-System: **O**pen **C**enter **L**oad **S**ensing System (Sistema com compensação de carga com bomba constante)
OC-System: **O**pen **C**enter **S**ystem (Sistema de vazão constante)
OC Válvula: **O**pen **C**enter Ventil (Vazão constante na posição neutra)
ODB: **O**ffset **D**eformable **B**arrier Crash (Colisão contra barreira deformável)
OEZ: Horário da Europa Oriental
OHC: **O**ver**h**ead **C**amshaft (comando de válvulas no cabeçote)
OHV: **O**ver**h**ead **V**alves (Válvulas suspensas)
OMA: **O**pen **M**obile **A**lliance
OMM: Micromecânica superficial
OP: **O**perational **A**mplifier (amplificador operacional)
OP: **O**perationsverstärker
OSI: **O**pen **S**ystems **I**nterconnections
OT: Ponto morto superior (pistão do motor de combustão)
OTP: **O**ne **T**ime **P**rogrammable ROM (Memória somente para leitura programável uma única vez)

P:
PA: Poliamida
PAS: **P**eripheral **A**ccelerations **S**ensor (Sensor de aceleração periférica)
PASFD: **P**eripheral **A**ccelerations **S**ensor **F**ront **D**river
PASFP: **P**eripheral **A**ccelerations **S**ensor **F**ront **P**assenger

PASS: Photo-acoustic Soot Sensor
PC: Personal Computer
PDA: Personal Digital Assistant
PDE: Unidade bomba-Injetora (Unit Injector System)
PDLC: Passive Display Liquid Crystal (Display de cristal líquido passivo)
PDP: Positive Displacement Pump
PE: Polietileno
PEI: Peripheral Equipment Interface
PE Bomba: Bomba injetora em linha com acionamento próprio
PES: Poly Ellipsoid System (Farol)
PF Bomba: Bomba injetora individual dom acionamento externo
P Grau: Curva característica para regulador de rotações
PI: Pilot Injection (pré-injeção)
PIC: Periphery Integrated Circuit
PI-Code: Program Identifying Code (Código de identificação do programa)
Pkw: Automóvel de passageiros
PLD(1): Unidade Bomba-Tubulação-Injetor (Unit Pump System)
PLD(2): Programmable Logic Device (Componente lógico programável)
PMD(1): Detector paramagnético
PMD(2): Photonic Mixer Device
PMOS: Transistor MOS de junção P
POI(1): Point of Interest (Ponto de atração)
POI(2): Post Injection (Pós-injeção)
PP: Polipropileno
PPS: Peripheral Pressure Sensor
PPSFD: Peripheral Pressure Sensor Front Driver
PPSFP: Peripheral Pressure Sensor Front Passenger
PPSRD: Peripheral Pressure Sensor Rear Driver
PPSRP: Peripheral Pressure Sensor Rear Passenger
Preact: Precrash Engagement of Active Safety Devices (Intervenção ativa do sistema antes de uma colisão)
Prefire: Precrash Firing of Reversible Restraints (Disparo do sistema de retenção antes de uma colisão)
Preset: Precrash Setting of Algorithm Thresholds (registro das informações relevantes para a segurança antes de uma colisão)

PROM: Programmable Read Only Memory (Memória programável só para leitura)
PR Número: Número Ply Rating (classe de carga para os pneus)
PS-Code: Program Service Code (Código de identificação do nome da emissora)
PSS: Sistema preventivo de segurança
PTC: Positive Temperature Coefficient (Coeficiente positivo de temperatura)
PTFE: Politetrafluoretileno (teflon)
PTY-Code: Program Type Code (Código de identificação do programa)
PUR: Poliuretano
PVC: PolyVinyl Chloride
PVD: Physical Vapor Deposition (Revestimento físico com vapor)
PWM: Sinal de ativação de amplitude modulada

Q:
QM: Gerenciamento da qualidade

R:
RAM: Random Access Memory (Memória de escrita e leitura)
RAMSIS: Sistema matemático para cálculo antropológico com auxílio do computador para simulação dos ocupantes
RBH: Replaceable Bulb Headlamp (Farol frontal com lâmpada substituível)
RDS: Radio Data System (Serviço de radiodifusão de dados)
RFP: Bomba de retorno
RG-Management: Reliability Growth Management (Gerenciamento do desenvolvimento da confiabilidade)
RIM: Reaction Injection Molding (Conformação através de injeção e posterior reação do material)
RISC: Reduced Instruction Set Computing (Processador com conjunto reduzido de instruções)
RLFS: Sistema de combustível com retorno livre
RME: Éter metílico vegetal (combustível alternativo)
RNT: Técnica de medição rádio-nuclear

1230 Abreviações

ROM(1): **R**ead **O**nly **M**emory (memória somente para leitura)
ROM(2): **R**ollover **M**itigation
ROV: **D**istribuição rotativa de alta tensão
ROZ: Número de octana de pesquisa
RREG: Diretriz do Conselho da Comunidade Européia (hoje: União Européia)
RRIM: **R**einforced **R**eaction **I**njection **M**oulding (Conformação através de injeção com posterior reação do material reforçado)
RSE: **R**estraint **S**ystem **E**lectronics
RT-Code: **R**adio **T**ext Code (código de identificação para transmissão de texto sobre o anúncio)
RUV: Distribuição da tensão de repouso
RWAL: **R**ear **W**heel **A**nti **L**ock Brake System
RWG: Sensor do caminho da regra

S:
SAE: **S**ociety of **A**utomotive **E**ngineers (Sociedade dos engenheiros automotivos dos EUA)
SBC: **S**ensotronic **B**rake **C**ontrol
SCB: **S**emi**c**onductor **B**ase **B**ridge Wires (Resistências de ignição integrada no silício)
SCON: **S**afety **Con**troller
SCR(1): **S**ilicon **C**ontrolled **R**ectifier (Tríodo tiristor)
SCR(2): **S**elective **C**atalytic **R**eduction (Redução catalítica seletiva)
SEP: Aparelho de teste-ajuste de farol
SERVOELECTRIC: Servodireção elétrica
SH: Hipótese da tensão de cisalhamento (cálculo de resistência)
SI: **S**ystème **I**nternational d'Unités (Sistema internacional de unidades)
SIM: **S**ecurity **I**dentify **M**odule
SK: Identificação do sinal
SL: **S**elect **L**ow Regelung (Regulagem pela roda com menor coeficiente de atrito através do ABS)
SMC: **S**heet **M**oulding **C**ompound
SMD: **S**urface **M**ounted **D**evice (Componente montado na superfície)
SMK: Classe do volante inercial
SMPS: **S**canning **M**obility **P**article **S**izer
SMS: **S**hort **M**essage **S**ervice (Mensagens visuais curtas através do celular)
SMT: **S**urface **M**ount **T**echnology (Técnica de montagem na superfície)
SoC: **S**ystem **o**n a **C**hip
SPC: **S**tatistic **P**rocess **C**ontrol (Controle estatístico do processo)
SPI: **S**ingle **P**oint **I**njection (Injeção central)
SRAM: **S**tatic **RAM** (Memória estática de leitura e escrita)
SRET: **S**canning **R**eference **E**lectrode **T**echniques
SRR-Sensor: **S**hort **R**ange **R**adar Sensor (Sensor de radar de curta distância)
SSI: **S**mall **S**cale **I**ntegration (Pequeno grau de integração)
SSL: **S**ecure **S**ocket **L**ayer
SSM: **S**elect **S**mart Regelung
STN-LCD: **S**uper **T**wisted **N**ematic **L**iquid **C**rystal **D**isplay
StVZO: Regulamentação da licença de tráfego (alemã)
SUM: Integração comandada por eventos (ESP)

T:
TA: **T**ype **A**pproval (Certificação de modelo)
TA-Code: **T**raffic **A**nnouncement Code (Código de identificação de notícia de tráfego)
TAS: Batente do volume de partida dependente da temperatura
TBI: **T**hrottle **B**ody **I**njection (Injeção central)
TDMA: **T**ime **D**ivision **M**ultiplex **A**ccess (multiplexagem por divisão de tempo para acesso a canal de voz)
TEM: Campo eletromagnético transversal
TETRA: **T**rans **E**uropean **T**runked **R**adio (Rede mundial de rádio digital)
TFT-LCD: **T**hin **F**ilm **T**ransistor **L**iquid **C**rystal **D**isplay (Display de cristal líquido de transistor de película)
TIMS: **T**ire **I**nflation **M**onitoring **S**ystem
TLS: **T**ransport **L**ayer **S**ecurity
TMC-Code: **T**raffic **M**essage **C**hannel Code (Identificador para transmissão de informações formais de tráfego)
TME: Éter metílico graxo

TN-LCD: Twisted Nematic Liquid Crystal Display
TOF: Time of Flight (princípio)
TP-Code: Traffic Programm Code (Identificador de emissora de programas de tráfego)
Triac: Triode Alternating Current Switch (Duplo circuito tríodo tiristor)
TSZ-K: Ignição por bobina transistorizada comandada por contato
TTCAN: Time Triggered CAN
TTL: Transistor-Transistor Logic (Circuito bipolar integrado digital)
TTP: Time Triggered Protocol
TÜA: Instituto de inspeção técnica
TÜV: Associação de inspeção técnica

U:
UDC: Urban Driving Cycle
UDDS: Urban Dynamometer Driving Schedule
UFOME: Used Frying Oil Methyl Ester
UFSD: Up Front Sensor Driver
UFSP: Up Front Sensor Passenger
UIS: Unit Injector System (Unidade bomba-injeto)
UKW: Ondas ultracurtas
ULSI: Ultra Large Scale Integration (Grau extremamente alto de integração)
UMTS: Universal Mobile Telecommunication System
ÜOT: Ponto morto superior de intersecção (ponto morto superior no ciclo de exaustão)
UPS: Unit Pump System (Unidade bomba-tubulação-injetor)
USV: Válvula de retrocesso
UT(1): Universal Time (Horário GMT)
UT(2): Ponto morto inferior (Pistão do motor de combustão)
UTC: Universal Time Coordinated (Horário GMT coordenado)
UV: Ultravioleta

V:
VCI: Volatile Corrosion Inhibitor (Inibidor de corrosão volátil)
VDA: Associação dos fabricantes alemães de automóveis
VDE: Associação eletrotécnica alemã
VDI: Associação dos engenheiros alemães
VE-Pumpe: Bomba injetora distribuidora

VFD: Vacuum Fluorescence Design (técnica de vácuo-fluorescência)
VHAD: Vehicle Headlamp Aiming Device (dispositivo de ajuste do farol dianteiro)
VHD: Vertical Hall Device (Componente de Hall disposto na vertical)
VLI: Vapor Lock Index (Grandeza característica da pressão do vapor do combustível)
VLP: Bomba de pré-alimentação
VLSI: Very Large Scale Integration (Grau muito alto de integração)
VÖV: Associação das operadoras de transporte público
VPI: Vapor Phase Inhibitor (Inibidor da fase de vapor)
VRAM: Vídeo RAM (Memória de escrita e leitura)
VSG: Vidro de segurança composto
VST: Turbina com corrediça de controle variável
VTG: Variable Turbine Geometrie (Turbina de geometria variável)
VVT: Acionamento de válvula variável

W:
WAP: Wireless Application Protocol
WCDMA: Wideband Code Division Multiplexing Access
WD: Watchdog
WEZ: Horário do leste europeu
WLAN: Wireless Local Area Network
WS: Work Station
WWW: World Wide Web
W3C: World Wide Web Consortium

Z:
ZF: Freqüência intermediária
ZOT: Ponto morto superior de ignição (Ponto morto superior no ciclo de trabalho)
ZP: Pastilha de ignição
ZRAM: Zero Power RAM (Memória de escrita e leitura)
ZWV: Avanço do ângulo de ignição

µC: Microprocessador